Campbell Biologie

Campbell Biologie

kompakt

4., aktualisierte und erweiterte Auflage

Pearson

Bibliografische Information der Deutschen Nationalbibliothek
Die Deutsche Nationalbibliothek verzeichnet diese Publikation in der Deutschen Nationalbibliografie; detaillierte bibliografische Daten sind im Internet über http://dnb.dnb.de abrufbar.

Bei Fragen zur Produktsicherheit wenden Sie sich bitte an info@pearson.de.

10 9 8 7 6 5 4 3 2 1

28 27 26

ISBN 978-3-86894-729-8 (Buch)
ISBN 978-3-86894-724-3 (E-Book)
ISBN 978-3-86894-727-4 (eTextbook 6M)
ISBN 978-3-86894-726-7 (eTextbook 12M)
ISBN 978-3-86894-774-8 (eTextbook 5Y)

St.-Martin-Straße 82, D-81541 München

www.pearson.de
A part of Pearson plc worldwide
Programmleitung: Doris Beyser
Fachlektorat: Prof. Dr. Wolf-Michael Weber, Universität Münster
Produktion: Elisabeth Prümm
Coverillustration: Harald Schindler – stock.adobe.com
Herstellung: Claudia Bäurle
Satz: Reemers Publishing Services GmbH, Krefeld
Digital editions: Digitaltypes - Milano - Italy
Druck und Verarbeitung: Bell & Bain, Glasgow

Printed in the United Kingdom

Inhaltsverzeichnis

Inhaltsverzeichnis

Vorwort

Liebe Leserinnen und Leser,

die vorliegende Ausgabe von *Campbell Biologie Kompakt* wurde grundlegend überarbeitet und an aktuelle fachwissenschaftliche sowie didaktische Anforderungen angepasst. Neue Entwicklungen, insbesondere im Bereich der Molekularbiologie und biomedizinischen Forschung (z. B. im Kontext der SARS-CoV-2-Pandemie), wurden integriert, um den aktuellen Stand der Wissenschaft abzubilden.

Das Buch orientiert sich konsequent an einem **kompetenzorientierten Ansatz**, wie er unter anderem im Lehrplan der gymnasialen Oberstufe verankert ist. Ziel ist es, nicht nur biologisches Wissen zu vermitteln, sondern vor allem die Fähigkeit zu fördern, dieses Wissen **anzuwenden, zu analysieren, zu bewerten und kritisch zu reflektieren.**

Dabei werden insbesondere folgende Kompetenzen unterstützt:

- **Erkenntnisgewinnung** durch Auswertung von Daten und Experimenten
- **Kommunikation** biologischer Sachverhalte in fachlich korrekter Sprache
- **Bewertung** biologischer und gesellschaftlich relevanter Fragestellungen
- **Fachwissen** als Grundlage für Transferleistungen

Gleichzeitig richtet sich diese Ausgabe auch an **Studierende der Biologie (BSc/MSc)**. Die Inhalte sind so aufbereitet, dass sie einen fundierten Einstieg in zentrale Konzepte der modernen Biologie bieten und den Übergang von schulischem Wissen zu wissenschaftlichem Denken erleichtern. Komplexe Zusammenhänge werden strukturiert dargestellt, ohne ihre fachliche Tiefe zu verlieren.

Die enge Anbindung an den „Großen Campbell Biologie" bleibt dabei erhalten: Zentrale Konzepte und Modelle werden in reduzierter, didaktisch zugänglicher Form dargestellt, um sowohl einen Überblick als auch vertiefendes Verständnis zu ermöglichen.

Außerdem kann dieses Werk auch von Studierenden genutzt werden, die Biologie als Nebenfach belegen und mit diesem Titel ein übersichtliches Nachschlagewerk erhalten.

Zahlreiche **Verständnisfragen, Merkkästen und strukturierende Elemente** unterstützen das selbstständige Lernen sowie die gezielte Vorbereitung auf Prüfungen. Gleichzeitig lädt das Buch dazu ein, biologische Zusammenhänge eigenständig zu erkunden und weiterführende Fragestellungen zu entwickeln.

Für Lehrkräfte stehen ergänzende Arbeitsblätter zur Verfügung, die eine kompetenzorientierte Unterrichtsgestaltung unterstützen. Darüber hinaus unterstützt unser KI-Lernwerkzeug Ihre Suche nach Inhalten innerhalb dieses Titels, hilft Ihnen Fragen zu generieren, und Zusammenfassungen zu erstellen.

Dieses Buch versteht sich als Brücke zwischen schulischer und akademischer Biologie: Es vermittelt nicht nur Wissen, sondern fördert ein **wissenschaftsorientiertes Verständnis biologischer Systeme** und deren Bedeutung für Gesellschaft und Forschung.

Der Verlag und alle an diesem Buch Beteiligten freuen sich über Ihr Feedback – ob Anregungen, Verbesserungsvorschläge oder kritische Hinweise. Jede Rückmeldung trägt dazu bei, dieses Buch weiterzuentwickeln. Und ja: Auch über ein Lob freuen wir uns.

Ich wünsche Ihnen viel Freude beim Entdecken, Verstehen und Weiterdenken – mindestens so viel, wie ich sie bei der Überarbeitung dieser Ausgabe hatte.

Prof. Dr. Wolf-Michael Weber, Münster

Einführung: Schlüsselthemen der Biologie

1

1.1 Theorien und Konzepte verbinden die Disziplinen der Biologie

Die grundlegendste aller Fragen der Biologie überhaupt könnte lauten „Was ist Leben?". Bereits jedes Kind weiß, dass ein Hund oder eine Pflanze Lebewesen sind, ein Stein oder ein Auto aber nicht. Dennoch entzieht sich das Phänomen, das wir „Leben" nennen, einer einfachen, in einem Satz formulierbaren Definition. Wir erkennen das Leben an dem, was Lebewesen tun. Die belebte Welt ist von wunderbarer Vielgestaltigkeit und wir entdecken täglich etwas Neues. Wie können Biologen diese Vielfalt und Komplexität erklären? – Dabei kann die Konzentration auf wenige Schlüsselthemen helfen. Hier sind es fünf alles übergreifende Themen in der Biologie, die unsere Sicht auf das Leben sicher auch noch für die kommenden Jahrzehnte prägen werden:

- Evolution
- Organisation
- Wechselwirkungen (Interaktionen)
- Materie und Energie
- Information

Hierauf soll in diesem Teil und im nächsten Kapitel kurz eingegangen werden.

1.1.1 Evolution, der große, die gesamte Biologie überspannende Bogen

Die Evolution ist das Zentralthema der Biologie – das grundlegende Konzept, das allem, was wir über Lebewesen wissen, einen Sinn verleiht. Das Leben auf der Erde hat eine mehrere Milliarden Jahre umfassende Evolution durchlaufen, die zu einer gewaltigen Vielfalt vergangener und heute lebender Organismen geführt hat. Neben der überwältigenden Vielfalt finden wir aber auch zahlreiche gemeinsame Merkmale, die immer wieder auftreten. Die wissenschaftliche Erklärung für die Einheitlichkeit, aber auch die Vielfalt von Organismen einschließlich der Anpassungen an ihre Umwelten, liefert die Evolution. Sie beruht auf der Vorstellung, dass die heute auf der Erde lebenden Organismen Nachfahren gemeinsamer Vorfahren sind.

> **MERKE!**
> **Nichts in der Biologie macht Sinn, außer wenn es im Lichte der Evolution betrachtet wird.**
> **Theodosius Dobzhansky, Genetiker**

1.1.2 In der biologischen Hierarchie gibt es verschiedene Organisationsebenen

Das Studium des Lebens erstreckt sich auf verschiedene Organisationsebenen und entfaltet eine gewaltige Spannbreite: von der submikroskopischen Ebene der Moleküle über Organellen, Zellen, Gewebe, Organe, Organsysteme, Individuen, Populationen, Lebensgemeinschaften und Ökosysteme bis hin zur globalen Ebene, der Biosphäre unseres Planeten.

1.1.3 Organismen interagieren mit ihrer Umwelt und tauschen dabei Materie und Energie aus

Jedes Lebewesen steht ständig in Wechselwirkung mit seiner Umwelt, zu der sowohl nicht lebende Faktoren (abiotische Umwelt) als auch andere Organismen (biotische Umwelt) zählen. Eine Pflanze beispielsweise absorbiert über ihre Wurzeln Wasser und gelöste Mineralstoffe aus dem Boden. Gleichzeitig nehmen ihre Blätter Kohlendioxid aus der Luft auf und fangen mit dem Chlorophyll Sonnenlicht ein, um mit dessen Energie die Fotosynthese anzutreiben. Dabei kommt es zur Umwandlung von Wasser und Kohlendioxid in Zucker und Sauerstoff. Die Pflanze entlässt den Sauerstoff in die umgebende Luft und ihre Wurzeln helfen bei der Bodenbildung, indem sie die Verwitterung des Gesteins im Untergrund unterstützen. Sowohl der Organismus selbst als auch seine Umwelt werden durch die zwischen ihnen ablaufenden Wechselwirkungen beeinflusst. Die Pflanze interagiert auch mit anderen Organismen wie zum Beispiel den Mikroorganismen im Boden, die mit ihren Wurzeln assoziiert sind, oder mit Tieren, die ihre Blätter oder Früchte fressen.

Umwandlung von Energie Bewegung, Wachstum, Fortpflanzung und andere Lebensvorgänge erfordern Energie. Der Austausch von Energie zwischen einem Organismus und seiner Umwelt geht oftmals mit der Umwandlung einer Energieform in eine andere einher. So absorbieren etwa die Blätter eines Baumes Licht (Strahlungsenergie) und wandeln diese Sonnenenergie über die Fotosynthese in chemische Energie um, die in Form von Zuckermolekülen gespeichert werden kann. Wenn dann die Muskelzellen eines Tieres Zuckermoleküle als Betriebsstoff für die Fortbewegung einsetzen, wird die gespeicherte chemische Energie in kinetische Energie (Bewegungsenergie) umgewandelt. Bei allen Umwandlungen von Energie wird immer ein Teil der Energie in Wärmeenergie

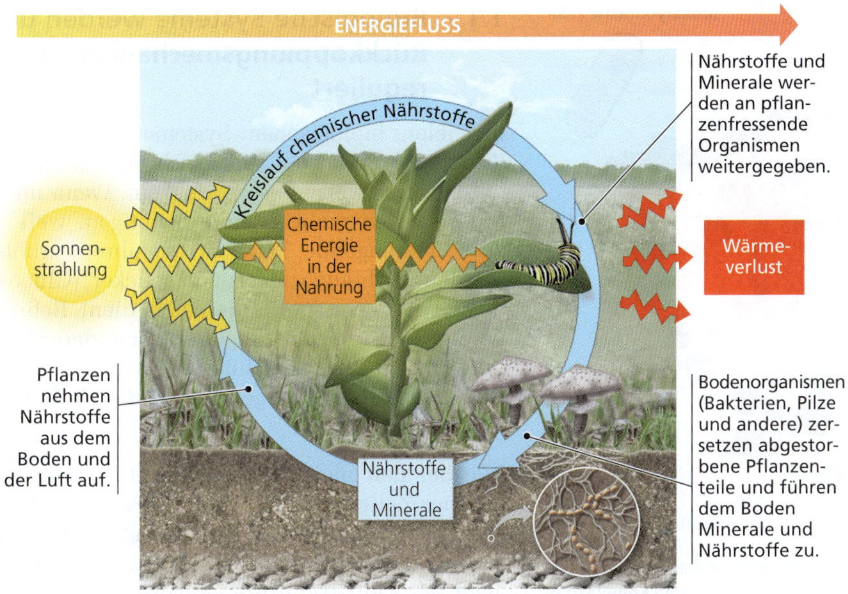

Abbildung 1.1: Nährstoffkreisläufe und Energieflüsse.

überführt, die zum Teil wieder an die Umgebung abgegeben wird. Im Gegensatz zu den chemischen Bausteinen, die in einem Ökosystem einem Kreislauf unterliegen, fließt Energie durch ein Ökosystem hindurch. Dabei strömt sie für gewöhnlich als Strahlungsenergie (Licht) ein und verlässt es in Form von Wärmeenergie (Abbildung 1.1).

1.1.4 Die Biologie hat mit Strukturen und Funktionen zu tun

Ein weiteres wichtiges Kennzeichen der Biologie ist es, dass es in biologischen Systemen immer um Strukturen und Funktionen geht. Dieses Grundprinzip zeigt sich auf allen Organisationsebenen von den Molekülen bis zu den Lebensgemeinschaften und Ökosystemen. Die Analyse einer biologischen Struktur gibt uns Hinweise darauf, wofür sie geeignet ist und in welchem Funktionszusammenhang sie steht. Umgekehrt erleichtern die Erkenntnisse über die biologische Funktion das Verständnis für die Strukturen.

1.1.5 Zellen sind die grundlegenden Struktur- und Funktionseinheiten eines Lebewesens

In der strukturellen Hierarchie des Lebens nimmt die Zelle einen besonderen Platz ein, da sie die unterste Struktur- und Organisationsebene darstellt, die alle charakteristischen Eigenschaften des Lebens aufweist. Eine Zelle ist die kleinste lebende Einheit, die wir kennen. Darüber hinaus hängen alle Lebensprozesse der Organismen von ihren Zellaktivitäten ab. Beispielsweise ist die Teilung von Zellen und die Bildung neuer Zellen die Grundlage jeglicher Fortpflanzung und sie ist ebenso von entscheidender Bedeutung für Wachstum und Zellregeneration bei mehrzelligen Lebewesen (Abbildung 1.2).

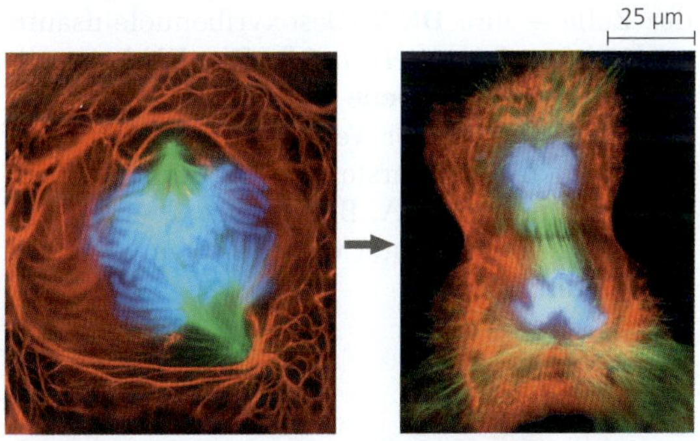

Abbildung 1.2: Eine Lungenzelle eines Wassermolches teilt sich in zwei kleinere Zellen, die heranwachsen und sich erneut teilen.

Alle Zellen besitzen eine Reihe gemeinsamer Merkmale. So ist jede Zelle von einer Membran umgeben, die den Durchtritt von Stoffen aus der Zelle in die Umgebung und umgekehrt kontrolliert und reguliert. Und jede Zelle enthält Desoxyribonucleinsäure (DNA) als Erbgut zur Speicherung der Erbinformation. Grundsätzlich lassen sich zwei Zelltypen unterscheiden: prokaryontische und eukaryontische Zellen (Abbildung 1.3).

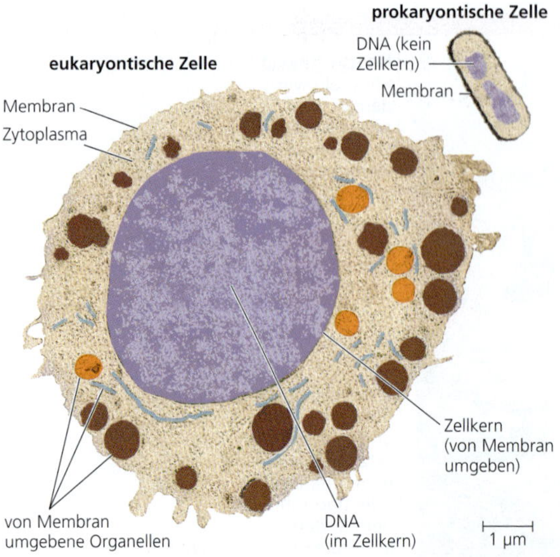

Abbildung 1.3: Gegenüberstellung einer eukaryontischen und einer prokaryontischen Zelle hinsichtlich Größe und Komplexität.

1.1.6 Die Kontinuität des Lebens beruht auf vererbbarer Information in Form von DNA

Innerhalb der sich teilenden Zelle von Abbildung 1.2 erkennen Sie Strukturen, die als Chromosomen bezeichnet werden und die hier mit einem blau leuchtenden Farbstoff angefärbt worden sind. Die Chromosomen enthalten fast das gesamte Erbgut der Zelle – ihre **DNA** (Desoxyribonucleinsäure, engl. *deoxyribonucleic acid*). Die DNA ist die Substanz, aus der **Gene** (Erbfaktoren) bestehen, die die Einheiten der Vererbung von Eltern auf ihre Nachkommen darstellen (Abbildung 1.4). So ist Ihre Blutgruppe (A, B, AB oder 0) eine Folge des Besitzes bestimmter Gene, die Sie von Ihren Eltern ererbt haben.

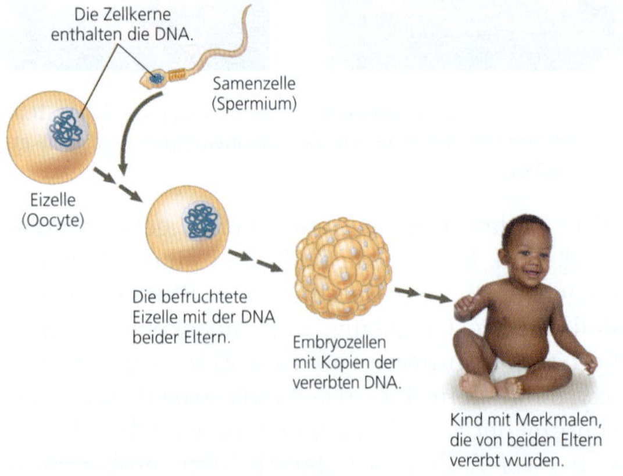

Abbildung 1.4: Die DNA steuert die Entwicklung eines Lebewesens.

1.1.7 Biologische Systeme werden über Rückkopplungsmechanismen reguliert

In vielen biologischen Systemen herrscht das Prinzip von Angebot und Nachfrage. Betrachten wir beispielsweise unsere Muskeln. Wenn unsere Muskelzellen mehr Energie benötigen, weil wir eine anstrengende Tätigkeit ausführen, erhöhen sie den Verbrauch an Traubenzucker (Glucose), der als „Brennstoff" für die Zellen dient. Befinden wir uns im Ruhezustand, wird über andere chemische Reaktionen überschüssige Glucose in (große) Speichermoleküle umgewandelt, die als Energievorrat dienen.

Wie bei den meisten biochemischen Vorgängen in einer Zelle wirken bestimmte Proteine, die als Enzyme bezeichnet werden, als Katalysatoren beschleunigend auf chemische Reaktionen. Dies ist auch der Fall, wenn die Glucosemoleküle abgebaut oder als Speicherstoffe eingelagert werden. Jeder Enzymtyp katalysiert nur eine bestimmte, für ihn typische chemische Reaktion. In vielen Fällen sind solche Reaktionen zu Reaktionsketten zusammengefasst; man spricht dann von Stoffwechselwegen. Jeder Umwandlungsschritt hat in der Regel sein eigenes Enzym. Wie koordiniert nun die Zelle all die verschiedenen chemischen Reaktionen und Stoffwechselwege? Die Antwort liegt in der Fähigkeit vieler biologischer Prozesse zur Selbstregulation durch einen auch in der Technik bekannten Mechanismus, der als Rückkopplung bezeichnet wird.

Die Regulation durch Rückkopplung ist ein in der Biologie immer wiederkehrendes Prinzip, das sich auf allen ihren hierarchischen Ebenen findet – von den Molekülen in einer Zelle über Ökosysteme bis hin zur gesamten Biosphäre (Abbildung 1.5). Diese Art der Regulation ist ein Beispiel für die Integrationsleistungen, die zu den oben diskutierten Eigenschaften führen können, durch die belebte Systeme in ihrer Gesamtheit weitaus mehr sind als die Summe ihrer Teile.

VERSTÄNDNISFRAGEN

1. Welche biologischen Prinzipien werden durch (a) die spitzen Stacheln des Stachelschweins, (b) das Klonen einer Pflanze aus einer Einzelzelle und (c) den Verbrauch von Zucker für den Flug des Kolibris exemplarisch angesprochen?

2. WAS WÄRE, WENN? Geben Sie für jedes der in diesem Kapitel vorgestellten biologischen Prinzipien ein Beispiel, das hier im Buch nicht erwähnt worden ist.

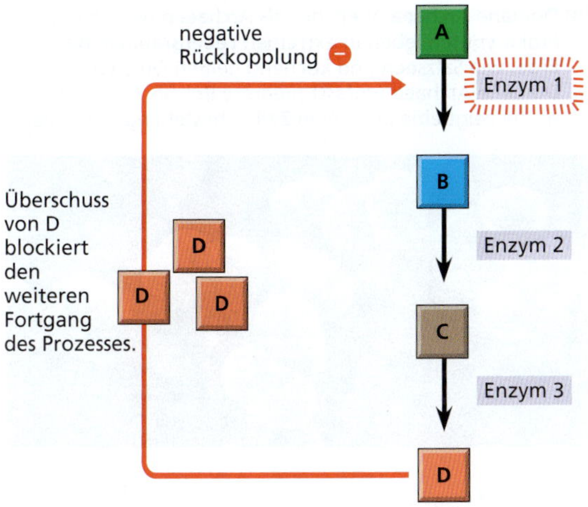

(a) Negative Rückkopplung. Dieser dreischrittige Stoffwechselweg überführt Substanz A in Substanz D. Ein spezifisches Enzym katalysiert jeweils eine der chemischen Reaktionen. Eine Akkumulation des Endproduktes (D) hemmt das erste Enzym in der Reaktionsfolge und blockiert somit die Produktion von D.

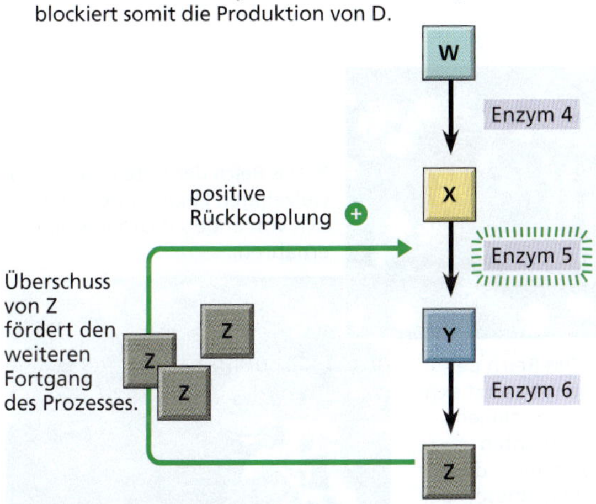

(b) Positive Rückkopplung. In einem durch positive Rückkopplung regulierten Stoffwechselweg stimuliert eines der Reaktionsprodukte ein Enzym der Reaktionsfolge und erhöht somit die Bildung weiterer Stoffwechselprodukte.

Abbildung 1.5: **Regulation durch Rückkopplung.**

? Was würde passieren, wenn das Enzym 2 fehlen würde?

1.2 Die Evolution erklärt sowohl die Einheitlichkeit als auch die Vielfalt der Organismen

Die Evolution ist das zentrale Thema der Biologie, wie es Theodosius Dobzhansky (1900–1975), einer der Gründerväter der modernen Evolutionstheorie, formuliert hat: „Nichts in der Biologie macht Sinn, wenn man es nicht im Lichte der Evolution betrachtet."

1.2.1 Die Eingruppierung von Arten in das hierarchische biologische System

Biologische Diversität ist eines der kennzeichnenden Merkmale des Lebens und der Lebewesen. Bis heute haben die Biologen aller Zeiten ungefähr 1,8 Millionen Arten von Organismen beschrieben, mit Namen belegt und systematisch eingeordnet. Diese unvorstellbare Vielfalt umfasst zum gegenwärtigen Zeitpunkt mindestens 6.300 Arten von Prokaryonten (zumeist mikroskopisch kleine Einzeller mit Zellen vom prokaryontischen Typ), rund 150.000 Arten von Pilzen, ca. 290.000 Arten von Pflanzen und weit über eine Million Tierarten. Unter diesen finden sich etwa 57.000 Arten von Wirbeltieren (Vertebraten) und eine Million Insektenarten, die damit mehr als die Hälfte aller bekannten Arten ausmachen.

Die Domänen und Reiche der Organismen Bis vor etwa 20 Jahren war unter den Biologen ein taxonomisches Grundmodell allgemein akzeptiert, das die belebte Natur in fünf Organismenreiche (Einzahl Regnum, Mehrzahl Regna) – Pflanzen, Tiere, Pilze, einzellige Eukaryonten (Protisten) und Prokaryonten –untergliederte. Seit dieser Zeit haben neuartige Methoden wie DNA-Sequenzvergleiche (vergleichende Genomik) bei verschiedenen Arten zu einer immer noch andauernden Neubewertung der Zahl der Organismenreiche und deren Abgrenzung geführt. Wissenschaftler haben dabei Modelle entwickelt, die sechs und mehrere Dutzend Organismenreiche unterscheiden. Der fachliche Disput hierüber ist noch nicht abgeschlossen. Molekularbiologische Daten deuten aber immer mehr darauf hin, dass sich alle Lebewesen in drei große Domänen einteilen lassen: Bakterien (Bacteria), Archaea und Eukaryonten (Eukarya).

Die zu den Domänen Bacteria und Archaea gehörenden Organismen sind ausnahmslos Prokaryonten. Die meisten von ihnen sind einzellig und mikroskopisch klein. Viele Befunde deuten darauf hin, dass die Archaea ebenso näher mit den Eukaryonten als mit den Bacteria verwandt sind. Alle Eukaryonten werden vier verschiedenen Reichen zugeordnet und diese werden in der Domäne Eukarya zusammengefasst. Die Domäne der Eukarya umfasst somit die Reiche der Protisten (Regnum Protista), der Pflanzen (Regnum Plantae), der Tiere (Regnum Animalia) und der Pilze (Regnum Mycota) (Abbildung 1.6).

(a) Domäne Bacteria. Bakterien sind die vielgestaltigsten und am weitesten verbreiteten Prokaryonten. Sie werden heute in mehrere Reiche unterteilt. Jedes der stäbchenförmigen Gebilde auf diesem Foto ist eine Bakterienzelle.

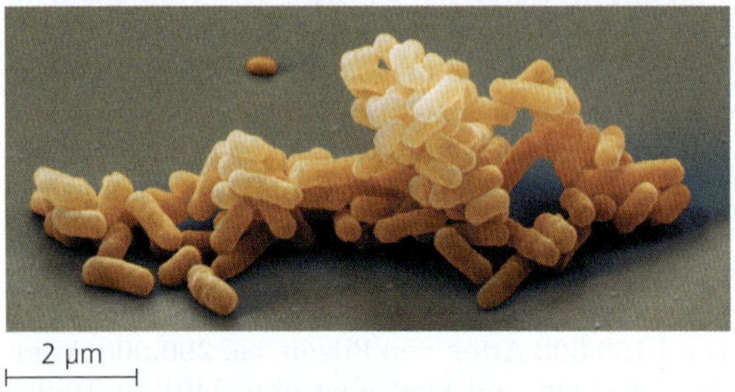

(b) Domäne Archaea. Viele der als **Archaeen** bezeichneten Prokaryonten leben in extremen Lebensräumen der Erde, wie Salzseen und kochend heißen Quellen. Die Domäne Archaea umfasst mehrere Reiche. Die Fotografie zeigt eine aus vielen Zellen bestehende Kolonie.

(c) Domäne Eukarya.

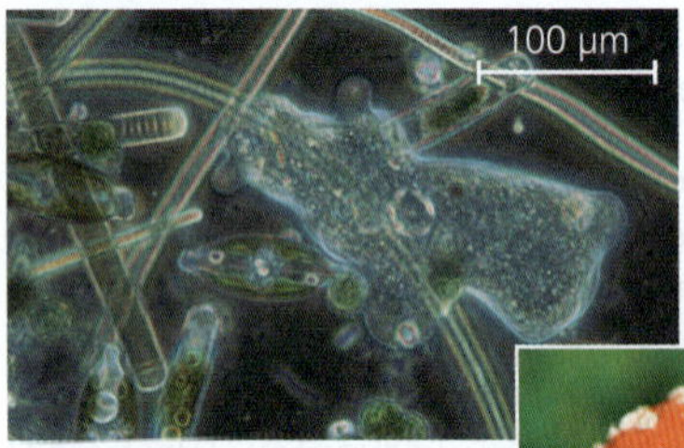

▲ **Protisten** (mehrere Reiche) sind einzellige Eukaryonten sowie mit diesen verwandte, relativ einfach gebaute vielzellige Formen. Abgebildet finden Sie hier eine Ansammlung von Protisten, die in Gewässern leben. Die Biologen debattieren gegenwärtig darüber, wie sich die Protisten Reichen zuordnen lassen, die ihre evolutiven Verwandtschaftsbeziehungen genauer widerspiegeln.

▲ Das **Reich der Pilze** definiert sich zum Teil durch den Ernährungsmodus seiner Arten, zum Beispiel dieses Hutpilzes, die Nährstoffe absorbieren, nachdem sie organisches Material zersetzt haben.

▲ Das **Reich der Pflanzen** setzt sich aus vielzelligen Eukaryonten zusammen, die zur Fotosynthese – der Umwandlung von Lichtenergie in chemische Energie – befähigt sind.

▼ Das **Reich der Tiere** besteht aus vielzelligen Eukaryonten, die sich von anderen Organismen ernähren.

Abbildung 1.6: Die drei Domänen der Lebewesen.

1.2.2 Charles Darwin und die Theorie der natürlichen Selektion

Die Geschichte des Lebens auf der Erde, wie sie sich in Form von Fossilien (Reste und Spuren vorzeitlicher Pflanzen, Tiere und Mikroorganismen), Gesteinen und Mineralen offenbart, belegt eine sich stetig wandelnde, Milliarden Jahre alte Erde mit einer sich ebenfalls ständig verändernden Organismenwelt. Diese evolutionäre Sichtweise der sich in der Zeitachse verändernden Organismen trat im November des Jahres 1859 in das allgemeine Bewusstsein, als der Engländer Charles Robert Darwin (1809–1882) eines der bedeutsamsten und einflussreichsten naturwissenschaftlichen Bücher veröffentlichte, das jemals geschrieben wurde. Darwins Buch mit dem Titel *Die Entstehung der Arten durch natürliche Zuchtwahl* wurde augenblicklich zu einem Bestseller und ließ den Begriff „Darwinismus" gleichsam zu einem Synonym für das Konzept der biologischen Evolution werden (Abbildung 1.7).

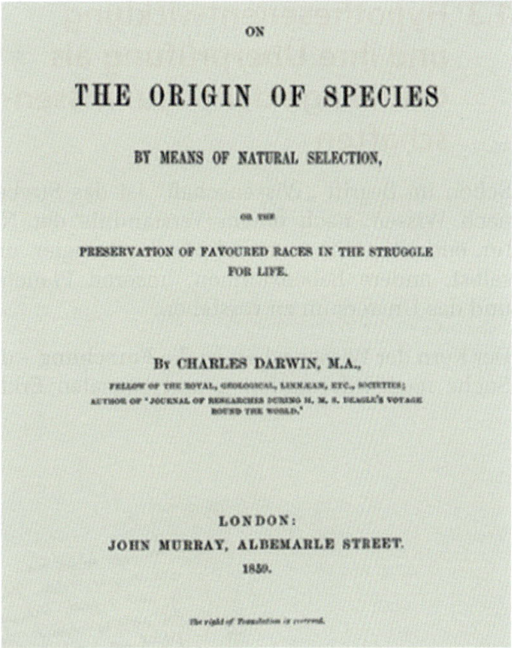

ON

THE ORIGIN OF SPECIES

BY MEANS OF NATURAL SELECTION,

OR THE

PRESERVATION OF FAVOURED RACES IN THE STRUGGLE FOR LIFE.

BY CHARLES DARWIN, M.A.,

FELLOW OF THE ROYAL, GEOLOGICAL, LINNÆAN, ETC., SOCIETIES;
AUTHOR OF 'JOURNAL OF RESEARCHES DURING H. M. S. BEAGLE'S VOYAGE ROUND THE WORLD.'

LONDON:
JOHN MURRAY, ALBEMARLE STREET.
1859.

The right of Translation is reserved.

Abbildung 1.7: **Charles Darwin.** Nach einem Porträt von George Richmond im Jahr 1840, vier Jahre nach der Rückkehr von der Weltumseglung mit der „Beagle".

1.2.3 Der Stammbaum des Lebens

Werfen wir einen Blick auf den Skelettbau der Fledertiere (Abbildung 1.8). Die Vordergliedmaßen dieser Tiere weisen – obgleich sie an eine fliegende Fortbewegungsweise adaptiert sind – genauso wie bei anderen Säugetieren Knochen, Gelenke, Nerven und Blutgefäße auf. So entsprechen ihre Vordergliedmaßen zum Beispiel den Armen des Menschen, den Vorderbeinen von Pferden und den Brustflossen von Walen. Tatsächlich leiten sich sämtliche Bestandteile der Vordergliedmaßen der Säugetiere von einem gemeinsamen Grundbauplan ab. Solche Beispiele für verwandtschaftliche Ähnlichkeit verbinden das Konzept der Einheitlichkeit in der Vielfalt mit der Darwin'schen Theorie der „gemeinsamen Abstammung mit allmählicher Abwandlung (Modifikation)".

VERSTÄNDNISFRAGEN

1. In welcher Hinsicht gleicht eine Postadresse dem hierarchischen System der biologischen Taxonomie?

2. WAS WÄRE, WENN? Im Stammbaum des Lebens zweigen von der eukaryontischen Linie drei Äste ab, die die Organismenreiche der Pflanzen, Tiere und Pilze repräsentieren. Gehen Sie davon aus, dass die Pilze und die Tiere näher miteinander verwandt sind als jede dieser Gruppen mit den Pflanzen (wofür es nach den Ergebnissen der jüngeren Forschung Hinweise gibt), und zeichnen Sie ein einfaches Verzweigungsdiagramm auf, das die Verwandtschaftsbeziehungen dieser drei Organismengruppen nach heutigem Kenntnisstand korrekt wiedergibt.

Abbildung 1.8: **Anpassungen in der Evolution.** Fledertiere (Chiroptera), zu denen die Fledermäuse und die Flughunde gehören, sind die einzigen aktiv flugfähigen Säugetiere. An den Körperseiten bilden Oberhaut und Lederhaut die elastische Flughaut, deren Stützskelett die stark verlängerten Mittelhandknochen und Finger bilden. Solche Anpassungen lassen sich nur auf der Basis der Evolutionstheorie über die natürliche Selektion erklären.

1.3 Hypothesenentwicklung und ihre Überprüfung als Grundlage der Naturwissenschaften

Schon im Begriff „Wissenschaft“ ist das Streben nach Wissen, nach einem Verständnis der Natur, enthalten. Sie entstand aus der Neugier, uns selbst, andere Lebensformen, unseren Planeten und das Universum zu verstehen.

Der Kern der Wissenschaft ist die **Forschung** – die Suche nach Informationen und kausalen Erklärungen. Dabei konzentriert sie sich in der Regel auf eng umgrenzte und präzise Fragestellungen. Forscherdrang trieb Darwin dazu, Antworten auf die Frage zu suchen, wie sich die Pflanzen- und Tierarten an ihre Umwelt anpassen und warum sie überhaupt an diese angepasst sind. Heutzutage ist es genau derselbe Forscherdrang, der eine weitere wissenschaftlich vertiefte Analyse, zum Beispiel der funktionellen Bedeutung unterschiedlicher Genome, ermöglicht und uns verstehen lässt, wie sich biologische Einheitlichkeit und Vielfalt auf der molekularen Ebene darstellen. In der Tat ist der neugierige Intellekt der wichtigste Motor, der allen Fortschritt in der Biologie bewirkt.

Abbildung 1.9: **Die britische Primatologin Jane Goodall beim Aufnehmen qualitativer Daten über das Verhalten von Schimpansen.** Jane Goodall hat ihre Beobachtungen in einem Notizbuch aufgezeichnet und dabei oft Zeichnungen der Verhaltensweisen einzelner Individuen angefertigt.

Es gibt kein einfaches Rezept für Erfolg in der wissenschaftlichen Forschung, auch keine allgemeingültige Vorschrift, der Wissenschaftler streng folgen müssen. Allein die strikte Anwendung wissenschaftlicher Methoden und wissenschaftlicher Denkweisen, gekoppelt mit der Suche nach wahren Phänomenen und Zusammenhängen, ist die Leitschnur, der Wissenschaftler bei ihrer Arbeit folgen müssen. Die jeweilige Methode, die man dabei anwendet, hängt von der Fragestellung und der Natur des Forschungsgegenstandes ab.

Biologen benutzen, wie auch die Wissenschaftler in anderen Naturwissenschaftszweigen, bei ihrer Vorgehensweise zwei unterschiedliche Ansätze: den empirischen über Beobachtung und Experiment und den theoretischen über Hypothesen und Modelle. Der empirische Erkenntnisprozess zielt in der Hauptsache darauf, Naturphänomene zu beschreiben, vergleichend zu analysieren und über Experimente kausale Zusammenhänge aufzuzeigen (Abbildung 1.9).

1.3.1 Biologie als empirische Wissenschaft

Die Beobachtung und die experimentelle Erfassung von Messdaten kennzeichnet die **empirische Naturwissenschaft**. Man beschränkt sich hierbei auf die Untersuchung von Strukturen und Prozessen biologischer Objekte und versucht, diese so exakt und sorgfältig wie nur möglich zu analysieren. Dieser Analyse liegen oft schon bestimmte Arbeitshypothesen zugrunde. So war es zum Beispiel eine empirische wissenschaftliche Vorgehensweise, die zur Entdeckung der Zellen einschließlich ihres strukturellen Aufbaus in einzelne Kompartimente geführt hat. Auch die immer weiter wachsenden Genomdatenbanken einer Vielzahl bisher untersuchter Organismenarten basieren auf einer empirischen Datenerfassung.

Induktion und empirische Forschung Die empirische Wissenschaft kann auf der Grundlage einer bestimmten Methode, die als **Induktion** oder **induktives Folgern** bezeichnet wird, zu wichtigen Schlüssen gelangen. Beim induktiven Verfahren kommt man aus einer großen Zahl spezifischer und reproduzierbarer Einzelbeobachtungen zu allgemeinen Schlüssen und Gesetzmäßigkeiten. Man geht dabei von der Annahme aus, dass, wenn sich etwas bei einer Reihe von beobachteten Ereignissen als wahr erweist, es sich bei allen gleichartigen Ereignissen auch mit größter Wahrscheinlichkeit als wahr erweisen wird. Man folgert also vom Speziellen zum Allgemeinen. Beispiele für eine aus der Induktion erschlossene allgemeine Aussage wäre: „Die Sonne beginnt ihren Lauf immer im Osten“ oder „Alle Lebewesen bestehen aus Zellen“. Letztere Verallgemeinerung stützt sich immerhin auf mehrere Jahrhunderte biologischer Forschung, in denen unzählige Einzelbeobachtungen gemacht worden sind, die in jedem Fall diese allgemeine Aussage nicht falsifiziert (widerlegt) haben. Bisher wurde kein einziges Lebewesen gefunden, für das diese allgemeine Aussage nicht zugetroffen hätte. Zahlreiche auf diese Weise abgeleitete allgemeine Einsichten sind als **Gesetzmäßigkeiten in der Natur** bekannt. Da sich die Aussagen in der Regel immer nur auf eine bestimmte Organismengruppe beziehen, spricht man auch von sogenannten **Allsätzen** (zum Beispiel: *Alle* Fledermäuse verfügen über die Fähigkeit zur Ultraschallortung).

MERKE!

Bei der Induktion kommt man aus einer großen Zahl spezifischer und reproduzierbarer Einzelbeobachtungen zu allgemeinen Schlüssen und Gesetzmäßigkeiten.

1.3.2 Theoretische Wissenschaft

Die Beobachtungen und induktiven Schlüsse der empirischen Naturwissenschaft helfen uns, nach Ursachen und Erklärungen zu suchen. Welches ist die Ursache für die Speziation der Darwinfinken auf den Galápagos-Inseln? Welches ist die Ursache dafür, dass die Wurzeln eines Keimlings in den Boden wachsen, der Spross mit seinen Blättern hingegen zum Licht hin? Wie lässt sich die Verallgemeinerung erklären, dass die Sonne immer im Osten aufgeht? In der Naturwissenschaft sind solche Fragestellungen gewöhnlich mit dem Aufstellen und Überprüfen von Hypothesen (Erklärungsversuchen) verbunden.

Die Bedeutung von Hypothesen für den Forschungsprozess In der der Wissenschaft zugrunde liegenden Erkenntnistheorie versteht man unter einer **Hypothese** eine vorläufige Antwort „im Voraus“ auf eine präzise formulierte Frage, also einen Erklärungsansatz „auf Probe“. Dabei handelt es sich gewöhnlich nicht um eine „Spekulation“, sondern um eine wohlbegründete Annahme, die sich auf die Kenntnisse und die Erfahrung der jeweiligen Wissenschaftler und die bislang vorliegenden empirisch gewonnenen Daten und Informationen stützt. Eine wissenschaftliche Hypothese muss, um brauchbar zu sein, bestimmte Vorhersagen zum Ausdruck bringen, die sich anhand von Experimenten oder vergleichenden Beobachtungen (da Experimente in manchen Disziplinen wie der Astronomie, der Geologie, Paläontologie und auch zum Beispiel in der Evolutionsforschung nur bedingt oder gar nicht durchführbar sind) überprüfen lassen.

Natürlich gliedern wir unsere Gedankengänge nur selten in dieser Form in wohl formulierte Hypothesen, Vorhersagen und Experimente, wenn wir vor einem konkreten Problem stehen und es lösen möchten. Intuitiv folgen wir aber meist diesem Schema. Die theoretische Seite der Wissenschaft hat ihren Ursprung in der Neigung des Menschen, Problemstellungen durch Experimentieren zu lösen.

Deduktion: Die „Wenn–dann"-Logik Ein anderer Ansatz als der induktive ist die **Deduktion** oder das **deduktive Folgern.** Er findet ebenfalls in der Naturwissenschaft häufig Anwendung und ist bei wissenschaftstheoretischen Fragestellungen von besonderer Bedeutung. Die Deduktion ist gewissermaßen die Umkehrung der Induktion, da hier vom Allgemeinen ausgehend zum Speziellen hin geschlussfolgert und aus allgemeinen Aussagen auf den spezifischen Einzelfall hin extrapoliert wird. Dabei wird vorausgesetzt, dass die Verallgemeinerungen zutreffend und für den analysierten speziellen Fall gültig sind. Das folgende Beispiel mag dies erläutern: Wenn alle Lebewesen aus Zellen bestehen (Voraussetzung 1) und Menschen Lebewesen sind (Voraussetzung 2), folgt daraus, dass Menschen aus Zellen bestehen müssen (deduktive Vorhersage für einen spezifischen Fall).

In einem theoretisch ausgerichteten Ansatz nehmen deduktive Schlussfolgerungen gewöhnlich die Form von Voraussagen zum Ausgang von Experimenten oder von Vorhersagen für mögliche Beobachtungen an, die eintreten sollten, falls eine bestimmte Hypothese zutreffend ist. Man überprüft dann die Hypothese, indem man ein geeignetes Experiment durchführt. Dies zeigt, ob die Vorhersagen der Hypothese zutreffen (Hypothese erweist sich als nicht widerlegbar) oder nicht (Hypothese ist zu verwerfen).

MERKE!

Die Deduktion ist gewissermaßen die Umkehrung der Induktion, da hier vom Allgemeinen ausgehend zum Speziellen hin geschlussfolgert wird.

Hypothesen in der Naturwissenschaft Das Beispiel mit der Taschenlampe verdeutlicht zwei wichtige „Qualitäten" wissenschaftlicher Hypothesen (Abbildung 1.10). Erstens muss eine Hypothese (zumindest prinzipiell) überprüfbar sein. Es muss also irgendeinen Weg geben, wie die Validität (Gültigkeit) der zugrunde liegenden Annahme überprüft werden kann. Zweitens muss eine Hypothese falsifizierbar (widerlegbar) sein. Es muss also möglich sein, sie durch Beobachtung oder Experiment als unrichtig zu entlarven. Anders ausgedrückt: Es müssen (zumindest theoretisch) Bedingungen existieren, die es erlauben nachzuweisen, dass die Hypothese unzutreffend ist. Die Hypothese, dass die Taschenlampe nicht funktioniert, weil die Batterien leer sind, lässt sich falsi-

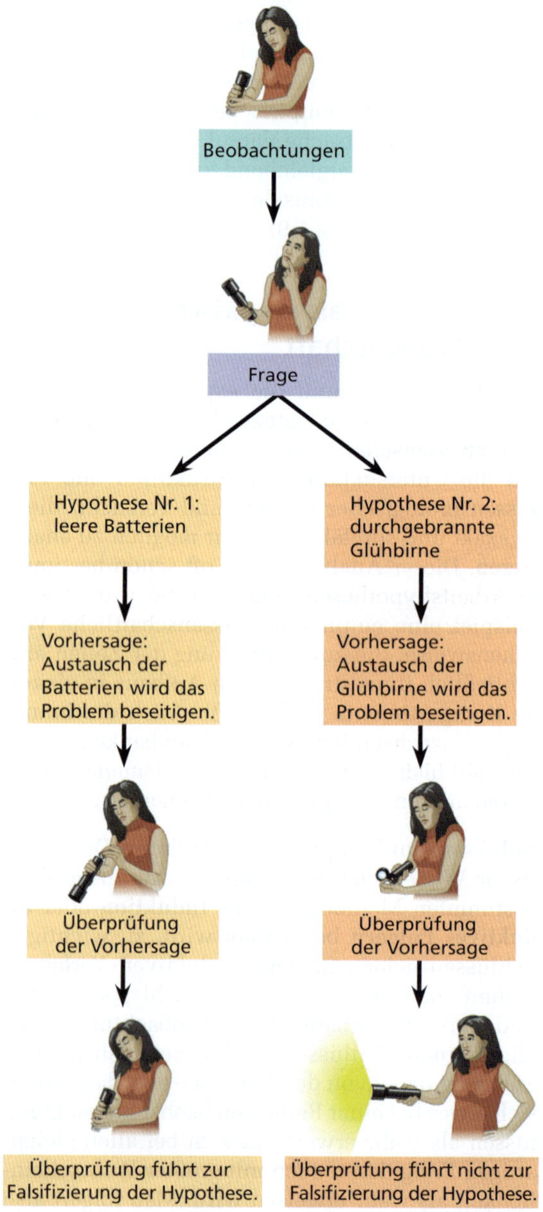

Abbildung 1.10: Ein Beispiel aus der Praxis des Alltagslebens für eine auf Hypothesenbildung beruhende Problemlösung.

fizieren, wenn man die alten gegen neue Batterien austauscht (von denen mit einer anderen Lampe gezeigt wurde, dass sie Strom liefern) und die Lampe noch immer kein Licht aussendet. Nicht alle denk- und formulierbaren Hypothesen erfüllen diese Kriterien der Wissenschaftlichkeit. Derartige Hypothesen sind als Arbeitsgrundlage für den Wissenschaftler unbrauchbar. (Versuchen Sie, sich einen Test auszudenken, mit dem die Hypothese, dass auf dem Campingplatz umherirrende Geister die Taschenlampe unbrauchbar gemacht haben, falsifiziert werden kann.) An der Forderung der Überprüfbarkeit und Falsifizierbarkeit von Hypothesen zeigt sich eindringlich, dass der empirische und der theoretische Zweig der Naturwissenschaft untrennbar miteinander verbunden sind!

Die Planung von Kontrollexperimenten Viele Experimente sind **Experimente mit Kontrollen**, also Experimente, die ausgelegt sind, den Ausgang des Versuchs bei einer Versuchsgruppe mit dem bei einer Kontrollgruppe zu vergleichen. Im günstigsten Fall unterscheidet sich die Kontrollgruppe beziehungsweise der Kontrollansatz bei Laborversuchen nur in einem Faktor (einer Variablen) vom Testansatz. Ohne die Einbeziehung einer Kontrollgruppe („Nullprobe") wäre es den Wissenschaftlern nicht möglich, andere Faktoren auszuschließen.

1.3.3 Grenzen der Wissenschaft

Aufgrund ihrer großen Leistungsfähigkeit kann die naturwissenschaftliche Forschung eine Vielzahl von Naturphänomenen erklären. Im Prinzip könnte generell so gut wie jede Frage mittels naturwissenschaftlicher Methoden untersucht werden. In der Praxis zeigt es sich jedoch, dass manche Fragen nicht oder noch nicht beantwortet werden können. Eine Schwierigkeit besteht darin, dass immer eine überprüfbare und somit potenziell falsifizierbare Hypothese formuliert werden muss und alle experimentell erzielten Ergebnisse grundsätzlich auch reproduzierbar sein müssen.

Einzelbeobachtungen können interessant sein, stellen aber keine „Beweise" im Sinn einer wissenschaftlichen Methode dar. Unbestätigte Augenzeugenberichte und am Computer erzeugte, nicht reproduzierbare „Fotografien" sind ohne großen Aussagewert. Bei einer wissenschaftlichen Auswertung müssen sie verworfen werden. In der Wissenschaft sind die durch Beobachtungen oder Experimente gewonnenen Ergebnisse nur dann verwertbar, wenn sie dem Kriterium der Reproduzierbarkeit entsprechen.

1.3.4 Die Rolle von Modellen in der Naturwissenschaft

In der Forschung werden oft Untersuchungen an **Modellen** (zum Beispiel auch Modellorganismen) durchgeführt, die stellvertretend für eine ganze Gruppe stehen, wie etwa die winzigen Fliegen der Gattung *Drosophila* (Taufliegen) in der Entwicklungs- und Vererbungsforschung. Zwischen einem solchen Modell im Sinn eines stellvertretenden realen Systems und einem Modell im Sinn einer Analogie, wie beispielsweise dem des Immunsystems als Polizeitruppe zur Verteidigung des Körpers, muss natürlich unterschieden werden. Wissenschaftler ziehen häufig Modelle heran, um komplexe und oft nur schwer oder kaum darstellbare Naturphänomene in vereinfachter Form beispielhaft vorzustellen. Naturwissenschaftliche Modelle können zahlreiche Darstellungsformen haben, unter anderem Diagramme wie den Stammbaum der Verwandtschaftsverhältnisse der Organismenarten oder Kurven oder räumliche Objekte. Die Wahl des am besten geeigneten Modelltyps hängt davon ab, welche Aussage gemacht werden soll.

1.3.5 Naturwissenschaft, Technik und Gesellschaft

Das Verhältnis von Naturwissenschaft und Gesellschaft stellt sich klarer dar, wenn man die Technik in das Bild mit einbezieht. Obgleich Wissenschaft und Technik sich vielfach auf die gleichen oder ähnlich grundlegende Methoden stützen, unterscheiden sie sich jedoch in ihren Zielsetzungen. Das Ziel der Wissenschaft ist ein Verständnis von Naturphänomenen. Im Gegensatz dazu zielt die **Technik** auf eine Anwendung dieser naturwissenschaftlichen Erkenntnisse für einen speziellen – meistens kommerziellen – Zweck. Man spricht daher auch von „reiner Wissenschaft" (erkenntnisorientierte Wissenschaft ohne konkrete Anwendungsabsicht, Grundlagenforschung) und von „angewandter Wissenschaft" (u. a. Technologieforschung, Ingenieurwissenschaften, Forst-, Agrar- und Umweltwissenschaften). Biologen und Wissenschaftler anderer Disziplinen sprechen im Rahmen ihrer Arbeit oftmals von „Entdeckungen", Ingenieure dagegen von „Erfindungen" oder „Entwicklungen". Zu den Nutznießern solcher Erfindungen und Entwicklungen gehören auch die Wissenschaftler, die neue Technologien bei ihrer Forschungsarbeit zum Einsatz bringen; der Einfluss der Informations- und Computertechnik auf die Systembiologie ist nur ein Beispiel (Abbildung 1.11). Wissenschaft und Technik sind daher

Abbildung 1.11: DNA-Technologie und Spurensicherung bei Verbrechen. Gerichtsmediziner können Spuren von DNA, die aus Blut oder anderen Geweberesten, die an einem Tatort sichergestellt worden sind, extrahieren und dazu benutzen, molekulare Profile („genetische Fingerabdrücke") zu erstellen. Die angefärbten Banden, die Sie auf dieser Fotografie sehen, zeigen DNA-Fragmente an. Das Bandenmuster variiert von Person zu Person.

eng verzahnt und wechselseitig voneinander abhängig. Technische Fortschritte ermöglichen neue Erkenntnisse; neue Erkenntnisse führen zu neuartigen technischen Entwicklungen und letztlich wieder zu neuen Herausforderungen.

VERSTÄNDNISFRAGEN

1. Stellen Sie die Induktion der Deduktion gegenüber.

2. Warum spricht man im Zusammenhang mit dem Konzept der natürlichen Selektion von der „Theorie der natürlichen Selektion"?

ZUSAMMENFASSUNG

Theorien und Konzepte verbinden die Disziplinen der Biologie

Die Evolution ist der alles umspannende Bogen der Biologie. Die Evolutionstheorie erklärt sowohl die Einheitlichkeit als auch die Vielfalt des Lebens durch die individuellen Unterschiede und die Anpassung der Lebewesen an ihre Umwelt.

In der biologischen Hierarchie gibt es verschiedene Organisationsebenen. Die Hierarchie des Lebens stellt sich wie folgt dar: Biosphäre > Ökosystem > Lebensgemeinschaft > Population > Individuum > Organsystem > Organ > Gewebe > Zelle > Organell > Molekülverband > Molekül > Atom. Vom Atom ausgehend treten auf jeder höheren Hierarchieebene neue, spezifische emergente Eigenschaften in Erscheinung, die sich aus Wechselwirkungen zwischen den Komponenten dieser bestimmten Ebene ableiten. Sie unterscheiden sich von denen der nächstniedrigeren und nächsthöheren Ebene.

Die Organismen stehen mit ihrer Umwelt in Wechselwirkung und tauschen dabei Materie und Energie aus. Die Umwelt eines Individuums innerhalb eines bestimmten Lebensraums umfasst alle anderen Organismen (biotische Umwelt) ebenso wie die unbelebte Umwelt (abiotische Umwelt). Während die chemischen Bestandteile (zum Beispiel die Nährstoffe und Elemente) in einem Ökosystem über Kreisläufe erhalten bleiben, geht ein steter Energiefluss durch das System. Alle Organismen müssen Arbeit verrichten; dazu ist Energie notwendig. Der Energiefluss geht in der Regel von der Sonne aus und fließt durch die verschiedenen Trophiestufen von den Primärproduzenten über die verschiedenen Konsumentenebenen. Auf jeder dieser Ebenen wird Wärmeenergie freigesetzt.

Zellen sind die grundlegenden Struktur- und Funktionseinheiten eines Lebewesens. Die Zelle ist die unterste Ebene, auf der alle biologischen Aktivitäten ablaufen, die notwendig sind, um einen Organismus am Leben zu erhalten. Eine Zelle ist entweder vom prokaryontischen oder vom eukaryontischen Typ. Eukaryontische Zellen enthalten Organellen, die von einer Membran umgeben sind – zum Beispiel den Zellkern, der die Hauptmasse des Erbguts (DNA) enthält. Prokaryontischen Zellen fehlen derartige, von einer Membran begrenzte Organellen.

Die Kontinuität des Lebens beruht auf vererbbarer Information in Form von DNA. Genetische Information (Erbinformation) ist in den Nucleotidsequenzen von DNA-Molekülen codiert. Es ist die DNA, die als Erbinformation von den Eltern auf ihre Nachkommen übertragen wird. DNA-Nucleotidsequenzen steuern die Proteinproduktion einer Zelle durch Transkription in Ribonucleinsäuren (RNA), die dann in Polypeptidsequenzen übersetzt (translatiert) werden. Diverse RNA-Typen, die nicht in Proteine übersetzt werden, üben weitere wichtige Funktionen in der Zelle aus.

Biologische Systeme werden über Rückkopplungsmechanismen reguliert. Im Fall einer negativen Rückkopplung wird bei einem Zuviel eines produzierten Stoffes die weitere Produktion verlangsamt oder ganz gehemmt, um die Menge der vorhandenen Substanz in einem bestimmten Gleichgewicht zu halten. Im Fall einer positiven Rückkopplung stimuliert ein Endprodukt den Prozess seiner eigenen weiteren Herstellung bis zu einem bestimmten Grenzwert, ab dem andere Regulationsmechanismen greifen. Solche Rückkopplungsprozesse stellen Regulationsmechanismen dar, die auf allen Ebenen der biologischen Hierarchie anzutreffen sind – von der biochemischen Ebene der Moleküle bis zur Ebene von Ökosystemen. Sie sind aber auch in abiotischen technischen Systemen zu finden.

Einheitlichkeit und Vielfalt der Organismen sind das Ergebnis der Evolution

Die Domänen und Reiche der Organismen. Biologen ordnen definierte Arten in ein hierarchisches System mit immer weiter aufgefächerten Organismengruppen. Die Domänen Bacteria und Archaea bestehen aus Prokaryonten. Die Domäne Eukarya umfasst eine Reihe von Protisten sowie das Reich der Pflanzen (Plantae), das Reich der Tiere (Animalia) und das Reich der Pilze (Mycota). So vielgestaltig das Leben erscheint, besteht doch eine bemerkenswerte Einheitlichkeit, die sich in den Ähnlichkeiten zwischen den verschiedenen Lebensformen offenbart.

Charles Darwin und die Theorie der natürlichen Selektion. Charles Darwin entwickelte das Konzept der natürlichen Selektion, die in einem lang andauernden Prozess zu Veränderungen durch Anpassungen (Evolution) und zur Entstehung aller Organismengruppen geführt hat.

Der Stammbaum des Lebens. Jede Art steht am Ende eines Zweiges eines stark verzweigten Stammbaums, der in der Zeit zurückreicht und zu immer ursprünglicheren Arten in der Frühzeit der Erdentwicklung führt. Alle Lebewesen auf der Erde sind durch eine lange evolutive Geschichte miteinander verbunden.

Naturwissenschaftler verwenden unterschiedliche Methoden

Die Biologie als empirische Wissenschaft. Bei einer empirischen Vorgehensweise beobachten und beschreiben Wissenschaftler Naturphänomene und versuchen über experimentelle Ansätze auf Kausalzusammenhänge zu schließen. Dabei setzen sie in der Regel die Methode der Induktion ein, um zu verallgemeinernden Schlüssen und zu Gesetzmäßigkeiten zu gelangen.

Die Biologie als theoretische Wissenschaft. Auf der Grundlage gesicherter Erkenntnisse entwickeln Naturwissenschaftler Hypothesen, die zu Vorhersagen (Annahmen, abgeleiteten Prämissen) führen, die dann experimentell überprüft werden können. Sie versuchen herauszufinden, ob die Vorhersagen der Hypothese zutreffend sind. Bei der Formulierung und Überprüfung von Hypothesen kommt die Methode der Deduktion zum Einsatz: Falls eine Hypothese nicht widerlegt (falsifiziert) werden kann, und sie auch im Experiment überprüft wird, kann man einen bestimmten, von der Hypothese vorausgesagten Ausgang des Experiments annehmen. Wissenschaftliche Hypothesen müssen überprüfbar und falsifizierbar sein.

Grenzen der Wissenschaft. Grundsätzlich sind mit wissenschaftlichen Methoden eine Vielzahl denkbarer Fragestellungen zu bearbeiten. Die naturwissenschaftliche Beweisführung ist jedoch von vernünftigen, reproduzierbaren, jederzeit nachprüfbaren und damit auch widerlegbaren Hypothesen abhängig. Unvernünftige, weil unüberprüfbare Hypothesen können zwar leicht aufgestellt werden, sind jedoch ohne jeden erkenntnistheoretischen (wissenschaftlichen) Wert.

Modelle in der Naturwissenschaft. Modelle sind vereinfachte Darstellungen oder Analogien komplizierter naturwissenschaftlicher Sachverhalte. Sie erleichtern die Analyse und machen wissenschaftliche Zusammenhänge besser verständlich. Modelle haben in der Regel einen hypothetischen Charakter und erlauben es auch, weitere Hypothesen zu formulieren.

Naturwissenschaft, Technik und Gesellschaft. In der Technik und in vielen Technologiebereichen kommen wissenschaftliche Erkenntnisse zum Nutzen der Gesellschaft und der Menschheit zur Anwendung und wirken sich umgekehrt auf den wissenschaftlichen Fortschritt aus.

Die chemischen Zusammenhänge des Lebens

2

2.1 Materie besteht aus chemischen Elementen, die in reiner Form und in Form chemischer Verbindungen vorkommen

2.1.1 Chemische Elemente und chemische Verbindungen

Ein **chemisches Element** ist ein Stoff, der durch chemische Umsetzungen nicht weiter zerlegt werden kann. Das Periodensystem der Elemente umfasst heute mehr als 100 chemische Elemente. Jedem chemischen Element ist ein eindeutiges Elementsymbol zugewiesen, durch das es in Formeln wiedergegeben wird.

Eine **chemische Verbindung** ist ein reiner Stoff, der aus zwei oder mehr Elementen besteht. Kochsalz etwa ist die Verbindung Natriumchlorid (NaCl), also eine chemische Verbindung des Metalls Natrium mit dem giftigen Gas Chlor im Teilchenzahlverhältnis 1:1 (Abbildung 2.1).

Abbildung 2.1: Eine chemische Verbindung zeichnet sich durch Eigenschaften aus, welche die beteiligten Elemente nicht haben. Das Metall Natrium reagiert mit dem giftigen Gas Chlor zur essbaren Verbindung Natriumchlorid (Kochsalz).

2.1.2 Chemische Elemente, die essenziell für das Leben sind

Rund zwei Dutzend der über hundert chemischen Elemente sind unabdingbare Bestandteile von Lebewesen. Vier davon – Kohlenstoff (C), Sauerstoff (O), Stickstoff (N) und Wasserstoff (H) – machen etwa 96 Prozent der belebten Materie aus. Phosphor (P), Schwefel (S), Calcium (Ca), Kalium (K) und einige weitere Elemente machen den Großteil der verbleibenden vier Prozent der Masse von Lebewesen aus.

Spurenelemente (Chrom (Cr), Kobalt (Co), Eisen (Fe), Fluor (F), Jod (I), Kupfer (Cu), Mangan (Mn), Molybdän (Mo), Selen (Se), Silicium (Si), Vanadium (V), Zinn (Sn) und Zink (Zn)) werden von einem Lebewesen nur in sehr geringen Mengen benötigt. Einige Spurenelemente, wie etwa das Eisen (Fe), werden von allen Lebensformen benötigt, andere dagegen nur von bestimmten Organismen.

VERSTÄNDNISFRAGEN

1. Erläutern Sie die Eigenschaften des Kochsalzes im Vergleich zu denen von Natrium und Chlor.

2. **WAS WÄRE, WENN?** Eisen (Fe) ist ein Spurenelement, das für die ordnungsgemäße Funktion des Blutfarbstoffs Hämoglobin, der in den roten Blutzellen den Sauerstoff transportiert, notwendig ist. Wie würde sich ein Eisenmangel bemerkbar machen?

2.2 Die Eigenschaften eines Elements werden durch die Struktur seiner Atome bestimmt

Ein Atom ist die kleinste Einheit der Materie, die noch die typischen Eigenschaften des Elements erkennen lässt. Atome sind so winzig, dass mehr als eine Million von ihnen aufgereiht werden müssten, um den Durchmesser des Punktes am Satzende darzustellen. Atome werden in Formeln mit den Elementsymbolen dargestellt.

2.2.1 Subatomare Teilchen

Selbst die winzigen Atome bestehen ihrerseits aus noch kleineren Teilen, den Elementarteilchen **Neutronen, Protonen** und **Elektronen**. Jedes Proton besitzt eine positive elektrische Ladung, jedes Elektron eine negative. Das Neutron ist ungeladen.

Protonen und Neutronen lagern sich im Atom zum **Atomkern** zusammen. Die Elektronen halten sich mit einer bestimmten Wahrscheinlichkeit in bestimmten Abständen vom Atomkern auf. Abbildung 2.2 zeigt zwei einfache Modelle der Heliumatomstruktur als Beispiele.

Das Neutron und das Proton besitzen sehr ähnliche Massen von jeweils etwas weniger als $1{,}7 \times 10^{-24}$ g. Für Atome und Moleküle hat sich eine eigene Masseneinheit, das **Dalton**, eingebürgert. Ein Dalton ist definiert als $^{1}/_{12}$ der Masse des Kohlenstoffisotops ^{12}C. Es entspricht $1{,}6605402 \times 10^{-24}$ g. Das Kohlenstoffisotop ^{12}C ist die „Atomsorte" des Kohlenstoffs mit 6 Protonen und 6 Neutronen im Kern. Die Masse eines Elektrons beträgt nur etwa 1/2000stel der eines Neutrons oder Protons.

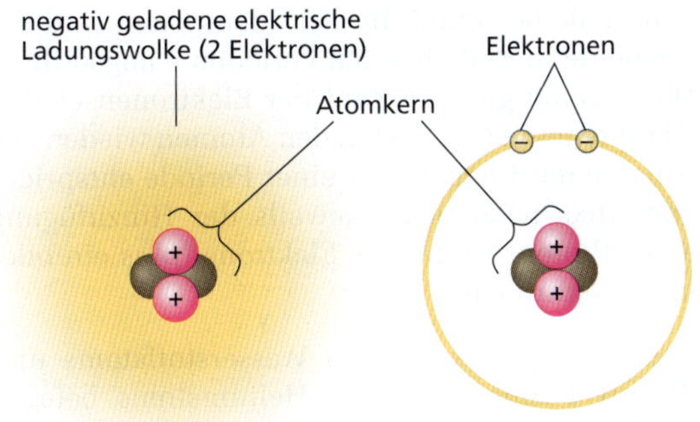

(a) Dieses Atommodell stellt die Elektronen als diffuse Wolke negativer elektrischer Ladung dar.

(b) In diesem weiter vereinfachten Modell sind die Elektronen als zwei kleine gelbe Kreise dargestellt, die sich auf einer Kreisbahn um den Atomkern bewegen.

Abbildung 2.2: **Vereinfachte Modelle eines Heliumatoms (He).** Ein Heliumatomkern besteht aus zwei Neutronen (braun) und zwei Protonen (pink). Zwei Elektronen (gelb) befinden sich außerhalb des Atomkerns. Die beiden Modelle sind nicht maßstabsgetreu, da sie den Atomkern im Vergleich zur Elektronenhülle viel zu groß darstellen.

2.2.2 Ordnungszahl und Massenzahl

Alle Atome eines Elements weisen in ihren Kernen die gleiche Anzahl Protonen auf. Diese wird als dessen **Ordnungszahl** bezeichnet. Sie wird unten links an das Elementsymbol geschrieben. Ein einzelnes Atom ist immer elektrisch neutral. Die positiven Ladungen der Protonen im Atomkern werden folglich durch eine gleiche Anzahl negativer Ladungen von Elektronen in der Hülle ausgeglichen. Die Ordnungszahl gibt uns daher neben der Anzahl der Protonen gleichzeitig auch die der Elektronen an.

Unter der **Atommasse** versteht man die Summe der Anzahl der Protonen plus der Anzahl der Neutronen in einem Atomkern. Die Massenzahl wird oben links an das Elementsymbol geschrieben. Ein typisches Heliumatom lässt sich daher folgendermaßen formelmäßig darstellen: ${}^{4}_{2}\mathrm{He}$ (das „Helium-4-Atom"). Die Zahl der Neutronen ergibt sich aus der Differenz von Ordnungszahl und Massenzahl. Ein ${}^{23}_{11}\mathrm{Na}$-Atom besitzt beispielsweise 11 Protonen und 12 Neutronen.

Da die Massenbeiträge der Elektronen zur Atommasse vernachlässigbar sind, ist fast die gesamte Masse eines Atoms in dessen Kern konzentriert. Die Massen des Protons und des Neutrons liegen nahe bei einem Dalton. Daher ist die Massenzahl eines Atoms praktisch gleich seiner Masse.

MERKE!

Unter der Atommasse versteht man die Summe der Anzahl der Protonen plus der Anzahl der Neutronen in einem Atomkern.

2.2.3 Isotope

Die sich in der Masse und damit in der Anzahl der Neutronen unterscheidenden Atome eines Elements nennt man **Isotope**. Die meisten chemischen Elemente sind Gemische ungleicher stabiler Isotope. Betrachten wir als Beispiel die zwei natürlich vorkommenden stabilen Isotope des Elements Kohlenstoff mit der Ordnungszahl 6. Das weitaus häufigste Kohlenstoffisotop ${}^{12}\mathrm{C}$ hat sechs Neutronen im Atomkern. Wesentlich seltener ist das Kohlenstoffisotop ${}^{13}\mathrm{C}$, dessen Atomkern sieben Neutronen enthält. Das bekannteste instabile Kohlenstoffisotop ist das ${}^{14}_{6}\mathrm{C}$ mit acht Neutronen. Trotz der unterschiedlichen Massen verhalten sich die Isotope eines Elements bei chemischen Reaktionen fast immer völlig identisch. Die genauen Atommassen, wie die von 12,011 für Kohlenstoff, sind gewichtete Werte, in denen die prozentualen Anteile der verschiedenen Isotope eines Elements berücksichtigt sind.

Die Atomkerne (instabiler) **radioaktiver Isotope** zerfallen spontan. Dabei werden subatomare Teilchen freigesetzt und Energie abgegeben. Führt ein solcher Zerfall zu einer Änderung der Protonenzahl (= Ordnungszahl), geht das betreffende Atom in ein Atom eines anderen Elements über. Ein Beispiel hierfür ist der Zerfall von ${}^{14}\mathrm{C}$, der zum stabilen Stickstoffisotop ${}^{14}\mathrm{N}$ führt. Wissenschaftler verwenden radioaktive Isotope, um ausgewählte chemische Verbindungen zu markieren. Ein so markierter Stoff erlaubt dann die Verfolgung im Stoffwechsel oder die Lokalisation einer Verbindung in einem Lebewesen.

2.2.4 Die Energieniveaus von Elektronen

Die Elektronen eines Atoms besitzen aufgrund ihrer Anordnung im Umfeld des Atomkerns potenzielle Energie (siehe Abschnitt 8.1). Die negativ geladenen Elektronen werden vom positiv geladenen Atomkern angezogen und umgekehrt. Um ein Elektron weiter vom Atomkern wegzubewegen, muss Arbeit verrichtet und damit Energie aufgewendet werden. Je weiter entfernt sich das Elektron vom Atomkern aufhält, desto höher ist seine potenzielle Energie. Diese kann nur bestimmte, genau festgelegte Werte annehmen. Ein Elektron mit seinen festgelegten Energiestufen kann mit einem Ball auf einer Treppe verglichen werden (Abbildung 2.3).

Bei Atomen mit mehreren Elektronen sind diese in unterschiedlichen **Elektronenschalen** angeordnet, die jeweils eine charakteristische mittlere Entfernung vom Atomkern aufweisen und einem bestimmten Energieniveau entsprechen (Abbildung 2.3). Wenn ein Elektron Energie absorbiert, springt es in eine Schale, die sich weiter weg vom Atomkern befindet (die einen größeren Radius aufweist). So kann etwa sichtbares Licht Elektronen bestimmter Energiezustände anregen, auf ein höheres Energieniveau überzuwechseln. Dies ist von biologischer Bedeutung, weil es der erste Schritt der Reaktionsfolge der Fotosynthese ist. Wenn ein Elektron Energie verliert, fällt es in eine näher beim Atomkern befindliche Schale zurück. Die überschüssige Energie wird als elektromagnetische Strahlung emittiert. Diese Elektronenübergänge zwischen verschiedenen Energieniveaus sind die Ursache für die Farbigkeit vieler Substanzen.

(a) Ein Ball, der eine Treppe herunterhüpft, veranschaulicht die Energieniveaus von Elektronen, weil der Ball zwar auf jeder Stufe zur Ruhe kommen kann, nicht aber zwischen zwei Stufen.

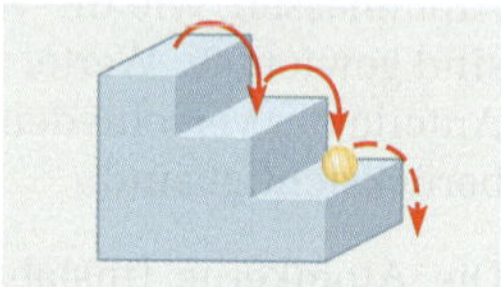

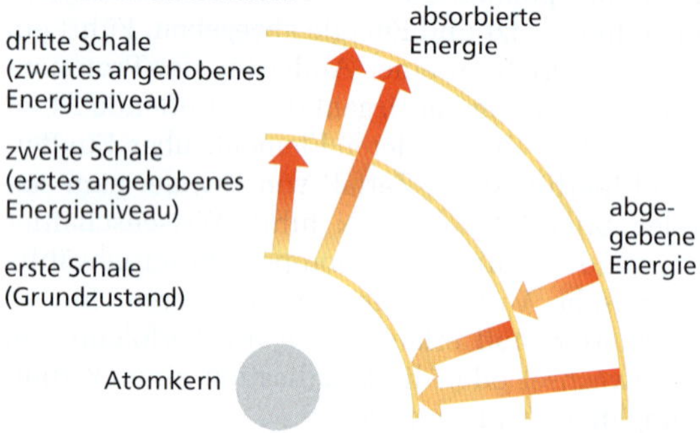

(b) Ein Elektron kann nur von einer Schale zur nächsten übergehen, wenn die Energie, die es gewinnt oder verliert, genau der Differenz der Energieniveaus entspricht. Die Pfeile zeigen einige mögliche stufenweise Änderungen in der potenziellen Energie an.

Abbildung 2.3: Energieniveaus der Elektronen in einem Atom. Elektronen belegen in Atomen festgelegte Niveaus an potenzieller Energie, die sogenannten Elektronenschalen.

2.2.5 Elektronenverteilung und chemische Eigenschaften

Das chemische Verhalten eines Atoms wird von der Verteilung der Elektronen in seiner Elektronenschale bestimmt. Im Periodensystem sind die Elemente in Reihen – den Perioden – angeordnet. Die Periode gibt die Zahl der Elektronenschalen (Hauptenergieniveaus) in den Atomen wieder. Die Abfolge der Elemente in einer Periode entspricht von links nach rechts jeweils der Hinzufügung eines Protons und eines Elektrons (plus ein oder mehr Neutronen).

Das einzige Elektron des Wasserstoffatoms und die zwei Elektronen des Heliumatoms belegen im Grundzustand die erste Schale (K-Schale). Ein Atom mit mehr als zwei Elektronen muss eine weitere Elektronenschale ausbilden, weil die erste bereits voll besetzt ist. Das dritte Element ist das Metall Lithium mit drei Elektronen. Zwei davon besetzen die energiearme erste Schale, das verbleibende besetzt die nächsthöhere L-Schale. Diese kann ein Maximum von acht Elektronen aufnehmen.

Das chemische Verhalten eines Atoms hängt in erster Linie von der Zahl der Elektronen in der äußersten besetzten Elektronenschale ab. Diese Elektronenschale wird **Valenzschale** genannt, die in ihr befindlichen Elektronen **Valenzelektronen**. Im Fall des Lithiums ist die L-Schale die Valenzschale mit nur einem einzigen „einsamen" Valenzelektron. Atome mit der gleichen Anzahl von Valenzelektronen, die im Periodensystem untereinander stehen, zeigen bei chemischen Reaktionen ähnliches Verhalten. So haben etwa das Fluor (F) und das Chlor (Cl) jeweils sieben Valenzelektronen in ihren Valenzelektronenschalen und beide bilden bei der Reaktion mit Elementen wie Natrium (Abbildung 2.1) oder Lithium ähnliche, als Salze bezeichnete Verbindungen.

2.2.6 Atomorbitale

In der Realität ist es prinzipiell unmöglich, die Energie und den *genauen* Aufenthaltsort eines Elektrons mit beliebiger Genauigkeit zu kennen (Heisenberg'sche Unschärferelation). Man kann lediglich einen Raum angeben, in dem das Elektron mit einer bestimmten Wahrscheinlichkeit anzutreffen ist. Diese Raumelemente, in denen sich ein Elektron mit einer definierten hohen Wahrscheinlichkeit (üblich sind Werte von 90, 95 oder 99 Prozent) aufhält, werden als **Orbitale** bezeichnet.

Jede Elektronenschale eines Atoms hat ein definiertes Energieniveau mit einer festen Anzahl von Orbitalen unterschiedlicher Form und Ausrichtung im Raum. Man kann sich die Orbitale als Komponenten einer Elektronenschale vorstellen. In Abbildung 2.4 sind die Orbitale eines Neonatoms dargestellt. Die erste, innerste Elektronenschale umfasst nur ein einziges, sphärisches Orbital, das 1*s*-Orbital heißt. Die zweite Schale umfasst vier Orbitale: ein größeres sphärisches 2*s*-Orbital sowie drei hantelförmige 2*p*-Orbitale. Die dritte und die noch höher energetischen Elektronenschalen umfassen neben einem *s*- und drei *p*-Orbitalen weitere Orbitale von noch komplizierterer Geometrie.

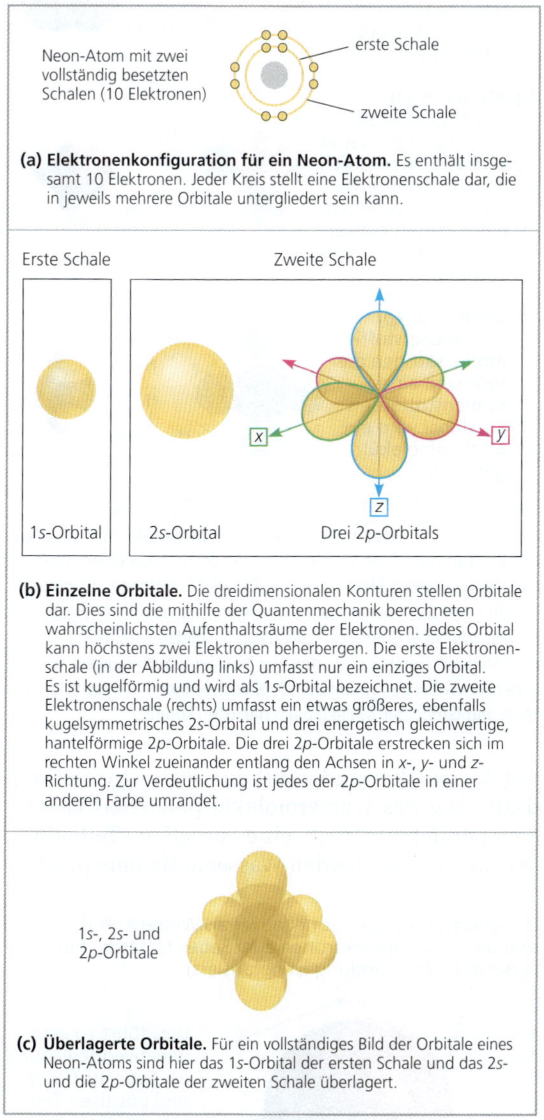

(a) Elektronenkonfiguration für ein Neon-Atom. Es enthält insgesamt 10 Elektronen. Jeder Kreis stellt eine Elektronenschale dar, die in jeweils mehrere Orbitale untergliedert sein kann.

(b) Einzelne Orbitale. Die dreidimensionalen Konturen stellen Orbitale dar. Dies sind die mithilfe der Quantenmechanik berechneten wahrscheinlichsten Aufenthaltsräume der Elektronen. Jedes Orbital kann höchstens zwei Elektronen beherbergen. Die erste Elektronenschale (in der Abbildung links) umfasst nur ein einziges Orbital. Es ist kugelförmig und wird als 1*s*-Orbital bezeichnet. Die zweite Elektronenschale (rechts) umfasst ein etwas größeres, ebenfalls kugelsymmetrisches 2*s*-Orbital und drei energetisch gleichwertige, hantelförmige 2*p*-Orbitale. Die drei 2*p*-Orbitale erstrecken sich im rechten Winkel zueinander entlang den Achsen in *x*-, *y*- und *z*-Richtung. Zur Verdeutlichung ist jedes der 2*p*-Orbitale in einer anderen Farbe umrandet.

(c) Überlagerte Orbitale. Für ein vollständiges Bild der Orbitale eines Neon-Atoms sind hier das 1*s*-Orbital der ersten Schale und das 2*s*- und die 2*p*-Orbitale der zweiten Schale überlagert.

Abbildung 2.4: **Atomorbitale.**

Ein einzelnes Orbital kann in jedem Fall höchstens zwei Elektronen beherbergen. Die erste Elektronenschale kann daher bis zu zwei Elektronen in ihrem einzelnen *s*-Orbital aufnehmen. Die vier Orbitale der zweiten Schale können maximal acht Elektronen aufnehmen, zwei im 2*s*-Orbital und sechs in den 2*p*-Orbitalen. Die Elektronen in den Orbitalen einer Schale (eines Hauptenergieniveaus) besitzen sehr ähnliche Energien.

VERSTÄNDNISFRAGEN

1. Ein Lithiumatom enthält drei Protonen und vier Neutronen. Wie groß ist seine Atommasse in Dalton?

2. Ein Stickstoffatom enthält sieben Protonen und das häufigste Stickstoffisotop enthält zusätzlich sieben Neutronen. Ein anderes Isotop des Stickstoffs enthält acht Neutronen. Schreiben Sie das Elementsymbol dieses Stickstoffisotops mit Angabe der Ordnungs- und der Massenzahl als hoch- beziehungsweise tiefgestellte Indizes.

3. Wie viele Elektronen besitzt ein Fluoratom? Auf wie viele Elektronenschalen sind diese verteilt? Geben Sie die Orbitale an, die im Grundzustand besetzt sind. Wie viele Elektronen wären nötig, um die Valenzschale abzuschließen (aufzufüllen)?

4. WAS WÄRE, WENN? Was haben zwei oder mehr Elemente, die im Periodensystem in derselben Reihe liegen, gemeinsam? Was ist ihnen gemeinsam, wenn sie in der gleichen Spalte stehen?

2.3 Die Bildung und die Funktion von Molekülen hängen von den chemischen Bindungen zwischen den Atomen ab

Atome mit nicht abgeschlossenen Valenzschalen können mit bestimmten anderen Atomen derart in Wechselwirkung treten, dass bei dem Vorgang jeder der Wechselwirkungsteilnehmer seine Valenzschale vervollständigen kann. Diese Wechselwirkungen führen dazu, dass die Atome eng beieinander bleiben und dabei von Anziehungskräften zusammengehalten werden, die man als **chemische Bindung(en)** bezeichnet. Die beiden stärksten Formen der chemischen Bindung sind die Kovalenzbindung und die Ionenbindung.

2.3.1 Die Kovalenzbindung

Unter einer **Kovalenzbindung** versteht man die gemeinschaftliche Nutzung eines Valenzelektronenpaares durch zwei Atome (Abbildung 2.5). Atome, die durch kovalente Bindungen zusammengehalten werden, bezeichnet man als ein **Molekül**.

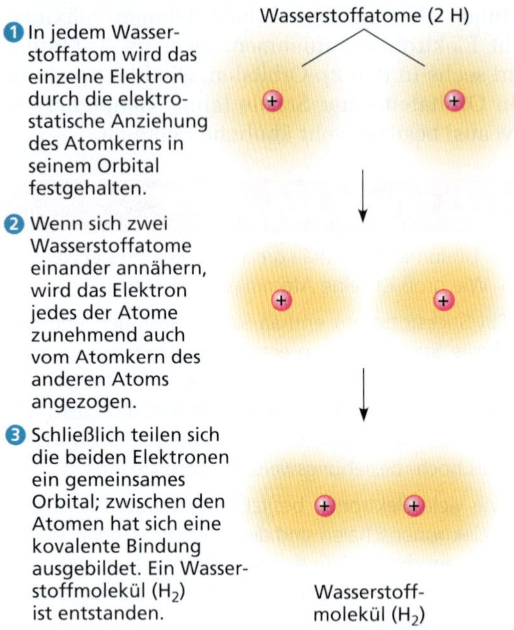

Abbildung 2.5: Bildung einer kovalenten Bindung.

Die gemeinsame Nutzung von Elektronen lässt sich übersichtlich mithilfe der Elementsymbole darstellen. Die um das Elementsymbol gruppierten Punkte symbolisieren die Valenzelektronen. Derartige Formelbilder werden Lewis-Formeln genannt. Die Lewis-Formel eines Wasserstoffmoleküls ist H:H oder (nach Ersatz der Elektronenpaare durch Striche) H–H (Abbildung 2.6a). Summenformeln hingegen geben nur die atommengenmäßige (stöchiometrische) Zusammensetzung einer chemischen Verbindung an, sagen aber nichts über das Verknüpfungsmuster der beteiligten Atome aus (z.B. H_2).

Durch die Ausbildung von chemischen Bindungen erlangen die beteiligten Atome in vielen Fällen eine vollständig besetzte Valenzschale.

Das Bestreben eines Atoms, in einer kovalenten Bindung Elektronen in den Bereich seines Atomkerns zu ziehen, wird dessen **Elektronegativität** genannt. Je elektronegativer ein Atom ist, desto stärker zieht es die Bindungselektronen zu sich hin. Ist die Elektronegativität zweier Atome gleich oder ähnlich hoch, entsteht eine unpolare Bindung, in der die Elektronen verteilt sind. In Verbindungen, in denen Atome auftreten, deren Elektronegativitäten sehr unterschiedlich sind, kommt es zu einer Ungleichverteilung der Bindungselektronen. Dieser Typ der chemischen Bindung heißt **polare Kovalenzbindung**. Die Bindungen zwischen dem Sauerstoff- und den beiden Wasserstoffatomen im Wassermolekül sind beispielsweise stark polar (Abbildung 2.7). Da die Elektronen

Name und Summenformel	Elektronenschalendiagramm	Lewis- und Valenzstrichformeln	raumfüllende Modelle (Kalottenmodelle)
(a) Wasserstoff (H_2). Zwei Wasserstoffatome bilden eine Einfachbindung.		H:H H—H	
(b) Sauerstoff (O_2). Zwei Sauerstoffatome teilen sich zwei Elektronenpaare und bilden eine Doppelbindung aus.	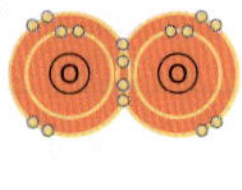	Ö::Ö Ō ÷ Ō	
(c) Wasser (H_2O). Zwei Wasserstoffatome und ein Sauerstoffatom sind durch kovalente Einfachbindungen zu einem gewinkelten Wassermolekül miteinander verbunden.	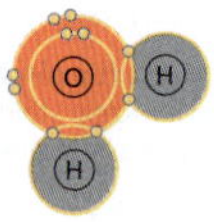	:Ö:H H |Ō—H | H	
(d) Methan (CH_4). Vier Wasserstoffatome sättigen die Valenzen eines Kohlenstoffatoms ab; dabei wird ein Methanmolekül gebildet.	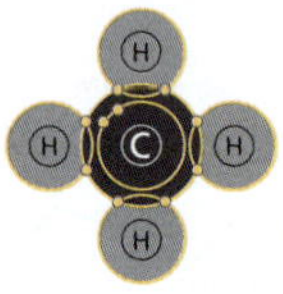	H H:C:H H H | H—C—H | H	

Abbildung 2.6: Vier unterschiedliche Moleküle mit kovalenten Bindungen. Eine Kovalenzbindung besteht aus einem Paar gemeinsam genutzter Elektronen. Die Zahl der Elektronen, die notwendig sind, um die Valenzschale eines Atoms zu vervollständigen, legt oft fest, wie viele Bindungen das Atom ausbilden wird. Hier sind vier verschiedene Darstellungsarten der kovalenten Bindungen wiedergegeben, wobei das raumfüllende Kalottenmodell der tatsächlichen Form und Größe der Moleküle am nächsten kommt.

negativ geladen sind, führt die Ungleichverteilung dazu, dass das Wassermolekül polarisiert ist. Das Sauerstoffatom trägt eine negative Teilladung (Symbol δ^-), die beiden Wasserstoffatome positive

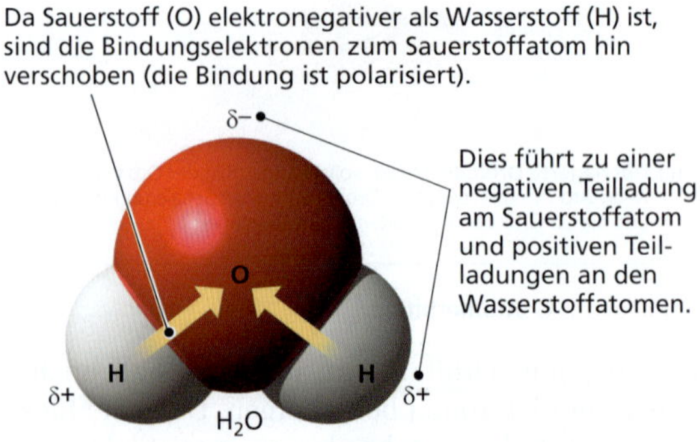

Abbildung 2.7: Polare Kovalenzbindungen in einem Wassermolekül.

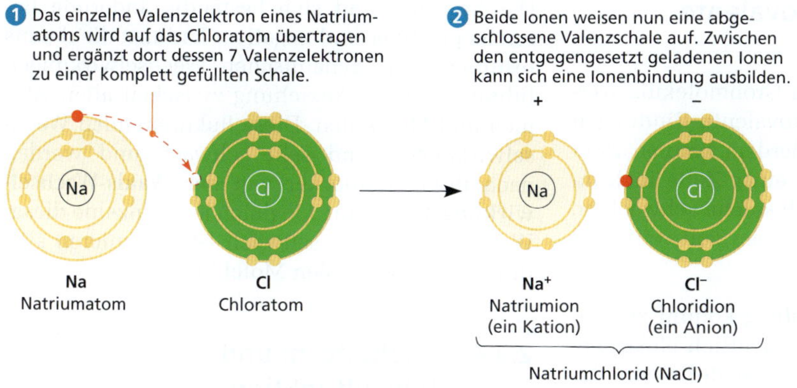

Abbildung 2.8: Elektronenübertragung und Ionenbindung. Eine Ionenbindung wird durch die Anziehung zwischen entgegengesetzt geladenen Ionen (Kationen (+) und Anionen (–)) bewirkt. Sie kann sich auch dann ausbilden, wenn die Ionen nicht zuvor durch eine direkte Elektronenübertragung entstanden sind, sondern Elektronen an andere Partner abgegeben haben.

(δ^+), das Wassermolekül besitzt deutlichen Dipolcharakter. Im Gegensatz dazu sind die C–H-Bindungen im Methanmolekül (CH_4) nur sehr wenig polarisiert, weil die Elektronegativitätsdifferenz (δ^{EN}) der Kohlenstoff/Wasserstoff-Bindung viel geringer ist als die einer Sauerstoff/Wasserstoff-Bindung.

2.3.2 Die Ionenbindung

In manchen Fällen ist der Unterschied in dem Bestreben, Elektronen anzuziehen, so groß, dass das elektronegativere Atom ein oder mehrere Elektronen vollständig von seinem Reaktionspartner abzieht (Abbildung 2.8). Wenn ein Natrium- und Chloratom zusammenkommen, geht das einsame Valenzelektron des Natriums auf das Chloratom mit ursprünglich sieben Valenzelektronen über und die resultierenden Ionen gehen mit abgeschlossenen (= vollständig besetzten) Valenzschalen aus der Reaktion hervor.

Das Natriumatom mit elf Protonen, aber nur noch zehn Elektronen trägt daraufhin eine positive Überschussladung, während das Chloratom mit 17 Protonen, aber 18 Elektronen eine Ladung von –1 besitzt. Ein Atom oder Molekül mit einer oder mehreren Ladungen heißt **Ion**. Wenn die Ladung positiv ist, spricht man von einem **Kation**. Negativ geladene Ionen heißen **Anionen**. Aufgrund ihrer entgegengesetzten elektrischen Ladungen ziehen sich Kationen und Anionen wechselseitig an. Die dadurch entstehende Form der chemischen Bindung heißt **Ionenbindung**.

Aus Ionen aufgebaute chemische Verbindungen bezeichnet man allgemein als **Salze** (Abbildung 2.9). Jeder Salzkristall ist ein Aggregat aus einer riesigen Zahl von Kationen und Anionen, die durch ihre elektrische Anziehung in einem regelmäßigen Raumgitter, dem Kristallgitter, zusammengehalten werden. Die Summenformel einer ionischen Verbindung, wie NaCl beim Kochsalz, gibt nur das stöchiometrische Verhältnis der Elemente in einem Kochsalzkristall an.

Abbildung 2.9: Ein Kochsalzkristall. Das Natrium-Kation (Na^+) und das Chlorid-Anion (Cl^-) werden durch ionische Wechselwirkungen (Ionenbindung) zusammengehalten. Die Summenformel NaCl gibt an, dass das Teilchenverhältnis Na^+ zu Cl^- 1:1 ist.

Der Begriff „Ion" wird auf Moleküle mit elektrischen Überschussladungen ebenso angewendet wie auf Atome. In dem Salz Ammoniumchlorid (NH_4Cl) ist das Anion das uns schon bekannte Chloridion, das Kation dagegen ein zusammengesetztes Teilchen namens Ammoniumion, NH_4^+. Es besteht, wie die Formel zu erkennen gibt, aus einem zentralen Stickstoffatom, an das vier Wasserstoffatome gebunden sind. Das Ammoniumion als Ganzes trägt eine positive Gesamtladung (+1), denn es fehlt ein Elektron, um alle Kernladungen zu kompensieren.

MERKE!

Ein Atom oder Molekül mit einer oder mehreren Ladungen heißt Ion. Wenn die Ladung positiv ist, spricht man von einem Kation. Negativ geladene Ionen heißen Anionen.

2.3.3 Schwache, nichtkovalente Bindungstypen

Die wichtigsten biologischen Großmoleküle werden durch schwache, nichtkovalente Bindungen in ihrer Form gehalten. Außerdem können zwei oder mehr Moleküle, die in einer Zelle in Kontakt miteinander treten, durch solche schwachen, leicht wieder lösbaren Bindungen zeitweilig aneinander „kleben".

Eine **Wasserstoffbrückenbindung** kommt zustande, wenn ein kovalent an ein deutlich elektronegatives Atom gebundenes Wasserstoffatom, das eine positive Teilladung trägt, von einem weiteren stark elektronegativen Atom, mit dem es nicht kovalent verknüpft ist, angezogen wird. In der lebenden Zelle sind diese elektronegativen Partneratome meist Sauerstoff- oder Stickstoffatome. Abbildung 2.10 zeigt das Beispiel einer Wasserstoffbrückenbindung zwischen Wasser (H_2O) und Ammoniak (NH_3).

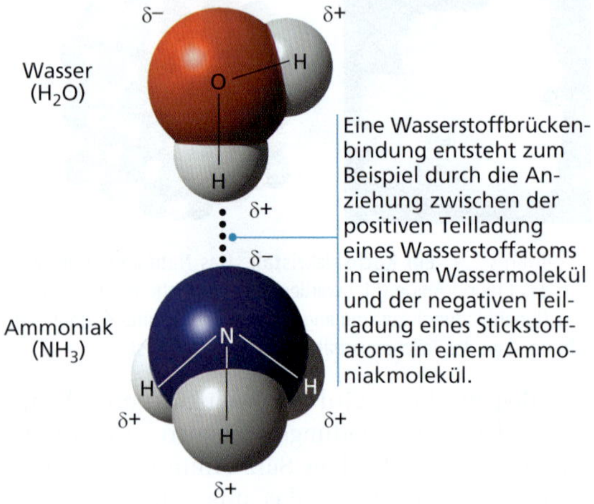

Abbildung 2.10: **Eine Wasserstoffbrückenbindung.**

? **ZEICHENÜBUNG** Zeichnen Sie Strukturformeln von fünf Wassermolekülen, eines in der Mitte, die vier anderen außen so orientiert, dass sie Wasserstoffbrückenbindungen miteinander eingehen können (das Wassermolekül ist gewinkelt!). Zeichnen Sie die Partialladungen mit den entsprechenden Symbolen ein. Die Wasserstoffbrückenbindungen werden durch Punkte dargestellt.

Selbst ein Molekül ohne polare Kovalenzbindungen kann vorübergehend Bereiche mit positivem und negativem Ladungsüberschuss aufweisen. Die Elektronen von Atomen und Molekülen sind in Bewegung und in einem Molekül nicht immer homogen verteilt. In jedem Moment können sie sich zufällig in einem Bereich eines Moleküls stärker anhäufen und so zu einer zeitweiligen Ladungsverschiebung führen (Dipolausbildung). Das Ergebnis sind sich beständig ändernde Bereiche positiver und negativer Ladung; die daraus resultierenden dynamischen Wechselwirkungen führen zu einer Anziehung zwischen allen Atomen und Molekülen. Diese fluktuierenden Wechselwirkungen sind sehr schwach und werden nach ihrem Entdecker **van der Waals-Wechselwirkungen** genannt. Obgleich jede einzelne dieser Wechselwirkungen schwach ist, summieren sich ihre Effekte bei großen Molekülen.

2.3.4 Molekülform und Molekülfunktion

Ein aus zwei Atomen bestehendes Molekül wie H_2 oder O_2 ist notwendigerweise von linearer Gestalt; die meisten Moleküle aus mehr als zwei Atomen besitzen kompliziertere Strukturen. Die Molekülstruktur wird von der Ausrichtung der an der Bindungsbildung beteiligten Atomorbitale und ansonsten noch weiteren Faktoren bestimmt. Wenn ein Atom kovalente Bindungen ausbildet, ordnen sich in bestimmten Fällen die Orbitale der Valenzschale neu. Bei Atomen mit Valenzelektronen in *s*- und *p*-Orbitalen (Abbildung 2.4) können das eine *s*- und ein, zwei oder auch alle drei *p*-Orbitale zu energetisch identischen Hybridorbitalen hybridisieren. Im Fall der Hybridisierung von einem *s*- und allen drei *p*-Orbitalen (sp^3) entstehen vier tropfenförmige Hybridorbitale, die in die Ecken eines regelmäßigen Tetraeders weisen (Abbildung 2.11a).

Im Fall des Wassermoleküls (H_2O) bilden zwei der vier Hybridorbitale (sp^3-Orbitale) in der Valenzschale des Sauerstoffatoms Bindungen zu Wasserstoffatomen aus (Abbildung 2.11b). Die beiden verbleibenden Hybridorbitale sind mit je einem Elektronenpaar („freie" Elektronenpaare) besetzt. Das Ergebnis ist ein V-förmiges Molekül, dessen Bindungswinkel im Mittel 104,5° beträgt.

Das Methanmolekül (CH_4) besitzt die Form eines regelmäßigen Tetraeders, weil alle vier Hybridorbitale des Kohlenstoffatoms Bindungen zu Wasserstoffatomen ausgebildet haben (Abbildung 2.11b). Der Kern des C-Atoms liegt in der Mitte des Tetraeders, die vier kovalenten Bindungen zu den H-Atomen weisen in seine Ecken. Größere Moleküle mit mehreren Kohlenstoffatomen – das sind die meisten am Aufbau lebender Materie beteiligten Moleküle – haben komplexere Strukturen. Die tetraedrische Konfiguration des Kohlenstoffatoms ist jedoch in diesen Molekülen ein vielfach wiederkehrendes Motiv.

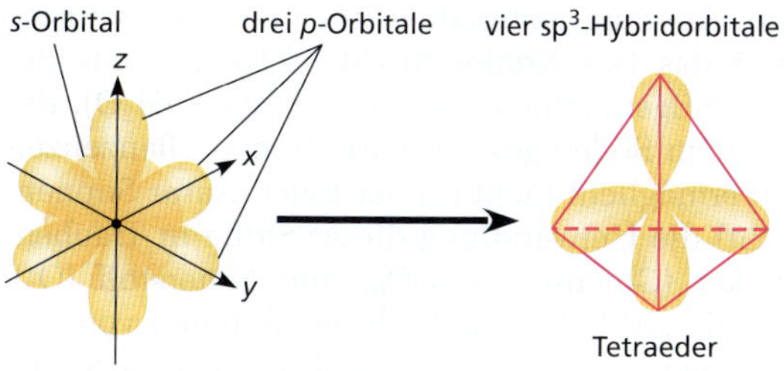

(a) Hybridisierung von Orbitalen bei kovalenten Bindungen. Das einzelne *s*- und die drei *p*-Orbitale in der Valenzschale eines Atoms verschmelzen zu vier „tropfenförmigen" sp^3-Hybridorbitalen. Diese Hybridorbitale weisen in die vier Ecken eines regelmäßigen Tetraeders (roter Umriss).

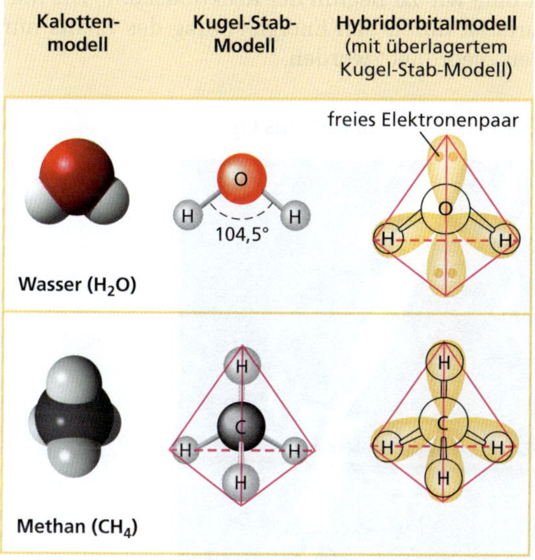

(b) Molekülstrukturmodelle. Dargestellt sind drei Modelle, welche die molekularen Umrisse von Wasser und Methan wiedergeben. Der Umriss eines Moleküls wird durch die Orientierung der Hybridorbitale bestimmt.

Abbildung 2.11: Molekülstrukturen als Folge der Orbitalhybridisierung.

VERSTÄNDNISFRAGEN

1. Warum ergibt das folgende Molekül keinen rechten chemischen Sinn? H–C=C–H

2. Erläutern Sie, was die Ionen in einem Magnesiumchloridkristall ($MgCl_2$) zusammenhält.

2.4 Bindungen werden im Verlauf chemischer Reaktionen gebildet und gelöst

Die Bildung und Auflösung chemischer Bindungen, die mit einer Veränderung der Zusammensetzung oder des Zustandes von Materie einhergeht, wird **chemische Reaktion** genannt. Ein einfaches Beispiel für eine chemische Reaktion ist die Umsetzung von Wasserstoff mit Sauerstoff, die zur Bildung von Wasser führt:

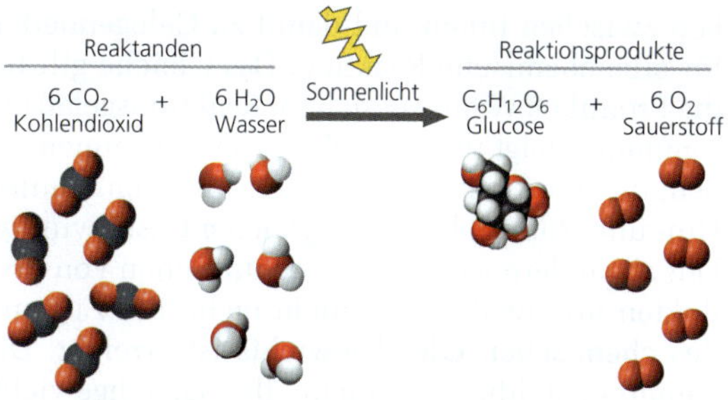

Diese Reaktion geht mit der Auflösung der kovalenten Bindungen von H_2 und O_2 einher und führt zur Bildung neuer kovalenter Bindungen – denen des H_2O-Moleküls. Bei der Gleichung einer chemischen Reaktion gibt ein Pfeil an, in welcher Richtung sie verläuft, bzw. welches die Ausgangsstoffe (**Reaktanden**) und welches die **Reaktionsprodukte** (kurz: **Produkte**) sind. Die stöchiometrischen Koeffizienten geben an, wie viele Teilchen jeweils an der Umsetzung beteiligt sind. Die Zahl 2 vor dem chemischen Symbol des Wasserstoffmoleküls (H_2) etwa zeigt, dass zwei Moleküle Wasserstoff im Rahmen der beschriebenen Reaktion umgesetzt werden. Beachten Sie, dass alle Atome der Reaktanden in den Produkten wieder auftauchen müssen. Chemische Reaktionen können Materie nicht erschaffen oder vernichten, sondern nur in eine andere stoffliche Form umwandeln. Streng genommen sind alle chemischen Reaktionen prinzipiell reversibel, das heißt in ihrem Verlauf umkehrbar, also sogenannte Gleichgewichtsreaktionen.

Die Reaktionsprodukte des Reaktionsverlaufs in der einen Richtung können zu Ausgangsstoffen der in umgekehrter Richtung ablaufenden (Rück-) Reaktion werden. So reagieren beispielsweise die Moleküle des Wasserstoffs und des Stickstoffs unter Bildung von Ammoniak. Ammoniak kann durch die Umkehrung der Reaktion in die Elemente Wasserstoff und Stickstoff zerfallen:

$$3\ H_2 + N_2 \rightleftharpoons 2\ NH_3$$

Die beiden gegenläufigen einspitzigen Pfeile sind das Symbol für eine Gleichgewichtsreaktion.

MERKE!

Die Bildung und Auflösung chemischer Bindungen, die mit einer Veränderung der Zusammensetzung oder des Zustandes von Materie einhergeht, wird chemische Reaktion genannt.

Einer der Faktoren, die die Geschwindigkeit einer Reaktion beeinflussen, ist die Teilchendichte im Reaktionsansatz, also die **Konzentration** der Reaktanden. Je höher die Konzentration der reagierenden Stoffe, desto öfter kommt es zu Zusammenstößen zwischen ihnen und damit zu Gelegenheiten für eine chemische Reaktion. Das Gleiche gilt für die Produkte: Wenn sie sich im Reaktionsgefäß ansammeln, steigt die Häufigkeit von Zusammenstößen, die zur Rückreaktion führen können. Laufen Hin- und Rückreaktion mit gleicher Geschwindigkeit ab, ändern sich die Konzentrationen von Produkten und Reaktanden nicht mehr, der Zustand des **chemischen Gleichgewichts** ist erreicht. Die Ammoniakbildung erreicht ihr Gleichgewicht, wenn das Ammoniak ebenso schnell wieder zerfällt, wie es sich bildet. Bei manchen chemischen Reaktionen liegt das Gleichgewicht so weit auf Seiten der Produkte, dass die Reaktion praktisch vollständig verläuft.

Jede chemische Reaktion zeichnet sich nach Erreichen ihres Gleichgewichtszustandes durch ein konstantes Verhältnis der Konzentrationen der Reaktionsprodukte relativ zu den Konzentrationen der Reaktanden aus. Diese Beziehung ist auch als **Massenwirkungsgesetz** bekannt und hat für eine allgemeine chemische Reaktion die folgende Form:

$$mA + nB + \ldots \rightleftharpoons xM + yN + \ldots K_{GG} = [M]^x[N]^y \times_{\ldots} / ([A]^m[B]^n \times \ldots)$$

K ist die Gleichgewichtskonstante, die Zahlen in eckigen Klammern geben die Konzentration in mol/l *nach Erreichen des Gleichgewichtszustandes* an.

Die Fotosynthese, die in grünen Pflanzenzellen abläuft, ist ein besonders wichtiges Beispiel dafür, wie chemische Reaktionen zu einer Umordnung von Materie führen. Der Mensch und andere Tiere hängen letztlich für die Bereitstellung von Nahrung und Sauerstoff von der Fotosynthese ab, die damit die Grundlage nahezu aller Ökosysteme bildet. Die folgende chemische Bruttogleichung gibt stark verkürzt den Vorgang der Fotosynthese wieder:

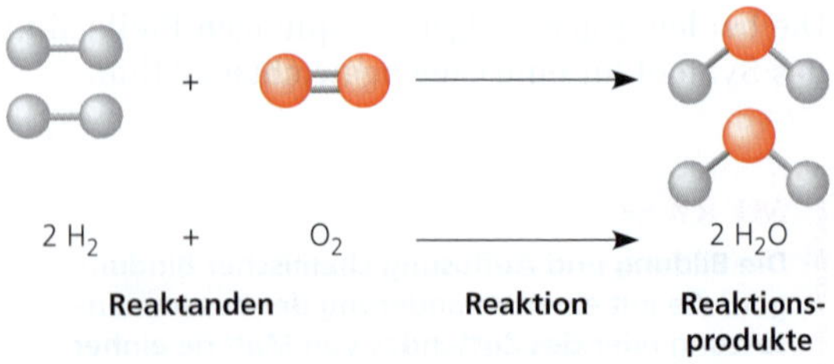

Die Ausgangsmaterialien für die Fotosynthese sind das Gas Kohlendioxid (CO_2), das aus der Luft aufgenommen wird, und Wasser (H_2O), das aus dem Boden gesaugt wird. In den Pflanzenzellen ermöglicht Licht (in der freien Natur Sonnenlicht) die Umwandlung dieser Stoffe in Traubenzucker (Glucose, $C_6H_{12}O_6$) und Sauerstoff (O_2), der als „Abfallprodukt“ der Reaktionen von den Pflanzen an die Umgebung abgegeben wird (siehe Abbildung 2.12). Obwohl die Fotosynthese in Wirklichkeit eine ganze Reihe vieler verschiedener chemischer Reaktionen umfasst, kommt man in der Summe auf die gleiche Anzahl gleichartiger Atome wie zu Beginn der Reaktionskette. Die Materie ist durch den Energieeintrag des Lichts nur neu „geordnet“ worden.

Abbildung 2.12: Fotosynthese: die lichtgetriebene Umwandlung von Materie. *Elodea* sp. (Wasserpest) ist eine in der Aquaristik beliebte Süßwasserpflanze. Sie erzeugt Zucker, indem sie Kohlendioxid- und Wassermoleküle durch die lichtgetriebene Fotosynthese umwandelt. Ein großer Teil des so erzeugten Zuckers kann dann in andere Bestandteile der Pflanze überführt werden. Gasförmiger Sauerstoff (O_2) ist ein Abfallprodukt der Fotosynthesereaktion. Auf dem Foto sind die aufsteigenden Blasen des aus den Blättern austretenden Sauerstoffs gut zu erkennen.

VERSTÄNDNISFRAGEN

1. Zeichnen Sie unter Verwendung von Lewis-Formeln die Reaktionsgleichung für die zu Beginn dieses Kapitelabschnitts dargestellte Reaktion zwischen Sauerstoff und Wasserstoff.

2. Welche Reaktion läuft nach Erreichen des Gleichgewichts schneller ab: die Bildung von Produkten aus Reaktanden oder die Bildung von Reaktanden aus Produkten?

ZUSAMMENFASSUNG

Materie besteht aus chemischen Elementen in reiner Form und Kombinationen daraus, den sogenannten Verbindungen

Elemente und Verbindungen. Chemische Elemente können durch chemische Verfahren nicht weiter in andere Stoffe zerlegt werden. Eine chemische Verbindung enthält zwei oder mehr unterschiedliche Elemente in einem festgelegten stöchiometrischen Verhältnis.

Essenzielle chemische Elemente des Lebens. Kohlenstoff, Sauerstoff, Wasserstoff und Stickstoff machen ungefähr 96 Prozent der lebenden Materie aus.

Die Eigenschaften eines Elements werden durch die Struktur seiner Atome bestimmt

Subatomare Teilchen. Ein Atom, die kleinste Einheit eines chemischen Elements, besteht aus den folgenden subatomaren Teilchen: Neutronen und Protonen bilden den Atomkern, der von den Elektronen umgeben wird.

Ordnungszahl und Massenzahl. Ein Atom ist elektrisch neutral und besitzt daher die gleiche Anzahl von Protonen und Elektronen. Die Zahl der Protonen gibt die Ordnungszahl (= Kernladungszahl) des Elements an. Die Atommasse wird in Atommasseneinheiten (Dalton) angegeben und ist in erster Näherung gleich der Summe der Massen aller Kernteilchen (Protonen plus Neutronen).

Isotope. Die Isotope eines Elements unterscheiden sich voneinander in der Zahl der Neutronen und somit in ihren Atommassen. Instabile Isotope geben beim radioaktiven Zerfall Teilchen und Energie ab. Eine Atomart mit einer genau definierten Zahl an Kernteilchen heißt Nuklid.

Die Energieniveaus von Elektronen. In einem Atom besetzen die Elektronen definierte, diskrete Energiezustände, die Elektronenschalen des Atoms.

Elektronenverteilung und chemische Eigenschaften. Die Elektronenverteilung in den Schalen bestimmt das chemische Verhalten eines Atoms. Ein Atom mit einer unvollständig besetzten Valenzschale verhält sich reaktiv.

Atomorbitale. Die bevorzugten Aufenthaltsräume von Elektronen heißen Orbitale. Orbitale sind Raumelemente mit spezifischer Gestalt, die Bestandteile von Elektronenschalen sind.

Die Bildung und die Eigenschaften von Molekülen hängen von den chemischen Bindungen zwischen den Atomen ab

Kovalenzbindungen. Chemische Bindungen werden gebildet, wenn Atome miteinander wechselwirken und ihre Valenzschale absättigen. Kovalente Bindungen bilden sich aus, wenn Elektronen gemeinsam genutzt werden. **Moleküle** bestehen aus zwei oder mehr kovalent gebundenen Atomen. Die Anziehung, die ein Atom auf die Elektronen einer kovalenten Bindung ausübt, ist die **Elektronegativität**. Die Elektronen einer **polaren** Kovalenzbindung sind stärker zum elektronegativeren Bindungspartner hin verschoben. Falls beide Atome gleich sind, gibt es keinen Elektronegativitätsunterschied und die kovalente Bindung ist **apolar**.

Ionenbindung. Ein Ion bildet sich, wenn ein Atom oder Molekül Elektronen aufnimmt oder abgibt und dann geladen ist. Eine Ionenbindung ist die Anziehung zwischen den entgegengesetzt geladenen Ionen.

Schwache, nichtkovalente Bindungen. Eine **Wasserstoffbrückenbindung** kommt durch die Anziehung eines kovalent gebundenen Wasserstoffatoms mit positiver Teilladung durch ein stark elektronegatives Atom zustande. **Van-der-Waals-Wechselwirkungen** entstehen aus der transienten Polarisation von Atomen oder Molekülen. Schwache Bindungen stabilisieren große Moleküle strukturell und unterstützen das Aneinanderhaften von Molekülen.

Molekülform und -funktion. Die Gestalt (Konfiguration) eines Moleküls wird im Wesentlichen durch die Ausrichtung der Valenzorbitale seiner Atome bestimmt. An der Bildung kovalenter Bindungen sind oft Hybridorbitale beteiligt. Diese sind zum Beispiel für die Molekülgestalten von Wasser, Methan und vielen komplex gebauten biochemischen Molekülen verantwortlich. Die Molekülgestalt ist normalerweise die Grundlage für die Erkennung eines biologischen Moleküls durch ein anderes.

Bindungen werden im Verlauf chemischer Reaktionen gebildet und gelöst

Chemische Reaktionen wandeln Reaktanden in Produkte um. Dabei bleibt die Masse erhalten. Alle chemischen Umwandlungen sind theoretisch umkehrbar. Das **chemische Gleichgewicht** ist erreicht, wenn Hin- und Rückreaktion mit gleicher Geschwindigkeit ablaufen. Dann hat sich ein festes, für die betreffende Reaktion charakteristisches und unabänderliches Verhältnis von Produkt- zu Reaktanden-Konzentrationen eingestellt (Massenwirkungsgesetz).

Wasser: Grundstoff des Lebens

3

3.1 Wasserstoffbrückenbindungen werden durch polare kovalente Bindungen im Wassermolekül ermöglicht

Wasser ist so verbreitet, dass man seine vielen ungewöhnlichen Eigenschaften leicht übersieht. Sie ergeben sich aus seiner Struktur und den dadurch bedingten Wechselwirkungen zwischen Wassermolekülen. Für sich genommen ist das Wassermolekül verblüffend einfach aufgebaut. Es hat eine V-förmige Gestalt, und die beiden Wasserstoffatome sind durch kovalente Einfachbindungen mit dem zentralen Sauerstoffatom verbunden. Da Sauerstoff deutlich elektronegativer als Wasserstoff ist, verbringen die Elektronen der Kovalenzbindungen mehr Zeit in der Nähe des Sauerstoffatoms als bei den Wasserstoffatomen. Es handelt sich also um **polare kovalente Bindungen** (siehe Abbildung 2.7). Die ungleichförmige Elektronenverteilung und die gewinkelte Struktur machen das Wassermolekül zu einem **polaren Molekül** und **Dipol**. Die Ladungen sind im Molekül ungleich verteilt, das heißt es gibt zwei Bereiche mit unterschiedlicher elektrischer Ladung. Das Sauerstoffatom trägt eine negative Teilladung (δ–) und die beiden Wasserstoffatome tragen jeweils eine positive (δ+).

Die besonderen Eigenschaften des Wassers beruhen auf ausgeprägten Wechselwirkungen zwischen den polaren Molekülen: Die positiv polarisierten Wasserstoffatome werden von den negativ polarisierten Sauerstoffatomen anderer Wassermoleküle angezogen, sodass sich zwischen den Wassermolekülen sogenannte **Wasserstoffbrückenbindungen** ausbilden.

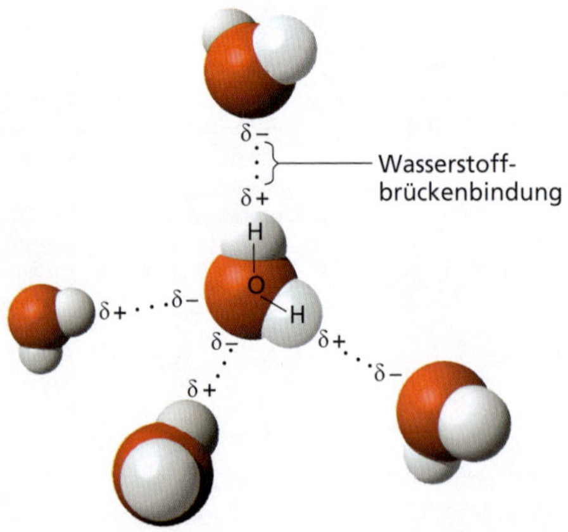

Abbildung 3.1: Wasserstoffbrückenbindungen zwischen Wassermolekülen.

In flüssigem Wasser sind diese Bindungen sehr schwach, mit nur etwa fünf Prozent der Festigkeit einer kovalenten Bindung. Wasserstoffbrückenbindungen entstehen und lösen sich sehr schnell. Jede einzelne hat eine Halbwertszeit von nur wenigen Billionstel Sekunden (Picosekunden), aber die Moleküle bilden sofort neue Wasserstoffbrückenbindungen mit einer endlosen Abfolge neuer Partner. Im zeitlichen Mittel sind daher die meisten Wassermoleküle durch Wasserstoffbrücken miteinander verbunden, was insgesamt einen gewissen Grad an struktureller Organisation zur Folge hat. Im Eis sind dagegen Wasserstoffbrückenbindungen nahezu perfekt und vollständig ausgebildet. Diese Struktur erfordert mehr Platz als der flüssige Zustand und daher dehnt sich Wasser beim Gefrieren aus. Eis ist leichter als flüssiges Wasser und schwimmt daher oben. Dies spielt eine entscheidende Rolle in aquatischen Lebensräumen.

3.2 Vier spezielle Eigenschaften des Wassers schaffen die Bedingungen für das Leben auf der Erde

3.2.1 Kohäsion und Adhäsion

Obwohl sich die Anordnung der Moleküle im flüssigen Wasser beständig ändert, sind in jedem Moment die meisten der Moleküle untereinander durch zahlreiche Wasserstoffbrückenbindungen verknüpft. Wasserstoffbrückenbindungen werden durch polare kovalente Bindungen im Wassermolekül ermöglicht. In ihrer Gesamtheit halten die Wasserstoffbrückenbindungen die Substanz zusammen – ein Phänomen, das man **Kohäsion** nennt.

Die Kohäsion liefert einen Beitrag zum Transport von Wasser bei Pflanzen (Abbildung 3.2). Wenn Wasser aus den Blättern verdunstet, üben die Wasserstoffbrückenbindungen zwischen den Wassermolekülen in den Blattadern einen Sog auf weiter unten befindliche Moleküle aus. Dieser nach oben gerichtete Sog setzt sich durch die wasserleitenden Zellen den ganzen Weg bis hinab in die Wurzeln fort. Die **Adhäsion** von Wassermolekülen an Zellwände durch Wasserstoffbrückenbindungen hilft zusätzlich bei der Überwindung des durch die Schwerkraft ausgeübten Zuges in Richtung auf die Wurzeln.

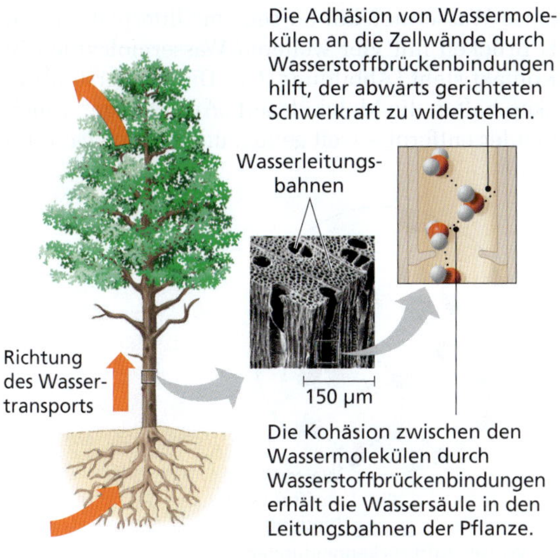

Abbildung 3.2: **Wassertransport in Pflanzen.**

Im Zusammenhang mit der Kohäsion ist die **Oberflächenspannung** zu erwähnen. An der Grenzfläche zwischen Wasser und Luft befindet sich eine mehr oder minder regelmäßige Anordnung von Wassermolekülen; diese sind durch Wasserstoffbrückenbindungen mit den darunter befindlichen Wasserschichten verknüpft. Das führt dazu, dass sich das Wasser so verhält, als sei es mit einem widerstandsfähigen, aber unsichtbaren Film überzogen. Man kann die Oberflächenspannung des Wassers unmittelbar beobachten, wenn man ein Trinkglas vorsichtig bis über den Rand hinaus füllt. Einige Tiere können auf dem Wasser sitzen oder sogar laufen, ohne dabei die Oberfläche zu durchbrechen (Abbildung 3.3).

Abbildung 3.3: **Laufen auf dem Wasser.** Die hohe Oberflächenspannung des Wassers ist eine Folge des synergistischen Effekts der Gesamtheit aller Wasserstoffbrückenbindungen und erlaubt der Jagdspinne Dolomedes fimbriatus auf einer Teichoberfläche zu laufen.

3.2.2 Ausgleich von Temperaturunterschieden

Hohe spezifische Wärmekapazität Die Fähigkeit des Wassers, die Temperatur verhältnismäßig stabil zu halten, ist eine Folge seiner hohen spezifischen Wärmekapazität. Diese ist als diejenige Wärmemenge definiert, die zugeführt werden muss, um bei einer bestimmten Menge eines Stoffes eine bestimmte Temperaturänderung zu bewirken. Die spezifische Wärmekapazität des Wassers beträgt ca. 4 kJ $°C^{-1}$ kg^{-1}, die von Ethanol nur 2,5 kJ $°C^{-1}$ kg^{-1}. Man muss also nur 60 Prozent der Menge an Wärmeenergie aufwenden, um 1 kg Alkohol um den gleichen Betrag zu erwärmen wie 1 kg Wasser.

Die hohe spezifische Wärmekapazität lässt sich – wie viele andere seiner Eigenschaften – auf die Ausbildung von Wasserstoffbrückenbindungen zurückführen. Ein Joule Wärme ruft eine vergleichsweise geringe Temperaturerhöhung hervor, weil ein großer Teil dieser Energie notwendig ist, um die Wasserstoffbrückenbindungen aufzulösen, bevor die Temperatur ansteigen kann. Eine große Menge Wasser kann aufgrund der hohen spezifischen Wärmekapazität eine sehr große Wärmemenge absorbieren und speichern – zum Beispiel Sonnenwärme des Tages – und sich dabei um einige Grade erwärmen. Während der Nacht und während des Winters kann das sich abkühlende Wasser die darüber liegende Luft langsam erwärmen. Das ist der Grund, warum Küstengebiete im Allgemeinen ein milderes Klima aufweisen als landeinwärts gelegene Regionen. Da Lebewesen in erster Linie aus Wasser bestehen, sind sie aufgrund der Wärmekapazität gut in der Lage, Schwankungen der eigenen Temperatur zu widerstehen.

Abkühlung durch Verdunstung Die Moleküle einer beliebigen Flüssigkeit bleiben eng beieinander, weil sie sich gegenseitig anziehen. Moleküle, die sich schnell genug bewegen (genügend kinetische Energie haben), um diese Anziehungskräfte zu überwinden, können der Flüssigkeit entweichen und in die Gasphase übertreten. Dieser Übergang von der flüssigen in die gasförmige Phase wird **Verdunstung** oder **Verdampfung** genannt. Selbst bei niedrigen Temperaturen können die schnellsten Teilchen in die Gasphase entweichen (Dampfdruck der Flüssigkeit). Ein Glas Wasser wird bei Zimmertemperatur schließlich vollständig verdampfen. Falls die Flüssigkeit erhitzt wird, nimmt die mittlere Bewegungsenergie der Teilchen zu und die Flüssigkeit verdampft rascher.

Die **Verdampfungswärme** ist diejenige Wärmemenge, die einer Flüssigkeit zugeführt werden muss, um sie in die Gasphase zu überführen. Wasser besitzt eine im Vergleich zu anderen Flüssigkeiten hohe Verdampfungswärme. Um 1 g Wasser bei 25 °C zu verdampfen, ist eine Energiemenge von 2.430 J notwendig. Das ist beinahe doppelt so viel, wie für die Verdampfung von 1 g Ethanol notwendig ist. Die große Verdampfungswärme des Wassers ist eine weitere Eigenschaft, die von den zwischenmolekularen Wasserstoffbrückenbindungen herrührt. Diese müssen überwunden werden, damit die Moleküle aus der Flüssigkeit entweichen können.

MERKE!

Die Verdampfungswärme ist diejenige Wärmemenge, die einer Flüssigkeit zugeführt werden muss, um sie in die Gasphase zu überführen.

Wenn eine Flüssigkeit verdampft, kühlt der zurückbleibende, noch nicht verdampfte Anteil des Flüssigkeitsvolumens ab. Diese **Verdunstungskälte** kommt dadurch zustande, dass die „schnellsten" Moleküle (jene mit der größten kinetischen Energie) am wahrscheinlichsten in die Gasphase übertreten; dabei nehmen sie einen Großteil ihrer Energie mit.

Die Verdunstungskälte des Wassers trägt zur Stabilisierung der Temperaturen in Seen und Teichen bei und bildet weiterhin einen Mechanismus, der bei landlebenden Organismen ein Überhitzen verhindert. Die Verdunstung von Wasser aus den Blättern einer Pflanze verhindert, dass sich der Pflanzenkörper in der Sonnenhitze zu stark erwärmt. Die Verdunstung von Schweiß auf der menschlichen Haut hilft, an heißen Tagen eine Überhitzung zu vermeiden, wenn bei körperlicher Anstrengung ein Überschuss an Wärmeproduktion vorliegt.

MERKE!

Wenn eine Flüssigkeit verdampft, entsteht die Verdunstungskälte durch Abkühlung des zurückbleibenden, noch nicht verdampften Anteils des Flüssigkeitsvolumens.

3.2.3 Schwimmendes Eis als Garant für den Lebensraum Wasser

Wasser ist eine von den wenigen bekannten Substanzen, die im festen Zustand eine geringere Dichte besitzen als im flüssigen. Dies ist der Grund, warum Eis auf flüssigem Wasser schwimmt und nicht darin absinkt. Bei 0 °C erstarrt die Anordnung der Wassermoleküle zu einem Kristallgitter, in dem jedes Wassermolekül an seinem Gitterplatz durch H-Brücken mit vier weiteren Wassermolekülen in Kontakt steht (Abbildung 3.4). Die Wasserstoffbrücken halten die Moleküle auf „Armeslänge" voneinander entfernt – weit genug, um Eis eine ca. zehn

Abbildung 3.4: Eis: Kristallstruktur und aufschwimmende Barriere. Das hier gezeigte Meereslebewesen ist ein Krill unterhalb des antarktischen Eispanzers.

? Was würde bei starker Temperaturerniedrigung beziehungsweise -erhöhung mit der wässrigen Umwelt der Garnele passieren, falls Wasser keine Wasserstoffbrückenbindungen ausbildete?

Prozent geringere Dichte als flüssigem Wasser von 4 °C zu verleihen. Wasser hat bei 4 °C seine größte Dichte. Ab 4 °C dehnt sich Wasser langsam aus, da die Bewegungen der Moleküle zunehmen.

Die Fähigkeit von Eis, aufgrund seiner geringeren Dichte beim Schmelzen auf dem Wasser zu treiben, ist ein bedeutsamer Umweltfaktor für die Entwicklung von Leben. Falls Eis schwerer wäre und zu Boden sänke, würden schließlich alle Teiche, Seen und sogar die Meere vollständig durchfrieren. Wenn Wasser sich abkühlt, isoliert das treibende Eis das flüssige Wasser darunter; dieser Umstand und die Konvektion im flüssigen Wasser bewahren es innerhalb gewisser Grenzen vor dem Gefrieren und erlauben es dem Leben, unter der gefrorenen Oberfläche zu existieren.

3.2.4 Das Lösungsmittel des Lebens

Eine Flüssigkeit, die eine homogene Mischung von zwei oder mehr Stoffen ist, wird als **Lösung** bezeichnet. Die mengenmäßig überwiegende Komponente wird **Lösungsmittel** genannt und die in geringerer Menge vorliegende ist die **gelöste Substanz**. Eine **wässrige Lösung** ist eine, bei der Wasser als Lösungsmittel dient.

Wir wollen als Beispiel annehmen, dass ein Löffel Kochsalz (Natriumchlorid) in Wasser gegeben wird (Abbildung 3.5).

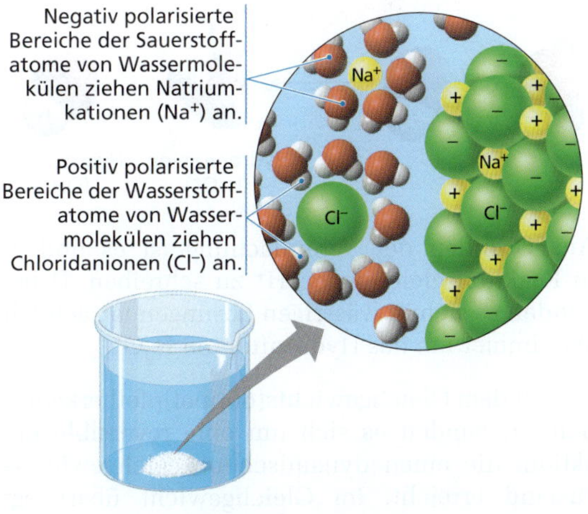

Abbildung 3.5: Die Auflösung von Kochsalz in Wasser. Eine Hülle aus Wassermolekülen umgibt als Hydrathülle jedes gelöste Ion.

? Was würde passieren, wenn man diese Lösung für eine lange Zeit erhitzte?

Die Sauerstoffatome der Wassermoleküle sind negativ polarisiert und werden von den Natriumkationen angezogen. Die Wasserstoffatome der Wassermoleküle sind positiv polarisiert und werden von den Chloridanionen angezogen. Als Folge dieser Wechselwirkungen ist jedes Ion von Wassermolekülen umgeben, die die Ionen voneinander abschirmen. Die Hülle aus Wassermolekülen, die jedes gelöste Ion umgibt, wird dessen **Hydrathülle** genannt. Von der Oberfläche eines jeden Salzkristalls ausgehend, löst das Wasser schließlich sämtliche Ionen aus dem Kristallverband. Das Ergebnis ist eine Lösung mit zwei gelösten Teilchenarten: positiv geladenen Natriumionen und negativ geladenen Chloridionen, die homogen mit dem Lösungsmittel Wasser vermischt sind.

Viele Verbindungen, die aus polaren Molekülen bestehen, wie etwa Zucker, lösen sich ebenfalls in Wasser, wobei die Teilchen des Lösungsgutes von Wassermolekülen umgeben werden, die Wasserstoffbrückenbindungen mit ihnen ausbilden. Selbst Moleküle, die so groß sind wie z.B. Proteine, können wasserlöslich sein, wenn sie ionisierbare und/oder polare Bereiche an ihren Oberflächen tragen.

Hydrophile und hydrophobe Substanzen Alle Stoffe, die eine Affinität für Wasser haben, werden **hydrophil** genannt (gr. *hydor*, Wasser + *philios*, liebend).

Es gibt natürlich auch Stoffe, die keine Affinität für Wasser haben. Stoffe, die aus ungeladenen (nicht ionischen) oder unpolaren Teilchen bestehen oder die aus sonstigen Gründen nicht befähigt sind, Wasserstoffbrücken auszubilden, lösen sich nicht in Wasser und scheinen es sogar abzustoßen. Man nennt diese Stoffe **hydrophob** (gr. *phobos*, Furcht). Ein Beispiel aus der heimischen Küche ist Salatöl, das sich bekanntermaßen nicht dauerhaft mit Wasser oder wasserlöslichen Substanzen wie Essig vermischen lässt. Das hydrophobe Verhalten der Öltröpfchen beruht auf dem weitgehenden Fehlen polarer Bindungen in seinen Molekülen.

Konzentrationen wässriger Lösungen Um Reaktionen zwischen in Wasser gelösten Stoffen verstehen zu können, muss man die Konzentration (Stoffmenge pro Volumen) der in der Lösung vorliegenden Stoffe kennen.

Wenn man Experimente durchführt, zieht man die Molmassen der betreffenden Stoffe heran. Diese setzt die Masse in Beziehung zur Teilchenzahl. Die **Molekülmasse** ist die Summe aller Atommassen der Verbindung. Bei Rohrzucker (Saccharose, Summenformel $C_{12}H_{22}O_{11}$) beispielsweise ist die Masse des Kohlenstoffatoms 12 Dalton, die des Wasserstoffatoms 1 Dalton und die des Sauerstoffs 16 Dalton. $12 \times 12 + 22 \times 1 + 11 \times 16 = 342$ Dalton. Das Abwiegen kleiner Molekülmengen ist nicht praktikabel und auch nicht nützlich. In der Chemie ist daher eine Stoffmenge allgemein üblich, die als **Mol** bezeichnet wird. In Analogie dazu, dass „ein Dutzend“ eine Menge von zwölf meint, bezeichnet ein Mol immer $6{,}022 \times 10^{23}$ Teilchen. Diese Zahl (Avogadro-Zahl) entspricht gerade der Anzahl an Teilchen, deren Masse in Gramm der Atom- oder Molekülmasse in Atommasseneinheiten (Dalton) entspricht. $6{,}022 \times 10^{23}$ Kohlenstoffatome (das heißt 1 mol C-Atome) der angenäherten Masse von 12 Dalton wiegen daher gerade 12 Gramm. Diese Beziehung ist von größter praktischer Bedeutung. Kennt man die Molmasse einer Verbindung, so lässt sich daraus augenblicklich die in einer gewissen Menge des Stoffes vorhandene Teilchenzahl ableiten. Unser Rohrzucker mit seiner Molmasse von 342 **Dalton** sagt uns, dass 342 g Rohrzucker $6{,}022 \times 10^{23}$ Rohrzuckermoleküle enthalten. Benötigt man im Labor ein Mol Rohrzucker, wiegt man einfach 342 g ab.

Der praktische Vorzug der Mengenbestimmung in Mol beruht darauf, dass ein Mol einer beliebigen Substanz immer genau die gleiche Anzahl von Teilchen enthält, unabhängig von deren chemischer Beschaffenheit, Struktur usw.

Wie würden wir vorgehen, um 1 Liter (l) einer Lösung herzustellen, die 1 mol Rohrzucker in Wasser enthält? Man würde 342 g Rohrzucker abwiegen und dann unter Rühren Wasser zugeben, bis sich der Zucker vollständig aufgelöst hat. Dann füllt man das Volumen genau bis zur 1 l-Marke an einem kalibrierten Gefäß auf. Die **Molarität** einer Lösung gibt an, wie viele Mole in 1 l Lösung (aber nicht 1 l Lösungsmittel!) vorliegen.

VERSTÄNDNISFRAGEN

1. Was versteht man unter Elektronegativität und wie beeinflusst diese die Wechselwirkungen zwischen Wassermolekülen?

2. Warum ist es unwahrscheinlich, dass zwei benachbarte Wassermoleküle sich in der folgenden Anordnung befinden würden?

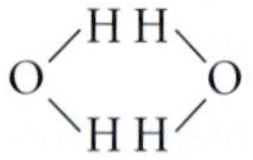

3. WAS WÄRE, WENN? Welche Wirkung auf die Eigenschaften des Wassers hätte es, wenn Sauerstoff und Wasserstoff gleiche Elektronegativitäten besäßen?

4. Beschreiben Sie, wie die Eigenschaften des Wassers zur Aufwärtsbewegung von Wasser innerhalb eines Baumes beitragen.

5. Wie kann das Gefrieren von Wasser Steine sprengen?

6. Wie würden Sie vorgehen, um eine halbmolare (0,5 M) Natriumchloridlösung herzustellen? Wie groß sind die Konzentrationen der einzelnen Ionen in der fertigen Lösung?

7. WAS WÄRE, WENN? Die Beine eines Wasserläufers (Abbildung 3.2) sind mit einer hydrophoben Substanz überzogen. Worin könnte ihr Vorteil für das Tier bestehen? Was würde passieren, wenn die Substanz hydrophil wäre?

3.3 Lebende Organismen sind auf bestimmte Säure/Base-Bedingungen angewiesen

Bei der Wechselwirkung von Wassermolekülen untereinander kommt es gelegentlich vor, dass ein Wasserstoffion (H^+), das im Grunde nichts anderes als ein Wasserstoffatomkern (Proton) ist, von einem Wassermolekül abgespalten und gleichzeitig von einem der freien Elektronenpaare am Sauerstoffatom eines anderen Moleküls eingefangen wird. Das Wassermolekül, welches das Wasserstoffion abgespalten hat, ist nun ein Hydroxidion (OH^-); es ist einfach negativ geladen. Das Wassermolekül, welches das Proton aufgenommen hat, ist nunmehr ein Hydroniumion (H_3O^+). Als chemische Reaktionsgleichung stellt sich diese Protolysereaktion wie folgt dar:

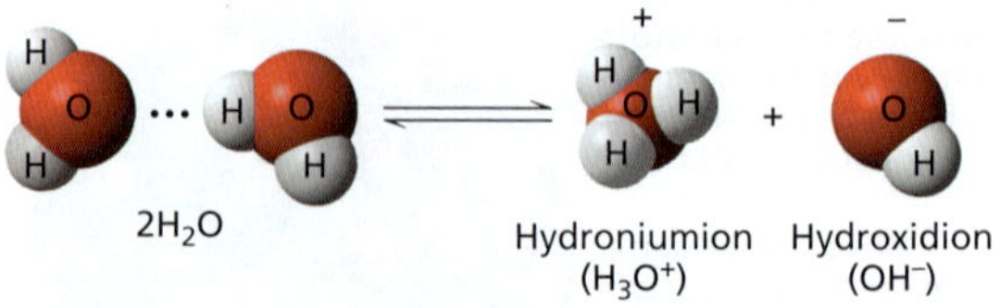

Aus Gründen der Vereinfachung ist es üblich, in Reaktionsgleichungen H^+ zu schreiben. Dabei handelt es sich in wässrigen Lösungen tatsächlich aber immer um das Hydroniumion H_3O^+.

Wie an dem Gleichgewichts(doppel)pfeil erkenntlich ist, handelt es sich um eine reversible Reaktion, die einen dynamischen Gleichgewichtszustand erreicht. Im Gleichgewicht überwiegt die Konzentration der Wassermoleküle die der H^+- und OH^--Ionen sehr stark, das Gleichgewicht liegt also weit auf der linken Seite der obigen Gleichung. Die Konzentration der Hydroxid- und Hydroniumionen in reinem Wasser beträgt jeweils nur 10^{-7} M (bei 25 °C).

3.3.1 Effekte einer pH-Wert-veränderung

Säuren und Basen Wenn eine Säure in Wasser gelöst wird, dissoziiert sie teilweise oder ganz und gibt dabei H^+-Ionen in die Lösung ab, die dort Hydroniumionen bilden. Eine **Säure** ist also ein Wasserstoffionendonator. Gibt man beispielsweise Chlorwasserstoff (HCl) in Wasser, so dissoziieren Wasserstoffionen ab (Protolysereaktion). Zurück bleiben Chloridionen. Die Lösung von HCl in Wasser heißt Salzsäure:

$HCl \rightarrow H^+ + Cl^-$ ($HCl + H_2O \rightarrow H_3O^+ + Cl^-$)

MERKE!

Eine Säure ist eine chemische Verbindung, die in einer chemischen Reaktion Wasserstoffionen abgibt.

Diese H^+-Ionenquelle bewirkt eine Ansäuerung der Lösung. Die saure Lösung enthält mehr H^+- als OH^--Ionen.

Ein Stoff, der durch eine gegenläufige Protolysereaktion zu einer Herabsetzung der Hydroniumionenkonzentration einer wässrigen Lösung führt, wird **Base** genannt. Basen sind Wasserstoffionenakzeptoren. Ammoniak (NH_3) beispielsweise wirkt als Base, weil das freie Elektronenpaar am Stickstoffatom ein Wasserstoffion aufnehmen kann; es bildet sich das Ammoniumion (NH_4^+):

$NH_3 + H^+ \rightleftharpoons NH_4^+$

MERKE!

Eine Base ist ein Stoff, der zur Aufnahme von Wasserstoffionen befähigt ist.

Andere Basen dissoziieren in Hydroxidionen, die als (starke) Basen wirken und die Wasserstoffionen von Wassermolekülen oder von anderen als Säuren fungierenden Stoffen übernehmen. Ein Beispiel hierfür ist das Natriumhydroxid (NaOH), dessen wässrige Lösung Natronlauge heißt und stark ätzend wirkt:

$NaOH \rightarrow Na^+ + OH^-$

In jedem Fall bewirkt die Base eine Verminderung der H^+-Ionenkonzentration. Lösungen, deren Gehalt an OH^--Ionen größer ist als ihr Gehalt an H^+-Ionen, werden Basen oder Laugen genannt. Eine Lösung, die gleiche Konzentrationen an H^+- und OH^--Ionen enthält, wird neutral genannt, weil sie weder sauer noch basisch (alkalisch) reagiert.

Die pH-Wertskala In wässrigen Lösungen von 25 °C beträgt das Produkt der Konzentrationen von H^+- und von OH^--Ionen 10^{-14}:

$[H^+] \bullet [OH^-] = 10^{-14}\ mol^2/l^2$

Die eckigen Klammern bedeuten definitionsgemäß die molare Konzentration des in der Klammer stehenden Stoffes. In einer neutralen Lösung bei Standardtemperatur beträgt $[H^+] = [OH^-] = 10^{-7}$ mol/l. Setzt man so viel Säure zu, dass $[H^+]$ auf 10^{-5} mol/l ansteigt, so sinkt $[OH^-]$ folglich auf 10^{-9} mol/l ab, da das Produkt beider weiterhin $10^{-14}\ mol^2/l^2$ ist. Die von der Säure freigesetzten Wasserstoffionen verbinden sich vorzugsweise mit den Hydroxidionen zu neutralen Wassermolekülen, wodurch die Konzentration an freiem OH^- absinkt. Eine Base (Lauge) hat den gegenteiligen Effekt und bewirkt durch ihre Funktion als Wasserstoffionenakzeptor eine Erhöhung der OH^--Ionenkonzentration. Kennt man die Konzentration entweder der H^+- oder der OH^--Ionen in einer wässrigen Lösung, lässt sich die Konzentration der jeweils anderen Ionensorte aus der obigen Beziehung leicht berechnen.

Da die H^+- und die OH^--Ionenkonzentration einer Lösung über einen Bereich von vielen Zehnerpotenzen variieren kann, hat man der Übersichtlichkeit halber eine logarithmische Skala entwickelt, die sogenannte **pH-Skala** (Abbildung 3.6). Der pH-Wert einer Lösung ist als der negativ dekadische Logarithmus (= Logarithmus zur Basis 10) der Wasserstoffionenkonzentration definiert:

$pH = -\log [H^+]$

In reinem Wasser oder einer neutral reagierenden wässrigen Lösung gilt $[H^+] = 10^{-7}$ M; dies führt uns zu folgender Beziehung:

$-\log 10^{-7} = -(-7) = 7$

Der pH-Wert einer neutralen Lösung bei 25 °C beträgt also 7 und liegt in der Mitte der Skala. Ein pH-Wert unter 7 bezeichnet eine saure Lösung. Je niedriger der pH-Wert, desto stärker sauer reagiert die Lösung. Die pH-Werte basischer Lösungen liegen oberhalb von 7. Die meisten biologischen Flüssigkeiten liegen im pH-Wertbereich zwischen 6 und 8. Es gibt jedoch einige Ausnahmen wie den stark sauren Magensaft des Menschen, der einen pH-Wert von etwa 2 aufweist.

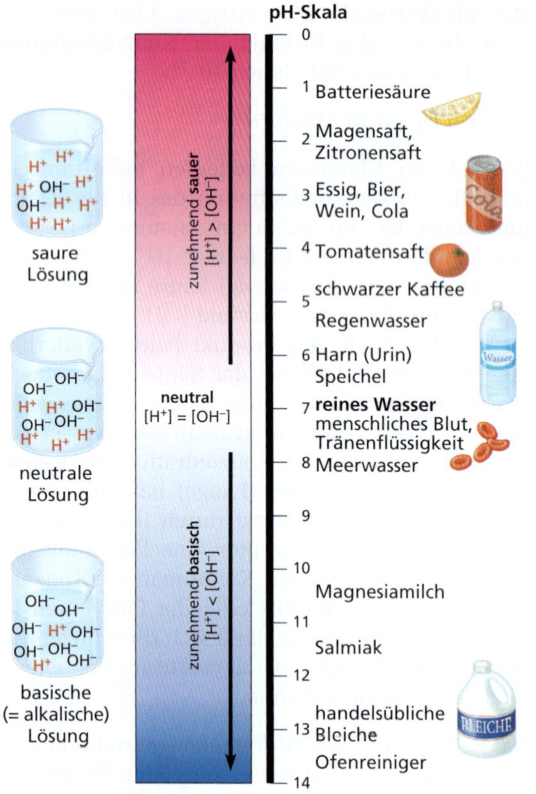

Abbildung 3.6: Die pH-Wertskala und die angenäherten pH-Werte einiger wässriger Lösungen.

Machen Sie sich klar, dass eine Veränderung um eine pH-Werteinheit eine Änderung der H^+- und der OH^--Ionenkonzentration um das Zehnfache bedeutet. Eine Lösung mit einem pH-Wert von 3 ist also nicht doppelt so sauer wie eine mit einem pH-Wert von 6, sondern 1.000-mal so sauer (drei Zehnerpotenzen). Selbst wenn sich der pH-Wert einer Lösung nur leicht ändert, kann dies tatsächlich einer substanziellen Veränderung der H^+- und OH^--Ionenkonzentrationen entsprechen.

Pufferlösungen Der pH-Wert im Inneren der meisten Zellen liegt nahe bei 7. Selbst kleine Änderungen im pH-Wert können schädlich sein, da die chemischen Vorgänge in einer Zelle sehr empfindlich auf die Konzentrationen der Hydronium- und Hydroxidionen reagieren.

Für den verhältnismäßig gleichbleibenden pH-Wert in physiologischen Flüssigkeiten, wie z.B. Blut, sind Stoffe verantwortlich, die als **Puffer** bezeichnet werden. Puffer sind Stoffe, die einer pH-Wertveränderung einer Lösung, also Konzentrationsveränderungen der H^+- und OH^--Ionen, entgegenwirken. Sie tun dies, indem sie Wasserstoffionen aus der Lösung abfangen, wenn deren Konzentration sich erhöht, oder Wasserstoffionen abdissoziieren, wenn deren Konzentration fällt. Puffer bestehen aus einer schwachen Säure (HA) und ihrer konjugierten Base (A^-). Im Blut und anderen biogenen Lösungen gibt es mehrere Puffersysteme, die zur Aufrechterhaltung des physiologischen pH-Wertes beitragen. Eines dieser Puffersysteme ist der Hydrogencarbonatpuffer, der sich formal von der zweibasigen Kohlensäure (H_2CO_3) ableitet. Diese bildet sich durch die Reaktion von Kohlendioxid mit Wasser (zum Beispiel im Blutplasma). Die instabile Kohlensäure dissoziiert augenblicklich zu Hydrogencarbonationen (HCO_3^-):

$$\underset{\text{H}^+\text{-Ionen-donor (Säure)}}{H_2CO_3} + \underset{\text{Wasser}}{H_2O} \underset{\text{Reaktion auf pH-Anstieg}}{\overset{\text{Reaktion auf pH-Abfall}}{\rightleftharpoons}} \underset{\text{H}^+\text{-Akzeptor (Base)}}{HCO_3} + \underset{\text{Wasserstoffion}}{H^+}$$

Das chemische Gleichgewicht zwischen der Kohlensäure und dem Hydrogencarbonat verschiebt sich je nachdem, ob der Lösung Wasserstoffionen entzogen oder zugefügt werden, nach links oder rechts. Falls die H^+-Ionenkonzentration im Blut zu fallen beginnt (wenn also der pH-Wert ansteigt), verschiebt sich das Protolysegleichgewicht nach rechts. Es zerfallen mehr Kohlensäuremoleküle dissoziativ und füllen den Vorrat an Hydroniumionen wieder auf. Beginnt die H^+-Ionenkonzentration im Blut aber zu steigen (der pH-Wert abzusinken), verläuft die Reaktion von rechts nach links. Die basisch wirkenden Hydrogencarbonationen nehmen H^+-Ionen auf, es bildet sich H_2CO_3, das sofort zu H_2O und CO_2 zerfällt. Das Kohlensäure-/Hydrogencarbonatpuffersystem besteht aus einer schwachen Säure und einer ebenfalls schwachen Base im Gleichgewicht. Die meisten anderen Puffersysteme bestehen ebenfalls aus Säure/Base-Paaren.

3.3.2 Gefährdungen der Wasserqualität auf der Erde

Führt man sich die Abhängigkeit allen Lebens vom Wasser vor Augen, so stellt sich die Kontamination von Flüssen, Seen, Meeren und dem Regen als schwerwiegendes Umweltproblem dar. Viele Gefährdungen der Wasserqualität sind Folgen menschlicher Aktivitäten, wie zum Beispiel die Verbrennung fossiler Brennstoffe (Kohle, Erdöl, Erdgas). Diese Praxis, seit ihrem Beginn im Rahmen der industriellen Revolution Anfang des 19. Jahrhunderts stetig im Ansteigen begriffen, setzt Gase frei, darunter reichlich Kohlendioxid. Die chemische Reaktion von CO_2 und anderen Verbindungen mit Wasser führt zu einer Störung der empfindlichen Balance der für das Leben auf der Erde relevanten Umweltbedingungen. Insbesondere sinkt der pH-Wert des Wassers, außerdem ändert sich die Oberflächentemperatur durch den Treibhauseffekt.

Das Verbrennen fossiler Brennstoffe ist außerdem die Hauptquelle für Schwefeldioxid und Stickstoffoxide („Stickoxide"). Diese Verbindungen reagieren mit Wasserdampf in der Luft zum Teil unter Bildung starker Säuren wie Schwefel- und Salpetersäure, die mit Regen oder Schnee auf die Erdoberfläche fallen. **Saure Niederschläge** in Form von Regen, Schnee oder Nebel mit pH-Werten von unter 5,2 gehen vielerorts nieder. Auch unkontaminierter Regen reagiert sauer und besitzt einen pH-Wert von ca. 5,6, der auf die Bildung und Dissoziation von Kohlensäure durch die Reaktion mit Kohlendioxid zurückzuführen ist. Kohlekraftwerke produzieren und setzen mehr von diesen Oxiden frei als jede andere Quelle. Der Wind trägt die Schadstoffe fort, sodass es Hunderte von Kilometern von industriellen Ballungszentren entfernt zu saurem Regen kommen kann, in Deutschland zum Beispiel in den Mittelgebirgen, die westlich und südlich der Industriekomplexe des Ruhrgebietes liegen. Saure Niederschläge sind aus vielen Gegenden der Erde bekannt. Alle Industrieländer sind mehr oder weniger stark betroffen. In den 1980er Jahren gab es eine breite öffentliche Diskussion der Problematik, als es in Teilen Europas infolge des sauren Regens zu einem drastischen und daher nicht mehr ignorierbaren Waldsterben kam. Ständig steigende Lufttemperaturen in Folge des Klimawandels und daraus resultierende Dürrephasen verstärken diesen Effekt noch.

Das als Hauptprodukt der Verbrennung fossiler Brennstoffe anfallende Kohlendioxid ruft andere Probleme hervor. Seine Freisetzung in die Atmosphäre hat sich ständig erhöht und soll sich, Voraussagen zufolge, bis zum Jahr 2065 gegenüber dem Wert von 1880 verdoppeln. Etwa die Hälfte des Kohlendioxids verbleibt in der Luft und verhindert wie eine „Schutzdecke" die Abstrahlung von Wärmestrahlung in den Weltraum („Treibhauseffekt").

Wenn sich CO_2 im Meerwasser löst, reagiert ein kleiner Teil mit Wasser zu Kohlensäure (H_2CO_3, siehe oben), die den pH-Wert senkt, dies wird als **Meeresansäuerung** bezeichnet (Abbildung 3.7). Messungen haben ergeben, dass der pH-Wert der Ozeane heute um 0,1 Einheiten niedriger ist, als zu irgendeiner Zeit in den vergangenen 420.000 Jahren und bis zum Ende des 21. Jahrhunderts um weitere 0,3 bis 0,5 Einheiten fallen könnte. Schon heute sehen wir, dass Korallenriffe massiv durch die Ansäuerung absterben.

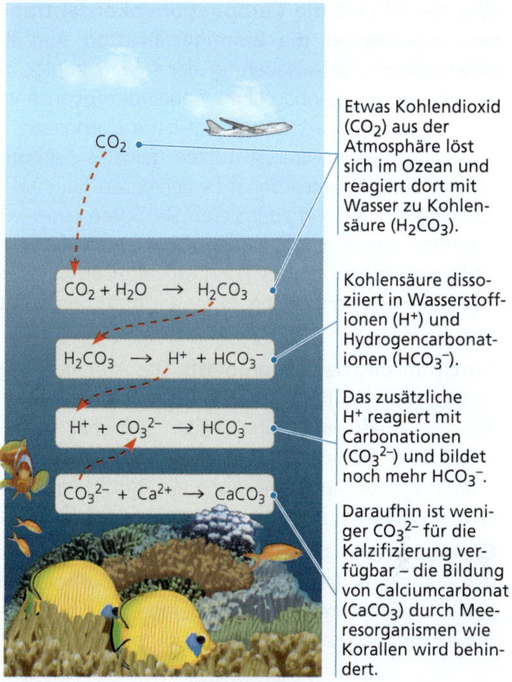

Abbildung 3.7: Anthropogenes (menschengemachtes) CO_2 in der Atmosphäre und sein Schicksal im Ozean.

Die wissenschaftliche Übung bietet Ihnen die Gelegenheit, die Daten eines Experiments auszuwerten, in dem die Auswirkungen der Carbonationenkonzentration auf Korallenriffe untersucht wurden. Korallenriffe sind empfindliche Ökosysteme mit vielen unterschiedlichen marinen Organismen. Ihr Verschwinden wäre ein tragischer Verlust biologischer Diversität.

VERSTÄNDNISFRAGEN

1. Im Vergleich zu einer basischen Lösung vom pH-Wert 9 weist das gleiche Volumen einer sauren Lösung vom pH-Wert 4 _____-mal so viele Wasserstoffionen (H^+) auf.

2. HCl ist eine starke Säure, die in Wasser praktisch vollständig dissoziiert: $HCl \rightarrow H^+ + Cl^-$. Berechnen Sie den pH-Wert einer 0,01 M HCl-Lösung.

3. WAS WÄRE, WENN? Was würde, ausgehend von (a) einem Liter reinen Wassers und (b) einem Liter verdünnter Essigsäure passieren, wenn man jeweils 0,01 mol einer starken Säure zusetzte? Wie verhielte sich der pH-Wert der Lösung? Verwenden Sie die entsprechenden Reaktionsgleichungen, um das Ergebnis zu erklären.

Wissenschaftliche Übung

Interpretation eines Streudiagramms mit einer Regressionsgeraden

Wie beeinflusst die Carbonationenkonzentration von Meerwasser die Biomineralisation von Korallenriffen? Die Ansäuerung der Meere infolge der gestiegenen atmosphärischen Kohlendioxidkonzentrationen wird die Konzentration gelöster Carbonationen senken. Lebende Korallen nutzen gelöstes Carbonat, um die aus Calciumcarbonat bestehenden Riffe aufzubauen. In der Übung analysieren Sie Daten eines kontrollierten Experiments, mit dem die Auswirkungen der Carbonatkonzentration $[CO_3^{2-}]$ auf die Calciumcarbonatablagerung (die sogenannte Kalzifizierung) untersucht wurden.

Durchführung des Experiments Das Aquarium „Biosphäre 2" im US-Bundesstaat Arizona enthält ein großes Korallenriffsystem, ähnlich den Systemen in freier Natur. Über mehrere Jahre hinweg hat man die Kalzifizierungsgeschwindigkeit durch die Rifforganismen in Abhängigkeit von $[CO_3^{2-}]$ gemessen.

Experimentelle Daten Die schwarzen Datenpunkte des Graphen bilden ein Streudiagramm. Die rote Linie, bekannt als lineare Regressionsgerade, ist die am besten passende Gerade durch die Datenpunkte.

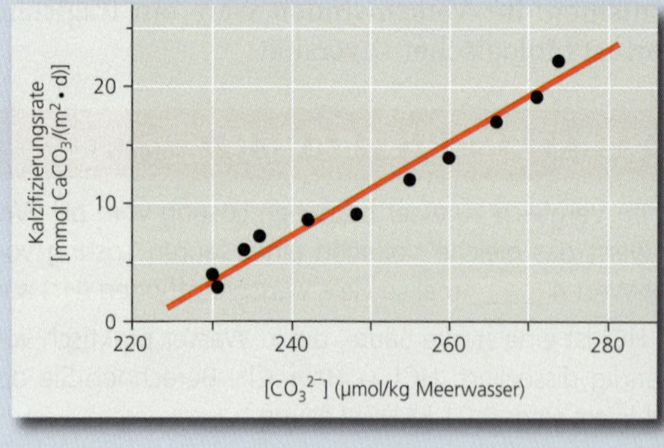

Datenauswertung

1. Angesichts eines Graphen mit experimentellen Daten ist der erste Schritt jeweils die Ermittlung der Bedeutung der beiden Achsen. **(a)** Erklären Sie in Ihren Worten, was die *x*-Achse (die Abszisse) zeigt, mitsamt der Einheit. **(b)** Was zeigt die *y*-Achse (die Ordinate) in welcher Einheit? **(c)** Welche Variable ist unabhängig (diese Variable wurde experimentell vorgegeben)? **(d)** Was ist die abhängige Variable, die auf die vorgegebenen experimentellen Bedingungen reagierte und gemessen wurde? Zusätzliche Informationen zur Erstellung von Graphen und ihrer Auswertung finden Sie in **Anhang B**.
2. Beschreiben Sie in eigenen Worten die im Graphen dargestellte Beziehung von Kalzifizierungsrate und Carbonatkonzentration.
3. **(a)** Wie groß ist die ungefähre Geschwindigkeit der Kalzifizierung bei einer Carbonatkonzentration von 270 µmol/kg? Wie viele Tage würde ein Quadratmeter Riff benötigen, um 30 mmol Calciumcarbonat ($CaCO_3$) anzuhäufen? **(b)** Welche entsprechenden Werte ergeben sich für 250 µmol/kg? **(c)** Wie ändert sich die Kalzifizierungsrate bei abnehmender Carbonationenkonzentration? Wie beeinflusst dies die Wachstumszeit der Korallen?
4. **(a)** Verwenden Sie die Gleichungen aus **Abbildung 3.7** und erläutern Sie, welcher Schritt des dort dargestellten Prozesses im vorliegenden Experiment gemessen wurde. **(b)** Stehen die experimentellen Befunde in Einklang mit der Annahme, dass die atmosphärische CO_2-Konzentration das Korallenriffwachstum verlangsamt? Warum oder warum nicht?

ZUSAMMENFASSUNG

Vier spezielle Eigenschaften des Wassers schaffen Bedingungen für das Leben auf der Erde

Kohäsion. Wasserstoffbrückenbindungen halten Wassermoleküle dicht zusammen, und diese Kohäsion hilft beim Aufwärtstransport von Wasser in den mikroskopischen Gefäßen von Pflanzen. Wasserstoffbrückenbindungen sind auch für die **Oberflächenspannung** des Wassers verantwortlich.

Temperaturausgleich. Wasser hat eine hohe **spezifische Wärmekapazität**. Beim Lösen von Wasserstoffbrückenbindungen wird Wärme absorbiert, sie wird freigesetzt, wenn Wasserstoffbrücken sich ausbilden. Dies hilft, die Temperatur innerhalb lebensverträglicher Grenzen relativ stabil zu halten. Die **Verdunstungskälte** beruht auf der hohen **Verdampfungswärme** des Wassers. Der Verlust der Wassermoleküle mit dem höchsten Energiegehalt an der Oberfläche führt zur Abkühlung des Körpers.

Aufschwimmendes Eis als Garant für den Lebensraum Wasser. Eis schwimmt, weil es weniger dicht als flüssiges Wasser ist. Dies ermöglicht die Existenz von Leben unterhalb der zugefrorenen Oberflächen von Seen und Polarmeeren.

Wasser als Lösungsmittel. Wasser ist ein ungewöhnlich vielseitiges Lösungsmittel, weil seine polaren Moleküle elektrisch geladene und andere polare Teilchen, die Wasserstoffbrücken bilden können, anziehen. **Hydrophile** Substanzen haben eine Affinität für Wasser, **hydrophobe** nicht. Die Konzentration einer Lösung entspricht der Anzahl gelöster Teilchen pro Volumeneinheit. Die **Molarität** gibt die Anzahl der Mole eines Stoffes in einem Liter Lösung an und ist daher ein Konzentrationsmaß. Ein Mol ist die durch eine bestimmte Teilchenzahl definierte Stoffmenge. Die Masse eines Mols einer Substanz in Gramm entspricht ihrer **Atom-** oder **Molekülmasse** in Atommasseneinheiten (Dalton). Ein Mol einer Substanz enthält immer $6{,}022 \times 10^{23}$ Teilchen. Diese Zahl heißt **Avogadro'sche Zahl**. Die Konzentrationen von Lösungen mit Gemischen verschiedener gelöster Stoffe werden in Gewichts- oder Volumenprozent (% (w/v) oder % (v/v)) angegeben oder in g/l bzw. mg/ml.

Die speziellen Eigenschaften des Wassers sind Voraussetzung für das Leben auf der Erde und vielleicht auch auf anderen Planeten.

Lebende Organismen sind auf bestimmte Säure/Base-Bedingungen angewiesen

Ein Wassermolekül kann unter Bildung eines Hydroniumions (H_3O^+, genauer $H_9O_4^+$, meist vereinfacht zu H^+) ein H^+-Ion (Proton) auf ein anderes Wassermolekül übertragen. Es wird dabei zum Hydroxidion (OH]).

Effekte einer pH-Wertveränderung. Die Konzentration der H^+-Ionen wässriger Lösungen wird durch den **pH-Wert** angegeben. Es gilt die Definition $pH = log_{10}[H^+]$. Säuren sind Wasserstoffionendonoren, Basen sind Wasserstoffionenakzeptoren. Säurelösungen haben pH-Werte kleiner als 7, bei Basen ist der pH-Wert größer als 7. Neutrale Lösungen haben einen pH-Wert von genau 7. In biologischen Flüssigkeiten enthaltene **Puffer** mildern pH-Änderungen ab. Sie bestehen aus einer schwachen Säure und ihrer konjugierten Base, die reversibel Wasserstoffionen abdissoziieren oder binden können. Puffer entfalten ihre optimale Wirkung bei einem für den jeweiligen Puffer charakteristischen pH-Wert.

Gefährdungen der Wasserqualität auf der Erde. Die Verbrennung fossiler Brennstoffe führt zur Emission von Oxiden, von denen einige zur Bildung saurer Niederschläge beitragen. Hauptprodukt ist das Treibhausgas CO_2. Ein Teil des Kohlendioxids löst sich in den Meeren. Dort vermindert es den pH-Wert und beeinflusst die Calzifizierungsrate, die für viele Meeresbewohner lebenswichtig ist.

Kohlenstoff und die molekulare Vielfalt des Lebens

4

4.1 Organische Chemie ist der Schlüssel zum Ursprung des Lebens

Der Zweig der Chemie, der sich mit den Verbindungen des Kohlenstoffs befasst, wird **organische Chemie** genannt. Die Vielfalt organischer Verbindungen reicht vom Methan (CH_4), der einfachsten aller organischen Verbindungen, bis zu sehr großen Makromolekülen wie den Proteinen, die aus Tausenden von Atomen zusammengesetzt sind. Die meisten organischen Verbindungen enthalten neben Kohlenstoffatomen zusätzlich noch Wasserstoffatome.

MERKE!
Die organische Chemie ist der Zweig der Chemie, der sich mit den Verbindungen des Kohlenstoffs befasst.

Abbildung 4.1 stellt ein berühmt gewordenes Experiment vor, das zeigen sollte, wie diese komplexen organischen Verbindungen auf der frühen Erde aus anorganischen Verbindungen entstanden sein könnten.

Die Zahl der bekannten Kohlenstoffverbindungen übertrifft die Zahl der bekannten Verbindungen aller übrigen Elemente. Viele organische Verbindungen weisen eine Komplexität im Bau auf, die

Abbildung 4.1: Können sich organische Verbindungen unter Bedingungen bilden, von denen angenommen wird, dass sie jenen auf der frühen Erde ähnlich sind?

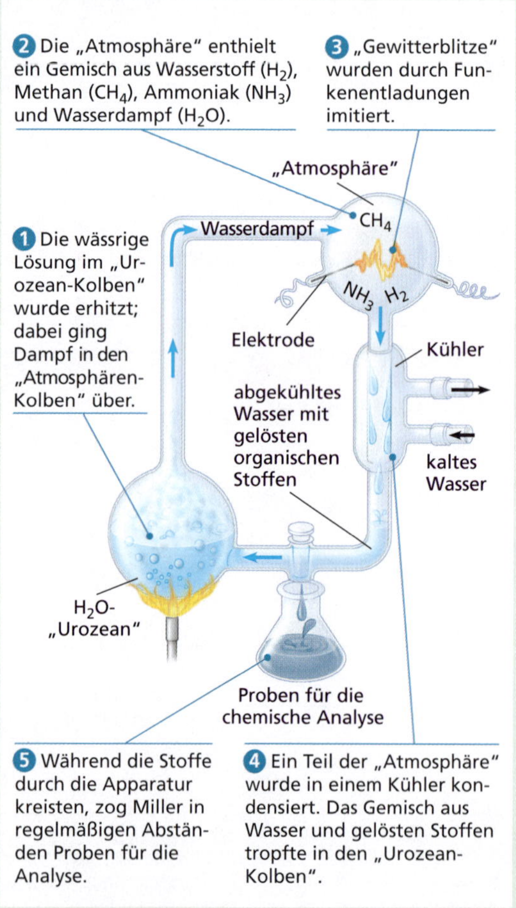

Experiment Im Jahr 1953 baute der Doktorand Stanley Miller eine geschlossene Apparatur auf, um Bedingungen zu simulieren, von denen angenommen wurde, dass sie jenen auf der frühen Erde ähnelten. Ein Reaktionskolben mit Wasser sollte den Urozean („Ursuppe") nachahmen. Das Wasser wurde kontinuierlich erhitzt, sodass ein Teil verdampfte und in einen zweiten, höher gelegenen Kolben gelangte, der die sauerstofflose „Uratmosphäre" enthielt, die aus einem Gasgemisch bestand. In dieser synthetischen Atmosphäre wurden durch elektrische Entladungen Funken erzeugt, die die Blitze von Gewittern simulieren sollten (siehe Abbildung).

Ergebnis Miller konnte eine Reihe von organischen Verbindungen beziehungsweise einige ihrer Vorstufen nachweisen, die verbreitet in Lebewesen zu finden sind. Dazu gehörten Stoffe wie Formaldehyd (HCHO), Blausäure (HCN) und komplexere Verbindungen wie Aminosäuren, gewisse heterozyklische Verbindungen sowie langkettige Kohlenwasserstoffe.

Schlussfolgerung Organische Verbindungen, die einen ersten Schritt im Hervorbringen von Leben darstellen, könnten auf der frühen Erde abiotisch spontan entstanden sein und sich angereichert haben. (Wir werden diese Hypothese im Detail in Kapitel 25 erörtern.)

Allerdings ist zu berücksichtigen, dass das Miller-Experiment zwar einige Bedingungen für die Entstehung lebender Organismen auf der Erde aufzeigt, aber die Synthese organischer Komponenten in vermutlich hoher Verdünnung und ohne weitere Energiezufuhr kaum zur Synthese hochmolekularer Polymere wie Nucleinsäuren, Kohlenhydraten und Proteinen geführt hätte. Der energetische Aspekt wird in Kapitel 6 behandelt.

Daten aus: S. L. Miller, A production of amino acids under possible primitive Earth conditions, *Science* 117: S. 528–529 (1953).

? WAS WÄRE, WENN? Wie könnten die relativen Mengen der Produkte HCN und HCHO ausgesehen haben, falls Miller die Ammoniakkonzentration in seinem Ansatz erhöht hätte?

sich bei „anorganischen" Verbindungen so nicht zeigt. Die Grundlage der organischen Chemie ist die einzigartige chemische Vielseitigkeit des Elements Kohlenstoff.

VERSTÄNDNISFRAGEN

1. Zu welchen Schlussfolgerungen gelangte Stanley Miller, als er unter den Reaktionsprodukten seines berühmten Experimentes Aminosäuren fand?

2. WAS WÄRE, WENN? Als Miller das in Abbildung 4.1 beschriebene Experiment ohne elektrische Entladungen durchführte, fand er keine organischen Reaktionsprodukte. Was könnte die Erklärung für dieses Ergebnis sein?

4.2 Kohlenstoffatome können an vier andere Atome binden und so unterschiedlichste Moleküle bilden

4.2.1 Das Entstehen von Kohlenstoffbindungen

Kohlenstoffatome besitzen sechs Elektronen; zwei davon besetzen die erste Elektronenschale, die übrigen vier die zweite. Der Kohlenstoff bildet für gewöhnlich ein Elektronenoktett in der zweiten Schale, indem die Atome kovalente Bindungen ausbilden, durch die sie Zugriff auf weitere vier Elektronen erlangen. Es können Einfach-, Doppel- oder Dreifachbindungen sein. Jedes Kohlenstoffatom kann somit als Verzweigungspunkt dienen, von dem bis zu vier Seitenzweige abgehen können. Diese *Vierbindigkeit* ermöglicht die Bildung großer Moleküle von komplexer Struktur.

Wenn ein Kohlenstoffatom vier kovalente Einfachbindungen ausbildet, weisen die vier gleichartigen Hybridorbitale in die Ecken eines gedachten Tetraeders (siehe Abbildung 2.11b). Die Bindungswinkel in regelmäßig tetraedrischen Molekülen wie Methan (CH_4) betragen 109,5°. Das Ethanmolekül (C_2H_6) besitzt die Gestalt zweier, an ihren Spitzen zusammenhängender Tetraeder (Abbildung 4.2a). Bei Molekülen mit noch mehr Kohlenstoffatomen weist jede Gruppe, bei der ein C-Atom mit vier anderen Atomen verbunden ist, ebenfalls tetraedrische Gestalt auf. Sind aber zwei Kohlenstoffatome durch eine Doppelbindung miteinander verknüpft, liegen alle an diese Atome gebundenen weiteren Atome in einer Ebene. Ethen (C_2H_4) ist ein Beispiel für ein solch flaches Molekül (Abbildung 4.2b).

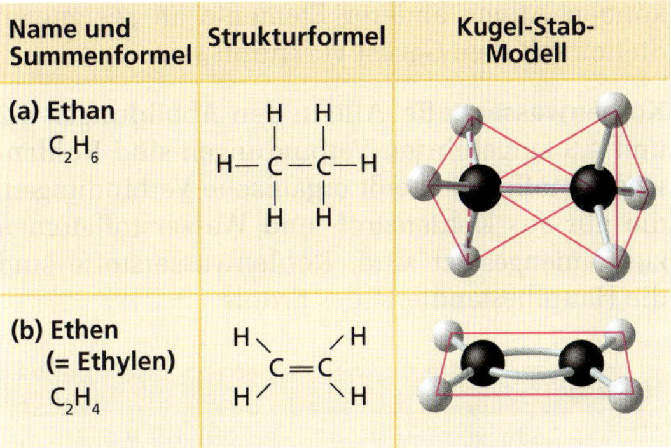

Abbildung 4.2: **Die Struktur von Ethan und Ethen.**

Im Kohlendioxidmolekül (CO_2) ist ein einzelnes Kohlenstoffatom jeweils durch Doppelbindungen mit zwei Sauerstoffatomen verbunden. Die Strukturformel für CO_2 ist wie folgt:

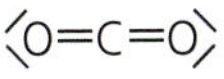

Die Anordnung der Elektronenpaare führt zur Vervollständigung der erwähnten Elektronenoktette in den Valenzschalen der beteiligten Atome. Kohlendioxid spielt eine bedeutende Rolle als Kohlenstoffquelle aller organischen Verbindungen in Organismen.

Beim Harnstoff weist jedes der Atome die erforderliche Anzahl kovalenter Bindungen auf, um das Elektronenoktett der Valenzschale zu vervollständigen. In diesem Fall ist das Kohlenstoffatom sowohl zwei Einfachbindungen mit zwei Stickstoffatomen als auch eine Doppelbindung mit dem Sauerstoffatom eingegangen.

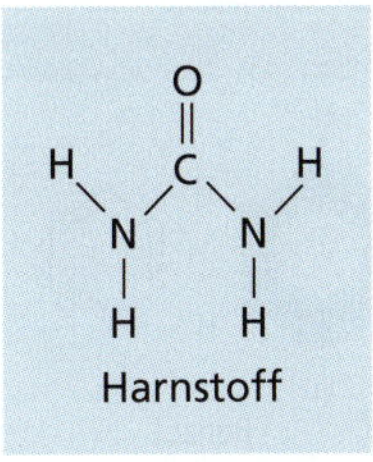

4.2.2 Molekulare Vielfalt durch Variation des Kohlenstoffgerüstes

Ketten aus Kohlenstoffatomen bilden die Gerüste organischer Verbindungen (Abbildung 4.3). Die Molekülgerüste variieren in ihrer Größe und können unverzweigt, verzweigt oder ringförmig geschlossen sein. Manche dieser Kohlenstoffgerüste weisen Doppelbindungen auf, die in ihrer Zahl und Stellung im Molekül variieren. Weiterhin können Atome anderer Elemente an geeigneten Stellen mit dem Gerüst verknüpft sein.

Kohlenwasserstoffe Alle in den Abbildungen 4.2 und 4.3 aufgeführten Verbindungen sind **Kohlenwasserstoffe**, das heißt organische Verbindungen, die nur aus Kohlenstoff- und Wasserstoffatomen zusammengesetzt sind. Kohlenwasserstoffe sind die Hauptbestandteile des Erdöls.

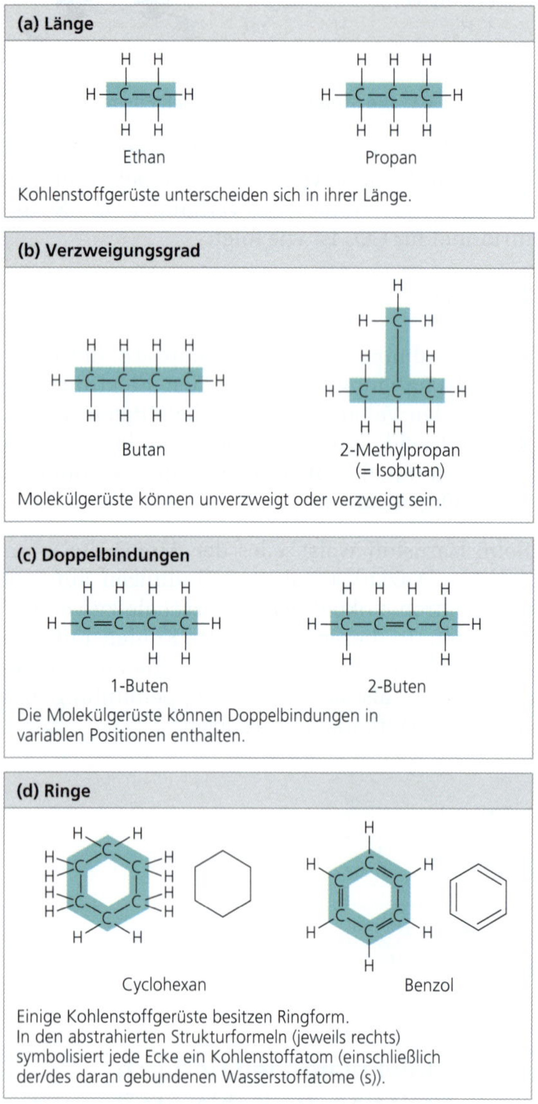

Abbildung 4.3: Variationen von Kohlenstoffgerüsten.

Obwohl reine Kohlenwasserstoffe in Lebewesen vergleichsweise selten sind, weisen viele der organischen Verbindungen in einer Zelle Bereiche auf, die nur aus Kohlenstoff- und Wasserstoffatomen gebildet werden. So sind etwa die als Fette bezeichneten Moleküle durch lange Kohlenwasserstoffketten gekennzeichnet, die an einen Nichtkohlenwasserstoffanteil gebunden sind. Weder Erdöl noch Fette lösen sich in Wasser. Beide Stoffgruppen gehören zu den hydrophoben Substanzen. Dies ist darauf zurückzuführen, dass die große Mehrheit ihrer Bindungen praktisch unpolare Kohlenstoff-Wasserstoff-Bindungen sind. Ein anderes Merkmal von Kohlenwasserstoffen ist, dass sie reaktionsträge sind und die Reaktionen, die sie eingehen, mit einem hohen Energieumsatz verbunden sind. Das Benzin unserer Autos besteht ebenso wie Heizöl und Erdgas aus Kohlenwasserstoffen und Fettmoleküle dienen Tieren als Energiespeicher.

Isomere Isomere sind Verbindungen, die identische Summenformeln, jedoch verschiedene Strukturen und infolgedessen unterschiedliche Eigenschaften besitzen.

Strukturisomere (= Konstitutionsisomere, Stellungsisomere) weisen bei gleicher Summenformel Unterschiede darin auf, wie die Atome miteinander verknüpft sind. Die Zahl der möglichen Isomere steigt mit einer Vergrößerung des Kohlenstoffgerüstes einer organischen Verbindung dramatisch an. Es gibt nur drei mögliche Isomere der Summenformel C_5H_{12} (von denen zwei in Abbildung 4.4a wiedergegeben sind), aber bereits 18 Oktane der Summenformel C_8H_{18}. Strukturisomere können sich auch in der Lage (Stellung) von im Molekül möglicherweise vorhandenen Doppelbindungen unterscheiden.

Geometrische Isomere (= *cis/trans*-Isomere) differieren voneinander in der Anordnung der Substituenten an C=C-Doppelbindungen. Um die Achse einer Einfachbindung ist im Allgemeinen freie Drehbarkeit gewährleistet. Im Gegensatz dazu erlauben Doppelbindungen eine solche freie Rotation um die Bindungsachse nicht. Die Fixierung der Substituenten im Raum ist die Ursache für die geometrische Isomerie. Betrachten wir zur Verdeutlichung die Moleküle in Abbildung 4.4b. Die Anordnung, bei der beide X-Substituenten auf derselben Seite liegen, wird als *cis*-Isomer bezeichnet, diejenige, bei der die X-Substituenten auf gegenüberliegenden Seiten liegen, als *trans*-Isomer. Dieser scheinbar geringe Unterschied im räumlichen Bau der Moleküle kann dramatische Auswirkungen auf die biologischen Aktivitäten haben. So ist die durch Licht verursachte Umwandlung des Retinals im Sehfarbstoff Rhodopsin von einem *cis*- in ein *trans*-Isomer die molekulare Grundlage des Sehvorganges im Auge (für Einzelheiten siehe Kapitel 50).

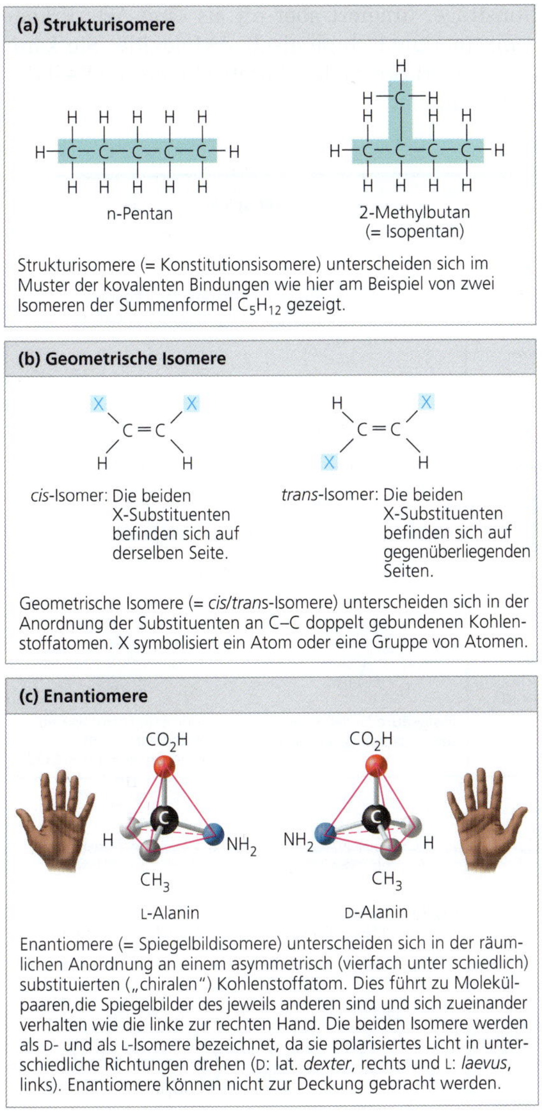

Strukturisomere (= Konstitutionsisomere) unterscheiden sich im Muster der kovalenten Bindungen wie hier am Beispiel von zwei Isomeren der Summenformel C_5H_{12} gezeigt.

Geometrische Isomere (= *cis*/*trans*-Isomere) unterscheiden sich in der Anordnung der Substituenten an C–C doppelt gebundenen Kohlenstoffatomen. X symbolisiert ein Atom oder eine Gruppe von Atomen.

Enantiomere (= Spiegelbildisomere) unterscheiden sich in der räumlichen Anordnung an einem asymmetrisch (vierfach unter schiedlich) substituierten („chiralen") Kohlenstoffatom. Dies führt zu Molekülpaaren,die Spiegelbilder des jeweils anderen sind und sich zueinander verhalten wie die linke zur rechten Hand. Die beiden Isomere werden als D- und als L-Isomere bezeichnet, da sie polarisiertes Licht in unterschiedliche Richtungen drehen (D: lat. *dexter*, rechts und L: *laevus*, links). Enantiomere können nicht zur Deckung gebracht werden.

Abbildung 4.4: **Drei Formen der Isomerie.** Verbindungen mit gleicher Summenformel, aber unterschiedlichen Strukturen sind Isomere.

? ZEICHENÜBUNG Es gibt drei Isomere der Summenformel C_5H_{12}. Zeichnen Sie das dritte, unter (a) nicht dargestellte Isomer.

Enantiomere sind Isomere, die sich spiegelbildlich zueinander verhalten. Sie bilden eine spezielle Klasse von Stereoisomeren. In den Kugel-/Stabmodellen von Abbildung 4.4c trägt das in der Tetraedermitte befindliche zentrale C-Atom vier verschiedene Substituenten. Man spricht von einem chiral substituierten Kohlenstoffatom (asymmetrisches C-Atom) oder von einem **Chiralitätszentrum** des Moleküls. Die vier Substituenten können auf zweierlei Weise um das Chiralitätszentrum herum gruppiert werden. Die beiden Anordnungen verhalten sich wie Bild und Spiegelbild oder, anders ausgedrückt, wie die links- und rechtshändige Version eines Moleküls. Für gewöhnlich ist nur ein Enantiomer eines Enantiomerenpaares biologisch aktiv, das andere inaktiv. Manchmal haben auch beide eine (dann unterschiedliche) biologische Wirkung.

Die Enantiomerie ist für die Pharmazie wichtig, weil enantiomere Formen eines Medikamentenwirkstoffs nicht die gleiche Spezifität oder sogar deutlich verschiedene Wirkungen entfalten können. Beispiele sind das Schmerzmittel Ibuprofen und das Asthmamedikament Albuterol. In manchen Fällen kann ein Enantiomer sogar schädlich sein. Hier wird sehr deutlich, dass die besonderen Eigenschaften eines Moleküls stark von der räumlichen Anordnung seiner Atome abhängen.

VERSTÄNDNISFRAGEN

1. Zeichnen Sie die Strukturformel von C_2H_4.

2. Welche der Moleküle in Abbildung 4.3 sind Isomere? Geben Sie für jedes der Molekülpaare den Isomerentyp an.

3. In welcher Hinsicht sind sich Benzin und Fette ähnlich?

4. WAS WÄRE, WENN? Sind isomere Formen des Propans (C_3H_8) denkbar? Zeichnen Sie gegebenenfalls Strukturformeln der Isomere.

4.3 Bestimmte chemische Gruppen spielen eine entscheidende Rolle in der molekularen Funktionalität

Die unverkennbaren Eigenschaften einer organischen Verbindung hängen nicht allein von der Anordnung ihrer Atome im Kohlenstoffgerüst ab, sondern ebenso von anderen Molekülteilen, die durch Bindungen an das Grundgerüst geknüpft sind. Eine Reihe von Substituenten, die der Chemiker funktionelle Gruppen nennt, kann Wasserstoffatome ersetzen, die bei Kohlenwasserstoffen die Valenzen der C-Atome absättigen. Die Art, die Anzahl und die Anordnung der funktionellen Gruppen verleihen den verschiedenen Substanzklassen ihre besonderen physikalischen und chemischen Eigenschaften.

Die sieben bei biologischen Prozessen (biochemischen Reaktionen) bedeutsamsten funktionellen Gruppen sind die Hydroxyl-, die Carbonyl-, die Carboxyl-, die Amino-, die Sulfhydryl-, die Phosphoryl- und die Methylgruppe (Abbildung 4.5).

Die ersten sechs sind funktionelle Gruppen im engeren Sinn. Sie alle sind hydrophil und tragen daher zur Wasserlöslichkeit organischer Verbindungen bei. Die Methylgruppe ist zwar sehr reaktionsträge, fungiert aber oft als eine Art „Erkennungsmerkmal" biologischer Moleküle. Sie kann als eine Art Sperre bestimmte chemische Reaktionen hemmen.

Funktionelle Gruppe	Bezeichnung und Eigenschaften	Beispiele
Hydroxylgruppe (—OH)  (kann auch als HO— geschrieben werden)	Bezeichnung: Alkohol (Endung *-ol*) Polar infolge des elektronegativen Sauerstoffs. Bildet Wasserstoffbrückenbindungen mit Wasser aus, unterstützt die Auflösung von Verbindungen wie Zucker.	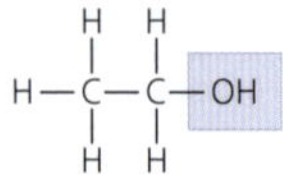 **Ethanol**, der Alkohol in entsprechenden Getränken
Carbonylgruppe (>C=O) 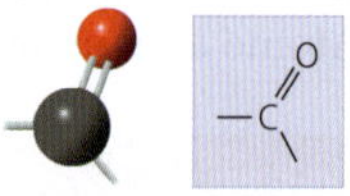	Bezeichnung: Keton (innerhalb eines Kohlenstoffgerüstes) oder Aldehyd (am Ende eines Kohlenstoffgerüstes, dann mit Wasserstoff abgesättigt, –CHO = Aldehydgruppe) Zucker enthalten eine Carbonylgruppe. Je nach ihrer Position im Molekül heißen die Zucker dann entweder Ketosen oder Aldosen.	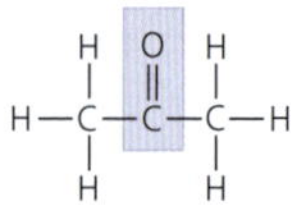 **Aceton**, das einfachste Keton 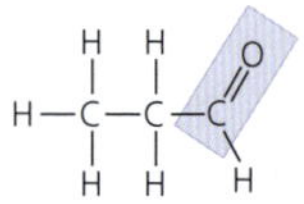 **Propanal**, ein Aldehyd
Carboxylgruppe (—COOH) 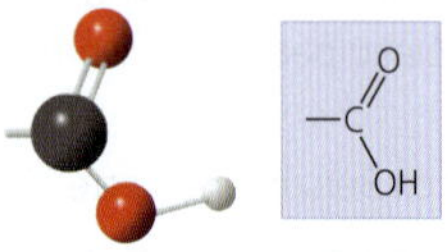	Bezeichnung: Karbonsäure (oder auch organische Säure) Wirkt als Säure (= Protonendonor), da die kovalente Bindung zwischen dem Wasserstoff und Sauerstoff sehr polar ist.	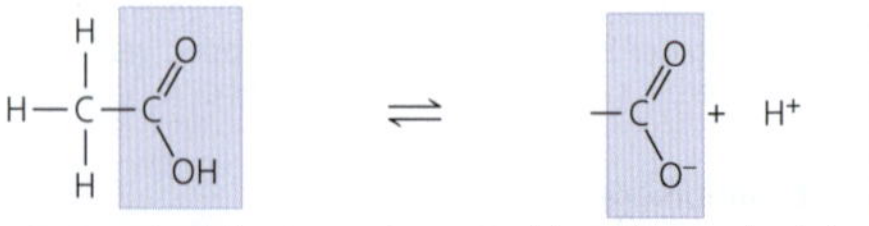 **Essigsäure** (verleiht dem Essig seinen sauren Geschmack) ionisierte Form, wie sie in Zellen vorkommt (Carboxylatanion, $—COO^-$)
Aminogruppe ($—NH_2$) 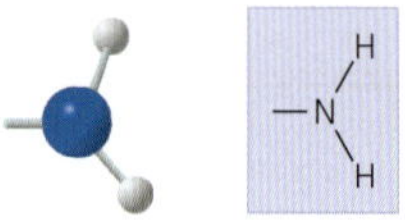	Bezeichnung: Amin Wirkt als Base (= Protonenakzeptor), kann H^+ aus der umgebenden Lösung (in Lebewesen Wasser) aufnehmen.	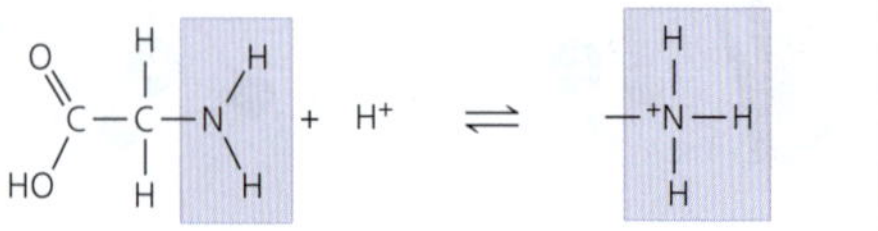 **Glycin**, eine Aminosäure (man beachte die Carboxylgruppe!) ionisierte Form des $—NH_2$, die in Zellen vorkommt
Thiolgruppe (—SH) 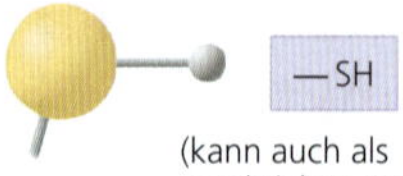 (kann auch als HS— geschrieben werden)	Bezeichnung: Thiol (oder auch Sulfhydryl) Zwei –SH-Gruppen können miteinander reagieren und eine Disulfidbrücke ausbilden, eine Quervernetzung, die Proteinstrukturen stabilisieren kann. Das Haarprotein Keratin enthält Disulfidbrücken, die für die Glätte oder Kräuselung des Haares verantwortlich sind. Durch Lösen und Neuknüpfen der Quervernetzungen lässt sich das Haar in die gewünschte Form bringen.	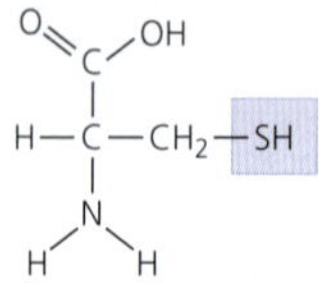 **Cystein**, eine schwefelhaltige Aminosäure
Phosphatgruppe ($—OPO_3^{2-}$) 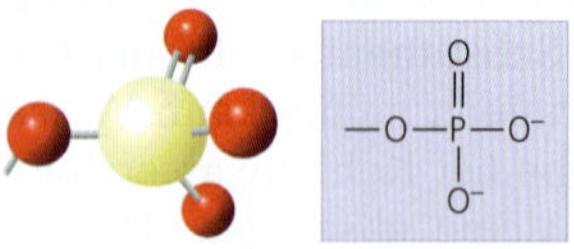	Bezeichnung: Phosphat Fügt eine einfach negative Ladung hinzu, wenn innerhalb einer Kette von Phosphatgruppen befindlich, eine zweifach negative, wenn am Ende. Verleiht einem Molekül die Eigenschaft, mit Wasser unter Energiefreisetzung zu reagieren.	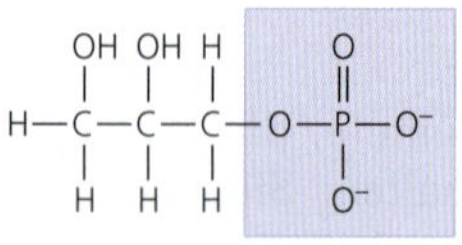 **Glycerolphosphat**, Bestandteil einiger wichtiger biochemischer Reaktionen
Methylgruppe ($—CH_3$) 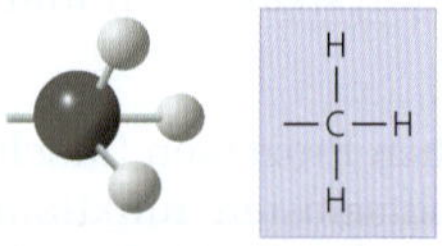	Bezeichnung: Methyl- (oder auch methyliert) Beeinflusst die Genexpression durch Bindung an DNA oder an DNA-bindende Proteine. Beeinflusst die Gestalt und Funktion der Geschlechtshormone.	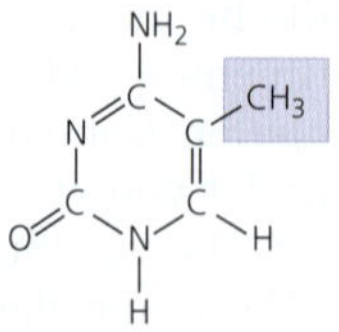 **5-Methyl-Cytosin**, Bestandteil einer DNA, die durch die Addition einer Methylgruppe modifiziert wurde.

Abbildung 4.5: Näher betrachtet. Einige biologisch wichtige funktionelle Gruppen.

4.3.1 ATP: Eine wichtige Energiequelle zellulärer Prozesse

Abbildung 4.5 zeigt als Beispiel für die Phosphatgruppe ein einfach gebautes organisches Phosphorsäurederivat. Ein komplizierter gebautes organisches Phosphat ist das **Adenosintriphosphat (ATP)**, das für alle Zellen eine kaum zu überschätzende Rolle als universale „Energiewährung" spielt. ATP besteht aus einem organischen Molekülteil, dem Adenosin, das kovalent an eine Kette von drei Phosphorsäureresten gebunden ist.

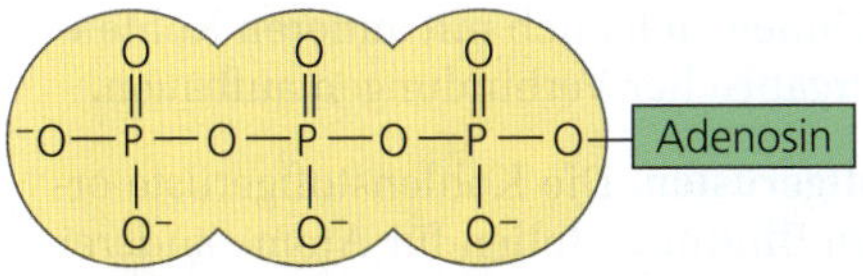

Die räumliche Nähe dreier (negativ geladener!) Phosphorylgruppen und die höhere Stabilität der Reaktionsprodukte erlauben die vergleichsweise leichte Abspaltung der endständigen (γ-) Phosphorylgruppe: ATP hat ein hohes Phosphatgruppenabspaltungs- oder **Phosphatgruppenübertragungspotenzial**. Die Reaktion kann mit Wasser („**Hydrolyse**") erfolgen, oder durch die Übertragung einer Phosphorylgruppe auf andere Moleküle. Freigesetztes Hydrogenphosphat steht im Gleichgewicht mit dem Dihydrogenphosphatanion und wird üblicherweise durch das Symbol Ⓟ$_i$ dargestellt (auch als anorganisches Phosphat bezeichnet; das i steht für inorganic). Durch den Verlust eines Phosphorsäurerestes wird aus dem ATP das ADP, Adenosin**di**phosphat. ATP mit seinem hohen Phosphatgruppenübertragungspotenzial dient der Zelle als Speicher für schnell mobilisierbare chemische Energie.

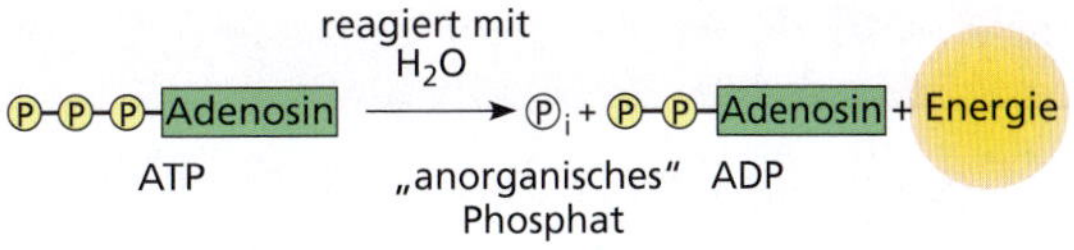

4.3.2 Die chemischen Elemente des Lebens: Eine Rückschau

Lebende Materie besteht in der Hauptsache aus Kohlenstoff, Sauerstoff, Wasserstoff und Stickstoff, neben kleineren Anteilen an Schwefel und Phosphor. All diese chemischen Elemente können starke kovalente Bindungen ausbilden, ein essenzielles Merkmal der Struktur komplexer organischer Verbindungen. Unter diesen Elementen ist der Kohlenstoff geradezu virtuos bei der Bildung kovalenter Bindungen. Seine Vielseitigkeit ermöglicht die grandiose Vielfalt organischer Moleküle, die alle besondere Eigenschaften haben, die sich aus der jeweiligen Konfiguration des Kohlenstoffgerüsts und aus den daran gebundenen funktionellen Gruppen ergeben. Die Biodiversität auf der Erde basiert auf den sich daraus ergebenden vielfältigen Strukturen.

VERSTÄNDNISFRAGEN

1. Was sagt die Bezeichnung „Aminosäure" über den Aufbau des betreffenden Moleküls aus?

2. WAS WÄRE, WENN? Stellen Sie sich vor, Sie haben ein organisches Molekül wie das Glycin (Abbildung 4.5, unter Aminogruppe) und wandeln die Aminogruppe (—NH_2) in eine Carboxylgruppe (—COOH) um. Zeichnen Sie die Strukturformel dieses Moleküls und stellen Sie Spekulationen über seine chemischen Eigenschaften an.

ZUSAMMENFASSUNG

Organische Chemie ist das Studium der Kohlenstoffverbindungen

Organische Verbindungen wurden lange Zeit nur in lebenden Organismen gefunden, schließlich aber auch im Labor synthetisiert. Lebende Organismen bestehen hauptsächlich aus Kohlenstoff, Sauerstoff, Wasserstoff und Stickstoff. Die Biodiversität ist eine Folge der Fähigkeit des Kohlenstoffs, eine riesige Zahl von Molekülen mit unterschiedlichen Strukturen und Funktionen zu bilden.

Kohlenstoffgerüste erlauben die Bildung vielgestaltiger Moleküle

Das Entstehen von Kohlenstoffbindungen. Der vierbindige Kohlenstoff kann verschiedene andere Atomsorten binden, so etwa O, H und N. Kohlenstoffatome können sich auch mit anderen Kohlenstoffatomen verbinden und dadurch die Kohlenstoffgerüste organischer Verbindungen aufbauen.

Molekulare Vielfalt entsteht durch Variation von Kohlenstoffgerüsten. Die Kohlenstoffgerüste organischer Moleküle variieren in Größe und Form und besitzen Bindungsstellen für Atome anderer Elemente.

Kohlenwasserstoffe bestehen nur aus Kohlenstoff und Wasserstoff.

Isomere sind Verbindungen mit identischen Summenformeln, aber unterschiedlichen Strukturen und Eigenschaften. Drei Formen der Isomerie sind die Strukturisomerie, die *cis/trans*-Isomerie und die Enantiomerie als eine Form der Stereoisomerie.

Wenige funktionelle Gruppen entscheiden über die biologische Funktion

An das Kohlenstoffgerüst organischer Verbindungen gebundene funktionelle Gruppen nehmen an chemischen Reaktionen teil oder tragen zur Funktion bei, indem sie die Form des Moleküls oder/ und seine physikalischen Eigenschaften beeinflussen.

ATP, eine wichtige Energiequelle zellulärer Prozesse. Adenosintriphosphat besteht aus Adenosin mit einer Kette aus drei Phosphorylgruppen. Aufgrund seiner Struktur hat ATP ein hohes **Phosphatgruppenübertragungspotenzial**, was es zur universellen Energiewährung aller lebenden Zellen macht.

Die Struktur und Funktion großer biologischer Moleküle

5

5.1 Makromoleküle sind aus Monomeren aufgebaute Polymere

Ein **Polymer** (gr. *polys*, viele und *meros*, Teil) ist ein kettenförmiges Molekül, das aus zahlreichen, mehr oder minder gleichen, sich wiederholenden Baueinheiten zusammengesetzt ist, die durch kovalente Bindungen miteinander verknüpft sind. Die sich wiederholenden Einheiten, die als Bausteine des Polymers dienen, heißen **Monomere** (gr. *monos*, ein).

5.1.1 Synthese und Abbau von Polymeren

Die chemischen Mechanismen, durch welche Zellen Polymere aufbauen und wieder abbauen, sind in allen Fällen grundsätzlich sehr ähnlich (Abbildung 5.1). Die Monomere treten in Reaktionen zusammen, bei denen Wasser abgespalten wird und die dabei übrig bleibenden Molekülreste kovalent miteinander verbunden werden. Dieser Reaktionstyp wird als **Kondensation** bezeichnet. Hierbei spaltet das eine Molekül eine OH-Gruppe ab, das andere ein H-Atom; beides zusammen wird als H_2O – Wasser – freigesetzt. Diese Reaktion wiederholt sich bei der Bildung eines Polymers ständig, wenn neue Monomere an die sich bildende Molekülkette angefügt werden. Die Kondensationsreaktionen werden von Enzymen katalysiert. **Enzyme** sind spezialisierte Makromoleküle, die chemische Reaktionen beschleunigen, ohne dabei selbst verändert oder verbraucht zu werden.

Die **Hydrolyse** (gr. *hydor*, Wasser und *lysis*, Spaltung) ist die Umkehrung der Kondensation – also die Bindungsspaltung durch eine Reaktion mit Wasser. Die Bindungen zwischen den Monomeren werden aufgelöst und das Wasserstoffatom eines Wassermoleküls an das eine und die OH-Gruppe an das andere Monomer angefügt. Der Großteil der organischen Substanz in unserer Nahrung liegt in Form von Polymeren vor, die nicht direkt von den Zellen aufgenommen werden können. Im Verdauungstrakt greifen verschiedene „hydrolytische" Enzyme die Polymere an und beschleunigen katalytisch ihren Abbau zu den Monomeren. Diese werden dann in den Blutkreislauf aufgenommen und im Körper verteilt. In den Zellen können die Monomere dann erneut in Kondensationsreaktionen eintreten, um neue Polymere zu erzeugen.

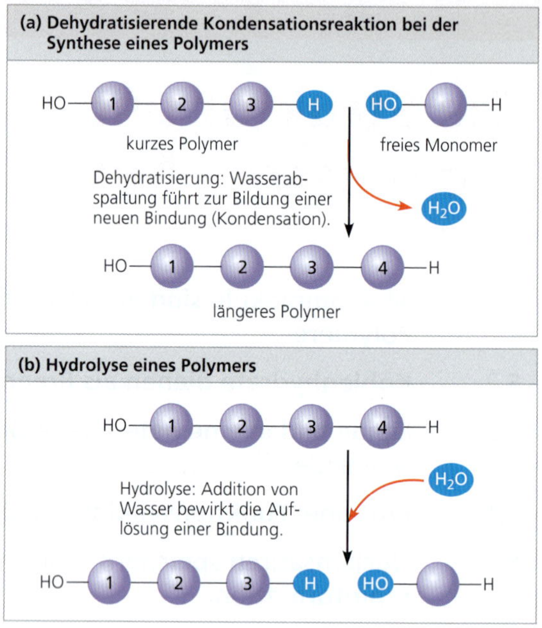

Abbildung 5.1: **Synthese und Abbau von Polymeren.**

5.1.2 Die Vielfalt der Polymere

Worin liegt die Ursache für die Vielfalt der biologischen Makromoleküle? Diese Moleküle bestehen aus nur 40 bis 50 allgemein verbreiteten verschiedenen Monomeren. Der Aufbau eines riesigen Repertoires von Polymeren aus einer so begrenzten Anzahl von Monomeren ist vergleichbar mit dem Aufbau von Wörtern und Sätzen aus den 26 Buchstaben des Alphabets. Entscheidend ist die Anordnung der Bausteine oder Buchstaben – die spezielle, lineare Abfolge der Baueinheiten. Proteine zum Beispiel setzen sich aus 20 verschiedenen Typen von Aminosäuren zusammen, die in einer definierten Abfolge kovalent miteinander verbunden und im Regelfall Hunderte bis Tausende von Aminosäuren lang sind.

VERSTÄNDNISFRAGEN

1. Nennen Sie die vier Klassen biologischer Moleküle.

2. Wie viele Wassermoleküle sind notwendig, um ein Polymer von zehn Monomeren Länge vollständig zu hydrolysieren?

3. WAS WÄRE, WENN? Nehmen Sie an, Sie essen eine Portion grüne Bohnen. Welche Reaktionen müssen ablaufen, damit die Aminosäuren, aus denen sich die Proteine gebildet haben, in Proteine des eigenen Körpers umgewandelt werden können?

5.2 Kohlenhydrate dienen als Brenn- und Baustoffe

Kohlenhydrate sind Zucker und die aus ihnen gebildeten Polymere.

5.2.1 Zucker

Monosaccharide (gr. *monos*, einzeln und *sakcharon*, Zucker) haben generell die Summenformel $C_nH_{2n}O_n$ (Abbildung 5.2). Sie weisen alle eine Carbonylgruppe (> C=O) sowie mehrere Hydroxylgruppen (–OH) auf. Je nach Stellung der Carbonylgruppe im Molekül ist der Zucker entweder eine Aldose (ein Aldehyd) oder eine Ketose (ein Keton). Die Kohlenhydrate kennzeichnende Endung in der chemischen Fachsprache ist -ose. Die weitere Klassifizierung von Kohlenhydraten richtet sich nach der Anzahl von C-Atomen im Molekül.

Die Einfachzucker gewinnen zusätzlich an Vielfalt durch die räumliche Anordnung einzelner Molekülteile um ihre Chiralitätszentren (Kohlenstoffatome mit vier verschiedenen Substituenten). Glucose und Galactose beispielsweise unterscheiden sich in der räumlichen Anordnung ihrer Substituenten an lediglich einem ihrer vier asymmetrischen Kohlenstoffatome; sie sind mithin Isomere (siehe lila unterlegten Bereich in Abbildung 5.2). Obgleich es übersichtlich ist, Kohlenhydrate mit linearen Kohlenstoffgerüsten zu zeichnen, liegen die meisten Zucker in wässriger Lösung fast ausschließlich in Form geschlossener Ringe vor (Abbildung 5.3).

Ein **Disaccharid** (Zweifachzucker) besteht aus zwei, durch eine **glykosidische Bindung** miteinander verknüpften Monosacchariden. Die glykosidische Bindung ist kovalent, sie bildet sich bei der Kondensationsreaktion der Monosaccharide. Maltose (Malzzucker) ist ein Beispiel für ein Disaccharid, das sich durch die Reaktion von zwei Glucosemolekülen unter Wasserabspaltung bildet (Abbildung 5.4a). Das häufigste Disaccharid ist die Saccharose, die als Haushaltszucker allgemein verbreitet ist. Sie besteht aus einem Glucose- und einem Fructose-Monomer (Abbildung 5.4b). Lactose ist ein weiteres Disaccharid, bei dem eine Glucose mit einer Galactose verbunden ist.

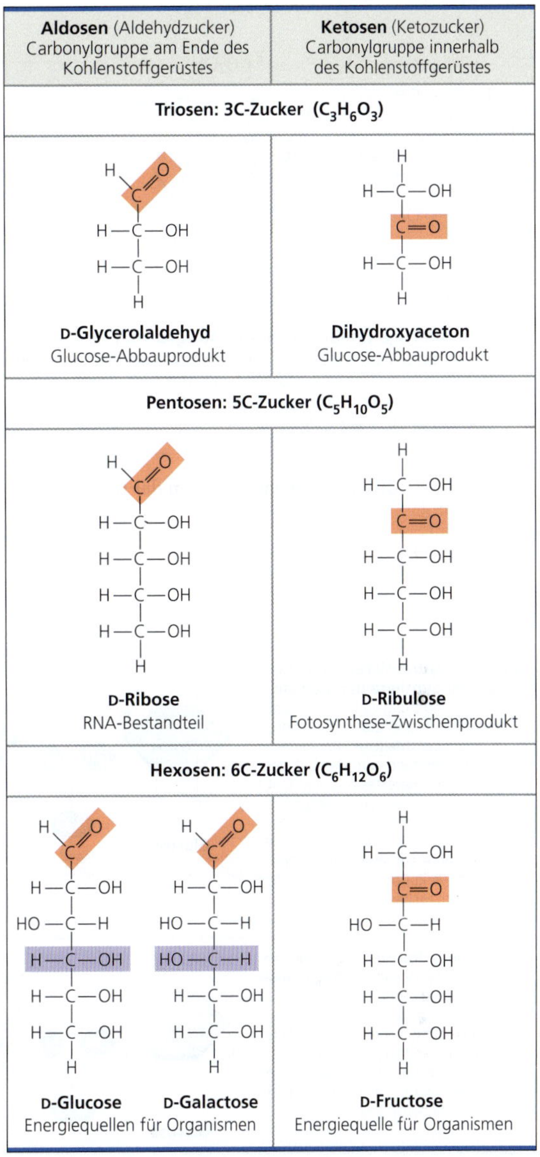

Abbildung 5.2: Struktur und Klassifizierung einer Auswahl von Monosacchariden. Zucker variieren in der Position ihrer Carbonylgruppen (orange), der Länge ihres Kohlenstoffgerüsts und der räumlichen Anordnung von Substituenten um asymmetrisch C-Atome herum (lila).

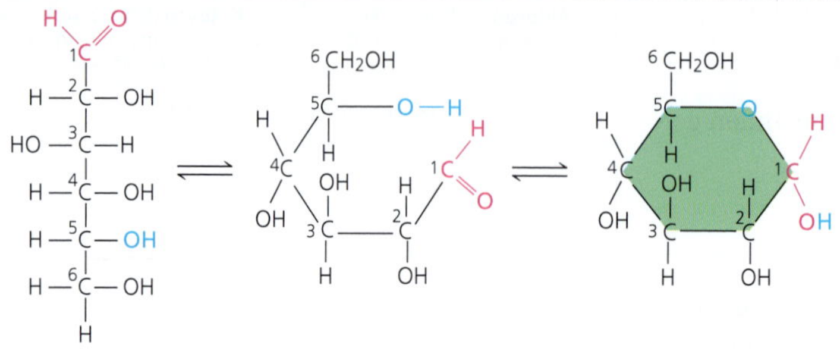

(a) **Offenkettige lineare Form und Ringform.** Das chemische Gleichgewicht zwischen der offenkettigen linearen Form und der Ringform liegt stark auf Seiten der Ringform. Die Kohlenstoffatome des hier abgebildeten Zuckermoleküls sind von 1 bis 6 durchnummeriert. Bei der Bildung des Glucoserings reagiert C-1 mit dem Sauerstoff am C-5.

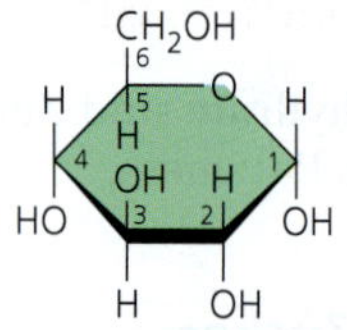

(b) **Vereinfachte Ringstrukturformel.** Jede Ecke symbolisiert ein Kohlenstoffatom. Die stärker gezeichneten Linien stellen Bindungen dar, die, wie bei einer Seitenansicht, zum Betrachter hin orientiert sind. Die nach oben oder unten weisenden Substituenten liegen oberhalb beziehungsweise unterhalb der Ringebene.

Abbildung 5.3: Offenkettige und Ringform der Glucose.

? **ZEICHENÜBUNG** Beginnen Sie mit der offenkettigen Form der Fructose (Abbildung 5.2) und zeichnen Sie die Ringform der Fructose in zwei Schritten. Nummerieren Sie die C-Atome. Verbinden Sie C-5 mit dem Sauerstoffatom am C-2. Vergleichen Sie die Zahl der Kohlenstoffatome in den Molekülringen der Fructose und der Glucose.

(a) **Die Dehydratisierungsreaktion bei der Synthese der Maltose.** Die Verknüpfung von zwei Glucosemolekülen führt zur Bildung von Malzzucker (Maltose). Bei dieser Glykosidbildung wird das C-1 des einen Glucoserestes mit dem C-4 des zweiten kovalent verknüpft. Bei dieser Kondensation wird Wasser abgespalten. Werden die Glucosemonomere auf andere Art miteinander verknüpft, entstehen andere Zweifachzucker (Disaccharide).

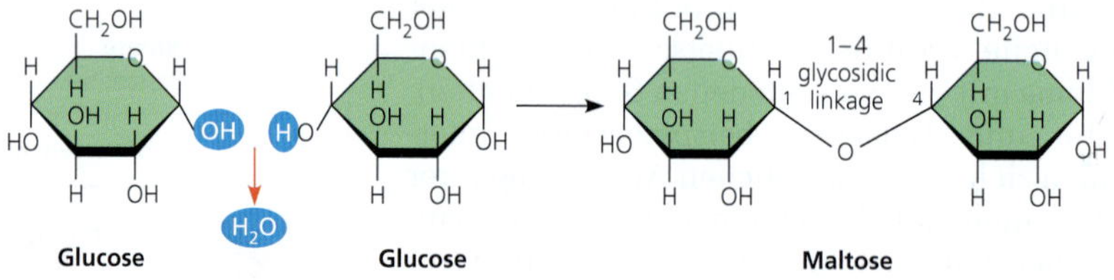

(b) **Die Dehydratisierungsreaktion bei der Synthese der Saccharose.** Saccharose (Rohrzucker) ist ein Disaccharid, das sich aus Glucose und Fructose bildet. Man beachte, dass die Fructose, obgleich es sich bei ihr wie bei der Glucose um eine Hexose handelt, einen fünfgliedrigen Kohlenstoffring ausbildet.

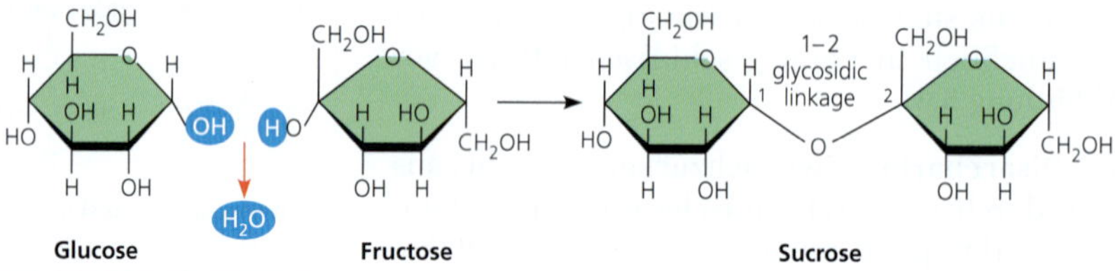

Abbildung 5.4: Beispiele für Synthesen von Disacchariden.

5.2.2 Polysaccharide

Polysaccharide sind Makromoleküle, Polymere aus einigen hundert bis einigen tausend Monosaccharidresten, die durch glykosidische Bindungen miteinander verknüpft sind. Der Aufbau und die Funktion eines Polysaccharids werden von seinen Monosaccharideinheiten und der Art ihrer glykosidischen Verknüpfung bestimmt.

Speicherpolysaccharide Pflanzen lagern **Stärke** – eine polymerisierte Form der Glucose – in Form von Körnchen in die Plastiden ihrer Zellen ein. Da die Glucose die Hauptenergiequelle der Zellen ist, stellt die Stärke gespeicherte Energie dar.

Die meisten der Glucosereste in Stärkemolekülen sind durch 1–4-glykosidische Bindungen kovalent miteinander verbunden. Der Bindungswinkel der glykosidischen Bindung lässt das Polymer eine helikale (schraubenförmige) Konformation einnehmen. Amylose mit unverzweigten Molekülketten (Abbildung 5.5a) und Amylopectin, das eine verzweigte Variante darstellt.

Tiere speichern Glucose in Form des Polysaccharids **Glykogen** („tierische Stärke"), das ebenfalls eine Polyglucose ist, aber gegenüber dem Amylopectin einen noch höheren Verzweigungsgrad aufweist (Abbildung 5.5b). Der Mensch und andere

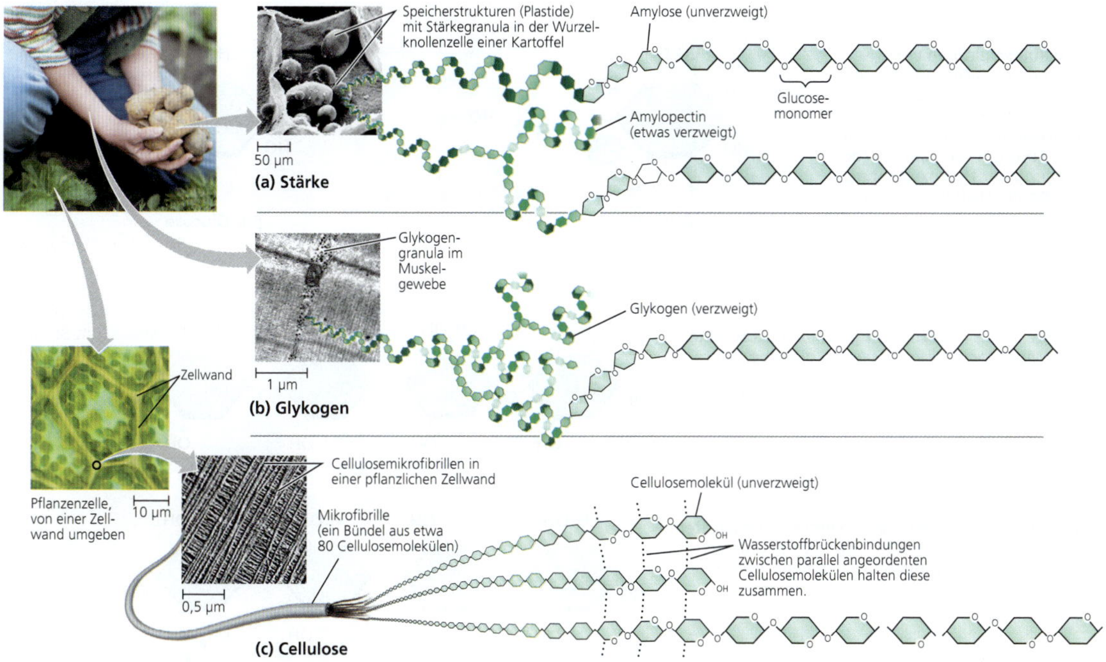

Abbildung 5.5: Speicherpolysaccharide bei Tieren und Pflanzen. **(a)** Stärke in Pflanzenzellen, **(b)** Glykogen in Muskelzellen und **(c)** strukturbildende Cellulosefasern in pflanzlichen Zellwänden. Alle gezeigten Beispiele bestehen nur aus Glucose-Monomeren (grüne Sechsecke). In Stärke und Glykogen tendieren die Polymerketten in ihren unverzweigten Bereichen zur Helixbildung, da die Winkel der glykosidischen Bindungen dies begünstigen. Es gibt zwei Arten von Stärke: Amylose und Amylopectin. Cellulose enthält eine andere Art der glykosidischen Verknüpfung und ist immer unverzweigt.

Wirbeltiere lagern Glykogen hauptsächlich in der Leber und in Muskelzellen ein. Durch Hydrolyse des Glykogens wird bei Bedarf Glucose freigesetzt.

Strukturpolysaccharide Das Polysaccharid **Cellulose** ist ein Hauptbestandteil pflanzlicher Zellwände. So wie die Stärke ist auch die Cellulose eine Polyglucose. Der Unterschied beruht darauf, dass die Glucose in zwei stereochemisch verschiedenen Ringformen vorliegen kann (Abbildung 5.6a). Wenn es bei der Glucose zur Ringbildung kommt, kann die Verknüpfung so erfolgen, dass die Hydroxylfunktion am C-1 oberhalb oder unterhalb der Ringebene zu liegen kommt. In der Stärke sind alle Glucosereste α-konfiguriert (Abbildung 5.6b). Im Gegensatz dazu besitzen die Glucosereste in der Cellulose β-Konfiguration, was dazu führt, dass die Glucosereste relativ zu ihren Nachbarn gedreht vorliegen (Abbildung 5.6c).

Während Stärkemoleküle eine vorwiegend helikale (spiralig gewundene) Konformation einnehmen, sind Cellulosemoleküle gestreckt. Cellulosemoleküle sind auch niemals verzweigt und einige der Hydroxylgruppen an den Untereinheiten vermögen Wasserstoffbrückenbindungen mit anderen Cellulosemolekülen auszubilden, wenn diese parallel zueinander liegen. In der pflanzlichen Zellwand lagern sich parallel angeordnete Cellulosemoleküle zu Mikrofibrillen zusammen (Abbildung 5.7). Die kabelartigen Mikrofibrillen bilden ein festes Baumaterial für die Pflanze und sind auch für den Menschen von Bedeutung, da Cellulose der Hauptbestandteil von Papier und der ausschließliche Inhaltsstoff der Baumwollfasern ist.

Nur wenige Organismen verfügen über Enzyme, die Cellulose verdauen (Cellulasen). Der Mensch kann Cellulose nicht verdauen; die in unserer Nahrung enthaltene Cellulose passiert den Verdauungstrakt und wird ausgeschieden (Ballaststoff).

VERSTÄNDNISFRAGEN

1. Schreiben Sie die Strukturformel eines Kohlenhydrats mit drei Kohlenstoffatomen.

2. Eine Kondensation verknüpft zwei Glucosemoleküle zu einem Molekül Maltose. Die Summenformel der Glucose ist $C_6H_{12}O_6$. Wie lautet die Summenformel der Maltose?

(a) Die Ringstrukturen von α- und von β-Glucose. Diese beiden ineinander überführbaren isomeren Formen der Glucose unterscheiden sich in der Konfiguration am C-1 (der Stellung der Hydroxylgruppe am Kohlenstoffatom Nr. 1).

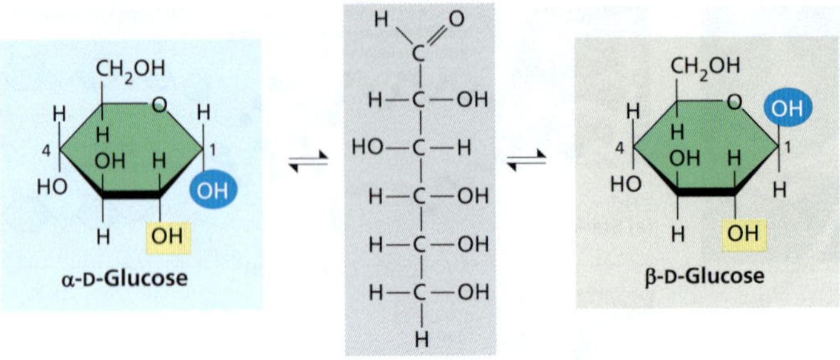

(b) Stärke: α1→4-Verknüpfung von α-Glucoseresten. Alle Monosaccharidreste weisen dieselbe Orientierung auf. Vergleichen Sie die Stellung der gelb hervorgehobenen OH-Gruppen mit denen im Cellulosemolekül (c).

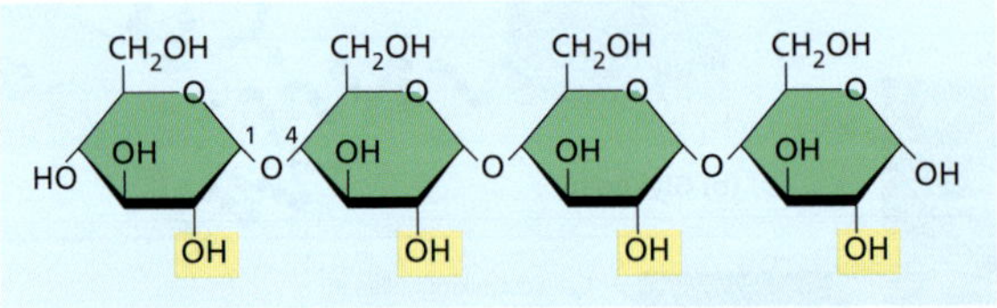

(c) Cellulose: β1→4-Verknüpfung von β-Glucoseresten. Im Cellulosemolekül steht jeder zweite Glucoserest auf dem Kopf (relativ zu den benachbarten Resten).

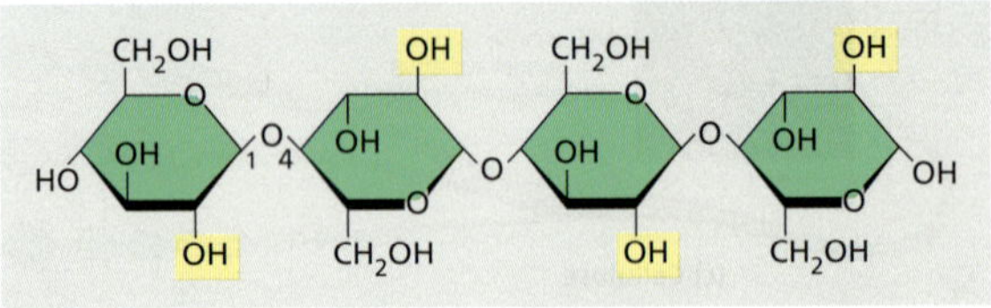

Abbildung 5.6: Die Strukturen von Stärke und Cellulose.

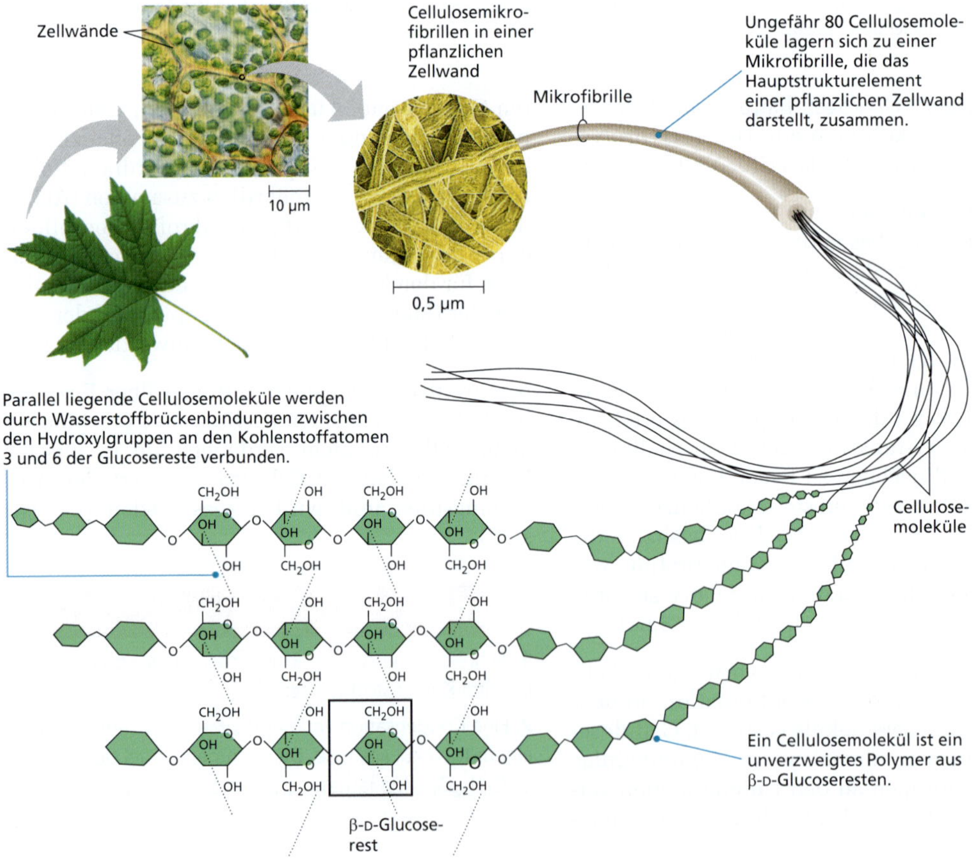

Abbildung 5.7: Die Anordnung von Cellulosemolekülen in pflanzlichen Zellwänden.

5.3 Lipide bilden eine heterogene Gruppe hydrophober Moleküle

Die **Lipide** sind hydrophobe Moleküle, die keine kovalent verbundenen Polymere sind, sich jedoch leicht zu großen Aggregaten zusammenlagern.

5.3.1 Fette

Ein Fettmolekül besteht aus Glycerin und Fettsäuren (Abbildung 5.8). **Glycerin** (chemisch korrekt als Glycerol bezeichnet) ist ein dreiwertiger Alkohol, dessen drei C-Atome jeweils eine OH-Gruppe tragen. Eine **Fettsäure** ist eine langkettige Carbonsäure, deren aliphatisches Kohlenstoffgerüst häufig aus 16 oder 18 Kohlenstoffatomen besteht. Der apolare Bereich der aliphatischen Kohlenwasserstoffkette macht Fette hydrophob. Sie sind in Wasser unlöslich, weil sie keine Wasserstoffbrückenbindungen mit den Wassermolekülen ausbilden können. Daher trennt sich Salatöl (ein flüssiges Fett) von der wässrigen Essiglösung eines Salatdressings.

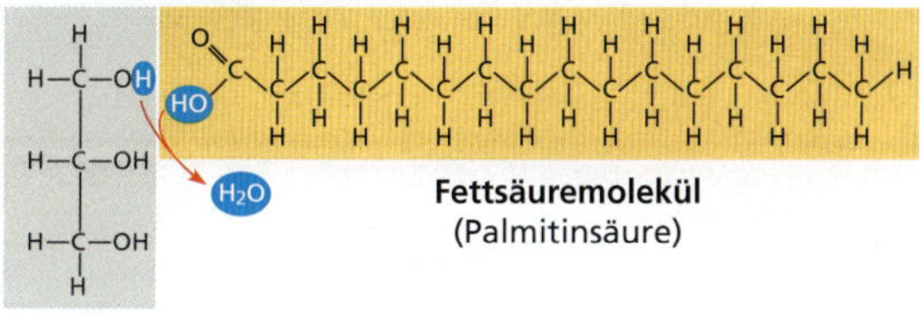

(a) Dehydratisierungsreaktion bei der Synthese eines Fettmoleküls

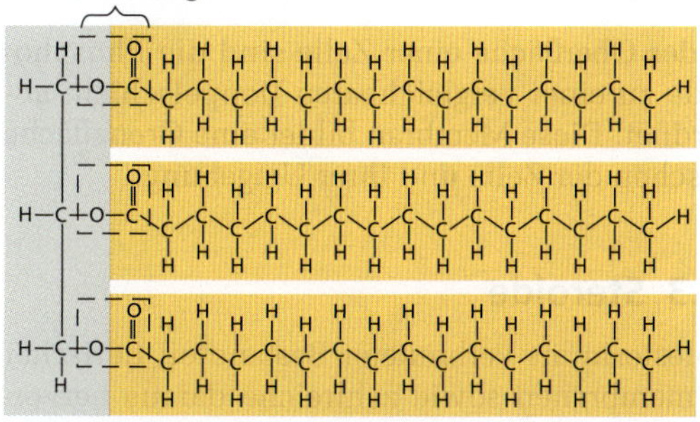

(b) Ein Fettmolekül (Triacylglycerol)

Abbildung 5.8: Synthese und Struktur eines Fettmoleküls (Triacylglycerol). Die molekularen Bausteine eines Fettmoleküls sind ein Molekül Glycerin und drei Fettsäuremoleküle. **(a)** Bei der Esterbildung wird für jeden gebundenen Acylrest ein Wassermolekül abgespalten. **(b)** Ein Fettmolekül mit drei Fettsäureresten. Die C-Atome der Fettsäurereste sind zickzackförmig angeordnet. Dies entspricht der tatsächlichen Bindungsgeometrie der vier von jedem Kohlenstoffatom ausgehenden Bindungen.

In einem Lipidmolekül sind drei Fettsäuremoleküle mit einem Glycerinmolekül unter Ausbildung von drei Esterbindungen verbunden. Ester entstehen durch die Reaktion von Säuren mit Alkoholen, in diesem Fall der OH-Gruppen des Glycerins mit den Carboxylgruppen der Fettsäuren.

Die einzelnen Fettsäuren können sich in der Länge (Zahl der Kohlenstoffatome) sowie gegebenenfalls in der Zahl und der Stellung von Doppelbindungen unterscheiden. Falls überhaupt keine Doppelbindungen (–C=C–) im Molekül vorhanden sind, ist die maximale Zahl von Wasserstoffatomen an die C-Atome gebunden und man spricht von einer gesättigten Fettsäure (Abbildung 5.9a). Eine ungesättigte Fettsäure demgegenüber besitzt eine oder auch mehrere C=C-Doppelbindungen. Falls die Doppelbindung *cis*-konfiguriert ist, weist das Molekül an dieser Stelle eine Abwinkelung auf (Abbildung 5.9b).

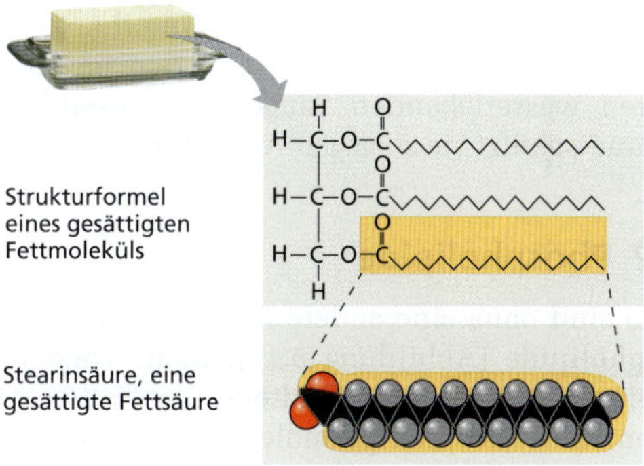

(a) Gesättigte Fette. Bei Zimmertemperatur sind die Moleküle eines gesättigten Fettes (wie in Butter) so dicht gepackt, dass ein Feststoff entsteht.

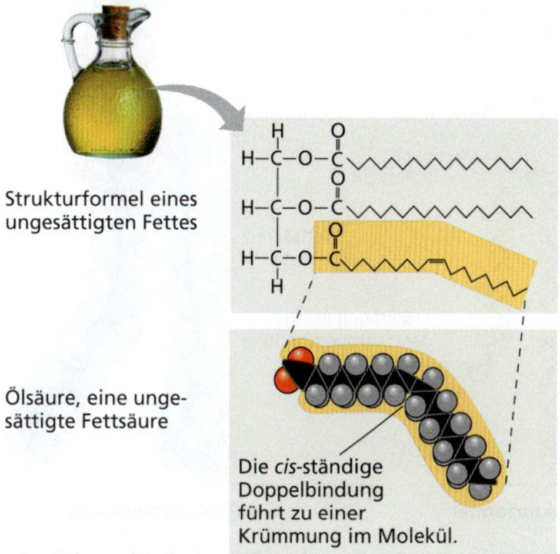

(b) Ungesättigte Fette. Bei Zimmertemperatur können sich die Moleküle eines ungesättigten Fettes (wie in Olivenöl) aufgrund der Krümmungen nicht dicht genug zusammenlagern, um das Fett zu verfestigen.

Abbildung 5.9: Beispiele für gesättigte und ungesättigte Fette und Fettsäuren.

Die meisten tierischen Fette sind gesättigt, besitzen also keine Doppelbindungen in den Kohlenwasserstoffketten. Aufgrund ihrer Kompaktheit lassen sich diese Moleküle dicht zusammenpacken. Gesättigte Fette wie Butter sind bei Zimmertemperatur fest. Im Gegensatz dazu sind pflanzliche Fette, aber auch die Fette von Fischen im Allgemeinen ungesättigt. Die Abknickungen an den *cis*-Doppelbindungen verhindern, dass sich die Moleküle dieser Öle genannten flüssigen Fette dicht genug zusammenlagern, um sich bei Zimmertemperatur zu verfestigen. Die Hauptfunktion von Fetten liegt in der Speicherung von Energie für den Organismus. Die Kohlenwasserstoffketten der Lipidmoleküle sind chemisch den Kohlenwasserstoffen des Benzins und Heizöls nicht unähnlich und ebenso energiereich. Ein Gramm Fett enthält rund doppelt so viel verwertbare Energie wie die gleiche Menge eines Proteins oder eines Polysaccharids. Außerdem isoliert eine Fettschicht unterhalb der Haut den Körper thermisch. Dieses Unterhautfettgewebe ist bei Walen, Robben und den meisten anderen wasserlebenden Säugetieren besonders dick und schützt sie so gegen Auskühlung.

5.3.2 Phospholipide

Zellen sind ohne eine andere Art der Lipide, die **Phospholipide** (Abbildung 5.10), nicht vorstellbar. Sie sind die Hauptbestandteile aller Zellmembranen. Ein Phospholipidmolekül ähnelt einem Fettmolekül, doch trägt es nur zwei mit dem Glycerylrest veresterte Fettsäurereste. Die dritte Hydroxylfunktion des Glycerins ist mit einem Phosphorsäurerest verestert. Dieser trägt eine negative elektrische Ladung. Zusätzliche niedermolekulare Gruppen, die eine Hydroxylgruppe tragen und sogar elektrisch geladen sein können, sind mit dem Phosphorylrest verknüpft, was zur Vielfalt der Phospholipide beiträgt.

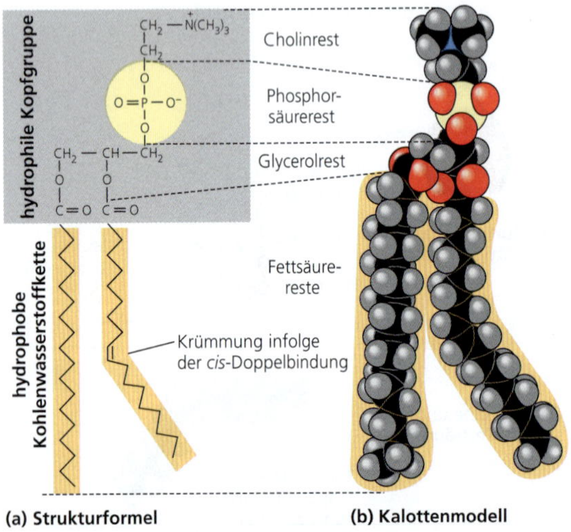

Abbildung 5.10: **Die Struktur eines Phospholipidmoleküls.** Ein Phospholipidmolekül hat eine hydrophile (polare) Kopfgruppe und zwei hydrophobe (apolare) Fortsätze. Das spezielle, hier dargestellte Phospholipid ist ein Phosphatidylcholin mit einer Cholin-Kopfgruppe. **(a)** Strukturformel, **(b)** raumfüllendes Kalottenmodell (Kohlenstoff, schwarz; Wasserstoff, grau; Phosphor, gelb; Stickstoff, blau; Sauerstoff, rot).

Die beiden Enden eines Phospholipids verhalten sich gegenüber Wasser unterschiedlich. Der Kohlenwasserstoffanteil der Acylreste verhält sich hydrophob und weicht dem Wasser aus. Die Phosphorsäuregruppe und daran gegebenenfalls befindliche Kopfgruppen verhalten sich hydrophil. Wenn Phospholipide und Wasser zusammengebracht werden, organisieren sich die Phospholipide zu doppelschichtigen Aggregaten, deren hydrophile Bereiche zum Wasser weisen, während sich die hydrophoben Anteile vom Wasser weg und aufeinander zu orientieren (Abbildung 5.11).

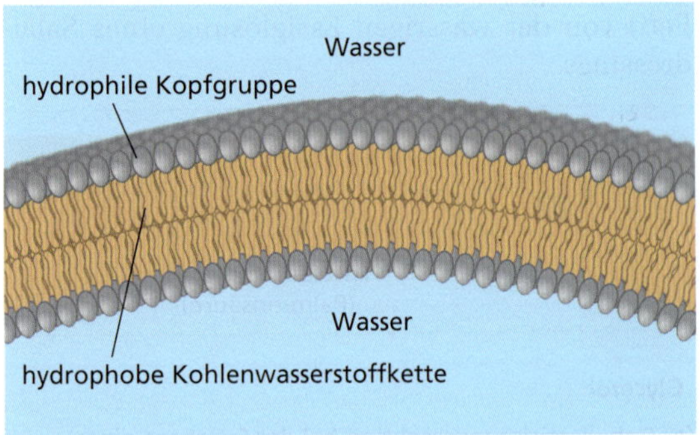

Abbildung 5.11: **Ausbildung einer Lipiddoppelschicht durch spontane Assoziation von Phospholipiden in einer wässrigen Umgebung.**

An der Oberfläche einer Zelle sind die Phospholipide zu einer vergleichbaren Doppelschicht angeordnet. Diese Membran bildet eine Grenzfläche zwischen der Zelle und ihrer Umgebung.

5.3.3 Steroide

Cholesterin als verbreiteter Bestandteil tierischer Zellmembranen sowie zahlreiche daraus hervorgehende Hormone gehören zur Gruppe der **Steroide**. Das ist eine Gruppe von Lipiden, die ein Kohlenstoffgerüst aus vier kondensierten Ringen aufweisen (Abbildung 5.12). Die einzelnen Steroide unterscheiden sich in den funktionellen Gruppen, die an verschiedenen Stellen an das Ringsystem gebunden sein können, sowie in manchen Fällen im chemischen Charakter und der Konformation einiger der Ringe.

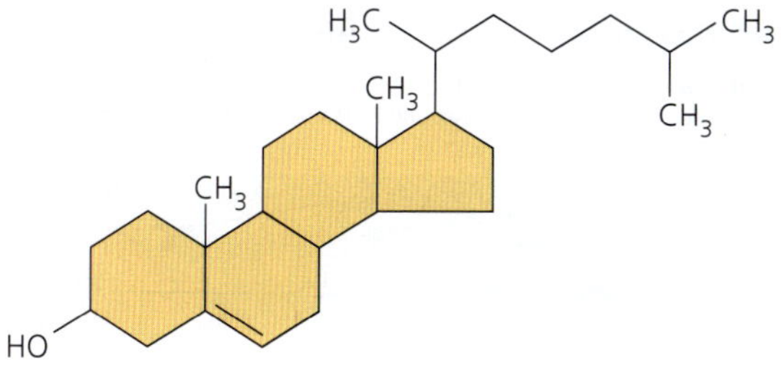

Abbildung 5.12: **Cholesterin (Cholesterol), ein Steroid.** Cholesterol ist die Ausgangsverbindung für die Synthese der anderen Steroide im tierischen Körper, einschließlich der Geschlechtshormone. Die Steroide unterscheiden sich in den funktionellen Gruppen, die an die vier kondensierten Ringe (gelb unterlegt) gebunden sind, sowie durch den Sättigungsgrad der Ringe.

VERSTÄNDNISFRAGEN

1. Vergleichen Sie die Struktur eines Fettmoleküls mit der eines Phospholipidmoleküls.

2. Warum werden die Geschlechtshormone des Menschen zu den Lipiden gerechnet?

3. WAS WÄRE, WENN? Stellen Sie sich eine Membran vor, die ein Öltröpfchen umgibt, wie es zum Beispiel in den Zellen vieler Pflanzensamen der Fall ist. Beschreiben und erläutern Sie, welche Form diese annehmen könnte.

5.4 Proteine: Funktionsvielfalt durch Strukturvielfalt

Proteine spielen bei praktisch allem, was einen Organismus ausmacht, eine wichtige Rolle. Manche Proteine – die Enzyme – beschleunigen chemische Reaktionen, andere sind strukturgebend beziehungsweise stützend und wiederum andere sind an Transportvorgängen, der zellulären Kommunikation, Bewegungsvorgängen oder der Abwehr fremder Substanzen und Organismen beteiligt.

Ein Mensch verfügt über mehrere tausend unterschiedliche Proteinsorten, jede mit einer spezifischen Molekülstruktur und -funktion. Proteine sind in der Tat die strukturell komplexesten aller bekannten Molekülgruppen. Im Einklang mit ihren vielfältigen Funktionen unterscheiden sie sich untereinander erheblich in ihrer Gestalt, wobei jedes Protein seine eigene charakteristische Raumstruktur hat (Abbildung 5.13).

5.4.1 Polypeptide

Alle Proteine bestehen aus linearen Polymeren, die aus dem gleichen Satz von 20 verschiedenen Aminosäuren aufgebaut werden. Aus Aminosäuren aufgebaute Polymere heißen allgemein **Polypeptide**. Ein **Protein** kann aus einer oder mehreren Polypeptidketten bestehen. Jede davon ist zu einer spezifischen Raumstruktur gefaltet.

Aminosäure-Monomere Aminosäuren sind organische Verbindungen, die sowohl eine Carboxyl- als auch eine Aminogruppe enthalten (siehe Kapitel 4). Das nebenstehende Formelbild zeigt die generalisierte Formel einer α-Aminosäure. Im „Zentrum" des Moleküls liegt ein chiral substituiertes Kohlenstoffatom, das als α-Kohlenstoffatom bezeichnet wird. Die vier daran gebundenen Substituenten sind die Aminogruppe, die Carboxylgruppe, ein Wasserstoffatom sowie ein von Aminosäure zu Aminosäure unterschiedlicher Rest R. Der Rest R wird auch als Seitenkette der Aminosäure bezeichnet.

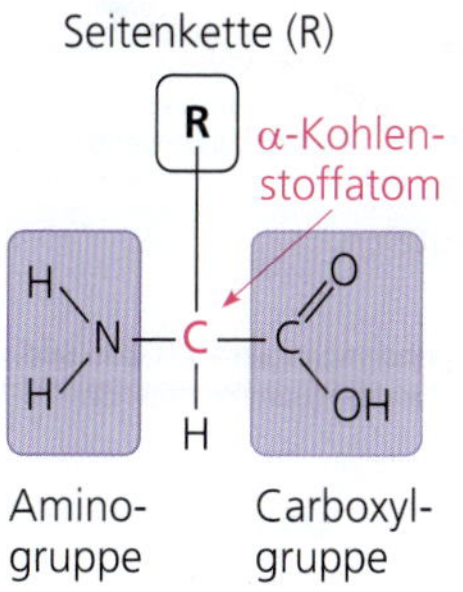

Abbildung 5.14 zeigt die 20 Aminosäuren, die lebende Zellen nutzen, um ihre Proteine aufzubauen.

Die physikalischen und chemischen Eigenschaften der Seitenkette bestimmen den speziellen Charakter einer Aminosäure.

Polymere aus Aminosäuren Die Kondensation einer Carboxyl- mit einer Aminogruppe unter Abspaltung eines Wassermoleküls führt zur Ausbildung einer **Peptidbindung** (Abbildung 5.15). Wiederholt sich dieser Vorgang viele Male, so entsteht ein Polypeptid, das heißt ein Polymer mit zahlreichen Peptidbindungen zwischen den Monomeren. An einem Ende der Polypeptidkette befindet sich eine freie Aminogruppe (N-Terminus), an dem anderen eine Carboxylgruppe (C-Terminus). Die Größe einzelner Polypeptidketten variiert von wenigen Aminosäureresten bis hin zu tausend oder mehr. Jedes Polypeptid besitzt eine einzigartige, ihm eigene lineare Aminosäuresequenz.

Enzyme

Funktion: spezifische Beschleunigung bestimmter chemischer Reaktionen
Beispiel: Verdauungsenzyme katalysieren die Hydrolyse von Bindungen in Nahrungsmolekülen.

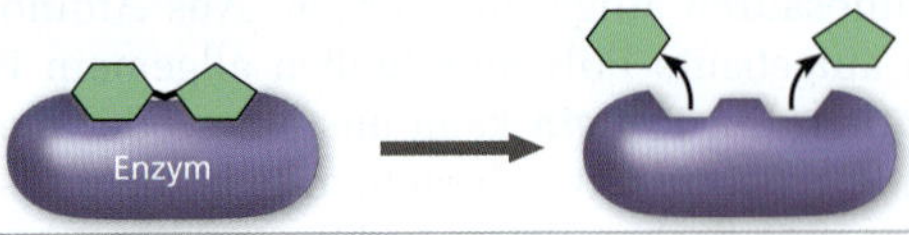

Abwehrproteine

Funktion: Schutz gegen Krankheiten
Beispiele: Antikörper inaktivieren und helfen bei der Zerstörung von Bakterien und Viren

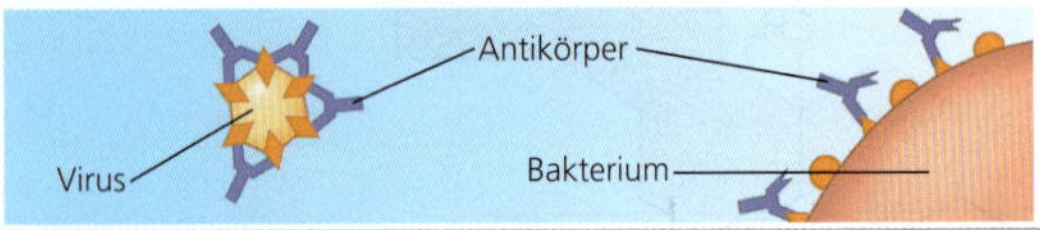

Speicherproteine

Funktion: Speicherung von Aminosäuren
Beispiele: Casein, ein Milchprotein, ist die Hauptquelle für Aminosäuren neugeborener Säugetiere. Pflanzen enthalten in ihren Samen Speicherproteine. Ovalbumin ist ein Protein im Hühnereiweiß und die Aminosäurequelle des sich entwickelnden Kükens.

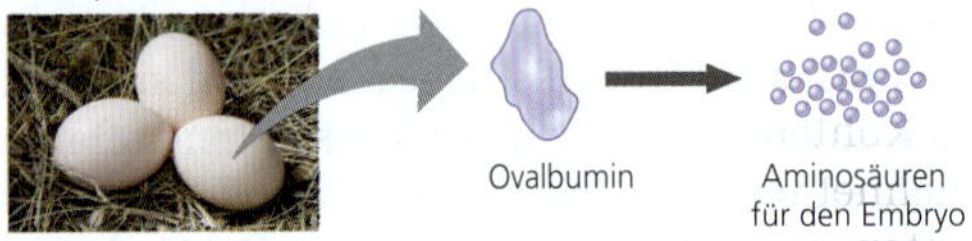

Transportproteine

Funktion: Transport von Substanzen
Beispiele: Hämoglobin, das eisenhaltige Protein im Wirbeltierblut, transportiert Sauerstoff von der Lunge in andere Teile des Körpers. Andere Proteine transportieren Moleküle durch Zellmembranen, wie hier gezeigt.

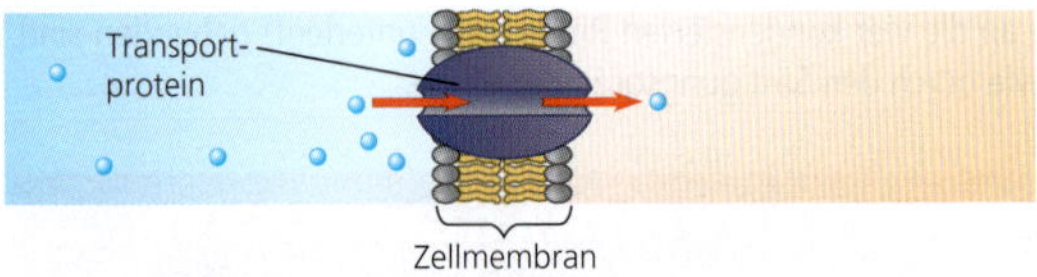

Peptidhormone

Funktion: Koordination bestimmter Abläufe in einem Lebewesen
Beispiele: Insulin, ein aus der Bauchspeicheldrüse sezerniertes Hormon, beeinflusst die Glucoseaufnahme von Geweben und reguliert so die Blutzuckerkonzentration.

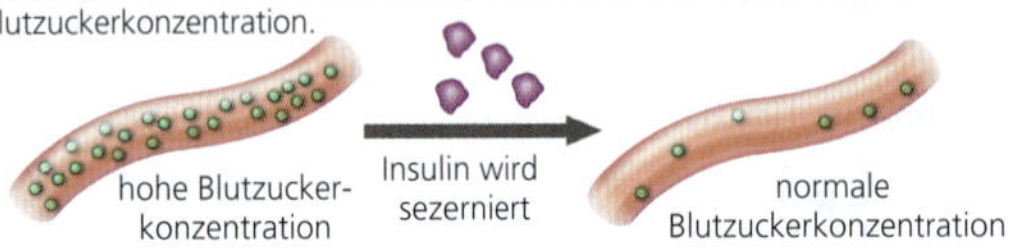

Rezeptorproteine

Funktion: Reaktion der Zelle auf chemische Reize
Beispiele: Rezeptoren in Nervenzellmembranen detektieren chemische Signale anderer Nervenzellen.

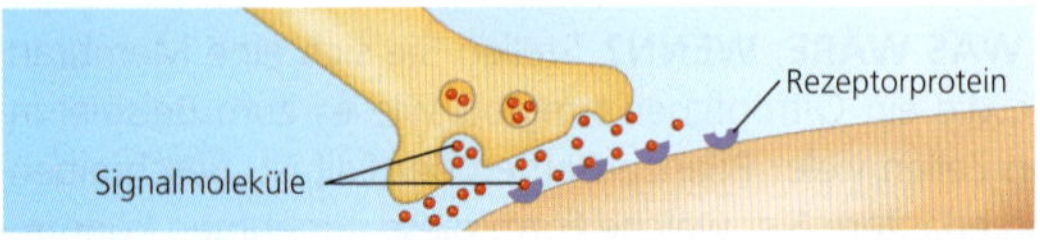

Kontraktile Proteine und Motorproteine

Funktion: Bewegung
Beispiele: Motorproteine sind für die Wellenbewegungen von Cilien und Flagellen verantwortlich, Actin und Myosin für die Muskelkontraktion.

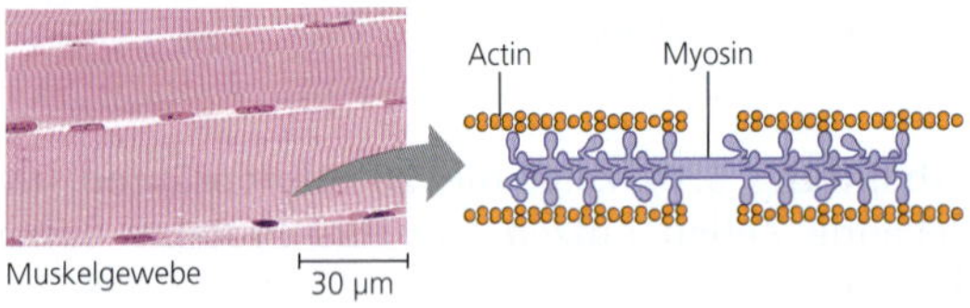

Strukturproteine

Funktion: mechanische Stütze
Beispiele: Keratin ist das strukturgebende Protein in Haaren, Nägeln, Hörnern, Federn und anderen Hautanhangsgebilden. Insekten und Spinnen verwenden Seidenfasern, um Kokons und Netze zu bauen. Kollagen und Elastin bilden im Bindegewebe von Tieren ein fiberartiges Maschenwerk.

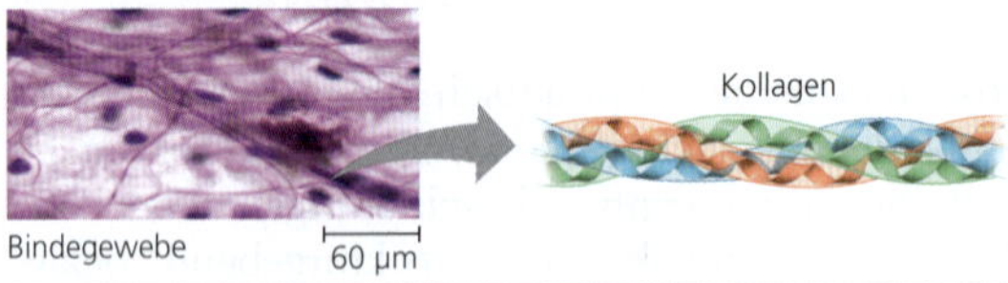

Abbildung 5.13 Proteinfunktionen im Überblick.

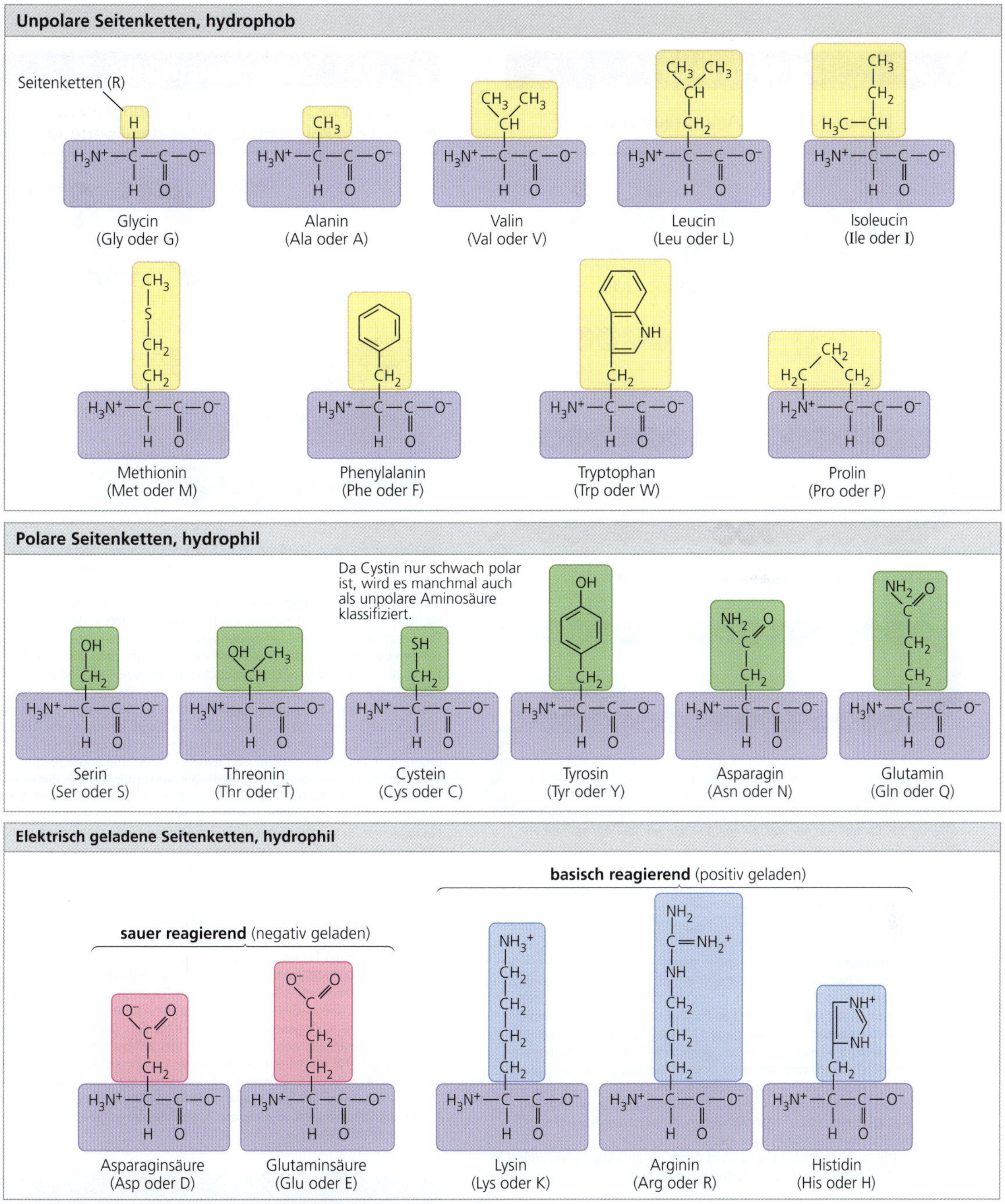

Abbildung 5.14: Die 20 Aminosäuren von Proteinen. In Klammern die Abkürzungen der jeweiligen Aminosäuren im Drei- und im Einbuchstabencode. Die Aminosäuren sind anhand der chemischen Eigenschaften ihrer Seitenketten (R) angeordnet und in der unter physiologischen Bedingungen (pH 7,2) vorherrschenden doppelt ionisierten Form dargestellt. In Klammern stehen die drei- und einbuchstabigen Abkürzungen. Alle proteinogenen Aminosäuren sind L-Enantiomere. Glycin und Alanin sind aufgrund ihrer atomaren Zusammensetzung unter den hydrophoben Aminosäuren gelistet, obwohl beide gut wasserlöslich sind.

Primärstruktur

Lineare Kette aus Aminosäureresten

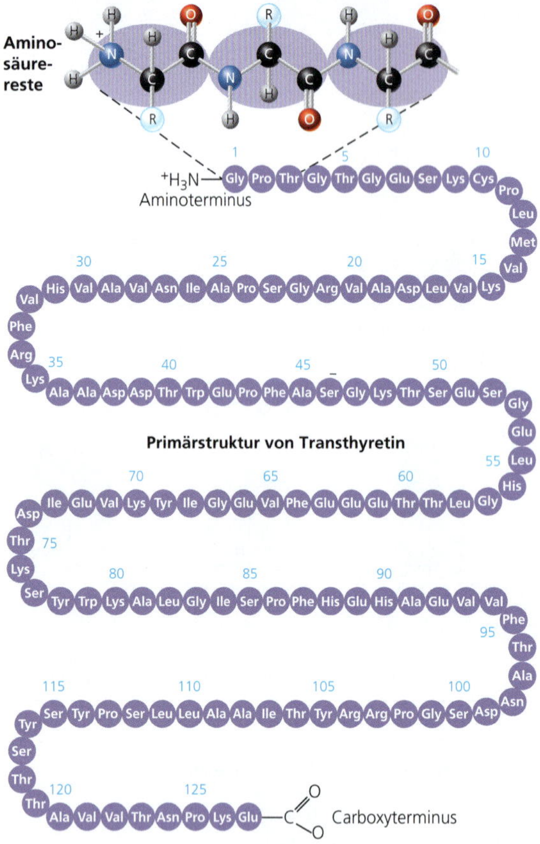

Die **Primärstruktur** eines Proteins ist gleich seiner Aminosäuresequenz. Wir wollen als Beispiel das Transthyretin betrachten, ein globuläres Protein des Blutes, das dem Transport von Vitamin A und den Schilddrüsenhormonen im Körper dient. Jede der vier identischen Polypeptidketten, die zusammen das Transthyretin ausmachen, besteht aus 127 Aminosäureresten. Hier ist die Aminosäuresequenz einer der Ketten gezeigt. Jede der 127 Positionen entlang der Molekülkette wird von einer bestimmten der 20 proteinogenen Aminosäuren, hier mit ihrem Dreibuchstabenkürzel bezeichnet, besetzt.
Die Primärstruktur verhält sich wie die Buchstabenfolge eines sehr langen Wortes. Statistisch gibt es 20^{127} Möglichkeiten, eine Polypeptidkette von 127 Aminosäureresten Länge zu erzeugen.
Die Primärstruktur eines Proteins wird nicht durch die zufällige Verknüpfung von Aminosäuren festgelegt, sondern durch die ihr zugrunde liegende Erbinformation.

Sekundärstruktur

Durch Wasserstoffbrückenbindungen zwischen Atomen des Polypeptidgerüstes stabilisierte Abschnitte

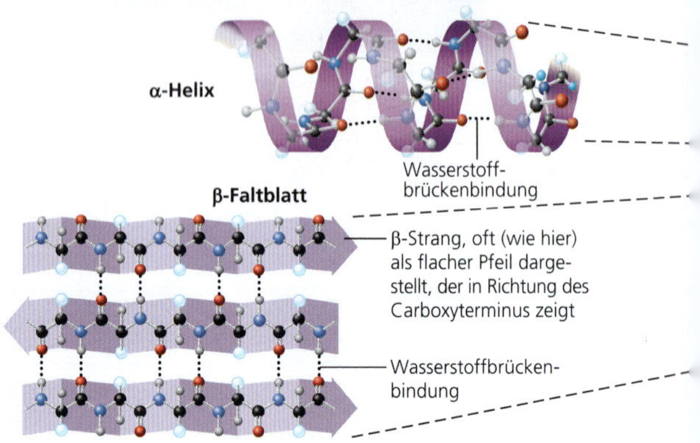

Die meisten Proteine weisen in ihren Polypeptidketten Bereiche auf, welche durch die Wiederholung eines Musters (zum Beispiel Faltblatt) gekennzeichnet sind und zur Formbildung des Proteins beitragen. Die resultierende Form wird als die **Sekundärstruktur** des Proteins bezeichnet und durch Wasserstoffbrückenbindungen zwischen sich wiederholenden Bestandteilen des Polypeptidgerüstes (nicht der Seitenketten der Aminosäurereste) stabilisiert. Sowohl die Sauerstoffatome als auch die Stickstoffatome des Grundgerüstes tragen aufgrund ihrer Elektronegativität negative Partialladungen (siehe *Abbildung 2.10*).
Wasserstoffatome von Aminogruppen, die durch die kovalente Bindung an Stickstoffatome schwach positiv polarisiert sind, besitzen eine Affinität für die negativ polarisierten Sauerstoffatome von räumlich nahen Peptidbindungen. Einzeln betrachtet sind diese Wasserstoffbrückenbindungen schwach; da sie aber über einen relativ ausgedehnten Bereich der Polypeptidkette immer wieder auftreten, stabilisieren sie in diesem Teil des Proteins eine bestimmte Form.
Ein derartiges Sekundärstrukturelement ist die **α-Helix**, eine schraubenartig verdrillte Kette, die durch Wasserstoffbrückenbindungen zwischen jedem vierten Aminosäurerest zusammengehalten wird (siehe Abbildung). Obwohl das Transthyretin nur einen α-helikalen Bereich aufweist (siehe weiter unten unter Tertiärstruktur), finden sich in anderen globulären Proteinen mehrere bis viele solcher α-helikaler Abschnitte, die durch nicht helikale Regionen voneinander getrennt sind. Einige Faserproteine, wie etwa α-Keratin, das Strukturprotein der Haare, sind zum größten Teil α-helikal.
Das andere Sekundärstrukturelement ist das **β-Faltblatt**. Wie an der Formelzeichnung zu erkennen, sind bei diesem Strukturelement zwei oder mehr Bereiche der Polypeptidkette Seite an Seite zueinander ausgerichtet und untereinander durch Wasserstoffbrücken verbunden. Die beteiligten Bereiche des Peptidgerüstes können dabei parallel oder antiparallel zueinander orientiert sein. Faltblattstrukturen bilden die Kernbereiche vieler globulärer Proteine, darunter die Seidenproteine, aus denen Spinnennetze bestehen. Das Zusammenspiel so vieler Wasserstoffbrückenbindungen führt dazu, dass Fäden aus Spinnenseide eine höhere Zugfestigkeit besitzen als ein gleich schwerer Stahlfaden.

▶ Die Spinne sondert aus ihren Hinterleibsdrüsen Fäden aus Spinnenseide aus. Diese bestehen aus einem Strukturprotein, das viele β-Faltblattbereiche enthält, die die Elastizität und Stabilität des Spinnennetzes bewirken.

Abbildung 5.16: Näher betrachtet. Die vier Ebenen der Proteinstruktur.

Tertiärstruktur

Dreidimensionale Gestalt zur Stabilisierung der Wechselwirkungen zwischen den Seitenketten

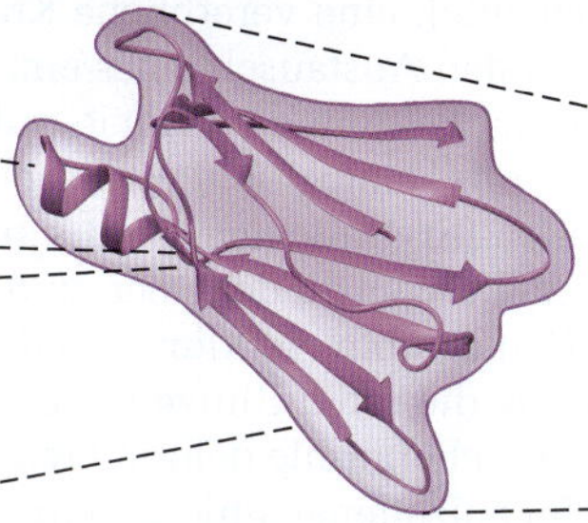

Transthyretin-Untereinheit

Der Sekundärstruktur gewissermaßen überlagert ist die **Tertiärstruktur** des Proteins, die in der obigen Abbildung für eine Polypeptidkette des Transthyretins schematisch dargestellt ist. Während die Sekundärstruktur im Wesentlichen auf Wechselwirkungen der Gerüstbestandteile beruht, versteht man unter der Tertiärstruktur eines Proteins die gesamte Raumstruktur einer Polypeptidkette, die sich durch die Wechselwirkung aller Seitenketten (–R) der verschiedenen beteiligten Aminosäurereste ergibt. Dabei spielen sowohl nichtkovalente (hydrophobe Wechselwirkungen, Wasserstoffbrückenbindungen, ionische und van-der-Waals-Wechselwirkungen) als auch kovalente Wechselwirkungen eine Rolle. Der Begriff **hydrophobe Wechselwirkung** beschreibt das Phänomen, dass es energetisch günstig ist, wenn sich unpolare (hydrophobe) Gruppen zusammenlagern und damit die Gesamtkontaktfläche zum polaren Lösungsmittel verringern. Dadurch wird die geordnete Solvathülle aus Wasser kleiner, das Volumen für die ungeordnete Bewegung von Wasser aber größer. Insgesamt handelt es sich also um einen entropischen Effekt, der bei der Faltung einer Polypeptidkette in ihre funktionelle Konfiguration dazu führt, dass sich Aminosäurereste mit hydrophoben (unpolaren) Seitenketten vorwiegend in das Innere des Proteins, weg vom umgebenden Wasser, orientieren. (Hydrophobe Wechselwirkungen spielen auch bei der Ausbildung von Lipid-Membranen eine Rolle.)
Wenn die nicht polaren Aminosäureseitenketten sich einander annähern, führen schwache van-der-Waals-Kräfte zusätzlich zu weiteren – anziehenden – Wechselwirkungen. Zudem sorgen Wasserstoffbrückenbindungen zwischen polaren Seitenketten und Ionenbindungen zwischen ungleichnamig geladenen Seitenketten für die Stabilisierung der Tertiärstruktur (beziehungsweise führen dazu, dass das Molekül eine energiearme Konformation einnimmt). Auch wenn die nicht kovalenten Wechselwirkungen an sich schwach sind, führt ihre kumulative Wirkung dazu, dass das Protein eine charakteristische Struktur annimmt.
Die Molekülgestalt eines Proteins kann durch kovalente Bindungen, die man als Disulfidbrücken bezeichnet, noch weiter strukturell verstärkt werden. **Disulfidbrücken** können sich zwischen zwei Cysteinresten ausbilden, wenn diese bei der Faltung der Polypeptidkette in räumliche Nähe geraten (Cystein besitzt als funktionelle Gruppe in der Seitenkette eine Sulfhydrylgruppe, –SH; siehe *Abbildung 4.5*). Das Schwefelatom eines Cysteinrestes bildet mit dem des anderen eine kovalente Bindung (–S–S–), die als Disulfidbrücke bezeichnet wird und Teile des Proteins starr miteinander verbindet.
All diese verschiedenen Bindungstypen können in ein und demselben Protein auftreten, wie es hier unten für einen kleinen Teil eines hypothetischen Proteins schematisch dargestellt ist.

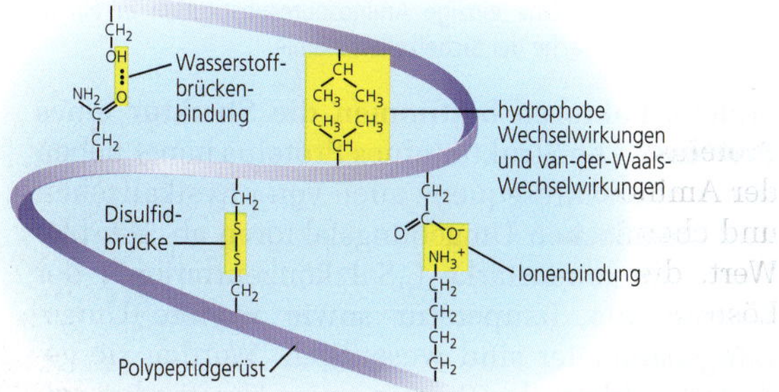

Quartärstruktur

Verbindung von zwei oder mehr Polypeptiden (nicht bei allen Proteinen)

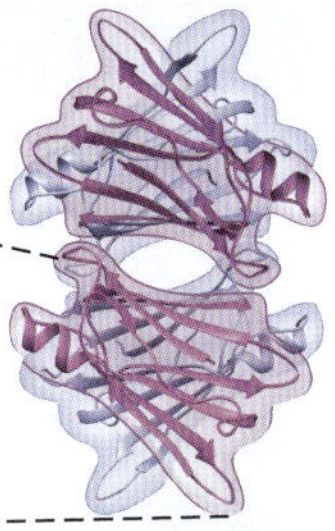

Transthyretin-Tetramer (vier identische Untereinheiten)

Manche Proteine bestehen aus zwei oder mehr Polypeptidketten, die sich zu einem einzigen funktionellen Makromolekül zusammenlagern. Ein solches multimeres Protein wird durch die so genannte Quartärstruktur beschrieben. Die Monomere werden nur durch nichtkovalente Wechselwirkungen zusammengehalten. Als Beispiel ist das vollständige, globuläre Transthyretinmolekül in seinem Umriss oben dargestellt, das aus vier Polypeptiden (Untereinheiten) besteht. Ein anderes Beispiel ist das unten dargestellte Faserprotein Kollagen. Seine helikalen Untereinheiten sind zu einer langgestreckten Tripelhelix umeinander gewunden, was den langen Fasern eine große Festigkeit verleiht. Das ist der Grund, warum Kollagenfasern als Zugelemente im Bindegewebe von Haut, Knochen, Sehnen und Bändern (Ligamenten) und anderen Körperteilen weit verbreitet sind (Kollagen macht 40 Prozent des Proteins im menschlichen Körper aus).

Kollagen

Hämoglobin, das Sauerstoffbindungsprotein der roten Blutzellen, ist ein weiteres Beispiel für ein globuläres Protein mit Quartärstruktur. Es besteht aus vier Untereinheiten, je zwei desselben Typs, die als α-Globin und als β-Globin bezeichnet werden. Sowohl die α- wie die β-Untereinheiten des Hämoglobins zeigen primär eine α-helikale Sekundärstruktur. Jede Untereinheit enthält eine Nichtpeptidkomponente, das Häm. Das Häm besitzt ein Eisenion im Zentrum, an welches das Sauerstoffmolekül gebunden wird.

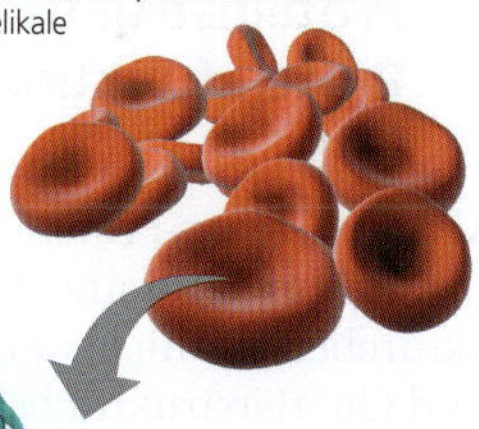

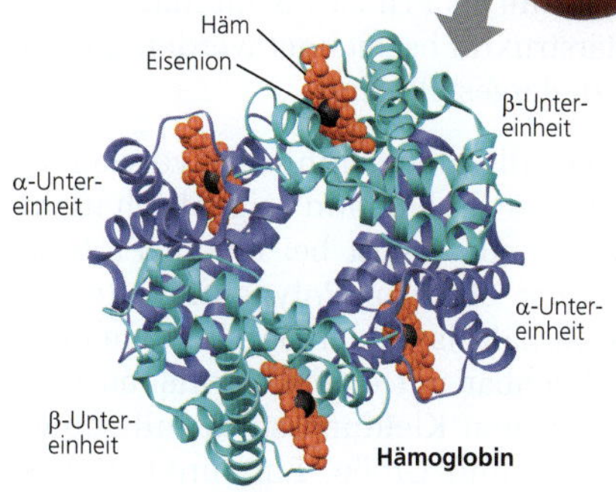

Hämoglobin

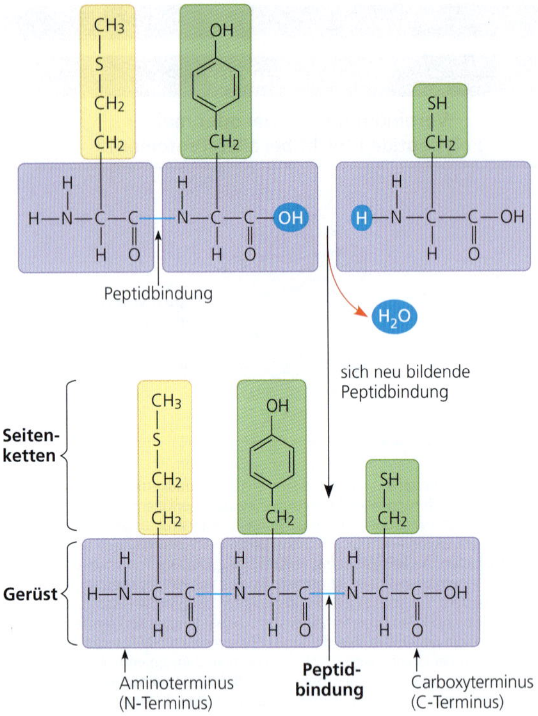

Abbildung 5.15: Bildung einer Polypeptidkette. Das Polypeptid weist ein durchgehendes Rückgrat (Gerüst, lila unterlegt) auf, von welchem die Seitenketten der Aminosäurereste abzweigen.

? **ZEICHENÜBUNG** Markieren Sie in Teil (a) die Carboxyl- und die Aminogruppe, welche die in (b) dargestellte neue Peptidbindung ausbilden.

5.4.2 Proteinstruktur und Proteinfunktion

Die vier Ebenen der Proteinstruktur Die spezielle Aktivität eines Proteins ergibt sich aus seiner Raumstruktur. Proteine besitzen insgesamt vier Strukturebenen, die als Primär-, Sekundär-, Tertiär- und Quartärstruktur bezeichnet werden und in Abbildung 5.16 dargestellt sind.

Obgleich er im Alltag gemeinhin so verwendet wird, ist der Begriff „Polypeptid" eigentlich nicht synonym mit Protein. Selbst bei einem Protein, das nur aus einer einzigen Polypeptidkette besteht, ist das Verhältnis beider Begriffe zueinander etwa vergleichbar mit einem Garnfaden und dem daraus gewebten Kleidungsstück mit seiner besonderen Form und Größe. Ein funktionelles Protein ist nicht einfach eine Polypeptidkette, sondern eine oder mehrere Polypeptidketten, die in definierter Weise zu einem Molekül mit einer charakteristischen Struktur gefaltet sind.

Die Sichelzellenanämie: Eine Abweichung in der Primärstruktur Selbst leichte Änderungen der Aminosäuresequenz (zum Beispiel durch Mutationen) können unter Umständen die Molekülgestalt und die Funktion eines Proteins in Mitleidenschaft ziehen. So wird etwa die Sichelzellenkrankheit (Sichelzellenanämie), eine vererbliche Krankheit des Blutes, durch den Austausch eines einzigen Glutamatrestes gegen Valin in der Primärstruktur des roten Blutfarbstoffs Hämoglobin verursacht. Gesunde rote Blutzellen (Erythrocyten) sind scheibchenförmig mit Eindellungen an der Ober- und Unterseite. Sichelzell-Hämoglobin verklumpt jedoch zu langen Fäden, die die roten Blutzellen in charakteristischer Weise sichelförmig deformieren (Abbildung 5.17). Die Sichelzellenanämie ist ein schlagendes Beispiel für die dramatischen Folgen einer einzigen Punktmutation.

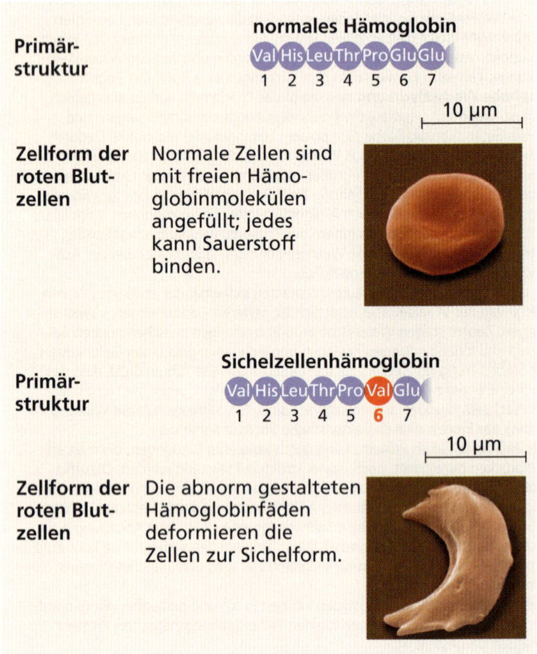

Abbildung 5.17: Eine einzige Aminosäuresubstitution in einem Protein ist die Ursache der Sichelzellenanämie.

Welche Faktoren bestimmen die Struktur eines Proteins? Die Struktur eines Proteins hängt neben der Aminosäuresequenz auch von physikalischen und chemischen Umgebungsfaktoren ab. Der pH-Wert, die Ionenstärke („Salzkonzentration") der Lösung, die Temperatur sowie weitere Umgebungsparameter sind wesentlich. Werden sie geändert, verliert das Protein unter Umständen seine native (funktionelle) Form, ein Vorgang, der als **Denaturierung** bezeichnet wird (Abbildung 5.18).

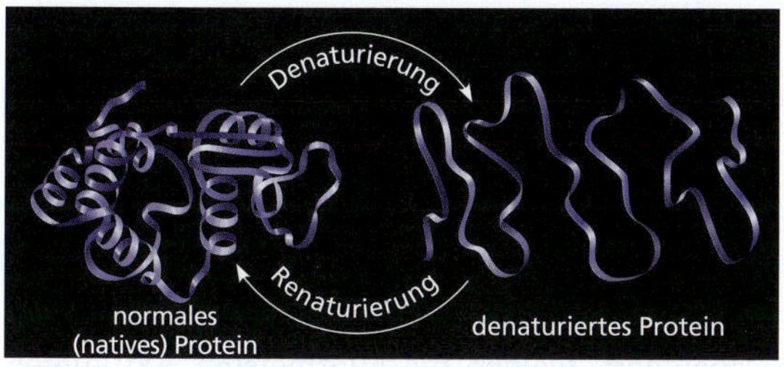

Abbildung 5.18: Denaturierung und Renaturierung eines Proteins.

Denaturierende Reagenzien lösen Wasserstoffbrückenbindungen oder hydrophobe bzw. ionische Wechselwirkungen. Säuren und Basen wirken unter anderem denaturierend durch Protolysereaktionen. Denaturierend wirkt auch Hitze, welche die Polypeptidkette derart in thermische Schwingungen versetzt, dass die Faltung kollabiert, indem die schwachen Wechselwirkungen überwunden werden. Das Eiweiß eines Hühnereies wird beim Kochen undurchsichtig und fest, weil die denaturierten Proteine darin unlöslich werden (präzipitieren) und sich verfestigen. Die meisten Proteine denaturieren bei Temperaturen deutlich unter 100 °C. Ein Protein kann mitunter in seine funktionelle Konformation zurückkehren (renaturieren), wenn das Denaturierungsmittel entfernt wird.

Strukturmodelle

Strukturboilogische Untersuchungen von Proteinen können mittels Röntgenstrahlung, NMR oder Elektronenmikroskopie erfolgen. Dies ergibt Tabellen mit den x,y,z-Koordinaten für die im Untersuchungsobjekt vorhandenen Atome. Grafikrechner können daraus Modelle erzeugen, die jeweils unterschiedliche Aspekte der Proteinstruktur hervorheben. Allerdings kann die „wahre" Gestalt eines Protein nicht sichtbar gemacht werden, da Atome keine festgelegten Radien haben und Proteine in Lösungen zudem recht flexibel sind. Die drei Modelle oben zeigen Lysozym, ein Enzym, das in der Tränenflüssigkeit, im Speichel und im Schweiß vorkommt und hilft Infektionen zu verhindern, indem es Polysaccharide in der Zellwand von Bakterien spaltet und so letztlich die Zelle zerstört. Die Furche ist der Teil des Lysozymmoleküls, der das Zielmolekül (= Substrat) in einer Bakterienzellwand erkennt und bindet.

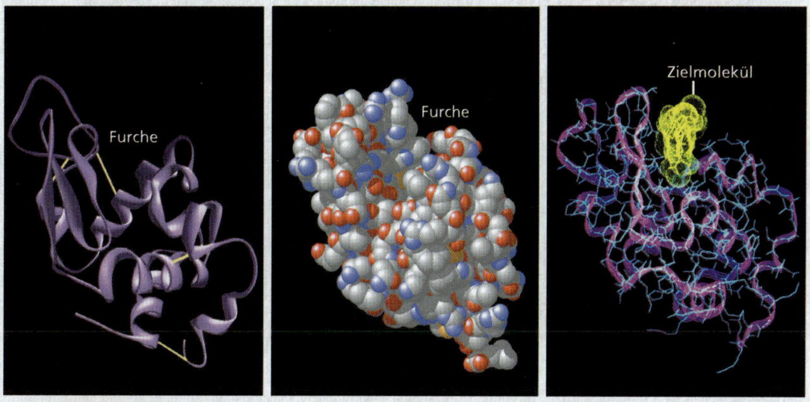

(a) Ein **Bändermodell** verdeutlicht die Faltung der Polypeptidkette. Die gelben Linien zeigen die chemische Quervernetzung „Disulfidbrücke" an, die Proteinstrukturen stabilisieren kann.

(b) Ein **Kalottenmodell** lässt die globuläre Form dieses Proteins deutlicher hervortreten. Es gibt die Raumstruktur der Moleküle mit der Lage aller von außen sichtbaren Atome – hier von Lysozym – wieder.

(c) In dieser Ansicht ist die Bänderdarstellung einem **Drahtmodell** überlagert, welches das Proteinrückgrat mitsamt der Aminosäureseitenketten zeigt. Die gelbe Struktur ist das Zielmolekül.

1. In welchem Modell ist das Polypeptid-Rückgrat am besten erkennbar?

Vereinfachte Darstellung

Die Verwendung einer detaillierten Computergrafik ist nicht immer erforderlich. Wenn die Funktion, und nicht die Struktur eines Proteins im Vordergrund steht, genügen einfache Zeichnungen.

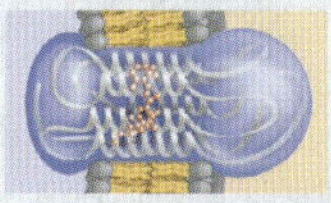

In dieser Skizze des Proteins Rhodopsin ist ein einfacher transparenter Schattenriss um die Konturen eines Bändermodells gelegt. Der grobe Umriss des Moleküls und ein paar Details in seinem Inneren werden so erkennbar.

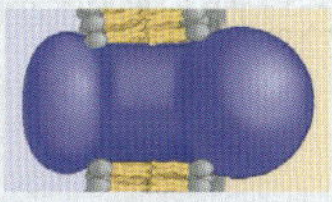

Wenn keine strukturellen Details benötigt werden, reicht eine reine Oberflächendarstellung.

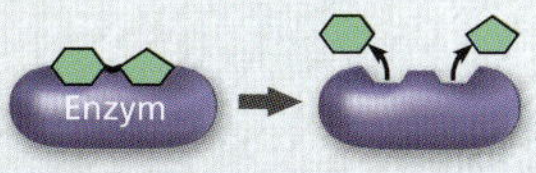

Hier wird ein schlichter Umriss verwendet, da die Wirkungsweise des Enzyms veranschaulicht werden soll.

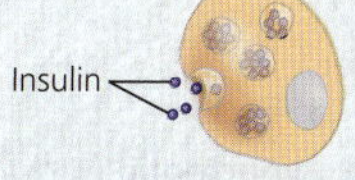

Manchmal werden Proteinmoleküle, hier als Insulin, auch einfach als Punkte dargestellt.

2. Zeichnen Sie anhand der Molekülmodelle im oberen Teil der Abbildung ein einfaches Modell des Lysozyms, das nur die Form umreißt.

3. Warum ist es hier nicht wichtig, die tatsächliche Gestalt des Insulinmoleküls zu zeichnen?

Abbildung 5.19: Dreidimensionale Modelle von Proteinen. Proteine können je nach Erfordernis in unterschiedlicher Weise dargestellt werden.

VERSTÄNDNISFRAGEN

1. Warum funktioniert ein denaturiertes Protein nicht mehr normal?

2. Welche Teile einer Polypeptidkette sind an der Ausbildung derjenigen Bindungen beteiligt, die die Sekundärstrukturelemente zusammenhalten? Welche an der Ausbildung der Tertiärstruktur?

3. WAS WÄRE, WENN? Wie würde eine Mutation, die die Primärstruktur eines Proteins verändert, möglicherweise dessen Funktion in Mitleidenschaft ziehen?

5.5 Nucleinsäuren speichern, übertragen und verwerten Erbinformation

Die beiden Nucleinsäuretypen **Desoxyribonucleinsäure (DNA)** und **Ribonucleinsäure (RNA)** versetzen Lebewesen in die Lage, ihre komplexen Bestandteile von einer Generation an die nächste weiterzugeben.

Die DNA ist das Genmaterial, das ein Lebewesen von seinen Eltern erbt. Jedes Chromosom enthält ein einziges, langes DNA-Molekül, auf dem viele hundert Gene lokalisiert sein können. Wenn sich eine Zelle durch Teilung vermehrt, werden zuvor die DNA-Moleküle kopiert und von einer Zellgeneration an die nächste weitergegeben. In der Primärstruktur der DNA ist die Information gespeichert, welche die allermeisten Aktivitäten der Zelle vorgibt.

Nucleinsäuren sind Makromoleküle. Aufgrund ihrer Polymerstruktur werden sie auch als **Polynucleotide** bezeichnet (Abbildung 5.20a), die aus sich vielfach wiederholenden Monomeren, den Nucleotiden, bestehen. Ein **Nucleotid** ist seinerseits aus drei Komponenten zusammengesetzt: einem stickstoffhaltigen, heterozyklischen Molekülteil, der Nucleinbase und einem fünfgliedrigen Zuckerrest (Ribose oder Desoxyribose) sowie einem Phosphorsäurerest („Phosphatgruppe"; Abbildung 5.20b). Der Verbund aus Base und Zucker ohne Phosphatgruppe wird als Nucleosid bezeichnet.

Nucleotidmonomere Um ein Nucleotid aufzubauen, wollen wir zunächst die beiden Nucleo-

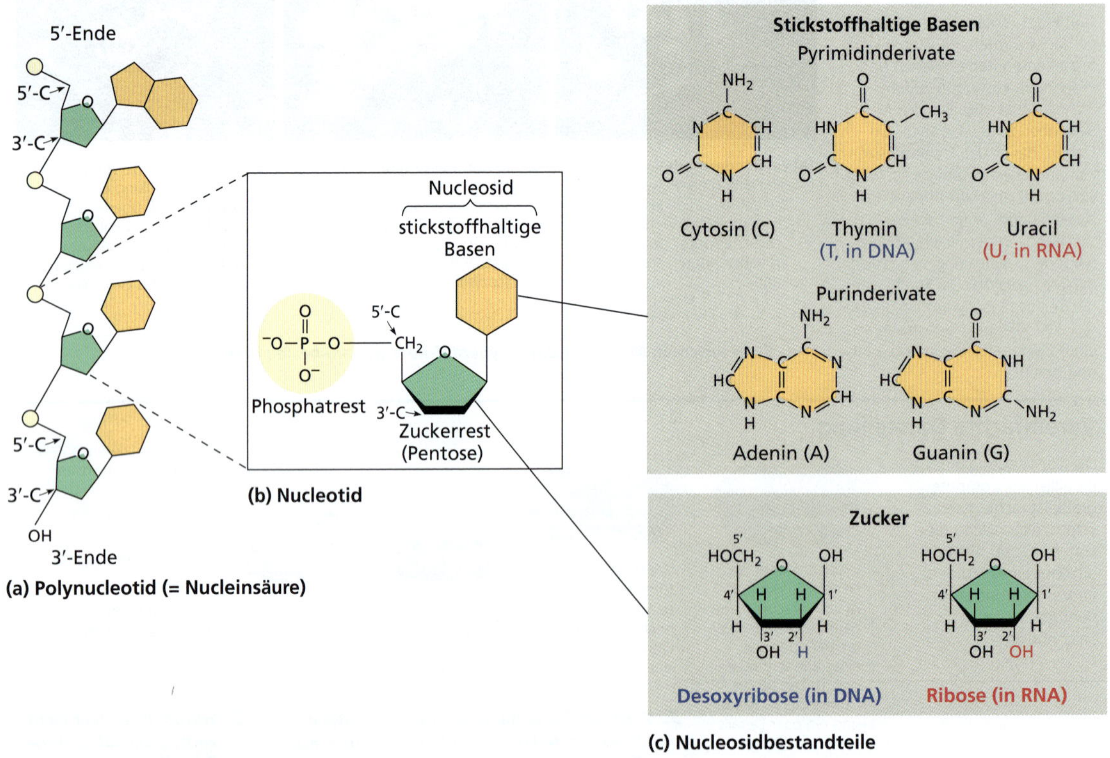

Abbildung 5.20: Bestandteile von Nucleinsäuremolekülen. (a) Polynucleotide bestehen aus einer Zucker-Phosphat-Kette und stickstoffhaltigen Nucleinbasen, die an die Zuckerreste des Polynucleotidrückgrats gebunden sind. **(b)** Ein einzelnes Nucleotid enthält eine Nucleinbase, die an einen Zucker gebunden ist, und einen Phosphatrest. Das Molekül aus Base und Zucker heißt Nucleosid. **(c)** Ein Nucleosid besteht aus einer stickstoffhaltigen Nucleinbase (einem Purin- oder Pyrimidinderivat) und einer Pentose (Desoxyribose oder Ribose).

sidkomponenten, die Base und den Zucker, in Augenschein nehmen (Abbildung 5.20c). Man unterscheidet zwei Gruppen von Nucleinbasen, die sich jeweils vom Pyrimidin und vom Purin ableiten. Die drei Nucleinbasen Cytosin (C), Thymin (T) und Uracil (U) sind Abkömmlinge des **Pyrimidins**. Die beiden vom **Purinmolekül** abgeleiteten Nucleinbasen dagegen sind bizyklisch und heißen Adenin (A) und Guanin (G). Die einzelnen Pyrimidin- und Purinbasen unterscheiden sich durch ihre Ringsubstituenten. Adenin, Guanin und Cytosin finden sich sowohl in der DNA als auch in der RNA; dagegen ist das Thymin DNA-spezifisch und das Uracil RNA-spezifisch.

Die Nucleinbasen sind kovalent mit Zuckerresten verknüpft. Im Fall der RNA ist dies die **Ribose**, im Fall der DNA die **Desoxyribose** (Abbildung 5.20c). Der einzige Unterschied zwischen der Ribose und der Desoxyribose besteht darin, dass Letzterem das Sauerstoffatom am C-2 fehlt. Zur eindeutigen Zuordnung der Zucker-/Kohlenstoffatome werden sie durchnummeriert und mit einem Strich (′) versehen. Das nicht an der Ringbildung des Zuckers beteiligte Kohlenstoffatom ist das 5′-C-Atom.

MERKE!

Der einzige Unterschied zwischen der Ribose und der Desoxyribose besteht darin, dass Letzterer das Sauerstoffatom am C-2 fehlt.

Bislang haben wir ein Nucleosid betrachtet. Für ein Nucleotid wird die OH-Gruppe des 5′-C-Atoms der Ribose oder Desoxyribose mit Phosphorsäure „verestert“ (Abbildung 5.20b). Das resultierende Molekül ist ein Nucleosidmonophosphat. Der Begriff Nucleotid kann sich sowohl nur auf die Monophosphate als auch, allgemeiner, auf alle drei Varianten beziehen: Mono-, Di- und Triphosphate.

Nucleotidpolymere (Polynucleotide) Nun können wir uns der Frage zuwenden, wie diese Nucleotide zu Polynucleotiden verknüpft werden. Benachbarte Nucleotide werden durch Phosphodiesterbindungen verbunden. Folglich verknüpft ein einziger Phosphorylrest jeweils zwei Zuckerreste von zwei Nucleosiden über Esterbindungen, wobei die Orthophosphorsäure die Säurefunktion und die 5′- beziehungsweise 3′-OH-Gruppen der (Desoxy-) Ribose die Alkoholfunktion beisteuern. Aus der Wiederholung resultiert die regelmäßige, über die ganze Länge des Moleküls verlaufende Zucker/Phosphat-Kette (Abbildung 5.19a). Die Polymerkette hat ein 5′-Ende mit einem freien Phosphat am 5′-C-Atom des „ersten“ Zuckerrestes und ein 3′-Ende mit einem freien Phosphat am 3′-C des „letzten“ Zuckerrestes. Ein Nucleinsäurestrang besitzt also einen Richtungssinn, der konventionsgemäß in 5′ → 3′-Richtung angegeben und gelesen wird. Entlang dieses Zucker/Phosphat-Rückgrates sind über die gesamte Länge etwa rechtwinklig zur Längsachse die Nucleinbasen gebunden.

Die Basensequenz eines DNA- oder (m)RNA-Moleküls ist die entscheidende genetische Information für die Zelle. Mit Hunderten bis Tausenden von Nucleotiden pro Gen ist die Zahl der möglichen Basensequenzen nahezu unbegrenzt. Die Bedeutung eines Gens für die Zelle liegt in der spezifischen Abfolge der vier DNA-Basen.

Die DNA-Doppelhelix Die RNA-Moleküle von Zellen bestehen ganz überwiegend aus einzelnen Polynucleotidketten, wie die in Abbildung 5.20 gezeigte. Im Gegensatz dazu bestehen die DNA-Moleküle aus zwei Polynucleotidketten, die wendelförmig (wie eine Spirale) um eine gedachte gemeinsame Achse verlaufen. Diese Anordnung wird als **Doppelhelix** (= Doppelwendel) bezeichnet (Abbildung 16.4). Auf die Strukturen von DNA und RNA wird in Kapitel 16 detailliert eingegangen.

MERKE!

DNA-Moleküle bestehen aus zwei Polynucleotidketten, die als Doppelhelix um eine gedachte gemeinsame Achse verlaufen.

VERSTÄNDNISFRAGE

1. Gehen Sie zurück zu Abbildung 5.20 und nummerieren Sie alle Kohlenstoffatome in den Zuckerresten der obersten drei Nucleotide. Umkreisen Sie die Nucleinbasen und versehen Sie die Phosphatgruppen mit einem Sternchen.

5.6 Biologie im Wandel durch Genomik und Proteomik

Die Rolle der DNA als Trägerin der Erbinformation wurde in der ersten Hälfte des 20. Jahrhunderts durch experimentelle Ansätze etabliert. Die genetische Information wird von Generation zu Generation vererbt und sichert das Funktionieren von lebenden Zellen und Organismen. Nachdem die DNA-Struktur 1953 beschrieben worden war und der Zusammenhang zwischen einer linearen Basensequenz und der Aminosäuresequenz eines Proteins, das heißt der *genetische Code*, entschlüsselt wurde, rückte die Bestimmung der

Basensequenzen in den Fokus und damit die Decodierung von Genen.

Die ersten chemischen Verfahren zur DNA-Sequenzierung, also der Bestimmung der Nucleotid-Reihenfolge entlang eines DNA-Strangs, wurden in den 1970er Jahren entwickelt. Man begann die Gensequenzen, eine nach der anderen, zu studieren, und je mehr man lernte, desto mehr Fragen stellten sich. Wie wird die Genexpression reguliert? Zweifellos wechselwirken Gene oder besser ihre Proteinprodukte miteinander, aber wie? Welche Funktion hat die DNA, die nicht Teil von Genen ist? Um die genetische Basis eines lebenden Organismus zu verstehen, wäre die gesamte DNA-Sequenz, das *Genom* eines Organismus, äußerst hilfreich. Ungeachtet dieser zunächst scheinbar unmöglichen Idee schlugen in den späten 1980er Jahren mehrere führende Biologen ein kühnes Projekt vor – die Sequenzierung des gesamten menschlichen Genoms, insgesamt mehr als drei Milliarden (!) Basenpaare. Das Unternehmen begann 1990 und war Anfang der 2000er Jahre weitgehend fertiggestellt.

Ein nicht geplanter, aber schwerwiegender Nebeneffekt des menschlichen Genomprojekts war die rasche Entwicklung schneller und weniger teurer Sequenziermethoden. Dieser Trend hat dafür gesorgt, dass sich die Kosten für das Sequenzieren von einer Million Basen von etwa 5.000 Euro auf heute weniger als 10 Cent verringert haben. Die Sequenzierung eines vollständigen menschlichen Genoms, die zu Beginn mehr als 10 Jahre erfordert hat, kann heute in ein paar Tagen erfolgen. Die Zahl vollständig sequenzierter Genome hat enorm zugenommen, ungeahnte Datenmengen produziert und die Entwicklung der *Bioinformatik* befördert, der Verwendung von Software und anderen Werkzeugen zur Datenverarbeitung, um mit derartigen Datenmengen umgehen und sie analysieren zu können.

Im Rückblick haben diese Entwicklungen die Biologie und anverwandte Gebiete revolutioniert. Oft werden biologische Fragestellungen durch die Analyse großer Gengruppen angegangen, alternativ durch den Genomvergleich unterschiedlicher Spezies. Dieser Ansatz heißt **Genomik**. Die ähnlich gelagerte Analyse großer Zahlen von Proteinen mit ihren Sequenzen heißt **Proteomik**. Aminosäuresequenzen können entweder biochemisch bestimmt oder über die codierenden DNA-Sequenzen abgeleitet werden.

Die vielleicht wichtigsten Auswirkungen hatten Genomik und Proteomik im Rahmen der Biologie auf unser Evolutionsverständnis. Neben bestätigenden Belegen für die Evolution durch das Studium von Fossilien und der Charakteristika gegenwärtig existierender Spezies hat die Genomik dabei geholfen, Beziehungen zwischen unterschiedlichen Organismengruppen zu klären, die vorher so nicht aufgelöst werden konnten und die fundierte Rückschlüsse auf die Evolution ermöglichen. Die Molekularbiologie hat der Biologie ein neues Werkzeug in die Hand gegeben, mit dem evolutionäre Verwandtschaftsgrade genau festgestellt werden können.

VERSTÄNDNISFRAGEN

1. ZEICHENÜBUNG Ein Strangabschnitt einer DNA-Doppelhelix hat die folgende Sequenz: 5′-TAGGCCT- 3′. Schreiben Sie die Sequenz ab und fügen Sie die komplementäre Sequenz des Gegenstrangs hinzu. Geben Sie jeweils das 5′- und das 3′-Ende an.

ZUSAMMENFASSUNG

Makromoleküle sind aus Monomeren aufgebaute Polymere

Synthese und Abbau von Polymeren. Polysaccharide, Proteine und Nucleinsäuren sind Polymere, die aus Ketten von Monomeren bestehen. Die Komponenten der Lipide variieren. Bei den Polymeren bilden Monomere größere Moleküle durch Kondensationsreaktionen, bei denen Wasser abgespalten wird. Polymere können durch die Umkehrung dieses Vorgangs, die Hydrolyse, zerlegt werden.

Die Vielfalt der Polymere. Eine enorme Vielfalt an Polymeren kann aus vergleichsweise wenigen verschiedenartigen Monomeren aufgebaut werden.

Kohlenhydrate dienen als Energiequelle und Baumaterial

Zucker. Monosaccharide (z.B. Glucose, Fructose), Disaccharide (z.B. Lactose, Saccharose) dienen als Energie- und Kohlenstoffquellen, die in andere Molekülarten oder in Polymere überführt werden können.

Polysaccharide. Polysaccharide erfüllen viele verschiedene Aufgaben: Cellulose (Pflanzen) dient als verstärkender Bestandteil der pflanzlichen Zellwände; Stärke zur Speicherung von Stoffwechselenergie (Glucose) bei Pflanzen; Glykogen zur Speicherung von Stoffwechselenergie (Glucose) bei Tieren; Chitin als verstärkender Bestandteil des Exoskeletts vieler Tiere und der Zellwände von Pilzen.

Lipide bilden eine heterogene Gruppe hydrophober Moleküle

Fette. Triglycerole (Fette und Öle) bestehen aus Glycerin und drei Fettsäuren und stellen wichtige Energiequellen dar.

Phospholipide aus Glycerin, Phosphat und zwei Fettsäuren bilden die Lipiddoppelschichten biologischer Membranen.

Steroide aus vier kondensierten Kohlenstoffringen mit kurzen Seitenketten sind Bestandteile biologischer Membranen (Cholesterol) und dienen als chemische Botenstoffe des Körpers (Hormone).

Proteine: Funktionsvielfalt durch Strukturvielfalt

Proteine dienen beispielsweise als Enzyme (Katalyse biochemischer Reaktionen), Strukturproteine (Stützfunktion), Transportproteine (Stofftransport z.B. durch biologische Membranen), Hormone (Signalübertragung und Koordination zellulärer Abläufe), Rezeptorproteine (Empfang extrazellulärer Signale), Motorproteine (Zellbewegung) und Abwehrproteine (Schutz vor Krankheiten).

Nucleinsäuren speichern und übertragen Erbinformation

RNA. Ribose als Zuckeranteil, Nucleinbasen: C, G, A, U, meist einzelsträngig; verschiedene Funktionen bei der Genexpression, einschließlich der Überführung der Proteinbauanleitung von der DNA zu den Ribosomen.

DNA. Desoxyribose als Zuckeranteil, Nucleinbasen: C, G, A, T, meist doppelsträngig; Speicherung der gesamten Erbinformation.

Biologie im Wandel durch Genomik und Proteomik

Kürzlich eingeführte technologische Neuerungen bei der DNA-Sequenzierung haben zur Entwicklung der Genomik geführt, einem Verfahren zur Analyse großer Zahlen unterschiedlicher Gene oder ganzer Genome. Außerdem hat sich die Proteomik entwickelt, ein ähnlicher Ansatz zur gleichzeitigen Analyse vieler unterschiedlicher Proteine.

Je näher zwei Spezies evolutionär miteinander verwandt sind, umso mehr ähneln sich ihre DNA- und Protein-Sequenzen. Sequenzdaten bestätigen Evolutionsmodelle, die mithilfe von Fossilien und anatomischen Hinweisen aufgestellt wurden.

Ein Rundgang durch die Zelle

6

6.1 Untersuchung von Zellen mittels Mikroskopie und Biochemie

6.1.1 Mikroskopie

Die technische Entwicklung von Instrumenten, die die menschlichen Sinne erweitern, hat den Fortschritt der Wissenschaft überhaupt erst ermöglicht. Die Entdeckung von Zellen und erste, frühe Untersuchungen sind mit der Erfindung des Mikroskops um das Jahr 1590 und seiner technischen Verbesserungen im 17. Jahrhundert verbunden. Mikroskope sind bis heute beim Studium von Zellen unverzichtbar und werden noch immer weiterentwickelt.

Die Mikroskope, die die ersten Wissenschaftler der Moderne am Ende der Renaissance verwendet haben, waren – ebenso wie die, die Sie vielleicht schon im Unterricht benutzt haben – Lichtmikroskope. Beim **Lichtmikroskop (LM)** wird sichtbares Licht durch das Untersuchungsmaterial und durch Systeme aus Glaslinsen geleitet. Die Linsen beugen das Licht derart, dass ein vergrößertes Abbild erzeugt wird, das von den Okularen projiziert und vom Auge aufgefangen werden kann. Eine Abbildung auf einen Film oder den lichtempfindlichen Sensor einer analogen oder digitalen Kamera ist ebenso möglich.

Zellen von Lebewesen wurden erstmals von Robert Hooke im Jahr 1665 beobachtet, als dieser mit einem Mikroskop den Aufbau der Borke (Korkgewebe) eines Eichenbaumes untersuchte. Ungeachtet dieser frühen Entdeckungen blieb die „Geografie der Zelle“ für lange Zeit danach großenteils „unkartiert“. Die meisten subzellulären Strukturen, einschließlich der von Membranen umgebenen **Organellen**, sind einfach zu klein oder von nicht ausreichendem Kontrast, um ohne Zuhilfenahme spezieller, erst im 20. Jahrhundert entwickelter Techniken sichtbar zu sein (Abbildung 6.1).

Die Zellbiologie machte ab etwa 1950 rasche Fortschritte, als kommerzielle Elektronenmikroskope verfügbar wurden. Statt Licht benutzt ein **Elektronenmikroskop (EM)** einen Elektronenstrahl, um das untersuchte Objekt zu durch- oder zu beleuchten. Mit dem Elektronenmikroskop ist die Beobachtung lebender Zellen nicht möglich – ein entscheidender Nachteil. Der Begriff Ultrastruktur (von Zellen) bezieht sich auf die elektronenmikroskopische Ebene, also auf zellanatomische Strukturen, die nur das Elektronenmikroskop sichtbar machen kann. Man unterscheidet zwei verschiedene Typen des Elektronenmikroskops.

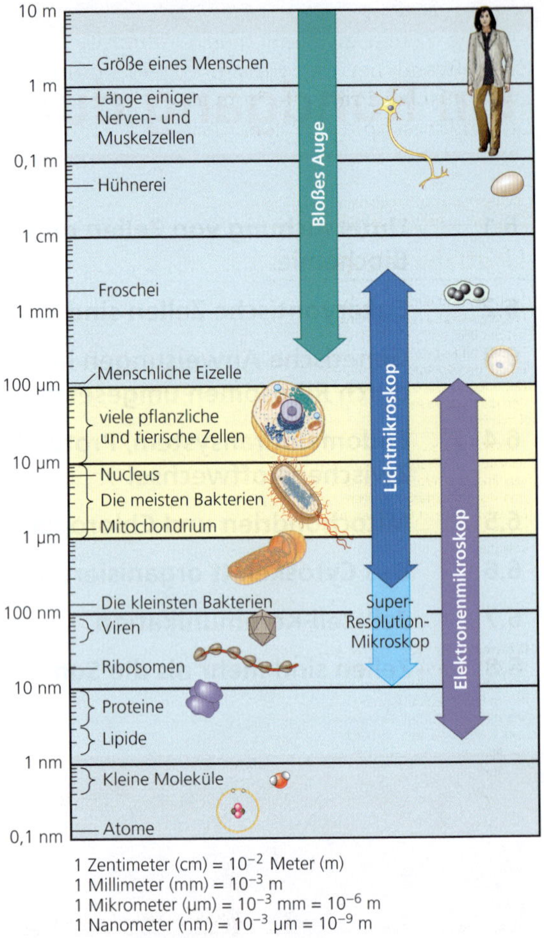

Abbildung 6.1: **Das Größenspektrum von Zellen.** Die meisten Zellen sind zwischen 1 und 100 µm groß (gelber Bereich der Abbildung) und daher nur unter dem Mikroskop erkennbar. Die Bestandteile von Zellen sind noch kleiner, etwa so groß wie Viren. Beachten Sie, dass die Größenskala auf der linken Seite logarithmisch skaliert ist, um den enormen Größenbereich mit vielen Zehnerpotenzen überhaupt darstellen zu können. Oben bei einer Größenordnung von 10 Meter beginnend, gibt jeder neue Zahlenwert eine zehnfache Verkleinerung des Maßstabs an.

Das **Rasterelektronenmikroskop (REM** oder SEM, engl. *scanning electron microscope*) ist besonders für die detaillierte Betrachtung und Untersuchung von Oberflächen geeignet. Das REM verfügt über eine im Vergleich zu Lichtmikroskopen sehr große Schärfentiefe, die den Bildern einen räumlichen Charakter verleiht.

Das **Transmissionselektronenmikroskop (TEM** = Durchstrahlungselektronenmikroskop) wird eingesetzt, um die innere Ultrastruktur von Zellen zu erforschen.

Das Elektronenmikroskop zeigt viele Organellen und andere subzelluläre Strukturen, die in diesem Detailreichtum im Lichtmikroskop nicht darstellbar wären. Doch bietet das Lichtmikroskop gewisse Vorteile, insbesondere die Möglichkeit, lebende Zellen zu betrachten. Weiterhin ist der Zeitaufwand bei der Herstellung elektronenmikroskopischer Präparate immer sehr hoch, in der Lichtmikroskopie aber sehr variabel.

Mikroskope (Abbildung 6.2) gehören zu den wichtigsten Werkzeugen in der Cytologie (Zellbiologie), dem Teilgebiet der Biologie, das sich mit dem Aufbau, der Funktion und den Eigenschaften von Zellen befasst.

Lichtmikroskopie (LM)

Hellfeld. Licht durchdringt das Präparat direkt. Ungefärbt (links) hat das Bild wenig Kontrast. Das Färben mit Farbstoffen (rechts) erhöht den Kontrast. Die meisten Färbungen erfordern das Abtöten und die Konservierung der Zellen durch Fixierung.

Phasenkontrast. Dichteunterschiede in der Probe werden verstärkt und vergrößern so den Kontras in ungefärbten Zellen. Diese Methode ist besonders für lebende, nicht pigmentierte Zellen geeignet.

Differentieller Interferenzkontrast (Nomarski). Wie bei der Phasenkontrastmikroskopie werden optische Modifikationen dazu benutzt, um Dichteunterschiede stark hervorzuheben, wodurch die Bilder beinahe dreidimensional wirken.

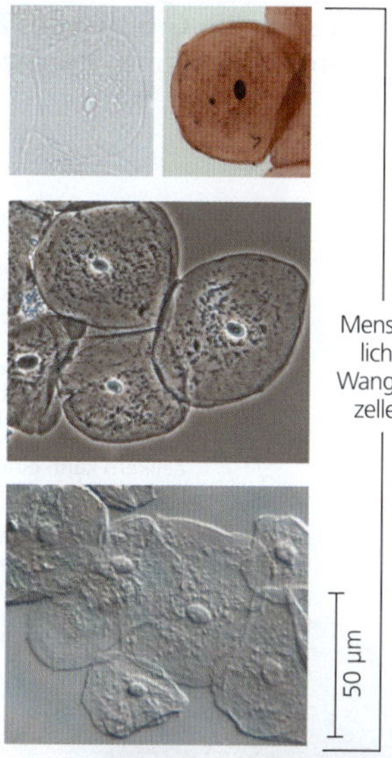

Fluoreszenz. Die Aufenthaltsorte bestimmter Moleküle in der Zelle können durch ihre Markierung mit fluoreszierenden Farbstoffen oder Antikörpern sichtbar gemacht werden. Manchmal enthalten die Zellen auch Moleküle, die von sich aus fluoreszieren. Fluoreszierende Stoffe absorbieren oft ultraviolette Strahlung und emittieren sichtbares Licht. In dieser fluoreszenzmarkierten Uteruszelle erscheint der Zellkern blau, Mitochondrien orange und das Zellskelett grün.

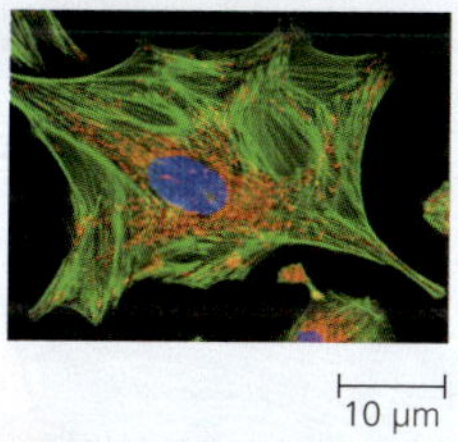

Konfokal. Die untere Aufnahme ist eine Standard- Fluoreszenz-Mikrografie fluoreszenzmarkierten Nervengewebes (Nervenzellen grün, Stützzellen orange, überlappende Bereiche gelb). Darüber ist eine konfokale Aufnahme abgebildet. Mittels Laser eliminiert diese „optische Dünnschnitttechnik" nicht sauber fokussiertes Licht aus einer dicken Probe und bildet so nur eine einzige Fluoreszenzebene ab. Indem scharfe Bilder vieler unterschiedlicher Ebenen aufgenommen werden, kann eine dreidimensionale Rekonstruktion erfolgen. Die Standardaufnahme erscheint verschwommen, weil das nicht fokussierte Licht mit wiedergegeben wird.

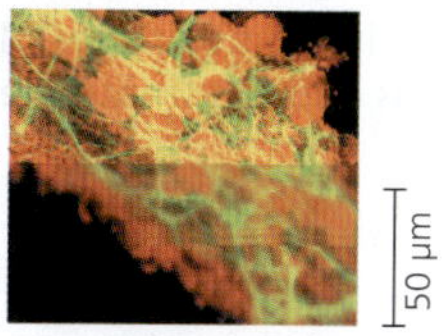

Dekonvolution. Die untere Hälfte des geteilten Bildes ist die Zusammenfassung von Standard-Fluoreszenz-Mikrografien eines weißen Blutkörperchens. Im oberen Teil ist das Bild derselben Zelle gezeigt, nachdem es aus vielen verschwommenen Aufnahmen unter verschiedenen Winkeln rekonstruiert wurde. Jedes Einzelbild wurde zuvor mit einer Dekonvolutions-Software bearbeitet. Dies entfernt durch digitale Bildverarbeitung unfokussiertes Licht und ordnet es seiner Quelle zu. Zusammen mit einer Punktspreizfunktion wird damit die 3D-Bildqualität wesentlich verbessert.

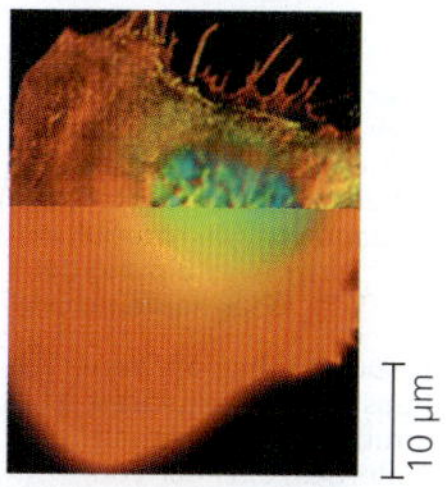

Höchstauflösung (engl. Super-resolution). Um dieses höchstauflösende Bild einer Kuh-Aortenzelle (oben) zu erstellen, wurden einzelne fluoreszierende Moleküle durch UV-Licht angeregt und ihre Position aufgezeichnet. (DNA ist blau, Mitochondrien rot und ein Teil des Zytoskeletts grün.) Die Kombination von Informationen aus vielen Molekülen an verschiedenen Stellen „bricht" die Auflösungsgrenze und ergibt das scharfe Bild oben. Die Größe jeder Markierung liegt weit unter der 200-nm-Auflösung eines Standard-Lichtmikroskops, wie im konfokalen Bild (unten) derselben Zelle zu sehen ist.

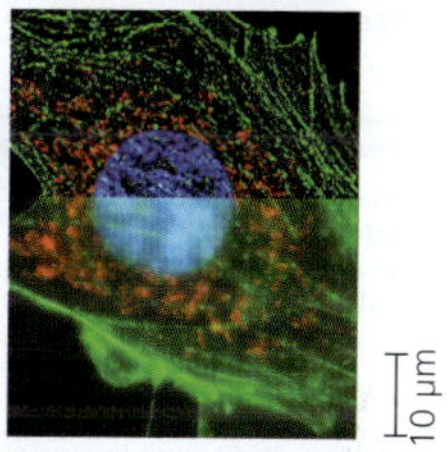

Elektronenmikroskopie (EM)

Rasterelektronenmikroskopie (REM). Rasterelektronenmikroskopische Mikrografien zeigen das dreidimensionale Bild einer Probenoberfläche. Im Bild ist die Oberfläche einer Epithelzelle der Luftröhre (Trachea) mit ihrem Cilienbesatz zu sehen. Der Cilienschlag hilft beim Entfernen eingeatmeter Partikel in Richtung Rachen. REM-Aufnahmen sind an sich schwarzweiß, werden aber oft koloriert, um spezielle Strukturen hervorzuheben.

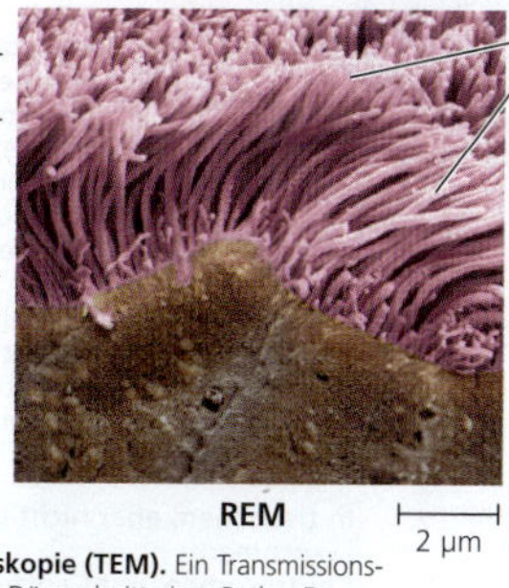

Transmissionselektronenmikroskopie (TEM). Ein Transmissionselektronenmikroskop profiliert den Dünnschnitt einer Probe. Der kolorierte Schnitt durch eine Zelle der Luftröhre zeigt ihren inneren Aufbau. Bei der Probenvorbereitung wurden einige Cilien längs geschnitten, andere quer.

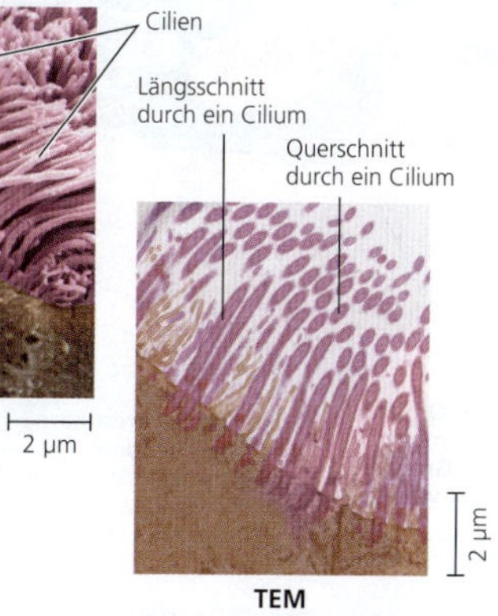

Kryo-Elektronenmikroskopie (Kryo-EM). Proben von Gewebe oder wässrigen Lösungen von Proteinen werden schnell bei Temperaturen unter −160 °C eingefroren, wodurch die Moleküle in einen starren Zustand versetzt werden. Ein Strahl von Elektronen wird durch die Probe geschossen, um die Moleküle mittels Elektronenmikroskopie sichtbar zu machen, und Software wird verwendet, um eine Serie solcher Mikrografen zu fusionieren und ein 3D-Bild wie das hier gezeigte zu erstellen.

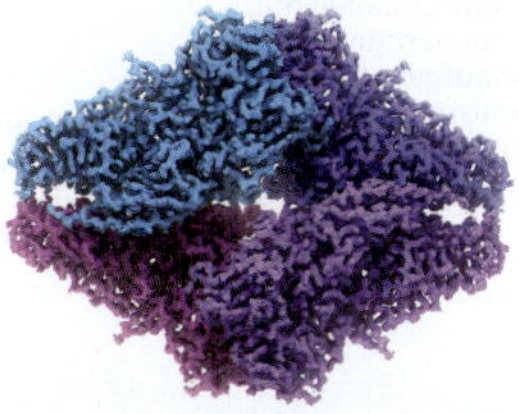

Computer-generiertes Bild des laktoseabbauenden, bakteriellen Enzyms ß-Galactosidase. Dieses Bild wurde aus mehr als 90.000 Kryo-EM-Bildern zusammengestellt.

Abkürzungen in Abbildungslegenden:
LM = lichtmikroskopische Aufnahme
REM = rasterelektronenmikroskopische Aufnahme
TEM = transmissionselektronenmikroskopische Aufnahme

? Während das Gewebe geschnitten wurde, wie war die Ausrichtung der Cilien im unteren Teil der Transmissionselektronenmikroskopie (TEM)? Und im oberen Teil? Erläutern Sie, wie die Ausrichtung der Cilien die Art der Schnitte bestimmt hat, die wir sehen.

Abbildung 6.2: Näher betrachtet. Mikroskopie.

a) Tierzelle

In dieser Zeichnung einer idealisierten typischen Tierzelle sind die meisten allgemein verbreiteten Zellstrukturen zusammengefasst (keine wirkliche Zelle sieht genauso aus). Wie aus dieser Anschnittzeichnung ersichtlich, enthält die Zelle eine Vielzahl von Komponenten, darunter Organellen („kleine Organe"), die in der Regel von Membranen umgeben sind. Das augenfälligste Organell in einer Tierzelle ist normalerweise der Zellkern. Die meisten Stoffwechselleistungen der Zelle vollziehen sich im Zytoplasma, also dem Gesamtbereich zwischen Zellkern und Plasmamembran. Das Zytoplasma beherbergt zahlreiche Organellen und andere Zellbestandteile, die in ein gelartiges Medium – das Cytosol – eingebettet sind. Ein Großteil des Zytoplasmas wird von einem als endoplasmatisches Reticulum (ER) bezeichneten Membranlabyrinth durchzogen.

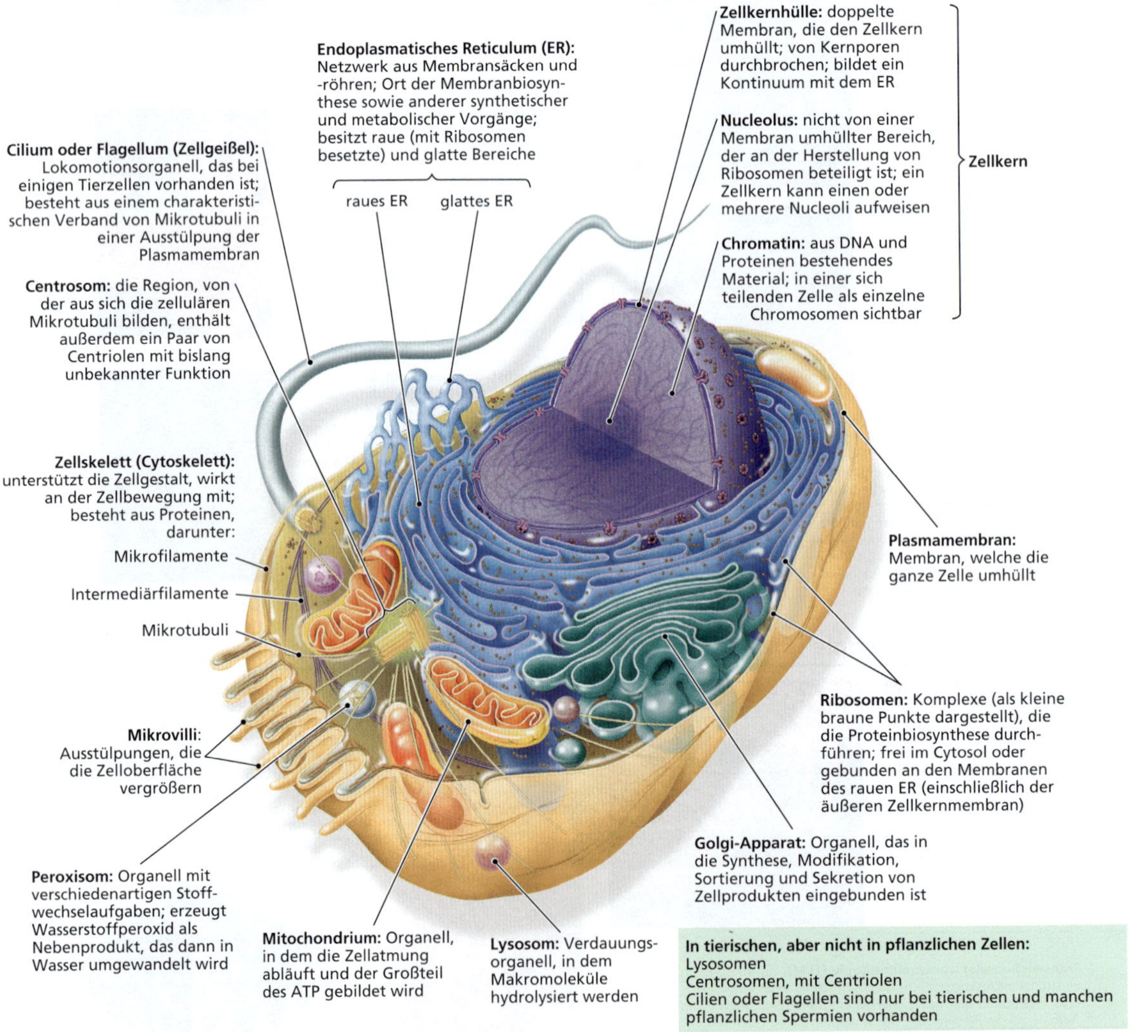

Abbildung 6.3: Näher betrachtet. Tier- und Pflanzenzellen.

b) Pflanzenzelle

Diese Zeichnung einer idealisierten Pflanzenzelle enthüllt, was gleich ist und worin die Unterschiede zwischen den Zellen von Tieren und Pflanzen bestehen. Zusätzlich zu den meisten Dingen, die man auch in Tierzellen findet, verfügt eine Pflanzenzelle über Organellen, die Plastiden heißen. Der wichtigste Plastidentyp ist der Chloroplast, in dem die Fotosynthese abläuft. Viele Pflanzenzellen besitzen große Zellsaftvakuolen; manche können eine oder mehrere kleine Vakuolen enthalten. Neben anderen Aufgaben erfüllen die Vakuolen Funktionen, die in Tierzellen den Lysosomen zufallen. Jenseits der Plasmamembran einer pflanzlichen Zelle befindet sich eine dicke Zellwand, die von Kanälen durchbrochen wird, die Plasmodesmen genannt werden.

Falls Sie den Rest des Kapitels schon jetzt durchblättern, so werden Sie feststellen, dass Abbildung 6.2 wiederholt in verkleinerter Form als Orientierungsdiagramm auftritt. In allen Fällen ist ein bestimmtes Organell hervorgehoben, wobei die Farbgebung jener in der Abbildung 6.2 entspricht. Wenn wir uns die verschiedenen Organellen näher ansehen, werden Ihnen diese Orientierungsdiagramme dabei helfen, diese Strukturen in den Kontext einer ganzen Zelle zu stellen.

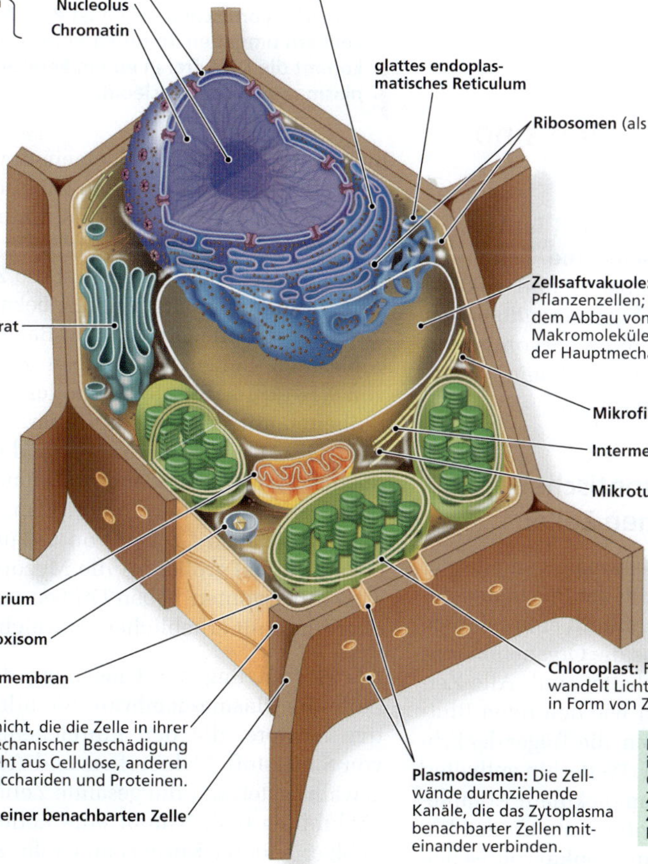

In pflanzlichen, aber nicht in tierischen Zellen:
Chloroplasten
Zellsaftvakuole
Zellwand
Plasmodesmen

6.1.2 Zellfraktionierung

Eine nützliche Technik zum Studium des Aufbaus und der Abläufe innerhalb von Zellen ist die **Zellfraktionierung**. Dabei werden Zellen zerteilt und die Organellen und andere Zellbestandteile mehr oder weniger intakt voneinander getrennt, sodass schließlich eine Reihe von Fraktionen entsteht, in der verschiedene, typische Komponenten der Zelle stark konzentriert vorliegen. Das wichtigste Instrument hierbei ist die Zentrifuge, mit der Zellhomogenate bei verschiedenen Rotationsgeschwindigkeiten durch die Zentrifugalkraft aufgetrennt werden.

VERSTÄNDNISFRAGE

1. WAS WÄRE, WENN? Welchen Mikroskoptyp würden Sie wählen, um (a) die Gestaltveränderungen weißer Blutzellen zu untersuchen, (b) um die Details der Oberflächenbeschaffenheit von Haaren zu untersuchen, (c) um die Detailstruktur eines Organells zu untersuchen?

6.2 Eukaryontische Zellen sind kompartimentiert

Die grundlegenden strukturellen und funktionellen Einheiten jedes Lebewesens sind Zellen. Es gibt zwei Typen – prokaryontische und eukaryontische Zellen. Die beiden Organismendomänen Archaea und Bacteria sind vom prokaryontischen Typ, das heißt Prokaryonten. Protisten, Pilze, Pflanzen und Tiere sind Eukaryonten.

6.2.1 Vergleich prokaryontischer mit eukaryontischen Zellen

Alle Zellen haben gewisse Merkmale gemeinsam: Sie sind von einer Grenzschicht, der *Plasmamembran*, umgeben. Die Membran umhüllt eine gelartige Flüssigkeit, das **Cytosol**, in das die Organellen und andere Zellbestandteile eingebettet sind. Alle Zellen (mit wenigen Ausnahmen wie den roten Blutzellen) enthalten Chromosomen, die Träger der Erbinformation in Form von DNA. Weiterhin enthalten alle Zellen Ribosomen, supramolekulare Komplexe, in denen die Proteinbiosynthese stattfindet. Ein Unterschied zwischen **pro- und eukaryontischen Zellen** besteht in der Lokalisation der zellulären DNA, was sich in der Namensgebung der Zelltypen widerspiegelt. In **eukaryontischen Zellen** ist der Großteil der DNA in einem Organell, dem **Zellkern**, eingeschlossen, der von einer Doppelmembran umgeben ist (Abbildung 6.3). (Das Wort *eukaryontisch* leitet sich aus dem Griechischen ab: *eu*-, wahr und + *karyon*, Kern.) In **prokaryontischen Zellen** (gr. *pro*-, vor und + *karyon*, Kern) liegt die DNA in einem als **Nucleoid** bezeichneten Bereich der Zelle konzentriert vor, sie ist aber nicht von einer eigenen Membran umgeben (Abbildung 6.4). Das Innere einer prokaryontischen Zelle wird als Zytoplama bezeichnet. Derselbe Begriff bezeichnet den Inhalt einer eukaryontischen Zelle ohne den Zellkern. Das Zytoplasma einer eukaryontischen Zelle enthält zahlreiche Organellen mit jeweils charakteristischen Formen und Funktionen. Diese von Membranen umgebenen Gebilde fehlen in prokaryontischen Zellen (Prokaryonten). Das Vorliegen oder Fehlen eines Zellkerns ist mithin nur ein Beispiel für die strukturellen Unterschiede beider Zelltypen und die deutlich unterschiedliche Komplexität ihrer inneren Organisation.

MERKE!

Bei eukaryontischen Zellen ist die DNA von einem Zellkern umgeben. In prokaryontischen Zellen kommt die DNA frei in einem Bereich des Zytoplasmas vor, dem Nucleoid.

Eukaryonten sind im Allgemeinen viel größer als die Zellen von Prokaryonten (Abbildung 6.1). Die Größe ist ein Aspekt der Zellstruktur, der mit der Funktion im Zusammenhang steht. Die Logistik des Zellstoffwechsels begrenzt die Zellgröße. Am unteren Ende der Größenskala bekannter Lebensformen liegt eine Gruppe von Bakterien, die Mycoplasmen heißen. Sie haben Zelldurchmesser von 0,1–1,0 µm. Sie stellen vielleicht die kleinsten Einheiten mit genügend DNA dar, um einen Stoffwechsel betreiben zu können, und enthalten ausreichend Enzyme und andere Zellausstattung zum Lebenserhalt und für die Fortpflanzung. Typische Bakterien haben Größen von 1–5 µm – sind also etwa zehnmal größer als die Mycoplasmen. Typische Eukaryonten haben Größen von 10–100 µm, allerdings mit erheblichen Abweichungen.

Als Abgrenzung zur Umgebung dient bei jeder Zelle die **Plasmamembran**. Sie bildet eine selektive Barriere, die den hinreichenden Durchtritt von Sauerstoff, Nährstoffen und Abfallprodukten gewährleistet, um die gesamte Zelle zu versorgen (Abbildung 6.5). Nimmt eine Zelle (oder ein beliebiger anderer Körper) an Größe zu, wächst das Volumen proportional stärker als die Oberfläche (die Oberfläche gehorcht einem Wachstumsgesetz zweiter, das Volumen dem einer dritten Potenz). Ein kleinerer Körper besitzt relativ zu einem großen die größere Oberfläche (sein Oberflächen/Volumen-Verhältnis ist größer).

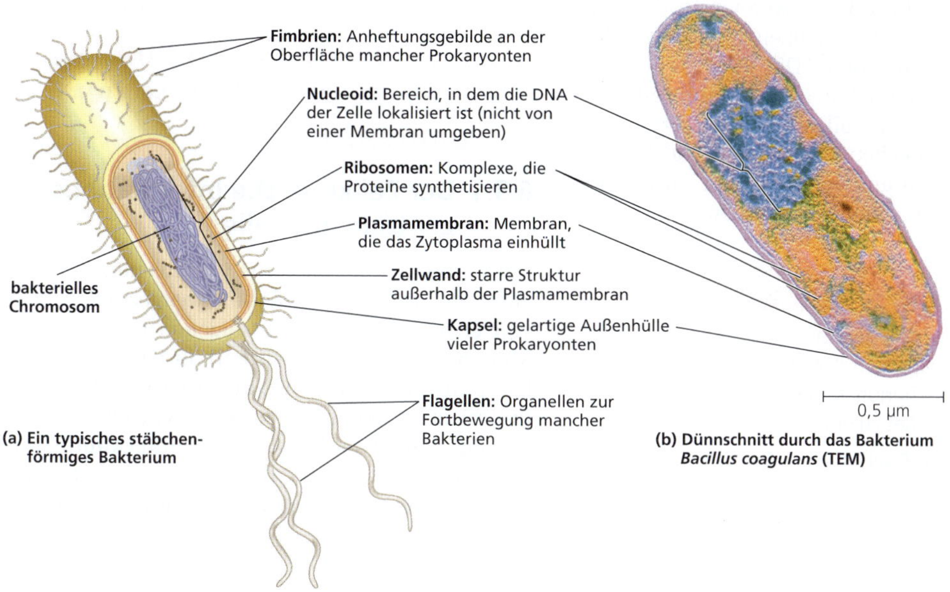

Abbildung 6.4: Eine prokaryontische Zelle. Ohne einen echten Zellkern und andere, Membranen-umhüllte Organellen, wie sie eine eukaryontische Zelle besitzt, ist ein Prokaryont generell von viel einfacherem Bau. Prokaryonten umfassen Bakterien und Archaeen mit recht ähnlichen Zellstrukturen.

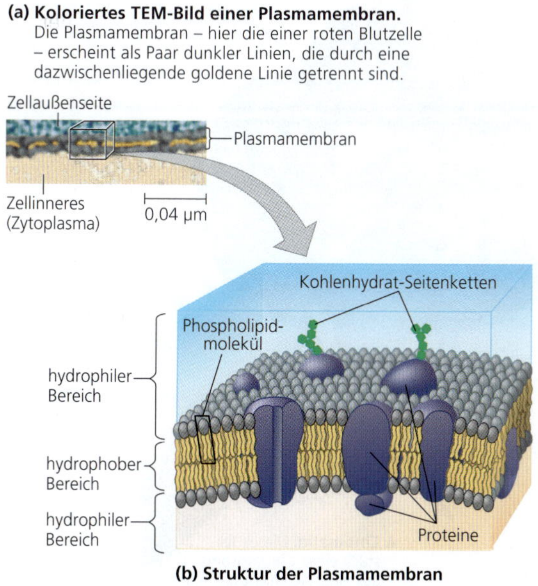

Abbildung 6.5: Die Plasmamembran. Plasma- und Organellenmembranen bestehen aus Phospholipiddoppelschichten, in die verschiedene organellenspezifische Proteine eingelagert sind. Im Inneren der Membranen liegen einander zugekehrt die hydrophoben Kohlenwasserstoffketten der Phospholipide und die hydrophoben Bereiche von Transmembranproteinen. Die Kopfbereiche der Phospholipidmoleküle sind hydrophil, ebenso wie die Bereiche der Proteinmoleküle, die auf beiden Seiten der Membran in die wässrige Phase hineinragen. Die Kanäle, die bestimmte Transmembranproteine durchziehen, haben ebenfalls hydrophile Oberflächen. Membranproteine und viele Membranlipide der Plasmamembran-Außenseite sind häufig mit Kohlenhydratresten verknüpft, das heißt sie sind glykosyliert.

? Beschreiben Sie die Komponenten eines Phospholipidmoleküls (siehe ggf. Abbildung 5.10), die es zu einem Hauptbestandteil der Plasma- und anderer Zellmembranen machen.

Die Notwendigkeit, die Oberfläche ausreichend groß zu halten, um das eingeschlossene Volumen versorgen zu können, liefert einen Erklärungsansatz für die mikroskopische Größe der meisten Zellen und die langgestreckte Gestalt anderer, größerer Zelltypen wie Nervenzellen mit langen Ausläufern. Größere Lebewesen verfügen im Allgemeinen nicht über größere Zellen, sondern über eine größere Anzahl von Zellen. Ein hinreichend hohes Oberflächen/Volumen-Verhältnis ist für Zellen, die große Stoffmengen mit der Umgebung austauschen – wie Darmzellen – von besonderer Bedeutung. Derartige Zellen verfügen oft über zahlreiche, lange, dünne Fortsätze an ihren Oberflächen, die Mikrovilli heißen. Sie vergrößern die Oberfläche stark ohne eine nennenswerte Vergrößerung des Volumens.

6.2.2 Die eukaryontische Zelle im Überblick

Zusätzlich zur Plasmamembran, die ihre äußere Abgrenzung darstellt, besitzt ein Eukaryont ein ausgedehntes und ausgefeiltes System innerer Membranen, die den Zellkörper in Kompartimente – die schon früher erwähnten Organellen – untergliedern. Die Zellkompartimente schaffen verschiedene Reaktionsräume für spezielle Stoffwechselaufgaben. Auf diese Weise können in der Zelle inkompatible Vorgänge gleichzeitig ablaufen, ohne sich gegenseitig zu stören. Die Plasma- und die Organellmembranen nehmen auch unmittelbar am Stoffwechsel der Zelle teil, weil viele Enzyme fest in Membranen eingebettet sind, wo sie oft funktionelle Verbände mit anderen Enzymen und Proteinen nicht enzymatischer Natur bilden.

VERSTÄNDNISFRAGEN

1. Beschreiben Sie, nachdem Sie Abbildung 6.2 gründlich studiert haben, knapp den Aufbau und die Funktion des Zellkerns, der Mitochondrien, der Chloroplasten und des endoplasmatischen Reticulums.

2. WAS WÄRE, WENN? Stellen Sie sich eine langgestreckte Zelle vor (wie etwa eine Nervenzelle), die die Maße 125 × 1 × 1 hat. Die Maßeinheit spielt hierbei keine Rolle.

6.3 Genetische Anweisungen liegen im Zellkern und werden durch Ribosomen umgesetzt

6.3.1 Der Zellkern: Die Informationszentrale der Zelle

Der **Zellkern** beherbergt die weitaus meisten Gene einer eukaryontischen Zelle (eine geringe Anzahl von Genen findet sich in eigenen Genomen der Mitochondrien und Plastiden). Er ist in vielen eukaryontischen Zellen das augenfälligste Organell. In tierischen Zellen hat er einen typischen Durchmesser von etwa 5 µm. Die **Zellkernhülle** umschließt den Zellkern (Abbildung 6.6) und grenzt seinen Inhalt weitgehend vom Zytoplasma ab.

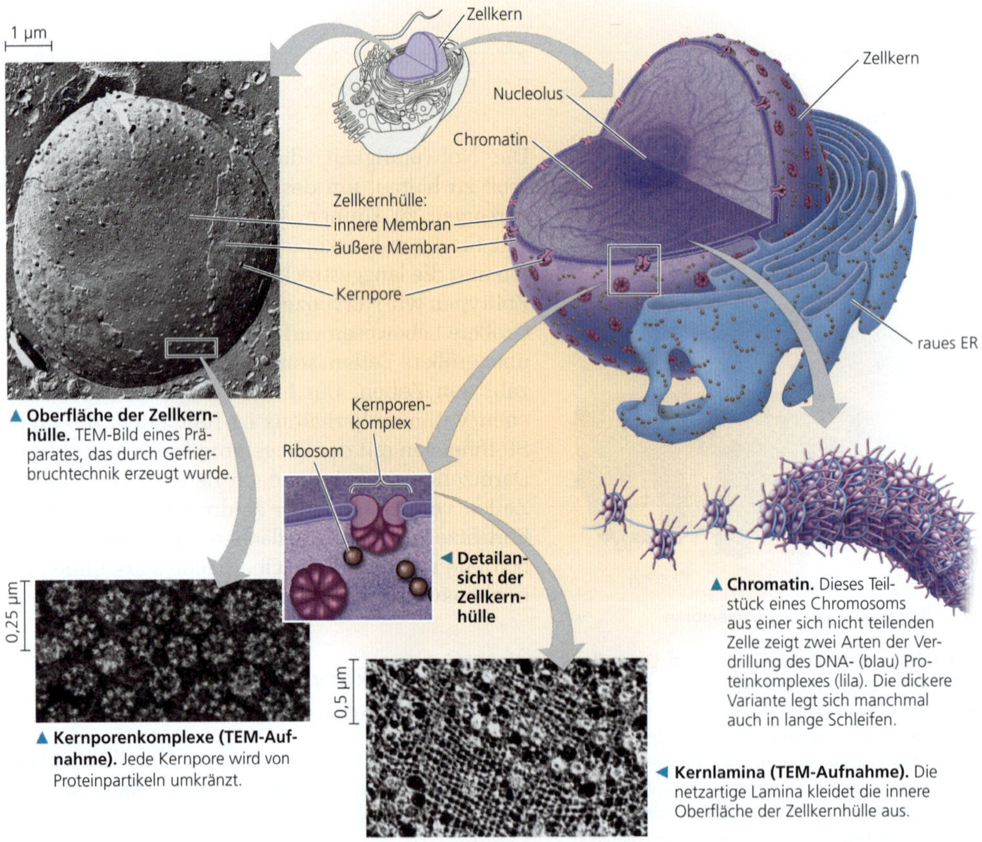

Abbildung 6.6: Der Zellkern und die Zellkernhülle. Innerhalb des Zellkerns befinden sich die Chromosomen, die in der Interphase als unstrukturierte Chromatinmasse (DNA plus assoziierte Proteine) erscheinen, sowie ein oder mehrere Nucleoli. Der Nucleolus ist der Ort der Ribosomenbildung. Die Zellkernhülle, die aus zwei Membranen besteht, die durch einen engen Spalt getrennt sind, ist von Poren durchzogen und innen von der Kernlamina ausgekleidet.

Die Zellkernhülle ist eine doppelte Membran. Die Zellkernhülle ist von zahlreichen Kernporen durchsetzt, deren Durchmesser ca. 100 nm (0,1 µm) beträgt. An den Rändern der Kernporen stehen die innere und die äußere Membran der Kernhülle miteinander in Kontakt. Ein kompliziert gebautes Gebilde aus zahlreichen Proteinen namens Kernporenkomplex kleidet jede Kernpore aus und gibt ihr ihre Form. Der *Kernporenkomplex* spielt eine wichtige Rolle bei der Regulation des Ein- und Austritts von Makromolekülen wie RNA und Proteinen in den und aus dem Zellkern. Die Kernporen sind gewissermaßen Zollstationen, die den Warenverkehr des Zellkerns kontrollieren. Mit Ausnahme der Kernporenbereiche ist die Innenseite der Kernhülle (die innere Zellkernmembran) von der **Kernlamina** ausgekleidet. Die Kernlamina ist ein netzartiges Maschenwerk aus Proteinfilamenten, das für die Formgebung des Zellkerns verantwortlich ist. Sie bildet eine mechanische Stütze der Kernhülle, stellt also ein molekulares Skelett des Zellkerns dar. Es gibt außerdem viele Hinweise auf eine Zellkernmatrix – ein Gerüst aus Fasern, das sich durch das gesamte Zellkerninnere erstreckt.

Innerhalb des Zellkerns ist die DNA in diskrete Einheiten, die **Chromosomen**, aufgeteilt. Die Chromosomen sind diejenigen Gebilde, die die stoffliche Grundlage der genetischen Information darstellen. Jedes Chromosom besteht aus einem als **Chromatin** bezeichneten Verbundmaterial aus Proteinen und DNA. Angefärbtes Chromatin (gr. *chroma*, Farbe) erscheint für gewöhnlich als diffuse Masse, und dies sowohl im Licht- als auch im Elektronenmikroskop. In Vorbereitung der Zellteilung rollen sich die dünnen Chromatinfasern auf (sie kondensieren). Jede eukaryontische Art besitzt eine für sie charakteristische Anzahl von Chromosomen. Menschliche Zellen enthalten beispielsweise 46 Chromosomen. Ausnahmen sind die Geschlechts- oder Fortpflanzungszellen (Eizellen und Samenzellen), die je 23 Chromosomen – also gerade die Hälfte der gewöhnlichen Körperzellen – enthalten.

Ein hervorstechendes Gebilde, das sich in einem nicht in Teilung befindlichen Zellkern findet, ist der **Nucleolus** (lat. „Kernchen"; Plur. Nucleoli). An diesem Ort wird ein spezieller RNA-Typ, die ribosomale RNA (rRNA) synthetisiert. rRNA-Gene der DNA dienen als Matrize für die Herstellung dieser RNA-Sorte. Im Nucleolusbereich werden diese RNA-Moleküle mit speziellen, aus dem Zytoplasma importierten Proteinen (ribosomale Proteine) zu Untereinheiten eines Ribosoms zusammengefügt. Dabei entstehen große und kleine ribosomale Untereinheiten, die sich in ihren molekularen Zusammensetzungen unterscheiden und zusammen funktionsfähige Ribosomen bilden. Neuere Untersuchungen weisen darauf hin, dass dem Nucleolus möglicherweise auch eine Funktion bei der Regulation zellulärer Vorgänge wie der Zellteilung zukommt.

6.3.2 Ribosomen: Die Proteinfabriken der Zelle

Die **Ribosomen** – kompliziert gebaute Gebilde aus ribosomalen Ribonucleinsäuren (rRNA) und einer Reihe verschiedener Proteine – sind Zellbestandteile, die die Proteinbiosynthese durchführen. Zellen mit hohen Proteinsyntheseraten besitzen eine große Anzahl von Ribosomen.

Ribosomen liegen entweder frei, das heißt im Zytoplasma suspendiert vor oder sie sind an die Außenseite des endoplasmatischen Reticulums (ER) beziehungsweise die äußere Zellkernhülle gebunden. Membrangebundene und freie Ribosomen sind strukturell identisch, jedes Ribosom kann frei oder membranständig vorkommen. Tatsächlich wird die Membranassoziation von der mRNA des Translationskomplexes vermittelt, hängt also von dem zu bildenden Protein und nicht vom Ribosom ab. Die meisten der Proteine, die an freien Ribosomen gebildet werden, üben ihre Funktion im Zytoplasma der Zelle aus. Beispiele dafür sind die Enzyme, die die Anfangsschritte des Zuckerabbaus (Glykolyse) katalysieren. Die membrangebundenen Ribosomen sind im Allgemeinen mit der Herstellung von Proteinen befasst, die für den Einbau in Membranen, für das Innere bestimmter Organellen wie zum Beispiel Lysosomen (Abbildung 6.3) oder für den Export aus der Zelle bestimmt sind.

VERSTÄNDNISFRAGEN

1. Welche Rolle spielen die Ribosomen bei der Ausführung der genetischen Instruktionen der Zelle?

2. Beschreiben Sie den molekularen Aufbau der Nucleoli und erläutern Sie ihre Funktion.

6.4 Endomembransystem, Proteinlogistik und Zwischenstoffwechsel

Viele der verschiedenen Membranen einer eukaryontischen Zelle sind Teile des **Endomembransystems**, das in der Zelle eine Reihe unterschiedlicher Aufgaben erfüllt. Zu diesen Aufgaben gehören die Synthese von Proteinen, ihre Modifikation, der Einbau in Membranen und der Transport zum Bestimmungsort in Organellen oder aus der Zelle heraus, weiterhin Stoffwechsel und Transport von Lipiden sowie die Entgiftung toxisch wirkender Stoffe. Die Membranen dieses Systems stehen entweder in direktem Kontakt miteinander oder sind durch Transportvesikel (lat. *vesicula*, Bläschen; winzige, von einer Membran umschlossene Miniorganellen) funktionell miteinander verbunden. Ungeachtet dieser Beziehungen sind die verschiedenen inneren Membranen weder in ihrem chemischen Aufbau noch in ihrer Funktion identisch. Darüber hinaus sind weder die Dicke noch die molekulare Zusammensetzung oder die von einer bestimmten Membran ausgeführten chemischen Reaktionen streng festgelegt, sondern sie werden im Laufe der Existenz der Membran unter Umständen mehrfach umgewidmet. Zum Endomembransystem eines Eukaryonten gehören die Zellkernhülle, das endoplasmatische Reticulum (ER), der Golgi-Apparat, die Lysosomen, die Vakuole(n), die Endosomen sowie gegebenenfalls noch andere, zellspezifische Organellen. Die Plasmamembran sowie die Membranen der Mitochondrien und der Plastiden gehören definitionsgemäß nicht zum Endomembransystem, sondern werden gesondert betrachtet.

6.4.1 Das endoplasmatische Reticulum: Die biosynthetische Fabrik

Das **endoplasmatische Reticulum (ER)** ist ein ausgedehntes Netzwerk aus Membranen, das in vielen eukaryontischen Zellen mehr als die Hälfte der Gesamtmembranfläche stellt (gr. *endo*, innen und *plasma*, Gebilde, lat. *reticulum*, Netz, Netzwerk). Das Membrannetzwerk des ER besteht aus Membrantubuli und abgeplatteten Membranbereichen, die als Zisternen bezeichnet werden (lat. *cisterna*, Brunnen, Sammelbehälter). Die ER-Membran umschließt und definiert einen Innenraum des Organells, das ER-Lumen, der durch die Membran vom Zytoplasma getrennt ist. Da sich die ER-Membran in der äußeren Zellkernhülle fortsetzt, gehört der Raum zwischen den beiden Zellkernmembranen strukturell zum ER-Lumen (Abbildung 6.7).

Man unterscheidet zwei funktionell verschiedene Bereiche des ER, die kontinuierlich ineinander übergehen können. Das **glatte ER** verdankt seinen Namen der Tatsache, dass sich an diesen Membranbereichen keine außen anhaftenden Ribosomen finden. Das **raue ER** trägt auf seiner Membranaußenseite Ribosomen, die diesen Membranbereichen in elektronenmikroskopischen Bildern ein raues, körniges Aussehen verleihen.

Die Funktionen des glatten ER Das glatte ER ist an verschiedenen Stoffwechselvorgängen beteiligt, die von Zelltyp zu Zelltyp variieren. Dazu gehören die Synthese von Lipiden, der Kohlenhydratstoffwechsel und die Detoxifizierung von Medikamentenwirkstoffen und Giften.

Das glatte ER enthält die Enzyme für die Lipidbiosynthese (Öle, Phospholipide, Steroide). Zu den vom glatten ER in Tierzellen gebildeten Stoffen gehören bei den Wirbeltieren die Geschlechtshormone und die verschiedenen, von der Nebenniere sezernierten Steroidhormone. Die Zellen, die diese Hormone herstellen und ausschütten – zum Beispiel in den Hoden und den Eierstöcken – sind reich an glattem ER, ein Strukturmerkmal, das der Funktion dieser Zellen entspricht.

Die Funktionen des rauen ER Viele Zelltypen sezernieren Proteine, die von am rauen ER verankerten Ribosomen synthetisiert werden. So stellen etwa bestimmte Zellen der Bauchspeicheldrüse das Proteinhormon Insulin her und schütten es in den Blutstrom aus.

Sekretorische Proteine und Membranproteine verlassen das ER verpackt in Vesikel, die vom sogenannten transitorischen ER gebildet und abgeschnürt werden (Abbildung 6.10). Vesikel, die Stoffe von einem Ort der Zelle zu einem anderen bringen, heißen **Transportvesikel**.

6.4.2 Logistikzentrum Golgi-Apparat: Fracht- und Umbauzentrum

Nach dem Verlassen des ER gelangt ein Großteil der Transportvesikel zum **Golgi-Apparat** (nach Camillo Golgi, italienischer Physiologe, 1843–1926). Man kann sich den Golgi-Apparat als Fabrik, Lagerhaus, Sortieranlage und Frachtzentrum vorstellen. Hier werden die Produkte des ER, zum Beispiel Proteine, chemisch modifiziert und an andere Zielorte weitertransportiert.

Der Golgi-Apparat besteht aus abgeflachten Membranstapeln – Golgi-Zisternen –, die wie aufgeschichtetes Fladenbrot aussehen (Abbildung 6.8).

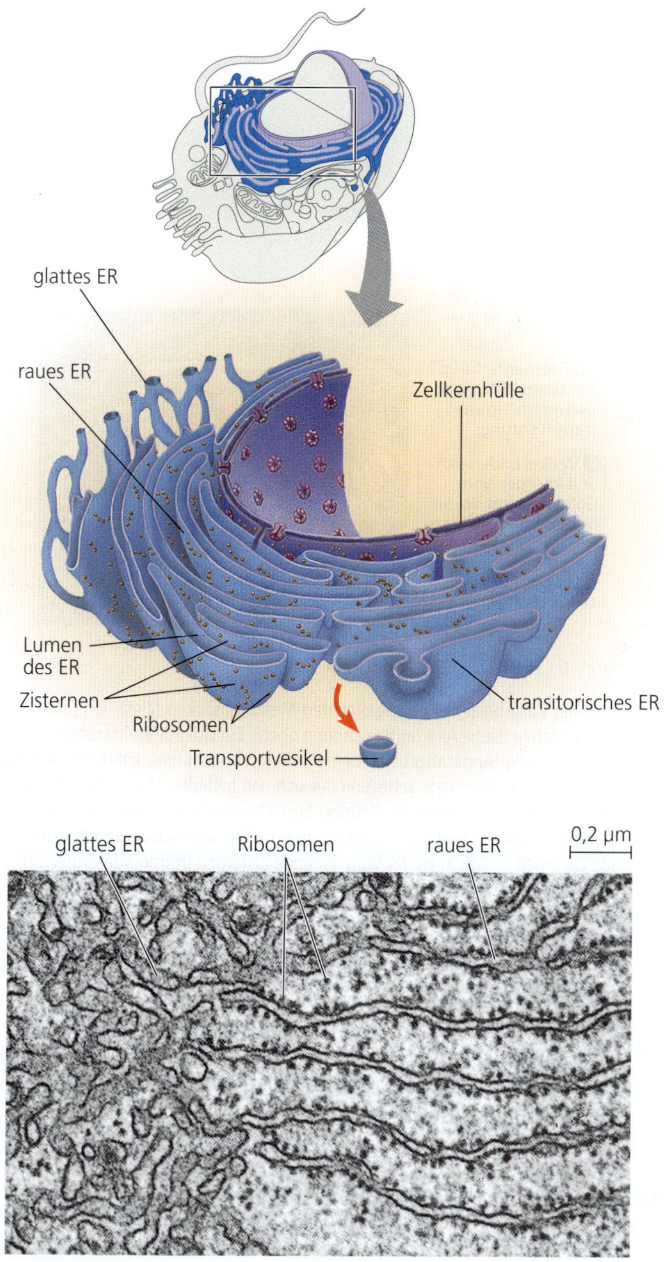

Abbildung 6.7: Das endoplasmatische Reticulum (ER). Als Membransystem aus miteinander verbundenen Tubuli und abgeflachten Membransäcken (Zisternen) setzt sich das ER in der äußeren Zellkernhülle fort (vgl. Anschnittzeichnung). Die ER-Membranen umschließen ein zusammenhängendes Kompartiment, das ER-Lumen. Das auf seiner Außenseite mit Ribosomen besetzte raue ER ist auf elektronenoptischen Aufnahmen vom glatten ER, dem die Ribosomen fehlen, zu unterscheiden (Fotografie unten in der Abbildung). Transportvesikel knospen von einem als transitorisches ER bezeichneten Bereich des rauen ER ab und werden zum Golgi-Apparat oder zu anderen Zielorten transportiert.

Eine einzelne Zelle kann viele – sogar Hunderte – dieser Membranstapel enthalten.

Der Membranstapel des Golgi-Apparates besitzt eine Polarität. Die auf gegenüberliegenden Seiten eines Membranstapels liegenden Membranen unterscheiden sich in ihrer Dicke und in ihrer chemischen Zusammensetzung.

Vom ER an den Golgi-Komplex übergebene Produkte (meist Proteine) werden bei der Durchwanderung des Membranstapels chemisch modifiziert.

Über die Nachbearbeitung hinaus synthetisiert der Golgi-Apparat bestimmte Makromoleküle auch selbst. Viele der von Zellen sezernierten Polysaccharide werden im Golgi-Apparat gebildet. Dazu gehören z.B. die Pectine und andere Polysaccharide pflanzlicher Zellen, die, außer der Cellulose, in die Zellwände eingebaut werden.

Indem ein Golgi-Stapel seine Produkte durch das Abknospen von Vesikeln an der trans-Seite entlässt, werden diese bezüglich ihrer Zielorte in der Zelle sortiert und in entsprechende Vesikel verpackt. Molekulare „Adressaufkleber“ wie Phos-

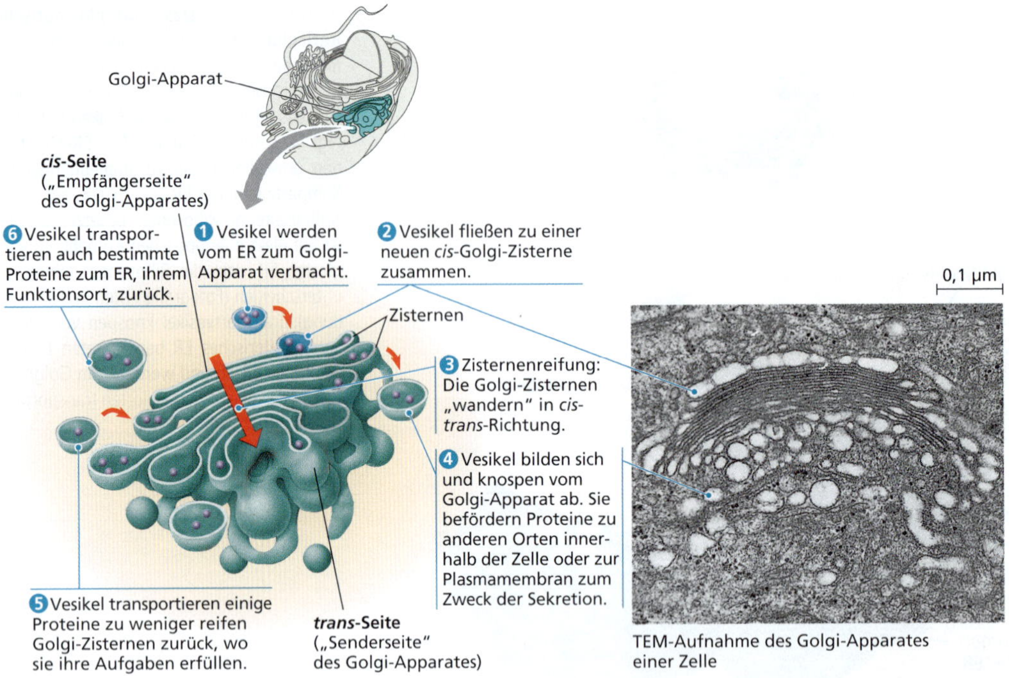

Abbildung 6.8: Der Golgi-Apparat. Der Golgi-Apparat der Zelle besteht aus abgeflachten Membransäcken (Zisternen), die – anders als die Zisternen des ER – nicht direkt miteinander in Verbindung stehen (siehe Anschnittzeichnung oben). Ein Golgi-Membranstapel nimmt Transportvesikel auf und schnürt andere ab. Der Membranstapel des Golgi-Apparates besitzt eine strukturelle und funktionelle Direktionalität mit einer *cis*-Seite, an der Vesikel vom ER andocken und fusionieren, und einer *trans*-Seite, von der sich neu gebildete Vesikel ablösen. Das „Zisternenmaturierungsmodell" geht davon aus, dass die Golgi-Zisternen selbst einem als Reifung bezeichneten Veränderungsprozess unterliegen, bei dem sie als Ganzes von der *cis*- zur *trans*-Seite des Stapels wandern und dabei bestimmte Proteine und andere Inhaltsstoffe mitführen. Darüber hinaus bringen manche Vesikel Enzyme aus *trans*-Zisternen zurück in weiter vorn liegende Zisternen (retrograder Transport), in denen ihre katalytische Funktion erforderlich ist.

phatreste, die im Verlauf der Modifikation angefügt worden sind, fungieren wie Postleitzahlen. Die vom Golgi-Apparat abgehenden Vesikel weisen an ihren Oberflächen spezifische Erkennungs-Moleküle auf, die als Andockstellen für Rezeptoren auf den Zielmembranen dienen.

6.4.3 Lysosomen: Kompartimente der Verdauung

Ein **Lysosom** ist ein in tierischen Zellen vorkommendes Organell, das viele hydrolytische Enzyme enthält, mit deren Hilfe Makro- und andere Moleküle zerlegt werden können. Lysosomale Enzyme arbeiten nur bei niedrigen pH-Werten. Falls ein Lysosom platzt oder seine Membran ein Loch aufweist, durch das der Inhalt austreten kann, verlieren die freigesetzten Enzyme im neutralen Cytosol ihre Wirkung, sodass der Schaden begrenzt wird. Der Zerfall einer größeren Zahl von Lysosomen kann jedoch eine Zelle total zerstören.

Lysosomen entstehen aus Vesikeln, die an der Seite des Golgi-Apparates abgeschnürt werden und zunächst mit dem Endosom verschmelzen. Ebenso fusionieren von der Plasmamembran kommende Vesikel mit dem Endosom, das schließlich zum Lysosom reift (Abbildung 6.8). Die lysosomalen Enzyme werden als inaktive Vorstufen gebildet und erst im Lysosom selbst durch den niedrigen pH-Wert aktiviert.

Lysosomen führen die intrazelluläre Verdauung durch. Amöben und andere Protisten fressen, indem sie sich noch kleinere Organismen und andere Nahrungsteilchen einverleiben (der Vorgang heißt **Phagocytose** (gr. *phagein*, ich esse + *kytos*, Gefäß, Hohlkörper)). Die dabei gebildete Nahrungsvakuole fusioniert mit Lysosomen der Zelle zum Phagolysosom (Abbildung 6.9a unten). Die lysosomalen Enzyme besorgen dann die Verdauung. Die Verdauungsprodukte, wie zum Beispiel Kohlenhydrate und Aminosäuren, treten in das Zytoplasma über und dienen der Zelle als Nährstoffe. Manche Zellen des Menschen sind ebenfalls zur Phagocytose befähigt. Dazu gehören die Makrophagen – ein Typ von weißen Blutzellen, der den Körper gegen Bakterien und andere Eindringlinge verteidigt, indem er sie durch Phagocytose aufnimmt und dann zerstört (Abbildung 6.9a oben).

(a) Phagocytose. Mittels Phagocytose verdauen Lysosomen in die Zelle aufgenommene Materialien durch Hydrolyse.

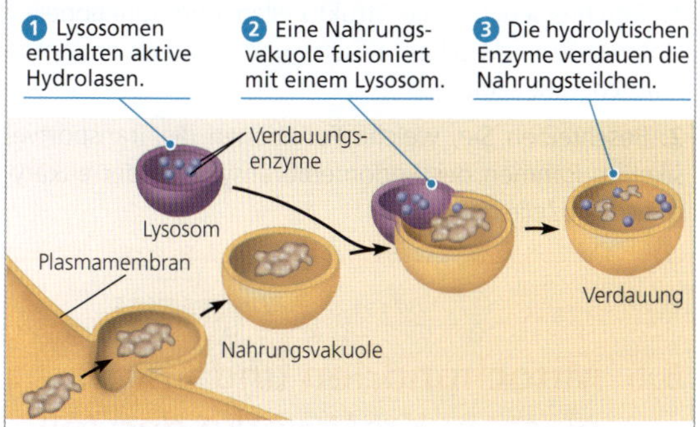

Diese Schemazeichnung zeigt das Lysosom eines unizellulären Eukaryonten bei der Fusion mit einer Nahrungsvakuole.

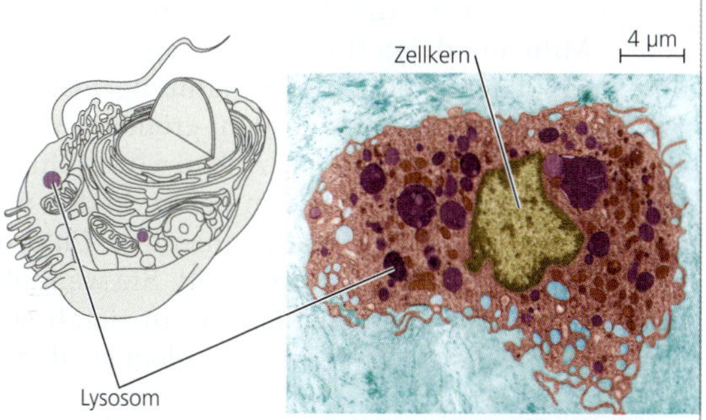

In dieser kolorierten Transmissionselektronenmikroskopie (TEM) eines Makrophagen (eine Art von weißen Blutzellen) sind die Lysosomen lila. Sie enthalten Enzyme, die fremde Partikel wie Bakterien und Pollen verdauen.

(b) Autophagie. Mittels Autophagie recyceln Lysosomen intrazelluläre Materialien.

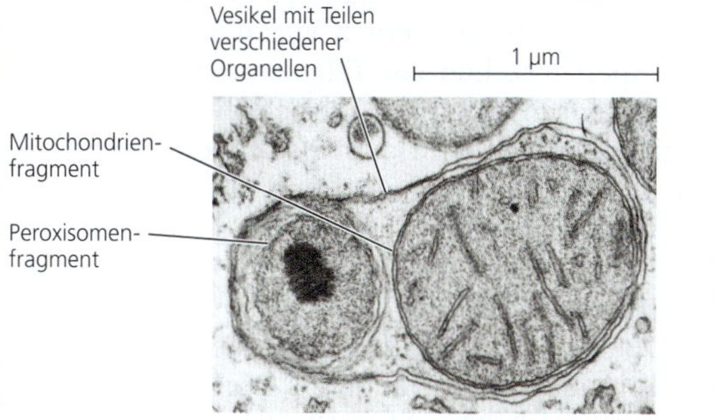

Im Zytoplasma dieser Rattenleberzelle ist ein Vesikel erkennbar, das zwei beschädigte Organellen eingeschlossen hat. Solche Vesikel bilden in der Regel sogenannte multivesikuläre Körper. Sie fusionieren schließlich mit einem Lysosom ähnlich wie bei der Bildung eines Phagolysosoms (TEM-Aufnahme).

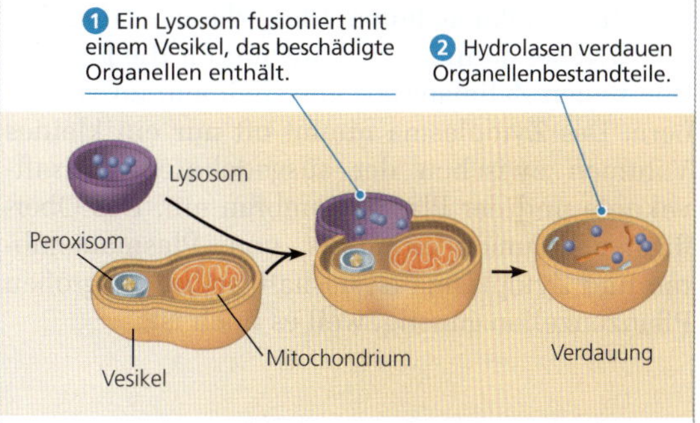

Die Schemazeichnung zeigt die Fusion eines Vesikels mit einem Lysosom. Die Herkunft der Doppelmembran dieser Vesikeln ist noch ungeklärt. Die äußere Membran fusioniert mit der Membran des Lysosoms. Die innere Membran wird zusammen mit den beschädigten Organellen abgebaut.

Abbildung 6.9: Lysosomen.

6.4.4 Vakuolen: Vielseitige Mehrzweckorganellen

Vakuolen sind Organellen, deren genaue Funktion vom Zelltyp abhängt. **Nahrungsvakuolen** bilden sich bei der Phagocytose, sie wurden bereits erwähnt (Abbildung 6.8a). Viele Protisten des Süßwassers besitzen **kontraktile Vakuolen**, die überschüssiges Wasser aus der Zelle pumpen und dadurch ein Platzen der Zelle verhindern und die richtige Elektrolytkonzentration und den richtigen osmotischen Druck in der Zelle aufrechterhalten. Bei Pflanzen und Pilzen, die keine Lysosomen besitzen, erfüllen die Vakuolen ähnliche Aufgaben wie die Lysosomen tierischer Zellen als Orte hydrolytischen Verdaues. Ausdifferenzierte Pflanzenzellen enthalten im Allgemeinen eine große **Zellsaftvakuole** (Abbildung 6.10).

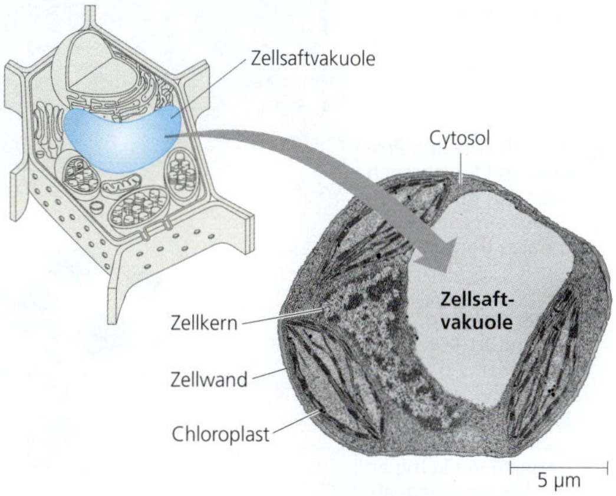

Abbildung 6.10: Die pflanzliche Zellsaftvakuole. Die Zellsaftvakuole ist normalerweise das größte Organell einer Pflanzenzelle. Das Zytoplasma ist im Allgemeinen auf eine schmale Zone am Rand, zwischen der Vakuolenmembran und der Plasmamembran, beschränkt (TEM-Aufnahme).

Die Zellsaftvakuole der Pflanzenzelle ist ein vielseitiges Kompartiment. Sie kann Reserven wichtiger organischer Verbindungen aufnehmen und lagern, zum Beispiel einen Vorrat an Proteinen in den Speicherzellen von Pflanzensamen (Beispiel: Leguminosensamen wie Erbsen und Bohnen). Sie stellt außerdem den Hauptspeicherort der Pflanze für Ionen wie Kalium (K^+) und Chlorid (Cl^-) dar. Viele Pflanzenzellen nutzen ihre Vakuolen auch als Deponie für Stoffwechselabfälle – Stoffe, die nicht weiter verwertet oder abgebaut werden, aber die Zellen schädigen könnten, wenn sie sich im Zytoplasma oder in anderen Organellen als der Vakuole anhäuften. Manche Vakuolen enthalten Farbstoffe, die die Gewebe färben. Den Vakuolen kommt eine wesentliche Rolle beim Wachstum von Pflanzenzellen zu. Wachsende Zellen vergrößern ihre Vakuolen, indem sie Wasser absorbieren und in die Vakuole leiten. Dies erlaubt es den Zellen, sich bei minimalem Aufwand für die Produktion neuen Zellmaterials entscheidend zu vergrößern. Das Zytoplasma nimmt oft nur ein kleines Volumen zwischen der ausgedehnten Zellsaftvakuole und der Plasmamembran ein. Das Oberflächen/Volumen-Verhältnis von Plasmamembran und Zytoplasma ist deshalb selbst bei großen Pflanzenzellen günstig, weil es hoch ist.

VERSTÄNDNISFRAGEN

1. Beschreiben Sie die strukturellen und funktionellen Unterschiede zwischen rauem und glattem endoplasmatischen Reticulum.

2. Beschreiben Sie, welche Funktionen die Transportvesikel im Rahmen des Endomembransystems der eukaryontischen Zelle haben.

6.5 Mitochondrien und Chloroplasten: Kraftwerke der Zelle

Lebewesen beziehen Energie aus ihrer Umwelt durch Umwandlung. In eukaryontischen Zellen stellen die Mitochondrien und Chloroplasten Energie in einer für die Zelle verwertbaren Form bereit. **Mitochondrien** (Einzahl: das Mitochondrium) sind die Organellen der Zellatmung, also des Stoffwechselvorganges, der den größten Anteil an ATP aus dem oxidativen Abbau von Kohlenhydraten, Fetten und Proteinen liefert. In den nur in Pflanzen und Algen vorkommenden **Chloroplasten** findet die Fotosynthese statt. Sie wandeln Lichtenergie (die Sonnenstrahlung in der freien Natur) in chemische Energie um, indem sie durch

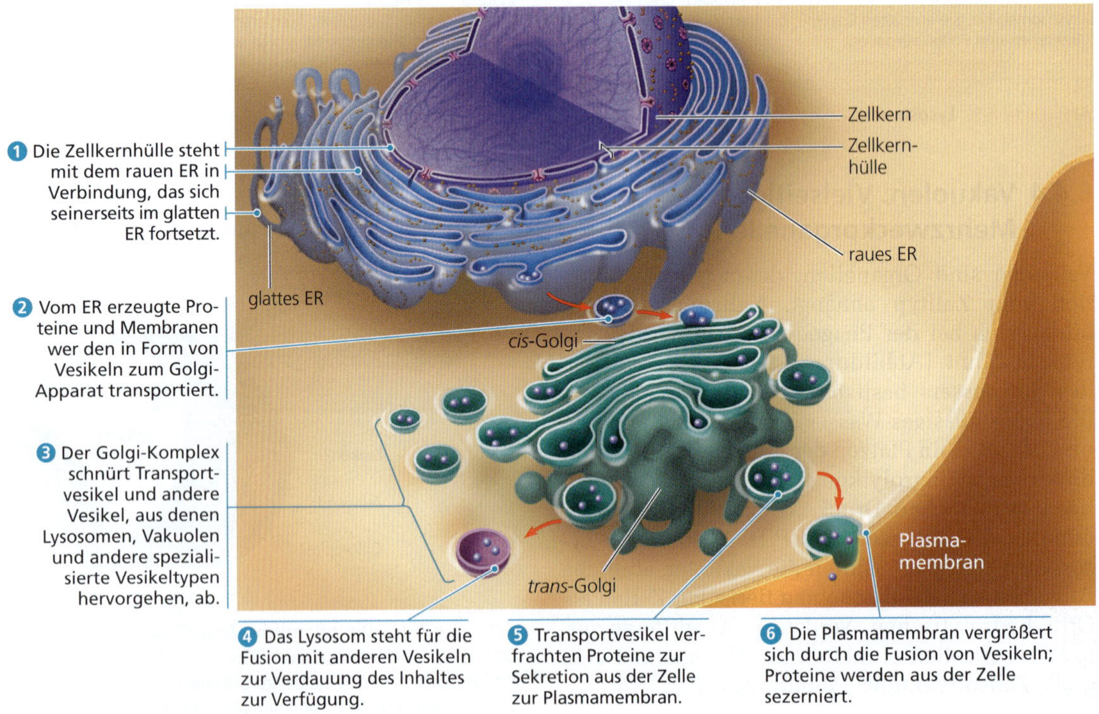

Abbildung 6.11: Rückschau: Die Beziehungen ausgewählter Organellen des Endomembransystems untereinander. Die roten Pfeile geben die Wege einiger Transportvesikel an.

Absorption die Synthese organischer Verbindungen (Kohlenhydrate und Ähnliches) aus Kohlendioxid und Wasser betreiben.

Mitochondrien besitzen zwei Membranen, die ihren Innenraum vom Zytoplasma trennen, Chloroplasten besitzen im Regelfall sogar drei. Die Membranproteine von Mitochondrien und Plastiden werden nicht von Ribosomen des ER hergestellt, sondern von freien Ribosomen des Zytoplasmas sowie in manchen Fällen von Ribosomen in den Organellen selbst. Die beiden hier besprochenen Organelltypen enthalten jeweils eine kleine Menge DNA in Form eines einzelnen ringförmigen Chromosoms. Diese DNA codiert die Gene einiger Organell-spezifischer Proteine, die direkt in den Organellen synthetisiert werden. Die Mehrzahl der Proteine wird jedoch aus dem Zytoplasma importiert und von Genen im Zellkern codiert. Mitochondrien und Plastiden sind somit halbautonome Organellen, die wachsen und sich durch Teilung vermehren.

Mitochondrien und Chloroplasten weisen Gemeinsamkeiten mit Bakterien auf, was zur Entwicklung der *Endosymbiontentheorie* geführt hat. Demnach umschlossen Vorläufer eukaryontischer Zellen sauerstoffnutzende oder fotosynthetisch aktive Bakterien, die dann zu Endosymbionten wurden (siehe Abschnitt 25.3).

6.5.1 Mitochondrien: Umwandlung chemischer Energie

Mitochondrien finden sich in fast allen eukaryontischen Zellen, einschließlich denen von Pflanzen, Tieren, Pilzen und den meisten Protisten. Manche Zellen besitzen ein einzelnes, großes Mitochondrium, öfter findet man aber Zellen mit Hunderten oder gar Tausenden von kleinen tubulären Mitochondrien. Die Zahl der Mitochondrien korreliert mit der metabolischen Aktivität des Zelltyps. Mitochondrien sind 1–10 µm lang. Zeitrafferfilme lebender Zellen zeigen, dass sich die

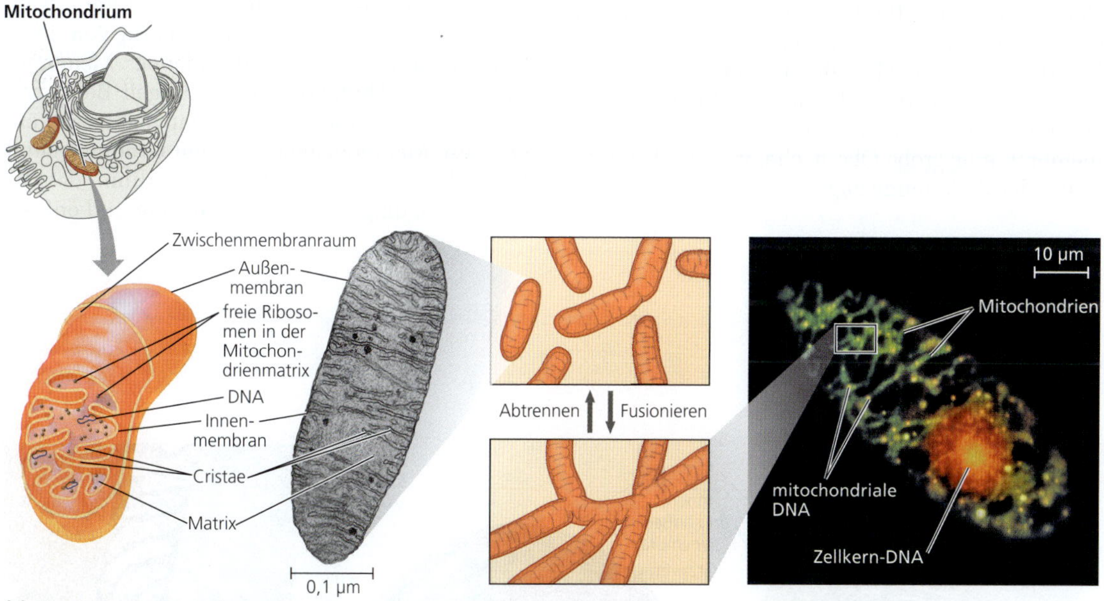

(a) Schema und TEM-Aufnahme eines Mitochondriums

(b) Dynamische Natur von mitochondrialen Netzwerken

(c) Ein mitochondrielles Netzwerk in *Euglena* (LM)

Abbildung 6.12: Das Mitochondrium – Ort der Zellatmung. (a) Die innere und die äußere Membran des Mitochondriums sind sowohl in der Skizze als auch in der elektronenmikroskopischen Aufnahme (TEM) erkennbar. Die Cristae sind Einfaltungen der inneren Membran, die die verfügbare Membranoberfläche vergrößern. Die Anschnittzeichnung zeigt die beiden von Membranen begrenzten Subkompartimente des Organells, den Membranzwischenraum (Intermembranraum) und die Matrix. Die meisten Enzyme der Atmung befinden sich in der inneren Membran und in der Matrix. Letztere enthält außerdem freie Ribosomen. Mitochondriale DNA (zu klein, um hier sichtbar zu sein) ist meist zirkulär und an der inneren Mitochondrienmembran verankert. **(b)** Mitochondrien sind dynamisch und können sich manchmal in Fragmente aufteilen oder verschmelzen. **(c)** Die lichtmikroskopische Aufnahme von Euglena gracilis zeigt eine vollständige Zelle des einzelligen Eukaryonten bei deutlich geringerer Vergrößerung als in der TEM-Aufnahme (beachten Sie die Maßstäbe!). Die mitochondriale Matrix ist grün eingefärbt. Die Mitochondrien bilden ein verzweigtes röhrenförmiges Netzwerk. Die DNA im Zellkern ist rot eingefärbt, mitochondriale DNA-Moleküle erscheinen als hellgelbe Flecken.

Mitochondrien in der Zelle umherbewegen und dabei ihre Form verändern und sogar fusionieren und sich teilen. Auf elektronenmikroskopischen Aufnahmen erscheinen die Mitochondrien in den notwendigerweise toten Zellen zylinder- über eiförmig bis fast rund.

Das Mitochondrium fällt durch seine zwei Membranen auf. Jede ist eine typische Lipiddoppelschicht mit dem charakteristischen Besatz eingebetteter Membranproteine (Abbildung 6.12). Die äußere, das Organell begrenzende Membran ist glatt, die innere dagegen vielfach gefaltet (invaginiert). Die eingestülpten Membranteile heißen **Cristae** (Einzahl: Crista). Die Innenmembran teilt das Innere des Mitochondriums in zwei (Sub-) Kompartimente. Das eine ist der Membranzwischenraum, also der Raum zwischen der inneren und der äußeren Membran. Das andere Subkompartiment des Organells ist das von der Innenmembran eingeschlossene Volumen, die **Matrix**. Sie beherbergt viele verschiedene Enzyme sowie die mitochondriale DNA (mtDNA) und die Ribosomen des Organells. Die Matrixenzyme katalysieren einige Schritte der Zellatmung. Andere an der Zellatmung beteiligte Enzyme – einschließlich derer, die das ATP bilden, sind in die innere Membran eingebettet. Als stark gefaltete Struktur verleihen die Cristae der inneren Mitochondrienmembran eine große Oberfläche, was der Produktivität der Zellatmung zugute kommt.

6.5.2 Chloroplasten: Einfangen von Lichtenergie

Chloroplasten sind spezialisierte Mitglieder einer Familie eng verwandter Pflanzenorganellen. Diese Organellen bezeichnet man als **Plastiden** (Sammelname). Andere Vertreter sind Amyloplasten (farblose Plastiden, die Stärke speichern und die insbesondere in Wurzeln, Knollen und anderen Speichergeweben vorkommen), Chromoplasten, die andere Pigmente als Chloroplasten enthalten und bei Blüten und Früchten für gelbe, orange und rote Farbtöne verantwortlich sind. Chloroplasten enthalten den grünen Farbstoff Chlorophyll (Blattgrün), außerdem Enzyme und andere Komponenten des fotosynthetischen Apparates. Diese linsenförmigen, 2–5 µm großen Organellen finden sich in den Blättern und anderen grünen Teilen höherer Pflanzen sowie in den Zellen einzelliger Pflanzen (Abbildung 6.13).

Das Innere eines Chloroplasten ist vom Zytoplasma durch eine Hülle aus zwei Membranen abgesondert, nur durch einen engen Spaltraum getrennt. Innerhalb des Chloroplasten findet sich ein weiteres Membransystem in Form von abgeflachten, miteinander verbundenen Membranstapeln, den **Thylakoiden**. In einigen Bereichen sind die Thylakoide wie Münzstapel aufgeschichtet. Diese Membranstapel werden **Grana** genannt (Einzahl: Granum). Das flüssige Medium, das die Thylakoide umgibt, heißt das **Stroma** und enthält

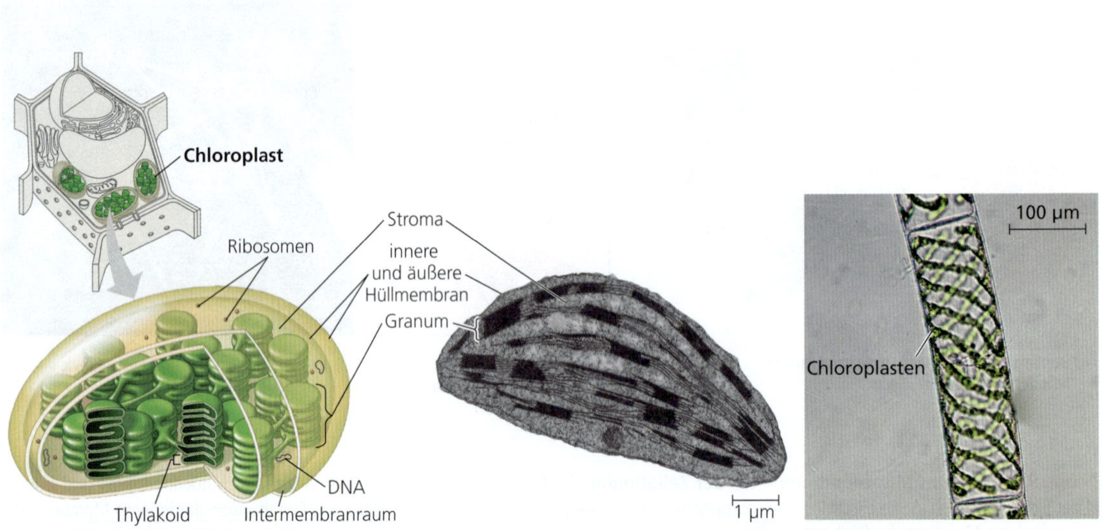

(a) Diagramm und TEM-Aufnahme eines Chloroplasten

(b) Chloroplasten einer Grünalge

Abbildung 6.13: **Der Chloroplast – Ort der Fotosynthese. (a)** Viele Pflanzen enthalten linsenförmige Chloroplasten, wie hier gezeigt (Skizze und TEM-Aufnahme). Ein Chloroplast hat drei Kompartimente: den schmalen Intermembranraum, das Stroma und den Thylakoidinnenraum. Das Stroma enthält freie Ribosomen und mehrere Kopien chloroplastidärer DNA-Moleküle. **(b)** Die Fluoreszenzaufnahme zeigt eine ganze Zelle der Grünalge Spirogyra crassa, deren Name auf ihre spiralförmigen Chloroplasten zurückgeht.

neben zahlreichen Enzymen die DNA und die Ribosomen des Organells. Durch die Membranen wird der Chloroplast in drei Subkompartimente untergliedert: den Membranzwischenraum, das Stroma und den Thylakoidinnenraum.

6.5.3 Peroxisomen: Weitere Oxidationen

Das Peroxisom ist ein spezialisiertes Stoffwechselkompartiment, das von einer einzigen Membran umgeben ist. Peroxisomen enthalten Enzyme, die letztlich Wasserstoff auf elementaren Sauerstoff (O_2) übertragen und dabei Wasserstoffperoxid (H_2O_2) produzieren.

VERSTÄNDNISFRAGEN

1. Beschreiben Sie die gemeinsamen Merkmale von Chloroplasten und Mitochondrien. Beziehen Sie sowohl die Funktion als auch die Membranen der Organellen in Ihre Betrachtung mit ein.

2. WAS WÄRE, WENN? Einer Ihrer Mitschüler spricht sich dafür aus, Mitochondrien, Chloroplasten und Peroxisomen in das Endomembransystem der eukaryontischen Zelle einzubeziehen. Nennen Sie Argumente gegen diese Klassifizierung. Welche sprechen gegebenenfalls dafür?

6.6 Das Cytoskelett organisiert die Zellstruktur

In der Frühzeit der Elektronenmikroskopie gingen die Biologen davon aus, dass sich die Organellen in eukaryontischen Zellen frei im Cytosol umherbewegen. Technische Verbesserungen der Mikroskopie führten dann jedoch zur Entdeckung des **Cytoskeletts** – eines Maschenwerks aus Molekülfasern, das sich durch das ganze Zytoplasma erstreckt. Das Cytoskelett spielt eine wesentliche Rolle bei der inneren Organisation und Koordination der Aktivitäten einer Zelle. Es besteht aus drei Typen supramolekularer Strukturen: Mikrotubuli, Mikrofilamenten und Intermediärfilamenten.

6.6.1 Funktionen des Cytoskeletts: Stütze, Motilität und Regulation

Die offensichtlichste Funktion des Cytoskeletts liegt in der mechanischen Festigung der Zelle und insofern der Gestaltgebung. Dies ist bei tierischen Zellen, die ja keine Zellwände besitzen, besonders wichtig. Die bemerkenswerte Festigkeit und Widerstandsfähigkeit des Cytoskeletts als Ganzem beruht auf seiner Architektur. Wie die Kuppel eines Gebäudes wird das Zellskelett durch die Gesamtheit gegensätzlicher Kräfte, die auf seine Bestandteile einwirken, stabilisiert. Es kann in einem Teil der Zelle rasch abgebaut werden und an einem neuen Ort wieder entstehen. Dabei ändert sich die Gestalt der Zelle.

Mehrere Formen der Motilität (aktive Beweglichkeit) rühren ebenfalls von Änderungen des Cytoskeletts her. Der Begriff zelluläre Motilität umfasst sowohl Ortswechselbewegungen der ganzen Zelle als auch begrenzte Bewegungen einzelner Zellbereiche. Die zelluläre Motilität macht im Allgemeinen eine Wechselwirkung des Cytoskeletts mit speziellen **Motorproteinen** erforderlich. Diese rufen die Verbiegungen der Cilien (Zellwimpern) und Flagellen (Zellgeißeln) hervor. Innerhalb der Zelle werden Vesikel und andere Organellen durch Motorproteine oftmals entlang von „Schienen" aus Cytoskelettfasern zu ihren Zielorten befördert. Die Vesikel, die vom ER abknospen und zum Golgi-Apparat wandern, tun dies oft entlang von cytoskelettalen Schienensträngen. Die Zytoplasmaströmung, die in vielen großen Pflanzenzellen beobachtbar ist und die Stoffe in diesen Zellen in einem Kreisverkehr führt, ist ein weiterer zellulärer Bewegungsvorgang, der durch das Cytoskelett hervorgerufen wird.

Das Cytoskelett ist außerdem an der Regulation biochemischer Aktivitäten in der Zelle als Reaktion auf mechanische Reize beteiligt.

6.6.2 Cytoskelettkomponenten

Mikrotubuli Alle eukaryontischen Zellen enthalten **Mikrotubuli**, das sind hohle Stäbe von 25 nm Durchmesser und Längen zwischen 200 und 2.500 nm (0,2–2,5 µm). Die Wandungen dieser Röhren bestehen aus einem globulären Protein namens Tubulin. Jedes Tubulinmolekül besteht seinerseits aus zwei nicht kovalent verbundenen Untereinheiten namens α- und β-Tubulin, es ist also ein Hetero-Dimer. Mikrotubuli werden durch Anlagerung von Tubulindimeren an den Enden verlängert. Durch Dissoziation von Tubulindimeren können sie wieder verkürzt werden. Die Tubulindimere sind also wiederverwendbar.

Mikrotubuli geben der Zelle Form und üben eine stützende Wirkung aus. Außerdem dienen sie als Schienen, entlang derer Organellen mit der Hilfe von Motorproteinen laufen können.

Centrosomen und Centriolen In Tierzellen wachsen die Mikrotubuli aus einem Centrosom hervor – einem Bereich der Zelle, der oftmals in der Nähe des Zellkerns liegt und auch als „Mikrotubulus-Organisationszentrum" bezeichnet wird. Diese Mikrotubuli dienen als kompressionsresistente „Trag- und Stützbalken" des Cytoskeletts.

Cilien und Flagellen Bei eukaryontischen Zellen ist eine spezielle und stabile Mikrotubulusanordnung für die Schlagbewegungen von **Flagellen** (Zellgeißeln; lat. *flagellum*, Geißel, Peitsche) und **Cilien** (Zellwimpern, Kinozilien, Flimmerhärchen; lat. *cilium*) verantwortlich. Bei diesen Gebilden handelt es sich um Ausstülpungen, über die manche Zelltypen verfügen, in denen sich ein Mikrotubulussystem erstreckt (Abbildung 6.4). Viele einzellige Eukaryonten werden von Cilien oder Flagellen im Wasser vorangetrieben (Abbildung 6.14). Das gilt auch für die Spermien (Samenzellen) von Metazoen, Algen und einigen Pflanzen.

Cilien treten normalerweise in großer Zahl an einer Zelloberfläche auf. Ihr Durchmesser beträgt etwa 0,25 µm bei einer Länge von 2–20 µm. Flagellen haben vergleichbare Durchmesser, sind aber mit 10–200 µm wesentlich länger. Außerdem treten Flagellen meist nur einzeln oder als kleine Gruppe aus wenigen Zellgeißeln auf.

Neun Doppeltubuli, deren Hälften eine gemeinsame Zwischenwand haben, sind zu einem Ring angeordnet, in dessen Zentrum zwei einzelne Mikrotubuli liegen. Man spricht von einer 9 + 2-Anordnung; diese findet sich bei fast allen eukaryontischen Flagellen und Cilien.

Mikrofilamente (Actinfilamente) Mikrofilamente sind ausgefüllte Stäbe mit einem Durchmesser von ca. 7 nm. Die synonyme Bezeichnung Actinfilamente rührt von ihrem Aufbau aus **Actin**, einem globulären Protein, her. Ein Mikrofilament ist eine verdrillte Doppelkette aus Actinmonomeren (siehe Tabelle 6.1). Mikrofilamente können auch zu Bündeln quervernetzt sein oder Maschenwerke ausbilden. Letzteres beruht auf dem Vorhandensein von Proteinen, die seitlich an die Actinfilamente binden und als Keimzelle eines neuen, abzweigenden Actinfilamentes dienen. Mikrofilamente scheint es in allen eukaryontischen Zellen zu geben.

Im Gegensatz zu den kompressionsresistenten Mikrotubuli besteht die strukturgebende Funktion der Mikrofilamente darin, Zugspannungen zu neutralisieren (Abbildung 6.15).

(a) Bewegungen von Flagellen. Ein Flagellum (Zellgeißel) führt normalerweise eine wellenförmige Bewegung aus. Diese treibt die Zelle in Richtung der gedachten Mittelachse der Zellgeißel. Die Vorwärtsbewegung eines menschlichen Spermiums liefert ein Beispiel für eine Lokomotion mithilfe eines Flagellums.

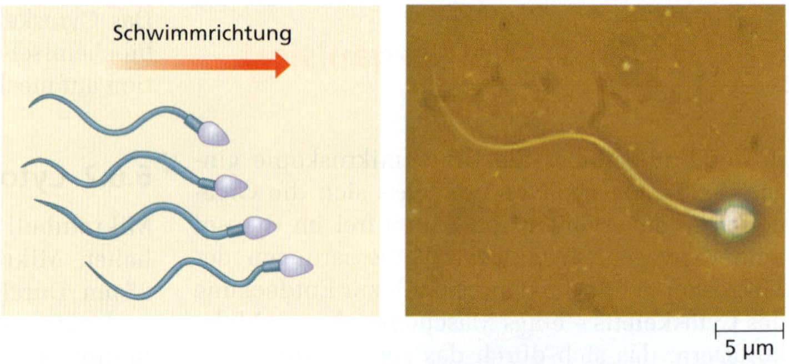

(b) Bewegungen von Cilien. Cilien (Zellwimpern) führen eine Vor-und-zurück-Bewegung aus. Der schnelle Kraftschlag treibt die Zelle in einer senkrecht zur Cilienachse liegenden Richtung voran. Während der langsameren Rückholbewegung verbiegt sich das Cilium und schwenkt seitwärts, in größerer Nähe zur Zelloberfläche. Ein dichter Besatz aus Cilien, die mit einer Rate von 40–60 Schlägen pro Sekunde arbeiten, überzieht die Zellen des Süßwasserprotozoons *Colpidium* sp. (kolorierte rasterelektronenmikroskopische Aufnahme).

Abbildung 6.14: Vergleich der Schlagbewegungen von Flagellen (Zellgeißeln) und Cilien (Zellwimpern).

Merkmal	Mikrotubuli (Tubulinpolymere)	Mikrofilamente (Actinpolymere)	Intermediärfilamente
Aufbau	Hohle Röhren	Zwei miteinander verflochtene Actinstränge	Zu Strängen gewickelte Faserproteine
Durchmesser	25 nm, davon 15 nm Hohlraum	7 nm	8–12 nm
Proteinuntereinheiten	Tubulin (Dimer aus α- und β-Tubulin)	Actin	Eins von mehreren unterschiedlichen Proteinen (z. B. Keratine)
Hauptfunktion(en)	– Erhalt der Zellgestalt (kompressionsresistente „Stützbalken“) – Zellmotilität (wie in Cilien und Flagellen) – Chromosomentransport bei der Zellteilung – Organellentranslokation	– Erhalt der Zellgestalt (Zugspannung aufnehmende Elemente) – Änderungen der Zellgestalt – Muskelkontraktion – Zytoplasmaströmung (in Pflanzenzellen) – Zellmotilität (wie bei amöboiden Bewegungen) – Zellteilung tierischer Zellen	– Erhalt der Zellgestalt (Zugspannung aufnehmende Elemente) – Verankerung des Zellkerns und bestimmter anderer Organellen – Bildung der Zellkernlamina – Übertragung von Zugspannungen auf benachbarte Zellen, die extrazelluläre Matrix (ECM) oder die Cuticula
Fluoreszenzmikroskopbilder von Fibroblasten, einem zell-biologisch gut untersuchten Zelltyp. Die jeweiligen Strukturen sind fluoreszenzmarkiert. Die DNA im Zellkern ist in der linken Mikrografie blau markiert; in den anderen repräsentiert er die ovale, nicht markierte Region.	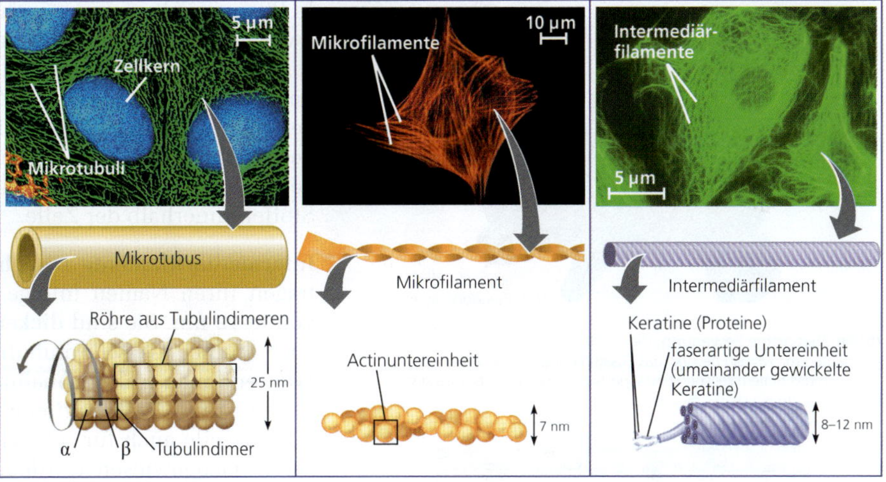		

Tabelle 6.1: Struktur und Funktion des Cytoskeletts.

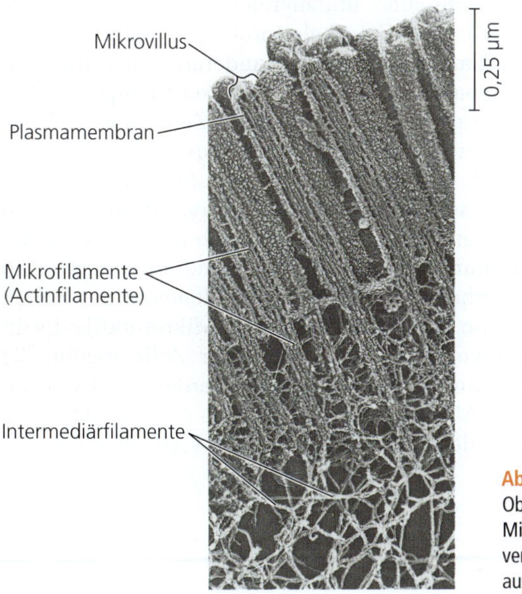

Die Rolle der Mikrofilamente bei zellulären Bewegungen ist wohlbekannt, insbesondere als Teil des kontraktilen Apparates von Muskelzellen. Längs einer Muskelzelle erstrecken sich Tausende von Actinfilamenten parallel zueinander; dazwischen liegen dickere Filamente aus einem Protein namens **Myosin** (Myosinfilamente; Abbildung 6.16a). Die Kontraktion einer Muskelzelle beruht auf einem aneinander Vorbeigleiten von Actin- und Myosinfilamenten. Dabei verkürzt sich die Filamentanordnung und somit die Zelle.

Abbildung 6.15: **Eine strukturgebende Rolle für Mikrofilamente.** Die Oberfläche dieser Nährstoffe absorbierenden Darmzelle wird durch zahlreiche Mikrovilli – zelluläre Ausstülpungen, die durch Mikrofilamentbündel strukturell verstärkt werden – vergrößert. Die Actinfilamente sind mit einem Maschenwerk aus Intermediärfilamenten verbunden (elektronenmikroskopische Aufnahme).

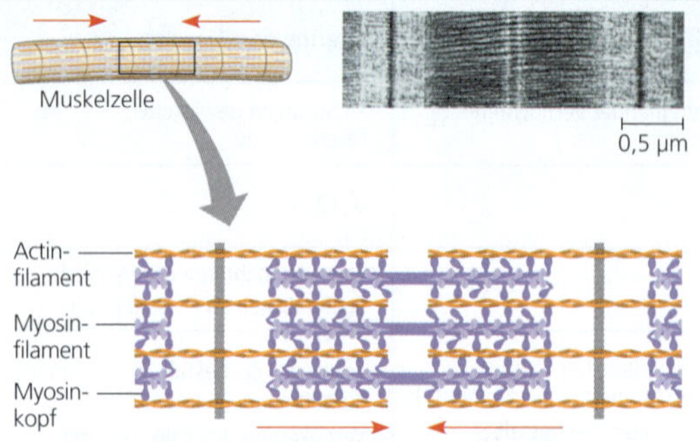

(a) Myosinmotoren bei der Muskelzellkontraktion. Die Hin- und Herbewegung der Myosinköpfe schiebt die parallel zueinander liegenden Myosin- und Actinfilamente aneinander vorbei, mit dem Ergebnis, dass sich die Actinfilamente aufeinander zu bewegen (rote Pfeile). In der Summe führt das zu einer Verkürzung der Muskelzelle. An der Kontraktion eines Muskels sind die Verkürzungen vieler Muskelzellen zur selben Zeit beteiligt (TEM-Aufnahme).

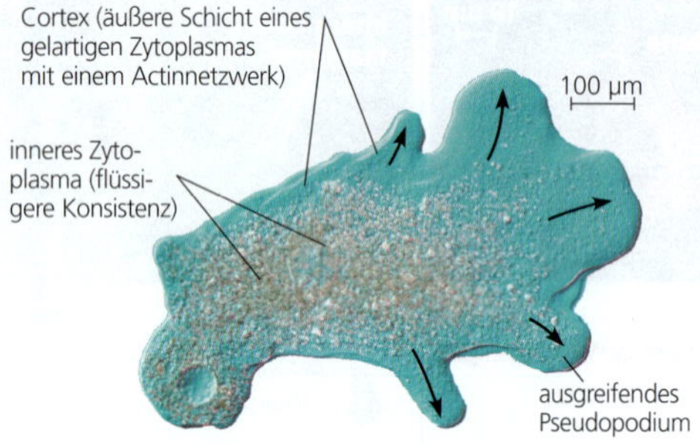

(b) Amöbenartige Bewegung. Die Wechselwirkung von Actinfilamenten mit Myosin bewirkt das Zusammenziehen der Zelle, wodurch das hintere Zellende (links) nach vorn (nach rechts) gezogen wird (Lichtmikroskopische Aufnahme).

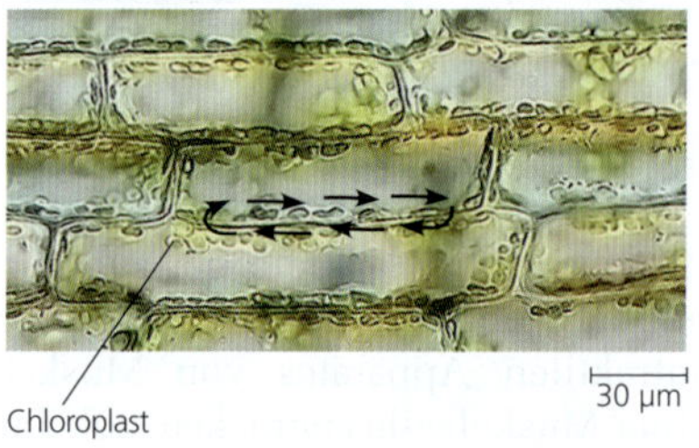

(c) Zytoplasmaströmung in Pflanzenzellen. Eine Zytoplasmaschicht kreist in der Zelle und bewegt sich dabei über einen „Teppich" aus parallelen Actinfilamenten. Myosin-Motorproteine, die an den Organellen im Zytoplasma verankert sind, treiben möglicherweise diese Strömung durch Wechselwirkung mit dem Actinsystem an (Lichtmikroskopische Aufnahme).

Abbildung 6.16: Mikrofilamente und Motilität. In den drei hier gezeigten Beispielen sind die Zellkerne und die meisten anderen Organellen zur Vereinfachung weggelassen worden. Die drei Beispiele zeigen die Wechselwirkungen zwischen Actinfilamenten und Motorproteinen, welche die Zellbewegung ermöglichen.

Lokale Kontraktionen des Actin-/Myosinsystems spielen bei amöboiden Bewegungen eine Rolle (Abbildung 6.16b). Bei diesen kriecht eine Zelle wie eine Amöbe über eine Oberfläche, indem sie Zellausstülpungen bildet, die Scheinfüßchen (**Pseudopodien**) genannt werden. Wie beim Ausdrücken einer Zahnpastatube zwingt diese Kontraktionskraft das innere, fluidere Zytoplasma dazu, in das Scheinfüßchen (Pseudopodium) zu strömen, wo das Actinnetzwerk zuvor geschwächt worden war. Das Pseudopodium dehnt sich aus, bis sich das Actin neuerlich zu einem Maschenwerk zusammengefügt hat. Amöben sind übrigens nicht die einzigen Zellen, die sich kriechend fortbewegen. Dies können auch viele tierische Zellen, zum Beispiel manche weißen Blutzellen (Leukocyten).

In Pflanzenzellen sind sowohl Wechselwirkungen zwischen Actin und Myosin sowie Sol/Gel-Phasenübergänge, die vom Actinsystem ausgehen, an der in der Zelle kreisenden **Zytoplasmaströmung** beteiligt (Abbildung 6.16c). Diese Strömung, die besonders in größeren Pflanzenzellen häufig zu beobachten ist, beschleunigt die Verteilung von Stoffen innerhalb der Zelle.

Intermediärfilamente Die **Intermediärfilamente** tragen ihren Namen infolge ihres Durchmessers von 8–12 nm: Sie sind dicker als Mikrofilamente, aber dünner als Mikrotubuli (siehe Tabelle 6.1). Während man früher annahm, dass Intermediärfilamente nur bei Wirbeltieren vorkommen, sind sie mittlerweile auch für sehr viele Taxa der Wirbellosen nachgewiesen worden; ihr Vorkommen ist aber wohl auf die Metazoa beschränkt. So wie die Mikrofilamente auf die Aufnahme von Zugspannungen spezialisiert sind, bilden die Intermediärfilamente eine umfangreiche und vielgestaltige Familie von Cytoskelettproteinen. Jeder Intermediärfilamenttyp ist aus anderen Untereinheiten aufgebaut, die häufig zur großen Gruppe der Keratine gehören. Verschiedene Zelltypen sind mit verschiedenen Intermediärfilamenttypen ausgestattet. Mikrotubuli und Mikrofilamente sind im Gegensatz dazu in allen eukaryontischen Zellen von einheitlichem Durchmesser und einheitlicher Zusammensetzung. Die Intermediärfilamente sind dauerhaftere gestaltgebende Elemente der Zellen als die Mikrofilamente oder Mikrotubuli, die in den verschiedenen Teilen der Zelle regelmäßig auf- und wieder abgebaut werden. Selbst nach dem Absterben einer Zelle besteht das Maschenwerk der Intermediärfilamente vielfach weiter.

VERSTÄNDNISFRAGEN

1. Beschreiben Sie die gemeinsamen Merkmale der auf der Wirkung von Mikrotubuli beruhenden Bewegungen von Flagellen und der auf der Wirkung von Mikrofilamenten beruhenden Muskelkontraktion.

2. Wie kommt die aktive Verbiegung von Cilien und Flagellen zustande?

3. WAS WÄRE, WENN? Am Kartagener-Syndrom leidende Männer sind steril, weil ihre Spermien bewegungslos sind. Zu den Symptomen der Krankheit gehört außerdem eine gesteigerte Infektionsempfindlichkeit der Lunge. Dieser pathologische Zustand ist autosomal-rezessiv vererblich. Spekulieren Sie über die Ursachen der Krankheit.

6.7 Zell-Zell-Kommunikation

An der Oberfläche einer Zelle gibt es weitere Strukturen mit wichtigen Funktionen. Die Plasmamembran wird normalerweise als die Außengrenze einer lebenden Zelle angesehen, doch synthetisieren und sezernieren die meisten Zellen Stoffe, die dann vollständig extrazellulär oder außen an der Plasmamembran lokalisiert sind. Obwohl diese Materialien und ihre Strukturen eigentlich außerhalb der Zelle liegen, ist ihre Untersuchung von zentraler Bedeutung für die Zellbiologie, weil sie an einer Vielzahl von zellulären Funktionen beteiligt sind.

6.7.1 Pflanzenzellwände

Die **Zellwand** ist ein extrazelluläres Merkmal pflanzlicher Zellen, die diese von tierischen Zellen unterscheidet. Die Wand schützt die Pflanzenzelle, hält ihre Gestalt aufrecht und verhindert einen zu starken Einstrom von Wasser. Auf der Ebene der gesamten Pflanze stützen die stark ausgebildeten Wände spezialisierter Zellen den Pflanzenkörper gegen die Schwerkraft ab. Prokaryonten, Pilze (Mykota) und einige Protisten wie Kieselalgen besitzen ebenfalls Zellwände, doch diese sind komplett anders aufgebaut.

Pflanzenzellwände sind wesentlich dicker als Plasmamembranen. Ihre Dicke reicht von 0,1 µm bis zu mehreren Mikrometern. Die genaue chemische Zusammensetzung einer Zellwand variiert von Art zu Art und selbst innerhalb ein und derselben Pflanze von Zelltyp zu Zelltyp. Der grundlegende Aufbau der Zellwände bleibt jedoch bestehen. Mikrofibrillen aus dem Polysaccharid Cellulose (siehe Abbildung 5.7) werden von dem Enzym Cellulosesynthase aufgebaut und von der Zelle in den extrazellulären Raum sezerniert. Dort werden die Cellulosemoleküle in eine Matrix aus Polysacchariden und Proteinen eingebettet. Diese Kombination von Baustoffen – starke Fasern in einer Matrix – wird als Verbundbauweise bezeichnet und findet sich in technischen Konstruktionen wie Stahlbeton und Glasfaserverbundwerkstoffen wieder.

Eine junge Pflanzenzelle sezerniert zunächst eine verhältnismäßig dünne und flexible Wand, die als **Primärzellwand** bezeichnet wird (Abbildung 6.17). In einer wachsenden Zelle werden die neuen Cellulosefibrillen im rechten Winkel zur Expansionsrichtung des Zellkörpers niedergelegt, was möglicherweise das Wachstumsverhalten beeinflusst.

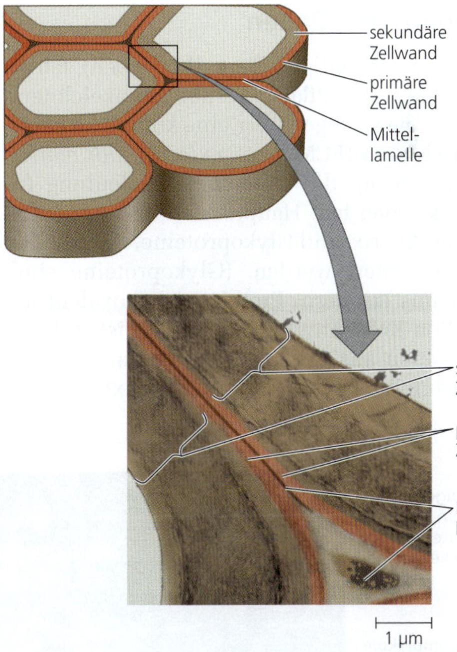

Abbildung 6.17: Pflanzliche Zellwände. Die Zeichnung zeigt mehrere Zellen jeweils mit einer Zellsaftvakuole, einem Zellkern sowie mehreren Chloroplasten und Mitochondrien. Die TEM-Aufnahme zeigt die Wände zweier Zellen im Kontaktbereich. Die mehrlagige Schicht zwischen den Pflanzenzellen besteht aus benachbarten und miteinander verbundenen Wänden, die von der zugehörigen Zelle gebildet werden.

Zwischen den Primärzellwänden benachbarter Zellen liegt eine **Mittellamelle**. Das ist eine dünne Schicht, die reich an klebrigen (adhäsiven) Polysacchariden aus der Klasse der Pektine ist. Die Mittellamelle klebt benachbart liegende Zellen gewissermaßen zusammen. (Pektin wird auch als Verdickungsmittel bei der Marmeladen- und Geleeherstellung verwendet.) Wenn die Zelle ausreift und aufhört zu wachsen, verstärkt sie ihre Zellwand. Einige Pflanzenzellen erreichen dies, indem sie verhärtende Substanzen in die Primärzellwand einlagern. Andere Zellen fügen eine **Sekundärzellwand** hinzu, die zwischen der Plasmamembran und der Primärzellwand liegt. Die Sekundärzellwand, die vielfach in mehreren, aufeinanderliegenden Schichten abgelagert wird, besitzt eine feste und haltbare Matrix, die eine starke Stütz- und Schutzfunktion auf die Zelle ausübt. Holz beispielsweise besteht hauptsächlich aus Sekundärzellwänden. Pflanzenzellwände sind häufig von Kanälen, Plasmodesmen genannt (Abbildung 6.17), durchzogen, durch die benachbarte Zellen untereinander verbunden sind. Wir werden diese in Kürze erörtern.

6.7.2 Die extrazelluläre Matrix tierischer Zellen

Den Zellen vielzelliger Tiere (Metazoen) fehlen Wände, wie sie für Pflanzenzellen kennzeichnend sind. Aber sie verfügen über eine komplexe **extrazelluläre Matrix** (**ECM**, engl. *extracellular matrix*; Abbildung 6.18), die essenzielle Bedeutung für ihre Funktionen hat. Hauptbestandteil der extrazellulären Matrix sind Glykoproteine, die von den Zellen sezerniert werden. (Glykoproteine sind, wie wir uns erinnern, Proteine mit kovalent angeknüpften Kohlenhydratanteilen, meist in Form kurzer Ketten aus Glykosylresten.) Das mengenmäßig häufigste Glykoprotein in der extrazellulären Matrix der meisten Tierzellen ist das **Kollagen**, das außerhalb des durch die Plasmamembran begrenzten Zellkörpers feste Fasern ausbildet (Abbildung 5.14). Das Kollagen macht rund die Hälfte des gesamten Proteins eines menschlichen Körpers aus! Die Kollagenfasern sind in ein Flechtwerk aus Proteoglycanmolekülen eingebettet. Ein **Proteoglycan** besteht aus einem verhältnismäßig kleinen Kernbereich aus Protein, an den zahlreiche ausladende Kohlenhydratketten kovalent gebunden sind. Der Kohlenhydratanteil kann bis zu 95 Prozent ausmachen. Manche Zellen sind über einen noch anderen Typ von ECM-Glykoprotein mit der extrazellulären Matrix verbunden. Dabei handelt es sich um Glykoproteine wie das Fibronectin. **Fibronectin** und andere ECM-Proteine binden an Zelloberflächenrezeptoren aus der Gruppe der **Integrine**, die in die Plasmamembran eingelassen sind. Integrine ragen auf beiden Seiten aus der Membran und sind auf der zytoplasmatischen Seite mit Proteinen assoziiert, die ihrerseits am Mikrofilamentsystem des Cytoskeletts verankert sind. Die Bezeichnung Integrine leitet sich von „integrieren" (= zusammenführen) ab.

Aktuelle Forschungen zum Fibronectin, zu anderen ECM-Molekülen und zu den Integrinen haben Einsichten in die wichtigen Rollen gewährt, die die extrazelluläre Matrix im Leben von Zellen spielt. Durch die Kommunikation mit der Zelle mittels der Integrine kann die extrazelluläre Matrix regulierend auf das Verhalten einer Zelle einwirken. Es hat sich außerdem gezeigt, dass die

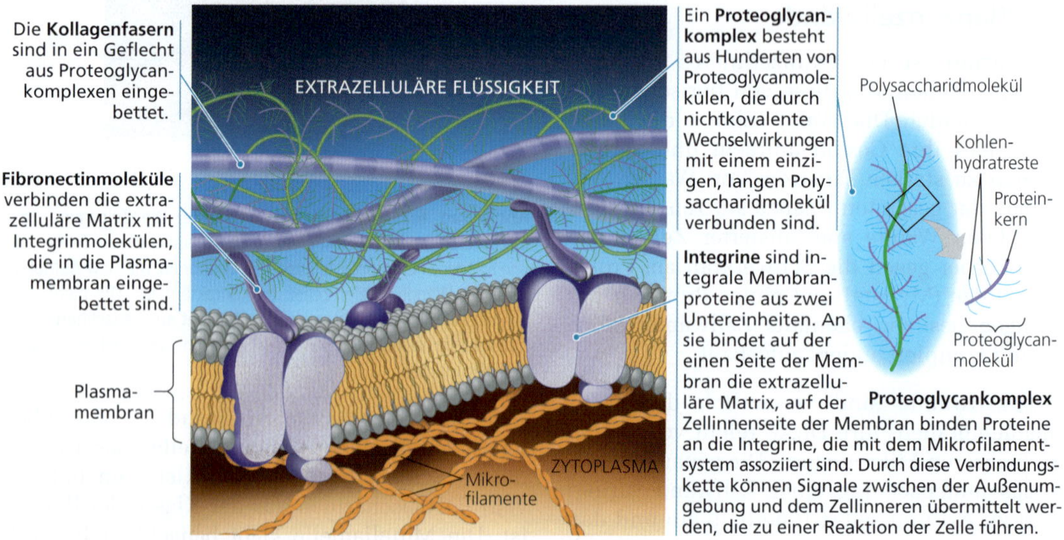

Abbildung 6.18: Die extrazelluläre Matrix einer Tierzelle. Die molekulare Zusammensetzung und der Aufbau der extrazellulären Matrix variieren von einer Zellsorte zur nächsten. In diesem Beispiel sind drei verschiedene Sorten von Glykoproteinen vorhanden: Proteoglycane, Kollagen und Fibronectin.

eine Zelle umgebende Matrix die Aktivität von Genen in deren Zellkern beeinflussen kann. Informationen über die extrazelluläre Matrix erreichen den Zellkern wahrscheinlich über eine Verbindung aus mechanischen und chemischen Signalfortleitungswegen.

6.7.3 Zell-Zell-Verbindungen (interzelluläre Verbindungen)

Die Zellen höherer Tiere, Pflanzen und Pilzen sind zu Geweben, Organen und Organsystemen zusammengefasst. Zellen haften in der Regel aneinander, wechselwirken miteinander und kommunizieren mittels direkter physischer Kontakte untereinander.

Die Plasmodesmen pflanzlicher Zellen Es scheint, als isolierten die Zellwände von Pflanzen die Zellkörper voneinander. Wie Abbildung 6.19 zeigt, sind die Zellwände aber tatsächlich von zahlreichen, als **Plasmodesmen** oder Plasmodesmata bezeichneten Kanälen durchzogen (gr. *plasso*, gestalten, formen, schaffen + *desmos*, Band). Durch die Plasmodesmen ziehen sich Zytoplasmastränge, die das Zellinnere der verbundenen Zellen miteinander verbinden. Diese Zwischenzellverbindungen machen aus dem größten Teil eines Pflanzenkörpers ein lebendiges Kontinuum (Symplast). Die Plasmamembranen der benachbarten Zellen kleiden die plasmodesmalen Kanäle aus und stehen darüber in Kontakt. Wasser und niedermolekulare gelöste Stoffe können frei von Zelle zu Zelle diffundieren. Die für Nachbarzellen bestimmten Moleküle scheinen die Plasmodesmen zu erreichen, indem sie sich an Cytoskelettfasern entlang bewegen.

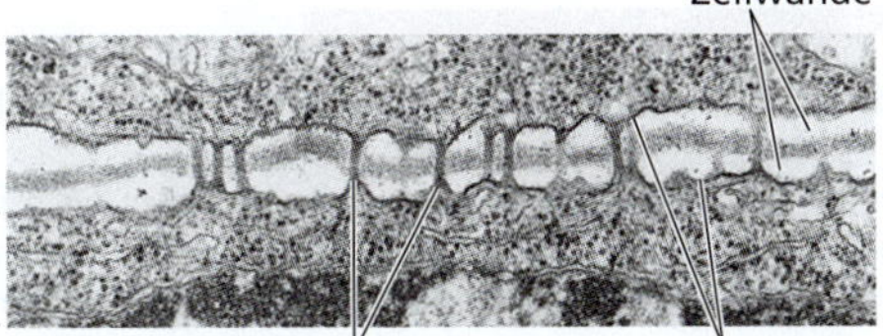

Abbildung 6.19: Plasmodesmen zwischen Pflanzenzellen. Das Zytoplasma einer Pflanzenzelle steht mit dem Zytoplasma benachbarter Zellen über Plasmodesmen – die Zellwände durchziehende Zytoplasmastränge – in Verbindung (elektronenmikroskopische Aufnahme).

***Tight junctions*, *adhering junctions* und *gap junctions* tierischer Zellen** Neben Zell-Matrix-Verbindungen finden sich bei vielzelligen Tieren drei Typen von Zell-Zell-Verbindungen: *tight junctions*, *adhering junctions* und *gap junctions* (Letztere sind den Plasmodesmen der Pflanzen am ähnlichsten). Alle drei Formen interzellulärer Verbindungen sind in Epithelgeweben besonders verbreitet, weil sie die strukturelle Voraussetzung für die Funktion von Epithelien als innere und äußere Oberfläche des Körpers bilden. Abbildung 6.20 bedient sich daher epithelialer Zellen der Darmschleimhaut eines Wirbeltieres, um diese Zellkontakte konkret darzustellen (wobei die Zell-Matrix-Verbindungen zur Vereinfachung weggelassen wurden). Sie sollten sich diese Abbildung genauer anschauen, bevor Sie im Haupttext fortfahren.

Während die *tight junction* bei Wirbeltieren durch die Abdichtung des interzellulären Raumes eine unkontrollierte Diffusion von Stoffen zwischen den Zellen eines Epithels hindurch verhindert, wird diese Funktion bei allen wirbellosen Tieren durch die septierte Verbindung (*septate junction*) übernommen. Unter den Zell-Zell-Verbindungen, die den mechanischen Zusammenhalt von Zellen gewährleisten (*adhering junctions*) ist sicher die Zonula adhaerens (Gürteldesmosom, *belt desmosome*) die bedeutendste. Cadherine sind die typischen Adhäsionsmoleküle dieser Zellverbindung. Sie liegt als Band oberhalb der septierten Verbindung oder unterhalb der *tight junction* (in Abbildung 6.20 nicht dargestellt). In diese Gruppe von Verbindungsstrukturen gehören auch die Desmosomen (Abbildung 6.20) und die Hemidesmosomen (s.o. ECM). Die Zonula adhaerens und die *tight junctions* teilen darüber hinaus die Plasmamembran in eine apikale (nach außen gerichtete) und eine basale (nach innen gerichtete) Domäne, sodass beispielsweise bestimmte Transportproteine nur in der einen oder der anderen Membrandomäne vorkommen können und so ein gerichteter Transport über die Epithelzellen möglich ist.

VERSTÄNDNISFRAGEN

1. Wie unterscheiden sich die Zellen höherer Pflanzen und Tiere strukturell von denen einzelliger Eukaryonten?

2. WAS WÄRE, WENN? Welche Auswirkungen hätte es auf die Zellfunktion, wenn pflanzliche Zellwände oder die extrazelluläre Matrix tierischer Zellen undurchlässig wären?

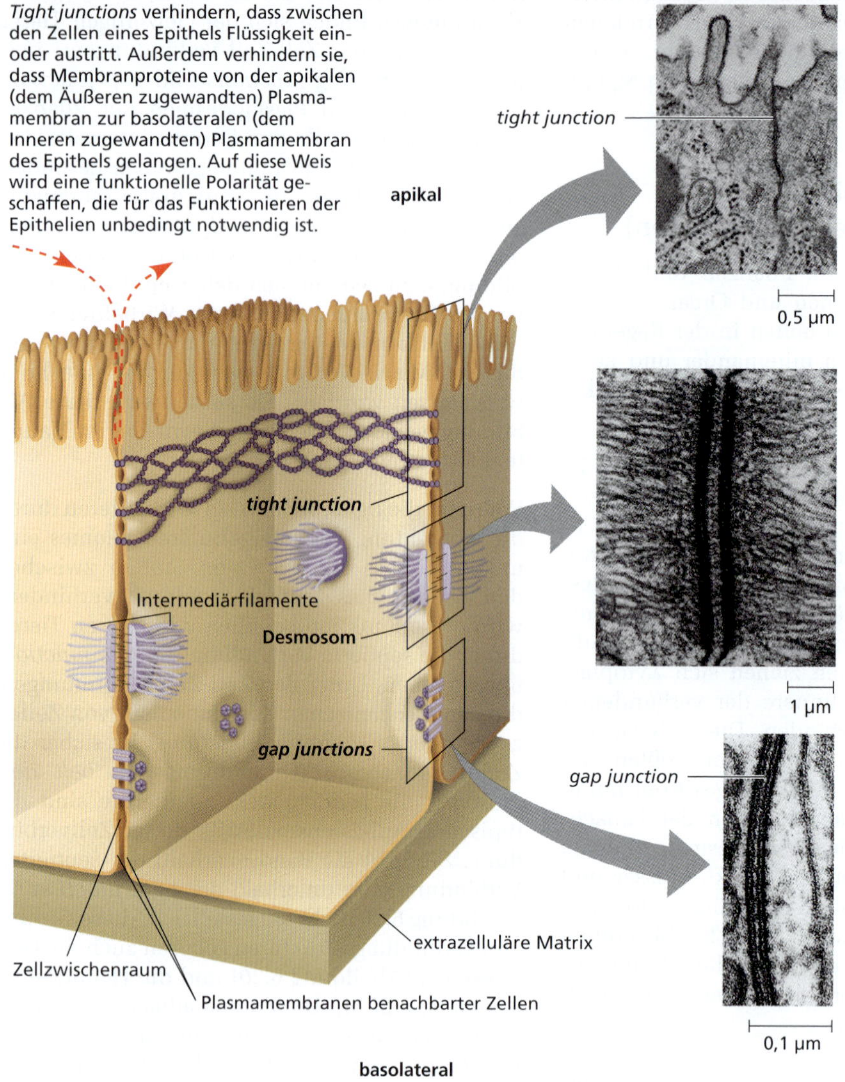

Abbildung 6.20: Näher betrachtet. Zell-Zell-Verbindungen in tierischen Geweben am Beispiel des Dünndarmepithels von Wirbeltieren.

(a) ***Tight junctions***

Im Bereich von ***tight junctions*** sind die Plasmamembranen benachbarter Zellen sehr dicht zusammengepresst und werden durch, für diese Art des Zellkontaktes, spezifische Proteine (lila) zusammengehalten. Die *tight junctions* bilden eine die Zellen umlaufende Versiegelung. Dadurch verhindern sie den Austritt extrazellulärer Flüssigkeit durch die Zellzwischenräume von Epithelzellschichten. Beispielsweise bewirken *tight junctions* zwischen den Zellen der Haut deren Wasserdichtigkeit. Sie stellen wasserdichte Verbindungen zwischen den Zellen der Schweißdrüsen her.

(b) ***Desmosomen***

Desmosomen funktionieren wie Nieten, die Zellen zu festen Lagen zusammenknöpfen. Intermediärfilamente aus dem widerstandsfähigen Protein Keratin verankern die Desmosomen im Cytoskelett. Desmosomen verbinden die Muskelzellen in einem Muskel untereinander. Manche „Muskelzerrungen" sind mikroskopisch nichts anderes als Desmosomen-Brüche zwischen den einzelnen Muskelfasern.

(c) ***Gap junctions***

Gap junctions bilden zytoplasmatische Kanäle, die von einer Zelle in die nächste verlaufen. Sie entsprechen in dieser Funktion den Plasmodesmen von Pflanzenzellen. *Gap junctions* bestehen aus Proteinen, die zusammen eine Pore in der Membran bilden, durch die niedermolekulare Substanzen wie kleine Ionen, Zuckermoleküle, Aminosäuremoleküle und ähnliche Stoffe in die Nachbarzelle überwechseln können. *Gap junctions* sind für die Zwischenzellkommunikation in vielen Gewebetypen notwendig. Dazu gehören z.B. der Herzmuskel und der tierische Embryo.

6.8 Zellen sind mehr als die Summe ihrer Bestandteile

Von unserem kurzen Blick auf die Kompartimentierung einer Zelle bis hin zur genaueren Betrachtung einzelner Organellen-Strukturen hat diese Rundreise durch die Zelle uns vielfache Gelegenheit gegeben, Struktur und Funktion in Beziehung zu setzen. (Gehen Sie gegebenenfalls zu Abbildung 6.3 zurück.) Auch wenn man eine Zelle gedanklich in ihre Einzelteile zerlegt, darf man darüber das Zusammenspiel aller Komponenten nicht vergessen. Als ein Beispiel für die zelluläre Integration von Strukturen und Funktionen kann die in der mikroskopischen Aufnahme in Abbildung 6.21 gezeigte Szene dienen. Die große Zelle ist ein Makrophage (Riesenfresszelle; siehe auch Abbildung 6.9a).

Sie ist Teil des Abwehrsystems von Säugetieren, die deren Körper gegen Infektionen durch in den Körper gelangte Bakterien (die kleineren Zellen auf dem Bild) verteidigt, indem sie diese in phagocytotische Vesikel überführt. Der Makrophage kriecht über Gewebeoberflächen und greift mit dünnen Pseudopodien (Filopodien) nach den Bakterienzellen. Actinfilamente wechselwirken bei diesen Bewegungsvorgängen mit anderen Elementen des Cytoskeletts. Nachdem der Makrophage sich die Bakterien einverleibt hat, werden sie von seinen Lysosomen zerstört. Das ausgefeilte Endomembransystem des Makrophagen bringt die Lysosomen hervor. Die Verdauungsenzyme in den Lysosomen und die Proteine des Cytoskeletts werden an Ribosomen hergestellt. Die Synthese dieser Proteine wird von der genetischen Information in der DNA des Zellkerns dirigiert. All diese Vorgänge erfordern Energie, die die Mitochondrien in Form von ATP beisteuern. Zelluläre Funktionen erwachsen aus zellulärer Ordnung: Die Zelle ist eine lebendige Einheit aus mehr als der Summe ihrer Teile.

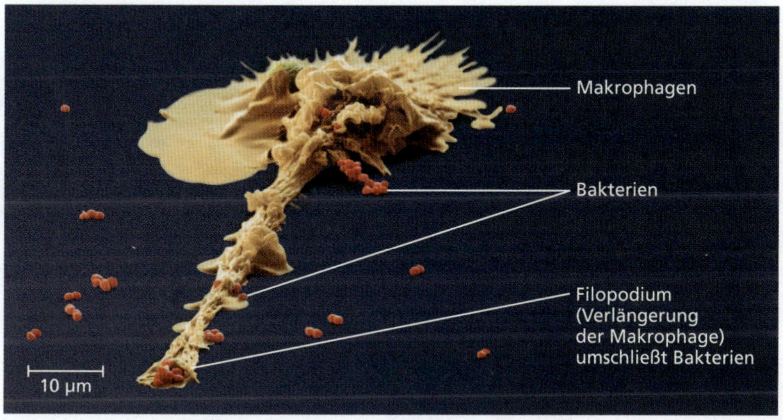

Abbildung 6.21: Das Entstehen zellulärer Funktionen. Die Fähigkeit eines Makrophagen (braun), Staphylokokken (orange) zu erkennen, zu ergreifen und zu zerstören, ist eine koordinierte Aktivität der gesamten Makrophagenzelle. Die Phagocytose erfordert unter anderem das Cytoskelett, die Lysosomen und die Plasmamembran (kolorierte REM-Aufnahme).

Der zentrale Teil der Abbildung zeigt einen Schnitt durch eine Pflanzenzelle. Alle Strukturen und Moleküle sind maßstabsgetreu gezeichnet. Ausschnitte sind in den kleineren Abbildungen oben und unten zu sehen, zwecks Vergleichbarkeit jeweils um den gleichen Faktor vergrößert. Die Protein- und Nucleinsäurestrukturen basieren auf Einträgen der Protein Data Bank (*www.wwpdb.org*). Derzeit noch nicht strukturbestimmte Bereiche sind ausgegraut.

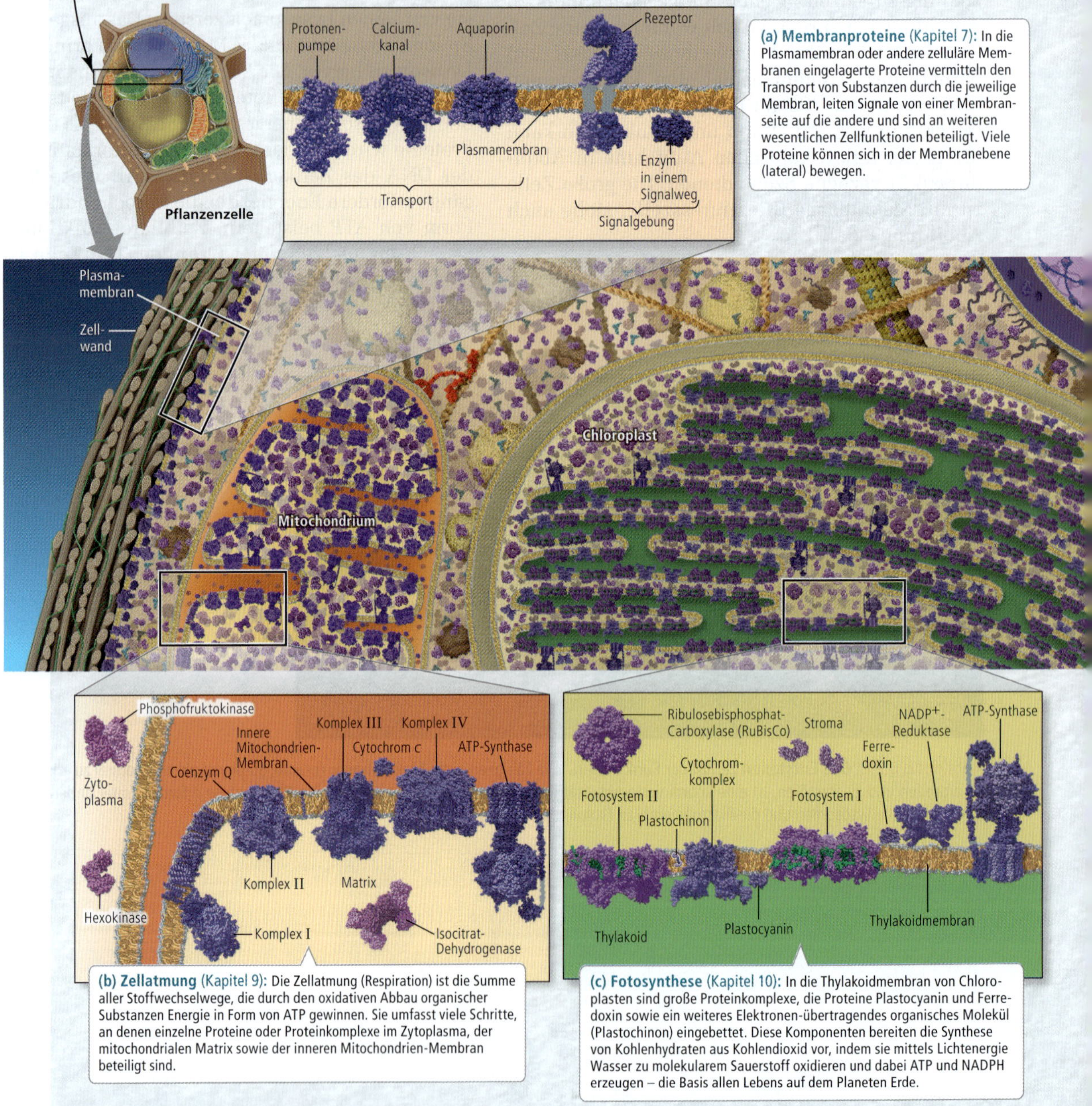

Abbildung 6.22: Näher betrachtet. Übersicht der Größenverhältnisse der molekularen Maschinerie einer Zelle.

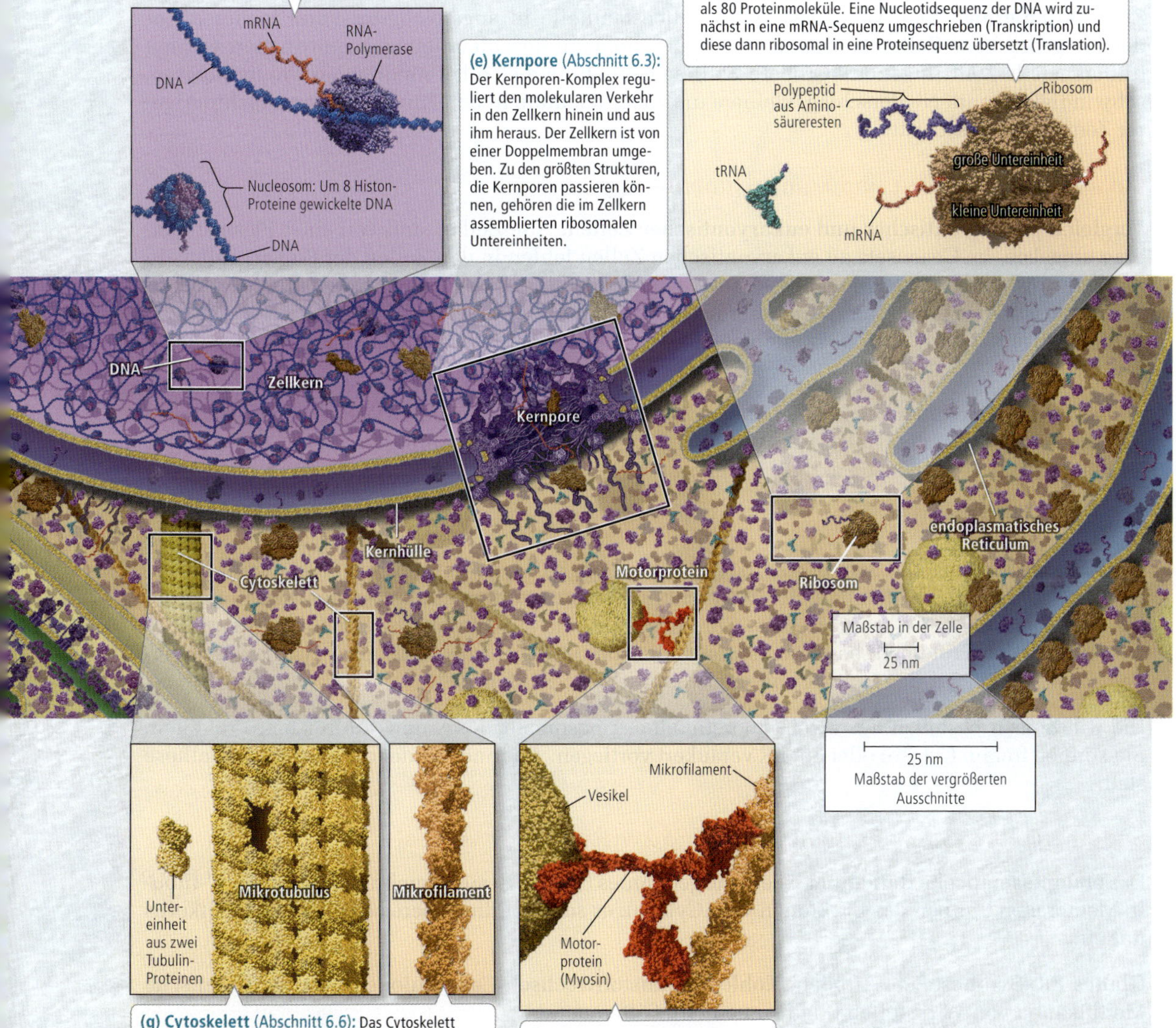

(d) Transkription (Kapitel 17): Im Zellkern wird die in einer DNA-Sequenz gespeicherte Information durch das Enzym RNA-Polymerase in die Boten-RNA-Sequenz (mRNA) umgeschrieben. Nach ihrer Synthese verlassen die mRNA-Moleküle den Kern durch die Kernporen.

(e) Kernpore (Abschnitt 6.3): Der Kernporen-Komplex reguliert den molekularen Verkehr in den Zellkern hinein und aus ihm heraus. Der Zellkern ist von einer Doppelmembran umgeben. Zu den größten Strukturen, die Kernporen passieren können, gehören die im Zellkern assemblierten ribosomalen Untereinheiten.

(f) Translation (Kapitel 17): Im Zytoplasma wird die in der mRNA kodierte Information zur Synthese eines Polypeptidstranges mit definierter Aminosäuresequenz genutzt. Dazu sind neben der Boten-RNA noch die Transfer-RNA (tRNA) und Ribosomen notwendig. Eukaryontische Ribosomen setzen sich aus der sogenannten großen und kleinen Untereinheit zusammen. Die sehr großen Ribosomen enthalten vier große ribosomale RNA-Moleküle (rRNA) und mehr als 80 Proteinmoleküle. Eine Nucleotidsequenz der DNA wird zunächst in eine mRNA-Sequenz umgeschrieben (Transkription) und diese dann ribosomal in eine Proteinsequenz übersetzt (Translation).

(g) Cytoskelett (Abschnitt 6.6): Das Cytoskelett besteht aus Protein-Polymeren. Mikrotubuli sind innen hohle Stabstrukturen, die aus Untereinheiten des Proteins Tubulin zusammengesetzt sind. Mikrofilamente sind kabelartige Strukturen, die aus zwei ineinander gewundenen Ketten des (polymerisierten) Proteins Actin bestehen.

(h) Motorproteine (Abschnitt 6.6): Sie sind für den Vesikeltransport und die Organellenbewegung in Zellen verantwortlich. Die erforderliche Energie stammt meist aus der Hydrolyse von ATP.

ZUSAMMENFASSUNG

Untersuchung von Zellen mittels Mikroskopie und Biochemie

Mikroskopie. Verbesserungen der Mikroskopietechnik, die die Kenndaten Vergrößerung, Auflösungsvermögen und Kontrast betreffen, haben die Zellbiologie befruchtet und zu Fortschritten auf diesem Gebiet geführt. Die Licht- und die Elektronenmikroskopie sind und bleiben gemeinsam mit ihren Weiterentwicklungen wichtige zellbiologische Methoden.

Zellfraktionierung. Man kann bestimmte Zellbestandteile in angereicherter Form isolieren, indem aufgebrochene Zellen konsekutiv bei immer höheren Beschleunigungen zentrifugiert werden (differenzielle Zentrifugation). Größere Zellfragmente finden sich bei niedrigeren Umdrehungsgeschwindigkeiten im Niederschlag, kleinere und/oder leichtere in den Niederschlägen hochtourigerer Zentrifugationsschritte.

Eukaryontische Zellen sind kompartimentiert

Vergleich prokaryontischer und eukaryontischer Zellen. Alle Zellen sind von einer Plasmamembran umgeben. Im Gegensatz zu eukaryontischen Zellen fehlen in den Zellen der Prokaryonten ein Zellkern sowie andere von Membranen umgebene Organellen. Eukaryonten haben innere Membranen zur Kompartimentierung zellulärer Funktionen. Das Verhältnis von Oberfläche zu Volumen ist eine wichtige Kenngröße für die Zellabmessungen und ihre Gestalt und begrenzt die Stoffwechselleistungen.

Pflanzen- und Tierzellen haben größtenteils die gleichen Organellen: einen Zellkern, das endoplasmatische Reticulum, den Golgi-Apparat sowie Mitochondrien. Chloroplasten gibt es dagegen nur in den Zellen fotosynthetisch aktiver Eukaryonten.

Genetische Anweisungen liegen im Zellkern und werden durch Ribosomen umgesetzt

Der **Zellkern** ist umgeben von der Zellkernhülle (doppelte Membran), die von Kernporen durchbrochen ist. Die äußere Membran der Zellkernhülle bildet mit dem endoplasmatischen Reticulum (ER) ein Kontinuum. Er beherbergt die Chromosomen, die aus Chromatin (der Erbsubstanz DNA mit anhaftenden Proteinen) bestehen; enthält Nucleoli, in denen die Ribosomen synthetisiert werden. Poren regulieren den Eintritt und den Ausstrom von Stoffen.

Die **Ribosomen** bestehen aus zwei Untereinheiten ribosomaler RNA und zahlreichen Proteinen. Sie können frei im Cytosol oder am ER verankert vorliegen. An ihnen findet die Proteinbiosynthese statt.

Endomembransystem, Proteinlogistik und Zwischenstoffwechsel

Das **endoplasmatische Reticulum** ist ein ausgedehntes Netzwerk aus Membranzisternen und -tubuli; Membranen trennen das ER-Lumen vom Cytosol; es schließt die äußere Membran des Zellkerns mit ein.

Glattes ER: Synthese von Lipiden, Kohlenhydratstoffwechsel, Calciumionenspeicher, chemische Modifikation von Wirkstoffen (Medikamenten), Giften usw.

Raues ER: Synthese von Organellproteinen und von zur Sekretion bestimmten Proteinen sowie von Phospholipiden; Anfangsschritte der Glykoproteinbildung; Erzeugung neuer Membranen; Vesikelbildung und -abschnürung.

Der **Golgi-Apparat** ist ein Stapel abgeflachter Membranzisternen mit Polarität der Membranstapel (cis- und trans-Seite). Funktionen: Modifikation von Proteinen des sekretorischen Weges; Weiterverarbeitung von Glykoproteinen und Phospholipiden; Synthese zahlreicher Polysaccharide; Aussortieren von Bestandteilen; Rücktransport ausgewählter Stoffe zum ER; Vesikelbildung und -abschnürung.

Das **Lysosom** ist ein mit hydrolytischen Enzymen angereichertes Organell (in Tierzellen). Es dient zum Abbau von einverleibten Substanzen, zellulären Makromolekülen und beschädigten Organellen; zur Rückgewinnung und Rückführung wiederverwertbarer Substanzen.

Eine **Vakuole** ist ein großes Organell in Pflanzen- und Pilzzellen. Funktionen: zelluläre Verdauung, Stoffspeicherung, Entsorgung, Wasserhaushalt der Zelle; Zellwachstum und Zellschutz.

Mitochondrien und Chloroplasten: Kraftwerke der Zelle

Mitochondrium. Von doppelter Membran umgebenes Organell; die innere Membran weist Einfaltungen (Cristae) auf. Es dient der Zellatmung.

Chloroplast. In Pflanzen vorkommendes Organell mit drei Membranen. Im Regelfall umgeben zwei Membranen ein flüssiges Stroma; darin sind zu Stapeln (Grana) angeordnete Thylakoidmembranen enthalten. In Chloroplasten findet Fotosynthese statt.

Peroxisom. Spezialisiertes Stoffwechselorganell, das von einer einfachen Membran umgeben ist. Es enthält Enzyme, die Wasserstoff auf molekularen Sauerstoff übertragen, wobei Wasserstoffperoxid (H_2O_2) entsteht. Dieses wird durch andere Enzyme innerhalb des Organells wieder abgebaut.

Das Cytoskelett: Organisation von Struktur und Aktivität

Funktionen des Cytoskeletts: Stütze, Motilität und Regulation. Das Cytoskelett dient dem Strukturerhalt der Zelle und ist an Bewegungsvorgängen und an der Signalübermittlung beteiligt.

Komponenten des Cytoskeletts. Mikrotubuli verleihen Zellen ihre Gestalt, ermöglichen die geordnete Bewegung von Organellen und ziehen die Chromosomen einer sich teilenden Zelle auseinander. Cilien und Flagellen sind bewegliche Zellanhänge, die Mikrotubuli enthalten. Mikrofilamente sind dünne Stäbe, die bei der Muskelkontraktion, der amöboiden Bewegung, der Zytoplasmaströmung und der mechanischen Aussteifung von Mikrovilli eine Rolle spielen. Die Intermediärfilamente stützen die Zellgestalt und fixieren Organellen an ihren Plätzen in der Zelle.

Zell-Zell-Kommunikation

Pflanzliche Zellwände. Die Zellwände von Pflanzen bestehen aus Cellulosefasern, die in andere Polysaccharide und Proteine eingebettet sind. Die Ausrichtung der Celluloseablagerung richtet sich nach der Ausrichtung der Mikrotubuli.

Die extrazelluläre Matrix von Tierzellen. Tierzellen sezernieren Glykoproteine und Proteoglycane, welche die extrazelluläre Matrix bilden und bei der mechanischen Versteifung, der Adhäsion, der Bewegung und der Regulation der Zellen mitwirken.

Zell-Zell-Verbindungen. Pflanzen besitzen Plasmodesmen, die aneinandergrenzende Zellwände durchziehen. Tierzellen verfügen über *tight junctions*, *adhering junctions* und *gap junctions*.

Die Zelle: Kleinste Einheit des Lebens. Die einwandfreie Funktion einer Zelle erfordert das ausgefeilte Zusammenwirken all ihrer Bestandteile.

Struktur und Funktion biologischer Membranen

7

7.1 Zellmembranen sind ein flüssiges Mosaik aus Lipiden und Proteinen

Die Plasmamembran ist die Begrenzung, die eine lebende Zelle von ihrer Umgebung trennt: eine bemerkenswert dünne Schicht von wenigen Nanometern Dicke, die den Transport von Stoffen in die Zelle hinein und aus ihr heraus regelt. Wie alle Biomembranen ist die Plasmamembran selektiv permeabel, das heißt manche Stoffe können sie weitgehend ungehindert durchqueren, andere dagegen nur mittels ausgefeilter Mechanismen und noch andere praktisch gar nicht. Die Fähigkeit von Zellen, gezielt ausgewählte Stoffe mit ihrer Umgebung auszutauschen, ist eine grundlegende Voraussetzung für die Entwicklung von Lebewesen. Diese Selektivität wird durch die Plasmamembran und ihre Bestandteile ermöglicht.

Lipide und Proteine sind die Hauptbestandteile von Membranen, doch auch Kohlenhydrate sind wichtig. Die zahlenmäßig häufigsten Lipide sind in den meisten Membranen die Phospholipide. Ihre Fähigkeit, in wässriger Umgebung Membranen auszubilden, beruht auf ihrer molekularen Struktur. Phospholipide sind amphipathisch, das heißt, das Molekül enthält sowohl hydrophile („wasserliebende“) als auch hydrophobe („wasserabweisende“) Bereiche (siehe Abbildung 5.10). Dies gilt auch für alle anderen Arten von Membranlipiden. Eine Phospholipiddoppelschicht wirkt als stabile Trennschicht zweier wässriger Kompartimente, weil aufgrund ihrer molekularen Struktur die hydrophoben Bereiche von der Wasserphase abgeschirmt werden und gleichzeitig die hydrophilen Kopfgruppen in das umgebende wässrige Milieu ragen (Abbildung 7.1). Dies ist ein bemerkenswertes Beispiel von molekularer Selbstorganisation, das auf dem Zusammenwirken von Molekülen mit unterschiedlichen physikochemischen Eigenschaften beruht.

Genau wie die Membranlipide sind auch die meisten Membranproteine amphipathisch. Solche Proteine sind in die Phospholipiddoppelschicht eingelagert, ihre hydrophilen Bereiche ragen in das umgebende Wasser hinein. Diese molekulare Anordnung maximiert sowohl die Kontaktzone hydrophiler Bereiche mit dem Wasser im Cytosol und der extrazellularen Flüssigkeit als auch die der hydrophoben Regionen mit einer nichtwässrigen Umgebung. Die derzeit gültige Vorstellung von der Anordnung von Molekülen in der Plasmamembran ist in Abbildung 7.3 gezeigt. Im sogenannten Flüssig-Mosaik-Modell ist die Membran ein Mosaik aus Proteinmolekülen, die in einer flüssigen Doppelschicht aus Membranlipiden schwimmen.

Die Proteine sind in einer Membran nicht zufällig verteilt, sondern in Gruppen assoziiert, die in recht langlebigen spezialisierten Membranbereichen aus spezifischen Membranlipiden bestimmte Funktionen ausüben können. Für derartig strukturierte Zonen wurde der Ausdruck lipid rafts (deutsch etwa „Membranlipidflöße“) geprägt. Zurzeit wird noch diskutiert, ob diese Zonen in lebenden Zellen tatsächlich vorkommen oder es sich vielmehr um Artefakte der biochemischen Untersuchungsmethoden handelt. In manchen Bereichen der Membran ist die Packung der Proteine wahrscheinlich viel dichter als in Abbildung 7.3 dargestellt. Wie alle wissenschaftlichen Modellvorstellungen unterliegt auch das Flüssig-Mosaik-Modell einer ständigen Verfeinerung durch neue Forschungsbefunde, die bisher unbekannte Details der Membranstruktur offenlegen.

MERKE!

Lipide und Proteine sind die Hauptbestandteile von Membranen.

7.1.1 Die Fluidität von Membranen

Membranen sind, wie alle molekularen Gebilde, keine starren Körper, die unbeweglich an ihrem Platz verharren. Eine Membran wird durch hydrophobe Wechselwirkungen ihrer Bestandteile zusammengehalten, die, wie wir wissen, deutlich schwächer sind als kovalente Bindungen (siehe hierzu Abbildung 5.14). Die meisten Lipidmoleküle und auch manche der Proteinmoleküle in einer Membran sind lateral (in der Membranebene) ohne Weiteres verschiebbar. Sie unterliegen der Brown'schen Molekularbewegung und stoßen wieder und wieder mit anderen Molekülen zusammen (Abbildung 7.1a). Es kommt dabei jedoch sehr selten vor, dass ein Molekül quer zur Membranebene „umklappt“, also von einer Lipidschicht in die andere wechselt. Das würde die Durchquerung der hydrophilen Anteile des Moleküls durch den hydrophoben Kern der Membran hindurch erfordern. Ein sogenannter Flip-Flop kann nur mit Hilfe spezieller Enzyme, den Flipasen, stattfinden.

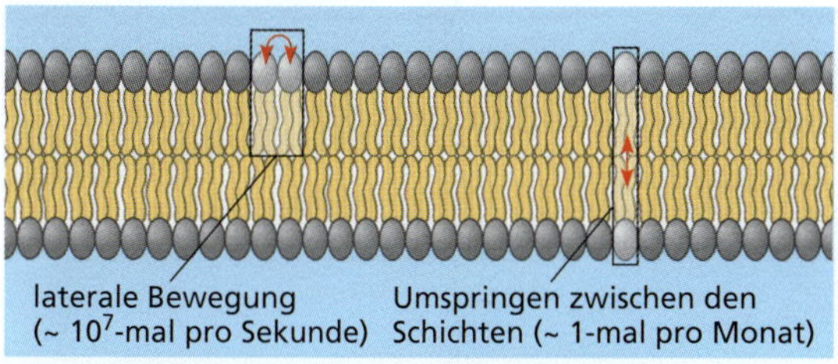

(a) Bewegungen von Phospholipidmolekülen. Die Lipidmoleküle bewegen sich in der Membranebene, ein „Umklappen" ("flip-flop") von einer Schicht in die andere ist jedoch sehr selten.

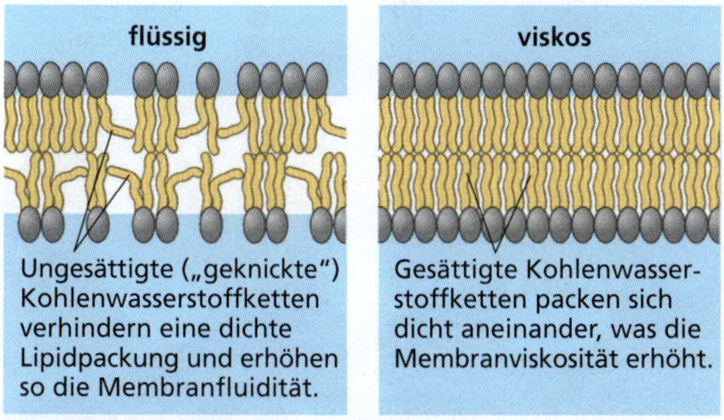

(b) Membranfluidität. Ungesättigte Kohlenwasserstoffseitenketten von Phospholipidmolekülen sind abgewinkelt, was verhindert, dass sich die Moleküle dicht zusammenlagern. Dies erhöht die Fluidität der Membran.

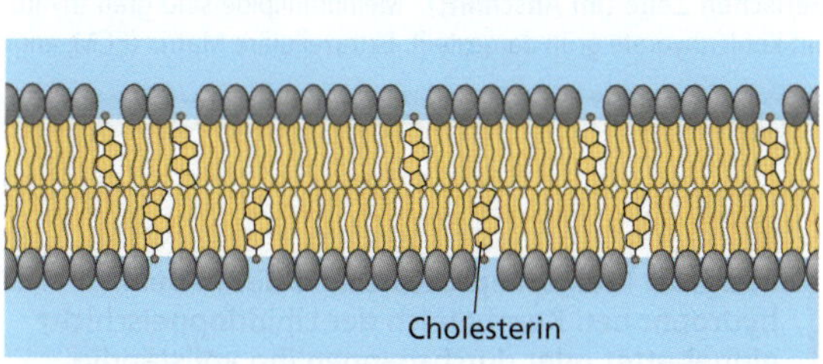

(c) Cholesterin in einer tierischen Zellmembran. Bei mittleren Temperaturen setzen Cholesterinmoleküle die Fluidität von Membranen herab, indem sie die laterale Bewegung der Phospholipidmoleküle bremsen. Bei niedrigen Temperaturen dagegen verhindert das Cholesterin (genauer: Cholesterol) die Verfestigung der Membran durch Störung der Ausbildung einer regelmäßigen (pseudo-kristallinen) Packung der Phospholipidmoleküle.

Abbildung 7.1: Die Fluidität von Membranen.

Die lateralen Bewegungen der Phospholipidmoleküle in der Membran sind schnell. Benachbarte Phospholipidmoleküle wechseln mit einer Rate von etwa 10^7-mal pro Sekunde ihre Plätze. Daraus lässt sich ableiten, dass ein Phospholipidmolekül in einer Sekunde eine Strecke von etwa 2 µm zurücklegen kann, das entspricht etwa der Länge einer durchschnittlichen Bakterienzelle. Proteine sind viel größer als Lipide und bewegen sich daher aufgrund ihrer Trägheit viel langsamer. Viele andere Membranproteine scheinen durch eine Verankerung am Cytoskelett praktisch unbeweglich an ihrem Ort in der Membran festgehalten zu werden. Außerdem hat man sogenannte Lipidflöße (engl. *lipid rafts*) entdeckt, wo in speziellen Bereichen der Plasmamembran Proteine vereint werden, die funktionelle Mikrodomänen bilden.

Bei abnehmender Temperatur bleibt eine Membran so lange flüssig, bis sich die Phospholipidmoleküle schließlich bei der Erstarrungstemperatur dicht gepackt anordnen (Phasenübergang) und die Membran sich verfestigt (vergleichbar mit dem Festwerden von Bratfett beim Abkühlen einer Bratpfanne). Die Fluidität einer Membran bleibt länger erhalten, wenn sie einen höheren Anteil an Phospholipiden mit ungesättigten Acylresten aufweist (siehe Abbildungen 5.9 und 5.10). Die durch Doppelbindungen erzeugten Abwinkelungen ungesättigter Kohlenwasserstoffketten verhindern ihre dichte Zusammenlagerung, das erhöht die Fluidität der Membran (Abbildung 7.1b).

Membranen müssen flüssig sein, um ihre Funktion erfüllen zu können. Sie haben normalerweise die Konsistenz von zähem Olivenöl. Wenn sich eine Membran verfestigt, verändert sich dadurch zwangsläufig ihre Permeabilität und membranständige Proteine können ihre Aktivität in dem Maße verlieren, in dem Konformationsänderungen durch die erstarrende Umgebung erschwert werden. Die Lipidzusammensetzung von Zellmembranen kann sich in Abhängigkeit von der Temperatur ändern. Bei vielen kältetoleranten Pflanzen (zum Beispiel Winterweizen) erhöht sich im Herbst der Anteil ungesättigter Phospholipide – eine Anpassung, die verhindert, dass die Membranen sich im Winter verfestigen.

7.1.2 Membranproteine und ihre Funktionen

Membranen, so haben wir gesehen, bilden ein Mosaik aus Lipiden und Proteinen. Sie bestehen aus unterschiedlichen Proteinen, die in die flüssige Matrix der Lipiddoppelschicht eingebettet sind (Abbildung 7.2). In der Plasmamembran roter Blutzellen (einer recht passiven Zellsorte) hat man bis heute über 50 verschiedene Proteine gefunden. Phospholipide sind zwar die Strukturbildner, doch bestimmen die Membranproteine größtenteils die Funktion(en) der betreffenden Membran. Unterschiedliche Zelltypen enthalten unterschiedliche Membranproteine und auch die verschiedenen Membranen innerhalb einer Zelle weisen jeweils eine charakteristische Proteinzusammensetzung auf.

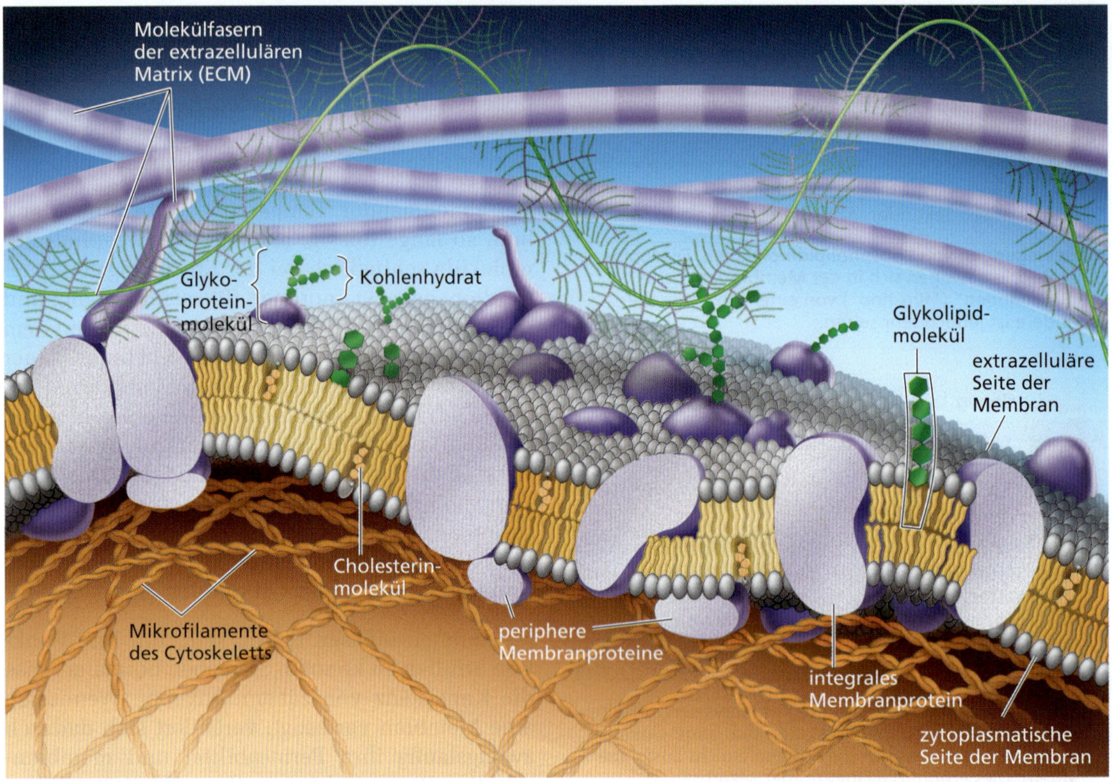

Abbildung 7.2: Ein aktuelles Modell der Plasmamembran einer tierischen Zelle (im Anschnitt). Membranlipide sind grau (hydrophile Bereiche) und goldfarben (hydrophobe Bereiche), Proteine violett und Kohlenhydrate grün dargestellt. Extrazelluläre Matrix (ECM; engl. *extracellular matrix*).

Beim Betrachten von Abbildung 7.2 fällt auf, dass es zwei Populationen von Membranproteinen gibt: integrale Membranproteine und periphere Membranproteine. **Integrale Membranproteine** sind tief in den hydrophoben Kernbereich der Lipiddoppelschicht eingebettet oder durchspannen ihn vollständig; dann sind es sogenannte Transmembranproteine. Die Oberfläche eines integralen Membranproteins ist hydrophob und besteht weitgehend aus Aminosäureresten mit hydrophoben Seitenketten (Abbildung 5.13). Einige Transmembranproteine enthalten einen hydrophilen Kanal beziehungsweise eine Pore, die den relativ ungehinderten Durchtritt einer hydrophilen Substanz erlaubt. **Periphere Membranproteine** sind nicht in die Lipiddoppelschicht eingebettet, sondern liegen relativ lose gebunden an der Membranoberfläche. Dabei sind sie oft mit den freiliegenden Teilen integraler Membranproteine assoziiert. Manche periphere Membranproteine enthalten (posttranslationale) kovalente Modifikationen wie zum Beispiel Lipide, die das Protein in der Membran verankern. Einige Vertreter dieser Klasse können ligandengesteuert ihre Lipidanker ein- und ausklappen und wechseln damit von der Membran in die wässrige Phase hinein und wieder zurück.

MERKE!

Integrale Membranproteine sind tief in den hydrophoben Kernbereich der Lipiddoppelschicht eingebettet oder durchspannen ihn vollständig.

MERKE!

Periphere Membranproteine sind nicht in die Lipiddoppelschicht eingebettet, sondern liegen relativ lose gebunden an der Membranoberfläche.

Auf der zytoplasmatischen Seite der Plasmamembran werden bestimmte Membranproteine durch Verankerung am Cytoskelett fixiert. Auf der extrazellulären Seite sind manche Membranproteine an Fasern der extrazellulären Matrix gebunden (siehe Abbildung 6.18; die Integrine sind ein Beispiel für diesen Typus integraler Membranproteine). Diese Verankerungen wirken kooperativ und verleihen der Tierzelle ein festeres Gerüst als die Plasmamembran dies allein leisten könnte.

Abbildung 7.3 zeigt die sechs Hauptfunktionen von Proteinen der Plasmamembran. Eine einzelne Zelle kann verschiedene dieser Membranproteine enthalten, die erwartungsgemäß mehrere Funktio-

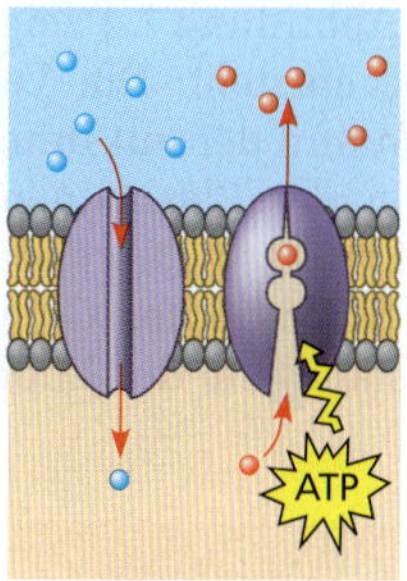

(a) Transport. *Links:* Ein Protein durchspannt die Membran und bildet einen hydrophilen selektiven Kanal durch die Membran aus. *Rechts:* Andere Proteine transportieren eine Substanz von einer Seite der Membran auf die andere, indem sie im Verlauf des Transportvorgangs ihre Konformation ändern. Einige dieser Proteine pumpen Stoffe aktiv durch die Membran, angetrieben durch ATP-Hydrolyse.

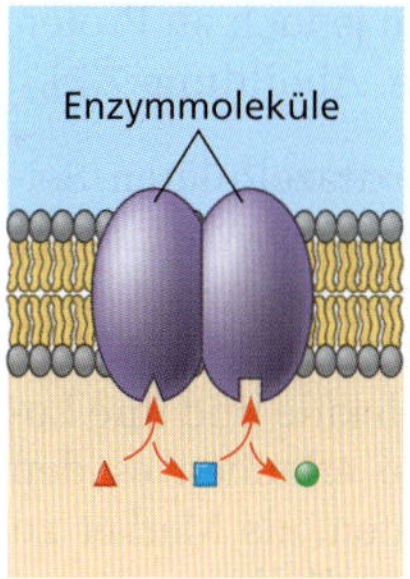

(b) Enzymatische Aktivität. Ein membranständiges Protein kann enzymatische Aktivität entfalten, wobei das aktive Zentrum des Proteins für Substrate in der angrenzenden Lösung zugänglich ist. In einigen Fällen sind mehrere Enzyme in einer Membran zu einer Gruppe assoziiert. Diese Gruppe katalysiert aufeinander folgende (konsekutive) Schritte eines Stoffwechselweges in räumlicher Nähe zueinander.

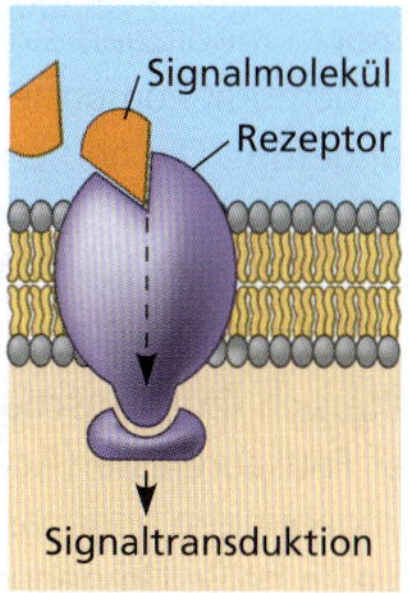

(c) Signaltransduktion. Ein Rezeptorprotein hat eine Bindungsstelle, die der Raumstruktur eines Botenstoffes (z.B. ein Hormon) komplementär ist. Der externe Botenstoff (Signalmolekül) verursacht durch Bindung an das Rezeptorprotein eine Konformationsänderung, die eine Weiterleitung des Signals in das Zellinnere zur Folge hat. Dies geschieht normalerweise durch die Bindung eines weiteren Proteins auf der zytoplasmatischen Seite der Membran (siehe auch Abbildung 11.3).

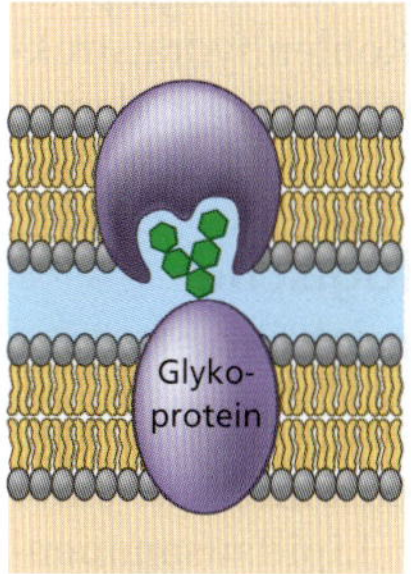

(d) Zell-Zell-Erkennung. Einige Glykoproteine dienen als molekulare „Etiketten", die von anderen Zellen spezifisch erkannt werden und die Identifizierung des Zelltyps erlauben. Dieser Typ der Zell-Zell-Bindung ist meist sehr kurzlebig im Vergleich zur Bindung in (e).

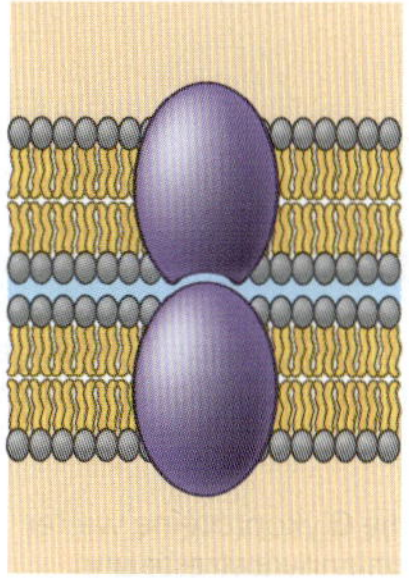

(e) Zell-Zellverbindung. Membranproteine benachbarter Zellen können durch verschiedene Typen von Zellkontakten wie *tight junctions* und *gap junctions* miteinander wechselwirken (siehe auch Abbildung 6.19). Diese Bindung ist sehr viel langlebiger als die Zell-Zell-Erkennung in (d).

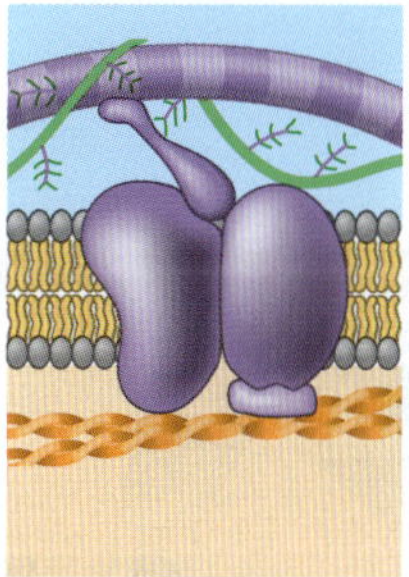

(f) Verankerung des Cytoskeletts und der extrazellulären Matrix (ECM). Mikrofilamente oder andere Bestandteile des Zellskeletts können durch nicht kovalente Wechselwirkungen an Membranproteine binden – eine Fähigkeit, die dabei hilft, die Zellgestalt aufrecht zu halten, und die außerdem bestimmte Membranproteine an ihren Plätzen verankert. Proteine, die an ECM-Moleküle binden können, koordinieren extra- und intrazelluläre Änderungen (siehe auch Abbildung 6.17).

Abbildung 7.3: Eine Auswahl von Funktionen von Membranproteinen. In vielen Fällen erfüllt ein einzelnes Protein mehrere Aufgaben, zum Beispiel Transport und enzymatische Katalyse.

? Manche Transmembranproteine können an ein bestimmtes Molekül der extrazellulären Matrix binden und übermitteln, wenn eine solche Bindung zustande kommt, ein Signal in die Zelle. Versuchen Sie, unter Heranziehung der hier abgebildeten Proteine zu erklären, wie das funktionieren könnte.

nen erfüllen, und ein einzelnes Membranprotein kann unter Umständen auch mehrere Funktionen haben. Daher ist die Membran über das strukturelle hinaus auch ein funktionelles Mosaik.

7.1.3 Die Rolle von Kohlenhydraten bei der Zell-Zell-Erkennung

Unter Zell-Zell-Erkennung versteht man die Fähigkeit von Zellen, einen Nachbarzelltyp von einem anderen oder eine körperfremde von einer körpereigenen Zelle zu unterscheiden. Diese Eigenschaft ist bei der Assoziation von Zellen zu Geweben und weiter zu Organen in der Embryonalentwicklung ebenso von Bedeutung wie bei der Immunabwehr von Krankheitserregern (siehe Kapitel 44). Zellen erkennen andere Zellen durch Bindung von Oberflächenmolekülen auf der Plasmamembran. Vielfach sind Kohlenhydratketten an diesem Erkennungsprozess beteiligt (Abbildung 7.3d).

Membranständige Kohlenhydratreste sind normalerweise zu kurzen, verzweigten Ketten aus maximal 15 Glykosylresten verknüpft. Wenn diese kovalent an Lipide gebunden sind, spricht man von

Glykolipiden. Häufiger liegen sie jedoch an Proteine gebunden vor (**Glykoproteine**, Abbildung 7.2).

Die Kohlenhydratreste auf der extrazellulären Seite der Plasmamembran variieren von Art zu Art, ebenso wie unter Individuen derselben Art, ja sogar zwischen den verschiedenen Zelltypen des gleichen Individuums. Die Vielfalt der Moleküle und ihre Lokalisation auf der Zelloberfläche erlauben es den membranständigen Kohlenhydraten, als Marker zu fungieren, anhand derer sich eine Zelle von einer anderen unterscheidet. So stellen beispielsweise die vier als A, B, AB und 0 bezeichneten Blutgruppen des Menschen Varianten von Kohlenhydratstrukturen auf der Oberfläche der roten Blutzellen dar.

7.1.4 Synthese und topologische Asymmetrie von Membranen

Membranen haben unterscheidbare Innen- und Außenseiten. Die beiden Lipidschichten einer Membran können sich in der Lipidzusammensetzung unterscheiden. Membranproteine haben eine definierte Ausrichtung in der Membran, die für ihre Funktion wichtig ist. Abbildung 7.4 zeigt, wie die **Membranasymmetrie** entsteht: Die Verteilung von Proteinen, Lipiden und der mit ihnen assoziierten Kohlenhydrate in der Plasmamembran wird bereits bei ihrer Synthese durch das endoplasmatische Reticulum (ER) und den Golgi-Apparat festgelegt; beides Bestandteile des Endomembransystems.

VERSTÄNDNISFRAGEN

1. Die Kohlenhydratreste, mit denen die meisten Proteine und manche Lipide der Plasmamembran modifiziert sind, werden bei der Biosynthese dieser Membrankomponenten im ER und im Golgi-Komplex angefügt. Die neu entstandene Membran wird dann in Transportvesikel integriert, die zur Zelloberfläche wandern. Auf welcher Seite der Vesikelmembran befinden sich die Glykosylreste?

2. WAS WÄRE, WENN? Wie sollte sich Ihrer Einschätzung nach der Sättigungsgrad der Fettsäurereste (Acylreste) von Pflanzen, die an kalte Umgebungen angepasst sind, von solchen unterscheiden, die an heiße Umgebungen angepasst sind?

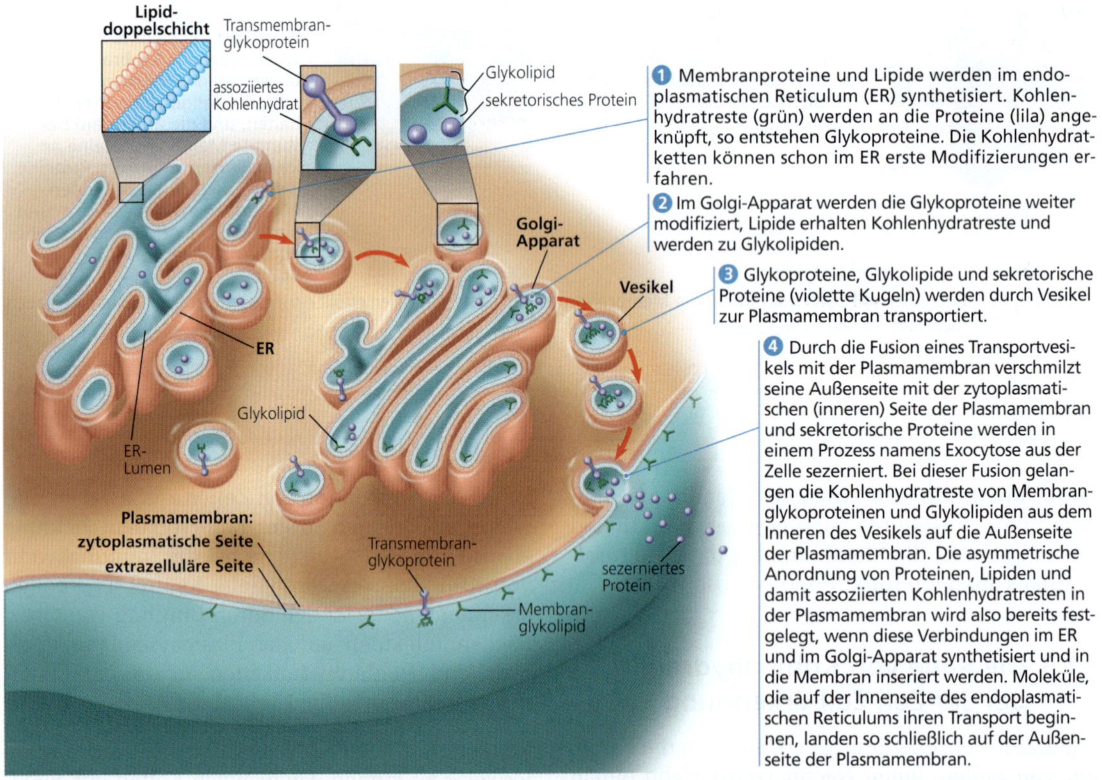

Abbildung 7.4: Synthese von Membrankomponenten und ihre Ausrichtung in der entstehenden Membran. Die Plasmamembran besitzt unterscheidbare Seiten – eine zytoplasmatische (orange) und eine extrazelluläre (wasserblau). Die extrazelluläre Seite der Plasmamembran entspricht topologisch der Innenseite der ER-Membran (und der Membranen des Golgi-Apparates und der Transportvesikel).

7.2 Membranen sind aufgrund ihrer Struktur selektiv permeabel

Biologische Membranen sind ausgezeichnete Beispiele für supramolekulare Gebilde – viele Moleküle, die eine höhere Organisationsebene aufweisen – mit zusätzlichen und neuen Eigenschaften, die die Einzelmoleküle so nicht haben. Das Flüssig-Mosaik-Modell hilft zu erklären, wie Membranen Stoffströme in und durch die Zelle regulieren.

Ein andauernder Fluss von niedermolekularen Verbindungen und Ionen durchquert die Plasmamembran in beide Richtungen. Betrachten wir den Stoffaustausch zwischen einer Muskelzelle und der extrazellulären Flüssigkeit, die sie umgibt. Zucker, Aminosäuren und andere Nährstoffe gelangen in die Zelle, Stoffwechselabfälle verlassen sie. Die Zelle nimmt Sauerstoff auf, um die Zellatmung durchführen zu können, und gibt Kohlendioxid ab. Außerdem reguliert die Zelle die Konzentrationen von Ionen wie K^+, Na^+, Ca^{2+} und Cl^-, indem diese in der einen oder anderen Richtung durch die Plasmamembran befördert werden. Obwohl ein Stofftransport durch die Membran in erheblichem Umfang stattfindet, sind Zellmembranen selektiv durchlässig, sodass nicht alle Stoffe dieses Hindernis überwinden können. Die Zelle kann zahlreiche niedermolekulare Substanzen wie die genannten Ionen aufnehmen, dabei jedoch andere vom Transport ausschließen. Darüber hinaus wandern die transportierten Stoffe mit unterschiedlichen Geschwindigkeiten durch die Membran.

7.2.1 Die Permeabilität der Lipiddoppelschicht

Apolare Moleküle wie hydrophobe Kohlenwasserstoffe sowie Gase wie Kohlendioxid und Sauerstoff lösen sich in der Lipiddoppelschicht und durchqueren diese daher auch ohne die Unterstützung durch Membranproteine. Der hydrophobe Kernbereich der Membran erlaubt jedoch nicht die direkte Passage von Ionen und hydrophilen Molekülen. Moleküle wie Glucose und andere Zucker passieren eine Lipiddoppelschicht daher bestenfalls sehr langsam. Selbst Wasser, das ja ein sehr kleines polares Molekül ist, durchquert sie nicht sehr schnell, wenngleich die meisten Membranen nicht wirklich wasserimpermeabel sind. Für ein elektrisch geladenes Ion und seine Hydrathülle (siehe Abbildung 3.4) ist der hydrophobe Kern der Membran noch schwieriger zu überwinden. Die Lipiddoppelschicht ist nur ein Aspekt des Kontrollsystems, das für die selektive Durchlässigkeit einer Zellmembran verantwortlich ist. Darüber hinaus spielen intrinsische Membranproteine bei der Regulierung von Transportvorgängen eine entscheidende Rolle.

7.2.2 Transportproteine

Zellmembranen sind für bestimmte Ionen und eine Vielzahl polarer Moleküle selektiv permeabel. Diese hydrophilen Stoffe können den Kontakt mit der hydrophoben Lipidphase der Membran umgehen, indem sie durch transmembrane **Transportproteine** in die Zelle gelangen.

Eine Untergruppe derartiger „Transporter“ sind die Kanalproteine, die einen hydrophilen Kanal (= eine Pore) durch die Membran bilden, der bezüglich seiner Geometrie so bemessen ist, dass nur bestimmte Moleküle oder kleine Ionen ihn als Tunnel durch die Membran nutzen können (Abbildung 7.3a links). So wird etwa der Durchtritt von Wassermolekülen durch die Membranen vieler Zellen durch spezielle Kanalproteine, die **Aquaporine**, sehr erleichtert. Jedes Aquaporinmolekül erlaubt den Durchtritt von bis zu drei Milliarden (3×10^9) Wassermolekülen pro Sekunde, die der Reihe nach durch die Pore wandern, die bis zu zehn Moleküle gleichzeitig aufnehmen kann. Die Kanalproteine führen also zu einer enormen Erhöhung der Geschwindigkeit des Vorganges. Andere Transportproteine, die im Englischen als *carrier proteins* bezeichnet werden, transportieren ihre Fracht, indem sie ihre Konformation ändern (Abbildung 7.5a rechts). Ein Transportprotein ist spezifisch für das transportierte Molekül oder die transportierten Moleküle. Die Transporter-unterstützte Diffusion erfolgt rund 50.000-mal schneller als die reine Diffusion.

VERSTÄNDNISFRAGEN

1. Zwei Molekülsorten, die eine Lipiddoppelschicht ohne die Hilfe von Membranproteinen durchqueren können, sind O_2 und CO_2. Welche Eigenschaft(en) sind dafür verantwortlich?

2. Warum sind Wassermoleküle auf ein Transportprotein angewiesen, um rasch und in großer Menge durch eine Membran gelangen zu können?

3. WAS WÄRE, WENN? Aquaporine sind für Hydroniumionen (H_3O^+) impermeabel. Neuere Forschungen haben jedoch eine Rolle von Aquaporinen beim Fettstoffwechsel offenbart. Einige Aquaporinformen lassen neben Wasser auch Glycerinmoleküle (einen dreiwertigen Alkohol; siehe Abbildung 5.8) durch. Worin vermuten Sie die Grundlage für diese Selektivität, da doch das H_3O^+-Ion in seiner Größe dem Wassermolekül praktisch entspricht, das Glycerinmolekül aber viel größer ist?

7.3 Passiver Transport ist die energieunabhängige Diffusion einer Substanz durch eine Membran

Die Teilchen bzw. Moleküle einer Flüssigkeit oder eines Gases befinden sich in ständiger Bewegung. Die Intensität dieser Eigenbewegung ist von der Umgebungstemperatur abhängig: mit steigender Temperatur nimmt diese Bewegung zu und mit sinkender Temperatur ab. Diese „ungeordnete Wärmebewegung" nennt man nach ihrem Entdecker Brown'sche Molekularbewegung. Das Phänomen der **Diffusion** folgt aus dieser dauernden thermischen Molekularbewegung. Diffusion ist die spontane und vollständige, irreversible Durchmischung von Teilchen in miteinander in Kontakt stehenden Stoffen – seien diese fest, flüssig oder gasförmig. Jedes einzelne Teilchen (Molekül, Atom, Ladungsträger) bewegt sich zwar völlig regellos, aber eine Vielzahl von Teilchen (ein Ensemble) kann unter bestimmten Bedingungen in seiner Gesamtheit in eine Vorzugsrichtung diffundieren. Betrachten wir im Gedankenexperiment eine künstliche Membran, die in einem einzigen Gefäß reines Wasser auf der einen Membranseite von einer wässrigen Farbstofflösung auf der anderen Seite trennt. Die Membran sei für die Farbstoffmoleküle durchlässig (Abbildung 7.5a). Jedes Farbstoffmolekül wandert infolge der Brown'schen Molekularbewegung regellos (stochastisch) umher, doch stellt sich im Lauf der Zeit eine Nettowanderung von Farbstoffmolekülen in das gegenüber befindliche reine Wasser ein. Dieser Vorgang findet so lange statt, bis auf beiden Seiten der Membran gleiche Konzentrationen an Farbstoffmolekülen vorliegen. Ist dieser Punkt erreicht (thermodynamisches Gleichgewicht), so stoppt der Fluss nicht etwa, sondern es wandern zu jeder Zeit im Mittel gleich viele Farbstoffmoleküle in beide Richtungen. Dies ist ein weiteres Beispiel für ein dynamisches Gleichgewicht, ähnlich dem, das wir bei der Erörterung chemischer Reaktionen bereits kennengelernt haben. In vereinfachter Form können wir für die Diffusion eine simple Regel annehmen: Sofern keine anderen Kräfte einwirken, diffundiert ein Stoff genau so lange vom Ort höherer Konzentration zum Ort niedrigerer Konzentration, bis die Konzentrationen ausgeglichen sind. Anders gesagt, der Stoff diffundiert entlang seines **Konzentrationsgefälles**.

MERKE!

Die Teilchen bzw. Moleküle einer Flüssigkeit oder eines Gases befinden sich in ständiger Bewegung. Die Intensität dieser Eigenbewegung ist von der Umgebungstemperatur abhängig: mit steigender Temperatur nimmt diese Bewegung zu und mit sinkender Temperatur ab. Diese „ungeordnete Wärmebewegung" nennt man nach ihrem Entdecker Brown'sche Molekularbewegung.

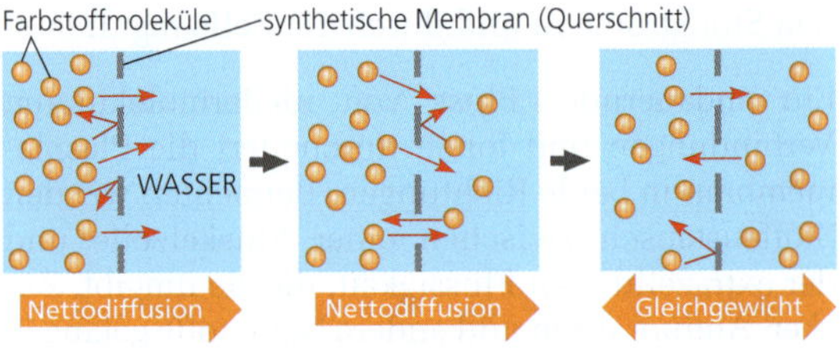

(a) Diffusion eines gelösten Stoffes. Die Membran enthält Poren, die groß genug sind, um die Farbstoffmoleküle durchzulassen. Die stochastisch erfolgende Molekularbewegung wird dazu führen, dass einige Farbstoffmoleküle durch die Poren der Trennwand hindurchtreten. Dies wird sich auf der Seite, die die höhere Konzentration an Farbstoffmolekülen enthält, im Mittel häufiger ereignen. In der Summe diffundieren die Farbstoffmoleküle von der Seite, wo sie konzentrierter sind, auf die Seite, wo ihre Konzentration geringer ist. Man spricht von einer Diffusion entlang eines Konzentrationsgefälles. Schließlich stellt sich ein dynamisches Gleichgewicht ein: Die gelösten Moleküle durchqueren weiterhin die Membran, jedoch mit gleicher Geschwindigkeit in beiden Richtungen.

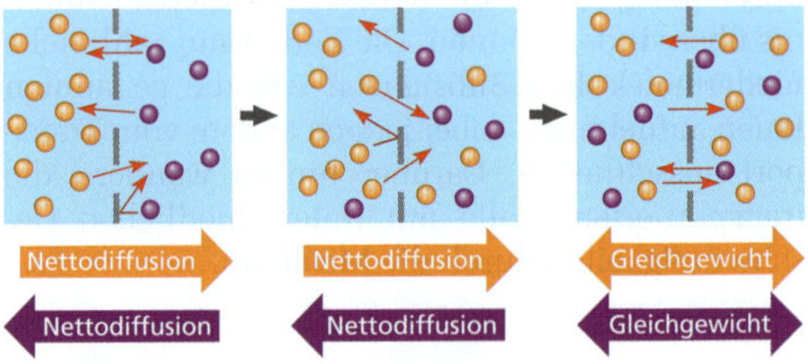

(b) Diffusion von zwei gelösten Stoffen. Die Lösungen zweier verschiedener Farbstoffe sind durch eine Membran voneinander getrennt, die durchlässig für beide Stoffe ist. Jeder Farbstoff diffundiert entlang *seines* Konzentrationsgefälles. Es wird eine Nettodiffusion des purpurnen Farbstoffs nach links (und des orangenen Farbstoffes nach rechts) geben, obgleich die Gesamtkonzentration an gelösten Stoffen auf der linken Seite schon zu Anfang höher war.

Abbildung 7.5: **Die Diffusion gelöster Stoffe durch eine biologische Membran.** Jeder der dicken Pfeile unter den Schemazeichnungen gibt die Richtung der Nettodiffusion der Farbstoffmoleküle der entsprechenden Farbe an.

MERKE!

Sofern keine anderen Kräfte einwirken, diffundiert ein Stoff genau so lange vom Ort höherer Konzentration zum Ort niedrigerer Konzentration, bis die Konzentrationen ausgeglichen sind. Anders gesagt, der Stoff diffundiert entlang seines Konzentrationsgefälles.

Dazu muss keine Arbeit am System verrichtet werden. Die Diffusion ist ein spontaner Prozess, der keinen Energieeintrag erfordert, da sich das System durch das Erreichen des thermodynamischen Gleichgewichts am Ende in einem energieärmeren Zustand als zu Beginn befindet. Man beachte, dass jeder Stoff seinem eigenen Konzentrationsgefälle folgt, welches von Konzentrationsunterschieden anderer Substanzen weitgehend unbeeinflusst ist (Abbildung 7.5b).

Ein Großteil der Transportvorgänge durch Membranen ist diffusionsgetrieben. Ist ein Stoff auf einer Seite der Membran stärker konzentriert als auf der anderen, besitzt das System eine Tendenz, dieses Konzentrationsgefälle auszugleichen.

Die **Diffusion** eines Stoffes durch eine biologische Membran wird als **Osmose** bezeichnet, weil die Zelle keine Stoffwechselenergie dafür aufwenden muss. Das Konzentrationsgefälle selbst beinhaltet die erforderliche Energie (siehe Kapitel 2). Rufen Sie sich jedoch in Erinnerung, dass biologische Membranen selektiv permeabel sind und sich daher die Diffusionsraten verschiedener Stoffe unterscheiden. Im Fall des Wassers erlauben es die Aquaporine den Molekülen, die Zellmembran sehr schnell zu durchqueren. Wie sich noch zeigen wird, hat diese Nettowanderung des Wassers durch die Plasmamembran bedeutsame Konsequenzen für die Zelle.

MERKE!

Die Diffusion eines Stoffes durch eine biologische Membran wird als Osmose bezeichnet.

7.3.1 Effekte der Osmose auf die Wasserbalance

Um zu erkennen, wie zwei Lösungen unterschiedlicher Konzentration miteinander wechselwirken, stellen wir uns ein U-Rohr vor, in dem sich eine semipermeable Membran befindet, die zwei Zuckerlösungen unterschiedlicher Konzentration miteinander verbindet (Abbildung 7.8). Die Poren in der teildurchlässigen Membran sind zu klein für die gelösten Zuckermoleküle, aber groß genug für Wassermoleküle. Wie wirkt sich dies auf die Konzentration des *Wassers* in den Lösungen aus? Die Lösung mit der höheren Zuckerkonzentration hat zwangs-läufig eine geringere Wasserkonzentration, folglich wird Wasser aus der niedriger konzentrierten Zuckerlösung eindiffundieren. Wir vernachlässigen hier die Adhäsion von Wassermolekülen an hydrophile, gelöste Teilchen, die die Konzentration an „freiem" Wasser senkt. Letztlich diffundiert das Wasser vom Ort höherer Konzentration zum Ort niedrigerer Konzentration freien Wassers, bis das Verhältnis auf beiden Seiten ausgeglichen ist (bei konzentrierteren Lösungen bedeutet das nicht unbedingt „identisch"). Die durch eine semipermeable Membran erfolgende *gerichtete* Diffusion eines Stoffes – hier Wasser – aufgrund eines Konzentrationsunterschiedes wird **Osmose** genannt. Die Wanderung von Wassermolekülen durch Zellmembranen und die Wasserbalance zwischen Zellen und ihrer Umgebung sind von entscheidender Bedeutung für einen Organismus.

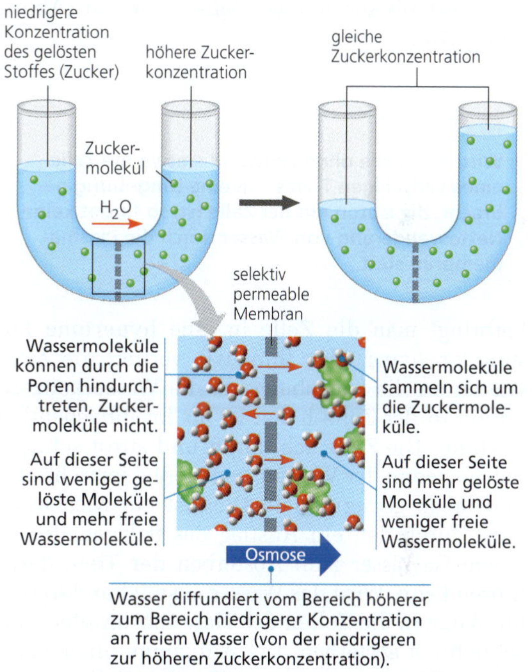

Abbildung 7.6: Osmose. Zwei Zuckerlösungen unterschiedlicher Konzentration sind durch eine semipermeable Membran getrennt, durch die das Lösungsmittel (Wasser, rot und grau) hindurchtreten kann, der gelöste Stoff (Zucker, grün) jedoch nicht. Die freien Wassermoleküle bewegen sich stochastisch und können in beide Richtungen wandern, aber letztlich diffundiert Wasser entlang seines Konzentrationsgefälles aus der geringer konzentrierten Zuckerlösung in die höher konzentrierte. Dieser gerichtete passive Wassertransport, die Osmose, gleicht die Zuckerkonzentrationen auf beiden Seiten nahezu aus. (Nahezu, weil der Wasserdruck auf beiden Seiten unterschiedlich ist, diesen Umstand lassen wir hier der Einfachheit halber außer Betracht.)

? Wie sähe die Verteilung eines orangen Farbstoffes am Ende des Vorganges aus, falls dieser in den linken Schenkel des U-Rohres gegeben würde und der Stoff membrangängig wäre? Würde der Meniskus der Lösung im rechten Schenkel davon beeinflusst? Wenn ja, wie?

Die Wasserbalance von Zellen ohne Zellwand Wenn wir betrachten, was mit einer Zelle in einer Lösung geschieht, müssen sowohl die Konzentration der Lösung als auch die Membranpermeabilität der Zelle in Betracht gezogen werden. Beide Faktoren fließen in das Konzept der **Tonizität** ein, das die Fähigkeit einer Lösung beschreibt, einer Zelle Wasser zu entziehen oder hinzuzufügen, also das Zellvolumen zu verändern. Die Tonizität einer Lösung hängt zum Teil von ihrer Konzentration an gelösten, membranimpermeablen Stoffen im Verhältnis zu deren Konzentration innerhalb der Zelle ab. Falls im umgebenden Medium eine höhere Konzentration membranimpermeabler gelöster Stoffe vorliegt (das heißt, falls im umgebenden Medium die Wasserkonzentration niedriger ist), wird Wasser aus der Zelle austreten (Abbildung 7.7a).

MERKE!

Wird eine Zelle ohne Zellwand – etwa die Zelle eines vielzelligen Tieres – in eine Umgebung gebracht, die isoton mit der Zelle ist, so findet keine Nettowanderung von Wasser durch die Plasmamembran statt.

Verbringt man die Zelle in eine **hypertone** Lösung (gr. *hyper*, über (hinaus)), verliert die Zelle Wasser an die Umgebung, da die Wasserkonzentration in der Zelle höher ist als im umgebenden Medium. Die Zelle schrumpft und stirbt schließlich ab, wenn der Vorgang weit genug fortschreitet und lange genug anhält. Dies ist ein Mechanismus, durch den ein Anstieg des Salzgehaltes in einem Gewässer zum Absterben der Tiere darin führen kann. Wird das Wasser ausreichend hyperton, können die Zellen der Tiere schrumpfen und schließlich absterben. Die Aufnahme einer übergroßen Wassermenge kann für eine Zelle jedoch ebenso gefährlich sein wie der Wasserverlust. Bringt man eine Zelle in eine **hypotone** Lösung (gr. *hypo*, unter), so diffundiert Wasser netto in die Zelle, diese schwillt an und platzt (lysiert) schließlich aufgrund des „osmotischen Druckes" (Abbildung 7.7a).

MERKE!

Hypoton: Eine Lösung hat eine *geringere* Konzentration als ein Vergleichsmedium.

Isoton: Eine Lösung hat *die gleiche* Konzentration wie ein Vergleichsmedium.

Hyperton: Eine Lösung hat eine *höhere* Konzentration als ein Vergleichsmedium.

Eine Zelle ohne eine starre Zellwand kann weder eine exzessive Einwärtsdiffusion noch einen übermäßigen Verlust an Wasser tolerieren. Dieses Problem der Wasserbalance entfällt, wenn sich die Zelle in isotoner Umgebung befindet. Meerwasser ist isoton bezüglich der meisten Wirbellosen des Meeres. Die Zellen der meisten landlebenden (terrestrischen) Tiere sind von einer extrazellulären Flüssigkeit umgeben, die isoton bezüglich dieser Zellen ist. Tiere und andere Organismen ohne feste Zellwände, die in hypo- oder hypertonen Umgebungen leben, müssen deshalb über spezielle Mechanismen zur **Osmoregulation** – der Kontrolle des osmotischen Druckes – verfügen.

MERKE!

Bringt man eine Zelle in eine hypotone Lösung, so diffundiert Wasser netto in die Zelle, diese schwillt an und platzt schließlich aufgrund des „osmotischen Druckes".

Die Wasserbalance von Zellen mit Zellwand Die Zellen von Pflanzen, Prokaryonten, Pilzen und manchen Protisten haben Zellwände (siehe Abbildung 6.16). Wird eine solche Zelle in eine hypotone Lösung verbracht (zum Beispiel Regenwasser), ist die Wand an der Aufrechterhaltung des Wassergleichgewichtes entscheidend beteiligt. Betrachten wir eine Pflanzenzelle, die durch den osmotischen Einstrom anschwillt (Abbildung 7.9b). Die vergleichsweise inelastische Zellwand wird sich aber nur geringfügig dehnen, bevor sie einen Gegendruck ausübt, der dem weiteren Wassereinstrom entgegenwirkt. Die Zelle wird in diesem Zustand als angeschwollen (**turgeszent**) bezeichnet, für die meisten Pflanzenzellen ein gesunder Zustand. Bei nicht verholzenden Pflanzen wie den meisten Zimmerpflanzen beruht die aufrechte Gestalt des Pflanzenkörpers auf diesem Innendruck (Turgor) der Zellen in hypotoner Umgebung. Sind die Zellen einer Pflanze isoton bezüglich des umgebenden Mediums, findet kein Nettoeinstrom von Wasser statt, der Turgor sinkt und die Zellen und in der Folge die gesamte Pflanze **erschlaffen** (erstes Symptom des Welkens).

MERKE!

Wird eine Zelle ohne Zellwand – etwa die Zelle eines vielzelligen Tieres – in eine Umgebung gebracht, die isoton mit der Zelle ist, so findet keine Nettowanderung von Wasser durch die Plasmamembran statt.

(a) Tierzelle. Einer Tierzelle geht es in einer isotonen Umgebung am besten, außer wenn sie über spezielle Anpassungen verfügt, die die osmotische Wasseraufnahme kompensieren.

(b) Pflanzenzelle. Pflanzenzellen sind turgeszent (prall gefüllt) und im Allgemeinen in einer hypotonen Umgebung, in der der Gegendruck der Zellwand dem Bestreben des Wassereinstroms entgegenwirkt, am „gesündesten".

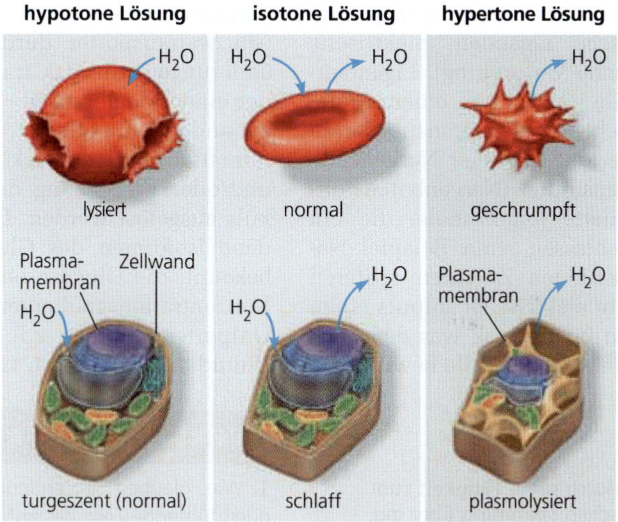

Abbildung 7.7: **Die Wasserbalance lebender Zellen.** Wie Zellen auf Veränderungen in der Tonizität des umgebenden Mediums reagieren, hängt davon ab, ob sie eine Zellwand besitzen oder nicht. **(a)** Tierzellen, wie das hier dargestellte rote Blutkörperchen, haben keine Zellwand. **(b)** Pflanzenzellen sind von Zellwänden umgeben. (Die Pfeile zeigen die Richtung der Nettobewegung des Wassers an, wenn die jeweilige Zelle in das entsprechende Medium überführt wird.

Die Zellwand stellt allerdings keinen Vorteil dar, falls die Zelle in eine hypertone Umgebung gelangt. In diesem Fall verlieren Zellen mit Zellwand genauso wie Tierzellen Wasser an die Umgebung und schrumpfen. In dem Maß, in dem der Zellkörper schrumpft, löst sich die Plasmamembran von der Zellwand ab. Dieses Phänomen wird **Plasmolyse** genannt, ist ein fortgeschrittenes Zeichen des Welkens und kann zum Tod der Pflanze führen. Die Plasmolyse ist in ihren Anfangsstadien umkehrbar, eine fortgeschrittene Plasmolyse jedoch irreversibel. Zellen von Bakterien und Pilzen mit einer Zellwand unterliegen in hypertoner Umgebung ebenfalls der Plasmolyse.

MERKE!

Bringt man die Zelle in eine hypertone Lösung, verliert die Zelle Wasser an die Umgebung, da die Wasserkonzentration in der Zelle höher ist als im umgebenden Medium.

7.3.2 Erleichterte Diffusion: Proteingestützter passiver Transport

Schauen wir uns näher an, wie Wasser und bestimmte andere hydrophile Stoffe die Membran durchqueren. Wie bereits früher erwähnt, diffundieren viele polare Moleküle und Ionen mit Unterstützung spezieller transmembraner Transportproteine passiv in die Zelle hinein oder aus ihr heraus. Dieses Phänomen wird als **erleichterte Diffusion** bezeichnet. Die molekularen Details des Transportmechanismus der erleichterten Diffusion sind Gegenstand der aktuellen Forschung. Die meisten Transportproteine sind hoch spezifisch, sie transportieren nur bestimmte Stoffe.

Man unterscheidet bei den Membrantransportern zwischen Kanalproteinen (kurz „Kanälen") und Carrierproteinen. Kanalproteine schaffen einfach Poren (= Kanäle), die den selektiven Durchtritt bestimmter Moleküle oder Ionen durch die Membran erlauben (Abbildung 7.8a). Diese Ionenkanäle können sehr komplex aus verschiedenen Untereinheiten aufgebaut sein und unterliegen teilweise hochkomplizierten Regulationsmechanismen. Die hydrophilen Kanäle dieser Proteine ermöglichen es kleinen hydratisierten Ionen, sehr rasch von einer Seite der Membran zur anderen Seite überzuwechseln, nachdem sie ihre Hydrathülle abgestreift haben. Obwohl Wassermoleküle klein genug sind, um die Lipiddoppelschicht ohne Weiteres durchqueren zu können, ist ihre Geschwindigkeit dabei infolge ihrer Polarität zu gering. Aquaporine erleichtern in Pflanzen- und Tierzellen wie zum Beispiel den roten Blutzellen als spezielle Wasserkanäle die Diffusion. Nierenzellen besitzen ebenso große Mengen von Aquaporinmolekülen in ihren Membranen, wodurch Wasser aus dem Harn zurückgewonnen werden kann, bevor er ausgeschieden wird.

Eine sehr umfangreiche Klasse von Kanalproteinen sind die **Ionenkanäle**, von denen viele **gesteuerte Kanäle** sind, die sich als Reaktion auf einen Stimulus hin öffnen oder schließen. Die

Stimuli können chemischer oder physikalischer Natur sein (chemische Liganden, elektrische Spannung, mechanische Verformung). Ligandengesteuerte Ionenkanäle werden von einem Molekül reguliert, das nicht mit dem transportierten Ion identisch ist. Die Reizung einer Nervenzelle durch einen Neurotransmitter (Nervenbotenstoff) öffnet ligandengesteuerte Ionenkanäle, die ein bestimmtes Ion durchlassen, zum Beispiel Natrium- oder Calciumkationen. Zu einem späteren Zeitpunkt aktiviert ein elektrischer Impuls einen spannungsgesteuerten Ionenkanal, was den Ausstrom von Kaliumionen aus der Zelle bewirkt.

MERKE!

Ein Transporter, der durch seine Tätigkeit zum Aufbau einer elektrischen Spannung über der Membran beiträgt, wird als elektrogene Pumpe bezeichnet.

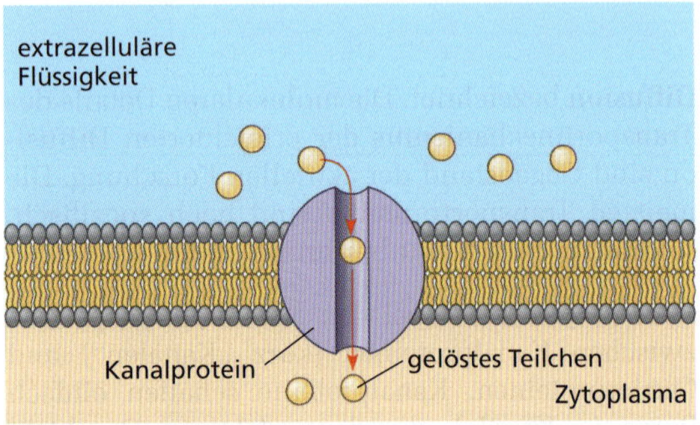

(a) Ein Kanalprotein (lila) weist einen Kanal auf, durch den Wassermoleküle oder bestimmte gelöste Teilchen den Kanal passieren können.

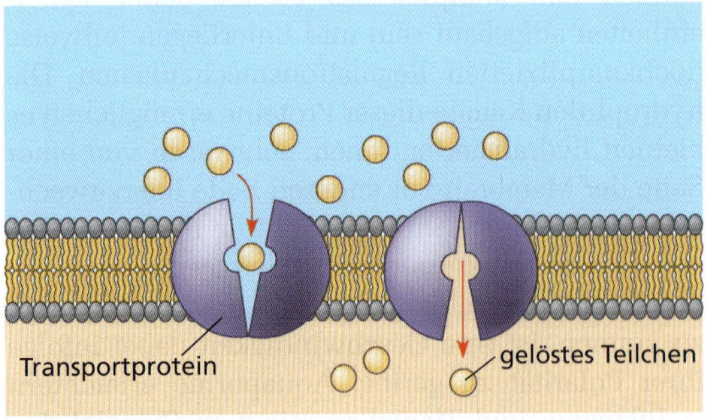

(b) Ein Transportprotein wechselt zwischen zwei alternativen Konformationen hin und her. Durch den Wechsel der Konformation wird ein Teilchen durch die Membran geschleust. Das Protein kann das gelöste Teilchen in beide Richtungen befördern. Die Nettobewegung dieser Transportvorgänge erfolgt entlang des herrschenden Konzentrationsgefälles des für den Kanal spezifischen Frachtgutes.

Abbildung 7.8: Zwei Typen von Transportproteinen, die die erleichterte Diffusion vermitteln. In beiden Fällen ermöglicht das Protein den Transport eines gelösten Stoffes entlang des vorliegenden Konzentrationsgefälles.

Carrierproteine wie der zuvor erwähnte Glucosetransporter durchlaufen Konformationsänderungen, die das transportierte Molekül auf der einen Membranseite binden und sich danach zur anderen hin öffnen (Abbildung 7.8b). Die Konformationsänderungen können durch die Bindung und/oder Freisetzung des transportierten Moleküls ausgelöst werden. Derzeit sind 14 verschiedene Isoformen des Glucostransporters (GLUT) bekannt, die Glucose oder Fructose entlang des Konzentrationsgradienten transportieren. Diese Uniporter kommen z.B. in den Epithelien von Dünndarm und Nieren vor.

VERSTÄNDNISFRAGEN

1. Wie, glauben Sie, entledigt sich eine die Zellatmung durchführende Zelle des anfallenden Kohlendioxids?

2. In Supermärkten wird ausliegendes Gemüse oft mit Wasser besprüht. Erläutern Sie, warum dies das Gemüse frisch aussehen lässt.

7.4 Aktiver Transport ist die energieabhängige Bewegung von Stoffen entgegen ihres Konzentrationsgefälles

Ungeachtet der Unterstützung durch Transporter wird die erleichterte Diffusion als passiver Transport eingestuft, weil der gelöste Stoff dabei einfach einem bestehenden Konzentrationsgefälle folgt („bergab Transport"). Die erleichterte Diffusion beschleunigt den Transport eines gelösten Stoffes durch die Bereitstellung einer geeigneten Membranpassage, ohne dabei die Transportrichtung zu ändern. Manche Transportproteine können jedoch gelöste Stoffe gegen ihr Konzentrationsgefälle („bergauf Transport") zum Beispiel durch die Plasmamembran pumpen und zwar von der Seite geringerer Konzentration hin zur Seite höherer Konzentration, gleich ob diese Seiten innen oder außen liegen.

7.4.1 Der Energiebedarf des aktiven Transports

Um ein Teilchen gegen sein Konzentrationsgefälle durch eine Membran zu befördern, ist Arbeit notwendig. Die Zelle muss Energie aufwenden, um das betreffende Teilchen an den neuen Ort zu „pumpen", da es von allein nicht in diese Richtung wandern würde. Diese Form des Membran-

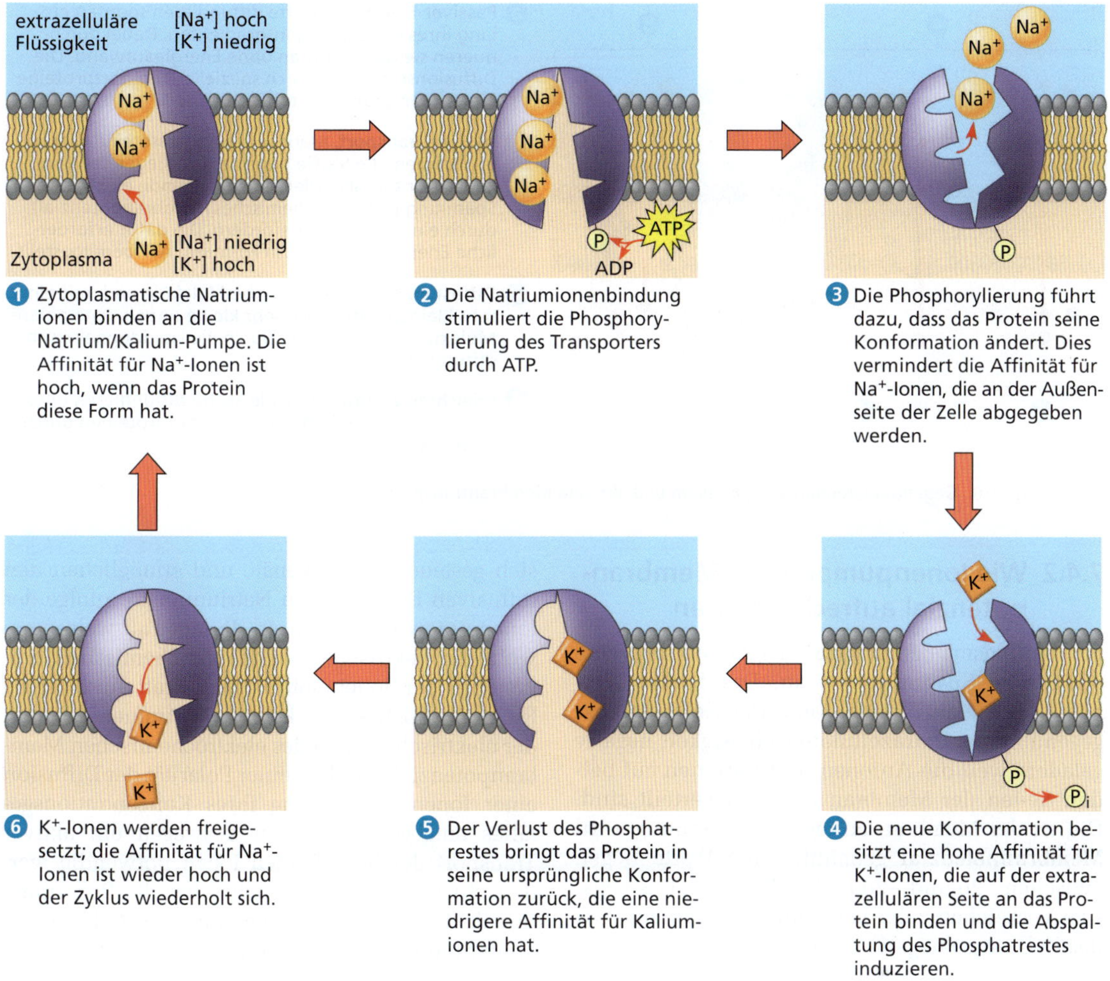

Abbildung 7.9: **Die Natrium/Kalium-Pumpe (Na^+/K^+-ATPase): eine spezielle Form des aktiven Transports.** Dieses Transportsystem pumpt Ionen gegen steile Konzentrationsgefälle: Die Natriumionenkonzentration, [Na^+], ist außerhalb der Zelle hoch und in der Zelle niedrig, die Kaliumionenkonzentration, [K^+], ist dagegen außerhalb der Zelle niedrig aber in der Zelle hoch. Die „Pumpe" (das Transportprotein) oszilliert zyklisch zwischen zwei alternativen Konformationen hin und her. Bei jedem Durchgang werden drei Natriumionen aus der Zelle gepumpt (Schritte 1–3), im Gegenzug werden zwei Kaliumionen hineintransportiert (Schritte 4–6). (Man beachte, dass so neben der Konzentrationsdifferenz gleichzeitig auch eine elektrische Potenzialdifferenz erzeugt wird, da der Transport insgesamt nicht elektroneutral ist, sondern „elektrogen".) Die beiden Konformationen des Proteins besitzen unterschiedliche Affinitäten für die beiden Ionentypen. Die Energie für die Konformationsänderung wird in Form von ATP durch eine Phosphorylierung des Transportproteins bereitgestellt.

transportes wird daher als **aktiver Transport** bezeichnet (Abbildung 7.9). Die Transportproteine, die gelöste Stoffe gegen ein Konzentrationsgefälle befördern, sind ausschließlich Carrierproteine und keine Kanalproteine. Das ist einleuchtend, denn ein offener Kanal kann kaum den Stoffdurchtritt in Richtung des herrschenden Gefälles verhindern.

Durch den aktiven Transport können Zellen im Inneren Konzentrationen niedermolekularer Substanzen aufrechterhalten, die sich von denen der Umgebung unterscheiden. Im Vergleich zu ihrer Umgebung weist etwa eine Tierzelle eine wesentlich höhere Konzentration an Kaliumionen und eine wesentlich niedrigere an Natriumionen auf. Die Pumpen der Plasmamembran und ihre Impermeabilität für Ionen sind für die steilen Konzentrationsgefälle dieser und anderer Stoffe verantwortlich, weil sie dauernd Natriumionen aus der Zelle heraus- und Kaliumionen in sie hineinpumpen.

Wie bei anderen Arbeitsvorgängen der Zelle liefert das ATP auch für den aktiven Transport die notwendige Energie, die Pumpmoleküle besitzen also eine ATPase-Aktivität und hydrolysieren unter Energiegewinn ATP zu ADP (Abbildung 7.10).

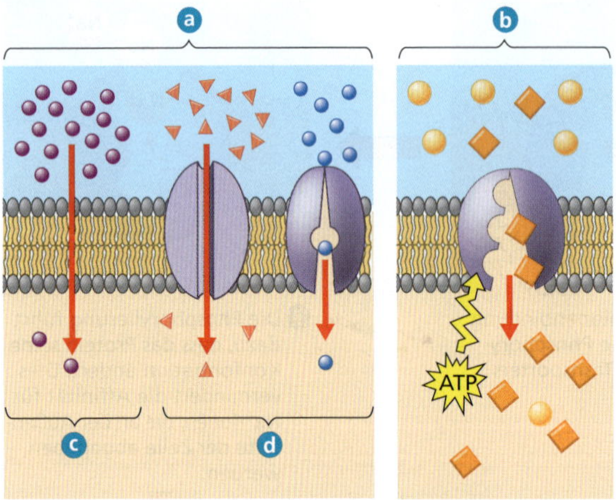

a **Passiver Transport.** Stoffe diffundieren spontan entlang ihres Konzentrationsgradienten. Dabei durchqueren sie die Membran ohne Energieaufwand. Die Diffusionsrate kann durch spezielle Transportproteine in der Membran stark erhöht werden.

b **Aktiver Transport.** Manche Transportproteine wirken als Pumpen, die Stoffe gegen ein vorliegendes Konzentrationsgefälle oder eine anliegende elektrische Spannung (= elektrochemisches Membranpotenzial) durch eine Membran befördern. Die dafür erforderliche Energie wird meist in Form von ATP bereitgestellt.

c **Diffusion.** Kleine hydrophobe Moleküle und (mit einer sehr kleinen Rate) auch sehr kleine ungeladene polare Moleküle können direkt durch die Lipiddoppelschicht diffundieren.

d **Erleichterte Diffusion.** Viele Stoffe diffundieren unter Verwendung von Kanal- oder Carrierproteinen durch Membranen.

Abbildung 7.10: **Gegenüberstellung von passivem und aktivem Membrantransport.**

7.4.2 Wie Ionenpumpen das Membranpotenzial aufrechterhalten

An den Plasmamembranen aller Zellen liegt eine elektrische Spannung (U) an. Das System verhält sich wie ein Kondensator. Das Zellinnere ist gegenüber der extrazellulären Flüssigkeit negativ geladen, weil die Anionen und Kationen auf beiden Seiten der Membran ungleich verteilt sind. Die an der Membran anliegende Spannung wird **Membranpotenzial** genannt, seine Werte liegen zwischen –20 und –200 mV (Millivolt). Das negative Vorzeichen zeigt konventionsgemäß an, dass das Zellinnere negativ geladen ist.

Das Membranpotenzial beeinflusst den Transport aller elektrisch geladenen Substanzen durch die Membran. Da das Zellinnere im Vergleich zum Außenraum negativ geladen ist, begünstigt das Membranpotenzial den passiven Einstrom von Kationen in die Zelle und den Ausstrom von Anionen. Es gibt daher zwei Kraftkomponenten, die die Diffusion von Ionen durch die Membran antreiben: eine chemische (der Konzentrationsunterschied) und eine elektrische (das Membranpotenzial). Diese Kombination von Kräften, die auf Ionen einwirkt, wird als **ionenmotorische Kraft** oder auch als **elektrochemisches Membranpotenzial** bezeichnet.

Im Fall von Ionen müssen wir daher unsere Vorstellung des passiven Transports verfeinern: Ein Ion diffundiert nicht einfach entlang seines Konzentrationsgefälles, sondern entlang des bestehenden elektrochemischen Membranpotenzials. So ist etwa die Konzentration an Natriumionen, $[Na^+]$, in einer Nervenzelle im Ruhezustand viel geringer als außerhalb. Wenn die Zelle gereizt wird, öffnen sich gesteuerte Ionenkanäle und ermöglichen den diffusiven Einstrom von Natriumionen infolge der ionenmotorischen Kraft. In diesem Fall weisen sowohl die elektrische als auch die chemische Komponente der ionenmotorischen Kraft in dieselbe Richtung, doch ist dies keineswegs immer so. Wenn der elektrische Anteil des elektrochemischen Membranpotenzials infolge seiner Polarität der Diffusion einer Ionensorte entlang ihres Konzentrationsgefälles entgegensteht, kann deswegen ein aktiver Transport der betreffenden Ionen notwendig werden. Später werden Sie mehr über die Bedeutung des elektrochemischen Membranpotenzials bei der Weiterleitung von Nervenimpulsen erfahren.

Manche Proteine, die am aktiven Transport von Ionen beteiligt sind, tragen damit auch zum Membranpotenzial bei. Ein Beispiel ist die schon erwähnte Natrium/Kalium-Pumpe. Aus Abbildung 7.9 haben Sie entnommen, dass dieses Protein Na^+ und K^+ nicht im Verhältnis 1:1 durch die Membran pumpt, sondern im Austausch für drei exportierte Natriumionen zwei Kaliumionen in die Zelle importiert. Durch diese Differenz ergibt sich pro Pumpvorgang netto eine positive Überschussladung aus dem Zytoplasma in die Extrazellularflüssigkeit. Dies entspricht der Aufladung eines Kondensators und ist nichts anderes als die Speicherung von Energie in Form einer elektrischen Spannung. Ein solcher Transporter, der durch seine Tätigkeit zum Aufbau einer elektrischen Spannung über der Membran beiträgt, wird als elektrogene Pumpe bezeichnet (Abbildung 7.11). Der Natrium/Kalium-Transporter scheint bei Tierzellen die wichtigste elektrogene Pumpe zu sein und ist bisher in jedem tierischen Zelltyp gefunden worden.

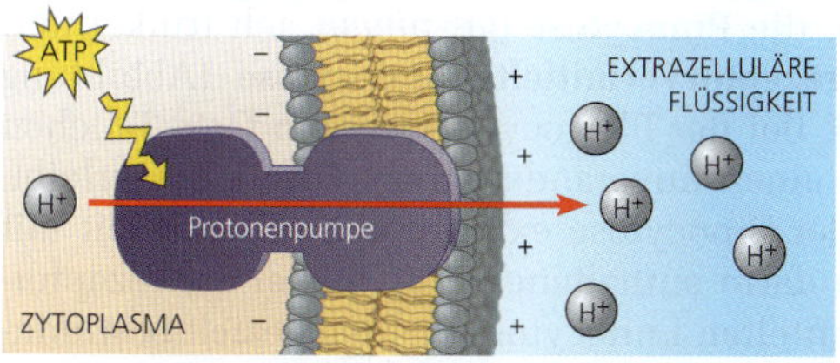

Abbildung 7.11: Die Protonenpumpe als Beispiel für eine elektrogene Ionenpumpe. Protonenpumpen sind Membranproteine, die durch Ladungstrennung eine an der Membran anliegende elektrische Spannung erzeugen und so Energie speichern. Protonenpumpen transportieren meist unter Verwendung von ATP positive Ladungen in Form von Wasserstoffionen, [H^+]. Die elektrische Spannung und der Konzentrationsunterschied der H^+-Ionen stellen Energiequellen dar, die andere Vorgänge wie die Aufnahme von Nährstoffen antreiben können bzw. die Synthese von ATP aus ADP und anorganischem Phosphat in der Zellatmung ermöglichen.

7.4.3 Cotransport: Gekoppelter Transport durch ein Membranprotein

Eine einzelne, durch ATP angetriebene Pumpe, die einen bestimmten gelösten Stoff durch eine Membran befördert, kann mittels eines als **Cotransport** bezeichneten Mechanismus indirekt den Transport mehrerer anderer Stoffe bewirken (Abbildung 7.12). Eine Substanz, die durch **primär aktiven Transport** unter ATP-Verbrauch über eine Membran gepumpt wurde, kann Arbeit verrichten, wenn sie durch Diffusion wieder zurückströmt (analog einem Wasserkraftwerk). Ein anderes Transportprotein – der Cotransporter –, das von der Ionenpumpe unabhängig ist, nutzt dann den „bergab" gerichteten Stofffluss, um den „Bergauftransport" eines zweiten Stoffes gegen dessen Konzentrationsgradienten zu bewerkstelligen. Diesen Mechanismus nennt man daher **sekundär aktiven Transport**. So nutzen etwa Pflanzenzellen die protonenmotorische Kraft der Protonenpumpen in ihren Membranen, um den aktiven Transport von Aminosäuren, Zuckern und diversen anderen Nährstoffen in die Zelle hinein zu betreiben. Ein solches Protein koppelt den Rückstrom der Wasserstoffionen an den Import von Saccharosemolekülen (Rohrzuckermoleküle; Abbildung 7.12). Dieses Protein kann Saccharose gegen ein Konzentrationsgefälle transportieren, aber nur zusammen mit einem Wasserstoffion. Das Wasserstoffion benutzt den Saccharose/H^+-Cotransporter als Schleuse, um entlang eines bestehenden elektrochemischen Membranpotenzials zu fließen, das durch die Aktivität der Protonenpumpe erzeugt und aufrechterhalten wird. Pflanzen benutzen den Saccharose/H^+-Cotransport, um die durch die Fotosynthese produzierte Saccharose in die Zellen der Blattadern zu überführen. Die Leitgewebe der Pflanze verteilen dann den erzeugten Zucker in der gesamten Pflanze, auch an fotosynthetisch nicht aktive Bereiche wie die Wurzeln.

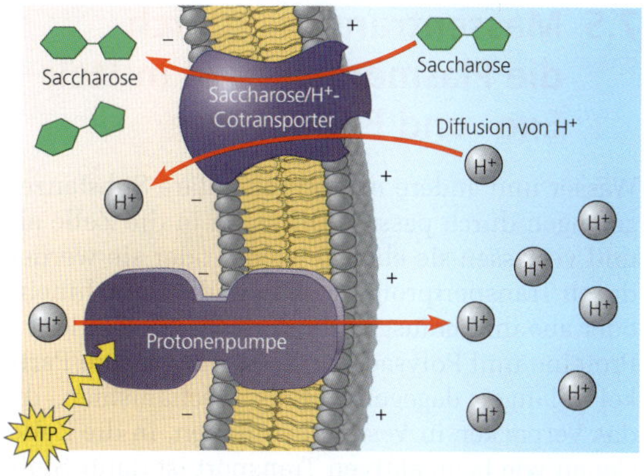

Abbildung 7.12: Cotransport: von einem Konzentrationsgefälle getriebener sekundär aktiver Transport. Ein Carrierprotein wie der hier gezeigte Saccharose/H^+-Cotransporter kann die durch eine protonenmotorische Kraft (engl. *proton motive force*, pmf) getriebene, gerichtete Diffusion von Protonen zur Aufnahme von Saccharose in die Zelle nutzen. Die pmf wird separat von einer ATP-getriebenen Protonenpumpe erzeugt, die Protonen außerhalb der Zelle anreichert und dadurch Energie für den aktiven Transport von in diesem Fall Saccharose bereitstellt. Die für den Cotransport notwendige Energie entstammt somit indirekt dem ATP.

Was man über Phänomene wie den Cotransport, die Osmose und den Wasserhaushalt bei Tierzellen gelernt hat, war hilfreich für die Entwicklung einer wirksamen Behandlung von Dehydrierungszuständen als Folge von Durchfallerkrankungen, die in Entwicklungsländern, wo die hygienischen Zustände mangelhaft und Darmparasiten weit verbreitet sind, ein ernstes Problem darstellen. Den Betroffenen wird eine Lösung mit einer hohen Glucose- und Kochsalzkonzentration (NaCl) verabreicht. Das gelöste Na^+ und die Glucose werden durch die Na^+/Glucosecotransporter an der Oberfläche der Darmzellen aufgenommen und durch die Darmzellen in den Blutstrom überführt. Der Anstieg der Menge gelöster Stoffe im Blut zieht Wasser aus den Darmzellen in das Blut, was zur Rehydratisierung des gesamten Körpers führt.

VERSTÄNDNISFRAGEN

1. Verbraucht die Natrium/Kalium-Pumpe, die Nervenzellen verwenden, um eine elektrische Spannung an ihrer Plasmamembran aufzubauen, ATP für den Pumpvorgang oder erzeugt das Protein beim Pumpvorgang ATP? Warum ist das so?

2. Erläutern Sie, warum die in Abbildung 7.9 dargestellte Natrium/Kalium-Pumpe nicht als Cotransporter angesehen wird.

3. WAS WÄRE, WENN? Was würde passieren, falls Zellen ein Kanalprotein besäßen, das einen ungehinderten Durchtritt von Wasserstoffionen erlaubte?

7.5 Massentransport durch die Plasmamembran mittels Exo- und Endocytose

Wasser und andere niedermolekulare Substanzen gelangen durch passive Diffusion in die Zelle ein und verlassen sie ebenso wieder oder sie werden durch Transportproteine aktiv in die Zelle hinein- oder aus ihr herausgepumpt. Große Moleküle wie Proteine und Polysaccharide sowie größere Partikel gelangen dagegen mittels Mechanismen, die das Verpacken in Vesikel beinhalten, in die Zelle. Genau wie beim aktiven Transport ist dafür Stoffwechselenergie notwendig.

7.5.1 Exocytose

Wie in Kapitel 6 ausgeführt wurde, sezerniert die Zelle bestimmte Biosyntheseprodukte durch die Fusion von Vesikeln mit der Plasmamembran. Dieser Vorgang wird **Exocytose** genannt. Ein vom Trans-Golgi-Apparat stammendes Transportvesikel beladen mit sekretorischen Proteinen wandert an Mikrotubuli entlang zur Plasmamembran. Wenn die Vesikelmembran und die Plasmamembran in Kontakt kommen, durchdringen sich die Lipidschichten der beiden Membranen und verschmelzen miteinander. Der Vesikelinhalt ergießt sich dann in die Umgebung der Zelle und die Vesikelmembran mit zusätzlichen Membranproteinen wird zu einem Teil der Plasmamembran (Abbildung 7.3).

Viele sekretorisch aktive Zellen bedienen sich zum Export ihrer Erzeugnisse der Exocytose.

7.5.2 Endocytose

Bei der Endocytose nimmt eine Zelle Moleküle und/oder größere Teilchen wie andere Zellen oder Zellbruchstücke auf, indem sie an der Plasmamembran Vesikel bildet und abschnürt. Man unterscheidet phänomenologisch drei Formen der Endocytose: die **Phagocytose** (gr. *phagein*, ich esse), die **Pinocytose** (gr. *pinein*, ich trinke) und die **rezeptorvermittelte Endocytose** (Abbildung 7.13). Bei der Phagocytose werden feste Teilchen (mit einer unveränderlichen Form) einverleibt, bei der Pinocytose extrazelluläre Flüssigkeit mit allen darin enthaltenen Stoffen, bei der rezeptorvermittelten Endocytose werden gezielt bestimmte Rezeptormoleküle mit den daran gebundenen **Liganden** internalisiert. Die über endocytotische Vesikel transportierten Teilchen gelangen in der Regel über das Endosom zum Lysosom und werden dort verdaut. Alternativ kann der Rezeptor nach Trennung von gebundenen Molekülen im Endosom an die Plasmamembran zurücktransportiert werden.

Vesikel dienen nicht nur dem Transport von Stoffen zwischen der Zelle und ihrer Umgebung, sondern stellen auch einen Mechanismus zur „Verjüngung" oder zum Umbau der Plasmamembran dar. Endo- wie Exocytose laufen bei den meisten eukaryontischen Zellen konstitutiv ab, dennoch bleibt die Plasmamembranfläche einer nicht im Wachstum befindlichen Zelle beinahe konstant. Offensichtlich wird der Zugewinn an Membranfläche einerseits durch den Membranverlust andererseits gerade ausgeglichen.

VERSTÄNDNISFRAGEN

1. Wenn eine Zelle wächst, muss sich ihre Plasmamembran vergrößern. Ist daran die Endocytose, die Exocytose oder sind beide Vorgänge beteiligt? Erläutern Sie die Antwort.

2. WAS WÄRE, WENN? Um ein Nervensignal zu übermitteln, setzt ein Neuron exocytotisch Signalmoleküle frei, die von einem zweiten Neuron oder einer anderen Effektorzelle wahrgenommen werden. In manchen Fällen beendet das signalgebende Neuron den Reiz, indem es den freigesetzten Signalstoff auf dem Weg der Endocytose großenteils wieder einsammelt. Würden Sie erwarten, dass dies durch Pinocytose oder durch rezeptorvermittelte Endocytose geschieht? Erläutern Sie Ihre Antwort.

Phagocytose

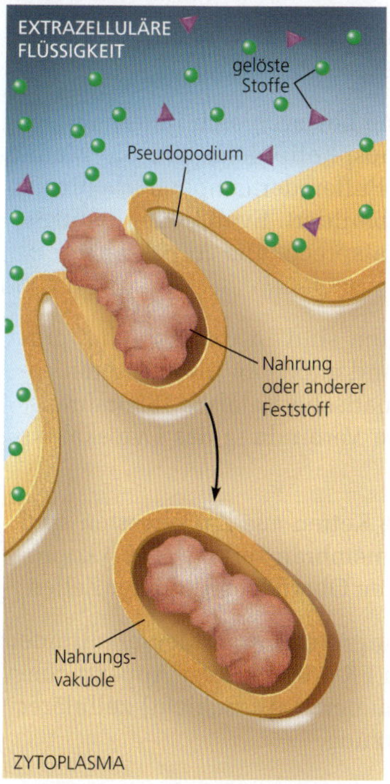

Bei der **Phagocytose** umschließt eine Zelle einen Feststoff, indem sie ihn mit Pseudopodien (Scheinfüßchen; Singular *Pseudopodium*) umfließt und schließlich ganz mit ihrer Plasmamembran umhüllt. Solche phagocytotischen Vesikel bezeichnet man nach ihrer Internalisierung als Nahrungsvakuolen. Der phagocytierte Partikel wird verdaut, wenn diese Nahrungsvakuole mit einem oder mehreren Lysosomen zu einem Phagolysosom verschmolzen ist.

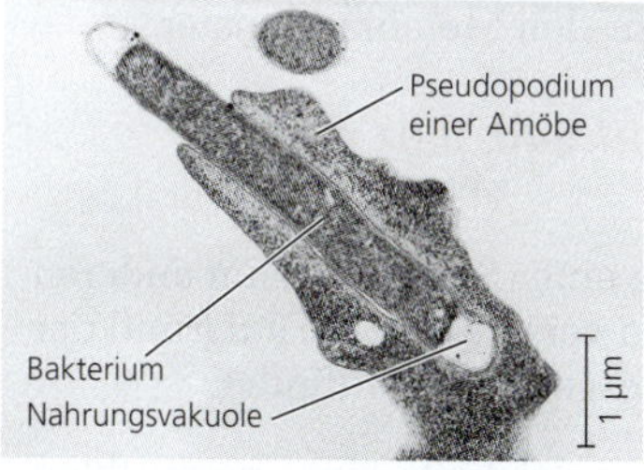

Eine Amöbe umfließt ein Bakterium während der Phagocytose (transmissionselektronenmikroskopische Aufnahme).

Pinocytose

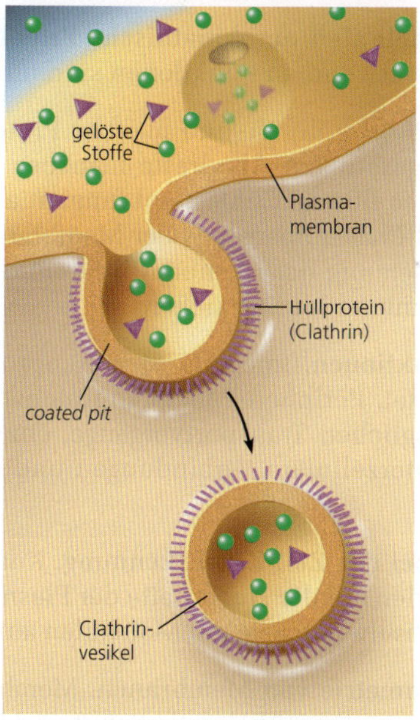

Bei der **Pinocytose** internalisiert (aufnehmen) die Zelle Tröpfchen der extrazellulären Flüssigkeit in Form kleiner Vesikel. Es ist nicht die Flüssigkeit selbst, die die Zelle benötigt, sondern die darin gelösten Stoffe. Da alle in der Extrazellularflüssigkeit gelösten Stoffe dabei von der Zelle aufgenommen werden, ist die Pinocytose bezüglich der aufgenommenen Substanzen ein unspezifischer Vorgang. In vielen Fällen ist die Innenseite der an der Vesikelbildung beteiligten Bereiche der Plasmamembran mit einer Schicht von Hüllproteinen, dem Clathrin, ausgekleidet; die zugehörigen Vertiefungen (engl. *pits*, Gruben) in der Membran werden als *coated pits* bezeichnet.

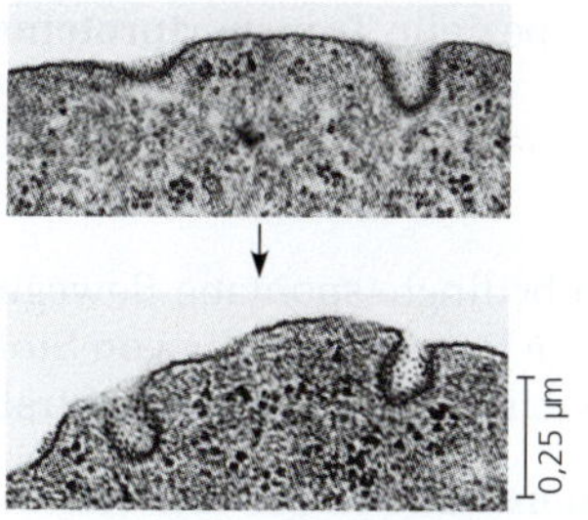

Bildung pinocytotischer Vesikel (transmissionselektronenmikroskopische Aufnahmen)

Rezeptorvermittelte Endocytose

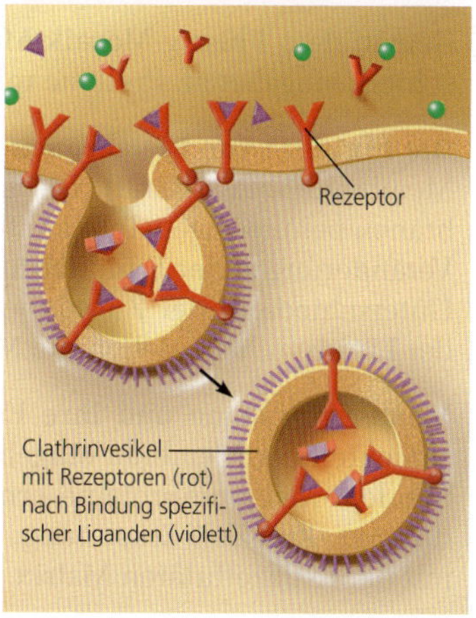

Die **rezeptorvermittelte Endocytose** ist ein spezialisierter Typ der Pinocytose und versetzt die Zelle in die Lage, größere Mengen spezifischer Stoffe kontrolliert aufzunehmen, obgleich der betreffende Stoff in der extrazellulären Flüssigkeit vielleicht nur in geringer Konzentration vorliegt. In die Membran sind spezifische, in den extrazellulären Raum gerichtete Rezeptorproteine eingebettet. Diese Rezeptorproteine sind normalerweise in Membranbereichen angereichert, die infolge ihrer Erscheinung auf elektronenmikroskopischen Bildern als *coated pit* bezeichnet werden. An die Rezeptoren bindende Stoffe werden als deren Liganden bezeichnet. Kommt es zu einer ausreichenden Ligandenbindung, ist dies ein Signal, das die Abschnürung der coated pits als Clathrinvesikel (*coated vesicle*) veranlasst. Diese knospen in das Zellinnere ab. Man beachte, dass im Inneren der Vesikel die Konzentration gebundener Ligandenmoleküle (violett) relativ erhöht ist, dass aber auch andere Stoffe darin vorhanden sind (nicht dargestellt). Nach der Freisetzung des aufgenommenen Materials aus den Vesikeln werden die Rezeptoren zur Plasmamembran zurückgeführt und wieder in diese integriert (nicht dargestellt).

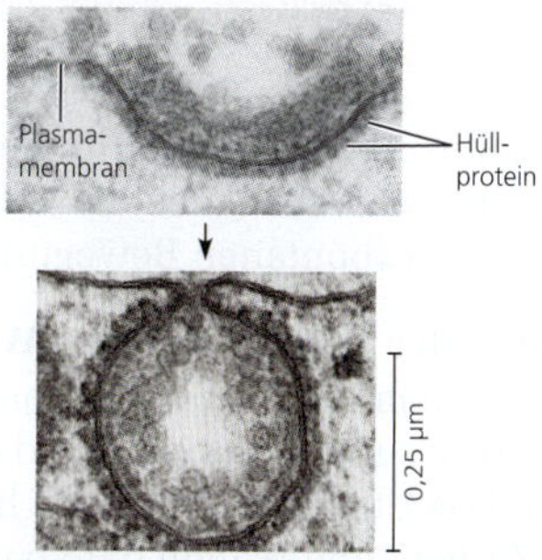

Oben: ein *coated pit*
Unten: ein Clathrinvesikel bildet sich im Verlauf der rezeptorvermittelten Endocytose (transmissionselektronenmikroskopische Aufnahmen).

Abbildung 7.13: Näher betrachtet. Die Endocytose in Tierzellen.

ZUSAMMENFASSUNG

Zellmembranen sind ein flüssiges Mosaik aus Lipiden und Proteinen

Gemäß dem **Flüssig-Mosaik-Modell** sind **amphipathische Proteine** in eine Phospholipiddoppelschicht eingebettet. Proteine mit verwandten Funktionen sind oft assoziiert.

Die Fluidität von Membranen. Phospholipide und manche Proteine bewegen sich innerhalb der Membranebene (lateral). Die ungesättigten Alkylreste mancher Phospholipide halten die Membranen bei niedrigen Temperaturen flüssig. Cholesterol fungiert als Puffer, der temperaturbedingte Veränderungen der Fluidität und Phasenübergänge der Membran abmildert. Evolutionär bedingte Unterschiede in der Zusammensetzung der Membranlipide und entsprechende Anpassungen in der Lipidsynthese stellen die Membranfluidität sicher.

Membranproteine und ihre Funktionen. Integrale Membranproteine sind in die Phospholipidschichten der Membran eingebettet. Periphere Membranproteine sind außen an die Membran gebunden. Membranproteine ermöglichen Transportvorgänge, enzymatische Katalyse, Signaltransduktion, Zell-Zell-Erkennung, interzelluläre Verbindungen und die Verbindung des Cytoskeletts mit der extrazellulären Matrix.

Die Rolle von Kohlenhydraten bei der Zell-Zell-Erkennung. Kurze Ketten aus Zuckerresten sind kovalent mit Proteinen oder Lipiden auf der Außenseite der Plasmamembran verknüpft (Glykoproteine und Glykolipide). Dort wechselwirken sie mit Molekülen auf den Oberflächen anderer Zellen.

Synthese und topologische Asymmetrie von Membranen. Membranproteine und Membranlipide werden im endoplasmatischen Reticulum (ER) synthetisiert und im ER wie im Golgi-Apparat chemisch modifiziert. Die Innen- und die Außenhälften (innere und äußere Lipidschicht) zellulärer Membranen unterscheiden sich in ihrer molekularen Zusammensetzung.

Membranen sind aufgrund ihrer Struktur selektiv permeabel

Eine Zelle muss Moleküle und Ionen mit ihrer Umgebung austauschen. Dieser Vorgang findet an der **Plasmamembran** statt. Er wird durch die selektive Permeabilität der Plasmamembran reguliert.

Die Permeabilität der Lipiddoppelschicht. Hydrophobe (= lipophile) Stoffe sind lipidlöslich und durchqueren Membranen rasch.

Polare Moleküle und Ionen benötigen spezielle **Transportproteine** für den Membrantransfer.

Passiver Transport ist die energieunabhängige Diffusion einer Substanz durch eine Membran

Diffusion ist zum einen die thermisch bedingte spontane Bewegung einer Substanz, zum anderen wird darunter aber auch die vollständige Durchmischung von Stoffen verstanden, die aufgrund der genannten spontanen Bewegung, jedoch entlang eines Konzentrationsgefälles, stattfindet.

Effekte der Osmose auf den Wasserhaushalt. Wasser diffundiert von der Seite einer permeablen Membran mit der verdünnteren (hypotonen) Lösung zur Seite mit der höher konzentrierten (hypertonen) Lösung (Osmose). Sind die Konzentrationen gleich (isoton), findet kein osmotischer Fluss statt. Das Überleben der Zelle hängt vom Ausgleich zwischen Wasseraufnahme und Wasserverlust ab. Zellen ohne Wände (wie bei Tieren und vielen Protisten) sind isoton mit ihrer Umgebung oder verfügen über Mechanismen zur Osmoregulation. Die Zellen von Pflanzen, Pilzen, zahlreichen Protisten und Prokaryonten besitzen relativ feste Wände, die verhindern, dass die Zellen in hypotoner Umgebung platzen.

Erleichterte Diffusion: Passiver Transport mit Unterstützung durch Proteine. Bei der erleichterten Diffusion beschleunigt ein Transportprotein den Durchtritt von Wasser oder eines Stoffes durch eine Membran. Der Fluss folgt dem Konzentrationsgefälle. Ionenkanäle, die auch geregelt sein können, erleichtern die Diffusion von Ionen durch eine Membran. Carrierproteine transportieren gelöste Moleküle mittels einer Konformationsänderung über eine Membran.

Aktiver Transport ist die energieabhängige Bewegung von Stoffen entgegen ihrem Konzentrationsgefälle

Der Energiebedarf des aktiven Transports. Bestimmte Membranproteine verbrauchen Energie, in der Regel in Form von ATP, um den aktiven Transport zu bewerkstelligen. Ein Beispiel dafür ist die Natrium/Kaliumpumpe.

Ionenpumpen halten das Membranpotenzial aufrecht. Ionen können sich sowohl in ihrer Konzentration auf den beiden Seiten einer Membran unterscheiden als auch ein elektrisches Potenzial in Form einer Spannung erzeugen. Diese Triebkräfte addieren sich zum elektrochemischen Membranpotenzial beziehungsweise zur ionenmotorischen Kraft, die die Diffusionsrichtung der betreffenden Ionensorte bestimmt. Elektrogene Ionenpumpen, wie die Natrium/Kaliumpumpe und Protonenpumpen, sind Transportproteine, die elektrochemische Membranpotenziale erzeugen.

Cotransport. Durch ein Membranprotein gekoppelte Transportvorgänge. Die „bergab“ erfolgende Diffusion eines gelösten Stoffes treibt den „Bergauftransport“ eines anderen an.

Massentransport durch die Plasmamembran mittels Exo- und Endocytose

Exocytose. Bei der Exocytose wandern Transportvesikel zur Plasmamembran, fusionieren mit ihr und setzen dabei ihren Inhalt frei.

Endocytose. Bei der Endocytose werden Stoffe über Vesikel, die sich von der Plasmamembran abschnüren, internalisiert. Die drei Spielarten der Endocytose sind die Phagocytose, die Pinocytose und die rezeptorvermittelte Endocytose.

Energie und Leben

8

8.1 Im Stoffwechsel von Organismen werden Stoffe und Energie gemäß den Gesetzen der Thermodynamik umgewandelt

Der **Stoffwechsel** oder **Metabolismus** (gr. *metabole*, Veränderung) ist die Gesamtheit der in einem Organismus ablaufenden (bio)chemischen Prozesse, die seinem Auf- und Umbau beziehungsweise dem Erhalt seiner Substanz, seiner Funktion und Energieversorgung dienen.

> **MERKE!**
> **Der Stoffwechsel oder Metabolismus ist die Gesamtheit der in einem Organismus ablaufenden (bio)chemischen Prozesse, die seinem Auf- und Umbau beziehungsweise dem Erhalt seiner Substanz, seiner Funktion und Energieversorgung dienen.**

8.1.1 Die biochemischen Prozesse sind in Stoffwechselpfaden organisiert

Der Stoffwechsel einer Zelle kann in Form eines ausgefeilten Plans mit Tausenden von Reaktionen, arrangiert in sich kreuzenden Pfaden, dargestellt werden, wobei es aber nahezu unmöglich ist, alle Verknüpfungen der einzelnen Stoffwechselpfade untereinander darzustellen. Außerdem sind auch noch nicht alle Beziehungen der einzelnen Reaktionen zueinander komplett aufgeklärt.

Der Stoffwechsel insgesamt verwaltet die Stoff- und Energiereserven der Zelle. Einige Stoffwechselpfade setzen Energie durch den Abbau komplexer Moleküle zu einfacheren Verbindungen frei. Diese Abbauprozesse werden als **katabole Stoffwechselwege**, in ihrer Gesamtheit auch als **Katabolismus** bezeichnet. Ein zentraler Stoffwechselweg des Katabolismus ist die Zellatmung, in deren Verlauf der Zucker Glucose sowie andere organische Brennstoffe letztlich durch Sauerstoff zu Kohlendioxid und Wasser oxidiert („verbrannt") werden. Energie, die in den organischen Verbindungen gespeichert war, wird so für die Zelle verfügbar gemacht. Im Gegensatz dazu verbrauchen **anabole Stoffwechselwege** Energie für den Aufbau komplexerer Verbindungen aus einfachen Vorstufen; man spricht auch von biosynthetischen Stoffwechselwegen. Die durch katabole Prozesse freigesetzte Energie wird in dafür besonders geeigneten organischen Molekülen gespeichert und später dazu verwendet, den energieverbrauchenden **Anabolismus** zu ermöglichen.

Abbildung 8.1: Was verursacht bei diesen Pilzen die Biolumineszenz?

8.1.2 Energieformen

Unter **Energie** versteht man die Fähigkeit, Arbeit zu verrichten und so Veränderungen an einem System zu bewirken. Im täglichen Leben ist Energie unabdingbar, beispielsweise um Materie gegen widerstrebende Kräfte wie die Schwerkraft oder die Reibung zu bewegen. Man könnte auch sagen, dass Energie die Fähigkeit zum Umsortieren von Materie ist. Das Umblättern der Seiten dieses Buches erfordert Energie. Die Zellen Ihres Körpers verbrauchen Energie für den Stofftransport durch Membranen. Energie tritt in verschiedenen Erscheinungsformen auf und das Leben hängt von der Fähigkeit der Zellen ab, diese ineinander überführen zu können.

Energie kann mit der Bewegung von Objekten verbunden sein, dann heißt sie **kinetische Energie**. **Wärme** oder **thermische Energie** ist die kinetische Energie der Zufallsbewegung von Atomen und Molekülen. Licht ist ebenfalls eine Energieform, die etwa zum Antrieb der Fotosynthese grüner Pflanzen genutzt werden kann.

> **MERKE!**
> **Energie kann zwar übertragen und umgewandelt, nicht aber erzeugt oder vernichtet werden.**

Selbst ein ruhender Körper enthält Energie, die man als **potenzielle Energie** bezeichnet und die auf seine Lage im Raum oder seine Struktur zurückgeht. Beispielsweise besitzt das Wasser hinter einem Staudamm Energie schon aufgrund seiner Lage relativ zum Meeresniveau. Moleküle besitzen Energie aufgrund der Anordnung ihrer Atome.

Chemische Energie ist ein in der Biologie benutzter Begriff für die potenzielle Energie, die durch chemische Reaktionen verfügbar wird. Erinnern wir uns daran, dass katabole Stoffwechselwege durch den Abbau komplexer Verbindungen Energie freisetzen. Im biologischen Zusammenhang werden komplexe Moleküle wie Glucose als reich an chemischer Energie bezeichnet. Im Verlauf einer katabolen Reaktion entstehen energieärmere Abbauprodukte durch die Neuanordnung von Atomen und unter Freisetzung von Energie. Eine vergleichbare Umwandlung vollzieht sich in einem Automobilmotor: Die Kohlenwasserstoffe des Treibstoffs reagieren explosionsartig mit Sauerstoff und setzen dadurch die Kolben in Bewegung. Deutlich weniger explosiv verläuft die ansonsten ganz ähnliche Oxidation der Nahrungsmoleküle, denen schrittweise Elektronen entzogen werden, um sie letztlich auf Sauerstoff zu übertragen. Dabei entstehen in biologischen Systemen chemische Energie sowie Kohlendioxid und Wasser als Abfallprodukte. Ihre Struktur und ihr Stoffwechsel befähigen die Zelle, chemische Energie aus der Nahrung zu gewinnen, und erhalten sie so am Leben.

8.1.3 Die Gesetze der physikalischen Energietransformation

Die Beschreibung der Energieumwandlungsprozesse in Stoffen ist Gegenstand der klassischen **Thermodynamik** (Abbildung 8.2). Naturwissenschaftler verwenden in diesem Zusammenhang den Begriff *System* und bezeichnen damit einen klar umrissenen Teil des gesamten Universums. Man unterscheidet verschiedene Typen von Systemen. Ein *isoliertes System*, näherungsweise zum Beispiel die Flüssigkeit in einer Thermosflasche, kann mit der Umgebung weder Materie noch Energie austauschen. Ein *geschlossenes System* kann zwar Energie, aber keine Materie mit seiner Umgebung austauschen. In einem *offenen System* können sowohl Materie als auch Energie mit der Umgebung ausgetauscht werden. Organismen sind folglich offene Systeme.

Der 1. Hauptsatz der Thermodynamik Der 1. Hauptsatz der Thermodynamik, auch als Energieerhaltungssatz bekannt, besagt, dass die Gesamtenergie des Universums konstant ist. Mit anderen Worten: Energie kann zwar übertragen und umgewandelt, nicht aber erzeugt oder vernichtet werden. Stromkonzerne erzeugen keine Energie, sondern wandeln sie lediglich in eine bequem nutzbare Form um. Durch die Umwandlung von Sonnenlicht in chemische Energie fungiert auch eine Pflanze als Energiewandler, nicht als Energieproduzent.

Ein Taucher hat auf dem Sprungbrett eine höhere potenzielle Energie als im Wasser.

Der Sprung wandelt potenzielle Energie (Lageenergie) in kinetische Energie (Bewegungsenergie) um.

Das Hochklettern wandelt die kinetische Energie der Muskelbewegung zum Teil in potenzielle Energie um.

Ein Taucher hat im Wasser eine geringere potenzielle Energie als auf dem Sprungbrett.

Abbildung 8.2: **Umwandlung von potenzieller in kinetische Energie.** Neben den dargestellten Energietransformationen geht auch ein Teil der Energie in Form von Reibungswärme verloren.

Was geschieht mit dieser Energie, nachdem sie für Arbeiten verbraucht wurde? Die Antwort darauf liefert der 2. Hauptsatz der Thermodynamik.

> **MERKE!**
> **Jede irreversible Energieübertragung oder Energieumwandlung erhöht die Entropie des Universums.**

Der 2. Hauptsatz der Thermodynamik Wenn Energie nicht vernichtet werden kann, sollten Organismen ihre Energie einfach recyceln können. Leider zeigt sich, dass im Verlauf jeder Energieübertragung und jeder Energieumwandlung ein Teil der Energie verloren geht und daher für Arbeitsprozesse nicht mehr verfügbar ist. Bei den meisten Energietransformationen wird zumindest ein Teil der nutzbaren Energie in Wärme umgewandelt, also die Zufallsbewegung von Atomen und Molekülen. Nur ein kleiner Teil der in der Nahrung enthaltenen chemischen Energie wird daher letztlich in die Bewegung umgewandelt. Der größte Teil geht als Wärme verloren, die sich rasch in der Umgebung verteilt (**Dissipation**).

Eine logische Folge des Verlustes an nutzbarer Energie bei Energietransfers oder Energietransformationen besteht darin, dass die Unordnung der Umgebung und somit des gesamten Universums zunimmt. Als Maß für die Unordnung oder Zufälligkeit verwendet man die **Entropie**: je zufälliger eine Materieverteilung, desto größer ihre Entropie. Wir können jetzt den 2. Hauptsatz der Thermodynamik wie folgt formulieren: Jede irreversible Energieübertragung oder Energieumwandlung erhöht die Entropie des Universums. Obwohl die Ordnung lokal zunehmen kann, gibt es einen unaufhaltsamen Trend zur zufälligen Anordnung der Materie des Universums insgesamt.

Das Konzept der Entropie hilft uns zu verstehen, wie bestimmte Abläufe überhaupt zustande kommen. Damit ein Prozess von selbst, also ohne Hilfe von außen in Form von Energiezufuhr, in einem System ablaufen kann, muss dieses System in einen energieärmeren Zustand übergehen. Die Energiedifferenz zwischen Ausgangs- und Endzustand wird in die Umgebung des Systems abgegeben, deren Entropie sich folglich erhöht und damit die Entropie des Universums insgesamt vergrößert.

Ein Prozess, der nicht von allein ablaufen kann, ist *nicht spontan*. Derartige Prozesse erfordern die Zufuhr von Energie, damit sie vonstatten gehen. Unsere Erfahrung lehrt, dass manche Ereignisse spontan geschehen und andere nicht. Zum Beispiel fließt Wasser spontan bergab, aber bergauf nur dann, wenn es gegen die Schwerkraft gepumpt wird, also unter Energiezufuhr. Tatsächlich kann man den 2. Hauptsatz auch folgendermaßen ausdrücken: Damit ein Prozess spontan abläuft, muss er die Entropie des Universums vergrößern.

Biologische Ordnung und Unordnung Lebende Systeme verursachen eine Zunahme der Entropie in ihrer Umgebung, genau wie es die Hauptsätze der Thermodynamik voraussagen. Andererseits ist es unstrittig, dass Zellen geordnete Strukturen aus weniger geordneten Ausgangsmaterialien erzeugen. So werden etwa Aminosäuren zu Polypeptidketten mit jeweils geordneter, definierter Reihenfolge der einzelnen Aminosäurereste verknüpft. Ein Organismus nimmt jedoch auch stärker strukturierte Materie aus der Umgebung auf und ersetzt sie durch weniger geordnete (Abbildung 8.3).

Abbildung 8.3: **Ordnung als Merkmal des Lebens.** Ordnung offenbart sich im detaillierten Aufbau eines Seeigelskeletts oder eines Dickblattgewächses (Sukkulente). Als offene Systeme können Lebewesen ihren Ordnungsgrad auf Kosten der Ordnung der Umgebung (des Universums) erhöhen.

VERSTÄNDNISFRAGEN

1. Wie lässt sich die Diffusion eines Stoffes durch eine Membran mithilfe des 2. Hauptsatzes der Thermodynamik erklären?

2. Beschreiben Sie die Energieformen eines Apfels, der zunächst an einem Baum wächst, dann herunterfällt und schließlich von jemandem gegessen und verdaut wird.

3. WAS WÄRE, WENN? Wenn Sie einen Teelöffel Zucker in ein Glas füllen und Wasser eingießen, löst sich der Zucker mit der Zeit vollständig auf. Lässt man das Glas stehen, so wird das Wasser schließlich verschwinden und Zuckerkristalle werden sich erneut bilden. Erklären Sie diese Beobachtungen mithilfe des Entropiebegriffs.

8.2 Die Änderung der freien Enthalpie entscheidet über die Richtung, in der die Reaktion abläuft

Die Hauptsätze der Thermodynamik, die wir gerade diskutiert haben, gelten für das Universum insgesamt.

8.2.1 Die Änderung der freien Enthalpie (ΔG)

Rufen wir uns in Erinnerung, dass „das Universum" gleichbedeutend ist mit „ein System plus seine Umgebung". Im Jahr 1878 hat der Amerikaner J. Willard Gibbs (1839–1903) eine sehr nützliche Funktion definiert, die **freie Enthalpie** eines Systems (ohne seine Umgebung!), durch den Buchstaben G symbolisiert. Man findet dafür auch den weniger verwechslungsgefährdeten Begriff **Gibbs'sche** (frei verfügbare) **Energie**. Sie ist der Teil der Gesamtenergie eines Systems, der bei gleichbleibender Temperatur und bei gleichbleibendem Druck, also unter den normalen Lebensbedingungen einer Zelle, Arbeit leisten kann. Betrachten wir, wie man die Änderung der freien Enthalpie bestimmen kann, die beispielsweise durch eine chemische Reaktion in einem System hervorgerufen wird.

MERKE!

Freie Enthalpie ist der Teil der Gesamtenergie eines Systems, der bei gleichbleibender Temperatur und bei gleichbleibendem Druck Arbeit leisten kann.

Für die Änderung der freien Enthalpie (ΔG) durch eine chemische Reaktion gilt die folgende Gleichung:

$$\Delta G_{gesamt} = \Delta H_{System} - T\Delta S_{System}$$

MERKE!

$$\Delta G_{gesamt} = \Delta H_{System} - T\Delta S_{System}$$

Diese Gleichung verwendet nur sogenannte Systemeigenschaften, das heißt, die rechte Seite enthält keine Bezüge zur Umgebung des betrachteten Systems: ΔH steht für die Änderung der System-Enthalpie und ΔS für die Änderung der System-Entropie. T ist die absolute Temperatur, gemessen in Kelvin (K). Ein Kelvin unterscheidet sich von einem Grad Celsius nur durch einen festen Wert: 0 K = −273 °C, 298 K = 25 °C. Die (System-)Enthalpie H darf keinesfalls mit der freien Enthalpie G verwechselt werden. Für allgemeine biologische Belange entspricht die Enthalpie H der Gesamtenergie des Systems. Im engeren Sinne für biochemische Reaktionen, bei konstanter Temperatur und unter konstantem Druck, kann sie in guter Näherung als die Energie der gebildeten oder gelösten chemischen Bindungen angesehen werden. Die absolute Temperatur kommt als Normierung ins Spiel, weil sich – vereinfacht gesagt – Wärmeänderungen in kalter Umgebung stärker auswirken als in wärmerer.

8.2.2 Freie Enthalpie, Stabilität und chemisches Gleichgewicht

Im vorherigen Abschnitt haben wir festgestellt, dass das ΔG für spontane Prozesse einen negativen Wert hat. Betrachten wir ΔG einmal als die Differenz zwischen der freien Enthalpie des Endzustandes und der freien Enthalpie des Ausgangszustandes:

$$\Delta G = G_{Endzustand} - G_{Ausgangszustand}$$

ΔG kann nur dann negative Werte annehmen, wenn der ablaufende Prozess mit einem Verlust an freier Enthalpie beim Übergang vom Ausgangs- in den Endzustand einhergeht. Da das System jetzt eine geringere freie Enthalpie hat, ist die Wahrscheinlichkeit für eine weitere Zustandsänderung ebenfalls geringer geworden, mit anderen Worten, das System ist stabiler als vorher.

Man kann die freie Enthalpie daher auch als Maß für die Instabilität des Systems nehmen oder für seine Neigung, in einen stabileren Zustand zu wechseln. Anders gesagt, instabile Systeme mit großer freier Enthalpie tendieren zum Übergang in einen stabileren Zustand mit niedrigerer freier Enthalpie. Ein Zuckermolekül hat eine Tendenz, in kleinere Bruchstücke überzugehen, weil diese stabiler sind. Ein Zustand maximaler Stabilität wird auch durch den Begriff „Gleichgewicht" beschrieben.

8.2.3 Freie Enthalpie und Stoffwechsel

Exergone und endergone Reaktionen des Stoffwechsels Bezogen auf die Änderung ihrer freien Enthalpie lassen sich chemische Reaktionen in endergone, das heißt Energie erfordernde, und in **exergone**, Energie abgebende, unterteilen (Abbildung 8.4a). Da das Reaktionsgemisch im letzten Fall freie Enthalpie verliert (G nimmt ab), ist ΔG bei exergonen Reaktionen negativ ($\Delta G < 0$). Mit ΔG als Bezugsgröße für die Spontaneität sind exergone Reaktionen gleichzeitig auch spontan. Vergessen Sie aber nicht, dass eine spontane Reaktion weder augenblicklich ablaufen noch schnell sein muss! Der ΔG-Wert einer exergonen Reaktion gibt die maximal[1] nutzbare Arbeit an, die das System leisten kann. Je größer die Abnahme an freier Enthalpie ist, desto mehr Arbeit kann geleistet werden.

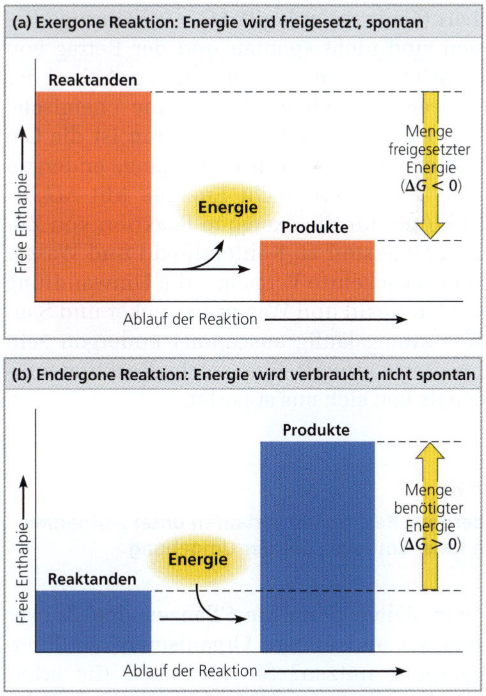

Abbildung 8.4: Änderungen der freien Enthalpie (ΔG) bei exergonen und endergonen Reaktionen.

1 Der Begriff maximal ist nicht ganz präzise, da immer ein Teil der freien Enthalpie als Wärme verloren geht und daher keine Arbeit leisten kann. ΔG ist die theoretische Obergrenze der nutzbaren Energie.

Wir können die Bruttoreaktion der Zellatmung als Beispiel heranziehen:

$C_6H_{12}O_6 + 6\ O_2 \rightarrow 6\ CO_2 + 6\ H_2O\ \Delta G_0' = -2.870$ kJ/mol

MERKE!

Exergone Reaktionen verlaufen unter Abgabe von freier Enthalpie.

Für jedes Mol Glucose (180 g), das durch die Atmung abgebaut wird, ergibt sich unter biochemischen Standardbedingungen (Konzentration aller Reaktionspartner = 1 mol/l, T = 298 K, pH = 7,0) eine verfügbare freie Enthalpie von 2.870 kJ. Weil Energie nicht vernichtet werden kann, enthalten die Reaktionsprodukte der Atmung also 2.870 kJ weniger freie Enthalpie pro Mol als die Ausgangsstoffe. Kohlendioxid und Wasser sind die energiearmen Endprodukte eines Prozesses, der die in den Zuckermolekülen gespeicherte freie Enthalpie abgerufen hat.

Eine **endergone Reaktion** verläuft unter Aufnahme von freier Enthalpie aus der Umgebung (Abbildung 8.4b). Da diese Art einer Reaktion gewissermaßen freie Enthalpie in Molekülen abspeichert (G nimmt zu), gilt $\Delta G > 0$. Derartige Reaktionen sind nicht spontan und der Betrag von ΔG entspricht der Energie, die für den Ablauf der Reaktion erforderlich ist. Wenn eine chemische Reaktion exergon ist („bergab"), dann ist die Gegenreaktion, der umgekehrte Vorgang, endergon („bergauf") und verbraucht Energie. Mit $\Delta G_0' = -2.870$ kJ/mol für die exergone Reaktion von Zucker und Sauerstoff zu Kohlendioxid und Wasser muss der umgekehrte Vorgang – die Umwandlung von Kohlendioxid und Wasser in Zucker und Sauerstoff – zwangsläufig ausgeprägt endergon sein ($\Delta G_0' = +2.870$ kJ/mol). Eine solche Reaktion würde niemals von sich aus ablaufen.

MERKE!

Endergone Reaktionen verlaufen unter Aufnahme von freier Enthalpie aus der Umgebung.

Aber wie stellen dann die Pflanzen den Zucker her, den sie und andere Organismen zur Energieversorgung nutzen? Sie entziehen die erforderliche Energie von +2.870 kJ/mol Zucker der Umgebung, indem sie Lichtenergie in Form von Photonen (Elementarteilchen des elektrischen Feldes) einfangen und in chemische Energie umwandeln. Danach verwenden sie diesen Vorrat an chemischer Energie allmählich und in einer langen Abfolge von exergonen Reaktionsschritten, um Zuckermoleküle zu synthetisieren.

Gleichgewicht und Stoffwechsel In einem isolierten System erreichen Reaktionen unweigerlich den Gleichgewichtszustand, in dem sie keine Arbeit mehr leisten können. Die chemischen Reaktionen des Stoffwechsels sind reversibel, und auch sie würden ihr Gleichgewicht erreichen, wenn sie isoliert in einem Reagenzglas abliefen. Da ein System im Gleichgewicht den minimalen Wert der freien Enthalpie G aufweist und infolge $\Delta G = 0$ keine Arbeit mehr leisten kann, ist eine Zelle, die sich im chemischen Gleichgewicht befindet, schlicht tot. Die Tatsache, dass sich der Stoffwechsel insgesamt niemals im Gleichgewicht befindet, ist *das* herausragende Merkmal des Lebens. Die lebende Zelle ist also ein offenes System, welches aus biologischer Sicht niemals den Gleichgewichtszustand erreichen darf: Der andauernde Ein- und Ausstrom von Stoffen verhindert, dass die chemischen Reaktionen des Stoffwechsels jemals das Gleichgewicht erreichen, und so verrichtet die Zelle während ihres gesamten Lebens Arbeit. Solange unsere Zellen über eine anhaltende Versorgung mit Glucose, anderen Brennstoffen und Sauerstoff verfügen und Abfallprodukte ausscheiden können, erreichen die chemischen Reaktionen des Stoffwechsels nie das Gleichgewicht und halten die Lebensprozesse so fortwährend in Gang.

Erneut wird deutlich, wie wichtig es ist, Lebewesen als offene Systeme zu erkennen. Das Sonnenlicht stellt eine Quelle täglich verfügbarer Energie für die Pflanzen eines Ökosystems und anderer fotosynthetisch aktiver Organismen bereit. Tiere und fotosynthetisch nicht aktive Organismen müssen verwertbare Energie in Form der organischen Produkte der Fotosynthese nutzen, sind also zwingend auf diese Primärproduzenten angewiesen.

VERSTÄNDNISFRAGEN

1. Die Zellatmung verwertet energiereiche Glucose und Sauerstoff und setzt energieärmeres Kohlendioxid und Wasser frei. Verläuft die Atmung spontan oder nicht? Ist sie exergon oder endergon? Was geschieht mit der freien Enthalpie der Glucose?

2. Ein wichtiger Prozess im Stoffwechsel ist der Transport von Wasserstoffionen (H^+) durch Membranen, um einen Konzentrationsunterschied aufzubauen. Andere Prozesse führen zu einem Ausgleich der Wasserstoffionenkonzentration auf den beiden Seiten der Membran. Welche Verteilung der Wasserstoffionen erlaubt ihre Verwendung für Arbeit am System?

3. WAS WÄRE, WENN? Bei Abendveranstaltungen tauchen manchmal Teilnehmer mit Armbändern oder Ketten auf, die im Dunkeln leuchten, nachdem sie aktiviert worden sind. Die Aktivierung erfolgt durch Knicken, wobei eine Trennwand zerbricht und dann zwei Chemikalien miteinander reagieren können. Bei der folgenden chemilumineszenten Reaktion wird Lichtenergie freigesetzt. Ist die Reaktion endergon oder exergon? Erläutern Sie Ihre Antwort.

8.3 ATP ermöglicht Zellarbeit durch die Kopplung von exergonen an endergone Reaktionen

Eine Zelle führt im Wesentlichen drei Formen von Arbeit aus:

- *Chemische Arbeit*, wie das Antreiben endergoner Reaktionen, zum Beispiel die Synthese von Polymeren (die chemische Arbeit wird uns weiter unten sowie in den Kapiteln 9 und 10 noch weiter beschäftigen)
- *Transportarbeit*, wie das Pumpen von Stoffen durch Membranen entgegen der spontanen Transportrichtung (siehe Kapitel 7)
- *Mechanische Arbeit*, wie das Schlagen von Cilien (siehe Kapitel 6), die Kontraktion von Muskeln und die Bewegung der Chromosomen während der Zellteilung

Ein wesentliches Merkmal des Umgangs einer Zelle mit ihren Energieressourcen bei diesen Arbeitsvorgängen ist die energetische Kopplung, definiert als die Verwendung eines exergonen Prozesses zum Antrieb eines endergonen Prozesses. ATP vermittelt den größten Teil der **energetischen Kopplung** in Zellen und agiert meistens als unmittelbare Energiequelle, die zelluläre Arbeitsprozesse versorgt. Man kann ATP daher mit Fug und Recht als die „Energiewährung" der Zelle betrachten.

8.3.1 Struktur und Hydrolyse von ATP

ATP (**Adenosintriphosphat**) enthält den Zucker Ribose und daran gebunden die Stickstoffbase Adenin sowie eine Kette aus drei Phosphatgruppen (Abbildung 8.5a). Zusätzlich zu seiner Rolle bei der energetischen Kopplung ist ATP auch eines der Nucleosidtriphosphate, aus denen die RNA synthetisiert wird (siehe Abbildung 5.18). Genau betrachtet ist das ATP-Molekül mit seinen drei Phosphorylresten vierfach negativ geladen. Unter zellulären Bedingungen liegt es fast immer in Form von $ATP^{4-} \times Mg^{2+}$ vor. Der Begriff ATP muss daher mit Bedacht als chemisches Symbol ATP in chemischen Gleichungen verwendet und gegebenenfalls durch Angabe der Ladungen und beteiligten Protonen präzisiert werden.

Die Bindungen zwischen den drei Phosphorylresten im ATP-Molekül können hydrolytisch gespalten werden. Die Hydrolyse (Abbildung 8.5b) der terminalen Phosphoanhydridbindung liefert ein „anorganisches Phosphat" (im Folgenden durch $Ⓟ_i$ symbolisiert, unter physiologischen Bedingungen meist als Hydrogenphosphation HPO_4^{2-} vorliegend) und Adenosindiphosphat (ADP). Diese Reaktion ist exergon und setzt pro Mol ATP 30,5 kJ Energie frei. In vereinfachter Form:

$$ATP + H_2O \rightarrow ADP + Ⓟ_i$$

$$DG_0' = -30{,}5 \text{ kJ/mol}$$

Dieser Wert gilt unter Standardbedingungen, so wie sie oben definiert wurden, obwohl eine Zelle kaum jemals unter Standardbedingungen existiert, da die Konzentrationen der Reaktionspartner natürlich nie bei 1 mol/l liegen. Bei der Hydrolyse von ATP unter realen, zellulären Bedingungen liegt die Energieausbeute mit $\Delta G = -54{,}3$ kJ/mol um 78 Prozent höher.

Da bei der ATP-Hydrolyse Energie frei wird, werden die Phosphoanhydridbindungen des ATP manchmal irreführend als „energiereiche" Bindungen bezeichnet. Tatsächlich beruht die Tendenz von ATP zur Hydrolyse jedoch lediglich darauf, dass ADP + $Ⓟ_i$ energieärmer sind als ATP + H_2O, wobei unter anderem die Abstoßung der benachbarten negativen Teilladungen der drei Phosphorylgruppen und die Stabilisierung des entstehenden Phosphatanions durch Verteilung seiner negativen Ladungen über das ganze Molekül eine Rolle spielen (Abbildung 8.5).

8.3.2 Wie durch die Hydrolyse von ATP Arbeit geleistet wird

Wenn ATP im Reagenzglas hydrolysiert wird, erwärmt die freigesetzte Energie das System. In einem Organismus kann das manchmal von Nutzen sein. So wird etwa beim Zittern vor Kälte die Hydrolyse von ATP während der Muskelkontraktion benutzt, um Wärme zu erzeugen und den Körper aufzuheizen. Die Beschränkung auf Wärmeerzeugung wäre für eine Zelle in den meisten Fällen jedoch eine ineffiziente, möglicherweise gefährliche Verwendungsweise einer wertvollen Energiequelle. Tatsächlich wird die bei der ATP-

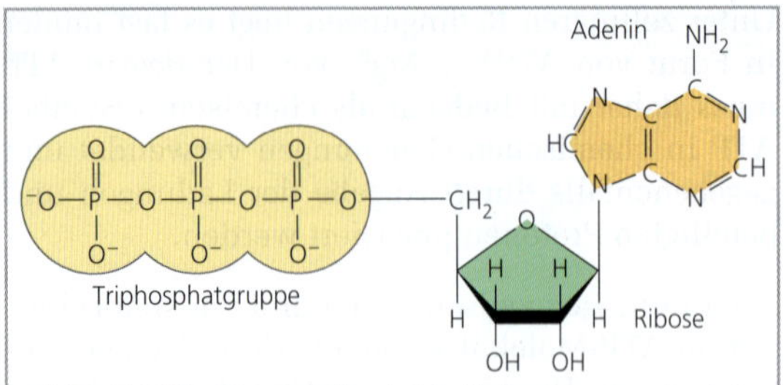

(a) Die ATP-Struktur. In Zellen sind die Hydroxylgruppen der drei Phosphorylgruppen ionisiert (—O⁻) und teilweise mit Mg^{2+} komplexiert (hier nicht eingezeichnet).

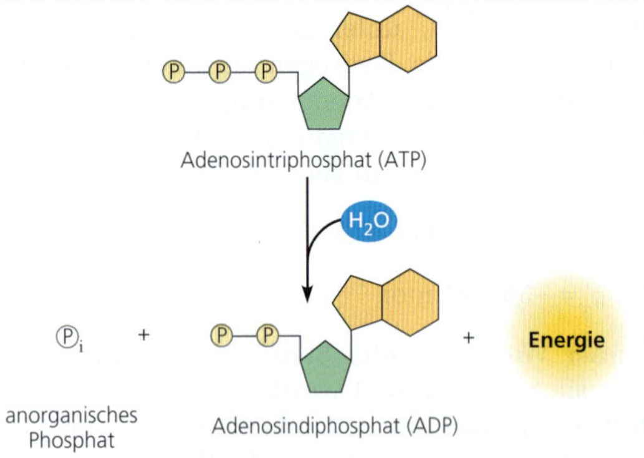

(b) ATP-Hydrolyse. Die Reaktion von ATP und Wasser ergibt ADP und anorganisches Phosphat (P_i). Die Abgabe oder Übertragung einer Phosphorylgruppe auf ein anderes Molekül ist eine Reaktion, bei der Energie freigesetzt wird.

Abbildung 8.5: Struktur und Hydrolyse von Adenosintriphosphat (ATP). In diesem und den folgenden Kapiteln wird die chemische Struktur der Triphosphatgruppe in **(a)** häufig durch die drei gelben mit P beschrifteten Kreise wie in **(b)** dargestellt.

Hydrolyse freigesetzte Energie durch die Proteine einer Zelle genutzt, um drei Formen zellulärer Arbeit – chemische, mechanische und Transportarbeit – auszuführen.

So kann eine Zelle beispielsweise mithilfe spezifischer Enzyme die bei der exergonen ATP-Hydrolyse freigesetzte Energie unmittelbar zum Antreiben endergoner chemischer Reaktionen nutzen. Falls der ΔG-Wert einer endergonen Reaktion kleiner ist als jener der ATP-Hydrolyse, können die beiden Reaktionen unmittelbar gekoppelt werden und die resultierende Gesamtreaktion ist dann exergon. Meist verlaufen derartig gekoppelte Reaktionen unter Übertragung eines Phosphorylrestes vom ATP auf ein anderes Molekül, das Substrat der Reaktion wird **phosphoryliert**. Die Bildung einer solchen phosphorylierten Zwischenstufe ist der Schlüssel zur Kopplung von endergonen an exergone Reaktionen.

Transportvorgänge und mechanische Arbeit sind in der Zelle ebenfalls fast immer mit der Hydrolyse von ATP verbunden. In diesen Fällen führt die ATP-Hydrolyse zu einer Veränderung der Konformation eines Proteins, was oft dessen Fähigkeit, andere Moleküle zu binden, beeinflusst (Abbildung 8.6). Außerdem wird ein Teil der Energie aus der Hydrolyse von ATP durch die Ionenpumpen der Membranen im Membranpotenzial gespeichert, wodurch andere zelluläre Prozesse betrieben werden können.

8.3.3 Die Regeneration des ATP

Ein Organismus verbraucht ständig ATP, doch ist das ATP eine erneuerbare Energiequelle, die durch die Phosphorylierung von ADP regeneriert werden kann (Abbildung 8.7). Die zur Phosphorylierung des ADP erforderliche freie Enthalpie wird durch exergone Reaktionen des Katabolismus bereitgestellt.

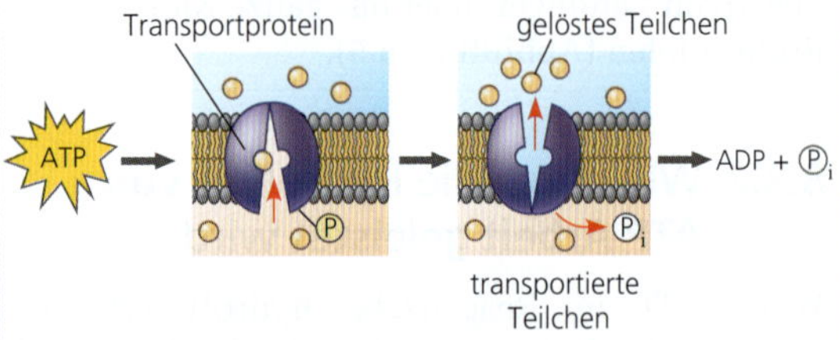

(a) Transportarbeit. ATP phosphoryliert (kovalente Bindung) das Transportprotein und bewirkt dadurch eine Konformationsänderung, die den Transport des gelösten Teilchens ermöglicht.

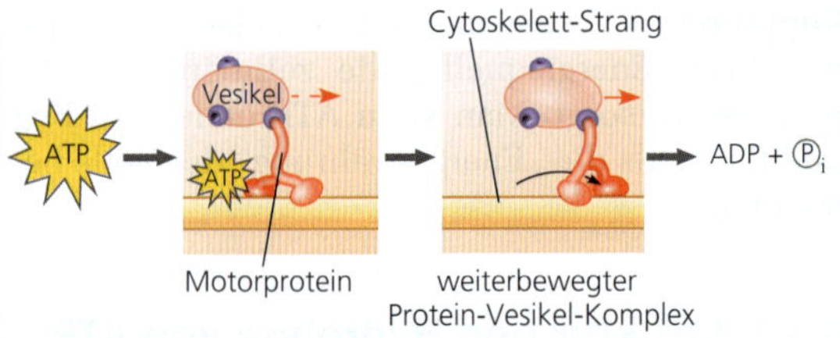

(b) Mechanische Arbeit. ATP bindet nicht-kovalent an das Motorprotein, wird hydrolysiert und bewirkt dadurch eine Konformationsänderung, die das Motorprotein vorwärts bewegt.

Abbildung 8.6: Durch ATP-Hydrolyse werden Transportvorgänge und mechanische Arbeit ermöglicht. ATP-Hydrolyse kann Konformationsänderungen und dadurch die Fähigkeit zur Bindung anderer Proteine bewirken. Dies geschieht entweder **(a)** durch direkte Phosphorylierung, wie hier beim aktiven Transport durch ein Membranprotein, oder **(b)** indirekt über eine nichtkovalente Bindung von ATP und seine Hydrolyse bei der Bewegung von Vesikeln und Organellen entlang des Cytoskeletts mittels Motorproteinen.

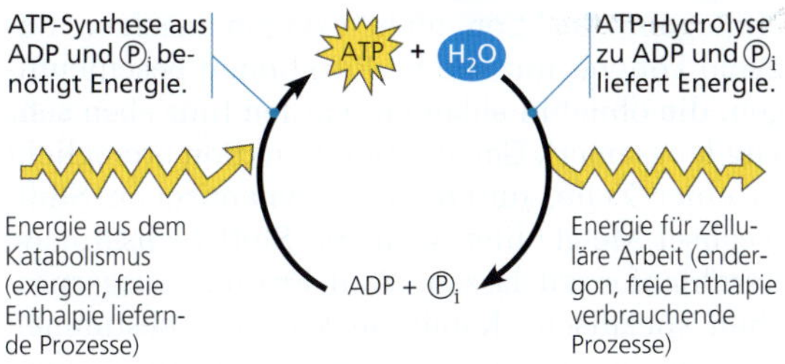

Abbildung 8.7: **Der ATP-Zyklus.** Energie aus zellulären Abbaureaktionen (dem Katabolismus) wird zur Phosphorylierung von ADP benutzt, und so wird ATP regeneriert. Das chemische Potenzial von ATP (anders ausgedrückt: sein hohes Phosphatgruppenübertragungspotenzial) treibt die meisten zellulären Arbeitsprozesse an.

VERSTÄNDNISFRAGE

1. Wie überträgt ATP in einer Zelle normalerweise Energie von exergonen auf endergone Reaktionen?

8.4 Enzyme beschleunigen chemische Reaktionen durch das Absenken von Energiebarrieren

Ein **Enzym** ist ein Proteinmolekül, das als **Katalysator** wirkt, also eine chemische Reaktion zwar merklich beschleunigt, jedoch selbst unverändert daraus hervorgeht. Wir konzentrieren uns in diesem Kapitel auf katalytisch aktive Proteine, die Enzyme im eigentlichen Sinn. Ohne die enzymkatalysierte Beschleunigung würde der Stoffwechsel schnell verstopfen, weil praktisch alle Reaktionen viel zu langsam abliefen.

8.4.1 Die Aktivierungshürde

Die energetische Startinvestition, also die Energie, die zur Verformung der reagierenden Moleküle erforderlich ist, um Lösung von Bindungen zu ermöglichen, wird als **Aktivierungsenergie** bezeichnet und in diesem Buch als E_A abgekürzt. Wir können uns die Aktivierungsenergie als den Energiebetrag vorstellen, den man braucht, um die Reaktionspartner über eine Energiebarriere oder einen Hügel zu stoßen, der weitere Weg danach verläuft bergab und somit von selbst. Abbildung 8.8 zeigt die Energieänderungen einer hypothetischen, exergonen Reaktion, die Teile zweier reagierender Moleküle gegeneinander austauscht:

$$AB + CD \rightarrow AC + BD$$

Die Aktivierung der Reaktionspartner wird durch den aufsteigenden Ast des Graphen dargestellt, in dem der Energiegehalt der reagierenden Moleküle zunimmt. Am Maximum befinden sich die Teilchen in einem instabilen Zustand, dem sogenannten Übergangszustand der Reaktion. Dort sind die Reaktionspartner aktiviert und Bindungsbrüche möglich. Die folgende Phase der Bindungsneubildung entspricht dem bergab verlaufenden Teil der Kurve, der den Verlust an Energie widerspiegelt.

Die Aktivierungsenergie wird oft in Form von Wärme aufgebracht, die der Umgebung entstammt. Bindungslösungen erfolgen erst, nachdem die Moleküle einen Energiebetrag aufgenommen haben, der den Wechsel in den Übergangszustand erlaubt. Die Absorption von Wärmeenergie erhöht die Geschwindigkeit der Teilchen, sie stoßen häufiger und wuchtiger zusammen. Die thermische Anregung führt außerdem zur Schwächung der Bindungen innerhalb eines Moleküls infolge verstärkter Bewegungen der einzelnen Atome in Form von Vibrationen und Translationen. Die Aktivierungsenergie kann aber auch nicht thermisch, zum Beispiel durch die Absorption von Licht, aufgebracht werden. Wenn die Atome neue, stabilere Bindungen eingehen, wird die dabei frei werdende Energie an die Umgebung abgegeben. Bei einer exergonen Reaktion wird die aufgewendete Aktivierungsenergie sozusagen verzinst, da die Ausbildung der neuen Bindungen mehr Energie freisetzt als zur Auflösung der alten notwendig war.

Die in Abbildung 8.8 dargestellte Reaktion ist exergon und verläuft spontan. Die Aktivierungsenergie stellt jedoch eine Schwelle dar, die die Reaktionsgeschwindigkeit entscheidend beeinflusst. Die Reaktionspartner müssen die Aktivierungsenergie aufbringen, damit die Reaktion ablaufen kann. Bei manchen Reaktionen ist E_A so gering, dass schon bei Zimmertemperatur die Wärmeenergie ausreicht, um viele Teilchen den Übergangszustand in kurzer Zeit erreichen zu lassen. In den meisten Fällen ist E_A jedoch so hoch, dass der Übergangszustand nur selten erreicht wird, dann läuft die Reaktion kaum ab. In derartigen Fällen wird sie nur dann mit merklicher Geschwindigkeit vonstatten gehen, wenn die Reaktionspartner erwärmt werden. So ist die Reaktion von Benzin mit Sauerstoff zwar stark exergon und daher im Prinzip spontan, dennoch ist Energie zum Erreichen des Übergangszustandes erforderlich. Ohne den Zündfunken reagieren gasförmige Gemische aus Kohlenwasserstoffen und Luftsauerstoff nicht, weil die Energiebarriere E_A zu hoch ist.

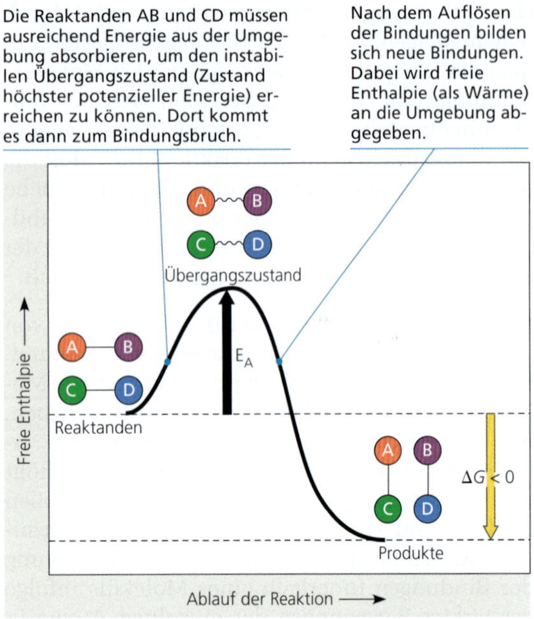

Abbildung 8.8: Energieprofil einer exergonen Reaktion. A, B, C, und D stehen für Teile hypothetischer Moleküle. Thermodynamisch gesehen ist die gezeigte Reaktion exergon, mit $\Delta G < 0$, also spontan. Die Aktivierungsenergie (E_A) stellt jedoch eine Hürde dar, die die Reaktionsgeschwindigkeit verlangsamt.

? ZEICHENÜBUNG Erstellen Sie einen Graphen für den Verlauf einer endergonen Reaktion, in der die Ausgangsverbindungen EF und GH die Produkte EG und FH bilden. Nehmen Sie dabei an, dass auch diese Reaktion einen Übergangszustand durchläuft.

8.4.2 Wie Enzyme die Aktivierungsenergie senken

Proteine, DNA und andere komplexe Biomoleküle sind reich an freier Enthalpie und haben daher das Potenzial, spontan zu zerfallen. Anders gesagt: Ihr Abbau ist thermodynamisch begünstigt. Diese Moleküle haben nur deshalb Bestand, weil sie bei physiologischen Temperaturen kaum jemals die Aktivierungsenergie für ihren Zerfall aufbringen. Wärme beschleunigt chemische Reaktionen, weil die Reaktionspartner häufiger den Übergangszustand erreichen, doch ist dieser Weg für biologische Systeme nicht gangbar. Zum einen denaturieren bei hohen Temperaturen die meisten Proteine durch Verlust ihrer Sekundär- und Tertiärstruktur, was für lebende Zellen tödlich ist.

Ein Enzym katalysiert eine Reaktion durch die Verminderung ihrer Aktivierungsenergie (Abbildung 8.9). Dadurch können die betroffenen Reaktionsteilnehmer bei niedrigeren Temperaturen die Aktivierungshürde nehmen. Ein Enzym kann das ΔG einer Reaktion nicht ändern, es kann eine endergone Reaktion nicht exergon machen. Enzyme können nur solche Reaktionen beschleunigen, die ohnehin ablaufen würden (nur eben sehr viel langsamer). Genau diese Funktion ermöglicht es einer Zelle, durch ihren dynamischen Stoffwechsel Metaboliten glatt die Stoffwechselpfade durchlaufen zu lassen. Weil Enzyme ausgesprochen spezifische Katalysatoren sind, bestimmen sie, welche chemischen Prozesse wann in einer Zelle ablaufen. Das ausreichende Vorhandensein der Enzyme und deren korrektes Funktionieren ist also eine Grundvoraussetzung für das Überleben jeder Zelle.

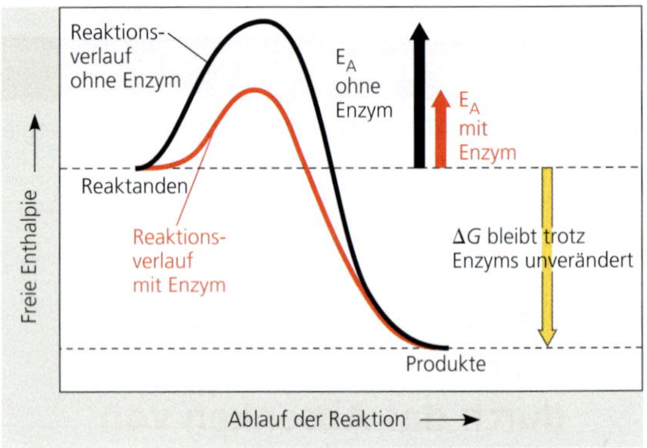

Abbildung 8.9: Die Wirkung eines Enzyms auf die Aktivierungsenergie. Enzyme beschleunigen Reaktionen nicht durch eine Änderung des Unterschieds in der freien Enthalpie (ΔG), sondern nur, indem sie die Aktivierungsenergie (E_A) senken.

8.4.3 Die Substratspezifität von Enzymen

Der Reaktand einer enzymkatalysierten Reaktion wird als **Substrat** des Enzyms bezeichnet. Ein Enzym bindet sein Substrat (oder seine Substrate, da auch mehrere Reaktanden gleichzeitig eine enzymkatalysierte Reaktion eingehen können) und bildet einen **Enzym/Substrat-Komplex**. In diesem Komplex läuft dann die Umwandlung des Substrats oder der Substrate ab. Der Gesamtprozess lässt sich wie folgt zusammenfassen:

Enzym + Substrat(e) ⇌ Enzym/Substrat-Komplex ⇌ Enzym + Produkt(e)

Beispielsweise katalysiert das Enzym Saccharase (auch bekannt als Invertase oder Sucrase, die meisten Enzymnamen enden auf „*-ase*“) die Hydrolyse des Disaccharids Saccharose in die beiden Monosaccharide Glucose und Fructose:

Saccharase + Saccharose + H_2O $\rightleftharpoons$ Saccharase/Saccharose/H_2O-Komplex $\rightleftharpoons$ Saccharase + Glucose + Fructose

Jedes Enzym ist sehr spezifisch und kann „sein" Substrat auch unter chemisch eng verwandten Verbindungen wie etwa Isomeren erkennen. So setzt etwa die Saccharase nur Saccharose (Rohrzucker) um, nicht aber andere Disaccharide wie Maltose (Malzzucker). Was bedingt diese molekulare Präzision? Erinnern wir uns daran, dass Enzyme Proteine sind, Makromoleküle mit einzigartiger dreidimensionaler Struktur. Die Spezifität eines Enzyms beruht auf seiner dem Substrat weitgehend komplementären Tertiärstruktur, die durch seine Aminosäuresequenz vorgegeben ist.

An der eigentlichen Substratbindung ist nur ein begrenzter Bereich des Enzymmoleküls beteiligt. Dieser Bereich wird als **aktives Zentrum** bezeichnet und liegt meistens in einer Tasche oder Furche auf der Oberfläche des Proteins, dort, wo die Katalyse stattfindet (Abbildung 8.10a). Normalerweise besteht das aktive Zentrum aus nur einigen wenigen Aminosäureresten, während der überwiegende Teil des Proteinmoleküls die Ankerpunkte für diese Reste und damit die Konfiguration des aktiven Zentrums insgesamt festlegt. Die Enzymspezifität beruht in erster Näherung auf der räumlichen Komplementarität von aktivem Zentrum und Substrat, oft auch als Schlüssel-Schloss-Beziehung umschrieben. Das aktive Zentrum ist jedoch kein starrer Behälter für das Substrat. Wenn ein Substrat an ein Enzymmolekül bindet, führen Wechselwirkungen zwischen dem Substrat und den Aminosäureseitenketten des aktiven Zentrums dazu, dass Enzym und meist auch Substrat ihre Gestalt geringfügig ändern und sich so noch enger aneinanderschmiegen (Abbildung 8.10b), ähnlich dem wechselseitigen Griff beim Händeschütteln. Diese **induzierte Passung** („*induced fit*") positioniert die funktionellen Gruppen des aktiven Zentrums so, dass der katalytische Prozess (zudem unter weitestgehendem Ausschluss von Nebenreaktionen) ablaufen kann.

8.4.4 Katalyse im aktiven Zentrum des Enzyms

Bei den meisten enzymkatalysierten Reaktionen wird das Substrat durch schwache nicht kovalente Bindungen wie zum Beispiel Wasserstoffbrückenbindungen und van-der-Waals-Kräfte oder elektrostatische Wechselwirkungen im aktiven Zentrum fixiert. Die Seitenketten einiger weniger Aminosäurereste im aktiven Zentrum katalysieren die eigentliche Reaktion, danach werden die Produkte freigesetzt. Das Enzym ist jetzt bereit für die Bindung des nächsten Substratmoleküls. Der

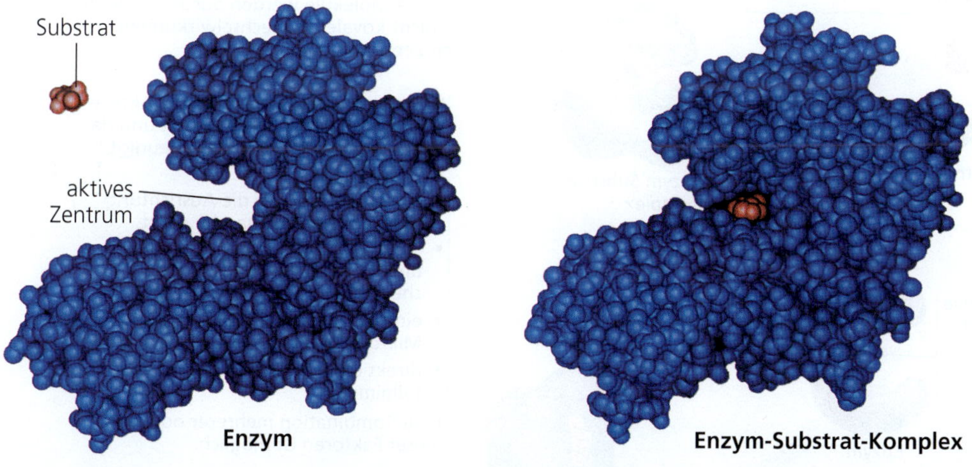

(a) Die Computergrafik zeigt eine Furche an der Oberfläche des Hexokinase-Moleküls (blau), in der sich das aktive Zentrum befindet. Die Substrate sind Glucose (rot) und ATP (in dieser Ansicht nicht sichtbar).

(b) Wenn das Substrat das aktive Zentrum besetzt, bildet es schwache Bindungen mit dem Enzymmolekül und löst so eine Konformationsänderung aus. Das erlaubt die Ausbildung weiterer schwacher Wechselwirkungen und letztlich das passgenaue Aneinanderlagern beider Moleküle.

Abbildung 8.10: Induzierte Passung („induced fit") zwischen einem Enzym und seinem Substrat. Je nach katalysiertem Reaktionstyp (so auch in diesem Beispiel) werden unerwünschte Reaktionspartner wie das allgegenwärtige Wasser (H_2O) ausgeschlossen. Wasser könnte z.B. die „nutzlose" Hydrolyse von ATP bewirken, ohne dass ein Phosphatrest auf das Glucosemolekül übertragen würde.

gesamte Katalysezyklus kann so schnell sein, dass ein einziges Enzymmolekül pro Sekunde mehr als tausend Substratmoleküle umsetzt. Da Enzyme ebenso wie andere Katalysatoren unverändert aus der katalysierten Reaktion hervorgehen, können selbst geringe Mengen eines Enzyms enorme Wirkungen im Stoffwechsel entfalten, da sie immer wieder ihren katalytischen Zyklus durchlaufen. Abbildung 8.11 zeigt einen katalytischen Zyklus mit zwei Substraten und zwei Produkten.

Die Geschwindigkeit, mit der eine bestimmte Enzymmenge Substrat in Produkt umwandelt, ist zum Teil von der Anfangskonzentration des Substrats abhängig: Je mehr Substratmoleküle vorliegen, desto häufiger binden sie an das aktive Zentrum des Enzyms. Das Ausmaß der Beschleunigung einer Reaktion durch Erhöhung der Substratkonzentration bei gleichbleibender Enzymkonzentration ist jedoch begrenzt. Ab einem gewissen Punkt ist die Substratkonzentration so hoch, dass alle vorhandenen Enzymmoleküle besetzt sind. Sobald ein Reaktionsprodukt ein aktives Zentrum verlässt, tritt sofort ein neues Substrat an seine Stelle. Jetzt ist das Enzym mit Substrat **gesättigt** und die Reaktionsgeschwindigkeit hängt nun weitgehend von der Umsatzrate des aktiven Zentrums ab. Unter Substratsättigungsbedingungen und ansonsten optimalen Umgebungsbedingungen kann eine enzymkatalysierte Reaktion nur noch durch Zugabe von weiterem Enzym beschleunigt werden. Tatsächlich erhöhen Zellen gelegentlich die Geschwindigkeit einer Reaktion durch (Nach-)Synthese von Enzymmolekülen.

8.4.5 Die Enzymaktivität hängt von den Umgebungsbedingungen ab

Die Effizienz eines Enzyms wird durch Rahmenbedingungen wie pH-Wert und Temperatur beeinflusst.

Die Wirkung von Temperatur und pH-Wert Temperatur und pH-Wert der Umgebung sind Faktoren, die für die Aktivität eines Enzyms wichtig sind. Bis zu einem gewissen Punkt erhöht sich die Umsatzrate eines Enzyms mit ansteigender Temperatur – teilweise deshalb, weil die Substratmoleküle öfter mit den aktiven Zentren zusammenstoßen, wenn sich alles schneller bewegt. Oberhalb dieser Temperatur nimmt die Geschwin-

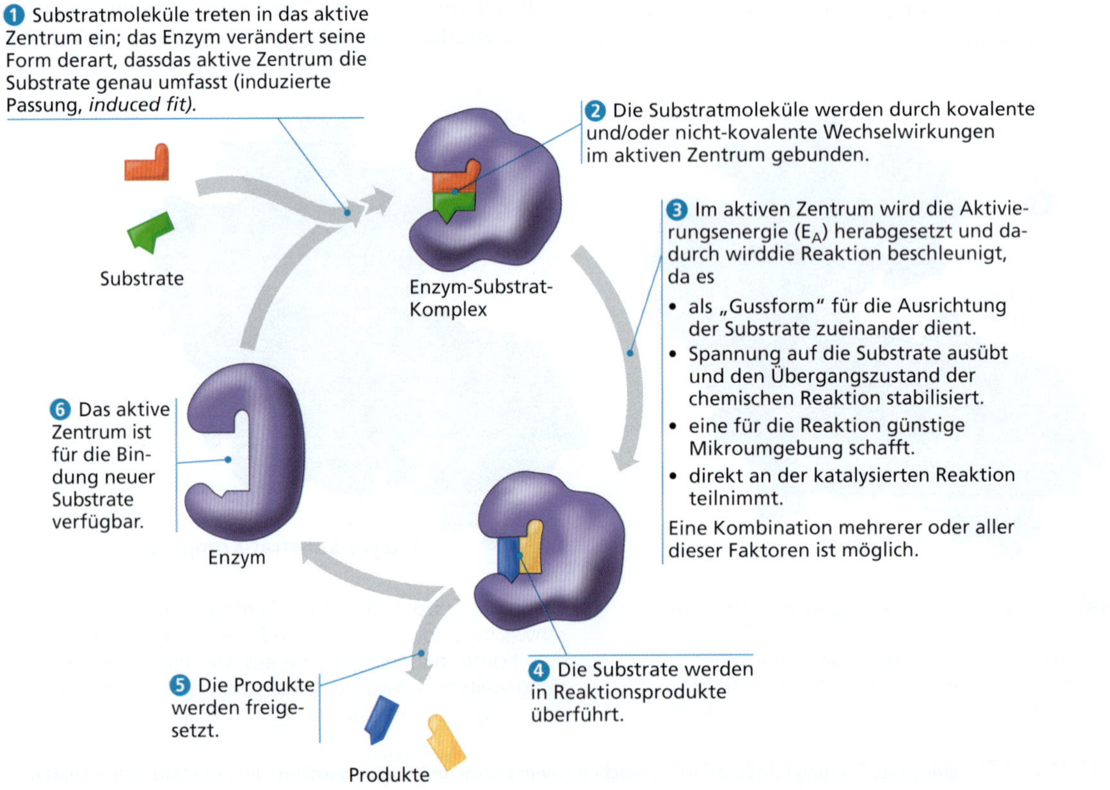

Abbildung 8.11: Das aktive Zentrum und der katalytische Zyklus eines Enzyms. Ein Enzym kann ein oder mehrere Substratmoleküle in ein oder mehrere Produktmoleküle umwandeln, im gezeigten Beispiel jeweils zwei.

digkeit der enzymatischen Katalyse jedoch rasch ab. Die thermische Anregung der Enzymmoleküle stört die nicht kovalenten Wechselwirkungen, die die aktive Konformation des Enzyms stabilisieren und schließlich wird das Protein denaturiert. Jedes Enzym besitzt ein charakteristisches Temperaturoptimum, bei dem die Umsatzrate am höchsten ist. Ohne das Enzym zu denaturieren, erlaubt diese Temperatur die größtmögliche Zahl molekularer Kollisionen und die schnellstmögliche Umwandlung der Substrate. Die meisten Enzyme des Menschen haben im Einklang mit der Körpertemperatur ein Optimum zwischen 35 und 40 °C. Thermophile Bakterien, die in heißen Quellen leben, enthalten dagegen Enzyme mit Temperaturoptima von 70 °C oder mehr (Abbildung 8.12a).

Außer einer bestimmten Temperatur, bei der es optimal arbeitet, hat jedes Enzym auch ein pH-Optimum. Der optimale pH-Bereich liegt für die meisten Enzyme bei 6–8, aber es gibt Ausnahmen (Abbildung 8.12b).

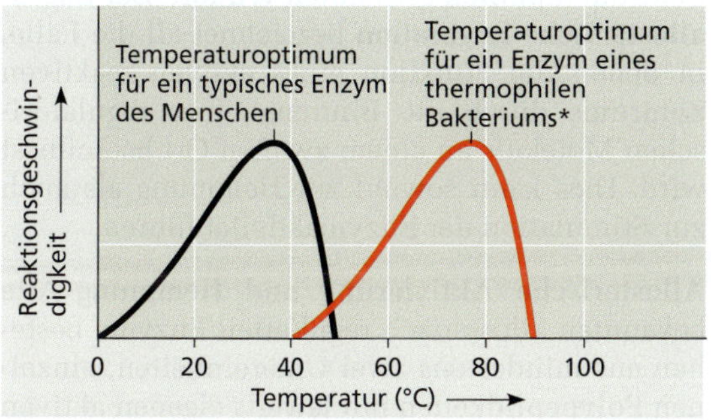

(a) Temperaturoptima zweier Enzyme

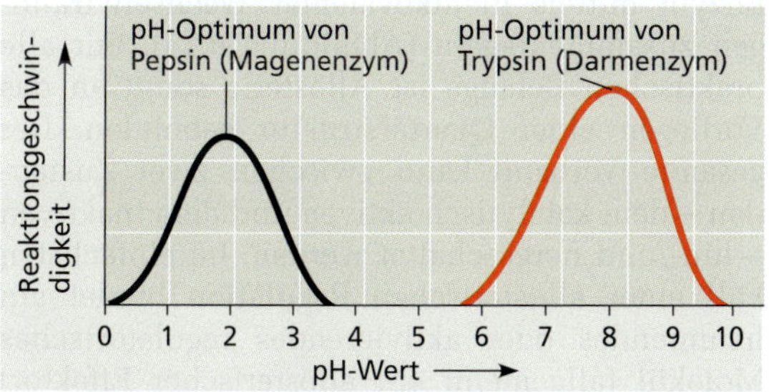

(b) pH-Optima zweier Enzyme

Abbildung 8.12: Umgebungsfaktoren, die die Enzymaktivität beeinflussen. Jedes Enzym hat **(a)** ein Temperatur- und **(b)** ein pH-Optimum, die seine maximale Funktionalität gewährleisten.

? ZEICHENÜBUNG Das Innere von reifen Lysosomen hat einen pH-Wert von etwa 4,5. Zeichnen Sie eine Kurve wie in (b), die Ihre Voraussage bezüglich der pH-Abhängigkeit eines lysosomalen Enzyms illustriert.

Cofaktoren Viele Enzyme benötigen für ihre katalytische Aktivität zusätzliche chemische Funktionalitäten, die durch Aminosäureseitenketten nicht realisiert werden können und daher völlig andersartige chemische Strukturen erfordern. Derartige Moleküle werden **Cofaktoren** genannt. Sie können dauernd und kovalent an den Proteinanteil des Enzyms gebunden sein oder nicht kovalent und reversibel zusammen mit dem Substrat binden. Manche Enzyme enthalten anorganische Cofaktoren, beispielsweise Zink-, Eisen- oder Kupferionen. Organische Cofaktoren sind als **Coenzyme** bekannt. Die meisten Vitamine sind als Inhaltsstoffe unserer Nahrung unverzichtbar, weil sie entweder direkt als Coenzym oder als direkte Synthesevorstufe von Coenzymen dienen und der Mensch die Fähigkeit zu ihrer Synthese aus einfachen Vorläufermolekülen verloren hat (zum Beispiel Vitamin C). Cofaktoren sind in unterschiedlicher, aber stets entscheidender Weise am katalytischen Prozess beteiligt.

Enzyminhibitoren Bestimmte Stoffe hemmen selektiv die Wirkung bestimmter Enzyme. Aus dem Studium der Wirkungsweise dieser Hemmstoffe (Inhibitoren) hat man viel über die Funktionsweise von Enzymen gelernt. Man unterscheidet die reversible und die irreversible Hemmung. Letztere erfordert in der Regel die kovalente Bindung des Inhibitors an das Enzym.

Wenn die Bindung über schwächere, nichtkovalente Wechselwirkungen erfolgt, ist die Hemmung aufhebbar und nicht von Dauer. Einige reversible Inhibitoren ähneln dem Substrat und konkurrieren mit ihm um die Bindung an das aktive Zentrum (Abbildung 8.13a, b). Solche **kompetitiven Inhibitoren** mindern die Produktivität eines Enzyms durch Blockade des aktiven Zentrums. Diese Art der Hemmung lässt sich durch Erhöhung der Substratkonzentration überwinden, da dann weitaus mehr Substratmoleküle in der Nähe eines soeben frei gewordenen, besetzbaren aktiven Zentrums sind, als Inhibitormoleküle.

Im Gegensatz dazu konkurrieren nicht kompetitive Inhibitoren nicht mit dem Substrat um die Bindung an das aktive Zentrum des Enzyms (Abbildung 8.13c). Sie verlangsamen enzymatische Reaktionen durch ihre Bindung an einen anderen Bereich des Proteins. Das veranlasst das Enzym und damit auch sein aktives Zentrum zu einer Konformationsänderung, sodass die Katalyse insgesamt weniger effizient verläuft.

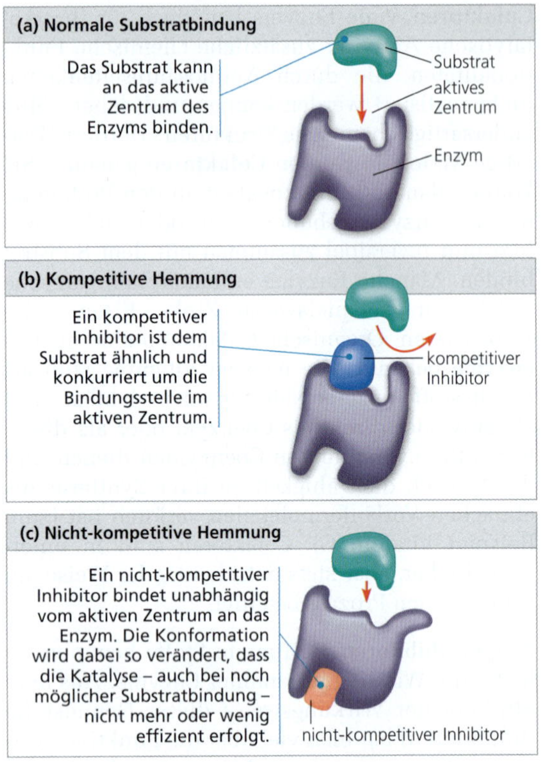

Abbildung 8.13: **Hemmung der Enzymaktivität.**

Durch Organismen ausgeschiedene Toxine und andere Giftstoffe sind oft irreversible Enzyminhibitoren.

Die Darstellung von Enzyminhibitoren als Stoffwechselgifte könnte den Eindruck erwecken, die Enzymhemmung sei generell unnormal und schädlich. Tatsächlich reguliert jedoch eine Vielzahl stets vorhandener zellulärer Inhibitoren dauernd die Aktivitäten zahlreicher Enzyme. Steuerung durch selektive Hemmung ist von zentraler Bedeutung für die Kontrolle des Stoffwechsels, wie wir gleich sehen werden.

VERSTÄNDNISFRAGEN

1. Viele „spontane" (exergone) Reaktionen verlaufen sehr langsam. Warum laufen nicht alle (thermodynamisch) spontanen Reaktionen augenblicklich ab?
2. Wie erklärt sich die Substratspezifität von Enzymen?
3. **WAS WÄRE, WENN?** Malonat hemmt das Enzym Succinatdehydrogenase. Wie könnten Sie herausfinden, ob Malonat ein kompetitiver oder ein nicht kompetitiver Inhibitor ist?

8.5 Die Regulation der Enzymtätigkeit hilft bei der Kontrolle des Stoffwechsels

Wenn alle Stoffwechselpfade gleichzeitig aktiv wären, würde in der Zelle das chemische Chaos herrschen. Lebensprozesse sind unabdingbar mit der Fähigkeit von Zellen verknüpft, den Stoffwechsel durch zeitliche und räumliche Kontrolle der Enzymaktivitäten präzise zu regulieren.

8.5.1 Allosterische Regulation von Enzymen

In vielen Fällen verhalten sich die Moleküle, die natürlicherweise die Enzymaktivitäten in einer Zelle regulieren, annähernd wie reversible nicht kompetitive Inhibitoren (Abbildung 8.13c). Sie ändern die Konformation eines Enzyms und damit seine katalytische Wirksamkeit durch nichtkovalente Bindung an einen vom katalytischen Zentrum räumlich getrennten Wirkort. Der Begriff **allosterische Regulation** bezeichnet all die Fälle, in denen die Funktion eines aktiven reaktiven Zentrums durch die Bindung eines regulatorischen Moleküls an einem zweiten Ort beeinflusst wird. Dies kann sowohl zur Hemmung als auch zur Stimulation der Enzymaktivität führen.

Allosterische Aktivierung und Hemmung Alle bekannten allosterisch regulierten Enzyme bestehen aus mindestens zwei Untereinheiten, einzelnen Polypeptidketten mit jeweils eigenen aktiven Zentren, die sich zu dem dann funktionsfähigen Enzym mittels nichtkovalenter Wechselwirkungen zusammenlagern (Abbildung 8.14). Für alle praktischen Belange ist Allosterie somit an das Vorliegen einer Quartärstruktur gebunden. Der gesamte Verband kann zwischen zwei Zuständen – dem katalytisch aktiven und dem inaktiven – hin- und hergeschaltet werden. Im einfachsten Fall einer allosterischen Regulation bindet ein hemmendes oder aktivierendes regulatorisches Molekül (allgemein: ein allosterischer Effektor) an eine allosterische Bindungsstelle. Die Bindung eines allosterischen Aktivators stabilisiert die aktive Konformation des Proteins, die eines allosterischen Inhibitors die inaktive. Die Untereinheiten eines allosterisch regulierten Enzyms passen so zusammen, dass die Konformationsänderung einer Untereinheit Konformationsänderungen aller anderen zur Folge hat. Infolge dieser Wechselwirkung kann ein einziges allosterisches Effektormolekül durch Besetzung einer einzigen Bindungsstelle die aktiven Zentren aller anderen Untereinheiten beeinflussen.

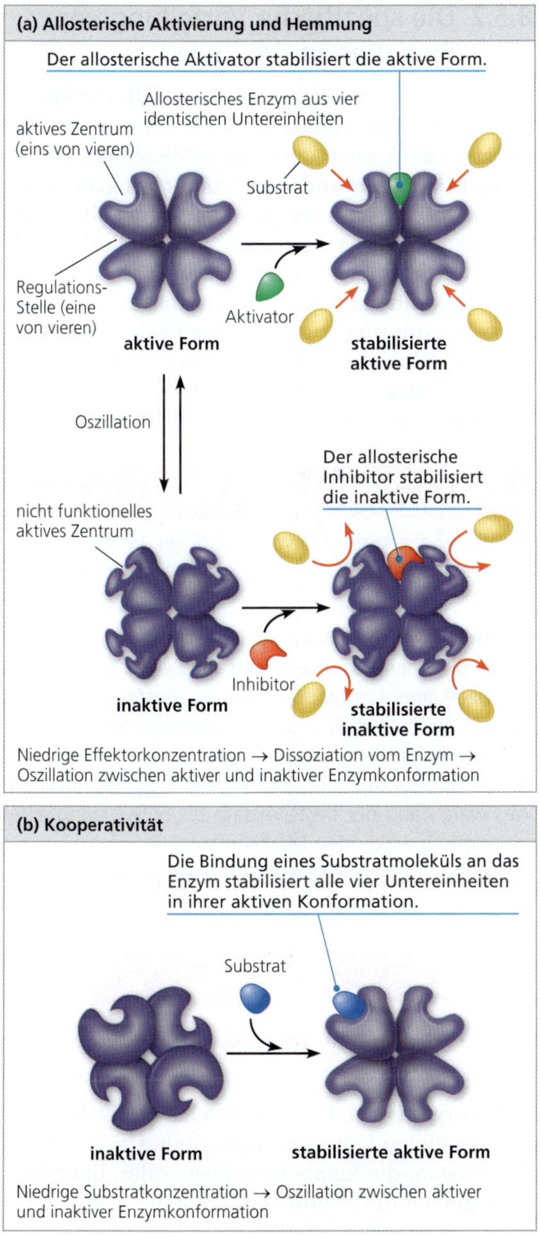

Abbildung 8.14: Allosterische Regulation der Enzymaktivität. **(a)** Allosterische Aktivierung und Hemmung. Niedrige zelluläre Effektorkonzentrationen (Aktivatoren oder Inhibitoren) führen zu ihrer Dissoziation vom Enzymmolekül. Daraufhin beginnt das Enzym wieder regelmäßig zwischen den aktiven und inaktiven Konformationszuständen hin und her zu schalten (Oszillation). **(b)** Kooperativität – ein weiterer Typ der allosterischen Aktivierung. In Abwesenheit von Substrat oszilliert das Enzym, wie in (a), zwischen der inaktiven und der aktiven Form. Sobald allerdings ein Substratmolekül an das aktive Zentrum einer einzelnen Untereinheit des Enzyms bindet, bewirkt dies eine Stabilisierung aller vier Untereinheiten in der aktiven Konformation.

Schwankende Effektorkonzentrationen können ein ausgeklügeltes Aktivierungs- und Inaktivierungsmuster unter den zellulären Enzymen hervorbringen. Die Produkte der ATP-Hydrolyse, ADP und Ⓟ$_i$, balancieren zum Beispiel die Anteile kataboler und anaboler Zellaktivität aus, indem sie deren Schlüsselenzyme allosterisch regulieren. ATP bindet allosterisch an mehrere katabole Enzyme, senkt ihre Substrataffinität und hemmt so ihre Aktivität. ADP dagegen wirkt auf dieselben Enzyme aktivierend. Das ist deswegen logisch, weil eine Hauptfunktion des Katabolismus in der Regeneration von ATP liegt. So steuern allosterische Enzyme die Geschwindigkeiten von entscheidenden Reaktionen in beiden Spielarten des Stoffwechsels.

Eine andere Variante der allosterischen Regulation beinhaltet die Aktivierung aller aktiven Zentren eines aus mehreren Untereinheiten bestehenden Enzyms durch die Bindung eines einzigen Substratmoleküls. Bei einem solchen Enzym kann die durch die Substratbindung erfolgende Konformationsänderung einer Untereinheit vergleichbar günstige Konformationsänderungen in allen übrigen Untereinheiten hervorrufen. Diese sogenannte **Kooperativität** verstärkt die Reaktion des Enzyms auf sein Substrat: Ein einzelnes Substratmolekül bereitet den Weg für die erleichterte Bindung weiterer Substratmoleküle.

Die Identifizierung allosterischer Effektoren Obwohl die allosterische Regulation sicher recht weit verbreitet ist, konnte nur für verhältnismäßig wenig metabolische Enzyme diese Art der Steuerung auch tatsächlich gezeigt werden.

Rückkopplungshemmung Wenn ATP allosterisch ein Enzym eines ATP-erzeugenden Stoffwechselweges hemmt, wie bereits angesprochen, so ist das eine **Hemmung durch Rückkopplung** („*feedback inhibition*"), ein allgemein verbreiteter Modus der Stoffwechselkontrolle. Bei der Rückkopplungshemmung wird ein Stoffwechselweg dadurch abgeschaltet, dass ein am Anfang des Weges befindliches Enzym durch ein Endprodukt des betreffenden Pfades gehemmt wird. Abbildung 8.15 zeigt ein Beispiel für diesen Kontrollmechanismus in einem anabolen Stoffwechselpfad. Manche Zellen verwenden diesen Weg, der fünf Einzelschritte umfasst, zur Biosynthese der Aminosäure Isoleucin aus der Aminosäure Threonin. In dem Maß, in dem sich Isoleucin anreichert, verlangsamt es seine eigene Synthese durch allosterische Hemmung des ersten Enzyms im Syntheseweg. Die Rückkopplungshemmung verhindert so die Verschwendung chemischer Ressourcen durch Synthese von mehr Isoleucin als notwendig.

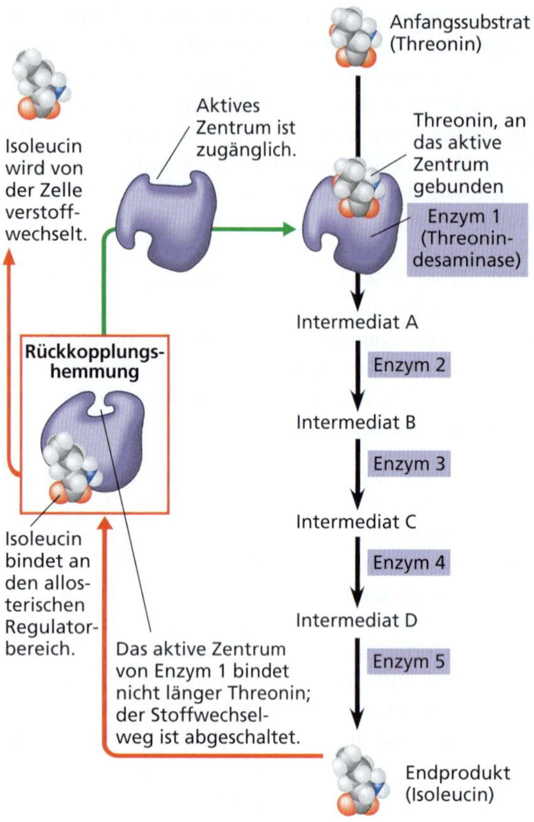

Abbildung 8.15: Hemmung durch Rückkopplung in der Isoleucin-Biosynthese.

8.5.2 Die spezifische Verteilung von Enzymen in der Zelle

Die Zelle ist nicht einfach ein Sack voller Stoffe mit Tausenden von unterschiedlichen Enzymen und Substraten in einer zufälligen Mischung. Sie ist kompartimentiert und ihre Struktur bringt Ordnung in die Stoffwechselwege. In einigen Fällen sind Gruppen von Enzymen, die aufeinanderfolgende Schritte desselben Stoffwechselweges katalysieren, zu Multienzymkomplexen zusammengefasst. Diese Anordnung erleichtert die Reaktionsabfolge, da das Produkt des ersten Enzyms gleichzeitig Substrat des benachbarten zweiten Enzyms ist, und so weiter bis zur Freisetzung des Endprodukts.

VERSTÄNDNISFRAGEN

1. Wie können ein Aktivator und ein Inhibitor unterschiedliche Effekte auf ein allosterisch reguliertes Enzym haben?

2. WAS WÄRE, WENN? Stellen Sie sich vor, Sie seien in der pharmakologischen Forschung aktiv und wollten ein Medikament entwickeln, das ein bestimmtes Enzym hemmt. Nach dem Studium der wissenschaftlichen Literatur stellen Sie fest, dass das aktive Zentrum des Enzyms den aktiven Zentren mehrerer anderer Enzyme ähnlich ist. Was wäre dann der beste Ansatz zur Entwicklung eines inhibitorisch wirkenden Medikaments?

ZUSAMMENFASSUNG

Der Stoffwechsel von Organismen wandelt Stoffe und Energie gemäß den Gesetzen der Thermodynamik um

Die biochemischen Prozesse sind in Stoffwechselpfaden organisiert. Der Stoffwechsel (Metabolismus) ist die Gesamtheit der chemischen Reaktionen, die in einem Lebewesen ablaufen. Unterstützt durch Enzyme folgt der Stoffwechsel sich kreuzenden Wegen, die kataboler (abbauender, Energie gewinnender) oder anaboler (aufbauender, Energie verbrauchender) Natur sein können.

Energieformen. Energie ist die Fähigkeit, Arbeit zu verrichten. Kinetische Energie ist gleich Bewegungsenergie, sie schließt thermische Energie – die zufällige Bewegung von Atomen oder Molekülen – ein. Wärme ist thermische Energie, die von einem Objekt auf ein anderes übergeht. Potenzielle Energie (Lageenergie) hängt mit der Lokalisation oder der Struktur der Materie zusammen. Sie schließt die in chemischen Verbindungen infolge ihrer Struktur enthaltene chemische Energie als Sonderform ein.

Die Gesetze der Energietransformation. Der 1. Hauptsatz der Thermodynamik (= Energieerhaltungssatz) besagt, dass Energie weder erschaffen noch zerstört, sondern nur übertragen oder umgewandelt werden kann. Der 2. Hauptsatz (Entropiesatz) besagt, dass sich bei spontanen Prozessen, die ohne Zufuhr von Energie von außen von selbst ablaufen, die Entropie des Universums stets vergrößert.

Die Änderung der freien Enthalpie entscheidet über die Richtung, in der die Reaktion abläuft

Änderung der freien Enthalpie (ΔG). Die freie Enthalpie ist die für die Verrichtung von Nutzarbeit verfügbare Energie. Die Änderung der freien Gesamtenthalpie (ΔG_{gesamt}), mit der ein Prozess einhergeht, ist über die folgende Beziehung mit der Enthalpieänderung (ΔH) und der Entropieänderung (ΔS) des Systems verknüpft:

$$\Delta G_{gesamt} = \Delta H_{System} - T\Delta S_{System}.$$

Freie Enthalpie, Stabilität und chemisches Gleichgewicht. Betrachten wir ΔG als Differenz zwischen der freien Enthalpie des Endzustandes und der freien Enthalpie des Ausgangszustandes:

$$\Delta G = G_{Endzustand} - G_{Ausgangszustand}.$$

ΔG kann nur dann negative Werte annehmen, wenn der ablaufende Prozess mit einem Verlust an freier Enthalpie beim Übergang vom Ausgangs- in den Endzustand einhergeht. Da das System jetzt eine geringere freie Enthalpie hat, ist die Wahrscheinlichkeit für eine weitere Zustandsänderung ebenfalls geringer geworden, mit anderen Worten, das System ist stabiler als vorher.

Freie Enthalpie und Stoffwechsel. Bei einer exergonen (spontanen) chemischen Reaktion enthält das System nach Erreichen des Gleichgewichtszustandes weniger freie Enthalpie als zu Anfang ($\Delta G < 0$). Endergone (nicht spontane) Reaktionen erfordern eine Zufuhr von Energie ($\Delta G > 0$). Der fortwährende Zusatz von Ausgangsstoffen oder die dauernde Entnahme von Reaktionsprodukten verhindern, dass sich im Stoffwechsel eines lebenden Organismus jemals das thermodynamische Gleichgewicht einstellen kann.

ATP ermöglicht Zellarbeit durch die Kopplung von exergonen an endergone Reaktionen

Struktur und Hydrolyse von ATP. ATP ist die Energiewährung der Zelle. Die hydrolytische Abspaltung des terminalen Phosphorylrestes ergibt ADP und Hydrogenphosphat, dabei wird Energie frei.

Wie durch die Hydrolyse von ATP Arbeit geleistet wird. Die ATP-Hydrolyse aktiviert Reaktanden durch Phosphorylierung und treibt so endergone Reaktionen an. Die Hydrolyse von ATP verursacht (manchmal mit der Phosphorylierung von Proteinen einhergehend) Veränderungen in der Gestalt und der Bindungsaffinität von Transport- und Motorproteinen.

Die Regeneration des ATP. Katabole Stoffwechselwege erbringen die zur Synthese von ATP aus ADP und anorganischem Phosphat erforderliche freie Enthalpie.

Enzyme beschleunigen metabolische Reaktionen durch das Absenken von Energiebarrieren

Die Aktivierungshürde. Der Ablauf chemischer Reaktionen erfordert in der Regel das Überschreiten einer Schwelle durch das Aufbringen einer Aktivierungsenergie E_A.

Wie Enzyme die Aktivierungsenergie senken. Enzyme beschleunigen Reaktionen nicht durch eine Änderung des Unterschieds in der freien Enthalpie (ΔG), sondern nur indem sie die Aktivierungsenergie (E_A) senken.

Die Substratspezifität von Enzymen. Jedes Enzym verfügt über ein charakteristisches aktives Zentrum, an das ein spezifisches Substrat bindet (der Reaktand der katalysierten Reaktion). Bei der Bindung des Substrats verändern Enzym und Substrat oft ihre Molekülgestalten (induzierte Passung).

Katalyse im aktiven Zentrum des Enzyms. Das aktive Zentrum vermindert die Aktivierungsenergie der Reaktion durch Ausrichtung des oder der reagierenden Stoffe, das Strecken von Bindungen, die Bereitstellung einer die Reaktion begünstigenden Mikroumgebung oder die zeitweise Ausbildung kovalenter Bindungen mit dem oder den Substraten (Kombinationen dieser Faktoren sind möglich und werden oft genutzt).

Die Enzymaktivität hängt von den Umgebungsbedingungen ab. Jedes Enzym besitzt ein Temperatur- und ein pH-Optimum. Hemmstoffe (Inhibitoren) setzen die Enzymaktivität herab. Ein kompetitiver Inhibitor bindet im aktiven Zentrum, ein nichtkompetitiver bindet an einer anderen Stelle des Enzymmoleküls.

Die Regulation der Enzymaktivität hilft bei der Kontrolle des Stoffwechsels

Allosterische Regulation von Enzymen. Viele Enzyme werden allosterisch reguliert: Allosterische Effektoren – Aktivatoren oder Inhibitoren – binden an spezielle Effektorstellen in einem Enzym/Protein und beeinflussen dadurch dessen Gestalt und Funktion. Von Kooperativität spricht man, wenn die Bindung eines Substratmoleküls die Bindung oder die Aktivität anderer Bindungsstellen beeinflusst.

Bei der **Rückkopplungshemmung** hemmt das Endprodukt eines Stoffwechselweges allosterisch das Enzym eines vorhergehenden Schrittes in dem betreffenden Weg.

Die spezifische Verteilung von Enzymen in der Zelle. Manche Enzyme sind zu Komplexen (Molekülverbänden) zusammengefasst, manche sind in Membranen eingebaut und manche finden sich im Inneren von Organellen. All dies dient der Steigerung der Effizienz von Stoffwechselprozessen.

Zellatmung und Fermentation

9

9.1 Katabolische Wege liefern Energie, indem organische Moleküle oxidiert werden

Die Gesamtheit der Stoffwechselwege, die gespeicherte Energie durch den Abbau komplexer Moleküle freisetzt, wird als Katabolismus bezeichnet (siehe Kapitel 8). Zwei wesentliche Endprodukte des Katabolismus entstehen durch Oxidation von reduzierten Kohlenstoffverbindungen zu Kohlendioxid und Reduktion von molekularem Sauerstoff zu Wasser. Mithin spielt der Transfer von Elektronen bei diesen Stoffwechselwegen eine wesentliche Rolle.

9.1.1 Katabole Stoffwechselwege und die ATP-Produktion

Organische Verbindungen enthalten wie alle Moleküle chemische Energie, die auf der Anordnung der Atome in den Molekülen beruht. Brennstoffe sind daher die Reaktanden exergoner Reaktionen, die jedoch nicht ohne Weiteres ablaufen. Der systematische Abbau komplexer organischer Moleküle zu einfacheren Produkten mit geringerem Energiegehalt muss fast immer Aktivierungsenergiehürden überwinden. Er ist schon aus diesem Grund auf die zusätzliche Einbindung von Enzymen angewiesen (Kapitel 8), ein weiterer Grund für die Verwendung von Enzymen sind die vielfältigen Möglichkeiten zur Regulation. Auch ist nur ein Teil der chemischen Energie organischer Moleküle für Arbeiten nutzbar, der Rest geht immer als Wärme verloren.

Eine Gruppe kataboler Vorgänge, die **Gärungen** oder **Fermentationen**, ist durch einen Teilabbau von Zuckern gekennzeichnet, der ohne die Beteiligung von elementarem Sauerstoff stattfindet. Der bei Eukaryonten bei Weitem überwiegende und sehr viel leistungsfähigere katabole Stoffwechselpfad ist die **aerobe Atmung**, bei der elementarer Sauerstoff zusammen mit organischen Brennstoffen als Reaktand verwertet wird (aerob; gr. *aer*, Luft + *bios*, Leben). Die Zellen der meisten Eukaryonten und viele Prokaryonten atmen aerob. Einige Prokaryonten verwerten jedoch andere Substanzen und ohne die Beteiligung von elementarem Sauerstoff zur Gewinnung chemischer Energie. Diese Vorgänge werden als **anaerobe Atmung** bezeichnet (gr. *a-/an-*, ohne, nicht, kein). Der Begriff **Zellatmung** umfasst beide Varianten. Er diente ursprünglich als Synonym für die aerobe Atmung, um damit auf den Bezug der intrazellulären Atmung von Tieren auf das Einatmen von Sauerstoff hinzuweisen. Der Begriff wird daher oft mit der aeroben Variante stillschweigend gleichgesetzt – eine Praxis, der auch wir folgen wollen.

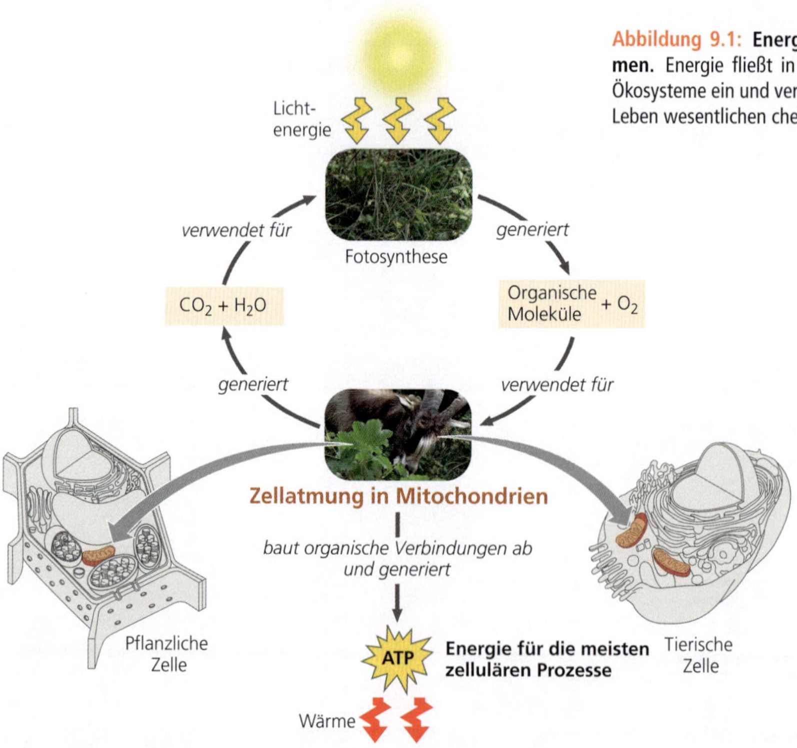

Abbildung 9.1: Energiefluss und Recycling in Ökosystemen. Energie fließt in Form von Sonnenlicht in die meisten Ökosysteme ein und verlässt sie letztlich als Wärme. Die für das Leben wesentlichen chemischen Elemente werden recycelt.

MERKE!

Bei der aeroben Atmung wird elementarer Sauerstoff zusammen mit organischen Brennstoffen als Reaktand verwertet. Bei der anaeroben Atmung werden andere Substanzen ohne die Beteiligung von elementarem Sauerstoff zur Gewinnung chemischer Energie verwertet.

Obwohl mechanistisch sehr verschieden davon, ähnelt die aerobe Atmung insgesamt der Verbrennung von Benzin in einem Automotor. Die Nahrung liefert die Brennstoffe für die Atmung und die „Abgase" sind Kohlendioxid und Wasser. Der Gesamtvorgang kann wie folgt zusammengefasst werden:

organische Verbindungen + Sauerstoff →
Kohlendioxid + Wasser + Energie

Obgleich sowohl Kohlenhydrate als auch Fette und Proteine als Brennstoffe verwendet und verbraucht werden können, ist es hilfreich, die einzelnen Schritte der Zellatmung anhand des Schicksals von Traubenzucker (Glucose) bei seinem Abbau durch die Zelle zu verfolgen.

$C_6H_{12}O_6 + 6\ O_2 \rightarrow 6\ CO_2 + 6\ H_2O$ + Energie
(in Form von ATP + Wärme)

Glucose ist der am häufigsten verwendete zelluläre Brennstoff.

Der Abbau von Glucose ist exergon mit $\Delta G = -2.870$ kJ/ mol. Das System setzt folglich Energie frei, die Reaktionsprodukte sind energieärmer als die Ausgangsstoffe und die Reaktion insgesamt ist thermodynamisch begünstigt.

Die Verrichtung zellulärer Arbeiten wird nicht direkt durch entsprechende katabole Prozesse angetrieben. Vielmehr wird durch den Katabolismus eine energieliefernde chemische Verbindung in Form von ATP bereitgestellt, die als universelle zelluläre Energiewährung unterschiedliche Arbeitsprozesse miteinander verknüpft beziehungsweise überhaupt erst ermöglicht (siehe Kapitel 8). Zur Verrichtung von Arbeit muss eine Zelle ihren Vorrat an ATP aus ADP und anorganischem Phosphat ($Ⓟ_i$) laufend regenerieren (siehe Abbildung 8.7).

9.1.2 Redoxreaktionen: Oxidation und Reduktion

Wie kann durch katabole Stoffwechselpfade, die die Glucose und andere organische Brennstoffe abbauen, Energie gewonnen werden? Letztlich hängt dies mit der Übertragung von Elektronen im Verlauf chemischer Reaktionen zusammen. Die Aufnahme von Elektronen durch Sauerstoff, dem im biologischen Kontext elektronegativsten Reaktionsteilnehmer, wird durch die Abgabe von Elektronen aus organischen Verbindungen ermöglicht und setzt gespeicherte Energie frei, die ihrerseits zur Synthese von ATP genutzt werden kann.

Prinzipien von Redoxreaktionen Bei vielen chemischen Reaktionen kommt es zur Übertragung eines Elektrons oder mehrerer Elektronen (e^-) von einem Reaktionspartner auf einen anderen. Solche Elektronenübertragungsreaktionen heißen **Redoxreaktionen** (eine Verkürzung von Reduktions-/Oxidationsreaktionen). Eine Redoxreaktion besteht formal aus einer Elektronenabgabe (**Oxidation**) durch eines der reagierenden Teilchen und die gleichzeitige Elektronenaufnahme (**Reduktion**) durch ein anderes (lat. *reducere*, zurückführen).

MERKE!

Eine Redoxreaktion besteht formal aus einer Elektronenabgabe (Oxidation) durch eines der reagierenden Teilchen und die gleichzeitige Elektronenaufnahme (Reduktion) durch ein anderes.

Die allgemeine Gleichung einer Redoxreaktion lautet:

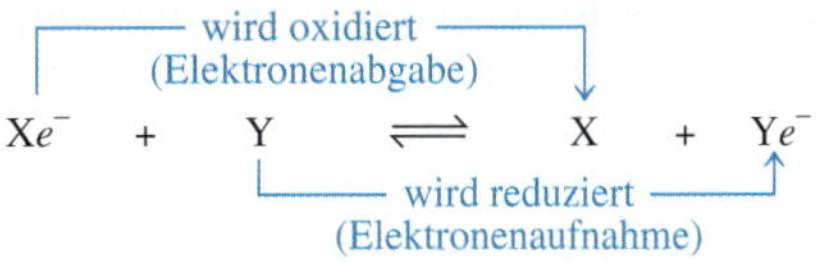

In dieser Redoxreaktion ist der Stoff Xe^- der Elektronendonor, auch als Reduktionsmittel bezeichnet. Xe^- selbst wird oxidiert und reduziert dadurch Y, welches das von X abgegebene Elektron übernimmt. Y ist daher der Elektronenakzeptor beziehungsweise das Oxidationsmittel. Y oxidiert Xe^- durch Übernahme des Elektrons. Da freie Elektronen in Lösung keinen Bestand haben, erfordert ein solcher Elektronentransfer *immer* einen Donor und einen Akzeptor: Reduktion und Oxidation sind *stets* als Redoxreaktion aneinander gekoppelt.

Eine Redoxreaktion muss nicht zwangsläufig mit dem vollständigen Transfer von Elektronen von einem Teilchen auf ein anderes einhergehen, manchmal kommt es lediglich zu einer Umverteilung der Elektronen.

Um ein Elektron aus einem Atom herauszulösen, muss Energie aufgewendet werden. Dieser Energiebetrag heißt Ionisierungsenergie. Je elektronegativer ein Atom ist, desto stärker ist die Anziehungskraft, die es auf Elektronen ausübt, und umso mehr Energie ist aufzuwenden, um es zu ionisieren. Geht ein Elektron von einem weniger elektronegativen auf einen stärker elektronegativen Reaktionspartner über, nimmt die potenzielle Energie des Systems ab. Eine Redoxreaktion, die Elektronen auf Sauerstoff überträgt, setzt daher Energie frei, die zur Verrichtung von Arbeit ausgenutzt werden kann.

Die Oxidation organischer Brennstoffmoleküle während der Zellatmung Der für Biologen interessanteste energieliefernde Prozess ist die Atmung, das heißt die vollständige Oxidation von Traubenzucker und anderen Nahrungsmolekülen. Betrachten wir erneut die Bruttogleichung der Zellatmung, dieses Mal jedoch aus der Sicht eines Chemikers, der Redoxvorgänge analysiert:

wird oxidiert ($C_6H_{12}O_6$ → $6\,CO_2$)

$$C_6H_{12}O_6 + 6\,O_2 \longrightarrow 6\,CO_2 + 6\,H_2O + \text{Energie}$$

wird reduziert ($6\,O_2$ → $6\,H_2O$)

Die Elektronen gruppieren sich um und das System verliert potenzielle Energie. Diese wird freigesetzt, das heißt vom System abgegeben.

Organische Verbindungen mit vielen Wasserstoffatomen und wenigen Sauerstoffatomen sind gute Brennstoffe, weil sie leicht oxidiert werden können und dabei ihre Elektronen dem Sauerstoff überlassen. Diese Reaktion ist durch die Elektronegativität des Sauerstoffs begünstigt und daher exergon. Die Bruttogleichung für die Atmung zeigt, dass Wasserstoff von Glucose auf Sauerstoff übergeht. Aus der Bruttogleichung nicht sogleich ersichtlich ist ihr Redoxcharakter, der jedoch deutlich wird, wenn man die oben erläuterten Regeln anwendet. In der Summe überführt die Oxidation von Glucose bei der Atmung das System in einen energieärmeren Zustand. Die freigesetzte Energie steht für die ATP-Synthese zur Verfügung.

Energiereiche Moleküle der Nahrung wie Kohlenhydrate und Fette sind hoch reduziert und somit Speicher für Elektronen, die auf Sauerstoff übertragen werden können. Nur die Aktivierungsenergiehürde bremst den Elektronenfluss hin zu einem energieärmeren Zustand aus (siehe Abbildung 8.8). Ohne diese Barriere würde ein Nahrungsbestandteil wie Glucose praktisch augenblicklich durch Luftsauerstoff oxidiert. Bringt man die Aktivierungsenergie auf, indem man Glucose oder einen anderen Einfachzucker anzündet, verbrennt er an der Luft unter Freisetzung von 2.870 kJ Wärme pro Mol (rund 180 g Glucose). Die Körpertemperatur ist natürlich nicht hoch genug, um diesen Verbrennungsprozess anzustoßen. Wenn wir Glucose aufnehmen, vermindern Enzyme in den Zellen die Aktivierungsenergie, um die Oxidation des Zuckers in einer Serie von kontrollierten Reaktionen zu ermöglichen.

Schrittweiser Energiegewinn mittels NAD$^+$ und der Elektronentransportkette Falls die gesamte Energie eines Brennstoffs auf einmal freigesetzt würde, wäre es sehr schwierig, sie für die Verrichtung von Arbeit mit hohem Wirkungsgrad zu nutzen. Wenn zum Beispiel der Inhalt eines Benzintanks explodiert, treibt die dabei plötzlich freigesetzte große Energiemenge ein Auto nicht weit voran, sondern führt zu verschiedenen Zerstörungen. Daher wird Glucose in der Zellatmung auch nicht in einem einzigen Schritt oxidiert, sondern in einer Abfolge von Schritten. Jeder Schritt ist eine einzige chemische Reaktion, die in der Regel von einem spezifischen Enzym katalysiert wird. Bei bestimmten Schritten des Gesamtprozesses werden Elektronen aus den neu gebildeten Abbauprodukten der Glucose durch Redoxreaktionen entnommen. Die Übertragung eines Elektrons kann gemeinsam mit einem Proton erfolgen, das entspricht dann formal dem Übergang eines ganzen Wasserstoffatoms, welches ja aus einem Proton im Atomkern und einem Elektron in der Hülle besteht. Allerdings folgen Proton und Elektron in diesem Prozess unterschiedlichen Wegen. Diese Wasserstoffatome werden nicht direkt auf elementaren Sauerstoff übertragen, sondern über einen zwischengeschalteten Elektronenträger. Ein solcher Elektronenüberträger oder -zwischenträger ist beispielsweise das Coenzym Nicotinsäureamid-Adenin-Dinucleotid (abgekürzt **NAD$^+$**), ein Abkömmling des Vitamins Niacin aus der Vitamin B-Gruppe. Im Verlauf der Zellatmung fungiert das NAD$^+$ einerseits als Elektronenakzeptor (= Oxidationsmittel), andererseits kann das reduzierte NAD$^+$ (= NADH) in Reaktionen mit anderen Partnern auch als Reduktionsmittel wirken und Elektronen abgeben. Diese Partner müssen dann ein höheres Redoxpotenzial als NAD$^+$/NADH haben (siehe oben).

MERKE!

Im Verlauf der Zellatmung fungiert das NAD$^+$ einerseits als Elektronenakzeptor (= Oxidationsmittel), andererseits kann das reduzierte NAD$^+$ (= NADH) in Reaktionen mit anderen Partnern auch als Reduktionsmittel wirken und Elektronen abgeben.

Wie fängt NAD$^+$ aus Glucose und anderen organischen Molekülen stammende Elektronen und deren Energie ein? Dehydrogenasen genannte

Enzyme katalysieren die Entfernung von zwei Wasserstoffatomen (2 Protonen + 2 Elektronen) von geeigneten Substratmolekülen, dies entspricht einer Substratoxidation. Die zwei Elektronen werden gemeinsam mit einem Proton durch die Dehydrogenase auf das Coenzym NAD^+ übertragen (Abbildung 9.2). Das verbleibende Proton geht in die umgebende Lösung über:

$$H-\overset{|}{\underset{|}{C}}-OH + NAD^+ \xrightarrow{\text{Dehydrogenase}} \overset{|}{\underset{|}{C}}=O + NADH + H^+$$

Durch die Aufnahme von zwei negativ geladenen Elektronen und einem positiv geladenen Proton geht das NAD^+ in das elektrisch neutrale Molekül NADH über (reduziertes Nicotinsäureamid-Adenin-Dinucleotid). Das H in der Abkürzung NADH zeigt das aufgenommene Wasserstoffatom an. NAD^+ ist der vielseitigste Elektronenakzeptor in der Zellatmung und tritt bei mehreren Redoxreaktionen im Verlauf der Glucose-Oxidation in Erscheinung.

Die Zellatmung verwendet eine **Elektronentransportkette** (auch Atmungskette genannt), um die Reduktion des Sauerstoffs in mehrere energieliefernde Schritte zu zerlegen, statt sie in nur einer schlagartigen, explosiven Reaktion ablaufen zu lassen. Eine Elektronentransportkette besteht aus einer Reihe von Molekülen (meist Proteine), die in die innere Membran der Mitochondrien eukaryontischer Zellen eingebaut sind. Bei aerob atmenden Prokaryonten befinden sich die entsprechenden Molekülkomplexe in der Plasmamembran (Mitochondrien sind entwicklungsgeschichtlich durch Endocytose aufgenommene Bakterien, „Endosymbiontentheorie"). Die der Glucose-Oxidation entstammenden Elektronen werden in Form von NADH in die Elektronentransportkette eingespeist und in mehreren Schritten auf Sauerstoff übertragen, dabei entsteht Wasser.

MERKE!

Eine Elektronentransportkette besteht aus einer Reihe von Molekülen (meist Proteine), die in die innere Membran der Mitochondrien eukaryontischer Zellen eingebaut sind.

Der Elektronentransfer von NADH auf Sauerstoff ist eine exergone Reaktion mit einer Änderung der freien Enthalpie von –220 kJ/mol. Anstatt diese Energie schlagartig in einer einzigen Reaktion zu verschwenden, wandern die Elektronen die Elektronentransportkette entlang, wobei sie in einer Serie von Redoxreaktionen von einem Zwischenträger zum nächsten weitergereicht werden. Dabei geben sie jeweils eine kleine Energiemenge ab, bis sie zuletzt auf den Sauerstoff übertragen werden, den terminalen Elektronenakzeptor mit der größ-

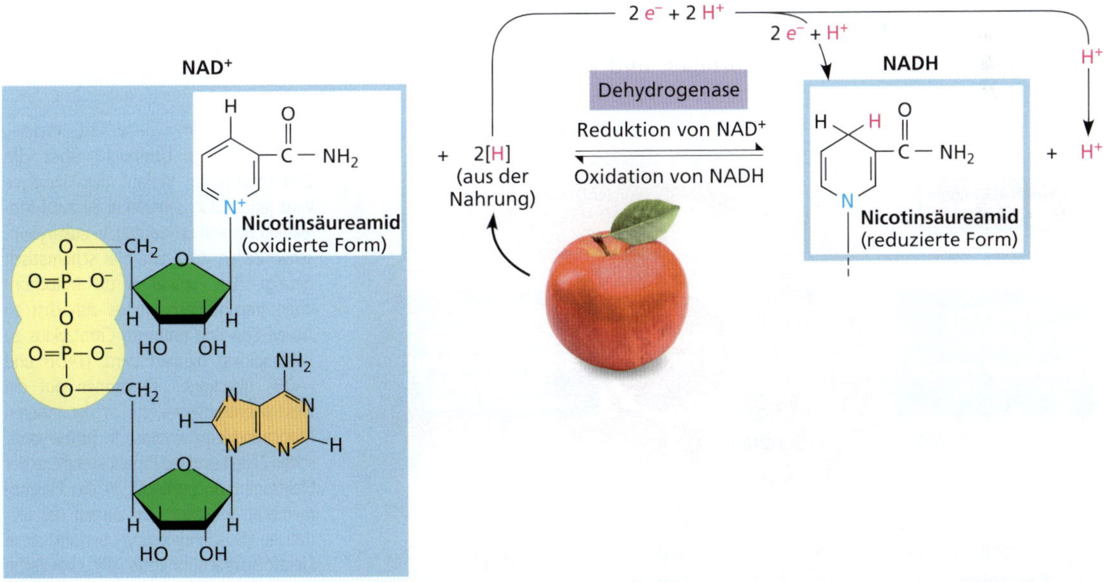

Abbildung 9.2: **NAD^+ ist ein Elektronen-Shuttle.** Der Name des Coenzyms NAD^+, Nicotinsäureamid-Adenin-Dinucleotid, beschreibt seine Struktur: Das Molekül besteht aus zwei Nucleotiden, die über eine Pyrophosphatgruppe miteinander verbunden sind (gelb). Nicotinsäureamid ist eine stickstoffhaltige Base, die jedoch nicht in DNA oder RNA vorkommt. Durch den enzymatisch katalysierten Transfer von zwei Elektronen und zwei Protonen (H^+) aus einem organischen Nahrungsmittelmolekül wird NAD^+ zu NADH reduziert und das zweite Proton freigesetzt. Die meisten der Nahrungsoxidation entstammenden Elektronen werden zunächst auf NAD^+ übertragen, wobei NADH entsteht.

ten Elektronegativität und dem höchsten Redoxpotenzial. Entlang der Elektronentransportkette nehmen die Redoxpotenziale der Zwischenträger schrittweise immer weiter zu. Letztere können daher ihren jeweiligen Vorläufer oxidieren und werden hierbei selbst reduziert. Die Elektronen, die der Glucose durch NAD^+ entzogen werden, versetzen das System insgesamt in einen energieärmeren Zustand, indem sie sehr viel stabiler an den elektronegativen Sauerstoff binden.

Zusammenfassend nehmen Elektronen im Verlauf der Zellatmung etwa den folgenden Weg:

Glucose → NADH → Elektronentransportkette → Sauerstoff

9.1.3 Die Stadien der Zellatmung: Eine Vorschau

Die Atmung insgesamt beruht auf dem Zusammenwirken mehrerer Stoffwechselpfade, wobei wir uns hier auf die folgenden drei beschränken wollen:

- Glykolyse (türkis unterlegt)
- Citratzyklus (braun unterlegt)
- oxidative Phosphorylierung: Elektronentransport und chemiosmotische Prozesse (violett unterlegt)

Definitionsgemäß werden unter dem Begriff der Zellatmung nur der Citratzyklus und die oxidative Phosphorylierung zusammengefasst. Wir beziehen hier die Glykolyse mit ein, weil die meisten atmenden Zellen Energie aus Glucose beziehen und so die Ausgangsstoffe gewinnen, die in den Citratzyklus eingeschleust werden (Abbildung 9.3).

9.2 Die Glykolyse oxidiert Glucose zu Pyruvat, wobei Energie frei wird

Das aus dem Griechischen abgeleitete Wort *Glykolyse* bedeutet „Spaltung von Zucker" und genau das geschieht im Verlauf dieses Stoffwechselweges. Der Traubenzucker (Glucose, ein Monosaccharid mit sechs Kohlenstoffatomen, eine „Hexose") wird dabei in zwei Triosen mit je drei Kohlenstoffatomen gespalten. Diese kleineren Kohlenhydratmoleküle werden dann oxidiert und letztlich zu zwei Molekülen Pyruvat, dem deprotonierten Anion der Brenztraubensäure, umgesetzt.

Abbildung 9.4 zeigt schematisch, dass sich die Glykolyse formal in zwei Abschnitte einteilen lässt, zuerst in einen energieverbrauchenden und danach in einen energieliefernden Abschnitt. Während der ersten Phase verbraucht die Zelle ATP. Diese Investition wird in der zweiten Phase gewissermaßen verzinst, wenn sich ATP durch Substratkettenphosphorylierung bildet und NAD^+ durch die Elektronen aus der Glucoseoxidation zu NADH reduziert wird. Der Gesamtenergieertrag der Glykolyse beträgt pro Molekül Glucose zwei Moleküle ATP plus zwei Moleküle NADH. Die zehn Schritte der Glykolyse sind detailliert in Abbildung 9.5 dargestellt, deren gründliches Studium sich empfiehlt, bevor Sie weiterlesen.

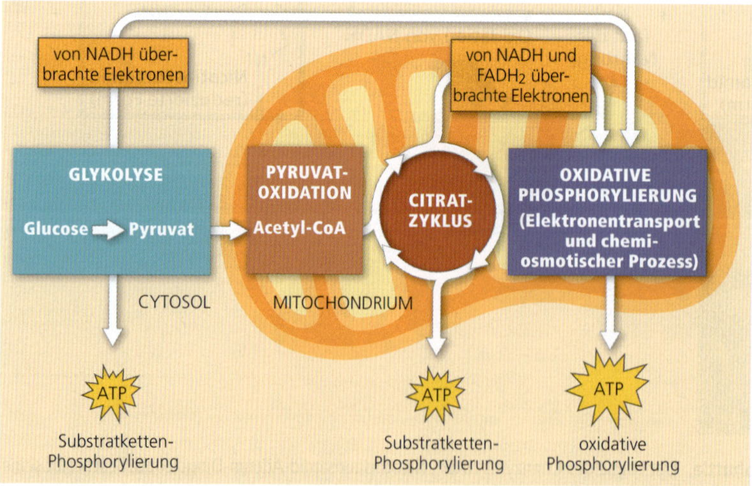

Abbildung 9.3: Übersicht über die Zellatmung. Im Verlauf der Glykolyse wird jedes Glucosemolekül zu zwei Molekülen Pyruvat umgesetzt. In eukaryontischen Zellen wird, wie hier schematisch gezeigt, das Pyruvat in die Mitochondrien transportiert, wo es zunächst zu Acetyl-CoA und dann im Citratzyklus zu Kohlendioxid oxidiert wird. NADH und $FADH_2$ übertragen Elektronen auf die Elektronentransportkette in der inneren Mitochondrienmembran. In prokaryontischen Zellen sind die Proteinkomplexe der Elektronentransportkette in die Plasmamembran integriert. Im Verlauf der oxidativen Phosphorylierung überführt diese Elektronentransportkette die chemische Energie in eine für die Synthese von ATP geeignete Form. Die eigentliche ATP-Synthese erfolgt dann über eine sogenannte chemiosmotische Kopplung.

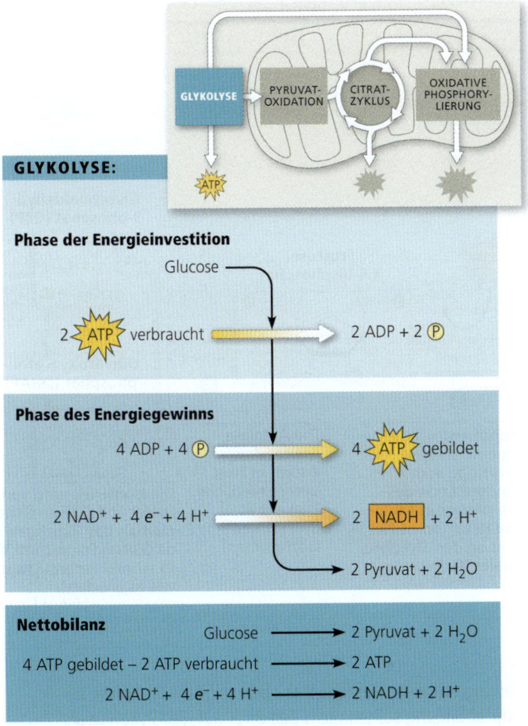

Abbildung 9.4: Energieverbrauch und Energieausbeute der Glykolyse.

Die Kohlenstoffatome des ursprünglichen Glucosemoleküls liegen schließlich in Form zweier Pyruvatmoleküle vor, ohne dass Kohlendioxid gebildet worden wäre. Die Glykolyse an sich ist vom Sauerstoff unabhängig und läuft auch in seiner Abwesenheit ab. Falls jedoch elementarer Sauerstoff (O_2) vorhanden ist, kann die im Pyruvat und im NADH steckende chemische Energie durch den Citratzyklus und die oxidative Phosphorylierung verfügbar gemacht werden.

9.3 Der Citratzyklus vervollständigt die energieliefernde Oxidation organischer Moleküle

Die Glykolyse erschließt nur weniger als ein Viertel der im Glucosemolekül gespeicherten chemischen Energie, der größte Teil verbleibt dagegen in den beiden Pyruvatmolekülen. In Gegenwart von elementarem Sauerstoff wird das Pyruvat in Eukaryonten in das Mitochondrium transportiert, wo die Enzyme des Citratzyklus die Oxidation der Glucose vervollständigen. In Prokaryonten läuft dieser Prozess im Cytosol ab.

Nach seinem Eintritt ins Mitochondrium, der durch aktiven Transport erfolgt, wird Pyruvat zunächst in Acetyl-Coenzym A (Acetyl-CoA) umgewandelt (Abbildung 9.6). Diese Reaktion verknüpft die Glykolyse mit dem Citratzyklus. Sie wird von einem Multienzymkomplex (der Pyruvatdehydrogenase) katalysiert und umfasst drei Teilreaktionen: ❶ Die Carboxylatgruppe (—COO^-) des Pyruvatmoleküls mit bereits vollständig oxidiertem Kohlenstoff und daher wenig verwertbarer chemischer Energie wird als Kohlendioxidmolekül (CO_2) abgespalten. Dies ist der erste CO_2-freisetzende Schritt der Atmung. ❷ Das verbleibende Fragment mit zwei Kohlenstoffatomen wird zu Acetat oxidiert, dem deprotonierten Anion der Essigsäure. Die dabei frei werdenden Elektronen werden enzymkatalysiert auf NAD^+ übertragen, wodurch Energie in Form von reduziertem NADH gespeichert wird. ❸ Der Acetylrest wird mit einem Molekül Coenzym A (CoA) über eine relativ fragile Bindung (die Wellenlinie in Abbildung 9.6) verknüpft. Coenzym A ist, wie weitere drei Coenzyme des Pyruvatdehydrogenase-Komplexes, ein Abkömmling der Vitamin B-Gruppe. Die Verknüpfung zwischen CoA und dem Acetylrest erfolgt über ein Schwefelatom des CoA-Moleküls, das heißt in Form eines reaktionsfreudigen Thioesters. Daher ist der Zerfall des Acetyl-CoA eine deutlich exergone Reaktion. Acetyl-CoA speist die Acetylgruppe zur weiteren Oxidation in den Citratzyklus ein.

Der Citratzyklus wird auch als Citronensäurezyklus, Tricarbonsäurezyklus oder Krebszyklus bezeichnet (Hans Krebs, 1900–1981, deutscher Mediziner und Biochemiker, 1933 nach England emigriert, entdeckte den Citratzyklus 1937, Nobelpreis 1953). Der Zyklus fungiert als „metabolischer Ofen“, in dem organische Nährstoffe (nicht nur Kohlenhydrate wie Glucose, sondern auch Fette und Aminosäuren) oxidiert werden. Pyruvat wird zu drei Molekülen Kohlendioxid abgebaut, wobei ein Kohlendioxidmolekül bei der Bildung des Acetyl-CoA entsteht, also vor dem eigentlichen Citratzyklus. Pro Umlauf erzeugt der Zyklus ein Molekül ATP durch Substratkettenphosphorylierung. Der größte Anteil an chemischer Energie wird jedoch auf NAD^+ und den verwandten Elektronenüberträger FAD (Flavinadenindinucleotid, entsteht aus Riboflavin, einem Vitamin der B-Gruppe) durch Reduktion zu NADH und $FADH_2$ übertragen. Die beiden reduzierten Coenzyme geben ihrerseits die Elektronen dann im nächsten Schritt an die Elektronentransportkette (Atmungskette).

Betrachten wir den Citratzyklus noch eingehender. Der Zyklus umfasst acht Schritte, jeder durch ein spezifisches Enzym katalysiert. Abbildung 9.7 zeigt, dass pro Durchgang zwei Kohlenstoffatome (rot) in mäßig reduzierter Form als Acetylgruppe

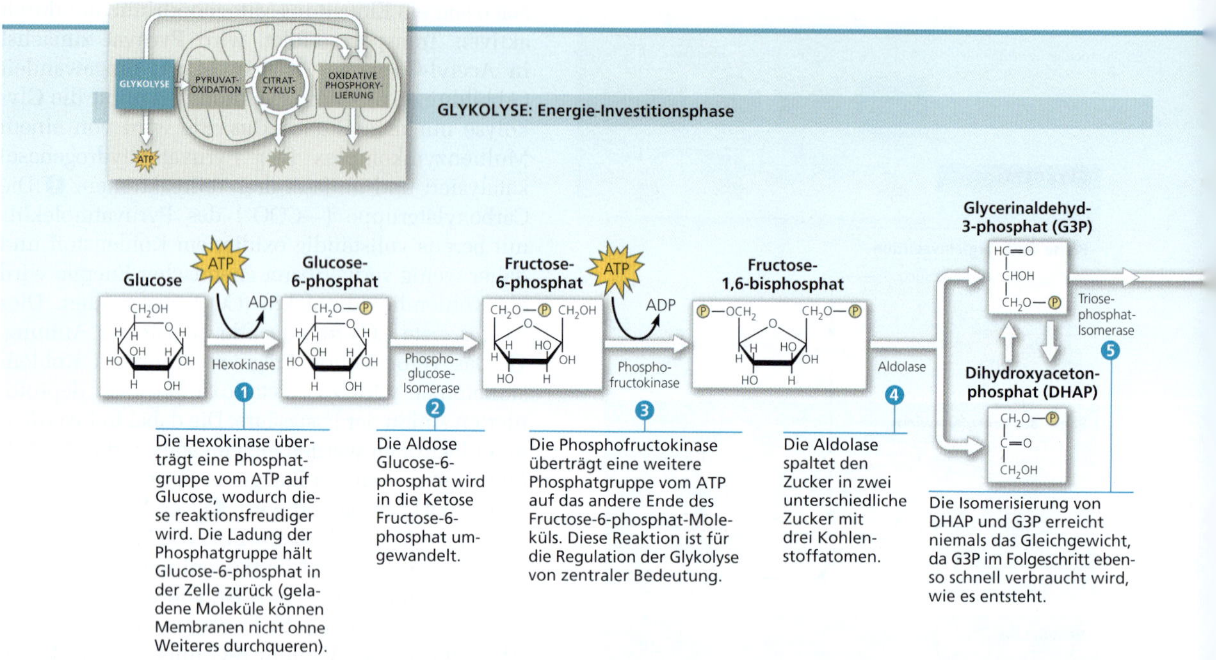

Abbildung 9.5: Ein näherer Blick auf die Glykolyse. Die Übersichtsabbildung auf dieser Seite rechts oben zeigt die Glykolyse im Verhältnis zum gesamten Atmungsprozess. Die chemischen Details in der Hauptabbildung sollten nicht den Blick auf die Glykolyse als Quelle für ATP und NADH verstellen.

? Was wäre die Folge, wenn das Dihydroxyacetonphosphat ebenso schnell entfernt wird, wie es produziert wird?

(Schritt ❶) in den Zyklus eintreten und zwei andere Kohlenstoffatome (blau) ihn vollständig oxidiert als Kohlendioxidmoleküle verlassen (Schritte ❸ und ❹). Acetyl-Coenzym A tritt in den Zyklus ein und überträgt den Acetylrest auf Oxalacetat, womit das namengebende Citrat entsteht (Schritt ❶). Citronensäure liegt wie die meisten organischen Säuren in der Zelle ionisiert in Form ihres deprotonierten Anions als Citrat vor. Die folgenden sieben Schritte setzen das Citrat in Oxalacetat um, dessen Regeneration im achten Schritt den Kreis schließt.

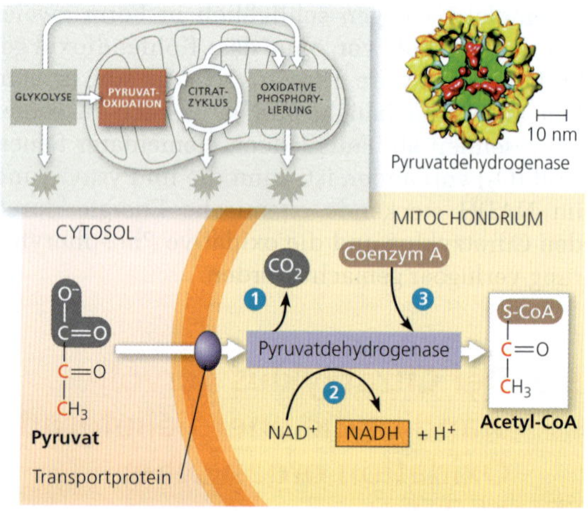

Abbildung 9.6: Umwandlung von Pyruvat in Acetyl-CoA, das Bindeglied zwischen Glykolyse und Citratzyklus. Das elektrisch geladene Pyruvat-Anion ist membranimpermeabel und muss daher in Eukaryonten durch aktiven Transport in das Mitochondrium transportiert werden. Danach katalysiert ein Komplex aus mehreren Enzymen (die Pyruvatdehydrogenase) die drei Teilreaktionen, die im Haupttext erläutert werden. Die Acetylgruppe des Acetyl-Coenzym A tritt in den Citratzyklus ein. Das abgespaltene Kohlendioxidmolekül diffundiert aus der Zelle heraus.

VERSTÄNDNISFRAGEN

1. Welche Moleküle dienen bei der einzigen Redoxreaktion im Rahmen der Glykolyse (Abbildung 9.5, Schritt ❻) als Oxidations- beziehungsweise Reduktionsmittel?

2. WÄRE WÄRE, WENN? Der Schritt ❸ in Abbildung 9.5 ist die am meisten regulierte Teilreaktion der Glykolyse. Das Enzym Phosphofructokinase wird allosterisch durch ATP und verwandte Moleküle reguliert. Erwarten Sie im Hinblick auf die Glykolyse insgesamt für ATP eine hemmende oder eine aktivierende Wirkung? Hinweis: Betrachten Sie ATP als allosterischen Regulator, nicht als Substrat der Phosphofructokinase.

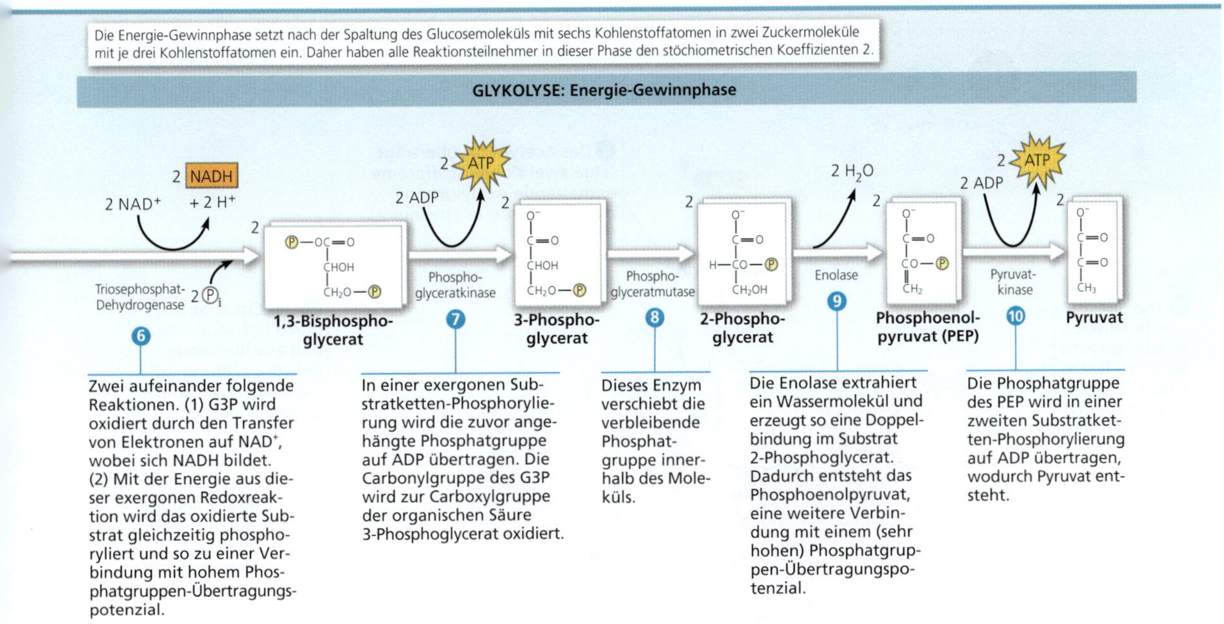

Wie viele energiereiche Moleküle verbucht der Citratzyklus insgesamt? Pro Acetylrest werden drei NAD^+ zu NADH reduziert (Schritte ❸, ❹ und ❽). In Schritt ❺ werden Elektronen nicht auf NAD^+, sondern auf FAD übertragen. Durch die Aufnahme von zwei Elektronen und zwei Protonen wird FAD zu $FADH_2$ reduziert. In den Zellen vieler tierischer Gewebe führt die Substratkettenphosphorylierung in Schritt ❺ zur Bildung eines Moleküls Guanosintriphosphat (GTP), nicht ATP (Abbildung 9.7). GTP kann jedoch infolge der strukturellen Verwandtschaft bei Bedarf leicht in ATP umgewandelt werden. In den Zellen von Pflanzen, Bakterien und manchen tierischen Geweben wird in Schritt ❺ direkt ATP mittels Substratkettenphosphorylierung synthetisiert. Der Citratzyklus insgesamt erzeugt nur dieses eine GTP- beziehungsweise ATP-Molekül.

Der weitaus größte Teil des bei der Atmung gebildeten ATP entsteht im Verlauf der oxidativen Phosphorylierung, wenn die im Citratzyklus gebildeten reduzierten Coenzyme NADH und $FADH_2$ die den Nahrungsmolekülen entzogenen Elektronen an die Elektronentransportkette weitergeben. Dabei wird die erforderliche Energie für die ATP-Synthese aus ADP und $Ⓟ_i$ gewonnen. Dieser Prozess ist Gegenstand des nächsten Abschnitts.

VERSTÄNDNISFRAGEN

1. Nennen Sie die Moleküle, die im Citratzyklus die meiste Energie aus den Redoxreaktionen konservieren. Wie wird diese Energie in eine Form überführt, die für die Synthese von ATP verwendbar ist?

2. Welche zellulären Prozesse führen zur Erzeugung des Kohlendioxids, das wir ausatmen?

3. WAS WÄRE, WENN? Die in Abbildung 9.6 und in Schritt ❹ von Abbildung 9.7 gezeigten Umwandlungen werden jeweils von großen Multienzymkomplexen katalysiert. Wodurch ähneln sich die beiden Reaktionen?

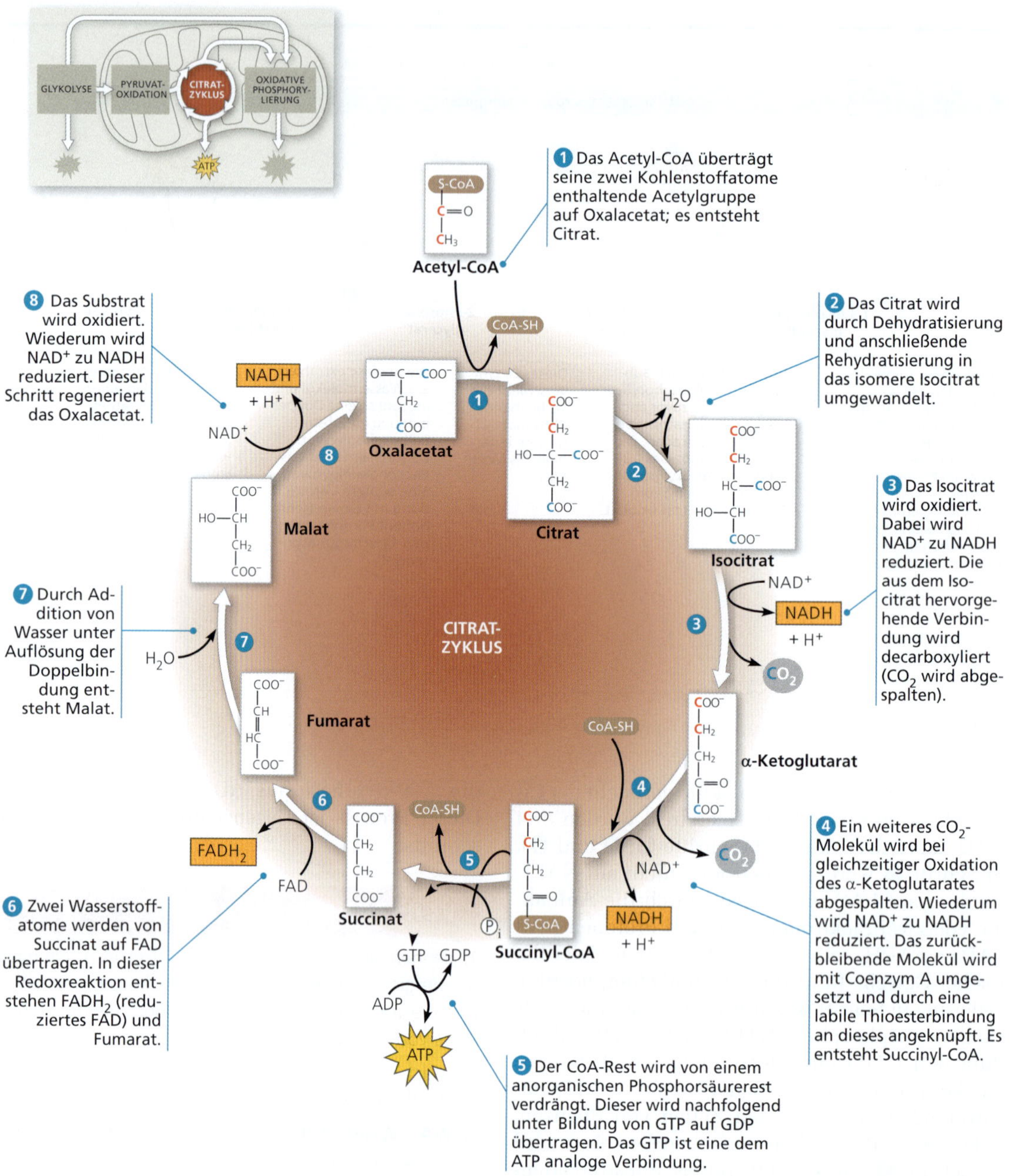

Abbildung 9.7: Ein näherer Blick auf den Citratzyklus. In den Strukturformeln sind die beiden Kohlenstoffatome rot hervorgehoben, die über das Acetyl-CoA in den Zyklus eintreten (Schritt 1). Die beiden Kohlenstoffatome, die als Kohlendioxid (CO_2) in den Schritten 3 und 4 den Zyklus verlassen, sind blau gekennzeichnet. Die rote Markierung ist nur bis zum Schritt 5 sinnvoll, da das Succinatmolekül symmetrisch ist und daher seine beiden Enden ununterscheidbar sind. Man beachte, dass die beiden Kohlenstoffatome, die in den Zyklus eintreten, ihn nicht im gleichen Durchgang wieder verlassen. Sie verbleiben im Zyklus und nehmen beim nächsten Durchgang andere Positionen in den jeweiligen Molekülen ein, nachdem eine neue Acetylgruppe hinzugekommen ist. Daher besteht das in Schritt 8 regenerierte Oxalacetat aus Kohlenstoffatomen mit jeweils unterschiedlicher Herkunft. In eukaryontischen Zellen finden sich alle Enzyme des Citratzyklus in der mitochondrialen Matrix, jedoch mit einer Ausnahme: Das Enzym für Schritt 6, die Succinatdehydrogenase, ist in die innere Mitochondrienmembran integriert. Alle Carbonsäuren sind als deprotonierte Carboxylatanionen dargestellt (R—COO^-), weil sie innerhalb des Mitochondriums in dieser Form vorliegen.

9.4 Oxidative Phosphorylierung: Kopplung von Elektronentransport und ATP-Synthese durch Chemiosmose

Das Hauptanliegen dieses Kapitels ist die Darstellung des Prozesses, mit dem Zellen ATP unter Verwendung der in Glucose und anderen Nahrungsstoffen enthaltenen Energie synthetisieren. Die bisher betrachteten Stoffwechselpfade – die Glykolyse und der Citratzyklus – erbringen pro Molekül umgesetzter Glucose lediglich vier Moleküle ATP, die alle durch Substratkettenphosphorylierung entstanden sind: je zwei ATP durch die Glykolyse und den Citratzyklus. Bis zu diesem Punkt speichern NADH und $FADH_2$ den größten Teil der aus der Glucose stammenden Energie. Beide Moleküle verbinden die Glykolyse und den Citratzyklus mit der oxidativen Phosphorylierung, durch die ATP unter Ausnutzung der durch die Atmungskette freigesetzten Energie synthetisiert wird.

9.4.1 Die Elektronentransportkette

Die Atmungskette besteht aus einer Anordnung von Molekülen, die bei Eukaryonten in die innere Mitochondrienmembran und bei Prokaryonten in die Plasmamembran eingebettet ist. Die Fältelung der inneren Mitochondrienmembran zu Cristae oder Tubuli vergrößert ihre Oberfläche, sodass Tausende von Elektronentransportketten in jedem Mitochondrium Platz finden, wiederum ein Beispiel für die Entsprechung von Form und Funktion. Die meisten Komponenten der Atmungskette sind Proteine, die in Multiproteinkomplexen vorliegen und mit römischen Ziffern von I bis IV durchnummeriert werden. An die Proteinkomplexe fest gebunden sind prosthetische Gruppen, Nicht-Protein-Komponenten, die für die katalytischen Funktionen bestimmter Enzyme in den Komplexen unabdingbar sind.

Abbildung 9.8 zeigt die Abfolge der Elektronenüberträger in der Atmungskette und die damit einhergehende Abnahme der freien Enthalpie des Systems. Im Zuge des Elektronentransports durch die Kette wechseln die Elektronenüberträger zwischen ihren reduzierten und oxidierten Zuständen hin und her, je nach Elektronenaufnahme beziehungsweise -abgabe. Jedes Glied der Kette wird reduziert, wenn es Elektronen vom vorangehenden Komplex aufnimmt, der infolge seines Gehaltes an Atomen mit geringer Elektronegativität Elektronen leichter abgibt, also ein stärker negatives (allgemein: kleineres) Redoxpotenzial besitzt. Bei der Weitergabe der Elektronen an den nachfolgenden Komplex mit größerem Redoxpotenzial wird der ursprüngliche Komplex wieder oxidiert.

Elektronen, die auf NAD^+ im Rahmen der Glykolyse und/oder des Citratzyklus übertragen wurden, werden vom NADH an das erste Molekül der Elektronentransportkette in Komplex I übergeben. Dieses Molekül ist ein Flavoprotein, das seinen Namen seiner prosthetischen Gruppe verdankt, dem Flavinmononucleotid (FMN). In der nachfolgenden Redoxreaktion wird dieses Flavoprotein wieder oxidiert, indem es Elektronen auf ein Eisenschwefelprotein (Fe × S in Komplex I) überträgt, eines aus einer ganzen Proteinfamilie, die sich durch fest gebundene Eisen-/Schwefel-Atomverbände auszeichnet. Das Eisenschwefelprotein übergibt die Elektronen im nächsten Schritt an Ubichinon, auch als Coenzym Q bekannt (Q in Abbildung 9.8). Ubichinon ist kein Protein, sondern ein kleines hydrophobes Molekül. Es ist innerhalb der Membran frei beweglich und nicht fester Bestandteil eines bestimmten Molekülkomplexes.

Die meisten weiteren Redoxproteine zwischen Ubichinon und Sauerstoff sind Proteine aus der Gruppe der **Cytochrome** mit Häm als prosthetischer Gruppe. Die Hämgruppe enthält ein Eisenion als eigentlichen Elektronenakzeptor und -donor. Sie ähnelt dem Häm im Hämoglobin, dem roten Blutfarbstoff, aber mit dem Unterschied, dass Hämoglobin Sauerstoff bindet und nicht Elektronen. In der Atmungskette finden sich mehrere Cytochrome. Das letzte Cytochrom in der Atmungskette (Cytochrom $a_{3)}$ überträgt seine Elektronen schließlich auf den Sauerstoff, das letzte und elektronegativste Glied der Elektronentransportkette. Jedes Sauerstoffatom nimmt außer den zwei Elektronen zwei Wasserstoffionen (H^+) aus der umgebenden Lösung auf und bildet so Wasser (Abbildung 9.8).

Eine weitere Elektronenquelle für die Atmungskette ist das $FADH_2$, die zweite im Citratzyklus reduzierte Komponente. Abbildung 9.8 zeigt, dass $FADH_2$ seine Elektronen an Komplex II abgibt, also später als NADH. Obwohl $FADH_2$ genau wie NADH jeweils zwei Elektronen in die Atmungskette einspeist, liefert der Gesamtprozess etwa ein Drittel weniger Energie für die ATP-Synthese mit $FADH_2$ als Elektronendonor im Vergleich zu NADH. Wenn FAD letztlich Elektronen vom NADH übernimmt, muss das $FAD^+/FADH_2$ ein größeres Redoxpotenzial haben als NAD^+/NADH, also ein Redoxpotenzial, welches dem des Sauerstoffs näher liegt.

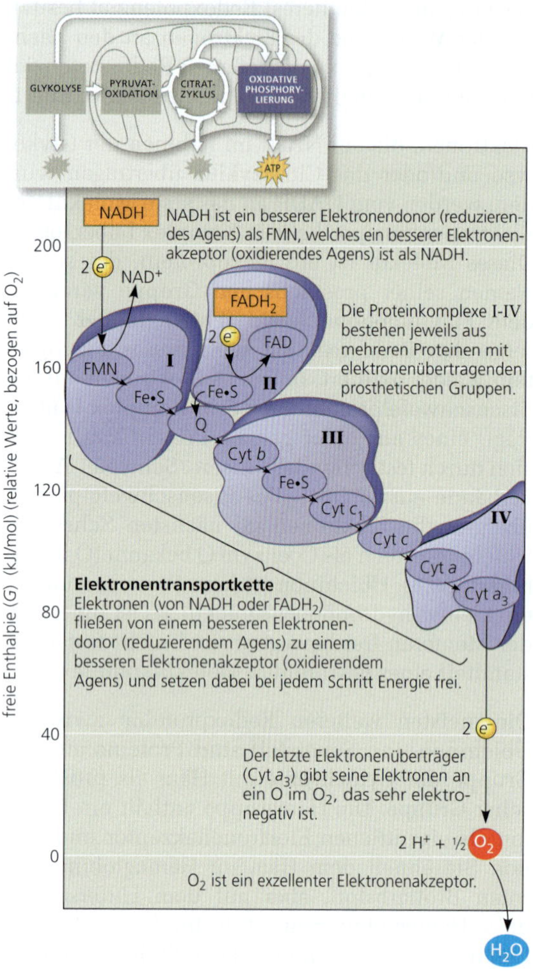

Abbildung 9.8: Änderung der freien Enthalpie während des Elektronentransports in der Atmungskette. Die Gesamtänderung der freien Enthalpie (ΔG) für den Elektronentransport vom NADH zum Sauerstoff beträgt −220 kJ/mol. Dieser Betrag wird durch die Elektronentransportkette (Atmungskette) in eine Reihe von Schritten mit jeweils geringeren Differenzen an freier Enthalpie aufgeteilt. Sauerstoffatome sind durch $^1/_2\ O_2$ dargestellt, um zu betonen, dass die Atmungskette molekularen Sauerstoff reduziert, nicht etwa einzelne Sauerstoffatome.

Die Elektronentransportkette synthetisiert ATP nicht direkt. Ihre Aufgabe besteht vielmehr darin, die stark exergone Oxidation von Nahrungsmolekülen (bedingt durch das hohe Redoxpotenzial des Sauerstoffs), die mit dem plötzlichen Freiwerden einer großen Menge an freier Enthalpie einherginge, in eine Serie kleiner Schritte mit jeweils handhabbarer Energie aufzuteilen.

9.4.2 Die chemiosmotische Kopplung

In die innere Membran eines Mitochondriums, die Thylakoidmembran eines Chloroplasten oder die Plasmamembran einer Prokaryontenzelle sind zahlreiche Kopien des Proteinkomplexes der **ATP-Synthase** eingebettet. Im Unterschied zur Substratkettenphosphorylierung synthetisiert dieses Enzym ATP direkt aus ADP und freiem Hydrogenphosphat. Da die Reaktion unter zellulären Bedingungen mit ~ 50 kJ/mol stark endergon ist, muss die ATP-Synthase nicht nur die Synthesereaktion an sich katalytisch beschleunigen, sondern zusätzlich an eine Energiequelle koppeln: Die ATP-Synthase ist eine molekulare Maschine. Sie wird von einer **ionenmotorischen Kraft** über die Membran, in der das Molekül lokalisiert ist, angetrieben. Die ATP-Synthase ist auf diese (Kopplungs-)Membran, genauer auf die räumliche Trennung zweier Reaktionsräume, zwingend angewiesen, in freier Lösung kann kein ATP aus ADP und Ⓟ$_i$ synthetisiert werden.

Die ATP-Synthesereaktion ist die Umkehrung der ATP-Hydrolyse. Anstatt ATP zu hydrolysieren, um zum Beispiel Protonen gegen einen bestehenden Konzentrationsunterschied zu pumpen, synthetisiert die ATP-Synthase unter den Bedingungen der Zellatmung (oder Fotosynthese) ATP unter Ausnutzung der freien Enthalpie der an der Kopplungsmembran anliegenden ionenmotorischen Kraft. Drei der vier Proteinkomplexe, die am Elektronentransport der Atmungskette beteiligt sind, pumpen Protonen von der einen Seite der Membran auf die andere Seite. Dadurch erzeugen sie ein **elektrochemisches Membranpotenzial** mit zwei Komponenten: einmal der chemischen, das ist der Konzentrationsunterschied an Protonen auf den beiden Membranseiten (ΔpH). Zweitens die elektrische Komponente, die auf der Ungleichverteilung von Ladungen beruht: Protonen sind positiv geladen ($\Delta\psi$). Die Gesamtheit aus enzymatisch katalysierter chemischer Reaktion und Transportprozess wird als **chemiosmotischer Prozess** bezeichnet. Der chemiosmotische Mechanismus umfasst den durch einen Konzentrations- und/oder Ladungsunterschied getriebenen Durchtritt von Ionen durch ein spezifisches Membranprotein und die daran gekoppelte Arbeitsleistung. Für den zunächst „chemiosmotische Hypothese“ genannten Mechanismus erhielt sein Erfinder Peter Mitchell (englischer Biochemiker, 1920–1992) im Jahr 1978 den Nobelpreis.

MERKE!

Die Gesamtheit aus enzymatisch katalysierter chemischer Reaktion und Transportprozess wird als chemiosmotischer Prozess bezeichnet.

Aus Untersuchungen zur Struktur der ATP-Synthase wurden Modelle abgeleitet, die erklären können, wie der Fluss von Ionen durch das Enzym die

ATP-Synthese antreibt. Die ATP-Synthase ist ein aus mindestens acht unterschiedlichen Polypeptidketten zusammengesetzter Proteinkomplex mit insgesamt mindestens 22 Untereinheiten (zwei an der Katalyse beteiligte Untereinheiten sind in drei Kopien, eine Untereinheit ist in zwei und die membranständige „Rotor"untereinheit in mindestens zehn Kopien vorhanden). Im einfachsten Fall (dem Enzym in der Plasmamembran von Prokaryonten) sind drei Untereinheiten des Komplexes zu einem weitgehend membranintegralen Subkomplex zusammengelagert, der für den Ionentransport durch die Kopplungsmembran zuständig ist. In den meisten bisher bekannten Enzymen, auch denen in Mitochondrien und Chloroplasten, werden ausschließlich Protonen transportiert, in manchen prokaryontischen Enzymen ist dagegen Na^+ das „Kopplungsion". Auf dem membranständigen Teil der ATP-Synthase sitzt der wasserlösliche, extrinsische Teil, der aus mindestens fünf verschiedenen Untereinheiten besteht und für die Katalyse zuständig ist. Der größte Teil des membranständigen Komplexes kann in der Membranebene rotieren und vollführt in der Tat eine (thermisch getriebene) Hin-und-Her-Rotation. Durch sequenzielle Bindung der transportierten Ionen an den membranständigen „Rotor" und Umlauf an dessen Peripherie wird die stochastische Hin-und-Her-Rotation durch eine gerichtete Rotation überlagert. Die resultierende mehr unidirektionale Rotation versetzt die am membranständigen Rotor angeflanschte „Nockenwelle" ebenfalls in Rotation. Die „Nockenwelle" ragt in den extrinsischen Teil des Enzyms hinein und öffnet beziehungsweise schließt dort nacheinander durch ihre Rotation die (drei) aktiven Zentren, in denen ATP aus ADP und Phosphat gewissermaßen „zusammengequetscht" wird. Das Mitdrehen dieses

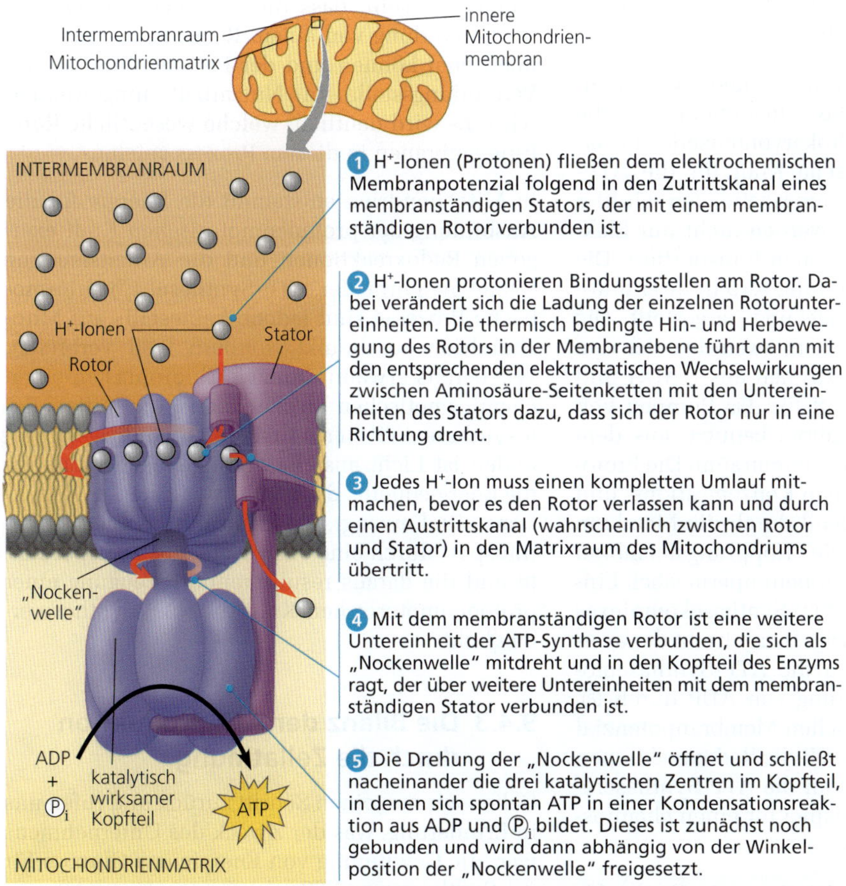

Abbildung 9.9: Die ATP-Synthase, eine molekulare Maschine. Der Proteinkomplex der ATP-Synthase arbeitet wie ein Generator, der durch einen Ionenfluss angetrieben wird. ATP-Synthasen finden sich in prokaryontischen Zellen in der Plasmamembran, in eukaryontischen Zellen in der inneren Membran der Mitochondrien und in der Thylakoidmembran von Chloroplasten. ATP-Synthasen bestehen aus einer Reihe von Untereinheiten. Diese lassen sich räumlich in einen membranständigen Teil untergliedern und in einen, der daraus hervorragt. Mechanisch kann man eine Unterteilung in Rotor und Stator vornehmen und funktionell in einen Teil zum Elektronentransport und einen mit katalytischen Bindungsstellen.

Teils des Enzyms wird durch einen Stator verhindert. Die ATP-Synthase wandelt also zunächst das elektrochemische Membranpotenzial, welches sich in der ionenmotorischen Kraft manifestiert, in eine rein mechanische Drehbewegung um. Diese führt ihrerseits zur Synthese und Freisetzung von ATP; damit wird eine mechanische Rotation in chemische Energie umgewandelt (Abbildung 9.9). Infolge der diskreten Untereinheiten, durch die der Ionentransport im membranständigen Teil der ATP-Synthase beziehungsweise die Synthesereaktion im extrinsischen Teil vermittelt wird, ist die Rotation der zentralen Welle allerdings nicht kontinuierlich, sondern schrittmotorartig.

Die ATP-Synthase ist die kleinste heute bekannte molekulare Maschine. Die Forschung an diesem System, die zu dem oben vorgestellten mechanistischen Modell geführt hat, zeigte zunächst die Rotation der „Nockenwelle" nur im extrinsischen Teil des Enzyms, danach dann auch die Rotation des membranständigen Teils, beide jeweils angetrieben durch ATP-Hydrolyse.

Wie erzeugt und erhält die innere Mitochondrienmembran, die Thylakoidmembran oder die Plasmamembran einer Prokaryontenzelle die erforderliche ionenmotorische Kraft für die ATP-Synthese? Im Fall der Atmungskette, den wir hier näher betrachten wollen, werden nicht nur Elektronen, sondern auch Protonen transportiert. Die Atmungskette ist in Abbildung 9.10 in ihrer mitochondrialen Membranumgebung dargestellt. Die Kette insgesamt ist ein Energiewandler, der den exergonen Fluss von Elektronen aus NADH und $FADH_2$ hin zum Sauerstoff für das Pumpen von Protonen durch die Membran benutzt, aus dem Matrixraum in den Intermembranraum. Die Protonen haben die Neigung, dem Konzentrations- und Ladungsunterschied folgend durch die Membran zurückzudiffundieren. Die Kopplungsmembran ist jedoch weitgehend protonenimpermeabel. Einzig der Membranteil des ATP-Synthasekomplexes ist für Protonen durchlässig. Damit treibt der exergone Protonenfluss durch die ATP-Synthasemoleküle die Phosphorylierung von ADP durch Ⓟ$_i$ an. Die im elektrochemischen Membranpotenzial gespeicherte Energie koppelt die Redoxreaktionen des Elektronentransports an die ATP-Synthesereaktion, das klassische Beispiel für einen chemiosmotischen Mechanismus.

Die wässrige Umgebung ist eine gute Quelle für H^+. In eukaryontischen Zellen ist die Elektronentransportkette topologisch so in der Membran angeordnet, dass Protonen aus der mitochondrialen Matrix aufgenommen und in den Intermembranraum abgegeben werden (Abbildung 9.10). Die daraus resultierende Konzentrations- und Ladungsdifferenz mitsamt ihrer Tendenz, sich auszugleichen, wird in Mitochondrien als *protonenmotorische Kraft* (allgemein: *ionenmotorische Kraft*) bezeichnet. Sie treibt Protonen durch den membranständigen Teil der ATP-Synthase zurück in ihr Ursprungskompartiment.

Allgemein formuliert sind chemiosmotische Prozesse Mechanismen zur Verrichtung zellulärer Arbeit durch Kopplung an eine Energiequelle, die in Form einer Ladungsdifferenz oder eines Konzentrationsunterschieds auf den beiden Seiten einer an sich ionenundurchlässigen Membran vorliegt. Ein wesentlicher Bestandteil eines chemiosmotischen Prozesses ist einerseits die Existenz zweier getrennter Räume, von denen einer zum Beispiel mit Protonen angereichert wird, was auf Kosten des anderen geschehen kann, aber nicht muss. Zweitens müssen beide Räume so miteinander verbunden sein, dass die Protonen nur an dieser Verbindung von einem Raum in den anderen übertreten können und der Protonenfluss an der Verbindungsstelle in Nutzarbeit umgewandelt wird. Es wird deutlich, welche wesentliche Rolle Biomembranen in diesem Prozess spielen.

In Mitochondrien entstammt die Energie für die Ausbildung der protonenmotorischen Kraft exergonen Redoxreaktionen und die Arbeitsleistung erfolgt in Form der ATP-Synthese. Chemiosmotische Prozesse sind jedoch keinesfalls auf Mitochondrien beschränkt, sondern weit verbreitet. Wie bereits erwähnt, nutzen Chloroplasten einen chemiosmotischen Mechanismus, um mittels Fotosynthese ATP zu synthetisieren. In diesen Organellen ist Licht anstelle von chemischer Energie die Energiequelle, die zunächst ein starkes Reduktionsmittel erzeugt, das dann mittels Elektronentransport durch eine entsprechende Transportkette und die daraus resultierende Erzeugung einer protonenmotorischen Kraft die ATP-Synthese ermöglicht.

9.4.3 Die Bilanz der ATP-Produktion durch die Zellatmung

Gehen wir nun einen Schritt zurück und rufen uns in Erinnerung, was der Zweck des Unternehmens war: die Gewinnung von Energie aus Glucose für die Synthese von ATP.

Im Verlauf der Atmung fließt der größte Teil der Energie in der folgenden Reihenfolge: Glucose → NADH → Atmungskette → protonenmotorische

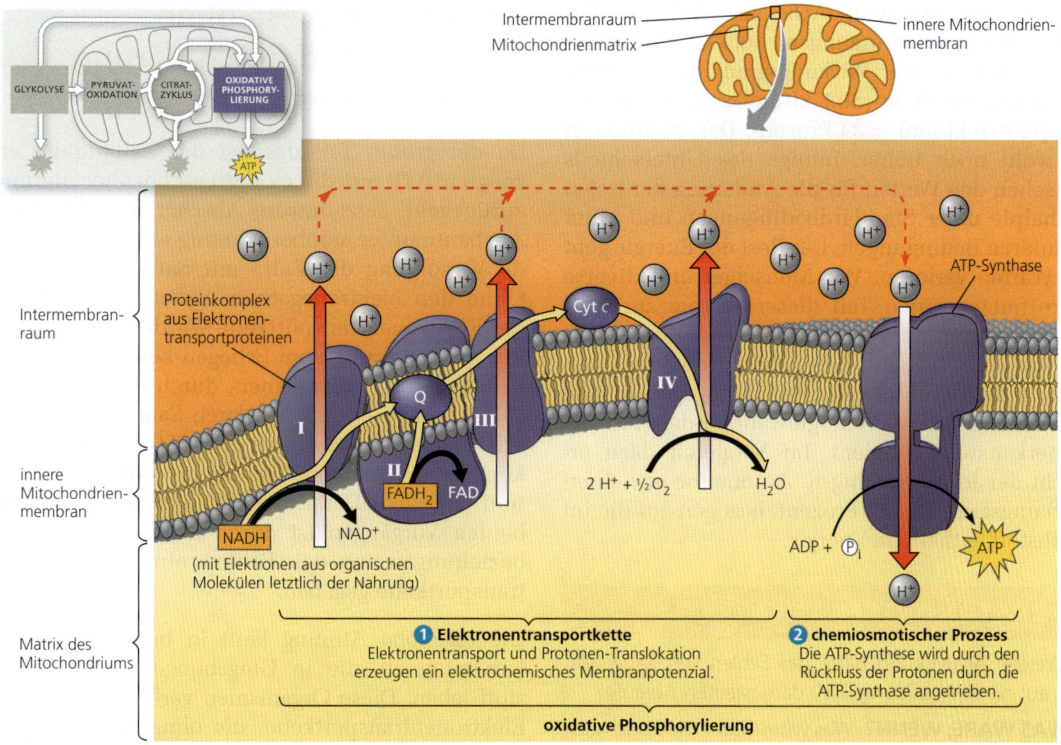

Abbildung 9.10: Atmungskette und ATP-Synthese sind durch einen chemiosmotischen Prozess aneinander gekoppelt. ❶ NADH und $FADH_2$ übertragen die im Verlauf der Glykolyse und des Citratzyklus übernommenen Elektronen auf die in die innere Mitochondrienmembran eingebettete Elektronentransportkette. Die goldfarbenen Pfeile bezeichnen den Weg der Elektronen, die schließlich am Ende der Kette unter Bildung von Wasser auf elementaren Sauerstoff übertragen werden. Wie in Abbildung 9.8 gezeigt wird, lagern sich die meisten Bestandteile der Atmungskette zu vier Multiproteinkomplexen zusammen. Zwei Redoxüberträger, das Ubichinon (Coenzym Q) und das Cytochrom *c* (Cyt *c*), sind sehr mobil und vermitteln den Elektronentransport zwischen den Multiproteinkomplexen. Im Verlauf ihrer Redoxzyklen pumpen die Komplexe I, III und IV Protonen aus dem mitochondrialen Matrixraum in den Intermembranraum zwischen der inneren und äußeren Mitochondrienmembran. In Prokaryonten werden die Protonen durch die Plasmamembran nach außen gepumpt. $FADH_2$ speist seine Elektronen auf der Ebene von Komplex II ein, daher werden durch die $FADH_2$-Oxidation weniger Protonen in den Intermembranraum gepumpt als durch NADH. Die ursprünglich aus der Nahrung stammende Energie wird in eine protonenmotorische Kraft umgewandelt. ❷ Im Verlauf des chemiosmotischen Prozesses fließen die zuvor in Gegenrichtung gepumpten Protonen über den in die innere Mitochondrienmembran eingebetteten membranständigen Teil der ATP-Synthase zurück. Dieser Protonenfluss wird durch die ATP-Synthase zur Phosphorylierung von ADP durch Phosphat genutzt. Atmungskette und chemiosmotischer Prozess werden zusammen als oxidative Phosphorylierung bezeichnet.

? Könnte mittels eines chemiosmotischen Prozesses auch dann ATP erzeugt werden, wenn Komplex IV defekt wäre? Falls ja, wie würde sich die Syntheserate des ATP von jener unter normalen Bedingungen unterscheiden?

Kraft → ATP. Wir können nun buchhaltungsmäßig berechnen, wie viel ATP die Zellatmung durch die Oxidation von einem Molekül Glucose zu sechs Molekülen Kohlendioxid liefert. Die drei beteiligten Stoffwechselwege sind die Glykolyse, der Citratzyklus und die Atmungskette, die die oxidative Phosphorylierung antreibt. In unsere Aufstellung beziehen wir folglich die vier ATP-Moleküle mit ein, die durch Substratkettenphosphorylierung im Verlauf der Glykolyse und des Citratzyklus entstehen und addieren sie zu der Zahl von ATP-Molekülen, die durch die oxidative Phosphorylierung gebildet werden. Pro NADH-Molekül, das ein Elektronenpaar und ein Proton von der Glucose beziehungsweise ihren Abbauprodukten in die Atmungskette überführt, werden etwa 2,5 Moleküle ATP synthetisiert, pro $FADH_2$ ungefähr 1,5 Moleküle ATP.

Warum sind die in Abbildung 9.11 angegebenen Zahlen nicht genau? Wir können keine präzise Zahl für die beim Abbau eines Glucosemoleküls gebildeten ATP-Moleküle angeben. Zunächst sind die ADP-Phosphorylierung und die energieliefernden Redoxreaktionen nicht unmittelbar aneinander gekoppelt. Die vollständige Oxidation von einem Mol Glucose liefert unter Standardbedingungen 2.870 kJ (ΔG = −2.870 kJ/mol). Die

Phosphorylierung von ADP zu ATP erfordert unter Standardbedingungen 30,5 kJ/ mol. Der thermodynamische Wirkungsgrad der Atmung ergibt sich somit zu (30,5 kJ/mol × 32 × 100 Prozent)/2.870 kJ/mol = 34 Prozent. Der wahre Wert ist wohl noch höher, infolge des Unterschieds zwischen den Werten für die Änderung der freien Enthalpie unter Standardbedingungen und unter zellulären Bedingungen. Der Rest der Energie geht als Wärme verloren. Wir Menschen und diverse Tiere nutzen einen Teil dieser Wärme zur Aufrechterhaltung unserer relativ hohen Körpertemperatur von 37 °C, der Rest wird durch Schwitzen und andere Kühlmechanismen abgegeben. Die Zellatmung ist als energiewandelnder Prozess bemerkenswert effizient. Im Vergleich dazu erreicht der leistungsfähigste Automotor nur einen Wirkungsgrad von 25 Prozent, bezogen auf die im Treibstoff enthaltene Energie.

VERSTÄNDNISFRAGEN

1. Welche Auswirkung hätte das Fehlen von Sauerstoff (O_2) auf die in Abbildung 9.10 dargestellten Abläufe?

2. WAS WÄRE, WENN? Was würde Ihrer Meinung nach in Abwesenheit von Sauerstoff geschehen, wenn man den pH-Wert des Intermembranraums im Mitochondrium herabsetzte? Erläutern Sie Ihre Antwort.

9.5 ATP-Synthese ohne Sauerstoff durch Gärung und anaerobe Atmung

Da der größte Teil des bei der Zellatmung erzeugten ATP auf die oxidative Phosphorylierung zurückgeht, setzt unsere Abschätzung der ATP-Ausbeute unter aerober Atmung eine ausreichende Versorgung der Zelle mit Sauerstoff voraus. Ohne den elektronegativen Sauerstoff am Ende der Elektronentransportkette würde die oxidative Phosphorylierung zum Erliegen kommen. Es gibt jedoch zwei Mechanismen, durch die bestimmte Zellen auch *ohne* molekularen Sauerstoff organische Nährstoffe oxidieren und ATP synthetisieren können: die anaerobe Atmung und die Fermentation (Gärung). Der Unterschied zwischen diesen beiden Vorgängen ist durch das Vorhandensein beziehungsweise das Fehlen einer Elektronentransportkette gegeben.

Die anaerobe Atmung läuft in bestimmten Prokaryonten ab, die in Umgebungen ohne Sauerstoff leben. Diese Organismen verfügen über eine Elektronentransportkette, die ohne Sauerstoff als terminalem Elektronenakzeptor auskommt. Sulfatreduzierende Meeresbakterien benutzen das Sulfatanion (SO_4^{2-}) als terminalen Elektronenakzeptor. Diese auf Sulfat basierende Kette baut ebenfalls eine protonenmotorische Kraft auf, die zur ATP-Produktion genutzt wird und anstelle von Wasser (H_2O) Schwefelwasserstoff (H_2S) bildet.

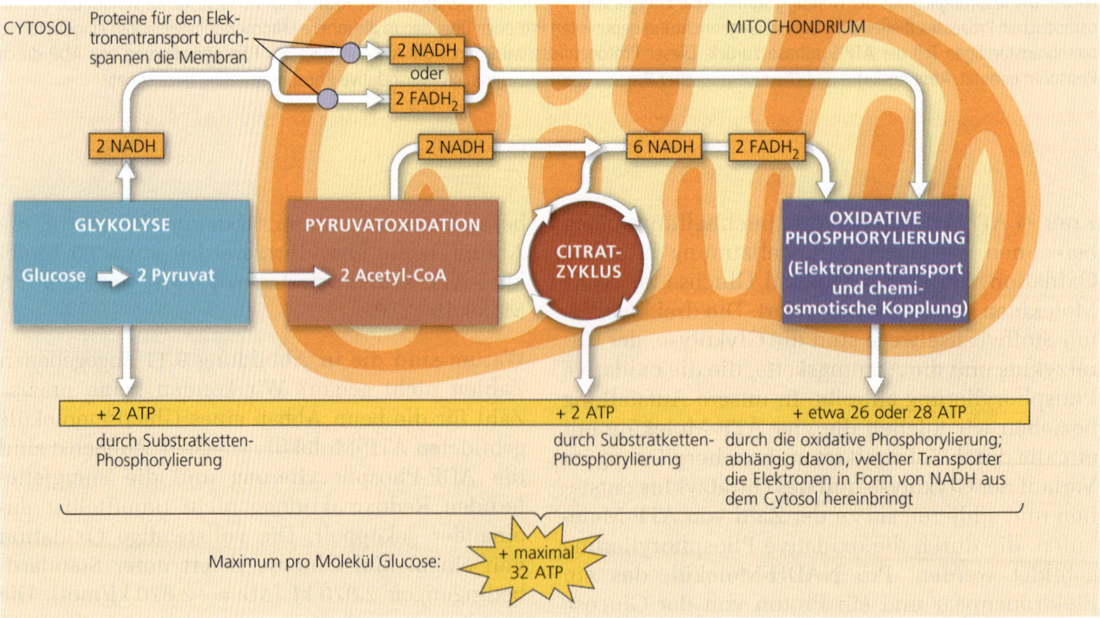

Abbildung 9.11: **ATP-Ausbeute pro Molekül Glucose im Verlauf verschiedener Stoffwechselprozesse.**

Durch die Gärung (Fermentation) kann chemische Energie sowohl ohne Sauerstoff als auch ohne eine Elektronentransportkette, also ganz ohne Zellatmung, gewonnen werden.

Als Alternative zur respiratorischen Oxidation organischer Nährstoffe sind Gärungen eine Erweiterung der Glykolyse, die die fortwährende Erzeugung von ATP durch Substratkettenphosphorylierung erlaubt. Dafür muss ein ausreichender Nachschub an NAD^+ gegeben sein, um die Elektronen, die während der oxidativen Schritte der Glykolyse anfallen, aufzunehmen. Eine anaerobe Alternative ist der Transfer von Elektronen von NADH auf das durch die Glykolyse selbst gebildete Pyruvat.

9.5.1 Verschiedene Gärungsformen

Eine Gärung besteht aus der Glykolyse plus zusätzlichen Reaktionen, die das NAD^+ durch Elektronenübertragung vom NADH auf Pyruvat oder Abkömmlinge des Pyruvats regenerieren. Das so gebildete NAD^+ kann dann erneut verwendet werden, um weitere Zuckermoleküle zu oxidieren, mit einem Nettogewinn von zwei Molekülen ATP durch Substratkettenphosphorylierung. Es gibt zahlreiche Gärungen, die sich hinsichtlich des aus dem Pyruvat gebildeten Endprodukts unterscheiden. Verbreitete und vom Menschen industriell genutzte Formen sind die alkoholische Gärung, die Essigsäuregärung und die Milchsäuregärung.

Bei der **alkoholischen Gärung** (Abbildung 9.12a) wird Pyruvat in zwei Schritten zu Ethanol umgesetzt. Im ersten Schritt wird Kohlendioxid (C_1) aus Pyruvat (C_3) freigesetzt, eine Decarboxylierung, bei der außerdem Acetaldehyd (C_2) entsteht. Im zweiten Schritt wird Acetaldehyd durch NADH zu Ethanol reduziert. Letztlich wird so NAD^+ regeneriert, das für die Fortsetzung der Glykolyse notwendig ist. Viele Bakterien schalten unter anaeroben Bedingungen auf die alkoholische Gärung um. Manche Hefen (einzellige Pilze) sind sogar auf die alkoholische Gärung spezialisiert. Seit Jahrtausenden nutzt der Mensch diese Stoffwechselleistung der Hefe (namentlich der Art *Saccharomyces cerevisiae*), um Bier zu brauen, Wein zu keltern und andere alkoholische Getränke herzustellen, sowie um Teige für Brot und Kuchen durch das im ersten Schritt der Gärung gebildete gasförmige CO_2 gehen zu lassen.

Im Verlauf der **Milchsäuregärung** (Abbildung 9.12b) wird das Pyruvat ohne vorherige Decarboxylierung unmittelbar durch NADH zu Lactat (dem Anion der Milchsäure) reduziert, dem Endprodukt dieser Gärung. CO_2 wird hier also nicht freigesetzt. Die Milchsäuregärung findet sich bei bestimmten Pilzen und Bakterien (Milchsäurebakterien, Lactobakterien), sie ist in der milchverarbeitenden Industrie bei der Herstellung von Joghurt, Quark und Käse unerlässlich.

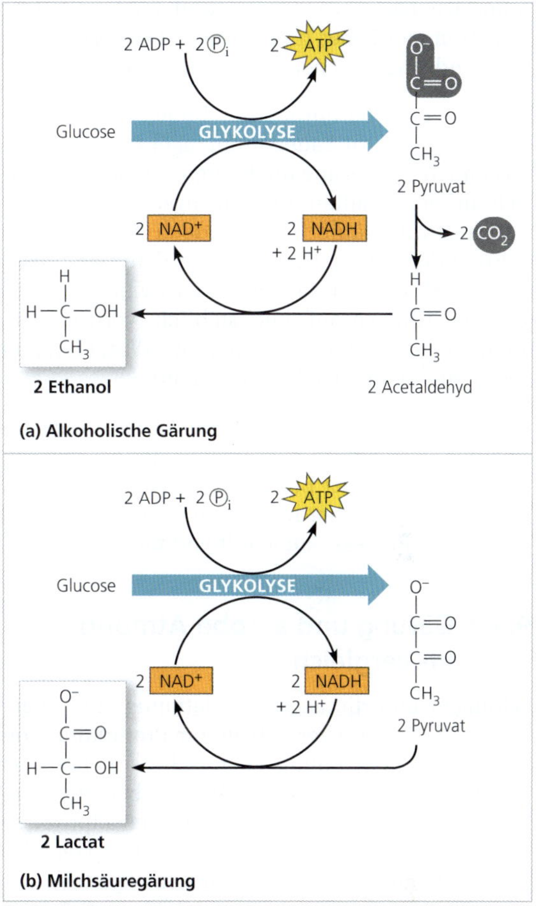

Abbildung 9.12: Gärung. In Abwesenheit von Sauerstoff führen viele Zellen eine Gärung (Fermentation) durch, um ATP durch Substratkettenphosphorylierung zu erzeugen. Pyruvat, das Endprodukt der Glykolyse, dient als Elektronenakzeptor für die Rückoxidation von NADH zu NAD^+, welches dann wieder in der Glykolyse Verwendung finden kann. Zwei verbreitete Endprodukte einer Gärung sind **(a)** Ethanol und **(b)** Lactat, die deprotonierte Form der Milchsäure.

Menschliche Muskelzellen erzeugen ATP durch Milchsäuregärung, wenn Sauerstoff knapp ist. Dies kommt in der Frühphase großer körperlicher Anstrengung vor, wenn der Zuckerkatabolismus zur Produktion von ATP schneller vonstatten geht als die Sauerstoffversorgung des Muskelgewebes durch das Blut. Unter diesen Bedingungen schalten die Zellen von der aeroben Atmung auf Fermentation um. Das sich im Muskelgewebe anreichernde Lactat wurde lange Zeit für die Ermüdung des Muskels und den nachfolgenden „Muskelkater“ verantwortlich gemacht, doch scheinen nach neueren Befunden eher erhöhte K^+-Konzentrationen dafür verantwortlich zu sein und wieder andere Quellen deuten darauf hin, dass mikroskopisch kleine Verletzungen des Muskelgewebes die wahre Ursache sind, während das Lactat die Muskelleistung sogar verbessern soll. Das überschüssige Lactat wird nach und nach mit dem Blutstrom zur Leber transportiert. Dort erfolgt die Umwandlung des Lactats zurück in Pyruvat.

Wenn es bei Überflutung des Bodens in pflanzlichen Geweben zu Sauerstoffmangel kommt, kann zwar auch die Gärung die Energieversorgung leidlich aufrechterhalten; die Gärungsprodukte Ethanol und Milchsäure führen jedoch bald zur Zerstörung der Zellen. Dies führt zu dem paradoxen Phänomen, dass zu stark gewässerte Zimmerpflanzen im Blumentopf buchstäblich vertrocknen, wenn nämlich durch Gärung ihr Wurzelsystem geschädigt wurde (siehe Kapitel 39).

Die **Essigsäuregärung** wird von Essigsäurebakterien aus der Familie der Acetobakterien genutzt, um aus Zucker oder Ethanol Essigsäure zu bilden. Dies ist jedoch eigentlich keine echte Gärung, da bei diesem Prozess Sauerstoff verbraucht wird.

9.5.2 Gärung und aerobe Atmung im Vergleich

Gärungen und die aerobe Zellatmung sind anaerobe und aerobe Alternativen zur Produktion von ATP durch Gewinnung chemischer Energie aus organischen Molekülen (Assimilate bei Pflanzen, Nahrung bei Tieren). Beide Stoffwechselprozesse beginnen mit dem glykolytischen Abbau von Glucose oder anderen Kohlenhydraten zu Pyruvat, was einer Nettoproduktion von zwei ATP per Substratkettenphosphorylierung entspricht. Sowohl bei den Gärungen wie bei der Atmung ist NAD^+ der Elektronenakzeptor beziehungsweise das Oxidationsmittel, das im Verlauf der Glykolyse Elektronen aus den Nahrungsmolekülen aufnimmt. Ein wesentlicher Unterschied besteht in dem Mechanismus, durch den das entstehende NADH wieder zu NAD^+ reoxidiert wird, welches erforderlich ist, um die Glykolyse weiterlaufen zu lassen. Bei einer Gärung ist eine organische Verbindung wie das Pyruvat im Fall der Milchsäuregärung oder Acetaldehyd bei der alkoholischen Gärung der Elektronenakzeptor. Bei der aeroben Atmung ist dagegen Sauerstoff der terminale Akzeptor für die Elektronen des NADH. Dieser Prozess führt nicht nur zur Regeneration des für die Glykolyse notwendigen NAD^+, sondern erwirtschaftet zusätzlich eine Mehrausbeute an ATP, indem der schrittweise erfolgende Elektronentransport vom NADH zum Sauerstoff die oxidative Phosphorylierung stimuliert. Ein noch größerer Gewinn an ATP kommt durch die Oxidation des vom Pyruvat abgeleiteten Acetyl-CoA im Citratzyklus zustande. Dieser merkliche Energiegewinn ist für die Atmung charakteristisch. Ohne Sauerstoff ist die im Pyruvat am Ende der Glykolyse gespeicherte Energie nicht verfügbar. Die Zellatmung gewinnt deutlich mehr Energie aus jedem Zuckermolekül als jegliche Gärung. Tatsächlich liefert die Respiration etwa das Sechzehnfache an ATP pro Glucose im Vergleich zu Gärungen (bis zu 32 Moleküle ATP anstelle von zwei Molekülen ATP durch Substratkettenphosphorylierung pro Molekül Glucose).

Einige Organismen, die als **obligate Anaerobier** bezeichnet werden, führen nur eine Form der Gärung oder eine anaerobe Atmung durch und können in Gegenwart von Sauerstoff gar nicht überleben, da er für diese Lebewesen giftig ist. Andere Organismen wie Hefen und viele Bakterien können durch Atmung oder durch Gärung, je nach Verfügbarkeit von Sauerstoff, ausreichend ATP erzeugen, um zu überleben. Solche Lebensformen nennt man **fakultative Anaerobier**.

9.5.3 Die Bedeutung der Glykolyse im Rahmen der Evolution

Die Rolle der Glykolyse bei der Gärung und auch der Atmung hat einen entwicklungsgeschichtlichen Hintergrund. Frühe Prokaryonten haben wahrscheinlich mittels Glykolyse ATP erzeugt, lange bevor Sauerstoff in der Atmosphäre der Erde verfügbar wurde; diese Frühformen des Lebens waren also obligat anaerob. Die ältesten bekannten Fossilien von Bakterien sind 3,5 Milliarden Jahre alt, doch erst vor etwa 2,7 Milliarden Jahren hatte sich eine merkliche Menge an Sauerstoff in der Atmosphäre angesammelt. Cyanobakterien haben diesen freien Sauerstoff als Nebenprodukt der Fotosynthese freigesetzt, was infolge der Giftigkeit von Sauerstoff dann auch Anpassungen des gesamten Stoffwechsels nach sich zog. Die frühen Prokaryonten haben daher ATP wahrscheinlich ausschließlich glykolytisch durch Substratkettenphosphorylierung erzeugt. Die Tatsache, dass die Glykolyse auch heute noch der am weitesten verbreitete Stoffwechselweg unter den Lebewesen der Erde ist, deutet darauf hin, dass sie sehr früh in der Entwicklungsgeschichte des Lebens entstanden ist. Die Lokalisierung der Glykolyse im Zytoplasma der Zellen ist ebenfalls ein Hinweis auf ihr Alter. An diesem Stoffwechselweg sind keine von einer Membran umgebenen Organellen beteiligt, wie sie für eukaryontische Zellen charakteristisch sind. Eukaryontische Zellen haben sich nach heutigem Kenntnisstand erst etwa eine Milliarde Jahre nach den prokaryontischen Zellen herausgebildet. Die Glykolyse ist also ein metabolisches Erbe früher

Zellen, das weiterhin bei Gärungen und als erster Schritt des Abbaus organischer Verbindungen durch die Atmung seinen Platz behauptet hat.

VERSTÄNDNISFRAGEN

1. Betrachten Sie das im Verlauf der Glykolyse gebildete NADH. Welche Verbindung ist der terminale Elektronenakzeptor bei Gärungen? Welche Verbindung ist der terminale Elektronenakzeptor bei der aeroben Atmung?

2. WAS WÄRE, WENN? Eine mit Glucose gesättigte Hefezelle wird von einer aeroben in eine anaerobe Umgebung versetzt. Wie müsste sich der Glucoseverbrauch dieser Zelle verändern, damit sie die ATP-Bildung mit der gleichen Rate fortsetzen könnte wie zuvor?

9.6 Die Glykolyse und der Citratzyklus sind mit vielen anderen Stoffwechselwegen verknüpft

9.6.1 Die Vielseitigkeit des Katabolismus

Glucose ist jedoch in der menschlichen und tierischen Nahrung nicht sehr verbreitet. Wir beziehen den Großteil unserer Energie in Form von Fetten, Proteinen, Rohrzucker (Saccharose) und anderen Disacchariden sowie dem Polysaccharid Stärke. All diese organischen Verbindungen der Nahrung werden zur Herstellung von ATP im Rahmen der Zellatmung verwertet (Abbildung 9.13).

Die Glykolyse beruht zwar auf Glucose als Ausgangsstoff, kann jedoch auch zahlreiche andere Kohlenhydrate umsetzen.

Der Katabolismus kann auch Energie aus Fetten gewinnen, die in der Nahrung enthalten sind oder die der Körper selbst als Vorrat in Fettzellen angelegt hat. Nach der Hydrolyse von Fettmolekülen in Glycerin und Fettsäuren wird das Glycerin in Glycerin-3-phosphat überführt, ein Zwischenprodukt der Glykolyse. Fette sind ausgezeichnete Brennstoffe, weil es sich um stark reduzierte, wasserstoffreiche Verbindungen handelt, die sich unter erheblichem Energiegewinn oxidieren lassen. Als Faustregel gilt, dass 1 g Fett durch vollständige Oxidation in der Atmungskette mehr als doppelt so viel ATP liefert wie 1 g Kohlenhydrat. Das bedeutet unglücklicherweise natürlich auch, dass ein übergewichtiger Mensch, der abnehmen will, sehr viel Arbeit verrichten oder lange hungern muss, um die in seinem Körperfett gespeicherte Energie zu verstoffwechseln.

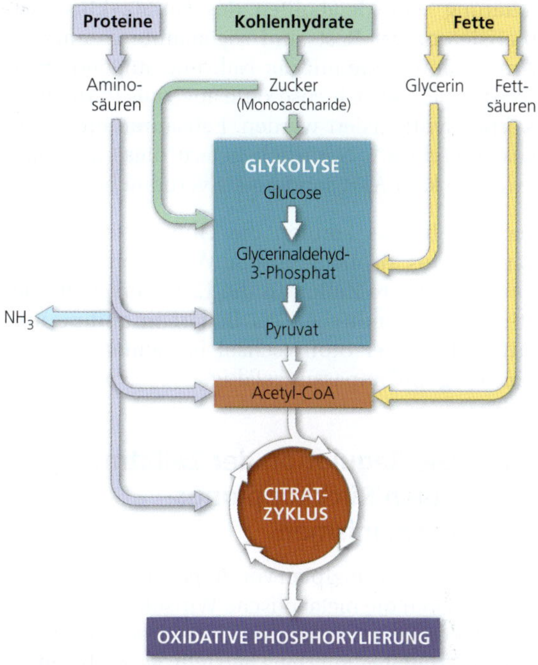

Abbildung 9.13: Der Katabolismus verschiedener Nahrungsbestandteile. Sowohl Kohlenhydrate als auch Fette und Proteine können als Betriebsstoffe für die Zellatmung dienen. Diese Moleküle oder Teile davon gelangen an verschiedenen Punkten in die Glykolyse oder/und in den Citratzyklus. Die Glykolyse und der Citratzyklus sind katabole Trichter, durch die Elektronen aus vielen organischen Stoffklassen der exergonen Übertragung auf Sauerstoff zugeführt werden.

9.6.2 Biosynthesen (anabole Stoffwechselwege)

Zellen benötigen außer Energie auch Baustoffe. Nicht alle organischen Bestandteile der Nahrung sind dazu bestimmt, zur Herstellung von ATP als Brennstoffe oxidiert zu werden. Neben Energie muss die Nahrung auch Kohlenstoffgerüste liefern, die die Zelle benötigt, um eigene chemische Verbindungen aufzubauen. Einige niedermolekulare organische Verbindungen, die durch die Verdauung entstehen, können unmittelbar verwertet werden. Wie bereits erwähnt, ist dies zum Beispiel für die bei der Hydrolyse von Nahrungseiweiß entstehenden Aminosäuren der Fall. Diese können zur Synthese körpereigener Proteine verwendet werden. Oft benötigt ein Organismus aber bestimmte Verbindungen, die nicht in der Nahrung enthalten sind. Zwischenstufen (Intermediate) der Glykolyse und des Citratzyklus können als Ausgangsstoffe oder Vorstufen anaboler Stoffwechselwege dienen, mittels derer die Zelle die Verbindungen herstellt, die sie benötigt. Ein Mensch etwa kann knapp die Hälfte der 20 proteinogenen (in Proteinen vorkommenden) Aminosäuren durch chemische Modifizierung von Metaboliten des Citratzyklus synthetisieren. Der Rest sind sogenannte essenzielle Aminosäuren, die mit der Nahrung aufgenommen werden müssen. Glucose kann auch aus Pyruvat im Körper synthetisiert werden, Fettsäuren entstehen aus Acetyl-CoA. Natürlich liefern diese anabolen Prozesse kein ATP, sondern sie verbrauchen es.

Darüber hinaus können die Glykolyse und der Citratzyklus als metabolische Wechselstuben dienen, die unsere Zellen in die Lage versetzen, bestimmte Verbindungen bei Bedarf in andere umzuwandeln. Der Stoffwechsel ist bemerkenswert vielseitig und anpassungsfähig.

9.6.3 Die Regulation der Zellatmung durch Rückkopplungsmechanismen

Grundlegende Prinzipien von Angebot und Nachfrage regulieren die metabolische Wirtschaft. Die Zelle verschwendet keine Energie, indem sie mehr von einer bestimmten Substanz herstellt, als sie benötigt. Der am häufigsten bei solchen Regulationsvorgängen anzutreffende Mechanismus ist die Rückkopplungshemmung (*feedback inhibition*): Das Endprodukt eines anabolen Stoffwechselweges hemmt ein Enzym, das einen frühen Schritt des Biosyntheseweges katalysiert (siehe Abbildung 8.15). Dies verhindert das nutzlose Einspeisen von Schlüsselmetaboliten in Stoffwechselpfade, deren Produkte zu dem Zeitpunkt gar nicht benötigt werden. Wieder gründet die Steuerung in der Hauptsache auf die Regulation von Enzymaktivitäten an strategischen Punkten der katabolen Stoffwechselwege. Wie in Abbildung 9.14 dargestellt, ist die Phosphofructokinase ein solcher bedeutender Regulationspunkt.

Die Phosphofructokinase ist ein allosterisch reguliertes Enzym mit Rezeptorstellen für spezifische Inhibitoren und Aktivatoren. Sie wird durch ATP gehemmt und durch AMP stimuliert (AMP, Adenosinmonophosphat, erzeugt die Zelle aus ADP). Wenn sich ATP anstaut, verlangsamt die Hemmung der Phosphofructokinase die Glykolyse. Das Enzym wird aktiviert, wenn die zellulären Arbeitsvorgänge ATP schneller zu ADP und AMP abbauen als ATP nachgebildet wird. Die Phosphofructokinase reagiert außerdem auf Citrat, das erste Syntheseprodukt des Citratzyklus. Falls sich Citrat in den Mitochondrien ansammelt, gelangt dies teilweise ins Zytoplasma und hemmt dort die Phosphofructokinase. Dieser Mechanismus hilft dabei, die Raten von Glykolyse und Citratzyklus zu synchronisieren. Wenn sich Citrat anstaut, verlangsamt sich die Glykolyse und der Nachschub an Acetyl-CoA über diesen Weg nimmt ab.

Die metabolische Balance wird durch die Steuerung von Enzymen, die andere Schlüsselschritte der Glykolyse oder des Citratzyklus katalysieren, unterstützt. Zellen gehen mit ihrem Stoffwechsel sparsam um, sind auf Effektivität bedacht und überwachen laufend die Konzentrationen wichtiger Stoffwechselprodukte

VERSTÄNDNISFRAGEN

1. Vergleichen Sie die chemische Struktur von Fetten (Abbildung 5.8) mit der von Kohlenhydraten (Abbildung 5.2). Welche Strukturmerkmale machen Fette zu viel besseren Brennstoffen?

2. Unter welchen Umständen synthetisiert Ihr Körper möglicherweise Fett?

3. WAS WÄRE, WENN? Was macht eine Muskelzelle, wenn sie ihren Vorrat an Sauerstoff und ATP aufgebraucht hat (Abbildung 9.14)?

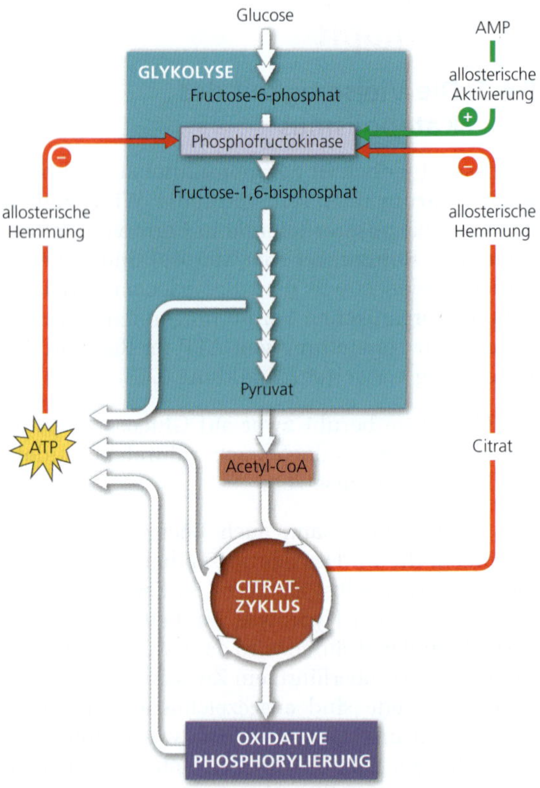

Abbildung 9.14: Die Regulation der Zellatmung. Allosterisch regulierte Enzyme an bestimmten Punkten entlang des respiratorischen Weges reagieren auf Inhibitoren und Aktivatoren, die den Arbeitstakt von Glykolyse und Citratzyklus steuern. Die Phosphofructokinase, die einen frühen Schritt der Glykolyse katalysiert (Abbildung 9.5), ist ein solches Enzym. Sie wird durch AMP (Adenosinmonophosphat) stimuliert und durch ATP und Citrat gehemmt. Diese Rückkopplung regelt die Atmungsrate gemäß den katabolen und anabolen Bedürfnissen der Zelle.

ZUSAMMENFASSUNG

Der katabole Stoffwechsel liefert Energie durch die Oxidation organischer Brennstoffe

Katabole Stoffwechselwege und die Erzeugung von ATP. Zellen bauen Glucose und andere organische Nährstoffe ab, um chemische Energie in Form von ATP zu gewinnen. Bei der **Gärung (Fermentation)** wird Glucose nur teilweise und ohne den Verbrauch von Sauerstoff abgebaut. Die **Zellatmung** beinhaltet dagegen eine vollständigere Verstoffwechselung von Glucose. Bei der **aeroben Atmung** dient Sauerstoff als Elektronenakzeptor. Mit Glucose oder einer anderen organischen Verbindung als Startmaterial liefert die aerobe Atmung unter O_2-Verbrauch H_2O, CO_2 und *Energie* in Form von *ATP* und *Wärme*. Der Begriff Zellatmung umfasst sowohl die aerobe als auch die anaerobe Atmung. Letztere bedient sich eines anderen terminalen Elektronenakzeptors anstelle von molekularem Sauerstoff, liefert aber ebenso ATP.

Redoxreaktionen: Oxidation und Reduktion. Zellen verwerten die in den Nahrungsmittelmolekülen enthaltene Energie durch **Redoxreaktionen**, bei denen Elektronen ganz oder teilweise von einer Substanz auf eine andere verschoben werden. Der Verlust (die Abgabe) von Elektronen entspricht dabei einer Oxidation, der Zugewinn (die Aufnahme) einer **Reduktion**. Im Verlauf der Zellatmung wird Glucose ($C_6H_{12}O_6$) zu Kohlendioxid oxidiert und Sauerstoff (O_2) zu Wasser (H_2O) reduziert. Dabei wird Energie frei, da die Elektronen im Verlauf ihres Übergangs von Glucose oder anderen organischen Stoffen auf Sauerstoff potenzielle Energie verlieren. Die Elektronen werden auf **NAD^+** und **FAD** übertragen, die dadurch zu NADH und $FADH_2$ reduziert werden. Beide übertragen dann die Elektronen auf die **Elektronentransportkette**, die sie schließlich an elementaren Sauerstoff abgibt, wobei die freiwerdende Energie in ein elektrochemisches Membranpotenzial umgewandelt wird, das der Synthese von ATP dient.

Stadien der Zellatmung. Die aerobe Atmung umfasst drei Stadien: (1) die Glykolyse, (2) die Pyruvatoxidation und den Citratzyklus und (3) die oxidative Phosphorylierung (Elektronentransport und chemiosmotische Kopplung).

Die Glykolyse oxidiert Glucose zu Pyruvat, wobei Energie frei wird

Die Glykolyse ist eine Folge von biochemischen Reaktionen, die Glucose in zwei Moleküle Pyruvat abbauen. Dabei entstehen je zwei Moleküle ATP und NADH. Das Pyruvat kann oxidiert werden und danach in den Citratzyklus eingehen.

Der Citratzyklus vervollständigt die energieliefernde Oxidation organischer Moleküle

In eukaryontischen Zellen verknüpft der Import von Pyruvat in die Mitochondrien und seine Umwandlung in Acetyl-CoA die Glykolyse mit dem Citratzyklus. In prokaryontischen Zellen läuft der Citratzyklus im Zytoplasma ab.

Elektronentransport und oxidative Phosphorylierung

Elektronentransportkette. NADH und $FADH_2$ übertragen Elektronen auf die Elektronentransportkette. Die Elektronen werden in mehreren Schritten weitertransportiert, wobei sie jeweils Energie verlieren. In der Kette sind die beteiligten Elektronenakzeptoren nach steigendem Redoxpotenzial geordnet. Zuletzt werden sie auf molekularen Sauerstoff (der Systemkomponente mit dem höchsten Redoxpotenzial) übertragen, der dabei zu Wasser reduziert wird.

Chemiosmotische Kopplung. An bestimmten Stellen entlang der (membranständigen) Elektronentransportkette pumpen Proteinkomplexe Ionen (meist Protonen) von einer Seite der Membran auf die andere (in Mitochondrien aus der Matrix in den Intermembranraum). Das dadurch erzeugte elektrochemische Membranpotenzial hat eine chemische und eine elektrische Komponente und wirkt sich in Form einer ionenmotorischen Kraft aus, die zur Verrichtung von Arbeit genutzt werden kann. Die Ionen können nur durch den membranintegralen Teil der ATP-Synthase zurückfließen. Die Gesamtheit dieser Vorgänge wird als chemiosmotische Kopplung bezeichnet. Der (Rück-)Fluss des sogenannten Kopplungsions, also des Ions, das infolge des Elektronentransportes in der

Membranebene quer durch die (Kopplungs-)Membran gepumpt wird, wird in eine mechanische Rotation umgesetzt, die ihrerseits die Phosphorylierung von ADP durch Phosphat antreibt und so ATP synthetisiert. Prokaryonten erzeugen eine ionenmotorische Kraft über ihrer Plasmamembran und nutzen diese zur Synthese von ATP in der Zelle.

Bilanz der ATP-Produktion durch die Zellatmung. Etwa 34 Prozent der in der Glucose gespeicherten Energie werden im Verlauf der Zellatmung in Form von ATP gewonnen. Die Ausbeute beträgt maximal 32 ATP pro Glucose.

Durch Gärung und anaerobe Atmung können Zellen auch ohne Sauerstoff ATP synthetisieren

Verschiedene Gärungsformen. Die Glykolyse liefert zwei ATP durch Substratketten-Phosphorylierung, unabhängig davon, ob Sauerstoff zugegen ist oder nicht. Unter anaeroben Bedingungen können entweder eine anaerobe Atmung oder eine Gärung stattfinden. Die anaerobe Atmung nutzt eine Elektronentransportkette ohne Sauerstoff als terminalen Elektronenakzeptor.

Bei einer Gärung wird das NADH durch Pyruvat oder ein Derivat des Pyruvats rückoxidiert. Diese Regeneration des NAD^+ ist erforderlich, um weitere Glucose zu oxidieren und die Glykolyse in Gang zu halten. Zwei verbreitete Formen sind die **alkoholische Gärung** und die **Milchsäuregärung**.

Gärung und aerobe Atmung im Vergleich. Beide bedienen sich der Glykolyse zur Oxidation der Glucose, unterscheiden sich aber hinsichtlich des terminalen Elektronenakzeptors und durch die Nutzung einer Elektronentransportkette (Atmung) oder nicht (Gärung). Die Atmung liefert deutlich mehr ATP, bei der aeroben Atmung mit Sauerstoff als finalem Elektronenakzeptor sechzehn Mal mehr.

Bedeutung der Glykolyse im Rahmen der Evolution. Die Glykolyse läuft in beinahe allen Organismen ab und hat sich wahrscheinlich in frühen Prokaryonten entwickelt, lange bevor es freien Sauerstoff (O_2) in der Erdatmosphäre gab.

Die Glykolyse und der Citratzyklus sind mit vielen anderen Stoffwechselwegen verknüpft

Die Vielseitigkeit des Katabolismus. Katabole Stoffwechselwege speisen Elektronen aus unterschiedlichen organischen Verbindungen in die Zellatmung ein. Viele Kohlenhydrate können in der Glykolyse verwendet werden, meist nach vorheriger Umwandlung in Glucose. Aminosäuren oder Proteine müssen vor der Oxidation desaminiert werden, das heißt, ihre Aminogruppen werden entfernt. Die Fettsäuren der Fette durchlaufen eine sogenannte β-Oxidation zu Verbindungen mit zwei Kohlenstoffatomen (Acetylgruppen CH_3CO^-), sie gehen in den Citratzyklus als Acetyl-Coenzym A ein.

Biosynthesen (anabole Stoffwechselwege). Zellen können niedermolekulare Verbindungen aus der Nahrung direkt verwerten oder diese benutzen, um daraus durch die Glykolyse oder den Citratzyklus andere Verbindungen herzustellen.

Die Regulation der Zellatmung beruht unter anderem auf der allosterischen Steuerung von Enzymen an Schaltstellen der Glykolyse und des Citratzyklus.

Fotosynthese

10

10.1 Die Fotosynthese wandelt Lichtenergie in chemische Energie um

Die bemerkenswerte Fähigkeit von Organismen, mittels Lichtenergie organische Verbindungen zu synthetisieren, ist in ihrer Zellstruktur verankert. Die Enzyme der Fotosynthese und andere funktionelle Moleküle sind in oder an Membranen lokalisiert, die es erlauben, die notwendigen chemischen Reaktionen in der richtigen Topologie effizient ablaufen zu lassen (Abbildung 10.1). Der Prozess der Fotosynthese hat sich mit hoher Wahrscheinlichkeit in einer Gruppe von Bakterien herausgebildet, die entweder schon Einfaltungen der Plasmamembran mit entsprechenden Molekülanordnungen hatten oder diese parallel zur Entstehung des fotosynthetischen Apparates entwickelten. In entwicklungsgeschichtlich neueren, fotosynthetisch aktiven Bakterien funktionieren eingefaltete (invaginierte) Membranen ganz ähnlich wie die inneren Membranen bei Chloroplasten. Chloroplasten finden sich in einer Vielzahl fotosynthetisch aktiver Eukaryonten.

10.1.1 Chloroplasten: Die Orte der Fotosynthese in Pflanzen

Alle grünen Teile eines Pflanzenkörpers, einschließlich grüner Sprosse und unreifer Früchte, enthalten Chloroplasten, doch sind die Blätter in den meisten Pflanzen die Orte, an denen die Fotosynthese hauptsächlich stattfindet (Abbildung 10.2).

Pro Quadratmillimeter (mm^2) Blattfläche finden sich durchschnittlich etwa eine halbe Million Chloroplasten. Die Farbe der Blätter rührt vom **Chlorophyll** her, dem grünen Farbstoff in den Chloroplasten. Die von den Chlorophyllmolekülen absorbierte Lichtenergie treibt die Synthese organischer Verbindungen in den Chloroplasten an. Chloroplasten finden sich vornehmlich in den **Mesophyllzellen** der Blätter. Das Mesophyll ist das zwischen den beiden Abschlussgeweben im Blattinneren gelegene Gewebe. Kohlendioxid gelangt durch mikroskopisch kleine Löcher, die **Spaltöffnungen** oder **Stomata** (gr. *stoma*, Mund), in das Blatt. Der Sauerstoff verlässt es auf gleichem Wege. Wasser wird von den Wurzeln absorbiert und über Blattadern zu den Blättern trans-

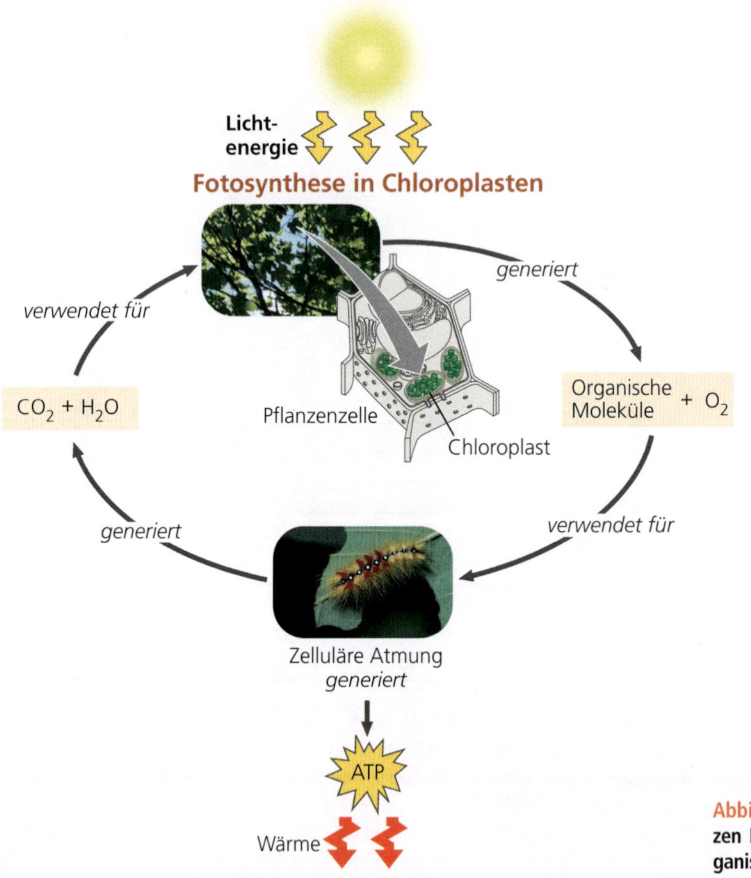

Abbildung 10.1: Fotosynthetische Zellen nutzen Licht, um Kohlendioxid und Wasser in organische Moleküle und Sauerstoff umzusetzen.

portiert. Die Blätter exportieren synthetisierten Zucker über die Blattadern zu den Wurzeln und in andere nicht fotosynthetisch aktive Teile der Pflanze.

10.1.2 Der Weg einzelner Atome im Verlauf der Fotosynthese: Wissenschaftliche Forschung

Wissenschaftler haben jahrhundertelang versucht, den Vorgang aufzuklären, durch den eine Pflanze ihre Nahrung erzeugt. Obwohl einige Details noch immer fehlen, ist die Bruttogleichung der Fotosynthese seit dem 19. Jahrhundert bekannt. In Gegenwart von Licht erzeugen die grünen Teile einer Pflanze organische Verbindungen und Sauerstoff aus Kohlendioxid, anorganischen Nährsalzen und Wasser. Die in Wahrheit sehr komplizierte Folge von chemischen Reaktionen, die zusammen die Fotosynthese ausmachen, lässt sich als Summengleichung wie folgt zusammenfassen:

$$6\ CO_2 + 12\ H_2O + \text{Lichtenergie} \rightarrow C_6H_{12}O_6 + 6\ O_2 + 6\ H_2O$$

MERKE!

$6\ CO_2 + 12\ H_2O + \text{Lichtenergie} \rightarrow C_6H_{12}O_6 + 6\ O_2 + 6\ H_2O$

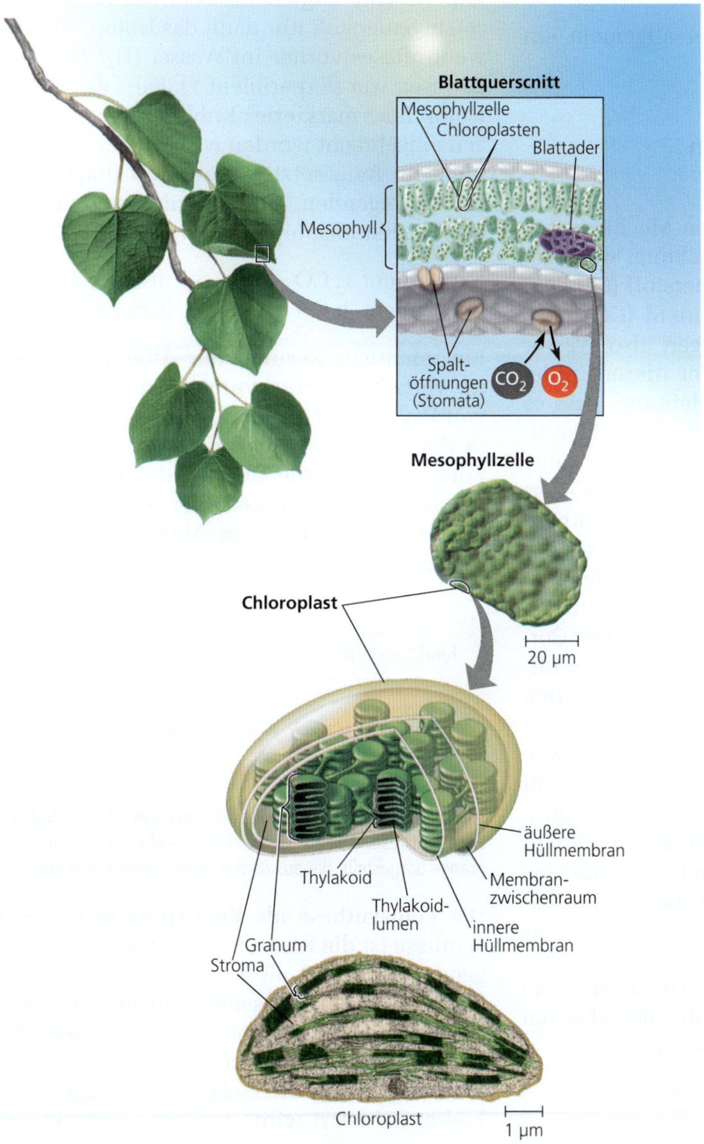

Abbildung 10.2: Die Orte der Fotosynthese in einer Pflanze in steigender Vergrößerung. Die Fotosynthese findet in Pflanzen hauptsächlich in den Blättern statt. Die Bildfolge führt Sie in das Innere eines Blattes, dann in eine Zelle und schließlich in einen Chloroplasten, dem Organell der Fotosynthese (Mitte: lichtmikroskopische Aufnahme, unten: transmissionselektronenmikroskopische Aufnahme).

Wir verwenden hier Glucose ($C_6H_{12}O_6$), um die Wechselbeziehung zwischen Fotosynthese und Atmung zu vereinfachen, denn das unmittelbare Produkt der Fotosynthese ist ein Zucker mit drei Kohlenstoffatomen, der von der Pflanze verwendet werden kann, um Glucose herzustellen. Wasser erscheint auf beiden Seiten unserer Summengleichung, weil zwölf Moleküle davon verbraucht werden und sechs neue entstehen. Wenn wir lediglich den Nettoverbrauch von Wasser betrachten, können wir die Reaktionsgleichung kürzen:

$$6\,CO_2 + 6\,H_2O + \text{Lichtenergie} \rightarrow C_6H_{12}O_6 + 6\,O_2$$

Teilen wir die obige Bruttogleichung der Fotosynthese noch durch den stöchiometrischen Faktor sechs, so gelangen wir zur folgenden Gleichung:

$$CO_2 + H_2O \rightarrow [CH_2O] + O_2$$

Der Ausdruck $[CH_2O]$ bezeichnet allgemein ein Kohlenhydrat.

10.1.3 Die Wasseroxidation (Wasserspaltung)

Einer der ersten Hinweise auf den Mechanismus der Fotosynthese war die Entdeckung, dass der von den Pflanzen abgegebene Sauerstoff (O_2) dem Wasser und nicht dem Kohlendioxid (CO_2) entstammt. Die Chloroplasten zerlegen also Wasser in Sauerstoff und Wasserstoff. Vor dieser Entdeckung war die vorherrschende Meinung, dass es bei der Fotosynthese zur Spaltung von Kohlendioxid gemäß der Gleichung $CO_2 \rightarrow C + O_2$ käme und danach an den Kohlenstoff Wasser angelagert würde ($C + H_2O \rightarrow [CH_2O]$). Diese Hypothese hatte natürlich die Vorhersage zur Folge, dass der freigesetzte Sauerstoff aus den CO_2-Molekülen stammen sollte. Diese Vorstellung wurde in den dreißiger Jahren des letzten Jahrhunderts von Cornelis B. van Niel (holländisch-amerikanischer Mikrobiologe, 1897–1985) infrage gestellt. Bei seinen Untersuchungen der Fotosynthese in Bakterien fiel ihm auf, dass manche zwar Kohlenhydrate aus Kohlendioxid bildeten, aber keinen Sauerstoff freisetzen. Van Niel folgerte daraus, dass zumindest diese Bakterien das absorbierte Kohlendioxid nicht in Kohlenstoff und Sauerstoff spalten. Eine Gruppe von Bakterien verwertete sogar Schwefelwasserstoff (H_2S) anstelle von Wasser (H_2O) für ihre Fotosynthese und schied gelbe Schwefelkörnchen als Abfallprodukt ab. Die chemische Bruttogleichung der in diesen Schwefelbakterien ablaufenden Form der Fotosynthese lautet:

$$CO_2 + 2\,H_2S \rightarrow [CH_2O] + H_2O + 2\,S$$

Van Niel folgerte, dass die Bakterien Schwefelwasserstoff spalten und dessen Wasserstoffatome für die Bildung von Zuckermolekülen verwenden. Er verallgemeinerte diese Idee und schlug vor, dass alle fotosynthetisch aktiven Organismen eine Quelle für Wasserstoff benötigen, die jedoch unterschiedlicher Natur sein kann:

Schwefelbakterien: $CO_2 + 2\,H_2S \rightarrow [CH_2O] + H_2O + 2\,S$
Pflanzen: $CO_2 + 2\,H_2O \rightarrow [CH_2O] + H_2O + O_2$
allgemein: $CO_2 + 2\,H_2X \rightarrow [CH_2O] + H_2O + 2\,X$

Beinahe 20 Jahre später wurde diese Hypothese durch Versuche mit dem Sauerstoffisotop ^{18}O bewiesen. Das Schicksal von Sauerstoffatomen aus einer definierten Quelle, die mit ^{18}O markiert war, wurde im Verlauf der Fotosynthese verfolgt. Die Experimente zeigten, dass der von Pflanzen freigesetzte Sauerstoff nur dann das Isotop ^{18}O enthielt, wenn dieses vorher im Wasser ($H_2{}^{18}O$) enthalten gewesen war (Experiment 1). Falls das Sauerstoffisotop über markiertes Kohlendioxid in die Pflanzen eingebracht worden war, fand es sich dagegen nicht im freigesetzten Sauerstoff (Experiment 2). In der folgenden Zusammenfassung sind Atome des Sauerstoffisotops ^{18}O rot markiert:

Experiment 1: $CO_2 + 2\,H_2 \rightarrow [CH_2O] + H_2O$
Experiment 2: $C + 2\,H_2O \rightarrow [CH_2] + H_2 + O_2$

Ein wichtiges Resultat der Atomumgruppierung im Verlauf der Fotosynthese ist die „Extraktion" von Wasserstoff aus dem Wasser und sein Einbau in die gebildeten Zucker. Das Nebenprodukt der Fotosynthese, Sauerstoff, wird in die Atmosphäre entlassen. Das Schicksal aller an der Fotosynthese beteiligten Atome ist in Abbildung 10.3 zusammengefasst.

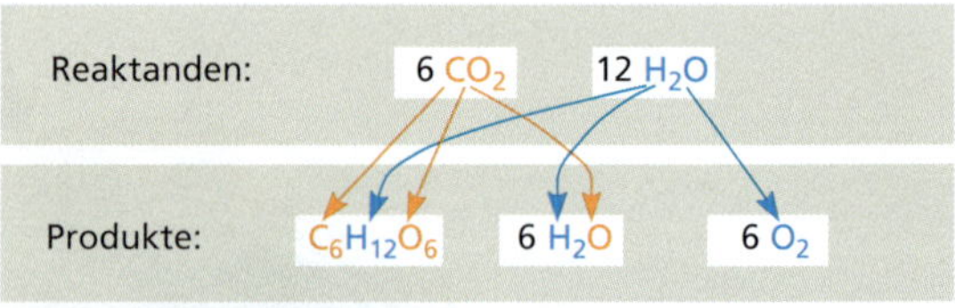

Abbildung 10.3: Das Schicksal einzelner Atome während der Fotosynthese. Die aus dem Kohlendioxid stammenden Atome sind orange dargestellt, die aus dem Wasser stammenden blau.

Die Fotosynthese als Redoxprozess In der Fotosynthese ist die Richtung des Elektronentransports genau umgekehrt als bei dem im letzten Kapitel beschriebenen Glucosemetabolismus: Wasser wird gespalten und Elektronen mitsamt Wasserstoff gehen mit NADPH als Zwischenträger auf Kohlendioxid über, wobei dieses letztlich zu einem Kohlenhydrat reduziert wird. Als Nebenprodukt entsteht elementarer Sauerstoff (O_2) durch die Wasseroxidation, die natürlich ebenso energieaufwändig ist, wie die Sauerstoffreduktion zu Wasser in Mitochondrien energieliefernd war. Die freie Enthalpie des Systems nimmt also im Verlauf der Reaktionen zu, folglich erfordern sie einen Energieeintrag, der Prozess ist endergon. Die notwendige Energie wird als Lichtenergie von der Sonne bereitgestellt.

Die Lichtenergiewandlung bei der Fotosynthese liefert außer NADPH und O_2 auch eine protonenmotorische Kraft, die zur ATP-Synthese genutzt wird, genauso, wie das in Mitochondrien der Fall ist. In grünen Pflanzen läuft dieser Prozess an der Thylakoidmembran der Chloroplasten ab. Da nachts wenig oder kein (natürliches) Licht zur Verfügung steht, kommt die ATP-Synthese an den Thylakoidmembranen dann zwangsläufig zum Erliegen, was eine regulatorische Kompensation erfordert, ein deutlicher Unterschied im Vergleich zu Mitochondrien, die „immer" arbeiten.

10.1.4 Zwei Teilschritte der Fotosynthese: eine Vorschau

Die Grundgleichung für die Fotosynthese ist zwar verführerisch einfach, aber sie stellt nur die Zusammenfassung eines sehr komplizierten Prozesses dar. Tatsächlich ist die Fotosynthese kein einzelner Prozess, sondern sie zerfällt in zwei Vorgänge, die jeweils aus zahlreichen Einzelschritten bestehen. Diese beiden Stadien der Fotosynthese werden als Lichtreaktionen und als Dunkelreaktionen bezeichnet (Abbildung 10.3). Letztere sind auch als **Calvin-Benson-Zyklus** bekannt.

Die Lichtreaktionen umfassen die Schritte der Fotosynthese, die Lichtenergie in chemische Energie umwandeln. Wasser wird gespalten und dient als Quelle für Elektronen und Protonen[1].

Sauerstoff wird als Nebenprodukt gebildet. Das vom Chlorophyll absorbierte Licht treibt die

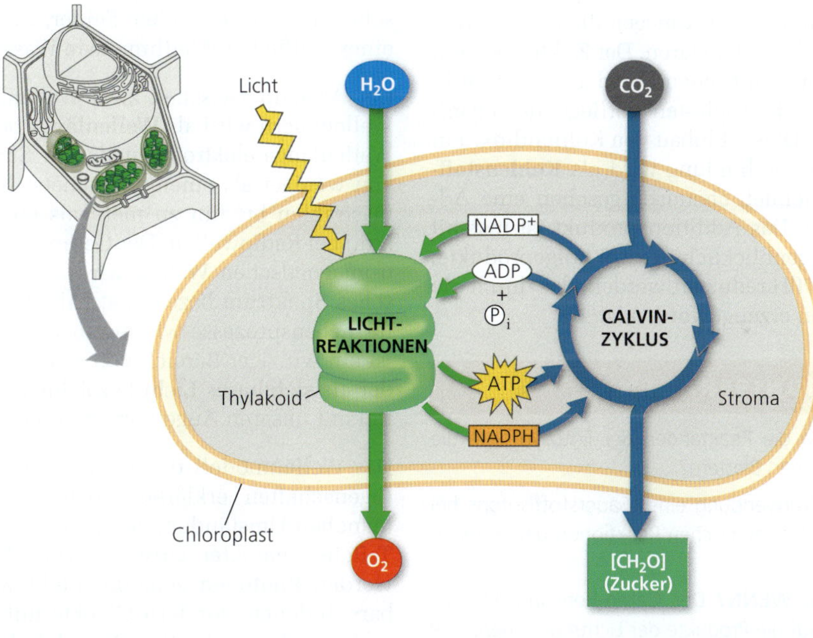

Abbildung 10.4: Eine Übersicht über die Fotosynthese: Kooperation zwischen Licht- und Dunkelreaktionen. In den Chloroplasten ist die Thylakoidmembran der Ort, an dem die Lichtreaktionen stattfinden, während der Calvin-Benson-Zyklus im Stroma des Chloroplasten stattfindet. Im Verlauf der Lichtreaktionen werden ATP und NADPH synthetisiert; beide sind Träger chemischer Energie für den Calvin-Benson-Zyklus sowie für andere Assimilationsprozesse. Der Calvin-Benson-Zyklus resultiert in einer Fixierung von Kohlenstoffatomen durch den Einbau von Kohlendioxidmolekülen in ein bestehendes Kohlenhydrat. (Erinnern Sie sich, dass die allgemeine Summenformel für Kohlenhydrate [CH_2O] ist.) Dieses Schema wird in verkleinerter Form immer wieder verwendet, um die behandelten Prozesse jeweils den Licht- oder Dunkelreaktionen zuzuordnen.

1 Wir verwenden hier ausschließlich den Begriff Protonen. Bitte vergessen Sie nicht, dass Protonen und Wasserstoffionen beziehungsweise „H" oder auch „H-Ionen" ein- und dasselbe sind. Protonen liegen zudem in wässriger Umgebung hydratisiert vor, von Wasser umgeben, als H_3O oder eher noch als H_9O_4. Der pH-Wert gibt die Wasserstoffionenkonzentration in Form ihres negativen dekadischen Logarithmus an. Wenn der pH-Wert sinkt, dann steigt die Protonenkonzentration: pH 7 = 10 mol/l Protonen, pH 0 = 10 mol/l = 1 mol/l Protonen.

Übertragung von Elektronen und Protonen von Wassermolekülen auf einen Zwischenträger an. Dieser Elektronenakzeptor ist mit dem NAD^+ nahe verwandt, er unterscheidet sich lediglich durch eine Phosphorylgruppe vom NAD^+ und heißt **$NADP^+$** (Nicotinsäureamid-Adenin-Dinucleotid-Phosphat). Die Lichtreaktionen nutzen die Lichtenergie, um $NADP^+$ zu NADPH zu reduzieren. Dabei werden analog zur Situation beim NAD^+ zwei Elektronen und ein Proton auf das $NADP^+$ übertragen. Die Lichtreaktionen stellen außerdem genügend Energie zur Synthese von ATP aus ADP und Phosphat bereit. Man beachte, dass die Lichtreaktionen nicht zur Produktion von Zuckermolekülen führen. Diese erfolgt erst in der zweiten Teilreaktion der Fotosynthese, dem Calvin-Benson-Zyklus.

Dieser Name deutet auf seine Entdecker, Melvin Calvin (US-amerikanischer Biochemiker, 1911–1997) und Andrew Benson (US-amerikanischer Biochemiker, 1917–2015), hin. Sie begannen in den späten vierziger Jahren des vergangenen Jahrhunderts zusammen mit Kollegen die Schritte dieser Reaktionsfolge aufzuklären. Der Zyklus beginnt mit dem Einbau von Kohlendioxid aus der Luft in bereits in den Chloroplasten vorliegende organische Moleküle. Dieser Einbau von Kohlendioxid in eine organische Verbindung wird als **Kohlenstofffixierung** bezeichnet, chemisch gesehen eine Additionsreaktion. Das Additionsprodukt ist instabil und zerfällt augenblicklich in zwei Folgeprodukte, die durch NADPH reduziert werden, das durch die Lichtreaktionen erzeugt worden ist.

VERSTÄNDNISFRAGEN

1. Wie erreichen die Reaktanden der Fotosynthese die Chloroplasten in den Blättern?

2. Wie hat die Verwendung eines Sauerstoffisotops bei der Aufklärung der chemischen Reaktionen der Fotosynthese geholfen?

3. WAS WÄRE, WENN? Der Calvin-Benson-Zyklus ist klar erkennbar auf die Produkte der Lichtreaktionen, ATP und NADPH, angewiesen. Nehmen Sie an, jemand würde behaupten, der umgekehrte Fall würde nicht gelten. Damit hingen die Lichtreaktionen nicht vom Calvin-Benson-Zyklus ab und könnten bei fortdauernder Lichteinstrahlung weiterhin ATP und NADPH produzieren. Stimmen Sie dem zu oder nicht? Begründen Sie Ihre Meinung.

10.2 Die Lichtreaktionen wandeln Sonnenenergie in chemische Energie in Form von ATP und NADPH um

Chloroplasten sind chemische Fabriken, die vom einstrahlenden Licht in Gang gehalten werden. Ihre Thylakoide wandeln Lichtenergie in chemische Energie in Form von ATP und NADPH um. Um diesen Umwandlungsvorgang besser verstehen zu können, müssen wir über die wichtigsten physikalischen Eigenschaften des Lichtes Bescheid wissen.

10.2.1 Die Natur des Lichtes

Licht ist Energie in Form elektromagnetischer Strahlung. Diese breitet sich wellenförmig aus, ähnlich wie die Wellen in einem Teich, nachdem man einen Kiesel hineingeworfen hat. Elektromagnetische Wellen sind jedoch Störungen elektrischer und magnetischer Felder, nicht Störungen eines stofflichen Mediums wie Wasser.

Der Abstand zwischen zwei Wellenkämmen oder Wellentälern wird als **Wellenlänge** bezeichnet. Die Wellenlänge elektromagnetischer Strahlung reicht von weniger als einem Nanometer (nm) bei Gammastrahlen bis hin zu mehr als einem Kilometer (km) bei Radiowellen. Der Gesamtbereich der elektromagnetischen Wellen wird als **elektromagnetisches Spektrum** bezeichnet (Abbildung 10.5). Der für Lebensprozesse wichtigste Teil des Spektrums ist ein winziger Bereich von etwa 380 bis 750 nm, der als **sichtbares Licht** bezeichnet wird, weil wir ihn mit unseren Augen wahrnehmen können.

Das Wellenmodell des Lichtes kann viele seiner Eigenschaften erklären, doch es versagt unter manchen Umständen, bei denen Licht eher einen Teilchencharakter aufweist. Die „Lichtteilchen" werden **Photonen** genannt, nicht wirklich greifbare Teilchen, sondern Objekte mit Teilchencharakter und einer bestimmten, definierten Energiemenge. Dieser Energiegehalt ist zur Wellenlänge der Strahlung umgekehrt proportional: je kürzer die Wellenlänge, desto höher die Energie eines jeden Photons der betreffenden Strahlung. Ein Photon des violetten Lichtes enthält fast doppelt so viel Energie wie ein Photon des roten Lichtes.

Der sichtbare Teil des Spektrums umfasst gleichzeitig auch diejenige Strahlung, die die Fotosynthese antreibt.

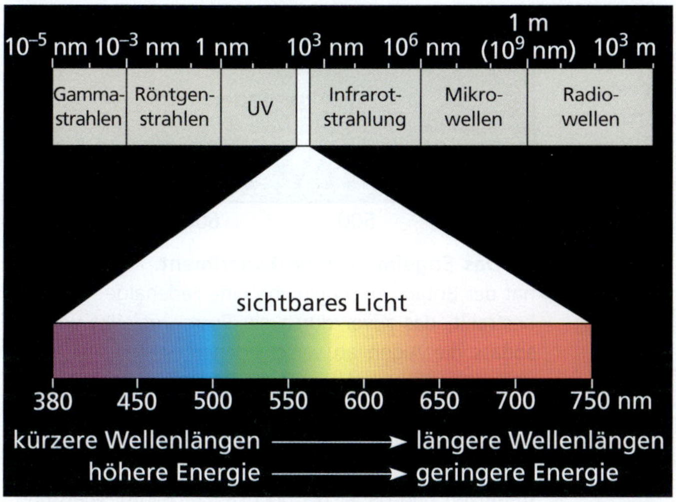

Abbildung 10.5: Das elektromagnetische Strahlungsspektrum. Weißes Licht ist ein Gemisch aus allen Wellenlängen des sichtbaren Lichtspektrums. Ein Prisma kann weißes Licht in seine Farbkomponenten zerlegen, weil es verschiedene Wellenlängen unterschiedlich stark bricht. (Wassertröpfchen in der Atmosphäre können ebenfalls als Prismen wirken und einen Regenbogen erzeugen). Die Fotosynthese wird durch sichtbares Licht angetrieben.

10.2.2 Fotosynthesepigmente: Die Lichtrezeptoren

Wenn Licht auf Materie trifft, kann es reflektiert (zurückgeworfen), transmittiert (durchgelassen) oder absorbiert (aufgenommen) werden. Stoffe, die sichtbares Licht absorbieren, heißen Farbstoffe, die, wenn sie unlöslich sind, auch als Pigmente bezeichnet werden. Unterschiedliche Farbstoffe absorbieren Licht ungleicher Wellenlängen. Wird ein Farbstoff mit weißem Licht beschienen, ist die Farbe, die wir sehen, entweder diejenige, die am stärksten reflektiert wird, oder diejenige, die von dem Stoff durchgelassen wird. Wenn ein Stoff alle Wellenlängen des sichtbaren Lichtes absorbiert, erscheint er schwarz. Blätter erscheinen grün, weil das darin enthaltene Chlorophyll blauviolettes und rotes Licht absorbiert, grünes Licht aber durchlässt beziehungsweise reflektiert (Abbildung 10.6).

Abbildung 10.7a zeigt die Absorptionsspektren von drei verschiedenen Chloroplastenpigmenten: **Chlorophyll *a***, das unmittelbar an den Lichtreaktionen beteiligt ist, **Chlorophyll *b***, einem akzessorischen Farbstoff, sowie der Gruppe von ebenfalls akzessorischen Carotinoiden. Das Spektrum von Chlorophyll *a* zeigt, dass blauviolettes und rotes Licht am besten für die Fotosynthese geeignet ist, da diese Wellenlängenbereiche gut absorbiert werden, während Licht im grünen Bereich am wenigsten effektiv ist. Diese Hypothese wird vom **Wirkungsspektrum** der Fotosynthese bestätigt (Abbildung 10.7b). Ein Wirkungsspektrum wird aufgenommen, indem isolierte Chloroplasten mit Licht verschiedener Farben (= Wellenlängenbereichen) beschienen und dann die Fotosyntheserate anhand einer Kenngröße wie der CO_2-Aufnahme oder der O_2-Abgabe gemessen wird. Die Auftragung der Geschwindigkeit als Funktion der Wellenlänge wird als Wirkungsspektrum bezeichnet. Das Wirkungsspektrum der Fotosynthese wurde erstmals im Jahr 1883 von dem deutschen Botaniker Theodor W. Engelmann aufgezeichnet. Ohne eine geeignete Apparatur zur Messung der Sauerstoffmenge ersann Engelmann ein cleveres Experiment, indem er sauerstoffliebende Bakterien zur Messung der Fotosyntheserate filamentöser Grünalgen (Fadenalgen) der Gattung Spirogyra verwendete (Abbildung 10.7c). Seine Versuchsergebnisse stehen in verblüffender Übereinstimmung mit modernen Wirkungsspektren (Abbildung 10.7b).

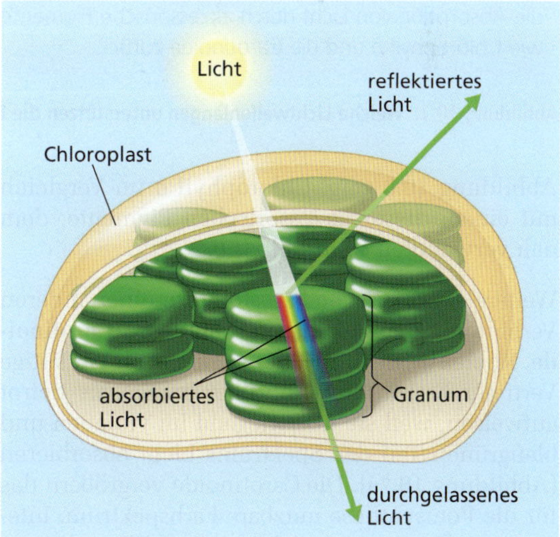

Abbildung 10.6: Warum sind Blätter grün? Die Wechselwirkung von Licht mit Chloroplasten. Die Chlorophyllmoleküle in einem Chloroplasten absorbieren blauviolettes und rotes Licht (die Wellenlängenbereiche, die die Fotosynthese am wirkungsvollsten antreiben) und reflektieren oder transmittieren grünes Licht. Daher sind Blätter grün.

Experiment Absorptions- und Wirkungsspektren enthüllen in Verbindung mit einem klassischen Experiment von Theodor Engelmann, welche Wellenlängenbereiche des sichtbaren Lichtes für die Fotosynthese am wirksamsten sind.

Ergebnis

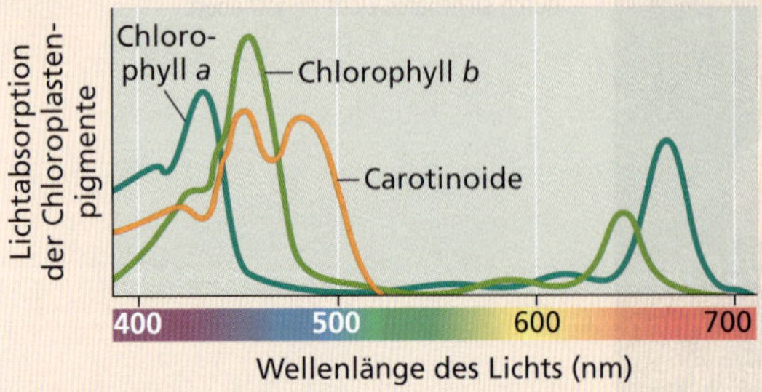

(a) Absorptionsspektren. Die drei Kurven zeigen den Absorptionsverlauf für die drei Pigmente. Bei den Maxima erfolgt die stärkste Absorption.

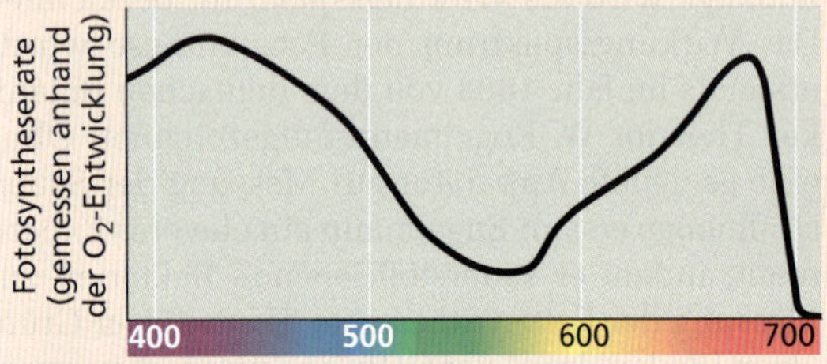

(b) Wirkungsspektrum. In dieser Graphik ist die Fotosyntheserate gegen die Wellenlänge aufgetragen. Das resultierende Wirkungsspektrum ähnelt dem Absorptionsspektrum für das Chlorophyll *a*, entspricht diesem aber nicht genau (siehe unter (a)). Dies geht zum Teil auf die Absorption von Licht durch akzessorische Pigmente wie Chlorophyll *b* und die Carotinoide zurück.

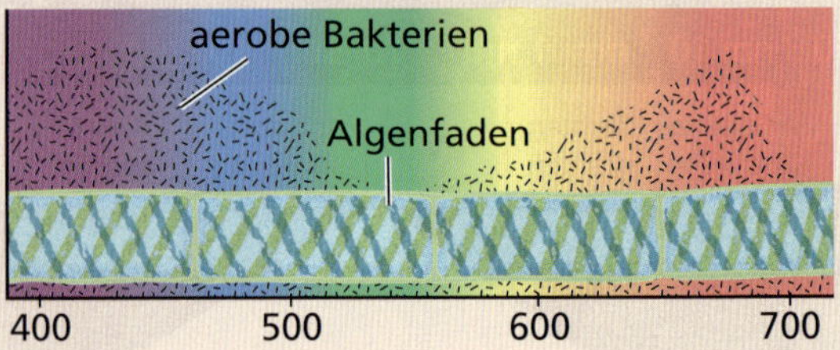

(c) Das Engelmann'sche Experiment. Im Jahr 1883 hat der Botaniker Engelmann eine Fadenalge mit Licht bestrahlt, das zuvor durch ein Prisma geleitet wurde, sodass die Algen an verschiedenen Stellen von Licht unterschiedlicher Wellenlänge getroffen wurden. Er verwendete aerobe Bakterien, die sich im Umkreis von Sauerstoffquellen ansammeln, um zu bestimmen, welche Abschnitte der Algenfäden den meisten Sauerstoff freisetzen und daher die höchste Fotosyntheseleistung zeigten. Die Bakterien versammelten sich in größter Zahl an den Bereichen, die von blauviolettem oder von rotem Licht bestrahlt wurden.

Schlussfolgerung Das Licht im blauvioletten und im roten Bereich des Spektrums treibt die Fotosynthese am effektivsten an.

Quelle: T. Engelmann, *Bacterium photometricum*. Ein Beitrag zur vergleichenden Physiologie des Licht- und Farbensinnes. *Archiv für Physiologie* 30: S. 95–124 (1883).

? WAS WÄRE, WENN? In welcher Weise würden sich die Befunde unterscheiden, falls Engelmann zwischen das Prisma und die Algensuspension einen Rotfilter gesetzt hätte?

Abbildung 10.7: **Welche Lichtwellenlängen unterstützen die Fotosynthese am wirkungsvollsten?**

Abbildung 10.8 zeigt Chlorophyll *a* im Vergleich mit einem dieser akzessorischen Pigmente, dem nah verwandten Chlorophyll *b*.

Weitere akzessorische Farbstoffe, zu einer anderen Verbindungsklasse gehörend, sind die **Carotinoide,** Kohlenwasserstoffe, deren chemisch vielfältige Vertreter Farben von gelb über orange bis tiefrot aufweisen, weil sie überwiegend im violetten und blaugrünen Teil des Spektrums Licht absorbieren (Abbildung 10.7a). Die Carotinoide vergrößern das für die Fotosynthese nutzbare Farbspektrum. Interessanterweise finden sich im menschlichen Auge ebenfalls Carotinoide, die den fotoprotektiven Carotinoiden der Pflanzen ähneln. Man geht davon aus, dass sie im Auge eine vergleichbare Schutzwirkung haben.

10.2.3 Anregung von Chlorophyll durch Licht

Was passiert genau, wenn Chlorophyll oder andere Farbstoffe Licht absorbieren? Die den absorbierten Wellenlängenbereichen entsprechenden Farben fehlen im Spektrum des durchgelassenen oder zurückgeworfenen Lichtes. Energie kann jedoch, wie wir wissen, nicht einfach verschwinden. Wenn ein Molekül ein Lichtquant (ein Photon) absorbiert, wird eines seiner Elektronen in ein anderes, energetisch höherwertiges Orbital überführt. Man sagt, das Molekül befindet sich im angeregten Zustand. Vor dem Absorptionsereignis befindet sich das Elektron im energieärmsten verfügbaren Orbital und das Molekül ist im Grundzustand. Bei einer Absorption werden von dem Molekül nur die Photonen absorbiert, deren Energiegehalt genau

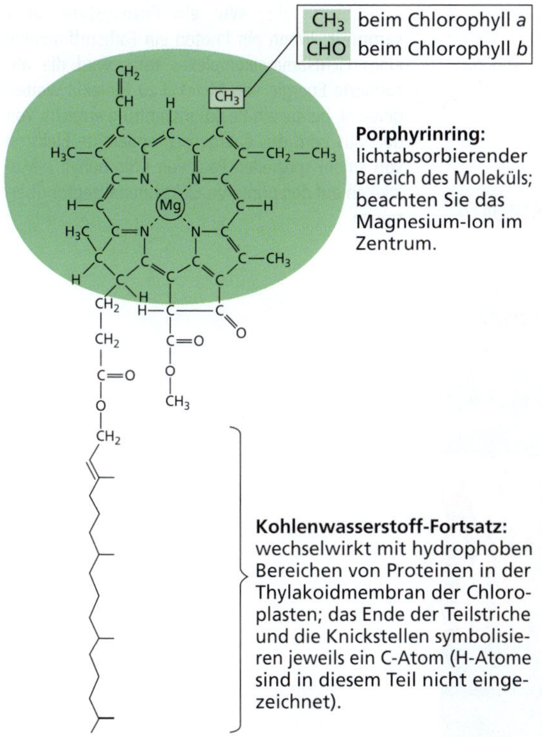

Abbildung 10.8: Struktur der Chlorophyllmoleküle in den Chloroplasten von Pflanzen. Chlorophyll *a* und *b* sind eng verwandt und unterscheiden sich nur in einer funktionellen Gruppe, die an das Mehrringsystem des Porphyrins gebunden ist.

der Energiedifferenz zwischen dem Grund- und dem angeregten Zustand entspricht. Moleküle besitzen mehrere angeregte Zustände, aber nur einen Grundzustand. Die genaue, für eine Anregung erforderliche Energiemenge hängt von der chemischen Konstitution des absorbierenden Moleküls ab. Deshalb absorbieren unterschiedliche Moleküle (und auch einzelne Atome) bei ungleichen Wellenlängen. Da die Wellenlänge des Lichtes in direkter Beziehung zu seinem Energiegehalt steht, entsprechen unterschiedliche Wellenlängen verschiedenen Energiebeträgen. Deswegen hat jede Substanz ihr eigenes, charakteristisches Absorptionsspektrum. Die spezifische Absorption oder Emission von Licht erlaubt hochempfindliche Analyseverfahren, die auch für die Biologie von großem Nutzen sind.

Nachdem es durch die Absorption eines Photons vom Grundzustand in einen angeregten Zustand übergegangen ist, verbleibt das System nur für sehr kurze Zeit in diesem Zustand. Angeregte atomare und molekulare Zustände sind, wie alle energiereichen Zustände, instabil. Wenn einzelne Farbstoffmoleküle Licht absorbieren, verbleiben sie nur für etwa eine Milliardstel Sekunde im angeregten Zustand und fallen dann unter Abgabe der aufgenommenen Energie wieder in den Grundzustand zurück, wobei ein Teil als Wärme verloren geht. Die abgegebene Gesamtenergie entspricht immer genau dem vorher aufgenommenen Energiebetrag (Energieerhaltungssatz).

10.2.4 Fotosystem = Reaktionszentrum + Lichtsammelkomplex

Ein **Fotosystem** besteht aus einem als **Reaktionszentrum** bezeichneten Proteinkomplex, der von mehreren Lichtsammelkomplexen umgeben ist (Abbildung 10.9). Das Reaktionszentrum beinhaltet ein „spezielles" Paar („special pair") aus zwei Chlorophyll *a*-Molekülen. Jeder **Lichtsammelkomplex** setzt sich aus verschiedenen Farbstoffmolekülen zusammen (Chlorophyll *a*, Chlorophyll *b*, Carotinoide), die an Proteine gebunden sind. Anzahl und Art der Farbstoffmoleküle erlauben es einem Fotosystem, Licht über einen größeren Oberflächenbereich und über einen größeren Teil des Spektrums zu sammeln, als es einem einzelnen Farbstoffmolekül möglich wäre. Im Verbund wirken diese Lichtsammelkomplexe wie mit dem Reaktionszentrum verbundene Antennen. Wenn ein Farbstoffmolekül ein Photon absorbiert, wird die Energie innerhalb des Lichtsammelkomplexes von einem Farbstoffmolekül zum nächsten weitergeleitet, ähnlich einer Eimerkette beim Löschen eines Feuers. Der Prozess setzt sich fort, bis ein Reaktionszentrum erreicht ist. Das Reaktionszentrum enthält ein Molekül, das Elektronen aufnehmen kann und dadurch reduziert wird. Dieses Molekül wird als **primärer Elektronenakzeptor** bezeichnet.

Die Thylakoidmembranen enthalten zwei Typen von Fotosystemen, die bei den Lichtreaktionen der Fotosynthese zusammenarbeiten und als **Fotosystem I (PS I)** und **Fotosystem II (PS II)** bezeichnet werden. Die Benennung erfolgte in der Reihenfolge ihrer Entdeckung, doch liegt PS II in der fotosynthetischen Reaktionsfolge vor PS I. Jedes Fotosystem verfügt über ein charakteristisches Reaktionszentrum, das heißt einen primären Elektronenakzeptor in unmittelbarer Nachbarschaft zu einem speziellen Chlorophyll *a*-Molekülpaar, das mit spezifischen Proteinen assoziiert ist. Das Reaktionszentrum von Fotosystem II wird nach der Wellenlänge des Absorptionsmaximums in Nanometern als P680 bezeichnet. Das Reaktionszentrum von Fotosystem I heißt entsprechend P700. Die beiden Molekülverbände enthalten identische Chlorophyll *a*-Moleküle, doch resultiert die unterschiedliche Proteinumgebung in verschiedenen Absorptionsmaxima.

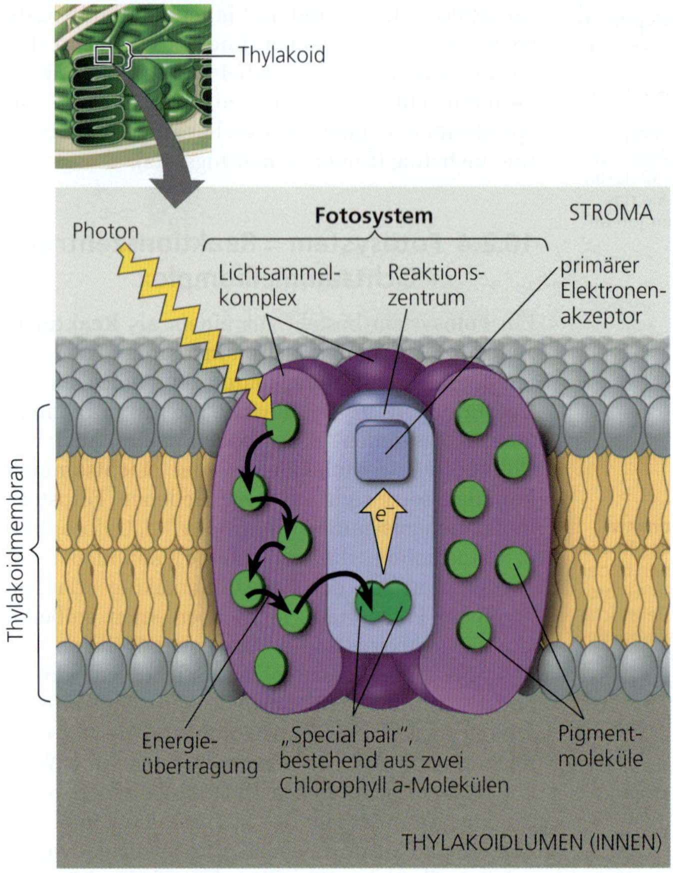

Abbildung 10.9: Wie ein Fotosystem Licht sammelt. Wenn ein Photon ein Farbstoffmolekül eines Lichtsammelkomplexes trifft, wird die absorbierte Energie von Molekül zu Molekül weitergereicht, bis sie ein Reaktionszentrum erreicht. Von dort aus wird das energetisch angeregte Elektron von einem speziellen Paar von Chlorophyll *a*-Molekülen auf den primären Elektronenakzeptor übertragen.

10.2.5 Der lineare Elektronenfluss

Licht treibt die Synthese von ATP und NADPH an, indem es den beiden in die Thylakoidmembranen der Chloroplasten eingelagerten Fotosystemen Energie zuführt. Der Mechanismus dieser Energieumwandlung beruht auf dem Fluss von Elektronen durch die Fotosysteme und andere molekulare Komponenten, die ebenfalls in die Thylakoidmembranen eingelagert sind. Dieser Vorgang wird als **linearer Elektronenfluss** bezeichnet. Die nachfolgende Bezifferung unserer detaillierten Beschreibung folgt der Nummerierung in der Abbildung 10.10.

❶ Ein Lichtquant (Photon) trifft auf ein Farbstoffmolekül eines Lichtsammelkomplexes und hebt eines seiner Elektronen in einen energetisch höherwertigen, angeregten Zustand. Wenn das Elektron in den Grundzustand zurückfällt, wird dadurch ein in der Nähe gelegenes anderes Farbstoffmolekül, das die Energie übernimmt, angeregt. Dieser Vorgang setzt sich unter Übertragung der Energie auf weitere Farbstoffmoleküle fort, bis zwei spezielle Chlorophyll *a*-Moleküle im Reaktionszentrum P680 des Fotosystems II erreicht sind. Auch diese Moleküle werden in den angeregten Zustand überführt, indem ein Elektron in ein Molekülorbital höherer Energie wechselt.

❷ Das angeregte Elektron wird vom Reaktionszentrum (P680, um den angeregten Zustand anzuzeigen) auf den primären Elektronenakzeptor übertragen. Nach der Redoxreaktion ist das Reaktionszentrum oxidiert (es „fehlt" ihm ein Elektron), dieser Zustand wird durch $P680^+$ symbolisiert. Beide Chlorophyll *a*-Moleküle des Reaktionszentrums werden dabei oxidiert.

❸ Ein Enzym katalysiert die Spaltung eines Wassermoleküls in zwei Elektronen, zwei Protonen und ein Sauerstoffatom. Die Elektronen werden nacheinander auf das oxidierte Paar der $P680^+$-Chlorophyll-Molekülionen übertragen und ersetzen dort die auf den primären Elektronenakzeptor übergegangenen Elektronen. $P680^+$ ist das stärkste bekannte biologische Oxidationsmittel. Die elektronische Fehlstelle in diesen Molekülionen hat daher ein sehr starkes Bestreben, wieder aufgefüllt zu werden. Dieses hohe Redoxpotenzial liefert die Triebkraft für die oxidative Spaltung des Wassers.

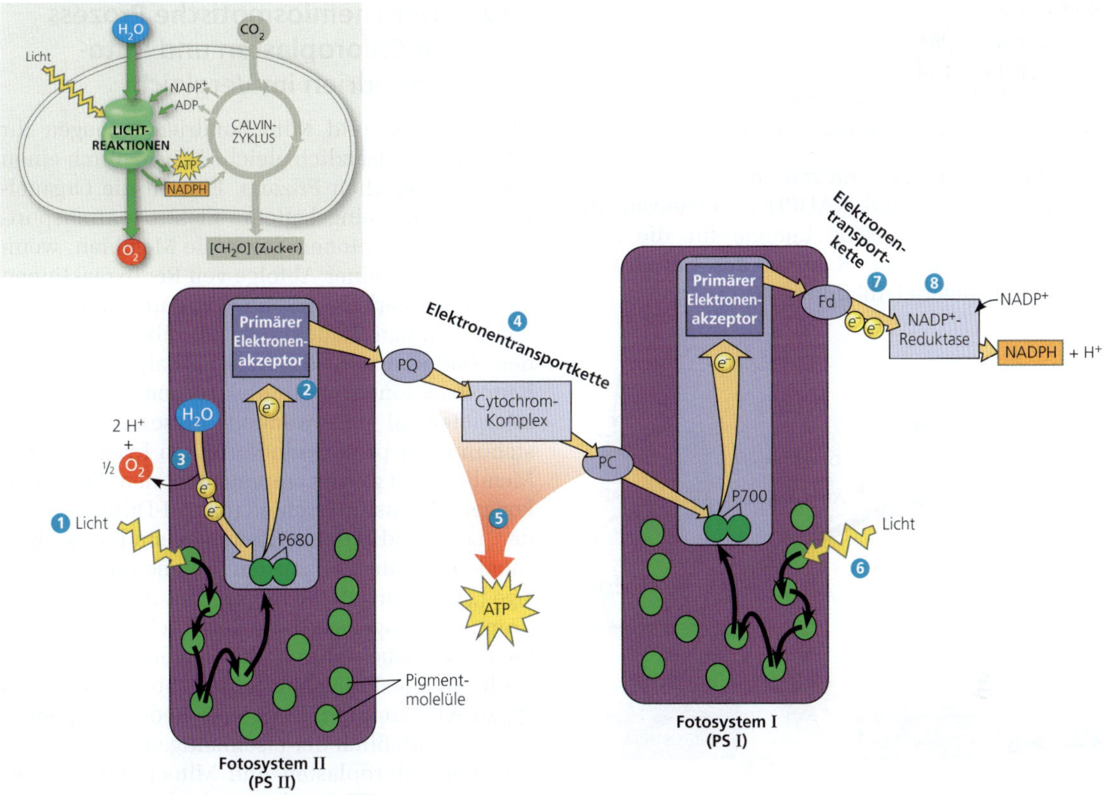

Abbildung 10.10: Wie der lineare Elektronenfluss während der Lichtreaktionen ATP und NADPH erzeugt. Die goldfarbenen Pfeile zeichnen den lichtgetriebenen Fluss der Elektronen vom Wasser zum NADPH nach. Die schwarzen Pfeile kennzeichnen den Energietransfer innerhalb der verschiedenen Pigmentmoleküle.

Das im Entstehen begriffene („naszierende“) Sauerstoffatom verbindet sich sofort mit einem zweiten, bei der Wasserspaltung entstandenen Sauerstoffatom zu einem Sauerstoffmolekül (O_2).

❹ Jedes durch die Absorption eines Photons angeregte Elektron wird von dem primären Elektronenakzeptor des Fotosystems II über eine Elektronentransportkette zum Fotosystem I transportiert. Die zwischen PS II und PS I geschaltete Elektronentransportkette besteht aus Plastochinon (PQ, einer dem Ubichinon der Atmungskette homologen Verbindung), einem Cytochrom-Komplex (Cytochrom b_6f) und Plastocyanin (PC), einem kupferhaltigen Protein.

❺ Ein Teil der im System verfügbaren Energie wird für die Synthese von ATP verwendet. Beim Durchgang der Elektronen durch den Cytochrom-Komplex werden Protonen durch die Membran gepumpt und es entsteht eine protonenmotorische Kraft, die genau wie in Mitochondrien durch eine ATP-Synthase zunächst in eine mechanische Drehbewegung und dann in die chemische Energie des ATP umgewandelt wird.

❻ In der Zwischenzeit wird von den Lichtsammelkomplexen des Fotosystems I eingefangene Energie auf das P700-Reaktionszentrum dieses Komplexes übertragen, wodurch wiederum ein dort befindliches Chlorophyll *a*-Molekülpaar angeregt wird. Die angeregten Elektronen werden ebenfalls auf einen primären Elektronenakzeptor übertragen. Dies erzeugt eine neue Fehlstelle, jetzt im P700-Reaktionszentrum ($P700^+$). $P700^+$ ist seinerseits ein wirkungsvoller Elektronenakzeptor für die Elektronen, die durch die Elektronentransportkette des Fotosystems II angeliefert werden (siehe oben).

❼ Diese Elektronen werden vom primären Elektronenakzeptor des Fotosystems I durch eine zweite Elektronentransportkette auf Ferredoxin (Fd) übertragen (lat. *ferrum*, Eisen). Diese zweite Elektronentransportkette erzeugt keine protonenmotorische Kraft und trägt daher auch nicht zur ATP-Synthese bei.

❽ Das Enzym Ferredoxin-$NADP^+$-Oxidoreduktase katalysiert die Reoxidation des reduzierten Ferredoxins durch $NADP^+$ zu NADPH. Für diese

Reduktion sind zwei Elektronen und ein Proton erforderlich. Das Redoxpotenzial dieser Verbindung ist höher als das von Wasser, sodass es für den Calvin-Benson-Zyklus ein besserer Reaktionspartner ist als das reaktionsträge Wasser.

Die Lichtreaktionen nutzen die Energie des Lichtes, um ATP und NADPH zu erzeugen, die ihrerseits die chemische Energie für die Kohlenhydratsynthese im Rahmen des Calvin-Benson-Zyklus liefern (Abbildung 10.11).

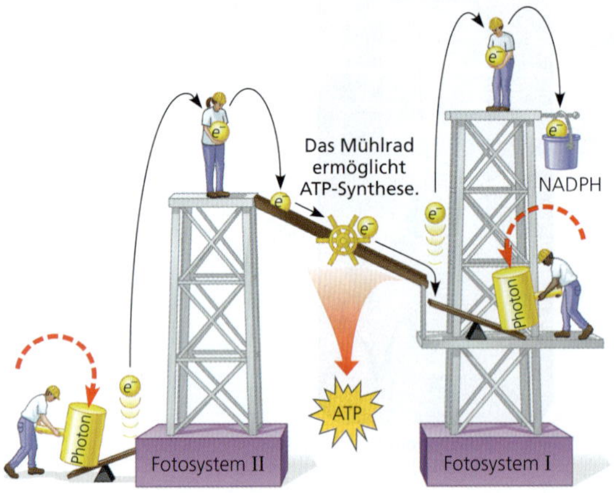

Abbildung 10.11: Ein mechanisches Analogon für den linearen Elektronenfluss der Lichtreaktionen zur Erzeugung von ATP und NADPH.

10.2.6 Der zyklische Elektronenfluss

Unter bestimmten Umständen können die durch Lichtabsorption angeregten Elektronen auch einen alternativen Weg einschlagen, den **zyklischen Elektronenfluss**. Dabei ist nur Fotosystem I aktiv, nicht jedoch Fotosystem II. Der zyklische Elektronenfluss stellt eine Art Kurzschluss dar. Die Elektronen gelangen vom Ferredoxin (Fd) zurück zum Cytochrom-Komplex und von dort weiter zu einem P700-Chlorophyll des PS I-Reaktionszentrums. Es wird weder NADPH synthetisiert noch Sauerstoff freigesetzt, es findet aber ATP-Synthese statt, da dabei eine protonenmotorische Kraft aufgebaut wird.

Der zyklische Elektronenfluss kann auch bei Organismen auftreten, die beide Arten von Fotosystemen besitzen. Dazu gehören manche Prokaryonten wie die Cyanobakterien, sowie alle zur Fotosynthese befähigten Eukaryonten, die man bislang untersucht hat.

Der Mechanismus der ATP-Synthese ist unabhängig von der Erzeugung der Triebkraft durch den linearen oder den zyklischen Elektronenfluss.

10.2.7 Der chemiosmotische Prozess in Chloroplasten und Mitochondrien im Vergleich

Chloroplasten und Mitochondrien erzeugen ihr ATP auf grundsätzlich gleiche Weise, durch einen chemiosmotischen Prozess. Eine in die Organellenmembran eingebettete Elektronentransportkette pumpt Protonen durch die Membran, wenn Elektronen in einer Abfolge von Redoxreaktionen auf immer stärker wirkende Oxidationsmittel mit zunehmendem Redoxpotenzial übertragen werden. Dadurch wird die freie Enthalpie exergoner Redoxreaktionen in ein elektrochemisches Membranpotenzial umgewandelt. Dieses manifestiert sich in einer protonenmotorischen Kraft über die Membran mit zwei Komponenten, dem Protonenkonzentrationsunterschied (der pH-Differenz) und der Ladungsdifferenz (Protonen sind elektrisch geladen). In diese ansonsten protonenundurchlässige („Kopplungs"-)Membran sind ATP-Synthase-Komplexe eingelagert, die den Rückfluss der Protonen, getrieben durch die protonenmotorische Kraft, an die Phosphorylierung von ADP durch $Ⓟ_i$ zu ATP koppeln. Einige der Redoxkomponenten, einschließlich der eisenhaltigen Cytochrome, sind bei Chloroplasten und Mitochondrien sehr ähnlich. Die ATP-Synthasen der beiden Organellen sind einander ebenfalls sehr ähnlich. Es gibt allerdings zwei erwähnenswerte Unterschiede zwischen der oxidativen Phosphorylierung in Mitochondrien und der Fotophosphorylierung in Chloroplasten. In den Mitochondrien stammen die Elektronen, die die Elektronentransportkette entlanggeführt werden, letztlich aus den organischen Nahrungsmolekülen, die im Stoffwechsel umgesetzt werden. In Chloroplasten übernimmt das Wasser diese Rolle. Chloroplasten benötigen keine Nahrungsmoleküle, um ATP zu erzeugen, stattdessen sammeln Fotosysteme Energie in Form von Licht und verwenden sie, um aus dem Wasser stammende Elektronen die Elektronentransportkette in Richtung kleiner werdender Redoxpotenziale „bergauf" zu schicken. Mit anderen Worten nutzen Mitochondrien den chemiosmotischen Prozess, um chemische Energie der verdauten Nahrung in chemische Energie des ATP umzuwandeln, Chloroplasten wandeln durch den chemiosmotischen Prozess Lichtenergie in chemische Energie des ATP um.

Obwohl sich die räumliche Organisation des chemiosmotischen Prozesses bei Chloroplasten und Mitochondrien im Detail unterscheidet, ist die Ähnlichkeit beider Systeme klar erkennbar (Abbildung 10.12). In Mitochondrien werden Protonen aus der mitochondrialen Matrix über

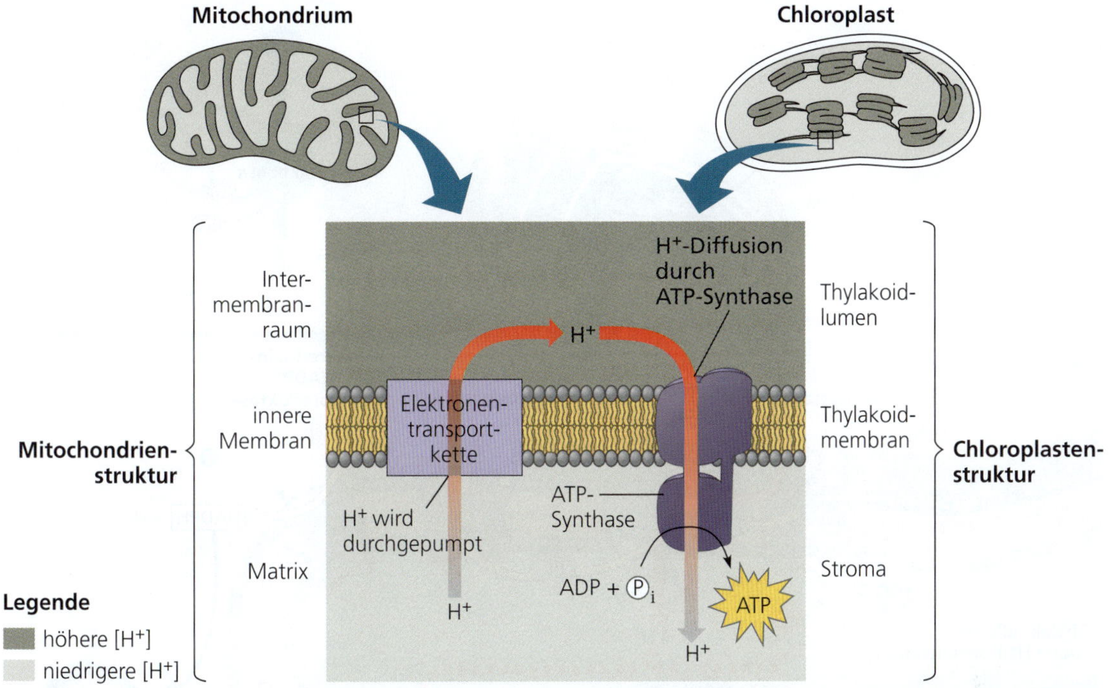

Abbildung 10.12: Vergleich des chemiosmotischen Prozesses bei Mitochondrien und Chloroplasten. In beiden Organellen bewirkt der Elektronentransport den Aufbau einer protonenmotorischen Kraft über die weitgehend protonenundurchlässige Kopplungsmembran. Die Protonen fließen in der Folge durch den membranständigen Teil der ATP-Synthase zurück und treiben dabei die ATP-Synthese an. Die dunkel- und hellgrau unterlegten Bereiche symbolisieren höhere und niedrigere Protonenkonzentrationen als Folge des Pumpens von Protonen. In lebenden Zellen ist jedoch die Ladungsdifferenz für die protonenmotorische Kraft bestimmender als der tatsächliche Konzentrationsunterschied an Protonen.

die innere Mitochondrienmembran in den Intermembranraum gepumpt. In Chloroplasten werden Protonen aus dem Stroma in das Thylakoidlumen (den Innenraum der Thylakoide) gepumpt.

Wenn man sich vorstellt, wie sich die Cristae (Einfaltungen der inneren Mitochondrienmembran) von der inneren Membran abschnüren, so erkennt man, dass das Thylakoidlumen der Chloroplasten dem Intermembranraum der Mitochondrien topologisch äquivalent ist. Die mitochondriale Matrix ist das topologische Äquivalent des Stromas in Chloroplasten. Im Mitochondrium fließen die Protonen gemäß der protonenmotorischen Kraft (die dort aufgrund von Ausgleichstransporteffekten praktisch nur aus der elektrischen Komponente besteht) aus dem Intermembranraum durch die ATP-Synthase zurück in den Matrixraum, dabei wird dort ATP synthetisiert. In Chloroplasten wird ATP synthetisiert, wenn Protonen aus dem Thylakoidlumen durch die ATP-Synthasen zurück in das Stroma fließen. Der katalytisch wirksame Teil der ATP-Synthase befindet sich auf der Stromaseite der Membran. ATP entsteht also im Stroma des Organells, wo es verwendet wird, um die Zuckersynthese durch den Calvin-Benson-Zyklus anzutreiben (Abbildung 10.13).

Fassen wir die Lichtreaktionen zusammen: Elektronen werden durch die Aufnahme von Lichtenergie vom energiearmen, stabilen Wasser zum energiereicheren, weniger stabilen NADPH getrieben, wobei außerdem ATP entsteht. Die Proteinkomplexe der Thylakoidmembran wandeln also Lichtenergie in chemische Energie in Form von ATP und NADPH um, mit Sauerstoff als Nebenprodukt.

VERSTÄNDNISFRAGEN

1. Welche Lichtwellenlänge ist beim Betrieb der Fotosynthese am wenigsten wirksam? Erläutern Sie Ihre Antwort.

2. Warum setzen intakte Chloroplasten im Vergleich zu einer Chlorophylllösung weniger Wärme und Fluoreszenz frei, wenn sie mit Licht bestrahlt werden?

3. Was ist der erste Elektronendonator der Lichtreaktionen? Wo landen die Elektronen schließlich?

4. WAS WÄRE, WENN? Isolierte Chloroplasten können in einer Lösung mit den notwendigen chemischen Komponenten ATP synthetisieren. Sagen Sie voraus, wie sich die Syntheserate ändern würde, wenn man die Membranen der Organellen für Protonen frei durchlässig machte.

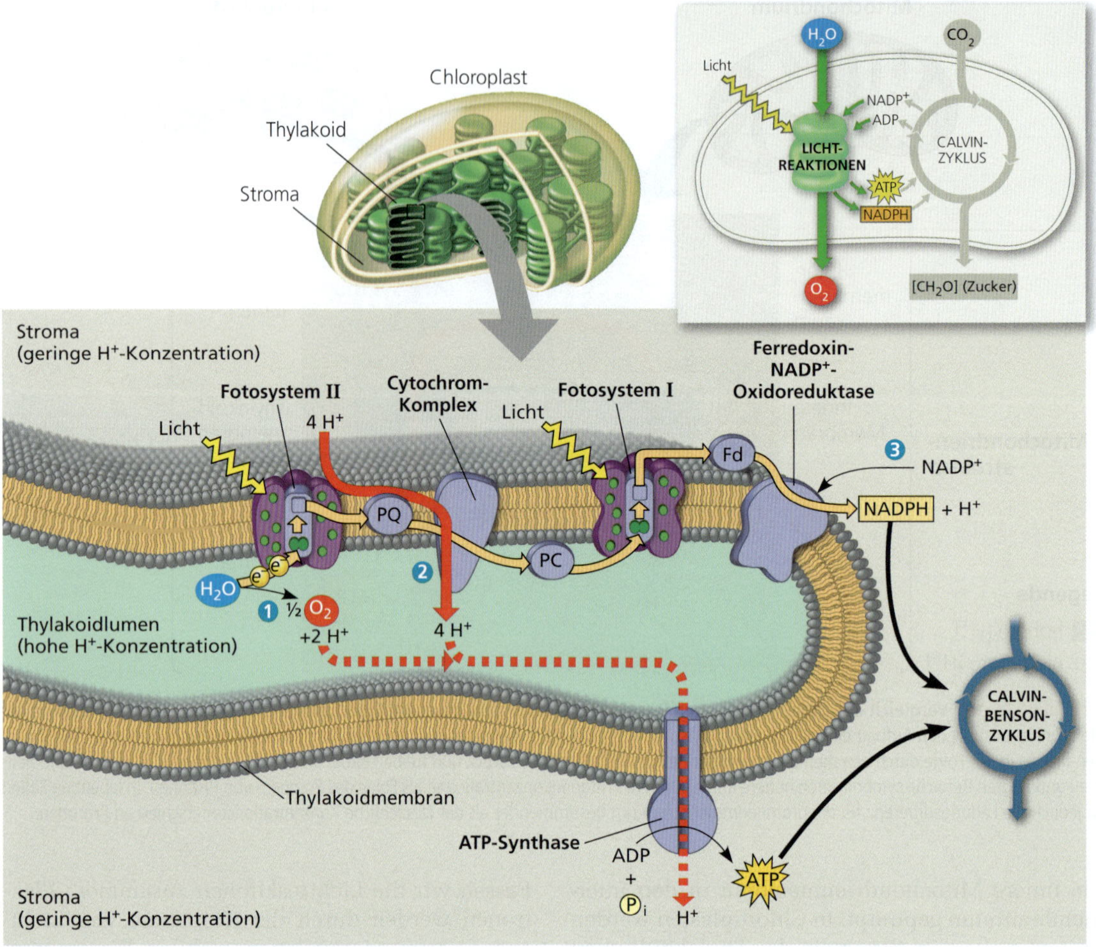

Abbildung 10.13: Lichtreaktionen und chemiosmotischer Prozess: die strukturelle Organisation der Thylakoidmembran. Das Schema zeigt ein aktuelles Modell der Thylakoidmembran. Die goldfarbenen Pfeile zeichnen den linearen Elektronenfluss nach, der schon kurz in Abbildung 10.10 gezeigt wurde. Der Wechsel der Elektronen von einem Redoxpartner zum nächsten ist an das Pumpen von Protonen aus dem Stroma in das Thylakoidlumen gekoppelt. Dabei wird Energie in Form einer protonenmotorischen Kraft gespeichert. Wenigstens drei Schritte im Verlauf der Lichtreaktionen tragen zum Aufbau dieser Kraft bei: ❶ Wasser wird auf der dem Thylakoidlumen zugewandten Seite der Membran vom Fotosystem II gespalten. ❷ Bei der Übertragung von Elektronen durch den mobilen Zwischenträger Plastochinon (PQ) werden Protonen aus dem Stroma aufgenommen, die bei der Weitergabe der Elektronen von PQ auf den Cytochrom-Komplex in das Thylakoidlumen wieder abgegeben werden. ❸ Bei der Reduktion von $NADP^+$ wird zusammen mit den beiden Elektronen ein Proton aus dem Stroma aufgenommen. Wie in Abbildung 10.12 gezeigt wird, werden also insgesamt Protonen aus dem Stroma in das Thylakoidlumen gepumpt. Der Protonenfluss aus dem Thylakoidlumen zurück in das Stroma treibt die ATP-Synthase an. Diese lichtgetriebenen Reaktionen führen zur Speicherung von chemischer Energie in Form von NADPH und ATP, die in den Calvin-Benson-Zyklus eingespeist werden.

10.3 Der Calvin-Benson-Zyklus nutzt die chemische Energie von ATP und NADPH zur Reduktion von CO_2 zu Zuckern

Der Calvin-Benson-Zyklus führt, wie jeder Stoffwechselzyklus, am Ende zur Regeneration seiner Ausgangsverbindung (wir haben dieses Prinzip schon beim Citronensäurezyklus kennengelernt). Der Citronensäurezyklus ist jedoch Teil des Katabolismus; Acetyl-CoA wird unter Produktion von ATP/GTP, NADH und $FADH_2$ zu CO_2 oxidiert. Dagegen ist der Calvin-Benson-Zyklus ein anaboler Prozess, in dessen Verlauf Kohlenhydratmoleküle aus CO_2 und H_2O unter Energieverbrauch aufgebaut werden. Anorganischer Kohlenstoff gelangt in Form von Kohlendioxidmolekülen in den Kreislauf und verlässt ihn in Form eines Zuckermoleküls. Der Zyklus verbraucht ATP als Energiequelle und NADPH als Reduktionsmittel.

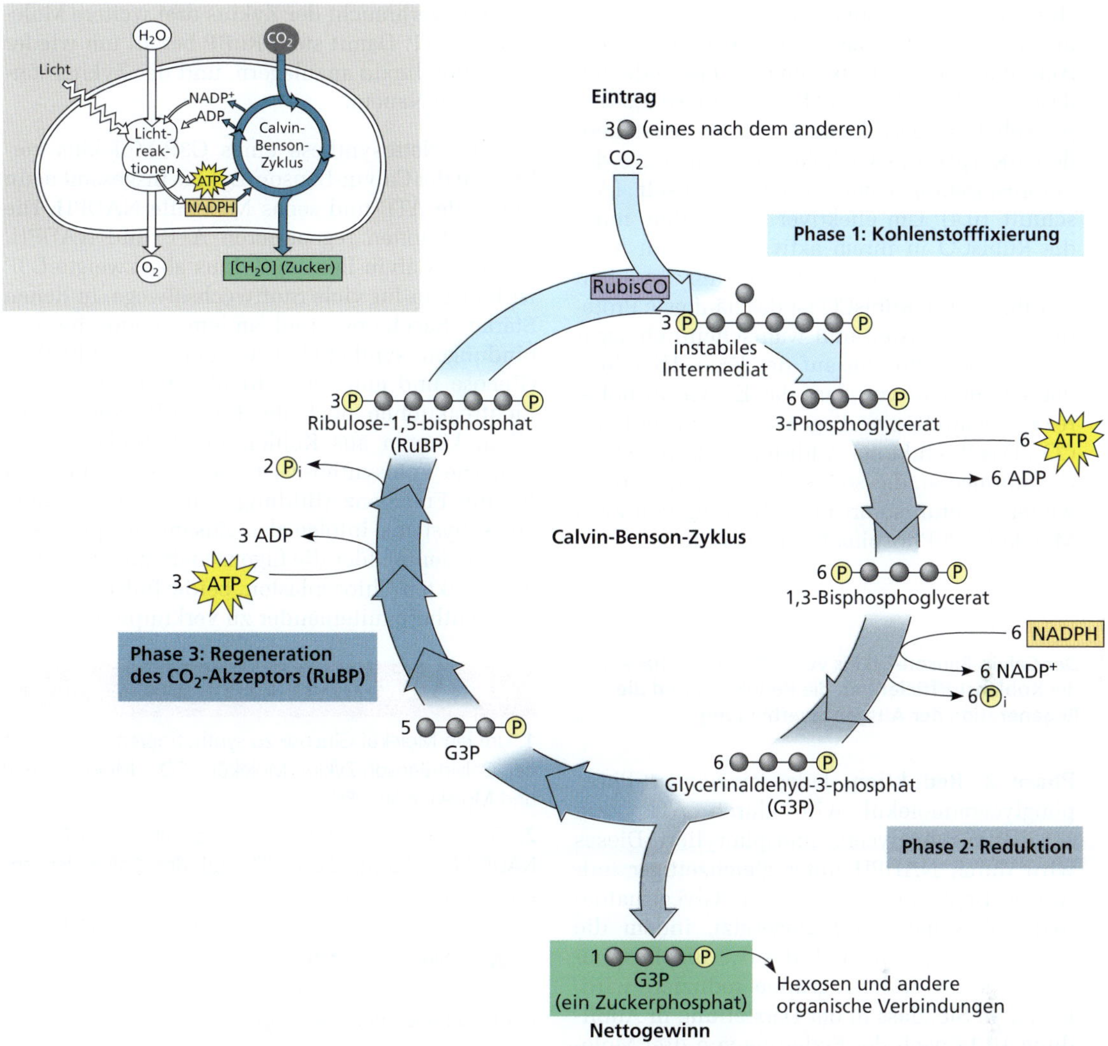

Abbildung 10.14: Der Calvin-Benson-Zyklus. Die Abbildung fasst drei Runden des Zyklus zusammen und verfolgt dabei den Weg einzelner Kohlenstoffatome (graue Kugeln). Die drei Phasen des Zyklus entsprechen den im Text beschriebenen Phasen. Aus je drei Molekülen CO_2, die in den Zyklus eintreten, entsteht als Nettoprodukt ein Molekül Glycerinaldehyd-3-phosphat (G3P), ein C_3-Zucker. Die Lichtreaktionen ermöglichen den Calvin-Benson-Zyklus durch die kontinuierliche Anlieferung von ATP und NADPH.

? ZEICHENÜBUNG Zeichnen Sie den Zyklus neu und verwenden Sie dabei Ziffern, um die Anzahl der Kohlenstoffatome anzugeben. Führen Sie bei jedem der Schritte die notwendige Multiplikation durch, um sicherzustellen, dass Sie alle Kohlenstoffatome berücksichtigt haben. In welcher Form treten Kohlenstoffatome in den Zyklus ein und in welcher verlassen sie ihn?

Wie bereits angemerkt, ist das vom Calvin-Benson-Zyklus erzeugte Kohlenhydrat nicht die uns wohlvertraute Glucose, sondern das Triosephosphat (ein C_3-Kohlenhydrat) **Glycerinaldehyd-3-phosphat (G3P)**. Für die Synthese eines Moleküls G3P muss der Zyklus dreimal durchlaufen werden, jedes Mal unter Fixierung eines weiteren CO_2-Moleküls. Der Begriff Kohlenstofffixierung bezieht sich auf eben diesen Einbau von Kohlendioxid in eine schon vorliegende organische Verbindung. Wenn wir die Schritte des Zyklus nachzeichnen, wollen wir im Gedächtnis behalten, dass drei Kohlendioxidmoleküle diese Reaktionen durchlaufen. Abbildung 10.14 unterteilt den Zyklus in drei Phasen: die Kohlenstofffixierung, die Reduktion und die Regeneration der Ausgangsverbindung.

- **Phase 1: Kohlenstofffixierung.** Im ersten Schritt des Calvin-Benson-Zyklus wird ein Kohlendioxidmolekül einzeln durch Addition an eine Pentose, den C_5-Zucker Ribulose-1,5-bisphosphat (RuBP), angelagert. Das Enzym, das diesen einleitenden Schritt katalysiert, heißt **RubisCO (Ribulose-1,5-bisphosphat-Carboxylase/Oxygenase)**. Dieses Enzym stellt in mehrfacher

Hinsicht eine Besonderheit dar. Es besitzt neben der Carboxylase-Aktivität eine weitere Aktivität, die einer Oxygenase. Dies bedeutet, dass es außer CO_2 auch O_2 an Ribulose-1,5-bisphosphat anlagern kann. Der dabei entstehende C_2-Körper, das Glykolat, wird im Zuge der Fotorespiration weiter verstoffwechselt (Abschnitt 10.4). Um effektiver zu arbeiten, muss die RubisCO in ihrem aktiven Zentrum noch eine Aktivierung erfahren, die nur im Licht stattfindet. Die RubisCO ist das häufigste Protein in Chloroplasten und wahrscheinlich sogar das häufigste Protein auf der Erde. Hier liegt der seltene Fall vor, dass das Enzym in höherer Konzentration vorliegt als sein Substrat, das CO_2. Das Produkt der Additionsreaktion ist ein C_6-Intermediat, das so instabil ist, dass es ohne weiteres Zutun sofort unter Bildung von zwei Molekülen 3-Phosphoglycerat zerfällt.

MERKE!

Der Calvin-Benson-Zyklus verläuft in drei Phasen: die Kohlenstofffixierung, die Reduktion und die Regeneration der Ausgangsverbindung.

- **Phase 2: Reduktion.** Jedes einzelne 3-Phosphoglyceratmolekül wird durch ATP zum 1,3-Bisphosphoglycerat phosphoryliert. Dieses wird durch NADPH unter gleichzeitiger teilweiser Dephosphorylierung zu Glycerinaldehyd-3-phosphat (G3P) umgesetzt, indem die Carboxylgruppe am C-1 des 1,3-Bisphosphoglycerats zur Aldehydgruppe reduziert wird. Beachten Sie, dass in der Darstellung in Abbildung 10.14 nach der Fixierung von drei Molekülen CO_2 sechs Moleküle G3P entstehen. Nur eines dieser C_3-Zuckermoleküle stellt einen Nettogewinn an Kohlenhydrat für die Zelle dar. Der Zyklus hat mit 15 Kohlenstoffatomen in Form von drei C_5-Molekülen (RuBP) begonnen. Nun liegen 18 Kohlenstoffatome in Form von sechs Molekülen G3P vor. Eines dieser Moleküle verlässt den Zyklus, um zum Beispiel in Stärke oder Saccharose umgewandelt zu werden. Die anderen fünf Moleküle müssen eingesetzt werden, um drei RuBP-Moleküle zu regenerieren, die wieder als CO_2-Akzeptor benötigt werden.
- **Phase 3: Regeneration des CO_2-Akzeptors Ribulose-1,5-bisphosphat (RuBP).** In einer verwickelten Folge von Reaktionen wird das Kohlenstoffgerüst von fünf Molekülen G3P durch die beiden letzten Schritte des Calvin-Benson-Zyklus so umgelagert, dass die drei Moleküle RuBP zurückgebildet werden. Um dies zu erreichen, verbraucht der Zyklus drei weitere Moleküle ATP. Damit steht RuBP bereit, um wieder Kohlendioxid anzulagern, und der Zyklus startet von Neuem.

Für die Nettosynthese eines G3P-Moleküls verbraucht der Calvin-Benson-Zyklus insgesamt neun Moleküle ATP und sechs Moleküle NADPH. Die Lichtreaktionen regenerieren ATP und NADPH. Das vom Calvin-Benson-Zyklus abgezweigte G3P ist Baustein für viele Stoffwechselwege, in denen Stärke, Saccharose und andere organische Verbindungen synthetisiert werden, einschließlich Glucose und anderer Kohlenhydrate. Weder die Lichtreaktionen noch der Calvin-Benson-Zyklus allein können aus Kohlendioxid Zucker erzeugen. Die Fotosynthese ist ebenfalls ein Beispiel für die Emergenz (Bildung neuer Eigenschaften eines Systems infolge des Zusammenspiels seiner Elemente): hier die Eigenschaft ausschließlich von intakten Chloroplasten, beide Teilschritte der Fotosynthese miteinander zu verknüpfen.

VERSTÄNDNISFRAGEN

1. Um ein Molekül Glucose zu synthetisieren, verbraucht der Calvin-Benson-Zyklus Moleküle CO_2, Moleküle ATP und Moleküle NADPH.

2. Erläutern Sie, warum die hohe Zahl an ATP- und NADPH-Molekülen, die im Verlauf des Calvin-Benson-Zyklus verbraucht werden, im Einklang mit dem hohen Wert stehen, den Glucose als Energiequelle besitzt.

3. WAS WÄRE, WENN? Erklären Sie, warum ein Gift, das ein Enzym im Calvin-Benson-Zyklus hemmt, auch die Lichtreaktionen beeinträchtigt.

10.4 Alternative Mechanismen der Kohlenstofffixierung in heißen, trockenen Klimaregionen

Das für die Fotosynthese erforderliche Kohlendioxid gelangt durch die Spaltöffnungen der Blätter in die Pflanze (Abbildung 10.1). Die Spaltöffnungen sind aber gleichzeitig auch die Hauptwege der Transpiration, also der Verdunstung von Wasser. An heißen Tagen mit trockener Luft schließen die meisten Pflanzen ihre Spaltöffnungen, eine Reaktion, durch die der Wasserverlust stark eingeschränkt wird. Dadurch wird aber gleichzeitig auch die Fotosyntheserate durch Begrenzung der CO_2-Aufnahme vermindert. Selbst wenn die Spaltöffnungen teilweise geschlossen werden, nimmt der CO_2-Partialdruck in den luftgefüllten Interzellularen im Blatt ab, während zur selben Zeit der Partialdruck des durch die Lichtreaktionen freigesetzten Sauerstoffs ansteigt. Diese physiologischen Bedingungen im Blattinneren begünstigen einen jedoch nur scheinbar nutzlosen Prozess, die Lichtatmung (Fotorespiration).

10.4.1 Die Fotorespiration: Ein Überbleibsel der Evolution?

In den meisten Pflanzenarten verläuft die Fixierung des Kohlenstoffs über die RubisCO, das Calvin-Benson-Zyklus-Enzym, das die Addition von CO_2 an Ribulose-1,5-bisphosphat katalysiert (Abschnitt 10.3). Derartige Pflanzen werden allgemein als **C_3-Pflanzen** bezeichnet, weil das erste fassbare Produkt der Kohlenstofffixierung eine Verbindung mit 3 C-Atomen ist, nämlich das 3-Phosphoglycerat (Abbildung 10.14). Reis, Weizen und die Sojabohne sind C_3-Pflanzen von großer landwirtschaftlicher Bedeutung. Wenn die Spaltöffnungen dieser Pflanzen an heißen, trockenen Tagen nur teilweise geöffnet sind, produzieren solche C_3-Pflanzen weniger Zucker, weil durch den geringeren Kohlendioxidpartialdruck im Blattgewebe die Rate der CO_2-Fixierung durch RubisCO sinkt. Dazu kommt, dass die RubisCO nicht nur CO_2, sondern auch O_2 binden kann. Wenn das Blattgewebe an Kohlendioxid verarmt, bindet das Enzym stattdessen vermehrt Sauerstoffmoleküle. Nach dieser Addition entstehen allerdings jetzt nicht zwei Moleküle 3-Phosphoglycerat, sondern nur noch ein Molekül 3-Phosphoglycerat und ein Molekül 2-Phosphoglykolat, eine C_2-Verbindung. Da Glykolat toxisch ist, wird dieses Produkt der Fotorespiration in zahlreichen weiteren Schritten entweder zu Glycin und Serin umgesetzt oder vollends zu CO_2 oxidiert. Diese Schritte erfolgen in Blattperoxisomen und Mitochondrien. Der gesamte Vorgang heißt Lichtatmung oder **Fotorespiration**, weil RubisCO nur unter Lichteinstrahlung aktiv ist und weil unter Sauerstoffverbrauch Kohlendioxid produziert wird (Respiration). Anders als bei der normalen Zellatmung (Dunkelatmung), mit der wir aus den vorangegangenen Kapiteln vertraut sind, kommt es bei der Lichtatmung nicht zur Synthese von ATP, sondern sie geht mit einem Verbrauch von ATP einher. Anders als bei der Fotosynthese kommt es bei der Lichtatmung auch nicht zur Fixierung von Kohlenstoff. Tatsächlich führt sie sogar zu einer Verminderung der fotosynthetischen Effektivität, weil organische Substanz aus dem Calvin-Benson-Zyklus abfließt und bereits fixierter Kohlenstoff als CO_2 freigesetzt wird.

MERKE!

Die Fotorespiration oder Lichtatmung ist ein unter Sauerstoffverbrauch ablaufender Stoffwechselweg, der die Effektivität der Fotosynthese vermindert.

Wie lässt sich die Existenz eines Stoffwechselprozesses erklären, der für die Pflanze kontraproduktiv zu sein scheint? Bei der Fotorespiration könnte es sich um eine entwicklungsgeschichtliche Hinterlassenschaft handeln, ein metabolisches Relikt aus einer sehr viel früheren Zeit, als die Atmosphäre wenig Sauerstoff, aber dafür mehr Kohlendioxid enthielt als heute. In der Uratmosphäre, in der sich die RubisCO entwickelte, wäre die Unfähigkeit des Enzyms, molekularen Sauerstoff (O_2) aus ihrem aktiven Zentrum auszuschließen, wenig bedeutungsvoll gewesen. Die Hypothese nimmt an, dass die moderne Form des Enzyms diese zufällig entstandene Bindungsaffinität für O_2-Moleküle beibehalten hat. Infolge des deutlich gewachsenen Anteils an Sauerstoff in der heutigen Atmosphäre ist ein Verlust durch Fotorespiration unvermeidlich.

In manchen Pflanzenfamilien haben sich alternative Wege der Kohlenstofffixierung entwickelt, die die Verluste durch Lichtatmung minimieren und den Calvin-Benson-Zyklus optimieren, und das selbst oder gerade in heißen, trockenen Klimazonen. Die beiden bedeutendsten fotosynthetischen Anpassungen sind die C_4-Fotosynthese und der Crassulaceen-Säure-Metabolismus (CAM, engl. *Crassulacean Acid Metabolism*).

10.4.2 C_4-Pflanzen

Die **C_4-Pflanzen** verdanken diese Bezeichnung dem Umstand, dass bei ihnen als erstes stabiles Produkt der Kohlenstofffixierung eine C_4-Verbindung auftritt. Man kennt mehrere tausend Pflanzenarten, die in mindestens 19 taxonomische Familien fallen, die sich des C_4-Stoffwechsels bedienen. Zu den für die Landwirtschaft bedeutsamen Pflanzen mit C_4-Stoffwechsel gehören das Zuckerrohr (*Saccharum officinarum*), der Mais (*Zea mays*) und diverse Hirsearten, die alle zur Familie der Gräser (Poaceae) gehören und in heißen Regionen beheimatet sind.

Der C_4-Stoffwechsel dieser Pflanzen ist mit ihrer charakteristischen Blattanatomie verbunden (Abbildung 10.15, vergleiche mit Abbildung 10.1). In C_4-Pflanzen gibt es zwei unter dem Mikroskop unterscheidbare Typen fotosynthetisch aktiver Zellen: **Bündelscheidenzellen** und **Mesophyll-**

zellen. Die Bündelscheidenzellen sind als dicht gepackte Lage angeordnet, die die Blattadern als Leitbündelscheiden umschließen. Zwischen den Bündelscheiden und den Blattoberflächen liegt das lockerer gepackte Mesophyllgewebe. Der Calvin-Benson-Zyklus ist auf die Chloroplasten der Bündelscheidenzellen beschränkt. Dem Calvin-Benson-Zyklus geht jedoch der Einbau des Kohlendioxids in eine organische Verbindung in den Mesophyllzellen voraus, die zur Bildung des C_4-Körpers Malat (Anion der Apfelsäure) führt. Malat ist eine stabile, transportierbare Form für CO_2, das letztlich in den Bündelscheidenzellen wieder freigesetzt und assimiliert werden kann. Der erste Schritt wird von einem Enzym katalysiert, das im Zytoplasma von Mesophyllzellen vorkommt, der **Phosphoenolpyruvat-Carboxylase (PEP-Carboxylase)**. Sie addiert ein CO_2-Molekül an Phosphoenolpyruvat (PEP). Als Produkt entsteht die vier Kohlenstoffatome enthaltende Verbindung Oxalacetat. Die PEP-Carboxylase hat eine viel höhere Bindungsaffinität für CO_2 als die RubisCO, aber ihr fehlt jegliche Affinität für O_2-Moleküle. Die PEP-Carboxylase kann also auch dann effizient Kohlenstoff fixieren, wenn dies der RubisCO nicht mehr möglich wäre, also wenn es heiß und trocken ist, die Spaltöffnungen teilweise geschlossen sind und der Kohlendioxidpartialdruck im Blattinneren fällt und der des Sauerstoffs im Gegenzug ansteigt. Das instabile Oxalacetat wird zu Malat reduziert. Diese C_4-Verbindung wird über die Plasmodesmen aus den Mesophyllzellen in die Bündelscheidenzellen transportiert (siehe Abbildung 6.18). In den Bündelscheidenzellen wird aus der C_4-Verbindung CO_2 freigesetzt, das über die RubisCO fixiert und im Calvin-Benson-Zyklus assimiliert wird. Dabei entsteht außerdem Pyruvat, das in die Mesophyllzellen zurücktransportiert wird. Dort wird es unter relativ hohem Aufwand an ATP-Verbrauch in Phosphoenolpyruvat überführt, sodass der Reaktionszyklus erneut beginnen kann. Das hier verbrauchte ATP ist der Preis, den die Pflanze für das Konzentrieren des fixierten Kohlenstoffs in den Bündelscheidenzellen bezahlt. Die Bündelscheidenzellen führen weitestgehend nur zyklischen Elektronentransport durch. Tatsächlich enthalten diese Zellen nur Fotosystem I und kaum Fotosystem II, sodass der zyklische Elektronenfluss der einzige Modus zur Erzeugung von ATP in diesen Zellen ist und kein Sauerstoff durch Wasseroxidation entsteht. Dies wirkt sich vorteilhaft auf die Fixierung von CO_2 gegenüber O_2 durch die RubisCO aus.

C_4-Pflanzen befördern also mit diesem Mechanismus sehr effizient Kohlendioxid in die Bündelscheidenzellen und halten dadurch den Partialdruck des Gases dort so hoch, dass die RubisCO CO_2 statt O_2 an Ribulose-1,5-bisphosphat addiert. Die zyklische Abfolge von Reaktionen, bestehend aus der Reaktion der PEP-Carboxylase, der Re-

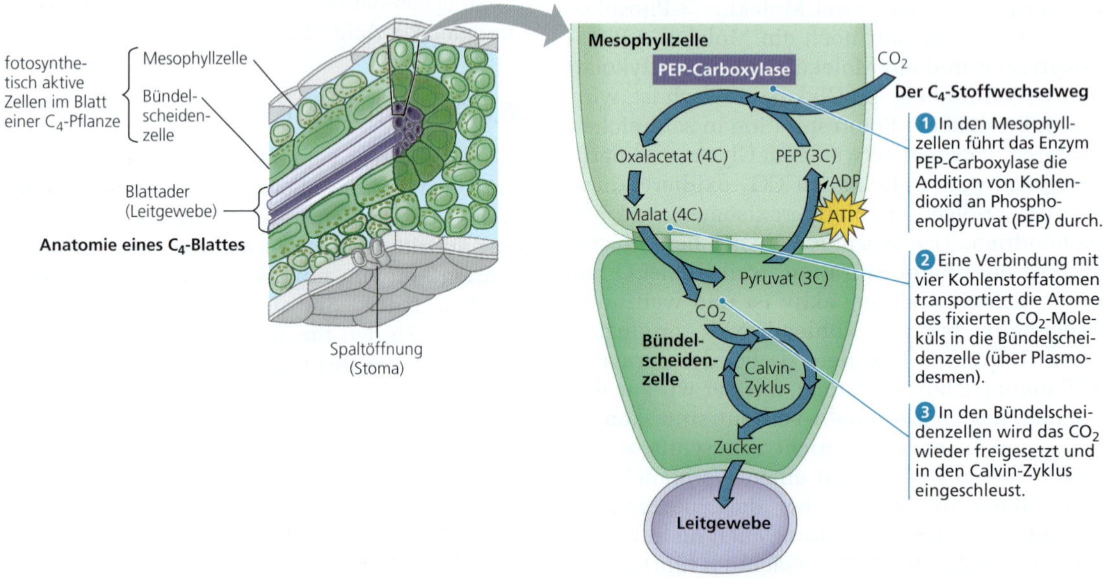

Abbildung 10.15: Blattanatomie von C_4-Pflanzen und der C_4-Stoffwechselweg. C_4-Pflanzen sind in ihrem Aufbau und biochemischen Funktionen an heiße, trockene Klimabedingungen angepasst. Bei dieser Anpassung wird in den Bündelscheidenzellen ein Kohlendioxid-Partialdruck aufrechterhalten, der die Fotosynthese gegenüber der konkurrierenden Fotorespiration begünstigt. (Bei Gasen wie dem Kohlendioxid wird die Gaskonzentration in Form eines „Druckanteils" am Gesamtgasdruck angegeben, des sogenannten Partialdrucks.)

duktion des Fixierungsprodukts zu Malat, der CO_2-Freisetzung und der PEP-Regeneration, kann man sich als eine Kohlendioxid konzentrierende Pumpe vorstellen, die von ATP angetrieben wird. Dadurch wird in der C_4-Fotosynthese die Lichtatmung minimiert und die Zuckerproduktion durch die Pflanze erhöht. Diese Anpassung ist in heißen Gegenden mit intensiver Sonneneinstrahlung (Bedingungen, die zu teilweise geschlossenen Spaltöffnungen führen) besonders vorteilhaft. In solchen Umgebungen entstanden die C_4-Pflanzen und gedeihen auch heute noch dort.

10.4.3 CAM-Pflanzen

Eine zweite fotosynthetische Anpassung an aride Bedingungen hat sich bei zahlreichen sukkulenten (wasserspeichernden) Pflanzen entwickelt (Kakteen, Ananas sowie andere Bromeliengewächse und weitere Vertreter vieler anderer Pflanzenfamilien). Diese Pflanzen öffnen ihre Spaltöffnungen nachts und halten sie tagsüber geschlossen. Dieses Verhalten ist dem anderer Pflanzen gerade entgegengesetzt. Das Verschließen der Spaltöffnungen tagsüber hilft den Pflanzen, Wasserverlust zu vermeiden, verhindert aber gleichzeitig auch den Einstrom von CO_2 in den Pflanzenkörper. In der Nacht, wenn die Spaltöffnungen der CAM-Pflanzen geöffnet sind, nehmen sie Kohlendioxid auf und bauen es in eine Reihe organischer Säuren (Carbonsäuren) ein. Diese Form der Kohlenstofffixierung wird als Crassulaceen-Säurestoffwechsel bezeichnet und mit **CAM** *(crassulacean acid metabolism)* abgekürzt. Namensgebend war die Familie der Dickblattgewächse (Crassulaceae), bei der dieser Mechanismus zum ersten Mal entdeckt

(a) Räumliche Trennung der Schritte. In C_4-Pflanzen vollziehen sich die Kohlenstofffixierung und der Calvin-Zyklus in **unterschiedlichen Zelltypen.**

(b) Zeitliche Trennung der Schritte. In CAM-Pflanzen laufen die Kohlenstofffixierung und der Calvin-Zyklus in denselben Zellen zu **unterschiedlichen Zeiten** ab.

Abbildung 10.16: **Die C_4- und die CAM-Fotosynthese im Vergleich.** Beide Anpassungen sind geprägt durch ❶ die vorübergehende Fixierung von CO_2 durch Bildung von Carbonsäuren, gefolgt von ❷ der Freisetzung des CO_2 und dem Einbau in Kohlenhydrate mithilfe des Calvin-Benson-Zyklus. Der C_4- und der CAM-Mechanismus sind zwei entwicklungsgeschichtliche Lösungen des Problems, Fotosynthese und CO_2-Assimilation bei teilweise oder vollständig geschlossenen Spaltöffnungen an heißen, trockenen Tagen dennoch weiterlaufen zu lassen.

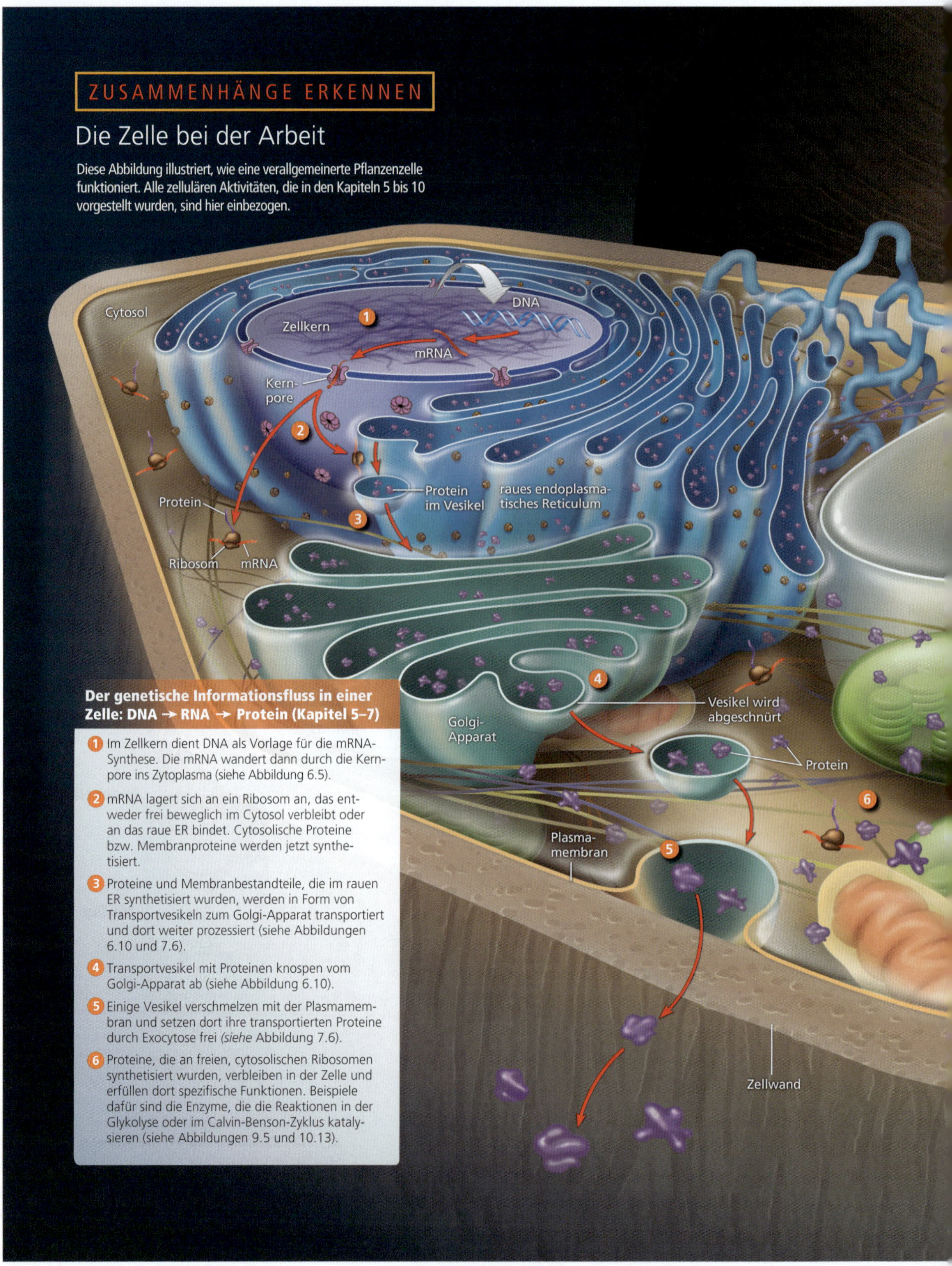

Abbildung 10.17: **Die Zelle bei der Arbeit.**

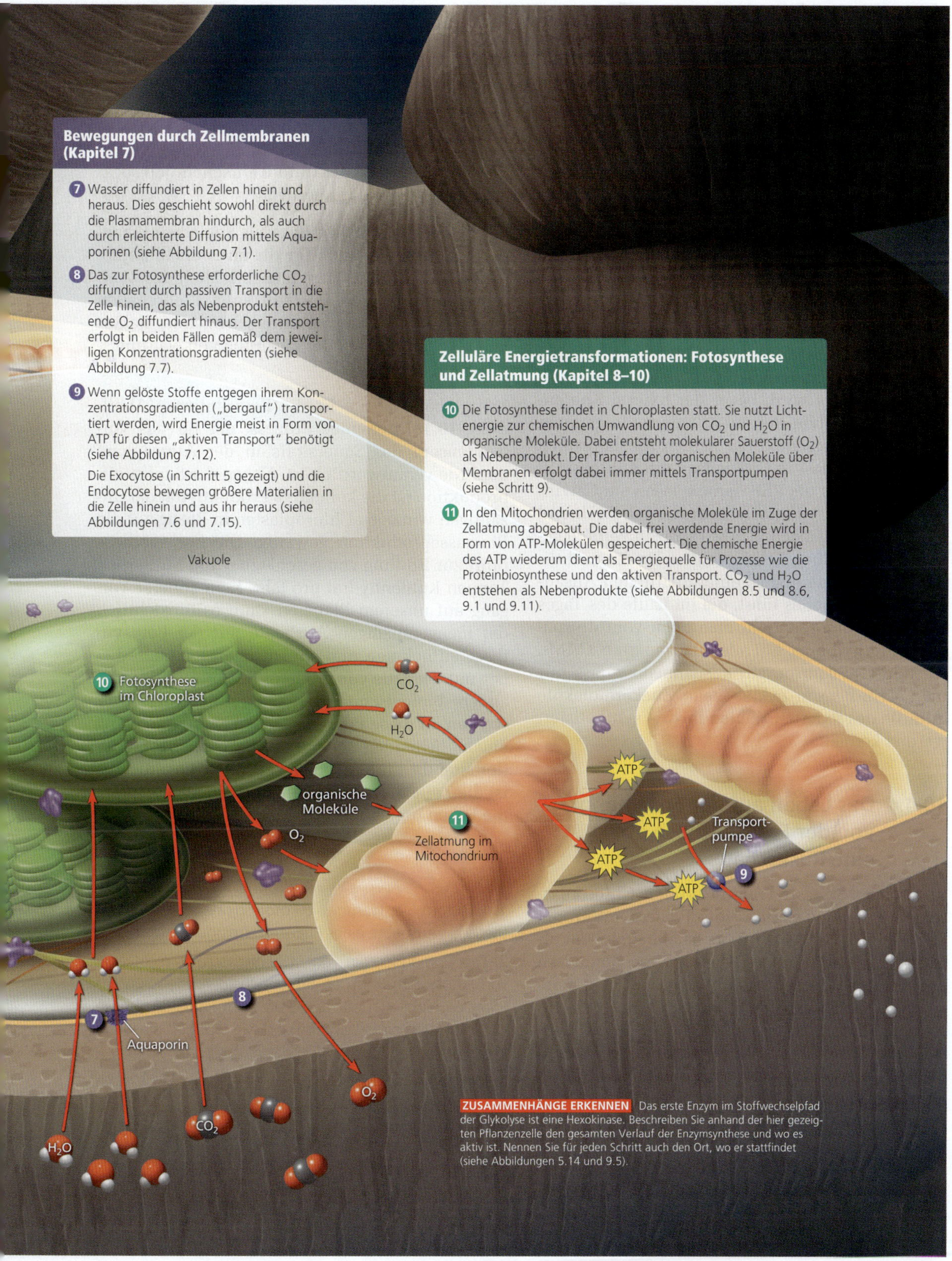

Bewegungen durch Zellmembranen (Kapitel 7)

7 Wasser diffundiert in Zellen hinein und heraus. Dies geschieht sowohl direkt durch die Plasmamembran hindurch, als auch durch erleichterte Diffusion mittels Aquaporinen (siehe Abbildung 7.1).

8 Das zur Fotosynthese erforderliche CO_2 diffundiert durch passiven Transport in die Zelle hinein, das als Nebenprodukt entstehende O_2 diffundiert hinaus. Der Transport erfolgt in beiden Fällen gemäß dem jeweiligen Konzentrationsgradienten (siehe Abbildung 7.7).

9 Wenn gelöste Stoffe entgegen ihrem Konzentrationsgradienten („bergauf") transportiert werden, wird Energie meist in Form von ATP für diesen „aktiven Transport" benötigt (siehe Abbildung 7.12).

Die Exocytose (in Schritt 5 gezeigt) und die Endocytose bewegen größere Materialien in die Zelle hinein und aus ihr heraus (siehe Abbildungen 7.6 und 7.15).

Zelluläre Energietransformationen: Fotosynthese und Zellatmung (Kapitel 8–10)

10 Die Fotosynthese findet in Chloroplasten statt. Sie nutzt Lichtenergie zur chemischen Umwandlung von CO_2 und H_2O in organische Moleküle. Dabei entsteht molekularer Sauerstoff (O_2) als Nebenprodukt. Der Transfer der organischen Moleküle über Membranen erfolgt dabei immer mittels Transportpumpen (siehe Schritt 9).

11 In den Mitochondrien werden organische Moleküle im Zuge der Zellatmung abgebaut. Die dabei frei werdende Energie wird in Form von ATP-Molekülen gespeichert. Die chemische Energie des ATP wiederum dient als Energiequelle für Prozesse wie die Proteinbiosynthese und den aktiven Transport. CO_2 und H_2O entstehen als Nebenprodukte (siehe Abbildungen 8.5 und 8.6, 9.1 und 9.11).

ZUSAMMENHÄNGE ERKENNEN Das erste Enzym im Stoffwechselpfad der Glykolyse ist eine Hexokinase. Beschreiben Sie anhand der hier gezeigten Pflanzenzelle den gesamten Verlauf der Enzymsynthese und wo es aktiv ist. Nennen Sie für jeden Schritt auch den Ort, wo er stattfindet (siehe Abbildungen 5.14 und 9.5).

wurde. Er kommt jedoch bei etwa zwei Dutzend anderer Pflanzenfamilien ebenfalls vor. Die Mesophyllzellen von **CAM-Pflanzen** speichern die organische Säure Äpfelsäure, einen C_4-Körper, der nachts als primäres Fixierungsprodukt erzeugt wird. Tagsüber werden die Spaltöffnungen geschlossen und CO_2 wird aus den in der Nacht gebildeten Carbonsäuremolekülen freigesetzt und in den Chloroplasten im Calvin-Benson-Zyklus assimiliert. Die Synthese der Kohlenhydrate nach der CO_2-Fixierung durch RubisCO hängt in jedem Fall von den Produkten der Lichtreaktionen, ATP und NADPH, ab und kann daher nur tagsüber ablaufen. Aus Abbildung 10.16 geht hervor, dass der CAM-Stoffwechsel dem C_4-Stoffwechsel dahingehend gleicht, dass bei der Kohlendioxidfixierung zunächst ein Intermediat mit vier Kohlenstoffatomen gebildet wird, bevor der fixierte Kohlenstoff an den Calvin-Benson-Zyklus weitergereicht wird. Der Unterschied der beiden Mechanismen besteht darin, dass in C_4-Pflanzen die Kohlenstofffixierung durch die PEP-Carboxylase vom Calvin-Benson-Zyklus *räumlich* getrennt ist, während die beiden Vorgänge in CAM-Pflanzen *zeitlich* getrennt in derselben Zelle ablaufen. Da die nächtliche Säureeinlagerung zu einer deutlichen Ansäuerung des Zellsaftes führt, die im Laufe des Tages wieder abnimmt, spricht man auch vom diurnalen Säurerhythmus. Für alle Pflanzenarten, CAM-, C_4- und C_3-Pflanzen, gilt ausnahmslos, dass nur im Calvin-Benson-Zyklus neue Zuckermoleküle mithilfe des fixierten Kohlendioxids synthetisiert werden können.

10.4.4 Das Leben auf der Erde hängt von der Fotosynthese ab: eine Rückschau

Im strengen Sinn sind nur die grünen, Chloroplasten enthaltenden Zellen einer Pflanze autotroph. Der Rest des Pflanzenkörpers ist abhängig von organischen Verbindungen, die über die Blattadern aus den Blättern herangeführt werden, also heterotroph. In den meisten Pflanzen wird durch das Phloem (assimilat-leitender Siebteil eines Leitbündels) das gebildete Kohlenhydrat als Assimilat in Form von Saccharose (Rohrzucker), einem Disaccharid, zusammengesetzt aus Glucose und Fructose, aus den Blättern exportiert. In nicht grünen, heterotrophen Geweben wird Saccharose für die Zellatmung und eine Vielzahl anaboler Stoffwechselwege benötigt, mit deren Hilfe Aminosäuren, Lipide und alle anderen organischen Zellbestandteile gebildet werden. Ein beträchtlicher Anteil des als Glucose vorliegenden Kohlenhydrates wird zur Bildung von Cellulose verbraucht, vor allem bei Pflanzen, die sich noch im Wachstumsprozess befinden. Cellulose ist als Hauptbestandteil der Zellwände die häufigste organische Verbindung der Pflanze und wahrscheinlich sogar auf der gesamten Erdoberfläche.

Es ist naheliegend, dass diese als Speicher dienenden Pflanzenteile auch für die ausschließlich heterotroph lebenden Tiere einschließlich des Menschen attraktiv und wertvoll sind. Fraßschäden sind daher ein nicht zu unterschätzender Faktor beim Anbau und bei der Lagerung von Nahrungspflanzen.

Auf globaler Ebene ist die Fotosynthese (Abbildung 10.18) derjenige Prozess, der für das Vorhandensein des Sauerstoffs in der Atmosphäre der Erde verantwortlich ist. Neben der Sauerstoffproduktion ist die kollektive Produktivität der unzähligen winzigen Chloroplasten in Bezug auf die Biomasseproduktion gewaltig: Die Fotosynthese führt zur Bildung von geschätzten 160 Milliarden Tonnen Kohlenhydrat pro Jahr. Kein anderer Vorgang auf unserem Planeten kann es hinsichtlich der mengenmäßigen Ausbeute mit der Fotosynthese aufnehmen und sie ist für das gesamte Leben auf der Erde von größerer Bedeutung als jeder andere biologische Prozess. In Abbildung 10.17 werden all diese Prozesse in den Zusammenhang einer arbeitenden Zelle gestellt. Als kleinste funktionierende Einheit eines lebenden Organismus ist die Zelle der Ort, wo alle Funktionen ablaufen, die Leben umfassen.

VERSTÄNDNISFRAGEN

1. Erläutern Sie, warum die Fotorespiration die fotosynthetische Ausbeute einer Pflanze vermindert.

2. Das Vorhandensein von nur Fotosystem I, nicht aber von Fotosystem II in den Bündelscheidenzellen von C_4-Pflanzen wirkt sich auf den Sauerstoff-Partialdruck aus. Worin besteht diese Wirkung und wie profitiert die Pflanze davon?

3. WAS WÄRE, WENN? Was erwarten Sie hinsichtlich der relativen Häufigkeit von C_3- gegenüber CAM-Pflanzenarten in einem gegebenen geografischen Areal, wenn sich das lokale Klima dort zu wärmeren und trockeneren Bedingungen hin wandelt?

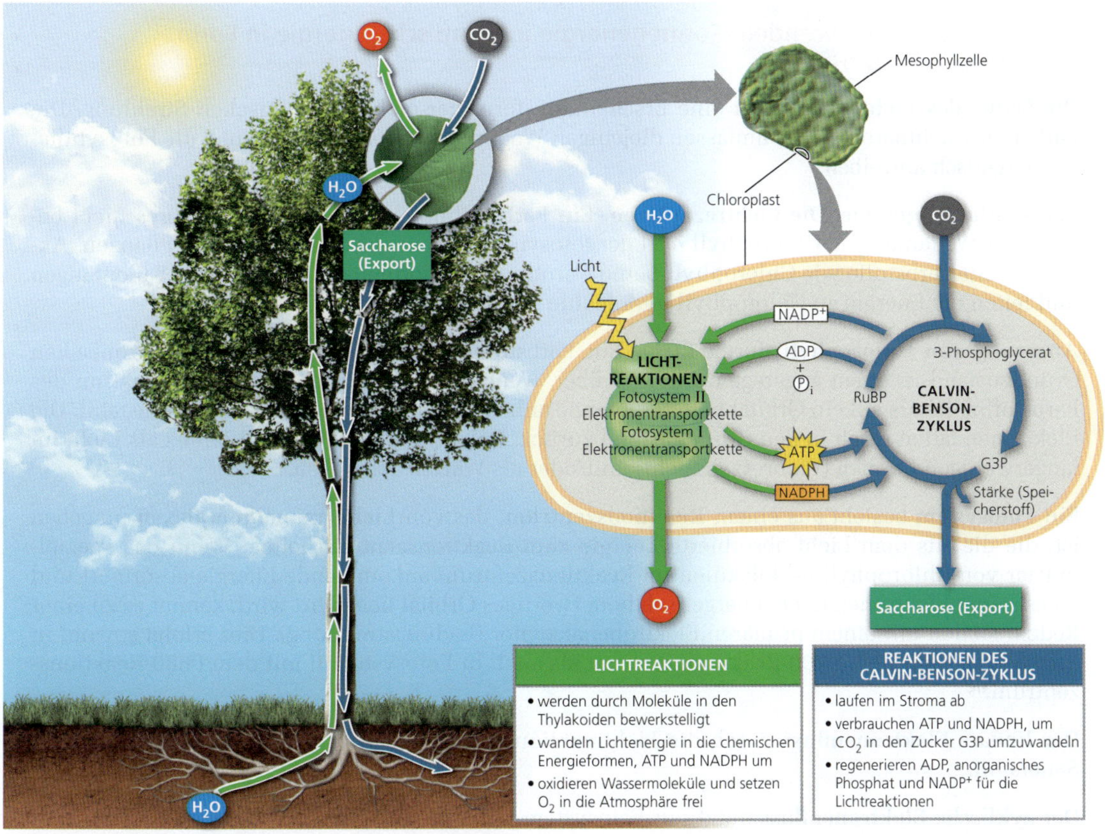

Abbildung 10.18: **Eine Übersicht über die Fotosynthese.** Dieses Schema zeigt die Ausgangsstoffe und die Produkte der Lichtreaktionen und des Calvin-Benson-Zyklus in den Chloroplasten von Pflanzenzellen (rechtes Bild) und ihren Transport durch einen Baum (linkes Bild). Der gesamte, geordnete Ablauf ist abhängig von der strukturellen Unversehrtheit des Chloroplasten und seiner Membranen. Enzyme im Chloroplasten und im Zytoplasma wandeln Glycerinaldehyd-3-Phosphat (G3P), das unmittelbare Produkt des Calvin-Benson-Zyklus, in Stärke, Saccharose und unzählige andere organische Verbindungen um. Die Saccharose aus den Blättern wird über das Phloem des Gefäßsystems in die nicht-grünen Gewebe wie die Wurzeln transportiert. Wasser und CO_2 werden aufgenommen und O_2 wird abgegeben.

ZUSAMMENFASSUNG

Die Fotosynthese wandelt Lichtenergie in chemische Energie um

Chloroplasten. In autotrophen Eukaryonten findet die Fotosynthese in Chloroplasten statt, Organellen, die Thylakoide enthalten. Die Thylakoide bilden Grana genannte Stapel aus Membranvesikeln.

Die **Fotosynthese** lässt sich wie folgt zusammenfassen:

$$6\ CO_2 + 12\ H_2O + \text{Lichtenergie} \rightarrow C_6H_{12}O_6 + 6\ O_2 + 6\ H_2O$$

Wasseroxidation. Chloroplasten oxidieren Wasser, wobei Wasserstoffionen (Protonen), Elektronen und Sauerstoff entstehen. Die Elektronen werden zur reduktiven Bildung von Kohlenhydratmolekülen aus CO_2 genutzt.

Zwei Teilschritte der Fotosynthese. Die Fotosynthese ist insgesamt ein Redoxprozess: H_2O wird oxidiert, CO_2 wird reduziert. In den Lichtreaktionen, die in den Thylakoiden ablaufen, wird Wasser oxidiert, dabei wird Sauerstoff (O_2) freigesetzt und ATP und NADPH werden erzeugt. Der Calvin-Benson-Zyklus im Stroma bildet aus Kohlendioxid Kohlenhydrate und verbraucht dabei ATP als Energielieferanten und NADPH als Reduktionsmittel.

Die Lichtreaktionen wandeln Sonnenenergie in chemische Energie in Form von ATP und NADPH um

Die Natur des Lichtes. Licht ist eine Erscheinungsform der elektromagnetischen Strahlung. Die Farben des sichtbaren Lichts umfassen diejenigen Wellenlängenbereiche, die auch die Fotosynthese energetisch antreiben.

Fotosynthesepigmente: Die Lichtrezeptoren. Ein Farbstoffmolekül absorbiert sichtbares Licht bestimmter Wellenlängen. Chlorophyll *a* ist der fotosynthetisch wichtigste Farbstoff in Pflanzen. Akzessorische Farbstoffe wie Chlorophyll *b* und Carotinoide absorbieren Licht anderer Wellenlängen und leiten die Energie an Chlorophyll *a*-Moleküle weiter.

Anregung von Chlorophyll durch Licht. Ein Farbstoffmolekül geht aus seinem elektronischen Grundzustand in einen angeregten Zustand über, wenn ein absorbiertes Photon ein Elektron des Farbstoffmoleküls auf ein Orbital höherer Energie anhebt. Dieser angeregte Zustand ist instabil. Die Elektronen fallen rasch in den Grundzustand zurück. Dabei wird die Energiedifferenz als Licht im längerwelligen Bereich (Fluoreszenzlicht) und/oder als Wärme abgegeben.

Ein **Fotosystem** besteht aus einem **Reaktionszentrum**, das von **Lichtsammelkomplexen** umgeben ist, die die aus dem Licht absorbierte Energie zum Reaktionszentrum leiten. Wenn das spezielle Paar von Chlorophyll *a*-Molekülen im Reaktionszentrum ankommende Energie absorbiert und eines seiner Elektronen in ein energetisch höherwertiges Orbital überführt wird, kommt es zu einer Redoxreaktion mit einem primären Elektronenakzeptor (Ladungstrennung). Dies erfolgt sowohl in Fotosystem I mit dem P700-Reaktionszentrum als auch in Fotosystem II mit dem P680-Reaktionszentrum.

Der lineare Elektronenfluss durch die Lichtreaktionen führt zur Bildung von NADPH, ATP und Sauerstoff.

Der zyklische Elektronenfluss nutzt nur Fotosystem I und es entsteht ATP, aber kein NADPH und kein Sauerstoff.

Der chemiosmotische Prozess in Chloroplasten und Mitochondrien im Vergleich. Sowohl in Mitochondrien als auch in Chloroplasten wird über die sogenannte chemiosmotische Kopplung beim Transport von Elektronen eine Quelle freier Energie in Form der protonenmotorischen Kraft über der Membran aufgebaut, die durch die ATP-Synthase (Kopplungsfaktor) zur ATP-Synthese genutzt wird.

Der Calvin-Benson-Zyklus nutzt die chemische Energie von ATP und NADPH zur Reduktion von CO_2 zu Zuckern

Der Calvin-Benson-Zyklus läuft im Stroma von Chloroplasten ab. Er nutzt als Reduktionsmittel NADPH und Energie in Form von ATP. Ein Molekül G3P verlässt den Zyklus pro drei Molekülen fixierten Kohlendioxids und wird nachfolgend in weitere Kohlenhydrate und andere organische Verbindungen umgewandelt.

In heißen, trockenen Klimaregionen haben sich entwicklungsgeschichtlich alternative Mechanismen der Kohlenstofffixierung herausgebildet

Die Fotorespiration. An trockenen, heißen Tagen schließen C_3-Pflanzen ihre Spaltöffnungen, um Wasser zu sparen. Durch die Lichtreaktionen erzeugter Sauerstoff reichert sich im Gewebe an und der CO_2-Gehalt im Blattinneren sinkt. Sauerstoffmoleküle (O_2) konkurrieren mit Kohlendioxidmolekülen (CO_2) im aktiven Zentrum der RubisCO. Der Prozess der Fotorespiration beseitigt die toxischen Produkte der Oxigenierung, führt zur Synthese von Glycin und Serin und resultiert schließlich in CO_2-Freisetzung (Lichtatmung). Es kommt dadurch zur Herabsetzung der Nettoproduktion an Kohlenhydraten während der Fotosynthese. Bei der Fotorespiration könnte es sich um ein Relikt der Evolution oder um einen Schutzmechanismus handeln.

C4-Pflanzen minimieren die Verluste durch die Lichtatmung durch Vorfixierung des Kohlendioxids als C_4-Säuren in den Mesophyllzellen. Diese Verbindungen werden in die Bündelscheidenzellen exportiert. Dort wird das Kohlendioxid wieder freigesetzt, um bei niedrigerem O_2-Partialdruck im Calvin-Benson-Zyklus assimiliert zu werden.

CAM-Pflanzen öffnen ihre Spaltöffnungen nachts und fixieren das absorbierte Kohlendioxid in Form von organischen Säuren (Carbonsäuren), die in den großen Vakuolen der Mesophyllzellen zwischengelagert werden (nächtliche Ansäuerung). Tagsüber bleiben die Spaltöffnungen geschlossen und das Kohlendioxid wird nach und nach zur Verwertung im Calvin-Benson-Zyklus durch Decarboxylierung aus den Carbonsäuren freigesetzt.

Das Leben auf der Erde hängt von der Fotosynthese ab. Pflanzen erzeugen durch Fotosynthese organische Verbindungen, die für sie selbst und für die irdischen Ökosysteme die Hauptquelle für Energie und Baustoffe darstellen (Primärproduzenten).

Zelluläre Kommunikation

11

11.1 Externe Signale werden in intrazelluläre Antworten umgewandelt

Was teilt eine „sprechende“ Zelle einer „zuhörenden“ Zelle mit und wie reagiert Letztere auf die empfangene Botschaft?

11.1.1 Evolution der zellulären Signalverarbeitung

Ein wichtiges Thema bei der zellulären „Konversation“ ist Sex – zumindest bei der Bäckerhefe (*Saccharomyces cerevisiae*), die der Mensch seit Jahrtausenden bei der Herstellung von Teig, Wein und Bier für sich nutzt. Zellen dieser Hefeart finden und erkennen ihre Paarungspartner durch chemische Signalgebung, wobei man zwei haploide Paarungstypen unterscheidet, die den Geschlechtern höherer Organismen vergleichbar sind und die als **a** und **α** bezeichnet werden (Abbildung 11.1).

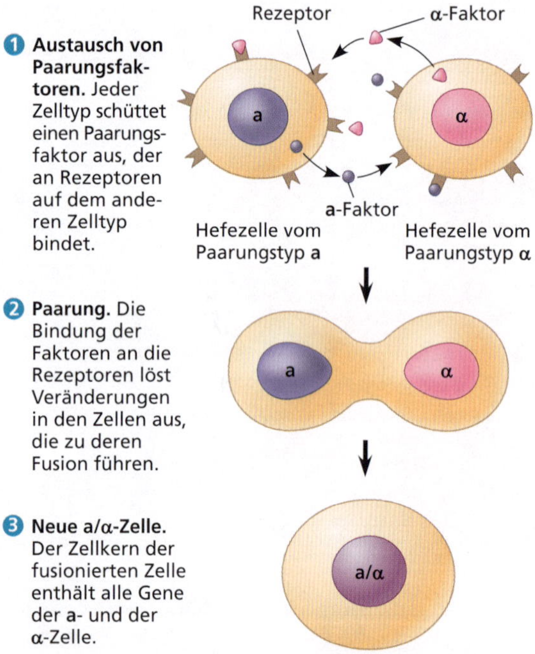

Abbildung 11.1: Kommunikation zwischen zur Paarung bereiten Hefezellen. Saccharomyces cerevisiae benutzt eine chemische Signalübermittlung, um Zellen des entgegengesetzten Paarungstyps zu identifizieren und den Paarungsvorgang zu initiieren. Die beiden Paarungstypen und ihre zugehörigen Signalmoleküle (Paarungsfaktoren) heißen a beziehungsweise *α*.

Wie führt das Paarungssignal an der Oberfläche der Hefezelle zu den für eine Zellpaarung notwendigen Veränderungen? Der Vorgang, durch den ein Signal an der Zelloberfläche durch eine Abfolge von Zwischenschritten in eine bestimmte zelluläre Antwort umgewandelt wird, wird allgemein als **Signaltransduktion** bezeichnet. Bei der Untersuchung vieler solcher Signaltransduktionswege zeigte sich überraschenderweise, dass sich die molekularen Details der Signalübertragung bei einzelligen Hefen und vielzelligen höheren Tieren auf verblüffende Weise ähneln, obgleich der letzte gemeinsame Vorfahre dieser beiden so unterschiedlichen Lebensformen vor vielen hundert Millionen Jahren gelebt haben muss (Abbildung 11.2).

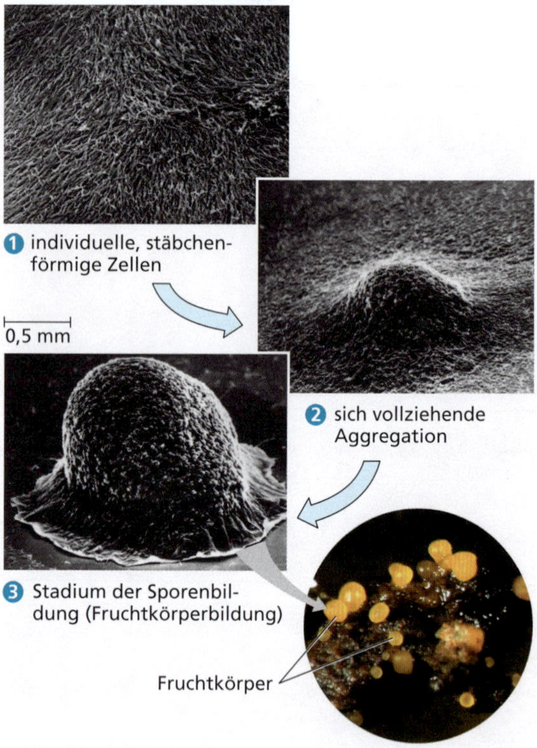

Abbildung 11.2: Kommunikation unter Bakterien. Die im Erdreich lebenden Myxobakterien („Schleimbakterien“ aus der Gruppe der Proteobakterien) verwenden Signalmoleküle, die über die Verfügbarkeit von Nährstoffen informieren. Wenn Nahrung knapp ist, scheiden die hungernden Zellen eine Substanz aus, die Zellen in der Umgebung zur Aggregation veranlasst. Die aggregierenden Zellen bilden eine als Fruchtkörper bezeichnete Struktur aus. Diese bringt dickwandige Sporen hervor, die überleben, bis sich die Umweltbedingungen wieder verbessern. Die hier gezeigten Bakterien gehören der Art *Myxococcus xanthus* an. (Schritt 1–3: rasterelektronenmikroskopische Aufnahmen, Foto rechts unten: lichtmikroskopische Aufnahme).

11.1.2 Die drei Stadien der zellulären Signaltransduktion

Unser gegenwärtiges Verständnis der Wirkungsweise von Botenstoffen über Signaltransduktionswege hat seine Ursprünge in den Arbeiten von

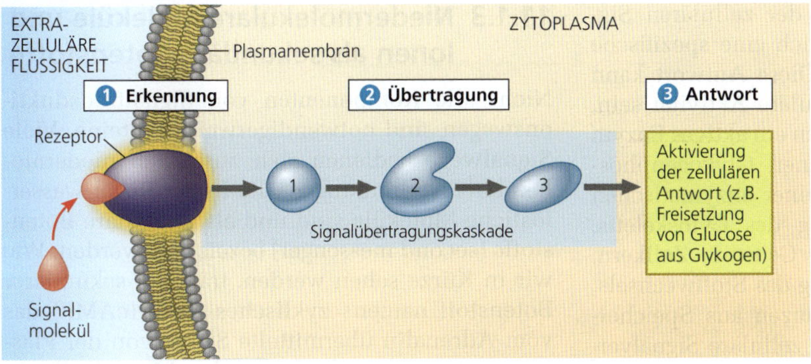

Abbildung 11.3: Allgemeine Übersicht zur Signalübertragung. Die Signalweiterleitung kann aus Sicht der Zielzelle im Wesentlichen in drei Schritte untergliedert werden: die Signalerkennung, die Übertragung und die zelluläre Antwort. Wird, wie hier dargestellt, ein Signal an der Plasmamembran erkannt, so kann die weitere Übertragung in zahlreiche Zwischenschritte zerlegt werden. Dabei verändert jedes Glied in dieser Signalkette das nächste Molekül der Kette. Das letzte Molekül in der Signalkette löst dann eine entsprechende zelluläre Antwort aus.

? Wo würden Sie das Hormon Adrenalin in dieses Diagramm der zellulären Signaltransduktion einordnen?

Earl Sutherland (US-amerikanischer Pharmakologe, 1915–1974), dem für seine Pionierarbeiten im Jahr 1971 der Nobelpreis für Physiologie oder Medizin verliehen worden ist. Sutherland und seine Mitarbeiter an der Vanderbilt-Universität in Nashville (USA) haben untersucht, wie das Hormon Adrenalin den Abbau des Speicherpolysaccharids Glykogen in Leber- und Skelettmuskelzellen stimuliert. Der Glykogenabbau führt zur Bildung von Glucose-1-phosphat, das dann zu Glucose-6-phosphat isomerisiert wird. Die Zelle kann diese Verbindung dann in die Glykolyse einschleusen, um Energie zu gewinnen. Eine alternative Möglichkeit ist die hydrolytische Entfernung der Phosphatgruppe und die Freisetzung der entstehenden Glucose in die Blutbahn, sodass andere Zellen im Körper diese aufnehmen und verwerten können. Eine Wirkung des von der Nebenniere bei der Einwirkung von Stress ausgeschütteten Adrenalins besteht also in der Mobilisierung von Energiereserven.

MERKE!

Der Vorgang, durch den ein Signal an der Zelloberfläche durch eine Abfolge von Zwischenschritten in eine bestimmte zelluläre Antwort umgewandelt wird, wird allgemein als Signaltransduktion bezeichnet.

Sutherlands Forschungsgruppe entdeckte, dass das Adrenalin den Glykogenabbau anstößt, indem es auf irgendeine Weise die cytosolische Glykogenphosphorylase aktiviert. Als man reines Adrenalin einer Mischung des Enzyms und seines Substrates Glykogen in einem Reagenzglas zusetzte, geschah jedoch nichts, ein Abbau fand nicht statt. Das Adrenalin war nur dann in der Lage, die Glykogenphosphorylase zu aktivieren, wenn das Hormon einer Kultur intakter Zellen zugesetzt wurde. Diese Beobachtungen verrieten Sutherland und seinen Mitarbeitern zweierlei: Erstens wechselwirkt Adrenalin nicht direkt mit dem für den Glykogenabbau verantwortlichen Enzym. Es musste also einen oder mehrere Schritte geben, die zwischen der Hormonwirkung und der Enzymaktivierung lagen, und diese mussten im Zellinneren stattfinden. Zweitens war die Plasmamembran irgendwie an der Übermittlung des Adrenalinsignals beteiligt.

Sutherlands frühe Arbeiten führten zu dem Schluss, dass die Signaltransduktion in drei Stadien untergliedert werden kann, die man als Erkennung, Übertragung und Antwort bezeichnet (Abbildung 11.3):

Erkennung Die Erkennung besteht in der Bindung eines extrazellulären Signalmoleküls an ein Rezeptorprotein an der Zelloberfläche oder im Zellinneren.

Übertragung Die Bindung des Signalmoleküls führt zur Konformationsänderung des Rezeptorproteins und leitet dadurch die Signalübertragung ein. Diese wandelt in den meisten Fällen das Signal in eine andere Form um, die letztlich eine Antwort in der Zelle hervorrufen kann. In dem von Sutherland und Kollegen untersuchten System führt die Bindung von Adrenalin an Rezeptorproteine an der Oberfläche von Leberzellen in der Folge zu einer Aktivierung der Glykogenphosphorylase. Die Übertragung umfasst manchmal nur einen Schritt (zum Beispiel bei Steroidhormonen), viel öfter jedoch eine Folge von Veränderungen in einer ganzen Kaskade verschiedener Moleküle, die zusammen den Signaltransduktionsweg bilden.

Antwort Im dritten Stadium der zellulären Signaltransduktion wird schließlich eine spezifische zelluläre Antwort ausgelöst. Diese Antwort kann beinahe jede vorstellbare zelluläre Aktivität sein, zum Beispiel die Katalyse durch ein aktives Enzym (wie im Fall der beschriebenen Glykogenphosphorylase), die Abschaltung einer enzymatischen Aktivität, die Umgruppierung des Cytoskeletts, die Aktivierung ausgewählter Gene im Zellkern, die Steigerung oder Drosselung des Stoffwechsels, die Ausschüttung von Substanzen aus Speichervesikeln und vieles mehr. Der zelluläre Signalverarbeitungsprozess hilft dabei, sicherzustellen, dass entscheidend wichtige Aktivitäten in den passenden Zellen zur richtigen Zeit stattfinden oder sich in koordinierter Weise im Zusammenspiel mit anderen Zellen des Körpers vollziehen. Wir werden nun die Mechanismen der zellulären Signaltransduktion im Einzelnen betrachten.

VERSTÄNDNISFRAGEN

1. Erläutern Sie, wie ein Signalprozess sicherstellt, dass Hefezellen nur mit Zellen des entgegengesetzten Paarungstyps fusionieren.

2. Wird Glucose-1-phosphat gebildet, wenn Adrenalin und Glykogenphosphorylase in einem Reagenzglas vermischt werden? Warum oder warum nicht?

3. WAS WÄRE, WENN? In welchem der drei Stadien der Signaltransduktion wirkt in Leberzellen die Glykogenphosphorylase, die in den vom Adrenalin initiierten Signalweg eingebunden ist?

11.1.3 Niedermolekulare Moleküle und Ionen als sekundäre Botenstoffe

Nicht alle Komponenten von Signaltransduktionswegen sind notwendigerweise Proteine. Viele Signalwege bedienen sich zusätzlich niedermolekularer Verbindungen, die in der Regel wasserlösliche Moleküle sind und als sekundäre Botenstoffe (second messenger) bezeichnet werden. Wie wir in Kürze sehen werden, trägt ein sekundärer Botenstoff namens zyklisches AMP (cAMP) das vom Adrenalin übermittelte Signal von der Plasmamembran einer Leber- oder Muskelzelle in das Zellinnere, wo es den Glykogenabbau auslöst. Sekundäre Botenstoffe finden sich sowohl bei Signaltransduktionswegen, die mit G-Protein-gekoppelten Rezeptoren beginnen, als auch bei solchen mit Rezeptortyrosinkinasen, zwei große Rezeptorfamilien. Die beiden am weitesten verbreiteten sekundären Botenstoffe sind das cAMP und Calciumionen (Ca^{2+}). Eine große Vielfalt von Signalübertragungsproteinen spricht auf die cytosolische Konzentration des einen oder anderen dieser sekundären Botenstoffe an.

MERKE!

Viele Signalwege bedienen sich zusätzlich niedermolekularer Verbindungen, die in der Regel wasserlösliche Moleküle sind und als sekundäre Botenstoffe bezeichnet werden.

11.1.4 Zyklisches AMP

Nachdem die Forschergruppe um Earl Sutherland nachgewiesen hatte, dass das Adrenalin irgendwie den Abbau des Glykogens bewirkt, ohne dafür

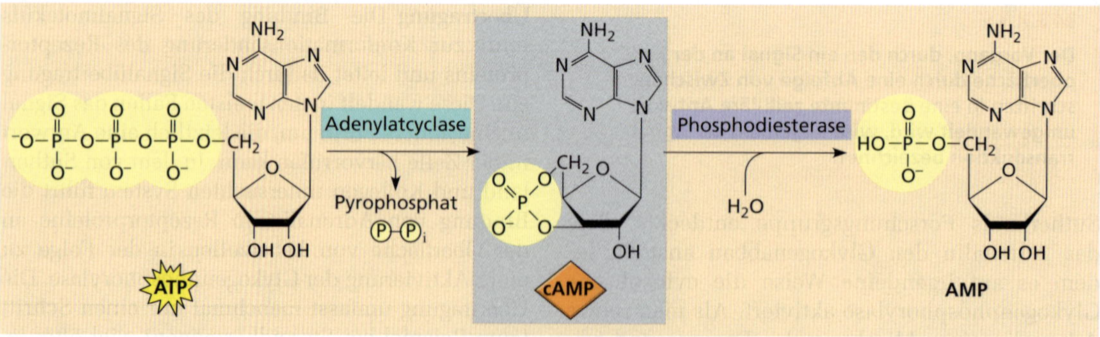

Abbildung 11.4: **Zyklisches AMP. Der sekundäre Botenstoff zyklisches AMP (cAMP) wird von der Adenylatcyclase, einem integralen Membranprotein, aus ATP gebildet.** Das zyklische AMP wird von verschiedenen Phosphodiesterasen zu AMP hydrolysiert.

? Welche Auswirkungen hätte eine Substanz, welche die Phosphodiesterase der Zelle hemmt?

selbst in die Zelle eindringen zu müssen, begann man mit der Suche nach dem zugrunde liegenden Wirkprinzip, das wir heute als *sekundäre Botenstoffe (second messenger)* kennen. Es übermittelt das Signal von der Plasmamembran zur metabolischen Maschinerie im Zytoplasma.

Sutherland und seine Mitarbeiter fanden heraus, dass die Bindung des Adrenalins an einen Rezeptor in der Plasmamembran zu einer Erhöhung der cytosolischen Konzentration des zyklischen Adenosinmonophosphates (cAMP) führt (Abbildungen 11.4 und 11.5).

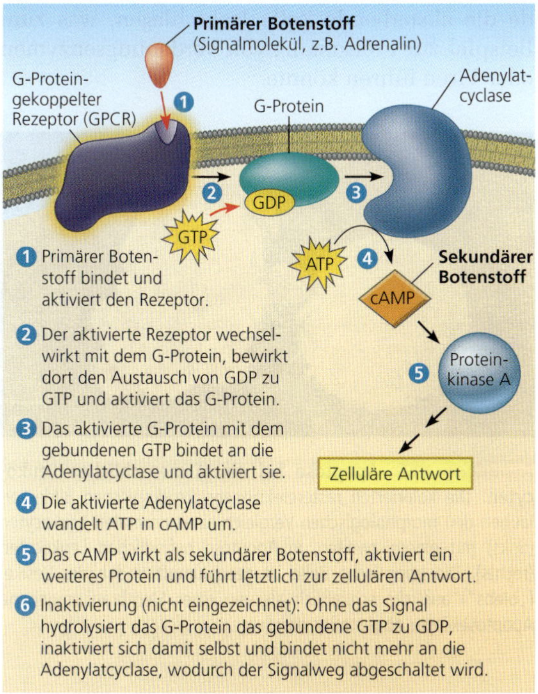

Abbildung 11.5: cAMP als sekundärer Botenstoff im Signalweg eines G-Protein-gekoppelten Rezeptors.

Calciumionen und Inositoltrisphosphat (IP_3) Bei Tieren induzieren viele Signalmoleküle, wie Neurotransmitter, Wachstumsfaktoren und manche Hormone, Antworten ihrer Zielzellen über die Aktivierung von Signaltransduktionswegen, die zur Erhöhung der cytosolischen Konzentration an Calciumionen (Ca^{2+}) führen (Abbildungen 11.6). Ca^{2+} ist als sekundärer Botenstoff noch weiter verbreitet als cAMP. Ein Anstieg der cytosolischen Ca^{2+}-Konzentration ruft in tierischen Zellen vielerlei Reaktionen hervor, so zum Beispiel die Muskelkontraktion, die Sekretion bestimmter Substanzen und die Zellteilung. Bei Pflanzen kann ein breites Spektrum an hormonellen und aus der Umwelt stammenden Reizen einen Anstieg der cytosolischen Ca^{2+}-Konzentration bewirken und so diverse Signalwege aktivieren wie etwa den, der von der Bestrahlung mit Licht zum Ergrünen der Pflanze führt (siehe Abbildung 39.3). Zellen verwenden Ca^{2+}-Ionen als sekundären Botenstoff sowohl in G-Protein-abhängigen wie auch in Rezeptortyrosinkinase-abhängigen Signalwegen (Abbildung 11.7).

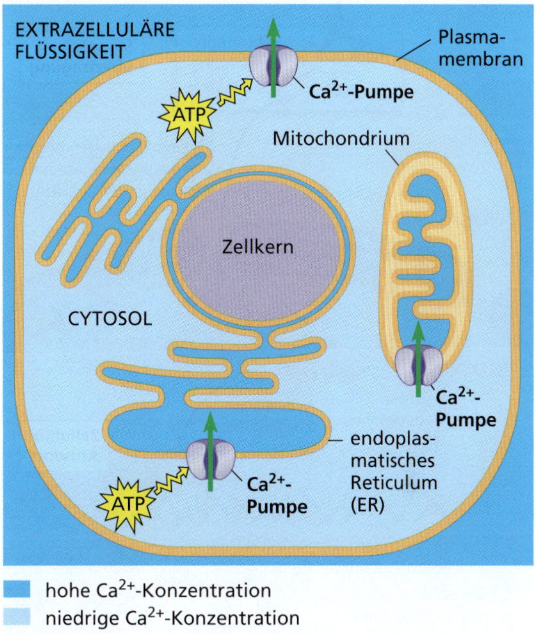

Abbildung 11.6: Die Aufrechterhaltung der Calciumionenkonzentration in einer tierischen Zelle. Die Ca^{2+}-Konzentration im Cytosol ist in der Regel viel niedriger (hellblau) als die in der extrazellulären Flüssigkeit und im ER-Lumen (dunkelblau). Transportproteine in der Plasmamembran und in der ER-Membran befördern unter ATP-Verbrauch Calciumionen aus dem Cytosol in den Extrazellularraum und in das ER-Lumen. Transportproteine befördern Calciumionen auch in die Mitochondrien, wenn im Cytosol die Ca^{2+}-Konzentration stark ansteigt.

VERSTÄNDNISFRAGEN

1. Was versteht man unter einer Proteinkinase und worin besteht ihre Rolle in einem Signaltransduktionsweg?

2. Wie wird die zelluläre Antwort auf einen Reiz abgeschaltet oder aufgehoben, wenn der Signaltransduktionsweg eine Phosphorylierungskaskade enthält?

3. Worin besteht das eigentliche „Signal", das in dem Signaltransduktionsweg fortgeleitet wird, den wir in Abbildung 11.3 vorgestellt haben? Anders gefragt: Auf welche Weise wird Information aus der Umgebung in das Innere der Zelle weitergegeben?

4. WAS WÄRE, WENN? Welchen Effekt haben IP_3-gesteuerte Calciumionenkanäle auf die Konzentration der Ca^{2+}-Ionen im Cytosol, nachdem die Phospholipase C nach Ligandenbindung an einen Rezeptor durch diesen indirekt aktiviert worden ist?

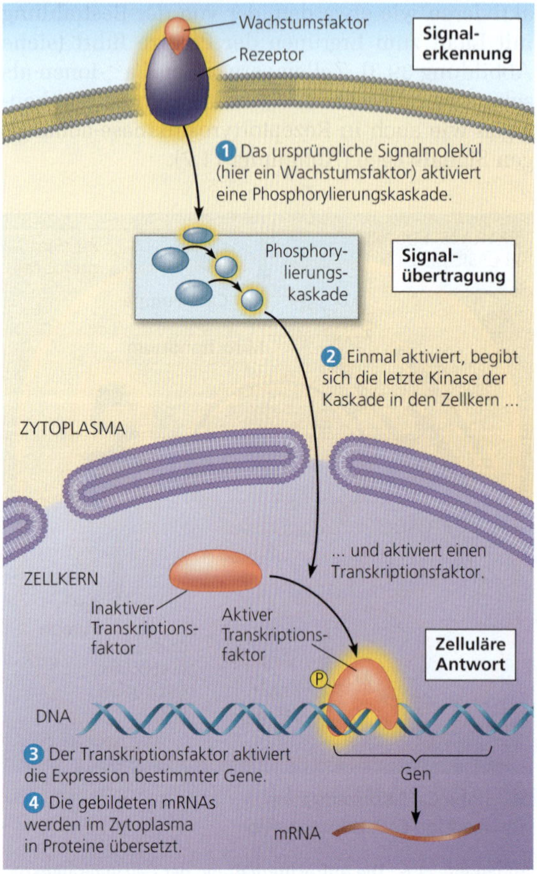

Abbildung 11.7: Antwort des Zellkerns auf ein Signal: Genaktivierung durch einen Wachstumsfaktor. Das vereinfachende Schema zeigt einen typischen Signaltransduktionsweg, der zur Regulation der Genaktivität im Zellkern führt. Das auslösende Signalmolekül ist ein Wachstumsfaktor, ein Protein, das lokal sezerniert wird und wirkt und das die Vermehrung und Differenzierung von Zellen stimuliert. Der Wachstumsfaktor setzt eine Phosphorylierungskaskade in Gang. (Die ATP-Moleküle, von denen die Phosphatgruppen stammen, sind nicht eingezeichnet.) Nach ihrer Phosphorylierung tritt die letzte Kinase in der Kette in den Zellkern über und aktiviert dort durch Phosphorylierung einen Transkriptionsfaktor. Dieser schaltet ein ganz bestimmtes Gen an und löst bei diesem die Transkription in mRNA aus, welche dann im Zytoplasma in ein spezifisches Protein translatiert wird.

11.2 Die Verschaltung verschiedener Signaltransduktionswege bei der Apoptose

Eines der kompliziertesten Netzwerke aus Signaltransduktionswegen in eukaryontischen Zellen finden wir bei der Apoptose, auch programmierter Zelltod genannt. Der Begriff Apoptose (gr. *apo*, weg und *ptosis*, Fall), wurde in der Antike von griechischen Dichtern verwendet, um den Fall des Laubes im Herbst zu beschreiben. In der Biologie umschreibt der Begriff Apoptose ein Programm, das zu einem kontrollierten Selbstmord von Zellen führt. Dies kommt zum Beispiel bei Zellen vor, die von Krankheitserregern infiziert, geschädigt oder am Ende ihrer Lebensdauer angekommen sind, aber auch während der Entwicklung eines Organismus. Im Verlauf der Apoptose fragmentieren Organellen und zytoplasmatische Strukturen sowie die DNA. Die Zelle schrumpft und bildet als „*blebs*" (Bläschen) bezeichnete Vesikel (Abbildung 11.8), die schließlich als sogenannte Apoptosekörper von spezialisierten Makrophagen phagozytiert werden. Da von der Zelle kein Rest zurückbleibt, werden benachbarte Zellen geschützt. Ohne Apoptose würde die absterbende Zelle leckschlagen, was zum Beispiel zur Freisetzung von Verdauungsenzymen oder Viren führen könnte.

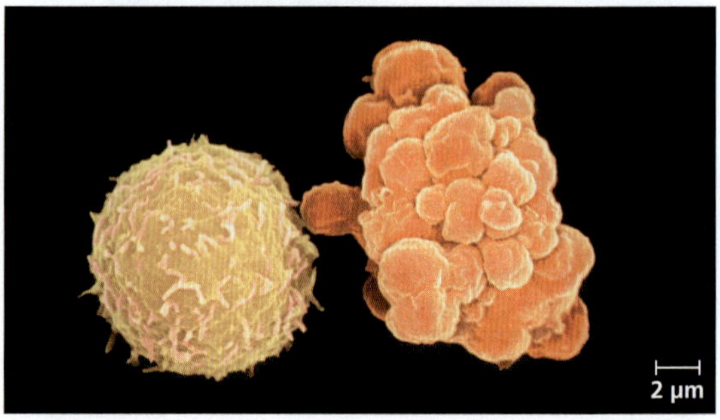

Abbildung 11.8: Apoptose bei einem menschlichen Leukocyten. Die kolorierten rasterelektronenmikroskopischen Bilder erlauben den morphologischen Vergleich eines normalen Leukocyten (links) mit einem zweiten, in Apoptose befindlichen Leukocyten (rechts). Die apoptische Zelle ist geschrumpft und bildet Vesikel („blebs") aus, die schließlich als von einer Membran umgebene Apoptosekörper abgestoßen werden.

11.2.1 Apoptose beim Fadenwurm *Caenorhabditis elegans*

Die Embryonalentwicklung ist eine Lebensphase, in der Apoptose weit verbreitet ist und eine entscheidende Rolle spielt. Die der Apoptose zugrunde liegenden molekularen Mechanismen sind durch die Erforschung der Embryonalentwicklung des kleinen bodenbewohnenden Fadenwurms *Caenorhabditis elegans* aufgedeckt worden. Da der adulte, 1 mm lange Wurm aus nur knapp 1.000 Zellen besteht und die Zellzahl darüber hinaus konstant ist, war man in der Lage, die Abstammung jeder einzelnen Körperzelle genau zu dokumentieren. In der Entwicklung von *C. elegans* kommt es 131-mal zum zeitgerechten Absterben einer Zelle. An exakt den gleichen Punkten der Zell-Linie wird die Apoptose durch Signale ausgelöst, die eine Kaskade von „Selbstmord-Proteinen" in denjenigen Zellen aktivieren, welche zum Absterben bestimmt sind.

Genetische Untersuchungen an *C. elegans* haben zur Entdeckung von zwei entscheidenden Apoptosegenen geführt, *ced-3* und *ced-4* (*ced* steht für *cell death*). Die Produkte dieser Gene (Ced-3 und Ced-4) und die meisten anderen an der Apoptose beteiligten Proteine liegen permanent, aber inaktiv in den Zellen vor. Beim *C. elegans* ist Ced-9 (Produkt des Gens *ced-9*) ein Protein der äußeren Mitochondrienmembran, der Hauptregulator der Apoptose, der in Abwesenheit eines die Apoptose auslösenden Signals als molekulare Bremse fungiert (Abbildung 11.9). Die Erkennung eines Apoptosesignals durch die Zelle hat die Hemmung von Ced-9 zur Folge und der Apoptosesignalweg führt zur Aktivierung von Proteasen und Nucleasen. Die wichtigsten an der Apoptose beteiligten Proteasen nennt man Caspasen. Bei *C. elegans* ist Ced-3 die Haupt-Caspase.

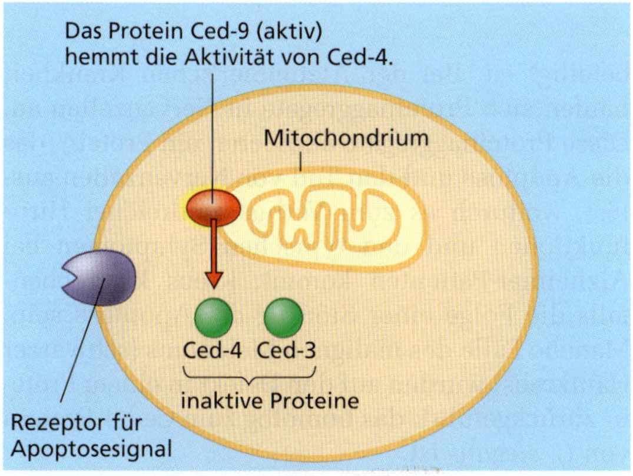

(a) Kein Apoptosesignal. Solange das in der äußeren Mitochondrienmembran lokalisierte Ced-9 aktiv ist, wird die Apoptose gehemmt und die Zelle bleibt am Leben.

(b) Apoptosesignal. Wenn eine Zelle ein Apoptosesignal erkennt, wird Ced-9 inaktiviert. Dies hebt die Hemmung von Ced-3 und Ced-4 auf. Das aktive Ced-3, eine Protease, setzt eine Reaktionsabfolge in Gang, die zur Aktivierung von weiteren Proteasen und von Nucleasen führt. Diese Enzyme führen zu den beobachteten Veränderungen in apoptotischen Zellen und schließlich zum Zelltod.

Abbildung 11.9: Die molekulare Grundlage der Apoptose bei Caenorhabditis elegans. Drei Proteine (Ced-3, Ced-4 und Ced-9) sind von großer Bedeutung für die Apoptose und deren Regulation bei C. elegans. Bei Säugetieren verläuft die Apoptose komplizierter, doch auch dort sind Proteine, die denen des Fadenwurms vergleichbar sind, daran beteiligt.

11.2.2 Apoptotische Signalwege und die Signale, die sie aktivieren

Beim Menschen und anderen Säugetieren gibt es mehrere unterschiedliche Apoptosesignalwege, an denen insgesamt etwa 15 verschiedene Caspasen beteiligt sind. Der jeweilige Signalweg ist zelltyp- und signalspezifisch. Mitochondrien spielen bei der Apoptose eine besondere Rolle. Apoptoseproteine verursachen die Bildung von Poren in der mitochondrialen Außenmembran, wodurch diese für Proteine durchlässig wird, die nun in das Zytoplasma diffundieren und die Apoptose vorantreiben können. Überraschenderweise gehört zu diesen Proteinen das Cytochrom *c*, das normalerweise ein Teil der mitochondrialen Elektronentransportkette ist (siehe Abbildung 9.10). Das Cytochrom *c* wirkt als pro-apoptotischer Faktor, der über einen Zwischenschritt indirekt die Aktivierung einer Caspase 9 bewirkt. Am Prozess der mitochondrialen Apoptose bei Säugetieren sind Proteine beteiligt, die den oben erwähnten Ced-Proteinen von *C. elegans* ähnlich sind.

An wichtigen Punkten des apoptischen Programms integrieren Proteine Signale aus mehreren unterschiedlichen Quellen und können bei geeigneter Signalkonstellation eine Zelle in die Apoptose treiben. Oft hat das Signal seinen Ursprung außerhalb der Zelle, wie das in Abbildung 11.9 dargestellte Apoptosesignalmolekül, das mutmaßlich von einer Nachbarzelle sezerniert wurde. Wenn ein Apoptosesignalmolekül an einen Zelloberflächenrezeptor bindet, führt dies in der Zelle zur Aktivierung von Caspasen und anderen Apoptoseenzymen, ohne Beteiligung des mitochondrialen Signalweges. Zwei andere Apoptosesignale haben ihren Ursprung innerhalb der Zelle und kommen aus dem Zellkern und dem endoplasmatischen Reticulum. Ausgelöst wird das Zellkern-Signal, wenn die genomische DNA irreparabel geschädigt ist. Das ER-Signal wird durch einen zu starken Anstieg der Menge fehlgefalteter Proteine verursacht. Säugetierzellen treffen eine Entscheidung über „Leben oder Tod" durch eine Integration von externen und internen Signalen, die den Zelltod oder das Zellüberleben begünstigen.

Ein eingebauter Selbstmordmechanismus ist bei allen Tieren essenziell für die Entwicklung und die Aufrechterhaltung physiologischer Funktio-

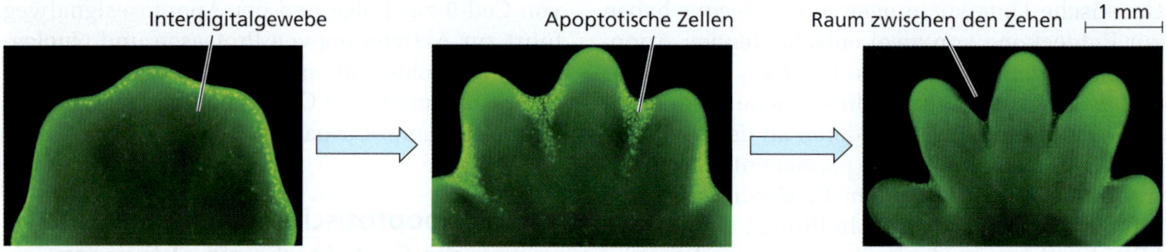

Abbildung 11.10: Wirkung der Apoptose bei der Pfotenentwicklung der Maus. Bei Menschen und anderen Säugetieren sowie bei landlebenden Vögeln hat der anatomische Bereich, aus dem sich die Finger beziehungsweise Zehen entwickeln, zu Beginn eine durchgehende, tellerförmige Struktur. Die Apoptose eliminiert die Zellen der Interdigitalbereiche, wodurch die Finger beziehungsweise Zehen entstehen. Bei der hier gezeigten embryonalen Pfote einer Maus sind die in Apoptose befindlichen Zellen so markiert, dass die apoptotischen Gewebebereiche gelb leuchten. Die Apoptose des Gewebes beginnt am Rand einer jeden Interdigitalregion (links), erreicht ihren Höhepunkt, wenn das Gewebe in diesen Bereichen abgebaut wird (Mitte), und ist nach dem Verschwinden des Interdigitalgewebes nicht länger nachweisbar (rechts; fluoreszenzmikroskopische Aufnahmen.)

nen. Die Ähnlichkeiten der Apoptosegene bei Fadenwürmern und Säugetieren sowie die Beobachtung, dass Apoptose sogar bei einzelligen Hefen vorkommt, deuten darauf hin, dass wir es hier mit einem grundlegenden Mechanismus zu tun haben, der früh in der Evolution der Eukaryonten entstanden ist. Bei Wirbeltieren ist die Apoptose unabdingbar für die normale Entwicklung des Nervensystems, für das normale Funktionieren des Immunsystems sowie für die normale Morphogenese der Finger und Zehen (Abbildung 11.10). Ein geringeres Maß an Apoptose kennzeichnet die Extremitätenbildung bei den Schwimmhäuten von Enten und anderen Wasservögeln. Beim Menschen kann ein Versagen der apoptotischen Geweberückbildung im Verlauf der Embryogenese zu zusammengewachsenen Fingern und Zehen führen.

Zahlreiche Untersuchungen zeigen, dass die Apoptose an der Entstehung bestimmter degenerativer Krankheiten des Nervensystems, wie der Parkinson'schen und der Alzheimer'schen Krankheit, beteiligt ist. Bei der Alzheimer'schen Krankheit häufen sich Proteinaggregate in Nervenzellen an. Diese Proteinaggregate aktivieren ein Protein, das die Apoptose und den Tod von Nervenzellen auslöst, wodurch es zum Verlust zahlreicher Hirnfunktionen und den typischen Symptomen bei Alzheimer-Patienten kommt. Krebs kann ebenfalls die Folge einer Störung der Apoptose sein. Manche Fälle des malignen Melanoms (schwarzer Hautkrebs) wurden auf den Defekt in einem Protein zurückgeführt, das homolog zum Ced-4-Protein von *C. elegans* ist.

VERSTÄNDNISFRAGEN

1. Geben Sie ein Beispiel für Apoptose in der Embryonalentwicklung und erläutern Sie deren Funktion für den sich entwickelnden Embryo.

2. WAS WÄRE, WENN? Welcher Proteindefekt könnte dazu führen, dass es zur „ungewollten" Apoptose kommt? Was könnte dazu führen, dass die Apoptose nicht eintritt, obwohl sie eigentlich ablaufen sollte?

ZUSAMMENFASSUNG

Externe Signale werden in intrazelluläre Antworten umgewandelt

Evolution der zellulären Signalverarbeitung.Signaltransduktionswege spielen eine entscheidende Rolle in vielen biologischen Systemen. Die Signaltransduktion bei der Paarung von einzelligen Hefen hat viel mit der bei vielzelligen Organismen gemeinsam, was auf ihren frühen entwicklungsgeschichtlichen Ursprung hindeutet.

Die drei Stadien der zellulären Signaltransduktion. Adrenalin bindet, wie auch andere Hormone, an Rezeptoren in der Zytoplasmamembran und löst einen Signalweg aus, den man in drei Stufen unterteilen kann: Erkennung, Übertragung und zelluläre Antwort.

Niedermolekulare Moleküle und Ionen als sekundäre Botenstoffe. Sekundäre Botenstoffe wie das zyklische AMP (cAMP) und Ca^{2+} diffundieren im Zytoplasma und sorgen so für die rasche Verbreitung von Signalen. Viele G-Proteine aktivieren die Adenylatcyclase, die aus ATP cAMP bildet. Ca^{2+} ist als sekundärer Botenstoff noch weiter verbreitet als cAMP. Zellen verwenden Ca^{2+} sowohl in G-Protein-abhängigen, als auch in Rezeptortyrosinkinase-gekoppelten Signalwegen.

Die Verschaltung verschiedener Signaltransduktionswege bei der Apoptose

Die Apoptose ist eine Form des programmierten Zelltods, bei der zelluläre Bestandteile in einer systematischen Abfolge entsorgt werden, ohne dass benachbarte Zellen dadurch in Mitleidenschaft gezogen werden.

Apoptose beim Fadenwurm Caenorhabditis elegans. Durch Untersuchungen am Fadenwurm *Caenorhabditis elegans* wurden die grundlegenden molekularen Vorgänge bei den beteiligten Signalwegen aufgeklärt. Ein Todessignal führt zur Aktivierung von Caspasen und Nucleasen, den Schlüsselenzymen der Apoptose.

Apoptotische Signalwege und die Signale, die sie aktivieren. Beim Menschen und bei anderen Säugetieren gibt es mehrere apoptotische Signaltransduktionswege, die auf verschiedene Weise in Gang gesetzt werden können. Die Apoptosesignale können dabei von außerhalb oder innerhalb der betroffenen Zelle kommen.

Der Zellzyklus

12

12.1 Aus der Zellteilung gehen genetisch identische Tochterzellen hervor

Eine derart komplexe biologische Struktur wie eine Zelle kann sich nicht durch einfache Abschnürung in zwei Hälften vermehren, so wie etwa eine Seifenblase. Bei den meisten Zellteilungen wird das Erbgut, die DNA, identisch an die beiden Tochterzellen weitergegeben. (Bei der Bildung von Ei- und Samenzellen erfolgt eine besondere Form der Zellteilung, aus der genetisch unterschiedliche Zellen hervorgehen.) Besonders bemerkenswert an der Zellteilung ist die Genauigkeit, mit der die DNA von einer Zellgeneration zur nächsten weitergegeben wird. Eine sich teilende Zelle verdoppelt ihre DNA und verteilt die beiden Kopien auf gegenüberliegende Seiten der Zelle. Erst danach erfolgt die Trennung in Tochterzellen (Abbildung 12.1).

12.1.1 Die Organisation des genetischen Materials in der Zelle

Die **Genome** von Prokaryonten bestehen oft aus einem einzelnen langen DNA-Molekül. Eukaryontische Genome bestehen dagegen in der Regel aus mehreren DNA-Molekülen. Die Gesamtlänge der DNA in einer eukaryontischen Zelle ist enorm. Eine einzige menschliche Zelle enthält beispielsweise DNA mit einer Gesamtlänge von zwei Metern, eine ungefähr 50.000-mal längere Strecke als der Durchmesser der Zelle selbst. Bevor zwei identische Tochterzellen aus einer Zellteilung hervorgehen können, muss diese DNA vollständig kopiert werden und die beiden Kopien müssen so verteilt werden, dass jede der Zellen ein vollständiges Genom erhält.

Die Replikation und Verteilung derartiger Mengen von DNA ist nur aufgrund ihrer Verpackung in **Chromosomen** möglich, die ihren Namen durch den Nachweis im Mikroskop nach Reaktion mit bestimmten Farbstoffen erhielten (gr. *chroma*, Farbe und *soma*, Körper; Abbildung 12.2). Bei Eukaryonten ist jede Art durch eine bestimmte Anzahl von Chromosomen charakterisiert. Die **somatischen Zellen** (alle Körperzellen mit Ausnahme der Fortpflanzungszellen) des Menschen enthalten 46 Chromosomen, von denen je 23 Chromosomen von einem der beiden Elternteile stammen. Die Fortpflanzungszellen oder **Gameten**, also Ei- und Samenzellen, enthalten halb so viele Chromosomen wie die gewöhnlichen Körperzellen, also 23.

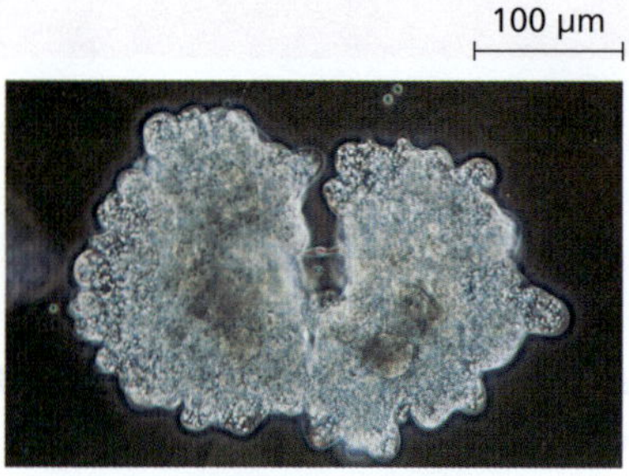

(a) Vermehrung (Reproduktion). Die Amöbe *(Amoeba proteus)*, ein einzelliger Eukaryont, bildet zwei Tochterzellen. Jede davon ist ein eigenständiges Lebewesen (lichtmikroskopische Aufnahme).

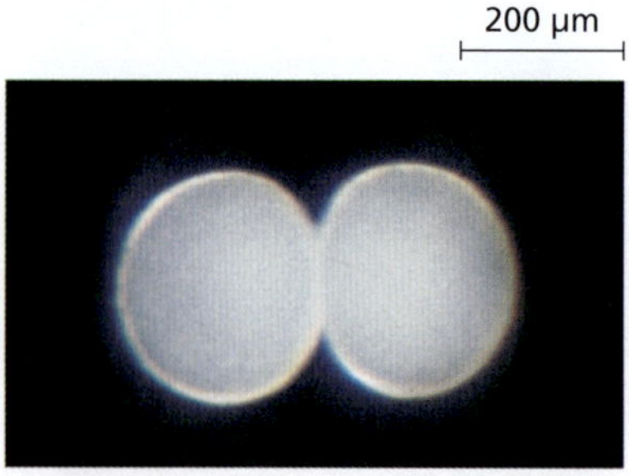

(b) Wachstum und Entwicklung. Die lichtmikroskopische Aufnahme zeigt den Embryo eines Seeigels („Sand Dollar“; *Clypeaster*), kurz nachdem sich die befruchtete Eizelle zum ersten Mal geteilt hat.

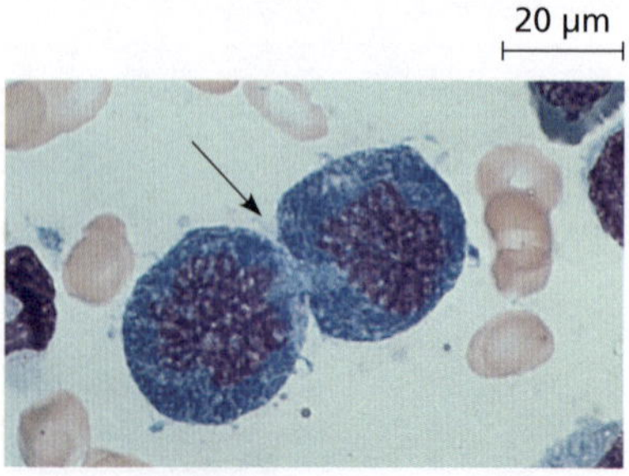

(c) Geweberegeneration. Die Knochenmarkszellen teilen sich (Pfeil) und bringen neue Blutzellen hervor (lichtmikroskopische Aufnahme).

Abbildung 12.1: Die Funktionen der Zellteilung.

Die artspezifische Chromosomenzahl schwankt beträchtlich: Bei einigen Kohlsorten (*Brassica* sp.) sind es zwölf, bei Elefanten 56, beim Igel 90 und bei einer Algenart 148 Chromosomen.

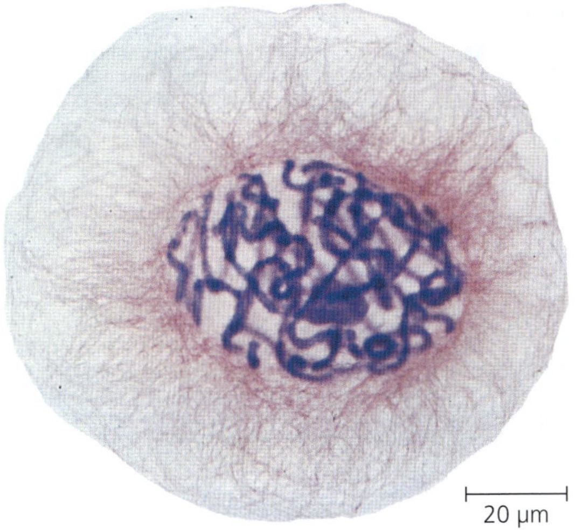

Abbildung 12.2: **Eukaryontische Chromosomen.** Die Chromosomen (lila) sind im Kern dieser Pflanzenzelle (*Haemanthus multiflorus*) sichtbar. Bei der fadenartigen Struktur im Zellinneren handelt es sich um das Cytoskelett. Die lichtmikroskopische Aufnahme zeigt ein frühes Stadium der Zellteilung.

Eukaryontische Chromosomen bestehen aus **Chromatin**, einem Komplex aus DNA und assoziierten Proteinmolekülen. Jedes einzelne Chromosom besteht aus einem sehr langen, unverzweigten DNA-Molekül, das einige hundert bis einige tausend Gene enthält, durch die die Erbmerkmale jedes Lebewesens bestimmt werden. Die assoziierten Proteine (chromosomale Proteine) sind sowohl am Aufbau (Struktur) des Chromosoms als auch an der Regulation der Genaktivität maßgeblich beteiligt.

MERKE!

Die Gesamtheit der DNA einer Zelle, die die genetische Information trägt, wird als Genom bezeichnet.

12.1.2 Die Verteilung der Chromosomen bei der eukaryontischen Zellteilung

Wenn sich eine Zelle nicht im Stadium der Zellteilung befindet, und auch noch während der DNA-Verdopplung vor einer anstehenden Zellteilung, liegen alle Chromosomen in Form langer, dünner Chromatinfasern vor (DNA-Moleküle mit anhaftenden Proteinen). Nach der Verdopplung der DNA verdichten sich die Chromosomen. Alle Chromatinstränge werden in sich aufgerollt und gefaltet, wodurch die Chromosomen stark verkürzt und verdickt werden, sodass man sie im Lichtmikroskop erkennen und anfärben kann (Abbildungen 12.2 und 12.3).

Jedes verdoppelte Chromosom besteht jetzt aus zwei **Schwesterchromatiden**. Die beiden Chromatiden enthalten identische DNA-Moleküle und sind zunächst über ihre gesamte Länge durch spezielle Proteinkomplexe (Cohesine) miteinander verbunden. Man bezeichnet diesen Vorgang als „Schwesterchromatiden-Kohäsion". In der kondensierten Form weist das replizierte Chromosom eine Einschnürung am **Centromer** auf. In diesem Bereich sind die Chromatiden am engsten miteinander verbunden und der Kontakt bleibt im Verlauf der Zellteilung auch am längsten erhalten. Die Bereiche der Chromatiden zu beiden Seiten des Centromers werden als Chromatidenarme bezeichnet. Später trennen sich die Schwesterchromatiden der Chromosomen, die aus der Replikation hervorgegangen sind, vollständig und wandern in entgegengesetzte Richtungen. Um jeden der so getrennten Chromosomensätze, die das Genom der neuen Zellen ausmachen, bilden sich dann neue Zellkerne. Nach der Trennung der Schwesterchromatiden werden sie als eigenständige Chromosomen betrachtet. Jeder der sich neu bildenden Zellkerne enthält also einen vollständigen Chromosomensatz, der mit dem der Ausgangszelle übereinstimmt (Abbildung 12.3). Der Kernteilung (**Mitose**, Karyokinese) schließt sich in der Regel direkt die Teilung des Zytoplasmas an (**Cytokinese**), womit die Zellteilung abgeschlossen ist. Anstelle einer Zelle liegen also nun zwei Zellen vor, die genetisch der Ausgangszelle entsprechen.

Wie verhält sich die Chromosomenzahl während der menschlichen Fortpflanzung? – Sie haben in Ihren Zellen 46 Chromosomen, je 23 von Vater und Mutter, die nach dem Verschmelzen von Ei- und Samenzelle in einem einzigen Zellkern vereinigt wurden. Bei der Bildung der befruchteten Eizelle (Zygote) verschmelzen also die beiden (haploiden) Gametenzellkerne zum (diploiden) Zygotenzellkern. Durch Mitosen und Zellteilungen entwickeln sich daraus die etwa 100 Billionen Zellen, aus denen unser Körper besteht. Außerdem werden durch die gleichen Prozesse immer neue Zellen gebildet, die geschädigte oder abgestorbene ersetzen. Eine neue Generation Gameten wird nach Eintritt der Geschlechtsreife durch eine spezielle Form der Zellteilung, die **Meiose** oder Reifeteilung (Reduktionsteilung) hervorgebracht. Hierbei entstehen genetisch verschiedene Teilungsprodukte, die nur einen einfachen (haploiden) Satz von 23 Chromosomen enthalten. Die Meiose findet nur in den Keimdrüsen (Gonaden) statt; beim Mann in den Hoden, bei der Frau in den Eierstöcken. Bei jeder neuen Generation wird die Chromosomenzahl durch die Meiose neuerlich von 46 auf 23 (vom doppelten auf den einfachen Satz) herabgesetzt. Es folgt die Befruchtung, bei der zwei haploide Gameten zusammenge-

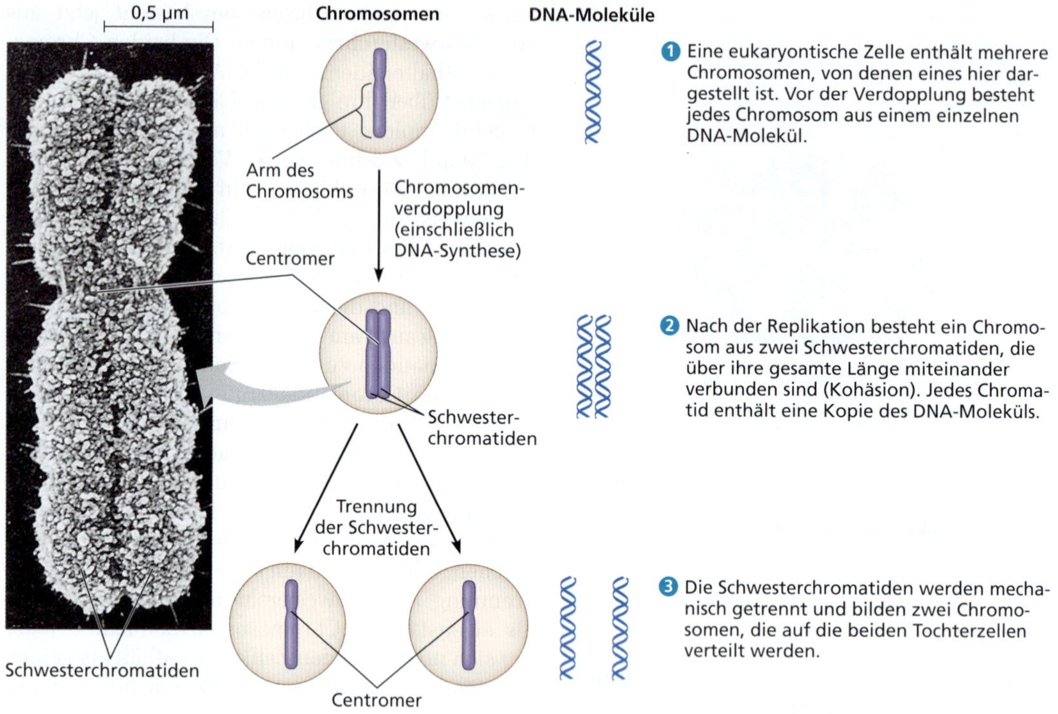

Abbildung 12.3: Verdopplung und Verteilung der Chromosomen während der Zellteilung.

? Zeichnen Sie einen Kreis um eine der Chromatiden des Chromosoms auf dem elektronenmikroskopischen Bild. Wie viele Arme hat das abgebildete Chromosom? – Wie viele Chromatiden hat es?

führt werden und die Zygote bilden, sodass in den somatischen Zellen wieder der diploide Satz mit 46 Chromosomen enthalten ist, der in den folgenden Mitosen beibehalten wird. Auf die Bedeutung der Meiose bei der sexuellen Fortpflanzung wird in Kapitel 13 näher eingegangen. Im Rest dieses Kapitels konzentrieren wir uns auf die Mitose und die anderen Stadien des Zellzyklus bei Eukaryonten.

VERSTÄNDNISFRAGEN

1. Wie viele Zellen entstehen aus einer Zygote (befruchtete Eizelle) in der frühen Embryonalentwicklung, wenn fünf Zellteilungsrunden stattfinden?

2. Wie viele Chromatiden enthält ein verdoppeltes Chromosom?

3. WAS WÄRE, WENN? Ein Huhn (*Gallus gallus*) enthält 78 Chromosomen in jeder somatischen Zelle. Wie viele Chromosomen hat das Huhn von jedem Elternvogel geerbt? – Wie viele Chromosomen finden sich in den Keimzellen (Gameten) des Huhns? – Wie viele Chromosomen werden die Nachfahren des Huhns in ihren somatischen Zellen haben?

12.2 Der Wechsel zwischen Mitose und Interphase im Zellzyklus

Im Jahr 1882 untersuchte der deutsche Anatom Walther Flemming (1843–1905) das Färbeverhalten von Zellen und konnte erstmals das Verhalten der Chromosomen während der Mitose und der Zellteilung (Cytokinese) beobachten (er prägte auch die Begriffe *Chromatin und Mitose*). Zwischen zwei Zellteilungen konnte er nur ein einfaches Zellwachstum feststellen. Heute wissen wir, dass sich während dieser Phase viele entscheidende Ereignisse im Leben einer Zelle abspielen.

12.2.1 Die Phasen des Zellzyklus

Die Mitose nimmt nur einen Teil des Zellzyklus ein (Abbildung 12.4), wobei die sogenannte „M-Phase“ (*Mitosephase*) die eigentliche Mitose und die anschließende Cytokinese beinhaltet. Die M-Phase ist in der Regel der kürzeste Abschnitt im Zellzyklus. Die mitotische Zellteilung steht im Wechsel mit längeren Abschnitten, die als Interphasen bezeichnet werden. Die **Interphase** macht oft bis zu 90 Prozent der Lebensspanne einer Zelle aus. Während der Interphase wächst die Zelle und die Chromosomen werden verdoppelt, als Vorbereitung für eine nachfolgende Zellteilung. Die Interphase selbst untergliedert sich weiter in die folgenden Stadien: G_1-Phase (1. Zwischenphase; engl. *gap*, Lücke, Kluft), S-Phase (Synthesephase) und G_2-Phase (2. Zwischenphase). Während dieser drei Phasen wächst die Zelle weiter, indem sie neue Proteine und neue zytoplasmatische Organellen wie beispielsweise Mitochondrien erzeugt und das endoplasmatische Reticulum erweitert. Die chromosomale DNA wird nur während der S-Phase repliziert. (Die DNA-Synthese wird in Kapitel 16 ausführlich erörtert.) Eine Zelle wächst (G_1), synthetisiert DNA, während sie weiterwächst (S), wächst noch weiter, während sie Vorbereitungen zur Teilung trifft (G_2), und teilt sich schließlich (M). Die Tochterzellen treten dann entweder in einen neuen Zyklus ein oder teilen sich nicht weiter (Abbildung 12.5).

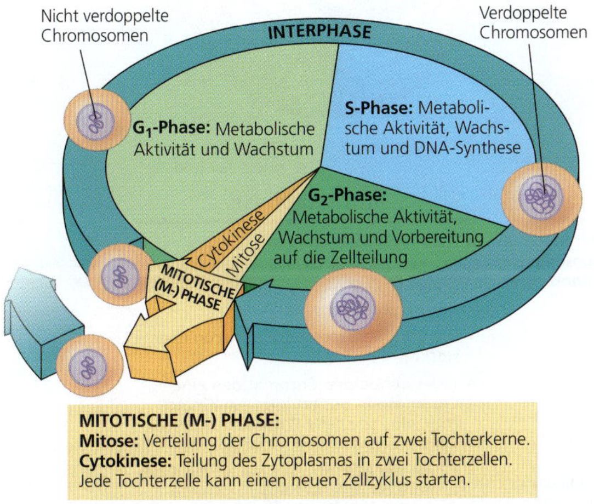

Abbildung 12.4: Der Zellzyklus. Im Zuge der Zellteilung wechseln sich M-Phase (Mitosephase) und Interphase, in der das Zellwachstum stattfindet, miteinander ab. Dem ersten Teil der Interphase (G_1) folgt die S-Phase, in deren Verlauf die DNA der Chromosomen repliziert wird. G_2 ist der letzte Abschnitt der Interphase vor dem Übergang in die M-Phase. In der M-Phase kommt es zur Kernteilung (Mitose). Bei den meisten eukaryontischen Zellen löst sich die Kernmembran während dieses Prozesses auf. Die Mitose umfasst auch die Verteilung der replizierten Chromosomen als Voraussetzung zur Bildung von genetisch identischen Tochterzellen. Die neuen Zellkerne werden durch die neuen Kernmembranen gebildet, die sich um die getrennten Chromosomensätze herum aufbauen. Bei der anschließenden Teilung des Zytoplasmas (Cytokinese) bilden sich die Tochterzellen. Die Länge der Phasen G_1, S und G_2 kann stark zwischen verschiedenen Zelltypen variieren.

MERKE!

Die Mitose wird in fünf Stadien unterteilt: Die Prophase, die Prometaphase, die Metaphase, die Anaphase und die Telophase.

12.2.2 Der Spindelapparat

Viele Vorgänge der Mitose sind vom Spindelapparat abhängig, dessen Bildung während der Prophase im Zellinneren einsetzt. Er besteht aus Mikrotubulifasern und weiteren damit assoziierten Proteinen. Beim Zusammenbau der Mitosespindel werden andere Mikrotubuli aus Teilen des Cytoskeletts teilweise abgebaut. Dies geschieht vermutlich, um genügend Baumaterial für die Konstruktion der Spindel bereitzustellen, ohne auf die Neusynthese von Tubulin angewiesen zu sein. Die Mikrotubuli der Spindel können durch die Neuanlagerung von Tubulinuntereinheiten (Polymerisation) verlängert und durch deren Ablösung (Depolymerisation) verkürzt werden (siehe auch Tabelle 6.1).

12.2.3 Die Evolution der Mitose

Aus welchen Mechanismen hat sich die Mitose im Laufe der Evolution entwickelt? Aufgrund der Existenz von Prokaryonten mehr als eine Milliarde Jahre vor dem ersten Auftreten von Eukaryonten auf der Erde ist anzunehmen, dass die Mitose sich aus Prozessen entwickelt hat, die auch bei der Zellteilung von Prokaryonten auftreten. Diese Hypothese wird durch die Beobachtung erhärtet, dass bei Eukaryonten einige Proteine an der Mitose beteiligt sind, deren Homologe (also ähnliche Proteine) an der Zweiteilung bei Bakterien mitwirken.

Bei der Entwicklung der Eukaryonten mit ihren größeren Genomen und einer Kernhülle muss also irgendwie aus der ursprünglichen Zweiteilung, wie wir sie noch heute bei den Bakterien beobachten, die Mitose hervorgegangen sein. Hinweise auf mögliche Zwischenstadien geben zwei ungewöhnliche Formen der Kernteilung, die noch heute bei bestimmten eukaryontischen Einzellern auftreten. In beiden Fällen bleibt die Kernmembran während der Zellteilung erhalten. Bei den Dinoflagellaten sind die replizierten Chromosomen an der Kernhülle verankert und werden getrennt, wenn sich der Zellkern während der Zellteilung streckt und schließlich abschnürt. Bei Diatomeen (Kieselalgen) und Hefen wird dagegen innerhalb des Zellkerns bereits eine mitotische Spindel ausgebildet, die die Chromosomensätze voneinander trennt. Dagegen folgt die Mitose bei den meisten Eukaryonten dem oben geschilderten Prozess, in dem sich die Kernhülle auflöst und der Spindelapparat die dann frei im Zellinneren liegenden Chromosomen trennt.

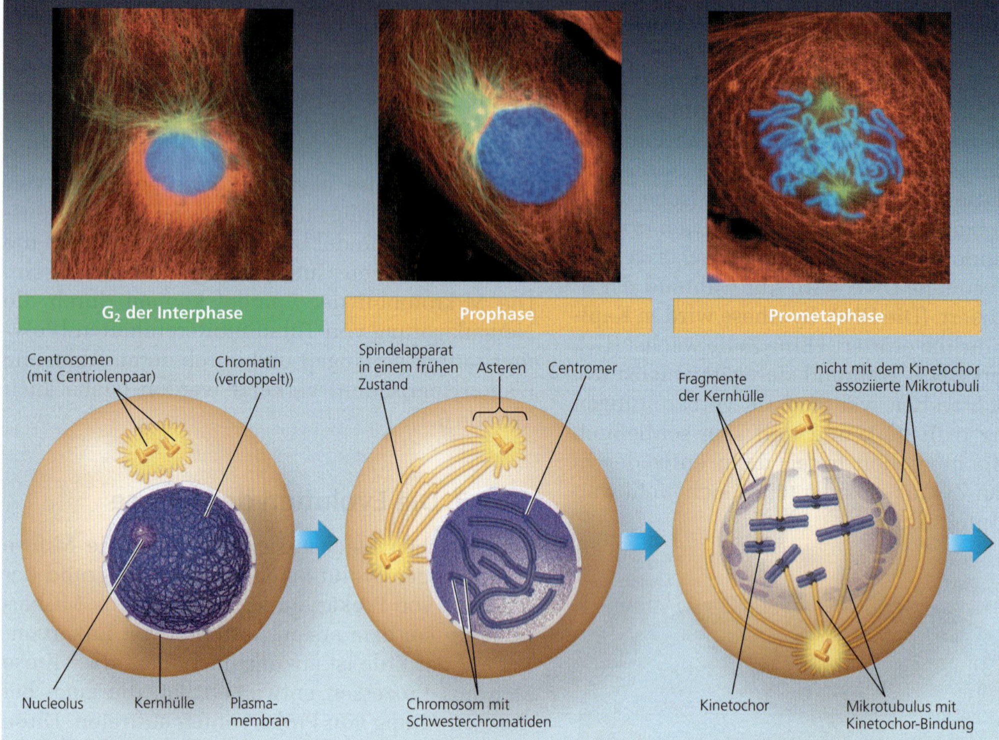

G_2 der Interphase

- Die Kernhülle umschließt den Kern.
- Der Kern enthält einen oder mehrere Nucleoli.
- Aus einem Centrosom haben sich zwei Centrosomen gebildet. Centrosomen sind Regionen in tierischen Zellen, die die Mikrotubuli des Spindelapparates organisieren. Jedes Centrosom enthält zwei Centriolen.
- Die Chromosomen, die während der S-Phase verdoppelt wurden, sind nicht einzeln sichtbar, da sie noch nicht kondensiert sind.

Die mikroskopischen Aufnahmen zeigen eine in Teilung befindliche Zelle aus der Lunge eines Molches. Die somatischen Zellen des Tieres enthalten 22 Chromosomen (die Chromosomen sind blau gefärbt, die Mikrotubuli grün und die Intermediärfilamente rot). Aus Gründen der Übersichtlichkeit zeigen die Schemazeichnungen nur sechs der Chromosomen.

Prophase

- Die Chromatinfasern kondensieren in aufgewundene, diskrete Chromosomen, die mit einem Lichtmikroskop beobachtet werden können.
- Die Nucleoli verschwinden.
- Jedes duplizierte Chromosom besitzt zwei identische Schwesterchromatiden, die an den Centromeren verbunden sind. In einigen Spezies sind zusätzlich die Arme durch Kohäsine miteinander verbunden.
- Die mitotische Spindel bildet sich aus. Sie besteht aus den Centrosomen und den von ihnen ausgehenden Mikrotubuli. Die radialen Bündel kürzerer Mikrotubuli, die von den Centrosomen ausgehen, werden als Astralmikrotubuli bezeichnet.
- Die Centrosomen bewegen sich voneinander fort, zum Teil angetrieben von den wachsenden Mikrotubuli.

Prometaphase

- Die Kernhülle fragmentiert.
- Die Mikrotubuli, die von den Centrosomen ausgehen, wandern jetzt in die Kernregion ein.
- Die Chromosomen kondensieren noch stärker.
- Jedes der beiden Chromatiden eines Chromosoms besitzt jetzt ein Kinetochor, eine spezielle Proteinstruktur am Centromer.
- Einige der Mikrotubuli, die an die Kinetochore binden, werden zu „Kinetochormikrotubuli", die die Chromosomen hin- und herbewegen.
- Polare Mikrotubuli wechselwirken mit den Mikrotubuli des gegenüberliegenden Pols.

? Wie viele DNA-Moleküle zeigt die Zeichnung der Prometaphase? Wie viele Moleküle gibt es pro Chromosom? Wie viele DNA-Doppelhelices findet man pro Chromosom bzw. pro Chromatid?

Abbildung 12.5: Näher betrachtet. Die mitotische Teilung einer Tierzelle.

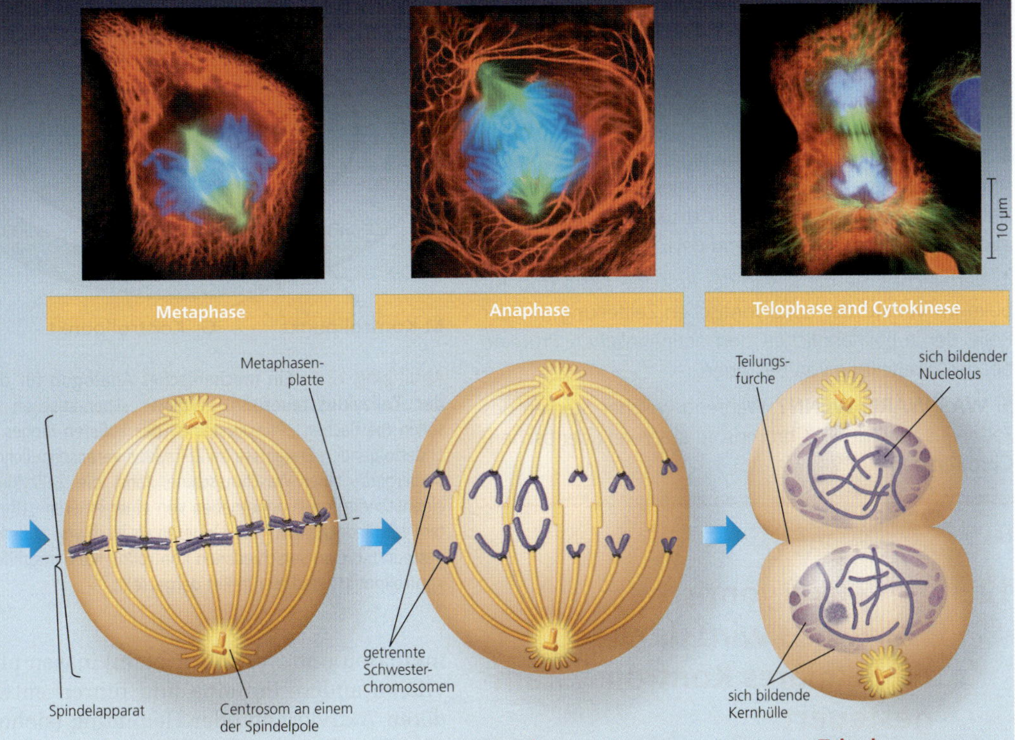

Metaphase

- Die Centrosomen befinden sich jetzt an den gegenüberliegenden Enden der Zelle.
- Die Chromosomen sind alle an der Metaphasenplatte angekommen, der Ebene, die genau in der Mitte zwischen den beiden Spindelpolen liegt. Die Centromere der Chromosomen liegen auf der imaginären Metaphasenplatte.
- Die Kinetochore der Schwesterchromatiden eines jeden Chromosoms sind mit den Kinetochormikrotubuli der gegenüberliegenden Pole verbunden.

Anaphase

- Die Anaphase ist die kürzeste Phase der Mitose und dauert oft nur wenige Minuten.
- Die Anaphase beginnt mit der Spaltung der Kohäsin-Proteine. Dies ermöglicht die schnelle Trennung der zwei Schwesterchromatiden. Dadurch wird jedes Chromatid zu einem vollwertigen Chromosom.
- Die beiden getrennten Schwester-Chromosomen bewegen sich zu den entgegengesetzten Enden der Zelle, dabei werden sie von den sich verkürzenden Kinetochormikrotubuli gezogen. Dabei bewegen sie sich mit dem Centromer voran (mit ca. 1 µm/min), weil dort die Mikrotubuli ansetzen.
- Die Zelle wächst in die Länge, weil sich die polaren Mikrotubuli verlängern.
- Gegen Ende der Anaphase besitzen die beiden Enden der Zelle gleichwertige und vollständige Chromosomensätze.

Telophase

- Zwei Tochterkerne bilden sich in der Zelle. Die Kernhüllen bilden sich aus Fragmenten der Eltern-Kernhülle und anderen Teilen des Endomembransystems.
- Die Nucleoli bilden sich.
- Der Grad der Kondensation der Chromosomen nimmt ab.
- Alle Spindel-Mikrotubuli depolymerisieren.
- Die Mitose, die Teilung eines Kerns in zwei identische Kerne, ist jetzt abgeschlossen.

Cytokinese

- Die Teilung des Zytoplasmas beginnt normalerweise schon in der späten Telophase, sodass die beiden Tochterzellen schon kurz nach dem Ende der Mitose erscheinen.
- In tierischen Zellen ist die Bildung einer Teilungsfurche, die die beiden Tochterzellen voneinander abschnürt, Teil der Cytokinese.

VERSTÄNDNISFRAGEN

1. Vergleichen Sie die Cytokinese bei tierischen und pflanzlichen Zellen.

2. Wozu dienen die nicht am Kinetochor verankerten Mikrotubuli?

3. Nennen Sie drei Aspekte bakterieller und eukaryontischer Chromosomen, die gleich oder ähnlich sind. Beziehen Sie sich dabei sowohl auf strukturelle Aspekte als auch auf das Verhalten während der Zellteilung.

4. Vergleichen Sie die Rollen der Proteine Actin und Tubulin im Verlauf der eukaryontischen Zellteilung mit der Rolle der tubulinähnlichen und actinähnlichen Proteine bei der Zweiteilung von Bakterien.

5. WAS WÄRE, WENN? Während welcher Stadien des Zellzyklus besteht ein Chromosom aus zwei (identischen) Chromatiden?

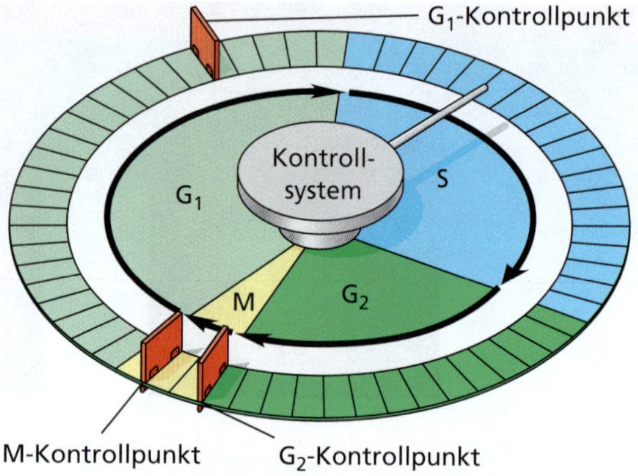

Abbildung 12.6: Ein mechanisches Analogon für das System der Zellzyklussteuerung. In dieser schematischen Darstellung sollen die flachen „Pflastersteine" des äußeren Ringes die aufeinanderfolgenden Ereignisse im Zellzyklus veranschaulichen. Wie das Steuergerät einer Waschmaschine, fährt die Zellzyklussteuerung eigenständig fort – angetrieben von einer inneren „Uhr". Das System wird jedoch sowohl von inneren als auch von äußeren Signalen gesteuert, die an verschiedenen Kontrollpunkten angreifen. Drei der Kontrollpunkte sind hier in Rot dargestellt.

12.3 Der eukaryontische Zellzyklus wird durch ein molekulares Kontrollsystem gesteuert

Sowohl der Zeitpunkt als auch die Geschwindigkeit, mit der Zellen sich teilen, müssen genau abgestimmt sein, um Wachstum, Entwicklung und das Überleben von Tieren, Pflanzen und Pilzen zu sichern. Die Häufigkeit der dafür notwendigen Zellteilungen hängt vom Zelltyp ab. So teilen sich etwa die Hautzellen eines Menschen lebenslang häufig, während die Zellen der Leber zwar teilungsfähig bleiben, sich aber nur bei Bedarf vermehren (zum Beispiel um abgestorbene Zellen zu ersetzen). Einige andere Zelltypen im Körper eines Erwachsenen teilen sich kaum noch, wie etwa Nerven- und einige Muskelzellen. Diese Unterschiede in den Zellzyklen verschiedener Zelltypen beruhen auf Regulationsvorgängen, die auf einer molekularen Ebene ablaufen. Die dabei zugrunde liegenden Mechanismen sind nicht nur außerordentlich wichtig, um die Lebenszyklen normaler Zellen zu verstehen, sondern auch um zu begreifen, wie etwa Krebszellen dieser Kontrolle entgehen (Abbildung 12.6).

Die Zellzyklusuhr: Cycline und cyclinabhängige Kinasen Die Geschwindigkeit, mit der die aufeinanderfolgenden Ereignisse im Zellzyklus ablaufen, wird durch rhythmische Schwankungen in der Konzentration und Aktivität bestimmter Moleküle vorgegeben, die den Zellzyklus steuern. Diese Regulatoren sind hauptsächlich Proteine, die man in zwei Gruppen einteilen kann: Proteinkinasen und Cycline. Proteinkinasen phosphorylieren andere Proteine und führen entweder zu deren Aktivierung oder Hemmung (siehe Kapitel 11). Eine bestimmte Untergruppe von Proteinkinasen vermittelt die „Weiter"-Signale an den Kontrollpunkten G_1 und G_2 (Abbildung 12.7). Abbildung 12.8 beschreibt ein Experiment, mit dessen Hilfe die entscheidende Rolle der Proteinkinase Cdk2p bei der Einleitung der Mitose am G_2-Kontrollpunkt in Zellen der Spalthefe (*Schizosaccharomyces pombe*) belegt wurde.

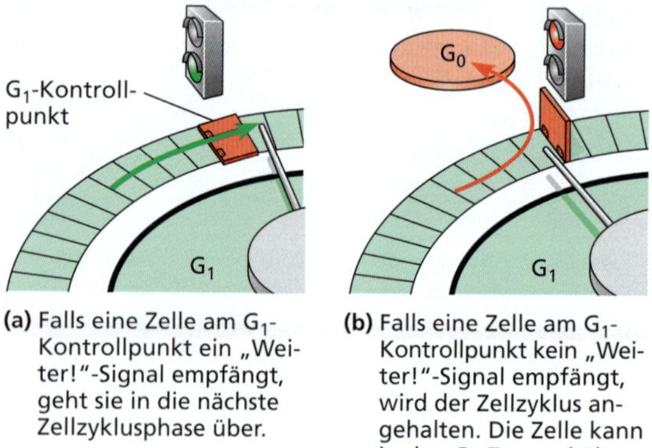

(a) Falls eine Zelle am G_1-Kontrollpunkt ein „Weiter!"-Signal empfängt, geht sie in die nächste Zellzyklusphase über.

(b) Falls eine Zelle am G_1-Kontrollpunkt kein „Weiter!"-Signal empfängt, wird der Zellzyklus angehalten. Die Zelle kann in den G_0-Zustand übergehen, in dem sie sich nicht weiter teilt.

Abbildung 12.7: Der G1-Kontrollpunkt.

? Was würde geschehen, wenn die Zelle den Kontrollpunkt ignorieren und im Zellzyklus weiter fortschreiten würde?

Abbildung 12.8: Wie verändert sich die Aktivität einer für die Mitose notwendigen Proteinkinase im Verlauf des Zellzyklus?

Experiment Bei ihren Arbeiten mit der Spalthefe Schizosaccharomyces pombe haben Paul Nurse und seine Kollegen das Gen cdc2 identifiziert, das für ein Protein codiert, das für die Zellteilung notwendig ist. Die Forscher konnten zunächst zeigen, dass dieses Genprodukt (Cdc2; p34 cdc2) eine Proteinkinase ist. In umfangreichen Arbeiten zur Regulation der Cdc2-Proteinkinase wurde ihre Aktivität im Verlauf des Zellzyklus gemessen. Aus einer synchronisierten Kultur von Spalthefezellen, die sich alle gleichzeitig teilen, wurden im Verlauf von zwei Zellzyklen in regelmäßigen Abständen Proben entnommen.

Die entnommenen Proben wurden mit zwei Methoden untersucht: (1) Die Zellen wurden im Mikroskop betrachtet, um festzustellen, wie hoch der Prozentsatz der sich teilenden Zellen in der Kultur war (ermittelt anhand der Zellplattenbildung während der Zellteilung). (2) Die Kinaseaktivität eines an Cdc2 angereicherten Zellextraktes wurde gemessen (durch den Phosphorylierungsgrad eines Referenzproteins). Kontrollexperimente bestätigten, dass die gemessene Kinaseaktivität hauptsächlich auf die Aktivität der Cdc2-Kinase zurückzuführen ist. Damit waren die Forscher in der Lage, eine Zunahme in der Enzymaktivität mit der Zellteilung in Verbindung zu bringen.

Ergebnis Die Aktivität der Proteinkinase Cdc2 schwankte im Verlauf des Zellzyklus periodisch, erreichte unmittelbar vor der Mitose einen Höchstwert und fiel danach wieder ab

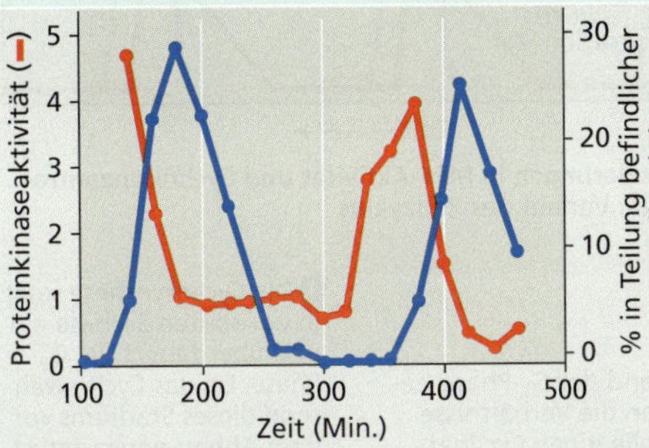

Schlussfolgerung Der Zusammenhang zwischen der Enzymaktivität und dem Einsetzen der Mitose – in Verbindung mit der Beobachtung aus anderen Experimenten, dass ohne Cdc2-Kinaseaktivität keine Mitose eingeleitet wird – stützt die Hypothese, dass die Cdc2-Proteinkinase für die Einleitung der Mitose in Spalthefezellen absolut notwendig ist.

Quelle: S. Moreno et al., Regulation of p34^{cdc2} protein kinase during mitosis, *Cell* 58: S. 361–372 (1989).

? WAS WÄRE, WENN? Welchen Ausgang des Experiments würden Sie erwarten (sowohl hinsichtlich der Kinaseaktivität als auch des Prozentsatzes sich teilender Zellen), falls die untersuchten Zellen Mutanten wären, die keine Cdc2-Proteinkinase bilden?

Obwohl viele der an der Steuerung des Zellzyklus beteiligten Proteinkinasen über den gesamten Zellzyklus in gleichen Mengen in der Zelle vorliegen, sind sie nicht aktiv. Für die Aktivierung muss sich ein solches Kinasemolekül mit einem zweiten Protein, einem Cyclin, verbinden. Cycline verdanken ihren Namen der Beobachtung, dass ihre Konzentration im Verlauf des Zellzyklus zyklischen Schwankungen unterliegt. Da die beschriebenen Proteinkinasen nur in Verbindung mit einem Cyclin ihre Aktivität entfalten, spricht man auch von **cyclinabhängigen Kinasen** (Cdk, engl. *cyclin-dependent kinases*). Die Aktivität der Cdk steigt und fällt mit der Konzentration ihres jeweiligen Partners unter den Cyclinen. Abbildung 12.9 zeigt die Schwankungen in der Aktivität des **MPF** (mitosefördernder Faktor; *mitosis-promoting factor*) – des ersten beschriebenen Cyclin/Cdk-Komplexes, der ursprünglich in Froscheiern entdeckt wurde. Man kann leicht erkennen, dass die höchste MPF-Aktivität mit der höchsten Konzentration des zugehörigen Cyclins übereinstimmt. Die Konzentration des abgebildeten Cyclins steigt während der S- und der G_2-Phase an und fällt dann in der M-Phase abrupt ab. Die rote Kurve in Abbildung 12.8 spiegelt die zyklische Aktivität des MPF-Komplexes in Spalthefezellen wider.

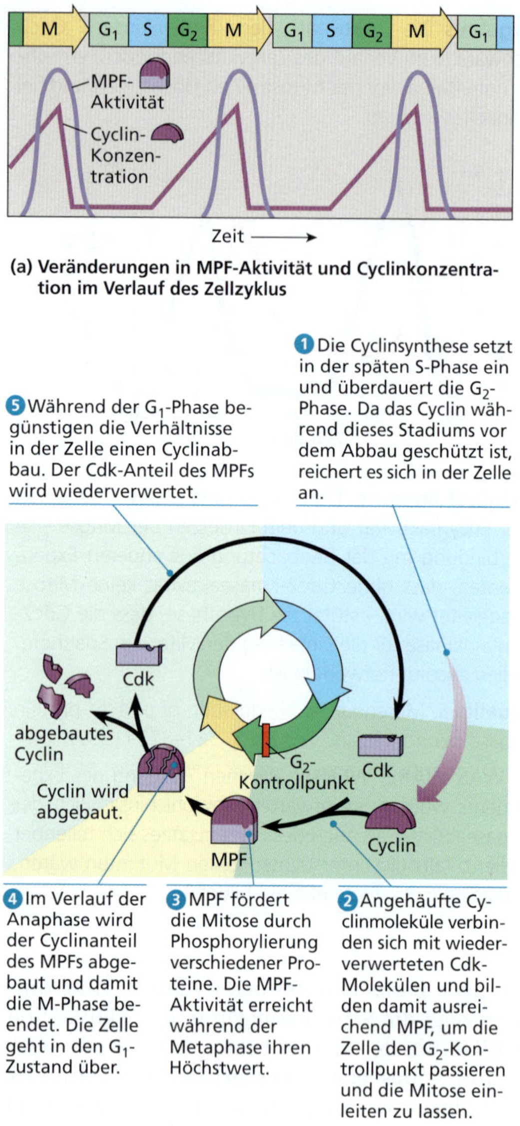

(a) Veränderungen in MPF-Aktivität und Cyclinkonzentration im Verlauf des Zellzyklus

(b) Molekulare Mechanismen der Zellzyklusregulation

Abbildung 12.9: Die molekulare Steuerung des Zellzyklusverlaufs am G_2-Kontrollpunkt. Die verschiedenen Zellzyklusschritte werden durch rhythmische Veränderungen in der Aktivität cyclinabhängiger Kinasen (Cdk) zeitlich aufeinander abgestimmt. Im vorliegenden Beispiel konzentrieren wir uns auf einen Cyclin/Cdk-Komplex tierischer Zellen, der als MPF bezeichnet wird und am G_2-Kontrollpunkt als „Weiter"-Signal wirkt, um die Mitose einzuleiten. Die Cdk im MPF-Komplex entspricht der Cdc2-Proteinkinase der Spalthefe (Abbildung 12.8).

12.3.1 Der Verlust der Zellzykluskontrolle bei Krebszellen

Krebszellen ignorieren die normalen Signale, die den Zellzyklus regulieren. Sie teilen sich exzessiv und dringen in andere Gewebe vor. Ungehindert können sie zum Tod des Individuums führen, indem sie sich vermehren.

Neben dem Verlust der Teilungshemmung bei hoher Zelldichte und dem von einer Verankerung unabhängigen Wachstum teilen sie sich auch dann weiter, wenn die Wachstumsfaktoren verbraucht sind. Entweder können sie also selbst einen Wachstumsfaktor herstellen oder eine fehlerhafte Signaltransduktion sorgt für die Übermittlung eines Wachstumssignals, ohne dass ein Wachstumsfaktor vorhanden wäre. Weiterhin könnte auch das den Zellzyklus steuernde System selbst in diesen Zellen versagen (zum Beispiel durch den Ausfall einer Hemmung). Tatsächlich können alle diese Mechanismen zur Krebsentstehung beitragen, wie wir in Kapitel 18 noch näher erläutern werden.

Auch andere Unterschiede zwischen normalen Zellen und Krebszellen weisen auf eine fehlerhafte Zellzyklussteuerung hin. So stellen Krebszellen beispielsweise ihre Teilung an einem beliebigen Punkt im Zellzyklus ein und nicht, wenn sie einen der normalen Kontrollpunkte erreichen. Außerdem können sich Krebszellen in Kultur unbegrenzt weiter teilen, solange ausreichend Nährstoffe vorhanden sind, während sich normale Zellen nach einer bestimmten Zahl von Teilungen nicht mehr vermehren. Krebszellen sind damit potenziell unsterblich. Das bekannteste Beispiel für die unbegrenzte Lebensdauer von Tumorzellen ist eine Zelllinie, die im Jahr 1951 in Kultur genommen und seitdem ohne Unterbrechung weitergezüchtet worden ist. Es handelt sich dabei um die sogenannten HeLa-Zellen, die aus dem Tumor einer Frau namens **He**nrietta **La**cks entnommen wurden. Im Gegensatz zu HeLa-Zellen teilen sich normale Säugetierzellen in Kultur nur etwa zwanzig- bis fünfzigmal, bevor sie ihre Teilungen einstellen, altern und schließlich absterben. (Ein möglicher Grund für dieses Verhalten wird in Kapitel 16 bei der Replikation der Chromosomen noch näher besprochen.)

Das anomale Verhalten von Krebszellen kann katastrophale Folgen haben, wenn es im Körper von Mensch oder Tier auftritt. Das Problem entsteht, wenn eine einzelne Zelle zu einer Krebszelle wird, ein Vorgang, den man als **Transformation** (Umwandlung) bezeichnet. Dies bleibt in der Regel ohne Folgen für das Individuum, weil das Immunsystem normalerweise transformierte Zellen als „Fremdkörper" erkennt und sie vernichtet. Falls eine derartig entartete Zelle aber der Zerstörung entgeht, kann sie sich unter Umständen vermehren und so einen Tumor (Geschwulst) – eine Ansammlung abnormer Zellen in einem normalen Gewebe – bilden. Falls die transformierten Zellen an ihrem Ursprungsort verbleiben, spricht man von einem **gutartigen Tumor**. Die meisten gutartigen Tumoren sind kein schwerwiegendes Problem

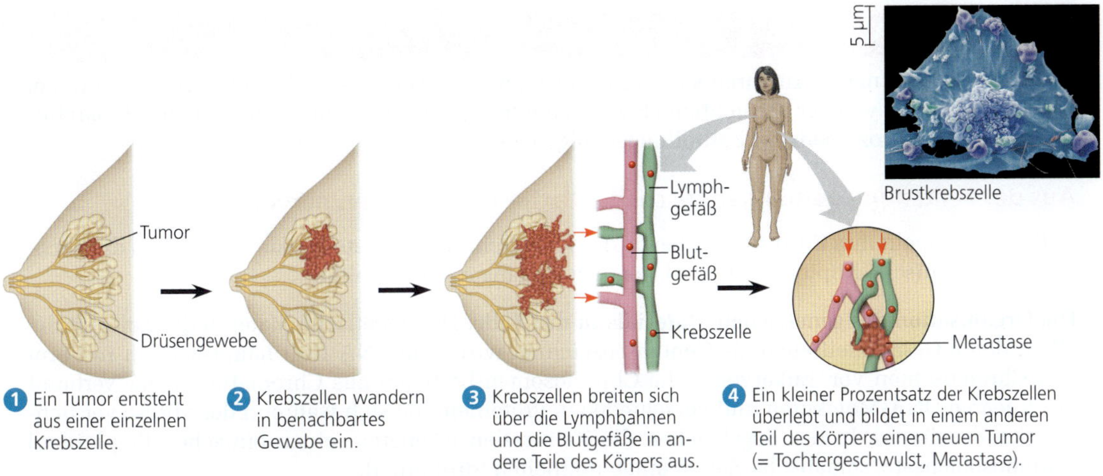

Abbildung 12.10: Wachstum und Metastasenbildung eines bösartigen Mammakarzinoms (Brustkrebs). Die Zellen des malignen (bösartigen) Tumors vermehren sich unkontrolliert und können in benachbartes Gewebe eindringen und sich über Lymph- und Blutgefäße verbreiten, um in anderen Teilen des Körpers Tumoren zu bilden. Die Ansiedlung von Krebszellen über ihren Ursprungsort hinaus bezeichnet man als Metastasen.

und können operativ vollständig entfernt werden. Im Gegensatz dazu verbreiten sich **bösartige Tumoren** (maligne Tumoren) so weit, dass sie die Funktion eines oder mehrerer wichtiger Organe beeinträchtigen (Abbildung 12.10). Liegt ein bösartiger Tumor vor, leidet das betroffene Individuum unter Krebs.

Ein örtlich begrenzter Tumor kann häufig mit einer Strahlenbehandlung bekämpft werden, welche die DNA der Zellen schädigt und so zum Zelltod führt. Da sie sich ständig teilen, sind Tumorzellen von der Strahlenwirkung oft stärker betroffen als gesundes Gewebe. Die Mehrzahl der Krebszellen scheint darüber hinaus die Fähigkeit eingebüßt zu haben, Schäden am Erbgut zu reparieren. Für die Behandlung metastatisierender Tumoren wird dagegen in der Regel eine Chemotherapie eingesetzt. Dabei werden Wirkstoffe verwendet, die vornehmlich sich teilende Zellen abtöten. Diese cytotoxischen Chemotherapeutika werden über den Blutstrom verteilt und erreichen so den gesamten Körper. Wie man erwarten würde, greifen Chemotherapeutika zur Krebsbehandlung oft an bestimmten Stellen in den Zellzyklus ein. Beispielsweise wirkt das aus Eiben gewonnene Taxol auf die Mikrotubuli, verhindert deren Depolymerisation und bringt so die Mitose in sich teilenden Zellen während der Metaphase zum Stillstand. Die starken Nebenwirkungen einer chemotherapeutischen Krebsbehandlung sind darauf zurückzuführen, dass sie auch die Zellen der gesunden Gewebe angreifen. Beispielsweise beruht die oft auftretende schwere Übelkeit auf den Wirkungen der Gifte auf die Darmzellen, der Haarausfall ist eine Folge der Wirkung auf die Haarfollikel und die erhöhte Anfälligkeit für Infektionskrankheiten beruht auf einer Beeinträchtigung der Zellen des Immunsystems.

Wir beginnen gerade erst zu verstehen, wie eine normale Zelle zu einer Krebszelle wird und in Kapitel 18 werden wir uns näher mit den molekularbiologischen Grundlagen dieser Transformation befassen. Obwohl es vielfältige Ursachen für einen Krebsausbruch gibt, beruht die zelluläre Transformation immer auf einer Veränderung von Genen, deren Produkte an der Zellzykluskontrolle beteiligt sind. Bisher ist unser Verständnis der Veränderungen im Genom, die zu den beschriebenen Eigenschaften von Krebszellen führen, allerdings noch sehr begrenzt.

Ein Grund für unser mangelndes Verständnis der Funktion von Krebszellen ist sicher, dass wir noch nicht umfassend verstehen, wie normale Zellen arbeiten. Die Zelle als Grundbaustein allen Lebens birgt noch genügend Geheimnisse, um Forscherinnen und Forscher auch in Zukunft ausreichend zu beschäftigen.

VERSTÄNDNISFRAGEN

1. Welches Signal erlaubt es einer Zelle, den Kontrollpunkt in der G_2-Phase zu überschreiten und in die Mitose einzutreten?

2. In welcher Phase des Zellzyklus befinden sich die meisten Zellen Ihres Körpers?

3. Vergleichen Sie einen gutartigen mit einem bösartigen Tumor.

ZUSAMMENFASSUNG

Einzellige Organismen vermehren sich durch Zweiteilung. Auch vielzellige Organismen sind bei ihrer Entwicklung von der befruchteten Eizelle zum fertigen Lebewesen, ebenso wie bei Reparatur- und Wachstumsprozessen, auf Zellteilungen angewiesen.

Aus der Zellteilung gehen genetisch identische Tochterzellen hervor

Zellen verdoppeln ihre Erbsubstanz, bevor sie sich teilen. Dadurch stellen sie sicher, dass die Tochterzellen identische Kopien der Erbanlagen der Vorgängerzelle erhalten.

Die Organisation des genetischen Materials in der Zelle. Das genetische Material der Zelle ist die DNA, deren Gesamtheit auch als Genom bezeichnet wird. Die DNA liegt hauptsächlich in Form von Chromosomen vor. Eukaryontische Chromosomen bestehen aus Chromatin, einem Verbund aus linearen DNA-Molekülen und verschiedenen Proteinen, die sich während der Mitose verdichten (kondensieren). In der Regel haben die Keimzellen (Gameten) einen einfachen (haploiden) Chromosomensatz, somatische Zellen einen doppelten (diploiden).

Verteilung der Chromosomen während der eukaryontischen Zellteilung. Zur Vorbereitung auf eine Zellteilung wird die DNA der Chromosomen repliziert. Nach der Replikation besteht das Chromosom aus zwei identischen Chromatiden, die über ihre gesamte Länge durch spezielle Proteine, die Kohäsine, miteinander verbunden sind. Nach der Spaltung der Kohäsine trennen sich die Chromatiden und werden zu eigenständigen Chromosomen der neu entstehenden Zellen. Die eukaryontische Zellteilung unterteilt sich in die Mitose (Verteilung der Chromosomen und des Zellkerns) und die Cytokinese (Teilung des Zytoplasmas).

Der Wechsel zwischen Mitose und Interphase im Zellzyklus

Zellzyklusphasen. Zwischen zwei Teilungen befindet sich die Zelle in der Interphase. Diese wird in die G_1-, die S- und die G_2-Phase unterteilt. Während der Interphase findet das Zellwachstum statt. Die DNA wird in der S-Phase (Synthesephase) repliziert. Mitose und Cytokinese charakterisieren die M-Phase (Mitosephase).

Der Spindelapparat. Der Spindelapparat besteht aus einem Verbund von Mikrotubuli, mit deren Hilfe die Chromosomen in der Mitose angeordnet und getrennt werden. In Tierzellen formt sich die mitotische Spindel aus den Centrosomen und umfasst die Spindel- und die Astralmikrotubuli. Einige der Spindelmikrotubuli verankern sich an den Kinetochoren der Chromosomen und bewirken deren Anordnung in der Ebene der Metaphasenplatte. In der Anaphase trennen sich die Schwesterchromatiden und Motorproteine ziehen die Chromosomen mithilfe der Mikrotubuli zu den gegenüberliegenden Spindelpolen. Die nicht an Kinetochoren verankerten Mikrotubuli schieben mithilfe von Motorproteinen die Spindelpole auseinander. Dies führt zu einer Streckung des Zellkörpers.

Evolution der Mitose. Die nur bei Eukaryonten auftretende Mitose hat sich im Laufe der Evolution wahrscheinlich aus Prozessen entwickelt, die auch bei Prokaryonten schon vorkamen. Bestimmte eukaryontische Einzeller zeigen Formen der Zellteilung, die Zwischenstadien der Zweiteilung der Bakterien und der bei den meisten Eukaryonten üblichen Mitose darstellen.

Der eukaryontische Zellzyklus wird durch ein molekulares Kontrollsystem gesteuert

Im Zytoplama der Zelle vorhandene Moleküle regulieren das Fortschreiten des Zellzyklus.

Zyklische Veränderungen der Konzentration regulatorischer Proteine wirken als Zellzyklusuhr. Der Zellzyklus weist eine Reihe von Kontrollpunkten in der G_1-, G_2- und der M-Phase auf, an denen er anhält, bis ein „Weiter"-Signal eintrifft. Schlüsselmoleküle sind die Cycline und die cyclinabhängigen Kinasen (Cdk). Die molekulargenetische Forschung hat viele Details der Zellteilung aufgeklärt.

Verlust der Zellzykluskontrolle bei Krebszellen. Krebszellen entziehen sich der normalen Regulation und teilen sich unkontrolliert. Dabei bilden sich Tumoren. Maligne (bösartige) Tumoren dringen in umliegendes Gewebe ein und können Metastasen bilden, indem Krebszellen in andere Bereiche des Körpers gelangen und dort neue Tumoren begründen. Aktuelle Fortschritte auf dem Gebiet der Zellzyklusforschung und der Signaltransduktion sowie neue Methoden der DNA-Sequenzierung haben zur besseren Behandlung von Krebserkrankungen beigetragen.

Meiose und geschlechtliche Fortpflanzung

13

13.1 Gene werden auf Chromosomen von den Eltern an ihre Nachkommen weitergegeben

Freunde der Familie haben Ihnen vielleicht schon einmal gesagt, dass Sie die Augen Ihrer Mutter hätten oder die Nase Ihres Vaters (und vielleicht wäre es Ihnen umgekehrt lieber). Die Eltern geben ihren Kindern aber natürlich nicht unmittelbar ihre Augen, Nasen oder andere Körperteile mit. Die benötigen sie schließlich noch selbst. Was wird also vererbt?

Abbildung 13.1: Was ist die Ursache familiärer Ähnlichkeiten?

13.1.1 Die Vererbung von Genen

Elternorganismen geben codierte Information an ihre Nachkommen weiter. Die vereinfachte Definition von **Genen** (gr. *genos*, Bildung, Bildner) bezeichnet also „Vererbungseinheiten", die sich in Merkmalen und Eigenschaften äußern. Die Gesamtheit aller Gene, die wir von unseren Müttern und Vätern erhalten, das sogenannte Genom, verbindet uns mit ihnen. Die Gene tragen dabei die Information für familiäre Ähnlichkeiten wie Augenfarbe, Nasenform und Ähnliches. Sie legen die spezifischen Merkmale fest, die auftreten, wenn wir uns von der befruchteten Eizelle (Zygote) zum Erwachsenen entwickeln.

> **MERKE!**
> **Die vereinfachte Definition von Genen bezeichnet also „Vererbungseinheiten", die sich in Merkmalen und Eigenschaften äußern.**

Das genetische Programm ist in der DNA (Desoxyribonucleinsäure) gespeichert. Die Erbinformation wird in den Nucleotidfolgen der Chromosomen weitergereicht, die Gene und Strukturelemente bilden. Dies ist analog einer Weitergabe gedruckter Information durch Buchstabenfolgen, die Sätze und größere Textabschnitte ergeben können. In beiden Fällen ist die verwendete „Sprache" eine Symbolsprache. So wie das Gehirn das Wort „Apfel" in ein Gedankenbild der entsprechenden Frucht übersetzt, übersetzen Zellen die Information der Gene in eine bestimmte Augenfarbe oder andere Merkmale. Die meisten Gene veranlassen die ausführende Zelle dazu, ein bestimmtes Protein zu bilden. Die Gesamtheit der verschiedenen Proteine (wie etwa Enzyme, Strukturproteine oder Sensoren) sorgen dann für die Ausprägung bestimmter vererbter Merkmale eines Individuums. Diese abstrakte Codierung von Merkmalen in Form von DNA-Sequenzen bildet einen „roten Faden" durch die gesamte Biologie, da sie bei allen Organismen in gleicher Form erfolgt.

Die molekulare Grundlage der Weitergabe der Erbinformation liegt in der präzisen Replikation der DNA. Durch diesen Vorgang werden identische Kopien aller Gene erzeugt, die von den Elternorganismen auf die Nachkommen übertragen werden. Bei Tieren und Pflanzen werden die Fortpflanzungszellen als **Keimzellen** oder **Gameten** bezeichnet. Mit ihnen gelangt das Erbgut von einer Generation in die nächste. Während der Befruchtung vereinigen sich männliche und weibliche Gameten (Spermien, Spermazellen beziehungsweise Samenzellen) mit Eizellen. Als Produkt der Befruchtung entsteht eine Zygote, aus der sich ein Organismus der Folgegeneration (Filialgeneration) entwickelt.

Die Hauptmasse der Erbsubstanz bei Eukaryonten liegt in Form der Chromosomen im Zellkern vor. Darüber hinaus finden sich geringe Mengen an DNA in den Mitochondrien (mtDNA) und den Plastiden (bei Pflanzenzellen). Jede Art enthält in ihren Zellkernen eine für sie charakteristische Anzahl von Chromosomen. Dabei können natürlich auch sehr verschiedene Arten zufällig gleiche Chromosomenzahlen aufweisen. Mit Ausnahme der Keimzellen, die wir gesondert betrachten müssen, enthalten menschliche Zellen 46 Chromosomen. Jedes Chromosom besteht, wie wir aus dem vorangegangenen Kapitel wissen, aus einem einzigen, sehr langen DNA-Molekül, das mit verschiedenen Proteinen assoziiert und mehrfach aufgerollt und verknäuelt ist. Jedes Chromosom enthält Hunderte von Genen, von denen jedes durch eine bestimmte Abfolge von Nucleotiden entlang des DNA-Moleküls charakterisiert ist. Erstaunlicherweise sind aber die Grenzen eines

Gens trotz der genauen Kenntnis, die wir heute von der DNA-Sequenz haben, schwierig zu bestimmen. Die genaue Lage eines Gens auf dem Chromosom wird als sein Genort oder Locus (lat. *locus*, Ort; Plural: Loci) bezeichnet. Unser Genom setzt sich aus Genen auf den Chromosomen zusammen, die wir von unseren Eltern geerbt haben. Die mitochondriale DNA unserer Zellen stammt dagegen ausschließlich aus der Eizelle der Mutter. Dieser Vorgang wird als maternale (mütterliche) Vererbung bezeichnet. Das Spermium übermittelt keine mitochondrialen Erbinformationen.

MERKE!

In einem Lebenszyklus (= Entwicklungszyklus) werden Nachkommen durch eine in jeder neuen Generation auftretende Abfolge von Entwicklungsstadien von der Befruchtung bis zur Fortpflanzung hervorgebracht.

13.1.2 Ein Vergleich von geschlechtlicher und ungeschlechtlicher Fortpflanzung

Nur Organismen, die sich ungeschlechtlich (asexuell) vermehren, bringen genetisch identische Nachkommen hervor. Bei der **ungeschlechtlichen Vermehrung** (**asexuelle Reproduktion**) fungiert ein einzelnes Individuum als alleiniger Elternorganismus und gibt Kopien aller seiner Gene (sein Genom) an seine Nachkommen weiter. Eine Ansammlung genetisch identischer Lebewesen, die aus einem erbgleichen Ursprungsorganismus hervorgegangen sind, bezeichnet man als **Klone**. Einzellige Eukaryonten, wie zum Beispiel Pantoffeltierchen (*Paramecium*) oder Malariaerreger (*Plasmodium*), können sich durch mitotische Zellteilungen ungeschlechtlich vermehren. Dabei wird die vorher kopierte (verdoppelte) DNA der Chromosomen gleichmäßig auf die Tochterzellen verteilt. Die Genome der Nachkommen sind also exakte Kopien des „elterlichen" Genoms. Aber auch vielzellige Tiere wie Blattläuse, einige Fische und bestimmte Eidechsenarten können sich ungeschlechtlich vermehren.

Bei der **geschlechtlichen Fortpflanzung** (**sexuelle Reproduktion**) bringen zwei Elternorganismen gemeinschaftlich Nachkommen mit einzigartigen Allelkombinationen an den homologen Genorten ihres diploiden Genoms hervor. Diese stammen aus den jeweiligen Chromosomen der Eltern. Anders als bei Klonen unterscheiden sich die Nachfahren bei der geschlechtlichen Vermehrung genetisch also sowohl von ihren Geschwistern als auch von ihren Eltern (mit Ausnahme eineiiger Zwillinge). Sie sind gewissermaßen die Variationen eines gemeinsamen „Themas" familiärer Ähnlichkeit und keine exakten Kopien. Eine wichtige Funktion der geschlechtlichen Fortpflanzung besteht also in der Erzeugung genetischer Varianten.

MERKE!

Bei der geschlechtlichen Fortpflanzung (sexuelle Reproduktion) bringen zwei Elternorganismen gemeinschaftlich Nachkommen mit einzigartigen Allelkombinationen an den homologen Genorten ihres diploiden Genoms hervor.

VERSTÄNDNISFRAGEN

1. Wie werden die Merkmale von Elternorganismen (wie etwa die Haarfarbe) auf die Nachkommen übertragen?

2. Erläutern Sie, wie bei der ungeschlechtlichen Vermehrung genetisch identische Nachkommen aus einem Elternorganismus hervorgehen.

3. WAS WÄRE, WENN? Ein Gartenbauingenieur züchtet Orchideen und versucht dabei Pflanzenindividuen zu erhalten, die eine bestimmte Kombination gewünschter, erblicher Merkmale zeigen. Nach einigen Jahren hat er damit Erfolg. Sollte er, um weitere Pflanzen wie die gewünschte Neuzüchtung zu erhalten, die selektierten Individuen weiterzüchten oder klonen? Erläutern Sie Ihre Antwort.

13.2 Befruchtung und Meiose wechseln sich beim geschlechtlichen Generationswechsel ab

In einem **Lebenszyklus** (= Entwicklungszyklus) werden Nachkommen durch eine in jeder neuen Generation auftretende Abfolge von Entwicklungsstadien von der Befruchtung bis zur Fortpflanzung hervorgebracht.

MERKE!

In einem Lebenszyklus (= Entwicklungszyklus) werden Nachkommen durch eine in jeder neuen Generation auftretende Abfolge von Entwicklungsstadien von der Befruchtung bis zur Fortpflanzung hervorgebracht.

13.2.1 Die Chromosomensätze menschlicher Zellen

Beim Menschen enthalten alle **somatischen Zellen** (Körperzellen mit Ausnahme von denen der Keimbahn) 46 Chromosomen. Im Verlauf der Mitose verdichten sich die Chromosomen so stark, dass sie einzeln im Lichtmikroskop erkennbar werden. Sie unterscheiden sich in ihrer Größe, der Lage des Centromers sowie in den Farbmustern, die sich bei der Anfärbung mit bestimmten Farbstoffen ergeben. Mit etwas Erfahrung lassen sich also bestimmte Chromosomen bei einer mikroskopischen (cytogenetischen) Untersuchung zweifelsfrei erkennen, wenn sie einen hinreichenden Kondensationsgrad erreicht haben.

Vergrößert man eine Mikrofotografie der 46 Chromosomen einer einzelnen Zelle, die sich in der Mitose befindet, so kann man zwei Gruppen von je 23 Chromosomen unterscheiden. Dies wird besonders augenfällig, wenn die Chromosomen nach ihrer Größe paarweise angeordnet werden. Das sich so ergebende, geordnete Bild nennt man ein **Karyogramm** (Abbildung 13.2). Bei der Aufreihung der Chromosomen stellt man fest, dass sich definierte Paare ergeben. Die beiden Chromosomen eines Paares gleichen sich in Größe, Lage des Centromers und ihrem Bandenmuster bei der Anfärbung. Man sagt, dass solche Chromosomen homolog zueinander sind und spricht deshalb von **homologen Chromosomenpaaren**. Beide Vertreter eines homologen Paares enthalten die gleichen Gene (Erbanlagen, die das gleiche Merkmal beeinflussen) in der gleichen Abfolge. Homologe Chromosomen erhalten die gleiche Nummer in einem Karyogramm und sind also alternative Versionen eines Chromosoms. Beeinflusst etwa ein bestimmter Genort auf einem Chromosom die Augenfarbe, so ist diese Information am entsprechenden Genort des homologen Chromosoms durch das dort liegende Allel (eine alternative Version desselben Gens) ebenfalls codiert.

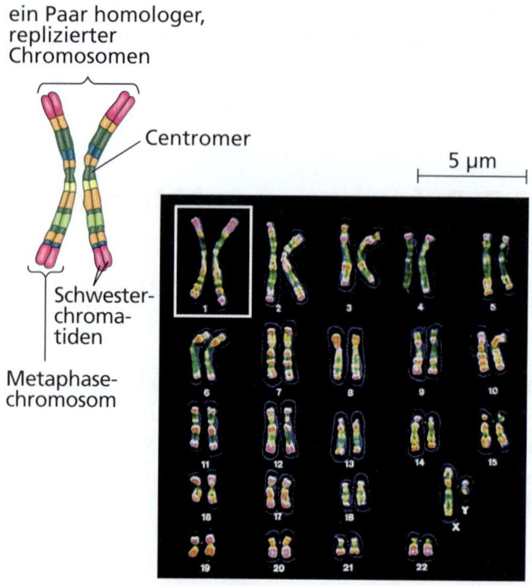

Abbildung 13.2: **Erstellung eines Karyogramms.** Dieses Karyogramm zeigt die Chromosomen eines genetisch „normalen" Mannes. Einzelne Chromosomen werden anhand ihrer Größe, der Lage der Centromere und dem Bänderungsmuster nach der Färbung identifiziert. Auch wenn es im Karyogramm kaum zu erkennen ist, besteht jedes Metaphasenchromosom aus zwei eng aneinander liegenden Schwesterchromatiden (2-Chromatidenchromosomen). Die Schemazeichnung links neben dem Karyogramm zeigt ein homologes Paar der replizierten Chromosomen.

Zwei besondere Chromosomen werden nicht mit einer Zahl, sondern mit den Buchstaben X und Y bezeichnet und unterscheiden sich zwischen den Geschlechtern. Die Zellen von Frauen (und fast allen weiblichen Säugetieren) enthalten zwei X-Chromosomen, also ein homologes Paar (karyotypische Konstitution: XX). Im Gegensatz dazu findet man bei Männern und bei den meisten männlichen Säugetieren je ein X- und ein Y-Chromosom (karyotypische Zusammensetzung: XY). Nur kleine Bereiche der Chromosomen X und Y sind homolog zueinander. Die meisten Genorte auf dem viel größeren X-Chromosom haben kein Gegenstück auf dem kleinen Y-Chromosom, dem kleinsten aller menschlichen Chromosomen. Das Y-Chromosom enthält aber seinerseits Gene, für die es keine Gegenstücke (homologe Allele) auf dem X- oder irgendeinem anderen Chromosom gibt. Da diese beiden Chromosomen in den Geschlechtern verschieden sind, nennt man sie **Geschlechtschromosomen** (= **Gonosomen, Heterosomen**). Die restlichen paarweise vorhandenen Chromosomen bezeichnet man als **Autosomen**. Das Geschlecht bei Säugetieren wird durch das Y-Chromosom bestimmt. Es ist also streng genommen das eigentliche Geschlechtschromosom.

Durch die geschlechtliche Fortpflanzung treten also in den Körperzellen des Menschen und der meisten anderen Eukaryonten homologe Chromosomenpaare auf. Je ein Exemplar jedes Autosomenpaares stammt von einem unserer Eltern, also eines von der Mutter und das andere vom Vater. Insgesamt setzen sich die 46 Chromosomen in unseren somatischen Zellen damit aus zwei Sätzen zu je 23 Stück zusammen: ein maternaler (mütterlicher) und ein paternaler (väterlicher) Satz. Diese für jede Art typische Anzahl nicht homologer Chromosomen wird als **haploider Satz** bezeichnet und mit dem Buchstaben *n* symbolisiert. Liegt, wie in den Körperzellen, der doppelte Satz vor, spricht man vom **diploiden Satz** und von **diploiden Zellen**. Sie enthalten $2n$ Chromosomen. Für den Menschen ist $2n = 46$ und $n = 23$. Nach der vollständigen chromosomalen DNA-Synthese liegen alle Chromosomen im replizierten Zustand als 2-Chromatidchromosomen vor. In diesem Zustand beträgt die DNA-Menge also vorübergehend das Doppelte des „normalen" Wertes, wobei die Chromatiden noch miteinander verbunden sind. Nach der Trennung der Chromatiden und noch vor Abschluss der Zellteilung (Cytokinese) im späteren Verlauf der Mitose beträgt der Ploidiegrad der Zelle vorübergehend $4n$. Durch die Trennung der Tochterzellen wird der diploide Zustand wieder hergestellt. Die hier verwendeten Begriffe sind in Abbildung 13.3 nochmals verdeutlicht. Sehen Sie sich diese Abbildung genau an, um sich die Unterschiede zwischen homologen Chromosomen, Schwesterchromatiden, Nichtschwesterchromatiden, 1- und 2-Chromatidchromosomen und Chromosomensätzen klar zu machen. Es ist wichtig, sich diese Grundbegriffe einzuprägen und genau zu beachten, um im Folgenden nicht den Überblick zu verlieren.

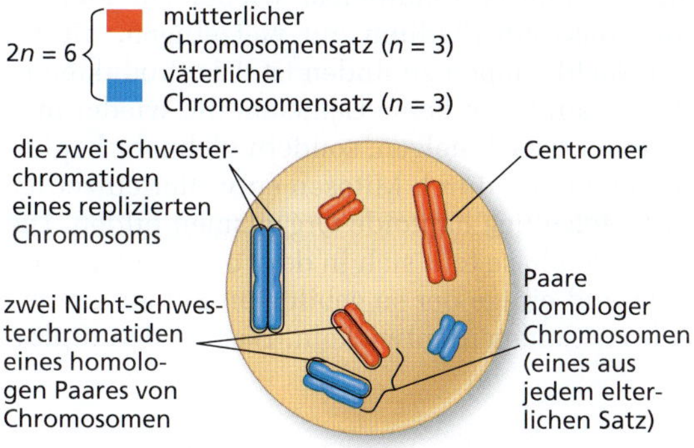

Abbildung 13.3: Struktur und Verhalten der Chromosomen. Hier ist beispielhaft eine Zelle mit einem diploiden Satz aus sechs Chromosomen ($2n = 6$) dargestellt, um die Vorgänge bei der Replikation und der anschließenden Kondensation der Chromosomen zu verdeutlichen. Nach der Replikation besteht jedes der sechs gezeigten Chromosomen aus zwei Schwesterchromatiden (2-Chromatidenchromosomen), die über ihre gesamte Länge eng miteinander verbunden sind. Die homologen Chromosomenpaare stammen jeweils von der Mutter (maternal = rot) und vom Vater (paternal = blau). Damit liegen vier homologe Chromatiden vor, wobei je zwei davon identische Gene tragen, die aus der Replikation eines Chromosoms hervorgingen. Jeder haploide Chromosomensatz besteht in diesem Beispiel aus drei verschiedenen Chromosomen. Diejenigen Chromatiden, die nicht durch Replikation auseinander hervorgegangen sind (also die des jeweils anderen homologen Chromosoms), sind also genetisch nicht identisch und werden entsprechend als Nicht-Schwesterchromatiden bezeichnet.

? Wie groß ist die Anzahl der Chromosomen des haploiden Satzes (n) bei dieser Zelle?

Anders als die somatischen Zellen enthalten die Keimzellen (Gameten), also Ei- und Spermien- beziehungsweise Samenzellen, nur einen einfachen, haploiden Chromosomensatz (n). Menschliche Keimzellen enthalten daher jeweils 23 Chromosomen. Jeder Satz aus 23 Chromosomen besteht aus 22 Autosomen und einem Gonosom. Da weibliche Säugetiere im diploiden Satz zwei homologe X-Chromosomen enthalten (XX), muss auch eine unbefruchtete Eizelle immer ein X-Chromosom tragen. Samenzellen (Spermien) können entsprechend neben den 22 Autosomen mit gleicher Wahrscheinlichkeit entweder ein X- oder ein Y-Chromosom enthalten.

Jede Art weist eine für sie typische Chromosomenzahl auf, wobei die diploide Anzahl natürlich das Doppelte der haploiden beträgt und also immer eine gerade Zahl ergeben muss. Die Taufliege (*Drosophila melanogaster*) hat eine diploide Chromosomenzahl von acht ($2n = 8$; $n = 4$). Bei Hunden beträgt sie $2n = 78$ ($n = 39$).

Auf der Basis dieser Grundlagen über diploide und haploide Chromosomensätze soll nun das Verhalten der Chromosomen während des geschlechtlichen Entwicklungszyklus, wieder am Beispiel des Menschen, näher analysiert werden (Abbildung 13.4).

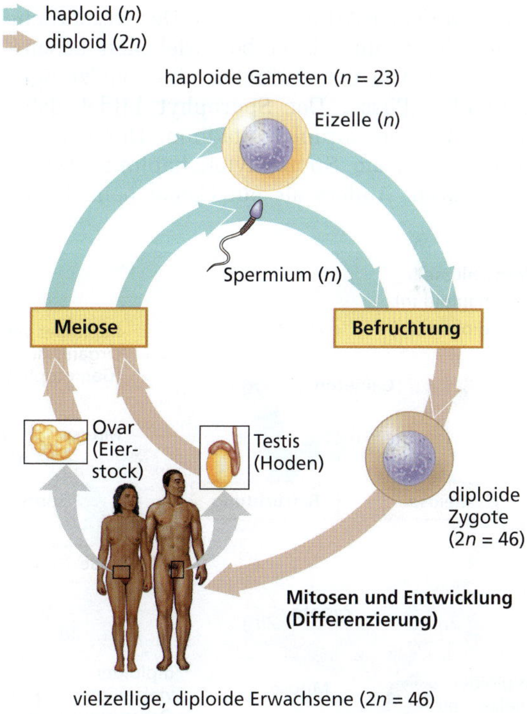

Abbildung 13.4: Der menschliche Lebenszyklus. In jeder neuen Generation verdoppelt sich die Chromosomenzahl bei der Befruchtung und wird nachfolgend durch die Meiose wieder halbiert. Beim Menschen beträgt die Anzahl der haploiden Chromosomen 23 ($n = 23$). Im diploiden Zustand, also in der Zygote und allen daraus gebildeten Körperzellen, beträgt die Chromosomenzahl 46 ($2n$). Farbschlüssel: Türkise Pfeile kennzeichnen die haploiden, beige Pfeile die diploiden Stadien.

13.2.2 Die Vielfalt der Lebenszyklen bei der geschlechtlichen Fortpflanzung

Obgleich alle Organismen mit geschlechtlicher Fortpflanzung zwischen der Meiose und der Befruchtung wechseln, kann deren zeitlicher Ablauf bei den verschiedenen Lebenszyklen erheblich voneinander abweichen. Zeitpunkt und Dauer der einzelnen Phasen sind dabei artabhängig. Allgemein lassen sich die Lebenszyklen aufgrund dieser Unterschiede in drei Gruppen unterteilen. Beim Menschen und den meisten anderen Tieren sind die Gameten die einzigen haploiden Zellformen. Die Meiose läuft in den Vorläuferzellen der Gameten ab, die sich in den Keimdrüsen (Gonaden) befinden. Vor der Befruchtung teilen sich die reifen Gameten nicht nochmals. Dafür teilt sich die Zygote nach der Befruchtung mitotisch und erzeugt so einen diploiden vielzelligen Organismus (Abbildung 13.5a).

Bei Pflanzen und manchen heute zu den Protisten zählenden Algen beobachtet man dagegen einen regelrechten **Generationswechsel**, in dem sich vielzellige haploide und diploide Generationen innerhalb einer Art abwechseln. Der wesentliche Unterschied zum bisher beschriebenen Lebenszyklus ist also das Auftreten einer vielzelligen haploiden Phase. Der **Sporophyt** bildet dabei das vielzellige, diploide Stadium. Durch Meiose entstehen am Sporophyten haploide Zellen, die **Sporen**. Anders als ein Gamet beim bisher beschriebenen Lebenszyklus fusioniert eine haploide Spore nicht mit einer anderen haploiden Zelle. Vielmehr teilt sie sich mitotisch und bildet damit einen vielzelligen, haploiden Organismus, den **Gametophyten**. Sporophyt und Gametophyt sind also die beiden sich abwechselnden Stadien dieses Generationswechsels. Die Gameten werden durch Mitose aus den Zellen des Gametophyten gebildet. Aus der Verschmelzung zweier haploider Gameten entsteht bei der Befruchtung eine diploide Zygote, aus der ein neuer, diploider Sporophyt hervorgeht. Bei diesem Lebenszyklus bringt die Sporophytengeneration also als Nachfahren eine Generation haploider Gametophyten hervor, die als Nachfahren wieder eine Generation diploider Sporophyten erzeugen (Abbildung 13.5b). Deshalb wurde hierfür der zutreffende Begriff Generationswechsel geprägt.

Eine dritte Art von Lebenszyklus findet sich bei den meisten Pilzen und manchen Protisten, darunter auch einigen Algen. Nachdem die Gameten zu einer diploiden Zygote verschmolzen sind, kommt es unmittelbar wieder zur Meiose, ohne dass ein Stadium mit vielzelligen, diploiden Nachkommen zu finden ist. Die Produkte der Meiose sind also keine Gameten, die wieder miteinander verschmelzen, sondern vielmehr haploide Zellen, die durch Mitosen entweder einzellige oder vielzellige haploide Organismen bilden. Die haploide Phase teilt sich in der Folge weiter mitotisch und einige der so gebildeten Zellen können sich zu Gameten entwickeln. Das einzige diploi-

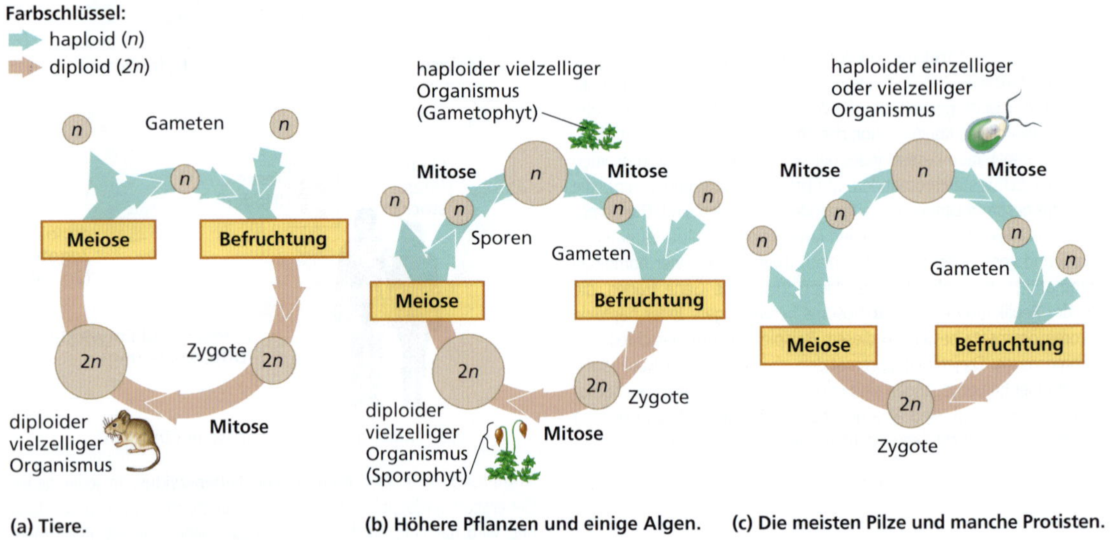

Abbildung 13.5: Drei mögliche Lebenszyklen bei der geschlechtlichen Fortpflanzung. Das gemeinsame Merkmal aller drei Zyklen ist der Wechsel von Meiose (Reifungsteilung) und Befruchtung (Fertilisation). Dies sind die Schlüsselereignisse, die zur genetischen Variabilität unter den Nachkommen beitragen. Die Zyklen unterscheiden sich hauptsächlich im zeitlichen Verlauf dieser beiden Ereignisse.

de Stadium wird also durch die einzellige Zygote vertreten (Abbildung 13.5c).

Entsprechend dem jeweiligen Lebenszyklus können sich damit sowohl haploide als auch diploide Zellen *mitotisch* teilen. Andererseits sind aber nur diploide Zellen in der Lage, sich meiotisch zu teilen, da ja der einfache Chromosomensatz haploider Zellen nicht weiter reduziert werden kann, ohne essenzielle genetische Information zu verlieren. Obgleich sich die drei grundlegenden Formen der dargestellten sexuellen Lebenszyklen im zeitlichen Ablauf von Meiose und Befruchtung unterscheiden, bewirken sie letztlich alle das Gleiche: die genetische Vielfalt unter den Nachkommen. Eine eingehendere Betrachtung der Meiose wird Aufschluss über die Ursachen dieser Variabilität geben.

VERSTÄNDNISFRAGEN

1. Wie unterscheidet sich der Karyotyp der Zellen einer Frau von dem eines Mannes?

2. Wie wird die Chromosomenzahl während des Wechsels zwischen Befruchtung und Meiose bei der sexuellen Fortpflanzung aufrechterhalten?

3. Jede Samenzelle einer Erbsenpflanze (*Pisum sativum*) enthält sieben Chromosomen. Geben Sie die Chromosomenzahl des haploiden und des diploiden Chromosomensatzes von Erbsen an.

4. WAS WÄRE, WENN? Ein bestimmter Eukaryont lebt als Einzeller. Bei Umweltstress (zum Beispiel fortgesetzte Trockenheit) bringt er Gameten hervor. Die Gameten verschmelzen und die entstandene Zygote durchläuft eine Meiose. Es bilden sich neue Einzeller. Welche Art von Lebenszyklus liegt diesem Organismus zugrunde?

13.3 In der Meiose wird der diploide auf einen haploiden Chromosomensatz reduziert

Für viele Teilschritte der Meiose (Reduktionsteilung, Reifeteilung) findet man Entsprechungen zu den Vorgängen bei der Mitose (siehe Kapitel 12). Der Meiose geht, wie der Mitose, eine Replikation der chromosomalen DNA voraus. Auf diese Replikation folgen jedoch nicht nur eine, sondern zwei nachgeschaltete Zellteilungen, die als **erste (Meiose I) und zweite meiotische Teilung (Meiose II)** bezeichnet werden. Die beiden Teilungen führen in der Regel zu vier Produkten in Form haploider Zellen (statt zu zwei diploiden, wie das bei einer Mitose der Fall wäre). Als weiterer entscheidender Unterschied zwischen Mitose und Meiose verändern sich im Verlauf der Reduktionsteilung die Chromosomen selbst. Die entstehenden Keimzellen als Endprodukte der Meiose sind demnach genetisch nicht mehr identisch.

13.3.1 Die Meiosestadien

Auf der folgenden Doppelseite beschreibt Abbildung 13.6 die verschiedenen Stadien der beiden meiotischen Teilungen im Detail am Beispiel einer Tierzelle mit einem diploiden Chromosomensatz von $2n = 6$. Letztlich führt die Meiose zur Halbierung der Chromosomenzahl. Dabei wird für jedes Produkt der Meiose ein kompletter Satz eliminiert, sodass es nur noch einen vollständigen Chromosomensatz (n) enthält. Sehen Sie sich bitte die Abbildung 13.6 gründlich an, bevor Sie im Text fortfahren.

VERSTÄNDNISFRAGEN

1. Inwiefern ähneln die Chromosomen in der mitotischen Metaphase denen in der Metaphase II der Meiose und worin bestehen die Unterschiede?

2. WAS WÄRE, WENN? Wie wären in Anbetracht der Tatsache, dass der synaptonemale Komplex am Ende der Prophase I verschwindet, die Homologen miteinander verbunden, wenn kein *Crossing over* stattfinden würde? Welche Wirkung hätte dies letztlich auf die Gametenbildung?

13.3.2 Mitose und Meiose im Vergleich

Die entscheidenden Unterschiede zwischen der Meiose und der Mitose diploider Zellen sind in Abbildung 13.7 zusammengefasst. Vereinfacht ausgedrückt führt die Meiose zur Halbierung des Chromosomenbestandes einer Zelle und damit zum Übergang vom diploiden in den haploiden Zustand. Bei der Mitose wird dagegen der Ploidiegrad aufrechterhalten und es werden Tochterzellen gebildet, die genetisch mit der Ausgangszelle identisch sind. Die haploiden Zellen, die als Endprodukte aus der Meiose hervorgehen, sind dagegen genetisch verschieden.

MEIOSE I: Die Trennung homologer Chromosomen

Prophase I | Metaphase I | Anaphase I | Telophase I und Cytokinese

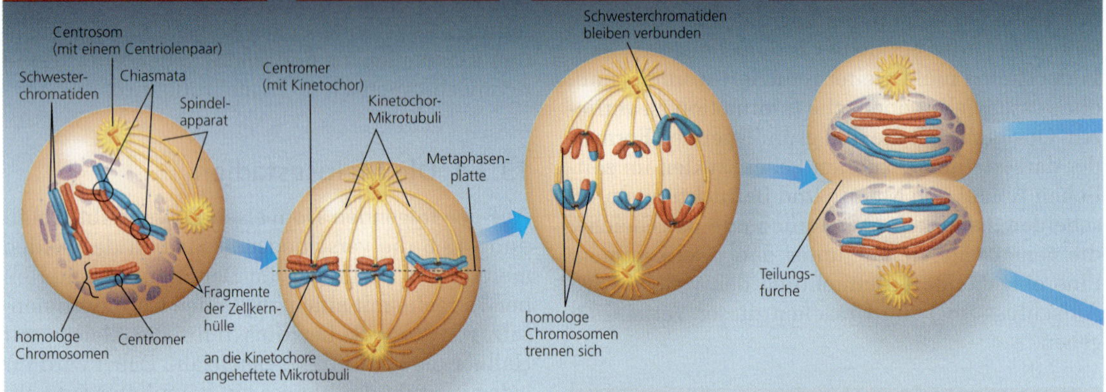

Chromosomen (rot und blau) paaren sich und tauschen homologe Segmente aus; in diesem Beispiel ist 2n = 6.

Die Chromosomen ordnen sich zu homologen Paaren an.

Die homologen Chromosomenpaare trennen sich voneinander.

Es bilden sich zwei haploide Zellen; jedes Chromosom besteht weiterhin aus zwei Schwesterchromatiden.

Prophase I

- Die Chromosomen beginnen zu kondensieren, die Homologen lagern sich der Länge nach locker aneinander; dabei liegen die Allele der homologen Gene aneinander.
- Das *Crossing over* (reziproker Austausch der distalen DNA-Bereiche von Nicht-Schwesterchromatiden) ist abgeschlossen, während die Homologen noch im Zustand der Synapsis sind, wobei sie über die gesamte Länge von speziellen Proteinen eng zusammengehalten werden (vor dem hier abgebildeten Stadium).
- Die Synapsis endet in der mittleren Prophase, die Chromosomen jedes Paares bewegen sich, wie oben dargestellt, leicht auseinander.
- Jedes Homologenpaar weist ein oder mehrere Chiasmata auf – Punkte, an denen ein *Crossing over* stattgefunden hat und an denen die Homologen infolge der Kohäsion der Schwesterchromatiden weiterhin miteinander verbunden sind (Schwesterchromatidenkohäsion).
- Centromerbewegung, Bildung des Spindelapparates und Zerfall der Zellkernhülle vollziehen sich wie bei der Mitose.
- In der späten Prophase I (nach dem hier dargestellten Stadium) lagern sich die Mikrotubuli des einen oder anderen Spindelpols an die beiden Kinetochore an (Proteinkomplexe an den Centromeren der beiden Homologen). Die Homologenpaare wandern anschließend zur Metaphasenplatte.

Metaphase I

- Die homologen Chromosomenpaare sind nun an der Metaphasenplatte aufgereiht. Dabei ist jedes Chromosom eines jeden Paares jeweils einem der Spindelpole zugewandt.
- Die beiden Chromatiden eines Chromosoms sind an den Kinetochorenmikrotubuli von einem der Spindelpole verankert; die des anderen homologen Chromosoms sind mit den Mikrotubuli des entgegengesetzten Pols verbunden.

Anaphase I

- Der Abbau der für die Schwesterchromatidenpaarung verantwortlichen Proteine erlaubt die Trennung der Homologen.
- Die homologen Chromosomen bewegen sich entlang des Spindelapprates zu den entgegengesetzten Polen.
- Die Schwesterchromatiden sind an den Centromeren weiterhin verbunden. Dies bewirkt, dass die Chromatiden als eine Einheit zum selben Spindelpol wandern.

Telophase I und Cytokinese

- Zu Beginn der Telophase I weist jede Zellhälfte einen vollständigen haploiden Satz replizierter Chromosomen auf. Jedes Chromosom besteht aus zwei Schwesterchromatiden; ein oder beide Chromatiden enthalten Bereiche von Nicht-Schwesterchromatiden-DNA (als Folge des *Crossing over*).
- Die Cytokinese (Zellteilung mit der Teilung des Zytoplasmas) vollzieht sich für gewöhnlich gleichzeitig mit der Telophase I. Es bilden sich zwei haploide Tochterzellen.
- Bei Tierzellen bildet sich eine Teilungsfurche aus (bei Pflanzenzellen eine sogenannte Zellplatte).
- Bei manchen Arten dekondensieren die Chromosomen und es bildet sich eine Kernhülle.
- Zwischen der Meiose I und der Meiose II kommt es zu keiner Replikation.

Abbildung 13.6: Näher betrachtet. Die Meiose am Beispiel einer tierischen Zelle.

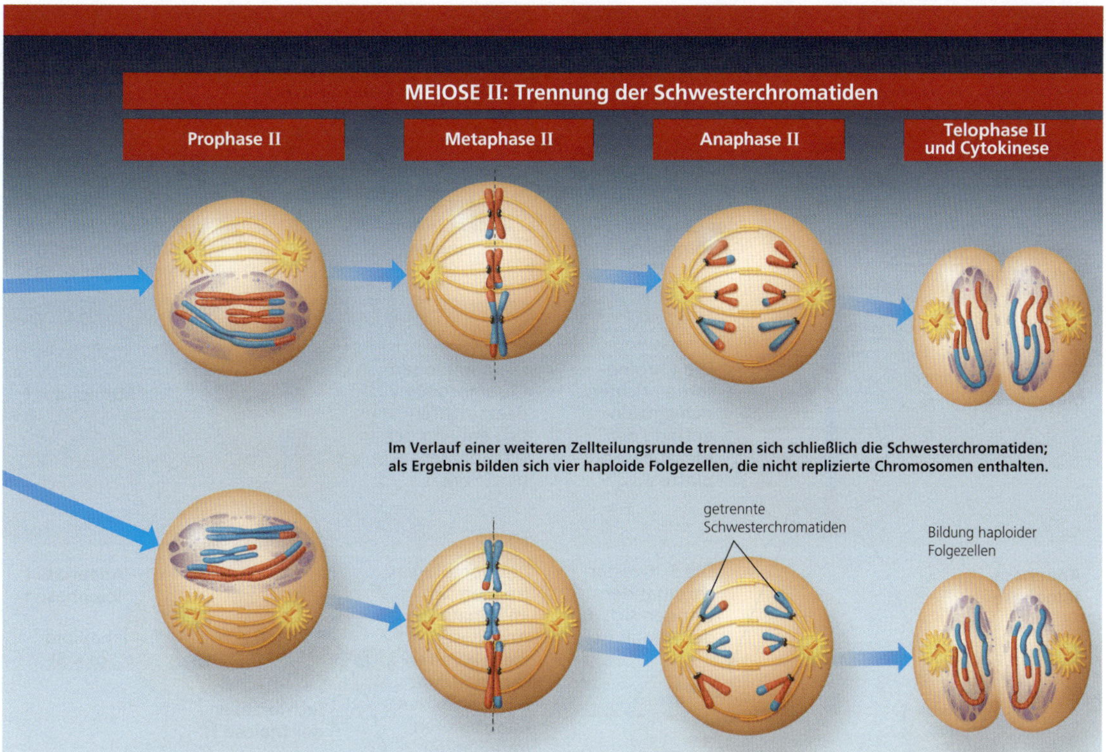

Prophase II

- Ein Spindelapparat bildet sich.
- In der späten Prophase II (hier nicht dargestellt) assoziieren die noch immer aus zwei Chromatiden bestehenden, an ihren Centromeren zusammenhängenden Chromosomen und wandern zur zweiten Metaphasenplatte.

Metaphase II

- Die Chromosomen richten sich wie bei der Mitose an der Metaphasenplatte aus.
- Infolge des *Crossing over* in der Meiose I sind die beiden Schwesterchromatiden jedes Chromosoms genetisch nicht (mehr) identisch.
- Die Kinetochore der Schwesterchromatiden sind mit Mikrotubuli verbunden, die von entgegengesetzten Spindelpolen ausgehen.

Anaphase II

- Der Abbau der Proteine, die die Schwesterchromatiden am Centromer zusammenhalten, erlaubt die Trennung der Chromatiden. Die voneinander getrennten Chromatiden wandern als eigenständige Chromosomen zu entgegengesetzten Polen des Spindelapparates.

Telophase II und Cytokinese

- Zellkerne bilden sich, die Chromosomen beginnen zu dekondensieren und die Cytokinese setzt ein.
- Die meiotische Teilung einer Ausgangszelle führt zu vier Folgezellen, die jeweils einen haploiden Satz (nicht replizierter) Chromosomen enthalten.
- Jedes der vier Meioseprodukte unterscheidet sich genetisch von den drei anderen wie auch von der Ausgangszelle.

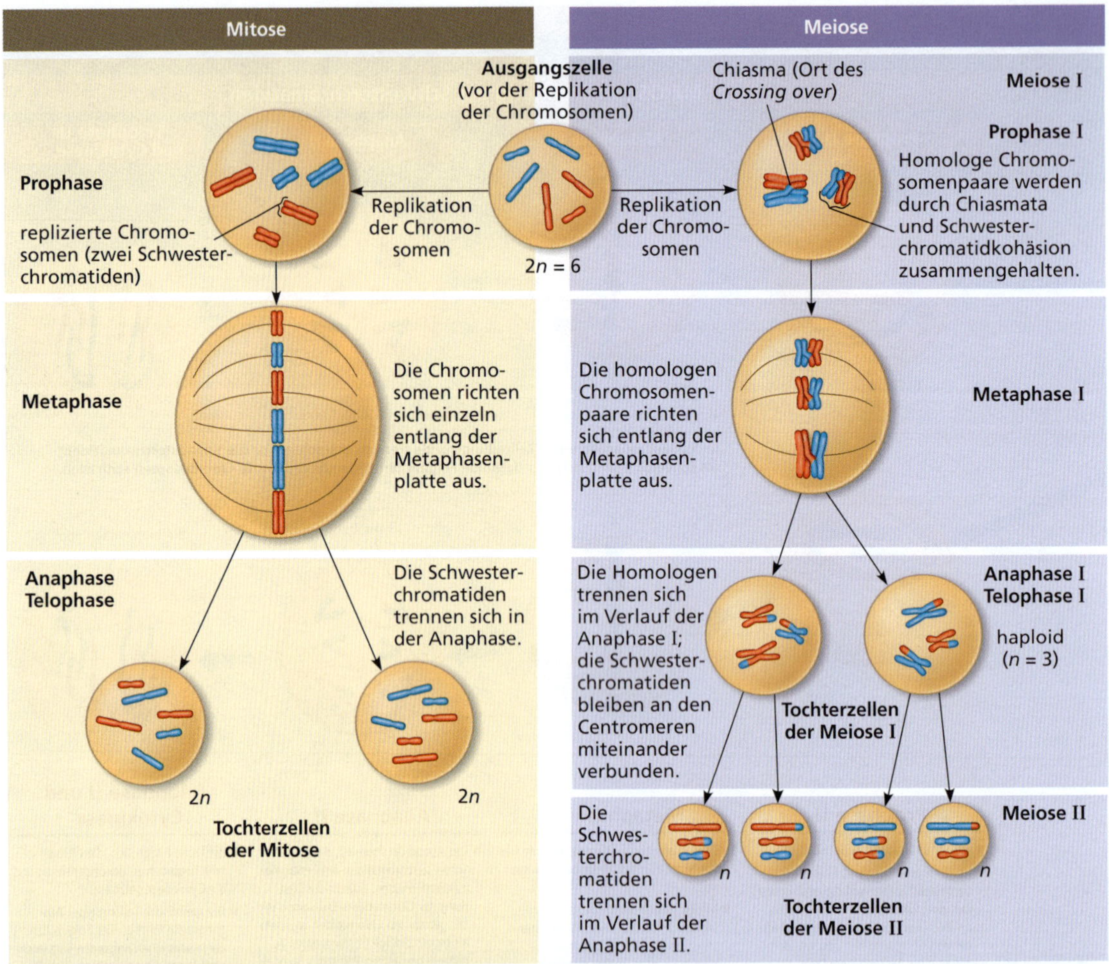

Zusammenfassung		
Merkmal	**Mitose**	**Meiose**
DNA-Replikation	vollzieht sich während der Interphase vor Einsetzen der Mitose	vollzieht sich während der Interphase vor Einsetzen der Meiose I
Zahl der Teilungen	eine, umfasst Prophase, Metaphase, Anaphase und Telophase	zwei, jeweils Prophase, Metaphase, Anaphase und Telophase umfassend
Anlagerung (Synapsis) homologer Chromosomen	findet nicht statt	vollzieht sich während der Prophase I, mit *Crossing over* zwischen Nicht-Schwesterchromatiden; die resultierenden Chiasmata und die Schwesterchromatidkohäsion halten die Paare zusammen
Zahl der Tochterzellen und genetische Ausstattung	zwei, jede ist diploid (2*n*) und genetisch mit der Ausgangszelle identisch	vier, jede ist haploid (*n*) und enthält halb so viele Chromosomen wie die Ausgangszelle; genetisch von der Ausgangszelle und den anderen drei Zellen (den Meioseprodukten) verschieden
Rolle im Tierkörper	Entwicklung vielzelliger Organismen aus einer diploiden Zygote; Produktion von Zellen für das Wachstum, die Reparatur sowie – bei manchen Arten – für die ungeschlechtliche Vermehrung	Produktion der Gameten; Reduktion der Chromosomenzahl auf die Hälfte und Erzeugung genetischer Variabilität unter den Gameten

Abbildung 13.7: Ein Vergleich von Mitose und Meiose in diploiden eukaryontischen Zellen.

? ZEICHENÜBUNG Könnte eine andere Kombination von Chromosomen aus den für die Telophase I gezeigten spezifischen Zellen hervorgehen? Erläutern Sie Ihre Antwort. (*Hinweis:* Zeichnen Sie die Zellen, wie sie in der Metaphase II erscheinen würden.)

13.4 Die geschlechtliche Fortpflanzung erhöht die genetische Variabilität – ein wichtiger Motor der Evolution

Wie kommt es also zu der genetischen Variabilität, die wir zwischen den Individuen einer Art und zwischen verschiedenen Arten beobachten? Im Folgenden sollen Mutationen als die eigentliche Quelle dieser Variabilität behandelt werden. Solche bleibenden Veränderungen im Erbgut eines Lebewesens erzeugen leicht voneinander abweichende, alternative Versionen der Gene, die Allele. Nachdem sich diese Unterschiede im Erbgut etabliert haben, bedingt ihre Neukombination im Rahmen der geschlechtlichen Fortpflanzung das Ausmaß der Variabilität innerhalb einer Population. Hierdurch erhält jedes Mitglied einer Art seine einzigartige Kombination von Merkmalen (mit der erwähnten Ausnahme eineiiger Zwillinge, die Klone darstellen).

13.4.1 Ursprung der genetischen Variabilität unter Nachkommen

Bei Arten, die sich geschlechtlich fortpflanzen, bestimmt das Verhalten der Chromosomen im Verlauf der Meiose und bei der Befruchtung den größten Teil der in jeder Generation auftretenden Variabilität. Dabei sind drei Mechanismen zur Erzeugung genetischer Vielfalt unter den Nachkommen entscheidend:

1. die unabhängige Verteilung der Chromosomen
2. die Rekombination durch *Crossing over*
3. die zufällige Gametenfusion bei der Befruchtung

Unabhängige Verteilung der Chromosomen Ein Aspekt der genetischen Variabilität wird durch die zufällige Anordnung rekombinanter homologer Chromosomenpaare in der Metaphasenplatte und durch ihre Verteilung in der ersten meiotischen Teilung bedingt. In der Metaphase I lagern sich die rekombinanten homologen Paare der von Vater und Mutter stammenden Chromosomen in der Ebene der Metaphasenplatte an. Bei jedem der Chromosomenpaare kann sich das „maternale" Chromosom auf der einen oder der anderen Seite einer imaginären Ebene befinden. Das „paternale" liegt dann jeweils gegenüber und weist auf den entgegengesetzten Zellpol. Die Anordnung scheint rein zufällig zu erfolgen. Es besteht eine 50-prozentige Wahrscheinlichkeit, dass eine spezielle Tochterzelle ein bestimmtes Chromosom eines Homologenpaares erhält.

Da jedes Paar homologer Chromosomen in der Metaphase I unabhängig von den anderen ausgerichtet wird, führt die erste meiotische Teilung zu ihrer zufälligen Verteilung auf die Tochterzellen. Diese unabhängige Verteilung der Chromosomen wird auch als Segregation (Trennung) bezeichnet. Jede Tochterzelle erhält also eine für sie spezifische Kombination von Chromosomen. Bei einer diploiden Zelle mit nur zwei homologen Chromosomenpaaren ergeben sich bereits vier mögliche Kombinationen. Die aus der meiotischen Teilung einer größeren Anzahl diploider Zellen resultierenden haploiden Folgezellen enthalten jedoch nach den statistischen Regeln alle vier möglichen Kombinationen mit einer Wahrscheinlichkeit von 25 Prozent. Für den Fall einer Ausgangszelle mit drei Chromosomen im haploiden Satz ($n = 3$) ergeben sich schon acht ($2 \times 2 \times 2$) mögliche Kombinationen. Für eine Zelle mit n Chromosomen gibt es also 2^n mögliche Kombinationen aus ursprünglich maternalen oder paternalen Chromosomen.

Beim Menschen ($n = 23$) sind dies 2^{23} (ca. 8,4 Millionen) Möglichkeiten der Neukombination von Chromosomen zur Bildung der haploiden Ei- beziehungsweise Samenzellen. Jede im Laufe Ihres Lebens gebildete Keimzelle enthält also eine dieser 8,4 Millionen denkbaren Zusammenstellungen von 23 Chromosomen aus dem Vorrat der 46, mit denen Sie geboren wurden.

Rekombination durch *Crossing over* Als Folge der eben beschriebenen zufälligen Verteilung der Chromosomen während der Meiose unterscheiden sich unsere Keimzellen in ihrer chromosomalen Ausstattung sowohl voneinander als auch von denen unserer Eltern. Die Chromosomen der Keimzellen sind aber keine exakten Kopien der mütterlichen beziehungsweise väterlichen Chromosomen. Tatsächlich führt das bereits beschriebene *Crossing over* zu **rekombinanten Chromosomen**, die genetische Mosaike darstellen. Sie enthalten also DNA-Abschnitte, die sowohl vom einen als auch vom anderen Elternteil stammen (Abbildung 13.8). Während der Meiose zur Bildung der Keimzellen beim Menschen kommt es durchschnittlich zu ein bis drei *Crossing over*-Ereignissen pro Chromosomenpaar, je nach der Größe der Chromosomen und der Lage ihres Centromers.

Das *Crossing over* beginnt bereits in der frühen Prophase I, wenn sich die homologen Chromosomen über ihre gesamte Länge aneinanderlagern. Jeder Genort des einen homologen Chromosoms paart sich präzise mit seinem Gegenstück auf

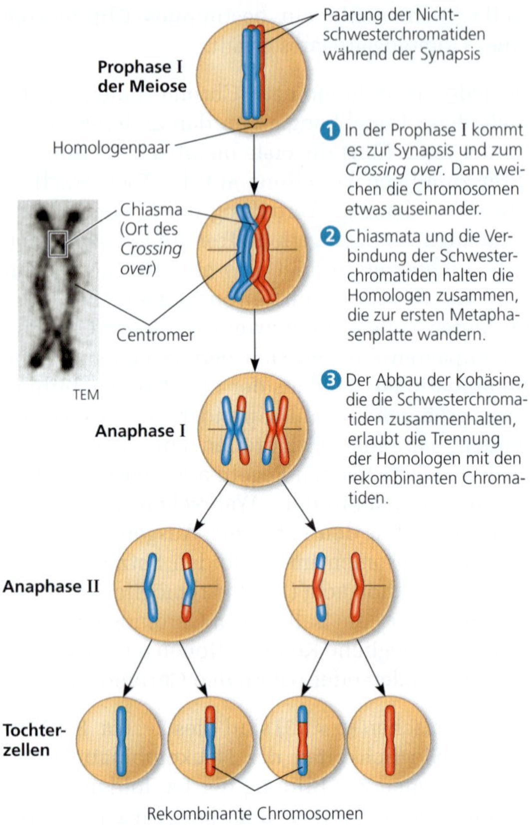

Abbildung 13.8: Die Neukombination genetischer Information durch *Crossing over* in der Meiose.

dem anderen Homologon. Bei jedem einzelnen *Crossing over* steuern spezielle Proteine den Austausch einander entsprechender Abschnitte von Nichtschwesterchromatiden (eines maternalen und eines paternalen Chromatids). Auf diese Weise führt das *Crossing over* zu Chromosomen mit neuen Allelkombinationen (Abbildung 13.8). Auf der Ebene der DNA geschieht das auf die Base genau, sodass der Vorgang weder zu einem Gewinn noch zu einem Verlust (sondern lediglich zu einem Austausch) genetischer Information auf den beteiligten Chromatiden führt.

Beim Menschen und anderen Organismen mit sexueller Fortpflanzung spielt das *Crossing over* außerdem eine wichtige Rolle bei der Anordnung und Ausrichtung homologer Chromosomen in der Metaphase I. Wie bereits besprochen und in Abbildung 13.6 gezeigt, bildet sich beim *Crossing over* vorübergehend ein Chiasma und die Schwesterchromatiden lagern sich entlang der Chromosomenarme aneinander an. Während sich der Spindelapparat für die erste meiotische Teilung ausbildet, werden die Homologen durch diese Chiasmata weiter zusammengehalten. In der Anaphase I wird dann die Kohäsion aufgehoben und die jetzt rekombinanten Schwesterchromatiden wandern zu entgegengesetzten Zellpolen.

Chromosomen mit einem oder zwei rekombinanten Chromatiden können in der folgenden Metaphase II eine von zwei möglichen Orientierungen bezüglich der Zellpole einnehmen. Da die beiden noch zusammenhängenden Chromatiden aufgrund der Rekombination nicht mehr identisch sind (streng genommen spricht man nun nicht mehr von Schwesterchromatiden), sind ihre möglichen Anordnungen ebenfalls nicht äquivalent. Durch diese ebenfalls zufällige Verteilung der postrekombinativen Chromatiden in der zweiten meiotischen Teilung erhöht sich die Anzahl der genetisch verschiedenen meiotischen Teilungsprodukte noch einmal erheblich.

In Kapitel 15 werden wir mehr über die Rekombination durch *Crossing over* erfahren. An dieser Stelle ist festzuhalten, dass die hierdurch bewirkte Neukombination väterlicher und mütterlicher Allele auf einem Chromosom eine wichtige Quelle zur Erhöhung der genetischen Variabilität darstellt.

13.4.2 Die Bedeutung der genetischen Variabilität von Populationen für die Evolution

Bis hierher haben Sie erfahren, wie durch die geschlechtliche Fortpflanzung neue Allelkombinationen in eine Population eingebracht werden. In welcher Beziehung steht die genetische Variabilität einer Population zur Evolution? Nach Darwin entwickelt sich eine Population weiter, indem sich die besser angepassten Individuen eher fortpflanzen (individuelle Fitness). Demnach produzieren diese besser angepassten Individuen die meisten Nachkommen, die dann wiederum ihre Erbanlagen weitervererben können. Dieser gesamte Prozess wird durch die natürliche Selektion bewirkt und führt zu einem höheren Prozentsatz solcher Individuen („genetischen Kombinationen"), deren Eltern am besten an die jeweils vorherrschenden Umweltbedingungen angepasst waren. Eine Population kann eine plötzliche Veränderung der Umweltbedingungen nur dann überleben, wenn in jeder neuen Generation zumindest ein Teil ihrer Individuen unter den neuen Bedingungen überlebensfähig ist und sich erfolgreich fortpflanzen kann. Bestimmte neue Kombinationen der Allele im Genom vermitteln dabei einen Vorteil gegenüber denjenigen, die vorher überwogen haben. Alle Allele in einer Population müssen aus Mutationen (Veränderungen der DNA-Sequenz) hervorgegangen sein und werden im Verlauf der

Meiose und der Befruchtung zu neuen Genomen zusammengesetzt. In diesem Kapitel haben wir erfahren, wie die geschlechtliche Fortpflanzung die genetische Vielfalt einer Population stark erhöht. Tatsächlich ist die sexuelle Fortpflanzung mit der Bildung genetischer Varianten eine der wichtigsten Triebkräfte der Evolution, indem sie immer neue Varianten zur Selektion anbietet.

Sind die Umweltbedingungen allerdings relativ stabil, so kann die sexuelle Vermehrung Nachteile gegenüber der asexuellen haben, da die Letztere eher die Aufrechterhaltung und Vervielfältigung einer erfolgreichen Allelkombination ermöglicht. Darüber hinaus hat die sexuelle Vermehrung den Nachteil, dass sie viel energieaufwendiger ist. Trotz dieser Nachteile vermehren sich die meisten Tiere sexuell. Wieso? Die Eigenschaft der sexuellen Vermehrung, eine genetische Vielfalt zu erzeugen, wird als wichtigster Grund für ihre erfolgreiche Evolution angesehen.

Obwohl Darwin erkannte, dass erst die genetische Variabilität den Evolutionsprozess ermöglicht, konnte er noch nicht erklären, warum Nachkommen ihren Eltern nur ähneln, aber nicht mit ihnen identisch sind. Bemerkenswerterweise verfügte Darwins Zeitgenosse Gregor Mendel über eine Theorie der Vererbung, die geeignet war, genetische Variation und ihre Vererbung zu erklären. Diese wurde zwar noch zu seinen Lebzeiten veröffentlicht, doch nicht allgemein zur Kenntnis genommen. Erst um das Jahr 1900 – mehr als fünfzehn Jahre, nachdem Darwin (1809–1882) und Mendel (1822–1884) verstorben waren – erlangten Mendels Regeln der Vererbung die Anerkennung der Biologen. Im nächsten Kapitel werden Sie erfahren, wie Mendel die grundlegenden Gesetze der Vererbung definierter Merkmale entdeckt hat und was sie aussagen.

VERSTÄNDNISFRAGEN

1. Welche genetischen Mechanismen sind die Ursache der verschiedenen allelischen Formen, in denen ein bestimmtes Gen vorliegen kann?

2. Die Chromosomenzahl des diploiden Satzes beträgt bei der Taufliege acht, bei bestimmten Heuschreckenarten 46. Bei welcher Art würden Sie eine höhere genetische Variabilität erwarten, wenn kein *Crossing over* stattfände? Erläutern Sie Ihre Antwort.

3. WAS WÄRE, WENN? Unter welchen Umständen würde ein *Crossing over* während der Meiose nicht zur Erhöhung der genetischen Variabilität in den Tochterzellen beitragen?

ZUSAMMENFASSUNG

Gene werden auf Chromosomen von den Eltern an ihre Nachkommen weitergegeben

Die Vererbung von Genen. Jedes Gen eines Lebewesens nimmt in dessen DNA-Molekülen einen bestimmten Platz auf einem bestimmten Chromosom ein. Dies ist sein Genort (genetischer Locus). Wir erben einen Satz Chromosomen von unserer Mutter und einen weiteren von unserem Vater.

Ein Vergleich von ungeschlechtlicher und geschlechtlicher Fortpflanzung. Bei der ungeschlechtlichen Vermehrung bringt ein einzelner Elternorganismus durch Mitosen genetisch identische Nachkommen hervor, die als Klon bezeichnet werden. Bei der geschlechtlichen Fortpflanzung werden unterschiedliche Sätze von Allelen und/oder Genen der beiden Eltern zu neuen Genomen kombiniert. Dies führt zur Bildung genetisch verschiedener Nachkommen.

Befruchtung und Meiose wechseln sich beim geschlechtlichen Generationswechsel ab

Chromosomensätze menschlicher Zellen. Die somatischen Zellen des Menschen sind diploid. Sie enthalten 46 Chromosomen, die aus zwei Sätzen zu je 22 Autosomen und einem Paar Gonosomen (Geschlechtschromosomen; XY oder XX) bestehen. Der diploide Chromosomensatz wird je zur Hälfte aus einem väterlichen und einem mütterlichen haploiden Chromosomensatz gebildet. Nach Einsetzen der Geschlechtsreife produzieren die Gonaden (Keimdrüsen) durch Meiose haploide Gameten (Keimzellen). Die Gameten des Menschen enthalten je 23 Chromosomen ($n = 23$). Bei der Befruchtung vereinigt sich eine Eizelle mit einer Samenzelle (Spermium) zu einer diploiden Zygote ($2n = 46$). Diese kann sich mitotisch zu einem vielzelligen Lebewesen entwickeln.

Die Vielfalt der Lebenszyklen bei der geschlechtlichen Fortpflanzung. Geschlechtliche Lebenszyklen unterscheiden sich im zeitlichen Ablauf der Meiose relativ zum Befruchtungszeitpunkt sowie in den Zeitpunkten, in denen durch Mitose ein vielzelliger Organismus gebildet wird.

In der Meiose wird der diploide auf einen haploiden Chromosomensatz reduziert

Die Meiosestadien. Die beiden aufeinanderfolgenden Zellteilungen einer Meiose (Reifeteilung, Reduktionsteilung) führen zur Bildung von vier haploiden Tochterzellen. Die Chromosomenzahl wird während der ersten meiotischen Teilung vom diploiden ($2n$) auf den haploiden (n) Satz reduziert.

Mitose und Meiose im Vergleich. Die Meiose unterscheidet sich von der Mitose durch die drei folgenden Ereignisse, die während der ersten meiotischen Teilung stattfinden: Prophase I, Metaphase I und Anaphase I. Die Kohäsion der Schwesterchromatiden und das *Crossing over* ermöglichen die Chiasmatabildung homologer Chromosomen und die Zusammenlagerung der homologen Chromosomenpaare bis zur Anaphase I. Während der Anaphase I werden die Kohäsine entlang der Chromosomenarme abgebaut. In der ersten Reifeteilung kommt es zunächst zu einer Trennung der homologen Chromosomen. In der zweiten Reifeteilung werden dann die Kohäsine der Centromere abgebaut, sodass die Schwesterchromatiden voneinander getrennt werden können.

Die geschlechtliche Fortpflanzung erhöht die genetische Variabilität – ein wichtiger Motor der Evolution

Ursprung der genetischen Variabilität unter Nachkommen. Drei Ereignisse bei der geschlechtlichen Fortpflanzung tragen zur genetischen Vielfalt in einer Population bei: die unabhängige Verteilung der Chromosomen in der Meiose, das *Crossing over* (homologe Rekombination) während der ersten meiotischen Teilung und die zufällige Befruchtung von Eizellen durch Spermien (Samenzellen). Während der Schwesterchromatiden-Kohäsion führen *Crossing over*-Ereignisse zur Bildung von Chiasmata. Die Chiasmata halten die homologen Chromosomen bis zur Anaphase I zusammen.

Die Bedeutung der genetischen Variabilität von Populationen für die Evolution. Die genetische Vielfalt ist eine Triebkraft der Evolution, die durch natürliche Selektion entsteht. Mutationen sind der Urquell dieses Reichtums an genetischen Varianten. Die Neukombination von Allelen bei der geschlechtlichen Fortpflanzung erweitert ganz erheblich die genetische Vielfalt.

Mendel und das Genkonzept

14

14.1 Mendels wissenschaftlicher Ansatz führte zu den Gesetzen der Vererbung

Gregor Mendel (1822–1884) entdeckte die grundlegenden Prinzipien der Vererbung bei sorgfältig geplanten Kreuzungen von Gartenerbsen (*Pisum sativum*).

Abbildung 14.1: **Die Blütenfarbe war eines der vielen Merkmale der Erbsenpflanzen, die Gregor Mendel untersuchte.** Indem er Erbsenpflanzen über viele Generationen züchtete und die Eigenschaften der Nachkommenschaft sorgfältig erfasste (zählte), entwickelte Mendel eine Theorie der Vererbung als Grundlage der modernen Genetik.

14.1.1 Mendels quantitativ-experimenteller Ansatz

Mendel wuchs auf dem Bauernhof seiner Eltern in einer Region im Osten Österreichs auf, die heute zu Tschechien gehört. In dieser ländlichen Umgebung erhielt er eine grundlegende landwirtschaftliche Ausbildung. Trotz finanzieller und gesundheitlicher Schwierigkeiten in seiner Jugendzeit glänzte er am philosophischen Kolleg in Olmütz durch hervorragende Leistungen.

Da er bereits als kleiner Junge eine schwächliche Konstitution hatte und für die Übernahme des elterlichen Bauernhofs ungeeignet schien, trat er im Jahr 1843 mit 21 Jahren in ein Augustinerkloster ein. Mendel zog in Erwägung, Lehrer zu werden, hatte jedoch nicht den dafür notwendigen Abschluss. Er war deshalb nur zeitweise als Hilfslehrer an einem Gymnasium tätig. Im Jahr 1851 verließ er für zwei Jahre das Kloster, um an der Universität von Wien Physik und Chemie zu studieren. Dort besuchte er auch Veranstaltungen in Biologie und Paläontologie. Diese Jahre waren für Mendels spätere Entwicklung zum Wissenschaftler äußerst wichtig. Vor allem zwei Personen prägten sein weiteres Denken: Einer war der Physiker Christian Doppler (1803–1853), der ihm den experimentellen Ansatz bei der wissenschaftlichen Arbeit vermittelte und auch Mendels mathematische Ausbildung vorantrieb. Der andere war der Botaniker Franz Unger (1800–1870), der Mendels Interesse für die Ursachen der Sortenvielfalt bei Pflanzen weckte. Diese beiden Mentoren beeinflussten nachhaltig seine späteren Arbeiten mit Gartenerbsen.

Nach Abschluss seiner Universitätsausbildung und der Rückkehr ins Kloster war Mendel als Hilfslehrer an einer Schule tätig, an der auch mehrere Kollegen großen Enthusiasmus für die wissenschaftliche Forschung zeigten. Dazu kam, dass auch einige seiner Mönchsbrüder sehr an der Pflanzenzucht interessiert waren. Mendels Kloster erwies sich so als fruchtbarer Nährboden für seine wissenschaftlichen Unternehmungen. Um das Jahr 1857 begann Mendel mit der Züchtung von Erbsen im Garten des Klosters, um gezielt nach Gesetzmäßigkeiten der Vererbung von Merkmalen zu suchen. Obgleich unter seinen Kollegen die Frage nach der Vererbung seit Langem im Zentrum des Interesses stand, erlaubte ihm sein neuartiges Vorgehen, Prinzipien abzuleiten, die anderen Züchtern bis dahin entgangen waren.

Ein Grund, warum Mendel die Erbse (*Pisum sativum*) als Untersuchungsobjekt wählte, war vermutlich die Verfügbarkeit zahlreicher Sorten (Varietäten) dieser Pflanzenart. So kannte man etwa eine Sorte mit violetten, eine andere mit rein weißen Blüten. Ein erbliches, über Generationen hinweg immer wieder auftretendes Kennzeichen, wie die Blütenfarbe, wird **Merkmal** genannt. Jede Variante eines Merkmals, wie die violette oder die weiße Farbe der Blüten, ist ein **Merkmalszustand**.

> **MERKE!**
>
> **Ein erbliches, über Generationen hinweg immer wieder auftretendes Kennzeichen, wie die Blütenfarbe, wird Merkmal genannt. Jede Variante eines Merkmals, wie die violette oder die weiße Farbe der Blüten, ist ein Merkmalszustand.**

Andere Vorteile der Erbse liegen in ihrer kurzen Generationszeit und den zahlreichen Nachkommen, die aus jeder Befruchtung hervorgehen. Darüber hinaus konnte Mendel die Befruchtung der Pflanzen gezielt durchführen und kontrollieren. Eine Erbsenblüte enthält sowohl die männlichen Fortpflanzungsorgane (Staubblätter; Stamina), die Pollenkörner produzieren, als auch einen weiblichen Fruchtknoten. Damit führen Erbsenpflanzen in der Regel eine Selbstbestäubung durch: Pollenkörner einer Pflanze landen auf dem Stempel derselben Pflanze, die aus den Pollenkörnern hervorgehenden Samenzellen wandern in den Fruchtknoten ein und befruchten die dort liegenden Eizellen. Um ausschließlich eine Fremdbestäubung zu gewährleisten, entfernte Mendel die Staubblätter aus den Blüten, noch bevor diese anfingen, Pollen zu produzieren. Anschließend bestäubte er Blüten dieser Pflanzen mit den Pollen einer anderen Pflanzensorte (Abbildung 14.2). Die so bestäubten Pflanzen entwickelten dann die Erbsensamen. Ob er nun eine Selbstbestäubung zuließ oder eine Fremdbestäubung durchführte – Mendel wusste damit immer genau, von welchen Eltern die neuen Samen (Erbsen) stammten.

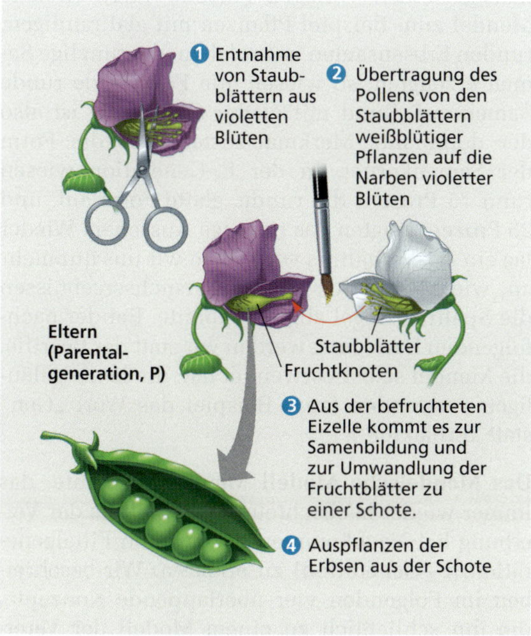

Abbildung 14.2: Die Kreuzung von Erbsen. Wenn Pollen einer weißblütigen Pflanze auf eine violette Blüte übertragen wird, sind die Blüten aller Hybridpflanzen der ersten Tochtergeneration (Filialgeneration) violett. Für die reziproke Kreuzung (Pollen von Pflanzen mit violetten Blüten auf solche mit weißen Blüten) erhält man das gleiche Ergebnis mit nur violetten Blüten.

Mendel verfolgte nur die Vererbung von Merkmalen, für die es klar unterscheidbare Merkmalszustände gab. So hatten seine Pflanzen entweder violette oder weiße Blüten, dazwischen gab es keine Übergänge. Hätte er stattdessen Merkmale ausgewählt, die verschiedene Zwischenstufen zulassen, beispielsweise die Größe der Samen – hätte er möglicherweise die Regeln der Vererbung diskreter genetischer Einheiten niemals entdeckt.

Mendel setzte darüber hinaus für seine Versuche nur solche Sorten ein, die über viele Generationen hinweg durch Selbstbestäubung gezüchtet worden waren und dabei nur Pflanzen einer einzigen Sorte hervorgebracht hatten. Er verwendete damit **reinerbige Pflanzen**: Eine Pflanze mit violetten Blüten ist reinerbig, wenn die durch Selbstbestäubung erzeugten Pflanzen über mehrere Generationen hinweg immer nur Pflanzen mit violetten Blüten ergeben.

Bei einem typischen Experiment bestäubte Mendel wechselseitig Pflanzen zweier reinerbiger Erbsensorten mit einem leicht unterscheidbaren Merkmal – zum Beispiel violettblütige mit weißblütigen Pflanzen (Abbildung 14.2). Eine solche Kreuzung von Sorten wird auch Hybridisierung genannt. Die reinerbigen Elternpflanzen werden als **Parentalgeneration** (P; **P-Generation**) bezeichnet, die unmittelbaren Nachfahren einer Kreuzung als erste **Filialgeneration** (F_1; **F_1-Generation**). Nach der Selbstbestäubung bilden die Nachfahren dieser ersten Folgegeneration entsprechend die F_2-Generation (zweite Filialgeneration). Mendel verfolgte die Vererbung von Merkmalen für gewöhnlich von der P- über die F_1- bis mindestens in die **F_2-Generation**. Wenn er seine Beobachtungen auf die F_1-Generation beschränkt hätte, wären ihm die Grundmuster der Vererbung entgangen.

MERKE!

Die reinerbigen Elternpflanzen werden als Parentalgeneration (P; P-Generation) bezeichnet, die unmittelbaren Nachfahren einer Kreuzung als erste Filialgeneration (F_1; F_1-Generation).

Mendel war sowohl ein gründlicher als auch ein begeisterter Forscher. In einem im Jahr 1867 verfassten Brief schrieb er: „1859 habe ich aus einem Hybrid der ersten Generation eine fruchtbare Sorte mit großen, schmackhaften Samen erhalten. Da die Nachkommen dieser Pflanzen auch im folgenden Jahr durchgehend diese wünschenswerten Eigenschaften aufwiesen, wurde die Sorte in unserem Garten weiterhin angebaut und bis zum Jahre 1865 wurden zahlreiche dieser Pflanzen erhalten.“ Mendels quantitative Analyse der F_2-Pflanzen aus Tausenden solcher Kreuzungen ermöglichte ihm die Ableitung zweier Grundprinzipien der Vererbung, die er das Spaltungsgesetz und das Gesetz der unabhängigen Aufteilung nannte. (Heute spricht man auch von der 2. und der 3. Mendelschen Regel. Die 1. Mendelsche

Regel besagt, dass die Individuen der F_1-Generation sich im beobachteten Merkmal nicht voneinander unterscheiden.) Als überzeugter Forscher überprüfte Mendel die von ihm abgeleiteten Regeln immer wieder durch neue Kreuzungen und anschließende Selbstbefruchtungen von Pflanzen der zweiten Filial- und noch weiteren Folgegenerationen seiner Erbsen. Darüber hinaus führte er ähnliche Experimente mit anderen Pflanzen durch, wie beispielsweise mit der Gartenbohne (*Phaseolus vulgaris*).

MERKE!
Die 1. Mendelsche Regel besagt, dass die Individuen der F_1-Generation sich im beobachteten Merkmal nicht voneinander unterscheiden.

14.1.2 Die Spaltungsregel (Zweite Mendelsche Regel)

Nach der „Mischhypothese" der biologischen Vererbung sollte eine Kreuzung von Erbsenpflanzen mit weißen und solchen mit violetten Blüten in den F_1-Hybriden blassviolette oder rosafarbene Blüten ergeben – also einen Zwischenzustand der reinerbigen Vertreter der P-Generation. Abbildung 14.2 zeigt, dass das Ergebnis aber völlig anders war: Alle Nachkommen der F_1-Generation trugen violette Blüten, die denen der einen Elternpflanze glichen (Uniformitätsregel; 1. Mendelsche Regel). Was ist aber in diesen Hybriden aus dem durch die weißblütigen Pflanzen beigesteuerten Erbgut geworden? Wäre die genetische Information verloren gegangen, so sollten aus der Selbstbestäubung der F_1-Pflanzen in der F_2-Generation ausschließlich Nachkommen mit violetten Blüten hervorgehen, da ja nur noch diese Erbanlage vorhanden wäre. Als aber Mendel die F_1-Hybride mit ausschließlich violetten Blüten einer Selbstbestäubung unterzog und ihre Samen auskeimen ließ, traten in der F_2-Generation plötzlich wieder Pflanzen mit weißen Blüten auf.

Mendel führte seine Versuche mit einer großen Anzahl von Pflanzen durch und hielt die Ergebnisse genau fest: 705 Pflanzen der F_2-Generation hatten violette Blüten, 224 hatten weiße Blüten. Damit betrug das Verhältnis von Pflanzen mit violetten Blüten zu denen mit weißen Blüten etwa 3:1 (705:224 = 3,15). Mendel folgerte, dass der vererbbare Faktor für die weißen Blüten bei den F_1-Pflanzen nicht verschwunden war, sondern nur durch den entsprechenden Faktor für die violetten Blüten verdeckt wurde. Nach Mendels Terminologie war die violette Blütenfarbe der dominante Merkmalszustand, die weiße Blütenfarbe der rezessive. Das Wiederauftreten weißblütiger Pflanzen in der F_2-Generation war ein Beweis dafür, dass der Erbfaktor für die weißen Blüten durch den gleichzeitig vorliegenden Faktor für die violetten Blüten in den F_1-Hybriden weder verdünnt noch zerstört worden war.

Mendel konnte das gleiche Vererbungsmuster noch bei sechs anderen Merkmalen beobachten, die ebenfalls in zwei klar unterscheidbaren Merkmalszuständen vorlagen (Tabelle 14.1). Kreuzte Mendel zum Beispiel Pflanzen mit glattrandigen, runden Erbsensamen mit solchen, die runzlige Samen erzeugten, so wiesen alle F_1-Hybride runde Samen auf. Rund mit glatter Oberfläche ist also der dominante Merkmalszustand für die Form der Samenkörner. In der F_2-Generation wiesen rund 75 Prozent die runde, glatte Form auf, und 25 Prozent zeigten das runzlige Aussehen. Wieder lag ein 3:1-Verhältnis vor. Sehen wir uns nunmehr an, wie Mendel aus diesen Versuchsergebnissen die Spaltungsregel ableiten konnte. Bei der nachfolgenden Darlegung werden wir statt der Begriffe, die Mendel selbst verwendet hat, die heute geläufigen verwenden (zum Beispiel das Wort „Gen" statt „Erbfaktor").

Das Mendelsche Modell Mendel versuchte, das immer wieder beobachtete 3:1-Verhältnis der Vererbung bei Nachkommen der zweiten Filialgeneration (F_2-Generation) zu erklären. Wir beschreiben im Folgenden vier überlappende Konzepte, die ihn schließlich zu einem Modell der Vererbung führten. Bei dem vierten handelt es sich um die Spaltungsregel (2. Mendelsche Regel).

Erstens: *Alternative Zustandsformen definierter Gene sind für die Ausprägung erblicher Merkmale verantwortlich.* Das Gen für die Blütenfarbe von Erbsenpflanzen kommt beispielsweise in zwei verschiedenen Formen vor: Eine davon führt zu einer violetten, die andere zu einer weißen Blütenfarbe. Solche alternativen Varianten eines Gens heißen **Allele** (Abbildung 14.3). Heute können wir dieses Konzept auf die Chromosomen und die DNA, aus der sie bestehen, beziehen. Wie in Kapitel 13 erwähnt wurde, besteht jedes Gen aus einer Abfolge von Nucleotiden an einem bestimmten Genort (Locus) auf einem bestimmten Chromosom. Die Nucleotidsequenzen der DNA an einem solchen Locus können aber leicht voneinander abweichen, was unter Umständen den Informationsgehalt verändert. Bei dem Allel für die violetten Blüten und demjenigen für die weißen Blüten handelt es sich also um zwei mögliche Varianten der Nucleotid-

Merkmal	Dominantes Merkmal		×	Rezessives Merkmal		F_2-Generation dominant : rezessiv	Verhältnis
Blütenfarbe	Violett		×	Weiß		702 : 224	3,15 : 1
Stellung der Blüte an der Sprossachse	Seitlich (axial)		×	Endständig (terminal)		651 : 207	3,14 : 1
Farbe der Samen	Gelb		×	Grün		6.022 : 2.001	3,01 : 1
Form der Samen	Rund		×	Runzelig		5.474 : 1.850	2,96 : 1
Form der Hülse	Aufgebläht		×	Eingeschnürt		882 : 299	2,95 : 1
Farbe der Hülse	Grün		×	Gelb		428 : 152	2,82 : 1
Wuchshöhe	Hoch		×	Niedrig		787 : 277	2,84 : 1

Tabelle 14.1: **Mendels Ergebnisse aus F_1-Kreuzungen für sieben Merkmale der Erbsenpflanzen.**

folge an dem Genort für die Blütenfarbe, der sich auf einem der Chromosomen bei Erbsenpflanzen befindet.

Zweitens: *Für jedes Merkmal besitzt ein Individuum zwei Allele, eines von jedem Elternteil.* Zu diesem Schluss kam Mendel bemerkenswerterweise, ohne die Bedeutung der Chromosomen zu kennen. Aus Kapitel 13 wissen Sie, dass jede somatische Zelle eines diploiden Organismus einen doppelten Chromosomensatz aufweist, von denen jeweils einer von einem der Eltern stammt. Ein Genort ist also in einer diploiden Zelle zweimal vertreten. Die beiden Allele an einem bestimmten Locus können identisch sein, wie dies zum Beispiel bei Mendels Versuchspflanzen der P-Generation der Fall war. Oder die Allele sind verschieden, wie es bei den F_1-Hybriden der Fall ist (Abbildung 14.3).

MERKE!

Die 2. Mendel'sche Regel besagt, dass die beiden Allele eines Erbmerkmals sich bei der Keimzellbildung (Gametogenese) aufteilen („spalten") und einzeln in verschiedenen Gameten zu liegen kommen.

Drittens: *Falls sich die Allele eines Genortes unterscheiden, bestimmt eines, das dominante Allel, das Erscheinungsbild des Organismus. Das andere, rezessive Allel hat keine sichtbaren Auswirkungen.* Mendels Erbsen der F_1-Generation hatten violette Blüten, weil das Allel für diesen Merkmalszustand dominant und das Allel für weiße Blüten rezessiv ist.

Der vierte und letzte Teil des Mendelschen Modells – die Spaltungsregel (2. Mendelsche Regel) – besagt, *dass die beiden Allele eines Erbmerkmals sich bei der Keimzellbildung (Gametogenese) aufteilen („spalten") und einzeln in verschiedenen Gameten zu liegen kommen.* Eine Ei- oder Samenzelle enthält daher stets nur eines der Allele, die in den somatischen Zellen eines diploiden Organismus vorhanden waren. Dieses Verhalten spiegelt die Trennung der homologen Chromosomenpaare während der Meiose wider. Daraus folgt, dass bei einem Organismus, der für ein bestimmtes Merkmal reinerbig ist, in allen von ihm gebildeten Keimzellen dasselbe Allel des entsprechenden Gens vorhanden ist. Liegen hingegen verschiedene Allele vor, wie es bei Mendels F_1-Hybridpflanzen der Fall war, so enthält die Hälfte der Gameten das dominante, die andere Hälfte dagegen das rezessive Allel.

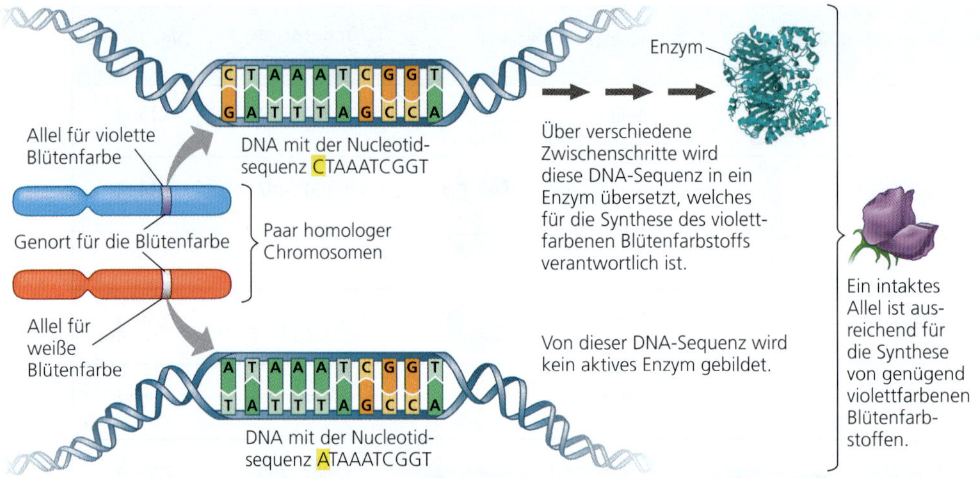

Abbildung 14.3: Allele sind alternative Formen eines Gens. Eine somatische Zelle enthält zwei Exemplare jedes Chromosoms, die jeweils ein homologes Chromosomenpaar darstellen. Die Zellen besitzen somit zwei Allele jedes Gens, die gleich oder unterschiedlich sein können. Die Schemazeichnung in unserem Beispiel zeigt ein Paar homologer Chromosomen einer hypothetischen F_1-Hybride einer Erbsenpflanze. Das Chromosom mit dem Allel für die violette Blütenfarbe stammt von der einen Elternpflanze. Das dort lokalisierte Gen codiert ein Enzym, das für die Synthese des violetten Blütenfarbstoffes gebraucht wird. Das andere Allel für die weißen Blüten, welches von der anderen Elternpflanze stammt, ist defekt und codiert daher nicht für ein funktionsfähiges Enzym zur Synthese des Blütenfarbstoffes.

Tatsächlich bestätigt die Spaltungsregel das 3:1-Verhältnis, das Mendel bei seinen Kreuzungen unter den Pflanzen der F_2-Generation beobachtet hat. Für das Merkmal der Blütenfarbe sagt das Modell voraus, dass die beiden in den F_1-Hybridpflanzen vorliegenden Allele sich bei der Bildung der Keimzellen aufteilen. Eine Hälfte der Keimzellen wird das Allel für violette Blüten, die andere Hälfte jenes für weiße Blüten enthalten. Bei der Selbstbestäubung kommt es zur zufälligen Vereinigung von Gameten mit beiden Allelen. Eine Eizelle kann beispielsweise das Allel für violette Blüten enthalten. Für sie besteht die gleiche Chance, von einer Samenzelle befruchtet zu werden, die ebenfalls das Allel für violette Blüten trägt, wie von einer, die das Allel für weiße Blüten enthält. Gleiches gilt bei der Erbse für Eizellen, die das Allel für weiße Blüten tragen. Es gibt also vier gleich wahrscheinliche Kombinationen von Ei- und Samenzellen. Die möglichen Allelkombinationen von Nachkommen aus einer Kreuzung lassen sich anschaulich mithilfe eines Punnett-Quadrates darstellen (Abbildung 14.4). Dominante Allele werden normalerweise durch Großbuchstaben wiedergegeben, rezessive durch Kleinbuchstaben. *P* (lat. *purpur*) bezeichnet also das Allel für violette, *p* das für weiße Blüten.

Aus den Allelkombinationen lässt sich nun wieder das Aussehen der F_2-Pflanzen voraussagen: Ein Viertel der Pflanzen hat zwei Kopien des *P*-Allels geerbt; sie werden also violette Blüten haben. Eine Hälfte der Pflanzen der F_2-Generation hat ein *P*- und ein *p*-Allel geerbt. Diese heterozygoten Pflanzen werden aufgrund der Dominanz des *P*-Allels ebenfalls violette Blüten ausbilden. Das letzte Viertel schließlich hat zwei Kopien des *p*-Allels und wird daher weiße Blüten haben, also das rezessive Merkmal ausprägen. Mendels Vererbungsmodell sagt damit das in der F_2-Generation beobachtete Verhältnis von 3:1 richtig voraus.

Genetische Begriffe Ein diploider Organismus, der zwei identische Allele für ein Merkmal besitzt, wird als **homozygot** oder **reinerbig** für das Gen bezeichnet, welches das entsprechende Merkmal hervorruft. In der Parentalgeneration von Abbildung 14.4 ist die Erbsenpflanze mit den violetten Blüten homozygot bezüglich des dominanten Allels *P* (sie hat den Genotyp *PP)*. Die Pflanze mit den weißen Blüten ist homozygot für das rezessive *p*-Allel (ihr Genotyp ist *pp)*. Homozygote Pflanzen sind reinerbig, weil ihre Gameten immer dasselbe Allel tragen – in unserem Beispiel entweder *P* oder *p*. Kreuzt man homozygot dominante mit homozygot rezessiven Exemplaren, weisen alle Nachkommen der ersten Filialgeneration ein Allelgemisch auf, in unserem Beispiel *Pp* für die Blütenfarbe (Abbildung 14.4). Die Pflanzen sind bezüglich dieses Gens oder Merkmals **heterozygot** (**mischerbig**). Heterozygote Organismen sind nicht reinerbig, weil sie unterschiedliche Allele eines Gens enthalten und somit Keimzellen mit dem einen oder anderen Allel bilden können. Die F_1-Hybridpflanzen von Abbildung 14.4 können sowohl Gameten mit dem *P*- als auch solche

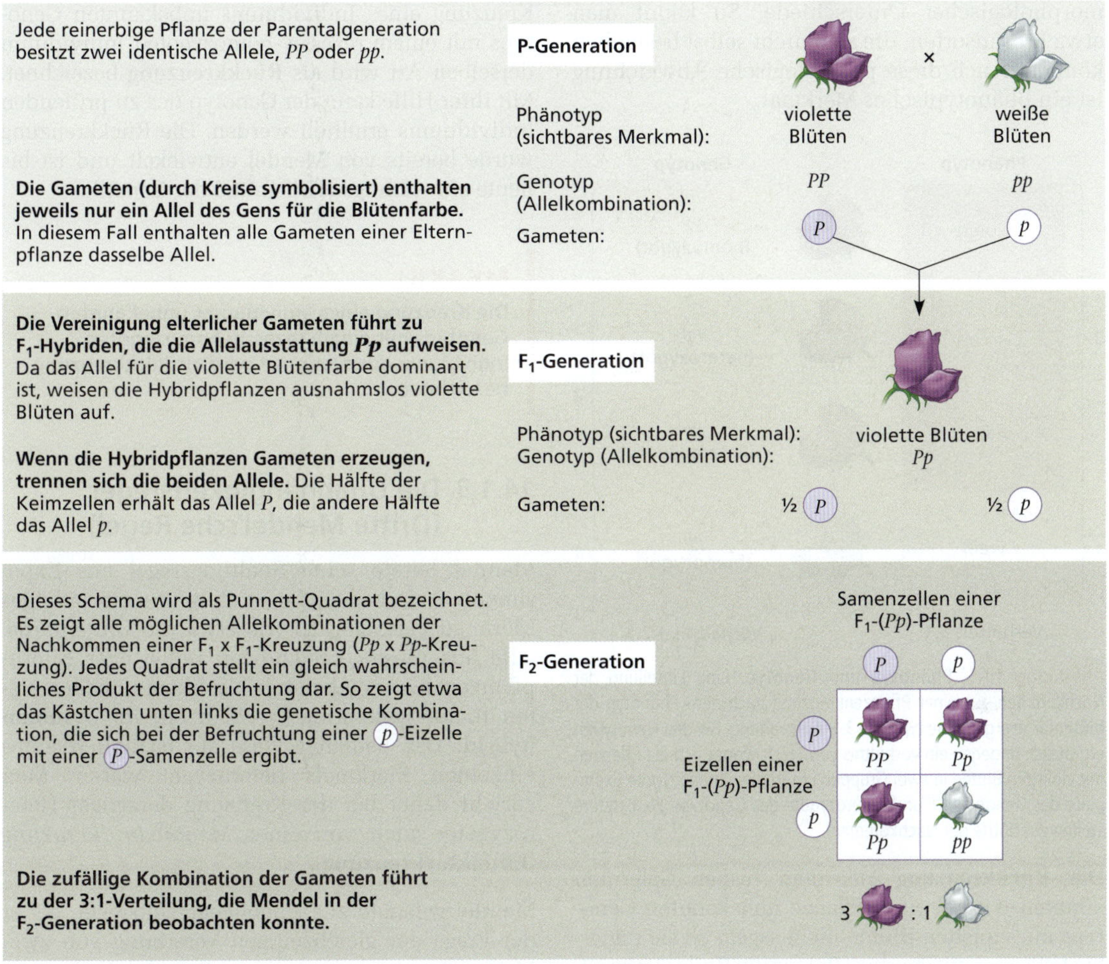

Abbildung 14.4: Mendels Spaltungsregel (2. Mendel'sche Regel). Die Abbildung illustriert Mendels Vererbungsmodell für Allele eines einzelnen Gens. Jede Pflanze verfügt über zwei Allele für die genetisch bedingte Blütenfarbe, wobei jeweils ein Allel von jedem Elternteil stammt. Um ein Punnett-Quadrat zu erstellen, trägt man die möglichen Gameten eines Elternteils (in diesem Fall der weiblichen Keimzellen) an der linken Seite des Quadrates auf, alle denkbaren Gameten des anderen Geschlechts (in diesem Fall des männlichen) entlang der Querachse am oberen Rand. In die Kästchen werden die Nachkommen eingetragen, die aus den verschiedenen Kombinationen weiblicher und männlicher Keimzellen hervorgehen können.

mit dem *p*-Allel erzeugen. Folglich entstehen aus der Selbstbestäubung solcher Pflanzen dann sowohl Nachkommen mit violetten als auch solche mit weißen Blüten.

MERKE!

Ein diploider Organismus, der zwei identische Allele für ein Merkmal besitzt, wird als homozygot oder reinerbig bezeichnet.

MERKE!

Ein diploider Organismus, der zwei unterschiedliche Allele für ein Merkmal besitzt, wird als heterozygot oder mischerbig bezeichnet.

Da sowohl dominante als auch rezessive Allele existieren, kann man aus den sichtbaren Merkmalen nicht immer die Zusammensetzung der Allele, also die Kombination der Gene eines Individuums, ableiten. Wir unterscheiden daher in der Genetik zwischen dem äußerlichen Erscheinungsbild, dem **Phänotyp,** und der zugrunde liegenden genetischen Konstitution, dem **Genotyp**. Im Fall der Blütenfarbe unserer Erbsenpflanzen haben die Pflanzen der Genotypen *PP* und *Pp* denselben Phänotyp, nämlich violette Blüten. Die in diesem Abschnitt erläuterten Begriffe sind nochmals in Abbildung 14.5 zusammengefasst. Der Begriff des Phänotyps wird auf nicht direkt sichtbare physiologische Merkmale ebenso angewandt wie auf die bisher beschriebenen Beispiele direkt sichtbarer, morphologischer Unterschiede. So kennt man etwa Erbsensorten, die sich nicht selbst bestäuben können. Auch diese physiologische Abweichung ist ein phänotypisches Merkmal.

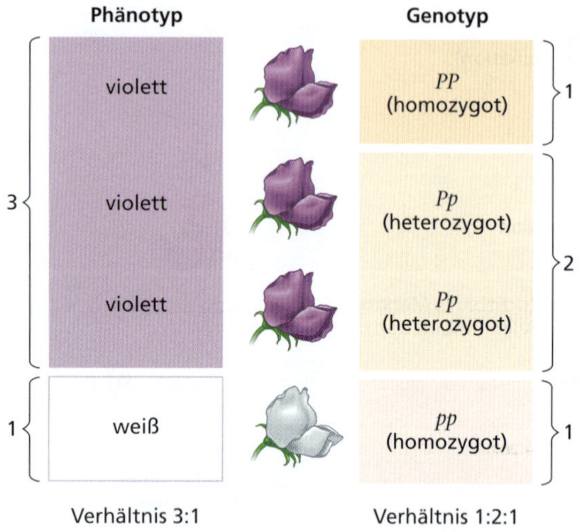

Abbildung 14.5: Phänotyp und Genotyp. Eine Einteilung der Nachkommen aus einer Pflanzenkreuzung nach dem Phänotyp der Blütenfarbe ergibt eine typische 3:1-Aufspaltung. Bei den Genotypen ergibt sich dagegen ein Verhältnis von 1:2:1, wobei sich die Pflanzen mit violetten Blüten in zwei Gruppen unterteilen: homozygote Exemplare des Genotyps *PP* und heterozygote des Genotyps *Pp*. Letztere stellen die Hälfte der Nachkommen.

Die Rückkreuzung Aus dem bisher Gelernten könnten wir bei einer Pflanze unbekannten Genotyps mit violetten Blüten nicht sagen, ob sie reinerbig (*PP*) oder mischerbig (*Pp*) für die Blütenfarbe ist. Der Phänotyp äußert sich ja bei beiden in violetten Blüten. Um den Genotyp zu ermitteln, kreuzen wir diese Pflanze mit einer Erbsenpflanze mit weißen Blüten, von der wir wissen, dass sie reinerbig ist, also den Genotyp *pp* besitzen muss, da nur dieser weiße Blüten ermöglicht. Diese Pflanze bildet daher ausschließlich Gameten, die das rezessive Allel *p* enthalten. Das von den Gameten der genetisch nicht charakterisierten Pflanze beigesteuerte Allel wird daher über die Blütenfarbe der Nachkommen entscheiden. Falls die Blüten aller Nachkommen (F_1-Pflanzen) dieser Rückkreuzung violett sind, muss unsere Pflanze homozygot für das dominante Allel *P* sein, also den Genotyp *PP* besitzen: Die Kreuzung *PP* × *pp* kann nur Nachkommen des Genotyps *Pp* hervorbringen (heterozygot mit violetten Blüten). Gibt es bei den Nachkommen dagegen sowohl Pflanzen mit weißen als auch solche mit violetten Blüten, dann muss unsere Pflanze selbst heterozygot (mischerbig) gewesen sein. Die Nachkommen der Kreuzung *Pp* × *pp* werden jeweils zur Hälfte weiße oder violette Blüten hervorbringen, also eine 1:1-Aufspaltung für den Phänotyp zeigen. Die Kreuzung eines Individuums unbekannten Genotyps mit einem rezessiv-homozygoten Individuum derselben Art wird als **Rückkreuzung** bezeichnet. Mit ihrer Hilfe kann der Genotyp des zu prüfenden Individuums ermittelt werden. Die Rückkreuzung wurde bereits von Mendel entwickelt und ist bis heute ein wichtiges Hilfsmittel der Genetik.

MERKE!

Die Kreuzung eines Individuums unbekannten Genotyps mit einem rezessiv-homozygoten Individuum derselben Art wird als Rückkreuzung bezeichnet.

14.1.3 Die Unabhängigkeitsregel (Dritte Mendel'sche Regel)

Mendel leitete seine Spaltungsregel aus Experimenten ab, bei denen er stets nur ein einziges Merkmal verfolgte, so wie etwa die Blütenfarbe. Alle aus diesen Kreuzungen reinerbiger Elternpflanzen hervorgehenden Nachkommen der ersten Tochtergeneration (F_1-Pflanzen) waren **monohybrid**. Das bedeutet, dass sie bezüglich eines einzelnen Merkmals heterozygot waren. Man spricht daher bei der Kreuzung derartiger Heterozygoter auch von einer *Monohybridkreuzung* (**Einfaktorkreuzung**).

Mendel gelangte zur Unabhängigkeitsregel, als er der Frage der gleichzeitigen Vererbung von zwei Merkmalen nachging – zum Beispiel Farbe und Form der Erbsen. Die Samen der Erbsenpflanze können grün oder gelb sein. Sie können außerdem glattrandig oder runzelig sein. Aus seinen Einfaktorkreuzungen wusste Mendel, dass das Allel für gelbe Erbsen (*Y*; von *yellow*) dominant über das für grüne ist (*y*). Bezüglich der Form der Erbsen fand er, dass rund (*R*) dominant über runzelig (*r*) ist.

Stellen wir uns nun eine Kreuzung von zwei reinerbigen Erbsensorten vor, die sich in diesen beiden Merkmalen unterscheiden, etwa eine Kreuzung einer Pflanze mit gelben, runden Erbsen (*YYRR*) mit einer Pflanze, die grüne, runzelige Erbsen hat (*yyrr*). Die F_1-Pflanzen sind dann **dihybrid**, also heterozygot bezüglich beider Merkmale. Sie besitzen nach der Uniformitätsregel (1. Mendel'sche Regel) den Genotyp *YyRr*. Werden nun diese beiden Merkmale von den Elternpflanzen zusammen weitergegeben oder erfolgt die Vererbung einzeln und unabhängig voneinander? Anders ausgedrückt lässt sich fragen, ob die Allele *R* und *Y* über Generationen hinweg zusammenbleiben und gemeinsam vererbt werden oder nicht.

Unabhängig davon, welche der genannten Hypothesen auf die Vererbung zutrifft, haben die Pflanzen der F_1-Generation den Genotyp *YyRr*. Sie bilden also gelbe, glattwandige Erbsen. Der entscheidende Schritt besteht in der Selbstbestäubung der F_1-Pflanzen und der Analyse der Nachkommen der zweiten Filialgeneration. Würden die Hybridpflanzen der F_1-Generation ihre von den Eltern erhaltenen Allele nur in der ursprünglichen Kombination weitergeben, so könnten sie nur zwei Sorten von Gameten erzeugen: *YR* und *yr*. Bei einer solchen „abhängigen Verteilung" ergäbe sich ein Verhältnis der Phänotypen in der F_2-Generation von 3:1 – also das Gleiche wie bei einer Einfaktorkreuzung.

Die beiden Allelpaare (*Yy* und *Rr*) könnten in der Meiose aber auch unabhängig voneinander verteilt werden. In den Gameten könnten die Erbanlagen dann in allen möglichen Allelkombinationen vorliegen, solange gewährleistet bleibt, dass jede Keimzelle ein Allel des jeweiligen Gens am entsprechenden Locus erhält. In unserem Beispiel würden die F_1-Pflanzen dann vier Sorten von Gameten in gleichen Mengen hervorbringen, und zwar mit den Genotypen *YR, Yr, yR* und *yr*. Aus der Selbstbestäubung von Pflanzen mit solchen Gameten ergeben sich 4 × 4 = 16 mögliche Kombinationen der Allele in der F_2-Generation, die alle mit gleicher Wahrscheinlichkeit auftreten könnten. Die daraus abgeleiteten Phänotypen lassen sich in vier Gruppen unterteilen, die im Verhältnis 9:3:3:1 auftreten (9 gelb/rund, 3 grün/rund, 3 gelb/runzelig, 1 grün/runzelig). Als Mendel das Experiment durchführte und die Nachkommen der F_2-Generation klassifizierte, lagen die von ihm erhaltenen Zahlen nahe dieser idealen Verteilung, die eine unabhängige Verteilung der Allele bei der Bildung der Gameten vorhersagt. Die Gene für die Farbe und die Form der Erbsen verteilen sich also unabhängig voneinander auf die Keimzellen. Nach den in Kapitel 13 ausgeführten Vorgängen der Chromosomenverteilung bei der Bildung von Keimzellen könnten die Gene für die Erbsenfarbe und die Erbsenform also auf verschiedenen Chromosomen liegen. (Diese einfache Erklärung gilt nur in erster Näherung. Sie wird durch die Tatsache kompliziert, dass sehr weit voneinander entfernte Gene auf einem Chromosom durch „*Crossing over*" scheinbar unabhängig voneinander verteilt werden können. In unserer einfachen Analyse würden wir dann fälschlicherweise von verschiedenen Chromosomen sprechen.)

Mendel untersuchte bei seinen Zweifaktorkreuzungen sieben Merkmale von Erbsen in verschiedenen Kombinationen und gelangte bei den F_2-Pflanzen immer wieder zu der 9:3:3:1-Aufspaltung der Phänotypen. Jedes der beiden Merkmale für sich betrachtet, führte zu einer 3:1-Aufspaltung: 3 gelb:1 grün beziehungsweise 3 rund:1 runzelig. Soweit es die Einzelmerkmale betrifft, bestätigen sie also die Spaltungsregel (2. Mendel'sche Regel). Aus Mendels Ergebnissen seiner Zweifaktorkreuzungen ergibt sich die **3. Mendel'sche Regel** oder **Unabhängigkeitsregel**. Sie besagt, *dass bei der Gametenbildung jedes Allelpaar unabhängig von anderen Allelpaarungen verteilt wird.*

MERKE!

Die 3. Mendel'sche Regel besagt, dass bei der Gametenbildung jedes Allelpaar unabhängig von anderen Allelpaarungen verteilt wird.

Diese Regel gilt für Gene, die auf unterschiedlichen Chromosomen liegen. Gene, die auf demselben Chromosom nebeneinander liegen, werden in der Regel auch zusammen vererbt. Ihre Vererbung ist oft komplexer, als von der Unabhängigkeitsregel vorhergesagt wurde (siehe hierzu Kapitel 15). Tatsächlich lagen alle Merkmale, die Mendel an seinen Erbsen untersucht hatte, auf unterschiedlichen Chromosomen oder sie verhielten sich wie ungekoppelte Gene, was die Auswertung seiner multifaktoriellen Kreuzungen und die Erstellung der Regeln für die Vererbung erst möglich machte. Alle weiteren Beispiele, auf die wir im Verlauf dieses Kapitels noch eingehen werden, beziehen sich ebenfalls auf Gene, die auf unterschiedlichen Chromosomen liegen.

VERSTÄNDNISFRAGEN

1. Eine für das Merkmal „aufgeblähte Hülsen" (*Ii*) heterozygote Erbsenpflanze wird mit einer anderen gekreuzt, die homozygot für eingeschnürte Hülsen ist (*ii*). Zeichnen Sie ein Punnett-Quadrat für diese Kreuzung. Nehmen Sie dabei an, dass der Pollen von der Pflanze mit dem Genotyp *ii* stammt.

2. Erbsen, die heterozygot bezüglich der Blütenstellung und der Sprosslänge sind (*AaTt*) werden einer Selbstbestäubung unterzogen. 400 der sich daraus ergebenden Samen (Erbsen) werden ausgepflanzt. Zeichnen Sie ein Punnett-Quadrat für diese Kreuzung. Wie viele der zu erwartenden Nachkommen sollten endständige Blüten aufweisen und zwergwüchsig sein (Tabelle 14.1)?

3. WAS WÄRE, WENN? Erstellen Sie eine Liste der unterschiedlichen Gameten, die eine Pflanze bilden kann, die heterozygot für Farbe und Form der Samenkörner sowie für die Form der Fruchthülsen ist (Genotypus: *YyRrIi*; Tabelle 14.1). Wie groß wäre das Punnett-Quadrat, das notwendig wäre, um die Nachkommen einer Selbstbestäubung dieser Dreifachhybride darzustellen?

14.2 Die Mendel'sche Vererbung von Merkmalen unterliegt den Gesetzen der Statistik

Im 20. Jahrhundert wurden Mendels Prinzipien auf die verschiedensten Organismen übertragen. Außerdem wurden auch Erbgänge verfolgt, die wesentlich komplexer aufgebaut waren, als diejenigen, die Mendel untersuchte. Für die Erstellung seiner Vererbungsregeln wählte Mendel bei seinen Erbsen solche Merkmale aus, deren genetische Grundlage relativ einfach war. Jedes der Merkmale wurde nur von einem einzelnen Gen bestimmt. Für jedes Merkmal wählte er zwei deutlich unterscheidbare Ausprägungen aus (phänotypische Zustände), die – wie wir heute wissen – verschiedenen Allelen der entsprechenden Gene zuzuordnen sind. Darüber hinaus war jeweils noch eines der Merkmale eindeutig dominant und das andere rezessiv.[1]

Diese Idealbedingungen erfüllen aber längst nicht alle erblichen Merkmale und die Beziehung zwischen Genotyp und Phänotyp ist nur selten so klar. Mendel war sich bewusst, dass er kompliziertere Erbgänge, die er auch bei seinen Kreuzungen mit Erbsen oder anderen Pflanzenarten beobachtete, noch nicht erklären konnte. Dies schränkt jedoch seinen Verdienst und die Brauchbarkeit der Mendel'schen Genetik (klassische Genetik, Kreuzungsgenetik) nicht ein. Die damit erstellten Gesetzmäßigkeiten der Spaltung und unabhängigen Verteilung von Merkmalen liegen auch den komplexeren Erbgängen zugrunde, auch wenn sie dort nicht so augenfällig sind. Im folgenden Abschnitt wollen wir die Genetik Mendels auf Erbgänge ausdehnen, an denen Mendel noch nicht gearbeitet hat.

14.2.1 Die Erweiterung der Mendel'schen Regeln bei einzelnen Genen

Merkmale, die von einem einzelnen Gen bestimmt werden, weichen bei ihrer Vererbung vom einfachen Mendel'schen Muster ab, wenn die beteiligten Allele nicht vollständig dominant beziehungsweise rezessiv sind, wenn das betreffende Gen mehr als zwei unterschiedliche Allele besitzt oder wenn ein einzelnes Gen mehr als einen Phänotyp beeinflusst. Für jeden dieser Fälle sollen im Folgenden Beispiele besprochen werden.

Abstufungen der Dominanz Allele können unterschiedliche Abstufungen der Dominanz beziehungsweise der Rezessivität untereinander aufweisen. Bei Mendels klassischen Kreuzungen von Erbsenpflanzen sahen die F_1-Nachkommen immer wie die eine oder die andere der Elternpflanzen aus, weil jeweils ein Allel des Paares **vollständig dominant** über das andere (rezessive) war. In solchen Situationen sind heterozygote und homozygote Individuen mit dem dominanten Allel in ihrem Phänotyp nicht zu unterscheiden.

Bei manchen Genen ist jedoch keines der Allele vollständig dominant, und die F_1-Hybride zeigen einen Phänotyp, der zwischen denen der reinerbigen Eltern liegt. Dieses Phänomen wird als **unvoll-**

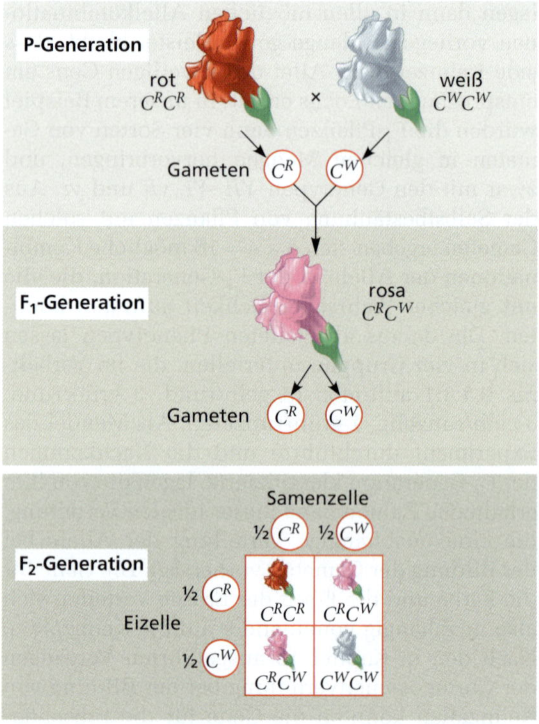

Abbildung 14.6: Unvollständige Dominanz bei Löwenmäulchen (*Antirrhinum*). Wenn rot blühende Löwenmäulchen mit weiß blühenden gekreuzt werden, bilden die F_1-Hybride rosafarbene Blüten. Die Verteilung der Allele bei der Gametenbildung der F_1-Pflanzen führt dazu, dass in der F_2-Generation eine 1:2:1-Aufspaltung der Geno- und Phänotypen auftritt. Der indizierte (hochgestellte) Buchstabe bezeichnet das jeweilige Allel: C^R, rote Blüten; C^W, weiße Blüten.

? Nehmen Sie an, dass jemand die Behauptung aufstellt, dass diese Abbildung geeignet ist, die Mischhypothese der Vererbung zu stützen. Welche Argumente könnte er vorbringen und was würden Sie entgegnen?

1 Eine Ausnahme ist die Gestalt der Hülsen. Man weiß heute, dass sie von zwei Genorten beeinflusst wird.

ständige Dominanz bezeichnet. Es tritt zum Beispiel in Erscheinung, wenn man weiß blühende Löwenmäulchen (*Antirrhinum*) mit rot blühenden kreuzt. Alle F_1-Hybride besitzen dann rosafarbene Blüten (Abbildung 14.6). Dieser neue, dritte Phänotyp ergibt sich aus der Tatsache, dass die Blüten der heterozygoten Pflanzen weniger roten Blütenfarbstoff bilden als die homozygot-rotblütigen. Dies unterscheidet sie von Mendels Erbsen, wo die heterozygoten *Pp*-Pflanzen ausreichenden Blütenfarbstoff herstellen, sodass ihre Blüten von denen der *PP*-Pflanzen nicht unterscheidbar sind.

Auf den ersten Blick könnte das Auftreten einer unvollständigen Dominanz zu der Hypothese verleiten, dass wir es hier vielleicht doch mit einem Vermischungseffekt nach der am Kapitelanfang kurz angerissenen Mischhypothese zu tun haben. Dann könnte man allerdings die ursprünglichen Phänotypen der reinen Blütenfarben aus den rosablütigen Hybriden nicht wieder auskreuzen. Tatsächlich zeigt sich aber, dass die F_1-Hybride der rosablütigen Löwenmäulchen in der zweiten Filialgeneration Nachkommen erzeugen, die in einem Verhältnis der Phänotypen von 1 rot:2 rosa:1 weiß auftreten, also auch teilweise wieder die Elternphänotypen zeigen. (Da die heterozygoten Pflanzen einen eigenen Phänotyp zeigen, treten die Genotypen im gleichen Verhältnis wie die Phänotypen in der F_2-Generation auf: 1:2:1.) Die Verteilung der Allele für rote und für weiße Blüten in den Keimzellen der rosablütigen Pflanzen weist nach, dass die für die Blütenfarbe verantwortlichen Allele erbliche Faktoren sind, die ihre Identität im Hybridzustand aufrechterhalten. Die Vererbung ist also an bestimmte Träger („Teilchen", das heißt Gene) gebunden.

Eine andere mögliche Beziehung zwischen verschiedenen Allelen ist die **Kodominanz**. Bei dieser Form wirken sich zwei Allele unabhängig voneinander auf den Phänotyp aus. So wird etwa das relativ unbekannte Blutgruppensystem MN des Menschen von zwei kodominanten Allelen bestimmt, die für die Bildung zweier spezifischer Proteine M und N verantwortlich sind, die sich unter anderem an der Oberfläche von roten Blutzellen befinden. Ein einzelner Genort kann eines der beiden Allele tragen, die den Phänotyp (die Blutgruppe) festlegen. Die für das *M*-Allel homozygoten Personen (Genotyp MM) haben nur das M-Molekül auf ihren Zellen, Individuen, die homozygot für das *N*-Allel sind, nur das N-Molekül. Heterozygote (Genotyp MN) bilden beide Blutgruppenantigene (M und N). Der Phänotyp MN (Blutgruppe MN) ist nicht intermediär, ist also keine Abstufung zwischen den Zuständen M und N. Dies unterscheidet die Kodominanz von der unvollständigen Dominanz. M und N sind also zwei verschiedene, phänotypisch unabhängige Merkmale, die von Heterozygoten ausgeprägt werden.

Das Verhältnis von Dominanz und Phänotyp Wir haben gesehen, dass die zu beobachtenden Auswirkungen von zwei Allelen in einem Individuum von vollständiger Dominanz, über die unvollständige Dominanz, bis hin zu Kodominanz reichen können. Es ist wichtig, sich klar zu machen, dass ein Allel nicht deshalb dominant heißt, weil es ein rezessives Allel irgendwie unterdrückt. Bei verschiedenen Allelen handelt es sich lediglich um leichte Sequenzabweichungen in der DNA ein und desselben Gens am gleichen Locus. Wenn ein dominantes und ein rezessives Allel in einem heterozygoten Individuum zusammenkommen, zeigen sie ja keine direkte Wechselwirkung miteinander. Erst auf dem Weg vom Genotyp zum Phänotyp werden Dominanz und Rezessivität ausgeprägt.

Um diese Beziehung zu verdeutlichen, können wir eines der von Mendel selbst untersuchten Merkmale heranziehen – die Form der Erbsen. Das dominante Allel (runde Erbsen) codiert für ein Enzym, das eine unverzweigte Form der Stärke in eine stärker verzweigte Form umwandelt. Das rezessive Allel codiert für eine nicht funktionstüchtige Form desselben Enzyms. Im homozygoten Zustand werden daher viele unverzweigte Stärkemoleküle gebildet, die einen osmotischen Wassereinstrom in die Erbsen bewirken. Trocknen die Erbsen später, werden sie durch den Wasserverlust runzelig. Ist mindestens eine Kopie des dominanten Allels vorhanden, so wird ein aktives Enzym gebildet und die Stärke wird modifiziert, sodass kein überschüssiges Wasser eingelagert wird. Bei einer späteren Trocknung verschrumpeln die Erbsen dann nicht. Eine einzelne Kopie des dominanten Allels reicht aus, um genügend Enzym für den Stärkeumbau zu bilden. Deshalb bilden sowohl homozygot-dominante als auch heterozygote Erbsenpflanzen runde Erbsen und zeigen damit den gleichen Phänotyp.

Wie sich die Abstufungen zwischen dominanten und rezessiven Allelen eines Gens tatsächlich auswirken, hängt auch davon ab, auf welcher Ebene wir den Phänotyp betrachten. Dies soll am Beispiel der **Tay/Sachs-Krankheit**, einer Erbkrankheit beim Menschen, erläutert werden: Die Gehirnzellen eines Kindes mit dieser Krankheit können bestimmte Lipide nicht verstoffwechseln, weil eines der daran beteiligten Enzyme nicht richtig funktioniert. Die nicht abgebauten Lipide stauen sich dann im Hirngewebe an und es kommt zum Ausbruch der Krankheitssymptome (Nachlassen der Sehfähigkeit bis zur Blindheit, geistige und motorische Degeneration) und nach wenigen Jahren zum Tod.

Nur Kinder mit zwei Kopien des defekten Tay/Sachs-Allels (die also homozygot sind) erkranken. Auf dieser Ebene betrachtet ist das pathologische Allel also als klar rezessiv anzusehen. Andererseits zeigt sich bei heterozygoten Trägern des Allels, dass die spezifische Enzymaktivität der β–N-Acetylhexosaminidase zwischen der von Personen liegt, die homozygot für das normale Allel sind und denjenigen, die homozygot für das pathologische Allel sind und an dem Syndrom leiden. Betrachten wir also die biochemischen Auswirkungen, so zeigen sie einen intermediären Phänotyp, der auf eine unvollständige Dominanz beider Allele schließen lässt. Der heterozygote Genotyp führt nicht zur Ausbildung des Krankheitsbildes, weil die restliche Enzymaktivität ausreicht, um einen pathologischen Anstau nicht metabolisierter Lipide im Gehirn zu vermeiden. Als Träger des mutierten Allels können entsprechende Personen dieses natürlich weitervererben. Bei noch näherer molekularer Analyse der Tay/Sachs-Krankheit finden wir, dass Heterozygote etwa gleiche Mengen des normalen und des nicht funktionellen Enzyms β–N-Acetylhexosaminidase bilden. Hier sind das normale Allel (das Wildtypallel) und das pathologische Allel (das Tay/Sachs-Allel) also kodominant. Wir gelangen zu der wichtigen Erkenntnis: Ob Allele vollständige Dominanz, unvollständige Dominanz oder Kodominanz zeigen, kann davon abhängen, auf welcher Ebene der jeweilige Phänotyp betrachtet wird.

Die Häufigkeit dominanter Allele Dominante Allele bestimmter Gene müssen in einer Population nicht notwendigerweise häufiger auftreten als rezessive. So wird beispielsweise in den USA eines von etwa vierhundert Kindern mit zusätzlichen Fingern oder Zehen geboren (Polydaktylie). Einige Fälle von Polydaktylie werden durch ein dominantes Allel eines Gens verursacht. Es treten nur verhältnismäßig wenige Fälle auf, was zeigt, dass das rezessive Allel, welches zur normalen Fünffingrigkeit (Pentadaktylie) der Extremitäten führt, viel weiter verbreitet ist als das dominante. In Kapitel 23 werden wir darauf eingehen, wie die natürliche Selektion die relativen Allelhäufigkeiten in Populationen beeinflusst.

Multiple Allele Für die von Mendel untersuchten Merkmale von Erbsenpflanzen gibt es nur jeweils zwei natürlich vorkommende Allele. Die meisten Gene haben jedoch mehr als zwei verschiedene Allele. Die Blutgruppen A, B und 0 des AB0-Systems des Menschen werden zum Beispiel von drei Allelen eines Gens festgelegt. Die Allele tragen die Bezeichnungen I^A, I^B und i. Diese ergeben vier mögliche Blutgruppen (Phänotypen) von Menschen, nämlich A, B, AB und 0. Die Buchstaben A und B bezeichnen zwei unterschiedliche Kohlenhydratseitenketten an der Zelloberfläche. Man findet also entweder die Kohlenhydratstruktur A (Blutgruppe A), die Kohlenhydratstruktur B (Blutgruppe B), beide zusammen (Blutgruppe AB) oder eine davon unterschiedliche Rumpfstruktur (Blutgruppe 0). Dies ist schematisch in Abbildung 14.7 dargestellt. Wie Sie wissen, ist die Bestimmung dieser Blutgruppen eine entscheidende Voraussetzung für die sichere Verabreichung von Bluttransfusionen (siehe Kapitel 44).

(a) Die drei Allele der Blutgruppen A, B und 0 und die ihnen entsprechenden Kohlenhydratstrukturen. Jedes der Allele codiert für ein Enzym, das einen bestimmten Kohlenhydratrest (der durch den hochgestellten Indexbuchstaben in der Allelbezeichnung angezeigt beziehungsweise als Kreis oder Dreieck symbolisiert wird) an der Oberfläche roter Blutzellen anfügt.

Allel	I^A	I^B	i
Kohlenhydrat	A △	B ○	keines

(b) Blutgruppengenotypen und -phänotypen. Es gibt sechs mögliche Genotypen, die vier verschiedene Phänotypen hervorbringen.

Genotyp	I^AI^A oder I^Ai	I^BI^B oder I^Bi	I^AI^B	ii
Erscheinungsbild der roten Blutzellen	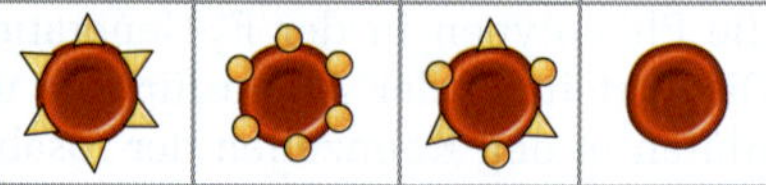			
Phänotyp (Blutgruppe)	A	B	AB	O

Abbildung 14.7: Die multiplen Allele des AB0-Blutgruppensystems. Die vier Blutgruppen dieses Systems ergeben sich aus verschiedenen Kombinationen der drei gezeigten Allele.

? Welche Form der Dominanz würden Sie auf der Grundlage der unter (b) gezeigten Phänotypen (Zelloberflächenkohlenhydrate) unter diesen Allelen erwarten?

Pleiotropie Bisher sind wir bei unseren Betrachtungen zur Mendel'schen Vererbungslehre stets davon ausgegangen, dass jedes Gen nur ein bestimmtes Merkmal im Phänotyp beeinflusst. Die meisten Gene können sich jedoch auf mehr als einen Phänotyp auswirken – ein Phänomen, das als **Pleiotropie** bezeichnet wird (gr. *ple(i)os*, voll, mehr; *trope*, Drehung, Wendung). So sind beim Menschen pleiotrope Allele zum Beispiel für die unterschiedlichen Symptome bestimmter Erbkrankheiten wie der Mukoviszidose und der Sichelzellenanämie verantwortlich. Auf die Sichelzellenanämie werden wir später noch eingehen. Bei der Gartenerbse beeinflusst das Gen, das die Blütenfarbe festlegt, auch die Färbung der Erbsenhaut, die gräulich oder weißlich sein kann. Angesichts der stark vernetzten molekularen und zellulären Wechselwirkungen, die die Physiologie und Entwicklung eines Organismus bestimmen, ist es verständlich, dass ein einzelnes Gen sich auf mehr als ein Merkmal auswirken kann.

14.2.2 Die Erweiterung der Mendel'schen Regeln bei mehr als einem Gen

Die Abstufungen der Dominanz, multiple Allele und Pleiotropie sind Ausprägungen, die sich ausschließlich auf die Allele eines einzelnen Gens beziehen. Wir werden nun zwei Situationen betrachten, in denen zwei oder mehr Gene an der Festlegung eines bestimmten Phänotyps beteiligt sind.

Epistasie Eine **Epistasie** (gr. *epi*, auf, hinüber, hin, bei; *stasis*, Stillstand, Stockung) bezeichnet die übergeordnete Wirkung eines Gens und liegt dann vor, wenn ein Gen die phänotypische Expression eines anderen Gens verändert (also eines beliebigen Allels an einem anderen Gen*ort)*. Dies lässt sich am besten an einem Beispiel verdeutlichen: Bei Mäusen und vielen anderen Säugetieren ist die schwarze Fellfarbe dominant über eine braune. Wir wollen die für die Fellfarbe verantwortlichen Gene *B* und *b* nennen. Damit eine Maus ein braunes Fell hat, muss ihr Genotyp an diesem Genort *bb* sein. Allerdings ist hier noch etwas zu bedenken. Ein zweites Gen bestimmt nämlich, ob das für die Fellfarbe verantwortliche Pigment überhaupt erst in den Haaren abgelagert wird oder nicht. Das dominante Allel dieses Gens, das wir *C* nennen wollen, führt zur Ablagerung des schwarzen oder braunen Pigments (die Farbe selbst hängt weiterhin vom ersten Gen „*B*“ ab). Ist die Maus am zweiten Genort homozygot-rezessiv, (*cc*), kann sich kein Pigment ablagern und die Maus ist ein Albino! Ihr Fell ist dann reinweiß – egal, welches Allel am Genort *B/b* vorliegt. Das Gen für die Pigmenteinlagerung (*C/c*) verhält sich also epistatisch zu dem Gen für die Pigmentbildung (*B/b*) (Abbildung 14.8).

14.2.3 Gene und Erziehung: Der Einfluss der Umwelt auf den Phänotyp

Wie wir gerade gesehen haben, weichen Merkmale auch dann von einem einfachen Mendel'schen Erbgang ab, wenn der Phänotyp nicht ausschließlich durch den Genotyp bestimmt wird, sondern

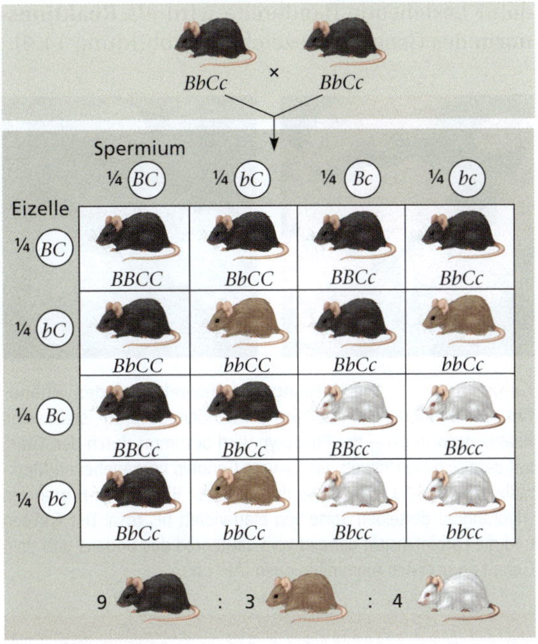

Abbildung 14.8: Ein Beispiel für Epistasie. Das Punnett-Quadrat stellt die Geno- und Phänotypen bildlich dar, die sich bei den Nachkommen einer Kreuzung zweier schwarzer Mäuse des Genotyps *BbCc* ergeben können. Das *C/c*-Gen bestimmt, ob sich ein gebildetes Pigment einlagert und es epistatisch zum Gen *B/b* ist, welches die Pigmentbildung steuert.

auch von der Umwelt abhängt. Ein Baum mit seinem ererbten homogenen Genotyp bildet Blätter aus, die sich in der Größe, der Form und der Färbung unterscheiden können – je nach Wind- und Lichtexposition. Beim Menschen beeinflusst die Ernährung die Körpergröße, die Beanspruchung durch Arbeit und Sport wirkt sich mehr oder weniger begrenzt auf den Körperbau aus, die Sonne führt zu einer Bräunung der Haut und durch Übungen können die Leistungen bei Intelligenztests verbessert werden. Auch eineiige Zwillinge, deren Genome ja identisch sind, unterscheiden sich im Laufe der Zeit als Folge individueller Erfahrungen und Umwelteinflüsse.

Ob Eigenschaften wie Intelligenz und Sozialverhalten bei Mensch und Tier mehr von den Erbanlagen (Genen) oder der Umwelt bestimmt werden, ist eine alte und noch immer hitzig geführte Debatte, die sich nicht endgültig beantworten lässt. Man kann jedoch sagen, dass ein Genotyp im Allgemeinen nicht unausweichlich einen bestimmten Phänotyp hervorruft, sondern vielmehr das genetische Gerüst für die Eigenschaften bildet, die durch die Umwelt angepasst werden. Der Grad der Flexibilität bei dieser Anpassung unterscheidet sich je nach dem betrachteten Merkmal. Die dafür bestehende Bandbreite wird als **Reaktionsnorm** des Genotyps bezeichnet (Abbildung 14.9).

Abbildung 14.9: **Die Wirkung der Umwelt auf den Phänotyp.** Die Bandbreite, mit der sich ein Genotyp ausprägt, stellt seine Reaktionsnorm dar – der Phänotyp wird bestimmt durch den Grad, mit dem sich die Umwelt auf die vom Genotyp vorgegebenen Merkmale auswirkt. So reicht etwa die Farbe der Blüten von Hortensien (Hydrangea) derselben Sorte von blau-violett bis rosa. Der Farbton und die Farbintensität hängen vom Säuregrad des Bodens und dem Gehalt an gelösten Aluminiumionen (Al^{3+}) ab.

VERSTÄNDNISFRAGEN

1. Unvollständige Dominanz und Epistasie sind Begriffe, die bestimmte genetische Wechselbeziehungen beschreiben. Wie könnte man möglichst allgemein diese beiden Begriffe unterscheiden?

2. Welche AB0-Blutgruppen erwarten Sie für die Kinder eines Paares, wenn der Mann die Blutgruppe AB und die Frau die Blutgruppe 0 hat?

3. WAS WÄRE, WENN? Ein Hahn mit grauem Gefieder paart sich mit einer Henne gleichen Phänotyps. Unter den aus den Eiern schlüpfenden Nachkommen finden sich 15 mit grauem, sechs mit schwarzem und acht mit weißem Gefieder. Was ist die einfachste Erklärung für die Vererbung dieser Gefiederfarben bei den Hühnern? Welche Phänotypen würden Sie bei den Nachkommen einer Kreuzung eines grau gefiederten Hahns mit einer schwarzen Henne erwarten?

14.3 Auch die Vererbung beim Menschen folgt den Mendel'schen Regeln

Im Gegensatz zu den gut handhabbaren Erbsen ist die Untersuchung der Vererbung beim Menschen eher schwierig. Unsere Generationszeit beträgt ungefähr 20 Jahre und die meisten Menschen haben vergleichsweise wenige Nachkommen. Außerdem verbieten sich aus ethischen Gründen gezielte Kreuzungsversuche am Menschen von selbst, die eine Analyse der Genotypen und Phänotypen erlauben würden. Ungeachtet dieser massiven Einschränkungen macht die Humangenetik derzeit enorme Fortschritte, angetrieben durch das Bestreben, unsere eigenen erblichen Grundlagen zu begreifen. Die neuen Techniken der Molekulargenetik führten hier zu vielen bahnbrechenden Entdeckungen.

14.3.1 Die Analyse von Stammbäumen

Da man Menschen nicht gezielt paaren kann, sind Humangenetiker für ihre Analysen auf die bereits existierenden Nachkommen angewiesen. Solche Analysen basieren auf dem Sammeln von Informationen zur Familiengeschichte bezüglich bestimmter Erbmerkmale und der nachfolgenden Erstellung eines Stammbaums. In solchen Familienstammbäumen werden die Verwandtschaftsverhältnisse und die Merkmale von Eltern und Kindern über Generationen hinweg aufgezeichnet.

Abbildung 14.10a zeigt einen Stammbaum über drei Generationen, der das Auftreten eines spitzen Haaransatzes im Stirnbereich beschreibt, der als „Witwenspitze" (engl. *widow's peak*) bezeichnet wird. Er geht auf das dominante Allel (*W*) eines Gens zurück. Daher müssen alle Personen ohne den spitzen Haaransatz homozygot-rezessiv sein (*ww*). Die Großeltern, die beide den spitzen Haaransatz hatten, müssen heterozygot sein, da einige ihrer Kinder homozygot-rezessiv sind. Die Kinder der zweiten Generation, die das Merkmal zeigen, müssen ebenfalls heterozygot sein. Genetisch gesehen sind sie die Produkte einer *Ww* × *ww*-Kreuzung. Die dritte Generation besteht aus zwei Schwestern. Diejenige, die die Witwenspitze zeigt, kann entweder homozygot für das dominante Allel (*WW*) oder heterozygot (*Ww*) sein. Dies ergibt sich aus den bekannten Genotypen ihrer Eltern (beide *Ww*).

Abbildung 14.10b zeigt den Stammbaum der gleichen Familie, aber dieses Mal für ein rezessives Merkmal, nämlich angewachsene Ohrläppchen. *f* soll das rezessive, *F* das dominante Allel (nicht angewachsene Ohrläppchen) für dieses Merkmal bezeichnen. Wenn Sie den Familienstammbaum analysieren, können Sie Ihr Wissen über Mendels Regeln der Vererbung erneut anwenden, um die Genotypen der einzelnen Familienmitglieder zu verstehen.

Familienstammbäume können auch für die Berechnung der Wahrscheinlichkeit herangezogen werden, mit der ein Kind einen bestimmten Genotyp oder Phänotyp haben wird. Nehmen wir an, dass das in der 2. Generation von Abbildung 14.10 dargestellte Paar sich entscheidet, noch ein Kind

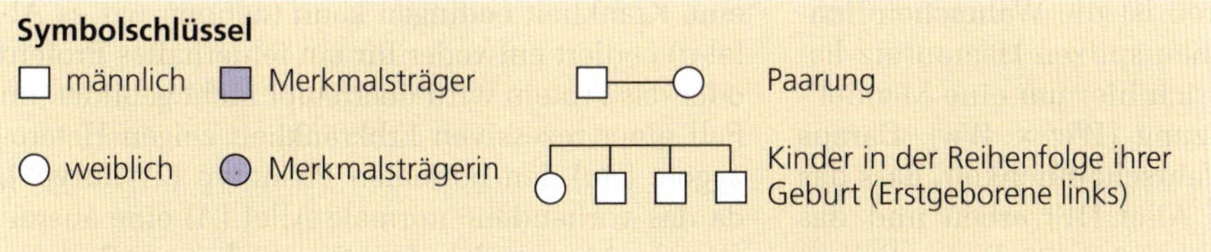

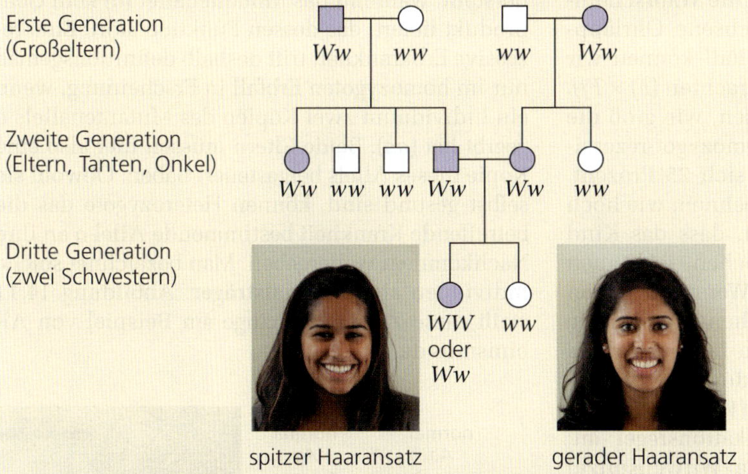

(a) Ist das Merkmal „Witwenspitze" dominant oder rezessiv?

Tipps für die Stammbaumanalyse: Beachten Sie in der dritten Generation, dass die zweitgeborene Tochter keine Witwenspitze hat, ob wohl beide Eltern das Merkmal besitzen. Ein solches Muster weist darauf hin, dass das Merkmal auf ein dominantes Allel zurückzuführen ist. Wenn es auf ein *rezessives* Allel zurückzuführen wäre und beide Eltern den rezessiven Phänotyp (gerader Haaransatz) hätten, würden *alle* ihre Nachkommen ebenfalls den rezessiven Phänotyp aufweisen.

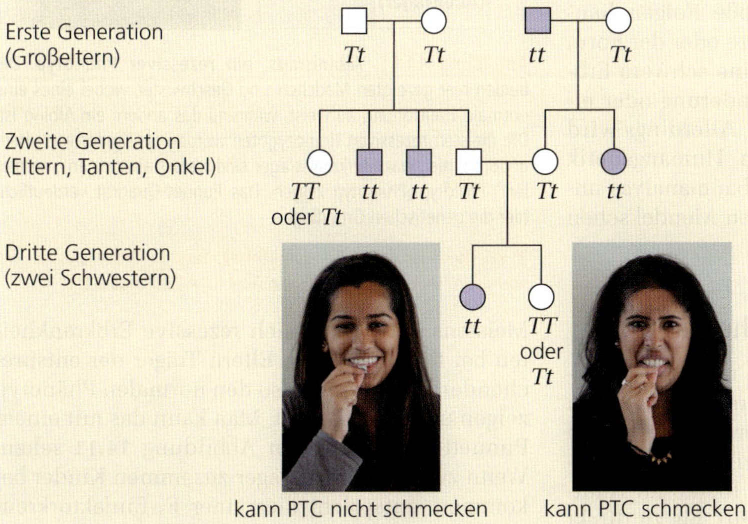

(b) Ist das Unvermögen PTC zu schmecken dominant oder rezessiv?

Tipps für die Stammbaumanalyse: Beachten Sie, dass die erstgeborene Tochter in der dritten Generation das Merkmal hat (sie kann PTC nicht schmecken), obwohl beide Eltern diese Eigenschaft nicht haben (sie *können* PTC schmecken). Ein solches Muster ist erklärbar, wenn der Phänotyp des nicht Schmeckens auf ein rezessives Allel zurückzuführen ist. Würde es auf einem *dominanten* Allel beruhen, müsste mindestens ein Elternteil ebenfalls das Merkmal haben.

Abbildung 14.10: **Stammbaumanalyse.** Jeder Stammbaum verfolgt ein Merkmal über drei Generationen der gleichen Familie; die beiden Merkmale haben unterschiedliche Vererbungsmuster. Zum besseren Verständnis der genetischen Prinzipien wird jedes Merkmal als durch zwei Allele eines einzigen Gens bestimmt dargestellt - eine Vereinfachung, da möglicherweise auch andere Gene diese beiden Merkmale beeinflussen.

zu bekommen. Wie groß ist die Wahrscheinlichkeit, dass das Kind einen spitzen Haaransatz haben wird? Es handelt sich hier um eine Mendel'sche F_1-Einfaktorkreuzung (*Ww* × *Ww*). Daraus ergibt sich, dass die Wahrscheinlichkeit, dass das Kind ein dominantes Allel (*W*) erben und das Merkmal zeigen wird, bei 3/4 (75 Prozent) liegt (1/4 *WW* + 2/4 *Ww*). Wie hoch ist die Wahrscheinlichkeit, dass das Kind angewachsene Ohrläppchen haben wird? Auch diesen Fall können wir wieder als Einfaktorkreuzung betrachten (*Ff* × *Ff*). Dieses Mal wollen wir aber wissen, wie groß die Wahrscheinlichkeit für den homozygot-rezessiven Fall (*ff*) ist und es ergeben sich 25 Prozent. Schließlich wollen wir noch berechnen, wie hoch die Wahrscheinlichkeit dafür ist, dass das Kind sowohl angewachsene Ohrläppchen wie auch eine Witwenspitze haben wird. Wenn wir davon ausgehen, dass die infrage stehenden Genorte auf verschiedenen Chromosomen liegen, werden die Gene sich bei dieser Zweifaktorkreuzung unabhängig voneinander vererben (*WwFf* × *WwFf*). Wir wenden also die Multiplikationsregel an: 0,75 (Wahrscheinlichkeit für die Witwenspitze) mal 0,25 (Wahrscheinlichkeit für angewachsene Ohrläppchen) = 0,1875 (= 3/16 Gesamtwahrscheinlichkeit für das Zusammentreffen beider Merkmale).

Solche Stammbäume erlangen eine wesentlich größere Bedeutung, wenn es sich bei den untersuchten Merkmalen (Genen) nicht um eine morphologische Kuriosität ohne große Folgen handelt, wie der Wuchsform der Haare oder der Form der Ohrläppchen, sondern um eine schwere Erbkrankheit mit lebenslanger Behinderung oder einem frühzeitig tödlichen Verlauf. Allerdings wird auch hierbei in der klinischen Humangenetik die gleiche Methode der Stammbaumanalyse angewandt, wenn die Vererbung den Mendel'schen Regeln unterliegt.

14.3.2 Rezessive Erbkrankheiten

Man kennt heute Tausende von rezessiv vererbten Krankheiten. Die Symptome reichen in ihrem Auftreten von vergleichsweise gering, wie im Fall von Albinismus (einer Störung in der Pigmentbildung, die mit einem erhöhten Risiko für Hautkrebs und Augenleiden einhergeht), bis zu direkt lebensbedrohlich wie bei der Mukoviszidose.

Das Verhalten rezessiver Allele Wie können wir das Verhalten von rezessiven Allelen in Verbindung mit Erbkrankheiten verstehen? Wir wissen, dass die meisten Gene für Proteine codieren, die bestimmte Funktionen im Organismus erfüllen. Ein Allel, das eine Krankheit bedingen kann (nennen wir es Allel *a*) codiert entweder für ein fehlerhaftes Protein oder das Protein wird überhaupt nicht gebildet. Im Fall einer rezessiven Erbkrankheit zeigen Heterozygote (*Aa*) den normalen Phänotyp („Wildtyp"), da das vorhandene normale Allel (*A*) eine ausreichende Menge des funktionstüchtigen Proteins herstellt, während das Mutantenallel (*a*) kein Genprodukt liefert, das dessen Funktion stört. Eine rezessive Erbkrankheit tritt deshalb definitionsgemäß nur im homozygoten Erbfall in Erscheinung, wenn ein Individuum zwei Kopien des Mutantenallels *a* geerbt hat (*aa*). Beide Eltern müssen hier also eine Kopie dieses Allels beigesteuert haben. Obwohl sie selbst gesund sind, können Heterozygote das die betreffende Krankheit bestimmende Allel *a* an ihre Nachkommen weitergeben. Man bezeichnet solche Individuen als **Merkmalsträger**. Abbildung 14.11 stellt diese Zusammenhänge am Beispiel von Albinismus dar.

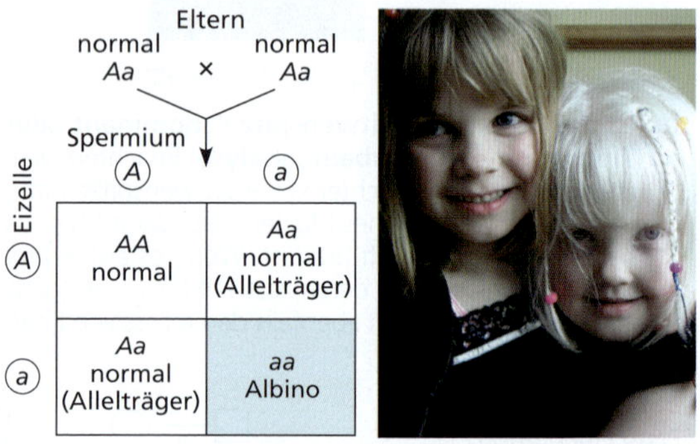

Abbildung 14.11: Albinismus: ein rezessiver Phänotyp. Die beiden hier gezeigten Mädchen sind Geschwister, wobei eines eine normale Hauttönung aufweist, während das andere ein Albino ist. Die meisten rezessiven Homozygoten werden als Kinder von Eltern geboren, die zwar Merkmalsträger sind, selbst aber einen „normalen" (Wildtyp-)Phänotyp zeigen. Das Punnet-Quadrat verdeutlicht hier die genetischen Grundlagen.

? Wie hoch ist die Wahrscheinlichkeit, dass die Schwester mit der normalen Hautpigmentierung ein Allel für Albinismus trägt?

Meistens entwickeln sich rezessive Erbkrankheiten bei Kindern, deren Eltern Träger der entsprechenden Allele sind, also den normalen Phänotyp zeigen und gesund sind. Man kann das mit einem Punnett-Quadrat wie in Abbildung 14.11 sehen. Wenn zwei Merkmalsträger zusammen Kinder bekommen, entspricht dies einer F_1-Einfaktorkreuzung im Mendel'schen Sinn. Das bei den Kindern erwartete Verhältnis der beiden Allele beträgt somit 1 *AA*:2 *Aa*:1 *aa*. Jedes der Kinder hat also eine 25-prozentige Wahrscheinlichkeit, diploid für das rezessive Mutantenallel zu sein. (Nicht immer weist auch ein Viertel aller Kinder tatsächlich den betreffenden Erbschaden auf. Oft sind die Symptome der Krankheit so gravierend, dass es zu einer Fehlgeburt in einem frühen Stadium der Embryonalentwicklung kommt.) Beim Albinismus ist das aber nicht der Fall und die Kinder werden geboren. Aus den Genotypverhältnissen können wir weiter ablesen, dass statistisch von drei Kindern, die keine Albinos sind, zwei heterozygote Merkmalsträger sein werden (also mit einer Wahrscheinlichkeit von 66,6 Prozent). Homozygot-rezessive Kombinationen können auch aus Paarungen des Genotyps *Aa* × *aa* und *aa* × *aa* hervorgehen. Wenn der Genotyp *aa* allerdings zur Sterilität oder zum Tod vor Erreichen des Fortpflanzungsalters führt, wird sich das homozygot-rezessive Individuum nicht fortpflanzen. Selbst wenn homozygot Rezessive mit einem als Erbkrankheit einzustufenden Phänotyp sich fortpflanzen können, machen sie in der Regel jedoch einen wesentlich kleineren Anteil der Bevölkerung aus als die viel zahlreicheren, phänotypisch unauffälligen heterozygoten Merkmalsträger (die Gründe dafür werden wir in Kapitel 23 kennenlernen).

MERKE!

Obwohl sie selbst gesund sind, können Heterozygote das die betreffende Krankheit bestimmende Allel *a* an ihre Nachkommen weitergeben. Man bezeichnet solche Individuen als Merkmalsträger.

Im Allgemeinen findet man Erbkrankheiten nicht gleichmäßig unter allen Bevölkerungsgruppen verteilt. So tritt etwa das weiter oben erwähnte Tay/Sachs-Syndrom wesentlich häufiger bei aus Osteuropa stammenden Juden, bei Frankokanadiern, bei Iren und den „Cajuns" im südlichen US-Staat Louisiana auf, als im Bevölkerungsdurchschnitt. Unter den Juden mit familiären Wurzeln in Osteuropa ist die Häufigkeit der Tay/Sachs-Krankheit mit 1:3.600 rund hundertmal höher als unter vergleichbaren nicht jüdischen Bevölkerungsgruppen. Diese ungleichmäßigen Verteilungen beobachtet man bei vielen Merkmalen. Sie sind eine Folge unterschiedlicher genetischer Entwicklungen von Teilen der Weltbevölkerung, die sich in vorindustrieller Zeit herausgebildet haben. Die damals vergleichsweise geringe Bevölkerungsdichte und die eingeschränkte Mobilität bedingte das Auftreten geografisch und genetisch isolierter Teilpopulationen.

Ist ein rezessives Allel für eine Erbkrankheit selten, so besteht eine geringe Wahrscheinlichkeit, dass sich zwei Merkmalsträger zufällig treffen und sich miteinander fortpflanzen. Falls jedoch ein Mann und eine Frau nah miteinander verwandt sind (Geschwister, Cousins und Cousinen ersten Grades etc.), erhöht sich die Wahrscheinlichkeit für die Ausprägung der rezessiven Merkmale stark. Man spricht hier von konsanguinischen („blutsverwandten") Paarungen und macht dies in Stammbäumen durch Doppellinien kenntlich. Individuen mit gemeinsamen Vorfahren weisen mit einer höheren Wahrscheinlichkeit dieselben rezessiven Allele auf als nicht verwandte Personen. Deshalb ist auch die Wahrscheinlichkeit größer, dass aus Paarungen naher Verwandter Kinder hervorgehen, die homozygot für rezessive Merkmale sind. Das gilt auch für die nachteiligen Merkmale. Diese Gesetzmäßigkeiten lassen sich bei vielen Haus- und Nutztieren ebenso beobachten wie an Zootieren, die durch **Inzucht** entstanden sind.

Es gibt unter Genetikern eine Diskussion darüber, in welchem Maß blutsverwandte Paarungen das Risiko für Erbkrankheiten beim Menschen erhöhen. Viele Allele mit schwerwiegenden Nachteilen führen zu (oft unbemerkten) Fehlgeburten. Trotzdem bestehen in den meisten Kulturen Gesetze und Tabus bezüglich der Heirat naher Verwandter. Diese sozialen Regeln sind möglicherweise aufgrund der Beobachtung entstanden, dass Fehlgeburten und Missbildungen häufiger vorkommen, wenn die Eltern nahe verwandt sind.

Mukoviszidose Die Mukoviszidose (zystische Fibrose) ist in den Industrieländern der Nordhalbkugel eine der häufigsten Erbkrankheiten mit einem in der Regel tödlichen Verlauf. Die Häufigkeit wird für Mitteleuropa mit etwa einem Fall bei 2.000 Geburten beziffert. In anderen Regionen tritt die Mukoviszidose wesentlich seltener auf. So wird für Schwarzafrika eine Häufigkeit von etwa 1:17.000 angegeben, für Asiaten sogar eine von nur 1:90.000. Unter Menschen europäischer Herkunft sind etwa vier Prozent Merkmalsträger des Mukoviszidoseallels (das entspricht 3,2 Millionen der rund 80 Millionen Einwohner Deutschlands). Das Wildtypallel des Gens codiert für ein Membranprotein, das einen Ionenkanal für den Transport von Chloridionen bildet, aber auch ein zentrales regulatorisches Protein der Epithelzellen darstellt. Bei Menschen mit zwei Kopien des rezessiven Mukoviszidoseallels ist der Transport beeinträchtigt oder fällt sogar vollständig aus. Das entsprechende Gen liegt auf dem Chromosom 7 und das gebildete Protein wird als CFTR (für „*c*ystic *f*ibrosis *t*ransmembrane conductance *r*egulator") bezeichnet. Sein Ausfall führt zu einem drastisch reduzierten Wassergehalt im Schleim außerhalb der Zellen. Dies macht den Schleim sehr zähflüssig, der zum Beispiel die Oberfläche der Lungen und der Luftröhre überzieht und normalerweise durch Cilienschlag ständig weiter befördert wird. Der zähere Schleim staut sich in Organen wie der Bauchspeicheldrüse (Pankreas), den Lungen, im Verdauungstrakt und auch an anderen Stellen im Körper an. Dies wiederum hat verschiedene pleiotrope Auswirkungen, wie eine verschlechterte Absorption von Nährstoffen im Darm, chronische Bronchitis und wiederholte bakterielle Infektionen, vor allem der Atemwege. Nach neueren Erkenntnissen bewirkt die hohe extrazelluläre Chloridkonzentration die häufigen Infektionen nicht nur durch den schlechteren Abtransport des Schleims mit den darin gefangenen Bakterien, sondern macht außerdem ein von bestimmten Körperzellen gebildetes, antibakteriell wirkendes Antibiotikum unwirksam. Auch Immunzellen zur Bekämpfung der Bakterien verfangen sich im Schleim und sterben schließlich ab, was das Problem noch verschlimmert.

Ohne Behandlung führt die Mukoviszidose innerhalb der ersten fünf Lebensjahre zum Tod. Durch tägliche Antibiotikagaben und eine vorsichtige Förderung des Schleimabflusses aus den verstopften Luftwegen sowie durch vorbeugende Maßnahmen gegen Neuinfektionen gelingt heute eine deutliche Lebensverlängerung. Die durchschnittliche Lebenserwartung liegt gegenwärtig bei etwa 40 Jahren. Erste kleine Behandlungserfolge werden aus Ansätzen der Gentherapie vermeldet, die darauf abzielt, Wildtyp-Kopien des CFTR-Gens in die Zellen von Mukoviszidose-Patienten einzubringen (siehe auch Kapitel 20).

Ab 2020 steht eine zugelassene Kombinationstherapie zur Verfügung, die vielen Betroffenen zu einem fast normalen Leben verhilft.

14.3.3 Dominante Erbkrankheiten

Trotz des häufigeren Auftretens von rezessiven Allelen bei menschlichen Erbkrankheiten gibt es auch solche, die auf dominante Allele zurückgeführt werden können. Ein Beispiel hierfür ist die *Achondroplasie* – eine Form des Zwergwuchses, die einen von 25.000 bis einen von 40.000 Menschen betrifft. Heterozygote Individuen zeigen den zwergwüchsigen Phänotyp (Abbildung 14.12). Alle Menschen, die keine achondroplastischen Zwerge sind – 99,99 Prozent der Bevölkerung –, sind daher homozygot für das rezessive Allel. Wie im Fall der Veranlagung für überzählige Finger oder Zehen ist die Achondroplasie ein Merkmal, für welches das rezessive Allel weitaus häufiger vorkommt als das entsprechende dominante Allel.

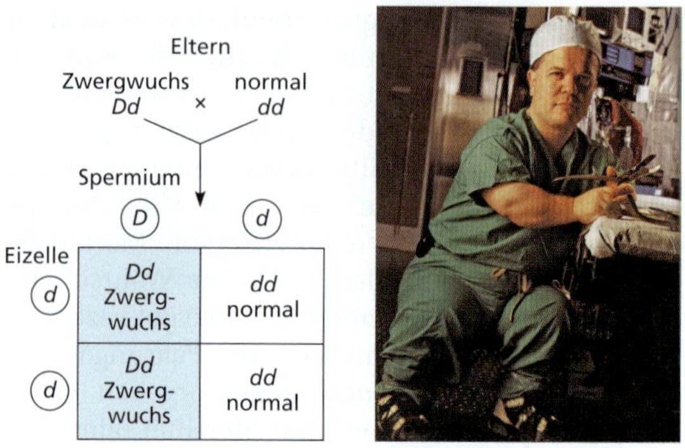

Abbildung 14.12: Achondroplasie: ein dominantes Merkmal. Der Schauspieler David Rappaport (1951–1990) litt an Achondroplasie, einer von einem dominanten Allel (*D*) verursachten Form der Zwergwüchsigkeit. Das Allel kann seinen Ursprung in einer spontanen Mutation in der Ei- oder der Samenzelle haben, aus der das betroffene Individuum hervorgegangen ist, oder es kann von einem betroffenen Elternteil weitervererbt worden sein, wie das dargestellte Punnett-Quadrat anzeigt.

Dominante Allele, die eine tödliche (letale) Krankheit bedingen, sind aus offensichtlichen Gründen sehr viel weniger häufig als rezessive Allele mit einer ähnlichen Wirkung. Alle letalen Allele müssen durch Mutationen in den Zellen der Keimbahn entstanden sein, aus denen die Keimzellen hervorgehen, um vererbt zu werden. Ein dominant letales Allel wird in der Regel nicht an die nächste Generation weitergegeben, weil die Träger sterben, bevor sie sich fortpflanzen können. Im Gegensatz dazu kann ein rezessiv letales Allel durch heterozygote Merkmalsträger mit normalem Phänotyp über Generationen hinweg weitervererbt werden, weil ja nur die homozygot rezessiven Letal-Merkmalsträger sterben.

Huntington'sche Krankheit Ein dominant letales Allel kann in einer Population erhalten bleiben, wenn der Tod betroffener Individuen erst in einem fortgeschrittenen Alter eintritt, nachdem das Allel bereits an eigene Nachkommen weitergegeben wurde. Wenn die Krankheit ausbricht, kann die nächste Generation also schon existieren. So treten zum Beispiel die Symptome der Huntington'schen Krankheit (**Chorea major**, **Chorea Huntington**, **erblicher Veitstanz**), die von einem dominant letalen Allel verursacht wird, erst im Alter von etwa 35–45 Jahren auf. Es handelt sich um eine schleichende, neurodegenerative Erkrankung. Hat der Verfall des Nervensystems erst einmal eingesetzt, ist er unaufhaltsam und führt unweigerlich zum Tod. Für jedes Kind eines Elternteils mit dem dominanten Huntingtonallel besteht eine 50-prozentige Wahrscheinlichkeit, das Allel geerbt zu haben und ebenfalls zu erkranken (Punnett-Quadrat, Abbildung 14.12). Für Mitteleuropa wird die Häufigkeit mit etwa 1:20.000 angegeben, in Japan ist sie mit 1:100.000 viel seltener. In Deutschland sollen etwa 8.000 Personen betroffen sein.

Bis vor Kurzem galt das Auftreten von klinischen Symptomen als einziger Nachweis, dass eine Person das pathologische Allel in ihrem Erbgut hat. Durch die Analyse von DNA-Proben einer großen Familie mit sehr vielen Krankheitsfällen ist es Humangenetikern gelungen, das Huntingtonallel an einem Genort an der Spitze des kurzen Arms von Chromosom 4 nachzuweisen. Das Gen konnte isoliert und seine Basenfolge durch DNA-Sequenzierung ermittelt werden. Die so gewonnenen molekularbiologischen Informationen wurden genutzt, um einen Test zu entwickeln, mit dem man das Huntingtonallel in der Erbsubstanz nachweisen kann. Personen, in deren Familie ein Fall von Chorea Huntington vorgekommen ist, können heute feststellen lassen, ob sie das Allel tragen und so an ihre Kinder weitervererben könnten. (Das Testverfahren wird in Kapitel 20 näher vorgestellt.) Mit dem Nachweis und dem Bewusstsein, dass es kein Mittel gegen die Krankheit gibt, stellt sich ein Dilemma für die Menschen mit einem familiären Hintergrund der Krankheit dar. Dies betrifft zum Beispiel die näheren Verwandten des US-amerikanischen Folksängers Woodrow „Woody" Guthrie (1912–1967), der an der Krankheit gestorben ist. Welchen Nutzen hat eine Person, die sich gegenwärtig guter Gesundheit erfreut, von dem Wissen, dass sie eine sichere Veranlagung für eine tödliche und bislang nicht heilbare Krankheit geerbt hat? Einige möchten sich vielleicht untersuchen lassen, um sicherzustellen, dass ihre Kinder die Krankheit nicht haben werden; andere entscheiden sich gegen eine Untersuchung, um dem dauerhaften Stress, der aus einer Diagnose des Allels erwachsen würde, zu entgehen. Die Entscheidung muss eindeutig dem Einzelnen überlassen bleiben.

14.3.4 Multifaktorielle Krankheiten

Die Erbkrankheiten, die wir bislang besprochen haben, werden als „einfache, Mendel'sche Krankheiten" bezeichnet, weil sie durch Veränderungen eines oder beider Allele eines Gens verursacht werden. Viele in einer Bevölkerung auftretende Krankheiten haben aber auch multifaktorielle Ursachen. Dies gilt häufig für Krankheitsbilder, für die erbliche Faktoren eine Veranlagung (Prädisposition) bedingen oder für die eine genetische Komponente zumindest wahrscheinlich ist. Es ist jedoch oft schwierig, eine genetische Grundlage oder Beteiligung zu beweisen. Von großer Bedeutung sind in diesem Zusammenhang beispielsweise Herz-/Kreislaufkrankheiten, die Zuckerkrankheit (Diabetes mellitus, insbesondere vom Typ II), einige Formen von Krebs, Alkoholismus und andere Formen der Drogensucht sowie Geistes- und Gemütskrankheiten wie Schizophrenie und manische Depression (bipolare Gemütsstörung).

14.3.5 Genetische Untersuchungen und Beratung

Wenn eine Erbkrankheit nach den Mendel'schen Regeln weitergegeben wird, lässt sich ihre Ausbreitung durch vorbeugende Maßnahmen eindämmen oder man kann zumindest das Risiko ihres Auftretens abschätzen, bevor ein Kind gezeugt wird. Moderne Krankenhäuser beschäftigen Fachärzte für Humangenetik, die werdende Eltern oder Paare beraten, in deren Familie eine Erbkrankheit bekannt ist.

Genetische Beratung auf der Grundlage der Mendel'schen Erbgesetze und der Wahrscheinlichkeitsrechnung Betrachten wir den Fall eines hypothetischen Paares, das wir Klaus und Sabine nennen wollen. Beide hatten jeweils einen Bruder, der an der gleichen rezessiv letalen Erbkrankheit gestorben ist. Bevor sie planen, eigene Kinder zu bekommen, lassen sich Klaus und Sabine von einem Humangenetiker beraten, um zu erfahren, mit welchem Risiko sie selbst ein Kind mit der todbringenden Krankheit haben werden. Durch die Krankheit der beiden Brüder wissen wir, dass sowohl die Eltern von Klaus als auch die von Sabine jeweils beide Träger des pathologischen, rezessiven Allels gewesen sein müssen (alle vier „Großeltern" des geplanten Kindes von Sabine und Klaus haben also das Mutantenallel). Klaus und Sabine sind daher beide formal als Produkte einer $Aa \times Aa$-Kreuzung anzusehen (a bezeichnet das rezessive, für die Krankheit verantwortliche Allel). Weiterhin wissen wir, dass weder Sabine noch Klaus homozygot für das Krankheitsallel sind (aa), weil beide nicht an der Krankheit leiden. Daher lauten ihre Genotypen entweder AA oder Aa.

Mit dem bekannten Phänotypverhältnis von 1 AA:2 Aa:1 aa für Nachkommen einer $Aa \times Aa$-Kreuzung ergibt sich für Klaus und Sabine jeweils eine 2/3-Wahrscheinlichkeit (66,7 Prozent), dass sie Träger des Mutantenallels sind (Genotyp Aa). Nach der Multiplikationsregel ergibt sich damit eine Wahrscheinlichkeit, dass ihr Kind homozygot sein und an der tödlichen Erbkrankheit leiden wird, von 1/9 ($2/3 \times 2/3 \times 1/4 = 0{,}67 \times 0{,}67 \times 0{,}25 = 0{,}11$; für die Wahrscheinlichkeit, dass Klaus das Allel überträgt mal der Wahrscheinlichkeit, dass Sabine es überträgt mal der Wahrscheinlichkeit, dass zwei Merkmalsträger ein krankes Kind haben werden). Für den Fall, dass Klaus und Sabine sich nun entscheiden, doch ein Kind miteinander zu haben, ergibt sich eine Chance von 8/9 (knapp 90 Prozent), dass das Kind gesund sein wird. Sollte das Kind trotzdem an der Erbkrankheit leiden, wüssten wir, dass sowohl Klaus wie Sabine Merkmalsträger des Genotyps *Aa* sind. In diesem Fall wäre die Wahrscheinlichkeit dafür, dass jedes weitere Kind die Krankheit ebenfalls haben wird, 25 Prozent (1/4).

Wenn wir die Mendel'schen Vererbungsregeln benutzen, um die möglichen Ergebnisse von Kreuzungen vorauszusagen, ist es klar, dass jedes Kind genetisch ein unabhängiges Ereignis darstellt und sein Genotyp deshalb von dem etwaiger Geschwister unbeeinflusst bleibt. Nehmen wir an, dass Klaus und Sabine drei weitere Kinder haben und alle drei die hypothetische Erbkrankheit haben. Die Wahrscheinlichkeit dafür ist ein Vierundsechzigstel ($0{,}25 \times 0{,}25 \times 0{,}25 = 0{,}015625$). Ungeachtet eines derartigen Unglücks würde die Wahrscheinlichkeit dafür, dass ein weiteres Kind wieder diese Krankheit hat, weiterhin 25 Prozent (1/4) betragen.

Genetische Untersuchungen zum Aufspüren von Merkmalsträgern Da die meisten Kinder mit rezessiven Krankheiten von scheinbar gesunden Eltern geboren werden, liegt der Schlüssel zur genauen Abschätzung des genetischen Risikos für das Auftreten einer bestimmten Krankheit darin, festzustellen, welche Allelkombination die zukünftigen Eltern aufweisen. Man muss also herausfinden, ob sie heterozygote Träger des rezessiven Allels sind, das im homozygoten Zustand krank macht. Für eine wachsende Zahl von Erbkrankheiten sind heute entsprechende Testverfahren verfügbar, mit deren Hilfe sich unterscheiden lässt, ob ein Individuum ohne Krankheitsbild homozygot dominant oder heterozygot am betreffenden Genort ist.

Vorgeburtliche Untersuchungen Wir wollen annehmen, dass ein Paar erfahren hat, dass beide Partner Träger des Tay/Sachs-Allels sind, sich aber dennoch entscheiden, ein Kind zu bekommen. Ab der 14.–16. Schwangerschaftswoche kann durch eine **Fruchtwasseruntersuchung (Amniozentese)** oder durch eine Chorionzottenbiopsie (ab der 8.–10. Schwangerschaftswoche) festgestellt werden,

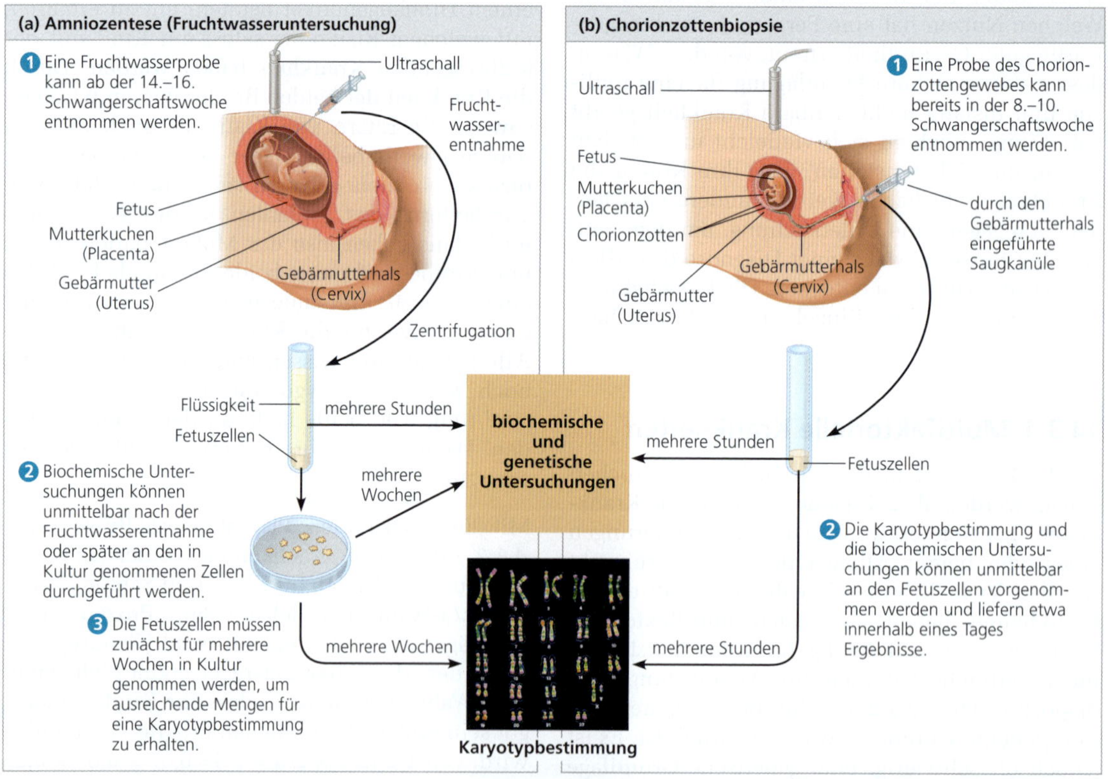

Abbildung 14.13: Untersuchung eines menschlichen Embryos auf Erbkrankheiten. Mit biochemischen Untersuchungsmethoden können Substanzen im Fruchtwasser nachgewiesen werden, die auf eine Stoffwechselstörung hinweisen. Die Karyotypisierung gibt Aufschluss darüber, ob der Embryo einen vollständigen und intakten Chromosomensatz aufweist.

ob der sich entwickelnde Embryo die Tay-Sachs-Krankheit hat oder nicht (Abbildung 14.13).

Reihenuntersuchungen bei Neugeborenen Einige Symptome von Erbkrankheiten können durch entsprechende Behandlungen stark abgeschwächt werden, wenn man sie frühzeitig erkennt. Sie lassen sich nach der Geburt durch einfache Untersuchungen nachweisen, die heute routinemäßig durchgeführt werden oder sogar vorgeschrieben sind (Neugeborenen-Screening).

VERSTÄNDNISFRAGEN

1. Claudia wurde mit sechs Zehen an beiden Füßen geboren (ein dominantes Merkmal). Zwei ihrer fünf Geschwister und ihre Mutter, aber nicht ihr Vater, leiden ebenfalls an Polydaktylie (überzähligen Fingern/Zehen). Welchen Genotyp hat Claudia für das Merkmal der „Fingerzahl"? Erläutern Sie Ihre Antwort. Benutzen Sie dazu die Symbole D (dominantes Allel) und d (rezessives Allel) zur Kennzeichnung der Allele für dieses Merkmal.

2. WAS WÄRE, WENN? Welchen Verdacht hätten Sie, wenn Peter Polydaktyliker wäre, aber beide Eltern keine überzähligen Gliedmaßen hätten?

ZUSAMMENFASSUNG

Mendels wissenschaftlicher Ansatz führte zu den Gesetzen der Vererbung

Mendels quantitativ-experimenteller Ansatz. In den 60er Jahren des 19. Jahrhunderts formulierte Gregor Mendel eine Theorie der Vererbung auf der Grundlage seiner Experimente mit Gartenerbsen (*Pisum sativum*). Er postulierte, dass Eltern diskrete Vererbungseinheiten (Gene) an ihre Nachkommen weitergeben, die ihre Identität über die Generationen beibehalten.

Die Uniformitätsregel (1. Mendel'sche Regel). Die Individuen der F_1-Generation unterscheiden sich nicht bezüglich des beobachteten Merkmals.

Die Spaltungsregel (2. Mendel'sche Regel). Ein Gen kann in verschiedenen, in der Sequenz der Nucleotidbasen voneinander abweichenden Zuständen vorkommen, die als Allele bezeichnet werden. In einem Individuum mit diploidem Genom können die homologen Genorte von verschiedenen Allelen oder von gleichen Allelen besetzt sein. Im Verlauf der Keimzellbildung (Gametogenese) werden die homologen Chromosomenpaare getrennt (Segregation). Jede gebildete Ei- oder Samenzelle trägt nur eine Kopie des betreffenden Genortes. Die Allele in den Keimzellen können identisch oder unterschiedlich sein. Diese Regel erklärt die 3:1-Aufspaltung der Phänotypen in der F_2-Generation bei der Selbstbestäubung von Monohybriden. Jedes Individuum erbt je eine Kopie jedes (autosomalen) Gens von jedem Elternteil. Bei Heterozygoten sind die homologen Allele verschieden, bei Homozygoten dagegen identisch. Die Expression eines dominanten Allels führt zu einem Phänotyp, der die Auswirkungen eines rezessiven Allels überdeckt. Homozygote Lebewesen werden auch als reinerbig oder reinrassig bezeichnet.

Die Unabhängigkeitsregel (3. Mendel'sche Regel). Die Allele eines Gens werden bei der Gametenbildung unabhängig von anderen Allelen an anderen Genorten verteilt, sofern sie auf verschiedenen Chromosomen oder weit voneinander entfernt liegen. Bei einer Zweifaktorkreuzung von Individuen, die bezüglich zweier Gene heterozygot sind, ergibt sich daraus ein Verhältnis der Phänotypen von 9:3:3:1.

Die Mendel'sche Vererbung von Merkmalen unterliegt den Gesetzen der Statistik

Die Erweiterung der Mendel'schen Regeln bei einzelnen Genen. Allele können unterschiedliche Abstufungen der Dominanz beziehungsweise der Rezessivität untereinander aufweisen: vollständige Dominanz, unvollständige Dominanz, Kodominanz. Dominante Allele müssen in einer Population nicht häufiger auftreten als rezessive. Für die meisten Gene gibt es – im Gegensatz zu den von Mendel untersuchten Merkmalen bei Erbsen – zudem mehr als zwei verschiedene Allele, man spricht von multiplen Allelen. Außerdem wirken sich die meisten Gene phänotypisch auf mehr als ein Merkmal aus – ein Phänomen, das als Pleiotropie bezeichnet wird.

Die Erweiterung der Mendel'schen Regeln bei mehr als einem Gen. Eine Epistasie bezeichnet die übergeordnete Wirkung eines Gens und liegt dann vor, wenn ein Gen die phänotypische Expression eines anderen Gens verändert (also eines beliebigen Allels an einem anderen Genort).

Gene und Erziehung: Der Einfluss der Umwelt auf den Phänotyp. Die Ausprägung eines Genotyps kann durch die Umwelt beeinflusst werden. Die Bandbreite der Phänotypen, die auf einem bestimmten Genotyp beruht, wird als die Reaktionsnorm des Genotyps bezeichnet. Polygene Merkmale, die zusätzlich von der Umwelt beeinflusst werden, heißen multifaktorielle Merkmale.

Auch die Vererbung beim Menschen folgt den Mendel'schen Regeln

Stammbaumanalyse. Familienstammbäume können herangezogen werden, um die Genotypen von Individuen abzuleiten und Vorhersagen über deren Kinder zu treffen. Die Vorhersagen beruhen auf statistischen Wahrscheinlichkeiten.

Rezessive Erbkrankheiten. Viele Erbkrankheiten werden als einfache, rezessive Merkmalszustände vererbt. Die meisten betroffenen (homozygot-rezessiven) Individuen sind Nachkommen phänotypisch normaler, heterozygoter Eltern. Das Allel, welches die Sichelzellenanämie auslöst, ist möglicherweise aus evolutionären Gründen beim Menschen erhalten geblieben, da es heterozygoten Trägern einen gewissen Schutz vor der Malaria-Erkrankung bietet.

Dominante Erbkrankheiten. Dominant letale Mutantenallele verschwinden aus der Population, wenn ihre Träger sterben, bevor sie sich fortpflanzen können. Dominante Allele mit nicht-letaler Wirkung und solche, deren (tödliche) Wirkung erst in einem späteren Lebensabschnitt auftritt, werden in der üblichen Weise nach den Mendel'schen Regeln vererbt.

Multifaktorielle Krankheiten. Viele Krankheiten des Menschen weisen sowohl eine genetische als auch eine durch die Umwelt beeinflusste Komponente auf und lassen sich nicht durch einen einfachen Mendel'schen Erbgang beschreiben.

Genetische Untersuchungen und Beratung. Fachärzte für Humangenetik ziehen genetische Familienstammbäume heran, um Paare zu beraten und die Wahrscheinlichkeit zu errechnen, dass deren Kinder familiäre Erbkrankheiten aufweisen werden. Die Amniozentese (Fruchtwasseruntersuchung) und die Chorionzottenbiopsie sind cytogenetische Untersuchungsmethoden, die Aufschluss darüber geben, ob bei einem sich entwickelnden Fetus (Embryo) ein genetischer Schaden vorliegt. Erste Blutuntersuchungen in Kombination mit PCR werden erprobt. Andere genetische Untersuchungen, wie das Neugeborenen-Screening, können nach der Geburt durchgeführt werden.

Chromosomen bilden die Grundlage der Vererbung

15

15.1 Die Chromosomen bilden die strukturelle Grundlage der Mendel'schen Vererbung

Die Vorgänge bei Mitose und Meiose konnten gegen Ende des 19. Jahrhunderts durch verbesserte mikroskopische Techniken erstmals genauer untersucht werden (1875 für die Mitose, 1890 für die Meiose). Die Erkenntnisse aus Zellbiologie (Cytologie) und Genetik führten zu einem gemeinsamen Konzept, als die Parallelen zwischen dem Verhalten von Chromosomen und den von Mendel postulierten Erbfaktoren bemerkt wurden: (1) Chromosomen und „Gene" sind in diploiden Organismen paarweise vorhanden, (2) homologe Chromosomen und allelische Erbfaktoren trennen sich während der Meiose voneinander und (3) bei der Befruchtung erhalten die Zellen wieder Chromosomenpaare, ebenso wie Paare der Erbfaktoren. Diese Parallelen fielen im Jahr 1902 sowohl Walter Sutton als auch Theodor Boveri auf. In der Folge begann die **Chromosomentheorie der Vererbung** Gestalt anzunehmen. Nach dieser Theorie liegen die Gene an spezifischen Orten (Genorte, Loci) entlang der Chromosomen, die als die Genträger unabhängig verteilt und weitergegeben werden.

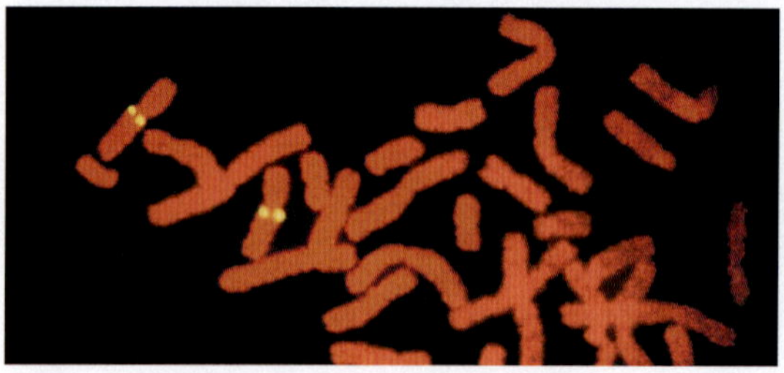

Abbildung 15.1: Wo in der Zelle befinden sich die Mendel'schen Erbfaktoren?

15.1.1 Ein Beispiel für einen wissenschaftlichen Ansatz: Thomas Hunt Morgan und die Verknüpfung der Mendel'schen Regeln mit dem Verhalten der Chromosomen bei der Zellteilung

Die ersten überzeugenden Beweise für den Zusammenhang zwischen einem Gen und einem bestimmten Chromosom lieferten Versuche, die Thomas Hunt Morgan (1866–1945) zu Beginn des 20. Jahrhunderts durchführte.

Morgans Wahl seines Versuchstiers Oft beruhen große biologische Entdeckungen auf der Tatsache, dass Wissenschaftler entweder durch Glück oder durch weise Voraussicht einen Versuchsorganismus gewählt hatten, der für ihre Fragestellung besonders geeignet war. Mendel wählte die Gartenerbse (*Pisum sativum*), da eine ganze Reihe unterschiedlicher Sorten verfügbar war. Morgan untersuchte in seinen Arbeiten eine kleine Fliegenart, die Taufliege (*Drosophila melanogaster*). Sie ernährt sich unter anderem von den durch Pilze gebildeten Gärungsprodukten faulender Früchte. Taufliegen, die oft auch als Fruchtfliegen bezeichnet werden, sind sehr vermehrungsfreudig: Eine einzige Paarung kann, bei einer Generationszeit von nur zwei Wochen, Hunderte von Nachkommen liefern. In Morgans Labor wurden Taufliegen ab dem Jahr 1907 als bequeme und leicht handhabbare Versuchsobjekte für genetische Experimente eingesetzt. Bald darauf war Morgans Labor als „das Fliegenzimmer" bekannt.

Ein weiterer Vorteil der Taufliege besteht darin, dass sie nur vier Chromosomenpaare besitzt, die sich im Lichtmikroskop leicht unterscheiden lassen. Sie bilden drei Autosomenpaare und ein Paar Gonosomen (Geschlechtschromosomen). Weibliche Taufliegen besitzen ein Paar homologer X-Chromosomen, Männchen dagegen ein X- und ein Y-Chromosom.

Morgan begab sich wahrscheinlich als erster Wissenschaftler auf die Suche nach sichtbaren Unterschieden bei Taufliegen (Mutanten). Dazu führte er in mühevoller Kleinarbeit zahlreiche Kreuzungen durch, um dann ihre Nachkommen nach natürlich entstandenen Mutanten mit morphologischen Unterschieden zu prüfen. Morgan beschrieb diese Phase folgendermaßen: *„Zwei Jahre der Arbeit vergeudet. Die ganze Zeit über habe ich diese Fliegen gezüchtet und habe nichts herausbekommen!"* Morgan verfolgte sein Ziel jedoch weiter und wurde schließlich mit der Entdeckung eines einzelnen Männchens belohnt, das weiße Augen statt der normalen roten hatte. Das in einer natürlichen Population am häufigsten vorliegende Erscheinungsbild eines Merkmals bezeichnet man als **Wildtyp** (zum Beispiel rote Augen bei *Drosophila*; Abbildung 15.2). Abweichungen davon werden als Mutantenphänotypen, die entsprechenden Individuen als Mutanten bezeichnet. Weißäugigkeit ist also bei *Drosophila melanogaster* ein Mutantenphänotyp, die weißäugigen Fliegenindividuen sind *Mutanten*. Die erbliche Veränderung, die einen Mutantenphänotyp hervorruft, nennt man **Mutation**.

Abbildung 15.2: Morgans erste Mutante. Wildtyp-Taufliegen der Gattung Drosophila haben rote Augen (links im Bild). Unter seinen Fliegen entdeckte Morgan eine Mutante mit weißen Augen (rechts im Bild), ein Phänotyp, der nur bei Männchen auftrat. Diese Mutante ermöglichte es Morgan, ein Gen für die Augenfarbe einem bestimmten Chromosom zuzuordnen.

MERKE!

Das in einer natürlichen Population am häufigsten vorliegende Erscheinungsbild eines Merkmals bezeichnet man als Wildtyp.

MERKE!

Die erbliche Veränderung, die einen Mutantenphänotyp hervorruft, nennt man Mutation.

Die Zuordnung eines Mutantenallels zu einem Chromosom Morgan kreuzte das Männchen mit den weißen Augen mit einer weiblichen Wildtyp-Fliege mit roten Augen. Alle Nachkommen in der F_1-Generation hatten rote Augen, was darauf schließen ließ, dass das Wildtypallel dominant ist. Als Morgan solche F_1-Fliegen untereinander kreuzte, fand er bei den Nachkommen das für die F_2-Generation typische Verhältnis von 3 (rote Augen) : 1 (weiße Augen) bei den Phänotypen. Er machte aber auch eine überraschende neue Beobachtung: Nur die männlichen Fliegen hatten weiße Augen, während alle F_2-Weibchen rote Augen hatten. Bei den Männchen hatten etwa die Hälfte rote und die andere Hälfte weiße Augen. Morgan schloss daraus, dass die Augenfarbe und das Geschlecht bei den Fliegen miteinander in Verbindung stehen müssen. Wäre die Augenfarbe der Tiere unabhängig vom Geschlecht vererbt worden, hätte man Fliegen mit weißen Augen je zur Hälfte bei den Männchen sowie bei den Weibchen erwartet.

Auch bei den Fliegen enthalten die weiblichen Tiere zwei X-Chromosomen (XX), während ein Fliegenmännchen je ein X- und ein Y-Chromosom (XY) besitzt. Die Beobachtung, dass weiße Augen nur bei den männlichen Fliegen in der F_2-Generation auftraten, veranlasste Morgan anzunehmen, dass das für den Mutantenphänotyp verantwortliche Allel auf dem X-Chromosom liegt und es keine Entsprechung (keinen homologen Genort) auf dem Y-Chromosom gibt. Bei einem Männchen führt eine Kopie des Mutantenallels zu weißen Augen. Da ein Männchen ja nur ein X-Chromosom hat, fehlt ein entsprechendes Wildtypallel (w^+) auf einem zweiten Chromosom, das den rezessiven Mutantenphänotyp unterdrücken würde. Eine weibliche Fliege hätte nur dann weiße Augen, wenn beide X-Chromosomen das rezessive Mutantenallel (w) tragen würden. Eine solche Kombination konnte bei Morgans Experiment aber nicht auftreten, weil alle männlichen Tiere in der F_1-Generation rote Augen hatten (Mendels Uniformitätsregel), da sie ihr X-Chromosom von dem Wildtyp-Muttertier erhalten hatten.

Morgans Entdeckung des Zusammenhangs zwischen der Ausprägung eines bestimmten Merkmals und dem Geschlecht unterstützte die Chromosomentheorie der Vererbung. Er hatte gezeigt, dass ein bestimmtes Gen auf einem bestimmten Chromosom (in diesem Fall das Gen für die Farbe der Augen auf dem X-Chromosom der Fliegen) das Aussehen des Individuums festlegt. Darüber hinaus zeigten Morgans Arbeiten, dass Gene, die auf den Geschlechtschromosomen liegen, einem von anderen Genen abweichenden Erbgang folgen. Wir kommen darauf im nachfolgenden Abschnitt zurück.

VERSTÄNDNISFRAGEN

1. Welche der Mendel'schen Regeln bezieht sich auf die Vererbung von Genen für ein einzelnes Merkmal? Welche der Mendel'schen Regeln bezieht sich auf die Vererbung von Allelen für zwei Merkmale bei einer Zweifaktorkreuzung?

2. Was ist die strukturelle Grundlage der Mendel'schen Regeln?

3. WAS WÄRE, WENN? Nennen Sie einen möglichen Grund dafür, dass die erste Mutante, die Morgan fand, ausgerechnet ein Gen betraf, das auf einem Geschlechtschromosom liegt.

15.2 Die Vererbung geschlechtsgebundener Gene

Wie wir gerade erfahren haben, bildete Morgans Entdeckung einer weißäugigen Fliegenmutante einen wichtigen Grundpfeiler für die Unterstützung der Chromosomentheorie der Vererbung. Da die Kombination der Geschlechtschromosomen eines Individuums sich direkt aus seinem Geschlecht ablesen lässt, konnte Morgan den Erbgang der beiden bekannten Allele des Gens für die Augenfarbe verfolgen und den Zusammenhang mit den Gonosomen erkennen. In diesem Kapitelabschnitt möchten wir die Rolle der Geschlechtschromosomen (Gonosomen) bei der Vererbung näher beleuchten. Wir beginnen mit einer Übersicht über die Festlegung des Geschlechts beim Menschen und einigen Tieren.

15.2.1 Die Geschlechtschromosomen

Das Geschlecht ist eines der offensichtlichen phänotypischen Merkmale des Menschen. Trotz der vielen anatomischen und physiologischen Unterschiede zwischen Mann und Frau ist dabei aber die chromosomale Grundlage verhältnismäßig einfach. Beim Menschen und anderen Säugetieren finden sich zwei verschiedene Geschlechtschromosomen oder Gonosomen, die mit X und Y bezeichnet werden. Die beiden Chromosomen lassen sich deutlich in Karyogrammen unterscheiden, wobei das Y-Chromosom deutlich kleiner ist (Abbildung 15.3). Ein Individuum, das von seinen Eltern je ein X-Chromosom geerbt hat, entwickelt sich für gewöhnlich zu einer Frau. Ein männliches Exemplar entsteht in der Regel aus einer Zygote, die ein X- und ein Y-Chromosom enthält. Nur kurze Abschnitte an beiden Enden des Y-Chromosoms weisen entsprechende Bereiche (homologe Regionen) auch auf dem X-Chromosom auf. Ansonsten handelt es sich bei X und Y, im Gegensatz zu den Autosomenpaaren, um deutlich unterschiedliche Chromosomen. Die kurzen Homologiebereiche erlauben X- und Y-Chromosom beim Mann, sich während der Meiose in den Hoden zu einem Paar anzulagern.

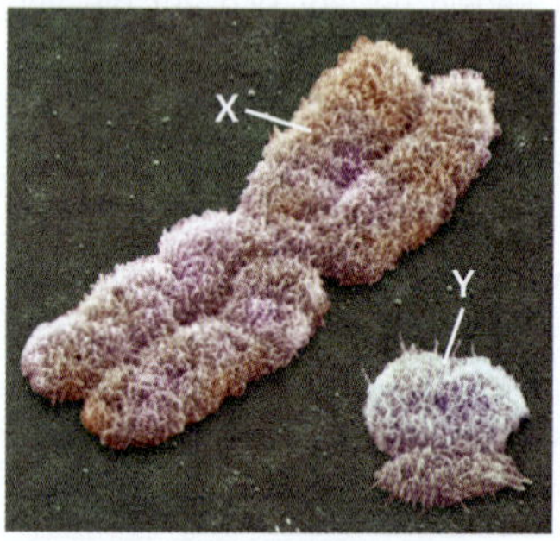

Abbildung 15.3: Geschlechtschromosomen des Menschen.

Sowohl in den Hoden des Mannes, als auch in den Eierstöcken der Frau, werden die Gonosomen im Verlauf der Meiose geordnet verteilt, sodass jede gebildete Keimzelle schließlich ein Geschlechtschromosom enthält. Jede Eizelle enthält zwangsläufig ein X-Chromosom. Die Spermien kann man jedoch in zwei Gruppen unterteilen: Die Hälfte von ihnen enthält ein X-Chromosom, die andere ein Y-Chromosom. Das Geschlecht eines Kindes lässt sich also bis zum Moment der Befruchtung zurückverfolgen: Befruchtet ein Spermium mit einem X-Chromosom die Eizelle, bildet sich eine Zygote des Genotyps XX und es wird ein Mädchen entstehen. Befruchtet eine Samenzelle mit einem Y-Chromosom die Eizelle, trägt die Zygote die Geschlechtschromosomen X und Y und es entsteht ein Junge. Die Geschlechtsbestimmung ist also bei den Säugetieren ein Zufallsereignis mit jeweils einer Wahrscheinlichkeit von 50 Prozent.

Die anatomischen Geschlechtsmerkmale beginnen sich beim menschlichen Embryo etwa im Alter von zwei Monaten auszubilden. Bis dahin sind die Anlagen der Geschlechtsorgane (Gonaden) noch bei beiden Geschlechtern gleich und können sich entweder zu Eierstöcken oder zu Hoden entwickeln, je nachdem, ob ein Y-Chromosom vorhanden ist oder nicht. Im Jahr 1990 veröffentlichte eine britische Wissenschaftlergruppe eine Arbeit, in der sie das für die Hodenentwicklung hauptverantwortliche Gen auf dem Y-Chromosom identifizierten. Sie nannten es *SRY* („**S**ex-determining **R**egion of the **Y**-Chromosome"). Liegt ein Y-Chromosom vor, bei dem nur dieses Gen fehlt oder mutiert ist, entwickeln sich Eierstöcke aus den Gonaden. Die physiologischen und anatomischen Unterschiede bei Mann und Frau sind natürlich so vielschichtig, dass noch viele andere Gene an deren Ausbildung beteiligt sind. Tatsächlich codiert das Gen *SRY* für einen Transkriptionsfaktor, also ein Protein, das die Expression anderer Gene steuert.

Inzwischen wurde das Y-Chromosom sequenziert und es wurden bisher 78 Gene identifiziert, die für 25 verschiedene Proteine codieren (einige der Gene wurden im Laufe der Evolution verdoppelt). Etwa die Hälfte der identifizierten Gene wird nur in den Hoden exprimiert und einige sind für deren normale Funktion notwendig. Fehlen diese Gene, so erscheint ein Individuum mit der Chromosomenkonstitution XY zwar männlich, produziert aber keine normalen Spermien.

15.2.2 Die Vererbung geschlechtsgebundener Gene

Zusätzlich zu ihrer Rolle als Träger von Genen, die das Geschlecht festlegen, enthalten die Geschlechtschromosomen (vor allem X-Chromosomen) weitere Gene für geschlechtsunabhängige Merkmale. Ein Gen, das auf einem der Geschlechtschromosomen liegt, wird als **geschlechtsgebundenes Gen** bezeichnet, wobei der Begriff traditionell ausschließlich für Gene auf dem X-Chromosom verwendet wurde. Die geschlechtsgebundenen Gene des Menschen werden ähnlich wie der von Morgan untersuchte Genort für die Augenfarbe bei *Drosophila* vererbt. Väter vererben geschlechtsgebundene Allele mit dem X-Chromosom in einer Samenzelle an alle ihre Töchter, aber an keinen ihrer Söhne. Im Gegensatz dazu können Mütter geschlechtsgebundene Allele sowohl an Söhne als auch an Töchter weitergeben, wie sich aus Abbildung 15.4 ergibt.

Beruht ein geschlechtsgebundenes Merkmal auf einem rezessiven Allel, so wird es von weiblichen Individuen nur dann ausgeprägt, wenn das betreffende Allel homozygot (also auf beiden X-Chromosomen) vorliegt. Da männliche Individuen nur einen entsprechenden Genort besitzen, lassen sich die Begriffe *homozygot* und *heterozygot* für die Beschreibung geschlechtsgebundener Gene nicht anwenden. Man spricht hier von einem *hemizygoten Zustand.* Jedes männliche Individuum, das mit dem X-Chromosom ein rezessives Allel von der Mutter erhält, wird den Phänotyp ausprägen. Aus diesem Grund treten geschlechtsgebundene rezessive Erbkrankheiten wesentlich häufiger bei Männern als bei Frauen auf. Obwohl für Frauen eine sehr viel geringere Wahrscheinlichkeit besteht, dass sie zwei Kopien eines Mutantenallels erben, treten natürlich auch bei ihnen geschlechtsgebundene Erbkrankheiten auf. So wird zum Beispiel auch die wenig schwerwiegende Farbenblindheit geschlechtsgebunden vererbt. Eine farbenblinde Tochter kann als Kind eines farbenblinden Mannes zur Welt kommen, wenn seine Partnerin Allelträger ist (Abbildung 15.4c). Da das geschlechtsgebundene Allel für Farbenblindheit aber relativ selten auftritt, ist es unwahrscheinlich, dass ein farbenblinder Mann auf eine solche heterozygote Frau trifft.

Viele geschlechtsgebundene Erbkrankheiten des Menschen sind aber weitaus folgenreicher als Farbenblindheit. Ein Beispiel dafür ist die **Duchenne'sche Muskeldystrophie** (Muskelschwund), von der in Europa etwa eines von 5.000 männlichen Kindern betroffen ist. Die Krankheit bewirkt einen fortschreitenden Muskelschwund und Betroffene

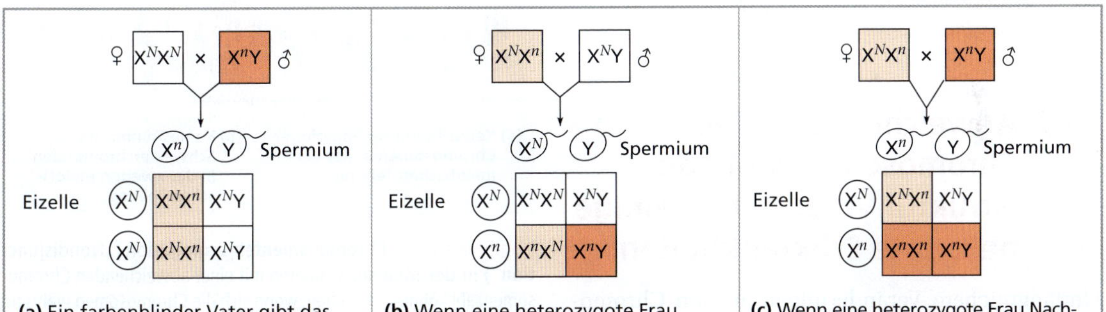

(a) Ein farbenblinder Vater gibt das Mutantenallel (*n*) an alle seine Töchter weiter, jedoch an keinen seiner Söhne. Wenn die Mutter homozygot dominant ist, werden die Töchter den Normalphänotyp (Farbsehen) zeigen, aber Träger der Mutation sein.

(b) Wenn eine heterozygote Frau Nachwuchs mit einem Farben sehenden Mann hat, so besteht eine Wahrscheinlichkeit von 50 %, dass die Töchter des Paares wie die Mutter heterozygot die Mutation tragen. Die Wahrscheinlichkeit, dass ein Sohn des Paares an Farbenblindheit leidet, beträgt ebenfalls 50%.

(c) Wenn eine heterozygote Frau Nachwuchs mit einem farbenblinden Mann hat, so besteht eine Wahrscheinlichkeit von 50 %, dass die Kinder des Paares an Farbenblindheit leiden werden, ungeachtet des Geschlechts. Töchter mit normaler Fähigkeit des Farbensehens sind Träger der Mutation, wohingegen männliche Nachkommen mit normaler Fähigkeit des Farbensehens frei von dem rezessiven Allel sind.

Abbildung 15.4: Die Vererbung geschlechtsgebundener, rezessiver Merkmale. In dieser schematischen Darstellung dient die Farbenblindheit als Beispiel. Das hochgestellte „*N*" bezeichnet das dominante Allel für normale Farbsichtigkeit; es liegt auf dem X-Chromosom. Das hochgestellte kleine „*n*" bezeichnet das rezessive Allel, dessen Mutation die Farbenblindheit verursacht. Weiße Kästchen zeigen nicht betroffene Individuen an. Hell orangefarbene Kästchen kennzeichnen (phänotypisch gesunde) Allelträger. Dunkel orangefarbene Kästchen geben die farbenblinden Personen an.

? Welche Phänotypen hätten die Kinder einer farbenblinden Frau mit einem Mann, der keine Symptome zeigt?

werden selten älter als 20 Jahre. Die Ursache der Krankheit konnte auf einen Verlust des Muskelproteins Dystrophin zurückgeführt werden, das von einem Gen auf dem X-Chromosom codiert wird.

Hämophilie (**Bluterkrankheit**) ist eine rezessive Erbkrankheit, die sich durch das Fehlen eines oder mehrerer Proteine zur Blutgerinnung auszeichnet. Deshalb bluten Betroffene nach einer Verletzung sehr viel länger. Oberflächliche kleinere Schnitte oder Schürfwunden stellen zwar in der Regel kein ernstes Problem dar, tiefer gehende Verletzungen mit Einblutungen in die Muskulatur oder die Gelenke können aber äußerst schmerzhaft sein und schwere Schäden hervorrufen. Heute können die fehlenden Gerinnungsfaktoren bei Bedarf intravenös verabreicht werden.

VERSTÄNDNISFRAGEN

1. Eine weißäugige, weibliche Taufliege wird mit einem rotäugigen Männchen (Wildtyp) gepaart. Welche Phäno- und Genotypen sagen Sie für die Nachfahren dieser Kreuzung voraus?

2. Weder Tim noch Regina leiden an der Duchenne'schen Muskeldystrophie, doch ihr erstgeborener Sohn hat die Krankheit. Wie groß ist die Wahrscheinlichkeit, dass das zweite Kind des Paares auch die Krankheit haben wird? Wie groß ist die Wahrscheinlichkeit, falls das zweite Kind ein Junge ist? Wie groß bei einem Mädchen?

15.3 Abweichungen in der Chromosomenzahl oder -struktur verursachen einige bekannte Erbkrankheiten

Umfangreichere Veränderungen an den Chromosomen können den Phänotyp eines Individuums entscheidend beeinflussen. So können physikalische und chemische Parameter sich auf den Verlauf der Meiose auswirken und ganze Chromosomen schädigen oder ihre Zahl in der Zelle verändern. Größere chromosomale Veränderungen (Aberrationen) führen häufig zu Fehlgeburten und zur Abstoßung eines Embryos. Individuen, die trotz solcher Veränderungen geboren werden, zeigen oft verschiedene und unterschiedlich ausgeprägte Entwicklungsstörungen. Bei Pflanzen haben vergleichbare Veränderungen meist wesentlich weniger schwerwiegende Auswirkungen als bei Tieren.

15.3.1 Abweichende Chromosomenzahlen

In der Regel werden die Chromosomen durch den Spindelapparat in der Meiose gleichmäßig und fehlerfrei auf die Tochterzellen verteilt. Gelegentlich kann jedoch ein Fehler auftreten, sodass die gepaarten Chromosomen nicht getrennt werden („*Nondisjunction*"). Die Trennung kann entweder bei den homologen 2-Chromatidchromosomen in der ersten meiotischen Teilung oder in der zweiten meiotischen Teilung bei den rekombinanten Chromatiden unter Bildung der 1-Chromatidchromosomen ausbleiben (Abbildung 15.5). Wenn dies geschieht, erhält eine der entstehenden Tochterzellen ein überschüssiges Chromosom und eine andere eines zu wenig. Die restlichen Chromosomen werden in der Regel richtig verteilt.

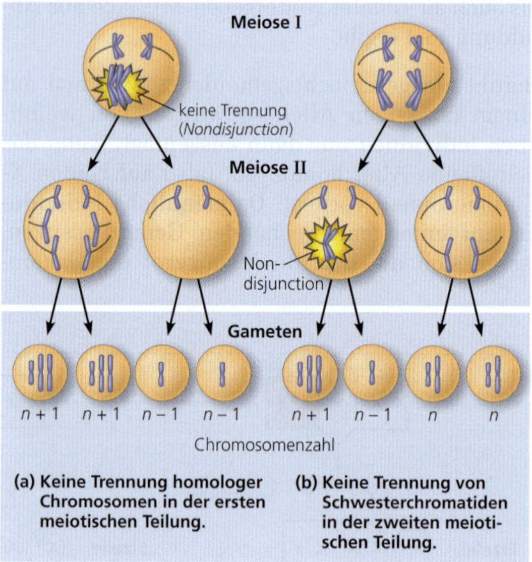

Abbildung 15.5: Chromosomenfehlsegregation („Nondisjunction") in der Meiose. Gameten mit einer abweichenden Chromosomenzahl können entstehen, wenn sich die Chromosomen während der ersten oder zweiten meiotischen Teilung nicht trennen.

Falls eine so gebildete aberrante Keimzelle von einer normalen Keimzelle befruchtet wird, entsteht eine Zygote mit einer abweichenden Chromosomenzahl, was als Aneuploidie bezeichnet wird. (Der Begriff wird auch dann verwendet, wenn mehr als ein Chromosom fehlverteilt wird.) Fehlt einem Gameten ein bestimmtes Chromosom, ergibt sich eine Chromosomenzahl in der diploiden Zelle von $2n{-}1$. Die Zygote ist aneuploid und man spricht von einer **Monosomie für dieses Chromosom**. Enthält die Zygote dagegen ein überschüssiges Chromosom (Chromosomenzahl $2n{+}1$), so liegt eine **Trisomie** vor. Bei den folgenden Mitosen der aberranten Zygote bleibt dieser Zustand in allen Zellen des Embryos erhalten. Kommt es zur Geburt des betroffenen Individuums, so hat ein solches Chromosomenungleichgewicht durch das Fehlen oder den Überschuss der entsprechenden Gene und Genprodukte meist schwere Schäden zur Folge. Das bekannteste Beispiel hierfür ist das Down-Syndrom (Trisomie 21) mit einem zusätzlichen Chromosom 21, auf das wir später noch zurückkommen werden. Auch in der Mitose kann es zur Chromosomenfehlverteilung („Nondisjunction") kommen. Je früher ein solches Ereignis in der Embryonalentwicklung auftritt, umso mehr Körperzellen werden von der Störung betroffen sein und entsprechende Schäden im betroffenen Individuum verursachen.

MERKE!

Fehlt einem Gameten ein bestimmtes Chromosom, spricht man von einer Monosomie für dieses Chromosom. Enthält die Zygote dagegen ein überschüssiges Chromosom (Chromosomenzahl 2*n*+1), so liegt eine Trisomie vor.

Manche Organismen tragen mehr als den doppelten (diploiden) Chromosomensatz in allen somatischen Zellen. Eine Vervielfachung des Chromosomensatzes bezeichnet man als **Polyploidie**. Die Begriffe *Haploidie* (*n*) und *Diploidie* (2*n*) sind uns schon vertraut. Bei drei Chromosomensätzen spricht man von *Triploidie* (3*n*), bei vier von *Tetraploidie* (4*n*), bei sechs von *Hexaploidie* (6*n*). Eine Möglichkeit zur Bildung einer triploiden Zelle ist die Befruchtung einer abnormen, diploiden Eizelle (bei der die Chromosomen in der Meiose nicht verteilt wurden) durch ein normales haploides Spermium. Ein tetraploider Zustand kann beispielsweise zustande kommen, wenn sich die Zygote (2*n*) nach der Replikation ihrer Chromosomen in der ersten Mitose nicht geteilt hat. Die nachfolgenden Mitosen und Zellteilungen ergeben dann einen Embryo mit tetraploiden Zellen.

Die Polyploidie ist unter Pflanzen weit verbreitet. Wie wir in Kapitel 24 sehen werden, spielte die spontane Entstehung polyploider Individuen eine bedeutsame Rolle in der Evolution der Pflanzen. So sind auch viele unserer Nahrungspflanzen polyploid. Beispielsweise ist die Banane (*Musa*) triploid und der Weizen (*Triticum*) hexaploid. Im Tierreich ist die Polyploidie weit weniger häufig anzutreffen, obwohl sie etwa bei Fischen und Amphibien auftreten kann. Unter den Säugetieren beschrieben Wissenschaftler in Chile als Erste ein polyploides Nagetier, die Viscacha-Ratte (*Tympanoctomys barrerae*), mit tetraploiden Zellen (Abbildung 15.6). Ein überzähliges oder fehlendes Chromosom stört das genetische Gleichgewicht offensichtlich in viel stärkerem Maße als ein zusätzlicher kompletter Chromosomensatz.

Abbildung 15.6: **Ein tetraploides Säugetier.** Die somatischen Zellen dieser Viscacha-Ratte (Tympanoctomys barrerae) enthalten doppelt so viele Chromosomen wie die von eng verwandten Arten. Die Spermienköpfe dieser Tiere sind ungewöhnlich groß – vermutlich, um das zusätzliche genetische Material unterbringen zu können. Die tetraploide Art ist wahrscheinlich aus der Verdoppelung der Chromosomenzahl (Duplikation des Genoms) eines Vorfahren hervorgegangen, bei dem es in der Keimbahn zu einem Fehler in der Mitose oder Meiose gekommen ist.

MERKE!

Eine Vervielfachung des Chromosomensatzes bezeichnet man als Polyploidie. Bei drei Chromosomensätzen spricht man von Triploidie (3*n*), bei vier von Tetraploidie (4*n*), bei sechs von Hexaploidie (6*n*).

15.3.2 Abweichende Chromosomenstrukturen

Durch gelegentliche Fehler in der Meiose oder unter Einwirkung hochenergetischer Strahlung können Chromosomenbrüche auftreten, die zu vier grundsätzlichen Veränderungen führen können (Abbildung 15.7). Eine **Deletion** ist der Verlust eines ganzen DNA-Fragments aus dem Chromosom. Dem betroffenen Chromosom fehlen dann bestimmte Gene. Ein solches „deletiertes" Fragment kann an ein Schwesterchromatid angefügt werden, das dann eine **Duplikation** der entsprechenden Sequenzen aufweist. Das Fragment kann auch auf ein Nichtschwesterchromatid des homologen Chromosoms übertragen werden. In diesem Fall kann der „duplizierte" Bereich unter Umständen auch andere Allele enthalten als der entsprechende Locus auf dem Empfängerchromosom. Ein Fragment kann sich auch in umgekehrter Orientierung in sein Ursprungschromosom integrieren; in diesem Fall spricht man von einer **Inversion**. Wird schließlich das Fragment auf ein nicht homologes Chromosom übertragen, liegt eine **Translokation** vor.

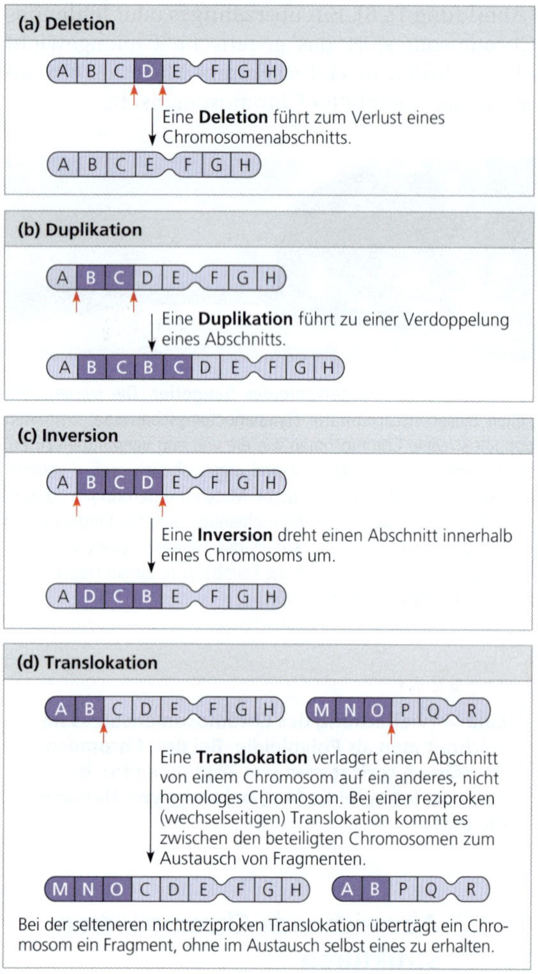

Abbildung 15.7: Mögliche Veränderungen der Chromosomenstruktur. Die vertikalen Pfeile zeigen Bruchstellen an. Die von Umlagerungen betroffenen Teile der Chromosomen sind dunkelblau eingezeichnet.

Deletionen und Duplikationen können besonders während der Meiose auftreten. Beim *Crossing over* tauschen Nichtschwesterchromatiden manchmal DNA-Segmente von ungleicher Größe untereinander aus, sodass einer der an der Rekombination beteiligten Partner mehr Erbsubstanz erhält, als er abgegeben hat. Aus einer derartigen, *nicht-reziproken* Rekombination ergeben sich ein Chromosom mit einer Deletion und ein anderes mit einer Duplikation.

Einem diploiden Embryo, der homozygot für eine größere Deletion ist (oder einem männlichen Säugetier mit einer entsprechenden Deletion auf dem X-Chromosom), fehlen in der Regel eines oder mehrere unverzichtbare (essenzielle) Gene und das betroffene Individuum ist nicht lebensfähig. Duplikationen und Translokationen erweisen sich ebenfalls oft als schädlich. Bei reziproken Translokationen, bei denen Stücke zwischen nicht homologen Chromosomen ausgetauscht werden, sowie bei Inversionen bleibt das Gleichgewicht bezüglich der Anzahl der Gene erhalten, das heißt, alle Gene sind vorhanden. Trotzdem kann ein solches Ereignis zur Veränderung des Phänotyps führen, weil die Expression eines oder mehrerer Gene durch die Umlagerung zu neuen Sequenzen in der Nachbarschaft führt, die eine regulatorische Funktion ausüben können (beispielsweise indem ein starker Promotor eine verstärkte Transkription und letztlich eine hohe Konzentration des codierten Proteins verursacht). Derartige Veränderungen können verheerende Auswirkungen haben.

15.3.3 Menschliche Erbkrankheiten, die auf Veränderungen in der Chromosomenzahl oder -struktur zurückzuführen sind

Veränderungen in der Anzahl oder im Bau der Chromosomen gehen mit einer Reihe sehr schwerer Erbkrankheiten des Menschen einher. Wie bereits beschrieben, führt eine Fehlverteilung der Chromosomen in der Meiose zu einer Aneuploidie in den Gameten und den aus einer Befruchtung hervorgehenden Zygoten. Obwohl die Häufigkeit *aneuploider Zygoten* beim Menschen hoch sein kann, wirken sich die chromosomalen Aberrationen in der Embryonalentwicklung in der Regel so verheerend aus, dass es zu einer Fehlgeburt kommt. Offenbar stören aber einige Formen der Aneuploidie das genetische Gleichgewicht weniger als andere, sodass Individuen mit bestimmten aneuploiden Chromosomensätzen geboren werden und heranwachsen können. Solche Individuen weisen eine Reihe von Merkmalen auf (Merkmalssyndrome), die charakteristisch für jede bestimmte Form der Aneuploidie sind. Aneuploidien lassen sich durch vorgeburtliche Untersuchungen erkennen (siehe Abbildung 14.13).

Down-Syndrom (Trisomie 21) Eine Aneuploidie, das **Down-Syndrom** (Trisomie 21) tritt mit einer Häufigkeit von etwa 1:700 auf (Abbildung 15.8). Dem Krankheitsbild liegt ein überzähliges Chromosom 21 zugrunde. Die Körperzellen enthalten also 47 anstelle der normalen 46 Chromosomen. Das Syndrom äußert sich in einer veränderten Gesichtsform, einer gedrungenen Statur, in Herzfehlern, einer erhöhten Anfälligkeit für Atemwegsinfektionen und in geistiger Zurückgebliebenheit. Darüber hinaus ist das Down-Syndrom mit einem erhöhten Risiko verbunden, an einer Leukämie und an Alzheimer zu erkranken. Obwohl die Lebenserwartung von Betroffenen verkürzt ist, erreichen heute viele ein mittleres bis höheres Alter. Die meisten Betroffenen sind sexuell unterentwickelt und steril.

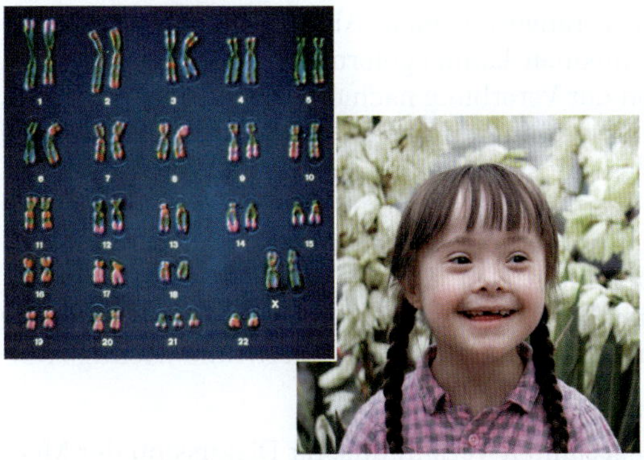

Abbildung 15.8: Down-Syndrom (Trisomie 21). Das abgebildete Kind zeigt die typischen Gesichtsmerkmale der Trisomie 21. In der unteren Zeile des Karyogramms erkennt man deutlich das dreifach vorhandene einundzwanzigste Chromosom, das die Krankheit verursacht.

Die Häufigkeit, mit der Trisomie 21 auftritt, nimmt mit dem Alter der Mutter zu. Bei Frauen unter 30 sind nur 0,04 Prozent der geborenen Kinder betroffen, bei Vierzigjährigen sind es schon 0,92 Prozent und das Risiko nimmt dann noch weiter zu. Dieser Zusammenhang zwischen dem Alter der Mutter und dem Auftreten der Trisomie ist noch nicht völlig geklärt. Die meisten Fälle sind auf eine Fehlverteilung von Chromosom 21 in der ersten meiotischen Teilung zurückzuführen. Auf molekularer Ebene gibt es Hinweise darauf, dass dies letztlich durch eine altersabhängige Fehlfunktion eines Kontrollpunktes in der Meiose verursacht wird, der das Voranschreiten der Anaphase verhindert, solange nicht alle Kinetochoren mit dem Spindelapparat verbunden sind (vergleichbar dem M-Phasenkontrollpunkt im mitotischen Zellzyklus; siehe Kapitel 12). Natürlich ist nicht nur das Chromosom 21 davon betroffen. Trisomien anderer Chromosomen treten ebenfalls mit zunehmendem Alter der Mutter auf, aber Individuen mit anderen autosomalen Trisomien überleben nur selten das Säuglingsalter. Eine vorgeburtliche (pränatale) Untersuchung auf Trisomien des Embryos wird heute allen Schwangeren angeboten, da der Nutzen das damit verbundene Risiko überwiegt.

Aneuploidien der Geschlechtschromosomen Eine Fehlverteilung der Geschlechtschromosomen kann verschiedene aneuploide Zustände verursachen. Die meisten davon scheinen das genetische Gleichgewicht weniger zu stören als die Aneuploidien von Autosomen. Dies beruht vermutlich darauf, dass das Y-Chromosom nur wenige aktive Gene enthält und zusätzliche X-Chromosomen in somatischen Zellen als Barr-Körperchen inaktiviert werden.

Ein zusätzliches X-Chromosom bei einem „Mann" (XXY) tritt durchschnittlich bei einer von 2.000 Geburten auf. Die zugehörige Krankheit wird als *Klinefelter-Syndrom* bezeichnet. Die Betroffenen bilden zwar die männlichen Geschlechtsorgane aus, sind aber aufgrund unterentwickelter Hoden steril. Obwohl das überschüssige X-Chromosom weitgehend stillgelegt ist, kommt es zu einer Vergrößerung der Brüste sowie zur Ausbildung anderer typisch weiblicher Körpermerkmale. Auch treten Schwierigkeiten auf, sich zu artikulieren. Trotz einiger Schwankungen in den Symptomen zwischen betroffenen Individuen, wird die Intelligenz heute als durchschnittlich angegeben. Männer mit einem überzähligen Y-Chromosom (XYY) lassen sich dagegen kaum von solchen mit einer XY-Ausstattung unterscheiden, sind aber oft größer als der Durchschnitt.

Frauen mit einer Trisomie-X (Genotyp XXX) – was mit einer Häufigkeit von 1:1.000 vorkommt – sind gesund und unterscheiden sich von normalen XX-Frauen nur anhand ihres Karyotyps. Die Monosomie für das X-Chromosom (Genotyp X0) führt dagegen zu einem definierten Krankheitsbild, dem *Turner-Syndrom.* Sie tritt mit einer Häufigkeit von 1:5.000 auf und ist die einzige beim Menschen bekannte Monosomie, die lebensfähig ist. Die Betroffenen bilden die weiblichen Geschlechtsmerkmale aus, sind aber steril, weil sich ihre Eierstöcke nicht vollständig entwickeln. Wenn Mädchen mit Turner-Syndrom mit Östrogenen behandelt werden, entwickeln sie die sekundären weiblichen Geschlechtsmerkmale. Die meisten weisen eine normale Intelligenz auf.

Krankheiten aufgrund veränderter Chromosomenstrukturen Viele Deletionen bei menschlichen Chromosomen verursachen selbst im heterozygoten Zustand schon schwere Probleme. Ein solches Krankheitsbild ist das *Katzenschrei-Syndrom* (Lejeune-Syndrom), dem eine Deletion auf dem kurzen Arm des Chromosoms 5 zugrunde liegt. Kinder mit diesem Syndrom sind geistig zurückgeblieben, haben einen kleinen Kopf mit ungewöhnlichen Gesichtszügen und ihr Schreien erinnert an das Miauen einer leidenden Katze. Sie sterben in der Regel schon als Säugling oder im Kleinkindalter.

Chromosomale Translokationen wurden bei verschiedenen Krebsarten beschrieben. Eine solche Translokation verursacht die chronische myeloische Leukämie (chronische Myelose). Ursache dieser Krebsform ist eine reziproke Translokation während der Mitose in Vorläuferzellen der weißen Blutzellen (Leukocyten) im Knochenmark. Dabei werden die distalen Bereiche der Chromosomen

22 und 9 gegeneinander (reziprok) ausgetauscht. Da somit von Chromosom 9 nur ein kleiner, endständiger Bereich auf Chromosom 22 übergeht, dagegen aber ein größerer Bereich des Chromosoms 22 reziprok auf das Chromosom 9 übertragen wird, entsteht ein deutlich verkürztes Chromosom 22, das als *Philadelphia-Chromosom* bezeichnet wird (Abbildung 15.9). Wie dieser Austausch zur Krebsentstehung führt, erfahren Sie in Kapitel 18.

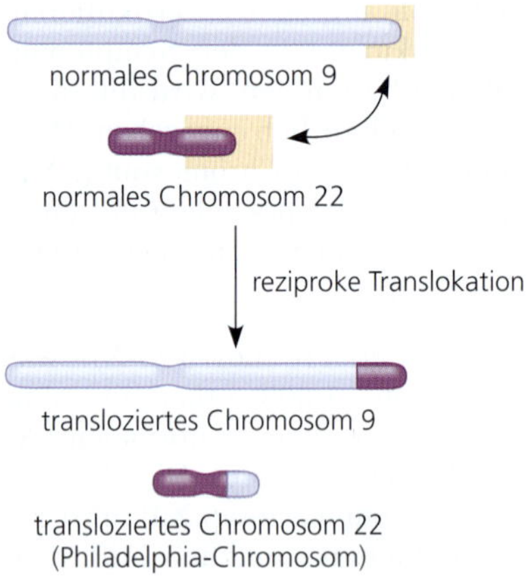

Abbildung 15.9: Eine Translokation verursacht die chronische myeloische Leukämie (CML). Die Krebszellen beinahe aller CML-Patienten weisen ein abnorm verkürztes Chromosom 22 auf (das sogenannte Philadelphia-Chromosom). Gleichzeitig ist das Chromosom 9 verlängert. Die aberranten Chromosomen sind das Ergebnis der hier schematisch wiedergegebenen reziproken Translokation, die vermutlich in einer Stammzelle des Knochenmarks stattfand. Bei den anschließenden Teilungen werden die veränderten Chromosomen an alle Tochterzellen weitergegeben.

VERSTÄNDNISFRAGEN

1. Polyploide Tiere sind selten, während sogenannte Mosaik-Polyploide wesentlich häufiger auftreten. Dabei handelt es sich um diploide Tiere, bei denen nur einzelne Gewebebereiche polyploid sein können. Wie könnte ein tetraploides Mosaik, bei dem einige Zellen des Tieres einen vierfachen Chromosomensatz enthalten, entstehen?

2. Etwa fünf Prozent der Individuen mit Down-Syndrom weisen eine Translokation auf, bei der das dritte Chromosom 21 an das Chromosom 14 angeknüpft ist. Nehmen Sie an, dass die Translokation in einer der elterlichen Keimzellen aufgetreten ist, und erklären Sie, wie es zur Ausbildung des Down-Syndroms kommen kann.

3. WAS WÄRE, WENN? Der Genort für das AB0-Blutgruppensystem liegt auf Chromosom 9. Ein Vater mit Blutgruppe AB und eine Mutter mit der Blutgruppe 0 haben ein Kind mit einer Trisomie-9 und der Blutgruppe A. Können Sie anhand dieser Information angeben, in welchem Elternteil es zur Fehlverteilung des Chromosoms gekommen ist? Erläutern Sie Ihre Antwort.

15.4 Erbgänge, die nicht den Mendel'schen Regeln folgen

Im vorangegangenen Abschnitt haben wir Mechanismen kennengelernt, die zu Abweichungen von der Vererbung nach den Mendel'schen Regeln führen können und sich auf Fehler in der Meiose oder Mitose zurückführen lassen. Wir beschließen dieses Kapitel mit der Beschreibung eines natürlich und häufig auftretenden Erbgangs, der ebenfalls nicht den Mendel'schen Regeln gehorcht. Hierbei spielt das Geschlecht des Elternteils, der ein bestimmtes Allel beisteuert, eine wichtige Rolle für dessen Ausprägung.

Im gesamten Verlauf unserer Diskussion der Mendel'schen Regeln der Vererbung und ihrer chromosomalen Grundlagen haben wir vorausgesetzt, dass ein Allel nach seiner Weitergabe immer die gleiche Wirkung entfalten wird, gleichgültig, ob es vom Vater oder von der Mutter geerbt wurde. Meistens trifft diese Annahme auch zu. Als Mendel beispielsweise seine Erbsenpflanzen mit den violetten Blüten mit den weißblütigen kreuzte, erhielt er immer die gleichen Ergebnisse – egal, ob die Eizellen oder die Pollen von der violett blühenden Pflanze stammten. Mittlerweile kennt man jedoch mindestens 30 Merkmale, deren Ausprägungen davon abhängen, ob das betreffende Allel von der Mutter oder vom Vater kommt. Wenn die entsprechenden Allele im Kerngenom enthalten sind und ihre Ausprägung davon abhängt, welcher Elternteil ein bestimmtes Allel beigesteuert hat, spricht man von einer **genomischen Prägung.** Beachten Sie, dass dieser Begriff für Gene aller Chromosomen gilt und nichts mit der geschlechtsgebundenen Vererbung zu tun hat, die wir oben besprochen haben.

Die genomische Prägung erfolgt während der Bildung der Keimzellen (Gametogenese) und führt bei bestimmten Genen zur Stilllegung des einen oder anderen Allels. Damit werden die entsprechenden Gene in Spermien und Eizellen unterschiedlich geprägt, sodass in der Zygote nur eines der Allele eines geprägten Gens exprimiert wird. Das Prägungsmuster wird während der weiteren Entwicklung auf alle Zellen des Körpers übertragen, sodass immer nur das eine Allel, aber nie das andere das entsprechende Genprodukt bildet. Diese Stilllegung eines Allels gilt jedoch nicht für die Bildung der Keimzellen. In jeder Generation wird vor der Keimzellbildung die vorhandene genomische Prägung zunächst vollständig aufgehoben. Die sich neu bildenden Keimzellen erhalten dann ein neues Prägungsmuster, das vom Geschlecht des sie erzeugenden Individuums abhängt. Bei einer gegebenen

Art werden bestimmte Gene immer auf die gleiche Weise geprägt. Ein Gen, bei dem zum Beispiel das mütterliche Allel nicht exprimiert wird, wird in jeder Generation bereits bei der Bildung der Eizellen stillgelegt (Abbildung 15.10).

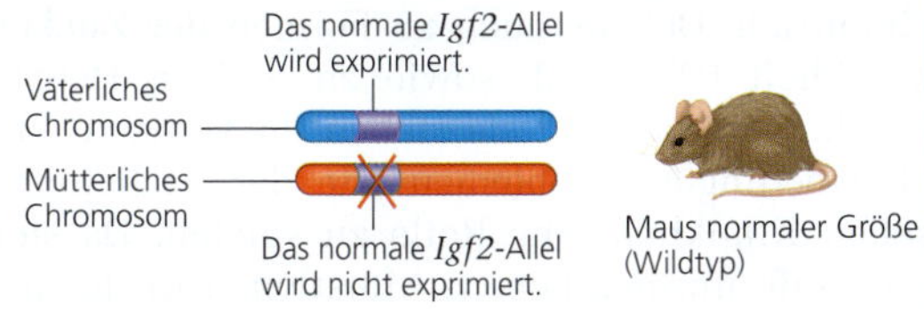

(a) Homozygotes Tier. Eine für das Wildtypallel des Gens *Igf2* homozygote Maus hat eine normale Größe. Nur das väterliche Allel dieses Gens wird exprimiert.

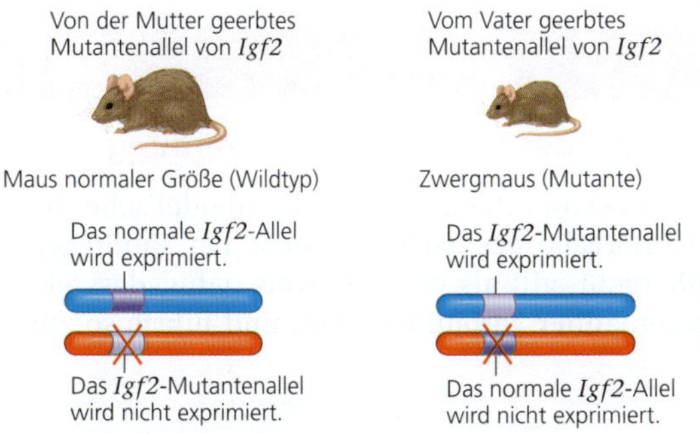

(b) Heterozygote Tiere. Paarungen zwischen einer Wildtyp-Maus und einer homozygot-rezessiven Maus mit dem mutierten *Igf2*-Allel führen zu heterozygoten Nachkommen. Der Mutantenphänotyp zeigt sich nur, wenn das Mutantenallel vom Vater stammt, weil dann das mütterliche (Wildtyp-)Allel nicht exprimiert wird.

Abbildung 15.10: **Genomische Prägung des *Igf2*-Gens der Maus.**

Wie genau vollzieht sich die genomische Prägung? In vielen Fällen scheint die DNA des betreffenden Allels an ihren Cytosinresten methyliert zu werden. Eine derartige kovalente Methylierung kann ein Allel unmittelbar stilllegen (dies stimmt mit der Beobachtung überein, dass stark methylierte Gene meist nicht transkribiert werden; siehe hierzu auch Kapitel 18). Bei einigen Genen konnte aber auch gezeigt werden, dass eine Methylierung die Expression des betroffenen Allels aktiviert.

Nur wenige Gene in den Genomen von Säugetieren scheinen von einer genomischen Prägung betroffen zu sein, wobei den meisten bisher entdeckten Prägungen eine wichtige Rolle in der Embryonalentwicklung zukommt. Da die Ausprägung eines Merkmals nicht vom Vorliegen eines bestimmten Allels abhängt, sondern von Prozessen, die dessen genetischer Information übergeordnet sind (seine Expression steuern), spricht man hier auch von **epigenetischen Phänomenen**.

VERSTÄNDNISFRAGEN

1. Die Gendosis (die Anzahl aktiver Kopien eines Gens in einer Zelle) ist für die Entwicklung eines Organismus von entscheidender Bedeutung. Nennen und beschreiben Sie zwei Prozesse, durch die bei bestimmten Genen die richtige Dosierung für eine normale Entwicklung erreicht wird.

2. Aus reziproken Kreuzungen von zwei Primelsorten, A und B, wurden die folgenden Ergebnisse erhalten: A (weiblich) × B (männlich) → Nachkommen mit ausschließlich grünen (unpanaschierten) Blättern. B (weiblich) × A (männlich) → Nachkommen mit gefleckten (panaschierten) Blättern. Versuchen Sie, diese Beobachtung zu erklären.

3. WAS WÄRE, WENN? Mitochondriale Gene sind von entscheidender Bedeutung für den Energiehaushalt der Zelle. Allerdings sind mitochondriale Krankheiten, die durch Mutationen dieser Gene verursacht werden, meist nicht letal. Warum sind sie es nicht?

15.5 Genome von Organellen und ihre Vererbung

Obwohl wir in diesem Kapitel hauptsächlich auf die Chromosomentheorie der Vererbung eingegangen sind, wollen wir zum Schluss noch eine wichtige Ergänzung einbringen: Nicht die gesamte Erbinformation einer eukaryontischen Zelle befindet sich auf den Chromosomen des Zellkerns. Ein geringer Teil der Erbinformation ist auch in anderen Organellen, also in den Mitochondrien und bei Pflanzen auch in den Chloroplasten, vorhanden. Da diese Erbinformation außerhalb des Zellkerns liegt, spricht man auch von *extranucleärer* oder *zytoplasmatischer Erbinformation* und entsprechend von zytoplasmatischer Vererbung. Mitochondrien und die Plastiden von Pflanzenzellen enthalten verhältnismäßig kleine, meist zirkuläre DNA-Moleküle mit nur wenigen Genen. Die Organellen vermehren sich selbstständig, wobei sie ihre DNA replizieren müssen. Allerdings wird die Erbinformation bei der sexuellen Fortpflanzung nicht nach den Mendel'schen Regeln an die Nachkommen vererbt. In den Organellen findet keine Meiose, keine Rekombination durch *Crossing over* und keine Trennung homologer Chromosomen statt.

Eine ganz ähnliche, ausschließlich maternale Vererbung erfolgt auch bei den Mitochondrien der meisten Tiere und Pflanzen, wo die Eizelle in der Regel mit der Hauptmenge des Zytoplasmas auch die Mitochondrien einbringt (die wenigen vom Spermium eingebrachten Mitochondrien werden offenbar durch eine Form der Autophagie abgebaut). Viele der im Mitochondriengenom codierten Proteine bilden Untereinheiten der Atmungskettenkomplexe und der ATP-Synthase (vgl. Kapitel 9). Mutationen führen entsprechend häufig zur Verringerung der ATP-Ausbeute. Sind betroffene Individuen lebensfähig, so können solche Mutationen seltene Erbkrankheiten hervorrufen. Da das Nervensystem (vor allem das Gehirn) und die Muskulatur im menschlichen Körper am empfindlichsten auf Energiemangel reagieren, werden sie in erster Linie von mitochondrialen Krankheiten beeinträchtigt. So führt beispielsweise die *mitochondriale Myopathie* zu allgemeiner Schwäche, vor allem bei körperlicher Belastung, und zu Muskelschwund. Eine weitere mitochondriale Krankheit ist die Leber'sche Optikusatrophie, die zur plötzlichen Erblindung im Alter zwischen 20 und 30 Jahren führen kann. Bisher wurden bei diesem Krankheitsbild vier Mutationen beschrieben, die Komponenten der Atmungskette betreffen.

Außerdem tragen von der Mutter vererbte mitochondriale Defekte auch zu Formen der Zuckerkrankheit (Diabetes), sowie zu einigen Herzerkrankungen bei und sie stehen im Verdacht, bei altersbedingten Problemen wie der Alzheimer'schen Krankheit eine Rolle zu spielen. Da sich im Laufe unseres Lebens Mutationen in der mitochondrialen DNA ansammeln, wird auch ein Zusammenhang zum normalen biologischen Alterungsprozess vermutet.

ZUSAMMENFASSUNG

Die Chromosomen bilden die strukturelle Grundlage der Mendel'schen Vererbung

Das Verhalten der Chromosomen während der Meiose erklären die 2. und die 3. Mendel'sche Regel. Thomas Hunt Morgans Entdeckung, dass die Weitergabe des X-Chromosoms bei Taufliegen (*Drosophila*) mit der Vererbung der Augenfarbe einhergeht, gilt als erster Beweis dafür, dass ein bestimmtes Gen und ein bestimmtes Chromosom miteinander verbunden sind, und führte so zur **Chromosomentheorie der Vererbung**.

Die Vererbung geschlechtsgebundener Gene

Das Geschlecht ist ein erbliches phänotypisches Merkmal, das meist von den vorhandenen Geschlechtschromosomen (Gonosomen) festgelegt wird. Der Mensch und andere Säugetiere haben ein X/Y-System der Geschlechtsbestimmung, bei welchem das Geschlecht davon abhängt, ob ein Y-Chromosom zugegen ist oder nicht. Andere, davon abweichende Systeme der genetischen Geschlechtsfestlegung finden sich bei Vögeln, Fischen und Insekten.

Die Geschlechtschromosomen enthalten **geschlechtsgebundenen Gene**, die meist an das X-Chromosom gekoppelt sind. Ein rezessives Allel kann zur Farbenblindheit führen. Väter übertragen dieses und andere geschlechtsgebundene Allele auf alle ihre Töchter, nicht jedoch auf ihre Söhne. Jeder Mann, der ein derartiges Allel von der Mutter geerbt hat, wird den Merkmalszustand ausprägen.

Bei weiblichen Säugetieren wird eines der in jeder Zelle vorhandenen X-Chromosomen nach dem Zufallsprinzip inaktiviert. Die Inaktivierung erfolgt zu einem frühen Zeitpunkt in der Embryonalentwicklung und äußert sich in der Verdichtung zum **Barr-Körperchen**.

Abweichungen in der Chromosomenzahl oder -struktur verursachen einige bekannte Erbkrankheiten

Abweichende Chromosomenzahlen.Aneuploidie (Abweichungen in der Zahl der Chromosomen) kann durch eine Fehlverteilung der Chromosomen während der Meiose verursacht werden. Aus der Befruchtung eines normalen, haploiden Gameten mit einem Gameten mit abweichender Chromosomenzahl, der also ein Chromosom doppelt hat oder dem eines fehlt, ergibt sich eine Zygote mit einem überzähligen ($2n+1$; eine **Trisomie**) oder einem fehlenden Chromosom ($2n-1$; **Monosomie**). **Polyploidie** (mehr als zwei vollständige Chromosomensätze) kann auf einer fehlenden Trennung aller Chromosomen bei der Bildung der Keimzellen beruhen.

Abweichende Chromosomenstrukturen. Ein Bruch von Chromosomen mit anschließender Neuverknüpfung kann zu **Deletion**, **Inversion**, **Translokation** oder **Duplikation** führen. Translokationen können sowohl reziprok als auch nicht-reziprok sein.

Menschliche Erbkrankheiten, die auf Veränderungen in der Chromosomenzahl oder -struktur zurückzuführen sind. Veränderungen in der Zahl oder dem Aufbau der Chromosomen in einer Zelle können phänotypische Auswirkungen nach sich ziehen. Solche Veränderungen verursachen beispielsweise das Down-Syndrom (Trisomie-21), bestimmte Formen von Krebs, an denen chromosomale Translokationen beteiligt sind, sowie verschiedene andere Krankheitsbilder des Menschen.

Erbgänge, die nicht den Mendel'schen Regeln folgen

Bei Säugetieren sind die phänotypischen Auswirkungen bestimmter Gene davon abhängig, welches Allel von welchem Elternteil geerbt wurde. Genomische **Prägungen** werden bei der Keimzellbildung festgelegt und führen dazu, dass eines der Allele (maternales oder paternales) in den unmittelbaren Nachkommen nicht exprimiert wird.

Genome von Organellen und ihre Vererbung

Die Vererbung von Merkmalen, die auf Genen des mitochondrialen oder plastidären Genoms beruhen, ist allein vom mütterlichen Genotyp abhängig, da die Organellen mit dem der Eizelle vererbt werden. Defekte mitochondrialer Gene verursachen einige Krankheiten des Nervensystems und der Muskulatur und bedingen, dass die betroffenen Zellen unzureichende Mengen an ATP bilden.

Die molekularen Grundlagen der Vererbung

16

16.1 Die DNA ist die Erbsubstanz

16.1.1 Die Suche nach der Erbsubstanz: Wissenschaftliche Forschung

Aufgrund von Morgans Beobachtung, dass Gene mit den Chromosomen vererbt werden (siehe Kapitel 15), galten DNA und Proteine als die vielversprechendsten Träger der genetischen Information. Bis in die 1940er Jahre des 20. Jahrhunderts hinein wurden Proteine wegen ihres heterogenen Aufbaus und ihrer sehr spezifischen Funktionen als mögliches Erbmaterial angesehen. Mit diesen Eigenschaften konnte man das Auftreten sehr vielgestaltiger Erbmerkmale scheinbar am besten in Einklang bringen.

Weitere Beweise für die Funktion der DNA als Erbsubstanz Belege für die Rolle der DNA als Erbsubstanz kamen aus dem Labor des Biochemikers Erwin Chargaff. Man wusste bereits, dass die DNA ein Polymer aus Nucleotiden ist, die jeweils wieder aus einer stickstoffhaltigen Base (Nucleobase), einem Zucker aus der Gruppe der Pentosen (Desoxyribose) und einer Phosphatgruppe bestehen (Abbildung 16.1). Bei den Nucleobasen handelt es sich entweder um Adenin, Thymin, Guanin oder Cytosin. Chargaff war Chemiker und untersuchte als solcher die Zusammensetzung der Basenanteile in der DNA verschiedener Lebewesen. In einer im Jahr 1950 veröffentlichten Arbeit konnte er zeigen, dass sich die Basenzusammensetzung bei verschiedenen Arten unterscheidet. So enthalten beispielsweise 30,3 Prozent der Nucleotide der menschlichen DNA Adenin. Beim Bakterium *E. coli* beträgt der Anteil dagegen nur 26,0 Prozent. Das Auftreten einer so hohen molekularen Variabilität der DNA zwischen verschiedenen Arten hatte man nicht erwartet und bestärkte daher die Ansicht, dass es sich bei der DNA doch um die Erbsubstanz handeln könnte.

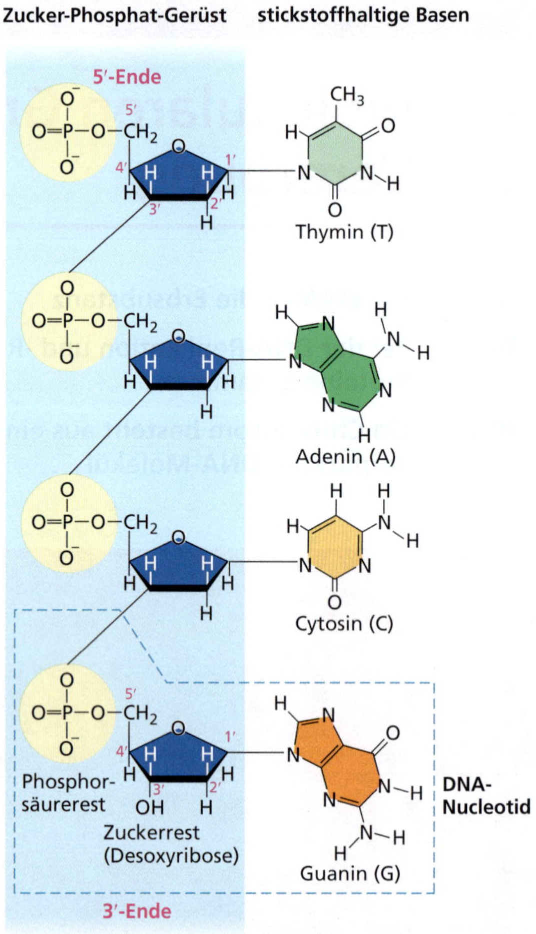

Abbildung 16.1: Der Aufbau eines DNA-Stranges. Jeder Nucleotidrest besteht aus einer stickstoffhaltigen Base (A, T, C oder G), einer Desoxyribose als Zuckeranteil (blau) und einer Phosphatgruppe (gelb). Die Phosphatgruppe eines Nucleotids ist mit dem Zuckerrest des nächsten kovalent verknüpft. Dies führt zu einem Gerüst aus sich abwechselnden Phosphoryl- und Desoxyribosylresten, von dem seitlich die heterozyklischen Basen abzweigen. Der Polynucleotidstrang hat eine festgelegte Richtung, mit einem 5′-Ende (freie Phosphatgruppe) und einem 3′-Ende (freie OH-Gruppe). Die Nummerierung 5′ und 3′ bezieht sich auf die Kohlenstoffatome der Desoxyribose.

16.1.2 Ein Strukturmodell der DNA: Wissenschaftliche Forschung

Nachdem sich die Vorstellung durchgesetzt hatte, dass es sich bei der DNA um die eigentliche Erbsubstanz handelt, musste als Nächstes geklärt werden, wie sich die Prinzipien der Vererbung mit der Struktur des Makromoleküls vereinbaren lassen. Der in Abbildung 16.1 vorgestellte prinzipielle Aufbau einzelner DNA-Stränge war Anfang der 50er Jahre bekannt und Fragen nach der dreidimensionalen Struktur des DNA-Moleküls standen im Mittelpunkt des Interesses. Mit diesem Problem beschäftigten sich bekannte Wissenschaftler wie der Chemiker Linus Pauling in Kalifornien sowie Maurice Wilkins und Rosalind Franklin in London. Auf die richtige Lösung kamen aber zwei Wissenschaftler, die damals noch ziemlich unbekannt waren: der US-Amerikaner James Watson und der Engländer Francis Crick (Abbildung 16.2).

Ihre kurze – aber fruchtbare – Zusammenarbeit begann kurz nachdem Watson an der Universität von Cambridge eingetroffen war, wo Crick versuchte, die Röntgenstruktur von Proteinen aufzuklären (bei diesem Verfahren wird die Beugung von Röntgenstrahlen durch Proteinkristalle genutzt, um Aussagen über deren Raumstruktur zu treffen). Im Labor von Maurice Wilkins sah Watson ein Beugungsdiagramm der DNA, das von Wilkins' Mitarbeiterin Rosalind Franklin aufgenommen worden war (Abbildung 16.3a). Röntgenbeugungsdiagramme sind keine direkten Abbilder der mit ihrer Hilfe untersuchten chemischen Verbindungen und sind daher nicht mit medizinischen Röntgenaufnahmen vergleichbar, bei denen etwa unser Skelett getreu abgebildet wird. Die in der Abbildung 16.3b erkennbaren regelmäßigen Muster werden von Röntgenstrahlen hervorgerufen, die beim Durchgang durch einen Kristall aus gereinigten DNA-Strängen abgelenkt werden und einen Film schwarz färben. Die Kristallografen können daraus durch mathematische Analyseverfahren den regelmäßigen Aufbau eines Kristalls errechnen und so Rückschlüsse auf die räumliche Anordnung der Atome in seinem Inneren ziehen. Watson hatte sich nach seiner Ankunft in England mit der Grundlage der Röntgenkristallografie befasst und erkannte deshalb die für helikale Moleküle zu erwartenden Beugungsmuster wieder. Eine gründliche Analyse der Aufnahmen von Franklin verriet ihm nicht nur, dass das DNA-Molekül helikal (wie eine Wendeltreppe) gewunden sein muss, sondern gab ihm auch den ungefähren Durchmesser der Helix an sowie den Abstand zwischen den einzelnen Basen in ihr. Aus dem Helixdurchmesser ergab sich, dass sie aus zwei Strängen bestand und nicht aus dreien, wie ein Modell Paulings kurz zuvor postuliert hatte. Aus diesen Überlegungen entstand schließlich das uns heute so vertraute Modell der DNA-Doppelhelix (Abbildung 16.4).

(a) Rosalind Franklin

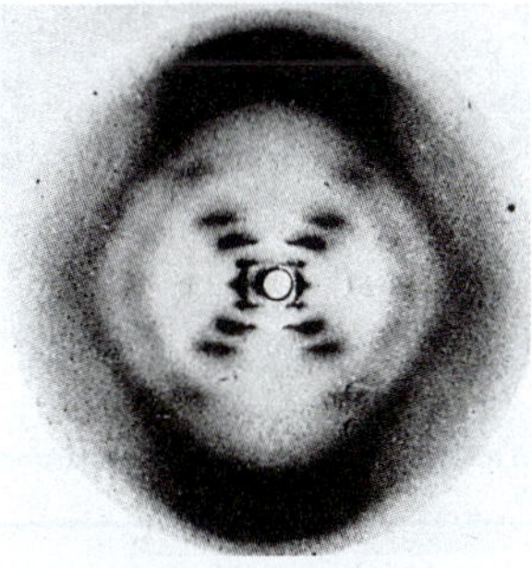

(b) Franklins Röntgenbeugungsdiagramm der DNA

Abbildung 16.3: Rosalind Franklin und ihr Röntgenbeugungsbild der DNA. Rosalind Franklin führte entscheidende Experimente durch, um die Beugungsbilder zu erhalten, anhand derer Watson und Crick die doppelhelikale Struktur des DNA-Moleküls ableiteten. Franklin starb im Jahr 1958 im Alter von 38 Jahren an Krebs. Die bahnbrechende Bedeutung ihrer Ergebnisse hat sie in der vollen Tragweite nicht mehr erlebt. Ihre Kollegen Wilkins, Watson und Crick wurden 1962 mit einem Nobelpreis ausgezeichnet.

Watson und Crick begannen mit den aus den Röntgenstrukturdaten und den chemischen Analysen gewonnenen Erkenntnissen Modelle von Doppelhelices zu konstruieren. Aus einem damals noch unveröffentlichten Bericht aus der Gruppe von Wilkins wussten sie außerdem, dass das Zucker-Phosphat-Gerüst an der Außenseite des Moleküls liegen musste. Mit dieser Annahme konnten auch die relativ hydrophoben Nucleobasen in das Innere des Moleküls gerückt werden und waren damit von der wässrigen Umgebung abgeschirmt, die die DNA in einer Zelle umgibt. In einem Modell, mit dem alle Daten in Einklang stehen, liegen die beiden Molekülketten antiparallel zueinander – das Ende des einen Stranges liegt am Anfang des anderen und es besteht eine gegenläufige Abfolge der Bausteine (man liest heute Nucleinsäuresequenzen immer in 5'→3'-Richtung; Abbildung 16.4). Stark vereinfacht ähnelt das Modell einer Strickleiter mit festen Sprossen. Die seitlich verlaufenden Seile entsprechen dem Zucker-Phosphat-Gerüst, die Basen den Leitersprossen. Wenn man nun ein Ende der Strickleiter festhält, während man das andere Ende dreht, bildet sich eine Spirale (Helix). Franklins Röntgendaten gaben an, dass die Helix sich alle 3,4 nm (Nanometer, 10^{-9} m) in Längsrichtung einmal vollständig dreht. Bei einem Abstand der einzelnen Basen von 0,34 nm lässt sich leicht errechnen, dass ein Umlauf der Helix zehn Basenpaare beansprucht.

Die Basen der Doppelhelix paaren sich nur in bestimmten Kombinationen: ein Adenin (A) mit einem Thymin (T) und ein Guanin (G) mit einem Cytosin (C). Watson und Crick kamen im Wesentlichen durch Probieren zu dieser zentralen Eigenschaft der DNA. Zunächst versuchten sie nach einer Vorstellung Watsons Basenpaarungen der Art A–A oder C–C in ihr Modell einzubauen. Doch die sich daraus ergebende Struktur stimmte nicht mit den Röntgendaten überein, weil das Molekül keinen gleichförmigen Durchmesser hatte und wurde deshalb verworfen. Warum kann sich bei gleichsinniger Basenpaarung kein konstanter Helixdurchmesser ergeben? Adenin und Guanin sind beides Purinderivate mit bizyklischen Strukturen (Abbildung 16.5), wohingegen die Pyrimidinderivate Cytosin und Thymin kleinere, monozyklische Verbindungen sind. Ein Purin beansprucht damit in seiner Längsachse beinahe doppelt so viel Platz wie ein Pyrimidin. Paarungen zweier Purine würden damit zu einem größeren, solche zweier Pyrimidine dagegen zu einem kleineren Helixdurchmesser als die beobachteten 2 nm führen. Wenn sich dagegen immer ein Purin mit einem Pyrimidin paart, ergibt sich ein konstanter Durchmesser der Doppelhelix:

Auch wenn sich die DNA auf verschiedene Weisen darstellen lässt, beruhen alle Schemata auf der gleichen Grundstruktur. Die Auflösung im Detail hängt davon ab, welche Aspekte vermittelt werden sollen.

Strukturmodelle

Das raumfüllende Kalottenmodell links im Bild zeigt die dreidimensionale Struktur der DNA-Doppelhelix. Das Schema rechts vermittelt Einzelheiten zur chemischen Struktur der DNA. In beiden Darstellungen sind die Phosphatgruppen in Gelb, die Zuckerreste (Desoxyribosen) in Blau und die stickstoffhaltigen Basen in Grün und Orange gehalten.

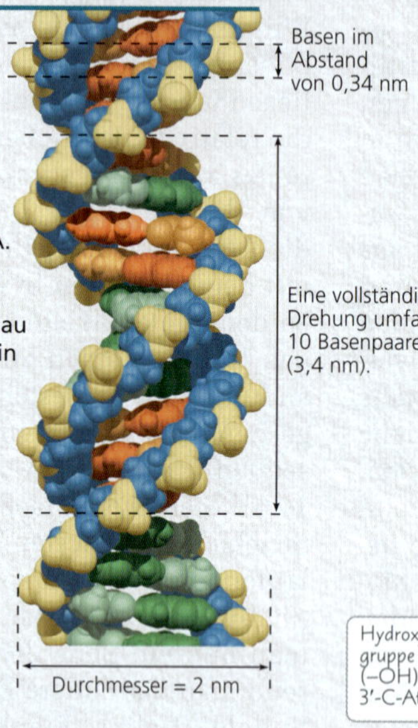

Die DNA-Doppelhelix ist „rechtshändig". Verfolgen Sie mit Ihrer rechten Hand die aufwärts gerichteten Windungen des Zucker-Phosphat-Rückgrats (mit Ihrer linken Hand würde das nicht funktionieren).

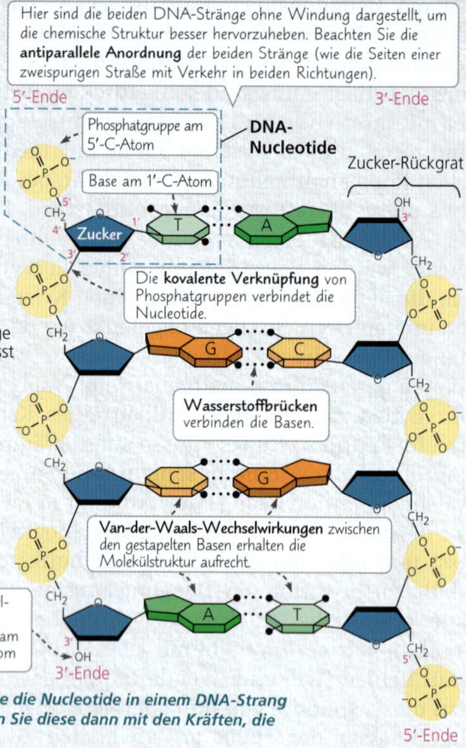

1. ***Beschreiben Sie die Bindungen, durch die die Nucleotide in einem DNA-Strang zusammengehalten werden. Vergleichen Sie diese dann mit den Kräften, die zwei DNA-Stränge zusammenhalten.***

2. ***Wie unterscheiden sich die beiden Enden eines DNA-Stranges in ihrem Aufbau?***

Einfachere Darstellungen

Sind die molekularen Details zweitrangig, so kann die DNA auch viel einfacher dargestellt werden. Dies hängt davon ab, was vermittelt werden soll.

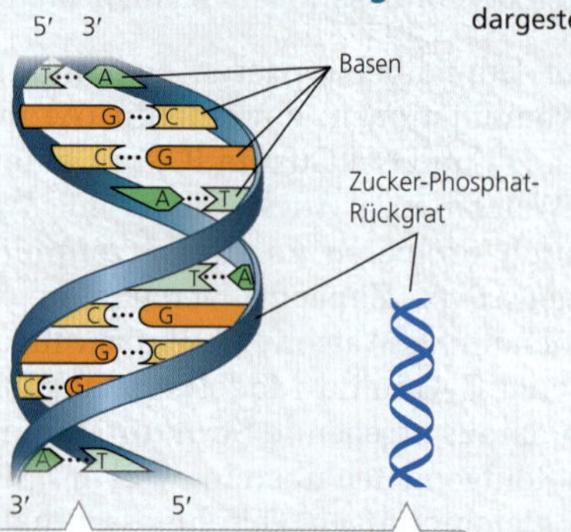

Die „Bänder" in diesen vereinfachten Schemata der Doppelhelix symbolisieren das Zucker-Phosphat-Rückgrat.

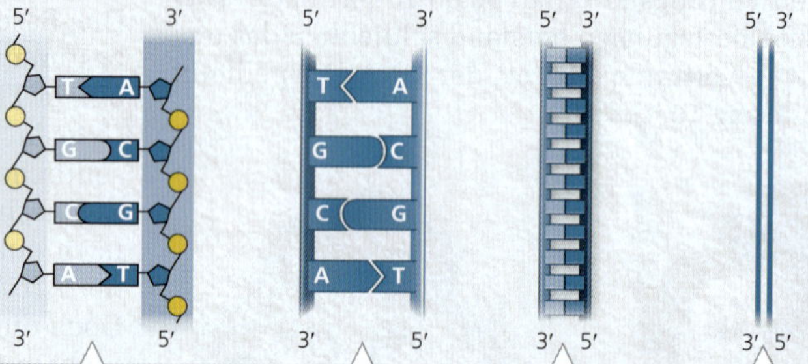

In diesen „Leiter-Modellen" der DNA stellen die Seiten jeweils das Zucker-Phosphat-Rückgrat dar, die Basenpaare die Sprossen. Neu synthetisierte Stränge werden durch das hellere Blau angezeigt.

Gelegentlich wird das DNA-Molekül auch einfach als zwei gerade Linien dargestellt.

3. ***Vergleichen Sie den Informationsgehalt dieser verschiedenen Darstellungsweisen.***

DNA-Sequenzen

Die DNA enthält die Erbinformation als lineare Abfolge von Nucleotiden, die in mRNA transkribiert und dann in Proteine translatiert werden kann. Bei der DNA-Sequenzierung werden die Nucleotide mit den Buchstaben A, T, C oder G abgekürzt (in der Regel wird dabei der obere Strang in 5'–3'-Richtung angegeben):

5'-A C G T A A G C G G T T A A T-3'
3'-T G C A T T C G C C A A T T A-5'

Abbildung 16.4: **Verschiedene Möglichkeiten der Darstellung von DNA-Modellen.**

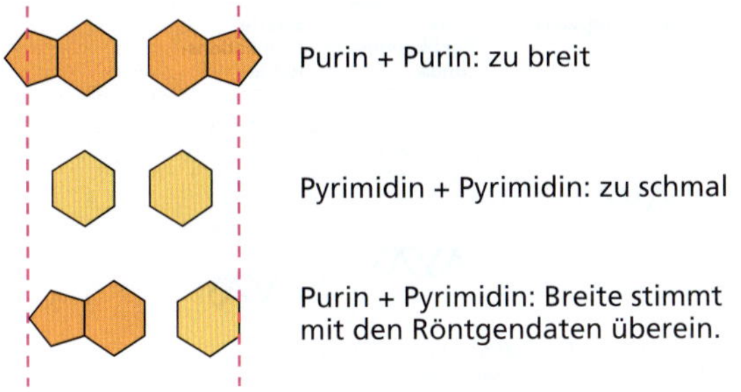

Watson und Crick vermuteten, dass die Basenstruktur selbst einen zusätzlichen Faktor enthält, der die Spezifität der Basenpaarungen bestimmt. Alle Basentypen weisen funktionelle Gruppen auf, die sie zur Ausbildung von Wasserstoffbrücken mit dem geeigneten Partner befähigen. So kann ein Adenin zwei Wasserstoffbrücken mit einem Thymin ausbilden, ein Guanin bildet drei mit einem Cytosin. In Kurzschreibweise heißt das: A paart sich mit T und G paart sich mit C (Abbildung 16.5).

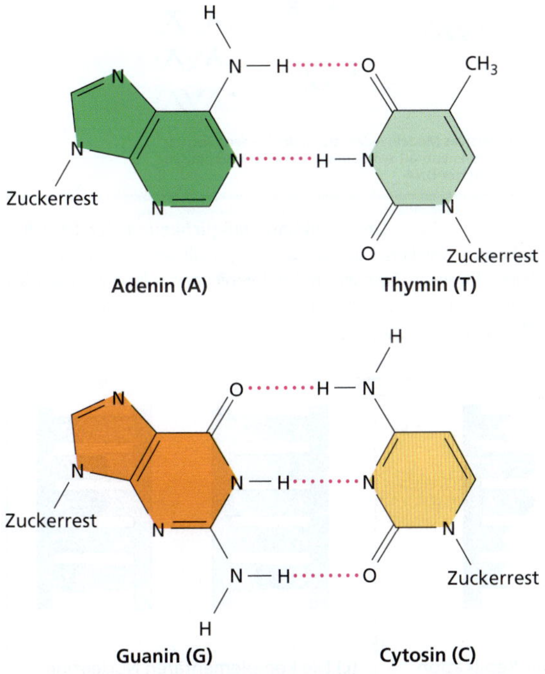

Abbildung 16.5: Basenpaarung in der DNA. Die Basen in einer DNA-Doppelhelix werden über Wasserstoffbrückenbindungen (H-Brücken) miteinander verbunden, die hier als gepunktete Linien dargestellt sind.

Damit erklärt das Modell von Watson und Crick nicht nur die Röntgenstrukturdaten, sondern auch die Chargaff'schen Regeln gleicher Mengen von A und T beziehungsweise C und G. Dort, wo an dem einen Strang ein A sitzt, findet man im antiparallel verlaufenden Gegenstrang (dem komplementären Strang) ein T, und ein G liegt immer einem C gegenüber. Alle Lebewesen müssen also immer das gleiche Mengenverhältnis von Adenin zu Thymin und von Guanin zu Cytosin haben und die Gesamtmenge aller Pyrimidinderivate in der DNA wird immer gleich der Gesamtmenge aller Purinderivate sein. Trotz dieser Einschränkung der erlaubten Paarungen in einer „DNA-Leiter" bleibt die genaue Abfolge der Basenpaare entlang der Doppelhelix (die Sequenz) nach diesem Modell aber freigestellt. Die Abfolge der vier zur Verfügung stehenden Basen (A, C, G, T) kann beliebig und in unzähligen Kombinationen variiert werden. Jedes Gen und jedes DNA-Molekül besitzt eine eigene, charakteristische Basensequenz. Hierin begründet sich die am Anfang dieses Kapitels angesprochene notwendige Variabilität, die der Vererbung zugrunde liegen muss. Die Tragweite dieses Sachverhalts wird uns noch weiter beschäftigen.

Im April des Jahres 1953 überraschten Watson und Crick die akademische Welt mit einer zweiseitigen Veröffentlichung in der Fachzeitschrift „Nature". Der Artikel beschreibt ihren Vorschlag für die DNA-Struktur – die Doppelhelix –, die in der Folge zum Sinnbild der molekularen Biologie und zu einem Symbol der modernen Wissenschaft schlechthin geworden ist. Ein wichtiger und faszinierender Bestandteil dieses Modells ist, dass aus dem Aufbau des DNA-Moleküls der grundlegende Mechanismus zu seiner Vervielfältigung abgeleitet werden kann.

VERSTÄNDNISFRAGE

1. Eine Fliege weist die folgenden prozentualen Anteile an Basen in ihrer DNA auf: 27,3 Prozent A, 27,6 Prozent T, 22,5 Prozent G, 22,5 Prozent C. Wie spiegeln diese Zahlen Chargaffs Regeln wider?

16.2 Bei der DNA-Replikation und -Reparatur arbeiten viele Proteine zusammen

Die Beziehung zwischen der DNA-Struktur und ihrer Funktion begründet sich bereits in der Doppelhelix. Eine wichtige Erkenntnis von Watson und Crick, die sie zum richtigen Modell der Doppelhelix führte, war die Paarung bestimmter Basen in der DNA.

16.2.1 Das Grundprinzip: Basenpaarung mit einem Matrizenstrang

Abbildung 16.6 vermittelt die grundlegende Idee von Watson und Crick. Zur Vereinfachung stellen wir das Prinzip nur anhand eines kurzen DNA-Abschnitts in der nicht helikalen Form dar. Wenn Sie einen der beiden DNA-Stränge des Abbildungsteils 16.6a verdecken, können Sie mithilfe der oben beschriebenen Regel zur Basenpaarung die Sequenz auf dem Gegenstrang mühelos angeben. Die beiden Stränge sind komplementär; jeder enthält die Information zur Konstruktion des anderen. Wenn eine Zelle ein DNA-Molekül kopiert, dient jeder der beiden Stränge des Ausgangsmoleküls als Vorlage (Matrize) für die Anordnung von Nucleotiden zu einem neuen Komplementärstrang. Die Nucleotide werden entlang des Matrizenstranges nach der einfachen Basenpaarungsregel eines nach dem anderen eingebaut und kovalent miteinander verknüpft. Dort, wo zu Beginn ein doppelsträngiges DNA-Molekül vorhanden war, entstehen damit zwei, wobei jedes eine genaue Kopie des Ausgangsmoleküls darstellt. Der Kopiermechanismus ist ähnlich der Herstellung eines Fotos anhand eines Negativs. Das Foto könnte dann wieder verwendet werden, um ein neues Negativ zu schaffen und so weiter.

Das Watson-Crick-Modell sagt voraus, dass nach der Replikation die beiden neuen Moleküle aus je einem alten Strang des Ursprungsmoleküls und einem neugebildeten Strang bestehen werden. Man spricht daher auch vom Modell der **semikonservativen Replikation** (Abbildung 16.7).

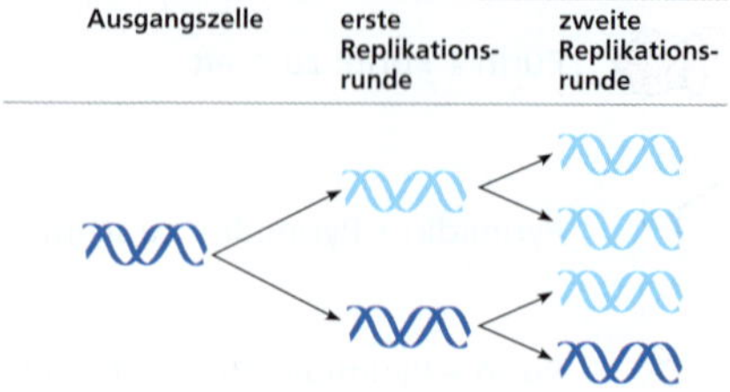

(a) Konservative Replikation. Die beiden Ausgangsstränge lagern sich wieder zusammen, nachdem sie als Matrizen für die Synthese neuer Stränge gedient haben; die ursprüngliche Doppelhelix wird wiederhergestellt.

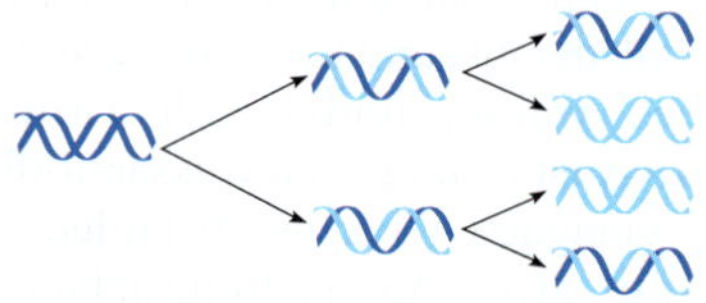

(b) Semikonservative Replikation. Die beiden Stränge des Ausgangsmoleküls trennen sich, und jeder einzelne dient als Matrize für die Synthese eines neuen, komplementären Stranges. Der Matrizenstrang und der neu gebildete Strang bilden eine Doppelhelix aus.

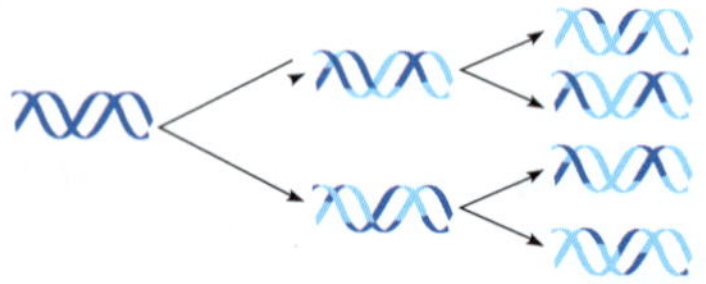

(c) Dispersives Modell. Jeder Strang der beiden „Tochter"-moleküle enthält ein Gemisch aus alter und neusynthetisierter DNA.

Abbildung 16.7: Drei denkbare Möglichkeiten der DNA-Replikation. Die kurzen Doppelhelices symbolisieren die DNA in einer Zelle. Mit einem Ausgangsmolekül beginnend folgen wir der DNA über zwei Generationen (zwei Replikationsrunden). Neu gebildete DNA ist hellblau dargestellt.

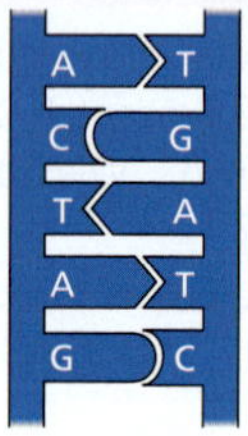

(a) Das Ausgangsmolekül besteht aus zwei komplementären DNA-Strängen. Jede Base paart sich über Wasserstoffbrückenbindungen mit ihrem speziellen Partner: A mit T und G mit C.

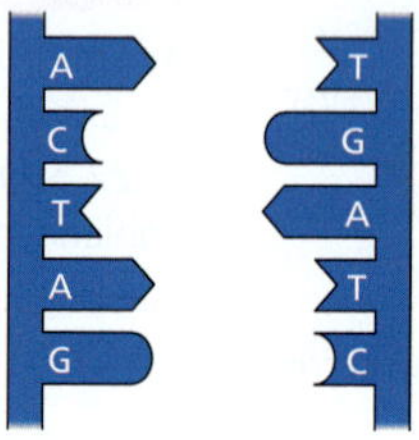

(b) Der erste Schritt der Replikation besteht in der Trennung der beiden DNA-Stränge. Jeder Ausgangsstrang kann nunmehr als Matrize dienen, die die Reihenfolge der Nucleotide entlang eines neuen, zur Matrize komplementären Stranges bestimmt.

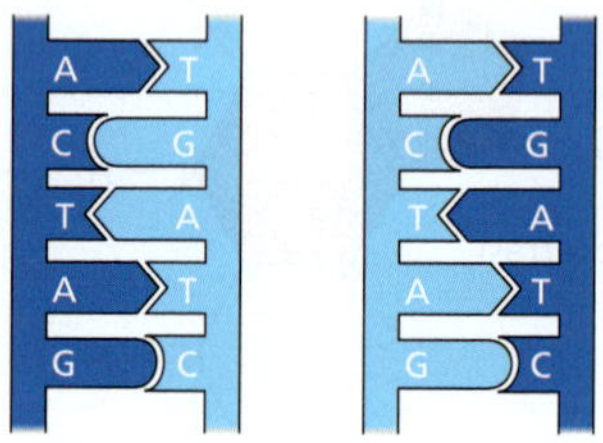

(c) Die komplementären Nucleotide lagern sich an, werden kovalent miteinander verknüpft und bilden das Zucker-Phosphat-Gerüst des neuen Molekülstranges. Jedes „Tochter"-DNA-Molekül besteht aus einem Ausgangsstrang (dunkelblau) und einem neu gebildeten Strang (hellblau).

Abbildung 16.6: Ein Modell der DNA-Replikation. In dieser vereinfachenden Darstellung ist ein kurzes Stück eines DNA-Moleküls entwunden und in der Art einer Leiter dargestellt. Die Seitenteile der Leiter symbolisieren das Zucker-Phosphat-Gerüst der DNA-Stränge. Die Sprossen sind die Basenpaare. Einfache, abstrahierte geometrische Formen stellen die mit den entsprechenden Buchstaben bezeichneten verschiedenen Basen dar. Die dunkelblaue Farbe kennzeichnet die Stränge des Ausgangsmoleküls, die hellblaue Farbe diejenigen der neu synthetisierten DNA.

16.2.2 Die molekularen Mechanismen der DNA-Replikation

E. coli-Bakterien besitzen ein einzelnes Chromosom mit etwa 4,6 Millionen Basenpaaren. Unter günstigen Wachstumsbedingungen in einer Laborkultur kann eine *E. coli*-Zelle ihre DNA in nur 20 Minuten vollständig kopieren und sich in zwei genetisch identische Tochterzellen teilen (das Bakterium hat also eine Generationszeit von 20 Minuten). Die Replikation (Verdoppelung) einer so enormen Menge an genetischer Information wird darüber hinaus noch so gut wie fehlerfrei bewerkstelligt.

Der Beginn der DNA-Replikation Die Replikation eines DNA-Moleküls beginnt an speziellen Stellen, den **Replikationsursprüngen.** Dabei handelt es sich um kurze DNA-Abschnitte mit einer für jedes Lebewesen spezifischen Sequenz. Das Chromosom von *E. coli* ist, wie die meisten untersuchten bakteriellen Chromosomen, ringförmig geschlossen und besitzt einen einzigen Replikationsursprung. Proteine, die die Replikation einleiten, erkennen diese Basensequenz und lagern sich an die DNA an. Sie entwinden und trennen die beiden Stränge des Moleküls und erzeugen so zunächst eine blasenförmige Öffnung des Doppelstranges. Die Replikation schreitet dann in beiden Richtungen fort, bis sich die beiden Replikationskomplexe wieder treffen und das gesamte Molekül verdoppelt ist. Im Gegensatz zu einem Bakterienchromosom kann ein eukaryontisches Chromosom je nach seiner Größe Hunderte von Replikationsursprüngen besitzen. Es bilden sich daher an zahlreichen Stellen gleichzeitig Replikationsblasen, die später zusammenfließen. Dieser gleichzeitige Beginn des Replikationsvorganges an mehreren Stellen gewährleistet, dass auch sehr lange DNA-Moleküle schnell verdoppelt werden können. Wie bei den Bakterien, schreitet auch bei den Eukaryonten die Replikation von jedem der Ursprünge aus in beiden Richtungen („bidirektional") fort.

An jedem Ende einer sich öffnenden Replikationsblase befindet sich eine **Replikationsgabel** – ein Y-förmiger Bereich, in dem die Stränge des Ausgangsmoleküls entwunden werden und die Neusynthese der komplementären DNA-Stränge erfolgt. Die Replikationsgabel ist also der eigentliche Ort, an dem die Replikation stattfindet. An der Entwindung der beiden DNA-Stränge ist eine Vielzahl verschiedener Proteine beteiligt (Abbildung 16.8). Dazu gehören zunächst die Helicasen – Enzyme, die die beiden Stränge der Doppelhelix im Bereich der Replikationsgabeln entwinden und voneinander trennen, sodass sie als Matrizen für die Neusynthese zur Verfügung stehen. Nach der Trennung lagern sich **Einzelstrang bindende Proteine** an die beiden ungepaarten DNA-Stränge an, um sie zu stabilisieren. Das Entwinden der Doppelhelix führt in dem stromabwärts von der Replikationsgabel liegenden Abschnitt zu einer noch stärkeren Verdrehung des Moleküls. Spezielle Enzyme, die Topoisomerasen, vermindern die dadurch auftretende Spannung, indem sie die DNA-Stränge gezielt aufbrechen, die Stränge in Richtung abnehmender Spannung umeinanderdrehen und sie dann wieder verschließen.

Die entwundenen Abschnitte der Ausgangs-DNA stehen nun als Matrizen für die Synthese neuer, komplementärer Stränge zur Verfügung. Die für die Neusynthese der DNA verantwortlichen Enzyme können allerdings nicht selbstständig mit der Synthese beginnen, sondern lediglich Nucleotide an das Ende einer bereits mit dem Matrizenstrang gepaarten Nucleinsäure anhängen. Tatsächlich beginnt die DNA-Neusynthese ursprünglich mit einer kurzen, zum Matrizenstrang komplementären Ribonucleinsäure (RNA), an die die DNA-Nucleotide angeknüpft werden. Die komplementäre RNA wird als Initiator-RNA, **Primer-RNA** oder kurz als **Primer** bezeichnet. Sie wird durch ein spezielles Enzym, die **Primase**, synthetisiert (Abbildung 16.8). Diese ist auf keinen Anknüpfungspunkt zum Beginn der RNA-Synthese angewiesen, sondern beginnt mit einem einzelnen Ribonucleotid, an das weitere angehängt werden. Der DNA-Strang dient als Vorlage und die entstehende RNA ist dazu komplementär (anstelle von Thymin wird hier aber komplementär zu den Adeninen der DNA in der RNA Uracil eingesetzt). Der Primer erreicht eine Länge zwischen fünf und zehn Nucleotiden. Der neue DNA-Strang beginnt mit dem Anknüpfen eines Desoxyribonucleotids am 3'-Ende des RNA-Primers.

MERKE!

Die komplementäre RNA wird als Initiator-RNA, Primer-RNA oder kurz als Primer bezeichnet. Sie wird durch ein spezielles Enzym, die Primase, synthetisiert.

Die Synthese eines neuen DNA-Stranges Die Synthese neuer DNA-Stränge wird durch **DNA-Polymerasen** katalysiert, die Desoxynucleotide an vorhandene Nucleinsäureketten anknüpfen. Bei *E. coli* gibt es verschiedene Arten von DNA-Polymerasen, wovon hauptsächlich zwei Enzyme an der Replikation der chromosomalen DNA beteiligt sind, die als DNA-Polymerase III beziehungsweise DNA-Po-

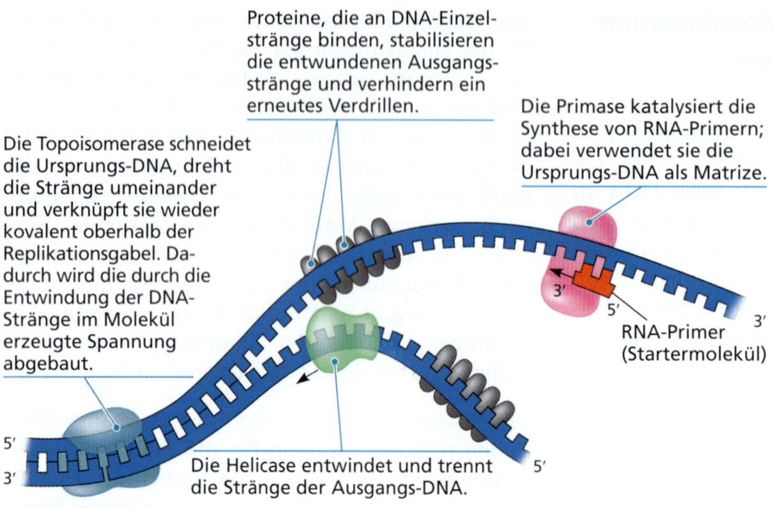

Abbildung 16.8: Einige der am Beginn (Initiation) der DNA-Replikation beteiligten Proteine. Die gleichen Proteine finden sich an beiden Gabeln der Replikationsblase. In dieser Vergrößerung ist nur die linke Seite dargestellt und die Basen der DNA sind im Verhältnis zu den Proteinen überproportional groß wiedergegeben.

lymerase I bezeichnet werden. In eukaryontischen Zellen scheint die DNA-Replikation komplizierter zu sein und man kennt bis heute mindestens elf verschiedene Typen von DNA-Polymerasen.

Die meisten der DNA-Polymerasen sind sowohl auf einen Primer als auch auf einen DNA-Matrizenstrang angewiesen, der als Vorlage für die Abfolge der neu zu verknüpfenden Nucleotide dient. In *E. coli*-Zellen fügt die DNA-Polymerase III (DNA-Pol III) Desoxyribonucleotide an das Ende des RNA-Primers an und verlängert den sich bildenden DNA-Strang durch die Anknüpfung immer neuer Nucleotide an das 3′-Ende.

Antiparallele Kettenverlängerung Außerdem sind die beiden Stränge einer Doppelhelix antiparallel, das heißt, sie verlaufen in entgegengesetzten Richtungen. Daraus ergibt sich, dass auch die beiden bei der Replikation neu synthetisierten Stränge antiparallel zu ihrem jeweiligen Matrizenstrang gebildet werden müssen.

Welche Bedeutung hat diese Gegenläufigkeit der DNA-Stränge für die Replikation einer Doppelhelix? Aufgrund ihrer Struktur können DNA-Polymerasen neue Nucleotide nur an das 3′-OH-Ende eines Primers oder der wachsenden DNA-Kette anhängen, aber nie am 5′-Ende. Ein sich neu bildender Strang kann also nur am 3′-Ende verlängert werden und das Kettenwachstum erfolgt immer nur in 5′→3′-Richtung. Vor diesem Hintergrund wollen wir uns die Abbildung 16.9 ansehen. Auf einem der beiden Matrizenstränge kann die DNA-Polymerase III einen neuen komplementären Strang fortlaufend in der vorgeschriebenen 5′→3′-Richtung synthetisieren. Die DNA-Polymerase besetzt einfach die entsprechende Replikationsgabel und fügt fortwährend neue Nucleotide an das Ende des sich neu bildenden Stranges an, während die Replikationsgabel selbst weiterwandert. Der auf diese Weise entstehende neue DNA-Strang wird als der **führende Strang** (Leitstrang; engl. *leading strand*) bezeichnet. Es ist nur jeweils ein RNA-Primer erforderlich, damit die DNA-Polymerase III den führenden Strang synthetisieren kann (Abbildung 16.9).

Um den neu entstehenden Strang auf dem anderen Matrizenstrang in der vorgeschriebenen 5′→3′-Richtung synthetisieren zu können, muss sich das Polymerasemolekül eigentlich entgegengesetzt zur Replikationsrichtung, also von der Replikationsgabel *weg* bewegen. Der so entstehende Strang heißt der **Folgestrang** (engl. *lagging strand*). Hier besteht aber ein entscheidender Unterschied: Im Gegensatz zum führenden Strang, der fortlaufend verlängert wird, wird der Folgestrang diskontinuierlich synthetisiert, das heißt schrittweise und mit Unterbrechungen. Er entsteht in einer Abfolge von zunächst unverbundenen Abschnitten, die nach ihrem Entdecker **Okazaki-Fragmente** genannt werden (Reiji Okazaki, japanischer Biologe, 1930–1975). Die Okazaki-Fragmente sind in *E. coli*-Bakterien jeweils etwa 1.000–2.000 Nucleotide lang, in eukaryontischen Zellen aber nur 100–200 Nucleotide.

Abbildung 16.10 zeigt die schrittweise Synthese des Folgestranges. Während für den führenden Strang nur ein RNA-Primer erforderlich war, benötigt jedes Okazaki-Fragment seinen eigenen. Zur Bildung jedes Okazaki-Fragments muss zu Beginn (zur Initiation) jedes Mal wieder ein neues RNA-Startermolekül bereitgestellt werden. Die DNA des Folgestranges ist also anfänglich ein unzusammenhängendes Mosaik aus langen DNA- und kurzen RNA-Stücken. Um einen voll-

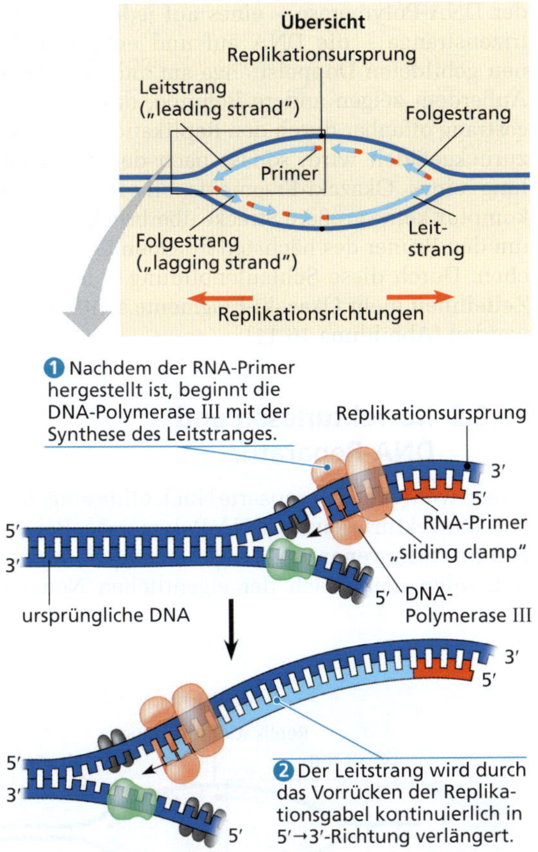

Abbildung 16.9: Synthese des führenden Stranges während der DNA-Replikation. In der unteren Hälfte der Abbildung ist nur die linke der beiden Replikationsgabeln aus dem obigen Schema dargestellt. Die DNA-Polymerase III (DNA-Pol III) erinnert an die Form einer leicht gekrümmten Hand, die die sich neu bildende DNA-Doppelhelix wie eine Schlauchklemme umschließt (engl. *sliding clamp*). Die Klemme zieht die DNA-Polymerase III am Matrizenstrang in Replikationsrichtung entlang.

ständig komplementären DNA-Strang zu erhalten, müssen die RNA-Oligonucleotide anschließend wieder gezielt herausgetrennt und durch DNA ersetzt werden. In *E. coli* ist dafür die DNA-Polymerase I zuständig, die auch die entstehenden Lücken durch die Anknüpfung entsprechender Desoxyribonucleotide an die 3′-Enden der vorangehenden Okazaki-Fragmente auffüllt (Fragment 2 in Abbildung 16.10). Danach sind die Okazaki-Fragmente allerdings noch nicht kovalent zu einem fortlaufenden DNA-Strang verknüpft (in Abbildung 16.10 besteht beispielsweise noch eine Lücke zwischen Fragment 2 und Fragment 1). Ein weiteres Enzym, die DNA-Ligase, katalysiert den abschließenden Schritt der kovalenten Verbindung und verknüpft die Zucker-Phosphat-Gerüste aller Okazaki-Fragmente zu einem durchgehenden DNA-Molekülstrang.

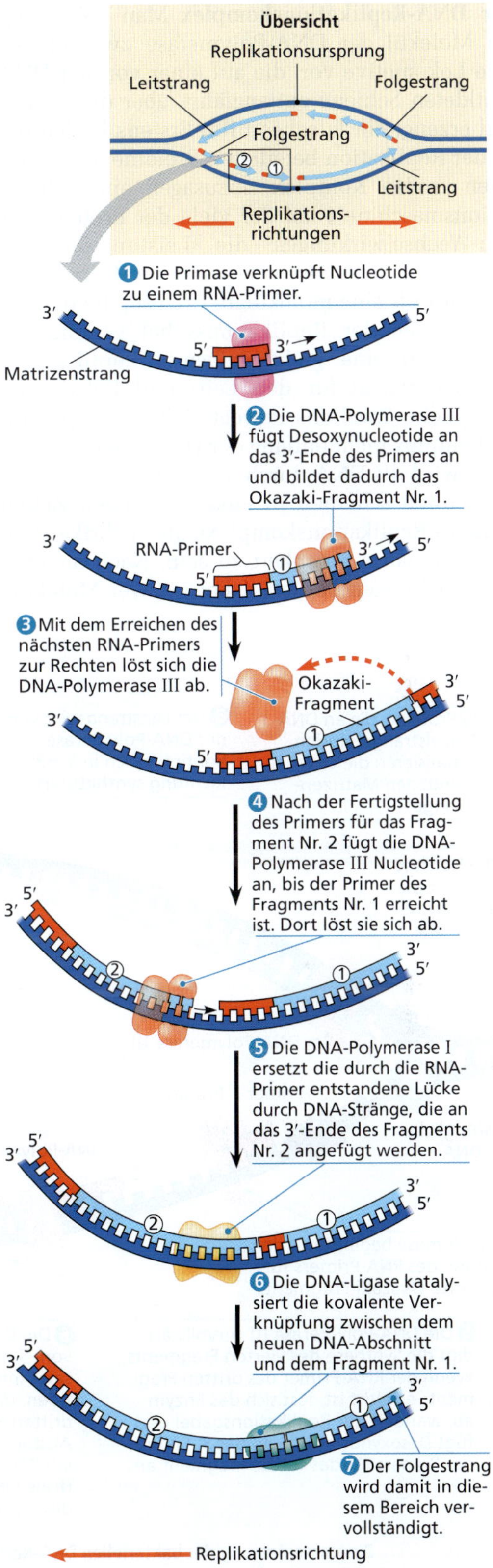

Abbildung 16.10: Synthese des Folgestranges. Wieder ist nur der im oberen Schema eingerahmte Ausschnitt dargestellt.

Der DNA-Replikationskomplex Man stellt sich ein Molekül der DNA-Polymerase zwar oft als eine Lokomotive vor, die auf einer von der DNA gebildeten Schiene entlangfährt, aber dieses Modell erzeugt ein falsches Bild. Erstens bilden die an der Replikation beteiligten Proteine einen einzigen großen Komplex, sozusagen eine „Replikationsmaschine", bei der viele der Protein-Protein-Wechselwirkungen die Leistungsfähigkeit verbessern. Beispielsweise wirkt die Primase im Komplex als eine molekulare Bremse, die das Voranschreiten der Replikationsgabel verlangsamt und damit eine gleichbleibende Replikationsgeschwindigkeit für den Leit- und Folgestrang ermöglicht. Zweitens bewegt sich der Replikationskomplex nicht entlang der DNA, sondern vielmehr wird die DNA durch den Komplex gezogen. Tatsächlich scheinen in eukaryontischen Zellen mehrere Replikationskomplexe als „Fabriken" an der Kernmatrix verankert zu sein. Nach neueren Untersuchungen spulen dabei je zwei Moleküle der DNA-Polymerase – eines auf jedem der Matrizenstränge – die DNA auf und entlassen die neu gebildeten Doppelstränge am anderen Ende. Außerdem zeigen andere Befunde, dass der Folgestrang offenbar durch den Replikationskomplex zurückgefädelt wird, sodass nach der Fertigstellung eines Okazaki-Fragments ein Polymerasekomplex keine größere Strecke überbrücken muss, um den Primer des nächsten Fragmentes zu erreichen. Durch diese Schlaufenbildung können pro Zeiteinheit mehr Okazaki-Fragmente synthetisiert werden (Abbildung 16.11).

16.2.3 Korrekturlesen und DNA-Reparatur

Einige wenige falsch gepaarte Nucleotide entgehen dem Korrekturlesen der DNA-Polymerase. Bei der **Fehlpaarungsreparatur** (engl. *mismatch repair*) schneiden dann nach der eigentlichen Neusyn-

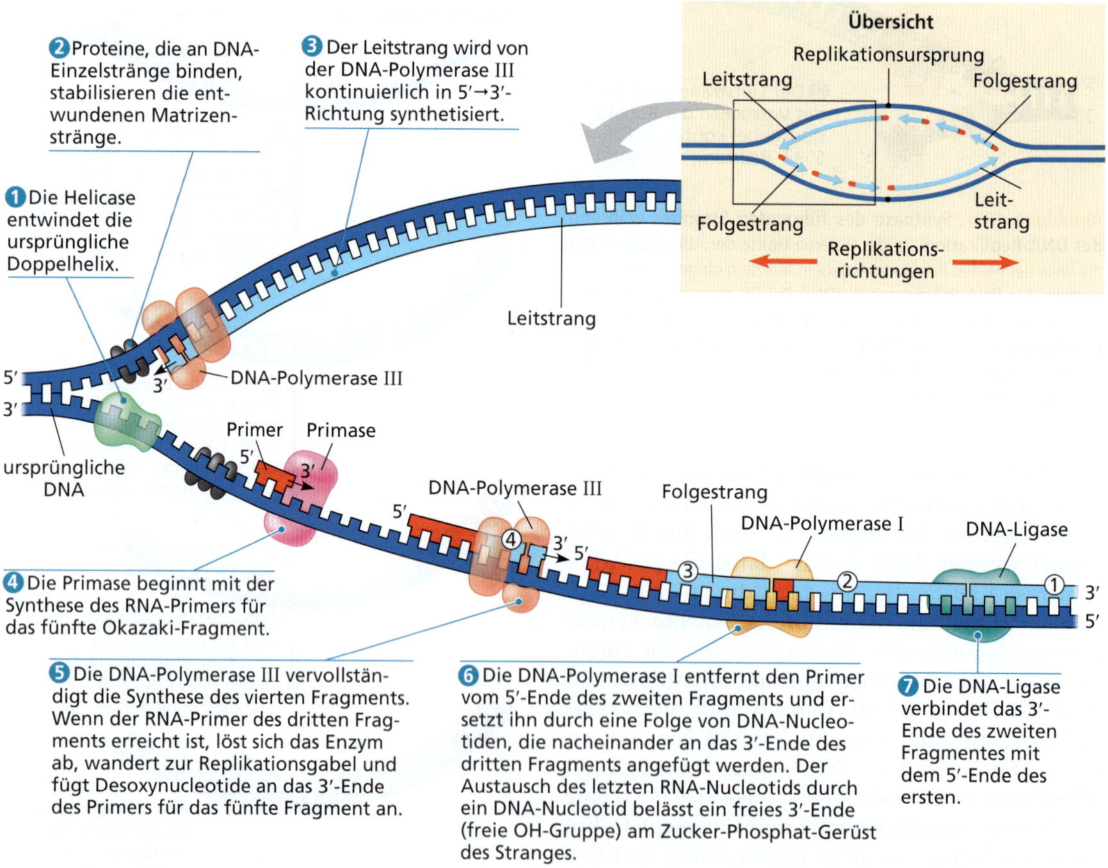

Abbildung 16.11: Zusammenfassung der bakteriellen DNA-Replikation. Obwohl hier in der höheren Auflösung wieder nur eine Replikationsgabel abgebildet ist, zeigt die Übersicht oben rechts, dass die Replikation für gewöhnlich gleichzeitig an zwei Gabeln erfolgt, die sich an den beiden Enden einer Replikationsblase befinden. Die Übersicht zeigt jeden Tochterstrang in seiner Gesamtheit, sodass zu erkennen ist, dass die eine Hälfte kontinuierlich gebildet wird (Leitstrang), während die andere Hälfte in Fragmenten synthetisiert den Folgestrang bildet (unten).

these spezielle Reparaturenzyme falsch eingebaute Nucleotide wieder aus dem fehlerhaften Strang heraus und setzen mithilfe der Basenpaarung wieder richtige Nucleotide ein. Die physiologische Bedeutung solcher DNA-Reparaturenzyme zeigt sich beispielsweise daran, dass eine Erbkrankheit mit einer bestimmten Form des Dickdarmkrebses auftritt, wenn eines der Reparatursysteme ausfällt. Offenbar verursacht das Fehlen dieser Reparatur das gehäufte Auftreten von Mutationen in der DNA und erhöht damit die Krebsgefahr.

Falsche Paarungen oder der Austausch von Nucleotiden können auch nach der DNA-Replikation auftreten. Tatsächlich müssen in der DNA auftretende Schäden ständig repariert werden, um die dort niedergelegten genetischen Informationen zu erhalten (Abbildung 16.12).

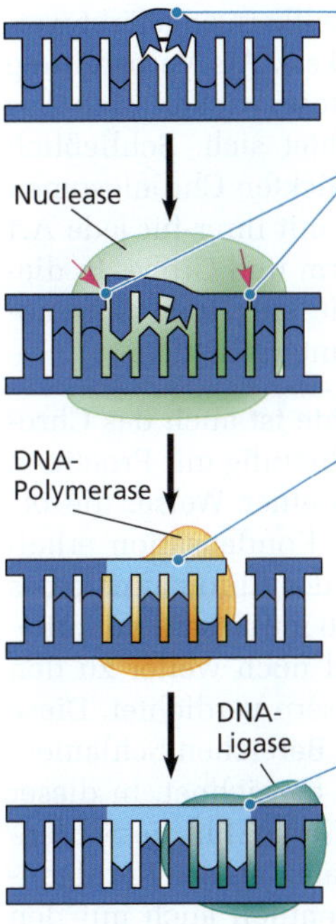

Abbildung 16.12: Exzisionsreparatur eines DNA-Schadens. Eine Gruppe von Enzymen spürt Schäden der DNA auf und repariert sie. Die Abbildung zeigt einen DNA-Abschnitt, in dem sich ein Thymindimer gebildet hat, was oft von ultraviolettem Licht hervorgerufen wird.

16.2.4 Die Replikation der Enden linearer DNA-Moleküle

Das Problem der Verkürzung der DNA stellt sich bei den meisten Prokaryonten nicht, weil deren chromosomale DNA ringförmig ist, also keine Enden besitzt. Was aber verhindert bei Eukaryonten den Verlust genetischer Information während immer neuer Replikationsrunden? Eukaryontische Chromosomen tragen an ihren Enden spezialisierte Bereiche mit einer für jede Art typischen Sequenz, die **Telomere** genannt werden (Abbildung 16.13). Dort befinden sich keine für Proteine codierenden Gene. Telomere zeichnen sich aber durch zahlreiche Wiederholungen einfacher Nucleotidfolgen aus (repetitive Sequenzen). In jedem Telomer eines menschlichen Chromosoms findet man 100–1.000 Wiederholungen der Nucleotidfolge TTAGGG. Diese DNA-Abschnitte wirken als Pufferbereich, der die Erbinformation vor einem schrittweisen Verfall bewahrt. Außerdem wird durch die Anlagerung bestimmter Proteine verhindert, dass das DNA-Reparatursystem durch die Telomere aktiviert wird. (Einzelsträngige DNA tritt an den Überhängen der Telomere auf oder kann sich auch durch oft auftretende, zufällige Doppelstrangbrüche ergeben. Im letzteren Fall weisen sie auf Chromosomenschäden hin und setzen eine Signalübertragung in Gang, um den Zellzyklus anzuhalten, bis der Schaden repariert ist, oder um den induzierten Zelltod einzuleiten.)

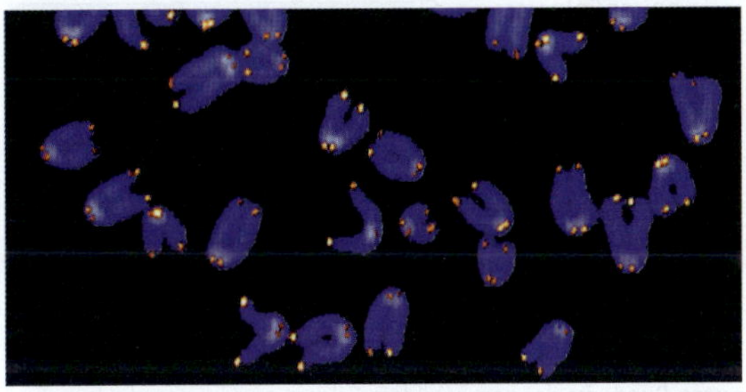

Abbildung 16.13: Telomere. Eukaryonten besitzen an den Enden ihrer chromosomalen DNA repetitive, nicht codierende Sequenzbereiche, die Telomere. Hier sind die Telomere der Chromosomen aus der Zelle einer Maus orange angefärbt (fluoreszenzmikroskopische Aufnahme).

Die Telomere verhindern meist nicht die fortschreitende Verkürzung der DNA-Moleküle in aufeinanderfolgenden Replikationsrunden. Sie verhindern lediglich einen Verlust an wichtiger Erbinformation in der Nähe der Chromosomenenden, weil ihre Verkürzung keine codierenden Sequenzen betrifft. Wie Abbildung 16.14 zeigt, verkürzen sich die Telomere bei jeder Replikation, sodass sie in sich häufig teilenden somatischen Zellen älterer Individuen oder in Zellkulturen, die sich schon oft geteilt haben, kürzer sind als in jungen Zellen. Die Telomerverkürzung gilt daher auch als ein Zeichen der biologischen Alterung und an den ursächlichen Zusammenhängen wird zurzeit intensiv geforscht.

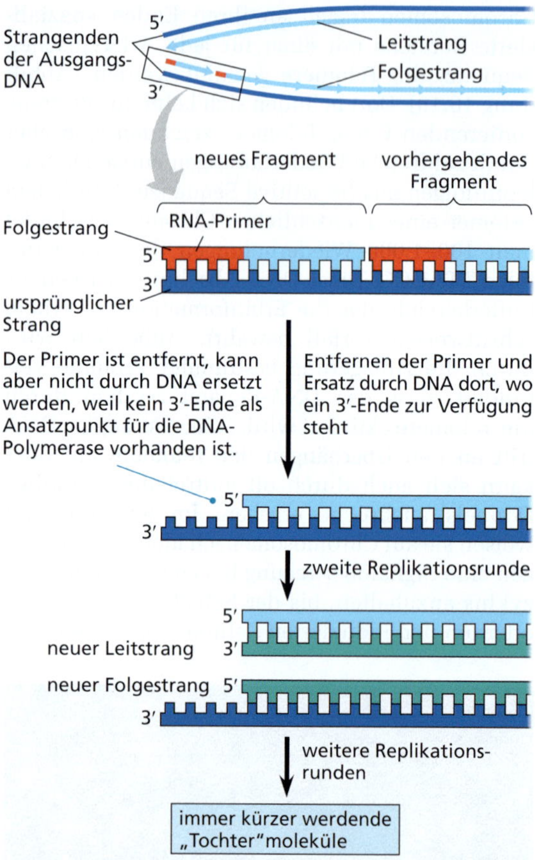

Abbildung 16.14: Verkürzungen der Enden linearer DNA-Moleküle. Wir zeichnen hier das Schicksal des Endes eines DNA-Strangs im Verlauf von zwei Replikationsrunden nach. Nach der ersten Runde ist der neu gebildete Folgestrang kürzer als der zugehörige Matrizenstrang. Nach der zweiten Runde haben sich sowohl der Leitstrang als auch der Folgestrang gegenüber der Ausgangs-DNA verkürzt. Das andere Ende des DNA-Moleküls verkürzt sich in gleicher Weise.

VERSTÄNDNISFRAGEN

1. Welche Rolle spielt die komplementäre Basenpaarung bei der Replikation der DNA?

2. Nennen Sie die beiden Hauptfunktionen der DNA-Polymerase III bei der DNA-Replikation in Bakterien.

3. WAS WÄRE, WENN? Wie würde es die Synthese des führenden Stranges beeinflussen, wenn die DNA-Polymerase I in einer Bakterienzelle nicht arbeiten würde? Zeigen Sie im Übersichtskasten der Abbildung 16.11 an, wo die DNA-Polymerase I auf dem oberen Leitstrang normalerweise ihre Funktion ausüben würde.

16.3 Ein Chromosom besteht aus einem mit Proteinen verpackten DNA-Molekül

In der Zelle ist die eukaryontische DNA regelmäßig mit einer Reihe von Proteinen verbunden. In seiner Gesamtheit wird dieser Verbund aus DNA und Protein als **Chromatin** bezeichnet. Durch ein System mit mehreren Ebenen der DNA-Packung (Kondensation) findet das Chromatin Platz im Zellkern. Unser gegenwärtiges Bild von den aufeinanderfolgenden Ebenen der DNA-Kondensation in einem Chromosom ist in Abbildung 16.15 dargestellt. Sehen Sie sich diese Abbildung in Ruhe an, bevor Sie weiterlesen.

Im Verlauf des Zellzyklus unterliegt die Verpackungsdichte des Chromatins starken Veränderungen. Während der Interphase kann das Chromatin als wenig dichte Masse im Zellkern angefärbt werden und erscheint aufgelockert. Als Vorbereitung für den Eintritt in die Mitose wickelt sich das Chromatin auf und verdichtet sich. Schließlich lassen sich die kurzen, verdickten Chromosomen in der Metaphase erkennen mit ihrer für jede Art charakteristischen Zahl, Form und Größe. In diesem Zustand lassen sich die einzelnen Chromosomen im Lichtmikroskop unterscheiden.

Trotz seiner geringeren Dichte ist auch das Chromatin in der Interphase mehrstufig mit Proteinen verpackt. Dies geschieht in einer Weise, die bis in die höheren Ebenen der Kondensation erhalten bleibt. Obwohl ein Teil des Chromatins eines Chromosoms in Form von 10 nm-Fasern vorzuliegen scheint, ist ein Großteil noch weiter zu den höher geordneten 30 nm-Fasern verdichtet. Diese wiederum bilden in einigen Bereichen Schlaufen, die man auch als Domänen bezeichnet. In dieser Phase lässt sich zwar kein Gerüst für die Schlaufen erkennen, sie scheinen aber an der Kernlamina anzuheften und sind eventuell auch mit den Fasern der Kernmatrix verbunden. Die Verankerungen könnten bei der Festlegung derjenigen Chromatinbereiche eine Rolle spielen, in denen Gene exprimiert werden. Das Chromatin jedes einzelnen Chromosoms befindet sich in einem bestimmten Bereich des Interphasezellkerns, sodass sich die verschiedenen Chromatinfasern nicht miteinander verstricken.

Protein		Funktion
Helicase		Entwindung der zu replizierenden Doppelhelix im Bereich der Replikationsgabel.
Einzelstrangbindendes Protein		Bindet und stabilisiert die getrennten Einzelstränge der DNA, bis diese als Matrizen verwendet werden.
Topoisomerase		Katalysiert die Entspannung der übermäßig verwundenen Stränge vor (stromabwärts) einer Replikationsgabel durch Lösen kovalenter Bindungen des Zucker-Phosphat-Gerüsts, Entwindung der Stränge und erneute Verknüpfung des Zucker-Phosphat-Gerüsts.
Primase		Synthese eines RNA-Primers am 5′-Ende des Leitstrangs und der RNA-Primer aller Okazaki-Fragmente des Folgestrangs.
DNA-Polymerase III (DNA-Pol III)		Synthetisiert anhand eines Matrizenstrangs einen komplementären neuen Strang durch kovalente Anknüpfung von Nucleotiden an das aktuelle 3′-Ende des Strangs. Die Synthese beginnt ursprünglich an einem RNA-Primer.
DNA-Polymerase I (DNA-Pol I)		Entfernung der RNA-Oligonucleotide, die als Primer gedient haben, und Auffüllen der Lücken durch kovalent verknüpfte Desoxyribonucleotide.
DNA-Ligase		Kovalente Verknüpfung der 3′- und 5′-Enden von DNA-Fragmenten, bei der Replikation hauptsächlich der Okazaki-Fragmente.

Tabelle 16.1: **Die Rolle der an der DNA-Replikation beteiligten Proteine.**

Selbst in der Interphase liegen aber die Centromere, die Telomere und einige andere Abschnitte der Chromosomen in einem stark kondensierten Zustand vor, der dem in den Metaphasechromosomen ähnelt. Die verschiedenen Verpackungsdichten des Chromatins lassen sich schon im Lichtmikroskop unterscheiden. Die verdichteten Chromatinbereiche erscheinen dort nach einer Färbung als unregelmäßige Flecken im Zellkern und werden als **Heterochromatin** bezeichnet. Das weniger dichte, diffuser und schwächer gefärbte Chromatin nennt man **Euchromatin**.

MERKE!

In seiner Gesamtheit wird dieser Verbund aus DNA und Protein als Chromatin bezeichnet.

Ein Chromosom erweist sich damit als ein dynamisches Gebilde, das sich verschiedenen zellulären Bedürfnissen wie der Mitose, Meiose und somit allgemein der Notwendigkeit zur Genexpression anpasst, indem es sich verdichtet, auflockert, modifiziert und umgebildet werden kann. Die diesen Veränderungen zugrunde liegenden Regulationsmechanismen stehen im Zentrum biologischer Forschung.

VERSTÄNDNISFRAGEN

1. Beschreiben Sie die Struktur eines Nucleosoms als der grundlegenden Einheit der DNA-Verpackung in eukaryontischen Zellen.
2. Welche beiden Eigenschaften unterscheiden das Heterochromatin vom Euchromatin?

Diese Folge von Schemazeichnungen und elektronenmikroskopischen Aufnahmen gibt unsere gegenwärtigen Vorstellungen der DNA-Verdrillung und -Faltung in Chromosomen wieder. Die Bebilderung schreitet von der Doppelhelix der chromosomalen DNA (ganz links) bis zu dem im Lichtmikroskop erkennbaren Metaphasenchromosom (rechte Seite) fort.

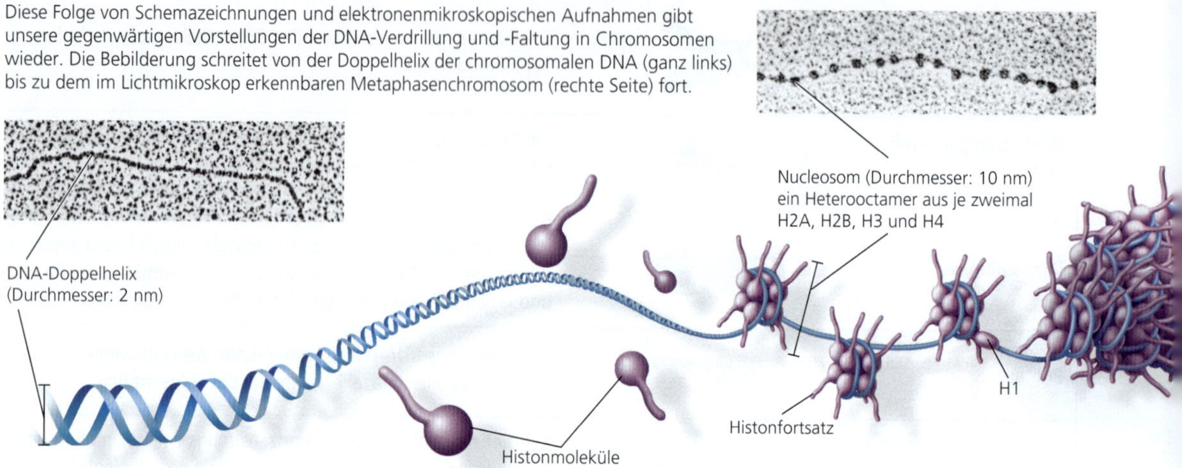

DNA – die Doppelhelix

Vereinfachtes Bändermodell der DNA, in der jedes der Bänder das Zucker-Phosphatgerüst eines Stranges repräsentiert. Wie Sie aus Abbildung 16.4 wissen, sind die Phosphatgruppen an der Außenseite des Gerüstes negativ geladen. Die elektronenmikroskopische Aufnahme zeigt ein metallbedampftes Einzelmolekül einer proteinfreien, doppelsträngigen DNA. Die Doppelhelix hat einen Durchmesser von etwa zwei Nanometern (2 nm).

Histone

Histone sind Proteine, die für die erste Stufe der DNA-Kondensation im Chromatin verantwortlich sind. Obgleich jedes Histonmolekül klein ist (es besteht aus ca. 100 Aminosäureresten), entspricht die Gesamtmasse aller Histonmoleküle des Chromatins etwa der Masse der darin enthaltenen DNA. Mehr als ein Fünftel aller Aminosäurereste eines Histonmoleküls sind unter physiologischen Bedingungen positiv geladen (Lysin- beziehungsweise Argininreste) und stehen deshalb in starken Ionenwechselwirkungen mit der negativ geladenen DNA. Es gibt vier Haupttypen von Histonproteinen: H2A, H2B, H3 und H4. Histone sind stark konservierte Proteine. So sind zwischen den Sequenzen des Histons H4 des Rinds und dem der Erbse nur zwei Aminosäuren ausgetauscht. Die starke Konservierung der Histonsequenzen weist auf ihre zentrale Rolle in der Verpackung von DNA eukaryontischer Zellen hin. Die vier genannten Histone sind wichtig für den nächsten Grad der DNA-Kondensation. (Ein weiteres Histon, H1, ist an der weiteren Verdichtung beteiligt.)

Nucleosomen, oder: „Perlen einer Kette" (10 nm-Fasern)

Auf elektronenmikroskopischen Abbildungen hat das locker gepackte Chromatin einen Durchmesser von 10 nm. Diese Struktur wird als *10 nm-Faser* bezeichnet, in der das Chromatin an eine Perlenkette erinnert (EM-Aufnahme oben). Jede „Perle" wird durch ein *Nucleosom* gebildet, das die Grundeinheit zur DNA-Verdichtung darstellt. Die Abschnitte zwischen den Nucleosomen werden als *Linker-DNA* (engl. *to link*, verbinden, verknüpfen) bezeichnet. Ein Nucleosom besteht aus einem DNA-Abschnitt, der etwa zweimal um einen Proteinkern gewickelt ist. Dieser besteht aus acht Histonmolekülen, je zwei Moleküle der vier Haupttypen. Der Aminoterminus jedes Histonmoleküls (Histonfortsätze; „Schwänze") ragt nach außen.
Im Verlauf des Zellzyklus lösen sich die Histone nur während der Replikation kurz von der DNA ab. Dies geschieht auch während der Genexpression – einem weiteren Vorgang, der es erforderlich macht, dass die DNA der molekularen Maschinerie der Zelle zugänglich gemacht wird. Nucleosomen, insbesondere ihre Histonfortsätze, sind ganz wesentlich an der Regulation der Genexpression beteiligt.

Abbildung 16.15: Näher betrachtet. Aufbau des Chromatins eukaryontischer Chromosomen.

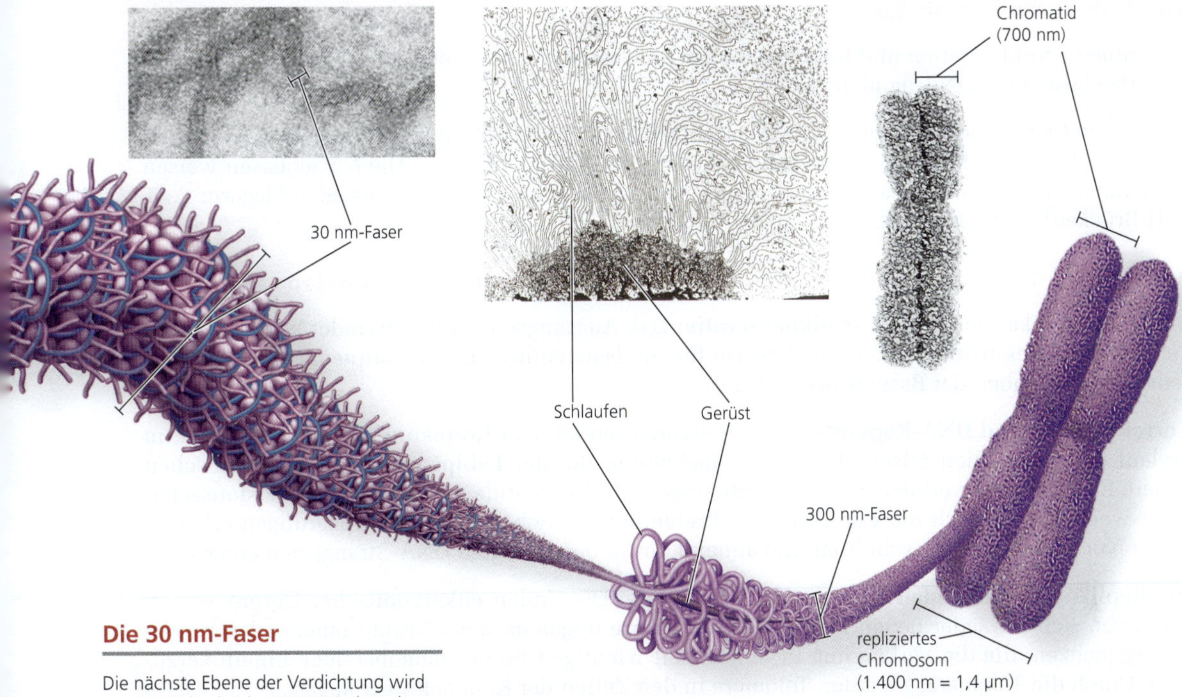

Die 30 nm-Faser

Die nächste Ebene der Verdichtung wird durch Wechselwirkungen zwischen den Histonfortsätzen eines Nucleosoms mit der Linker-DNA und benachbarten Nucleosomen bewirkt. Ein fünfter Histontyp, das Histon H1, ist hieran beteiligt. Die Wechselwirkungen führen dazu, dass sich die gestreckte 10 nm-Faser aufrollt und sich eine Chromatinfaser mit einem Durchmesser von etwa 30 nm bildet – die *30 nm-Faser*. Obwohl die 30 nm-Faser in Interphasekernen überwiegt, ist die genaue Anordnung der Nucleosomen darin noch nicht geklärt.

Schlaufendomänen (300 nm-Fasern)

Die 30 nm-Faser bildet ihrerseits Schlaufenstrukturen aus, die auch als Schlaufendomänen bezeichnet werden und an einem aus Proteinen bestehenden Kerngerüst verankert sind. Zusammen ergibt dies die *300 nm-Faser*. Das Gerüst enthält eine bestimmte Topoisomerase. Histon H1-Moleküle sind ebenfalls nachweisbar.

Das Metaphasenchromosom

Während der Mitose falten sich die Schlaufendomänen der Chromosomen weiter, wobei auch hier die genaue Struktur noch nicht geklärt ist. Dabei wird das Chromatin bis hin zur Stufe der charakteristischen Metaphasenchromosomen weiter komprimiert, von denen eines oben im elektronenmikroskopischen Bild zu sehen ist. Die Breite eines Chromatids beträgt 700 nm (0,7 µm). Bestimmte Gene finden sich in einem Metaphasenchromosom immer an der gleichen Stelle, was darauf hindeutet, dass die Kondensierung sehr spezifisch und präzise abläuft.

ZUSAMMENFASSUNG

Die DNA ist die Erbsubstanz

Experimente mit Bakterien und **Bakteriophagen** lieferten die ersten Beweise dafür, dass es sich bei der Erbsubstanz um DNA handeln muss.

Watson und Crick postulierten die **Doppelhelixstruktur** der DNA: Zwei **antiparallel** verlaufende Zucker-Phosphat-Ketten winden sich als äußere Stränge umeinander. Die Nucleobasen weisen nach innen, wo sie sich über Wasserstoffbrücken zu festgelegten Paaren zusammenlagern: A=T (2 H-Brücken), G=C (3 H-Brücken).

Bei der DNA-Replikation und -Reparatur arbeiten viele Proteine zusammen

Die DNA-Replikation verläuft **semikonservativ**: Das Ausgangsmolekül entwindet sich und jeder der beiden Molekülstränge dient als Matrize für die Neusynthese eines komplementären Strangs gemäß den Vorgaben der Basenpaarungsregel.

Korrekturlesen und DNA-Reparatur. DNA-Polymerasen können Korrektur lesen und ersetzen im Verlauf der Replikation falsch eingebaute Nucleotide. Bei der **Fehlpaarungsreparatur** tauschen andere Enzyme noch verbliebene, fehlerhaft eingebaute Nucleotide aus. Durch die **Exzisionsreparatur** werden auch nach der Replikation auftretende DNA-Schäden und Fehlpaarungen erkannt, durch **Nucleasen** herausgeschnitten und anhand des unbeschädigten DNA-Strangs neu eingesetzt.

Die Replikation der Enden linearer DNA-Moleküle. Die Enden eukaryontischer Chromosomen verkürzen sich mit jeder neuen Replikation. **Telomere** tragen an den Chromosomenenden repetitive Sequenzen, die die Verkürzung in funktionell wichtige Chromosomenbereiche hinein verzögern. Durch die Telomerase werden Telomere in den Zellen der Keimbahn verlängert.

Ein Chromosom besteht aus einem mit Proteinen verpackten DNA-Molekül

Das bakterielle Chromosom ist in der Regel ein zirkuläres DNA-Molekül mit einigen assoziierten Proteinen. Eukaryontisches **Chromatin** besteht zum größten Teil aus DNA, Histonen und anderen Proteinen. Die Histone bilden heterooctamere Komplexe, die Nucleosomen, um die die DNA gewunden ist. **Nucleosomen** sind die Grundbausteine der DNA-Verpackung in Chromosomen. Aus den perlenartig aufgereihten nucleosomalen Histonkernen ragen Bereiche der Polypeptidketten heraus. Eine stufenweise Verpackung zu übergeordneten Strukturen führt schließlich zu den hoch verdichteten Metaphasechromosomen. Während der Interphase belegen die Chromosomen bestimmte Bereiche im Zellkern. In dieser Phase liegt das meiste Chromatin weniger kompakt als **Euchromatin** vor. Ein Teil verbleibt aber als **Heterochromatin** in einem dichter gepackten Zustand. Posttranslationale Modifikationen der Histone beeinflussen den Grad der Chromatinkondensation, und nur Bereiche des Euchromatins (nicht die des Heterochromatins) sind normalerweise für die Transkriptionsmaschinerie zur Genexpression zugänglich.

Vom Gen zum Protein

17

17.1 Transkription und Translation bestimmen den Weg vom Gen zum Protein

17.1.1 Die Grundlagen der Transkription und Translation

Gene stellen die Anweisungen zur Herstellung bestimmter Proteine bereit. Ein Gen kann ein Protein aber nicht unmittelbar selbst erzeugen. Die Verbindung zwischen der DNA als Informationsspeicher und der Proteinbiosynthese bildet der zweite Nucleinsäuretyp, die Ribonucleinsäure oder RNA. Wie wir in Kapitel 5 gelernt haben, ist die RNA in ihren chemischen Eigenschaften der DNA sehr ähnlich. Sie unterscheiden sich in der Verwendung von Ribose zum Aufbau von Ribosylnucleotiden und dem Ersatz von Thymin durch sein Derivat Uracil (siehe Abbildung 5.18). Dort, wo in einem DNA-Molekül ein Thymidinrest sitzt, findet man an der entsprechenden Stelle der RNA einen Uridinrest. Ein weiterer Unterschied besteht darin, dass die meisten RNA-Arten aus einzelsträngigen Molekülen bestehen.

Abbildung 17.1: **Wie führt ein einzelnes fehlerhaftes Gen zu dem auffälligen Erscheinungsbild eines Albinohirsches?**

Bei der Beschreibung des Informationsflusses von einem bestimmten Gen zu dem entsprechenden Protein finden Begriffe aus der Sprachwissenschaft Verwendung, da sowohl Nucleinsäuren als auch Proteine informationsspeichernde Polymere sind, deren spezifische Sequenzen in biologischen Systemen eine inhaltliche Bedeutung haben können. In dieser Hinsicht gleichen sie Wörtern oder Sätzen einer Sprache. Bei den Nucleinsäuren (RNA und DNA) sind Nucleotide die monomeren Bausteine. Sie unterscheiden sich, wie wir wiederholt ausgeführt haben, in ihrer chemischen Natur des als Nucleobase oder kurz Base bezeichneten Molekülteils. Gene bestehen im Regelfall aus Hunderten bis vielen Tausenden von Nucleotiden, wobei jedes Gen seine eigene spezifische Basenfolge (Basensequenz) hat. Auch jede Polypeptidkette eines Proteins setzt sich aus einer unverzweigten Abfolge der monomeren Bausteine zusammen, die in diesem Fall von Aminosäuren gebildet wird. Nucleinsäuren und Proteine enthalten damit Informationen, die in zwei unterschiedlichen chemischen Sprachen verfasst sind. Um von der DNA zu einem Protein zu gelangen, sind zwei Schritte zu bewältigen, die als Transkription und Translation bezeichnet werden.

Unter **Transkription** (lat. *transcriptio*, Abschrift) versteht man die Synthese einer RNA unter Verwendung einer DNA als Bauanleitung. Die genetische Information wird bei diesem ersten Schritt der Genexpression also lediglich umgeschrieben. In seinem grundsätzlichen Ablauf erinnert dieser Vorgang an die Herstellung eines neuen DNA-Stranges im Rahmen der schon besprochenen Replikation.

MERKE!

Unter Transkription versteht man die Synthese einer RNA unter Verwendung einer DNA als Bauanleitung.

Die **Translation** (lat. *translatio*, Übersetzung) ist die Synthese eines Proteins anhand einer mRNA als Vorlage.

MERKE!

Translation ist die Synthese eines Proteins anhand einer mRNA als Vorlage.

Gene veranlassen die Synthese von Proteinen über sogenannte Boten-RNAs (mRNA). In Zellen läuft demnach eine molekulare Befehlskette ab, die einen gerichteten Fluss der genetischen Information darstellt: DNA → RNA → Protein. Diese strenge Ereignisfolge wurde im Jahr 1956 von Francis Crick als das „Zentrale Dogma der Molekularbiologie" bezeichnet. Wie hat sich dieses Konzept über die Jahre bewährt? In den 1970er Jahren wurde überraschenderweise entdeckt, dass es seltene Fälle gibt, in denen ein RNA-Molekül als Vorlage für die Herstellung eines DNA-Moleküls dient (reverse Transkription). Über diesen Vorgang und das Umfeld, in dem er auftritt, werden wir in Kapitel 19 berichten. Diese seltenen Ausnahmen stehen nicht im Gegensatz dazu, dass der genetische Informationsfluss im Allgemeinen von der DNA über die RNA zum Protein geht. Im nächsten Abschnitt erörtern wir, wie die Anweisungen für die Verknüpfung von Aminosäuren in spezifischer Reihenfolge zu Peptidketten von den Nucleinsäuren codiert werden.

17.1.2 Der genetische Code

Als die Biologen die Vermutung hatten, dass die Anweisungen für die Synthese von Proteinen in der DNA niedergelegt sind, fiel ihnen ein Problem auf: Es gibt nur vier verschiedene Nucleotide für die Festlegung der 20 verschiedenen, in Proteinen auftretenden Aminosäuren. Der genetische Code (der Übersetzungsschlüssel zwischen der Sprache der Nucleinsäuren und der der Proteine) kann daher keine Sprache wie das Chinesische oder Japanische sein, in der jedes Symbol ein ganzes Wort (einen Begriff) darstellt. Wie viele Basen entsprechen dann einer Aminosäure?

Das Codon-Konzept: Basentripletts Falls die Base jedes einzelnen Nucleotids in eine Aminosäure übersetzt würde, könnten nur vier der 20 proteinbildenden Aminosäuren festgelegt werden (oder es müsste einen weiteren, geheimnisvollen Zuordnungsprozess geben, der eine höhere Ebene der Codierung darstellen würde). Würde ein Zweibuchstabencode (Zweibasencode) ausreichen? Die Basenfolge AG könnte eine Sorte von Aminosäure spezifizieren, die Basenfolge GT eine andere. Da es für jede der beiden Positionen die Möglichkeit der Besetzung mit vier unterschiedlichen Basen gibt, wären 4 × 4 = 16 Kombinationen möglich. Das reicht für 20 Aminosäuren immer noch nicht aus.

Dreifachfolgen (Tripletts) von Nucleotiden beziehungsweise Basen sind die kleinsten Einheiten, die alle in Proteinen auftretenden Aminosäuren codieren könnten. Eine Abfolge von drei aufeinanderfolgenden Basen erlaubt 4 × 4 × 4 = 64 verschiedene Kombinationsmöglichkeiten – mehr als genug zur Festlegung von 20 Aminosäuren. Verschiedene Experimente haben gezeigt, dass bei der Übersetzung der genetischen Information in Proteine tatsächlich ein Triplettcode (Dreibasencode) verwendet wird. Die genetischen Anweisungen für den Bau einer Polypeptidkette sind in der DNA als Folge sich nicht überlappender Tripletts niedergelegt. So bestimmt etwa das Basentriplett AGT an einer entsprechenden Stelle in der proteincodierenden Region eines Gens den Einbau eines Serinrestes in der zugehörigen Polypeptidkette.

Im Verlauf der Transkription bestimmt die Basensequenz des Gens die Basensequenz der mRNA (Abbildung 17.2). Bei jedem Gen wird nur einer der Stränge der DNA (der codogene Strang) transkribiert. Dieser Strang wird als **Matrizenstrang** bezeichnet, da er die Vorlage für die Bildung der mRNA abgibt. (Im Gegensatz zum codogenen Strang werden die Begriffe codierender Strang, Sinnstrang oder Plusstrang für denjenigen DNA-Strang gebraucht, der in seiner Sequenz der gebildeten RNA entspricht, also nicht dieser komplementär ist.) Allerdings wird nicht für alle auf einem DNA-Molekül liegenden Gene derselbe Strang als Matrizenstrang genutzt. In dieser Beziehung sind die einzelnen Gene unabhängig voneinander und können auf dem einen oder anderen Strang einer DNA-Doppelhelix codiert sein. Bei einem gegebenen Gen ist aber immer derselbe Strang der Matrizenstrang, da sich für den anderen, den komplementären Strang, bei seiner Transkription eine abweichende Basenfolge für die mRNA und damit ein anderes Translationsprodukt ergäbe.

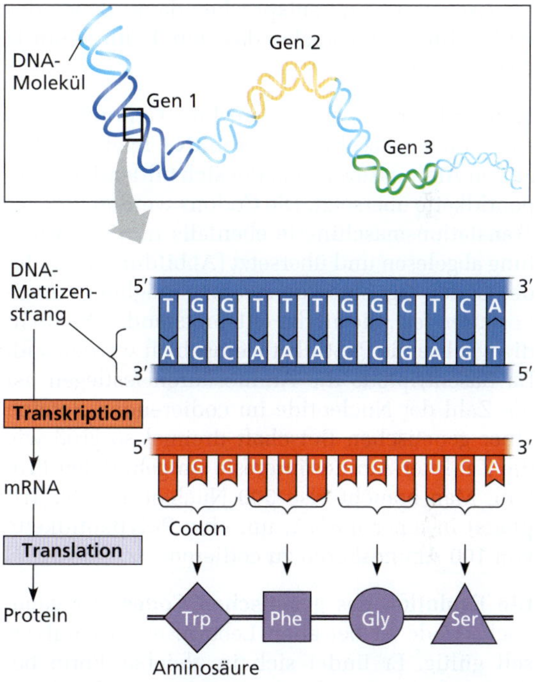

Abbildung 17.2: Der Triplettcode. Bei jedem Gen dient ein Strang der DNA als Matrize für die Transkription. Dabei gilt die Basenpaarungsregel, nur dass in der RNA das Uracil (U) das Thymin (T) der DNA ersetzt (chemisch ist Thymin ein 5-Methyluracil). Während der Translation wird das offene Leseraster einer mRNA als Folge von Dreiergruppen von Basen (Basentripletts, Codons) abgelesen. Jedes Codon bestimmt indirekt darüber, welche Aminosäure an die wachsende Polypeptidkette angefügt wird. Die mRNA wird in 5′→3′-Richtung synthetisiert („abgelesen").

Das mRNA-Molekül ist also komplementär zur Sequenz des Matrizenstranges. Seine Sequenz ergibt sich eindeutig aus der bekannten Komplementarität der sich wechselseitig bedingenden Basen eines Basenpaares. Die Paarungen sind denen bei der Replikation der DNA vergleichbar, nur dass in der RNA das Thymin durch das Uracil und die Desoxyribosereste durch Ribosereste ersetzt sind.

Wie auch ein vergleichbarer DNA-Molekülstrang, ist die RNA antiparallel zum Matrizenstrang (siehe Abbildung 16.4). Das Basentriplett ACC in der DNA (geschrieben als 3′-ACC-5′) stellt die Matrize für die Synthese der Basenfolge 5′-UGG-3′ einer mRNA dar. Die Basentripletts im codierenden Bereich einer mRNA oder eines offenen Leserasters der DNA werden **Codons** (codierende Einheiten) genannt. Entsprechend der Konvention für alle Nucleinsäuresequenzen werden RNA-Sequenzen in 5′→3′-Richtung geschrieben und gelesen. Das UGG-Codon unseres Beispiels legt einen Tryptophanrest fest (Abk. Trp beziehungsweise W). Der Begriff Codon wird auch für die Basentripletts auf dem codierenden Strang der DNA verwendet. Diese Codons sind komplementär zu denen auf dem Matrizenstrang und entsprechen damit denen der mRNA (mit der Vorgabe, dass ein T durch ein U ersetzt wird).

Während der Translation wird die Codonfolge im codierenden Abschnitt einer mRNA in eine Abfolge von Aminosäureresten der sich bildenden Polypeptidkette übersetzt. Die Codons werden von der Translationsmaschinerie ebenfalls in 5′→3′-Richtung abgelesen und übersetzt (Abbildung 17.3). Jedes Codon legt eine von zwanzig möglichen Aminosäuren fest, die an der entsprechenden Stelle in die wachsende Peptidkette eingebaut werden soll. Da Basentripletts die Aminosäuren festlegen, ist die Zahl der Nucleotide im codierenden Bereich einer genetischen Botschaft dreimal so groß wie die Zahl der Aminosäurereste im gebildeten Protein. Man braucht also 300 Nucleotide (100 Tripletts) in einer mRNA, um eine Polypeptidkette von 100 Aminosäuren zu codieren.

Die Evolution des genetischen Codes Der genetische Code ist bei allen Lebewesen fast universell gültig. Er findet sich in gleicher Form bei den einfachsten Bakterien bis hin zu den kompliziertesten Tieren und Pflanzen. Das RNA-Codon CCG steht beispielsweise in allen bis heute untersuchten Organismen für ein Prolin und wird entsprechend bei der Translation übersetzt. Gene lassen sich deshalb oft problemlos transkribieren und translatieren, wenn sie von einer Art in eine andere verpflanzt werden. Mithilfe der **Gentechnologie** können zum Beispiel Bakterien durch das Einbringen von codierender Information für menschliche Genprodukte dazu veranlasst werden, Humanproteine für medizinische Zwecke zu bilden (beispielsweise Insulin). Derartige Anwendungen der Gentechnik erlaubten viele wichtige Entwicklungen in der Biotechnologie (siehe Kapitel 20).

erste mRNA-Base (5′-Ende des Codons)	zweite mRNA-Base: U	C	A	G	dritte mRNA-Base (3′-Ende des Codons)
U	UUU Phe	UCU Ser	UAU Tyr	UGU Cys	U
	UUC	UCC	UAC	UGC	C
	UUA Leu	UCA	UAA Stop	UGA Stop	A
	UUG	UCG	UAG Stop	UGG Trp	G
C	CUU Leu	CCU Pro	CAU His	CGU Arg	U
	CUC	CCC	CAC	CGC	C
	CUA	CCA	CAA Gln	CGA	A
	CUG	CCG	CAG	CGG	G
A	AUU Ile	ACU Thr	AAU Asn	AGU Ser	U
	AUC	ACC	AAC	AGC	C
	AUA	ACA	AAA Lys	AGA Arg	A
	AUG Met (Start)	ACG	AAG	AGG	G
G	GUU Val	GCU Ala	GAU Asp	GGU Gly	U
	GUC	GCC	GAC	GGC	C
	GUA	GCA	GAA Glu	GGA	A
	GUG	GCG	GAG	GGG	G

Abbildung 17.3: **Das „Wörterbuch" des genetischen Codes.** Die drei Basen eines mRNA-Codons sind hier als 1., 2. und 3. Base der mRNA bezeichnet. Die Ableserichtung der mRNA ist wie üblich 5′→3′. (Üben Sie mit diesem Schema und versuchen Sie, die Codons von Abbildung 17.2 zu finden.) Das Codon AUG (ATG in der DNA), das einen Methioninrest spezifiziert, ist gleichzeitig auch das universelle Startcodon. Ein AUG-Codon dient bei jeder mRNA als Anfangspunkt der Translation. Alle Proteine beginnen daher – zumindest unmittelbar nach ihrer Synthese – mit einem Methioninrest. Drei der 64 Codons fungieren als Stopsignale (Stopcodons), die das Ende des codierenden Bereichs anzeigen und zum Abbruch der Translation führen. In Abbildung 5.13 finden Sie die gebräuchlichen Abkürzungen der Aminosäuren.

Ausnahmen von der Universalität des genetischen Codes finden sich in der Translation bei wenigen Lebewesen, bei denen einige der Codonzuweisungen verändert sind. Derartige leichte Abwandlungen des genetischen Codes trifft man bei bestimmten eukaryontischen Einzellern sowie bei den Organellengenomen einiger Arten (die DNA enthaltenden Organellen wie Mitochondrien und Plastiden enthalten einen eigenen Translationsapparat mit Ribosomen und allen anderen notwendigen Komponenten). Weiterhin kennt man Ausnahmen, bei denen ein oder zwei der Stopcodons nicht als Stopsignal, sondern als Anweisung für den Einbau einer Aminosäure genutzt werden. Dies betrifft seltene Aminosäuren, die nicht zu den üblicherweise verwendeten zwanzig Aminosäuren gehören. Obwohl einige dieser ungewöhnlichen Aminosäuren (beispielsweise Pyrrolysin) bislang nur in Prokaryonten und dort nur bei den Archaea gefunden wurden, ist eine andere – das Selenocystein – Bestandteil einiger bakterieller und auch einiger menschlicher Enzyme. Ungeachtet dieser Ausnahmen ist die evolutionäre Bedeutung der fast vollständigen Allgemeingültigkeit des genetischen Codes klar: Eine wirklich allen Lebensformen gemeinsame, molekulare Sprache muss sehr früh in der Geschichte des Lebens entstanden und seitdem in Gebrauch sein – früh genug, um in der gemeinsamen Urzelle aller heutigen Lebewesen entstanden zu sein. Ein gemeinsames genetisches Vokabular hält uns einmal mehr die Verwandtschaft vor Augen, die alles Leben auf der Erde verbindet.

VERSTÄNDNISFRAGEN

1. Welche Art von Polypeptid würden Sie als Translationsprodukt einer Poly-G-mRNA mit einem codierenden Bereich von 30 Nucleotiden Länge erwarten?

2. Der Matrizenstrang eines Gens enthält die Sequenz 3'-TTCAGTCGT-5'. Zeichnen Sie den Nichtmatrizenstrang und die entsprechende mRNA-Sequenz. Geben Sie jeweils das 5'- und das 3'-Ende an. Vergleichen Sie die beiden Sequenzen.

3. WAS WÄRE, WENN? Stellen Sie sich vor, dass anstelle des Matrizenstranges der Nichtmatrizenstrang von Übung 2 transkribiert würde. Zeichnen Sie die zugehörige mRNA-Sequenz und übersetzen Sie diese mithilfe von Abbildung 17.3 in eine Peptidsequenz. Stellen Sie sicher, dass Sie das 5'- und das 3'-Ende richtig nutzen. Beschreiben Sie auch das Translationsprodukt, das sich aus dem Nichtmatrizenstrang ergeben würde.

17.2 Transkription – die DNA-abhängige RNA-Synthese: Eine nähere Betrachtung

17.2.1 Die molekularen Komponenten des Transkriptionsapparates

Die Boten-RNA, engl. *messenger RNA* (mRNA), die die in der DNA gespeicherte Information zu den proteinsynthetisierenden Ribosomen der Zelle überbringt, wird durch Transkription des Matrizenstranges eines Gens gebildet. Das Enzym RNA-Polymerase zieht die Stränge der DNA auseinander und verknüpft die durch komplementäre Basenpaarung mit dem Matrizenstrang festgelegten RNA-Nucleotide kovalent miteinander zu einer mRNA. Wie die DNA-Polymerasen der Replikation, können auch RNA-Polymerasen Polynucleotide nur in 5'→3'-Richtung bilden. Anders als die DNA-Polymerasen sind RNA-Polymerasen dabei aber nicht auf einen Primer angewiesen (die Primase der Replikation ist ja selbst eine spezialisierte RNA-Polymerase).

Bestimmte Nucleotidfolgen entlang der DNA legen fest, wo die Transkription des Gens beginnt und wo sie endet. Der Teil des Gens, an den die RNA-Polymerase anfänglich bindet und der den Initiationsort der Transkription darstellt, heißt **Promotor** (lat. *promotio*, Beförderung, Emporhebung). Die Basenfolge, die das Ende der Transkription signalisiert, wird als **Terminator** bezeichnet. Der Terminationsmechanismus in Eukaryonten unterscheidet sich von dem in Prokaryonten, worauf wir später zurückkommen werden. In Nucleinsäuren werden die Richtungen mit zwei gängigen Begriffen bezeichnet: 5'-wärts = „stromaufwärts" (engl. *„upstream"*) und 3'-wärts = „stromabwärts" (engl. *„downstream"*). Die Promotoren liegen also stromaufwärts vom Terminator, der stromabwärts des codierenden Bereichs liegt. Der zu einer RNA transkribierte DNA-Bereich heißt **Transkriptionseinheit**.

MERKE!

Der Teil des Gens, an den die RNA-Polymerase anfänglich bindet und der den Initiationsort der Transkription darstellt, heißt Promotor (lat. *promotio*, Beförderung, Emporhebung). Die Basenfolge, die das Ende der Transkription signalisiert, wird als Terminator bezeichnet.

Bakterien enthalten nur einen einzigen Typ von RNA-Polymerase, der nicht nur die mRNAs herstellt, sondern auch andere RNA-Formen wie die ribosomalen RNAs und die Transfer-RNAs, die beide bei der Proteinbiosynthese eine Rolle spielen. Im Gegensatz dazu finden sich in eukaryontischen Zellen wenigstens drei verschiedene Typen von RNA-Polymerasen im Zellkern. Die mRNAs bildende Variante ist die RNA-Polymerase II. Die anderen RNA-Polymerasetypen (I und III) stellen RNA-Moleküle her, die nicht translatiert werden. In der nachfolgenden Erörterung der Transkription beginnen wir mit den Eigenschaften der mRNA-Synthese, die sowohl bei Bakterien als auch bei Eukaryonten anzutreffen sind, und beschreiben danach die wichtigsten Unterschiede.

17.2.2 Synthese eines RNA-Transkriptes

Die drei Teilschritte der Transkription, die im Folgenden näher beschrieben werden, sind die Initiation (Einleitung), die Elongation (Verlängerung) und die Termination (Beendigung) der RNA-Synthese.

Die Bindung der RNA-Polymerase und die Initiation der Transkription Zum Promotorbereich eines Gens gehört der Startpunkt der Transkription (das Nucleotid, an dem die RNA-Synthese tatsächlich einsetzt). Der Promotor als Ganzes erstreckt sich über Dutzende bis Hunderte von Nucleotiden stromaufwärts vom Startcodon und ist nur in wenigen Fällen hinreichend exakt charakterisiert. Neben seiner Funktion als Bindungsstelle für die RNA-Polymerase und die Festlegung des Transkriptionsstarts bestimmt der Promotor auch, welcher der beiden Stränge des DNA-Moleküls als Matrize dient.

Bestimmte Abschnitte der Promotorregion sind besonders wichtig für die Bindung der RNA-Polymerase. Bei Bakterien erkennt die RNA-Polymerase selbst in spezifischer Weise den Promotor und bindet an ihn. Bei Eukaryonten vermitteln **Transkriptionsfaktoren**, von denen es spezifische und allgemeine gibt, die Bindung der RNA-Polymerase und damit die Initiation der Transkription. Aus Kapitel 16 wissen wir, dass die DNA eines eukaryontischen Chromosoms mit Histonen und anderen Proteinen zu einem als Chromatin bezeichneten Komplex verbunden ist. Auf die Funktion der Chromatinproteine, die bei der Zugänglichkeit der chromosomalen DNA für die Transkriptionsfaktoren eine Rolle spielen, gehen wir in Kapitel 18 ein. Erst nachdem sich bestimmte Transkriptionsfaktoren an einen eukaryontischen Promotor eines Gens angelagert haben, kann auch die RNA-Polymerase II dort binden. Der Gesamtkomplex aus den Transkriptionsfaktoren und der RNA-Polymerase II (die ihrerseits aus vielen Untereinheiten besteht) wird als **Transkriptionsinitiationskomplex** bezeichnet. Abbildung 17.4 verdeutlicht die Rolle der Transkriptionsfaktoren sowie eines wichtigen Sequenzbereichs des Promotors, der **TATA-Box**, bei der Ausbildung des Initiationskomplexes an einem eukaryontischen Promotor.

Die Wechselwirkungen zwischen der eukaryontischen RNA-Polymerase II und verschiedenen Transkriptionsfaktoren sind ein Beispiel für die Bedeutung von Protein-Protein-Wechselwirkungen bei der Steuerung der Transkription. Nachdem die Polymerase fest am Promotorbereich verankert ist, werden die beiden DNA-Stränge in diesem Bereich entwunden und das Enzym beginnt mit der Transkription des Matrizenstranges.

Die Elongation Wenn sich die RNA-Polymerase an der DNA entlangbewegt, entwindet sie dabei weiter die Doppelhelix. Dabei wird jeweils ein nur kurzes Stück von 10 bis 20 Basenpaaren Länge freigelegt, an dem auf dem Matrizenstrang die Paarung der Ribonucleotide vor ihrem Einbau in die wachsende RNA erfolgt. Wie wir wissen, fügt das Enzym je ein neues Nucleotid an das 3′-Ende der wachsenden RNA-Molekülkette an, wenn es von Nucleotid zu Nucleotid an der DNA entlangläuft. Hinter der fortlaufenden RNA-Synthese löst

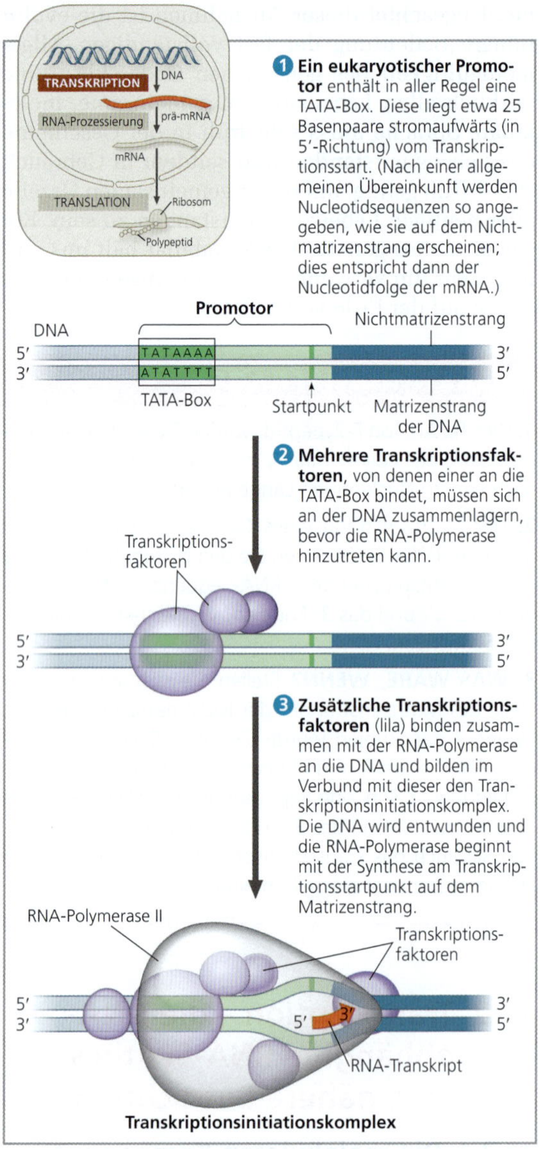

Abbildung 17.4: Die Initiation der Transkription an einem eukaryontischen Promotor. In eukaryontischen Zellen vermitteln Transkriptionsfaktoren – eine umfangreiche und heterogene Gruppe von Proteinen – die Initiation der Transkription durch die RNA-Polymerase II.

? Erläutern Sie, wie die Wechselwirkung der RNA-Polymerase mit dem Promotor sich von dem hier gezeigten Schema unterscheiden würde, wenn es sich um die Initiation an einem bakteriellen Gen handeln würde.

sich die neu gebildete RNA von der DNA-Matrize ab und die Doppelhelix der DNA bildet sich erneut aus. In eukaryontischen Zellen schreitet die Transkription mit einer Rate von etwa 40 Nucleotiden pro Sekunde fort.

Ein einzelnes Gen kann gleichzeitig von mehreren, aufeinanderfolgenden RNA-Polymerasen transkribiert werden. Die Polymerasemoleküle bilden dabei eine Art von Konvoi. Der wachsende RNA-Molekülstrang hängt dabei hinter dem Polymerasemolekül herab und seine Länge zeigt an, wie weit die Transkription bereits fortgeschritten ist. Das Zusammenfinden mehrerer Polymerasemoleküle zur gleichzeitigen Transkription eines Gens erhöht die gebildete RNA-Menge. Die Menge der hergestellten mRNA entspricht in erster Näherung der später gebildeten Proteinmenge.

Termination derTranskription Der Terminationsmechanismus unterscheidet sich bei Bakterien und Eukaryonten voneinander. Bei Bakterien verläuft die Transkription bis zu einem Terminatorbereich (Terminationssequenz). Der Terminator als Teil der RNA fungiert als Terminationssignal, bewirkt die Ablösung der RNA-Polymerase von der DNA und er setzt damit das Transkript frei. Dieses steht unmittelbar als mRNA zur Verfügung und wird, wie wir gesehen haben, häufig schon während seiner Bildung translatiert. In eukaryontischen Zellen transkribiert die RNA-Polymerase II hinter dem codierenden Bereich eine weitere Sequenz, das Polyadenylierungssignal, das als AAUAAA.....-Sequenz in der mRNA auftaucht. Zehn bis 35 Nucleotide stromabwärts dieses Poly-A-Signals schneiden mit dem wachsenden Transkript assoziierte Proteine dieses von der Polymerase ab. Dies führt zur Freisetzung der noch nicht prozessierten prä-mRNA. Die Polymerase setzt die Transkription auch nach der Abspaltung der prä-mRNA noch für einige hundert Nucleotide fort. Neuere Forschungen an Hefezellen haben gezeigt, dass die durch die fortgesetzte Transkription gebildete RNA von einem Enzym (einer Exonuclease) abgebaut wird, die an der RNA entlangläuft. Die vorliegenden molekularbiologischen Daten deuten darauf hin, dass die Polymerase sich schließlich von der DNA ablöst, wenn sie von der Nuclease eingeholt wird. In der Zwischenzeit wird die gebildete prä-mRNA weiter verarbeitet (prozessiert; siehe Abschnitt 17.3).

VERSTÄNDNISFRAGEN

1. Vergleichen Sie eine DNA-Polymerase und eine RNA-Polymerase im Hinblick auf ihre Funktion(en), die Notwendigkeit einer Matrize und eines Primers, der Syntheserichtung und der Art der verwendeten Nucleotide.

2. Was ist ein Promotor? Befindet er sich stromaufwärts oder stromabwärts von einer Transkriptionseinheit?

3. Was bewirkt, dass in einer Bakterienzelle eine RNA-Polymerase an der richtigen Stelle an der DNA mit der Transkription eines Gens beginnt? Was geschieht in einer Eukaryontenzelle?

4. WAS WÄRE WENN? Nehmen Sie an, dass eine Röntgenbestrahlung zu einer Mutation der TATA-Box-Sequenz eines bestimmten Promotors geführt hat. Wie würde sich dies vermutlich auf die Transkription des betreffenden Gens auswirken (Abbildung 17.4)?

17.3 mRNA-Moleküle werden in eukaryontischen Zellen nach der Transkription modifiziert

Prä-mRNA-Moleküle werden durch Enzyme im Zellkern auf verschiedene Arten modifiziert, bevor sie ins Zytoplasma transportiert werden. Im Verlauf der **RNA-Prozessierung** werden beide Enden des Primärtranskripts verändert. In den meisten Fällen werden auch aus dem Inneren des Moleküls definierte Stücke gezielt herausgeschnitten und die benachbarten Enden der Spaltstücke miteinander verknüpft. Zusammen ergeben diese Modifikationen ein reifes, translationsbereites mRNA-Molekül.

17.3.1 Veränderung der Enden einer eukaryontischen mRNA

Jedes Ende eines prä-mRNA-Moleküls wird in bestimmter Weise modifiziert (Abbildung 17.5). Das zuerst synthetisierte 5′-Ende erhält eine sogenannte **5′-Cap-Struktur**, ein umgebildetes Guanin-Nucleotid. Die Anbringung der 5′-Cap-Struktur erfolgt kurz nachdem die ersten 20 bis 40 Nucleotide verknüpft wurden. Das 3′-Ende der prä-mRNA wird ebenfalls modifiziert, bevor die mRNA den Zellkern verlässt. Die prä-mRNA wird freigesetzt, nachdem die Polymerase das Polyadenylierungssignal passiert hat. Am 3′-Ende des Moleküls fügt ein Enzym 50 bis 200 Adeninnucleotide (A) an und es bildet sich ein sogenannter **Poly-A-Schwanz**. Die 5′-Cap-Struktur

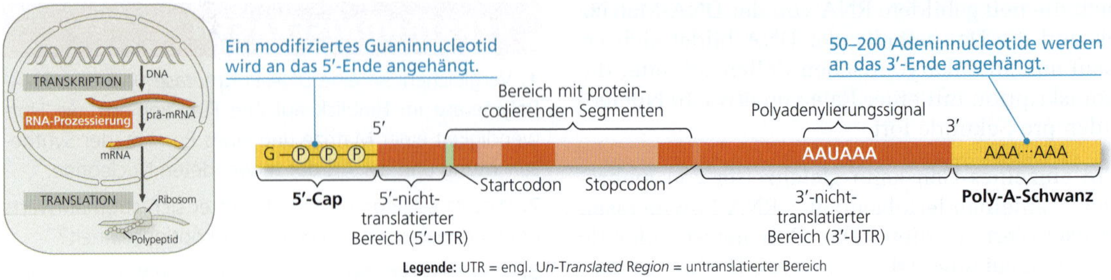

Abbildung 17.5: RNA-Prozessierung: Anfügung der 5′-Cap-Struktur und des Poly-A-Schwanzes. Enzyme modifizieren die beiden Enden einer eukaryontischen prä-mRNA. Die Modifikationen sind für den Export aus dem Zellkern notwendig und sie schützen die mRNA vor einem vorzeitigen Abbau durch Ribonucleasen. Nach dem Export in das Zytoplasma vermitteln die modifizierten Enden in Verbindung mit bestimmten Proteinen die Bindung an Ribosomen. Die 5′-Cap-Struktur und der Poly-A-Schwanz am 3′-Ende werden nicht translatiert, ebenso wie andere Bereiche an beiden Enden (5′-UTR und 3′-UTR), die vor dem Start- und hinter dem Stoppcodon liegen. Die beigen Bereiche im codierenden Abschnitt symbolisieren Introns, auf deren Prozessierung wir im folgenden Abschnitt noch eingehen.

und der Poly-A-Schwanz üben mehrere wichtige Funktionen aus. Zunächst sind sie Reifungssignale, die anzeigen, dass die mRNA zum Export ins Zytoplasma bereit ist. Zweitens schützen sie die mRNA vor einem vorzeitigen Abbau durch Ribonucleasen. Drittens sind diese Modifikationen notwendig, um die Bindung eines Ribosoms an das 5′-Ende der reifen mRNA im Zytoplasma zu vermitteln. Abbildung 17.5 zeigt schematisch die nicht-translatierten Bereiche (UTRs; **U**n-**T**ranslatierte **R**egionen) am 5′- und am 3′-Ende einer mRNA (5′-UTR und 3′-UTR). Die UTRs sind Bereiche der mRNA, die nicht in eine Peptidsequenz übersetzt werden und stattdessen andere Funktionen ausüben, wie zum Beispiel die Vermittlung des Ribosomenkontaktes.

17.3.2 Mosaikgene und RNA-Spleißen

Ein weiterer wichtiger Schritt bei der RNA-Prozessierung im Zellkern von Eukaryonten ist die gezielte Entfernung mehr oder weniger großer Teile aus dem Primärtranskript. Dieser Vorgang des Zusammenschneidens der genetischen Botschaft wird als **Spleißen** der RNA bezeichnet (Abbildung 17.6). Die durchschnittliche Länge einer Transkriptionseinheit in einem chromosomalen DNA-Molekül des Menschen beträgt 27.000 Basenpaare. Man braucht aber nur etwa 1.200 codierende Nucleotide, um die 400 Aminosäurereste eines durchschnittlichen Proteins zu codieren. Daraus folgt, dass die meisten Gene und ihre primären RNA-Transkripte große Bereiche nicht codierender (nicht translatierter) Nucleotidfolgen enthalten müssen. Noch überraschender war aber die Erkenntnis, dass diese nicht codierenden Basenfolgen sich zwischen codierenden Segmenten befinden! Die für ein Polypeptid codierende Sequenz eines offenen Leserasters in der DNA ist daher bei Eukaryonten für gewöhnlich keine durchgehende Basenfolge. Die zwischen den Exons eines offenen Leserasters liegenden nicht codierenden Abschnitte heißen **Introns(*<u>intr</u>agenic regi<u>on</u>*)**. Der

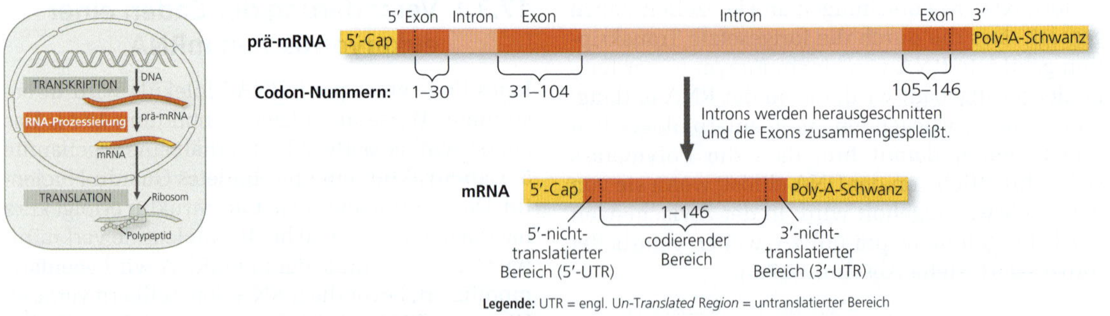

Abbildung 17.6: RNA-Prozessierung: Spleißen der RNA. Das hier dargestellte RNA-Molekül codiert für das β-Globin – eine der Untereinheiten des Hämoglobins. Die Ziffern unterhalb der RNA bezeichnen die Nummern der Codons. Das Translationsprodukt β-Globin ist 146 Aminosäuren lang. Das β-Globin-Gen und die prä-mRNA enthalten je drei Exons, die sich in der reifen mRNA, die den Zellkern verlässt, wiederfinden. (Die UTRs im 5′- und im 3′-Bereich sind Teile der mRNA, werden aber nicht translatiert.) Im Verlauf der RNA-Prozessierung werden die Introns herausgetrennt und die Exons zusammengespleißt. In vielen Genen sind die Intronbereiche länger als die der Exons. Die Intronabschnitte nehmen dann viel mehr Raum ein als hier skizziert ist. *(Die Zeichnungen sind nicht maßstabsgerecht.)*

Besitz von Introns ist bei Eukaryonten die Regel, nicht die Ausnahme. Die für Aminosäurefolgen codierenden Abschnitte eines offenen Leserasters heißen **Exons** (*expressed region*). Man verwendet die Begriffe Intron und Exon sowohl bei der DNA als auch bei der RNA, weil sie gleiche Funktionseinheiten beschreiben.

Bei der Transkription schreibt die RNA-Polymerase II Exons, Introns und andere nicht-translatierte Bereiche in ein Primärtranskript um. Das schließlich ins Zytoplasma transportierte reife mRNA-Molekül ist in aller Regel ein verkürztes Derivat dieses Primärtranskripts. Die Introns werden aus dem Primärtranskript entfernt und die Exons genau an den richtigen Nucleotiden wieder miteinander verknüpft. Dabei bildet sich ein reifes (maturiertes) mRNA-Molekül mit einem durchgehenden codierenden Bereich, der von einem Start- und einem Stopcodon flankiert und durch diese festgelegt wird. Das Heraustrennen der Introns und die Bildung der intronlosen mRNA werden als Spleißen bezeichnet. Wie verläuft das Spleißen der prä-mRNA im Einzelnen? Man hat herausgefunden, dass das Spleißsignal kurze Nucleotidfolgen an beiden Enden (5'-Ende und 3'-Ende) des Introns beinhaltet, sowie eine TACTAACA-Sequenz in seinem Inneren. Kleine, als Zellkern-Ribonucleoproteine (Abk. snRNPs; engl. *small nuclear ribonucleoproteins*) bezeichnete Molekülaggregate, erkennen solche Spleißstellen. Diese snRNPs finden sich im Zellkern und bestehen aus RNA und Proteinen. Der RNA-Anteil eines snRNPs ist eine kleine Kern-RNA von etwa 150 Nucleotiden Länge. Mehrere unterschiedliche snRNPs lagern sich mit weiteren Proteinen zu einem größeren Verbund, dem Spleißosom, zusammen. Das Spleißosom ist fast ebenso groß und so komplex aufgebaut wie ein Ribosom. Es wechselwirkt mit den Spleißstellen an den Enden des Introns und katalysiert deren Heraustrennung, während gleichzeitig die Exons wieder kovalent miteinander verknüpft werden. Die kleinen RNAs in den snRNPs dienen nicht nur der Zusammenlagerung des Spleißosoms und der Erkennung der Spleißstellen, sondern sind auch an der Katalyse des Spleißvorgangs beteiligt (Abbildung 17.7).

> **MERKE!**
>
> **Die für Aminosäurefolgen codierenden Abschnitte eines offenen Leserasters heißen Exons. Die zwischen den Exons eines offenen Leserasters liegenden nicht codierenden Abschnitte heißen Introns.**

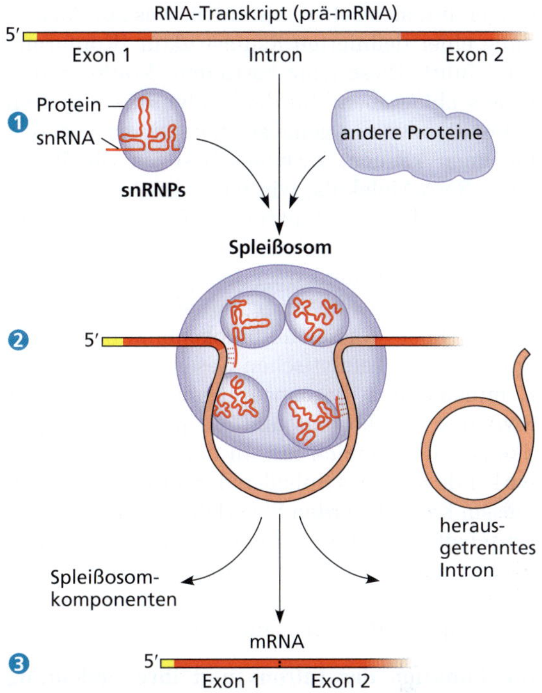

Abbildung 17.7: **Die Rolle der snRNPs und der Spleißosomen beim Spleißen der prä-mRNA.** Die Schemazeichnung zeigt einen Teil eines Primärtranskripts (prä-mRNA). Weitere Introns und Exons liegen stromabwärts (3') von den hier dargestellten. ❶ Kleine Zellkern-Ribonucleoproteine (snRNPs; engl. *small nuclear ribonucleoproteins*) und weitere Proteine bilden auf der prä-mRNA einen supramolekularen Verband, das Spleißosom (Spleißkörperchen). ❷ Die RNA-Komponenten des snRNPs bilden Basenpaare mit bestimmten, an den Intron-/Exongrenzen liegenden Nucleotidsequenzen aus. ❸ Das Spleißosom zerschneidet die prä-mRNA, setzt ein Intron frei, das schnell abgebaut wird, und spleißt die angrenzenden Exons zusammen. Das Spleißosom zerfällt schließlich und setzt eine modifizierte RNA frei. Am Ende des Spleißvorgangs ist eine reife mRNA entstanden, die keine Introns mehr enthält, sondern nur noch Exons und die angrenzenden, nicht-translatierten Bereiche.

Ribozyme Der Hinweis auf eine aktiv-katalytische Rolle der RNA ergab sich aus den bereits vorher entdeckten Ribozymen. Hierbei handelt es sich um RNA-Moleküle mit einer katalytischen Wirkung für bestimmte chemische Reaktionen. Bei einigen Organismen kann RNA ohne die Hilfe von Proteinen oder zusätzlichen RNA-Molekülen gespleißt werden. Das Intron selbst fungiert hier als Ribozym, das sein eigenes Herausschneiden (Exzision) aus dem Primärtranskript katalysiert. Die Entdeckung der Ribozyme war eine große Überraschung, da man bis zu diesem Zeitpunkt angenommen hatte, dass alle biologischen Katalysatoren Enzyme, also Proteine, wären.

Drei Eigenschaften der RNA tragen zu ihren katalytischen Aktivitäten bei: Da RNA-Moleküle im Regelfall einzelsträngig sind, können sie beim Vorliegen geeigneter Sequenzbereiche Basenpaarungen mit sich selbst ausbilden, was zur Ausbildung einer definierten Raumstruktur (Konformation) führt. Diese ganz bestimmte Konformation ist ausschlaggebend für die katalytische Funktion eines Ribozyms – genauso, wie wir es von den Enzymen kennen. Zweitens besitzen die Basen eines RNA-Moleküls, wie viele der Aminosäurereste eines Enzyms, funktionelle Gruppen, die unmittelbar an der katalytischen Reaktion beteiligt sein können. Drittens trägt die Spezifität der komplementären Basenpaarung mit anderen Nucleinsäuren über Wasserstoffbrückenbindungen zur Spezifität des katalytischen Gesamtprozesses bei. Komplementäre Basenpaarungen zwischen der RNA des Spleißosoms und der prä-mRNA legen den genauen Bereich fest, in dem die katalytisch wirkende RNA das Spleißen durchführt. Später in diesem Kapitel werden Sie erfahren, wie diese Eigenschaften von RNAs ihnen außerdem erlauben, wichtige nicht katalytische Aufgaben in der Zelle durchzuführen (zum Beispiel die Erkennung der Basentripletts (Codons) einer mRNA).

Die Funktion der Introns und ihre Bedeutung für die Evolution Worin könnte die biologische Funktion von Introns und des RNA-Spleißens bestehen? Diese Frage beschäftigt die Forscher schon lange und ist noch nicht vollständig geklärt. Bei den meisten Introns kann man bis heute keine offensichtliche Funktion erkennen. Einige enthalten aber Sequenzen, die einen regulatorischen Einfluss auf die Genexpression ausüben. So ist beispielsweise das Spleißen intronhaltiger Gene eine Voraussetzung für den Export der mRNA aus dem Zellkern und damit die Bildung des Proteins im Zytoplasma.

Eine Folge des Auftretens von Introns ist, dass ein einzelnes Gen mehr als eine Polypeptidkette codieren kann. Von vielen Genen hat man schon experimentell nachgewiesen, dass sie zwei oder mehr unterschiedliche Proteine hervorbringen können, je nachdem, welche Exons nach dem Spleißen in der reifen mRNA auftauchen. Man spricht in diesem Zusammenhang von **alternativemSpleißen** der prä-mRNA. So gehen beispielsweise die Geschlechtsunterschiede bei Taufliegen zum großen Teil auf die Unterschiede in der Prozessierung von Primärtranskripten bestimmter Gene bei Männchen und Weibchen zurück. Die Analysen des menschlichen Genoms (siehe Kapitel 21) deuten ebenfalls darauf hin, dass das alternative Spleißen ein Grund dafür ist, dass der Mensch mit einer verhältnismäßig geringen Zahl von Genen auskommt. Es sind nicht einmal doppelt so viele wie bei der Taufliege. Aufgrund der Möglichkeit des alternativen Spleißens von Genen kann die Anzahl der Proteine, die ein Organismus erzeugt, wesentlich höher sein als die Zahl seiner Gene.

Wie man heute weiß, sind Proteine oft modular aus einzelnen Bau- und Funktionsbereichen aufgebaut, die **Domänen** genannt werden (strukturelle Domänen, funktionelle Domänen, Faltungsdomänen usw.). So kann etwa das aktive Zentrum eines Enzyms in einer katalytischen Domäne liegen, während eine andere Domäne seine Bindung an eine Membran vermittelt. Durch alternatives Spleißen desselben Primärtranskripts kann dann zum Beispiel eine Isoform des Enzyms entstehen, die im Zytoplasma vorkommt, weil die für die Membranverankerung verantwortliche Domäne fehlt. Relativ häufig codieren unterschiedliche Exons für verschiedene Domänen eines Proteins (Abbildung 17.8).

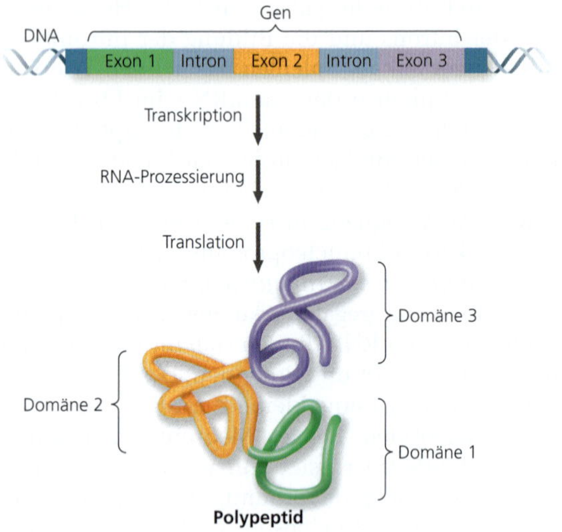

Abbildung 17.8: Zusammenhang zwischen Exons und Proteindomänen. Die Exons auf Ebene der DNA-Doppelhelix sind mit der gleichen Farbe gekennzeichnet wie die aus ihnen hervorgehenden Proteindomänen.

Die Existenz eines Introns in einem Gen kann die Evolution neuer und möglicherweise nutzbringender Proteine als Folge eines Exontauschs (*exon shuffling*) fördern. Introns erhöhen die Wahrscheinlichkeit für das Zustandekommen eines *Crossing over*-Ereignisses, ohne dass es dadurch bei eventuell auftretenden Fehlern zu einem Funktionsverlust der von den Exons codierten Domänen kommt. Für die homologe Rekombination steht also einfach mehr Raum zur Verfügung, ohne dass codierende Sequenzen davon betroffen sind. Wir können uns also ein gelegentliches Vermischen und eine Neukombination von Exons unter verschiedenen (nicht allelischen) Genen vorstellen. Durch das Mischen verschiedener Exons, gleich welcher Art, könnte es zu neuen Proteinen mit neuartigen funktionellen Kombinationen kommen. Auf diese Weise können neue Varianten entstehen, die sich als nutzbringend für eine Art erweisen. Entscheidend ist das Verhältnis zwischen dem Nutzen und dem Schaden solcher Rekombinationsereignisse, welches ausgewogen bleiben muss.

VERSTÄNDNISFRAGEN

1. Wie beeinflusst die Modifikation des 5′- und des 3′-Endes einer prä-mRNA deren Export aus dem Zellkern?

2. Inwiefern ähnelt das Spleißen der RNA dem Schnitt eines Kinofilms?

3. WAS WÄRE WENN? Bei Fadenwürmern (Nematoden) weist ein für eine ATPase codierendes Gen zwei Alternativen für Exon 4 und drei für Exon 7 auf. Wie viele unterschiedliche Proteine lassen sich damit herstellen?

17.4 Translation – die RNA-abhängige Polypeptidsynthese: Eine nähere Betrachtung

17.4.1 Die molekularen Komponenten des Translationsapparates

Beim Vorgang der Translation übersetzt eine Zelle die genetische Information und baut entsprechend der Anweisung ein Polypeptidmolekül auf. Die Anweisung kommt aus der Codonfolge des offenen Leserasters einer mRNA. Die Vermittler dieser genetischen Nachrichten sind andere RNA-Arten, die **Transfer-Ribonucleinsäuren** (Abk. **tRNAs**). Die Funktion der Transfer-Ribonucleinsäuren besteht darin, Aminosäuren aus dem zytoplasmatischen Vorrat in spezifischer Weise zum Ribosom als dem Ort der Translation zu befördern. Im Zytoplasma liegen alle 20 im Organismus vorkommenden Aminosäuren in freier Form vor, weil sie entweder von der Zelle selbst synthetisiert oder aus dem sie umgebenden Medium aufgenommen wurden. Das Ribosom verknüpft passende Aminosäuren, die von mit ihnen beladenen tRNAs angeliefert werden, mit dem wachsenden Ende der Polypeptidkette (Abbildung 17.9).

Für jedes mögliche Codon und für jeden Typ von Aminosäure existiert ein eigenes tRNA-Molekül. Wenn eine mit einem Aminosäurerest beladene tRNA (eine Aminoacyl-tRNA; Abk. AA-tRNA) am Ribosom eintrifft, bringt sie die für sie typi-

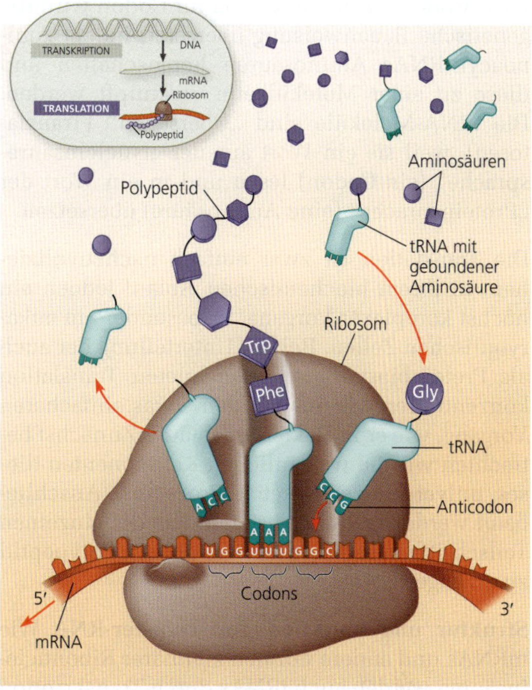

Abbildung 17.9: Translation: das grundlegende Konzept. Während ein mRNA-Molekül durch ein Ribosom gleitet, werden die Codons in Aminosäuren translatiert. Die „Übersetzer" sind tRNA-Moleküle, von denen jeder Typ an einem Ende mit einem spezifischen Anticodon und am anderen Ende mit einer bestimmten Aminosäure versehen ist. Eine solche, mit einem Aminosäurerest beladene Transfer- Ribonucleinsäure heißt Aminoacyl-Transfer-Ribonucleinsäure (AA-tRNA). Sie überträgt den Aminosäurerest auf die wachsende Polypeptidkette, wenn das Anticodon an das komplementäre Codon der mRNA bindet. Die nachfolgenden Abbildungen zeigen die Einzelheiten der Translation in einer Bakterienzelle.

sche, an einem Molekülende kovalent gebundene Aminosäure mit. In der Nucleotidfolge der tRNA befindet sich auf der dieser Bindestelle gegenüberliegenden Seite (der AA-tRNA) ein als **Anticodon** bezeichnetes Triplett. Das Anticodon bildet mit einem dazu passenden Codon der mRNA Basenpaare aus. Die passende Basenpaarung von Codon und Anticodon entscheidet darüber, ob der betreffende Aminoacylrest auf die Peptidkette übertragen wird oder nicht. Wir wissen, dass beispielsweise das Codon UUU in Phenylalanin übersetzt wird. Die tRNA, die über Wasserstoffbrücken an dieses Codon andockt, enthält entsprechend AAA als Anticodon und das dazu passende Phenylalanin kovalent an ihrem 3′-Ende gebunden (siehe mittleres Codon/Anticodon-Paar, Abbildung 17.9). Wenn sich das mRNA-Molekül durch das Ribosom bewegt, wird immer dann ein Phenylalanin auf das Carboxylende der wachsenden Peptidkette übertragen und kovalent mit dieser durch eine Peptidbindung verknüpft, wenn ein

UUU-Codon erscheint. Codon für Codon wird die genetische Bauanweisung übersetzt, indem Aminoacyl-tRNAs Aminosäuren heranschaffen und diese zu einer Molekülkette verknüpft werden. Die tRNA-Moleküle sind „Übersetzer" (Translatoren), weil sie ein Wort aus der „Nucleinsäuresprache" (ein Codon) lesen und in ein Wort der „Proteinsprache" (eine Aminosäure) übersetzen.

Die Translation ist zwar einfach nachzuvollziehen, in ihrem biochemischen Ablauf jedoch ein höchst komplexer Vorgang, insbesondere in eukaryontischen Zellen. Bei der Unterteilung der auch als Proteinbiosynthese bezeichneten Translation konzentrieren wir uns auf den etwas einfacheren Vorgang, wie er in Bakterien abläuft. Zunächst betrachten wir die wesentlichen Komponenten dieses universell verbreiteten Prozesses. Anschließend werden wir uns ansehen, wie die einzelnen Teilschritte zusammenwirken, um ein Polypeptid zu erzeugen.

Struktur und Funktion der Transfer-RNA Wie mRNAs und andere Formen zellulärer Ribonucleinsäuren werden auch tRNAs durch Transkription anhand von DNA-Matrizen (tRNA-Gene) gebildet. In eukaryontischen Zellen findet die tRNA-Synthese im Zellkern statt. Genauso wie die mRNA müssen auch die fertigen tRNA-Moleküle aus dem Zellkern in das Zytoplasma gelangen, weil dort die Translation stattfindet. Sowohl in eu- als auch in prokaryontischen Zellen werden tRNA-Moleküle mehrfach verwendet. Sie werden im Zytoplasma immer wieder neu mit einer passenden Aminosäure (Aminoacylrest) beladen, gelangen im beladenen Zustand als AA-tRNA zum Ribosom und liefern dort ihre Fracht ab. Danach dissoziieren sie vom Ribosom ab und der Zyklus wiederholt sich.

tRNA-Moleküle bestehen aus einem einzelnen RNA-Strang von nur etwa 80 Nucleotiden Länge (im Vergleich zu Hunderten bis Tausenden Nucleotiden bei den mRNAs). Aufgrund des Vorliegens komplementärer Basenfolgen innerhalb des Moleküls, die Wasserstoffbrückenbindungen untereinander ausbilden können, faltet sich der Molekülstrang einer tRNA zu einem für diese Molekülklasse charakteristischen räumlichen Gebilde. In einer zweidimensionalen Darstellung geben die gepaarten und die ungepaarten Bereiche dem Molekül die Gestalt eines Kleeblatts (Abbildung 17.10a). Die dreidimensionale Konformation einer nativen tRNA ähnelt dagegen eher dem Großbuchstaben *„L"*. Eine sich zu einer Seite erstreckende Schlaufe des Moleküls (ein „Blättchen" des Kleeblatts) enthält das Anticodon – also das spezielle Basentriplett, das den Kontakt zum Codon der mRNA herstellt. Am gegenüberliegenden Ende des L-förmigen Moleküls ragt das 3'-Ende hervor, das die Anheftungsstelle für die entsprechende Aminosäure darstellt (siehe Abbildung 17.10b).

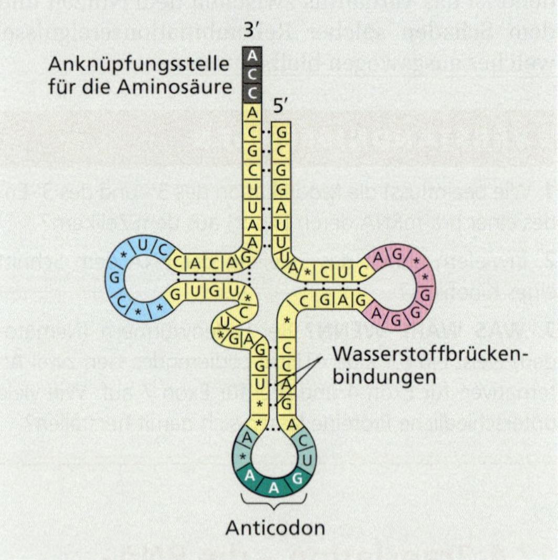

(a) Zweidimensionale Struktur. Die vier Bereiche, in denen Basenpaarungen auftreten und die drei Schlaufenbereiche sind charakteristisch für alle tRNA-Moleküle. Dies gilt auch für die Basensequenz an der Anknüpfungsstelle für die Aminosäure am 3'-Ende. Das Anticodon ist für jeden tRNA-Typ charakteristisch, ebenso die Sequenzen in den beiden anderen Schlaufenbereichen. (Die Sternchen symbolisieren chemisch modifizierte Basen, die in tRNAs vorkommen.)

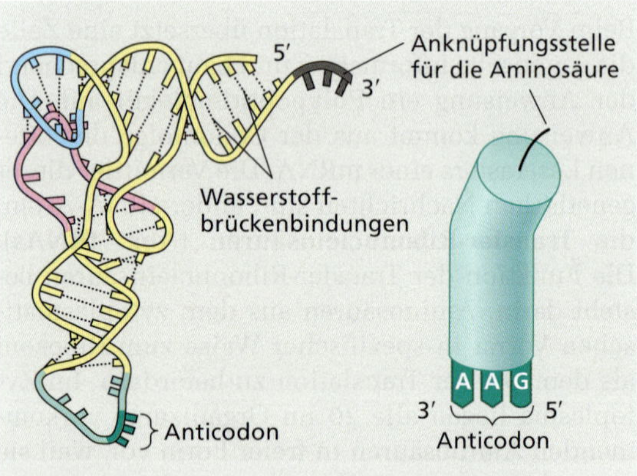

(b) Dreidimensionale Struktur **(c) In diesem Buch verwendetes Symbol**

Abbildung 17.10: **Die Struktur von Transfer-Ribonucleinsäuren (tRNAs).** Die Basensequenzen von Anticodons werden, im Gegensatz zu denen anderer Nucleinsäuren, in 3'→5'-Richtung geschrieben, um die Komplementarität mit den in der üblichen 5'→3'-Richtung geschriebenen Codons leichter zu erkennen (Abbildung 17.9). Für eine korrekte Basenpaarung müssen die RNA-Stränge antiparallel zueinander liegen (wie die DNA-Stränge in einer Doppelhelix). Das Anticodon 3'-AAG-5' paart zum Beispiel mit dem Codon 5'-UUC-3'.

Für die richtige Übersetzung einer genetischen Botschaft sind zwei molekulare Erkennungsvorgänge notwendig. Erstens müssen die tRNAs den richtigen, dem Anticodon entsprechenden Aminosäurerest tragen und keinen anderen. Die richtige Verknüpfung einer spezifischen tRNA mit der entsprechenden Aminosäure vermittelt eine Gruppe von Enzymen mit der allgemeinen Bezeichnung **Aminoacyl-tRNA-Synthetase** (**AA-tRNA-Synthetase**; Abbildung 17.11). Für jede Aminosäure gibt es eine eigene, spezifische AA-tRNA-Synthetase. Für die 20 proteinbildenden Aminosäuren verfügt die Zelle über 20 sich in der Substratspezifität unterscheidende AA-tRNA-Synthetasen, die neben ihrer spezifischen Aminosäure auch die zugehörigen tRNAs mit den passenden Anticodons erkennt.

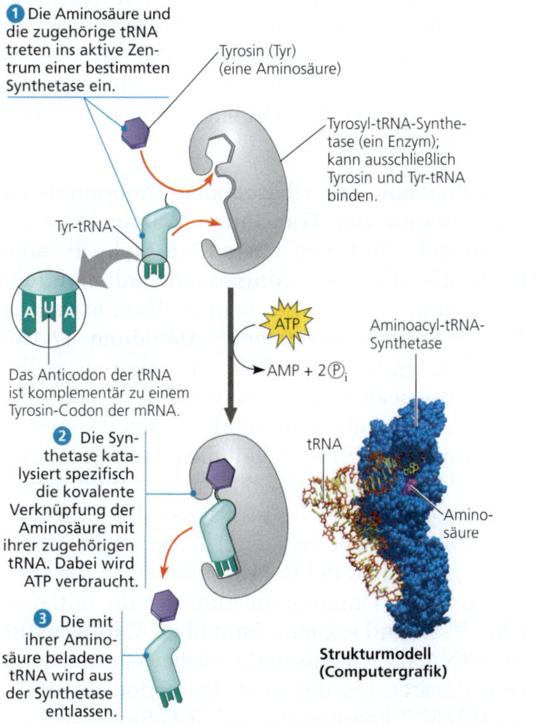

Abbildung 17.11: Eine Aminoacyl-tRNA-Synthetase verknüpft eine bestimmte Aminosäure mit der zugehörigen tRNA. Die kovalente Verknüpfung des tRNA-Moleküls mit einem Aminosäuremolekül ist ein endergonischer Prozess, dessen Energie durch ATP-Hydrolyse geliefert wird. Vom ATP werden zwei Phosphatgruppen (Pyrophosphat) abgespalten, sodass Adenosinmonophosphat (AMP) entsteht.

Ribosomen Ribosomen vermitteln die spezifische Anlagerung der tRNA-Anticodons mit den entsprechenden mRNA-Codons während der Proteinbiosynthese. Ein Ribosom besteht aus zwei Teilen, einer sogenannten großen und einer kleinen Untereinheit (Abbildung 17.12). Die ribosomalen

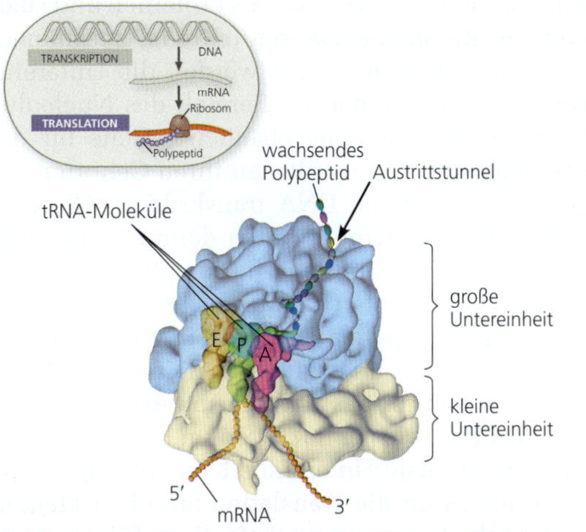

(a) Computergrafik eines funktionellen Ribosoms. Modell eines bakteriellen Ribosoms (eukaryontische Ribosomen haben eine ähnliche Struktur). Eine ribosomale Untereinheit wird aus RNA- und Proteinmolekülen gebildet.

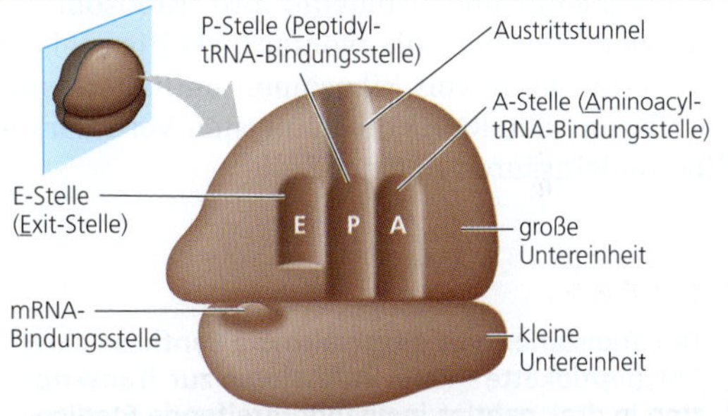

(b) Schematische Darstellung der Bindungsstellen. Ein Ribosom besitzt eine mRNA-Bindungsstelle und drei tRNA-Bindungsstellen, die als A-, P- und E-Stelle bezeichnet werden. Dieses schematisierte Ribosom wird in den folgenden Abbildungen immer wieder verwendet werden.

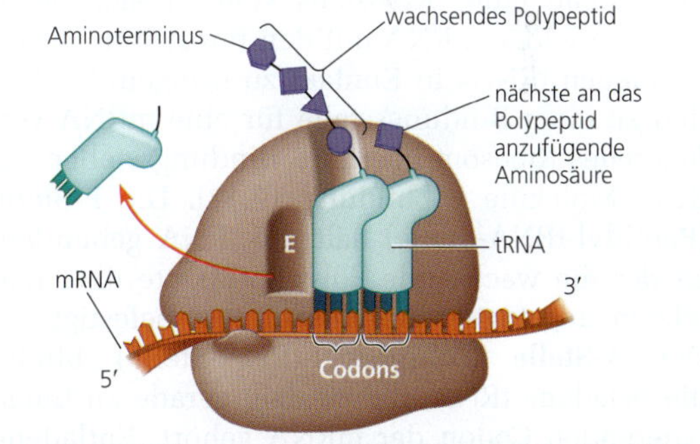

(c) Schematische Darstellung mit mRNA und tRNAs. Ein tRNA-Molekül passt genau in die A-Stelle, wenn das Anticodon erfolgreich mit einem Codon der mRNA hybridisiert. Die P-Stelle hält die tRNA gebunden, welche mit der wachsenden Polypeptidkette verbunden ist. Die A-Stelle enthält ein tRNA-Molekül, das den nächsten Aminosäurerest trägt, der in die Polypeptidkette eingebaut wird. Entladene tRNAs verlassen über die E-Stelle das Ribosom. Die mRNA verschiebt sich relativ zum Ribosom um ein Codon nach links und die nächste beladene tRNA kann in die A-Stelle eintreten (vgl. auch *Abbildung 17.19*).

Abbildung 17.12: Aufbau eines funktionstüchtigen Ribosoms.

Untereinheiten setzen sich aus Proteinen und **ribosomalen Ribonucleinsäuren (rRNAs)** zusammen. In eukaryontischen Zellen werden die Untereinheiten der Ribosomen im Bereich des Nucleolus im Zellkern zusammengebaut. Die Gene für die ribosomalen RNAs werden an ihren Genorten auf der chromosomalen DNA transkribiert. Die prozessierten Transkripte werden dann mit aus dem Zytoplasma importierten ribosomalen Proteinen zu einem geordneten Komplex zusammengefügt. Die fertigen ribosomalen Untereinheiten werden als Ganzes, aber unabhängig voneinander, durch die Kernporen in das Zytoplasma exportiert. Sowohl bei Pro- wie bei Eukaryonten lagert sich eine große ribosomale Untereinheit nur in Gegenwart einer mRNA für die Translation mit einer kleinen Untereinheit zu einem vollständigen Ribosom zusammen. Etwa zwei Drittel der Masse eines Ribosoms werden von seinen rRNA-Molekülen gestellt (drei verschiedene Moleküle pro Ribosom bei Bakterien, vier bei Eukaryonten). Da die meisten Zellen Tausende von Ribosomen enthalten, sind die ribosomalen RNAs die häufigsten Vertreter der Ribonucleinsäuren in einer Zelle.

MERKE!

Der Translationsvorgang – also die Synthese einer Polypeptidkette – kann in Analogie zur Transkription in drei, nahtlos ineinandergreifende Stadien unterteilt werden: die Initiation, die Elongation und die Termination.

Im Aufbau eines Ribosoms spiegelt sich seine Aufgabe wider, mRNA mit den mit Aminosäuren beladenen tRNAs in Kontakt zu bringen. Zusätzlich zu einer Bindungsstelle für eine mRNA verfügt jedes Ribosom über drei Bindungsstellen für tRNA-Moleküle (Abbildung 17.12). Die **P-Stelle** (**P**eptidyl-tRNA-Stelle) hält die tRNA gebunden, an der die wachsende Polypeptidkette über den letzten angefügten Aminosäurerest befestigt ist. Die **A-Stelle** (**A**minoacyl-tRNA-Stelle) bindet die beladene tRNA, die zu dem gerade zu translatierenden Codon der mRNA gehört. Entladene (von ihrem Aminoacylrest befreite) tRNA-Moleküle verlassen das Ribosom über die **E-Stelle** (**E**xit- oder **E**xport-Stelle). Das Ribosom bringt die AA-tRNA und die mRNA in enge Nachbarschaft zueinander und richtet den neu eingetroffenen Aminosäurerest so aus, dass er auf die wachsende Peptidkette übertragen werden kann. Es katalysiert die Umlagerung des Aminoacylrests und die Bildung der neuen Peptidbindung. In dem Maß, in dem sich die Peptidkette durch die Anknüpfung immer neuer Reste verlängert, verlässt sie die große Untereinheit des Ribosoms durch einen *Austrittstunnel*. Wenn die Biosynthese abgeschlossen und das Polypeptid fertig gestellt ist, gelangt auch der Rest durch den Austrittstunnel ins Freie.

17.4.2 Die Biosynthese von Polypeptiden

Der Translationsvorgang – also die Synthese einer Polypeptidkette – kann in Analogie zur Transkription in drei, nahtlos ineinandergreifende Stadien unterteilt werden: die **Initiation**, die **Elongation** und die **Termination.** Alle drei Stadien sind von Proteinfaktoren abhängig, die für den Fortschritt der Translation benötigt werden. Für bestimmte Teilschritte der Initiation und der Elongation muss Energie aufgewandt werden, die in diesem Fall aus der Hydrolyse von Guanosintriphosphat (GTP) stammt. GTP ist ein eng mit dem ATP verwandtes Molekül.

Zusammenbau der ribosomalen Untereinheiten und Initiation der Translation Während des Initiationsschritts treten ein mRNA-Molekül, eine tRNA, die die erste Aminosäure anliefert (ein Methionin), sowie die beiden Untereinheiten eines Ribosoms zusammen (Abbildung 17.13). Zunächst binden die mRNA und eine spezielle, methioninspezifische Initiator-$tRNA^{Met}$ an eine kleine ribosomale Untereinheit. Bei Bakterien kann die kleine Untereinheit die beiden Moleküle in beliebiger Reihenfolge binden. Das mRNA-Molekül wird im Bereich einer speziellen Basenfolge (Shine/Dalgarno-Sequenz) 5′ des Startcodons (AUG) gebunden. Bei Eukaryonten lagert die kleine ribosomale Untereinheit zunächst die Initiator-$tRNA^{Met}$ an und erkennt dann die 5′-Cap-Struktur der mRNA als Eintrittsstelle. Sie bewegt sich dann stromabwärts, bis das zum Anticodon der Initiator-$tRNA^{Met}$ komplementäre AUG-Startcodon erreicht ist. Die Initiator-$tRNA^{Met}$ bildet mit diesem wie üblich Basenpaare über Wasserstoffbrücken. In beiden Fällen ist die Assoziation des Startcodons mit dem Anticodon der Initiator-$tRNA^{Met}$ das Startsignal für die Translation. Der Abgleich von Startcodon und Startanticodon ist auch deshalb wichtig, weil damit das Leseraster für die folgende mRNA-Sequenz festgelegt wird.

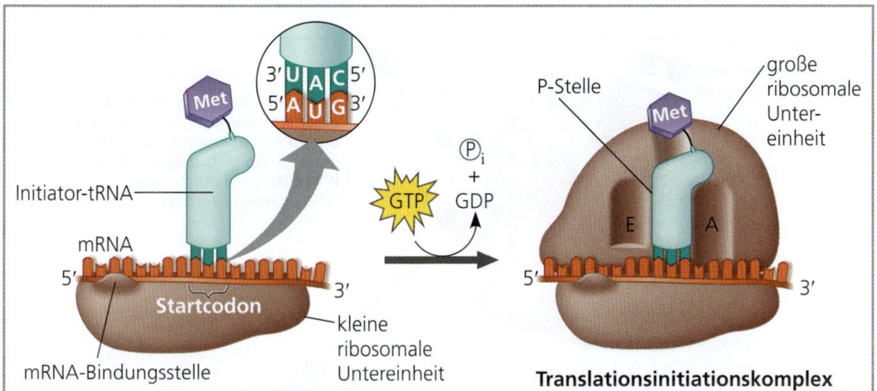

Translationsinitiationskomplex

1 Die freie kleine Untereinheit eines Ribosoms verbindet sich mit einem mRNA-Molekül. In Bakterienzellen (Prokaryontenzellen) erkennt die mRNA-Bindungsstelle dieser Untereinheit eine bestimmte Nucleotidsequenz auf der mRNA, die unmittelbar stromaufwärts vom Startcodon liegt. Eine Initiator-tRNA mit dem Anticodon UAC paart sich mit dem Startcodon AUG. Diese tRNA trägt einen Methioninrest (Methionyl-tRNA).

2 Das Hinzutreten einer großen ribosomalen Untereinheit vervollständigt den Initiationskomplex. Als Initiationsfaktoren bezeichnete Proteine (hier nicht gezeigt) sind notwendig, um alle benötigten Komponenten für die Translation zusammenzubringen. GTP liefert die Energie für den Zusammenbau. Die Initiator-tRNA sitzt an der P-Stelle; die A-Stelle ist für die nächste passende Aminoacyl-tRNA frei.

Abbildung 17.13: Initiation der Translation.

Der Vereinigung von mRNA, Initiator-tRNA^{Met} und der kleinen ribosomalen Untereinheit folgt die Anlagerung der großen Untereinheit des Ribosoms. Damit ist der *Translations-Initiations-Komplex* vollständig. Spezielle Proteine, die Initiationsfaktoren, sind für die richtige Zusammenlagerung all dieser Komponenten verantwortlich. Die Zelle verbraucht außerdem Energie in Form von GTP, um den Initiationskomplex auszubilden. Nach Abschluss des Initiationsvorgangs liegt die Initiator-tRNA^{Met} in der P-Stelle des fertigen Ribosoms; die A-Stelle ist noch unbesetzt und bereit für die Aufnahme ihrer ersten Aminoacyl-tRNA. Polypeptide besitzen, ebenso wie Nucleinsäuremoleküle, eine Orientierung und werden von Zellen immer in derselben Richtung synthetisiert. Das erste Methionin bildet immer das Aminoende (Aminoterminus, N-Terminus) der Peptidkette. Die Synthese schreitet danach bis zum Carboxylende fort (Carboxyterminus, C-Terminus).

Verlängerung der Polypeptidkette Während der Elongationsphase (Verlängerungsphase) werden entsprechend der Information der mRNA neue Aminosäurereste an die Peptidkette angeknüpft. An jeder neuen Verknüpfung sind mehrere Proteine, die sogenannten Elongationsfaktoren, beteiligt. Der Prozess folgt dem in der Abbildung 17.14 dargestellten dreigliedrigen Ablauf. Die RNA bewegt sich mit dem 5'-Ende voran durch das Ribosom, sodass die mRNA in 5'→3'-Richtung abgelesen wird.

Termination der Translation Der abschließende Schritt der Translation ist die Termination (Beendigung; Abbildung 17.15). Die Verlängerung der Peptidkette setzt sich fort, bis ein Stopcodon der mRNA in der A-Stelle des Ribosoms zu liegen kommt. Die Basentripletts UAG, UAA und UGA sind, da sie nicht für Aminosäuren codieren, Stopsignale der Translation. Sie heißen deshalb auch Stopcodons. Ein Protein, der *Freisetzungsfaktor* (Abk. RF; engl. *release factor*) bindet unmittelbar an das in der A-Stelle liegende Stopcodon. Der Freisetzungsfaktor katalysiert die Hydrolyse der Bindung zwischen dem Peptidylrest und der ihn tragenden Peptidyl-tRNA. Es kommt daher an der P-Stelle zur Freisetzung der Polypeptidkette, die durch den Austrittstunnel in der großen Untereinheit des Ribosoms ins Zytoplasma gelangt (Abbildung 17.12a). Der Rest des Translationsapparates zerfällt in einem mehrstufigen Prozess, an dem weitere Proteinfaktoren beteiligt sind. Diese Dissoziation des Ribosoms erfordert die Hydrolyse von zwei weiteren GTP-Molekülen, um die Energie bereitzustellen.

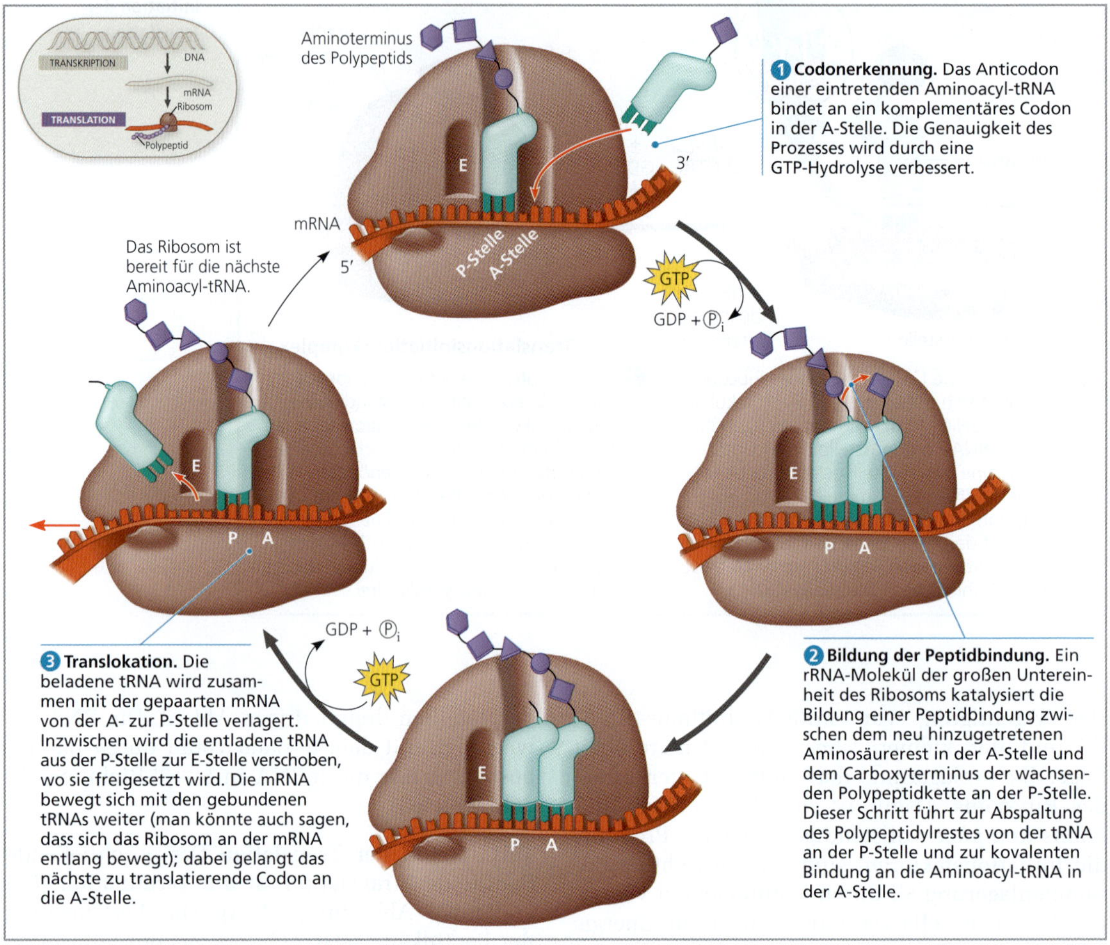

Abbildung 17.14: Der Elongationszyklus der Translation. Die Hydrolyse von GTP spielt eine wichtige Rolle bei der Elongation (Kettenverlängerung). Die Elongationsfaktoren – eine Gruppe von Proteinen – sind hier nicht eingezeichnet.

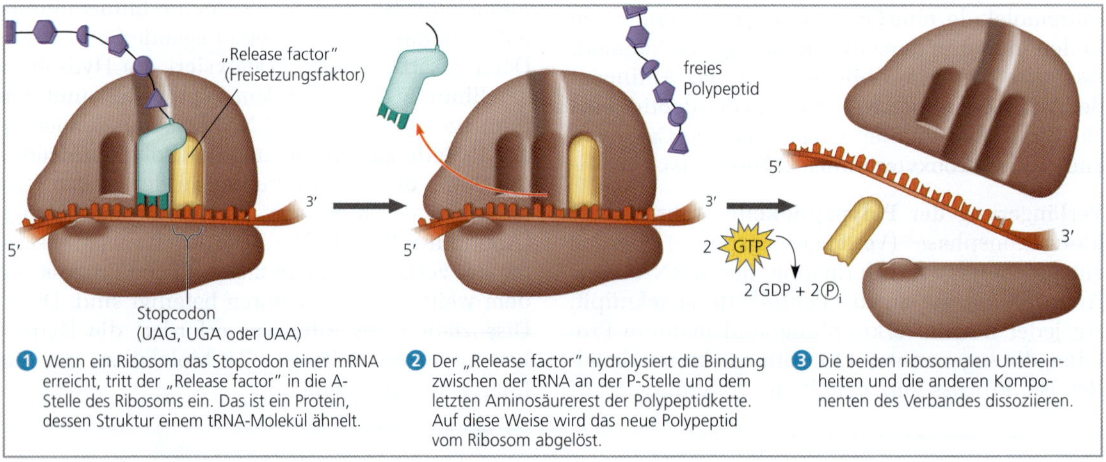

Abbildung 17.15: Termination der Translation. Wie die Elongation benötigt auch die Termination Energie aus der Hydrolyse von GTP sowie weitere Proteine, die hier nicht dargestellt sind.

Polyribosomen Mehrere Ribosomen übersetzen im Regelfall gleichzeitig dasselbe mRNA-Molekül. Es werden gleichzeitig mehrere Translationsprodukte hergestellt (Abbildung 17.16).

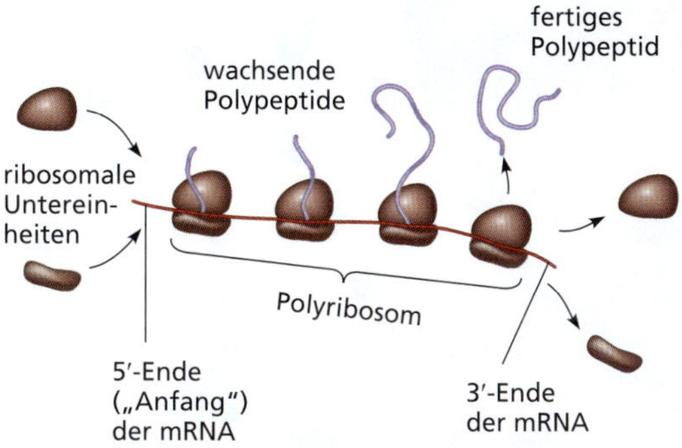

(a) Ein mRNA-Molekül wird im Allgemeinen gleichzeitig von mehreren Ribosomen translatiert. Diese Anordnung wird als Polysom oder Polyribosom bezeichnet.

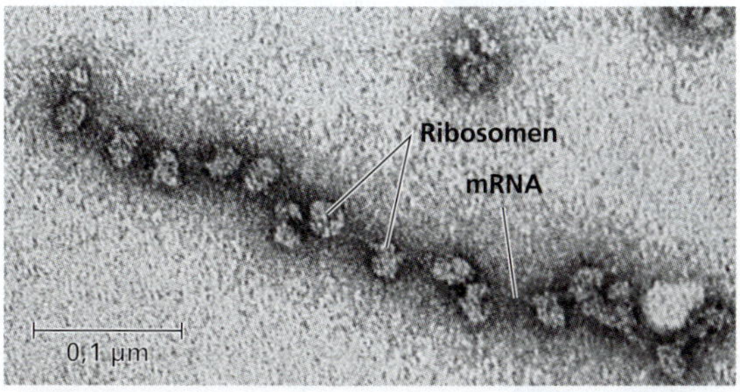

(b) Diese elektronenmikroskopische Aufnahme zeigt ein großes Polysom aus einer Bakterienzelle.

Abbildung 17.16: **Polyribosomen.**

17.4.3 Vom Polypeptid zum funktionsfähigen Protein

Der Translationsprozess allein reicht oft nicht aus, um ein funktionelles Protein hervorzubringen. In diesem Abschnitt des Kapitels werden Sie erfahren, welchen Modifikationen eine Polypeptidkette nach der Translation unterliegen kann. Außerdem werden wir in aller Kürze die Mechanismen ansprechen, die den Transport bestimmter Proteine an ihre jeweiligen Zielorte in der Zelle festlegen.

Proteinfaltung und posttranslationale Modifikationen Noch während ihrer Synthese beginnt eine Polypeptidkette spontan damit, sich räumlich zu falten. Dies ist eine Folge ihrer Primärstruktur (Abfolge der Aminosäuren). Es bildet sich ein Protein mit einer spezifischen Struktur (Konformation), die durch seine Sekundär- und Tertiärstruktur bestimmt wird (siehe Abbildung 5.14). Ein Gen legt also die Primärstruktur eines Polypeptids fest, aus der sich je nach den Umgebungsbedingungen eine bestimmte Proteinstruktur ergibt. In vielen Fällen sind in der Zelle Chaperone (**Faltungshelferproteine**) an der Ausbildung der richtigen Konformation beteiligt.

Weitere Schritte in Form posttranslationaler Modifikationen können nötig sein, bevor ein Protein seine Aufgabe in der Zelle erfüllen kann. Ausgewählte Aminosäurereste können durch die kovalente Bindung von Glykosylresten („Zuckern"), Lipiden, Phosphatgruppen oder anderen chemischen Modifikationen verändert werden. Enzyme können einen oder mehrere Aminosäuren vom Aminoende der Polypeptidkette abspalten (partielle Proteolyse). Beispielsweise wird Insulin zunächst als Teil einer größeren Polypeptidkette (Prohormon) synthetisiert und erst danach durch eine enzymatische Spaltung als aktives Hormon freigesetzt. Dabei wird in der Mitte der Polypeptidkette gezielt ein Stück herausgetrennt. Es entstehen zwei Polypeptide, die dann durch einen weiteren Typ von posttranslationaler Modifikation, nämlich über Disulfidbrücken (–S–S–), durch ein Enzym kovalent miteinander verbunden werden. In anderen Fällen treten zwei oder mehr Polypeptidketten, die unabhängig voneinander synthetisiert worden sind, zusammen und werden so zu Untereinheiten eines multimeren Proteins mit einer Quartärstruktur. Ein bekanntes Beispiel hierfür ist das Hämoglobin (siehe Abbildung 5.14).

Die Kernmembran in den eukaryontischen Zellen trennt die Transkription von der Translation. Außerdem werden im Zellkern viele RNA-Prozessierungen durchgeführt. Wie wir bereits beschrieben haben, kann durch diese räumliche Trennung die Proteinbiosynthese auch noch an verschiedenen Stellen reguliert werden. Abbildung 17.17 fasst den Weg vom Gen zum Polypeptid in einer eukaryontischen Zelle zusammen.

VERSTÄNDNISFRAGEN

1. Welche beiden Prozesse stellen sicher, dass der richtige Aminosäurerest in eine wachsende Polypeptidkette eingebaut wird?

2. Beschreiben Sie, wie die Bildung von Polyribosomen sich als nützlich für die Zelle erweisen kann.

3. WAS WÄRE, WENN? Erörtern Sie, auf welche Weise die Struktur von rRNAs wahrscheinlich zur Ribosomenfunktion beiträgt.

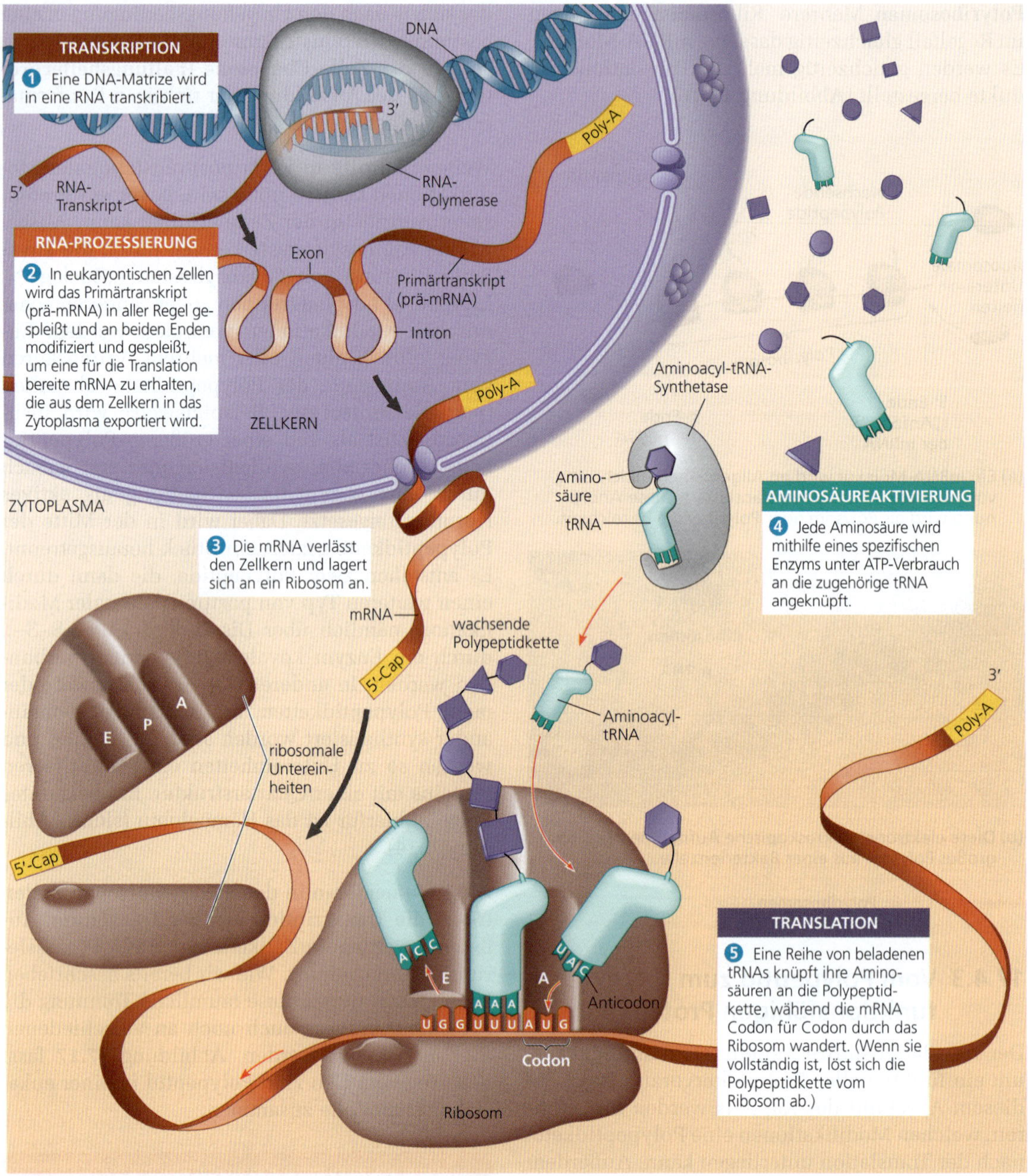

Abbildung 17.17: Übersicht über die Transkription und Translation in einer eukaryontischen Zelle. Dieses Schema zeigt den Weg von einem Gen zu einem Polypeptid. Bedenken Sie, dass jedes Gen von der DNA wiederholt transkribiert werden kann und so viele Kopien einer mRNA hervorbringt. Auch kann jede mRNA mehrfach zur Translation in viele Polypeptidketten dienen. Die Gene können für Proteine codieren oder für verschiedene RNA-Moleküle (z.B. tRNA oder rRNA). Im Allgemeinen sind die Schritte der Transkription und Translation in Bakterien, Archaea und Eukaryonten ähnlich. Allerdings ist die RNA-Prozessierung im eukaryontischen Zellkern ein wichtiges Unterscheidungsmerkmal. Außerdem unterscheiden sich die Initiationsphasen von Transkription und Translation zwischen den verschiedenen Gruppen, ebenso wie die Mechanismen der Transkriptionstermination.

17.5 Punktmutationen können die Struktur und Funktion eines Proteins beeinflussen

Mutationen sind für die gewaltige Vielfalt an Genen verantwortlich, die sich bei den verschiedenen Lebewesen finden, weil sie die Quelle neuer Allele und neuer Gene darstellen. In Abbildung 15.7 haben wir großräumige Mutationen betrachtet – chromosomale Umlagerungen, die lange Abschnitte der DNA betreffen. Im Weiteren möchten wir uns näher mit **Punktmutationen** beschäftigen – chemischen Veränderungen der DNA, die nur einzelne Basen beziehungsweise Basenpaare betreffen.

Falls eine Punktmutation in einer Keimzelle oder einer ihrer Vorläuferzellen auftritt, kann sie auf die Nachkommen übergehen und so auch auf folgende Generationen (wenn sie nicht die Lebens- und Fortpflanzungsfähigkeit beeinflusst). Hat eine Mutation in der Keimbahn schwerwiegende Auswirkungen auf den Phänotyp, liegt eine Erbkrankheit vor. So lässt sich etwa das Krankheitsbild der Sichelzellenanämie auf eine Mutation eines einzelnen Basenpaares im β-Globin-Gen (das die β-Untereinheit des Hämoglobins codiert) zurückführen.

17.5.1 Formen der Punktmutation

Punktmutationen lassen sich in drei Gruppen unterteilen: Basenpaar-Austausche, Basenpaar-Insertionen und Basenpaar-Deletionen.

Substitutionen Eine **Basenpaar-Substitution** (ein **Basenpaar-Austausch**) ist der Ersatz eines Nucleotids und seines Gegenübers auf dem komplementären DNA-Strang durch ein anderes Nucleotidpaar (Abbildung 17.18).

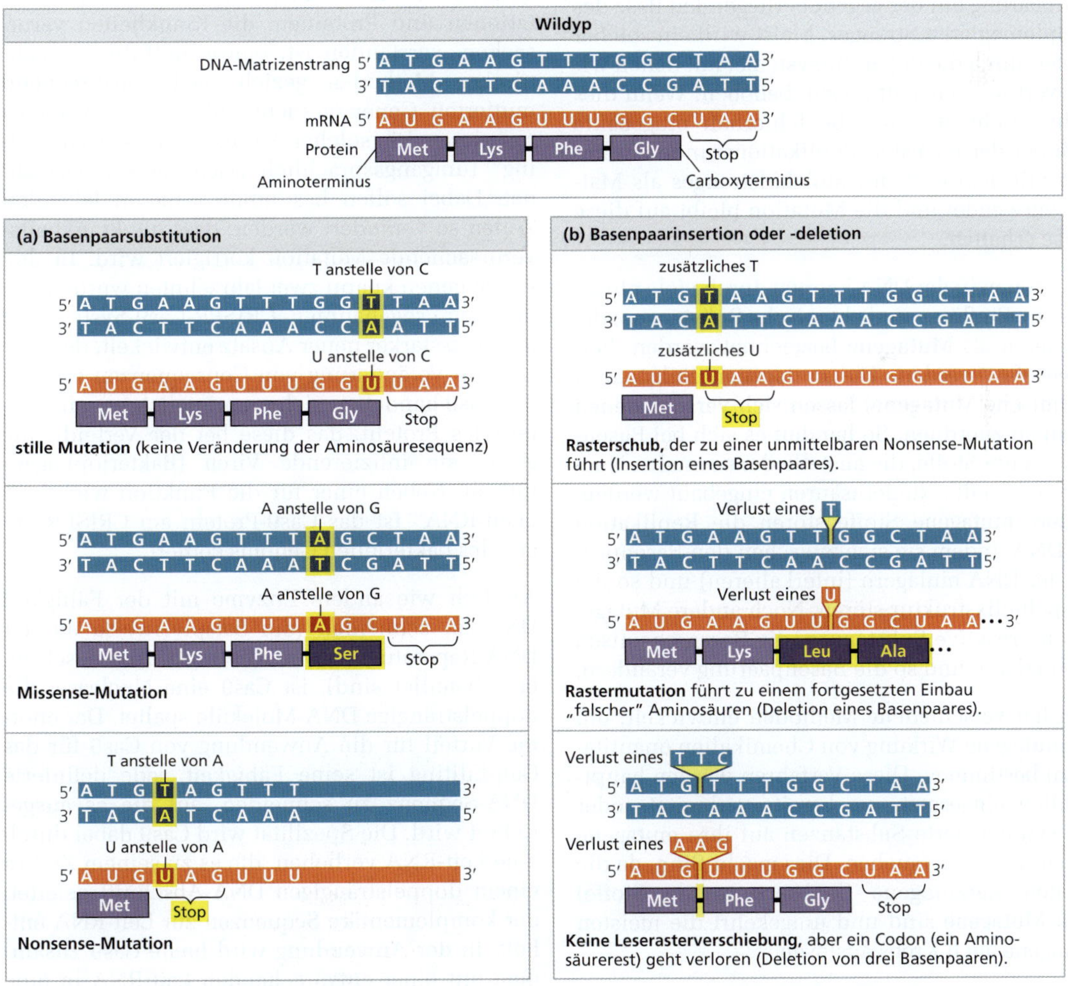

Abbildung 17.18: Die verschiedenen Arten von Punktmutationen. Mutationen sind Veränderungen der DNA, die zu Veränderungen der mRNAs und der von diesen gebildeten Proteinen führen können, wenn sie im codierenden Bereich von Genen auftreten.

Insertionen und Deletionen **Insertionen** (Baseneinschübe) und **Deletionen** (Basenausfälle) sind Mutationen durch überzählige oder wegfallende Basenpaare.

> **MERKE!**
> **Insertionen (Baseneinschübe) und Deletionen (Basenausfälle) sind Mutationen durch überzählige oder wegfallende Basenpaare.**

17.5.2 Mutagene

Mutationen können verschiedene Ursachen haben: Fehler während der Replikation der DNA oder der Rekombination können zu Substitutionen, Deletionen, Insertionen oder anderen größeren Veränderungen der DNA führen. Wenn während der Replikation ein falsches Nucleotid in die Molekülkette eingefügt wird, kommt es zur Fehlpaarung mit der gegenüberliegenden Base des komplementären Stranges. Meist wird ein solcher Fehler durch die Reparatursysteme, mit denen wir uns vertraut gemacht haben, behoben. Wenn dies nicht geschieht, wird die fehlerhaft eingebaute Base bei der nächsten Replikationsrunde zusammen mit dem Rest des Molekülstranges als Matrize verwendet und die Mutation bleibt auf diese Weise erhalten.

Mutationen in der DNA können durch viele physikalische Einflüsse und chemische Substanzen, die allgemein als **Mutagene** bezeichnet werden, hervorgerufen werden. Die mutagenen Substanzen (chemische **Mutagene**) lassen sich verschiedenen Gruppen zuordnen. So handelt es sich bei Basenanaloga um Stoffe, die anstelle der normalen Nucleobasen in die Nucleinsäuren eingebaut werden. Andere mutagene Stoffe stören die Replikation der DNA, indem sie sich zwischen den Basenpaaren der DNA einlagern (interkalieren) und so die Doppelhelixstruktur stören. Noch andere Mutagene sind reaktive Substanzen, die Basen chemisch modifizieren und so die Basenpaarung verändern.

Man hat verschiedene Methoden entwickelt, um die mutagene Wirkung von Chemikalien quantitativ zu bestimmen. Diese Verfahren werden hauptsächlich eingesetzt, um bereits verbreitete oder neu synthetisierte Substanzen auf ihre mutagene Wirkung zu untersuchen. Dies macht Sinn, da die meisten Karzinogene (krebserzeugende Stoffe) auch Mutagene sind und umgekehrt die meisten Mutagene auch Krebs auslösen.

VERSTÄNDNISFRAGEN

1. Was passiert, wenn ein Nucleotidpaar in der Mitte des codierenden Bereichs eines Gens fehlt, also deletiert ist?

2. WAS WÄRE, WENN? Ein Gen, dessen Matrizenstrang die Basensequenz 3'-TACTTGTCCGATAGC-5' enthält, mutiert zu 3'-TACTTGTCCAATAGC-5'. Zeichnen Sie für den Ausgangs- und den mutierten Strang jeweils den Gegenstrang, die sich bei einer Transkription ergebende RNA-Sequenz sowie die aus einer Translation resultierende Aminosäuresequenz. Beginnen Sie den Triplettcode hierfür bei der ersten Base. Welchen Effekt hat die Mutation auf die Aminosäuresequenz?

17.5.3 CRISPR und seine Anwendung zur Korrektur krankheits-verursachender Mutationen

Seitdem der Zusammenhang zwischen Genmutationen und Proteinen, die Krankheiten verursachen, verstanden ist, wurde mithilfe gentechnischer Methoden gezielt nach entsprechend mutierten Genen gesucht, mit dem Ziel sie zu reparieren. Ein solcher Ansatz wird als „Gen-Editing" (umgangssprachlich „Genschere") bezeichnet. Dabei sollen bestimmte Gene in lebenden Zellen so verändert werden, dass die krankheitsverursachende Mutation korrigiert wird. In den vergangenen knapp zwei Jahrzehnten wurde dazu mit dem sogenannten CRISPR-Cas9-System ein leistungsstarker neuer Ansatz entwickelt, der eine gezielte Veränderung von Gensequenzen erlaubt. Bei Cas9 handelt es sich ursprünglich um ein bakterielles Protein, das diese bei der Verteidigung gegen sie infizierende Viren (Bakteriophagen) nutzen. Neben einer für die Funktion wichtigen „Leit-RNA" ist das Cas9-Protein am CRISPR-Locus des bakteriellen Genoms codiert.

Ähnlich wie andere Enzyme mit der Fähigkeit DNA zu schneiden (die beispielsweise an der DNA-Reparatur, wie in Abschnitt 16.2 beschrieben, beteiligt sind), ist Cas9 eine Nuclease, die doppelsträngige DNA-Moleküle spaltet. Der enorme Vorteil für die Anwendung von Cas9 für das Gen-Editing ist seine Fähigkeit, jede definierte DNA-Sequenz zu schneiden, auf die es ausgerichtet wird. Die Spezifität wird Cas9 dabei durch eine Leit-RNA verliehen, die es zu seinem Ziel in einem doppelsträngigen DNA-Abschnitt geleitet, der komplementäre Sequenzen zur Leit-RNA enthält. In der Anwendung wird heute Cas9 zusammen mit einer entsprechenden Leit-RNA in eine

Zelle eingeführt, um deren Genom gezielt an einer bestimmten Stelle zu verändern (siehe Abbildung 17.19). Der Komplex schneidet beide Stränge der Ziel-DNA. Die dadurch gebildeten freien DNA-Enden aktivieren die DNA-Reparatursysteme der Zelle. Wenn keine unbeschädigte DNA vorhanden ist, die als Matrize für die Reparatur verwendet werden kann, fügen die Reparaturenzyme zufällige Nucleotide ein oder entfernen sie, um die DNA-Enden erneut miteinander zu verknüpfen (Abbildung 17.19 unten links). Meist führt dies zum Verlust der Genfunktion und wird dazu verwendet, ein bestimmtes Gen „auszuschalten“ (zu deaktivieren). Die so erhaltene Mutante kann dann auf ihre Phänotypen und die Bedeutung des Gens für den Organismus untersucht werden.

Wie kann nun dieses System zur Behandlung von Erbkrankheiten eingesetzt werden? – Die Forschenden haben die Technik so weit modifiziert, dass das CRISPR-Cas9-System zum Austausch einer schädlichen Mutation gegen eine entsprechende Wildtypsequenz eingesetzt werden kann. Hierbei wird ein Segment des normalen (funktionalen) Gens zusammen mit dem CRISPR-Cas9-System in eine lebende Zelle eingebracht. Nachdem Cas9 die Ziel-DNA geschnitten hat, verwenden die zellulären Reparaturenzyme die normale DNA als Vorlage (Matrize), um die Ziel-DNA an der Bruchstelle zu reparieren (Abbildung 17.19 unten rechts). Beispielsweise wurden im Jahr 2018 vielversprechende Ergebnisse zum Einsatz des CRISPR-Cas9-Systems bei der Heilung der Sichelzellenanämie veröffentlicht. Menschliche Zellen von Patientinnen und Patienten mit der Sichelzellkrankheit wurden isoliert, CRISPR-Cas9 zusammen mit Wildtyp-DNA eingebracht und in das Knochenmark von Mäusen injiziert. Nach 19 Wochen war das Gen in 20–40 % der injizierten Zellen korrigiert. In einer anderen Studie aus dem Jahr 2021 wurde eine verbesserte CRISPR-Methode in einem ähnlichen Experiment angewendet. Hier zeigte sich, dass das defekte Gen 16 Wochen später in etwa 70 % der Zellen repariert war. Im Jahr 2023 wurde eine auf CRISPR basierende Gentherapie der Sichelzellenanämie beim Menschen in der Europäischen Union zugelassen. Dabei wird allerdings nicht der eigentliche Gendefekt repariert, sondern ein alternatives, embryonales Hämoglobingen stärker exprimiert. Die CRISPR-Technologie und ihre neueren Varianten des Basen- und Primer-Editing besitzt also das Potenzial, viele Erbkrankheiten zu behandeln.

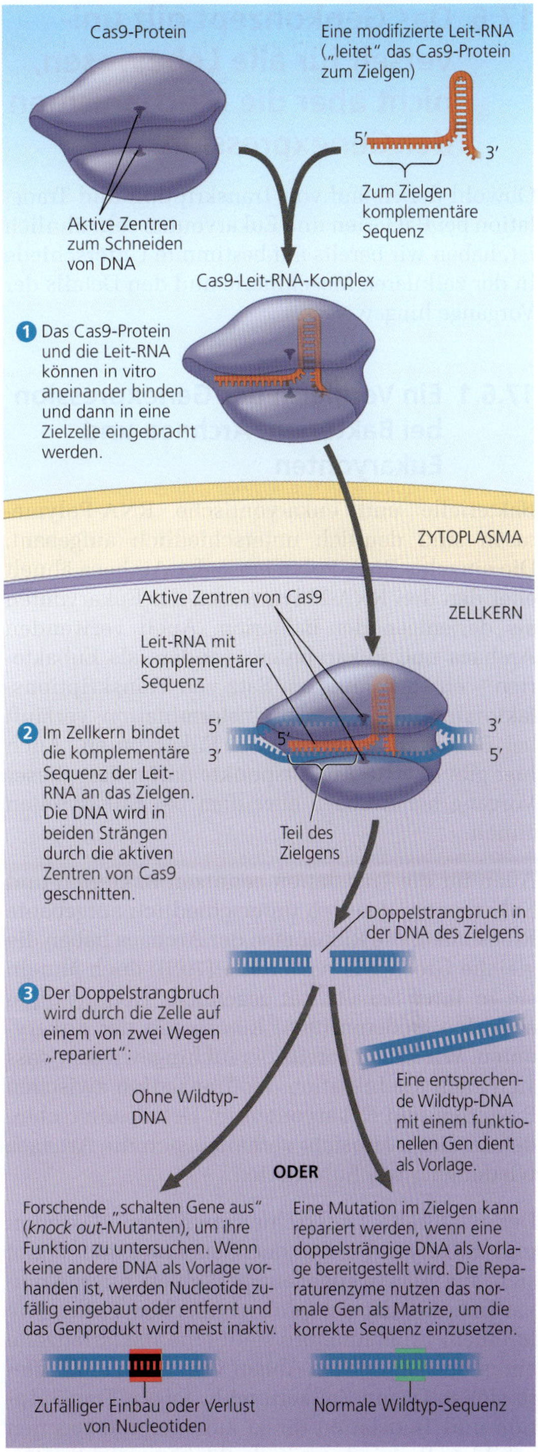

Abbildung 17.19: Genetische Manipulation durch das CRISPR-Cas9-System.

17.6 Das Genkonzept gilt universell für alle Lebewesen, nicht aber die Mechanismen der Genexpression

Obwohl der Ablauf von Transkription und Translation bei Bakterien und Eukaryonten sehr ähnlich ist, haben wir bereits auf bestimmte Unterschiede in der zellulären Maschinerie und den Details der Vorgänge hingewiesen.

17.6.1 Ein Vergleich der Genexpression bei Bakterien, Archaea und Eukaryonten

Bakterielle und eukaryontische RNA-Polymerasen sind deutlich unterschiedlich aufgebaut. Die einzelne RNA-Polymerase der Archaea ähnelt eher den drei RNA-Polymerasen der Eukaryonten als derjenigen der Bakterien. Auch verwenden Archaea und Eukaryonten – anders als Eubakterien – einen komplexen Satz von Transkriptionsfaktoren. Die Transkriptionstermination verläuft bei Bakterien anders als bei Eukaryonten. Auch hier gibt es erste Anhaltspunkte dafür, dass dieser Vorgang bei Archaea eher dem bei Eukaryonten ähnelt.

Auch für die Translation benutzen Bakterien und Eukaryonten deutlich unterschiedlich aufgebaute Ribosomen. Die Ribosomen der Archaea haben die gleiche Größe wie bakterielle (70S), doch ähneln sie in ihrer Sensitivität gegenüber Hemmstoffen eher den größeren (80S) Ribosomen der Eukaryonten. Wir haben bereits darauf hingewiesen, dass sich auch die Initiation der Translation zwischen Bakterien und Eukaryonten im Detail unterscheidet. In dieser Hinsicht verhalten sich die Archaea wieder eher wie Eubakterien.

Der wichtigste Unterschied zwischen Bakterien und Eukaryonten bei der Genexpression ergibt sich aus dem weitgehenden Fehlen einer Kompartimentierung der prokayontischen Zelle. Wie in einem Großraumbüro stellt eine Bakterienzelle einen übergangslosen Ablauf vom Gen zum Protein sicher. Da ein Zellkern fehlt, folgen Transkription und Translation direkt aufeinander. Das neu gebildete Protein kann in der kleinen, nicht unterteilten Zelle rasch zu seinem Zielort gelangen. Man weiß im Moment noch recht wenig darüber, ob Transkription und Translation in den Zellen der Archaea ähnlich miteinander gekoppelt sind, doch scheint dies sehr wahrscheinlich. Im Gegensatz dazu trennt bei Eukaryonten die Kernmembran die Prozesse der Transkription von denen der Translation und bildet ein geschlossenes Kompartiment für die umfangreiche Prozessierung der RNA. Die Prozessierung umfasst weitere Schritte, deren Regulation dabei behilflich sein kann, die aufeinander abgestimmten Aktivitäten in der arbeitsteiligen eukaryontischen Zelle zu koordinieren (siehe Kapitel 18). Schließlich verfügen Eukaryonten über komplizierte Mechanismen für den zielgerichteten Transport von Proteinen in das für sie bestimmte Organell oder an einen anderen Zielort.

17.6.2 Was ist ein Gen? Eine neue Betrachtung

Unsere Definition eines Gens hat sich im Verlauf der vorangegangenen Kapitel ebenso gewandelt wie im Laufe der Geschichte der Genetik selbst. Wir sind von Mendels Konzept des Gens als eigenständige Vererbungseinheit, die ein phänotypisches Merkmal festlegt, ausgegangen.

Die Aussage, dass ein Gen ein Polypeptid codiert, ist offensichtlich zu stark vereinfacht. Die meisten eukaryontischen Gene enthalten in ihren offenen Leserastern (ORFs; engl. *open reading frames*) nicht codierende Abschnitte, die Introns, die so umfangreich sein können, dass große Anteile der Gene sich nicht im Translationsprodukt wiederfinden. Zu einem Gen gehören auf der molekularen Ebene neben dem offenen Leseraster, das die codierenden Sequenzen enthält, auch der Promotor und andere regulatorische Bereiche der DNA. Diese auf der DNA liegenden Sequenzen werden nicht transkribiert, sind aber zweifelsfrei doch Teil eines Gens als Funktionseinheit, weil ohne sie die Transkription nicht stattfinden kann. Unsere molekulare Definition eines Gens muss außerdem breit genug angelegt sein, um auch codierende DNA einzuschließen, die zu nicht translatierten RNAs wie rRNA, tRNA und anderen umgeschrieben wird. Diese Gene spielen, obgleich sie nicht zu Translationsprodukten führen, eine entscheidende Rolle in der Zelle. Dies führt uns zu der folgenden Definition: *Ein Gen ist ein DNA-Bereich, der exprimiert werden kann und dabei entweder ein Polypeptid oder ein RNA-Molekül als Endprodukt mit einer Funktion herstellt.* Eine gegebene Zelle exprimiert in aller Regel nur einen Teil der in ihr enthaltenen Gene. Dies ist ein wesentliches Merkmal aller Organismen. Die Genexpression unterliegt einer genauen Regulation. Wir werden diese Regulation im nächsten Kapitel beleuchten.

MERKE!

Ein Gen ist ein DNA-Bereich, der exprimiert werden kann und dabei entweder ein Polypeptid oder ein RNA-Molekül als Endprodukt mit einer Funktion herstellt.

VERSTÄNDNISFRAGE

1. **WAS WÄRE, WENN?** In eukaryontischen Zellen hat man eine merkwürdige Struktur gefunden, bei der der Poly-A-Schwanz einer mRNA mit Proteinen in der Nähe der 5′-Cap-Struktur wechselwirkt, sodass sich eine fast zirkuläre Struktur ergibt. Wie könnte dies zur Erhöhung des Wirkungsgrades der Translation führen?

ZUSAMMENFASSUNG

Die Verbindung von Genen und Proteinen über Transkription und Translation

Die DNA steuert den Stoffwechsel, indem sie die Herstellung bestimmter Enzyme und anderer Proteine anweist. Gene codieren Polypeptidketten (Enzyme oder andere Proteine) oder RNA-Moleküle.

Die Grundlagen der Transkription und Translation. Die Transkription (Abschrift) ist die Nucleotid-genaue Herstellung einer zum Matrizenstrang der DNA komplementären RNA. Die Translation (Übersetzung) ist die Informationsübertragung von der Ebene der mRNA (Nucleotidsequenzen) auf die der Proteine (Aminosäuresequenzen).

Der genetische Code. Die genetische Information zur Herstellung von Proteinen ist in Form nichtüberlappender Basentripletts (Codons) gespeichert. Ein Codon der Boten-RNA (mRNA) wird entweder in eine Aminosäure übersetzt (61 der 64 möglichen Codons) oder es dient als Stoppsignal der Translation (drei Codons). Die Codons müssen im richtigen Leseraster abgelesen werden.

Transkription – die DNA-abhängige RNA-Synthese

Die RNA-Synthese wird von RNA-Polymerasen katalysiert. Der Vorgang unterliegt der gleichen Basenpaarungsregel wie die DNA-Replikation, nur dass in der RNA Thymin durch Uracil und die Desoxyribose durch Ribose ersetzt werden.

Die Transkription unterteilt sich in die drei Stadien der Initiation, der Elongation und der Termination. Promotoren sind die Initiationsorte der RNA-Synthese und enthalten bei eukaryontischen Genen oft eine TATA-Box. Transkriptionsfaktoren helfen eukaryontischen RNA-Polymerasen bei der Erkennung des Promotorbereichs und bei der Ausbildung des Transkriptions-Initiationskomplexes. Der Terminationsmechanismus unterscheidet sich bei Bakterien und Eukaryonten.

mRNA-Moleküle werden in eukaryontischen Zellen nach der Transkription modifiziert

Eukaryontische mRNA-Moleküle werden noch verändert (prozessiert), bevor sie den Zellkern verlassen. Diese Prozessierung beinhaltet das Spleißen der prä-mRNA. Eine Modifizierung erfolgt außerdem an beiden Enden des Moleküls: Das 5′-Ende wird mit einer 5′-Cap-Struktur versehen, das 3′-Ende mit einem Poly-A-Schwanz.

Die meisten eukaryontischen Gene weisen offene Leseraster auf, deren codierende Bereiche (Exons) von nicht codierenden Introns unterbrochen sind. Die Größe und Zahl der Introns variiert bei verschiedenen Genen und Arten. Beim Spleißen der prä-mRNA werden die Introns basengenau herausgetrennt und die Exonbereiche kovalent miteinander verknüpft. Der Spleißvorgang wird normalerweise von Spleißosomen durchgeführt, kann in einigen Fällen aber auch ohne äußere Hilfe autokatalytisch erfolgen. Die katalytische Befähigung der als Ribozyme bezeichneten Ribonucleinsäuren ist eine immanente Eigenschaft dieser RNAs. Die Existenz von Introns ermöglicht das alternative Spleißen von RNA-Molekülen.

Translation – die RNA-abhängige Polypeptidsynthese: Eine nähere Betrachtung

Die molekularen Komponenten des Translationsapparates. Eine Zelle translatiert (übersetzt) eine in Form einer mRNA vorliegende Anweisung in ein Protein. Dazu bedient sie sich der Hilfe von tRNA-Molekülen (Transfer-Ribonucleinsäuren). Nach der kovalenten Anknüpfung bestimmter Aminosäurereste durch Aminoacyl-tRNA-Synthetasen wechselwirken Aminoacyl-tRNAs (AA-tRNAs) im Zuge der Translation mit mRNAs. Die Paarung erfolgt zwischen dem Anticodon der AA-tRNA und einem Codon der mRNA.

Ribosomen vermitteln die Wechselwirkung dieser Moleküle und helfen bei der Ausbildung der Peptidbindungen bei der Übertragung der Aminoacylreste von der AA-tRNA auf eine wachsende Peptidkette.

Die Biosynthese von Polypeptiden. Ribosomen koordinieren die drei Schritte der Translation: Initiation, Elongation und Termination. Die Bildung von Peptidbindungen zwischen Aminosäuren wird von der rRNA katalysiert, wobei die tRNA-Moleküle nacheinander durch die A- und P-Stellen des Ribosoms wandern und nach erfolgter Peptidverknüpfung das Ribosom durch die E-Stelle verlassen.

Vom Polypeptid zum funktionsfähigen Protein. Nach Abschluss der Translation erfolgen gegebenenfalls posttranslationale Modifikationen, die den funktionalen Zustand und/oder die Konformation des Proteins beeinflussen. Die Initiation der Proteinbiosynthese erfolgt in jedem Fall an freien Ribosomen im Zytoplasma.

Punktmutationen können Struktur und Funktion eines Proteins beeinflussen

Eine Punktmutation ist die Veränderung eines einzelnen Basenpaars eines DNA-Moleküls und kann zur Bildung eines fehlerhaften Proteins führen, das seine normale Funktion nicht mehr ausüben kann.

Formen der Punktmutation. Basenpaar-Substitutionen können folgenlos sein oder zu Missense- oder Nonsense-Mutationen führen. Die Insertion oder Deletion von Basenpaaren kann zur Verschiebung des Leserasters (*Frameshift*-Mutation) führen.

Mutagene. Spontane Mutationen können im Verlauf der Replikation, der Rekombination oder der Reparatur der DNA eintreten. Chemische und physikalische Mutagene verursachen DNA-Schäden, die zur Veränderung von Genen führen.

Das Genkonzept gilt universell für alle Lebewesen, nicht aber die Mechanismen der Genexpression

Ein Gen ist ein DNA-Bereich, dessen abschließendes funktionelles Produkt entweder ein Polypeptid oder ein RNA-Molekül ist.

Regulation der Genexpression

18

18.1 Die Transkription bakterieller Gene passt sich wechselnden Umweltbedingungen an

Bakterienzellen, die Nährstoffe und Energie sparsam nutzen können, haben einen Selektionsvorteil gegenüber Zellen, die dazu nicht in der Lage sind. Die natürliche Selektion hat daher Bakterien begünstigt, die nur die Gene exprimieren, deren Produkte von der Zelle benötigt werden.

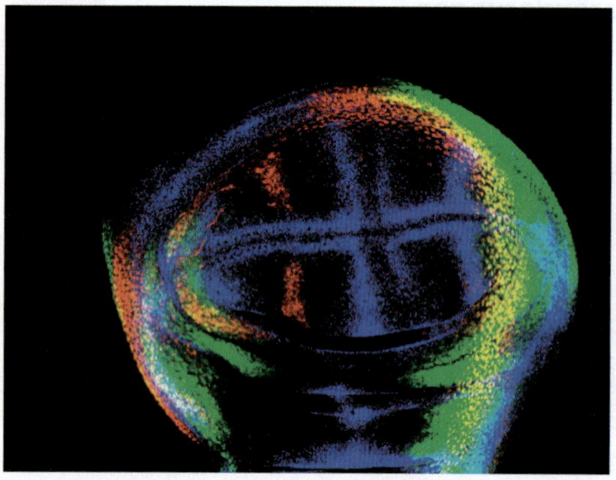

Abbildung 18.1: **Welche Faktoren regulieren das Expressionsmuster verschiedener Gene?**

Stellen wir uns etwa eine einzelne *Escherichia coli*-Zelle in der wechselnden Umgebung unseres Dickdarms vor, die von der Nährstoffaufnahme ihres Wirtes abhängig ist. Fehlt hier beispielsweise die für das Bakterium lebenswichtige Aminosäure Tryptophan, wird es die Tryptophanbiosynthese aus anderen Vorstufen anschalten (Tryptophanbiosyntheseweg). Wenn der Mensch zu einem späteren Zeitpunkt proteinreiche Nahrung zu sich nimmt, stellt die Bakterienzelle die Produktion von Tryptophan ein, für die sie nun unnötig Rohstoffe und Energie verschwenden würde, wenn die Aminosäure direkt aus der Umgebung aufgenommen werden kann. Dies ist nur ein Beispiel dafür, wie Bakterien ihren Stoffwechsel sich ändernden Umweltbedingungen anpassen.

Das Beispiel der Tryptophanbiosynthese ist auch in Abbildung 18.2 gewählt, um zwei Ebenen der Stoffwechselkontrolle zu verdeutlichen. Zunächst vermag die Zelle die Aktivität bereits vorhandener Enzyme zu regulieren. Dies geht sehr schnell und beruht auf der Eigenschaft vieler Enzyme, ihre Aktivität unter dem Einfluss kleiner Moleküle zu steigern oder zu vermindern (allosterische Regulation; nähere Einzelheiten dazu siehe Kapitel 8).

So wird die Aktivität des ersten Enzyms in der Tryptophanbiosynthese durch das Endprodukt Tryptophan gehemmt (Endprodukthemmung; Abbildung 18.2). Wenn sich Tryptophan in der Zelle anstaut, hemmt es damit seine weitere Synthese. Solche Endprodukthemmungen sind typisch für anabole (aufbauende) Stoffwechselwege. Sie erlauben es der Zelle, sich schnell an kurzfristige Schwankungen in der Verfügbarkeit einer benötigten Substanz einzustellen.

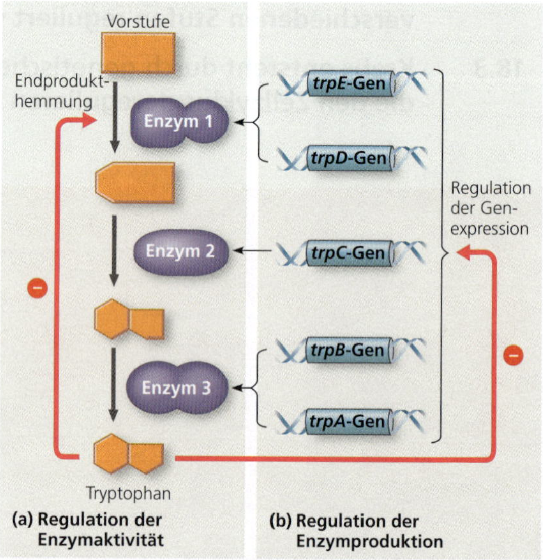

Abbildung 18.2: **Die Regulation eines Stoffwechselweges.** Ein Tryptophan-Überschuss kann sich auf zwei unterschiedlichen Ebenen auf die Synthese der Aminosäure auswirken: **(a)** Die Aktivität des ersten Enzyms des Stoffwechselwegs kann relativ schnell gehemmt werden (Endprodukthemmung). **(b)** Die Expression aller Gene, die für Enzyme dieses Biosynthesewegs codieren, kann reprimiert werden (Repression). Dies ist eine langsamere und länger anhaltende Reaktion. Die Gene *trpE* und *trpD* codieren zwei Untereinheiten des Enzyms 1, die Gene *trpB* und *trpA* zwei Untereinheiten des Enzyms 3. (Die Gene erhielten ihre Bezeichnungen, bevor die Abfolge der enzymatischen Schritte im Stoffwechselweg bekannt war.) Das Symbol steht für Hemmung.

Die Steuerungsmechanismen der bakteriellen Genexpression wurden als Erstes im sogenannten Operonmodell zusammengefasst, das im Jahr 1961 von Francois Jacob und Jacques Monod vom Pasteur-Institut in Paris vorgestellt wurde. Schauen wir uns an, was ein Operon ist und wie es funktioniert. Dabei soll uns zunächst wieder die Tryptophanbiosynthese als Beispiel dienen.

18.1.1 Das Operon-Konzept

Escherichia coli synthetisiert die Aminosäure Tryptophan (Trp) in mehreren Schritten aus einer Ausgangsverbindung (Abbildung 18.2). Jeder Reaktionsschritt des Stoffwechselweges wird von einem bestimmten Enzym katalysiert, wobei die fünf dafür codierenden Gene hintereinander auf dem Bakterienchromosom angeordnet sind. Die Gengruppe besitzt nur einen einzigen, gemeinsamen Promotor und bildet eine Transkriptionseinheit. (Wie in Kapitel 17 beschrieben, ist der Promotor die Bindestelle der RNA-Polymerase auf der DNA, an der die Transkription beginnt.) Durch die Transkription wird also in diesem Fall ein einzelnes, langes mRNA-Molekül mit der Information für die fünf Enzyme gebildet, die die Tryptophanbiosynthese katalysieren. Bei der Translation stellt die Zelle fünf einzelne Polypeptide anhand dieser mRNA her, die fünf separate offene Leseraster enthält, die jeweils durch eigene Start- und Stopcodons bestimmt werden.

Ein wichtiger Vorteil des Zusammenlegens von Genen in einer Transkriptionseinheit ist die Möglichkeit, gemeinsame Funktionen durch einen einzigen Schalter ein- oder ausschalten zu können, der die gesamte Gengruppe steuert, das heißt man erhält eine koordinierte Kontrolle. Wenn eine *E. coli*-Zelle aufgrund von Tryptophanmangel den Biosyntheseweg benötigt, werden die notwendigen Enzyme gleichzeitig bereitgestellt. Der zuständige Schalterbereich in der DNA heißt **Operator** (engl. *operator(s)*, Maschinist, Bedienpersonal). Sowohl seine Lage wie auch die Bezeichnung passen zur Funktion dieses genetischen Elements: Er liegt im Promotor oder zwischen diesem und dem Beginn des offenen Leserasters und kontrolliert den Zugang der RNA-Polymerase zu den codierenden Genbereichen. Der Operator bildet zu-

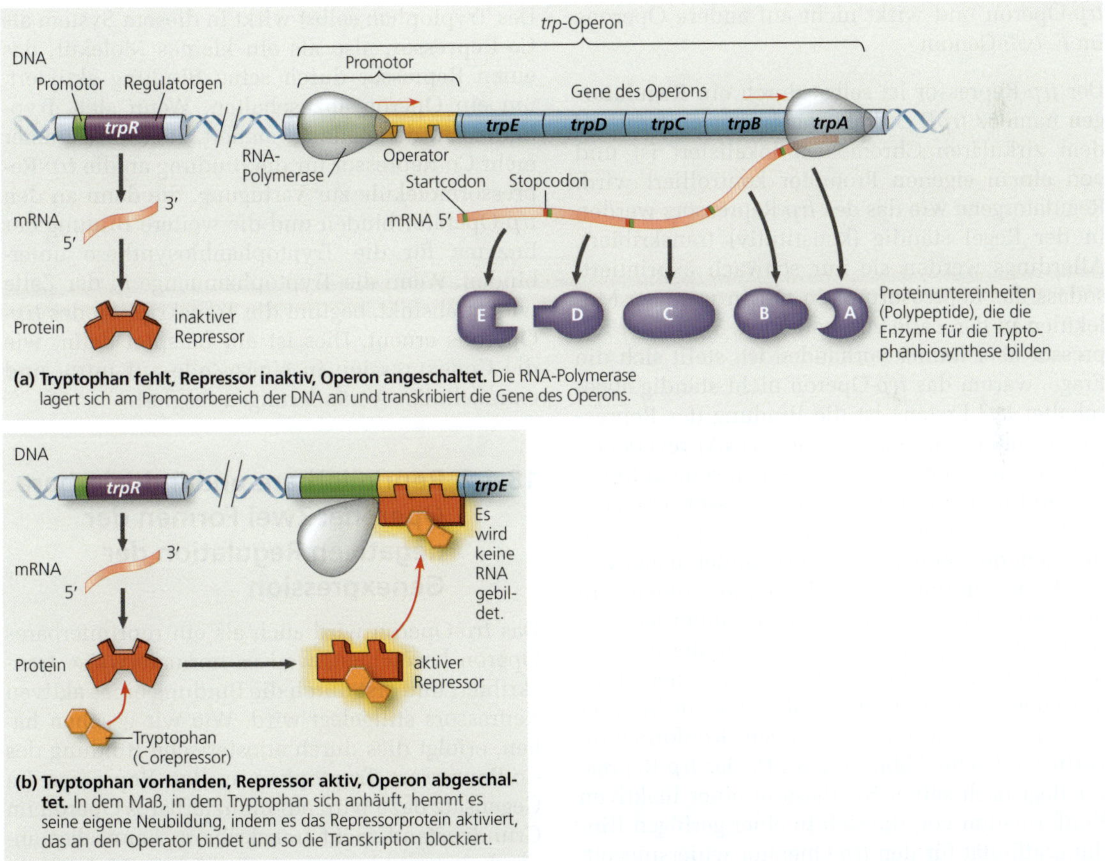

Abbildung 18.3: Das *trp*-Operon in *Escherichia coli*: ein Beispiel für die Steuerung der Genexpression durch Repression. Tryptophan ist eine Aminosäure, deren Synthese in Bakterien durch einen Stoffwechselweg mit mehreren enzymatischen Schritten erfolgt. Die Transkription der für die Enzyme codierenden Gene kann reprimiert werden. **(a)** Die fünf für die Polypeptiduntereinheiten der Enzyme des Stoffwechselweges codierenden Gene (Abbildung 18.2) liegen nebeneinander und stehen unter der Kontrolle eines einzigen Promotors. Zusammen bilden sie das *trp*-Operon. Der *trp*-Operator (die Bindungsstelle des *trp*-Repressors) liegt im Bereich des *trp*-Promotors (Bindungsstelle der RNA-Polymerase). **(b)** Eine Anhäufung von Tryptophan, dem Endprodukt der Biosynthese, in der Zelle reprimiert die Transkription des *trp*-Operons und hemmt damit die Enzymsynthese.

? Beschreiben Sie die Vorgänge am *trp*-Operon, wenn die Zelle ihren Vorrat an Tryptophan verbraucht hat.

sammen mit dem Promotor und den offenen Leserastern einer solchen Transkriptionseinheit ein **Operon**. Das Tryptophan-Operon (*trp*-Operon) ist nur eines von zahlreichen Operonen des *E. coli*-Genoms (Abbildung 18.3).

Wenn der Operator ein Schalter für die Transkriptionskontrolle ist, wie wird er dann bedient? Im Grundzustand ist das *trp*-Operon aktiv („angeschaltet"), die RNA-Polymerase kann ungehindert an den Promotor binden und die Gene des Operons transkribieren. Das Operon kann aber auch durch den sogenannten *trp*-Repressor abgeschaltet (reprimiert) werden. Der **Repressor** bindet an die DNA des Operators, verhindert den Zugang der RNA-Polymerase zum Promotor und damit die Transkription der Gene. Allgemein binden Repressorproteine jeweils spezifisch an den Operator eines bestimmten Operons. Beispielsweise beeinflusst der *trp*-Repressor ausschließlich das *trp*-Operon und wirkt nicht auf andere Operone im *E. coli*-Genom.

Der *trp*-Repressor ist selbst durch ein **Regulatorgen** namens *trpR* codiert, das weiter entfernt auf dem zirkulären Chromosom lokalisiert ist und von einem eigenen Promotor kontrolliert wird. Regulatorgene wie das des *trp*-Repressors werden in der Regel ständig (konstitutiv) transkribiert. Allerdings werden sie nur schwach exprimiert, sodass das Repressorprotein nur in wenigen Molekülen in der Zelle vorhanden ist. Wenn der Repressor aber immer vorhanden ist, stellt sich die Frage, warum das *trp*-Operon nicht ständig abgeschaltet ist? Erstens ist die Bindung des Repressors (Protein) an den Operator (DNA) reversibel. Der Operator pendelt also zwischen seinem freien Zustand und dem mit einem Repressor besetzten Zustand. Die Dauer, in der sich der Repressor also in einem der beiden Zustände befindet, hängt von der Konzentration aktiver Repressormoleküle in der Zelle ab. Als zweiter Faktor unterliegt die Aktivität des *trp*-Repressors (wie die der meisten regulatorischen Proteine) wiederum einer allosterischen Regulation, das heißt, er kann in einer aktiven oder in einer inaktiven Konformation vorliegen (siehe Abbildung 8.14). Der *trp*-Repressor liegt nach seiner Synthese in einer inaktiven Konformation vor, die sich in einer geringen Bindungsaffinität für den *trp*-Operator widerspiegelt. Wird aber die allosterische Bindestelle des *trp*-Repressors durch Tryptophan besetzt, nimmt das Protein seine aktive Konformation ein und lagert sich an den Operator des Operons an, um es abzuschalten. An dieser Stelle ist es wichtig, sich klar zu machen, dass es sich bei den Regulationsmechanismen der Genexpression nicht wirklich um ein „An- oder Abschalten" handelt, obwohl wir zum besseren Verständnis bei diesem Bild bleiben werden. Wie Sie gesehen haben, handelt es sich bei der Bindung des *trp*-Repressors um einen dynamischen Prozess. In einer lebenden *E. coli*-Zelle ergibt sich die tatsächliche Menge des gebildeten Transkripts aus dem zeitlichen Anteil, mit dem der Repressor an seinen Operator gebunden ist. Weder die theoretisch möglichen 100 Prozent noch ein vollkommenes Abschalten auf null Prozent Transkription werden also jemals in einem biologischen System erreicht. Außerdem greift am *trp*-Operon noch eine weitere Regulation, die auf der Kopplung von Transkription und Translation bei Bakterien beruht und als „Attenuation" bezeichnet wird. Aus Gründen der Übersichtlichkeit gehen wir auf dieses Phänomen hier nicht ein und möchten auf spezialisierte Lehrbücher der Genetik und Zellbiologie verweisen.

Das Tryptophan selbst wirkt in diesem System als **Co-Repressor,** also als ein kleines Molekül, das einen Repressor durch seine Bindung aktiviert, um ein Operon abzuschalten. Wenn sich Tryptophan in der Zelle anreichert, steht also immer mehr Co-Repressor für die Bindung an die *trp*-Repressormoleküle zur Verfügung, die dann an den *trp*-Operator binden und die weitere Bildung der Enzyme für die Tryptophanbiosynthese unterbinden. Wenn die Tryptophanmenge in der Zelle wieder absinkt, beginnt die Transkription des *trp*-Operons erneut. Dies ist ein Beispiel dafür, wie die Genexpression in einer Zelle auf intra- und extrazelluläre Veränderungen reagiert.

18.1.2 Reprimierbare und induzierbare Operone: Zwei Formen der negativen Regulation der Genexpression

Das *trp*-Operon wird auch als ein reprimierbares Operon bezeichnet, weil es normalerweise transkribiert und erst durch die Bindung eines aktiven Repressors stillgelegt wird. Wie wir gesehen haben, erfolgt dies durch allosterische Bindung des Co-Repressors Tryptophan an den Repressor. Im Gegensatz dazu wird ein induzierbares Operon im Grundzustand nicht transkribiert, kann aber angeschaltet werden, wenn ein kleines Molekül an ein Regulatorprotein bindet. Man bezeichnet diese Art der Kontrolle als **Induktion** und das kleine Molekül als **Induktor** (lat. *inducere*, veranlassen, herbeiführen). Als Paradebeispiel für ein induzierbares Operon gilt das *lac*-Operon von *E. coli,* das die Enzyme für die Aufnahme und den Abbau der Lactose (Milchzucker) codiert und dessen Regulation durch die Pionierarbeiten von Jacob und Monod aufgeklärt wurde.

Das Disaccharid Lactose kann von *E. coli*-Zellen im menschlichen Dickdarm als Nahrungsquelle genutzt werden, etwa wenn der Wirt Milch getrunken hat. Der Lactoseabbau beginnt mit der Hydrolyse des Disaccharids zu Glucose und Galactose mithilfe des Enzyms β-Galactosidase. Wächst eine *E. coli*-Zelle in einer Umgebung ohne Lactose, so sind nur wenige Moleküle dieses Enzyms vorhanden. Wird dem Medium aber Lactose als einziger Zucker zugesetzt, steigt die Konzentration der β-Galactosidasemoleküle in der Zelle innerhalb von 15 Minuten auf das Tausendfache an.

Das *lac*-Operon umfasst neben dem Gen für die β-Galactosidase noch zwei weitere Gene (Abbildung 18.4b). Eines davon, *lacY*, codiert für ein Transportprotein, welches die Aufnahme von Lactose in die Zelle bewirkt. Die gesamte Transkriptionseinheit wird durch einen Promotor und einen Operator gesteuert. Das Regulatorgen *lacI* liegt außerhalb des Operons und codiert einen allosterisch regulierbaren Repressor, der bei Bindung an den *lac*-Operator das nachgeschaltete Operon stilllegt. Dies entspricht der Regulation

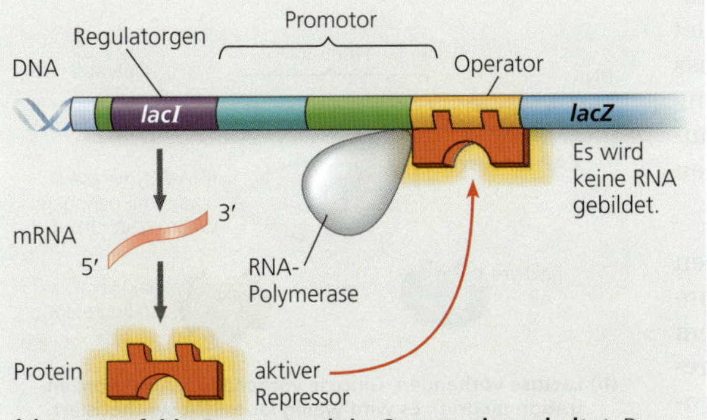

(a) Lactose fehlt, Repressor aktiv, Operon abgeschaltet. Der *lac*-Repressor ist in sich aktiv und schaltet das Operon in Abwesenheit von Lactose durch seine Bindung an den Operator ab.

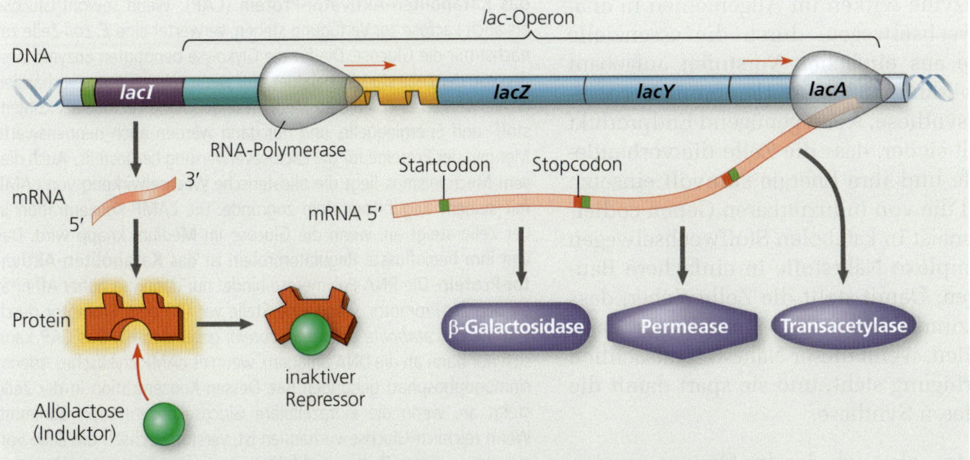

(b) Lactose vorhanden, Repressor inaktiv, Operon angeschaltet. Allolactose, ein Isomer der Lactose, dereprimiert das Operon, indem sie den Repressor inaktiviert. Auf diese Weise wird die Bildung der Enzyme für die Lactoseverwertung induziert.

Abbildung 18.4: Das *lac*-Operon von *Escherichia coli*: Regulation durch Induktion der Genexpression. Für die Verwertung von Lactose (Milchzucker) durch *E. coli* werden zwei Enzyme benötigt, die im *lac*-Operon codiert sind. Das *lacZ*-Gen codiert die β-Galactosidase – das Enzym, das die Lactose in Glucose und Galactose spaltet. Das *lacY*-Gen codiert eine Permease, die die Lactosemoleküle in die Zelle transportiert. Das *lacA*-Gen codiert eine Transacetylase, die keine erkennbare Funktion in der Lactoseverwertung ausübt. Das Gen für den *lac*-Repressor, *lacI*, liegt als Sonderfall unmittelbar vor dem *lac*-Operon. In der Regel sind Regulatorgene im Genom nicht mit dem Operon gekoppelt, das von ihrem Genprodukt reguliert wird. Die Bedeutung des türkis unterlegten Bereichs links im Promotor wird in Abbildung 18.5 näher erläutert.

am *trp*-Operon, aber mit einem wesentlichen Unterschied: Der *trp*-Repressor ist für sich inaktiv und wird erst durch Tryptophan als Co-Repressor aktiviert. Dagegen ist der *lac*-Repressor für sich bereits aktiv und schaltet die Transkription des *lac*-Operons ab. Hier wird erst durch die Bindung eines **Induktors** der Repressor inaktiviert und das Operon kann transkribiert werden.

Der Induktor beim *lac*-Operon ist nicht die Lactose selbst, sondern die Allolactose, ein Isomer, das in geringen Mengen in der Zelle aus Lactose gebildet wird. Ohne Lactose kann die Zelle also keine Allolactose bilden und der *lac*-Repressor liegt in seiner aktiven Konformation vor, sodass das *lac*-Operon nicht transkribiert wird (Abbildung 18.4a). Bei Lactosezugabe wird in der Zelle Allolactose gebildet, die an den *lac*-Repressor bindet und damit seine Konformation so verändert, dass er nicht mehr an den Operator binden kann. Ohne den gebundenen Repressor wird das Operon transkribiert und letztlich werden die Enzyme für den Lactoseabbau gebildet (Abbildung 18.4b).

Die am Lactoseabbau beteiligten Enzyme werden als **induzierbare Enzyme** bezeichnet, weil ihre Synthese durch ein chemisches Signal (in unserem Beispiel die Allolactose) induziert wird. Entsprechend werden die Enzyme der Tryptophanbiosynthese als **reprimierbare Enzyme** bezeichnet. (In beiden Fällen ist es natürlich die Genexpression, und es sind nicht die Enzyme, die induziert oder reprimiert werden.) Die von reprimierbaren Genen codierten Enzyme wirken im Allgemeinen in anabolen Stoffwechselwegen, durch die essenzielle Zellbausteine aus einfachen Vorstufen aufgebaut werden (Abbildung 18.5). Die Hemmung der weiteren Enzymsynthese, wenn genügend Endprodukt vorliegt, stellt sicher, dass die Zelle die vorhandenen Rohstoffe und ihre Energie sinnvoll einsetzt. Ähnlich sind die von induzierbaren Genen codierten Enzyme meist in katabolen Stoffwechselwegen tätig, die komplexe Nährstoffe in einfachere Bausteine zerlegen. Damit stellt die Zelle sicher, dass die Enzyme zum Abbau eines Nährstoffs erst dann gebildet werden, wenn dieser Nährstoff tatsächlich auch zur Verfügung steht, und sie spart damit die Energie für deren Synthese.

Sowohl das *trp*- als auch das *lac*-Operon werden negativ reguliert, das heißt, die Expression ihrer Gene wird durch einen Repressor in seiner aktiven Konformation unterdrückt. Dies ist im Fall des *trp*-Operons vielleicht eingängiger, gilt aber genauso für das *lac*-Operon. Die Allolactose induziert die Enzymsynthese nicht durch eine unmittelbare Wirkung auf das Genom, sondern durch die Aufhebung der hemmenden Wirkung des Repressors auf das *lac*-Operon. Wechselwirkt ein Regulatorprotein dagegen direkt mit der DNA, um die Transkription anzuschalten, so spricht man von einer positiven Regulation. Auch diese Art der Regulation möchten wir wieder am Beispiel des *lac*-Operons erläutern.

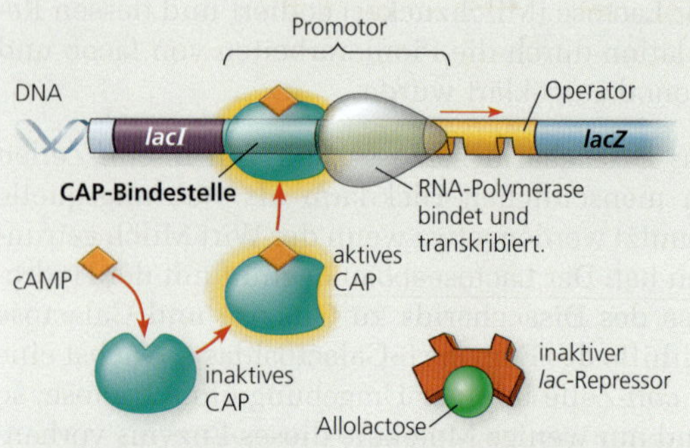

(a) Lactose vorhanden, Glucosemangel (cAMP-Konzentration hoch): Große Mengen *lac*-mRNA werden synthetisiert. Falls ein Glucosemangel vorliegt, aktivieren die großen Mengen an cAMP das Protein CAP und das *lac*-Operon liefert daraufhin große Mengen an mRNA, die für die Enzyme des Lactose-Stoffwechselweges codieren.

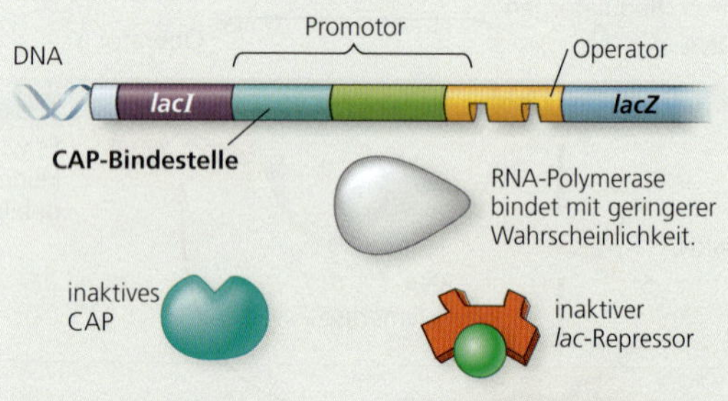

(b) Lactose vorhanden, Glucose vorhanden (cAMP-Konzentration niedrig): Es wird wenig *lac*-mRNA synthetisiert. Wenn Glucose vorhanden ist, ist die cAMP-Menge sehr gering und das CAP-Protein ist nicht in der Lage, die Transkription zu stimulieren.

Abbildung 18.5: Positive Regulation des *lac*-Operons durch das Kataboliten-Aktivator-Protein (CAP). Wenn sowohl Glucose als auch Lactose zur Verfügung stehen, verwertet eine *E. coli*-Zelle zunächst nur die Glucose. Die für die Glykolyse benötigten Enzyme werden von der Zelle ständig gebildet. Nur wenn keine Glucose vorhanden ist, verwendet *E. coli* die im Medium angebotene Lactose als Kohlenstoff- und Energiequelle, und nur dann werden auch nennenswerte Mengen der Proteine für die Lactoseverwertung hergestellt. Auch diesem Mechanismus liegt die allosterische Wechselwirkung von cAMP mit seinem Regulatorprotein zugrunde. Die cAMP-Konzentration in der Zelle steigt an, wenn die Glucose im Medium knapp wird. Das von ihm beeinflusste Regulatorprotein ist das **Kataboliten-Aktivator-Protein**. Die RNA-Polymerase bindet nur dann mit hoher Affinität an den *lac*-Promotor, wenn eine Stelle vor (5′) dem Promotor durch CAP (engl. *catabolite activator protein*) gebunden ist. Das CAP kann sich nur dann an die DNA anlagern, wenn es cAMP (zyklisches Adenosinmonophosphat) gebunden hat. Dessen Konzentration in der Zelle steigt an, wenn die extrazelluläre Glucosekonzentration abnimmt. Wenn reichlich Glucose vorhanden ist, verstoffwechselt die Zelle vorzugsweise diesen Zucker und bildet nur wenige Enzyme zur Lactoseverwertung, selbst wenn gleichzeitig Lactose vorhanden ist.

VERSTÄNDNISFRAGEN

1. Wie verändert die Bindung von Tryptophan als Co-Repressor und der Allolactose als Induktor die Wirkung der betreffenden Repressoren und wie wirkt sie sich auf die Transkription aus?

2. Durch eine bestimmte Mutation im *lac*-Operator in *E. coli* wird dieser so verändert, dass der Repressor nicht mehr binden kann. Wie sollte sich das auf die Produktion der β-Galactosidase in der betroffenen Zelle auswirken?

3. WAS WÄRE, WENN? Beschreiben Sie die Bindung der RNA-Polymerase, des Repressors und des Aktivators, wenn sowohl Lactose- als auch Glucosemangel herrschen. Wie wirkt sich dies auf die Transkription des *lac*-Operons aus? Wie könnte die Transkription anderer Gene außerhalb des *lac*-Operons reguliert werden, falls ein anderer Zucker verfügbar wäre?

18.2 Die Expression eukaryontischer Gene kann auf verschiedenen Stufen reguliert werden

Alle Lebewesen – Prokaryonten wie Eukaryonten – müssen in der Lage sein zu bestimmen, welche Gene unter bestimmten Bedingungen exprimiert werden. Ebenso müssen sowohl einzellige als auch vielzellige Organismen auf äußere und innere Signale mit dem An- und Abschalten der Transkription bestimmter Gene reagieren können. Die Regulation der Genexpression ist außerdem eine Voraussetzung für die Spezialisierung von Zellen in vielzelligen Organismen, die sich aus vielen unterschiedlichen Zelltypen mit verschiedenen Aufgaben zusammensetzen. Um diese Aufgabe bewältigen zu können, muss jeder Zelltyp ein spezielles Programm zur Genexpression einhalten, das festlegt, welche Gene exprimiert werden und welche nicht.

18.2.1 Differenzielle Genexpression

In einer typischen menschlichen Zelle werden nur etwa 20 Prozent der in ihrem Genom vorhandenen Gene überhaupt exprimiert. In ausdifferenzierten Zellen, wie wir sie etwa in Nerven- oder Muskelgewebe finden, wird sogar ein noch kleinerer Teil der Gene exprimiert, obwohl fast alle Körperzellen dasselbe Genom aufweisen. (Zellen des Immunsystems bilden hiervon eine Ausnahme, weil es während ihrer Differenzierung zu einer Umlagerung in den für Immunglobuline codierenden Genen kommt. Auf diese molekulare Umgestaltung des Genoms gehen wir in Kapitel 44 näher ein.) Allerdings werden in einem bestimmten Zelltyp immer auch eine Reihe bestimmter Gene exprimiert, die es diesen Zellen erlauben, ihre spezifische Funktion auszuüben. Die Unterschiede zwischen den verschiedenen Zellen eines Lebewesens sind also nicht die Folge einer unterschiedlichen genetischen Ausstattung, sondern kommen durch eine ungleiche Expression der im Genom vorhandenen Gene zustande.

Die Genome von Eukaryonten können Zehntausende von Genen enthalten, wobei bei den meisten Arten nur ein sehr kleiner Teil der genomischen DNA tatsächlich für Proteine codiert (beim Menschen sind es nur etwa 1,5 Prozent). Der Rest der DNA codiert entweder für nicht translatierte RNA-Formen wie etwa tRNAs oder sie wird überhaupt nicht transkribiert. Die Transkriptionsfaktoren einer Zelle müssen also die richtigen Gene zur richtigen Zeit finden, was der berühmten Suche nach der Nadel im Heuhaufen entspricht. Wenn dies misslingt und die Steuerung der Genexpression fehlschlägt, kann es schwere Folgen bis hin zur Krebsentstehung haben.

Abbildung 18.6 fasst die wesentlichen Vorgänge während der Genexpression in einer eukaryontischen Zelle zusammen und hebt dabei die wichtigsten Schritte bei der Expression eines proteincodierenden Gens hervor. Jeder der dargestellten Schritte kann dabei als möglicher Kontrollpunkt verwendet werden, an dem die Genexpression an- oder abgeschaltet, beschleunigt oder verlangsamt werden kann.

Vor gerade einmal 40 Jahren schien ein umfassendes Verständnis der Mechanismen, die die Genexpression in Eukaryonten steuern, noch unerreichbar. Seitdem haben Molekularbiologen mit neu entwickelten Methoden, insbesondere mithilfe der Gentechnik (siehe Kapitel 20), viele Einzelheiten der eukaryontischen Genregulation aufgeklärt. Bei allen Lebewesen ist die Regulation der Transkription die erste Stufe, auf der die Genexpression gesteuert wird. Oft erfolgt diese Art der Regulation als Antwort auf äußere Signale, wie beispielsweise Hormone und andere Signalmoleküle. Entsprechend wird der Begriff der Genexpression sowohl bei Prokaryonten als auch bei Eukaryonten oft mit der Transkription gleichgesetzt. Obwohl dies bei Bakterien weitgehend zutrifft, bietet die größere bauliche und funktionale Komplexität der eukaryontischen Zelle viele weitere Möglichkeiten, die Genexpression zu steuern (Abbildung 18.6). Im Folgenden werden wir einige wichtige Kontrollpunkte der eukaryontischen Genexpression näher betrachten.

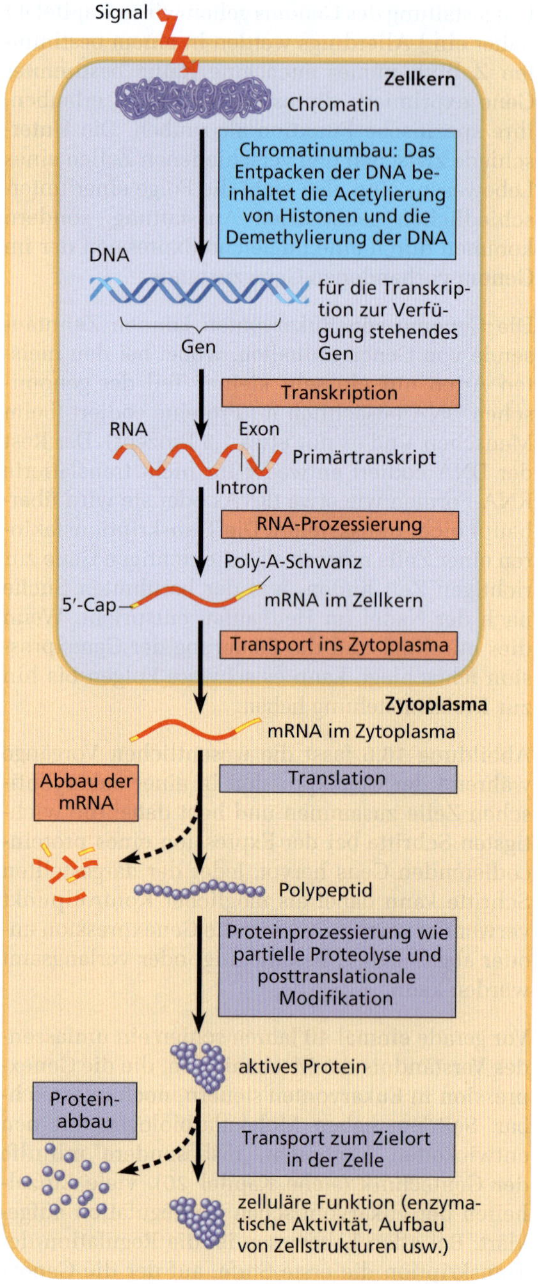

Abbildung 18.6: Die verschiedenen Stufen der Regulation der Genexpression in eukaryontischen Zellen. In diesem Schema bezeichnen die farblich unterlegten Kästchen diejenigen Prozesse, die am häufigsten reguliert werden. Die Farbe gibt die Molekülsorte an, welche der Regulation unterliegt (blau = DNA, rot/orange = RNA, violett = Protein). Durch die Kernmembran wird die Transkription räumlich von der Translation getrennt, was im Gegensatz zu den Prokaryonten die Möglichkeit bietet, nach der Transkription die RNA-Prozessierung zur Regulation zu nutzen. Darüber hinaus verfügen Eukaryonten über eine größere Vielfalt an Steuerungsmechanismen, die vor der Transkription oder nach der Translation greifen. Die Expression eines bestimmten Gens muss nicht immer auf allen dargestellten Ebenen reguliert sein. So unterliegt beispielsweise nicht jedes Polypeptid einer gezielten proteolytischen Spaltung.

18.2.2 Regulation der Chromatinstruktur

Wie wir bereits erläutert hatten, ist die genomische DNA in eukaryontischen Zellen hochgradig geordnet im Chromatin verpackt, mit dem Nucleosom als der kleinsten Einheit. Durch das Chromatin wird die DNA nicht nur so weit verpackt, dass sie im Zellkern Platz findet, sondern es trägt auch vielfältig dazu bei, die Genexpression zu steuern. Sowohl die Lage eines Promotors im Vergleich zu den Nucleosomen als auch seine Entfernung zu den Anheftungsstellen der DNA an das Kerngerüst oder die Kernlamina können die Expression des betreffenden Gens beeinflussen. Gene im Bereich des Heterochromatins werden in der Regel nicht transkribiert, weil die DNA dort sehr dicht gepackt vorliegt. Dieser hemmende Effekt des Heterochromatins auf die Genexpression wurde bei Hefezellen nachgewiesen, indem man ein aktives, gut transkribiertes Gen in den Bereich des Heterochromatins einsetzte, wo es nicht mehr transkribiert wurde. Außerdem belegen zahlreiche neuere Forschungsarbeiten, dass bestimmte chemische Modifikationen an den Histonen oder an der DNA sowohl die Chromatinstruktur als auch die Genexpression beeinflussen. Wir werden uns nun mit den Auswirkungen solcher durch bestimmte Enzyme vorgenommenen Modifikationen beschäftigen.

Modifikation von Histonen und DNA-Methylierung Zahlreiche Untersuchungen führten zu dem Schluss, dass posttranslationale Modifikationen der Histone – also der positiv geladenen Proteine, um die sich die DNA in den Nucleosomen windet – direkt die Transkription von Genen beeinflussen. Das aminoterminale Ende aller acht Histonmoleküle in einem Nucleosom ragt aus diesem heraus. Diese Histonfortsätze sind somit für verschiedene Enzyme zugänglich, die sie durch das Anheften oder Abspalten funktioneller Gruppen modifizieren können. Dazu gehören Acetyl-, Methyl- und Phosphatgruppen. Im Allgemeinen wird durch **Histonacetylierung** das Chromatin gelockert, was zu einer verstärkten Transkription führen kann. Das Anhängen von Methylgruppen führt dagegen zu einer Verdichtung des Chromatins und damit zu einer verringerten Transkription. Neben den Enzymen, die Histone methylieren, gibt es andere, die Methylgruppen an bestimmte Basen in der DNA anheften (DNA-Methylasen). Tatsächlich finden sich in der DNA der meisten Eukaryonten (Pflanzen, Tiere, Pilze) methylierte Basen – meist handelt es sich um methylierte Cytosinreste. Nicht transkribierte („inaktive") DNA, wie die eines stillgelegten X-Chromosoms , ist in der Regel stärker methyliert als die transkribierten Bereiche. Vergleicht man die gleichen Gene in verschiedenen Geweben, so sind die Gene meist in den Zellen stärker methyliert, in denen sie nicht exprimiert werden. Die Entfernung der zusätzlichen Methylgruppen (Demethylierung) vermag einige dieser Gene zu aktivieren.

Das einmal festgelegte Muster der DNA-Methylierung bleibt in der Regel auch in allen folgenden Zellteilungen in einem Individuum erhalten. Ist der Matrizenstrang einer DNA methyliert, so methylieren die zuständigen Enzyme nach jeder Replikationsrunde auch entsprechend den neu gebildeten Molekülstrang. Die Methylierungsmuster werden also weitergegeben und die differenzierten Zelltypen enthalten ein chemisches Protokoll der Vorgänge während der Embryonalentwicklung. Ein auf diese Weise weitergegebenes Methylierungsmuster des Erbgutes ist für die **genomische Prägung** bei Säugetieren verantwortlich, bei der die Methylierung festlegt, ob ein bestimmtes Allel des Vaters oder der Mutter in der Entwicklung eines Individuums ausgeprägt wird (siehe Kapitel 15).

> **MERKE!**
> **Bei der genomischen Prägung wird festgelegt, ob ein bestimmtes Allel des Vaters oder der Mutter in der Entwicklung eines Individuums ausgeprägt wird.**

Epigenetische Vererbung Die gerade besprochenen Chromatinmodifikationen verändern nicht die Basensequenzen der DNA und werden doch an die nächsten Zellgenerationen weitergegeben. Die Weitergabe von Merkmalen durch nicht direkt an die DNA-Sequenz gebundene Mechanismen bezeichnet man als **epigenetische Vererbungen**. Im Gegensatz zu den dauerhaften Veränderungen durch Mutationen in der DNA können die Modifikationen des Chromatins rückgängig gemacht werden. Beispielsweise werden während der Bildung der Gameten die DNA-Methylierungsmuster weitgehend gelöscht und wieder neu gesetzt.

Eine steigende Zahl von Forschungsergebnissen weist auf die große Bedeutung von epigenetischer Information für die Regulation der Genexpression in Eukaryonten hin. Mit epigenetischen Unterschieden ließe sich beispielsweise erklären, warum bei eineiigen Zwillingen nur einer von beiden an einer Erbkrankheit wie Schizophrenie leidet, der andere aber nicht, obwohl ihre Genome identisch sind. Bei einigen Krebsarten findet man ein verändertes Methylierungsmuster in der DNA, das mit einer gestörten Expression bestimmter Gene verbunden ist. Offenbar sind die Modifikationsenzyme des Chromatins ein wichtiger Bestandteil der Maschinerie für die Transkription eukaryontischer Gene.

> **MERKE!**
> **Die Weitergabe von Merkmalen durch nicht direkt an die DNA-Sequenz gebundene Mechanismen bezeichnet man als epigenetische Vererbungen.**

Die kombinierte Steuerung der Genaktivierung Bei Eukaryonten wird die Transkription wesentlich durch die Bindung von Aktivatorproteinen an ihre entsprechenden Kontrollelemente auf der DNA gesteuert (Abbildung 18.7). Betrachtet man die Menge der in einer Eukaryontenzelle zu regulierenden Gene, so ist die Zahl der verschiedenen zur Verfügung stehenden Kontrollsequenzen überraschend klein. Kaum mehr als ein Dutzend kurzer DNA-Sequenzen finden sich in den Kontrollelementen verschiedener Gene immer wieder. Durchschnittlich enthält jeder Enhancer nur etwa zehn Kontrollelemente, von denen jedes einen oder zwei spezifische Faktoren binden kann. Daher wird die Transkription eines Gens wohl eher durch die spezielle Kombination von Kontrollelementen in einem Enhancer gesteuert, als durch die Anwesenheit eines bestimmten Elements.

Aus nur einem Dutzend zur Verfügung stehender Kontrollelemente ergibt sich natürlich eine große Zahl möglicher Kombinationen. Eine bestimmte Kombination von Kontrollelementen wird beispielsweise nur dann zur Transkription eines Gens führen, wenn die entsprechenden Aktivatorproteine gebunden sind. Dies kann in einem bestimmten Entwicklungsstadium eines Individuums oder auch in einem bestimmten Gewebe der Fall sein.

Viele Signalstoffe wie Nichtsteroidhormone und Wachstumsfaktoren gelangen nicht in die Zelle, sondern binden an Rezeptoren an der Zelloberfläche. Solche Moleküle steuern die Expression von Genen indirekt durch die Aktivierung eines Signaltransduktionsweges, über den letztlich bestimmte Transkriptionsaktivatoren oder -repressoren reguliert werden (siehe Abbildung 11.7). Auch hier greift grundsätzlich eine ähnliche Regulation wie im Fall der Steroidhormone: Gene mit den gleichen Kontrollelementen werden exprimiert, wenn die entsprechenden Transkriptionsfaktoren durch dasselbe chemische Signal aktiviert werden. Systeme für die koordinierte Genregulation entwickelten sich wahrscheinlich schon früh im

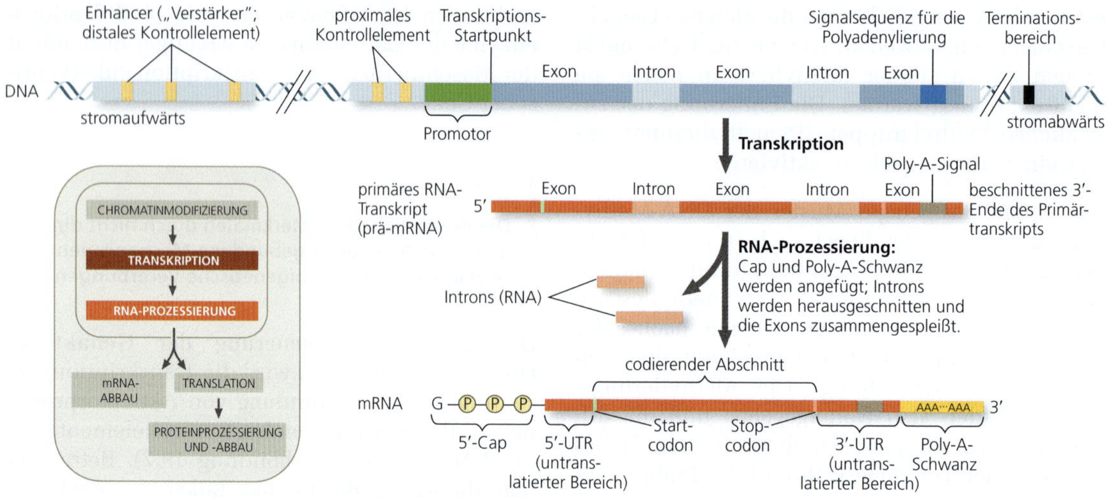

Abbildung 18.7: Ein eukaryontisches Gen und sein Transkript. Jedes eukaryontische Gen besitzt einen Promotor – das ist ein Abschnitt auf der DNA, an den die RNA-Polymerase bindet und mit der Transkription beginnt; dabei bewegt die RNA-Polymerase sich stromabwärts (in 5′→3′-Richtung). Eine Reihe von Kontrollelementen (goldfarben) steuert den Beginn der Transkription, die Transkriptions-Initiation. Die entsprechenden DNA-Sequenzen können in der Nähe (proximal) des Promotors oder weiter entfernt (distal) liegen. Die distalen Kontrollelemente werden als Enhancer (engl. *to enhance*, verstärken) bezeichnet, von denen einer hier dargestellt ist. Ein Polyadenylierungssignal im letzten Exon des Gens wird in eine RNA-Basenfolge umgeschrieben, die ein Signal für die Spaltung des Transkripts und das Anknüpfen der Poly-A-Kette enthält. Die Transkription kann über das Poly-A-Signal hinaus über Hunderte von Nucleotiden fortschreiten, bevor es zur Termination (Abbruch) kommt. Das Primärtranskript wird in drei Schritten prozessiert und in eine translationsfähige mRNA umgewandelt: i) Anknüpfung einer 5′-Cap-Struktur, ii) Anhängen der Poly-A-Kette am 3′-Ende und iii) Spleißen der Introns. In der Zelle wird die 5′-Cap-Struktur gleich zu Beginn der Transkription angehängt und das Spleißen erfolgt schon während der Transkription.

Laufe der Evolution und konnten sich durch Duplikationen der Kontrollelemente im Genom verbreiten.

18.2.3 Ein genetisches Programm für die Embryonalentwicklung

Es besteht ein enormer Unterschied zwischen einer Zygote und dem sich daraus entwickelnden Tier. Diese bemerkenswerte Umbildung beruht auf drei miteinander verbundenen Prozessen: der Zellteilung, der Zelldifferenzierung und der Morphogenese. Durch eine Abfolge mitotischer Zellteilungen bringt die Zygote eine riesige Zahl von Folgezellen hervor. Die Zellteilung allein würde aber nur zu einem großen Haufen gleichartiger Zellen führen, aber nicht zu einer Kaulquappe. Im Verlauf der Embryonalentwicklung vermehren sich die Zellen also nicht einfach, sondern sie unterliegen auch einer **Zelldifferenzierung,** bei der sich ihre Strukturen und Funktionen verändern und spezialisieren. Außerdem werden die sich bildenden Zellen nicht zufällig verteilt, sondern lagern sich in Geweben und Organen zusammen. Der gesamte Prozess, der einem Lebewesen schließlich sein Aussehen verleiht, wird als **Morphogenese** (**Gestaltbildung**) bezeichnet.

MERKE!

Der gesamte Prozess, der einem Lebewesen schließlich sein Aussehen verleiht, wird als Morphogenese (Gestaltbildung) bezeichnet.

Die drei beschriebenen Stufen beruhen letztlich alle auf dem Verhalten von Zellen. Selbst die Morphogenese zur Gestaltung des Lebewesens beruht auf Veränderungen der Form, der Beweglichkeit und anderen Merkmalen der Zellen, welche die verschiedenen Teile des Embryos bilden. Wie Sie bereits erfahren haben, werden zelluläre Aktivitäten hauptsächlich durch die Expression von Genen und die Wirkung der gebildeten Proteine bestimmt. Da fast alle Zellen eines vielzelligen Lebewesens dasselbe Genom besitzen, beruht die differenzielle Genexpression auf einer unterschiedlichen Regulation der Transkription von Genen in verschiedenen Zelltypen und zu verschiedenen Zeiten.

In zwei verschiedenen Zelltypen können Gene differenziell exprimiert werden. Jede dieser ausdifferenzierten Zellen verfügt über einen bestimmten Satz von Aktivatormolekülen, welche die Expression der für den jeweiligen Zelltyp benötigten Gene aktivieren. Da beide ursprünglich aus einer einmal befruchteten Eizelle hervorgingen, stellt sich die Frage, wie die unterschiedlichen Ausstattungen mit den spezifischen Aktivatoren zustande kommen?

Wir wissen heute, dass Stoffe von der Mutter in die Eizelle eingelagert werden (maternale Faktoren), die ein genau festgelegtes Programm der Genexpression in Gang setzen, während die Zellen sich teilen. Dieses Programm bewirkt letztendlich die genau koordinierte Ausstattung der Zellen mit unterschiedlichen Proteinen. Um diesen Prozess zu verstehen, werden wir zwei grundlegende Entwicklungsvorgänge näher betrachten: Zunächst werden wir uns mit der frühen Embryogenese beschäftigen und erfahren, wie während der ersten Mitosen der Eizelle die unterschiedlichen Zelltypen auf ihren weiteren Entwicklungsweg gebracht werden. Als Nächstes veranschaulichen wir am Beispiel der Muskelentwicklung, wie die zelluläre Differenzierung einen bestimmten Zelltyp hervorbringt.

18.2.4 Musterbildung zur Festlegung des Körperbaus

Zytoplasmatische Determinanten und Signale für die Induktion tragen beide zur räumlichen Organisation des Körpers bei, in der die Gewebe und Organe eines Lebewesens alle ihren vorbestimmten Platz einnehmen. Dies wird unter dem Begriff **Musterbildung** zusammengefasst.

Die Musterbildung setzt bei Tieren im frühen embryonalen Stadium ein, wenn die Körperachsen festgelegt werden. Bevor die Bauarbeiten an einem Gebäude beginnen, steht bereits fest, wo die Vorder- und wo die Rückseite sein sollen. Ähnlich werden bei einem Tier mit bilateraler Symmetrie (dazu gehören beispielsweise alle Wirbeltiere, Insekten und sonstige Gliederfüßler) die Positionen von Kopf- und Schwanzende, links und rechts, sowie oben und unten bestimmt, mit denen die drei Hauptachsen des Körpers festgelegt sind. Die molekularen Signale zur Steuerung der Musterbildung werden unter dem Oberbegriff **Positionsinformation** zusammengefasst und sie werden von zytoplasmatischen Faktoren und durch Induktion bereitgestellt. Diese Signale teilen einer Zelle mit, wo sie sich im Verhältnis zu den Körperachsen und zu den Nachbarzellen befindet, und bestimmen außerdem, wie die Zelle und ihre Nachkommen auf zukünftige molekulare Signale reagieren werden.

In der ersten Hälfte des 20. Jahrhunderts beschäftigten sich viele Embryologen sehr detailliert mit anatomischen Untersuchungen der embryonalen Entwicklung vieler Arten. Ebenso wurden Experimente durchgeführt, in denen gezielt die sich entwickelnden embryonalen Gewebe manipuliert wurden (siehe hierzu Kapitel 47). Obwohl diese Forschungen den Grundstein für ein Verständnis der Entwicklungsprozesse legten, blieb die Rolle einzelner Moleküle für die Steuerung der Musterbildung noch im Dunkeln.

Erst etwa um 1940 begann man, genetische Verfahren bei der Isolierung und Charakterisierung von Mutanten in der Entwicklungsforschung bei *Drosophila* einzusetzen. Diese Vorgehensweise brachte dann den Durchbruch, weil man erstmals nachwies, dass die Entwicklung durch Gene gesteuert wird, und man erklären konnte, wie bestimmte Moleküle festlegen, wo und wie bestimmte Differenzierungsprozesse ablaufen. Durch die Verbindung anatomischer, genetischer und biochemischer Methoden bei der Erforschung der Entwicklung von Taufliegen und anderen Modelltieren konnten die Embryologen die Grundlagen der Entwicklung verstehen, wie sie für viele andere Tierarten und für den Menschen gelten.

Der Lebenszyklus von *Drosophila* Die Körper von Taufliegen und anderen Gliederfüßlern (Arthropoden) sind modular aus einer geordneten Abfolge von Körpersegmenten aufgebaut. Diese Segmente bilden die drei Hauptabschnitte des Körpers: den Kopf, den Thorax (der Rumpf, an dem Beine und Flügel ansetzen) und das Abdomen (Hinterleib; Abbildung 18.8a). Wie andere Tiere mit einer bilateralen Symmetrie besitzt *Drosophila* drei Achsen: eine Kopf-Schwanz-Achse (anterioposteriore Achse), eine Rücken-Bauch-Achse (dorsoventrale Achse) und eine Rechts-links-Achse. Bei *Drosophila* sind die anterioposteriore und die dorsoventrale Achse bereits in der unbefruchteten Eizelle durch zytoplasmatische Determinanten vorbestimmt. Dies möchten wir im Folgenden beispielhaft nur für die anterioposteriore Achse erläutern.

Das Ei entwickelt sich bei *Drosophila* im Ovar (Eierstock) der weiblichen Fliege. Es enthält außerdem Nährzellen und ist zusammen mit diesen von Follikelzellen umschlossen (Abbildung 18.8b). Diese unterstützenden Zelltypen versorgen das Ei mit Nährstoffen, mRNAs und anderen für die Entwicklung notwendigen Stoffen. Sie bilden außerdem die Eischale. Nach der Befruchtung beginnt die Embryonalentwicklung und führt nach der Eiablage zur Ausbildung segmentierter Larven. Bei *Drosophila* lassen sich drei Larvenstadien unterscheiden. Danach folgt eine Verpuppung und während der sich anschließenden Metamorphose (Gestaltwechsel) entsteht schließlich der adulte Fliegenkörper (Abbildung 18.8a), ähnlich wie bei der Entstehung eines Schmetterlings aus einer Schmetterlingsraupe.

(a) Adultes Tier. Die adulte Fliege ist segmentiert und jeder der drei Hauptkörperteile (Kopf, Thorax und Abdomen) setzt sich aus mehreren Segmenten zusammen. Die Körperachsen sind durch Pfeile dargestellt, die ein Koordinatensystem ergeben.

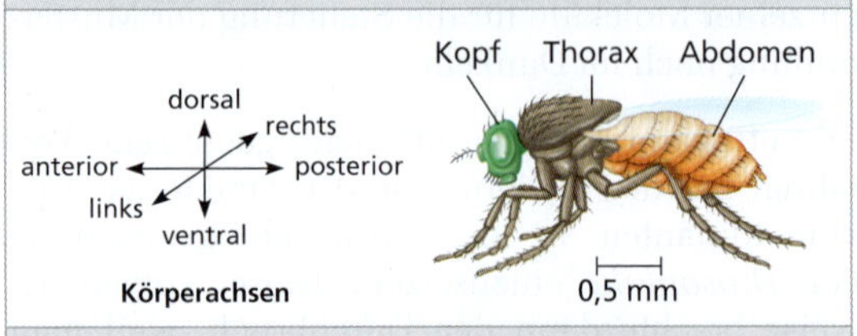

(b) Entwicklung vom Ei zur Larve. ❶ Die gelbe Eizelle ist von anderen Zellen umgeben, die innerhalb des mütterlichen Ovariums ein Follikel bilden. ❷ Die Nährzellen schrumpfen in dem Maße, in dem sie Nährstoffe und mRNAs an das sich entwickelnde, heranwachsende Ei abgeben. Schließlich füllt die ausgereifte Eizelle die von den Follikelzellen abgeschiedene Eihülle vollständig aus. ❸ Die Eizelle wird im Körper des Muttertiers befruchtet und dann abgelegt. ❹ Die Embryonalentwicklung führt zu einer Larve ❺, die drei Stadien durchläuft. Das dritte Larvenstadium bildet eine Puppe, innerhalb derer sich die Metamorphose zur unter (a) gezeigten adulten Form vollzieht.

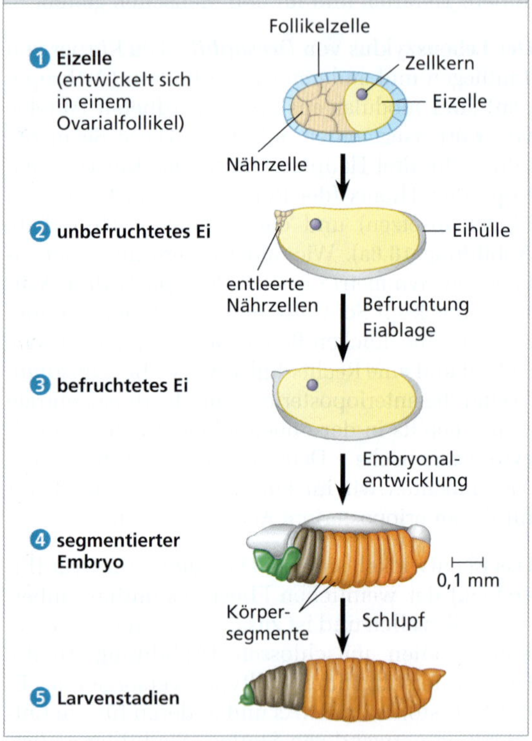

Abbildung 18.8: Wichtige Entwicklungsschritte im Lebenszyklus von *Drosophila*.

18.3 Krebs entsteht durch genetische Veränderungen, die den Zellzyklus deregulieren

18.3.1 Gene und Krebs

In Kapitel 12 haben wir ausführlich den Ablauf des Zellzyklus in eukaryontischen Zellen beschrieben. Die Regulation von Wachstum und Zellteilung während des Zellzyklus erfolgt durch Wachstumsfaktoren, Rezeptoren und Komponenten intrazellulärer Signalketten, also Proteine, die von Genen codiert werden. Wenn in somatischen Zellen Mutationen in solchen Genen auftreten, kann unter Umständen Krebs entstehen. Entsprechende Veränderungen im Erbgut können durch spontane Mutationen auftreten. Allerdings sind somatische Mutationen, die Krebs auslösen, häufig auf Umwelteinflüsse wie karzinogene (krebserregende) Substanzen, Röntgenstrahlen, UV-Strahlen oder die Infektion mit bestimmten Viren zurückzuführen.

Ein erster Durchbruch in der Krebsforschung gelang dem amerikanischen Pathologen Peyton Rous im Jahr 1911 mit der Entdeckung eines Virus, das bei Hühnern Krebs hervorrufen kann (Rous-Sarkoma-Virus, RSV). Seitdem wurden eine Reihe weiterer Tumorviren entdeckt, die bei verschiedenartigen Tieren und auch beim Menschen zur Krebsentstehung beitragen können. Das Epstein-Barr-Virus (EBV) verursacht das Pfeiffer'sche Drüsenfieber (infektiöse Mononucleose) und wird mit verschiedenen Krebsformen, insbesondere dem sogenannten Burkitt-Lymphom, in Verbindung gebracht. Bestimmte Vertreter aus der Gruppe der Warzenviren (Papillomaviren) besiedeln den Gebärmutterhals von Frauen und können eine Form des Gebärmutterhalskrebses (Zervikalkarzinom) auslösen. Für die Aufklärung dieses Zusammenhangs erhielt im Jahr 2008 der deutsche Forscher Harald zur Hausen den Nobelpreis für Medizin. Als letztes Beispiel soll HTLV-1 genannt werden, das wie HIV zu den Retroviren gehört und eine T-Zell-Leukämie verursacht. Man schätzt heute, dass etwa 15 Prozent aller weltweiten Krebsfälle auf Viren zurückgehen.

MERKE!

Krebsverursachende Gene heißen Onkogene. Die zellulären Versionen dieser Gene, die in ihrem normalen genomischen Umfeld keinen Krebs auslösen, werden als Proto-Onkogene bezeichnet.

Onkogene und Proto-Onkogene Die Forschungen an Tumorviren haben zur Entdeckung von krebsverursachenden Genen (**Onkogene**; gr. *onkos*, Wucherung; *genos*, Bildung, Hervorbringung) bei bestimmten Retroviren geführt. Später wurden Homologe solcher Gene mit sehr ähnlichen Sequenzen auch im Genom des Menschen und vieler Tiere gefunden. Die zellulären Versionen dieser Gene, die in ihrem normalen genomischen Umfeld keinen Krebs auslösen, werden als **Proto-Onkogene** bezeichnet. Die von ihnen codierten Proteine regen häufig das normale Zellwachstum und die Zellteilung an.

Wie kann ein Proto-Onkogen, das eine wichtige Funktion in normalen Zellen hat, zur Entstehung von Krebs beitragen? Oft führt eine Mutation in einem Proto-Onkogen zu einem Onkogen, weil entweder wesentlich mehr des vom Gen codierten Proteins gebildet oder die Aktivität des Proteins selbst gesteigert wird. Die mit der Umwandlung eines Proto-Onkogens in ein Onkogen verbundenen genetischen Veränderungen lassen sich in drei Klassen unterteilen: die Verschiebung von DNA-Abschnitten innerhalb des Genoms, die Vervielfältigung des Proto-Onkogens (Amplifikation) und das Auftreten von Punktmutationen in Kontrollelementen oder im codierenden Bereich des Proto-Onkogens (Abbildung 18.9).

Krebszellen enthalten oft veränderte Chromosomen, die nach einem Bruch offensichtlich falsch zusammengesetzt wurden und damit Stücke von einem anderen Chromosom enthalten (Translokation; siehe Abbildung 15.7). Die möglichen Auswirkungen einer solchen Translokation auf die

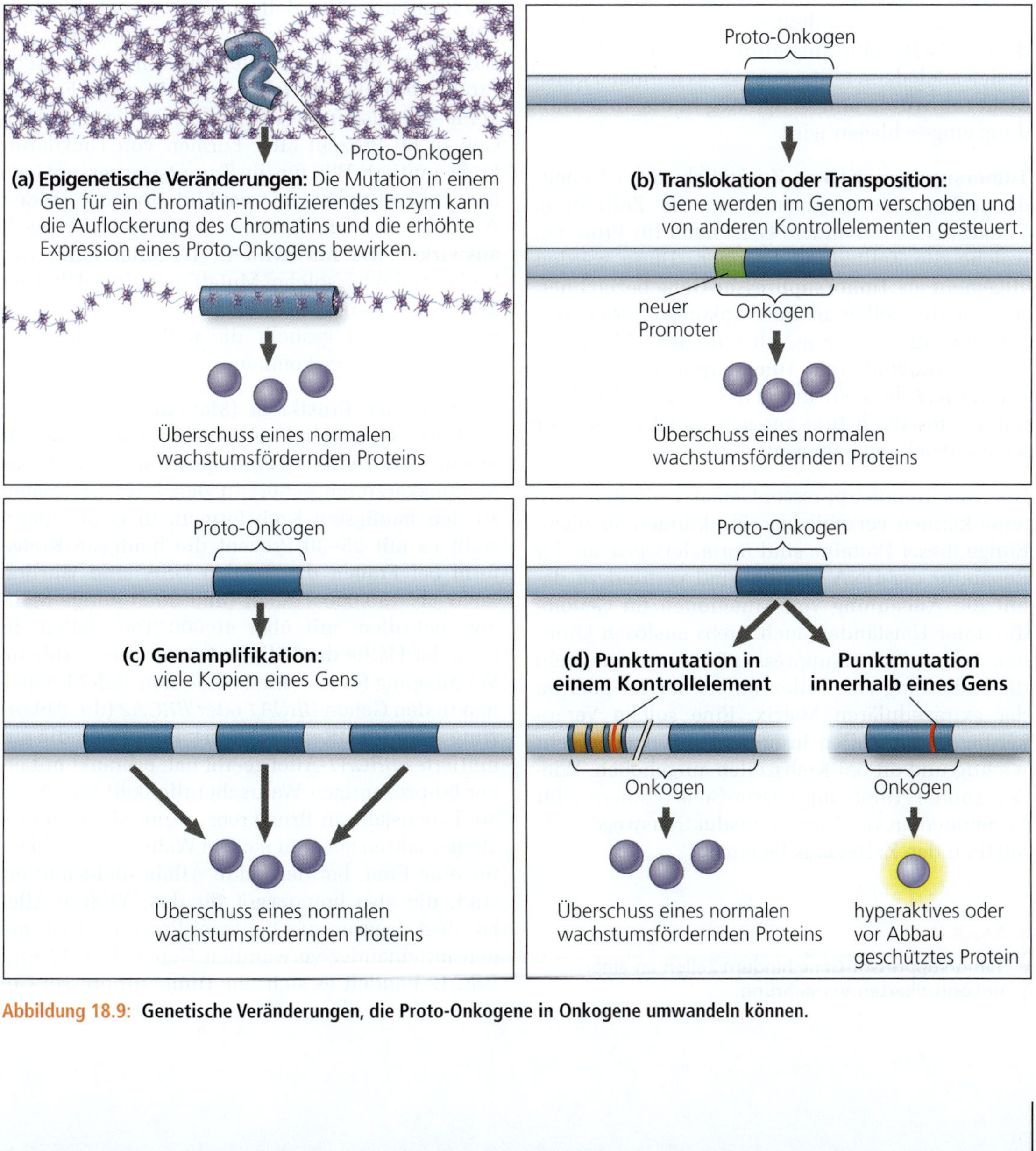

Abbildung 18.9: **Genetische Veränderungen, die Proto-Onkogene in Onkogene umwandeln können.**

Regulation der Genexpression können wir uns mit dem, was wir in diesem Kapitel gelernt haben, leicht vorstellen: Falls ein so versetztes Proto-Onkogen unter die Kontrolle eines besonders starken Promotors oder eines anderen Kontrollelements kommt, wird es durch die verstärkte Transkription zum Onkogen. Die zweite mögliche Klasse von Mutationen, die Amplifikation, erhöht die Kopienzahl des Proto-Onkogens im Genom, was ebenfalls die Menge des gebildeten Proteins steigert. Schließlich kann eine Punktmutation entweder (1) im Promotor oder einem Enhancer eines Proto-Onkogens liegen und so eine verstärkte Genexpression bewirken, oder (2) es liegt im codierenden Bereich (einem der Exons) und führt bei der Translation zu einem Protein, das aktiver ist als das normale Protein, dessen Aktivität sich der normalen Kontrolle (beispielsweise durch allosterische Regulation) entzieht oder das deutlich langsamer abgebaut wird als das normale Protein. Jede dieser Veränderungen kann dazu führen, dass der Zellzyklus unkontrolliert abläuft, die Zelle sich auch dann teilt, wenn sie es normalerweise nicht tun würde und so der Weg in die Tumorbildung eingeschlagen wird.

Tumorsuppressor-Gene Zusätzlich zu den Genen, deren Produkte normalerweise die Zellteilung fördern, codieren andere Gene auch für Proteine, welche die Zellteilung *hemmen*. Diese werden allgemein als **Tumorsuppressor-Gene** bezeichnet, weil sie die Zellen an einer unkontrollierten Vermehrung hindern. Folglich wird jede Mutation, die die Aktivität eines Tumorsuppressor-Proteins vermindert, die Zelle durch den Wegfall der Hemmung zum Wachstum anregen und kann so zur Krebsentstehung beitragen.

Die von Tumorsuppressor-Genen codierten Proteine können verschiedene Funktionen ausüben. Einige dieser Proteine sind normalerweise an der Reparatur der DNA beteiligt und verhindern damit die Anhäufung von Mutationen im Genom, die unter Umständen auch Krebs auslösen könnten. Andere Tumorsuppressor-Proteine vermitteln die Anheftung von Zellen untereinander oder an der extrazellulären Matrix. Eine solche Verankerung ist für Zellen in normalen Geweben sehr wichtig und oft bei Krebszellen aufgehoben. Wieder andere Tumorsuppressor-Gene codieren für Komponenten von Signaltransduktionswegen, die letztlich den Zellzyklus hemmen.

MERKE!

Tumorsuppressor-Gene hindern Zellen an einer unkontrollierten Vermehrung.

18.3.2 Genetische Veranlagung und andere krebsfördernde Faktoren

Die Notwendigkeit für multiple genetische Veränderungen erklärt auch, warum Krebs in einigen Familien gehäuft auftritt. Jemand, der bereits ein Onkogen (mutiertes Proto-Onkogen) oder ein Mutantenallel eines Tumorsuppressor-Gens geerbt hat, ist einen Schritt näher an der Ausbildung eines Tumors als eine Person ohne diese Mutation.

Genetiker versuchen die entsprechenden Mutantenallele zu identifizieren, damit eine genetische Veranlagung (Prädisposition) frühzeitig erkannt werden kann. Etwa 15 Prozent der Darmkrebserkrankungen sind auf solche vererbbaren Mutationen zurückzuführen. Viele davon betreffen ein Tumorsuppressor-Gen namens *APC* (Adenomatöse Polyposis Coli). Das von ihm codierte Protein hat in der Zelle mehrere Funktionen. Dazu gehört die Regulation der Zellwanderung und der Zelladhäsion. Auch ein Signalweg zur Steuerung des Zellzyklus und der Zellteilung wird vom APC-Protein beeinflusst. Selbst wenn in einer Familie keine Veranlagung festzustellen ist, ist das *APC*-Gen in 60 Prozent aller Formen von Dickdarmkrebs mutiert. Wie für die Tumorsuppressor-Gene bereits beschrieben, müssen Mutationen in beiden Allelen auftreten, bevor sie sich phänotypisch auswirken. Da nur etwa in 1/7 aller Fälle von Dickdarmkrebs solche Mutationen im *APC*-Gen festzustellen sind, wird momentan verstärkt nach weiteren Genen gesucht, die als Marker für diese Krebsform infrage kommen.

Auch für den Brustkrebs (Mammakarzinom) gibt es Hinweise, dass in fünf bis zehn Prozent der Fälle eine starke erbliche Prädisposition vorliegt. Das Mammakarzinom gehört in den Industriestaaten zu den häufigsten Krebsformen. In Deutschland stellt es mit 25–30 Prozent die häufigste Krebsform bei Frauen dar. In den USA sind jährlich mehr als 180.000 Frauen (und auch einige Männer) betroffen, mit über 40.000 Todesfällen. In etwa der Hälfte der Fälle, bei denen eine erbliche Veranlagung festzustellen ist, finden sich Mutationen in den Genen *BRCA1* oder *BRCA2* (die Abkürzung steht für **BR**east **CA**ncer). Eine Frau, die ein mutiertes *BRCA1*-Allel geerbt hat, erkrankt mit einer 60-prozentigen Wahrscheinlichkeit vor ihrem 50. Lebensjahr an Brustkrebs, wenn sie nach den 1950er Jahren geboren ist. Die Wahrscheinlichkeit für eine Frau, bei der beide Allele nicht mutiert sind, die also homozygot für das Wildtyp-Allel ist, liegt dagegen nur bei zwei Prozent. Auch bei den miteinander verwandten Genen *BRCA1* und *BRCA2* handelt es sich um Tumorsuppressor-Gene; die Wildtypallele schützen vor Brustkrebs, da die Mutantenallele rezessiv sind. Beide codierten Proteine scheinen an der DNA-Reparatur beteiligt zu sein. Das *BRCA2*-Protein ist bisher besser erforscht und repariert in Verbindung mit einem weiteren Protein DNA-Doppelstrangbrüche, eine wichtige Aufgabe für die Aufrechterhaltung eines intakten Genoms im Zellkern.

Außerdem scheint es einen deutlichen Zusammenhang zwischen den geänderten Lebensbedingungen seit den 1950er Jahren zu geben. Auch DNA-Brüche können zur Krebsentstehung beitragen, sodass das Krebsrisiko deutlich gesenkt werden kann, wenn wir weniger DNA-schädigenden Einflüssen ausgesetzt sind, zu denen der UV-Anteil des Sonnenlichts und auch einige Bestandteile des Tabakrauchs zählen. Neue Methoden der genomweiten Untersuchung bestimmter Krebsarten, wie der in Abbildung 18.10 beschriebene Ansatz, tragen sowohl zur Früherkennung als auch zu der Entwicklung neuer Behandlungsstrategien bei, die auf die Expression von Schlüsselgenen der jeweiligen Krebsart einwirken. Mit solchen Formen der personalisierten Medizin hofft man, in Zukunft die Mortalitätsraten bei vielen Krebsarten deutlich senken zu können.

VERSTÄNDNISFRAGEN

1. Vergleichen Sie die Funktionen der Proteine, die von Proto-Onkogenen codiert werden, mit denen von Tumorsuppressor-Genen.

2. Wann geht man davon aus, dass eine Krebsform teilweise auf einer erblichen Veranlagung beruht?

ZUSAMMENHÄNGE ERKENNEN

Genomik, Signalketten und Krebs

Die moderne Medizin verbindet genomweite molekulargenetische Untersuchungen mit der Erforschung von Signalketten und führt zu einem Umdenken in der Behandlung vieler Krankheiten, zu denen auch der Brustkrebs gehört. Mithilfe von Microarray-Analysen und anderen Methoden konnten Wissenschaftler die relativen Mengen von mRNATranskripten aller Gene in Proben aus vielen Brustkrebs- Patientinnen bestimmen. Damit konnten vier vorherrschende Untergruppen von Brustkrebs unterschieden werden, die hier aufgeführt sind. Sie unterscheiden sich in der Expression von drei Genen, die Rezeptoren in Signalketten für Zellwachstum und Zellteilung codieren:

- Östrogen-Rezeptor alpha (ERα)
- Progesteron-Rezeptor (PR)
- Rezeptor-Tyrosinkinase HER2.

(ERα und PR sind Steroid-Rezeptoren)

Der Verlust oder die Überexpression dieser Rezeptoren kann zu einer Störung der zellulären Signalketten führen, was in einer unkontrollierten Zellteilung münden kann, die zur Krebsentstehung beiträgt.

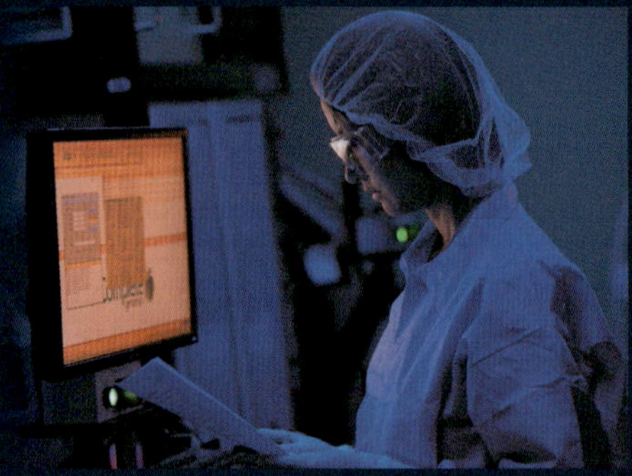

▲ **Eine Forscherin analysiert die DNA-Sequenzen aus Proben von Brustkrebs-Patientinnen.**

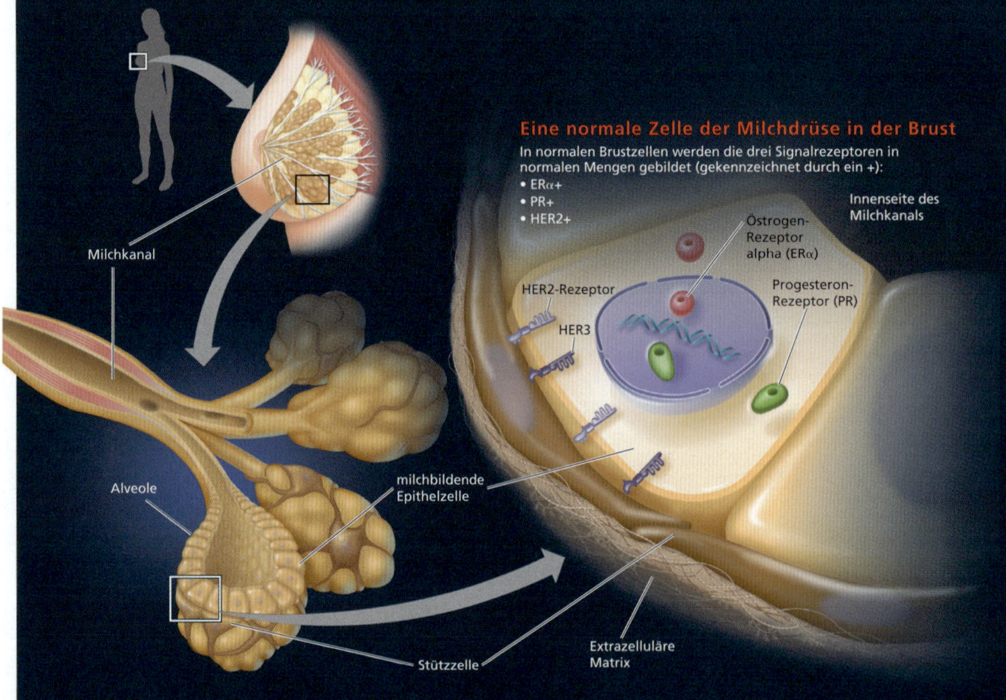

Abbildung 18.10: Genomik, Signalketten und Krebs.

Untergruppen beim Brustkrebs

Die Untergruppen unterscheiden sich im Grad der Überproduktion (durch ++ oder +++ gekennzeichnet) oder der Abwesenheit (–) von drei Signalrezeptoren: ERα, PR und HER2. Die Behandlung von Brustkrebs wird verbessert, wenn sie auf den spezifischen Subtyp zugeschnitten wird.

Luminal A / Luminal B

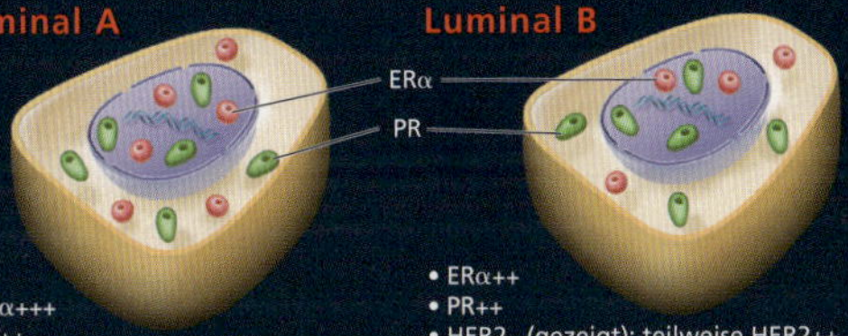

Luminal A

- ERα+++
- PR++
- HER2–
- 40 % aller Brustkrebs-Fälle
- sehr gute Prognose

Luminal B

- ERα++
- PR++
- HER2– (gezeigt); teilweise HER2++
- 15–20 % aller Brustkrebs-Fälle
- schlechtere Prognose als bei der Luminal-A-Untergruppe

Beide Luminal-Untergruppen (Lumen = Hohlraum; bezogen auf die Milchkanäle) zeigen eine erhöhte Expression von ERα (stärker in Luminal A als in Luminal B) und PR. HER2 wird meist nicht exprimiert. Beide Untergruppen können mit Medikamenten behandelt werden, die ERα hemmen (meistens wird hier Tamoxifen eingesetzt). Diese Untergruppen reagieren auch auf die Behandlung mit Medikamenten, die die Östrogensynthese hemmen.

Basal-ähnlich

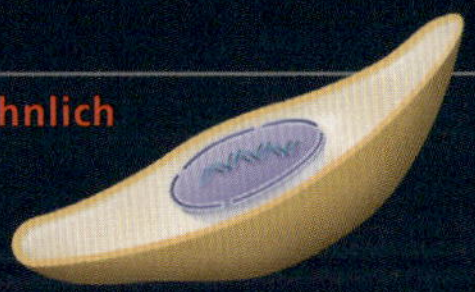

- ERα–
- PR–
- HER2–
- 15–20 % aller Brustkrebs-Fälle
- aggressiv, schlechtere Prognose als bei den anderen Untergruppen

Die Basal-ähnliche Untergruppe (ähnlich normalen Zellen bezüglich der Rezeptoren) ist „dreifach-negativ". Sie exprimiert weder ERα, noch PR oder HER2. Oft findet man eine Mutation im Tumorsuppressor-Gen BRCA1. Behandlungen, die auf die Hemmung der drei genannten Rezeptoren abzielen, sind hier wirkungslos und neue Behand- lungsmethoden werden derzeit entwickelt. Bisher werden Patientinnen mit Chemotherapeutika behandelt, die selektiv sich schnell vermehrende Zellen abtöten.

HER2

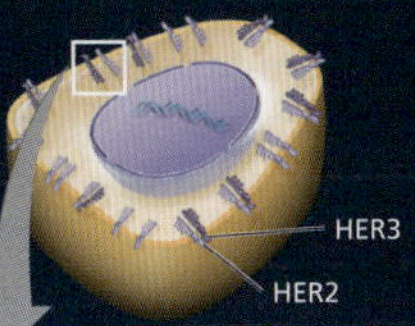

- ERα– oder ERα+
- PR–
- HER2++
- 10–15 % aller Brustkrebs-Fälle
- schlechtere Prognose als bei der Luminal-A-Untergruppe

Die HER2-Untergruppe zeigt eine erhöhte Expression von HER2. Da weder ERα noch PR normal exprimiert werden, reagiert diese Untergruppe nicht auf Medikamente, die gegen diese beiden Rezeptoren gerichtet sind. Allerdings können die Patientinnen mit Herceptin behandelt werden, einem spezifischen Antikörper, der die Tyrosinkinase-Aktivität von HER2 hemmt.

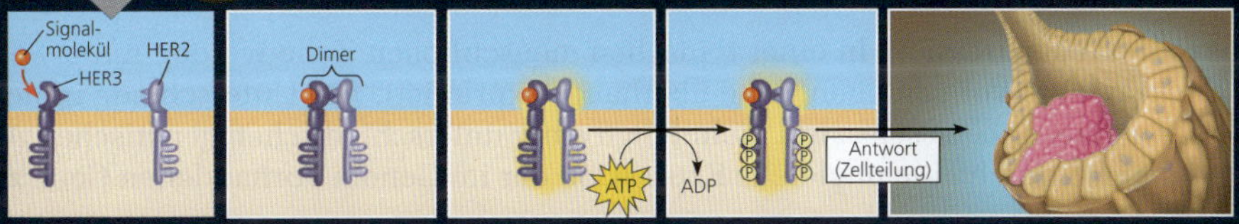

1 Ein Signalmolekül (z.B. ein Wachstumsfaktor) bindet als Ligand an einen monomeren HER3-Rezeptor und löst die Wechselwirkung mit einem zweiten Rezeptormolekül aus.

2 HER2 kann auch ohne die Bindung eines Liganden mit anderen HER-Rezeptoren wechselwirken, wie hier an der Bildung eines Dimers mit HER3 gezeigt.

3 Durch die Dimerisierung wird jede der beiden Untereinheiten aktiviert.

4 Jedes Monomer überträgt Phosphatgruppen von ATP auf das andere Monomer, was einen Signaltransduktionsweg aktiviert.

5 Das Signal wird ins Zellinnere übertragen und löst eine zelluläre Antwort aus. In diesem Fall werden Gene exprimiert, deren Produkte die Zellteilung veranlassen. HER2-Krebszellen bilden bis zu 100-mal so viele HER2-Rezeptoren wie normale Zellen und teilen sich unkontrolliert.

Die Behandlung des HER2-Subtyps mit Herceptin

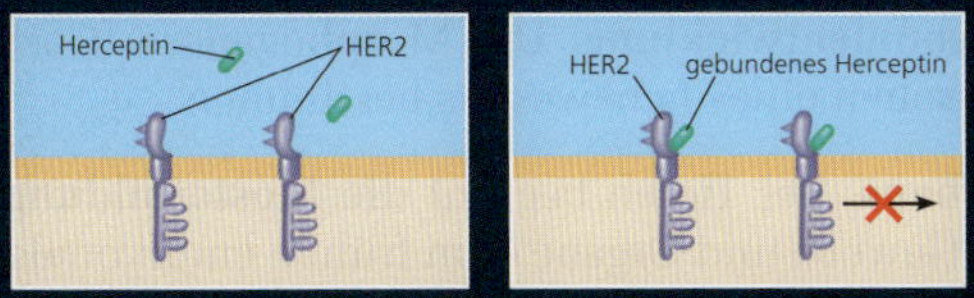

1 Patientinnen mit dem HER2-Subtyp werden mit dem Medikament Herceptin behandelt, das an HER2 bindet.

2 Durch die Bindung an HER2 wird die Signalkette und damit die unkontrollierte Zellteilung unterbunden.

ZUSAMMENHÄNGE ERKENNEN *Beim Vergleich der Genexpression in normalen Brustzellen mit derjenigen in Zellen ausBrustkrebs-Biopsien wurden die größten Unterschiede bei den Genen gefunden, die für die hier gezeigten Rezeptoren codieren. Warum überrascht Sie dieses Ergebnis nicht, wenn Sie bedenken, was Sie in diesem Kapitel und den Kapiteln 11 und 12 gelernt haben?*

ZUSAMMENFASSUNG

Die Transkription bakterieller Gene passt sich wechselnden Umweltbedingungen an

Zellen steuern ihren Stoffwechsel durch die Regulation der Aktivität von Enzymen oder der Expression der sie codierenden Gene.

Das Operon-Konzept. Bei Bakterien sind Gene häufig zu Operonen zusammengefasst. Ein Promotor ist dabei für mehrere hintereinander liegende Cistrons (offene Leseraster) zuständig. Ein als Operator bezeichneter DNA-Abschnitt ist an der An- und Abschaltung des Operons beteiligt. Dies erlaubt eine koordinierte Regulation der Gene eines Operons.

Reprimierbare und induzierbare Operone. Sowohl reprimierbare als auch induzierbare Operone sind Beispiele für eine negative Regulation der Genexpression. Bei beiden Operontypen führt die Bindung eines spezifisch wirkenden **Repressorproteins** an den Operator zur Abschaltung der Transkription. (Der Repressor wird von einem nichtgekoppelten **Regulatorgen** codiert.) Bei einem reprimierbaren Operon ist der Repressor aktiv, wenn er einen **Co-Repressor** gebunden hat. Dieser ist in der Regel das Endprodukt eines anabolen Stoffwechselwegs.

Bei einem induzierbaren Operon führt die Bindung eines **Induktors** an einen ursprünglich aktiven, an den Operator gebundenen Repressor zu dessen Inaktivierung und zum Anschalten der Transkription. Die von induzierbaren Operonen codierten Enzyme werden gewöhnlich in katabolen Stoffwechselwegen eingesetzt.

Manche Operone werden auch positiv über ein **Aktivator**-Protein reguliert, wie zum Beispiel das Kataboliten-Aktivator-Protein (CAP). Es fördert die Transkription, wenn es durch **cyclisches AMP** aktiviert wird und an eine Erkennungssequenz im Promotorbereich gebunden ist.

Die Expression eukaryontischer Gene kann auf verschiedenen Stufen reguliert werden

Differenzielle Genexpression. In einer typischen menschlichen Zelle werden nur etwa 20 Prozent der in ihrem Genom vorhandenen Gene überhaupt exprimiert. Die Unterschiede in den verschiedenen Zellen eines Lebewesens sind nicht Folge einer unterschiedlichen genetischen Ausstattung, sondern kommen durch eine ungleiche Expression der im Genom vorhandenen Gene zustande.

Regulation der Chromatinstruktur. Modifikationen der Histone (der Proteine, um die sich die DNA in den Nucleosomen windet) beeinflussen die Transkription von Genen. Im Allgemeinen wird durch eine Histonacetylierung eine verstärkte Transkription ausgelöst, während eine Methylierung zu einer verringerten Transkription führt. Chromatinmodifikationen können an die nächste Zellgeneration weitergegeben werden. Diese Weitergabe von Merkmalen durch nicht an die DNA-Sequenz gebundene Mechanismen wird als epigenetische Vererbung bezeichnet.

Ein genetisches Programm für die Embryonalentwicklung. Die Morphogenese (Gestaltbildung) umfasst alle Prozesse, die letztlich das Aussehen eines Lebewesens bestimmen.

Musterbildung zur Festlegung des Körperbaus. Bei Tieren beginnt die **Musterbildung** – die Entwicklung der räumlichen Organisation der Gewebe und Organe – im frühen embryonalen Stadium. **Positionsinformationen** in Form molekularer Signale, welche die Musterbildung steuern, teilen einer Zelle ihre Lage relativ zu den Körperachsen und anderen Zellen des gleichen oder eines anderen Typs mit.

Krebs entsteht durch genetische Veränderungen, die den Zellzyklus deregulieren

Die Produkte von Proto-Onkogenen und Tumorsuppressor-Genen steuern die Zellteilung. Eine Veränderung der DNA, die ein Proto-Onkogen aktiviert, lässt es zum Onkogen werden. Dies kann eine erhöhte Zellteilungsaktivität bewirken und die Entstehung von Krebs begünstigen. Ein Tumorsuppressor-Gen codiert ein Protein, das im Normalfall den Zellzyklus hemmt. Eine Mutation in einem derartigen Gen, welches die Aktivität des codierten Proteins vermindert, kann ebenfalls zu einer unkontrollierten Zellteilung und zur Krebsentstehung führen. Viele Proto-Onkogene und Tumorsuppressor-Gene codieren Komponenten von Signalketten, die das Wachstum entweder anregen oder hemmen. Mutationen in diesen Genen führen zu Störungen des Signalwegs.

Genomweite Untersuchungsmethoden führten zur Beschreibung von vier Untergruppen bei Brustkrebs, die auf der unterschiedlichen Expression bestimmter Gene in den Tumorzellen beruht. Mutationen in Onkogenen oder in Tumorsuppressor-Genen können vererbt werden und erhöhen dann das Risiko des Trägers, an Krebs zu erkranken. Bestimmte Viren fördern die Krebsentstehung durch die Integration ihrer Gene in das zelluläre Genom.

Viren

19

19.1 Ein Virus besteht aus einer von einer Proteinhülle eingeschlossenen Nucleinsäure

Die Existenz von Viren war schon lange bekannt, bevor man sie überhaupt sichtbar machen konnte. Die Geschichte, wie man den Viren auf die Spur kam, beginnt Ende des 19. Jahrhunderts.

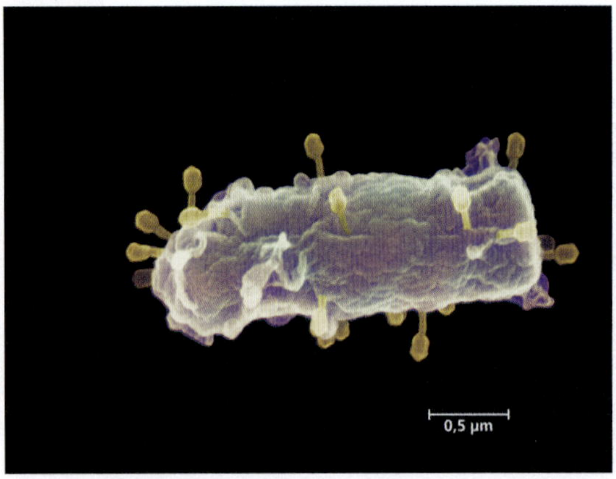

Abbildung 19.1: Sind diese winzigen, eine *Escherichia coli*-Zelle infizierenden Viren bereits Lebewesen?

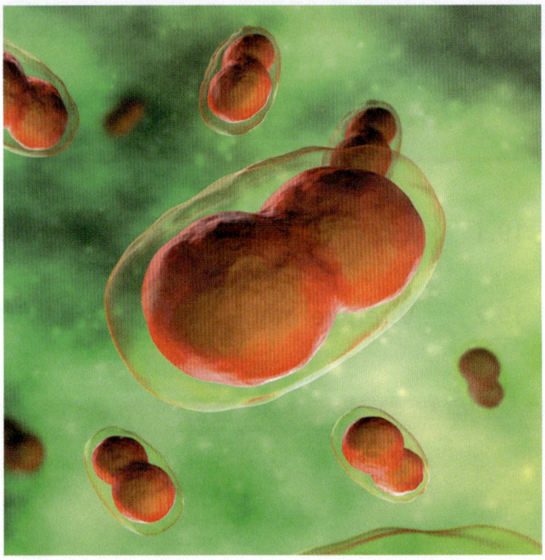

Abbildung 19.2: Pockenviren sind rechteckig bis oval und erreichen eine Größe von 200 bis 400 nm.

19.1.1 Der Aufbau von Viren

Die kleinsten bekannten Viren haben nur 20 nm Durchmesser – das ist kleiner als ein Ribosom. Anders ausgedrückt würden Millionen von Viren auf eine Nadelspitze passen. Selbst die größten bekannten Viren mit mehreren hundert Nanometern Durchmesser (wie beispielsweise die Pockenviren, Abbildung 19.2) sind im Lichtmikroskop kaum erkennbar. Wenn aber Viren keine Zellen sind, was sind sie dann? Genauere Untersuchungen zeigten, dass es sich bei Viren um von Proteinen umschlossene Nucleinsäuren handelt („Nucleocapsid“). Oft findet man auch noch eine äußere Membranhülle.

Virengenome Obwohl man bei Genen zunächst an DNA-Moleküle in Form der normalen Doppelhelix denkt, ist dies bei Viren meist anders. Je nach Art des Virus können ihre Genome aus doppelsträngiger DNA, einzelsträngiger DNA, doppelsträngiger RNA oder einzelsträngiger RNA bestehen. Die Art der Nucleinsäure wird zur Klassifizierung nach dem sogenannten „Baltimore-Schema“ in DNA-Viren beziehungsweise RNA-Viren herangezogen. In der Regel besteht ein Virengenom aus einem einzelnen, linearen oder zirkulären Nucleinsäuremolekül. In Ausnahmefällen – zum Beispiel bei Grippeviren (= Influenzaviren) – setzt sich das Genom auch aus mehreren Nucleinsäuremolekülen zusammen. Bei den kleinsten heute bekannten Viren sind nur wenige Proteine im Genom codiert, während die größten Virengenome mehrere hundert Gene enthalten können. Bakterielle Genome enthalten dagegen um die 200 bis hin zu einigen tausend proteincodierenden Genen.

Capside und Hüllen Die Proteine, die das Virengenom umschließen, werden zusammen als **Capsid** bezeichnet. Je nach Virusart kann das Capsid stäbchenförmig, polyedrisch („kubisch“) oder komplexer aufgebaut sein (wie beim Bakteriophagen T4). Capside bilden sich aus der Zusammenlagerung eines einzigen oder sehr weniger verschiedener Proteine. Die einzelnen Untereinheiten der Capsid bildenden Proteine nennt man *Capsomere*. Das Tabakmosaikvirus besitzt ein starres, stabförmiges Capsid, das aus über eintausend Molekülen eines einzigen Proteins zu einer Helix zusammengelagert wird. Stäbchenförmige Viren werden deshalb auch als helikale Viren bezeichnet (Abbildung 19.3a). Bei Adenoviren, die unter anderem die Atemwege von Tieren befallen, bildet sich das Capsid aus 252 identischen Proteinmolekülen, die zu einem Ikosaeder (also einem Körper aus 20 gleichschenkligen Dreiecken) zusammengefügt sind. Man spricht daher auch von Viren mit einer kubischen Symmetrie oder *Ikosaederviren* (Abbildung 19.3b).

Proteine an der Virusoberfläche sind wesentlich an der Erkennung und Infektion der Wirtszelle beteiligt. Dies gilt auch für solche mit Membranhüllen, wie beispielsweise Influenzaviren (Grippeviren) und zahlreiche andere Viren, die tierische Zellen befallen (Abbildung 19.3c). Diese auch als **Virushüllen** bezeichneten Membranen stammen aus den Wirtszellen und enthalten entsprechend zelluläre Phospholipide und Membranproteine. Darüber hinaus werden spezielle virale Proteine und Glykoproteine eingelagert. Weiterhin können viele Viren auch noch einige Enzymmoleküle in ihr Nucleocapsid einschließen, die sie nach der Neuinfektion einer Wirtszelle benötigen (beispielsweise die Reverse Transkriptase bei HIV).

Sehr komplex gebaute Capside finden sich oft bei Viren, die Bakterien befallen. Solche Viren werden als **Bakteriophagen** oder kurz **Phagen** (gr. *phagein*, ich esse) bezeichnet. Die ersten Vertreter solcher Phagen wurden am Modellbakterium *Escherichia coli* entdeckt und in der Reihenfolge ihrer Entdeckung mit T1 bis T7 (Typ 1 usw.) bezeichnet. Die drei geradzahligen T-Phagen (T2, T4, T6) sind sehr ähnlich aufgebaut. Ihre Capside bestehen aus gestrecktikosaedrischen Köpfen, in denen die doppelsträngige DNA des Virus enthalten ist. An den Kopf schließt sich ein stäbchenförmiger Proteinschwanz an, der sich mit den am unteren Ende befestigten Fasern an Bakterienzellen anheften kann (Abbildung 19.3d). Im folgenden Abschnitt werden wir die Mechanismen beschreiben, die diese wenigen Viruskomponenten einsetzen, um die Wirtszelle zur Bildung einer großen Anzahl viraler Nachkommen zu veranlassen.

VERSTÄNDNISFRAGEN

1. Vergleichen Sie den Aufbau des Tabakmosaikvirus (TMV) mit dem von Influenzaviren (Abbildung 19.3).

2. **WAS WÄRE WENN?** Im Jahr 2005 wurde ein Virus entdeckt, das unter bestimmten Umständen in der Lage war, außerhalb der Wirtszelle spitze Auswüchse zu bilden. Wie verträgt sich diese Beobachtung mit der Tatsache, dass Viren keine Lebewesen sind?

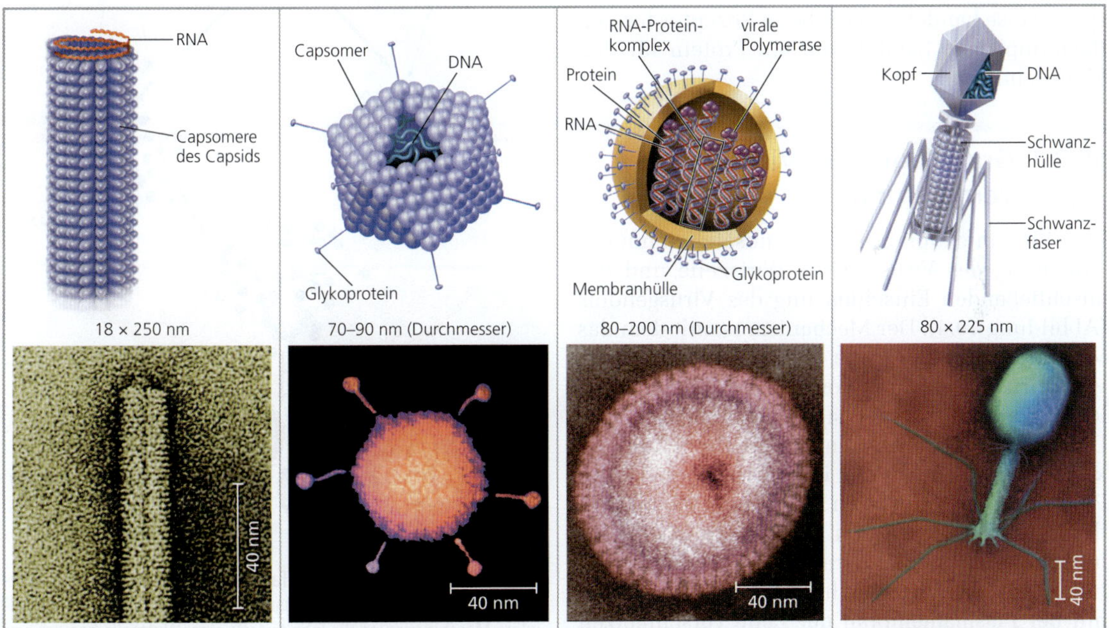

(a) Das **Tabakmosaikvirus** besitzt ein helikales Capsid in Form eines starren Rohres.

(b) Adenoviren besitzen ein ikosaedrisches Capsid mit einem aus Glykoproteinen gebildeten Fortsatz an jeder Ecke.

(c) Influenzaviren (= **Grippeviren**) haben eine Außenhülle, die mit Glykoproteinen („Spikes") besetzt ist und acht doppelhelikale RNA-Protein-Komplexe enthält, die jeweils mit einer viralen Polymerase assoziiert sind.

(d) Der **Bakteriophage T4** und andere geradzahlige T-Phagen besitzen ein komplex aufgebautes Capsid, das aus einem ikosaedrischen Kopf besteht, der mit einem Schwanzapparat verbunden ist.

Abbildung 19.3: Virale Strukturen. Viren bestehen aus Nucleinsäuren (DNA oder RNA), die von Proteinen umschlossen werden (Capsid). Das Capsid kann auch noch von einer Membran umhüllt sein. Die einzelnen Proteinuntereinheiten, die das Capsid bilden, heißen Capsomere. Obwohl sie in Größe und Form sehr unterschiedlich sein können, lassen sich Viren aufgrund gemeinsamer Strukturmerkmale in wenige Gruppen unterteilen. Die meisten gebildeten Strukturen sind in den hier gezeigten Beispielen wiedergegeben. (Die mikroskopischen Bilder sind durchweg transmissionselektronenmikroskopische Aufnahmen, die nachträglich gefärbt wurden.)

19.2 Viren vermehren sich nur in Wirtszellen

Viren besitzen weder Stoffwechselenzyme noch die Maschinerie zur Proteinsynthese (zum Beispiel Ribosomen). Sie können sich daher nur innerhalb einer Wirtszelle vermehren und sind obligat intrazelluläre Parasiten. Außerhalb des zellulären Umfelds sind Viren also lediglich verpackte Gensätze auf dem Weg zur nächsten Wirtszelle.

Ein bestimmtes Virus kann nur eine begrenzte Auswahl von Wirtszellen befallen. Diese Arten stellen das **Wirtsspektrum** des betreffenden Virus dar. Die Wirtsspezifität ergibt sich aus der Evolution von Erkennungssystemen auf Seite der Viren. Die Wirtszellen werden durch eine Art „Schlüssel/Schloss"-System erkannt: Bestimmte Oberflächenproteine der Viren „passen" auf die entsprechenden Oberflächenproteine der Wirtszelle, die als Rezeptoren bezeichnet werden. Natürlich dienen diese Rezeptorproteine nicht ursprünglich als Anheftungsstellen für krank machende Viren, sondern erfüllen andere Zwecke für die Zelle (beispielsweise handelt es sich beim Rezeptor für den Bakteriophagen Lambda um ein Protein für den Maltoseimport).

19.2.1 Grundlagen der Virenvermehrung

Eine Virusinfektion beginnt grundsätzlich mit der Anheftung des Virus an die Wirtszelle und der anschließenden Einschleusung des Virusgenoms (Abbildung 19.4). Der Mechanismus, mit dem das Virengenom in die Zelle gelangt, hängt sowohl vom Virustyp als auch von der Art der Wirtszelle ab. Geradzahlige T-Phagen etwa spritzen ihre DNA in das Bakterium, indem sie ihren komplexen molekularen Apparat im Schwanzbereich des Phagenpartikels einsetzen (Abbildung 19.3d). Andere Viren werden durch Endocytose in die Zelle aufgenommen. Bei Viren mit einer Membranhülle kann das Virusteilchen (Virion) auch direkt mit der Plasmamembran der Zelle verschmelzen und so aufgenommen werden. Nach der Aufnahme werden die viruscodierten Proteine gebildet und die Wirtszelle dazu veranlasst, sowohl das Virusgenom vielfach zu kopieren als auch die für die Hülle notwendigen Proteine zu bilden. Der Wirt liefert dazu alle notwendigen Bestandteile wie beispielsweise die Nucleotide für die viralen Nucleinsäuren, die Enzyme, die Ribosomen, die tRNAs, die Aminosäuren und das ATP. Die meisten DNA-Viren bedienen sich der wirtseigenen DNA-Polymerasen, um neue Virusgenome zu erzeugen. Dabei dient die virale DNA als Matrize für die Replikation. Im Gegensatz dazu benutzen RNA-Viren für die Replikation ihrer Genome RNA-Polymerasen, die sie zunächst bei der Infektion selbst mitbringen, die jedoch im Virusgenom codiert sind und später von der Wirtszelle neu gebildet werden. Natürlich dient auch hier die Virus-RNA (oder von ihr gebildete komplementäre RNA) als Matrize. Nicht infizierte Zellen bilden in der Regel keine für die Ablesung und Replikation viraler RNA erforderlichen Enzyme.

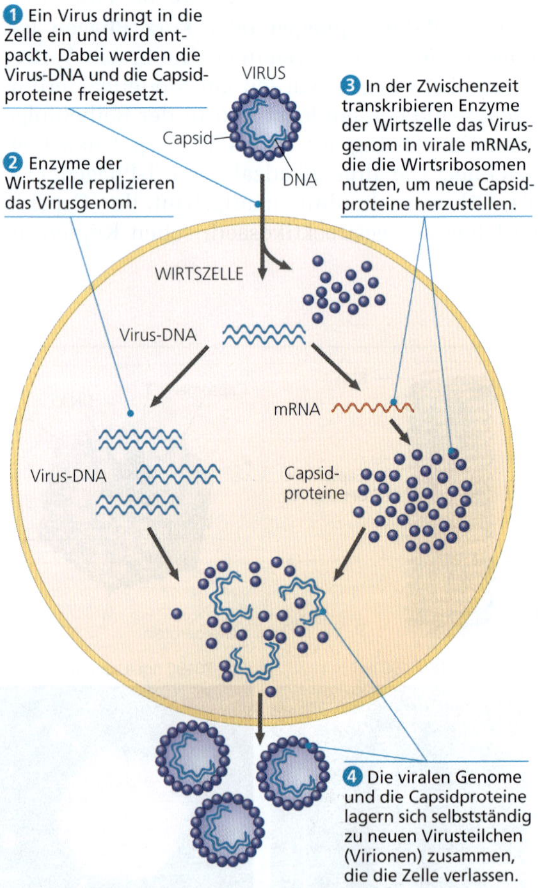

Abbildung 19.4: Eine vereinfachte Darstellung der Virusvermehrung. Ein Virus ist ein obligat intrazellulärer Parasit, der die zelluläre Maschinerie und die Inhaltsstoffe einer Wirtszelle benutzt, um sich zu vermehren. Hier ist die Vermehrung eines DNA-Virus mit einem aus identischen Untereinheiten bestehenden Capsid dargestellt.

? Beschriften Sie jeden der schwarzen Pfeile mit einem Wort/Begriff, der den entsprechenden Vorgang beschreibt.

Nach der Synthese der viralen Nucleinsäuren und Capsomere (Proteinuntereinheiten der Virushülle) lagern sich diese spontan zu neuen Virusteilchen (Virionen) zusammen. Dies kann ohne weitere Hilfe von Seiten der Wirtszelle erfolgen. Dabei wird die Wirtszelle vielfach stark beschädigt oder stirbt ganz. Solche Zellschädigungen oder Zellverluste führen zu den mit einem Virusbefall einhergehenden Krankheitssymptomen, oft auch in Verbindung mit der gegen die Viren gerichteten Immunabwehr des Körpers. Die neu gebildeten Viren befallen weitere Zellen und auf diese Weise kann sich die Infektion ausbreiten.

Die hier beschriebenen Grundlagen der Virusvermehrung wurden stark verallgemeinert und unterliegen im Einzelfall zahlreichen Abwandlungen. Wir werden uns nun mit einigen dieser Variationen bei der Infektion durch Bakteriophagen und beim Befall tierischer Zellen mit Viren näher befassen. Gegen Ende des Kapitels werden wir auch auf pflanzenspezifische Viren eingehen.

19.2.2 Die Phagenvermehrung

Trotz ihres komplexen Aufbaus gehören Bakteriophagen zu den am besten untersuchten Viren. Phagengenetiker gelangten zu der grundlegenden Erkenntnis, dass sich einige doppelsträngige DNA-Viren über zwei alternative Mechanismen vermehren können: einen lytischen oder einen lysogenen Zyklus.

Der lytische Zyklus Ein **lytischer Vermehrungszyklus** eines Phagen endet letztlich mit dem Tod der infizierten Wirtszelle. Dieser Zyklus ist nach einem späten Stadium der Infektion benannt, in dem die Bakterienzelle lysiert (aufbricht und ausläuft) und die neugebildeten Phagenpartikel freisetzt. Diese können dann weitere Zellen befallen, sodass eine Folge lytischer Zyklen innerhalb weniger Stunden eine gesamte Bakterienpopulation vernichten kann. Ein sich ausschließlich durch solche lytischen Zyklen vermehrender Phage wird als **virulenter Phage** bezeichnet.

Nachdem Sie etwas über den lytischen Zyklus erfahren haben, fragen Sie sich vielleicht, warum die Phagen nicht längst sämtliche Bakterien ausgerottet haben. Vereinzelt wurde tatsächlich die Phagentherapie eingesetzt, um Patienten zu behandeln. Auch das Versprühen von Phagensuspensionen wurde bereits eingesetzt, um die Bakterienbelastung bei Schlachtgeflügel während des Transports zu reduzieren. Andererseits haben Bakterien natürlich auch Abwehrmechanismen gegen die Phagen entwickelt. So begünstigt die natürliche Selektion Bakterienstämme mit Oberflächenstrukturen, die nicht länger von Phagen erkannt werden. Auch wird die Phagen-DNA nach ihrem Eindringen in die Bakterienzelle oft von **Restriktionsendonucleasen** (einer speziellen Gruppe DNA-spaltender Enzyme, die verkürzt auch als *Restriktionsenzyme* bezeichnet werden) abgebaut. Tatsächlich bezieht sich der Name dieser Enzyme darauf, die Fähigkeit für eine Phageninfektion zu beschränken (lat. *restrictus*, straff angezogen, eingeschränkt). Verschiedene Bakterienarten bilden unterschiedliche Restriktionsenzyme, die jeweils bestimmte Nucleotidfolgen in der DNA erkennen und spalten. Um ihr eigenes Genom vor dem Abbau zu schützen, bilden die Bakterien gleichzeitig artspezifische Enzyme, die Basen in den Erkennungsstellen methylieren (Methylasen). Die natürliche Selektion sorgt nun auch auf Seiten der Phagen dafür, dass sich ihre DNA so verändert (mutiert), dass sie von den Restriktionsenzymen nicht erkannt werden und damit gegen den Abbau resistent werden. Ebenso entwickeln sich Phagen, die an die veränderten Oberflächenstrukturen resistenter Bakterienstämme anheften können. Die Wechselbeziehungen zwischen Bakterien und Phagen unterliegen also in der Evolution einer ständigen Anpassung.

Es gibt noch einen weiteren Grund, warum ein Phagenbefall nicht zur Ausrottung der Bakterien geführt hat: Statt ihre Wirtszellen durch Lyse zu zerstören, können viele Phagen ihren Wirt befallen, ohne ihn zu zerstören. Auf diesen als Lysogenie bezeichneten Zustand der Koexistenz werden wir im Folgenden näher eingehen.

> **MERKE!**
> **Ein lytischer Vermehrungszyklus eines Phagen endet letztlich mit dem Tod der infizierten Wirtszelle.**

Der lysogene Zyklus Im Gegensatz zum lytischen Zyklus, der zum Absterben der Wirtszelle führt, ermöglicht der **lysogene Zyklus** eine Replikation des Phagengenoms ohne die Zerstörung des Wirts. Phagen, die zu beiden Arten der Vermehrung befähigt sind, nennt man **temperente Phagen** (lat. *temperare*, Maß halten; *temperatus*, mild, gemäßigt). Der temperente Phage Lambda (= Phage λ) ist in der Mikro- und Molekularbiologie ein verbreitet verwendetes Modellsystem. Der Phage λ ähnelt in seinem Aufbau dem Phagen T4, doch besitzt er im Schwanzbereich nur eine einzelne kurze Faser.

> **MERKE!**
> **Der lysogene Zyklus ermöglicht eine Replikation des Phagengenoms ohne die Zerstörung der Wirtszelle.**

Der lysogene Zyklus Im Gegensatz zum lytischen Zyklus, der zum Absterben der Wirtszelle führt, ermöglicht der **lysogene Zyklus** eine Replikation des Phagengenoms ohne die Zerstörung des Wirts. Phagen, die zu beiden Arten der Vermehrung befähigt sind, nennt man **temperente Phagen** (lat. *temperare*, Maß halten; *temperatus*, mild, gemäßigt). Der temperente Phage Lambda (= Phage λ) ist in der Mikro- und Molekularbiologie ein verbreitet verwendetes Modellsystem. Der Phage λ ähnelt in seinem Aufbau dem Phagen T4, doch besitzt er im Schwanzbereich nur eine einzelne kurze Faser.

Die Infektion einer *Escherichia coli*-Zelle durch einen λ-Phagen beginnt wie gewohnt mit der Bindung des Phagen an die Oberfläche der Zelle und der Injektion seines linearen DNA-Genoms (Abbildung 19.5). In der Wirtszelle wird dieses zu einem ringförmigen DNA-Molekül geschlossen. Danach entscheidet sich, ob der Phage λ in den lytischen oder den lysogenen Zyklus eintritt. Bei einem lytischen Zyklus sorgt die Expression der viralen Gene sehr schnell für die Umstellung der Wirtszelle in eine Fabrik zur Produktion von λ-Phagen. Wie für die lytischen Phagen bereits besprochen, lysiert die Zelle bald darauf und setzt die neu gebildeten Phagen frei. Beim lysogenen Zyklus wird jedoch das λ-Genom an einer bestimmten Stelle in das *E. coli*-Chromosom eingebaut. Die Integration der Virus-DNA wird unter anderem durch virale Proteine gesteuert, die beide zirkulären Moleküle (das Bakterienchromosom und das Virusgenom) spalten (linearisieren) und dann kovalent miteinander verknüpfen. Die so in das Bakterienchromosom eingebaute virale DNA wird als **Prophage** bezeichnet. In diesem Zustand bildet der Prophage ein viruscodiertes Protein, das die Transkription der anderen Prophagengene verhindert. Das Phagengenom verhält sich sozusagen „still" im Bakterium und wird bei jeder Teilung der *E. coli*-Zelle zusammen mit ihrer eigenen DNA repliziert und an die Nachkommen weitergegeben. So kann eine einzige infizierte Zelle rasch eine große Population von Bakterien bilden, deren Mitglieder alle das Virus als Prophagen enthalten. Mithilfe dieses Mechanismus können sich die Viren also in den Wirtszellen, auf die sie ja angewiesen sind, vermehren, ohne diese abzutöten.

Der Begriff *lysogen* beinhaltet außerdem die Fähigkeit der Prophagen, sich wieder in aktive Phagen zu verwandeln und eine Lyse der Wirtszelle

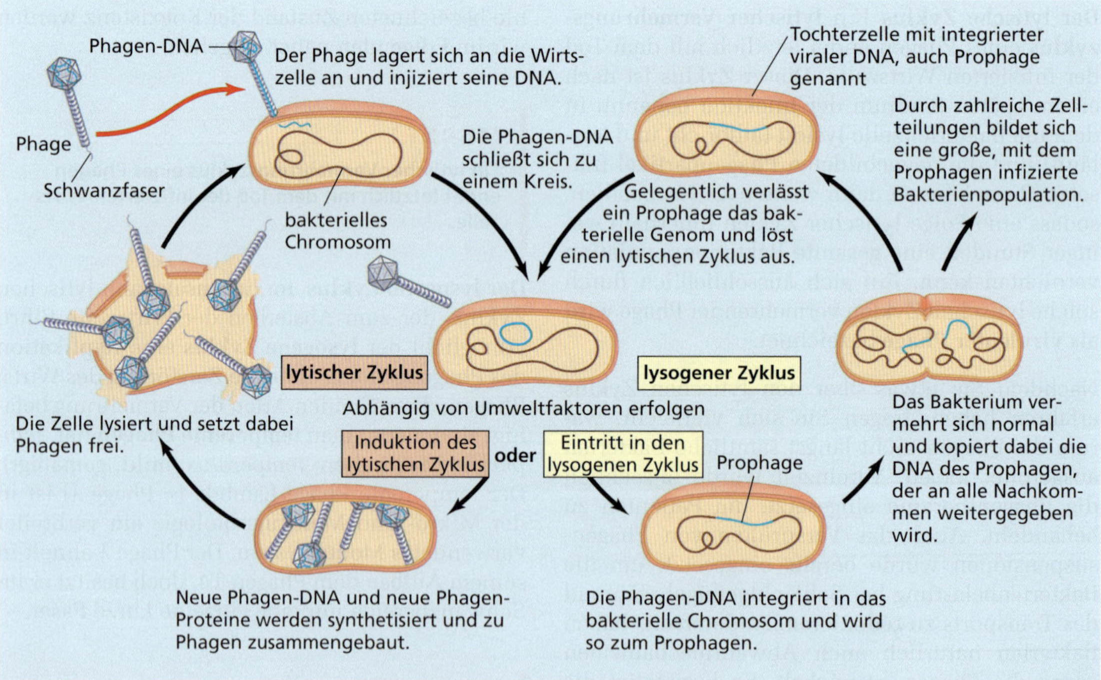

Abbildung 19.5: Der lytische und der lysogene Zyklus des temperenten Phagen λ. Nach dem Eindringen in die Bakterienzelle und der Ringbildung des Genoms kann die λ-DNA unmittelbar mit der Bildung großer Mengen von Phagenpartikeln beginnen (lytischer Zyklus) oder sich in das Bakterienchromosom integrieren (lysogener Zyklus). In den meisten Fällen folgt λ dem lytischen Zyklus. Im lysogenen Zyklus kann der Prophage dagegen über viele Generationen hinweg im Chromosom der Wirtszelle verbleiben. Der Phage λ besitzt nur eine einzelne, kurze Schwanzfaser.

einzuleiten. Dazu muss das λ-Genom veranlasst werden, die viralen Gene zu transkribieren, das Bakterienchromosom zu verlassen und einen lytischen Zyklus einzuleiten. Ein solcher Vorgang wird durch Umwelteinflüsse – etwa in Form bestimmter Chemikalien oder hochenergetischer Strahlung – ausgelöst und schaltet das Programm vom lysogenen auf den lytischen Zyklus um.

Außer dem Gen, dessen Produkt die Transkription der Phagengene verhindert, können während der Lysogenie bei anderen Phagen auch weitere virale Gene exprimiert werden. Dies kann sich sehr stark auf die Wirtszelle auswirken und hat im Einzelfall eine weitreichende medizinische Bedeutung. Als Beispiel sollen drei Bakterienarten dienen, die beim Menschen Diphtherie, Botulismus und Scharlach hervorrufen. In den Genen ihrer Prophagen sind Toxine (Zellgifte) codiert, die von Wirtsbakterien erzeugt und in unseren Körper abgegeben werden. Auch ob ein *E. coli*-Stamm sich als harmloser Darmbewohner verhält oder Lebensmittelvergiftungen hervorrufen kann (wie bei dem Stamm 0157:H7), scheint vom Auftreten eines Prophagen in diesem Stamm abzuhängen.

RNA als genetisches Material Obwohl einige Phagen und die meisten Pflanzenviren zu den RNA-Viren gehören, findet man das breiteste Spektrum von RNA-Genomen unter den tierspezifischen Viren. Bei den Viren, deren Genom aus Einzelstrang-RNA besteht, kann dieses direkt nach einer Infektion als mRNA dienen und in Proteine translatiert werden. Aufgrund dieser Eigenschaft spricht man von sogenannten „+"-Strang RNA-Viren. Bei einem anderen Virus dient dagegen das RNA-Genom als *Matrize* für die Synthese von mRNA und wird entsprechend als „–"-Strang RNA-Virus bezeichnet. Das RNA-Genom wird zunächst in einen komplementären RNA-Strang übersetzt, der dann sowohl als mRNA für die Herstellung von Proteinen als auch als Matrize für die Erzeugung neuer genomischer RNA-Stränge dienen kann. Für die RNA-Synthese aus RNA (RNA → RNA) sind die Viren auf ein spezielles Enzym (eine RNA-abhängige RNA-Polymerase) angewiesen. Dieses ist in der Regel in der Wirtszelle nicht vorhanden und muss vom Virus mitgebracht und in die Zelle eingeschleust werden. Das viruscodierte Enzym wird dann während der Vermehrung neu gebildet und mit dem Genom in die neuen Capside verpackt.

Den komplexesten Vermehrungsmodus weisen die RNA-Tierviren aus der Gruppe der **Retroviren** auf. Sie enthalten als Enzym die **Reverse Transkriptase**, die eine RNA-Matrize in DNA umschreibt und so den Informationsfluss in Richtung RNA→DNA lenkt, also entgegen der sonst üblichen Richtung. Daraus leitet sich auch der Name Retroviren (lat. *retro*, zurück, rückwärts) ab. Von besonderer medizinischer Bedeutung ist heute das **HI-Virus (Humanes Immundefizienz-Virus)**, der retrovirale Erreger der Immunschwächekrankheit **AIDS** (**A**cquired **I**mmuno**d**eficiency **S**yndrome). HIV und andere Retroviren besitzen eine Membranhülle und ihr Genom besteht aus zwei identischen, einzelsträngigen RNA-Molekülen. Außerdem enthält ihr Capsid auch noch zwei Moleküle der Reversen Transkriptase (RT) und zwei Moleküle einer spezifischen tRNA. Letztere dient als Ansatzpunkt („Primer") bei der RNA-abhängigen Synthese der DNA durch die Reverse Transkriptase.

Abbildung 19.6 zeigt den Vermehrungszyklus von HIV als den typischen Vertreter der Retroviren. Nachdem das Virus in die Zelle eingedrungen ist, werden die Moleküle der Reversen Transkriptase ins Zytoplasma freigesetzt, wo sie die Bildung einer (komplementären) viralen, doppelsträngigen DNA (= cDNA) katalysieren. Diese gelangt in den Zellkern, wo sie zufällig in eines der Chromosomen integriert wird. Analog zu den bereits besprochenen temperenten Phagen wird die integrierte virale DNA als **Provirus** bezeichnet. Im Gegensatz zu den bisher besprochenen Prophagen verbleibt das Provirus dauerhaft im Genom der infizierten Wirtszelle und kann dieses im Verlauf eines lytischen Zyklus nicht wieder verlassen. Die RNA-Polymerasen des Wirts transkribieren die auf der proviralen DNA codierten Gene und die so gebildete mRNA dient zur Synthese viraler Proteine sowie als Genom für neue Virionen. Diese werden in der Zelle zusammengefügt und schließlich freigesetzt.

VERSTÄNDNISFRAGEN

1. Vergleichen Sie die Wirkung eines lytischen (virulenten) und eines lysogenen (temperenten) Phagen auf die Wirtszelle.

2. Wie können sich manche Viren ohne jegliche DNA-Zwischenstufe vermehren?

3. Warum zählt HIV zu den Retroviren?

4. WAS WÄRE, WENN? Welche molekularen Prozesse könnte man hemmen, um eine HIV-Infektion zu bekämpfen? (Abbildung 19.6).

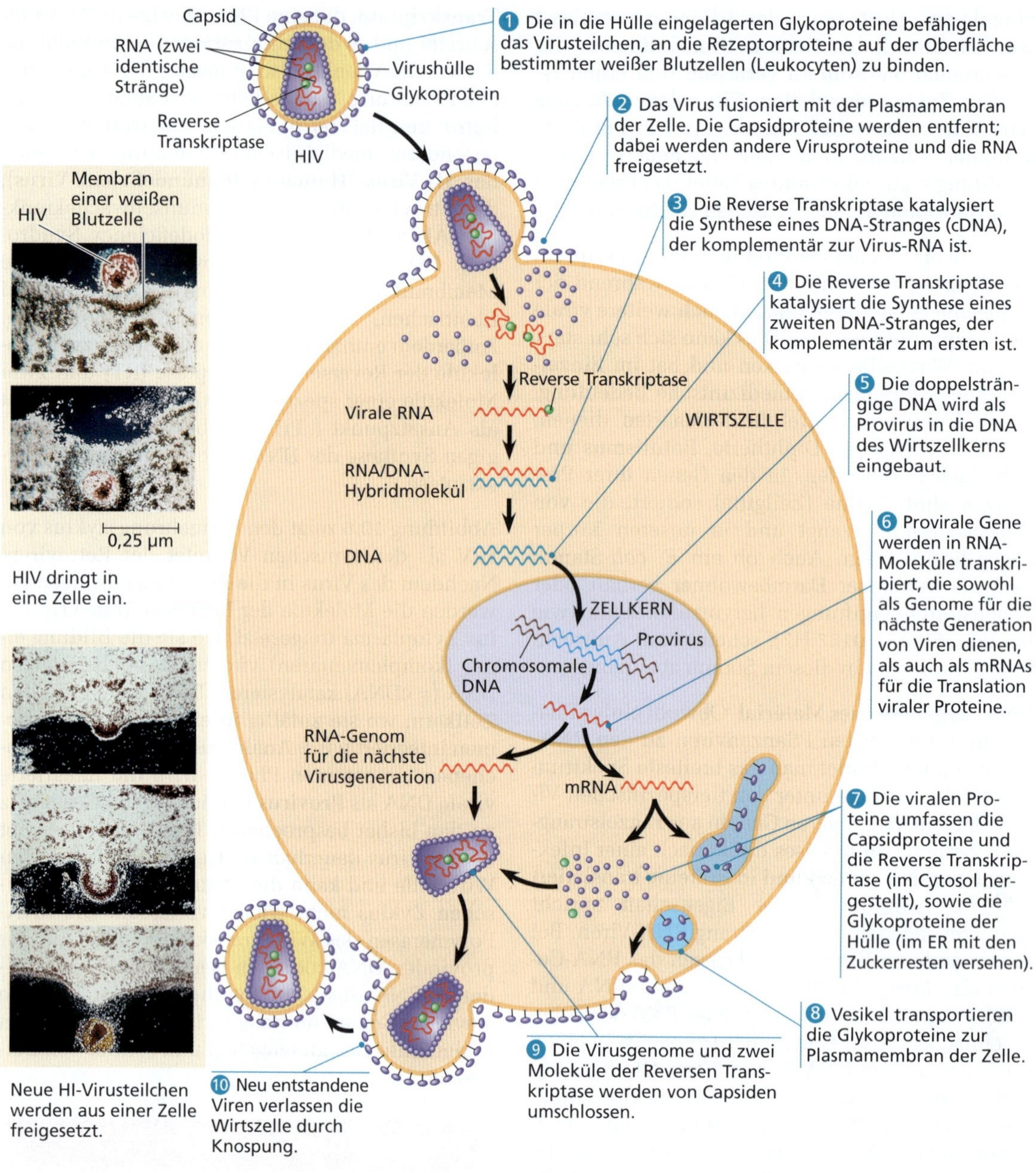

Abbildung 19.6: Der Vermehrungszyklus von HIV, dem Retrovirus, das AIDS verursacht. Wie Sie bemerken, wird in 5 die anhand des RNA-Genoms synthetisierte DNA in das Wirtsgenom (die chromosomale DNA im Zellkern) integriert – ein für Retroviren spezifisches Merkmal. Die Bilder am linken Rand (nachträglich gefärbte transmissionselektronenmikroskopische Aufnahmen) zeigen HIV beim Eintritt in und beim Verlassen einer weißen Blutzelle (Leukocyt) des Menschen.

19.2.3 Das Auftreten neuer Viren

Viren, die plötzlich auftauchen oder sich erstmals als medizinische Herausforderung darstellen, werden als *neu in Erscheinung tretende* oder kurz als *„neue Viren"* bezeichnet. HIV – das AIDS-Virus – ist ein klassisch gewordenes Beispiel (Abbildung 19.7). Das Virus tauchte plötzlich, scheinbar aus dem Nichts, in den frühen 1980er Jahren in San Francisco (Kalifornien, USA) auf. Spätere epidemiologische Untersuchungen belegten seinen Ursprung im Gebiet der Republik Kongo in Äquatorial- Westafrika, wo es anhand medizinischer Unterlagen bis in das Jahr 1959 zurückdatiert werden konnte. Das hochvirulente Ebolavirus (ein Filovirus) trat nachweislich erstmals 1976 in Zentralafrika auf und verursachte in einer Epidemie im Jahre 2014 weltweites Aufsehen. Es ist eines von mehreren heute bekannten Viren, die das sogenannte hämorrhagische Fieber (griech. *haema*, Blut + *ragenai*, zerreißen, zerbrechen) verursachen, mit einem extrem schnellen und oftmals tödlichen Verlauf. Außerdem sind diese Viren hochgradig ansteckend. Zu den Symptomen dieser gefährlichen Viruserkrankungen gehören starkes Fieber, Erbrechen, Delirium, massive innere Blutungen und ein dadurch verursachter Kreislaufkollaps. Eine Reihe anderer gefährlicher neuer Viren können Encephalitis (Gehirnentzündung) hervorrufen. Ein Beispiel dafür ist das West-Nil-Virus (ein Flavivirus), das 1999 erstmals in Nordamerika auftauchte und sich bereits über den ganzen nordamerikanischen Kontinent ausgebreitet hat. Im Jahr 2012 verzeichnete man bereits 5.000 Fälle mit fast 300 Todesfällen. Auch in Europa ist mit seiner Ausbreitung zu rechnen. Es wird angenommen, dass die Tiger- Stechmücke (*Aedes albopictus*), die sich im Zuge der Klimaerwärmung hier ausbreitet, ein Überträger des Virus ist. Bisher trat das West-Nil-Virus 1996 in Rumänien, 1997 in Tschechien, und 2010 in Österreich und in Griechenland auf (in letzterem Fall forderte es 33 Todesopfer unter 197 Erkrankten).

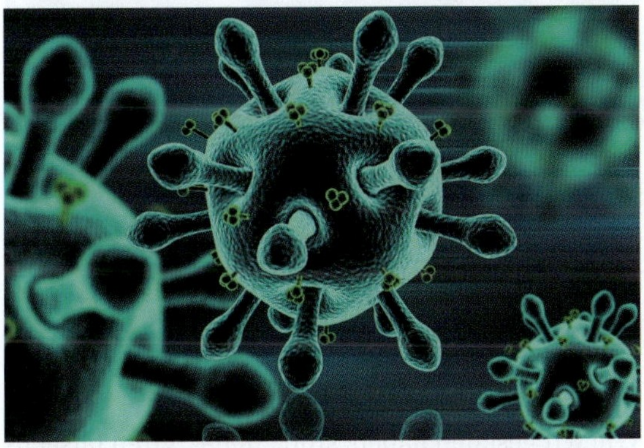

Abbildung 19.7: Das Humane Immundefizienz-Virus (HIV; digitale Illustration).

Im Jahr 2009 gab es einen weitverbreiteten Ausbruch, auch Epidemie genannt, einer grippeähnlichen Erkrankung in Mexiko und den USA („Schweinegrippe"). Als infektiöses Agens wurde sehr schnell ein Grippevirus (Influenza-Virus) identifiziert, das eng mit der saisonal auftretenden Grippe verwandt ist. Dieser spezielle Virenstamm wurde mit H1N1 (Abbildung 19.8) bezeichnet (die dem HN-System zugrunde liegende Nomenklatur werden wir weiter hinten näher erläutern). Die Krankheit breitete sich so schnell aus, dass die WHO eine globale Epidemie (eine sogenannte Pandemie) ausrief. Ein halbes Jahr später hatte die Krankheit bereits 207 Länder erreicht, wobei 600.000 Menschen infiziert wurden, von denen fast 8.000 starben. Sehr schnell wurden von den staatlichen Gesundheitsbehörden Schulen und andere öffentliche Einrichtungen geschlossen, um einer weiteren Ausbreitung vorzubeugen. Zusätzlich wurden die Anstrengungen für Entwicklung und Screening von Impfstoffen intensiviert. Wie können Viren, die vorher selten oder völlig unbekannt waren, urplötzlich auftauchen und Krankheiten verursachen? Dies hat hauptsächlich drei Gründe: Als wichtigster Grund ist sicher die Mutation bereits vorhandener Viren zu nennen. Besonders RNA-Viren weisen eine ungewöhnlich hohe Mutationsrate auf, weil die zur Replikation ihrer Genome eingesetzten RNA-abhängigen RNA-Polymerasen keinen Korrekturlesemechanismus („proof reading") besitzen. So können durch Mutationen neue Virusstämme entstehen, deren Oberflächenstrukturen soweit verändert sind, dass sie vom Immunsystem nicht mehr erkannt werden. Diese sind dann in der Lage, ansonsten immune Personen neu zu infizieren. Als bekanntestes Beispiel gelten die beinahe alljährlich wiederkehrenden **Grippe-Epidemien** (epidemische Influenza). Sie werden von neuen Stämmen des Influenzavirus hervorgerufen, die sich genetisch so weit von früheren Stämmen unterscheiden, dass die im Vorjahr erworbene Immunität unterlaufen wird.

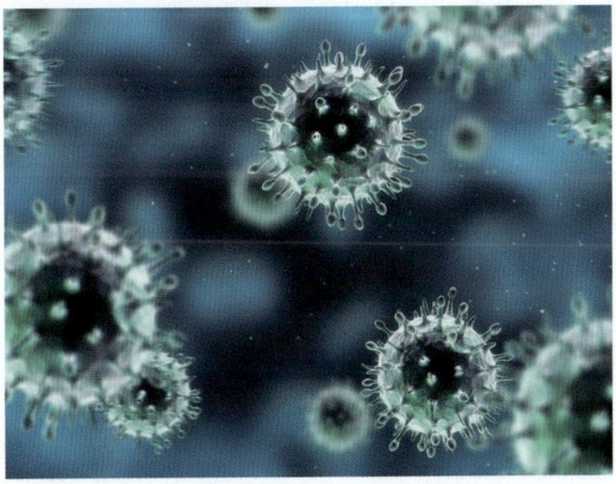

Abbildung 19.8: Das Grippevirus H1N1 (Schweinegrippe; digitale Illustration).

Eine zweite Möglichkeit für das Auftreten neuer Viren ist ihre Ausbreitung ausgehend von kleinen, isoliert lebenden Populationen, in denen das Virus endemisch vorkommt. So war beispielsweise das HI-Virus der Medizin jahrzehntelang unbekannt, bevor es sich auszubreiten begann. Hier haben ökonomische, medizintechnische und soziale Faktoren (billige Fernreisen, Bluttransfusionen, sexuelle Freizügigkeit und Drogenkonsum) zur weltweiten Ausbreitung beigetragen.

Eine dritte Quelle für neue virale Erkrankungen ist die Verbreitung bereits existierender Viren durch andere Tierarten (Zoonosen). Schätzungsweise drei Viertel aller neuen Infektionskrankheiten des Menschen haben hierin ihren Ursprung. Tiere, die ein bestimmtes Virus übertragen, sind von der Infektion oft selbst nicht betroffen und zeigen keine Symptome. Man spricht von dem „natürlichen Reservoir" des Erregers. So wurde das oben erwähnte H1N1-Virus, das die Grippepandemie im Jahr 2009 auslöste, sehr wahrscheinlich vom Schwein auf den Menschen übertragen und deshalb auch zunächst als „Schweinegrippe" bezeichnet. Grippeepidemien (Influenzaepidemien) sind also ein gutes Beispiel für Viren, die Artgrenzen überspringen. In der Virologie kennt man drei Typen des Influenzavirus. Die Typen B und C, die ausschließlich den Menschen befallen, haben noch nie zu einer bedeutenden Epidemie geführt. Typ A kann den Menschen und eine Reihe von Tierarten infizieren (Vögel, Schweine, Pferde) und hat allein in den letzten 100 Jahren drei große Grippeepidemien verursacht. Die schlimmste davon war die sogenannte „Spanische Grippe" (Ende 1918/Anfang 1919), die zwar unter diesem Namen bekannt wurde, ihren Ursprung aber eigentlich in den USA hatte (was aus taktischen Erwägungen geheim gehalten wurde). Sie entwickelte sich zu einer weltumspannenden **Pandemie** (= globale Epidemie). Die Seuche kostete nach verschiedenen Schätzungen zwischen 25 und 40 Millionen Menschen das Leben und forderte damit mehr Todesopfer als der seinem Ende zugehende Erste Weltkrieg. Es wird angenommen, dass der Erreger ursprünglich von Vögeln stammte.

Die verschiedenen Influenza-A-Stämme werden in bestimmte Untergruppen unterteilt. Der Stamm, der die Pandemien von 1918 und 2009 auslöste, trägt beispielsweise die Bezeichnung H1N1. Die Kürzel beziehen sich auf zwei Oberflächenproteine des Virus, das Hämagglutinin (H) und die Neuraminidase (N). Eine große Gefährdung geht schon seit langem von dem H5N1-Virus aus, das sich unter wilden und domestizierten Vögeln ausbreitet. Die erste dokumentierte Übertragung von Vögeln auf Menschen ist im Jahr 1997 belegt. Seitdem stieg die Mortalitätsrate von mit H5N1 infizierten Personen auf über 50 Prozent an – eine alarmierende Zahl. Außerdem erweitert sich das Wirtsspektrum stetig, was wiederum die Wahrscheinlichkeit für Rekombinationen zwischen verschiedenen Stämmen erhöht. Wenn sich das Vogelgrippe-Virus H5N1 so weiter entwickelt, dass es einfach von Mensch zu Mensch übertragen werden kann, könnte es sich für die globale Gesundheit zu einer ähnlichen Bedrohung ausweiten, wie das Virus der Pandemie von 1918.

Ein weiteres Beispiel für einen Wirtwechsel eines Virus ist die Ebolafieber-Epidemie, die 2014 in mehreren westafrikanischen Länder ausbrach und bis 2016 mehr als 11.000 Tote forderte. Wahrscheinlich infizierte sich ein kleiner Junge bei einem Flughund und löste so diese verheerende Epidemie aus, die sehr schnell um sich griff. Auslöser ist das fadenförmige Ebolavirus (Abbildung 19.9), das mit Körperflüssigkeiten übertragen wird. Nahezu alle Zellarten können von dem Virus befallen werden und die enorme Virensynthese lysiert die betroffenen Zellen sehr schnell. Das Virus ist hochinfektiös und führte zu einer schnellen Ausbreitung der Epidemie, was durch die mangelnde medizinische Infrastruktur nach langer Zeit von Bürgerkriegen begünstigt wurde. Nur durch eine groß angelegte Gegenkampagne und Hilfe aus dem Ausland konnte die Epidemie Anfang 2016 als beendet erklärt werden.

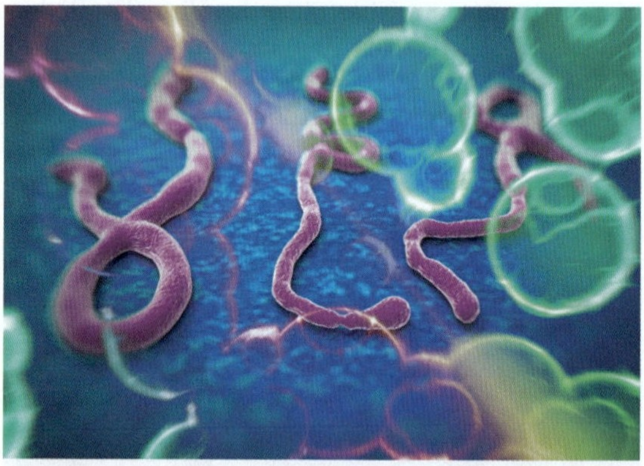

Abbildung 19.9: Das Ebolavirus (digitale Illustration).

19.2.4 Die COVID-19-Pandemie

Wie wir gesehen haben, sind „neue" Viren tatsächlich nicht wirklich neu, sondern sie haben nach Mutationen nur den Wirt gewechselt und sich so eine neue Nische erobert. Veränderungen in der Lebensweise des Wirtes oder Änderungen der Umweltbedingungen begünstigen den Sprung von mutierten Viren auf einen neuen Endwirt, meist über den Weg durch einen Zwischenwirt. Durch die ständig zunehmende Weltbevölkerung und die damit einhergehende Ausbreitung des Menschen ergeben sich zwangsläufig immer engere Kontakte zwischen tierischen Populationen und dem Menschen. Durch Bergbau, großflächige Rodungen, Straßenbau und intensive Landwirtschaft wird die natürliche Landschaft verändert und der Lebensraum vieler Tiere stark reduziert. Die Artenvielfalt sinkt, die verbliebenen Tiere leben in immer dichteren Populationen, was dazu führt, dass sich Viren häufiger Gelegenheiten bieten, Artenschranken zu überwinden. Außerdem wird der Kontakt zwischen Wildtieren und Menschen häufiger, was durch den Handel mit Wildtieren weiter verstärkt wird. Wenn dann noch verschiedene Wildtiere auf engen, stark besuchten Märkten verkauft werden, finden Viren ideale Bedingungen, um Artenschranken zu überwinden, auf den Menschen überzuspringen und neue Infektionskrankheiten auszulösen (Zoonosen). Solche großflächigen Vernichtungen natürlicher Ökosysteme mit der einhergehenden drastischen Verdichtung natürlicher Lebensräume sehen wir derzeit z.B. in Indien, Nigeria, Brasilien und Teilen Chinas.

Einen solchen Wirtswechsel und seine verhängnisvollen Auswirkungen können wir seit Dezember 2019 live mitverfolgen: Alle Daten, die uns bisher zur Verfügung stehen, zeigen, dass ein Virus (später SARS-CoV-2 getauft) anscheinend über einen Zwischenwirt auf den Menschen übergesprungen ist. Die rasante Ausbreitung dieser Virusmutante hat aller Wahrscheinlichkeit nach ihren Ausgangspunkt auf einem riesigen Lebensmittelmarkt der südchinesischen Millionenmetropole Wuhan, auf dem auch viele Wildtiere gehandelt wurden. Seit langem ist bekannt, dass Fledertiere (Chiroptera, landläufig auch Fledermäuse genannt) ein natürliches Reservoir für eine Vielzahl von Viren darstellen. Diese sehr kleinen Früchte- und Insektenfresser sind die einzigen flugfähigen Säugetiere und leben in riesigen Kolonien auf engstem Raum mit extrem hoher Individuenzahl. Diese Lebensweise, ihr enormer Energieumsatz und ein extrem leistungsfähiges Immunsystem, das über die gesamte Lebensspanne von bis zu 40 Jahren (gleichgroße Nager werden ca. 2–3 Jahre alt) nicht in seiner Effektivität nachlässt und Viren problemlos in Schach halten kann, ermöglichen Viren eine ungebremste Vermehrung in den Fledertieren mit hohen Mutationsraten. Forschungsdaten zeigen zudem, dass bei Einengung des Lebensraums der Fledertiere durch den menschlichen Raubbau, diese verstärkt Viren im Urin, Kot und Speichel ausscheiden, die dann mit der Nahrung von anderen Tieren aufgenommen werden. Kommen Menschen dann mit diesen Tieren in Kontakt oder essen sie sogar, dann können diese Viren auf den Menschen überspringen und sich in ihm vermehren und in der menschlichen Population weiterverbreiten.

Nach ersten Berichten aus Wuhan über Fälle einer neuartigen, oft tödlichen Lungenentzündung reagierte die restliche Welt lange Zeit gar nicht. Erst als die Fallzahlen rasant anstiegen (was lange von Chinas totalitärem Regime zu vertuschen versucht wurde) und zunehmend Fälle in aller Welt zu verzeichnen waren, reagierten die einzelnen betroffenen Ländern in sehr unterschiedlichem Ausmaß und mit unterschiedlicher Effektivität (die USA unter dem damaligen Präsidenten Trump verkannten die Situation komplett und bezahlten das mit mehr als 300.000 Todesfällen bis zu dessen Abwahl Ende 2020). Anfang März 2020 waren hohe Infektionszahlen in über 60 Ländern zu verzeichnen, und die Weltgesundheitsorganisation (WHO) rief am 11.03.2020 eine Pandemie aus. Viele Nationen reagierten mit strengen Ausgangs- und Kontaktregeln und Schutzmaskenpflicht mit sehr unterschiedlichen Erfolgen.

Das Virus SARS-CoV-2 selbst ist eine Mutationsvariante, die in Fledertieren aus dem SARS-Erreger (Severe Acute Respiratory Syndrom) hervorgegangen ist, der 2003 die erste Pandemie des 21. Jahrhunderts auslöste, die allerdings schnell eingedämmt werden konnte. Beide Virenstämme gehören zur Klasse der Corona-Viren, RNA-Viren, die auf ihrer Oberfläche stachelartige Glykoproteine tragen, die ihnen das Aussehen einer Krone (lat. corona, Krone) verleihen. Während die erste Variante sich tief in den Atemwegen und der Lunge vermehrt und erst nach Ausbruch der Krankheit den Träger infektiös (ansteckend) werden lässt, kann sich die neue Variante bereits in den Nasennebenhöhlen, dem Rachen und den oberen Atemwegen stark vermehren. So werden Infizierte selbst schnell hoch infektiös, bevor sie überhaupt Symptome der Infektion verspüren, und das Virus konnte sich rasend schnell verbreiten.

Innerhalb weniger Monate entwickelte sich „Corona", wie die Erkrankung in der Folge umgangssprachlich bezeichnet wurde, zu einer weltweit verbreiteten Pandemie, die bis heute fast 7 Millionen Tote gefordert hat. Die durch die Pandemie hervorgerufenen wirtschaftlichen und sozialen Einschnitte wirkten sich in der Folge nachhaltig auf das gesellschaftliche Zusammenleben aus. Das vollständige Ausmaß der Folgen der Pandemie wird wohl erst in den kommenden Jahren und Jahrzehnten einzuschätzen sein, da es vermehrt Hinweise auf mögliche Langzeitschäden nach einer Infektion mit SARS-CoV-2 gibt. Die wissenschaftliche Forschung hierzu steht gerade erst am Anfang.

ZUSAMMENFASSUNG

Ein Virus besteht aus einer von einer Proteinhülle eingeschlossenen Nucleinsäure

Viren wurden erstmals gegen Ende des 19. Jahrhunderts entdeckt, als die durch das Tabakmosaikvirus verursachte Pflanzenkrankheit erforscht wurde.

Der Aufbau von Viren. Ein Virus ist ein kleines Nucleinsäure-Genom, das in ein Protein-Capsid eingeschlossen ist. Oft findet sich noch eine äußere Membranhülle mit eingelagerten viralen Proteinen, die der Erkennung und Infektion der Wirtszelle dienen. Das Genom kann eine einzel- oder doppelsträngige DNA oder RNA sein.

Viren vermehren sich nur in Wirtszellen

Viren benutzen Enzyme, Ribosomen und andere Inhaltsstoffe der Wirtszelle, um neue Viruspartikel von der Zelle synthetisieren zu lassen. Jeder Virustyp weist ein für ihn typisches Wirtsspektrum auf.

Grundlagen der Virenvermehrung. Eine Virusinfektion beginnt mit der Anheftung des Virus an die Wirtszelle und anschließender Einschleusung des Virusgenoms. Danach wird die Wirtszelle dazu veranlasst, das Virusgenom zu kopieren als auch für die Virushülle notwendige Proteine zu bilden. Nach der Synthese der viralen Nucleinsäuren und Capsomere (Proteinuntereinheiten der Virushülle) lagern sich diese zu neuen Virusteilchen (Virionen) zusammen. Diese neu gebildeten Viren befallen weitere Zellen und auf diese Weise kann sich die Infektion ausbreiten.

Die Phagenvermehrung. Phagen (Bakterienviren) können sich über den lytischen oder den lysogenen Zyklus vermehren – zwei Wege, die sich durch die Art der Replikation und die Möglichkeit der Vermehrung ohne Zerstörung der Wirtszelle unterscheiden.

Viele Tierviren besitzen eine Membranhülle. Retroviren wie HIV setzen das Enzym Reverse Transkriptase ein, um ihr RNA-Genom in eine DNA umzuschreiben, die dann als Provirus in das Genom des Wirts integriert werden kann.

Das Auftreten neuer Viren. Eine Epidemie, ein weitverbreiteter Ausbruch einer Krankheit, kann zu einer Pandemie, einem weltweiten Ausbruch der Krankheit werden.

„Neue" Viruskrankheiten des Menschen werden in der Regel durch bereits vorher existierende Viren verursacht, die ihr Wirtsspektrum und/oder ihre geografische Verbreitung ausdehnen. Der H1N1-Ausbruch des Grippevirus von 2009 war eine Neukombination von Genen aus Schweine-, Menschen- und Vogelgrippe-Viren, der eine Pandemie verursachte. Die COVID-19-Pandemie wurde durch eine mutierte Corona-Virus-Variante (SARS-CoV-2) ausgelöst, die wahrscheinlich in Südchina von Fledertieren über tierische Zwischenwirte auf den Menschen übertragen wurde und sich rasend schnell über den ganzen Erdball ausbreitete.

Gen- und Biotechnologie

20

20.1 DNA-Sequenzierung und Klonierung sind wichtige Werkzeuge der Gentechnik und der biologischen Forschung

Die Aufklärung der DNA-Struktur mit ihren beiden komplementären Strängen war eine wichtige Voraussetzung für die DNA-Sequenzierung und die Entwicklung vieler weiterer moderner Methoden zur Manipulation von DNA, die auch als DNA-Technologien bezeichnet werden. Die Grundlage vieler dieser Methoden ist die Hybridisierung von Nucleinsäuren, d.h. die Basenpaarung eines Stranges einer Nucleinsäure mit der komplementären Sequenz des Stranges eines anderen Nucleinsäure-Moleküls, das entweder aus DNA oder aus RNA besteht. Gentechnische Methoden (Gentechnik) haben zu einer Revolution in so unterschiedlichen Feldern wie der Kriminalistik, der Medizin und der biologischen Grundlagenforschung geführt. In diesem Kapitel werden einige wichtige Methoden und ihre Anwendung näher betrachtet.

Die **DNA-Sequenzierung** ermöglicht die Bestimmung der Nucleotidabfolge von DNA und hat sich in den letzten Jahrzehnten stark weiterentwickelt. Die erste automatisierte Methode war die von **Frederick Sanger** entwickelte **Kettenabbruchmethode**, bei der durch den Einbau von Didesoxynucleotiden unterschiedlich lange DNA-Fragmente entstehen. Diese werden nach Größe getrennt und ihre Sequenz abgelesen. Dieses Verfahren eignet sich bis heute zur Analyse kleinerer DNA-Fragmente.

Zu Beginn der 2000er Jahre wurden die **Next-Generation-Sequencing (NGS)-Verfahren** eingeführt. Hierbei werden DNA-Fragmente vervielfältigt, immobilisiert und anschließend Nucleotid für Nucleotid durch Synthese ergänzt. Der Einbau jedes Nucleotids wird in Echtzeit elektronisch erfasst. Dadurch können hunderttausende Fragmente parallel sequenziert werden, was eine enorme Menge an Daten in kurzer Zeit liefert.

In der **dritten Generation** der Sequenzierung wird DNA nicht mehr fragmentiert oder vervielfältigt, sondern sie wird als langes Einzelmolekül direkt analysiert. Ein Beispiel ist die **Nanoporen-Sequenzierung**, bei der DNA durch winzige Poren geschleust wird und jede Base eine charakteristische Änderung des elektrischen Stroms verursacht. Seit 2015 sind sogar tragbare Nanoporen-Sequenzierer erhältlich.

Diese technologischen Fortschritte haben die Genomforschung revolutioniert: Heute liegen tausende vollständige Genome von Menschen, Mikroorganismen und sogar von fossilen Vorfahren vor. Dadurch wurde das Verständnis von **Evolution, Krankheitsursachen und Zellfunktionen** grundlegend erweitert.

Im Folgenden wollen wir uns zunächst mit der Untersuchung einzelner Gene befassen.

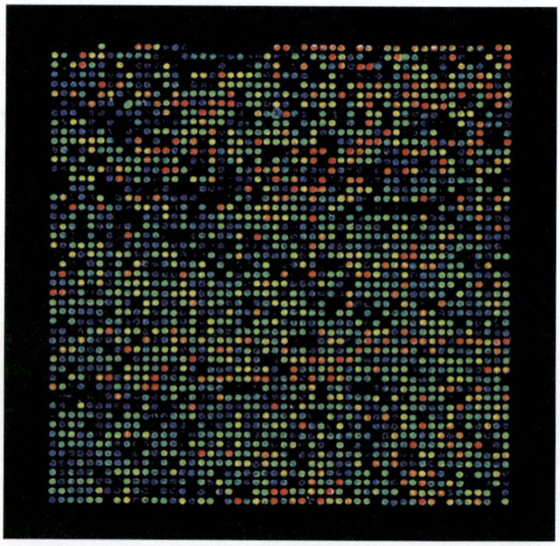

Abbildung 20.1: **Wie kann dieses Gitter aus leuchtenden Punkten für einen Vergleich normalen Körpergewebes mit Krebsgewebe benutzt werden?** Genomweite Untersuchungen zur Transkription von Genen basieren auf sogenannten DNA-Microarrays. Ein **DNA-Microarray** – oder auch „DNA-Chip" – enthält winzige Mengen einer großen Anzahl einzelsträngiger DNA-Fragmente, die in einem geordneten, engmaschigen Muster auf einem Glasträger aufgetragen und fixiert sind. Die fixierten DNA-Fragmente repräsentieren eine Vielzahl unterschiedlicher Gene, die im Idealfall alle proteincodierenden Gene eines Lebewesens umfassen.

20.1.1 DNA-Klonierung und ihre Anwendungen: Ein Überblick

Die meisten Methoden zur Klonierung von DNA-Fragmenten beruhen auf einigen gemeinsamen Prinzipien. Häufig werden dabei Bakterien eingesetzt, insbesondere das Darmbakterium *Escherichia coli*. Aus Kapitel 16 wissen wir, dass das Chromosom von *E. coli* ein einzelnes, großes, zirkuläres DNA-Molekül ist. Daneben können *E. coli* und viele andere Bakterien zusätzliche, zumeist ebenfalls zirkuläre, Minichromosomen – **Plasmide** – enthalten. Sie replizieren sich unabhängig vom bakteriellen Chromosom und sind meist für die Grundfunktionen der Zelle entbehrlich. Ein Plasmid enthält nur eine kleine Anzahl von Genen. Diese Gene können sich unter bestimmten

Umweltbedingungen für das Bakterium als nützlich erweisen, unter anderen Bedingungen sind sie aber vielleicht überflüssig.

Um DNA-Stücke zu klonieren, isoliert man zunächst ein Plasmid aus den Bakterien, mit denen man arbeitet und integriert DNA aus einer anderen Quelle („Fremd-DNA") in eine bestimmte Stelle der Plasmid-DNA. Das so erhaltene Plasmid ist nunmehr ein rekombinantes DNA-Molekül mit DNA-Abschnitten aus mindestens zwei verschiedenen Quellen.[1] Das rekombinante Plasmid wird in eine neue Bakterienzelle eingeschleust, die sich vermehrt und einen Zellklon aus rekombinanten Bakterien bildet. Während der Vermehrung dieser Bakterien werden die Plasmide ebenfalls repliziert und an die Nachkommen vererbt. Die Herstellung sehr vieler Kopien eines einzelnen Gens wird als **Genklonierung** bezeichnet.

MERKE!

Die Herstellung sehr vieler Kopien eines einzelnen Gens wird als Genklonierung bezeichnet. Klonen ist die Herstellung genetisch identischer Kopien von Organismen.

Die Genklonierung ist aus zweierlei Gründen nützlich: Einerseits werden viele Kopien eines bestimmten Gens erzeugt, die eine Analyse dieses DNA-Fragments ermöglichen. Andererseits kann man das Proteinprodukt des betreffenden Gens gezielt herstellen.

20.1.2 Der Einsatz von Restriktionsendonucleasen zur Herstellung rekombinanter DNA

Die Klonierung und gezielte Neukombination von Genen wird durch den Einsatz von Enzymen ermöglicht, die DNA-Moleküle an einer begrenzten Zahl definierter Stellen schneiden. Diese Enzyme werden als **Restriktionsendonucleasen** (Restriktionsenzyme) bezeichnet.

Der obere Teil von Abbildung 20.2 zeigt schematisch eine Restriktionsschnittstelle eines bestimmten, aus *Escherichia coli* stammenden Restriktionsenzyms. Die gentechnisch genutzten Endonucleasen erkennen Restriktionsstellen mit einer besonderen Symmetrie in ihren Basenfolgen. In der gewohnten 5'→3'-Richtung gelesen, ist die Nucleotidfolge auf beiden Strängen identisch (palindromisch). Diese Symmetrie ist für

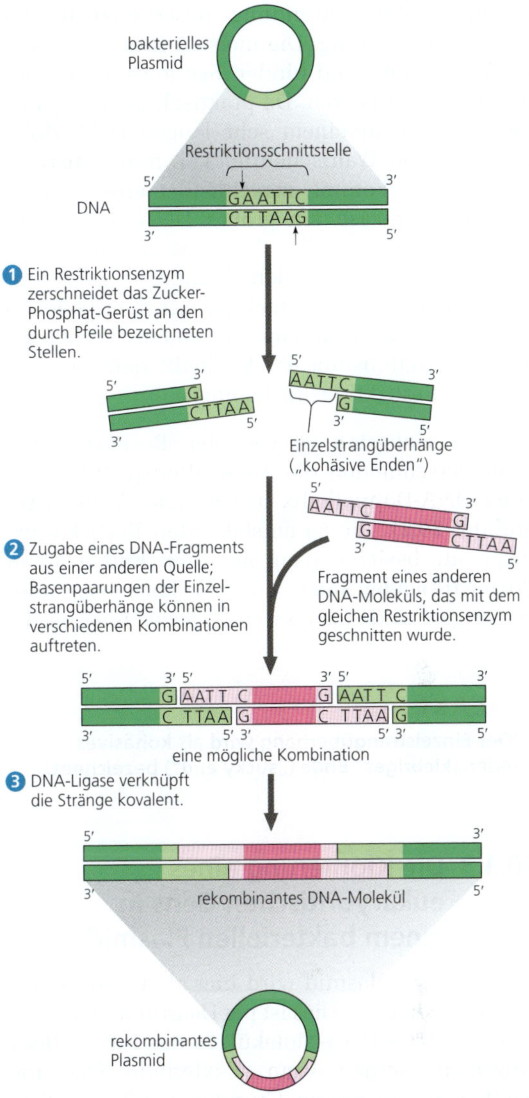

Abbildung 20.2: Der Einsatz eines Restriktionsenzyms und der DNA-Ligase bei der Herstellung eines rekombinanten Plasmides. Das Restriktionsenzym in unserem Beispiel (EcoRI) erkennt eine Sequenz mit sechs bestimmten Basenpaaren, die sogenannte Restriktionsschnittstelle, die nur einmal im ganzen Plasmid vorkommt. Das Enzym erzeugt versetzte Enden mit Einzelstrangüberhängen im Zucker-Phosphat-Rückgrat dieser Sequenz. Andere DNA-Fragmente, die durch Restriktion mit dem gleichen Enzym erhalten wurden, haben die gleichen überhängenden Enden und können Basenpaarungen mit der Plasmid-DNA eingehen. Nach der Ligation erhält man ein rekombinantes Plasmid. (Die überhängenden Enden der Plasmid-DNA können natürlich auch wieder miteinander Basenpaarungen eingehen, sodass man nach der Ligation wieder das ursprüngliche, nichtrekombinante Plasmid erhalten würde.)

? ZEICHENÜBUNG Das Restriktionsenzym HindIII erkennt die Sequenz 5'-AAGCTT-3' und schneidet zwischen den beiden A-Resten. Zeichnen Sie die tatsächliche doppelsträngige Restriktionsschnittstelle vor und nach dem Schnitt durch das Enzym.

1 Natürlich lassen sich aber genauso auch Gene oder andere Genomteile des zur Klonierung eingesetzten Wirtsorganismus selbst auf diese Weise vervielfältigen.

die praktische Verwendung dieser Enzyme von höchster Bedeutung. Die meisten Restriktionsenzyme erkennen und binden Sequenzen von vier bis acht Basenpaaren. Da praktisch jede Sequenz dieser Länge in einem sehr langen DNA-Molekül mit hoher Wahrscheinlichkeit rein statistisch mehrfach vorkommt, zerschneidet eine Restriktionsendonuclease ein großes DNA-Molekül in zahlreiche Bruchstücke, die als **Restriktionsfragmente** bezeichnet werden. Identische DNA-Moleküle liefern beim Schneiden mit dem gleichen Restriktionsenzym immer das gleiche, vorhersagbare Restriktionsmuster, das heißt den gleichen Satz von Restriktionsfragmenten.

Die am häufigsten verwendeten Restriktionsenzyme zerschneiden die Zucker-Phosphat-Stränge einer DNA-Doppelhelix in versetzter Weise (Abbildung 20.2). Die so entstehenden Restriktionsfragmente besitzen dann an ihren Enden einen **Einzelstrangüberhang**, der als kohäsives oder „klebriges" Ende („sticky end") bezeichnet wird.

MERKE!

Der Einzelstrangüberhang wird als kohäsives oder „klebriges" Ende („sticky end") bezeichnet.

20.1.3 Die Klonierung eines eukaryontischen Gens in einem bakteriellen Plasmid

Das Ausgangsplasmid wird hier als **Klonierungsvektor** bezeichnet. Dies ist per Definition ein replikationsfähiges DNA-Molekül, in das Fremd-DNA eingebaut werden kann. Bakterielle Plasmide werden aus mehreren Gründen häufig als Klonierungsvektoren verwendet. Sie lassen sich aus den Bakterien leicht isolieren. *In vitro*-Methoden ermöglichen eine gezielte Veränderung der Plasmide, zum Beispiel die Insertion von Fremd-DNA. Anschließend lassen sich die rekombinanten Plasmide auf einfache Weise wieder in Bakterien einschleusen und werden infolge der hohen Teilungsraten ihrer Wirte rasch vermehrt. Schließlich lassen sich Bakterien ohne großen experimentellen und finanziellen Aufwand leicht im Labor züchten (Abbildung 20.3).

Die Genklonierung ist aus zweierlei Gründen nützlich: Einerseits werden viele Kopien eines bestimmten Gens erzeugt („amplifiziert"), die das codierte Protein gezielt herstellen können. Man kann das klonierte Gen aus den Bakterien isolieren, um es in der Grundlagenforschung einzusetzen, oder man kann Zellen und Organismen mit neuen metabolischen Eigenschaften – zum Beispiel einer Schädlingsresistenz – ausstatten. Beispielsweise wird ein Gen aus einer Nutzpflanze kloniert, dessen Produkt (meist ein Protein) ihr eine bestimmte Resistenz verleiht. Dieses Gen kann dann in Pflanzen anderer Sorten oder anderer Arten eingebracht werden. Aus Kulturen von Bakterien oder eukaryontischen Zellen können aber auch Proteine mit medizinischer oder einer anderen wichtigen biologischen Bedeutung in großen Mengen gewonnen werden (rekombinante Proteine), beispielsweise ein Wachstumshormon.

20.1.4 Die Polymerase-Kettenreaktion (PCR) und ihre Verwendung bei der DNA-Klonierung

Die DNA-Klonierung in lebenden Zellen ist und bleibt die beste Methode zur Herstellung größerer Mengen eines bestimmten Gens oder anderer DNA-Sequenzen. Wenn die Quelle für eine DNA-Probe jedoch nur in Spuren vorhanden oder verunreinigt ist, so ist die **Polymerasekettenreaktion** (**PCR**; *polymerase chain reaction*) ein schnelleres und selektiveres Verfahren. Bei dieser Methode kann eine beliebige Zielsequenz innerhalb eines DNA-Moleküls oder eines Gemisches von DNA-Molekülen *in vitro* schnell und in größeren Mengen vervielfältigt werden. Mithilfe der vollständig automatisierten PCR lassen sich in wenigen Stunden Milliarden von Kopien eines ausgesuchten DNA-Abschnitts erzeugen. Das ist bedeutend kürzer als der Zeitraum, den es dauern würde, den gleichen Abschnitt in einer DNA-Bibliothek ausfindig zu machen und in Wirtszellen zu vermehren. Seit Jahren wird die PCR im Routinebetrieb eingesetzt, um genügend Mengen eines spezifischen DNA-Fragments zu erzeugen, damit es unmittelbar in einen Vektor eingebaut werden kann. Dabei werden die zeitaufwändigen Schritte der Erstellung und Durchmusterung einer Bibliothek ganz umgangen.

MERKE!

Bei der Polymerasekettenreaktion (PCR) kann eine beliebige Zielsequenz innerhalb eines DNA-Moleküls oder eines Gemisches von DNA-Molekülen *in vitro* schnell und in größeren Mengen vervielfältigt werden.

Beim PCR-Verfahren werden drei verschiedene Schritte in zyklischer Folge wiederholt durchlaufen, was zur exponentiellen Vervielfältigung identischer DNA-Moleküle führt. Im Verlauf jedes Zyklus wird die Reaktionsmischung zunächst erhitzt (De-

Abbildung 20.3: Die Klonierung von Genen mithilfe bakterieller Plasmide.

Anwendung Die Genklonierung ist ein Verfahren, durch das von einem Zielgen oder einer anderen, den Forscher interessierenden Nucleinsäuresequenz viele Kopien erzeugt werden. Diese Kopien können vielfältig weiterverwendet werden (zum Beispiel für eine Sequenzierung, für die Produktion codierter Proteine etc.).

Technik In unserem Beispiel werden Gene eines Kolibris (*Trochilidae*) in Plasmide eingesetzt, die sich in *Escherichia coli* vermehren lassen. Nur drei Plasmide und drei Kolibrigene sind hier schematisch dargestellt. In einem experimentellen Ansatz können Millionen von Plasmiden mit einem Gemisch aus Hunderttausenden unterschiedlicher Kolibri-DNA-Fragmente vorhanden sein (siehe Abbildung unten).

Ergebnis Eine Zelle, die ein Plasmid mit dem gesuchten Gen aufgenommen hat, wird sich auf dem Nährboden vermehren und eine Kolonie bilden. Kolonien („Klone") mit nicht-rekombinanten Plasmiden färben sich blau, weil sie X-Gal hydrolysieren. Kolonien, die rekombinante Plasmide enthalten (das heißt mit einer Insertion im *lacZ*-Gen), bleiben weiß, weil sie das X-Gal nicht spalten können.

? WAS WÄRE, WENN? Welche anderen Kolonien würden wachsen, falls das Medium von Schritt 5 kein Ampicillin enthalten hätte? Welche Farbe hätten sie auf X-Gal-Medium?

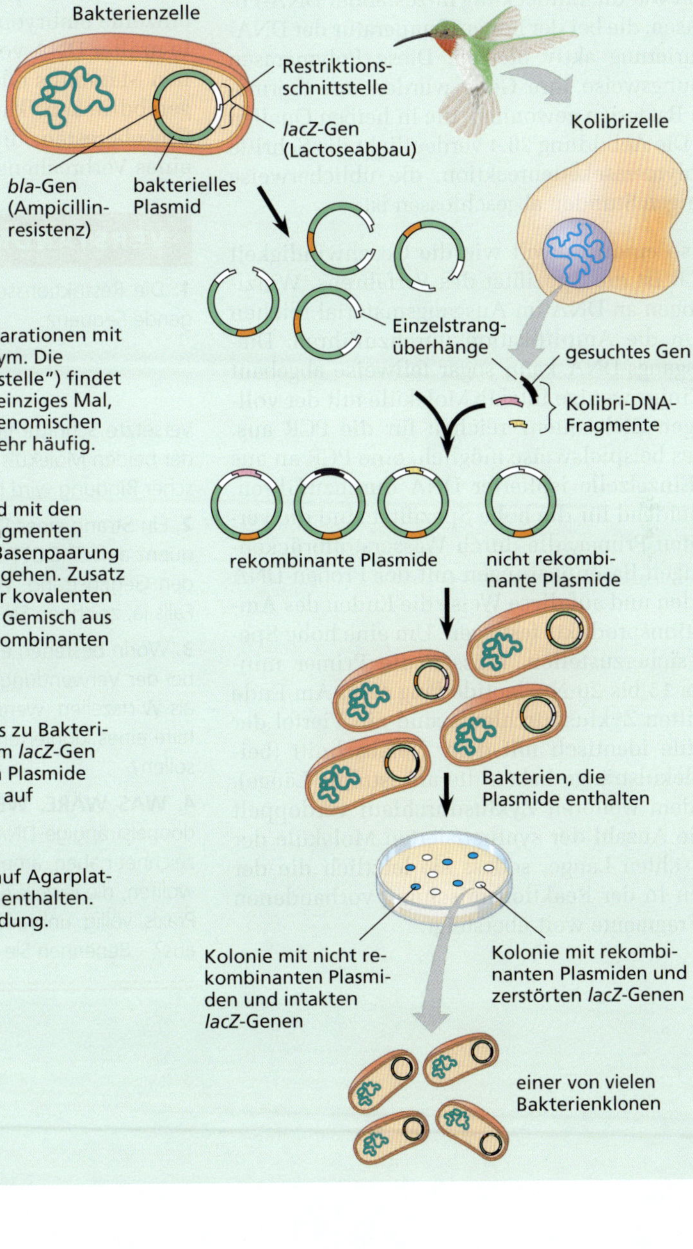

1. Isolierung von Plasmid-DNA aus Bakterienzellen und von genomischer DNA aus Kolibrizellen. Die Kolibri-DNA enthält das gesuchte Gen.

2. Behandlung beider DNA-Präparationen mit dem gleichen Restriktionsenzym. Die Erkennungssequenz („Schnittstelle") findet sich auf dem Plasmid nur ein einziges Mal, nämlich im *lacZ*-Gen, in der genomischen DNA des Kolibris aber ist sie sehr häufig.

3. Das geschnittene Plasmid wird mit den genomischen Kolibri-DNA-Fragmenten gemischt, wobei einige eine Basenpaarung über die kohäsiven Enden eingehen. Zusatz von DNA-Ligase führt zu einer kovalenten Verknüpfung. Es entsteht ein Gemisch aus rekombinanten und nicht rekombinanten („religierten") Plasmiden.

4. Zugabe des Ligationsgemischs zu Bakterienzellen, die eine Mutation im *lacZ*-Gen tragen. Einige Zellen nehmen Plasmide oder andere DNA-Fragmente auf („Transformation").

5. Ausplattieren der Bakterien auf Agarplatten, die Ampicillin und X-Gal enthalten. Inkubation bis zur Koloniebildung.

naturierungsschritt), um die DNA-Doppelstränge voneinander zu trennen und dann rasch abgekühlt, um eine Anlagerung kurzer, einzelsträngiger Primer zu ermöglichen (Hybridisierungsschritt). Bei den Primern handelt es sich um zwei kurze Oligonucleotide, die an beiden Enden des zu amplifizierenden DNA-Fragments über Wasserstoffbrückenbindungen mit ihren Zielsequenzen hybridisieren. Im dritten Zyklusschritt (Amplifikation) synthetisiert eine hitzestabile DNA-Polymerase die neuen Stränge, indem sie die Verlängerung der Primer am 3′-Ende katalysiert. In den ersten Entwicklungsphasen der Methode wurde eine DNA-Polymerase aus *E. coli* verwendet, die bei jedem Zyklusdurchlauf denaturierte und erneut zugesetzt werden musste. Der entscheidende Schritt bei der Automatisierung der PCR war die Entdeckung hitzestabiler DNA-Polymerasen, die bei der hohen Temperatur der DNA-Denaturierung aktiv bleiben. Diese Polymerasen beziehungsweise ihre Gene wurden aus thermophilen Bakterien gewonnen, die in heißen Quellen leben. Die Abbildung 20.4 verdeutlicht die Schritte der Polymerasekettenreaktion, die üblicherweise in wenigen Stunden abgeschlossen ist.

Genauso eindrucksvoll wie die Geschwindigkeit der PCR ist die Spezifität des Verfahrens. Winzige Mengen an DNA im Ausgangsmaterial reichen aus, um die Amplifikation durchzuführen. Diese Ausgangs-DNA kann sogar teilweise abgebaut sein. Einige wenige intakte Moleküle mit der vollständigen Zielsequenz reichen für die PCR aus. So ist es beispielsweise möglich, eine PCR an aus einer Einzelzelle isolierter DNA durchzuführen. Entscheidend für die hohe Spezifität sind die verwendeten Primer, die durch Wasserstoffbrückenbindungen Basenpaarungen mit der Proben-DNA ausbilden und auf diese Weise die Enden des Amplifikationsprodukts festlegen. Um eine hohe Spezifität sicherzustellen, müssen die Primer mindestens 15 bis 20 Nucleotide lang sein. Am Ende des dritten Zyklusdurchlaufs sind ein Viertel der Moleküle identisch mit dem Zielabschnitt (beide Molekülstränge haben die angestrebte Länge). Mit jedem weiteren Zyklusdurchlauf verdoppelt sich die Anzahl der synthetisierten Moleküle der gewünschten Länge, sodass sie letztlich die der anderen in der Reaktionsmischung vorhandenen DNA-Fragmente weit übersteigt.

Ungeachtet ihrer Schnelligkeit und Spezifität kann die Amplifikation per PCR die Genklonierung in Zellen nicht ersetzen, wenn große Mengen eines Gens benötigt werden. Gelegentlich auftretende Replikationsfehler begrenzen die Zahl brauchbarer Kopien, die durch diese Methode hergestellt werden können. Spezifische, mithilfe der PCR erzeugte DNA-Fragmente werden vor einer weiteren Klonierung zunächst sequenziert, um eine fehlerfreie Sequenz der Insertion sicherzustellen.

Die Mitte der 80er Jahre des letzten Jahrhunderts entwickelte PCR-Methode hat bis heute die (molekular) biologische Forschung, die Biotechnologie und die Medizin maßgeblich beeinflusst. Die PCR wird zur Vervielfältigung von DNA aus einem weiten Probenspektrum eingesetzt. Dazu gehören einzelne embryonale Zellen ebenso wie Fragmente uralter DNA von 40.000 Jahre alten, eingefrorenen Mammuts oder kleinste DNA-Mengen in Fingerabdrücken, kaum sichtbaren Blutspuren oder Geweberesten, die sich beispielsweise am Tatort eines Verbrechens finden lassen.

VERSTÄNDNISFRAGEN

1. Die Restriktionsschnittstelle des Enzyms PvuI hat folgende Sequenz:

5′-CGATCG-3′

3′-GCTAGC-5′

Versetzte Schnitte finden zwischen den T- und C-Resten der beiden Molekülstränge statt. Welcher Typ von chemischer Bindung wird hier gespalten?

2. Ein Strang eines DNA-Moleküls weist die folgende Sequenz auf: 5′-CCTTGACGATCGTTACCG-3′. Zeichnen Sie den Gegenstrang. Wird PvuI dieses Molekül schneiden? Falls ja, zeichnen Sie die Hydrolyseprodukte.

3. Worin bestehen einige der möglichen Schwierigkeiten bei der Verwendung eines Plasmidvektors und Bakterien als Wirtszellen, wenn große Mengen eines Proteins mithilfe eines klonierten Eukaryonten-Gens erzeugt werden sollen?

4. WAS WÄRE, WENN? Nehmen Sie an, dass Sie das doppelsträngige DNA-Fragment, das Sie in Übung 2 gezeichnet haben, amplifizieren und dazu Primer verwenden wollten, die jeweils nur vier Nucleotide lang wären (in der Praxis völlig unbrauchbar). Wie sähen mögliche Primer aus? – Benennen Sie explizit die 5′- und die 3′-Enden.

Abbildung 20.4: Die Polymerasekettenreaktion (PCR).

Anwendung Mithilfe der PCR kann ein beliebiges Fragment (die Zielsequenz) innerhalb einer DNA-Probe ohne die Beteiligung von lebenden Zellen *in vitro* vielfach kopiert (amplifiziert) werden.

Technik In einer PCR werden eine Ausgangs-DNA, eine hitzeresistente DNA-Polymerase, die vier erforderlichen Desoxynucleosidtriphosphate sowie zwei Primer eingesetzt (in Standardanwendungen enthalten diese einzelsträngigen Oligonucleotide 15–20 Nucleotide). Bei einer doppelsträngigen DNA als Ausgangsmaterial ist einer der eingesetzten Primer komplementär zu einem Ende der zu amplifizierenden Zielsequenz, der andere zum anderen Ende (auf dem Gegenstrang; siehe Abbildung unten).

Ergebnis Nach drei Zyklen entspricht ein Viertel aller synthetisierten doppelsträngigen DNA-Moleküle in der Länge genau der Zielsequenz. Nach 30 Zyklen entsprechen mehr als 99,99 Prozent der erzeugten Moleküle der Zielsequenz.

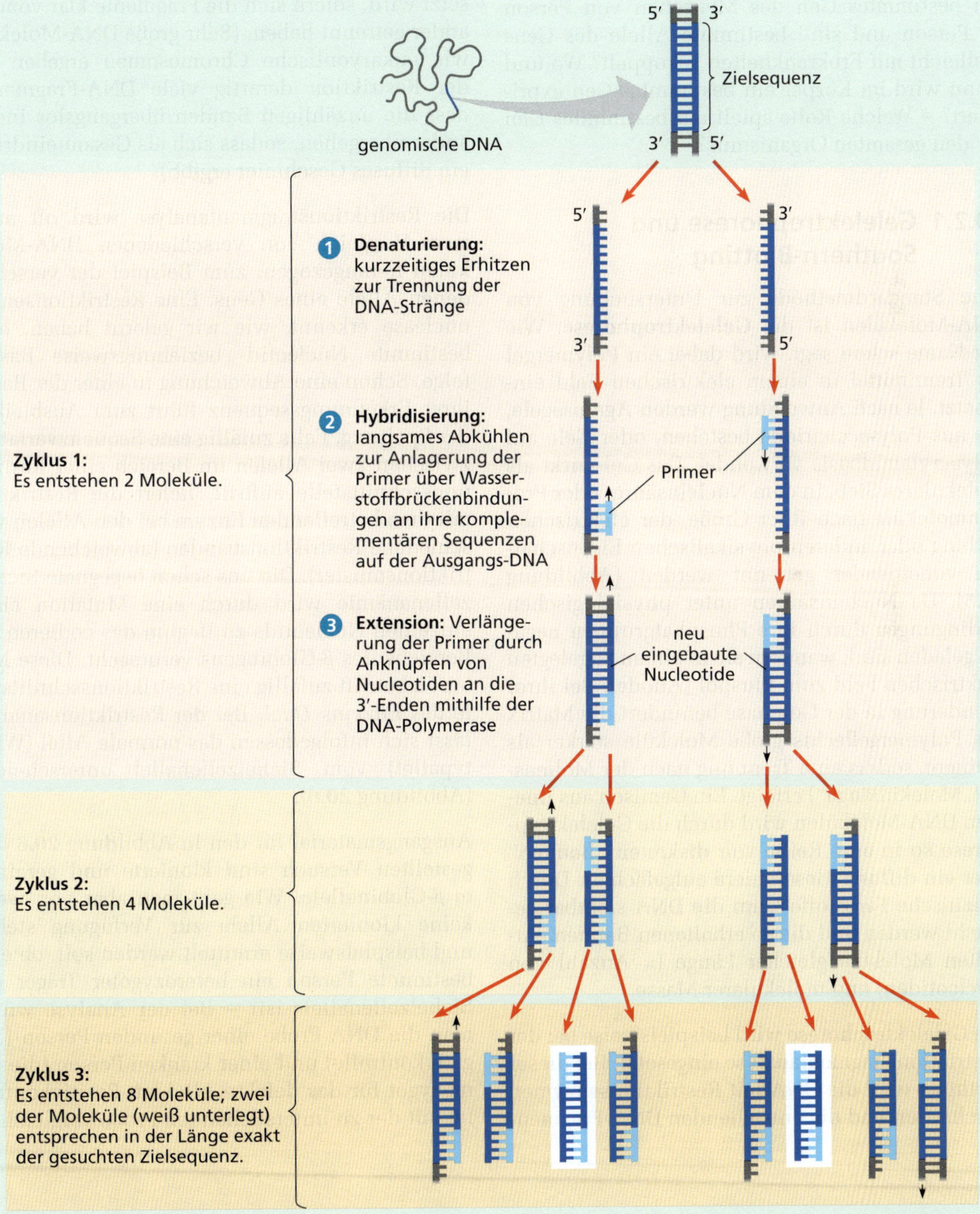

20.2 Die Verwendung der Gentechnik zur Untersuchung der Expression und Funktion von Genen

Nachdem wir durch die DNA-Klonierung und Amplifizierung per PCR eine ausreichend große Menge eines bestimmten DNA-Fragments in die Hand bekommen haben, können wir einige interessante Fragen hinsichtlich des betreffenden Gens und seiner Funktion angehen. Unterscheidet sich ein bestimmtes Gen des Menschen von Person zu Person und sind bestimmte Allele des Gens vielleicht mit Erbkrankheiten gekoppelt? Wo und wann wird im Körper ein bestimmtes Gen exprimiert? – Welche Rolle spielt ein bestimmtes Gen für den gesamten Organismus?

20.2.1 Gelelektrophorese und Southern-Blotting

Eine Standardmethode zur Untersuchung von DNA-Molekülen ist die **Gelelektrophorese**. Wie der Name schon sagt, wird dabei ein Polymergel als Trennmittel in einem elektrischen Feld eingesetzt. Je nach Anwendung werden Agarosegele, die aus Polysacchariden bestehen, oder Gele auf Polyacrylamidbasis verwendet. Das Gel wirkt als molekulares Sieb, in dem Nucleinsäure- oder Proteinmoleküle nach ihrer Größe, der elektrischen Ladung oder anderen physikalischen Eigenschaften voneinander getrennt werden (Abbildung 20.5). Da Nucleinsäuren unter physiologischen Bedingungen durch ihre Phosphatgruppen negativ geladen sind, wandern sie in einem angelegten elektrischen Feld zum Pluspol (Anode). Bei ihrer Wanderung in der Gelphase behindert die Matrix des Polymergeflechts große Moleküle stärker als kleinere, sodass eine Trennung nach der Molmasse („Moleküllänge") erfolgt. Ein Gemisch aus linearen DNA-Molekülen wird durch die Gelelektrophorese so in eine Reihe von diskreten „Banden" oder ein diffuses Geschmiere aufgefächert. Durch spezifische Farbstoffe kann die DNA sichtbar gemacht werden und die so erhaltenen Banden enthalten Moleküle gleicher Länge (= Anzahl von Nucleotiden) und molekularer Masse.

Die Gelelektrophorese wird beispielsweise bei der Restriktionsfragmentanalyse eingesetzt. Bei dieser Methode wird die DNA mit Restriktionsenzymen geschnitten und die entstehenden DNA-Fragmente werden elektrophoretisch getrennt. Dabei zeigt sich regelmäßig ein für das Ausgangsmolekül charakteristisches Bandenmuster, das vom eingesetzten Restriktionsenzym abhängig ist. Vergleichsweise kleine DNA-Moleküle, wie die von Viren oder Plasmiden, lassen sich so anhand ihres Restriktionsfragmentmusters durch Vergleich mit einem bekannten Standard zuordnen. Die DNA kann auch aus dem Gel extrahiert werden, sodass die Gelelektrophorese auch zur Reinigung von DNA-Molekülen (zum Beispiel Restriktionsfragmenten, PCR-Produkten und Ähnlichem) eingesetzt wird, sofern sich die Fragmente klar voneinander getrennt haben. (Sehr große DNA-Moleküle wie eukaryontische Chromosomen ergeben bei der Restriktion derartig viele DNA-Fragmente, dass die unzähligen Banden übergangslos ineinander übergehen, sodass sich als Gesamteindruck ein diffuses Geschmier ergibt.)

Die Restriktionsfragmentanalyse wird oft auch zum Vergleich von verschiedenen DNA-Molekülen herangezogen, zum Beispiel der verschiedenen Allele eines Gens. Eine Restriktionsendonuclease erkennt, wie wir gelernt haben, eine bestimmte Nucleotid- beziehungsweise Basenfolge. Schon eine Abweichung in einer der Basen ihrer Erkennungssequenz führt zum Ausbleiben der Spaltung. Falls zufällig eine Sequenzvariation zwischen zwei Allelen im Bereich einer Restriktionsschnittstelle auftritt, liefert die Restriktion mit dem betreffenden Enzym bei den Allelen verschiedene Restriktionsbanden (abweichende Restriktionsmuster). Die uns schon begegnete Sichelzellenanämie wird durch eine Mutation eines einzelnen Nucleotids zu Beginn des codierenden Bereichs des β-Globingens verursacht. Diese Mutation betrifft zufällig eine Restriktionsschnittstelle des Enzyms *Dde*I. Bei der Restriktionsanalyse lässt sich infolgedessen das normale Allel (Wildtypallel) vom Sichelzellenallel unterscheiden (Abbildung 20.6).

Ausgangsmaterial für den in Abbildung 20.6 dargestellten Versuch sind klonierte und gereinigte β-Globinallele. Wie geht man aber vor, wenn keine klonierten Allele zur Verfügung stehen und beispielsweise ermittelt werden soll, ob eine bestimmte Person ein heterozygoter Träger des Sichelzellenallels ist? – Bei der Analyse würde man die DNA-Probe einer gesunden Person (Negativkontrolle) und einer kranken Person (die homozygot für das defekte Allel ist; Positivkontrolle) mit der zu untersuchenden Probe vergleichen.

Abbildung 20.5: Gelelektrophorese.

Ein Gel aus Polymeren dient als molekulares Sieb, um Nucleinsäuren oder Proteine zu trennen, die sich in ihrer Größe, elektrischen Ladung oder anderen physikalischen Eigenschaften voneinander unterscheiden, wenn sie im elektrischen Feld wandern. Im gezeigten Beispiel wurden DNA-Moleküle nach ihrer Länge in einem Agarosegel getrennt, das aus Polysacchariden besteht.

Anwendung Die Gelelektrophorese wird regelmäßig eingesetzt, um Makromoleküle wie Nucleinsäuren oder Proteine voneinander zu trennen, die sich in ihrer Größe, der elektrischen Ladung oder einer anderen physikalischen Eigenschaft unterscheiden. In der Restriktionsfragmentanalyse werden geschnittene DNA-Moleküle durch Gelelektrophorese aufgetrennt – dies gilt sowohl für klonierte Gene (Abbildung 20.6) wie für genomische DNA (Abbildung 20.7).

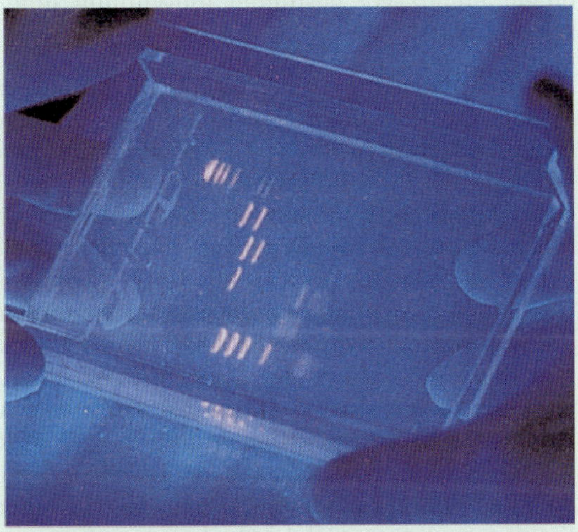

Technik Das Verfahren der Gelelektrophorese trennt Makromoleküle auf der Grundlage der Wanderungsgeschwindigkeit durch ein Polymergel bei angelegter elektrischer Spannung. Die Strecke, die ein DNA-Molekül dabei zurücklegt, ist umgekehrt proportional zu seiner Länge. Ein Gemisch aus DNA-Molekülen – für gewöhnlich Fragmente, die durch Behandlung mit einem Restriktionsenzym oder durch Amplifikation mittels PCR (siehe oben) erzeugt wurden – wird in eine Abfolge von Banden aufgetrennt. Jede Bande enthält Tausende von Molekülen derselben Länge (Abbildung unten). Ergebnis Nach dem Abschalten des Stroms wird ein Farbstoff zur Anfärbung der DNA zugesetzt. Dieser Farbstoff fluoresziert im ultravioletten Licht rötlich und lässt die bei der Auftrennung entstandenen Banden aufleuchten. In dem unten zu sehenden Gel sind die fluoreszierenden Banden, die in der Elektrophorese aufgetrennten DNA-Fragmenten entsprechen, deutlich zu erkennen. Falls alle zu sehenden Proben in den unterschiedlichen, nebeneinanderliegenden Bahnen mit dem gleichen Restriktionsenzym behandelt wurden, zeigen die verschiedenen Bandenmuster an, dass sie aus ungleichen Quellen stammen.

❶ Jedes aufzutrennende Gemisch aus DNA-Molekülen wird in eine eigene Probentasche an einem Ende eines flachen Gels eingebracht. Das Gel befindet sich in einer Kammer und ist von einer wässrigen Pufferlösung umgeben. An den Enden der Elektrophoresekammer befinden sich Elektroden, an denen eine Spannung angelegt werden kann.

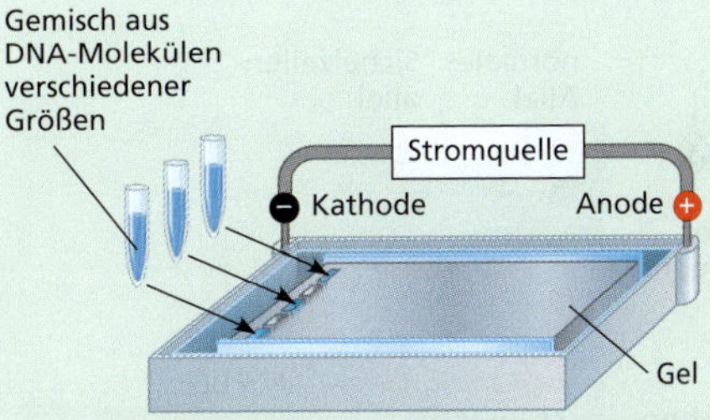

❷ Wenn der Strom eingeschaltet wird, wandern die negativ geladenen DNA-Moleküle (Anionen) zum positiven Pol (Anode). Dabei wandern kürzere Moleküle schneller als längere. Die sich bildenden Banden sind hier blau dargestellt; in einem tatsächlichen Experiment sind sie zu diesem Zeitpunkt noch nicht sichtbar.

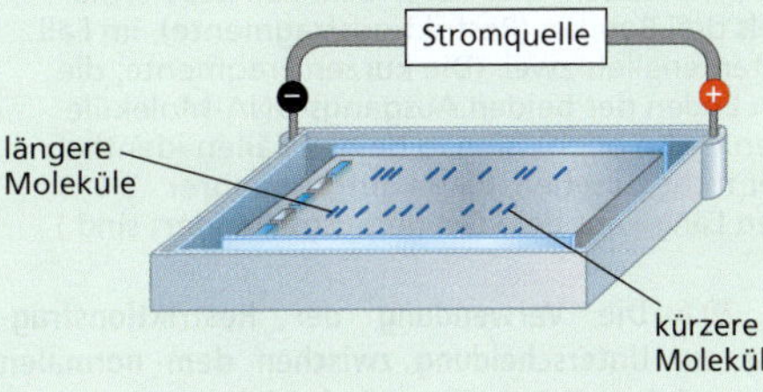

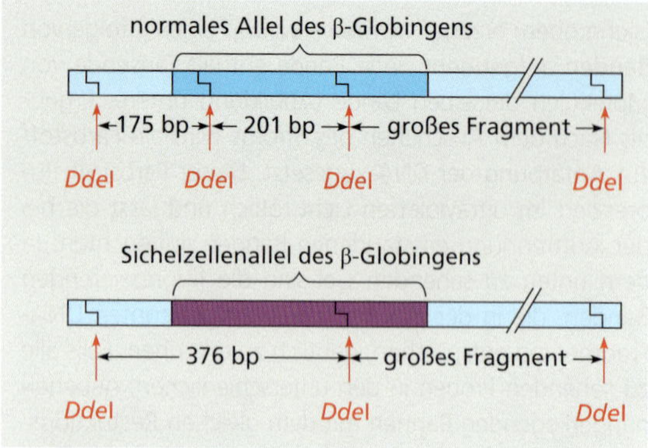

(a) *Dde*I-Restriktionsschnittstellen im normalen und im Sichelzellenallel des β-Globingens. Hier sind zwei klonierte Allele (ohne die Vektor-DNA, aber zusammen mit den DNA-Abschnitten links und rechts vom codierenden Bereich) schematisch dargestellt. Das normale Allel enthält zwei Schnittstellen für die Restriktionsendonuclease *Dde*I innerhalb der codierenden Region. Dem Sichelzellenallel fehlt eine dieser Schnittstellen.

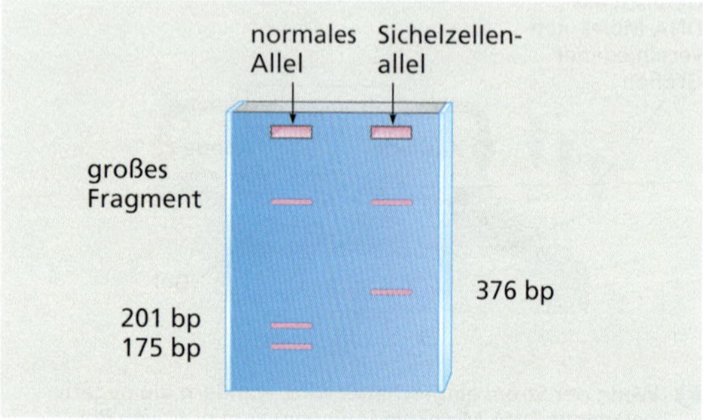

(b) Elektrophorese von Restriktionsfragmenten der DNA eines normalen und eines Sichelzellenallels. Gereinigte DNA-Proben mit beiden Allelen wurden mit dem Enzym *Dde*I geschnitten und dann einer Gelelektrophorese unterzogen. Dies lieferte im Fall des normalen Allels drei Banden (Restriktionsfragmente), im Fall des Mutantenallels zwei. (Die kurzen Fragmente, die von den Enden der beiden Ausgangs-DNA-Moleküle stammen (siehe oben), sind in beiden Fällen identisch und hier nicht zu sehen, da sie aufgrund ihrer geringen Länge aus dem Gel herausgewandert sind.)

Abbildung 20.6: **Die Verwendung der Restriktionsfragmentanalyse zur Unterscheidung zwischen dem normalen β-Globingen und dem Sichelzellenanämieallel des Menschen.** **(a)** Die Sichelzellenmutation führt zum Verlust einer der *Dde*I-Restriktionsschnittstellen innerhalb des Gens. **(b)** Als Folge davon führt die Restriktionsfragmentanalyse mit *Dde*I beim normalen und beim Sichelzellenallel zu unterschiedlichen Fragmenten (abweichenden Bandenmustern).

Benutzt man für die Analyse isolierte genomische DNA, so zeigt die Färbung nach der Restriktion und der Gelelektrophorese eine viel zu große Anzahl von Banden, aus der sich die gesuchten Restriktionsfragmente mit dem β-Globingen nicht abheben. Ein von dem englischen Biochemiker Edwin Southern entwickeltes und nach seinem Erfinder benanntes Verfahren ermöglicht jedoch den Nachweis solcher bestimmter Einzelbanden in komplexen DNA-Gemischen. Dabei bedient man sich einer Kombination aus Restriktion, Gelektrophorese und Nucleinsäurehybridisierung. Das **Southern-Blotting** wird auch als **DNA/DNA-Hybridisierung** bezeichnet. Das Grundprinzip ist das gleiche wie bei der Nucleinsäurehybridisierung zur Durchmusterung von Bakterienklonen. Beim Southern-Blotting wird eine markierte einzelsträngige und zur Zielsequenz komplementäre DNA-Sonde verwendet. Abbildung 20.7 umreißt die experimentelle Vorgehensweise und zeigt, wie sich damit eine heterozygote Person (in diesem Fall der Träger eines Sichelzellenallels) von einem homozygot gesunden Individuum unterscheiden lässt.

Die Identifizierung von Trägern von Mutantenallelen von Erbkrankheiten ist nur eine Anwendung des Southern-Blotting. Tatsächlich ist diese Methode seit ihrer Erfindung Mitte der 70er Jahre des letzten Jahrhunderts ein molekularbiologisches „Arbeitspferd". In vielen Bereichen ist sie jedoch inzwischen von schnelleren Methoden wie der besprochenen Polymerasekettenreaktion (PCR) verdrängt worden. So nutzt man in unserem Beispiel heute in der medizinischen Praxis tatsächlich eine kleine Blutprobe zur Amplifikation des β-Globin-Genlocus mithilfe der PCR, schneidet dann die DNA (das PCR-Produkt) mit dem Restriktionsenzym und trennt die erhaltenen Fragmente in einer Gelelektrophorese auf.

20.2.2 DNA-Sequenzierung

Nachdem ein Gen kloniert ist, lässt sich dessen komplette Nucleotidsequenz ermitteln. Heutzutage ist die Sequenzierung von DNA automatisiert und wird von Sequenziermaschinen durchgeführt. Das automatisierte Verfahren stützt sich auf die sogenannte *Didesoxyribonucleotidmethode* oder **Kettenabbruchmethode**. Sie wird nach ihrem Erfinder auch als *Sanger-Methode* bezeichnet (Abbildung 20.8). Frederick Sanger entwickelte diese Methode um die Mitte der 70er Jahre des letzten Jahrhunderts, wofür er 1980 den Nobelpreis für Chemie erhielt. Die Sequenz eines Gens zu kennen, erlaubt es dem Forscher, diese mit den Sequenzen anderer Gene zu vergleichen – zum Beispiel aus denen anderer Arten.

Abbildung 20.7: Southern-Blotting (DNA/DNA-Hybridisierung) von DNA-Fragmenten.

Anwendung Mit diesem Verfahren kann man spezifische Nucleotidsequenzen innerhalb einer komplex zusammengesetzten DNA-Probe nachweisen. Besonders das Southern-Blotting wird für den Vergleich von Restriktionsfragmenten herangezogen, die aus unterschiedlichen Proben genomischer DNA stammen.

Technik In diesem Beispiel werden wir Proben genomischer DNA vergleichen, die von drei Personen stammen. Eine ist homozygot für das normale β-Globinallel (I), eine weitere homozygot für das mutierte Sichelzellenallel (II) und die dritte ist heterozygot (III). Wir setzen eine radioaktiv markierte Sonde ein, doch haben auch bei diesem Verfahren moderne Nachweistechniken die radioaktive Markierung weitgehend verdrängt (siehe Abbildung unten).

Ergebnis Da die Bandenmuster der drei untersuchten Proben deutlich unterschiedlich sind, ist diese Methode geeignet, heterozygote Träger des mutierten Sichelzellenallels (III) ausfindig zu machen, sowie Personen, die beide Mutantenallele besitzen (II) und an der Krankheit leiden. Ebenso lassen sich Nichtbetroffene nachweisen, die zwei normale Allele (I) in sich tragen. Das Bandenmuster der Proben I und II ähnelt dem der gereinigten Allele, die wir in Abbildung 20.6b kennengelernt haben. Das Bandenmuster der Probe des heterozygoten Individuums (III) ergibt sich aus der Kombination der Muster der beiden Homozygoten (I und II).

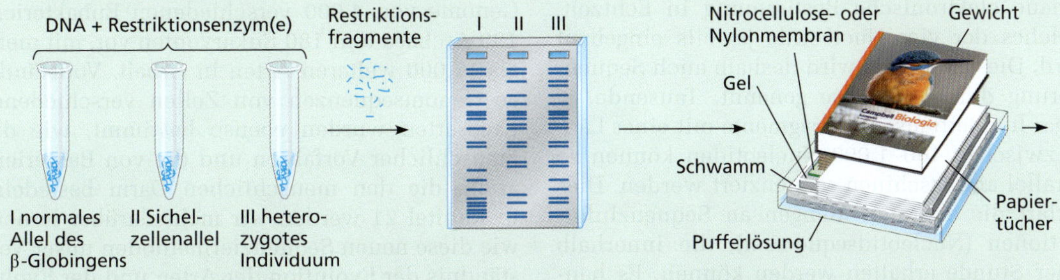

1 Herstellung der Restriktionsfragmente. Jede Probe der genomischen DNA wird mit dem/den gleichen Restriktionsenzym(en) behandelt, in diesem Fall mit *Dde*I. Dies liefert in jeder der Proben ein Gemisch aus Tausenden von Restriktionsfragmenten.

2 Gelelektrophorese. Die Restriktionsfragmente aller Proben werden durch Gelelektrophorese getrennt; dabei bilden sich charakteristische Bandenmuster. (In Wirklichkeit bilden sich wesentlich mehr Banden, als hier gezeigt sind, die ohne spezielle Anfärbung noch unsichtbar sind. Tatsächlich bildet sich bei einem solchen Experiment eine dichte Abfolge von Banden, die bei einer Anfärbung als diffuses Geschmier erscheint.) Die doppelsträngigen DNA-Fragmente werden denaturiert.

3 DNA-Transfer („blotting"). Durch Kapillarkräfte wird die DNA aus dem Gel auf die aufgelegte Membran übertragen. Das Ergebnis dieser Überführung wird als „Blot" (engl. *to blot*, kleksen; hier eher „Abklatsch") bezeichnet. (Eine andere Übertragungsmethode, das Elektroblotting, setzt einen elektrischen Strom ein, um den Transfer zu beschleunigen; man beachte die Analogie zur Elektrophorese.) Die einzelsträngigen DNA-Moleküle bleiben an der Membran haften; ihr Verteilungsmuster entspricht dabei genau demjenigen im Gel.

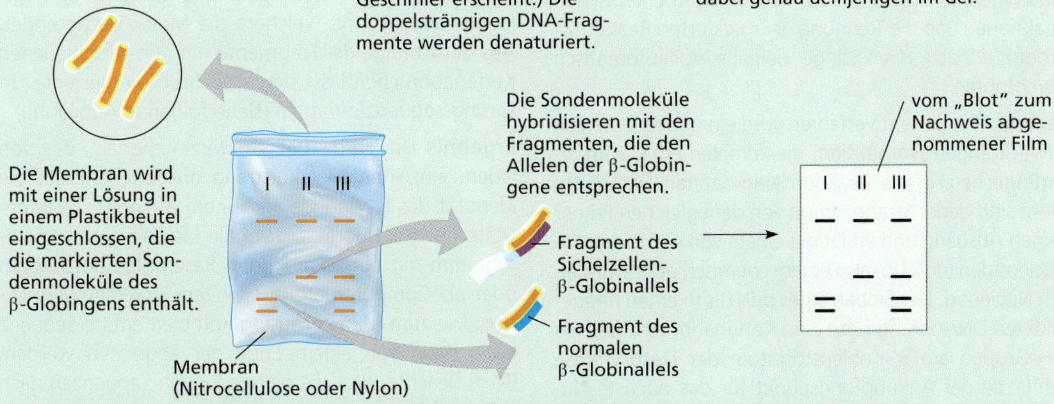

4 Hybridisierung mit der markierten Sonde. Die Membran wird mit einer Lösung der markierten Sondenmoleküle inkubiert. In unserem Beispiel ist die Sonde ein einzelsträngiges DNA-Molekül, das komplementär zum β-Globingen ist. Sondenmoleküle binden durch Basenpaarungen an alle Restriktionsfragmente, die Sequenzen des β-Globingens enthalten. (Die Banden wären in einem tatsächlichen Experiment noch nicht erkennbar.)

5 Sondennachweis. Ein Film wird auf die Membran aufgelegt. Die radioaktive Strahlung schwärzt den Film und erzeugt so ein Abbild des Musters derjenigen Banden, an die die Sondenmoleküle gebunden sind.

MERKE!

Die Sanger-Methode ist ein automatisiertes Verfahren zur Sequenzierung von DNA.

In den letzten zehn Jahren wurden die Sequenziermethoden der „nächsten Generation" (Next Generation Sequencing) entwickelt, die nicht mehr auf der Kettenabbruch-Methode beruhen (Abbildung 20.9). Stattdessen werden DNA-Fragmente vervielfältigt (kopiert, amplifiziert), um eine enorme Zahl gleicher Fragmente zu erhalten. Ein bestimmter Einzelstrang jedes dieser Fragmente wird an ein Trägermaterial gebunden („immobilisiert") und der komplementäre Strang wird Nucleotid für Nucleotid synthetisiert. Die Kopplung an chemische Reaktionen erlaubt die genaue elektronische Bestimmung in Echtzeit, welches der vier Nucleotide jeweils eingebaut wird. Diese Methode wird deshalb auch Sequenzierung durch Synthese genannt. Tausende, ja sogar hunderttausende Fragmente mit einer Länge zwischen 400–1.000 Nucleotiden können so parallel an Maschinen sequenziert werden. Dies erklärt die enormen Mengen an Sequenzinformationen (Nucleotidsequenzen), die innerhalb einer Stunde erhalten werden können. Es handelt sich hier um ein Beispiel für eine DNA-Technologie mit hohem Durchsatz (High-Troughput) und es ist derzeit die Methode der Wahl für die Sequenzierung großer Mengen von DNA-Proben, die etwa ganze Genome repräsentieren. Weitere technische Fortschritte haben zur Entwicklung von Sequenziermethoden der „dritten Generation" geführt, wobei jede Neuentwicklung schneller und billiger arbeitet als ihr Vorgänger. Dabei wird die DNA weder in Fragmente zerlegt, noch vervielfältigt, sondern als einzelnes, sehr langes Molekül direkt sequenziert. Die verbesserten Sequenziermethoden haben unser Vorgehen zur Untersuchung biologischer Fragestellungen zur Evolution und zur Funktionsweise von Zellen und des Lebens selbst grundlegend verändert. Über fünfzehn Jahre nach der Veröffentlichung des menschlichen Genoms liegen uns heute die Genome von 4.000 verschiedenen Eubakterien, 190 Archaea und 180 Eukaryonten vor, mit mehr als 17.000 weiteren Arten in Arbeit. Vollständige Genomsequenzen von Zellen verschiedener Krebsarten wurden ebenso bestimmt, wie die menschlicher Vorfahren und die von Bakterienarten, die den menschlichen Darm besiedeln. In Kapitel 21 werden wir mehr darüber lernen, wie diese neuen Sequenziermethoden unser Verständnis der Evolution der Arten und der Evolution der Genome selbst erweitert haben.

Abbildung 20.8: Die Didesoxy-Kettenabbruchmethode (Sanger-Methode) zur Sequenzierung von DNA.

Anwendung Die Sequenz der Nucleotide in einem beliebigen klonierten DNA-Fragment von bis zu 1.000 Basen Länge lässt sich heute rasch durch Sequenziermaschinen ermitteln, die die notwendigen chemischen Reaktionen und die Trennung der markierten Reaktionsprodukte nach ihrer Länge beinahe vollautomatisch durchführen.

Technik Bei diesem Verfahren wird ein ganzer Satz von DNA-Strängen synthetisiert, die komplementär zum ursprünglichen, in die Reaktion eingesetzten DNA-Fragment sind. Jeder Strang nimmt von dem gleichen Primer seinen Ausgang und endet mit einem von vier Didesoxynucleotiden (ddNTP), also einem chemisch abgewandelten Nucleotid. Der Einbau eines ddNTPs in einen neugebildeten DNA-Strang führt zum Kettenabbruch, weil die OH-Gruppe am 3'-Kohlenstoffatom der Desoxyribose fehlt, die der Anknüpfungspunkt für das nächste Nucleotid wäre. Der Einbau des Didesoxynucleotids in die entstehenden DNA-Moleküle erfolgt zufällig. In dem Satz der gebildeten DNA-Stränge wird jede Nucleotidposition der Ursprungssequenz durch Moleküle repräsentiert, die an dieser Stelle mit einem komplementären ddNTP enden. Da jedes der vier ddNTPs mit einem anderen Fluoreszenzfarbstoff markiert ist, lässt sich an der jeweiligen Fluoreszenzstrahlung die Natur des Nucleotids ablesen, mit welchem die Molekülkette endet. Aus der Abfolge der Fragmente mit den verschiedenen Kettenabbrüchen lässt sich schließlich die gesamte Ursprungssequenz ermitteln (siehe folgende Abbildung).

Ergebnis Die Farbe des Fluoreszenzsignals, das von jedem einzelnen Molekülstrang ausgeht, enthüllt die Identität des Nucleotids an seinem 3'-Ende. Die Intensitäten dieser Fluoreszenzsignale lassen sich als Spektrogramm mit der zugehörigen Basenfolge ausdrucken oder als Computerdatei für weitere Analysen verwenden. Die zum Matrizenstrang komplementäre Sequenz kann dann von einem Ende her abgelesen werden. (Man beachte, dass die hier gezeigten Sequenzen nach der des Primers beginnen.)

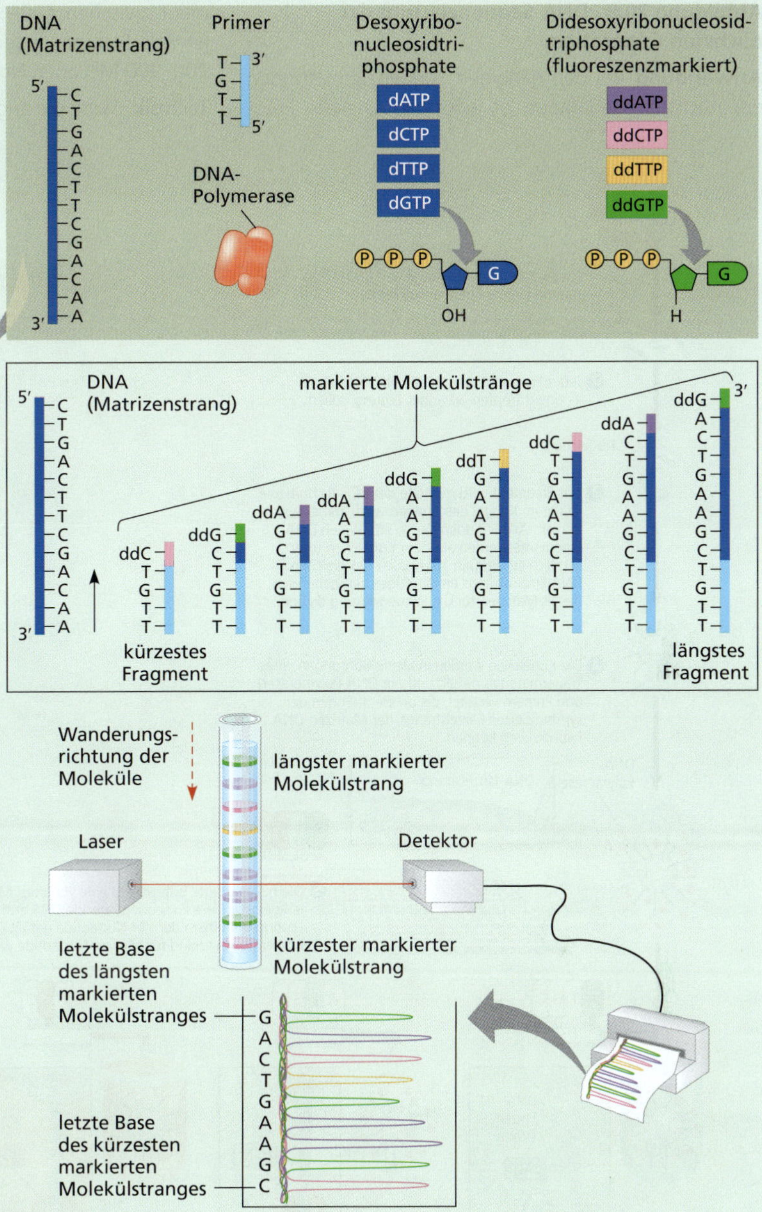

❶ Das zu sequenzierende DNA-Molekül wird denaturiert und in seine Einzelstränge getrennt in einem Reagenzgefäß mit den für eine DNA-Synthese notwendigen Reagenzien versetzt. Dazu gehören ein Primer (Startermolekül), der zum 3′-Ende des zu sequenzierenden Matrizenstranges komplementär ist, eine DNA-Polymerase, die vier Desoxyribonucleosidtriphosphate sowie die vier entsprechenden Didesoxyribonucleosidtriphosphate, die den Kettenabbruch bewerkstelligen. Letztere werden im Unterschuss eingesetzt und sind jeweils mit einem eigenen Fluoreszenzfarbstoff markiert.

❷ Die Synthese aller neuen Stränge beginnt am 3′-Ende des eingesetzten Primers, weil die Synthese, wie wir wissen, immer in 5′→3′-Richtung fortschreitet. Sie setzt sich fort, bis zufällig ein Didesoxynucleotid eingebaut wird, das keine Kettenverlängerung mehr zulässt. So wird schließlich ein ganzer Satz unterschiedlich langer, fluoreszenzmarkierter Stränge erzeugt, dessen Anregungswellenlänge das letzte eingebaute Nucleotid bestimmt.

❸ Die markierten Molekülstränge des Gemisches werden durch Gelelektrophorese in einem Polyacrylamidgel aufgetrennt. Dabei wandern die kürzesten Molekülketten am schnellsten. Für diese Form der DNA-Sequenzierung verwendet man ein Kapillargel in einem dünnen Röhrchen statt eines Flachgels, wie es in Abbildung 20.5 beschrieben wurde. Der geringe Durchmesser der feinen Röhrchen erlaubt es einem Fluoreszenzdetektor, die Farbe des Fluoreszenzfarbstoffes, der einem bestimmten Basentyp des Nucleotids entspricht, zu erkennen. Die Kapillaren werden kontinuierlich an einem Laser vorbeigeführt, der die Farbstoffe automatisch zur Fluoreszenz anregt. Damit lassen sich Moleküle unterscheiden, die sich in der Länge nur um ein Nucleotid unterscheiden, während sie den Laserstrahl passieren. (Ein älteres Verfahren arbeitete mit der radioaktiven Markierung von Nucleosidtriphosphaten.)

Abbildung 20.9: DNA-Sequenzierung der nächsten Generation.

Anwendung Bei den gängigen Sequenziermethoden der nächsten Generation ist jedes sequenzierte Fragment zwischen 400–1.000 Nucleotide lang. Da parallel viele Fragmente sequenziert werden, erhält man so 700–900 Millionen Nucleotide in nur zehn Stunden.

Technik Siehe die angegebenen Schritte.

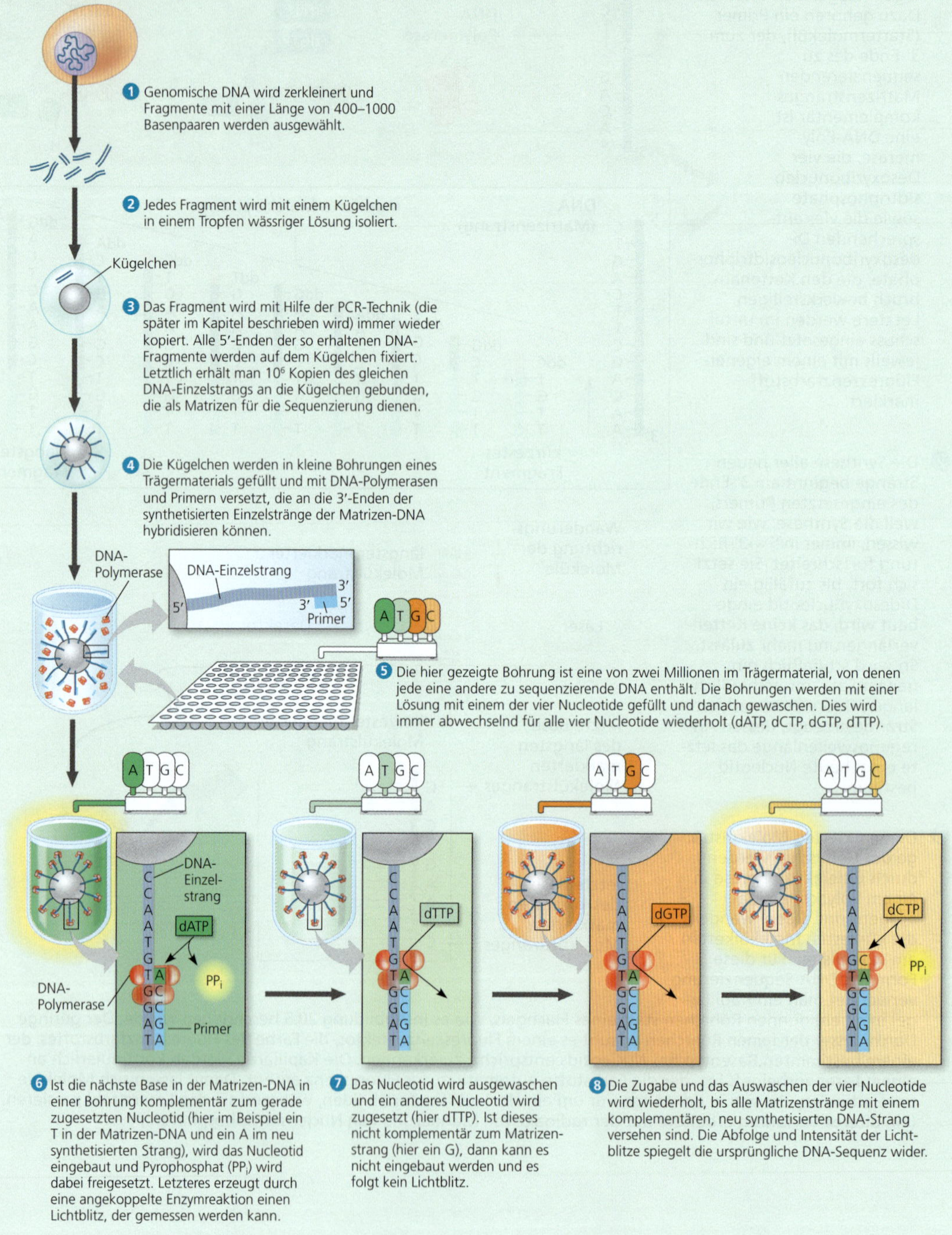

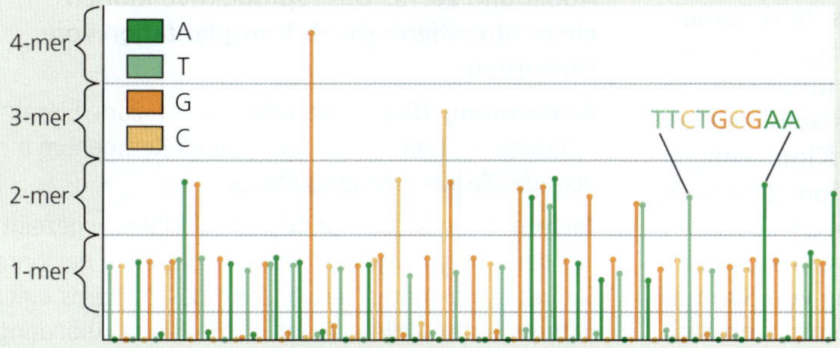

Ergebnis Jede der 2.000.000 Bohrungen in einem vorgefertigten Träger („Multiwell"-Platte), enthält ein anderes DNA-Fragment und ergibt so eine unterschiedliche Sequenz. Die Ergebnisse für ein solches Fragment sind hier unten gezeigt. Die Sequenzen aller Fragmente werden mit Computerprogrammen analysiert und zur Gesamtsequenz zusammen-zusammengesetzt, die in diesem Beispiel ein ganzes Genom umfasst.

20.2.3 Genexpressionsanalyse

Wenn ein Gen kloniert wurde, kann man markierte Nucleinsäuresonden herstellen, die mit der zugehörigen mRNA hybridisieren. Diese Sondenmoleküle können Informationen darüber liefern, wann oder wo das Gen in dem untersuchten Organismus transkribiert wird. Die Transkriptionsrate gilt im Allgemeinen als Maß für die Expression eines Gens.

Untersuchung der Expression einzelner Gene Nehmen wir an, wir wollten herausfinden, wie sich das Expressionsverhalten des β-Globingens im Verlauf der Embryonalentwicklung unseres Modellkolibris verändert. Es gibt mindestens zwei Wege, dies zu messen.

Die erste Methode ist das sogenannte **Northern-Blotting** (die Namensgebung dieser Methode ist ein Wortspiel, das die konzeptionelle Verwandtschaft zum oben besprochenen Southern-Blotting anzeigt). Das Northern-Blotting-Verfahren beruht auf einer **RNA/DNA-Hybridisierung**. Bei dieser Methode isoliert man die gesamte mRNA einer Probe (in unserem fiktiven Beispiel mRNA eines Kolibriembryos), trennt sie gelelektrophoretisch auf und überträgt sie auf eine Nitrocellulose- oder Nylonmembran, wie schon für das Southern-Blotting beschrieben wurde. Im nachfolgenden Hybridisierungsschritt gibt man eine markierte DNA-Sonde hinzu, die zur gesuchten mRNA (hier die mRNA des β-Globingens) komplementäre Sequenzen enthält. Exponiert man einen Film, so ergibt sich als Versuchsergebnis ein Bild, das dem des Southern-Blots von Abbildung 20.7 sehr ähnlich ist. In unserem Beispiel erhalten wir eine Bande einer bestimmten Größe. Falls die mRNA-Bande nur in einem bestimmten Entwicklungsstadium auftritt, liegt die Vermutung nahe, dass das zugehörige Protein zu diesem Zeitpunkt eine wichtige Funktion ausübt. Wie das Southern-Blotting ist auch das Northern-Blotting eine wichtige Arbeitsmethode der molekularen Biologie, aber auch sie wird zunehmend durch neuere Techniken ersetzt.

VERSTÄNDNISFRAGEN

1. Sie behandeln genomische DNA mit einer Restriktionsendonuclease und führen anschließend eine Gelelektrophorese durch. Was würden Sie nach der Anfärbung des Gels mit einem DNA-Farbstoff sehen? Erläutern Sie Ihre Antwort.

2. Beschreiben Sie die Rolle der komplementären Basenpaarung zwischen Nucleinsäuren bei den folgenden Methoden: Southern-Blotting, DNA-Sequenzierung, Northern-Blotting, RT-PCR und Microarray-Analyse.

3. WAS WÄRE, WENN? Schauen Sie sich das Bild des Microarrays in Abbildung 20.1 noch einmal an. Wenn eine Sonde, die mit einem grünen Fluoreszenzfarbstoff markiert ist, aus normalem Gewebe stammt und die andere – rot markiert – aus Krebsgewebe – was bedeutet das für einen Punkt, der grün ist? Rot? Gelb? Schwarz? – Welche Gene würde ein Krebsforscher anhand dieses Expressionsmusters weiter untersuchen und warum?

20.3 Das Klonen von Organismen zur Bereitstellung von Stammzellen für die Forschung und andere Anwendungen

Neben den Fortschritten in der Gentechnik wurden auch die Methoden zum Klonen ganzer, vielzelliger Organismen aus Einzelzellen weiterentwickelt. Der Begriff Klonen ist hier als Erzeugung eines oder mehrerer genetisch identischer Lebewesen aus einer einzelnen Ausgangszelle zu definieren. Diese Methode wird oft auch als organismische Klonierung bezeichnet, um sie von der Klonierung (Isolierung) eines Gens beziehungsweise der Zellklonierung (der Teilung sich ungeschlechtlich fortpflanzender Zellen unter Hervorbringung einer Ansammlung genetisch gleicher Zellen) zu unterscheiden (alle Klonierungen beruhen letztlich auf der Produktion genetisch identischer Nachkommen, in der Regel aus einer Zelle). Ein Hauptinteresse an der organismischen Klonierung besteht in der Gewinnung von Stammzellen, die noch nicht differenziert sind und sich in verschiedene Gewebe entwickeln können. Das Klonieren (die klonale Vermehrung) von Pflanzen und Tieren wurde erstmals vor über einhundert Jahren im Rahmen biologischer Experimente zur Klärung grundlegender Fragestellungen versucht. Dazu gehörte beispielsweise die Frage, ob alle Zellen in einem vielzelligen Organismus über dieselben Gene verfügen (genomische Äquivalenz) oder ob sie im Laufe ihrer Differenzierung auch Gene verlieren (siehe Kapitel 18). Um solche Fragen zu beantworten, kann man untersuchen, ob sich aus einer differenzierten Zelle wieder ein ganzes, vollständiges Lebewesen entwickeln kann. Die gleiche Frage lautet anders formuliert: Ist das Klonieren von vielzelligen Organismen aus Einzelzellen möglich? (An dieser Stelle ist eine Definition für Klonierung und Klonen angebracht: Klonierung ist in der Molekularbiologie der Oberbegriff für Methoden zur Gewinnung und identischen Vervielfältigung von DNA, während Klonen die Herstellung von genetisch identischen Kopien vielzelliger Organismen bedeutet.)

Reproduktives Klonen von Säugetieren Neben Fröschen werden schon seit einiger Zeit auch Säugetiere geklont, wobei Kerne aus einer Vielzahl embryonaler Zellen verwendet wurden. Es wurde jedoch allgemein bezweifelt, dass sich ein Zellkern aus einer vollständig differenzierten Körperzelle hierfür einsetzen ließe. Derartige Experimente wurden von Robert Briggs und Thomas King in den 1950er Jahren und von John Gurdon und seinen Mitarbeitern in den 1970er Jahren an verschiedenen Froscharten (*Rana pipiens* bzw. *Xenopus laevis*) durchgeführt. Sie ersetzten den Kern der Eizelle einer Kaulquappe durch den einer Körperzelle aus einer Larve derselben Art. Tatsächlich war der verpflanzte Zellkern oft in der Lage, die normale Entwicklung vom Ei zur Kaulquappe zu steuern und es entwickelten sich fortpflanzungsfähige Frösche. Im Jahr 1997 machte eine Forschergruppe in Schottland aber Schlagzeilen, als die Geburt von „*Dolly, dem Schaf*“ bekannt gegeben wurde. Dieses Schaf war durch Klonierung mit einem Zellkern aus einer differenzierten Körperzelle eines erwachsenen Tieres hergestellt worden (Abbildung

Abbildung 20.10: Das reproduktive Klonen eines Säugetieres durch Transplantation von Zellkernen.

Anwendung Diese Methode kommt zum Einsatz, um klonierte Tiere zu erzeugen, deren Kerngenom mit dem des Zellkernspenders identisch ist.

Technik Hier ist das prinzipielle Verfahren gezeigt, mit dem Dolly hergestellt wurde – das erste geklonte Säugetier, das unter Verwendung des Zellkerns einer differenzierten Zelle erzeugt wurde (siehe Abbildung oben).

Ergebnis Die genetische Ausstattung des geklonten Tieres ist weitgehend (das heißt mit Ausnahme der mitochondrialen DNA) identisch mit der des Tieres, das den Zellkern beigesteuert hat, unterscheidet sich hingegen von der des Eizellspendertieres und der der Leihmutter. (Die beiden letzteren Tiere entstammen der Rasse „Scottish Blackface“, die an der schwarzen Gesichtsmaske zu erkennen sind.)

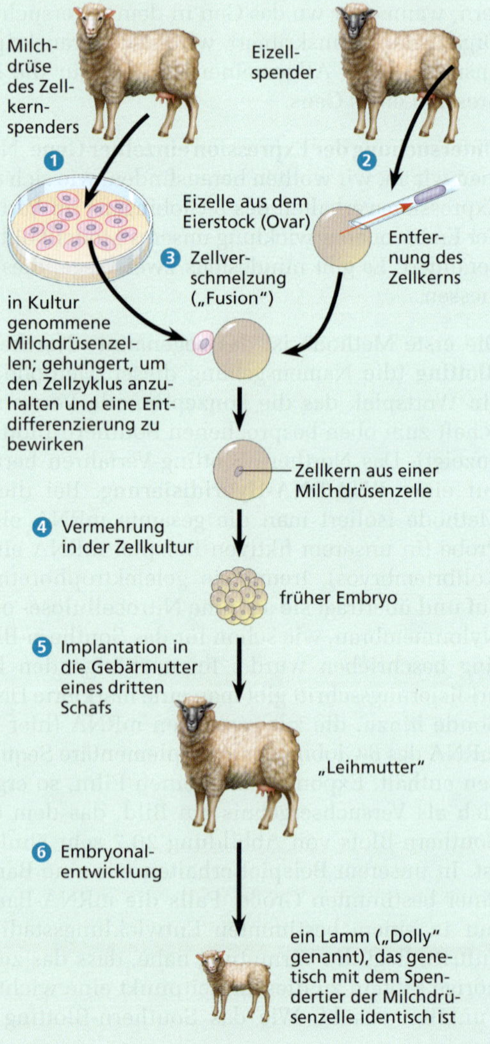

20.10). Die Entdifferenzierung der Spenderkerne wurde dabei durch die Kultivierung der Zellen in einem nährstoffarmen Medium erreicht. Die entsprechend behandelten Zellen wurden dann mit entkernten Eizellen fusioniert. Die daraus erhaltenen diploiden Zellen teilten sich bis zur Bildung früher Embryonen, die dann in Leihmutterschafe eingepflanzt wurden. Von mehreren hundert implantierten Embryonen entwickelte sich einer normal weiter und „Dolly" wurde geboren.

Die folgenden Analysen bewiesen, dass Dollys chromosomale DNA tatsächlich mit der des Spenderkerns identisch war (ihre mitochondriale DNA stammt, wie zu erwarten, vom Eizellspender). Im Jahr 2003 erkrankte Dolly frühzeitig im Alter von sechs Jahren an einer Lungenkrankheit, die normalerweise bei sehr viel älteren Schafen auftritt. Außerdem litt das Tier auch an Arthritis (Gelenkrheuma) und wurde schließlich eingeschläfert. Die schweren Krankheitsbilder lassen vermuten, dass die Zellen des Tieres nicht so gesund waren wie die normaler Schafe, was möglicherweise auf einer unvollständigen „Reprogrammierung" des ursprünglich verpflanzten Spenderzellkerns beruht.

Seit dem Jahr 1997 sind zahlreiche andere Säugetiere wie Mäuse, Katzen, Kühe, Pferde, Maultiere, Schweine und Hunde geklont worden. In den meisten Fällen bestand das Ziel darin, neue Individuen zu erzeugen (reproduktives Klonen). Aus solchen Experimenten hat man bereits eine Menge gelernt. Beispielsweise sehen geklonte Tiere derselben Art nicht immer gleich aus oder verhalten sich gleichartig. In einer Herde von Kühen, die durch Klonen aus der gleichen Zellkulturlinie hervorgegangen sind, zeigen bestimmte Kühe ein dominantes Verhalten, andere ein zurückhaltenderes. Dies ist aufschlussreich für die Verhaltensbiologie und die Frage, inwieweit das Verhalten angeboren ist.

Das erfolgreiche Klonen so vieler Säugetiere führte zu zahlreichen Spekulationen über das Klonen von Menschen. Einige Forscher haben sich mit den ersten Schritten in dieser Richtung befasst. Bei dem am weitesten verbreiteten Ansatz werden wie oben beschrieben Zellkerne differenzierter Zellen in unbefruchtete, entkernte Eizellen verpflanzt und die diploide Pseudozygote zur Teilung angeregt. Im Jahr 2001 wurden in Massachusetts (USA) in einem derartigen Experiment einige wenige Zellteilungen (Furchungsteilungen) erreicht. Andere Berichte über weitergehende Entwicklungsstadien konnten bisher nicht bestätigt werden. Die mit der Klonierung von Menschen verbundenen ethischen Probleme sind erheblich und geben Anlass zu heftigen Diskussionen.

Probleme beim Klonen von Tieren Bei den meisten bisher durchgeführten Zellkerntransplantationen hat sich nur ein kleiner Teil der geklonten Embryonen bis zur Geburt normal weiterentwickelt. Wie das oben erwähnte Schaf *Dolly* leiden viele durch Klonen entstandene Tiere an Krankheiten. Geklonte Mäuse neigen beispielsweise zur Fettsucht (Adipositas), Leberversagen, Lungenentzündungen und sterben frühzeitig. Es ist anzunehmen, dass auch äußerlich normal erscheinende, geklonte Tiere verborgene Defekte aufweisen.

Einige Gründe für den geringen Klonierungserfolg und das häufige Auftreten von Schäden sind bereits bekannt. So wird in den Zellkernen vollständig differenzierter Zellen nur ein kleiner Teil aller Gene exprimiert, die meisten Gene bleiben reprimiert. Diese Regulation ist oft auch eine Folge epigenetischer Veränderungen am Chromatin, wie eine Acetylierung von Histonen oder eine Methylierung der DNA.

20.3.1 Tierische Stammzellen

Die Erzeugung menschlicher Embryonen durch Klonen zielt nicht auf die Vermehrung der Art. Vielmehr sieht man hier eine Möglichkeit der Gewinnung von Stammzellen zu therapeutischen Zwecken. Eine *Stammzelle* ist noch relativ unspezialisiert, kann sich unter geeigneten Bedingungen unbegrenzt vermehren und sich zu einem oder mehreren spezialisierten Zelltypen differenzieren. Stammzellen können also sowohl ihre eigene Population aufrechterhalten als auch differenzierte Zellen hervorbringen.

Viele frühe Embryonalstadien von Tieren enthalten Stammzellen, die differenzierte Zellen jeden Typs bilden können. Stammzellen können aus dem frühen Embryonalstadium der Blastula, beim Menschen entsprechend aus der Blastocyste (Keimbläschen), isoliert und in Kultur praktisch unbegrenzt vermehrt werden (Abbildung 20.11; ES-Zellen). Durch bestimmte Änderungen der Kulturbedingungen können sie zu einer Differenzierung in verschiedene spezialisierte Zelltypen, einschließlich Ei- und Samenzellen, veranlasst werden.

Der Körper von Erwachsenen enthält ebenfalls Stammzellen, die differenzierte Zellen ersetzen können, wenn diese sich nicht weiter teilen. Im Gegensatz zu den ES-Zellen können aus adulten Stammzellen aber nicht alle Zelltypen des Körpers gebildet werden. Trotzdem ist eine Differenzierung in mehrere spezialisierte Zelltypen möglich. So gehen etwa aus einem bestimmten Typ verschiedener Stammzellen des Knochenmarks alle Sorten von

Blutzellen hervor (hämatopoetische Stammzellen; Abbildung 20.11). Ein anderer Zelltyp kann sich zu Knochen-, Knorpel-, Fett-, Muskel- und Endothelzellen differenzieren. Sogar im Gehirn wurden überraschenderweise Stammzellen entdeckt, aus denen sich bestimmte Nervenzellen entwickeln können. (Bis zur Entdeckung dieser neuronalen Stammzellen galt das ausgereifte Zentralnervensystem als vollständig teilungsinaktiv.) Weiterhin wurden Stammzellen der Haut, der Haare, der Augen und der Zahnpulpa („Zahnmark") gefunden.

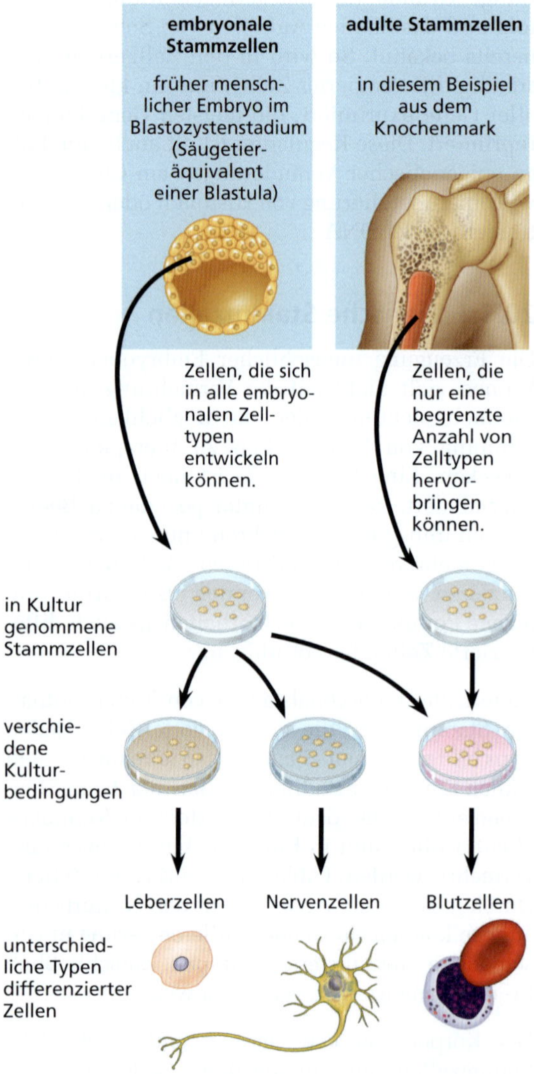

Abbildung 20.11: Die Arbeit mit Stammzellen. Tierische Stammzellen, die aus frühen Embryonalstadien oder aus Gewebe gewonnen werden können, werden kultiviert. Es handelt sich um sich selbsttätig vermehrende, verhältnismäßig undifferenzierte Zellen. Embryonale Stammzellen lassen sich leichter züchten als adulte Stammzellen. Aus ihnen können alle Zelltypen eines vielzelligen Lebewesens entstehen. Welche Zelltypen aus adulten Stammzellen gewonnen werden können, ist noch nicht vollständig geklärt.

Mit der Forschung an embryonalen und adulten Stammzellen können wertvolle Daten zur Differenzierung gewonnen werden. Darüber hinaus geht man von einem sehr großen Potenzial für die medizinische Anwendung aus. Letztlich sollen daraus Zellen für die Reparatur geschädigter oder erkrankter Organe bereitgestellt werden. Adulte Stammzellen aus dem Knochenmark werden schon lange für den Wiederaufbau des Immunsystems bei Menschen eingesetzt, deren eigenes infolge einer Erbkrankheit oder einer Strahlentherapie zur Krebsbehandlung außer Kraft gesetzt ist.

ES-Zellen sind bezüglich ihrer medizinischen Anwendungen hier vielversprechender, weil sie **pluripotent** sind, also sich in viele differenzierte Zellsorten entwickeln können. Der einzige Weg, an ES-Zellen zu gelangen, bestand lange darin, sie unmittelbar aus frühen Embryonen zu gewinnen. Die Embryonen zur Gewinnung von ES-Zellen werden gegenwärtig von Patienten im Rahmen der künstlichen Befruchtung zur Verfügung gestellt. Dabei fallen regelmäßig durch „Reagenzglasbefruchtung" überzählige Zygoten und Frühstadien an.

> **MERKE!**
> **ES-Zellen sind bezüglich ihrer medizinischen Anwendungen vielversprechend, weil sie pluripotent sind, also sich in viele differenzierte Zellsorten entwickeln können.**

20.3.2 Induzierte pluripotente Stammzellen (iPS)

Eine Lösung für das Problem der ES-Zellen scheint bereits in Sicht, da es Wissenschaftlern zunehmend gelingt, die Uhr in differenzierten adulten Zellen zurückzudrehen und sie wieder in den undifferenzierten Zustand zu versetzen. Sie verhalten sich dann wie ES-Zellen. Im Jahr 2007 berichteten verschiedene Forschergruppen zunächst von der Umwandlung der Hautzellen einer Maus in ES-Zellen. Später konnten auch Zellen der menschlichen Haut und aus anderen Organen und Geweben so „neu programmiert" werden. In allen Fällen exprimierten die Forscher vier klonierte Hauptregulatorgene von Stammzellen, die mithilfe von Retroviren in die differenzierten Zielzellen eingeschleust wurden. Solche „reprogrammierten" Zellen werden als *induzierte pluripotente Stammzellen* (iPS-Zellen) bezeichnet, weil sie sich wie normale, nicht-differenzierte embryonale Stammzellen verhalten. Shinya Yamanaka erhielt 2012 den Nobelpreis für diese Arbeiten, den er mit John Gurdon teilte, dessen Arbeiten wir auch bereits kennengelernt hatten. Tatsächlich können iPS-Zellen viele der Funktionen von ES-Zellen ausüben. Allerdings finden sich auch einige Unterschiede in der Genexpression und anderen zellulären Eigenschaften, beispielsweise bei der Zellteilung. Wenigstens bis die Natur dieser Unterschiede vollständig geklärt ist, wird die therapeutische Klonierung auch weiterhin auf die Ergebnisse aus ES-Zellen angewiesen sein. Auch in der Grundlagenforschung werden solche Untersuchungen voraussichtlich weiter eine große Rolle spielen, während in der Zwischenzeit die Arbeiten an experimentell hergestellten iPS-Zellen fortgeführt werden.

Menschliche iPS-Zellen haben zwei wichtige Anwendungsmöglichkeiten. Erstens können Zellen von Patienten mit verschiedenen Krankheiten zu iPS-Zellen reprogrammiert werden, die dann zur Untersuchung der Krankheit und möglicher Behandlungen eingesetzt werden können. So wurden bereits menschliche iPS-Zelllinien aus Patienten mit Typ-I-Diabetes, der Parkinson'schen Krankheit und einem Dutzend anderer Krankheiten erzeugt. Zweitens könnten in der regenerativen Medizin die Zellen eines Patienten in iPS-Zellen umgewandelt werden, die dann eingesetzt werden könnten, um defektes Gewebe zu ersetzen (wie etwa die Insulin-bildenden Zellen der Bauchspeicheldrüse).

20.4 Die Gentechnik beeinflusst unser Leben

Die Gentechnik und DNA-Diagnoseverfahren sind beinahe jeden Tag in den Schlagzeilen. Die Berichte über neue und vielversprechende Anwendungen in der Medizin sind jedoch nur ein kleiner Ausschnitt der Gebiete, die von der DNA- und Gentechnik profitieren.

20.4.1 Medizinische Anwendungen

Krankheitsdiagnose Bei der Diagnose von Infektionskrankheiten ist durch die DNA-Technik ein neues Zeitalter angebrochen. Hier sind vor allem die PCR und der Einsatz markierter Nucleinsäuren als Sonden zum Nachweis von Krankheitserregern zu nennen. Die RT-PCR ist in der Regel die beste Methode, um einen schwer identifizierbaren Krankheitserreger (z.B. SARS-CoV-2) nachzuweisen.

Heutzutage kann man Hunderte von Erbkrankheiten durch PCR mit spezifischen Primern für die entsprechenden Gene nachweisen. Die amplifizierte DNA – das PCR-Produkt – wird dann sequenziert, sodass das Vorhandensein auch rezessiver Mutationen eindeutig nachzuweisen ist.

Zu den menschlichen Erbkrankheiten mit bekannten Gendefekten gehören unter anderen die Sichelzellenanämie, verschiedene Bluterkrankheiten, Mukoviszidose, die Huntington'sche Krankheit und die Duchenne'sche Muskeldystrophie. Solche Krankheiten können vielfach schon vor dem Auftreten von Symptomen, ja sogar schon vor der Geburt, diagnostiziert werden.

Pharmazeutische Produkte Gentechnische und genetische Ansätze zur Entwicklung von Wirkstoffen und Medikamenten bringen auch enorme Fortschritte in der pharmazeutischen Industrie. Je nach Bedarf werden die meisten pharmazeutischen Wirkstoffe heute entweder mit Methoden der organischen Chemie oder mithilfe der Biotechnologie hergestellt.

Synthese niedermolekularer Wirkstoffe Niedermolekulare Verbindungen werden unter anderem für die Behandlung verschiedener Krebsarten entwickelt. Bei einem dieser neuartigen Wirkstoffe handelt es sich beispielsweise um Imatinib, das unter dem Handelsnamen „Gleevec" vertrieben wird und eine bestimmte Rezeptortyrosinkinase hemmt.

Produktion von Proteinen in Zellkulturen Zu den ersten pharmazeutischen Produkten, die auf diese Art hergestellt worden waren, gehörten das menschliche Insulin und das humane Wachstumshormon (hGH). In Deutschland sind rund eine Million Diabetiker auf regelmäßige Insulingaben angewiesen, um ihre Stoffwechselstörung zu behandeln. Das hGH wird zur Behandlung von Kindern mit einer angeborenen Form des Kleinwuchses eingesetzt, die durch eine Unterfunktion der das Wachstumshormon bildenden Hirnanhangsdrüse verursacht wird.

Zellkulturen können auch für die Herstellung von Impfstoffen genutzt werden, die das spezifische (adaptive) Immunsystem zur Verteidigung gegen bestimmte Krankheitserreger anregen (siehe Kapitel 44). Oft werden solche Immunreaktionen durch eines oder mehrere Proteine an der Oberfläche eines Erregers hervorgerufen. Wenn das entsprechende Protein gentechnisch hergestellt wird, so kann es als Impfstoff gegen den betreffenden Erreger dienen. Eine neue Methode nutzt spezifische mRNA, also die Bauanleitung für ein Protein eines Erregers, die dann im Organismus eine Immunantwort auslöst. Andererseits kann man auch einen Krankheitserreger selbst als „Lebendimpfstoff" einsetzen, wenn es mit gentechnischen Methoden gelingt, sein Genom so weit zu verändern, dass die pathogenen Eigenschaften nicht exprimiert werden.

Die **personalisierte Medizin** nutzt genetische Analysen, um Erkrankungen besser zu verstehen und gezielter zu behandeln. Am Beispiel des Brustkrebses konnte durch die Untersuchung der Genexpression gezeigt werden, dass es verschiedene Subtypen mit unterschiedlichem Rückfallrisiko gibt. Dadurch lässt sich die Therapie individuell anpassen: Patientinnen mit einem geringen Risiko können auf belastende Zusatzbehandlungen verzichten, während gefährdetere Gruppen gezielter therapiert werden. Langfristig wird erwartet, dass nicht nur einzelne genetische Marker wie SNPs, sondern ganze Genomsequenzen in die medizinische Entscheidungsfindung einfließen. Zwar entwickelt sich die Sequenzierungstechnologie rasant, die Umsetzung in konkrete Therapien bleibt jedoch eine Herausforderung. Ein wichtiger Anwendungsbereich ist die Pharmakogenetik: Sie nutzt genetische Informationen, um den Nutzen und die Risiken von Medikamenten vorherzusagen. Schon heute empfiehlt die US-amerikanische FDA bei mehr als 300 Medikamenten vorab genetische Tests, um Wirksamkeit und Verträglichkeit zu optimieren.

Bei der **Gentherapie** versucht man Gene zur Behandlung einer (Erb-)Krankheit in betroffene Personen einzubringen. Letztlich könnte so ein normales Allel in die entsprechenden Körperzellen der betroffenen Gewebe eingebracht und damit der Defekt behoben werden (zum Beispiel der Aktivitätsverlust eines Enzyms ausgeglichen werden). Solche Ansätze erscheinen zunächst nur sinnvoll, wenn eine Krankheit durch einen Defekt in nur einem bestimmten Gen (monogenetische Krankheiten) verursacht wird. Wie wir später noch sehen werden, stehen aber auch Ansätze zur Bekämpfung verschiedener Krebsarten, die nicht auf einem einzelnen Gendefekt beruhen, im Mittelpunkt des Interesses.

20.4.2 Umweltsanierung

Die erstaunlichen Fähigkeiten vieler Mikroorganismen zur Stoffumwandlung werden immer häufiger im Bereich der Umweltsanierung eingesetzt. Allerdings sind die betreffenden Mikroben oft nicht an die Anforderungen der jeweiligen Umgebung angepasst. In diesem Fall können die benötigten Stoffwechseleigenschaften auf andere, besser angepasste Mikroorganismen übertragen und diese für die Lösung eines Umweltproblems eingesetzt werden. So reichern zahlreiche Bakterien Schwermetalle wie Kupfer, Blei oder Nickel aus ihrer Umgebung an und bilden daraus Sulfatverbindungen, aus denen die Metalle leicht wiedergewonnen werden können. Gentechnisch veränderte Mikroben könnten somit einerseits zur Gewinnung von Mineralien aus Erzen mit niedrigem Gehalt angepasst werden und andererseits auch zur effizienten Abwasserentgiftung im Bergbau dienen. Ein weiteres Ziel der Biotechnologen ist die gezielte Veränderung ausgewählter Mikroorganismen für den Abbau von chlorierten Kohlenwasserstoffen und anderen schädlichen Substanzen. Diese Mikroben könnten dann in Anlagen zur Abwasseraufbereitung, beispielsweise auch von Industrieabwässern vor der Rückführung in die Umwelt, eingesetzt werden. Eine „klassische" Anwendung der Biotechnologie ist auch die Gewinnung von Energie aus nachwachsenden Rohstoffen. So sollen Biokraftstoffe aus Nutzpflanzen wie Mais, Sojabohnen oder Ölpalmen zur Ergänzung fossiler Brennstoffe dienen.

20.4.3 Landwirtschaftliche Anwendungen

Mehr und mehr rückt die Untersuchung ganzer Genome von Nutztieren und Nutzpflanzen in den Mittelpunkt des Interesses von Wissenschaftlern, die sich mit den landwirtschaftlichen Anwendungsmöglichkeiten der Gentechnologie befassen. Das Ziel ist dabei die Verbesserung der landwirtschaftlichen Produktivität, unter anderem unter Verwendung gentechnischer Methoden.

Gentechnik bei Tieren Schon seit Jahrtausenden macht sich der Mensch natürlich auftretende Mutationen und die Mechanismen der Rekombination bei der Tier- und Pflanzenzucht zunutze, um gezielt die Eigenschaften bestimmter Arten zu verbessern. Wie wir in den vorangegangenen Abschnitten bereits beschrieben haben, können mit den heutigen Techniken beispielsweise transgene Tiere erzeugt werden, die diese langwierigen Züchtungsprozesse beschleunigen können. Letztendlich stehen bei den modernen Methoden die gleichen Ziele im Vordergrund wie bei der herkömmlichen Züchtung. Dazu gehören, um nur wenige Beispiele zu nennen, die Verbesserung der Wollqualität bei Schafen, die Verminderung des Fettgehalts im Fleisch von Schweinen oder auch die Beschleunigung der Entwicklung zur Geschlechtsreife bei Kühen. Ein einmal identifiziertes und kloniertes Gen, das etwa die Muskelentwicklung in einer bestimmten Rinderrasse beschleunigt (wenn wir Fleisch essen, besteht es in der Hauptsache aus Muskelgewebe), kann so auf andere Rinderrassen – oder beispielsweise auch auf Schafe – übertragen werden. Nicht selten treten bei transgenen Nutztieren, die Fremdgene aus dem Menschen oder anderen Arten exprimieren, allerdings auch Probleme wie eine verringerte Fruchtbarkeit oder eine erhöhte Krankheitsanfälligkeit auf. Die Vermeidung solcher Probleme bezüglich der Gesundheit und des Wohlergehens entsprechender Tiere ist ein wichtiger Gesichtspunkt bei der Erzeugung transgener Tiere. Die neue CRISPR/Cas9-Technologie zur gezielten Manipulation von eukaryontischen Genomen hat das Potenzial, die bisher üblichen Methoden zur Herstellung transgener Tiere abzulösen.

Gentechnik bei Pflanzen Agrarwissenschaftler haben bereits eine Reihe nützlicher Veränderungen an Nutzpflanzen vorgenommen, die beispielsweise zu einer verzögerten Fruchtreife führen oder Resistenzen gegen Krankheiten, schnelle Fäulnis oder Austrocknung vermitteln. Am häufigsten werden neue Gene mithilfe des Ti-Plasmids als Vektor in Pflanzenzellen eingebracht. Das Plasmid stammt aus dem phytopathogenen Bakterium *Agrobacterium tumefaciens* und kann einen Teil seiner DNA – die sogenannte T-DNA – in die chromosomale DNA infizierter Wirtszellen übertragen und integrieren. Zur Herstellung transgener Pflanzen setzen Forscher das gewünschte Gen in die T-DNA ein und bringen diese in die Zielzellen. Bei vielen Pflanzenarten kann sich eine komplette Pflanze aus kultivierten Einzelzellen einer Suspensionskultur entwickeln. Mithilfe der „grünen" Gentechnik könnte darüber hinaus der Nährwert von Nutzpflanzen erheblich gesteigert werden (Abbildung 20.12).

Abbildung 20.12: Die Wissenschaftlerin überprüft das Wachstum der Tomantenpflänzchen unter Laborbedingungen.

Das CRISPR/Cas9-System zur gezielten Veränderung von Genomen Eukaryontische Genome sind oft sehr groß und entziehen sich dem gezielten Eingriff durch herkömmliche gentechnische Methoden. Mithilfe des 2012 entdeckten CRISPR/Cas9-Systems ist es möglich, Punktmutationen, kleinere Insertionen und Deletionen zielgenau an gewünschten Zielsequenzen in Genomen von Bakterien bis zu menschlichen Zellen zu erzeugen, sowie gezielte Veränderungen (Aktivierung oder Hemmung) der Genexpression zu erreichen. Dies erlaubt die Funktionsanalyse bestimmter Gene in Tieren und Pflanzen, wie sie bisher nur in wenigen Bakterien und einzelligen Eukaryonten möglich war. Die Methode wird auch die biotechnologische Anpassung von Zellen und ganzen Organismen, von Pflanzen und Tieren bis hin zur Gentherapie beim Menschen erheblich erleichtern. Das CRISPR/Cas9-System beruht ursprünglich auf einem bakteriellen Verteidigungsmechanismus, einem „Immunsystem", gegen die Infektion durch Viren oder Plasmid-DNA. 2020 erhielten die beiden Entdeckerinnen der Methode Jennifer Doudna und Emmanuelle Carpentier für ihre Arbeiten den Chemie-Nobelpreis.

20.4.4 Genetische Profile in der Gerichtsmedizin

Bei Gewaltverbrechen bleiben am Tatort oft Spuren von Körperflüssigkeiten oder Geweberesten zurück, die vom Opfer oder vom Täter stammen können. Umgekehrt können sich solche Spuren auch an den Kleidungsstücken der Beteiligten finden. Falls genügend Blut, Sperma oder Gewebereste vorhanden sind, können gerichtsmedizinische Laboratorien mit speziellen Antiseren beispielsweise eine Blutgruppenbestimmung oder eine Identifizierung bestimmter Oberflächenproteine auf Geweben vornehmen. Für diese Art von Analyse benötigt man jedoch relativ frisches Probenmaterial in größeren Mengen. Sowohl Blutgruppen als auch bestimmte Gewebeantigene sind aber vielen Menschen gemeinsam und reichen in der Regel nicht für eine eindeutige Zuordnung aus.

Im Gegensatz dazu wird beim *„genetischen Fingerabdruck"* die DNA zur eindeutigen Identifizierung herangezogen. Mit Ausnahme von eineiigen Zwillingen unterscheiden sich alle Menschen in ihrer DNA-Sequenz voneinander. So variieren verschiedene genetische Marker innerhalb einer Population und können bei Verdächtigen analysiert werden, um ein **genetisches Profil** zu erstellen (den „genetischen Fingerabdruck" zu nehmen). Dieses kann mit der sichergestellten Probe verglichen werden und wird als Hinweis dafür herangezogen, dass ein Verdächtiger am Tatort war. Gerichtsmediziner ziehen den Begriff des genetischen Profils dem des „genetischen Fingerabdrucks" vor. Dieses Nachweisverfahren ist inzwischen eine Standardmethode, für die viel kleinere Blut- oder Gewebemengen (nur ca. 1.000 Zellen) erforderlich sind als für die früher gebräuchlichen Verfahren.

Heute stehen der Gerichtsmedizin noch empfindlichere Methoden zur Verfügung. Dabei nutzt man Variationen in der Länge bestimmter genetischer Marker aus, der **kurzen Tandemwiederholungen** (**STR**; *short tandem repeats*). Bei diesen handelt es sich um kurze, nur zwei bis fünf Basenpaare umfassende Nucleotidfolgen an verschiedenen Stellen unseres Genoms. Die Anzahl der Wiederholungen in solchen STR-Bereichen unterliegt starken Schwankungen zwischen verschiedenen Personen (Polymorphie). So kann bei einem Menschen beispielsweise die Sequenz ACAT in dreißig Wiederholungen vorliegen, während eine andere Person am homologen Locus nur achtzehn Wiederholungen aufweist. Die DNA mit den verschiedenen STR-Sequenzen wird mithilfe der PCR amplifiziert, wobei für jeden Bereich mit unterschiedlichen Fluoreszenzfarbstoffen markierte Oligonucleotidpaare als Primer verwendet werden. Anschließend kann die Länge der jeweiligen PCR-Produkte und damit die Zahl der Sequenzwiederholungen anhand eines Längenstandards in einer Gelelektrophorese ermittelt werden. Da hierbei kein Southern-Blot durchgeführt werden muss, ist das Verfahren wesentlich schneller als die klassische Analyse. Darüber hinaus können mithilfe der PCR auch kleinste DNA-Mengen untersucht werden, die sich auch aus schlecht erhaltenen Proben amplifizieren lassen. Dafür reicht schon eine Gewebeprobe mit nur zwanzig Zellen aus.

MERKE!

Kurze Tandemwiederholungen (STR; short tandem repeats) sind kurze, nur zwei bis fünf Basenpaare umfassende Nucleotidfolgen an verschiedenen Stellen unseres Genoms.

Dabei werden normalerweise 13 verschiedene STR-Marker untersucht. Die Wahrscheinlichkeit, dass zwei Menschen bei der Untersuchung selbst dieser kleinen Auswahl von Markern das gleiche Profil aufweisen, ist äußerst gering. Nur eineiige Zwillinge unterscheiden sich hier nicht. Genauso lässt sich mit solchen Methoden auch die Unschuld von Personen beweisen. So führten in den USA bis zum Jahr 2006 die wieder aufgenommenen Strafverfahren von 18 unschuldig Verurteilten nach STR-Analysen archivierten Probenmaterials zu deren Freilassung (Abbildung 20.13).

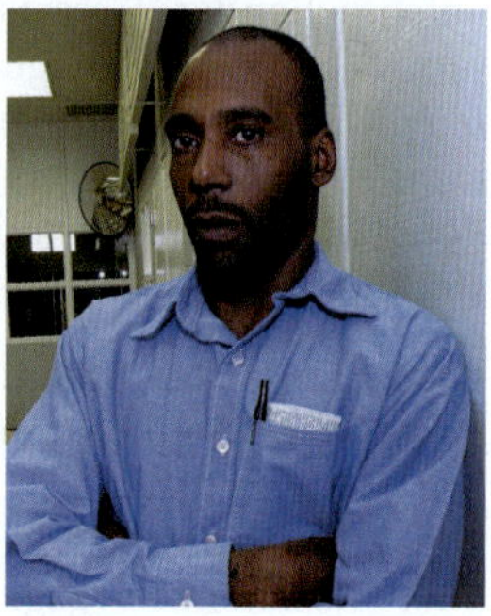

(a) Im Jahr 1984 wurde der US-Amerikaner Earl Washington wegen Vergewaltigung und Mordes an Rebecca Williams für schuldig befunden und zum Tode verurteilt. Sein Urteil wurde 1993 aufgrund neuer Zweifel an der Beweisführung in eine lebenslängliche Haft umgewandelt. Im Jahr 2000 konnten Gerichtsmediziner durch STR-Analysen schlüssig seine Unschuld beweisen. Dieses Foto zeigt Earl Washington kurz vor seiner Freilassung im Jahr 2001 – nach 17 Jahren im Gefängnis.

Quelle des Probenmaterials	STR-Marker Nr. 1	STR-Marker Nr. 2	STR-Marker Nr. 3
Sperma vom Körper des Opfers	17, 19	13, 16	12, 12
Earl Washington	16, 18	14, 15	11, 12
Kenneth Tinsley	17, 19	13, 16	12, 12

(b) Bei der STR-Analyse *(small tandem repeats)* werden ausgewählte STR-Marker einer DNA-Probe mithilfe der PCR amplifiziert und die erhaltenen Produkte gelelektrophoretisch aufgetrennt. Die Prozedur enthüllt, wie viele Wiederholungen an jedem STR-Locus im Probenmaterial vorhanden sind. Ein diploides Individuum (wie der Mensch) trägt für jeden STR-Locus zwei Allele, jeder davon mit einer bestimmten Zahl von Wiederholungen. Die Tabelle gibt die Anzahl der Wiederholungen für bestimmte STR-Marker in drei untersuchten Proben an. Das Probenmaterial entstammt Spermaresten, die am Opfer gefunden wurden, dem Verurteilten E. Washington sowie einem weiteren Mann namens K. Tinsley, der aufgrund einer Verurteilung in einem anderen Strafverfahren ebenfalls einsaß. Diese und weitere STR-Daten (hier nicht aufgeführt) führten dazu, dass Washington entlastet wurde und Tinsley den Mord schließlich gestand.

Abbildung 20.13: STR-Analysen zur Entlastung eines unschuldig Verurteilten.

Wie zuverlässig ist ein genetisches Profil? – Je größer die Zahl der genetischen Marker, die bei einer DNA-Probe analysiert werden, desto höher ist natürlich die Wahrscheinlichkeit, das Profil genau einer Person zuzuordnen. So liegt die Wahrscheinlichkeit für eine zufällige Übereinstimmung des genetischen Profils zweier Menschen bei einer STR-Analyse mit 13 Markern zwischen eins in zehn Milliarden und eins in mehreren Billionen. Diese Schwankungen sind in der unterschiedlichen Häufigkeit begründet, mit der die verschiedenen genetischen Marken und ihre Varianten in verschiedenen Bevölkerungsgruppen auftreten. Eine häufig auftretende Variante wird mit geringerer Sicherheit zuzuordnen sein als eine seltener auftretende Sequenz. Die zunehmende Zahl der verfügbaren Daten zu den Häufigkeitsverteilungen der verschiedenen Varianten erlauben immer genauere statistische Angaben über die Sicherheit der Identifizierung. Obwohl auch hier Probleme mit unzureichenden Daten Verunreinigungen, menschlichen Fehlern und schlechter Beweisführung auftreten können, sind genetische Profile heute von Juristen und Wissenschaftlern gleichermaßen als Beweismittel anerkannt.

20.4.5 Gentechnologie: Sicherheitsbedenken und ethische Fragen

Bei der Einführung gentechnischer Methoden wurde zunächst die Befürchtung geäußert, dass unabsichtlich gefährliche Krankheitserreger mit hohem pathogenem Potenzial entstehen könnten. Um solchen Bedenken Rechnung zu tragen, wurden schon frühzeitig von Wissenschaftlern Sicherheitsrichtlinien erarbeitet, die in vielen Ländern Eingang in die nationale Gesetzgebung fanden. Diese Vorsichtsmaßnahmen sollten beispielsweise eine Infektion des Forschers mit gentechnisch gezüchteten Mikroben abwehren und eine unabsichtliche Freisetzung in die Umwelt verhindern. Außerdem wurden genetisch modifizierte Laborstämme der Mikroorganismen verwendet, die in der freien Natur nicht überleben können. Schließlich wurden auch einige offenkundig gefährliche Experimente verboten. Da bisher keine solcher Gefährdungen aufgetreten sind, hat sich das öffentliche Interesse heute eher auf die Anwendung **rekombinanter Organismen** (transgene Organismen, gentechnisch veränderte Organismen (GVO), gentechnisch modifizierte Organismen (GM)) in Lebensmitteln verlagert. Im allgemeinen Sprachgebrauch sind bei einem rekombinanten Organismus eines oder mehrere Gene aus einer anderen Art eingebracht worden. Transgene Nutzpflanzen sind in den USA, in Brasilien und Argentinien bereits weit verbreitet. Zusammengenommen stellen diese Länder über 80 Prozent der Anbaufläche für derartige moderne Nutzpflanzensorten. In den USA werden bei Mais (*Zea mays*), Sojabohnen (*Glycine max*) und Raps (*Brassica napus*) bereits überwiegend transgene Pflanzen angebaut und Produkte, die aus diesen gewonnen werden, müssen bisher nicht gekennzeichnet werden. In Europa stoßen solche Lebensmittel noch auf erheblichen Widerstand und die „transgene Revolution" wird kontrovers diskutiert. Hier bestehen Befürchtungen bezüglich der ökologischen Auswirkungen beim Anbau transgener Pflanzen und der Lebensmittelsicherheit der aus ihnen gewonnenen Produkte („Genfood"). Eine gemeinsame Erklärung von 130 Ländern (die allerdings von den USA nicht unterzeichnet wurde) schreibt seit dem Jahr 2000 ein Biosicherheitsprotokoll vor, das eine Kennzeichnung von in Massenproduktion hergestellten und exportierten transgenen Organismen beinhaltet. Seit diese Regelung in Kraft ist, wurde in einigen europäischen Ländern gelegentlich die Annahme gentechnisch veränderter Nutzpflanzen aus den USA verweigert, mit entsprechenden Auswirkungen auf die Handelsbeziehungen. Obwohl transgene Nutzpflanzen auch in Europa gelegentlich angepflanzt wurden, können sie in der Regel aufgrund der Haltung der Konsumenten nicht vermarktet werden.

Eine Befürchtung ist auch, dass durch horizontalen Gentransfer bei Pflanzen die neuen Gene, beispielsweise für eine Herbizidresistenz, durch Pollen verbreitet und auf benachbarte Pflanzen anderer Arten übertragen werden könnten. Die Wildpflanzen könnten sich in einem solchen Szenario zu schwer zu bekämpfenden „Superunkräutern" entwickeln. Auf wissenschaftlichen Daten begründete Anhaltspunkte für ein derart erhöhtes Gefahrenpotenzial liegen bisher nicht vor. Es gilt auch, dies vor dem Hintergrund des ständigen horizontalen Gentransfers im Laufe der Evolutionsgeschichte zu sehen.

Ein Beispiel für eine Resistenz gegen Insektenfraß bietet der sogenannte Bt-Mais. Er exprimiert ein Gen des Bakteriums *Bacillus thuringiensis*, das für ein Toxin codiert, das giftig für die Raupen des Maiszünzlers (*Ostrinia nubilalis*, eine Schmetterlingsart) ist. Diese fressen von der Maispflanze und werden durch das Toxin abgetötet. Befürchtungen, dass von dem Toxin auch andere Insekten, wie etwa wilde Schmetterlinge, im Ökosystem beeinflusst werden, konnten in Felduntersuchungen nicht bestätigt werden. Schließlich bestehen in der Bevölkerung Bedenken, dass neu gebildete Proteine in einem Nahrungsmittel ein erhöhtes Allergierisiko darstellen könnten. Hierzu ist anzumerken, dass die durch gentechnische Verfahren erzeugten Proteine bekannt und die erzeugten Nahrungsmittel auf ihre allergene Wirkung untersucht sind.

Aufgrund dieser Bedenken und um Rechtssicherheit zu schaffen, sind Regierungen und Aufsichtsbehörden weltweit bemüht, den enormen Nutzen bio- und gentechnologischer Verfahrensweisen in Landwirtschaft und Medizin gegen mögliche

Gefahren abzuwägen und gesetzlich zu regeln. In Deutschland sind Behörden wie das Robert-Koch-Institut, das Umweltbundesamt, das Bundessortenamt und das Bundesministerium für Landwirtschaft und Verbraucherschutz an der Begutachtung und Zulassung solcher Erzeugnisse und Verfahren beteiligt.

Ein weiterer Aspekt sind die in diesem Kapitel dargestellten Fortschritte in den DNA-Sequenziermethoden, die eine vollständige Sequenzierung des menschlichen Genoms und der Genome vieler anderer Lebensformen ermöglichten. Neben grundsätzlichen Untersuchungen zur Evolution von Genen und Genomen – also welches Gen hat sich wie entwickelt (siehe hierzu auch Kapitel 21) – treten zunehmend auch ethische Fragen in den Vordergrund. Die Möglichkeit, das Genom einzelner Personen schnell und kostengünstig zu sequenzieren, führt zu der Frage, wer die Rechte an dieser Erbinformation hat und wer diese Informationen verwenden darf. – Dürfen die Genomsequenz und die daraus abgeleiteten Daten beispielsweise ein Faktor für eine berufliche Anstellung oder den Abschluss einer Versicherung sein? – Hierzu trat in Deutschland am 1. Februar 2010 das Gendiagnostik-Gesetz in Kraft, das den Umgang mit solchen Daten regelt.

VERSTÄNDNISFRAGEN

1. Worin läge der Vorteil der Verwendung von Stammzellen für eine Gentherapie?

2. WAS WÄRE, WENN? Bei einem Patienten besteht der Verdacht auf eine Infektion mit dem Hepatitis A-Virus. Die Symptome kommen und gehen, ohne dass Virusproteine im Blut des Patienten nachzuweisen sind. Sie wissen, dass Hepatitis A durch ein RNA-Virus hervorgerufen wird. Mit welchen Methoden würden Sie versuchen, den Verdacht auf eine Hepatitis A-Infektion zu bestätigen oder zu widerlegen? – Interpretieren Sie mögliche Testergebnisse.

ZUSAMMENFASSUNG

DNA-Sequenzierung und Klonierung sind wichtige Werkzeuge der Gentechnik und der biologischen Forschung

DNA-Klonierung und ihre Anwendungen. Durch die **Klonierung von Genen** und andere Methoden, die zusammenfassend als Gentechnik bezeichnet werden, kann DNA analysiert und gezielt mit hoher Genauigkeit verändert werden, um neue Produkte und Organismen mit neuen Eigenschaften zu erzeugen.

Der Einsatz von Restriktionsendonucleasen zur Herstellung rekombinanter DNA. Die **Gentechnik** nutzt **bakterielle Restriktionsenzyme**, um DNA-Moleküle an kurzen, spezifischen Sequenzen (**Restriktionserkennungsstellen**) zu schneiden, und erzeugt so doppelsträngige **Restriktionsfragmente** mit kurzen, einzelsträngigen Überhängen, den **kohäsiven Enden**. Die kohäsiven Enden des **Restriktionsfragments** einer DNA können Basenpaarungen mit den komplementären kohäsiven Enden eines anderen DNA-Moleküls eingehen. Die so gepaarten DNA-Fragmente können mithilfe der **DNA-Ligase** kovalent miteinander verknüpft werden und ergeben **rekombinante DNA**-Moleküle. Verschiedene Restriktionsfragmente eines DNA-Moleküls können durch **Gelelektrophorese** voneinander getrennt werden.

Die Klonierung eines eukaryontischen Gens in einem bakteriellen Plasmid. Rekombinante Plasmide werden wieder in die bakterielle Wirtszelle eingebracht, die sich teilt und so einen Klon bildet. Die Expression klonierter Eukaryonten-Gene in Bakterien kann durch verschiedene technische Schwierigkeiten misslingen. In diesem Fall kommen eukaryontische Zellen oder Zellkulturen und entsprechende **Expressionsvektoren** zum Einsatz.

Die Polymerasekettenreaktion (PCR) und ihre Verwendung bei der DNA-Klonierung. Durch die **Polymerase-Kettenreaktion (PCR)** werden *in vitro* viele Kopien einer bestimmten Zielsequenz in der DNA erzeugt (amplifiziert). Dafür eingesetzte Primer (Oligonucleotide mit komplementären Basen zur Zielsequenz) definieren die Enden der Zielsequenz und damit die Länge des Produkts. Bei der PCR werden hitzestabile DNA-Polymerasen verwendet.

Die Verwendung der Gentechnik zur Untersuchung der Expression und Funktion von Genen

Gelelektrophorese und Southern-Blotting. Eine Standardmethode zur Untersuchung von DNA-Molekülen ist die Gelelektrophorese, mit ihr können Makromoleküle wie Nucleinsäuren oder Proteine, die sich in ihrer Größe, der elektrischen Ladung oder einer anderen physikalischen Eigenschaft unterscheiden, voneinander getrennt werden.

Beim Southern-Blotting (auch DNA-DNA-Hybridisierung genannt) wird eine markierte einzelsträngige und zur Zielsequenz komplementäre DNA-Sonde verwendet, um diese Zielsequenz in einer Proben-DNA nachzuweisen.

Genexpressionsanalyse. Beim Northern-Blotting (eine RNA/DNA-Hybridisierungstechnik) wird die gesamte mRNA einer Probe isoliert und mit einer markierten DNA-Sonde versetzt, die zur gesuchten mRNA komplementäre Sequenzen enthält und dadurch den Nachweis der Expression des entsprechenden Gens erlaubt.

DNA-Sequenzierung. Die **DNA-Sequenzierung** kann mithilfe der Didesoxy-Kettenabbruch-Methode vollautomatisiert durchgeführt werden. **Sequenziermethoden der nächsten Generation** haben einen hohen Durchsatz, nutzen zunächst die Synthese von DNA-Fragmenten anhand einer einzelsträngigen Matrize und bestimmen dann die Anheftung einzelner Nucleotide während der Synthese in Verbindung mit Computer-gestützten Auswertungen, um die Sequenz zu ermitteln.

Das Klonen von Organismen dient der Bereitstellung von Stammzellen für die Forschung und andere Anwendungen

Die Frage, ob alle Zellen eines Lebewesens das gleiche Genom tragen, führte letztlich zum Klonen von Organismen.

Einzelne differenzierte Zellen voll entwickelter Pflanzen sind oft zur Bildung vollständiger neuer Pflanzen befähigt (**totipotente Zellen**). Die Transplantation des Zellkerns aus der differenzierten Zelle eines Tieres in die entkernte Eizelle eines anderen führt gelegentlich zur Entwicklung eines vollständigen neuen Tieres (Klon).

Tierische Stammzellen. Bestimmte **embryonale** Stammzellen (ES-Zellen) aus tierischen Embryonen, oder auch aus bestimmten differenzierten Geweben des erwachsenen Tieres gewonnene Stammzellen, können sich teilen und im Labor zu verschiedenen anderen differenzierten Zelltypen entwickeln. Beim Menschen birgt dies die Möglichkeit der medizinischen Anwendung. ES-Zellen sind **pluripotent**, aber sowohl technisch als auch ethisch schwer zu erhalten.

Induzierte pluripotente Stammzellen (iPS). Diese Zellen, die durch Umprogrammierung differenzierter Körperzellen erhalten werden können, ähneln ES-Zellen in ihrem Entwicklungspotenzial. Bei einigen differenzierten Zellen ist auch schon die direkte Umwandlung in andere Zelltypen gelungen. Diese und iPS-Zellen versprechen wichtige Anwendungen in der Medizin, vor allem in der Regenerationsmedizin.

Die Gentechnik beeinflusst unser Leben

Medizinische Anwendungen. Die Gentechnologie, einschließlich der Untersuchung von Einzelnucleotid-Polymorphismen (SNP) als Marker für defekte Allele, wird in zunehmendem Maß in der Diagnose von Krankheiten und Erbkrankheiten eingesetzt, mit dem Potenzial, diese zu behandeln (z.B. bei verschiedenen Krebsarten) oder sogar vollständig zu heilen (**Gentherapie** bei monogenetischen Erbkrankheiten und Krebs). Die Gentechnologie wird auch für die Großproduktion von Peptidhormonen und anderen pharmazeutisch wichtigen Proteinen in Zellkulturen genutzt. Einige dieser Proteine können auch von ganzen, transgenen Tieren produziert werden.

Umweltsanierung. Mikroorganismen und ihre gentechnisch veränderten Klone können zur Erzlaugung herangezogen werden oder zur Entsorgung giftiger Abfälle (Kläranlagen, Abwasseraufbereitung etc.).

Landwirtschaftliche Anwendungen. Transgene Pflanzen oder Tiere werden entwickelt, um die landwirtschaftliche Produktivität und/oder die Nahrungsmittelqualität zu steigern.

Genetische Profile in der Gerichtsmedizin. Ein **genetisches Profil (genetischer Fingerabdruck)** kann durch die Untersuchung genetischer Marker in DNA-Proben erstellt werden, die aus Gewebe oder Körperflüssigkeiten gewonnen wurden. Solche Marker, die auch aus Proben eines Tatorts abgeleitet werden können, sind beispielsweise die kurzen Sequenzwiederholungen („short tandem repeats", **STR**). Solche Analysen dienen in Gerichtsverfahren oft als starke Hinweise auf die Schuld oder Unschuld eines Angeklagten. Darüber hinaus werden sie für Vaterschaftsanalysen und zur zweifelsfreien Identifizierung von Leichen eingesetzt.

Gentechnologie: Sicherheitsbedenken und ethische Fragen. Der potenzielle Nutzen gentechnischer Veränderungen wird in der öffentlichen Diskussion und in der Gesetzgebung vieler Länder gegen die möglichen Gefahren der Erzeugung von Produkten abgewogen, die schädlich für den Menschen und/oder die Umwelt sein könnten.

Genome und ihre Evolution

21

21.1 Die Sequenzierung des menschlichen Genoms (Humangenom-Projekt) führte zu schnelleren und preiswerteren Sequenzierverfahren

Die Sequenzierung des menschlichen Genoms begann im Jahr 1990 – ein zu dem damaligen Zeitpunkt sehr ambitioniertes Unterfangen. Das **Humangenomprojekt** wurde von einem internationalen Konsortium von Wissenschaftlern an Universitäten und anderen Forschungseinrichtungen organisiert und durchgeführt. Im Wesentlichen waren zwanzig große Sequenzierzentren in sechs Ländern sowie viele andere Laboratorien, die an kleineren Teil- oder Nebenprojekten arbeiteten, an dem Projekt beteiligt.

21.1.1 Der Dreistufenansatz der Genomsequenzierung

Noch vor Beginn des Humangenomprojekts gab es bereits grobe Karten der Genome vieler Organismen. So konnten durch die Karyotypisierung vieler Arten die Anzahl und das Bandenmuster ihrer Chromosomen bestimmt werden (siehe Abbildung 13.2). Eine Reihe von Genen war auch schon durch Methoden wie FISH (Fluoreszenz-*In-Situ*-Hybridisierung) bestimmten Bereichen einzelner Chromosomen zugeordnet worden (siehe Abbildung 15.1). Mit diesen Informationen wurden cytogenetische Chromosomenkarten erstellt, die als Ausgangspunkte für detailliertere Kartierungen dienten.

Nachdem die cytogenetischen Chromosomenkarten vorlagen, wurde als nächster Schritt des Sequenzierprojekts zunächst eine **Kopplungskarte** des menschlichen Genoms erstellt (siehe gegebenenfalls Kapitel 15). Diese umfasste mehrere tausend genetische Marker, die auf allen Chromosomen, also dem gesamten Genom, verteilt liegen (Abbildung 21.1, Schritt ❶). Die Abfolge der Marker und die relativen Abstände zwischen ihnen wurden anhand der ermittelten Rekombinationshäufigkeiten festgelegt. Bei den Markern handelt es sich um Gene oder andere definierte Sequenzen in der DNA, wie RFLPs oder STRs (siehe Kapitel 20). Bis zum Jahr 1992 lag eine Kopplungskarte des menschlichen Erbgutes mit etwa 5.000 Markerpositionen vor. Anhand dieser Karte konnten dann durch genetische Kopplungsanalysen weitere Marker, darunter auch Gene, lokalisiert werden. Sie diente außerdem als Grundgerüst für detailliertere Kartierungen spezieller Bereiche.

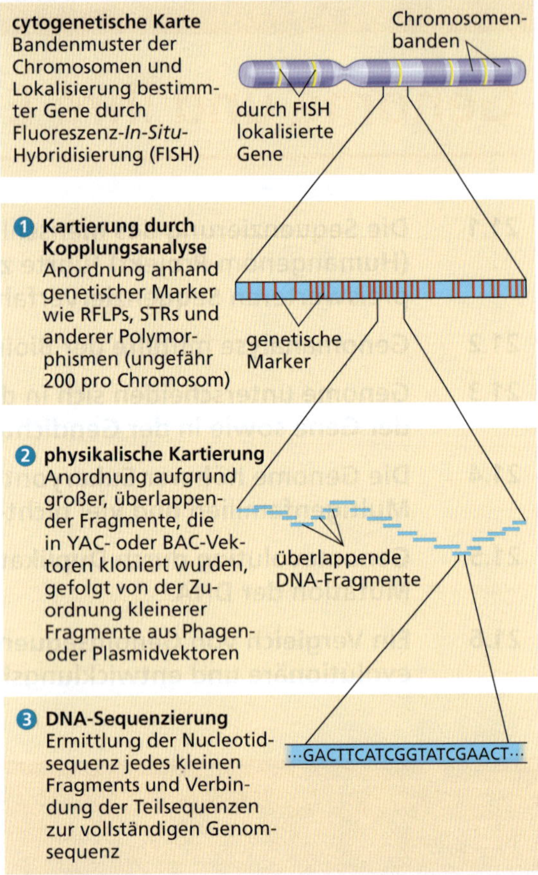

Abbildung 21.1: Der Dreistufenansatz zur Sequenzierung ganzer Genome. Ausgehend von einer zytogenetischen Karte aller Chromosomen durchlief das Humangenomprojekt drei Stufen, um letztendlich die vollständige Nucleotidsequenz aller Chromosomen zu ermitteln.

Der nächste Schritt war eine **physikalische Kartierung** des menschlichen Genoms. Dabei werden die Abstände zwischen Markerpositionen in physikalischen Einheiten, in der Regel durch die Anzahl der Basenpaare, angegeben. Für die Kartierung eines ganzen Genoms wird die DNA der einzelnen Chromosomen in eine Vielzahl von Restriktionsfragmenten zerlegt und dann deren Anordnung im Chromosom rekonstruiert. Dabei werden mithilfe verschiedener Restriktionsenzyme überlappende DNA-Fragmente erzeugt, die dann durch Hybridisierung mit Sondenmolekülen oder durch das Sequenzieren der Enden der Fragmente die Überlappungsbereiche ermitteln (Abbildung 21.1, Schritt ❷). Auf diese Weise lässt sich die Abfolge der Fragmente im ursprünglichen Chromosom nachbilden.

Ein Teil der erzeugten DNA-Fragmente wurde für die Klonierung spezifischer DNA-Abschnitte eingesetzt. Beim Arbeiten mit großen Genomen fallen mehrere Runden des Zerschneidens, der

Klonierung und der physikalischen Kartierung der DNA an. Der erste zum Einsatz kommende Klonierungsvektor ist oft ein künstliches Hefechromosom (YAC, *yeast artificial chromosome*), das Insertionen von bis zu einer Million Basenpaaren aufnehmen kann. Eine Alternative sind künstliche Bakterienchromosomen (BAC, bacterial artificial chromosome), die zwischen hundert- und dreihunderttausend Basenpaare aufnehmen können. Nachdem diese langen Fragmente in die richtige Abfolge gebracht worden sind, wird jedes klonierte Fragment in eine Anzahl kleinerer Stücke zerlegt. Diese werden in Phagen oder Plasmide eingebaut und diese rekombinanten Vektoren werden ihrerseits vermehrt. Die erhaltenen Klone werden schließlich sequenziert, da sie eine dafür geeignete Länge aufweisen.

Das Ziel einer Genomkartierung besteht letztlich in der Ermittlung der vollständigen Nucleotidsequenz aller Chromosomen, die das Genom ausmachen (Abbildung 21.1, Schritt ❸).

21.1.2 Die Schrotschussmethode zur Genomsequenzierung

Im Jahr 1992 entwickelte der Biologe Craig Venter – angeregt durch Fortschritte in der Sequenzier- und Computertechnik – einen alternativen Ansatz zur Sequenzierung ganzer Genome weiter, der bereits 1981 als „Schrotschussansatz" („shotgun approach") bezeichnet wurde. Dabei verzichtet man auf die vorgeschalteten Kartierungsschritte und beginnt unmittelbar mit der Sequenzierung von zufällig erzeugten DNA-Fragmenten. Bei dieser Vorgehensweise ist man auf leistungsfähige Computer angewiesen, welche die sich hierbei ergebenden, sehr großen Mengen sich überlappender kurzer Sequenzen vergleichen und zu einer fortlaufenden Sequenz zusammensetzen (Abbildung 21.2).

Trotz der Skepsis vieler Wissenschaftler wurde der Wert dieses Ansatzes im Jahr 1995 deutlich, als Venter und seine Kollegen die erste vollständige Genomsequenz eines Lebewesens, des Bakteriums *Haemophilus influenzae*, veröffentlichten. Drei Jahre später gründete Venter eine eigene Firma und erklärte, im Alleingang das komplette menschliche Genom kommerziell zu sequenzieren. In den folgenden Jahren erkannten sowohl Venter als auch die staatlichen Sequenzierprogramme, dass eine Kooperation zwischen den beiden Projekten sehr viel sinnvoller wäre. Es wurde daher vereinbart, die Sequenziertätigkeiten aufzuteilen, sodass auf diese Weise die komplette Sequenz des menschlichen Genoms rund zwei Jahre vor dem ursprünglich geplanten Ende des Projekts der Öffentlichkeit 2001 präsentiert werden konnte.

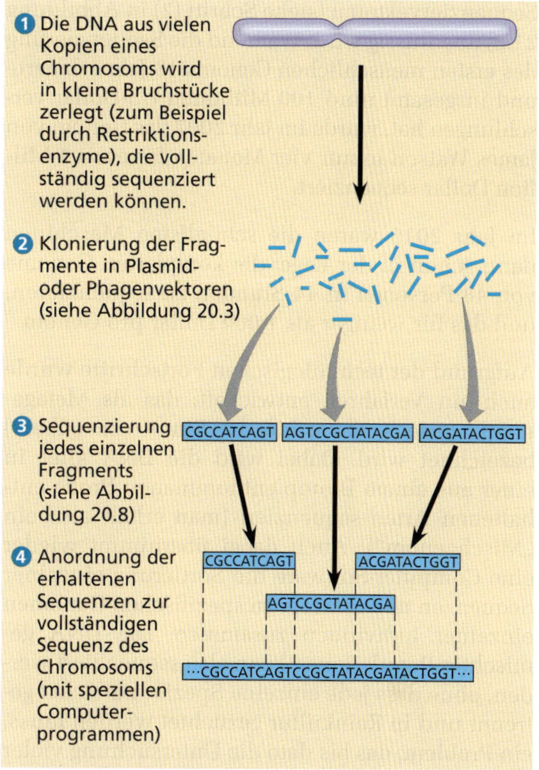

Abbildung 21.2: Schrotschussstrategie zur Sequenzierung ganzer Genome. Bei dieser Vorgehensweise, die von Forschern um den Unternehmensgründer Craig Venter entwickelt wurde, werden Zufallsfragmente der genomischen DNA sequenziert und dann durch spezielle Computerprogramme in der richtigen Reihenfolge zusammengesetzt. Vergleichen Sie diesen Ansatz mit der hierarchischen Dreischrittmethodik von Abbildung 21.1.

? Die Fragmente von Schritt ❶ in dieser Abbildung sind verstreut liegend dargestellt, während die von Schritt ❷ der Abbildung 21.1 in einer viel geordneteren Art und Weise dargestellt sind. Was sagt dies über die beiden methodischen Strategien aus?

Heutzutage ist der beschriebene „Schrotschussansatz" weit verbreitet, obwohl einige schwer zu sequenzierende Bereiche des Genoms, beispielsweise solche mit hochrepetitiven Sequenzen, mit anderen Methoden vervollständigt werden müssen. Zusätzlich wurden neue, auf der DNA-Synthese beruhende, Sequenziermethoden entwickelt, mit deren Hilfe die Geschwindigkeit der Genomsequenzierung nochmals erhöht und gleichzeitig die damit verbundenen Kosten drastisch gesenkt werden konnten. Bei diesen neuen Methoden werden sehr viele kleine DNA-Fragmente direkt sequenziert (von denen jedes nur 400–1.000 Basenpaare lang ist), wodurch ihre vorherige Klonierung in

Sequenziervektoren (siehe Schritt (2) in Abbildung 21.2) überflüssig wird. Während die Sequenzierung des ersten menschlichen Genoms 13 Jahre dauerte und insgesamt rund 100 Millionen US-Dollar verschlungen hat, wurde im Jahr 2007 das Genom von James Watson in nur vier Monaten für etwa 1 Million Dollar sequenziert.

Im Jahr 2019 waren die schnellsten Maschinen dann schon in der Lage, die kompletten Genome von 48 Personen in 44 Stunden zu sequenzieren, und das für weniger als 1.000 Dollar pro Genom.

Aufgrund der technologischen Fortschritte wurde auch ein Verfahren entwickelt, das als Metagenomik (griech. meta, hier im Sinne von „über") bezeichnet wird. Dabei wird die DNA aller in einer aus einem Biotop entnommenen Probe enthaltenen Arten sequenziert (man erhält also ein „Mischgenom"). Auch dabei übernimmt wieder eine Computer-Software die Sortierung einzelner Sequenzen und setzt sie zu spezifischen Genomen einzelner Individuen zusammen. Die DNA gemischter Populationen kann also sequenziert werden, ohne dass jede einzelne Spezies zunächst getrennt und in Reinkultur gezüchtet werden muss, ein Problem, das bis dato die Untersuchung vieler mikrobiologischer Arten stark einschränkte. Mittlerweile wurde dieses Verfahren für die Untersuchung vieler Lebensgemeinschaften eingesetzt, vom menschlichen Verdauungstrakt bis hin zu heißen Quellen mit Temperaturen über 80 °C.

Auf den ersten Blick bestehen die Genomsequenzen des Menschen und anderer Organismen lediglich aus der stupiden Aneinanderreihung von Nucleotidbasen – Millionen von A, T, C und G. Um in diesen riesigen Datenmengen einen Sinn zu erkennen, wurden neue analytische Ansätze entwickelt, auf die wir im Folgenden näher eingehen wollen.

VERSTÄNDNISFRAGEN

1. Was ist der wesentliche Unterschied zwischen einer Kopplungskarte und einer physikalischen Karte eines Chromosoms?

2. Wie unterscheidet sich, allgemein gesprochen, der beim Humangenomprojekt verwendete Ansatz zur Genomkartierung von der Schrotschussstrategie zur Genomsequenzierung?

3. WAS WÄRE, WENN? Warum würden Sie die Schrotschusstechnik vorziehen, wenn Sie die Aufgabe hätten, das Genom einer Mäuseart zu sequenzieren, die eng mit der Labormaus verwandt ist, deren Genomsequenz Sie bereits kennen?

21.2 Genomanalyse mithilfe der Bioinformatik

Jedes der beinahe zwei Dutzend am Humangenomprojekt beteiligten Sequenzierzentren produzierte täglich umfangreiche Mengen an DNA-Sequenzen. Noch bevor sich diese Daten anzustauen begannen, war klar, dass koordinierte Anstrengungen zur Verwaltung dieser Datenflut notwendig sind. Deshalb wurde schon zu Beginn des Humangenomprojekts damit begonnen, Datenbanken zu erstellen und die zur Analyse notwendigen Computerprogramme weiterzuentwickeln. Die Datenbanken mit den begleitenden Computerprogrammen wurden nach und nach zentralisiert und den Forschern weltweit über das Internet zugänglich gemacht. Damit wurde der Fortschritt in der DNA-Sequenzanalyse vorangetrieben und die Verbreitung der Informationen beschleunigt.

21.2.1 Zentralisierte Ressourcen zur Analyse von Genomsequenzen

Datenbanken wurden mithilfe staatlich geförderter Einrichtungen errichtet und mit Computerprogrammen ausgestattet, die es den Wissenschaftlern erlauben, die enormen Mengen an Sequenzdaten zu analysieren. In den USA wurde hierzu in einer Zusammenarbeit der Nationalen Medizinbibliothek, der nationalen Gesundheitsbehörde (NIH) und dem nationalen Zentrum für biotechnologische Information (NCBI) eine gemeinsam verwaltete Internetseite erstellt (www.ncbi.nlm.nih.gov), die ausgedehnte bioinformatische Quellen enthält. Zahlreiche andere Datenbanken weltweit pflegen ebenfalls Genomsequenzen oder haben sich auf bestimmte Zellen oder Organismen spezialisiert.

Die Sequenzdatenbank der US-amerikanischen NCBI heißt „*Genbank*". Ihr Datenbestand belief sich bis zum Juli 2013 auf rund 165 Milliarden Basen(paare), die aus 165 Millionen Fragmenten genomischer DNA stammen. Die Datenmenge erhöht sich stetig durch Neueinträge und wird, ebenso wie die anderen genannten Datenbanken für molekularbiologische Informationen, fortwährend gewartet. Gegenwärtig verdoppelt sich die Datenmenge etwa alle 18 Monate. Alle in der Datenbank niedergelegten Sequenzen können aufgerufen und mit der vom NCBI oder anderen Quellen zur Verfügung gestellten Software analysiert werden.

Ein häufig genutztes Programm zur Analyse von DNA-Sequenzen ist das sogenannte BLAST („*Basic Local Alignment Search Tool*"). Es erlaubt den raschen Vergleich einer Sequenz mit denen

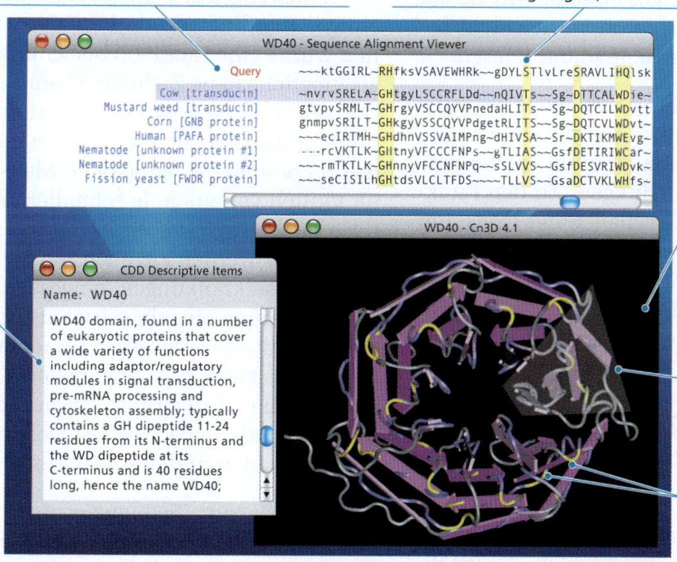

Abbildung 21.3: Im Internet zur Verfügung stehende Hilfsmittel der Bioinformatik. Als Beispiel dient die öffentlich zugängliche Internetseite des US-amerikanischen NCBI. Aus ihr können DNA- und Proteinsequenzen sowie andere gespeicherte Daten abgerufen werden. Auf der Seite findet sich eine Verknüpfung zu einer Datenbank für Proteinstrukturen („Conserved Domain Database", CDD), in der nach Beschreibungen ähnlicher Proteindomänen gesucht werden kann. Ein ebenfalls enthaltenes Programm (Cn3D) erzeugt dreidimensionale Modelle entsprechender Domänen. Beispielhaft sind hier die Suchergebnisse dargestellt, die sich bei einer Aminosäuresequenz aus einem Protein der Honigmelone (Cucumis melo) ergaben. Die WD40-Domäne ist eines der am häufigsten vorkommenden Motive in eukaryontischen Proteinen und ist oft an Proteinwechselwirkungen in intrazellulären Signalketten beteiligt.

der gesamten Datenbank. Ganz ähnliche Programme existieren für den Vergleich von Proteinsequenzen (BLASTP). Andere Programme erlauben Vorhersagen über bestimmte Proteindomänen, die für die dreidimensionale Faltung oder für bestimmte Funktionen von Bedeutung sind, und können mutmaßliche Stellen für Modifikationen (potenzielle Phosphorylierungsstellen, Glykosylierungsstellen usw.) identifizieren.

> **MERKE!**
>
> **Ein häufig genutztes Programm zur Analyse von DNA-Sequenzen ist das sogenannte BLAST („Basic Local Alignment Search Tool").**

Die NCBI-Internetseite enthält auch eine Datenbank bisher bekannter dreidimensionaler Proteinstrukturen (Abbildung 21.3). Diese Strukturmodelle lassen sich auf dem Bildschirm beliebig drehen, sodass unterschiedliche Ansichten des Moleküls möglich sind. Aus dieser Information ergeben sich Hinweise auf die Funktion des unbekannten Proteins.

21.2.2 Das Aufspüren proteincodierender Gene in DNA-Sequenzen

In der klassischen Genetik werden Mutanten genutzt, um aus einem Phänotyp Rückschlüsse auf den Genotyp zu ziehen. Mit der Verfügbarkeit von DNA-Sequenzen können Gene heute dagegen direkt untersucht und verändert werden. Damit stellt sich allerdings das Problem, dass für einen bestimmten Genotyp nun ein Phänotyp gefunden werden muss. Dieser neuartige Ansatz wird vielfach als *reverse Genetik* bezeichnet. Wie lassen sich in den DNA-Sequenzen der oben beschriebenen Datenbanken also noch unbekannte, für Proteine codierende Gene finden und deren mögliche Funktionen ableiten?

Dazu werden normalerweise zunächst durch ein Computerprogramm die bekannten Codons für den Translationsstart und den Translationsstop ermittelt. Darüber hinaus kann auch nach den Signalen für den Beginn und die Termination der Transkription und nach Stellen für das RNA-Splicing gesucht werden, sofern im ersten Schritt hinreichend lange offene Leseraster (ORF; *open reading frames*) entdeckt wurden. Solche Programme können auch andere, in mRNAs häufig auftretende Sequenzmotive finden. Tausende solcher Sequenzen aus der cDNA sogenannter exprimierter Sequenzanhänge (ESTs; *expressed sequence tags*) sind in den Datenbanken gesammelt. Mit dieser Form der Analyse lassen sich oft vorher nicht bekannte, proteincodierende Gene identifizieren.

In jedem Fall muss die Funktion eines Proteins schließlich durch Experimente ermittelt werden. Dies geschieht mit einer Kombination aus biochemischen Funktionsuntersuchungen. Zu den Funktionsstudien gehört das Ausschalten des Gens, um die phänotypischen Auswirkungen des Gendefekts zu beobachten. Die in Kapitel 20 beschriebene RNA-Interferenz bietet hier neue Möglichkeiten, die Funktion eines Gens zu untersuchen.

21.2.3 Untersuchungen von Genen und ihren Produkten in komplexen Systemen

Durch die erheblichen Rechenleistungen moderner Computer ist es heutzutage möglich, die Wechselwirkungen zwischen ganzen Sätzen von Genen zu analysieren und die Genome verschiedener Arten zu vergleichen. Die Genomik hat damit wesentliche Einsichten in den Aufbau von Genomen und die Regulation der Genexpression erlaubt und sie hat Fortschritte in der Entwicklungs- und der Evolutionsbiologie gebracht.

Der Erfolg bei der Genomsequenzierung und bei der Untersuchung ganzer Gensätze hat Molekularbiologen dazu veranlasst, ähnliche systematische Studien über die Proteinausstattung (das Proteom) von Lebewesen durchzuführen. In Analogie zur Genomik spricht man dabei von **Proteomik**. Es sind ja die Proteine und nicht die codierenden Gene, die die Funktionen in der Zelle wahrnehmen. Daher ist es wichtig zu wissen, wann und wo in einem Organismus Proteine hergestellt werden und wie sie miteinander wechselwirken, um letztlich die Funktion einzelner Zellen und ganzer Lebewesen zu verstehen.

Systembiologische Ansätze in der Medizin Ein weiteres Beispiel für einen systembiologischen Ansatz ist der Atlas des Krebsgenoms (CGA, engl. *Cancer Genome Atlas*), bei dem eine große Gruppe wechselwirkender Gene und Genprodukte analysiert wurde. Dieses Projekt soll zu einem besseren Verständnis davon führen, wie Änderungen in biologischen Systemen schließlich Krebs entstehen lassen. In einem 2010 ausgelaufenen dreijährigen Pilotprojekt wurde versucht, alle Mutationen in drei verbreiteten Krebsarten zu analysieren (Lungenkrebs, Gebärmutterhalskrebs und Glioblastom, eine Form von Hirntumoren). Dazu wurden Gensequenzen und Genexpressionsmuster von Krebszellen mit denen normaler Zellen verglichen. Bei der Untersuchung des Glioblastoms konnte die Rolle einiger Kandidatengene bestätigt werden. Zusätzlich wurde eine Handvoll bisher unbekannter Gene als mögliche neue Ziele für Therapien identifiziert. Die gewählte Strategie war so erfolgreich, dass sie nun auf zehn weitere Krebsarten ausgedehnt wurde, die besonders häufig beim Menschen sind und oft tödlich verlaufen. Je schneller und kostengünstiger solche Hochdurchsatzverfahren werden, desto häufiger werden sie auch für die Untersuchung von Krebserkrankungen eingesetzt. Anstelle der Sequenzierung einzelner proteincodierender Gene werden mittlerweile ganze Genome verschiedenster Tumore eines Typs sequenziert. Dies ermöglicht sowohl die Aufklärung chromosomaler Abnormalitäten, als auch die Entdeckung anderer Gemeinsamkeiten in diesen entarteten Genomen.

Zusätzlich zur Sequenzierung ganzer Genome wurden bereits Träger aus Silizium und aus Glas entwickelt, auf denen die meisten der bekannten menschlichen Gene in mikroskopisch kleinen Punkten geordnet aufgebracht sind (Abbildung 21.4). Mit derartigen „Chips“ wird beispielsweise die globale Genexpression bei Krebs-

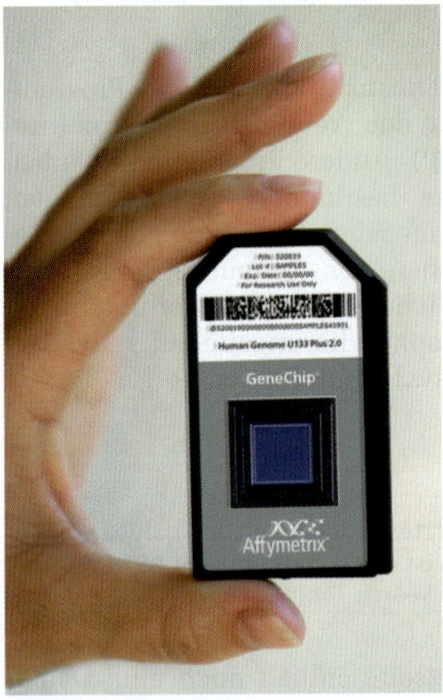

Abbildung 21.4: **Microarray-Chip für menschliche Gene.** Winzige Punkte aufgetropfter und an den Träger gebundener DNA, die in einem geordneten, zweidimensionalen Gitter auf einer dünnen Siliziumscheibe fixiert sind, repräsentieren die Gene des Humangenoms. Mithilfe eines solchen Chips kann die Expression aller hier vertretenen Gene gleichzeitig untersucht werden. Dies minimiert den erforderlichen Aufwand an Zeit und Reagenzien und stellt gleiche Reaktionsbedingungen für alle untersuchten Gene sicher.

patienten oder solchen mit anderen Krankheiten untersucht. Damit sollte es letztendlich bald möglich sein, „maßgeschneiderte“ Behandlungen zu entwickeln, die an die individuelle genetische Konstitution und das genaue Krankheitsbild eines Patienten angepasst sind. Bisher waren allerdings nur bescheidene Erfolge in der Unterscheidung verschiedener Krebsarten zu vermelden.

In Zukunft könnte für jeden Menschen ein digitales Krankenblatt mit einem Verzeichnis seiner persönlichen DNA-Sequenzen erstellt werden, aus dem genetische Veranlagungen ersichtlich sind. Damit könnte krankhaften Entwicklungen vorgebeugt und bestimmte Krankheiten könnten gezielter behandelt werden.

VERSTÄNDNISFRAGEN

1. Welche Rolle spielt das Internet in der heutigen Genomik- und Proteomikforschung?

2. Erläutern Sie die Vorzüge des systembiologischen Ansatzes bei der Untersuchung von Krebs im Vergleich zu einem Ansatz, bei dem jeweils einzelne Gene untersucht werden? Nennen Sie gegebenenfalls auch Nachteile.

3. WAS WÄRE, WENN? Nehmen wir an, Sie hätten die klassisch-genetische Vorgehensweise eingesetzt, um ein Erbmerkmal bei *Drosophila* zu untersuchen. Das heißt, Sie haben Fliegen mutagenisiert und solche mit einem für Sie interessanten Phänotyp isoliert. Wenn Sie nun auch noch den mutierten DNA-Bereich identifizieren und isolieren könnten, wie würden Sie diesen weiter analysieren, um seine Funktion für das Sie interessierende Merkmal zu bestimmen?

21.3 Genome unterscheiden sich in der Größe und der Zahl der Gene sowie in der Gendichte

Bis zum Jahr 2020 waren die Genomsequenzierungen von über 50.000 verschiedenen Organismen abgeschlossen und Zehntausende weitere Genomprojekte sind in Arbeit. Auch etwa 3.400 Metagenomprojekte werden zurzeit durchgeführt. Zu den vollständig sequenzierten Genomen gehörten etwa 5.000 Genome von Bakterien sowie 250 Archaea-Genome. Bei den Eukaryonten sind 283 Genome vollständig sequenziert und weitere 2.635 weitgehend, darunter solche von Wirbeltieren, Wirbellosen, Protisten, Pilzen und Pflanzen. Die gesammelten Genomsequenzen enthalten eine Fülle an Informationen, mit deren Nutzung wir gerade erst beginnen. Was konnten wir bislang aus dem Vergleich dieser sequenzierten Genome lernen? – Im Folgenden werden wir Merkmale von Genomen wie ihre Größe, die Zahl der Gene sowie die Gendichte behandeln. Da dies sehr allgemeine Merkmale sind, wollen wir nur auf einige Regeln eingehen, zu denen es zahlreiche Ausnahmen gibt.

21.3.1 Genomgröße

Ein Vergleich von Vertretern der drei als Domänen des Lebens bezeichneten Organismengruppen (Eukaryonten, Bakterien, Archaea) zeigt, dass ein allgemeingültiger Unterschied in der Genomgröße zwischen Eu- und Prokaryonten besteht. Obgleich es auch hier vereinzelte Ausnahmen gibt, bewegen sich die meisten Bakteriengenome im Bereich zwischen 1 und 6 Millionen Basenpaaren (Mbp). Die meisten vielzelligen Tiere und Pflanzen besitzen im Vergleich dazu riesige Genome von wenigstens 100 Mbp Größe. Das Genom der Taufliegen (*Drosophila* sp.) umfasst etwa 165 Mbp, das des Menschen (*Homo sapiens*) 3.200 Mbp (= 3,2 Gbp) – das heißt, diese Genome sind 500–3.000 Mal größer als ein typisches Bakteriumgenom.

MERKE!

Bakterien und Archaeen (Prokaryonten) haben im Allgemeinen weniger Gene als Eukaryonten.

21.3.2 Genzahl

Ähnliche Unterschiede finden sich hinsichtlich der Zahl von proteincodierenden Genen: Bakterien und Archaeen (Prokaryonten) haben im Allgemeinen weniger Gene als Eukaryonten. Frei lebende Bakterien und Archaea besitzen in der Regel zwischen 1.500 und 7.500 Gene. Die Genzahl von Eukaryonten reicht von etwa 5.000 bei einzelligen Pilzen bis zu mindestens 40.000 bei manchen Vielzellern, wobei der Mensch ca. 21.300 Gene besitzt.

21.3.3 Gendichte und nicht codierende DNA

Über die Genomgröße und die Genzahl hinaus können wir die Gendichte in den Genomen verschiedener Arten miteinander vergleichen – also wie viele Gene in einem DNA-Abschnitt gegebener Länge vorhanden sind. Wenn wir so die Genome von Bakterien und Archaeen (Prokaryonten) mit denen von Eukaryonten vergleichen, ergeben sich im Allgemeinen für Eukaryonten größere Genome, die aber eine geringere Gendichte aufweisen. So hat das menschliche Genom die hundert- bis tausendfache Anzahl von Basenpaaren eines Bakteriums, enthält aber gleichzeitig nur fünf- bis 15-mal so viele Gene. Selbst einzellige Eukaryonten wie Hefen besitzen pro Million Basenpaare weniger Gene als Prokaryonten. Unter den bislang sequenzierten Genomen besitzen die der Säugetiere die geringste Gendichte.

In allen bislang untersuchten Bakteriengenomen codiert der größte Teil der DNA für Proteine, tRNAs oder rRNAs. Der kleine Anteil nicht transkribierter DNA besteht zum überwiegenden Teil aus regulatorischen Sequenzen wie Promotoren. Die Nucleotidfolgen der codierenden Bereiche von Bakteriengenen werden nicht von Introns unterbrochen. Im Gegensatz dazu codiert der Großteil der DNA eines Eukaryontengenoms weder Proteine noch wird er in eine der genannten RNAs umgeschrieben. Außerdem sind die regulatorischen Sequenzen in eukaryontischen DNAs in der Regel komplexer aufgebaut. Das Genom des Menschen enthält etwa die 10.000-fache Menge an nicht codierender DNA eines Bakteriengenoms. Einen Teil dieser nicht codierenden Bereiche machen die Introns innerhalb der offenen Leseraster der Gene aus. Die Introns sind auch hauptsächlich für die Unterschiede in der durchschnittlichen Länge eines Gens des Menschen (27.000 Basenpaare) gegenüber dem eines Bakteriums (1.000 Basenpaare) verantwortlich.

VERSTÄNDNISFRAGEN

1. Nach den aktuellen Schätzungen enthält das Genom des Menschen ca. 20.500 Gene. Es gibt jedoch ebenso Hinweise darauf, dass die Zellen des menschlichen Körpers in ihrer Gesamtheit deutlich mehr als 20.500 verschiedene Polypeptide bilden. Wie lässt sich dieser scheinbare Widerspruch erklären?

2. Die Zahl der vollständig sequenzierten Genome wächst ständig an. Gehen Sie zu der Internetseite *http://www.genomesonline.org*, um die aktuelle Zahl abgeschlossener Genomprojekte zu ermitteln. Versuchen Sie auch die Zahl der in Bearbeitung befindlichen Genomprojekte ausfindig zu machen.

21.4 Die Genome höherer Eukaryonten enthalten Multigenfamilien und viel nicht-codierende DNA

Bisher sind wir in diesem Buchteil hauptsächlich auf proteincodierende Gene eingegangen. Doch bilden bei vielzelligen Eukaryonten die codierenden Bereiche für die Proteine und diverse Ribonucleinsäuresorten wie rRNAs, tRNAs und miRNAs nur einen kleinen Teil des Genoms. Die meisten Eukaryontengenome bestehen hauptsächlich aus DNA-Sequenzen, die weder Proteine codieren noch in bekannte RNAs transkribiert werden. Diese nicht codierenden DNA-Bereiche wurden in der Vergangenheit oft als *„Schrott-DNA“* (*junk DNA*) bezeichnet. Mittlerweile mehren sich allerdings die Hinweise, dass diese große Menge DNA tatsächlich eine wichtige Rolle für die Zelle spielt, gestützt durch die Tatsache, dass diese Genombereiche über Hunderte von Generationen erhalten bleiben. So hat ein Vergleich der Genome von Mensch, Ratte und Maus fast 500 Bereiche nicht codierender DNA-Sequenzen identifiziert, die bei allen drei praktisch identisch waren. Dies ist ein höherer Grad an Sequenzerhaltung (Konservierung) als bei den meisten proteincodierenden Abschnitten dieser Arten, was als starker Hinweis auf eine wichtige Funktion dieser Abschnitte angesehen wird. Wir werden uns nun mit der Frage befassen, wie Gene und nicht codierende DNA-Bereiche innerhalb der Genome eukaryontischer Vielzeller, wieder hauptsächlich am Beispiel des Menschen, angeordnet sind. Die Genomorganisation verrät uns viel darüber, wie sich die Genome während der Evolution entwickelt haben und sich vermutlich weiter entwickeln werden (Abbildung 21.5).

Ein Teil des Restes liegt zwischen den funktionalen Genorten verstreut und umfasst einzigartige, nicht codierende Abschnitte wie Genfragmente und **Pseudogene** (also ehemalige Gene, die über lange Zeit so viele Mutationen angesammelt haben, dass sie funktionslos wurden). Die meiste intergenische DNA besteht jedoch aus **repetitiver DNA**, das heißt aus Sequenzen, die im Genom vielfach wiederholt vorkommen. Es war etwas überraschend, dass etwa drei Viertel dieser repetitiven DNA-Sequenzen (44 Prozent des gesamten Genoms) aus transponierbaren Elementen und mit diesen verwandten Sequenzen bestehen.

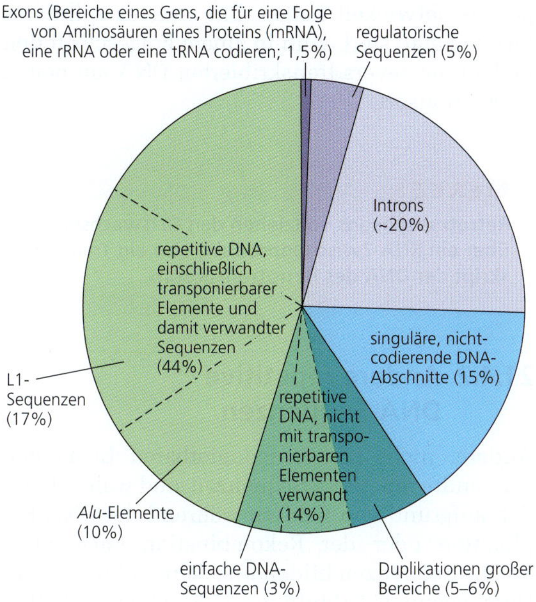

Abbildung 21.5: DNA-Sequenztypen im Genom des Menschen. Sequenzen, die Proteine, rRNA oder tRNA codieren, machen nur etwa 1,5 Prozent des menschlichen Genoms aus (dunkellila in diesem Tortendiagramm). Introns und regulatorische Sequenzen (helllila) bilden etwa 25 Prozent. Die Hauptmasse des menschlichen Genoms codiert weder Proteine noch bekannte RNAs und ein großer Teil besteht aus repetitiven Sequenzen (hell- und dunkelgrün). Da repetitive Sequenzen am schwierigsten zu sequenzieren sind, hat die Klassifizierung eines Teils dieser Genomabschnitte gegenwärtig noch vorläufigen Charakter. Die hier angegebenen Prozentzahlen können sich daher während der weiteren Genomanalyse noch etwas verändern. Die zu miRNAs transkribierten Sequenzen, die erst in jüngerer Zeit entdeckt wurden, liegen in einmalig auftretenden „nicht-codierenden" DNA-Bereichen und innerhalb von Introns. Daher sind sie in diesem Diagramm an zwei verschiedenen Stellen enthalten.

MERKE!

Sowohl bei Pro- als auch bei Eukaryonten finden sich DNA-Abschnitte, die die erstaunliche Fähigkeit haben, innerhalb des Genoms ihren Platz zu wechseln.

21.4.1 Transponierbare Elemente und verwandte Sequenzen

Sowohl bei Pro- als auch bei Eukaryonten finden sich DNA-Abschnitte, die die erstaunliche Fähigkeit haben, innerhalb des Genoms ihren Platz zu wechseln. Diese DNA-Bereiche heißen **transponierbare Elemente** (lat. *trans*, über, darüber hinaus, jenseits von + *positio*, Lage, Stellung) oder *mobile genetische Elemente*. Während einer Transposition wandert ein solches DNA-Stück von seinem Ursprungsort in der DNA der Zelle zu einem neuen Ort, an dem es durch Rekombination integriert wird. Daher werden transponierbare genetische Elemente oft auch als „springende Gene" bezeichnet. Dieser bildliche Ausdruck ist jedoch etwas irreführend, da die Elemente die DNA nicht wirklich verlassen. Vielmehr kommt es während der Transposition zu einer DNA-Biegung, die den ursprünglichen und den neuen Integrationsort für die Rekombination in Kontakt zueinander bringt.

Die ersten Hinweise auf derartige, „umherwandernde" DNA-Segmente stammen aus Experimenten von Barbara McClintock (US-amerikanische Genetikerin, 1902–1992) an Maispflanzen (*Zea mays*), die schon in den 40er und 50er Jahren durchgeführt wurden. Bei der Untersuchung von Maispflanzen über mehrere Generationen entdeckte sie Veränderungen in den Farbmustern der Maiskörner, die durch die klassische Genetik schwer zu erklären waren. Die Befunde ergaben nur dann einen Sinn, wenn sie die Hypothese zugrunde legte, dass es genetische Elemente gab, die befähigt waren, von einem Ort im Genom zu anderen Orten zu „springen" – zum Beispiel in Gene, die die Farbe der Samen beeinflussten. Geschah dies, so fiel die Funktion dieser Gene aus und die Farbe der Maiskörner veränderte sich. McClintocks Entdeckung wurde mit viel Skepsis aufgenommen und ihre Erklärungen wurden zunächst verworfen. Ihre Befunde und innovativen Ideen wurden aber viele Jahre später bestätigt, als transponierbare Elemente in Bakterien gefunden und die molekularen Grundlagen der Transposition enträtselt wurden.

Der Ortswechsel von Transposons und Retrotransposons Die transponierbaren Elemente der Eukaryonten können in zwei Klassen unterteilt werden. Die erste Klasse bilden die **Transposons**, die sich innerhalb des Genoms mithilfe eines DNA-Zwischenprodukts bewegen. Transposons wandern entweder über einen „Ausschneide-/Einfügemechanismus" (*cut and paste*), der das mobile Element aus seinem Ursprungsort entfernt, oder einen „Kopier-/Einfügemechanismus" (*copy and paste*), bei dem ein Element am Ursprungsort zurückbleibt (Abbildung 21.6a).

MERKE!

Transposons wandern entweder über einen „Ausschneide-/Einfügemechanismus" (*cut and paste*), der das mobile Element aus seinem Ursprungsort entfernt, oder einen „Kopier-/Einfügemechanismus" (*copy and paste*), bei dem ein Element am Ursprungsort zurückbleibt.

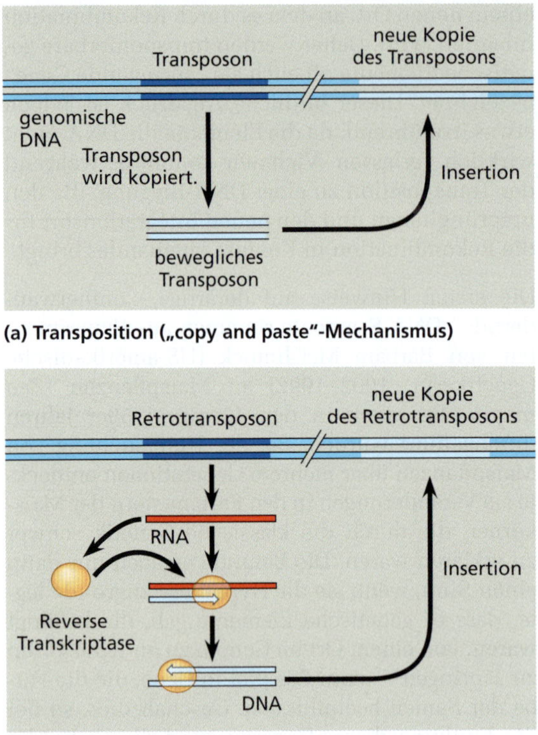

(a) Transposition („copy and paste"-Mechanismus)

(b) Retrotransposition

Abbildung 21.6: Ortswechsel von Transposons und Retrotransposons. (a) Ortswechsel eines eukaryontischen transponierbaren Elements. Ein Transposon wird entweder durch „Ausschneiden und Einfügen" oder durch „Kopieren und Einfügen" (wie hier dargestellt) an eine neue Stelle im Genom versetzt. In beiden Fällen geschieht dies über ein doppelsträngiges DNA-Zwischenprodukt, das in das Genom integriert wird. **(b)** Ortswechsel eines Retrotransposons. Die Wanderung eines Retrotransposons beginnt mit der Bildung eines einzelsträngigen RNA-Zwischenproduktes. Die übrigen Schritte stimmen im Wesentlichen mit denen im Reproduktionszyklus von Retroviren überein

? Wie würde sich Teil (a) verändern, wenn der „Ausschneide-/Einfügemechanismus" dargestellt wäre?

Die meisten transponierbaren Elemente eukaryontischer Genome gehören der zweiten Klasse an. Hierbei handelt es sich um **Retrotransposons**, die über ein RNA-Zwischenprodukt, also ein Transkript der DNA des Retrotransposons, den Ortswechsel vollziehen. Durch die Transkription in die intermediäre RNA lässt ein Retrotransposon also immer das ursprüngliche Element an seinem Ursprungsort zurück (Abbildung 21.6b). Um an einem anderen Ort im Genom eingesetzt zu werden, wird die RNA-Zwischenstufe zunächst durch die im Retrotransposon selbst codierte Reverse Transkriptase in eine DNA zurückverwandelt. Man findet die Reverse Transkriptase also auch in Zellen, die nicht von Retroviren infiziert sind. Tatsächlich könnten sich die Retroviren, die wir in Kapitel 19 beschrieben haben, aus Retrotransposons entwickelt haben. Ein anderes zelluläres Enzym katalysiert dann in einem Folgeschritt den Einbau der revers transkribierten DNA am neuen Integrationsort.

> **MERKE!**
> **Retrotransposons vollziehen den Ortswechsel über ein RNA-Zwischenprodukt, also ein Transkript der DNA des Retrotransposons.**

21.4.2 Andere repetitive DNA-Sequenzen

Andere, nicht mit transponierbaren Elementen verwandte repetitive Sequenzen sind wahrscheinlich aufgrund von Fehlern während der DNA-Replikation oder der Rekombination entstanden. Solche Sequenzen bilden ungefähr 15 Prozent des Humangenoms (Abbildung 21.5). Etwa ein Drittel davon (etwa 5 Prozent des gesamten Genoms) besteht aus Duplikationen langer DNA-Bereiche mit jeweils 10.000 bis 300.000 Basenpaaren. Diese großen Abschnitte wurden anscheinend von einem Ort an andere Stellen des gleichen Chromosoms oder anderer Chromosomen kopiert.

Viele der einfachen Sequenzwiederholungen eines Eukaryontengenoms liegen im Bereich der Telomere und der Centromere, was die Vermutung nahelegt, dass diesen DNA-Bereichen eine strukturelle Rolle zukommt. Die DNA der Centromere ist hauptsächlich für die Trennung der Chromatiden bei der Zellteilung zuständig (siehe Kapitel 12). Sie könnte außerdem in Verbindung mit weiteren DNA-Abschnitten auch für die Organisation des Chromatins im Interphasezellkern mitverantwortlich sein. Die einfachen DNA-Wiederholungen im Bereich der Telomere an den Chromosomenenden verhindern, dass Gene bei der Replikation der Chromosomen verloren gehen (siehe Kapitel 16). Die Telomer-DNA bindet außerdem Proteine, die die Chromosomenenden vor einem enzymatischen Abbau durch Nucleasen und Rekombination mit anderen Chromosomen schützen.

21.4.3 Gene und Multigenfamilien

Wir beenden unsere Beschreibung der verschiedenen Arten von DNA-Sequenzen eukaryontischer Genome mit einem eingehenderen Blick auf die Gene. Wie bereits erwähnt, machen DNA-Sequenzen, die Proteine, rRNA oder tRNA codieren, nur etwa 1,5 Prozent des Humangenoms aus (siehe Abbildung 21.5).

VERSTÄNDNISFRAGEN

1. Wie sind Introns, transponierbare genetische Elemente und einfache nicht codierende Sequenzen im Genom verteilt?

2. Erörtern Sie die Unterschiede in der Organisation der rRNA-Gene und der Globingene. Erläutern Sie für beide Fälle, welche Vorteile die Existenz einer ganzen Genfamilie für den Organismus hat.

3. WAS WÄRE, WENN? Stellen Sie sich vor, Sie hätten eine DNA-Sequenz entdeckt, die Ähnlichkeit mit der eines bekannten Gens hat, doch Abweichungen bei einer Reihe von Nucleotiden aufweist. Wie könnten Sie ermitteln, ob das von Ihnen gefundene „Gen" funktionell ist oder nicht?

21.5 Genomevolution durch Duplikation, Umlagerung und Mutation der DNA

Mutationen sind Veränderungen des Genoms, die die Grundlage für dessen Evolution bilden. Wahrscheinlich waren die ersten Lebensformen mit einer sehr kleinen Zahl von Genen ausgestattet, die für das Überleben und die Fortpflanzung notwendig waren. Unter dieser Annahme hätte die Vergrößerung des Genoms zusätzliches Erbgut für eine Erhöhung der genetischen Vielfalt bereitgestellt. In diesem Abschnitt werden wir zunächst beschreiben, wie zusätzliche Kopien des Genoms oder von dessen Teilsequenzen entstehen können, und wir möchten darlegen, wie dies in der Folge zur Evolution von Proteinen oder RNAs mit leicht abweichenden oder gänzlich neuen Funktionen beitragen kann.

21.5.1 Duplikation ganzer Chromosomensätze

Eine fehlerhafte Meiose kann zum Auftreten von einem oder mehreren zusätzlichen Chromosomensätzen in einer Zelle führen (Polyploidie). Obgleich die Nachkommen solcher Unfälle meistens nicht lebensfähig sind, können sie in seltenen Fällen zur Evolution von Genen beitragen. Bei einem polyploiden Organismus genügt ein Gensatz, um die unverzichtbaren, lebenserhaltenden Funktionen bereitzustellen. In den Genen der überzähligen Chromosomensätze können sich dann Mutationen ansammeln, die sich nicht auf die Lebensfähigkeit des Organismus auswirken sollten. Letztlich kann sich so aus einer Ansammlung von Mutationen über viele Generationen eine neue Art entwickeln. Dies wird insbesondere bei Pflanzen häufig beobachtet, während polyploide Tiere eher selten sind.

21.5.2 Veränderungen der Chromosomenstruktur

Es ist schon länger bekannt, dass bei der Trennung der Vorfahren von Mensch (Hominiden; $n = 23$) und Schimpanse (Simiden; $n = 24$) zwei Chromosomen in der Hominidenlinie verschmolzen. Der enorme Zuwachs an genomischer Sequenzinformation in den letzten Jahren erlaubt heute den Vergleich der Organisation der Chromosomen zwischen vielen Arten mit wesentlich höherer Auflösung. Mithilfe dieser Informationen kann abgeleitet werden, wie die heutigen Chromosomen entstanden sind und welche Mechanismen die Artbildung vorangetrieben haben.

In einer dieser Analysen wurden alle Chromosomen des Menschen mit denen der Maus verglichen. Abbildung 21.7 zeigt beispielhaft, was daraus für das Chromosom 16 des Menschen abgeleitet wurde: Für verschiedene Bereiche mit ganzen „Genblöcken" dieses Chromosoms finden sich Homologien auf vier verschiedenen Chromosomen der Maus. Man nimmt deshalb an, dass diese Chromosomenstücke während der Evolution der Säugetierlinien von Primaten und Nagetieren zusammenhängend weitergegeben wurden. Ein ähnlicher Vergleich der Chromosomen des Menschen mit sechs weiteren Säugetierarten ermöglichte die Rekonstruktion der Evolutionsgeschichte chromosomaler Umlagerungen dieser insgesamt acht Arten. Dabei fand man zahlreiche Duplikationen und Inversionen großer Chromosomenteile, die auf fehlerhafte Rekombinationsereignisse beim *Crossing over* während der Meiose zurückgeführt werden, bei denen die DNA der beteiligten Chromosomen geschnitten und falsch zusammengefügt wurde. Derartige Ereignisse scheinen vor etwa einhundert Millionen Jahren deutlich häufiger stattgefunden zu haben. Dies geht nach Erkenntnissen der Paläontologie mit einer Vergrößerung der Artenzahl der Säugetiere einher. Obwohl zwei Individuen mit unterschiedlichen Chromosomen sich immer noch paaren und Nachkommen erzeugen könnten, hätten diese Nachfahren zwei unterschiedliche Chromosomensätze, was die Meiose ineffizient oder unmöglich machen würde. Chromosomale Umlagerungen führen also zu zwei verschiedenen Populationen, die sich nicht mehr erfolgreich miteinander paaren könnten; dies ist eine gebräuchliche Definition für verschiedene Arten (siehe Kapitel 24).

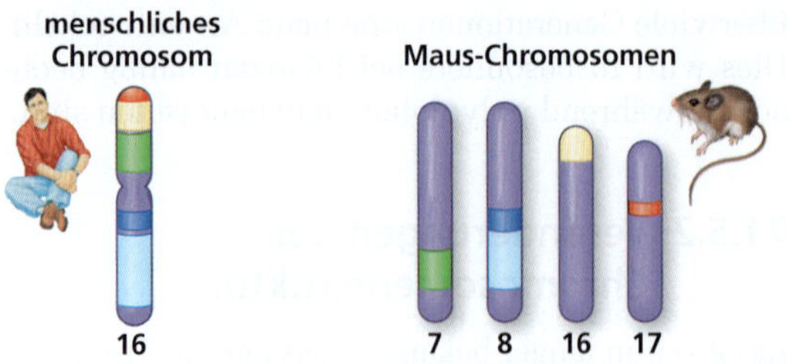

Abbildung 21.7: **Blöcke homologer Sequenzen bei Chromosomen von Mensch und Maus.** DNA-Sequenzen, die großen Abschnitten des menschlichen Chromosoms Nr. 16 sehr ähnlich (homolog) sind, finden sich auf den Chromosomen 7, 8, 16 und 17 von Mäusen. Dies belegt, dass diese Chromosomenstücke während der Evolution auch nach der Abspaltung von einem gemeinsamen Vorfahren zusammengeblieben sind.

21.5.3 Duplikation und Divergenz einzelner Gene

Fehler in der Meiose können auch zu einer Duplikation bei deutlich kleineren als der bisher besprochenen chromosomalen Bereiche führen, die etwa der Länge einzelner Gene entsprechen. Ein *Crossing over*-Ereignis zwischen nicht homologen Chromosomen in der Prophase der ersten meiotischen Teilung kann beispielsweise zu einem Chromosom mit einer Deletion führen, während der zweite Partner dieser illegitimen Rekombination eine Duplikation des entsprechenden Bereichs aufweist, der ein Gen enthalten kann. Transponierbare Elemente können im Genom Stellen schaffen, an denen Nichtschwesterchromatiden rekombinieren können – selbst dann, wenn die homologen Bereiche nicht korrekt aneinandergelagert sind.

Weiterhin kann es während der Replikation zu einem „Verrutschen“ kommen, also einer Verschiebung des Matrizenstranges relativ zum neu entstehenden Komplementärstrang. Ein Teil des Matrizenstranges wird dann, abhängig von der Replikationsrichtung, entweder gar nicht oder doppelt repliziert, was eine Deletion oder eine Duplikation des betroffenen Abschnitts zur Folge hat. Man kann sich leicht vorstellen, dass solche Fehler verstärkt in den oben beschriebenen Bereichen von Sequenzwiederholungen auftreten können. Die Variationen in der Zahl von Wiederholungen einfacher Sequenzmotive, die für die STR-Analyse genutzt werden, gehen auf derartige Fehler zurück. Die Existenz von Multigenfamilien wird als Beleg dafür angesehen, dass illegitimes *Crossing over* und ein Verrutschen des Matrizenstranges in der Replikation zur Duplikation von Genen führen können.

Die Evolution von Genen mit neuartigen Funktionen In der Evolution der Globingenfamilien führten Genduplikation und die nachfolgende divergente Entwicklung zur Bildung der verschiedenen „Familienmitglieder“ der Proteine mit ähnlicher Funktion (Sauerstofftransport oder -speicherung). Alternativ kann sich ein dupliziertes Gen aber auch so weit verändern, dass das codierte Protein eine vollkommen neue Funktion erfüllt. Die Gene des Lysozyms und des α-Lactalbumins sind hierfür gute Beispiele.

Lysozym ist ein Enzym, das von Tieren erzeugt wird und der Abwehr von Bakterien dient, in deren Zellwand es bestimmte Bindungen hydrolysiert. α-Lactalbumin ist ein Protein ohne Enzymwirkung, das bei Säugetieren an der Milchproduktion beteiligt ist. Die beiden Proteine ähneln sich in ihrer Aminosäuresequenz und auch in ihrer Konformation. Beide Gene finden sich bei Säugetieren, wohingegen Vögel nur das Lysozymgen besitzen. Daraus schließt man, dass eine Duplikation des Lysozymgens in den Vorfahren der Säugetiere auftrat, nach der Trennung der Evolutionslinien der Säugetiere (Mammalia) und der Vögel (Aves). Eine entsprechende Duplikation hat in der Abstammungslinie der Vögel entweder nicht stattgefunden oder sie ist in dieser wieder verloren gegangen, ohne deutliche Spuren zu hinterlassen. In der Folge hat sich dann eine Kopie bei den Säugetieren zum α-Lactalbumingen weiterentwickelt, das heute ein Protein mit einer völlig anderen Aufgabe codiert.

VERSTÄNDNISFRAGEN

1. Würden Sie erwarten, dass das Genom eines Makaken (einer Gruppe von Affen) mehr Ähnlichkeit mit dem einer Maus oder dem des Menschen hat? Begründen Sie Ihre Antwort.

2. Die als Homöobox bezeichnete DNA-Sequenz, die bei den an der Entwicklungssteuerung beteiligten homöotischen Genen zu finden ist, taucht bei allen möglichen Tieren auf. Versuchen Sie zu erklären, warum Tiere ungeachtet dieser Ähnlichkeit so verschieden sind.

21.6 Ein Vergleich von Genomsequenzen liefert Hinweise auf evolutionäre und entwicklungsbiologische Mechanismen

Wissenschaftler vergleichen die gegenwärtige Situation in der Biologie mit der Zeit der großen Forschungs- und Entdeckungsreisen im 15. und 16. Jahrhundert, nachdem wesentliche Fortschritte in der Navigation und im Schiffsbau gemacht wurden. In den letzten beiden Jahrzehnten sind erhebliche Fortschritte in der Molekulargenetik gemacht worden, die sich nicht zuletzt in der Sequenzierung von ganzen Genomen widerspiegeln. Parallel dazu wurden ebenso rasante Fortschritte in der Informationstechnik und in der Datenverarbeitung erzielt. Damit stehen neue Techniken zur Abschätzung der Genexpression über komplette Genome zur Verfügung, die verfeinerte theoretische Ansätze zur Analyse der Wechselwirkung von Genen und ihren Produkten in komplexen Systemen erlauben. Wir stehen also tatsächlich am Beginn eines neuen Zeitalters in der Biologie.

Der Vergleich der Genomsequenzen verschiedener Arten enthüllt vieles über die Evolutionsgeschichte des Lebens – von den Anfängen bis zur Gegenwart (Abbildung 21.8). Ebenso tragen vergleichende Untersuchungen der genetischen Steuerung der embryonalen Entwicklung von Tieren dazu bei, die Mechanismen aufzuklären, die zu unserer heute vorliegenden Biodiversität geführt haben. Im abschließenden Teil dieses Kapitels wollen wir daher erörtern, was wir mit diesen beiden methodischen Ansätzen über diese Grundfragen der Biologie lernen können.

21.6.1 Vergleich von Entwicklungsprozessen

In der evolutionären Entwicklungsbiologie (auch als „Evo-Devo"-Forschung, engl. *evolution and development*, bezeichnet) vergleicht man die Entwicklungsgänge verschiedener vielzelliger Organismen miteinander. Man versucht damit zu verstehen, wie sich die zugrunde liegenden Mechanismen entwickelt haben und wie bestimmte Veränderungen zur Ausbildung der charakteristischen Merkmale eines Lebewesens geführt haben oder neu ausgeprägt werden (Abbildung 21.9). Mit der Anwendung gentechnischer Methoden und der Flut an Sequenzdaten aus zahlreichen Genomen beginnen wir zu erkennen, dass kleine Unterschiede in der Sequenz von Genen oder ihrer Regulation ausreichen, um die deutlich verschiedenen morphologischen Merkmale nahe verwandter Arten zu erklären. Umgekehrt hilft uns die Aufklärung der zugrunde liegenden molekularen Mechanismen zu verstehen, wie die enorme Zahl unterschiedlicher Lebensformen auf unserem Planeten entstehen konnte, und trägt damit wesentlich zum Verständnis der Evolution bei.

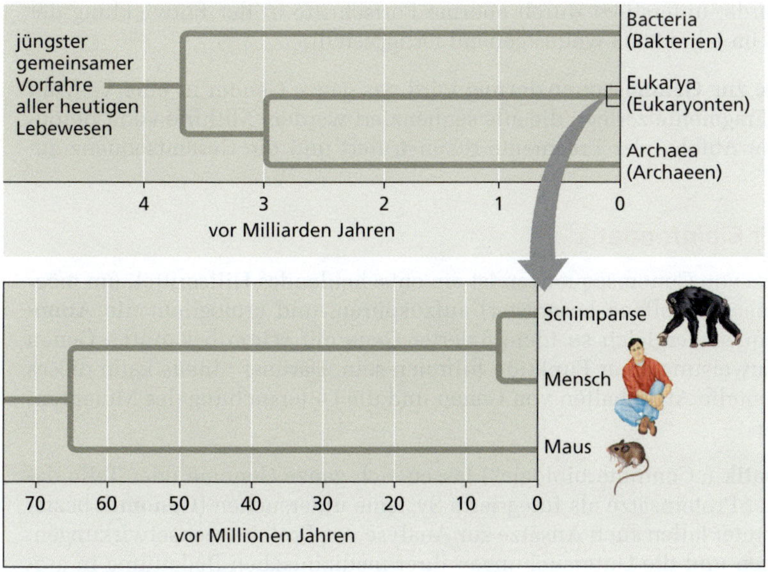

Abbildung 21.8: Die Entwicklungsgeschichte der drei Domänen des Lebens. Der im oberen Teil abgebildete Stammbaum gibt die ursprüngliche Verzweigung der Abstammungslinien von Bakterien, Archaeen und Eukaryonten wieder. Darunter ist ein kleiner Ausschnitt aus der eukaryontischen Entwicklungslinie abgebildet, der in diesem Kapitel behandelte Verzweigungen im Stammbaum der Säugetiere darstellt.

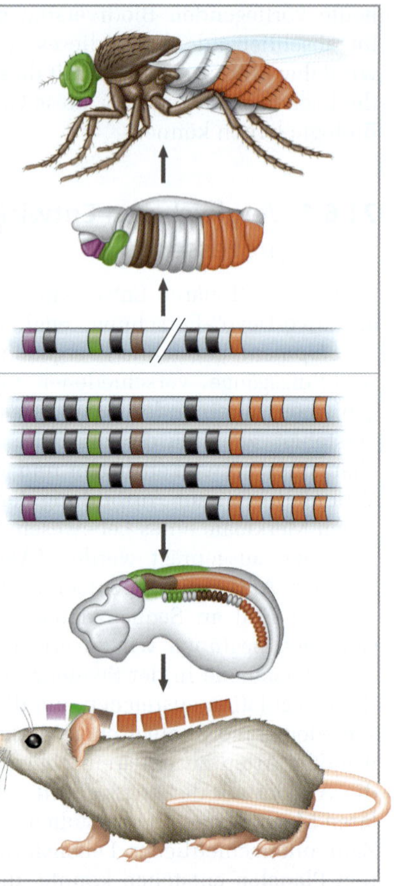

Abbildung 21.9: **Homöotische Gene sind in der Evolution erhalten geblieben und steuern die Entwicklung bei Taufliegen und Mäusen.** Homöotische Gene steuern die Ausbildung anteriorer und posteriorer Körperteile und weisen sowohl bei Taufliegen (*Drosophila* sp.) als auch bei Mäusen (*Mus* sp.) die gleiche Reihenfolge im Chromosom auf. Jeder farbige Streifen an den schematisch dargestellten Chromosomen stellt ein homöotisches Gen dar. Bei Drosophila liegen alle homöotischen Gene auf demselben Chromosom. Mäuse und andere Säugetiere besitzen mehrere solcher Gengruppen, die bei der Labormaus auf vier verschiedenen Chromosomen liegen. Die Farben entsprechen denen der Körperteile des Embryos und des ausgewachsenen Tieres, die von dem entsprechenden Gen beeinflusst werden. Alle diese Gene sind bei Fliegen und Mäusen praktisch identisch. Schwarze Kästchen entsprechen Genen mit weniger ähnlichen Homöoboxen.

ZUSAMMENFASSUNG

Neue Ansätze zur schnelleren Genomsequenzierung

Das **Humangenomprojekt** wurde, unterstützt durch enorme Fortschritte in der Entwicklung der Sequenzierungstechnologien, im Jahre 2003 weitestgehend fertiggestellt.

Mit der **Schrotschussmethode zur Genomsequenzierung** wird das ganze Genom in eine Vielzahl kleiner, überlappender DNA-Fragmente zerlegt, die alle sequenziert werden. Mithilfe von Computerprogrammen wird dann die Abfolge der Fragmente rekonstruiert und die Gesamtsequenz zusammengesetzt.

Genomanalyse mithilfe der Bioinformatik

Die computergestützte Analyse von Genomsequenzen ist ein entscheidendes Hilfsmittel, um mögliche proteincodierende Sequenzen (offene Leseraster) aufzuspüren, und ermöglicht die **Annotation von Genomen**. Ein Sequenzvergleich so identifizierter Gene mit schon bekannten Genen anderer Arten kann bei der Zuweisung einer Funktion hilfreich sein. Darüber hinaus kann dieses Vorgehen durch das experimentelle Ausschalten von Genen und die Untersuchung des Mutantenphänotyps unterstützt werden.

Durch Einsatz der **Bioinformatik** („Computerbiologie") lassen sich ganze Genome oder Teile davon vergleichen und Gen- oder Proteinsätze als integrierte Systeme untersuchen (**Genomik** beziehungsweise **Proteomik**). Hierunter fallen auch Ansätze zur Analyse von Proteinwechselwirkungen, Funktionselementen von Genen und die Untersuchungen ihrer medizinischen Bedeutung in großem Maßstab.

Genome unterscheiden sich in der Größe und der Zahl der Gene sowie in der Gendichte

Während die Größe der meisten Bakterien- und Archaea-Genome im Bereich von 1–6 Mbp liegt, haben die meisten Genome der Eukaryonten Größen von 10–4.000 Mbp. Die Zahl der Gene liegt bei Bakterien und Archaea zwischen 1.500 und 7.500, bei Eukaryonten zwischen 5.000 und 40.000, beim Menschen ca. 20.500.

Das Genom eukaryontischer Vielzeller enthält viel nicht codierende DNA und viele Multigenfamilien

Nur 1,5 Prozent des menschlichen Genoms codieren für Proteine, rRNAs oder tRNAs. Der Rest ist hauptsächlich nicht codierende DNA, darunter Introns und regulatorische Sequenzen, sowie viel repetitive DNA und Pseudogene.

Die häufigste Form repetitiver DNA-Elemente bei eukaryontischen Vielzellern stellen transponierbare genetische Elemente und damit verwandte Sequenzen dar. Bei den **transponierbaren (mobilen) Elementen** unterscheidet man zwei Klassen: **Transposons**, die über ein DNA-Intermediat springen, und die häufiger vorkommenden **Retrotransposons**, die dies über eine RNA-Zwischenstufe tun. Jedes dieser mobilen Elemente ist Hunderte bis Tausende von Basenpaaren lang. Ähnliche, aber für gewöhnlich nicht identische Kopien beider Elemente sind über das ganze Genom verstreut.

Kurze, nicht codierende Tandemwiederholungen, die mehr als tausendfach wiederholt sein können, (einfache Sequenzwiederholungen, STRs) treten gehäuft im Centromer- und Telomerbereich von Chromosomen auf, wo sie wahrscheinlich eine strukturelle Aufgabe erfüllen.

Genomevolution durch Duplikation, Umlagerung und Mutation der DNA

Fehler bei der Mitose und Zellteilung können dazu führen, dass in den Folgezellen überzählige Kopien des ganzen Genoms oder von Teilen davon vorliegen. Falls das betroffene Individuum lebensfähig ist, können sich diese mehrfachen Chromosomensätze divergent weiterentwickeln und so neue Allele oder Gene mit neuen Funktionen erzeugen. Polyploidie tritt öfter bei Pflanzen als bei Tieren auf und trägt zur Artenbildung bei.

Die chromosomale Organisation von Genomen verschiedener Arten kann miteinander verglichen werden. Dies kann Aufschluss über den Verlauf der Evolution geben. Innerhalb einer gegebenen Art tragen einer Hypothese zufolge Chromosomenumlagerungen zur Bildung neuer Arten bei, weil sie zur genetischen Inkompatibilität führen.

Die Umlagerung von Exons innerhalb und zwischen Genorten hat im Verlauf der Evolution zu Genen geführt, die mehrere ähnliche Exons oder mehrere unterschiedliche, von verschiedenen Ausgangsgenen stammende Exons enthalten.

Ein Vergleich von Genomsequenzen liefert Hinweise auf evolutionäre und entwicklungsbiologische Mechanismen

Vergleichende Genomuntersuchungen mit eng verwandten und stammesgeschichtlich weit auseinanderliegenden Arten liefern uns wertvolle Informationen über jüngere und weiter zurückliegende evolutionsgeschichtliche Ereignisse. Die Untersuchung von Einzelnucleotid-Austauschen (SNPs) und Veränderungen in der Kopienzahl von Genen (CNVs) bei verschiedenen Individuen gibt Aufschluss über die Entwicklungsgeschichte einer Art.

Biologen, die sich mit der Evolution und der Entwicklungsbiologie („Evo-Devo") von Arten befassen, konnten zeigen, dass homöotische und andere an Entwicklungsvorgängen bei Tieren beteiligte Gene eine als Homöobox bezeichnete Teilsequenz enthalten, die bei verschiedenen Arten in identischer oder ähnlicher Form zu finden ist. Entsprechende homologe Sequenzen finden sich auch in Genen von Pflanzen und Pilzen.

Evolutionstheorie: Abstammung mit Modifikation

22

22.1 Die Darwin'sche Theorie widersprach der traditionellen Ansicht, die Erde sei jung und von unveränderlichen Arten bewohnt

Abbildung 22.1: Wie kann dieser Käfer in der Wüste überleben?

Was trieb Darwin dazu, die zu seiner Zeit herrschenden Ansichten über die Entwicklung der Erde und ihre Bewohner infrage zu stellen? Seine revolutionäre Theorie war eingebettet in die Ideen, Konzepte, Hypothesen und Theorien zahlreicher Wissenschaftler und Philosophen (Abbildung 22.2).

22.1.1 *Scala naturae* und die Klassifikation der Arten

Bereits lange vor Darwin vermuteten einige griechische Philosophen, das Leben könne sich im Lauf der Zeit allmählich verändern. Die Ansichten von Aristoteles (384–322 v. Chr.) haben die frühe westliche Kultur besonders nachhaltig beeinflusst: Er sah die Arten als unveränderlich an. Im Rahmen seiner Naturbeobachtungen entdeckte Aristoteles gewisse „Ähnlichkeiten" zwischen verschiedenen Organismenarten. Er kam zu dem Schluss, dass sich Lebensformen auf einer Leiter zunehmender Komplexität anordnen lassen, die später als *Scala naturae* („Stufenleiter der Natur") bezeichnet wurde. Auf dieser Leiter fanden sämtliche Lebensformen, die er als perfekt und unveränderlich ansah, den ihnen zustehenden Platz.

Diese Vorstellungen passten gut zum Schöpfungsbericht im Alten Testament, in dem es heißt, die Arten seien jede für sich von Gott geschaffen worden und daher perfekt und unwandelbar. Im 18. Jahrhundert interpretierten viele Naturforscher die oft bemerkenswerte Anpassung der Organismenarten an ihre Umwelt als Beweis dafür, dass der Schöpfer jede Art zu einem bestimmten Zweck geschaffen habe.

Einer dieser Naturforscher war Carl Linnaeus (1707–1778, später Carl von Linné), ein schwedi-

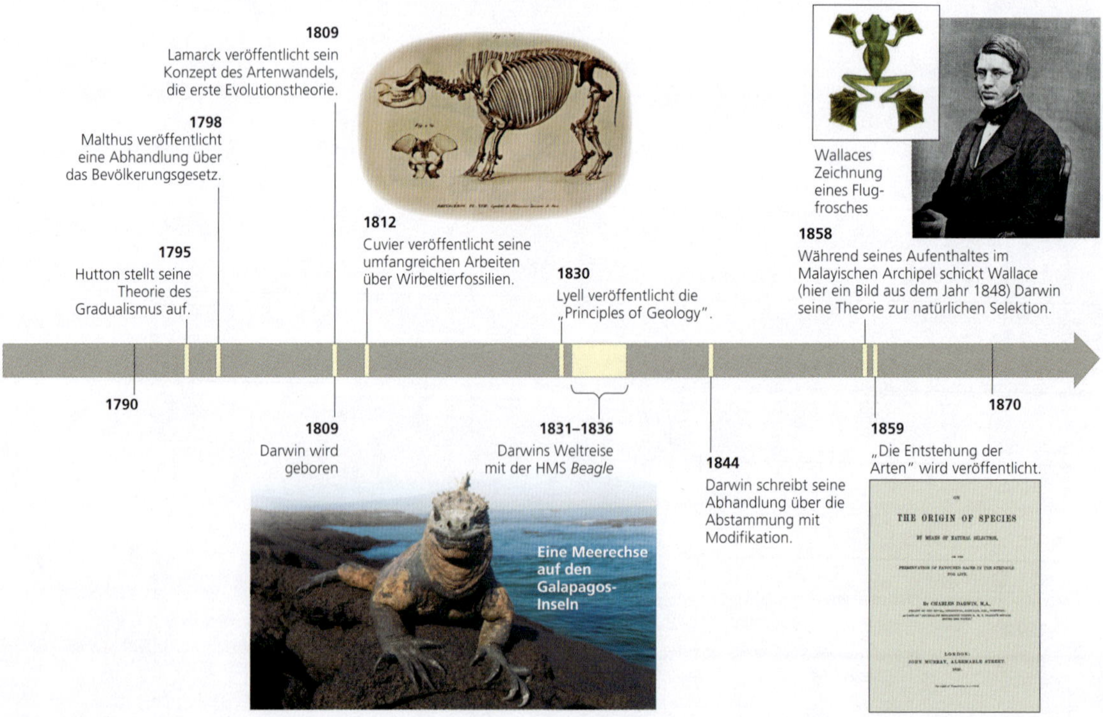

Abbildung 22.2: Darwins Theorien im historischen Kontext.

scher Arzt und Botaniker, der die Vielfalt der Natur nach eigenen Worten „zum höheren Ruhm Gottes" zu ordnen suchte. Linné entwickelte die binäre Nomenklatur zur Benennung von Organismen mit Gattungs- und Artnamen, die wir heute noch immer verwenden. Er wollte die *Scala naturae* lückenlos füllen und entwickelte ein ineinander geschachteltes Klassifikationssystem, bei dem ähnliche Arten in immer allgemeinere Kategorien eingeordnet wurden. Beispielsweise werden ähnliche Arten (Spezies) in dieselbe Gattung (Genus, Plural Genera) gestellt, ähnliche Gattungen in dieselbe Familie und so weiter. Ein Jahrhundert später war sein Klassifikationsschema eine wichtige Grundlage für Darwins Argumentation in seiner Evolutionstheorie.

22.1.2 Vorstellungen über die Veränderungen von Organismen im Lauf der Zeit

Darwin verdankte viele seiner Ideen den Arbeiten von Paläontologen, die fossile Organismenreste oder fossile Spuren von Organismenarten aus vergangenen Erdzeitalter untersuchten. **Fossilien** finden sich unter anderem in Sedimentgesteinen, die sich am Boden von Meeren, Seen und Sümpfen ablagern (Abbildung 22.3). Dabei werden ältere Sedimentschichten von jüngeren bedeckt und zu übereinanderliegenden Gesteinsschichten zusammengepresst, sogenannte **Strata** (Singular *Stratum*). Fossilien einer bestimmten Gesteinsschicht zeigen einen kleinen Ausschnitt aus der Flora und Fauna früherer Erdzeitalter. Durch Erosion können die oberen (jüngeren) Strata abgetragen und tiefere (ältere) Strata freigelegt werden, die zuvor verborgen waren.

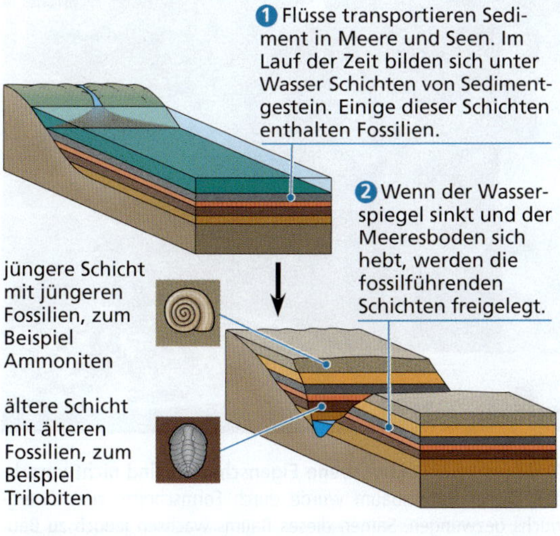

Abbildung 22.3: Bildung von Sedimentgestein mit eingelagerten Fossilien.

> **MERKE!**
> **Fossilien finden sich unter anderem in Sedimentgesteinen, die sich am Boden von Meeren, Seen und Sümpfen ablagern.**

Einer der Begründer der **Paläontologie**, der Wissenschaft der Fossilien, war der französische Naturforscher Georges Cuvier (1769–1832). Als Cuvier Schichten aus Sedimentgestein in der Nähe von Paris untersuchte, stellte er fest, dass die Fossilien den heutigen Lebensformen immer unähnlicher wurden, je älter die Gesteinsschicht war. Darüber hinaus stellte er fest, dass beim Übergang von einer Gesteinsschicht zur nächsten auch einige neue Arten auftraten, während andere verschwanden. Daraus zog er den Schluss, dass ein Aussterben von Arten und Artengruppen ein in der Geschichte der Lebewesen häufiges Ereignis gewesen sein musste. Die Vorstellung von einem Evolutionsgeschehen lehnte Cuvier jedoch kategorisch ab. Um seine Beobachtungen erklären zu können, entwickelte er die **Katastrophentheorie** (Kataklysmentheorie), der zufolge bestimmte Ereignisse in der Vergangenheit (zum Beispiel großflächige Überschwemmungen, „Sintfluten") sehr plötzlich aufgetreten sind. Cuvier vertrat die Auffassung, dass jede Grenze zwischen zwei Gesteinsschichten durch ein solches Katastrophenereignis verursacht wurde und ein großer Teil der damals lebenden Arten dadurch ausgelöscht wurde. Seiner Ansicht nach beschränkten sich diese regelmäßig wiederkehrenden Katastrophen in der Regel nur auf bestimmte Bereiche und Regionen, die später von einwandernden Arten aus benachbarten, von der Katastrophe verschont gebliebenen Gebieten wieder besiedelt wurden.

> **MERKE!**
> **Die Katastrophentheorie geht davon aus, dass bestimmte Ereignisse in der Vergangenheit sehr plötzlich aufgetreten sind.**

Im Gegensatz dazu vermuteten andere Wissenschaftler, tiefgreifende Veränderungen könnten durch die kumulative Wirkung langsamer, aber kontinuierlich wirkender Prozesse hervorgerufen werden. Im Jahr 1795 stellte der schottische Geologe James Hutton (1726–1797), der auch als Begründer der geologischen Wissenschaft angesehen wird, die These auf, die geologischen Merkmale der Erde ließen sich durch graduelle Prozesse erklären, die immer noch wirkten. So nahm er zum Beispiel an, Täler seien häufig von Flüssen ins Gestein gegraben worden. Sedimentgesteine mit marinen Fossilien hätten sich gebildet, als Sand und

Schlamm aus dem Landesinneren von Flüssen ins Meer getragen worden waren und tote Meeresorganismen begruben. Somit entwickelte er das Konzept des *Aktualismus* in der Geologie: Alle geologischen Phänomene sind durch auch heute noch beobachtbare Veränderungen erklärbar. Der führende Geologe zu Darwins Zeiten, Charles Lyell (1797–1875), ließ Huttons Vorstellungen in seine Theorie des **Uniformitarianismus** einfließen. Hiernach hatten sich die Mechanismen geologischer Veränderungen im Lauf der Zeit nicht gewandelt. Lyell nahm an, dass dieselben geologischen Prozesse, die heute wirken, auch schon in der Vergangenheit gewirkt haben, und dass auch die Geschwindigkeit dieser Prozesse unverändert geblieben ist.

MERKE!

Die Theorie des Uniformitarianismus geht davon aus, dass sich die Mechanismen geologischer Veränderungen im Lauf der Zeit nicht gewandelt haben.

Huttons und Lyells Vorstellungen nahmen einen großen Einfluss auf Darwins Denken. Wenn sich geologische Veränderungen durch langsame Prozesse und nicht durch plötzliche Ereignisse erklären ließen, dann musste die Erde weitaus älter sein als die allgemein akzeptierten wenigen tausend Jahre. Darin stimmte Darwin mit den beiden Geologen überein. So würde es zum Beispiel sehr lange dauern, bis ein Fluss durch Erosion eine Schlucht ins Gestein gegraben hätte. Wäre es nicht möglich, überlegte er später, dass ähnliche langsame und graduelle Prozesse wesentliche biologische Veränderungen bei der Entstehung von Arten hervorrufen könnten? Darwin war jedoch nicht der Erste, der die Vorstellung einer allmählichen Veränderung von Organismen im Laufe der Erdzeitalter äußerte.

22.1.3 Lamarcks Evolutionstheorie

Im 18. Jahrhundert vertraten mehrere Naturforscher (darunter auch Darwins Großvater, Erasmus Darwin) die Ansicht, das Leben auf der Erde habe sich parallel zu verschiedenen größeren Umweltveränderungen entwickelt. Doch nur einer von Charles Darwins Vorgängern schlug einen Mechanismus vor, *auf welche Weise* sich die Organismen im Lauf der Zeit verändert haben könnten: der französische Botaniker und Zoologe Jean-Baptiste Lamarck (1744–1829). Leider bringt man heute Lamarck weniger mit seiner visionären Entdeckung in Verbindung, dass evolutionäre Veränderung der Grund für die Unterschiede von Fossilien ist und diese in Zusammenhang mit bestimmten Umweltbedingungen erklärt werden können, sondern eher mit dem heute nicht mehr akzeptierten Mechanismus, den er vorschlug, um solche Evolutionsprozesse zu erklären.

Lamarck veröffentlichte seine Theorie im Jahr 1809, dem Geburtsjahr Darwins. Durch den morphologischen und anatomischen Vergleich heute lebender Arten mit fossilen Formen hatte Lamarck mehrere Abstammungsreihen entdeckt – jede eine eigene chronologische Reihe von älteren zu jüngeren Fossilien, die schließlich zu einer heute rezenten Art führt. Er erklärte seine Beobachtungen mithilfe zweier Prinzipien. Das erste Prinzip war dasjenige von *Gebrauch und Nichtgebrauch*, die Vorstellung, dass intensiv genutzte Teile des Körpers größer und stärker werden, während andere, die nicht gebraucht werden, verkümmern. Als Beispiel führte er die Giraffe an, die ihren Hals immer weiter streckt, um die Blätter in den höchsten Baumkronen zu erreichen. Das zweite Prinzip, die *Vererbung erworbener Eigenschaften*, besagte, dass ein Organismus diese Anpassung an seine Nachkommen weitergeben könne (Abbildung 22.4). Der lange, muskulöse Hals heutiger Giraffen, argumentierte Lamarck, habe sich über viele Generationen hinweg entwickelt, als die Giraffen ihren Hals immer höher reckten. Man bezeichnet diese Theorie als **Lamarckismus**.

Abbildung 22.4: Erworbene Eigenschaften sind nicht vererbbar. Dieser Bonsaibaum wurde durch Formschnitte zum Zwergwuchs gezwungen. Samen dieses Baums wachsen jedoch zu Bäumen normaler Größe heran.

MERKE!

Die beiden Prinzipien des Lamarckismus sind dasjenige von „Gebrauch und Nichtgebrauch" sowie das der „Vererbung erworbener Eigenschaften".

Lamarck nahm zudem an, Evolution finde statt, da Organismen einen inneren Drang nach höherer Komplexität und Vervollkommnung besäßen. Bereits Darwin wies diese Vorstellung zurück. Auch widerspricht dieser Mechanismus unserem heutigen Verständnis der Genetik. Leider kannte Darwin die Ergebnisse der experimentellen Untersuchungen Mendels und seine hieraus gezogenen Schlussfolgerungen nicht (siehe Kapitel 14), wie im Übrigen auch die meisten Wissenschaftler seiner Zeit von Mendels Experimenten nichts wussten oder sie ignorierten. Dies ist besonders bedauerlich, denn dieses Wissen hätte Darwin hervorragende Argumente für seine Theorien liefern können! Umso erstaunlicher ist, dass Darwin trotz der damaligen unklaren Vorstellungen über die Vererbungsmechanismen, die nicht mit seinen Theorien harmonierten, dennoch richtige Schlussfolgerungen gezogen hat.

Von seinen Zeitgenossen, allen voran Cuvier, der jede Vorstellung einer Evolution von Arten kategorisch ablehnte, wurde Lamarck verleumdet und verspottet. Im Rückblick gebührt Lamarck jedoch große Anerkennung für seine Erkenntnis, dass sich die Anpassung von Organismen an ihre Umwelt durch allmähliche evolutive Veränderungen erklären lässt, und für die erstmalige Formulierung einer Theorie zur Erklärung dieser Veränderung.

VERSTÄNDNISFRAGEN

1. Wie beeinflussten Huttons und Lyells Vorstellungen Darwins Gedanken zu der Entwicklung der Organismen über lange Zeiträume?

2. WAS WÄRE, WENN? In Kapitel 1 haben Sie gelesen, dass wissenschaftliche Hypothesen überprüfbar und widerlegbar (falsifizierbar) sein müssen. Wenn Sie diese Kriterien anwenden, können dann Cuviers Erklärung der Fossilbefunde und Lamarcks Evolutionshypothese wissenschaftlichen Kriterien standhalten?

22.2 Evolutionstheorie: Gemeinsame Abstammung, Variationen zwischen den Individuen und natürliche Selektion erklären die vielfältigen Anpassungen von Organismen

Zu Beginn des 19. Jahrhunderts nahm man allgemein an, sämtliche Arten seien seit ihrer „Erschaffung" unverändert geblieben. Zwar kamen bei manchen Wissenschaftlern einige Zweifel an dieser Unveränderlichkeit der Arten auf, doch niemand konnte die Entwicklung vorausahnen, die bald eintreten sollte.

22.2.1 Darwins Feldforschung

Charles Darwin (1809–1882) wurde in Shrewsbury im Westen Englands geboren. Schon als Junge interessierte er sich brennend für die Natur. Wenn er keine Naturkundebücher las, fischte und jagte er oder sammelte Insekten, dabei vorzugsweise Käfer. Darwins Vater, ein Arzt, konnte sich für seinen Sohn keine Zukunft als Naturforscher vorstellen und schickte ihn zum Medizinstudium nach Edinburgh. Charles interessierte sich jedoch nicht für Medizin und vor allem die chirurgischen Eingriffe – man kannte damals noch keine Narkosemittel – fand er abschreckend. Er brach sein Medizinstudium ab und schrieb sich an der Universität von Cambridge ein, um Pfarrer zu werden. (Zu seiner Zeit gehörten in England viele Naturforscher dem Klerus an.)

In Cambridge bekam Darwin Kontakt zu John Henslow, einem Professor der Botanik. Bald nach Darwins erfolgreichem Abschluss seines Studiums am Christ College der Universität Cambridge empfahl ihn Henslow einem Kapitän namens Robert Fitzroy, der gerade das Forschungsschiff HMS *Beagle* auf eine fünfjährige Expedition vorbereitete. Darwin musste seine Reise selbst finanzieren und dem jungen Kapitän als Gesprächspartner dienen. Fitzroy akzeptierte Darwin nicht nur wegen seiner Bildung, sondern auch, da sie beide im gleichen Alter waren und aus derselben sozialen Schicht stammten.

Die Reise mit der HMS *Beagle* Im Dezember 1831 begann seine Reise an Bord der HMS *Beagle*. Die wichtigste Mission der Reise war es, kaum bekannte Abschnitte der südamerikanischen Küste (Patagonien und Feuerland) zu kartieren (Abbildung 22.5). Während die Schiffsbesatzung die

Küste vermaß, verbrachte Darwin die meiste Zeit an Land und beobachtete und sammelte Tausende von südamerikanischen Pflanzen- und Tierarten. Besonders interessierte er sich für die Anpassungen, die es den Pflanzen- und Tierarten ermöglichten, in so unterschiedlichen Lebensräumen wie den feuchten Regenwäldern Brasiliens, den ausgedehnten Grassteppen Argentiniens (Pampas) und den hoch aufragenden Gipfeln der Anden zu überleben.

Darwin stellte fest, dass die Pflanzen- und Tierarten in den gemäßigten Regionen von Südamerika Arten aus den südamerikanischen Tropen mehr ähneln, als Arten, die in den gemäßigten Regionen von Europa vorkommen. Und auch die Fossilien, die er fand, waren, selbst wenn sie sich deutlich von heute lebenden Arten unterschieden, eindeutig südamerikanischen Ursprungs und ähnelten eher den heutigen Lebensformen dieses Kontinents.

Auf seiner Reise beschäftigte Darwin sich auch intensiv mit der Geologie. Trotz wiederholter Anfälle von Seekrankheit las er an Bord der *Beagle* mit großem Interesse Lyells *Principles of Geology*. Zudem erlebte er auch geologische Veränderungen aus erster Hand, zum Beispiel, als ein heftiges Erdbeben die chilenische Küste bei Valdivia erschütterte. Später stellte er dann fest, dass sich dabei die Gesteinsformation längs der Küste um mehrere Zentimeter gehoben hatte. Als Darwin schließlich hoch oben in den Anden auf Fossilien von Meeresorganismen stieß, kam er zu dem Schluss, dass sich das fossilienhaltige Gestein durch eine ganze Reihe ähnlicher geologischer Prozesse bis in diese Höhe gehoben haben müsse. Seine Beobachtungen bestätigten das, was er in Lyells Buch gelernt hatte: Die geophysikalischen Belege stützen die traditionelle Sicht von einer statischen, nur wenige tausend Jahre alten Erde nicht.

Darwins Interesse an der geografischen Verbreitung von Pflanzen- und Tierarten wurde durch einen Besuch auf den Galápagos-Inseln, einer vulkanischen Inselgruppe in der Nähe des Äquators rund 900 km vor der südamerikanischen Küste, weiter gestärkt. Darwin war von den hier vorkommenden Organismenarten fasziniert. Zu den Vögeln, die er auf den Galápagos-Inseln sammelte, gehörten verschiedene finkenähnliche Vogelarten, von denen er annahm, dass sie trotz großer Ähnlichkeit zu unterschiedlichen Arten gehören. Einige Arten kamen nur auf bestimmten Inseln vor, während andere auf zwei oder mehr benachbarten Inseln lebten. Obwohl diese Vogelarten der Galápagos-Inseln jenen auf dem südamerikanischen Festland ähnelten, kamen die meisten Arten nur hier und nirgendwo sonst vor. Darwin nahm daher an, die Galápagos-Inseln müssen von Arten kolonisiert worden sein, die ursprünglich aus Südamerika stammten und sich dann weiterentwickelt und in verschiedene neue Arten auf einzelnen Inseln aufgespalten haben.

Darwins Fokussierung auf das Phänomen der Anpassung Auf seiner Reise mit der *Beagle* beobachtete Darwin viele Beispiele für Anpassungen (**Adaptationen**), Merkmale und Eigenschaften von Arten, die ihre Überlebens- und Fortpflanzungschancen in einem bestimmten Lebensraum dadurch verbessern. Später, als er seine Beobachtungen analysierte, wurde ihm klar, dass es sich bei

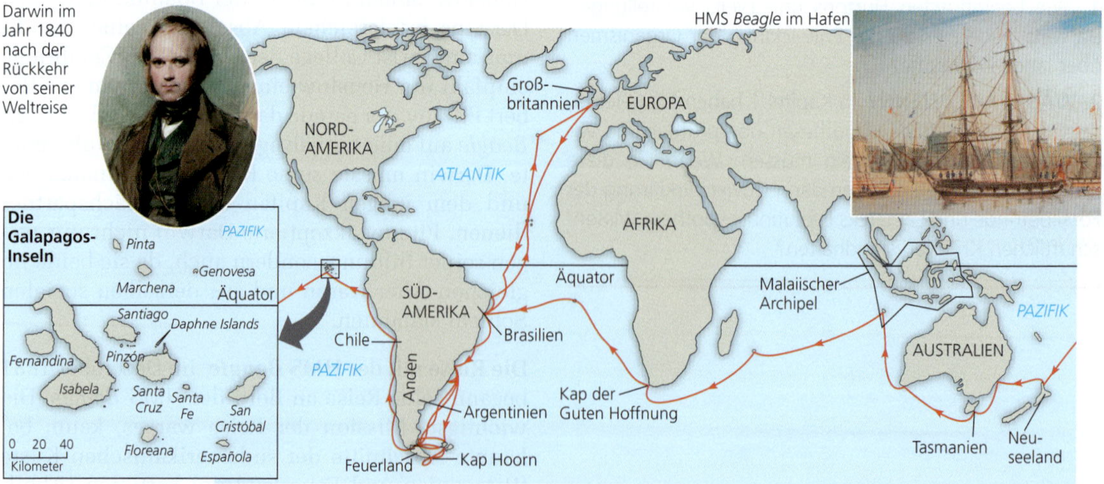

Abbildung 22.5: **Die Reise der HMS Beagle (Dezember 1831–Oktober 1836).**

den Anpassungen an bestimmte Umweltfaktoren und dem Entstehen neuer Arten um zwei eng miteinander verknüpfte Prozesse handeln müsste. Konnte sich aus einer Art durch allmähliche Veränderung von Anpassungen an eine andere Umweltsituation eine neue Art entwickeln? Aus Untersuchungen, die Jahre nach Darwins Reise durchgeführt wurden, ging hervor, dass genau dies bei den verschiedenen Gruppen der Darwinfinken der Fall ist. Bei den unterschiedlichen Schnabelformen und Verhaltensweisen der Darwinfinken handelt es sich um Anpassung an die verschiedenen Nahrungsquellen, die sie auf den Inseln, die sie besiedeln, vorfinden (Abbildung 22.6). Darwin erkannte, dass es für das Verständnis von Evolutionsvorgängen entscheidend war, solche Adaptationen zu verstehen. Seine Erklärung für die Entstehung von Anpassungen konzentrierte sich auf die natürliche Auslese oder **natürliche Selektion**, einen Prozess, bei dem Individuen mit bestimmten erblichen Merkmalen mehr Nachkommen haben als Individuen mit anderen Merkmalen.

Im Juni 1858 erhielt Darwin ein Manuskript von Alfred Russel Wallace (1823–1913), einem britischen Naturforscher, der unter anderem in Indonesien arbeitete und eine eigenständige Theorie der natürlichen Selektion entwickelt hatte, die derjenigen Darwins sehr nahe kam. Wallace bat Darwin, seinen Artikel kritisch zu beurteilen und ihn an Lyell weiterzuleiten, falls er verdiene, veröffentlicht zu werden. Darwin kam dieser Bitte nach und schrieb an Lyell: „Ihre Worte haben sich mit allem Nachdruck bewahrheitet … ich habe noch nie eine solch' verblüffende Übereinstimmung gesehen … all meine Originalität, wie groß sie auch sein mag, wird hierdurch zerstört." Am 1. Juli 1858 legten Lyell und ein Kollege der Linnean Society of London Wallaces Artikel zusammen mit einem Auszug aus Darwins unveröffentlichter Abhandlung aus dem Jahr 1844 vor. Daraufhin vollendete Darwin sein Buch mit dem Titel *On the Origin of Species by Means of Natural Selection* (Die Entstehung der Arten durch natürliche Zuchtwahl) und veröffentlichte es im darauf folgenden Jahr.

22.2.2 Die Entstehung der Arten

In seinem Buch entwickelte Darwin die Theorie, dass alle Organismen durch einen kontinuierlichen Verzweigungsprozess von gemeinsamen Vorfahren abstammen und dass die Veränderung von Merkmalen und Eigenschaften auf einer natürlichen Auslese beruht.

Abstammung mit Modifikation In der ersten Ausgabe von *Die Entstehung der Arten* verwendet Darwin den Begriff Evolution überhaupt nicht (wenngleich auch das letzte Wort in diesem Buch „evolved" lautet). Vielmehr spricht er von *descent with modification*, eine Umschreibung, die seine Sichtweise der Entwicklung der Organismenarten zusammenfasst. Darwin erkannte die Ähnlichkeiten einzelner Arten, die er auf die Abstammung eines gemeinsamen Vorfahren zurückführte, der in ferner Vergangenheit gelebt hatte. Da die Nachkommen eines solchen Vorfahren über viele Millionen Jahre in verschiedenen Lebensräumen unter ganz unterschiedlichen Selektionsdrucken der Umwelt lebten, mussten sie sich nach seiner Argumentation den dortigen Umweltgegebenheiten über spezifische Adaptationen anpassen. Nur diejenigen, denen dies gelang, könnten überleben und für eine Nachkommenschaft sorgen. Im Verlauf langer Zeitperioden, so Darwin, hatte sich auf diese Weise durch Artbildung (Speziation) eine große biologische Vielfalt entwickeln können.

(a) Kaktusfresser. Der lange, scharfe Schnabel dieses Kaktusgrundfinks (*Geospiza scandens*) ist bestens dazu geeignet, Kaktusblüten abzuzupfen und die Blüten sowie das Kaktusfleisch zu fressen.

(b) Insektenfresser. Der Waldsängerfink (*Certhidea olivacea*) setzt seinen schmalen, spitzen Schnabel zum Fang von Insekten ein.

(c) Samenfresser. Der Großgrundfink (*Geospiza magnirostris*) hat einen kräftigen Schnabel, mit dem er auf den Boden gefallene Samen knacken kann.

Abbildung 22.6: **Drei Beispiele für Schnabelformen bei Galapagos-Finken.** Die Galapagos-Inseln beherbergen mehr als ein Dutzend eng miteinander verwandter Finken, von denen man einige Arten nur auf einer einzigen Insel findet. Auffällig sind die unterschiedlichen Schnabelformen, die an ihre jeweils unterschiedlichen Futterressourcen angepasst sind.

Darwin verglich die Geschichte der Artbildung mit einem Baum, bei dem von einem gemeinsamen Stamm zahlreiche Äste abgehen, die sich immer weiter bis in die dünnsten Zweigspitzen verzweigen. Die Zweigspitzen stellen die Artenvielfalt (Biodiversität) der Organismen dar, die heute leben. Jede Gabelung des Baumes repräsentiert einen gemeinsamen Vorfahren der weiteren Evolutionslinien, die von diesem Punkt ausgehen. Wie im Stammbaum in Abbildung 22.7 ähneln sich nah verwandte Arten wie Afrikanischer und Asiatischer Elefant stark, da sie sich nur einen gemeinsamen Vorfahren teilen. Beachten Sie, dass im Lauf der letzten 30 Millionen Jahre insgesamt sieben verschiedene Säugetierlinien, die mit den Elefanten verwandt waren, ausgestorben sind. Infolgedessen gibt es keine rezente Art, die die Lücke zwischen den Elefanten und ihren heutigen nächsten Verwandten, den Seekühen (*Sirenia*) und Schliefern (*Hyracoidea*), füllt. Tatsächlich sind viele – darunter einige bedeutende – Zweige in der Evolution Sackgassen: Wissenschaftler nehmen an, dass mehr als 99 Prozent aller Arten, die jemals gelebt haben, heute ausgestorben sind.

MERKE!

Darwin entwickelte die Theorie, dass alle Organismen durch einen kontinuierlichen Verzweigungsprozess von gemeinsamen Vorfahren abstammen und dass die Veränderung von Merkmalen und Eigenschaften auf einer natürlichen Auslese beruht.

Bei seinen Bemühungen, alle zu seiner Zeit bekannten Organismenarten zu klassifizieren, war Linné aufgefallen, dass sich einige von ihnen stärker ähnelten als andere, doch er hatte diese Ähnlichkeit nicht mit einem Evolutionsgeschehen in Verbindung gebracht. Dennoch hatte er erkannt, dass die große Vielfalt der Organismen in „Gruppen einander untergeordneter Gruppen" (Darwins Formulierung) eingeordnet werden können. Linnés System passte gut zu Darwins Hypothese. Für Darwin spiegelte die Linné'sche Hierarchie die Geschichte des verzweigten Stammbaums des Lebens wider, wobei Organismenarten auf den verschiedenen hierarchischen Ebenen durch ihre Abstammung von gemeinsamen Vorfahren miteinander verwandt sind.

Natürliche Selektion, künstliche Selektion und Anpassung Darwin schlug den Mechanismus der natürlichen Selektion vor, um das allgemein erkennbare Muster der Evolution zu erklären. Er formulierte seine Argumente sorgfältig, um selbst skeptische Leser zu überzeugen. Zunächst diskutierte er bekannte Beispiele selektiver Züchtungen bei Pflanzen und Tieren. Menschen haben Haus- und Nutztiere sowie Garten- und Nutzpflanzen im Verlauf vieler Generationen modifiziert, indem sie einzelne Individuen selektiv ausgewählt, weiter vermehrt oder sogar gekreuzt haben, bis sie die gewünschten Eigenschaften aufwiesen – dies bezeichnet man als **künstliche Selektion** (Abbildung 22.8). Infolge dieser künstlichen Selektion weisen Feldfrüchte sowie bestimmte Nutz- und Haustiere oft nur noch wenig Ähnlichkeit mit ihren Wildtaxa auf.

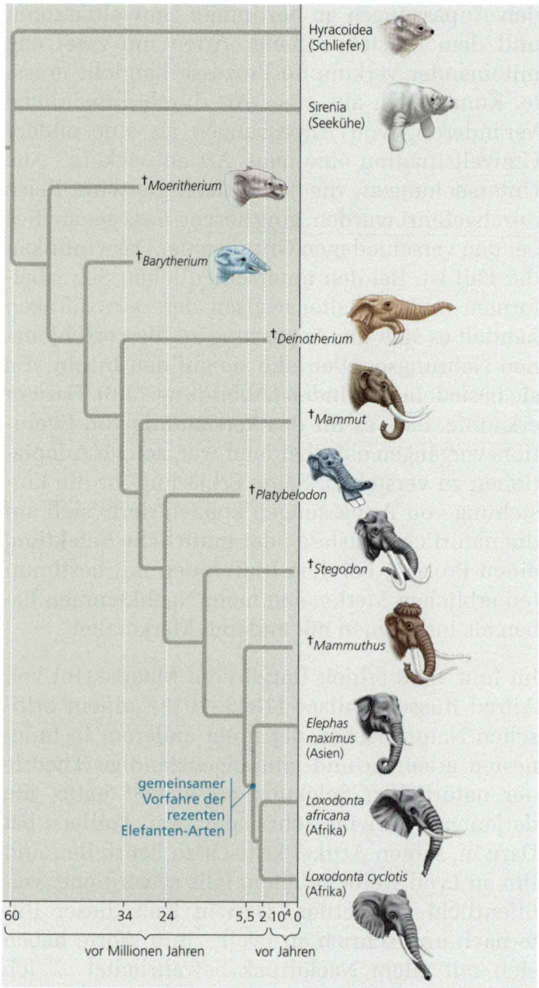

Abbildung 22.7: Abstammung und Veränderungen. Dieser Stammbaum der Elefanten und ihrer nächsten Verwandten basiert vorwiegend auf Fossilfunden, wobei ihre Anatomie, die Reihenfolge ihres Auftretens in den Gesteinsschichten und ihre geografische Verbreitung berücksichtigt wurden. Beachten Sie, dass die meisten Stammlinien mit dem Aussterben der betreffenden Gruppe endeten (Markierung mit Kreuz-Symbol †). *(Die Zeitskala ist nicht maßstabsgerecht wiedergegeben.)*

Abbildung 22.8: Künstliche Selektion. Diese verschiedenen Kohlsorten sind alle aus einem Wildkohl (*Brassica oleracea oleracea*) hervorgegangen. Durch die gezielte Selektion von Individuen, die besondere Eigenschaften in bestimmten Bereichen der Pflanze aufweisen, haben Züchter diese unterschiedlichen Ergebnisse erzielt. Wildkohl kommt in Deutschland nur noch auf Helgoland vor und wächst dort in den Felsen (Helgoländer Klippenkohl).

Schlussfolgerung 1: Nicht alle Nachkommen können überleben, da die Kapazität eines Lebensraumes begrenzt ist; somit überlebt nur ein Bruchteil der Nachkommenschaft.

Schlussfolgerung 2: Das Überleben einzelner Individuen erfolgt zumeist nicht rein zufällig: Individuen, deren ererbte Merkmale ihnen eine größere Chance verleihen, in einer bestimmten Umwelt zu überleben, haben einen größeren Fortpflanzungserfolg als andere Individuen, die nicht so gut angepasst sind (Abbildung 22.9).

Schlussfolgerung 3: Dieser unter einer natürlichen Selektion stehende ungleiche Fortpflanzungserfolg der Individuen einer Population führt im Lauf von Generationen zur Anhäufung solcher vererbbarer Merkmale, die unter bestimmten Umweltbedingungen den größten Fortpflanzungserfolg gewährleisten.

Darwin erkannte eine wichtige Verbindung zwischen dem Faktor „natürlicher Selektion" und der Fähigkeit von Organismen, eine Überproduktion von Nachkommen zu erzeugen. Er entwickelte diesen Gedanken, nachdem er eine Abhandlung des Ökonomen Thomas Malthus (1766–1834) gelesen hatte, der die Hypothese vertrat, ein großer Teil des menschlichen Leids – Krankheiten, Hungersnöte und Kriege – sei die unausweichliche Folge des Potenzials der menschlichen Gesellschaft, rascher zu wachsen als Nahrungsmittel und andere Ressourcen (exponentielles kontra lineares Wachstum). Darwin erkannte, dass so gut wie alle Organismenarten mehr Nachkommen erzeugen als letztlich überleben können. Von den vielen gelegten Eiern, geborenen Jungtieren und ausgebreiteten Samen beendet nur ein winziger Bruchteil seine Entwicklung und kann selbst wieder für eine eigene Nachkommenschaft sorgen. Die übrigen werden gefressen, verhungern, erkranken, finden keinen Geschlechtspartner oder sind nicht in der Lage, die abiotischen Bedingun-

Abbildung 22.9: Variabilität in einer Population. Morphologische Unterschiede der Gehäuse der Schnirkelschnecke *Cepaea nemoralis*. Individuen mit besser an die jeweiligen Umweltbedingungen angepassten Farb- und Zeichenmustern haben eine größere Überlebenschance und einen höheren Fortpflanzungserfolg. Soweit diese Muster eine genetische Grundlage haben, werden sich besser angepasste Muster in der Population anhäufen.

gen ihres Lebensraums wie Temperatur, Trockenheit oder Salzgehalt zu tolerieren.

Die Eigenschaften eines Organismus haben zwar Einfluss auf seine eigene Leistungsfähigkeit. Viel größer ist jedoch die Bedeutung der Weitergabe dieser vererbbaren Eigenschaften an die Nachkommen und der adaptive Wert dieser Eigenschaften, damit die Nachkommen mit den Herausforderungen ihrer Umwelt besser fertig werden können. Wenn solche vorteilhaften Anpassungen zu einer größeren Anzahl von Nachkommen führen, die überleben und sich ihrerseits fortpflanzen können, dann werden diese günstigen Eigenschaften von Generation zu Generation vermehrt auftreten. Auf diese Weise kann die natürliche Selektion, die durch Faktoren wie Feinddruck, Nahrungsmangel oder ungünstige abiotische Bedingungen wirkt (genauso aber auch durch positive Interaktionen), im Lauf der Zeit den Anteil günstiger Merkmale und Eigenschaften in dieser Population erhöhen.

Wie rasch erfolgen solche Veränderungen? Wenn künstliche Selektion in relativ kurzer Zeit zu erheblichen Veränderungen in der Morphologie einzelner Arten führen kann, argumentierte Darwin, dann sollte die natürliche Selektion ebenso in der Lage sein, Arten im Verlauf von vielen hundert Generationen wesentlich zu verändern. Selbst wenn die Vorteile einiger erblicher Merkmale gegenüber anderen nur gering sind, werden sich vorteilhafte Anpassungen allmählich in der Population ansammeln und weniger günstige Eigenschaften werden seltener werden. Im Lauf der Zeit erhöht dieser Prozess die Frequenz von Individuen mit günstigen Eigenschaften und verbessert dadurch die Anpassung zwischen Organismen und ihrer Umwelt.

Die natürliche Selektion: Eine Zusammenfassung Lassen Sie uns die Hauptideen der natürlichen Selektion rekapitulieren:

- Natürliche Selektion ist ein Prozess, in dem Individuen mit bestimmten erblichen Merkmalen häufiger überleben und sich fortpflanzen als andere Individuen.
- Im Lauf der Zeit kann die natürliche Selektion zur immer besseren Anpassung zwischen Organismen und ihrer Umwelt führen (Abbildung 22.10).
- Wenn sich die Umweltbedingungen an Ort und Stelle oder durch Kolonisation eines anderen Lebensraumes verändern, kann die natürliche Selektion zu neuen Anpassungen führen. Unter bestimmten Bedingungen (zum Beispiel bei geografischer Separation und unter langen Zeiträumen) können neue Arten entstehen.

(a) Blütenähnliche Gottesanbeterin aus Malaysia (*Hymenopus coronatus*)

(b) Zweigähnliche Gottesanbeterin aus Afrika (*Popa undata*)

Abbildung 22.10: Tarnung als Beispiel für eine evolutive Anpassung. Verwandte Arten dieser Insekten (Gottesanbeterinnen, Mantiden) weisen ganz unterschiedliche Farben und Formen auf, die sich in verschiedenen Umwelten entwickelt haben. **(a)** Orchideenmantis (*Hymenopus coronatus*), **(b)** Astmantis (*Popa undata*).

Ein erster wichtiger Gesichtspunkt ist, dass die natürliche Selektion über abiotische und biotische Umweltfaktoren auf die verschiedenen Individuen wirkt, *Individuen jedoch selbst keine Evolution durchlaufen können*. Vielmehr ist es die Population, die sich im Lauf der Zeit genetisch verändert und sich phylogenetisch weiterentwickeln kann.

Zweitens wirkt die Selektion immer auf den Phänotyp und nicht auf den Genotyp. Merkmale, die für den Phänotyp ohne Bedeutung sind, spielen für die Selektion keine Rolle. Haben diese phänotypischen Merkmale eine genetische Basis, so können sich besser angepasste Eigenschaften weitervererben.

Drittens kann die natürliche Selektion immer nur *erbliche Merkmale* fördern – Merkmale, die von den Eltern an ihre Nachkommen weitergegeben werden. Obwohl sich ein Individuum im Lauf seines Lebens über Modifikationen an seine Umwelt anpassen kann (zum Beispiel über Akklimatisation) und ihm diese erworbenen Eigenschaften sogar beim Überleben dienlich sein können, werden solche erworbenen Eigenschaften an die Nachkommen im Sinne der Mendel'schen Vererbung nicht weitergegeben. Heute werden jedoch darüber hinausgehende molekulare Mechanismen diskutiert (Epigenetik, siehe Kapitel 15).

Und viertens sollten Sie sich daran erinnern, dass sich Umweltfaktoren von Ort zu Ort und im Laufe der Zeit verändern können. Ein Merkmal, das an dem einen Ort oder zu dem einen Zeitpunkt vorteilhaft ist, kann an anderen Orten oder zu anderen Zeitpunkten nutzlos oder gar nachteilig sein. Die natürliche Selektion wirkt ständig, doch welche Merkmale und Eigenschaften begünstigt werden, hängt von der jeweiligen Konstellation der Umweltfaktoren ab.

VERSTÄNDNISFRAGEN

1. Wie erklärt die Evolutionstheorie sowohl Ähnlichkeit von Merkmalen und Eigenschaften als auch ihre Vielfalt?

2. Beschreiben Sie, wie die Überproduktion an Nachkommen und die erbliche phänotypische Variation zwischen den einzelnen Individuen zur Evolution durch die natürliche Selektion beitragen.

3. WAS WÄRE, WENN? Stellen Sie sich vor, Sie entdeckten die Fossilien einer ausgestorbenen Säugetierart, die einst hoch in den Anden lebte. Würden Sie erwarten, dass sie eher den heute lebenden südamerikanischen Säugetierarten ähnelt, die im Regenwald vorkommen, oder heute lebenden afrikanischen Säugetierarten, die im Gebirge leben? Begründen Sie Ihre Antwort.

22.3 Die Evolutionstheorie wird durch eine Vielzahl wissenschaftlicher Befunde gestützt

In seinem Werk *Die Entstehung der Arten* führt Darwin ein breites Spektrum von Befunden an, um sein Konzept von der gemeinsamen Abstammung und der ständigen Veränderung der Arten zu belegen. Dennoch gab es Fälle, wie er auch selbst eingestand, wo solche Schlüsselbefunde fehlten. Zum Beispiel bezeichnete Darwin die Entstehung der Blütenpflanzen als ein „abscheuliches Rätsel", und er beklagte das Fehlen von Fossilien, die eine Entwicklung hätten nachzeichnen können.

22.3.1 Direkte Beobachtungen evolutiver Veränderungen

Biologen haben evolutive Veränderungen verschiedenster Organismengruppen in vielen tausenden wissenschaftlichen Untersuchungen dokumentiert. Wir wollen uns in diesem Abschnitt des Buches mit solchen wissenschaftlichen Untersuchungen beschäftigen, doch zunächst möchten wir uns auf ein Beispiel konzentrieren.

Die Evolution von medikamentenresistenten Bakterien Ein Beispiel für eine gegenwärtig stattfindende natürliche Selektion, die unser eigenes Leben stark beeinflussen kann, ist die Entwicklung von medikamentenresistenten Krankheitserregern (Pathogenen). Dieses Problem tritt besonders bei Bakterien und Viren auf, die sich rasch vermehren, da sich gegen ein bestimmtes Medikament resistente Individuen schnell vermehren und ihre Zahl entsprechend zunimmt.

Die Evolution einer Medikamentenresistenz betrachten wir am Beispiel des Bakteriums *Staphylococcus aureus*. Einer von drei Menschen trägt diese Bakterien auf seiner Haut oder in der Nase, ohne dadurch Schaden zu nehmen. Einige genetische Varianten dieser Art, bekannt als Methicillin-resistente *S. aureus* (MRSA), sind allerdings sehr potente Krankheitserreger. Im letzten Jahrzehnt wurde ein alarmierender Anstieg des virulenten Klons USA300 beobachtet, der die „flesheating disease" und andere potenziell tödliche Infektionen auslöst. Wie kam es dazu, dass Klon USA300 und auch andere MRSA-Stämme so gefährlich wurden? Die Geschichte beginnt 1943, als Penicillin als das erste Antibiotikum häufig verwendet wurde. Seitdem haben Penicillin und andere Antibiotika Millionen von Menschenleben retten können. Jedoch waren bereits 1945 mehr als 20 Prozent der S. aureus-Stämme in den Krankenhäusern resistent gegen Penicillin.

Diese Bakterien verfügten über ein Enzym, die Betalactamase, welches Penicillin abbauen konnte. Darauf reagierten die Wissenschaftler mit der Entwicklung von neuen Antibiotika, die nicht von dem Enzym abgebaut wurden. Einige *S. aureus*-Populationen entwickelten daraufhin in nur wenigen Jahren gegen jedes dieser neuen Medikamente erneut Resistenzen.

Beispielsweise wurde ab 1959 von den Ärzten das sehr wirkungsvolle Methicillin verwendet, und innerhalb von zwei Jahren traten Methicillin-resistente Stämme auf. Wie entstanden diese Resistenzen? Methicillin führt zur Inaktivierung eines Proteins, das von den Bakterien zur Zellwandsynthese verwendet wird. Verschiedene *S. aureus*-Populationen wurden jedoch unterschiedlich stark durch das Medikament beeinflusst. Insbesondere konnten einige Bakterienzellen (Individuen) ihre Zellwand mithilfe eines anderen Proteins synthetisieren, das nicht von Methicillin gehemmt wurde. Diese Individuen überlebten die Methicillin-Behandlungen und vermehrten sich dann stärker als die anderen Bakterienzellen. Im Lauf der Zeit kam es so zu einer starken Verbreitung von MRSA. In der Anfangsphase konnte MRSA durch Antibiotika bekämpft werden, die einen anderen Wirkungsmechanismus besaßen als Methicillin. Diese Antibiotika wurden jedoch immer weniger wirksam, da sich rasch multiple Resistenzen entwickelten, wahrscheinlich weil Bakterien Gene sowohl innerhalb einer Art als auch mit anderen Arten austauschen können. In Deutschland starben 2014 ca. 40.000 Menschen an MRSA-Infektionen.

Feinddruck und Färbung bei Guppys: Eine wissenschaftliche Untersuchung Prädatoren (Arten, die ihre Beutetiere töten, um sich von ihnen zu ernähren) spielen häufig eine Schlüsselrolle, wenn es um die Evolution von Schutz- und Verteidigungsmechanismen bei ihren Beutearten geht. Solche Räuber ernähren sich am ehesten von denjenigen Individuen innerhalb einer Beutepopulation, die besonders auffällig sind, nicht rasch fliehen oder sich nicht effizient verteidigen können. Die Wahrscheinlichkeit, dass sich solche Beutetiere fortpflanzen und ihre Merkmale an ihre Nachkommen weitergeben, ist demnach wesentlich geringer als bei Beutetieren, deren Eigenschaften den Prädatoren das Ergreifen erschweren.

Viele Jahre lang hat John Endler von der University of California, Santa Barbara, den Einfluss von Prädatoren auf Guppys (*Poecilia reticulata*) (Abbildung 22.11) untersucht. Guppys sind kleine Süßwasserfische, die gern im Aquarium gehalten werden. Er beobachtete, dass die Farbmusterung von Guppymännchen in Wildpopulationen in Trinidad so variabel ist, dass keine zwei Männchen völlig identisch aussehen. Diese große Variabilität in der Färbung wird von einer Reihe von Genen kontrolliert, die innerhalb von Wildpopulationen nur bei adulten Männchen exprimiert werden. Guppyweibchen fühlen sich von kräftig gefärbten Männchen besonders angezogen und wählen sie häufiger zum Geschlechtspartner als weniger bunte Männchen. Doch die kräftigen Farben, die Weibchen anziehen, machen die Männchen auch wesentlich auffälliger für Prädatoren. Wenn eine Guppypopulation daher sowohl leuchtend bunte als auch unauffälliger gefärbte Männchen enthält, können wir vorhersagen, dass Prädatoren vermutlich bevorzugt die bunten und auffälligen Farbvarianten erbeuten werden.

Endler fragte sich, wie diese Vor- bzw. Nachteile beim Anlocken von Geschlechtspartnerinnen und Fressfeinden die Farbgebung bei männlichen Guppys beeinflussen. Unter Freilandbedingungen beobachtete er, dass die Färbung von Guppymännchen offensichtlich mit dem Feinddruck korrespondiert. In Gewässern, in denen nur wenige räuberische Fischarten lebten, waren Guppymännchen signifikant bunter gefärbt als in Gewässern mit vielen Prädatoren. Ausgehend von diesen Beobachtungen stellte Endler die Hypothese auf, der intensive Feinddruck führe zu einer natürlichen Selektion unter den Guppymännchen und fördere das Merkmal „unauffälligere Färbung". Er testete seine Hypothese, indem er bunt gemusterte Guppys in ein Gewässer mit vielen Prädatoren setzte. Wie er vorausgesagt hatte, entwickelte diese Guppypopulation im Laufe der Generationenfolge eine weniger auffällige Färbung.

Abbildung 22.11: Guppys (*Poecilia reticulata*), hier mit intensiver Blaufärbung.

Ein Guppyräuber, der Zahnkärpfling *Rivulus harti*, jagt juvenile Guppys, die noch nicht ihre adulte Färbung aufweisen. Würden Guppys mit schlichterer Färbung in einen Tümpel gesetzt werden, wo Zahnkärpflinge die einzigen Prädatoren darstellten, so vermutete Endler, würden die Abkömmlinge dieser Guppys bunter gefärbt sein (weil die Weibchen bunte Männchen bevorzugen). In ihrer neuen prädatorenfreien Umgebung entwickelten sich in der Guppypopulation Männchen mit leuchtenderen Farben. Dadurch konnte demonstriert werden, dass die natürliche Selektion zu einer schnellen Evolution bestimmter Zeichnungsmuster und Farben in Wildpopulationen führen kann.

22.3.2 Fossilbelege

Wichtige Belege für die Evolutionstheorie stammen auch aus Fossilfunden. Diese zeigen, wie sich einzelne Organismenarten vergangener Erdzeitalter, die inzwischen ausgestorben sind, von den heute lebenden Arten morphologisch-anatomisch unterscheiden. Fossilien belegen auch die evolutiven Veränderungen, die in unterschiedlichen

Organismengruppen im Lauf verschiedener Erdepochen stattgefunden haben (Abbildung 22.12).

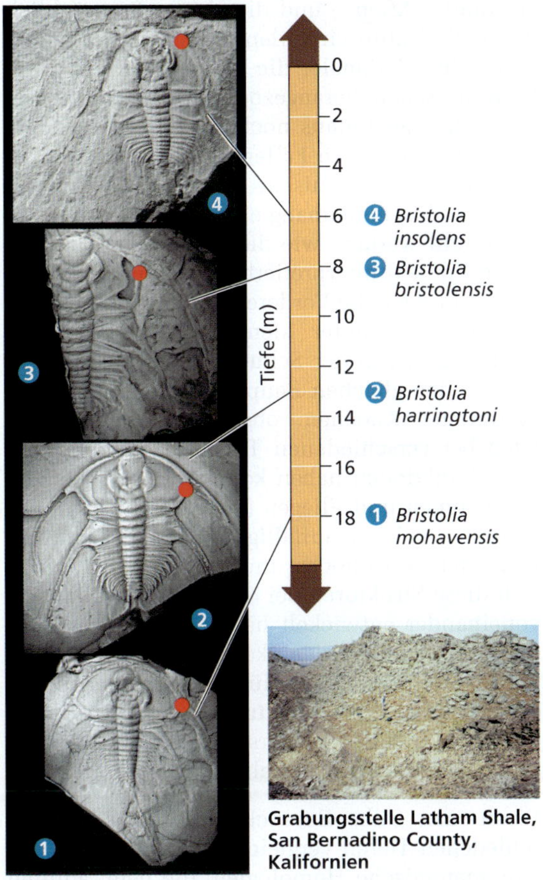

Abbildung 22.12: Fossile Belege für evolutive Prozesse innerhalb der Trilobiten (ausgestorbene Gliederfüßer).

Über längere Zeiträume dokumentieren Fossilien die Ursprünge wichtiger neuer Artengruppen. Ein gutes Beispiel sind die Fossilfunde ursprünglicher Walarten (Cetacea), der Säugetiergruppe, zu der die Bartenwale (Balaenopteroidea) und die verschiedenen Taxa der Zahnwale (Physeteroidea, Ziphioidea, Platanistoidea und Delphinoidea) gehören. Zu Letzteren werden auch die Delfine (Delphinidae) gezählt. Die ersten Walarten entstanden vor 50–60 Millionen Jahren. Die Fossilfunde sprechen dafür, dass die meisten Säugetiere vor dieser Zeit an Land lebten. Zwar hatten Wissenschaftler schon lange erkannt, dass Wale von Landtieren abstammen mussten, doch waren nur wenige Fossilien gefunden worden, die erkennen ließen, wie sich der Bau der Extremitäten bei Walen im Lauf der Zeit verändert hatte, sodass die Hinterbeine schließlich bis auf einen winzigen Rest des Beckens verloren gingen und die Vorderbeine zu Flossen umgewandelt wurden. In den letzten Jahrzehnten sind in Pakistan, Ägypten und Nordamerika jedoch einige bemerkenswerte Fossilien entdeckt worden, die den Übergang von Land- zum Wasserleben dokumentieren. Jedes der in Abbildung 22.13 gezeigten Taxa unterscheidet sich von den heute lebenden Säugetieren deutlich, einschließlich der heute lebenden Wale, und ist inzwischen ausgestorben. Gemeinsam dokumentieren diese und andere frühe Fossilien die Bildung neuer Arten und die Entstehung einer bemerkenswerten neuen Säugetiergruppe, der Cetacea.

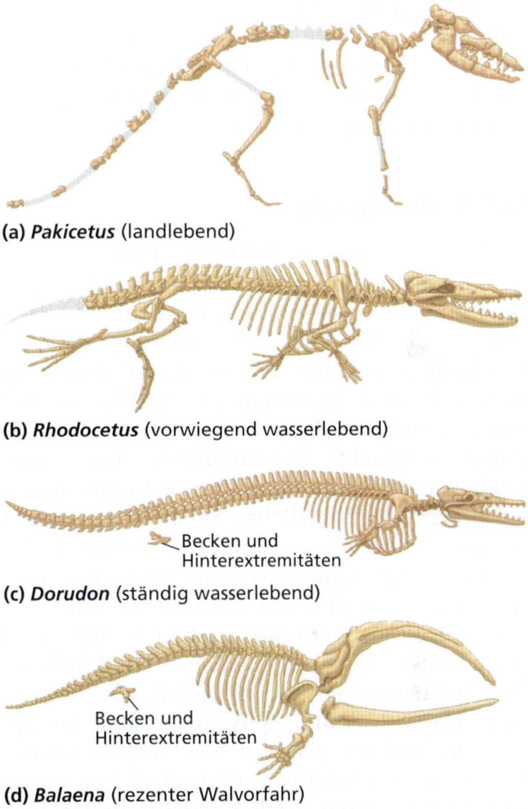

Abbildung 22.13: Übergang vom Landleben zum Wasserleben.

Die Fossilfunde zeigen nicht nur, wie sich einzelne Organismengruppen im Lauf der Erdepochen verändert haben und wann es zu Artaufspaltungen oder zum Aussterben einzelner Taxa gekommen ist (den Evolutionsverlauf), sondern es können darüber hinaus auch bestimmte Hypothesen überprüft werden, die bereits aufgrund der Ergebnisse, die mit anderen Methoden erzielt wurden, vorliegen. Aufgrund anatomischer Befunde nehmen Wissenschaftler zum Beispiel an, dass sich die ersten Landwirbeltiere aus einer Gruppe von Fischen ableiten lassen, die frühesten Taxa aus der Stammlinie der rezenten Amphibientaxa hingegen aus ursprünglichen Landwirbeltieren entstanden sind. Wenn diese Hypothesen richtig sind, lässt sich voraussagen, dass die frühesten Fischfossilien älter sind als die frühesten Fossilien von Landwirbeltieren. Ebenso lässt sich daraus ableiten, dass die frühesten Fossilien von Landwirbeltieren älter sein sollten als die frühesten Fossilien, die sich rezenten Amphibien zuordnen lassen. Diese Voraussagen lassen sich mit radioaktiven Datierungstechniken überprüfen (siehe Kapitel 25), mit deren Hilfe man das Alter von Fossilien sehr genau bestimmen kann. Bisher haben sich viele dieser Vorhersagen bewahrheitet, was dafür spricht, dass einerseits die Hypothesen über die evolutiven Prozesse in sich logisch sind, andererseits die Methoden und Analysen, die für das Aufzeigen stammesgeschichtlicher Verwandtschaftsverhältnisse herangezogen werden, gut gewählt und aussagekräftig sind.

22.3.3 Homologie

Die Evolutionstheorie wird ferner durch die Analyse von morphologischen, aber auch physiologischen und verhaltensbiologischen Ähnlichkeiten gestützt, die bei einer vergleichenden Analyse innerhalb bestimmter Artengruppen aufgezeigt werden können. Evolution ist ein Prozess, bei dem sich einzelne Merkmale, die bei einem in der Stammesgeschichte ursprünglichen Taxon vorhanden sind, im Laufe größerer Zeiträume durch den Prozess der natürlichen Selektion verändern können. Infolgedessen weisen nah verwandte Arten identische Strukturelemente innerhalb ihres Bauplans auf, auch wenn diese inzwischen ganz andere Aufgaben erfüllen und zum Teil auch völlig anders aussehen können. Grundsätzliche Übereinstimmungen von Organen, Organsystemen, Körperstrukturen, physiologischen Prozessen oder Verhaltensweisen, die aufgrund eines gemeinsamen evolutiven Ursprungs bei unterschiedlichen systematischen Taxa auftreten und auf derselben genetischen Information beruhen, bezeichnet man als **Homologien**.

MERKE!

Grundsätzliche Übereinstimmungen von Organen, Organsystemen, Körperstrukturen, physiologischen Prozessen oder Verhaltensweisen, die aufgrund eines gemeinsamen evolutiven Ursprungs bei unterschiedlichen systematischen Taxa auftreten und auf derselben genetischen Information beruhen, bezeichnet man als Homologien.

Anatomische und molekulare Homologien Das Verständnis der Evolution als einen Prozess der Veränderung morphologischer, physiologischer und verhaltensbiologischer Merkmale im Laufe der Stammesgeschichte führt zu der Hypothese, dass nah verwandte Arten mehr homologe Merkmale aufweisen sollten als weiter entfernt verwandte Arten – und dies ist auch tatsächlich der Fall. Natürlich teilen sich nah verwandte Arten die Merkmale, die zur Feststellung ihrer Verwandtschaft herangezogen wurden, doch sie teilen darüber hinaus noch viele weitere andere Merkmale. In vielen Fällen kann erst durch eine vergleichend-anatomische Analyse der phylogenetische Zusammenhang einer Gruppe von Arten hergestellt werden, wie diese in einem evolutionären Kontext interpretiert werden müssen. Zum Beispiel zeigen die Vorderextremitäten sämtlicher Säugetiere, darunter Mensch, Katze, Wal und Fledermaus, von der Schulter bis zu den Fingerspitzen den gleichen Bauplan in der Anordnung bestimmter Knochen, obgleich diese Extremitäten bei verschiedenen Taxa ganz unterschiedliche Funktionen haben können: Heben, Laufen, Schwimmen und Fliegen (Abbildung 22.14). Ein Auftreten solcher auffälliger anatomischer Ähnlichkeiten wäre höchst unwahrscheinlich, wenn sich diese Strukturen bei allen Arten unabhängig voneinander entwickelt hätten. Stattdessen sind die zugrunde liegenden Skelettelemente von Arm, Vorderbein, Flosse und Flügel verschiedener Säugetiere **homologe Strukturen**, die Variationen eines Grundbauplans darstellen, der bereits bei ihrem gemeinsamen Vorfahr vorhanden war.

Wenn man frühe Entwicklungsstadien bei verschiedenen Tieren vergleicht, stößt man auf weitere anatomische Homologien, die beim adulten Organismus oft nicht sichtbar sind. Zum Beispiel weisen sämtliche Wirbeltierembryonen in einem bestimmten Stadium der Entwicklung hinter dem After einen Schwanz auf sowie Strukturen, die als Kiementaschen bezeichnet werden. Diese homologen Kiementaschen entwickeln sich schließlich zu Strukturen mit sehr unterschiedlichen Funktionen, so zu den Kiemen bei Fischen und zur eustachischen Röhre (Verbindung zwischen Mittelohr und Rachen) beim Menschen und anderen Säugetieren. Auf diese Erkenntnisse stützte der Zoologe Ernst Haeckel (1834–1919) sein – in dieser strikten Form nicht mehr als gültig anerkanntes – *Biogenetisches Grundgesetz*: „Die Ontogenie ist die kurze und schnelle Rekapitulation der Phylogenie, bedingt durch die physiologischen Funktionen der Vererbung (Fortpflanzung) und der Anpassung (Ernährung). Das organische Individuum wiederholt während des raschen und kurzen Laufes seiner individuellen Entwicklung die wichtigsten derjenigen Formenveränderungen, welche seine Voreltern während des langsamen und langen Laufes ihrer paläontologischen Entwicklung

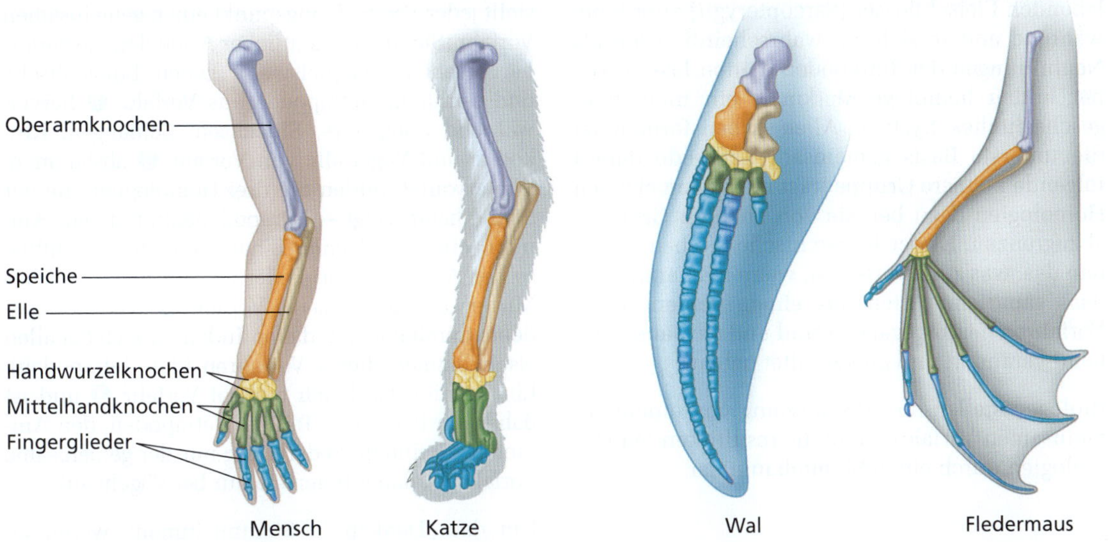

Abbildung 22.14: Säugetier-Vorderextremitäten: homologe Strukturen. Die Vorderextremitäten sämtlicher Säugetiere sind aus denselben Grundelementen aufgebaut, obwohl sie an verschiedene Funktionen angepasst sind. Ein großer Oberarmknochen (Humerus, lila) ist über zwei kleinere Knochen (Elle, Ulna, beige, und Speiche, Radius, orange) mit zahlreichen kleineren Handwurzelknochen (gelb) verbunden; diese wiederum sind über Mittelhandknochen (grün) mit den Fingergliedern (Phalangen, blau) verbunden.

nach den Gesetzen der Vererbung und Anpassung durchlaufen haben." Obwohl man an jeder Einzelformulierung dieses von Haeckel formulierten Gesetzes Kritik üben kann, ist es im Kern dennoch zutreffend.

Einige der interessantesten Homologien betreffen „übrig gebliebene" Strukturen (**Rudimente**, engl. *vestiges*, nicht *rudiments*!), die für den Organismus, wenn überhaupt, nur noch eine geringe Bedeutung haben. Diese rudimentären Organe sind verkümmerte Reste von Strukturen, die bei den Vorfahren des betreffenden Organismus wichtige Funktionen besaßen. So findet man im Skelett mancher Schlangen (zum Beispiel bei den Pythonschlangen) Reste des Beckens und der Hinterextremität ihrer vierbeinigen Vorfahren. Diese Rudimente sind im Körper verborgen und nur eine Klaue (Afterklaue) ragt zwischen den Schuppen hervor. Ein weiteres Beispiel sind die Hinterextremitäten von Walen, die ebenfalls bis auf ein Rudiment des Beckens zurückgebildet wurden. Sie haben ihre Funktion verloren, als diese Tiere vom Landleben zum Wasserleben übergingen (Abbildung 22.13). Biologen beobachten auch auf molekularer Ebene Ähnlichkeiten zwischen unterschiedlichen Organismen. Sämtliche Lebensformen nutzen dieselbe genetische Sprache von DNA und RNA, der genetische Code ist seinem Wesen nach universell (siehe Kapitel 17). Daher ist es sehr wahrscheinlich, dass alle Arten aus einem gemeinsamen Vorfahren hervorgegangen sind, der diesen Code verwendete. Doch molekulare Homologien gehen über diesen gemeinsamen genetischen Code hinaus. Beispielsweise teilen so unterschiedliche Organismen wie Menschen und Bakterien Gene, die sie von einem sehr weit entfernten gemeinsamen Vorfahren geerbt haben. Wie die Vorderextremitäten von Menschen und Walen haben auch derartige Gene häufig (aber nicht immer) unterschiedliche Funktionen erhalten.

MERKE!

Rudimentäre Organe sind verkümmerte Reste von Strukturen, die bei den Vorfahren des betreffenden Organismus wichtige Funktionen besaßen.

Homologien und das „Denken in Stammbäumen" Einige homologe Merkmale wie der genetische Code werden von allen Lebewesen geteilt, da sie bis in die Anfänge des Lebens zurückgehen. Im Gegensatz dazu kommen homologe Merkmale, die sich erst in jüngerer Zeit entwickelt haben, nur in kleineren, nah verwandten Organismengruppen vor. Nehmen wir ein Beispiel aus der Gruppe der Landwirbeltiere, Tetrapoden (gr. *tetra*, vier und *podos*, Fuß) oder Vierbeiner. Alle Tetrapoden weisen denselben grundlegenden Extremitätenbau auf, wie er in Abbildung 22.14 dargestellt ist, doch das gilt nicht für die Vorfahren der Tetrapoden, obwohl die Extremitäten aus den paarigen Flossen dieser Vorfahren entstanden sind. So lassen sich auch bestimmte Elemente der Tetrapodenextremität den paarigen Flossen der primär wasserlebenden Fleischflosser (Sarcopterygii) zuordnen, während andere sich am wahrscheinlichsten als Neubildungen der Tetrapoden deuten lassen. Daher bilden homologe Merkmale ein ineinander geschachteltes System: Allen Lebensformen ist die unterste Basis gemeinsam und jede darauf folgende kleinere Gruppe trägt mit neuen eigenen Homologien dazu bei, sie von anderen Gruppen abzugrenzen. Dieser hierarchische Aufbau ist genau das, was zu erwarten ist, wenn man annimmt, dass sämtliche Arten aus einem gemeinsamen Vorfahren hervorgegangen sind und sich anschließend verändert und aufgespaltet haben.

Biologen stellen die Abstammung von einem gemeinsamen Vorfahren und die resultierenden Homologien durch einen **Stammbaum** dar.

MERKE!

Biologen stellen die Abstammung von einem gemeinsamen Vorfahren und die resultierenden Homologien durch einen Stammbaum dar.

Abbildung 22.15 zeigt einen Stammbaum der Tetrapoden und ihrer nächsten lebenden Verwandten, der Lungenfische (Dipnoi). In diesem Diagramm stellt jeder Verzweigungspunkt einen gemeinsamen Vorfahr (Stammart) sämtlicher Arten dar, die daraus hervorgehen. Beispielsweise gehen Lungenfische und sämtliche Tetrapoden aus Vorfahr ❶ hervor, während Säugetiere, Eidechsen, Schlangen, Krokodile und Vögel alle von Vorfahr ❸ abstammen. Wie erwartet, bilden die drei Homologien, die der Stammbaum zeigt – Tetrapodenextremitäten, Amnion (eine schützende Eihaut und die Fruchtblase der Amniota) und Federn –, ein hierarchisches Muster. Der gemeinsame Vorfahr ❷ wies Tetrapodenextremitäten auf, daher finden sie sich bei allen Nachkommen dieses Vorfahren (den Tetrapoden). Ein Amnion fand sich nur bei Vorfahr ❸ und ist daher nur bei einem Teil der Tetrapoden, den Amnioten, zu finden. Federn trug nur der gemeinsame Vorfahr ❻, daher treten sie nur bei Vögeln auf.

Um das „Denken in Stammbäumen“ weiter zu vertiefen, beachten Sie, dass die Säugetiere in Abbildung 22.15 näher bei den Amphibien als bei den Vögeln stehen. Das könnte Sie zu dem Schluss verleiten, dass Säugetiere enger mit Amphibien als mit Vögeln verwandt sind. Tatsächlich sind Säugetiere jedoch enger mit Vögeln als mit Amphibien verwandt, da Säugetiere und Vögel einen jüngeren gemeinsamen Vorfahren haben

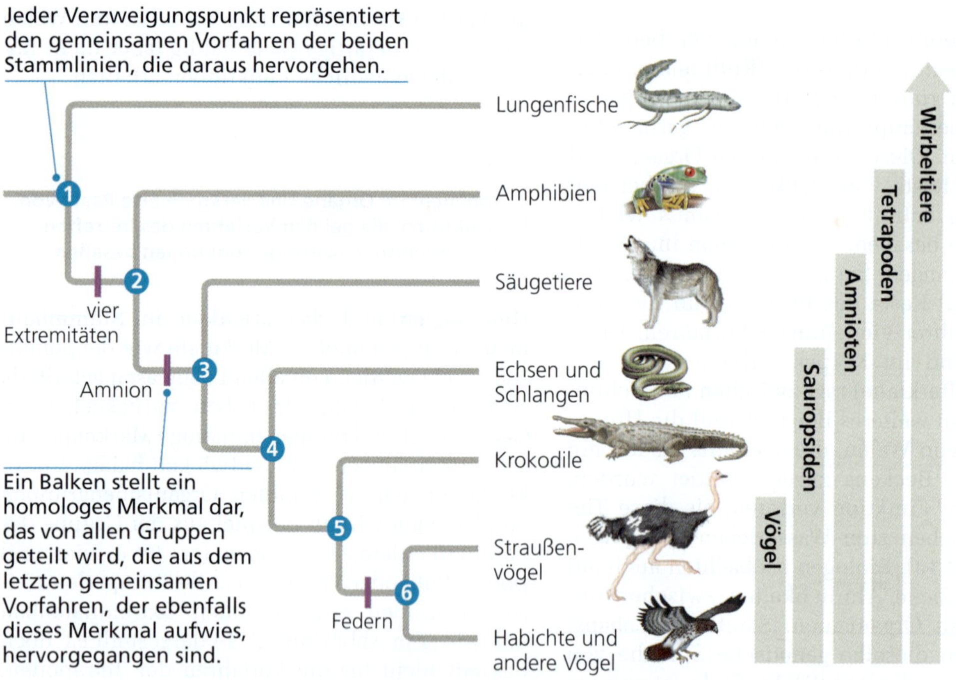

Abbildung 22.15: Denken in Stammbäumen: Welche Informationen können aus einem Stammbaum abgelesen werden? Dieser Stammbaum der Tetrapoden und ihrer engsten rezenten Verwandten, der Lungenfische, basiert auf anatomischen Daten und auf DNA-Sequenzanalysen. Die violetten Balken zeigen den Ursprung dreier wichtiger Homologien an, die sich nur jeweils einmal entwickelt haben.

? Sind Krokodile enger mit Eidechsen verwandt oder mit Vögeln? Begründen Sie Ihre Antwort.

(Vorfahr ❸) als Säugetiere und Amphibien (Vorfahr ❷). Sie zeichnen sich damit eindeutig als Vertreter der Amniota aus. Schließlich kann man jeden Baum auch um seine Äste drehen, ohne die Aussage zu verändern, das heißt, die beiden von Vorfahr ❸ ausgehenden Äste hätte man auch in umgekehrter Reihenfolge schreiben können.

Stammbäume stellen aber lediglich Hypothesen dar, die unsere gegenwärtigen phylogenetischen Kenntnisse über bestimmte Artengruppen widerspiegeln. Ob ein solcher phylogenetischer Stammbaum den wahren Gegebenheiten entspricht oder nicht, ist wie bei jeder Hypothese von den zugrunde liegenden Daten und ihrer Qualität abhängig.

MERKE!

Arten können unabhängig von ihrer systematischen Zugehörigkeit und phylogenetischen Verwandtschaft einander aus einem anderen Grund ähnlich sehen oder ähnliche Strukturen aufweisen.

Konvergente Evolution Während nah verwandte Organismen bestimmte Merkmale aufgrund ihrer gemeinsamen Abstammung teilen, können Arten unabhängig von ihrer systematischen Zugehörigkeit und phylogenetischen Verwandtschaft einander aus einem anderen Grund ähnlich sehen oder ähnliche Strukturen aufgrund **konvergenter Evolution** aufweisen. Dies ist dann der Fall, wenn ursprünglich unterschiedlich gestaltete Strukturen und Organe verschiedener Organismenarten im Laufe der Evolution durch Anpassung an die gleiche Funktion einander immer ähnlicher werden (Ausbildung von Konvergenzen). Denken Sie zum Beispiel an Beuteltiere (Marsupialia), die ganz überwiegend in Australien leben. Beuteltiere unterscheiden sich von anderen Säugetiergruppen – den Placentatieren oder Eutheria –, die in vielen anderen Regionen der Erde leben. (Placentatiere vollenden ihre Embryonalentwicklung im Uterus, während Beuteltiere als Embryonen geboren werden und ihre Entwicklung in einer äußeren Hauttasche, dem Beutel der Mutter, vollenden.) Einige australische Beuteltiere haben unter den Placentatieren „funktionelle Doppelgänger" mit ähnlichen Anpassungen. Der Kurzkopf-Gleitbeutler (*Petaurus gracilis*) zum Beispiel, ein waldbewohnendes australisches Beuteltier, sieht einem nordamerikanischen Gleithörnchen (*Glaucomys volans*), das zu den Placentatieren gehört, auf den ersten Blick sehr ähnlich (Abbildung 22.16). Der Gleitbeutler verfügt jedoch über viele andere Merkmale, die ihn als Beuteltier ausweisen, und ist viel näher mit Kängurus (Macropodidae) und anderen australischen Beuteltieren verwandt als mit Gleithörnchen und anderen Placentatieren. Obgleich sich diese beiden Arten phylogenetisch unabhängig voneinander aus verschiedenen Vorfahren entwickelten, haben sie sich in ähnlicher Weise unter vergleichbar ähnlichen Selektionsdrücken der Umwelt funktionell an ähnliche Lebensbedingungen angepasst. In solchen Fällen, in denen Arten Merkmale aufweisen, die durch eine konvergente Evolution entstanden sind, bezeichnet man diese nicht als homologe, sondern als analoge Merkmale.

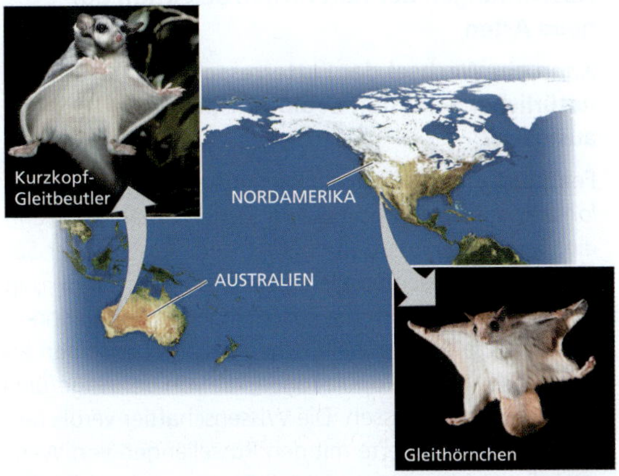

Abbildung 22.16: Konvergente Evolution. Der Kurzkopf-Gleitbeutler (*Petaurus gracilis*) ist ein Beuteltier (Marsupialia), das sich nur auf dem Inselkontinent Australien entwickelt hat. Obgleich Gleitbeutler den nordamerikanischen Gleithörnchen (zum Beispiel *Glaucomys volans*), die zu den Placentatieren gehören, äußerlich ähneln, hat sich die Fähigkeit, durch die Luft zu gleiten, bei diesen beiden entfernt verwandten Säugetiergruppen unabhängig voneinander entwickelt.

VERSTÄNDNISFRAGEN

1. Begründen Sie, warum die folgende Aussage nicht korrekt ist: „Anti-HIV-Medikamente haben beim Virus zu einer Medikamentenresistenz geführt."

2. Wie kommt es, dass die Evolution auf der einen Seite (a) phänotypisch und funktionell unterschiedliche Vorderextremitäten eng verwandter Säugetierarten hervorbringt (Abbildung 22.14) und auf der anderen Seite (b) zu phänotypisch und funktionell großen Ähnlichkeiten entfernt verwandter Säugetierarten (Abbildung 22.16) führt?

3. WAS WÄRE, WENN? Wie die Fossilbefunde zeigen, entstanden die Dinosaurier vor 200–250 Millionen Jahren. Würden Sie erwarten, dass die frühen Dinosaurierfossilien eine geografisch größere Verbreitung besaßen und auf mehreren Kontinenten zu finden waren oder dass ihre geografische Verbreitung sich eher auf ein kleines Verbreitungsgebiet (einen Kontinent oder wenige Kontinente) beschränkte? Begründen Sie Ihre Antwort.

22.3.4 Direkte Beobachtungen evolutionärer Veränderungen

Biologen haben evolutive Veränderung verschiedenster Organismengruppen in vielen Tausend wissenschaftlichen Untersuchungen dokumentiert.

Tiere, die sich von Pflanzen ernähren, werden Herbivoren genannt und zeigen häufig Anpassungen zur effizienten Aufnahme ihrer Hauptnahrungsquelle. Was passiert, wenn Herbivoren auf eine neue Nahrungsquelle wechseln?

Glasflügelwanzen bieten ein gutes Studienobjekt, um diese Frage zu beantworten (siehe Abbildung 22.17).

Abbildung 22.17: Aus der Forschung

Auswirkungen der natürlichen Selektion auf neue Arten.

Kann ein Wechsel der Futterressourcen mittels natürlicher Selektion Evolutionsprozesse auslösen?

Feldstudie Glasflügelwanzen der Art *Jadera haematoloma* können sich optimal von Samen ernähren, wenn die Länge ihres Rüssels ungefähr dem Abstand der Samen von der Fruchtschale entspricht. Scott Carroll und seine Kollegen haben die Rüssellängen in Populationen ermittelt, die sich von heimischen Ballonrebensamen ernähren, sowie von Populationen, die von der eingeführten Blasenesche fressen. Die Wissenschaftler verglichen dann diese Messwerte mit den Rüssellängen von Wanzen, die im Museum ausgestellt waren und aus beiden Regionen gesammelt worden waren, bevor dort die Blasenesche eingeführt wurde.

Ergebnis In den Populationen, die sich von der eingeführten Blasenesche ernährten, waren die Rüssellängen kürzer als in Populationen, die sich von der heimischen Pflanze ernährten, bei der die Samen tiefer in den Früchten sitzen. Die durchschnittliche Rüssellänge der beiden Museumswanzen-Populationen (markiert mit einem roten Pfeil) war ähnlich der Rüssellänge von Populationen, die sich von der heimischen Art ernährten.

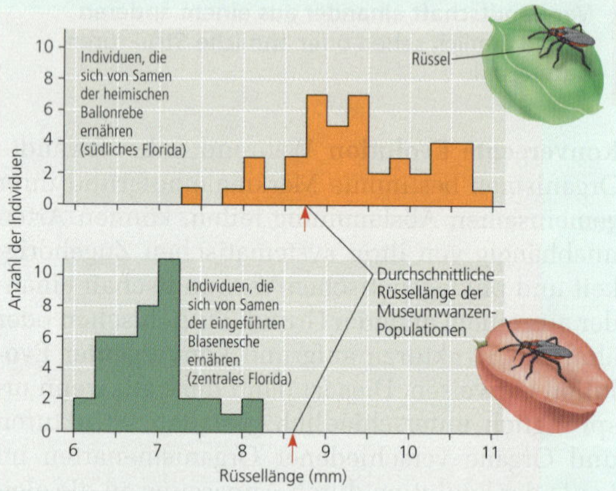

Schlussfolgerung Die Messwerte der Museumswanzen und der heutigen Wanzenpopulationen belegen, dass eine Veränderung der Nahrungsquelle einen evolutiven Prozess mittels natürlicher Selektion auslösen kann, der zu einer Anpassung der Rüssellängen an die vorhandenen Futterquellen führt.

Quelle: S. P. Carroll and C. Boyd, Host race radiation in the soapberry bug: natural history with the history, *Evolution* 46: S. 1052–1069 (1992).

? WAS WÄRE, WENN? Daten von weiteren Studien, bei denen Eier einer Wanzenpopulation, die sich von Ballonrebenfrüchten ernähren, auf Blaseneschenfrüchte übertragen wurden (und umgekehrt), zeigen, dass die Rüssellängen der adulten Insekten immer jeweils der Länge der Ursprungspopulation entsprachen. Interpretieren Sie diese Ergebnisse.

ZUSAMMENFASSUNG

Die Darwin'sche Theorie widersprach der traditionellen Ansicht, die Erde sei jung und von unveränderlichen Arten bewohnt

Darwin erklärte, dass sich die Vielfalt der Organismen durch **natürliche Selektion** aus phylogenetisch älteren Taxa entwickelt hat. Diese Annahme war eine Abkehr von den damals vorherrschenden Auffassungen.

Cuvier untersuchte **Fossilfunde**, stimmte dem Evolutionsgedanken jedoch nicht zu. Er schlug vor, dass Aussterbeereignisse durch plötzliche, abrupte Katastrophen in bestimmten Regionen auftraten.

Die beiden Geologen Hutton und Lyell erkannten, dass geologische Veränderungen der Erde über langsam und kontinuierlich wirkende Prozesse stattfinden, die in der Vergangenheit genauso wirkten, wie sie es heute noch tun.

Lamarck nahm an, dass Arten sich im Lauf der Stammesgeschichte verändern, doch die Evolutionsmechanismen, die er vorschlug, konnten nicht belegt werden.

Evolutionstheorie: Gemeinsame Abstammung, Variationen zwischen den Individuen und natürliche Selektion erklären die vielfältigen Anpassungen von Organismen

Darwins Erfahrungen auf seiner Reise mit der *Beagle* führten zu der Hypothese, dass sich neue Arten im Lauf größerer Zeiträume durch die Anhäufung spezifischer **Anpassungen** über den Prozess der natürlichen Selektion entwickeln können. Er arbeitete jahrelang an seiner Theorie und veröffentlichte sie schließlich im Jahr 1859, nachdem er erfahren hatte, dass Wallace zu demselben Schluss gekommen war.

In seinem Buch *The Origin of Species* legte Darwin seine Vorstellungen dar, dass eine gemeinsame Abstammung mit Modifikationen dazu führte, dass sich über lange Zeiträume durch die Mechanismen der **natürlichen Selektion** die große Vielfalt der Organismen entwickelte.

Die Evolutionstheorie wird durch eine Vielzahl wissenschaftlicher Befunde gestützt

Wissenschaftler haben Prozesse der natürlichen Selektion, die zur adaptiven Merkmalsevolution führten, direkt beobachtet, wie das in diesem Kapitel besprochene Beispiel der MRSA belegt.

Grundsätzliche Übereinstimmungen von Merkmalen, die aufgrund eines gemeinsamen evolutionären Ursprungs auftreten, bezeichnet man als **Homologien**. Aufgrund gleicher Selektionsdrücke können sich Arten unabhängig voneinander entwickeln und dann ähnliche Strukturen aufweisen (**konvergente Evolution**).

Fossilien dokumentieren, dass sich Taxa früherer Erdepochen von heute lebenden Organismen zum Teil deutlich unterscheiden. Viele Arten sind ausgestorben, andere haben sich über lange Zeiträume hinweg zu anderen Arten entwickelt. Fossilien belegen auch die Entstehung neuer Organismengruppen.

Die geografischen Verbreitungsmuster von Organismen können durch die Evolutionstheorie erklärt werden.

Mikroevolution: Die Evolution von Populationen

23

23.1 Genetische Variabilität ermöglicht Evolution

In seinem Werk *Die Entstehung der Arten* liefert Darwin eine Fülle von Belegen dafür, dass sich die Organismen auf der Erde im Lauf der Zeit weiterentwickelt haben, und er hielt die natürliche Selektion für die wichtigste Antriebskraft der Evolution. Darwin betonte aber auch die Bedeutung erblicher Unterschiede zwischen den Individuen. Ihm war klar, dass die natürliche Selektion keinen evolutiven Wandel bewirken konnte, wenn sich die Individuen in ihren erblichen Merkmalen nicht unterscheiden würden. Darwin konnte jedoch nicht genau erklären, wie Organismen erbliche Merkmale an ihre Nachkommen weitergeben.

Abbildung 23.1: **Verändert sich dieser Grundfink durch natürliche Selektion?**

Nur ein paar Jahre, nachdem Darwin *Die Entstehung der Arten* veröffentlicht hatte, verfasste Gregor Mendel einen bahnbrechenden Artikel über die Vererbungsvorgänge bei Erbsen (siehe Kapitel 14).

23.1.1 Genetische Variabilität

Es fällt Ihnen sicher leicht, Ihre Freunde aus einer Gruppe von Menschen zu identifizieren. Jedes Individuum (von eineiigen Zwillingen abgesehen) hat einen einzigartigen und nur bei ihm auftretenden Genotyp, der als Phänotyp in Erscheinung tritt und sich durch bestimmte Merkmale und Eigenschaften präsentiert wie charakteristische Gesichtszüge, eine bestimmte Körpergröße und eine individuelle Stimme. Solche individuellen Variationen treten bei allen Pflanzen- und Tierarten auf. Über diese morphologischen, anatomischen und auch verhaltensbiologischen Unterschiede hinaus, die wir sehen oder hören können, verfügen Pflanzen- und Tierpopulationen auch über eine erhebliche genetische Variabilität auf molekularer Ebene.

MERKE!

Nur phänotypische Merkmale und Eigenschaften, die einen genetischen Hintergrund haben, können innerhalb der Evolution wirksam werden.

Um beim Menschen zu bleiben: Bodybuilder verändern ihren Phänotyp stark, geben ihre Muskelpakete aber nicht an die nächste Generation weiter; „Sonnenanbeter" bekommen eine braune Körperfarbe, ihre Kinder kommen jedoch nicht braun gefärbt auf die Welt. Nur phänotypische Merkmale und Eigenschaften, die einen genetischen Hintergrund haben, können innerhalb der Evolution wirksam werden.

Genetische Variabilität innerhalb einer Population Merkmale, die innerhalb einer Population variieren, können qualitativer oder quantitativer Art sein. *Qualitative* oder *diskrete Merkmale* wie die rote oder weiße Blütenfarbe von Mendels Erbsenpflanzen, lassen sich auf der „entweder/oder-Basis" klassifizieren (jede Pflanze hat Blüten, die entweder purpurfarben oder weiß sind). Viele qualitative Merkmale werden von einem einzigen Genort (Genlocus) mit unterschiedlichen Allelen bestimmt, die zu verschiedenen Phänotypen führen können. Bei dem größten Teil erblicher Variabilität spielen jedoch *quantitative Merkmale* eine entscheidende Rolle, die innerhalb einer Population kontinuierlich variierende Formen und Muster ausbilden können. Eine solche auf quantitativen Merkmalen beruhende Variation resultiert dann auf dem Einfluss von zwei oder mehreren Genen (polygene Steuerung), die auf ein und dasselbe phänotypische Merkmal einwirken.

Die genetische Variabilität lässt sich als **durchschnittlicher Heterozygotiegrad** quantifizieren. Man versteht darunter den durchschnittlichen Prozentsatz der Genloci, die heterozygot („mischerbig") sind. (Erinnern Sie sich, dass ein heterozygotes Individuum für einen bestimmten Genort zwei unterschiedliche Allele aufweist, ein homozygotes Individuum hingegen zwei identische Allele besitzt.)

Genetische Variabilität zwischen Populationen Zusätzlich zur genetischen Variabilität innerhalb einer Population zeigen Arten auch eine **geografisch bedingte genetische Variabilität**, Unterschiede in der genetischen Zusammensetzung geografisch getrennter Populationen. Abbildung 23.2 zeigt die geografische Variabilität bei zwei Metapopulationen von Hausmäusen (*Mus musculus domesticus*) auf, die beide auf der vulkanischen Atlantikinsel Madeira leben, aber auf der Insel selbst durch eine Gebirgskette voneinander getrennt sind. Die Vorfahren dieser Mäuse wurden im 15. Jahrhundert vermutlich unabsichtlich von portugiesischen Siedlern eingeschleppt und seitdem haben sich mehrere Populationen geografisch separiert und genetisch auseinanderentwickelt. Wissenschaftler haben zwischen diesen separierten Metapopulationen Unterschiede im Karyotyp (Chromosomensatz) festgestellt. Bei einigen dieser Populationen fusionierten eine Reihe der ursprünglichen Chromosomen. Die Muster dieser verschmolzenen Chromosomen unterscheiden sich von einer Population zur anderen. Da diese Veränderungen auf Chromosomenniveau die Gene selber weitgehend intakt lassen, sind Auswirkungen auf den Phänotyp der Mäuse unauffällig. Daher sieht es so aus, als basieren die genetischen Unterschiede zwischen diesen Populationen nicht auf Mechanismen der natürlichen Selektion, sondern auf Mutationsereignissen gefolgt von genetischer Drift und geografischer Isolation.

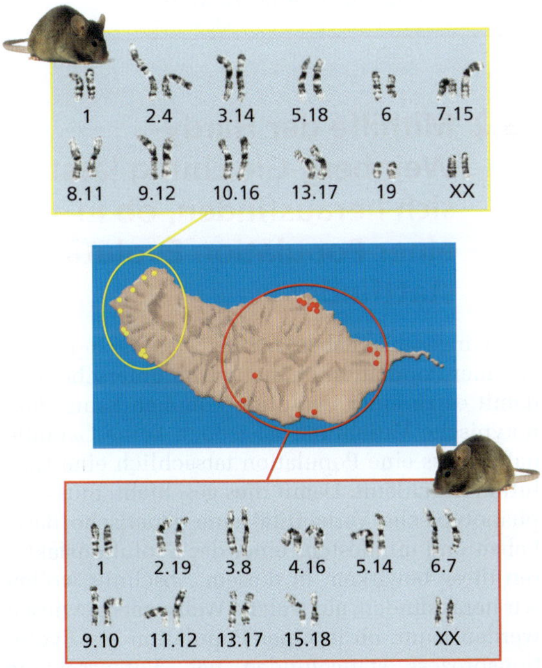

Abbildung 23.2: Genetische Variabilität bei geografisch separierten Mäusepopulationen auf Madeira. Die Zahlenpaare stellen verschmolzene Chromosomen dar. „2.4" zeigt zum Beispiel die Fusion von Chromosom 2 mit Chromosom 4 an. Mäuseindividuen in der mit gelben Punkten markierten Region weisen den im gelb umrahmten Kasten wiedergegebenen Satz verschmolzener Chromosomen auf, Mäuseindividuen in der rot markierten Region den Satz verschmolzener Chromosomen im rot umrandeten Kasten.

Andere Beispiele für eine geografisch bedingte genetische Variabilität treten in Form einer **Kline** auf, einer allmählichen Veränderung von Merkmalen parallel mit der geografischen Verbreitung. Zumeist wird eine Kline durch die entsprechende Veränderung eines oder mehrerer Umweltfaktoren hervorgerufen, zum Beispiel durch den Einfluss der Temperatur auf die Häufigkeit eines kälteadaptiven Allels beim Blaubandkärpfling (*Fundulus heteroclitus*). Klinale Variabilität, wie die in Abbildung 23.3, beruht mit großer Wahrscheinlichkeit auf einer natürlichen Selektion – anderenfalls gäbe es keinen Grund, eine enge Verbindung zwischen den selektierenden Umweltfaktoren und den Allelfrequenzen zu erwarten. Aber die Selektion kann nur dann wirken, wenn für einen bestimmten Locus zahlreiche Allele existieren. Eine solche Variabilität ist das Ergebnis von Mutationen, die wir im nächsten Abschnitt diskutieren wollen.

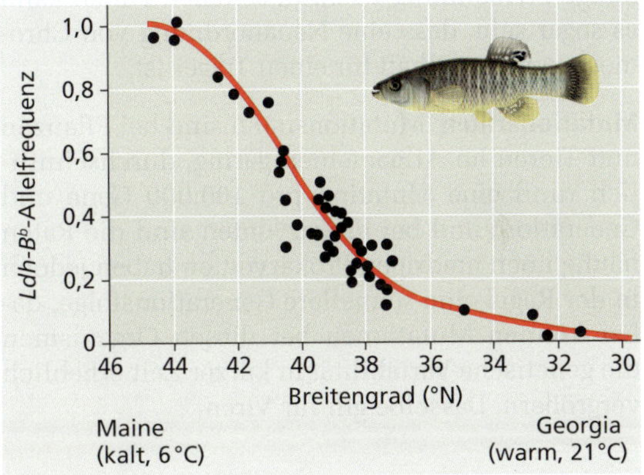

Abbildung 23.3: Eine temperaturbedingte Kline.

23.1.2 Mutation

Letztlich gehen sämtliche neuen Allele auf **Mutationen** zurück, eine Veränderung in der Nucleotidsequenz der DNA eines Organismus. Eine Mutation ist wie ein „Schuss ins Blaue" – es lässt sich nicht genau vorhersagen, welche DNA-Abschnitte verändert werden oder in welcher Weise dies geschieht. Bei vielzelligen Organismen können nur Mutationen in Zelllinien, die Gameten erzeugen, an die Nachkommen weitergegeben werden. Bei Pflanzen und Pilzen gilt diese Einschränkung so nicht, da viele verschiedene Zelllinien Gameten produzieren können (siehe Abbildungen 29.6 und 30.3). Doch bei Tieren treten die meisten Mutationen in somatischen Zellen auf und gehen verloren, wenn ihr Träger stirbt.

MERKE!

Mutationen sind Veränderungen in der Nucleotidsequenz der DNA eines Organismus.

Punktmutationen Eine Veränderung einer einzigen Base in einem Gen – eine Punktmutation – kann auf den Phänotyp einen beträchtlichen Einfluss haben oder überhaupt keinen. Deshalb ist es auch sehr unwahrscheinlich, dass eine neue Mutation, die einen Phänotyp verändert, zu einem erheblichen adaptiven Vorteil führt. Tatsächlich sind die meisten Mutationen eher von geringem Nachteil.

Chromosomen-Mutationen Chromosomenveränderungen, die viele Genorte auf einen Schlag eliminieren, voneinander trennen oder neu anordnen, sind fast immer für ihren Träger schädlich. Wenn derart weitgehende Mutationen die Funktion der Gene nicht beeinträchtigen, hat dies für den Organismus unter Umständen keine nachteiligen Wirkungen (Abbildung 23.2). In seltenen Fällen kann es sogar sein, dass eine Neuanordnung von Chromosomen vorteilhaft für einen Träger ist.

Mutationsraten Mutationsraten sind bei Pflanzen und Tieren im Allgemeinen gering, durchschnittlich rund eine Mutation pro 100.000 Gene und Generation, und bei Prokaryonten sind die Raten häufig noch niedriger. Prokaryonten haben jedoch in der Regel eine schnellere Generationsfolge, daher können Mutationen bei diesen Organismen die genetische Variabilität in kurzer Zeit erheblich vergrößern. Dasselbe gilt für Viren.

23.1.3 Sexuelle Fortpflanzung und Rekombination

Bei Individuen, die sich geschlechtlich fortpflanzen, resultiert der größte Teil der genetischen Variabilität einer Population aus der individuellen Neukombination von Allelen. Natürlich stammen sämtliche Unterschiede zwischen diesen Allelen auf der Ebene der Nucleotide von vergangenen Mutationen ab. Durch den Mechanismus der sexuellen Fortpflanzung, der die vorhandenen Allele durch Rekombination neu mischt und sie nach dem Zufallsprinzip verteilt, können individuenspezifische neue Genotypen entstehen.

Drei Mechanismen tragen zu diesem Vorgang bei: *Crossing over*, die unabhängige Anordnung von Chromosomen bei der Entstehung der Gameten und anschließend die Kombination der Gameten bei der Befruchtung (siehe Kapitel 13). Die Anzahl verschiedener Genotypen steigt in einer Population mit der Anzahl der Loci und der jeweiligen Anzahl der Allele auf jedem Locus exponentiell an. Mutationen allein könnten gegenüber der Rekombination in so kurzer Zeit nur einen geringen Beitrag zur genetischen Variabilität leisten. Diese drei Mechanismen stellen in ihrer Gesamtheit sicher, dass die sexuelle Fortpflanzung vorhandene Allele in jeder Generation neu kombiniert und damit einen großen Teil der genetischen Variabilität liefert, die Evolution erst möglich macht.

VERSTÄNDNISFRAGEN

1. (a) Begründen Sie, warum nur die phänotypische Variabilität in einer Population, die eine genetische Ausgangsbasis hat, für das Evolutionsgeschehen eine so große Bedeutung haben kann. (b) Welche Faktoren können die genetische Variabilität zwischen Populationen bewirken?

2. Warum erlangt von allen Mutationen, die in einer Population auftreten, nur ein kleiner Bruchteil unter den Individuen einer Population eine größere Verbreitung?

3. WAS WÄRE, WENN? Wenn eine Population aufhören würde, sich sexuell zu reproduzieren (sich aber weiter asexuell beziehungsweise vegetativ reproduziert), wie würde sich ihre genetische Variabilität im Lauf der Zeit verändern? Begründen Sie Ihre Antwort.

23.2 Mithilfe der Hardy-Weinberg-Gleichung lässt sich herausfinden, ob in einer Population Evolution stattfindet

Wie wir gesehen haben, müssen sich die Individuen einer Population phänotypisch unterscheiden, damit es zu einer Evolution kommen kann. Phänotypische Variabilität ist jedoch keine Garantie dafür, dass eine Population tatsächlich eine Evolution durchläuft. Damit dies geschieht, muss die phänotypische Variabilität eine genetische Basis haben und mindestens einer der Evolutionsfaktoren diese bewirken. In diesem Abschnitt wollen wir herausfinden, auf welche Weise nachgewiesen werden kann, ob in einer Population ein Evolutionsprozess stattgefunden hat. Voraussetzung hierfür ist ein allgemein gültiges Konzept für den Begriff einer Population.

23.2.1 Genpool und Allelfrequenzen

Eine **Population** ist die Gesamtheit der Individuen einer Art, die einen bestimmten, zusammenhängenden Lebensraumausschnitt besiedeln und über mehrere Generationen eine genetische Kontinuität zeigen. In einer solchen Subpopulation herrscht in der Regel Panmixie. Dies ist der Fall, wenn sich jedes Individuum einer Population mit jedem anderen des anderen Geschlechts mit gleicher Wahrscheinlichkeit paaren kann. Verschiedene Subpopulationen ein und derselben Art können geografisch voneinander separiert sein und daher nur selten genetisches Material austauschen. Sie bilden dann eine sogenannte Metapopulation aus. Ein Genaustausch zwischen Metapopulationen findet in der Regel nicht mehr statt. Eine geografische und genetische Isolation ist bei solchen Arten häufig, die zum Beispiel auf weit auseinanderliegenden Inseln oder in verschiedenen Seen leben. Doch nicht alle Populationen sind voneinander isoliert und die Gebiete, die die Populationen besiedeln, müssen auch keine scharfen Grenzen aufweisen, sondern können sich auch überlappen. Dennoch paaren sich die Mitglieder einer Subpopulation in der Regel untereinander öfter und sind daher miteinander enger verwandt als mit den Mitgliedern anderer Populationen.

MERKE!

Eine Population ist die Gesamtheit der Individuen einer Art, die einen bestimmten, zusammenhängenden Lebensraumausschnitt besiedeln und über mehrere Generationen eine genetische Kontinuität zeigen.

Wir können die genetische Zusammensetzung einer Population anhand ihres **Genpools** charakterisieren, der aus sämtlichen Allelen für sämtliche Genorte (Loci, Singular Locus) aller Individuen der Population besteht. Wenn für einen bestimmten Locus in der Population nur ein einziges Allel existiert, sagt man, dieses Allel sei im Genpool *fixiert*, und alle Mitglieder der Population sind homozygot für dieses Allel. Wenn es jedoch zwei oder mehrere Allele für einen bestimmten Locus in einer Population gibt, können Individuen entweder homozygot oder heterozygot sein.

MERKE!

Der Genpool ist die Summe sämtlicher Allele für sämtliche Genorte aller Individuen der Population.

Jedes Allel tritt mit einer bestimmten Häufigkeit oder Frequenz in der Population auf. Stellen Sie sich zum Beispiel eine Population von 500 Wildpflanzen mit zwei Allelen, C^R und C^W, für einen bestimmten Locus vor, der die Blütenfarbe codiert. Diese Allele zeigen beim intermediären Erbgang eine unvollständige Dominanz (siehe Kapitel 14); daher weist jeder Genotyp einen bestimmten Phänotyp auf. Pflanzen, die für das C^R-Allel homozygot sind (C^RC^R), produzieren einen roten Blütenfarbstoff und haben rote Blüten; Pflanzen, die für das C^W-Allel homozygot sind (C^WC^W), produzieren keinen roten Blütenfarbstoff und haben weiße Blüten, und heterozygote Pflanzen (C^RC^W) produzieren wenig roten Blütenfarbstoff und haben rosafarbene Blüten. Nehmen wir an, dass in unserer Population 320 Pflanzen mit roten Blüten, 160 mit rosafarbenen Blüten und 20 mit weißen Blüten sind. Da es sich um diploide Organismen handelt, gibt es in dieser Population von 500 Individuen insgesamt 1.000 Kopien von Allelen für die Blütenfarbe. Das C^R-Allel zeichnet für 800 dieser Allele verantwortlich (320 × 2 = 640 für C^RC^R-Pflanzen plus 160 × 1 = 160 für C^RC^W–Pflanzen).

C^RC^R

C^WC^W

C^RC^W

Wenn man einen Locus mit zwei Allelen untersucht, ist es üblich, die Frequenz des einen Allels mit p und die des anderen mit q zu bezeichnen. Daher beträgt p, die Frequenz des C^R-Allels im Genpool dieser Population, 800/1.000 = 0,8 = 80 Prozent. Und da es für diesen Locus nur zwei Allele gibt, ist die Frequenz des C^W-Allels, repräsentiert durch q, 200/1.000 = 0,2 = 20 Prozent. Bei Loci, die mehr als zwei Allele haben, muss die Summe aller Allelfrequenzen immer gleich 1 sein (100 Prozent).

23.2.2 Die Hardy-Weinberg-Gleichung

Eine Möglichkeit, um herauszufinden, ob die natürliche Selektion oder andere Faktoren an einem bestimmten Locus eine Evolution bewirkt haben, besteht darin, die genetische Zusammensetzung einer Population zu überprüfen, bei der an diesem Locus *keine* Evolution stattgefunden hat (Erwartungswert). Anschließend vergleicht man dann dieses Szenario mit den Daten aus der realen Population (beobachteter Wert). Findet sich kein Unterschied, können wir daraus schließen, dass sich die reale Population evolutiv nicht weiterentwickelt hat, da keine Selektion bei ihr wirkte (gleiche Allel- und Genotypenfrequenz wie beim Erwartungswert). Lassen sich hingegen Unterschiede feststellen, dann können wir dementsprechend folgern, dass die reale Population eine genetische Veränderung erfahren und somit eine Evolution durchlaufen hat. Danach kann man nach dem Grund dieses Evolutionsprozesses suchen.

Die Hardy-Weinberg-Gleichung Der Genpool einer nicht evolvierten Population lässt sich durch die **Hardy-Weinberg-Gleichung** beschreiben, die 1908 von einem britischen Mathematiker und einem deutschen Arzt unabhängig voneinander entwickelt wurde. Diese Gleichung besagt, dass die Allel- und Genotypenfrequenz in einer Population über Generationen hinweg konstant bleiben, solange es nur zu Mendel'scher Segregation und Rekombination von Allelen innerhalb des Genpools kommt. Von einem solchen Genpool heißt es, er befinde sich im **Hardy-Weinberg-Gleichgewicht**.

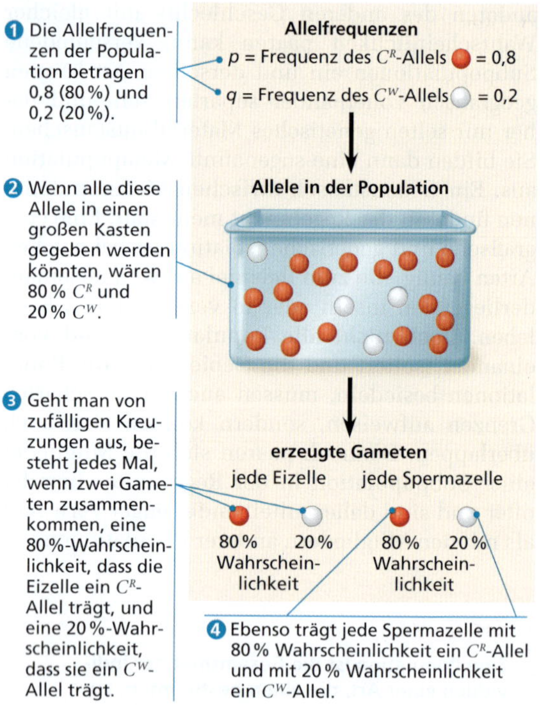

Abbildung 23.4: Zufällige Auswahl von Allelen aus einem Genpool.

> **MERKE!**
> **Das Hardy-Weinberg-Gesetz besagt, dass die Allel- und Genotypenfrequenz in einer Population über Generationen hinweg konstant bleiben, solange es nur zu Mendel'scher Segregation und Rekombination von Allelen innerhalb des Genpools kommt.**

Um die Hardy-Weinberg-Gleichung zu verstehen und anzuwenden, ist es hilfreich, sich Allele und genetische Kreuzungen folgendermaßen vorzustellen. Zuvor haben wir Punnett'sche Quadrate verwendet, um die Häufigkeit der Genotypen der Nachkommen zu bestimmen (siehe Abbildung 14.4). Wir können hier ähnlich vorgehen, doch statt die möglichen Allelkombinationen aus einer einzigen genetischen Kreuzung zu bestimmen, konzentrieren wir uns nun auf die Allelkombination sämtlicher genetischer Kreuzungen in einer Population.

Stellen Sie sich vor, man könnte die Allele aller Individuen einer Population für einen bestimmten Locus in einem großen Behälter mischen, der dann den Genpool der Population für diesen Locus enthält (Abbildung 23.4). Zur „Fortpflanzung" werden Allele nach dem Zufallsprinzip aus dem Genpool ausgewählt. Eine Voraussetzung für die Anwendung der Hardy-Weinberg-Gleichung ist, dass sämtliche Paarungen gleich wahrscheinlich sind, also zufällig erfolgen. In der Hardy-Weinberg-Population erfolgt die Fortpflanzung über die zufällige Mischung von Allelen aus dem gesamten Genpool.

Wir wollen nun unser Beispiel mit den Kugeln und dem Behälter auf die bereits diskutierte hypothetische Wildpflanzen-Population anwenden. In dieser Population ist die Frequenz für das Allel für rote Blüten, (C^R) $p = 0{,}8$, diejenige für weiße Blüten (C^W) $q = 0{,}2$. Daher enthält ein Behälter, der alle 1.000 Blütenfarben-Allele der 500 Wildpflanzen enthält, 800 C^R-Allele und 200 C^W-Allele. Wenn man annimmt, dass die Gameten (Eizelle oder Spermium) durch zufällige Auswahl von Allelen aus dem Behälter gebildet werden, ist die Wahrscheinlichkeit, dass eine Eizelle oder ein Spermium ein C^R-Allel oder ein C^W-Allel enthält, gleich der Häufigkeit der Allele im Behälter. Wie in Abbildung 23.4 zu erkennen ist, besteht für jede Eizelle eine 80-prozentige Wahrscheinlichkeit, ein C^R-Allel und eine 20-prozentige Wahrscheinlichkeit, ein C^W-Allel zu enthalten; Gleiches gilt für jedes Spermium.

Mithilfe der Multiplikationsregel (siehe Kapitel 14) können wir nun die Frequenzen der drei möglichen Genotypen berechnen, wenn wir von einer zufälligen Vereinigung von Eizellen und Spermazellen ausgehen. Die Wahrscheinlichkeit, dass zwei C^R-Allele zusammenkommen, ist $p \times p = 0{,}8 \times 0{,}8 = 0{,}64$. Das heißt, dass rund 64 Prozent aller Pflanzenindividuen in der nächsten Generation den Genotyp C^RC^R haben. Die Frequenz der C^WC^W-Individuen sollte $q \times q = 0{,}2 \times 0{,}2 = 0{,}04$ oder 4 Prozent betragen. Eine C^RC^W-Heterozygotie kann auf zweierlei Wegen entstehen. Wenn das Spermium das C^R-Allel und die Eizelle das C^W-Allel liefert, beträgt der Prozentsatz der daraus resultierenden heterozygoten Pflanzenindividuen $p \times q = 0{,}8 \times 0{,}2 = 0{,}16$ oder 16 Prozent. Wenn die Eizelle das C^R-Allel und das Spermium das C^W-Allel liefert, beträgt der Prozentsatz der daraus resultierenden heterozygoten Pflanzenindividuen $p \times q = 0{,}8 \times 0{,}2 = 0{,}16$ oder ebenfalls 16 Prozent. Die Frequenz der heterozygoten Pflanzenindividuen ist daher gleich der Summe dieser Möglichkeiten: $pq + qp = 0{,}16 + 0{,}16 = 0{,}32$ oder 32 Prozent.

Wie aus Abbildung 23.5 zu erkennen ist, muss sich die Genotypenfrequenz in der nächsten Generation zu 1 (100 Prozent) addieren. Daher besagt die Gleichung für das Hardy-Weinberg-Gleichgewicht, dass die drei möglichen Genotypen bei einem Locus mit zwei Allelen im folgenden Verhältnis auftreten:

$$\underbrace{p^2}_{\substack{\text{erwartete}\\\text{Frequenz}\\\text{des Genotyps}\\C^RC^R}} + \underbrace{2pq}_{\substack{\text{erwartete}\\\text{Frequenz}\\\text{des Genotyps}\\C^RC^W}} + \underbrace{q^2}_{\substack{\text{erwartete}\\\text{Frequenz}\\\text{des Genotyps}\\C^WC^W}} = 1$$

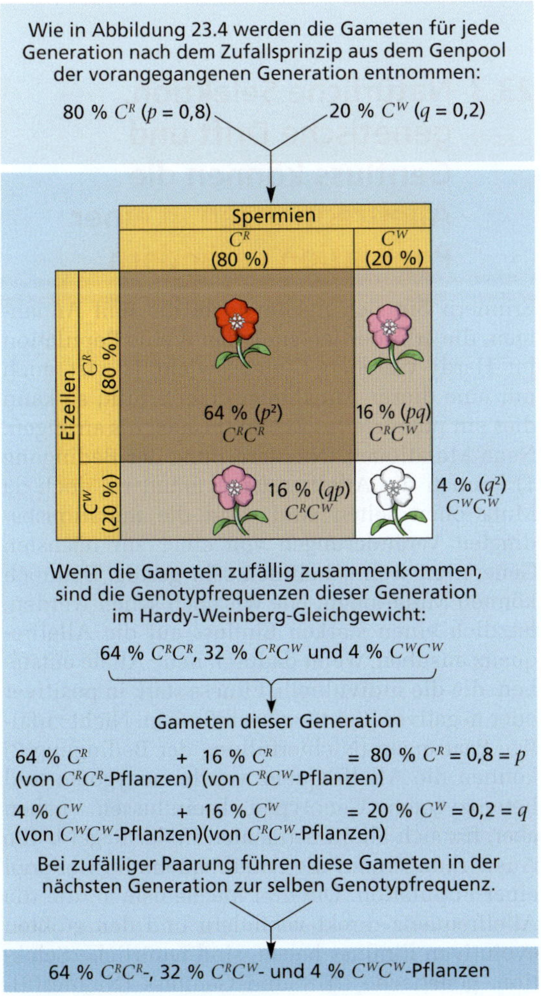

Abbildung 23.5: Das Hardy-Weinberg-Gleichgewicht. In unserer Wildpflanzen-Population bleibt der Genpool von einer Generation zur nächsten konstant. Mendel'sche Prozesse allein verändern die Häufigkeit von Allelen oder Genotypen nicht.

? Angenommen, die Frequenz des C^R-Allels beträgt 60 Prozent, wie hoch sind dann die Frequenzen der C^RC^R-, C^RC^W- und C^WC^W-Genotypen?

Beachten Sie, dass bei einem Locus mit zwei Allelen nur drei Genotypen möglich sind (in diesem Fall C^RC^R, C^RC^W und C^WC^W). Infolgedessen müssen sich die drei Genotypen in *jeder beliebigen* Population zu 1 (100 Prozent) addieren – ganz gleich, ob sich die Population im Hardy-Weinberg-Gleichgewicht befindet oder nicht. Eine reale Population befindet sich nur dann im Hardy-Weinberg-Gleichgewicht, wenn für die Genotypenfrequenz gilt, dass die aktuelle Frequenz des einen homozygoten Genotyps p^2, die des anderen homozygoten Genotyps q^2 und die des heterozygoten Genotyps 2 pq beträgt. Und schließlich gilt, wie in Abbildung 23.5, auch folgender Zusammenhang: Wenn sich eine Population wie unsere Wildpflanzen-Population im Hardy-Weinberg-Gleichgewicht befindet und sich ihre Mitglieder von Generation zu Generation weiterhin zufällig paaren (Panmixie), bleibt die Allel- und Genotypenfrequenz konstant. Und das wiederholte Durchmischen des Genpools einer Population über Generationen hinweg kann nicht aus sich heraus die Häufigkeit eines Allels gegenüber einem anderen verändern.

Bedingungen für ein Hardy-Weinberg-Gleichgewicht Das Hardy-Weinberg-Gesetz beschreibt die Verhältnisse bei einer hypothetischen idealen Population, in der keine Evolutionsprozesse stattfinden. In realen Populationen hingegen verändern sich die Allel- und Genotypenfrequenzen jedoch gewöhnlich im Lauf der Zeit über mehrere Generationen. Als Voraussetzungen für die Gültigkeit des Hardy-Weinberg-Gleichgewichts gelten folgende Kriterien:

1. **Keine Mutationen.** Durch Veränderung der Nucleotidsequenzen oder (bei umfangreichen Veränderungen) durch Deletion oder Duplikation ganzer Gene modifizieren Mutationen den Genpool.
2. **Zufällige Paarungen.** Wenn sich Individuen bevorzugt mit einer bestimmten Gruppe von Individuen der Population paaren, beispielsweise engen Verwandten (Inzucht) oder bei Pflanzen mit den näheren Nachbarn, kommt es nicht zu einer zufälligen Durchmischung der Gameten (fehlende Panmixie), und die Genotypenfrequenz verändert sich.
3. **Keine natürlicheSelektion.** Unterschiedliche Überlebens- und Fortpflanzungserfolge von Individuen mit verschiedenen Genotypen können die Allelfrequenzen verändern.

4. **Eine sehr große Population.** Je kleiner die Population, desto wahrscheinlicher ist es, dass die Allelfrequenzen zufällig im Lauf der Generationen schwanken (genetische Drift).
5. **Kein Genfluss.** Dadurch, dass Gene durch Zuwanderung in die Population hineingetragen werden, kann der Genfluss die Allelfrequenzen verändern.

Jede Abweichung von diesen Voraussetzungen führt in der Regel zu evolutiven Veränderungen, die in natürlichen Populationen häufig auftreten. Oft befinden sich natürliche Populationen für bestimmte Loci jedoch im Hardy-Weinberg-Gleichgewicht. Zu diesem scheinbaren Widerspruch kommt es, da nur auf bestimmte Loci in einer Population bestimmte Evolutionsfaktoren einwirken, aber gleichzeitig andere Loci nicht davon betroffen sind. Zudem durchlaufen einige Populationen eine Evolution nur langsam. Die Veränderungen ihrer Allel- und Genotypfrequenz lassen sich deshalb nur schwer von solchen Populationen unterscheiden, bei denen das Hardy-Weinberg-Gesetz nach der vorgestellten Berechnungsmethode keine evolutiven Veränderungen anzeigt.

Anwendung der Hardy-Weinberg-Gleichung Die Hardy-Weinberg-Gleichung wird oft dazu eingesetzt, um zu prüfen, ob in einer Population Evolution stattfindet (ein Beispiel finden Sie bei den Verständnisfragen, Frage 3). Die Gleichung hat auch eine Relevanz in der Medizin; zum Beispiel lässt sich mit ihrer Hilfe abschätzen, wie hoch der Prozentsatz eines Allels für eine bestimmte Erbkrankheit in einer Population ist. Phenylketonurie (PKU) ist eine Stoffwechselstörung, die aus der Homozygotie eines rezessiven Allels resultiert. In Deutschland besitzt jeder Fünfzigste dieses defekte Gen. Demnach liegt die Wahrscheinlichkeit, dass zwei solcher Genträger aufeinandertreffen, bei 1:2.500. Aber selbst in dieser Konstellation beträgt die Wahrscheinlichkeit einer PKU-Erkrankung nur 25 Prozent. Deshalb kommt eine PKU-Erkrankung auf etwa 10.000 ($q^2 = 0{,}0001$) Neugeborene:

$$q = \sqrt{0{,}0001}$$

Daher beträgt die Frequenz des dominanten Allels

$$p = 1 - q = 1 - 0{,}01 = 0{,}99$$

Die Frequenz heterozygoter Menschen, die das PKU-Allel aber an ihre Nachkommen weitergeben, beträgt demnach

$$2\,pq = 2 \times 0{,}99 \times 0{,}01 = 0{,}0198$$

(rund zwei Prozent der Bevölkerung).

VERSTÄNDNISFRAGEN

1. Stellen Sie sich vor, dass in einer Population von Individuen mit 500 Loci die Hälfte dieser Loci fixiert ist, während alle anderen Loci zwei Allele aufweisen. Wie viele unterschiedliche Allele findet man dann im gesamten Genpool der Population? Begründen Sie Ihre Antwort.

2. Wenn *p* die Frequenz von Allel *A* ist, welcher Teil der Hardy-Weinberg-Gleichung korrespondiert dann mit der Frequenz von Individuen, die mindestens ein *A*-Allel haben?

3. WAS WÄRE, WENN? Bei einem Locus mit zwei Allelen (*A* und *a*) in einer Population, der ein Risiko für eine infektiöse neurodegenerative Erkrankung trägt, haben 16 Menschen den Genotyp *AA*, 92 den Genotyp *Aa* und zwölf den Genotyp *aa*. Verwenden Sie die Hardy-Weinberg-Gleichung, um herauszufinden, ob diese Population in Evolution ist oder nicht.

23.3 Natürliche Selektion, genetische Drift und Genfluss können die Allelfrequenzen in einer Population verändern

Erinnern Sie sich nochmals an die fünf Annahmen, die erforderlich sind, damit eine Population im Hardy-Weinberg-Gleichgewicht ist. Ist auch nur eine dieser Annahmen nicht erfüllt, so kann dies ein potenzielles Evolutionsereignis anzeigen. Neue Mutationen (Nichterfüllung der Bedingung 1) können die Allelfrequenz verändern, doch da Mutationen selten sind, sind die mutationsbedingten Veränderungen von einer zur nächsten Generation wahrscheinlich sehr gering. Dennoch können Mutationen, wie wir noch sehen werden, letztlich einen starken Einfluss auf die Allelfrequenz ausüben, wenn dadurch neue Allele entstehen, die die individuelle Fitness stark in positiver oder negativer Richtung beeinflussen. Nicht zufällige Paarungen (Nichterfüllung der Bedingung 2) können die Allelfrequenz von homozygoten und heterozygoten Genotypen beeinflussen, haben aber, für sich allein betrachtet, in der Regel keine Auswirkungen auf die Allelfrequenz im Genpool einer Population. Die drei Mechanismen, die die Allelfrequenz direkt verändern und den größten evolutiven Einfluss haben, sind natürliche Selektion, genetische Drift und Genfluss (Nichterfüllung von Bedingung 3–5).

23.3.1 Natürliche Selektion

Wie Sie in Kapitel 22 gelesen haben, basiert Darwins Konzept der natürlichen Selektion auf dem unterschiedlichen Erfolg beim Überleben und in der Fortpflanzung: Individuen in einer Population unterscheiden sich in ihren erblichen phänotypischen Merkmalen, und die Individuen, die besser an ihre derzeitigen Umweltbedingungen angepasst sind, haben in der Regel mehr Nachkommen als diejenigen mit weniger vorteilhaften Merkmalen und Eigenschaften.

Die natürliche Selektion führt dazu, dass Allele in einer anderen Häufigkeit an die nächste Generation weitergegeben werden, als sie in der gegenwärtigen Generation auftreten.

Die natürliche Selektion verleiht dem Allel einen *adaptiven Wert*, der zu einer besseren Anpassung zwischen dem Träger dieses Allels und seiner Umwelt führt.

23.3.2 Genetische Drift

Wenn Sie 1.000-mal eine Münze werfen, werden Sie vielleicht misstrauisch, wenn Sie 700-mal Kopf und 300-mal Zahl erhalten, und vermuten, dass mit der Münze etwas nicht stimmt. Wenn Sie Ihre Münze jedoch nur 10-mal werfen, würde Sie ein Ergebnis von 7 zu 3 kaum überraschen. Je weniger oft Sie die Münze werfen, desto wahrscheinlicher ist es, dass es zu einer zufälligen Abweichung von einem statistisch zu erwartenden Resultat kommt – in diesem Fall von einer gleichen Anzahl von Kopf- und Zahlwürfen. Zufällige Ereignisse können ebenfalls dazu führen, dass die Allelfrequenz sich nicht vorhersagbar von einer Generation zur nächsten verändert, vor allem in kleinen Populationen. Diesen Prozess bezeichnet man als **genetische Drift** (Abbildung 23.6).

> **MERKE!**
>
> **Zufällige Ereignisse können dazu führen, dass die Allelfrequenz sich nicht vorhersagbar von einer Generation zur nächsten verändert, vor allem in kleinen Populationen. Diesen Prozess bezeichnet man als genetische Drift.**

Der Gründereffekt Wenn einige wenige Individuen aus einer größeren Population von dieser separiert werden, kann diese kleine Gruppe eine neue Population aufbauen. Da ihr Genpool im Vergleich zur Ursprungspopulation wesentlich kleiner ist, bezeichnet man diese Situation als **Gründereffekt**. Ein Gründereffekt kann zum Beispiel auftreten, wenn einige Samen oder Früchte einer Pflanzenpopulation (siehe Abbildung 38.4) oder einige Insekten von einem starken Sturm auf eine neue Insel transportiert werden. In einem solchen Fall kommt es zu einer genetischen Drift – bei der Zufallsereignisse die Allelfrequenzen verändern –, da der Sturm zufällig einige Individuen (und ihre Allele) aus der Ursprungspopulation erfasst und davonträgt.

Der Gründereffekt bietet wahrscheinlich auch eine Erklärung für die relativ hohe Frequenz bestimmter Erbkrankheiten bei geografisch separiert lebenden menschlichen Populationen.

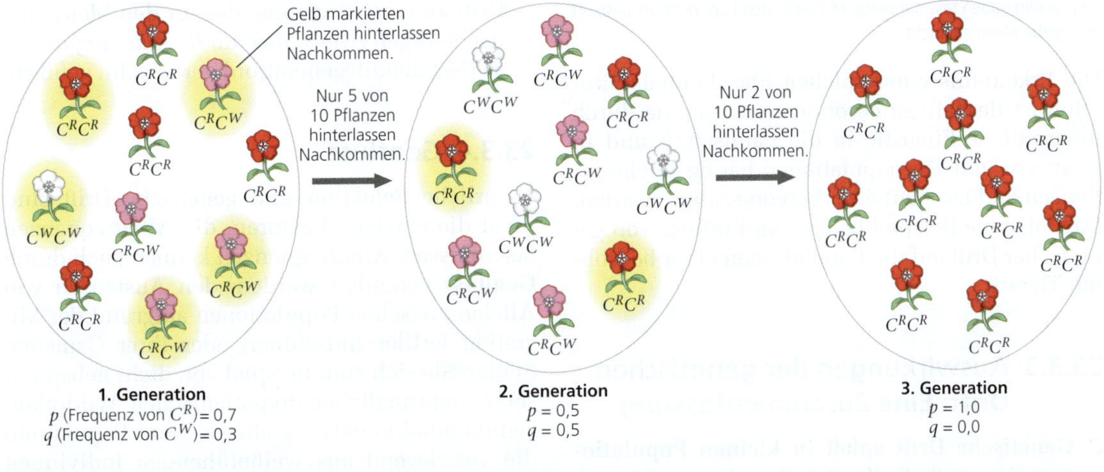

Abbildung 23.6: Genetische Drift. Die kleine Wildpflanzen-Population hat eine stabile Größe von zehn Individuen. Stellen Sie sich vor, rein zufällig würden nur fünf Individuen (gelb hinterlegt) aus Generation 1 fertile Nachkommen produzieren. Das könnte zum Beispiel passieren, wenn nur diese Individuen zufällig nicht von einem herbivoren Tier gefressen werden. Wiederum zufällig hinterlassen nur zwei Individuen aus Generation 2 fertile Nachkommen. Infolgedessen steigt die Frequenz des C^W-Allels in Generation 2 zunächst rein zufällig und sinkt dann in Generation 3 ebenso zufällig wieder auf Null.

Der genetische Flaschenhals Eine plötzliche Veränderung der Umweltsituation, wie ein großflächiger Brand oder eine weitreichende Überschwemmung, kann die Größe einer Population drastisch verringern. Ein solcher starker Rückgang der Populationsgröße führt oft zu einem **genetischen Flaschenhals** (Abbildung 23.7). Durch Zufall können dadurch einige Allele bei den Überlebenden überrepräsentiert, andere hingegen unterrepräsentiert sein oder völlig fehlen. Die kontinuierlich erfolgende Gendrift kann unter diesen Umständen den Genpool wieder auffüllen, bis die Population wieder so groß ist, dass ein Einfluss von Zufallsereignissen reduziert wird. Selbst wenn eine Population, die „durch einen Flaschenhals gegangen ist", schließlich wieder eine höhere Individuendichte erreicht hat, kann auch nach vielen Generationen die genetische Variabilität klein geblieben sein – ein Erbe der Gendrift durch den genetischen Flaschenhals.

Abbildung 23.7: Der genetische Flaschenhals. Nur ein paar Murmeln lassen sich durch den engen Flaschenhals herausschütteln. Ähnlich ist es bei einer plötzlichen, durch eine extreme Umweltsituation hervorgerufenen drastischen Verringerung der Populationsgröße. Zufällig haben fast nur blaue Murmeln den Flaschenhals passiert und gelbe Murmeln nicht.

Die Erkenntnis einer solchen Flaschenhals-Situation ist deshalb so besonders wichtig, da durch menschliche Eingriffe in die Landschaft und in Pflanzen- und Tierpopulationen häufig solche genetischen Flaschenhälse hervorgerufen werden. Das folgende Beispiel belegt den Einfluss von genetischer Drift auf die Populationen einer bedrohten Tierart.

23.3.3 Auswirkungen der genetischen Drift: Eine Zusammenfassung

1. **Genetische Drift spielt in kleinen Populationen eine große Rolle.** Zufallsereignisse können dazu führen, dass ein Allel in der nächsten Generation stark über- oder unterrepräsentiert ist. Obgleich Zufallsereignisse in Populationen jeder Größe auftreten können, üben sie auf die Allelfrequenz kleiner Populationen einen wesentlich größeren Einfluss aus.
2. **Genetische Drift kann dazu führen, dass sich Allelfrequenzen nach dem Zufallsprinzip ändern.** Aufgrund des Ereignisses einer genetischen Drift kann es geschehen, dass die Häufigkeit eines Allels in einem Jahr zunimmt und im nächsten wieder sinkt; eine Veränderung der Allelfrequenz von einem zum nächsten Jahr ist nicht vorhersehbar. Anders als die natürliche Selektion, die unter bestimmten Umweltbedingungen durchgehend bestimmte Allele gegenüber anderen begünstigt, führt die genetische Drift dazu, dass Allelfrequenzen im Lauf der Zeit zufällig variieren.
3. **Genetische Drift kann zum Verlust von genetischer Variabilität in einerPopulation führen.** Durch eine zufällige Veränderung der Allelfrequenz im Lauf der Zeit können aufgrund der genetischen Drift Allele aus der Population eliminiert werden (Abbildung 23.6). Da die natürliche Selektion die phänotypische Variabilität betrifft, können Verluste von bestimmten Allelen eine effiziente Anpassung der Population an ständig wechselnde Umweltbedingungen stark negativ beeinflussen. Durch die genetische Drift kann das Überleben einer kleinen Population erheblich gefährdet sein.
4. **Genetische Drift kann dazu führen, dass nachteilige Allele imGenpool fixiert werden.** Allele können durch eine genetische Drift zufällig verloren oder sogar in einer Population fixiert werden. Allelfrequenzen, die sich durch die genetische Drift ändern, können nachteilige, vorteilhafte oder keine Auswirkungen auf das einzelne Individuum haben. Bei den Siedlern auf der Insel Tristan da Cunha hat die genetische Drift zu einer Zunahme des für den Menschen nachteiligen Allels, das die *Retinitis pigmentosa* (Netzhautdegeneration) verursacht, geführt.

23.3.4 Genfluss

Natürliche Selektion und genetische Drift sind nicht die einzigen Faktoren, die Allelfrequenzen beeinflussen. Allelfrequenzen können auch durch **Genfluss** verändert werden, den Austausch von Allelen zwischen Populationen aufgrund der Migration fertiler Individuen oder ihrer Gameten. Stellen Sie sich zum Beispiel vor, dicht neben unserer ursprünglichen hypothetischen Wildpflanzen-Population gäbe es eine weitere Population, die vorwiegend aus weißblühenden Individuen besteht (C^WC^W). Insekten, an denen Pollen von diesen Individuen haften, könnten Individuen unserer ursprünglichen Population bestäuben und dadurch eine Befruchtung einleiten. Die in unsere ursprüngliche Population eingeführten C^W-Allele würden die Allelfrequenzen in der nächsten Generation verändern.

Da Allele zwischen Populationen ausgetauscht werden, führt der Genfluss dazu, die Unterschiede in den Allelfrequenzen zwischen den Populationen zu verringern. Ist der Genfluss besonders intensiv, kann es dazu kommen, dass sich benachbarte Populationen zu einer einzigen Population mit einem gemeinsamen Genpool vereinen. Zum Beispiel sind Menschen heutzutage viel mobiler als früher und bewegen sich kreuz und quer von Kontinent zu Kontinent. Infolgedessen kommt es häufiger zu Vermischungen unterschiedlicher Kulturkreise, die zuvor relativ stark voneinander separiert waren. Das Ergebnis ist, dass der Genfluss auch zu einem zunehmend wichtigeren Faktor für evolutive Veränderung bei menschlichen Populationen geworden ist.

Wenn benachbarte Populationen unter ungleichen Umweltbedingungen leben, können Allele, die durch Genfluss übertragen werden, an ihren derzeitigen Lebensraum nicht vollständig angepasste Variabilität in Populationen erhalten.

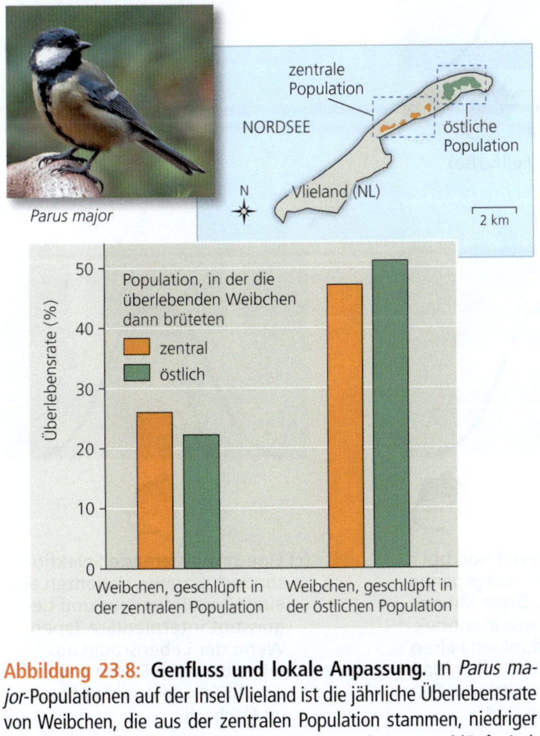

Abbildung 23.8: Genfluss und lokale Anpassung. In *Parus major*-Populationen auf der Insel Vlieland ist die jährliche Überlebensrate von Weibchen, die aus der zentralen Population stammen, niedriger als die von Weibchen, die in der östlichen Population geschlüpft sind. Der Genfluss von Festland-Populationen in die zentrale Population ist höher als der Genfluss in die östliche Population und Vögel mit einem Festland-Genotyp haben in beiden Populationen eine geringere Überlebens- und Reproduktionsrate. Diese Daten lassen vermuten, dass ein starker Genfluss vom Festland in die zentrale Population eine optimale Anpassung an das Leben auf Vlieland verhindert hat.

Zusammenfassend kann man feststellen, dass durch Genfluss und Mutation neue Allele in einer Population auftreten können. Da Genfluss jedoch häufiger auftritt als Mutation, ist die Wahrscheinlichkeit einer Veränderung der Allelfrequenz durch Genfluss höher als durch Mutation. Sobald durch Genfluss oder Mutation ein neues Allel in einer Population etabliert wird, kann die natürliche Selektion zu einer Erhöhung seiner Frequenz führen oder zu einem Rückgang. Die Rekombination bei sexueller Fortpflanzung erhöht die Anzahl möglicher unterschiedlicher Genotypen exponentiell (Abbildung 23.8).

MERKE!

Der Austausch von Allelen zwischen Populationen aufgrund der Migration fertiler Individuen oder ihrer Gameten wird als Genfluss bezeichnet.

VERSTÄNDNISFRAGEN

1. Warum ist die natürliche Selektion besser „vorhersagbar“ als eine genetische Drift?

2. Wie unterscheiden sich genetische Drift und Genfluss (a) hinsichtlich ihrer Mechanismen und (b) hinsichtlich der daraus resultierenden Konsequenzen für die zukünftige genetische Variabilität in einer Population?

3. WAS WÄRE, WENN? Stellen Sie sich vor, zwei Pflanzenpopulationen hätten einen Pollen- und Samenaustausch. In der einen Population sind die Individuen mit dem Genotyp *AA* am häufigsten (9.000 *AA*, 900 *Aa*, 100 *aa*), in der anderen Population ist es genau umgekehrt (100 *AA*, 900 *Aa*, 9.000 *aa*). Wenn keines der Allele zu einem Selektionsvorteil führt, was wird dann im Lauf der Zeit mit den Allel- und Genotypfrequenzen dieser Populationen geschehen?

23.4 Die natürliche Selektion ist der einzige Mechanismus, der auf Dauer für eine adaptive Evolution sorgt

Adaptive Evolution beruht auf Zufall und „Auslese“ – Zufall bei der Schaffung neuer genetischer Variabilität durch Mutation und sexuelle Rekombination und „Auslese“, wenn die natürliche Selektion für das Überleben und die Fortpflanzung unter den vorgegebenen Umweltbedingungen vorteilhafte Allele gegenüber anderen bevorzugt auswählt. Die natürliche Selektion vergrößert fortwährend die Häufigkeit adaptiver Genotypen und führt daher zu einer adaptiven Evolution.

23.4.1 Eine genauere Betrachtung der natürlichen Selektion

Individuelle Fitness Häufig werden Phrasen wie „Kampf ums Dasein" (*struggle for existence*) und „Überleben des Tüchtigsten" (*survival of the fittest*) benutzt, um die natürliche Selektion zu beschreiben. Doch diese Wendungen sind irreführend, wenn damit ein direkter Konkurrenzkampf zwischen Individuen gemeint ist. Zwar gibt es Tierarten, bei denen einzelne Individuen, gewöhnlich die Männchen, mit Hörnern, Geweihen oder auf andere Weise um die Paarungsrechte kämpfen. Aber es gibt auch zahlreiche Beispiele, bei denen solche „Kämpfe" einen reinen Kommentcharakter (ritualisierter Kampf) angenommen haben. Eine Erhöhung des Fortpflanzungserfolgs ist in der Regel eine weitaus effektivere Strategie des „Überlebenskampfes" und hängt neben direkter körperlicher Auseinandersetzung auch von zahlreichen anderen Faktoren ab. Ein Nachtschmetterling hat wahrscheinlich mehr Nachkommen als andere Individuen seiner Population, wenn er über eine bessere Tarnfärbung verfügt und nicht so leicht einem Räuber zum Opfer fällt, als weniger gut getarnte Individuen. Bessere Anpassungen an die jeweiligen Umweltbedingungen erhöhen die Überlebenschancen und vergrößern die Chancen auf eine große Nachkommenschaft. Diese Beispiele illustrieren, wie ein adaptiver Vorteil zu einer größeren **individuellen Fitness** führen kann. Darunter versteht man den Beitrag, den ein Individuum zum Genpool der nächsten Generation leisten kann, und zwar *relativ* zum Beitrag der anderen Individuen in der Population. Deshalb spricht man manchmal auch von der relativen Fitness anstatt der individuellen Fitness.

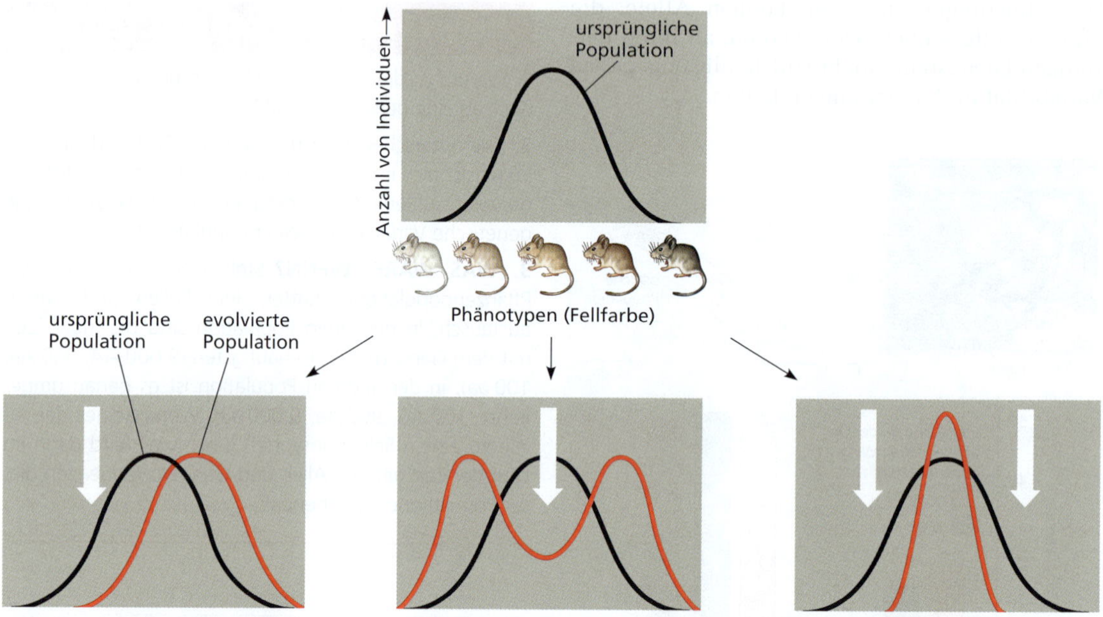

(a) Eine **gerichtete Selektion** verschiebt das gesamte Erscheinungsbild der Population, indem sie Varianten des einen Extrems fördert. In diesem Fall sind dunklere Mäuse begünstigt, weil sie zwischen dunklen Felsen leben und eine dunkle Fellfärbung besser vor Raubfeinden schützt.

(b) Eine **disruptive Selektion** begünstigt Varianten entgegengesetzter Extreme. Diese Mäuse haben ein Lebensraummosaik aus hellen und dunklen Felsen besiedelt, was dazu führt, dass Mäuse mit einer mittleren Fellfarbe im Nachteil sind.

(c) Eine **stabilisierende Selektion** sondert extreme Varianten aus einer Population aus und begünstigt intermediäre Typen. Wenn der Lebensraum aus mittelbraunen Felsen besteht, sind helle wie dunkle Mäuse im Nachteil.

Abbildung 23.9: **Wie kann die natürliche Selektion wirken?** Hier sind drei Möglichkeiten beschrieben, wie eine hypothetische Hirschmaus-Population (*Peromyscus maniculatus*) mit einer erblichen Variabilität in der Fellfärbung von hellbraun bis dunkelbraun eine Evolution durchlaufen könnte. Die Verteilungskurven zeigen, wie sich die Häufigkeit von Individuen mit verschiedenen Fellfärbungen (bestimmte Reaktionstypen) im Lauf der Zeit verändert. Die großen weißen Pfeile symbolisieren den Selektionsdruck gegen bestimmte Phänotypen.

MERKE!

Der Beitrag, den ein Individuum zum Genpool der nächsten Generation leisten kann, und zwar relativ zum Beitrag der anderen Individuen in der Population, wird als individuelle Fitness bezeichnet.

Obwohl wir häufig von der individuellen Fitness eines Genotyps sprechen, sollte nicht vergessen werden, dass die Einheit, die der natürlichen Selektion unterworfen ist, der Phänotyp ist und nicht nur der zugrunde liegende Genotyp. Daher wirkt die natürliche Selektion direkt auf den Phänotyp und nicht auf den Genotyp.

Gerichtete, disruptive und stabilisierende Selektion Die natürliche Selektion kann die Verteilung der Frequenzen bestimmter erblicher Merkmale und Eigenschaften auf dreierlei Weise beeinflussen, je nachdem, welcher Phänotyp in einer Population begünstigt wird. Nach der Wirkung der natürlichen Selektion werden gerichtete Selektion, disruptive Selektion und stabilisierende Selektion unterschieden.

Eine **gerichtete (dynamische) Selektion** führt in einer sich verändernden Umwelt zu einer Förderung solcher Merkmalsträger, die zuvor innerhalb des phänotypischen Reaktionstypenspektrums an eine extreme Umweltsituation angepasst waren, nun aber bei einer neuen Umweltsituation besser adaptiert sind. Dadurch verschiebt sich die Verteilung der phänotypischen Merkmale der Population in die Richtung des einen oder des anderen Extrems (Abbildung 23.9a). Gerichtete Selektion tritt dann häufig auf, wenn sich die abiotische Umwelt einer Population stark verändert oder wenn Individuen einer Population einen neuen und oft auch anderen Lebensraum besiedeln.

Zu einer **disruptiven Selektion** (Abbildung 23.9b) kommt es, wenn die Umweltbedingungen Individuen beider Extreme eines phänotypischen Spektrums gleichzeitig gegenüber Individuen eines durchschnittlichen Phänotyps begünstigen.

Eine **stabilisierende (optimierende) Selektion** (Abbildung 23.9c) wirkt gegen beide extremen Phänotypen und bevorzugt die durchschnittlichen Phänotypen. Diese Form der Selektion verringert die genetische Variabilität und führt dazu, die vorhandene Ausprägung eines bestimmten durchschnittlichen phänotypischen Merkmals zu manifestieren.

Ganz unabhängig von der jeweiligen Selektionsweise bleibt der Grundmechanismus jedoch stets derselbe. Die natürliche Selektion fördert in derselben Population diejenigen Individuen, deren erbliche phänotypische Merkmale aufgrund ihres höheren adaptiven Wertes einen höheren Reproduktionserfolg garantieren.

23.4.2 Die Schlüsselrolle der natürlichen Selektion bei der adaptiven Evolution

Die Vielfalt der Adaptationen von Organismen lässt sich an bemerkenswerten Beispielen dokumentieren. Ein Beispiel ist die erstaunliche Kieferkonstruktion von Schlangen (Abbildung 23.10), die es ihnen erlaubt, sogar Beute zu verschlingen, deren Durchmesser viel größer ist als der ihres Kopfes (eine Leistung vergleichbar derjenigen eines Menschen, der eine ganze Wassermelone unzerteilt verschlucken wollte).

Abbildung 23.10: Bewegliche Kieferknochen der Schlangen.

Anpassungen können sich allmählich im Lauf der Zeit entwickeln, wenn die natürliche Selektion die Frequenz von Allelen verändert, sodass das Überleben und die Fortpflanzung begünstigt sind. Wenn sich der Anteil der Individuen mit vorteilhaften Merkmalen erhöht, verbessert sich die Anpassung zwischen einer Art und ihrer Umwelt, das heißt, es kommt zu einer adaptiven Evolution. Wie wir jedoch in Kapitel 22 gesehen haben, können sich die abiotischen und biotischen Bedingungen in einem Lebensraum eines Individuums im Lauf der Zeit verändern. Infolgedessen ist die Antwort auf die Frage, was eine „günstige Anpassung“ eines Individuums in seiner Umwelt darstellt, von Zeit zu Zeit unterschiedlich, sodass die adaptive Evolution ein fortwährender dynamischer Prozess ist.

23.4.3 Sexuelle Selektion

Charles Darwin war der Erste, der sich mit dem Phänomen der sexuellen Selektion beschäftigt hat, einer besonderen Form der natürlichen Selektion, bei der Individuen mit bestimmten Merkmalen und Eigenschaften eher Geschlechtspartner finden und damit einen größeren Fortpflanzungserfolg haben als andere Individuen. Die sexuelle Selektion kann zu einem Geschlechts- oder Sexualdimorphismus führen, auffälligen Unterschieden zwischen beiden Geschlechtern durch sekundäre Geschlechtsmerkmale, die nicht in direktem, sondern nur in indirektem Zusammenhang mit der Paarung stehen. Sexualdimorphismen können sich zum Beispiel in Unterschieden der Körpergröße, Körperstruktur, Färbung, Farbmustern und auch im Verhalten äußern.

Auf welche Weise findet eine sexuelle Selektion statt? Hierfür gibt es mehrere Möglichkeiten. Bei der **intrasexuellen Selektion** konkurrieren die Individuen desselben Geschlechts direkt um den anderen Geschlechtspartner. Bei vielen Arten findet die sexuelle Selektion nur unter den Männchen statt. Zum Beispiel bewacht ein einzelnes Männchen eine Gruppe von Weibchen und hindert andere Männchen an der Paarung. Dieses Männchen verteidigt seinen Status etwa dadurch, dass es kleinere, schwächere oder weniger aggressive Männchen im Zweikampf besiegt. Anstelle eines direkten Kampfes findet jedoch oft auch ein ritualisierter Schaukampf (Kommentkampf) statt, bei dem der Gegner nicht verletzt oder gar getötet wird. Dadurch wird dessen individuelle Fitness, was für die Population wichtig sein kann, nicht beeinträchtigt (siehe Kapitel 51).

MERKE!

Bei der intrasexuellen Selektion konkurrieren die Individuen desselben Geschlechts direkt um den anderen Geschlechtspartner.

Bei der **intersexuellen Selektion**, die auch als *Partnerwahl* bezeichnet wird, wählen die Vertreter eines Geschlechts (gewöhnlich die Weibchen) den Geschlechtspartner gezielt aus. In vielen Fällen werden solche Männchen bevorzugt gewählt, die den besten Eindruck bei dem Weibchen hinterlassen, das prächtigste Körperkleid tragen oder das eindrucksvollste Werbeverhalten demonstrieren, da sich damit auch für das Weibchen die größte individuelle Fitness verbindet.

MERKE!

Bei der intersexuellen Selektion, die auch als Partnerwahl bezeichnet wird, wählen die Vertreter eines Geschlechts (gewöhnlich die Weibchen) den Geschlechtspartner gezielt aus.

23.4.4 Erhaltung der genetischen Variabilität

Welche Mechanismen erhalten die genetische Variabilität, obwohl die Selektion doch ungünstige Phänotypen benachteiligt?

Diploidie Da die meisten Eukaryonten diploid sind, wird ein beträchtlicher Teil der genetischen Variabilität in Form von rezessiven Allelen vor der Selektion geschützt. Ein rezessives Allel, das homozygot unter den gegenwärtigen Umweltbedingungen einen geringeren adaptiven Wert hat als sein dominantes „Gegenstück" oder gar Nachteile, kann durch seine Weitergabe in heterozygoten Individuen überdauern. Diese rezessiven Allele sind nur dann der natürlichen Selektion ausgesetzt, wenn beide Eltern dasselbe rezessive Allel tragen und beide in dieselbe Zygote gelangen. Wenn die Frequenz des rezessiven Allels sehr gering ist, passiert dies nur selten. Diese Heterozygotie schützt und erhält einen riesigen Allelpool, in dem rezessive Allele erhalten bleiben, die unter den gegenwärtigen Umweltbedingungen zwar nicht adaptiv sind, von denen sich jedoch einige als vorteilhaft erweisen könnten, wenn sich die Umweltbedingungen verändern.

Balancierter Polymorphismus Die natürliche Selektion kann auch selbst für eine genetische Variabilität sorgen. Von einem **balancierten Polymorphismus** spricht man, wenn die natürliche Selektion zwei oder mehrere Allele in einer Population durch die Überlegenheit der Heterozygoten über die Homozygoten erhält.

MERKE!

Von einem balancierten Polymorphismus spricht man, wenn die natürliche Selektion zwei oder mehrere Allele in einer Population durch die Überlegenheit der Heterozygoten über die Homozygoten erhält.

Heterozygotenvorteil (Heterosiseffekt) Wenn Individuen, die an einem bestimmten Genort heterozygot sind, eine größere individuelle Fitness aufweisen als die beiden Homozygotentypen, zeigen sie einen sogenannten Heterozygotenvorteil. In einem solchen Fall führt die natürliche Selektion dazu, zwei oder mehrere Allele an diesem Genort zu erhalten. Beachten Sie, dass sich die Definition des Heterozygotenvorteils auf den Genotyp, nicht auf den Phänotyp bezieht. Ob der Heterozygotenvorteil daher mit einer stabilisierenden oder einer gerichteten Selektion in Verbindung gebracht werden kann, hängt von der Beziehung zwischen Genotyp und Phänotyp ab. Wenn der Phänotyp eines heterozygoten Individuums im Hinblick auf die Phänotypen der beiden homozygoten Typen zum Beispiel intermediär ist, stellt der Heterozygotenvorteil eine Form der stabilisierenden Selektion dar.

Es gibt relativ wenige gut dokumentierte Beispiele für einen Heterozygotenvorteil. Ein gutes Beispiel liefert der Locus beim Menschen, der für die β-Polypeptiduntereinheit des Hämoglobins codiert, des sauerstoffbindenden Proteins in den roten Blutzellen. Bei homozygoten Individuen ruft ein bestimmtes rezessives Allel an diesem Locus Sichelzellenanämie hervor. Die roten Blutzellen von Menschen mit Sichelzellenanämie verformen sich sichelförmig, was zu ernsten Komplikationen führen kann, darunter Schädigungen von Nieren, Herz und Gehirn. Heterozygote Individuen sind jedoch vor den schlimmsten Auswirkungen der Malaria geschützt (wenn sie auch gegen Malaria nicht resistent sind; Abbildung 23.11).

Frequenzabhängige Selektion Bei der häufigkeits- oder frequenzabhängigen Selektion nimmt die individuelle Fitness eines Phänotyps ab, wenn er in der Population zu häufig auftritt.

Neutrale genetische Variabilität Ein großer Teil der genetischen Variabilität von Populationen hat kaum oder keinen derzeit nachgewiesenen Einfluss auf den Fortpflanzungserfolg, daher hat die natürliche Selektion für diese DNA-Abschnitte wahrscheinlich auch keine Bedeutung. Bei Eukaryonten bringen viele der Nucleotidunterschiede in nicht codierenden Sequenzen offenbar keinen Selektionsvorteil oder -nachteil mit sich und werden daher als Beispiel einer **neutralen genetischen Variabilität** betrachtet. Auch Mutationen, die zu Veränderungen von Proteinen führen, können neutral sein. Im Lauf der Zeit kann der Anteil von Allelen, die nicht von der natürlichen Selektion beeinflusst werden, vor allem in kleinen Populationen infolge von Gendrift zu- oder abnehmen.

23.4.5 Warum die natürliche Selektion keine „perfekten" Organismen hervorbringen kann

Obgleich die natürliche Selektion zu einer Vielzahl von wertvollen Anpassungen führt, finden sich viele Beispiele von Anpassungen einzelner Organismenarten, die im Hinblick auf ihre morphologische, physiologische oder verhaltensbiologische Ausstattung keinesfalls als „perfekt" angesehen werden können.

1. **DieSelektion kann nur auf die existierende genetische Variabilität einwirken.** Die natürliche Selektion begünstigt nur diejenigen in einer Population vorhandenen Phänotypen, deren Merkmale unter den gegebenen Umweltbedingungen ein Höchstmaß an individueller Fitness besitzen. Neue vorteilhafte Allele entstehen immer zufällig.
2. **Die Evolution wird durch historische Gegebenheiten beeinflusst.** Jede Art stammt von einer langen Reihe von Vorfahren ab. In der Evolution werden viele phylogenetisch alte Anpassungen nicht einfach eliminiert und komplexe Strukturen und Eigenschaften nicht immer wieder vollständig neu aufgebaut und entwickelt. Vielmehr sorgt sie über die natürliche Selektion dafür, dass bereits existierende Strukturen und Funktionen an die neuen Situationen angepasst werden.
3. **Anpassungen sind häufig Kompromisse („trade-offs").** Jedes Individuum hat eine Vielzahl von Aufgaben zu lösen. Eine Robbe verbringt einen Teil ihres Lebens an Land; dort könnte sie sich wahrscheinlich besser fortbewegen, wenn sie dafür adaptierte Extremitäten und nicht Flossen ausgebildet hätte, aber dann könnte sie nicht annähernd so gut schwimmen.
4. **Zufall, natürliche Selektion und Umweltfaktoren interagieren miteinander.** Zufallsereignisse können den evolutiven Prozess von Populationen beeinflussen. Wenn ein Sturm beispielsweise Insekten oder Vögel viele hundert Kilometer übers Meer auf eine Insel verdriftet, wählt er nicht unbedingt diejenigen Individuen aus, die für die neuen Umweltbedingungen am besten geeignet sind. Daher sind nicht sämtliche Allele im Genpool einer Gründerpopulation besser für die neuen Umweltbedingungen geeignet im Vergleich zu den Allelen der Ausgangspopulation, die „zurückgelassen" wurden.

Die nachfolgende wissenschaftliche Übung gibt Ihnen die Gelegenheit, die Hardy-Weinberg-Gleichung auf ein Beispiel anzuwenden.

ZUSAMMENHÄNGE ERKENNEN

Das Sichelzellen-Allel

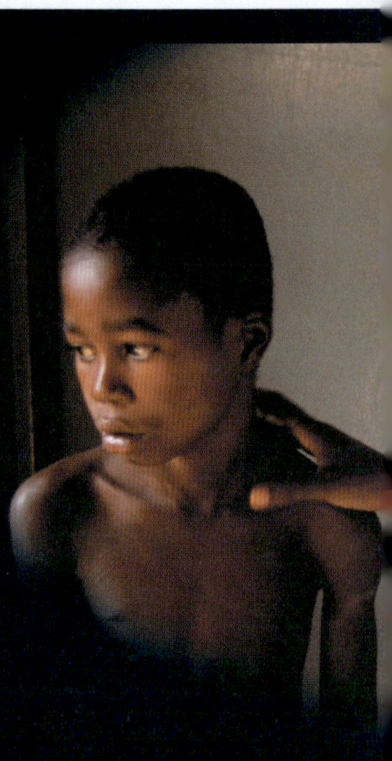

Dieses Kind leidet an Sichelzellenanämie, einer genetischen Erkrankung, die bei Personen auftritt, die zwei Kopien des Sichelzellen-Allels besitzen. Dieses Allel verursacht eine Anomalie in der Struktur und Funktion von Hämoglobin, dem Sauerstoff-transportierenden Protein der roten Blutkörperchen. Obwohl die Sichelzellkrankheit unbehandelt tödlich verläuft, kann das Sichelzellen-Allel in einigen Regionen eine Frequenz von 15–20 % erreichen. Wie kann ein so schädliches Allel so häufig vorkommen?

Was passiert auf molekularer Ebene?

- Aufgrund einer Punktmutation unterscheidet sich das Sichelzellen-Allel vom gesunden Allel in nur einem Nucleotid (siehe *Abbildung 17.26*).
- Der daraus resultierende Unterschied in der Proteinstruktur führt unter niedrigem Sauerstoffpartialdruck zu einer hydrophoben Interaktion der Sichelzellen-Hämoglobine untereinander.
- Dies führt zu einer faserförmigen Zusammenlagerung der Sichelzellenproteine.

Konsequenzen für die Zelle

- Die abnormen Hämoglobin-Fasern führen unter Sauerstoffmangel zu einer sichelförmigen Verformung der roten Blutkörperchen. Dies findet unter anderem in den Blutgefäßen statt, die zum Herz führen.

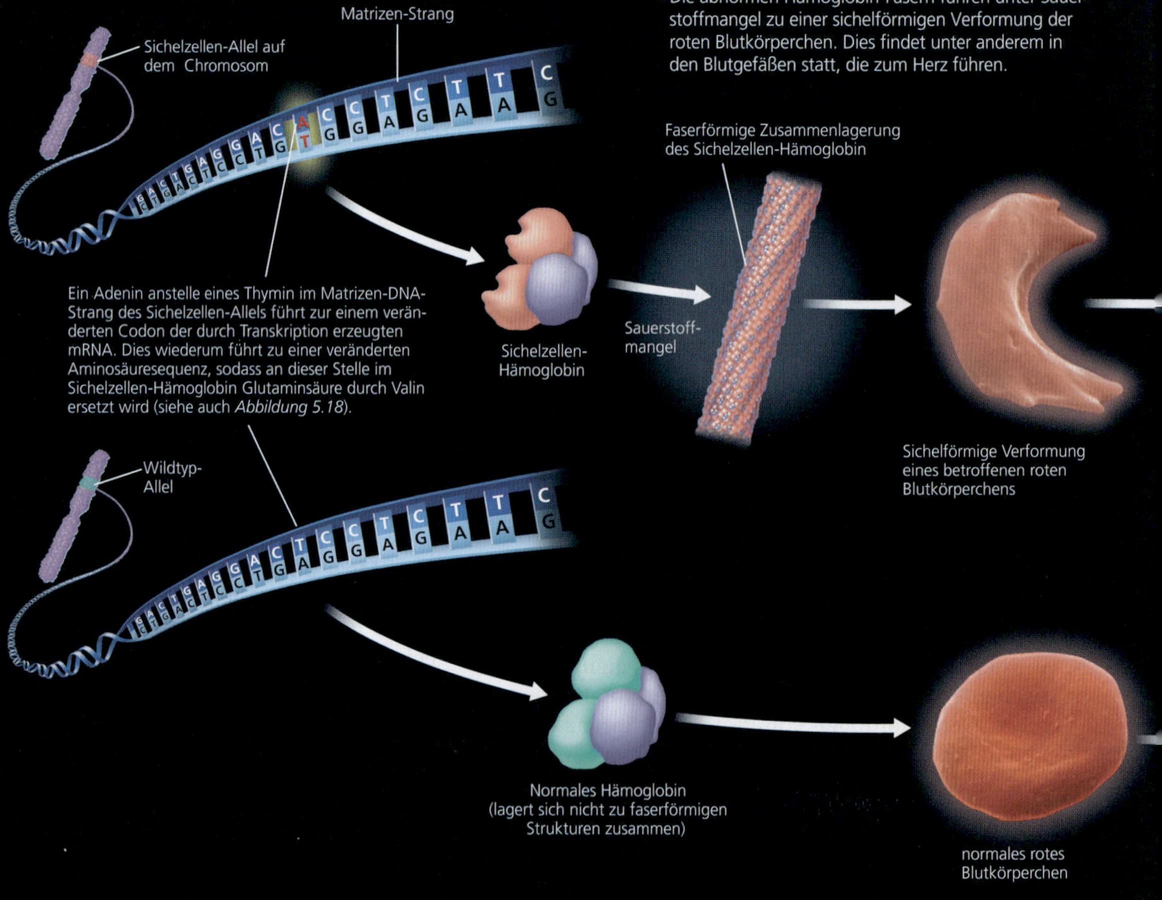

Abbildung 23.11: Das Sichelzellen-Allel.

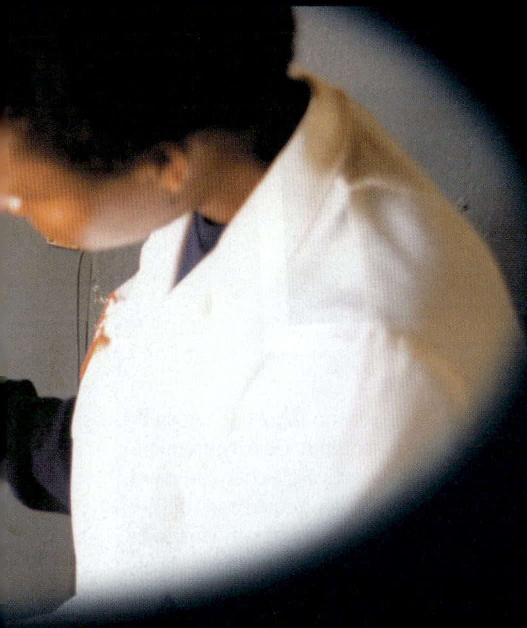

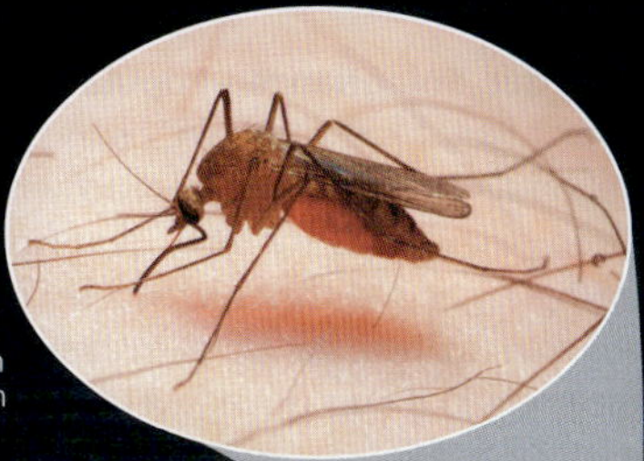

Infizierte Stechmücken verbreiten Malaria, wenn sie zustechen (siehe auch *Abbildung 28.19*).

Evolution in Populationen

- Homozygote Individuen mit zwei Sichelzellen-Allelen haben eine sehr geringe Fitness. Im Gegensatzt dazu leiden heterozygote Individuen zwar unter einigen nachteiligen Effekten der (geringen) Sichelzellenbildung, haben aber dadurch eine weitaus größere Wahrscheinlichkeit nicht an Malaria zu sterben.
- Daher bietet das Sichelzellen-Allel in Regionen, in denen Malaria häufig auftritt, einen Heterozygotenvorteil. Dieses Phänomen hat zu evolutionären Veränderungen in menschlichen Populationen geführt – so kommt es in Malariagebieten zu relativ hohen Frequenzen des Sichelzellen-Allels, wie die Karte unten veranschaulicht.

Auswirkungen auf den Organismus

- In homozygoten Individuen, die zwei Kopien des Sichelzellen-Allels tragen, führt die Bildung der sichelförmigen roten Blutkörperchen zur Ausprägung der Sichelzellenanämie.
- Bei heterozygoten Individuen kommt es ebenfalls in einigen roten Blutkörperchen zu einer Verformung, dies ist aber insgesamt nicht stark genug, dass die Krankheit ausbrechen würde (siehe *Abbildung 14.17*).

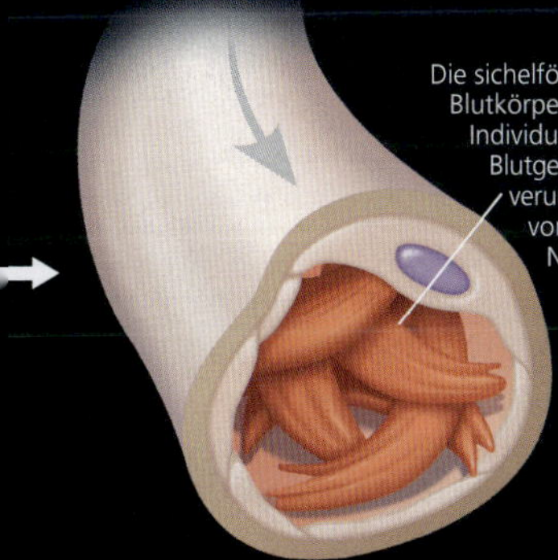

Die sichelförmig verformten roten Blutkörperchen eines homozygoten Individuums verstopfen kleine Blutgefäße, was große Schmerzen verursacht und zur Schädigung von Organen wie dem Herz, Nieren und Gehirn führt.

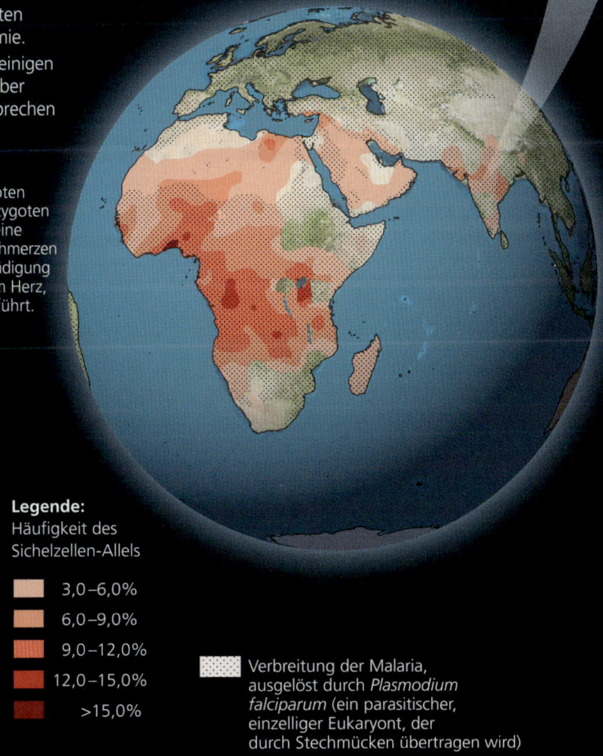

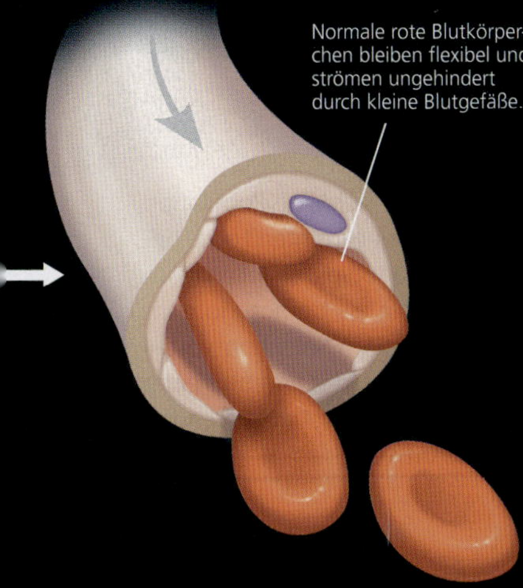

Normale rote Blutkörperchen bleiben flexibel und strömen ungehindert durch kleine Blutgefäße.

ZUSAMMENHÄNGE ERKENNEN *Hätten Individuen, die heterozygot für das Sichelzellen-Allel sind, in Regionen, in denen Malaria nicht vorkommt, ebenfalls einen Selektionsvorteil? Begründen Sie Ihre Antwort.*

Wissenschaftliche Übung

Interpretation eines Streudiagramms mit einer Regressionsgeraden

Findet in der Sojapflanzen-Population Evolution statt? Eine Möglichkeit zu testen, ob in einer Population Evolution stattfindet, ist, die beobachteten Genotypfrequenzen eines Locus mit den Genotypfrequenzen, die man bei einer nicht evolvierenden Population erwarten würde, mithilfe der Hardy-Weinberg-Gleichung zu vergleichen. In dieser Übung werden Sie testen, ob eine Sojapflanzen-Population an dem Locus (mit den zwei Allelen C^G und C^Y), der für die Chlorophyllsynthese und damit die Grünfärbung der Blätter zuständig ist, evolviert.

Durchführung des Experiments Studenten haben Sojasamen ausgebracht und dann die Anzahl der verschiedenen Genotypen der Keimlinge am 7. und am 21. Tag nach der Aussaat bestimmt. Die unterschiedlichen Genotypen der Keimlinge waren leicht zu ermitteln, da die C^G- und C^Y-Allele einem intermediären Erbgang folgen: C^GC^G-Keimlinge haben grüne Blätter, C^GC^Y-Keimlinge haben gründgelbe Blätter und C^YC^Y-Keimlinge haben gelbe Blätter.

Experimentelle Daten

Zeit (Tage)	Anzahl Keimlinge			
	grün (C^GC^G)	grün-gelb (C^GC^Y)	gelb (C^YC^Y)	Gesamt
7	49	111	56	216
21	47	106	20	173

Datenauswertung

Berechnen Sie aus der beobachteten Häufigkeit der Genotypen von Tag 7 die Frequenzen der beiden Allele $C^G(p)$ und $C^Y(q)$.

Nun errechnen Sie mithilfe der Hardy-Weinberg-Gleichung ($p^2 + 2\,pq + q^2 = 1$) die erwarteten Genotypfrequenzen von C^GC^G, C^YC^Y und C^GC^Y an Tag 7, unter der Annahme, dass sich die Population in einem Hardy-Weinberg-Gleichgewicht befindet.

Errechnen Sie aus den Daten, die an Tag 7 nach Aussaat erhoben wurden, die beobachteten Genotypfrequenzen (C^GC^G, C^YC^Y und C^GC^Y) und vergleichen Sie diese Werte mit den erwarteten Genotypfrequenzen, die Sie in Schritt 2 ausgerechnet haben. Befand sich Ihre Sojakeimlings-Population von Tag 7 in einem Hardy-Weinberg-Gleichgewicht oder hat Evolution stattgefunden? Begründen Sie Ihre Überlegungen und benennen Sie die Genotypen, die sich als vorteilhaft und als nachteilig herausstellen – wenn es welche gibt.

Berechnen Sie die beobachteten Genotypfrequenzen (C^GC^G, C^YC^Y und C^GC^Y) von Tag 21 und vergleichen Sie diese mit den erwarteten Frequenzen, die Sie in Schritt 2 errechnet haben, und mit den beobachteten Genotypfrequenzen von Tag 7 (Schritt 3). Ist die Keimlingspopulation an Tag 21 im Hardy-Weinberg-Gleichgewicht oder hat Evolution stattgefunden? Begründen Sie Ihre Überlegungen und benennen Sie gegebenenfalls die Genotypen, die sich als vorteilhaft und als nachteilig herausstellen.

Homozygote C^YC^Y-Keimlinge können kein Chlorophyll produzieren. Die Notwendigkeit, selbst Fotosynthese zu betreiben, steigt nach der Keimung, da die Keimlinge mit der Zeit den Nährstoffvorrat aufbrauchen, der im Samen angelegt war. Stellen Sie eine Hypothese auf, mit der Sie die Frequenzdaten von Tag 7 und Tag 21 erklären. Versuchen Sie, basierend auf dieser Hypothese, vorherzusagen, wie die Allelfrequenzen für C^G und C^Y sich nach Tag 21 wahrscheinlich weiter verändern werden.

VERSTÄNDNISFRAGEN

1. Wie groß ist die relative Fitness eines sterilen Maultiers? Begründen Sie Ihre Antwort.

2. Erklären Sie, warum die natürliche Selektion der einzige Evolutionsmechanismus ist, der fortwährend für eine adaptive Evolution sorgt.

3. WAS WÄRE, WENN? Stellen Sie sich eine Population vor, in der Individuen, die an einem bestimmten Locus heterozygot sind, einen extremen Phänotyp darstellen (zum Beispiel könnten sie viel größer sein als homozygote Individuen), der zudem einen bestimmten Selektionsvorteil mit sich bringt. Ist eine solche Situation das Ergebnis einer gerichteten, einer disruptiven oder einer stabilisierenden Selektion? Begründen Sie Ihre Antwort.

ZUSAMMENFASSUNG

Genetische Variabilität ermöglicht Evolution

Genetische Variabilität bezieht sich auf genetische Unterschiede zwischen Individuen einer Population. Nur die phänotypische Variabilität, die auf einer genetischen Basis beruht, spielt für Selektionsprozesse eine Rolle.

Nucleotidunterschiede, die die Basis genetischer Variabilität darstellen, kommen zustande, wenn durch Mutation und Genduplikation neue Allele und Gene entstehen. Neue genetische Varianten entstehen schnell in Organismen mit einer kurzen Generationszeit. In sich sexuell reproduzierenden Organismen ist der Großteil der genetischen Unterschiede zwischen Individuen auf *Crossing over*-Ereignisse zurückzuführen sowie auf die Neukombination der Chromosomen während der Gametenbildung und der Befruchtung.

Mithilfe der Hardy-Weinberg-Gleichung lässt sich herausfinden, ob in einer Population Evolution stattfindet

Eine **Population** ist eine in einer bestimmten Region vorkommende Gruppe von Individuen derselben Art, die eine Fortpflanzungsgemeinschaft bildet und deshalb einen gemeinsamen **Genpool** besitzt, der sämtliche Allele in der Population umfasst.

Das **Hardy-Weinberg-Gesetz** besagt, dass die Allel- und Genotypfrequenz in einer Population konstant bleibt, wenn die Population groß genug ist, Paarungen nach dem Zufallsprinzip erfolgen, Mutationen als Einflussgrößen vernachlässigt werden können und es keine natürliche Selektion sowie keinen Genfluss gibt. Für eine solche Population gilt folgender Zusammenhang: Wenn p und q die Frequenzen der beiden möglichen Allele eines bestimmten Locus repräsentieren, dann ist p^2 die Frequenz des einen homozygoten Genotyps, q^2 die Frequenz des anderen homozygoten Genotyps und $2\,pq$ die Frequenz des heterozygoten Genotyps.

Natürliche Selektion, genetische Drift und Genfluss können die Allelfrequenzen in einer Population verändern

Die **natürliche Selektion** führt dazu, dass Individuen einer Population mit bestimmten vererbbaren Merkmalen *aufgrund* dieser Merkmale größere Überlebens- und Fortpflanzungsraten haben als andere Individuen.

Bei der **genetischen Drift** führt die zufällige Veränderung der Allelfrequenzen von einer Generation zur anderen häufig zu einer Verringerung der genetischen Variabilität.

Genfluss, der Austausch von Allelen zwischen Populationen, verringert im Lauf der Zeit die Unterschiede zwischen verschiedenen Populationen.

Die natürliche Selektion ist der einzige Mechanismus, der auf Dauer für eine adaptive Evolution sorgt

Ein Individuum verfügt dann über eine höhere **individuelle (relative) Fitness**, wenn es im Vergleich zu anderen Individuen der Population mehr fertile Nachkommen hinterlässt. Dabei kann die natürliche Selektion auf unterschiedliche Arten auf den Phänotyp einwirken: **gerichtete**, **disruptive** oder **stabilisierende Selektion**.

Anders als genetische Drift und Genfluss erhöht die natürliche Selektion kontinuierlich die Allelfrequenz derjenigen Allele, die die Überlebenswahrscheinlichkeit und den Fortpflanzungserfolg steigern. Sie verbessert dadurch beständig den Grad der Anpassung von Individuen einer Population an ihre Umwelt.

Die **sexuelle Selektion** kann zur Evolution von sekundären Geschlechtsmerkmalen führen, die den Individuen Paarungsvorteile bringen.

Man spricht von **balanciertem Polymorphismus**, wenn durch natürliche Selektion zwei oder mehr Allele in einer Population erhalten bleiben.

Evolution führt nicht zur Entwicklung von perfekten Organismen. Die natürliche Selektion kann nur auf die vorhandene Variabilität einwirken. In der Evolution entwickeln sich neue Strukturen und Eigenschaften durch Modifikationen von bereits existierenden Strukturen und Eigenschaften. Anpassungen stellen häufig Kompromisse dar. Zufallsereignisse, natürliche Selektion und Umwelt wirken gemeinsam auf die Evolution ein.

Die Entstehung der Arten

24

24.1 Das biologische Artkonzept betont die reproduktive Isolation

Der Begriff „Spezies“ (Art) leitet sich vom Lateinischen ab und bedeutet so viel wie „Aussehen“ oder „Erscheinung“. Im Alltag unterscheiden wir zwischen Hunden und Katzen anhand ihres unterschiedlichen Aussehens. Aber lassen sich solche Organismen tatsächlich in trennbare Einheiten unterteilen, die wir als „Arten“ bezeichnen können, oder ist diese Klassifikation ein willkürlicher und eigenmächtiger Versuch, die Natur zu ordnen? Um diese Frage beantworten zu können, haben Biologen nicht nur die morphologischen und anatomischen Unterschiede verschiedener Organismengruppen miteinander verglichen, sondern auch optisch weniger oder nicht so offensichtliche physiologische, verhaltensbiologische, biochemische und molekulare Unterschiede (zum Beispiel DNA-Sequenzen). Die Ergebnisse bestätigen im Allgemeinen, dass nach morphologisch-anatomischen Kriterien gruppierte Arten tatsächlich eigenständige Taxa sind, die sich neben ihrer Morphologie noch in vielen weiteren Merkmalen deutlich unterscheiden. Allerdings hat sich auch das Gegenteil gezeigt, dass nämlich viele der sogenannten Kosmopoliten, also der weltweit verbreiteten Arten, sich nur morphologisch sehr ähnlich sind, sich genetisch aber oft deutlicher unterscheiden, als das innerhalb mancher morphologisch unähnlicheren Artengruppen der Fall ist.

24.1.1 Das biologische Artkonzept

Die wichtigste Artdefinition, die wir in diesem Lehrbuch verwenden, wird als **biologisches Artkonzept** oder als **biologischer Artbegriff** (Biospezies) bezeichnet. Diesem Konzept zufolge, das 1942 von den großen Evolutionsbiologen Ernst Mayr, Theodor Dobzhansky und Julian Huxley formuliert wurde, stellt eine **Art** (Spezies) eine Gruppe von Populationen dar, deren Angehörige sich unter natürlichen Bedingungen miteinander fortpflanzen und lebensfähige, fertile Nachkommen bilden können (Abbildung 24.1) und durch **Isolationsmechanismen** in Anatomie, Verhalten, Kompatibilität der Gameten oder ökologischen Merkmalen reproduktiv von anderen Arten isoliert sind. Deshalb sind die Angehörigen einer biologischen Art (Biospezies) dadurch vereint, dass sie zumindest potenziell eine Fortpflanzungsgemeinschaft bilden können. So gehören zum Beispiel alle Menschen ein und derselben Art (*Homo sapiens*) an. Es mag zwar unwahrscheinlich sein, dass eine Geschäftsfrau aus Münster einen Milchbauern aus der Mongolei trifft, aber wenn sich die beiden tatsächlich treffen würden, dann könnten sie lebensfähige Kinder zeugen, die sich zu fortpflanzungsfähigen Erwachsenen entwickeln. Im Gegensatz dazu gehören Mensch und Schimpanse unterschiedlichen biologischen Arten an. Selbst wenn sie im gleichen Gebiet leben, halten viele Faktoren sie davon ab, sich zu paaren, und sie können keine fruchtbaren Nachkommen zeugen.

(a) Ähnlichkeiten zwischen verschiedenen Arten. Der Lerchenstärling (*Sturnella magna*, links) und der Wiesenstärling (*Sturnella neglecta*, rechts) sind sich in Körperbau und Färbung sehr ähnlich. Dennoch handelt es sich biologisch um zwei eigenständige Arten, denn ihr Gesang und andere Verhaltensmerkmale sind so verschieden, dass es unter natürlichen Bedingungen nicht zu Kreuzungen kommt.

(b) Vielfalt innerhalb einer Art. So unterschiedlich wir auch aussehen mögen, alle Menschen gehören zu einer einzigen biologischen Spezies (*Homo sapiens*), die sich dadurch definiert, dass ihre Mitglieder miteinander fertile Nachkommen hervorbringen.

Abbildung 24.1: **Das biologische Artkonzept basiert auf dem Potenzial, sich fortpflanzen und fertile Nachkommen bekommen zu können, und nicht auf physischer Ähnlichkeit.**

Was hält den Genpool einer Art zusammen und was führt dazu, dass sich die Individuen einer Art einander stärker ähneln als die Individuen anderer Arten? Um diese Frage beantworten zu können, müssen wir auf einen Mechanismus zurückgreifen, den wir in Kapitel 23 bereits erörtert haben: *Genfluss*, das ist der Transfer von Allelen zwischen Populationen. Die Angehörigen einer Art ähneln einander häufig deshalb, weil ihre Populationen durch Genfluss miteinander verbunden sind. Wie zu erwarten, findet in Subpopulationen ein relativ häufiger Allelaustausch statt. Aber was geschieht mit Populationen, die durch größere Entfernungen getrennt sind?

Reproduktive Isolation Da biologische Arten Fortpflanzungsgemeinschaften darstellen, muss über **reproduktive Isolationsmechanismen** verhindert werden, dass die Angehörigen von zwei unterschiedlichen Arten lebensfähige, fruchtbare Nachkommen hervorbringen. Solche reproduktiven Barrieren blockieren den Genfluss zwischen verschiedenen Arten und verhindern weitgehend die Bildung von Bastarden (**Hybride**). Auch wenn eine einzelne Barriere möglicherweise den Genfluss nicht völlig unterbinden kann, so können doch mehrere unterschiedliche Mechanismen gemeinsam eine Kreuzung zwischen zwei Arten verhindern.

> **MERKE!**
>
> **Eine Art (Spezies) stellt eine Gruppe von Populationen dar, deren Angehörige sich unter natürlichen Bedingungen miteinander fortpflanzen und lebensfähige, fertile Nachkommen bilden können und durch Isolationsmechanismen in Anatomie, Verhalten, Kompatibilität der Gameten oder ökologischen Merkmalen reproduktiv von anderen Arten isoliert sind.**

Grundsätzlich lassen sie sich danach einteilen, ob sie zur reproduktiven Isolation vor oder nach der Befruchtung der Eizelle (Bildung einer Zygote) beitragen. **Präzygotische Barrieren** („vor der Zygote") verhindern, dass es zu einer Befruchtung der Eizelle (Fertilisation) kommt. Wenn eine Spermienzelle der einen Art die präzygotischen Barrieren überwindet und die Eizelle einer anderen Art befruchtet, kann eine Vielzahl **postzygotischer Barrieren** („nach der Zygote") nach der Bildung der Hybridzygote zu einer reproduktiven Isolation führen. Zum Beispiel können Störungen in der Embryonalentwicklung die Überlebensrate der Hybridembryonen erheblich senken.

Grenzen des biologischen Artkonzepts Eine Stärke des biologischen Artkonzeptes liegt darin, dass es die Bedeutung der Bildung reproduktiver Isolationsmechanismen für einen Artbildungsprozess herausstellt. Die Anzahl von Arten, auf die sich dieses Konzept anwenden lässt, ist jedoch begrenzt. So gibt es zum Beispiel keine Möglichkeit, den Umfang einer reproduktiven Isolation bei Fossilien einzuschätzen. Der biologische Artbegriff lässt sich zudem nicht auf Organismen anwenden, die sich stets oder überwiegend asexuell (vegetativ) vermehren, so wie Prokaryonten. Zudem sind Arten, die über den biologischen Artbegriff definiert werden, durch das *Fehlen* eines Genflusses charakterisiert. Es gibt jedoch zahlreiche nah verwandte, jedoch in der Regel räumlich separierte Artenpaare, die morphologisch-anatomisch und auch ökologisch eigene Arten darstellen, und dennoch kann es zwischen ihnen zu einer Hybridisierung und einem Genfluss kommen.

24.1.2 Weitere alternative Artkonzepte

Während der biologische Artbegriff das betont, was Arten trennt und sie aufgrund von Fortpflanzungsbarrieren zu eigenständigen Arten macht, unterstreichen einige andere Artkonzepte die *Gemeinsamkeiten* innerhalb einer Art. So charakterisiert der **morphologische Artbegriff** (Morphospezies-Konzept) eine Art durch ihren Bauplan und wichtige morphologisch-anatomische Eigenschaften, einschließlich physiologischer und ethologischer Gesichtspunkte. Der morphologische Artbegriff hat viele Vorteile. Er lässt sich sowohl auf Organismen mit asexueller (vegetativer) als auch mit sexueller Fortpflanzung anwenden und ist auch dann nützlich, wenn man keine Kenntnisse über das Ausmaß eines Genflusses hat. In der Praxis, zum Beispiel auf Exkursionen im Freiland, werden auf morphologischen Unterschieden beruhende Bestimmungsschlüssel in Floren- und Faunenwerken verwendet, die einen ersten und wichtigen Zugang zur Ermittlung der Artenvielfalt ermöglichen. Ein Nachteil ist jedoch, dass eine solche Artunterscheidung häufig nach pragmatischen Gesichtspunkten vorgenommen wird und oft Kriterien Verwendung finden, die für die Charakterisierung des natürlichen Verwandtschaftsgrades irrelevant sind.

Der **ökologische Artbegriff** definiert eine Art über die „ökologische Nische" und ihre Realisierung aller im Laufe ihrer Stammesgeschichte erworbenen Eigenschaften in einem bestimmten, durch die jeweiligen biotischen und abiotischen Faktoren charakterisierten Lebensraum (siehe Kapitel 54). Zum Beispiel können sich zwei Amphibienarten äußerlich sehr ähnlich sehen, jedoch können sie sich in ihrer Ernährungsweise, in ihrer Fähigkeit, Trockenheit zu tolerieren, oder in ihren Lebensraumansprüchen (Habitatselektion) deutlich voneinander unterscheiden. Im Gegensatz zum biologischen Artbegriff kann der ökologische Artbegriff sowohl auf Arten mit sexueller Fortpflanzung als auch mit asexueller (vegetativer) Fortpflanzung angewendet werden. Er betont zudem auch die Bedeutung einer disruptiven natürlichen Selektion, wenn sich Arten an unterschiedliche Umweltbedingungen angepasst haben.

Der **phylogenetische Artbegriff** definiert eine Art als die kleinste Individuengruppe mit einem gemeinsamen Vorfahren, die eine einzelne Zweigspitze am phylogenetischen Stammbaum bildet. Biologen verfolgen die Stammesgeschichte einer Art zurück, indem sie ihre morphologisch-anatomischen, physiologischen, verhaltensbiologischen und molekularbiologischen Merkmale und Eigenschaften mit denjenigen anderer Arten vergleichen. Molekulare Merkmale sind ein gutes Indiz für die natürlichen Verwandtschaftsbeziehungen zwischen Arten oder Taxa (Gruppen). Wissenschaftler nutzen diese Möglichkeiten zum Beispiel anhand von DNA-Fingerprinting-Verfahren. Erst die Aufklärung der natürlichen Verwandtschaftsbeziehungen macht es auf der Basis eines natürlichen Systems der Organismen möglich, zu typisieren und generalisierende Aussagen zu treffen.

VERSTÄNDNISFRAGEN

1. (a) Welche Artbegriffe sind sowohl auf asexuell (vegetativ) als auch auf sexuell sich reproduzierende Arten anwendbar? (b) Welches Artkonzept eignet sich am besten, um Arten im Freiland zu identifizieren? Begründen Sie Ihre Antwort.

2. WAS WÄRE, WENN? Stellen Sie sich vor, Sie untersuchen zwei Spinnenarten, die im Wald leben und sich, soweit man weiß, nicht kreuzen. Eine Art lebt in den Baumwipfeln, sucht dort nach Nahrung und paart sich auch dort, die andere lebt am Boden. Im Experiment können sich diese beiden Spinnenarten jedoch paaren und lebensfähige, fertile Nachkommen hervorbringen. Welcher Isolationsmechanismus hält diese Spinnenarten unter natürlichen Bedingungen wahrscheinlich getrennt? Begründen Sie Ihre Antwort.

24.2 Artbildung kann mit oder ohne geografische Isolation stattfinden

Entsprechend den jeweils wirkenden Isolationsmechanismen werden zwei Typen voneinander unterschieden, durch die der Genfluss zwischen den Populationen unterbrochen und eine Artbildung initiiert werden kann (Abbildung 24.2).

24.2.1 Allopatrische Artbildung

Bei der **allopatrischen Artbildung** (gr. *allos*, fremd und *patra*, Heimatland) wird ein Genfluss unterbrochen, wenn eine Population in geografisch voneinander separierte Subpopulationen zerfällt.

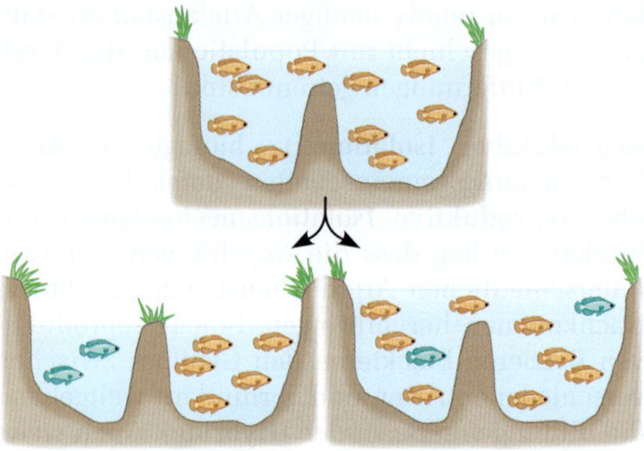

(a) Allopatrische Artbildung. Eine Population bildet eine neue Art, nachdem sie von ihrer Elternpopulation geografisch getrennt wurde.

(b) Sympatrische Artbildung. Ein Teil der Population entwickelt sich ohne geografische Trennung zu einer neuen Art.

Abbildung 24.2: **Die beiden wichtigsten Wege zur Artbildung.**

Zum Beispiel kann es passieren, dass der Wasserspiegel in einem See so stark sinkt, dass zwei oder mehrere kleinere Seen entstehen, in denen nun getrennte Populationen vorkommen (Abbildung 24.4 a). Oder ein Fluss kann seinen Lauf ändern und eine einst zusammenhängende Population einer Tierart in zwei Populationen trennen, wobei der Fluss nun eine nicht mehr zu überquerende Barriere für die Individuen dieser Art darstellt. Zu einer allopatrischen Artbildung kann es auch ohne solche physiogeografisch bedingten Vorgänge kommen, zum Beispiel wenn Individuen ein entlegenes Gebiet kolonisieren und ihre Nachkommen von der Elternpopulation nun geografisch separiert werden.

> **MERKE!**
>
> **Bei der allopatrischen Artbildung wird ein Genfluss unterbrochen, wenn eine Population in geografisch voneinander separierte Subpopulationen zerfällt.**

Der Prozess der allopatrischen Artbildung Wie ausgeprägt muss eine geografische Barriere sein, damit eine allopatrische Artbildung stattfinden kann? Die Beantwortung dieser Frage hängt von der Mobilität der betrachteten Organismengruppe ab. Es kann also sein, dass ein breiter Fluss oder ein tiefer Canyon für kleine Nagetiere eine Barriere darstellt, die kaum zu überwindenden ist.

Sobald es zu einer geografischen Isolation gekommen ist, können sich die getrennten Genpools auseinanderentwickeln. Es treten unterschiedliche Mutationen auf, die Rekombination führt zur Bildung verschiedener Genotypen, die natürliche

Selektion wirkt auf die getrennten Organismen ein und die genetische Drift verändert die Allelfrequenz auf zufällige Art und Weise. Eine reproduktive Isolation kann dann im Laufe der Zeit auftreten, die die phänotypische und genetische Trennung der Populationen festigt.

Die Genpools von stark separierten Populationen (wie solchen auf entlegenen Inseln) erleben nur einen sehr schwachen Genfluss. Solche Situationen führen mit großer Wahrscheinlichkeit zu einer allopatrischen Artbildung. So entwickelten sich zum Beispiel in weniger als zwei Millionen Jahren aus den wenigen Gründerindividuen bestimmter Pflanzen- und Tierarten vom süd- und vom nordamerikanischen Festland, die die Galápagos-Inseln kolonisierten, alle dort neu entstandenen (endemischen) Arten.

Belege für eine allopatrische Artbildung Viele Untersuchungen belegen, dass es in geografisch weit voneinander separierten Populationen leicht zu einer allopatrischen Artbildung kommen kann.

Die Bedeutung der allopatrischen Artbildung wird auch durch die Tatsache unterstützt, dass durch geografische Barrieren voneinander getrennte Regionen in der Regel eine größere Artendiversität haben als Regionen mit nur wenigen Barrieren. In den Bergregionen von Neuguinea findet man zum Beispiel eine außerordentliche Vielfalt an Vogelarten und auch auf den Hawaii-Inseln gibt es eine große Artenzahl endemischer Pflanzen- und Tierarten.

Labor- und Freilanduntersuchungen liefern auch Belege dafür, dass eine reproduktive Isolation zwischen zwei Populationen dann zunimmt, wenn die räumliche Distanz zwischen beiden größer wird. Bei der Untersuchung des Allegheny-Bachsalamanders (*Desmognathus ochrophaeus*) holten Biologen Individuen aus verschiedenen Populationen ins Labor und testeten ihre Fähigkeit, lebensfähige, fruchtbare Nachkommen hervorzubringen (Abbildung 24.3). Bei Salamandern aus benachbarten Populationen fanden die Wissenschaftler in der Regel keine reproduktive Isolation. Individuen von Salamandern aus weit voneinander entfernten Populationen hatten hingegen häufig keinen Fortpflanzungserfolg. Eine mögliche Erklärung für diese Ergebnisse ist, dass zwischen diesen Salamanderpopulationen kein Genfluss mehr über größere Entfernungen hinweg stattfindet. Das Auseinanderentwickeln von räumlich deutlich voneinander getrennten Populationen führt somit nicht nur zu größeren morphologisch-anatomischen Unterschieden, sondern auch zu einer geringeren individuellen Fitness der Hybride. Selbst wenn Genfluss über größere Entfernungen seltener stattfindet, wird in solchen Fällen die Artbildung als Folge postzygotischer Isolationsmechanismen fortschreiten. In anderen Untersuchungen haben Wissenschaftler geprüft, ob sich reproduktive Barrieren dann entwickeln, wenn Populationen experimentell voneinander getrennt unterschiedlichen Umweltbedingungen ausgesetzt werden. Auch in diesen Fällen sprechen die Ergebnisse deutlich für eine allopatrische Artbildung.

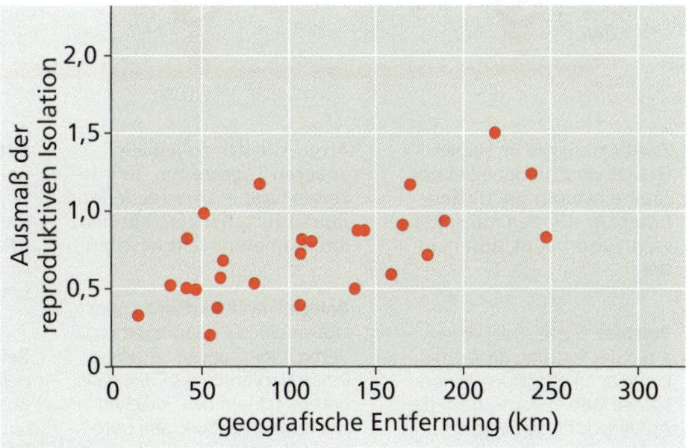

Abbildung 24.3: **Unterschiedliche reproduktive Isolation zwischen Populationen des Allegheny-Bachsalamanders in Abhängigkeit von den Distanzen zwischen den verschiedenen Populationen.** Der Index der reproduktiven Isolation reicht in dieser Untersuchung von null (keine reproduktive Isolation) bis 1,5 (völlige Isolation).

Eine geografische Isolation kann zwar wirkungsvoll Kreuzungen zwischen Individuen verschiedener Populationen verhindern, wenn jedoch noch keine Isolationsmechanismen zwischen diesen entwickelt wurden, können sich ihre Individuen nach wie vor miteinander paaren und Nachkommen haben. Die Ausbildung eines Isolationsmechanismus über eine allopatrische Artbildung (Abbildung 24.4) garantiert jedoch, dass nach Auflösung geografischer Barrieren die Individuen der einst getrennten Populationen nun nicht mehr in einen Genaustausch treten können und dass sie sich wie verschiedene Arten verhalten.

24.2.2 Sympatrische Artbildung

Bei der **sympatrischen Artbildung** (gr. *syn*, zusammen) kommt es innerhalb von Populationen zur Artbildung, ohne dass es zu einer geografischen Isolation gekommen ist. Wie können sich unter solchen Rahmenbedingungen Isolationsmechanismen ausbilden, wo doch die Individuen potenziell miteinander in einen Genaustausch treten könnten? Wenngleich allopatrische Artbildung der häufigere Fall ist, so kann es doch zu einer sympatrischen Artbildung kommen, wenn der Genfluss durch Faktoren wie Polyploidie, Ha-

Präzygotische Barrieren verhindern eine Paarung oder, wenn es doch zur Paarung kommt, eine Befruchtung.

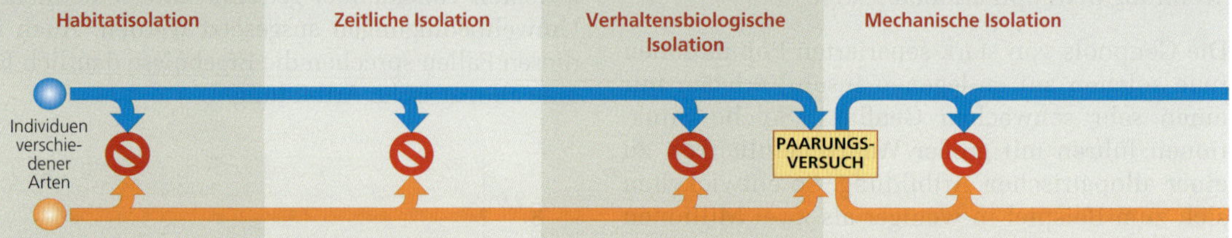

Habitatisolation

Zwei Arten, die im selben Gebiet verschiedene Lebensräume bewohnen, treffen unter Umständen nur selten, wenn überhaupt, aufeinander.

Beispiel: Diese zwei Fliegenarten der Gattung *Rhagoletis* kommen in denselben geografischen Gebieten vor, doch die Apfelfruchtfliege *(Rhagoletis pomonella)* ernährt sich von Weißdorn und Äpfeln und paart sich auf diesen Pflanzen **(a)**. Eine nahe verwandte Art *(R. mendax)*, ernährt sich von Blaubeeren und legt ihre Eier dort ab **(b)**.

Zeitliche Isolation

Arten, die sich zu jeweils anderen Tageszeiten, Jahreszeiten oder in verschiedenen Jahren fortpflanzen, können ihre Gameten nicht mischen.

Beispiel: In Nordamerika überlappen sich die geografischen Verbreitungsgebiete des Westlichen Fleckenskunks *(Spilogale gracilis)* **(c)** und des Östlichen Fleckenskunks *(Spilogale putorius)* **(d)**, doch *S. putorius* paart sich im Spätwinter, *S. gracilis* hingegen im Spätsommer.

Verhaltensbiologische Isolation

Balzrituale, die Geschlechtspartner anlocken, und andere arttypische Verhaltensweisen stellen wirksame Fortpflanzungsbarrieren dar, selbst zwischen nahe verwandten Arten.

Beispiel: Blaufußtölpel *(Sula nebouxii)* leben auf den Galápagos-Inseln und paaren sich erst nach einer artspezifischen Balz. Dabei verlangt das „Ritual" vom Männchen, die Füße anzuheben und vorzuzeigen **(e)**, ein Verhalten, das die Aufmerksamkeit des Weibchens auf die leuchtend blauen Füße des balzenden Männchens lenkt.

Mechanische Isolation

Paarungsversuche kommen vor, doch morphologische Unterschiede verhindern einen erfolgreichen Vollzug der Paarung.

Beispiel: Zur Paarung nähern sich Schnecken der Gattung *Bradybaena* einander von vorne an. Wenn die Köpfe grade aneinander vorbeigeglitten sind, kommen die Genitalien miteinander in Kontakt und eine Paarung kann stattfinden, wenn die Gehäuse in dieselbe Richtung gedreht sind **(f)**. Wenn allerdings die Gehäuse in entgegengesetzte Richtungen gedreht sind **(g)**, lassen sich die Genitalöffnungen nicht miteinander in Deckung bringen (weiße Pfeile) und eine Paarung kann nicht vollzogen werden.

Abbildung 24.4: Näher betrachtet. Reproduktive Barrieren.

Postzygotische Barrieren verhindern, dass sich eine Hybridzygote zu einem fortpflanzungsfähigen Lebewesen entwickelt.

Gametische Isolation

Die Spermien einer Art können die Eizellen einer anderen Art unter Umständen nicht befruchten. Beispielsweise sind die Spermien vielleicht nicht in der Lage, im Fortpflanzungstrakt von Weibchen der anderen Art zu überleben, oder biochemische Mechanismen verhindern, dass Spermien die Membran um die Eizelle der anderen Art durchdringen.

Beispiel: Manche eng verwandte Arten wasserlebender Tiere wie Seeigel **(h)** sind durch gametische Isolation getrennt. Seeigel entlassen ihre Spermien und Eizellen ins umgebende Wasser, wo sie miteinander verschmelzen und Zygoten bilden. Gameten unterschiedlicher Seeigel-Arten, wie diejenigen von *Strongylocentrotus franciscanus* und *S. purpuratus*, können nicht miteinander verschmelzen, weil Proteine auf der Oberfläche von Eizelle und Spermien nur schlecht aneinander binden können.

Geringere Vitalität der Hybriden

Die Gene unterschiedlicher Elternarten können zu Wechselwirkungen führen, die die Entwicklung oder die Überlebensfähigkeit eines Hybriden in seiner Umwelt beeinträchtigen.

Beispiel: Einige Unterarten der Salamandergattung *Ensatia* leben in denselben Gebieten und Habitaten, wo es gelegentlich zu Hybridisierung kommt. Die meisten Hybriden schließen ihre Entwicklung jedoch nicht ab, und diejenigen, die es tun, sind schwächlich **(i)**.

Geringere Fruchtbarkeit der Hybriden

Selbst wenn Hybriden lebensfähig und kräftig sind, sind sie unter Umständen steril. Wenn sich die Chromosomen der beiden Elternarten in ihrer Anzahl oder ihrem Bau unterscheiden, kann es sein, dass die Meiose bei den Hybriden keine normalen Gameten hervorbringt. Da die sterilen Hybriden keine Nachkommen zeugen können, wenn sie sich mit einer der beiden Elternarten paaren, kann sich kein freier Genfluss entwickeln.

Beispiel: Nachkommen aus einer Kreuzung zwischen einem Eselhengst **(j)** und einer Pferdestute **(k)** werden Maultier **(l)** genannt. Nachkommen einer Eselstute und einem Pferdehengst werden als Maulesel bezeichnet (nicht abgebildet). Maultiere und Maulesel sind steril.

Hybridenzusammenbruch

Einige F_1-Hybriden sind lebensfähig und fruchtbar, doch wenn sie untereinander oder mit einer der Elternarten gekreuzt werden, sind die Nachkommen der nächsten Generation (F_2-Generation) schwächlich oder steril.

Beispiel: Im Lauf ihrer Entwicklung aus einem gemeinsamen Vorfahren haben Kulturreissorten an zwei Genorten verschiedene mutierte rezessive Allele angesammelt. Hybriden zwischen ihnen sind kräftig und fertil (**(m)**, links und rechts), doch die Pflanzen der nächsten Generation, die zu viele dieser rezessiven Allele angehäuft haben, sind klein und steril (**(m)**, Mitte). Obgleich diese Reissorten noch nicht als unterschiedliche Arten angesehen werden, haben sie begonnen, sich durch postzygotische Barrieren voneinander zu trennen.

bitataufteilung und durch sexuelle Selektion verringert beziehungsweise letztlich ganz unterbunden wird. (Beachten Sie, dass diese Faktoren eine allopatrische Artbildung ebenfalls begünstigen.)

MERKE!

Bei der sympatrischen Artbildung kommt es innerhalb von Populationen zur Artbildung, ohne dass es zu einer geografischen Isolation gekommen ist.

Polyploidie Eine Art kann durch zufällige, untypische Zellteilungsprozesse entstehen, bei denen zusätzliche Chromosomensätze gebildet werden, eine Mutationsform, die man als **Polyploidie** bezeichnet. Es gibt zwei verschiedene Formen der Polyploidie. Bei der **Autopolyploidie** (gr. *autos*, selbst) weisen die Individuen mehr als zwei Chromosomensätze auf, wenngleich sie alle von einer einzigen Art abgeleitet werden können. Zum Beispiel kann ein Fehler bei der Zellteilung die Chromosomenzahl einer Zelle von einem diploiden Satz (2*n*) auf einen tetraploiden Satz (4*n*) verdoppeln (Abbildung 24.5). Diese Mutation führt dazu, dass die tetraploide Pflanze von den diploiden Pflanzen der Ausgangspopulation reproduktiv isoliert wird, weil die triploiden (3*n*) Nachkommen solcher Kreuzungen eine verringerte Fertilität aufweisen. Die tetraploiden Pflanzen können jedoch fruchtbare Nachkommen hervorbringen, indem sie sich selbst befruchten oder sich mit anderen tetraploiden Pflanzen kreuzen. Daher kann Autopolyploidie in nur einer einzigen Generation auch ohne geografische Isolation zu einer reproduktiven Isolation führen.

Bei einer zweiten Form der Polyploidie, die wesentlich häufiger auftritt, kreuzen sich zwei verschiedene Arten und bilden dadurch Hybrid-Nachkommen. Die meisten interspezifischen Hybride sind jedoch steril, da sich der haploide Chromosomensatz der einen Art während der Meiose mit dem haploiden Chromosomensatz der anderen Art nicht zu Tetraden vereinigen kann. Ein solcher steriler Hybrid ist unter bestimmten Bedingungen jedoch in der Lage, sich asexuell (vegetativ) zu vermehren (wie es bei vielen Pflanzen geschieht). In darauffolgenden Generationen können verschiedene Mechanismen dazu führen, dass aus einem sterilen Hybrid ein fertiler polyploider Organismus wird. Man bezeichnet diesen Vorgang als **Allopolyploidie**. Solche über Allopolyploidie entstandenen polyploiden Hybriden sind fertil; sie können sich untereinander paaren, aber sie können sich mit keiner der beiden Elternarten mehr kreuzen; sie sind zu einer eigenen neuen Art geworden.

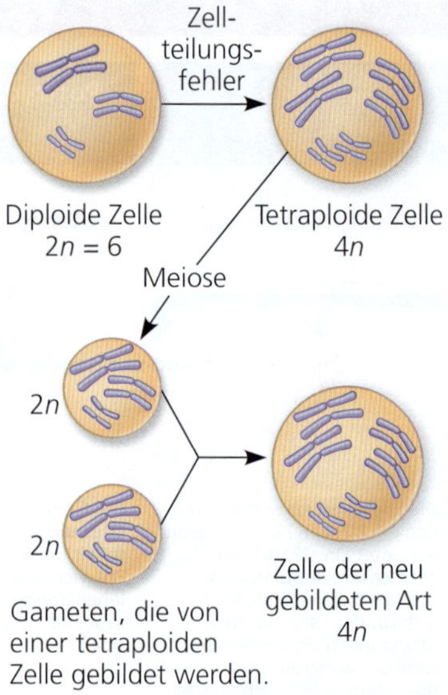

Abbildung 24.5: Sympatrische Artbildung durch Autopolyploidie.

Polyploidie ist bei Pflanzenarten im Vergleich zu Tierarten weitaus häufiger verbreitet. Botaniker schätzen, dass mehr als 80 Prozent aller heute lebenden Pflanzenarten von Vorfahren abstammen, die sich durch polyploide Speziation gebildet haben.

Viele wichtige Kulturpflanzenarten – zum Beispiel Hafer (*Avena sativa*), Baumwolle (*Gossypium herbaceum*), Kartoffel (*Solanum tuberosum*), Tabak (*Nicotiana tabacum*) und Weizen (*Triticum* sp.) – sind polyploid. Der Saatweizen (*Triticum aestivum*), der zum Brotbacken verwendet wird, ist eine durch Allopolyploidie entstandene hexaploide Form, ein Allohexaploid (sechs Chromosomensätze, zwei Sätze von drei verschiedenen Arten). Zu dem ersten Polyploidie-Ereignis kam es vermutlich vor rund 8.000 Jahren in Kleinasien durch spontane Hybridisierung einer frühen kultivierten Weizenart, dem diploiden Wilden Einkorn (*Triticum urartu*), mit einem heute nicht mehr bekannten ebenfalls diploiden Wildgras, wodurch der tetraploide Rauhweizen (*Triticum turgidum*) entstand. Dieser hybridisierte dann an der Wende des dritten Jahrtausends als weiblicher Elterntyp mit dem Langgrannigen Walch (*Aegilops triuncialis*) zum heutigen hexaploiden Saatweizen.

Habitataufteilung Zu einer sympatrischen Artbildung kann es nur dann kommen, wenn der neue Phänotyp einer Teilpopulation einen Teillebensraum oder bestimmte Ressourcen und Requisiten in Anspruch nimmt, die von der Elternpopulation nicht genutzt werden. Die Vorfahren der Apfelfruchtfliege (*Rhagoletis pomonella*), eine in Nordamerika heimische Art, lebten ursprünglich auf Weißdornbüschen (*Crataegus* sp.). Doch vor rund 200 Jahren führten einige ihrer Populationen einen Nahrungspflanzenwechsel durch und nutzen nun Apfelbäume (*Malus domestica*), die von europäischen Siedlern eingeführt worden waren. Da Äpfel schneller heranreifen als Weißdornfrüchte, hat die natürliche Selektion die Individuen der auf Apfelbäume übergewechselten Apfelfliegen-Populationen an eine schnellere Larvalentwicklung adaptiert. Die am Apfelbaum lebenden Populationen haben inzwischen einen zeitlichen Isolationsmechanismus gegenüber den an den Weißdornfrüchten lebenden Populationen entwickelt, womit durch die unterschiedlichen, sich nun zeitlich ausschließenden Aktivitätszeiten der Adulti ein präzygotischer Isolationsmechanismus entstanden ist. Die Wissenschaftler haben zudem spezifische Allele identifiziert, die nur für die Apfelfruchtfliegen mit jeweiliger Wirtspflanzenpräferenz von Vorteil sind, jedoch nachteilig für solche, welche auch die andere Wirtspflanze nutzen möchten. Infolgedessen fördert die natürliche Selektion, die auf diese Allele einwirkt, gleichzeitig auch eine postzygotische Fortpflanzungsbarriere, die den Genfluss weiter einschränkt. Zwar werden beide Populationen als Unterarten und nicht als eigenständige Arten angesehen, der Prozess der sympatrischen Artbildung ist allerdings in vollem Gange.

Sexuelle Selektion Es gibt Befunde, die dafür sprechen, dass auch die sexuelle Selektion zu einer sympatrischen Artbildung führen kann. Hinweise auf einen solchen Prozess sind bei Buntbarscharten (Cichlidae) im ostafrikanischen Victoria-See gefunden worden, einem der „Brennpunkte" (*Hotspots*) der Artbildung dieser Fischgruppe. In diesem See kommen etwa 600 Buntbarscharten vor.

Hier tritt eine sexuelle Selektion ein, bei der in der Regel Weibchen die Männchen aufgrund ihres Aussehens auswählen. Wissenschaftler haben zwei nah verwandte sympatrisch vorkommende Cichlidenarten untersucht, die sich hauptsächlich in der Färbung der Männchen im Brutkleid unterscheiden: Brütende *Pundamilia pundamilia*-Männchen haben einen bläulichen Rücken, während brütende *Pundamilia nyererei*-Männchen einen roten Rücken haben. Die Befunde der Wissenschaftler sprechen dafür, dass die Partnerwahl, die auf der Färbung der Männchen beruht, der entscheidende Isolationsmechanismus ist, der die Genpools der beiden Arten normalerweise getrennt hält.

VERSTÄNDNISFRAGEN

1. Fassen Sie die wichtigsten Unterschiede zwischen allopatrischer und sympatrischer Artbildung zusammen. Welche Form der Speziation ist häufiger und warum?

2. Beschreiben Sie zwei Mechanismen, die den Genfluss in sympatrisch vorkommenden Populationen verringern können, sodass sich die Wahrscheinlichkeit für eine sympatrische Artbildung erhöht.

3. WAS WÄRE, WENN? Tritt eine allopatrische Artbildung mit größerer Wahrscheinlichkeit auf einer Insel nahe dem Festland oder auf einer weiter abgelegenen Insel gleicher Größe auf? Begründen Sie Ihre Antwort.

24.3 Hybridzonen ermöglichen die Analyse von Faktoren, die zur reproduktiven Isolation führen

Was passiert, wenn allopatrische Populationen wieder in Kontakt miteinander kommen? Ein mögliches Ergebnis ist die Bildung einer **Hybridzone**, ein Gebiet, in dem sich Angehörige nah verwandter Arten treffen, sich kreuzen und Hybridnachkommen haben.

24.3.1 Evolutionsprozesse in Hybridzonen

Hybridzonen sind häufig sehr unterschiedlich ausgeprägt. Einige Hybridzonen bilden ein schmales Band, wie in Abbildung 24.6 für zwei Unkenarten der Gattung *Bombina* dargestellt, die Gelbbauchunke (*B. variegata*) und die Rotbauchunke (*B. bombina*). Diese Hybridzone, die durch eine dicke rote Linie auf der Karte gekennzeichnet ist, hat eine Länge von 4.000 km, an den meisten Stellen ist sie jedoch kaum 10 km breit. Die Allelfrequenz, die für die Gelbbauchunke typisch ist, nimmt in der Hybridzone normalerweise von annähernd hundert Prozent am Rand des Verbreitungsareals der Gelbbauchunke über dann fünfzig Prozent im Zentrum der Hybridzone auf null Prozent am Rand des Verbreitungsareals der Rotbauchunke ab.

Was führt zu den Veränderungen der Allelfrequenz im Querverlauf einer Hybridzone? Wir können den Schluss ziehen, dass es eine Einschränkung des Genflusses gibt – sonst würden sich Allele von der einen Art in gleichem Umfang auch im Genpool der anderen Art nachweisen las-

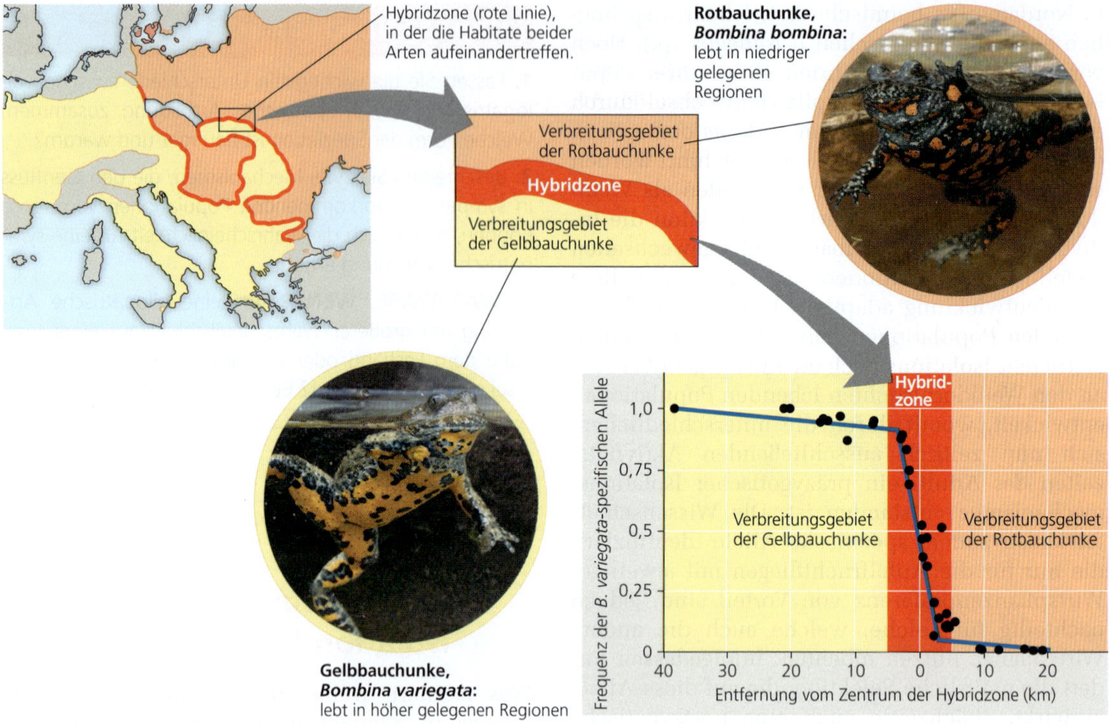

Abbildung 24.6: Die enge Hybridzone für *B. variegata* und *B. bombina* in Europa. Das Diagramm zeigt das Muster der speziesspezifischen Allelfrequenzen durch die Hybridzone in der Nähe von Krakau, Polen (gemittelt über sechs genetische Loci). Individuen mit Allelfrequenzen nahe bei 1 sind Gelbbauchunken, Individuen mit Allelfrequenzen nahe bei 0 sind Rotbauchunken. Individuen mit dazwischenliegenden, mittleren Allelfrequenzen (rot) werden als Hybriden angesehen.

sen. Reduzieren geografische Barrieren den Genfluss? In diesem Fall nicht, denn die Unken bewegen sich frei durch die Hybridzone hindurch. Ein wichtigerer Faktor ist, dass die Hybride eine erhöhte Embryonensterblichkeit sowie eine ganze Reihe morphologisch-anatomischer Anomalien aufweisen, darunter Rippen, die mit der Wirbelsäule verschmolzen sind, und Kaulquappen mit einer missgebildeten Mundregion. Da die Hybride schlechtere Überlebens- und Fortpflanzungschancen besitzen, haben sie mit den Angehörigen der Ausgangsarten nur wenige lebensfähige Nachkommen. Infolgedessen können über Hybride nur selten Allele von einer Art zur anderen übertragen werden.

24.3.2 Zeitliche Entwicklung von Hybridzonen

Die Vorgänge, die in einer Hybridzone stattfinden, können mit einem Experiment einer natürlichen Artbildung gleichgesetzt werden. Kommt es zu einer raschen Bildung einer neuen Art, wie sie durch Polyploidie beim Bocksbart (*Tragopogon*) im pazifischen Nordamerika zu beobachten war? Wenn nicht, dann gibt es drei mögliche Mechanismen, wie sich die Hybriden im Lauf der Zeit verändern können. Es können sich Isolationsmechanismen entwickeln, wodurch die weitere Hybridbildung eingeschränkt wird. Der Aufbau eines Isolationsmechanismus misslingt, was dazu führt, dass die beiden Arten zu einer Art verschmelzen. Oder aber es werden auch weiterhin kontinuierlich Hybride produziert und es entsteht langfristig eine stabile Hybridzone.

Verstärkung von Fortpflanzungsbarrieren Wenn Hybride über eine geringere individuelle Fitness verfügen als die Individuen der Ausgangsart, wie im Beispiel der Gelb- und Rotbauchunke, könnte die natürliche Selektion die präzogotischen Isolationsmechanismen verstärken und so die Bildung wenig überlebensfähiger Hybride von vornherein unterbinden. Man bezeichnet diesen Vorgang als *„reinforcement"*. Ein solcher Prozess muss zwischen sympatrisch vorkommenden Arten deutlicher ausgeprägt sein als zwischen allopatrisch verbreiteten Arten.

Schwächung von Fortpflanzungsbarrieren Wenn zwei Arten in einer Hybridzone aufeinandertreffen, deren Isolationsmechanismen nicht deutlich ausgeprägt sind, kann der Genfluss so intensiv sein, dass die Wirkung von Fortpflanzungsbarrieren abgeschwächt wird und sich die Genpools der beiden Arten zunehmend angleichen. Dies kann dazu führen, dass die beiden hybridisierenden Arten zu einer einzigen Art verschmelzen.

Stabilität: Fortlaufende Hybridisierungsereignisse In vielen Hybridzonen werden ständig neue Hybride produziert – ein vielleicht nicht erwartetes Ergebnis. Hybride der Gelb- und Rotbauchunke sind stark im Nachteil. Daher sollten diejenigen Nachkommen von Individuen, die sich bevorzugt mit den Angehörigen der eigenen Art paaren, eine höhere Überlebens- und Fortpflanzungschance haben als die Nachkommen von Hybriden, die sich zufällig mit Angehörigen der Ursprungsarten paaren. Aus diesem Grund wären die verstärkte Ausbildung von Isolationsmechanismen und damit eine Verringerung der Anzahl von Hybriden zu erwarten. Aber in den mehr als 20 Untersuchungsjahren hat man keine Hinweise auf eine Verstärkung der Fortpflanzungsbarrieren gefunden, und es werden weiterhin Hybriden produziert. Was könnte ein Grund für dieses überraschende Phänomen sein? Eine Möglichkeit steht mit der geringen räumlichen Ausdehnung der Hybridzone in Beziehung. Vielleicht führt ein zu starker Genfluss von außen zu einer kontinuierlichen Hybridbildung und verhindert dadurch, dass die natürliche Selektion für eine reproduktive Isolation in der Hybridzone sorgen kann. Wäre die Hybridzone jedoch breiter, wäre der ständige Genfluss von weiter entfernten Populationen ins Zentrum der Zone geringer.

VERSTÄNDNISFRAGEN

1. Was sind Hybridzonen und warum kann man sie als „natürliche Experimente" ansehen, in denen man die Artbildung untersuchen kann?

2. **WAS WÄRE, WENN?** Stellen Sie sich zwei Arten vor, die sich auseinanderentwickelt haben, während sie geografisch voneinander getrennt waren, aber nachträglich wieder in Kontakt miteinander kamen, bevor die reproduktive Isolation abgeschlossen war. Was würde Ihrer Meinung nach im Lauf der Zeit geschehen, wenn sich beide Arten wahllos kreuzten und (a) die Hybridnachkommen weniger Überlebens- und Fortpflanzungserfolg hätten als die Nachkommen aus den Kreuzungen innerhalb ihrer Ursprungsarten oder (b) die Hybridnachkommen ebenso große Überlebens- und Fortpflanzungschancen hätten wie die Nachkommen aus den Kreuzungen ihrer Ursprungsarten?

24.4 Artbildung kann schnell oder langsam erfolgen und aus Veränderungen weniger oder vieler Gene resultieren

Darwin war mit vielen zu seiner Zeit noch unbeantworteten Fragen konfrontiert, als er begann, sich mit dem „Rätsel aller Rätsel" zu beschäftigen: der Artbildung. Wie Sie in Kapitel 22 gelesen haben, fand er auf einige dieser Fragen eine Antwort; er erkannte, dass Evolution durch natürliche Selektion eine mögliche Erklärung für die Vielfalt der Organismen und ihren Anpassungen sein könnte. Doch seit Darwin stellen Biologen weiterhin grundlegende Fragen zur Artbildung, zum Beispiel „Wie lange dauert es, bis sich eine neue Art bildet?" oder „Wie viele Gene verändern sich, wenn sich eine Art in zwei Arten aufspaltet?". Inzwischen beginnen sich auch Antworten auf diese Fragen abzuzeichnen.

24.4.1 Der zeitliche Verlauf der Artbildung

Wir können Informationen über die Dauer der Artbildung aus Fossilfunden ableiten, aus vergleichenden Untersuchungen, die morphologische Daten rezenter und fossiler Organismen verwenden oder molekulare Analysen durchführen, um das Zeitintervall zwischen einzelnen Artbildungsereignissen bestimmter Organismengruppen abzuschätzen.

Muster in den Fossilfunden Die dokumentierten Fossilbelege umfassen viele Erdepochen, in denen neue Arten plötzlich in einer geologischen Schicht (Stratum) auftauchen, im Wesentlichen unverändert durch mehrere Schichten hindurch vertreten sind, um dann plötzlich wieder zu verschwinden. Die Paläontologen Niles Eldredge von American Museum of Natural History in New York und Stephen Jay Gould (1941–2002) von der Harvard University in Cambridge (USA), prägten den Begriff des **Punktualismus** (*punctuated equilibrium*). Dieser besagt, dass wichtige Ereignisse in der Evolution in sehr kurzen Phasen mit ausgeprägter Artbildung einhergingen und dass erfolgreiche Arten dann oft über sehr lange Zeiträume keine oder nur geringe Veränderungen erfahren, was man als „Stase" bezeichnet. Andere Arten zeigen kein derart unterbrochenes Muster; vielmehr verändern sie sich allmählich (graduell) über lange Zeiträume.

MERKE!

Der Begriff des Punktualismus besagt, dass wichtige Ereignisse in der Evolution in sehr kurzen Phasen mit ausgeprägter Artbildung einhergingen und dass erfolgreiche Arten dann oft über sehr lange Zeiträume keine oder nur geringe Veränderungen erfahren, was man als „Stase" bezeichnet.

Auf welche Weise sagen uns punktuelle (unterbrochene) gegenüber graduellen Evolutionsmustern etwas darüber aus, welcher Zeitraum bis zur Bildung einer neuen Art vergangen ist? Stellen Sie sich vor, eine Art existiert fünf Millionen Jahre lang, aber der größte Teil der morphologisch-anatomischen Veränderungen, die sie zu einer neuen Art „gemacht" haben, geschah in den ersten 50.000 Jahren ihrer Existenz – gerade einmal 1 Prozent ihrer gesamten „Lebenszeit" als Art. Solche (geologisch betrachtet) kurzen Zeitperioden lassen sich in den Fossilstrata oft nicht ablesen. Häufig ist die Rate der Sedimentablagerung viel zu gering, um so eng aufeinanderfolgende Schichten zeitlich trennen zu können. Aufgrund solcher Fossilienfunde scheint eine Art plötzlich aufzutauchen und hat dann eine ganze Weile ohne oder mit nur geringfügigen Veränderungen existiert, bis sie schließlich ausstarb. Selbst wenn eine solche Art möglicherweise langsamer evolvierte als ihre Fossilfunde suggerieren (in diesem Fall über 50.000 Jahre), spricht ein solches punktuelles (unterbrochenes) Muster für eine relativ schnelle Artbildung. Bei Arten, deren Fossilien sich morphologisch-anatomisch ganz allmählich verändern, können wir ebenfalls nicht genau sagen, zu welchem Zeitpunkt sich eine neue Art gebildet hat. Die Information über den Zeitpunkt der reproduktiven Isolation ist nicht aus den Gesteinsschichten ablesbar. Es ist jedoch wahrscheinlich, dass die Artbildung bei solchen Gruppen relativ langsam erfolgte und sich über Millionen Jahre hinzog.

24.4.2 Die Genetik der Artbildung

Untersuchungen zu derzeit ablaufenden Artbildungsprozessen (zum Beispiel in einer Hybridzone) können Informationen über die Prozesse liefern, die eine reproduktive Isolation bewirken. Durch die Identifizierung der Gene, die diese Prozesse kontrollieren, können Wissenschaftler fundamentale Fragen der Evolutionsbiologie bearbeiten: Wie viele Gene müssen sich verändern, damit sich eine neue Art bilden kann?

In einigen wenigen Fällen geht die Entstehung einer reproduktiven Isolation auf die Veränderung an einem einzigen Locus zurück.

Ein wichtiger Isolationsmechanismus zwischen zwei nah verwandten Arten der Gauklerblumen, die Rosa Gauklerblume (*Mimulus lewisii*) und die Rote Gauklerblume (*M. cardinalis*) wird ebenfalls von einer relativ kleinen Zahl von Genen beeinflusst. Diese beiden Arten sind durch zwei präzygotische Fortpflanzungsbarrieren (Bestäuberwahl und partielle gametische Isolation) und drei postzygotische Barrieren (zwischenartliche Kreuzungen produzieren weniger Nachkommen als innerartliche Kreuzungen, und F_1-Hybriden haben geringere Überlebens- und Fortpflanzungschancen) isoliert. Von diesen Barrieren ist die Wahl des Bestäubers für den größten Teil der Isolation verantwortlich: In einer Hybridzone zwischen *M. lewisii* und *M. cardinalis* waren fast 98 Prozent aller Besuche von Bestäubern auf entweder die eine oder die andere Art beschränkt.

Die beiden Gauklerblumenarten werden von unterschiedlichen Bestäubern besucht: Hummeln (*Bombus*) ziehen die rosafarbenen *M. lewisii*-Blüten vor, Kolibris (Trochilidae) die roten *M. cardinalis*-Blüten. Douglas Schemske von der Michigan State University und seine Kollegen haben gezeigt, dass die Bestäuberwahl von mindestens zwei Genorten bei den Gauklerblumen beeinflusst wird, von denen einer, der „yellow upper"- oder *yup*-Locus, auf die Blütenfarbe einwirkt (Abbildung 24.7). Durch die Bildung von F_1-Hybriden und durch anschließende wiederholte Rückkreuzungen mit beiden Elternarten gelang es Schemske und seinen Kollegen, das *M. lewisii*-Allel an diesem Locus auf *M. cardinalis* zu übertragen. In einem Freilandexperiment wurden *M. lewisii*-Pflanzen mit dem *yup*-Allel von *M. cardinalis* 68-mal häufiger von Kolibris besucht als Wildtyp-*M. lewisii*. Ebenso erhielten *M. cardinalis*-Pflanzen mit dem *yup*-Allel von *M. lewisii* 74-mal mehr Besuche von Hummeln als Wildtyp-*M. cardinalis*. Daher kann eine Mutation an einem einzigen Locus die Bestäuberpräferenz beeinflussen und damit zur reproduktiven Isolation bei Gauklerblumen beitragen oder – anders ausgedrückt – eine bestehende Isolationsbarriere auflösen.

(a) Typische *Mimulus lewisii*-Blüte

(b) *M. lewisii*-Blüte mit einem *M. cardinalis*-Allel für die Blütenfarbe

(c) Typische *Mimulus cardinalis*-Blüte

(d) *M. cardinalis*-Blüte mit einem *M. lewisii*-Allel für die Blütenfarbe

Abbildung 24.7: **Ein Genort, der die Bestäuberwahl beeinflusst.** Präferenzen von Blütenbestäubern sorgen für einen starken Isolationsmechanismus zwischen *M. lewisii* und *M. cardinalis*. Nach Übertragung des *M. lewisii*-Allels für einen Blütenfarben-Locus auf *M. cardinalis* und umgekehrt beobachteten die Wissenschaftler bei einigen Bestäubern eine Veränderung der Präferenz.

? Wenn *M. cardinalis*-Individuen, die das *yup*-Allel von *M. lewisii* tragen, in einem Gebiet ausgepflanzt würden, in dem es beide Arten dieser Gauklerblumen gibt, wie könnte das die Produktion von Hybridnachkommen beeinflussen?

Zusammenfassend kann aufgrund der vorliegenden Forschungsergebnisse keine allgemein gültige Regel aufgestellt werden, ob nur eines oder viele Gene die Evolution von reproduktiver Isolation und damit die Entstehung einer neuen Art beeinflussen.

24.4.3 Von der Artbildung zur Makroevolution

Wie Sie an den Beispielen in diesem Kapitel gesehen haben, kann eine Artbildung mit individuellen Unterschieden beginnen, die scheinbar so geringfügig sind, wie die leicht veränderte Färbung eines Buntbarschrückens. Wenn es jedoch immer wieder zu derartigen Veränderungen kommt, können sich solche Unterschiede anhäufen und ausgeprägter werden, was schließlich zur Artbildung und zur Veränderung auch größerer Taxa führen kann (wie bei der Entwicklung der Wale aus landlebenden Vorfahren mit gut ausgeprägten Extremitäten; siehe Abbildung 22.10). Und während eine Organismengruppe in ihrer Artenzahl sich erheblich vergrößert, reduziert sich die Artenzahl bei anderen Organismengruppen durch Aussterbeprozesse. Die kumulativen Wirkungen vieler solcher Artbildungs- und Aussterbeereignisse haben letztlich dazu beigetragen, dass eine so große Vielfalt unterschiedlichster Lebensformen im Laufe vieler Erdepochen über die Evolution entstehen konnte, die sich uns in den vielen Fossilfunden zeigt.

VERSTÄNDNISFRAGEN

1. Artbildung kann bei sich genetisch auseinanderentwickelnden Populationen rasch erfolgen, doch häufig beträgt die Zeitspanne von Artbildungsprozessen mehr als eine Million Jahre. Erklären Sie diesen scheinbaren Widerspruch.

2. WAS WÄRE, WENN? Fassen Sie die experimentellen Belege zusammen, die dafür sprechen, dass der *yup*-Locus als präzygotische Fortpflanzungsbarriere bei zwei Gauklerblumenarten die entscheidende Rolle spielt. Zeigen diese Ergebnisse, dass der *yup*-Locus allein die Fortpflanzungsbarrieren zwischen diesen nah verwandten Gauklerblumenarten kontrolliert? Begründen Sie Ihre Antwort.

ZUSAMMENFASSUNG

Das biologische Artkonzept betont die reproduktiven Isolationsmechanismen

Eine biologische **Art** umfasst eine Gruppe von Populationen, deren Individuen sich alle potenziell miteinander kreuzen und lebensfähige, fertile Nachkommen bilden können, nicht jedoch mit Individuen anderer Arten.

Das **biologische Artkonzept** betont den Aufbau reproduktiver Isolationsmechanismen durch präzygotische und postzygotische Fortpflanzungsbarrieren, die die Genpools verschiedener Arten getrennt halten.

Artbildung mit und ohne geografische Isolation

Zu **allopatrischer Artbildung** kommt es, wenn Populationen einer Art geografisch voneinander getrennt werden und so der Genfluss zwischen ihnen reduziert oder unterbunden wird. Eine oder beide Populationen können während dieser Zeitspanne evolutive Veränderungen durchmachen, die zu prä- oder postzygotischen Reproduktionsbarrieren führen können.

Eine neue Art kann auch ohne geografische Trennung in ein und demselben Gebiet der Ursprungsart entstehen.

Eine **sympatrische Artbildung** erfolgt bei zahlreichen Pflanzenarten (und in selteneren Fällen auch Tierarten) über Polyploidisierung. Zu einer sympatrischen Artbildung kann es auch durch einen Habitatwechsel oder durch sexuelle Selektion kommen.

Hybridzonen ermöglichen die Analyse von Faktoren, die zur reproduktiven Isolation führen

Viele Arten bilden **Hybridzonen** aus, in denen Individuen verschiedener Arten aufeinandertreffen, sich kreuzen und Hybriden bilden.

Viele Hybridzonen sind *stabil*, was bedeutet, dass sie im Lauf der Zeit ständig Hybriden produzieren. In anderen Hybridzonen werden präzygotische Fortpflanzungsbarrieren *verstärkt*, sodass die Anzahl der Hybriden abnimmt. In noch anderen Hybridzonen kann es sein, dass sich die Fortpflanzungsbarrieren im Lauf der Zeit abschwächen, was zu einer *Verschmelzung* der Genpools der Ursprungsarten führt (Umkehrung des Speziationsprozesses).

Artbildung kann schnell oder langsam erfolgen und aus Veränderungen weniger oder vieler Gene resultieren

Wenn eine genetische Differenzierung einmal begonnen hat, können sich neue Arten relativ schnell bilden – aber es kann Millionen Jahre dauern, bis dieser Prozess einsetzt. Der Zeitraum einer Artbildung variiert zwischen einzelnen Organismengruppen zum Teil erheblich, von ein paar Tausend bis zu vielen Millionen Jahren.

Neue Erkenntnisse in der Genetik haben Wissenschaftler in die Lage versetzt, bestimmte Gene zu identifizieren, die in einigen Fällen an der Artbildung beteiligt sind. Wie die Ergebnisse zeigen, kann die Artbildung sowohl von wenigen als auch von vielen Genen gesteuert werden.

Die Geschichte des Lebens auf der Erde

25

25.1 Die Umweltbedingungen auf der jungen Erde ermöglichten die Entstehung des Lebens

Abbildung 25.1: Was sagen Fossilbelege über den Lebensraum dieser Dinosaurier aus?

Die frühesten Belege für ein Leben auf Erden stammen von fossilen Prokaryonten, die rund 3,5 Milliarden Jahre alt sind. Aber wann und wie entstanden die ersten lebenden Zellen? Aufgrund von Beobachtungen und Experimenten in Chemie, Geologie und Physik haben Wissenschaftler ein Szenario entwickelt, das wir hier diskutieren wollen. Nach ihrer Hypothese könnten chemische und physikalische Prozesse auf der noch jungen Erde, unterstützt von der natürlichen Selektion, sehr einfache Zellen produziert haben. Sie nehmen dafür eine Folge von vier Hauptschritten an:

1. Die abiotische Synthese von kleinen organischen Molekülen wie Aminosäuren und Nucleotiden.
2. Die Verknüpfung dieser kleinen Moleküle zu Makromolekülen, darunter Proteine und Nucleinsäuren.
3. Das Verpacken solcher Moleküle in „Protobionten", membranumhüllte Tröpfchen, die intern einen chemischen Zustand höheren Ordnungsgrades aufrechterhalten, der sich von dem ihrer Umgebung deutlich unterscheidet.
4. Die Entstehung selbst replizierender Moleküle, die schließlich eine Vererbung ermöglichen.

Obgleich spekulativ, führt dieses Szenario zu Vorhersagen, die sich unter Laborbedingungen testen lassen. In diesem Abschnitt wollen wir einige Belege für jeden Schritt besprechen.

25.1.1 Synthese organischer Verbindungen zu Beginn der Erdentwicklung

Es gibt wissenschaftliche Befunde, die dafür sprechen, dass sich die Erde und andere Planeten des Sonnensystems vor rund 4,6 Milliarden Jahren aus einer riesigen Wolke von Staub und Gestein gebildet haben, die um die junge Sonne kreiste. Während der ersten Hunderten von Millionen Jahren konnte auf der Erde wahrscheinlich kein Leben entstehen, da der Planet ständig von riesigen Fels- und Eisbrocken, Überresten aus der Entstehungsphase des Sonnensystems, bombardiert wurde und darüber hinaus extreme Temperaturen herrschten. Die Zusammenstöße erzeugten so viel Wärme, dass das verfügbare Wasser verdampfte und sich keine Meere bilden konnten. Diese Phase endete wahrscheinlich vor rund 3,9 Milliarden Jahren.

Als sich das Bombardement im frühen Erdstadium legte, herrschten auf der Erde Bedingungen, die sich von den heutigen sehr stark unterscheiden. Die erste sauerstofffreie Atmosphärenschicht war wohl dicker, stark wasserdampfgesättigt und enthielt verschiedene Verbindungen, die aus Vulkanausbrüchen stammten, zum Beispiel Stickstoff und Stickoxide, Kohlenmonoxid und -dioxid, Methan, Ammoniak, Wasserstoff und Schwefelwasserstoff. Als sich die Erde langsam abkühlte, kondensierte der Wasserdampf und bildete so die ersten Ozeane, gleichzeitig entwich ein großer Teil des Wasserstoffs rasch in den Weltraum.

In den 20er Jahren des 20. Jahrhunderts stellten der russische Chemiker A. I. Oparin und der britische Wissenschaftler J. B. S. Haldane unabhängig voneinander die Hypothese auf, dass in der Atmosphäre der jungen Erde reduzierende (Elektronen abgebende) Bedingungen herrschten, die die Bildung organischer Verbindungen aus einfachen Molekülen möglich gemacht haben könnten. Die Energie für diese organische Synthese lieferten dieser Hypothese zufolge Blitze und eine intensive UV-Strahlung. Haldane schlug vor, die Urmeere als Lösung organischer Moleküle anzusehen, als eine Art „Ursuppe", aus der sich Leben entwickelte.

Im Jahr 1953 testeten Stanley Miller und Harold Urey von der University of Chicago die Oparin-Haldane-Hypothese und schufen im Labor ähnliche Bedingungen, wie sie nach Auffassung der damaligen Wissenschaftler auf der jungen Erde geherrscht hatten. Ihr experimenteller Aufbau erbrachte neben anderen organischen Verbindungen eine Reihe von Aminosäuren, wie man sie in heutigen Organismen findet.

Es ist jedoch nicht klar, ob die Atmosphäre der jungen Erde tatsächlich genug Methan und Ammoniak enthielt, um reduzierend zu wirken. Immer mehr Befunde sprechen dafür, dass die frühe Atmosphäre vorwiegend aus Stickstoff und Kohlendioxid bestand und weder reduzierend noch oxidierend (Elektronen aufnehmend) war. Bisher haben Experimente, wie sie Miller und Urey durchgeführt haben und in denen solche atmosphärischen Bedingungen zugrunde gelegt wurden, noch keine organischen Moleküle produziert. Es ist jedoch wahrscheinlich, dass kleine, begrenzte Bereiche in der frühen Atmosphäre – zum Beispiel in der Nähe von Vulkanen – reduzierende Bedingungen schufen. Vielleicht bildeten sich die ersten organischen Verbindungen auch in der Nähe von unterseeischen Vulkanen und Tiefseeschloten, wo heißes Wasser und Mineralstoffe aus dem Erdinneren in die Ozeane ausgestoßen werden. Diese Regionen sind zudem reich an reduzierten anorganischen Schwefel- und Eisenverbindungen, die für die ATP-Synthese einiger heute noch lebender Prokaryonten wichtig sind.

Experimente vom Miller-Urey-Typ demonstrieren, dass eine abiotische Synthese von organischen Molekülen möglich ist. Unterstützt wird diese Annahme durch Analysen der chemischen Zusammensetzung von Meteoriten. Unter den Meteoriten, die auf die Erde stürzen, finden sich Chondrite, Steinmeteorite, die ein bis zwei Prozent Kohlenstoffverbindungen enthalten. Bruchstücke eines 4,5 Milliarden Jahre alten Chondriten, der 1969 in Australien gefunden wurde, enthielten mehr als 80 Aminosäuren, einige davon in großen Mengen. Bemerkenswerterweise sind die anteiligen Verhältnisse dieser Aminosäuren denjenigen ähnlich, die sich im Miller-Urey-Experiment ergaben. Die in diesem Chondriten gefundenen Aminosäuren können keine irdischen Kontaminationen sein, da sie zu gleichen Teilen aus D- und L-Isomeren bestehen (siehe Kapitel 4). Von seltenen Ausnahmen abgesehen, produzieren und nutzen irdische Organismen nur die L-Isomeren.

25.1.2 Abiotische Synthese von Makromolekülen

Die Präsenz von kleinen organischen Molekülen wie Aminosäuren reicht nicht für die Entstehung von Leben aus, wie wir es kennen. Jede Zelle weist eine breite Palette von Makromolekülen auf, darunter Enzyme und andere Proteine sowie Nucleinsäuren, die für eine Selbstreplikation notwendig sind. Könnten sich solche Makromoleküle auf der frühen Erde gebildet haben? Wissenschaftler haben Aminosäurelösungen auf heißen Sand, Lehm oder Fels getröpfelt und konnten auf diese Weise Aminosäurepolymere herstellen. Diese Polymere bildeten sich spontan, ohne Hilfe von Enzymen oder Ribosomen. Doch im Gegensatz zu Proteinen sind diese Polymere eine komplexe Mischung von miteinander verbundenen und vernetzten Aminosäuren. Dennoch ist es möglich, dass solche Polymere für eine Reihe von Reaktionen auf der frühen Erde als schwache Katalysatoren gedient haben.

25.1.3 Protobionten

Die beiden Schlüsseleigenschaften des Lebens sind die präzise Replikation von DNA und der Stoffwechsel (Metabolismus). Keine dieser beiden Eigenschaften kann ohne die andere existieren. DNA-Moleküle tragen genetische Information, darunter auch die Instruktionen, die sie brauchen, um sich selbst präzise zu replizieren. Doch die Replikation von DNA erfordert eine komplexe enzymatische Ausstattung sowie einen großen Vorrat von Nucleotiden als Bausteine, die vom Zellstoffwechsel geliefert werden müssen (siehe Kapitel 16). Zwar haben Experimente vom Miller-Urey-Typ einige der stickstoffhaltigen DNA- und RNA-Basen hervorgebracht, doch sie haben keinerlei Nucleotide geliefert. Wenn die Bausteine von Nucleinsäuren nicht Teil der organischen Ursuppe waren, müssen selbst replizierende Moleküle und ein Metabolismus gleichzeitig aufgetreten sein. Wie ist das vorstellbar?

Die notwendigen Voraussetzungen könnten **Protobionten** geschaffen haben, Ansammlungen abiotisch produzierter Moleküle, umgeben von einer membranartigen Struktur. Möglicherweise wiesen solche Protobionten einige Eigenschaften des Lebens auf, zum Beispiel eine einfache Reproduktion und einen einfachen Stoffwechsel; zudem hielten sie ein inneres chemisches Milieu aufrecht, das sich vom Außenmilieu unterschied.

Wie Laborexperimente zeigen, können sich Protobionten spontan aus abiotisch erzeugten organischen Verbindungen bilden. Wenn Phospholipide oder andere organische Moleküle ins Wasser gegeben werden, können zum Beispiel kleine membrangebundene Tröpfchen, sogenannte Liposomen, entstehen. Diese hydrophoben Moleküle in der Mischung organisieren sich an der Oberfläche des Tröpfchens zu einer Doppelschicht, ganz ähnlich der Lipiddoppelschicht einer Plasmamembran. Liposomen können sich auch „reproduzieren" (Abbildung 25.2a) und da ihre Doppelschicht selektiv permeabel ist, schwellen Liposomen über Osmose an oder schrumpfen, wenn man sie in

Lösungen mit unterschiedlicher Solutkonzentration gibt. Einige dieser Liposomen können sogar einfache Stoffwechselreaktionen durchführen, ein weiterer wichtiger Schritt für die Entstehung des Lebens (Abbildung 25.2b).

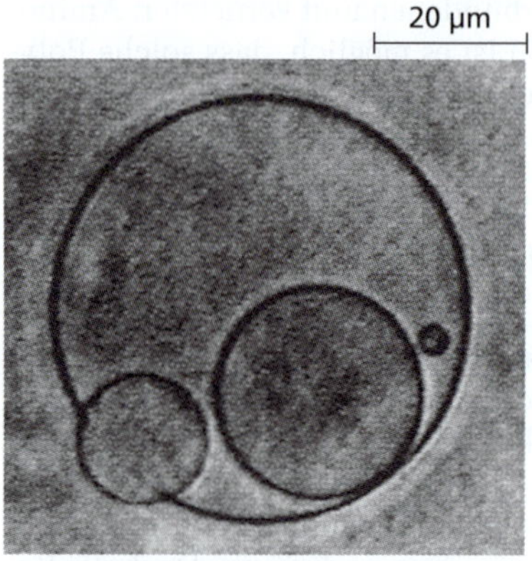

(a) Einfache Fortpflanzung. Dieses Liposom „gebärt" kleinere Liposomen (LM).

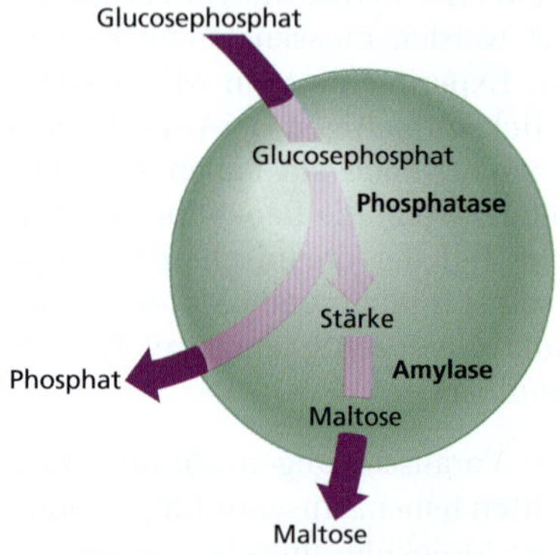

(b) Einfacher Stoffwechsel. Werden Enzyme – in diesem Fall Phosphatase und Amylase – in die Lösung gegeben, aus der sich die Tröpfchen selbst organisieren, können einige Liposomen einfache Stoffwechselreaktionen durchführen und die Produkte exportieren.

Abbildung 25.2: **Vorgänge bei Protobionten, untersucht unter Laborbedingungen.**

25.1.4 Selbst replizierende RNA und die Anfänge der natürlichen Selektion

Das erste genetische Material war wahrscheinlich RNA, nicht DNA. Thomas Cech von der University of Colorado und Sidney Altman von der Yale University (USA) fanden, dass RNA, die eine zentrale Rolle bei der Proteinsynthese spielt, auch eine Reihe enzymartiger katalytischer Reaktionen durchführen kann. Cech nannte diese RNA-Katalysatoren **Ribozyme**. Einige Ribozyme können komplementäre Kopien kurzer RNA-Stücke herstellen, wenn ihnen die nötigen Nucleotide als Bausteine zur Verfügung stehen.

Die natürliche Selektion hat auf molekularem Niveau Ribozyme produziert, die unter Laborbedingungen zur Selbstreplikation in der Lage sind. Wie kommt es dazu? Im Gegensatz zu der doppelsträngigen DNA, die die Form einer einheitlichen Doppelhelix hat, nehmen die einsträngigen RNA-Moleküle eine Reihe unterschiedlicher dreidimensionaler Formen an, die von ihrer jeweiligen Nucleotidsequenz bestimmt werden. Unter bestimmten Bedingungen sind RNA-Moleküle mit einer gewissen Basensequenz stabiler als andere und replizieren sich rascher und mit einer geringeren Fehlerquote. Das RNA-Molekül, dessen Basensequenz am besten an die Rahmenbedingungen angepasst ist und das sich am besten repliziert, hinterlässt dementsprechend die meisten „Tochtermoleküle". Seine Abkömmlinge bilden keinen einheitlichen RNA-Typ, sondern vielmehr eine Familie von Basensequenzen, die sich aufgrund von Kopierfehlern geringfügig unterscheiden. Gelegentlich kann ein Kopierfehler zu einem Molekül führen, das sich in eine Form faltet, die noch stabiler ist oder sich noch besser selbst repliziert als die ursprüngliche RNA. Ähnliche Selektionsereignisse könnten sich auf der jungen Erde abgespielt haben. Daher könnte der heutigen molekularen Biologie eine „RNA-Welt" mit kleinen RNA-Molekülen vorausgegangen sein, die genetische Information trugen, sich replizieren konnten und Information über den Protobionten speicherten, zu dem sie gehörten. Das wichtigste jetzt noch aktive Ribozym ist das Ribosom, in dem die Bildung der Peptidbindung der wachsenden Proteinkette (Translation, siehe Abschnitt 17.4) nicht durch ribosomale Proteine, sondern durch die rRNA der großen Untereinheit des Ribosoms katalysiert wird.

Nach der Entstehung der DNA und der Ausbildung ihrer Funktion als Träger der Erbinformation übernahmen die RNA-Moleküle möglicherweise ihre heutige Rolle als Mittler bei der Translation des genetischen Programms und die „RNA-Welt" wurde von der „DNA-Welt" abgelöst. Nun waren die Voraussetzungen für die Entwicklung verschiedener Lebensformen geschaffen – Veränderungen, die die Fossilfunde dokumentieren.

VERSTÄNDNISFRAGEN

1. Welche Hypothese testeten Miller und Urey in ihrem berühmten Experiment?

2. Inwiefern wäre das Auftreten von Protobionten ein Schlüsselereignis für die Entstehung des Lebens auf der Erde gewesen?

3. WAS WÄRE, WENN? Wenn es Wissenschaftlern gelänge, unter ähnlichen Bedingungen, wie sie auf der frühen Erde herrschten, einen Protobionten mit selbst replizierender RNA und Metabolismus zu rekonstruieren, wäre das ein Beweis dafür, dass das Leben so wie in diesem Experiment begann? Begründen Sie Ihre Antwort.

25.2 Fossilfunde dokumentieren die Geschichte des Lebens

Fossilfunde, die mit den ersten Spuren des Lebens beginnen, öffnen uns ein Fenster zu einer lange vergangenen Welt und gewähren uns Einblicke in die Milliarden Jahre lange Evolution des Lebens.

25.2.1 Die Fossilfunde

Erinnern Sie sich aus Kapitel 22 daran, dass Sedimentgesteine die reichsten Fossilquellen sind. Infolgedessen basieren die dokumentierten Fossilfunde hauptsächlich auf der Schichtfolge, in der sich Fossilien in Sedimentschichten (Strata) abgelagert haben. Aber auch andere Fossilien liefern nützliche Informationen, zum Beispiel Insekten, die im Bernstein (fossilem Baumharz) überdauern, und im Eis eingefrorene, mumifizierte Säugetiere.

Wie die Fossilfunde zeigen, hat es bei den verschiedenen Organismengruppen, die das Leben auf der Erde zu verschiedenen Zeitpunkten dominierten, starke Veränderungen gegeben. Viele Organismen der Vergangenheit sahen ganz anders aus als heutige Formen und viele Organismen, die damals häufig waren, sind heute ausgestorben.

So wichtig und aussagekräftig Fossilfunde auch sind, darf man nicht vergessen, dass sie uns eine unvollständige Chronik der evolutionären Veränderungen liefern. Viele Organismen, die einst auf der Erde lebten, starben vielleicht zum falschen Zeitpunkt oder am falschen Ort, um fossilisiert zu werden. Von den Fossilien, die sich bildeten, wurden viele im Laufe der Zeit durch spätere geologische Prozesse wieder zerstört und nur ein Bruchteil der übrig gebliebenen Fossilien ist bisher entdeckt worden. Doch wie sich bei den kürzlich ausgegrabenen Fossilien von Walvorfahren mit Hinterextremitäten gezeigt hat (siehe Abbildung 22.10), werden Lücken in der Fossilgeschichte durch neue Funde ständig weiter geschlossen.

25.2.2 Datierung von Gesteinen und Fossilien

Fossilien liefern wertvolle Daten für die Rekonstruktion der Evolutionsgeschichte. Dies gilt jedoch nur, wenn wir herausfinden, an welcher Stelle sie zeitlich eingeordnet werden können. Auch wenn die Aufeinanderfolge von Fossilien in Gesteinsschichten uns darüber informiert, in welcher Reihenfolge sie zu Fossilien wurden – ihr relatives Alter –, sagt sie uns nichts über deren aktuelles (absolutes) Alter. Die relative Lage der Fossilien in einzelnen Strata zu untersuchen, ist so, als schäle man in einem alten Haus Schicht um Schicht Tapeten von der Wand: Man kann sagen, in welcher Reihenfolge die Tapeten aufgeklebt wurden, aber nicht, in welchem Jahr dies geschah.

Wie kann man das absolute Alter von Fossilien bestimmen? (Beachten Sie, dass eine „absolute" Datierung nicht eine fehlerlose Datierung meint, sondern nur, dass die Altersangabe in Jahren erfolgt und nicht in relativen Begriffen wie *früher* und *später*.) Eine der häufigsten Techniken ist die **radiometrische Datierung**, die auf dem Zerfall radioaktiver Isotope basiert (siehe Kapitel 2). Ein radioaktives „Mutter"-Isotop zerfällt mit einer konstanten Rate in ein „Tochter"-Isotop. Die Zerfallsrate wird als **Halbwertszeit** bezeichnet, die Zeit, in der 50 Prozent der Mutterisotope zerfallen (Abbildung 25.3). Jede radioaktive Isotopen-Form hat eine typische Halbwertszeit, die unbeeinflusst von Temperatur, Druck oder anderen derartigen, umweltbedingten Variablen ist. Zum Beispiel zerfällt Kohlenstoff mit der Masse 14 (Kohlenstoff-14) relativ rasch; er hat eine Halbwertszeit von 5.730 Jahren. Uran-238 zerfällt hingegen langsam; seine Halbwertszeit beträgt 4,5 Milliarden Jahre.

Fossilien enthalten Isotope von Elementen, die sich im Laufe ihres Lebens im Körper angesammelt haben. Zum Beispiel enthält der Kohlenstoff in einem Organismus am häufigsten das Isotop Kohlenstoff-12 und ferner das radioaktive Isotop Kohlenstoff-14. Wenn der Organismus stirbt, hört er auf, weiter Kohlenstoff anzureichern, und die Menge an Kohlenstoff-12 in seinen Geweben verändert sich im Lauf der Zeit nicht. Das Isotop

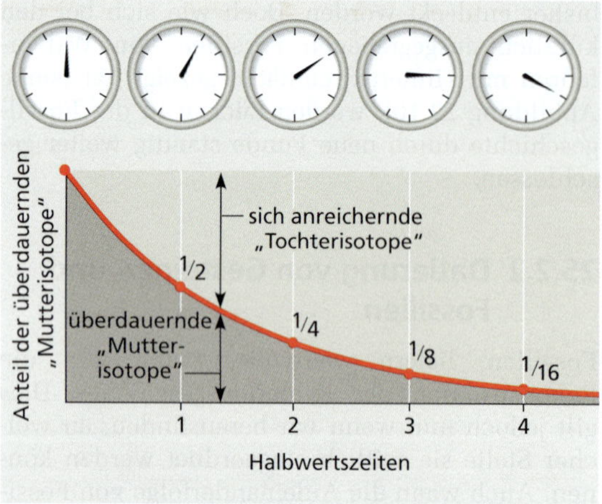

Abbildung 25.3: Radiometrische Datierung. In diesem Diagramm stellt jede Einheit des zwölfteiligen Ziffernblatts eine Halbwertszeit eines radioaktiven Isotops dar.

? **ZEICHENÜBUNG** Beschriften Sie die *x*-Achse dieses Diagramms neu, um den radioaktiven Zerfall von Uran-238 (Halbwertszeit = 4,5 Milliarden Jahre) darzustellen.

Kohlenstoff-14 aber, das er zum Zeitpunkt seines Todes enthält, nimmt langsam ab und wandelt sich in ein anderes Element um, in Stickstoff-14. Daher lässt sich durch Bestimmung des Verhältnisses von Kohlenstoff-12 und Kohlenstoff-14 in einem Fossil dessen Alter errechnen. Diese Methode funktioniert für Fossilien bis zu einem Alter von rund 75.000 Jahren; ältere Fossilien enthalten zu wenig Kohlenstoff-14, als dass es sich mit den gegenwärtigen Techniken bestimmen ließe.

Auch der Magnetismus des Gesteins kann Informationen liefern, die sich zur Datierung einsetzen lassen. Während der Bildung von Vulkan- und Sedimentgestein richten sich Eisenpartikel im Gestein nach dem Erdmagnetfeld aus. Wenn das Gestein aushärtet, ist die Orientierung der Partikel auf Dauer eingefroren. Messungen des Magnetismus verschiedener Gesteinsschichten zeigen, dass der magnetische Nordpol und der magnetische Südpol der Erde in der Vergangenheit mehrfach die Plätze getauscht haben. Da diese magnetischen Umpolungen den gesamten Planeten auf einmal beeinflussen, kann man die Umpolung an einem Ort mit dem korrespondierenden Muster an einem anderen Ort in Beziehung setzen. Mit dieser Methode kann man Gestein datieren, das sich auf andere Weise nicht datieren lässt. Man kann sie auch dazu einsetzen, Altersbestimmungen zu erhärten, die auf andere Weise gewonnen wurden.

25.2.3 Die Entstehung neuer Organismengruppen

Einige Fossilien ermöglichen einen ausführlichen Blick auf die Entstehung neuer Organismengruppen. Solche Fossilien spielen für unser Verständnis der Evolution eine zentrale Rolle; sie dokumentieren, wie neue Merkmale bei Organismen entstanden sind und wie viel Zeit derartige Veränderungen in Anspruch genommen haben. Wir wollen auf ein solches Beispiel, die Entstehung der Säugetiere, näher eingehen.

Zusammen mit Amphibien und Reptilien gehören Säugetiere zu einer Tiergruppe, die man als Vierbeiner oder *Tetrapoden* (gr. *tetra*, vier und *podos*, Fuß) bezeichnet. Säugetiere weisen eine Reihe für sie spezifische morphologisch-anatomische Merkmale auf, die gut fossilisieren, sodass Wissenschaftler zurückverfolgen können, woher diese Merkmale stammen. Zum Beispiel besteht der Unterkiefer von Säugetieren aus einem einzigen Knochen, dem Dentale, bei anderen Tetrapoden hingegen aus mehreren Knochen. Zudem wird das Gelenk zwischen Ober- und Unterkiefer bei Säugetieren aus anderen Knochen gebildet als bei den übrigen Tetrapoden.

Wie in Abbildung 25.4 dargestellt, zeigen Fossilfunde, dass sich die typischen Merkmale der Säugetierkiefer und -zähne durch eine Reihe allmählicher Abwandlungen auseinanderentwickelt haben.

VERSTÄNDNISFRAGEN

1. Ihre Messungen zeigen, dass ein versteinerter Schädel, den Sie ausgegraben haben, ein Kohlenstoff-14/Kohlenstoff-12-Verhältnis aufweist, das rund 1/16 desjenigen Verhältnisses beträgt, das man bei den Schädeln heute lebender Tiere findet. Wie alt ist der versteinerte Schädel ungefähr?

2. Beschreiben Sie ein Beispiel aus den dokumentierten Fossilfunden, das zeigt, wie sich die Organismengruppen im Laufe der Zeit verändert haben.

3. WAS WÄRE, WENN? Stellen Sie sich vor, Wissenschaftler entdeckten ein Fossil eines Organismus, der vor 300 Millionen Jahren lebte, jedoch Säugetierzähne und ein säugetiertypisches Kiefergelenk hatte. Welche Rückschlüsse könnte man aus diesem Fossil hinsichtlich der Entstehung der Säugetiere und im Hinblick auf die Evolution neuartiger Skelettstrukturen ziehen? Begründen Sie Ihre Antwort.

Im Verlauf von 120 Millionen Jahren haben sich die Säugetiere allmählich aus einer Gruppe von Tetrapoden entwickelt, die als Synapsiden bezeichnet werden. Hier sind einige der vielen fossilen Organismen abgebildet, deren anatomische Merkmale Zwischenschritte zwischen heute lebenden Säugetieren und ihren Synapsidenvorfahren darstellen. Der evolutionäre Kontext des Säugetierursprungs ist im Stammbaum rechts abgebildet. Das Kreuz symbolisiert bereits ausgestorbene Taxa.

Legende zu den Schädelknochen in den folgenden Abbildungen:
Articulare, Dentale, Quadratum, Squamosum

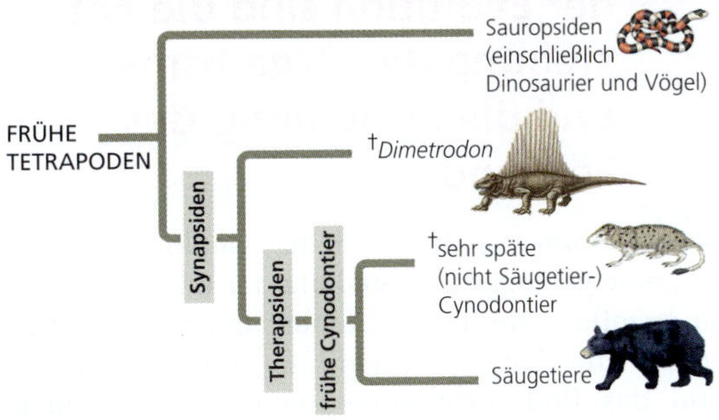

Synapsiden (vor 300 Millionen Jahren)

Frühe Synapsiden wiesen im Unterkiefer zahlreiche Knochen auf und besaßen Zähnemit jeweils einer einzigen Spitze. Das Kiefergelenk wurde von Articulare und Quadratum gebildet. Darüber hinaus hatte der Schädel der Synapsiden hinter der Augenhöhle nur eine Öffnung (Schläfenfenster). Wahrscheinlich zog die kräftige Kaumuskulatur zum Schließen der Kiefer durch das Schläfenfenster. Mit der Zeit vergrößerte sich die Öffnung und verlagerte sich vor das Gelenk zwischen Ober- und Unterkiefer; dadurch erhöhten sich die Kraft und die Präzision, mit der die Kiefer geschlossen werden konnten (ebenso wie es leichter ist, die Tür zu schließen, wenn die Türklinke weiter weg von der Türangel liegt).

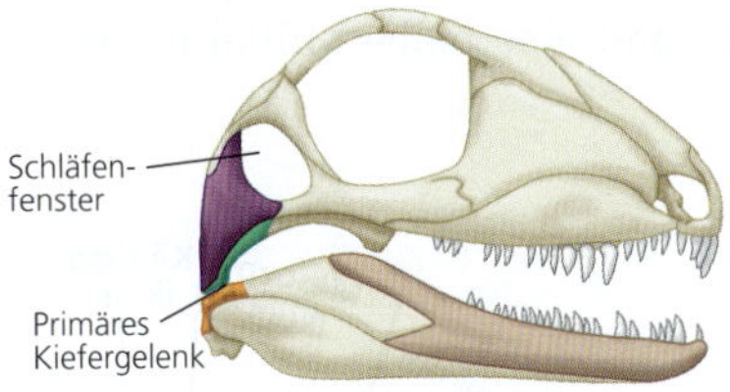

Therapsiden (vor 280 Millionen Jahren)

Später tauchte eine Synapsidengruppe auf, die als Therapsiden bezeichnet wird. Therapsiden verfügten über ein großes Dentale, einen langen Gesichtsschädel und als erstes Zeichen spezialisierter Zähne über mächtige Eckzähne (Canini). Dieser Trend setzte sich in einer Gruppe der Therapsiden, den Cynodontiern, fort.

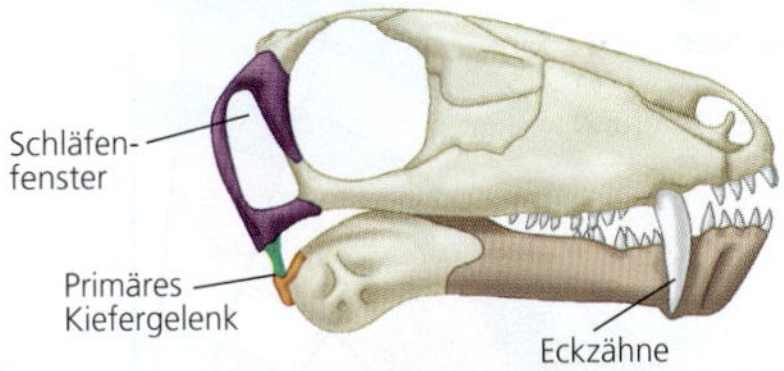

Frühe Cynodontier (vor 260 Millionen Jahren)

Bei frühen cynodonten Therapsiden war das Dentale der größte Knochen im Unterkiefer, das Schläfenfenster war groß und lag vor dem Kiefergelenk, und zum ersten Mal tauchten Zähne mit mehreren Höckern auf (in der Abbildung nicht zu erkennen). Wie bei den frühen Synapsiden wurde das Kiefergelenk von Articulare und Quadratum gebildet.

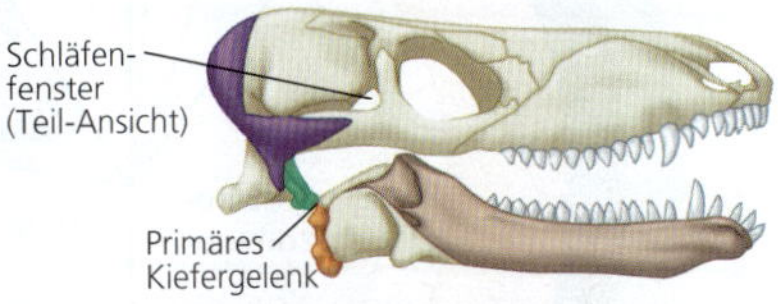

Spätere Cynodontier (vor 220 Millionen Jahren)

Späte Cynodontier besaßen Zähne mit komplexen Höckermustern, und Unter- und Oberkiefer waren an zwei Stellen gelenkig verbunden: Die Tiere behielten das ursprüngliche, primäre Kiefergelenk zwischen Articulare und Quadratum und bildeten zusätzlich ein neues, sekundäres Kiefergelenk zwischen Dentale und Squamosum aus. Dieses Gelenk erlaubte nicht nur einfache Schnappbewegungen, sondern die komplexen Kau- und Mahlbewegungen moderner Säugetiere. Das Schläfenfenster war stark vergrößert und die Hirnkapsel seitlich verschlossen, sodass das Fenster aus dem dargestellten Winkel schwer zu erkennen ist.

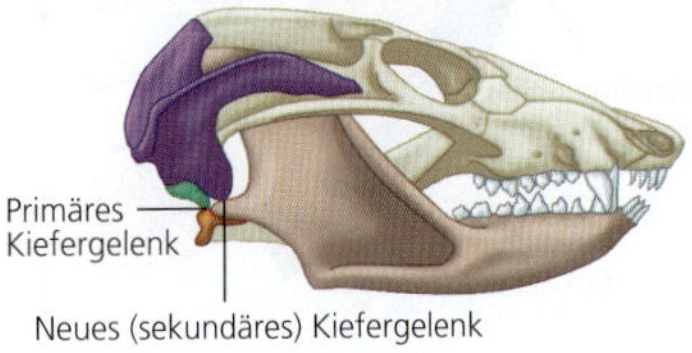

Sehr späte Cynodontier (vor 195 Millionen Jahren)

Bei dem gemeinsamen Vorfahr dieser sehr späten Cynodontier und der Säugetiere war das ursprüngliche primäre Kiefergelenk zwischen Articulare und Quadratum bereits verloren gegangen, sodass das sekundäre Kiefergelenk zwischen Dentale und Squamosum das einzige Gelenk zwischen Ober- und Unterkiefer war (wie auch bei heutigen Säugetieren). Das Schläfenfenster war mit der Augenhöhle verschmolzen und das Dentale ragte weit in das Schläfenfenster hinein und ermöglichte so den Ansatz der modifizierten Kaumuskulatur. Articulare und Quadratum wanderten in die Ohrregion (nicht abgebildet), wo sie eine neue Aufgabe bei der Schallweiterleitung übernahmen. In der Säugetierlinie entwickelten sich diese beiden Knochen zu den Gehörknöchelchen Hammer und Amboss (siehe Abbildung 34.15).

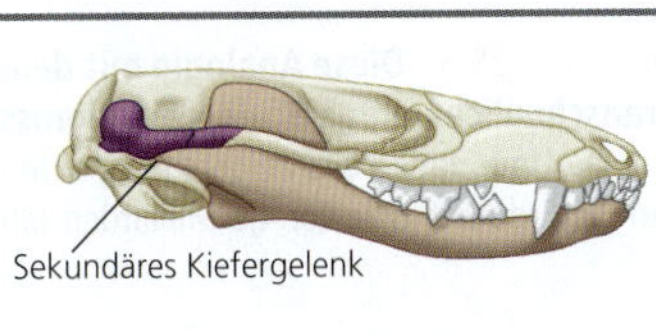

Abbildung 25.4: Näher betrachtet. Die Entstehung der Säugetiere.

25.3 Schlüsselereignisse in der Evolution sind die Entstehung der Organismen und die Besiedlung des Festlands

Das Studium von Fossilien hat Geologen geholfen, eine **geologische Zeitskala** der Erdgeschichte zu erstellen, die in drei Äonen unterteilt ist. Die ersten drei Äonen – Hadaikum, das Archaikum und das Proterozoikum – dauerten zusammen etwa vier Milliarden Jahre. Das Phanerozoikum, das rund eine halbe Milliarde Jahre in Anspruch nahm, umfasst den größten Teil des Zeitraums, in dem vielzelliges eukaryontisches Leben auf der Erde existiert. Es ist in drei Zeitalter (Ären, Singular Ära) unterteilt: Paläozoikum (Erdaltertum), Mesozoikum (Erdmittelalter) und Känozoikum (Erdneuzeit). Jedes Zeitalter repräsentiert ein bestimmtes Alter in der Geschichte der Erde und des Lebens. Zum Beispiel wird das Mesozoikum wegen seiner Fülle von Reptilienfossilien, darunter viele Dinosaurierfossilien, manchmal als „Zeitalter der Reptilien" bezeichnet. Die Grenzen zwischen den Zeitaltern korrespondieren mit großen Massenaussterben, die uns Fossilfunde zeigen; damals starben viele Lebensformen; andere entwickelten sich aus den Überlebenden weiter.

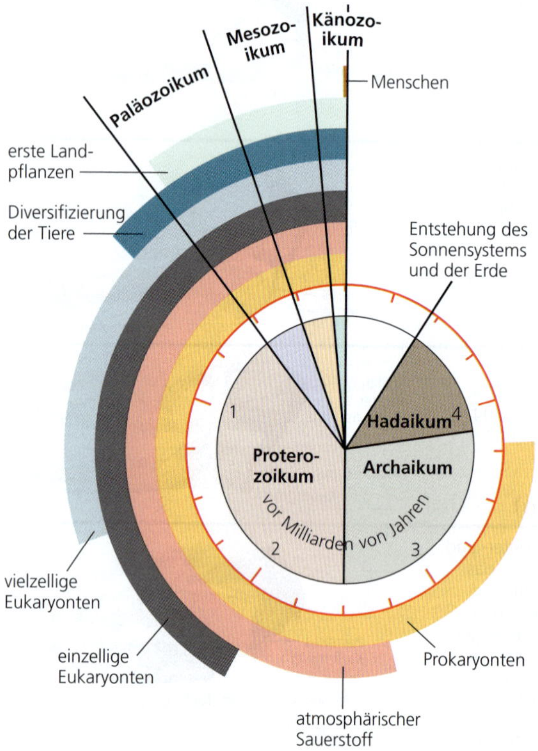

Abbildung 25.5: Diese Analogie mit dem Zifferblatt einer Uhr veranschaulicht einige Schlüsselereignisse in der Erdgeschichte. Eine Umrundung des Zeigers entspricht dem Zeitraum vom Beginn der Erdgeschichte vor 4,6 Milliarden Jahren bis heute.

Wie wir gesehen haben, liefern die dokumentierten Fossilfunde einen umfassenden Überblick über die Evolution in großen geologischen Zeiträumen. Hier wollen wir uns auf einige wichtige Ereignisse konzentrieren und zu den Details in Teil V zurückkehren. Um diese Ereignisse in den Kontext der Erdgeschichte zu stellen, sind sie in Abbildung 25.5 analog auf dem Zifferblatt einer Uhr dargestellt. Diese „geologische Uhr" taucht in diesem Abschnitt mehrfach als leicht lesbare optische Erinnerung auf, die verdeutlicht, wann die gerade erörterten Ereignisse stattfanden.

25.3.1 Die ersten einzelligen Organismen

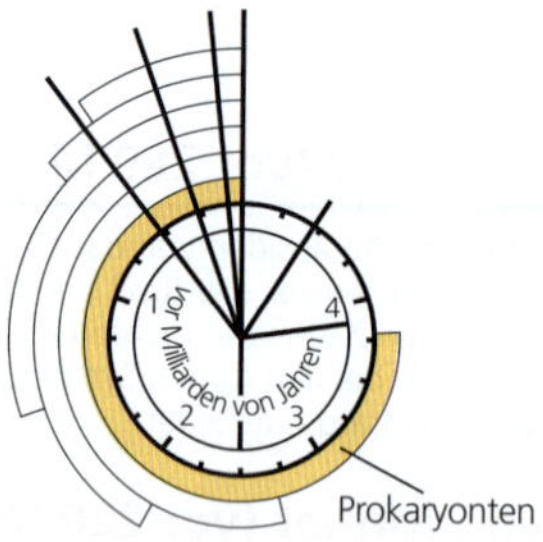

Die frühesten Hinweise auf Leben reichen 3,5 Milliarden Jahre zurück; es handelt sich dabei um versteinerte **Stromatolithen**. Stromatolithen sind geschichtete Gesteinsstrukturen, die sich bilden, wenn bestimmte Prokaryonten dünne Sedimentfilme zusammenführen. Heutzutage findet man Stromatolithen nur noch in wenigen warmen, flachen und salzigen Meeresbuchten. Falls es vor 3,5 Milliarden Jahren bereits mikrobielle Lebensgemeinschaften gab, die so komplex waren, dass

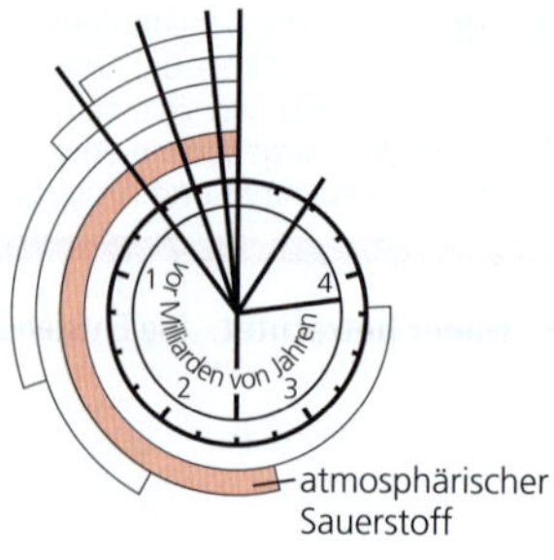

sie Stromatolithen entstehen lassen konnten, ist es vernünftig anzunehmen, dass einzellige Organismen bereits viel früher entstanden sind, vielleicht bereits vor 3,9 Milliarden Jahren.

Fotosynthese und die „Sauerstoffrevolution“ Der größte Teil des gasförmigen atmosphärischen Sauerstoffs (O_2) ist biologischen Ursprungs und wurde damals wie heute beim wasserspaltenden Schritt der Fotosynthese produziert. Als sich die sauerstoffproduzierende (oxygene) Fotosynthese entwickelte, löste sich das freigesetzte O_2 wahrscheinlich im umgebenden Wasser, bis seine Konzentration so hoch wurde, dass es mit dem gelösten Eisen reagierte. Daraufhin fiel das Eisen als Eisenoxid aus, das sich als Sediment ansammelte. Diese Sedimente wurden zu gebänderten Eisenformationen verdichtet, rote, eisenoxidhaltige Gesteinsschichten, die für den Menschen später eine Eisenerzquelle darstellten. Nachdem das gesamte gelöste Eisen ausgefällt worden war, löste sich zusätzliches O_2 im Wasser, bis Meere und Seen sauerstoffgesättigt waren. Daraufhin begann O_2 schließlich „auszugasen“ und in die Atmosphäre einzutreten. Diese Sauerstoffanreicherung in der Atmosphäre lässt sich noch heute an der Rotfärbung von eisenreichem terrestrischem Gestein ablesen, ein Prozess, der vor 2,7 Milliarden Jahren begann. Diese Chronologie impliziert, dass Bakterien, die den heutigen Cyanobakterien (sauerstofffreisetzenden, fotosynthetisch aktiven Bakterien) ähnelten, deutlich früher als vor 2,7 Milliarden Jahren entstanden sind.

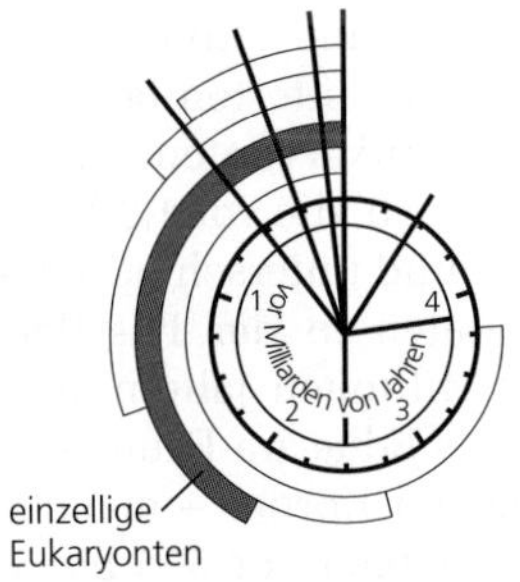

Im Zeitraum von 2,7 bis 2,2 Milliarden Jahren vor heute nahm die Menge an atmosphärischem O_2 erst langsam zu, stieg aber dann relativ rasch auf mehr als zehn Prozent des gegenwärtigen Wertes an. Diese „Sauerstoffrevolution“ hatte einen enormen Einfluss auf die Evolution der Organismen. In einigen seiner chemischen Formen greift Sauerstoff chemische Bindungen an und kann Enzyme hemmen sowie Zellen schädigen. Die steigende Sauerstoffkonzentration in der Atmosphäre führte wahrscheinlich zum Aussterben vieler Prokaryontengruppen. Einige Arten überlebten in Habitaten, die sauerstofffrei (anaerob) blieben und wo ihre Abkömmlinge noch heute zu finden sind (siehe Kapitel 27). Unter den anderen Überlebenden entwickelten sich zahlreiche Anpassungen an die sich verändernde Atmosphäre, darunter die Zellatmung, die O_2 einsetzt, um die in organischen Molekülen gespeicherte Energie zu nutzen, und Enzyme, die die giftigen Reaktionsprodukte des Sauerstoffs entfernen.

Die ersten Eukaryonten Die ältesten, allgemein akzeptierten Fossilien von eukaryontischen Organismen sind rund 1,8 Milliarden Jahre alt. Erinnern Sie sich daran, dass eukaryontische Zellen deutlich komplexer aufgebaut sind als porkaryontische Zellen (siehe Kapitel 6). Eukaryonten haben eine Kernhülle (Kernmembran), Mitochondrien, ein endoplasmatisches Reticulum und andere Organellen, die Prokaryonten fehlen. Außerdem verfügen Eukaryonten über ein komplexeres Cytoskelett, dank dessen sie ihre Form verändern können, sodass sie andere Zellen einhüllen und aufnehmen (endozytieren) können.

Wie haben sich die eukaryontischen Merkmale aus prokaryontischen Zellen entwickelt? Eine Reihe von Befunden stützt die **Endosymbiontentheorie** (Abbildung 25.6).

Zahlreiche Befunde stützen die endosymbiontische Entstehung von Mitochondrien und Plastiden. Die Innenmembranen beider Organellen weisen Enzyme und Transportsysteme auf, die mit denjenigen homolog sind, welche man in den Plasmamembranen heute lebender Prokaryonten findet. Mitochondrien und Plastiden replizieren sich durch einen Teilungsprozess, der demjenigen gewisser Prokaryonten ähnelt. Darüber hinaus verfügt jede dieser Organellen über ein einzelnes, ringförmiges DNA-Molekül, das wie die Chromosomen von Bakterien nicht mit Histonen oder großen Mengen anderer Proteine assoziiert ist. Wie bei Organellen, die von frei lebenden Organismen abstammen, zu erwarten ist, besitzen Mitochondrien und Plastiden auch die zellulären Voraussetzungen (einschließlich Ribosomen), die nötig sind, um ihre DNA in Proteine umzuschreiben. Und schließlich ähneln die Ribosomen von Mitochondrien und Plastiden im Hinblick auf Größe, Nucleotidsequenz und Empfindlichkeit gegenüber gewissen Antibiotika stärker prokaryontischen Ribosomen, als den zytoplasmatischen Ribosomen eukaryontischer Zellen. Vergleiche der 16S-rRNA-Nucleotidsequenzen unterstützen die Hypothese, dass Mitochondrien direkt von Proteobakterien, und Chloroplasten direkt von Cyanobakterien abstammen.

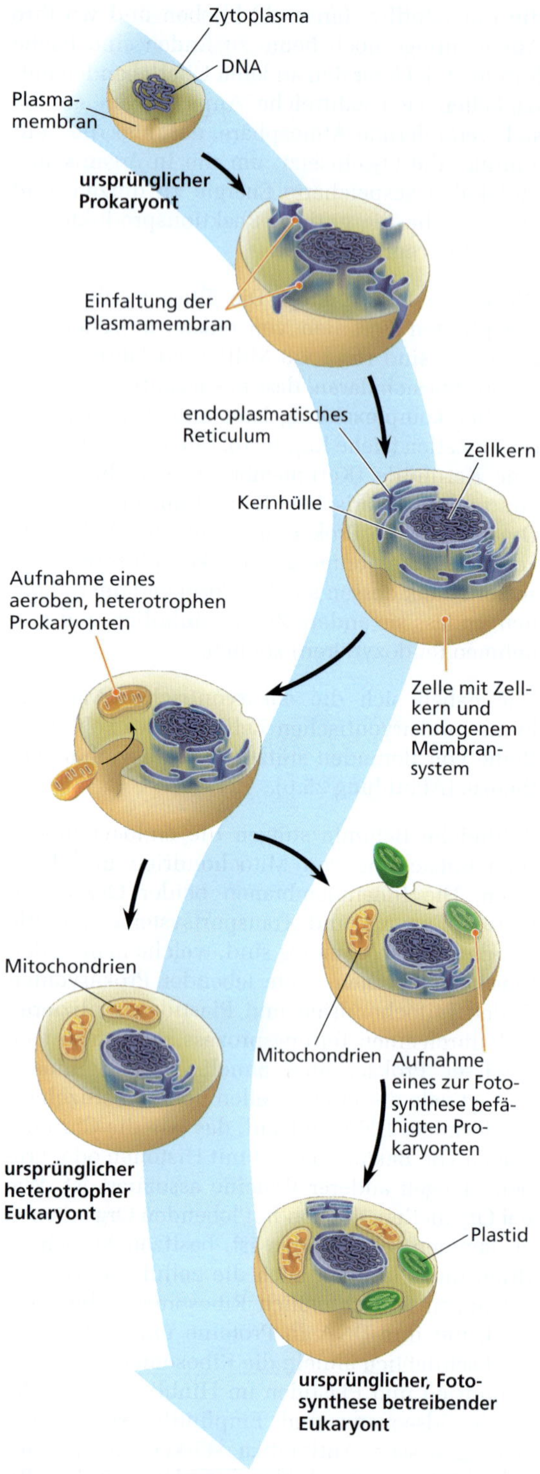

Abbildung 25.6: Ein Modell der Entstehung von Eukaryonten durch serielle Symbiose. Die vermutlichen Vorfahren der Mitochondrien waren aerobe, heterotrophe Prokaryonten (das heißt, sie benutzten Sauerstoff, um von anderen Organismen stammende organische Moleküle zur Energiegewinnung abzubauen). Die vermutlichen Vorfahren von Plastiden waren Cyanobakterien. Die Pfeile kennzeichnen wichtige Veränderungen im Verlauf der Evolution.

25.3.2 Der Ursprung der Vielzelligkeit

Ein Orchester kann eine breitere Palette musikalischer Kompositionen spielen als ein einzelner Violinensolist; die zunehmende Vielschichtigkeit des Orchesters ermöglicht eine viel größere Variationsbreite. Ebenso ermöglichte das Auftreten von komplex gebauten eukaryontischen Zellen die Evolution einer größeren morphologischen Vielfalt, als sie mit prokaryontischen Zellen möglich war. Nachdem die ersten Eukaryonten entstanden waren, entwickelte sich ein großes Spektrum einzelliger Formen und fächerte sich in all die einzelligen Eukaryonten auf, die auch heute noch auf der Erde vorkommen. Zudem kam es zu einer weiteren Diversifikationswelle: Aus einigen einzelligen Eukaryonten entwickelten sich Vielzeller, deren Nachfahren eine Vielfalt von Algen, Pflanzen, Pilzen und Tieren umfassen.

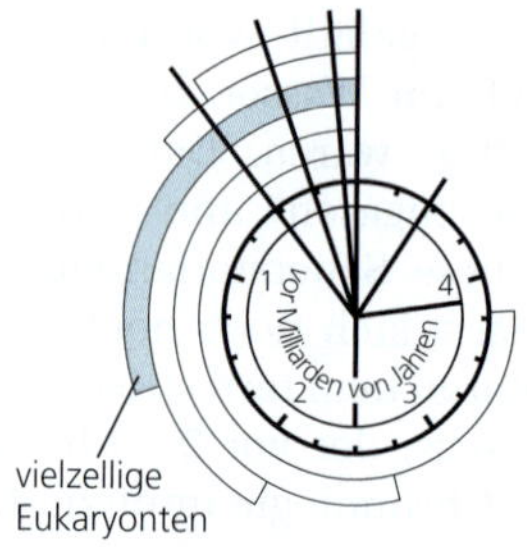

Die frühesten vielzelligen Eukaryonten Aufgrund von Nucleotidsequenz-Vergleichen nimmt man an, dass der gemeinsame Vorfahre aller vielzelligen Eukaryonten vor 1,5 Milliarden Jahren lebte. Diese Annahme stimmt grob mit Fossilfunden überein; die ältesten bekannten Fossilien von vielzelligen Eukaryonten stammen von relativ kleinen Algen ab, die vor 1,2 Milliarden Jahren lebten. Größere und unterschiedlichere vielzellige Eukaryonten traten in der Fossilgeschichte erst vor rund 565 Millionen Jahren auf. Diese Fossilien, die man als Ediacara-Fauna bezeichnet, hatten einen weichen Körper – manche waren über 1 m lang – und lebten vor 565 bis 535 Millionen Jahren.

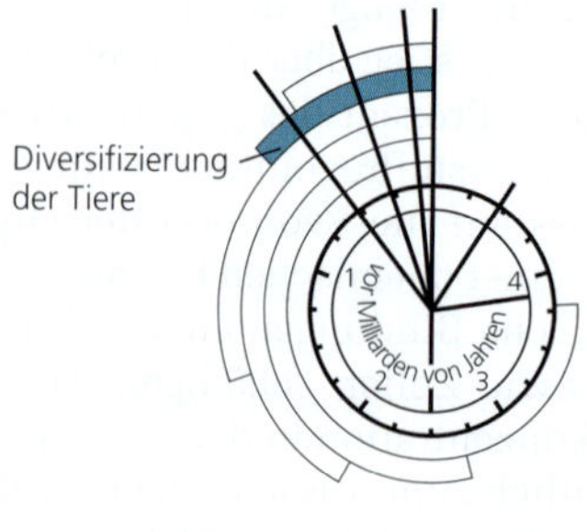

Die Kambrische Artenexplosion Wie Fossilfunde belegen, traten viele Stämme (Phyla) heute noch lebender Tiertaxa relativ plötzlich im frühen Kambrium (vor 535–525 Millionen Jahren) auf, ein Phänomen, das man als Kambrische Artenexplosion bezeichnet. Fossilien aus mindestens drei rezenten Tierstämmen – Nesseltiere (Cnidaria; Seeanemonen und ihre Verwandten), Schwämme (Porifera) und Weichtiere (Mollusca) – tauchen sogar in noch älteren Gesteinen auf, die bis ins späte Proterozoikum zurückdatieren.

Vor der Kambrischen Artenexplosion hatten alle großen Tiergruppen einen weichen Körper. Die Fossilien großer präkambrischer Taxa zeigen wenig Hinweise auf eine räuberische Lebensweise. Vielmehr sieht es so aus, als seien diese Tiere Pflanzenfresser (Herbivoren), die sich von Algen ernähren, Filtrierer oder Aasfresser gewesen, aber keine Jäger (Prädatoren). Die Kambrische Artenexplosion ändert all das. Innerhalb einer relativ kurzen Zeit (ca. 10 Millionen Jahre) entwickelten sich Prädatoren von mehr als 1 m Länge, die Krallen und andere Merkmale aufwiesen, welche dem Beutefang dienen; gleichzeitig tauchten bei ihrer Beute neue Adaptationen zur Abwehr von Angriffen auf, wie scharfe Stacheln oder eine starke Körperpanzerung. Die vor dem Auftreten von Räubern sichere und langsamere Fortbewegungsweise dieser größeren Lebensformen vor der Kambrischen Artenexplosion war nun nicht mehr vorteilhaft.

Obgleich die Kambrische Artenexplosion einen enormen Einfluss auf die Organismen untereinander und ihren Lebensraum hatte, ist es möglich, dass viele Tierstämme schon lange vorher entstanden sind. Einige DNA-Analysen sprechen dafür, dass sich die meisten Tierstämme bereits vor 700 Millionen bis 1 Milliarde Jahren entwickelt haben und zu divergieren begannen.

MERKE!

Viele Stämme (Phyla) heute noch lebender Tiertaxa traten relativ plötzlich im frühen Kambrium (vor 535–525 Millionen Jahren) auf, ein Phänomen, das man als Kambrische Artenexplosion bezeichnet.

25.3.3 Die Besiedlung des Festlands

Die Besiedlung des Festlands war ein weiterer Meilenstein in der Evolutionsgeschichte der Organismen. Es gibt fossile Belege, dass Cyanobakterien und andere fotosynthetisch aktive Prokaryonten bereits vor mehr als einer Milliarde Jahren feuchte terrestrische Lebensräume überzogen. Größere Lebensformen wie Pilze, Pflanzen und Tiere, begannen erst vor rund 500 Millionen Jahren, das Land zu erobern. Dieses langsame und allmähliche Vordringen aus dem Wassermilieu auf das Festland ging mit zahlreichen Anpassungen einher, die eine Fortpflanzung an Land ermöglichten und eine Austrocknung verhinderten. Zum Beispiel haben Pflanzen, die sich aus Grünalgen entwickelten, ein Gefäßsystem, das es ihnen erlaubt, Stoffe in ihrem Inneren zu transportieren, und sie haben einen wasserfesten Überzug auf ihren Blättern (Cuticula), der die Wasserverdunstung verlangsamt. Frühe Anzeichen dieser Anpassungen finden sich schon vor 420 Millionen Jahren; damals gab es bereits kleine, ca. 10 cm hohe Pflanzenarten, die ein Gefäßsystem besaßen, aber noch keine echten Wurzeln oder Blätter. Rund 40 Millionen Jahre später hatten sich Pflanzentaxa stark aufgespalten und umfassten Pflanzenformen mit binsenähnlichem Aussehen, sowie baumartige Pflanzen mit echten Wurzeln und Blättern.

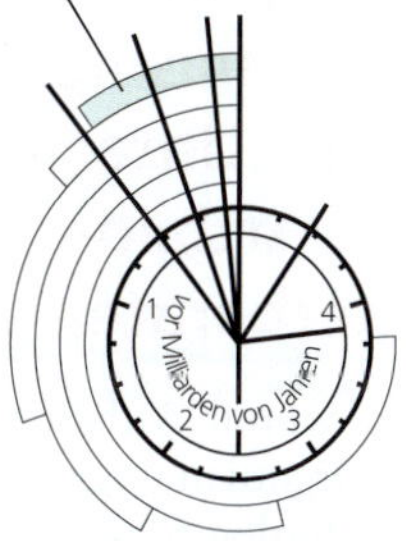

Pflanzen eroberten das Land gemeinsam mit den Pilzen. Noch heute sind die Wurzeln der meisten Pflanzen mit Pilzen assoziiert, die sie bei der Absorption von Wasser und Mineralien aus dem Boden unterstützen (siehe Kapitel 31 und 37). Diese Pilze wiederum werden von den Pflanzen mit organischen Nährstoffen versorgt. Solche symbiontischen Gemeinschaften von Pflanzen und Pilzen (Mykorrhizen) lassen sich auch an einigen der ältesten fossilisierten Wurzeln nachweisen; diese Beziehung bestand also schon, als sich das Leben an Land auszubreiten begann.

Obgleich viele Tiergruppen heute an Land leben, sind die am weitest verbreiteten, vielfältigsten und artenreichsten Landtiere die Gliedertiere oder Arthropoden (vor allem Insekten und Spinnen) und die Tetrapoden. Die ältesten Tetrapoden, die wir aus Fossilfunden kennen, lebten vor rund 365 Millionen Jahren und haben sich offensichtlich aus einer Gruppe fleischflossiger Fische entwickelt (siehe Kapitel 34). Wir Menschen gehören ebenfalls zu den Tetrapoden, wenn wir die Bühne des Lebens auf der Erde auch erst recht spät betreten haben. Die Stammlinie des Menschen trennte sich vor rund sechs Millionen Jahren von derjenigen der anderen Hominiden (Menschenaffen) und unsere Art entstand erst vor rund 195.000 Jahren. Wenn die Uhr der Erdgeschichte eine Stunde darstellen würde, hätte der Mensch erst vor kaum 0,2 Sekunden die Bühne betreten.

VERSTÄNDNISFRAGEN

1. Das erste Auftreten von freiem Sauerstoff in der Atmosphäre löste unter den damals lebenden Prokaryonten wahrscheinlich eine massive Aussterbewelle aus. Warum?

2. Welche Befunde sprechen für die Hypothese, dass Mitochondrien den Plastiden in der Evolution eukaryontischer Zellen vorausgingen?

3. **WAS WÄRE, WENN?** Wie würde eine Fossilgeschichte des heutigen Lebens aussehen?

25.4 Aufstieg und Niedergang von Organismengruppen spiegeln Unterschiede in den Artbildungs- und Aussterberaten wider

Von Beginn an waren Aufstieg und Niedergang von einzelnen Organismengruppen ein typischer Bestandteil der biologischen Evolution. Anaerobe Prokaryonten entstanden, ihr Artenreichtum nahm zu und ging dann auch wieder zurück, als der Sauerstoffgehalt der Atmosphäre stieg. Milliarden Jahre später krochen die ersten Tetrapoden aus dem Meer an Land und wurden zu den Vorfahren der Amphibien, die das Leben an Land 100 Millionen Jahre lang beherrschten – bis andere Tetrapoden (darunter die Dinosaurier und später die Säugetiere) sie als dominierende terrestrische Wirbeltiere ablösten. Diese und andere umfangreiche Veränderungen in der Zusammensetzung der Organismenwelt sind besonders von übergreifenden Prozessen wie Kontinentaldrift, Massenaussterben und adaptive Radiation beeinflusst worden.

25.4.1 Kontinentaldrift

Wenn man die Erde aus dem Weltraum alle 10.000 Jahre fotografieren und die Aufnahmen zu einem Film zusammenfügen würde, könnte man etwas sehen, was viele von uns vielleicht schwer vorstellbar finden. Die scheinbar so „felsenfesten" Kontinente, auf denen wir leben, verschieben sich im Laufe der Zeit. Seit der Entstehung vielzelliger Eukaryonten vor rund 1,5 Milliarden Jahren hat es drei Situationen gegeben (vor 1,1 Milliarden, 600 Millionen und 250 Millionen Jahren), bei denen alle Landmassen der Erde gemeinsam einen Superkontinent bildeten, der später wieder auseinanderdriftete. Jedes Mal kam es zu einer anderen Konfiguration der Kontinente. Für die Zukunft erwarten Geologen, dass die Kontinente in rund 250 Millionen Jahren erneut zusammenkommen und einen neuen Superkontinent bilden werden.

Die Kontinente sind Teil der großen Platten der Erdkruste, die auf dem darunter liegenden heißen und flüssigen Erdmantel schwimmen. Diese Platten verschieben sich im Laufe der Zeit, ein Vorgang, den man als **Kontinentaldrift** bezeichnet. Geologen können die Geschwindigkeit messen, mit der sich die Kontinente heute bewegen – gewöhnlich sind es nur ein paar Zentimeter pro Jahr. Geologen können auch Rückschlüsse über die Lage der Kontinente in der Vergangenheit ziehen, indem sie die magnetische Information im Gestein nutzen, die zum Zeitpunkt der Gesteinsbildung im Gestein „fixiert" wurde. Denn wenn ein Kontinent seine Position im Lauf der Zeit verlagert, verändert sich auch die Lage des magnetischen Nordpols in seinem neu gebildeten Gestein.

MERKE!

Die Kontinente sind Teil der großen Platten der Erdkruste, die auf dem darunter liegenden heißen und flüssigen Erdmantel schwimmen. Diese Platten verschieben sich im Laufe der Zeit, ein Vorgang, den man als Kontinentaldrift bezeichnet.

Konsequenzen der Kontinentaldrift Durch die Plattenbewegungen allein verändert sich das Oberflächenrelief der Erde nur langsam, doch ihre kumulativen Effekte haben dramatische Auswirkungen. Die Kontinentaldrift formt nicht nur das Oberflächenrelief unseres Planeten neu, sondern sie hat auch einen außerordentlich großen Einfluss auf die Organismen. Ein Grund dafür liegt darin, dass die Kontinentaldrift die Großlebensräume der Organismen in ihrer Zahl, Lage, Form und Größe verändert. Betrachten Sie die Veränderungen, die in Abbildung 25.7 dargestellt sind. Vor rund 250 Millionen Jahren führten Plattenbewegungen alle zuvor getrennten Landmassen zu einem einzigen Superkontinent, **Pangaea** (gr. *pan*, alles, allumfassend, *gaia*, Erde, Land; alles Land), zusammen. Die Meeresbecken wurden tiefer, wodurch der Meeresspiegel sank und sich

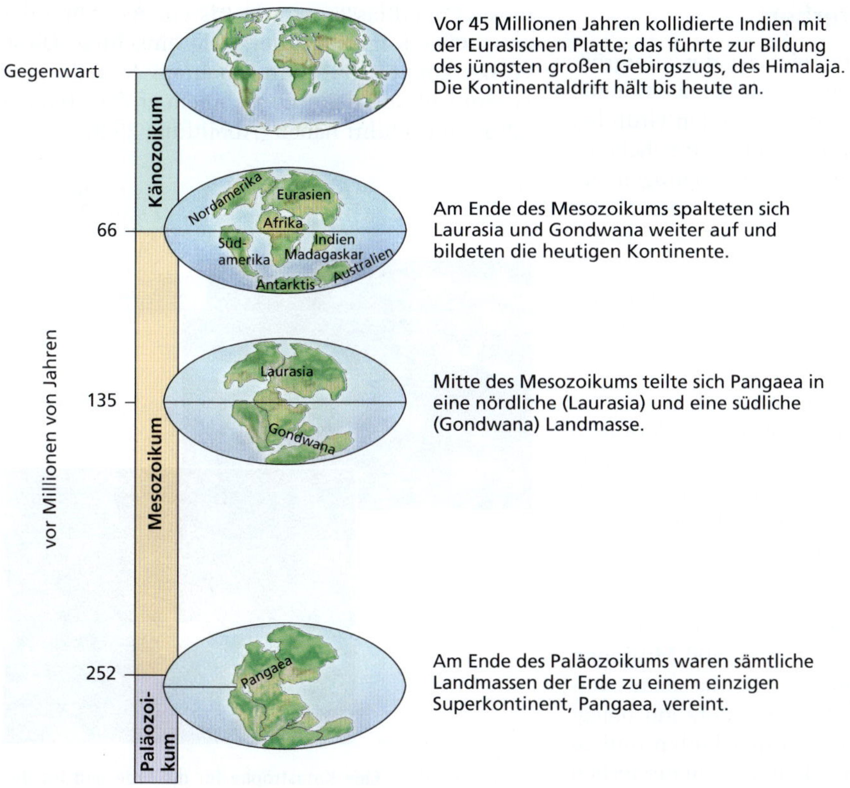

Abbildung 25.7: Die Geschichte der Kontinentaldrift während des Phanerozoikums.

flache Küstenmeere im Schelfbereich bildeten. Damals wie heute lebten die meisten marinen Arten in Flachwasserregionen, und die Bildung von Pangaea zerstörte einen großen Teil dieses spezifischen, marinen Lebensraums. Das Innere des riesigen Kontinents war wahrscheinlich ein noch extremerer Lebensraum als das heutige Zentralasien. Insgesamt hatte die Bildung von Pangaea gewaltige Auswirkungen auf die abiotischen Umweltbedingungen und das Makroklima, wodurch einige Arten ausstarben und sich denjenigen Organismengruppen, die diese Bedingungen überlebten, neue evolutive Entwicklungsmöglichkeiten boten.

Ein weiterer Effekt der Kontinentaldrift war die globale Klimaveränderung, die sich ergibt, wenn ein Kontinent nach Norden oder nach Süden driftet. Die Südspitze von Labrador, Kanada, lag zum Beispiel einst in der Nähe des Äquators, hat sich in den letzten 200 Millionen Jahren aber um 40 Breitengrade nach Norden bewegt. Um die Auswirkung einer solchen Verlagerung einzuschätzen, vergleichen Sie das Klima von Wilmington, Delaware, USA (ca. 40° nördlicher Breite) mit dem von Belem, Brasilien (in der Nähe des Äquators). Im Winter fallen die Temperaturen in Wilmington unter Umständen bis auf –26 °C, während sie in Belem nie unter 18 °C sinken. Angesichts solcher globaler Klimaveränderungen waren Organismen dazu gezwungen, sich entweder anzupassen, in Bereiche günstigeren Klimas auszuwandern oder sie starben aus, wenn sich diese Möglichkeiten nicht boten (letzteres Schicksal traf die meisten Organismen der Antarktis, wie *Cryolophosaurus*, Abbildung 25.1). Die sich verändernde Lage der Kontinente hat wahrscheinlich auch die Meeresströmungen weltweit beeinflusst, sodass das Makroklima kälter wurde und es im Verlauf der vergangenen 15 Millionen Jahre zur Bildung der polaren Eiskappen kam.

Die Kontinentaldrift fördert auch sehr stark die allopatrische Artbildung. Wenn Superkontinente auseinanderbrechen, werden Regionen, die einst zusammenhingen, geografisch isoliert. Als die Kontinente im Lauf der letzten 200 Millionen Jahre auseinanderdrifteten, wurde jeder zu einer eigenständigen Arena der Evolution, in der sich voneinander isolierte Pflanzen- und Tierlinien entwickelten und dadurch anfingen, sich von denjenigen auf anderen Kontinenten im Genpool zu unterscheiden.

25.4.2 Massenaussterben

Wie die Fossilgeschichte zeigt, ist der allergrößte Teil aller Arten, die jemals gelebt haben, heute ausgestorben. Eine Art kann aus vielen Gründen aussterben. Möglicherweise wurde ihr Lebensraum zerstört oder die Umweltbedingungen haben sich in einer für die Art ungünstigen Weise verändert. Selbst wenn die abiotischen Umweltfaktoren stabil bleiben, kann es sein, dass sich die biotischen Faktoren verändern – so kann die Entstehung einer Art gleichzeitig den Untergang einer anderen Art bewirken.

Obgleich es regelmäßig zum Aussterben von Arten kommt, haben globale Umweltveränderungen zu bestimmten Zeiten dazu geführt, dass die Aussterberate dramatisch anstieg. Wenn das der Fall ist, kommt es zu einem **Massenaussterben**, in dessen Verlauf weltweit zahlreiche Arten verschwinden.

Fünf große Massenaussterben Fossilfunden zufolge haben im Verlauf der letzten 500 Millionen Jahre fünf große Ereignisse von Massenaussterben stattgefunden. Sie sind besonders gut belegt für Tiere, die einen harten Körper hatten und in Flachmeeren lebten. Bei jedem Massenaussterben wurde mindestens die Hälfte aller marinen Arten auf der Erde ausgelöscht.

Zwei Massenaussterben – die im Perm und in der Kreide – waren von besonderer Bedeutung. Das Massenaussterben im Perm (vor 251 Millionen Jahren), das die Grenze vom Paläozoikum zum Mesozoikum markiert, löschte rund 96 Prozent aller marinen Tierarten aus und führte zu drastischen Veränderungen im marinen Lebensraum.

Zu dem Massenaussterben in der Kreide kam es vor rund 66 Millionen Jahren; der Zeitpunkt markiert die Grenze zwischen dem Mesozoikum und dem Känozoikum. Dieses Ereignis löschte mehr als die Hälfte aller marinen Arten aus und eliminierte viele terrestrische Pflanzen- und Tierfamilien, darunter den größten Teil der Dinosaurier. Ein Hinweis auf eine mögliche Ursache des Massenaussterbens in der Kreide ist eine dünne, mit Iridium angereicherte Tonschicht, die die mesozoischen von den känozoischen Sedimentlagen trennt. Iridium ist ein Element, das auf der Erde sehr selten ist, in vielen Meteoriten und anderen extraterrestrischen Objekten, die gelegentlich auf die Erde fallen, hingegen häufig. Die Arbeitsgruppe von Walter und Louis Alvarez an der University of California, Berkeley (USA) stellte die Hypothese auf, diese Tonablagerung entstamme dem Fallout einer riesigen Staubwolke, die in die Atmosphäre entlassen wurde, als ein Asteroid oder ein großer Komet auf der Erde einschlug. Diese Wolke könnte die Sonne mehrere Monate lang verdunkelt und dadurch zu einem großen Temperatursturz geführt haben (Abbildung 25.8).

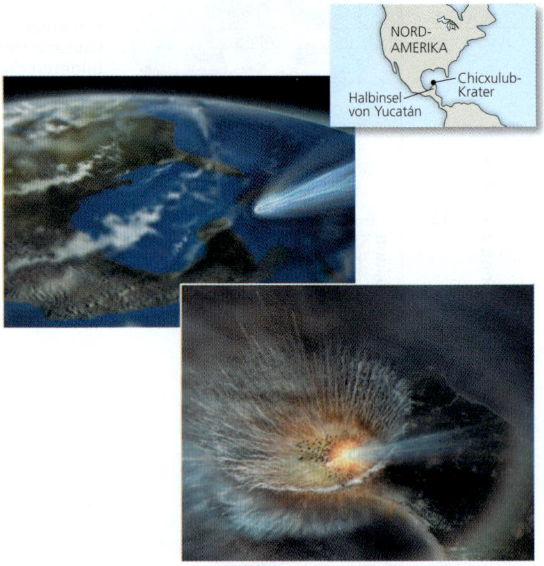

Abbildung 25.8: **Eine Katastrophe für die Erde und für ihre kreidezeitlichen Organismen.** Der 66 Millionen Jahre alte Chicxulub-Einschlagskrater mit einem Durchmesser von 180 km liegt in der Karibik auf der mexikanischen Halbinsel Yucatán. Die Hufeisenform des Kraters und die Verteilung der Gesteinstrümmer im Sediment sprechen dafür,dass ein Asteroid in einem flachen Winkel auf der Erde einschlug. Diese Illustration stellt den Einschlag und seine unmittelbaren Folgen dar – eine Wolke aus heißem Wasserdampf und Gesteinstrümmern, die innerhalb von Stunden einen großen Teil der Pflanzen und Tiere Nordamerikas getötet und das Entstehen massiver Waldbrände verursacht haben könnten.

> **MERKE!**
> **Globale Umweltveränderungen haben zu bestimmten Zeiten dazu geführt, dass die Aussterberate dramatisch anstieg. Wenn das der Fall ist, kommt es zu einem Massenaussterben, in dessen Verlauf weltweit zahlreiche Arten verschwinden.**

Steht ein sechstes Massenaussterben bevor? Wie wir in Kapitel 56 erfahren werden, beeinflussen menschliche Aktivitäten wie Habitatzerstörung und Erderwärmung die globale Umwelt derart, dass auch heute viele Arten vom Aussterben bedroht oder bereits ausgestorben sind. Mit zunehmender Geschwindigkeit sind in den letzten 400 Jahren mehr als 1000 Arten verschwunden. Es wird geschätzt, dass diese Aussterberate 100- bis 1000-mal größer ist als die durchschnittliche Aussterberate, wie sie sich aus der Fossilgeschichte ablesen lässt. Befinden wir uns mitten im sechsten Ereignis eines Massenaussterbens? Diese Frage ist nur schwer zu beantworten, teilweise deshalb, weil es schwierig ist, sich einen Überblick über die Gesamtzahl der gegenwärtig aussterbenden Arten zu verschaffen.

Wie Monitoring-Programme zeigen, verläuft der Artenschwund durch Habitatverlust, Einführung fremder Arten, Übernutzung und intensive Landwirtschaft oder andere Faktoren mit alarmierender Geschwindigkeit. Dazu führt die Anreicherung von Kohlendioxid aus fossilen Brennstoffen in der Atmosphäre zu einer globalen Erwärmung, die mit drastischen Klimaveränderungen und Extremwetterereignissen einhergeht. Jüngste Studien an einer Reihe von Arten, darunter Eidechsen, Kiefern und Eisbären, legen nahe, dass der Klimawandel einen Rückgang dieser Arten noch beschleunigt. Auch Fossilfunde unterstreichen einen möglichen Einfluss des Klimawandels: In den letzten 500 Millionen Jahren sind die Aussterberaten tendenziell immer dann angestiegen, wenn auch die globalen Temperaturen erhöht waren. Diese Daten sprechen dafür, dass es in den nächsten paar Jahrhunderten zu einem sechsten, durch den Menschen verursachten Massenaussterben kommen könnte, wenn nicht rasch drastische Maßnahmen ergriffen werden.

25.4.3 Adaptive Radiationen

Wie die Fossilgeschichte zeigt, ist die Artenvielfalt im Lauf der letzten 250 Millionen Jahre gestiegen. Dieser Anstieg wurde von **adaptiven Radiationen** hervorgerufen, Perioden evolutiver Veränderungen, in denen Organismengruppen viele neue Arten bildeten, deren Adaptationen es ihnen erlauben, in ihren Zönosen unterschiedliche ökologische Funktionen wahrzunehmen beziehungsweise unterschiedliche ökologische Nischen zu realisieren. Nach jedem der fünf großen Massenaussterben kam es zu adaptiven Radiationen in großem Maßstab, während sich die überlebenden Taxa die ökologischen Nischen aufteilten und entsprechende Adaptationen erwarben. Zu adaptiven Radiationen kam es auch in Organismengruppen, die wichtige evolutionäre Neuerungen besaßen, zum Beispiel Samen oder einen gepanzerten Körperbau, oder die Regionen und Lebensräume besiedelten, in denen sie wenig Konkurrenz von anderen Arten zu fürchten hatten und sich dort besser und weiter entwickeln konnten.

MERKE!

Unter adaptiven Radiationen versteht man Perioden evolutiver Veränderungen, in denen Organismengruppen viele neue Arten bildeten, deren Adaptationen es ihnen erlauben, in ihren Zönosen unterschiedliche ökologische Funktionen wahrzunehmen beziehungsweise unterschiedliche ökologische Nischen zu realisieren.

Weltweit verlaufende adaptive Radiationen Wie die Fossilgeschichte zeigt, machten die Säugetiere nach dem Aussterben der landlebenden Dinosaurier vor 65,5 Millionen Jahren eine umfangreiche adaptive Radiation durch (Abbildung 25.9). Obgleich Säugetiere bereits vor rund 180 Millionen Jahren entstanden sind, zeigen Säugetierfossilien, die älter als 65,5 Millionen Jahre sind, in der Regel kleine Körpergrößen und haben morphologisch-anatomisch nur eine geringe Vielfalt. Viele Arten waren offenbar nachtaktiv; das lässt sich aus ihren großen Augenhöhlen schließen, die denjenigen heute lebender nachtaktiver Säugetiere gleichen. Einige ursprüngliche Säugetierarten waren mittelgroß, zum Beispiel *Repenomamus giganticus*, das mit 1 m Körperlänge bisher größte nachgewiesene Säugetier, eine räuberische Art, die vor 130 Millionen Jahren im Mesozoikum lebte. Aber keine Säugetierart erreichte auch nur annähernd solche Größen wie viele Dinosaurier. Wahrscheinlich waren die

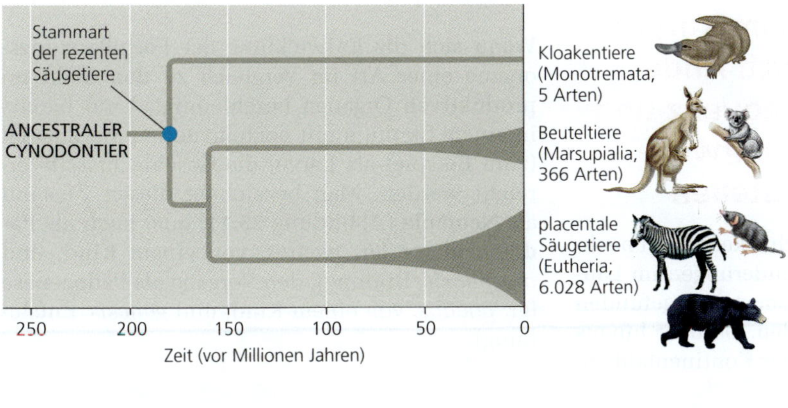

Abbildung 25.9: **Adaptive Radiation der Säugetiere.**

frühen Säugetiere so relativ kleinwüchsig und weitgehend artenarm, da sie von Dinosauriern gejagt wurden, die ihnen in Größe, Artenreichtum und Anpassungsrepertoire überlegen waren. Mit dem Verschwinden der Dinosaurier nahmen die Säugetiere stark an Körpergröße und Artenvielfalt zu und übernahmen ökologische Funktionen, die einst von den terrestrischen Dinosauriern ausgeübt wurden.

Die Radiation der Landpflanzen ging zum Beispiel mit Schlüsselanpassungen einher wie dem Stängel, der es den Pflanzen ermöglicht, aufrecht gegen die Schwerkraft zu wachsen, und die Cuticula, die Blätter vor Wasserverlust schützt. Und schließlich können Organismen, die im Rahmen einer adaptiven Radiation entstehen, wiederum auch anderen Organismen als neue Nahrungsquelle dienen, wodurch sich ein vielschichtiges Abhängigkeitsnetz entwickeln kann. Die hier beschriebene Diversifizierung der Landpflanzen, insbesondere die Blütenbildung der Angiospermen (Blütenpflanzen), geschah parallel zu einer Reihe adaptiver Radiationen bei Insekten, die von der Phytomasse der Pflanzen lebten, aus den Blüten Nektar und Pollen aufnahmen und diese auch bestäubten. Die Koevolution dieser beiden Taxa trug wahrscheinlich dazu bei, dass sich die Insekten zur artenreichsten Tiergruppe und die Angiospermen zur artenreichsten Pflanzengruppe auf der Erde entwickelten.

VERSTÄNDNISFRAGEN

1. Erläutern Sie die Konsequenzen der Kontinentaldrift für die Verbreitung verschiedener Taxa auf der Erde.
2. Welche Faktoren fördern eine adaptive Radiation?
3. **WAS WÄRE, WENN?** Wenn ein Massenaussterben von einem einzelnen, katastrophalen Ereignis ausgelöst würde (zum Beispiel dem Einschlag eines Asteroiden), welches Spektrum von Fossilfunden einst häufiger und bei dieser Katastrophe nun ausgestorbener Arten würden Sie zum Zeitpunkt dieses Ereignisses erwarten?

25.5 Veränderungen im Körperbau können durch Änderungen in der Sequenz und Regulation von Entwicklungsgenen entstehen

Am Beispiel der Fossilgeschichte kann man nachzeichnen, welche großen Veränderungen im Laufe der Evolution der Organismen stattgefunden haben und wann sie stattfanden. Darüber hinaus vermitteln uns die Vorgänge der Kontinentaldrift, des Massenaussterbens und der adaptiven Radiation einen Eindruck davon, wie es zu diesen Veränderungen gekommen ist. Um zu verstehen, wie diese Veränderungen auf molekularer Ebene realisiert werden, konzentrieren wir uns vor allem auf Gene, die die Entwicklung eines Organismus steuern.

25.5.1 Evolutionäre Effekte von Entwicklungsgenen

Die Evo-Devo-Forschung, die sich mit der Schnittstelle zwischen Evolutions- und Entwicklungsforschung befasst (Kapitel 21), untersucht die molekularen Prozesse, die dafür verantwortlich sind, dass sich große morphologisch-anatomische Unterschiede zwischen Arten und zwischen höheren Organismengruppen entwickelt haben. Gene, die die Entwicklung eines Organismus kontrollieren, sind für die Entstehung der morphologischen Vielfalt besonders interessant. Sie beeinflussen die Geschwindigkeit, die zeitliche Koordination und das räumliche Muster der morphologischen Veränderungen eines Organismus im Laufe seiner Individualentwicklung (Ontogenese) von der Zygote bis zum Fortpflanzungsstadium.

Veränderungen der zeitlichen Koordination von Entwicklungsprozessen Viele bemerkenswerte evolutionäre Veränderungen beruhen auf einer **Heterochronie** (gr. *hetero*, anders und *chronos*, Zeit). Man versteht darunter eine evolutionäre Veränderung der zeitlichen Koordination von Entwicklungsschritten. Zum Beispiel hängt die Gestalt eines Organismus zum Teil von den relativen Wachstumsraten verschiedener Körperteile und -bereiche im Laufe ihrer Individualentwicklung ab (Abbildung 25.10).

MERKE!

Heterochronie ist eine evolutionäre Veränderung der zeitlichen Koordination von Entwicklungsschritten.

Wenn sich die Entwicklung der Fortpflanzungsorgane einer Art im Vergleich zu den nicht reproduktiven Organen beschleunigt, kann bereits in einem Stadium mit noch juvenilen Merkmalen (zum Beispiel als Larve) die Geschlechtsreife erreicht werden. Man bezeichnet diesen Zustand als **Neotenie** (Abbildung 25.11) oder auch als **Pädomorphose** (gr. *paedos*, von einem Kind, und *morphosis*, Bildung), den Vorgang als Pädogenese (gr. *paedos*, von einem Kind, und *genesis*, Entstehung).

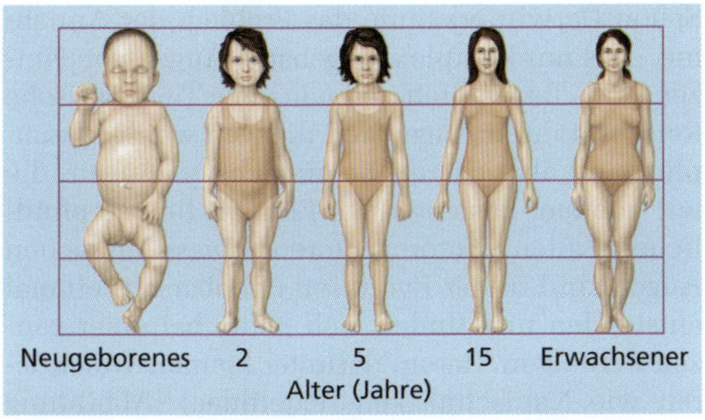

Unterschiedliche Wachstumsraten beim Menschen. Wie sich aus dieser Darstellung eines Menschen ablesen lässt, bei der alle Altersstufen auf dieselbe Größe gebracht wurden, strecken sich im Lauf des Wachstums Arme und Beine stärker als Kopf und Rumpf.

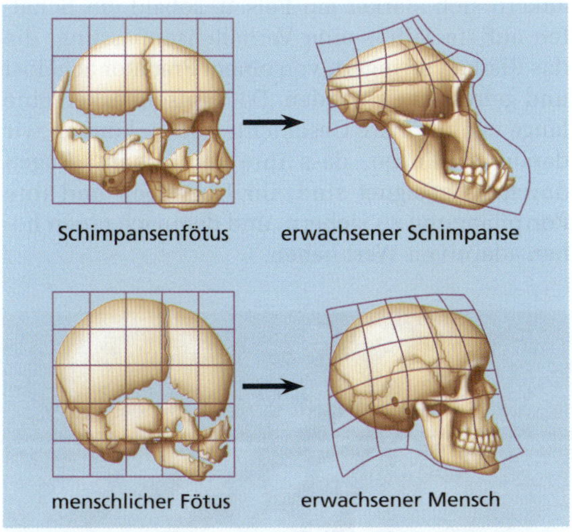

Vergleich zwischen dem Schädelwachstum eines Schimpansen und eines Menschen. Die Schädel der Föten von Schimpanse und Mensch sind recht ähnlich geformt. Beim Schimpansen ist jedoch das Wachstum der Kiefer im Verhältnis zu den äußeren Schädelteilen stärker, was zu dem typischen langgestreckten Schädel und der fliehenden Stirn eines erwachsenen Schimpansen führt. Beim Menschen erfolgt die Streckung des Kiefers deutlich schwächer.

Abbildung 25.10: **Relative Wachstumsraten verschiedener Körperteile.**

25.5.2 Evolution von Entwicklungsprozessen

Die 560 Millionen Jahre alten Fossilien der Ediacara-Fauna sprechen dafür, dass der Satz der Gene, die zur phylogenetischen Entwicklung dieser komplexen Tiergruppe notwendig war, mindestens schon 25 Millionen Jahre *vor* der Kambrischen Artenexplosion existiert haben muss. Wenn es bereits so lange vorher schon *Hox*-Entwicklungsgene gab, wie können wir dann diese plötzliche Diversifikation erklären, die erst während und seit der Kambrischen Explosion erfolgte?

Adaptive Entwicklungen, hervorgerufen durch Prozesse der natürlichen Selektion, liefern *eine* Antwort auf diese Frage. Die natürliche Selektion kann relativ schnell mit bestimmten Adaptationen auf veränderte Umweltbedingungen reagieren, indem sie innerhalb der Sequenz proteincodierender Gene selektiert. Zusätzlich können neue Gene, die durch Genduplikationen entstanden sind, zur Erweiterung und Vergrößerung funktioneller und struktureller Eigenschaften beitragen. Daher könnte der adaptive Vorteil von neuen und bereits existierenden Genen eine Schlüsselrolle bei der Entstehung einer großen Artendiversität gespielt haben.

Veränderungen in der Genregulation Eine Veränderung der Nucleotidsequenz eines Gens kann dessen Funktion beeinflussen, wo auch immer das Gen exprimiert wird. Im Gegensatz dazu können Veränderungen in der Regulation der Genexpression auf einen einzigen Zelltyp beschränkt sein. Daher hat eine Veränderung in der Regulation eines Entwicklungsgens unter Umständen weniger schädliche Nebenwirkungen als eine Veränderung in der Sequenz des Gens. Diese Überlegungen haben Wissenschaftler zu der Hypothese veranlasst, dass strukturelle (morphologisch-anatomische) Veränderungen von Organismen häufig durch Mutationen verursacht werden, die die Regulation von Entwicklungsgenen betreffen, und nicht deren Nucleotidsequenz.

Abbildung 25.11: **Neotenie.** Die geschlechtsreifen Adulttiere einiger Arten bewahren Merkmale, die bei ihren Vorfahren typische Juvenil- beziehungsweise Larvalmerkmale waren. Dieser Schwanzlurch ist ein Axolotl (*Ambystoma mexicanum*), der zu voller Größe heranwächst, geschlechtsreif wird und sich fortpflanzt, während er Merkmale des Larvenstadiums beibehält, so zum Beispiel die Kiemen.

VERSTÄNDNISFRAGEN

1. Wie kann Heterochronie zur Evolution verschiedener Körperstrukturen führen?

2. Warum ist es wahrscheinlich, dass Hox-Gene eine wichtige Rolle bei der Evolution neuer morphologischer Strukturen gespielt haben?

3. WAS WÄRE, WENN? Wenn man davon ausgeht, dass Veränderungen in der Morphologie häufig durch Veränderungen in der Genregulation hervorgerufen werden, ist es dann Ihrer Meinung nach wahrscheinlich, dass nicht codierende DNA-Sequenzen von der natürlichen Selektion beeinflusst werden? (Zur nicht codierenden DNA gehören die als Kontrollelemente bezeichneten Sequenzen, die die Genexpression regulieren, indem sie über Bindestellen für Transkriptionsfaktoren verfügen.)

25.6 Evolution ist nicht zielorientiert

Was sagt uns unsere Diskussion der Makroevolution darüber, wie die Evolution arbeitet? Um es mit den Worten des Genetikers und Nobelpreisträgers François Jacob zu sagen, ist Evolution eine „Tüftelei" – ein Prozess, bei dem neue Strukturen und Eigenschaften aus kleinen Veränderungen bereits existierender Strukturen und Eigenschaften hervorgehen. Selbst große Veränderungen, wie diejenigen, aus denen die ersten Säugetiere oder der Insektenbauplan hervorgingen, können eine Folge allmählicher Abwandlung bereits existierender Strukturen und Eigenschaften oder geringfügiger Veränderung bereits existierender Entwicklungsgene sein.

25.6.1 Evolutionäre Neuerungen

François Jacobs Sicht der Evolution geht auf Darwins Konzept einer „Abstammungstheorie" zurück. Wenn sich eine neue Art bildet, können sich neuartige und komplexe Strukturen und Eigenschaften über graduelle Veränderungen aus phylogenetisch ursprünglicheren Strukturen entwickeln. In vielen Fällen evolvierten komplexe Strukturen über kleinere Zwischenschritte aus einfacheren Strukturen mit gleichen Funktionen. Nehmen wir zum Beispiel das menschliche Auge, ein außerordentlich komplexes Organ mit einer Vielzahl interagierender Bestandteile, die in ihrer Gesamtheit notwendig sind, um ein Objekt abzubilden und die entsprechenden Signale an das Gehirn weiterzuleiten.

Schon Darwin erkannte das Problem der Annahme, dass nur komplex aufgebaute Augen von Nutzen sind. Tatsächlich nehmen viele Tiere optische Reize mit ihren Augen auf, die weit weniger komplex sind als unsere. Die einfachsten Augen, die wir kennen, bestehen aus Flecken lichtempfindlicher Zellen (Fotorezeptoren). Diese einfachen Augen sind in der Evolution offenbar nur einmal entstanden und finden sich heute bei einer ganzen Reihe von Tieren, darunter kleinen Weichtieren wie Napfschnecken (Patellidae) (Abbildung 25.12). Mit solchen Augen lassen sich Objekte nicht detailliert erkennen, doch mit ihrer Hilfe können Tiere zwischen Hell und Dunkel unterscheiden (Richtungssehen). Napfschnecken verankern sich stärker am Felsen, sobald ein Schatten auf sie fällt – eine Verhaltensanpassung, die das Risiko verringert, von einem Prädator abgelöst und gefressen zu werden. Da Napfschnecken eine lange evolutionäre Geschichte haben, können wir daraus schließen, dass ihre „einfachen" Augen durchaus geeignet sind, ihr Überleben und ihre Fortpflanzung zu sichern, und demnach einen hohen adaptiven Wert haben.

Abbildung 25.12: **Napfschnecken können durch eine Ansammlung von Fotorezeptorzellen Hell und Dunkel unterscheiden.**

Im Tierreich haben sich komplexe Augen viele Male unabhängig voneinander aus einfachen Grundstrukturen mit Fotorezeptoren entwickelt. Einige Mollusken wie Kraken (Octopoda) und Kalmare (Teuthida) haben Augen, die mit einer Linse und Hornhaut ebenso komplex aufgebaut sind, wie die des Menschen und anderer Wirbeltiere. Zwar haben sich die komplexen Molluskenaugen unabhängig von den Wirbeltieraugen entwickelt (Konvergenz), doch beide gehen auf eine einfache Akkumulation von Fotorezeptorzellen bei einem gemeinsamen Vorfahren zurück. In beiden Fällen kam es durch eine Reihe kleinerer evolutiver Abwandlungen, die dem Träger bei jeder Weiterentwicklung immer mehr Vorteile brachten, zur Evolution eines hoch differenzierten Auges.

Ihre ganze Evolutionsgeschichte hindurch behielten die Augen ihre Grundfunktion bei – das Sehen. Evolutionäre Neuerungen können jedoch auch dann entstehen, wenn Strukturen, die ursprünglich *eine* bestimmte Funktion besaßen, allmählich auch andere Funktionen übernehmen.

25.6.2 Evolutionäre Trends

Was können wir noch aus Mustern der Makroevolution lernen? Zum Beispiel zeigen einige phylogenetische Stammlinien einen Trend zu größeren oder kleineren Körpergrößen. Ein Beispiel liefert die Evolution des heutigen abgeleiteten Pferdes (Gattung *Equus*), eines Abkömmlings des 55 Millionen Jahre alten *Hyracotherium* (Abbildung 25.13), eines Bewohners sumpfiger Wälder. Das etwa hundegroße *Hyracotherium* trug vier Zehen an seinen Vorderextremitäten, drei Zehen an seinen Hinterextremitäten und Zähne, die an das Äsen von Laubblättern angepasst waren. Abgeleitete Pferdetaxa sind im Vergleich zu *Hyracotherium* größer, weisen an sämtlichen Extremitäten nur einen einzigen Zeh auf und besitzen Zähne, die an die Ernährung von Gräsern angepasst sind. Sie sind unter natürlichen Bedingungen Bewohner

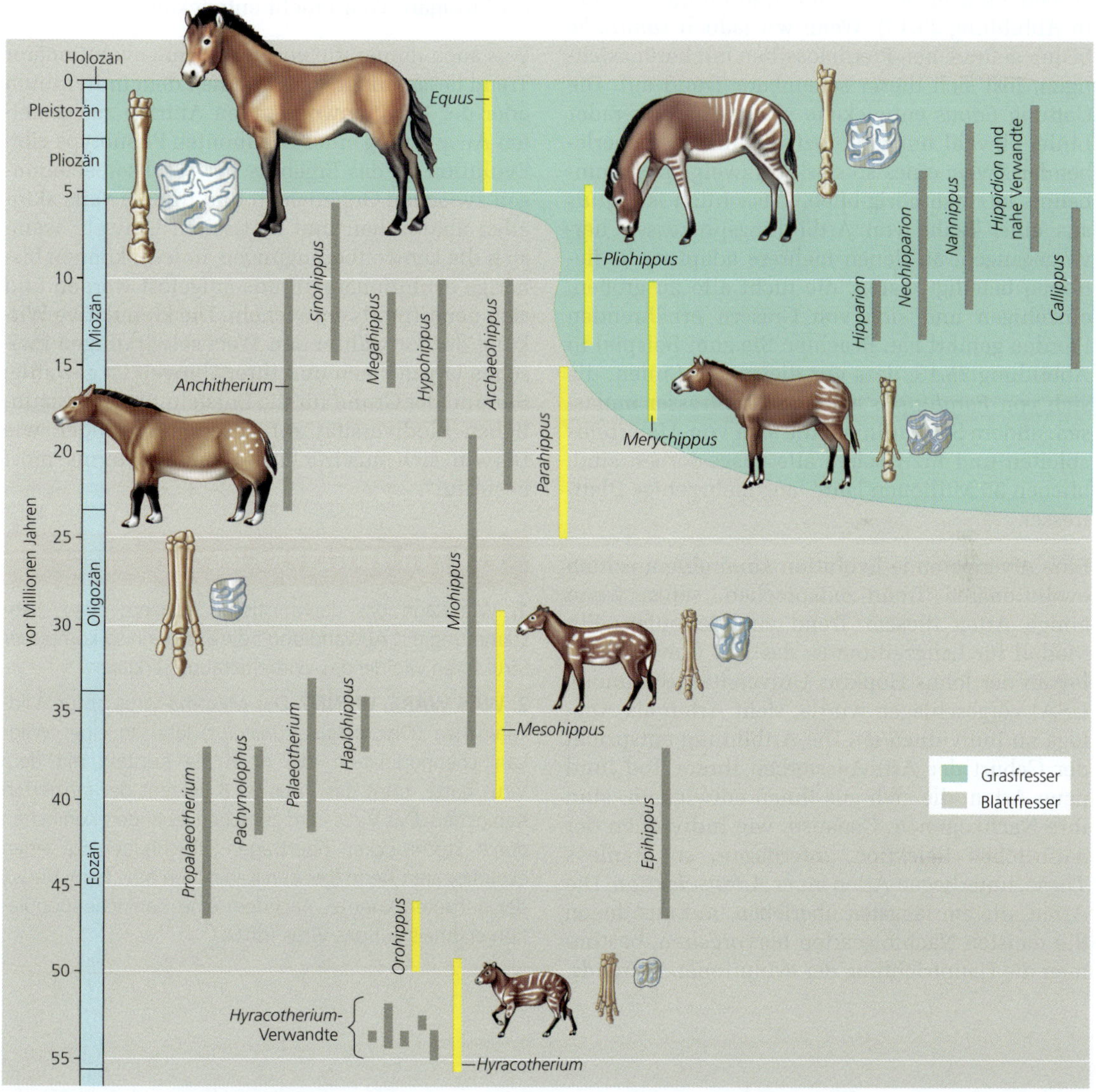

Abbildung 25.13: Der Stammbaum der Pferde. Folgt man der Linie der fossilen Pferdetaxa (gelb markiert), die ihrem Bau nach zwischen dem rezenten Pferd (*Equus*) und seinen eozänen Vorfahren stehen, so kann man den allgemeinen Eindruck gewinnen, dass es einen evolutionären Trend in Richtung zunehmender Größe, verringerter Zehenzahl und abgewandelter, auf Grasnahrung hin spezialisierter Zähne gibt. Tatsächlich ist *Equus* jedoch der einzige überlebende Zweig eines evolutionären Busches mit vielen voneinander abweichenden Anpassungen.

des mehr oder weniger offenen Graslandes (unter anderem Steppen, Prärien, Savannen).

Nur eine einzelne evolutionäre Progression aus den Fossilfunden abzuleiten, kann jedoch irreführend sein; es ist so, als verfolge man die Verästelungen eines Busches vom Stamm bis zu einer bestimmten Zweigspitze und zöge daraus den Schluss, der Busch sei unverzweigt und nur auf diesen Punkt hin ausgewachsen. Durch Auswahl bestimmter Arten aus dem gesamten verfügbaren Fossilienmaterial ist es zum Beispiel möglich, eine Abstammungslinie von Tieren zwischen *Hyracotherium* und den heute lebenden Pferden herzustellen, die einen Trend zu einer letztlich großen, einzehigen Art widerspiegelt (gelbe Linie in Abbildung 25.13). Wenn wir jedoch *sämtliche* bisher gefundenen Pferdefossilien mit berücksichtigen, löst sich dieser scheinbare Trend auf. Die Gattung *Equus* entwickelte sich nicht in gerader Linie, obwohl nur ein einziger, einzelner überlebender Zweig eines so stark verzweigten Stammbaums letztlich übrig blieb. Tatsächlich ist *Equus* aus einer Reihe von Artbildungsprozessen hervorgegangen, an denen mehrere adaptive Radiationen beteiligt waren, die nicht alle zu großen, einzehigen und sich von Gräsern ernährenden Pferden geführt hat. Beachten Sie zum Beispiel in Abbildung 25.13, dass nur diejenigen Linien, die sich von *Parahippus* ableiten, Grasfresser umfassen; andere Stammlinien, die sich von *Miohippus* ableiten und inzwischen alle ausgestorben sind, blieben 35 Millionen Jahre lang mehrzehige Blattfresser.

Eine divergierende Evolution *kann* einem echten evolutionären Trend entsprechen, selbst wenn einige Arten diesem Trend zuwiderlaufen. Ein Modell für Langzeittrends, das von Steven Stanley an der Johns Hopkins Universität (Baltimore, USA) vorgeschlagen wurde, sieht Arten als Analoga zu Individuen an. Die Artbildung entspricht der Geburt der Art, Aussterben ihrem Tod, und neue Arten, die sich aus ihnen entwickeln, sind ihre Nachkommen. Genauso, wie Individuen der natürlichen Selektion unterliegen, so Stanleys These, unterliegen Arten einer *Artenselektion*. Die Arten, die am längsten überleben und aus denen die meisten Nachfolgearten hervorgehen, bestimmen die Hauptrichtung der evolutionären Trends.

Das Modell der Artenselektion geht davon aus, dass unterschiedliche Erfolgsraten bei der Artbildung in der Makroevolution eine ähnliche Rolle wie unterschiedliche Erfolgsraten bei der Fortpflanzung in der Mikroevolution innerhalb von Populationen spielen. Evolutionäre Trends sind auch hier eine direkte Folge der natürlichen Selektion. Als die Vorfahren der Pferde zum Beispiel die offenen Grasländer besiedelten, die sich Mitte des Känozoikums aufgrund des Makroklimawandels weithin ausbreiteten, gab es einen starken Selektionsdruck auf grasfressende Herbivoren und auf eine schnelle Fortbewegungsweise, um sich Raubtieren durch eine rasche Flucht entziehen zu können. Ohne offene Grasländer hätte sich dieser evolutionäre Trend nicht entwickelt.

Was auch immer ihn verursacht, ein evolutionärer Trend besagt nicht, dass es einen dem Individuum oder der Art innewohnenden Antrieb zur gezielten Ausprägung eines bestimmten Phänotyps gibt. Evolution ist das Ergebnis der Wechselbeziehungen zwischen Organismen und ihrer jeweils aktuellen abiotischen und biotischen Umwelt; wenn sich die Umweltbedingungen ändern, können bisherige evolutionäre Trends aufgelöst werden und sich neue Trends entwickeln. Die kumulative Wirkung der fortwährenden Wechselwirkungen zwischen Organismen und ihrer Umwelt ist gewaltig: Sie sind der Grund für die Entstehung der erstaunlichen Biodiversität auf unserer Erde, oder, wie Darwin sich ausdrückte – „endless forms most beautiful".

VERSTÄNDNISFRAGEN

1. Wie kann das darwinistische Konzept einer „Abstammung mit Abwandlung" die Evolution so komplexer Strukturen wie die des Wirbeltierauges erklären?

2. WAS WÄRE, WENN? Das *Myxoma*-Virus ist für Wildkaninchen (*Oryctolagus cuniculus*) letal. In einer Wildkaninchenpopulation, die noch nie Kontakt mit dem Virus hatte, tötet das Virus 99,8 Prozent der infizierten Kaninchen. Das Virus wird zwischen lebenden Kaninchen durch Stechmücken übertragen. Beschreiben Sie einen evolutionären Trend (bei den Kaninchen oder beim Virus), der auftreten könnte, nachdem eine Kaninchenpopulation erstmals auf das Virus trifft.

ZUSAMMENFASSUNG

Die Umweltbedingungen auf der frühen Erde ermöglichten die Entstehung des Lebens

Die Erde bildete sich vor etwa 4,6 Milliarden Jahren. Bei Laborexperimenten, in denen mögliche frühe Atmosphären simuliert wurden, sind organische Moleküle aus anorganischen Molekülen entstanden. Auch in Meteoriten sind einige Aminosäuren, Fette, Zucker und stickstoffhaltige Basen gefunden worden.

Aminosäuren und RNA-Nucleotide polymerisieren, wenn sie auf heißen Sand, Lehm oder Fels auftreffen. Organische Verbindungen können sich unter Laborbedingungen spontan zu **Protobionten**, membrangebundenen Tröpfchen, die einige zelltypische Eigenschaften aufweisen, zusammenlagern.

Das erste genetische Material könnte selbstreplizierende, katalytische RNA gewesen sein. Frühe Protobionten mit einer solchen RNA wären anderen Protobionten gegenüber im Vorteil gewesen und ihre Anzahl wäre aus diesem Grund über die natürliche Selektion gestiegen.

Fossilfunde dokumentieren die Geschichte des Lebens

Die **Fossilfunde**, die vorwiegend aus Sedimentgesteinen stammen, dokumentieren Aufstieg und Niedergang verschiedener Organismengruppen im Lauf der verschiedenen Erdepochen.

Sedimentschichten enthüllen das relative Alter der dort vorgefundenen **Fossilien**. Das absolute Alter von Fossilien kann mithilfe radiometrischer und anderer Datierungsmethoden abgeschätzt werden.

Die Fossilfunde belegen, wie neue Organismengruppen durch eine kontinuierliche morphologisch-anatomische Veränderung im Körperbau aus bereits existierenden Organismentaxa entstehen können.

Schlüsselereignisse in der Evolution sind die Entstehung der Organismen und die Besiedlung des Festlands

Die frühesten Hinweise auf Leben reichen 3,5 Milliarden Jahre zurück. Die aus dieser Zeit erhaltenen versteinerten Stromatolithen wurden durch Prokaryonten gebildet. Gebänderte eisenoxidhaltige Gesteinsschichten sind auf die erste Sauerstoffproduktion biologischen Ursprungs durch Fotosynthese vor ca. 2,7 Milliarden Jahren zurückzuführen. Vor rund 1,8 Milliarden Jahren entstehen die ersten Eukaryonten, vor ca. 1,5 Milliarden Jahren die ersten Vielzeller. Die Besiedelung des Festlands beginnt wohl durch fotosynthetisch aktive Prokaryonten bereits vor mehr als einer Milliarde Jahren, während größere Lebensformen wie Pilze, Pflanzen und Tiere erst vor 500 Millionen Jahren das Festland erobern.

Aufstieg und Niedergang von Organismengruppen spiegeln Unterschiede in den Artbildungs- und Aussterberaten wider

Die **Kontinentaldrift**, die allmähliche Verschiebung der Kontinentalplatten, verändert die Oberflächengestalt und das Klima der Erde. Diese Veränderungen führen zum Aussterben einiger Organismengruppen und fördern die Artbildung bei anderen.

In der Evolution der Organismen kam es zu fünf **Massenaussterben**, die die Geschichte des Lebens radikal verändert haben. Einige dieser Massenaussterben wurden wahrscheinlich durch Lageveränderungen einzelner Kontinente, Vulkanaktivitäten oder Meteoriten- beziehungsweise Kometeneinschläge hervorgerufen. Ein weiteres Massensterben ist wahrscheinlich gerade im Gange – ausgelöst durch die zerstörerischen Aktivitäten der Menschen.

Adaptive Radiationen, die auf Massenaussterben folgten, haben zu einer starken Zunahme der Artendiversität geführt. Zu adaptiven Radiationen kam es auch bei Organismengruppen, die wichtige evolutionäre Neuerungen aufwiesen oder die neue Regionen besiedelten, in denen sie kaum mit anderen Arten konkurrieren mussten.

Veränderungen im Körperbau können durch Änderungen der Sequenz und Regulation von Entwicklungsgenen entstehen

Entwicklungsgene können morphologisch-anatomische Unterschiede zwischen Arten hervorbringen, indem sie die zeitliche und räumliche Koordination von einzelnen Entwicklungsprozessen in einem sich entwickelnden Organismus beeinflussen.

Die Entwicklung neuer morphologischer Strukturen kann auf Veränderungen der proteincodierenden Sequenz oder der Regulation von Entwicklungsgenen beruhen.

Evolution ist nicht zielorientiert

Neuartige und komplexe biologische Strukturen können sich schrittweise durch kleine, genetisch bedingte Veränderungen entwickeln, wobei jede für sich für den Organismus einen adaptiven Wert hat.

Evolutionäre Trends können von Faktoren wie der natürlichen Selektion in einem sich verändernden Lebensraum auf Individual- oder auf Artebene (Artenselektion) hervorgerufen werden. Wie sämtliche Evolutionsphänomene resultieren evolutionäre Trends aus Wechselbeziehungen zwischen Organismen und ihrer aktuellen abiotischen und biotischen Umwelt.

Rekonstruktion der Phylogenie der Lebewesen

26

26.1 Phylogenien (Stammbäume) zeigen evolutionäre Verwandtschaftsbeziehungen

In dem nun folgenden Teil des Buches werden wir uns einen Überblick über die biologische Artenvielfalt verschaffen und Hypothesen zu ihrer Evolution diskutieren. Um die Stammesgeschichte zu klären, bedient man sich der biologischen **Systematik**. Dieses Teilgebiet der Biologie widmet sich der Frage, wie man Arten zu Gruppen zusammenfasst, die gemeinsame evolutionäre Zusammenhänge widerspiegeln, die auch ihre phylogenetische Verwandtschaft dokumentieren. Die Vielfalt der Objekte, die man zu diesem Zweck untersucht, reicht von Fossilien bis hin zu Molekülen und Genen. Zunächst wollen wir untersuchen, wie man Lebewesen benennen und klassifizieren kann – das entsprechende wissenschaftliche Fachgebiet wird als **Taxonomie** bezeichnet.

26.1.1 Die binominale Nomenklatur

Um Zwei- oder Mehrdeutigkeiten bei der Benennung zu vermeiden, kennzeichnen Biologen die Lebewesen mit wissenschaftlichen Namen. In der **binominalen (binären) Nomenklatur**, die bereits im Jahre 1758 von Carl von Linné eingeführt wurde, bezeichnet der erste Teil des Doppelnamens die **Gattung**, zu der eine Art gehört, der zweite Teil die **Art** innerhalb der Gattung. Ein Beispiel für einen solchen Artnamen ist *Panthera pardus*, der wissenschaftliche Name für eine Raubkatzenart, die umgangssprachlich als Leopard bezeichnet wird.

26.1.2 Hierarchische Klassifikation

Linné gab den Arten nicht nur Namen, sondern er ordnete sie auch in eine Hierarchie zunehmend umfassenderer und höherer Kategorien ein. Die erste Gruppierung ist bereits durch den zweiteiligen Namen vorgegeben: Arten, von denen man annimmt, dass sie enger miteinander verwandt sind, werden derselben Gattung zugeordnet. Der Leopard (*Panthera pardus*) gehört zum Beispiel zur gleichen Gattung wie der Afrikanische Löwe (*Panthera leo*), der Tiger (*Panthera tigris*) und der Jaguar (*Panthera onca*). Oberhalb der Gattung definiert man immer weiter gefasste Klassifikationskategorien. Das Linné'sche System der Taxonomie ordnet ähnliche Gattungen in dieselbe **Familie** ein, ähnliche Familien in dieselbe **Ordnung**, ähnliche Ordnungen in dieselbe **Klasse**, ähnliche Klassen in denselben **Stamm**, ähnliche Stämme in dasselbe **Organismenreich** und in jüngerer Zeit werden verwandte Organismenreiche zu einer **Domäne** zusammengefasst (Abbildung 26.1).

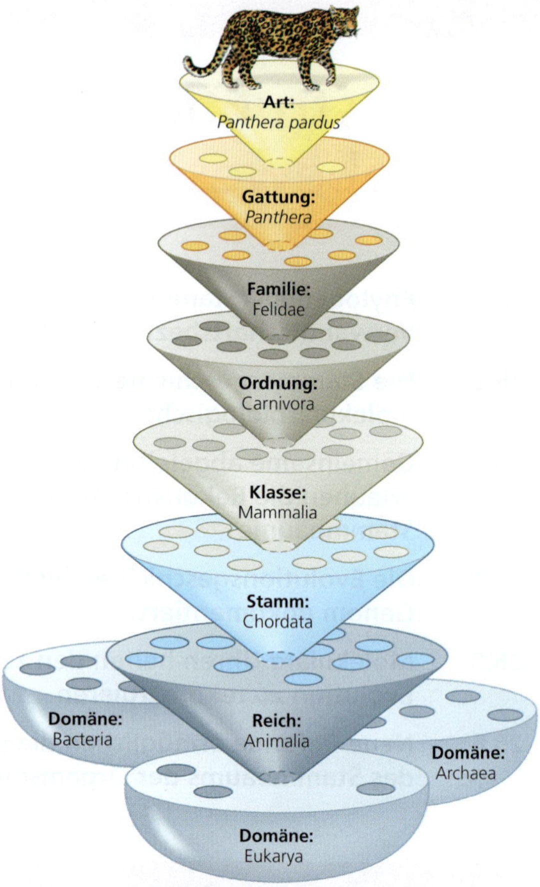

Abbildung 26.1: Hierarchische Klassifikation. Im Klassifikationssystem von Linné werden die Arten auf jeder taxonomischen Ebene in Gruppen eingeteilt, die ihrerseits wieder in ihrer Gesamtheit einer höheren taxonomischen Einheit zugeordnet werden.

Die mit einem Namen versehene systematische Einheit bezeichnet man unabhängig von ihrer jeweiligen Hierarchieebene neutral auch als **Taxon** (Mehrzahl *Taxa*). Im Beispiel des Leoparden ist *Panthera* ein Taxon auf der Ebene der Gattung und das Taxon der Mammalia schließt auf dieser Ebene viele Taxa von Säugetieren ein.

26.1.3 Der Zusammenhang zwischen Klassifikation und Phylogenie

Die Evolutionsvergangenheit einer Gruppe von Arten kann man als **phylogenetischen Stammbaum** darstellen. Das Verzweigungsmuster stimmt dabei in manchen Fällen mit der hierarchischen traditionellen Klassifikation überein, in der Gruppen auf der Basis von Ähnlichkeiten in größere Gruppen eingeordnet sind (Abbildung 26.2).

Hat sich aber in neueren Untersuchungen gezeigt, dass ein Taxon früher lediglich aufgrund von Ähnlichkeiten in eine Gruppe eingeordnet wurde,

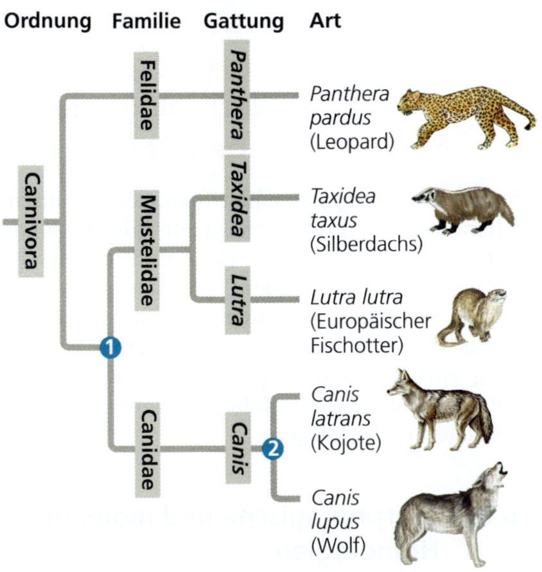

Abbildung 26.2: **Der Zusammenhang zwischen Klassifikation und Phylogenie.** Die hierarchische Klassifikation spiegelt zum Teil auch die immer feineren Verzweigungen der phylogenetischen Stammbäume wider. Der hier dargestellte Stammbaum zeichnet mögliche Verwandtschaftsbeziehungen zwischen einigen Taxa der Carnivora nach, die ihrerseits eine Teilgruppe der Mammalia darstellt. Der Verzweigungspunkt ❶ repräsentiert den jüngsten gemeinsamen Vorfahren aller Arten aus den Familien der Marder (Mustelidae) und der Hunde (Canidae). Der Verzweigungspunkt ❷ entspricht dem letzten gemeinsamen Vorfahren von Kojoten und Wölfen. Das gewählte Beispiel greift willkürlich nur einen Teil der Taxa der Carnivora heraus, sodass nur deshalb gleiche Kategorien auf gleichen Ebenen des Baums erscheinen. Bei der Berücksichtigung aller derzeit bekannten Carnivora würde der Stammbaum völlig anders aussehen. Durch Unterschiede im Umfang der Artbildung in einzelnen Linien können deshalb innerhalb einzelner Taxa dann auch ganz verschiedene Kategorien auf einer Ebene auftreten.

muss dieser Fehler korrigiert werden und dieses Taxon sollte dann eine Position im Stammbaum einnehmen, die seine Verwandtschaftsbeziehungen nun richtig widerspiegelt.

Ein phylogenetischer Stammbaum stellt immer eine Hypothese über die Evolutionsgeschichte einer Artengruppe dar. Häufig werden diese Verwandtschaftsbeziehungen als Abfolge von Gabelungen zweier Äste dargestellt (Abbildung 26.3). Jeder **Verzweigungspunkt** markiert die Aufspaltung einer Stammlinie in zwei derartige Linien, die auf einen nur ihnen gemeinsamen Vorfahren zurückgehen. In Abbildung 26.3 stellt zum Beispiel der Verzweigungspunkt ❸ den letzten gemeinsamen Vorfahren oder die Stammart der Taxa A, B und C dar. Dass der Verzweigungspunkt ❹ rechts vom Verzweigungspunkt ❸ liegt, ist ein Zeichen dafür, dass sich die Taxa B und C erst dann aus einer gemeinsamen Stammform entwickelt haben, nachdem ihre gemeinsame Stammlinie sich von der des Taxons A getrennt hatte. Dabei gilt es zu beachten, dass man die Zweige des Baumes um den Verzweigungspunkt drehen kann, ohne dass sich die stammesgeschichtlichen Verwandtschaftsbeziehungen ändern.

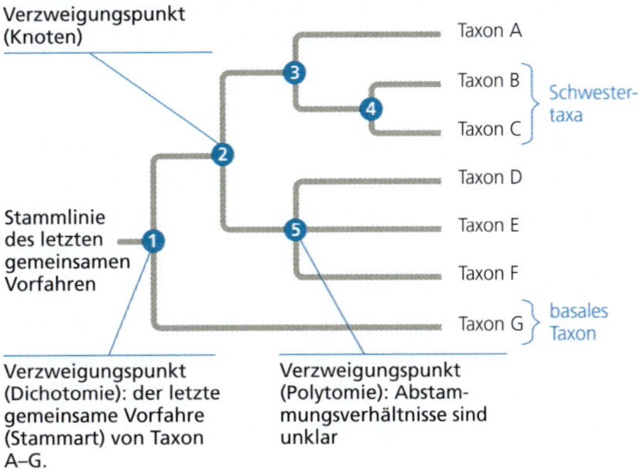

Abbildung 26.3: **So liest man einen phylogenetischen Stammbaum.**

Die Taxa B und C in Abbildung 26.3 sind **Schwestertaxa**, Organismengruppen mit einem unmittelbaren gemeinsamen Vorfahren (Verzweigungspunkt ❹). Demnach sind sie besonders eng verwandt. Außerdem hat der Stammbaum, eine **Wurzel**, das heißt einen Verzweigungspunkt (meist der am weitesten links gelegene), der den letzten gemeinsamen Vorfahren aller in dem dargestellten Baum aufgeführten Taxa darstellt. Und schließlich enthält der Baum eine **Polytomie**, das heißt einen Verzweigungspunkt ❺, von dem mehr als zwei Äste ausgehen. Ein solcher Punkt ist in der Regel ein Zeichen dafür, dass die stammesgeschichtlichen Beziehungen zwischen den fraglichen Gruppen bisher noch nicht genau geklärt sind.

26.1.4 Was sagen phylogenetische Stammbäume aus?

1. Die Reihenfolge der Verzweigungspunkte in einem Stammbaum spiegelt nicht unbedingt das tatsächliche (absolute) Alter des jeweiligen Taxons wider. Der Stammbaum in Abbildung 26.2 besagt zum Beispiel *nicht*, dass der Wolf sich später entwickelt hätte als der Otter. Man kann daraus nur ablesen, dass der letzte gemeinsame Vorfahre von Wölfen und Ottern (Verzweigungspunkt ❶) früher lebte als der letzte gemeinsame Vorfahre von Wolf und Kojoten (Verzweigungspunkt ❷). Solange nicht angegeben wird, was die Länge der Äste in einem phylogenetischen Stammbaum bedeutet – ob die Länge zum Beispiel der Zeit oder dem

Umfang der genetischen Veränderungen entspricht –, sollte man das Diagramm ausschließlich im Hinblick auf das Verzweigungsmuster interpretieren.

2 Es ist falsch anzunehmen, dass sich jedes terminale Taxon in einem phylogenetischen Stammbaum aus dem nächst verwandten terminalen Taxon entwickelt hat. Abbildung 26.2 besagt nicht, dass die Wölfe aus den Kojoten hervorgegangen wären oder umgekehrt. Wir können daraus nur schließen, dass die beiden Stammlinien, die zu Wölfen oder Kojoten führen, von einem nur ihnen gemeinsamen Vorfahren ihrer Stammart ihren Ausgang nahmen. Da in der Folgezeit jede Linie eigene evolutionäre Tendenzen zeigt und deshalb auch neue Eigenschaften erwerben wird, können sich im Stammbaum benachbarte Taxa nicht direkt voneinander entwickelt haben.

MERKE!

Ähnlichkeiten, die auf eine gemeinsame Abstammung zurückzuführen sind, bezeichnet man als Homologien. Ähnlichkeiten systematisch nicht näher verwandter Taxa bezeichnet man als Konvergenzen.

VERSTÄNDNISFRAGEN

1. Welche Klassifikationsebenen aus Abbildung 26.1 hat der Mensch mit dem Leoparden gemeinsam?

2. Was sagt der phylogenetische Stammbaum in Abbildung 26.2 über die Verwandtschaftsbeziehungen von Leoparden, Dachsen und Wölfen aus?

3. Welcher der unten dargestellten Stammbäume stellt für die Taxa A bis D einen anderen Evolutionsverlauf dar als die beiden anderen? Begründen Sie Ihre Antwort.

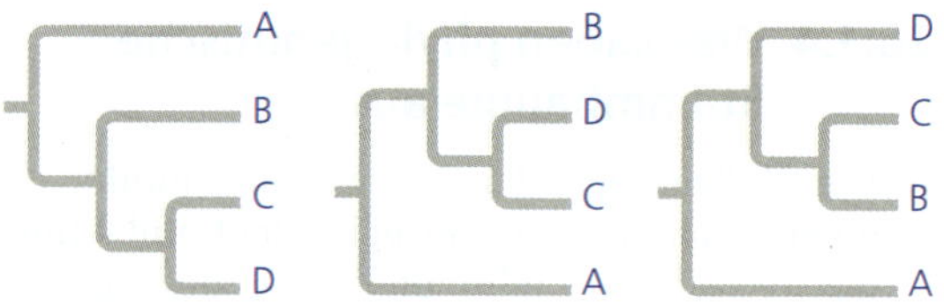

(a) (b) (c)

4. WAS WÄRE, WENN? Angenommen, durch neue Befunde würde sich herausstellen, dass das Taxon E in Abbildung 26.3 das Schwestertaxon einer Gruppe mit den Taxa D und F ist. Wie würde sich der Stammbaum dadurch verändern? Zeichnen Sie den Baum so, dass er zu dem neuen Befund passt.

26.2 Die Stammesgeschichte wird aus morphologischen und molekularbiologischen Befunden abgeleitet

Um einen phylogenetischen Stammbaum aufzustellen, muss man möglichst viele Informationen über die Morphologie, die Gene und die biochemischen Eigenschaften der Organismen sammeln. Wichtig ist dabei, dass man sich auf Merkmale konzentriert, die auf eine gemeinsame Abstammung zurückgehen, denn nur in ihnen können sich stammesgeschichtliche Verwandtschaftsbeziehungen widerspiegeln.

26.2.1 Morphologische und molekulare Homologien

Ähnlichkeiten, die auf eine gemeinsame Abstammung zurückzuführen sind, bezeichnet man als **Homologien**. Die Übereinstimmungen von Anzahl und Anordnung der Knochen in den Vorderextremitäten von Säugetieren haben ihre Ursache zum Beispiel in der Abstammung von einem gemeinsamen Vorfahren, der ebenfalls diesen Körperbau besaß (siehe Abbildung 22.11). Auch Gene oder DNA-Sequenzen können homolog sein, wenn sie aus den Sequenzen eines gemeinsamen Vorfahren hervorgegangen sind.

In der Regel sind Organismen, die sehr ähnliche morphologische Eigenschaften oder ähnliche DNA-Sequenzen besitzen, enger miteinander verwandt als solche, deren Körperbau oder Sequenzen sich stark voneinander unterscheiden.

26.2.2 Homologie und Konvergenz

Eine mögliche Fehlerquelle bei der Rekonstruktion phylogenetischer Stammbäume sind Ähnlichkeiten, die nicht auf gemeinsame Vorfahren (Homologie) zurückgehen, sondern auf eine konvergente Evolution. Diese Ähnlichkeit systematisch nicht näher verwandter Taxa bezeichnet man als **Konvergenz.** Die beiden in Abbildung 26.4 dargestellten maulwurfähnlichen Tiere sehen sich äußerlich sehr ähnlich. Ihr innerer Körperbau, ihre Physiologie und ihre Fortpflanzungsorgane ähneln sich jedoch überhaupt nicht. Die australischen Beutelmulle (*Notoryctes typhlops*) sind Beuteltiere; die Embryonalentwicklung ihrer Jungen wird in einem Beutel außerhalb des mütterlichen Körpers abgeschlossen. Der Nordamerikanische Maulwurf (*Scalopus* sp.) und auch der Europäische Maulwurf (*Talpa europaea*) gehören dagegen zu den Plazentatieren: Hier findet die Embryonalentwicklung bis zum Ende in der Gebärmutter im Körperinneren der Mutter statt. Die konvergenten Merkmale entwickelten sich bei Beutelmullen und Maulwürfen unabhängig voneinander, als die verschiedenen Arten sich an eine grabende Lebensweise anpassten.

Abbildung 26.4: Konvergente Evolution bei Säugern mit einer im Boden grabenden Lebensweise. Ein länglicher Körper, vergrößerte „Schaufeln" an den Vorderextremitäten, kleine Augen und ein schützendes, dickes Hautpolster an einer spitz zulaufenden Nase – alle diese Merkmale entwickelten sich unabhängig voneinander sowohl beim australischen Beutelmull Notoryctes (Marsupialia; oben) als auch beim nordamerikanischen Maulwurf *Scalopus* (Placentalia, unten).

Bei der Rekonstruktion eines phylogenetischen Stammbaumes ist es wichtig, zwischen Homologien und Konvergenzen (Analogien) zu unterscheiden.

Ein Anhaltspunkt neben nachweislichen Ähnlichkeiten und Fossilfunden, mit deren Hilfe man ebenfalls zwischen Homologien und Konvergenzen unterscheiden kann, ist der Grad der Komplexität bestimmter Merkmale. Je mehr Ähnlichkeit zwei komplexe Strukturen aufweisen, desto größer ist die Wahrscheinlichkeit, dass sie sich aus einer Struktur eines gemeinsamen Vorfahren entwickelt haben. So sind zum Beispiel der Schädel eines erwachsenen Menschen und der eines erwachsenen Schimpansen aus vielen miteinander verschmolzenen Knochen aufgebaut. Die Zusammensetzung des Schädels stimmt Knochen für Knochen nahezu vollständig überein. Dass solche komplexen Strukturen, die in so vielen Einzelheiten übereinstimmen, unterschiedlichen Ursprungs sind, ist höchst unwahrscheinlich. Die gleiche Überlegung gilt letztlich auch für Vergleiche auf der Ebene der DNA. Jedes Gen ist eine Sequenz aus Tausenden von Nucleotiden und jedes davon stellt ein ererbtes Merkmal in Form einer der vier DNA-Basen dar: A (Adenin), G (Guanin), C (Cytosin) oder T (Thymin; siehe Abbildung 5.18). Haben die Gene zweier Organismen viele Abschnitte ihrer Nucleotidsequenzen gemeinsam, besteht eine hohe Wahrscheinlichkeit, dass die Gene homolog sind.

26.2.3 Bewertung molekularer Homologien

Molekularbiologische Vergleiche verschiedener Nucleinsäuren stellen den Wissenschaftler häufig vor eine methodische Herausforderung. Nach der Sequenzierung der Moleküle besteht der erste Schritt darin, vergleichbare Sequenzen der untersuchten Arten in einer geeigneten Weise untereinander anzuordnen (engl. alignment). Sind diese Arten sehr eng miteinander verwandt, unterscheiden sich die Sequenzen vermutlich nur an wenigen Positionen. Vergleichbare Nucleinsäuresequenzen weniger eng verwandter Arten dagegen enthalten in der Regel an vielen Stellen unterschiedliche Basen und können auch ungleich lang sein. Dieses Phänomen ist

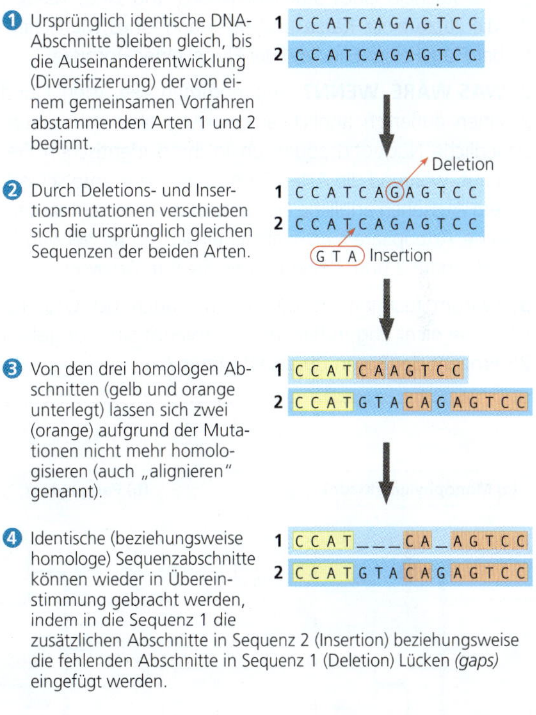

Abbildung 26.5: Wie man homologe DNA-Abschnitte untereinander anordnet (aligniert). Mithilfe von Computerprogrammen sucht man in den DNA-Abschnitten des gleichen Gens zweier Arten nach ähnlichen Sequenzen und ordnet diese untereinander an (es ist jeweils nur ein DNA-Strang pro Art dargestellt). Hier haben sich in den betreffenden Sequenzen seit der Auseinanderentwicklung keine Basen verändert, sodass sich die Sequenzen alignieren lassen, wenn man die Länge entsprechend anpasst.

darauf zurückzuführen, dass während langer Zeiträume auch Insertionen und Deletionen vermehrt auftreten können (siehe Kapitel 23).

Nehmen wir an, bestimmte nicht codierende DNA-Sequenzen sind in einem bestimmten Gen bei zwei Arten sehr ähnlich, nur mit der Ausnahme, dass die erste Base der Sequenz bei einer der beiden Arten fehlt. Dies hat zur Folge, dass die gesamte übrige Sequenz sich um eine Position verschiebt. Vergleicht man die beiden Sequenzen, ohne diese Deletion zu berücksichtigen, übersieht man ihre gute Übereinstimmung. Um bei sehr großen Datensätzen solchen Problemen aus dem Weg zu gehen, hat man Computerprogramme entwickelt, die eine mit größter Wahrscheinlichkeit zutreffende Anordnung vergleichbarer, unterschiedlich langer DNA-Abschnitte darstellen (Abbildung 26.5).

VERSTÄNDNISFRAGEN

1. Entscheiden Sie, ob es sich bei den im Folgenden paarweise genannten Strukturen um konvergente oder homologe Merkmale handelt, und begründen Sie Ihre Überlegung: (a) die Stacheln eines Stachelschweins und eines Kaktus; (b) die Tatze einer Katze und die Hand eines Menschen; (c) der Flügel einer Eule und der Flügel einer Hornisse.

2. WAS WÄRE, WENN? Angenommen, die Arten 1 und 2 sähen äußerlich ähnlich aus, wiesen aber sehr unterschiedliche Nucleotidsequenzen in ihren identischen Genen auf, während die Arten 2 und 3 bei sehr unterschiedlichem Aussehen ähnliche Nucleotidsequenzen aufwiesen. Welche Artenpaare sind wahrscheinlich enger verwandt: 1 und 2 oder 2 und 3? Begründen Sie Ihre Antwort.

3. Warum rechnen Sie damit, dass auch bei Organismen, die nicht eng miteinander verwandt sind, ungefähr 25 Prozent der Basen übereinstimmen?

26.3 Gemeinsame abgeleitete Merkmale (evolutive Neuheiten) erlauben die Rekonstruktion phylogenetischer Stammbäume

26.3.1 Kladistik

In dem systematischen Verfahren der **Kladistik** ist die Annahme einer gemeinsamen Abstammung das wichtigste Kriterium zur Einteilung der Organismen. Bei dieser Methode teilt man die Arten in Gruppen ein, die als **Kladen** bezeichnet werden und jeweils eine Vorläuferart sowie alle ihre Nachkommen, und nur diese, umfassen (Abbildung 26.6a). Die Kladen sind jeweils in umfassendere Kladen eingebettet. Die Gruppe der Katzen stellt zum Beispiel eine Klade innerhalb einer größeren Klade dar, zu der auch die Hunde gehören. In der phylogenetischen Systematik wird der Begriff Taxon wie auch Klade gebraucht. Eine wesentliche Voraussetzung ist aber, dass diese Gruppen **monophyletisch** sind (gr. „Einzelstamm"), das heißt, dass sie aus einer Vorläuferart und *allen* ihren Nachkommen bestehen (Abbildung 26.6a). Im Gegensatz dazu steht die **paraphyletische** Gruppe („neben dem Stamm"), zu der eine Stammart und einige ihrer Nachkommen gehören, aber nicht alle (Abbildung 26.6b). In der Regel wird eine Gruppe mit sehr vielen evolutiven Neuheiten, wie zum Beispiel die oben erwähnten Aves (Vögel), willkürlich ausgeschlossen und das Paraphylum umfasst dann alle ursprünglicheren Verwandten, die „Reptilien", aber nicht die Vögel. Eine **polyphyletische** Gruppe schließlich umfasst Taxa mit verschiedenen Stammarten (Abbildung 26.6c).

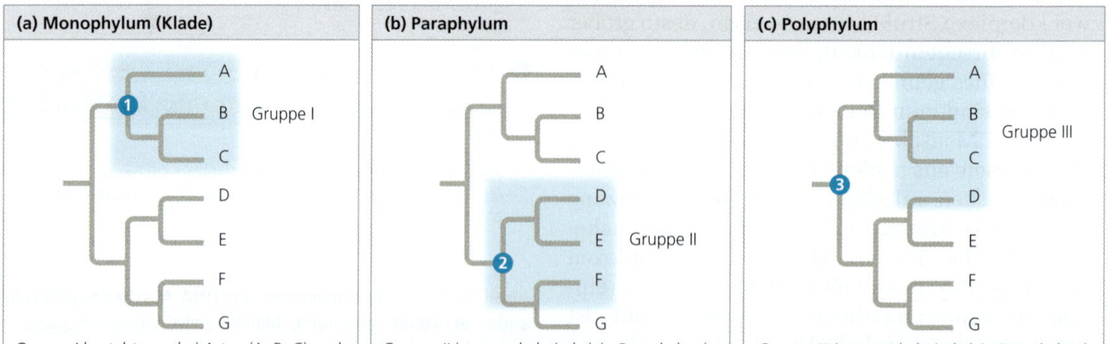

Gruppe I besteht aus drei Arten (A, B, C) und ihrem gemeinsamen Vorfahren ❶. Sie ist monophyletisch (ein Monophylum, eine Klade), das heißt sie besteht aus der Stammart und allen ihren Nachkommen.

Gruppe II ist paraphyletisch (ein Paraphylum), da sie aus einer Stammart ❷, aber nicht allen ihrer Nachkommen besteht. Es sind nur D, E, F enthalten, aber G ist ausgeschlossen.

Gruppe III ist paraphyletisch (ein Paraphylum); sie besteht aus vier Arten (A, B, C, D), aber der letzte gemeinsame Vorfahr ❸ ist *nicht* gleichzeitig Mitglied dieser Gruppe.

Abbildung 26.6: **Monophyletische, paraphyletische und polyphyletische Gruppen.**

Gemeinsame ursprüngliche Merkmale und gemeinsame abgeleitete Merkmale Aufgrund der gemeinsamen Abstammung mit folgender Abwandlung haben die Organismen manche Eigenschaften mit ihren Vorfahren gemein, während sie sich in anderen von ihnen unterscheiden. So haben zum Beispiel alle Säugetiere eine Wirbelsäule, aber durch dieses Merkmal unterscheiden sich die Säugetiere nicht von anderen Wirbeltieren, da ja alle Wirbeltiere eine Wirbelsäule besitzen. Der Zeitpunkt der evolutiven Entstehung der Wirbelsäule ist älter als die Abspaltung der Klade Säugetiere von den anderen Wirbeltieren. Deshalb bezeichnet man die Wirbelsäule der Säugetiere als ein **gemeinsames ursprüngliches Merkmal (= Symplesiomorphie)**, weil es seinen Ursprung bei einem Vorfahren des Taxons hat, der auch gleichzeitig Vorfahre anderer Taxa ist. Die Behaarung dagegen ist ein Merkmal, das man zwar bei allen Säugetieren findet, nicht aber bei den Vorfahren, die auch gleichzeitig Vorfahren anderer Landwirbeltiere sind. Deshalb gelten die Haare der Säugetiere als **gemeinsames abgeleitetes Merkmal (= Synapomorphie)**.

Die Wirbelsäule kann auch als gemeinsames abgeleitetes Merkmal eingestuft werden, aber nur im Hinblick auf einen älteren Verzweigungspunkt, der die Wirbeltiere von allen anderen Tieren trennt. Daraus folgt, dass ein und dasselbe Merkmal je nach der betrachteten Ebene im Stammbaum sowohl plesiomorph als auch apomorph sein kann; Plesiomorphie und Apomorphie sind also relative Begriffe.

Gemeinsame abgeleitete Merkmale kommen ausschließlich in einzelnen Kladen vor. Da alle Merkmale der Organismen irgendwann einmal in der Evolution entstanden sind, sollte man feststellen können, in welcher Klade ein gemeinsames abgeleitetes Merkmal entstanden ist, und nur aus dieser Information kann man dann auf stammesgeschichtliche Verwandtschaftsbeziehungen schließen.

Zum besseren Verständnis, wie eine solche Analyse abläuft, betrachten wir die in Abbildung 26.7a gezeigten Merkmale von fünf Wirbeltieren: einem Leopard, einer Schildkröte, einem Salamander, einem Thunfisch und einem Neunauge (*Petromyzon*, einem kieferlosen Meereswirbeltier). Als Vergleichsmaßstab müssen wir eine Außengruppe wählen. Als **Außengruppe** (*outgroup*) bezeichnet man eine Art oder Artengruppe aus einer Stammlinie, die sich bekanntermaßen früher abgespalten hat als die Artengruppe, die man untersucht (die **Innengruppe** oder *ingroup*). Im Idealfall sollte die Außengruppe im Schwesterverhältnis zur Innengruppe stehen. In unserem Beispiel eignet sich als

TAXA

MERKMALE	Lanzettfischchen (Außengruppe)	Neunauge	Thunfisch	Salamander	Schildkröte	Leopard
Wirbelsäule (aus Bogenelementen)	0	1	1	1	1	1
Kiefer	0	0	1	1	1	1
Umbildung der paarigen Extremitäten zu Laufbeinen	0	0	0	1	1	1
Amniotenei	0	0	0	0	1	1
Haarkleid	0	0	0	0	0	1

(a) Merkmalstabelle. Eine 0 gibt an, dass das betreffende Merkmal fehlt; eine 1 bedeutet, dass es vorhanden ist. Eine derartige Codierung von Merkmalen erlaubt die Eingabe in Computerprogramme, die Stammbäume berechnen können.

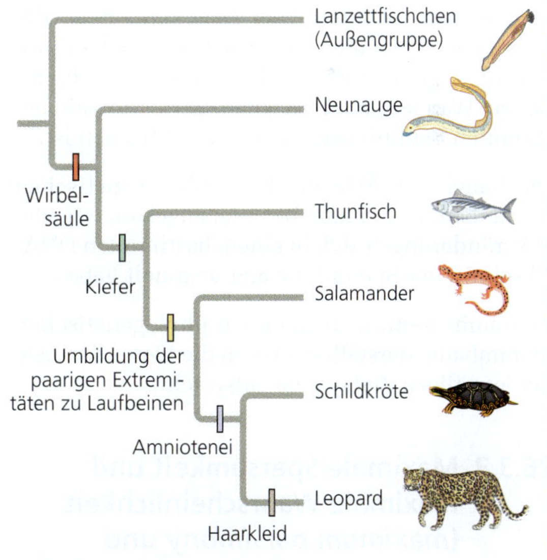

(b) Phylogenetischer Stammbaum. Durch Analyse der Verteilung abgeleiteter Merkmale, der evolutiven Neuheiten oder Synapomorphien, erhält man Einblick in die Stammesgeschichte der Wirbeltiere. Dieses Vorgehen erlaubt Aussagen über die Reihenfolge, in der die untersuchten Merkmale in der Phylogenie entstanden sind.

Abbildung 26.7: Die Rekonstruktion eines phylogenetischen Stammbaumes.

Außengruppe das Lanzettfischchen (*Branchiostoma*), ein kleines, einfach gebautes Meerestier, das in Grobsanden lebt und (wie die Wirbeltiere) zu den Chordatieren gehört. Anders als die Wirbeltiere hat das Lanzettfischchen aber keine der zahlreichen abgeleiteten Merkmale dieses Taxons.

Vergleicht man die Mitglieder der Innengruppe untereinander sowie mit der Außengruppe, so kann man feststellen, welche Merkmale an den verschiedenen Verzweigungspunkten während der Wirbeltierevolution entstanden sind. Zum Beispiel besitzen *alle* Wirbeltiere der Innengruppe eine Wirbelsäule: Dieses Merkmal war bei dem letzten gemeinsamen Vorfahren der Innengruppe bereits vorhanden, in der Außengruppe dagegen fehlt es. Nun stellen wir fest, dass die Kiefer mit den Gelenken bei den Neunaugen fehlen, während sie bei anderen Mitgliedern der Innengruppe vorkommen; dieses Merkmal hilft uns also, einen frühen Verzweigungspunkt im Taxon Wirbeltiere festzustellen. Mit einer solchen Vorgehensweise können wir aus den Daten unserer Merkmalstabelle schließlich einen vollständigen phylogenetischen Stammbaum rekonstruieren (Abbildung 26.7b).

26.3.2 Phylogenetische Stammbäume mit proportionaler Länge der Äste

In manchen baumförmigen Diagrammen ist die Länge der Äste anders als bisher besprochen proportional zum Ausmaß des stammesgeschichtlichen Wandels oder zu jener Zeit, die seit bestimmten Evolutionsereignissen verstrichen ist.

Die Länge der Äste in einem phylogenetischen Stammbaum kann zum Beispiel angeben, wie viele Veränderungen sich in einem bestimmten DNA-Abschnitt der Stammlinie angesammelt haben.

Zeiträume kann man in einem phylogenetischen Stammbaum darstellen, in dem die Länge der Äste der jeweiligen Zeitspanne entspricht.

26.3.3 Maximale Sparsamkeit und maximale Wahrscheinlichkeit (*maximum parsimony* und *maximum likelihood*)

Möchte man für 50 Arten einen phylogenetischen Stammbaum konstruieren, gibt es dafür 3×10^{76} verschiedene Möglichkeiten. Angesichts einer derart großen Zahl kann man nie völlig sicher sein, ob man den Baum, der der Realität am besten entspricht, gefunden hat, aber man kann diesen Bereich eingrenzen. Dazu wendet man die Prinzipien der maximalen Parsimonie (Sparsamkeit) und der maximalen Wahrscheinlichkeit an.

Nach dem Prinzip der **maximalen Parsimonie** (*maximum parsimony*) sucht man nach der einfachsten Erklärung, die mit den Beobachtungen übereinstimmt. Wenn es um Stammbäume auf der Grundlage der Morphologie geht, erfordert der „sparsamste" Stammbaum die geringste Zahl von Evolutionsereignissen, gemessen am Ursprung gemeinsamer abgeleiteter morphologischer Merkmale. Bildet die DNA die Grundlage, erfordert der einfachste Stammbaum die geringste Zahl von Basenveränderungen. Man geht nun davon aus, dass der Stammbaum mit der größten Wahrscheinlichkeit die Evolution widerspiegelt, der die wenigsten Evolutionsschritte zugrunde legt und damit die einfachste Erklärung bietet.

Das Prinzip der **maximalen Wahrscheinlichkeit** (*maximum likelihood*) besagt Folgendes: Wenn man voraussetzt, dass für die Veränderung der DNA bestimmte Regeln gelten (DNA-Evolutionsmodelle), kann man einen Stammbaum finden, der die Abfolge der Evolutionsereignisse mit der größten Wahrscheinlichkeit widerspiegelt. Methoden der maximalen Wahrscheinlichkeit sind in der Anwendung hingegen kompliziert.

Man hat viele Computerprogramme entwickelt, mit denen man, basierend entweder auf dem Prinzip der maximalen Parsimonie oder der maximalen Wahrscheinlichkeit, nach Stammbäumen suchen kann. Steht eine große Menge zuverlässiger Daten zur Verfügung, liefern diese beiden Prinzipien in der Regel ähnliche Ergebnisse.

VERSTÄNDNISFRAGEN

1. Wäre die Behaarung ein nützliches Merkmal, um eine bestimmte Unterklade der Säugetiere von einer größeren Klade abzugrenzen, die der Gesamtheit der Mammalia entspricht? Begründen Sie Ihre Antwort.

2. Warum stellt der sparsamste Stammbaum nicht zwangsläufig die Verwandtschaftsbeziehungen innerhalb einer bestimmten Artengruppe am treffendsten dar?

26.4 Die Evolutionsgeschichte eines Lebewesens ist in seinem Genom dokumentiert

Mithilfe molekularer Merkmale kann man auch Verwandtschaftsbeziehungen aufklären, die sich mit anderen Methoden wie der vergleichenden Anatomie nicht nachweisen lassen.

Die Evolution einzelner Gene verläuft selbst in der gleichen Stammlinie unterschiedlich schnell. Deshalb können molekularbiologische Stammbäume sehr kurze oder sehr lange Zeiträume repräsentieren, je nachdem, auf welche Gene sie sich stützen. So veränderte sich zum Beispiel die DNA, in der die ribosomale RNA (rRNA) codiert ist, relativ langsam; Vergleiche von Nucleotidsequenzen dieser Gene sind somit nützlich, wenn man die Verwandtschaftsbeziehungen zwischen Taxa untersuchen will, die sich schon vor vielen hundert Millionen Jahren getrennt haben. Umgekehrt macht die Mitochondrien-DNA (mtDNA) bei vielzelligen Tieren eine relativ schnelle Evolution durch, sodass man mit ihrer Hilfe Evolutionsereignisse aus jüngerer Vergangenheit untersuchen kann.

Die Duplikation von Genen spielt in der Evolution eine besonders wichtige Rolle, da sie die Zahl der Gene im Genom ansteigen lässt, sodass sich mehr Möglichkeiten für weitere evolutionsbedingte Veränderungen ergeben. Durch wiederholte Duplikationen entstanden schließlich *Genfamilien*, Gruppen ähnlicher Gene, die sich im Genom eines Organismus befinden. Wie die homologen Gene verschiedener Arten, so haben auch diese verdoppelten Gene einen gemeinsamen Vorfahren. Man unterscheidet zwei Typen homologer Gene, die man als ortholog und paralog bezeichnet.

Orthologe Gene (gr. *orthos*, gerade) sind homologe Gene, die man aufgrund der Artbildung bei verschiedenen Arten findet (Abbildung 26.8a). Die Gene für Cytochrom *c* (ein Protein der Elektronentransportkette) sind zum Beispiel bei Menschen und Hunden ortholog. **Paraloge Gene** (gr. *para*, daneben) sind dagegen durch Genduplikation entstanden, das heißt, man findet mehrere solcher Gene in demselben Genom (Abbildung 26.8b). Sowohl Menschen als auch Mäuse besitzen große Genfamilien aus jeweils mehr als 1.000 solcher paraloger Gene.

VERSTÄNDNISFRAGEN

1. Wie kann man durch den Vergleich der Proteine zweier biologischer Arten etwas über ihre Verwandtschaft erfahren?

2. WAS WÄRE, WENN? Angenommen, das Gen A ist bei den Arten 1 und 2 ortholog und das Gen B ist bei der Art 1 paralog zum Gen A. Schlagen Sie eine Abfolge von zwei Evolutionsereignissen vor, die zu folgendem Ergebnis führen könnten: Das Gen A unterscheidet sich bei den beiden Arten erheblich, aber die Gene A und B zeigen nur geringe Sequenzunterschiede.

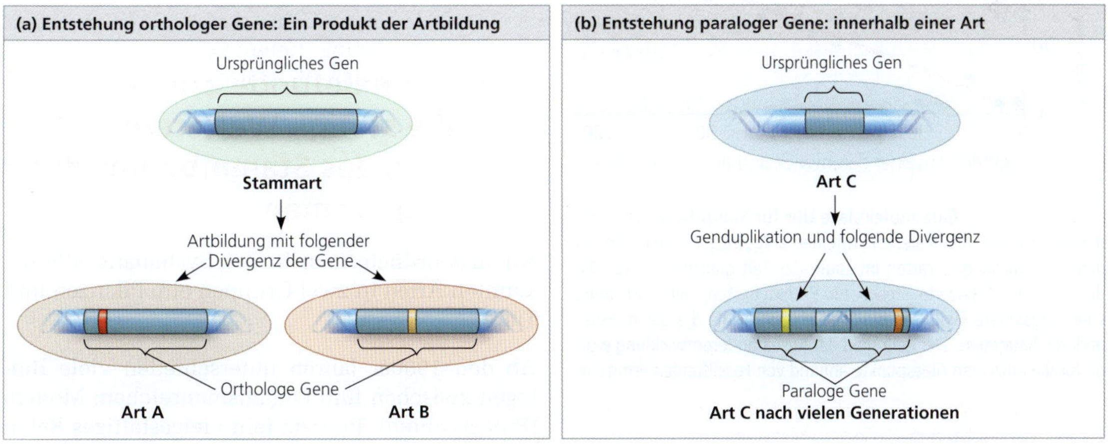

Abbildung 26.8: Die Entstehung von zwei Typen homologer Gene. Die farbigen Streifen kennzeichnen Genabschnitte, in denen sich Unterschiede der Basensequenzen angereichert haben.

26.5 Molekulare Uhren helfen den zeitlichen Ablauf der Evolution zu rekonstruieren

Wie gelangt man zu Stammbäumen, die das Evolutionsgeschehen zeitlich korrekt darstellen? Man bedient sich einer sogenannten **molekularen Uhr**, die als Maßstab für den absoluten zeitlichen Verlauf stammesgeschichtlicher Veränderungen dient. Grundlage ist dabei die Beobachtung, dass manche Genomabschnitte sich offensichtlich mit gleich bleibender Geschwindigkeit weiterentwickeln. Hinter der molekularen Uhr steht die Annahme, dass die Anzahl der ausgetauschten Nucleotide in orthologen Genen proportional zu dem Zeitraum ist, der seit der Abspaltung einer Art von ihrem letzten gemeinsamen Vorfahren vergangen ist. Bei paralogen Genen ist die Anzahl der ausgetauschten Basen proportional zu der Zeit, seit der die Gene verdoppelt wurden.

Für ein Gen, dessen durchschnittliche Evolutionsgeschwindigkeit bekannt ist, kann man die molekulare Uhr eichen: Dazu trägt man die Zahl der genetischen Unterschiede gegen die Zeitpunkte der stammesgeschichtlichen Verzweigungen auf, die man aufgrund der Fossilfunde kennt (Abbildung 26.9). Anhand solcher Diagramme kann man dann den Zeitpunkt von Evolutionsereignissen abschätzen, die an den Fossilfunden nicht zu erkennen sind.

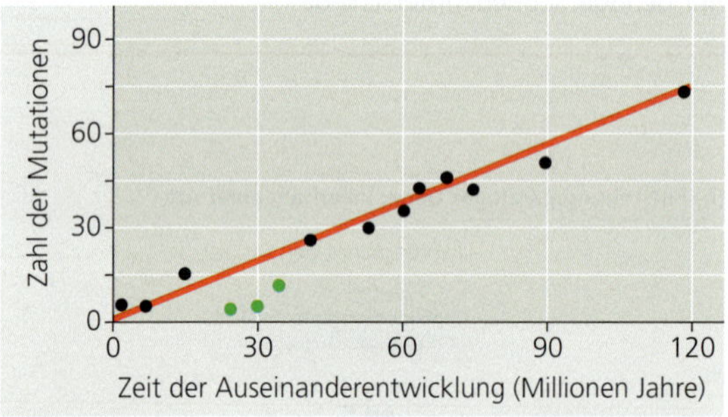

Abbildung 26.9: Eine molekulare Uhr für Säugetiere. Die Zahl der Änderungen, die in sieben Proteinen aufgetreten sind, nahm bei den meisten Säugetierarten im Laufe der Zeit gleichmäßig zu. Die drei grünen Messwerte stehen für Primatenarten, deren Proteine eine langsamere Evolution durchlaufen haben als die der meisten anderen Säugetiere. Der Zeitpunkt der Auseinanderentwicklung wurde für die einzelnen Messpunkte anhand von Fossilfunden ermittelt.

? Schätzen Sie mithilfe der molekularen Uhr die Divergenzzeit für ein Säugetier ab, bei dem sich in den sieben Proteinen insgesamt 30 Änderungen befinden.

In Wirklichkeit laufen molekulare Uhren nicht so reibungslos, wie vorausgesagt. Viele Unregelmäßigkeiten sind wahrscheinlich auf eine natürliche Selektion zurückzuführen, bei der bestimmte DNA-Veränderungen gegenüber anderen bevorzugt werden.

Eine andere Frage stellt sich, wenn man versucht, die molekularen Uhren über die durch Fossilfunde dokumentierten Zeiträume hinaus zu nutzen. Umfangreiche Fossilfunde reichen nur ungefähr 550 Millionen Jahre weit zurück, aber mit molekularen Uhren hat man stammesgeschichtliche Aufspaltungen datiert, die sich vor mehr als einer Milliarde Jahren ereignet haben sollen. Solche Schätzungen gehen davon aus, dass die Uhr zu allen Zeiten mit der gleichen Geschwindigkeit gelaufen ist, und können deshalb mit großen Unsicherheiten behaftet sein.

In manchen Fällen lassen sich die Probleme umgehen, wenn man die molekularen Uhren nicht (wie es oft geschieht) nur für ein Gen oder einige wenige eicht, sondern für viele Gene. Dann heben sich Schwankungen der Evolutionsgeschwindigkeit, die auf natürliche Selektion oder andere unveränderliche Faktoren zurückzuführen sind, im Durchschnitt auf.

VERSTÄNDNISFRAGEN

1. Was ist eine molekulare Uhr? Welche Annahme liegt ihrer Verwendung zugrunde?

2. WAS WÄRE, WENN? Angenommen, die Aufspaltung zweier Taxa wurde mit einer molekularen Uhr auf die Zeit vor 80 Millionen Jahren datiert, aber neue Fossilfunde zeigen, dass die Trennung vor mindestens 120 Millionen Jahren stattgefunden haben muss. Erklären Sie, wie es zu einer solchen Diskrepanz kommen kann.

26.6 Neue Befunde ermöglichen die stetige Weiterentwicklung des Stammbaums der Organismen

Anfangs ordnete man in der Systematik alle bekannten Arten in zwei Gruppen ein: Pflanzen und Tiere.

Ab den 1960er Jahren unterschieden viele Biologen zwischen fünf Organismenreichen: Monera (Prokaryonten), Protista (ein vielgestaltiges Reich aus vorwiegend einzelligen Organismen), Plantae (Pflanzen), Fungi (Pilze) und Animalia (Tiere). Grundlage dieses Systems waren die beiden fundamental unterschiedlichen Zelltypen der Pro- und Eukaryonten.

In den 1970er Jahren zeigten vergleichende Untersuchungen der ribosomalen RNA, dass manche Prokaryonten sich untereinander genauso stark unterscheiden wie von den Eukaryonten. Solche Untersuchungen führten letztlich zu einem System mit drei Domänen namens Bacteria, Archaea und Eukarya. Die Domänen stehen in der Systematik eine Ebene höher als die Organismenreiche. Dieses System wurde mittlerweile durch viele weitere Untersuchungen bestätigt.

Zur Domäne der Bacteria gehören die meisten heute bekannten Prokaryonten, darunter auch die Bakterien, die eng mit den Chloroplasten und Mitochondrien verwandt sind. Die zweite Domäne der Archaea ist eine vielgestaltige Gruppe prokaryontischer Organismen, die unter ganz unterschiedlichen Umweltbedingungen leben. Manche Archaea können Wasserstoff als Energiequelle verwerten, andere waren die wichtigsten Produzenten der Erdgasvorkommen, die man an vielen Stellen der Erdkruste findet. Die dritte Domäne Eukarya umfasst alle Organismen, deren Zellen einen echten Zellkern besitzen. In dieser Domäne befinden sich viele Gruppen von Einzellern (siehe Kapitel 28), aber auch die vielzelligen Pflanzen (siehe Kapitel 29 und 30), Pilze (siehe Kapitel 31) und die Metazoa (vielzellige Tiere; siehe Kapitel 32–34). Abbildung 26.10 zeigt einen möglichen phylogenetischen Stammbaum der drei Domänen und die vielen Stammlinien, die sie enthalten.

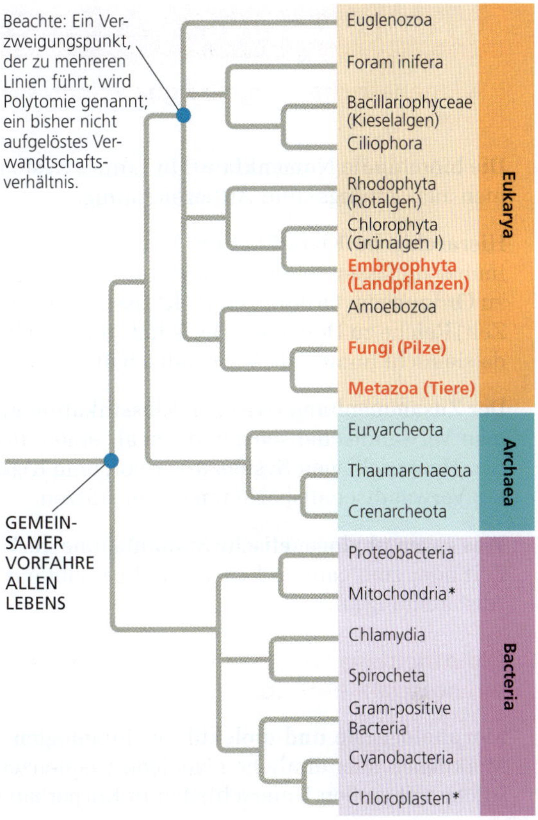

Abbildung 26.10: Die drei Großgruppen der Organismen. Anhand der rRNA-Sequenzen kann man alle Organismen in drei Großgruppen (Domänen) einteilen. Die Länge der Äste ist proportional zum Ausmaß der genetischen Veränderungen in den einzelnen Stammlinien. Aus Gründen der Übersichtlichkeit ist nur eine Auswahl der Hauptlinien in jeder Großgruppe genannt. Taxa in Klammern sind Endosymbionten von Eukarya. Taxa innerhalb der Eukarya, in denen vielzellige Organismen (Pflanzen, Pilze und Metazoa) dominieren, sind in Rot und Fettdruck hervorgehoben. Alle anderen Linien bestehen vorwiegend oder ausschließlich aus Einzellern.

? Welche Domäne hat sich nach diesem Diagramm als erste abgespalten? Welche ist die Schwesterdomäne der Eukarya?

VERSTÄNDNISFRAGEN

1. Warum gilt das Organismenreich der Monera heute nicht mehr als gültiges Taxon?

2. Warum können phylogenetische Analysen, die sich auf verschiedene Gene stützen, zu unterschiedlichen Verzweigungsmustern im phylogenetischen Stammbaum aller Organismen führen?

3. WAS WÄRE, WENN? Zeichnen Sie die drei möglichen Stammbäume mit Zweier-Verzweigungen, in denen sich die Verwandtschaftsbeziehungen zwischen den Domänen Bacteria, Archaea und Eukarya widerspiegeln. Zwei dieser Bäume werden durch genetische Befunde gestützt. Ist damit zu rechnen, dass man auch für den dritten Baum solche Indizien finden wird? Begründen Sie Ihre Antwort.

ZUSAMMENFASSUNG

Phylogenetische Stammbäume zeigen stammesgeschichtliche Verwandtschaftsbeziehungen

Die binominale Nomenklatur. In Linnés System erhält jede Organismenart einen zweiteiligen Namen aus Gattungs- und Artbezeichnung.

Hierarchische Klassifikation. Linné führte ein formales System für die Einteilung der Arten in immer umfassendere Kategorien ein: Ähnliche Gattungen gehören zur gleichen Familie, Familien zu Ordnungen, Ordnungen zu Klassen, Klassen zu Stämmen, Stämme zu Reichen und (in jüngerer Zeit) Reiche zu Domänen. Diese Kategorien gelten in der phylogenetischen Systematik als überholt, da sie nicht immer die Verwandtschaft widerspiegeln.

Der Zusammenhang zwischen Klassifikation und Phylogenie. In der biologischen Systematik stellt man Verwandtschaftsbeziehungen als einen dichotom verzweigten phylogenetischen Stammbaum dar. Heute schlagen Systematiker vor, eine Klassifikation ausschließlich auf die evolutionsbedingten Verwandtschaftsbeziehungen zu stützen.

Was sagen phylogenetische Stammbäume aus? Wenn die Länge der Äste nicht proportional zu der Zeit oder zum genetischen Wandel ist, gibt ein phylogenetischer Stammbaum nur das Muster der Abstammung an.

Die Ableitung der Stammesgeschichte aus morphologischen und molekularbiologischen Befunden

Morphologische und molekulare Homologien. Organismen mit sehr ähnlichen morphologischen Merkmalen oder ähnlichen Nucleotidsequenzen sind in der Regel enger miteinander verwandt als solche mit großen Unterschieden in Körperbau und genetischen Sequenzen.

Homologie und Konvergenz. Man muss zwischen Homologie (Ähnlichkeit aufgrund gemeinsamer Abstammung) und Konvergenz (Ähnlichkeit bei unabhängiger Evolution) unterscheiden.

Bewertung molekularer Homologien. Mit Computerprogrammen bringt man zu vergleichende Nucleotidsequenzen so zur Übereinstimmung, dass man Homologien von zufälligen Ähnlichkeiten in Taxa unterscheiden kann, die sich schon vor langer Zeit getrennt haben.

Gemeinsame abgeleitete Merkmale (evolutive Neuheiten) erlauben die Rekonstruktion phylogenetischer Stammbäume

Kladistik. Eine Klade ist eine monophyletische Gruppe (Taxon, Monophylum), die eine Vorläuferart und alle ihre Nachkommen, und nur diese, umfasst. Kladen sind an ihren abgeleiteten Merkmalen (evolutive Neuheiten, Autapomorphien), Schwestergruppen an ihren gemeinsamen abgeleiteten Merkmalen (Synapomorphien) zu erkennen.

Phylogenetische Stammbäume mit proportionaler Länge der Äste. Man kann die Äste so darstellen, dass ihre Länge dem Umfang des stammesgeschichtlichen Wandels oder der Zeit proportional ist.

Maximale Parsimonie und maximale Wahrscheinlichkeit. Unter den phylogenetischen Stammbäumen ist derjenige am einfachsten und wahrscheinlichsten, der die wenigsten stammesgeschichtlichen Veränderungen voraussetzt. Am plausibelsten ist der Baum, der auf dem wahrscheinlichsten Muster der Veränderungen aufbaut.

Die Evolutionsgeschichte eines Lebewesens ist in seinem Genom festgelegt

Durch wiederholte Duplikationen von Genen können im Laufe der Evolution Genfamilien entstehen, dabei handelt es sich um Gruppen ähnlicher Gene, die in einem Organismus zu finden sind. Homologe Gene, die man aufgrund der gemeinsamen Abstammung durch Artaufspaltung bei verschiedenen Arten findet, nennt man ortholog. Paraloge Gene entstehen durch Duplikation innerhalb eines Genoms und können sich innerhalb einer Klade auseinanderentwickeln, wobei sie häufig neue Funktionen übernehmen.

Mit molekularen Uhren kann man den zeitlichen Ablauf der Evolution verfolgen

Molekulare Uhren. Die Basensequenzen mancher DNA-Abschnitte verändern sich mit einheitlicher Geschwindigkeit, sodass man mit ihrer Hilfe frühere Evolutionsepisoden datieren kann. Andere Gene verändern sich auf weniger vorhersagbare Weise.

Neue Befunde und die stetige Weiterentwicklung unserer Kenntnisse über den Stammbaum der Organismen

Frühere Klassifikationssysteme wurden durch die heutige Sichtweise verdrängt, wonach der Stammbaum der Organismen drei große Gruppen (Domänen) umfasst: Bacteria, Archaea und Eukarya.

Auf rRNA-Gene gestützte phylogenetische Stammbäume legen die Vermutung nahe, dass die Eukarya mit den Archaea am engsten verwandt sind, die Analysen anderer Gene lassen auf eine engere Verwandtschaft der Eukarya mit den Bacteria schließen.

Prokaryonten: Bacteria und Archaea

27

27.1 Strukturelle und funktionelle Anpassung als Erfolgsrezept der Prokaryonten

In diesem und den folgenden Abschnitten werden wir uns einen Überblick über die biologischen Eigenschaften der Bakterien verschaffen. Die meisten von ihnen sind Einzeller. Bakterienzellen haben in der Regel einen Durchmesser von 0,5 bis 3 µm (Abbildung 27.1) und sind damit deutlich kleiner als die meisten Eukaryontenzellen, die 10 bis 100 µm messen.

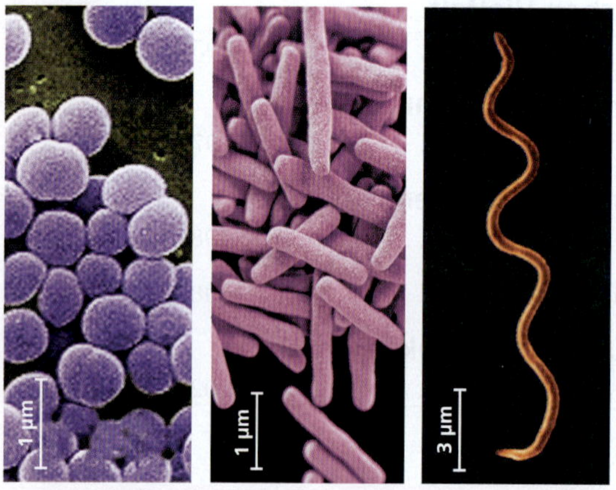

Abbildung 27.1: Die häufigsten Formen von Prokaryonten. (a) Kokken (Einzahl Kokkus) sind kugelförmige Prokaryonten. Sie kommen einzeln, paarweise, als Ketten aus vielen Zellen (Streptokokken) und in weintraubenähnlichen Agglomerationen (Staphylokokken) vor. **(b)** Bacilli (Einzahl Bacillus) sind stäbchenförmige Prokaryonten. Sie leben meist einzeln, aber die Stäbchen einiger Formen sind in Ketten angeordnet (Streptobacilli). **(c)** Bei den spiralförmigen Prokaryonten oder Spirillen reicht das Spektrum von kommaförmigen Zellen bis zu lose gedrehten Spiralen und den korkenzieherförmigen Spirochaeten, von denen hier ein Beispiel gezeigt ist (eingefärbte rasterelektronenmikroskopische Aufnahmen).

27.1.1 Zelloberflächenstrukturen

Ein wichtiges Merkmal nahezu aller Bakterienzellen ist die Zellwand. Sie hält die Form der Zelle aufrecht und bietet Schutz.

Die Zellwände der Bakterien enthalten meist **Peptidoglycan**, ein Polymergeflecht aus modifizierten Glucosemolekülen. Die linearen Polymerketten sind durch kurze Peptide quervernetzt. Die Zellwände der Archaea enthalten verschiedene Polysaccharide und Proteine, aber kein Peptidoglycan.

Mit dem Verfahren der **Gram-Färbung**, das im 19. Jahrhundert von dem dänischen Arzt Hans Christian Gram (1853–1938) entwickelt wurde, kann man Bakterien aufgrund der unterschiedlichen Zusammensetzung ihrer Zellwände in zwei Gruppen einteilen: **Gram-positive Bakterien** haben eine relativ dicke Zellwand mit einem großen Peptidoglycananteil (Abbildung 27.2a). Bei den **Gram-negativen Bakterien** dagegen ist auf die relativ dünne Peptidoglycanschicht eine Außenmembran aufgelagert, die Lipopolysaccharide (Kohlenhydrate mit gebundenen Lipiden) und unter anderem Porenproteine (**Porine**) enthält (Abbildung 27.2b).

Die Wirkung des Penicillins und mehrerer anderer Antibiotika beruht darauf, dass sie die Quervernetzung der Peptidoglycane blockieren. Eine auf diese Weise geschädigte Zellwand kann ihre Funktionen insbesondere bei Gram-positiven Bakterien nicht mehr erfüllen, da die Bakterien ohne geschlossene Zellwand aufgrund des **Zellturgors** (siehe Abschnitte 7.3 und 36.2) platzen.

Die Zellwand vieler Bakterien ist von einer **Kapsel** eingehüllt, einer klebrigen Schicht aus Polysacchariden oder Proteinen. Mit ihrer Hilfe können sich Bakterien an eine Unterlage oder in einer Kolonie an ihre Artgenossen anheften. In manchen Fällen schützt die Kapsel vor Austrocknung oder sie schirmt pathogene Bakterien vor dem Immunsystem des Wirtsorganismus ab.

27.1.2 Beweglichkeit

Unter den verschiedenen Strukturen, die den Bakterien zur Fortbewegung dienen, sind die **Flagellen** am häufigsten (Abbildung 27.3). Die Flagellen verteilen sich entweder über die gesamte Oberfläche der Bakterienzelle oder sie befinden sich an einem oder beiden Enden. Prokayontische Flagellen haben nur ein Zehntel der Dicke eukaryontischer Geißeln. Sie sind nicht von einer Fortsetzung der Plasmamembran umhüllt, sondern hohl und bestehen nur aus Proteinen.

In einer relativ homogenen Umwelt bewegen sich flagellenbesetzte Bakterien nach dem Zufallsprinzip. Ist die Umwelt dagegen heterogen, zeigen sie häufig **Taxis** (gr. *taxis*, anordnen), eine Bewegung in Richtung eines Reizes oder von ihm weg. Bakterien, die zum Beispiel zur **Chemotaxis** in der Lage sind, wechseln ihr Bewegungsmuster als Reaktion auf chemische Wirkstoffe. Sie bewegen sich dann entweder auf Lockstoffe zu (positive Chemotaxis) oder von Schreckstoffen weg (negative Chemotaxis).

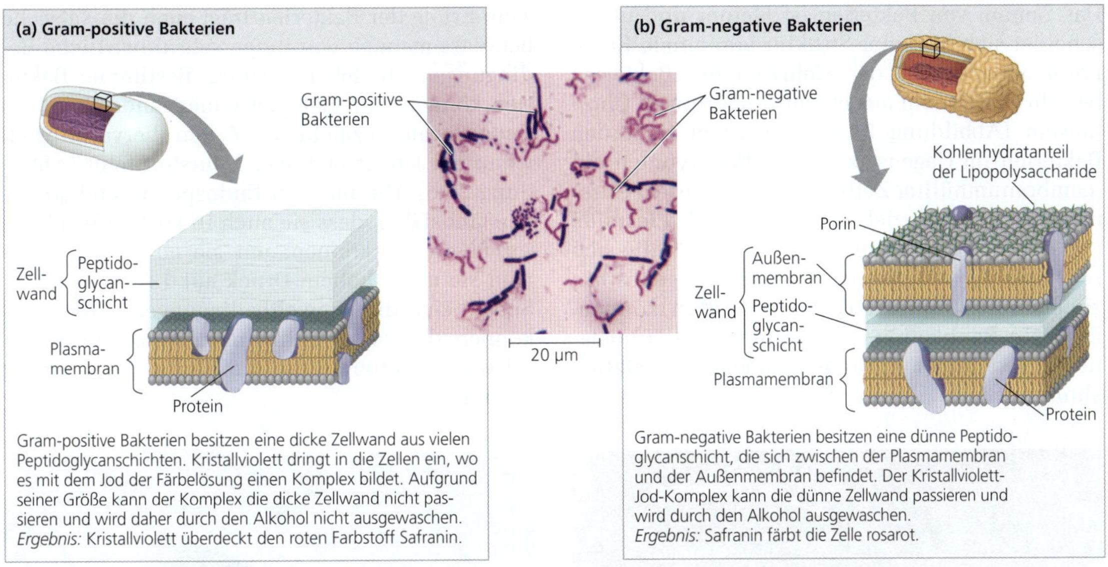

Abbildung 27.2: Die Gram-Färbung Die Bakterienproben werden mit Kristallviolett und Iod gefärbt, mit Alkohol gewaschen und schließlich mit einem roten Farbstoff wie Safranin behandelt, der in die Zellen eindringen kann und an die DNA bindet. Wie eine Bakterienzelle darauf reagiert, hängt vom Aufbau ihrer Zellwand ab (lichtmikroskopische Aufnahme).

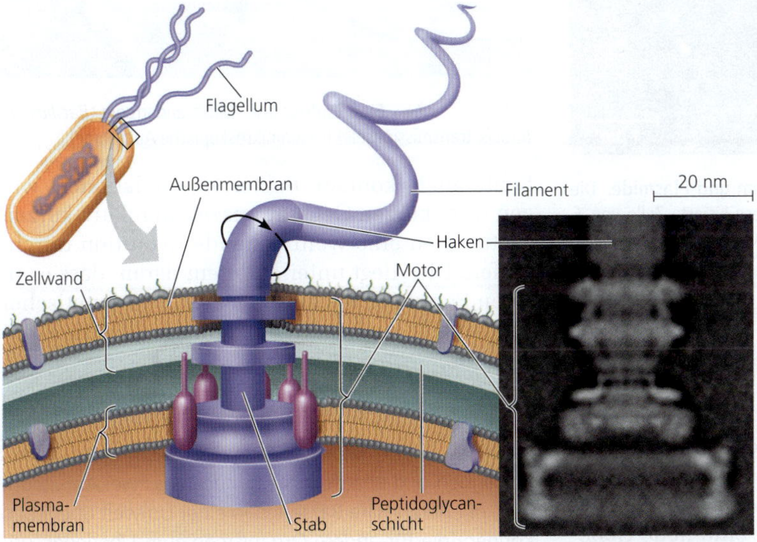

Abbildung 27.3: Eine prokaryontische Flagelle. Der Motor der prokaryontischen Flagellen, Basalapparat genannt, besteht aus einem System von Ringen, die in die Plasmamembran, die Peptidoglycanschicht und (bei Gramnegativen Bakterien) die Außenmembran eingebettet sind (rechts: TEM-Aufnahme). Die sich bei Bakterien in der Plasmamembran befindenden Elektronentransportketten (siehe Abbildung 9.10) transportieren Protonen aus der Zelle. Dabei erzeugen sie die protonenmotorische Kraft bestehend aus Membranpotenzial und Protonengradient(siehe Kapitel 9). Der Rückstrom dieser Protonen treibt dann unmittelbar den Flagellenmotor an, der die hakenförmige Struktur mitsamt des anhängenden Filaments in Drehung versetzt und dadurch die Zelle vorantreibt. (Die Schemazeichnung zeigt den typischen Aufbau des Flagellenapparats bei Gram-negativen Bakterien.)

27.1.3 Innerer Aufbau und Genomorganisation

Die Zellen der Bakterien sind einfacher aufgebaut als die der Eukaryonten; dies gilt sowohl für ihre innere Struktur als auch für die Organisation ihres Genoms (siehe Abbildung 6.3). Den Bakterienzellen fehlt die komplexe Kompartimentierung der Eukaryonten.

Das Genom von Bakterien ist kleiner und unterscheidet sich in seiner Struktur von einem Eukaryontengenom. Bei der Mehrzahl der Bakterien besteht das Genom aus einem ringförmigen Chromosom (Abbildung 27.4). Außerdem fehlt den Bakterien im Gegensatz zu den Eukaryonten ein membranumhüllter Zellkern. Neben diesem Chromosom enthalten viele Bakterien noch **Plasmide** (Abbildung 27.4), kleine Ringe aus DNA, die sich selbstständig verdoppeln und nur wenige bis hin zu mehreren hundert Genen enthalten können. Die DNA-Replikation, Transkription und Translation in Pro- und Eukaryonten laufen grundsätzlich ähnlich ab.

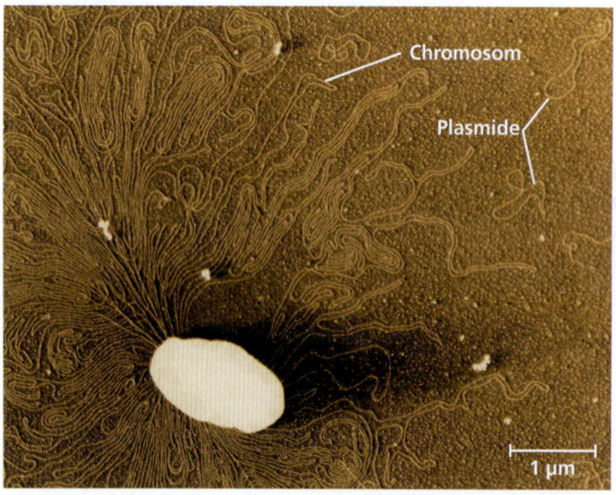

Abbildung 27.4: Ein Bakterienchromosom und Plasmide. Die dünnen, verwickelten Schleifen rund um diese lysierte Zelle von *E. coli* gehören zu ihrem großen, ringförmigen Chromosom (eingefärbte TEM-Aufnahme). Außerdem erkennt man unabhängige, wesentlich kleinere DNA-Ringe, die Plasmide.

27.1.4 Fortpflanzung und Anpassung

Bakterien sind auch deshalb so erfolgreich, weil sie sich sehr schnell reproduzieren können. Unter optimalen Bedingungen teilen sich viele Arten alle ein bis drei Stunden, manche, wie *E. coli*, können sogar in nur 20 Minuten eine neue Generation hervorbringen. Würde sich die Vermehrung mit dieser Geschwindigkeit ungehindert fortsetzen, könnte eine einzige Bakterienzelle innerhalb von nur drei Tagen zu einer Kolonie heranwachsen, die schwerer ist als die Erde!

In Wirklichkeit hat die Vermehrung der Bakterien natürlich ihre Grenzen. Irgendwann sind die Nährstoffvorräte erschöpft, die Zellen vergiften sich mit ihren eigenen Stoffwechselendprodukten, andere Mikroorganismen treten in Konkurrenz zu ihnen oder sie werden von anderen Organismen gefressen.

Zum Erfolg der Bakterien trägt auch die Tatsache bei, dass manche von ihnen sehr unwirtliche Bedingungen überleben können. Bestimmte Bakterien können zum Beispiel widerstandsfähige, als **Endosporen** bezeichnete Zellen hervorbringen, wenn ein lebenswichtiger Nährstoff fehlt (Abbildung 27.5). Die meisten Endosporen sind so widerstandsfähig, dass sie auch in kochendem Wasser überleben können; um sie abzutöten, muss man sie unter hohem Druck auf 121 °C erhitzen. Sobald sich die Umweltbedingungen verbessern, können sie Wasser aufnehmen, ihren Stoffwechsel wieder aktivieren und mit einer Vermehrung beginnen.

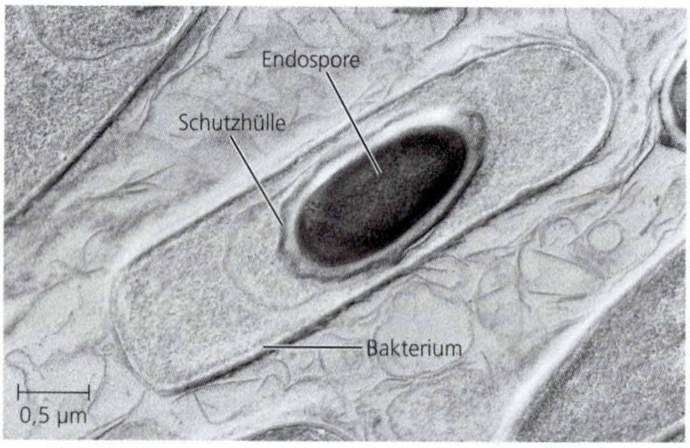

Abbildung 27.5: Eine Endospore. Milzbranderreger (*Bacillus anthracis*, transmissionselektronenmikroskopische Aufnahme).

Schließlich können Bakterienpopulationen wegen ihrer kurzen Generationszeit in relativ kurzen Zeiträumen eine weitreichende Evolution durchlaufen. Dies liegt unter anderem daran, dass es in ihren Populationen ein hohes Maß an genetischer Vielfalt gibt, und auf diese kann die Selektion einwirken.

VERSTÄNDNISFRAGEN

1. Nennen und erläutern Sie mindestens zwei Anpassungen, mit deren Hilfe Bakterien in einer Umwelt überleben können, die für andere Organismen zum Überleben ungünstig ist.

2. Vergleichen Sie Bakterien und Eukaryonten im Hinblick auf den Aufbau von Zelle und Genom.

3. WAS WÄRE, WENN? Wissenschaftler entdecken Bakterien-Endosporen im Schlamm auf dem Boden eines Sees, der seit 50 Jahren mit einem Schadstoff aus der Industrie vergiftet ist. Der Schlamm wurde Jahr für Jahr in Schichten abgelagert; das Alter einer Endospore kann man also anhand der Schicht, in der sie gefunden wird, abschätzen. Wie würden 40 und 150 Jahre alte Endosporen wachsen, wenn man sie in Gefäße mit einem Wachstumsmedium bringt, das auch den Schadstoff enthält?

27.2 Schnelle Vermehrung, Mutation und Rekombination von Genen als Ursache der genetischen Vielfalt von Prokaryonten

27.2.1 Schnelle Vermehrung und Mutation

Bakterien vermehren sich in der Regel nicht sexuell; deshalb erscheint ihre große genetische Variabilität auf den ersten Blick rätselhaft. Bei einer näheren Analyse zeigt es sich jedoch, dass die genetische Variabilität innerhalb einer Bakterienpopulation eine Folge ihrer schnellen Vermehrung in Verbindung mit zufällig auftretenden Mutationen ist.

Analysieren wir ein Bakterium, das sich durch Teilung vermehrt. Nach mehreren Teilungszyklen gleichen die meisten Tochterzellen genau der ursprünglichen Ausgangszelle. Einige von ihnen weisen jedoch aufgrund von Insertionen, Deletionen oder eines Austausches von Basenpaaren (Punktmutationen) in ihrer DNA genetische Abweichungen auf. Die Wahrscheinlichkeit, dass sich in einem bestimmten Gen von *E. coli* spontan eine Punktmutation ereignet, liegt bei ungefähr eins zu zehn Millionen (1×10^{-7}) je Zellteilung. Unter den 2×10^{10} *E. coli*-Zellen, die jeden Tag im Darm eines Menschen entstehen, befinden sich also ungefähr $(2 \times 10^{10}) \times (1 \times 10^{-7}) = 2.000$ Bakterien, die in diesem einen Gen eine Mutation tragen. Betrachtet man alle 4.300 Gene von *E. coli*, so treten in jedem Menschen täglich $4.300 \times 2.000 =$ 9 Millionen Mutationen auf.

Auch wenn Mutationen im Einzelfall selten sind, können sie die genetische Variabilität von Arten wie *E. coli*, die bei kurzer Generationszeit in großen Populationen vorliegen, beträchtlich ansteigen lassen.

27.2.2 Rekombination von Genen

Mutationen sind in Bakterienpopulationen eine wichtige Ursache genetischer Variabilität; zusätzliche Vielfalt entsteht jedoch durch Neukombination von Genen. Bei Bakterien jedoch finden Meiose und Befruchtung nicht statt. Stattdessen können hier drei andere Vorgänge für die Neukombination von Genen sorgen: Transformation, Transduktion und Konjugation.

Transformation und Transduktion Bei der **Transformation** ändert sich der Genotyp und möglicherweise auch der Phänotyp einer Bakterienzelle, da sie fremde DNA aus ihrer Umgebung aufnimmt. Bakterien eines nicht pathogenen Stammes von *Streptococcus pneumoniae* können sich zum Beispiel in den Erreger der Lungenentzündung verwandeln, wenn man sie in ein Medium bringt, das DNA aufgebrochener Zellen des pathogenen Stammes enthält. Eine solche Transformation findet statt, wenn eine lebende, nicht pathogene Zelle ein Stück DNA aufnimmt, welches die Gene für die pathogenen Eigenschaften trägt. Diese fremde DNA wird dann über homologe Rekombination (homologer DNA-Austausch) in das Chromosom der Zelle eingebaut. Jetzt ist die Zelle eine Rekombinante: Ihr Chromosom enthält DNA, die ursprünglich aus zwei verschiedenen Organismen stammt.

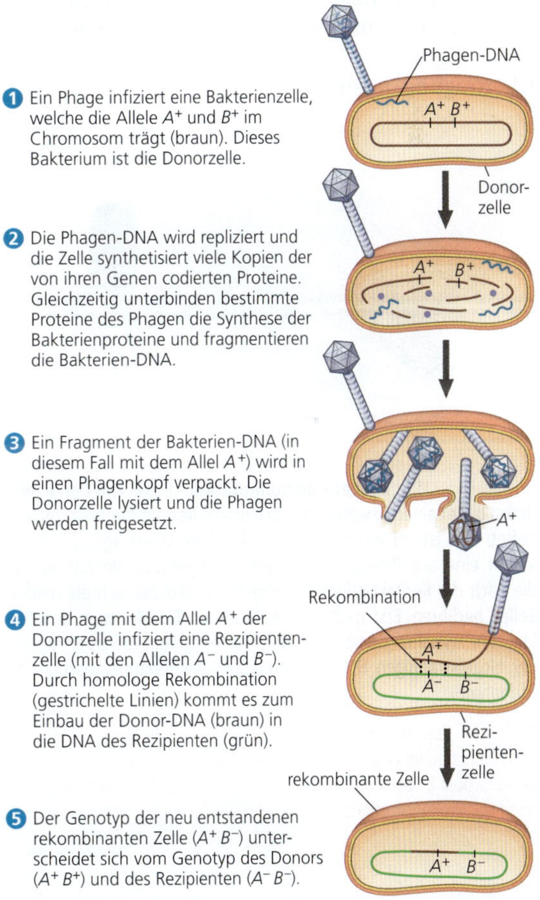

Abbildung 27.6: Transduktion. Bakteriophagen übertragen gelegentlich zufällige Abschnitte des Wirtschromosoms von einer Bakterienzelle (dem Donor) auf eine andere (den Rezipienten). Durch homologe Rekombination kann die neu erworbene DNA anschließend in das Genom des Rezipienten eingebaut werden. A^+/A^- bzw. B^+/B^- kennzeichnen Allele der Gene *A* und *B*.

Von **Transduktion** spricht man, wenn Viren (Bakteriophagen) Bakterienzellen infizieren und bei diesem Vorgang Bakteriengene von einer Wirtszelle in die andere übertragen; die Transduktion ist also eine Form des horizontalen Gentransfers. Bei den meisten Phagen ist die Transduktion ein Zufallsereignis, das sich während des Fortpflanzungszyklus abspielt (Abbildung 27.6).

Konjugation und Plasmide Als **Konjugation** bezeichnet man einen Vorgang, bei dem genetisches Material zwischen zwei vorübergehend verbundenen Bakterienzellen (die meistens zu derselben Art gehören) ausgetauscht wird. Ein solcher DNA-Transfer ist eine Einbahnstraße: Die eine Zelle spendet die DNA, die andere nimmt sie entgegen. Der Donor heftet sich mit seinem Sex-Pilus an den Rezipienten (Abbildung 27.7). Nachdem der Sex-Pilus den Kontakt hergestellt hat, verkürzt er sich, sodass die Zellen zueinander gezogen werden. Anschließend bildet sich zwischen ihnen eine „Paarungsbrücke", die einen Kanal für die DNA-Übertragung darstellt.

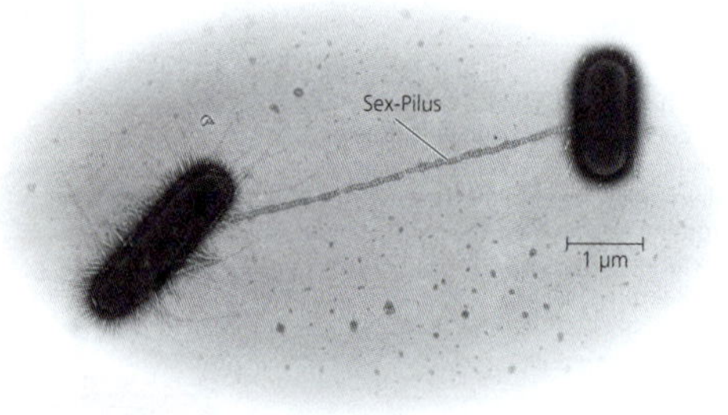

Abbildung 27.7: Bakterielle Konjugation. Die *E. coli*-Donorzelle (links) bildet einen Sex-Pilus, der sich an die Rezipientenzelle (rechts) heftet; dies ist der erste Schritt für eine DNA-Übertragung. Der Pilus ist eine aus Proteinuntereinheiten aufgebaute, flexible Röhre, die nach der Kontaktaufnahme abgebaut wird, bis sich die beiden Zellen berühren. Erst nach dem Aufbau von Transferasom und Relaxosom zwischen den beiden Zellen erfolgt dann die Übertragung der einzelsträngigen DNA (transmissionselektronenmikroskopische Aufnahme).

? Welche Population könnte in einer Umwelt, die sich schnell ändert, wahrscheinlich besser überleben: eine, in der die Individuen zur Konjugation in der Lage sind, oder eine, in der sie diese Fähigkeit nicht besitzen? Begründen Sie Ihre Antwort.

Die Fähigkeit, Sex-Pili zu bilden und DNA durch Konjugation zu übertragen, ist in den meisten Fällen von einem bestimmten DNA-Abschnitt abhängig, dem **F-Faktor** (das F steht für engl. *fertility*, Fruchtbarkeit). Der F-Faktor enthält ungefähr 25 Gene, von denen die meisten für die Bildung der Sex-Pili gebraucht werden. Er kann entweder als Plasmid oder als DNA-Abschnitt innerhalb des Bakterienchromosoms vorliegen.

Das F-Plasmid Die Plasmidform des F-Faktors bezeichnet man als **F-Plasmid**. Zellen, die ein solches Plasmid enthalten und deshalb F^+-Zellen genannt werden, dienen bei der Konjugation als Donor. Die F^--Zellen, denen der F-Faktor fehlt, nehmen die Rolle des Rezipienten ein. Der F^+-Zustand ist übertragbar: Eine F^+-Zelle kann eine F^--Zelle in den Typ F^+ verwandeln, wenn eine Kopie des gesamten F-Plasmids auf die Empfängerzelle übertragen wird (Abbildung 27.8a).

Die Hfr-Zelle Wenn der F-Faktor der Donorzelle im Chromosom lokalisiert ist, können bei der Konjugation auch chromosomale Gene übertragen werden. Eine Zelle mit einem ins Chromosom integrierten F-Faktor bezeichnet man als **Hfr-Zelle** (engl. *high frequency of recombination*, hohe Rekombinationshäufigkeit). Eine Hfr-Zelle kann wie die F^+-Zelle bei der Konjugation mit einer F^--Zelle als Donor dienen (Abbildung 27.8b). Dabei entsteht eine Rekombinante, deren Gene von zwei verschiedenen Zellen stammen.

VERSTÄNDNISFRAGEN

1. Welche Eigenschaften der Bakterien machen es wahrscheinlich, dass in ihren Populationen mit jeder Generation eine beträchtliche genetische Variabilität neu hinzukommt?

2. Stellen Sie die drei Mechanismen, mit denen DNA von einer Bakterienzelle zur anderen übertragen werden kann, vergleichend nebeneinander.

3. WAS WÄRE, WENN? Angenommen, ein nicht pathogenes Bakterium erwirbt eine Resistenz gegen ein Antibiotikum. Könnte dieser Bakterienstamm für Menschen ein Gesundheitsrisiko darstellen? Begründen Sie Ihre Antwort. Wie wirkt sich die Neukombination von Genen allgemein auf die Ausbreitung von Resistenzgenen aus?

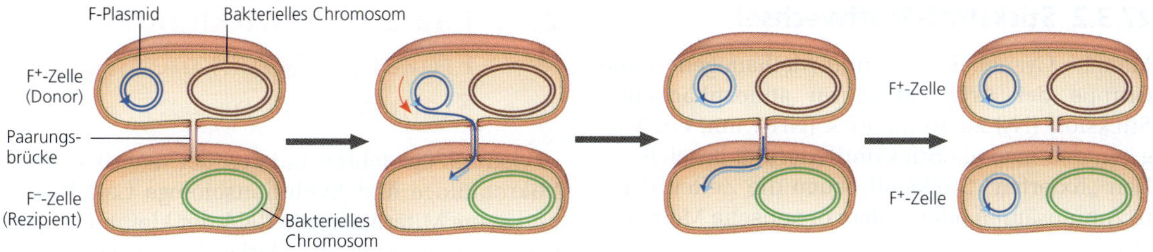

1. Eine Zelle mit einem F-Plasmid (blau; F^+-Zelle) kann mithilfe des Sex-Pilus eine Paarungsbrücke zu einer F^--Zelle bilden. Ein Einzelstrang des F-Plasmids bricht an einer bestimmten Stelle (Spitze des blauen Pfeils).
2. Der geöffnete Strang löst sich ab (roter Pfeil) und ein Ende gelangt über die Paarungsbrücke in die Rezipientenzelle. In der Donor- und der Rezipientenzelle repliziert sich die DNA, sodass wieder DNA-Doppelstränge entstehen (Tochterstränge in hellblau).
3. In der Donor- und Rezipientenzelle setzt sich die Plasmid-DNA-Replikation fort, wobei die Einzelstränge des F-Plasmids als Matrizen zur Synthese der Komplementärstränge (hellblau) dienen.
4. In der Rezipientenzelle schließt sich das Plasmid zum Ring. Jetzt befindet sich in jeder Zelle ein vollständiges F-Plasmid. Die Zellen sind also beide F^+.

(a) Konjugation und Übertragung eines F-Plasmids.

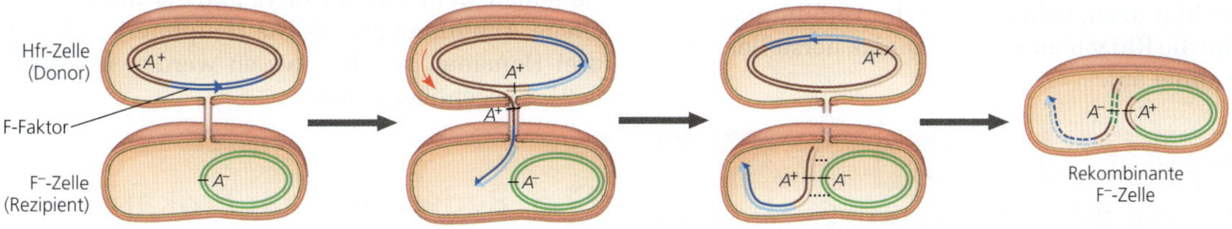

1. In einer Hfr-Zelle ist der F-Faktor (dunkelblau) in das Bakterienchromosom integriert. Da eine Hfr-Zelle alle Gene des F-Faktors besitzt, kann sie mithilfe des Sex-Pilus eine Paarungsbrücke mit einer F^--Zelle bilden und DNA übertragen.
2. Ein Einzelstrang des F-Faktors bricht und wird über die Brücke in die Rezipientenzelle übertragen. In der Donor- und der Rezipientenzelle repliziert sich die DNA, sodass wieder DNA-Doppelstränge entstehen (Tochterstränge in hellblau).
3. Meist bricht die Paarungsbrücke, bevor das gesamte Chromosom übertragen ist. Die DNA-Rekombination (gepunktete Linien) kann zum Austausch homologer DNA-Bereiche zwischen dem übertragenen Fragment (braun) und dem Chromosom (grün) der Rezipientenzelle führen.
4. Lineare DNA, die nicht ins Bakterienchromosom eingebaut wird, wird durch Enzyme der Zelle abgebaut. Die Rezipientenzelle enthält jetzt eine neue Kombination von Allelen, aber keinen F-Faktor; sie ist eine rekombinante F^--Zelle.

(b) Konjugation und Übertragung eines Teils eines Hfr-Bakterienchromosoms mit anschließender Rekombination. A^+/A^- beziehungsweise B^+/B^- kennzeichnen Allele der Gene *A* und *B*.

Abbildung 27.8: **Konjugation und Rekombination bei *E. coli*.** Die DNA-Replikation, die den Transfer eines F-Plasmids oder eines Teils des Hfr-Bakterienchromosoms begleitet, läuft nach dem Mechanismus des rolling circle ab. Eigentlich „rollt" der intakte zirkuläre Ausgangsstrang der DNA, während der andere Strang sich ablöst und in die Rezipientenzelle gelangt. Parallel wird jeweils der neue komplementäre Strang synthetisiert.

27.3 Evolution vielfältiger Anpassungen in der Ernährung und im Stoffwechsel von Prokaryonten

Wie alle Lebewesen, so kann man die Bakterien anhand ihrer Ernährung einteilen, also danach, wie sie sich **Energie**, **Kohlenstoff** und **Reduktionsmittel** beschaffen, die zum Aufbau ihrer organischen Moleküle dienen.

Organismen, die ihre Energie aus der Solarstrahlung beziehen, nennt man *fototroph*; stammt die Energie dagegen aus chemischen Verbindungen, sind sie *chemotroph*. *Autotrophe* Organismen benötigen nur eine anorganische Verbindung wie CO_2 als Kohlenstoffquelle, *heterotrophe* brauchen mindestens einen organischen Nährstoff, beispielsweise Glucose, um daraus andere organische Verbindungen herzustellen.

27.3.1 Die Rolle des Sauerstoffs im Stoffwechsel

Auch im Hinblick auf den Sauerstoff gibt es im Stoffwechsel der Bakterien wichtige Unterschiede. **Obligate Aerobier** brauchen O_2 für die Zellatmung (siehe Kapitel 9) und können ohne ihn nicht wachsen. Umgekehrt ist für **obligate Anaerobier** Sauerstoff toxisch. **Fakultative Anaerobier** nutzen O_2, wenn er vorhanden ist, können aber in einer sauerstoffarmen Umgebung auch durch anaerobe Atmung oder Gärung überleben.

27.3.2 Stickstoff-Stoffwechsel

Manche Cyanobakterien und Methanogene (eine Gruppe der Archaea) setzen atmosphärischen Stickstoff (N_2) zu Ammoniak (NH_3) um, ein Vorgang, den man als **Stickstofffixierung** bezeichnet. Den „fixierten" Stickstoff bauen die Zellen dann in Aminosäuren oder andere organische Moleküle ein.

Die Stickstofffixierung durch Bakterien ist für andere Lebewesen von großer Bedeutung. Stickstoff fixierende Bakterien der Gattung *Rhizobium* können zum Beispiel in Symbiose mit den Wurzeln der Leguminosen (Hülsenfrüchtler) dafür sorgen, dass den Pflanzen mehr Stickstoff zur Verfügung steht: Diese können den Stickstoff aus der Luft nicht nutzen, nehmen aber die Verbindungen auf, die die Rhizobien aus Ammoniak herstellen (siehe Kapitel 55).

VERSTÄNDNISFRAGEN

1. Unterscheiden Sie zwischen den vier Haupternährungstypen und erklären Sie, welche davon ausschließlich bei Bakterien vorkommen.

2. Eine Bakterienart benötigt als organischen Nährstoff nur die Aminosäure Methionin und kommt ausschließlich in dunklen Höhlen vor. Welcher Ernährungsweise bedient sie sich? Begründen Sie Ihre Antwort.

3. **WAS WÄRE, WENN?** Beschreiben Sie, wie für Sie eine typische Mahlzeit aussehen würde, wenn Menschen wie einige Cyanobakterien Stickstoff fixieren könnten.

27.4 Radiäre Entwicklung der Prokaryonten in mehreren Stammeslinien

In den 1970er Jahren nutzten der amerikanische Mikrobiologe und Evolutionsbiologe Carl Woese und seine Mitarbeiter die RNA der kleinen ribosomalen Untereinheit als Marker für die Verwandtschaftsverhältnisse der Organismen. Mit der Methode der 16S-rRNA-Sequenzanalyse gelangten Woese und Mitarbeiter zu der Erkenntnis, dass viele Bakterien, die man früher zu den Bakterien eingeordnet hatte, in Wirklichkeit einer dritten Domäne, die der Archaea, angehören. Die Archaea grenzten sich deutlich von den beiden anderen Domänen, denen der Eukarya und der Bacteria, ab (siehe Abbildung 26.10). Die Hauptmerkmale der drei Domänen von Lebewesen werden in Tabelle 27.2 gegenübergestellt.

27.5 Bedeutung der Prokaryonten für die Biosphäre

27.5.1 Chemisches Recycling

Ökosysteme sind davon abhängig, dass die chemischen Elemente einen ständigen Zyklus zwischen den belebten und unbelebten Bestandteilen der Umwelt durchlaufen, und die Bakterien spielen dabei eine entscheidende Rolle. Chemoheterotrophe Bakterien erfüllen beispielsweise die Funktion der **Destruenten**: Sie zersetzen tote Tiere,

Ernährungsweise	Energiequelle	Kohlenstoffquelle	Organismengruppen
Autotroph			
Foto(litho)autotroph	Licht	CO_2, HCO_3^- oder ähnlicheanorganische Verbindungen	Fototrophe Prokaryonten (z.B. Cyanobakterien); Pflanzen; manche Protisten (z.B. Algen)
Chemo(litho)autotroph	Anorganische Verbindungen (z.B. H_2S, NH_3, NO_2^- oder Fe^{2+})	CO_2, HCO_3^- oder ähnlicheanorganische Verbindungen	Manche Prokaryonten (z.B. *Sulfolobus*, *Nitrobacter*)
Heterotroph			
Fotoheterotroph	Licht	Organische Verbindungen	Manche Prokaryonten (z.B. *Rhodobacter*, *Chloroflexus*); litho- oder organotroph
Chemoheterotroph	Organische Verbindungen	Organische Verbindungen	Die meisten Prokaryonten (z.B. *E. coli* oder *Clostridium*) und Protisten; Pilze; Tiere; manche Pflanzen; organotroph

Tabelle 27.1: **Die wichtigsten Ernährungstypen**

Eigenschaft		Domäne	
	Bacteria	**Archaea**	**Eukarya**
Kernhülle	Nicht vorhanden	Nicht vorhanden	Vorhanden
Membranumhüllte Organellen	Nicht vorhanden	Nicht vorhanden	Vorhanden
Zellwand mit Peptidoglycan	Vorhanden	Nicht vorhanden	Nicht vorhanden
Membranphospholipide	Meist unverzweigte Kohlenwasserstoffe; Esterbindungen der Fettsäuren mit Glyzerin	Verzweigte Kohlenwasserstoffe; Etherbindungen der apolaren Ketten mit Glyzerin	Unverzweigte Kohlenwasserstoffe; Esterbindungen der Fettsäuren mit Glyzerin
RNA-Polymerase	Ein Typ; einfacher Aufbau	Mehrere Typen; komplexer Aufbau	Mehrere Typen; komplexer Aufbau
Erste Aminosäure eines Proteins	Formylmethionin	Methionin	Methionin
Introns in den Genen	Sehr selten	In manchen Genen	Vorhanden
Reaktion auf die Antibiotika Streptomycin und Chloramphenicol	Wachstumshemmung	Keine Wachstumshemmung	Keine Wachstumshemmung; Hemmung der Proteinsynthese der Mitochondrien und Plastiden
Mit der DNA assoziierte Histone	Nicht vorhanden	Bei manchen Arten vorhanden	Vorhanden
Ringförmiges Chromosom	Vorhanden	Vorhanden	Nicht vorhanden
Wachstum bei Temperaturen > 100°C	Nein	Manche Arten	Nein

Tabelle 27.2: **Die drei Domänen der Lebewesen im Vergleich.**

Pflanzenreste und Abfallmaterial und setzen damit Kohlenstoff, Stickstoff, Schwefel und andere Elemente frei. Ohne die Tätigkeit der Bakterien und anderer Destruenten, beispielsweise der Pilze, würde das Leben auf der Erde völlig zum Erliegen kommen (siehe Kapitel 55).

Darüber hinaus setzen Bakterien auch anorganische Verbindungen in Moleküle um, die von anderen Organismen aufgenommen werden können. Autotrophe Bakterien bauen beispielsweise CO_2 in organische Verbindungen ein, die dann die Nahrungsketten durchlaufen. Cyanobakterien geben Sauerstoff in die Atmosphäre ab und verschiedene Bakterien fixieren den atmosphärischen Stickstoff (N_2) in Verbindungen, die anderen Organismen als Bausteine für Proteine und Nucleinsäuren dienen. Unter bestimmten Bedingungen können Bakterien dafür sorgen, dass Nährstoffe wie Stickstoff, Phosphor und Kalium, die für das Pflanzenwachstum essenziell sind, in größeren Mengen zur Verfügung gestellt werden.

27.5.2 Wechselwirkungen mit anderen Organismen

Bakterien sind klein und interagieren häufig mit wesentlich größeren Organismen. In vielen Fällen gehen ein Bakterium und sein Partner eine **symbiontische** Beziehung ein, von der beide Partner profitieren (Abbildung 27.10). In anderen Fällen hat die Wechselbeziehung die Form eines **Kommensalismus**: In diesem Fall profitiert eine Art, ohne dass die andere erkennbar geschädigt wird oder einen Nutzen davon hat. Auf unserer Körperoberfläche leben zum Beispiel über 150 Bakterienarten, die unsere Haut mit bis zu 10 Millionen Zellen je Quadratzentimeter besiedeln. Manche dieser Arten sind Kommensalen: Der Mensch liefert ihnen Nahrung, beispielsweise den Talg aus den Talgdrüsen und Wohnraum; diese Bakterien sind aber für uns weder schädlich noch nützlich. Manche Bakterien schließlich sind **Parasiten**: Der Parasit ernährt sich vom Zellinhalt, vom Gewebe oder von Körperflüssigkeiten seines Wirts; Parasiten schaden zwar ihrem Wirt, aber anders als Räuber (Prädatoren) töten sie ihn nicht oder zumindest nicht sofort. Parasiten, die Krankheiten verursachen, bezeichnet man als **Pathogene**; sie sind in vielen Fällen Bakterien.

Das Phylum Proteobacteria

Zu diesem größten, vielgestaltigsten und metabolisch vielseitigsten Phylum der Bakterien gehören fotoautotrophe, chemoautotrophe und heterotrophe Arten. Manche Proteobacteria sind Aerobier, andere sind anaerob oder fakultativ anaerob. In der molekularen Systematik unterscheidet man fünf Klassen innerhalb der Proteobacteria; der phylogenetische Stammbaum (Abbildung rechts) zeigt ihre aus molekularbiologischen Befunden abgeleiteten Verwandtschaftsbeziehungen.

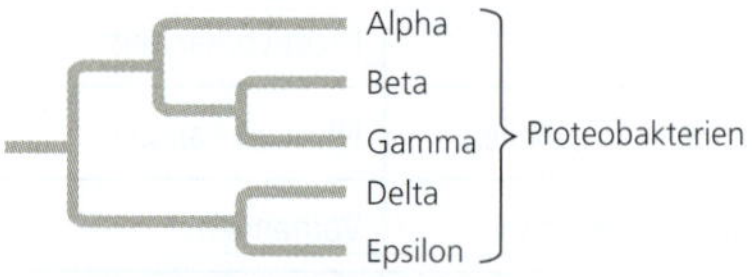

Die Klasse der Alpha-Proteobacteria

Viele Arten dieser Klasse sind eng an eukaryontische Wirtsorganismen gebunden. Die Arten der Gattung *Rhizobium* leben beispielsweise in den Wurzelknöllchen von Leguminosen (Hülsenfrüchtler, u.a. Klee, Erbse, Bohne; siehe Abbildung rechts). Dort wandeln die Bakterien den Stickstoff (N_2) aus der Atmosphäre in organische Stickstoffverbindungen um, aus denen die Wirtspflanze ihre Proteine herstellen kann. Arten der Gattung Agrobacterium verursachen Pflanzentumore; in der Gentechnik benutzt man diese Bakterien, um fremde DNA in das Genom von Nutzpflanzen zu integrieren. Wie in *Abschnitt 25.3* erläutert, nimmt man an, dass Mitochondrien während der Evolution durch **Endosymbiose** aus einem aeroben Alpha-Proteobakterium, das eng mit Rhizobium verwandt war, hervorgegangen sind.

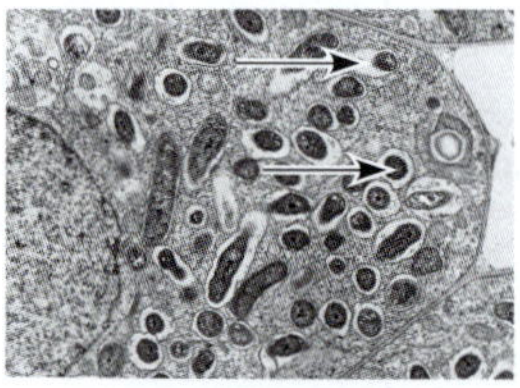

Rhizobien (Pfeile) in einer Wurzelzelle einer Leguminose (Hülsenfrüchtler) (transmissionselektronenmikroskopische Aufnahme)

2,5 µm

Die Klasse der Beta-Proteobacteria

Zu dieser Klasse, deren Mitglieder sich sehr unterschiedlich ernähren, gehört z.B. Nitrosomonas, eine Gattung von Bodenbakterien (siehe Abbildung rechts). Sie oxidieren Ammoniumionen (NH_4^+) zu Nitrit (NO_2^-). Andere Gattungen wie das Alpha-Proteobakterium Nitrobacter oxidieren das für Pflanzen giftige Nitrit weiter zum Nitrat (NO_3^-). Man bezeichnet diese Prozesse als **Nitrifikation**. Beta-Proteobacteria spielen eine wichtige Rolle im **Stickstoffkreislauf** von Ökosystemen (siehe *Abschnitt 55.4*). Andere Mitglieder dieser Klasse sind sehr viele aquatische Bakterien, wie z.B. die fotoheterotrophe Gattung *Rubrivivax*, aber auch pathogene Bakterien, wie z.B. die Art *Neisseria gonorrhoeae*, der Erreger der Gonorrhoe.

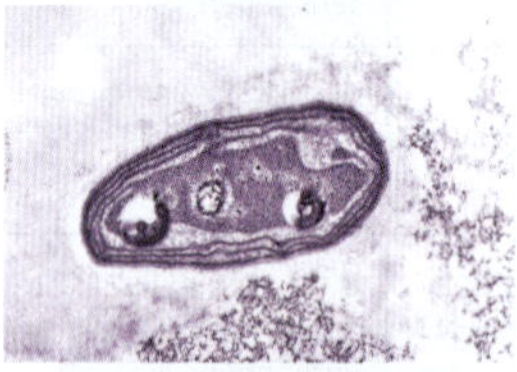

Nitrosomonas (eingefärbte transmissionselektronenmikroskopische Aufnahme)

1 µm

Die Klasse der Gamma-Proteobacteria

Zu dieser Klasse gehört das chemolithotrophe Schwefelbakterium *Thiomargarita namibiensis*, das seine Energie aus der Oxidation von H_2S gewinnt und dabei Schwefel (die kleinen Kügelchen in der Abbildung rechts) als Reservesubstanz in der Zelle ablagert. Manche heterotrophen Gamma-Proteobakterien sind Krankheitserreger; *Legionella* ruft beispielsweise die Legionärskrankheit hervor. Viele Krankheitserreger wie *Salmonella* (für einige Formen der Lebensmittelvergiftung verantwortlich), *Shigella* (*Abschnitt 27.2.2*; R-Plasmide und Antibiotikaresistenz), der Pesterreger *Yersinia pestis* und der normale, nicht pathogene Bewohner des Darms von Menschen und anderen Säugetieren *Escherichia coli* gehören zu der wichtigen, fakultativ anaeroben Familie der Enterobacteriaceae. Das eng mit dieser Familie verwandte Bakterium *Vibrio cholerae* löst die Cholera aus.

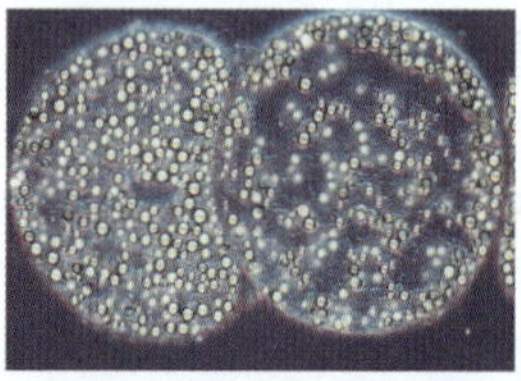

Thiomargarita namibiensis mit Schwefelablagerungen (lichtmikroskopische Aufnahme)

200 µm

Die Klasse der Delta-Proteobacteria

Zu dieser Klasse gehören die schleimproduzierenden Myxobakterien (siehe Abbildung rechts, oben). Wenn der Boden austrocknet oder die Nährstoffe knapp werden, lagern sich die Zellen zu einem Fruchtkörper zusammen, der „Myxosporen" freisetzt. Unter günstigen Umweltbedingungen keimen die Sporen aus und bilden neue Kolonien. Bdellovibrionen (siehe Abbildung rechts, unten) sind Delta-Proteobakterien, die andere Bakterien angreifen und sich dabei mit bis zu 100 µm/s fortbewegen (dies würde einem Menschen entsprechen, der mit einer Geschwindigkeit von 240 km/h läuft). Sie bohren sich in ihren Wirt, wobei sie mit bis zu 100 Umdrehungen/s um ihre Körperachse rotieren. Eine ökologisch sehr bedeutungsvolle Gruppe der Delta-Proteobakterien sind die Sulfatreduzierer. Unter anaeroben Bedingungen reduzieren sie Sulfat (SO_4^{2-}) zu dem nach faulen Eiern riechenden Schwefelwasserstoff (H_2S), welcher anschließend mit Eisenionen (Fe^{2+}) zu unlöslichem schwarzem FeS reagiert. Sulfatreduzierer sind z.B. für die Bildung der schwarzen Farbe der Böden des Wattenmeeres verantwortlich.

Fruchtkörper des Myxobakteriums *Chondromyces crocatus* (rasterelektronenmikroskopische Aufnahme)

300 µm

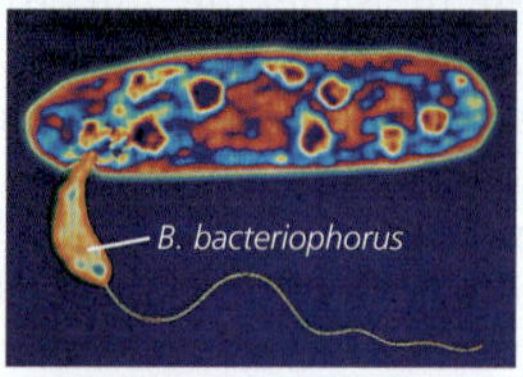

Bdellovibrio bacteriophorus greift ein größeres Bakterium an (eingefärbte transmissionselektronenmikroskopischeAufnahme).

5 µm

Die Klasse der Epsilon-Proteobacteria

Die meisten Arten dieser Klasse rufen bei Menschen oder anderen Tieren Krankheiten hervor. Zu den Epsilon-Proteobakterien gehört *Campylobacter*, ein Pathogen, das Blutvergiftungen und Darmentzündungen hervorruft, und *Helicobacter pylori* (siehe Abbildung rechts), das Magengeschwüre verursacht.

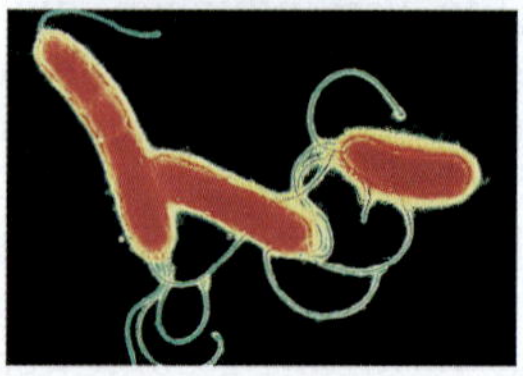

Helicobacter pylori (eingefärbte transmissionselektronenmikroskopische Aufnahme)

2 µm

Abbildung 27.9: Näher betrachtet. Die wichtigsten Gruppen der Bacteria.

Das Phylum Chlamydia

Die Mitglieder dieses kleinen Phylums sind Parasiten und sie überleben ausschließlich in den Zellen von Tieren, auf die sie wegen der Versorgung mit grundlegenden Nährstoffen wie ATP angewiesen sind (siehe Abbildung rechts). Der Aufbau der Zellwand der Gram-negativen Chlamydien ist ungewöhnlich, da sie kein Peptidoglycan enthalten. Weltweit ist die häufigste Ursache der Erblindung auf eine Infektion mit *Chlamydia trachomatis* zurückzuführen. Dieses Bakterium verursacht auch die nicht Gonokokken-abhängige Urethritis, die häufigste sexuell übertragene Krankheit in Europa und den Vereinigten Staaten von Amerika.

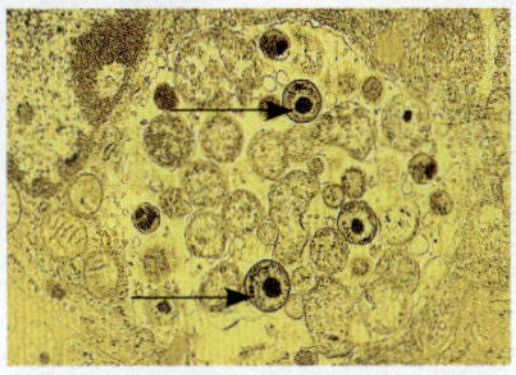

Chlamydia (Pfeile) in einer tierischen Zelle (eingefärbte transmissionselektronenmikroskopische Aufnahme)

2,5 µm

Das Phylum Spirochaeta

Diese Gram-negativen, spiralförmigen, heterotrophen Zellen bewegen sich mit innen liegenden, rotierenden flagellenähnlichen Filamenten durch das Medium. Viele Spirochaeten sind freilebend (siehe Abbildung rechts), andere sind aber auch gefürchtete Parasiten und Krankheitserreger: *Treponema pallidum* verursacht die Syphilis, *Borrelia burgdorferi* ist der Erreger der Borreliose oder Lyme-Krankheit (Abbildung 27.10). *B. burgdorferi* wird durch infizierte Zecken (Ixodida) auf Menschen übertragen. Speziell die Zecken der süddeutschen Wälder und Waldränder tragen häufig diesen Krankheitserreger. Die Zahl der mit Borrelien infizierten Zecken steigt jedoch auch in Norddeutschland stetig weiter an.

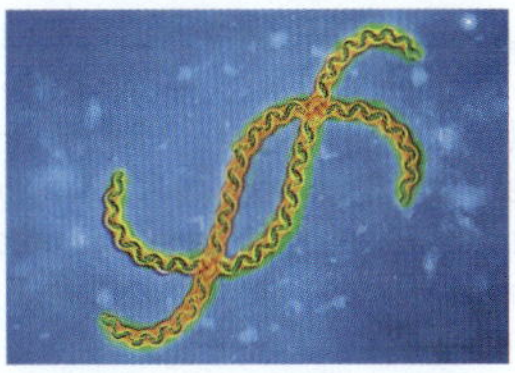

Leptospira, ein Spirochaet (eingefärbte transmissionselektronenmikroskopische Aufnahme)

5 µm

Das Phylum Cyanobacteria

Diese Gram-negativen, fotoautotrophen Bakterien sind die einzigen Prokaryonten, die ähnlich wie Pflanzen und Algen eine oxygene (sauerstoffproduzierende) Fotosynthese betreiben. Chloroplasten haben sich wahrscheinlich im Laufe der Evolution aus endosymbiontischen Cyanobakterien entwickelt (siehe *Abschnitt 25.3*). Einzeln lebende und koloniebildende Cyanobakterien (siehe Abbildung rechts) findet man in großer Anzahl überall dort, wo Wasser vorhanden ist; jedoch auch in den sogenannten biologischen Krusten an der Bodenoberfläche. In den limnischen und marinen Ökosystemen bilden sie ein riesiges Nahrungsreservoir und gehören zum *Phytoplankton*, wobei sie sich im Gegensatz zu den anoxygenen Fototrophen eher an der Wasseroberfläche aufhalten. Einige der höchstentwickelten Arten bilden Zellketten (Filamente) mit differenzierten, stickstofffixierenden Zellen. Sie bauen atmosphärischen molekularen Stickstoff in organische Verbindungen ein, die an die benachbarten, nicht N_2-fixierenden Zellen zur Synthese von Proteinen und anderen organischen Stickstoffverbindungen weitergeleitet werden.

zwei *Oscillatoria*-Arten, filamentöse Cyanobakterien (lichtmikroskopische Aufnahme)

50 µm

Das Phylum der Gram-positiven Bakterien

Die Vielfalt der Gram-positiven Bakterien reicht an die der Proteobakterien heran. Die Gram-positiven teilen sich in zwei Klassen auf, die der Hoch-GC-Organismen und die der Niedrig-GC-Organismen, wobei GC den Guanin- plus Cytosin-Gehalt der DNA des Chromosoms angibt. Die Hauptordnung der Hoch-GC-Klasse ist die der Actinomyceten (griech. *mykes*, Pilz, weil man diese Bakterien früher fälschlich für Pilze gehalten hat). Viele bilden Kolonien in Form verzweigter Zellketten. Zwei Actinomyceten-Arten rufen Tuberkulose bzw. Lepra hervor. Auch das Diphtheriebakterium, *Corynebacterium diphtheriae*, gehört zu dieser Klasse. Die meisten Actinomyceten sind aber freilebende Arten, die an der Zersetzung des organischen Materials im Boden mitwirken; ihre Ausscheidungen sind eine Ursache des „erdigen" Geruchs von Böden. Im Boden lebende Arten der Gattung *Streptomyces* (siehe Abbildung rechts, oben) werden von Pharmaunternehmen gezüchtet und liefern zahlreiche Antibiotika, darunter das Streptomycin. Analog zu den Wurzelknöllchen von Rhizobium gibt es innerhalb der Actinomyceten Arten, die freien Luftstickstoff assimilieren können und in Symbiose mit höheren Pflanzen leben. So lebt *Frankia alni* in den Wurzeln von Erlenarten *(Alnus)* und bildet dort die sogenannten Rhizothamnien aus.

Zur Klasse der Niedrig-GC-Organismen gehören Endosporenbildner wie der Milzbranderreger *Bacillus anthracis* (Abbildung 27.5) und *Clostridium botulinum*, der Erreger des Botulismus. Auch die verschiedenen Arten von *Staphylococcus* und *Streptococcus* gehören zu dieser Klasse.

Die nach dem jetzigen Kenntnisstand einzigen Bakterien, die keine Zellwand besitzen, sind die Mycoplasmen (siehe Abbildung rechts, unten). Auf die Gram-Färbung reagieren sie wegen des Fehlens von Peptidoglycan negativ, aber dennoch scheinen sie von den Gram-positiven Bakterien abzustammen. Mycoplasmen gehören zu den kleinsten Zellen, die man kennt. Mit einem Durchmesser von meist ca. 0,1 µm sind sie nur ungefähr fünfmal so groß wie ein eukaryontisches Ribosom. Mycoplasmen haben ein bemerkenswert kleines Genom: Es enthält beispielsweise bei *Mycoplasma genitalium* nur 517 Gene. Viele Mycoplasmen sind pathogen und lösen Krankheiten bei Tieren oder Pflanzen aus.

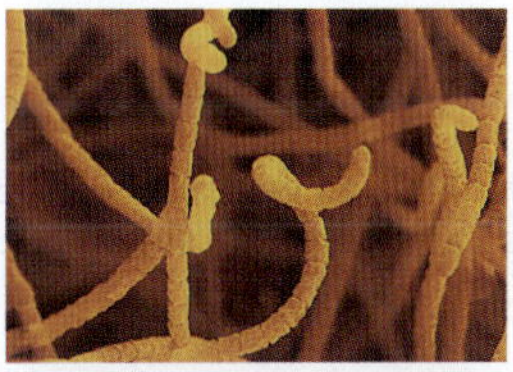

Streptomyces, Produzenten vieler Antibiotika (eingefärbte rasterelektronenmikroskopische Aufnahme)

5 µm

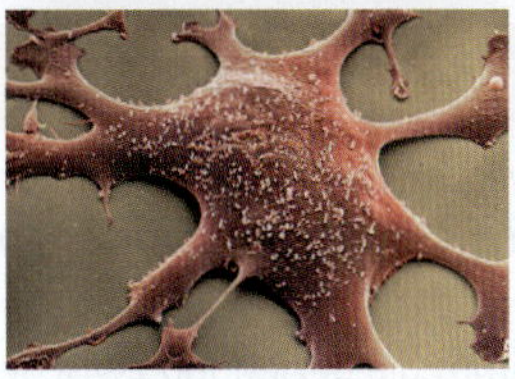

Hunderte von Mycoplasmen (weiße Punkte) auf einer menschlichen Fibroblastenzelle (eingefärbte rasterelektronenmikroskopische Aufnahme)

2 µm

Abbildung 27.10: Symbiose (Mutualismus): Bakterien als „Scheinwerfer". Das leuchtende Oval unter dem Auge des Kleinen Laternenfisches (*Photoblepharon palpebratus*) ist ein Organ, in dem Leuchtbakterien der Gattung Vibrio leben. Der Fisch lockt mithilfe des Lichts seine Beute an und übermittelt Signale an potenzielle Paarungspartner. Die Bakterien werden von dem Fisch mit Nährstoffen versorgt.

Viele Eukaryonten, einschließlich des Menschen, sind auf die Symbiose mit Bakterien angewiesen. Der menschliche Darm beherbergt schätzungsweise 500 bis 1.000 Bakterienarten; die Anzahl ihrer Zellen ist bis zu zehnmal größer als die aller menschlichen Zellen in unserem Körper. In den einzelnen Darmabschnitten leben verschiedene Bakterienarten, die sich je nach ihrer Fähigkeit, verschiedene Nahrungsbestandteile aufzuschließen, unterscheiden. Viele dieser Arten sind Symbionten: Sie verdauen Bestandteile der Nahrungsmittel, die die Enzyme unseres Darms nicht abbauen können.

MERKE!

Parasiten, die Krankheiten verursachen, bezeichnet man als Pathogene; sie sind in vielen Fällen Bakterien.

VERSTÄNDNISFRAGEN

1. Erläutern Sie, warum Bakterien trotz ihrer geringen Größe einen unermesslich großen Einfluss auf unseren Planeten und seine Lebewesen ausüben.

2. Erläutern Sie, warum die Beziehung zwischen Mensch und Darmbakterien eine Symbiose ist.

3. WAS WÄRE, WENN? Angenommen, Sie stellen Ihre Ernährung plötzlich grundlegend um. Wie könnte sich dies auf die Vielfalt der Bakterien in Ihrem Darm auswirken?

27.6 Schädliche und nützliche Auswirkungen der Prokaryonten auf den Menschen

27.6.1 Bakterielle Krankheitserreger

Alle bis heute bekannten pathogenen Prokaryonten sind Bakterien und sie haben ihren negativen Ruf zu Recht. Bakterien verursachen beim Menschen ungefähr die Hälfte aller Krankheiten. Rund zwei Millionen Menschen sterben jährlich an der Lungenkrankheit Tuberkulose, die vom Gram-positiven *Mycobacterium tuberculosis* verursacht wird. Weitere zwei Millionen fallen jedes Jahr Durchfallerkrankungen zum Opfer, für die häufig ebenfalls Bakterien verantwortlich sind.

Manche bakteriellen Erkrankungen werden durch Eukaryonten übertragen, beispielsweise durch Flöhe (*Siphonaptera*), Stechmücken (Culicidae) oder Zecken (Ixodida). Eine in Deutschland weit verbreitete Krankheit, die von Schädlingen übertragen wird, ist die Borreliose (Abbildung 27.11). Ihr Erreger, der Spirochaet *Borrelia burgdorferi*, wird von Zecken übertragen. Unbehandelt kann eine Borreliose schwere Arthritis, Herzkrankheiten und Nervenleiden nach sich ziehen. In der Anfangsphase ist Borreliose jedoch erfolgreich mit Antibiotika behandelbar.

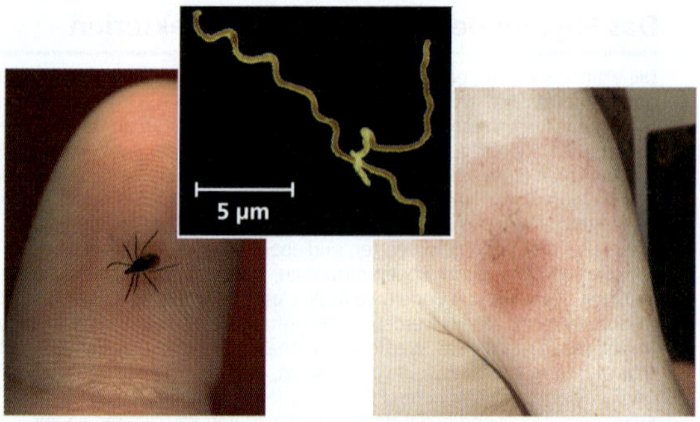

Abbildung 27.11: Die Borreliose. Zecken der Gattung Ixodes breiten die Krankheit aus, da sie den Spirochaeten *Borrelia burgdorferi* übertragen (eingefärbte rasterelektronenmikroskopische Aufnahme). Rund um den Zeckenbiss bildet sich ein Ausschlag, der manchmal groß und ringförmig ist (wie hier gezeigt), in anderen Fällen jedoch kaum auffällt.

In der Regel verursachen pathogene Bakterien eine Krankheit, da sie Giftstoffe produzieren, die man in Exotoxine und Endotoxine unterteilen kann. **Exotoxine** sind Proteine mit einer enzymatischen Wirkung, die von bestimmten pathogenen Bakterien ausgeschieden und anschließend von der Zielzelle aufgenommen werden. Die Cholera, eine gefährliche Durchfallerkrankung, wird von einem Exotoxin des Gamma-Proteobakteriums *Vibrio cholerae* verursacht. Das Exotoxin regt die Zellen dazu an, Chloridionen in den Darm abzugeben und den Ionen folgt durch Osmose das Wasser. Dies führt zu wässrigem Stuhl und der oft lebensbedrohenden Austrocknung des befallenen Menschen.

MERKE!

Exotoxine sind Proteine mit einer enzymatischen Wirkung, die von bestimmten pathogenen Bakterien ausgeschieden und anschließend von der Zielzelle aufgenommen werden.

Als **Endotoxine** bezeichnet man Lipopolysaccharidbestandteile der Außenmembran Gram-negativer Bakterien. Anders als die Exotoxine werden sie nur dann freigesetzt, wenn die Bakterien absterben und ihre Zellwände sich auflösen. Zu den Bakterien, die Endotoxine besitzen, gehören verschiedene Arten der Bakteriengattung *Salmonella*, die in gesunden Tieren normalerweise nicht vorkommt. *S. typhi* beispielsweise verursacht Typhus und manche anderen Arten der gleichen Gattung, zum Beispiel die in Geflügel vorkommende *S. enteriditis*, lösen eine mit Durchfall und Fieber einhergehende Lebensmittelvergiftung aus.

MERKE!

Als Endotoxine bezeichnet man Lipopolysaccharidbestandteile der Außenmembran Gram-negativer Bakterien. Anders als die Exotoxine werden sie nur dann freigesetzt, wenn die Bakterien absterben und ihre Zellwände sich auflösen.

Seit dem 19. Jahrhundert haben sich die Gefahren, die von pathogenen Bakterien ausgehen, in den Industrieländern durch verbesserte hygienische Verhältnisse und den zunehmenden medizinischen Fortschritt stark reduziert. Auch Antibiotika haben viele Menschenleben gerettet und die Krankheitshäufigkeit gesenkt. Derzeit entwickelt sich jedoch bei vielen Bakterienstämmen zunehmend eine Antibiotikaresistenz. Die schnelle Vermehrung der Bakterien schafft die Möglichkeit, dass Resistenzgene sich durch natürliche Selektion in Bakterienpopulationen schnell ausbreiten. Durch horizontalen Gentransfer können solche Gene auch auf andere Arten übertragen werden.

Durch horizontalen Gentransfer können sich auch Gene ausbreiten, die Virulenz verleihen und ansonsten harmlose Bakterien in tödliche Krankheitserreger verwandeln. *E. coli* zum Beispiel ist normalerweise ein harmloser Kommensal im Darm des Menschen. Es haben sich aber auch Stämme entwickelt, die einen blutigen Durchfall verursachen.

Seit ihrem frühen Einsatz in den 1940er Jahren konnten mithilfe von Antibiotika die Krankheitsfälle durch pathogene Prokaryonten deutlich reduziert und das Leben vieler Menschen gerettet werden. Leider sind aber durch den täglichen Gebrauch auch die **Resistenzen gegenüber Antibiotika** in vielen Bakterien über die Jahre deutlich angestiegen. Obwohl dem Gesundheitswesen dieses Problem bewusst ist, hält die Entdeckung neuer Antibiotika nicht Schritt mit der zunehmenden bakteriellen Resistenzentwicklung. Daher stehen wir heute vor der Problematik, dass für jedes im Einsatz befindliche Antibiotikum mindestens eine Bakterienart eine Resistenz dagegen entwickelt hat.

27.6.2 Prokaryonten in Forschung und Technik

Die Bakterien sind für die Biosphäre und die Aufrechterhaltung aller Ökosysteme von so großer Bedeutung, dass so gut wie alle anderen Arten ohne sie keine Überlebenschance hätten.

Wir ziehen aus den Stoffwechselleistungen der Bakterien und Archaea in vielfacher Hinsicht einen großen Nutzen. Milchsäurebakterien werden beispielsweise schon seit Jahrtausenden verwendet, um Milch in Käse und Joghurt zu verwandeln. In den letzten Jahren führten die erweiterten Kenntnisse über Bakterien zu einer Fülle neuer Anwendungsgebiete in der Biotechnik; zwei Beispiele sind die Verwendung von *E. coli* bei der Klonierung und von *Agrobacterium tumefaciens* zur Herstellung transgener Pflanzen wie Goldreis (siehe Kapitel 20).

Bakterien sind auch die wichtigsten Partner bei der **biologischen Sanierung**, das heißt dem biologischen Abbau von Schadstoffen im Boden, in der Luft oder im Wasser mithilfe von Mikroorganismen. So zersetzen beispielsweise anaerobe Bakterien und Archaea in einer Kläranlage das organische Material im Abwasser und setzen es zu Faulschlamm um, den man nach seiner Sterilisierung als Düngemittel verwenden kann. Andere Anwendungsgebiete der biologischen Sanierung sind die Bekämpfung einer Ölpest und die Beseitigung radioaktiven Materials (beispielsweise Uran) aus dem Grundwasser.

Mithilfe der Gentechnik kann man heute Bakterien so abwandeln, dass sie Vitamine, Antibiotika, Hormone und viele andere Produkte herstellen (siehe Kapitel 20).

Unter anderem wollen Wissenschaftler versuchen, den Verbrauch fossiler Brennstoffe zu reduzieren, indem sie gentechnisch veränderte Bakterien dazu bringen, Ethanol aus verschiedenen Formen

Wissenschaftliche Übung

Zeichnen Sie ein Balkendiagramm und interpretieren Sie die Daten

Können Bodenmikroorganismen Erntepflanzen vor Krankheiten schützen? Die Erdschicht, die Pflanzenwurzeln umgibt, wird Rhizosphäre (Boden-Wurzel-Kontaktbereich) genannt und ist eine komplexe, miteinander interagierende Gemeinschaft aus Archaea, Bacteria, Pilzen und Pflanzen. Wenn Erntepflanzen von pilzartigen oder bakteriellen Schädlingen befallen werden, kann die Rhizosphäre manchmal vor erneutem Befall schützen. Man spricht dabei von einem krankheitunterdrückenden Bodenbereich. Pflanzen, die in diesem Bereich wachsen, sind weniger durch Pflanzenschädlinge gefährdet (*Abbildung unten*). In dieser Übung sollen Sie beurteilen, ob Mikroorganismen für den Schutzeffekt des krankheitsupprimierenden (krankheitunterdrückenden) Erdreichs verantwortlich sind.

Durchführung des Experiments Wissenschaftler gewannen krankheitsupprimierendes Erdreich, indem sie 25 willkürlich gewählte Erdproben von einem Acker in den Niederlanden sammelten, dessen Zuckerrübenernte kürzlich mit dem Pilz *Rhizoctonia solani* befallen war. Dieser pflanzenpathogene Pilz schädigt auch Kartoffel- und Reispflanzen. Außerdem wurden Bodenproben aus den grasbewachsenen Randstreifen desselben Feldes genommen, auf denen keine Zuckerrüben gewachsen waren. Nach Vorhersage der Wissenschaftler sollte das Erdreich des grasbewachsenen Randstreifens keinen Schutz vor dem pathogenen Pilz bieten.

Im Gewächshaus wurden Zuckerrübensetzlinge in fünf verschieden behandelte Bodenproben eingepflanzt. Von jeder Behandlungsform gab es fünf Töpfe mit jeweils acht Pflanzen darin. Die Töpfe wurden mit *R. solani* infiziert, und nach 20 Tagen Wachstum wurde der Prozentsatz an infizierten Pflanzen in jedem Topf bestimmt und die Werte für jede Boden-Behandlungsform wurden gemittelt.

Experimentelle Daten

Bodenart und Behandlungsform	Prozentsatz der mit Pilzen befallenen Keimlinge (Mittelwert)
Krankheitsupprimierendes Erdreich	3,0
Erdreich des grasbewachsenen Randstreifens	62,0
Erdreich des grasbewachsenen Randstreifens + 10 % des krankheitsupprimierenden Erdreichs	39,0
Krankheitsupprimierendes Erdreich für eine Std. auf 50 °C erhitzt	31,0
Krankheitsupprimierendes Erdreich für eine Std. auf 80 °C erhitzt	70,0

Datenauswertung

Welche Hypothese testen die Wissenschaftler in dieser Studie? Welche ist die bekannte und welche die unbekannte Variable?

Welche Gesamtmenge an Pflanztöpfen wurde verwendet und wie viele Pflanzen wurden jeweils für eine bestimmte Boden-Behandlungsform eingesetzt? Erklären Sie, warum so viele Töpfe und Pflanzen verwendet wurden.

Verwenden Sie die Werte der Tabelle, um ein Balkendiagramm zu zeichnen. Beschreiben und vergleichen Sie dann die Ergebnisse der fünf verschiedenen Ansätze.

Die Wissenschaftler bewerteten die Ergebnisse folgendermaßen: „Zusammengefasst zeigen diese Ergebnisse, dass die krankheitsupprimierende Wirkung des Erdreichs mikrobieller Natur ist". Wird diese Aussage durch die Ergebnisse des Diagramms unterstützt? Begründen Sie Ihre Antwort.

Quelle: R. Mendes et al., Deciphering the rhizosphere for diseasesuppressive bacteria, *Science* 332: S.1097–1100 (2011).

von Biomasse herzustellen, u.a. aus landwirtschaftlichen Abfällen, Altpapier, Gräsern, schnell wachsenden Holzpflanzen oder Mais. Aus ökologischer Sicht ist die Anwendung dieser Technik nach Auffassung einiger Wissenschaftler jedoch umstritten, da die Bioethanol-Gewinnung oft mit einem großen Landschaftsverbrauch einhergeht. Die Nützlichkeit von Bakterien beruht hauptsächlich auf ihren zahlreichen Stoffwechselwegen und Ernährungsformen. Diese metabolische Vielfalt hat sich noch vor den strukturellen Umbrüchen entwickelt, die mit der Evolution der Eukaryonten einhergingen und mit denen wir uns in den folgenden Kapiteln beschäftigen möchten.

In der wissenschaftlichen Übung haben Sie die Möglichkeit, die Ergebnisse der Auswirkungen dieser Bakterien in einem Experiment zu beurteilen.

VERSTÄNDNISFRAGEN

1. Nennen Sie mindestens zwei Wege, auf denen Bakterien heute positive Auswirkungen auf unser Leben ausüben können.

2. Das Toxin eines pathogenen Bakteriums verursacht Symptome, durch die das Bakterium größere Chancen hat, von einem zu einem anderen Wirt zu gelangen. Sagt diese Information etwas darüber aus, ob es sich bei dem Gift um ein Exotoxin oder ein Endotoxin handelt? Begründen Sie Ihre Antwort. *Hinweis*: Denken Sie hierbei zum Beispiel an eine Durchfallerkrankung wie Cholera.

3. WAS WÄRE, WENN? Schlagen Sie neben dem horizontalen Gentransfer eine weitere Hypothese vor, mit der man erklären könnte, warum pathogene *E. coli*-Stämme Gene besitzen, die bei nicht pathogenen nicht vorkommen. Wie könnte man Ihre Hypothese überprüfen?

ZUSAMMENFASSUNG

Strukturelle und funktionelle Anpassung als Erfolgsrezept der Prokaryonten

Eine Prokaryontenzelle besteht aus einer Zellwand (kommt bei fast allen Prokaryonten vor; unterschiedliche Struktur bei Gram-positiven und Gram-negativen Bakterien), aus einem ringförmigen Chromosom (außerdem häufig kleinere DNA-Ringe, die Plasmide), einem Sex-Pilus (Zellanhang für die Konjugation), einer Kapsel (aus Polysacchariden oder Proteinen; hilft der Zelle sich anzuheften und/oder dem Immunsystem des Wirts zu entgehen) und Flagellen (dienen den meisten beweglichen Bakterien zur Fortbewegung; viele Arten können sich auf bestimmte Reize zu- oder von ihnen wegbewegen). Zellkern, membranumhüllte Organellen oder Kompartimentierung fehlen.

Prokaryonten können sich durch Zweiteilung sehr schnell vermehren, was zur Bildung von Populationen mit einer enorm hohen Anzahl an Individuen führt. Manche Arten bilden Endosporen, die auch unter unwirtlichen Bedingungen unter Umständen jahrhundertelang lebensfähig bleiben. Prokaryonten-Populationen können bei einer Veränderung der Umweltbedingungen in kurzer Zeit eine umfangreiche Evolution durchmachen.

Schnelle Vermehrung, Mutation und Neukombination von Genen als Ursache der genetischen Vielfalt von Prokaryonten

Da viele Prokaryonten sich sehr schnell vermehren, können Mutationen in einer Population rasch eine große genetische Variabilität entstehen lassen. Als Ergebnis können sich prokaryontische Populationen innerhalb kurzer Zeitspannen an wechselnde Umweltbedingungen anpassen (adaptive Evolution).

Die genetische Diversität kann bei Prokaryonten auch durch die Übertragung von DNA zwischen verschiedenen Zellen entstehen (bei Bakterien durch Transformation, Transduktion oder Konjugation). Durch Übertragung vorteilhafter Gene, beispielsweise solche für Antibiotikaresistenzen, kann die Rekombination von Genen in Prokaryonten-Populationen die adaptive Evolution begünstigen.

Evolution vielfältiger Anpassungen in der Ernährung und im Stoffwechsel der Prokaryonten

Organismen, die ihre Energie aus der Solarstrahlung beziehen, nennt man fototroph; stammt die Energie dagegen aus chemischen Verbindungen, sind sie chemotroph. Autotrophe Organismen benötigen nur eine anorganische Verbindung wie CO_2 als Kohlenstoffquelle, heterotrophe brauchen mindestens einen organischen Nährstoff, beispielsweise Glucose, um daraus andere organische Verbindungen herzustellen. Bei den Prokaryonten findet man alle vier Haupttypen der Ernährung: Foto(litho)autotrophie, Chemo(litho)autotrophie, Fotoheterotrophie (litho- oder organotroph) und Chemoheterotrophie.

Die Rolle des Sauerstoffs im Stoffwechsel. Obligate Aerobier brauchen O_2, für obligate Anaerobier ist O_2 toxisch, während fakultative Anaerobier mit und ohne O_2 leben können.

Stickstoff-Stoffwechsel. Im Gegensatz zu Eukaryonten können Prokaryonten in ihrem Stoffwechsel ein breites Spektrum stickstoffhaltiger Verbindungen umsetzen. Manche Arten wandeln atmosphärischen Stickstoff in Ammoniak um; ein Prozess der **Stickstofffixierung** genannt wird.

Radiäre Entwicklung der Prokaryonten in mehreren Stammeslinien

Die molekulare Systematik ermöglicht eine phylogenetische Klassifizierung der Prokaryonten und identifiziert neue Phyla.

Die diversen Ernährungstypen sind in allen größeren Bakteriengruppen zu finden. Die beiden größten Phyla der Bacteria sind die Proteobacteria und die Gram-positiven Bakterien.

Archaea haben einige Merkmale mit Bacteria gemeinsam, andere mit Eukarya. Manche Archaea, unter ihnen die Hyperthermophilen und Extrem-Halophilen, leben unter extremen Umweltbedingungen.

Bedeutung der Prokaryonten für die Biosphäre

Die Zersetzung von Biomasse durch heterotrophe Prokaryonten und die Synthesetätigkeit der autotrophen und stickstofffixierenden Prokaryonten ermöglichen in den Ökosystemen einen biogeochemischen Kreislauf der chemischen Elemente.

Viele Prokaryonten leben in einer engen Beziehung mit anderen Organismen; das Spektrum der Beziehungen zwischen Prokaryonten und ihren Partnern reicht von der Symbiose über den Kommensalismus bis zum Parasitismus.

Schädliche und nützliche Auswirkungen der Prokaryonten auf den Menschen

Pathogene Bakterien verursachen Krankheiten in der Regel dadurch, dass sie Exotoxine oder Endotoxine freisetzen. Durch horizontalen Gentransfer können Gene, die mit Virulenz assoziiert sind, auch auf harmlose Stämme übertragen werden.

Experimente mit Bakterien wie *Escherichia coli* und *Agrobacterium tumefaciens* haben zu wichtigen Fortschritten in der Gentechnik beigetragen. Prokaryonten kann man zur biologischen Sanierung ebenso einsetzen wie zur Herstellung biologisch abbaubarer Kunststoffe und zur Synthese von Vitaminen, Antibiotika und anderen Produkten.

Der Ursprung und die Evolution der Eukaryonten

28

28.1 Die meisten Eukaryonten sind Einzeller

Als Protisten wird allgemein eine vielgestaltige Gruppe meist einzelliger Eukaryonten bezeichnet. Mittlerweile ist klar, dass die Gruppe der Protista in Wirklichkeit paraphyletisch ist (siehe Abbildung 26.6): Manche von ihnen sind mit Pflanzen, Pilzen oder Tieren enger verwandt als mit anderen Protisten. Der Begriff Protist ist in der Biologie nach wie vor geläufig, aber er dient nur zur Bezeichnung von einzelligen Eukaryonten, die also weder Pflanze noch Tier oder Pilz sind.

Bei den Organismen in den meisten Abstammungslinien der Eukaryonten handelt es sich um Protisten. Die großen, vielzelligen Lebewesen, die wir am besten kennen (Pflanzen, Tiere und Pilze) sind nur die Spitzen einiger weniger Zweige im großen Stammbaum der Organismen (siehe Abbildung 26.10).

MERKE!
Als Protisten wird allgemein eine vielgestaltige Gruppe meist einzelliger Eukaryonten bezeichnet.

28.1.1 Struktur- und Funktionsvielfalt bei Protisten

Wie man in Abbildung 28.1 erkennt, haben viele Protisten einen Durchmesser von nur 0,5 bis 21 µm; sie sind also so klein wie die Bakterienzelle direkt über dem Maßstabsbalken. Die Organismen dieser Gruppe zeigen eine größere Struktur- und Funktionsvielfalt als alle anderen Gruppen der Eukaryonten.

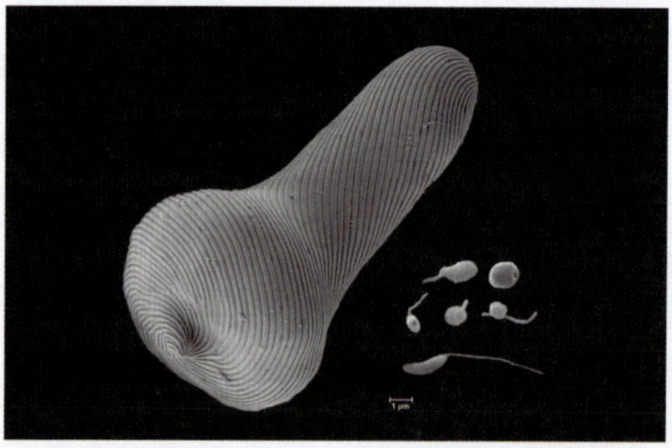

Abbildung 28.1: Welche dieser Organismen sind Prokaryonten und welche Eukaryonten?

Die meisten Protisten sind Einzeller, es gibt aber auch einige Arten, die Kolonien oder vielzellige Organismen bilden. Einzellige Protisten gelten zu Recht als die einfachsten Eukaryonten, aber auf der Ebene der Zellen sind viele von ihnen sehr komplex. Die meisten Organellen der Protisten wurden bereits in Kapitel 6 vorgestellt: Zellkern, endoplasmatisches Reticulum, Golgi-Apparat und Lysosomen. Manche Protisten besitzen auch Organellen, die in den meisten anderen Eukaryontenzellen nicht vorkommen, wie beispielsweise die kontraktilen Vakuolen, die überschüssiges Wasser aus der Zelle pumpen.

Auch in ihrer Ernährungsweise sind die Protisten vielgestaltiger als andere Gruppen der Eukaryonten. Manche von ihnen sind fotoautotroph und enthalten Chloroplasten. Andere sind heterotroph und absorbieren organische Moleküle oder nehmen größere Nahrungsteilchen in sich auf. Wieder andere werden als mixotroph bezeichnet: Sie betreiben sowohl Fotosynthese als auch eine heterotrophe Ernährungsweise.

Auch hinsichtlich ihrer Fortpflanzung und im Entwicklungszyklus unterscheiden sich die verschiedenen Protisten voneinander. Manche Arten pflanzen sich ausschließlich ungeschlechtlich fort, andere reproduzieren sich sexuell oder vollziehen zumindest den Prozess der Meiose und Verschmelzung von Gameten. Alle drei Grundtypen sexueller Entwicklungszyklen (siehe Abbildung 13.5) sind unter den Protisten vertreten. Zwei Beispiele für den Aufbau, die Ernährung und die Fortpflanzung von Protisten werden ausführlich in den folgenden Abbildungen erläutert: das Pantoffeltierchen *Paramecium caudatum* (Abbildung 28.2) und die Grünalge *Chlamydomonas* (Abbildung 28.3).

28.1.2 Endosymbiose in der Evolution der Eukaryonten

Vieles spricht dafür, dass die gewaltige Vielgestaltigkeit der Protisten ihren Ursprung zu einem großen Teil in der Endosymbiose hat, einem Vorgang, bei dem bestimmte einzellige Organismen andere Zellen einschließen, sodass diese zu Endosymbionten und letztlich zu Organellen der Wirtszelle werden. Wie in Kapitel 25 erläutert wurde, weist vieles darauf hin, dass die ersten Eukaryonten ihre Mitochondrien erwarben, indem sie einen aeroben Prokaryonten in sich aufnahmen.

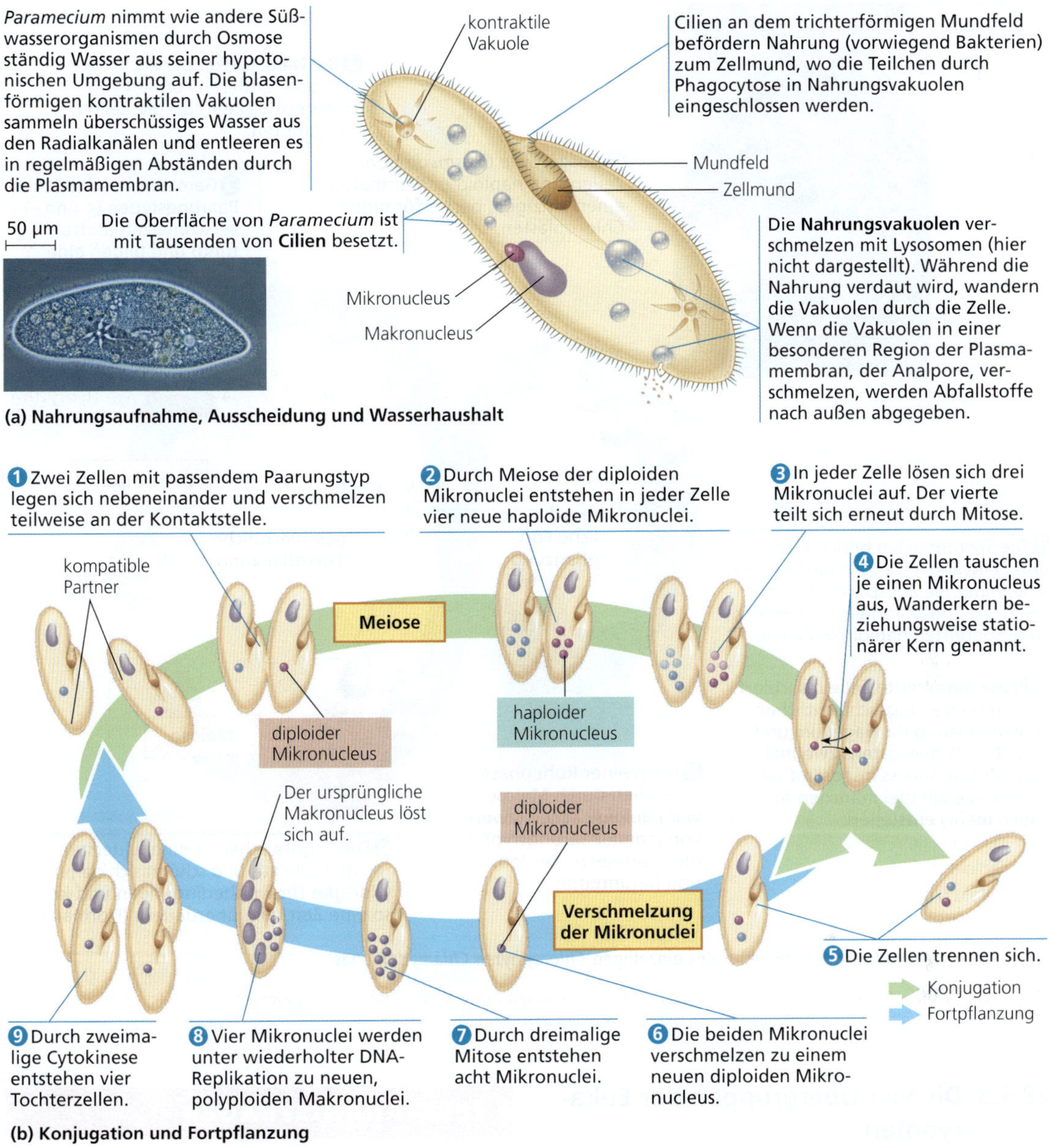

Abbildung 28.2: **Aufbau und Funktionen des Ciliaten *Paramecium caudatum*.**

Ebenso deutet vieles darauf hin, dass durch die endosymbiontische Aufnahme fotosynthetisch aktiver Cyanobakterien sich die Plastiden entwickelten. Für solche Hypothesen spricht auch die Beobachtung, dass die DNA der Plastidengene von Rot- und Grünalgen stark der DNA von Cyanobakterien ähnelt. Außerdem sind die Plastiden der Rot- und Grünalgen von zwei Membranen umgeben, die der Innen- und Außenmembran der Gramnegativen Cyanobakterien-Endosymbionten entsprechen.

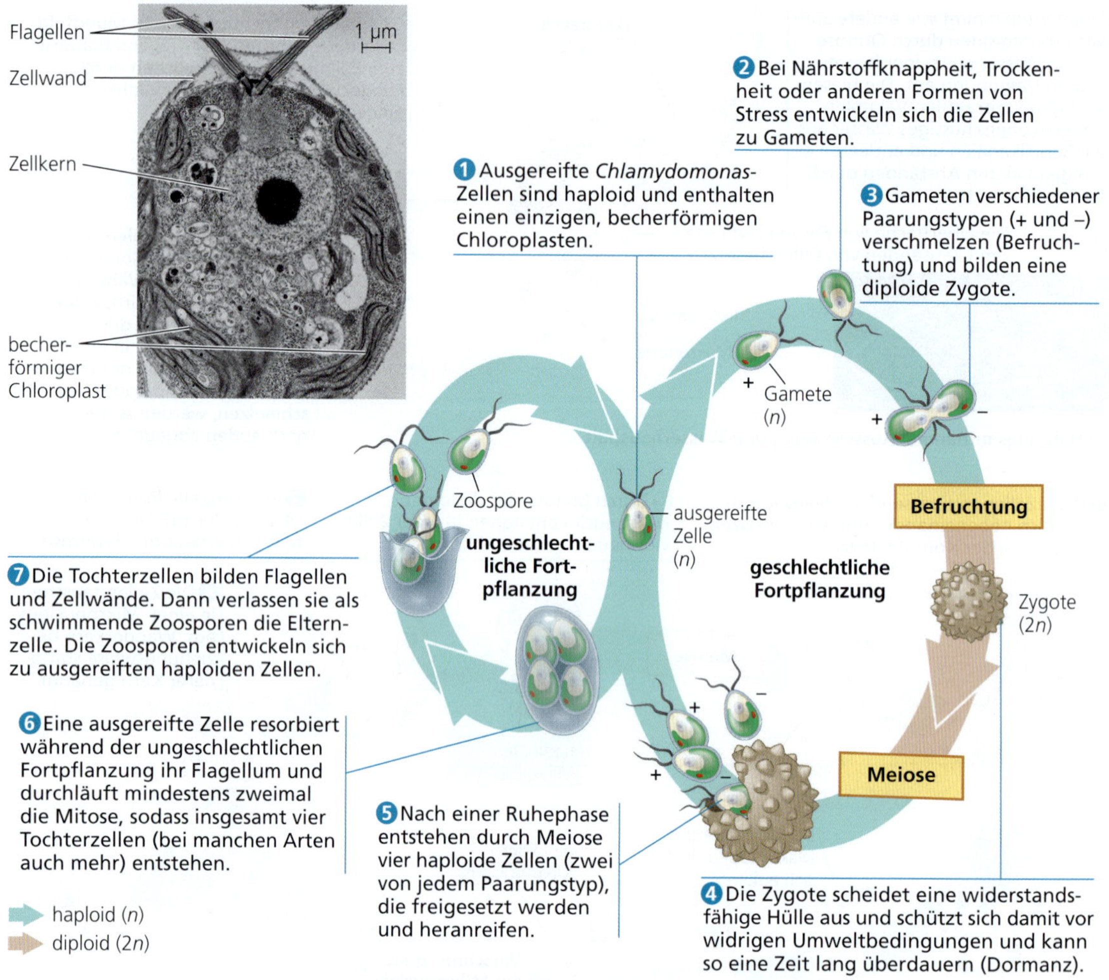

Abbildung 28.3: Der Entwicklungszyklus des einzelligen *Chlorophyten Chlamydomonas.*

? ZEICHENÜBUNG Markieren Sie in der Schemazeichnung das Stadium (oder die Stadien), in denen Klone gebildet werden, sodass zusätzliche, genetisch mit den Ausgangszellen identische Tochterzellen entstehen.

28.1.3 Die vier Übergruppen der Eukaryonten

Unsere Kenntnisse über die Entwicklungsgeschichte der Protisten waren in den letzten Jahren ständig im Fluss. In diesem Kapitel dreht sich die Diskussion um eine derzeit gängige Hypothese: um die in Abbildung 28.4 gezeigten vier Übergruppen der Eukaryonten. Da man die Wurzel des Eukaryontenstammbaumes nicht kennt, sind alle vier Übergruppen so dargestellt, als würden sie sich gleichzeitig aus einem gemeinsamen Vorfahren entwickeln. Wir wissen, dass es so in Wirklichkeit nicht gewesen sein kann, aber bisher ist nicht klar, welche Linie sich als erste von den anderen abspaltete.

VERSTÄNDNISFRAGEN

1. Nennen Sie mindestens vier Beispiele für die Struktur- und Funktionsvielfalt unter den Protisten.

2. Erläutern Sie die Bedeutung der Endosymbiose für die Evolution der Eukaryonten.

3. WAS WÄRE, WENN? Studieren Sie die Abbildung 28.4 und zeichnen Sie dann ein vereinfachtes Schema für den phylogenetischen Stammbaum, das nur die fünf Übergruppen der Eukaryonten zeigt. Dann skizzieren Sie, wie der Stammbaum aussehen würde, wenn sich die Unikonta als erste Gruppe von den übrigen Eukaryonten abgespalten hätte.

Nach der Hypothese der stammesgeschichtlichen Entwicklung, wie sie in dem unten gezeigten Stammbaum wiedergegeben ist, werden die Eukaryontengruppen an den Spitzen der Äste zu größeren Übergruppen zusammengefasst, deren Namen in den senkrechten Balken ganz rechts im Diagramm erscheinen. Gruppen, die früher den Protista zugeordnet wurden, sind gelb unterlegt. Gestrichelte Linien stehen für stammesgeschichtliche Verwandtschaftsbeziehungen, die nicht gesichert sind oder derzeit besonders intensiv diskutiert werden. Aus Gründen der Übersichtlichkeit zeigt dieser Stammbaum für jede Übergruppe nur einige repräsentative Gruppen. Darüber hinaus zeigen auch die jüngsten Entdeckungen neuer, bisher unbekannter Gruppen, dass die Diversität der Eukaryonten viel größer ist als hier dargestellt werden kann.

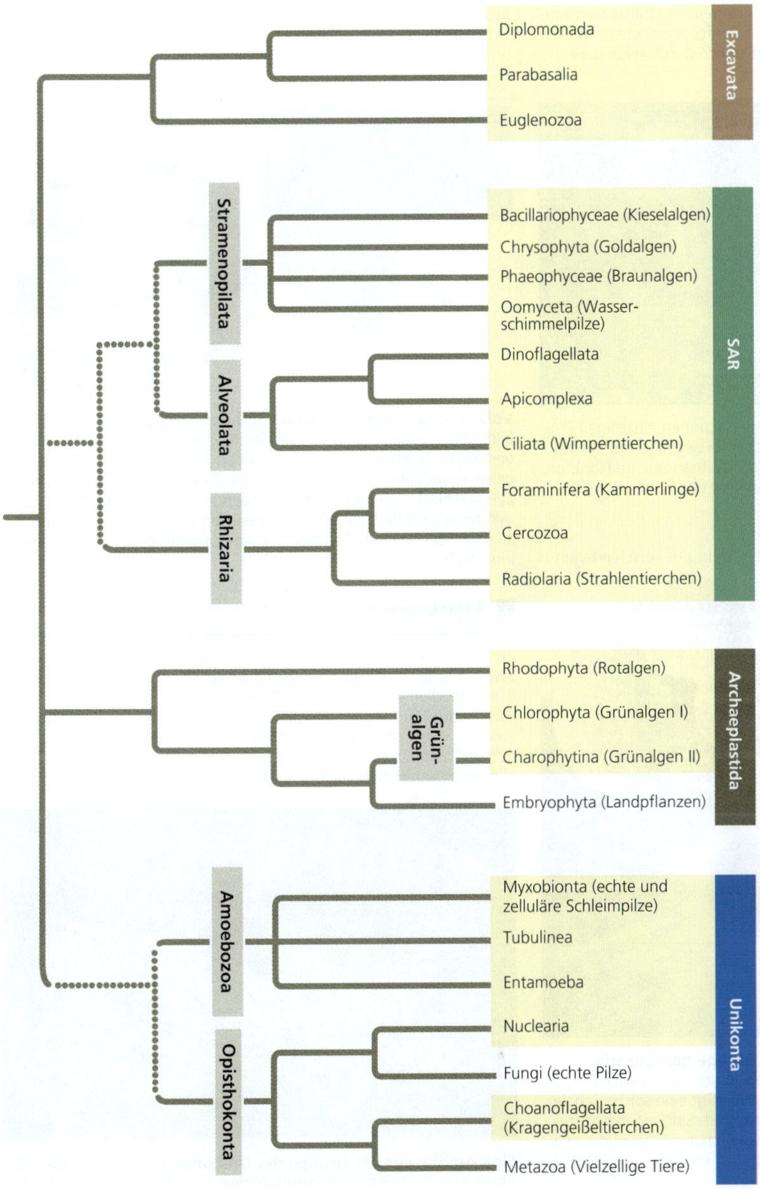

Excavata

Einige Angehörige dieser Übergruppe tragen auf einer Seite ihres Zellkörpers eine „ausgehöhlte" Vertiefung. Zwei wichtige monophyletische Gruppen (die Parabasaliden und die Diplomonaden) besitzen abgewandelte Mitochondrien; andere (die Euglenozoa) tragen Flagellen, die sich in ihrem Aufbau von denen anderer Organismen unterscheiden. Zu den Excavata gehören Parasiten wie Giardia, aber auch viele räuberische und fotosynthetisch aktive Arten.

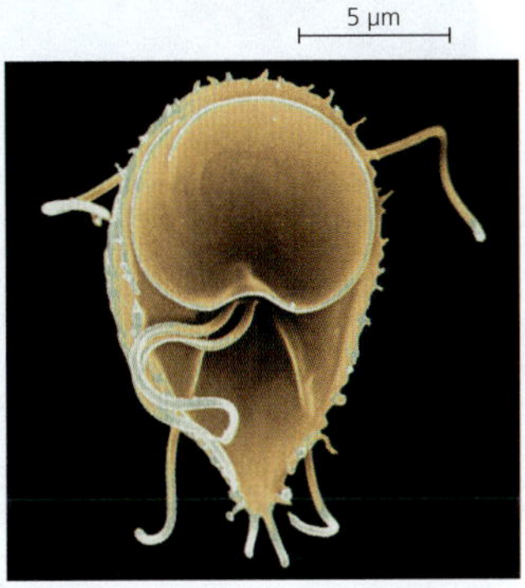

***Giardia intestinalis*, ein Parasit aus der Gruppe der Diplomonaden.** Dieser Organismus (eingefärbte rasterelektronenmikroskopische Aufnahme) kann Menschen infizieren, wenn sie mit Exkrementen verunreinigtes Wasser trinken, das Cysten dieses Parasiten enthält. Die Aufnahme von infiziertem Wasser – das sogar aus einem scheinbar sauberen Bach stammen kann – führt zu einer Infektion des Dünndarms und zieht unter Umständen schweren Durchfall mit Krämpfen und Brechreiz nach sich. Durch Abkochen des Wassers wird der Parasit abgetötet.

Abbildung 28.4: Näher betrachtet. Die Vielfalt der Protisten.

SAR-Übergruppe

Die SAR-Übergruppe umfasst drei große und recht diverse Gruppen: Stramenopilata, Alveolata und Rhizaria. Die Anfangsbuchstaben dieser Gruppe waren auch namensgebend für die SAR-Übergruppe. Zu den Stramenopilata gehören einige der wichtigsten fotosynthetisch aktiven Organismen der Erde, darunter die hier gezeigten Diatomeen. Die Gruppe der Alveolata umfasst auch die Braunalgen, die im Meer unter Wasser dichte „Tangwälder („kelp forests") bilden, sowie wichtige Krankheitserreger wie den Malariaerreger Plasmodium und Phytophthora, die im 19. Jahrhundert in Irland zum Ausfall der Kartoffelernte führte und eine große Hungersnot verursachte. Die meisten der fotosynthetisch aktiven Stramenopilata und Alveolata sind wahrscheinlich durch sekundäre Endosymbiose entstanden.

Die Vielfalt der Diatomeen. Diese ästhetisch schönen einzelligen Protisten sind in aquatischen Lebensgemeinschaften wichtige fotosynthetisch aktive Organismen. (lichtmikroskopische Aufnahme). Im Plankton aller Meere und ganz besonders im Wattenmeer der Nordsee stellen sie die wichtigsten Primärproduzenten dar.

Die Rhizaria-Untergruppe der SAR-Gruppe besteht aus verschiedenen Amöbenarten. Die meisten von ihnen besitzen nadelförmige, eindimensionale Filopodien; es handelt es sich um Ausstülpungen, die aus jedem Bereich der Zelle entstehen können; sie dienen der Fortbewegung und dem Beutefang.

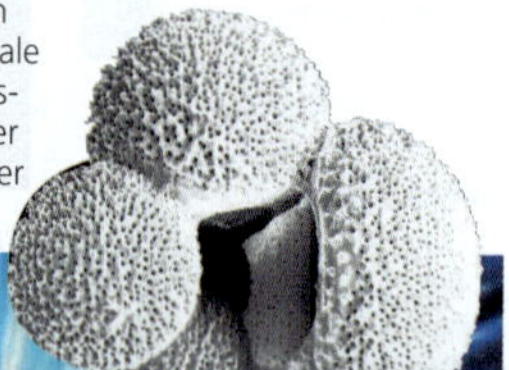

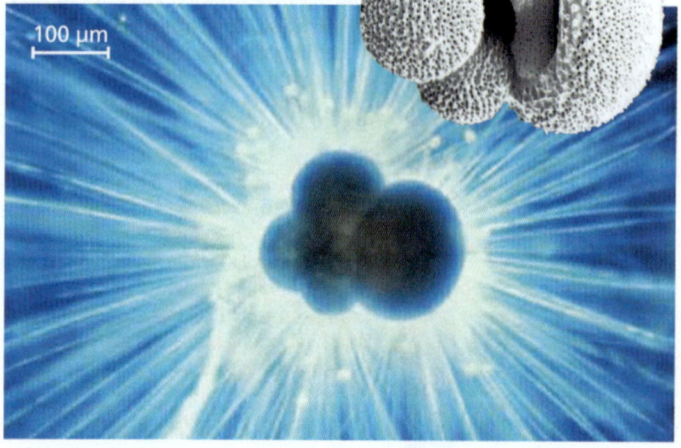

***Globigerina*, eine Foraminifere aus der Gruppe der Rhizaria.** Durch Öffnungen im Gehäuse ragen Filopodien hervor, die auch Netze bilden können (Reticulopodien). Das kleine Bild zeigt eine solche Schale; sie wird durch eingelagertes Calciumcarbonat hart. Solche Schalen tragen zur Sedimentbildung in Ozeanen bei, wodurch in größeren geologischen Zeitspannen Foraminiferenkalke entstehen können (zum Beispiel die Kreidefelsen auf Rügen).

Archaeplastida

Zu dieser Gruppe der Eukaryonten gehören die Rot- und Grünalgen, aber auch die Landpflanzen. Mit Ausnahme der Rotalgen werden diese Gruppen als Chlorobionta oder Viridiplantae zusammengefasst und bezeichnen das Pflanzenreich (siehe Kapitel 29 und 30). Bei den Rot- und Grünalgen gibt es sowohl einzellige als auch Kolonien bildende Arten (beispielsweise die Grünalge Volvox) und Vielzeller. Viele große Algen, die umgangssprachlich als „Seetang" bezeichnet werden, sind vielzellige Grün- oder Rotalgen (aber auch Braunalgen). Zu den Protisten unter den Archaeplastida gehören wichtige fotosynthetisch aktive Arten, die in manchen aquatischen Lebensgemeinschaften die unterste Ebene des Nahrungsnetzes bilden.

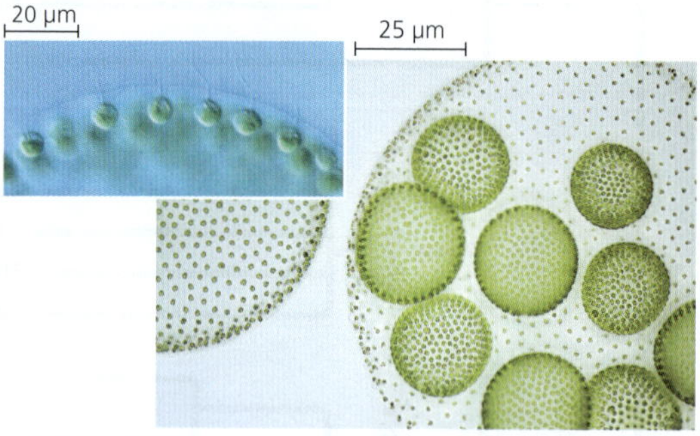

***Volvox*, eine Kolonie bildende Süßwasser-Grünalge.** Die Kolonie bildet eine Hohlkugel. Ihre Wand besteht aus Hunderten von zweigeißeligen Zellen (kleine lichtmikroskopische Aufnahme), die in eine geleeartige Matrix eingebettet sind. Die Zellen sind in der Regel durch Zytoplasmastränge miteinander verbunden; isolierte Zellen können sich nicht fortpflanzen. Die hier gezeigten großen Kolonien setzen zu einem bestimmten Zeitpunkt kleinere „Tochterkolonien" aus ihrem Inneren frei.

Unikonta

Zu dieser Eukaryontengruppe gehören Amöben mit breitlappigen, zweidimensionalen Lamellipodien oder wülstigen, dreidimensionalen Pseudopodien sowie Tiere und Pilze, aber auch Protisten, die mit Pilzen oder Tieren näher verwandt sind. Einer aktuellen Hypothese zufolge waren Unikonta möglicherweise die ersten Eukaryonten, die sich von anderen Eukaryonten abspalteten; diese Vorstellung hat sich allerdings bisher nicht allgemein durchgesetzt).

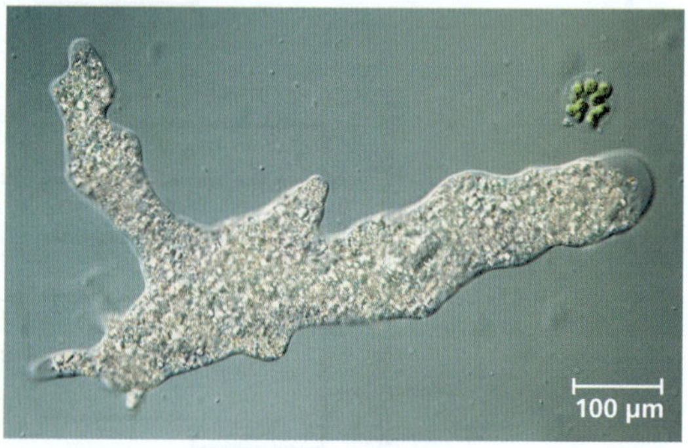

Eine Amöbe aus der Gruppe der Unikonta. Die Amöbe *(Amoeba proteus)* schließt mit ihren Pseudopodien gerade eine kleine Grünalge ein.

28.2 Protisten spielen eine Schlüsselrolle in allen ökologischen Wechselbeziehungen

Die meisten Protisten leben im Wasser und man findet sie fast überall, wo es Wasser gibt, auch in terrestrischen Lebensräumen wie feuchtem Boden oder verrottendem Laub. In Meeren, Seen und Teichen leben viele Protisten am Gewässerboden, wo sie sich an einem festen Substrat anheften können oder wo sie durch Sand und Schlick kriechen. Andere Protisten sind ein bedeutender Bestandteil des Planktons.

28.2.1 Symbiontische und parasitische Protisten

Viele Protisten gehen symbiontische und parasitische Beziehungen mit anderen Arten ein. Dinoflagellaten sind zum Beispiel fotosynthetisch aktiv und liefern Nährstoffe an ihre Partner, die Korallenpolypen, die große Riffe aufbauen. Korallenriffe sind höchst vielgestaltige Ökosysteme. Ihre gesamte Vielfalt ist letztlich von den Korallen abhängig – und auch von den mutualistischen Protisten, die als Symbionten leben und die Korallen mit lebenswichtiger Energie versorgen.

Ein weiteres Beispiel sind die ursprünglichen von Holz lebenden Termiten. Ohne Symbionten können Termiten kein Holz verdauen. Nur die große

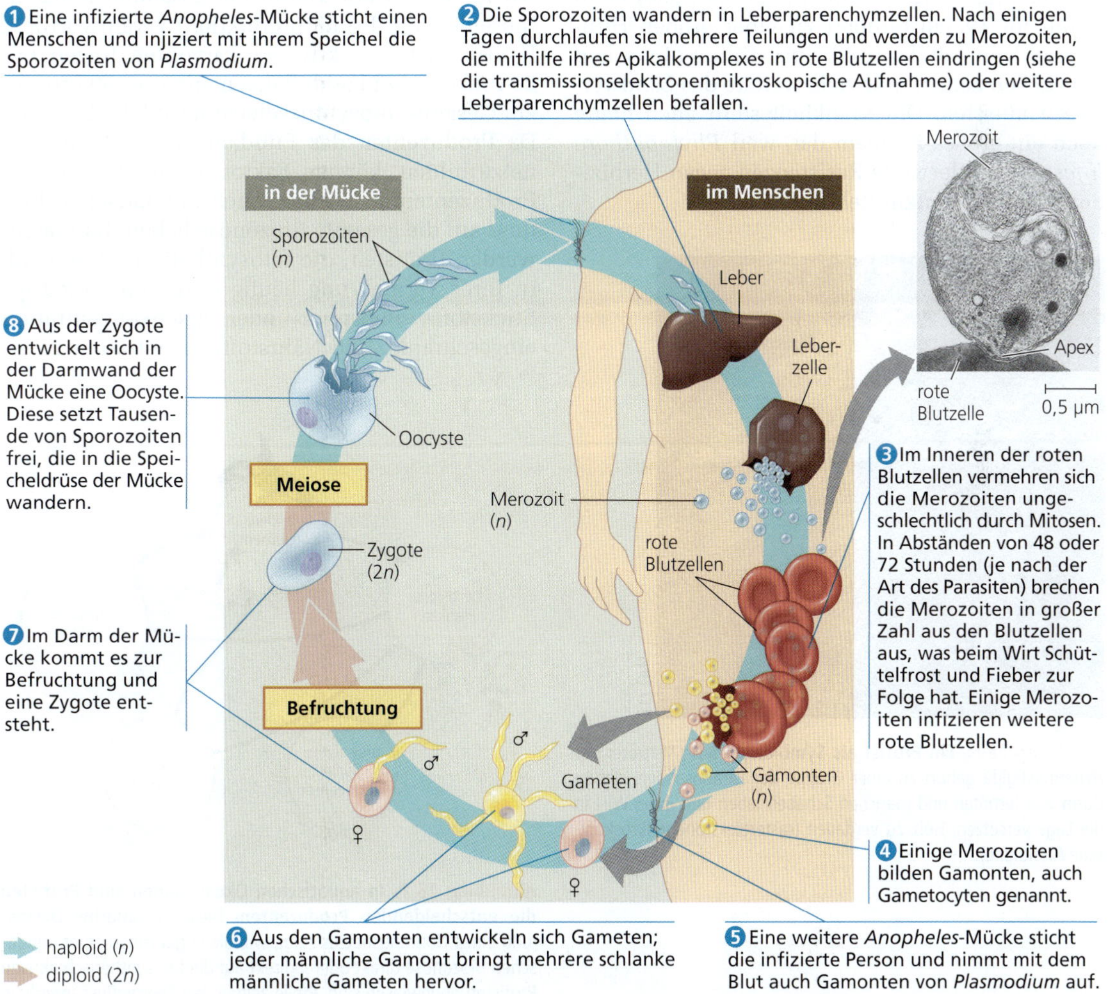

Abbildung 28.5: Der Entwicklungszyklus des Malariaparasiten *Plasmodium* mit seinen zwei Wirtsorganismen.

? Haben die morphologischen Unterschiede zwischen Sporozoiten, Merozoiten und Gamonten ihre Ursache in unterschiedlichen Genomen oder in einer unterschiedlichen Genexpression? Begründen Sie Ihre Antwort.

Anzahl das Holz abbauender Protisten, die in ihrem Darm leben, ermöglicht ihnen ihre Ernährung (siehe Abbildung 28.6).

Unter den Protisten sind auch Parasiten, die bereits die Wirtschaft ganzer Staaten geschädigt haben. Ein Beispiel ist der Malariaerreger *Plasmodium* (Abbildung 28.5). Ein weiteres Beispiel ist *Pfiesteria shumwayae*, ein Parasit aus der Gruppe der Dinoflagellaten, der sich an seinen Opfern festheftet und an ihrer Haut frisst. Unter den Arten, die als Parasiten an Pflanzen leben, gelangte der Kartoffelmehltau *Phytophthora infestans* zu trauriger Berühmtheit. Dieser Oomycet (Generationswechsel; Abbildung 28.2) verursacht z.B. bei Kartoffelpflanzen (*Solanum tuberosum*) die Schwarzfäule, bei der sich Blätter und Stängel der Kartoffelpflanzen mit einem dunklen Schleim überziehen, der eine Fäulnis bewirkt. Der Kartoffelmehltau trug erheblich dazu bei, dass es in Irland im 19. Jahrhundert zu einer großen Hungersnot kam, bei der rund eine Million Menschen ums Leben kamen und viele weitere das Land verlassen mussten. Die Krankheit stellt auch heute noch ein großes Problem dar, weil *Phytophthora infestans* mittlerweile Resistenzen gegen Herbizide (Pflanzenschutzmittel) bildet.

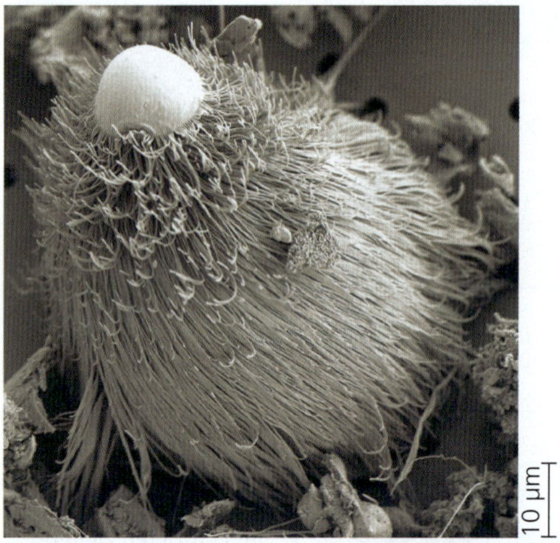

Abbildung 28.6: Ein Protist als Symbiont. Dieser Vertreter der Hypermastigida gehört zu einer Gruppe der Parabasaliden, die im Darm von Termiten und manchen Schaben leben und ihren Wirt in die Lage versetzen, Holz zu verdauen (rasterelektronenmikroskopische Aufnahme).

28.2.2 Fotosynthetisch aktive Protisten

Viele Protisten sind wichtige **Primärproduzenten**, Organismen, die Energie aus der Solarstrahlung (oder aus bestimmten anorganischen Substanzen) beziehen, um Kohlendioxid zu organischen Verbindungen umzusetzen. Produzenten bilden die unterste Ebene von Nahrungsnetzen. In aquatischen Ökosystemen handelt es sich bei den wichtigsten Produzenten um Protisten und Prokaryonten, die fotosynthetisch aktiv sind. Alle anderen Organismen dieser aquatischen Biozönosen sind letztlich auf sie angewiesen, und zwar entweder direkt, indem sie selbst diese Produzenten konsumieren oder indirekt innerhalb der Nahrungskette, indem sie Organismen fressen, die sich von diesen Produzenten ernähren (Abbildung 28.7). Schätzungen zufolge sind Diatomeen, Dinoflagellaten, vielzellige Algen und andere Protisten global für bis zu ein Viertel der gesamten Fotosyntheseleistung (Primärproduktion) verantwortlich. Fotosynthetisch aktive Prokaryonten tragen mit 20 Prozent und Landpflanzen mit etwa 50 Prozent zur Gesamt-Fotosyntheseleistung auf der Erde bei. Da Produzenten das Fundament der Nahrungsnetze bilden, können Faktoren, die sich auf die Produzenten auswirken, auch dramatischen Einfluss auf die gesamte Biozönose haben. Im Wasser werden Protisten, die fotosynthetisch aktiv sind, in ihrer Vermehrung häufig durch eine niedrige Stickstoff-, Phosphor- oder Eisenkonzentration eingeschränkt. Die Nährstoffkonzentration in ei-

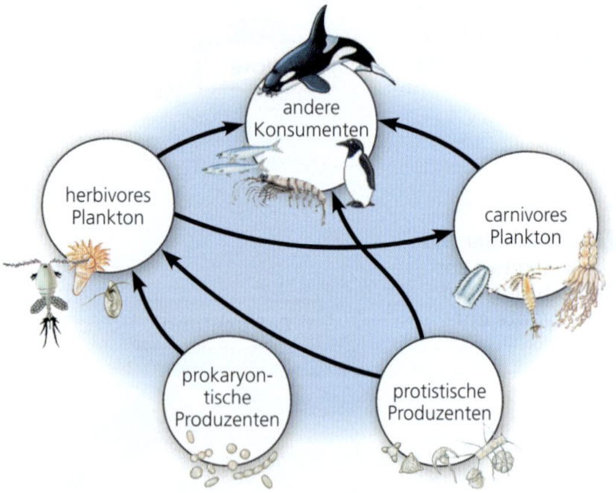

Abbildung 28.7: In aquatischen Ökosystemen sind Protisten die entscheidenden Produzenten. Diese vereinfachte Darstellung eines Nahrungsnetzes zeigt, wie die Organismen einer aquatischen Biozönose direkt oder indirekt auf die fotosynthetisch aktiven Protisten angewiesen sind. Pfeile zeigen den Energiefluss innerhalb eines solchen Nahrungsnetzes auf.

nem Gewässer kann durch verschiedene Tätigkeiten der Menschen ansteigen. Wird beispielsweise Kunstdünger oder Gülle auf landwirtschaftlichen Flächen ausgebracht, ist die Wahrscheinlichkeit groß, dass ein Teil der Nährstoffe vom Regen in einen Fluss gespült wird, der in einen See oder letztlich ins Meer mündet. Dies führt unter Umständen zu einer erheblichen Vermehrung der fotosynthetisch aktiven Protisten. Eine solche Zunahme kann die Bestände anderer Arten in der Biozönose stark negativ beeinflussen.

Wie wird sich zukünftig die globale Erwärmung auf die fotosynthetisch aktiven Protisten und andere Produzenten in den Nahrungsnetzen auswirken? Das Wachstum und die Biomasse von fotosynthetisch aktiven Protisten und Prokaryonten in vielen Meeresgebieten hat durch den Klimawandel stark abgenommen, während die Temperatur der obersten Wasserschicht kontinuierlich anstieg. Aktuelle Untersuchungen zeigen, dass sich durch die Erwärmung des oberflächennahen Wassers eine Barriere aus leichterem warmem Wasser bildet, die zu einer stabilen Schichtung und Aus-

Abbildung 28.8: Aus der Forschung

Wo liegt die Wurzel des Eukaryontenstammbaums?

Experiment Angesichts der Schwierigkeiten, die Wurzel des phylogenetischen Stammbaums der Eukaryonten zu finden, schlugen Alexandra Stechmann und Thomas Cavalier-Smith von der Universität Oxford 2002 eine neue methodische Vorgehensweise vor. Sie untersuchten zwei Gene, die Enzyme codieren: das eine ist die Dihydrofolatreduktase (DHFR), das andere die Thymidylatsynthase (TS). Dabei nutzten sie ein seltenes Evolutionsereignis aus: Bei manchen Organismen sind die Gene für DHFR und TS verschmolzen, sodass nur ein einziges Enzym entsteht, das aber beide Enzymaktivitäten besitzt. Stechmann und Cavalier-Smith sequenzierten die DHFR- und TS-Gene von neun Arten (ein Choanoflagellat, zwei Amöbozoen, eine Euglenozoe, je ein Vertreter der Alveolata und Stramenopilata sowie drei Rhizarien). Die dabei gewonnenen Daten stellten sie in den Zusammenhang früher veröffentlichter Befunde für verschiedene Arten von Bakterien, Tieren, Pflanzen und Pilzen.

Ergebnis Alle untersuchten Bakterien haben getrennte Gene für DHFR und TS; man kann somit annehmen, dass dies der ursprüngliche Zustand war (im Stammbaum an der Basis rot dargestellt). Andere Taxa mit getrennten Genen sind durch eine rote Schrift gekennzeichnet. Die verschmolzenen Gene sind ein abgeleitetes Merkmal: Sie finden sich bei manchen Mitgliedern (blaue Schrift) der Übergruppen Excavata, Chromalveolata, Rhizaria und Archaeplastida.

Schlussfolgerung Nach diesen Befunden liegt die Wurzel des Stammbaums zwischen den Unikonta und allen anderen Eukaryonten. Demnach kann man vermuten, dass die Unikonta sich als erste Gruppe von den übrigen Eukaryonten abspalteten. Oder, anders ausgedrückt, Excavata, SAR-Übergruppe und Archaeplastida zeigen eine nur ihnen gemeinsame evolutive Neuheit (Synapomorphie) in Gestalt der fusionierten DHFR- und TS-Gene.

Da diese Schlussfolgerung sich nur auf dieses einzige Merkmal und sehr wenige Vertreter aus den jeweiligen Gruppierungen stützt, wird man ihre Stichhaltigkeit erst mit weiteren Befunden sicher beurteilen können.

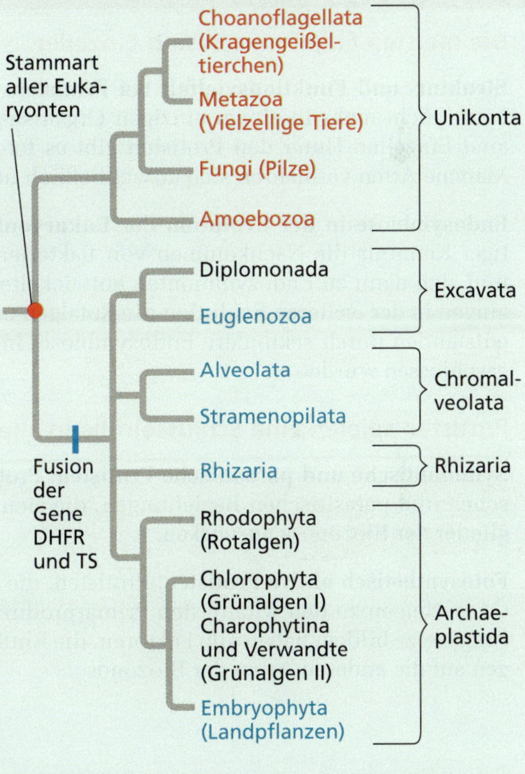

Quelle: A. Stechmann und T. Cavalier-Smith, Rooting the eukaryote tree by using a derived genefusion, *Science* 297:89–91 (2002).

? WAS WÄRE, WENN? Stechmann und Cavalier-Smith schreiben, ihre Befunde seien „nur dann stichhaltig, wenn die Gene nur einmal fusioniert sind und sichnicht sekundär getrennt haben". Warum ist diese Annahme für ihre methodische Vorgehensweise von so entscheidender Bedeutung?

bildung einer Dichtesprungschicht führt und so das Aufsteigen des schwereren, kalten, nährstoffreichen Tiefenwassers behindert. Alle fotosynthetisch aktiven marinen Primärproduzenten sind aber auf diese oberflächennahen Nährstoffe angewiesen. Bestätigt sich diese Hypothese, so werden die Temperaturveränderungen weitreichende Konsequenzen für die marinen Ökosysteme, Fischereierträge und den globalen Kohlenstoffhaushalt haben. Die globale Erwärmung betrifft ebenso die Primärproduzenten an Land, aber die unterste Ebene der Nahrungsnetze bilden hier nicht Protisten, sondern einige ihrer Verwandten: die Landpflanzen, die wir in den Kapiteln 29 und 30 genauer vorstellen werden.

VERSTÄNDNISFRAGEN

1. Begründen Sie die These, dass fotosynthetisch aktive Protisten zu den wichtigsten Organismen der Biosphäre gehören.

2. Beschreiben Sie das Spektrum symbiontischer und parasitischer Beziehungen, an denen Protisten beteiligt sind.

3. WAS WÄRE, WENN? Hohe Wassertemperaturen und Wasserverschmutzung können bewirken, dass Korallen ihre Symbionten, die Dinoflagellaten, verlieren. Wie würde sich dies auf die Korallen selbst und andere Arten des Ökosystems ‚Korallenriff' auswirken?

ZUSAMMENFASSUNG

Die meisten Eukaryonten sind Einzeller

Struktur- und Funktionsvielfalt bei Protisten. Die Protisten sind sehr vielgestaltig und werden heute nicht mehr in einem einzigen Organismenreich zusammengefasst. Die meisten von ihnen sind Einzeller. Unter den Protisten gibt es fotoautotrophe, heterotrophe und mixotrophe Arten. Manche Arten vermehren sich ausschließlich ungeschlechtlich, andere sexuell.

Endosymbiose in der Evolution der Eukaryonten. Mitochondrien und Plastiden sind nach heutiger Kenntnis die Nachkommen von Bakterien, die von anderen Zellen eingeschlossen wurden und sich dann zu Endosymbionten entwickelten. Aus der Abstammungslinie, die Plastiden trägt, gingen in der weiteren Evolution die Rotalgen und die Grünalgen hervor. Andere Protistengruppen entstanden durch sekundäre Endosymbiose, in deren Verlauf Rot- oder Grünalgen ihrerseits eingeschlossen wurden.

Protisten spielen eine Schlüsselrolle in allen ökologischen Wechselbeziehungen

Symbiontische und parasitische Protisten. Protisten beteiligen sich an verschiedenen symbiontischen und parasitischen Beziehungen, die sich auf ihre jeweiligen Partner und viele andere Mitglieder der Biozönose auswirken.

Fotosynthetisch aktive Protisten. Protisten, die fotosynthetisch aktiv sind, gehören in aquatischen Ökosystemen zu den wichtigsten Primärproduzenten. Da sie die Ausgangsbasis der marinen Nahrungsnetze bilden, haben alle Faktoren, die Einfluss auf sie selbst nehmen, auch starke Auswirkungen auf die anderen Arten der Biozönose.

Die Vielfalt der Pflanzen I: Wie Pflanzen das Land eroberten

29

29.1 Die Entstehung der Landpflanzen aus Grünalgen

Seitdem die Pflanzen das Land eroberten, haben sie eine hohe Artenvielfalt entwickelt; heute kennt man über 290.000 Landpflanzenarten. Nach heutiger Kenntnis sind Grünalgen die engsten Verwandten der Landpflanzen.

29.1.1 Morphologische und molekularbiologische Befunde

Viele wichtige Merkmale der Landpflanzen findet man auch bei verschiedenen Protisten, insbesondere bei Algen. Wie die Braun-, Rot- und manche Grünalgen, so sind auch Landpflanzen vielzellige, eukaryontische, autotrophe Organismen, die Fotosynthese betreiben (siehe Kapitel 28). Landpflanzen haben Zellwände aus Cellulose – das Gleiche gilt auch für Grünalgen, Dinoflagellaten und Braunalgen. Außerdem gibt es Chloroplasten mit den Chlorophyllen *a* und *b* bei den Landpflanzen, aber auch bei Grünalgen, Eugleniden und einigen Dinoflagellaten.

Die Grünalgengruppen Charophytina und Coleochaetophytina, die man auch als Grünalgen II zusammenfasst, haben weitere charakteristische molekulare und zellmorphologische Merkmale mit den Landpflanzen gemeinsam und das spricht stark dafür, dass sie unter den Grünalgen die engsten Verwandten der Landpflanzen sind (Abbildung 29.1).

Chara, eine Armleuchteralge, kommt im Süßwasser vor.

Coleochaete orbicularis, ein scheibenförmiger Vertreter der Coleochaetophytina, ist ebenfalls ein Süßwasserbewohner (lichtmikroskopische Aufnahme).

Abbildung 29.1: *Chara* und *Coleochaete* sind unter den Grünalgen die nächsten Verwandten der Landpflanzen. Beachten Sie, dass *Chara* und *Coleochaete* häufig als „Charophyceen" oder „Charophyten" zusammengefasst werden, sie repräsentieren aber verschiedene Unterabteilungen der Streptophyta, die Charophytina und Coleochaetophytina.

29.1.2 Notwendige Anpassungen beim Übergang an Land

Die Besiedlung terrestrischer Lebensräume bot den ersten Landpflanzen gewaltige Vorteile. Die Sonnenstrahlung wurde nicht durch Wasser und Plankton gefiltert; die Atmosphäre lieferte mehr Kohlendioxid als das Wasser; der Boden war reich an mineralischen Nährstoffen und anfangs gab es nur wenige Pflanzenfresser (Herbivore) und Krankheitserreger (Parasiten). Aber solchen Vorteilen standen auch Nachteile gegenüber: Wasser war relativ knapp und es gab keine festigenden Strukturen, die der Schwerkraft entgegenwirkten und den Pflanzenkörper stabilisierten. Die weitere Entwicklung der Landpflanzen wurde vor allem durch die erforderlichen Anpassungen an diese Probleme bestimmt. Abbildung 29.2 zeigt vier Schlüsselmerkmale, die bei fast allen Landpflanzen vorkommen, nicht aber bei den engsten Algenverwandten. Bei diesen vier gemeinsam abgeleiteten Merkmalen handelt es sich um den Generationswechsel (mit dem dazugehörigen Merkmal der vielzelligen, von der Elternpflanze abhängigen Embryonen), in Sporangien entstehende Sporen mit einer derben Zellwand, vielzellige Gametangien und das Vorkommen von Apikalmeristemen.

Neben diesen vier Eigenschaften haben sich bei vielen Pflanzenarten auch andere abgeleitete Merkmale entwickelt, die ebenfalls als Anpassungen an das Leben auf dem Festland gelten. Die Epidermis der Blätter und anderer oberirdischer Teile der meisten Landpflanzen ist von einer **Cuticula** bedeckt, einer Schicht aus Polyester- und Wachspolymeren. Diese wirkt wasserabweisend und verhindert einen übermäßigen Wasserverlust aus den tiefer gelegenen Geweben. Gleichzeitig bietet sie auch einen gewissen Schutz vor Angriffen durch Mikroorganismen. Als weitere Anpassungen an das Landleben sind zu nennen: **echte Leitgewebe** (Transport von Wasser, Ionen und Nährstoffen), **Spaltöffnungen** (Gasaustausch und Transpiration), **Pigmente** (Schutz vor mutagener UV-Strahlung) sowie **Lignin** (Verfestigung von Zellwänden, Festigungs- und Stützgewebe).

MERKE!

Die Epidermis der Blätter und anderer oberirdischer Teile der meisten Landpflanzen ist von einer Cuticula bedeckt, einer Schicht aus Polyester- und Wachspolymeren.

Landpflanzen, nicht aber ihre nächsten Verwandten (Grünalgen II) besitzen die folgenden abgeleiteten Merkmale: Generationswechsel; vielzellige, von der Elternpflanze abhängige Embryonen; in Sporangien entstehende Sporen mit einer derben Zellwand; vielzellige Gametangien und das Vorkommen von Apikalmeristemen. Wir können demnach annehmen, dass diese Merkmale beim gemeinsamen Vorfahren der Landpflanzen und den nächsten Algenverwandten noch nicht vorhanden waren, sondern diese gemeinsamen abgeleiteten Merkmale sich erst nach der Abspaltung der Landpflanzen bei diesen als sogenannte Schlüsselinnovationen entwickelt haben. Nicht alle Landpflanzen zeigen alle fünf Merkmale; das eine oder andere Merkmal ist bei bestimmten Abstammungslinien sekundär verlorengegangen.

Generationswechsel

Im Lebenszyklus aller Landpflanzen wechseln sich zwei Generationen vielzelliger Organismen ab: die Gametophyten und die Sporophyten. Wie man in dem Schema erkennt, bringt jede dieser Generationen die jeweils andere hervor, ein Ablauf, den man als **Generationswechsel** bezeichnet. Diese Form des Fortpflanzungszyklus entstand in der Evolution mehrerer Algengruppen, aber bei den Grünalgen II – den Algen, die mit den Landpflanzen am engsten verwandt sind – findet man überraschenderweise keinen Generationswechsel. Man darf den Generationswechsel bei Pflanzen nicht mit dem Wechsel zwischen haploiden und diploiden Stadien in den Lebenszyklen anderer Organismen mit sexueller Fortpflanzung verwechseln (siehe Abbildung 13.5). Beim Menschen zum Beispiel entstehen durch Meiose in den Gonaden (Ovarien und Hoden) haploide Gameten, die sich dann zur diploiden Zygote vereinigen, welche sich weiter teilt und zu einem vielzelligen Lebewesen wird. Das haploide Stadium ist hier nur durch die einzelligen Gameten repräsentiert. Der Generationswechsel hingegen ist dadurch charakterisiert, dass im Laufe des Lebenszyklus sowohl vielzellige haploide als auch vielzellige diploide Organismen auftreten. Die Namen der beiden vielzelligen Generationen im Lebenszyklus der Pflanzen leiten sich von den Bezeichnungen für die von der jeweiligen Generation produzierten Fortpflanzungszellen ab. Der haploide **Gametophyt** („Gameten produzierende Pflanze") wird deshalb so bezeichnet, weil dieser durch Mitose haploide Gameten produziert – Ei- und Spermazellen (unbeweglich) oder bewegliche Spermatozoide –, die sich bei der Befruchtung vereinigen und eine diploide Zygote bilden. Durch mitotische Teilungen der Zygote entsteht der diploide **Sporophyt** („Sporen produzierende Pflanze"). Der ausgereifte Sporophyt bringt durch Meiose wieder haploide Sporen hervor, Fortpflanzungszellen, die sich ohne Verschmelzung mit einer anderen Zelle zu einem neuen haploiden Organismus entwickeln können. Durch mitotische Teilungen der Spore entsteht ein neuer vielzelliger Gametophyt, und der Kreislauf beginnt von vorne. Bei vielen samenlosen Pflanzen, wie dem Farn im Diagramm, sehen Gametophyt und Sporophyt wie völlig unterschiedliche Pflanzen aus, obwohl sie zwei Formen der gleichen Art sind. Die Gametophyten der Samenpflanzen sind dagegen mikroskopisch klein; bei den Samenpflanzen, die wir sehen, handelt es sich also um die Sporophyten.

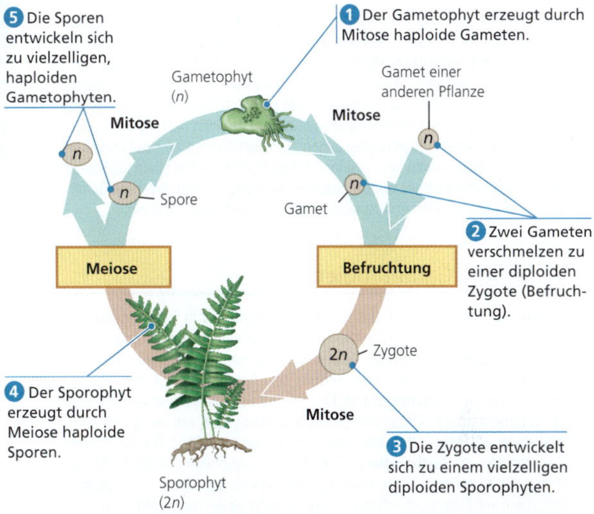

Generationswechsel: fünf allgemeine Schritte am Beispiel einer Farnpflanze

Vielzellige, von der Mutterpflanze abhängige Embryonen

Im Verlauf des Generationswechsels entwickelt sich der vielzellige Pflanzenembryo aus einer Zygote, die im Gewebe des weiblichen Elternteils (des Gametophyten) verbleibt. Das elterliche Gewebe versorgt den sich entwickelnden Embryo mit Nährstoffen, darunter Zucker und Aminosäuren. Zu diesem Zweck enthält der Embryo, und manchmal auch das den Embryo direkt umgebende mütterliche Gewebe, spezialisierte **Transferzellen**, die den Transport der Nährstoffe vom Elter zum Embryo über umfangreiche Einstülpungen ihrer Zelloberfläche (Plasmamembran und Zellwand) erleichtern. Der Vorgang entspricht dem Stoffaustausch zwischen dem embryonalen und mütterlichen Gewebe bei den Eutheria (Placentatieren). Der vielzellige, von der Mutterpflanze abhängige Embryo der Landpflanzen ist ein so bedeutendes abgeleitetes Merkmal (Synapomorphie, siehe *Kapitel 26*), dass man die Landpflanzen auch als **Embryophyten** bezeichnet.

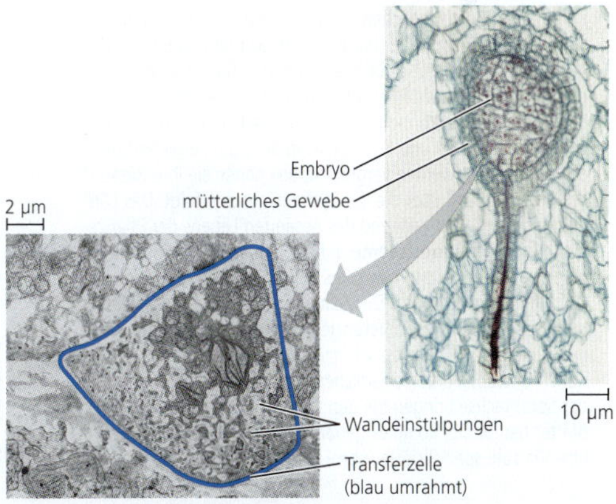

Embryo (lichtmikroskopische Aufnahme) mit placentaler Transferzelle (transmissionselektronenmikroskopische Aufnahme) eines Lebermooses (*Marchantia*, Marchantiophytina).

ZUSAMMENHÄNGE ERKENNEN Bewerten Sie die Entwicklungszyklen in Abbildung 13.5. Welcher Entwicklungszyklus ist mit einem Generationswechsel verbunden, und wie unterscheidet er sich von den anderen Formen?

Abbildung 29.2: **Näher betrachtet.** Schlüsselinnovationen der Landpflanzen.

Dickwandige, in Sporangien gebildete Sporen

Pflanzensporen sind haploide Fortpflanzungszellen, die durch Mitose zu vielzelligen haploiden Gametophyten heranwachsen können. Das Polymer Sporopollenin verstärkt die Wände der Pflanzensporen und macht sie widerstandsfähig gegen unwirtliche Umweltbedingungen. Mithilfe dieser chemischen Anpassung können die Sporen auch in trockener Luft und bei UV-Strahlung ausgebreitet werden, ohne dass sie eine Schädigung erfahren. Der Erhalt von Mikrofossilien wie Sporen spiegelt die außerordentliche Stabilität des Sporopollenins wider.

Der Sporophyt trägt vielzellige Organe, die **Sporangien** (Einzahl *Sporangium*), in denen Sporen produziert werden. Im Sporangium durchlaufen diploide Zellen, die **Sporenmutterzellen**, die Meiose und bringen haploide Sporen hervor. Das umgebende Gewebe des Sporangiums schützt die sich entwickelnden Sporen, bis sie reif sind und dann in die Luft entlassen werden. Vielzellige Sporangien, die Sporen mit Sporopolleninhaltigen Wänden hervorbringen, zählen zu den entscheidenden Anpassungen der Landpflanzen an das Landleben. Die engsten Algenverwandten (Grünalgen II) produzieren zwar ebenfalls Sporen, diese Algen besitzen aber keine vielzelligen Sporangien, und ihre begeißelten Sporen, die sich im Wasser ausbreiten, enthalten kein Sporopollenin.

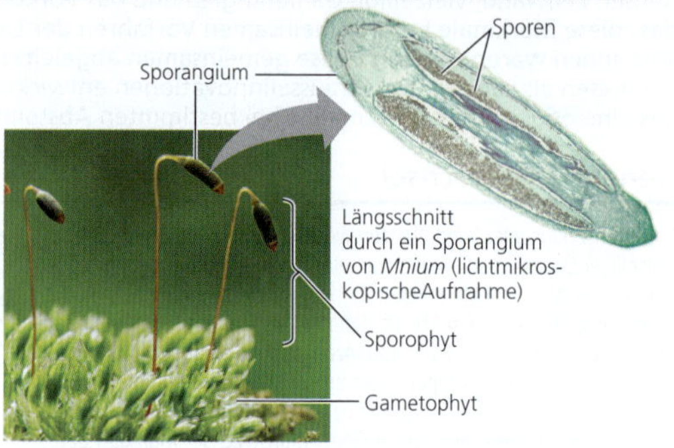

Sporophyten mit Sporangien von *Mnium*, einem Laubmoos

Vielzellige Gametangien

Ein weiteres Merkmal, durch das sich die Landpflanzen von ihren Algenvorfahren unterscheiden, ist die Produktion von Gameten in vielzelligen Organen, die man als **Gametangien** bezeichnet. Vergleichbare Gametangien finden sich bei Algen nur vereinzelt (zum Beispiel bei *Chara*). Die weiblichen Gametangien nennt man **Archegonien** (Einzahl *Archegonium*). Jedes Archegonium ist ein birnenförmiges Organ und produziert eine einzige, unbewegliche Eizelle, die an der erweiterten Basis des Archegoniums verbleibt. Die männlichen Gametangien, die **Antheridien**, bilden bei den Bryophyten (Moose), Pteridophyten (Farngewächse) und einigen Gymnospermen begeißelte Spermatozoiden. Diese schwimmen durch Wassertropfen oder einen Wasserfilm zu den Eizellen. Jede Eizelle wird innerhalb ihres Archegoniums befruchtet, und dort entwickelt sich die Zygote auch zum Embryo. Wie wir in *Kapitel 30* noch genauer erfahren werden, sind die Gametophyten der Samenpflanzen in ihrer Größe so zurückgebildet, dass Archegonien und Antheridien in vielen Abstammungslinien verloren gegangen sind.

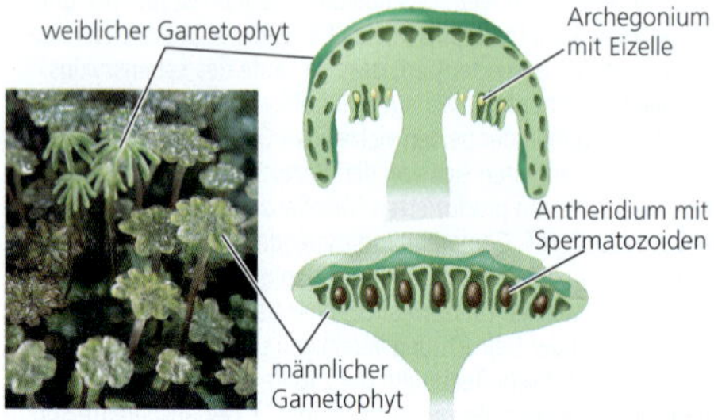

Archegonien und Antheridien des Lebermooses *Marchantia* (Marchantiophytina)

Apikalmeristeme

In terrestrischen Lebensräumen erreicht ein Organismus, der Fotosynthese betreibt, seine lebenswichtigen Ressourcen an zwei ganz unterschiedlichen Stellen. Sonnenstrahlung und CO_2 werden oberirdisch verfügbar gemacht, während Wasser und mineralische Nährstoffe vor allem über den Boden aufgenommen werden. Obwohl Pflanzen sich nicht von einem Ort zum anderen bewegen können, wird durch Wachstum und Verzweigung ihrer Wurzeln und Sprossachsen der Raum erweitert und die Oberflächen werden vergrößert, aus denen sie ihre Ressourcen schöpfen und über die der Stoffaustausch erfolgt. Das Längenwachstum wird während des gesamten Lebens der Pflanze durch die **Apikalmeristeme** aufrechterhalten, begrenzte Zellbereiche an den Spitzen von Sprossachsen und Wurzeln, in denen Zellteilungen stattfinden. Die Zellen, die durch diese Apikalmeristeme entstanden sind, differenzieren sich zu Zellen der Epidermis, die die ganze Pflanze schützend umgibt, und zu verschiedenen Geweben unterschiedlicher Funktion. Die Apikalmeristeme der Sprossachse bringen bei den meisten Landpflanzen auch die Blätter hervor. Der komplex gebaute Pflanzenkörper hat somit eine Vielzahl spezialisierter ober- und unterirdischer Organe.

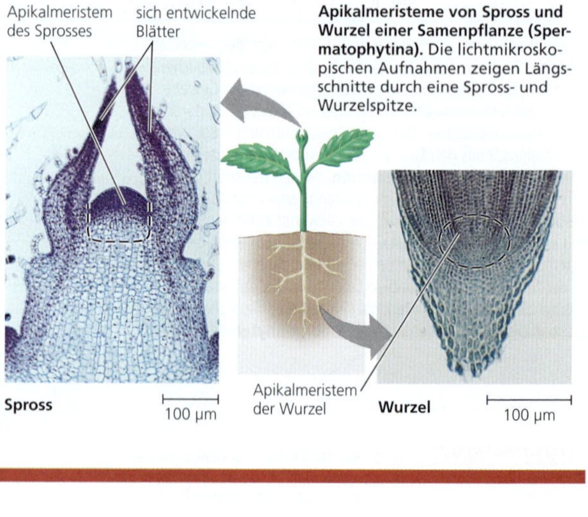

Apikalmeristeme von Spross und Wurzel einer Samenpflanze (Spermatophytina). Die lichtmikroskopischen Aufnahmen zeigen Längsschnitte durch eine Spross- und Wurzelspitze.

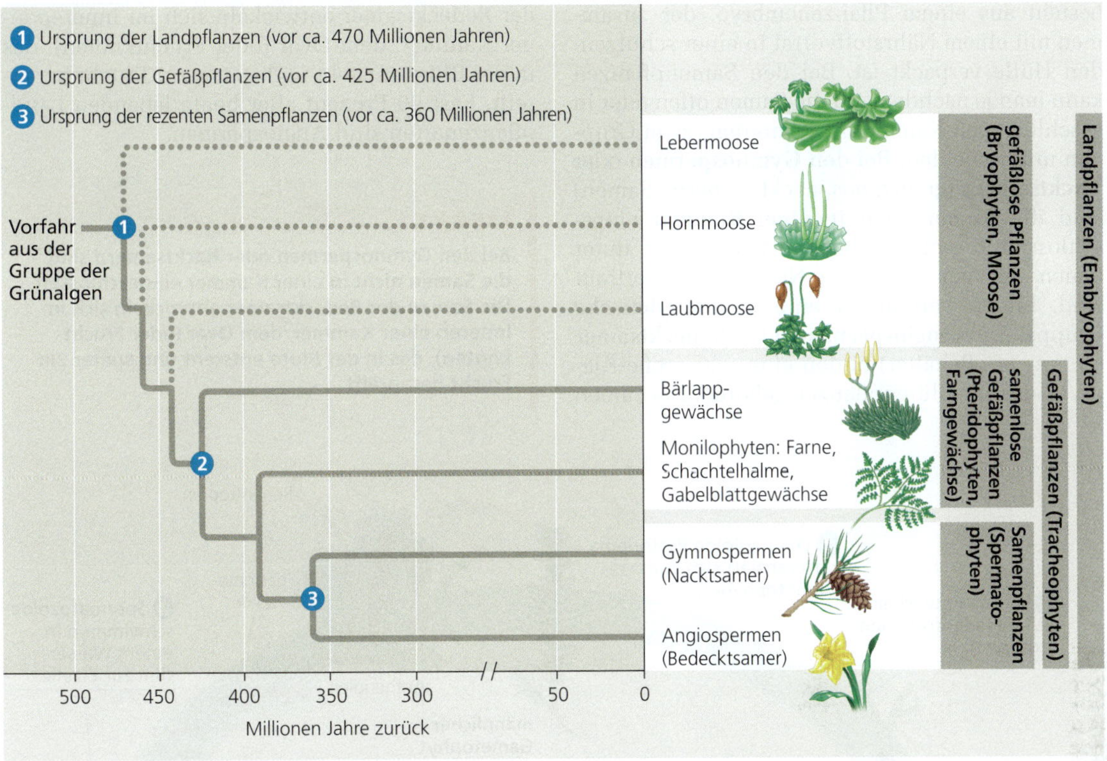

Abbildung 29.3: Wichtige Stationen in der Evolution der Pflanzen. Der Stammbaum zeigt eine derzeit favorisierte Hypothese über die Verwandtschaftsbeziehungen der Landpflanzen. Die gepunkteten Linien weisen auf die unsicheren Abstammungsverhältnisse der drei Mooslinien hin. Nach neueren phylogenomischen Analysen werden die Moose als eine monophyletische Gruppe interpretiert.

? ZEICHENÜBUNG Zeichnen Sie den Stammbaum noch einmal neu und gehen Sie dabei davon aus, dass die Bryophyten eine monophyletische Gruppe sind, in der sich die Lebermoose zuerst abgespalten haben.

29.1.3 Ursprung und Radiation der Landpflanzen

Im Jahr 2003 gewannen Wissenschaftler Sporen aus 475 Millionen Jahre altem Gestein aus dem Oman. Diese gelten als der älteste Fund fossiler Landpflanzen. Aus diesen Vorfahren ging die gewaltige Vielfalt der heute lebenden Pflanzenarten hervor (Abbildung 29.3).

Unter anderem kann man Pflanzen danach einteilen, ob sie ein umfangreiches **Gefäßgewebe** besitzen, dessen Zellen zu Röhren verbunden sind und sowohl Wasser mit darin gelösten Nährionen als auch Assimilate durch die Pflanze transportieren. Bei den meisten Landpflanzen (Farngewächse und Samenpflanzen) ist ein solches komplexes Gefäßsystem vorhanden und deshalb bezeichnet man diese Pflanzen als **Gefäßpflanzen** oder **Tracheophyten**.

Moose haben einige abgeleitete Merkmale mit den Gefäßpflanzen gemeinsam; so findet man auch bei ihnen vielzellige Embryonen und manchmal bereits Meristeme, während viele andere Neuerungen der Gefäßpflanzen, beispielsweise Wurzeln und echte Blätter, fehlen. Aus diesen Gründen werden Moose, Farngewächse und Samenpflanzen als Embryophyten zusammengefasst (Abbildung 29.3).

Die Gefäßpflanzen bilden eine Klade, die ungefähr 93 Prozent aller Landpflanzenarten umfasst und die man weiter unterteilen kann. Zwei dieser Linien repräsentieren die Bärlappgewächse (Lycopodiophytina) sowie die Farne, Schachtelhalm- und Gabelblattgewächse. Die Pflanzen dieser Gruppen bilden keine Samen und deshalb werden beide Gruppen auch als **samenlose Gefäßpflanzen** oder **Pteridophyten** (**Farngewächse**) bezeichnet. Wie man jedoch in Abbildung 29.3 erkennt, sind die Pteridophyten keine monophyletische, sondern eine paraphyletische Gruppe. Die Bryophyten und die Pteridophyten repräsentieren jedoch bestimmte Organisationstypen. Hierbei handelt es sich um einen Begriff zur Charakterisierung von Großgruppen mit übereinstimmendem Bauplan (Organisationstyp) oder ähnlicher Entwicklungshöhe.

Eine dritte Gruppe der Gefäßpflanzen besteht aus den Samenpflanzen, zu denen heute die große Mehrzahl aller Pflanzenarten gehört. Ein **Samen** besteht aus einem Pflanzenembryo, der zusammen mit einem Nährstoffvorrat in einer schützenden Hülle verpackt ist. Bei den Samenpflanzen kann man je nachdem, ob die Samen offen oder in geschlossenen Kammern heranreifen, zwei Gruppen unterscheiden. Bei den **Gymnospermen** oder **Nacktsamern** (gr. *gymnos*, nackt + *sperm*, Samen) sind die Samen nicht in einer Kammer eingeschlossen. Die heute lebenden Nacktsamer, unter denen uns vor allem die Nadelbäume vertraut sind, bilden vermutlich eine monophyletische Gruppe. Die **Angiospermen** oder **Bedecktsamer** (gr. *angion*, Behälter) bilden eine sehr große Klade, zu der alle Blütenpflanzen gehören. Die Samen der Bedecktsamer entwickeln sich im Inneren einer Kammer, dem Ovar (oder Fruchtknoten), das in der Blüte entsteht und später zur Frucht heranreift. Fast 90 Prozent aller heute lebenden Landpflanzenarten sind Angiospermen.

MERKE!

Bei den Gymnospermen oder Nacktsamern sind die Samen nicht in einer Kammer eingeschlossen. Die Samen der Bedecktsamer entwickeln sich im Inneren einer Kammer, dem Ovar (oder Fruchtknoten), das in der Blüte entsteht und später zur Frucht heranreift.

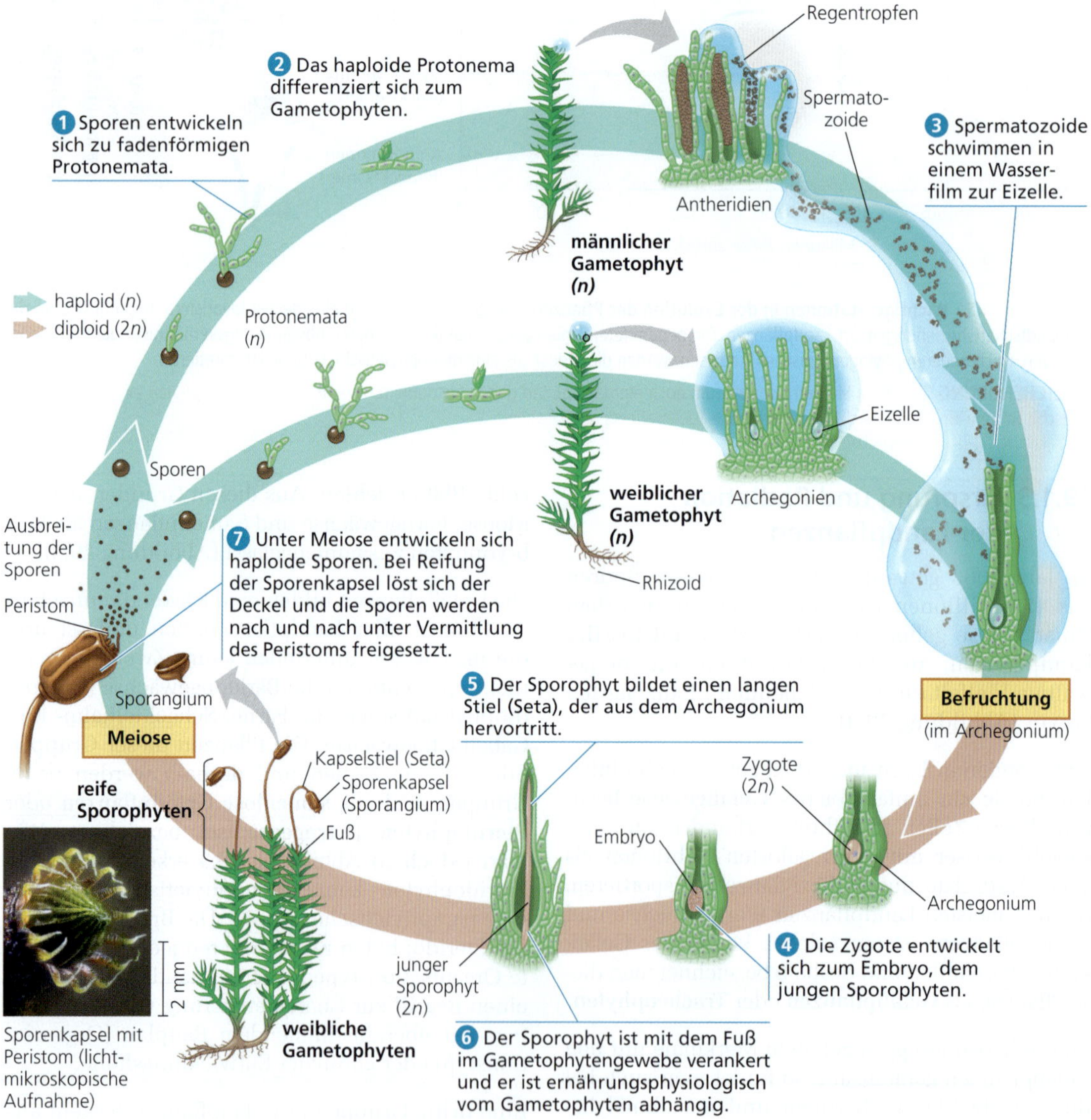

Abbildung 29.4: **Lebenszyklus eines Laubmooses (Bryophytina).**

VERSTÄNDNISFRAGEN

1. Nennen Sie drei abgeleitete Merkmale, durch die sich Landpflanzen von den Charophytina und Coleochaetophytina unterscheiden und die auch das Leben an Land ermöglichten. Begründen Sie Ihre Antwort.

2. WAS WÄRE, WENN? Wie würde der Lebenszyklus der Menschen aussehen, wenn es bei uns einen Generationswechsel gäbe? Nehmen Sie dabei an, dass das vielzellige diploide Stadium einem erwachsenen Menschen entspricht.

29.2 Moose haben einen vom Gametophyten dominierten Lebenszyklus

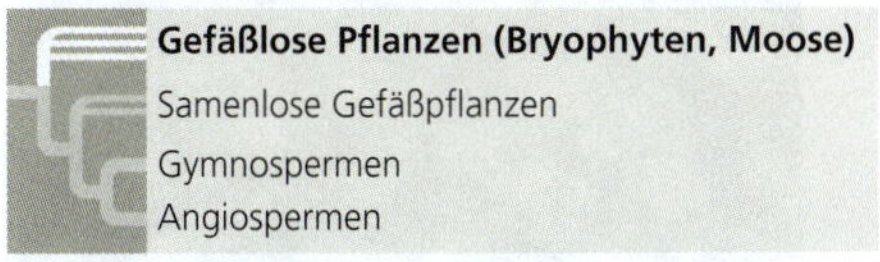

Die Moose (Bryophyten) sind heute durch drei Gruppen kleiner, krautiger (holzfreier) Pflanzentaxa repräsentiert: **Lebermoose** (Unterabteilung Marchantiophytina), **Laubmoose** (Unterabteilung Bryophytina) und **Hornmoose** (Unterabteilung Anthocerophytina). Diese drei Gruppen werden in Abbildung 29.5 näher betrachtet.

In den heutigen Moospflanzen spiegeln sich vermutlich einige Merkmale der ältesten Landpflanzen wider.

Anders als bei den Gefäßpflanzen ist die Gametophytengeneration in allen drei Moosgruppen die dominierende Phase des Entwicklungszyklus: Wie aus dem Schema in Abbildung 29.4 hervorgeht, ist der Gametophyt, also die Gameten produzierende Generation, größer und lebt auch länger als der Sporophyt. Die Sporophyten sind üblicherweise nur zu bestimmten Zeiten vorhanden und nicht in der Lage, getrennt vom mütterlichen Gametophyten zu wachsen. Stattdessen bleiben sie während ihrer gesamten Lebenszeit mit dem elterlichen Gametophyten verbunden und erhalten von ihm Zucker, Aminosäuren, Mineralsalze und Wasser.

In den nur wenige Zellschichten dicken Organen der Moose können sich gelöste Substanzen auch ohne spezialisiertes Leitgewebe verteilen.

Die Gametophyten sind durch feine farblose **Rhizoide** im Substrat verankert, die im Gegensatz zu den Wurzeln der Gefäßpflanzen nicht aus verschiedenen Geweben zusammengesetzt sind.

Da ihre leichten Sporen vom Wind gut transportiert werden können, sind Moose über die ganze Welt verbreitet. Besonders zahlreich und vielgestaltig sind sie an feuchten Standorten, zum Beispiel in feuchten Wäldern oder in Bereichen mit maritimem Klima. Manche Moose besiedeln nackten Sandboden, wo sie neueren wissenschaftlichen Befunden zufolge dazu beitragen, den Stickstoff im Boden zu fixieren. Besonders weit verbreitet sind in Feuchtgebieten die Torfmoose der Gattung *Sphagnum*. Torfmoose bilden unter bestimmten Bedingungen umfangreiche Ablagerungen aus nicht oder nur unvollständig zersetztem organischem Material, das man als **Torf** bezeichnet.

VERSTÄNDNISFRAGEN

1. Worin unterscheiden sich Bryophyten von anderen Pflanzentaxa?

2. Nennen Sie drei Beispiele dafür, wie die Struktur von Moospflanzen zu bestimmten Funktionen beiträgt.

29.3 Die ersten hochwüchsigen Pflanzen: Farne und andere samenlose Gefäßpflanzen

29.3.1 Merkmale der Gefäßpflanzen

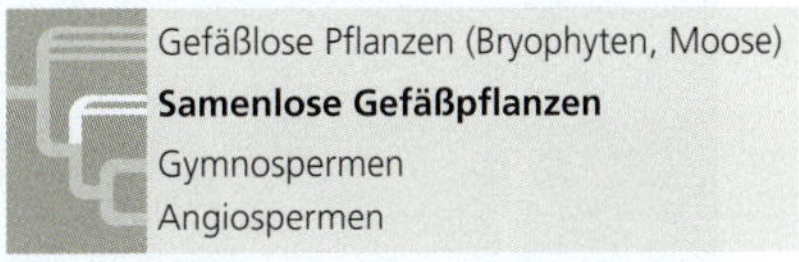

Lebenszyklus mit dominierendem Sporophyten Wie man an Fossilien erkennen kann, waren die Gametophyten und Sporophyten bei den Vorfahren der Gefäßpflanzen ungefähr gleich groß. Bei den heutigen Gefäßpflanzen jedoch repräsentiert die (diploide) Sporophytengeneration im Generationswechsel den größeren, komplexer gebauten Pflanzenkörper (Abbildung 29.6). Bei den Farnen ist die uns allen bekannte beblätterte Pflanze der Sporophyt. Die Gametophyten eines Farns sind nur winzige Gebilde, die häufig am Boden oder direkt unter der Bodenoberfläche wachsen.

Lebermoose (Unterabteilung Marchantiophytina)

Der umgangssprachliche Name dieser Unterabteilung (lat. *hepaticus*, Leber) spielt auf die leberförmigen Gametophyten der Pflanzen an, wie man sie beispielsweise beim Brunnenlebermoos *Marchantia* (unten) beobachtet. Im Mittelalter hielt man diese Form für ein Zeichen, dass diese Pflanzen zur Behandlung von Lebererkrankungen nützlich sein könnten. Manche Lebermoose, unter ihnen auch *Marchantia*, werden wegen der abgeflachten Form ihrer Gametophyten als „thallose Lebermoose" bezeichnet. (Wie in *Kapitel 28* erläutert wurde, bezeichnet man den Körper einer vielzelligen Alge als Thallus.) Die Gametangien von *Marchantia* sitzen erhöht auf Gametangienständen, die wie Schirmchen aussehen. Die Sporophyten sind nur mit einer Lupe zu erkennen. Sie bestehen aus einer kurzen Seta (Stiel) und einer ovalen oder kugelförmigen Kapsel. Andere Lebermoose, zum Beispiel *Plagiochila* (unten), erscheinen als zweizeilig „beblätterte Stämmchen". Diese „foliosen Lebermoose" umfassen wesentlich mehr Arten als die thallosen.

***Marchantia polymorpha*, ein thalloses Lebermoos**

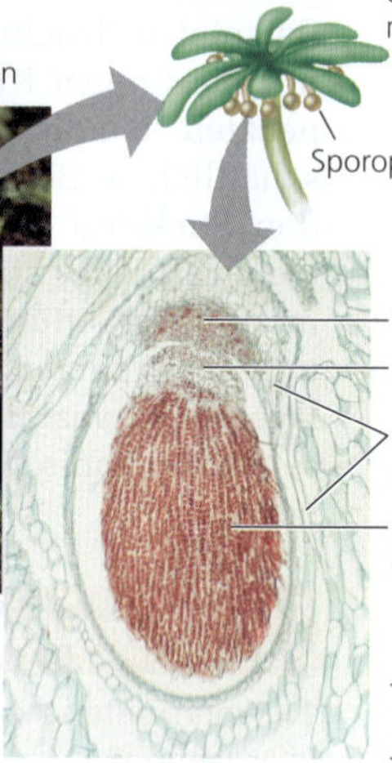

Sporophyt von *Marchantia* (LM)

***Plagiochila deltoidea*, ein folioses Lebermoos**

Hornmoose (Unterabteilung Anthocerotophytina)

Der umgangssprachliche und wissenschaftliche Name dieser Unterabteilung (griech. *keras*, Horn) spielt auf die längliche, spitz zulaufende Form des Sporophyten an. Ein solcher Sporophyt wird im typischen Fall bis zu fünf Zentimeter groß. Anders als bei Leber- und Laubmoosen besitzt der Sporophyt der Hornmoose keine Seta, und er besteht nur aus einem Sporangium. Dieses reißt, beginnend an der Spitze des Horns, der Länge nach auf und entlässt die ausgereiften Sporen. Die Gametophyten haben in der Regel einen Durchmesser von einem bis zwei Zentimetern. Die Gametophyten wachsen meist horizontal, und oft sind mehrere Sporophyten auf ihnen zu finden. Hornmoose gehören häufig zu den ersten Arten, die offene Flächen mit feuchtem Boden besiedeln; zu dieser Fähigkeit trägt eine symbiontische Beziehung mit stickstofffixierenden Cyanobakterien bei (Stickstoff ist an solchen Pionierstandorten oftmals knapp).

Hornmoos der Gattung *Anthoceros*

Laubmoose (Unterabteilung Bryophytina)

Die Gametophyten der Laubmoose, deren Größenspektrum insgesamt von weniger als einem Millimeter bis zu 0,7 Meter reicht, messen bei den meisten Arten höchstens 15 Zentimeter. Der vertraute Moosteppich, den man häufig beobachtet, besteht vorwiegend aus Gametophyten. Ihre „Blättchen" (Phylloide) sind in der Regel nur eine Zelllage dick, aber bei dem Widertonmoos *Polytrichum* (unten) und seinen engen Verwandten findet man auch komplexer gebaute Phylloide, die von einer Cuticula bedeckt sind. Die Sporophyten der Laubmoose sind mit ihrem langen Stiel und bei einer Länge von bis zu 20 Zentimetern mit bloßem Auge zu erkennen. In einem frühen Stadium sind sie grün und betreiben Fotosynthese, aber zum Zeitpunkt der Freisetzung der Sporen werden sie gelblich oder rötlichbraun.

Frauenhaarmoos *(Polytrichum commune)*

Abbildung 29.5: Näher betrachtet. Die Vielfalt der Moospflanzen.

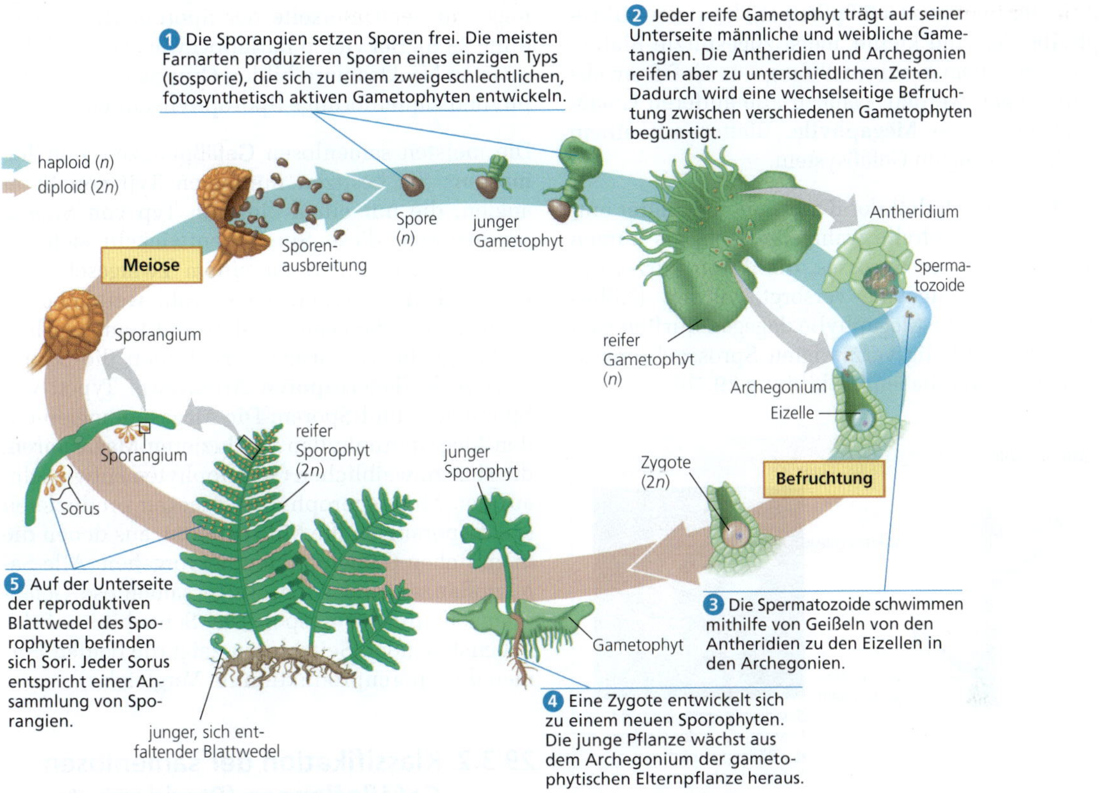

Abbildung 29.6: Der Lebenszyklus eines Farns.

? Angenommen, bei einem Farn hätte sich die Fähigkeit entwickelt, die männlichen Gameten mit dem Wind auszubreiten: Wie hätte sich dies auf seinen Lebenszyklus ausgewirkt?

homospore Sporenproduktion

Sporangium auf Sporophyll → einheitlicher Sporentyp → typischerweise bisexueller Gametophyt → Eizellen / Spermatozoide

heterospore Sporenproduktion

Megasporangium auf Megasporophyll → Megaspore → weiblicher Gametophyt → Eizellen

Mikrosporangium auf Mikrosporophyll → Mikrospore → männlicher Gametophyt → Spermazellen bzw. Spermatozoide

Transport in Xylem und Phloem In Gefäßpflanzen gibt es zwei verschiedene Gefäßgewebe: Xylem und Phloem. Das **Xylem** leitet den größten Teil des Wassers und der darin gelösten Mineralstoffe. Es enthält **Tracheiden**, röhrenförmige Zellen, die Wasser und Mineralstoffe von den Wurzeln aufwärts leiten (siehe Abbildung 35.7). Die wasserleitenden Zellen der Gefäßpflanzen sind verholzt, das heißt, ihre Zellwände sind durch das Phenolpolymer **Lignin** verstärkt. In dem zweiten Gefäßgewebetyp, dem **Phloem**, sind die Zellen zu Röhren angeordnet, die Zucker, Aminosäuren und andere organische Substanzen in der Pflanze verteilen (siehe Abbildung 35.7).

Mithilfe des verholzten Gefäßgewebes konnten die Tracheophyten zu beträchtlicher Größe heranwachsen. Ihre Sprossachsen wurden so kräftig, dass sie der Schwerkraft standhielten und gleichzeitig Wasser und mineralische Nährstoffe in große Höhen transportieren konnten.

Wurzeln Anstelle der Rhizoide der Moose, entwickelten sich bei fast allen Gefäßpflanzen Wurzelsysteme. **Wurzeln** sind Organe, die Wasser und mineralische Nährstoffe aus dem Boden aufnehmen können. Sie dienen auch der Verankerung und Stabilisierung des Pflanzenkörpers und ermöglichen es somit erst, große und hochwüchsige Sprossachsen und Pflanzenkörper auszubilden.

Blätter **Blätter** vergrößern die Oberfläche der Pflanzen und sind bei Gefäßpflanzen die wichtigsten Fotosyntheseorgane. Was Größe und Komplexität angeht, kann man bei Blättern zwei Typen unterscheiden: Mikrophylle und Megaphylle. Alle Bärlappgewächse (die älteste Abstammungslinie der heutigen Gefäßpflanzen) besitzen **Mikrophylle**, das sind kleine, meist zugespitzte Blätter, die von einem einzigen Strang aus Gefäßgewebe durchzogen werden. Nahezu alle anderen Gefäßpflanzen haben **Megaphylle**, Blätter mit einem stark verzweigten Gefäßsystem.

Nach einem Modell der Evolution der Blätter entstanden Mikrophylle wahrscheinlich aus kurzen Auswüchsen des Sprosses, die durch kurze, unverzweigte Leitgefäße versorgt wurden (Abbildung 29.7a). Die Megaphylle dagegen dürften sich aus einem gabelig verzweigten Sprossachsensystem entwickelt haben (Abbildung 29.7b).

Mikrophylle

Selaginella kraussiana, ein Moosfarn aus der Gruppe der Bärlappgewächse (Lycopodiophytina)

(a) Man nimmt an, dass **Mikrophylle**, wie die von Bärlappgewächsen, entweder durch Reduktion steriler Achsen oder als oberflächliche, seitliche Auswüchse der Sprossachsen entstanden sind. Folgt man der letzten Ansicht, dann handelte es sich zunächst um kleine schuppen- oder dornenförmige Auswüchse ohne Leitgewebe. Allmählich entstanden dann rudimentäre Blattspuren/Leitgewebestränge, die anfangs nur bis an die Basis des Auswuchses reichten. Schließlich erstreckten sich diese Leitgewebestränge bis in die Auswüchse hinein.

Megaphylle

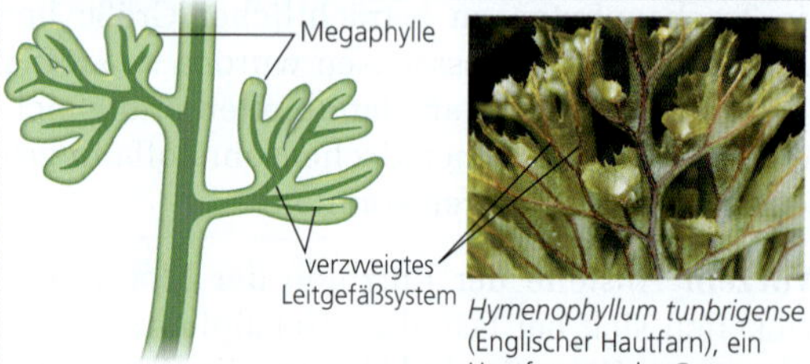

Hymenophyllum tunbrigense (Englischer Hautfarn), ein Hautfarn aus der Gruppe der Polypodiophytina

(b) Megaphylle mit verzweigten Gefäßsystemen dürften durch Verwachsung reduzierter Gabelsprosse entstanden sein.

Abbildung 29.7: Hypothesen über die Evolution der Blätter.

Sporophylle und Abwandlungen derSporen Ein Meilenstein in der Evolution der Landpflanzen war die Entstehung der **Sporophylle**, abgewandelter Blätter, die Sporangien tragen. Bei den Farnen sind die Sporangien an den Sporophyllen in Gruppen angeordnet, die man als **Sori** (Einzahl *Sorus*) bezeichnet. Die Sori befinden sich in der Regel an der Unterseite der Sporophylle (Abbildung 29.6). Bei vielen Bärlappgewächsen und den meisten Nacktsamern bilden Gruppen von Sporophyllen zapfenförmige Sporophyllstände.

Die meisten samenlosen Gefäßpflanzen sind **homospor**: Sie besitzen nur einen Typ von Sporangien, die nur einen einzigen Typ von Sporen produzieren; diese Sporen entwickeln sich bei den meisten Farnen zu einem zweigeschlechtlichen Gametophyten, der sowohl weibliche als auch männliche Gametangien und Gameten hervorbringt. Im Gegensatz dazu bilden die Sporophyten der **heterosporen** Arten zwei Typen von Sporangien und Sporen: Die Megasporangien auf den Megasporophyllen produzieren **Megasporen**, die sich zu weiblichen Gametophyten entwickeln; auf den Mikrosporophyllen dagegen produzieren Mikrosporangien die **Mikrosporen**, aus denen die männlichen Gametophyten hervorgehen. Alle Samenpflanzen und auch einige samenlose Gefäßpflanzen sind heterospor. Das Schaubild auf der nebenstehenden Seite unten zeigt die beiden Formen der Sporenproduktion im Vergleich.

29.3.2 Klassifikation der samenlosen Gefäßpflanzen (Pteridophyten, Farngewächse)

Man unterscheidet bei den heute lebenden samenlosen Gefäßpflanzen zwei phylogenetische Linien: die Lycopodiophytina (Bärlappgewächse) einerseits und die Monilophyten (Psilotophytina, Equisetophytina, Polypodiophytina, Marattiophytina) andererseits. Diese beiden Hauptgruppen werden in Abbildung 29.8 genauer beschrieben.

VERSTÄNDNISFRAGEN

1. Nennen Sie die entscheidenden abgeleiteten Merkmale, die man bei Farnen, Schachtelhalm-, Gabelblattgewächsen und Samenpflanzen findet, nicht aber bei den Bärlappgewächsen (Lycopodiophytina).

2. Wie wirken sich die wichtigsten Gemeinsamkeiten und Unterschiede im Bau samenloser Gefäßpflanzen (Pteridophyten) und gefäßloser Pflanzen (Bryophyten) auf die Funktion in diesen Pflanzen aus?

3. WAS WÄRE, WENN? Angenommen, Lycopodiophytina (Evolutionslinie 1) und Farne, Schachtelhalm-, und Gabelblattgewächse (Evolutionslinie 2) würden (im Gegensatz zu den heute bekannten Belegen) eine monophyletische Gruppe (Klade) bilden: Was könnte man dann darüber aussagen, wie die Vertreter dieser Klade gemeinsame Merkmale der Evolutionslinie 2 und Samenpflanzen erworben (oder verloren) haben?

Bärlappgewächse (Lycopodiophytina)

Viele Bärlappgewächse wachsen als Epiphyten auf tropischen Bäumen, das heißt, sie nutzen andere Pflanzen als Unterlage, sie sind aber keine Parasiten, sondern nur Aufsitzer. Andere Arten wachsen in den gemäßigten Zonen am Waldboden. Die winzigen Gametophyten mancher Arten leben oberirdisch und betreiben Fotosynthese. Andere leben im Boden und werden von symbiontischen Pilzen ernährt. Die Sporophyten haben aufrecht stehende Sprossachsen mit vielen kleinen Blättern (Mikrophylle) oder sie wachsen horizontal am Boden und bringen dichotom verzweigte Wurzeln hervor. Moosfarne sind meist relativ klein und sie wachsen häufig horizontal. Die Sporophylle vieler Bärlappe und Moosfarngewächse treten zu zapfenartigen Sporophyllständen zusammen (Strobili). Die Brachsenkrautgewächse bilden eine einzige Gattung und sind in Seen und an sumpfigen Standorten heimisch. Sämtliche Bärlappe sind homospor, während Moosfarne und Brachsenkrautgewächse ausschließlich heterospor sind. Bärlappgewächse setzen Wolken von Sporen frei, die so fettreich sind, dass Zauberkünstler und Fotografen sie früher anzündeten, um Rauch oder Lichtblitze (Flammen) zu erzeugen.

***Selaginella moellendorffii*, ein Moosfarn**

***Isoetes gunnii*, ein Brachsenkraut**

***Diphasiastrum tristachyum*, ein Bärlappgewächs**

Wichtige Vertreter der Monilophyten

Farne (Polypodiophytina)

***Athyrium filix-femina*, Wald-Frauenfarn**

Im Gegensatz zu den Bärlappgewächsen besitzen die Farne Megaphylle (Abbildung 29.7b). Die Sporophyten haben in der Regel horizontal wachsende Erdsprosse (Rhizome), aus denen große Blätter mit einem stark verzweigten Gefäßsystem entspringen. Diese Farnwedel sind gefiedert. Zu Beginn des Wachstums sind die Farnwedel an der Spitze eingerollt. Aus dieser Struktur, die wie ein Violinenkopf aussieht, entrollt sich dann das Blatt.
Fast alle Arten sind homospor. Der Gametophyt mancher Arten verkümmert und stirbt ab, nachdem der junge Sporophyt sich von ihm gelöst hat. Die Sporophyten der meisten Arten haben gestielte Sporangien mit einem speziellen Öffnungsmechanismus, durch den die Sporen mehrere Meter weit weggeschleudert werden können. In der Luft werden die Sporen dann durch den Wind weit fortgetragen. Bei manchen Arten produziert ein Individuum während seines Lebens mehr als eine Billion Sporen.

Schachtelhalmgewächse (Equisetophytina)

***Equisetum telmateia*, Riesenschachtelhalm**

Die Arten dieser Gruppe haben einen Spross mit rauer Oberfläche, der früher als „Scheuerbürste" für Töpfe und Pfannen verwendet wurde. Manche Arten haben getrennte generative (Sporen produzierende) und vegetative Sprosse. Schachtelhalme sind homospor: Die Sporen, die aus ihren zapfenartigen Sporophyllständen (Strobili) freigesetzt werden, bringen in der Regel zweigeschlechtliche Gametophyten hervor.
Die Schachtelhalme werden manchmal auch als Arthrophyten („Gliederpflanzen") bezeichnet, weil sie eine gegliederte Sprossachse haben. An jedem Knoten des Halmes entspringen die Seitensprosse und ein Ring aus sehr kleinen Blättern, sodass ihr Spross das wichtigste Fotosyntheseorgan darstellt. Ein Gewebe mit großen Luftkanälen in den Sprossachsen (das sogenannte Aerenchym) transportiert Sauerstoff zu den Wurzeln, die sich häufig in wasserdurchtränktem Boden befinden.

Gabelblattgewächse (Psilotophytina)

***Psilotum nudum*, ein Gabelblattgewächs**

Die Sporophyten der Gabelblattgewächse (Gattung Psilotum) haben wie die Fossilien stammesgeschichtlich ursprünglicher Gefäßpflanzen einen dichotom verzweigten Spross (Gabelspross), aber keine Wurzeln. Die schuppenartigen Auswüchse der Sprossachse enthalten kein Gefäßgewebe und dürften als stark zurückgebildete Blätter zu interpretieren sein. Die rundlichen gelben Strukturen an den Sprossachsen bestehen jeweils aus drei miteinander verwachsenen Sporangien. Die Gattung *Tmesipteris* ist eng mit Psilotum verwandt und kommt ausschließlich im südlichen Pazifikraum vor. *Tmesipteris* besitzt ebenfalls keine Wurzeln, der Spross trägt kleine, blattähnliche Auswüchse, die nicht so stark reduziert sind wie bei *Psilotum*.
Beide Gattungen sind homospor: Ihre Sporen bringen zweigeschlechtliche Gametophyten hervor, die unterirdisch wachsen und nur ungefähr einen Zentimeter lang sind.

Abbildung 29.8: **Näher betrachtet.** Die Vielfalt der samenlosen Pflanzen (Pteridophyten, Farngewächse).

Wissenschaftliche Übung

Erstellung von Säulendiagrammen und Dateninterpretation

Haben Moose die Verwitterung von Gesteinen verursacht und somit zu einer Klimaveränderung im Ordovizium beigetragen? Die ältesten Spuren von Landpflanzen sind ungefähr 470 Millionen Jahre alte Sporen. Zwischen diesem Zeitpunkt und dem Ende des Ordoviziums vor 444 Millionen Jahren nahm die atmosphärische CO_2-Konzentration um die Hälfte ab und das Klima kühlte dramatisch ab. Ein möglicher Grund für die Abnahme der CO_2-Konzentration im Ordovizium ist der Abbau oder die Verwitterung von Gestein. Wenn Gestein verwittert, wird Calciumsilikat (Ca_2SiCO_3) freigesetzt, das mit dem CO_2 aus der Luft zu Calciumcarbonat ($CaCO_3$) reagiert. In späteren Erdzeitaltern verstärkten die von Wurzeln der Gefäßpflanzen freigesetzten Säuren die Gesteinsverwitterung und Freisetzung von Mineralien. Obwohl gefäßlose Pflanzen noch keine echten Wurzeln besaßen, benötigten sie doch die gleichen Nährionen wie Gefäßpflanzen. Könnten somit nicht auch gefäßlose Pflanzen die chemische Verwitterung von Gestein vorangetrieben haben? Wenn dem so wäre, dann hätten bereits die gefäßlosen Moose zur Abnahme von atmosphärischem CO_2 im Ordovizium beigetragen. In dieser Aufgabe sollen Sie Daten aus einer Studie über die Auswirkungen von Moosen auf die Freisetzung von Mineralien aus zwei verschiedenen Gesteinstypen interpretieren.

Durchführung des Experiments Die Wissenschaftler entwarfen einen entsprechenden Kontrollmikrokosmos sowie einen experimentellen Mikrokosmos. Zunächst platzierten sie Gesteinsfragmente vulkanischen Ursprungs (Granit oder Andesit) in kleine Glasbehälter. Anschließend fügten sie Wasser und mazeriertes (zerhacktes und zerkleinertes) Moosgewebe der Art *Physcomitrella patens* dem experimentellen Mikrokosmos (72 Granit- und 41 Andesitproben) zu. Im Kontrollmikrokosmos (77 Granit- und 37 Andesitproben) wurde das Moosgewebe entfernt und nur das Filtrat verblieb in den Gefäßen. Nach 130 Tagen wurde die Menge verschiedener Mineralien im Wasser der Gefäße (Kontroll- und experimenteller Mikrokosmos sowie im Moosgewebe im experimentellen Mikrokosmos) quantifiziert.

Experimentelle Daten Das Moos wuchs im experimentellen Mikrokosmos (Zunahme der Biomasse). Die Tabelle zeigt die durchschnittliche Menge (in µmol) verschiedener Mineralien im Wasser und im Moosgewebe der untersuchten Mikrokosmen.

Datenauswertung

Warum wurde dem Kontrollmikrokosmos ein Filtrat zugefügt, aus dem die Wissenschaftler das Moosgewebe entfernt hatten?

Erzeugen Sie zwei Säulendiagramme (für Granit und Andesit), welche die durchschnittliche Menge der aus dem Gestein im Kontroll- und im experimentellen Mikrokosmos herausgelösten Mineralien darstellt. (*Hinweis: Welche Summe in einem experimentellen Mikrokosmos entspricht der aus dem Gestein herausgelösten Gesamtmenge?*)

Was ist der generelle Effekt von Moosgewebe auf die chemische Verwitterung von Gestein? Sind die Ergebnisse für beide Gesteinstypen gleich oder unterscheiden sie sich?

Auf der Basis dieser Versuche unterzogen die Wissenschaftler die Hypothese der Verwitterung von Gesteinen durch gefäßlose Pflanzen Simulationsmodellen des Klimas im Ordovizium. Dieses Modell sagte sinkende

	Ca^{2+} (µmol)		Mg^{2+} (µmol)		K^{+} (µmol)	
	Granit	**Andesit**	**Granit**	**Andesit**	**Granit**	**Andesit**
Durchschnittliche freigesetzte Menge im Wasser des Kontrollmikrokosmos	1,68	1,54	0,42	0,13	0,68	0,60
Durchschnittliche freigesetzte Menge im Wasser des experimentellen Mikrokosmos	1,27	1,84	0,34	0,13	0,65	0,64
Durchschnittliche von Moosgewebe aufgenommene Menge im experimentellen Mikrokosmos	1,09	3,62	0,31	0,56	1,07	0,28

CO_2-Konzentrationen und eine weltweite Abkühlung voraus, welche die Vergletscherungen im späten Ordovizium erklären kann. Von welchen Annahmen gingen die Forscher wohl aus, wenn sie die Ergebnisse ihrer Experimente in den Klimasimulationsmodellen verwendeten? „Das Leben hat die Erde tiefgreifend verändert." Erläutern Sie, ob diese experimentellen Ergebnisse diese Aussage unterstützen.

Daten aus: T. M. Lenton et al., First plants cooled the Ordovician. *Nature Geoscience* 5: S. 86–89 (2012).

ZUSAMMENFASSUNG

Die Entstehung der Landpflanzen aus Grünalgen

Morphologische und molekularbiologische Befunde. Zu den gemeinsamen Eigenschaften von Landpflanzen und Vertretern der Grünalgen (Charophytina, Coleochaetophytina) gehören ringförmig angeordnete Proteinkomplexe für die Cellulosesynthese, Peroxisomenenzyme, Gemeinsamkeiten im Aufbau der Spermatozoide und die Ausbildung eines Phragmoplasten während der Zellteilung. Auch Übereinstimmungen in der Nucleotidsequenz von Kern- und Chloroplastengenen lassen darauf schließen, dass Vertreter der Grünalgen die engsten lebenden Verwandten der Landpflanzen sind.

Notwendige Anpassungen beim Übergang an Land. Vier abgeleitete Merkmale findet man bei fast allen Landpflanzen, nicht aber bei engsten Algenverwandten. Bei diesen vier gemeinsam abgeleiteten Merkmalen handelt es sich um den Generationswechsel (mit dem dazugehörigen Merkmal der vielzelligen, von der Elternpflanze abhängigen Embryonen), in Sporangien entstehende Sporen mit einer derben Zellwand, vielzellige Gametangien und das Vorkommen von Apikalmeristemen.

Neben diesen vier Eigenschaften haben sich bei vielen Pflanzenarten auch andere Merkmale entwickelt, die ebenfalls als Anpassungen an das Leben auf dem Festland gelten: Besitz einer Cuticula, echte Leitgewebe, Spaltöffnungen, Pigmente sowie Lignin.

Ursprung und Radiation der Landpflanzen. Fossilfunde deuten darauf hin, dass Landpflanzen vor ungefähr 470 Millionen Jahren das Land besiedelten. Im Laufe der Evolution entwickelten sich unterschiedliche Hauptlinien von Landpflanzen: gefäßlose Pflanzen (Bryophyten, Moose), samenlose Gefäßpflanzen wie Bärlappgewächse, Monilophyten (Farne, Schachtelhalme und Gabelblattgewächse) sowie die beiden Gruppen der Samenpflanzen, die Nackt- (Gymnospermen) und die Bedecktsamer (Angiospermen).

Moose haben einen vom Gametophyten dominierten Lebenszyklus

Die Moose (Bryophyten) mit ihren drei Hauptgruppen – Lebermoose, Hornmoose und Laubmoose – repräsentieren die ältesten Landpflanzen. Die Moose repräsentieren keine monophyletische Gruppe.

Die **Gametophyten** bilden die dominierende Generation. Die uns allen bekannten Moospolster setzen sich aus haploiden Gametophyten zusammen. Rhizoide verankern die Gametophyten an der Unterlage. Die von den Antheridien produzierten Spermatozoide brauchen einen Wasserfilm, um die Eizellen in den Archegonien zu erreichen.

Die **Sporophyten** gehen aus den befruchteten Eizellen hervor. Die diploiden Sporophyten wachsen aus den Archegonien heraus, bleiben zeitlebens mit dem Gametophyten verbunden und sind ernährungsphysiologisch vom haploiden Gametophyten abhängig. Die Sporophyten der Moose sind kleiner und einfacher gebaut als die Sporophyten der Gefäßpflanzen; in der Regel ist der Moos-Sporophyt aus einem Fuß, einem Stiel (Seta) und einer Sporenkapsel (Sporangium) aufgebaut.

Moose sind auf der ganzen Welt verbreitet. Manche Moose besiedeln nackten Sandboden, wo sie neueren wissenschaftlichen Befunden zufolge dazu beitragen, den Stickstoff im Boden zu fixieren. Besonders weit verbreitet sind in Feuchtgebieten die Torfmoose der Gattung *Sphagnum*. Torfmoose bilden unter bestimmten Bedingungen umfangreiche Ablagerungen aus nicht oder nur unvollständig zersetztem organischem Material, das man als Torf bezeichnet.

Die ersten hochwüchsigen Pflanzen: Farne und andere samenlose Gefäßpflanzen

Merkmale der Gefäßpflanzen. Fossilien der Vorfahren heutiger Gefäßpflanzen zeigen, dass diese eher kleinwüchsigen Pflanzen selbständige, verzweigte Sporophyten hatten. Diesen alten Arten fehlten aber andere abgeleitete Merkmale rezenter Gefäßpflanzen wie ein Lebenszyklus mit dominierendem Sporophyten, verholztes Gefäßgewebe, gut entwickelte Wurzeln und Blätter sowie die Sporophylle.

Klassifikation der samenlosen Gefäßpflanzen (Pteridophyten, Farngewächse). Die samenlosen Gefäßpflanzen gliedern sich in zwei Hauptlinien: Linie 1 – Lycopodiophytina (Bärlappgewächse); Linie 2 – Monilophyten (Psilotophytina, Equisetophytina, Polypodiophytina, Marattiophytina).

Die Vielfalt der Pflanzen II: Evolution der Samenpflanzen

30

30.1 Samen und Pollen: Schlüsselanpassungen an das Landleben

Ein **Samen** (Abbildung 30.1) besteht aus einem Embryo und seinem Nährstoffvorrat, die beide gemeinsam von einer schützenden Samenschale umgeben sind. Neben den Samen sind einige andere Eigenschaften allen Samenpflanzen gemeinsam: reduzierte Gametophyten, Heterosporie, Samenanlagen und Pollen. Diese Anpassungen eröffneten den Samenpflanzen neue Möglichkeiten, ungünstige Umweltbedingungen wie größere Trockenheit und stärkere Ultraviolettstrahlung zu tolerieren. Neue Anpassungen führten auch dazu, dass – im Gegensatz zu den samenlosen Pflanzen – die Befruchtung bei Samenpflanzen unabhängig vom Faktor „Wasser“ wurde, sodass sie sich unter den unterschiedlichsten Umweltbedingungen fortpflanzen konnten.

Abbildung 30.1: Der Samen dient bei den Samenpflanzen der Ausbreitung und der Überdauerung des jungen Sporophyten.

MERKE!

Ein Samen besteht aus einem Embryo und seinem Nährstoffvorrat, die beide gemeinsam von einer schützenden Samenschale umgeben sind.

30.1.1 Vorteile reduzierter Gametophyten

Der Trend zur Reduktion des Gametophyten setzte sich im Laufe der Evolution der Samenpflanzen weiter fort. Während die Gametophyten der samenlosen Gefäßpflanzen noch mit bloßem Auge zu sehen sind, haben sie bei den Samenpflanzen in der Regel mikroskopische Dimensionen.

Diese Miniaturisierung machte in der Evolution der Samenpflanzen eine wichtige evolutionäre Neuerung möglich: Ihre winzigen Gametophyten können sich aus Sporen entwickeln, die in den Sporangien des elterlichen Sporophyten verbleiben. Geschützt vom Sporophytengewebe sind die Gametophyten vor UV-Strahlung und Austrocknung sicher. Diese enge Beziehung zwischen den Generationen ermöglicht die Ernährung des unselbständigen Gametophyten durch das Sporophytengewebe.

Abbildung 30.2 zeigt im Vergleich die Beziehungen zwischen Gametophyten und Sporophyten bei gefäßlosen Pflanzen, samenlosen Gefäßpflanzen und Samenpflanzen.

30.1.2 Heterosporie ist bei Samenpflanzen die Regel

Die meisten samenlosen Pflanzen sind homospor: Sie produzieren Sporen eines einzigen Typs, aus denen in der Regel zweigeschlechtliche Gametophyten hervorgehen. Die Entstehung von Heterosporie war eine der Voraussetzungen für die Evolution von Samen. Bei heterosporen Pflanzen produzieren Megasporangien Megasporen, aus denen die weiblichen Gametophyten entstehen. Mikrosporen entstehen in Mikrosporangien und bringen die männlichen Gametophyten hervor. Jedes Megasporangium enthält letztlich eine funktionsfähige Megaspore, während jedes Mikrosporangium dagegen eine gewaltige Anzahl von Mikrosporen besitzt.

30.1.3 Samenanlagen und die Produktion der Eizellen

Nur bei den Samenpflanzen verbleiben das Megasporangium und die Megaspore innerhalb des elterlichen Sporophyten. Eine Schicht aus Sporophytengewebe, das **Integument**, umhüllt und schützt das Megasporangium. Die ganze Struktur – Megasporangium, Megaspore und Integument(e) – bezeichnet man als **Samenanlage** (Abbildung 30.3a). Innerhalb der Samenanlage entwickelt sich nun aus der Megaspore der weibliche Gametophyt, der dann eine oder mehrere Eizellen hervorbringt.

	Pflanzengruppe		
	gefäßlose Pflanzen (Moose, Bryophyten)	**samenlose Gefäßpflanzen (Farngewächse, Pteridophyten)**	**Samenpflanzen (Spermatophyten: Gymnospermen und Angiospermen)**
Gametophyt	dominant	reduziert und unabhängig (fotosynthetisch aktiv und frei lebend)	zurückgebildet (meist mikroskopisch klein), auf die Ernährung durch das umgebende Sporophytengewebe angewiesen
Sporophyt	reduziert, ernährungsphysiologisch vom Gametophyten abhängig	dominant	dominant
Beispiel			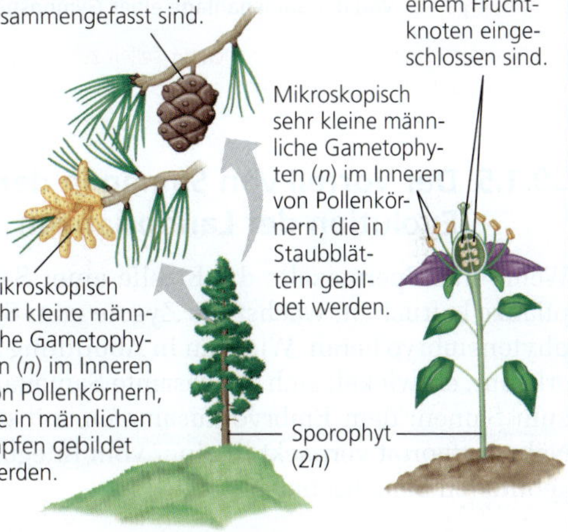

Abbildung 30.2: Das Verhältnis von Gametophyt zu Sporophyt in verschiedenen Pflanzengruppen.

30.1.4 Pollen und die Bildung von Spermazellen

Eine Mikrospore entwickelt sich zu einem **Pollenkorn**. Diese reifen heran und enthalten den männlichen Gametophyten, geschützt von der Pollenkornwand. Diese widerstandsfähige Pollenwand enthält das Polymer Sporopollenin und schützt den männlichen Gametophyten im Pollenkorn. Die Übertragung von Pollen auf den Teil einer Samenpflanze, der die Samenanlagen enthält, bezeichnet man als **Bestäubung**. Wenn ein Pollenkorn zu wachsen beginnt, bringt es einen Pollenschlauch hervor, der zwei Spermazellen in den weiblichen Gametophyten der Samenanlage entlässt (Abbildung 30.3b).

Bei den Samenpflanzen kann der Spermazellen produzierende männliche Gametophyt im Pollenkorn vom Wind oder von Tieren über große Entfernungen transportiert werden, wobei die Abhängigkeit vom Wasser bei der Befruchtung entfällt. Darüber hinaus brauchen die Spermazellen der Samenpflanzen auch nicht beweglich zu sein, da sie von den Pollenschläuchen unmittelbar in die Nähe der Eizellen gebracht werden.

MERKE!

Die Übertragung von Pollen auf den Teil einer Samenpflanze, der die Samenanlagen enthält, bezeichnet man als Bestäubung.

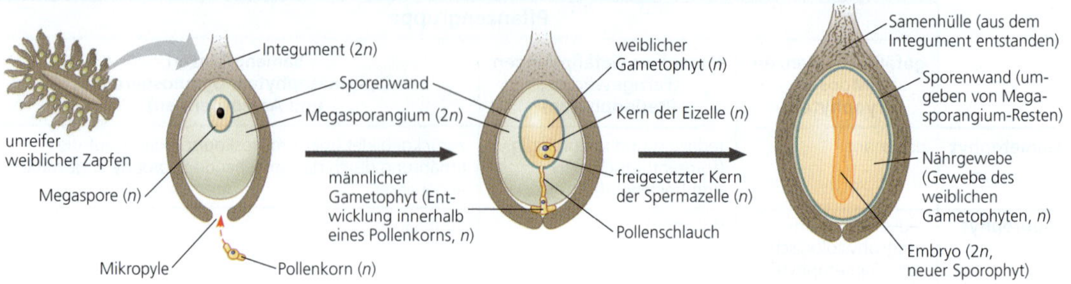

(a) Unbefruchtete Samenanlage. In diesem schematisierten Längsschnitt durch die Samenanlage einer Gymnosperme (Kiefer, *Pinus sylvestris*) wird ein fleischiges Megasporangium von einer als Integument bezeichneten Schutzschicht umhüllt. (Angiospermen haben meist zwei Integumente.)

(b) Befruchtete Samenanlage. Eine Megaspore entwickelt sich zu einem vielzelligen weiblichen Gametophyten. Durch die Mikropyle, der einzigen Öffnung des Integuments, kann das Pollenkorn eindringen. Dieses enthält einen männlichen Gametophyten, der einen Pollenschlauch ausbildet, durch den die Spermazelle in die Nähe der Eizellen gelangt.

(c) Same einer Gymnosperme. Die Befruchtung der Eizelle leitet die Umwandlung der Samenanlage in einen Samen ein. Ein Same besteht aus dem Embryo (dem neuen Sporophyten), einem Nährgewebe und einer schützenden, aus dem Integument entstandenen Samenschale.

Abbildung 30.3: Von der Samenanlage einer Gymnosperme zum Samen.

? Wie viele Pflanzengenerationen steuern Zellen zum Samen einer Gymnosperme bei? Identifizieren Sie diese Zellen und geben Sie jeweils an, ob sie haploid oder diploid sind.

30.1.5 Der Vorteil von Samen in der Evolution der Landpflanzen

Wenn eine Spermazelle die Eizelle einer Samenpflanze befruchtet, wächst die Zygote zum Sporophytenembryo heran. Wie man in Abbildung 30.3c erkennt, entwickelt sich die gesamte Samenanlage zum Samen: dem Embryo zusammen mit einem Nährstoffvorrat verpackt in einer vom Integument gebildeten Samenschale.

Die Entwicklung von Samen ist als ein evolutionäres Schlüsselereignis zu interpretieren, das den Samenpflanzen neue Möglichkeiten eröffnete. Samen besitzen eine vielzellige Samenschale, die dem Sporophytenembryo zusätzlichen Schutz bietet. Weiterhin enthalten Samen auch einen Nährstoffvorrat. Deshalb können Samen nach der Freisetzung von der Mutterpflanze über Tage, Monate oder sogar Jahre hinweg in ihrem Ruhezustand verbleiben. Unter günstigen Bedingungen kann der Samen dann keimen, wobei die gespeicherten Nährstoffe gerade in der kritischen Phase benötigt werden, in der sich der Sporophytenembryo zum Keimling entwickelt. Manche Samen werden vom Wind oder von Tieren über große Entfernungen bis zu mehreren hundert Kilometern transportiert.

VERSTÄNDNISFRAGEN

1. Vergleichen Sie die Übertragung der Spermatozoiden bei samenlosen Gefäßpflanzen mit der Übertragung der Spermazellen bei Samenpflanzen.

2. Welche Merkmale, die bei samenlosen Pflanzentaxa nicht vorhanden sind, haben zum überwältigenden Erfolg der Samenpflanzen an Land beigetragen?

3. WAS WÄRE, WENN? Angenommen, die Samenpflanzen wären homospor: Welche Aspekte ihrer Fortpflanzung würden sich ändern? Begründen Sie Ihre Antwort.

30.2 Die Zapfen der Gymnospermen tragen „nackte" Samenanlagen

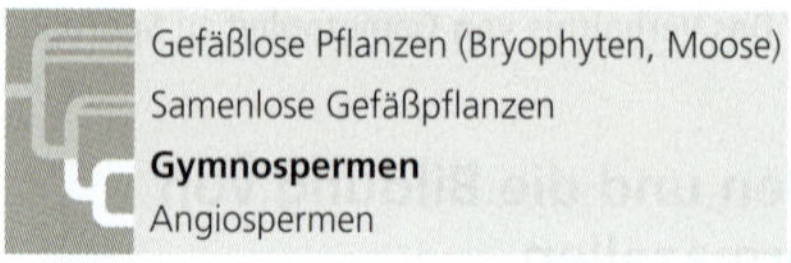

Die Nacktsamer oder Gymnospermen besitzen frei zugängliche Samenanlagen, die nicht in einem Fruchtknoten eingeschlossen sind. Ihre Samenanlagen sind für den Pollen direkt zugänglich und die reifen Samen liegen frei auf Samenschuppen, die in der Regel zu zapfenartigen Strukturen zusammentreten.

Abbildung 30.5 gibt einen Überblick über die Vielfalt der heute lebenden Gymnospermen.

In Abbildung 30.4 ist der Entwicklungszyklus einer Kiefer dargestellt. Der Kiefernbaum ist der Sporophyt. Wie alle Samenpflanzen, so sind auch die Nadelbäume heterospor. Bei Nadelbäumen werden die beiden Sporentypen in getrennten Zapfen produziert: der Pollen (Mikrosporen) in kleinen männlichen Zapfen und die Megasporen in frei zugänglichen Samenanlagen auf den Samenschuppen der größeren weiblichen Zapfen. Die meisten Kiefernarten tragen männliche und weibliche Zapfen auf demselben Individuum. In den männlichen Zapfen durchlaufen die Mikrosporenmutterzellen die Meiose und bringen haploide Mikrosporen hervor. Jede Mikrospore entwickelt sich zu einem Pollenkorn, das einen männlichen Gametophyten enthält. Bei Kiefern und anderen Nadelbäumen wird der gelbe Pollen in großen Mengen freigesetzt und vom Wind fortgetragen, wobei sich der Pollen auf allen Oberflächen absetzt. Gleichzeitig durchlaufen die Megasporenmutterzellen in den Samenanlagen des weiblichen Zapfens die Meiose und produzieren haploide Megasporen. Die überlebenden Megasporen entwickeln sich zu weiblichen Gametophyten, die in den Megasporangien (Samenanlagen) verbleiben.

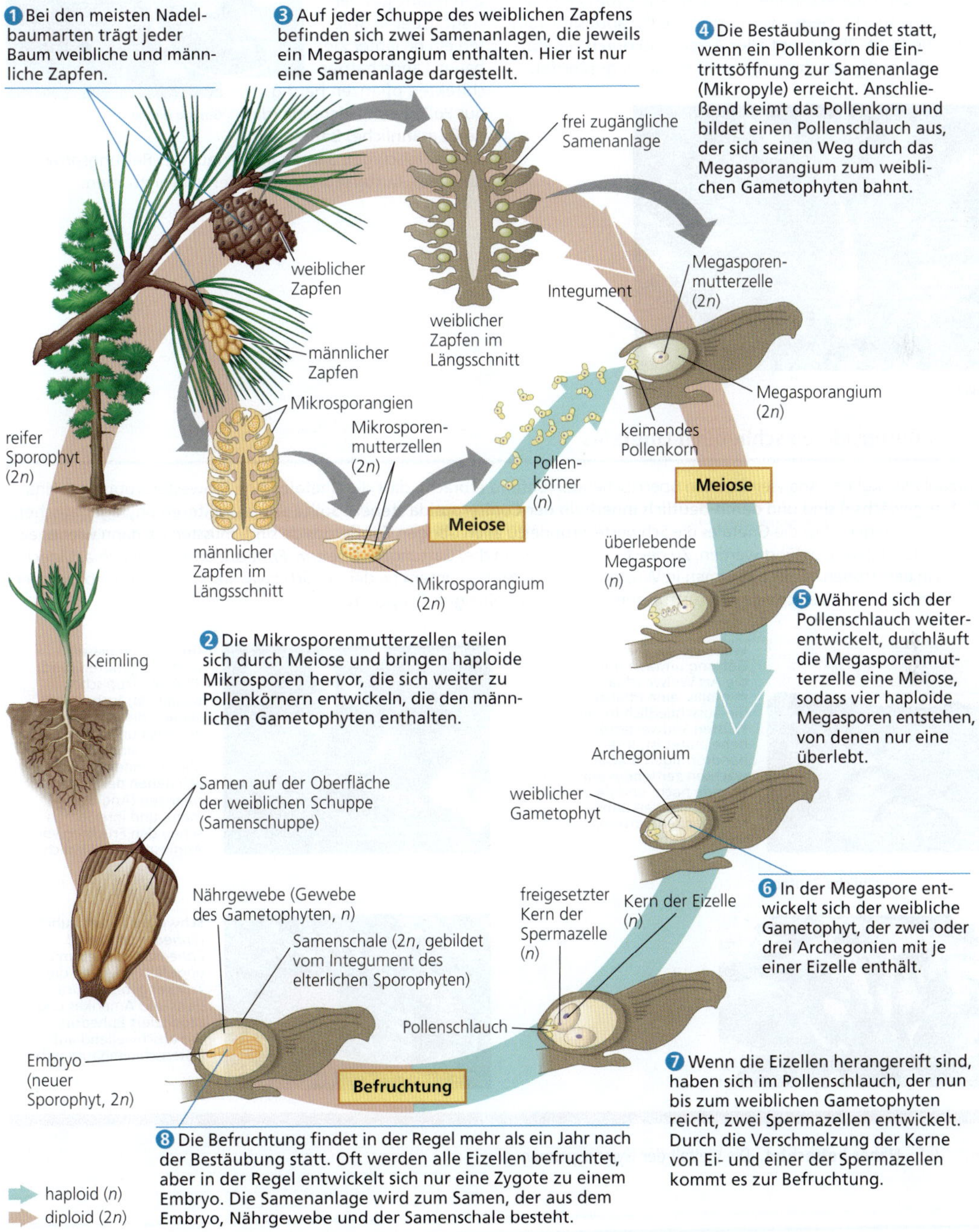

Abbildung 30.4: **Der Entwicklungszyklus einer Kiefer (*Pinus strobus*).**

Klasse Cycadopsida

Die Cycadopsida (Palmfarne) sind nach den Coniferopsida (Nadelbäume) die zweitgrößte Gruppe der Gymnospermen. Sie haben große Zapfen und palmenähnliche Blätter (echte Palmen sind Angiospermen). Im Unterschied zu den meisten Samenpflanzen haben Cycadopsida – genau wie ihre Vorfahren aus der Linie der samenlosen Gefäßpflanzen – Spermatozoide. Heute sind die Palmfarne nur noch mit etwa 300 Arten vertreten, im Mesozoikum jedoch waren sie global so weit verbreitet, dass man nicht nur vom Dinosaurierzeitalter, sondern auch vom Zeitalter der Cycadopsida spricht. Gegenwärtig sind die Cycadopsida vom Aussterben bedroht: 75 Prozent aller Arten sind durch Habitatzerstörung und andere anthropogene Aktivitäten gefährdet.

Cycas revoluta

Klasse Ginkgopsida

Die einzige heute noch lebende Art aus dieser Klasse ist *Ginkgo biloba*, auch Fächerblattbaum genannt. Seine sommergrünen, fächerförmigen Blätter färben sich im Herbst gelb. Da er Luftverschmutzungen relativ gut verträgt, ist er in Städten ein beliebter Zierbaum. Landschaftsarchitekten pflanzen häufig nur Pollen produzierende (das heißt männliche) Bäume an, da die fleischigen Samen im Verlauf des Reifungsprozess ranzigen, buttersäureartigen Geruch verströmen.

Ginkgo biloba

Klasse Coniferopsida einschließlich Gnetales

Die Mehrzahl molekularer Analysen hat den überraschenden Befund erbracht, dass die Gnetales eine Schwestergruppe der Pinaceae (Kieferngewächse) sind und damit deutlich innerhalb der Coniferopsida stehen. Sollte sich in weiteren phylogenetischen Untersuchungen zeigen, dass die Gnetales die Schwestergruppe zu allen übrigen Coniferopsida sind, müssten sie dann wieder als eigene Klasse (Gnetopsida) geführt werden. Zu den Gnetales gehören drei Gattungen: *Gnetum*, *Ephedra* und *Welwitschia*. Manche Arten leben in den Tropen, andere kommen in Wüsten vor. Im Aussehen unterscheiden sie sich zwar stark, aufgrund molekularer Befunde ordnet man die verschiedenen Gattungen jedoch einer einzigen Gruppe zu.

Welwitschia. Diese Gattung umfasst nur die Art Welwitschia mirabilis, eine Pflanze, die ausschließlich in den Wüsten Südwestafrikas beheimatet ist. Ihre bandförmigen Blätter wachsen zeitlebens am Grunde nach, und sie gehören zu den ältesten Pflanzenblättern, die man kennt.

Gnetum. Zu dieser Gattung gehören rund 35 Arten tropischer Bäume, Sträucher und Lianen, die vorwiegend in Afrika und Asien heimisch sind. Ihre Blätter ähneln äußerlich denen der Blütenpflanzen (Angiospermen), und ihre Samen sehen den Früchten von Angiospermen ähnlich.

Schweizer Meerträubchen *(Ephedra helvetica).* *Ephedra* besiedelt mit ungefähr 40 Arten die Trockengebiete Eurasiens und Amerikas und produziert Ephedrin, das abschwellend auf Nasenschleimhäute wirkt.

Abbildung 30.5: Näher betrachtet. Die Vielfalt der Gymnospermen.

Monokotyledonen

Über ein Viertel aller Bedecktsamer – insgesamt rund 70.000 Arten – sind Monokotyledonen. Als Beispiele sind hier Vertreter einiger großer Familien gezeigt.

Großblütige Hummel-Ragwurz *(Ophrys maxima)*, eine Orchidee

Kanarische Dattelpalme *(Phoenix canariensis)*

Feuer-Lilie *(Lilium bulbiferum)*

Gerste *(Hordeum vulgare)*

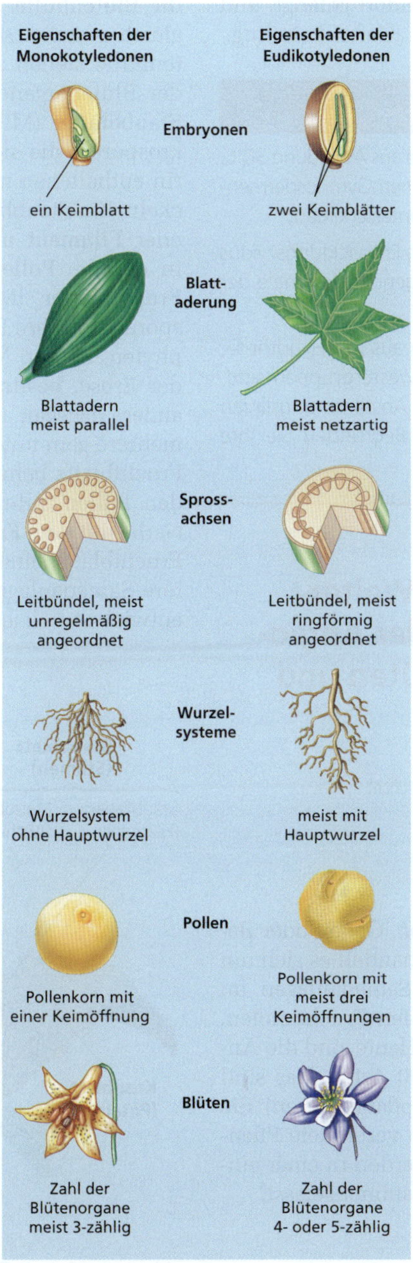

Eudikotyledonen

Über zwei Drittel aller Bedecktsamer, insgesamt rund 170.000 Arten, sind Eudikotyledonen. Die unten aufgeführten Beispiele vermitteln einen Eindruck von ihrer Vielfalt.

Svalbard-Mohn *(Papaver dahlianum)*

Traubeneiche *(Quercus petraea)*

Hundsrose *(Rosa canina)*

Erbse *(Pisum sativum)*

Zucchini *(Cucurbita pepo)*

Nach der Bestäubung vergehen noch fast drei Jahre, bis die männlichen und weiblichen Gameten sich vereinigt haben (Befruchtung) und aus den befruchteten Samenanlagen reife Samen hervorgehen. Dann treten die Samenschuppen der weiblichen Zapfen auseinander, und die geflügelten Samen werden vom Wind ausgebreitet. Der Samen keimt, wenn er an einen geeigneten Standort gelangt, und sein Embryo entwickelt sich zum Kiefernkeimling.

VERSTÄNDNISFRAGEN

1. Beschreiben Sie anhand der Beispiele aus Abbildung 30.5, in welcher Hinsicht sich die verschiedenen Gymnospermenlinien trotz aller Übereinstimmungen unterscheiden.

2. In welcher Hinsicht spiegeln sich im Entwicklungszyklus der Kiefer (Abbildung 30.4) grundlegende Merkmale der Samenpflanzen wider?

3. WAS WÄRE, WENN? Kann man aus der Hypothese, dass Nackt- und Bedecktsamer Schwestergruppen sind, den Schluss ziehen, dass die beiden Abstammungslinien zur gleichen Zeit entstanden sind? Begründen Sie Ihre Antwort.

30.3 Die wichtigsten Weiterentwicklungen der Angiospermen sind Blüten und Früchte

Gefäßlose Pflanzen (Bryophyten, Moose)
Samenlose Gefäßpflanzen
Gymnospermen
Angiospermen

Bei den Angiospermen (gr. *angion*, Gefäß) oder Bedecktsamern („Blütenpflanzen") handelt es sich um Samenpflanzen, bei denen die Samenanlagen im Fruchtknoten und Samen im reifen Fruchtknoten, der Frucht, eingeschlossen sind. Heute sind die Angiospermen mit mehr als 250.000 Arten (das sind ungefähr 90 Prozent aller Landpflanzenarten) die vielgestaltigste und am weitesten verbreitete Pflanzengruppe. Alle Bedecktsamer werden in einer einzigen Klasse (Magnoliopsida) zusammengefasst.

30.3.1 Merkmale der Angiospermen

Blüten Eine Blüte ist ein auf sexuelle Fortpflanzung spezialisierter Kurzspross mit vier Wirteln abgewandelter Blätter: Kelchblätter, Kronblätter, Staubblätter und Fruchtblätter (Abbildung 30.6). Am Blütenboden stehen zunächst die **Kelchblätter**, die in der Regel grün sind und die Blüte umschließen, bevor sie sich öffnet. Auf die Kelchblätter folgen weiter innen die **Kronblätter**: Sie sind bei den meisten Blüten auffällig gefärbt und tragen dazu bei, bestäubende Tiere anzulocken. Bei windbestäubten Blüten sind die Kronblätter unscheinbar grün oder bräunlich. Kelch- und Kronblätter bilden die Blütenhülle. Sie können auch morphologisch gleich gestaltet sein (**Perigon**). Innerhalb der Blütenhülle stehen zwei Wirtel Sporen produzierender Blütenorgane: Staubblätter und Fruchtblätter. **Staubblätter** (Mikrosporophylle) produzieren Mikrosporen, die sich zu Pollenkörnern mit den darin enthaltenen männlichen Gametophyten entwickeln. Ein Staubblatt besteht aus einem Staubfaden oder **Filament** und einer **Anthere** (Staubbeutel), in der die Pollenkörner produziert werden. Die **Fruchtblätter** (Megasporophylle) bringen Megasporen und ihre Produkte, die weiblichen Gametophyten, hervor. Manche Blüten, zum Beispiel die der Erbse, besitzen nur ein einziges Fruchtblatt, andere dagegen, zum Beispiel die Magnolie, haben mehrere getrennte Fruchtblätter. An der Spitze des Fruchtblatts befindet sich die klebrige **Narbe**, die den Pollen aufnimmt. Der **Griffel** verbindet die Narbe mit dem **Fruchtknoten** am unteren Ende des Fruchtblatts, einem Hohlraum, der eine oder mehrere Samenanlagen enthält. Nach der Befruchtung entwickelt sich jede Samenanlage zu einem Samen.

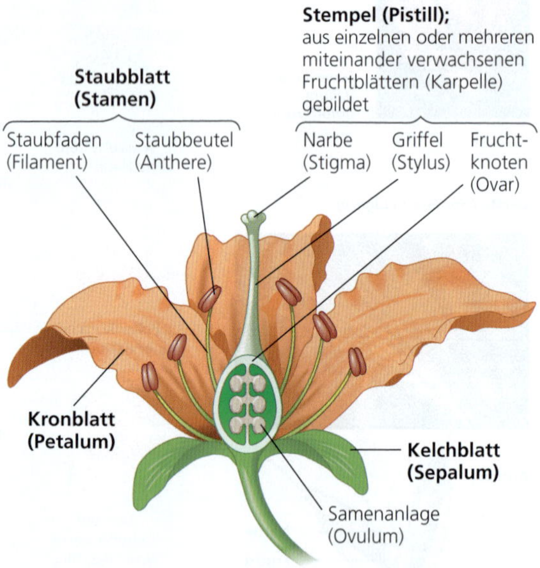

Abbildung 30.6: **Aufbau einer Angiospermenblüte.**

Früchte Eine **Frucht** besteht in der Regel aus dem ausgereiften Fruchtknoten, es können aber auch andere Blütenteile an der Fruchtbildung beteiligt sein. Während sich die befruchtete Samenanlage zu einem Samen entwickelt, verdickt sich die

Wand des Fruchtknotens. Die Hülse der Erbse ist zum Beispiel eine Frucht, bei der die Samen im ausgereiften Fruchtknoten (Hülse) eingeschlossen sind. Früchte schützen die ruhenden Samen und fördern ihre Ausbreitung. Verschiedene Anpassungen der Früchte fördern die Ausbreitung der Samen (Abbildung 30.7).

Abbildung 30.7: Anpassungen von Früchten, die eine Samenausbreitung fördern. Beeren Früchte Ahorn Acer Xanthium Spitzklette

Der Entwicklungszyklus der Angiospermen Einen typischen Entwicklungszyklus einer Angiosperme zeigt Abbildung 30.8. Die Blüte des Sporophyten erzeugt einerseits Mikrosporen (Pollen), aus denen die wenigzelligen männlichen Gametophyten hervorgehen, und andererseits Megasporen, aus denen die weiblichen Gametophyten entstehen. Die männlichen Gametophyten befinden sich in den Pollenkörnern, die in den Mikrosporangien (Pollensäcken) der Antheren (Staubbeutel) gebildet werden ❶. Der männliche Gametophyt setzt sich aus zwei haploiden Zellen zusammen: Die *generative Zelle* teilt sich und bildet zwei Spermazellen, während die *Pollenschlauchzelle* später den Pollenschlauch bildet ❷. Die Samenanlagen, die sich im Fruchtknoten entwickeln, enthalten jeweils einen weiblichen Gametophyten, der als **Embryosack** bezeichnet wird. Der Embryosack besteht nur aus wenigen Zellen, eine davon ist die Eizelle ❸.

Nachdem der Pollen aus den Antheren freigesetzt wurde, gelangt er auf die klebrige Narbe. Manche Blüten bestäuben sich selbst, bei den meisten Arten findet jedoch **Fremdbestäubung** statt: Der Pollen der Blüte einer Pflanze bestäubt die Narbe der Blüte einer anderen Pflanze der gleichen Art.

Nachdem ein Pollenkorn mit dem darin befindlichen männlichen Gametophyten auf die Narbe eines Fruchtblattes gelangt ist, keimt der männliche Gametophyt mit einem Pollenschlauch aus, der in den Griffel des Fruchtblattes eindringt. Wenn er den Fruchtknoten erreicht hat, dringt der Pollenschlauch durch die **Mikropyle**, eine Öffnung in den umhüllenden Integumenten der Samenanlage, in den weiblichen Gametophyten (Embryosack) ein und entlässt dort seine zwei Spermazellen ❹. Der Zellkern einer Spermazelle befruchtet die Eizelle, sodass eine diploide Zygote entsteht. Der Kern der anderen Spermazelle verschmilzt mit den beiden Polkernen des weiblichen Gametophyten zum triploiden Endospermkern ❺. Diesen Typ der **doppelten Befruchtung** gibt es nur bei den Angiospermen.

Nach der doppelten Befruchtung entwickelt sich die Samenanlage zum Samen ❻. Aus der Zygote entsteht ein Sporophytenembryo mit einer Wurzelanlage und einem oder zwei **Keimblättern**, den **Kotyledonen**. Der triploide Endospermkern des weiblichen Gametophyten teilt sich mehrmals und es bildet sich ein triploides **Endosperm** aus, ein Gewebe, das reich an Stärke und anderen Nährstoffen ist und den Embryo während seiner Entwicklung versorgt.

Der Samen besteht aus dem Embryo, dem Endosperm und einer Samenschale, die sich von den Integumenten ableitet. Der Fruchtknoten entwickelt sich zur Frucht, während sich die Samenanlagen zu Samen entwickeln. Nach erfolgreicher Ausbreitung durch Wind oder Tiere keimt der Samen in einem geeigneten Substrat. Die Samenschale wird durchbrochen und der Embryo erscheint als Keimling, wobei er die im triploiden Endosperm oder in den Keimblättern gespeicherten Nährstoffe verbraucht ❼.

MERKE!

Eine Frucht besteht in der Regel aus dem ausgereiften Fruchtknoten, es können aber auch andere Blütenteile an der Fruchtbildung beteiligt sein.

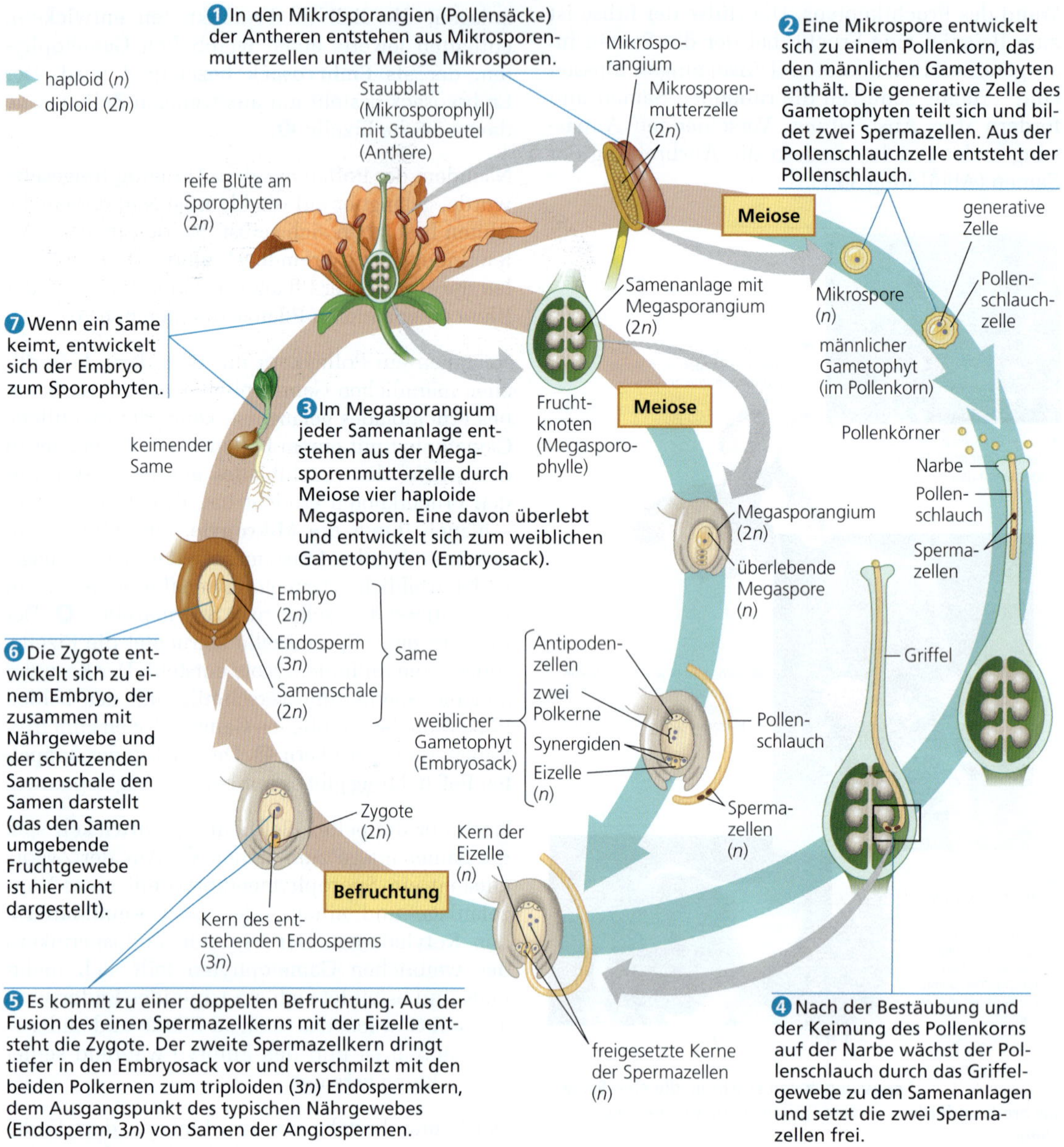

Abbildung 30.8: Der Lebenszyklus einer Angiosperme.

30.3.2 Die Vielfalt der Angiospermen

Molekulare und morphologische Befunde lassen darauf schließen, dass die rezenten Gymnospermen eine monophyletische Gruppe sind, deren früheste Abstammungslinien sich vor etwa 305 Millionen Jahren von den Vorfahren der Bedecktsamer trennten (Abbildung 30.9).

> **MERKE!**
>
> **Arten mit einem Keimblatt wurden als Monokotyledonen oder einkeimblättrige Pflanzen, solche mit zwei Keimblättern als Dikotyledonen oder zweikeimblättrige Pflanzen bezeichnet.**

Ausgehend von ihren relativ einfachen Anfängen im Mesozoikum, haben sich die Angiospermen bis heute in mehr als 250.000 lebende Arten diversifiziert. Bis Ende der 1990er Jahre teilte man die Blütenpflanzen meist in zwei Gruppen ein, wobei man sich an der Zahl der Keimblätter oder

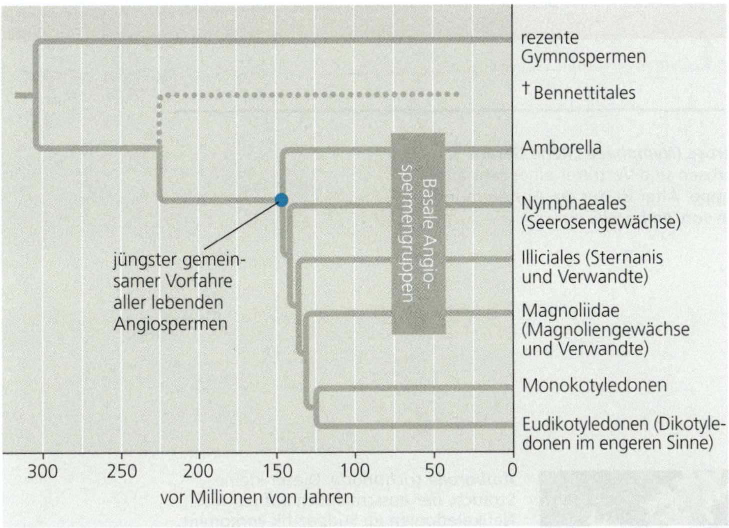

Abbildung 30.9: Die Stammesgeschichte der Angiospermen. Der Stammbaum entspricht der aktuellen Vorstellung über die Verwandtschaftsbeziehungen innerhalb der Angiospermen. Dieser Stammbaum stützt sich auf morphologische und vor allem molekularbiologische Befunde (http://www.mobot.org/MOBOT/research/APweb/). Die Angiospermen entstanden vor mindestens 140 Millionen Jahren. Die gepunktete Linie symbolisiert die unsichere Stellung der Bennettitales, einer potenziellen Schwestergruppe der Angiospermen.

? Müsste man die Reihenfolge der Abzweigungen im Stammbaum neu zeichnen, wenn man Fossilien einer 150 Millionen Jahre alten monokotylen Pflanze entdecken würde? Begründen Sie Ihre Antwort.

Kotyledonen im Embryo orientierte. Arten mit einem Keimblatt wurden als **Monokotyledonen** oder **einkeimblättrige Pflanzen**, solche mit zwei Keimblättern als **Dikotyledonen** oder **zweikeimblättrige Pflanzen** bezeichnet. Auch andere Merkmale, zum Beispiel der Aufbau von Blüten und Blättern, wurden zur Unterscheidung dieser beiden Gruppen herangezogen.

Neuere Forschungsergebnisse sprechen für die Hypothese, dass die Monokotyledonen zwar eine monophyletische Gruppe bilden, dass aber die Gruppe, die üblicherweise als Dikotyledonen bezeichnet wird, paraphyletisch ist. Die große Mehrzahl der Arten, die früher den zweikeimblättrigen Pflanzen zugeordnet wurden, bilden tatsächlich eine große monophyletische Entwicklungslinie, die man heute als **Eudikotyledonen** (engl. *Eudicots*; **„echte" Dikotyledonen**) bezeichnet. Die übrigen früher als Dikotyledonen bezeichneten Taxa werden heute in mehrere kleinere Abstammungslinien unterteilt. Vier davon nennt man informell **Basale Angiospermen**, da sie offenbar die ältesten Abstammungslinien der Blütenpflanzen repräsentieren (Abbildung 30.9). Einen Überblick über die Vielfalt der Angiospermen gibt Abbildung 30.10.

VERSTÄNDNISFRAGEN

1. Jemand hat einmal gesagt, die Eiche sei das Mittel einer Eichel, neue Eicheln zu produzieren. Erklären Sie diese Aussage und benutzen Sie dabei folgende Begriffe: Sporophyt, Gametophyt, Samenanlage, Sa-men, Fruchtknoten, Frucht.

2. Vergleichen Sie einen Kiefernzapfen und eine Angiospermenblüte im Hinblick auf ihre Struktur und Funktion.

30.4 Die Bedeutung der Samenpflanzen für die Menschheit

In allen terrestrischen Lebensräumen und in der Landwirtschaft sind Samenpflanzen die wichtigste Quelle für Nahrung und Brennstoffe, Holzprodukte und Arzneimittel. Da wir in vielerlei Hinsicht von Pflanzen abhängig sind, ist die Erhaltung der Vielfalt der Pflanzenwelt von entscheidender Bedeutung. Unsere Lebensmittel stammen zum größten Teil von Angiospermen. Nur sechs Nutzpflanzen – Weizen (*Triticum*), Reis (*Oryza sativa*), Mais (*Zea mays*), Kartoffeln (*Solanum tuberosum*), Maniok (*Manihot esculenta*) und Süßkartoffeln (*Ipomoea batatas*) – liefern 80 Prozent der von Menschen aufgenommenen Nahrung. Auch als Viehfutter sind Angiospermen unentbehrlich:

Es sind fünf bis sieben Kilogramm Getreide nötig, um ein Kilogramm Rindfleisch herzustellen. Menschen begannen vor rund 12.000 Jahren, Nutzpflanzen zu kultivieren. Die heutigen Nutzpflanzen sind das Ergebnis ihrer gezielten genetischen Veränderung auf der Grundlage von künstlicher Selektion. Auch für die Herstellung von Arzneimitteln (siehe Tabelle 30.1) ist die Menschheit seit Jahrhunderten auf Samenpflanzen angewiesen.

Aus Chinarinde wird Chinin gewonnen, ein Mittel zur Malariaprophylaxe.

Basale Angiospermen

Seerose *(Nymphaea „Réne Gérard")*. Seerosen sind Vertreter einer sehr alten Gruppe. Älter ist nur die Abstammungslinie von *Amborella*.

***Amborella trichopoda*.** Dieser kleine Strauch, der ausschließlich auf der Insel Neukaledonien im Südpazifik vorkommt, dürfte der einzige überlebende Vertreter einer Abstammungslinie an der Basis des Angiospermenstammbaumes sein. Das Holz von *Amborella* hat keine Tracheen, die bei den meisten Angiospermen vorhanden sind. Diese Xylemelemente haben sich möglicherweise erst nach der Ableitung von *Amborella* entwickelt.

Sternanis *(Illicium floridanum)*. Diese Art repräsentiert eine weitere, bis heute überlebende Abstammungslinie basaler Angiospermen.

Großblütige Magnolie *(Magnolia grandiflora)*. Dieser Vertreter der Magnoliengewächse ist verholzt. Die hier gezeigte Sorte mit der Bezeichnung „Goliath" hat Blüten mit einem Durchmesser von bis zu 30 Zentimetern.

Abbildung 30.10: Näher betrachtet. Die Vielfalt der Angiospermen.

Monokotyledonen

Über ein Viertel aller Bedecktsamer – insgesamt rund 70.000 Arten – sind Monokotyledonen. Als Beispiele sind hier Vertreter einiger großer Familien gezeigt.

Eudikotyledonen

Über zwei Drittel aller Bedecktsamer, insgesamt rund 170.000 Arten, sind Eudikotyledonen. Die unten aufgeführten Beispiele vermitteln einen Eindruck von ihrer Vielfalt.

Großblütige Hummel-Ragwurz *(Ophrys maxima)*, eine Orchidee

Kanarische Dattelpalme *(Phoenix canariensis)*

Feuer-Lilie *(Lilium bulbiferum)*

Gerste *(Hordeum vulgare)*

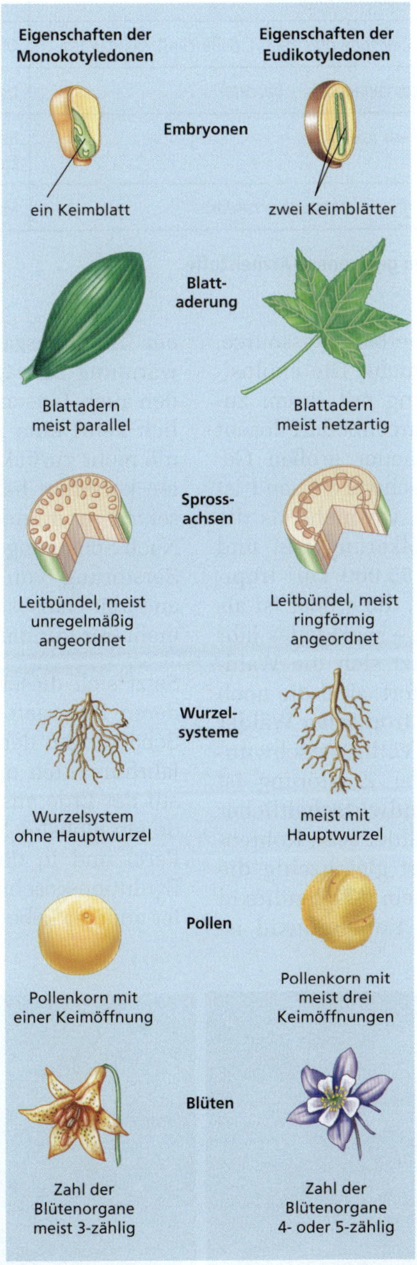

Svalbard-Mohn *(Papaver dahlianum)*

Traubeneiche *(Quercus petraea)*

Hundsrose *(Rosa canina)*

Erbse *(Pisum sativum)*

Zucchini *(Cucurbita pepo)*

Verbindung	Herkunft	Anwendungsbeispiele
Atropin	Tollkirsche (*Atropa bella-donna*)	Pupillenerweiterung bei Augenuntersuchungen
Digitalin	Fingerhut (*Digitalis*)	Herzmedikament
Menthol	Eukalyptusbaum (*Eucalyptus*)	Inhaltsstoff in Hustenarzneien
Morphium	Schlafmohn (*Papaver somniferum*)	Schmerzmittel
Chinin	Chinarindenbaum (*Cinchona officinalis, C.pubescens*); siehe unten	Malariaprophylaxe
Taxol	Pazifische Eibe (*Taxus canadensis, T. baccata*)	Medikament gegen Eierstockkrebs
Tubocuranin	Curarebaum (*Strychnos toxifera*)	Relaxation von Muskeln bei chirurgischen Eingriffen
Vinblastin	Madagaskar-Immergrün (*Catharanthus roseus*)	Medikament gegen Leukämie

Tabelle 30.1: Einige aus Samenpflanzen gewonnene Arzneistoffe.

Pflanzen sind zwar eine erneuerbare Ressource, für ihre Vielfalt gilt das aber nicht. Die explosionsartig wachsende Bevölkerung mit ihrem zunehmenden Platz- und Ressourcenbedarf löscht Pflanzenarten mit einer ungeheuer großen Geschwindigkeit aus. Besonders schwerwiegend ist dieses Problem in den Tropen, wo mehr als die Hälfte der menschlichen Bevölkerung lebt und am schnellsten wächst. Rund 55.000 km^2 tropischer Regenwald – eine Fläche, die größer ist als das Bundesland Niedersachsen – wird jedes Jahr gerodet (Abbildung 30.11). Setzt sich die Waldvernichtung in diesem Tempo fort, sind die noch vorhandenen 11 Millionen km^2 tropischer Wälder weltweit in 100 bis 200 Jahren völlig verschwunden. Die häufigste Ursache der Zerstörung ist Brandrodung zur Schaffung landwirtschaftlicher Nutzflächen. Der Verlust der Wälder setzt Kohlendioxid (CO_2) frei und reduziert gleichzeitig die Aufnahme von atmosphärischem Kohlendioxid im Rahmen der Fotosynthese. Kohlendioxid ist ein Treibhausgas, das maßgeblich zur Klimaerwärmung beiträgt. Mit den Wäldern verschwinden auch Tausende von Pflanzenarten. Und natürlich kehrt eine Art, die einmal ausgestorben ist, nie mehr zurück. Das Aussterben von Pflanzenarten korreliert häufig mit dem Aussterben von Insekten- und anderen Tierarten des Regenwaldes. Nach Schätzungen von Wissenschaftlern führt die Zerstörung von tropischen Lebensräumen und anderen Ökosystemen jedes Jahr zum Aussterben mehrerer hundert Arten.

Setzt sich dieser Prozess in den Tropen und anderen Regionen unvermindert fort, werden nach Schätzungen der Wissenschaftler in den nächsten Jahrhunderten mindestens 50 Prozent aller Arten auf der Erde aussterben. Ein solcher Verlust würde ein globales Massenaussterben ähnlich wie im Perm und in der Kreidezeit darstellen, und die Evolutionsgeschichte der Landpflanzen (und vieler anderer Lebewesen) unwiderruflich verändern.

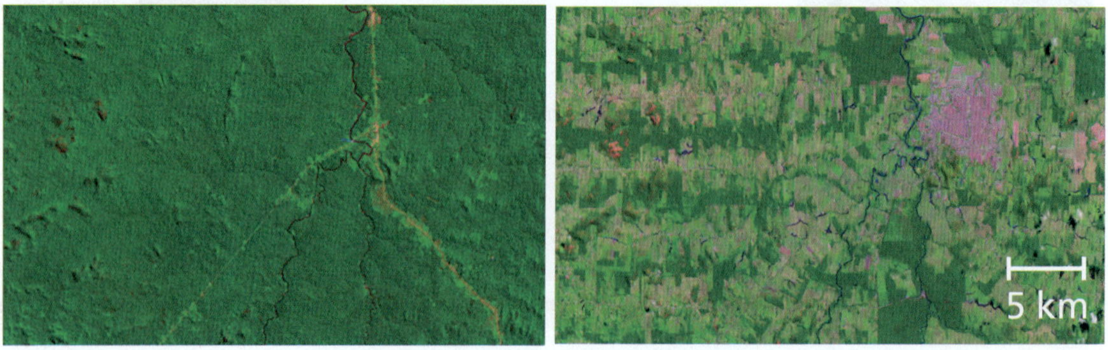

Abbildung 30.11: Kahlschlag durch Brandrodung in tropischen Wäldern. Innerhalb der letzten Jahrhunderte ist fast die Hälfte der ursprünglichen tropischen Wälder abgeholzt und vorwiegend in landwirtschaftliche Nutzfläche umgewandelt worden. Ein Satellitenbild von 1975 (links) zeigt einen dichten und intakten tropischen Regenwald in Brasilien. Bis zum Jahr 2012 wurde bereits ein großer Teil vernichtet (Bild rechts). Abgeholzte Flächen und Städte bzw. Siedlungen sind in violetten Farbtönen dargestellt.

Weiterhin gibt es neben ethischen auch praktische Gründe, sich wegen der zurückgehenden Artenvielfalt große Sorgen zu machen. Bislang haben wir nur bei einem winzigen Bruchteil der mehr als 290.000 bekannten Pflanzenarten den potenziellen Nutzen untersucht. So beruht nahezu unsere gesamte Lebensmittelversorgung auf dem Anbau von gerade einmal zwei Dutzend Samenpflanzenarten, und noch nicht einmal 5.000 Pflanzenarten wurden auf pharmazeutische Wirksamkeit hin untersucht. Der tropische Regenwald dürfte ein gewaltiges Reservoir an Heilpflanzen beherbergen, die möglicherweise aussterben, bevor wir überhaupt von ihrer Existenz erfahren. Wenn wir erkennen, dass Regenwälder und andere Ökosysteme lebende Schatztruhen sind, die sich, wenn überhaupt, nur sehr langsam regenerieren, lernen wir vielleicht auch, ihre Produkte nachhaltig zu nutzen.

Wie wir in der Wissenschaftlichen Übung erfahren werden, können manche Samen sogar noch nach 1.000 Jahren keimen.

Wissenschaftliche Übung

Dateninterpretation mithilfe des natürlichen Logarithmus

Wie lange bleiben Samen im Ruhestadium (Dormanz) keimfähig? Umweltbedingungen können im Laufe der Zeit beträchtlich schwanken und sie müssen nicht immer günstig zu dem Zeitpunkt sein, wenn die Samen produziert werden. Eine Möglichkeit, auf wechselnde Umweltbedingungen zu reagieren, ist die Dormanz (Samen- oder Keimruhe). Bei günstigen Bedingungen können schließlich die Samen mancher Arten nach vielen Jahren Dormanz keimen.

Eine seltene Möglichkeit zu testen, wie lange Samen keimfähig bleiben, ergab sich, als man unter den Trümmern einer alten Festungsanlage in der Nähe des Toten Meeres 2000 Jahre alte Samen der Dattelpalme (*Phoenix dactylifera*) fand. Wissenschaftler benutzen radiometrische Daten zur Altersbestimmung von Fossilien und anderen alten Objekten. In dieser Übung werden Sie das Alter von drei dieser historischen Samen mithilfe des natürlichen Logarithmus abschätzen.

Durchführung des Experiments Die Wissenschaftler haben den verbleibenden Anteil von ^{14}C in drei alten Dattelpalmensamen gemessen: Davon keimte ein Samen und zwei nicht. Im Fall des gekeimten Samens benutzten die Wissenschaftler ein Fragment der Samenschale, das an der Wurzel des Keimlings haftete. (Aus diesem Samen ging letztendlich die Pflanze auf dem Foto hervor.)

Experimentelle Daten Die Tabelle gibt den Gehalt von ^{14}C in den drei alten Dattelpalmensamen an.

	^{14}C-Gehalt
Samen 1 (nicht gekeimt)	0,7656
Samen 2 (nicht gekeimt)	0,7752
Samen 3 (gekeimt)	0,7977

Datenauswertung Als Logarithmus einer Zahl bezeichnet man den Exponenten, mit dem eine vorher festgelegte Zahl, die Basis , potenziert werden muss, um die gegebene Zahl *x* zu erhalten. Ist die Basis zum Beispiel 10 und $x = 100$, ist der Logarithmus von 100 = 2, da $10^2 = 100$ ist. Der natürliche Logarithmus ist der Logarithmus einer Zahl *x* zur Basis *e* (der Euler'schen Zahl 2,718). Natürliche Logarithmen eignen sich gut, um natürliche Prozesse, wie den Abbau radioaktiver Strahlung, darzustellen.

1. Die Gleichung $F = e^{-kt}$ beschreibt den Anteil *F* eines Isotops nach *t* Jahren; der Exponent ist negativ, da er sich auf eine Abnahme mit der Zeit bezieht. Die Konstante *k* ist ein Maß für die Geschwindigkeit des Abbaus des Originalisotops. Für den Abbau von ^{14}C zu ^{14}N ist $k = 0{,}00012097$. Um *t* zu ermitteln, müssen Sie die Gleichung mit folgenden Schritten umwandeln: **(a)** Nehmen Sie den natürlichen Logarithmus beider Seiten der Gleichung: $\ln(F) = \ln(e^{-kt})$. Formen Sie nun die rechte Seite der Gleichung wie folgt um: $\ln(e^x) = x \ln(e)$. **(b)** Da $\ln(e) = 1$, vereinfachen Sie die Gleichung. **(c)** Nun lösen Sie nach t auf; schreiben Sie die Gleichung in der Form „t = ___________."
2. Schätzen Sie mithilfe dieser Formel, einem Taschenrechner und den Daten aus der Tabelle das Alter der drei Samen ab.
3. Warum enthält der gekeimte Samen mehr ^{14}C?

Quelle: S. Sallon et al., Germination, genetics, and growth of an ancient date seed. *Science* 320: S. 1464 (2008).

Bestäubungsbiologische Interaktionen sowie andere Wechselbeziehungen zwischen Angiospermen und Tieren haben in beiden Gruppen zu einer großen Artenvielfalt geführt.

Die Bedeutung der Samenpflanzen für die Menschheit

Menschen sind auf Samenpflanzen als Lieferanten von Lebensmitteln, Holz und zahlreichen Arzneistoffen angewiesen. Durch die Zerstörung ihrer Lebensräume sind viele Pflanzenarten und von ihnen abhängige Tierarten vom Aussterben bedroht.

ZUSAMMENFASSUNG

Samen und Pollen: Schlüsselanpassungen an das Landleben

Samen sind gut geschützt, haben einen Nährstoffvorrat und können über große Entfernungen transportiert werden. Pollenkörner machen Wasser für die Befruchtung überflüssig.

Die rezenten Samenpflanzen kann man in zwei monophyletische Gruppen einteilen: Gymnospermen und Angiospermen.

Die Zapfen der Gymnospermen tragen „nackte" Samenanlagen

Zu den heute noch lebenden Gymnospermen gehören Cycadopsida (Palmfarne), Ginkgopsida (*Ginkgo biloba*), Coniferopsida (Nadelbäume) inklusive Gnetales (*Gnetum*, *Ephedra* und *Welwitschia*).

Schlüsselmerkmale im Entwicklungszyklus einer Gymnosperme sind die Dominanz der Sporophytengeneration, die Entstehung von Samen aus befruchteten Samenanlagen und die Bildung von Pollen zum Transport der Spermatozoiden zu den Samenanlagen.

Die wichtigsten Weiterentwicklungen der Angiospermen sind Blüten und Früchte

Merkmale der Angiospermen. Blüten bestehen in der Regel aus vier Wirteln abgewandelter Blätter: Kelchblätter (Sepalen), Kronblätter (Petalen), Staubblätter (Stamina, die Pollen produzieren) und Fruchtblätter (Carpelle, die zu einem Fruchtknoten verwachsen und die Samenanlagen einschließen). Ein Fruchtknoten mit befruchteten Samenanlagen reift zu einer Frucht mit Samen heran.

Die Vielfalt der Angiospermen. Man hat vier Gruppen basaler Angiospermen identifiziert. Weitere wichtige Gruppen der Angiospermen sind Monokotyledonen und Eudikotyledonen.

Pilze

31

31.1 Pilze sind heterotroph und nehmen ihre Nährstoffe durch Absorption auf

Das Reich der Pilze stellt eine oft unterschätzte Gruppe von Eukaryonten dar. Den meisten Menschen sind Pilze am ehesten in Form von essbaren Hutpilzen, Fußpilz, Schimmel oder den gerne in Kriminalromanen zitierten Pilzgiften bekannt. In Wirklichkeit gibt es bei den Pilzen eine erstaunliche Artenvielfalt: Bisher wurden 100.000 Arten beschrieben, die tatsächliche Artenzahl wird jedoch auf 1,5 Millionen geschätzt. Das Spektrum reicht dabei von Einzellern bis zu riesigen mehrzelligen Organismen.

31.1.1 Ernährung und Ökologie

Pilze sind wie Tiere heterotroph, das heißt im Gegensatz zu Pflanzen und Algen müssen sie ihre bioorganischen Nährstoffe direkt aus der Umwelt aufnehmen. Viele Pilze scheiden dazu hochwirksame hydrolytische Enzyme aus. Diese zerlegen komplexe Verbindungen in unmittelbarer Umgebung in kleinere Moleküle, die der Pilz dann aufnehmen und nutzen kann.

Vielfältig ist die Rolle der Pilze in Ökosystemen: Manche Arten zersetzen organisches Material (Saprophyten, Destruenten), andere leben als Parasiten oder Mutualisten.

MERKE!

Pilze sind wie Tiere heterotroph, das heißt im Gegensatz zu Pflanzen und Algen müssen sie ihre bioorganischen Nährstoffe direkt aus der Umwelt aufnehmen.

31.1.2 Aufbau des Pilzkörpers

Pilze wachsen entweder als einzellige Hefen oder mit vielzelligen Hyphen (Fäden, Filamente), siehe Abbildung 31.1.

Hyphen werden aus röhrenförmigen Zellwänden gebildet, welche die Plasmamembran und das Zytoplasma der Zellen umschließen. Im Gegensatz zu den cellulosehaltigen Zellwänden der Pflanzen wird **Chitin** in die Zellwände der Pilze eingelagert. Dieses kräftige und gleichzeitig flexible, stickstoffhaltige Polysaccharid bildet auch das Außenskelett der Insekten und Arthropoden.

Pilzhyphen bilden ein verwobenes Geflecht, das als **Mycel** (Mehrzahl *Mycelien*) bezeichnet wird. Durch seinen Aufbau ist die Oberfläche des Mycels im Verhältnis zum Volumen relativ groß, was eine effiziente Nahrungsaufnahme gewährleistet. Ein Kubikzentimeter Mutterboden kann Hyphen mit einer Länge von bis zu einem Kilometer enthalten, die eine Kontaktfläche von 300 Quadratmetern mit dem Boden bilden. Ein Pilzmycel wächst schnell, da Proteine und andere vom Pilz synthetisierte Substanzen durch Zytoplasmaströmungen in die Spitzen der wachsenden Hyphen geleitet werden.

Abbildung 31.1: Der Aufbau eines vielzelligen Pilzes. Das Foto oben rechts zeigt die geschlechtlichen Strukturen des Steinpilzes (*Boletus edulis*). In dem Foto darunter erkennt man ein Mycel, das auf herabgefallenen Nadeln eines Nadelbaumes wächst. Die runde lichtmikroskopische Aufnahme zeigt einzelne Hyphen.

? Die Pilze in der oberen Aufnahme vermitteln den Eindruck, dass es sich um verschiedene Individuen handelt. Könnte ihre DNA dennoch identisch sein? Begründen Sie Ihre Antwort.

Manche Pilze bilden **Haustorien** aus; das sind ebenfalls Hyphen, die den Pilz in die Lage versetzen, einem Wirt die Nährstoffe zu entziehen oder sie mit ihm auszutauschen (Abbildung 31.2). Eine Gemeinschaft zwischen solchen Pilzen und Pflanzenwurzeln, die für beide Seiten von Vorteil ist, wird als **Mykorrhiza** (wörtlich „Pilzwurzeln", vgl. Kapitel 37, Abschnitt 37.3.2) bezeichnet.

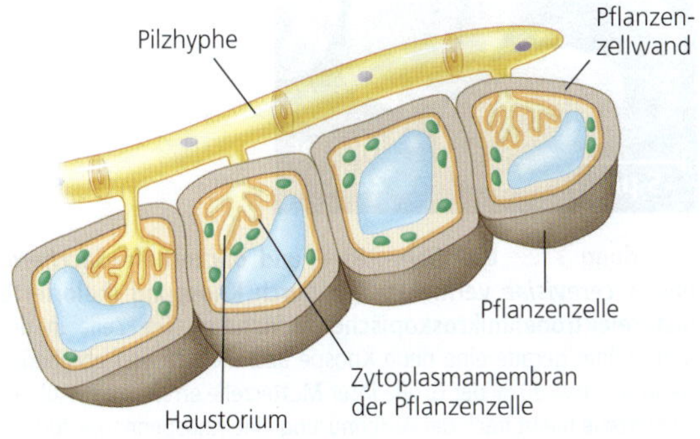

Abbildung 31.2: **Haustorien parasitischer oder mutualistischer Pilze.** Manche mutualistischen (symbiontischen) und parasitischen Pilze besitzen spezialisierte Hyphen, die Haustorien, die Nährstoffe aus lebenden Pflanzenzellen abziehen können. Die Haustorien bleiben durch die Membran der Pflanzenzelle (orange) von deren Zytoplasma getrennt.

Das Mycel der Mykorrhizapilze kann Nährstoffe besser aus dem Boden aufnehmen und die Pflanze damit versorgen, als es die Pflanzenwurzeln können. Im Gegenzug liefert die Pflanze dem Pilz Kohlenhydrate und andere organische Nährstoffe.

VERSTÄNDNISFRAGEN

1. Vergleichen Sie die Ernährungsweise eines Pilzes mit Ihrer eigenen.

2. WAS WÄRE, WENN? Angenommen, ein bestimmter Pilz ist Mutualist und nutzt ein Insekt als Wirt. Die Vorfahren des Pilzes waren jedoch Parasiten, die im und am Körper des Insekts wuchsen. Welche abgeleiteten Merkmale könnte man bei diesem mutualistischen Pilz finden?

31.2 Pilzsporen werden sowohl bei der geschlechtlichen als auch bei der ungeschlechtlichen Vermehrung gebildet

Die meisten Pilze vermehren sich geschlechtlich oder ungeschlechtlich durch die Bildung einer großen Anzahl von Sporen. Die Sporen können von Wind oder Wasser über große Entfernungen transportiert werden. Landen sie an einer feuchten, nährstoffreichen Stelle, dann keimen sie und bilden ein neues Mycel.

Abbildung 31.3 zeigt die prinzipiellen Entwicklungszyklen, in denen Pilzsporen gebildet werden können.

Die Zellkerne der Hyphen und Sporen der meisten Pilzarten sind haploid. Viele Pilze vermehren sich aber auch geschlechtlich und durchlaufen in ihrem Entwicklungszyklus vorübergehend ein diploides Stadium. Im Allgemeinen beginnt die ge-

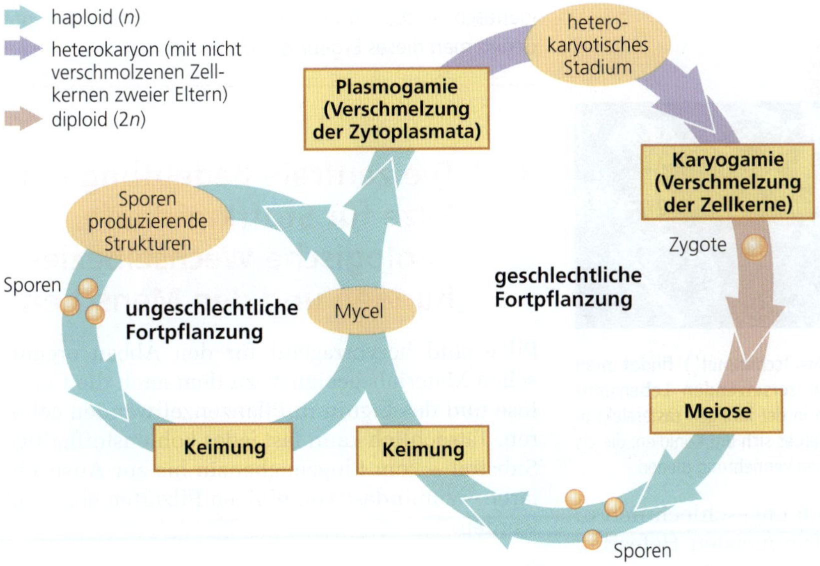

Abbildung 31.3: **Allgemeiner Entwicklungszyklus von Pilzen.** Viele (aber nicht alle) Pilze können sich sowohl geschlechtlich als auch ungeschlechtlich vermehren. Einige vermehren sich nur geschlechtlich, andere nur ungeschlechtlich.

schlechtliche Fortpflanzung damit, dass Hyphen von zwei Mycelien miteinander verschmelzen.

Die daraus folgende Durchmischung der Zytoplasmata zweier elterlicher Mycelien wird als **Plasmogamie** bezeichnet. Bei den meisten Pilzen verschmelzen die von den Eltern eingebrachten haploiden Zellkerne nicht sofort. Stattdessen finden sich genetisch unterschiedliche Kerne nebeneinander. Ein solches Mycel nennt man **Heterokaryon** („unterschiedliche Zellkerne").

Zwischen der Plasmogamie und dem nächsten Stadium der geschlechtlichen Fortpflanzung, der **Karyogamie**, können Stunden, Tage oder (bei manchen Pilzarten) sogar Jahrhunderte vergehen. Bei der Karyogamie verschmelzen die haploiden Zellkerne, die von den beiden Eltern beigesteuert wurden und es entstehen diploide Zellen. Die so entstandene Zygote bildet bei den meisten Pilzen das einzige diploide Stadium. Durch eine anschließende Meiose wird dann der haploide Zustand wieder hergestellt, wobei Sporen gebildet werden, die dem Pilz die weitere Ausbreitung ermöglichen.

Viele Pilze vermehren sich ungeschlechtlich, indem sie an ihrem Hyphengeflecht durch Mitose haploide Sporen bilden. Wenn solche Arten sichtbare Mycelien erzeugen, bezeichnet man sie umgangssprachlich auch als **Schimmelpilze** (Abbildung 31.4). Schimmelpilze wachsen in der Regel schnell und bilden ungeschlechtlich viele Sporen aus, mit denen der Pilz weitere Lebensmittel besiedeln kann.

Abbildung 31.4: ***Penicillium* („Pinselschimmel") findet man häufig als Schimmelpilz auf sich zersetzenden Lebensmitteln.** Bei den perlenförmigen Ketten in der farbigen rasterelektronenmikroskopischen Aufnahme handelt es sich um Konidien, die als haploide Sporen der ungeschlechtlichen Vermehrung dienen.

Andere Pilze vermehren sich ungeschlechtlich in der einzelligen Hefeform. Die meisten Hefearten bilden Knospen, die sich später von der Mutterzelle abschnüren (Abbildung 31.5).

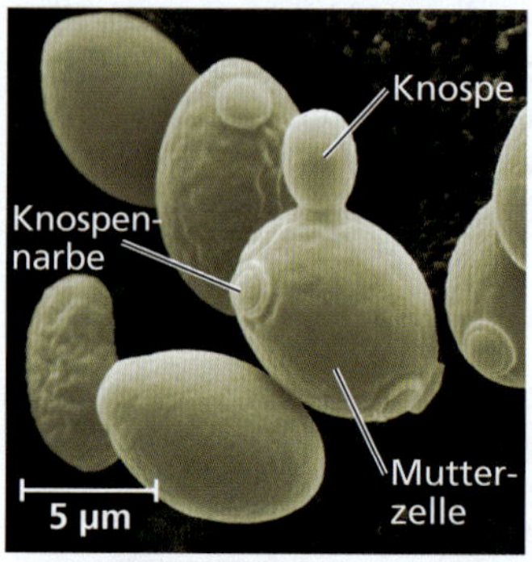

Abbildung 31.5: **Die Wein-, Bier- und Bäckerhefe *Saccharomyces cerevisiae* vermehrt sich durch Knospung (kolorierte rasterelektronenmikroskopische Aufnahme).** Die Zelle in der Mitte bildet gerade eine neue Knospe aus, die sich erst abschnürt, wenn sie etwa 80 % der Größe ihrer Mutterzelle erreicht hat. Auf der Mutterzelle bleibt nach der Abschnürung eine Knospennarbe zurück, auf der Tochterzelle dagegen die Geburtsnarbe.

MERKE!

Die meisten Pilze vermehren sich geschlechtlich oder ungeschlechtlich durch die Bildung einer großen Anzahl von Sporen.

VERSTÄNDNISFRAGEN

1. Wie unterscheiden sich die Entwicklungszyklen des Menschen und der Pilze im Hinblick auf haploide und diploide Stadien?

2. WAS WÄRE, WENN? Sie untersuchen bestimmte DNA-Sequenzen aus zwei Pilzen von unterschiedlichen Standorten in Ihrem Garten und stellen fest, dass sie identisch sind. Formulieren Sie zwei Hypothesen, mit denen man dieses Ergebnis erklären kann.

31.3 Die zentrale Bedeutung der Pilze für Stoffkreisläufe, ökologische Wechselbeziehungen und den Menschen

Pilze sind hervorragend für den Abbau organischen Materials geeignet, zu dem auch die Cellulose und das Lignin in Pflanzenzellwänden gehören. Tatsächlich kann fast jedes kohlenstoffhaltige Substrat – vom Flugzeugbenzin bis zur Anstrichfarbe – zumindest von einigen Pilzarten abgebaut werden.

Derzeit unterscheidet man in der Pilzsystematik fünf Abteilungen, wobei die Chytridien und Zygomyceten vermutlich paraphyletisch sind (durch die parallelen Linien angedeutet).

Chytridien (1.000 Arten)

Der kugelförmige Fruchtkörper von Chytridien (auch **Flagellatenpilze** genannt) kann wie *Chytridium* vielzellige, verzweigte Hyphen ausbilden (lichtmikroskopische Aufnahme); andere Arten sind Einzeller. Nach heutigem Stand der Forschung zählen die Chytridien zu den ältesten Gruppen, die sich früh von den übrigen Pilzen abgespaltet haben.

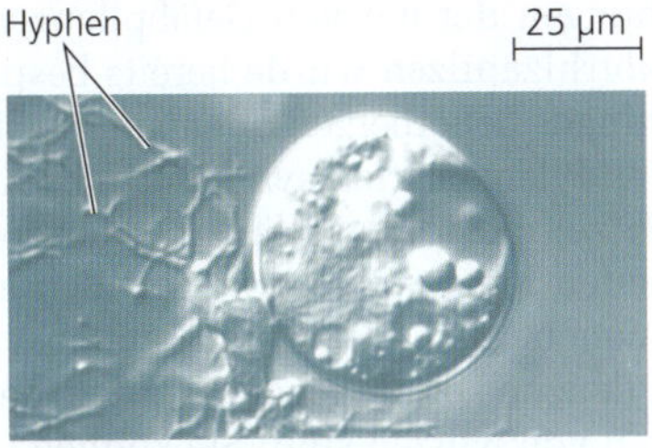

Zygomyceten (1.000 Arten)

Die Hyphen mancher Zygomyceten oder **Jochpilze**, so auch die dieses Schimmelpilzes der Gattung *Mucor* (lichtmikroskopische Aufnahme), wachsen schnell auf Obst, Brot und anderen Lebensmitteln. Damit handelt es sich bei diesen Pilzen um Destruenten (bei toter Nahrung) oder Parasiten. Andere Arten leben als Symbionten (Kommensalismus).

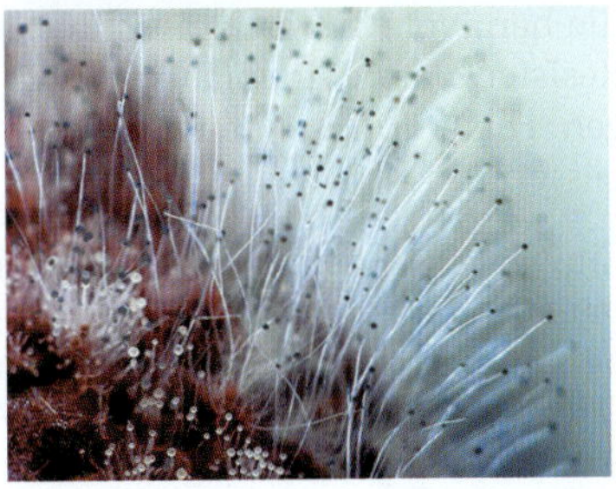

Glomeromyceten (200 Arten)

Die Glomeromyceten (Endomykorrhizapilze) sind von großer ökologischer Bedeutung. Diese Pilze bilden eine arbuskuläre Mykorrhiza mit vielen Pflanzenwurzeln, durch die sie die Pflanze mit Mineralen und anderen Nährstoffen versorgen. Mehr als 80 % aller Pflanzenarten gehen eine solche Wechselbeziehung mit beiderseitigem Nutzen mit Glomeromyceten ein. Die lichtmikroskopische Aufnahme zeigt die dunkelblau angefärbten Hyphen eines Glomeromyceten in einer Pflanzenwurzel.

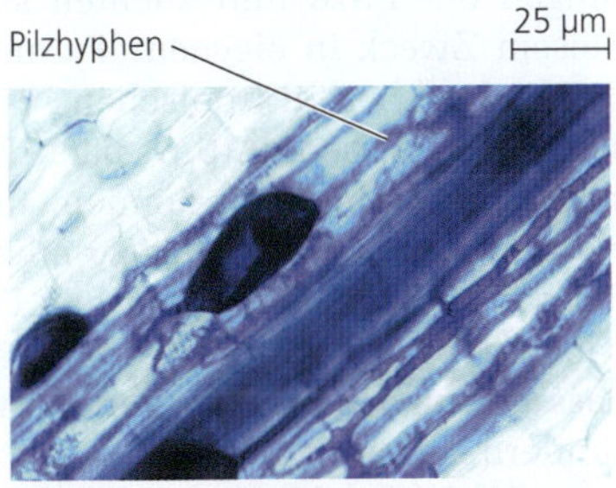

Ascomyceten (65.000 Arten)

Die Mitglieder dieser vielgestaltigen Gruppe, die auch als **Schlauchpilze** bezeichnet werden, sind in vielen Lebensräumen im Meer, im Süßwasser und an Land verbreitet. Der hier gezeigte Ascomycet *Aleuria aurantia* verdankt dem becherförmigen Fruchtkörper, dem so genannten Ascocarp, seinen Trivialnamen: Orangebecherling.

Basidiomyceten (30.000 Arten)

Die Basidiomyceten oder **Ständerpilze** sind häufig als Destruenten oder Ektomykorrhizapilze von großer Bedeutung. Sie bilden ein außergewöhnlich langlebiges, dikaryotisches Mycel, in dem jede Zelle zwei Kerne besitzt (jeweils einen von jedem Elternteil). Die Fruchtkörper von Ständerpilzen werden umgangssprachlich als „Pilze" bezeichnet, so wie dieser Fliegenpilz *(Amanita muscaria)*. Sie sind in den Nadelwäldern der nördlichen Hemisphäre ein vertrauter Anblick.

Abbildung 31.6: Näher betrachtet. Die Vielfalt der Pilze.

31.3.1 Pilze als Mutualisten

Die große Bedeutung der mutualistischen Beziehungen der meisten Gefäßpflanzen mit ihren Mykorrhizapilzen wurde bereits besprochen. Darüber hinaus beherbergen offenbar alle bisher untersuchten Pflanzenarten symbiontische **Endophyten**, also Pilze, die in den Blättern oder anderen Pflanzenteilen leben, ohne dort Schaden anzurichten. Für manche Grasarten und andere nicht verholzte Pflanzen konnte gezeigt werden, dass die Endophyten von Nutzen sind: Sie können Giftstoffe bilden, die herbivore Tierarten abschrecken oder auch die Resistenz der Wirtspflanze gegen Krankheitserreger, Hitze, Trockenheit oder Schwermetalle verbessern.

Einige Pilze stellen ihre enzymatischen Aktivitäten in den Dienst der Verdauung bei Tieren: So helfen sie beim Abbau von Pflanzenmaterial im Darm von Rindern und anderen Weidetieren mit. Auch viele Ameisenarten nutzen die Abbauleistungen der Pilze und züchten sie regelrecht zu diesem Zweck in eigenen „Farmen" heran. Zum Beispiel suchen in tropischen Wäldern die Blattschneiderameisen (Attini) nach Blättern, die sie selbst nicht verdauen können, tragen sie in ihr Nest, zerkauen die Blätter zu einem Brei und infizieren dieses Substrat mit den Pilzen. Die Pilze bauen dabei nicht nur Pflanzenblätter so weit ab, dass sie von den Insekten verdaut werden können, sondern sie beseitigen auch von der Pflanze gebildete Giftstoffe, die die Ameisen schädigen oder sogar töten würden.

Flechten Eine **Flechte** ist eine symbiontische Verbindung zwischen einem fotosynthetisch aktiven Mikroorganismus und einem Pilz. Dabei werden Millionen der fotosynthetischen Zellen in einer Masse aus Pilzhyphen eingelagert. Die sehr widerstandsfähigen Flechten wachsen in verschiedenen Lebensformen auf Felsen, abgestorbenen Baumstämmen, Bäumen und sogar Hausdächern (Abbildung 31.7). Bei den fotosynthetisch aktiven Partnern handelt es sich um Grünalgen oder um Cyanobakterien. In der Regel bestimmt der Pilz die äußere Gestalt und den Aufbau einer Flechte und das Mycel hält den größten Anteil an der Gesamtmasse der Flechte. Die Algen oder Cyanobakterien findet man meist in einer Schicht unter der Oberfläche des Mycels (Abbildung 31.8). Die Vergesellschaftung des Pilzes mit den Algen oder Cyanobakterien ist dabei so eng, dass man Flechten in der Regel mit eigenständigen wissenschaftlichen Namen bezeichnet, als wären sie Einzelorganismen.

Abbildung 31.7: **Wuchsformen verschiedener Flechten.**

Die Algen liefern Kohlenstoffverbindungen, Cyanobakterien fixieren außerdem auch Stickstoff aus der Luft (siehe Kapitel 27) und stellen organische Stickstoffverbindungen bereit. Die Pilze stellen dem fotosynthetisch aktiven Partner geeignete Umweltbedingungen für das Wachstum zur Verfügung. Die räumliche Anordnung der Hyphen ermöglicht so den Gasaustausch, schützt den Partner und bindet sowohl Wasser als auch Mineralstoffe, die hauptsächlich aus dem Staub in der Luft oder aus dem Regen eingetragen werden. Darüber hinaus geben die Pilze auch organische Säuren ab und erleichtern damit die Aufnahme der Mineralstoffe. Weiterhin schirmen Farbstoffe der Pilze die Algen oder Cyanobakterien gegen zu starke Sonneneinstrahlung ab. Manche Produkte der Pilze sind auch giftig und verhindern, dass die Flechte von Tieren gefressen wird.

Die Pilze vieler Flechten pflanzen sich geschlechtlich fort. Die Algen vermehren sich unabhängig vom Pilz durch ungeschlechtliche Zellteilung. Wie man es bei einem solchen „Doppelorganismus" vielleicht erwartet, vermehrt sich die gesamte symbiontische Einheit auch häufig durch un-

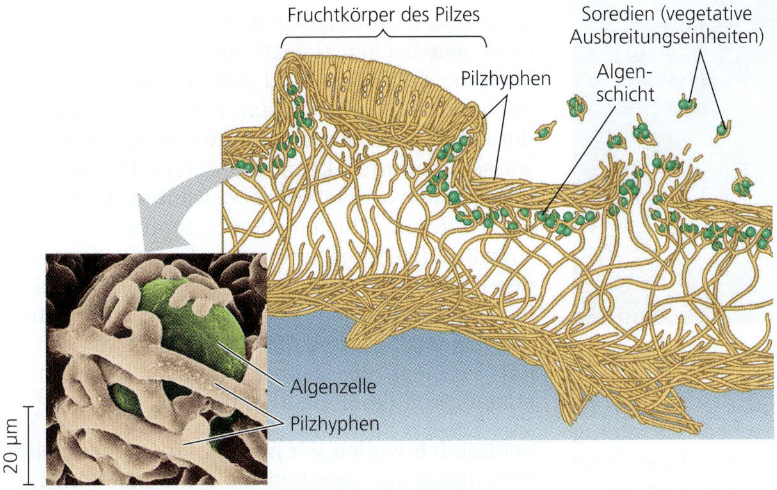

Abbildung 31.8: Anatomie einer Ascomyceten-Flechte (eingefärbte rasterelektronenmikroskopische Aufnahme).

geschlechtliche Fortpflanzung. Dazu zerteilt sich entweder die elterliche Flechte oder sie bildet **Soredien** als kleine Ansammlungen von Hyphen mit eingebetteten Algen (Abbildung 31.8).

31.3.2 Pilze als Krankheitserreger und Parasiten

Ungefähr 30 Prozent der 100.000 bekannten Pilzarten sind Parasiten oder Krankheitserreger, die in ihrer Mehrzahl Pflanzen befallen. Rund ein Fünftel der Weizenernte wird in Europa jährlich durch Schadpilze zerstört.

Manche Pilze, die Nahrungspflanzen befallen, sind auch für Menschen giftig. So bildet beispielsweise *Claviceps purpurea* auf Roggenpflanzen violette, als Mutterkorn bezeichnete Strukturen. Wird solches Getreide zu Mehl vermahlen und verzehrt, verursacht das Gift aus dem Mutterkorn den Ergotismus, eine Krankheit, die durch Wundbrand, nervöse Krämpfe, Brennen auf der Haut, Halluzinationen und vorübergehende geistige Störungen gekennzeichnet ist. Aus dem Mutterkorn wird unter anderem auch das Ausgangsmaterial für die Herstellung des Rauschgifts LSD gewonnen.

Obwohl Tiere wesentlich weniger anfällig für parasitische Pilze sind als Pflanzen, kennt man inzwischen rund 1.000 Pilzarten, die als Parasiten bei Mensch und Tier auftreten. Diese Arten richten teilweise beträchtlichen Schaden an. Allgemein bezeichnet man eine solche Pilzinfektion als **Mykose**. Am häufigsten treten die durch Dermatophyten hervorgerufenen Mykosen an den Füßen auf, wo sie heftigen Juckreiz und Blasen auslösen („Fußpilz").

31.3.3 Pilze als Nützlinge

Obwohl die großen Pilze gerne als Beilagen verspeist werden, sind es nicht die einzigen Pilze, die wir essen. Auch bestimmte Käsesorten, unter anderem der Roquefort und andere Blauschimmelkäse, beziehen ihr besonderes Aroma von den Pilzen, die während ihrer Reifung eingesetzt werden. Außerdem wird ein Vertreter der Gattung *Aspergillus* eingesetzt, um Citronensäure für den Zusatz zu Colagetränken zu gewinnen. Morcheln und Trüffel, die essbaren Fruchtkörper zweier Ascomyceten, werden wegen ihrer komplexen Aromazusammensetzung sehr geschätzt und sind teilweise über hundert Euro pro Kilo wert.

Die Hefe *Saccharomyces cerevisiae* (Abbildung 31.5; die wörtliche Übersetzung ist „Bierzuckerpilz") dient schon seit Jahrtausenden zur Herstellung alkoholischer Getränke und zur Brotproduktion. Aufgrund ihrer Stellung als molekulargenetischer Modellorganismus gewinnt *Saccharomyces cerevisiae* zusammen mit einigen verwandten Hefearten zunehmend an Bedeutung als biotechnologischer Produktionsorganismus in der Pharmaindustrie.

Eine Reihe von Pilzen produzieren auch Antibiotika, die für die Bekämpfung bakterieller Infektionen unentbehrlich sind. Tatsächlich wurde das erste von Alexander Fleming (1881–1955) entdeckte Antibiotikum, das Penicillin, nach dem Ascomyceten *Penicillium* benannt (Abbildung 31.9), aus dem es isoliert wird.

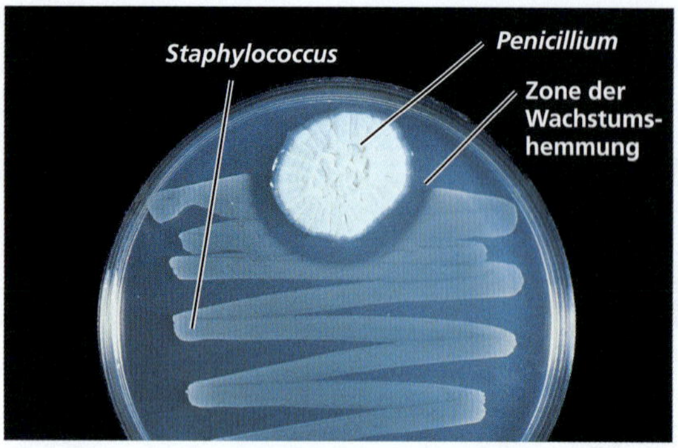

Abbildung 31.9: Die Produktion eines Antibiotikums durch einen Pilz.

Auch in der molekularbiologischen Forschung und in der Biotechnologie spielen Pilze eine wichtige Rolle. Die Rolle von *Saccharomyces cerevisiae* als Modellorganismus für die Genetik der Eukaryonten wurde bereits erwähnt und im Kapitel 20 angesprochen. Hier sei noch erwähnt, dass man in dieser Hefe auch Gene und deren Produkte untersuchen kann, deren Mutation beim Menschen Krankheiten wie Parkinson oder Huntington auslösen. Genetisch abgewandelte Pilze eröffnen ebenfalls viele Möglichkeiten. Zwar können Bakterien wie *Escherichia coli* zur Herstellung vieler nützlicher Proteine eingesetzt werden. Ihnen fehlen aber die Enzyme, um Zuckermoleküle an Proteine anzuheften, wodurch sie keine Glykoproteine herstellen können. Pilze dagegen produzieren solche Enzyme. Im Jahr 2003 gelang die gentechnische Herstellung eines Stammes von *S. cerevisiae*, der einen menschlichen insulinähnlichen Wachstumsfaktor produziert. Mit solchen und ähnlichen aus Pilzen gewonnenen Fremdproteinen lassen sich Menschen behandeln, die diese aufgrund einer gesundheitlichen Störung oder eines genetischen Defekts nicht selbst herstellen können. Außerdem wird derzeit das Genom des Ascomyceten *Gliocladium roseum* sequenziert, der auf Holz wächst und landwirtschaftliches Abwasser verwerten kann, um daraus Diesel-ähnliche Kohlenwasserstoffe herzustellen. Es besteht die Hoffnung, die beteiligten Stoffwechselwege soweit aufzuklären und zu verändern, dass man den Pilz zur Herstellung von Biodiesel aus Ackerflächen nutzen kann, die sich nicht zum Getreideanbau als Nahrung für Mensch und Tier eignen (ein Problem, das beim Maisanbau für die Bioethanolproduktion deutlich wurde).

Schließlich wollen wir noch auf die zunehmende Bedeutung der „synthetischen Biologie“ hinweisen, mit der es möglich wird, ganze Stoffwechselwege in Mikroorganismen einzubringen und Produkte wie beispielsweise Biobutanol erzeugen zu lassen. Auch hier kommt der Hefe *S. cerevisiae* wieder eine Vorreiterrolle zu.

VERSTÄNDNISFRAGEN

1. Beschreiben Sie, inwiefern die Algen einer Flechte von der Beziehung zum Pilz profitieren.

2. Welche Eigenschaften pathogener Pilze sind dafür verantwortlich, dass sie erfolgreich übertragen werden?

3. WAS WÄRE, WENN? Wie könnte sich das Leben auf der Erde von dem unterscheiden, das wir heute kennen, wenn in der Evolution nie mutualistische Beziehungen zwischen Pilzen und anderen Organismen entstanden wären?

ZUSAMMENFASSUNG

Pilze sind heterotroph und nehmen ihre Nährstoffe durch Absorption auf

Ernährung und Ökologie. Alle **Pilze** (auch Destruenten und Symbionten) sind heterotroph und nehmen Nährstoffe durch Absorption auf. Viele Pilze scheiden Enzyme aus, die komplexe Nährstoffe in kleinere Bruchstücke zerlegen, sodass diese aufgenommen werden können.

Körperbau. Die meisten Pilze wachsen in Form vielzelliger, dünner Filamente, die als **Hyphen** bezeichnet werden; nur relativ wenige Arten wachsen ausschließlich als einzellige **Hefen**. In ihrer vielzelligen Form bestehen Pilze aus **Mycelien**, Netzwerken aus verzweigten Hyphen, die an die Absorption angepasst sind. Mykorrhizapilze besitzen spezialisierte Hyphen, durch die sie mit Pflanzenwurzeln eine für beide Seiten nützliche Beziehung eingehen können.

Pilze nutzen Sporen für ihre geschlechtliche oder ungeschlechtliche Vermehrung

Die meisten Pilze vermehren sich geschlechtlich oder ungeschlechtlich durch die Bildung einer großen Anzahl von Sporen. Der geschlechtliche Fortpflanzungszyklus umfasst die Verschmelzung des Zytoplasmas (Plasmogamie) und der Zellkerne (Karyogamie); dazwischen liegt ein heterokaryotisches Stadium, in dem die Zellen haploide Zellkerne beider Eltern enthalten. Die diploide Phase, die aus der Karyogamie erwächst, ist meist kurzlebig und durchläuft die Meiose, wobei wieder haploide **Sporen** entstehen. Viele Pilze können sich auch ungeschlechtlich als filamentöse Pilze oder einzellige Hefen fortpflanzen.

Die zentrale Bedeutung der Pilze für Stoffkreisläufe, ökologische Wechselbeziehungen und den Menschen

Pilze sorgen für den Austausch chemischer Elemente im Stoffkreislauf zwischen belebter und unbelebter Materie.

Flechten sind eng verzahnte symbiontische Einheiten zwischen Pilzen und Algen oder Cyanobakterien.

Viele Pilze sind Parasiten, die man hauptsächlich auf Pflanzen findet. Menschen verspeisen viele Pilze und nutzen andere zur Herstellung von Käse, alkoholischen Getränken und Brot. Von Pilzen produzierte Antibiotika dienen zur Bekämpfung bakterieller Infektionen. Die genetische Charakterisierung von Pilzen führt zu neuen biotechnologischen Anwendungen.

Eine Einführung in die Diversität und Evolution der Metazoa

32

32.1 Metazoa sind vielzellige heterotrophe Eukaryonten mit Geweben, die sich aus embryonalen Keimblättern entwickeln

Die Diversität vielzelliger Tiere (Metazoa) reicht weit über Menschen, Hunde, Katzen, Vögel und die anderen Wirbeltiere hinaus, mit denen wir gewöhnlich in Kontakt kommen. Die meisten Tiere können wir eindeutig als solche identifizieren, es gibt aber auch Tiere, die wie Pflanzen aussehen oder überwiegend unbeweglich sind. Eine gute Definition für „Tier" zu liefern, erscheint auf den ersten Blick nicht einfach, da es bei fast jedem Kriterium, mit dem man Tiere gegen andere Lebensformen abgrenzen kann, Ausnahmen gibt. Mehrere Merkmale zusammen können die Gruppe jedoch so weit charakterisieren, wie es für unsere Diskussion nötig ist.

32.1.1 Ernährungsweise

Vielzellige Tiere unterscheiden sich von Pflanzen und Pilzen durch ihre Ernährungsweise. Im Gegensatz zu Pflanzen können Tiere viele organische Moleküle, die sie brauchen, nicht selbst herstellen; daher nehmen sie diese in den meisten Fällen direkt auf (Ingestion) – sei es in Form von anderen Organismen, die sie fressen, oder in Form von totem organischen Material. Doch im Gegensatz zu Pilzen ernähren sich die meisten Tiere nicht durch Absorption; vielmehr nehmen Tiere ihre Nahrung direkt auf und verdauen sie anschließend mithilfe von Enzymen innerhalb oder außerhalb ihrer Körperzellen.

32.1.2 Zellstruktur und Zellspezialisierung

Die Metazoa sind Eukaryonten und vielzellig organisiert. Im Gegensatz zu Pflanzen und Pilzen fehlt Tieren jedoch die strukturelle Unterstützung durch Zellwände und die Vakuole. Stattdessen werden Tiere durch Strukturproteine zusammengehalten, von denen das extrazelluläre Kollagen, das man nur bei Tieren findet, das häufigste ist. Mit der extrazellulären Matrix und bestimmten Zell-Zell-Verbindungen haben wir eine der wichtigsten neuen Eigenschaften der Metazoa vor Augen. Viele Metazoa verfügen über zwei spezialisierte Zelltypen, die man bei anderen vielzelligen Organismen nicht findet: Muskelzellen sowie Sinnes- und Nervenzellen.

32.1.3 Fortpflanzung und Entwicklung

Die meisten Tierarten vermehren sich bisexuell und ihr Lebenszyklus wird in der Regel vom diploiden Stadium bestimmt. Die Meiose erfolgt unmittelbar vor der Entstehung der befruchtungsfähigen Gameten. Die haploiden Zellen teilen sich nicht mehr. Stets befruchtet ein begeißeltes Spermium von spezifischem Bau eine größere, unbewegliche Eizelle und bildet eine diploide Zygote. Die Zygote macht dann eine **Furchung** durch, eine Folge von mitotischen Zellteilungen ohne Zellwachstum zwischen den Teilungszyklen. In der Entwicklung der meisten Tierarten führt die Furchung zur Bildung eines vielzelligen Stadiums, das als **Blastula** bezeichnet wird und in der Regel eine Hohlkugel ist (Abbildung 32.1). An das Blastulastadium schließt sich bei höher evolvierten Tieren die **Gastrulation** an, in deren Verlauf die Schichten von Embryonalgewebe, die

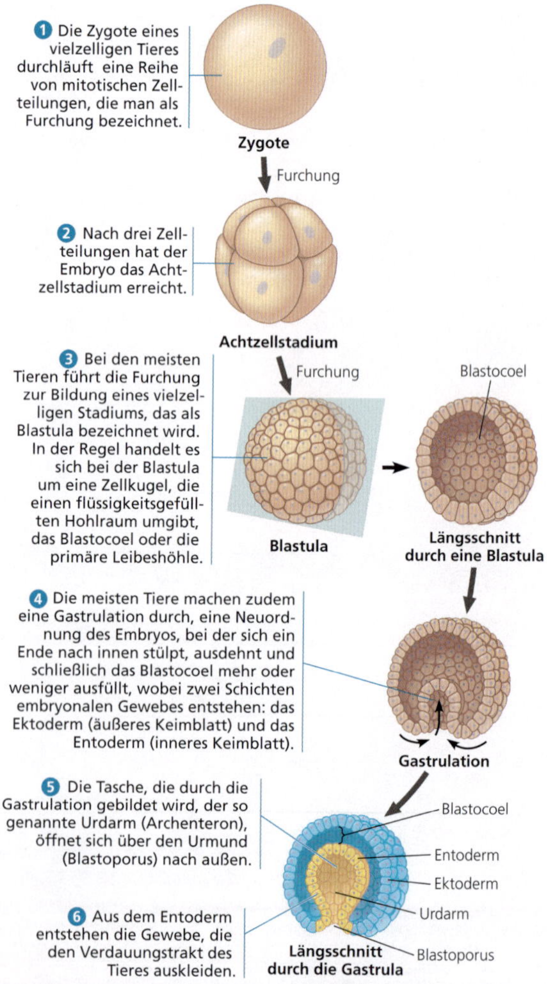

Abbildung 32.1: Frühe Embryonalentwicklung bei Tieren.

Keimblätter, erzeugt werden, die sich zu adulten Körperteilen entwickeln. Das resultierende Entwicklungsstadium bezeichnet man als **Gastrula**. Primär gibt es zwei Keimblätter, Ekto- und Entoderm; ein drittes Keimblatt, das Mesoderm, ist erst bei den bilateral symmetrischen Tieren als evolutive Neuheit hinzugekommen.

Manche Tierarten, sowie auch wir Menschen, entwickeln sich direkt über eine Reihe von Jugendstadien zum erwachsenen (adulten) Stadium, doch in den Lebenszyklen vieler Tierarten tritt zumindest *ein* Larvenstadium auf. Eine **Larve** ist eine nicht geschlechtsreife Form eines Tieres, die sich in ihrer Organisation und Biologie grundlegend von der Adultform unterscheidet und unter Umständen sogar einen anderen Lebensraum bewohnt als Tiere im Adultstadium. Alle Larven machen schließlich eine mehr oder weniger deutliche **Metamorphose** durch, die das Tier entweder in eine Juvenilform umwandelt oder es entsteht direkt der geschlechtsreife Adultus.

Obgleich sich die verschiedenen Metazoa in ihrer Morphologie stark unterscheiden, ist das grundlegende genetische Netz, das die tierische Entwicklung kontrolliert, über ein breites Spektrum von Taxa außerordentlich ähnlich. Tieren ist eine Genfamilie gemeinsam, die man nur im Tierreich findet und die als *Hox*-Gene bezeichnet werden. *Hox*-Gene spielen eine wichtige Rolle bei der Entwicklung von tierischen Embryonen und sie kontrollieren die Expression von Dutzenden oder gar Hunderten anderer Gene, die die tierische Gestalt beeinflussen (siehe Kapitel 25).

VERSTÄNDNISFRAGEN

1. Fassen Sie die Hauptschritte der tierischen Entwicklung zusammen. Welche Familie von Kontrollgenen spielt dabei eine Schlüsselrolle?
2. In welcher Form der Ernährungsweise unterscheiden sich vielzellige Tiere von Pflanzen und Pilzen?

32.2 Die Großgruppen der Tiere lassen sich über „Baupläne" beschreiben

Obgleich sich viele Tierarten in ihrer Morphologie deutlich unterscheiden, lässt sich diese große Formenvielfalt jedoch auf eine relativ kleine Anzahl von „Bauplänen" zurückführen und in entsprechenden Großgruppen zusammenfassen. Ein **Bauplan** ist eine Anzahl miteinander verknüpfter morphologisch und entwicklungsbiologisch wichtiger Merkmale, die in einem Funktionszusammenhang stehen.

MERKE!

Ein Bauplan ist eine Anzahl miteinander verknüpfter morphologisch und entwicklungsbiologisch wichtiger Merkmale, die in einem Funktionszusammenhang stehen.

32.2.1 Symmetrie

Auf sehr grundlegende Weise lassen sich Tierarten anhand ihrer Körpersymmetrie einteilen. Den meisten adulten Schwämmen fehlt beispielsweise jede Symmetrie. Einige Tierarten weisen eine **Radiärsymmetrie** auf (Abbildung 32.2a). Seeanemonen (Aktinien) haben zum Beispiel eine Oralseite mit der Mundöffnung und eine gegenüberliegende Aboralseite mit der Basalplatte am Boden. Die Symmetrieebenen verlaufen von der Oral- zur Aboralseite.

Eine Schaufel hat eine rechte und eine linke Seite und ist damit ein Beispiel für **Bilateralsymmetrie** (Abbildung 32.2b). Ein bilateralsymmetrisches Tier hat zwei Orientierungsachsen: vorne/hinten und oben/unten. Daher hat ein solches Tier eine **Dorsalseite** (Rückenseite) und eine **Ventralseite** (Bauchseite) wie auch eine spiegelbildlich gleiche rechte und eine linke Körperhälfte, ebenso ein **anteriores** Ende (Vorderende, Kopfende) und ein **posteriores** Ende (Hinterende). In der Regel sind bei Tierarten mit einem bilateralsymmetrischen Bauplan die Sinnesorgane und ein übergeordnetes Zentrum im zentralen Nervensystem („Gehirn") am Kopfende konzentriert – ein Evolutionstrend, den man als **Cephalisation** (gr. *kephale*, Kopf) bezeichnet. Die meisten Metazoa, mit Ausnahme der Schwämme, Cnidaria und Ctenophora, sind Bilateria.

MERKE!

In der Regel sind bei Tierarten mit einem bilateralsymmetrischen Bauplan die Sinnesorgane und ein übergeordnetes Zentrum im zentralen Nervensystem („Gehirn") am Kopfende konzentriert – ein Evolutionstrend, den man als Cephalisation bezeichnet.

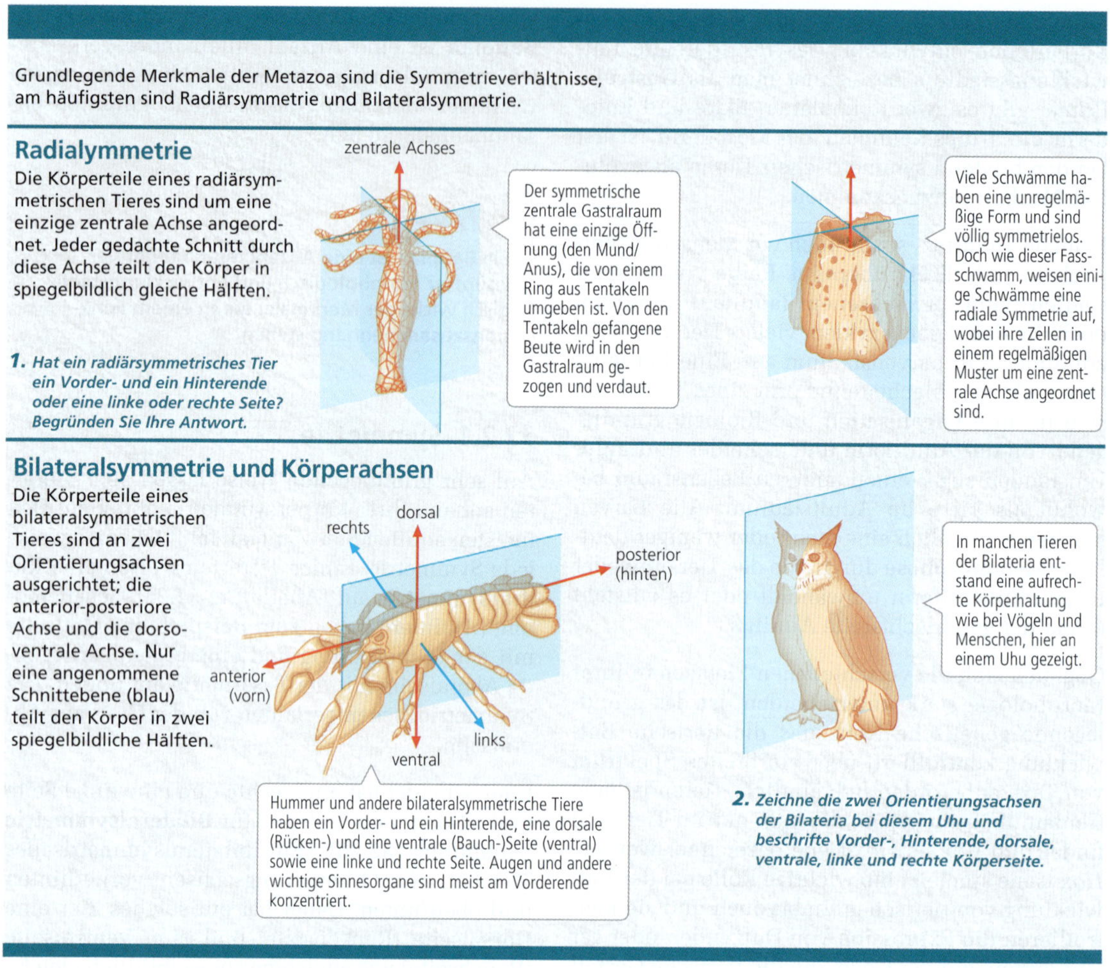

Abbildung 32.2: Körpersymmetrie und Körperachsen.

32.2.2 Gewebe

Baupläne bei Tieren unterscheiden sich auch hinsichtlich der Gewebeorganisation. Echte Gewebe sind Ansammlungen spezialisierter Zellen, die sich von anderen Geweben unterscheiden. Bei fast allen Tieren entwickelt der Embryo durch den Gastrulationsprozess Zellschichten, die man als *Keimblätter* bezeichnet. Aus dem **Ektoderm**, dem Keimblatt, das die Oberfläche des Embryos bedeckt, entwickelt sich die äußere Körperoberfläche, die Epidermis und in der Regel auch das Zentralnervensystem. Das **Entoderm**, das innere Keimblatt, kleidet zunächst den Urdarm (**Archenteron**) aus. Aus dem Entoderm entwickelt sich das Epithel des Verdauungstrakts und seiner Anhangsorgane, so wie bei den Wirbeltieren die Auskleidungen von Leber und Lunge.

Alle bilateralsymmetrischen Tiere besitzen ein drittes Keimblatt, das **Mesoderm**, das zwischen Ektoderm und Entoderm liegt. Aus diesem Grund bezeichnet man diese Bilateria auch als dreikeimblättrig. Bei dreikeimblättrigen Tieren bildet das Mesoderm die Muskulatur und die meisten anderen Strukturen zwischen dem Darmepithel und der Epidermis des Tieres.

32.2.3 Leibeshöhlen

Die meisten dreikeimblättrigen Tiere besitzen eine sekundäre **Leibeshöhle**, einen flüssigkeitsgefüllten Raum zwischen Verdauungstrakt und äußerer Körperwand. Diese Körperhöhle wird auch als **Coelom** (gr. *koilos*, Höhle) bezeichnet und von der primären Leibeshöhle, dem Hohlraum der Blastula, unterschieden. Ein sogenanntes „echtes“ Coelom ist von Epithelgewebe, das sich vom Mesoderm ableitet, umgeben. In der Regel werden paarige Coelomräume gebildet, die dorsal und ventral verbunden und an denen die inneren Organe aufgehängt sind. Reste der primären Leibeshöhle können als Blutgefäße erhalten bleiben.

Einige dreikeimblättrige Tiere haben eine Leibeshöhle, die von Mesoderm und von der basalen Seite des Entoderms oder genauer von der darunterliegenden extrazellulären Matrix (siehe Kapitel 6) gebildet wird (Abbildung 32.3b). Eine solche Leibeshöhle wird als Pseudocoel bezeichnet (gr. *pseudo*, falsch) und Tiere, die sie besitzen, nennt man **Pseudocoelomaten**. Und schließlich gibt es dreikeimblättrige Tiere, denen eine Leibeshöhle völlig fehlt (Abbildung 32.3c). Hier ist der gesamte Raum zwischen Epidermis und Gastrodermis vollständig mit mesodermalem Gewebe gefüllt. Man bezeichnet sie als **Acoelomaten** (gr. *a*, ohne).

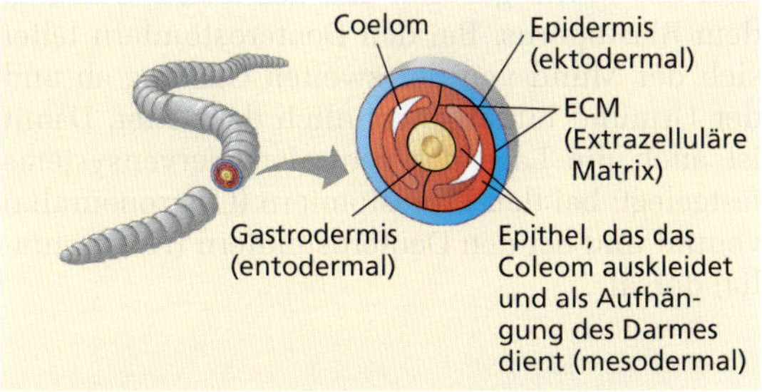

(a) Coelomater Bau. Coelomaten wie dieser Regenwurm *(Lumbricus)* verfügen über eine echte sekundäre Leibeshöhle (Coelom), die vollständig von epithelialem Gewebe ausgekleidet ist, das sich vom Mesoderm ableitet. Reste der primären Leibeshöhle bleiben als Blutgefäße in der extrazellulären Matrix (ECM) benachbarter Epithellagen erhalten.

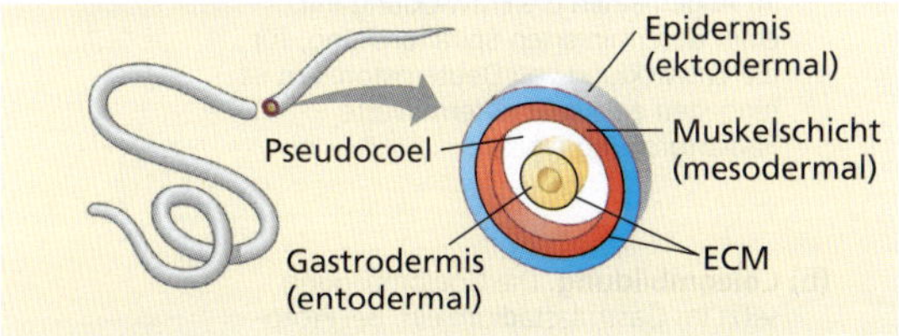

(b) Pseudocoelomater Bau. Pseudocoelomaten wie Fadenwürmer (Nematoda) haben eine Körperhöhle, die teilweise von mesodermalem, teilweise aber auch von entodermalem Gewebe beziehungsweise dessen extrazellulärer Matrix umgeben ist.

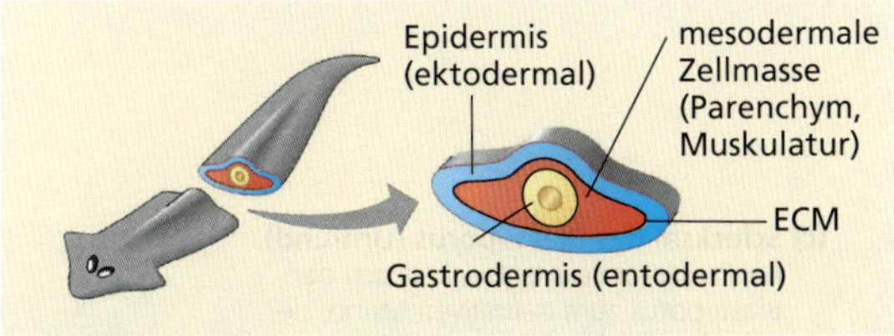

(c) Acoelomater Bau. Acoelomaten wie der Planarie (Plathelminthes) fehlt eine Körperhöhle zwischen Verdauungstrakt und äußerer Körperwand; der dazwischen liegende Raum wird vollständig von mesodermalem Gewebe ausgefüllt.

Abbildung 32.3: **Leibeshöhlen dreikeimblättriger Tiere.** Die verschiedenen Organsysteme eines dreikeimblättrigen Tieres entwickeln sich aus den drei Keimblättern, die den Embryo bilden: Blau kennzeichnet das Gewebe, das sich vom Ektoderm ableitet, rot vom Mesoderm und gelb vom Entoderm.

Eine Leibeshöhle hat viele Funktionen. Durch die epitheliale Auskleidung des Coeloms besitzen diese Tiere ein weiteres Kompartiment, in dem eine andere Zusammensetzung der enthaltenen Flüssigkeit aufrechterhalten werden kann, als zwischen den Körperzellen, dem Interstitium oder auch im Blut. Der Regulation dieser Flüssigkeiten dienen die Exkretionsorgane, die je nach Ausprägung der Leibeshöhle in unterschiedlicher Form vorkommen. Weiterhin dämpft ihre Flüssigkeit mechanische Erschütterungen und schützt dadurch die inneren Organe. Bei Coelomaten mit einem weichen Körper wie Regenwürmern (Lumbricidae) dient das Coelom durch die enthaltene, nicht komprimierbare Flüssigkeit als Hydroskelett, gegen das die Muskeln arbeiten können.

32.2.4 Protostome und deuterostome Entwicklung

Aufgrund bestimmter Aspekte der Frühentwicklung lassen sich viele bilateralsymmetrische Tiere einer von zwei Entwicklungsweisen zuordnen: der **protostomen Entwicklung** oder der **deuterostomen Entwicklung**. Protostomier und Deuterostomier unterscheiden sich durch die Furchung, in der Bildung des Coeloms und durch das Schicksal des Urmundes (Blastoporus).

Furchung Eine gelegentlich als Spiralia bezeichnete Teilgruppe der Protostomier zeigt eine **Spiralfurchung**, bei der die Ebenen der Zellteilung diagonal zur Vertikalachse des Embryos verlaufen. Wie im Achtzellstadium zu sehen ist, sitzen die vier kleineren Zellen in den Furchen zwischen den darunterliegenden vier größeren Zellen (Abbildung 32.4a). In der nächsten Furchung verlaufen die Ebenen der Zellteilung dann genau in der anderen Diagonalen, sodass die Tochterzellen jeweils genau in den Furchen der darunterliegenden Zellen liegen. Überdies legt diese sogenannte **determinierte Furchung** vieler Protostomier das Entwicklungsschicksal einer jeden Embryonalzelle bereits sehr früh fest. Eine Zelle, die zum Beispiel im Vierzellstadium eines Schneckenembryos aus dem Zellverband herausgelöst wird, bildet nach wiederholten Teilungen einen lebensunfähigen Embryo, dem viele Teile fehlen.

Im Gegensatz zu den Protostomiern zeigen Deuterostomier niemals eine Spiralfurchung, sondern gewöhnlich eine **Radiärfurchung**. Die Furchungsebenen verlaufen entweder parallel oder senkrecht zur Vertikalachse des Embryos. Wie im Achtzellstadium erkennbar, liegen die beiden Zellreihen direkt übereinander (Abbildung 32.4a, rechts). Die meisten Deuterostomier haben zudem eine **nicht determinierte Furchung**, das heißt jede Zelle, die durch frühe Furchungsteilungen entsteht, behält die Fähigkeit bei, sich zu einem vollständigen Embryo zu entwickeln. Wenn man die Zellen eines Seeigelembryos (Echinoidea) beispielsweise im Vierzellstadium trennt, wächst jede Zelle zu einer vollständigen Seeigellarve heran. Wegen dieser nicht determinierten Furchung können aus einer menschlichen Zygote überhaupt eineiige Zwillinge entstehen. Dieses Merkmal erklärt auch die Entwicklungsflexibilität embryonaler Stammzellen, mit deren Hilfe, so hofft man, sich irgendwann vielleicht verschiedene Krankheiten bekämpfen lassen.

Coelombildung Wenn sich bei Protostomiern der Urdarm bildet, kommen einige Zellen in der Nähe des Urmundes zwischen Ekto- und Entoderm zu liegen; die anfänglich solide Masse des Mesoderms spaltet sich, wird epithelial und bildet das Coelom (Schizocoelie). Bei Deuterostomiern hingegen bildet sich das Coelom aus mesodermalen Aussackungen, die sich von der dem Urmund gegenüberliegenden Urdarmwand abschnüren (Enterocoelie), und es ist von Anfang an epithelial organisiert.

Weiterentwicklung des Blastoporus Protostomier und Deuterostomier unterscheiden sich auch in der weiteren Entwicklung des Urmunds (**Blastoporus**; Abbildung 32.4c). Nachdem der Urdarm begonnen hat, sich zu entwickeln, bildet sich bei den meisten Bilateria auf der gegenüberliegenden Seite der Gastrula eine zweite Öffnung. Schließlich werden der Blastoporus und diese neue Öffnung zu den beiden Öffnungen des Darmrohrs (Mund und After). Bei Protostomiern entwickelt sich der Mund generell aus der ersten Öffnung, dem Blastoporus. Bei den Deuterostomiern leitet sich der Mund von der zweiten Öffnung ab und der Urmund bildet gewöhnlich den After. Damit ist auch die Lage des zentralen Nervensystems festgelegt: bei den Protostomiern (Gastroneuralia) ventral und bei den Deuterostomiern (Notoneuralia) dorsal.

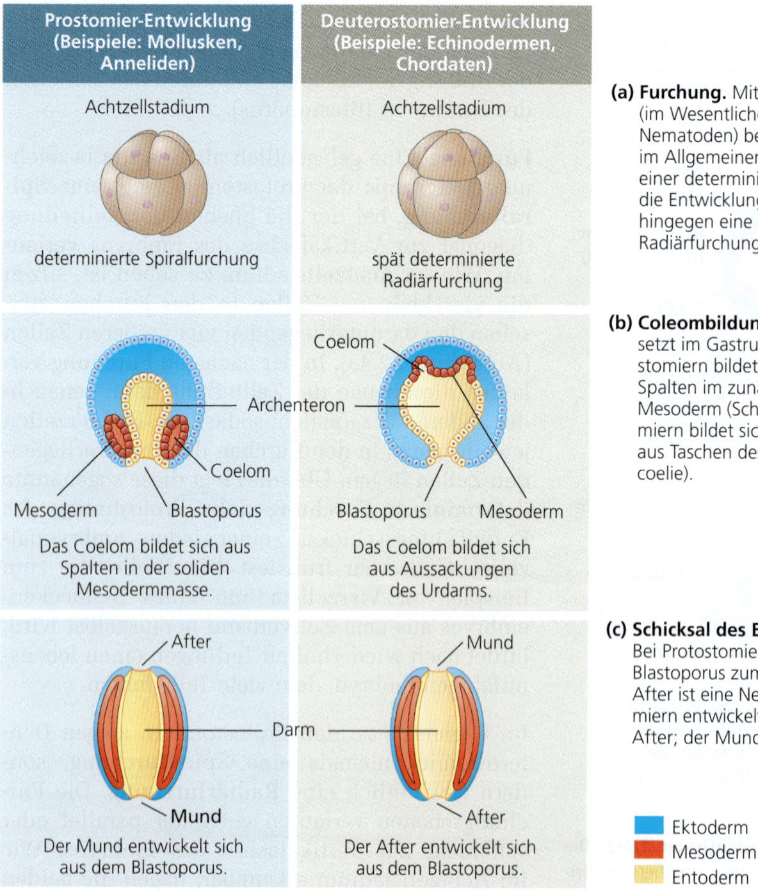

(a) Furchung. Mit Ausnahme der Ecdysozoa (im Wesentlichen alle Arthopoden und Nematoden) beginnt bei Protostomiern im Allgemeinen die Entwicklung mit einer determinierten Spiralfurchung; für die Entwicklung von Deuterostomiern ist hingegen eine spät determinierte Radiärfurchung typisch.

(b) Coleombildung. Die Coelombildung setzt im Gastrulastadium ein. Bei Protostomiern bildet sich das Coelom aus Spalten im zunächst solide angelegten Mesoderm (Schizocoelie). Bei Deuterostomiern bildet sich das Coelom hingegen aus Taschen des Urdarmdaches (Enterocoelie).

(c) Schicksal des Blastoporus (Urmund). Bei Protostomiern entwickelt sich der Blastoporus zum definitiven Mund; der After ist eine Neubildung. Bei Deuterostomiern entwickelt sich der Blastoporus zum After; der Mund ist eine Neubildung.

Abbildung 32.4: Die Frühentwicklung von Protostomiern und Deuterostomiern im Vergleich. Dies sind allgemeine Unterscheidungsmerkmale, auch wenn es viele Abwandlungen und Ausnahmen von diesen Entwicklungsmustern gibt.

MERKE!

Protostomier und Deuterostomier unterscheiden sich durch die Furchung, in der Bildung des Coeloms und durch das Schicksal des Urmundes (Blastoporus).

VERSTÄNDNISFRAGEN

1. Vergleichen Sie drei Phasen der Frühentwicklung einer Schnecke (Mollusca) und eines Menschen (Chordata).

2. Benennen Sie Beispiele für radiärsymmetrische und bilateralsymmetrische Tiergruppen und leiten Sie aus diesen Symmetrietypen verschiedene Eigenschaften ab.

32.3 Neue molekulare und morphologische Daten erweitern und verändern unsere Erkenntnisse über die Phylogenie der Tiere

Heute ordnen Zoologen sämtliche Tierarten in etwa drei Dutzend höheren Taxa ein, den sogenannten Tierstämmen. Die verwandtschaftlichen Beziehungen zwischen diesen Stämmen (Phyla) sind jedoch noch immer umstritten.

In den letzten Jahren haben molekulare Daten wie DNA-Sequenzen eine weitere Informationsquelle erschlossen, aus der sich eine gemeinsame Herkunft herleiten lässt und Kladen gebildet werden können (Abbildung 32.5).

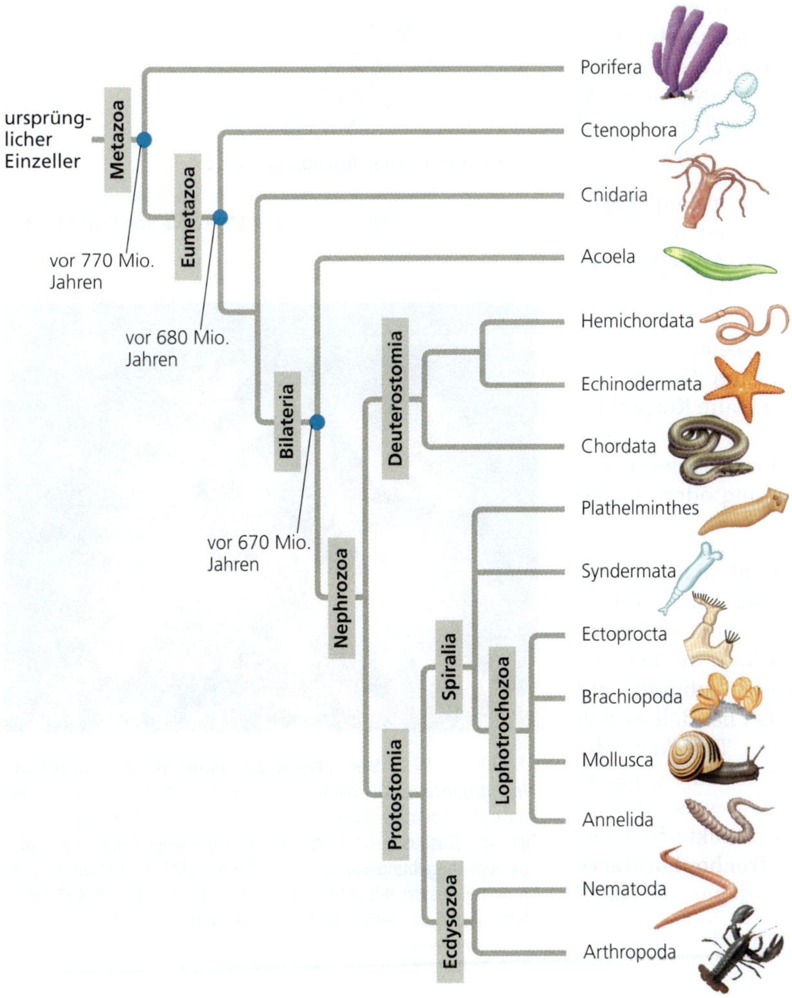

Abbildung 32.5: Ein Kladogramm der Phylogenie des Tierreichs, das sich vorwiegend auf molekulare Daten stützt. Dieser Stammbaum fasst die führenden Hypothesen über die Verwandtschaftsbeziehungen der ausgewählten Gruppen zusammen. Die Bilateria trennen sich in zwei Hauptlinien auf: Deuterostomia und Protostomia mit Ecdysozoa und Spiralia; letztere enthalten die Lophotrochozoa, eine sehr diverse Klade.

Wie das Kladogramm zeigt, stammen alle Tiere von einem nur ihnen gemeinsamen Vorfahren ab. Das Tierreich ist also monophyletisch und repräsentiert eine Klade, die man Metazoa (Vielzeller) nennt.

Unter den rezenten Taxa zweigen die Schwämme (Porifera) bereits an der Basis des Stammbaumes ab. Molekularanalysen sprechen dafür, dass Schwämme paraphyletisch sind und in die zwei in Abbildung 32.5 gezeigten Taxa (Silicea und Calcarea) zerfallen.

Alle Tiere, mit Ausnahme der Schwämme, besitzen echte Gewebe und werden daher zu einem Taxon Eumetazoa („Gewebetiere“) zusammengefasst. Zu den ursprünglichsten Vertretern der Eumetazoa gehören die beiden Taxa Ctenophora (Rippenquallen) und Cnidaria (Nesseltiere). Diese Eumetazoa sind zweikeimblättrig und im Grundmuster radiärsymmetrisch.

Die meisten Tierstämme gehören zu den Bilateria. Bilateralsymmetrie und die Präsenz von drei Keimblättern sind gemeinsame abgeleitete Merkmale der Bilateria. Die Bilateria zerfallen in zwei große Gruppen, die Deuterostomia und ein nicht bezeichnetes Monophylum aus Ecdysozoa und Lophotrochozoa, das den Protostomia entspricht.

Der Name Ecdysozoa bezieht sich auf ein Merkmal, das Nematoden (Rund- oder Fadenwürmer), Arthropoden und einige andere Taxa, die in unserem Überblick fehlen, voneinander trennt. Diese Tiergruppen scheiden eine relativ harte Cuticula ab, die als äußeres Skelett (Exoskelett) fungiert. Wenn die Tiere heranwachsen, kann diese Struktur nicht mitwachsen, sondern die alte Körperhülle muss abgelegt werden und eine neue größere muss abgeschieden werden. Dieses Ablegen des alten Exoskeletts wird als Häutung oder *Ecdysis* bezeichnet.

Der Name Lophotrochozoa bezieht sich auf zwei charakteristische Merkmale dieser Klade. Einige Lophotrochozoen wie die Brachiopoden (Armfüßer) haben eine Struktur entwickelt, die man als **Lophophor** (gr. *lophos*, Krone/Helmbusch und *pherein*, tragen) bezeichnet. Dabei handelt es sich um eine Krone aus bewimperten Tentakeln, die zur Nahrungsaufnahme dienen (Abbildung 32.6a). Die Vertreter anderer Taxa, beispielsweise Mollusken und Anneliden, haben ein charakteristisches Larvenstadium, das man als **Trochophoralarve** (Abbildung 32.6b) bezeichnet – daher der Name Lophotrochozoa.

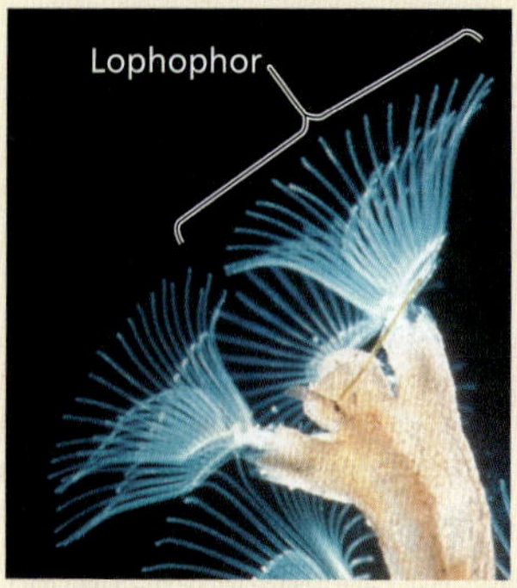

(a) Tentakelapparat (Lophophor) als Nahrungsfilter bei einem Moostierchen

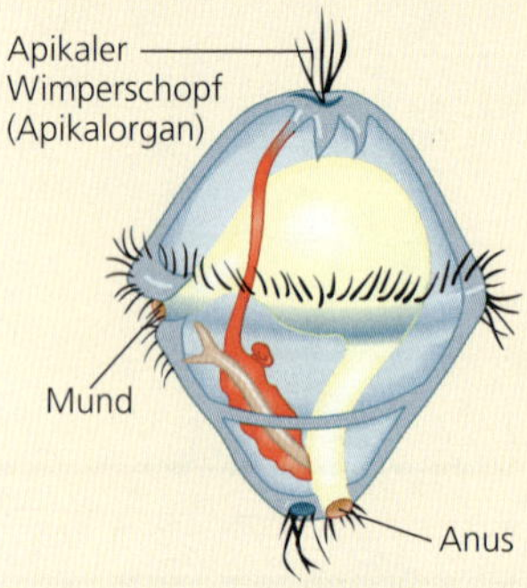

(b) Struktur einer Trochophoralarve

Abbildung 32.6: **Morphologische Merkmale von Lophotrochozoen.**

Abbildung 32.7: **Der „Weihnachtsbaum-Wurm“ *Spirobranchus giganteus*.** Die beiden baumförmigen Wirtel dieses auf dem Substrat (sedentär) lebenden Ringelwurms sind Tentakel, die das Tier zum Gasaustausch und zum Fangen kleiner Nahrungspartikel aus dem Umgebungswasser nutzt. Die Tentakel werden als einziger Körperteil aus der Röhre herausgestreckt, die das Tier aus Kalk sezerniert hat und die seinen weichen Körper stützt und schützt.

VERSTÄNDNISFRAGEN

1. Welche Befunde sprechen dafür, dass Cnidarier mit anderen Metazoa einen gemeinsamen Vorfahren teilen und nicht mit den Schwämmen?

2. WAS WÄRE, WENN? Wenn Abbildung 32.5 die Phylogenie richtig wiedergibt, ist es dann möglich, dass die beiden folgenden Aussagen zutreffen? (a) Ein neu entdecktes Arthropodenfossil ist 560 Millionen Jahre alt. (b) Der letzte gemeinsame Vorfahr der Deuterostomia lebte vor 535 Millionen Jahren. Begründen Sie Ihre Antwort.

ZUSAMMENFASSUNG

Metazoa sind vielzellige heterotrophe Eukaryonten mit Geweben, die sich aus embryonalen Keimblättern entwickeln

Tiere sind vielzellige Eukaryonten. Ihre Zellen werden von extrazellulären Strukturproteinen wie Kollagen und anderen Proteinen sowie bestimmten Zell-Zell-Kontakten zusammengehalten. Muskel- und Nervengewebe findet man nur bei Tieren.

Bei fast allen Metazoa folgt in der Embryonalentwicklung dem **Blastulastadium die Gastrulation** und führt zur Bildung der embryonalen Gewebeschichten (Keimblätter). Aus diesen zwei Schichten Ekto- und Entoderm entwickeln sich die Epithelien, die den Körper nach außen und zum Darm hin abschließen und schützen.

Die Großgruppen der Tiere lassen sich über „Baupläne" beschreiben

Metazoa können asymmetrisch gebaut sein oder eine Radiär- beziehungsweise eine Bilateralsymmetrie aufweisen.

Bilateralsymmetrische Metazoa haben eine Rücken- und eine Bauchseite sowie ein Kopf- und ein Hinterende. Am Kopfende befindet sich das Gehirn. Die meisten Metazoa sind bilateralsymmetrisch.

Embryonen von Eumetazoen können zweikeimblättrig (diploblastisch) oder dreikeimblättrig (triploblastisch) sein. Bei dreikeimblättrigen Tieren kann eine Leibeshöhle vorhanden sein oder fehlen. Bei einer Leibeshöhle kann es sich um ein echtes Coelom (ausgekleidet vom epithelial organisierten Mesoderm) handeln oder um ein Pseudocoel (auf der somatischen Seite umgeben von Mesoderm und um den Darm von der extrazellulären Matrix (ECM) des Entoderms). Bei coelomaten Organismen bleiben Reste der primären Leibeshöhle als Spalträume in der ECM erhalten und bilden die Blutgefäße. Nur triploblastische Organismen besitzen Exkretionsorgane, die die Zusammensetzung der Körperflüssigkeiten regulieren.

Protostome und **deuterostome** Entwicklung unterscheiden sich in der Regel im Furchungsmuster, in der Coelombildung, im Schicksal des Blastoporus und in der Lage des zentralen Nervensystems.

Aus neuen molekularen und morphologischen Daten erwachsen fortlaufend neue Erkenntnisse über die Phylogenie der Tiere

Alle Tiere stammen von einem nur ihnen gemeinsamen Vorfahren ab. Das Tierreich ist also monophyletisch und repräsentiert eine Klade, die man Metazoa (Vielzeller) nennt. Zoologen ordnen sämtliche Tierarten in etwa drei Dutzend höheren Taxa (Tierstämme) ein.

Wirbellose Tiere

33

33.1 Porifera (Schwämme) sind Tiere ohne echte Gewebe

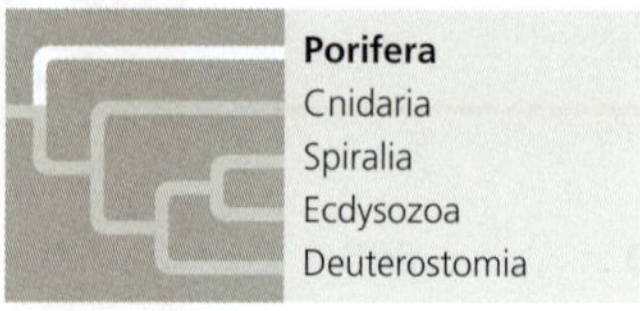

Vertreter der beiden Taxa Calcarea und Silicea werden umgangssprachlich als „Schwämme“ bezeichnet. Schwämme, die zu den einfachsten Tieren gehören, sind im adulten Stadium sessil und wurden von den alten Griechen irrtümlich für Pflanzen gehalten. Ihre Größe variiert zwischen einigen Millimetern und ein paar Metern und man findet sie sowohl im Süßwasser als auch im Meer. Schwämme sind **Strudler**: Sie filtrieren Nahrungspartikel aus dem Wasserstrom, den sie durch ihren Körper leiten, der bei einigen Arten einem Sack mit Poren ähnelt. Wasser gelangt durch diese Poren in einen zentralen Hohlraum, den Zentralraum oder das **Atrium**, den es durch eine größere Öffnung, das **Osculum**, wieder verlässt (Abbildung 33.1).

Im Gegensatz zu fast allen anderen Tieren fehlen den Schwämmen echte Gewebe, also Ansammlungen ähnlicher Zellen, die als Funktionseinheit arbeiten und von anderen Geweben abgegrenzt sind. Dennoch verfügen Schwämme über unterschiedliche Zelltypen. Beispielsweise ist das Innere des Atriums von **Choanocyten** (Kragengeißelzellen) ausgekleidet, bei denen jeweils ein Flagellum von einem Ring aus Mikrovilli umgeben ist.

Der Körper von Schwämmen besteht aus zwei Zellschichten, die von einer gallertigen Zwischenschicht getrennt werden, die hier als **Mesohyl** bezeichneten **ECM (extrazelluläre Matrix)**. Diese Zellschichten werden allgemein als Pinacoderm bezeichnet. Durch das Mesohyl wandern **Amoebocyten**, die Nahrung aus dem Wasser und von den Choanocyten aufnehmen, verdauen und andere Zellen mit Nährstoffen versorgen.

Die meisten Schwämme sind **Zwitter** (Hermaphroditen), wobei jedes Individuum zur Fortpflanzungszeit sowohl Spermien als auch Eizellen ausbildet.

Nach der Befruchtung entwickelt sich die Zygote zu einer begeißelten, schwimmenden Larve, die

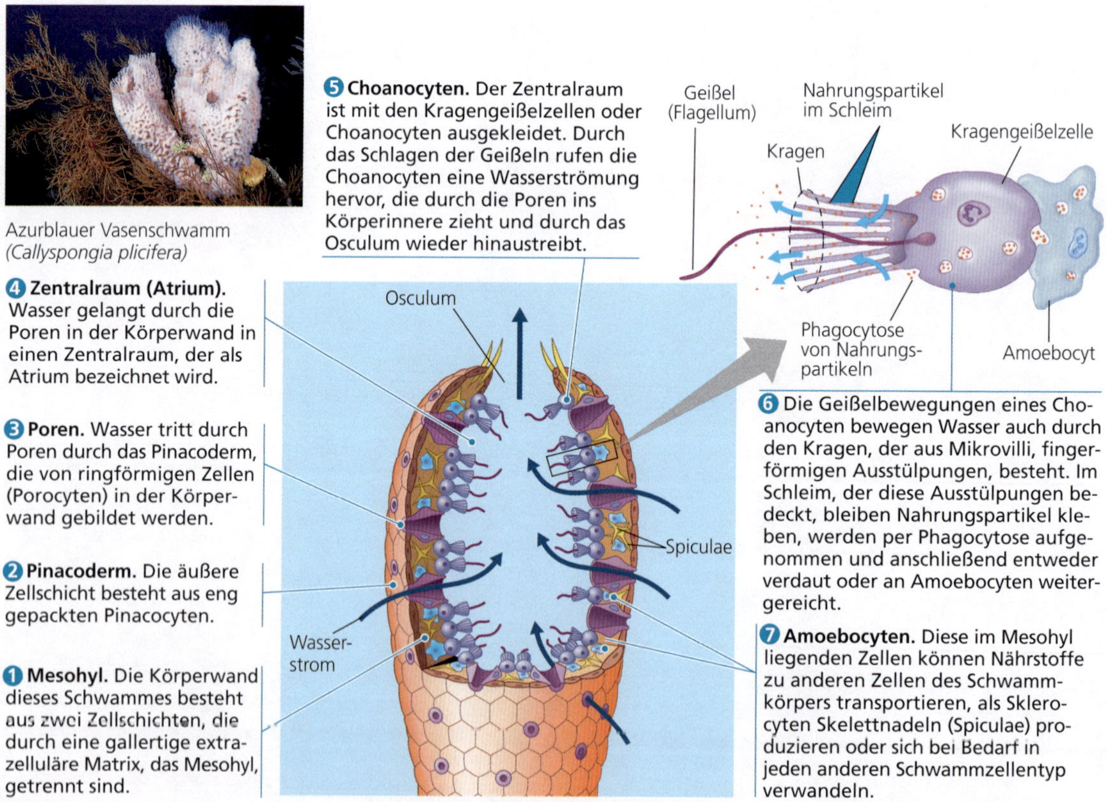

Abbildung 33.1: Anatomie eines Schwammes.

das Elterntier verlässt. Wenn diese Larven ein geeignetes Substrat finden, setzen sie sich fest und entwickeln sich zu sessilen Adulttieren.

VERSTÄNDNISFRAGE

1. Beschreiben Sie die Nahrungsaufnahme bei Schwämmen.

33.2 Cnidaria (Nesseltiere) bilden eine phylogenetisch alte Metazoengruppe

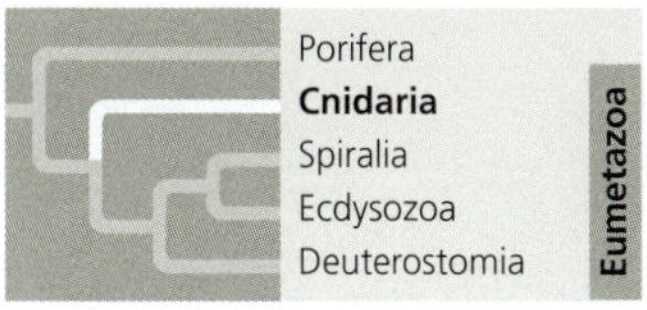

Alle Tiere mit Ausnahme von Schwämmen gehören zu den Eumetazoa, Tieren mit echten Geweben und echten Epithelien (siehe Kapitel 32). Eine der zuerst abzweigenden und damit ältesten Stammlinien der Eumetazoa führt zu den Cnidaria (Nesseltiere). Die Cnidaria haben sich in ein breites Spektrum sessiler und mobiler Formen differenziert, darunter Hydroidpolypen, Korallen und Quallen.

Der Grundbauplan eines Cnidariers lässt sich im Prinzip wie ein Sack mit einem zentralen Raum beschreiben, in dem die Verdauung stattfindet, dem **Gastrovaskularraum**. Die einzige Öffnung dieses Raums dient gleichzeitig als Mund und After. Anders als bei den Schwämmen findet in dieser Tiergruppe extrazelluläre Verdauung statt, ermöglicht durch die Drüsenzellen, die in der Gastrodermis Verdauungssekrete in den Gastrovaskularraum abgeben. Von diesem Grundbauplan gibt es zwei Formen: die meist sessile Polypenform und die mobile Medusenform (Abbildung 33.2). **Polypen** sind zylinderförmige Tiere, die mit ihrer der Mundseite gegenüberliegenden Seite am Substrat festsitzen und ihre Tentakel zum Beutefang ausstrecken; Beispiele sind Süßwasserpolypen (*Hydra*) und Seeanemonen. Eine **Meduse** ist eine abgeplattete Form eines Polypen, bei der die Oralseite nach unten weist. Sie bewegt sich frei durchs Wasser, wobei sie sich auch durch Kontraktion ihres glockenförmigen Körpers aktiv schwimmend fortbewegen kann. Einige Cnidarier existieren nur in der Polypen- oder in der Medusenform; andere weisen in ihrem Lebenszyklus sowohl ein Polypen- als auch ein Medusenstadium auf, die sich regelmäßig abwechseln (Generationswechsel).

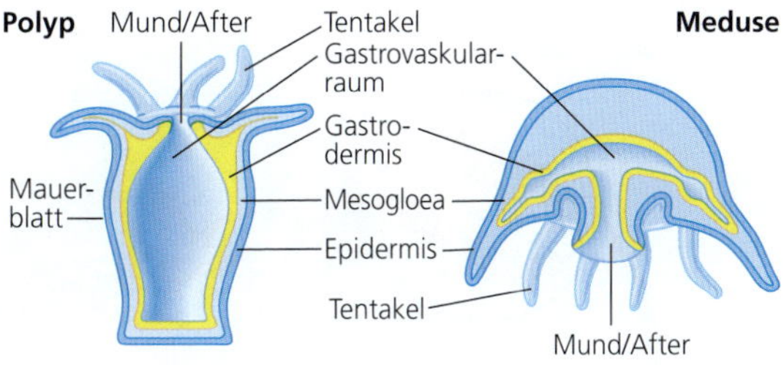

Abbildung 33.2: Polypen- und Medusenform bei Cnidariern. Die Körperwand eines Cnidariers weist zwei Zellschichten auf: eine äußere Schicht, die Epidermis (aus dem Ektoderm entstanden) und eine innere Schicht, die Gastrodermis (aus dem Entoderm gebildet). Die Verdauung beginnt extrazellulär im Gastralraum und wird intrazellulär in Nahrungsvakuolen in den Gastrodermiszellen zu Ende geführt. Cilien der Gastrodermiszellen halten den Inhalt des Gastralraums in Bewegung und unterstützen so die Nährstoffverteilung und Durchmischung mit Verdauungsenzymen. Zwischen Epidermis und Gastrodermis liegt eine gallertige extrazelluläre Matrix, hier als Mesogloea bezeichnet.

Die Tentakel der Cnidaria sind mit Batterien von Nesselzellen bestückt, außerordentlich komplex aufgebaute Zellen, die man nur bei Nesseltieren findet und die sowohl der Verteidigung als auch dem Beutefang dienen (Abbildung 33.3). Diese Nesselzellen enthalten jeweils eine *Nesselkapsel*, die aufgrund ihres hohen Binnendrucks „explodieren" kann und einen Faden enthält, der die Körperwand eines Beutetieres durchschlagen kann. Durch eine terminale Öffnung dieses handschuhfingerartig nach außen gestülpten Fadens tritt dann das in der Kapsel enthaltene Gift in das Beutetier ein und führt in der Regel sehr schnell zu einer Lähmung oder zum Tode.

Bei Cnidariern findet man kontraktiles Gewebe und Nerven in ihrer einfachsten Form. Zellen von Epidermis (äußere Schicht) und Gastrodermis (innere Schicht) enthalten an ihrer Basis kontraktile Fasern. Die Bewegungen werden von einem Nervennetz koordiniert. Cnidarier haben kein Gehirn und das nicht zentralisierte Nervennetz ist mit Sinneszellen assoziiert, die rund um den Körper angeordnet sind. Daher kann das Tier Reize aus allen Richtungen wahrnehmen und darauf reagieren.

VERSTÄNDNISFRAGEN

1. Vergleichen Sie Polypen- und Medusenform bei Cnidariern.

2. Beschreiben Sie Bau und Funktion der Nesselzellen, denen die Nesseltiere ihren Namen verdanken.

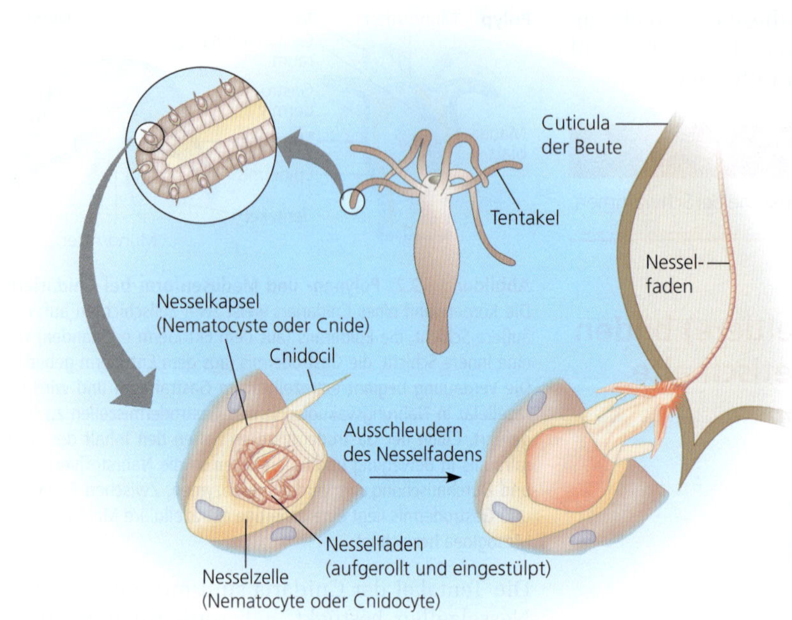

Abbildung 33.3: Die Nesselzelle einer *Hydra*. Dieser Nesselzelltyp enthält eine stechende Nesselkapsel (Nematocyste), in deren Inneren sich ein aufgerollter und umgestülpter Faden befindet. Durch Berührung oder bestimmte chemische Verbindungen wird ein Reiz ausgelöst und der Faden herausgeschleudert und umgekrempelt. Er durchschlägt mit dem Stilett die Körperwand der Beute und injiziert ihr ein Gift.

33.3 Die Spiralia weisen das breiteste Spektrum an Bauplänen im Tierreich auf

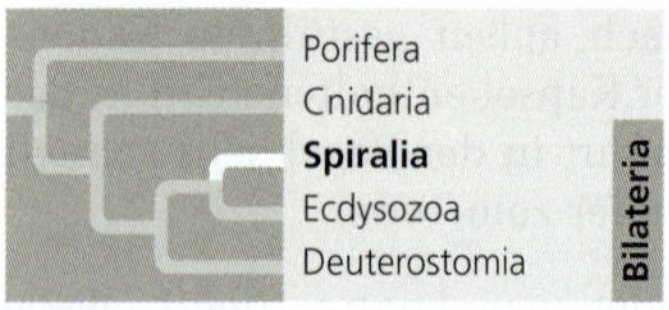

Die große Mehrheit aller Tierarten gehört zu den Bilateria, die, wie der Name besagt, bilateralsymmetrisch sind und eine triploblastische Entwicklung haben (siehe Kapitel 32). Die meisten Bilateria haben zudem eine coelomate Organisation.

Wie Sie in Kapitel 32 gelesen haben, sprechen molekulare Befunde dafür, dass es zwei Hauptgruppen bilateralsymmetrischer Tiere gibt: Protostomia mit Spiralia und Ecdysozoa sowie Deuterostomia.

Das Taxon Spiralia zeichnet sich durch einen einzigartigen Entwicklungsmodus aus, die Spiralfurchung. Bei dieser Furchung entstehen jeweils Zellquartette, die durch schräg zur Eiachse stehende Teilungsspindeln gegeneinander versetzt sind, und das Mesoderm wird immer von paarig angelegten Urmesodermzellen gebildet.

Innerhalb der Spiralia gibt es Gruppen mit eindeutiger Spiralfurchung (Plathelminthes, Nemertini, Mollusca, Annelida), während sie bei anderen Teilgruppen (Rotatoria) weniger deutlich ausgeprägt ist. Manchmal wird dieses Taxon noch aufgrund von molekularbiologischen Arbeiten als Lophotrochozoa bezeichnet. Wie wir heute wissen, sollte dieser Name aber, wie bei deren Entdeckung auch geschehen, einer Teilgruppe innerhalb der Spiralia vorbehalten bleiben. Die Spiralia sind die Großgruppe mit dem vielgestaltigsten Körperbau innerhalb der Metazoa. Diese Formenvielfalt spiegelt sich auch in der Anzahl der sogenannten Tierstämme wider, die in diesem Monophylum zusammengefasst werden: Zu den Spiraliern werden rund 15 solcher Gruppen gezählt, mehr als doppelt so viele wie in jeder anderen Klade im Tierreich. Während einige Gruppen, zu denen die Plathelminthes und Rotatoria (sowie Acanthocephala und Gastrotricha) gehören, in ihrer Verwandtschaft noch umstritten sind und manchmal als Platyzoa zusammengefasst werden, bilden die übrigen das Taxon Lophotrochozoa (u.a. Bryozoa, Brachiopoda, Nemertini, Annelida, Mollusca).

33.3.1 Plathelminthes

Plathelminthes (Plattwürmer) leben im Meer, im Süßwasser oder in feuchten terrestrischen Lebensräumen. Neben frei lebenden Formen gehören zu den Plattwürmern zahlreiche parasitische Arten, beispielsweise Saugwürmer (Trematoda) und Bandwürmer (Cestoda, Abbildung 33.4), die etwa drei Viertel der insgesamt 13.000 Arten innerhalb dieser Gruppe ausmachen. Ihren Trivialnamen verdanken die Plattwürmer ihrem dünnen, dorsoventral abgeflachten Körper.

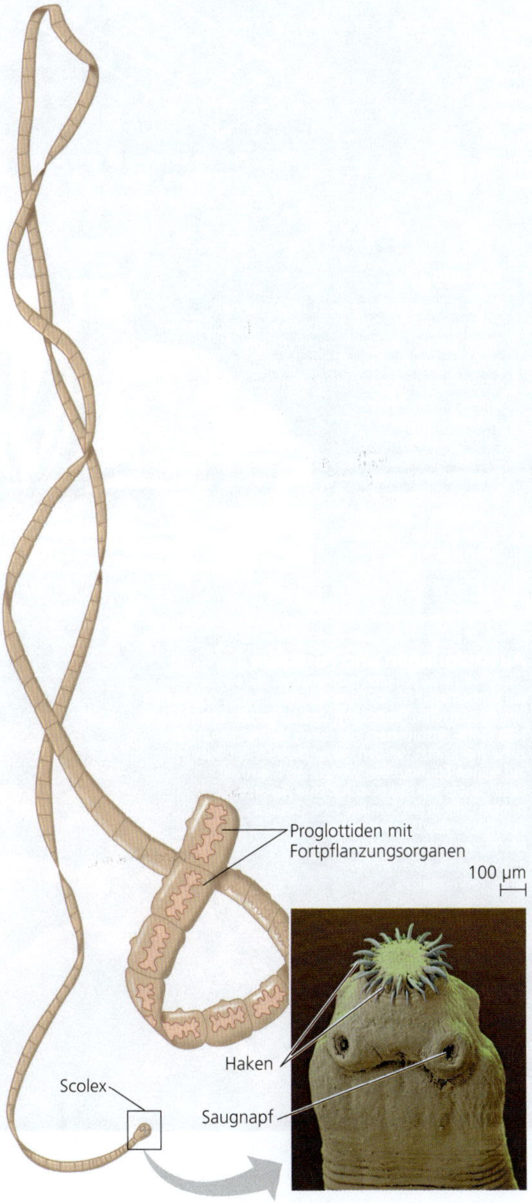

Abbildung 33.4: Habitus eines Bandwurms. Das Detailbild zeigt eine Nahaufnahme des Scolex (kolorierte rasterelektronenmikroskopische Aufnahme).

Plattwürmer machen eine triploblastische Entwicklung mit Spiralfurchung durch und ihnen fehlt eine sekundäre Leibeshöhle oder ein Coelom. Alle Zellen stehen dank ihrer geringen Dicke in engem Kontakt mit dem sie umgebenden äußeren Wasser oder mit der Darmflüssigkeit, weswegen ein Gasaustausch und die Entsorgung von Abfallprodukten per Diffusion über die Körperoberflächen erfolgen können. In der Regel haben die frei lebenden Plattwürmer einen einfachen Darm mit nur einer Öffnung. Nur große Vertreter wie die Planarien (Abbildung 33.5) besitzen ein fein verzweigtes Gastrovaskularsystem, das die Nährstoffe direkt an die Zellen des Tieres verteilt und so das Fehlen eines Blutgefäßsystems kompensiert. Verzweigungen stellen eine Möglichkeit zur Oberflächenvergrößerung dar (siehe Abbildung 33.6).

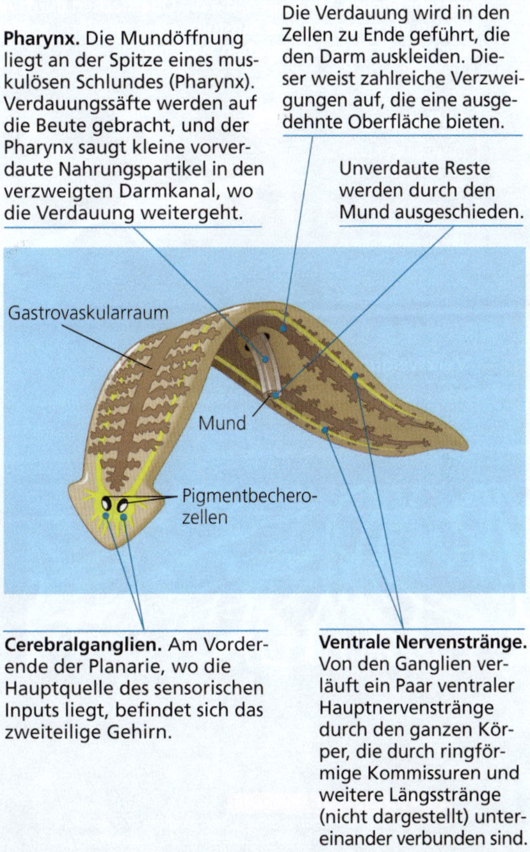

Abbildung 33.5: Generalisierter Bau einer Planarie (Stamm Plathelminthes).

ZUSAMMENHÄNGE ERKENNEN

Vergrößerung der Oberflächen

Im Allgemeinen ist die Stoffwechselaktivität oder die chemische Aktivität, die ein Organismus ausführen kann, zu seiner Masse oder seinem Volumen proportional. Die Stoffwechselrate zu maximieren erfordert jedoch eine effiziente Aufnahme von Energie und Rohstoffen wie Nährstoffe und Sauerstoff sowie die wirkungsvolle Abgabe der Abfallstoffe. Große Zellen, Pflanzen und Tiere könnten hinsichtlich dieser Austauschprozesse aufgrund ihrer Körpergeometrie allerdings schnell an ihre Grenzen stoßen. Wenn ein Organismus wächst ohne die Körpergeometrie zu verändern nimmt das Volumen stärker zu als die Oberfläche (siehe *Abbildung 6.7*). Ein Ergebnis kann also sein, dass die Oberfläche zu klein wird, um die erforderliche Stoffwechselaktivität zu gewährleisten. Diese Herausforderung, die durch das Verhältnis von Volumen zu Oberfläche hervorgerufen wird, kommt in verschiedenen Zusammenhängen und bei verschiedenen Organismen vor, aber die evolutionären Anpassungen um diesen Herausforderungen zu begegnen sind sehr ähnlich. Strukturen, die die Oberflächen durch Abflachung, Faltung Verzweigung und Ausstülpung vergrößern, spielen eine essentielle Rolle in biologischen Systemen.

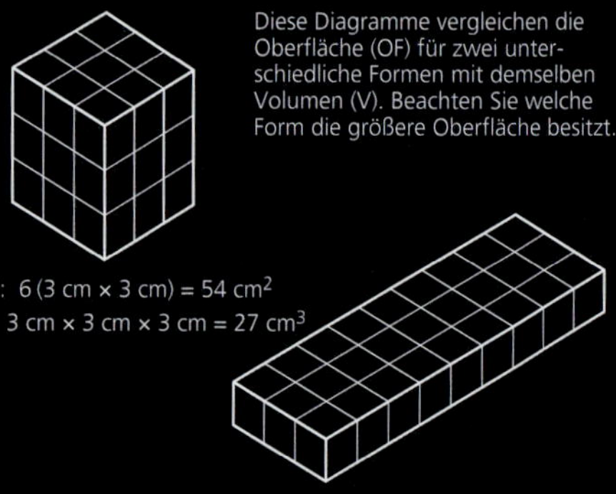

Diese Diagramme vergleichen die Oberfläche (OF) für zwei unterschiedliche Formen mit demselben Volumen (V). Beachten Sie welche Form die größere Oberfläche besitzt.

OF: 6 (3 cm × 3 cm) = 54 cm^2
V: 3 cm × 3 cm × 3 cm = 27 cm^3

OF: 2 (3 cm × 1 cm) + 2 (9 cm × 1 cm) + 2 (3 cm × 9 cm) = 78 cm^2
V: 1 cm × 3 cm × 9 cm = 27 cm^3

Abflachung

Durch einen Körper, der nur aus einigen Zelllagen, besteht können Organismen wie dieser Plattwurm ihre gesamte Oberfläche zum Stoffaustausch nutzen. Siehe *Abbildung 40.3*.

Faltung

Diese TEM-Aufnahme zeigt Teile von zwei Chloroplasten in einer Blattzelle einer Pflanze. Die Fotosynthese findet in den Chloroplasten statt, die abgeflachte und untereinander verbundene Membransysteme, Tylakoide genannt, besitzen. Die Faltungen der Membranen erhöhen ihre Oberfläche und vergrößern so die dem Licht exponierte Fläche und so die Fotosyntheserate. Siehe *Abbildung 10.4*.

Verzweigung

Wasseraufnahme erfolgt durch Diffusion. Die stark verzweigten Filamente des Pilzmyzels erhöhen die Oberfläche, durch die Wasser und Mineralien von der Umgebung aufgenommen werden können. Siehe *Abbildung 31.2*.

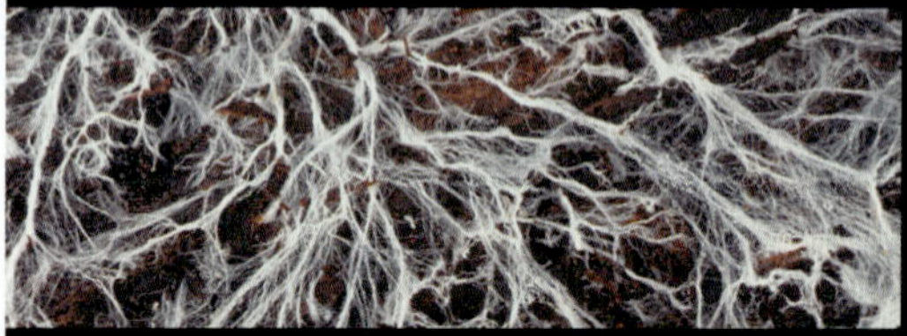

Ausstülpungen und Fortsätze

Bei Wirbeltieren ist das Dünndarmepithel zu fingerförmigen Fortsätzen differenziert, den so genannten Villi, die Nährstoffe absorbieren, die durch die Verdauungsprozesse freigesetzt werden. Jeder dieser Villi trägt auf seinen Epithelzellen weitere als Mikrovilli bezeichnete mikroskopisch kleine Ausstülpungen, die in der Summe eine Gesamtoberfläche des Dünndarms beim Menschen von etwa 300 m^2 ergeben, etwa die Größe eines Tennisplatzes.

ZUSAMMENHÄNGE ERKENNEN *Suchen Sie nach anderen Beispielen von Abflachung, Faltung, Verzweigung und Ausstülpungen (Kapitel 6, 9, 35 und 42). Warum ist die Maximierung der Oberfläche jeweils für die Funktion der Strukturen bedeutend?*

Abbildung 33.6: Vergrößerung der Oberflächen.

33.3.2 Rotatoria (Rotifera)

Rädertierchen (Rotatoria oder Rotifera) sind winzige Tiere, die im Süßwasser, im Meer und in feuchten terrestrischen Habitaten leben. Rädertierchen werden 50 µm bis 2 mm groß und sind damit kleiner als viele Einzeller, aber dennoch sind sie vielzellig, bestehen aus ca. 1.000 somatischen Zellen und verfügen über spezialisierte Organsysteme (Abbildung 33.7). Im Gegensatz zu Cnidariern und Plattwürmern verfügen Rädertierchen über einen **Verdauungstrakt** mit Mund und After („Einwegdarm"). Die inneren Organe liegen in einem Pseudocoel, einer Leibeshöhle, die von der ECM (extrazelluläre Matrix) der Epidermis und Gastrodermis begrenzt wird (siehe Abbildung 32.3b).

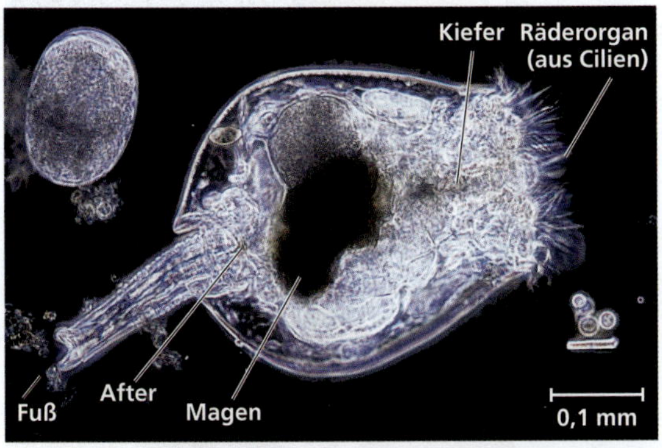

Abbildung 33.7: **Ein Rädertierchen.** Diese Pseudocoelomaten, die kleiner als viele Protisten sind, sind morphologisch relativ komplex gebaut (lichtmikroskopische Aufnahme).

Das Räderorgan, ein Wimpernkranz um das Mundfeld, strudelt Wasser und Nahrungspartikel herbei, die aussortiert und in den Mund transportiert werden. Hinter der Mundöffnung folgt der muskulöse Pharynx; er ist mit einem mehrteiligen Kieferapparat ausgestattet, der die Nahrung – überwiegend im Wasser treibende Mikroorganismen – zerkleinert.

Rädertierchen zeigen einige ungewöhnliche Fortpflanzungsformen. Einige Arten bestehen nur aus Weibchen, die unbefruchtete diploide Eier legen, aus denen wiederum Weibchen schlüpfen, eine eingeschlechtliche Fortpflanzungsweise, die man als **Parthenogenese** (Jungfernzeugung) bezeichnet.

MERKE!

Rädertierchen zeigen einige ungewöhnliche Fortpflanzungsformen. Einige Arten bestehen nur aus Weibchen, die unbefruchtete diploide Eier legen, aus denen wiederum Weibchen schlüpfen, eine eingeschlechtliche Fortpflanzungsweise, die man als Parthenogenese bezeichnet.

33.3.3 Mollusca (Weichtiere)

Schnecken, Muscheln und Kopffüßer gehören zu den Weichtieren oder Mollusca (lat. *molluscus*, weich). Mollusken haben einen weichen Körper, die meisten scheiden eine einheitliche, schützende Schale aus Kalk ab (Calciumcarbonat).

Trotz ihrer offensichtlichen Unterschiede haben alle Mollusken einen ähnlichen Körperbauplan (Abbildung 33.8). Mollusken sind Coelomaten und ihr Körper weist vier Teile auf: einen **Kopf**, einen muskulösen **Fuß**, der gewöhnlich zur Fortbewegung dient, einen **Eingeweidesack**, der die meisten inneren Organe enthält, und einen **Mantel.** Der Mantel bedeckt den Eingeweidesack und scheidet die Schale ab; bei vielen Mollusken ragt er über den Eingeweidesack hinaus und schafft eine wassergefüllte Kammer, die **Mantelhöhle**, in der die Kammkiemen liegen und in die After, Exkretionsporus sowie Geschlechtsorgane münden. Darüber hinaus befindet sich hier das wichtigste Sinnesorgan, ein chemisches Sinnesorgan, das als Osphradium bezeichnet wird. Viele Mollusken ernähren sich, indem sie mithilfe ihrer Raspelzunge aus Chitin, die sogenannte **Radula,** Nahrungspartikel vom Substrat aufnehmen.

Mollusken sind primär getrenntgeschlechtlich. Viele landlebende Schnecken sind jedoch Zwitter. Im Entwicklungszyklus vieler mariner Mollusken tritt ein bewimpertes Larvenstadium auf, die Trochophora (siehe Abbildung 32.6b), die auch für viele andere Lophotrochozoen typisch ist. Landlebende Schnecken haben die freien Larvenstadien reduziert; die Entwicklung zur Jungschnecke läuft hier im Ei ab, aus dem dann voll entwickelte Jungschnecken schlüpfen.

Gastropoda (Schnecken) Rund drei Viertel aller heute lebenden Molluskenarten sind Schnecken (Gastropoda; Abbildung 33.9). Ein charakteristisches Merkmal der Gastropoda ist ein ontogenetischer Entwicklungsprozess, der als **Torsion** (Drehung) des Eingeweidesacks bezeichnet wird. Wenn sich ein Gastropodenembryo entwickelt, dreht sich sein Eingeweidesack um 180 °, sodass After und Mantelhöhle des Tieres über dessen Kopf zu liegen kommen (Abbildung 33.10). Nach der Torsion kommt es oft vor, dass einige primär bilateralsymmetrische Organe auf einer Seite des Körpers zurückgebildet werden oder ganz verloren gehen. Die Torsion sollte nicht mit der Bildung eines gewundenen Gehäuses verwechselt werden; dabei handelt es sich um einen zusätzlichen unabhängigen Entwicklungsprozess.

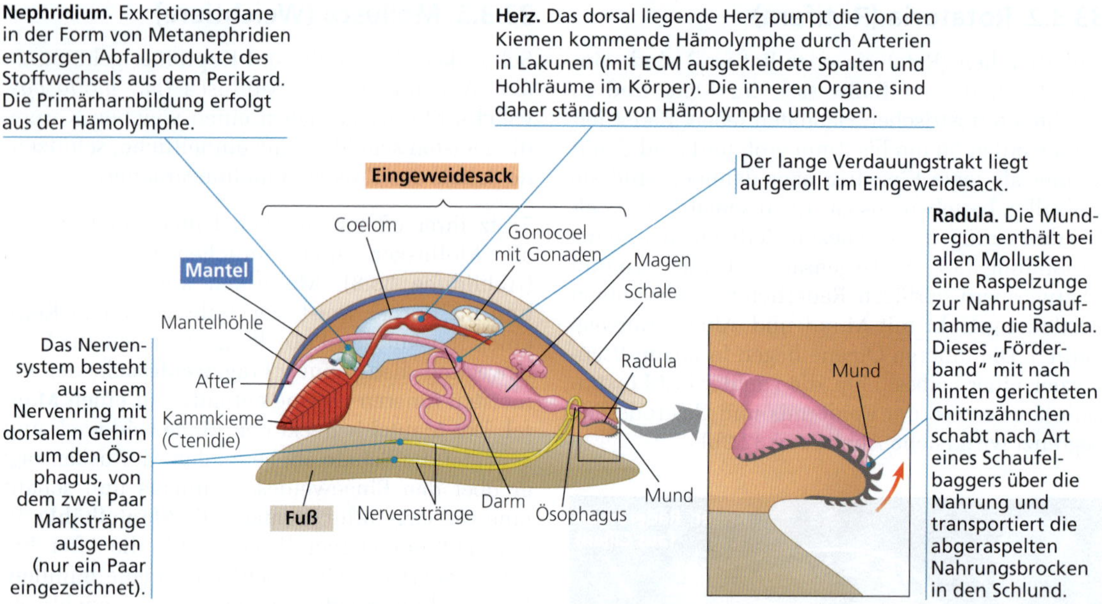

Abbildung 33.8: Generalisierter Bauplan eines Weichtiers.

(a) Eine Landlungenschnecke

(b) Ein Nacktkiemer (Nudibranchia). Nudibranchia haben während der Evolution ihre Schale verloren.

Abbildung 33.9: **Schnecken (Gastropoda).** Die zahlreichen Schneckenarten haben sowohl aquatische als auch terrestrische Lebensräume erobert.

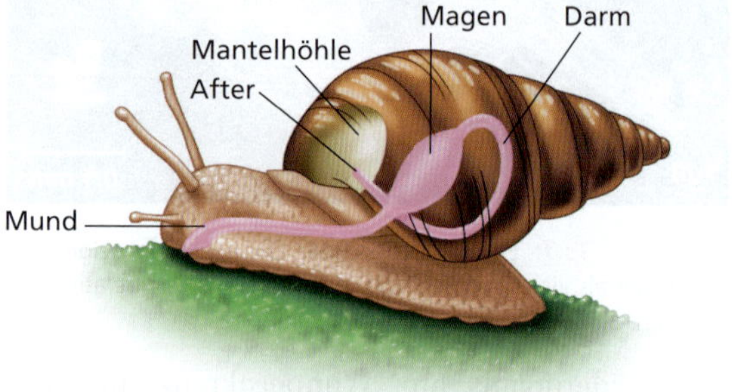

Abbildung 33.10: **Die Folgen der Torsion bei einer Schnecke.** Aufgrund der in der Embryonalentwicklung auftretenden Torsion (Drehung des Eingeweidesacks) ist der Verdauungstrakt gewunden und der After liegt über dem Kopfende des Tieres. Aber auch die Öffnungen der Gonaden und der Exkretionsorgane sowie die Kiemen und die Osphradien liegen nun am Vorderende hinter dem Kopf.

Die meisten Schnecken tragen eine einzelne, spiralig gewundene Schale („Schneckenhaus“), in die sich das Tier zurückziehen kann. Viele Schneckenarten haben einen ausgeprägten Kopf mit Augen an den Fühlerenden. Durch wellenförmige Bewegungen, die über ihren Fuß laufen, oder mithilfe von Wimpern bewegen sich Schnecken vorwärts, wobei sie häufig eine auffällige Schleimspur hinterlassen.

Landlebenden Schneckenarten fehlen die Kiemen, die für die meisten im Wasser lebenden Gastropoden typisch sind. Stattdessen ist die Mantelhöhle stark durchblutet, fungiert als Lunge und sorgt für den Gasaustausch mit der Luft (Pulmonata, Lungenschnecken).

Bivalvia (Muscheln) Die Mollusken der Bivalvia umfassen zahlreiche Muschelarten. Alle tragen eine zweiklappige Schale, deren Hälften in der Mittellinie der Rückenseite über ein sogenanntes Schloss gelenkig verbunden sind. Um den weichen Körper der Tiere zu schützen, können die beiden Schalenhälften durch kräftige Schließmuskeln fest verschlossen werden. Muscheln haben einen weitgehend reduzierten Kopf, auch die Radula ist im Laufe ihrer Evolution mit der Umstellung der Ernährungsweise verloren gegangen.

Die Mantelhöhle einer Muschel enthält große umgestaltete Kiemen, die in der Regel sowohl zum Gasaustausch als auch zur Nahrungsaufnahme dienen (Abbildung 33.11). Die meisten Muscheln sind Strudler. Sie fangen im Schleim, der ihre Kiemen überzieht, kleine Nahrungspartikel, die anschließend von Wimpern zur Mundöffnung transportiert werden. Wasser gelangt durch eine Einstromöffnung in die Mantelhöhle, durchfließt die Kiemen und verlässt die Mantelhöhle wieder durch die Ausstromöffnung, wobei der Wasserstrom den After, die Exkretionsöffnung und die Geschlechtsöffnung passiert.

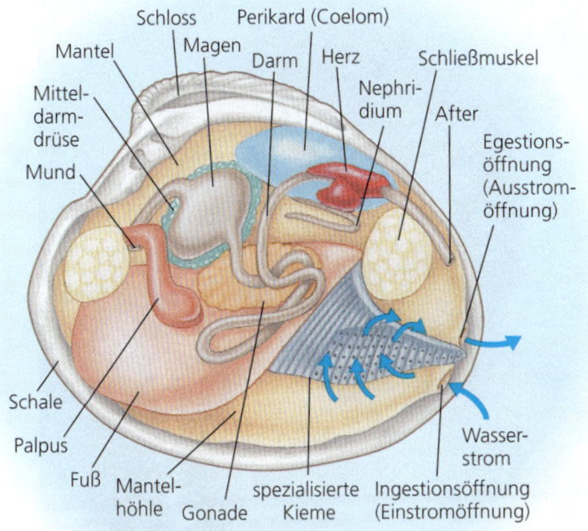

Abbildung 33.11: Anatomie einer Muschel. Nahrungspartikel, die im Wasser schweben, das durch die Einströmöffnung eintritt, sammeln sich an den Kiemen und werden von Wimpern zur Mundöffnung transportiert.

Cephalopoda (Kopffüßer) Cephalopoden (Kopffüßer, „Tintenfische") sind aktive Räuber (Abbildung 33.12), die das freie Wasser erobert haben. Mit ihren Tentakeln ergreifen sie ihre Beute, die sie dann mit einem schnabelartigen Kieferapparat zerbeißen und mit einem Gift in ihrem Speichel lähmen.

Der Eingeweidesack von Cephalopoden wird von einem Mantel bedeckt, doch die Schale ist fast immer reduziert.

Cephalopoden sind die einzigen Mollusken mit einem geschlossenen Kreislaufsystem. Sie verfügen zudem über hochentwickelte Sinnesorgane und ein komplexes Gehirn. Die Fähigkeit zu lernen und komplexe Verhaltensweisen zu zeigen, ist für schnelle und aktive Räuber sicher wichtiger als für sessile Muscheln.

▶ Kalmare sind schnelle und gewandte Räuber mit schnabelartigem Kiefer und hoch entwickelten Augen.

◀ Kraken gelten als die intelligentesten Wirbellosen

▶ Schiffboote *(Nautilus)* sind die einzigen heute lebenden Kopffüßer mit einer äußeren Schale. Bei Nautiliden ist diese Schale wie bei den ausgestorbenen Arten gekammert und teilweise mit Luft gefüllt.

Abbildung 33.12: Kopffüßer.

Die Vorfahren von Kraken und Kalmaren waren wahrscheinlich beschalte Mollusken mit räuberischer Lebensweise; im späteren Verlauf der Evolution ging die Schale dann verloren. Beschalte Cephalopoden, sogenannte **Ammoniten** und **Belemniten**, waren viele hundert Millionen Jahre lang die dominanten wirbellosen Räuber der Meere, bis sie bei dem Massenaussterben am Ende der Kreide vor rund 65,5 Millionen Jahren vollständig verschwanden.

Zum Schutz von Süßwasser- und Landweichtieren Die Aussterberaten von Tieren haben in den letzten 400 Jahren dramatisch zugenommen, und die Lage ist so ernst, dass ein weiteres, sechstes Massenaussterben in der Erdgeschichte bevorsteht, hervorgerufen durch die Aktivität des Menschen. Unter den zahlreichen bedrohten Tierarten haben Weichtiere die zweifelhafte Bestimmung, die Tiergruppe mit den meisten ausgestorbenen Formen zu sein. Die Bedrohung der Weichtiere ist in zwei Gruppen besonders schwerwiegend, den Süßwassermuscheln und den Landschnecken. Vielen terrestrischen Schnecken geht es nicht besser.

Die Gefährdungen dieser Süßwasser- und Landmollusken schließen Habitatverluste, Umweltverschmutzung, Konkurrenz oder Prädation durch nicht-heimische Arten ein, Arten, die oft durch den Menschen eingeschleppt wurden.

33.3.4 Annelida (Ringelwürmer)

Anneliden sind segmentierte Würmer, die im Meer, in den meisten Süßwasserhabitaten und in feuchtem Boden leben. Sie besitzen ein echtes Coelom und ihre Länge variiert zwischen weniger als einem Millimeter und drei Metern, die Länge eines australischen Riesenregenwurms (*Megascolides australis*). Der Körper der Anneliden wird von einer Kollagencuticula bedeckt, die in aller Regel nicht gehäutet wird.

Die Annelida werden traditionell in drei Gruppen unterteilt: Polychaeten (Vielborster), Oligochaeten (Wenigborster wie der Regenwurm und seine Verwandten) und Hirudinea (Egel).

Polychaeten In die Gruppe der Polychaeten (Vielborster) werden die Ringelwürmer mit den meisten ursprünglichen Merkmalen gestellt. Viele Polychaeten tragen an jedem Segment ein Paar paddel- oder leistenförmiger seitlicher Anhänge, die man als Parapodien (Scheinfüße) bezeichnet und die zur Fortbewegung dienen (Abbildung 33.13). Jedes Parapodium trägt zahlreiche Borsten oft unterschiedlicher Struktur und Funktion.

Abbildung 33.13: **Der Polychaet *Hesiolyra bergi*.**

Die Polychaeten bilden eine große, mannigfaltige Gruppe und sind ganz überwiegend Meeresbewohner; es gibt aber auch einige Vertreter im Süßwasser und auf dem Land.

Clitellata: Oligochaeten Oligochaeten (Wenigborster) sind nach ihren relativ wenigen Borsten benannt, die wie die der Polychaeten aus Chitin bestehen. Zu diesen segmentierten Würmern zählen neben den Regenwürmern eine Reihe wasserlebender Arten. Abbildung 33.15 charakterisiert die Anatomie eines Regenwurms (*Lumbricus terrestris*), der in vielen Aspekten für die Anneliden repräsentativ ist.

Hirudinea (Egel) Die Mehrheit aller Hirudinea (Egel) lebt im Süßwasser, doch es gibt auch marine Arten sowie in feuchter Vegetation auch terrestrische Egel. Egel erreichen eine Körperlänge von etwa 1–30 cm. Viele Arten leben räuberisch und fressen andere Wirbellose, doch einige Arten sind Ektoparasiten und heften sich zeitweilig an ihre Wirte, um deren Blut zu saugen (Abbildung 33.14).

Abbildung 33.14: **Ein Blutegel (*Hirudo medicinalis*).** Ein Blutegel wird am wunden Daumen eines Patienten angesetzt, damit er Blut aus einem Hämatom (Bluterguss) saugt.

VERSTÄNDNISFRAGEN

1. Erklären Sie, warum Bandwürmer ohne Coelom, Mundöffnung, Verdauungstrakt oder Exkretionssystem überleben können.

2. In welcher Beziehung steht die morphologische Veränderung des Molluskenfußes bei Gastropoden und Cephalopoden zu der jeweiligen Lebensweise der Tiere?

3. Die Anatomie von Anneliden lässt sich als „Rohr in einem Rohr" beschreiben. Erklären Sie diese Aussage.

4. WAS WÄRE, WENN? Relativ wenige frei lebende Lophotrochozoen leben auf dem Land über der Erdoberfläche. Stellen Sie eine Hypothese auf, die diese Tatsache erklärt, wobei Sie sich auf den Einfluss der Schwerkraft konzentrieren sollten.

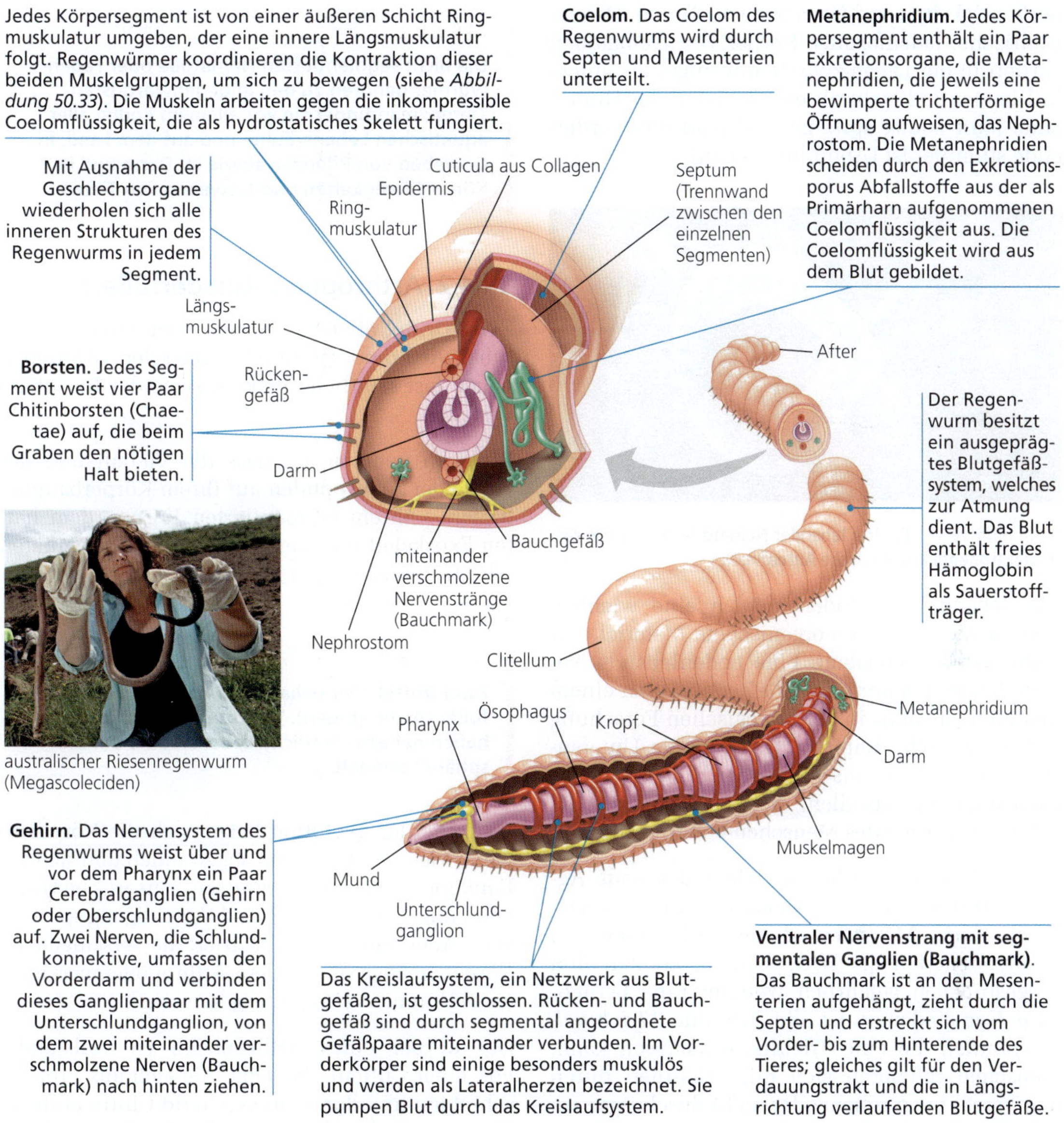

Abbildung 33.15: **Anatomie eines Regenwurms, eines Oligochaeten (Annelida).**

33.4 Ecdysozoa sind die artenreichste Tiergruppe

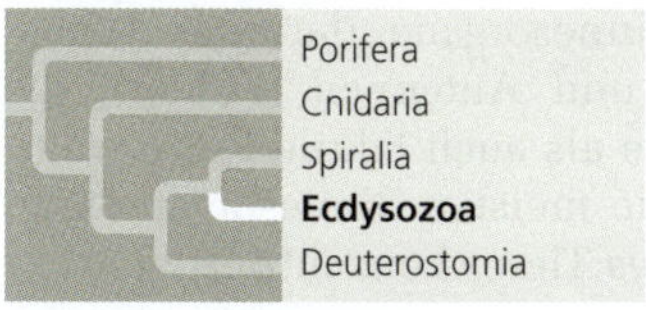

Zu den Ecdysozoa gehören diejenigen Tiere, die im Lauf ihres Wachstums ihre relativ widerstandsfähige äußere Körperhülle (**Cuticula**) abwerfen; dieser Prozess wird als **Häutung** oder Ecdysis bezeichnet. Die beiden größten Taxa der Ecdysozoa sind die Nematoda und die Arthropoda, die zu den erfolgreichsten und am weitesten verbreiteten Tiergruppen überhaupt gehören.

33.4.1 Nematoda (Fadenwürmer)

Die nicht segmentierten Nematoda oder Fadenwürmer gehören zu den allgegenwärtigsten Tieren; man findet sie vor allem im Boden aller aquatischen Lebensräume und auf dem Land, in Geweben von Pflanzen sowie im Darm und in Körperflüssigkeiten und Geweben von Tieren. Der zylindrische, fadenförmige Körper von Nematoden variiert in der Länge zwischen weniger als einem Millimeter und mehr als einem Meter; das Hinterende läuft häufig spitz zu, während das Vorderende stumpfer ist (Abbildung 33.16).

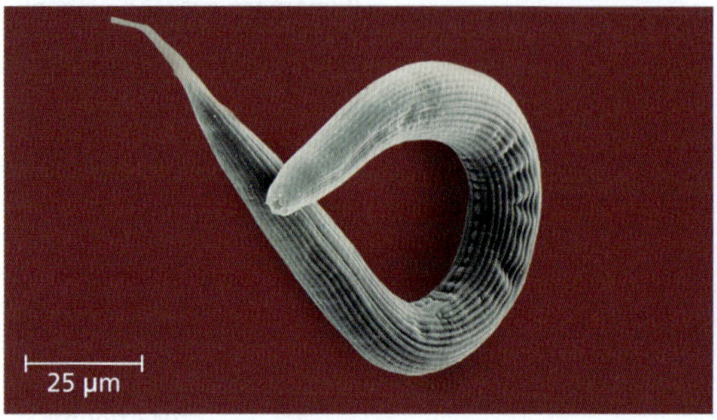

Abbildung 33.16: Ein frei lebender Nematode (kolorierte rasterelektronenmikroskopische Aufnahme).

Frei lebende Nematoden spielen eine wichtige Rolle beim Abbau von organischem Material und beim Nährstoffkreislauf. Eine bodenlebende Nematodenart, *Caenorhabditis elegans*, ist zu einem Modellorganismus in der biologischen Forschung geworden (siehe Kapitel 21). Laufende Untersuchungen an *C. elegans* sind dabei, diejenigen Mechanismen zu enthüllen, die unter anderem am Alterungsprozess des Menschen beteiligt sind.

Zu den Nematoda gehören viele bedeutende Agrarschädlinge. Andere Nematodenarten parasitieren Tiere. Menschen dienen mindestens 50 Nematodenarten als Wirt, manche können ihm ausgesprochen gefährlich werden: Eine berüchtigte Nematodenart ist die Trichine (*Trichinella spiralis*), die eine Trichinose auslösen kann. Menschen infizieren sich mit Trichinen durch den Verzehr von rohem oder nicht durchgegartem Schweinefleisch oder durch solches von anderen Alles- oder Fleischfressern, das im Muskelgewebe eingekapselte Juvenilformen des Parasiten enthalten kann. Im menschlichen Darm entwickeln sich die Juvenilformen zu geschlechtsreifen adulten Parasiten. Die Weibchen bohren sich in die Darmmuskulatur ein und produzieren weitere Juvenilformen, die in die Blutbahn oder das Lymphgefäßsystem eindringen und auf diesem Weg zu anderen Organen gelangen, darunter auch in die Muskulatur, wo sie sich encystieren. Wegen der Gefährlichkeit der Trichinen ist bei uns die obligatorische Fleischbeschau eingeführt worden, sodass Trichinen heute normalerweise kein Problem mehr darstellen.

MERKE!

Die nicht segmentierten Nematoda oder Fadenwürmer gehören zu den allgegenwärtigsten Tieren; man findet sie vor allem im Boden aller aquatischen Lebensräume und auf dem Land, in Geweben von Pflanzen sowie im Darm und in Körperflüssigkeiten und Geweben von Tieren.

33.4.2 Arthropoda (Gliederfüßer)

Zwei Drittel aller bekannten Arten sind Gliederfüßer (Arthropoden) und Vertreter der Arthropoda haben fast sämtliche Lebensräume der Biosphäre besiedelt.

Biologen nehmen an, dass die Vielfalt und der Erfolg der **Arthropoden** auf ihrem Körperbauplan basiert – ihrem segmentierten Körper, dem harten Exoskelett und den gegliederten Extremitäten oder Körperanhängen.

MERKE!

Zwei Drittel aller bekannten Arten sind Gliederfüßer (Arthropoden). Vertreter der Arthropoda haben nahezu sämtliche Lebensräume der Biosphäre besiedelt.

Im Laufe der Evolution haben sich die Körperanhänge vieler Arthropoden abgewandelt und sich auf Funktionen wie Laufen, Fressen, sensorische Wahrnehmung, Fortpflanzung und Verteidigung spezialisiert. Abbildung 33.17 illustriert die verschiedenen Körperanhänge und andere Arthropodenmerkmale eines Hummers (*Homarus gammarus*).

Der Körper eines Arthropoden ist vollständig von einer Cuticula bedeckt, die sich aus Proteinschichten und dem Polysaccharid Chitin aufbaut. Dieses harte Exoskelett schützt das Tier und bietet den Muskeln Ansatzstellen, die unter anderem die Körperanhänge bewegen. Aber es führt auch dazu, dass Arthropoden nicht wachsen können, ohne gelegentlich aus ihrem Exoskelett zu schlüpfen und sich ein größeres zuzulegen.

Arthropoden verfügen über eine breite Palette hochentwickelter Sinnesorgane, darunter Augen, Geruchsrezeptoren und Antennen (Fühler), die sowohl olfaktorische als auch taktile Reize wahrnehmen können. Die meisten Sinnesorgane sind in der Kopfregion des Tieres konzentriert.

Arthropoden haben ein **offenes Kreislaufsystem**, in dem ein Herz eine Flüssigkeit, die *Hämolymphe*, durch kurze Arterien und anschließend in Lakunen pumpt, die die Gewebe und Organe um-

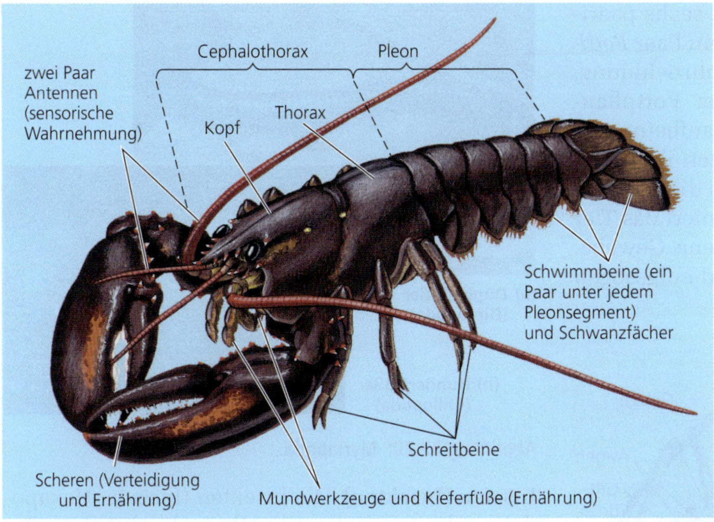

Abbildung 33.17: Äußere Anatomie eines Arthropoden am Beispiel eines Hummers (*Homarus gammarus*). In dieser Dorsolateralansicht eines Hummers (*Homarus gammarus*) sind viele typische Arthropodenmerkmale zu erkennen, sowie einige Merkmale, die man nur bei Krebstieren (Crustacea) findet. Der Körper ist segmentiert, doch dieses typische Merkmal ist nur am Hinterleib (Pleon) offensichtlich. Die Körperanhänge (darunter Antennen, Mundwerkzeuge, Scheren, Laufbeine) sind gegliedert. Die Beine des Pleons sind unter den Segmenten verborgen und dienen bei den Weibchen u.a. zur Befestigung der Eier. Der Kopf trägt ein Paar aus vielen Einzelaugen zusammengesetzter Komplexaugen (Facettenaugen). Der ganze Körper samt seiner Anhänge ist von einem Exoskelett bedeckt.

geben. (Der Begriff Blut ist generell für eine Flüssigkeit in einem geschlossenen Kreislaufsystem reserviert.) Durch Ostien, die mit Ventilen ausgestattet sind, kehrt die Hämolymphe ins Arthropodenherz zurück.

Die meisten wasserlebenden Arthropoden verfügen über Kiemen, gefiederte Ausstülpungen mit einer großen Oberfläche und einer dünnen Cuticula, die mit dem umgebenden Wasser in Kontakt stehen. Landlebende Arthropoden weisen in der Regel innere Oberflächen auf, die auf den Gasaustausch spezialisiert sind. Die meisten Insekten haben ein Tracheensystem, bei dem, ausgehend von verschließbaren Öffnungen (Stigmen) in der Cuticula, sich verzweigende, luftgefüllte Gänge ins Innere des Körpers führen.

Morphologische und molekulare Befunde sprechen dafür, dass die heute lebenden Arthropoden vier Hauptlinien aufweisen, die sich bereits früh in der Evolution getrennt haben: **Chelicerata** (unter anderem Skorpione, Zecken, Milben und Spinnen), **Myriapoda** (Tausendfüßer), **Insecta** (Insekten) und **Crustacea** (Krebse).

Chelicerata (Spinnentiere) Die Spinnentiere (Chelicerata) verdanken ihren wissenschaftlichen Namen klauenartigen Mundwerkzeugen, den nur aus drei Gliedern bestehenden **Cheliceren** (gr. *cheilos*, Lippe), die zum Ergreifen der Beute dienen. Spinnentiere haben einen Vorderkörper (Prosoma), an den sich der Hinterkörper (Opisthosoma) anschließt. Sie haben keine Antennen und die für Arthropoden typischen Komplexaugen sind bei den meisten zu einfachen Augen (Augen mit einer Einzellinse) abgewandelt. Der wichtigste Sinn ist bei den meisten Formen der mechanische Sinn.

Die meisten höher entwickelten Chelicerata gehören zu den **Arachnida** (Spinnentiere im eigentlichen Sinn), einer Gruppe, in die unter anderem die Skorpione, Spinnen und Milben gestellt werden (Abbildung 33.18).

► Skorpione verfügen über Pedipalpen, zangenartige Scheren, mit denen sie sich verteidigen und auf Beutefang gehen. Die Schwanzspitze trägt einen Giftstachel.

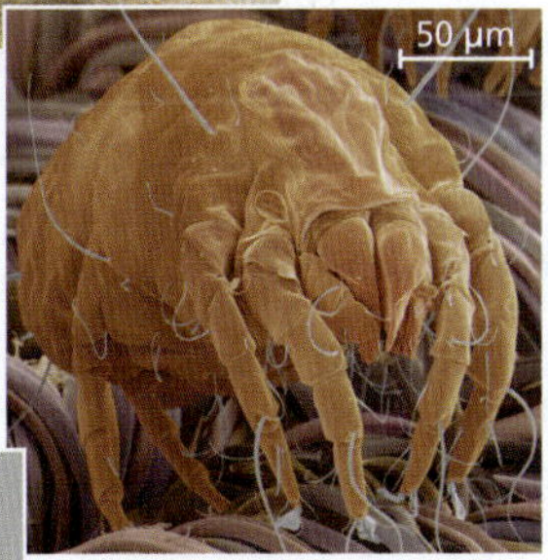

▲ Staubmilben sind allgegenwärtige Detritusfresser in menschlichen Behausungen und harmlos, es sei denn, jemand reagiert allergisch auf ihre Ausscheidungen (kolorierte rasterelektronenmikroskopische Aufnahme).

◄ Radnetzspinnen sind gewöhnlich tagsüber aktiv, wobei sie als lauernde Jäger Insekten oder andere Tiere in ihren Netzen fangen.

Abbildung 33.18: Arachniden.

Spinnentiere haben ein Prosoma mit sechs paarigen Anhängen: ein Paar Cheliceren, ein Paar *Pedipalpen*, das bei der sensorischen Wahrnehmung, der Nahrungsaufnahme oder bei der Fortpflanzung eine Rolle spielt, und vier Laufbeinpaare (Abbildung 33.19). Spinnentiere setzen ihre Cheliceren zum Beutefang ein. Wenn sich die Cheliceren in die Beute gebohrt haben, sezerniert das Tier Verdauungsenzyme in das aufgerissene Gewebe. Das Gewebe verflüssigt sich und wird aufgesogen (extraintestinale Verdauung).

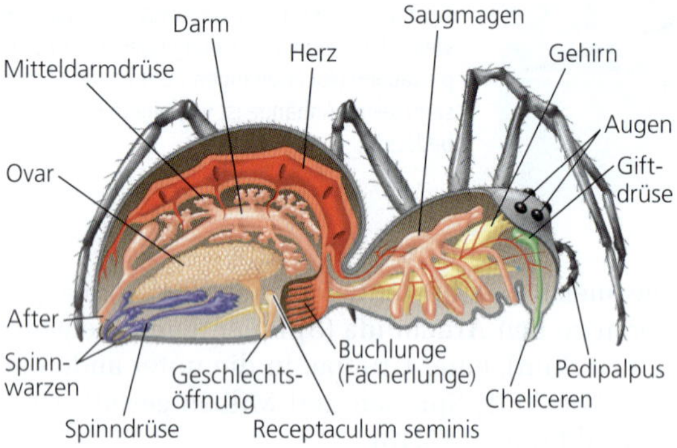

Abbildung 33.19: **Anatomie einer Webspinne.**

Bei den meisten Spinnen findet der Gasaustausch in **Fächer-** oder **Buchlungen** statt, gestapelten, plättchenartigen Strukturen, die eine besonders große Oberfläche bilden und in einer Kammer im Körperinneren liegen.

Eine einzigartige Anpassung vieler Spinnenarten ist die Fähigkeit, Beutetiere wie Insekten mithilfe eines Spinnennetzes aus Seide zu fangen, einem flüssigen Protein, das von spezialisierten Drüsen im Abdomen produziert wird. Die Seide wird in sogenannten Spinndrüsen zu Fasern versponnen, die an der Luft erhärten.

Myriapoda (Tausendfüßer) Diplopoda und Chilopoda werden zu den Myriapoda zusammengefasst. Am Kopf tragen sie ein Paar Antennen und ursprünglich drei paarige Körperanhänge, die zu Mundwerkzeugen umgewandelt sind, darunter die kieferartigen **Mandibeln**. Doppelfüßer (Diplopoda) weisen zahlreiche Beine auf (Abbildung 33.20a). Jedes Rumpfsegment besteht aus zwei verschmolzenen Segmenten und trägt zwei Paar Laufbeine. Doppelfüßer ernähren sich von sich zersetzendem Pflanzenmaterial. Im Gegensatz zu Doppelfüßern sind Hundertfüßer (Chilopoda) carnivor und jedes Rumpfsegment trägt nur ein einziges Beinpaar (Abbildung 33.20b).

(a) Doppelfüßer (Diplopoda)

(b) Hundertfüßer (Chilopoda)

Abbildung 33.20: **Myriapoda.**

Insecta (Insekten) Die Insekten (Insecta, Hexapoda) sind artenreicher als alle anderen Lebensformen des Pflanzen- und Tierreichs zusammen. Die innere Anatomie von Insekten umfasst mehrere komplexe Organsysteme, die in Abbildung 33.21 beschrieben werden.

Die Flugfähigkeit ist offenbar einer der Schlüssel zum großen Erfolg der Insekten. Tiere, die fliegen können, sind in der Lage, Räubern viel rascher zu entkommen, Nahrung und Geschlechtspartner zu finden und neue Lebensräume zu besiedeln als jene Tiere, die über den Boden kriechen müssen. Viele Insekten tragen dorsal am Thorax meist zwei Flügelpaare, seltener nur ein Flügelpaar.

Viele Insekten machen im Lauf ihrer Entwicklung eine Metamorphose durch. Bei der **unvollständigen Metamorphose** (Hemimetabolie) von Heuschrecken sowie einigen anderen Insektengruppen ähneln die Juvenilformen den Adulttieren, wenn sie auch kleiner sind, andere Körperproportionen haben und flügellos sind. Sie machen eine Reihe von Häutungen durch, wobei sie den Adulttieren (Imagines, Sing. Imago) immer ähnlicher werden. Nach der letzten Häutung hat das Insekt seine volle Größe erreicht, besitzt Flügel und ist geschlechtsreif. Insekten mit einer **vollständigen Metamorphose** (Holometabolie) haben echte Larvenstadien, die auf Fressen und Wachstum spezialisiert sind. Das Larvenstadium sieht völlig anders aus als das oft kurzlebige Adultstadium, das auf Ausbreitung und Fortpflanzung spezialisiert ist. Die Metamorphose vom Larvenstadium zum Adulttier findet über ein Ruhestadium, das Puppenstadium, statt (Abbildung 33.22).

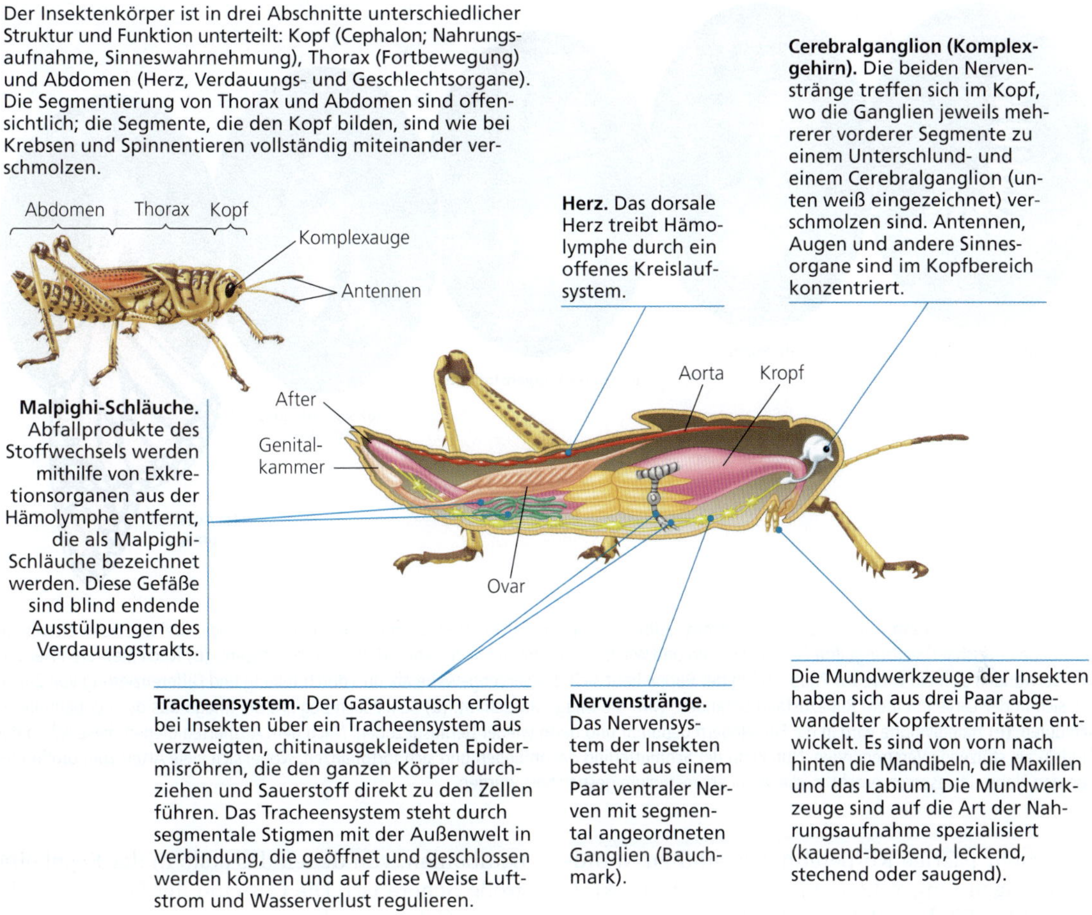

Abbildung 33.21: Anatomie einer Heuschrecke, eines Insekts. Am Insektenkörper lassen sich drei Regionen unterscheiden: Kopf, Thorax und Abdomen. Während die Segmente des Thorax und des Abdomens gut erkennbar sind, ist die Segmentierung des Kopfes äußerlich verwischt.

> **MERKE!**
> **Bei der unvollständigen Metamorphose (Hemimetabolie) von Heuschrecken sowie einigen anderen Insektengruppen ähneln die Juvenilformen den Adulttieren, wenn sie auch kleiner sind, andere Körperproportionen haben und flügellos sind.**

> **MERKE!**
> **Insekten mit einer vollständigen Metamorphose (Holometabolie) haben echte Larvenstadien, die auf Fressen und Wachstum spezialisiert sind.**

Insekten vermehren sich gewöhnlich sexuell und sind getrenntgeschlechtlich. In der Regel kommt es zu einer inneren Befruchtung. Bei manchen Arten setzt das Männchen außerhalb des Weibchens ein Spermienpaket (Spermatophore) ab, das vom Weibchen aufgenommen wird. Das Weibchen speichert das Spermienpaket in seinem Körper in einer sogenannten Spermatheka (Receptaculum seminis); die gespeicherte Spermienmenge reicht in der Regel zur Befruchtung von mehr als einem einzigen Gelege aus. Viele Insekten paaren sich nur einmal im Leben.

Insekten werden in mehr als 30 höhere Taxa unterteilt, von denen sieben in Abbildung 33.23 beschrieben sind.

Crustacea (Krebse) Während Spinnentiere und Insekten typische Landbewohner sind, leben fast alle Krebse im Meer oder im Süßwasser. Crustacea (Krebse) haben im Allgemeinen hochspezialisierte Körperanhänge. Am weitesten vorn sitzen die Antennen; Crustaceen sind die einzigen Arthropoden, die zwei Paar Antennen besitzen. Drei

Abbildung 33.22: Metamorphose eines Schmetterlings (Monarchfalter, *Danaus plexippus*). **(a)** Die Larve (bei den Schmetterlingen als Raupe bezeichnet) verbringt ihre Zeit mit Fressen und Wachsen und häutet sich während des Heranwachsens. **(b)** Nach mehreren Häutungen verwandelt sich die Larve zur Puppe. **(c)** In der Puppe baut sich das Larvengewebe ab, und durch Teilung und Differenzierung von Zellen, die sich in der Larve in einem Ruhezustand befanden, wird die Imago aufgebaut. **(d)** Schließlich beginnt die Imago aus der Puppenhülle zu schlüpfen. **(e)** Hämolymphe wird in die Flügeladern gepumpt und dann wieder herausgezogen. Nach dem Aushärten dienen diese Adern den Flügeln als stützende Verstrebungen. Nun kann der Schmetterling davonfliegen und sich fortpflanzen, wobei sich viele Arten zum großen Teil von den Nahrungsreserven ernähren, die vom Larvenstadium gespeichert wurden.

oder mehr paarige Körperanhänge sind zu Mundwerkzeugen umgebildet, zu denen auch die kräftigen Mandibeln gehören. Die Laufbeine sitzen bei Crustaceen am Thorax und im Gegensatz zu Insekten auch am Abdomen. Ein verlorener Körperanhang kann bei der nächsten Häutung wieder ersetzt werden.

Bei kleineren Crustaceenarten findet der Gasaustausch über die dünne Cuticula statt, größere Arten besitzen Kiemen auf oder an ihren Extremitäten.

Die meisten Crustaceen sind getrenntgeschlechtlich. Die meisten wasserlebenden Crustaceen machen im Lauf ihrer Entwicklung ein frei schwimmendes Larvenstadium durch.

Eine der größten Crustaceengruppen sind die **Isopoda** (Asseln, rund 10.000 Arten), zu denen marine, im Süßwasser lebende und terrestrische Arten gehören. Zu den landlebenden Asseln zählen die Kellerasseln (*Porcellio scaber*), die man häufig auf der Unterseite von feuchtem Holz oder feuchten Blättern und in Kellern findet.

Hummer, Flusskrebse, Krabben und Garnelen sind allesamt recht große Crustaceen, die als **Decapoda** bezeichnet werden (nach den fünf Paar Laufbeinen, von denen das erste in der Regel eine große Schere ist). Die Cuticula der Decapoden ist durch Calciumeinlagerungen besonders hart; der Teil, der den Cephalothorax überdeckt, wird als Carapax (Rückenschild, Panzer) bezeichnet.

Viele kleine Crustaceen spielen eine wichtige Rolle in Planktongemeinschaften im Meer und im Süßwasser. Zu den wichtigsten Planktonorganismen im Meer zählen viele **Copepoda-Arten** (Ruderfußkrebse), die zu den zahlreichsten Tieren überhaupt gehören.

VERSTÄNDNISFRAGEN

1. Wie unterscheiden sich die Körperbaupläne von Nematoden und Anneliden?

2. Im Gegensatz zu unseren Kiefern, die sich überwiegend auf und ab bewegen, bewegen sich die Mundwerkzeuge der Arthropoden seitlich. Erklären Sie dieses Arthropodenmerkmal mit Hinblick auf die Herkunft ihrer Mundwerkzeuge.

3. Beschreiben Sie zwei Anpassungen, die es Insekten erlauben, sich so erfolgreich an Land zu behaupten.

Obwohl es mehr als 30 höhere Taxa innerhalb der Insecta gibt, wollen wir hier nur auf 8 kurz eingehen. Zwei früh divergierende Gruppen primär flügelloser Insekten sind die Felsenspringer, Archaeognatha, und die Silberfischen, Zygentoma. Die phylogenetischen Beziehungen unter den verbleibenden Gruppen sind noch in der Diskussion und sollen hier deshalb nicht weiter besprochen werden. Sehr wahrscheinlich bilden aber die Insekten mit vollständiger Metamorphose ein Monophylum und werden deshalb unter dem Namen Holometabola zusammengefasst.

Archaeognatha (Felsenspringer; 350 Arten)

Typisches Habitat dieser flügellosen Insekten sind Geröllzonen und Flussufer; man findet sie aber auch unter Borke und anderen feuchten Habitaten wie in der Streuschicht. Diese Pflanzenfresser kommen von den Polarregionen bis in die Tropen vor.

Zygentoma (Silberfischchen; 450 Arten)

Diese kleinen, ebenfalls primär flügellosen Insekten haben einen abgeflachten Körper, sind überwiegend nachtaktiv und haben dementsprechend reduzierte Augen. Sie haben eine kryptische Lebensweise, leben in Spalten, Höhlen in der Streuschicht oder unter Borke und sind meist anspruchslose Allesfresser. Einige sind Kulturfolger und können in Häusern massenhaft vorkommen und zur Plage werden.

Pterygota (Fluginsekten; > 1.000.000 Arten; 6 Taxa werden gezeigt)

Hemimetabole Insektentaxa

Hemiptera (Zikaden, Pflanzenläuse und Wanzen; 85.000 Arten)

Die Hemiptera enthalten unter anderem die echten Wanzen wie Bettwanzen, Raubwanzen und Langwanzen. Charakteristisch sind ein ledriges dreieckiges Nackenschild, zwei Flügelpaare, ein ledriges und ein häutiges und stechende oder saugende Mundwerkzeuge. Das Bild zeigt eine adulte Stinkwanze, die ihre Nachkommen (Nymphen) bewacht.

Orthopteroidea (Heuschrecken; 13.000 Arten)

Heuschrecken, Grillen und ihre Verwandten sind überwiegend herbivor. Stark vergrößerte Hinterbeine (Sprungbeine), zwei Flügelpaare (eines ledrig, das andere häutig), beißende oder kauende Mundwerkzeuge. Männchen werben häufig mit Balzgesängen, indem sie Körperteile wie eine Leiste an ihren Hinterbeinen aneinander reiben. Diese Langfühlerschrecke (*Cophiphora* sp.) hat durch Dornen tragende Extremitäten und Kopfkapsel ein furchterregendes Aussehen.

Holometabola

Coleoptera (Käfer; 350.000 Arten)

Käfer wie dieser Nashornkäfer *(Oryctes nasicornis)* bilden die arten- und formenreichste Insektengruppe. Sie haben zwei Flügelpaare, von denen das erste dick und ledrig (Elytren), das zweite häutig ist. In der Regel haben sie kauend-beißende Mundwerkzeuge.

Diptera (Zweiflügler; 151.000 Arten)

Dipteren haben nur ein Flügelpaar; das zweite ist zu Gleichgewichtsorganen (Schwingkölbchen oder Halteren) umgewandelt. Mundwerkzeuge saugend, stechend oder leckend. Fliegen und Mücken gehören zu den bekanntesten Dipteren und leben unter anderem von Aas, Fäzes, verwesendem Pflanzenmaterial, Blütensäften, aber auch räuberisch oder als blutsaugende Ektoparasiten. Wie viele andere Insekten besitzen die meisten Dipteren gut entwickelte Komplexaugen, die ein weites Gesichtsfeld haben und vor allem schnelle Bewegungen gut erfassen können, wie hier an einer Schmeißfliege *(Calliphora vicina)* zu sehen ist.

Hymenoptera (Hautflügler; 125.000 Arten)

Hautflügler, zu denen die Ameisen, Bienen und Wespen gehören, besitzen zahlreiche Arten mit sozialer Lebensweise, aber es gibt auch solitär lebende Arten. Sie haben zwei häutige Flügelpaare, einen sehr beweglichen Kopf, kauende oder saugende Mundwerkzeuge. Die Weibchen vieler Arten haben einen Stachelapparat am Hinterleib. Viele Arten wie die europäische Papierwespe *(Polistes dominulus)* bauen komplexe Nester.

Lepidoptera (Schmetterlinge; 120.000 Arten)

Tag- und Nachtschmetterlinge gehören zu den bekanntesten Insekten, sie tragen zwei mit kleinen Schuppen bedeckte Flügelpaare. Um zu fressen rollen sie ihren langen Saugrüssel ab und tauchen ihn beispielsweise in Blüten um Nektar zu saugen wie auf diesem Bild bei diesem Kolibrischwärmer *(Macroglossum stellatarum)* zu sehen ist. Der Trivialname bezieht sich auf die Eigenschaft, wie ein Kolibri in der Luft stehen zu können. Die meisten Schmetterlinge ernähren sich von Nektar, andere aber auch von tierischem Blut oder Tränenflüssigkeit.

Abbildung 33.23: Näher betrachtet. Vielfalt der Insekten.

33.5 Echinodermata (Stachelhäuter) und Chordata sind Deuterostomia

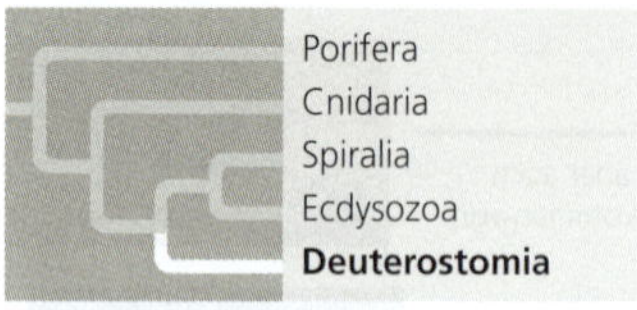

Seesterne (Asteroidea), Seeigel (Echinoidea, siehe Abbildung 33.24) und andere Stachelhäuter (Echinodermata) mögen so aussehen, als hätten sie mit den Chordata, zu denen schließlich auch die Wirbeltiere zählen, wenig gemein. Tatsächlich teilen Stachelhäuter und Chordatiere jedoch Merkmale, die für Deuterostomia typisch sind, beispielsweise die Radiärfurchung und die Bildung des Mundes an dem Ende des Embryos, das dem Urmund gegenüberliegt (siehe Abbildung 32.4). Die molekulare Systematik hat die Deuterostomia als ein Taxon (Monophylum) der Bilateria bekräftigt.

Abbildung 33.24: **Ein Seeigel (*Echinoidea*).**

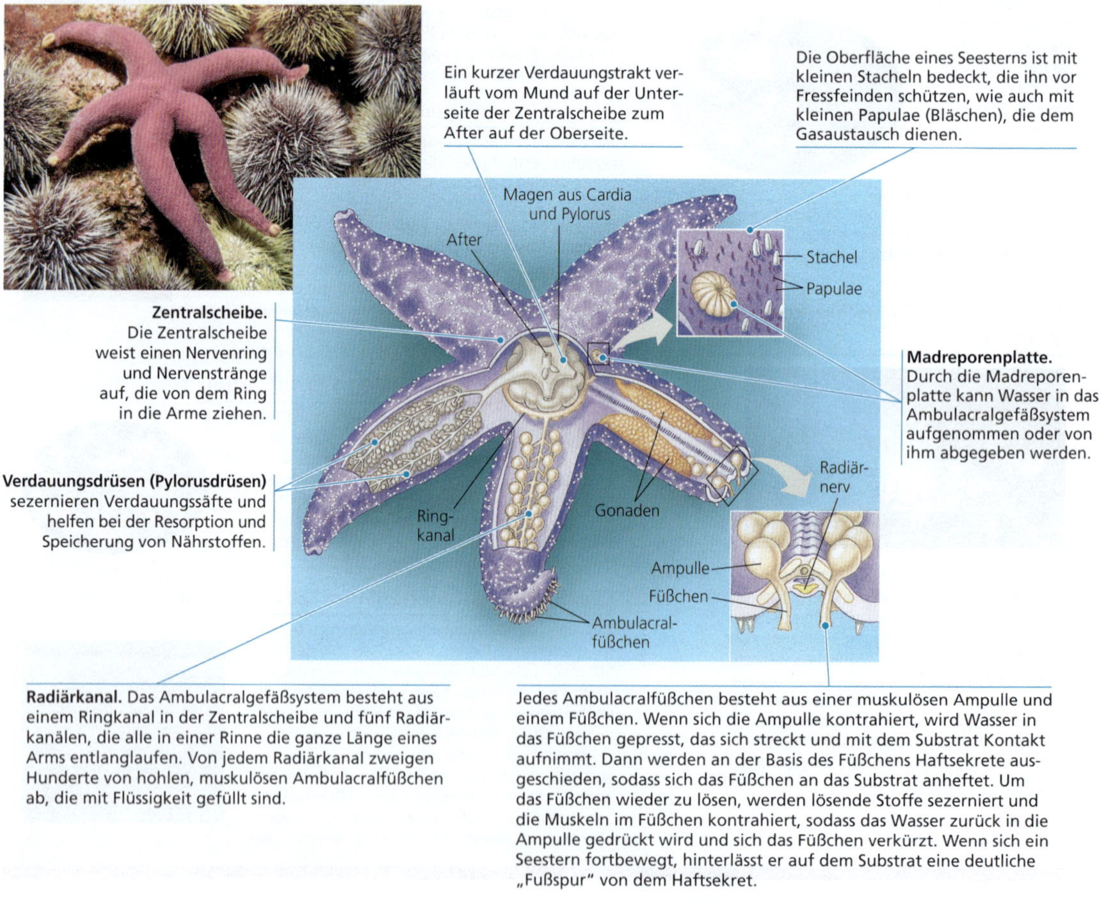

Abbildung 33.25: **Anatomie eines Seesterns, eines Echinodermen.** Das Foto zeigt einen von Seeigeln umgebenen Seestern; beide Tierarten sind Mitglieder der Echinodermata.

33.5.1 Echinodermata (Stachelhäuter)

Seesterne und die anderen Stachelhäuter (**Echinodermata**) sind sich langsam fortbewegende oder sessile Meeresbewohner. Eine dünne Epidermis überzieht ein mesodermales Endoskelett aus harten Kalkplatten. Die meisten Stachelhäuter tragen Höcker und bewegliche Stacheln. Ein Merkmal, das man ausschließlich bei Echinodermen findet, ist das **Ambulacralgefäßsystem**, ein System von hydraulisch arbeitenden mit Flüssigkeit gefüllten Kanälen, das sich verzweigt und bis in die **röhrenförmigen Füßchen** reicht und für ihre Beweglichkeit sorgt. Diese Füßchen, die als **Ambulacralfüßchen** bezeichnet werden, spielen nicht nur für die Fortbewegung, sondern auch bei Nahrungsaufnahme und Gasaustausch eine wichtige Rolle (siehe Abbildung 33.25). Die meisten Echinodermen sind getrenntgeschlechtlich und vermehren sich geschlechtlich; Eizellen und Spermien werden gewöhnlich einfach ins Wasser abgegeben.

Innere und äußere Systeme der meisten adulten Echinodermen erstrecken sich vom Zentrum nach außen, und zwar häufig in Form von fünf Radspeichen. Echinodermenlarven sind jedoch bilateralsymmetrisch.

Die heute lebenden Echinodermata werden in fünf höhere Taxa eingeteilt: Crinoidea (Seelilien und Haarsterne), Asteroidea (Seesterne), Ophiuroidea (Schlangensterne), Echinoidea (Seeigel) und Holothuroidea (Seewalzen).

VERSTÄNDNISFRAGEN

1. Beschreiben Sie, wie sich Seesterne mithilfe ihrer Ambulacralfüßchen fortbewegen.

2. WAS WÄRE, WENN? Die Taufliege *Drosophila melanogaster* und der Fadenwurm *Caenorhabditis elegans* sind wichtige Modellorganismen. Sind diese Arten die am besten geeigneten Wirbellosen, um Schlüsse über Menschen und andere Vertebraten in der Klade Deuterostomia zu ziehen? Begründen Sie Ihre Antwort.

33.5.2 Chordata (Chordatiere)

Als Chordata werden zwei Gruppen der Wirbellosen zusammengefasst sowie die aus Schleimaalen (Myxinoida) und Wirbeltieren (Vertebrata) gebildeten Schädeltiere (Craniota). Chordaten sind bilateralsymmetrische Coelomaten mit segmentiertem Körper. Sie werden in Kapitel 34 ausführlich beschrieben.

ZUSAMMENFASSUNG

Porifera (Schwämme) sind Tiere ohne echte Gewebe

Schwämme besitzen keine echten Gewebe, dafür haben sie Choanocyten (Kragengeißelzellen), die Bakterien und kleine Nahrungspartikel aufnehmen. Ihr Regenerationsvermögen ist sehr ausgeprägt.

Cnidaria (Nesseltiere) bilden eine phylogenetisch alte Metazoengruppe

Als Exklusivmerkmal besitzen Cnidaria Nesselzellen (Cnidocyten) mit Nesselkapseln (Cniden), mit denen sie Beute machen können. Die Tiere sind diploblastisch und radiärsymmetrisch. Ein zentraler Gastralraum mit nur einer Öffnung ist ausgekleidet mit der Gastrodermis (aus dem Entoderm gebildet); nach außen hin sind die Tiere durch die Epidermis (ektodermalen Ursprungs) geschützt. Dazwischen liegt die gallertige extrazelluläre Matrix (hier Mesogloea genannt).

Spiralia, ein Taxon, das anhand molekularer Daten identifiziert wurde, weist das breiteste Spektrum aller Baupläne im Tierreich auf

Das Protostomia-Taxon Spiralia zeichnet sich durch den einzigartigen Entwicklungsmodus der Spiralfurchung aus. Es umfasst einige höhere Gruppen: **Plathelminthes** (Plattwürmer; Dorsoventral abgeflachte, unsegmentierte, acoelomate Bilateria; Exkretionsorgane: Protonephridien; primär mikroskopisch klein mit einfachem Darm ohne After, große Arten mit Gastrovaskularsystem, manche Parasiten ohne Verdauungstrakt), **Rotatoria** (Rädertierchen; pseudocoelomate Bilateria mit Verdauungstrakt samt Mund und After; Kieferapparat im Pharynx; Kopf mit Cilienkrone (Räderorgan); Protonephridien), **Mollusca** (Weichtiere; Bilateria mit drei Hauptkörperabschnitten aus Kopffuß, Eingeweidesack und Mantel; zwei Paar Coelomräume: Perikard und Gonocoel; zumeist mit einer harten Schale aus Calciumcarbonat; Pharynx mit Radula aus Chitin) und **Annelida** (Ringelwürmer;

primär homonom segmentiert mit einem Paar Coelomräumen pro Segment, Verdauungstrakt unsegmentiert; Blutgefäßsystem, Metanephridien; Kollagencuticula ohne Häutung; Chitinborsten in vier Bündeln; Larve mit Chitincuticula).

Ecdysozoa sind die artenreichste Tiergruppe

Diese große Gruppe der Tiere umfasst die **Nematoda** (Fadenwürmer; zylindrische ungegliederte Bilateria, Leibeshöhle pseudocoelomat, an beiden Enden spitz zulaufend; terminale Mundöffnung; kein Kreislaufsystem; Häutung) und **Arthropoda** (Gliederfüßer: Crustaceen, Insekten, Tausendfüßer, Spinnentiere; Bilateria mit segmentiertem Körper, gegliederten Extremitäten und einem Chitin-Protein-Exoskelett; Häutung).

Echinodermata und Chordata sind Deuterostomia

Zu den Neumündern (Deuterostomia) gehören die **Echinodermata** (Stachelhäuter; Bilateria mit drei paarigen Coelomräumen mit bilateralsymmetrischen Larven und einer fünfstrahlig-radiärsymmetrischen Körperorganisation als Adulttiere; komplexe Metamorphose; Ambulakralgefäßsystem; Endoskelett aus Kalk) und die **Chordata** (Schädellose, Manteltiere, Schädeltiere; Coelomaten mit einer Chorda dorsalis, einem dorsalen Neuralrohr, Kiemendarm mit Kiemenspalten und einem postanalen Schwanz).

Herkunft und Evolution der Wirbeltiere

34

34.1 Chordaten haben eine Chorda dorsalis und ein dorsales Neuralrohr

Wirbeltiere (Vertebrata) sind Angehörige der Chordata, der Chordatiere. **Chordata** sind bilateralsymmetrisch und gehören zu den Bilateria und innerhalb der Bilateria wiederum zu den Deuterostomia (siehe Kapitel 32). Abbildung 34.2 zeigt die Phylogenie der Hauptgruppen der Chordata.

Chordatatiere besitzen vier Schlüsselmerkmale: eine Chorda dorsalis, ein dorsales Neuralrohr, einen Kiemendarm und einen muskulösen postanalen Schwanz.

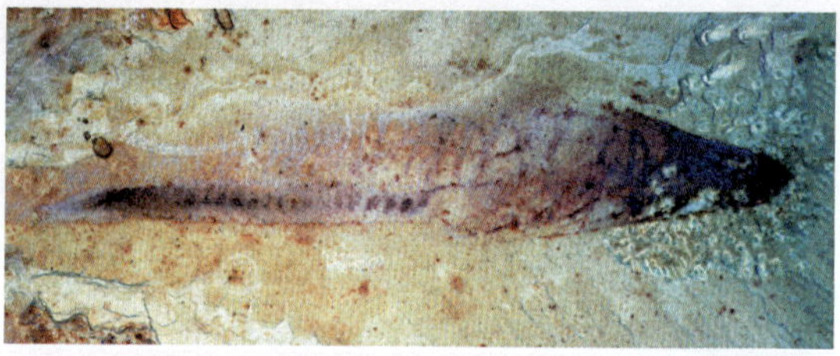

Abbildung 34.1: ***Myllokunmingia fengjiaoa*, ein Fossil aus China.** Gehören Menschen zu den Nachkommen dieses urtümlichen Organismus?

Die **Chorda dorsalis** ist ein flexibler Stab, der in Körperlängsrichtung zwischen dem Verdauungstrakt und dem Neuralrohr verläuft. Dieser Achsenstab besteht aus großen flüssigkeitsgefüllten Zellen, die von einer recht steifen, bindegewebigen Hülle umschlossen sind.

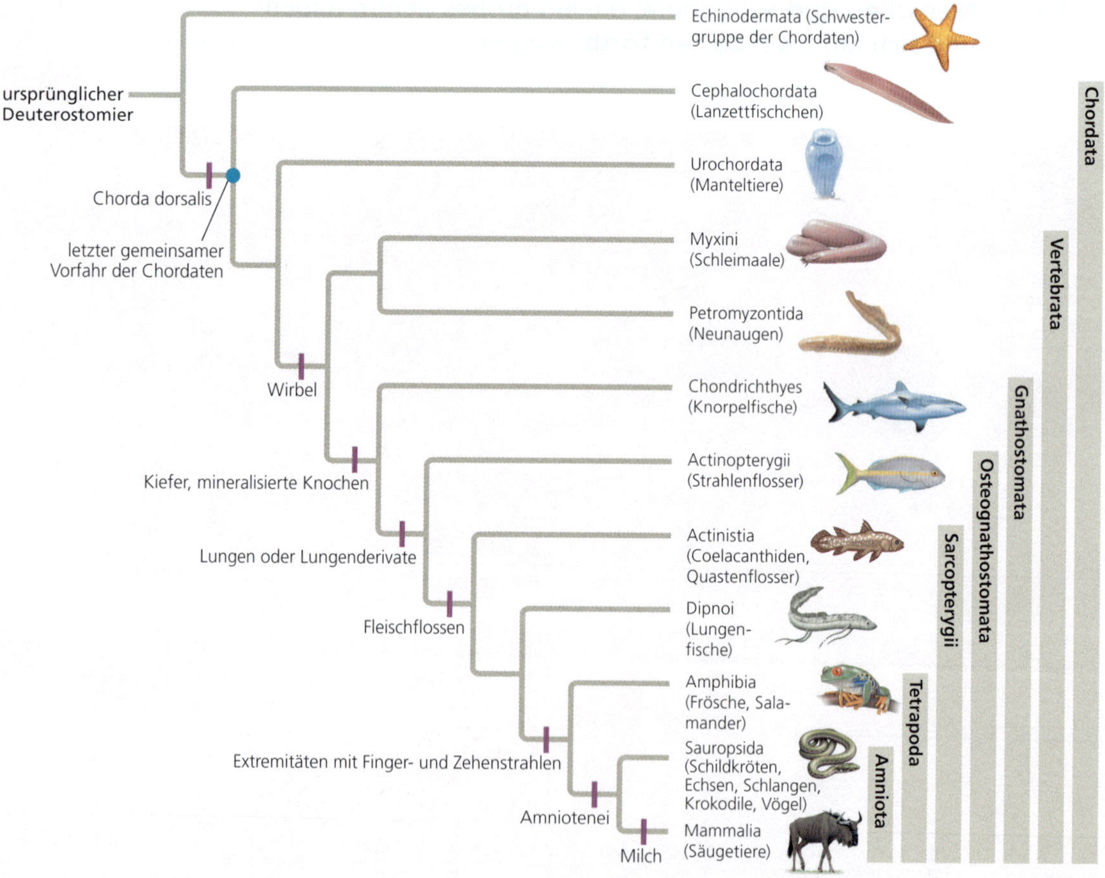

Abbildung 34.2: **Phylogenie der heute lebenden Chordaten.** Dieser Stammbaum zeigt eine phylogenetische Hypothese der Verwandtschaftsbeziehungen der Hauptgruppen der Chordaten in Beziehung zu dem anderen wichtigen Taxon der Deuterostomia, den Echinodermata (siehe Kapitel 33). Für ausgewählte Taxa sind einige abgeleitete Merkmale angegeben; zum Beispiel besitzen alle Chordata eine Chorda dorsalis, und Kiefer finden sich nur bei den Gnathostomata. In einigen Linien sind diese abgeleiteten Strukturen reduziert worden oder wieder verloren gegangen wie die mineralisierten Knochen bei den Chondrichthyes.

Bei den meisten Wirbeltieren entwickelt sich um die Chorda dorsalis ein komplexeres, gelenkiges Skelett aus Knochenelementen und die Adulttiere behalten dann nur Reste der Chorda dorsalis zurück. Beim Menschen wird die Chorda bis auf die gallertigen Bandscheiben zwischen den Wirbeln zurückgebildet.

Das Neuralrohr von Chordatenembryonen entwickelt sich aus einer Ektodermeinfaltung, die sich zu einem Rohr aufrollt. Das führt zu einem hohlen, **dorsalen Neuralrohr**, das sich zum Zentralnervensystem (Gehirn und Rückenmark) entwickelt.

Der Verdauungskanal von Chordaten erstreckt sich vom Mund bis zum After. Die Region direkt hinter dem Mund ist der Schlund (Pharynx). Bei allen Chordatenembryonen bildet sich an den Seiten des Pharynx eine Reihe von sogenannten Kiementaschen, die sich über Kiemenspalten nach außen öffnen. Durch diese Kiemenspalten kann das Wasser, das in den Mund eintritt, den Körper wieder verlassen, ohne den ganzen Verdauungskanal passieren zu müssen.

Bei Wirbeltieren dient der **Kiemendarm** der Atmung. Bei den Landwirbeltieren (Tetrapoden) spielt der Kiemendarm eine wichtige Rolle bei der Entwicklung von Teilen des Ohres und anderer Strukturen im Kopf-Hals-Bereich.

Chordaten haben einen **Schwanz**, der erst postanal (das heißt hinter dem After) beginnt; dieser Schwanz wird im Laufe der Embryoanalentwicklung bei vielen Chordaten stark zurückgebildet. Der Chordatenschwanz enthält Skelettelemente und Muskeln und sorgt in der Regel bei im Wasser lebenden Arten beim Schwimmen für den nötigen Antrieb.

MERKE!

Chordatiere besitzen vier Schlüsselmerkmale:

Chorda dorsalis, dorsales Neuralrohr, Kiemendarm und postanaler Schwanz

Ein Beispiel für einen sehr ursprünglichen Chordaten, der auch in adulter Form alle vier Schlüsselmerkmale der Chordaten zeigt, ist das **Lanzettfischchen** (Cephalochordata oder Acrania, Schädellose; Abbildung 34.3). Wasser tritt durch die Mundöffnung ein und gelangt durch die Kiemenspalten in den Peribranchialraum, eine Kammer, die durch den Atrioporus mit dem Außenmilieu in Verbindung steht; großen Partikeln wird der Zugang zur Mundöffnung durch fadenförmige Ausstülpungen, die sogenannten Mundcirren, verwehrt. Kleinere Nahrungspartikel, die in den Kiemendarm gelangen, verfangen sich im Schleim, werden von Cilien auf den Kiemenbögen nach dorsal transportiert und schließlich in der Epibranchialrinne in den Verdauungstrakt befördert. Mithilfe seiner hintereinander angeordneten Muskelsegmente kann sich das Lanzettfischchen wie alle ursprünglichen Chordaten durch wellenförmige Schwimmbewegungen fortbewegen. Meist lebt es aber eingegraben im Sand.

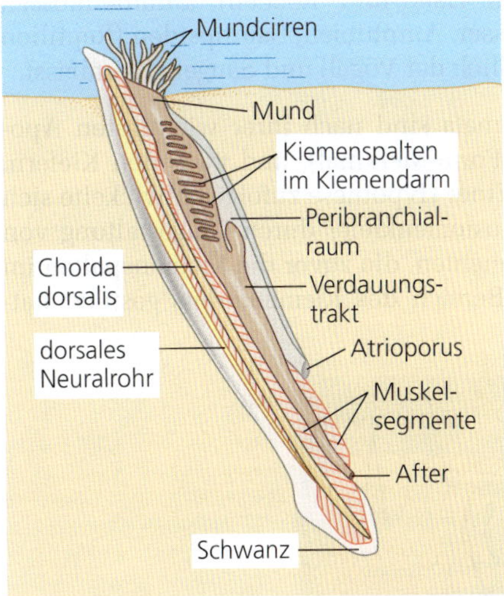

Abbildung 34.3: Das Lanzettfischchen *Branchiostoma lanceolatum*, ein ursprünglicher Chordat. Dieser kleine, ca. 2 cm lange Wirbellose zeigt alle vier kennzeichnenden Chordatenmerkmale. Wasser tritt durch die Mundöffnung ein und gelangt durch die Kiemenspalten in den Peribranchialraum, eine Kammer, die durch den Atrioporus mit dem Außenmilieu in Verbindung steht; großen Partikeln wird der Zugang zur Mundöffnung durch fadenförmige Ausstülpungen, die sogenannten Mundcirren, verwehrt. Kleinere Nahrungspartikel, die in den Kiemendarm gelangen, verfangen sich im Schleim, werden von Cilien auf den Kiemenbögen nach dorsal transportiert und dann in der Epibranchialrinne schließlich in den Verdauungstrakt befördert. Mithilfe seiner hintereinander angeordneten Muskelsegmente kann sich das Lanzettfischchen wie alle ursprünglichen Chordaten durch undulierende (wellenförmige) Schwimmbewegungen fortbewegen.

VERSTÄNDNISFRAGEN

1. Welche Rolle spielt der Kiemendarm für die Ernährung von Lanzettfischchen?

2. Sie sind ein Chordat, doch Ihnen fehlen die meisten abgeleiteten Merkmale eines Chordaten. Erklären Sie diese Tatsache.

3. WAS WÄRE, WENN? Stellen Sie sich vor, dem Lanzettfischchen fehlte ein Gen, das man bei Tunicatenund Vertebraten findet. Würde das implizieren, dass der letzte gemeinsame Chordatenvorfahr dieses Gen ebenfalls nicht besaß? Begründen Sie Ihre Antwort.

34.2 Gnathostomata sind Wirbeltiere mit einem Kieferapparat

Wirbeltiere (Vertebrata) unterscheiden sich von den ursprünglichen Chordaten vor allem durch das Vorhandensein einer knöchernen Wirbelsäule und eines Schädels. Die heute lebenden kiefertragenden Wirbeltiere (Gnathostomata) sind eine besonders formenreiche Gruppe, die die Knorpelfische (Chimären, Haie und Rochen), Strahlenflosser, Fleischflosser, Amphibien, Sauropsiden (Reptilien einschließlich der Vögel) und Säugetiere umfasst.

Gnathostomata sind nach ihrer wichtigsten Apomorphie (Form-Merkmal), und zwar den Kiefern, benannt. Einer Hypothese zufolge entwickelte sich der Gnathostomenkiefer durch Umgestaltung von Skelettelementen, die zuvor die Kiemenspalten im vorderen Bereich des Kiemendarms gestützt hatten, den Kiemenbögen (Abbildung 34.4). Einige weiter hinten liegende Kiemenspalten, die nicht länger zum Filtrieren gebraucht wurden, blieben als wichtige Orte des Gasaustauschs erhalten.

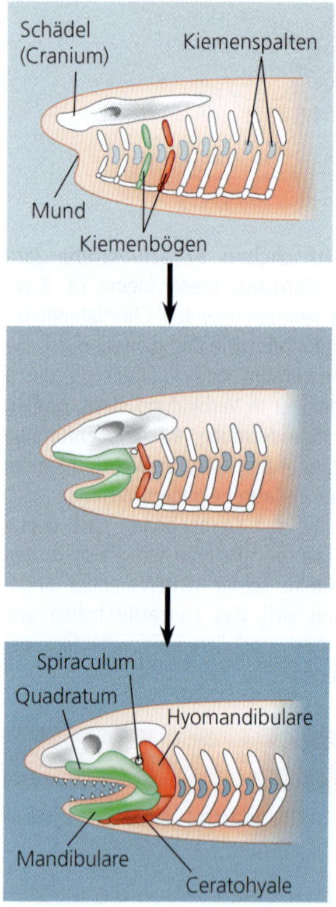

Abbildung 34.4: Hypothetische Evolution des Wirbeltierkiefers. Kieferskelett und Stützelemente des Kiefers sind möglicherweise aus zwei paarigen Skelettelementen (Kiemenbögen, grün und rot) im vorderen Kiemendarmbereich entstanden, die die Kiemenspalten stützen. Während der vordere den eigentlichen Kiefer bildet, übernimmt der hintere die Verbindung zum Schädel. Die Kiemenspalte zwischen diesen beiden Bögen bleibt als Spiraculum erhalten. Die paarigen Kiemenbögen vor denjenigen, die die Kiefer bildeten, gingen entweder verloren oder wurden in den Schädel oder die Kiefer integriert.

Neben dem Kieferapparat teilen sich die Gnathostomata weitere abgeleitete Merkmale. Das Vorderhirn von Gnathostomen ist im Vergleich zu anderen Cranioten vergrößert; diese Vergrößerung steht vor allem mit einem verbesserten Geruchsvermögen in Beziehung. Auch das optische System zeigt einen höheren Differenzierungsgrad. Ein zusätzliches Merkmal wasserlebender Gnathostomata ist das ebenfalls hochdifferenzierte **Seitenliniensystem**. Dieses Organsystem ist bereits früher in der Stammlinie der Vertebrata entstanden. Dieses Sinnesorgan, das sich in Längsrichtung über beide Seiten des Körpers zieht, nimmt Druckschwankungen im umgebenden Wasser wahr. Auch der Bewegungsapparat weist weitere neue Strukturen auf, nämlich die paarigen Brust- und Bauchextremitäten (-flossen), die als Steuer- und Stabilisierungsstrukturen zu einer wesentlich effektiveren Fortbewegung beitragen.

34.2.1 Chondrichthyes (Knorpelfische: Haie, Rochen und Verwandte)

Zu den Knorpelfischen, den Haien, Rochen und ihren Verwandten, zählen einige der größten und erfolgreichsten Räuber unter den rezenten marinen Wirbeltieren. Wie ihr Name schon sagt, haben die Knorpelfische ein Skelett, das überwiegend aus Knorpel besteht.

Die geringe Verbreitung von Knochengewebe im Körper von Knorpelfischen ist ein abgeleiteter Zustand, der erst entstanden ist, nachdem sich Stammlinien der Chondrichthyes von der der anderen Gnathostomata getrennt hatten.

Heute gibt es nur noch rund 750 rezente Knorpelfischarten. Haie und Rochen bilden die größte und formenreichste Gruppe (Abbildung 34.5).

Viele Haie haben einen stromlinienförmigen Körper und sind schnelle Schwimmer. Die Rückenflossen haben hauptsächlich die Funktion als Stabilisatoren, die paarigen Brust- und Bauchflossen dienen unter anderem als Steuerorgane, die Schwanzflosse erzeugt beim Schwimmen den nötigen Antrieb. Ein Hai sinkt zu Boden, wenn er aufhört, sich zu bewegen. Dauerhaftes Schwimmen stellt zudem sicher, dass ständig Wasser durch Mund und Kiemen strömt, in denen der Gasaustausch stattfindet. Einige Hochseehaie würden ersticken, wenn man sie an der Bewegung hindern würde. Andere Haie und viele Rochen verbringen jedoch einen großen Teil ihrer Zeit am Meeresboden. Während sie dort liegen, setzen sie Kiefer- und Schlundmuskeln ein, um Wasser durch ihre Kiemen zu pumpen. Die Wasseraufnahme findet dann oft durch die erste erhaltene Kiemenspalte, das Spiraculum, statt (siehe oben), das bei den Rochen besonders groß ist und auf der Rückenseite (!) liegt (Abbildung 34.5b).

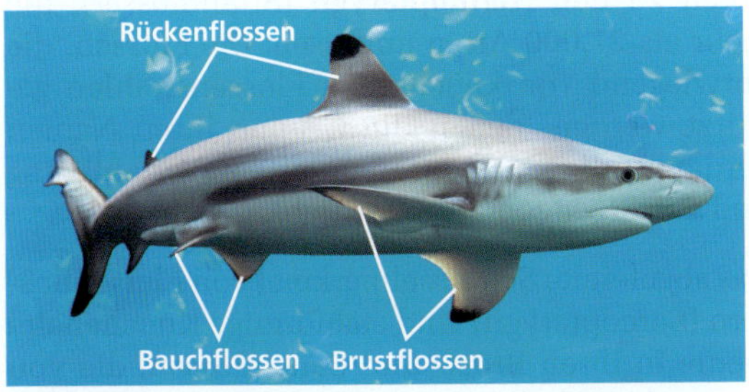

(a) Schwarzspitzen-Riffhai *(Carcharhinus melanopterus)*. Viele Haie sind schnelle Schwimmer mit leistungsfähigen Sinnesorganen; wie alle Gnathostomen besitzen sie paarige Extremitäten (Brust- und Bauchflossen).

(b) Amerikanischer Stachelrochen *(Dasyatis americana)*. Die meisten Rochen sind Bodenbewohner, die sich von Mollusken und Crustaceen ernähren. Einige Rochen (Mantas) leben im offenen Meer und filtrieren mit weit geöffnetem Maul Planktonorganismen aus dem Wasser.

(c) Gefleckte Seeratte *(Hydrolagus colliei)*. Seekatzen oder Seeratten (Chimären) leben gewöhnlich bodennah in Tiefen zwischen 200–2000 m und ernähren sich von Garnelen, Mollusken und Seeigeln. Einige Arten tragen vor ihrer ersten Rückenflosse einen Giftstachel.

Abbildung 34.5: **Knorpelfische.**

Die größten Haie und Rochen sind Filtrierer, die sich von Plankton ernähren, so der Walhai (*Rhincodon typus*) mit einer Körperlänge bis zu 14 m und der Mantarochen (*Manta birostris*) mit einer Spannweite von bis zu sieben Metern. Die meisten Haie sind jedoch Fleischfresser (Carnivoren). Haie verfügen über mehrere hintereinander angeordnete Zahnreihen, die sich, während alte Zähne ausfallen, allmählich nach vorn schieben, also laufend nachwachsen.

Empfindliche Sinnesorgane sind Anpassungen, die mit einer aktiven, carnivoren Lebensweise einhergehen. Haie haben ein hochentwickeltes Sehvermögen, können aber keine Farben unterscheiden. Die Nasenlöcher von Haien münden wie bei den meisten wasserlebenden Wirbeltieren in blind geschlossene Säckchen. Sie spielen nur für die Geruchswahrnehmung eine Rolle, nicht für die Atmung. Darüber hinaus tragen Haie in der Kopfhaut Sinnesorgane, sogenannte Lorenzinische Ampullen, mit denen sie elektrische Felder wahrnehmen können, wie sie von den Muskelkontraktionen in der Nähe befindlicher Fische hervorgerufen werden. Wasserschall wird vom gesamten Körper des Haies als Druckschwankungen aufgenommen und ans Innenohr weitergeleitet.

Die Eier von Haien werden im Körper des Weibchens befruchtet. Einige Haiarten sind **ovipar** (eierlegend); sie legen Eier, aus denen die Jungen außerhalb des mütterlichen Körpers schlüpfen. Bevor sie ihre Eier ablegen, scheiden sie eine schützende Hülle ab. Andere Arten sind **ovovivipar**; bei ihnen bleiben die befruchteten Eier im Eileiter des Weibchens. Die Embryonen ernähren sich von Eidotter und entwickeln sich zu Jungfischen, die geboren werden, nachdem sie im Uterus geschlüpft sind. Einige wenige Arten sind **vivipar** (lebendgebärend); die Jungen entwickeln sich im Uterus. Der Geschlechtstrakt von Haien mündet gemeinsam mit dem Exkretionssystem und dem Verdauungstrakt in eine **Kloake**, eine gemeinsame Kammer mit nur einem Ausführgang.

34.2.2 Actinopterygii und Sarcopterygii (Strahlenflosser und Fleischflosser)

Im Gegensatz zu Knorpelfischen haben fast alle rezenten (noch heute lebenden) **Osteognathostomata** ein verknöchertes (ossifiziertes) Endoskelett mit einer harten Matrix aus Calciumphosphat (Hydroxylapatit).

Die wasserlebenden Osteognathostomata werden umgangssprachlich auch als Knochenfische bezeichnet. Die meisten Knochenfische atmen, indem sie Wasser über meist vier Kiemenpaare pumpen, die jederseits in einer gemeinsamen Kiemenkammer liegen; diese paarigen Kiemenkammern werden von einem schützenden Knochendeckel, dem Kiemendeckel oder **Operculum** bedeckt (Abbildung 34.6). Wasser wird durch Bewegungen des Operculums und durch Kontraktionen von Muskeln, die die beiden Kiemenkammern umgeben, in den Mund gesaugt, passiert die Kiemen und tritt am Hinterrand des Kiemendeckels wieder nach außen.

Die meisten rezenten Knochenfische können ihren Auftrieb mit einem gasgefüllten Sack kontrollieren, der als **Schwimmblase** bezeichnet wird. Aufnahme von Luft über den Darm oder Gasabscheidungen aus dem Blut in die Schwimmblase erhöhen den Auftrieb, sodass das Tier nach oben steigt; eine Resorption von Gas aus der Schwimmblase ins Blut führt zum Absinken des Tieres.

Bei fast allen Knochenfischen ist die Haut von flachen Knochenschuppen bedeckt, die sich in ihrer Struktur von den zahnartigen Placoidschuppen der Haie unterscheiden. Drüsen in der Haut scheiden Schleim ab, der den Fischkörper überzieht, eine Anpassung, die den Strömungswiderstand beim Schwimmen verringert. Auch Knochenfische verfügen über ein Seitenliniensystem, dessen Öffnungen man als eine Reihe kleiner Gruben in der Haut auf beiden Seiten des Körpers erkennen kann.

Die Fortpflanzung von Knochenfischen variiert in ihren Einzelheiten sehr stark. Die meisten Arten der Strahlflosser sind eierlegend (ovipar) und reproduzieren sich durch äußere Befruchtung, nachdem das Weibchen eine große Zahl kleiner Eier abgelegt hat. Bei anderen Arten kommt es jedoch auch zu einer inneren Befruchtung und einer Geburt.

Fast alle Knochenfische, die uns vertraut sind, gehören zu den **Actinopterygii** (Strahlflosser), die mehr als 27.000 Arten umfassen. Die Flossen, die vorwiegend von knöchernen Flossenstrahlen gestützt werden, denen die Gruppe ihren Namen verdankt, dienen zum Steuern, zur Verteidigung und zur Erzeugung des Vortriebs.

Das abgeleitete Schlüsselmerkmal von Fleischflossern (Sarcopterygii) sind stabförmige Knochenelemente in ihren Brust- und Bauchflossen, die von einer relativ dicken Muskelschicht umgeben sind. Im Devon lebten viele Fleischflosser in den Flachwasserbereichen der Meeresküsten. Dort setzten sie ihre muskulösen Flossen wahrscheinlich nicht nur zum Schwimmen ein, sondern auch dazu, um unter Wasser über das Substrat zu „laufen".

Gegen Ende des Devons war die Artenvielfalt der im Wasser lebenden Fleischflosser bereits im Rückgang begriffen und bis heute haben nur drei Linien überlebt. Im Jahr 1938 fingen Fischer in der Flussmündung des Chalumna-Flusses (Südafrika) einen seltsamen Fisch, der von der Kustodin des dortigen Naturkundemuseums, Frau Courtenay-Latimer, als *Latimeria chalumnae* (Komoren-Quastenflosser) benannt wurde (Abbildung 34.7). Im Jahr 1997 wurde eine zweite Population im östlichen Indischen Ozean in der Nähe von Indonesien entdeckt und als eine zweite Art *Latimeria menadoensis* (Manado-Quastenflosser) beschrieben.

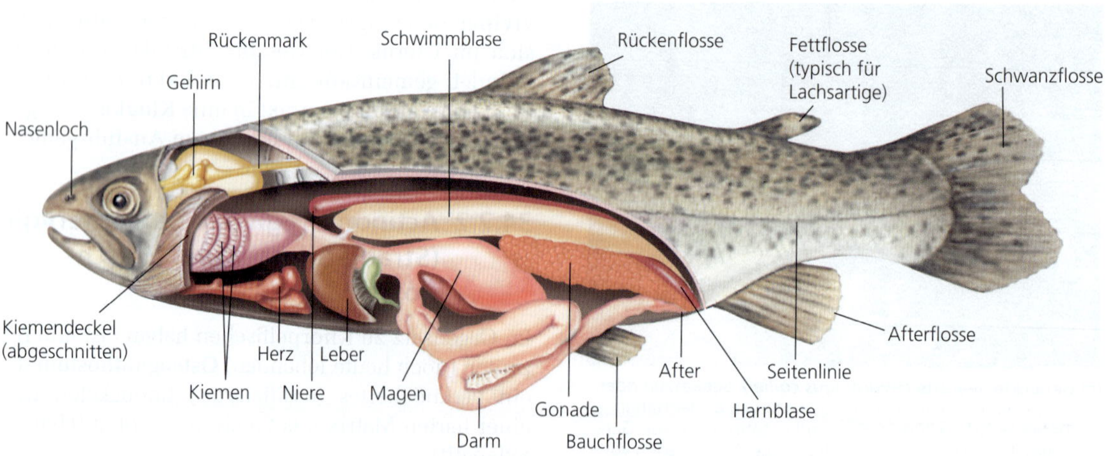

Abbildung 34.6: **Anatomie einer Forelle, eines Strahlenflossers (Actinopterygii).**

Abbildung 34.7: **Ein Quastenflosser (*Latimeria chalumnae*).** Die beiden einzigen bekannten rezenten Arten der Actinistia werden vor der Küste von Südafrika und Indonesien gefunden.

Die zweite Sarcopterygierlinie, die Dipnoi (Lungenfische), umfasst heute sechs Arten in drei Gattungen, die in Südamerika, Australien und in Afrika leben. Lungenfische haben sich im frühen Devon im Meer entwickelt, leben aber heutzutage ausschließlich im Süßwasser, meist in stehenden Gewässern und Sümpfen. An der Wasseroberfläche schlucken sie Luft in ihre Lungen, die mit ihrem Pharynx in Verbindung stehen. Lungenfische verfügen aber auch noch über Kiemen.

Die dritte Sarcopterygierlinie, die bis heute überlebt hat, ist weitaus artenreicher, als es die Quastenflosser oder die Lungenfische sind. Im Laufe des mittleren Devons passten sich die Vertreter dieser Stammlinie immer mehr dem Leben an Land an und wurden zu den Vorfahren von Wirbeltieren mit vier Laufbeinen, den Tetrapoden – eine Stammlinie, zu der auch der Mensch gehört. Die Klade Tetrapoda ist Thema des nächsten Abschnitts.

VERSTÄNDNISFRAGEN

1. Welche abgeleiteten Merkmale teilen sich Haie und Thunfische? Nennen Sie einige Merkmale, in denen sich Haie und Thunfische unterscheiden.

2. Beschreiben Sie Schlüsselanpassungen wasserlebender Gnathostomen.

3. WAS WÄRE, WENN? Stellen Sie sich vor, wir könnten die Entstehungsgeschichte der Arten wiederholen. Hätte eine Gruppe von Wirbeltieren, die das Land besiedelt, auch mit einiger Wahrscheinlichkeit aus anderen wasserlebenden Gnathostomen als den Fleischflossern hervorgehen können?

34.3 Tetrapoda sind Osteognathostomata mit Laufbeinen

34.3.1 Abgeleitete Tetrapodenmerkmale

Ihren Namen verdanken **Tetrapoda** oder **Vierfüßer** ihrem auffälligsten Merkmal. Anstelle von Brust- und Bauchflossen weisen Tetrapoden Gliedmaßen auf, die ihr Körpergewicht an Land tragen, und Füße mit Zehen, mit deren Hilfe sie muskelgenerierte Kräfte beim Laufen auf den Boden übertragen können.

Das Leben an Land brachte zahlreiche weitere Veränderungen des ursprünglichen Bauplans mit sich. Die Fortbewegung der Tetrapoden unterscheidet sich grundlegend von der der im Wasser lebenden Fische. Bei Tetrapoden ist zum Beispiel der Kopf vom übrigen Körper durch einen beweglichen Hals getrennt, der ursprünglich nur einen einzigen Wirbel besaß. Auch die bei Knochenfischen feste Verbindung von Schultergürtel und Schädel ging verloren. Die Knochen des Beckengürtels, an dem die Hinterbeine ansetzen, liegen nicht mehr frei in der Rumpfmuskulatur, sondern sind mit der Wirbelsäule verbunden, sodass Kräfte, die die Hinterbeine auf den Boden ausüben, auf den übrigen Körper übertragen werden können. Heute lebende Tetrapoden haben keine Kiemenspalten und -deckel; vielmehr entwickeln sich im Lauf der Embryogenese aus den Kiementaschen das Mittelohr mit Eustachischer Röhre, bestimmte Drüsen und andere Strukturen.

34.3.2 Lissamphibia (Amphibien)

Die **Lissamphibia** (Amphibien) oder Lurche umfassen heute rund 6.150 Arten von Schwanzlurchen, Froschlurchen und Blindwühlen (Abbildung 34.8).

Frösche, die mit rund 5.420 Arten die arten- und formenreichste Gruppe innerhalb der Amphibien bilden, sind stärker als die Schwanzlurche auf das Leben an Land spezialisiert. Erwachsene Frösche hüpfen mithilfe ihrer kräftigen Hinterbeine über Land. Ein Frosch schnappt Insekten und andere Beutetiere, indem er seine lange, klebrige Zunge herausschnellt. Frösche zeigen eine große Vielfalt an Schutz- und Abwehrmechanismen gegen Räuber. Zum Beispiel sondern ihre Hautdrüsen einen widerlich schmeckenden oder sogar giftigen Schleim ab.

Die Bezeichnung „Amphibien“ (was soviel wie „beide Lebensweisen“ bedeutet) bezieht sich auf den Lebenszyklus vieler Arten, die als Larven im Wasser und dann als Adulti an Land leben (Ab-

(a) Urodela (Schwanzlurche). Urodelen wie dieser Salamander tragen auch als Adulttiere einen Schwanz.

(b) Anura (Froschlurche). Froschlurche wie dieser heimische Teichfrosch *(Pelothylax esculenta)* sind als Erwachsene schwanzlos.

(c) Apoda (Blindwühlen). Blindwühlen sind beinlose und vorwiegend grabende Amphibien.

Abbildung 34.8: Amphibien.

bildung 34.9). Die im Wasser lebende phytophage (pflanzenfressende) Larve eines Frosches (Kaulquappe) besitzt Kiemen, ein Seitenliniensystem, das demjenigen wasserlebender Wirbeltiere ähnelt, und einen langen Schwanz mit Flossensaum. Anfangs hat eine Kaulquappe keine Extremitäten und schwimmt mit wellenförmigen Schwanzbewegungen. Im Laufe der Metamorphose, die zum „zweiten Lebensabschnitt" an Land führt, entwickelt die Kaulquappe in diesem Entwicklungsstadium Extremitäten, eine Lunge, ein Paar äußerer Trommelfelle und ein Verdauungssystem, das an eine carnivore Ernährung angepasst ist. Gleichzeitig verschwinden die Kiemen und bei den meisten Arten auch das Seitenliniensystem. Der Frosch wird zum landlebenden Räuber, der nur noch zur Fortpflanzung in das Wasser zurückkehrt.

Die meisten Amphibien leben in von Gewässern dominierten Lebensräumen oder solchen mit besonders hoher Luftfeuchte und Niederschlägen (zum Beispiel Regenwälder). Ihre feuchte Haut ist kaum verhornt und hat deshalb keinen wirksamen Verdunstungsschutz. Der Gasaustausch mit der Umgebung findet bei Amphibien zu einem großen Teil über ihre feuchte Haut statt.

Die meisten Amphibien haben eine äußere Befruchtung. Bei Fröschen greift das Männchen das Weibchen und verteilt sein Sperma über die Eier (Laich), wenn die Laichschnüre und -pakete vom Weibchen abgelegt werden (Abbildung 34.9c). Amphibien legen ihre Eier gewöhnlich ins Wasser oder in feuchten Habitaten an Land ab. Die Eier sind schalenlos und würden an der Luft rasch austrocknen.

(a) Kaulquappen sind wasserlebende Pflanzenfresser mit einem fischartigen Schwanz und inneren Kiemen.

(b) Im Verlauf der Metamorphose werden Kiemen und Schwanz resorbiert, und es entwickeln sich die typischen Tetrapodenextremitäten. Der erwachsene Frosch lebt an Land.

(c) Zur Paarung kehren die Frösche ins Wasser zurück. Das Männchen umfasst das Weibchen und regt es zur Ablage der Eier (Laich) an, die es direkt im Wasser befruchtet. Die Eier haben eine Gallerthülle, jedoch keine Schale, und würden an der Luft austrocknen.

Abbildung 34.9: Der Lebenszyklus eines Grasfrosches (*Rana temporaria*).

VERSTÄNDNISFRAGEN

1. Beschreiben Sie die Entstehung von Tetrapoden und nennen Sie einige der wichtigsten abgeleiteten Merkmale der Tetrapoda.

2. Einige Amphibien verlassen das Wasser nie, während andere in relativ trockenen terrestrischen Lebensräumen überleben können. Vergleichen Sie die Anpassungen, die diese beiden Lebensweisen begünstigen.

3. WAS WÄRE, WENN? Wissenschaftler sind der Ansicht, das Vorkommen von Amphibien könnte als ein gutes Frühwarnsystem für Umweltprobleme gelten. Welche Merkmale von Amphibien machen sie besonders empfindlich für Umweltveränderungen?

34.4 Amniota sind Tetrapoda, die auch in ihrer Fortpflanzung an das Landleben angepasst sind

Die **Amniota** sind ein Taxon von Tetrapoden; deren heute lebende Vertreter sind die Sauropsida (Reptilien einschließlich der Vögel) und die Mammalia (Säugetiere) (Abbildung 34.10).

34.4.1 Abgeleitete Amniotenmerkmale

Amnioten sind nach dem wichtigsten abgeleiteten Merkmal des Monophylums, dem **Amniotenei** benannt worden, das vier spezialisierte Anhangsorgane enthält: Amnion, Chorion, Dottersack und Allantois (Abbildung 34.11). Diese *extraembryonalen Anhangsorgane*, die so genannt werden, da sie außerhalb des Embryos liegen, entwickeln sich aus Gewebeschichten, die aus dem Embryo auswachsen. Darüber hinaus ist das Amniotenei von einer verkalkten Schale umgeben, die nicht nur mechanisch schützt, sondern durch die auch nur wenig Flüssigkeit verdunsten kann. Das Amniotenei war eine entscheidende evolutive Neuerung für das Leben an Land. Es erlaubte dem Embryo, sich an Land in seinem eigenen und besonderen „Milieu“ zu entwickeln, und machte dadurch die Fortpflanzung dieser Tetrapoden vom Wasser unabhängig.

Die meisten rezenten Säugetiere haben keine Eischale und der Embryo entwickelt sich im Körper der Mutter, wo er vor Austrocknung geschützt ist.

Amnioten haben noch weitere Schlüsselanpassungen für das Landleben erworben. Zum Beispiel benutzen Amnioten ihren Brustkorb, um ihre Lungen zu ventilieren. Dank der zunehmenden Leistungsfähigkeit der Brust- oder Rippenatmung war bei Amnioten Hautatmung von geringerer Bedeutung und eine weniger wasserdurchlässige, stark verhornte Haut konnte entstehen, die einen Wasserverlust minimiert. Sie entsteht durch verstärkte Einlagerung von Keratin in die obersten Schichten der Epidermis, deren Zellen daraufhin wasserundurchlässig werden und absterben.

MERKE!

Das Amniotenei enthält vier spezialisierte Anhangsorgane: Amnion, Chorion, Dottersack und Allantois.

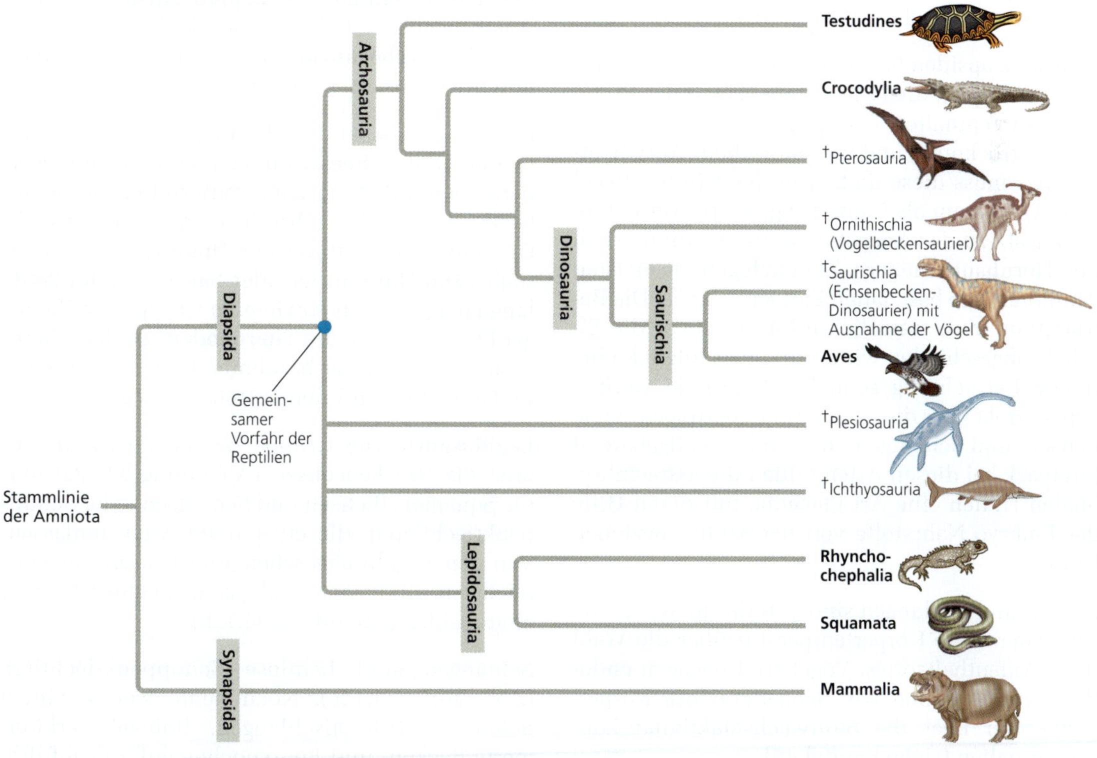

Abbildung 34.10: Phylogenie der Amniota. Heute lebende Gruppen sind an der Spitze der Zweige fett gedruckt. Ausgestorbene Taxa sind mit einem † markiert.

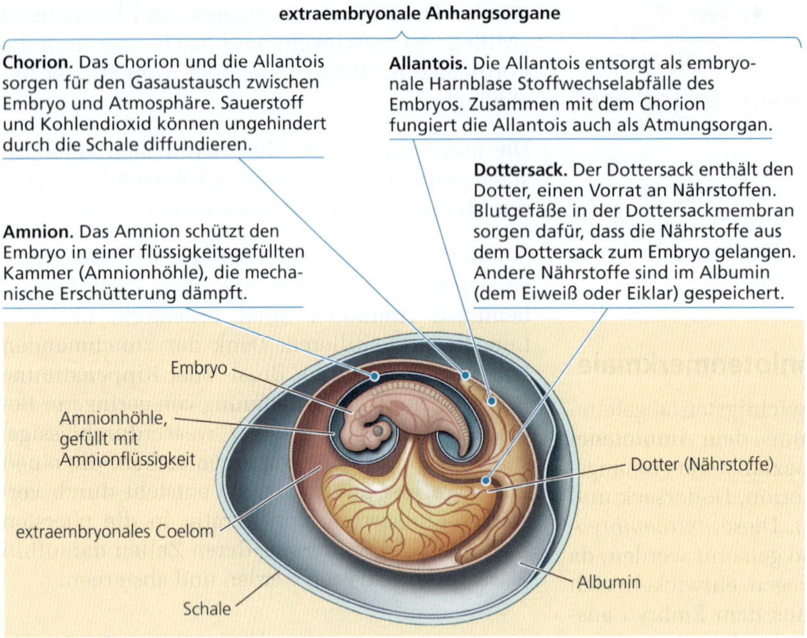

Abbildung 34.11: Das Amniotenei. Die Embryonen von Sauropsiden und Säugetieren bilden vier extraembryonale Strukturen aus: Amnion, Chorion, Dottersack und Allantois. Die Skizze zeigt diese embryonalen Anhangsorgane im beschalten Ei eines Sauropsiden.

34.4.2 Sauropsida

Das Taxon **Sauropsida** umfasst Brückenechsen, Echsen, Schlangen, Schildkröten, Krokodile und Vögel sowie eine Reihe ausgestorbener Gruppen wie beispielsweise Plesiosauria, Flugsaurier (Pterosauria) und Fischsaurier (Ichthyosauria).

Viele Sauropsiden haben im Gegensatz zu Amphibien Schuppen, die (wie unsere Nägel) das Protein Keratin enthalten. Schuppen schützen die Haut vor Austrocknung und mechanischem Abrieb; allerdings muss diese dicke Hornhaut in der Regel beim Wachstum als Ganzes abgestreift werden im Gegensatz zu den Säugetieren, die kontinuierlich ihre Hornhaut erneuern. Zudem legen die meisten Amnioten ihre beschalten Eier an Land ab. Die Befruchtung muss natürlich erfolgen, bevor die Eischale abgeschieden wird, und muss folglich eine innere Befruchtung sein. Die Spermien werden dabei direkt über die Kopulation übertragen. Viele Echsen- und Schlangenarten sind lebendgebärend (vivipar); bei diesen Arten bilden die extraembryonalen Hüllen eine Art Placenta, mit deren Hilfe der Embryo Nährstoffe von der Mutter beziehen kann.

Echsen und Schlangen sind **ektotherm**, das heißt, sie steuern ihre Körpertemperatur über die Wahl ihres Aufenthaltsortes. Vögel sind dagegen **endotherm** und können wie Säugetiere ihre Körpertemperatur über die Stoffwechselaktivität konstant erhalten (siehe Kapitel 40).

Evolutive Radiation der Reptilien Die Diapsida, ein Taxon der Sauropsida (Abbildung 34.10), das durch zwei Öffnungen auf beiden Seiten des Schädels hinter den Augenhöhlen gekennzeichnet ist, weisen zwei Hauptlinien auf, die bis heute überlebt haben: einmal die **Lepidosauria**, zu denen Brückenechsen, Echsen und Schlangen zählen, und die **Archosauria**, zu denen die Crocodylia und die Dinosauria zählen.

Die an Land lebenden **Dinosauria** spalteten sich in ein breites Spektrum von Formen und Körpergrößen auf. Eine Dinosaurierlinie, die Vogelbeckendinosaurier (Ornithischia), war herbivor. Die andere Hauptlinie der Dinosauria, die Echsenbecken-Dinosaurier oder Saurischia, umfasste langhalsige Riesen sowie eine Gruppe zweibeiniger Fleischfresser, die **Theropoden**. Zu den Theropoden gehörten der berühmte *Tyrannosaurus rex* und auch Stammlinienvertreter der Vögel.

Lepidosauria Die Gruppe der Lepidosauria umfasst die Brückenechsen (Abbildung 34.12a) und die Squamata (Echsen und Schlangen) oder Schuppenkriechtieren, die etwa 7.900 Arten umfassen. Von den Vögeln abgesehen sind Echsen die zahlreichsten und vielgestaltigsten heute lebenden Sauropsiden (Abbildung 34.12b).

Schlangen sind beinlose Schuppenkriechtiere (Abbildung 34.12c). Noch heute weisen einige Schlangen (Riesenschlangen, Boidae) verkümmerte Becken- und Beinknochen auf, die auf ihre Herkunft von Extremitäten tragenden Vorfahren

Abbildung 34.12: Heute lebende (rezente) Sauropsiden (Reptilien).

hinweisen. Trotz ihrer fehlenden Extremitäten können sich Schlangen an Land durch seitliche Schlängelbewegungen, die vom Kopf zum Schwanz verlaufen, rasch fortbewegen.

Schlangen sind carnivore Schlinger und zeigen eine Reihe von Anpassungen, die ihnen helfen zu jagen und ihre Beute zu verschlingen. Sie verfügen über empfindliche chemische Sinnesorgane und obwohl sie kein Trommelfell haben, können sie Bodenschwingungen sehr gut wahrnehmen und so die Bewegungen ihrer Beute verfolgen. Wärmeempfindliche Organe zwischen Augen und Nasenöffnungen von Grubenottern (Crotalinae), zu denen auch die Klapperschlangen *(Crotalus)* zählen, reagieren schon auf geringfügige Temperaturunterschiede und ermöglichen diesen nachtaktiven Jägern, warmblütige Beutetiere frühzeitig zu entdecken und zu überwältigen. Manche Giftschlangen injizieren ihrer Beute Gift durch ein

Paar Giftzähne. Die ständig züngelnde Zunge führt Geruchsorganen im Munddach Geruchsmoleküle zu. Ein sehr beweglicher Schädel aus spangenförmigen Knochen ohne Schläfenbrücken und gelenkig miteinander verbundenen Kieferknochen sowie eine elastische Haut ermöglicht den meisten Schlangen, Beute zu verschlingen, die größer ist als der Durchmesser des Schlangenkopfes.

Testudines (Schildkröten) Schildkröten gehören zu den charakteristischsten heute lebenden Sauropsiden. Alle Schildkröten tragen einen kastenartigen Panzer, der aus Rücken- und Bauchplatten besteht, die mit den Wirbeln, den Schlüsselbeinen und den Rippen verschmolzen sind (Abbildung 34.12d).

Einige Schildkröten haben sich an das Leben in Wüstenregionen angepasst, andere leben fast ausschließlich in Gewässern und Flüssen und wieder andere sind ins Meer zurückgekehrt. Meeresschildkröten haben einen zurückgebildeten Panzer und ihre Vorderextremitäten sind zu Flossen vergrößert.

Crocodylia (Alligatoren und Krokodile) Alligatoren und Krokodile (die gemeinsam als Crocodylia bezeichnet werden) gehören zu einer Stammlinie, die bis ins späte Trias zurückreicht (Abbildung 34.12e).

Die 23 bekannten Arten rezenter Krokodile sind auf die warmen Regionen der Erde beschränkt. Alle rezenten Krokodile leben semiaquatisch.

Archosaurier: Aves (Vögel) Weltweit gibt es heute rund 10.000 Vogelarten. Wie die Crocodylia gehören Vögel zu den Archosauria, doch nahezu alle Strukturen ihrer Morphologie und Anatomie sind in Anpassungen ans Fliegen abgewandelt worden, sodass die rezenten Vögel sich außerordentlich stark von ihren Stammlinienvertretern und vor allem den Krokodilen unterscheiden.

Abgeleitete Vogelmerkmale Viele Merkmale von Vögeln sind gewichtsreduzierende Eigenschaften, die das Fliegen effizienter machen. Zum Beispiel haben Vögel keine Harnblase und die Weibchen der meisten Arten haben nur einen Eierstock. Die Gonaden von Männchen und Weibchen sind außerhalb der Brutsaison gewöhnlich klein, nur dann nehmen sie an Größe zu. Heute lebende Vögel sind zudem zahnlos, eine weitere Anpassung, die das Gewicht des Kopfes verringert.

Die auffälligste Anpassung eines Vogels ans Fliegen sind seine Flügel und seine Federn (Abbildung 34.13). Federn bestehen aus dem Protein β-Keratin, das man auch in den Schuppen von Reptilien findet. Form und Anordnung der Federn entsprechen aerodynamischen Prinzipien, wie sie auch für die Flügel von Flugzeugen gelten. Den Antrieb für den Schlagflug (Kraftflug) eines Vogels liefert die Kontraktion der großen Armmuskeln, die am Brustbein, das durch einen Kiel (Crista sterni) vergrößert ist, ansetzen.

Fliegen bringt viele Vorteile mit sich. Es erleichtert das Jagen und das Auffinden von Früchten und Aas; viele Vögel ernähren sich von Fluginsekten, eine üppige, sehr nährstoffreiche Nahrungsquelle. Wer fliegen kann, kann auch leicht nicht fliegenden Räubern entkommen und Brutplätze aufsuchen, die schwer erreichbar sind. Manche Vögel unternehmen weite Wanderungen, um an Nahrungsressourcen zu kommen und saisonale Brutplätze aufzusuchen.

Fliegen ist allerdings energetisch kostspielig und erfordert einen aktiven Stoffwechsel. Vögel sind endotherm; sie setzen ihre Stoffwechselwärme ein, um eine hohe und konstante Körpertemperatur aufrechtzuerhalten. Federn, und bei manchen Arten auch eine Fettschicht, liefern eine gute Wärmeisolierung, die es Vögeln ermöglicht, ihre Körperwärme zu halten. Die Lungen sind die leistungsfähigsten Organe aller Wirbeltiere; der respiratorische Teil ist mit vielen kleinen Röhren ausgestattet, die sie mit elastischen Luftsäcken verbinden. Diese verbessern die Ventilation und Sauerstoffaufnahme in der Lunge derart, dass Sauerstoffaufnahme durch das Blut sowohl beim Einatmen als auch beim Ausatmen stattfindet und die Luft in der Lunge nie stillsteht. Dieses leistungsfähige Atmungssystem und ein Kreislaufsystem mit einem Herz mit vier vollständig voneinander getrennten Kammern versorgen die Gewebe mit reichlich Sauerstoff und Nährstoffen und ermöglichen so eine hohe Stoffwechselaktivität. Im Übrigen gehören die Kreislauforgane zu den leistungsfähigsten der Craniota; das relative Gewicht des Herzens und seine Schlagfrequenz sind um ein Mehrfaches größer als bei vergleichbar großen Säugetieren.

Fliegen erfordert auch ein außerordentlich gutes dreidimensionales Sehvermögen und eine Feinkontrolle der Muskulatur. Die visuellen und motorischen Bereiche sind im Gehirn eines Vogels entsprechend gut entwickelt und das Gehirn ist proportional größer als bei Amphibien und bei anderen Sauropsiden.

Vögel zeigen generell sehr komplexe Verhaltensweisen, vor allem während der Brutzeit, wenn sie balzen. Da die Eier zum Zeitpunkt der Eiablage bereits beschalt sind, muss eine innere Befruchtung erfolgen. Bei der Kopulation werden gewöhnlich die Kloakenöffnungen der beiden Geschlechts-

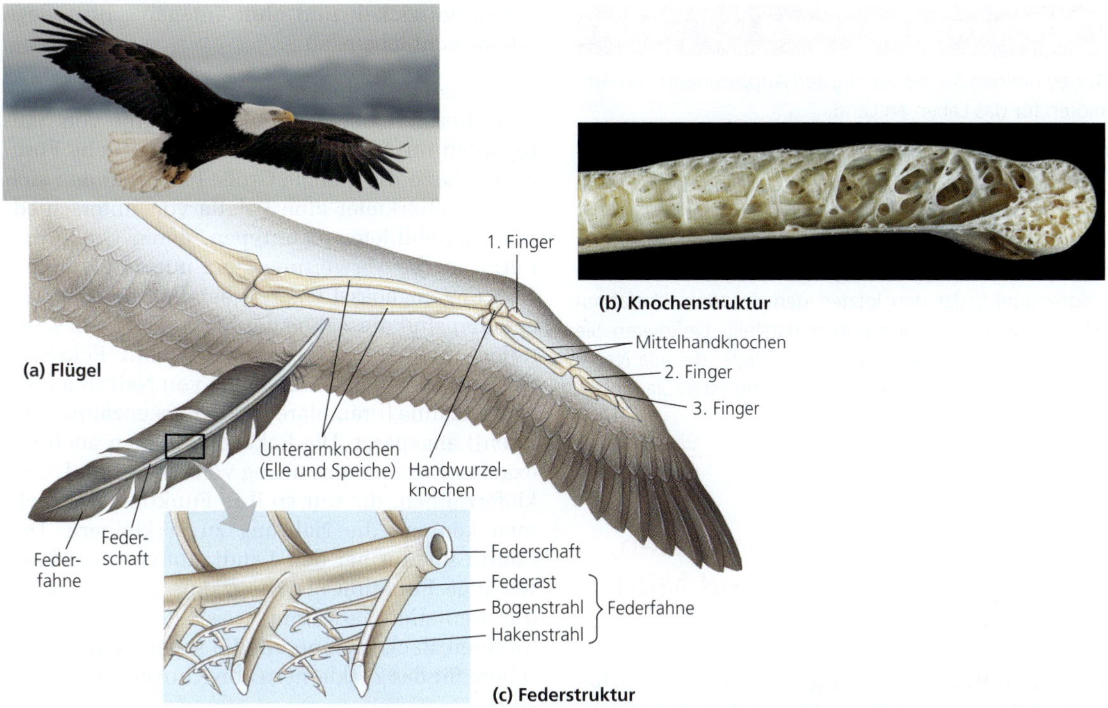

Abbildung 34.13: Die Form passt zur Funktion: Vogelflügel und Feder. **(a)** Ein Flügel ist eine umgestaltete Vorderextremität der Tetrapoden. **(b)** Die Knochen vieler Vögel sind gewichtssparend im Inneren wabenartig aufgebaut und mit Luft gefüllt. **(c)** Eine Feder besteht aus einem zentralen, luftgefüllten Schaft, an dem die Federfahnen sitzen. Diese Fahnen bestehen aus Ästen, die wiederum kleinere Seitenäste tragen, die Bogenstrahlen. Vögel haben Kontur- und Daunenfedern (Dunen). Konturfedern sind steif und tragen zur Aufrechterhaltung der aerodynamischen Form der Flügel und des Körpers bei. Ihre Bogenstrahlen weisen Häkchen auf (Hakenstrahlen), die sich in die Hakenstrahlen benachbarter Bogenstrahlen einhaken. Wenn ein Vogel sich putzt, zieht er jede Konturfeder der Länge nach durch seinen Schnabel, richtet die Hakenstrahlen aus und bringt dadurch die Federäste wieder in Form. Dabei fettet er die Federn mit Sekret aus seiner einzigen Hautdrüse ein, der über dem kurzen Schwanz befindlichen Bürzeldrüse. Daunenfedern haben keine Häkchen, und da ihre Federäste keine feste Form einnehmen müssen und „flauschig" sind, können sie ein Luftpolster halten, das eine hervorragende Wärmeisolierung darstellt.

partner aufeinandergepresst; spezielle Kopulationsorgane fehlen. Nach der Eiablage entwickelt sich der Vogelembryo nur, wenn die Eier durch Bebrüten warm gehalten werden.

Die Entstehung der Vögel Phylogenetische Analysen von Vögeln und Reptilfossilien zeigen, dass Vögel zu einer Gruppe zweibeiniger (bipeder) Saurischier gehören, den Theropoda.

Vor 150 Millionen Jahren hatten sich gefiederte Theropoden bereits zu Vögeln entwickelt. Der Urvogel *Archaeopteryx lithographica*, der im Jahr 1861 im Solnhofener Plattenkalk entdeckt wurde, bleibt der früheste bekannte Vogel (Abbildung 34.14). Er besaß gefiederte Flügel, wies aber noch zahlreiche ursprüngliche Merkmale auf wie unter anderem Zähne, mit Krallen bewehrte Finger und einen langen Schwanz. Obwohl ihm noch ein Brustbein mit Kamm fehlte, konnte *Archaeopteryx* vermutlich gut und rasch fliegen, aber anders als „moderne" Vögel war es ihm wohl nicht möglich, direkt vom Boden aus zu starten.

Abbildung 34.14: Künstlerische Rekonstruktion von Archaeopteryx, dem frühesten bekannten Vogel. Die Fossilfunde zeigen, dass *Archaeopteryx* sehr wahrscheinlich zum aktiven Schlagflug fähig war, jedoch viele Merkmale von Nichtvogel-Dinosauriern beibehalten hatte.

VERSTÄNDNISFRAGEN

1. Beschreiben Sie die wichtigsten Anpassungen von Amnioten für das Leben an Land.

2. Nennen Sie vier Anpassungen der Vögel ans Fliegen.

3. WAS WÄRE, WENN? Nehmen wir an, Schildkröten seien mit Lepidosauriern enger verwandt als mit anderen Sauropsiden. Zeichnen Sie Abbildung 34.10 um, um diese Beziehung zu zeigen, und markieren Sie den Knotenpunkt, der den letzten gemeinsamen Vorfahren aller „modernen" Sauropsiden darstellt. Definieren Sie die Sauropsidenklade als diejenige Klade, die alle Nachkommen dieses Vorfahren umfasst, und listen Sie die zugehörigen Taxa auf.

34.5 Mammalia sind Amnioten, die behaart sind und Milch produzieren

Die Sauropsiden, die wir gerade besprochen haben, stellen eine der beiden großen Amniotenlinien dar. Die andere Amniotenlinie ist unsere eigene, die **Mammalia** (Säugetiere). Wir kennen heute mehr als 5.300 rezente Säugetierarten.

34.5.1 Abgeleitete Säugetiermerkmale

Das charakteristische Merkmal, von dem die Säugetiere ihren Namen ableiten, sind ihre Milchdrüsen (lat. *mammae*), die Milch für die Aufzucht der Nachkommen produzieren. Alle Säugetierweibchen säugen ihre Jungen mit Milch, einer ausgewogenen Nahrung, reich an Fetten, Zuckern, Proteinen, Mineralstoffen und Vitaminen. Haare, ein weiteres typisches Säugetiermerkmal, sowie eine Fettschicht unter der Haut isolieren den Körper gegen Wärmeverlust. Wie Vögel sind Säugetiere endotherm und die meisten haben eine hohe Stoffwechselrate. Ein leistungsstarkes Atmungs- und Kreislaufsystem (mit einem Herz mit vier vollständig getrennten Kammern) unterstützt den Stoffwechsel bei Säugetieren. Ein flacher Muskel, das Zwerchfell, der den Bauchraum vom Brustraum trennt, trägt zur Lungenventilation bei.

Wie Vögel haben Säugetiere ein größeres Gehirn als andere Wirbeltiere vergleichbarer Größe und viele Arten sind sehr lernfähig. Auch verlängert die relativ lange Periode elterlicher Brutpflege die Zeit, in der die Nachkommen wichtige Überlebensfertigkeiten von ihren Eltern übernehmen können. Anders als ursprünglich bei Vögeln sind die Neugeborenen der Säugetiere relativ klein, wenig entwickelt und ohne intensive Brutpflege allein nicht lebensfähig.

Differenzierte Zähne sind ein weiteres wichtiges Säugetiermerkmal. Während die Zähne von Sauropsiden im Allgemeinen eine einheitliche Form und nahezu die gleiche Größe haben, finden sich im Säugetierkiefer eine Palette von unterschiedlich ausgebildeten Zahntypen, deren Größe und Form an die Verwertung ganz unterschiedlicher Nahrung angepasst ist. Wie bei den meisten Säugetieren sind die Zähne des Menschen an das Zerteilen (Schneidezähne [Incisivi] und Eckzähne [Canini]) sowie das Zermahlen von Nahrung (Vorbackenzähne [Prämolaren] und Backenzähne [Molaren]) angepasst. Die Eckzähne dienen auch der exakten Zusammenführung von Ober- und Unterkieferzähnen, die nur so ihre Funktion wahrnehmen können, die Nahrung zu zerkleinern. Den Canini kommt bei den Landraubtieren noch die wichtige Funktion als Fangzähne zu, mit denen die Beutetiere ergriffen werden, während die hinteren Backenzähne als die sogenannte Brechschere für das Zerkleinern von Knochen zuständig sind.

MERKE!

Das charakteristische Merkmal, von dem die Säugetiere ihren Namen ableiten, sind ihre Milchdrüsen (lat. *mammae*), die Milch für die Aufzucht der Nachkommen produzieren.

34.5.2 Die frühe Evolution der Säugetiere

Die rezenten Säugetiere gehören zu einer Gruppe von Amnioten, die man als **Synapsida** bezeichnet. Ein typisches Merkmal der Synapsiden ist das einzelne Schläfenfenster hinter der Augenhöhle auf beiden Seiten des Schädels (Abbildung 34.15). Die rezenten Säugetiere einschließlich des Menschen haben dieses Merkmal beibehalten; ihre Kiefermuskeln ziehen durch das Schläfenfenster zum Schläfenbein und zum Jochbogen, wo sie verankert sind. Als sich in aufeinanderfolgenden Linien früher Synapsiden allmählich Säugetiermerkmale entwickelten (siehe Abbildung 25.4), wurde der Kiefer, wie Fossilfunde zeigen, mehr und mehr umgebaut. Zudem wanderten die beiden Knochen, die zuvor das Kiefergelenk gebildet hatten, in das Mittelohr der Säugetiere (Abbildung 34.15b). Die Umgestaltung des Kiefers, seines Gelenks und die Evolution der typischen Zähne stehen in einem engen funktionellen Zusammenhang, ermöglicht doch erst das sekundäre

Kiefergelenk (zwischen Squamosum und Dentale) die differenzierten Kau- und Mahlbewegungen der Säugetiere.

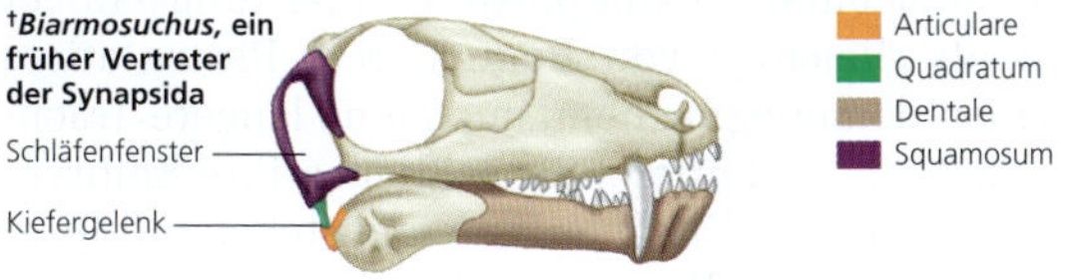

(a) Bei †*Biarmosuchus* bilden Articulare und Quadratum das primäre Kiefergelenk.

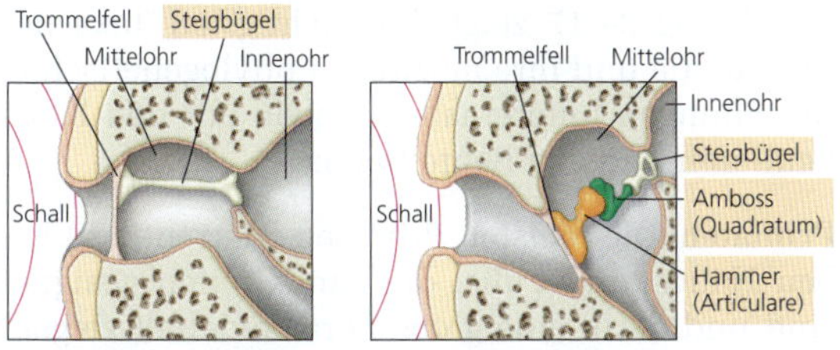

(b) Im Laufe des evolutionären Umbaus des Säugetierschädels bildete sich zwischen Dentale und Squamosum ein neues Kiefergelenk (sekundäres Kiefergelenk genannt, siehe Abbildung 25.4). Quadratum und Articulare gelangten ins Mittelohr, und zwar als zwei der drei Gehörknöchelchen, die den Schall vom Trommelfell auf das Innenohr übertragen.

Abbildung 34.15: **Die Evolution der Gehörknöchelchen im Mittelohr von Säugetieren.** *Biarmosuchus* war ein früher, ausgestorbener Synapside, ein Stammlinienvertreter der Säugetiere. Die Knochen, die im Mittelohr von später entstandenen Säugetieren Schallwellen übertragen, leiten sich von Knochen im primären Kiefergelenk von frühen Synapsiden (und anderen Amnioten) ab.

Zu Beginn der Kreide traten die drei Hauptlinien „moderner" Säugetiere auf: die Kloakentiere oder Monotremata, die einzigen eierlegenden Säugetiere, die Beuteltiere oder Marsupialia und die Placentalia oder Eutheria. Nach dem Aussterben der Dinosauria in der späten Kreide machten die Säugetiere eine gewaltige adaptive Radiation durch, in deren Verlauf große Raubtiere und Pflanzenfresser sowie fliegende und mehrfach sekundär wasserlebende Arten entstanden.

34.5.3 Monotremata (Kloakentiere)

Kloakentiere (Monotremata, auch Protheria) kommen ausschließlich in Australien und Neuguinea vor und sind nur durch eine Schnabeltierart (*Ornithorhynchus anatinus*) und vier Schnabeligelarten (*Tachyglossidae*) vertreten. Kloakentiere sind eierlegend, ein Merkmal, das für Amnioten ursprünglich ist und auch von den meisten Sauropsiden beibehalten wurde. Wie alle Säugetiere sind Kloakentiere behaart und geben Milch, doch es fehlen ihnen Zitzen. Die Milch wird von Drüsen am Bauch der Mutter produziert. Nach dem Schlüpfen lecken die Jungen die Milch aus dem Fell der Mutter.

34.5.4 Marsupialia (Beuteltiere)

Opossums (*Didelphis*), Kängurus (*Macropodidae*) und Koalas (*Phascolarctos*) sind Beispiele für **Marsupialia** (Beuteltiere). Beuteltiere und Placentatiere teilen sich bestimmte abgeleitete Merkmale, die bei Kloakentieren nicht zu finden sind, und werden deshalb als Theria zusammengefasst. Sie haben eine höhere Stoffwechselrate und Zitzen, die Milch liefern, und sie gebären lebende Junge. Der Embryo entwickelt sich im Uterus (Gebärmutter) des Weibchens. Die Auskleidung des Uterus und die extraembryonalen Strukturen, die vom Embryo ausgehen, bilden einen einfachen Mutterkuchen (**Placenta**); diese Dottersackplacenta versorgt den sich entwickelnden Embryo mit Nährstoffen, die aus dem Blut der Mutter stammen.

Ein Beuteltier wird in einer noch sehr frühen Entwicklungsphase geboren und schließt seine Embryonalentwicklung als Säugling ab. Bei den meisten Arten sitzt das saugende Junge in einer Hauttasche der Mutter, dem Beutel. Ein Rotes Riesenkänguru (*Macropus rufus*) zum Beispiel ist bei seiner Geburt, gerade einmal 33 Tage nach der Befruchtung des Eies, nicht größer als eine Honigbiene. Seine Hinterbeine sind nicht mehr als Extremitätenknospen, doch seine Vorderbeine sind kräftig genug, um von der Geschlechtsöffnung der Mutter zu ihrem auf der Bauchseite gelegenen, sich nach vorn öffnenden Beutel zu kriechen.

MERKE!

Zu Beginn der Kreide traten die drei Hauptlinien „moderner" Säugetiere auf: die Kloakentiere oder Monotremata, die einzigen eierlegenden Säugetiere, die Beuteltiere oder Marsupialia und die Placentalia oder Eutheria.

Heute findet man Beuteltiere nur noch in der australischen Region sowie in Teilen Nord- und Südamerikas. Nach dem Auseinanderbrechen des Superkontinents Pangaea wurden Südamerika und Australien zu Inselkontinenten und ihre Beuteltiere spalteten sich separiert von den Placentatieren auf, die auf den Nordkontinenten mit ihrer adaptiven Radiation begannen. Australien war seit Beginn des Känozoikums vor rund 65 Millionen Jahren nicht mehr mit anderen Kontinenten in Kontakt. In Australien hat eine konvergente Evolution zu einer Fülle von verschiedenen Beuteltierarten geführt, die den Placentatieren auch in ökologischer Hinsicht in ihren ökologischen Amplituden und ökologischen Nischen auf anderen Kontinenten ähneln (Abbildung 34.16). Ein solches Phänomen, dass Arten völlig unterschiedlicher systematischer Zugehörigkeit, aber gleicher Lebensform in gleichwertigen Ökosystemen die gleiche funktionelle Stellung im Ökosystem einnehmen, bezeichnet man als ökologische Äquivalenz (Stellenäquivalenz).

Abbildung 34.16: Konvergente Evolution bei Beuteltieren und Placentatieren. (Zeichnungen nicht maßstabsgerecht).

34.5.5 Eutheria, Placentalia (Placentatiere)

Eutheria oder **Placentalia** (Placentatiere) haben eine Placenta, die komplexer und leistungsfähiger ist als diejenige von Beuteltieren. Placentatiere haben dementsprechend auch eine längere Trächtigkeit als Beuteltiere. Sie schließen ihre Embryonalentwicklung im Uterus ab und stehen mit ihrer Mutter über die Placenta in Verbindung.

Abbildung 34.17 zeigt die wichtigsten Taxa der Placentalia und ihre möglichen phylogenetischen Beziehungen untereinander sowie mit den Kloakentieren und den Beuteltieren.

Primaten Die meisten Primaten (Herrentiere) haben Hände und Füße, die zum Greifen geeignet sind und darin eine große Formenvielfalt zeigen, und ihre Finger und Zehen weisen flache Nägel statt der schmalen Krallen anderer Säugetiere auf. Es gibt noch andere charakteristische Merkmale an Händen und Füßen wie das Papillarmuster der Finger (das für den menschlichen Fingerabdruck verantwortlich ist). Im Vergleich zu anderen Säugetieren haben Primaten ein großes Gehirn und einen wenig ausgebildeten vorspringenden Teil des Gesichts („Schnauze"), sodass ihr Gesicht relativ flach ist. Ihre nach vorn gerichteten Augen liegen recht eng nebeneinander vorn im Gesicht, ein Zeichen für ein gutes dreidimensionales Sehvermögen. Primaten zeigen darüber hinaus eine relativ hoch entwickelte elterliche Brutpflege und ein komplexes Sozialverhalten.

Viele typische Primatenmerkmale sind Anpassungen an das Baumleben (arborikole Lebensweise). Greifhände und Greiffüße ermöglichen Primaten einen sicheren Halt im Geäst. Die Anthropoidea (eigentliche Affen) haben einen vollständig **opponierbaren Daumen**, das heißt, sie können die Innenseite aller vier Fingerspitzen mit der Innenseite des Daumes der gleichen Hand berühren. Beim Menschen erlaubt eine ganz bestimmte Knochenstruktur an der Basis des Daumens, ihn zu sehr präzisen Bewegungen einzusetzen.

Es gibt drei Hauptgruppen rezenter Primaten:

1. die madagassischen Lemuren (*Lemuridae*; Abbildung 34.18) sowie die Loris und Pottos (Lorisidae) aus dem tropischen Afrika und Südasien;
2. die Tarsier (Koboldmakis, *Tarsius*), die in Südostasien leben, und
3. die **Anthropoidea**, die eigentlichen Affen, zu denen die Neuwelt-, die Altwelt- und die Menschenaffen gehören und die weltweit verbreitet sind.

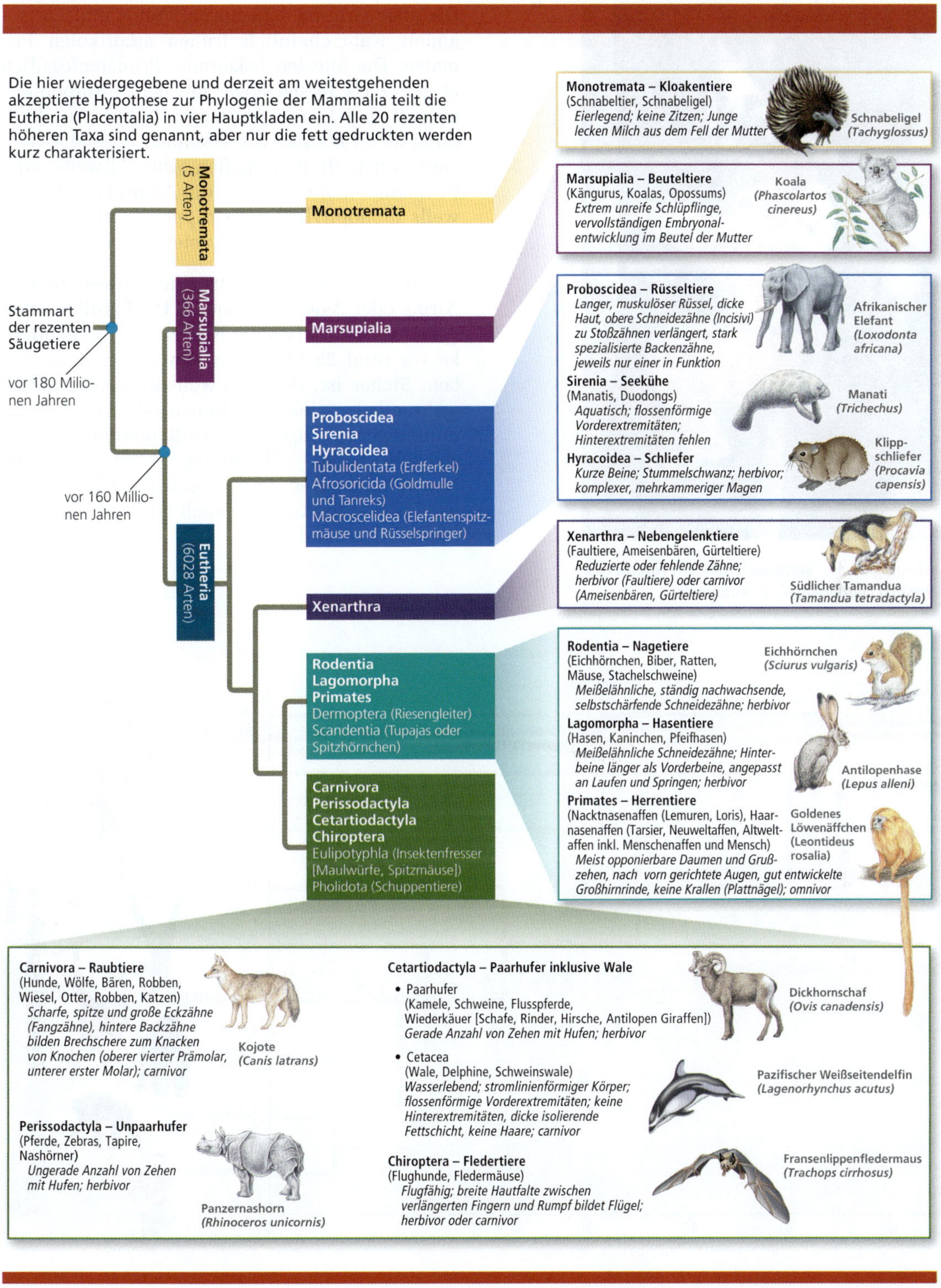

Abbildung 34.17: **Näher betrachtet.** Die Vielfalt der Säugetiere.

Abbildung 34.18: **Verreaux's Sifaka (*Propithecus verreauxi coquereli*), eine Lemurenart.**

Die erste Gruppe – Lemuren, Pottos und Loris – ähnelt wahrscheinlich frühen arborikolen Primaten. Die ältesten bekannten Primatenfossilien zeigen, dass Tarsier enger mit den Anthropoidea als mit den Lemuren verwandt sind. In Abbildung 34.19 können Sie erkennen, dass die Neuwelt- oder Breitnasenaffen, die Altwelt- oder Schmalnasenaffen sowie die Menschenaffen jeweils monophyletische Gruppen darstellen, von denen Letztere beide Schwestergruppen sind.

Vermutlich sind Neuwelt- und Altweltaffen in Afrika oder Asien entstanden. Die fossilen Daten sprechen dafür, dass die Neuweltaffen Südamerika vor rund 25 Millionen Jahren kolonisiert haben. Sicher ist, dass Neuwelt- und Altweltaffen während der vielen Millionen Jahre ihrer Trennung eigenständige adaptive Radiationen durchgemacht haben (Abbildung 34.20). Sämtliche Neuweltaffenarten sind arborikol, während Altweltaffen arborikole wie auch bodenlebende (terrikole) Arten umfassen.

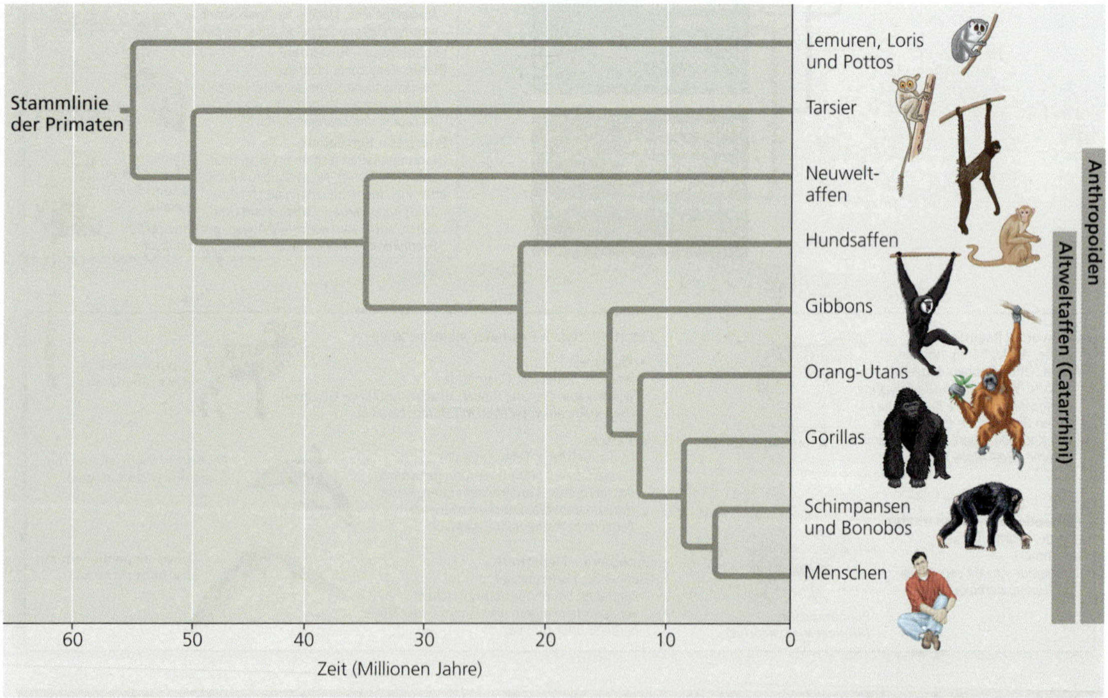

Abbildung 34.19: **Ein Stammbaum der Primaten.** Die fossilen Daten sprechen dafür, dass sich die Anthropoidea vor rund 50 Millionen Jahren von den anderen Primaten abzuspalten begannen. Neuweltaffen (Breitnasenaffen = Platyrrhini), Altweltaffen (Schmalnasenaffen = Catarrhini) und Menschenaffen (Hominoidea; die Klade, die Gibbons, Orang-Utans, Gorillas, Schimpansen und den Menschen umfasst) haben sich seit mehr als 20 Millionen Jahren als separate Linien entwickelt. Die Linien, die zum Menschen führen, haben sich vor sechs bis sieben Millionen Jahren von denen der anderen Hominoidea getrennt.

? Ist die hier gezeigte Phylogenie mit der Vorstellung konform, dass der Mensch vom Schimpansen abstammt? Begründen Sie Ihre Antwort.

Die dritte Gruppe der Anthropoidea besteht aus Primaten, die umgangssprachlich als Menschenaffen oder wissenschaftlich als Hominoidea bezeichnet werden (Abbildung 34.21). Die Menschenaffen trennten sich vor 20–25 Millionen Jahren von den Altweltaffen. Heute findet man Menschenaffen mit Ausnahme des Menschen ausschließlich in den tropischen Regionen der Alten Welt. Von Gibbons abgesehen sind die heute lebenden Menschenaffen größer als Altwelt- oder Neuweltaffen. Alle rezenten Menschenaffen haben relativ lange Arme, kurze Beine und sind schwanzlos. In ihrer sozialen Organisation unterscheiden sich die Menschenaffen; Gorillas und Schimpansen sind ausgesprochen sozial. Und schließlich haben Menschenaffen im Vergleich zu anderen Primaten proportional zu ihrer Körpermasse ein größeres Gehirn und ihr Verhalten ist vielseitiger und flexibler.

(a) **Neuweltaffen**, wie der abgebildete Klammeraffe (*Ateles*) und Kapuzineraffen, haben einen Greifschwanz und Nasenlöcher, die sich zur Seite öffnen.

(b) Den **Altweltaffen** fehlt ein Greifschwanz, und ihre Nasenlöcher weisen nach unten. Zu dieser Gruppe gehören Makaken (Abbildung, *Macaca*), Mandrills, Paviane, Rhesusaffen sowie Menschenaffen.

Abbildung 34.20: Neuweltaffen Platyrrhini und Altweltaffen Catarrhini.

(a) **Gibbons**, wie der hier abgebildete Kappengibbon (*Hylobates*), kommen nur in Südostasien vor. Ihre sehr langen Arme und Finger sind Anpassungen an die Fortbewegung mittels Hangeln (sie schwingen sich an den Armen von Ast zu Ast).

(b) **Orang-Utans** (*Pongo pygmaeus*) sind scheue Menschenaffen, die in den Regenwäldern von Sumatra und Borneo zuhause sind. Die meiste Zeit ihres Lebens verbringen sie auf Bäumen; man beachte den Greiffuß und die opponierbaren Daumen und Großzehen.

(c) **Gorillas** (*Gorilla gorilla*) sind die größten Menschenaffen; einige Männchen werden fast 2 m groß und wiegen rund 200 kg. Diese Pflanzenfresser, die nur in Afrika vorkommen, leben gewöhnlich in Gruppen von etwa 20 Individuen.

(d) **Schimpansen** (*Pan troglodytes*) leben im tropischen Afrika. Sie fressen und schlafen auf Bäumen, verbringen aber auch einen Teil ihrer Zeit am Boden. Schimpansen sind intelligent, kommunikativ und sozial.

(e) **Bonobos** oder **Zwergschimpansen** (*Pan paniscus*) sind zierlicher gebaut als Schimpansen und bekannt vor allem durch ihre intensive sexuelle Aktivität, die mit Aggressionsabbau in Zusammenhang gebracht wird. Heute sind sie nur noch im Kongobecken zu finden.

Abbildung 34.21: **Menschenaffen (ohne Mensch).**

VERSTÄNDNISFRAGEN

1. Vergleichen Sie Kloakentiere, Beuteltiere und Placentatiere im Hinblick auf das Austragen ihrer Jungen.

2. Nennen Sie mindestens fünf abgeleitete Merkmale von Primaten.

3. WAS WÄRE, WENN? Entwickeln Sie eine Hypothese, um zu erklären, warum die Diversität der Säugetiere im Känozoikum zunahm. Ihre Erklärung sollte sowohl Säugertier-Adaptationen als auch Faktoren wie Massenaussterben und Kontinentaldrift berücksichtigen.

34.6 Menschen sind Säugetiere, die ein großes Gehirn haben und sich auf zwei Beinen fortbewegen

34.6.1 Abgeleitete Merkmale des Menschen

Menschen unterscheiden sich in vielen Merkmalen von ihrer Menschenaffen-Verwandtschaft. Am auffälligsten sind wohl die aufrechte Körperhaltung und die ausschließliche Fortbewegung auf zwei Beinen (Bipedie). Menschen zeichnen sich unter anderem durch ein besonders großes Gehirn, Sprache, symbolisches Denken sowie Herstellung und Gebrauch komplexer Werkzeuge aus. Menschen haben zudem einen zurückgebildeten Kieferapparat und einen kürzeren Verdauungstrakt.

34.6.2 Die ersten Homininen

Die Erforschung der Entstehung des Menschen wird als **Paläoanthropologie** bezeichnet. Paläoanthropologen haben bisher Fossilien von schätzungsweise 20 ausgestorbenen Arten gefunden, von denen angenommen wird, dass sie enger mit dem Menschen als mit dem Schimpansen verwandt sind. Diese Arten werden als **Homininae** bezeichnet (Abbildung 34.22). Seit dem Jahr 1994 sind Fossilien entdeckt worden, die älter als vier Millionen Jahre sind und vier verschiedenen Homininenarten zugerechnet werden. Das älteste dieser Homininenfossilien, *Sahelanthropus tchadensis*, lebte vor 6–7 Millionen Jahren.

MERKE!

Die Erforschung der Entstehung des Menschen wird als Paläoanthropologie bezeichnet.

MERKE!

Arten, von denen angenommen wird, dass sie enger mit dem Menschen als mit dem Schimpansen verwandt sind, werden als Homininen bezeichnet.

Sahelanthropus und andere frühe Homininen teilten einige der abgeleiteten Merkmale des Menschen. Zum Beispiel waren ihre Eckzähne zurückgebildet und einige Fossilien sprechen dafür, dass sie relativ flache Gesichter hatten. Diese Fossilien zeigen auch Hinweise, die dafür sprechen, dass die frühen Homininen im Vergleich zu anderen Menschenaffen mehr oder weniger aufrecht und häufig auf zwei Beinen gegangen sind. Einen Hinweis auf ihre aufrechte Haltung liefert das Hinterhauptsloch (Foramen magnum), die Öffnung, durch die das Rückenmark aus dem Schädel tritt. Bei Schimpansen liegt das Hinterhauptsloch relativ weit hinten im Schädel, während es bei den frühen Homininen (und bei Menschen) auf der Schädelunterseite liegt. Diese Position erlaubt es uns, unseren Kopf direkt über unserem Rumpf zu tragen, wie es offenbar auch die frühen Homininen taten. Beinknochen von *Australopithecus anamensis*, einem Homininen, der vor 4,5–4 Millionen Jahren lebte, sprechen ebenfalls dafür, dass die frühen Homininen zunehmend auf zwei Beinen gingen (Bipedie).

Während frühe Homininen Anzeichen von Bipedie aufwiesen, blieb ihr Gehirnvolumen relativ klein – rund 400–450 cm^3 im Vergleich zu durchschnittlich 1.300 cm^3 bei *Homo sapiens*. Die frühesten Homininen waren auch insgesamt kleiner (der 4,5 Millionen alte *Australopithecus anamensis* hat Schätzungen zufolge nur 40 kg gewogen), hatten aber relativ große Zähne und einen Unterkiefer, der über den oberen Teil ihres Gesichts hinausragte.

34.6.3 Die Australopithecinen

Die Fossilfunde zeigen, dass die Vielfalt der Homininen in dem Zeitraum zwischen vier und zwei Millionen Jahren vor heute deutlich zunahm. Viele Homininen aus dieser Periode werden gemeinsam als Australopithecinen bezeichnet, eine höchstwahrscheinlich paraphyletische Gruppe. Der bereits erwähnte *Australopithecus anamensis* verknüpft die Australopithecinen mit älteren Homininen wie *Ardipithecus ramidus*.

Die Australopithecinen wurden nach dem im Jahr 1924 in Südafrika entdeckten *Australopithecus africanus* („Afrikanischer Südaffe“) benannt, der zwischen drei und 2,4 Millionen Jahren vor heute

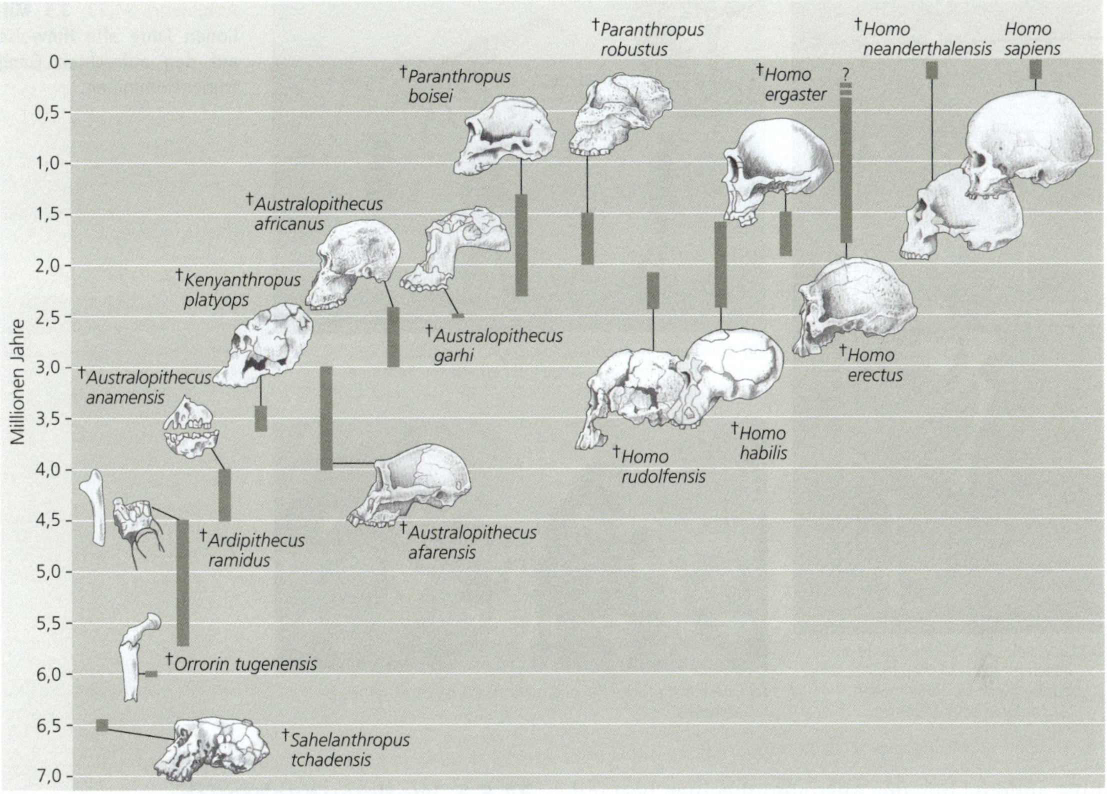

Abbildung 34.22: Zeitachse einiger ausgewählter Homininenarten. Die meisten dieser Fossilien stammen von Fundorten in Ost- und Südafrika. Beachten Sie, dass in der Geschichte der Homininen meist zwei oder mehrere Homininen-Arten gleichzeitig (synchron und vielleicht sogar syntop, d.h. in demselben Habitat) koexistierten. Bei einigen ist der Artstatus umstritten, was an den unterschiedlichen phylogenetischen Bewertungen der morphologisch-anatomischen und biogeografischen Befunde liegt. Darüber hinaus ist zu beachten, dass oft nur Fragmente von Schädeln und selten komplette Skelette überliefert sind; ganz zu schweigen von den übrigen Merkmalen. Der Artstatus vieler dieser Fossilien ist auch deshalb umstritten, weil manche Forscher unterschiedliche Artbegriffe in Anwendung gebracht haben und bringen. So werden je nach angewandtem Artbegriff beispielsweise zwischen 9 und 23 Arten von Frühmenschen unterschieden. Alle Arten, außer Homo sapiens, liegen nur als Fossilien vor.

lebte. Mit der Entdeckung weiterer Fossilien wurde deutlich, dass *A. africanus* völlig aufrecht ging und dem heutigen Menschen vergleichbare Hände und Zähne besaß. Sein Gehirn war jedoch nur ein Drittel so groß wie das eines heute lebenden Menschen.

Im Jahr 1974 entdeckten Paläoanthropologen in der Afar-Region in Äthiopien ein 3,2 Millionen Jahre altes weibliches *Australopithecus*-Skelett, das zu 40 Prozent vollständig war und schon allein deshalb eine wissenschaftliche Sensation darstellte. „Lucy", wie das Fossil nach dem Beatles-Song „Lucy in the sky with diamonds" getauft wurde, war zierlich – kaum größer als ein Meter. Lucy und ähnliche Fossilien unterscheiden sich so sehr von *Australopithecus africanus*, dass sie als eigene Art gelten, *Australopithecus afarensis* (nach der Region Afar). Fossilien zeigen, dass *A. afarensis* als Art mindestens eine Million Jahre lang existierte.

Vereinfacht könnte man sagen, dass *A. afarensis* oberhalb des Halses weniger abgeleitete Merkmale des Menschen aufwies als unterhalb. Lucys Kopf war nicht größer als eine Pampelmuse, was dafür spricht, dass ihr Gehirn mit etwa 400 cm^3 so groß wie das eines Schimpansen von Lucys Körpergröße war. *A. afarensis*-Schädel haben zudem einen langen Unterkiefer. Skelette von *A. afarensis* lassen vermuten, dass sich diese Homininen im Geäst fortbewegen konnten, denn ihre Arme waren im Verhältnis zur Körpergröße relativ lang. Bruchstücke von Becken- und Schädelknochen sprechen jedoch dafür, dass *A. afarensis* trotzdem bereits auf zwei Beinen ging. Versteinerte Fußspuren in Laetoli, Tansania, stützen die aus den Skeletten abgeleitete Hypothese, dass die Homininen, die zur Zeit von *A. afarensis* lebten, biped waren. Die Evolution des aufrechten Gangs und möglicherweise die Nutzung savannenähnlicher Landschaften muss demnach der Vergrößerung des Gehirns vorausgegangen sein (Abbildung 34.23).

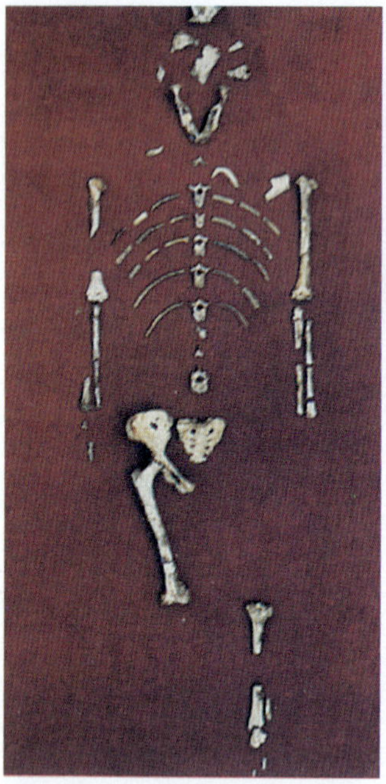

(a) Lucy, ein 3,24 Millionen Jahre altes Skelett eines weiblichen Individuums, repräsentiert die Homininenart †*Australopithecus afarensis*.

(b) Künstlerische Rekonstruktion von †*Australopithecus*, ein Homoninae, der zurzeit der erhaltenen Fußspuren von Laetoli lebte.

(c) Eine künstlerische Rekonstruktion von †*Australopithecus afarensis*.

Abbildung 34.23: 3,5 Millionen Jahre alte Hinweise auf den aufrechten Gang früher Homininen.

Eine andere Linie der Australopithecinen bestand aus den „robusten“ Australopithecinen. Diese Homininen, zu denen Arten wie *Paranthropus boisei* = *Australopithecus boisei* oder *Paranthropus robustus* gehören, hatten einen starkknochigen Schädel mit kräftigen Kiefern und großen Zähnen, die an das Zermahlen harter, zäher Nahrung angepasst waren (Abbildung 34.22).

34.6.4 Zweibeinigkeit (Bipedie)

Unsere anthropoiden Vorfahren vor 30–35 Millionen Jahren waren sehr wahrscheinlich noch immer Baumbewohner. Doch vor rund 10 Millionen Jahren, im Tertiär, wurde das Klima trockener und die Wälder in den Regionen, die wir heute als Afrika und Asien bezeichnen, schrumpften. Das führte zu einer Ausdehnung von Grassteppen und Savannen mit geringem Baumwuchs.

Erst vor 1,9 Millionen Jahren begannen Homininen, weite Strecken auf zwei Beinen zurückzulegen. Diese Homininen lebten in semiariden Gebieten, wo die Fortbewegung auf zwei Beinen weniger Energie erfordert als das Laufen auf allen Vieren im sogenannten Knöchelgang der übrigen Menschenaffen. Ein anderer Vorteil dürfte gewesen sein, dass durch die frei gewordenen Vorderextremitäten beispielsweise Vorräte oder Geräte über offene Flächen transportiert werden konnten.

34.6.5 Werkzeuggebrauch

Herstellung und Gebrauch komplexer Werkzeuge stellen ein abgeleitetes Merkmal des Menschen dar.

Der älteste, allgemein akzeptierte Beleg für Werkzeuggebrauch bei Homininen sind 2,5 Millionen Jahre alte Ritzspuren an Tierknochen, die in Äthiopien entdeckt wurden. Diese Spuren sprechen dafür, dass die Homininen das Fleisch mit Steinwerkzeugen von den Tierknochen gelöst haben. Interessanterweise hatten die Homininen, deren Fossilien in der Nähe dieser Knochenfundstelle entdeckt wurden, ein relativ kleines Gehirn. Wenn diese Homininen, die den Namen *Australopithecus garhi* erhielten, tatsächlich diese Steinwerkzeuge hergestellt haben, dann würde das bedeuten, dass der Gebrauch von Steinwerkzeugen bereits vor der Evolution großer Gehirne bei Homininen begann.

34.6.6 Frühe Vertreter der Gattung Homo

Die frühesten Fossilien, die Paläoanthropologen in unsere Gattung *Homo* einordnen, sind diejenigen der Art *Homo habilis*. Diese Fossilien, die zwischen 2,4 und 1,6 Millionen Jahre alt sind, weisen oberhalb des Halses deutliche Anzeichen bestimmter abgeleiteter Homininenmerkmale auf. Im Vergleich zu den Australopithecinen hatte *H. habilis* einen weniger stark vorspringenden Kiefer und mit rund 600–750 cm^3 ein deutlich größeres Gehirnvolumen als die Australopithecinen. Bei einigen *H. habilis*-Fossilien hat man auch scharfe Steinwerkzeuge gefunden (der Name bedeutet „geschickter Mensch").

Homo ergaster besaß ein wesentlich größeres Gehirn als *H. habilis* (mehr als 900 cm^3) sowie auch längere, schlanke Beine mit Hüftgelenken, die geeignet waren, weite Strecken auf zwei Beinen zurückzulegen (Abbildung 34.24). Die Finger waren relativ kurz und gerade, was dafür spricht, dass *Homo ergaster* nicht wie frühere Homininen auf Bäume kletterte. Die Fossilien von *Homo ergaster* sind in viel trockeneren Gebieten als diejenigen früher Homininen gefunden und mit einem erfindungsreicheren Gebrauch von Steinwerkzeugen in Verbindung gebracht worden. Die kleineren Zähne dieser Fossilien sprechen zudem dafür,

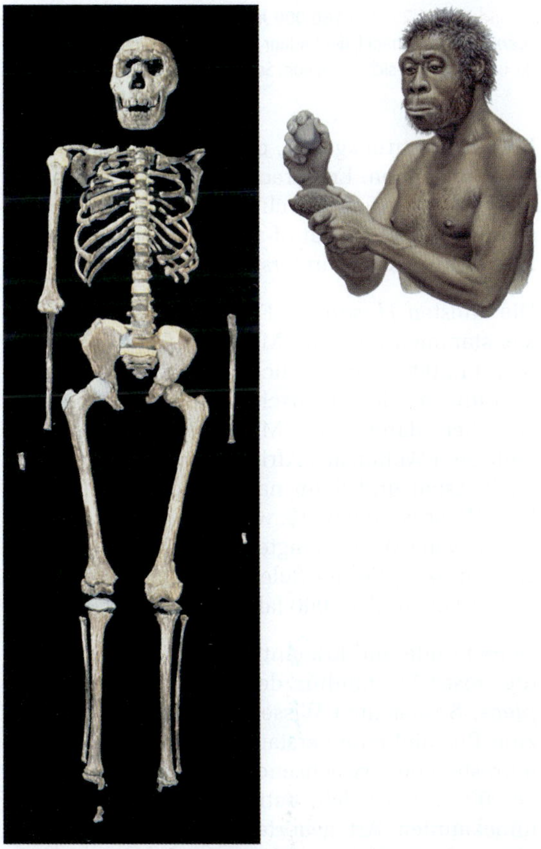

Abbildung 34.24: Fossiles Skelett und künstlerische Rekonstruktion von †*Homo ergaster*. Dieses 1,7 Millionen Jahre alte Skelett aus Kenia gehört zu einem jungen männlichen †*Homo ergaster*. Dieses Individuum war hochgewachsen und schlank, biped und besaß ein relativ großes Gehirn.

dass sich *Homo ergaster* anders ernährte als es die Australopithecinen taten (mehr Fleisch, weniger Pflanzenmaterial) oder einen Teil seiner Nahrung vor dem Kauen zubereitete, vielleicht durch Kochen oder Zerstampfen.

Homo ergaster markiert eine wichtige Verschiebung in der relativen Größe der Geschlechter. Bei Primaten ist ein Größenunterschied zwischen Männchen und Weibchen eine wichtige Komponente des Sexualdimorphismus (siehe Kapitel 23). Bei frühen Vertretern der Gattung *Homo* war der Sexualdimorphismus jedoch deutlich geringer ausgeprägt.

Bei heute lebenden Primaten geht ein extremer Sexualdimorphismus mit einer intensiven Konkurrenz der Männchen um möglichst viele Weibchen einher. Bei Arten, die eine stärkere Paarbindung haben (darunter auch unsere eigene), ist der Sexualdimorphismus weniger stark ausgeprägt. Möglicherweise herrschte daher zwischen männlichen und weiblichen Individuen von *Homo ergaster* eine stärkere Paarbindung, als es bei früheren Homininen der Fall war. Diese Verschiebung könnte mit einer langfristigen Pflege des Nachwuchses durch beide Eltern zusammenhängen. Menschliche Babys müssen viel länger von ihren Eltern ernährt und geschützt werden als die Jungen anderer Menschenaffen.

Homo erectus entwickelte sich in Afrika und war der erste Hominine, der aus Afrika auswanderte. Die ältesten Homininenfossilien außerhalb von Afrika, die auf 1,8 Millionen Jahre zurückdatiert werden können, wurden im Jahr 2000 in Georgien entdeckt. *Homo erectus* gelangte schließlich sogar bis auf die indonesischen Inseln. Vergleiche von *H. erectus*-Fossilien mit modernen Menschen und Studien menschlicher DNA zeigen, dass *H. erectus* irgendwann nach 200.000 - 70.000 Jahren vor heute ausstarb. Manche Forscher vermuten sogar, dass die Art auf Java erst vor etwa 50.000 Jahren ausstarb.

34.6.7 Die Neandertaler

Im Jahr 1856 entdeckten Steinbrucharbeiter in einer Höhle im Neandertal in der Nähe von Düsseldorf rätselhafte menschliche Fossilien. Diese 40.000 Jahre alten Fossilien gehörten zu einem starkknochigen Homininen mit ausgeprägten Überaugenwülsten. Der Hominine erhielt den Namen *Homo neanderthalensis* und wird allgemein als Neandertaler bezeichnet. Die Neandertaler lebten vor rund 350.000 Jahren in Europa und haben sich später in den Nahen Osten, Zentralasien und nach

Sibirien ausgebreitet. Sie hatten ein Gehirn, das genauso groß war wie das heute lebender Menschen, begruben ihre Toten und stellten Jagdwerkzeuge aus Stein und Holz her. Aber trotz dieser Anpassungen und ihrer Kultur starben die Neandertaler offenbar vor rund 28.000–40.000 Jahren aus.

Genetische Daten sprechen dafür, dass die Linien, die zu H. sapiens und zu H. eanderthalensis führen, sich bereits vor etwa 400.000 Jahren getrennt haben. Das weist darauf hin, dass trotz eines gemeinsamen Vorfahren die modernen Menschen nicht, wie man früher angenommen hatte, direkt von den Neandertalern abstammen können. Neandertaler waren tatsächlich näher mit den Denisova-Menschen verwandt. Fossilien dieser Homininen wurden in Sibirien und Tibet gefunden. Solche Untersuchungen sind heute möglich, seit es gelungen ist, DNA von Neandertaler- und Denisova-Fossilien zu extrahieren. Dem schwedischen Evolutionsbiologen Svante Pääbo (Direktor am Max-Planck-Institut für evolutionäre Anthropologie in Leipzig) wurde 2022 für diese Untersuchungen an den Genomen ausgestorbener Homininen und der Evolution der Menschen der Nobelpreis für Physiologie oder Medizin verliehen.

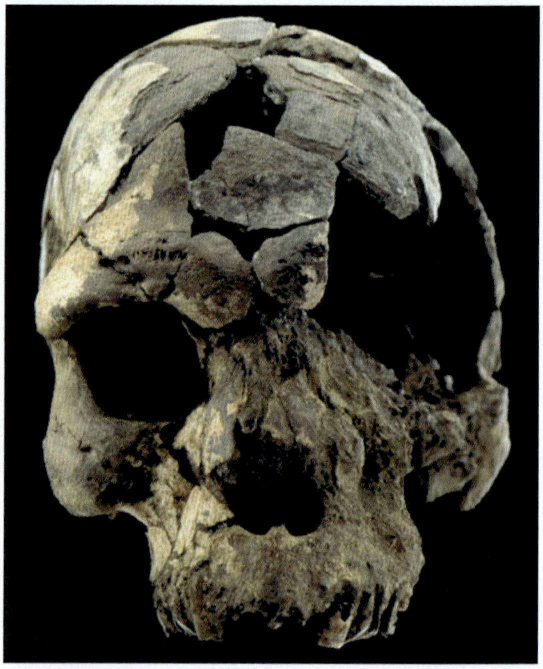

Abbildung 34.25: Ein 160.000 Jahre altes Fossil von *Homo sapiens*. Dieser Schädel, der im Jahr 2003 in Äthiopien gefunden wurde, unterscheidet sich kaum vom Schädel heute lebender Menschen.

34.6.8 Homo sapiens

Befunde aus Fossildaten, Archäologie und DNA-Studien haben zu einer fesselnden Hypothese darüber geführt, wie unsere eigene Art, *Homo sapiens*, entstand und sich über die gesamte Erde ausgebreitet hat.

Fossildaten sprechen dafür, dass die Vorfahren der Menschen aus Afrika stammen. Aus älteren Arten (vielleicht *H. ergaster* oder *H. erectus*) entwickelten sich spätere Arten, aus denen schließlich auch *H. sapiens* hervorging. Zudem sind die ältesten bekannten Fossilien unserer Art an zwei Fundorten in Äthiopien ausgegraben worden; die Exemplare sind 195.000 und 160.000 Jahre alt (Abbildung 34.25).

Die äthiopischen Fossilien stützen Schlussfolgerungen über den Ursprung des Menschen, die auf molekularen Analysen basieren. DNA-Analysen deuten darauf hin, dass sämtliche heute lebenden Menschen untereinander näher verwandt sind als mit den Neandertalern. Andere Untersuchungen der menschlichen DNA zeigen, dass Europäer und Asiaten einen relativ rezenten gemeinsamen Vorfahren haben und dass viele afrikanische Linien von *Homo sapiens* früher vom menschlichen Stammbaum abzweigten. Diese Befunde sprechen sehr dafür, dass alle heute lebenden Menschen auf Vorfahren zurückgehen, die als *H. sapiens* in Afrika entstanden. Entsprechende Ergebnisse erhält man übrigens auch durch die moderne Sprachforschung, die die „out-of-africa"-Hypothese ebenfalls eindrucksvoll unterstützt.

Die ältesten *H. sapiens*-Fossilien außerhalb Afrikas stammen aus dem Mittleren Osten und können 115.000 Jahre zurückdatiert werden. Untersuchungen des menschlichen Y-Chromosoms sprechen dafür, dass Menschen in einer oder mehreren Wellen aus Afrika auswanderten, zuerst nach Asien und dann nach Europa und Australien. Zwar ist ungewiss, wann Menschen erstmals in die Neue Welt gelangten, doch die ältesten allgemein akzeptierten Belege sprechen dafür, dass es erst vor rund 16.000 Jahren war.

Neue Funde und Erkenntnisse aktualisieren ständig unser Verständnis der Evolution von *H. sapiens*. So machten Wissenschaftler im Jahr 2004 zum Beispiel einen erstaunlichen Fund: die Skelettreste von erwachsenen Homininen, die vor 18.000 Jahren gelebt hatten und zu einer zuvor unbekannten Art gehörten, welche den Namen *Homo floresiensis* erhielt. Die Individuen, die in einer Kalksteinhöhle auf der indonesischen Insel Flores entdeckt wurden, waren deutlich kleiner und hatten ein viel geringeres Gehirnvolumen als

H. sapiens – sie erinnerten tatsächlich stärker an Australopithecinen. Die Wissenschaftler, die diese Fossilien entdeckt hatten, wiesen darauf hin, dass die Skelette auch viele abgeleitete Merkmale zeigten, darunter Schädeldicke und -proportionen sowie Zahnform, die dafür sprechen, dass diese Art von dem größeren *H. erectus* abstammt.

Die Isolation auf der Insel könnte zu einer Selektion in Richtung auf eine deutlich verminderte Körpergröße geführt haben. Eine solche dramatische Größenverringerung ist von anderen Zwerg-Säugetierarten, die endemisch auf Inseln leben oder lebten, gut bekannt; dazu gehören ursprüngliche Zwergelefanten (*Stegadon*), die in derselben Nachbarschaft wie die Exemplare von *H. floresiensis* entdeckt wurden.

Die rasche Ausbreitung unserer Art (und die Verdrängung des Neandertalers) könnte durch Veränderungen der menschlichen Informationsverarbeitung vorangetrieben worden sein, die während der Evolution von *H. sapiens* in Afrika stattfand. Funde von kunsthandwerklichen Gegenständen oder Höhlenmalereien belegen ein hochentwickeltes Denkvermögen bei *H. sapiens* innerhalb der letzten 200.000 Jahre.

Zu den Funden, die ein hoch entwickeltes Denkvermögen bei *H. sapiens* belegen, gehört die Entdeckung eines 77.000 Jahre alten Kunstwerks im Jahr 2002 in Südafrika – geometrische Muster auf einem Ockerstein (Abbildung 34.26). Im Jahr 2004 fanden Archäologen, die in Süd- und Ostafrika arbeiteten, 75.000 Jahre alte Straußeneier und Schneckengehäuse, die sehr präzise angeordnete gebohrte Löcher aufwiesen. Und vor 36.000 Jahren schufen Menschen bereits bemerkenswerte Höhlenmalereien.

Abbildung 34.26: Kunst, ein Kennzeichen des Menschen. Die Eingravierungen auf diesem 77.000 Jahre alten Ockerstein, der in der südafrikanischen Blombos-Höhle entdeckt wurde, gehören zu den frühesten Zeichen symbolischen Denkens beim Menschen.

Hinweise auf eine evolutive Entwicklung des Denkvermögens des Menschen lassen sich auch im menschlichen Genom finden. Zum Beispiel nimmt man an, dass das Gen *FOXP2* eine Schlüsselrolle für die menschliche Sprache spielt. Menschen, die mutierte Versionen dieses Gens erben, leiden unter Sprachstörungen und weisen im Broca-Areal des Gehirns eine verminderte Aktivität auf (siehe Kapitel 21 und 48). Im Jahr 2002 verglichen Genetiker das *FOXP2*-Gen des Menschen mit dem homologen Gen anderer Säugetiere. Sie kamen zu dem Schluss, dass das Gen, nachdem sich die Vorfahren von Menschen und Schimpansen getrennt hatten, einer intensiven natürlichen Selektion ausgesetzt war. Durch Vergleich von Mutationen in Regionen, die das Gen flankieren, konnten die Wissenschaftler schätzen, dass dieser verstärkte natürliche Selektionsdruck innerhalb der letzten 200.000 Jahre auftrat. Natürlich sind an der menschlichen Sprachfähigkeit viele Hirnregionen beteiligt, und höchstwahrscheinlich sind viele andere Gene für Sprache und Sprechen wesentlich. Doch die Evolution von *FOXP2* könnte einer der genetischen Schlüssel dafür sein, wie unsere Art dazu kam, eine derart einzigartige Rolle auf der Erde zu spielen.

Während alle diese neuen Entdeckungen und Entwicklungen sicher helfen können, die Ausbreitung von *Homo sapiens* zu erklären, ist es bislang unklar, ob, und wenn ja, in welcher Art und Weise *H. sapiens* am Erlöschen anderen Homininen-Arten beteiligt war. So haben zum Beispiel Neandertaler ebenfalls komplexe Werkzeuge hergestellt und zeigen Hinweise auf logisches Denken. Als ein Ergebnis wurde die frühere Vorstellung, dass Neandertaler wegen der Konkurrenz mit *H. sapiens* zum Aussterben gebracht wurden, bei einigen Wissenschaftlern angezweifelt.

VERSTÄNDNISFRAGEN

1. Nennen Sie einige Merkmale, die Menschenaffen und Homininen teilen, und einige andere, in denen sie sich unterscheiden.

2. Nennen Sie ein Beispiel, bei welchen Vertretern der Homininenstammlinie sich verschiedene Merkmale unterschiedlich schnell entwickelt haben.

3. WAS WÄRE, WENN? Einige genetische Untersuchungen sprechen dafür, dass der letzte gemeinsame Vorfahr von Homo sapiens, der außerhalb Afrikas lebte, vor rund 50.000 Jahren aus Afrika auswanderte. Vergleichen Sie diese Daten mit den Fossildaten im Text. Können sowohl die genetischen Daten als auch die den Fossilien zugeschriebenen Daten korrekt sein? Begründen Sie Ihre Antwort.

Abbildung 34.27: Aus der Forschung

Hat zwischen Neandertalern und modernen Menschen Genfluss stattgefunden?

Experiment Seit Langem sind die Menschen von den Neandertalern und ihrer Beziehung zu *Homo sapiens* fasziniert. Mehrere in Europa gefundene Fossilien sind von einigen Wissenschaftlern als Mischtypen gedeutet worden, die sowohl Neandertaler- als auch *H.-sapiens*-Merkmale aufweisen. Das führte zu der Vermutung, dass sich europäische *H.-sapiens*-Individuen mit Neandertalern gekreuzt haben oder von ihnen abstammen. Um diese Hypothese zu testen, isolierten Richard Green, Svante Pääbo und Co-Autoren DNA aus mehreren Neandertaler- Fossilien und verwendeten diese DNA, um eine Sequenz des Neandertaler Genoms zu rekonstruieren. Unter der Hypothese, dass seit der Trennung der Stammlinien von *H. sapiens* und *H. neanderthalensis* kein oder nur ein geringer Genfluss zwischen den beiden Arten stattgefunden hat, sollte das Neandertaler- Genom dem aller Menschen gleich ähnlich sein, unabhängig von der geografischen Region, aus der die betreffenden menschlichen Genome stammen.

Um diese Hypothese zu prüfen, verglichen die Wissenschaftler das Neandertaler Genom mit denen von fünf lebenden Menschen: je einem aus Südafrika, Westafrika, Frankreich, China und Papua-Neuguinea. Sie verwendeten einen genetischen Ähnlichkeitsindex D, der dem Prozentsatz der Neandertaler- DNA, die mit einer menschlichen Population übereinstimmt, minus dem Prozentsatz der Neandertaler- DNA, die mit einer zweiten menschlichen Population übereinstimmt, entspricht. Falls nur wenig oder kein Genfluss zwischen beiden Arten stattgefunden hat, sollte D für jeden Vergleich nahe oder gleich 0 sein. D-Werte, die deutlich größer als 0 sind, zeigen, dass Neandertaler der ersten der beiden getesteten Populationsvergleiche genetisch ähnlicher sind – ein deutlicher Hinweis auf einen Genfluss zwischen Neandertalern und Mitgliedern dieser Population.

Ergebnis Neandertaler teilen sich durchgängig mehr genetische Variationen mit Nicht-Afrikanern als mit Afrikanern. Im Gegensatz dazu war das Neandertaler-Genom allen menschlichen Genomen außerhalb Afrikas gleichermaßen ähnlich.

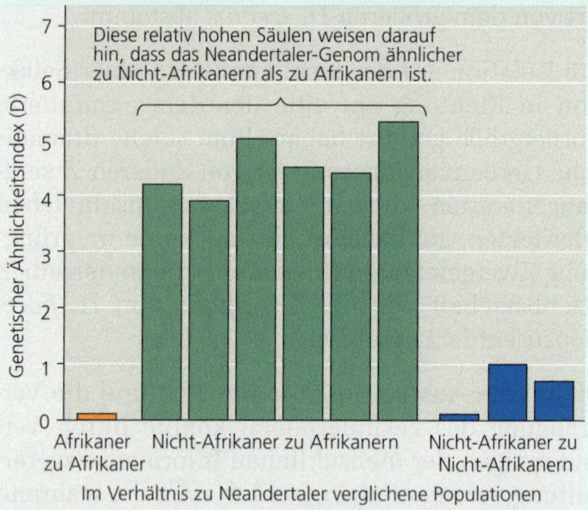

Schlussfolgerung Die genomischen Analysen weisen deutlich darauf hin, dass Genfluss zwischen Neandertalern und menschlichen Populationen außerhalb Afrikas stattgefunden hat (wo sich die Verbreitungsgebiete der beiden Arten überlappten).

Quelle: R. E. Green et al., Analysis draft sequence of the Neanderthal Genome, *Science* 328: S. 710–722 (2010).

? WAS WÄRE, WENN? Neandertaler-Fossilien sind nur in Europa und dem Nahen Osten gefunden worden. Erklären Sie, wie es sein kann, dass Neandertaler Nicht-Afrikanern genetisch ähnlicher sein können als Afrikanern, jedoch Menschen aus Frankreich, China und Papua-Neuguinea gleichermaßen genetisch ähnlich sind. Begründen Sie Ihre Antwort.

ZUSAMMENFASSUNG

Chordaten haben eine Chorda dorsalis und ein dorsales Neuralrohr

Acrania, Cephalochordata (Lanzettfischchen) sind ursprüngliche Chordaten; sie sind marine Suspensionsfiltrierer, welche die vier abgeleiteten Schlüsselmerkmale der Chordaten zeigen: Chorda dorsalis, Neuralrohr, Kiemendarm und postanaler Schwanz.

Gnathostomata sind Wirbeltiere, die einen Kieferapparat haben

Die wichtigsten Merkmale der Gnathostomata sind ein Kiefernapparat, eine Neuralleiste, ein Schädel und ein Bogenstadium der Wirbelsäule.

Tetrapoda sind Osteognathostomata, die Laufbeine haben

Sie besitzen ein Lungenschwimmblasenorgan und ein verknöchertes Endoskelett.

Amniota sind Tetrapoda, die auch in ihrer Fortpflanzung an das Landleben angepasst sind

Zu den Amnioten gehören die Sauropsida (Brückenechsen, Schuppenkriechtiere, Schildkröten, Krokodile, Vögel). Sie stellen eine der beiden Gruppen heute lebender Amnioten. Merkmale: Amniotenei, stark verhornte Epidermis (Verdunstungsschutz) und Brustatmung.

Mammalia sind Amnioten, die behaart sind und Milch produzieren

Heutige Mammalia sind die Kloakentiere, Beuteltiere und die Placentatiere. Stammlinienvertreter mit synapsidem Schädel schließen die eierlegenden Kloakentiere (Schnabeltier, Schnabeligel), die Beuteltiere (wie Kängurus und Opossums) und die Placentatiere (Eutheria wie Nager und Primaten) ein. Sie tragen ein Haarkleid zur Wärmeisolation und sind endotherm.

Menschen sind Säugetiere, die ein großes Gehirn haben und sich auf zwei Beinen fortbewegen

Abgeleitete Merkmale des Menschen sind Bipedie, ein im Vergleich zu anderen Menschenaffen größeres Gehirn und verkleinerte Kiefer.

Homininen – Menschen und Arten, die mit Menschen enger verwandt sind als mit Schimpansen – entstanden vor wenigstens sechs bis sieben Millionen Jahren in Afrika. Frühe Homininen hatten ein relativ kleines Gehirn, gingen aber wahrscheinlich bereits aufrecht.

Homo sapiens entstand vor rund 195.000 Jahren in Afrika. Vor rund 115.000 Jahren breitete er sich auf andere Kontinente aus; zuvor war es möglicherweise zu genetischen Veränderungen gekommen, die eine Sprache und ein höheres Denkvermögen ermöglichten. Entstehung und Zeitgenossen von *Homo sapiens* werden intensiv erforscht.

Blütenpflanzen: Struktur, Wachstum, Entwicklung

35

35.1 Pflanzen sind hierarchisch organisiert – in Form von Organen, Geweben und Zellen

Pflanzen besitzen wie die meisten Tiere Organe, die aus verschiedenen Geweben aufgebaut sind; diese bestehen ihrerseits aus unterschiedlichen Zelltypen. Ein **Gewebe** ist ein Verband von Zellen mit gemeinsamer Funktion, Struktur oder beiden. Ein **Organ** besteht aus mehreren Gewebetypen, die in ihrer Gesamtheit spezifische Funktionen ausüben.

Abbildung 35.1: **Warum besitzt diese Pflanze zwei unterschiedliche Blattformen?**

35.1.1 Organe der Gefäßpflanzen: Wurzel, Spross und Blatt

Die Grundzüge der Morphologie spiegeln bei den meisten Gefäßpflanzen ihre Evolutionsgeschichte als terrestrische Organismen wider. Zwei vollständig unterschiedliche Lebensräume müssen von einer Landpflanze genutzt werden können, um den Ressourcenbedarf zu decken: der Boden für den Wasser- und Mineralstoffhaushalt und der Luftraum für Lichtenergie und CO_2-Bedarf. Die Entwicklung der drei Grundorgane Wurzel, Spross und Blatt ermöglichen die Erschließung dieser Ressourcen. Diese Organe bilden ein **Wurzelsystem** und ein **Sprosssystem** – Letzteres besteht aus Sprossachse und Blättern (Abbildung 35.2). Bis auf wenige Ausnahmen sind Angiospermen und andere Gefäßpflanzen zum Überleben vollständig auf beide Systeme angewiesen.

Vegetatives Wachstum – die Bildung von Laubblättern (nicht reproduktiven Blättern), Stängeln und Wurzeln – ist nur ein Stadium im Leben einer Pflanze. Viele Pflanzen durchlaufen außerdem ein generatives (reproduktives) Wachstum. Bei Angiospermen tragen die generativen Sprosse Blüten; diese bestehen aus Blättern, die sehr stark für die sexuelle Fortpflanzung modifiziert sind.

Wurzel Eine **Wurzel** ist ein komplexes Organ, das eine Gefäßpflanze im Boden verankert, Wasser und Mineralstoffe aufnimmt und häufig Kohlenhydrate speichert. Die meisten Eudikotylen und Gymnospermen besitzen ein Pfahlwurzelsystem: eine zum Erdmittelpunkt wachsende Hauptwurzel oder **Pfahlwurzel**, die sich aus der Keimwurzel entwickelt. Die Hauptwurzel verzweigt sich zu einem System aus **Seitenwurzeln** oder Nebenwurzeln (Abbildung 35.2).

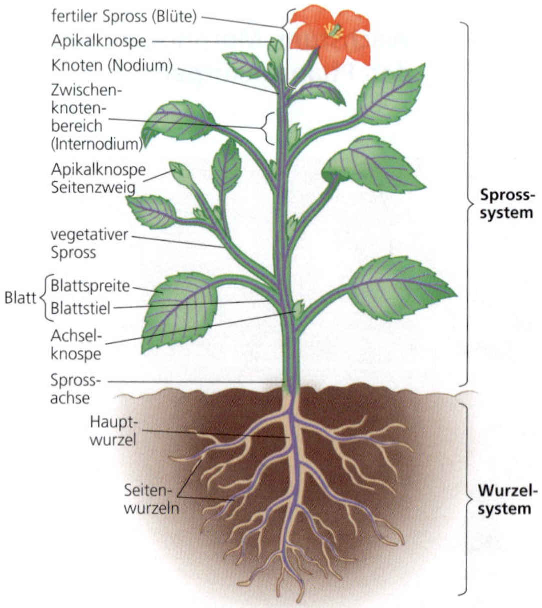

Abbildung 35.2: **Schema einer Blütenpflanze.** Der Pflanzenkörper besteht aus dem Wurzel- und dem Sprosssystem, die über das Leitgewebe kontinuierlich miteinander in Verbindung stehen (violette Stränge in diesem Diagramm). Die abgebildete Pflanze soll eine idealisierte Eudikotyle darstellen.

MERKE!

Eine Wurzel ist ein komplexes Organ, das eine Gefäßpflanze im Boden verankert, Wasser und Mineralstoffe aufnimmt und häufig Kohlenhydrate speichert.

Bei den meisten Monokotylen, zum Beispiel Gräsern, stirbt die Keimwurzel ab und entwickelt sich nicht zur Hauptwurzel. Stattdessen bilden sich viele kleine Wurzeln am Spross. Diese werden als *Adventivwurzeln* oder *sprossbürtige Wurzeln* bezeichnet. Jede kleine Adventivwurzel bildet ihre eigenen Seitenwurzeln. So entsteht ein *Büschelwurzelsystem* – das heißt, eine Matte aus vorwiegend dünnen Wurzeln, die sich unterhalb der Erdoberfläche befinden.

Obwohl das gesamte Wurzelsystem an der Verankerung der Pflanze im Boden beteiligt ist, erfolgt die Aufnahme von Wasser und Mineralstoffen bei den meisten Pflanzen hauptsächlich in der Region kurz hinter der Wurzelspitze, wo die Wurzeloberfläche durch zahllose einzellige **Wurzelhaare** enorm vergrößert wird (Abbildung 35.3).

Abbildung 35.3: **Wurzelhaare eines Rettichkeimlings (*Raphanus raphanistrum*).** Durch eine Unmenge an Wurzelhaaren, die direkt hinter der Wurzelspitze wachsen, wird die Wurzeloberfläche sehr stark vergrößert und damit die Aufnahme von Wasser und Mineralstoffen aus dem Boden erheblich verbessert.

Wurzelhaare sind kurzlebig und werden ständig ersetzt. Ein Wurzelhaar ist ein dünner röhrenförmiger Auswuchs einer Wurzel-Epidermiszelle. Man darf Wurzelhaare nicht mit Seitenwurzeln verwechseln, denn dies sind vielzellige Organe.

Spross Ein Spross („Stängel“, „Stamm“) besteht aus einem alternierenden System von **Nodien (Knoten)**, an denen die Blätter und Seitensprosse ansetzen, und **Internodien**, den Abschnitten zwischen den Nodien (siehe Abbildung 35.2). Im spitzen Winkel zwischen Blattoberseite und Sprossachse steht eine **Achselknospe** (Seitenknospe, Axillarknospe), die den Seitentrieb bilden kann, der als „Zweig“ oder „Ast“ bezeichnet wird. Das Längenwachstum der jungen Sprossachse konzentriert sich meistens auf die Nähe der Sprossspitze; diese besteht aus einer **Apikalknospe** oder Endknospe mit zahlreichen Blattprimordien in einer kompakten Abfolge von Nodien und Internodien.

Einige Pflanzen besitzen Sprossachsen mit zusätzlichen Funktionen wie Nährstoffspeicherung oder vegetativen Vermehrungsmöglichkeiten. Diese abgewandelten (modifizierten) Sprossachsen – hierzu rechnen wir Rhizome (Erdsprosse), Zwiebeln, Stolonen (Ausläufer) und Sprossknollen – werden oft mit Wurzeln verwechselt (Abbildung 35.5).

MERKE!

Eine Sprossachse („Stängel“, „Stamm“) besteht aus einem alternierenden System von Nodien (Knoten), an denen die Blätter und Seitensprosse ansetzen, und Internodien, den Abschnitten zwischen den Nodien.

Blatt Bei den meisten Gefäßpflanzen ist das **Blatt** das Hauptorgan der Fotosynthese, obwohl auch grüne Sprossachsen diese Funktion übernehmen. Blätter bestehen normalerweise aus einer flachen **Blattspreite** (Lamina) und einem **Blattstiel** (Petiolus), über den das Blatt am Knoten mit der Sprossachse verbunden ist (Abbildung 35.2). Bei Gräsern und vielen anderen Monokotylen fehlt der Blattstiel und die Blattspreite bildet basal eine Blattscheide, welche die Sprossachse umhüllt.

▲ **Stützwurzeln.** Die sprossbürtigen Wurzeln der Maispflanze *(Zea mays)* haben eine Stützfunktion. Sie geben der hochwachsenden, kopflastigen Pflanze Halt. Die ausgewachsene Maispflanze besitzt nur noch solche sprossbürtigen Wurzeln, die dann in das Erdreich eindringen.

▲ **Speicherwurzeln.** Viele Pflanzen wie die Rote Bete *(Beta vulgaris)* speichern Wasser und Nährstoffe in ihren Wurzeln.

▲ **Pneumatophoren** oder Atemwurzeln werden von Bäumen der Mangrove gebildet, die in der morastigen Gezeitenzone der Tropen wachsen. Sie ragen bei Ebbe über die Wasseroberfläche und gewährleisten so die Sauerstoffzufuhr im Schlickboden.

▼ **Brettwurzeln.** In den feuchten Bedingungen der Tropen sind die Wurzelsysteme vieler hoher Bäume erstaunlich flach. An der Oberfläche wachsende brettartige Wurzeln, wie hier bei *Gyranthera caribensis* in Venezuela, unterstützen die mächtigen Stämme.

► **„Würgende" Luftwurzeln.** Samen der Würgefeige (*Ficus* spec.) keimen in den Astgabeln großer Bäume. Luftwurzeln wachsen zum Boden, umhüllen den Wirtsbaum oder Objekte, wie hier einen Tempel in Kambodscha. Der Baum stirbt schließlich ab, weil er durch die Blätter der Würgefeige zu stark beschattet wird.

Abbildung 35.4: Im Lauf der Evolution erfolgte Anpassungen der Wurzeln.

Monokotylen und Eudikotylen unterscheiden sich durch die Anordnung der **Blattadern**, des Leitgewebes der Blätter. Bei den meisten Monokotylen verlaufen die großen Blattadern parallel und in Längsrichtung des Blattes (parallelnervig). Eudikotylen besitzen im Allgemeinen ein verzweigtes Netzwerk aus größeren Blattadern (netznervig, siehe Abbildung 30.9).

Obwohl fast alle Blätter auf die Fotosynthese spezialisiert sind, können bei einigen Pflanzenarten Blätter mit besonderen Anpassungen auch weitere Funktionen übernehmen, zum Beispiel Stütz-, Schutz-, Speicher- oder Fortpflanzungsfunktionen (Abbildung 35.6).

◀ **Rhizome.** Viele monokotyle Angiospermen, wie hier die Schwertlilie (*Iris* spec.), wachsen mit einem unmittelbar unter der Oberfläche horizontal verlaufendem Spross. Aus den Achselknospen dieses Rhizoms entstehen aufrecht wachsende Triebe.

▶ **Stolonen (Ausläufer).** Bei den Erdbeeren (*Fragaria* spec.) wachsen die horizontal verlaufenden Sprosse über die Bodenoberfläche. Am Ende dieser Stolonen entstehen an den Knoten Tochterpflanzen, mit denen sich die Pflanze asexuell (vegetativ) vermehrt.

◀ **Sprossknollen.** Am Ende der Rhizome kann es zu einer starken Verdickung des Sprosses kommen, wie hier bei der Kartoffel *(Solanum tuberosum)*. Hier erfolgt die Nährstoffspeicherung. Die „Augen" der Kartoffel sind Achselknospen an den Knotenbereichen mit stark gestauchten Internodien.

Abbildung 35.5: Im Laufe der Evolution erfolgten Anpassungen der Sprosse.

▶ **Ranken.** Erbsen *(Pisum sativum)* klettern mit Blattranken. Nachdem eine Stütze eingefangen wurde, rollt sich die Ranke spiralig ein und so wird die Erbsenpflanze nah an den Träger gezogen. Viele Ranken entstehen aus abgewandelten Blättern oder Blattfiedern, es existieren aber auch Sprossranken, wie bei der Weinrebe *(Vitis vinifera)*.

◀ **Dornen.** Die Dornen der Kakteen, wie hier bei dieser Kaktusfeige *(Opuntia ficus-indica)*, sind eigentlich umgewandelte Blätter. Die Fotosynthese wird dann durch die verbreiterten grünen Stängel gewährleistet.

◀ **Speicherblätter.** Zwiebeln (hier *Allium cepa*) haben eine stark gestauchte Sprossachse und fleischige, modifizierte Blätter zur Nährstoff- und Wasserspeicherung.

◀ **Vegetative Vermehrung.** Die Blätter mancher Sukkulenten, hier *Kalanchoe daigremontiana*, produzieren Adventivknospen oder Brutknospen; diese fallen ab und entwickeln bei Bodenkontakt neue Wurzeln.

Abbildung 35.6: Im Laufe der Evolution erfolgte Anpassungen der Blätter.

> **MERKE!**
> **Blätter bestehen normalerweise aus einer flachen Blattspreite (Lamina) und einem Blattstiel (Petiolus), über den das Blatt am Knoten mit der Sprossachse verbunden ist.**

35.1.2 Abschlussgewebe, Leitgewebe und Grundgewebe

Jedes Pflanzenorgan – Wurzel, Sprossachse oder Blatt – besitzt Abschluss-, Leit- und Grundgewebe. Diese drei Gewebetypen bilden jeweils ein **Gewebesystem**, eine funktionelle Einheit, die letztlich alle Organe der Pflanze verbindet. Jedes Gewebesystem verläuft zwar kontinuierlich durch die gesamte Pflanze, doch die typischen Merkmale und die räumliche Anordnung der Gewebe zueinander unterscheiden sich von Organ zu Organ (Abbildung 35.7).

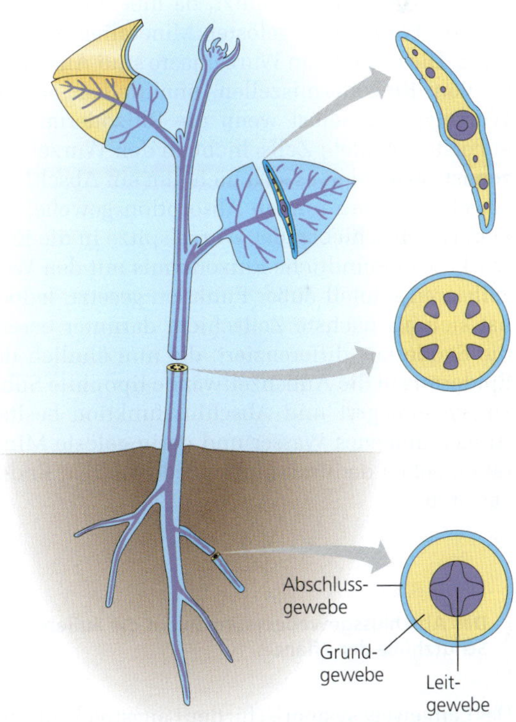

Abbildung 35.7: Die Gewebesysteme. Das Abschlussgewebe (blau) bildet eine Schutzhülle für alle Teile des Pflanzenkörpers. Das Leitgewebesystem (lila) durchzieht die gesamte Pflanze und sorgt für den Ferntransport zwischen Wurzel und Spross. Seine Anordnung ist von Organ zu Organ verschieden. Das Grundgewebe (Parenchym, gelb) füllt den gesamten Raum zwischen Leit- und Abschlussgewebe und ist für die meisten Stoffwechselfunktionen der Pflanze verantwortlich.

Das **Abschlussgewebesystem** bildet die äußere Schutzhülle der Pflanze. Es fungiert wie unsere Haut als erste Verteidigungslinie gegen physikalische Schädigung und Pathogene. Bei nicht verholzten (krautigen) Pflanzen besteht es gewöhnlich aus einer einzigen Gewebeschicht eng gepackter Zellen, der sogenannten **Epidermis**. Die **Cuticula**, eine lipophile Schicht, häufig mit Wachsauflage, trägt bei Blättern und Sprossen dazu bei, den Wasserverlust zu verringern. *Trichome*, haarähnliche Auswüchse der Sprossepidermis, vermindern als tote Haare den Wasserverlust, reflektieren das Licht und wirken so als Sonnenschutz. Die Trichome können auch der Verteidigung gegen Insekten dienen, indem sie eine Barriere bilden, klebrige Flüssigkeiten absondern oder toxische Substanzen speichern.

Bei verholzten Pflanzen wird die Epidermis in den älteren Bereichen von Sprossachse und Wurzel durch das **Periderm** als Schutzschicht ersetzt. Die Wurzelspitze mit den feinen Wurzelhaaren (Abbildung 35.4) ist zunächst nicht von einem Abschlussgewebe geschützt, da hier die Aufnahme von Wasser und gelösten Mineralien erfolgen muss. Die einzelligen Wurzelhaare sind Auswüchse von Rhizodermiszellen unmittelbar an der Wurzelspitze. Selbst wenn die Rhizodermis die äußerste gebildete Zellschicht an den Wurzelspitzen ist, so handelt es sich nicht um ein Abschlussgewebe, sondern um ein Absorptionsgewebe. Mit dem Hineinschieben der Wurzelspitze in die Erde wird die empfindliche Rhizodermis mit den Wurzelhaaren schnell außer Funktion gesetzt. Jedoch hat sich als nächste Zellschicht darunter bereits die Exodermis differenziert, die nun ähnlich der Epidermis in die Außenzellwände lipophile Substanzen einlagert und Abschlussfunktion besitzt. Aufgenommenes Wasser und darin gelöste Mineralien gehen dadurch nicht wieder an den Boden verloren.

MERKE!

Das Abschlussgewebesystem bildet die äußere Schutzhülle der Pflanze.

Das **Leitgewebesystem** ist für den Langstreckentransport von Substanzen zwischen Wurzel- und Sprosssystem verantwortlich. Das **Xylem** befördert Wasser und gelöste Mineralstoffe von der Wurzel hoch in den Spross und die Blätter. Das **Phloem** transportiert Zucker und weitere Fotosyntheseprodukte vom Ort ihrer Entstehung (gewöhnlich den Blättern) zum Ort des Verbrauchs, zu fotosynthetisch nicht aktiven Geweben, zu wachsenden Blättern oder zu Speicherorganen wie Samen, Früchte oder Knollen. Das Leitgewebe einer Wurzel oder einer Sprossachse wird in seiner Gesamtheit als **Stele** bezeichnet (gr. „Säule“). Die Anordnung in der Stele variiert je nach Pflanzenart und -organ. Bei vielen Angiospermen ist die Stele in der Wurzel ein geschlossener *Leitgewebezylinder* aus Xylem und Phloem, während die Stele in der primären Sprossachse und den Blättern aus *Leitbündeln* besteht.

MERKE!

Das Leitgewebesystem ist für den Langstreckentransport von Substanzen zwischen Wurzel- und Sprosssystem verantwortlich.

Gewebe, die weder zum Abschluss- noch zum Leitgewebe gehören, sind Teil des **Grundgewebesystems**. Grundgewebe, das vom Leitgewebe aus gesehen nach innen liegt, wird als **Mark** bezeichnet, das außen liegende Grundgewebe als **primäre Rinde**. Das Grundgewebe dient nicht nur zum „Auffüllen“, sondern umfasst auch unterschiedliche Zelltypen, die auf Funktionen wie Speicherung, Fotosynthese und Stabilisierung spezialisiert sind.

MERKE!

Gewebe, die weder zum Abschluss- noch zum Leitgewebe gehören, sind Teil des Grundgewebesystems.

35.1.3 Grundtypen der Pflanzenzelle

Wie jeder vielzellige Organismus ist auch eine Pflanze durch Zelldifferenzierung gekennzeichnet. Zellen sind spezialisiert in Struktur und Funktion. Im Lauf der Zelldifferenzierung können Veränderungen des Zytoplasmas, der Zellorganellen und der Zellwand stattfinden (Abbildung 35.8).

Parenchym

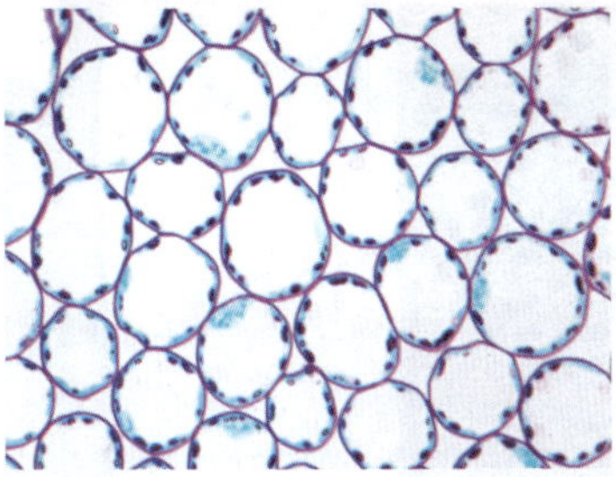

Parenchymzellen in einem Liguster-Blatt (*Ligustrum* spec., lichtmikroskopische Aufnahme)

Ausdifferenzierte **Parenchymzellen** besitzen eine relativ dünne und flexible Primärwand, und meistens keine Sekundärwandauflagerungen (siehe Abbildung 6.17 zur Wiederholung von Primär- und Sekundärwänden) und im ausdifferenzierten Zustand eine große Zentralvakuole. Hier laufen die meisten Stoffwechselprozesse ab und organische Substanzen werden gespeichert. Die Fotosynthese beispielsweise findet in den Chloroplasten der Blatt-Parenchymzellen statt. Einige Parenchymzellen in Sprossen und Wurzeln haben farblose Plastiden, die Amyloplasten genannt werden und Stärke speichern. Fleischiges Gewebe vieler Früchte besteht hauptsächlich aus Parenchymzellen. Die meisten Parenchymzellen behalten ihre Zellteilungsfähigkeit und können sich unter bestimmten Bedingungen in spezifische Zelltypen differenzieren, z.B. bei der Wundheilung nach Verletzungen. Es ist sogar möglich, aus einer einzigen Parenchymzelle wieder eine komplette Pflanze zu regenerieren.

Kollenchym

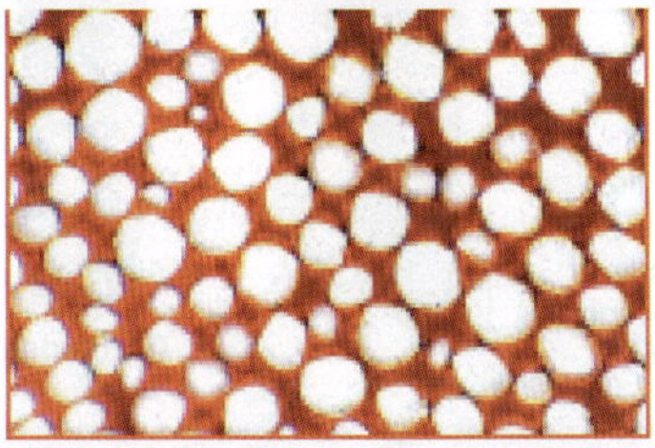

Kollenchymzellen in einem Brennnesselstängel (*Urtica dioica*, lichtmikroskopische Aufnahme)

Kollenchymzellen sind in Strängen angeordnet (hier im Querschnitt) und bieten dem jungen Spross Halt. Es handelt sich in der Regel um langgestreckte Zellen, deren Primärwände ungleichmäßig verdickt sind. Junge Stängel und Blattstiele haben häufig unmittelbar unter der Epidermis Kollenchymstränge. Das Kollenchym bietet eine flexible Stütze, ohne das Wachstum zu behindern. In ausdifferenzierten Zustand sind diese Zellen biegsam und können dem Wachstum folgen, anders als Sklerenchymzellen, die als Nächstes besprochen werden.

Sklerenchym

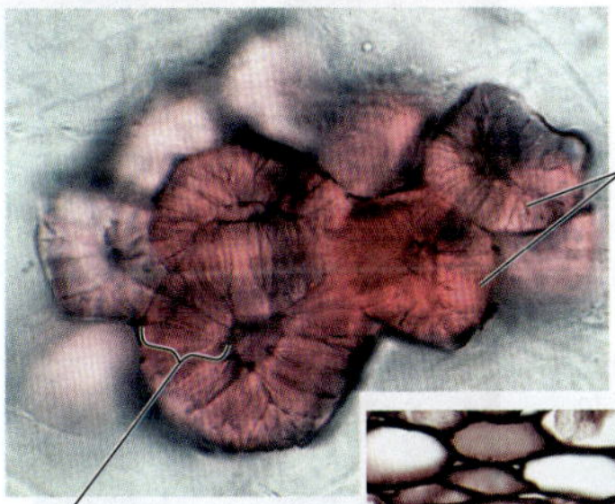

Steinzellen (Sklereiden) in einer Birne (*Pyrus communis*, lichtmikroskopische Aufnahme)

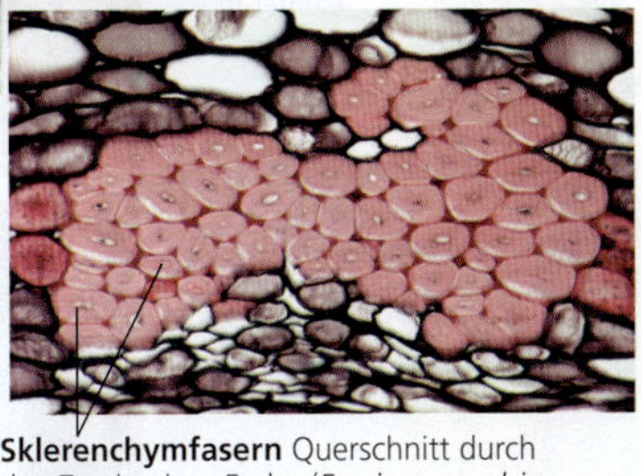

Sklerenchymfasern Querschnitt durch den Zweig einer Esche (*Fraxinus excelsior*, lichtmikroskopische Aufnahme)

Auch das **Sklerenchym** dient der Festigkeit, ist jedoch wesentlich starrer als das Kollenchym. Nach Beendigung des Streckungswachstums werden viele Schichten Sekundärwand aufgelagert. In die dicken Zellwände werden große Mengen **Lignin** eingelagert, ein relativ unverdauliches, verstärkendes Polymer, das mehr als ein Viertel der Trockenmasse von Holz ausmacht. Reife Sklerenchymzellen können sich nicht ausdehnen und kommen in Bereichen der Pflanze vor, die nicht mehr in die Länge wachsen. Die Zellen sind im funktionsfähigen Zustand hochspezialisiert und sind bei der funktionalen Reife meistens tot. Da ausdifferenzierte Sklerenchymzellen nicht flexibel sind, kommen sie in Pflanzenteilen vor, die ihr Streckungswachstum beendet haben. Durch die festen Zellwände bildet das Sklerenchym eine Art stützendes „Skelett", das Jahrhunderte überdauern kann. Der Baustoff Lignin wird von allen Gefäßpflanzen verwendet, nicht jedoch von den Moosen.
Es gibt zwei Typen von Sklerenchymzellen, die **Steinzellen** und die **Sklerenchymfasern**. Steinzellen sind kugeliger und unregelmäßiger geformt als Sklerenchymfasern und haben sehr dicke, lignifizierte Zellwände. Sie sind verantwortlich für die Härte von Nuss- und Samenschalen und für die körnigen Stellen im Fruchtfleisch der Birne. Sklerenchymfasern sind normalerweise in Strängen angeordnet, sie sind lang, dünn und an den Enden spitz zulaufend. Manche Fasern werden kommerziell genutzt, wie z.B. Hanffasern für Seile und Flachsfasern zum Weben von Leinen.

Abbildung 35.8: Näher betrachtet. Beispiele für differenzierte Pflanzenzellen.

Wasserleitende Zellen des Xylems

Wasser wird in **Tracheiden** und **Tracheen** (Gefäße) geleitet. Beide Zelltypen haben im funktionsfähigen Zustand verdickte und stark verholzte Sekundärwände und sind tot. Tracheiden kommen im Xylem aller Gefäßpflanzen vor, Tracheen bei den meisten Angiospermen, einigen Gymnospermen und wenigen Farnpflanzen. Wenn der lebende Zellinhalt abgebaut ist, bleiben die verdickten Zellwände erhalten. In den verbleibenden Hohlräumen kann jetzt Wasser transportiert werden. Die Sekundärwände zwischen benachbarten Tracheiden und Tracheen wird durch **Tüpfel** unterbrochen, Aussparungen in der Zellwand ohne Sekundärwandauflagerungen (siehe Abbildung 6.17). So wird der laterale Wassertransport über die Tüpfel gewährleistet.
Tracheiden sind lange, dünne Zellen mit schräggestellten Enden, mit denen sie mit der nächsten Tracheide verbunden sind; diese Enden sind mit vielen Tüpfeln ausgestattet, durch die Wasser leicht fließen kann.
Tracheen haben meist einen viel größeren Durchmesser, sind kürzer mit dünneren Zellwänden. Die Querwände zwischen Tracheen sind nur wenig schräggestellt oder ganz waagrecht, stark durchbrochen oder vollständig aufgelöst. So werden aus vielen Tracheen lange Röhren oder **Gefäße,** die sogar manchmal mit bloßem Auge erkennbar sind.
Die Sekundärwände der Tracheiden und Tracheen werden durch Einlagerung von Lignin stabilisiert, und so kann ein Kollaps der Zellen verhindert werden, denn sie müssen eine beträchtliche Saugspannung aushalten.

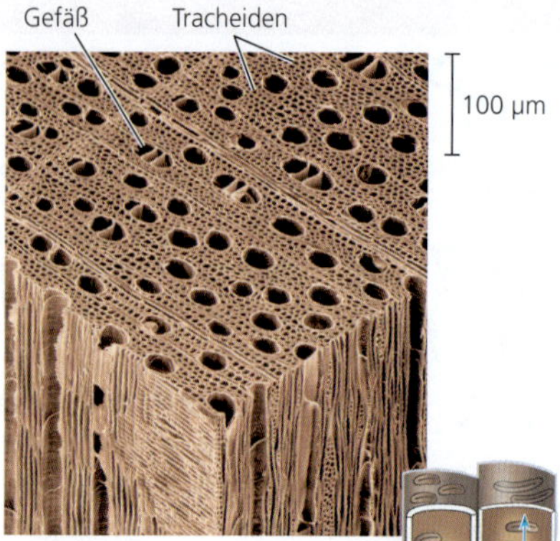

Tracheiden und **Tracheenglieder** (kolorierte rasterelektronenmikroskopische Aufnahme)

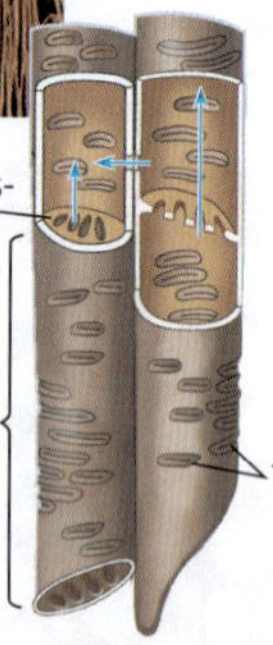

Gefäße (Tracheen) mit durchbrochenen Querwänden

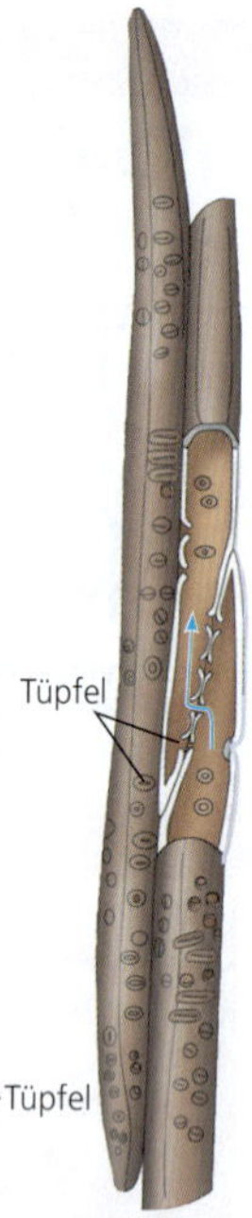

Tracheiden

Assimilate leitende Zellen des Phloems

Anders als die wasserleitenden Elemente des Xylems sind die Assimilate leitenden Zellen des Phloems im funktionsfähigen Zustand lebendig. Bei Farnen und Gymnospermen werden die Assimilate und andere organische Nährstoffe durch lange, enge Siebzellen transportiert. Bei den Angiospermen erfolgt dieser Transport durch Siebröhren, Ketten von Zellen, die **Siebröhrenelemente** genannt werden.
Obwohl die Siebröhrenelemente leben, fehlen ihnen ein Zellkern, Ribosomen, eine ausgeprägte Vakuole und das Cytoskelett. Durch diese Reduktion können die Nährstoffe leichter durch die Zellen fließen. Die Querwände zwischen den Siebröhrenelementen sind mit großen Poren durchsetzt und bilden die **Siebplatten,** die den Flüssigkeitsfluss von Zelle zu Zelle erleichtern. Neben jedem Siebröhrenelement befindet sich eine nicht leitende Zelle, die sogenannte **Geleitzelle**; sie ist durch zahlreiche Plasmodesmata mit dem Siebröhrenelement verbunden. Zellkern und Ribosomen der Geleitzelle arbeiten sowohl für die Geleitzelle selbst als auch für das angrenzende Siebröhrenelement. Bei manchen Pflanzen sind Geleitzellen in den Blättern auch an der Beladung der Siebröhrenelemente mit Zuckern beteiligt, die dann in andere Teile der Pflanze transportiert werden.

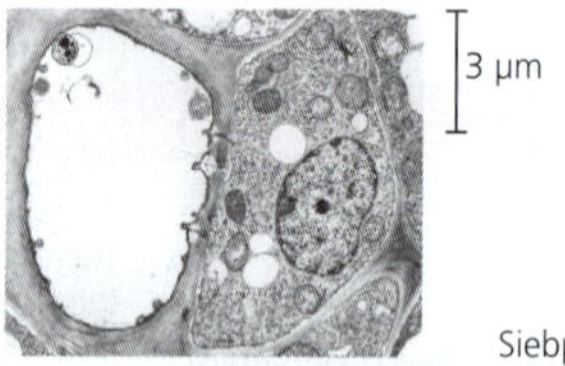

Siebröhrenelement (links) und **Geleitzelle:** Querschnitt (transmissionselektronenmikroskopische Aufnahme)

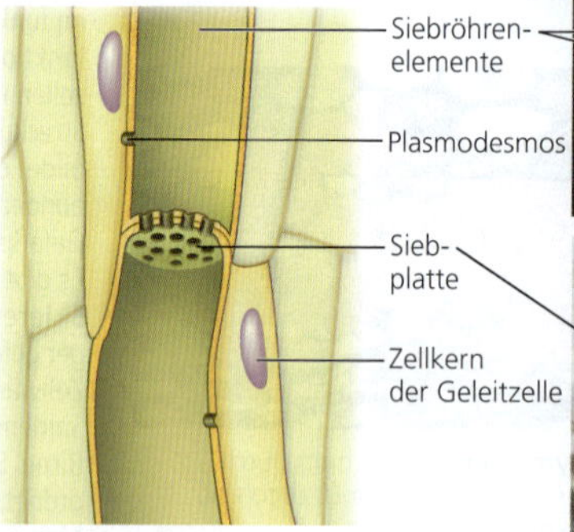

Siebröhrenelemente in Längsansicht

Siebröhrenelemente (Längsschnitt, lichtmikroskopische Aufnahme)

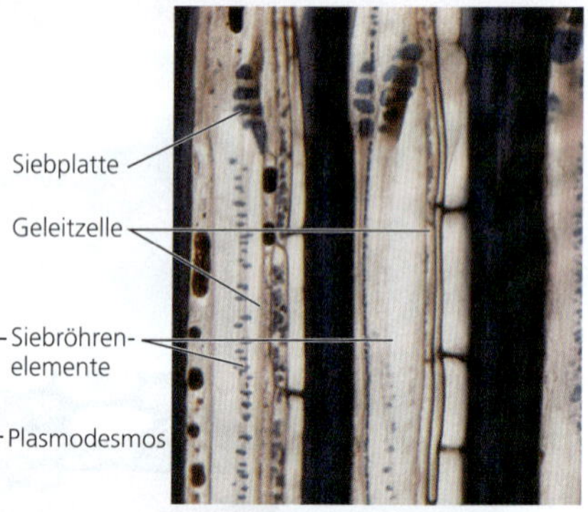

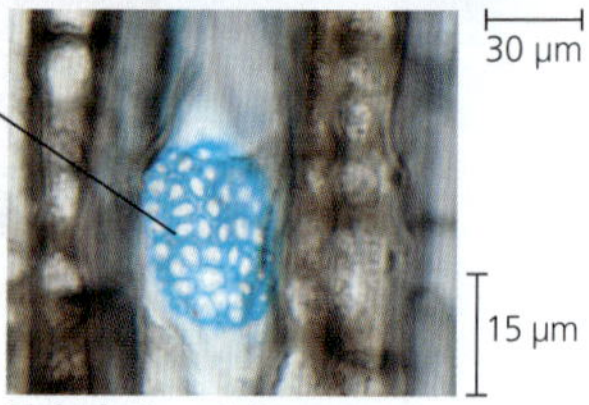

Siebplatte mit Poren (lichtmikroskopische Aufnahme)

35.2 Verschiedene Meristeme erzeugen neue Zellen für das primäre und das sekundäre Wachstum

Wachstum findet während der gesamten Lebensdauer einer Pflanze statt, ein Vorgang, der als **unbegrenztes Wachstum** (undeterminiertes oder offenes Wachstum) bezeichnet wird. Von Ruhezeiten abgesehen, wachsen die meisten Pflanzen kontinuierlich. Dagegen durchlaufen die meisten Tiere und einige Pflanzenorgane, wie die meisten Blätter, Dornen und Blüten, ein **begrenztes Wachstum** (determiniertes Wachstum): Sie stellen ihr Wachstum ein, nachdem sie eine bestimmte Größe erreicht haben.

Je nach ihrem Lebenszyklus kann man Blütenpflanzen in einjährige, zweijährige oder mehrjährige Pflanzen einteilen. **Einjährige** schließen ihren Lebenszyklus – von der Keimung über die Blüte bis zur Samenbildung und zum Tod – innerhalb eines Jahres oder kürzerer Zeit ab. **Zweijährige** benötigen meistens zwei Vegetationsperioden, um ihren Wachstumszyklus zu vollenden; sie blühen und fruchten gewöhnlich erst im zweiten Jahr. **Ausdauernde** (perennierende, „mehrjährige“) Pflanzen werden viele Jahre alt; typische Vertreter sind Bäume, Sträucher, Stauden und einige Gräser.

Pflanzen sind zu unbegrenztem Wachstum fähig, weil sie Gewebe besitzen, die immer im embryonalen Zustand bleiben, die sogenannten **Meristeme**. Man unterscheidet zwei Haupttypen: Apikalmeristeme und Lateralmeristeme (Abbildung 35.9). **Apikalmeristeme**, die sich an den Spitzen von Wurzel und Spross sowie in den Achselknospen befinden, liefern zusätzliche Zellen für das Spitzenwachstum der Pflanze; dieser Prozess wird als **primäres Wachstum** bezeichnet. Dieses primäre Wachstum trägt dazu bei, dass Wurzeln das Erdreich durchdringen und der Spross zum Licht hin wächst. Bei krautigen (nicht verholzten) Pflanzen entsteht der Pflanzenkörper (fast) vollständig durch primäres Wachstum. Verholzte Pflanzen nehmen jedoch in

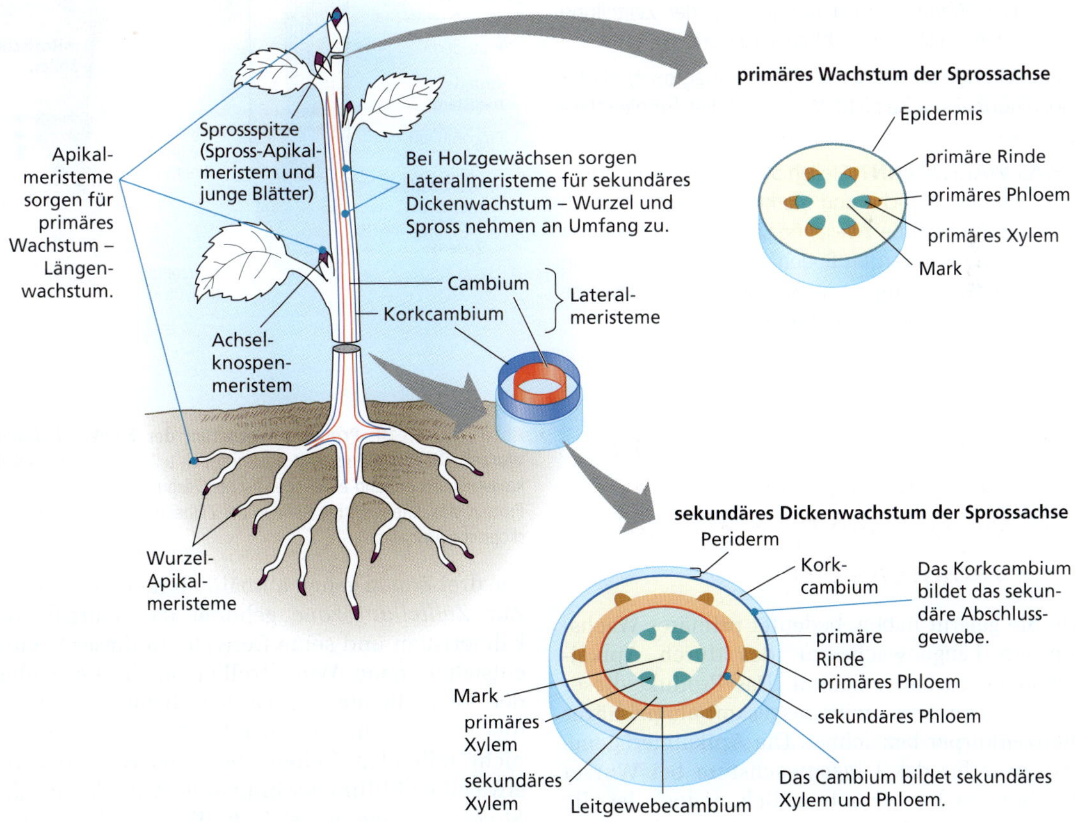

Abbildung 35.9: Eine Übersicht über primäres und sekundäres Wachstum.

den Spross- oder Wurzelbereichen, deren Längenwachstum abgeschlossen ist, weiter an Umfang zu. Dieses Dickenwachstum, als **sekundäres Dickenwachstum** bezeichnet, kommt durch die Aktivität von **Lateralmeristemen** zustande, durch das sogenannte Cambium und Korkcambium. Diese Zylinder aus sich teilenden Zellen durchziehen Wurzel und Sprossachse auf ihrer gesamten Länge. Das **Cambium** (manchmal auch als Leitgewebecambium bezeichnet) steuert neue Lagen von Leitgewebe bei, und zwar sekundäres Xylem (Holz) und sekundäres Phloem (Bast). Das **Korkcambium** ersetzt die Epidermis durch das dickere und widerstandsfähigere Periderm.

Zellen, die weiterhin als Bildungsort neuer Zellen dienen, werden als *Initialen* (Initialzellen) bezeichnet.

VERSTÄNDNISFRAGEN

1. Unterscheiden Sie zwischen primärem Wachstum und sekundärem Dickenwachstum.

2. Die Zellen in den unteren Schichten Ihrer Haut teilen sich und ersetzen tote Zellen, die von der Hautoberfläche abschilfern. Warum sind derartige Orte der Zellteilung mit Pflanzenmeristemen nicht zu vergleichen?

3. Wurzel und Sprossachse wachsen unbegrenzt, Blätter jedoch normalerweise nicht. Warum ist dies für die Pflanze von Vorteil?

4. WAS WÄRE, WENN? Stellen Sie sich vor, ein Gärtner erntet ein paar Rettiche und merkt, dass diese noch zu klein sind. Da Rettiche zweijährig sind, lässt der Gärtner die restlichen Pflanzen im Boden und hofft, dass sie in ihrem zweiten Lebensjahr größer werden. Ist das eine gute Idee? Begründen Sie Ihre Antwort.

35.3 Primäres Wachstum ist für die Längenzunahme von Wurzel und Sprossachse verantwortlich

Wie Sie gelernt haben, bedeutet primäres Wachstum ein Längenwachstum, das durch Apikalmeristeme zustande kommt. Das Produkt dieser Wachstumsprozesse wird insgesamt als **primärer Pflanzenkörper** bezeichnet. Die Apikalmeristeme sind zwar für das Längenwachstum bei Wurzel und Sprossachse verantwortlich, jedoch ist die Anatomie beider Systeme unterschiedlich.

35.3.1 Primäres Wachstum der Wurzel

Die Wurzelspitze ist von einer fingerhutartig geformten **Wurzelhaube** (Kalyptra) bedeckt, die das empfindliche Apikalmeristem vor Verletzungen schützt, während die Wurzel im Zuge des primären Wachstums durch das grobe Erdreich vordringt. Die Wurzelhaube sondert außerdem einen polysaccharidhaltigen Schleim ab, der wie ein Gleitmittel im Bereich der Wurzelspitze wirkt. Das Wachstum und die Differenzierung finden unmittelbar hinter der Wurzelspitze in drei Zellzonen statt (Abbildung 35.10).

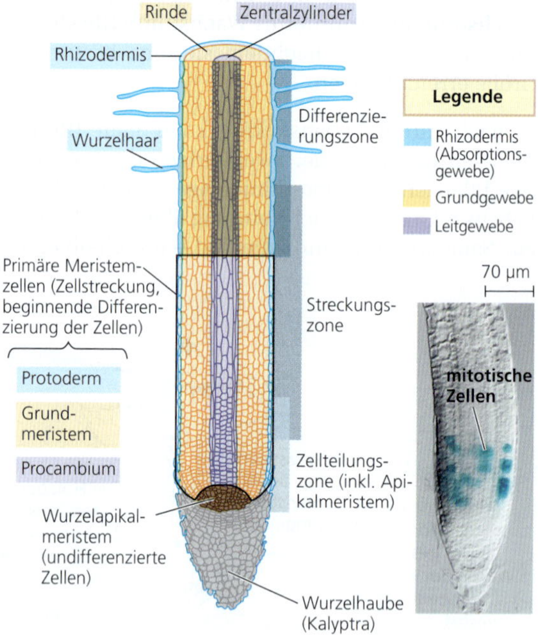

Abbildung 35.10: Primäres Wachstum der Eudikotyledonen Wurzel. Die Aufnahme zeigt sich mitotisch teilende Zellen des Apikalmeristems anhand einer spezifischen Färbung von Cyclin, einem Protein, das eine wichtige Rolle in der Zellteilung spielt (lichtmikroskopische Aufnahme).

Die drei Zonen gehen allmählich ineinander über. Zur *Zellteilungszone* gehören das Wurzel-Apikalmeristem und seine Derivate. In dieser Region entstehen neue Wurzelzellen, auch die Zellen der Wurzelhaube. Außerdem befindet sich in diesem Bereich ein ruhendes Zentrum von sich nicht teilenden Zellen. Normalerweise beginnt etwa einen Millimeter hinter der Wurzelspitze die *Streckungszone*, wo sich die Wurzelzellen durch

Streckungswachstum vergrößern. Währenddessen werden vom Wurzel-Apikalmeristem am jüngeren Ende der Streckungszone ständig weitere Zellen gebildet. Noch bevor das Streckungswachstum abgeschlossen ist, beginnen viele Wurzelzellen bereits, sich in Struktur und Funktion auszudifferenzieren. In der *Differenzierungszone* (auch als Wurzelhaarzone bezeichnet) haben die Zellen ihre Differenzierung beendet und die unterschiedlichen Zelltypen herausgebildet.

Durch das primäre Wachstum werden die Rhizodermis, das Grundgewebe und das Leitgewebe einer Wurzel gebildet. In Abbildung 35.11 sind die drei primären Gewebesysteme bei einer jungen Eudikotylenwurzel (*Ranunculus* sp., Hahnenfuß) und einer Monokotylenwurzel (*Zea mays*, Mais) im Querschnitt dargestellt. Wasser und Mineralstoffe aus dem Boden müssen durch die Rhizodermis in die Wurzel eintreten. Daher besitzt die Rhizodermis keine Cuticula. Wurzelhaare, die für einen Großteil dieser Resorption verantwortlich sind, verbessern den Aufnahmeprozess, indem sie die Oberfläche der Wurzelspitzenregion stark vergrößern.

Das Leitgewebe bei Wurzeln wird als **Zentralzylinder** bezeichnet. Er besteht aus einem festen Kern aus Xylem und Phloem (Abbildung 35.11a). Bei den meisten Eudikotylenwurzeln ist das Xylem

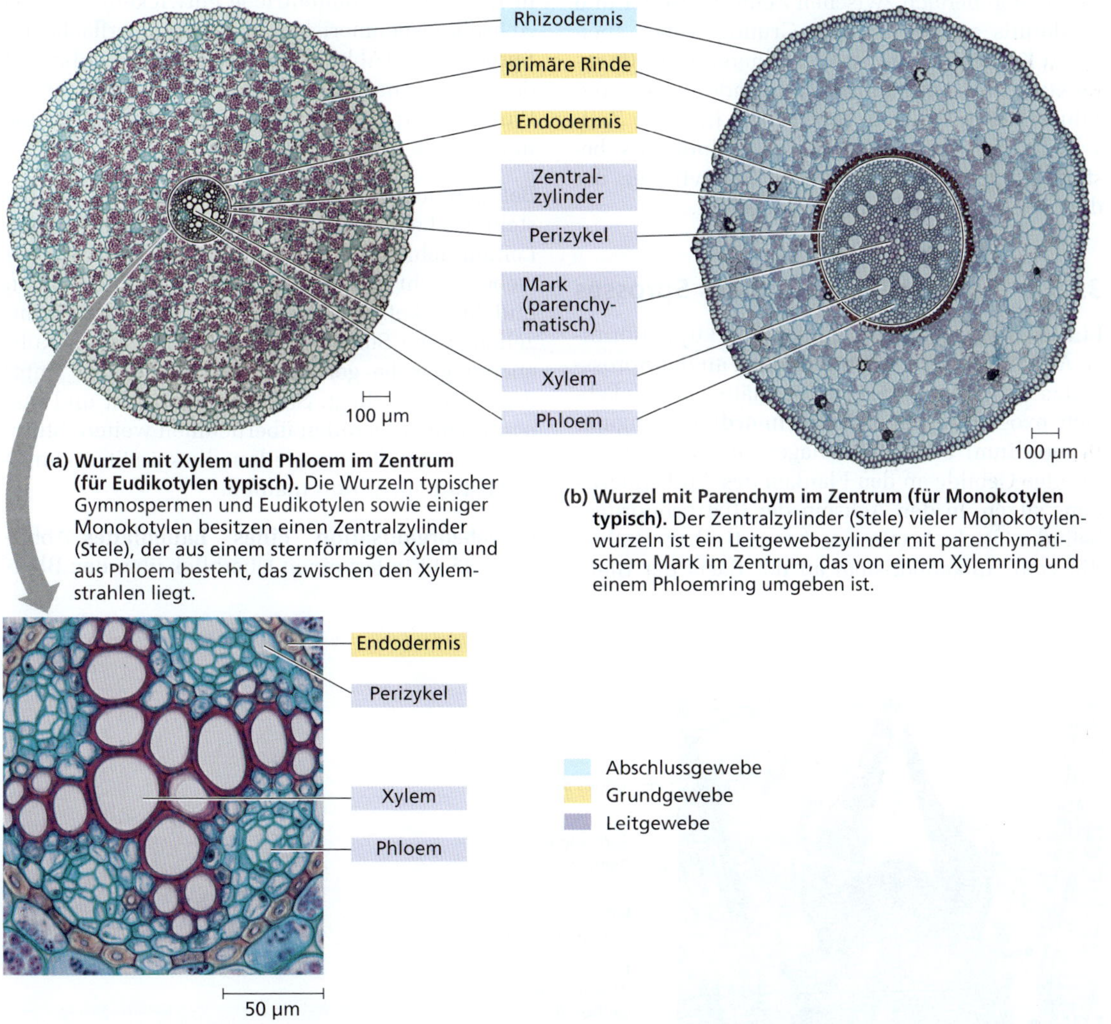

(a) Wurzel mit Xylem und Phloem im Zentrum (für Eudikotylen typisch). Die Wurzeln typischer Gymnospermen und Eudikotylen sowie einiger Monokotylen besitzen einen Zentralzylinder (Stele), der aus einem sternförmigen Xylem und aus Phloem besteht, das zwischen den Xylemstrahlen liegt.

(b) Wurzel mit Parenchym im Zentrum (für Monokotylen typisch). Der Zentralzylinder (Stele) vieler Monokotylenwurzeln ist ein Leitgewebezylinder mit parenchymatischem Mark im Zentrum, das von einem Xylemring und einem Phloemring umgeben ist.

Abbildung 35.11: **Organisation der primären Gewebe in jungen Wurzeln.** **(a)** Querschnitt durch die Wurzel des Hahnenfußes (*Ranunculus* sp.), **(b)** Querschnitt durch die Wurzel von Mais (*Zea mays*). Diese beiden Schnitte repräsentieren die beiden wichtigsten Prinzipien im Aufbau der Wurzelorganisation, von denen es je nach Pflanzenart viele Abwandlungen gibt (beides lichtmikroskopische Schnitte).

sternförmig ausgebildet und das Phloem liegt zwischen den „Xylemstrahlen“. Bei vielen Monokotylenwurzeln enthält das Leitgewebe einen zentralen Bereich mit Parenchymzellen und zahlreichen Xylem- und Phloemzellen (Abbildung 35.11b). Die parenchymatische Zentralregion wird oft als „Mark“ bezeichnet, sollte aber nicht mit dem Mark der Sprossachse verwechselt werden.

MERKE!
Das Leitgewebe bei Wurzeln wird als Zentralzylinder bezeichnet.

Das Grundgewebe der Wurzel, das hauptsächlich aus Parenchymzellen besteht, füllt die primäre Rinde, den Bereich zwischen Zentralzylinder und Epidermis aus. Zellen des Grundgewebes speichern Kohlenhydrate und resorbieren mithilfe ihrer stark quellungsfähigen Zellwände Wasser und Mineralstoffe aus dem Boden. Die innerste Zellschicht der primären Rinde, die **Endodermis**, besteht aus einem einschichtigen Zellzylinder, der die Grenze zum Zentralzylinder bildet.

35.3.2 Primäres Wachstum des Sprosses

Ein Spross-Apikalmeristem ist eine kuppelförmige Anhäufung sich teilender Zellen an der Sprossspitze (Abbildung 35.12). Die Blätter entwickeln sich exogen aus den **Blattprimordien** (Singular Primordium) oder Blattanlagen, die als zapfenförmige Gebilde an den Flanken des Apikalmeristems sitzen. In den Achseln der Blattprimordien befinden sich Inseln meristematischer Zellen, die vom Apikalmeristem an der Basis der Blattprimordien übrig bleiben; aus diesen Knospenanlagen entwickeln sich die Achselknospen. Die Leitgewebe von Blättern und Achselknospen werden sekundär mit den Leitbahnen der Sprossachse verknüpft.

Innerhalb einer Knospe stehen die Blattprimordien dicht zusammen, da die Internodien zu diesem Zeitpunkt sehr kurz sind. Das Längenwachstum der Sprossachse findet vor allem als Streckungswachstum der Internodienzellen unterhalb der Sprossspitze statt.

Gewebeorganisation der Sprossachse Die Epidermis umhüllt die Sprossachse als Teil des durchgehenden Abschlussgewebesystems. Leitgewebe verläuft über die gesamte Länge der Sprossachse in Leitbündeln. Seitentriebe entwickeln sich aus Achselknospenmeristemen auf der Oberfläche der Sprossachse (Abbildung 35.12). Die Leitbündel der Sprossachse gehen in den Zentralzylinder der Wurzel über; dies findet in einer Übergangszone in der Nähe der Bodenoberfläche statt.

Bei den meisten eudikotylen Pflanzenarten besteht das Leitgewebe aus ringförmig angeordneten Leitbündeln (Abbildung 35.13a). Das Grundgewebe besteht in der Sprossachse von Eudikotylen und Monokotylen überwiegend aus Parenchymzellen. Viele Stängel werden jedoch durch Kollenchymgewebe gefestigt, das unmittelbar unter der Epidermis liegt. Sklerenchymzellen und insbesondere Faserzellen übernehmen weitere Stützfunktionen in Pflanzenteilen, die kein Streckungswachstum mehr durchlaufen.

Gewebeorganisation eines Laubblattes Abbildung 35.14 liefert einen Überblick über den Blatt-

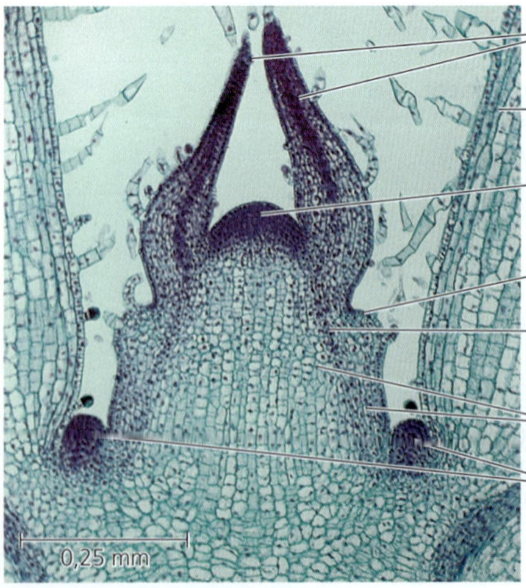

Abbildung 35.12: Die Sprossspitze. Blattprimordien entstehen exogen aus den Flanken des kuppelförmigen Apikalmeristems. Dargestellt ist ein Längsschnitt durch die Sprossspitze der Buntnessel (*Coleus* sp.; lichtmikroskopische Aufnahme).

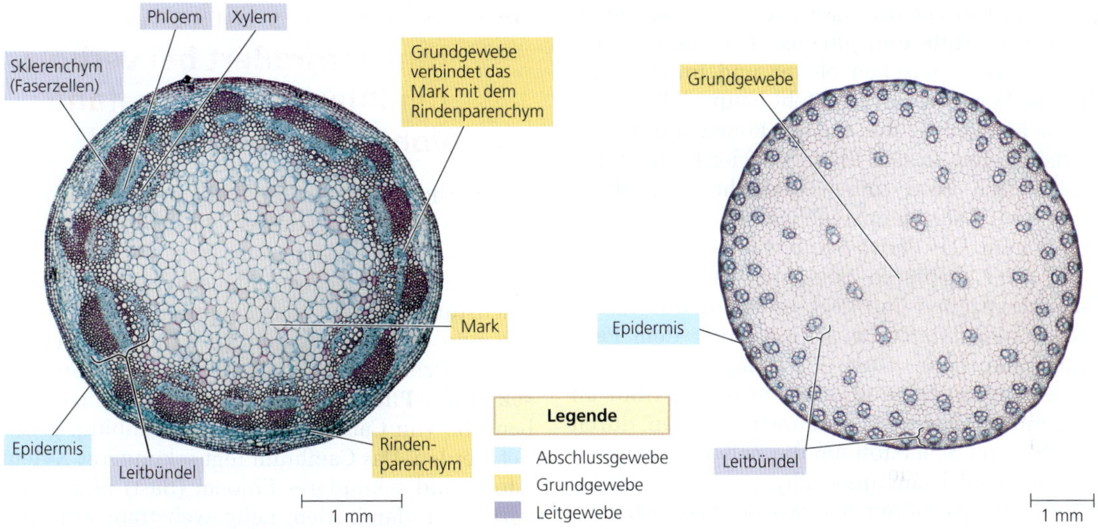

(a) Ringförmig angeordnete Leitbündel im Sprossquerschnitt der Eudikotyledonen. Das zentrale Parenchym ist das Markparenchym, das außerhalb der Leitbündel das Rindenparenchym (LM).

(b) Zerstreut angeordnete Leitbündel im Sprossquerschnitt der Monokotyledonen. Hier ist das Parenchym nicht in Mark und Rinde aufgeteilt (LM).

Abbildung 35.13: Anatomie der primären Gewebe im Spross.

? Warum verzichtet man auf die Begriffe Mark und primäre Rinde, um das Grundgewebe bei Monokotylen-Sprossachsen zu beschreiben?

aufbau eines typischen Laubblattes. Die Epidermis dient als Barriere und ist durch **Spaltöffnungen** oder **Stomata** (Singular Stoma) durchbrochen, die den Gasaustausch zwischen Außenluft und fotosynthetisch aktiven Zellen im Blattinneren ermöglichen.

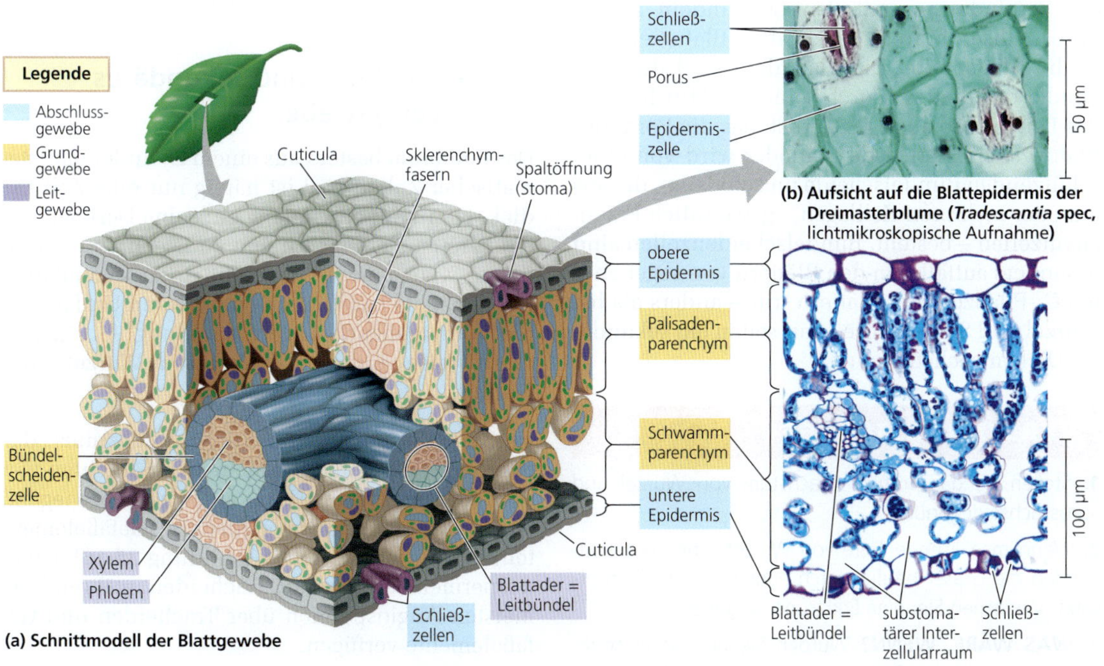

(a) Schnittmodell der Blattgewebe

(b) Aufsicht auf die Blattepidermis der Dreimasterblume (*Tradescantia* spec, lichtmikroskopische Aufnahme)

(c) Querschnitt durch ein Fliederblatt (*Syringa vulgaris*, lichtmikroskopische Aufnahme)

Abbildung 35.14: Aufbau eines Blattes.

Das Grundgewebe des Blattes, eine als **Mesophyll** (gr. *mesos*, Mitte und *phyllos*, Blatt) bezeichnete Region, liegt zwischen oberer und unterer Epidermis. Das Mesophyll besteht hauptsächlich aus Parenchymzellen, die auf die Fotosynthese spezialisiert sind. In den Blättern vieler Eudikotylen finden sich zwei unterschiedliche Mesophyllschichten: Palisadenparenchym und Schwammparenchym. Das *Palisadenparenchym* besteht aus einer oder mehreren Schichten langgestreckter Parenchymzellen und liegt an der Blattoberseite. Das *Schwammparenchym* liegt unter dem Palisadenparenchym. Diese Parenchymzellen sind locker angeordnet und von einem Labyrinth an luftgefüllten Interzellularräumen umgeben, durch die CO_2 und Sauerstoff um die Zellen zirkulieren und bis ins Palisadenparenchym gelangen. In der Nähe von Spaltöffnungen, wo der Gasaustausch mit der Außenluft stattfindet, sind die Interzellularräume besonders groß und bilden sogenannte Atemhöhlen.

MERKE!

Das Grundgewebe des Blattes, eine als Mesophyll bezeichnete Region, liegt zwischen oberer und unterer Epidermis.

Das Leitgewebe ist in jedem Blatt mit dem Leitgewebe der Sprossachse verbunden. *Blattspuren*, die Verbindungen mit den Leitbündeln in der Sprossachse, führen durch den Blattstiel und in die Blattspreite. Die Blattadern sind die Leitbündel des Blattes. Durch seine Struktur fungiert das Leitgewebe auch als Gerüst, das die Form des Blattes stabilisiert. Jede Blattader wird von einer schützenden Bündelscheide umschlossen, die aus ein oder mehreren Zelllagen – gewöhnlich Parenchymzellen – besteht. Bündelscheidenzellen sind besonders auffällig in den Blättern von sogenannten C_4-Pflanzen. Bei Blättern tritt – anders als bei Wurzel und Sprossachse – nur selten ein sekundäres Dickenwachstum auf.

VERSTÄNDNISFRAGEN

1. Stellen Sie das primäre Wachstum von Wurzel und Sprossachse gegenüber.

2. Wenn man äsende Tiere von Weideflächen entfernt, werden die Gräser häufig durch eudikotyle Pflanzen ersetzt. Versuchen Sie, eine Erklärung zu geben.

3. WAS WÄRE, WENN? Würden Sie bei einem senkrecht ausgerichteten Blatt erwarten, dass sein Mesophyll aus Schwammparenchym und Palisadenparenchym besteht? Begründen Sie Ihre Antwort.

35.4 Sekundäres Dickenwachstum vergrößert bei verholzten Pflanzen den Umfang von Spross und Wurzel

Wie vorher diskutiert, entsteht primäres Wachstum aus Apikalmeristemen; hierzu gehören die Bildung und Verlängerung von Wurzeln und Sprossachsen. Dagegen findet sekundäres Dickenwachstum, das von den Lateralmeristemen ausgehende Dickenwachstum, in den Sprossachsen und Wurzeln von verholzten Pflanzen statt. Der **sekundäre Pflanzenkörper** besteht aus den Geweben, die von Cambium und Korkcambium gebildet werden. Das Cambium fügt sekundäres Xylem (Holz) und sekundäres Phloem (Bast) hinzu und verbessert damit den Leitgewebetransport und den Halt für das Sprosssystem. Das Korkcambium bildet ein widerstandsfähiges und dickes Abschlussgewebe; es besteht aus wachsimprägnierten Zellen, die die Sprossachse vor Wasserverlust und zudem vor Befall durch Insekten, Bakterien und Pilze schützen.

MERKE!

Der sekundäre Pflanzenkörper besteht aus den Geweben, die von Cambium und Korkcambium gebildet werden.

35.4.1 Cambium und sekundäres Leitgewebe

Das Cambium besteht aus einem Zylinder meristematischer Zellen und ist häufig nur eine Zelllage dick. Es nimmt an Umfang zu; seine Derivate differenzieren sich nach innen zu Lagen von sekundärem Xylem sowie nach außen zu sekundärem Phloem. Jede Lage hat einen größeren Umfang als die vorhergehende Lage (Abbildung 35.15). Auf diese Weise verdickt das Cambium Wurzeln und Stamm.

Im Zuge des sekundären Dickenwachstums, das über viele Jahre anhält, bauen sich Schichten von sekundärem Xylem (Holz) auf, das überwiegend aus Tracheiden, Tracheengliedern (Gefäßelementen) und Fasern besteht (Abbildung 35.16). Gymnospermen besitzen nur Tracheiden, während die meisten Angiospermen über Tracheiden und Gefäßelemente verfügen.

(a) Primäres und sekundäres Wachstum eines zweijährigen Holzzweiges

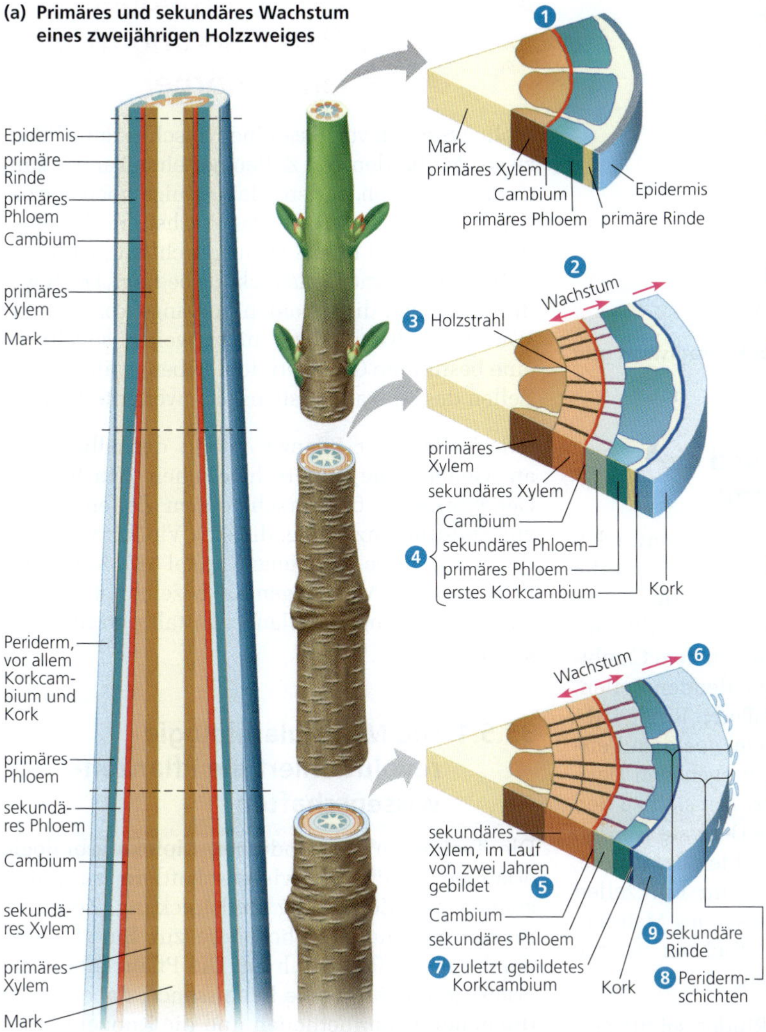

1 Das primäre Wachstum durch die Aktivität des Apikalmeristems ist kurz vor dem Abschluss. Das Bündelcambium ist bereits angelegt.

2 Auch wenn das primäre Wachstum in der Apikalknospe fortgesetzt wird findet in dieser Region ausschließlich sekundäres Wachstum statt. Der Spross nimmt an Umfang zu, weil das Cambium sekundäres Xylem nach innen und sekundäres Phloem nach außen bildet.

3 Einige Stammzellen des Cambiums bilden Strahlzellen.

4 Wenn das Cambium seinen Umfang erweitert, können das sekundäre Phloem und andere Gewebe außerhalb des Cambiums der Erweiterung nicht folgen, denn ihre Zellen können sich nicht mehr teilen. In Folge drohen diese Gewebe, auch die Epidermis, zu reißen. Es wird ein zweites laterales Meristem aus Parenchymzellen der Rinde angelegt, das Korkcambium; dieses produziert Korkzellen, die die Epidermis als Abschlussgewebe ersetzen.

5 Im zweiten Jahr nach Beginn des sekundären Dickenwachstums produziert das Bündelcambium weiter sekundäres Xylem und Phloem; die Umfangserweiterung ist hauptsächlich auf die Bildung sekundären Xylems zurückzuführen. Entsprechend bildet das Korkcambium mehr Kork.

6 Mit weiter andauernder Umfangserweiterung reißen Gewebebereiche außerhalb des Korkcambiums auf und werden abgestoßen.

7 In vielen Fällen wird weiter innen im Rindenbereich ein neues Korkcambium angelegt. Wenn keine Rindenparenchymzellen mehr übrig sind, entsteht das neue Korkcambium aus Phloemparenchymzellen. Das zweite und spätere Korkcambien produzieren das tertiäre Abschlussgewebe, die Borke.

8 Jedes Korkcambium und die von ihm gebildeten Gewebe bilden eine Peridermschicht.

9 Die sekundäre Rinde besteht aus allen Geweben außerhalb des Bündelcambiums.

(b) Querschnitt durch einen dreijährigen Lindenstamm (*Tilia* sp.) (lichtmikroskopische Aufnahme)

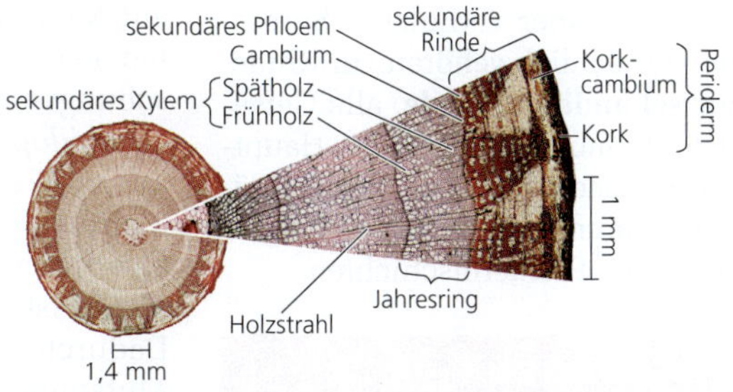

Abbildung 35.15: Primäres und sekundäres Wachstum einer Holzpflanze. Das Fortschreiten des sekundären Dickenwachstums lässt sich gut verfolgen, indem man Stängelquerschnitte in aufeinanderfolgenden älteren Stammabschnitten vergleicht.

? Warum führt die Tätigkeit des Cambiums zum Zerreißen einiger Gewebe?

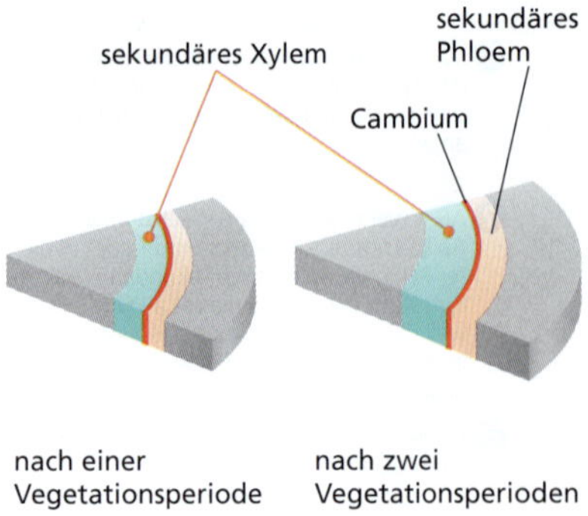

Abbildung 35.16: Der größte Teil des Dickenwachstums geht auf das sekundäre Xylem zurück.

35.4.2 Das Korkcambium und die Bildung des Periderms

In der frühen Phase des sekundären Dickenwachstums werden die Epidermis des Sprosses und die Exodermis der Wurzel nach außen gedrückt und reißen auf. Bevor diese fatale Situation eintritt, entsteht das erste Korkcambium. Ähnlich dem Cambium ist dies ein Zylinder aus sich teilenden Zellen, der bei der Sprossachse in der äußeren Rinde (Abbildung 35.15a) und bei der Wurzel aus dem Perizykel entsteht. Die nach außen abgegebenen Derivate des Korkcambiums differenzieren sich zu den Korkzellen des *Phellems.* Wenige Derivate werden auch nach innen abgegeben und bilden das dünne, parenchymatische Phelloderm. Wenn Korkzellen altern, lagern sie ein wasserabweisendes Material, das *Suberin,* abwechselnd mit Wachsen in ihre Zellwände ein, bevor sie absterben.

Häufig wird angenommen, die „Rinde" sei die einzige äußere Schutzhülle einer verholzten Sprossachse oder Wurzel. Tatsächlich gehören zur Rinde, genauer gesagt zur **sekundären Rinde**, alle Gewebe, die außerhalb des Cambiums liegen; die Hauptbestandteile von innen nach außen sind: sekundäres Phloem (vom Cambium gebildet), das jüngste Periderm und alle älteren Peridermschichten.

VERSTÄNDNISFRAGEN

1. An einem Baum wird 2 m über der Stammbasis ein Schild angebracht. Wo wird sich das Schild in zehn Jahren befinden, wenn dieser Baum 10 m hoch ist und jedes Jahr 1 m wächst?

2. Erwarten Sie bei einem Baum in den Tropen, dass er ausgeprägte Jahresringe besitzt? Begründen Sie Ihre Antwort.

3. WAS WÄRE, WENN? Wenn ein vollständiger Rindenring (gemeint ist die sekundäre Rinde) von einem Baum entfernt wird („Ringeln"), stirbt der Baum gewöhnlich ab. Warum?

35.5 Wachstum, Morphogenese und Differenzierung formen den Pflanzenkörper

Stellen Sie sich vor, dass eine typische kleine Pflanze aus Milliarden von Zellen bestehen kann – einige darunter groß, andere klein, einige hoch spezialisiert und andere nicht. Das Wachstum, das diese Pflanze im Lauf ihres Lebens durchläuft, ist durch Zellteilungen und Zellstreckung bedingt. Doch wodurch werden diese beiden Vorgänge kontrolliert? Warum wachsen Blätter nicht weiter, sobald sie eine bestimmte Größe erreicht haben, während die Zellen des Apikalmeristems sich weiter teilen?

Jede Zelle einer Pflanze enthält denselben Satz an Genen. Die unterschiedlichen Muster der Genexpression bei verschiedenen Zellen führen zur Zelldifferenzierung, die eine Vielfalt von Zelltypen zur Folge hat (siehe Kapitel 18). Komplexe Prozesse, als **Morphogenese** bezeichnet, führen zur Entwicklung der Pflanzengestalt und ihrer Organisation.

35.5.1 Die Molekularbiologie revolutioniert die Pflanzenwissenschaften

Die Techniken der modernen Molekularbiologie erlauben es Pflanzenwissenschaftlern zu untersuchen, wie Zellteilung, Zellstreckung, Zelldifferenzierung und Morphogenese zur Entwicklung der fertigen Pflanze führen. Die Pflanzenbiologie erlebt gegenwärtig eine Renaissance; dabei haben die neuen Labormethoden und die Konzentration auf Modellorganismen den Pflanzenwissenschaften neue Impulse verliehen. Ein wichtiger Forschungsschwerpunkt ist die Acker-Schmalwand (*Arabidopsis thaliana*), ein einjähriges Unkraut aus der Familie der Kreuzblütengewächse, das so klein ist, dass es sich zu Tausenden auf wenigen Quadratmetern Laborraum anziehen lässt. *Arabidopsis* ist selbstkompatibel (siehe Abschnitt 38.2). Dadurch ist eine identische Vervielfältigung von Mutanten und Züchtungen möglich. Mit ihrer kurzen Generationsdauer, die sechs Wochen von der Keimung bis zur Blüte umfasst, ist *Arabidopsis* ein ausgezeichneter Modellorganismus für genetische Untersuchungen. *Arabidopsis* ist die erste Pflanze, deren gesamtes Genom in einer sechs Jahre währenden, multinationalen Kooperation sequenziert werden konnte. Inzwischen wurden weitere vollständige Genome, zum Beispiel von Reis (*Oryza sativa*) und Pappel (*Populus trichocarpa*), sequenziert.

Acker-Schmalwand (*Arabidopsis thaliana*)

In *Arabidopsis* wurden etwa 26.700 Gene, die für Proteine codieren, nachgewiesen; darunter befinden sich jedoch viele Duplikate. Es gibt daher vermutlich weniger als 15.000 funktionelle Gene, das entspricht ungefähr der Anzahl an funktionellen Genen bei der Taufliege (*Drosophila*). Die Aufklärung der Funktion vieler *Arabidopsis*-Gene trägt dazu bei, dass wir viele Vorgänge der pflanzlichen Entwicklung wesentlich besser verstehen.

35.5.2 Wachstum – Zellteilung und Zellstreckung

Die Zellteilungen im Meristem führen durch zunehmende Zellzahl zu einem höheren Wachstumspotenzial. Das eigentliche Größenwachstum wird jedoch durch Zellstreckung, insbesondere in Längsrichtung, verursacht.

Ebene und Symmetrie der Zellteilung Die Ebene (Ausrichtung) und Symmetrie der Zellteilung sind für die Festlegung der Pflanzengestalt ungeheuer wichtig. Stellen Sie sich eine Einzelzelle vor, die vor der Mitose steht. Wenn die Teilungsebenen ihrer Tochterzellen parallel zur Ebene der ersten Zellteilung verlaufen, wird eine Einzelzellreihe gebildet (Abbildung 35.17a). Wenn die Zellteilungsebenen hingegen zufällig variieren, entsteht das andere Extrem, ein unstrukturierter Zellhaufen. Außerdem werden zwar die Chromosomen bei der Mitose gleichmäßig auf die Tochterzellen verteilt, doch das Zytoplasma kann sich asymmetrisch aufteilen. Eine *asymmetrische Zellteilung*, bei der eine Tochterzelle während der Mitose mehr Zytoplasma erhält als die andere, ist bei Pflanzenzellen relativ häufig und markiert gewöhnlich ein Schlüsselereignis in der Entwicklung. Bei der Bildung der Schließzellen kommt es beispielsweise im typischen Fall zu einer asym-

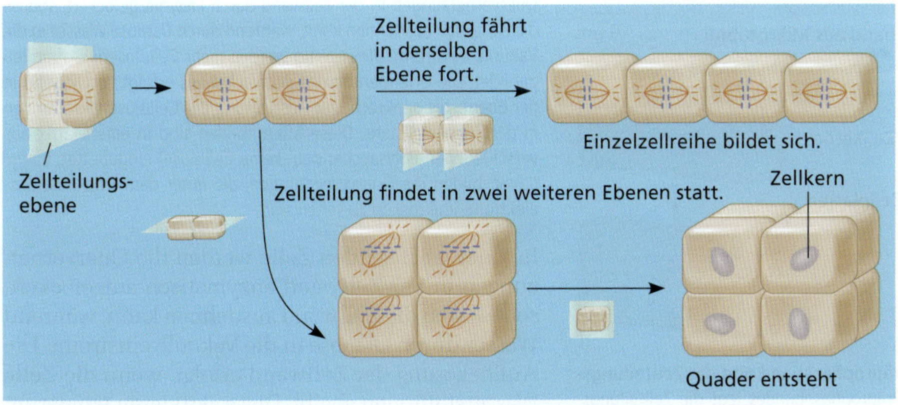

(a) Zellteilungen in derselben Ebene führen zu einer Einzelzellreihe, während sich aus Zellteilungen in drei Ebenen ein Quader entwickelt.

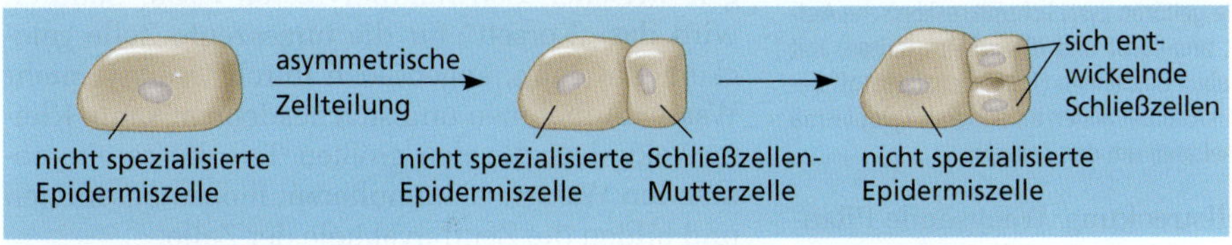

(b) Vor der Bildung der Schließzellen findet eine asymmetrische Zellteilung statt. (Schließzellen umschließen den Porus der Spaltöffnungen in der Blattepidermis; siehe Abbildung 35.14.)

Abbildung 35.17: Ebene und Symmetrie der Zellteilung beeinflussen die Entwicklung der Pflanzengestalt.

metrischen Zellteilung wie auch zu einem Wechsel in der Zellteilungsebene: Eine Epidermiszelle teilt sich asymmetrisch und bildet eine große Zelle aus, die weiterhin als nicht spezialisierte Epidermiszelle existiert, und eine kleine Zelle, die zur „Schließzellen-Mutterzelle" wird. Wenn diese kleine „Mutterzelle" sich senkrecht zur Ebene der ersten Zellteilung erneut teilt, werden die Schließzellen gebildet (Abbildung 35.17b).

Die Zellteilungsebene wird in der späten Interphase festgelegt. Als erstes Anzeichen dieser räumlichen Orientierung erfolgt eine Umorientierung des Cytoskeletts (Abbildung 35.18). Die „Regieanweisung" besteht aus einem geordneten Muster aus Actinfilamenten (Mikrofilamenten), das auch nach dem Verschwinden der Mikrotubuli erhalten bleibt.

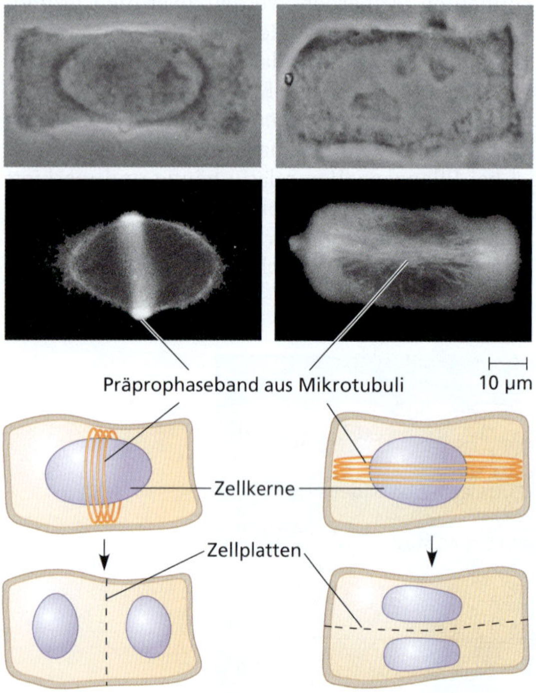

Abbildung 35.18: Das Präprophaseband und die Zellteilungsebene. Die Position des Präprophasebandes legt die Zellteilungsebene fest. Die rechts und links dargestellten Zellen sind zwar von der Gestalt her ähnlich, doch sie werden sich in unterschiedlichen Ebenen teilen. Zu jeder Zelle gehören zwei lichtmikroskopische Aufnahmen, eine (oben) nicht angefärbt und die andere (unten) mit einem spezifisch an Mikrotubuli bindenden Fluoreszenzfarbstoff behandelt. Die angefärbten Mikrotubuli bilden im äußeren Zytoplasma einen „Gürtel" (Präprophaseband) um den Zellkern.

Orientierung der Zellstreckung Wachsende Pflanzenzellen bilden ebenfalls zusätzliches proteinreiches Material in ihrem Zytoplasma, doch die Wasseraufnahme macht im typischen Fall etwa 90 Prozent der Zellausdehnung aus (Abbildung 35.19). Dieses Wasser befindet sich hauptsächlich in der großen Zentralvakuole. Bambussprosse können zum Beispiel über zwei Meter pro Woche wachsen. Bei Sprossachsen und Wurzeln war die Fähigkeit zur raschen Ausdehnung eine wichtige evolutionäre Anpassung, um mehr Licht zu erhalten und besser in den Boden vorzudringen.

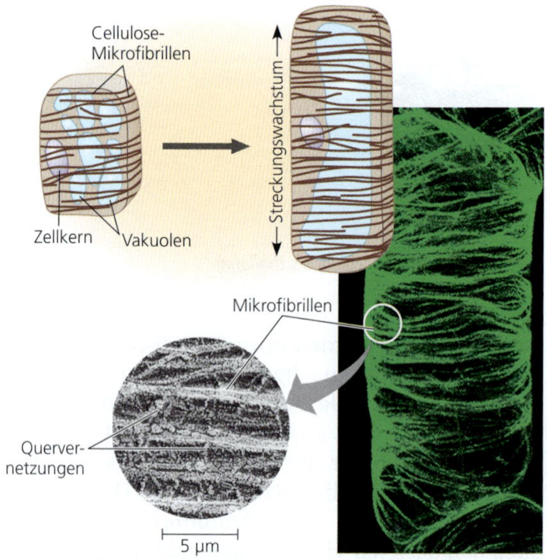

Abbildung 35.19: Die Orientierung der Zellstreckung bei Pflanzenzellen. Wachsende Pflanzenzellen vergrößern sich vor allem durch Wasseraufnahme. In einer wachsenden Zelle werden Quervernetzungen in der Zellwand durch Enzyme gelockert, sodass die Zelle sich ausdehnen kann, während durch Osmose Wasser in die Vakuole einströmt; gleichzeitig werden mehr Cellulosemikrofibrillen gebildet. Die Orientierung des Zellwachstums erfolgt vorwiegend in der Ebene, die senkrecht zur Ausrichtung der Cellulosemikrofibrillen in der Zellwand steht. Diese Mikrofibrillen sind in eine Matrix aus verschiedenen Polysacchariden (keine Cellulose) eingebettet; einige davon bilden die Quervernetzungen, die unter dem Transmissionselektronenmikroskop zu sehen sind.

In einer wachsenden Zelle werden die Quervernetzungen in der Zellwand enzymatisch aufgelockert, sodass sich die Zellwand ausdehnen kann, während Wasser durch Osmose in die Vakuole einströmt. Die Auflockerung der Zellwand erfolgt, wenn die Zelle Wasserstoffionen abgibt. Diese aktivieren wiederum Zellwandenzyme, die ihrerseits die Quervernetzungen zwischen Zellwandpolymeren lösen. Dadurch wird das „Korsett" für die turgeszente Zelle gelockert, die dann, angetrieben durch Osmose, mehr Wasser aufnehmen und sich ausdehnen kann. Kleine Vakuolen, die den größten Teil dieses einströmenden Wassers akkumulieren, fließen zusammen und bilden die Zentralvakuole der Zelle.

Die Orientierung der Mikrotubuli in den äußersten Bereichen des Zytoplasmas bestimmt, wie sich die Cellulosemikrofibrillen – die grundlegenden Struktureinheiten der Zellwand – ausrichten werden. Somit geht sowohl die Zellteilungsrichtung als auch die Zellstreckungsrichtung auf die Orientierung der Mikrotubuli in der Zelle zurück.

Mikrotubuli und Pflanzenwachstum Bei Untersuchungen an *fass*-Mutanten von *Arabidopsis* bestätigte sich, welche wichtige Rolle die zytoplasmatischen Mikrotubuli bei der Zellteilung und Zellstreckung spielen.

Die gestauchte Pflanzengestalt lässt sich auf die anomale Organisation der Mikrotubuli zurückführen.

35.5.3 Morphogenese und Musterbildung

Damit die Entwicklung richtig ablaufen kann, muss eine Morphogenese stattfinden; das heißt, dass Zellen zu vielzelligen Geweben und Organen organisiert werden müssen. Die Entwicklung spezifischer Strukturen an spezifischen Orten wird als **Musterbildung** bezeichnet.

Viele Entwicklungsbiologen postulieren, dass die Musterbildung durch **Positionsinformation** in Form von Signalen festgelegt wird, die jeder Zelle kontinuierlich ihren Platz (die Position) innerhalb der sich entwickelnden Struktur zuweisen.

Eine Art von Positionsinformation steht mit der **Polarität** in Verbindung (Polarität bedeutet, dass bei einem Organismus an den entgegengesetzten Polen strukturelle oder chemische Unterschiede bestehen). Pflanzen besitzen normalerweise eine Achse mit Wurzelende und Sprossende. Eine derartige Polarität ist bei morphologischen Unterschieden am offenkundigsten, ist jedoch auch bei physiologischen Eigenschaften manifest – beispielsweise bei der unidirektionellen Bewegung des Pflanzenhormons Auxin.

Normalerweise erfolgt die erste Zellteilung einer pflanzlichen Zygote asymmetrisch und initiiert die Polarisation des Pflanzenkörpers zu Spross und Wurzel. Sobald diese Polarität induziert wurde, ist es äußerst schwierig, sie experimentell rückgängig zu machen. Die korrekte Festlegung der Achsenpolarität ist daher ein wichtiger Schritt in der Morphogenese einer Pflanze.

Die Morphogenese bei Pflanzen steht wie bei anderen vielzelligen Organismen häufig unter der Kontrolle von sogenannten homöotischen Genen; dies sind regulatorische „Schlüsselgene", die zahlreiche wichtige Schritte der Individualentwicklung wie eine Organinduktion (siehe Kapitel 21) kontrollieren. Das Proteinprodukt des in vielen Pflanzenarten vorkommenden homöotischen Gens *KNOTTED-1* ist zum Beispiel für die Morphogenese der Blätter wichtig und spielt auch bei der Bildung von zusammengesetzten Blättern eine Rolle (Abbildung 35.20).

Abbildung 35.20: Überexpression eines *Hox*-ähnlichen Gens im Blatt. *KNOTTED-1* ist an der Bildung der Blätter und Fiederblättchen beteiligt. Bei Überexpression treten bei Tomatenpflanzen Blätter auf, die im Vergleich zu einem normalen Tomatenblatt (links) mehrfach gefiedert („super-gefiedert", rechts) sind.

35.5.4 Genexpression und Kontrolle der Zelldifferenzierung

In einem sich entwickelnden Organismus können die einzelnen Zellen unterschiedliche Proteine synthetisieren und sie unterscheiden sich in Struktur und Funktion, obwohl sie alle das gleiche Genom besitzen. Wenn man ausgewachsene Wurzel- oder Blattzellen aus ihrem Organ entnimmt, können diese in Gewebekultur wieder reembryonalisieren. Da sie unter Kulturbedingungen dann wieder in verschiedene pflanzliche Zelltypen redifferenzieren können, müssen sie auch alle Gene enthalten, die zur Bildung jeglicher Art von Pflanzenzelle nötig sind. Daraus folgt, dass die Zelldifferenzierung weitgehend auf der Kontrolle der Genexpression beruht – auf der Regulation von Transkription und Translation, die zur Bildung spezifischer Proteine führen.

Aktivierung oder Inaktivierung spezifischer Gene, die an der Zelldifferenzierung beteiligt sind, hängen weitgehend von Positionsinformationen ab – das heißt von der relativen Position einer Zelle in Bezug zu anderen Zellen.

35.5.5 Einfluss der Zellposition auf die weitere Entwicklung

Bei der Gestaltung von pflanzlichen Organen wird die Differenzierung der Zellen durch Zellteilung und Zellstreckung beeinflusst: Denn die Differenzierung hängt davon ab, an welcher spezifischen Position in Relation zu anderen Zellen sich eine Zelle befindet. Somit liegt die Positionsinformation allen Entwicklungsprozessen, nämlich Teilung, Streckung, Differenzierung und Morphogenese, zugrunde. Die Verbindungen zwischen diesen Prozessen können unter anderem durch *klonale Analyse* aufgeklärt werden. Mit dieser Methode werden die von jeder Zelle in einem Apikalmeristem abstammenden Zelllinien während der Organentwicklung kartiert. In der Forschung nutzt man Mutationen, um die Derivate einer bestimmten Meristemzelle von denen der Nachbarzellen in der Sprossspitze zu unterscheiden. Alle Zellen tragen damit ebenfalls die „Markierung".

Einige Forschungsergebnisse sprechen dafür, dass Meristemzellen nicht auf die Bildung spezifischer Gewebe und Organe festgelegt sein müssen. Stattdessen bestimmt die *endgültige* Position der Zelle im sich entwickelnden Organ, zu welchem Zelltyp sie sich differenzieren wird.

35.5.6 Veränderte Entwicklungsprozesse durch Phasenwechsel

Pflanzen durchlaufen verschiedene Phasen und entwickeln sich von einer Jugendphase über eine adulte vegetative Phase zu einer adulten generativen (reproduktiven) Phase. Bei Pflanzen finden die Entwicklungsphasen nur in einer bestimmten Region statt, nämlich im Apikalmeristem des Haupttriebes oder der Seitentriebe. Die morphologischen Veränderungen, die sich aus diesen Übergängen in der Aktivität des Spross-Apikalmeristems ergeben, werden als **Phasenwechsel** bezeichnet (Abbildung 35.21).

Abbildung 35.21: **Phasenwechsel im Sprosssystem von Efeu (*Hedera helix*).** Diese in Europa weitverbreitete Kletterpflanze besitzt zwei Typen von Blättern – gelappte Jugendblätter (links) und einfache Altersblätter (rechts). Diese Verschiedenblättrigkeit (Heterophyllie) ist Ausdruck eines Phasenwechsels während der Entwicklung des Apikalmeristems in jedem Seitentrieb. Sobald sich ein Knoten bildet, wird die Entwicklungsphase – Jugend- oder Altersblätter – fixiert.

Bereits existierende Nodien und Internodien bewahren ihren juvenilen Status, während der Spross wächst und das Sprossmeristem mittlerweile in die vegetative erwachsene Phase gewechselt hat. Alle *neuen* Blätter, die sich an Nodien der juvenilen Phase aus Achselknospen entwickeln, haben eine juvenile Morphologie, auch wenn das Haupt-Apikalmeristem schon mehrere Jahre Nodien produziert, die erwachsene Blätter hervorbringen. Wenn die Umweltbedingungen es erlauben, dann wird die Pflanze zur Blütenbildung stimuliert. Biologen haben in den letzten Jahren große Fortschritte erzielt und Hypothesen formuliert, die die genetische Kontrolle der Blütenentwicklung erklären.

35.5.7 Genetische Kontrolle der Blütenentwicklung

Die Blütenbildung umfasst einen Phasenwechsel vom vegetativen Wachstum zum generativen (reproduktiven) Wachstum. Dieser Übergang wird durch eine Kombination aus Umweltreizen wie Tageslänge, Temperatur und ebenso aus endogenen Signalen wie Hormonen ausgelöst. Im Gegensatz zum vegetativen Wachstum, das unbegrenzt ist, ist das Blütenwachstum determiniert: Die Bildung einer Blüte durch das Spross-Apikalmeristem setzt dem primären Wachstum dieser Sprossachse ein Ende. Der Übergang vom vegetativen Wachstum zur Blüte ist an das Anschalten von **floralen Meristemidentitätsgenen** gekoppelt.

Wenn ein Spross-Apikalmeristem induziert wird, Blüten zu bilden, bestimmt die relative Position jedes Primordiums die Entwicklung zu einem spezifischen Typ von Blütenorgan – zum Sepalum (Kelchblatt), Petalum (Kronblatt), Stamen (Staubblatt) oder Karpell (Fruchtblatt). Von oben gesehen, entwickeln sich die Blütenorgane in vier konzentrischen Kreisen oder Wirteln: Die Sepalen bilden den vierten (äußersten) Wirtel, die Petalen den dritten, die Stamina den zweiten und die Karpelle den ersten (innersten) Wirtel. Die Bildung der Blütenorgane erfolgt in einem anderen Rhythmus (Blastochron) als dem der Blattorgane und oftmals aus anderen Bereichen des Meristems. Man konnte mehrere **Organidentitätsgene** identifizieren, welche die Entwicklung dieses typischen Blütenmusters regulieren. Organidentitätsgene sind Schlüsselregulatorgene, die für Transkriptionsfaktoren codieren. Durch Positionsinformation wird festgelegt, welche Organidentitätsgene in einem bestimmten Blütenorgan-Primordium exprimiert werden. Daraus resultiert die Entwicklung eines jungen Blütenprimordiums zu einem spezifischen Blütenorgan. Auch kann eine Mutation in einem pflanzlichen Organidentitätsgen eine anomale Blütenentwicklung bewirken (Abbildung 35.22).

Abbildung 35.22: Organidentitätsgene und Musterbildung in der Blütenentwicklung. Links eine normale *Arabidopsis thaliana* Wildtypblüte mit den vier Blütenwirteln: Kelchblätter (Sepalen, Se), Blütenblätter (Petalen, Pe), Staubblätter (Stamina, St) und Fruchtblätter (Karpelle, Ka). Rechts eine *Arabidopsis thaliana* Klasse-C-Mutante. Durch den Verlust der Klasse-C-Genfunktion bildet die Blüte keine Staub- und Fruchtblätter mehr aus. In den beiden äußeren Wirteln steuern Klasse-A- und B-Gene die Entwicklung normaler Kelch- und Blütenblätter. Zusätzlich kommt es durch den Wegfall der Klasse-C-Genfunktion, die auch die Termination des Blütenmeristems bewirkt, dazu, dass weitere blütenblattähnliche Organe („Pe") im Inneren der sterilen Blüte gebildet werden.

Die Untersuchung von *Arabidopsis*-Mutanten mit anomaler Blütenorganogenese hat dazu geführt, dass man drei Klassen von floralen Organidentitätsgenen identifizieren und klonieren konnte. Das **ABC-Modell** der Blütenbildung (in Abbildung 35.23a schematisch dargestellt) zeigt auf, wie diese drei Klassen von Genen die Bildung der vier Typen von Blütenorganen bei der Modellpflanze *Arabidopsis* steuern. Mithilfe des ABC-Modells lassen sich die Phänotypen von *Arabidopsis*-Blütenmutanten ohne *A*-, *B*- oder *C*-Genaktivität erklären: Sollte der Gentyp *A* oder *C* fehlen, dehnt sich jeweils die *C*- bzw. *A*-Aktivität aus. Abbildung 35.23b zeigt den Blütenaufbau von Mutanten. Die Funktion des Gentyps *A*, wie sie das ABC-Modell beschreibt, ist allerdings ein Sonderfall, der bislang nur für *Arabidopsis* gezeigt werden konnte.

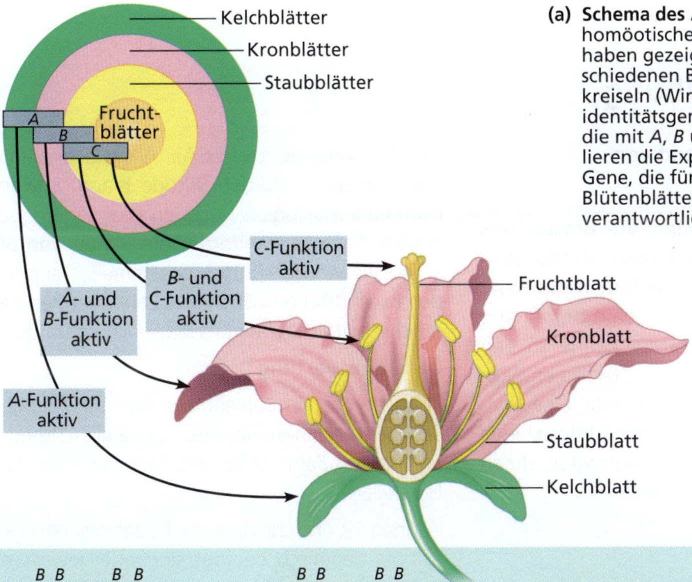

(a) Schema des ABC-Modells. Untersuchungen an homöotischen Arabidopsis-Blütenmutanten haben gezeigt, dass die Ausbildung der verschiedenen Blütenorgane in den vier Blütenkreiseln (Wirteln) von drei Klassen von Organidentitätsgenen gesteuert wird. Diese Gene, die mit *A*, *B* und *C* bezeichnet werden, regulieren die Expression anderer, nachgeschalteter Gene, die für die Entwicklung der Kelchblätter, Blütenblätter, Staubblätter und Fruchtblätter verantwortlich sind.

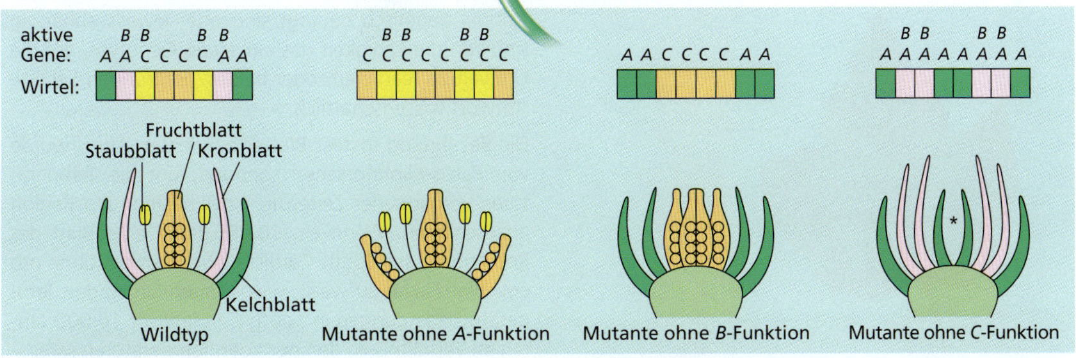

(b) Seitenansicht von Blüten mit Organidentitätsgen-Mutationen. Der jeweilige Phänotyp einer Mutante – mit Funktionsverlust des *A*-, *B*- oder *C*-Organidentitätsgens – lässt sich erklären, wenn man das Modell in Abbildungsteil (a) mit der Regel kombiniert, dass bei fehlender *A*- oder *C*-Genfunktion das jeweils andere Gen dann dort aktiv ist. Der Stern in der Mutante ohne *C*-Funktion (rechts) markiert den ebenfalls entstehenden Verlust der Termination des Blütenmeristems. Dadurch kommt es zur Ausbildung von zusätzlichen sterilen Blütenorganen im Inneren der Blüte (siehe Abbildung 35.22).

Abbildung 35.23: Das ABC-Modell zur Funktion von Organidentitätsgenen in der Blütenentwicklung.

Auch wenn wir in diesem Kapitel die Pflanze in Teile zerlegt haben, um sie zu untersuchen, müssen wir im Auge behalten, dass die Pflanze ein komplexes System ist, dessen Funktionen perfekt integriert sind, um auch auf äußere Faktoren reagieren zu können. Pflanzenbaupläne sind ein Ergebnis der evolutionären Anpassung eines fotoautotrophen Organismus an das Landleben.

Die Blattmorphologie ist oft ein Ergebnis der genetischen Programme, die durch Umwelteinflüsse verändert werden. Interpretieren Sie die Daten der wissenschaftlichen Übung, um das Zusammenspiel des genetischen Hintergrunds mit der Umwelt bei der Ausprägung der Blattmorphologie des Rot-Ahorns herauszuarbeiten.

VERSTÄNDNISFRAGEN

1. Welche Eigenschaften von *Arabidopsis thaliana* machen diese Pflanze zum idealen Forschungsobjekt?

2. Wie können zwei Zellen derselben Pflanze sehr unterschiedliche Strukturen besitzen, obwohl sie ein und dasselbe Genom haben?

3. Erklären Sie, warum die *fass*-Mutation bei *Arabidopsis* zu gestauchten Pflanzen statt zu normalen Pflanzen mit ausgeprägter Längsachse führt.

4. WAS WÄRE, WENN? Bei einigen Pflanzenarten wie der Magnolie sehen die Kelchblätter (Sepalen) wie Kronblätter (Petalen) aus und werden insgesamt als Tepalen (Perigonblätter) bezeichnet. Schlagen Sie ein erweitertes ABC-Modell vor, um den Ursprung der Tepalen hypothetisch zu erklären.

Wissenschaftliche Übung

Interpretieren von Daten anhand von Balkendiagrammen

Natur vs. Züchtung: Warum sind die Blätter des Rot-Ahorns aus nördlichen Gebieten Nordamerikas stärker gezähnt als aus südlichen Regionen? Nicht alle Blätter des Rot-Ahorns (*Acer rubrum*) sind gleich. Die Größe und die Anzahl der Zähne an den Blatträndern sind bei südlichen und nördlichen Vorkommen verschieden. Die Abbildung zeigt eine Zwischenform. Sind diese morphologischen Unterschiede genetisch oder umweltbedingt, beispielsweise durch temperaturabhängige Genexpression?

Durchführung des Experiments Samen des Rot-Ahorns wurden von südlichen und nördlichen Vorkommen geerntet: Ontario (Kanada), Pennsylvania, South Carolina und Florida (USA). Alle Nachkommenschaften wurden im Norden (Rhode Island) und im Süden (Florida) aufgezogen. Nach ein paar Jahren wurden an beiden Aufzuchtstandorten die Blätter von allen dort angezogenen Herkünften gesammelt. Dann wurde die durchschnittliche Fläche jedes Zahns vermessen und die durchschnittliche Zahl pro Blattfläche gezählt.

Datenauswertung

Zeichnen Sie ein Balkendiagramm für Zahngröße und Zahnzahl. Können Sie einen generellen Trend der Verteilung von Zahngröße und Zahnzahl beim Rot-Ahorn feststellen?

Können Sie entscheiden, ob die Zahnmerkmale des Rot-Ahorns genetisch bedingt sind oder jeweils abhängig sind von der Fähigkeit des einzelnen Genotyps, auf die Umwelt zu reagieren, oder beides? Begründen Sie Ihre Antwort wissenschaftlich.

Die Bezahnung fossiler Blätter bekannten Alters wurde von Paleo-Klimaforschern genutzt, um die Temperaturen vergangener Zeiten in einer bestimmten Region abzuschätzen. Wenn ein 10.000 Jahre altes Blatt des Rot-Ahorns aus South Carolina zwei bis vier Zähne pro cm^2 Blattfläche aufweist, was können Sie zu den Temperaturbedingungen in South Carolina vor 10.000 Jahren im Verhältnis zu den heutigen Temperaturen sagen? Erläutern Sie Ihre Begründung.

Daten aus: D. L. Royer et al., Phenotypic plasticity of leaf shape along a temperature gradient in *Acer rubrum*, *PLoS ONE* 4(10):e7653 (2009).

Experimentelle Daten

Ernteort	Durchschnittliche Fläche des einzelnen Zahn (cm^2)		Anzahl der Zähne pro cm^2 Blattfläche	
	Aufzucht in Rhode Island	Aufzucht in Florida	Aufzucht in Rhode Island	Aufzucht in Florida
Ontario (43,32° N)	0,017	0,017	3,9	3,2
Pennsylvania (42,12° N)	0,020	0,014	3,0	3,5
South Carolina (33,45° N)	0,024	0,028	2,3	1,9
Florida (30,65° N)	0,027	0,047	2,1	0,9

ZUSAMMENFASSUNG

Pflanzen sind hierarchisch organisiert – in Form von Organen, Geweben und Zellen

Gefäßpflanzen haben die Grundorgane **Spross**, **Blatt** und **Wurzel** sowie, bei Samenpflanzen, die Blüte. Wurzeln verankern die Pflanze, nehmen Wasser und darin gelöste Mineralstoffe auf und speichern Nährstoffe. Blätter entstehen an den Knoten (Nodien) des Sprosses und sind die wichtigsten Fotosyntheseorgane. Achselknospen (Seitenknospen) entwickeln sich in den Achseln zwischen Blatt und Spross und werden zu Seitentrieben. Pflanzenorgane können in Anpassung an besondere Funktionen stark variieren.

Gefäßpflanzen haben verschiedene **Gewebesysteme** – Abschlussgewebe, Absorptionsgewebe, Leitgewebe und Grundgewebe (Parenchym). Das **Abschlussgewebe** schützt die Pflanze vor Pathogenen, Fraßfeinden und Austrocknung und sorgt durch Stomata und Lenticellen für den Gasaustausch. Das **Absorptionsgewebe** ist für die Aufnahme von Wasser und gelösten Nährsalzen verantwortlich. Das **Leitgewebesystem** (**Xylem** und **Phloem**) ermöglicht den Ferntransport der Substanzen. Im **Parenchym** erfolgen Speicherung, Stoffwechsel und Regeneration. **Parenchymzellen** sind relativ unspezialisiert, dünnwandig und noch teilungsfähig; sie sind für die meisten Stoffwechselfunktionen wie Synthese und Speicherung zuständig. **Kollenchymzellen** haben ungleich verdickte Zellwände. Sie stützen junge, noch wachsende Pflanzenteile. **Sklerenchymzellen** (**Steinzellen** und **Fasern**) haben dicke, lignifizierte Zellwände und sind im ausdifferenzierten Zustand tot. Sie stützen ältere, nicht mehr wachsende Pflanzenteile.

Tracheiden und Gefäße (**Tracheen**) sind die Wassertransportbahnen im Xylem. Sie haben dicke, verholzte Zellwände und sind im funktionsfähigen Zustand tot. **Siebröhrenelemente** leben, sind jedoch stark modifiziert und enthalten keine Organellen; sie transportieren Assimilate (wie Zucker und Aminosäuren) im Phloem.

Meristeme erzeugen neue Zellen für das primäre und das sekundäre Wachstum

Meristeme sind Bildungsgewebe (entsprechend den Stammzellen der Tiere) aus undifferenzierten und teilungsaktiven Zellen. **Apikalmeristeme** finden sich an Spross- und Wurzelspitzen und sind für das Längenwachstum zuständig (primäres Wachstum). **Lateralmeristeme** sorgen für das Dickenwachstum (sekundäres Wachstum).

Primäres Wachstum ist für die Längenzunahme von Wurzel und Sprossachse verantwortlich

Das **Wurzel-Apikalmeristem** befindet sich unmittelbar hinter der Wurzelspitze. Hier wird Zellmaterial für die wachsende Wurzel und die **Wurzelhaube** gebildet.

Das **Spross-Apikalmeristem** befindet sich an der **Apikalknospe** und erzeugt eine Folge von **Internodien** und **Nodien**, an denen die Blätter entstehen.

Beim Spross der Eudikotyledonen sind die Leitbündel auf einem Ring angeordnet, beim Spross der Monokotyledonen sind die Leitbündel unregelmäßig verteilt.

Mesophyllzellen der Blätter sind für die Fotosynthese angepasst. In der Epidermis befinden sich Öffnungen (**Stomata**), die für den Gasaustausch und die Transpiration verantwortlich sind und von jeweils einem Schließzellenpaar gebildet werden.

Sekundäres Dickenwachstum vergrößert bei verholzten Pflanzen den Umfang von Sprossachse und Wurzel

Das **Cambium** ist ein Zylinder teilungsaktiver Zellen, die im Zuge des **sekundären Dickenwachstums** sekundäres Xylem und sekundäres Phloem produzieren. Nur die jüngeren Jahresringe transportieren Wasser (Splintholz). Ältere Jahresringe verlieren diese Funktion.

Das **Korkcambium** produziert ein dickes Abschlussgewebe, das Periderm. Es besteht aus dem Korkcambium und den Korkzellen.

Wachstum, Morphogenese und Differenzierung formen den Pflanzenkörper

Zellteilung und Zellstreckung bestimmen das primäre Wachstum. Ein Präprophaseband aus Mikrotubuli legt die Teilungsrichtung fest. Die Ausrichtung der Mikrotubuli beeinflusst die Richtung des Streckungswachstums, indem sie die Lage der Mikrofibrillen in der Zellwand kontrollieren.

Die Morphogenese, die Entwicklung des Bauplans und seiner Organisation, hängt davon ab, welche Positionsinformationen die Zellen von ihren Nachbarzellen erhalten.

Die **Zelldifferenzierung** geht zurück auf eine differenzielle Genaktivierung. Diese ermöglicht es den Zellen, in der Pflanze verschiedene Funktionen zu erfüllen, auch wenn alle Zellen die gleiche genetische Grundausstattung haben. Die Zelldifferenzierung wird zu einem großen Teil durch die Zellposition im sich entwickelnden Pflanzenkörper festgelegt.

Innere und/oder äußere Reize können ein neues Entwicklungsstadium einleiten – ein Beispiel ist die Ausbildung von Altersblättern, die sich morphologisch von den Jugendblättern unterscheiden. Solche Veränderungen werden Phasenwechsel genannt.

Untersuchungen an Organidentitätsgenen der Blütenbildung haben zu einer Hypothese geführt, mit der Musterbildung erforscht werden kann. Das ABC-Modell der Blütenbildung erklärt, wie drei Klassen von homöotischen Organidentitätsgenen die Ausbildung von Kelchblättern, Kronblättern, Staubblättern und Fruchtblättern kontrollieren.

Stoffaufnahme und Stofftransport bei Gefäßpflanzen

36

36.1 Anpassungen zur Aufnahme der Nahrungsressourcen waren wichtige Schritte in der Evolution der Landpflanzen

Landpflanzen leben im typischen Fall in zwei Welten: in einer oberirdischen, wo ihr Sprosssystem Sonnenlicht und CO_2 aufnimmt, und in einer unterirdischen, wo das Wurzelsystem Wasser und Mineralstoffe aufnimmt. Ohne Anpassungen, die Aufnahme und Transport dieser Nahrungsressourcen aus dem ober- und unterirdischen Lebensraum ermöglichen, hätten Pflanzen das Festland nicht erobern können.

Abbildung 36.1: Pflanzen oder Kieselsteine?

Die Funktionen von Verankerung und Stoffaufnahme wurden bei den frühen Landpflanzen von der Sprossbasis oder von fadenförmigen Rhizoiden übernommen (siehe Abbildung 29.4).

Da der evolutionäre Erfolg von Pflanzen von der Fotosynthese abhängt, haben sich im Laufe der Zeit viele Mechanismen entwickelt, um Licht von der Sonne, CO_2 aus der Luft und Wasser aus dem Boden zu erlangen (Abbildung 36.2). Fast genauso wichtig ist, dass Landpflanzen ihren Wasserverlust durch Verdunstung minimieren müssen, insbesondere in wasserarmer Umgebung.

36.1.1 Aufbau der Sprossachse und Lichtabsorption

In Sprosssystemen dienen die Sprossachsen (Stängel, Stamm) als Stützstrukturen für die Blätter und als Leitungssystem für den Transport von Wasser und Nährstoffen. Variationen des Sprosssystems gehen vor allem auf Gestalt und Stellung der Blätter, das Austreiben von Achselknospen und das relative Längen- und Dickenwachstum des Sprosses zurück.

Die größten Blätter werden generell in tropischen Regenwäldern angetroffen, während man die kleinsten Blätter meistens in trockener oder sehr kalter Umwelt findet, wo flüssiges Wasser rar ist und der mögliche Wasserverlust durch Verdunstung über die Blätter das größere Problem darstellt (Abbildung 36.3).

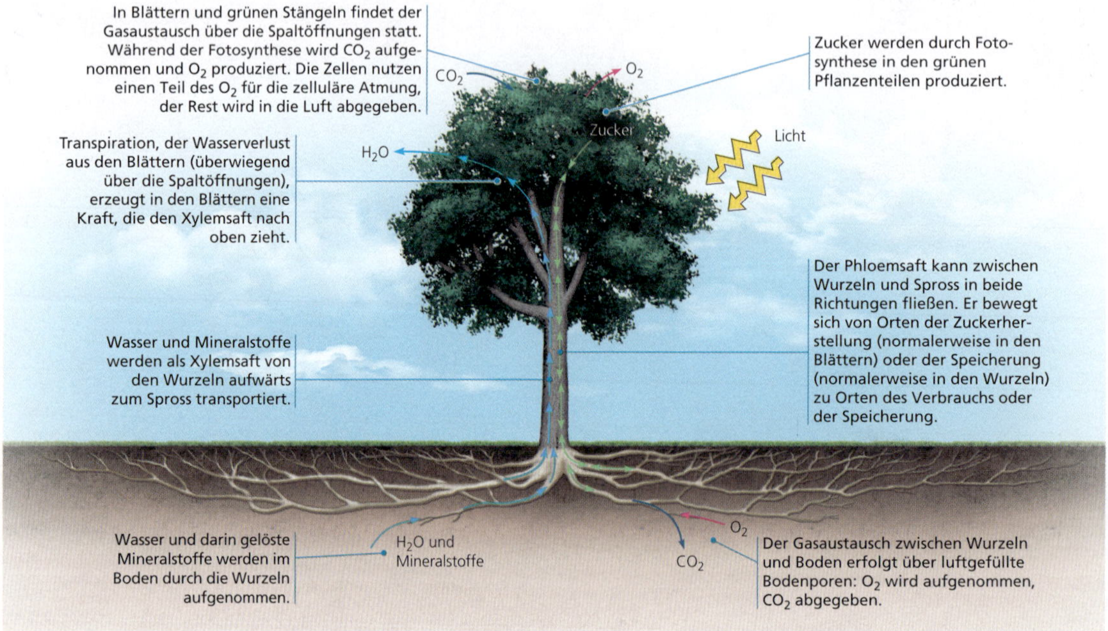

Abbildung 36.2: Überblick über Stoffaufnahme und Transportvorgänge in einer Gefäßpflanze während des Tages.

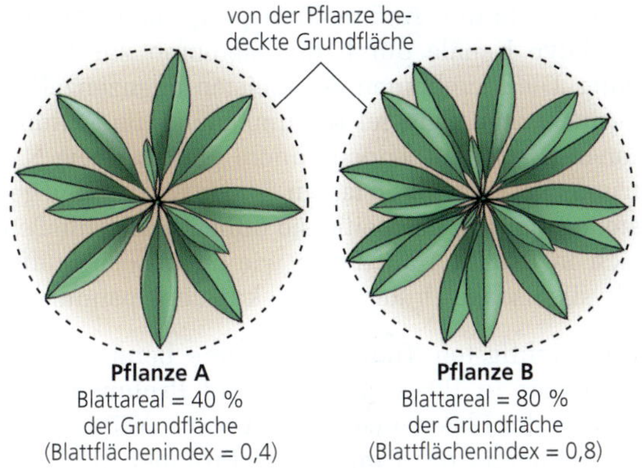

Abbildung 36.3: Blattflächenindex. Der Blattflächenindex (LAI, engl. *leaf area index*) einer Einzelpflanze ist das Verhältnis der gesamten Blattoberfläche zu der von der Pflanze bedeckten Grundfläche, wie in der Darstellung von zwei von oben gesehenen Pflanzen sichtbar. Wenn viele Schichten von Blättern übereinander zu liegen kommen, kann ein Blattflächenindex auch über 1 liegen.

? Würde ein höherer Blattflächenindex immer die Fotosyntheseaktivität erhöhen? Begründen Sie Ihre Antwort.

Die Stellung der Blätter an einer Sprossachse, die **Phyllotaxis**, ist ein Strukturmerkmal, das für das Einfangen des Sonnenlichts von größter Bedeutung ist. Die Phyllotaxis wird durch das Spross-Apikalmeristem festgelegt und ist für jede Pflanzenart spezifisch (Abbildung 36.4).

Abbildung 36.4: Phyllotaxis bei der Fichte (*Picea abies*). In dieser rasterelektronenmikroskopischen Aufnahme, einer Aufsicht auf die Sprossspitze, lässt sich das Muster der sich entwickelnden Blätter klar erkennen. Die Blätter sind durchnummeriert: 1 bezeichnet das jüngste Blatt.

? Fahren Sie mit dem Finger in der richtigen Reihenfolge über die Blattanlagen und fangen Sie bei Nummer 29 an. Welches Muster zeigt sich?

Weitere Faktoren, die intensiv zum äußeren Erscheinungsbild und zum ökologischen Erfolg von Pflanzen beitragen, sind Austrieb der Achselknospen und Sprossstreckung. Kohlendioxid und Sonnenlicht sind Ressourcen, die durch Verzweigung wirksamer genutzt werden können. Durch die natürliche Selektion haben sich verschiedene Arten des Sprossaufbaus herausgebildet, die das Licht optimal nutzen können (bezogen auf die jeweilige Pflanzenart in ihrer ökologischen Nische).

Auch die Dicke der Sprossachse (Stängel oder Stamm) kann je nach Pflanzenart variieren. Die meisten großen (hohen) Pflanzen benötigen einen dicken Stamm, der einen verstärkten Leitgewebetransport zu den Blättern und besseren mechanischen Halt ermöglicht. Lianen, also Kletterpflanzen, bilden eine Ausnahme, da sie bereits vorhandene Stützstrukturen (meistens andere Pflanzen) nutzen, um mit ihrem Laub in die oberen Schichten des Kronendachs zu gelangen und damit in den Genuss von mehr Licht zu kommen. Bei verholzten Pflanzen wird der Stammumfang durch das sekundäre Dickenwachstum vergrößert.

36.1.2 Wurzelaufbau und die Aufnahme von Wasser und Mineralstoffen

Während das Sprosssystem Kohlendioxid und Sonnenlicht als Ressourcen nutzt, erschließt das Wurzelsystem die Nahrungsressourcen im Boden. Die Entwicklung der Seitenwurzelbildung versetzte Landpflanzen in die Lage, Wasser und Nährstoffe effektiver aus dem Boden aufzunehmen.

Die Herausbildung mutualistischer Assoziationen zwischen Wurzeln und Pilzen war ein entscheidender Schritt bei der erfolgreichen Besiedlung des Festlands durch Pflanzen – insbesondere, wenn man bedenkt, wie arm die Böden zu dieser Zeit waren. Die besonders spezialisierten mutualistischen Assoziationen zwischen Wurzeln und Pilzen werden als Mykorrhizen bezeichnet. Etwa 80 Prozent der heute lebenden Landpflanzenarten bilden Mykorrhiza-Assoziationen.

VERSTÄNDNISFRAGEN

1. Warum ist der Langstreckentransport für Gefäßpflanzen wichtig?

2. Welche Merkmale des Pflanzenaufbaus führen zur Selbstbeschattung?

3. Manche Pflanzenarten können Licht wahrnehmen, das von konkurrierenden Nachbarpflanzen reflektiert wird. Diese Wahrnehmung führt zur Sprossverlängerung und der Bildung aufrecht stehender Blätter sowie zur Unterdrückung der Verzweigung. Welchen Wettbewerbsvorteil bringen diese Reaktionen der Pflanze?

4. WAS WÄRE, WENN? Welchen Kurzzeiteffekt hat das Einkürzen der Sprossspitzen auf die Verzweigung und den Blattflächenindex einer Pflanze?

36.2 Der Transport über Kurz- oder Langstrecken erfolgt durch verschiedene Mechanismen

Wie Tiere müssen auch Pflanzen Wasser und Nährstoffe von einem Teil des Körpers zum anderen befördern. Wie können sie das bewerkstelligen, ohne einen Pumpmechanismus wie das Herz zu besitzen? Zur Beantwortung dieser Frage werfen wir zunächst einen Blick auf die grundlegenden Transportvorgänge in der Pflanze.

Transport beginnt mit der Aufnahme von Stoffen in die Pflanzenzellen. Die selektive Permeabilität der Plasmamembran kontrolliert wie bei allen Organismen den Ein- und Austritt von Stoffen.

36.2.1 Diffusion und aktiver Transport von gelösten Stoffen

Die Diffusion durch eine Membran wird als *passiver Transport* bezeichnet, da dieser Transport stattfindet, ohne dass die Zelle direkt Stoffwechselenergie aufwenden muss. *Aktiver Transport* ist das Pumpen eines gelösten Stoffes durch eine Membran gegen seinen elektrochemischen Gradienten. Dieser Transport wird als „aktiv" bezeichnet, da die Zelle Energie – gewöhnlich in Form von ATP – aufwenden muss, um einen gelösten Stoff gegen den Konzentrationsgradienten zu transportieren.

MERKE!
Die Diffusion durch eine Membran wird als passiver Transport bezeichnet.

MERKE!
Aktiver Transport ist das Pumpen eines gelösten Stoffes durch eine Membran gegen seinen elektrochemischen Gradienten.

Die meisten gelösten Stoffe können nicht direkt durch die Phospholipiddoppelschicht der Plasmamembran diffundieren. Stattdessen müssen sie mithilfe von in der Membran eingebetteten **Transportproteinen** die Membran durchqueren. Die am aktiven Transport beteiligten Transportproteine benötigen für ihre Funktion Energie, während dies auf die am passiven Transport beteiligten Prozesse nicht zutrifft. In einigen Fällen binden Transportproteine selektiv an eine Substanz auf der einen Seite der Membran, verändern anschließend ihre Konformation und setzen die Substanz auf der anderen Seite frei. Andere Transportproteine stellen selektive Kanäle durch die Membran zur Verfügung. Die Membranen der meisten Pflanzenzellen besitzen zum Beispiel Kaliumkanäle, die Kaliumionen (K^+), nicht jedoch andere Kationen wie Natrium (Na^+), passieren lassen. Einige Kanäle sind gesteuert (*gated*), das heißt, sie öffnen und schließen sich in Reaktion auf Reize wie chemische Stoffe, physikalischen Druck oder elektrische Spannung.

Die wichtigsten Transportproteine beim aktiven Transport in Pflanzenzellen sind **Protonenpumpen** an der Plasmamembran, die aus ATP gewonnene Energie dazu einsetzen, Protonen (H^+) aus der Zelle herauszupumpen.

Pflanzenzellen nutzen die Energie von Protonengradienten und Membranpotenzialen, um den aktiven Transport vieler unterschiedlicher Solute anzutreiben.

Der „Zugpferd-Effekt" des Cotransports ist ferner für die Aufnahme von neutralen Soluten, zum Beispiel des Zuckers Saccharose, bei Pflanzen verantwortlich (Abbildung 36.5b). Ein Saccharose-H^+-Cotransporter koppelt die Beförderung von Saccharose gegen ihren Konzentrationsgradienten an die Bewegung von Protonen längs ihres elektrochemischen Gradienten.

36.2.2 Diffusion von Wasser (Osmose)

Zum Überleben müssen Pflanzen ihre Wasseraufnahme und Wasserabgabe im Gleichgewicht halten. In der Zelle erfolgen Nettowasseraufnahme oder -abgabe durch **Osmose**; darunter verstehen wir die Diffusion von Wasser durch eine Membran (siehe Abbildung 7.8). Wodurch wird die Richtung der Wasserbewegung festgelegt? Bei Zellen aller Organismen – vorausgesetzt, die Membran ist für die Stoffe undurchlässig – wandert Wasser aus der Lösung mit der niedrigeren Stoffkonzentration in die Lösung mit der höheren Konzentration an gelösten Stoffen. Doch Pflanzenzellen haben eine weitgehend starre Zellwand; dadurch kommt ein weiterer Faktor ins Spiel, der auf die Osmose wirkt: der physikalische Druck der Zellwand, die einen Gegendruck zum sich ausdehnenden Protoplasten schafft. (Zur Erinnerung: Der Protoplast ist der lebende Teil der Zelle, der aus Zellkern, Zytoplasma und Plasmamembran besteht.) Die Gesamtwirkung von Solutkonzentration und physikalischem Druck wird in einer eigenen Größe, dem sogenannten **Wasserpotenzial**, zusammengefasst.

Das Wasserpotenzial bestimmt die Richtung der Wasserbewegung. Dabei müssen wir als wichtigsten Grundsatz stets in Erinnerung behalten, dass

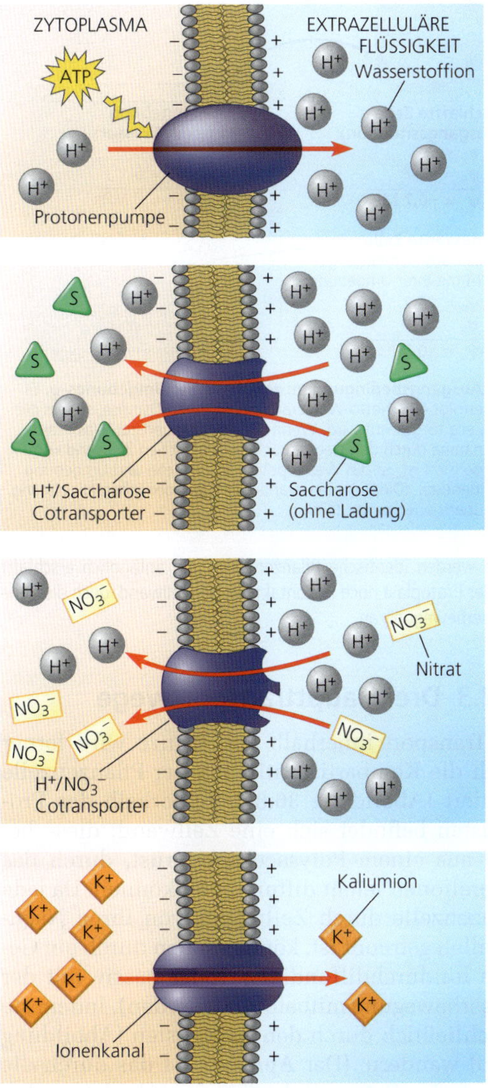

(a) H^+ und Membranpotenzial.
Die Plasmamembranen pflanzlicher Zellen besitzen ATP-abhängige Protonenpumpen, um H^+ aus der Zelle herauszupumpen. Diese Pumpen tragen zum Membranpotenzial und dem Aufbau eines pH-Gradienten über die Membran bei. Diese beiden Formen potentieller Energie treiben den Transport von löslichen Substanzen an.

(b) H^+ und Cotransport neutraler Teilchen.
Ungeladene gelöste Substanzen wie zum Beispiel Zucker können mittels Cotransport von Protonen in die Zelle aufgenommen werden. H^+/Saccharose-Cotransporter beispielsweise spielen eine Schlüsselrolle beim Beladen des Phloems.

(c) H^+ und Cotransport von Ionen.
Cotransport mit H^+ ermöglicht die Regulation von Ionenflüssen in die Zelle und aus ihr hinaus. Zum Beispiel sind H^+/NO_3^--Cotransporter in der Plasmamembran für die Nitrataufnahme durch die Wurzel wichtig.

(d) Ionenkanäle.
Pflanzliche Ionenkanäle öffnen und schließen sich in Abhängigkeit von der Spannung, der Dehnung der Membran und chemischen Faktoren. Wenn sie geöffnet sind, diffundieren bestimmte Ionen über die Membran. Zum Beispiel ist ein K^+-Ionenkanal am Austritt von K^+ aus den Schließzellen beteiligt, wenn sich die Spaltöffnungen schließen.

Abbildung 36.5: Transport von gelösten Substanzen über pflanzliche Zellmembranen.

freies Wasser – also Wasser, das nicht an gelöste Stoffe oder Oberflächen gebunden ist – sich *vom Ort des höheren Wasserpotenzials zum Ort des niedrigeren Wasserpotenzials* bewegt, wenn es ungehindert fließen kann. Der Wortteil *potenzial* im Begriff *Wasserpotenzial* bezieht sich auf die potenzielle Energie des Wassers – seine Kapazität, Arbeit zu verrichten, wenn es von einem Ort des höheren Wasserpotenzials zum Ort des niedrigeren Wasserpotenzials wandert.

Das Wasserpotenzial wird mit dem griechischen Buchstaben ψ (ausgesprochen „psi") bezeichnet. Pflanzenbiologen messen ψ in den Maßeinheiten für den physikalischen Druck, den sogenannten **Megapascal** (abgekürzt **MPa**) (Abbildung 36.6).

Einfluss von gelösten Stoffen und Druck auf das Wasserpotenzial Sowohl Druck als auch Solutkonzentration (Konzentration gelöster Stoffe) können sich auf das Wasserpotenzial auswirken, wie in der sogenannten *Wasserpotenzialgleichung* zum Ausdruck gebracht wird:

$$C\psi = \psi_S + \psi_P$$

wobei ψ das Wasserpotenzial, ψ_S das Lösungspotenzial (osmotisches Potenzial) und ψ_P das Druckpotenzial ist. Das **Lösungspotenzial (ψ_S)** einer Lösung ist proportional zur Anzahl der gelösten Teilchen. Das Lösungspotenzial wird auch als **osmotisches Potenzial** bezeichnet, da Solute die Richtung der Osmose beeinflussen. Solute sind gelöste chemische Stoffe – bei Pflanzen im

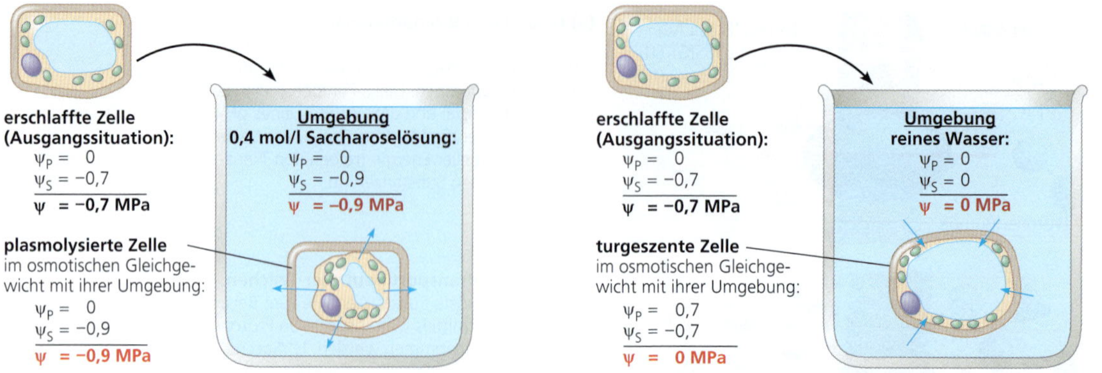

(a) Ausgangsbedingungen: zelluläres ψ > Umgebungs-ψ. Die Zelle verliert Wasser und plasmolysiert. Nach vollständiger Plasmolyse ist das Wasserpotenzial von Zelle und Umgebung identisch.

(b) Ausgangsbedingungen: zelluläres ψ < Umgebungs-ψ. Es erfolgt eine Netto-Wasseraufnahme durch Osmose, sodass die Zelle turgeszent wird. Wenn dieses Bestreben zur Wasseraufnahme durch den Gegendruck der elastischen Zellwand kompensiert ist, ist das Wasserpotenzial von Zelle und Umgebung identisch. (Die Volumenveränderung ist in der Schemazeichnung übertrieben dargestellt.)

Abbildung 36.6: **Wasserhaushalt in Pflanzenzellen.** In diesen Versuchen werden identische Pflanzenzellen, die anfänglich erschlafft waren, in zwei verschiedene Medien überführt. (Bei einer erschlafften Zelle ist der Protoplast noch in Kontakt mit der Zellwand, doch die Zelle hat keinen Turgor.) Die blauen Pfeile zeigen die Richtung der anfänglichen Wasserbewegung an.

typischen Fall Mineralionen und Zucker. Das ψ_S von reinem Wasser ist als 0 definiert. Doch was passiert, wenn gelöste Stoffe zugegeben werden? Die Solute binden Wassermoleküle, vermindern damit die Zahl der freien Wassermoleküle und erniedrigen die Kapazität des Wassers, um sich frei hin- und herzubewegen und Arbeit zu verrichten.

Der Zellinhalt presst die Plasmamembran gegen die Zellwand und die Zellwand übt ihrerseits einen Druck auf den Protoplasten aus und erzeugt damit den sogenannten **Turgor** (Turgordruck) (Abbildung 36.7).

Abbildung 36.7: Ein verwelktes Fleißiges Lieschen (Impatiens sp.) ist nach dem Gießen wieder turgeszent.

36.2.3 Drei Haupttransportwege

Der Transport innerhalb der Pflanze wird ferner durch die Kompartimentierung der Pflanzenzelle reguliert (Abbildung 36.8a). Außerhalb des Protoplasten befindet sich eine Zellwand; diese besteht aus einem Polysaccharidgerüst, durch das Mineralionen leicht diffundieren können. Da jede Pflanzenzelle durch Zellwände von ihren Nachbarzellen getrennt ist, können Ionen durch ein Gewebe hindurchdiffundieren (oder passiv mit der Wasserbewegung mitbefördert werden), indem sie ausschließlich durch den Apoplasten (Abbildung 36.8b) wandern. (Der **Apoplast** ist das durch die Zellwände, Extrazellularräume und abgestorbenen Innenräume von Tracheiden und Gefäßen gebildete Kontinuum.) Der Ein- und Austritt der Moleküle in den Protoplasten wird allerdings durch die Plasmamembran kontrolliert. So wie die Zellwände miteinander verbunden sind und ein Kontinuum bilden, ist dies auch beim Zytoplasma der Zellen der Fall; dieses wird in seiner Gesamtheit als **Symplast** bezeichnet (Abbildung 36.8b). Plasmatische Kanäle, sogenannte **Plasmodesmen**, verbinden das Zytoplasma der benachbarten Zellen.

Dank der Kompartimentierung der Pflanzenzellen sind drei Routen für den Kurzstreckentransport innerhalb eines Pflanzengewebes oder -organs möglich: der apoplastische, der symplastische und der transmembrane Transportweg (Abbildung 36.8b). Beim apoplastischen Transportweg bewegen sich Wasser und gelöste Stoffe durch das Kontinuum aus Zellwänden und Extrazellularräumen. Beim

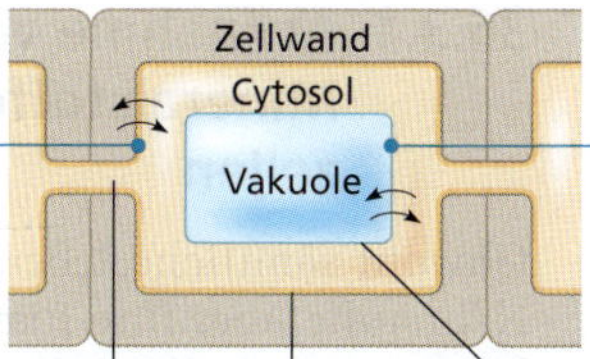

(a) Zellkompartimente. In den meisten ausdifferenzierten Pflanzenzellen sind Zellwand, Cytosol und Vakuole die drei wichtigsten Kompartimente.

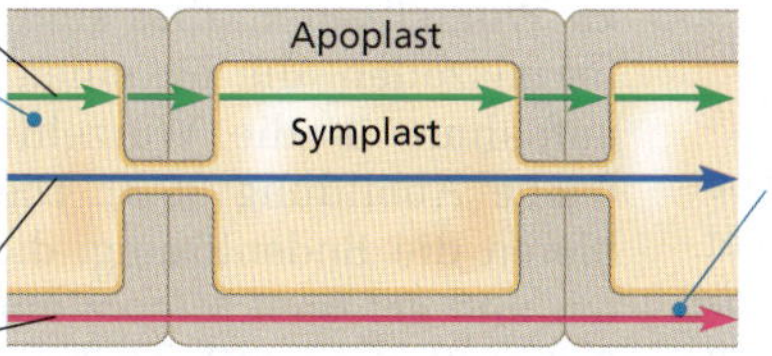

(b) Transportwege zwischen den Zellen. Auf der Gewebeebene existieren drei Transportwege: der transmembrane, der symplastische und der apoplastische Transportweg. Die gelösten Stoffe können von einem Transportweg zum anderen wechseln.

Abbildung 36.8: **Zellkompartimente und mögliche Transportwege des Kurzstreckentransports.**

symplastischen Transportweg bewegen sich Wasser und Solute in dem Kontinuum des Zytoplasmas innerhalb eines Pflanzengewebes. Bei dieser Route muss nur eine Plasmamembran durchquert werden. Nachdem die Stoffe in eine Zelle eingetreten sind, können sie über Plasmodesmen von Zelle zu Zelle gelangen. Beim transmembranen Transportweg verlassen Wasser und Solute die erste Zelle, durchqueren die Zellwand und gelangen in die Nachbarzelle – der Transport erfolgt auf diese Weise von Zelle zu Zelle. Beim Transmembranweg müssen Wasser und gelöste Stoffe auf dem Weg von einer zur nächsten Zelle immer wieder Plasmamembranen durchqueren. Stoffe können über mehr als einen Weg transportiert werden und gegenwärtig wird diskutiert, welche Route für den größten Teil des Transports verantwortlich ist.

36.2.4 Aquaporine erleichtern die Wasserdiffusion

Die Wasserpotenzialdifferenz bestimmt die *Richtung* der Wasserbewegung durch die Membran, doch wie gelangen Wassermoleküle tatsächlich durch diese hindurch? Wassermoleküle sind klein genug, um durch die Phospholipiddoppelschicht zu diffundieren, obwohl die mittlere Schicht dieser Biomembran hydrophob ist (siehe Abbildung 7.2). Allerdings ist die Durchtrittsgeschwindigkeit zu hoch, um sich durch einfache Diffusion erklären zu lassen. In der Tat wird die Diffusion durch Membranproteine, die sogenannten **Aquaporine**, erleichtert (siehe Kapitel 7). Diese selektiven Kanalproteine beeinflussen die *Diffusionsrate* des Wassers längs seines Wasserpotenzialgradienten. Die Durchlässigkeit der Aquaporine wird durch eine Zunahme der Calciumionenkonzentration oder durch eine Abnahme des pH-Werts im Cytosol vermindert.

36.2.5 Massenströmung beim Langstreckentransport

Im Kurzstreckentransport innerhalb einer Zelle und zwischen den Zellen sind Diffusion und aktiver Transport sehr effektiv. Diese Mechanismen sind jedoch für den Langstreckentransport der Pflanze zu langsam. Obwohl die Diffusion von einem Zellende zum anderen nur Sekunden dauert, würde die Diffusion von den Wurzeln bis zur Sprossspitze eines Riesenmammutbaums (*Sequoiadendron giganteum*) Jahrzehnte oder mehr brauchen. Stattdessen findet der Langstreckentransport durch **Massenströmung** statt; dies ist die durch Druck angetriebene Bewegung einer Flüssigkeit.

In den Tracheiden und Gefäßen (Tracheen) des Xylems und in den Siebröhrenelementen (Siebröhrengliedern) des Phloems bewegen sich Wasser und gelöste Stoffe gemeinsam durch Massenströmung in dieselbe Richtung. Der Aufbau der leitenden Zellen des Xylems und Phloems trägt dazu bei, dass eine Massenströmung überhaupt möglich ist. Wenn Sie sich jemals mit einem teilweise verstopften Abflussrohr abplagen mussten, wissen

Sie, dass die Durchflussmenge vom Durchmesser des Rohres abhängt. Die „Kanalisation“ der Pflanzenzelle wird durch den Verlust von Zytoplama – in etwa vergleichbar mit einem gereinigten Abwasserrohr – gängig gemacht und ermöglicht eine leistungskräftige Massenströmung in Xylem und Phloem.

Diffusion, aktiver Transport und Massenströmung arbeiten Hand in Hand, um den Stofftransport in der ganzen Pflanze zu bewältigen.

VERSTÄNDNISFRAGEN

1. Wenn eine Pflanzenzelle, die sich in reinem Wasser befindet, ein ψ_S von −0,7 MPa und ein ψ von 0 MPa hat, welchen Wert hat dann das ψ_P der Zelle? Wenn Sie die Zelle in einem offenen Gefäß mit einer Lösung platzieren, die ein ψ von −0,4 MPa hat, welches ψ_P hätte die Zelle beim Erreichen des Gleichgewichts?

2. Wie würde sich ein Mangel an Aquaporinen auf die Fähigkeit einer Pflanzenzelle zur Anpassung an neue osmotische Bedingungen auswirken?

3. Wie würde der Langstreckentransport des Wassers verändert, wenn die Tracheenglieder und Tracheiden bei der funktionellen Reife lebend wären? Begründen Sie Ihre Antwort.

4. WAS WÄRE, WENN? Was würde passieren, wenn Sie Pflanzenprotoplasten in reines Wasser überführen würden? Begründen Sie Ihre Antwort.

36.3 Der Transport von Wasser und Mineralstoffen von der Wurzel zum Spross durch das Xylem wird durch die Transpiration angetrieben

Stellen Sie sich vor, Sie müssten einen sehr großen Wasserbehälter mehrere Stockwerke hoch tragen. Führen Sie sich dann vor Augen, dass Wasser in der Pflanze mühelos entgegen der Schwerkraft transportiert wird. Bis zu 800 Liter (800 Kilogramm) Wasser gelangen jeden Tag bis zur Spitze eines durchschnittlich großen Baumes. Bäume und andere Pflanzen besitzen jedoch keinen Pumpmechanismus. Wie bewältigen sie diese Leistung? Um der Lösung dieses Rätsels näherzukommen, wollen wir dem Weg des Wassers und der Mineralstoffe von der Wurzel bis zur Sprossspitze Schritt für Schritt folgen.

36.3.1 Aufnahme von Wasser und Mineralstoffen in die Wurzelzellen

Obwohl sämtliche lebenden Zellen einer Pflanze Nährstoffe über ihre Plasmamembran aufnehmen können, sind die Zellen in der Nähe der Wurzelspitze besonders wichtig, da die Wasser- und Mineralstoffaufnahme größtenteils hier erfolgt. In dieser Region sind die Rhizodermiszellen für Wasser durchlässig und viele differenzieren sich zu Wurzelhaaren; dies sind abgewandelte Rhizodermiszellen, die für einen Großteil der Wasseraufnahme in die Wurzeln verantwortlich sind (siehe Abbildung 35.3). Die Wurzelhaare absorbieren die Bodenlösung, die aus Wassermolekülen und gelösten Mineralionen besteht, die nicht fest an Bodenpartikel gebunden sind. Die Bodenlösung fließt in die hydrophilen Zellwände der Rhizodermiszellen und kann längs der Zellwände und Extrazellularräume ungehindert in die Wurzelrinde gelangen. Auf diese Weise kommen die Wurzelrindenzellen direkt mit der Bodenlösung in Berührung und daher ist die für Stoffaufnahme verfügbare Membranoberfläche um vieles größer als die eigentliche Rhizodermisoberfläche. Obwohl die Mineralstoffkonzentration in der Bodenlösung in der Regel niedrig ist, können Wurzeln durch aktiven Transport essenzielle Mineralionen wie K^+ so stark anreichern, dass sie hundertmal so konzentriert wie in der Bodenlösung sind.

36.3.2 Transport von Wasser und Mineralstoffen ins Xylem

Wasser und Mineralstoffe, die aus dem Boden in die Wurzelrinde übertreten, können erst dann in die übrigen Pflanzenteile transportiert werden, wenn sie in das Xylem des Zentralzylinders (Stele) gelangen. Als innerste Zelllage der Wurzelrinde umgibt die **Endodermis** den Zentralzylinder und fungiert als letzter Kontrollpunkt, der den selektiven Durchtritt von Mineralionen aus der Wurzelrinde in das Leitgewebe reguliert (Abbildung 36.9).

Bei diesem Transfer der Solute vom Symplasten zum Apoplasten spielen sowohl Diffusion als auch aktiver Transport eine Rolle; Wasser und Mineralionen sind jetzt bereit, in die Tracheiden und Tracheen einzutreten; dort werden sie durch Massenströmung in das Sprosssystem transportiert.

❶ **Apoplastischer Weg.** Die Bodenlösung wird über die hydrophilen Zellwände der Wurzelhaare aufgenommen und gelangt auf diese Weise in den Apoplasten. Wasser und Mineralstoffe können dann entlang der Zellwandmatrix in den Rindenbereich diffundieren.

❷ **Symplastischer Weg.** Mineralstoffe und Wasser, die im Wurzelhaar die Plasmamembran durchqueren, gelangen so in den Symplasten.

❸ **Transmembraner Weg.** Während das Bodenwasser durch den Apoplasten wandert, wird ein Teil des Wassers und der Mineralstoffe in die Protoplasten der Rhizodermis- und Rindenzellen transportiert und wandert dann über den symplastischen Weg weiter nach innen.

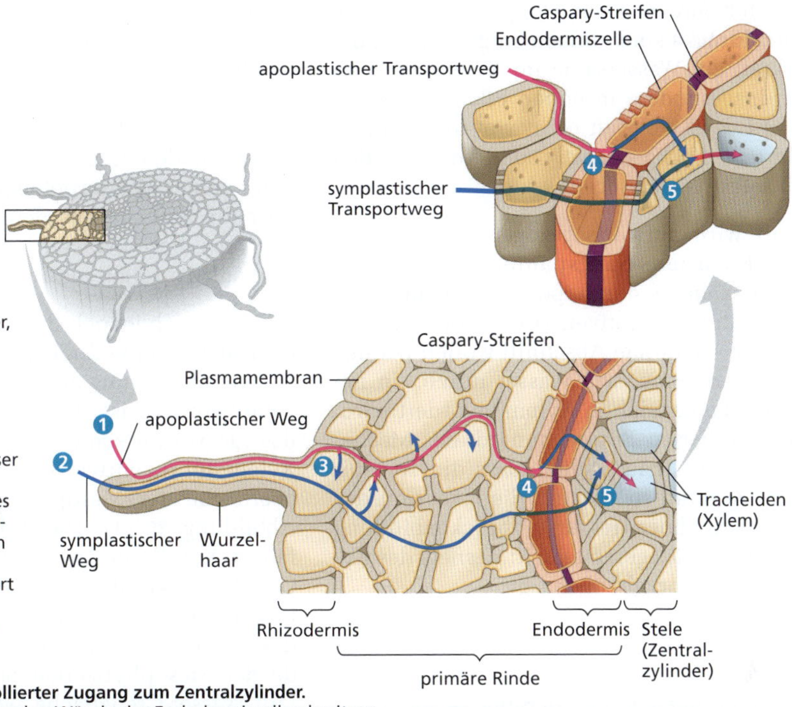

❹ **Die Endodermis – kontrollierter Zugang zum Zentralzylinder.** Die radialen und transversalen Wände der Endodermiszellen besitzen den Caspary-Streifen, ein umlaufendes Band (im Schema violett) aus suberinähnlichem, wasserabstoßendem Material, das den Durchtritt von Wasser und gelösten Mineralstoffen verhindert. Der Weg in den Zentralzylinder (Stele) führt nur über den Symplasten – die Mineralstoffe befinden sich entweder bereits im Symplasten oder sie passieren die Plasmamembran einer Endodermiszelle, gelangen auf diese Weise in den Symplasten und umgehen den Caspary-Streifen.

❺ **Xylemtransport.** Endodermiszellen wie auch lebende Zellen innerhalb des Zentralzylinders geben Wasser und Mineralstoffe in ihre Zellwände (also in den Apoplasten) ab. Die Xylemgefäße transportieren Wasser und Mineralstoffe dann aufwärts ins Sprosssystem.

Abbildung 36.9: **Transport von Wasser und Mineralstoffen vom Wurzelhaar ins Xylem.**

? Wie zwingt der Caspary-Streifen Wasser und Mineralstoffe dazu, die Plasmamembranen der Endodermiszellen zu durchqueren?

36.3.3 Massenströmung wird durch negativen Druck im Xylem angetrieben

Xylemsaft wird aufwärts gedrückt – Wurzeldruck In der Nacht, wenn fast keine Transpiration stattfindet, pumpen die Wurzelzellen weiterhin Mineralionen in das Xylem des Zentralzylinders. Währenddessen verhindert die Endodermis, dass Ionen aus dem Zentralzylinder zurückfließen. Auf diese Weise kommt es zu einer Anhäufung von Mineralionen und damit zu einer Senkung des Wasserpotenzials im Zentralzylinder. Deshalb strömt aus der Wurzelrinde Wasser ein und erzeugt den **Wurzeldruck**, einen positiven Druck des Xylemsafts. Der Wurzeldruck führt manchmal dazu, dass mehr Wasser in die Blätter gelangt, als durch die Transpiration verloren geht, sodass es zur **Guttation** kommt – einer Ausscheidung von Wassertropfen, die man morgens an den Blättern mancher Pflanzenarten beobachten kann (Abbildung 36.10). Guttationsflüssigkeit darf nicht mit Tau verwechselt werden – hierbei handelt es sich um kondensierten Wasserdampf aus der Luft.

Abbildung 36.10: **Guttation.** Durch Wurzeldruck wird überschüssiges Wasser aus diesem Erdbeerblatt herausgedrückt.

Bei den meisten Pflanzen spielt der Wurzeldruck als Kraft beim Steigen des Xylemsafts eine nachrangige Rolle, da er das Wasser höchstens ein paar

Meter hoch befördern kann. Die positiven Drücke des Wurzeldrucks sind einfach zu gering, um die Schwerkraft der Wassersäule im Xylem zu überwinden, insbesondere in hohen Pflanzen. In der Regel wird der Xylemsaft nicht von unten durch Wurzeldruck hochgedrückt, sondern von den Blättern selbst hochgesogen.

Xylemsaft wird aufwärts gezogen – der Transpirations-Kohäsions-Saugspannungs-Mechanismus Stoffe können durch positiven Druck von unten oder durch negativen Druck von oben bewegt werden. In diesem Abschnitt wollen wir uns darauf konzentrieren, wie Wasser durch ein negatives Druckpotenzial im Xylem befördert wird. Bei der detaillierten Besprechung dieses Mechanismus werden wir feststellen, dass die Transpiration die Zugkraft liefert und die Kohäsion des Wassers aufgrund der Wasserstoffbrückenbindung diesen Zug über das gesamte Leitungsnetz des Xylems bis in die Wurzeln überträgt.

MERKE!

Der Wasserdampfverlust durch Diffusion aus dem Blatt wird als Transpiration bezeichnet.

Transpirationssog Die Spaltöffnungen auf der Blattunterseite führen in ein Labyrinth von luftgefüllten Interzellularräumen, die die Mesophyllzellen in Kontakt mit dem für die Fotosynthese benötigten CO_2 bringen. Die Luft in diesen Interzellularräumen ist mit Wasserdampf gesättigt, da sie mit den feuchten Zellwänden in Berührung steht. An den meisten Tagen ist die Luft außerhalb des Blattes trockener als im Blatt; das bedeutet, dass sie ein niedrigeres Wasserpotenzial als die Luft im Blatt hat. Deshalb diffundiert der Wasserdampf in den Interzellularräumen eines Blattes längs seines Wasserpotenzialgradienten und tritt über die Stomata aus dem Blatt heraus. Wir bezeichnen diesen Wasserdampfverlust durch Diffusion aus dem Blatt als Transpiration.

Wie lässt sich jedoch die Wasserdampfabgabe aus dem Blatt in eine Zugkraft übersetzen, die für die Aufwärtsbewegung des Wassers durch die Pflanze verantwortlich ist? Das negative Druckpotenzial, das zur Aufwärtsbewegung des Wassers durch das Xylem führt, entwickelt sich an der Zellwandoberfläche der Mesophyllzellen im Blatt (siehe Abbildung 36.11). Die Zellwand wirkt als sehr feines Kapillarnetzwerk; Wasser haftet an den Cellulosemikrofibrillen und anderen hydrophilen Bestandteilen der Zellwand. Bei der Verdunstung des Wassers aus dem Wasserfilm, der die Zellwände der Mesophyllzellen bedeckt, zieht sich die Luft-Wasser-Grenzfläche weiter in die Zellwand zurück. Wegen der hohen Oberflächenspannung des Wassers führt die Krümmung der Grenzfläche zu einer Zugspannung (Saugspannung) oder negativem Druckpotenzial im Wasser. Während noch mehr Wasser aus der Zellwand verdunstet, nimmt die Krümmung der Luft-Wasser-Grenzfläche weiter zu und der Druck des Wassers wird noch stärker negativ. Wassermoleküle werden dann

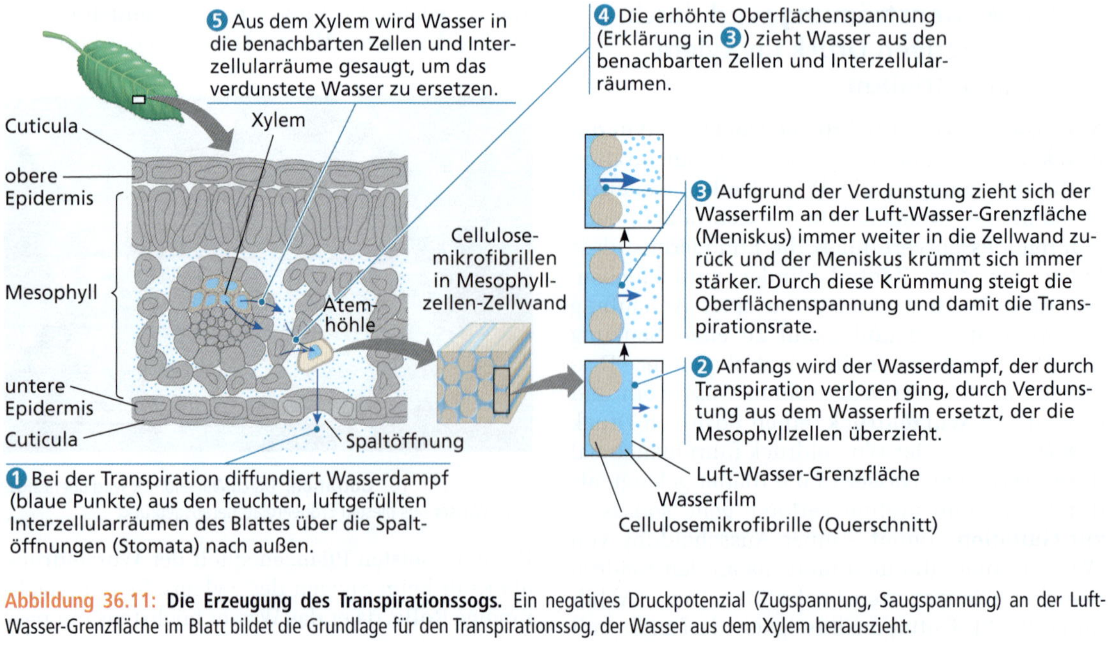

Abbildung 36.11: Die Erzeugung des Transpirationssogs. Ein negatives Druckpotenzial (Zugspannung, Saugspannung) an der Luft-Wasser-Grenzfläche im Blatt bildet die Grundlage für den Transpirationssog, der Wasser aus dem Xylem herauszieht.

aus den stärker hydratisierten Blattbereichen zur Grenzfläche gezogen, um die Saugspannung zu reduzieren. Diese Zugkräfte werden auf das Xylem übertragen, da jedes Wassermolekül durch Kohäsionskräfte über Wasserstoffbrücken an die nächsten Wassermoleküle gebunden ist. Daher ist der Transpirationssog von mehreren Eigenschaften des Wassers abhängig: Adhäsion, Kohäsion und Oberflächenspannung.

Kohäsion und Adhäsion beim aufsteigenden Xylemsaft Der Transpirationssog auf den Xylemsaft wird über die gesamte Strecke von den Blättern bis zu den Wurzelspitzen und sogar bis in die Bodenlösung hinein übertragen. Kohäsion und Adhäsion erleichtern diesen Langstreckentransport durch Massenströmung. Dank der Kohäsion des Wassers durch Wasserstoffbrückenbindungen ist es möglich, eine Xylemsaftsäule von oben hochzuziehen, ohne dass sich die Wassermoleküle trennen. Wassermoleküle, die das Xylem im Blatt verlassen, üben einen Zug auf die angrenzenden Wassermoleküle aus und dieser Zug wird Molekül für Molekül über die gesamte Wassersäule im Xylem weitergegeben. Währenddessen sorgt die starke Adhäsion der Wassermoleküle (wiederum durch Wasserstoffbrückenbindungen) an die hydrophilen Zellwände dafür, dass die nach unten gerichtete Schwerkraft kompensiert wird.

Der nach oben gerichtete Zug auf den Xylemsaft ruft eine Saugspannung in den Xylemgefäßen und Tracheiden hervor. Diese reagieren wie elastische Röhren. Bei einem positiven Druck schwillt eine elastische Röhre an, bei einem negativen Druck (Saugspannung) werden die Wände der Röhre nach innen gezogen. Wenn der Transpirationssog eine Zugspannung auf die Tracheen und Tracheiden ausübt, verhindern die verdickten Sekundärwände ein Kollabieren der Xylemgefäße – in etwa vergleichbar mit einem Staubsaugerschlauch, der durch Drahtspiralen verstärkt ist. Die durch den Transpirationssog erzeugte Zugspannung erniedrigt das Wasserpotenzial im Xylem der Wurzel so stark, dass Wasser passiv aus dem Boden einfließt, die Wurzelrinde durchquert und, wie oben beschrieben, in den Zentralzylinder gelangt.

Der Transpirationssog kann nur über einen durchgehenden Faden aus Wassermolekülen bis hinunter in die Wurzeln reichen. Cavitation, die schlagartige Verdampfung des Wassers, führt zu einer Gasblasenbildung und damit zu einem Abreißen des Wasserfadens. Die durch die Cavitation gebildeten Gasblasen vergrößern sich und blockieren die Xylemleitbahnen.

Allerdings kann der Wasserfaden durch Tüpfel in benachbarte Tracheiden oder Tracheen umgeleitet werden. Durch das sekundäre Dickenwachstum kommt zusätzlich jedes Jahr eine neue Xylemschicht dazu. Nur die jüngste, am weitesten außen liegende sekundäre Xylemschicht transportiert Wasser. Das ältere sekundäre Xylem kann zwar kein Wasser mehr leiten, doch es übernimmt Stützfunktionen für den Baumstamm.

MERKE!

Kohäsion und Adhäsion erleichtern den Langstreckentransport durch Massenströmung.

36.3.4 Das Steigen des Xylemsafts durch Massenströmung: Zusammenfassung

Der Transpirations-Kohäsions-Saugspannungs-Mechanismus, der Xylemsaft gegen die Schwerkraft transportiert, zeigt beispielhaft, wie physikalische Gesetze auch auf biologische Prozesse zutreffen. Beim Langstreckentransport des Wassers von der Wurzel zu den Blättern durch Massenströmung wird die Flüssigkeitsbewegung durch eine Wasserpotenzialdifferenz an den entgegengesetzten Enden des Xylemgewebes angetrieben. Durch Verdunstung wird das Wasserpotenzial an der Luft-Wasser-Grenzschicht erniedrigt und damit entsteht der negative Druck (Zugspannung, Saugspannung), der Wasser durch das Xylem nach oben zieht; dieses Gesamtphänomen wird als **Transpirationsstrom** bezeichnet.

Die Pflanze muss keine Energie aufwenden, um den Xylemsaft durch Massenströmung aufsteigen zu lassen.

VERSTÄNDNISFRAGEN

1. Wie erleichtern die Xylemzellen den Langstreckentransport?

2. Einem Gärtner fällt auf, dass sich nach dem Schneiden von Zinnienblüten am frühen Morgen ein kleiner Wassertropfen auf dem abgeschnittenen Stumpf bildet, dies jedoch niemals der Fall ist, wenn die Blüten mittags geschnitten werden. Schlagen Sie eine Begründung vor.

3. Ein Wissenschaftler versetzt Pflanzenwurzeln mit einem wasserlöslichen Fotosynthesehemmstoff, doch die Fotosyntheserate wird nicht reduziert. Warum?

4. WAS WÄRE, WENN? Nehmen Sie an, eine *Arabidopsis*-Mutante, die keine funktionellen Aquaporine besitzt, hätte eine dreimal so große Wurzelmasse wie die Pflanzen des Wildtyps. Schlagen Sie eine Erklärung vor.

36.4 Die Transpirationsrate wird durch die Stomata reguliert

Blätter besitzen im Allgemeinen große Oberflächen und ein großes Oberflächen-zu-Volumen-Verhältnis. Die große Oberfläche dient der Lichtabsorption zur Fotosynthese. Das große Oberfläche-zu-Volumen-Verhältnis fördert sowohl die CO_2-Absorption während der Fotosynthese als auch die Abgabe von O_2 (als Nebenprodukt der Fotosynthese). Nachdem CO_2 durch die Stomata eingedrungen ist, gelangt es in ein Labyrinth aus Interzellularräumen, die durch die Zellen des Schwammparenchyms gebildet werden (siehe Abbildung 35.13). Da diese Zellen unregelmäßig geformt sind, kann die Oberfläche im Blattinneren zehn- bis dreißigmal so groß sein wie die äußere Blattoberfläche.

Durch das Öffnen und Schließen der Spaltöffnungen unterstützen die Schließzellen die Pflanze dabei, die absolut notwendige Verhinderung des Wasserverlusts mit der ebenso notwendigen Fotosynthese in Einklang zu bringen (Abbildung 36.12).

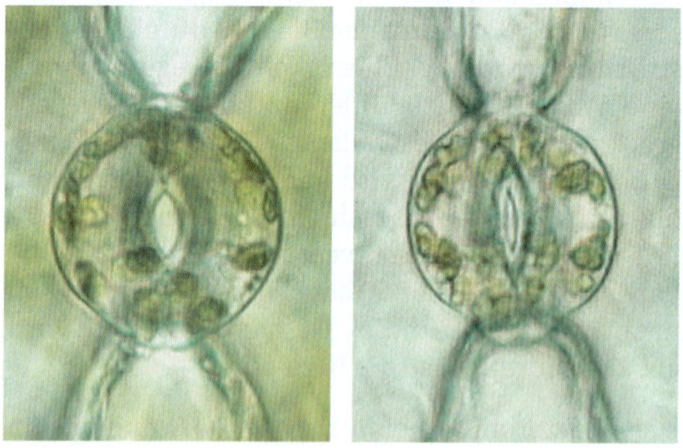

Abbildung 36.12: Eine offene und eine geschlossene Spaltöffnung (LM).

36.4.1 Stomata als wichtigste Orte des Wasserverlusts

Der Wasserverlust einer Pflanze findet zu etwa 95 Prozent durch die Spaltöffnungen statt, obwohl diese nur ein bis zwei Prozent der äußeren Blattfläche ausmachen. Durch die wachsartige Cuticula wird der Wasserverlust in den restlichen 98 bis 99 Prozent der Blattoberfläche begrenzt. Jede Spaltöffnung wird von zwei Schließzellen flankiert. Diese kontrollieren die Öffnungsweite des dazwischenliegenden Spalts (Porus), indem sie ihre Gestalt verändern und damit den Spalt zwischen dem Schließzellenpaar vergrößern oder verkleinern.

Natürliche Selektion im Verlauf der Evolution hat zum Beispiel dazu geführt, dass Wüstenpflanzen eine geringere Spaltöffnungsdichte als Sumpfpflanzen haben. Hohe Lichtexposition und geringe CO_2-Konzentration während der Blattentwicklung führen bei einigen Arten zu größerer Stomatadichte.

36.4.2 Mechanismen der Spaltöffnungsbewegung

Wenn Schließzellen durch Osmose Wasser aus ihren Nachbarzellen aufnehmen, nimmt ihre Turgeszenz zu. Bei den meisten Angiospermenarten ist die Zellwand der Schließzellen ungleichmäßig verdickt und die Cellulosemikrofibrillen sind so ausgerichtet, dass die Schließzellen sich bei Turgeszenz nach außen wölben (Abbildung 36.13a). Durch diese Krümmung vergrößert sich der zwischen den beiden Zellen liegende Porus. Wenn die Schließzellen Wasser verlieren und erschlaffen, nimmt ihre Krümmung ab und die Spaltöffnung schließt sich.

Für die Veränderungen des Turgordrucks bei Schließzellen ist vor allem eine reversible Aufnahme beziehungsweise Abgabe von Kaliumionen (K^+) verantwortlich. Die Stomata öffnen sich, wenn die Schließzellen K^+ aktiv aus benachbarten Epidermiszellen importieren (Abbildung 36.13b). Der K^+-Fluss durch die Plasmamembran der Schließzelle ist an die Erzeugung eines Membranpotenzials durch Protonenpumpen gekoppelt. Das Öffnen der Stomata ist mit dem aktiven H^+-Transport aus der Schließzelle heraus korreliert. Das daraus entstehende Membranpotenzial befördert K^+ durch spezielle membranständige Kanäle in die Schließzelle (Abbildung 36.5a). Durch die Aufnahme der Kaliumionen wird das Wasserpotenzial in den Schließzellen stärker negativ und da Wasser durch Osmose einströmt, werden die Zellen stärker turgeszent. Weil K^+ und Wasser zum großen Teil in der Vakuole gespeichert werden, ist auch der Tonoplast (die Membran, die die Vakuole begrenzt) an der Regulation der Schließzellenbewegungen beteiligt. Das Schließen der Spaltöffnungen beruht auf einem Ausströmen von K^+ aus den Schließzellen in die Nachbarzellen, sodass es zu einer durch Osmose bedingten Wasserabgabe kommt. Auch Aquaporine wirken an der Regulation des osmotischen An- und Abschwellens der Schließzellen mit.

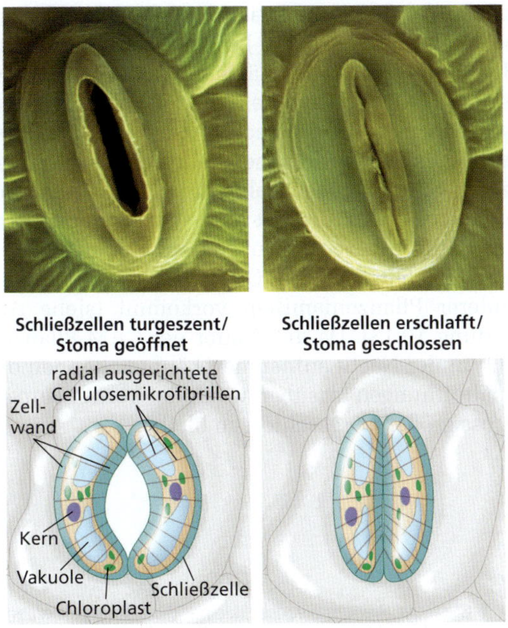

(a) Veränderungen der Schließzellengestalt beim Öffnen und Schließen der Stomata (Aufsicht). Schließzellen einer Angiospermenart sind im turgeszenten (Stoma geöffnet) und erschlafften (Stoma geschlossen) Zustand dargestellt. Durch die radiale Ausrichtung der Cellulosemikrofibrillen in der Zellwand nehmen die Schließzellen bei steigendem Turgor mehr in der Länge als in der Breite zu. Da die beiden Schließzellen an den Polen fest verbunden sind, krümmen sie sich bei Turgeszenz nach außen, und der Spalt öffnet sich.

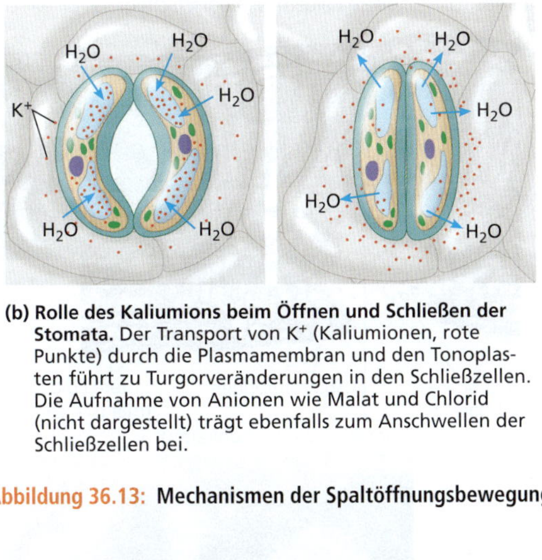

(b) Rolle des Kaliumions beim Öffnen und Schließen der Stomata. Der Transport von K^+ (Kaliumionen, rote Punkte) durch die Plasmamembran und den Tonoplasten führt zu Turgorveränderungen in den Schließzellen. Die Aufnahme von Anionen wie Malat und Chlorid (nicht dargestellt) trägt ebenfalls zum Anschwellen der Schließzellen bei.

Abbildung 36.13: Mechanismen der Spaltöffnungsbewegung.

36.4.3 Reize für die Spaltöffnungsbewegung

Spaltöffnungen sind im Allgemeinen tagsüber offen und nachts geschlossen, damit die Pflanze kein Wasser verliert, wenn sie ohnehin keine Fotosynthese betreiben kann. Das Öffnen der Stomata bei Tagesanbruch wird durch mindestens drei Reize gefördert: Licht, CO_2-Mangel und eine „innere Uhr“ der Schließzellen.

Das Licht regt die Schließzellen dazu an, Kaliumionen zu akkumulieren, und sie werden dadurch turgeszent.

Die Stomata öffnen sich als Reaktion auf einen CO_2-Mangel in den Interzellularräumen des Blattes, der durch die Fotosynthese hervorgerufen wird. Wenn die CO_2-Konzentration im Laufe des Tages absinkt, öffnen sich die Stomata nach und nach, falls die Wasserversorgung des Blattes ausreichend ist.

Als dritter Reizgeber stellt eine „innere Uhr“ der Schließzellen sicher, dass die Spaltöffnungen ihren Tagesrhythmus von Öffnen und Schließen beibehalten.

Schließzellen verarbeiten eine Vielzahl interner und externer Reize und können so das Dilemma zwischen Fotosynthese und Transpiration extrem zeitnah regulieren; die Transpirationsrate kann sogar durch das Durchziehen einer Wolke oder einen flüchtigen Sonnenstrahl im Wald beeinflusst werden.

36.4.4 Auswirkungen der Transpiration auf Welken und Blatttemperatur

Sofern die meisten Stomata offen bleiben, ist die Transpiration an einem sonnigen, warmen, trockenen und windigen Tag am größten, da diese Umweltfaktoren die Verdunstung steigern. Obwohl die Pflanzen auf diesen schwachen Trockenstress mit einem raschen Schließen der Spaltöffnungen reagieren, findet eine gewisse Wasserverdunstung auch durch die Cuticula statt. Bei längerer Trockenheit können die Blätter sehr stark welken und irreversibel geschädigt werden.

Die Transpiration führt ferner zu einer Verdunstungskühlung, mit deren Hilfe die Blatttemperatur im Vergleich zur umgebenden Luft um 10 °C gesenkt werden kann. Durch diese Kühlung wird verhindert, dass die Blatttemperatur Werte erreicht, die zur Denaturierung von Enzymen führen, die an der Fotosynthese und anderen Stoffwechselprozessen beteiligt sind.

MERKE!

Pflanzen, die an Wüsten und andere wasserarme Gegenden angepasst sind, werden als Xerophyten bezeichnet.

36.4.5 Anpassungen, die den Wasserverlust durch Verdunstung vermindern

Pflanzen, die an Wüsten und andere wasserarme Gegenden angepasst sind, werden als **Xerophyten** (gr. *xeros*, trocken) bezeichnet (Abbildung 36.14). Viele Wüstenpflanzenarten umgehen das Risiko des Vertrocknens, indem sie ihren kurzen Lebenszyklus in den kurzen niederschlagsreichen Zeiten zum Abschluss bringen. Längerlebige Arten besitzen besondere physiologische oder morphologische Anpassungen. Xerophyten kommen auch in anderen Lebensräumen mit begrenzter Süßwasserverfügbarkeit vor, wie Dauerfrostregionen und Meeresküsten. Viele Xerophyten, beispielsweise Kakteen, besitzen stark reduzierte Blätter, die einen übermäßigen Wasserverlust verhindern; die Fotosynthese findet bei ihnen vorwiegend in den Sprossachsen statt. Eine weitere Anpassung an aride Lebensräume ist der Crassulaceen-Säurestoffwechsel (*Crassulacean Acid Metabolism*, CAM); dies ist eine spezialisierte Form der Fotosynthese, die in den sukkulenten Arten der Dickblattgewächse (Crassulaceae) und einiger anderer Pflanzenfamilien vorkommt (siehe Abbildung 10.13). Da die Blätter der CAM-Pflanzen CO_2 in der Nacht aufnehmen können, können die Spaltöffnungen tagsüber, wenn der Verdunstungsstress größer ist, geschlossen bleiben.

▶ Der Ocotillostrauch *(Fouquieria splendens)*, eine im Südwesten der USA und in Nordmexiko häufige Pflanze, ist die meiste Zeit im Jahr unbelaubt und vermeidet damit übermäßige Wasserverluste (rechts). Nach starken Regenfällen treibt er sofort aus (unten und kleines Bild); die kleinen Blätter verdorren aber rasch und fallen ab, wenn der Boden wieder austrocknet.

▼ Oleander (*Nerium oleander*, kleines Bild) ist im trockenen Mittelmeerklima verbreitet. Die Blätter besitzen eine dicke Cuticula und mehrschichtiges Epidermisgewebe, die beide zur Verminderung des Wasserverlusts beitragen. Die Spaltöffnungen sind in Vertiefungen, so genannten Stomakrypten, eingesenkt. Durch diese Anpassung wird die Transpirationsrate herabgesetzt, da die Stomata vor heißen, austrocknenden Winden geschützt sind. Die Transpiration wird weiterhin durch Trichome vermindert, die den Luftstrom verwirbeln, sodass die Luftfeuchtigkeit in den Stomakrypten höher ist als in der Außenluft. (Lichtmikroskopische Aufnahme)

▶ Hier eine Nahaufnahme des Greisenhaupt-Kaktus *(Cephalocereus senilis)*, einer mexikanischen Wüstenpflanze. Die langen, weißlichen Haare tragen zur Reflektion des Sonnenlichts bei.

Abbildung 36.14: Einige morphologisch-anatomische Anpassungen bei Xerophyten.

VERSTÄNDNISFRAGEN

1. Welche Reize kontrollieren das Öffnen und Schließen von Spaltöffnungen?

2. Der pathogene Pilz *Fusicoccum amygdali* sezerniert ein Toxin namens Fusicoccin, das die Protonenpumpen in pflanzlichen Plasmamembranen aktiviert und dadurch zu einem unkontrollierten Wasserausstrom führt. Schlagen Sie einen Mechanismus vor, der zu starken Welkerscheinungen durch Aktivierung von Protonenpumpen führen könnte.

3. WAS WÄRE, WENN? Wenn Sie Schnittblumen kaufen, empfehlen die Verkäufer oft, die Blumenstiele zuhause unter Wasser etwas abzuschneiden und die Blumen sofort – solange die Stiele noch nass sind – in eine Vase mit Wasser zu stellen. Warum?

36.5 Zucker wird über das Phloem von den Quellen zu den Senken transportiert

Die Transportrichtung von Wasser und Mineralstoffen von den Wurzeln im Boden zu den Blättern verläuft entgegen der Richtung des Zuckertransports. Zucker werden in ausgewachsenen Blättern synthetisiert und von dort in die unteren Pflanzenteile transportiert. Diese Beförderung der Fotosyntheseprodukte, der sogenannte **Assimilattransport**, findet in einem anderen Gewebesystem statt, dem Phloem.

36.5.1 Zuckertransport – vom Ort des Entstehens zum Ort des Verbrauchs (Source to Sink)

Bei den Angiospermen (Bedecktsamern) sind die Siebröhrenglieder auf den Assimilattransport spezialisiert; diese Zellen treffen mit ihren Enden aufeinander und bilden lange Siebröhren (siehe Abbildung 35.7). Die Querwände sind als Siebplatten ausgebildet, deren durchlöcherte Struktur den Saftfluss durch die Siebröhre ermöglicht.

Phloemsaft – eine wässrige Lösung, die durch die Siebröhren fließt – unterscheidet sich in seiner Zusammensetzung deutlich vom Xylemsaft. Bei Weitem der wichtigste Bestandteil des Phloemsafts ist Zucker, der bei den meisten Pflanzenarten in Form von Saccharose vorliegt. Die Saccharosekonzentration kann dem Phloemsaft eine siruppartige Konsistenz verleihen. Phloemsaft enthält außerdem Aminosäuren, Mineralstoffe, Pflanzenhormone und sekundäre Pflanzenstoffe.

Im Gegensatz zum unidirektionellen Transport des Xylemsafts von der Wurzel zum Blatt bewegt sich der Phloemsaft immer von den Orten der Zuckerbildung zu den Orten des Zuckerverbrauchs oder der Zuckerspeicherung (Abbildung 36.2). Wachsende Wurzeln, Knospen, Sprossachsen und Früchte sind Speicherregionen für Zucker.

Die oberen Blätter eines Zweiges können beispielsweise Zucker in die wachsende Sprossspitze exportieren, während die unteren Blätter möglicherweise Zucker in die Wurzeln liefern. Eine

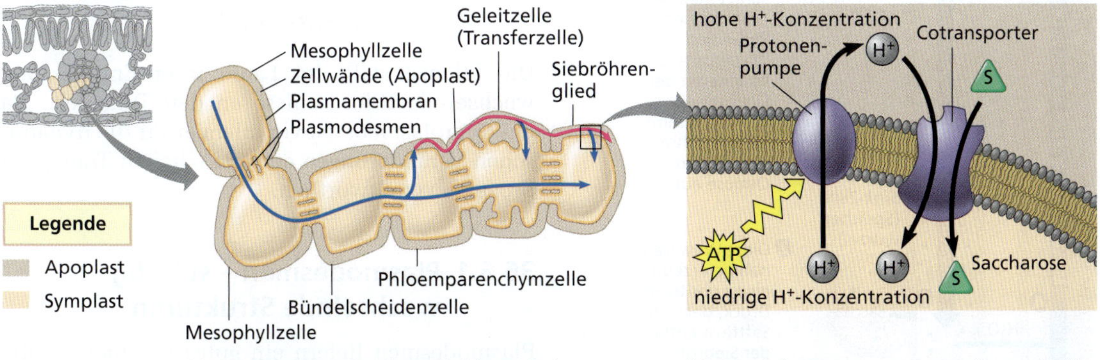

(a) In den Mesophyllzellen gebildete Saccharose kann über den Symplasten (blaue Pfeile) zu Siebröhrengliedern wandern. Bei einigen Pflanzenarten verlässt die Saccharose den Symplasten in der Nähe der Siebröhren und wandert durch den Apoplasten (rote Pfeile). Sie wird dann von Siebröhrenelementen und ihren Geleitzellen aktiv aus dem Apoplasten akkumuliert.

(b) Der aktive Transport von Saccharose in die Geleitzellen und Siebröhrenglieder beruht auf einem chemiosmotischen Mechanismus. Durch Protonenpumpen wird ein H^+-Gradient aufgebaut, der die Beladung des Phloems mit Saccharose mithilfe eines Membrantransportproteins (Symporters) antreibt, das den Saccharosetransport an die Rückdiffusion von Protonen in die Zelle koppelt.

Abbildung 36.15: Beladung des Phloems mit Zucker.

wachsende Frucht wird meistens von allen rundum verfügbaren Zuckerquellen versorgt.

Bevor Zucker zu den Speicher-Regionen exportiert werden kann, muss er in die Siebröhrenglieder transportiert werden (sie müssen „beladen" werden).

Bei vielen Pflanzen muss die Zuckerbeladung des Phloems durch aktiven Transport erfolgen, da Saccharose in den Siebröhrengliedern und Geleitzellen in höherer Konzentration als im Mesophyll vorliegt. Mit der Hilfe von Protonenpumpen und Cotransportern kann die Saccharose aus den Mesophyllzellen in die Siebröhrenelemente übertreten (Abbildung 36.15b).

36.5.2 Massenströmung durch positiven Druck – Assimilattransport bei Angiospermen

Der Phloemsaft fließt mit Geschwindigkeiten von bis zu einem Meter pro Stunde. Bei der Untersuchung der Angiospermen sind die Wissenschaftler inzwischen zu dem Schluss gekommen, dass der Fluss des Phloemsafts durch die Siebröhren durch Massenströmung, die durch positiven Druck angetrieben wird, erfolgt: durch den sogenannten *Druckstrom* (Abbildung 36.16).

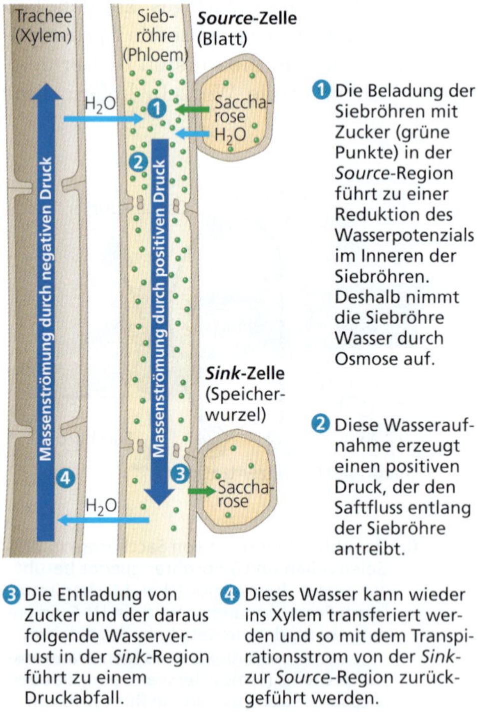

Abbildung 36.16: Massenströmung durch positiven Druck (*Druckstrom*) in einer Siebröhre.

Dank der Druckstromtheorie lässt sich erklären, warum Phloemsaft von der Zuckerquelle zur Zuckersenke („source to sink") fließt. Auch Experimente liefern überzeugendes Beweismaterial für den Druckstrom als Mechanismus des Assimilattransports bei Angiospermen.

Auch in Landwirtschaft und Gartenbau kann es sinnvoll sein, einen Teil der Speicher zu entfernen: Da große Äpfel wesentlich bessere Preise erzielen als kleine, dünnen die Apfelbauern manchmal die Blüten oder jungen Früchte aus, damit die Bäume weniger, aber dafür größere Äpfel tragen.

VERSTÄNDNISFRAGEN

1. Zeigen Sie Gemeinsamkeiten und Unterschiede der Kräfte auf, die Phloemsaft beziehungsweise Xylemsaft über weite Entfernungen transportieren.

2. Benennen Sie Pflanzenorgane, die Bildungsorte für Zucker (Source) sind, Organe, die Verbrauchsorte für Zucker (Sink) sind, sowie Organe, die beides sein könnten. Begründen Sie Ihre Antwort.

3. Warum kann das Xylem Wasser und Mineralstoffe durch tote Zellen transportieren, während für den Assimilattransport im Phloem lebende Zellen benötigt werden?

4. WAS WÄRE, WENN? Apfelbauern in Japan kerben Bäume, die nach der Ernte gerodet werden sollen, nach dem Fruchtansatz manchmal rund um die Rinde tief spiralförmig ein (jedoch so, dass die Bäume nicht sofort absterben). Durch diese Technik werden die Äpfel süßer. Warum?

36.6 Der Symplast ist hochdynamisch

Die Pflanze stellt im Laufe ihrer Entwicklung wechselnde Erfordernisse an den Transport. Da der Symplast *lebt*, ist vor allem er für die dynamischen Veränderungen der pflanzlichen Transportprozesse verantwortlich.

36.6.1 Plasmodesmen – ständig wechselnde Strukturen

Plasmodesmen liefern ein gutes Beispiel für die dynamischen Eigenschaften des Symplasten. Früher hielt man die Plasmodesmen für porenähnliche Strukturen, die sich niemals veränderten; dies lag vor allem an den statischen EM-Bildern. Sie können sich jedoch als Reaktion auf Veränderungen des Turgors, des Calciumspiegels und des pH-Werts im Zytoplama sehr schnell öffnen oder schließen.

Wenn die symplastische Kommunikation durch Mutation geändert wird, kann die Entwicklung stark gestört sein.

36.6.2 Elektrisches „Signaling" im Phloem

Schnelles Langstrecken-*Signaling* durch das Phloem ist ein weiteres dynamisches Merkmal des Symplasten. Die elektrische Reizleitung wurde besonders in Pflanzen mit schnellen Blattbewegungen wie der Sinnpflanze (*Mimosa pudica*) und der Venusfliegenfalle (*Dionaea muscipula*) untersucht. Ihre Funktion bei anderen Pflanzenarten ist jedoch nicht so eindeutig. Bei einigen Untersuchungen zeigte sich, dass ein Reiz in einem Pflanzenteil ein elektrisches Signal im Phloem triggern kann, das in einem anderen Pflanzenteil wirkt – beispielsweise eine Veränderung der Gentranskription, Respiration, Fotosynthese, Phloementladung oder von Hormonkonzentrationen herbeiführt. Auf diese Weise kann das Phloem eine nervenähnliche Funktion übernehmen, die eine schnelle elektrische Kommunikation zwischen weit entfernten Organen möglich macht.

36.6.3 Das Phloem – eine „Datenautobahn"

Neben Assimilattransport und elektrischer Signalübermittlung ist das Phloem eine „Autobahn" für den systemischen Transport von Makromolekülen und Viren. **Systemische** Veränderungen sind Veränderungen, die sich durch den gesamten Körper ausbreiten und viele oder alle Körperorgane oder Gewebesysteme betreffen. Zu den durch das Phloem beförderten Makromolekülen zählen Proteine und verschiedene Typen von RNA, die über die Plasmodesmen in die Siebröhren gelangen. Obwohl Plasmodesmen häufig mit den *gap junctions* in Tierzellen verglichen werden, ist ihre Fähigkeit zur Protein- und RNA-Beförderung einzigartig.

Die systemische Kommunikation über das Phloem hilft mit, die Funktionen der gesamten Pflanze zu integrieren. Ein klassisches Beispiel betrifft die Übermittlung eines blüteninduzierenden Signals, das von Blättern an vegetative Meristeme übermittelt wird. Ein weiteres Beispiel ist eine Abwehrreaktion auf örtlich begrenzte Infektionen, bei der durch das Phloem übermittelte Signale Abwehrgene in nichtinfizierten Geweben anschalten.

Der koordinierte Transport von Stoffen und Information ist für das Überleben der Pflanze essenziell. Pflanzen können im Laufe ihres Lebens nur eine begrenzte Menge an Ressourcen aufnehmen. Wenn diese Ressourcen nicht optimal verteilt und genutzt werden, kann die Pflanze sich nicht optimal durchsetzen. Letztlich sind der erfolgreiche Erwerb, das Haushalten mit Ressourcen und das Zusammenspiel der Gesamtpflanze *die* bestimmenden Faktoren für ein erfolgreiches Überleben der Pflanze.

MERKE!

Systemische Veränderungen sind Veränderungen, die sich durch den gesamten Körper ausbreiten und viele oder alle Körperorgane oder Gewebesysteme betreffen.

VERSTÄNDNISFRAGEN

1. Welche Faktoren beeinflussen die symplastische Kommunikation?

2. Wodurch unterscheiden sich Plasmodesmen von *gap junctions*?

3. WAS WÄRE, WENN? Nehmen wir an, Pflanzen wären gentechnisch so verändert, dass sie gegenüber viralen Bewegungsproteinen unempfindlich wären. Wäre das ein guter Mechanismus, um die Ausbreitung einer Infektion zu verhindern? Begründen Sie Ihre Antwort.

ZUSAMMENFASSUNG

Anpassungen zur Aufnahme der Nahrungsressourcen waren wichtige Schritte in der Evolution der Landpflanzen

Aufbau der Sprossachse und Lichtabsorption. Anordnung und Größe der Blätter, Verzweigung und Dicke der Sprossachse unterstützen den Spross bei der Absorption von CO_2 und Licht.

Wurzelaufbau und die Aufnahme von Wasser und Mineralstoffen. Streckungswachstum, Verzweigung und Mykorrhizen unterstützen die Wurzel dabei, dem Boden Wasser und Mineralstoffe zu entnehmen.

Der Transport über Kurz- oder Langstrecken erfolgt durch verschiedene Mechanismen

Diffusion und aktiver Transport von gelösten Stoffen. Diffusion ist die spontane Bewegung entlang von Konzentrationsgradienten. Transportproteine erleichtern die Diffusion durch Membranen. Protonenpumpen erzeugen einen H^+-Gradienten, der zum Transport von gelösten Stoffen (Soluten) eingesetzt wird.

Diffusion von Wasser (Osmose). Osmose ist die spontane Bewegung von freiem Wasser entlang seines Konzentrationsgradienten. Wasser fließt durch Membranen, und zwar von Orten mit höherem Wasserpotenzial (ψ) zu Orten mit niedrigerem ψ. Solute senken ψ (es wird negativer). Druck kann ψ erhöhen oder senken. Der osmotische Druck und das Druckpotenzial sind für die Turgeszenz verantwortlich.

Drei Haupttransportwege. Der Symplast ist das durch Plasmodesmen verbundene zytoplasmatische Kontinuum. Der Apoplast ist das Kontinuum der Zellwände und Extrazellularräume.

Massenströmung beim Langstreckentransport. Massenströmung beruht auf Druckdifferenzen an entgegengesetzten Enden von Gefäßelementen und Tracheiden (für Xylemsaft) oder Siebröhren (für Phloemsaft).

Der Transport von Wasser und Mineralstoffen von der Wurzel zum Spross durch das Xylem wird durch die Transpiration angetrieben

Aufnahme von Wasser und Mineralstoffen in die Wurzelzellen. Wurzelhaare und die sehr große Oberfläche der Plasmamembranen in den Wurzelrindenzellen erhöhen die Aufnahme von Wasser und Mineralstoffen.

Transport von Wasser und Mineralstoffen ins Xylem. Wasser kann die Wurzelrinde über den Symplasten oder den Apoplasten durchqueren, doch Mineralstoffe, die sich durch den Apoplasten bewegen, müssen schließlich die selektive Membran der Endodermiszellen passieren. Der Caspary-Streifen verhindert den apoplastischen Transfer von Mineralstoffen in den Zentralzylinder.

Massenströmung wird durch negativen Druck im Xylem angetrieben. Die Transpiration senkt C im Blatt, indem sie ein negatives Druckpotenzial (Zugspannung, Saugspannung) erzeugt. Dieses niedrige C zieht Wasser aus dem Xylem heraus. Durch die Kohäsion und Adhäsion des Wassers wird die Zugkraft bis in die Wurzeln übertragen.

Das Steigen des Xylemsafts durch Massenströmung. Die Transpiration hält die Bewegung des Xylemsafts entgegen der Schwerkraft aufrecht, ohne Energie zu verbrauchen.

Die Transpirationsrate wird durch die Stomata reguliert

Stomata als wichtigste Orte des Wasserverlusts. Schließzellen vergrößern oder verkleinern die Öffnungsweite des Spaltöffnungsporus. Genetische und Umweltfaktoren beeinflussen die Spaltöffnungsdichte.

Mechanismen der Spaltöffnungsbewegung. Wenn Schließzellen K^+ aufnehmen und Wasser einströmt, wölben sie sich nach außen, sodass der Porus größer wird. Das Schließen der Stomata geht mit einem K^+-Verlust einher.

Reize für die Spaltöffnungsbewegung. Die Stomabewegung wird durch Licht, CO_2, Temperatur, Wasserverfügbarkeit, das Pflanzenhormon Abscisinsäure und einen circadianen Rhythmus kontrolliert.

Auswirkungen der Transpiration auf Welken und Blatttemperatur. Wenn durch die Transpiration abgegebenes Wasser nicht durch Wasseraufnahme der Wurzeln ersetzt wird, welkt die Pflanze. Durch die Verdunstungskühlung bei der Transpiration kann die Blatttemperatur gesenkt werden.

Anpassungen, die den Wasserverlust durch Verdunstung vermindern. Blattreduktionen, verdickte Cuticula, tote Haare zur Schaffung windstiller Räume und die CAM-Fotosynthese sind Beispiele für Anpassungen an aride Lebensräume. Pflanzen, die an wasserarme Lebensräume angepasst sind, werden als Xerophyten bezeichnet.

Zucker werden im Phloem vom Produktionsort zum Verbrauchs- oder Speicherort transportiert

Zuckertransport. Ausgewachsene Blätter stellen die wichtigste Source-Region (Zuckerquelle) dar, obwohl auch Speicherorgane je nach Jahreszeit als Source fungieren können. Meristeme sowie wachsende Früchte und Samen sind Beispiele für Sinks (Zuckersenken). Die Phloembeladung und -entladung ist vom aktiven Saccharosetransport abhängig. Saccharose wird im Cotransport mit H^+ befördert, das entlang eines von den Protonenpumpen erzeugten Gradienten diffundiert.

Massenströmung durch positiven Druck – Assimilattransport bei Angiospermen. Durch die Zuckerbeladung an der Source beziehungsweise die Zuckerentladung am Sink wird eine Druckdifferenz aufrechterhalten, die dafür sorgt, dass Phloemsaft kontinuierlich durch die Siebröhren fließt.

Der Symplast – ein dynamisches System

Plasmodesmen – ständig wechselnde Strukturen. Die Anzahl der Plasmodesmen ist veränderlich. Geweitete Plasmodesmen erlauben den Durchtritt von Makromolekülen wie RNA und Proteinen.

Elektrisches „Signaling" im Phloem. Das Phloem kann ähnlich wie Nervenzellen elektrische Signale leiten, die sich durch den Symplasten fortpflanzen. Diese tragen zur Organisation und Funktion der Gesamtpflanze bei.

Das Phloem – eine „Datenautobahn". Das Phloem unterstützt Organisation und Funktionen der Gesamtpflanze, indem es den koordinierten Langstreckentransport von Proteinen, RNA und anderen Makromolekülen übernimmt.

Boden und Pflanzenernährung

37

37.1 Der Boden beherbergt ein komplexes Ökosystem

Als Boden bezeichnet man die oberste, belebte Verwitterungsschicht der Erdkruste. Die oberen Bodenschichten, aus denen Pflanzen fast ihren gesamten Wasser- und Mineralstoffbedarf decken, enthalten eine große Vielfalt an lebenden Organismen, die untereinander und mit der abiotischen Umwelt in Wechselwirkung stehen. Es kann Jahrhunderte dauern, bis sich ein Boden entwickelt hat, doch durch menschliche Misswirtschaft kann er innerhalb weniger Jahre zerstört werden (Abbildung 37.1).

Abbildung 37.1: **Erosionsprobleme in der Sahelzone.**

37.1.1 Bodenstruktur

Die Bodenart hängt von der Größe der jeweiligen Bodenpartikel ab. Bodenpartikel können in der Größe von Grobsand (0,02–2 mm Durchmesser) über Schluff (Silt, 0,002–0,02 mm) bis zu den mikroskopisch kleinen Tonmineralen (kleiner als 0,002 mm) reichen. Letztlich entstehen diese verschieden großen Partikel aus der Verwitterung von Gestein oder Fels. Wenn Wasser in den Felsspalten gefriert, kommt es zum mechanischen Bruch (physikalische Verwitterung); schwache Säuren im Boden führen zur chemischen Verwitterung. Sobald Organismen in das Gestein eindringen, beschleunigen sie den Verwitterungsprozess auf chemische und physikalische Weise. Pflanzenwurzeln geben beispielsweise Säuren ab, die den Fels zersetzen, und Pflanzenwurzeln, die in Felsspalten einwachsen, führen zur physikalischen Zerstörung des Gesteins. Die durch die Verwitterung freigesetzten mineralischen Partikel vermischen sich mit lebenden Organismen und **Humus** – den Überresten toter Organismen und anderem organischen Material – und bilden den **Oberboden**. Die Bodenschichten oder **Bodenhorizonte** werden oft beim Straßenbau oder anderen Ausschachtungsarbeiten sichtbar (Abbildung 37.2). Die Mächtigkeit des Oberbodens oder A-Horizonts kann Millimeter oder auch Meter betragen. Meistens konzentrieren wir uns auf die Eigenschaften des Oberbodens, da dieser Bodenhorizont die größte Bedeutung für das Pflanzenwachstum hat.

Abbildung 37.2: **Bodenhorizonte.**

Im Oberboden werden Pflanzen durch die Bodenlösung ernährt, das heißt durch Wasser und gelöste Mineralsalze, die sich in den Poren zwischen den Bodenpartikeln befinden. Diese Bodenporen schließen außerdem Lufträume ein (Bodenluft). Nach einem starken Regen fließt das Wasser aus den größeren Bodenporen ab, doch in den kleineren Zwischenräumen kann es sich halten, da die Wassermoleküle von den negativ geladenen Oberflächen der Tonminerale und anderer Bodenpartikel festgehalten werden.

Zu den fruchtbarsten Oberböden, das heißt jenen mit dem besten Pflanzenwachstum, gehört der **Lehmboden**, der ungefähr zu gleichen Teilen aus Sand, Schluff und Ton besteht. Lehmböden besitzen so viel kleine Schluffpartikel und Tonminerale, dass ihre Gesamtoberfläche groß genug für die Adhäsion und Retention von Mineralstoffen und Wasser ist.

Gleichzeitig ermöglichen die großen Bodenporen zwischen den Sandpartikeln eine gute Sauerstoffdiffusion zu den Wurzeln. Sandböden können meistens nicht genügend Wasser zurückhalten, um ein üppiges Pflanzenwachstum zu gewährleisten, und

Tonböden neigen häufig zu Staunässe und schlechter Durchlüftung: Wenn der Boden nicht genügend wasserdurchlässig ist, wird die Luft im Boden durch Wasser ersetzt, und die Pflanzenwurzeln sterben aufgrund von Sauerstoffmangel ab. Die Bodenporen der besonders fruchtbaren Oberböden sind im typischen Fall etwa zur Hälfte luftgefüllt und zur Hälfte wassergefüllt, sodass ein gutes Gleichgewicht zwischen Belüftung, Entwässerung und Wasserhaltevermögen gegeben ist. Die physikalischen Eigenschaften eines Bodens lassen sich durch Zugabe von Bodenverbesserern wie Torfmull, Kompost, Stallmist oder Sand korrigieren.

37.1.2 Zusammensetzung des Oberbodens

Die Zusammensetzung der Bodensubstanz gibt Auskunft über die anorganischen (mineralischen) und organischen chemischen Bestandteile. Zu den organischen Bestandteilen zählen wir die zahlreichen Organismenformen, die das Bodenleben ausmachen.

Anorganische Bestandteile Die Oberflächenladung der Bodenpartikel (hauptsächlich der Tonminerale) entscheidet über ihre Fähigkeit, viele Nährstoffe zu binden. Die meisten Bodenpartikel sind negativ geladen. Positiv geladene Ionen (Kationen) wie das Kaliumion (K^+), Calciumion (Ca^{2+}) und Magnesiumion (Mg^{2+}) binden an diese Partikel und können daher nicht so leicht durch *Auswaschung* entfernt werden, wenn das Wasser durch den Boden hindurchsickert (Abbildung 37.3).

Negativ geladene Ionen (Anionen) wie die Pflanzennährstoffe Nitrat (NO_3^-), Phosphat ($H_2PO_4^-$) und Sulfat (SO_4^{2-}) können nicht fest an die negativ geladenen Bodenpartikel (Tonminerale) binden und werden daher leicht freigesetzt. Starker Regen oder Bewässerung führen zur Auswaschung in das Grundwasser, wo sie von Pflanzenwurzeln nicht mehr aufgenommen werden können.

Organische Bestandteile Humus ist ein wichtiger organischer Bestandteil des Bodens und besteht aus totem, organischem Material, das durch Bakterien und Pilze bei der Zersetzung von toten Organismen, Exkrementen, Laubstreu und anderen organischen Bestandteilen gebildet wird. Humus verhindert, dass die Tonminerale zusammenbacken, und sorgt für eine krümelige Bodenstruktur, die genügend Wasser zurückhält, aber gleichzeitig so durchlässig ist, dass die Wurzeln ausreichend belüftet werden. Außerdem erhöht Humus die Kationenaustausch-Kapazität des Bodens und dient als Speicher für mineralische Nährstoffe, die allmählich wieder in den Boden gelangen, während die Mikroorganismen das organische Material zersetzen.

Die Tätigkeit der im Boden lebenden Organismen beeinflusst die physikalischen und chemischen Bodeneigenschaften. Regenwürmer verzehren beispielsweise organisches Material und beziehen ihre Nahrung aus den Bakterien und Pilzen, die auf diesem Substrat wachsen. Auch Pflanzenwurzeln beeinflussen die Art und die Zusammensetzung des Bodens: Da die Wurzeln den Boden fest-

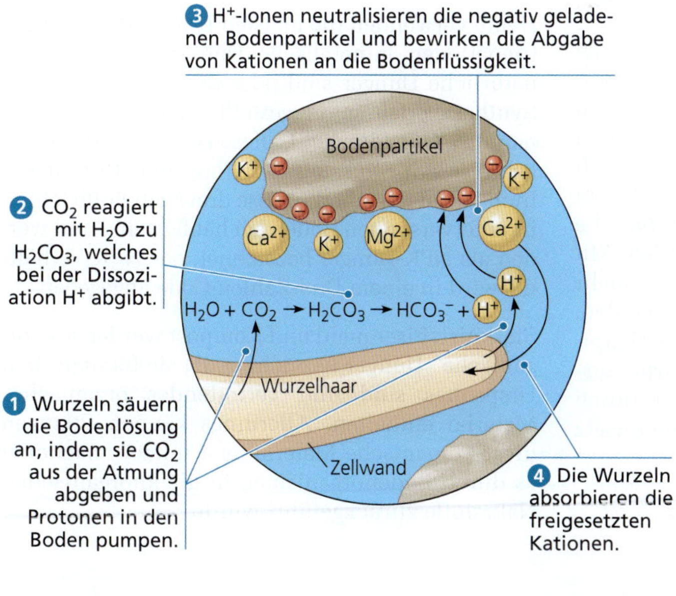

Abbildung 37.3: Kationenaustausch im Boden.

? Welche Ionen werden bei starkem Regen eher aus dem Boden ausgewaschen – Kationen oder Anionen? Begründen Sie Ihre Antwort.

halten, verringern sie beispielsweise die Erosion; die Abgabe von Säuren führt zu einer Abnahme des pH-Werts.

37.1.3 Bodenschutz und nachhaltige Landwirtschaft

Bewässerung Da Wasser oft der begrenzende Faktor für das Pflanzenwachstum ist, hat kaum eine Anbaumethode die Ernteerträge so sehr gesteigert wie die künstliche Bewässerung. Diese ist jedoch gleichzeitig eine ungeheure Belastung für die Süßwasserressourcen. Weltweit werden etwa 75 Prozent des verbrauchten Süßwassers in der Landwirtschaft eingesetzt. In vielen Gegenden der Welt mit intensiver landwirtschaftlicher und industrieller Nutzung sind Flussläufe zu Rinnsalen verkommen, da das Wasser zu Bewässerungszwecken oder als industrielles Kühlwasser abgezweigt wird (Abbildung 37.4). Die Bewässerung wird jedoch vorrangig nicht aus Oberflächenwasser, also Flüssen und Seen, sondern aus Grundwasserleitern, sogenannten *Aquiferen*, gespeist.

Bei vielen Bewässerungsmethoden, beispielsweise beim Fluten der Felder (Anstaubewässerung), wird Wasser verschwendet, da ein Großteil verdunstet. Um Wasser effizient zu nutzen, müssen Landwirte die Wasserhaltekapazität ihres Bodens, den Wasserbedarf ihres Pflanzenbestands und die am besten geeignete Bewässerungstechnik kennen und verstehen. Sehr beliebt ist die *Tropfbewässerung*, bei der das Wasser aus perforierten Plastikschläuchen langsam an Boden und Pflanzen abgegeben wird und direkt in der Wurzelzone versickert. Da Wasserverbrauch und Bodenversalzung bei der Tropfbewässerung geringer sind, wird sie in vielen ariden Agrarregionen eingesetzt.

Düngung In natürlichen Ökosystemen gelangen die mineralischen Nährstoffe gewöhnlich durch die Zersetzung von totem organischen Material und tierischen Ausscheidungen wieder in den Kreislauf zurück. Die Landwirtschaft ist jedoch kein natürliches System. Der Kopfsalat auf Ihrem Teller enthält beispielsweise Mineralstoffe, die dem Acker des Bauern entnommen wurden. Mit jeder Ernte verliert der Acker des Bauern mehr Nährstoffe, wenn diese nicht ersetzt werden. Nährstoffverarmung ist weltweit eine der Hauptursachen von Bodendegradation. Landwirte müssen daher die Nährstoffverluste des Bodens durch **Düngung** ausgleichen, das heißt durch den Zusatz mineralischer Nährstoffe zum Boden.

Dieses „Schluckloch“ in Florida bildete sich durch plötzliche Bodensenkungen – Ursache ist die Grundwasserübernutzung zu Bewässerungszwecken.

Im Jahr 1977 ließ der Geologe Joseph F. Poland im San Joaquin Valley in Kalifornien Marken anbringen, auf denen man die ursprüngliche Höhe der Bodenoberfläche in den Jahren 1925 und 1955 ablesen kann. Diese Schilder sollen die dramatischen Auswirkungen der Bodensenkungen verdeutlichen.

Abbildung 37.4: Bodensenkungen durch exzessive Grundwasserentnahme.

Heute verwenden die meisten Landwirte in Industrienationen mineralische Dünger, die entweder natürliche Dünger sind oder in energieintensiven Syntheseverfahren hergestellt werden (der sogenannte „Kunstdünger“). Diese Dünger sind normalerweise mit Stickstoff (N), Phosphor (P) und Kalium (K) angereichert – diese drei Nährstoffe fehlen in unterversorgten Böden am häufigsten – und werden als NPK-Dünger bezeichnet; das NPK-Verhältnis wird in einem Drei-Zahlen-Code angegeben.

Stallmist, Fischmehl und Kompost werden als „organische“ Dünger bezeichnet, da sie biologischen Ursprungs sind und verrottendes organisches Material enthalten. Allerdings können Pflanzen dieses organische Material erst nutzen, nachdem es durch Bodenorganismen in die anorganischen Nährstoffe zurückgeführt wurde.

Regulierung des Boden-pH-Wertes Ein weiterer wichtiger Faktor für die Verfügbarkeit der Mineralstoffe ist der pH-Wert des Bodens, denn er beeinflusst den Kationenaustausch und die chemische Form, in der die Mineralstoffe vorliegen. Die meisten Pflanzen bevorzugen einen schwach sauren Boden, da positiv geladene Mineralionen durch die höheren H^+-Konzentrationen von den Bodenpartikeln verdrängt und damit leichter von der Pflanze aufgenommen werden können. Daher muss der Boden-pH-Wert an die Bedürfnisse der jeweiligen Kulturpflanzen angepasst werden. Wenn der Boden zu alkalisch ist, gibt man Sulfat zu, um den pH-Wert herabzusetzen. Der pH-Wert eines zu sauren Bodens kann durch „Aufkalkung" mit Calciumcarbonat oder Calciumhydroxid angehoben werden.

Kontrolle der Bodenerosion Wasser- und Winderosion können große Mengen an Oberboden abtragen. Erosion ist einer der Hauptgründe für Bodendegradation, da die Nährstoffe des Bodens durch Wind und Wasser weit verfrachtet werden. Um das Erosionsrisiko zu verringern, können Landwirte zum Beispiel vorsorglich Baumreihen als Windschutz pflanzen sowie Felder in Hanglagen terrassieren und parallel zu den Höhenlinien bearbeiten (Abbildung 37.5).

Abbildung 37.5: **Konturpflügen.** Diese Felder in Wisconsin, USA, werden nicht in Hangrichtung, sondern parallel zu den Höhenlinien des Hangs bestellt. Das Konturpflügen trägt dazu bei, dass Wasserablauf und Erosion des Oberbodens nach heftigen Regenfällen verlangsamt werden.

Die Erosion lässt sich ferner durch eine besondere Saatmethode, die **Direktsaat** ohne vorhergehende Bodenbearbeitung („No-Till"), vermindern. Bei der traditionellen Bodenbearbeitung wird das gesamte Feld gepflügt und umgebrochen. Dies erleichtert zwar die Unkrautkontrolle, führt aber dazu, dass das Wurzelwerk, das den Boden zusammenhält, zerstört wird, weshalb Oberflächenabfluss und Bodenerosion zunehmen. Bei der Direktsaat bringt man Saatgut und Dünger mit einem Spezialgerät in schlitzförmige Furchen ein. Auf diese Weise kann der Acker mit minimaler Störung des Bodengefüges eingesät werden und er benötigt gleichzeitig weniger Dünger.

Phytosanierung Manche Anbauflächen sind für landwirtschaftliche Nutzung untauglich, da der Boden oder das Grundwasser durch toxische Schwermetalle oder organische Substanzen kontaminiert ist. Traditionell konzentrierte sich die Bodensanierung (die Behebung der Bodenbelastung) auf nicht biologische Maßnahmen, zum Beispiel das Abräumen und Lagern der betroffenen Böden in Deponien. Diese Maßnahmen sind allerdings sehr teuer und verunstalten häufig die Landschaft. Die **Phytosanierung** (Phytoremediation) ist ein zerstörungsfreies biotechnologisches Verfahren, das sich die Fähigkeit mancher Pflanzenarten zunutze macht, bestimmte Stoffe (in diesem Fall Bodenschadstoffe) aus dem Boden aufzunehmen und sie in bestimmten Pflanzenteilen anzureichern, die sich einfach abräumen und sicher deponieren lassen. Das Galmei-Hellerkraut (*Thlaspi caerulescens* ssp. *calaminare*), das in der Nähe von Aachen und bei Osnabrück vorkommt, kann beispielsweise in seinem Spross so viel Zink akkumulieren, dass die Konzentration dreihundertmal höher ist, als es die meisten Pflanzen tolerieren können. Durch das Abernten des oberirdischen Pflanzenmaterials wird der Schadstoff Zink gleichzeitig mit entfernt.

VERSTÄNDNISFRAGEN

1. Erklären Sie, warum der Ausdruck „Zu viel des Guten" auch auf die Bewässerung und Düngung von Pflanzen zutreffen kann.

2. Bei vielen Rasenmähern wird das Schnittgut zur einfacheren Entsorgung gesammelt; außerdem bleiben keine Grasklumpen auf der Rasenfläche zurück, die dort die Fotosynthese behindern. Warum ist diese Methode aus der Sicht der Pflanzenernährung möglicherweise nachteilig?

3. WAS WÄRE, WENN? Wie würde der Zusatz von Tonmineralen zu einem Lehmboden die Kationenaustausch-Kapazität und das Wasserhaltevermögen des Bodens beeinflussen? Begründen Sie Ihre Antwort.

37.2 Pflanzenwurzeln nehmen viele Typen wichtiger Bodenbestandteile auf

Wenn man sieht, wie aus einem kleinen Samen eine große Pflanze heranwächst, kann man sich nur wundern, woher diese neu synthetisierte Phytomasse eigentlich stammt.

Boden, Wasser und Luft tragen ausnahmslos zum Pflanzenwachstum bei. Der Wassergehalt einer Pflanze lässt sich ermitteln, indem man die Masse (das Gewicht) der Pflanze vor und nach der Trocknung vergleicht. Normalerweise macht Wasser 80 bis 90 Prozent des Frischgewichts einer Pflanze aus. Auch die chemische Zusammensetzung des getrockneten Pflanzenmaterials lässt sich bestimmen. Organische Substanzen belaufen sich normalerweise auf etwa 96 Prozent der Trockenmasse. Folglich tragen die anorganischen Nährstoffe aus dem Boden, die zwar für das Überleben der Pflanze unverzichtbar sind, sehr wenig zur Gesamtmasse der Pflanze bei. Der Hauptteil der pflanzlichen Trockenmasse stammt weder aus dem Wasser noch aus den Bodenmineralstoffen, sondern aus dem CO_2, das während der Fotosynthese aus der Luft assimiliert wird.

37.2.1 Makro- und Mikronährelemente

In der Phytomasse sind über 50 chemische Elemente enthalten. Wenn wir die chemische Zusammensetzung von Pflanzen untersuchen, müssen wir jedoch zwischen Elementen unterscheiden, die essenziell sind, und solchen, die lediglich von der Pflanze aufgenommen werden, aber nicht für Wachstum und Entwicklung benötigt werden. Ein chemisches Element gilt nur dann als **essenzielles Nährelement**, wenn die Pflanze es benötigt, um ihren Lebenszyklus (Entwicklungszyklus) erfolgreich zu durchlaufen und eine neue Generation zu bilden (siehe Tabelle 37.1).

Element	Von Pflanzen vorwiegend aufgenommene Form	Prozentualer Anteil am Trockengewicht	Hauptfunktionen	Frühes Mangelsymptom
Makronährelemente				
Kohlenstoff	CO_2	45 Prozent	Hauptbestandteil von organischen Verbindungen in der Pflanze	Langsames Wachstum
Sauerstoff	O_2	45 Prozent	Hauptbestandteil von organischen Verbindungen in der Pflanze	Langsames Wachstum
Wasserstoff	H_2	6 Prozent	Hauptbestandteil von organischen Verbindungen in der Pflanze	Welken, langsames Wachstum
Stickstoff	NO_3^-, NH_4^+	1,5 Prozent	Bestandteil von Nucleinsäuren, Proteinen, Hormonen, Chlorophyll, Coenzymen	Chlorosen an den Spitzen älterer Blätter (häufig auf strapazierten Böden oder Böden mit wenig organischem Material)
Kalium	K^+	1,0 Prozent	Cofaktor bei der Proteinsynthese; wichtigstes Kation bei der Regulation des Wasserhaushalts; Bewegung der Spaltöffnungen	Fleckigkeit bei älteren Blättern, Vertrocknen der Blattränder, schwache Stängel, schlecht entwickelte Wurzeln (häufig auf sauren oder sandigen Böden)
Calcium	Ca^{2+}	0,5 Prozent	Wichtig für Bildung und Stabilität der Zellwand, ferner für Erhaltung von Membranstruktur und -permeabilität; aktiviert einige Enzyme; Signaltransduktion	Gekräuselte junge Blätter, absterbende Knospen (häufig auf sauren oder sandigen Böden)
Magnesium	Mg^{2+}	0,2 Prozent	Bestandteil von Chlorophyll; Cofaktor vieler Enzyme	Chlorosen zwischen den Blattadern, vor allem an älteren Blättern (häufig auf sauren oder sandigen Böden)
Phosphor	$H_2PO_4^-$, HPO_4^{2-}	0,2 Prozent	Bestandteil von Nucleinsäuren, Phospholipiden, ATP, mehreren Coenzymen	Gesundes Aussehen, aber stark verlangsamtes Wachstum, violette Blattadern, wenig Blüten- und Fruchtansatz (häufig auf sauren, nassen oder kalten Böden)
Schwefel	SO_4^{2-}	0,1 Prozent	Bestandteil von Proteinen und Coenzymen	Allgemeine Chlorose der jüngeren Blätter (häufig auf sandigen oder sehr nassen Böden)

Element	Von Pflanzen vorwiegend aufgenommene Form	Prozentualer Anteil am Trockengewicht	Hauptfunktionen	Frühes Mangelsymptom
Mikronährelemente				
Chlor	Cl^-	0,01 Prozent	Essenziell für den Schritt der Wasserspaltung in der Fotosynthese; Funktion im Wasserhaushalt	Welken, stoppelige Wurzeln, gesprenkelte Blätter (ungewöhnlich)
Eisen	Fe^{3+}, Fe^{2+}	0,01 Prozent	Atmung, Fotosynthese, Chlorophyllsynthese, N_2-Fixierung	Chlorosen zwischen Adern junger Blätter (häufig auf basischen Böden)
Mangan	Mn^{2+}	0,005 Prozent	Beteiligung an der Aminosäuresynthese; aktiviert einige Enzyme; essenziell für den Schritt der Wasserspaltung in der Fotosynthese	Chlorose zwischen Adern junger Blätter (häufig auf basischen, humusreichen Böden)
Bor	$H_2BO_3^-$	0,002 Prozent	Cofaktor in der Chlorophyllsynthese; trägt zur Zellwandstabilität bei; Pollenschlauchwachstum	Absterben der Meristeme; dicke ledrige Blätter (alle Böden, häufigster Mikronährstoffmangel)
Zink	Zn^{2+}	0,002 Prozent	An der Chlorophyllsynthese beteiligt; Cofaktor einiger Enzyme; nötig für DNA-Transkription	Reduziertes Internodienwachstum; Blätter runzlig (häufig in manchen geografischen Regionen)
Kupfer	Cu^+, Cu^{2+}	0,001 Prozent	Bestandteil vieler Redoxsysteme und von Enzymen der Ligninbiosynthese	Junge Blätter hellgrün; austrocknende Blattspitzen; Wurzeln verkrüppelt und extrem verzweigt (häufig in manchen geografischen Regionen)
Nickel	Ni^{2+}	0,001 Prozent	Cofaktor für ein Enzym des Stickstoffstoffwechsels (Urease)	Allgemeine Chlorose an allen Blättern; abgestorbene Blattspitzen (häufig auf sauren oder sandigen Böden)
Molybdän	MoO_4^{2-}	0,0001 Prozent	Essenziell für die Symbiose mit stickstofffixierenden Bakterien; Cofaktor der Nitratreduktase	Absterben der Wurzel- und Sprossspitzen; Chlorosen an älteren Blättern (häufig auf sauren Böden in manchen geografischen Regionen)

Tabelle 37.1: **Essenzielle Nährelemente in Pflanzen.**

37.2.2 Symptome des Nährstoffmangels

Die Symptome eines Nährstoffmangels hängen zum Teil davon ab, welche Funktion das entsprechende Mineralelement als Nährstoff hat. Ein Magnesiummangel – es ist Bestandteil des Chlorophylls – führt beispielsweise zur *Chlorose*, zum Vergilben der Blätter. In manchen Fällen ist der Zusammenhang zwischen dem Nährstoffmangel und seinen Symptomen nicht so direkt. So bewirkt ein Eisenmangel ebenfalls eine Chlorose, obwohl Chlorophyll kein Eisen enthält. Eisenionen sind jedoch als Cofaktor für einen enzymatischen Schritt des Chlorophyllsynthesewegs essenziell.

Der Nährstoffbedarf einer Pflanze kann sich ferner je nach Jahreszeit und nach dem Alter der Pflanze verändern. Keimpflanzen weisen nur selten Symptome eines Mineralstoffmangels auf, da ihr Nährstoffbedarf weitgehend durch die Mineralstoffe gedeckt wird, die in den Speicherstoffen des Samens selbst enthalten sind.

Ein Mangel an Phosphor, Kalium und insbesondere Stickstoff tritt am häufigsten auf (Abbildung 37.6). Unterversorgungen mit Spurenelementen (Mikronährstoffen) sind seltener und konzentrieren sich wegen regionaler Unterschiede der Bodenzusammensetzung eher auf bestimmte geografische Regionen.

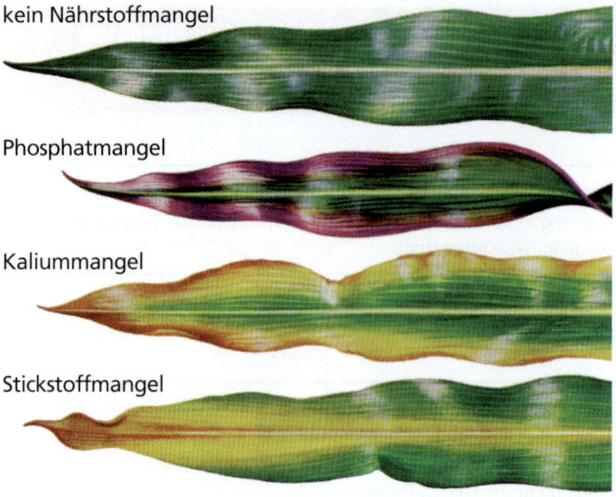

Abbildung 37.6: Die häufigsten Symptome des Nährstoffmangels, hier am Beispiel von Maisblättern. Die Symptome eines Nährstoffmangels können sich je nach Pflanzenart unterscheiden. Bei Mais (*Zea mays*) mit Phosphatmangel sind die Blattränder besonders bei jungen Blättern rotviolett verfärbt. Maispflanzen mit Kaliummangel zeigen an den älteren Blättern eine Rand- und Spitzennekrose (Eintrocknen). Bei Stickstoffmangel vergilben die älteren Blätter von der Spitze her längs der Mittelrippe immer weiter.

Am wichtigsten ist das richtige Maß, denn bei vielen Nährstoffen ist eine Überdosierung schädlich oder sogar toxisch für die Pflanzen. So kann zu viel Stickstoff bei Tomatenpflanzen auf Kosten der Fruchtbildung zu einem übermäßigen Wachstum von Spross und Blättern führen.

VERSTÄNDNISFRAGEN

1. Sind manche essenziellen Nährelemente wichtiger als andere? Begründen Sie Ihre Antwort.

2. WAS WÄRE, WENN? Das Element Silicium (Si) wird von Pflanzen aufgenommen und erhöht bei landwirtschaftlichen Nutzpflanzen Ertrag und Qualität. Reicht dies als Beleg aus, um Silicium als essenziellen Pflanzennährstoff anzusehen?

37.2.3 Verbesserung der Pflanzenernährung durch Gentechnik

Bisher haben wir uns bei unserer Erörterung der Pflanzenernährung mit der Frage beschäftigt, wie Landwirte Bewässerung, Düngung und andere Maßnahmen einsetzen, um den Boden an die Bedürfnisse der Kulturpflanzen anzupassen. Man kann natürlich auch gentechnisch „maßgeschneiderte" Pflanzen konstruieren, die besser an den jeweiligen Boden angepasst sind. Allerdings wird nach wie vor der Einsatz von gentechnisch veränderten Pflanzen auch kritisch gesehen und muss daher sorgfältig beobachtet und objektiv bezüglich der Vorteile und der möglichen Nachteile zwischen Wissenschaftlern und Bevölkerung diskutiert werden.

Intelligente Pflanzenzüchtung In der Agrarforschung wird nach Wegen gesucht, um bei verringertem Düngereinsatz einen gleichbleibenden Ertrag zu ermöglichen. Ein Ansatz sind gentechnisch veränderte Pflanzen, die einen drohenden Nährstoffmangel anzeigen, *bevor* der Schaden eingetreten ist. In einem Fall von gentechnisch veränderten Pflanzen bedient man sich beispielsweise eines bestimmten Promotors (einer DNA-Sequenz, die von der RNA-Polymerase erkannt wird und ihr anzeigt, wo die Transkription eines Gens beginnt). Dieser induzierbare „Phosphat-Promotor" reagiert bereits auf einen beginnenden Phosphatmangel im Pflanzengewebe; er ist an ein „Reportergen" gebunden, das zur Bildung eines hellblauen Farbstoffs in den Blattzellen führt (Abbildung 37.7). Wenn die Blätter dieser Pflanzen sich bläulich verfärben, weiß der Landwirt, dass der Zeitpunkt für eine Phosphatdüngung gekommen ist. Der Test muss von Zeit zu Zeit an einem abgeschnittenen Blatt erfolgen, das man mit einem Enzymsubstrat versetzt, welches nach Hydrolyse einen blauen Farbstoff bildet.

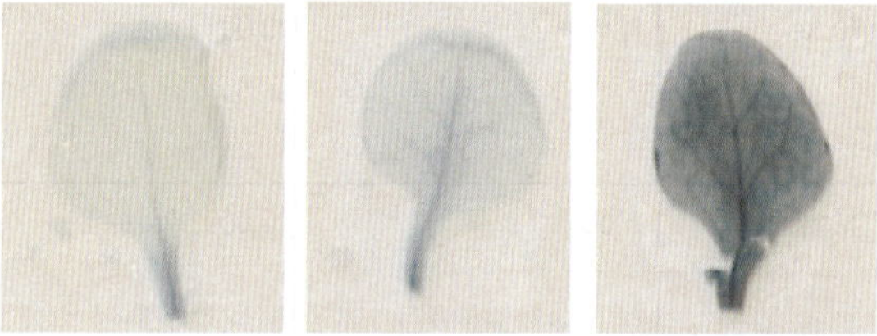

Abbildung 37.7: Pflanzen, die Nährstoffmangel anzeigen. Einige Pflanzen wurden gentechnisch so verändert, dass sie einen drohenden Nährstoffmangel anzeigen, bevor es zu nicht mehr behebbaren Schäden kommt. Die Modellpflanze *Arabidopsis* kann beispielsweise gentechnisch so verändert werden, dass die Pflanze als Reaktion auf einen drohenden Phosphatmangel eine Blaufärbung entwickelt.

Globale Ernährung und Nahrungsqualität Generell wird Pflanzenwachstum durch den Anstieg des atmosphärischen CO_2 und durch wärmere Temperaturen gesteigert. Entsprechend wird, gemessen in Pflanzenbiomasse, als Reaktion auf den globalen Klimawandel in manchen Teilen der Erde, ein Anstieg der Nahrungsmittelproduktion erwartet. Aber die Nahrungsmittelproduktion muss auch an der Qualität gemessen werden. Unglücklicherweise gibt es Anzeichen, dass die Pflanzen heutzutage, im Vergleich zu Pflanzen im vorindustriellen Zeitalter, nicht genügend Nährstoffe aufnehmen, um mit der gestiegenen Möglichkeit der CO_2-Aufnahme Schritt halten zu können.

37.3 Um ihre Ernährung zu sichern, treten Pflanzen mit anderen Organismen in Kontakt

Pflanzen und Boden stehen in einer wechselseitigen Beziehung. Tote Pflanzen liefern einen Großteil der Energie, die von den bodenlebenden Mikroorganismen benötigt wird, und die Ausscheidungen lebender Pflanzenwurzeln unterstützen eine sehr vielfältige Mikroflora im Nahbereich der Wurzeln.

37.3.1 Bodenbakterien und Pflanzenernährung

Vor allem die **Rhizosphäre**, der Bodenbereich, der mit den Pflanzenwurzeln unmittelbar in Verbindung steht, beherbergt einige nützliche Bakterien. Andere Bakterien gehören zu den Destruenten (zersetzende Bakterien und Pilze), die Nahrung aus dem verrottenden organischen Material des Oberbodens beziehen, der dadurch in Humus umgewandelt wird. Wieder andere, eine Gruppe wichtiger Stickstofffixierender Bakterien, wachsen in den Pflanzenwurzeln selbst.

Rhizobakterien Rhizobakterien sind Bodenbakterien, die in der Rhizosphäre besonders hohe Populationsdichten aufweisen. Die verschiedenen Böden unterscheiden sich in Bezug auf Artenzahl und Abundanz der in ihnen vorkommenden Rhizobakterien sehr stark.

Einige Rhizobakterien, sogenannte pflanzenwachstumsfördernde Rhizobakterien (*Plant Growth-Promoting Rhizobacteria, PGPR*), steigern das Pflanzenwachstum auf vielfältige Weise. Einige bilden Substanzen, die das Pflanzenwachstum stimulieren. Andere bilden antibiotische Substanzen, die die Wurzeln vor bakteriellen Krankheiten schützen.

> **MERKE!**
> **Rhizobakterien sind Bodenbakterien, die in der Rhizosphäre besonders hohe Populationsdichten aufweisen.**

Bakterien im Stickstoffkreislauf Pflanzen stehen auch in mutualistischer Beziehung zu mehreren Bakteriengruppen, die dazu beitragen, dass Stickstoff besser verfügbar wird. Global gesehen ist kein Nährstoff so limitierend für das Pflanzenwachstum wie Stickstoff, der als Bestandteil von Proteinen und Nucleinsäuren in großer Menge benötigt wird. Anders als die übrigen Bodenmineralstoffe gehen Ammoniumionen (NH_4^+) und Nitrationen (NO_3^-) nicht aus der Verwitterung von Gestein hervor. Kleine Mengen an NO_3^- können zwar auch durch Blitzschläge entstehen und mit dem Regenwasser in den Boden gelangen, doch der größte Teil des im Boden enthaltenen Stickstoffs geht auf die Aktivität von Bakterien zurück (Abbildung 37.9). *Ammoniak-bildende Bakterien*, die normalerweise als Destruenten in humusreichen Böden leben, setzen Ammoniak (NH_3) frei, indem sie Proteine und andere organische Stickstoffverbindungen zu Humus abbauen. Die *Stickstofffixierenden Bakterien* wandeln gasförmigen Stickstoff (N_2) in NH_3 um (diesen Prozess werden wir im Folgenden besprechen). In beiden Fällen nimmt das gebildete NH_3 ein weiteres Proton (H^+) aus der Bodenlösung auf und bildet NH_4^+, das durch Pflanzen aufgenommen werden kann. Allerdings assimilieren diese den Stickstoff hauptsächlich in Form von NO_3^-. Im Boden wird NO_3^- vorwiegend über einen zweistufigen Prozess gebildet, die sogenannte *Nitrifikation*, die aus der Oxidation von NH_3 zu Nitrit (NO_2^-) und der anschließenden Oxidation von Nitrit zu Nitrat (NO_3^-) besteht. Für jeden Schritt sind unterschiedliche Gruppen der *nitrifizierenden Bakterien* verantwortlich. Nach der Aufnahme von NO_3^- durch die Wurzeln wird es durch ein pflanzliches Enzym wieder zu NH_4^+ reduziert; dieses wird durch andere Enzyme in Aminosäuren und andere organische Stickstoffverbindungen eingebaut. Die meisten Pflanzenarten transportieren Stickstoff von der Wurzel zum Spross (im Xylem) als NO_3^- oder als organischen Stickstoff, der in der Wurzel gebildet wird. Besonders in anaeroben Böden kommt es zu teilweisen Stickstoffverlusten, wenn denitrifizierende Bakterien NO_3^- wieder in N_2 umwandeln, das dann zurück in die Luft diffundiert.

Stickstofffixierende Bakterien – näher betrachtet Die Erdatmosphäre besteht zwar zu 79 Prozent aus Stickstoff, doch Pflanzen können freien gasförmigen Stickstoff (N_2) nicht nutzen, da das Molekül eine Dreifachbindung zwischen den beiden Stickstoffatomen besitzt und dadurch fast inert (reaktionsträge) ist. Damit der Luftstickstoff für Pflanzen verfügbar wird, muss er im Verlauf der sogenannten **Stickstofffixierung** zu NH_3 reduziert werden. Alle N_2-fixierenden Organismen sind Prokaryonten, einige führen diesen Prozess als freilebende Organismen durch (Abbildung 37.9). Im speziellen Fall von *Rhizobium* (der Name bedeutet so viel wie „in Wurzeln lebend“) bilden die Bakterien eine enge Symbiose mit den Wurzeln von Leguminosenarten („Hülsenfrüchtler“, zum Beispiel Erbsen, Sojabohnen, Luzerne und Klee-

ZUSAMMENHÄNGE ERKENNEN

Mutualistische Beziehungen zwischen Organismenreichen

Einige giftige Fischarten stellen ihr Gift nicht selbst her. Wie ist dies möglich? Einige Ameisenarten kauen Blätter, fressen sie aber nicht. Warum? Die Antworten sind in einigen verblüffenden Mutualismen zu finden, Beziehungen zwischen verschiedenen Arten, wobei jede Art eine Substanz oder eine Dienstleistung einbringt, die der anderen Art nützt (siehe *Abschnitt 54.1*). Manchmal bestehen Mutualismen innerhalb eines Organismenreichs, wie zum Beispiel zwischen zwei Tierarten. In vielen Mutualismen jedoch sind Arten aus verschiedenen Organismenreichen beteiligt, wie es in den hier aufgeführten Beispielen der Fall ist.

Pilz–Bakterium

Eine Flechte ist eine mutualistische Verbindung zwischen einem Pilz und einem Fotosynthese betreibenden Partner. In der Flechte *Peltigera* ist der Fotosynthese betreibende Partner eine Cyanobakterienart. Die Cyanobakterien steuern Kohlenhydrate bei, während der Pilz für Verankerung, Schutz, Mineralien und Wasser sorgt (siehe Abbildung).

Die Flechte *Peltigera*

Längsschnitt durch die Flechte *Peltigera*, der die grünen, Fotosynthese betreibenden Cyanobakterien zwischen den beiden Pilzschichten ähnlich einem Sandwich zeigt.

Tier–Bakterium

Fugu ist der japanische Name des Kugelfischs (*Takifugu* spec). Verschiedene Arten dieses Fischs werden in darauf spezialisierten japanischen Restaurants zubereitet. Die meisten Kugelfischarten enthalten letale Mengen des Nervengifts Tetrodotoxin in ihren Organen, vor allem in Leber, Eierstöcken und Eingeweiden. Deshalb muss ein speziell ausgebildeter Koch die tödlich wirkenden Teile entfernen. Das Tetrodotoxin wird durch mutualistische Bakterien (verschiedene Arten von *Vibrio*), die mit dem Fisch assoziiert sind, synthetisiert. Der Fisch erhält eine tödlich wirkende Waffe, während die Bakterien in äußerst nahrhafter, wenig kompetitiver Umgebung leben können.

Kugelfisch (Fugu)

Pflanze–Bakterium

Der Schwimmfarn *Azolla* stellt Kohlenhydrate für ein Stickstoff fixierendes Cyanobakterium *(Anabaena azollae)*, das in den Lufträumen des Farns vorkommt, zur Verfügung. Im Gegenzug wird der Farn mit Stickstoff versorgt (siehe Abschnitt 27.5).

Der Schwimmfarn *Azolla*

Tier–Pilz

Blattschneiderameisen ernten Blätter, die sie in ihren Bau tragen, aber sie fressen die Blätter nicht. Stattdessen wächst auf den Blättern ein Pilz und nimmt deren Nährstoffe auf. Die Ameisen fressen dann von diesem Pilz, den sie kultiviert haben.

Blattschneiderameisen tragen Blätter in ihren Bau.

Ameisen pflegen einen Pilzgarten in ihrem Bau.

Pflanze–Pilz

Die meisten Pflanzen besitzen eine Mykorrhiza, mutualistische Assoziationen zwischen Wurzeln und Pilzen. Der Pilz absorbiert Kohlenhydrate aus der Wurzel. Im Gegenzug wird durch das Pilzmyzel, ein dichtes Netzwerk von Fäden, die man als Hyphen bezeichnet, die Oberfläche der Wurzel zur Aufnahme von Wasser und Nährsalzen, vor allem Phosphat, vergrößert (siehe Abbildung 31.2).

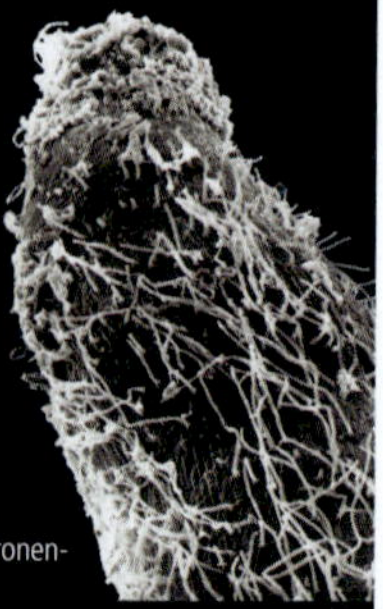

Ein Pilz wächst auf der Wurzel einer Hirse-Pflanze (rasterelektronenmikroskopische Aufnahme).

Pflanze–Tier

Einige Akazienarten werden aggressiv gegenüber Fressfeinden und Konkurrenten durch Ameisen verteidigt, die in den Hohlräumen der pflanzlichen Dornen wohnen. Die Pflanzen sorgen für die Ernährung der Ameisen, indem sie eiweißreiche Strukturen an den Blatt basen und Kohlenhydrat enthaltenden Nektar bilden (siehe Abbildung 54.5).

Schützende Ameisen ernten die eiweißhaltigen Strukturen von einer Akazie ab.

Abbildung 37.8: **Mutualistische Beziehungen und Symbiosen quer durch die Reiche und Domänen der Organismen.**

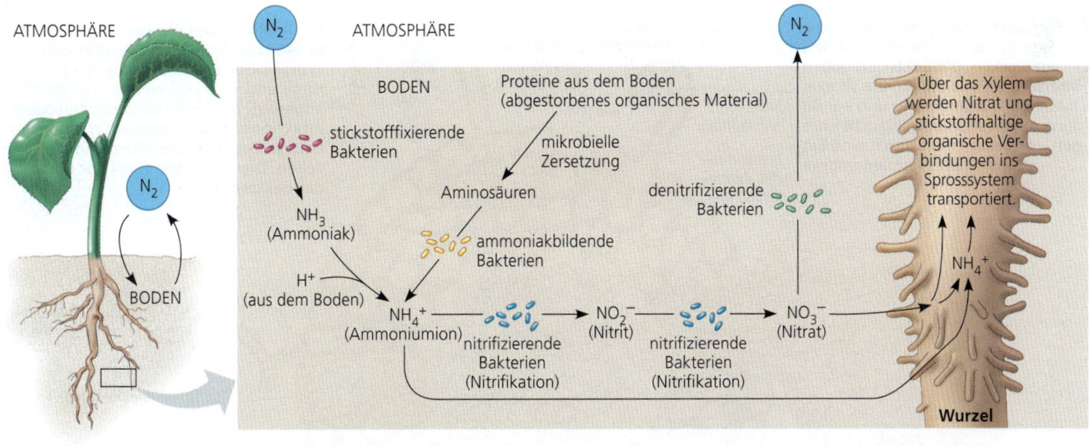

Abbildung 37.9: Die Funktion von Bodenbakterien bei der Stickstoffversorgung der Pflanzen. Zwei Gruppen von Bodenbakterien sorgen dafür, dass Ammonium für die Pflanze verfügbar wird: Bakterien, die Luftstickstoff fixieren (N_2-Fixierer) und Bakterien, die organisches Material abbauen (Ammoniakbildner, Ammonifizierer). Pflanzen nehmen zwar geringe Ammoniummengen aus dem Boden auf, die Hauptstickstoffquelle ist jedoch Nitrat, das durch nitrifizierende Bakterien aus Ammonium gebildet wird. In der Pflanze wird Nitrat wieder zu Ammonium reduziert, bevor der Stickstoff in organische Verbindungen eingebaut wird.

arten) und verändern deren Wurzelstruktur deutlich. *Rhizobium*-Arten kommen auch freilebend im Boden vor, doch sie können in diesem Zustand kein N_2 fixieren; ebenso sind Leguminosenwurzeln ohne diese Bakterien nicht zur Stickstofffixierung in der Lage.

MERKE!
Die Knöllchenbakterien (Rhizobium-Arten) bilden eine enge Symbiose mit den Wurzeln von Leguminosenarten.

Die Umwandlung von N_2 in NH_3 ist eine komplexe, mehrstufige Reaktion; doch die Reaktionsteilnehmer und Reaktionsprodukte der Stickstofffixierung lassen sich wie folgt zusammenfassen:

$$N_2 + 8\,e^- + 8\,H^+ + 16\,ATP \rightarrow 2\,NH_3 + H_2 + 16\,ADP + 16\,Ⓟ_i$$

Die gesamte Reaktionsabfolge, in der N_2 durch die Addition von Elektronen und H^+ zu NH_3 reduziert wird, wird durch den Multienzymkomplex Nitrogenase katalysiert. Da die Stickstofffixierung für jedes gebildete NH_3-Molekül acht ATP-Moleküle verbraucht, sind die Stickstofffixierenden Bakterien auf eine gute Versorgung mit Kohlenhydraten angewiesen: Diese stammen aus verrottendem Pflanzenmaterial, Wurzelausscheidungen oder – im Fall von *Rhizobium* – aus dem Leitgewebe der Leguminosenwurzeln (Abbildung 37.10).

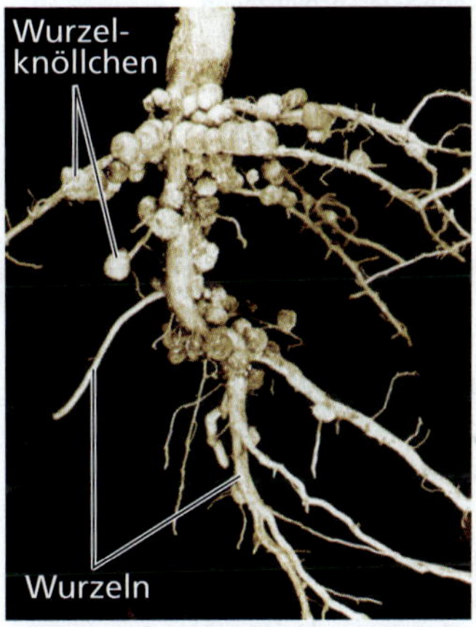

Abbildung 37.10: Wurzelknöllchen bei Leguminosen. Die aufeinander abgestimmten Aktivitäten von Leguminose und Rhizobium beruhen auf dem chemischen Dialog zwischen den mutualistischen Partnern.

? Wieso spricht man bei Leguminosen (Pflanzen) und Rhizobien (Bakterien) von einer mutualistischen Beziehung?

Jede Leguminosenart ist mit einem bestimmten *Rhizobium*-Stamm assoziiert. In Abbildung 37.11 ist dargestellt, wie sich ein Wurzelknöllchen entwickelt, nachdem Bakterien über einen „Infektionsschlauch" eingedrungen sind. Die symbiontische Beziehung zwischen einer Leguminosenart und Stickstofffixierenden Bakterien ist insofern mutualistisch, als die Bakterien die Wirtspflanze mit fixiertem Stickstoff beliefern, während die Pflanze die Bakterien mit Kohlenhydraten und anderen organischen Verbindungen versorgt.

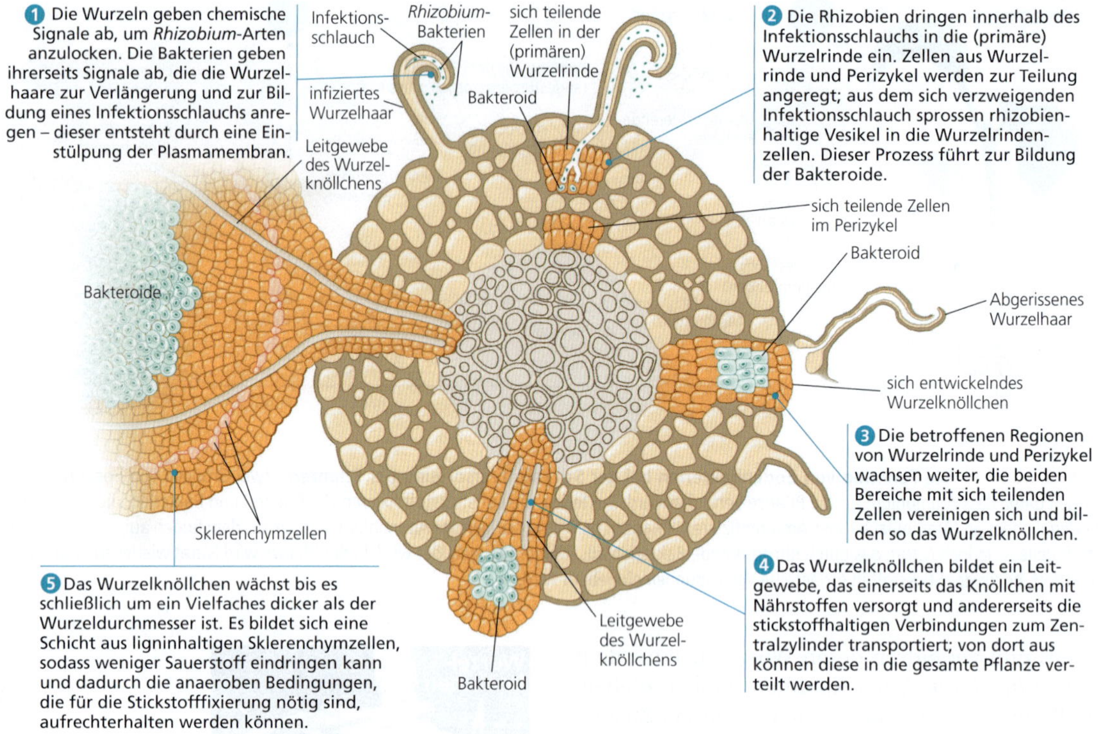

Abbildung 37.11: Entwicklung eines Wurzelknöllchens bei der Sojabohne (*Glycine max*).

? Welche pflanzlichen Gewebesysteme werden durch die Knöllchenbildung abgewandelt?

Stickstofffixierung und Landwirtschaft Der in der Landwirtschaft übliche **Fruchtwechsel** (Fruchtfolge) beruht auch auf der verbesserten Stickstoffversorgung durch die biogene Stickstofffixierung. Beim Fruchtwechsel wird in einem Jahr eine Nicht-Leguminose, zum Beispiel ein Getreide, angebaut und im folgenden Jahr eine Leguminose wie Luzerne (*Medicago sativa*), um die Stickstoffvorräte des Bodens wieder aufzufüllen.

37.3.2 Pilze und Pflanzenernährung

Auch bestimmte Arten von bodenlebenden Pilzen bilden mutualistische Partnerschaften mit Wurzeln und haben eine wichtige Funktion in der Pflanzenernährung. **Mykorrhizen** („Pilzwurzeln") sind mutualistische Assoziationen zwischen Wurzeln und Pilzen (Abbildung 37.12). Die Wirtspflanze versorgt den Pilz kontinuierlich mit Zuckern; währenddessen bietet der Pilz der Wurzel eine vergrößerte Oberfläche für die Wasseraufnahme und liefert der Pflanze ferner Phosphat und andere aus dem Boden aufgenommene Mineralstoffe.

Die Hauptgruppen der Mykorrhizen Die wichtigsten mutualistischen Symbiosen zwischen Pilzen und Pflanzen kommen in drei Gruppen vor: Ektomykorrhiza, Vesiculär-Arbusculäre (VA-)Mykorrhiza und Endomykorrhiza.

Bei der **Ektomykorrhiza** bildet das Mycel (die Gesamtheit der verzweigten Hyphen, siehe Kapitel 31) einen dichten Hyphenmantel auf der Wurzeloberfläche (Abbildung 37.12a).

Die **Vesiculär-Arbusculäre Mycorrhiza (VA-Mykorrhiza)**, die die häufigste Form der **Mykorrhiza** darstellt, besitzt dagegen keinen dichten Hyphenmantel, der die Wurzel umgibt (Abbildung 37.12b). Die Mykorrhizenbildung setzt ein, wenn mikroskopisch kleine Pilzhyphen im Boden auf die Nachbarschaft einer Wurzel reagieren, indem sie auf diese zuwachsen, den Kontakt herstellen und an der Wurzeloberfläche entlangwachsen. Die Hyphen dringen zwischen die Rhizodermiszellen vor und dann weiter in die Wurzelrinde ein.

Ein Sonderfall einer **Endomykorrhiza**, bei der die Pilzhyphen in die pflanzlichen Zellen eindringen,

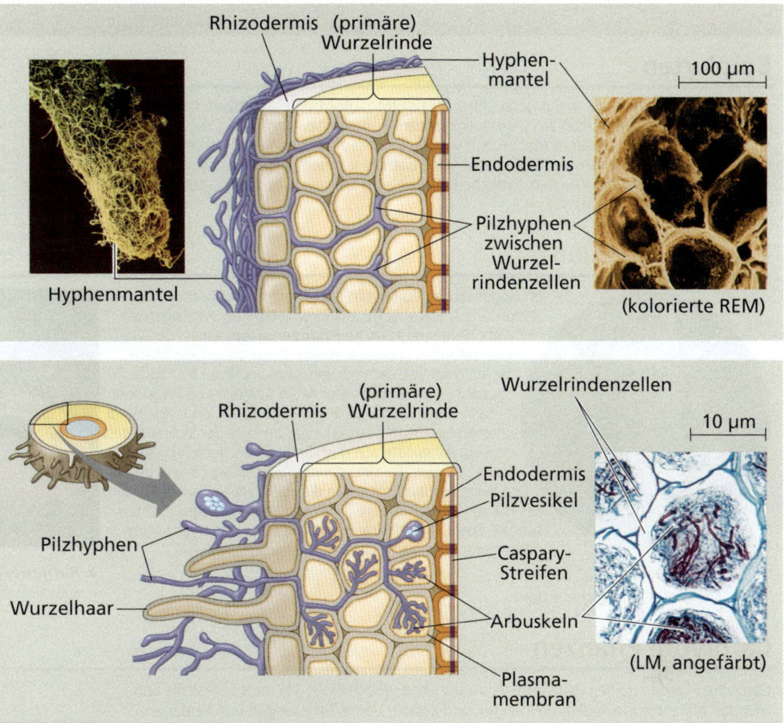

(a) Ektomykorrhiza. Ein Mantel aus Pilzhyphen umgibt die Wurzel wie eine Scheide. Diese Hyphen erstrecken sich bis in den Boden und nehmen dort Wasser sowie Mineralstoffe auf – besonders Phosphat. Die Hyphen reichen außerdem bis in die Interzellularräume der Wurzelrinde, sodass eine große Oberfläche für den Nährstoffaustausch zwischen Pilz und Wirtspflanze zur Verfügung steht.

(b) Arbusculäre Mykorrhiza. Die Wurzel ist nicht von einem Hyphenmantel umgeben, sondern die äußerst kleinen, stark verzweigten Pilzhyphen reichen bis in die Wurzelrinde hinein und bilden bäumchenartig verzweigte Strukturen, die so genannten Arbuskeln. Diese bieten eine sehr stark vergrößerte Oberfläche zum Nährstoffaustausch mit der Pflanze. Die Hyphen durchdringen die Zellwand, nicht jedoch die Plasmamembran der Wurzelrindenzellen.

Abbildung 37.12: Mykorrhizen.

liegt bei den winzig kleinen Embryonen der Orchideensamen vor, die nur mithilfe dieser Pilze keimen können; auch im weiteren Verlauf des Wachstums von Orchideen können im Wurzelbereich Endomykorrhizen beteiligt sein.

37.3.3 Epiphyten, parasitische Pflanzen und carnivore Pflanzen

Fast alle Pflanzenarten haben mutualistisch symbiontische Beziehungen mit Bodenpilzen, Bodenbakterien oder mit beiden. Es gibt jedoch auch – allerdings seltener – Pflanzenarten mit spezialisierter Ernährungsweise, die andere Organismen auf nicht mutualistische Weise nutzen. Abbildung 37.13 liefert einen Überblick über drei ungewöhnliche Adaptationen: Epiphyten, parasitische Pflanzen und carnivore Pflanzen.

Aus einer neueren Studie geht hervor, dass *Arabidopsis* und Tomate (*Solanum lycopersicum*) Bakterien und Hefen in ihre Wurzeln aufnehmen und sie verdauen können. Es scheint, dass viele Arten zu einem bestimmten Anteil eine heterotrophe Ernährungsweise nutzen.

VERSTÄNDNISFRAGEN

1. Warum ist die Untersuchung der Rhizosphäre für das Verständnis der Pflanzenernährung wichtig?

2. In welcher Weise tragen Bodenbakterien und Mykorrhizen zur Pflanzenernährung bei?

3. WAS WÄRE, WENN? Ein Erdnussfarmer stellt fest, dass die älteren Blätter der Pflanzen nach einer langen Regenperiode vergilben. Schlagen Sie einen möglichen Grund vor.

Epiphyten

Ein **Epiphyt** (gr. *epi* „auf" und *phyton* „Pflanze") ist fotoautotroph und ernährt sich also selbst, wächst jedoch auf einer anderen Pflanze („Aufsitzerpflanzen") und ist gewöhnlich auf den Ästen oder dem Stamm eines lebenden Baumes mechanisch verankert. Er zapft seinen Wirt nicht an, um Nahrung zu entnehmen. Epiphyten nehmen Wasser und Mineralstoffe aus dem Regenwasser auf – meistens durch die Blätter statt durch die Wurzeln. Typische Beispiele sind Geweihfarne (*Platycerium* spec.), Bromeliaceen und viele Orchideenarten.

▶ **Geweihfarn,** ein Epiphyt

Parasitische Pflanzen

▲ **Misteln** (*Viscum* spec.), ein fotosynthetischer Parasit

Im Gegensatz zu Epiphyten entnehmen parasitische Pflanzen Zucker und Mineralstoffe aus ihren lebenden Wirtspflanzen, obwohl einige parasitische **Pflanzenarten** selbst Fotosynthese betreiben (Hemiparasiten). Dazu gehört die Mistel, die lediglich Wasser und Nährsalze von ihrer Wirtspflanze bezieht. Die Wurzeln vieler Arten fungieren als Haustorien – besondere Saugorgane, die in den Wirt eindringen und dessen Nährstoffe aufnehmen, im Falle der Vollparasiten sowohl Assimilate aus dem Phloem, als auch Nährsalze aus dem Xylem. Sie sind dann selbst nicht grün und betreiben keine Fotosynthese, wie dies bei *Rafflesia arnoldii* (Foto) der Fall ist. Wieder andere, wie *Monotropa uniflora* (Fichtenspargel, Foto), absorbieren Nährstoffe aus den Hyphen von mit anderen Pflanzen assoziierten Mykorrhizapilzen.

▲ ***Rafflesie,*** ein nicht-fotosynthetischer Parasit

▲ ***Monotropa uniflora,*** ein nicht-fotosynthetischer Parasit der Mykorrhiza

Carnivore Pflanzen

Carnivore Pflanzen treiben Fotosynthese; sie beziehen jedoch einen Teil ihres Stickstoffs und wichtige Mineralstoffe, indem sie Insekten und andere kleine Tiere fangen und verdauen. Diese Pflanzen leben in Hochmooren und anderen Habitaten mit stickstoff- und mineralstoffarmen Böden. Zahlreiche „Insektenfallen" bestehen aus modifizierten Blättern; diese sind meistens mit Drüsen besetzt, die Verdauungsenzyme sezernieren. Zum Glück für die Tiere sind diese vertauschten Rollen selten! Kannenpflanzen wie *Nepenthes* und *Sarracenia* besitzen wassergefüllte Trichter, in die die Beute hineinrutscht und ertrinkt, um dort dann durch Enzyme verdaut zu werden. Sonnentau (Gattung *Drosera*) sondert ein klebriges Sekret aus tentakelartigen Drüsen auf ihren hoch modifizierten Blättern ab. Gestielte Drüsen geben einen süßen Schleim ab, der Insekten anzieht und sie festhält, und sie geben Verdauungsenzyme ab. Andere Drüsen wiederum saugen dann den verdauten Nahrungsbrei auf. Die stark modifizierten Blätter der Venusfliegenfalle *(Dionaea muscipula)* schließen sich schnell, aber nur ein Stück weit, wenn die Beute die Tasthaare in ausreichend schneller Abfolge berührt. Kleinere Insekten können entkommen, aber größere werden durch die Zähne an den Blatträndern der beiden Blatthälften festgehalten. Das Zappeln der Beute bewirkt dann ein weiteres Schließen der Falle und die Abgabe der Verdauungsenzyme.

▲ **Sonnentau**

◀ **Kannenpflanze**

◀ **Venusfliegenfalle**

Abbildung 37.13: **Näher betrachtet.** Beispiele für unübliche Ernährungsanpassungen bei Pflanzen.

ZUSAMMENFASSUNG

Boden – eine lebende, jedoch endliche Ressource

Bodenart. Als Boden bezeichnet man die oberste, belebte Verwitterungsschicht der Erdkruste. Im Boden kommen Partikel unterschiedlicher Größe vor, die aus der Gesteinsverwitterung entstehen. Die Größe der Bodenpartikel beeinflusst die Verfügbarkeit von Wasser, Sauerstoff und Mineralstoffen im Boden.

Zusammensetzung des Oberbodens. Die Zusammensetzung der Bodensubstanz bezieht sich auf seine anorganischen und organischen Bestandteile. Mutterboden (Oberboden) ist ein komplexes Ökosystem, das riesige Mengen von Bakterien, Pilzen, Protisten, Tieren und die Wurzeln der Pflanzen beherbergt.

Bodenschutz und nachhaltige Landwirtschaft. Einige landwirtschaftliche Anbaumethoden können den Mineralstoffgehalt des Bodens erschöpfen, die Wasserreserven erheblich belasten und die Bodenerosion fördern. Der Bodenschutz zielt darauf ab, diese Schäden zu minimieren.

Pflanzen benötigen für ihren Lebenszyklus essenzielle Nährelemente

Makro- und Mikronährelemente. Makronährelemente (Makronährstoffe) werden in relativ großen Mengen benötigt. Zu ihnen zählen die Elemente Kohlenstoff, Sauerstoff, Wasserstoff, Stickstoff und weitere wichtige Bestandteile organischer Verbindungen. Mikronährstoffe sind Elemente, die nur in sehr geringer Menge benötigt werden, und sie besitzen typischerweise katalytische Funktionen als Cofaktoren von Enzymen.

Symptome des Nährstoffmangels. Meistens betrifft eine Unterversorgung mit einem mobilen Nährstoff die älteren Pflanzenorgane stärker als jüngere. Das Gegenteil ist bei Nährstoffen der Fall, die innerhalb der Pflanze nicht so mobil sind. Ein Mangel an Makronährstoffen ist sehr häufig und tritt besonders bezüglich Stickstoff, Phosphor und Kalium auf. Abhilfe schafft eine Düngung mit diesen Nährstoffen (z.B. mit einem NPK-Dünger).

Verbesserung der Pflanzenernährung durch Gentechnik. Anstatt zu versuchen, den Boden an die Pflanze anzupassen, verändert man mithilfe der Gentechnik die Pflanzen derart, dass sie an existierende suboptimale Bodenverhältnisse angepasst sind.

Zur Pflanzenernährung tragen auch andere Organismen bei

Bodenbakterien und Pflanzenernährung. Eine bestimmte Gruppe von Bodenbakterien, sogenannte Rhizobakterien, beziehen ihre Energie aus der Rhizosphäre, einem Ökosystem in unmittelbarer Umgebung der Pflanzenwurzel, das reich an Mikroorganismen ist. Der Energiebedarf der Rhizosphäre wird durch die Ausscheidungen der Pflanzenwurzeln unterstützt. Einige Rhizobakterien bilden antibiotische Substanzen, andere sorgen hingegen für bessere Pflanzenverfügbarkeit der Nährstoffe. Die meisten Rhizobakterien sind frei lebend, einige leben jedoch im Inneren der Pflanzen. Pflanzen decken den Großteil ihres immensen Stickstoffbedarfs über die bakterielle Zersetzung von Humus und die bakterielle Fixierung von Luftstickstoff. Die stickstofffixierenden Bakterien wandeln Luftstickstoff in N-haltige Mineralstoffe um, welche von der Pflanze als Stickstoffquelle zur Synthese organischer Verbindungen aufgenommen werden können. Die effektivste Symbiose zwischen Pflanzen und stickstofffixierenden Bakterien findet in den Wurzelknöllchen statt. Diese werden beispielsweise durch *Rhizobium*-Bakterien gebildet, die in Leguminosenwurzeln wachsen. Die Bakterien erhalten Zucker und organische Säuren von der Pflanze und versorgen diese ihrerseits mit Stickstoff in fixierter Form. In der Landwirtschaft setzt man Leguminosen im Fruchtwechsel mit anderen Feldfrüchten ein, um dem Boden Stickstoff zurückzugeben.

Pilze und Pflanzenernährung. Mykorrhizen sind symbiontische Assoziationen zwischen Pilzen und Pflanzenwurzeln. Bei Ektomykorrhizen wie auch bei arbuskulären Mykorrhizen nehmen die Pilzhyphen Wasser und Mineralstoffe auf, die sie an ihre Wirtspflanze liefern.

Epiphyten, parasitische Pflanzen und carnivore Pflanzen. Epiphyten wachsen auf der Oberfläche anderer Pflanzen, gelangen aber über den Regen an Wasser und Mineralstoffe und sind selbst fotosynthetisch aktiv. Parasitische Pflanzen nehmen Nährstoffe von Wirtspflanzen auf. Carnivore Pflanzen verbessern ihre Ernährung bezüglich des Stickstoffs, indem sie Tiere fangen und verdauen.

Fortpflanzung der Blütenpflanzen

38

38.1 Blüten, doppelte Befruchtung und Früchte sind Schlüsseleigenschaften im Entwicklungszyklus der Angiospermen

Der Lebenszyklus (Entwicklungszyklus) bei Pflanzen ist durch einen Generationswechsel charakterisiert, bei dem vielzellige haploide (n) und diploide ($2n$) Generationen abwechselnd aufeinander folgen. Die **Befruchtung**, das heißt die Verschmelzung der Gameten, führt dann wieder zu einer diploiden Zygote, die sich mitotisch teilt und den neuen Sporophyten bildet. Bei Angiospermen ist der Sporophyt die dominante Generation: Er ist größer, auffälliger und langlebiger als der Gametophyt. Während der Entwicklung der Samenpflanzen wurden die Gametophyten größenmäßig immer stärker reduziert und gänzlich vom Sporophyten abhängig (Abbildung 38.1).

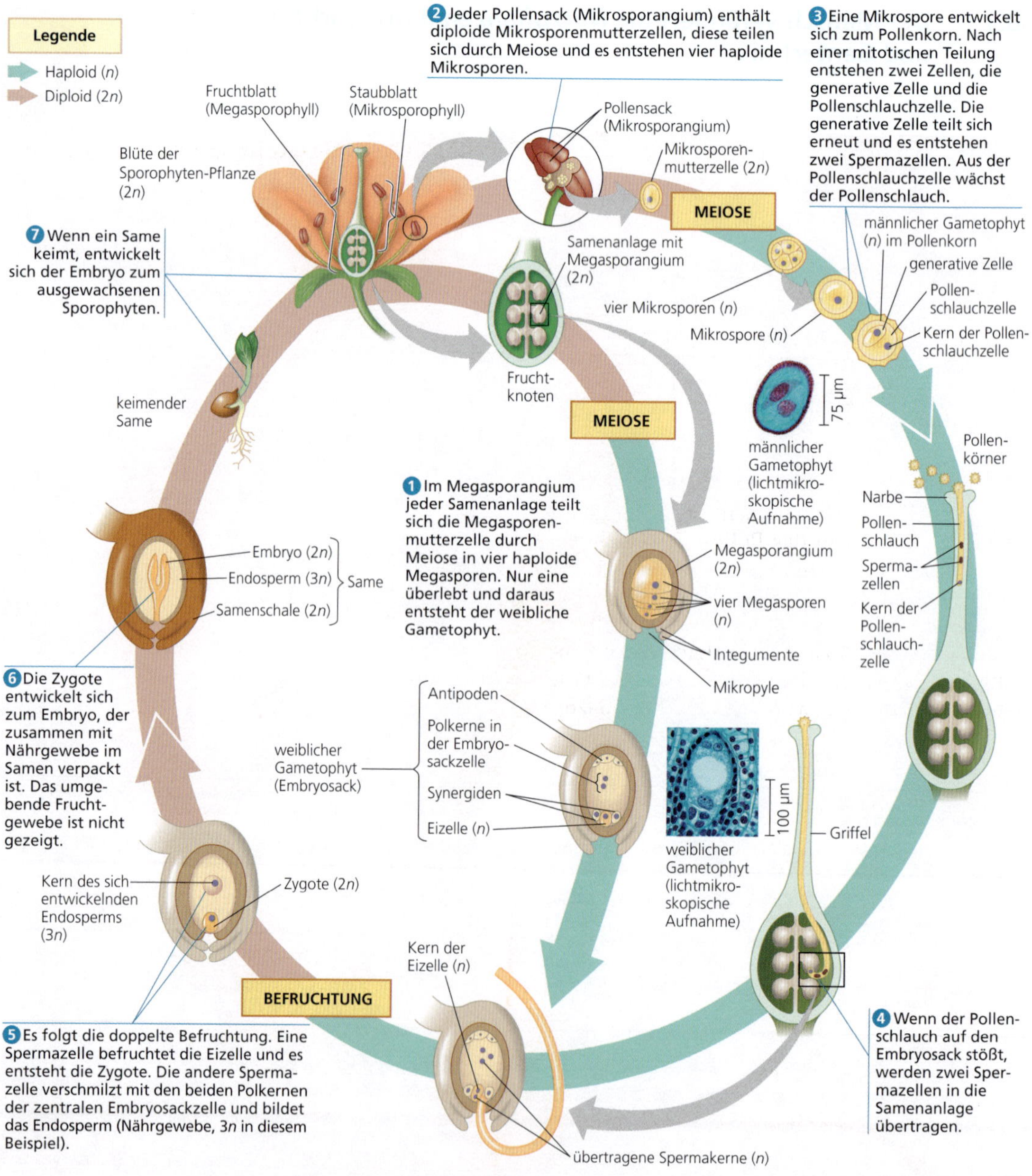

Abbildung 38.1: Der Lebenszyklus einer angiospermen Pflanze. Vereinfachte Darstellung mit einer Blüte mit nur einem Fruchtblatt (einfacher Stempel); viele Arten haben mehrere Fruchtblätter, die miteinander verwachsen sein können.

Bestäubung Bei den Angiospermen verstehen wir unter **Bestäubung** die Übertragung der Pollenkörner von einer Anthere auf eine Narbe (Stigma). Die Bestäubung wird durch Wind, Wasser oder Tiere bewerkstelligt. Bei windbestäubten Arten wie Gräsern und vielen Baumarten wird durch die Freisetzung großer Pollenmengen die zufällige Verteilung durch den Wind kompensiert. Zu bestimmten Jahreszeiten ist die Luft mit Pollenkörnern förmlich beladen, wie alle von Heuschnupfen Geplagten wissen. Einige Wasserpflanzenarten sind auf Wasser für die Pollenverbreitung angewiesen. Die meisten Angiospermenarten sind von Insekten, Vögeln oder anderen tierischen Bestäubern abhängig, die den Pollen direkt von einer Blüte zur anderen bringen. Bei erfolgreicher Bestäubung bildet das Pollenkorn einen Pollenschlauch, der dann über den Griffel in den Fruchtknoten hinunterwächst.

MERKE!

Unter Bestäubung versteht man die Übertragung der Pollenkörner von einer Anthere auf eine Narbe (Stigma).

38.1.1 Doppelte Befruchtung

Zum Zeitpunkt der Bestäubung besteht ein lebendes Pollenkorn typischerweise nur aus der vegetativen Zelle (Pollenschlauchzelle) und der generativen Zelle. Nachdem das Pollenkorn auf einer geeigneten Narbe gelandet ist, nimmt es Wasser auf und keimt aus, indem es einen Pollenschlauch bildet; dieser wächst durch den Griffel (zwischen den Zellen hindurch) zum Fruchtknoten hin (Abbildung 38.3). Der Kern der generativen Zelle teilt sich mitotisch und es werden zwei Spermazellen gebildet. Das Pollenschlauchwachstum wird durch Lockstoffe dirigiert, die von den beiden Synergiden, die die Eizelle flankieren, produziert werden. Die Pollenschlauchspitze tritt durch die Mikropyle in den Fruchtknoten ein und setzt ihre beiden Spermazellen nahe bei oder im weiblichen Gametophyten (Embryosack) frei. Möglicherweise fungiert ein Gradient der Gamma-Aminobuttersäure (GABA) – einer in Tierzellen als Neurotransmitter fungierenden Substanz – als kritischer Reiz, um den Pollenschlauch anzulocken.

Wenn die Spermazellen den Embryosack erreichen, entsteht durch die Befruchtung der Eizelle mit einem Spermakern die **Zygote**. Der andere Spermakern verbindet sich mit den beiden Polkernen und bildet einen triploiden ($3n$) Kern im Zentrum der großen zentralen Zelle des weiblichen Gametophyten. Diese große Zelle entwickelt sich später zum **Endosperm**, einem Speichergewebe des Samens. Die Verschmelzung der beiden Spermakerne mit den verschiedenen Kernen des weiblichen Gametophyten wird als **doppelte Befruchtung** bezeichnet.

Die doppelte Befruchtung bei Angiospermen sorgt dafür, dass sich das Endosperm nur in Samenanlagen entwickelt, deren Eizelle befruchtet wurde, damit keine Nährstoffe verschwendet werden.

Wegen der den Embryosack umgebenden Gewebe konnte man die Befruchtung an Pflanzen, die unter Normalbedingungen kultiviert wurden, bisher nicht direkt beobachten. Inzwischen hat man jedoch Spermazellen aus gekeimten Pollenkörnern und Eizellen aus weiblichen Gametophyten isoliert und die Verschmelzung der pflanzlichen Gameten *in vitro* (in künstlicher Umgebung) beobachtet. Das erste Ereignis auf Zellebene, das nach der Gametenverschmelzung stattfindet, ist ein Anstieg des zytoplasmatischen Ca^{2+}-Spiegels in der befruchteten Eizelle – genau wie nach der Verschmelzung der Gameten bei Tieren (siehe Kapitel 47). Ebenfalls ähnlich wie bei Tieren verläuft die Blockade der *Polyspermie* (Befruchtung einer Eizelle durch viele Spermazellen). Daher kann selbst *in vitro* eine Zygote nicht mit einer weiteren Spermazelle verschmelzen. Bei Mais (*Zea mays*) beispielsweise wird diese Blockade der Polyspermie bereits 45 Sekunden nach der Spermafusion mit der Eizelle wirksam.

Wenn man einen Eudikotylensamen genauer ansehen möchte, sollte man eine Gartenbohne (*Phaseolus vulgaris*) der Länge nach spalten: Der Embryo besteht aus einer länglichen Struktur, der Embryoachse, an der die fleischigen Keimblätter ansetzen. Unterhalb des Ansatzpunkts wird die Achse als **Hypokotyl** bezeichnet (gr. *hypo*, unter) und schließt mit der **Radicula** (Keimwurzel) ab. Der Embryoachsenbereich über dem Ansatzpunkt der Kotyledonen und unter dem ersten Blattpaar (Primärblätter) ist das **Epikotyl** (gr. *epi*, auf, über). Epikotyl, die erste Blattanlage und Sprossapikalmeristem zusammen bezeichnet man auch als *Plumula*.

Die meisten Angiospermenarten sind auf einen lebenden (biotischen) oder unbelebten (abiotischen) Pollenüberträger angewiesen, der den Pollen von der Anthere der Blüte einer Pflanze zur Narbe eines Fruchtblatts der Blüte einer anderen Pflanze transportiert. Etwa 80 Prozent der Angiospermenarten werden durch Tiere bestäubt (Zoophilie). Bei den auf abiotische Weise bestäubten Pflanzenarten geschieht dies zu etwa 98 Prozent über den Wind (Anemophilie) und nur zwei Prozent über das Wasser (Hydrophilie). Einige Angiospermen können sich selbst bestäuben und befruchten.

Bestäubung durch Wind (Anemophilie)

Etwa 20 Prozent aller Angiospermenarten sind windbestäubt. Da ihr Fortpflanzungserfolg nicht davon abhängt, dass Bestäuber angelockt werden müssen, existiert auch kein Selektionsdruck zur Ausbildung farbiger oder duftender Blüten. Dementsprechend sind windbestäubte Blüten häufig klein und unscheinbar grün, und sie produzieren weder Nektar noch Duftstoffe. Die meisten Bäume und Gräser der gemäßigten Klimazonen werden durch den Wind bestäubt. Die Blüten der Hasel *(Corylus avellana)* und die vieler anderer windbestäubter Arten der gemäßigten Breiten erscheinen im zeitigen Frühjahr. Die Pollenausbreitung wird zu diesem Zeitpunkt noch nicht durch dichte Beblätterung behindert. Windbestäubung ist vergleichsweise ineffizient, doch dies wird durch die Produktion ungeheurer Pollenmengen ausgeglichen. Über Untersuchungen im Windkanal konnte gezeigt werden, dass Windbestäubung oft effektiver ist als angenommen, da über die Blütenmorphologie Luftwirbel erzeugt werden können, die zum „Einfangen" des Pollens dienen.

▲ Haselnuss (*Corylus* sp.): karpellate Blüte (weiblich, nur Fruchtblätter)

▲ Haselnuss (*Corylus* sp.): staminate Blüten (männlich, nur Staubblätter)

Bestäubung durch Bienen (Melittophilie)

▲ Gemeiner Löwenzahn (*Taraxacum* sp.) im Tageslicht

▲ Löwenzahnblüte im ultravioletten Licht

Etwa 65 Prozent aller Blütenpflanzen sind zu ihrer Bestäubung auf Insekten angewiesen (Entomophilie); bei den für den Menschen wichtigen Nutzpflanzen ist der Prozentsatz sogar noch größer. Bienen sind die wichtigsten bestäubenden Insekten. Zur Zeit herrscht in Europa und Nordamerika große Sorge über den starken Rückgang von Wildbienen und Honigbienen *(Apis mellifera)*. Bienen sind für ihre Eigenernährung auf Nektar und für ihre Brut zusätzlich auf Pollen angewiesen. Durch Bienen bestäubte Blüten besitzen meistens einen aromatischen Duft und leuchtende Farben, besonders gelb und blau. Rot erscheint für sie grau, doch sie können ultraviolette Strahlung wahrnehmen. Viele durch Bienen bestäubte Blüten weisen UV-Markierungen auf. So besitzt der Blütenstand des Wiesenlöwenzahns *(Taraxacum officinale)* unter reinem UV-Licht einen besonders deutlich markierten Bereich, ein so genanntes Saftmal, welches das Insekt zu den Nektarien hinführt. Solche Markierungen kann das menschliche Auge nur unter UV-Beleuchtung wahrnehmen.

Bestäubung durch Schmetterlinge (Psychophilie) und Motten (Phalaenophilie)

Schmetterlinge und Motten können gut Düfte wahrnehmen und die von ihnen bestäubten Blüten besitzen oft einen süßen intensiven Duft. Tagfalter erkennen besonders leuchtende Farben, doch die von Nachtfaltern und Motten bestäubten Blüten sind meistens weiß oder gelb, da diese Farben nachts bei schwacher Lichtintensität besser sichtbar sind. Palmlilienarten *(Yucca)* werden in der Regel nur von einer einzigen Mottenart (aus der Familie Prodoxidae) bestäubt. Diese *Yucca*-Motte besitzt spezielle Mundwerkzeuge, mit denen sie den gesammelten Pollen auf der Narbe absetzt. Anschließend legt die Motte ihre Eier direkt in den Fruchtknoten. Die Larven fressen einen Teil der sich entwickelnden Samen, doch dieser Verlust wird durch ihren Nutzen als effiziente und verlässliche Bestäuber wettgemacht. Wenn eine Motte zu viele Eier legt, geht die Blüte zugrunde und fällt ab, sodass eine Selektion gegen diejenigen Individuen stattfindet, die die Pflanze zu stark ausbeuten.

? *Was sind die Vor- und Nachteile für eine Pflanze, wenn sie auf sehr spezifische Bestäuber angewiesen sind?*

▲ Motte an einer Yuccablüte (*Yucca* sp.)

Abbildung 38.2: Näher betrachtet. Blütenbiologie und Bestäubungsmechanismen.

Bestäubung durch Fledermäuse (Chiropterophilie)

Durch Flughunde *(Megachiroptera)* oder Fledermäuse *(Microchiroptera)* bestäubte Blüten sind wie die von Nachtfaltern bestäubten Blüten hell gefärbt und produzieren Duftstoffe, um ihre nächtlichen Bestäuber anzulocken. Die zur Gruppe der Blütenfledermäuse gehörende Art *Leptonycteris curasoae yerbabuenae* ernährt sich von Nektar und Pollen von Agaven- und Kaktusblüten in den südwestlichen USA und in Mexiko. Bei der Nahrungsaufnahme übertragen die Fledermäuse Pollen von Pflanze zu Pflanze. Diese Fledermaus gilt in den USA als besonders gefährdete Art.

▲ Blütenfledermaus nachts bei der Nahrungssuche an einer Kaktusblüte (*Carnegia* sp.)

Bestäubung durch Fliegen (Myophilie)

▲ Schmeißfliege an einer Aasblume (*Stapelia* sp.)

Von Fliegen bestäubte Blüten sind oft rötlich fleischfarben und riechen nach Aas. Schmeißfliegen (Calliphoridae), die Aasblumen (*Stapelia* sp.) besuchen, halten die Blüte für ein verwesendes Stück Fleisch und legen ihre Eier darauf ab. Dabei haftet Pollen auf der Schmeißfliege, den sie dann zu anderen Blüten weiterträgt. Wenn die Larven aus den Fliegeneiern schlüpfen, finden sie jedoch keine Nahrung und sterben daher ab.

Bestäubung durch Vögel (Ornithophilie)

Durch Vögel bestäubte Blüten, wie die der Akelei (*Aquilegia* sp.), sind gewöhnlich groß und leuchtend rot oder gelb, doch sie duften kaum. Da Vögel oft keinen gut entwickelten Geruchssinn haben, bestand bei diesen Blüten kein Selektionsdruck, gut zu duften. Sie bieten große Nektarmengen, die den hohen Energiebedarf dieser Vogelarten decken. Der Nektar wird in tiefliegenden Nektarien im Sporn der Blüten gebildet und „belohnt" den Bestäuber. Die Kronblätter solcher Vogelblumen sind besonders stabil, oft verwachsen und bilden in einzelnen Fällen eine gekrümmte Blütenröhre, die dem gebogenen Vogelschnabel in ihrer Form bestens angepasst ist.

▼ Kolibri bei der Nektaraufnahme aus einer Akelei-Blüte (*Aquilegia* sp.)

Die Keimblätter der Gartenbohne sind vor der Samenkeimung mit Speicherstärke vollgepackt, da sie Kohlenhydrate aus dem Endosperm aufgenommen haben, während sich der Same entwickelt. Einige Eudikotylensamen, zum Beispiel Rizinus (*Ricinus communis*), halten ihren Nahrungsvorrat im Endosperm zurück und haben sehr dünne Keimblätter. Sobald der Samen keimt, nehmen die Kotyledonen Nährstoffe aus dem Endosperm auf und transportieren sie in den Embryo.

Die Embryonen von monokotylen Pflanzen besitzen nur ein Keimblatt. Gräser wie auch Mais und Weizen besitzen eine spezialisierte Kotyledone, ein sogenanntes *Scutellum* (lat. *scutulum* „kleiner Schild" – dies bezieht sich auf die Form). Das Scutellum ist mit seiner großen Oberfläche gegen das Endosperm gepresst und bezieht daraus während der Keimung die Nährstoffe. Die Embryonen bei Gräsern sind von zwei schützenden Hüllen umschlossen – der **Koleoptile**, die den jungen Spross umgibt, und der **Koleorrhiza**, die die junge Wurzel einhüllt.

Samenruhe – eine Anpassung an schwere Zeiten Die Samenruhe oder Keimruhe (Dormanz) ist ein Zustand mit äußerst niedriger Stoffwechselaktivität, bei dem Wachstum und Entwicklung eingestellt sind. Die für das Beenden der Samenruhe nötigen Lebensbedingungen variieren von Art zu Art. Bei einigen Pflanzenarten keimt der Same, sobald er sich in einer geeigneten Umgebung befindet. Bei anderen Arten bleiben die Samen sogar in günstiger Umgebung dormant, bis die Keimruhe durch einen Umweltreiz unterbrochen wird. Die Zeitspanne, in der dormante Samen lebens- und keimfähig bleiben, variiert: Je nach Art und je nach Umweltbedingungen kann es sich um wenige Tage bis Jahrzehnte (oder sogar länger) handeln. Die ältesten Samen, die noch keimfähig waren, sind die 2.000 Jahre alten Samen einer Dattelpalme (*Phoenix dactylifera*), entdeckt bei Ausgrabungen des Palastes des Herodes in Israel. Die meisten Samen sind so haltbar, dass sie ein oder zwei Jahre überdauern, bis günstige Keimbedingungen herrschen. Daher ist im Boden immer ein Vorrat an ungekeimten Samen vorhanden, der sich über mehrere Jahre angesammelt hat (Bodensamenspeicher). Aus diesem Grund kann der Pflanzenbewuchs nach Feuern, Dürreperioden, Überschwemmungen oder anderen Umweltkatastrophen rasch wiederkehren.

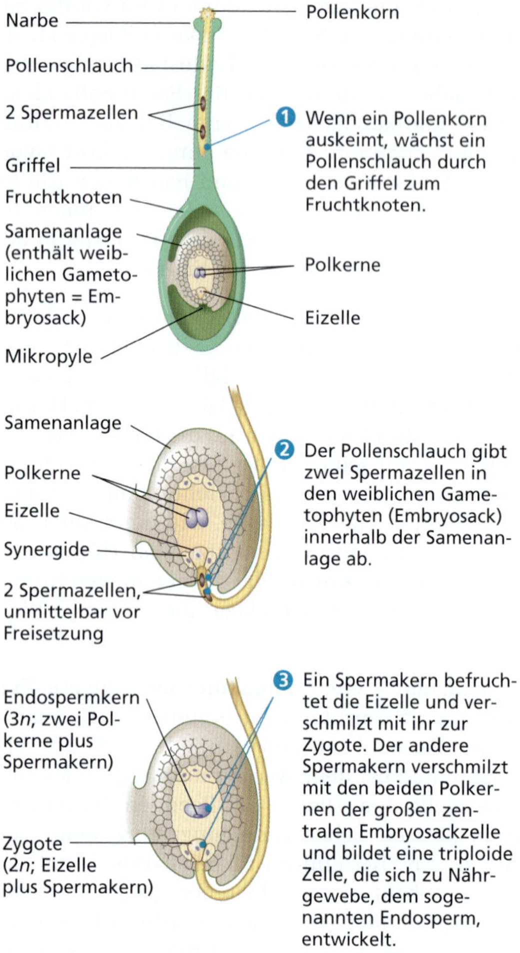

Abbildung 38.3: **Wachstum des Pollenschlauchs und doppelte Befruchtung.**

Samenkeimung und Keimlingsentwicklung Die Keimung ist von der **Quellung** abhängig, das heißt, es erfolgt eine Wasseraufnahme aufgrund des niedrigen Wasserpotenzials im trockenen Samen. Durch die Quellung dehnt sich der Same aus, zerreißt die Samenschale und löst metabolische Veränderungen im Embryo aus, die diesem eine Wiederaufnahme des Wachstums ermöglichen. Nach der Quellung beginnt der enzymatische Abbau von Speicherstoffen im Endosperm oder in den Keimblättern; diese Nährstoffe werden dann zu den Wachstumsregionen des Embryos befördert.

Als erstes Organ tritt die Keimwurzel (Radicula) aus dem keimenden Samen heraus. Als Nächstes muss die Sprossspitze durch die Bodenoberfläche dringen. Bei der Gartenbohne und vielen anderen Eudikotylenarten bildet sich im Hypokotyl ein Haken, der sogenannte Hypokotylhaken, und wird durch das Wachstum an die Oberfläche geschoben (Abbildung 38.4a). Das Hypokotyl richtet sich durch Lichtreize auf und hebt Kotyledonen und Epikotyl über die Erde. Auf diese Weise werden die empfindliche Sprossspitze und die sperrigen Keimblätter nicht mit der Spitze zuerst durch den groben Boden gestoßen, sondern stattdessen nach oben gezogen.

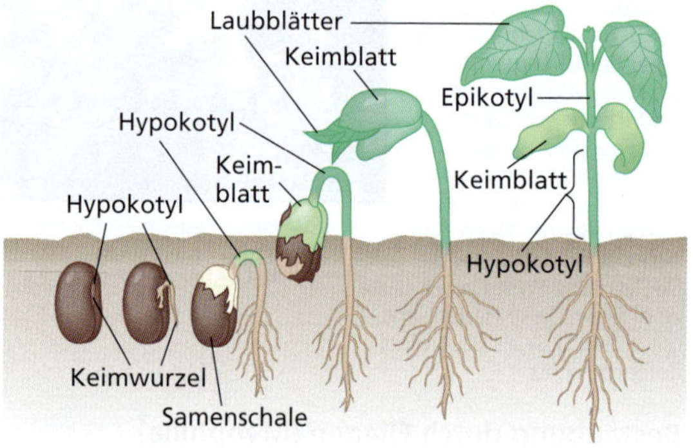

(a) Gartenbohne *(Phaseolus vulgaris)*. Bei der Gartenbohne werden die Keimblätter durch Aufrichten des Hypokotylhakens aus dem Boden gehoben.

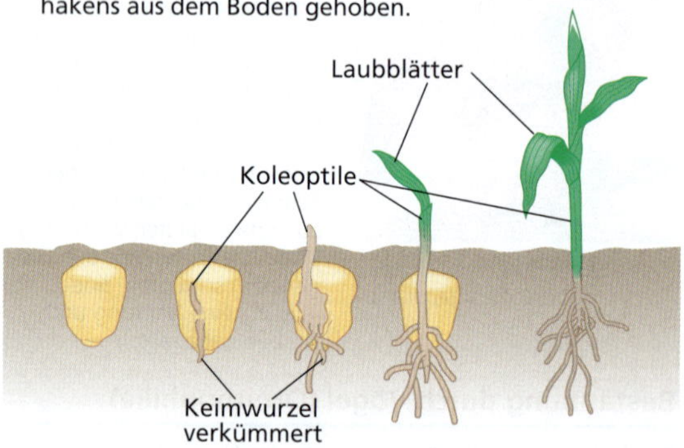

(b) Mais *(Zea mays)*. Bei Mais und anderen Gräsern wächst der Spross durch die röhrenförmige Koleoptile gerade nach oben.

Abbildung 38.4: **Zwei häufige Typen der Samenkeimung.**

? Wie schützen Bohnen- und Maiskeimpflanzen ihren Spross, während sie sich durch den Boden schieben?

38.1.2 Gestalt und Funktion der Frucht

Während der Samen aus der Samenanlage gebildet wird, entwickelt sich der Fruchtknoten der Blüte zu einer **Frucht**, die die eingeschlossenen Samen schützt und die Verbreitung der reifen Samen durch Tiere oder Wind unterstützt (Abbildung 38.5). Die durch die Befruchtung ausgelösten hormonellen Veränderungen führen dazu, dass der Fruchtknoten seine Umwandlung zur Frucht beginnt. Bei nicht bestäubten Blüten entwickeln sich im Normalfall auch keine Früchte – gewöhnlich vertrocknet dann die gesamte Blüte und fällt ab.

Diasporen sind die Verbreitungsorgane der Pflanze, hier beschäftigen wir uns mit Früchten und Samen. Pflanzenleben hängt vom fruchtbaren Boden ab. Fällt ein Samen direkt neben der Mutterpflanze auf den Boden und keimt dort aus, so hat der Keimling nur geringe Chancen, erfolgreich um die Nährstoffe zu konkurrieren. Um zu gedeihen, müssen die Samen daher weiträumig verteilt werden. Samen und Früchte werden durch lebende Organismen (biotisch) oder durch Wind und Wasser (abiotisch) verbreitet.

Wasserverbreitung (Hydrochorie)

▶ Einige schwimmfähige Samen und Früchte können Monate, manchmal sogar Jahre, im Meer verbringen. Bei der Kokospalme *(Cocos nucifera)* sind der Embryo und das weiße Fruchtfleisch (Endosperm) von einer harten Schicht, der inneren Schicht der reifen Fruchtwand (Endocarp), geschützt. Das Ganze wird umhüllt von dickem faserigem Schwimmgewebe. Letzteres hilft der Kokosnuss im Übrigen, beim Herunterfallen nicht zu zerbrechen. Das Gewebe ist dafür so perfekt gestaltet, dass es als Vorlage zur Konstruktion von Motorradhelmen dient (Bionik).

Windverbreitung (Anemochorie)

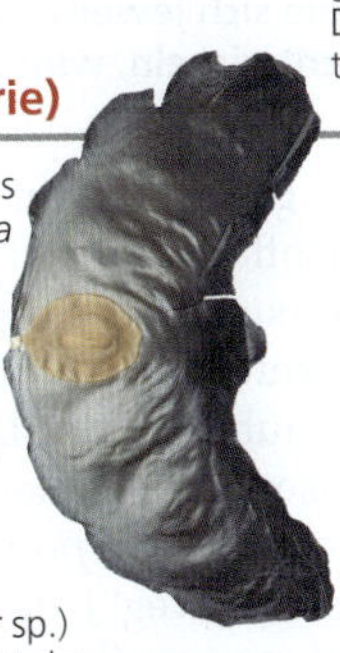

▶ Die Flügelspannweite des großen Samens des Kürbisgewächses *Alsomitra macrocarpa* aus dem tropischen Asien beträgt 12 cm. Dieser Same gleitet so elegant in weiten Kurven durch den Regenwald, dass er Anfang des 20. Jahrhunderts als Vorbild für die Entwicklung des Nurflügelgleiters genutzt wurde (Bionik).

▲ Manche Samen sind an fallschirmartigen Haarbüscheln aus verzweigten, miteinander verwobenen Haaren befestigt (Schirmchenflieger) und hängen oft in Büscheln zusammen. Die Samen des Löwenzahns (*Taraxacum officinale*, eigentlich sind es einsamige Früchte) werden durch den leichtesten Windhauch mitgenommen und sind Vorlage für die Konstruktion von Fallschirmen (Bionik). Bionik ist eine Wissenschaft, die Biologie mit Technik kombiniert.

▼ Die geflügelte Frucht des Ahorns (*Acer* sp.) rotiert wie ein Hubschrauberblatt. So sinkt der Samen langsam zu Boden und erhält bei aufkommendem Wind die Chance, verdriftet zu werden.

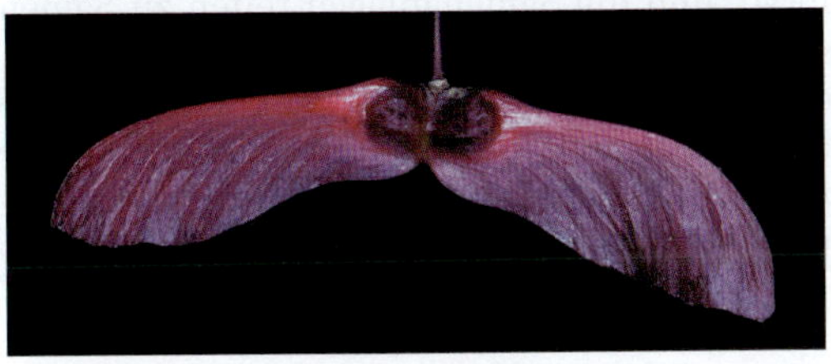

▶ Bei Steppenrollern bricht die ganze Pflanze ab und rollt im Wind über weite Strecken. Dabei verliert sie immer wieder Samen und verteilt sie über große Bereiche.

Tierverbreitung (Zoochorie)

◀ Die scharfen Reißnagel-Dornen der Früchte des Erd-Wurzeldorns *(Tribulus terrestris)* durchbohren Fahrradreifen und verletzen Tier und Mensch. Wenn diese schmerzhaften Dornen entfernt und weggeworfen werden, dient dies der Verbreitung der Samen (Epizoochorie).

◀ Manche Tiere wie z.B. Eichhörnchen *(Sciurus vulgaris)* legen ein Wintervorratslager mit Samen und Früchten an. Wenn die Tiere ihre Lager vergessen oder sterben, sind die Diasporen schon am richtigen Ort, um auszukeimen.

▶ Viele Diasporen haben eine fleischige, essbare Außenhülle. Sie werden von Tieren gefressen, und die hartschaligen Samen werden oft weit entfernt vom Ursprungsort wieder ausgeschieden wie hier im Kot des Schwarzbären *(Ursus americanus)*.

▶ Ameisen *(Formicidae)* werden von Nahrungskörperchen auf Samen chemisch angelockt. Diese Elaiosomen sind durch ihren hohen Gehalt an Fettsäuren, Aminosäuren und Zuckern sehr nahrhaft (auf dem Foto als hellerer Bereich zu sehen). Die Ameisen transportieren die Samen in ihr Nest, entfernen die Elaiosomen und füttern damit ihre Larven. Der Samen selber ist zu hart, zu groß oder zu sperrig, bleibt daher unversehrt im Nest zurück und kann dort keimen.

Abbildung 38.5: Näher betrachtet. Diasporenverbreitung – Früchte und Samen.

Während der Fruchtentwicklung wird aus der Fruchtknotenwand das Perikarp, die verdickte Fruchtwand. Meistens vertrocknen beim weiteren Wachstum des Fruchtknotens die restlichen Blütenteile und werden abgeworfen. Das spitze Ende einer Erbsenhülse ist beispielsweise ein Überbleibsel der vertrockneten Blütennarbe.

In diesem Abschnitt haben wir die einzigartigen Merkmale der sexuellen Fortpflanzung bei Angiospermen besprochen – Blüten, Früchte und doppelte Befruchtung. Im nächsten Abschnitt werden Sie erfahren, dass sich Angiospermen auch asexuell (vegetativ) fortpflanzen können.

VERSTÄNDNISFRAGEN

1. Erklären Sie den Unterschied zwischen Bestäubung und Befruchtung.

2. Welchen Vorteil hat die Samenruhe (Keimruhe)?

3. WAS WÄRE, WENN? Wenn Blüten kürzere Griffel hätten, könnten die Pollenschläuche den Embryosack einfacher erreichen. Schlagen Sie einen Grund vor, warum sich bei den meisten Blütenpflanzen trotzdem sehr lange Griffel entwickelt haben.

38.2 Angiospermen vermehren sich sexuell, asexuell oder auf beide Arten

Stellen Sie sich vor, Sie schneiden Ihren eigenen Finger ab und sehen zu, wie er sich zu einer perfekten Kopie Ihrer selbst entwickelt! Wenn dies tatsächlich geschehen könnte, wäre es ein Beispiel für **asexuelle Fortpflanzung**, auch als **vegetative Fortpflanzung** bezeichnet, bei der die Nachkommen ohne genetische Rekombination von einem einzigen Elternteil abgeleitet sind. Das Ergebnis wäre ein Klon, ein asexuell erzeugter, genetisch identischer Organismus. Die vegetative Fortpflanzung ist bei Angiospermen wie auch bei anderen Pflanzen häufig; bei manchen Pflanzenarten ist sie sogar die vorherrschende Vermehrungsform.

38.2.1 Mechanismen der asexuellen (vegetativen) Fortpflanzung

Die asexuelle Fortpflanzung bei Pflanzen kann man als Sonderform ihrer Fähigkeit zum unbegrenzten Wachstum auffassen. Aus abgelösten vegetativen Teilen können sich bei manchen Pflanzen vollständige Nachkommen entwickeln: Ein abgetrennter Spross kann zum Beispiel Adventivwurzeln ausbilden und so zur vollwertigen Pflanze werden. Eine derartige **Fragmentation** (das Zerteilen einer Elternpflanze in Teilstücke, die sich jeweils zu neuen vollständigen Pflanzen entwickeln) ist eine der häufigsten Formen der vegetativen Fortpflanzung.

MERKE!

Das Zerteilen einer Elternpflanze in Teilstücke, die sich jeweils zu neuen vollständigen Pflanzen entwickeln, wird als Fragmentation bezeichnet.

Ein ganz anderer Mechanismus der asexuellen Fortpflanzung hat sich bei Löwenzahn (*Taraxacum* sp.) und einigen anderen Pflanzenarten entwickelt: Diese Pflanzen können manchmal ohne Bestäubung oder Befruchtung Samen bilden. Diese asexuelle Samenbildung wird als **Apomixis** bezeichnet (gr. *apo* und *mixis*, das heißt „vom Vermischen weg"), da es keine Vereinigung oder sogar Bildung von Sperma- und Eizelle gibt. Stattdessen erzeugt eine diploide Zelle der Samenanlage den Embryo, und die Samenanlagen reifen zu Samen aus, die beim Löwenzahn durch den Wind befördert werden. Auf diese Weise klonen sich diese Pflanzen asexuell, nutzen aber gleichzeitig die Vorteile der Samenverbreitung, die normalerweise mit der sexuellen Fortpflanzung einhergehen.

MERKE!

Pflanzen können manchmal ohne Bestäubung oder Befruchtung Samen bilden. Diese asexuelle Samenbildung wird als Apomixis bezeichnet.

38.2.2 Vor- und Nachteile von sexueller und asexueller Fortpflanzung

Ein wichtiger Vorteil der asexuellen Fortpflanzung besteht darin, dass kein Bestäuber benötigt wird. Das kann besonders dann günstig sein, wenn die wenigen Individuen einer Art über ein großes Gebiet verteilt sind und daher die Wahrscheinlichkeit gering ist, dass die Pflanzen vom selben Bestäuber besucht werden. Durch asexuelle Fortpflanzung kann eine Pflanze auch ihr gesamtes genetisches Erbe an ihre Nachkommen weitergeben. Dagegen vererbt eine Pflanze bei der sexuellen Fortpflanzung nur die Hälfte ihrer Allele. Wenn eine Pflanze hervorragend an stabile Lebensbedingungen angepasst ist, kann eine asexuelle Fortpflanzung Vorteile bringen. Eine kräftige und gut an die Umwelt angepasste Pflanze kann viele Klone ihrer selbst erzeugen und ihre Merkmale komplett an ihre Nachkommen vererben. Diese Klone profitieren bei unveränderten, stabilen Lebensumständen vom optimal angepassten Erbgut ihrer Eltern.

Im Allgemeinen sind die durch asexuelle Fortpflanzung erzeugten Klone nicht so empfindlich wie Keimpflanzen, die bei der sexuellen Fortpflanzung entstehen. Die Klone werden gewöhnlich aus ausgereiften vegetativen Teilstücken der Elternpflanze gebildet – daher wird die asexuelle Fortpflanzung bei Pflanzen auch meistens als *vegetative Vermehrung* bezeichnet. Dagegen ist die Samenkeimung eine heikle Phase im Leben der Pflanze. Aus dem robusten Samen entwickelt sich eine empfindliche Keimpflanze, die widrigen Bedingungen wie Fressfeinden, Parasiten, Wind und anderen Gefahren ausgesetzt ist. In freier Natur überlebt nur ein Bruchteil der Sämlinge so lange, dass sie sich selbst zu Elternpflanzen entwickeln können. Mit der Produktion großer Samenmengen wird die geringe Wahrscheinlichkeit kompensiert, dass ein einzelnes Samenkorn überlebt. Außerdem ist die große Individuenzahl mit hoher genetischer Variabilität für die natürliche Selektion von Vorteil. Wenn man jedoch den Ressourcenverbrauch für Blüten- und Fruchtbildung bedenkt, ist dies eine sehr „teure" Fortpflanzungsmethode.

38.2.3 Mechanismen zur Verhinderung der Selbstbestäubung

Die verschiedenen Mechanismen zur Verhinderung der Selbstbefruchtung (Selbstbestäubung) tragen zur genetischen Variabilität bei, da sie sicherstellen, dass Spermazellen und Eizellen von unterschiedlichen Eltern stammen. Bei **zweihäusigen (diözischen)** Pflanzenarten können die Pflanzen sich nicht selbst befruchten, da die jeweiligen Individuen entweder staminate Blüten (ohne Fruchtblätter) oder karpellate Blüten (ohne Staubblätter) besitzen (Abbildung 38.6a). Bei anderen Arten haben sich Blüten mit funktionsfähigen Staubblättern und Fruchtblättern herausgebildet, die jedoch zu verschiedenen Zeitpunkten reifen oder so angeordnet sind, dass es unwahrscheinlich ist, dass der Pollen durch einen tierischen Bestäuber von einer Anthere zur Narbe derselben Blüte übertragen werden könnte (Abbildung 38.6b). Doch der häufigste Mechanismus, der eine Selbstbefruchtung bei Blüten verhindert, ist die Selbststerilität durch **Selbstinkompatibilität**. Darunter versteht man die Fähigkeit einer Pflanze, ihren eigenen oder den Pollen nahe verwandter Individuen abzuweisen. Wenn ein Pollenkorn auf eine Blütennarbe derselben Pflanze gelangt, verhindert eine biochemische Blockade die abschließende Entwicklung des Pollens und die Befruchtung der Eizelle.

(a) Einige Arten wie *Sagittaria latifolia* (Breitblättriges Pfeilkraut) sind zweihäusig (diözisch); das heißt die Pflanzen bilden entweder nur staminate (männliche) Blüten (links) oder karpellate (weibliche) Blüten (rechts). Ein weiteres Beispiel ist die Haselnuss (*Abbildung 38.5*).

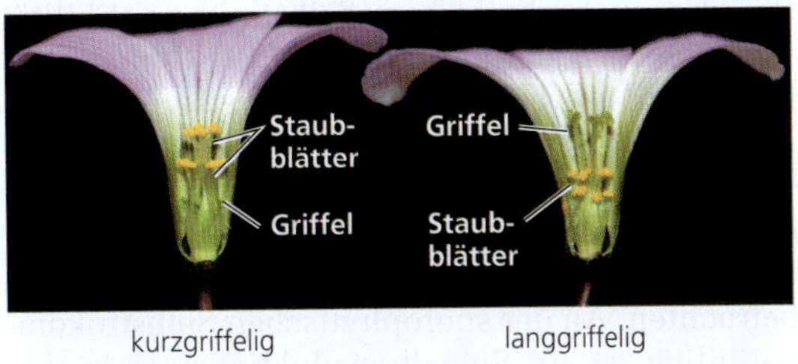

(b) Einige Arten wie *Oxalis alpina*, eine Sauerkleeart, bilden zwei verschiedene Blütentypen auf unterschiedlichen Individuen: kurzgriffelige Blüten mit kurzen Griffeln und langen Staubblättern und langgriffelige Blüten mit langen Griffeln und kurzen Staubblättern (sogenannte Heterostylie). Insekten, die nach Nektar suchen, sammeln und transportieren den Pollen daher auf verschiedenen Körperteilen; Pollen von kurzgriffeligen Blüten würde dann auf den Narben von langgriffeligen Blüten abgestreift und umgekehrt.

Abbildung 38.6: **Einige Anpassungen bei Angiospermenblüten, die eine Selbstbefruchtung verhindern.**

MERKE!

Unter Selbstinkompatibilität versteht man die Fähigkeit einer Pflanze, ihren eigenen oder den Pollen nahe verwandter Individuen abzuweisen.

Die molekularen Mechanismen der Selbstinkompatibilität werden nach und nach aufgeklärt. Die Selbstinkompatibilität bei Pflanzen ist hingegen eine Abweisung des „Selbst".

Die Erkennung des *eigenen* Pollens beruht auf Selbstinkompatibilitätsgenen (Selbststerilitätsgenen), den sogenannten *S*-Genen. Der Genpool einer Pflanze kann Dutzende von Allelen des *S*-Gens enthalten. Wenn ein Pollenkorn ein Allel besitzt, das mit dem Allel der Narbe, auf der es gelandet ist, übereinstimmt, kann das Pollenkorn dort nicht wachsen. Je nach Pflanzenart wird das Wachstum des Pollenschlauchs durch einen von zwei molekularen Mechanismen blockiert: eine gametophytische Selbstinkompatibilität oder eine sporophytische Selbstinkompatibilität.

Bei der gametophytischen Selbstinkompatibilität reguliert das *S*-Allel im Pollengenom die Blockade der Befruchtung. Ein S_1-Pollenkorn von einem S_1S_2-Sporophytenelter kann beispielsweise keine Eizellen einer S_1S_2-Blüte, jedoch Eizellen einer S_2S_3-Blüte befruchten. Ein S_2-Pollenkorn kann keine der beiden Blüten befruchten. Bei der Selbsterkennung dieses Typs wird RNA im Pollenschlauch enzymatisch zerstört. RNA-hydrolysierende Enzyme, die vom Griffel gebildet werden, dringen in den Pollenschlauch ein; wenn der Pollenschlauch zum „Selbst"-Typ gehört, zerstören diese Enzyme die RNA.

Bei der sporophytischen Selbstinkompatibilität wird die Befruchtung durch *S*-Allel-Genprodukte in den Geweben des Sporophytenelters verhindert; diese Genprodukte haften an der Pollenwand. So kann zum Beispiel weder ein S_1- noch ein S_2-Pollenkorn von einem S_1S_2-Sporophytenelter die Eizellen einer S_1S_2-Blüte oder S_2S_3-Blüte befruchten. An der sporophytischen Selbstinkompatibilität ist ein Signaltransduktionsweg in den Epidermiszellen der Narbe beteiligt, der das Auskeimen des Pollenkorns verhindert.

38.2.4 Vegetative Vermehrung und Landwirtschaft

Der Mensch hat etliche Methoden entwickelt, um Angiospermen asexuell zu vermehren – Ziel ist dabei die Verbesserung von Nutz- und Zierpflanzen. Die Fähigkeit zur Bildung von Adventivwurzeln und -sprossen liegt den meisten Vermehrungsmethoden bei Pflanzen zugrunde.

Klone aus Stecklingen Die meisten Zimmerpflanzen, Ziersträucher und -bäume, aber auch Obstbäume werden vegetativ über sogenannte Stecklinge (Teilstücke von Pflanzen) vermehrt. In vielen Fällen werden die Stecklinge aus dem Spross gewonnen: Am abgeschnittenen (basalen) Ende des Stecklings wächst eine undifferenzierte, sich teilende Zellmasse aus, ein sogenannter **Callus**, aus dem sich anschließend Adventivwurzeln bilden. Wenn der Steckling auch einen Knoten besitzt, entstehen die Adventivwurzeln dort ohne vorherige Callusbildung. Einige Pflanzenarten wie Usambaraveilchen (*Saintpaulia* sp.) können sogar aus einzelnen Blättern vermehrt werden.

Pfropfung Das Pfropfen oder „Veredeln" ist eine abgewandelte Form der vegetativen Vermehrung durch Stecklinge: Hier überträgt (pfropft) man einen Zweig oder eine Knospe von einer Pflanze auf eine andere, nahe verwandte Pflanzenart oder eine andere Sorte (Varietät) derselben Art. Durch Pfropfen lassen sich die besten Eigenschaften verschiedener Pflanzenarten oder -sorten in einer einzigen Pflanze kombinieren. Meistens wird eine junge Pflanze veredelt; die Pflanze, die das Wurzelsystem liefert, wird als **Veredelungsunterlage** (kurz: Unterlage) bezeichnet; der aufgepfropfte Zweig ist das **Edelreis** (Pfropfreis).

***In-vitro*-Klonen und verwandte Techniken** Mittlerweile nutzt man in den Pflanzenwissenschaften *In-vitro*-Methoden, um neue Pflanzensorten zu erzeugen und zu Klonen. Vollständige Pflanzen lassen sich regenerieren, wenn man kleine Gewebestücke der Elternpflanze oder sogar einzelne Parenchymzellen auf einem künstlichen Medium kultiviert, das Nährstoffe und Pflanzenhormone enthält (Abbildung 38.7a).

Abbildung 38.7: **Klonierung von Knoblauch (*Allium sativum*).** **(a)** Die Wurzel einer Knoblauchzehe war das Ausgangsmaterial für diese Kalluskultur, eine Masse undifferenzierter totipotenter Zellen. **(b)** und **(c)** Die Differenzierung eines Pflänzchens aus einem Kallus hängt vom Nährstoffgehalt und von der Hormonkonzentration des künstlichen Mediums ab, wie man an diesen Kulturen sieht, die unterschiedlich lange gewachsen sind.

Die *In-vitro*-Kultur von Pflanzenzellen und -geweben bildet die Grundlage der meisten biotechnologischen Verfahren bei Pflanzen. Die zweite grundlegende Methode ist die Produktion transgener Pflanzen durch diverse gentechnische Methoden. Im nächsten Abschnitt werden wir uns näher mit der Biotechnologie befassen.

VERSTÄNDNISFRAGEN

1. Erklären Sie, auf welche Weise asexuelle (vegetative) und sexuelle „Strategien" zum Fortpflanzungserfolg von Pflanzen beitragen.

2. Die samenlose Banane ist die beliebteste Frucht der Welt, doch sie droht gegenwärtig durch zwei Pilzarten vernichtet zu werden. Warum sind derartige Epidemien für vegetativ vermehrte Nutzpflanzen generell gefährlicher?

3. Wenn man die augenscheinlichen Nachteile der Selbstbefruchtung als Fortpflanzungsstrategie in der Natur betrachtet, ist es erstaunlich, dass etwa 20 Prozent der Angiospermenarten primär auf die Selbstbefruchtung setzen. Obwohl die Selbstbefruchtung in der Natur relativ häufig ist, wurde sie als „evolutionäre Sackgasse" bezeichnet. Schlagen Sie eine Begründung vor, warum die Selbstbefruchtung in freier Natur bevorzugt wird und, evolutionär gesehen, doch eine Sackgasse ist.

4. WAS WÄRE, WENN? Kartoffeln (*Solanum tuberosum*) und Tomaten (*Solanum lycopersicum*) sind recht nahe verwandte Arten. Wenn man beide Arten kreuzen könnte, wäre es dann möglich, Hybride zu erhalten, die auf derselben Pflanze kartoffelähnliche Knollen und tomatenähnliche Früchte bilden würden?

38.3 Der Mensch verändert die Nutzpflanzen durch Züchtung und Gentechnik

Der Mensch hat seit dem Entstehen der Landwirtschaft in die Fortpflanzung und genetische Konstitution von Pflanzen eingegriffen (Abbildung 38.8).

Abbildung 38.8: **Mais – ein Produkt der künstlichen Auslese.** Moderne Kulturmaissorten (*Zea mays* ssp. *mays*, unten) stammen von Teosinte ab (andere Unterart von *Zea mays*, oben). Die Teosintekörner sind winzig und jedes Korn hat eine Hüllspelze, die entfernt werden muss, um an das Korn zu gelangen. Die reifen Samen sitzen locker am Fruchtstand, was der Samenverbreitung dient, jedoch die Ernte für die Ackerbauern der Vorzeit vermutlich schwierig machte. Schon die steinzeitlichen Bauern selektierten auf größere Kolben- und Körnergröße sowie auf feste Ähren (Körner bleiben am Kolben) und feste Hüllblätter, die den gesamten Kolben umgeben.

38.3.1 Pflanzenzüchtung

Bei der Pflanzenzüchtung kommt es darauf an, wertvolle Merkmale zu erkennen. Die Züchter inspizieren ihre Felder genau und reisen in andere Länder, um nach domestizierten Sorten oder verwandten Wildarten mit erstrebenswerten Merkmalen zu suchen.

Wenn ein wünschenswertes Merkmal bei einer Wildart erkannt wurde, kreuzt man die Wildart mit einer bereits domestizierten Sorte. Die Nachkommen mit dem erwünschten Merkmal werden wiederum mit Individuen der domestizierten Sorte gekreuzt und ihre Nachkommen nochmals auf das erwünschte Merkmal getestet. Dieses Verfahren wird so lange fortgeführt, bis die Nachkommen mit dem erwünschten Wildmerkmal dem domestizierten Elter in allen anderen agrarwirtschaftlichen Eigenschaften entsprechen.

38.3.2 Biotechnologie und Gentechnik bei Pflanzen

Der Begriff Pflanzenbiotechnologie hat zwei Bedeutungen. Im übergreifenden Sinn bezieht er sich auf Innovationen bei der Verwendung von Pflanzen (oder aus Pflanzen gewonnenen Stoffen), um Produkte herzustellen, die für den Menschen nützlich sind – diese Bestrebungen gibt es seit der Frühgeschichte. Im engeren Sinn bezieht sich der Begriff Biotechnologie auf genetisch modifizierte Organismen (GM-Organismen) in Landwirtschaft und Industrie. In den letzten beiden Jahrzehnten ist die Gentechnik tatsächlich zu einem derart wichtigen Faktor geworden, dass die Begriffe *Gentechnik* und *Biotechnologie* in den Medien zum Synonym geworden sind.

Im Gegensatz zu den traditionellen Pflanzenzüchtern sind die modernen Pflanzen-Biotechnologen nicht auf den Transfer von Genen zwischen nahe verwandten Arten oder Sorten derselben Pflanzenart beschränkt. Mit traditionellen Züchtungsmethoden war es beispielsweise nicht möglich, ein gewünschtes Gen für die Beta-Carotin-Synthese aus der Osterglocke (*Narcissus* sp.) in Reis (*Oryza sativa*) einzubringen, da die zahlreichen Arten, die verwandtschaftlich zwischen Reis und Osterglocke lagen, wie auch ihr gemeinsamer Vorfahr, ausgestorben sind. Theoretisch könnten Züchter, wenn sie diese „Intermediärarten" besäßen, mithilfe von traditionellen Hybridisierungs- und Züchtungsmethoden möglicherweise ein Osterglocken-Gen im Laufe von Jahrhunderten schrittweise in den Reis einbringen. Dank der Gentechnik lassen sich solche Genübertragungen schneller und ohne Einsatz von „Intermediärarten" durchführen, wie dies im Fall des „Golden Rice" geschah (Abbildung 38.9). Der Begriff „transgen" wird für Organismen angewendet, bei denen ein oder mehrere Gene aus einer oder mehreren anderen Arten exprimiert werden (zur Diskussion der Methoden zur Gentechnik siehe Kapitel 29).

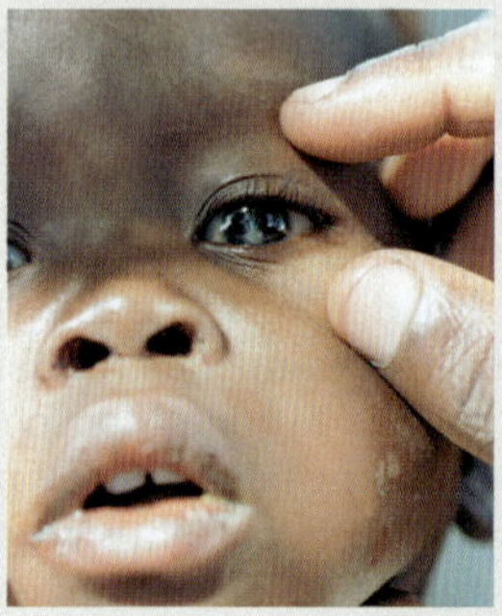

Abbildung 38.9: „Goldener Reis" als Mittel gegen Vitamin-A-Mangel und damit einhergehende Erblindung. Jedes Jahr erblinden 250.000 bis 500.000 Kinder wegen Vitamin-A-Mangels. Der Beginn der Erblindung, die sich durch einen weißen Fleck im Auge bemerkbar macht, ist ein Zeichen schwerer allgemeiner Gesundheitsstörungen. Mehr als die Hälfte der betroffenen Kinder sterben binnen eines Jahres nach der Erblindung. Goldener Reis verdankt seine goldgelbe Farbe und den verbesserten Nährwert der Fähigkeit zur Beta-Carotin-Synthese.

Im letzten Teil dieses Kapitels werden wir uns mit den Perspektiven und Kontroversen beschäftigen, die den Einsatz von gentechnisch modifizierten Nutzpflanzen betreffen. Die Befürworter der Pflanzenbiotechnologie glauben, dass die Gentechnik bei Nutzpflanzen entscheidend ist, um einige der drängendsten Probleme des 21. Jahrhunderts zu lösen – dazu zählen sie auch den Kampf gegen den Hunger in der Welt und die Abhängigkeit von fossilen Brennstoffen.

Kampf gegen Hunger und Mangelernährung Derzeit leiden etwa eine Milliarde Menschen auf der ganzen Welt an ernährungsbedingten Mangelerscheinungen, und jeden Tag sterben etwa 40.000 Menschen aufgrund von Mangelernährung – die Hälfte von ihnen sind Kinder. Eine Steigerung der Lebensmittelproduktion ist somit ein Gebot der Mitmenschlichkeit. Da Agrarflächen und Wasser zu den am stärksten begrenzenden Ressourcen zählen, ist eine Ertragssteigerung auf den verfügbaren Ackerflächen die beste Option. Tatsächlich gibt es nur sehr wenig „zusätzliche" Flächen, die landwirtschaftlich nutzbar sind – vor allem dann, wenn man die wenigen noch bestehenden ursprünglichen Naturräume erhalten will. Wenn man konservative Schätzwerte zugrunde legt, müssen im Jahr 2030 pro Hektar vierzig Prozent mehr Getreide produziert werden, um die Weltbevölkerung zu ernähren. Die Pflanzenbiotechnologen haben die Hoffnung, dabei helfen zu können, diese Ernteerträge möglich zu machen.

Der kommerzielle Einsatz von transgenen Nutzpflanzen ist eines der besten Beispiele für die rasche Durchsetzung einer neuen Technik in der Geschichte der Landwirtschaft. Zu diesen neuartigen Kulturpflanzen gehören Sorten und Hybride von Baumwolle, Mais und Kartoffeln, die Gene aus dem Bakterium *Bacillus thuringiensis* enthalten. Diese „transgenen Pflanzen" exprimieren ein Protein (*Bt*-Toxin), das für Schadinsekten toxisch ist (Abbildung 38.10). Durch den Anbau derartiger Pflanzensorten wird der Einsatz an chemischen Insektiziden stark verringert. Das in Nutzpflanzen eingesetzte *Bt*-Toxin wird in der Pflanze als harmloses Protoxin gebildet, das erst unter alkalischen Bedingungen, wie sie im Verdauungstrakt von Insekten herrschen, aktiviert wird. Da im Wirbeltiermagen sehr saure Bedingungen herrschen, wird von Menschen oder Nutztieren aufgenommenes Protoxin zerstört, bevor es aktiviert werden kann. Mittlerweile scheint der Einsatz der *Bt*-Pflanzen für die umgebende nützliche Insektenfauna nicht unproblematisch zu sein. Darüber hinaus entwickeln die Schadinsekten recht zügig resistente Formen. Problematisch ist auch, wenn Saatgut alter, an die jeweiligen klimatischen Bedingungen gut angepasster Sorten nicht mehr gepflegt wird und dadurch verloren geht.

Nicht-*Bt*-Mais *Bt*-Mais

Abbildung 38.10: Nicht-*Bt*- versus *Bt*-Mais. In Feldversuchen mit Nicht-*Bt*-Mais (links) werden die Kolben stark von Insekten und Fusarium-Schimmelpilzen befallen. *Bt*-Mais ist wenig oder kaum geschädigt.

Auch bei der Entwicklung der Herbizidresistenz bei transgenen Nutzpflanzen hat es beträchtliche Neuerungen gegeben. Durch den Anbau der GM-Sorten bestand die Hoffnung, die Produktionskosten für den Landwirt zu verringern, da er seine Pflanzenbestände mit Herbiziden „jäten" kann, die den transgenen Nutzpflanzen dann nicht schaden, statt das Unkraut auf herkömmliche Art durch Tiefpflügen (vor der Aussaat) zu bekämpfen, was außerdem zur Bodenerosion führen kann. Auch Pflanzen mit verbesserter Krankheitsresistenz werden gentechnisch erzeugt. In einem Fall wurde eine transgene Papaya (*Carica papaya*) mit verbesserter Resistenz gegen ein Ringfleckenvirus in Hawaii eingeführt, was die dortige Papaya-Industrie rettete.

Auch der Nährwert von Pflanzen wird verbessert. Beispielsweise erblinden 250.000 bis 500.000 Kinder jährlich aufgrund eines Vitamin-A-Mangels. Mehr als die Hälfte dieser Kinder stirbt innerhalb eines Jahres nach der Erblindung. Als Reaktion auf diese Krise wurde gentechnisch „Goldener Reis" entwickelt. Dieser trägt Transgene, und dadurch enthalten die Reiskörner erhöhte Konzentrationen des Beta-Carotins als Vorläufer von Vitamin A (Abbildung 38.9). Goldener Reis steht auf den Philippinen kurz vor der kommerziellen Produktion. 2017 wurde Goldener Reis als Nahrungsmittel in Australien und Neuseeland zugelassen. Ein anderes Ziel der Weiterentwicklung durch Gentechnik ist Maniok, der Grundnahrungsmittel für 800 Millionen der ärmsten Menschen auf der Erde ist. Aber: Die Konsequenzen derart tiefgreifender Manipulationen von jahrtausendelang funktionierenden Ackerbaustrategien der jeweiligen Klimazonen sind nicht unbeträchtlich und bislang in ihrer Tragweite noch kaum abzusehen.

Senken der Abhängigkeit von fossilen Brennstoffen Gegenwärtig werden die preiswerten fossilen Energiequellen, insbesondere Erdöl, weltweit immer rascher erschöpft. Klimaforscher führen die globale Erwärmung überdies auf die ungehinderte Verbrennung von fossilen Brennstoffen wie Erdöl und Kohle und die daraus resultierende Freisetzung von Treibhausgasen zurück. Wie kann die Welt ihren Energiebedarf im 21. Jahrhundert auf ökonomische und gleichzeitig umweltverträgliche Weise decken? In bestimmten Regionen wird vielleicht Wind- oder Sonnenenergie ökonomisch praktikabel werden, doch diese alternativen Energiequellen werden kaum den globalen Energiebedarf decken können. Viele Wissenschaftler sind der Ansicht, dass **Biokraftstoff** – Treibstoff, der aus lebender Biomasse stammt – eine in der Größenordnung ausreichende Menge für den Weltenergiebedarf zur Verfügung stellen könnte, und dies in nicht allzu ferner Zukunft. **Biomasse** ist die gesamte organische Masse einer Gruppe von Organismen in einem bestimmten Habitat. Der Gebrauch von Biokraftstoff aus Biomasse würde die CO_2-Emission reduzieren. Während der Verbrauch fossiler Brennstoffe die CO_2-Konzentration in der Atmosphäre steigert, können die Biotreibstoff-Pflanzen das CO_2 durch Fotosynthese wieder absorbieren, welches bei ihrer Verbrennung freigesetzt wurde. Somit entsteht ein kohlenstoffneutraler Kreislauf.

In den Bemühungen der Wissenschaftler, Biokraftstoff-Produzenten aus natürlichen Vorfahren zu entwickeln, haben sie sich auf besonders schnellwüchsige Pflanzen wie Rutenhirse (*Panicum virgatum*) und Westliche Balsampappel (*Populus trichocarpa*) konzentriert. Diese Pflanzen können auf Böden wachsen, die für den Anbau von Nahrungspflanzen zu schlecht sind. Es ist nicht beabsichtigt, die pflanzliche Biomasse direkt zu verbrennen. Stattdessen sollen die Polymerverbindungen der Zellwand wie Cellulose und Hemicellulose – die häufigsten organischen Verbindungen auf der Erde – durch enzymatischen Abbau in Zucker gespalten werden. Diese könnten ihrerseits fermentiert werden, um das entstehende Ethanol zu **Biokraftstoffen** („Biosprit") zu destillieren.

Zurzeit sind diese Verfahren zur Gewinnung von Alkohol aus Cellulose noch recht kostspielig. Um den Polysaccharidgehalt in den Pflanzen und die Biomasseproduktion zu steigern, versuchen die Wissenschaftler, gentechnisch manipulierte Pflanzen mit wenig lignifizierten Zellwänden zu entwickeln. Dadurch könnten die Produktionskosten gesenkt werden. Leider gibt es auch hier eine Kehrseite, denn mit den armen Böden fallen auch Feuchtwiesen dem Anbau von Pflanzen zur Biokraftstoffgewinnung zum Opfer. Dadurch geht vielen Tieren wie z.B. bodenbrütenden Vögeln ein Lebensraum verloren.

38.3.3 Für und Wider der Pflanzenbiotechnologie

Ein Großteil der Debatte um die GM-Organismen (gentechnisch modifizierte Organismen, GMOs) betrifft politische, soziale, ökonomische oder ethische Aspekte und sprengt den Rahmen dieses Buchs. Wir *sollten* uns jedoch mit den biologischen Vorbehalten gegen GM-Nutzpflanzen beschäftigen. Es gibt Biologen und besonders Ökologen, die Bedenken wegen der unbekannten Risiken haben, die mit einer Freisetzung von GMOs in die Umwelt einhergehen. Die Debatte konzentriert sich auf das Ausmaß eines möglichen Schadens von GMOs für die menschliche Gesundheit oder

Umwelt. Manche Kritiker möchten die Entwicklungen der Agrarbiotechnologie verlangsamen (oder völlig beenden) und machen sich Sorgen um eine Nichtumkehrbarkeit des „GMO-Experiments“. Wenn eine Arzneimittelstudie nicht vorhersehbare gesundheitsgefährdende Ergebnisse liefert, wird die Studie abgebrochen. Wir sind möglicherweise jedoch nicht in der Lage, die „Studie“ zur Einführung von neuartigen Organismen in die Biosphäre zu stoppen, sobald sie erst einmal in Gang gesetzt wurde.

Wir wollen uns hier mit einigen Kritikpunkten auseinandersetzen, die von Gegnern der GM-Technologie angeführt werden, wie Effekte auf die menschliche Gesundheit oder auf Nichtzielorganismen und das mögliche Entweichen von Transgenen in die Natur.

Sorge um die menschliche Gesundheit Viele Gegner der Gentechnik befürchten, dass mit dieser Technik unbeabsichtigt Allergene (Moleküle, auf die manche Menschen allergisch reagieren) von allergenen Pflanzen auf Nahrungspflanzen übertragen werden können. Biotechnologen können jedoch heute sehr gezielt einzelne Gene übertragen, ohne andere, auf dem Chromosom benachbart liegende Gene mitzuschleppen, die möglicherweise für allergene Proteine codieren. Daher erscheinen uns GM-Nahrungsmittel zunächst sogar gesünder als konventionelle Nahrungsmittel. *Bt*-Mais (die transgene Maissorte mit *Bt*-Toxin) enthält zum Beispiel 90 Prozent weniger krebserregende und teratogene (embryonale Fehlbildungen hervorrufende) Fumonisine als konventioneller Mais. Fumonisine sind Mykotoxine, die nur schwer abbaubar sind und in zum Teil sehr hohen Konzentrationen in Maisprodukten wie Futtermitteln, aber auch Cornflakes und Bier nachgewiesen wurden. Sie werden durch einen Pilz (*Fusarium*-Arten) gebildet, der besonders den bereits durch Insektenfraß geschädigten Mais befällt. Da *Bt*-Mais insgesamt weniger unter Insektenfraß und Pilzbefall leidet als konventioneller Mais, enthält er auch wesentlich weniger Fumonisine. Tatsächlich kommt es sowohl bei den Schimmelpilzen als auch bei den Insekten bereits zu Resistenzen, die sich vom *Bt*-Toxin nicht mehr bekämpfen lassen. Wenn dann die alten Sorten nicht mehr verfügbar sind, führt dies zu bislang nicht bedachten Problemen im Nutzpflanzenanbau.

Auch die Bauern sind durch den starken Einsatz von Herbiziden und Insektiziden im herkömmlichen Pflanzenbau gesundheitlich immer stärker belastet. In Indien konnte mit der Anwendung von *Bt*-Baumwolle (*Gossypium hirsutum*) der Insektizideinsatz um 41 Prozent reduziert werden und infolgedessen die akute Vergiftungsrate der Bauern um 80 Prozent gesenkt werden.

Mögliche Auswirkungen auf Nichtzielorganismen Viele Ökologen geben zu bedenken, dass der Anbau von GM-Nutzpflanzen unvorhergesehene Auswirkungen auf Nichtzielorganismen haben könnte. Bei einem Laborversuch gab es Hinweise darauf, dass die Raupen des Monarchfalters (*Danaus plexippus*) Schaden nahmen oder sogar starben, nachdem sie Blätter der Seidenpflanze (*Asclepias* sp., ihre bevorzugte Nahrung) gefressen hatten, die kräftig mit Pollen von transgenem *Bt*-Mais überpudert wurden. Die Schlussfolgerungen dieser Untersuchung wurden mittlerweile widerlegt, und dieser Vorgang liefert ein gutes Beispiel für die Selbstregulation der Wissenschaft. Wie sich zeigte, gelangten beim ursprünglichen Versuch große Mengen anderer Maisblütenbestandteile auf die Seidenpflanzenblätter. Man schüttelte die männlichen Maisblütenstände aus und Staubblattfilamente, geöffnete Pollensäcke und andere Blütenteile fielen heraus. Bei weiteren Untersuchungen stellte man fest, dass es diese anderen Blütenteile und *nicht* die Pollenkörner waren, die hohe Konzentrationen an *Bt*-Toxin enthielten. Im Gegensatz zu den Pollenkörnern würden diese Blütenbestandteile durch den Wind jedoch niemals zu benachbarten Seidenpflanzen gelangen, wenn sie unter Feldbedingungen verbreitet würden. Nur eine einzige *Bt*-Mais-Linie, die weniger als zwei Prozent der kommerziellen Gesamtanbaufläche ausmachte (und mittlerweile nicht mehr eingesetzt wird), bildete Pollen mit hohen Konzentrationen an *Bt*-Toxin.

Wenn man die negativen Auswirkungen von *Bt*-Pollen auf Monarchfalter diskutiert, muss man auch die Alternativen zum Anbau von *Bt*-Mais berücksichtigen – den großflächigen Einsatz von Insektiziden. Nach neueren Untersuchungen waren diese Bekämpfungsaktionen wesentlich schädlicher für die benachbarten Monarch- Populationen als der Anbau von *Bt*-Mais. Obwohl *Bt*-Maispollen anscheinend geringe Auswirkungen auf die Raupen des Monarchfalters hat, hat diese Kontroverse nochmals gezeigt, wie wichtig es ist, genaue Feldstudien aller GM-Nutzpflanzen durchzuführen beziehungsweise die Genexpression auf spezifische Gewebe zu beschränken, um die Sicherheit zu erhöhen.

Gefahr durch entwichene Transgene? Die vielleicht schwerwiegendsten Bedenken gegen GM-Nutzpflanzen betreffen die Möglichkeit, dass die eingeführten Gene aus einer transgenen Nutzpflanze durch Nutzpflanzen-Unkraut-Hybridisierungen zu verwandten Unkrautarten entweichen. Man befürchtet, dass die spontane Hybridisierung zwischen einer Nutzpflanze, die auf Herbizidresistenz hin konstruiert wurde, und einer verwandten Wildart zum Entstehen eines „Superunkrauts“ führen könnte. Dieses besäße einen Selektionsvorteil gegenüber anderen Unkräutern und wäre auf den Agrarflächen viel schwieriger zu bekämpfen. Manche Nutzpflanzen hybridisieren in der Tat mit den Unkrautverwandten, und eine Genübertragung zwischen Nutzpflanze und Unkraut ist möglich. Ihre Wahrscheinlichkeit hängt davon ab, ob Nutzpflanze und Unkraut zur Hybridisierung in der Lage sind und wie die Transgene die allgemeine Fitness der Hybriden beeinflussen. Ein erwünschtes Nutzpflanzenmerkmal – beispielsweise ein zwergwüchsiger Phänotyp – könnte für ein in freier Natur wachsendes Unkraut von Nachteil sein. In anderen Fällen kommen in der Nähe keine Unkrautverwandten vor, mit denen die Nutzpflanze hybridisieren könnte; der Mais besitzt zum Beispiel in Europa keine wilden Verwandten. Raps (*Brassica napus*), Hirse (*Sorghum* sp.) und einige andere Nutzpflanzen hybridisieren jedoch leicht mit verwandten Unkrautarten. Gerade zwischen Raps und seinen Begleitunkräutern konnte mehrfach Gentransfer nachgewiesen werden, in Nordamerika sogar der Transfer der Transgene. Anders als bei anderen Nutzpflanzen kann der Ertrag durch den Einsatz von Bienen als Bestäuber noch erhöht werden, was zusätzlich die unerwünschte Auskreuzungsgefahr erhöht. Der Raps ist auch noch aus einem anderen Grund problematisch: Ein Teil der Samen geht auf dem Transportweg verloren und es entstehen jahrelang persistierende Wildrapspopulationen, die ihrerseits auch wieder für die Verbreitung von Transgenen verantwortlich sein können – auch auf andere nicht transgene Rapsanpflanzungen, wie es in Nordamerika bereits vorkam. In einem anderen Problem-Beispiel entwich 2003 in Oregon (USA) eine gentechnisch veränderte, gegen das Herbizid Glyphosphat (z.B. Roundup®) resistente Sorte des Flecht-Straußgrases (*Agrostis stolonifera*) aufgrund eines heftigen Sturms aus dem Experimentierfeld. Man versuchte, den Ausbrecher auszugraben und zu vernichten. Trotzdem waren drei Jahre später 62 Prozent der in der Umgebung gefundenen *Agrostis*-Pflanzen Glyphosphat-resistent. Auch wenn uns das entstandene ökologische Problem als weniger wichtig erscheint, so ist nicht vorhersehbar, was in anderen Situationen passieren könnte.

Man verfolgt zahlreiche verschiedene Strategien, um ein Auskreuzen zu verhindern. Wenn zum Beispiel Pflanzen männlich steril sind, könnten diese Samen und Früchte bilden, wenn sie von nicht transgenen Pflanzen in der Nähe bestäubt würden, es entstünde jedoch kein lebensfähiger Pollen. In einem zweiten Ansatz versucht man, transgene Pflanzen durch Gentechnik apomiktisch zu machen. Wenn ein Samen durch Apomixis entsteht, entwickeln sich Embryo und Endosperm ohne Befruchtung. Deshalb würde durch die Übertragung dieses Merkmals auf Nutzpflanzen die Möglichkeit einer Transgenübertragung über Pollen minimiert, denn die Pflanzen könnten männlich-steril sein, ohne dass Samen- oder Fruchtbildung beeinträchtigt wären. Eine dritte Möglichkeit besteht darin, das Transgen in die Chloroplasten-DNA der Nutzpflanze einzubringen. Die Chloroplasten-DNA wird bei vielen Pflanzenarten rein mütterlich über die Eizelle vererbt, sodass Transgene des Chloroplasten nicht durch Pollen übertragen werden können (siehe Kapitel 15 für eine Wiederholung der mütterlichen Vererbung). Ein vierter Ansatz, um das Entweichen von Transgenen zu vermeiden, besteht darin, mittels Gentechnik Blüten zu konstruieren, die sich normal entwickeln, sich jedoch nicht öffnen können. Folglich käme es zur Selbstbestäubung, doch ein Entweichen des Pollens aus der Blüte wäre unwahrscheinlich. Diese Lösung würde eine Abwandlung des Blütenaufbaus erfordern. Da mittlerweile mehrere florale Gene entschlüsselt wurden, wäre eine Manipulation zu diesem Zweck tatsächlich möglich.

Die andauernde Debatte über GMOs in der Landwirtschaft („Grüne Gentechnik“) veranschaulicht eines der immer wiederkehrenden Themen dieses Lehrbuchs: die Beziehung von Wissenschaft und Technik auf der einen und der Gesellschaft auf der anderen Seite. Technischer Fortschritt geht fast immer mit einem gewissen Risiko von unbeabsichtigten Folgen einher. In der Pflanzenbiotechnologie ist ein Risiko von null Prozent vermutlich nicht realisierbar. Daher müssen Wissenschaft und Öffentlichkeit von Fall zu Fall entscheiden, welche möglichen Nutzen von transgenen Produkten den Risiken gegenüberstehen, die die Gesellschaft zu tragen bereit ist. Die besten Voraussetzungen sind dann gegeben, wenn Diskussionen und Entscheidungen auf gründlicher wissenschaftlicher Information und strengen Testverfahren basieren und sich nicht auf reflexartige Angst oder blinden Optimismus stützen.

VERSTÄNDNISFRAGEN

1. Vergleichen Sie traditionelle (konventionelle) und gentechnische Züchtungsmethoden bei Pflanzen.

2. Erläutern Sie Vor- und Nachteile von GM-Nutzpflanzen.

3. WAS WÄRE, WENN? Bei einigen wenigen Pflanzenarten werden die Chloroplastengene nur über die Spermazellen vererbt. Was könnte dies für die Bemühungen bedeuten, transgene Auskreuzungen zu verhindern.

ZUSAMMENFASSUNG

Blüten, doppelte Befruchtung und Früchte: Besonderheiten im Entwicklungszyklus der Angiospermen

Der Lebenszyklus der Angiospermen besteht aus zwei sich abwechselnden Generationen, der vielzelligen diploiden Sporophytengeneration und der wenigzelligen haploiden Gametophytengeneration. Die vom Sporophyten gebildeten Blüten dienen der sexuellen Fortpflanzung.

Die vier Blütenorgane sind Kelchblätter (Sepalen), Kronblätter (Petalen), Staubblätter (Stamina) und Fruchtblätter (Karpelle). Die **Sepalen** schützen die Blütenknospe. Die **Petalen** helfen, Bestäuber anzulocken. Die **Stamina** beinhalten die Antheren, in denen sich die haploiden Mikrosporen zu Pollenkörnern entwickeln und den männlichen Gametophyten hervorbringen. Die **Karpelle** enthalten die Samenanlagen (unreife Samen) in der verdickten Basis. In den Samenanlagen entwickelt sich der **Embryosack** (weiblicher Gametophyt) aus einer Megaspore.

Der Befruchtung geht die Bestäubung voraus, bei der Pollen auf der Narbe des Fruchtblatts abgelegt wird. Nach der Bestäubung schiebt der Pollenschlauch zwei Spermazellen zum weiblichen Gametophyten. Zwei Spermazellen sind nötig für die **doppelte Befruchtung**. Dabei befruchtet eine Spermazelle die Eizelle, was dann zur Zygote und zur Embryobildung führt. Die andere Spermazelle vereint sich mit den Polkernen, woraus sich das Nährgewebe, das Endosperm, entwickelt. Die Samenschale (**Testa**) umschließt den Embryo und das Nährgewebe, das entweder im Endosperm oder in Kotyledonen die Nährstoffe speichert. Die Samenruhe gewährleistet eine Keimung zu günstigen Bedingungen, die für das Überleben des Keimlings optimal sind. Bestimmte Umweltreize lösen das Brechen der Samenruhe aus, z.B. durch veränderte Temperatur oder Lichtbedingungen.

Die **Frucht** schützt die in ihr eingeschlossenen Samen und trägt zur Windverbreitung bei oder lockt Tiere an, die die Samen verbreiten.

Sexuelle und asexuelle Fortpflanzung bei Angiospermen

Durch asexuelle (vegetative) Fortpflanzung können sich Pflanzen erfolgreich und schnell vermehren. Sexuelle Fortpflanzung erzeugt den Hauptanteil genetischer Variabilität, die Anpassung in evolutionärem Sinne ermöglicht. Pflanzen haben viele Mechanismen zur Verhinderung der Selbstbefruchtung entwickelt: Manche tragen männliche und weibliche Blütenorgane auf unterschiedlichen Individuen, oder in den zwittrigen Blüten reifen männliche und weibliche Organe zu unterschiedlichen Zeitpunkten. Einige Pflanzenarten sind **selbstinkompatibel** und der eigene Pollen kann nicht zur Befruchtung gelangen. Pflanzen können aus Einzelzellen geklont werden, die sich genetisch verändern lassen. Aus Einzelzellen können sich vollständige Pflanzen regenerieren.

Der Mensch verändert die Nutzpflanzen durch Züchtung und Gentechnik

Die Hybridisierung von Pflanzen verschiedener Varietäten und sogar Arten kommt in der Natur häufig vor und wird von Pflanzenzüchtern von alters her eingesetzt, um neue Gene in Nutzpflanzen einzubringen. Nach der erfolgreichen Kreuzung zweier Pflanzen wählen die Züchter die Nachkommen mit den erwünschten Merkmalen aus.

Bei gentechnischen Verfahren werden Gene aus nicht verwandten Organismen in Pflanzen eingeführt. Genetisch modifizierte Pflanzen (GM-Pflanzen) können potenziell Qualität und Quantität der Nahrungsmittel weltweit verbessern und werden möglicherweise auch als Lieferanten von Biokraftstoff an Bedeutung gewinnen.

Es gibt Bedenken wegen der unbekannten Risiken bei der Freisetzung von GM-Organismen in freier Natur; der potenzielle Nutzen transgener Nutzpflanzen muss jedoch bedacht werden.

Pflanzenreaktionen auf innere und äußere Signale

39

39.1 Signaltransduktionswege – Vermittler zwischen Wahrnehmung und Antwort

Alle Organismen empfangen spezifische Signale und antworten darauf in einer Weise, die ihrem Überlebens- und Fortpflanzungserfolg dient. Bienen, die in ihren Augen UV-empfindliche Fotorezeptoren besitzen, können beispielsweise auf den Blütenkronblättern besondere, sie zum Nektar hinführende Markierungen entdecken, die für das menschliche Auge gar nicht sichtbar sind. Auch Pflanzen besitzen zelluläre Rezeptoren, die sie einsetzen, um wichtige Veränderungen ihrer inneren oder äußeren Umwelt wahrzunehmen – dabei kann es sich um eine Konzentrationsänderung eines Wachstumshormons, um eine Verwundung durch eine Raupe, die an der Pflanze frisst, oder aber um die abnehmende Tageslänge beim Herannahen des Winters handeln.

Abbildung 39.1: **Wie „tickt" die Blumenuhr?**

Damit ein Reiz eine Antwort auslösen kann, muss ein Organismus Zellen mit dem entsprechenden Rezeptor besitzen, das heißt einem Molekül, das durch den Reiz beeinflusst wird. So ist zum Beispiel die Unfähigkeit des Menschen, UV-reflektierende Blütenmarkierungen wahrzunehmen, darauf zurückzuführen, dass das menschliche Auge keine UV-Fotorezeptoren besitzt. Wenn der Rezeptor einen Reiz empfangen hat, setzt er einen Signaltransduktionsweg (Signalkette, Signalübertragungsweg) in Gang: eine Kaskade von biochemischen Schritten, die eine Perzeption (Erkennung) mit einer Antwort (Reaktion) verbindet (siehe Kapitel 11 für eine Wiederholung der Grundlagen zur Signaltransduktion). Pflanzen sind für ein breites Spektrum an Reizen empfänglich, die jeweils einen eigenen, jedoch meist mit anderen vernetzten Signaltransduktionsweg auslösen.

Wenn ein Spross ans Sonnenlicht gelangt, durchläuft die Pflanze tiefgreifende Veränderungen, die insgesamt als **Ergrünung** (**Deetiolierung**) bezeichnet werden. Die Streckung der Sprossachse verlangsamt sich, die Blätter entfalten sich, die Wurzeln werden länger und der Spross bildet Chlorophyll. Die Pflanze beginnt also wie eine „echte" Pflanze auszusehen (Abbildung 39.2b). In diesem Abschnitt soll uns diese Ergrünungsantwort (Deetiolierungsantwort) als Beispiel dafür dienen, wie die Perzeption eines Signals (in diesem Fall Licht) durch die Pflanzenzelle in eine Antwort (Ergrünung) übertragen wird.

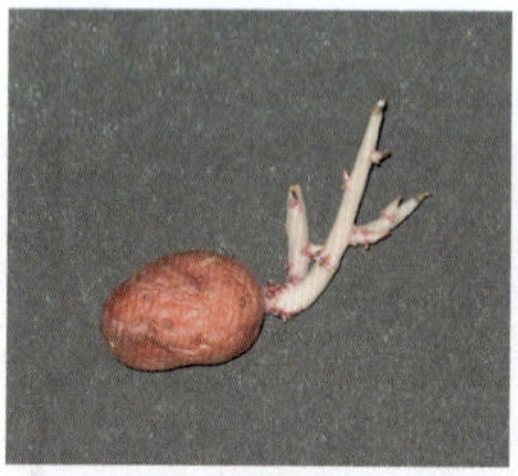

(a) Vor der Lichtexposition. Eine im Dunkeln vorgetriebene Kartoffelknolle hat lange, vergeilte Sprossachsen mit nichtentfalteten Blättern. Diese morphologischen Anpassungen sind beim Durchdringen des Erdreichs nützlich. Die Wurzeln sind kurz; doch da die Pflanze nur wenig Wasser über den Spross verliert, muss auch kaum Wasser aufgenommen werden.

(b) Nach einer Woche bei natürlichem Tageslicht. Die Kartoffelpflanze gleicht langsam einer „normalen" Pflanze mit ausgebreiteten grünen Blättern, gestauchten Sprossachsen und langen Wurzeln. Diese Umwandlung beginnt mit der Lichtperzeption durch einen spezifischen Farbstoff, das Phytochrom.

Abbildung 39.2: **Vergeilung (Etiolierung) und lichtinduzierte Ergrünung (Deetiolierung) bei auskeimenden Kartoffelknollen (*Solanum tuberosum*).**

39.1.1 Wahrnehmung von exogenen Signalen

Signale werden zuerst durch Rezeptoren wahrgenommen – dies sind Proteine, die in Reaktion auf einen spezifischen Reiz eine Konformationsänderung durchlaufen. Bei der Deetiolierung ist ein *Phytochrom* als Rezeptor beteiligt; diesen Fotorezeptor werden wir später in diesem Kapitel genauer behandeln. Im Gegensatz zu den meisten Rezeptoren, die in die Plasmamembran integriert sind, ist das an der Ergrünungsantwort beteiligte Phytochrom im Zytoplasma lokalisiert. Bei Untersuchungen an Tomaten (*Solanum lycopersicum*, mit der Kartoffel nahe verwandt) konnte man zeigen, dass Phytochrom bei der Deetiolierung unverzichtbar ist: Die *aurea*-Mutante der Tomate, die geringere Phytochromkonzentrationen aufweist als üblich, ergrünt bei Lichtexposition weniger als die Wildtyp-Tomaten. (Die Bezeichnung *aurea* leitet sich vom lateinischen *aureus*, goldfarben ab. In Abwesenheit von Chlorophyll sind gelbe Pflanzenpigmente, die Carotinoide, deutlicher sichtbar.) Wenn man einzelne *aurea*-Blattzellen mit Phytochrom aus anderen Pflanzen behandelt (durch Mikroinjektion) und anschließend belichtet, erfolgt eine normale Ergrünungsantwort. Derartige Versuche zeigen, dass Phytochrom an der Lichtwahrnehmung während der Deetiolierung beteiligt ist.

39.1.2 Transduktion (Übertragung)

Rezeptoren können auch sehr schwache Umweltreize oder chemische Signale wahrnehmen. Manche Ergrünungsantworten werden bereits durch extrem niedrige Lichtmengen ausgelöst. So reicht beispielsweise bereits ein Lichtimpuls aus, der einigen Sekunden Mondlicht entspricht, um bei Haferkeimpflanzen (*Avena sativa*), die in Dunkelheit angezogen wurden, das Längenwachstum des Sprosses zu verlangsamen. Wie wird die Information dieser extrem schwachen Signale verstärkt und wie wird die Perzeption von der Pflanze in eine spezifische Antwort umgesetzt? Hierfür sind **sekundäre Botenstoffe** (*Second Messenger*) verantwortlich – kleine Moleküle oder Ionen, die das Signal verstärken und es vom Rezeptor zu anderen Proteinen übertragen, die dann für die weitere Antwort verantwortlich sind. Bei der Deetiolierung kann jedes aktivierte Phytochrommolekül beispielsweise die Bildung von zahlreichen (mehreren hundert) Molekülen eines sekundären Botenstoffs veranlassen; jeder dieser *Second Messenger* kann seinerseits sehr viele Moleküle eines spezifischen Enzyms aktivieren. Auf diese Weise verstärkt ein sekundärer Botenstoff als Teil einer Signalkette das wahrgenommene Signal blitzartig (Abbildung 39.3).

MERKE!

Sekundäre Botenstoffe (*Second Messenger*) sind kleine Moleküle oder Ionen, die das Signal verstärken und es vom Rezeptor zu anderen Proteinen übertragen, die dann für die weitere Antwort verantwortlich sind.

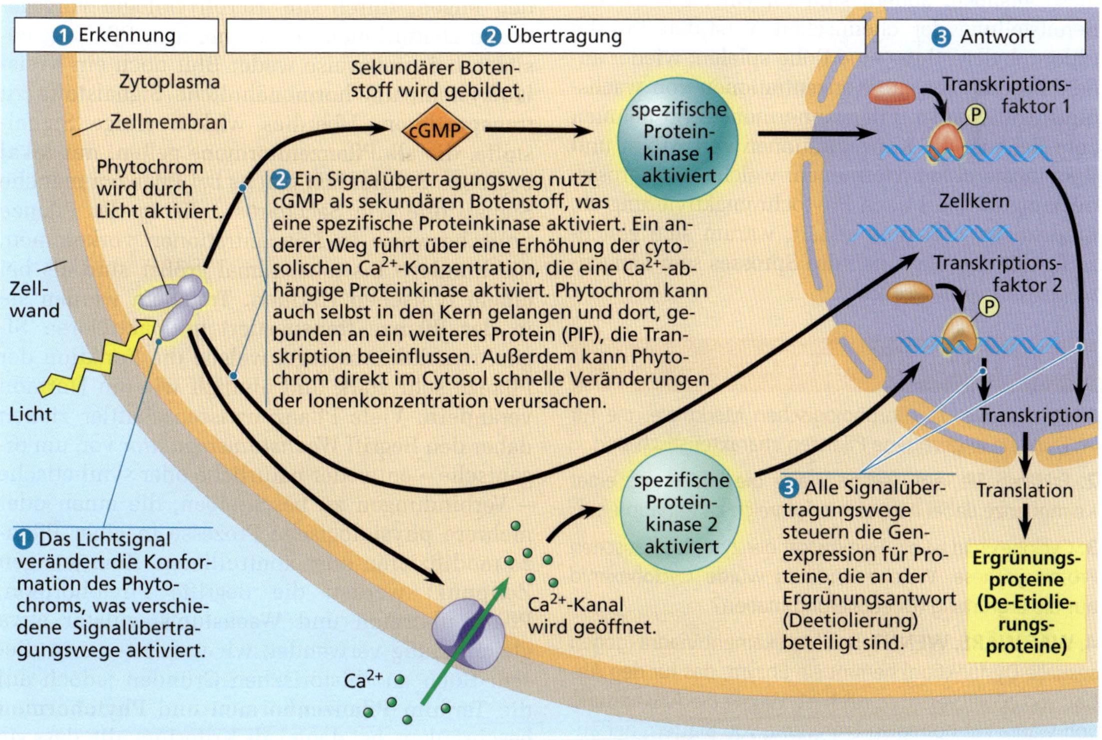

Abbildung 39.3: **Beispiel für eine Signaltransduktion in Pflanzen: die Rolle des Phytochroms bei der Ergrünungsantwort (Deetiolierungsantwort).**

39.1.3 Antwort auf molekularer Ebene

Es gibt zwei Hauptmechanismen, durch die eine Signalkette eine Aktivitätssteigerung bei einem bestimmten Enzym eines Biosyntheseweges bewirken kann: transkriptionale Regulation und posttranslationale Modifikation. Bei der transkriptionalen Regulation wird die Synthese der mRNA, die für das Enzym codiert, gesteigert oder vermindert. Bei der posttranslationalen Modifikation werden bereits existierende Enzymmoleküle (nach der Translation) aktiviert.

Bei einer Signalkette muss ebenso die Möglichkeit des „Abschaltens" bestehen, wenn das ursprüngliche Signal nicht mehr vorhanden ist – wenn beispielsweise die „keimende" Kartoffelknolle wieder in den dunklen Vorratsschrank zurückgelegt wird. Bei diesem Abschaltvorgang sind Proteinphosphatasen wichtig, die phosphorylierte Proteine dephosphorylieren. Zu jedem gegebenen Zeitpunkt hängen die zellulären Aktivitäten von dem Gleichgewicht zwischen zahlreichen Proteinkinasen und Proteinphosphatasen ab.

Ergrünungsproteine (Deetiolierungsproteine) Welche Proteintypen werden während des Ergrünungsprozesses entweder neu transkribiert oder durch Phosphorylierung aktiviert? Dazu gehören viele Enzyme, die eine direkte Funktion in der Fotosynthese ausüben; andere sind Enzyme, die bei der Bereitstellung der chemischen Vorstufen für die Chlorophyllsynthese eine Rolle spielen; wieder andere beeinflussen die Konzentrationen von wachstumsregulierenden Pflanzenhormonen. So nehmen zum Beispiel die Konzentrationen von Auxin und Brassinosteroiden (Hormonen, welche die Sprossstreckung fördern) nach Phytochromaktivierung ab. Eine solche Abnahme erklärt, warum sich gleichzeitig mit dem Ergrünen des Sprosses sein Längenwachstum verlangsamt.

VERSTÄNDNISFRAGEN

1. Nennen Sie die morphologischen Merkmale, die für im Dunkeln angezogene Pflanzen charakteristisch sind.

2. Erklären Sie, auf welche Weise die Etiolierung einer Keimpflanze dabei hilft, sich erfolgreich zu behaupten.

3. Cycloheximid ist ein Hemmstoff der zytoplasmatischen Proteinsynthese. Welche Wirkung würde Cycloheximid auf die Ergrünung (Deetiolierung) haben?

4. WAS WÄRE, WENN? Das Medikament Viagra (gegen sexuelle Dysfunktion) hemmt ein Enzym, das für den Abbau von cGMP verantwortlich ist. Würde die Anwendung von Viagra zur normalen Ergrünung von Blättern der aurea-Tomatenmutante führen, wenn Tomatenblattzellen ein ähnliches Enzym besäßen?

39.2 Pflanzen nutzen Chemie zur Kommunikation

Ein **Hormon** ist in der ursprünglichen Bedeutung des Wortes ein Signalmolekül, das in winzigen Mengen von einem Körperteil des Organismus gebildet und zu anderen Körperteilen transportiert wird, wo es an einen spezifischen Rezeptor bindet und in Zielzellen und -geweben Antworten auslöst. Bei Tieren werden die Hormone gewöhnlich durch das Kreislaufsystem transportiert – dieses Kriterium gehört häufig zur Definition des Hormonbegriffs.

> **MERKE!**
> **Ein Hormon ist ein Signalmolekül, das in winzigen Mengen von einem Körperteil des Organismus gebildet und zu anderen Körperteilen transportiert wird, wo es an einen spezifischen Rezeptor bindet und in Zielzellen und -geweben Antworten auslöst.**

Das Hormonkonzept geht auf Untersuchungen an Tieren zurück und wurde im frühen 20. Jahrhundert von den Pflanzenphysiologen auf Pflanzen übertragen. Viele moderne Pflanzenwissenschaftler sind jedoch der Meinung, dass es zu einseitig ist, die pflanzenphysiologischen Vorgänge mit den engen, durch die Tierphysiologie vorgegebenen Definitionen zu beschreiben. Pflanzen besitzen beispielsweise weder Blut noch ein Kreislaufsystem, um hormonähnliche Signalstoffe zu transportieren. Überdies wirken einige Signalstoffe, die als Pflanzenhormone gelten, nur lokal begrenzt. Schließlich gibt es bei Pflanzen manche Signalstoffe wie Saccharose, die in der Pflanze typischerweise in Konzentrationen vorkommen, die hundert- bis tausendmal größer sind als bei einem typischen Hormon. Trotzdem werden sie in der Pflanze transportiert und aktivieren Signaltransduktionswege, welche die Funktion der Pflanze sehr stark und ähnlich wie ein Hormon verändern. Viele Pflanzenwissenschaftler ziehen daher den Begriff *Wachstumsregulator* vor, um organische – entweder natürliche oder synthetische – Verbindungen zu beschreiben, die einen oder mehrere physiologische Prozesse in einer Pflanze modifizieren oder kontrollieren. Zum jetzigen Zeitpunkt werden die Begriffe Phytohormon, Pflanzenhormon und Wachstumsregulator etwa gleich häufig verwendet; wir werden uns in diesem Buch aus historischen Gründen jedoch auf die Termini **Pflanzenhormon** und **Phytohormon** beschränken, bei denen als Kriterium gilt, dass sie in sehr geringen Konzentrationen aktiv sind.

Fast jeder Aspekt von Wachstum und Entwicklung bei Pflanzen steht in gewissem Maße unter hormoneller Kontrolle. Ein einziges Hormon kann ein erstaunliches Spektrum von Zell- und Entwicklungsvorgängen regulieren. Ein einziger Prozess kann aber auch von vielen Hormonen, die antagonistisch oder synergistisch wirken, beeinflusst werden.

39.2.1 Übersicht über die Phytohormone

Bei den ersten Fototropismus-Untersuchungen, die wir gerade besprochen haben, wurde die Grundlage für die weitere Phytohormonforschung gelegt. In Tabelle 39.1 sind einige wichtige Klas-

Phytohormon	Vorkommen in der Pflanze	Wichtigste Funktionen
Auxine (IES, vielfach auch einfach singulär als „Auxin" bezeichnet)	Hauptsyntheseorte sind Sprossapikalmeristeme und junge Blätter. Auch Wurzelapikalmeristeme bilden Auxine, doch die Wurzel erhält einen Großteil des Auxins vom Spross. Wachsende Samen und Früchte enthalten hohe Auxinmengen, es ist jedoch nicht bekannt, ob dieses neu synthetisiert oder vom mütterlichen Gewebe importiert wird.	Stimuliert die Sprossstreckung (nur in niedriger Konzentration); fördert die Bildung von Seiten- und Adventivwurzeln; reguliert die Fruchtentwicklung; verstärkt die Apikaldominanz; ist an Fototropismus und Gravitropismus beteiligt; fördert die Leitgewebedifferenzierung; verzögert den Blattfall.
Cytokinine	Cytokinine werden hauptsächlich in den Wurzeln gebildet und zu anderen Organen transportiert. Es gibt allerdings zusätzlich zahlreiche weitere Syntheseorte in der Pflanze.	Regulieren die Zellteilung in Spross und Wurzel; schwächen die Apikaldominanz ab und fördern das Austreiben von Seitenknospen; verstärken den Transport von Assimilaten in Gewebe des Verbrauchs (Sinks oder Senken); stimulieren die Samenkeimung; verzögern die Blattseneszenz.
Gibberelline	Hauptsyntheseorte sind die Meristeme von Achselknospen, Wurzeln, jungen Blättern und wachsenden Samen.	Stimulieren Sprossstreckung, Pollenentwicklung, Pollenschlauchwachstum, Fruchtwachstum sowie Samenentwicklung und Keimung; determinieren das Geschlecht in eingeschlechtigen Blüten; regulieren den Übergang von Jugendphasen zu Adultphasen.
Abscisinsäure (ABA)	Fast alle Pflanzenzellen sind zur Bildung von Abscisinsäure fähig; sie wurde in allen wichtigen Pflanzenorganen und lebenden Geweben nachgewiesen. ABA kann im Xylem oder Phloem transportiert werden.	Hemmt das Wachstum; fördert das Schließen der Stomata bei Trockenstress; fördert die Samenruhe und hemmt eine vorzeitige Keimung; fördert die Blattseneszenz; fördert die Trockenheitstoleranz.
Ethylen	Dieses gasförmige, chemisch äußerst einfach gebaute Hormon kann in fast allen Pflanzenteilen gebildet werden. In hohen Konzentrationen wird es während der Seneszenz, des Blattfalls und der Reife einiger Fruchttypen synthetisiert. Auch Verwundung und Stress stimulieren die Synthese.	Fördert die Fruchtreife bei vielen Fruchttypen, den Blattfall und die Dreifachreaktion (triple response) bei Keimlingen (Hemmung der Sprossstreckung, Förderung des Dickenwachstums und des horizontalen Wachstums); beschleunigt die Seneszenz (zelluläres Altern); fördert Wurzel- und Wurzelhaarbildung; fördert die Blütenentwicklung bei den Bromeliaceen und ist in der Signaltransduktion bei durch Überflutungen hervorgerufener Hypoxie wichtig.
Brassinosteroide	Brassinosteroide kommen in allen Pflanzengeweben vor, je nach Organ dominieren jedoch unterschiedliche Zwischenstufen.Brassinosteroide wirken in der Nähe des Syntheseorts.	Fördern Zellstreckung und Zellteilung im Spross; in niedriger Konzentration Förderung, in hoher Konzentration Hemmung des Wurzelwachstums; fördern die Xylem- und hemmen die Phloemdifferenzierung; fördern Samenkeimung und Pollenschlauchwachstum.
Jasmonate	Diese kleine Gruppe Moleküle leitet sich von der Linolensäure ab. Sie werden in verschiedenen Teilen der Pflanze produziert und über das Phloem transportiert.	Regulieren eine breite Palette an Funktionen, unter anderem Fruchtreifung, Blütenentwicklung, Pollenproduktion, Rankenkrümmung, Wurzelwachstum, Samenkeimung und Nektarsekretion; werden als Antwort bei Herbivorie und Pathogenbefall als leicht flüchtige Version produziert.
Salicylate	Diese Hormonklasse wird aus Phenylalanin über den Isochorismatweg in den Chloroplasten synthetisiert und als Methylester (Methylsalicylat) über das Xylem transportiert.	Salicylate sind essenziell als Signalmolekül für die angeborene Immunität der Pflanzen. Sie werden als Antwort auf Infektionen durch Krankheitserreger lokal wie auch in der gesamten Pflanze als systemische Antwort gebildet.
Strigolactone	Diese von den Carotinoiden abgeleiteten Phytohormone und extrazellulären Signalmoleküle werden in Wurzeln unter Phosphatmangel oder bei hohem Auxinfluss aus dem Spross synthetisiert.	Fördern die Samenkeimung; kontrollieren die apikale Dominanz und die Anlockung von Mykorrhizapilzen.

Tabelle 39.1: **Übersicht über die Phytohormone.**

(a) Apikalknospe intakt (im Foto nicht sichtbar)

(b) Apikalknospe entfernt

(c) Dekapitierte Sprossachse wird mit Auxin behandelt.

Abbildung 39.4: Apikaldominanz. **(a)** Die Hemmung des Achselknospenwachstums, die offenbar durch Auxin aus der Apikalknospe gesteuert wird, fördert die Streckung der Hauptsprossachse. **(b)** Das Entfernen der Apikalknospe von derselben Pflanze ermöglicht das Austreiben von Seitenzweigen. **(c)** Wenn man eine auxinhaltige Gelatinekapsel über den Stumpf stülpt, können sich keine Seitentriebe bilden.

sen der Pflanzenhormone zusammengefasst: Auxin, Cytokinine, Gibberelline, Brassinosteroide, Abscisinsäure und Ethylen. Viele Moleküle, die in der Pflanze bei der Pathogenabwehr eine Rolle spielen, sind vermutlich ebenfalls als Phytohormone zu bezeichnen. (Diese Verbindungen werden weiter hinten im Kapitel besprochen.)

Pflanzenhormone werden in sehr niedrigen Konzentrationen gebildet; doch bereits eine winzige Hormonmenge kann eine durchgreifende Wirkung auf Wachstum und Entwicklung eines Pflanzenorgans haben (Abbildung 39.4).

VERSTÄNDNISFRAGEN

1. Welche physiologische Erklärung steckt hinter dem Sprichwort „Ein fauler Apfel verdirbt den ganzen Korb"?

2. Erklären Sie, warum man Schnittblumen wie Nelken vor dem Transport häufig mit Cytokininen behandelt.

39.3 Reaktionen auf Lichtreize sind ausschlaggebend für den Erfolg der Pflanzen

Licht ist ein besonders wichtiger Umweltfaktor im Leben der Pflanze. Es wird nicht nur für die Fotosynthese benötigt – Licht steuert außerdem viele Schlüsselprozesse in Pflanzenwachstum und -entwicklung. Der Einfluss des Lichts auf die Pflanzengestalt (Morphologie) wird als **Fotomorphogenese** bezeichnet. Durch Lichtperzeption können Pflanzen außerdem den Verlauf von Tagen und Jahreszeiten registrieren.

Pflanzen können nicht nur das Vorhandensein von Licht wahrnehmen, sondern auch dessen Richtung, Intensität und Wellenlänge (Farbe). Bei einem sogenannten **Aktionsspektrum** (*Wirkungsspektrum*) wird die relative Effektivität (in Bezug auf einen bestimmten Prozess) als Funktion der Wellenlänge des Lichts dargestellt. Das Aktionsspektrum der Fotosynthese hat zum Beispiel zwei Maxima, einen im Hellrotlicht- und einen im Blaulichtbereich (siehe Abbildung 10.6b). Dies liegt daran, dass Chlorophyll (im sichtbaren Spektrum) vorwiegend Licht im blauen und hellroten Wellenlängenbereich absorbiert. Aktionsspektren sind zur Untersuchung *aller* lichtabhängigen Prozesse geeignet, wie auch des Fototropismus (Abbildung 39.5).

Durch den Vergleich der Aktionsspektren verschiedener pflanzlicher Reaktionen stellen die Wissenschaftler fest, welche Antworten durch denselben Fotorezeptor (Pigment) vermittelt werden. Sie vergleichen ferner die Aktionsspektren mit den Absorptionsspektren der Pigmente – eine enge Übereinstimmung mit einem gegebenen Pigment weist darauf hin, dass es sich um den Fotorezeptor handelt, der die Antwort vermittelt. Aktionsspektren zeigen, dass Hellrotlicht und Blaulicht die wichtigsten Farbbereiche für die Regulation der pflanzlichen Fotomorphogenese sind. Aufgrund dieser Beobachtungen wurden zwei Hauptklassen von Lichtrezeptoren gefunden: **Blaulicht-Fotorezeptoren** und **Phytochrome** – dies sind Fotorezeptoren, die hauptsächlich Hellrotlicht absorbieren.

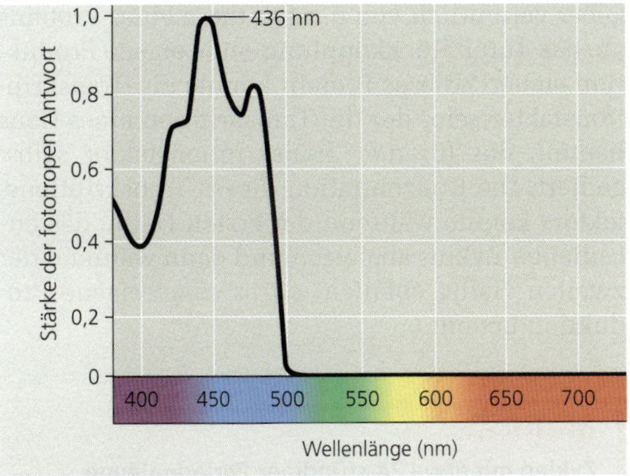

(a) Das Aktionsspektrum zeigt, dass die Krümmung nur durch Licht mit einer Wellenlänge unter 500 nm (blaues und Nah-UV-Licht) induziert wird.

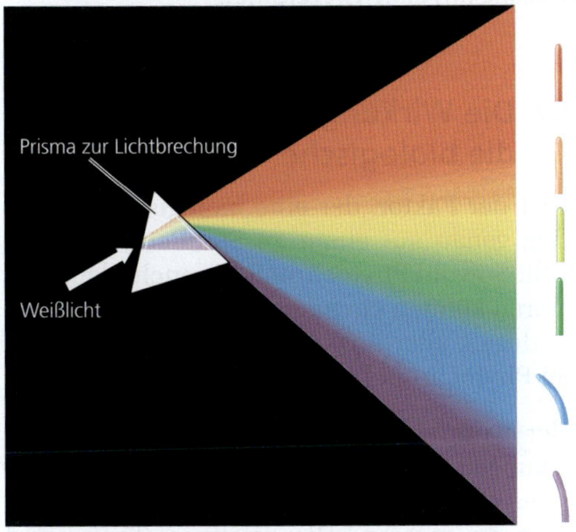

(b) Wenn Koleoptilen mit Licht von verschiedenen Wellenlängen wie hier gezeigt bestrahlt werden, induziert violettes Licht eine leichte Krümmung und blaues Licht führt zur stärksten Krümmung. Die anderen Farben haben keine Wirkung auf das Krümmungswachstum.

Abbildung 39.5: **Aktionsspektrum des durch Blaulicht stimulierten Fototropismus bei Maiskoleoptilen.** Die fototrope Krümmung zum Licht wird durch Fototropin kontrolliert; dies ist ein Fotorezeptor, der für Nah-UV-Licht und Blaulicht empfindlich ist.

> **MERKE!**
> **Der Einfluss des Lichts auf die Pflanzengestalt (Morphologie) wird als Fotomorphogenese bezeichnet.**

39.3.1 Blaulicht-Fotorezeptoren

Blaulicht löst vielfältige Reaktionen bei Pflanzen aus; Beispiele sind der Fototropismus, die lichtinduzierte Öffnung der Stomata (siehe Abbildung 36.12) und die lichtinduzierte Verlangsamung der Hypokotylstreckung bei der Keimpflanze, wenn diese durch die Bodenoberfläche stößt.

39.3.2 Phytochrome als Rotlicht-Fotorezeptoren

Phytochrome und Samenkeimung Die Phytochrome wurden bei umfassenden Untersuchungen zur Samenkeimung entdeckt. Da die Nährstoffreserve in der Regel begrenzt ist, keimen viele Samentypen, besonders die kleinen Samen, nur aus, wenn die Lichtverhältnisse und andere Umweltbedingungen annähernd optimal sind. Derartige Samen überdauern oft mehrere Jahre in der Keimruhe, bis die Lichtverhältnisse sich verändern. Dies kann zum Beispiel geschehen, wenn ein beschattender Baum abstirbt oder ein Acker gepflügt wird.

39.3.3 Biologische Uhren und circadiane Rhythmik

Viele Vorgänge in der Pflanze – zum Beispiel die Transpiration und die Synthese bestimmter Enzyme – oszillieren während des Tagesverlaufs. Einige dieser zyklischen Variationen sind Antworten auf Veränderungen von Lichtpegel, Temperatur und relativer Luftfeuchtigkeit, die mit dem 24-Stunden-Zyklus von Tag und Nacht einhergehen. Diese externen Faktoren lassen sich steuern, wenn man die Pflanzen in sogenannten Klimakammern unter streng kontrollierten Licht-, Temperatur- und Feuchtigkeitsverhältnissen kultiviert. Doch sogar unter künstlich konstant gehaltenen Bedingungen oszillieren zahlreiche physiologische Prozesse in Pflanzen – zum Beispiel Öffnen und Schließen der Stomata oder die Synthese von Fotosyntheseenzymen – weiterhin mit einer Periodenlänge von etwa 24 Stunden. Viele Leguminosen senken ihre Blätter zum Beispiel abends und richten sie morgens wieder auf (Abbildung 39.6). Diese „Schlafbewegungen" laufen auch dann weiter, wenn man eine Bohnenpflanze konstant in Licht oder Dunkelheit hält; die Blätter reagieren also nicht einfach auf den Sonnenauf- oder Sonnenuntergang. Derartige Zyklen – mit etwa 24-stündiger Periodenlänge und ohne direkte Kontrolle durch irgendeinen bekannten variablen Umweltfaktor – werden als **circadiane Rhythmen** bezeichnet (lat. *circa*, ungefähr und *dies*, Tag). Sie sind für alle eukaryontischen Organismen typisch. Auch bei uns Menschen verändern sich Pulsschlag, Blutdruck, Körpertemperatur, Zellteilungsrate, Blutzellzahl (Hämatokrit), geistige Aufmerksamkeit, Urinzusammensetzung, Stoffwechselrate, Sexualtrieb und Ansprechen auf Arzneistoffe im circadianen Rhythmus.

(a) Die Bewegungen werden durch reversible Turgorveränderungen hervorgerufen, die in speziellen Zellen auf den gegenüberliegenden Seiten der Blattgelenke (Pulvini, der Bewegungsorgane des Blattes) stattfinden.

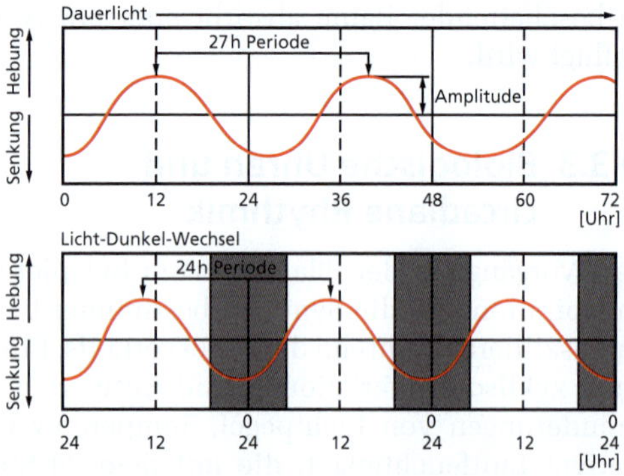

(b) Die Bewegungen eines Bohnenblattes wurden im Dauerlicht (oben) und im Licht-Dunkelwechsel (unten) aufgezeichnet. Deutlich zu sehen ist die längere Periode (27h) der endogenen Blattbewegung bei Dauerlicht, die durch den natürlichen Licht-Dunkelwechsel auf exakt 24h eingestellt wird.

Abbildung 39.6: Schlafbewegungen bei einer Gartenbohne (*Phaseolus vulgaris*). Die Bewegungen werden durch reversible Turgorveränderungen hervorgerufen, die in speziellen Zellen auf den gegenüberliegenden Seiten der Blattgelenke (Pulvini, Bewegungsorgane des Blattes) stattfinden.

Neuere Untersuchungen deuten darauf hin, dass die circadiane Uhr interne molekulare Zeitgeber hat. Der Rhythmus wird nicht durch eine tägliche Reaktion auf einen unterschwelligen, jedoch überall vorhandenen Umweltzyklus hervorgerufen (beispielsweise Geomagnetismus oder kosmische Strahlung). Lebewesen, darunter Pflanzen und Menschen, behalten ihre Rhythmen bei, selbst dann, wenn sie sich in tiefen Bergwerksschächten oder in Satelliten im Weltall befinden – unter diesen Bedingungen werden die subtilen geophysikalischen Periodizitäten verändert. Durch die täglichen Umweltsignale kann die circadiane Uhr jedoch auf eine genaue Periodenlänge von 24 Stunden eingestellt werden, das heißt, diese Signale wirken als „Zeitgeber" für die nur annähernd (circa) 24-stündige endogene Rhythmik. Man sucht bereits seit Längerem nach den molekularen Mechanismen dieser Uhr, die vermutlich allen Eukaryonten gemeinsam sind. Laut der führenden Hypothese hängt der biologische Zeitgeber vermutlich von der Synthese eines Proteins ab, das durch Rückkopplung seine eigene Produktion steuert. Dieses Protein könnte ein Transkriptionsfaktor sein, der die Transkription eines Gens hemmt, das für den Transkriptionsfaktor selbst codiert. Die Konzentration dieses Transkriptionsfaktors könnte während der ersten Hälfte des circadianen Zyklus ansteigen und dann während der zweiten Hälfte abfallen, da er seine eigene Produktion hemmt.

> **MERKE!**
> **Zyklen mit etwa 24-stündiger Periodenlänge und ohne direkte Kontrolle durch irgendeinen bekannten variablen Umweltfaktor werden als circadiane Rhythmen bezeichnet.**

39.3.4 Die Wirkung des Lichts auf die biologische Uhr

Licht ist der Faktor, der eine biologische Uhr jeden Tag genau auf einen 24-Stunden-Rhythmus einstellt. Sowohl Phytochrome als auch Blaulichtrezeptoren können circadiane Rhythmen in Pflanzen festlegen, allerdings ist der Mechanismus bisher bei Phytochrom besser aufgeklärt.

In freier Natur sind die Pflanzen durch die Wechselwirkungen zwischen Phytochrom und der biologischen Uhr in der Lage, den Verlauf von Nacht und Tag zu messen. Die relativen Tages- und Nachtlängen wechseln jedoch im Jahresverlauf (mit Ausnahme der Äquatorgegend). Die Pflanzen nutzen diesen Wechsel, um Aktivitäten mit den Jahreszeiten zu synchronisieren.

39.3.5 Fotoperiodismus und Anpassungen an Jahreszeiten

Überlegen Sie sich, welche Konsequenzen es hätte, wenn eine Pflanze zum Beispiel blüht, ohne dass Bestäuber vorhanden sind, oder ein Laubbaum mitten im Winter Blätter treibt. Es ist offensichtlich, dass die Jahreszeiten für den Lebenszyklus der meisten Pflanzen äußerst kritische Ereignisse sind. Samenkeimung, Blüte und Beginn oder Ende der Knospenruhe sind Stadien im Leben der Pflanze, die gewöhnlich zu bestimmten Zeiten im Jahr auftreten. Der Umweltreiz, anhand dessen Pflanzen die Jahreszeit meistens wahrnehmen, ist die Fotoperiode – die relative Länge von Nacht und Tag. Eine physiologische Antwort – zum Beispiel Blütenbildung – auf die Fotoperiode wird als **Fotoperiodismus** bezeichnet.

Fotoperiodismus und Blühinduktion Eine Tabaksorte namens „Maryland Mammoth" lieferte erste Hinweise auf den Mechanismus, mit dessen Hilfe Pflanzen die Jahreszeiten wahrnehmen. Diese Sorte wurde sehr groß, gelangte im Sommer jedoch nicht zur Blüte, sondern erst im Dezember in einem Gewächshaus. Nachdem man versucht hatte, die Blüte durch Variation von Temperatur, Feuchtigkeit und mineralischen Nährstoffen zu induzieren, entdeckte man, dass diese Sorte durch die kürzeren Wintertage zur Blüte angeregt wurde. Wenn man die Pflanzen in lichtdichten Klimakammern mit wechselnden Tages- und Nachtlängen kultivierte, blühten sie nur bei einer Tageslänge von 14 Stunden oder weniger. Sie konnten im Sommer nicht blühen, da die Sommertage auf der geografischen Breite von Maryland (USA) zu lang waren.

„Maryland Mammoth" wurde daraufhin als **Kurztagpflanze** bezeichnet, da sie anscheinend zur Blühinduktion eine Lichtperiode benötigte, die *kürzer* als eine kritische Lichtperiode war. Gartenchrysantheme (*Chrysanthemum* x *grandiflorum*), Weihnachtsstern (*Euphorbia pulcherrima*) und einige Sojabohnensorten (*Glycine max*) sind ebenfalls Kurztagpflanzen, die meistens im Spätsommer, Herbst oder Winter blühen. Eine andere Gruppe von Pflanzenarten blüht nur, wenn die Lichtperiode *länger* als eine gewisse Stundenzahl ist. Diese **Langtagpflanzen** blühen im Allgemeinen im Spätfrühling oder im Frühsommer. Spinat (*Spinacia oleracea*) blüht zum Beispiel erst, wenn die Tage 14 Stunden oder länger dauern. Auch Rettich, Salat, Iris und viele Getreidearten sind Langtagpflanzen. **Tagneutrale Pflanzen**, zum Beispiel Tomaten, Reis und Löwenzahn, werden durch die Fotoperiode nicht beeinflusst und blühen unabhängig von der Tageslänge, sobald sie ein bestimmtes Entwicklungsstadium erreichen.

Kritische Nachtlänge In den 40er Jahren des 20. Jahrhunderts fand man heraus, dass die Blühinduktion und andere Reaktionen auf die Fotoperiode in Wirklichkeit durch die Nachtlänge und nicht durch die Tageslänge gesteuert werden. Viele wissenschaftliche Untersuchungen wurden an der Spitzklette (*Xanthium strumarium*) durchgeführt, einer Kurztagpflanze, die nur blüht, wenn die Tageslänge 16 Stunden oder kürzer ist (und die Nacht mindestens 8 Stunden dauert). Man fand heraus, dass das Blühverhalten nicht beeinträchtigt wurde, wenn die Hellphase der Fotoperiode durch eine kurze Dunkelexposition unterbrochen wurde. Wenn jedoch die Dunkelphase der Fotoperiode auch nur durch wenige Minuten Schwachlicht unterbrochen wurde, blühte die Spitzklette nicht – wie sich herausstellte, traf das auch auf andere Kurztagpflanzen zu (Abbildung 39.7a). Die Spitzklette spricht nicht auf die Tageslänge an, benötigt aber mindestens acht Stunden ununterbrochene Dunkelheit, um zur Blüte zu gelangen. Kurztagpflanzen sind daher in Wirklichkeit „Langnachtpflanzen", aber die ursprüngliche Bezeichnung hat sich in der Pflanzenphysiologie als Fachbegriff fest eingebürgert. Eigentlich sollte man Langtagpflanzen zutreffender als „Kurznachtpflanzen" bezeichnen. Eine Langtagpflanze, die unter Langnacht-Fotoperioden kultiviert wird, die normalerweise nicht zur Blüte führen würden, wird trotzdem blühen, wenn die durchgehende Dunkelphase nur durch wenige Lichtminuten unterbrochen wird (Abbildung 39.7b). Festzuhalten ist, dass wir Langtagpflanzen von Kurztagpflanzen *nicht* durch eine absolute Nachtlänge unterscheiden, sondern dadurch, ob die kritische Nachtlänge eine maximale (Langtagpflanzen) oder minimale (Kurztagpflanzen) Stundenzahl der Dunkelphasen erfordert, um zur Blüte zu gelangen. In beiden Fällen ist die tatsächliche Stundenzahl der kritischen Nachtlänge für jede Pflanzenart spezifisch.

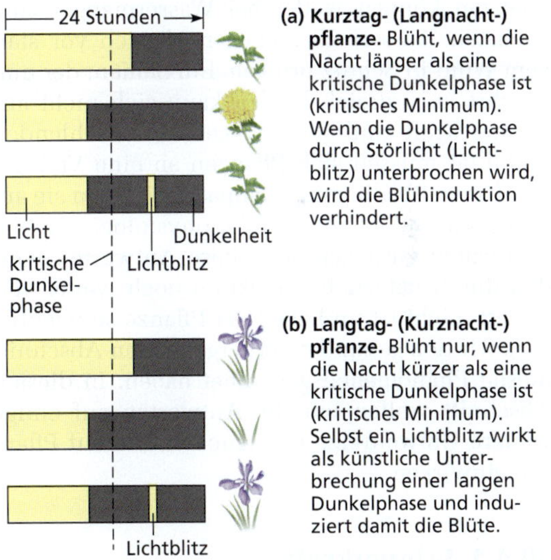

Abbildung 39.7: **Fotoperiodische Steuerung der Blühinduktion.**

> **MERKE!**
> **Eine physiologische Antwort auf die Fotoperiode wird als Fotoperiodismus bezeichnet.**

VERSTÄNDNISFRAGEN

1. Ein Nachtwächter schaltet in einem Gewächshaus aus Versehen nachts einmal das Licht an, doch die Pflanzen blühen trotzdem nach Plan. Schlagen Sie zwei Gründe vor, warum die Pflanzen durch die Unterbrechung der Dunkelheit nicht beeinträchtigt wurden.

2. Keimpflanzen einiger Lianenarten wachsen zur Dunkelheit hin, bis sie auf eine aufrechte Stützstruktur treffen. Dank dieser Anpassung können sie potenzielle beschattete Kletterobjekte leichter „finden". Wie könnten Sie untersuchen, ob dieser negative Fototropismus durch Blaulichtrezeptoren oder durch Phytochrom vermittelt wird?

3. WAS WÄRE, WENN? Wenn eine Pflanze in einer Klimakammer mit einem Tageszyklus von zehn Stunden Hellphase und 14 Stunden Dunkelphase blüht, handelt es sich dann um eine Kurztagpflanze? Begründen Sie Ihre Antwort.

39.4 Pflanzen reagieren auf viele weitere Reize

Pflanzen können weder bei Wassermangel zum nächsten Wasserloch ziehen noch sich vor starkem Wind in Schutz bringen. Ein Samen, der umgekehrt im Erdreich landet, kann sich nicht aus eigener Kraft umdrehen. Wegen dieser fehlenden Mobilität müssen sich Pflanzen an eine Vielzahl von Umweltbedingungen anpassen, indem sie auf entwicklungsbiologische oder physiologische Mechanismen zurückgreifen; diese Antworten wurden durch natürliche Selektion noch weiter verfeinert. Licht ist im Leben der Pflanze so wichtig, dass wir den gesamten vorhergehenden Abschnitt diesen Phänomenen gewidmet haben. In diesem Abschnitt wollen wir die Antworten auf einige weitere Umweltreize untersuchen, die auf Pflanzen einwirken.

39.4.1 Schwerkraft

Da Pflanzen mit Sonnenenergie „betrieben" werden, ist es nicht verwunderlich, dass sie Mechanismen für das Wachstum in Richtung zum Licht entwickelt haben. Doch welcher Umweltreiz bewirkt, dass der Spross einer jungen Keimpflanze nach oben wächst, wenn sie noch unter der Bodenoberfläche ist, wo es keinerlei Licht gibt, das sie wahrnehmen kann? Und welcher Umweltfaktor bringt eine junge Wurzel dazu, nach unten zu wachsen? Die Antwort auf beide Fragen ist: Schwerkraft.

Wenn man eine Pflanze auf die Seite legt, so passt sie ihr Wachstum in der Weise an, dass sich der Spross nach oben und die Wurzel nach unten krümmen. Bei ihrer Reaktion auf die Schwerkraft, den sogenannten **Gravitropismus**, zeigen Wurzeln einen positiven (Abbildung 39.8a) und Sprosse einen negativen Gravitropismus.

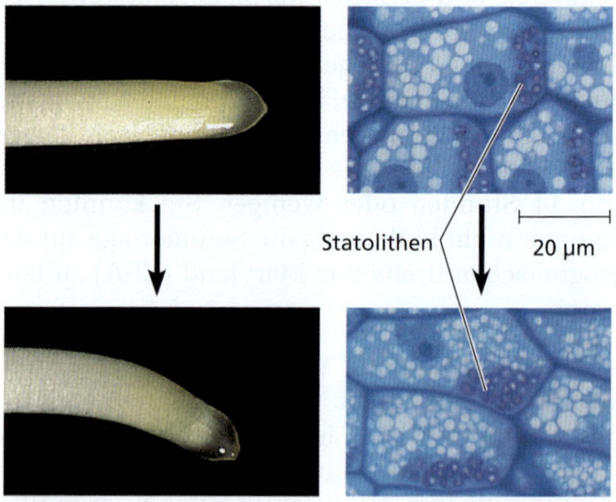

(a) Im Laufe von Stunden krümmt sich eine waagerecht ausgerichtete Mais-Primärwurzel gravitropisch, bis die wachsende Spitze senkrecht nach unten zeigt.

(b) Nur Minuten, nachdem die Wurzel in die Waagerechte gebracht wurde, sammeln sich besondere Plastiden, sogenannte Statolithen, an den basalen Bereichen der Wurzelhaubenzellen. Das „Absetzen" ist möglicherweise der Mechanismus für die Schwerkraftperzeption; dies führt zu einer Umverteilung von Auxin und dann zu unteschiedlichen Streckungsraten der Zellen an gegenüberliegenden Seiten der Wurzel (lichtmikroskopische Aufnahme).

Abbildung 39.8: **Positiver Gravitropismus in Wurzeln: Statolithen-Hypothese.**

Der Gravitropismus setzt ein, sobald der Samen keimt, und stellt sicher, dass die Wurzeln ins Erdreich und der Spross zur Sonne hin wächst – unabhängig davon, in welcher Orientierung der Samen auf dem Boden landet. Das Wuchshormon Auxin spielt beim Gravitropismus eine Schlüsselrolle.

Pflanzen können die Schwerkraft anhand von **Statolithen** (spezialisierte Plastiden, die Stärkekörner enthalten) wahrnehmen, die sich in der Zelle im unteren Bereich absetzen (Abbildung 39.8b). Bei der Wurzel befinden sich die Statolithen in bestimmten Zellen der Wurzelhaube. Nach einer

Hypothese führt die Ansammlung von Statolithen im untersten Punkt dieser Zellen dazu, dass eine Calciumumverteilung stattfindet, die einen lateralen Auxintransport innerhalb der Wurzel bewirkt. Calcium und Auxin häufen sich an der unteren Seite der Wurzelstreckungszone an. Da diese Stoffe in gelöster Form vorliegen, reagieren sie nicht auf die Schwerkraft, sondern müssen aktiv zu einer Wurzelseite transportiert werden. Hohe Auxinkonzentrationen hemmen die Zellstreckung, so dass das Wachstum an der unteren Wurzelseite verlangsamt wird. Das raschere Streckungswachstum in den Zellen an der oberen Seite führt dazu, dass die Wurzel sich beim Wachstum krümmt. Dieser Tropismus hält an, bis die Wurzel genau senkrecht nach unten wächst.

39.4.2 Mechanische Reize

Bäume, die auf windigen Gebirgskämmen wachsen, besitzen gewöhnlich einen kürzeren, gedrungeneren Stamm als Bäume derselben Art an geschützteren Standorten. Dank dieser untersetzten Gestalt kann die Pflanze den Windböen viel besser standhalten. Mit dem Begriff **Thigmomorphogenese** (gr. *thigma*, Berührung) beschreiben wir morphologische Veränderungen, die durch mechanische Störungen hervorgerufen werden. Pflanzen reagieren sehr empfindlich auf mechanischen Stress: Selbst wenn man ein Lineal anlegt, um ein Blatt zu messen, wird das anschließende Wachstum beeinflusst. Wenn man die Stängel junger Pflanzen mehrmals täglich berührt, sind diese Pflanzen kleiner als Kontrollpflanzen (Abbildung 39.9). Durch mechanische Stimulierung wird ein Signaltransduktionsweg aktiviert, der über eine cytosolische Erhöhung der Ca^{2+}-Konzentration die Aktivierung spezifischer Gene vermittelt; diese codieren zum Teil für Proteine, welche die Zellwandeigenschaften beeinflussen.

Einige Pflanzenarten sind im Lauf ihrer Evolution zu Spezialisten für Berührungsreize geworden. Bei diesen Pflanzen sind akute Reaktionen auf mechanische Stimuli Teil der „Lebensstrategie".

Die meisten Lianen und andere Kletterpflanzen besitzen Ranken, die sich rasch um Stützstrukturen herumwickeln (siehe Abbildung 35.5). Diese Ranken sind zuerst gestreckt, bis sie einen Gegenstand berühren; durch den Kontakt wird ein Wachstumsreiz ausgelöst, der durch unterschiedliches Wachstum auf den entgegengesetzten Seiten der Ranke zur schraubigen Aufwicklung führt. Dieses gerichtete Wachstum in Reaktion auf einen

Abbildung 39.9: **Veränderung der Genexpression durch Berührung bei *Arabidopsis*.** Die kleinere Pflanze auf der linken Seite wurde zweimal täglich berührt. Die nicht berührte Pflanze (rechts) wuchs viel höher.

Berührungsreiz wird als **Thigmotropismus** bezeichnet; es ermöglicht der Kletterpflanze, alle angebotenen mechanischen Stützstrukturen zu nutzen, während sie nach oben wächst, um ans Licht zu gelangen.

MERKE!

Morphologische Veränderungen, die durch mechanische Störungen hervorgerufen werden, bezeichnet man als Thigmomorphogenese.

Weitere Spezialisten für Berührungsreize sind zum Beispiel Pflanzen, die in Reaktion auf mechanische Reize rasche Blattbewegungen durchführen. Klassisches Beispiel ist hier die Sinnpflanze (*Mimosa pudica*), die beim Berühren ihrer Fiederblätter die Fiederblättchen zusammenklappt und den Blattstiel absenkt (Abbildung 39.10). Die Antwort erfolgt bereits in knapp einer Sekunde und entsteht durch einen raschen Turgorverlust in bestimmten Zellen der Blattgelenke (Pulvini).

(a) Fiederblättchen ausgebreitet (ungereizt).

(b) Fiedern zusammengeklappt (nach Reizung).

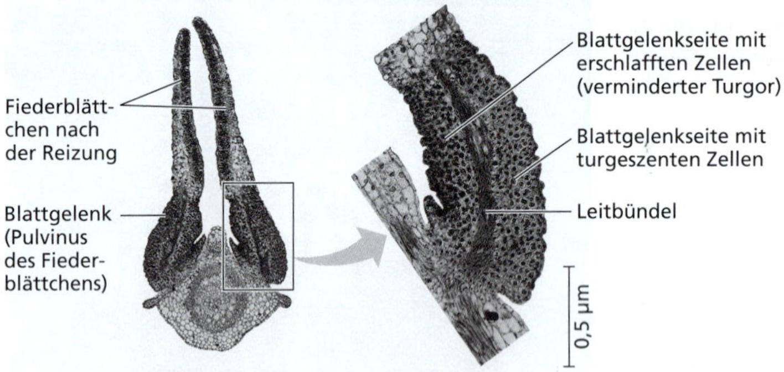

(c) Querschnitt durch ein Fiederpaar im gereizten Zustand (LM). Zur Krümmung eines Blattgelenks (Pulvinus) kommt es, wenn der Turgor in den Parenchymzellen auf der inneren Seite des Blattgelenks durch Wasserabgabe sinkt, während die Zellen der gegenüberliegenden Seite ihren Turgor beibehalten.

Abbildung 39.10: **Rasche Turgorbewegungen bei der Sinnpflanze (*Mimosa pudica*).**

39.4.3 Umweltstress

Gelegentlich verändern sich gewisse Umweltfaktoren so stark, dass sie potenziell schädliche Effekte auf Überleben, Wachstum und Fortpflanzung einer Pflanze haben können. Stressfaktoren wie Überflutung, Dürre oder Temperaturextreme können verheerende Auswirkungen auf den landwirtschaftlichen Ertrag haben. In natürlichen Ökosystemen werden Pflanzen, die mit dem Umweltstress nicht zurechtkommen, entweder absterben oder sie werden durch andere Pflanzen verdrängt und sterben dann lokal aus. Deshalb spielen Klimafaktoren bei der geografischen Verbreitung von Pflanzenarten eine Rolle.

39.5 Pflanzen reagieren auf Befall von Pathogenen und Herbivoren

Pflanzen existieren nicht in totaler Isolation, sondern stehen mit vielen anderen Arten und ihren Lebensgemeinschaften in Wechselwirkung. Einige interspezifische Interaktionen, wie die Assoziationen von Pflanzen mit Pilzen in den Mykorrhizen (siehe Abbildung 37.10) oder mit ihren Bestäubern, sind für alle Beteiligten nutzbringend. Die meisten Interaktionen einer Pflanze mit anderen Organismen bringen der Pflanze jedoch keinen Nutzen. Als Primärproduzenten befinden sich Pflanzen auf der untersten Ebene der meisten Nahrungsnetze und sind daher den Angriffen vieler pflanzenfressender Tiere (**Herbivoren**) ausgeliefert. Außerdem können Pflanzen unter Infektionen durch verschiedenste Viren, Bakterien und Pilze leiden, welche die pflanzlichen Gewebe schädigen oder die Pflanze sogar abtöten. Pflanzen reagieren auf diese Bedrohungen durch Verteidigungssysteme, die die Herbivoren abschrecken und Infektionen verhindern oder die infektionsauslösenden Pathogene bekämpfen (Abbildung 37.12).

39.5.1 Verteidigungsstrategien gegen Herbivoren

Herbivoren (Pflanzenfresser) stellen einen Stressfaktor dar, dem sich Pflanzen in allen Ökosystemen ausgesetzt sehen. Pflanzen können ein Überhandnehmen von Herbivoren durch physische (zum Beispiel Dornen) und chemische Verteidigungsmaßnahmen bekämpfen (Bildung von schlecht schmeckenden oder toxischen Stoffen, sogenannten **Sekundärstoffen**). Einige Pflanzen bilden zum Beispiel eine ungewöhnliche Aminosäure namens *Canavanin* (nach ihrem Vorkommen in *Canavalia ensiformis*, der Schwertbohne, benannt). Canavanin ähnelt Arginin, das zu den zwanzig proteinogenen (in die Proteine eingebauten) Aminosäuren gehört. Wenn ein Insekt eine canavaninhaltige Pflanze frisst, wird diese Aminosäure anstelle von Arginin in die körpereigenen Proteine des Insekts eingebaut. Die Struktur von Canavanin unterscheidet sich jedoch genügend von Arginin, um Raumstruktur und Funktion der Proteine negativ zu beeinflussen, was letztlich zum Tod des Insekts führt.

Einige Pflanzen „rekrutieren" sogar Prädatoren, um sich bei der Verteidigung gegen bestimmte Herbivoren helfen zu lassen. So legen beispielsweise (parasitische) Schlupfwespen ihre Eier auch in pflanzenfressende Schmetterlingsraupen (siehe Abbildung 54.1). Die Eier schlüpfen im Inneren der Raupe und die Schlupfwespenlarven fressen ihre Beute von innen her auf. Die Pflanze profitiert von der Vernichtung der herbivoren Raupen und spielt sogar eine aktive Rolle in diesem Drama: Wenn ein Blatt von Raupen beschädigt wird, setzt es flüchtige Inhaltsstoffe frei, welche die Schlupfwespen anlocken. Als Auslöser für diese Reaktion wirkt eine Kombination aus physischer Verletzung des Blattes (durch die fressende Raupe) und einer spezifischen Substanz im Speichel der Raupe (Abbildung 39.11).

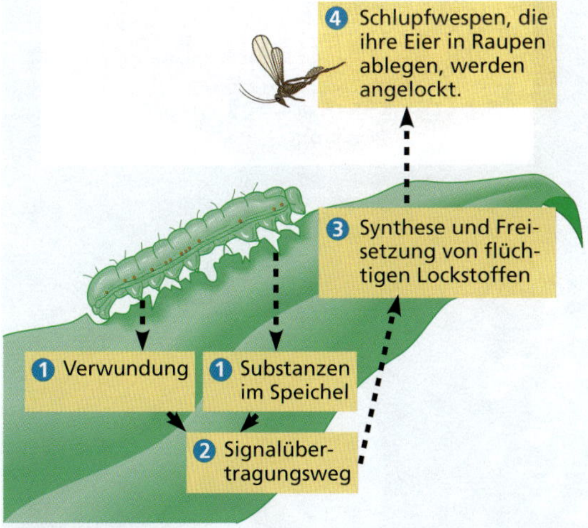

Abbildung 39.11: Ein Maisblatt „rekrutiert" eine Schlupfwespe, um sich so gegen den Angriff einer herbivoren Raupe von *Spodoptera frugiperda* (Heerwurm) zu verteidigen.

Die flüchtigen Verbindungen, welche Pflanzen in Reaktion auf Verletzungen durch Herbivoren freisetzen, können auch als „Frühwarnsystem" für benachbarte Pflanzen derselben Art wirken. Wenn Limabohnenpflanzen (*Phaseolus lunatus*) mit Spinnmilben befallen sind, setzen sie ein Gemisch aus flüchtigen Inhaltsstoffen frei, das unter anderem Methyljasmonat enthält. Dies dient als Signalstoff für benachbarte, nicht befallene Limabohnen; diese exprimieren in Antwort auf das Signal Verteidigungsgene. (Flüchtige Substanzen aus Blättern, die in einem Experiment mechanisch verwundet wurden, hatten nicht dieselbe Wirkung.) Aufgrund der Aktivierung dieser spezifischen Gene durch die flüchtigen Substanzen entwickeln die nicht befallenen Nachbarpflanzen eine geringere Anfälligkeit für Spinnmilben; gleichzeitig werden sie für eine andere Milbenart attraktiver, die sich ihrerseits von Spinnmilben ernährt. Iris Kappers und Kollegen haben an der Universität Wageningen (Niederlande) transgene *Arabidopsis*-Pflanzen konstruiert, die zwei flüchtige Inhaltsstoffe bilden, die normalerweise nicht von *Arabidopsis* synthetisiert werden. Diese Substanzen locken zumindest bei anderen Pflanzenarten räuberische Milbenarten an. Die Raubmilben wurden jetzt auch von den transgenen *Arabidopsis*-Pflanzen angelockt – dieses Ergebnis könnte Implikationen für die gentechnische Weiterentwicklung der Insektenresistenz bei Nutzpflanzen haben.

39.5.2 Verteidigungsstrategien gegen Pathogene

Als erste Verteidigungslinie gegen Pathogene dient der Pflanze die physische Barriere, die durch primäre Abschlussgewebe, wie die Epidermis, und sekundäre Abschlussgewebe, wie das Periderm, gebildet wird (siehe Abbildung 35.14). Dieses erste Abwehrsystem ist jedoch nicht unüberwindbar. Viren, Bakterien sowie Pilzsporen und -hyphen können trotzdem über Wunden oder die natürlichen Epidermisöffnungen, zum Beispiel Spaltöffnungen, in den Pflanzenkörper gelangen. Sobald ein Pathogen eindringt, errichtet die Pflanze eine zweite Verteidigungslinie in Form einer chemischen Abwehr, welche die Pathogene unschädlich macht oder zumindest ihre Ausbreitung vom Infektionsherd aus verhindert. Dieses zweite Abwehrsystem wird von der Fähigkeit der Pflanze verstärkt, gewisse Pathogene zu erkennen.

Pflanzen können eindringende Pathogene erkennen und sich gegen sie verteidigen. Erfolgreiche Pathogene führen zu Krankheiten, weil sie die Erkennung durch den Wirt umgehen oder dessen Verteidigungsmechanismen unterdrücken können. Pathogene, denen die Pflanzen nur wenige spezifische Verteidigungsmechanismen entgegensetzen können, werden als **virulente** Pathogene bezeichnet. Diese Pathogene bilden jedoch die

ZUSAMMENHÄNGE ERKENNEN

Ebenen der pflanzlichen Abwehr gegen Herbivoren

Abwehr auf zellulärer Ebene

Einige Pflanzenzellen sind darauf spezialisiert, Herbivoren abzuschrecken. Trichome (Haarzellen) auf Blättern und an Stängeln halten kauende Insekten ab. Michsaftproduzierende Zellen *(Laticiferen)* und ganz allgemein die Saftvakuole der pflanzlichen Zellen können als Speicherort für Stoffe dienen, die Herbivoren abschrecken. *Idioblasten* sind spezialisierte Zellen, die man in vielen Blättern und Stängeln antrifft, so zum Beispiel in der Pfeilwurz *(Colocasia esculenta)*. Einige Idioblasten enthalten spitze, nadel-förmige Calciumoxalat-Kristalle, die *Raphiden*. Sie dringen in das weiche Gewebe von Zunge und Gaumen ein, so dass ein von der Pflanze produzierter Reizstoff, zum Beispiel eine Protease, leichter aufgenommen wird und im tierischen Gewebe vorübergehend ein Anschwellen von Lippen, Maul und Schlund hervorruft. Die Kristalle fungieren als Werkzeug, um den Reizstoff tiefer in das tierische Gewebe eindringen zu lassen. Der Reizstoff wird beim Kochen zerstört.

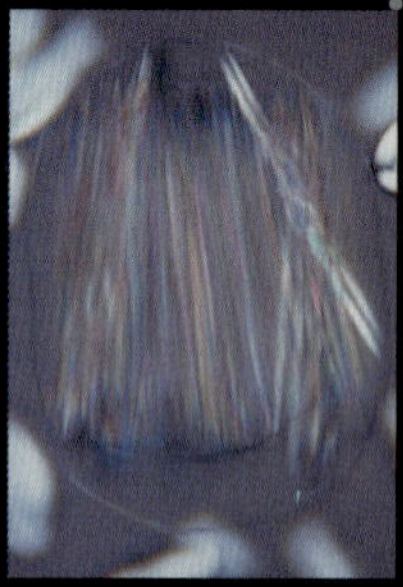

Rhaphidenkristalle aus der Pfeilwurz

Abwehr auf der molekularen Ebene

Auf der molekularen Ebene produzieren die Pflanzen Substanzen, die den Angreifer abschrecken. Bei diesen Substanzen handelt es sich typischerweise um Terpenoide, Phenole und Alkaloide. Einige Terpenoide ahmen Insektenhormone nach und verursachen eine verfrühte Häutung, was die Insekten absterben lässt. Zur Gruppe der Phenole gehören die Gerbstoffe, die einen unangenehmen Geschmack haben und sich negativ auf die Verdauung der aufgenommenen Proteine auswirken. Ihre Synthese wird häufig durch den Befall induziert. Aus dem Schlafmohn *(Papaver somniferum)* stammen die narkotisch wirkenden Alkaloide Morphin, Heroin und Codein. Diese Naturstoffe sammeln sich in den Milchröhrenzellen (Laticifere) an, die den milchig-weißen Latex (Opium) abgeben, wenn die Zellen verletzt werden.

Fruchtkapsel des Schlafmohns

Abwehr auf Gewebeebene

Einige Blätter halten Herbivoren ab, da sie ausgesprochen zäh sind und auf Grund eines besonders stark ausgeprägten, dicken sklerenchymatischen Gewebes schlecht zerbissen werden können. Die leuchtend roten Zellen mit den dicken Zellwänden im Querschnitt durch die Hauptader eines Blattes des Ölbaums *(Olea europaea)* sind Sklerenchyfasern.

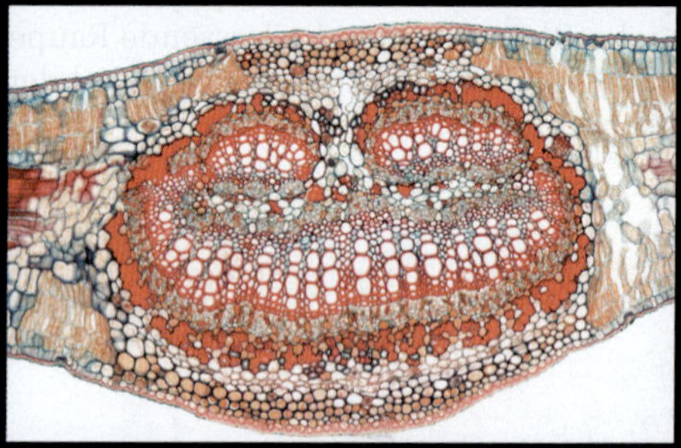

Mikroskopisches Bild eines Querschnitts durch ein Ölbaumblatt

Abwehr auf der Organebene

Die Form eines Pflanzenorgans kann Herbivoren abschrecken, wenn sie Schmerz verursacht oder unattraktiv aussieht. Stacheln (umgewandelte Blätter) und Dornen (umgewandelte Stängel) bieten mechanischen Schutz vor Fraßfeinden. Widerhaken an den Stacheln von Kakteen haben furchteinflößende Speerspitzen, die beim Herausziehen üble Wunden verursachen. Das Blatt des Schneeflockenbaums *(Trevesia palmata)* sieht schon halb abgefressen aus, was es wahrscheinlich weniger attraktiv macht. Einige Pflanzen imitieren auf ihren Blättern abgelegte Insekteneier und halten dadurch Insekten von der Eiablage ab. So imitieren Blattdrüsen einiger Arten von Passionsblumen die leuchtend gelben Eier der Passionsblumenfalter (*Heliconius* sp.).

Widerhaken auf Kaktusstacheln

Blatt eines Schneeflockenbaums *(Trevesia palmata)*

Eiermimikrie auf dem Blatt einer Passionsblume (*Passiflora* sp.)

Abbildung 39.12: Ebenen der pflanzlichen Abwehr gegen Herbivoren.

Abwehr auf Ebene des Organismus

Mechanische Schäden durch Fraß kann die gesamte Physiologie einer Pflanze verändern und dadurch weiteren Schaden durch Fraß verhindern. So verändert zum Beispiel der Wilde Tabak *(Nicotiana attenuata)* seinen Blühzeitpunkt als Antwort auf erfolgte Herbivorie. Normalerweise blüht er nachts und sendet als Duftstoff Benzylaceton aus, was die Habichtsmotten als Bestäuber anlockt. Unglücklicherweise legen diese Motten gerne auch Eier auf den Pflanzen ab, die sie bestäuben, und deren Raupen sind Herbivoren. Wenn die Pflanzen zu stark durch die Raupen befallen sind, hören sie auf, den Duftstoff zu produzieren und öffnen ihre Blüten am frühen Morgen, wenn die Motten nicht mehr unterwegs sind. Sie werden dann durch Kolibris bestäubt. Wissenschaftliche Untersuchungen haben ergeben, dass die Speichelflüssigkeit der fressenden Raupen diese dramatische Verschiebung des Zeitpunkts für die Blütenöffnung verursacht.

Kolibri *(Trochiliformes)*, der den Wilden Tabak bestäubt

Abwehr auf der Ebene der Population

Bei manchen Arten hilft ein koordiniertes Verhalten auf dem Niveau der Population bei der Abwehr von Herbivoren. Manche Pflanzen können ihren Stress, den sie durch Herbivorie erfahren, mitteilen, indem sie Substanzen freisetzen, die die Nachbarpflanzen derselben Population warnen. Wenn zum Beispiel Limabohnenpflanzen *(Phaseolus lunatus)* mit Spinnmilben befallen sind, setzen sie ein Gemisch aus flüchtigen Inhaltsstoffen frei, das als Signalstoff für benachbarte, nicht befallene Limabohnen dient. Diese exprimieren als Antwort auf das Signal Verteidigungsgene. Aufgrund der Aktivierung dieser spezifischen Gene durch die flüchtigen Substanzen entwickeln die nicht befallenen Nachbarpflanzen eine geringere Anfälligkeit für Spinnmilben; gleichzeitig werden sie für eine andere Milbenart attraktiver, die sich ihrerseits von Spinnmilben ernährt. Eine andere Abwehrstrategie auf der Ebene der Population ist ein Phänomen, das als Massenblüte bezeichnet wird. Eine Population produziert dann synchron nach einer längeren Blühpause riesige Mengen an Samen. Unabhängig von den Bedingungen in der Umwelt signalisiert eine innere Uhr den Pflanzen in der Population, dass die Zeit zur Blühinduktion gekommen ist. Bambus-Populationen zum Beispiel wachsen jahrzehntelang vegetativ und blühen dann plötzlich massenhaft, bilden Samen und sterben dann ab. Derartig große Mengen an Samen von 80.000 kg pro Hektar werden dann produziert, weit mehr als die einheimischen Herbivoren, meist Nagetiere, fressen können. Als Resultat bleiben einige Samen vor den Herbivoren verborgen, und können keimen und wachsen.

Blühende Bambuspflanzen (Bambusoideae)

Abwehr auf der Ebene der Lebensgemeinschaft

Manche Pflanzen locken räuberische Tiere an, damit sie ihnen helfen, sich gegen Herbivoren zu verteidigen. Parasitoide Wespen injizieren zum Beispiel ihre Eier in Raupen, die an Pflanzen fressen. Die Eier reifen in den Raupen und die Larven fressen sich durch ihre nahrhafte organische Hülle hindurch ins Freie. Diese bilden dann außen auf ihren Wirten Kokons, aus denen dann die adulten Wespen schlüpfen. Die Pflanze spielt in diesem Drama eine aktive Rolle. Ein von den Raupen angefressenes Blatt setzt flüchtige Substanzen frei, die die parasitoiden Wespen anlocken. Auslösend dafür ist die Kombination aus mechanischem Schaden, der am Blatt durch die fressende Raupe entsteht, und speziellen Verbindungen im Speichel der Raupe.

Kokons von parasitoiden Wespen auf dem Raupenwirt

Aus dem Kokon schlüpfende adulte Wespe

Ausnahme, denn ansonsten würden Wirte und Pathogene über kurz oder lang zusammen zugrunde gehen. Zwischen Pflanzen und ihren meisten Pathogenen hat sich eine Art von „Kompromiss" entwickelt: Das Pathogen erhält genug Macht über den Wirt, um sich selbst zu vermehren, ohne dass der Wirt (die Pflanze) zu stark geschädigt oder abgetötet wird. Pathogene Stämme, die die Pflanze nur schädigen, aber nicht abtöten, werden als **avirulente** Pathogene bezeichnet.

MERKE!

Pathogene, denen die Pflanzen nur wenige spezifische Verteidigungsmechanismen entgegensetzen können, werden als virulente Pathogene bezeichnet.

MERKE!

Pathogene Stämme, die die Pflanze nur schädigen, aber nicht abtöten, werden als avirulente Pathogene bezeichnet.

Die **Gen-für-Gen-Erkennung** liegt einer verbreiteten Form der Resistenz (*Gen-für-Gen-Resistenz*) von Pflanzen gegen Phytopathogene zugrunde. Es existieren spezifische pflanzliche Resistenzgene (*R*-Gene), die Proteinprodukte (R-Proteine) bilden, welche Moleküle des Pathogens erkennen können. Zahlreichen Pathogenen stehen zahlreiche *R*-Gene bei Pflanzen gegenüber – allein *Arabidopsis* besitzt mindestens mehrere hundert *R*-Gene. Ein R-Protein erkennt gewöhnlich nur ein einziges korrespondierendes Pathogenmolekül, das von einem der Avirulenz-Gene (*Avr*-Gene) des Pathogens codiert wird. Anders als ihr Name vermuten lässt, sind Avr-Proteine für die Pflanze schädlich; man nimmt an, dass sie den Stoffwechsel der Wirtspflanzen zugunsten des Pathogens „umpolen". Die Erkennung bestimmter, vom Pathogen stammender Moleküle (der sogenannten *Elicitoren*) durch die R-Proteine triggert Signaltransduktionswege, die zur Aktivierung verschiedenster Verteidigungsantworten führen. Zu diesen gehört die **hypersensitive Reaktion** – der genetisch programmierte Tod infizierter Zellen – sowie die Verstärkung der Zellwände und die Bildung antibiotischer Substanzen am Infektionsort.

Epidemische Pflanzenkrankheiten, wie die Kartoffelfäule, die in Irland um 1840 eine große Hungersnot verursachte, können zu nicht zu bezifferndem Schaden und Elend für die Menschheit führen. Andere Krankheiten, wie die Kastanienfäule und der plötzliche Eichentod, können dramatisch die Strukturen von Lebensgemeinschaften verändern. Epidemien bei Pflanzen sind häufig das Resultat von infizierten Pflanzen oder Holz, das unbemerkt um die ganze Welt transportiert wird. Um sich auf solche Epidemien vorzubereiten, bewahren die Pflanzenbiologen Samen der wilden Verwandten der Nutzpflanzen (engl. *crop wild relatives*) in speziellen Samenbanken auf. Die Wissenschaftler hoffen, dass die nicht domestizierten Verwandten Gene besitzen, die der nächsten Epidemie entgegenwirken können.

39.5.3 Hypersensitive Reaktion

Die hypersensitive Reaktion ist eine Abwehrreaktion, die zum Zell- und Gewebetod in unmittelbarer Nähe des Infektionsorts führt. In einigen Fällen wird die Ausbreitung des Pathogens dadurch eingeschränkt, aber in anderen scheint dies nur die Folge der gesamten Abwehr zu sein. Wie in Abbildung 39.13 gezeigt, wird die hypersensitive Reaktion als Teil der Effektorgetriggerten Immunität initiiert. Die hypersensitive Reaktion ist Teil einer komplexen Abwehrreaktion, bei der die Transkription von über zehn Prozent der pflanzlichen Gene involviert ist, die beispielsweise für Proteine codieren, die die Bestandteile der Zellwand des Pathogens hydrolysieren. Die Effektorgetriggerte Immunität stimuliert auch die Synthese von Lignin und von Quervernetzern für die Zellwandmoleküle in der pflanzlichen Zellwand. Diese Antworten verhindern, dass sich das Pathogen in andere Teile der Pflanze ausbreitet. Wir können das Vorliegen einer hypersensitiven Reaktion an den nekrotischen Läsionen eines Blattes erkennen. Dieses Blatt mag zwar „krank" aussehen, doch wird es trotzdem überleben, und seine systemische Abwehrreaktion wird zum Schutz der restlichen Pflanze beisteuern.

VERSTÄNDNISFRAGEN

1. Welche negativen Auswirkungen kann die Behandlung von Ackerflächen mit Universal-Insektiziden haben?

2. Blätterfressende Insekten schädigen die Pflanzen mechanisch und reduzieren die Blattfläche, die für die Fotosynthese zur Verfügung steht. Zudem können diese Pflanzen aufgrund des Insektenfraßes leichter von Pathogenen befallen werden. Schlagen Sie eine Erklärung vor.

3. Viele phytopathogene Pilze gelangen an ihre Nahrung, indem sie die Pflanzenzellen undicht machen, so dass Nährstoffe in die Interzellularen gelangen. Wäre es vorteilhaft für den Pilz, die Wirtspflanze so abzutöten, dass alle Nährstoffe auslaufen?

4. WAS WÄRE, WENN? Nehmen wir an, ein Wissenschaftler findet heraus, dass eine Pflanzenpopulation, die an einem windigen Standort wächst, anfälliger für Insektenfraß ist als eine andere Population derselben Pflanzenart, die an einem geschützten Ort wächst. Schlagen Sie eine Hypothese vor, um diese Beobachtung zu erklären.

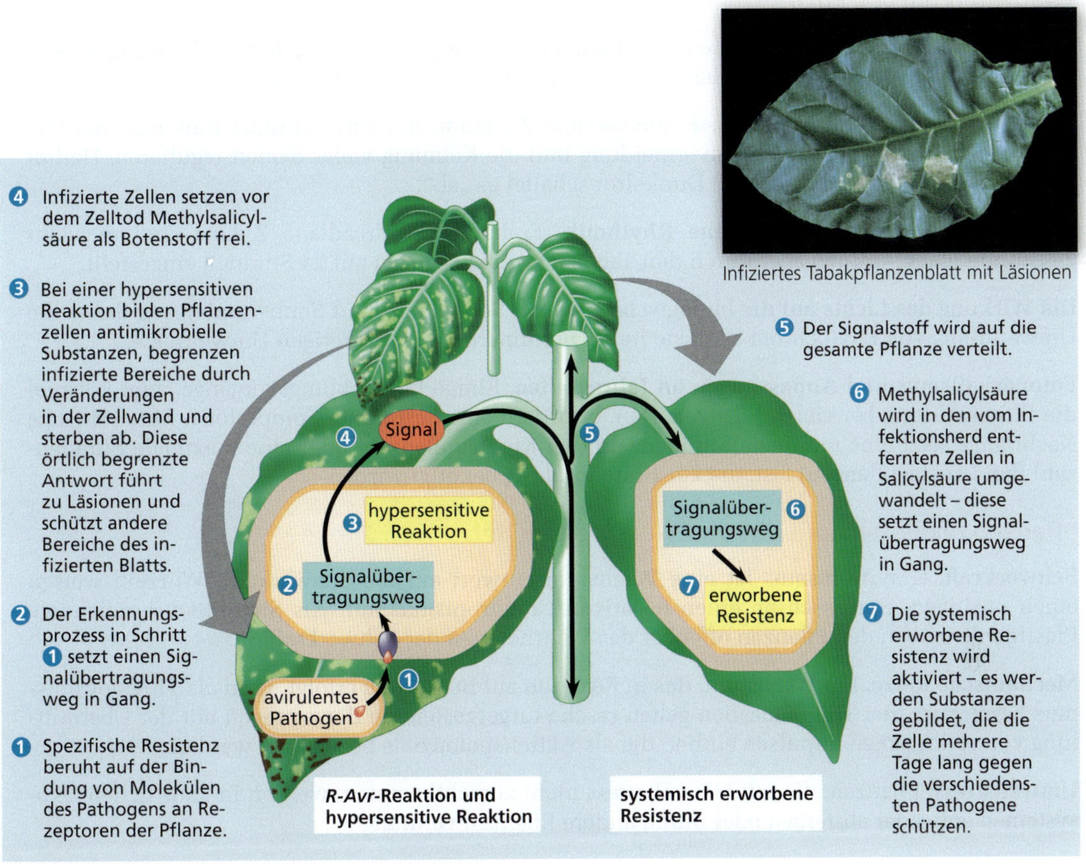

Abbildung 39.13: Verteidigungsantworten gegen Pathogene.

ZUSAMMENFASSUNG

Signaltransduktionswege verbinden Signalwahrnehmung und Antwort

Spezielle Rezeptoren in der Zellmembran werden durch Hormone, chemische Reize oder Umweltreize stimuliert. Die Stimulation des Rezeptors löst eine Konformationsänderung des Proteins aus, was eine kaskadenartige Aktivierung von Relais-Proteinen auslöst oder die Bildung eines *Second Messengers* stimuliert. Das Signal wird weitergeleitet und führt schließlich zu zellulären Antworten.

Pflanzenhormone koordinieren Wachstum, Entwicklung und Reizantworten

Übersicht über die Phytohormone. Auxin wird hauptsächlich im Sprossapikalmeristem gebildet und stimuliert die Zellstreckung in verschiedenen Zielgeweben. Cytokinine stimulieren die Zellteilung. Gibberelline werden in den Wurzeln und jungen Blättern gebildet und regen das Blatt- und Sprossachsenwachstum an. Brassinosteroide (chemisch mit den Sexualhormonen von Tieren verwandt) induzieren Zellstreckung und Zellteilung. Abscisinsäure hält die Keimruhe in Samen aufrecht. Ethylen wirkt bei der Steuerung der Fruchtreife mit.

Pflanzen brauchen Licht

Blaulicht-Fotorezeptoren. Verschiedene Blaulicht-Fotorezeptoren kontrollieren die Reaktionsantworten der Hypokotylstreckung, der Stomaöffnung und des Fototropismus.

Phytochrome als Fotorezeptoren. Fotoreversible Zustände des Phytochroms funktionieren wie An/Aus-Schalter, die die Schattenvermeidung und die Keimung vieler Samen regulieren. Hellrot schaltet das Phytochrom „an" und Dunkelrot schaltet es „ab".

Biologische Uhren und circadiane Rhythmik. Freilaufende circadiane Zyklen sind ungefähr 24 Stunden lang, werden aber durch den Tag/Nacht-Zyklus genau auf 24 Stunden eingestellt.

Die Wirkung des Lichts auf die biologische Uhr. Bei Sonnenauf- und Sonnenuntergang findet die Umwandlung von Phytochrom statt; sie liefert der inneren Uhr die nötigen Umweltreize.

Fotoperiodismus und Anpassungen an Jahreszeiten. Einige Entwicklungsvorgänge, zum Beispiel die Blütenbildung bei vielen Pflanzenarten, erfordern eine bestimmte Fotoperiode. Eine kritische Nachtlänge setzt eine minimale Stundenzahl (bei Kurztagpflanzen) oder eine maximale Stundenzahl (bei Langtagpflanzen) fest, die zur Blütenbildung benötigt wird.

Pflanzen reagieren auf Licht und viele weitere Reize

Schwerkraft. Gravitropismus ist eine Wachstumsantwort auf die Schwerkraft. Wurzeln weisen einen positiven, Sprossachsen einen negativen Gravitropismus auf. Als Statolithen bezeichnete Plastiden erlauben den Pflanzen offenbar das Wahrnehmen der Schwerkraft.

Mechanische Reize. Ein Wachstum, das in Reaktion auf Berührung erfolgt, wird als Thigmotropismus bezeichnet. Bei Thigmonastien gehen rasche turgorgesteuerte Bewegungen mit der Übermittlung von elektrischen Impulsen einher, die als Aktionspotenziale bezeichnet werden.

Umweltstress. Pflanzen, die mit Umweltstress nicht zurechtkommen, werden in natürlichen Ökosystemen entweder absterben oder durch andere Pflanzen verdrängt.

Reaktionen der Pflanze auf Herbivoren und Pathogene

Verteidigungsstrategien gegen Herbivoren. Zusätzlich zur physikalischen Verteidigung (zum Beispiel durch Dornen) wehren Pflanzen sich chemisch, indem sie schlecht schmeckende, toxische Sekundärstoffe oder auch flüchtige Lockstoffe bilden; Letztere sollen Tiere anziehen, die wiederum den Herbivoren schaden.

Verteidigungsstrategien gegen Pathogene. Ein Pathogen ist avirulent, wenn es ein spezifisches *Avr*-Gen besitzt, das mit einem spezifischen *R*-Allel in der Wirtspflanze korrespondiert. Eine hypersensitive Reaktion gegen ein avirulentes Pathogen riegelt den Infektionsherd ab und zerstört Pathogen und Wirtszellen im Infektionsbereich. Die systemisch erworbene Resistenz ist eine allgemeine Abwehrreaktion, die in Pflanzenteilen stattfindet, die weiter vom Infektionsort entfernt sind.

Grundprinzipien tierischer Form und Funktion

40

40.1 Form und Funktion sind bei Tieren auf allen Organisationsebenen eng miteinander korreliert

Größe und Gestalt eines Tieres sind grundlegende Aspekte seiner Form; sie beeinflussen ganz entscheidend die Art und Weise, wie ein Tier mit seiner Umwelt in Wechselbeziehung tritt.

40.1.1 Evolution bestimmt die Größe und Gestalt von Tieren

Im Lauf der Evolution haben sich viele verschiedene Körperbaupläne entwickelt, doch die Variationen spielen sich innerhalb der Grenzen physikalischer Gesetze ab, die Stabilität, Diffusion, Bewegung und Wärmeaustausch regeln.

Wasser ist rund tausendmal dichter als Luft und zudem weitaus viskoser. Daher behindert jede Erhebung auf der Körperoberfläche, die einen Widerstand erzeugt, einen Schwimmer weitaus stärker als einen Flieger oder einen Läufer. Wie aus Abbildung 40.1 klar ersichtlich ist, haben die unterschiedlichsten schnell schwimmenden Tiere einen stromlinienförmigen, an beiden Enden spitz zulaufenden Körper. Der ähnliche Körperbau dieser schnellen Fische, Vögel und Säuger ist ein Beispiel für konvergente Evolution (siehe Kapitel 22 und Kapitel 26).

Abbildung 40.1: Konvergente Evolution stromlinienförmiger Körper bei schnellen Schwimmern.

Physikalische Gesetze beeinflussen den Körperbauplan von Tieren auch im Hinblick auf die maximal mögliche Körpergröße. Mit zunehmendem Körpervolumen sind stabilere Skelettelemente nötig, um das größere Gewicht zu tragen. Diese Beschränkung betrifft Innenskelette, wie diejenigen von Wirbeltieren (Vertebraten) ebenso wie Außenskelette, wie diejenigen von Insekten und anderen Gliederfüßern (Arthropoden). Mit steigender Körpergröße macht die lokomotorische Muskulatur zudem zwangsläufig einen immer größeren Anteil der Gesamtkörpermasse aus, was schließlich dazu führt, dass die Mobilität des Tieres eingeschränkt wird.

40.1.2 Austausch mit der Umgebung

Tiere müssen Material mit ihrer Umgebung austauschen und diese Notwendigkeit bringt Einschränkungen für ihren Körperbauplan mit sich.

Bei einem einzelligen Organismus, wie beispielsweise der Amöbe, steht eine genügend große Membranoberfläche mit dem umgebenden Milieu in Kontakt, um alle nötigen Austauschprozesse durchzuführen. Ein vielzelliger Organismus funktioniert nur dann, wenn jede Zelle Zugang zu einem geeigneten wässrigen Milieu hat, sei es innerhalb oder außerhalb des Körpers.

Viele Tiere mit einer einfachen inneren Organisation haben Körperbaupläne, die einen direkten Stoffaustausch zwischen der äußeren Umwelt und fast allen Zellen erlauben. Beispielsweise besteht die Körperwand des Süßwasserpolypen *Hydra* aus nur zwei Zellschichten. Da der Gastrovaskularraum des Polypen über die Mundöffnung mit der Umgebung in offener Verbindung steht, werden die äußere wie auch die innere Zellschicht ständig von Süßwasser umspült. Ebenso kann ein stark abgeflachter Körperbau den Kontakt mit dem Außenmedium optimieren – denken Sie beispielsweise an einen parasitischen Bandwurm (siehe Abbildung 33.4).

Bei den meisten Tieren stellen Anpassungen wie stark verzweigte oder eingefaltete Oberflächen, die sich im Lauf der Evolution entwickelt haben, einen ausreichenden Austausch mit der Umgebung sicher (Abbildung 40.2). In fast allen Fällen liegen diese für den Stoffaustausch spezialisierten Oberflächen innerhalb des Körpers. Beim Menschen stützen sich Verdauungs-, Atmungs- und Kreislaufsystem auf austauschende Oberflächen im Körper, die jeweils eine Gesamtfläche aufweisen, die 25-mal größer ist als diejenige der Haut.

Flüssigkeiten im Körperinneren schaffen die Verbindung zwischen den stoffaustauschenden Oberflächen und den Körperzellen. Bei allen Tieren sind die Zellzwischenräume mit einer Flüssigkeit gefüllt, die oft als **interstitielle Flüssigkeit** bezeichnet wird (lat. dazwischen).

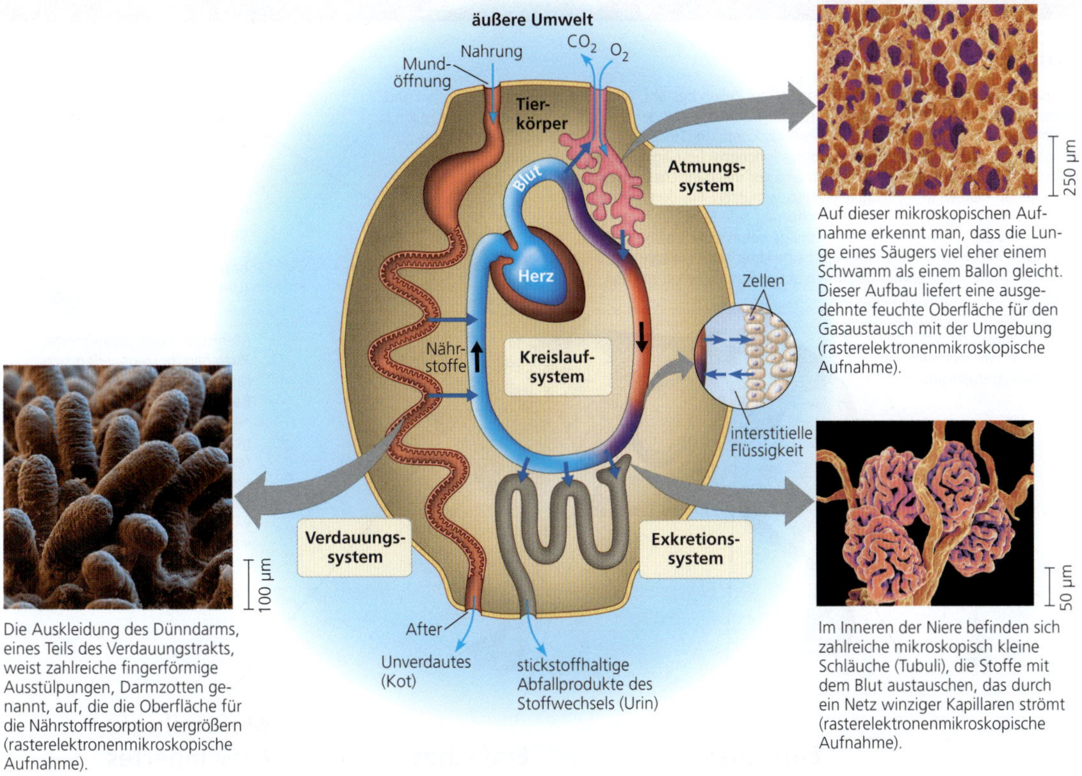

Abbildung 40.2: **Die inneren Oberflächen komplex gebauter Tiere dienen dem Stoffaustausch.** Dieses Schema gibt einen Überblick über den Stoffaustausch zwischen einem Tier und seiner Umwelt. Die meisten Tiere verfügen über Oberflächen, die auf den Stoffaustausch mit der Umgebung spezialisiert sind. Diese Oberflächen liegen gewöhnlich im Körperinneren, stehen jedoch durch Öffnungen an der Körperoberfläche (beispielsweise der Mundöffnung) mit der Umwelt in Kontakt. Die stoffaustauschenden Oberflächen sind stark verzweigt oder eingefaltet, sodass sie eine sehr große Gesamtfläche aufweisen. Verdauungs-, Atmungs- und Exkretionssystem verfügen allesamt über solche spezialisierten Austauschflächen. Das Kreislaufsystem transportiert Stoffe, die durch diese Oberflächen ins Körperinnere gelangt sind, durch den ganzen Körper. Ein erwachsener Mensch besitzt unter anderem die folgenden inneren Austauschflächen: Lungen ~140 m^2, Dünndarm ~300 m^2, Nieren ~0,3 m^2 (Filtrationsfläche) und Blutkapillaren ~300 m^2. Dem steht eine äußere Hautoberfläche von lediglich ~2 m^2 gegenüber.

? Warum kann man Austauschflächen wie die Auskleidung des Verdauungstraktes zugleich als Innen- wie auch als Außenflächen bezeichnen?

Tiere mit komplexen Bauplänen verfügen zudem über eine zirkulierende Flüssigkeit wie Blut. Der Austausch zwischen der interstitiellen und der zirkulierenden Flüssigkeit eröffnet Zellen im ganzen Körper den Zugang zu Nährstoffen und sorgt gleichzeitig für den Abtransport von Abfallprodukten (Abbildung 40.2).

Ein komplexer Körperbauplan ist vor allem für landlebende Tiere von Vorteil, weil die äußeren Bedingungen an Land höchst variabel und für ungeschützte Zellen lebensfeindlich sein können.

> **MERKE!**
> **Bei allen Tieren sind die Zellzwischenräume mit einer Flüssigkeit gefüllt, die oft als interstitielle Flüssigkeit bezeichnet wird.**

40.1.3 Hierarchische Organisation der Körperbaupläne

Gruppen von Zellen mit ähnlichem Aussehen und einer gemeinsamen Funktion nennt man **Gewebe**. Tierische Gewebe lassen sich in vier Hauptkategorien unterteilen: Epithelgewebe, Bindegewebe, Muskelgewebe und Nervengewebe. In Abbildung 40.3 werden Struktur und Funktion der Gewebetypen dargestellt. In allen, mit Ausnahme der einfachsten Tiere (wie Schwämmen), sind unterschiedliche Gewebe weiterhin zu funktionellen Einheiten zusammengeschlossen, die man als **Organe** bezeichnet. Mehrere Organe, die zusammenarbeiten, stellen eine weitere Ebene von Organisation und Koordination dar und bilden ein **Organsystem** (Tabelle 40.1).

Epithelgewebe

Epithelgewebe, das aus Lagen dicht gepackter Zellen besteht, bedeckt den Körper von außen und kleidet körpereigene Organe sowie Körperhöhlen aus. Dank der dichten Packung der Epithelzellen, an der immer gürtelförmige apikale Verschlusskontakte (Tight Junctions oder Zonula occludens, beziehungsweise bei Invertebraten Septate Junctions) beteiligt sind (siehe Abbildung 6.19), kann Epithelgewebe als Barriere dienen und vor mechanischer Schädigung, pathogenen Keimen und Flüssigkeitsverlust schützen. Für den mechanischen Zusammenhalt sorgt die ebenfalls gürtelförmig jede Epithelzelle umgebende Zonula adhaerens. Die Zellen eines Epithelgewebes oder **Epithels** (Plural *Epithelien*) haben somit eine Ober- und eine Unterseite (apikale und basale Domäne) und nur so können sie zudem aktive Schnittstellen mit der Umwelt bilden. So spielt das Epithel, das die Nasenhöhle auskleidet, beispielsweise eine wichtige Rolle beim Wahrnehmen von Gerüchen (Geruchssinn).

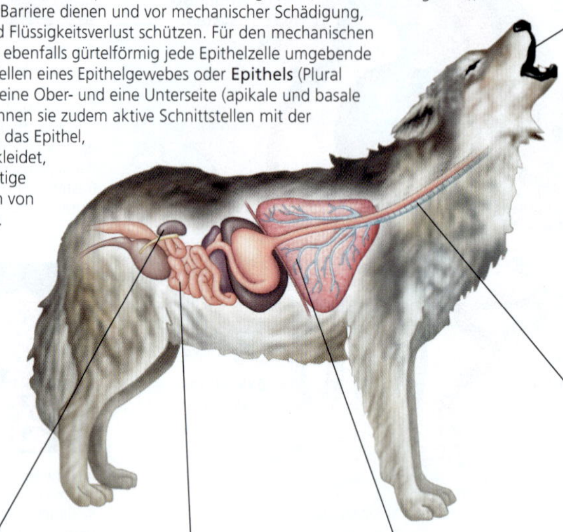

Mehrschichtiges Plattenepithel

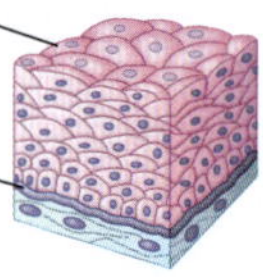

Mehrschichtiges (stratifiziertes) Plattenepithel regeneriert sich rasch durch Zellteilung nahe der Basallamina (siehe unten). Die neuen Zellen werden nach außen geschoben und ersetzen abgeschilferte Zellen. Diesen Epitheltyp findet man häufig an mechanisch stark beanspruchten Oberflächen wie der Haut und der Auskleidung von Speiseröhre, After und Scheide.

Kubisches Epithel

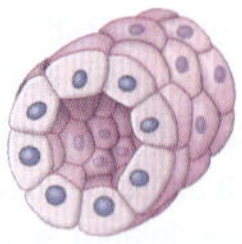

Kubische Epithelien bestehen aus würfelförmigen Zellen. Sie sind auf Sekretion spezialisiert und kleiden die Wände der Nierentubuli sowie vieler Drüsen aus. Beispiel hierfür sind die Schilddrüse oder die Speicheldrüsen.

Einfaches prismatisches Epithel

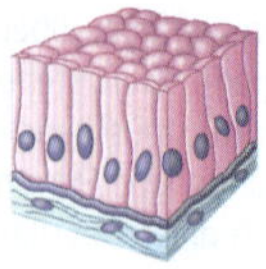

Einfaches prismatisches Epithel kleidet den Darmtrakt aus. Dieses Epithel sezerniert Verdauungssäfte und resorbiert Nährstoffe.

Einfaches Plattenepithel

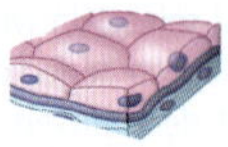

Einfaches Plattenepithel, das dünn und durchlässig ist, dient dem Austausch von Stoffen durch Diffusion. Dieser Epitheltyp kleidet die Innenwände der Blutgefäße als Endothel und die Alveolen in der Lunge aus, wo Nährstoff- und Gasdiffusion eine entscheidende Rolle spielen.

Mehrreihiges bewimpertes prismatisches Epithel

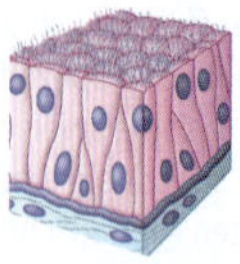

Mehrreihiges (pseudostratifiziertes) bewimpertes prismatisches Epithel bildet einen dünnen Schleimfilm, der beispielsweise die Nasengänge vieler Wirbeltiere auskleidet. Die schlagenden Wimpern des Flimmerepithels bewegen den Schleim über die Oberfläche.

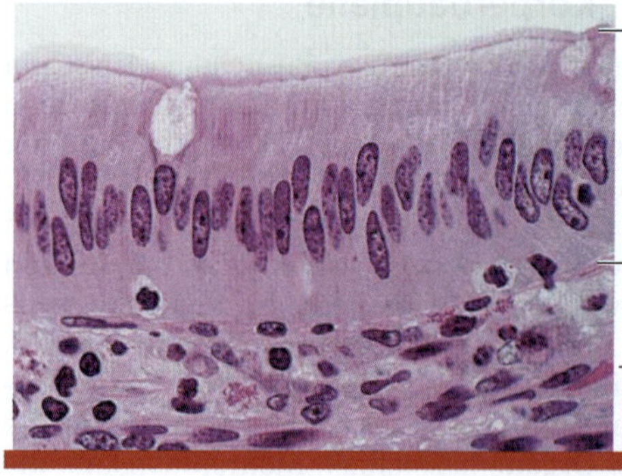

Bei Epithelien unterscheidet man ihrer Form nach zwischen *kubischem Epithel* mit würfelförmigen Zellen, *prismatischem Epithel* mit zylinderförmigen Zellen und Plattenepithel, bei dem die Zellen wie Kacheln angeordnet sind. Zusätzlich können die Zellen ein *einschichtiges Epithel* (nur eine einzige Zelllage), ein *mehrschichtiges Epithel* (mehrere Zelllagen) oder ein *mehrreihiges Epithel* (eine einzige Zelllage aus Zellen unterschiedlicher Höhe) bilden. Mehrschichtige Epithelien kommen nur bei Wirbeltieren vor. Wie in Abbildung 40.3 zu sehen, gehen unterschiedliche Zellformen und -anordnungen mit jeweils anderen Funktionen einher. So liegen prismatische Epithelien, deren Zellen ein relativ großes Zytoplasmavolumen aufweisen, beispielsweise häufig an Stellen, wo Sekretion oder aktive Resorption eine wichtige Rolle spielen.

Abbildung 40.3: Näher betrachtet. Struktur und Funktion tierischer Gewebe.

Bindegewebe

Die wichtigste Aufgabe von **Bindegewebe** ist es, andere Körpergewebe zu verbinden und zu stützen. Bindegewebe besteht aus einer zahlenmäßig kleinen Population von Zellen, die sich in der extrazellulären Matrix verteilen. Die Matrix besteht im Allgemeinen aus einem faserigen Netzwerk, das in eine homogene Grundsubstanz eingebettet ist, die flüssig, gelartig oder fest sein kann. Bei Wirbeltieren produzieren in der Regel die Bindegewebszellen die Bestandteile der extrazellulären Matrix, während bei Wirbellosen dies in der Regel die Epithelzellen machen, da ihnen ein echtes Bindegewebe oft fehlt. Die verschiedenen Abwandlungen der Matrixstruktur spiegeln sich in den sechs Haupttypen des Bindegewebes wider, die man bei Wirbeltieren findet: lockeres Bindegewebe, Knorpel, straffes Bindegewebe, Fettgewebe, Blut- und Knochengewebe.

Beim Binde- und Stützgewebe unterscheidet man drei Fasertypen: Kollagenfasern, elastische Fasern und reticuläre Fasern. *Kollagenfasern* verbinden Zugfestigkeit mit Biegsamkeit. Sie bestehen aus Kollagen, dem wohl häufigsten Protein im ganzen Tierreich. Kollagenfasern besitzen eine außerordentlich hohe Reißfestigkeit und eine geringe Elastizität. Wenn man Kollagenfasern in die Länge zieht, reißen sie daher nicht. *Elastische Fasern* lassen sich leicht dehnen und verfügen gleichzeitig über eine hohe Spannkraft. Sie ziehen sich, sobald die Spannung aufgehoben wird, wieder auf ihre ursprüngliche Länge zusammen. Die langen, fadenförmigen elastischen Fasern bestehen aus einem Protein namens Elastin. *Reticuläre Fasern* sind sehr dünn und verzweigt. Sie bestehen ebenfalls aus Kollagen und bilden gemeinsam mit Kollagenfasern ein dichtes Netzwerk, das Bindegewebe mit den benachbarten Geweben verknüpft. Wenn Sie eine Hautfalte von Ihrem Handrücken hochziehen, verhindern die Kollagenfasern und die reticulären Fasern, dass sich das Gewebe vom Knochen löst; lassen Sie die Hautfalte wieder los, sorgen die elastischen Fasern dafür, dass die Haut wieder ihre ursprüngliche Form annimmt.

Das Bindegewebe, das viele Gewebe und Organe zusammenhält und dafür sorgt, dass sie an Ort und Stelle bleiben, enthält verstreute Zellen unterschiedlicher Funktion. Zwei Zelltypen herrschen dabei vor: Fibroblasten und Makrophagen. **Fibroblasten** sezernieren die Proteinbestandteile der extrazellulären Fasern. **Makrophagen** sind Zellen, die durch das Fasernetz wandern und Fremdkörper sowie die Überreste abgestorbener Zellen durch Phagocytose aufnehmen (siehe *Kapitel 6*).

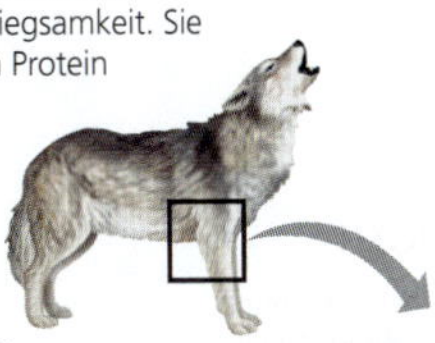

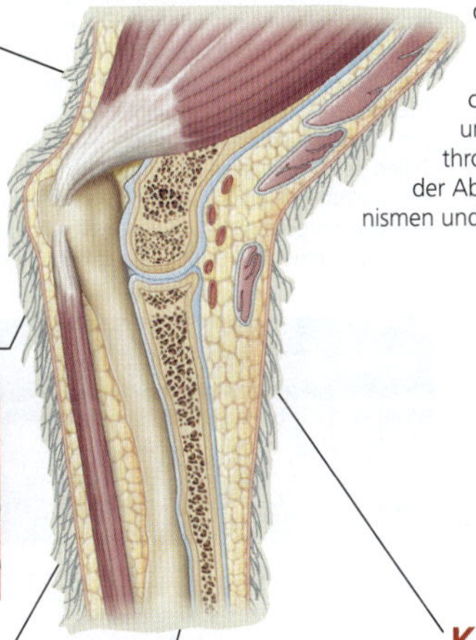

Lockeres Bindegewebe

Das häufigste Bindegewebe im Körper von Wirbeltieren ist *lockeres Bindegewebe*. Kollagenfasern, elastische Fasern und reticuläre Fasern in diesem Gewebetyp binden Epithelien an die darunterliegenden Gewebe und halten Organe an Ort und Stelle.

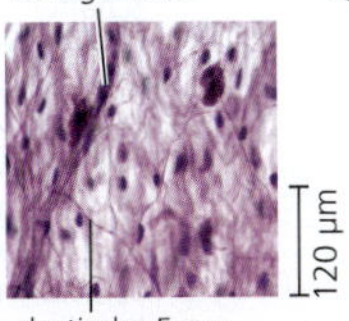

Straffes Bindegewebe

Straffes Bindegewebe ist dicht mit Kollagenfasern bepackt. Die Fasern bilden parallele Bündel, die hohe Zugspannungen aushalten. Dieses Bindegewebe findet man in **Sehnen**, mit denen Muskeln am Knochen befestigt sind, und in **Bändern**, die die Knochen an den Gelenken miteinander verbinden.

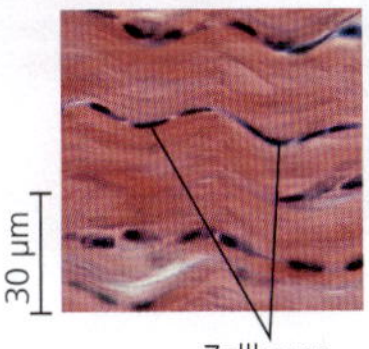

Knochen

Das Skelett der meisten Wirbeltiere besteht aus **Knochen**, einem mineralisierten Bindegewebe. Knochenbildende Zellen, die *Osteoblasten*, lagern eine Matrix aus Kollagen ab, in der Calciumphosphat in Form von Hydroxyapatit mineralisiert. Die Kombination von hartem Mineral und flexiblem Kollagen führt dazu, dass Knochen härter ist als Knorpel, ohne spröde zu sein. Der mikroskopische Bau von hartem Säugerknochen zeigt sich wiederholende Einheiten, so genannte Osteone. Jedes Osteon besteht aus konzentrischen Schichten der mineralisierten Matrix, die rund um einen Zentralkanal abgelagert werden, der Blutgefäße und Nerven enthält.

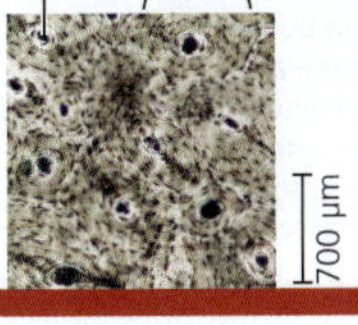

Fettgewebe

Fettgewebe ist ein spezielles, zellreiches lockeres Bindegewebe, das Fett in Fettzellen (Adipocyten) speichert. Fettgewebe polstert und isoliert den Körper und speichert Energie in Form von Fettmolekülen. Jede Fettzelle enthält einen großen Fetttropfen, der anschwillt, wenn Fett gespeichert wird, und schrumpft, wenn der Körper dieses Fett als Energielieferanten verwendet.

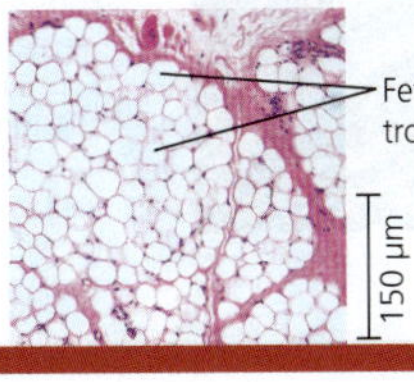

Blut

Blut unterscheidet sich von anderen Bindegeweben, denn es weist eine flüssige extrazelluläre Matrix auf, die als Plasma bezeichnet wird. Plasma besteht aus Wasser, Salzen und Proteinen und enthält Erythrocyten (rote Blutzellen), Leukocyten (weiße Blutzellen) und Zellfragmente, die man Blutplättchen nennt. Erythrocyten transportieren Sauerstoff, Leukocyten dienen der Abwehr von Viren, Bakterien und anderen Mikroorganismen und die Thrombocyten unterstützen die Blutgerinnung.

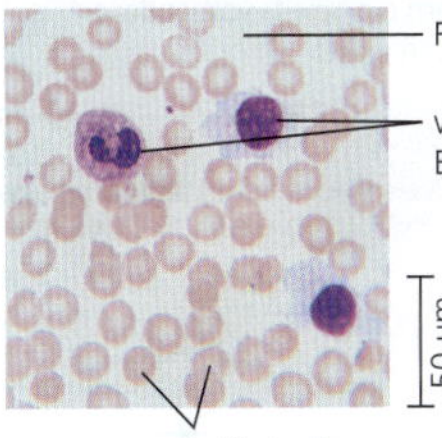

Knorpel

Knorpel weist reichlich Kollagenfasern auf, die in eine gummiartige Matrix aus Chondroitinsulfat, einem Protein-Kohlenhydrat-Komplex, eingebettet sind. Sogenannte *Chondrocyten* sezernieren das Kollagen und das Chondroitinsulfat, das Knorpel zu einem festen, aber dennoch flexiblen Stützmaterial macht. Viele Wirbeltierembryonen, einschließlich des Menschen, haben ein Knorpelskelett, doch der größte Teil des Knorpels wird, wenn der Embryo heranreift, durch Knochen ersetzt (sekundäre Ossifikation). An einigen Stellen bleibt der Knorpel jedoch erhalten, beispielsweise in den Bandscheiben, die als alternative Polster zwischen den Wirbeln dienen.

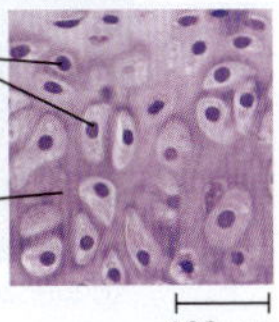

Muskelgewebe

Das Gewebe, das für praktisch alle Arten von Körperbewegungen verantwortlich ist, ist das **Muskelgewebe**. Sämtliche Muskelzellen bestehen aus Filamenten, die vor allem die Proteine Actin und Myosin enthalten; gemeinsam erlauben diese beiden Proteine den Muskeln, sich zu verkürzen (Kontraktion). Bei vielen Tieren ist Muskelgewebe der häufigste Gewebetyp, und bei aktiven Tieren ist die Muskelaktivität für einen Großteil der energieverbrauchenden Zellarbeit verantwortlich. Die Abbildung zeigt die drei Muskeltypen, die man im Wirbeltierkörper findet: Quergestreifte Skelettmuskulatur, Herzmuskulatur und glatte Muskulatur. Bei vielen Wirbellosen mit so genanntem Hydroskelett kommt darüber hinaus ein weiterer Muskelzelltyp vor, die schräggestreifte Muskulatur, die sich außerordentlich stark verkürzen kann.

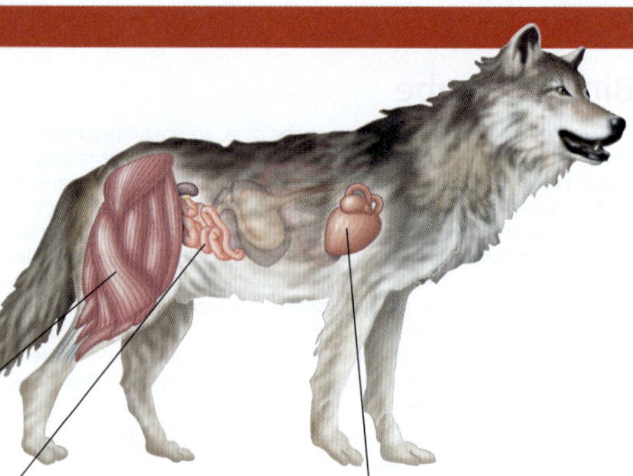

Skelettmuskulatur

Die **Skelettmuskulatur** ist über Sehnen am Knochengerüst befestigt und für die willkürlichen Bewegungen des Körpers verantwortlich. Skelettmuskeln bestehen aus Bündeln langer Zellen, die als Muskelfasern bezeichnet werden. Die Anordnung der kontraktilen Einheiten oder Sarkomere in der Muskelfaser verleiht den Zellen unter dem Mikroskop ein quergestreiftes Aussehen. Darum werden Skelettmuskeln auch als *quergestreifte Muskeln* bezeichnet. Erwachsene Säuger besitzen eine feste Anzahl von Muskelzellen; durch gezielten Muskelaufbau verändert sich nicht deren Zahl, sondern die bereits vorhandenen Zellen werden dicker.

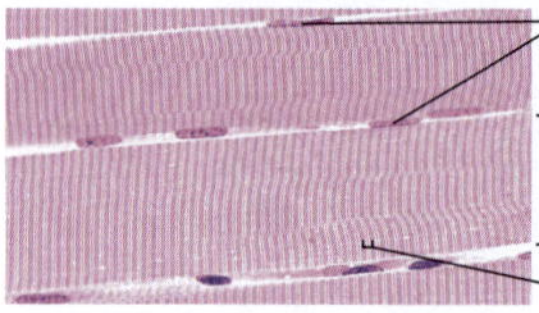

Glatte Muskulatur

Die **glatte Muskulatur** verdankt ihren Namen der Tatsache, dass ihr eine Querstreifung fehlt. Man findet sie in den Wänden von Verdauungstrakt, Harnblase, Arterien und anderen inneren Organen. Die Zellen sind klein und spindelförmig. Die glatte Muskulatur wird von anderen Teilen des Nervensystems kontrolliert als die Skelettmuskulatur und ist für unwillkürliche Körperaktivitäten verantwortlich, wie Darmperistaltik oder Arterienkontraktion.

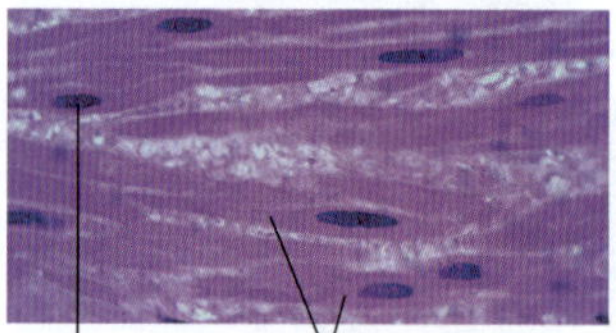

Herzmuskulatur

Die **Herzmuskulatur** bildet die kontraktile Wand des Herzens. Sie ist quergestreift wie die Skelettmuskulatur und weist auch ähnliche Kontraktionseigenschaften auf. Im Gegensatz zur Skelettmuskulatur übt die Herzmuskulatur jedoch keine willkürliche Tätigkeit aus: die regelmäßige Kontraktion des Herzens. Herzmuskelfasern sind verzweigt und durch so genannte Glanzstreifen miteinander verbunden, die Signale von Zelle zu Zelle weiterleiten und helfen, den Herzschlag zu synchronisieren.

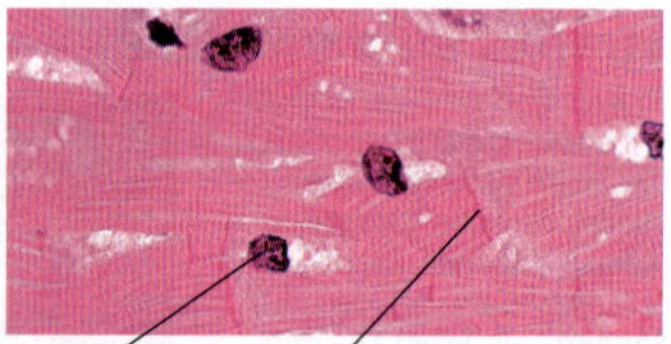

Nervengewebe

Die Aufgabe von Nervengewebe besteht darin, Reize wahrzunehmen und Signale in Form von Nervenimpulsen von einem Teil des Tieres zum anderen weiterzuleiten. Die kleinste funktionelle Einheit des Nervensystems ist die Nervenzelle, das Neuron, das darauf spezialisiert ist, elektrische Impulse zu übertragen, die sogenannten Nervenimpulse oder Aktionspotenziale. Zum Nervengewebe gehören auch verschiedene Formen von Gliazellen, die dazu beitragen, die Nervenzellen zu ernähren, elektrisch zu isolieren und zu regenerieren. Bei allen bilateralsymmetrischen Tieren (Bilateria) bildet eine Konzentration von Nervengewebe ein informationsverarbeitendes Zentrum am Vorderpol, das Gehirn. Wie wir im Anschluss erfahren werden, spielen Neurone eine entscheidende Rolle bei der Kontrolle der physiologischen Funktionen eines Tieres.

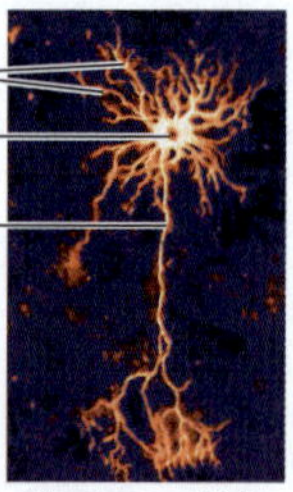

(Fluoreszenz-LM)

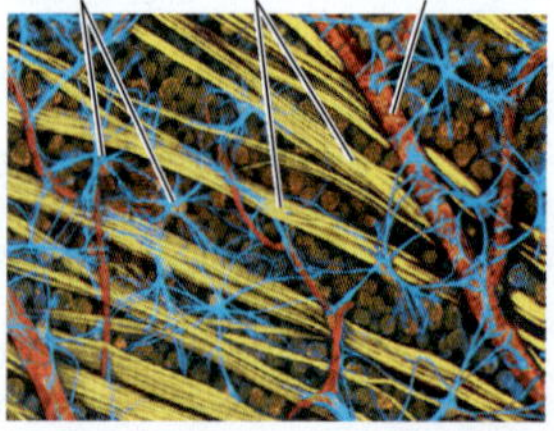

(Konfokales LM)

Nervenzellen

Nervenzellen (Neurone) sind die Grundeinheiten des Nervensystems. Ein Neuron besteht aus einem Zellkörper (Soma) und zwei oder mehr Fortsätzen, die als Dendriten und Axone bezeichnet werden. Dendriten übermitteln Nervenimpulse von ihrer Spitze in Richtung Zellkörper. Axone, die oft in Bündeln zu Nerven zusammengefasst sind, leiten die Nervenimpulse an ein anderes Neuron oder an einen Effektor (beispielsweise eine Muskelzelle) weiter, der eine Antwort des Körpers ausführt. Die zahlreich vorhandenen Gliazellen sind unter anderem für die Aufrechterhaltung der strukturellen Integrität des Nervensystems verantwortlich.

Organsystem	Hauptkomponenten	Hauptfunktionen
Verdauungssystem	Mund, Pharynx, Ösophagus, Magen, Darm, Leber, Pankreas, After	Nahrungsverarbeitung (Nahrungsaufnahme, Verdauung, Resorption, Ausscheidung)
Kreislaufsystem	Herz, Blutgefäße, Blut	Verteilung von Stoffen im Körper
Atmungssystem	Lunge, Luftröhre und Bronchialsystem	Gasaustausch (Aufnahme von Sauerstoff, Abgabe von Kohlendioxid)
Immun- und Lymphsystem	Knochenmark, Lymphknoten, Milz, Lymphgefäße, weiße Blutkörperchen	Abwehr (Bekämpfung von Krankheitserregern, Toxinen und Tumorzellen)
Exkretionssystem	Nieren, Harnleiter, Harnblase, Harnröhre	Entsorgung von Stoffwechselabfallprodukten, Regulation des osmotischen Gleichgewichts im Blut
Endokrines System	Hypophyse, Schilddrüse, Pankreas, Nebenniere und andere Hormondrüsen	Regulation des physiologischen Gleichgewichts
Fortpflanzungssystem	Eierstöcke oder Hoden und andere Organe des Geschlechtsapparats	Fortpflanzung
Nervensystem	Gehirn, Rückenmark, Nerven, Sinnesorgane	Koordination von Körperaktivitäten, Wahrnehmung von Reizen sowie Reaktion auf Reize
Integumentsystem	Epidermis und ihre Derivate (wie Haare, Nägel, Krallen, Hautdrüsen), Cutis und ihre Derivate (Blutgefäße, Knochenschuppen)	Schutz vor mechanischer Schädigung, Infektionen, Austrocknung, Thermoregulation
Skelettsystem	Skelett (Knochen, Sehnen, Bänder, Knorpel)	Stütze des Körpers, Schutz der inneren Organe, Bewegung
Muskelsystem	Skelettmuskulatur, glatte Muskulatur des Darms und des Integuments	Fortbewegung und andere Bewegungen

Tabelle 40.1: **Organsysteme: ihre Hauptbestandteile und Hauptfunktionen bei Säugern.**

40.1.4 Koordination und Kontrolle

Gewebe, Organe und Organsysteme eines Tieres müssen zusammenarbeiten. Die Aktivität im Körper eines Tieres zu koordinieren, erfordert Kommunikation, die auf den beiden wichtigsten Kontroll- und Koordinationssystemen beruht: dem endokrinen System und dem Nervensystem (Abbildung 40.4).

Die Signalmoleküle, die vom endokrinen System über das Blut im ganzen Körper verteilt werden, nennt man **Hormone**. Unterschiedliche Hormone rufen ungleiche Wirkungen hervor und nur Zellen, die Rezeptoren für ein bestimmtes Hormon aufweisen, reagieren (Abbildung 40.4a).

Hormone wirken relativ langsam. Es dauert mehrere Sekunden, bis Insulin und andere Hormone ins Blut entlassen werden und durch den Körper kreisen. Hormonwirkungen halten jedoch häufig lange an, weil die Hormone im Blutstrom bleiben.

Im Nervensystem wandert ein Signal, das man als Nervenimpuls bezeichnet, auf einer fest zugeordneten Kommunikationsbahn, die hauptsächlich aus den Fortsätzen der Neurone, den Axonen (Abbildung 40.4b) besteht, zu einer Zielzelle. Bei Wirbeltieren empfangen vier Zelltypen Nervenimpulse: andere Neurone, Muskelzellen, endokrine und exokrine Drüsenzellen.

Insgesamt erfolgt die Signalübertragung außerordentlich schnell; Nervenimpulse benötigen nur den Bruchteil einer Sekunde, um ihr Ziel zu erreichen, und halten auch nur den Bruchteil einer Sekunde an.

Das endokrine System ist gut dazu geeignet, allmähliche Veränderungen zu koordinieren, die den ganzen Körper betreffen, beispielsweise Wachstum und Entwicklung, Fortpflanzung, Stoffwechselprozesse und Verdauung. Das Nervensystem ist gut dazu geeignet, bei direkten und raschen Antworten auf die Umgebung Regie zu führen und vor allem rasche Fortbewegung und Verhalten zu kontrollieren (siehe Kapitel 49).

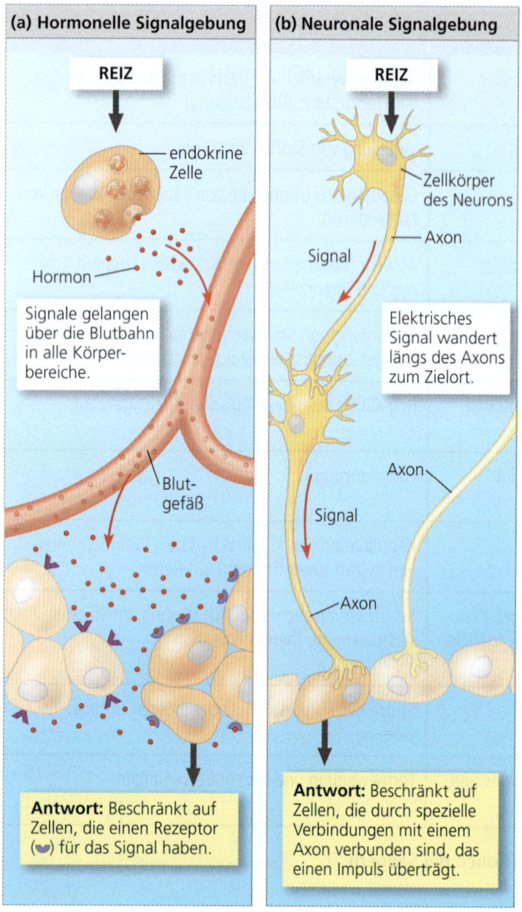

Abbildung 40.4: **Signalübermittlung im endokrinen System und im Nervensystem.** Endokrine Zellen geben spezifische Hormone – Signalmoleküle (abgebildet als rote Punkte) – ins Blut ab. Nur Zellen, die über die korrespondierenden Rezeptoren verfügen, empfangen die Signale und reagieren auf sie. Nervenzellen (Neurone) erzeugen Signale, die entlang ihrer Axone weitergeleitet werden. Nur Zellen, die eine spezielle Verbindung mit dem Axon eines aktivierten Neurons ausbilden, empfangen das Signal und reagieren darauf.

VERSTÄNDNISFRAGEN

1. Welche Eigenschaften werden von sämtlichen Epithelien geteilt?

2. Unter welchen Temperaturbedingungen wäre es für einen Hasen günstig, seine Ohren eng an den Körper zu legen? Begründen Sie Ihre Ansicht.

3. WAS WÄRE, WENN? Stellen Sie sich vor, Sie stünden am Rand einer Klippe und rutschten plötzlich aus – es gelingt Ihnen kaum, das Gleichgewicht zu halten, um nicht zu fallen. Während Ihr Herz rast, fühlen Sie einen Energieschub, der zum Teil auf eine plötzliche verstärkte Durchblutung der erweiterten Gefäße in Ihrer Muskulatur sowie auf einen Anstieg des Glucosespiegels im Blut zurückgeht. Warum ist zu erwarten, dass an dieser „Kampf-oder-Flucht-Reaktion" sowohl das Nervensystem als auch das endokrine System beteiligt sind?

40.2 Regulation des inneren Milieus

Das innere Milieu konstant zu halten, ist eine große Herausforderung für den tierischen Körper. Auf Umweltschwankungen reagieren Tiere entweder dadurch, dass sie ihr inneres Milieu regulieren, oder dadurch, dass ihr inneres Milieu sich den Schwankungen anpasst.

40.2.1 Regulierer und Konformer

Ein Tier wird im Hinblick auf einen bestimmten Umweltparameter als **Regulierer** bezeichnet, wenn es angesichts externer Schwankungen Kontrollmechanismen benutzt, um interne Veränderungen zu regulieren. Der Fischotter in Abbildung 40.5 ist dafür ein Beispiel.

Ein Tier wird im Hinblick auf einen bestimmten Umweltparameter als **Konformer** bezeichnet, wenn es erlaubt, dass sich sein inneres Milieu an die Veränderung des externen Parameters anpasst (Forellenbarsch in Abbildung 40.5).

Reine Regulierer oder Konformer sind in der Natur eher selten anzutreffen. Es kann sein, dass ein Tier einige innere Zustände reguliert, während es anderen erlaubt, mit den Umweltbedingungen zu schwanken. Auch wenn sich der Barsch zum Beispiel an die Temperatur des ihn umgebenden Wassers anpasst, unterscheidet sich die Salzkonzentration in seinem Blut und in seiner interstitiellen Flüssigkeit deutlich von der Salzkonzentration des Süßwassers, in dem er lebt.

40.2.2 Homöostase

Die konstante Körpertemperatur des Fischotters und die stabile Zusammensetzung der extrazellulären Körperflüssigkeiten in einem Süßwasserbarsch sind Beispiele für **Homöostase**, ein Begriff, der so viel wie dynamisches Gleichgewicht („steady state") bedeutet. Durch die Homöostase halten Tiere selbst dann ein relativ konstantes inneres Milieu aufrecht, wenn sich die Bedingungen in der Außenwelt stark verändern.

Wie ein Heizungssystem für ein Haus (Abbildung 40.6) erreicht ein Tier Homöostase, indem es eine Variable wie die Körpertemperatur oder die Zusammensetzung der extrazellulären Körperflüssigkeiten auf oder nahe bei einem bestimmten Wert hält, dem **Sollwert**. Abweichungen der Variablen vom Sollwert, sei es nach oben oder nach unten, dienen als **Reiz**. Ein Rezeptor oder **Sensor** nimmt den Reiz wahr und löst eine **Reaktion** aus, eine

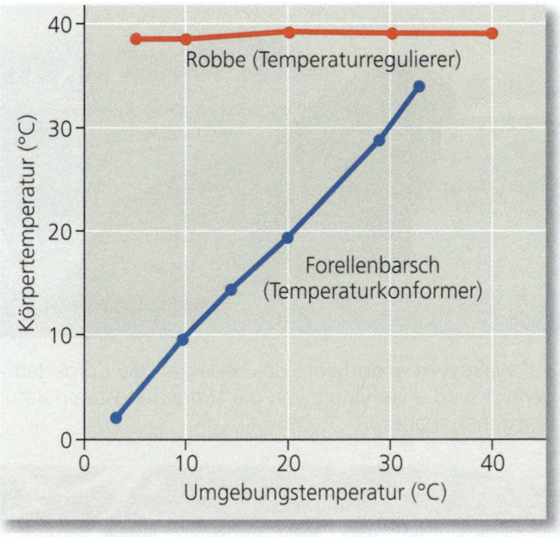

Abbildung 40.5: Beziehung zwischen Körpertemperatur und Umgebungstemperatur bei einem wasserlebenden Temperaturregulierer und einem wasserlebenden Temperaturkonformer. Die Robbe reguliert ihre Körpertemperatur und hält sie über einen weiten Bereich von Umgebungstemperaturen konstant. Der Forellenbarsch passt hingegen seine Körpertemperatur der Wassertemperatur an.

physiologische Aktivität, die dazu beiträgt, die Variable zum Sollwert zurückzuführen. Im Beispiel mit dem Heizungssystem wirkt ein Absinken der Raumtemperatur unter den Sollwert als Reiz,

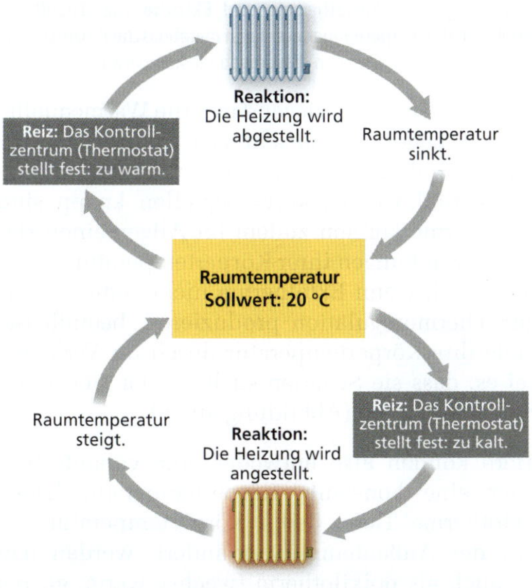

Abbildung 40.6: Ein technisches Beispiel für negative Rückkopplung: Kontrolle der Raumtemperatur. Die Regulierung der Raumtemperatur erfordert ein Kontrollzentrum (Thermostat), das Temperaturveränderungen wahrnehmen und Mechanismen aktivieren kann, die diese Veränderungen rückgängig machen können.

? Wie würde sich die Installation einer Klimaanlage auf die Homöostase des Systems auswirken?

das Thermometer fungiert als Messfühler (Sensor) und die Heizung als ausführendes Organ liefert die gewünschte Reaktion.

Genauso basiert die Homöostase bei Tieren weitgehend auf einer **negativen Rückkopplung** (negativem Feedback), einer Reaktion, die dem Reiz entgegenwirkt oder ihn „dämpft". Wenn Sie beispielsweise körperlich schwer arbeiten, produzieren Sie Wärme, die Ihre Körpertemperatur steigen lässt. Ihr Nervensystem nimmt diesen Anstieg wahr und löst Schwitzen aus. Wenn Sie schwitzen, kühlt die Flüssigkeit, die von Ihrer Haut verdunstet, Ihren Körper und trägt so dazu bei, Ihre Körpertemperatur wieder auf ihren Sollwert zurückzuführen.

Obwohl es bei Tieren auch positive Rückkopplungsschleifen (positives Feedback) gibt, tragen diese Schaltkreise gewöhnlich nicht zur Homöostase bei. Im Gegensatz zu einer negativen Rückkopplungsschleife löst eine **positive Rückkopplungsschleife** Mechanismen aus, die den Reiz verstärken, statt ihn abzuschwächen.

Der Sollwert der Homöostase kann sich unter bestimmten Bedingungen verändern. Im Schlaf haben viele Tiere zum Beispiel eine niedrigere Körpertemperatur als im Wachzustand. Einige regulierte Veränderungen gehen mit einem bestimmten Stadium im Leben einher; man denke nur an die radikale Veränderung des hormonellen Gleichgewichts in der Pubertät.

VERSTÄNDNISFRAGEN

1. Lässt sich Homöostase als konstantes inneres Milieu definieren? Begründen Sie Ihre Ansicht.

2. Beschreiben Sie den Unterschied zwischen einer negativen und einer positiven Rückkopplung.

3. WAS WÄRE, WENN? Wenn Sie entscheiden sollen, wo im Haus Sie den Thermostaten anbringen, welche Überlegungen würden Ihre Entscheidung beeinflussen? In welcher Beziehung stehen diese Faktoren zum Sitz vieler homöostatischer Kontrollsensoren im menschlichen Gehirn?

40.3 Einfluss von Form, Funktion und Verhalten auf homöostatische Prozesse

Der Prozess, durch den Tiere ihre Körpertemperatur innerhalb eines tolerierbaren Bereichs halten, wird als **Thermoregulation** bezeichnet. Thermoregulation ist für das Überleben eines Organismus von größter Bedeutung, weil die meisten biochemischen und physiologischen Prozesse sehr empfindlich auf Veränderungen der Körpertemperatur reagieren.

40.3.1 Endothermie und Ektothermie

Interner Stoffwechsel und externe Umwelt liefern die Wärmequellen für die Thermoregulation. Vögel und Säuger sind vorwiegend **endotherm**, das heißt ihre Körpertemperatur geht hauptsächlich auf Wärmeenergie zurück, die durch ihren Körperstoffwechsel produziert wird. Einige Reptilien, manche Fische und verschiedene Insektenarten können ebenfalls ihre Körpertemperatur zumindest teilweise regulieren. Im Gegensatz dazu sind Amphibien, Eidechsen, Schlangen, Schildkröten, viele Fische und die meisten Wirbellosen vorwiegend **ektotherm**, das heißt, sie gewinnen den größten Teil ihrer Körperwärme aus externen Quellen.

Endotherme Tiere können selbst angesichts starker Temperaturfluktuationen in ihrer Umwelt eine stabile Körpertemperatur aufrechterhalten. In einer kalten Umgebung produzieren Endotherme genug Wärme, um die Temperatur ihres Körpers deutlich über der Umgebungstemperatur zu halten (Abbildung 40.7). Endotherme Wirbeltiere verfügen zudem über Mechanismen, um ihren Körper in einer heißen Umgebung zu kühlen.

(a) Ein Walross ist endotherm, das bedeutet, die Körpertemperatur wird unabhängig von der Umgebungstemperatur konstant gehalten.

(b) Eine Schlange ist ektotherm, das bedeutet, die Körpertemperatur wird durch die Umgebung erhöht oder gesenkt.

Abbildung 40.7: **Endothermie und Ektothermie.** Endotherme regulieren ihre Körpertemperatur durch metabolische Prozesse, Ektotherme in Abhängigkeit von der Umgebungstemperatur.

Da Ektotherme vorwiegend externe Wärmequellen nutzen, benötigen sie sehr viel weniger Nahrung (Energie) als Endotherme vergleichbarer Größe – ein Vorteil, wenn Nahrungsquellen knapp sind. Ektotherme können zudem im Allgemeinen starke Schwankungen ihrer Körpertemperatur tolerieren. Auch wenn Ektotherme nicht genug Wärme zur Thermoregulation produzieren, beeinflussen viele ihre Körpertemperatur durch ihr Verhalten, sei es, dass sie Schatten suchen oder sich in der Sonne aufhalten (Abbildung 40.7b).

Tiere können also entweder eine veränderliche oder eine konstante Körpertemperatur haben. Ektotherme Tiere, deren Körpertemperatur sich mit der Außentemperatur ändert, werden häufig auch als poikilotherm (wechselwarm, gr. *poikilos*, veränderlich) bezeichnet. Da hingegen endotherme Tiere ihre Körpertemperatur konstant halten können, nennt man sie auch homoiotherm (gleichwarm). So ist beispielsweise der ektotherme Forellenbarsch poikilotherm, der endotherme Fischotter hingegen homoiotherm (Abbildung 40.5).

40.3.2 Gleichgewicht zwischen Wärmeabgabe und Wärmeaufnahme

Wie jedes Objekt tauscht ein Organismus durch vier physikalische Prozesse Wärme mit seiner Umgebung aus: Wärmeleitung (Konduktion), Konvektion, Strahlung (Radiation) und Verdunstung (Evaporation; Abbildung 40.8).

Unter **Strahlung** versteht man die Emission elektromagnetischer Wellen; sämtliche Körper, die wärmer sind als der absolute Nullpunkt, strahlen. Strahlung kann Wärme zwischen Objekten übertragen, die nicht in direktem Kontakt stehen, beispielsweise, wenn eine Echse von der Sonne abgestrahlte Wärme absorbiert.

Verdunstung (Evaporation) ist der Wärmeverlust an der Oberfläche einer Flüssigkeit, wobei Moleküle von der Flüssigphase in die Gasphase übertreten. Wasser, das von den feuchten, mit der Umgebung in Kontakt stehenden Oberflächen einer Echse verdunstet, übt einen stark kühlenden Effekt aus.

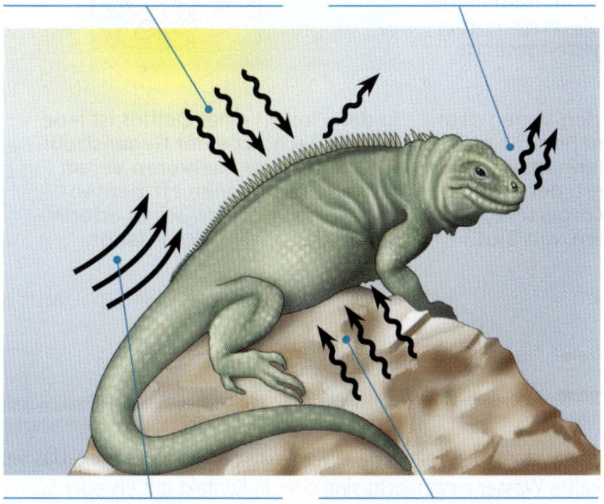

Konvektion ist der Transfer von Wärme durch die Bewegung von Luft oder Wasser über eine Oberfläche, beispielsweise wenn eine Brise dazu führt, dass die trockene Haut der Echse Wärme verliert oder wenn Blut Wärme aus dem Körperkern in die Extremitäten transportiert.

Unter **Wärmeleitung** (Konduktion) versteht man die Übertragung von thermischer Energie (Wärme) zwischen den Molekülen von Objekten, die in direktem Kontakt miteinander stehen, beispielsweise wenn eine Echse auf einem warmen Felsen sitzt.

Abbildung 40.8: **Wärmeaustausch zwischen einem Organismus und seiner Umgebung.**

Das Wesen der Thermoregulation besteht darin, Wärmeabgabe und Wärmeaufnahme im Gleichgewicht zu halten. Tiere tun dies mittels Mechanismen, die entweder den Wärmeaustausch insgesamt verringern oder den Wärmeaustausch in einer bestimmten Richtung begünstigen.

Wärmeisolierung Eine wichtige thermoregulatorische Anpassung bei Säugern und Vögeln ist die Wärmeisolierung, die den Wärmeaustausch zwischen einem Tier und seiner Umwelt verringert. Gute Wärmeisolatoren sind Haare, Federn und Fettschichten, die vom Fettgewebe gebildet werden.

Viele Tiere, die von Wärmeisolierung abhängig sind, um den Wärmeaustausch einzuschränken, passen auch ihre Isolierschichten an die herrschenden Verhältnisse an, um ihre Thermoregulation zu unterstützen. Die meisten landlebenden (terrestrischen) Säuger und Vögel reagieren beispielsweise auf Kälte, indem sie ihr Fell beziehungsweise ihr Gefieder sträuben. Dadurch können sie ein dickeres Luftpolster festhalten und somit die isolierende Wirkung ihres Fells beziehungsweise ihres Gefieders verstärken.

Anpassungen des Kreislaufsystems Bei Temperaturveränderungen in ihrer Umgebung verändern viele Landwirbeltiere die Menge an Blut (und damit an Wärme), die zwischen ihrem Körperkern und ihrer Haut zirkuliert. Eine Erweiterung der Blutgefäße (*Vasodilatation)* nahe der Körperoberfläche führt bei Endothermen zu einer Erwärmung der Haut und erhöht die Menge an Körperwärme, die über Strahlung, Wärmeleitung und Konvektion an die Umgebung abgegeben wird (Abbildung 40.8). Der umgekehrte Prozess, der als Gefäßverengung (*Vasokonstriktion*) bezeichnet wird, verringert die Durchblutung und den Wärmetransfer.

Viele Vögel und Säuger verringern ihre Wärmeverluste mithilfe eines **Gegenstromaustauschers**, bei dem benachbarte Flüssigkeiten in entgegengesetzte Richtungen strömen, was die Transferraten von Wärme oder gelösten Stoffen maximiert. Verlaufen Arterien und Venen in enger Nachbarschaft und strömt dann warmes Blut durch die Arterien, überträgt es Wärme auf das kalte Blut in den Venen, das aus den Extremitäten zurückkehrt. Ein Gegenstrom-Wärmeaustauscher-System hält Wärme im Körperkern zurück. Das verringert den Wärmeverlust in den Extremitäten, vor allem dann, wenn sie in kaltes Wasser eingetaucht sind oder in Kontakt mit Eis oder Schnee stehen. Abbildung 40.9 illustriert das Prinzip des Gegenstromaustauschs bei einer Gans und einem Delfin.

Kühlung durch Wärmeabgabe mittels Verdunstung Wenn die Umgebungstemperatur über der Körpertemperatur liegt, nimmt der Körper Wärme aus der Umgebung auf und gewinnt zusätzlich Wärme aus seinem Stoffwechsel, sodass Verdunstung (Evaporation) der einzige Weg ist, um einen raschen Anstieg der Körpertemperatur zu verhindern. Da Wasserverdunstung ein energieaufwändiger Prozess ist, wird der Körperoberfläche Wärme entzogen, wenn Wasser verdunstet (siehe Kapitel 3).

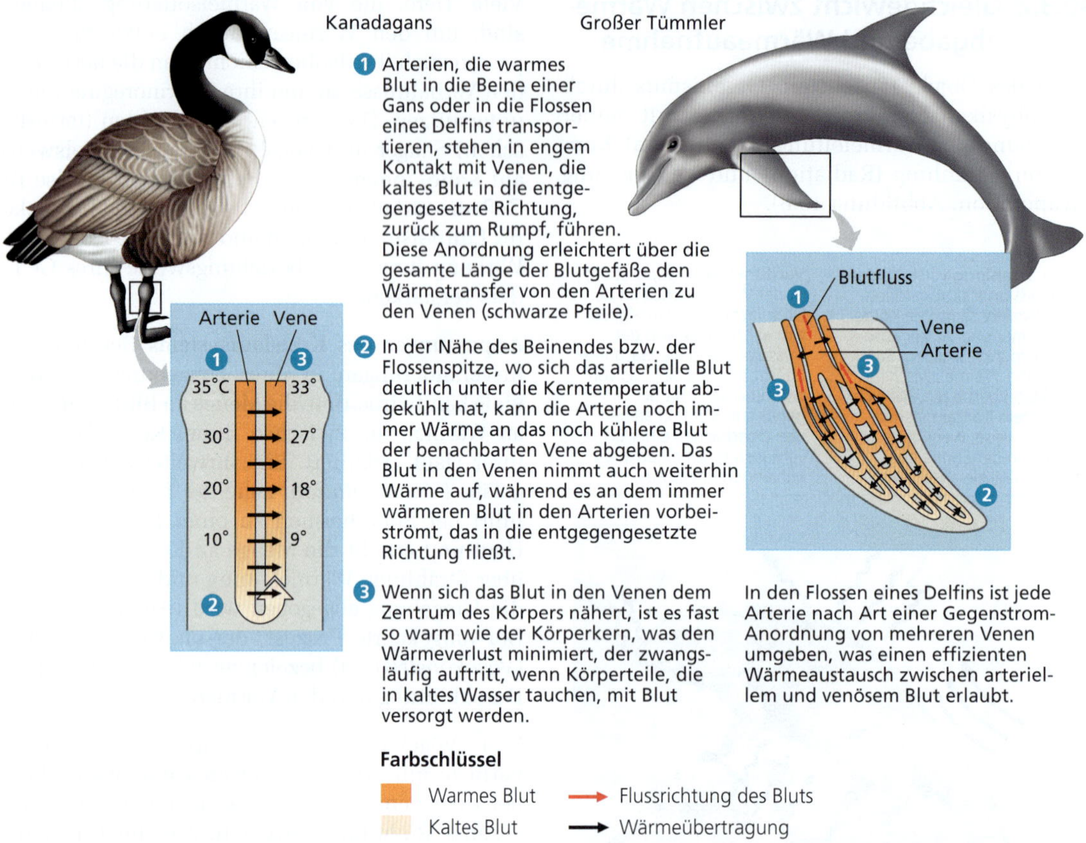

Abbildung 40.9: Gegenstrom-Wärmeaustauscher. Ein Gegenstrom-Wärmeaustauscher-System hält Wärme im Körperkern zurück. Das verringert den Wärmeverlust in den Extremitäten, vor allem dann, wenn sie in kaltes Wasser eingetaucht sind oder in Kontakt mit Eis oder Schnee stehen. Im Wesentlichen wird die Wärme im arteriellen Blut, das aus dem Körperkern kommt, direkt auf das zurückkehrende venöse Blut übertragen, statt an die Umgebung verloren zu gehen.

Bei manchen Tieren wird die Thermoregulation durch Anpassungen unterstützt, die diesen Kühleffekt deutlich verstärken können. Bei Vögeln und vielen Säugern spielt Hecheln eine wichtige Rolle. Manche Vögel weisen im Mundboden eine stark durchblutete Tasche auf und Flatterbewegungen dieser Tasche unterstützen die Verdunstung. Schwitzen befeuchtet die Haut und verstärkt die Verdunstungskühlung.

Anpassung der metabolischen Wärmeproduktion Endotherme können ihre Wärmeproduktion variieren, um sie an sich verändernde Wärmeverlustraten anzupassen. Beispielsweise nimmt die Wärmeproduktion (*Thermogenese*) bei Muskelaktivitäten wie Bewegungen oder Zittern zu. Bei einigen Säugern können gewisse Hormone die Mitochondrien stimulieren, ihre Stoffwechselaktivität zu erhöhen und Wärmeenergie statt ATP zu produzieren. Diese *zitterfreie Thermogenese* findet man vorwiegend im braunen Fettgewebe, das bei allen Kleinsäugern und neugeborenen Säugetieren im Nackenbereich und zwischen den Schultern vorkommt und auf eine rasche Wärmeproduktion spezialisiert ist. Die braune Farbe dieses Gewebes geht auf die im Vergleich zum weißen Fettgewebe hohe Zahl von Mitochondrien zurück. Kürzlich konnten Forscher zeigen, dass auch der erwachsene Mensch braunes Fettgewebe bilden kann, ausgelöst durch Kälte. Durch Kältezittern und zitterfreie Thermogenese können Säuger und Vögel ihre metabolische Wärmeproduktion in kalten Lebensräumen um das Fünf- bis Zehnfache erhöhen. Amerikanische Meisen (*Parus*) beispielsweise, deren Körpergewicht nur 20 g beträgt, können selbst dann aktiv bleiben und ihre Körpertemperatur annähernd konstant auf 40 °C halten, wenn die Umgebungstemperatur auf 40 °C sinkt, allerdings nur, solange sie genügend Nahrung zur Verfügung haben.

40.3.3 Physiologischer Thermostat

Die Regulierung der Körpertemperatur bei Menschen und anderen Säugern basiert auf einem komplexen System von Rückkopplungsmechanismen. Die Sensoren, die die Thermoregulation kontrollieren, finden sich besonders häufig im **Hypothalamus**. Dieser enthält eine Gruppe von Nervenzellen, die als Thermostat fungieren und auf Körpertemperaturen außerhalb eines Normalbereichs reagieren (Abbildung 40.10). Wärmerezeptoren signalisieren dem Thermostat im Hypothalamus, wenn die Temperaturen steigen und Kälterezeptoren zeigen an, wenn sie fallen. Bei einer Körpertemperatur unterhalb des Normalbereichs hemmt der Thermostat Wärmeabgabemechanismen und aktiviert wärmesparende Mechanismen, wie die Verengung bestimmter Blutgefäße und das Aufrichten des Fells, während gleichzeitig wärmeerzeugende Mechanismen (Kältezittern und zitterfreie Thermogenese) angeregt werden. Als Reaktion auf eine erhöhte Körpertemperatur schaltet der Thermostat Wärmesparmechanismen aus und fördert die Abkühlung des Körpers durch Vasodilatation, Schwitzen oder Hecheln.

Im Verlauf mancher Bakterien- oder Vireninfektionen entwickeln Säuger und Vögel **Fieber**, also eine erhöhte Körpertemperatur. Fieber stellt eine Erhöhung des Sollwerts im biologischen Thermostat dar. Das Immunsystem erhöht die Körpertemperatur gezielt, um Krankheitserreger wie Viren oder Bakterien schlechter überleben zu lassen und Abwehrprozesse zu beschleunigen.

VERSTÄNDNISFRAGEN

1. Welche Form des Wärmeaustauschs spielt bei der „Windkälte" (wind chill) eine Rolle, wenn sich bewegte Luft kälter anfühlt als ruhende Luft derselben Temperatur?

2. Blüten unterscheiden sich darin, wie viel Sonnenlicht sie reflektieren. Warum kann das für einen Kolibri, der an einem kühlen Morgen nach Nektar sucht, von Bedeutung sein?

3. WAS WÄRE, WENN? Am Ende eines anstrengenden Laufs an einem heißen Tag stellen Sie fest, dass in der Kühlbox keine Getränke mehr sind. Wenn Sie dann aus Verzweiflung den Kopf in die Kühlbox stecken, wie könnte das eiskalte Wasser die Geschwindigkeit beeinflussen, mit der Ihre Körpertemperatur auf Normalniveau zurückkehrt?

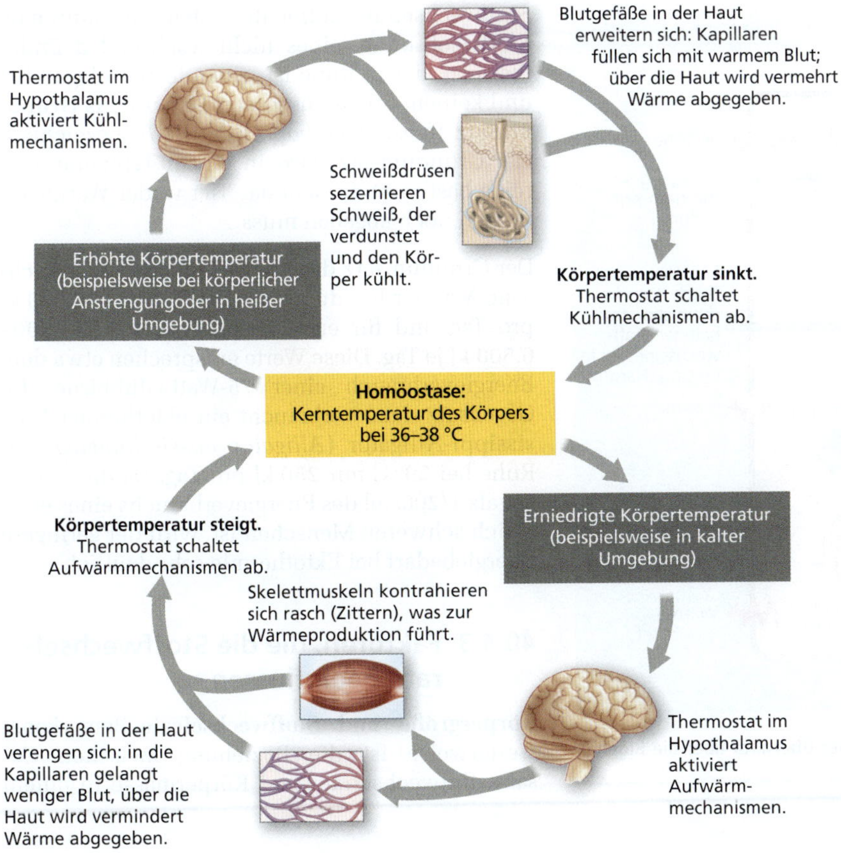

Abbildung 40.10: Thermostatfunktion des Hypothalamus bei der Thermoregulation des Menschen. Gegenstrom-Anordnung.

40.4 Energiebedarf eines Tieres in Abhängigkeit von Größe, Aktivität und Umwelt

Um zu wachsen, Schäden auszubessern, sich zu bewegen und sich fortzupflanzen, benötigen Tiere chemische Energie. Energiefluss und Umwandlung von Energie bestimmen den Nahrungsbedarf eines Tieres und stehen mit seiner Größe und Aktivität sowie mit seiner Umwelt in Beziehung.

40.4.1 Bereitstellung und Nutzung von Energie

Tiere nutzen chemische Energie aus der Nahrung (Abbildung 40.11). Diese wird durch enzymatische Hydrolyse abgebaut (siehe Abbildung 5.1b) und die Nährstoffe werden von den Körperzellen aufgenommen. Die meisten energiehaltigen Moleküle werden zur ATP-Produktion eingesetzt. ATP, das im Rahmen von Zellatmung und Gärung (siehe Kapitel 9) produziert wird, treibt die Zellarbeit an und versetzt Zellen, Organe und Organsysteme in die Lage, all die Aufgaben zu erfüllen, die ein Tier am Leben halten. Energie in Form von ATP wird auch zur Biosynthese genutzt, die für Wachstumsprozesse, Reparatur von Schäden, Synthese von Speichermaterial wie Fett und Gametenproduktion unverzichtbar ist. Die Nutzung von ATP, vor allem bei der Muskelkontraktion, erzeugt Wärme, die entweder vom Tier an die Umgebung abgegeben wird oder zur Aufwärmung des Körperinneren dient.

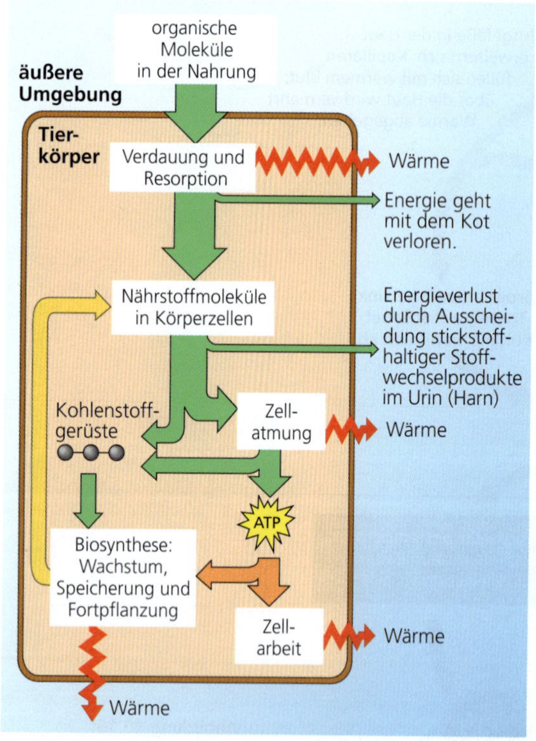

Abbildung 40.11: Schematischer Überblick über die Bioenergetik eines Tieres.

40.4.2 Quantifizierung des Energieverbrauchs

Die Energiemenge, die ein Tier pro Zeiteinheit verbraucht, wird als seine **Stoffwechselrate** bezeichnet – die Summe aller Energie benötigenden biochemischen Reaktionen in einem bestimmten Zeitintervall. Energie wird in Joule (J) beziehungsweise Kilojoule (kJ) gemessen. (Ein Joule entspricht 0,24 Kalorien.)

Die Stoffwechselrate lässt sich aber auch anhand der Sauerstoffmenge oder der Kohlendioxidmenge bestimmen, die im Rahmen der Zellatmung aufgenommen beziehungsweise abgegeben wird.

Tiere müssen für Grundfunktionen wie Zellfunktion, Atmung und Herzschlag eine minimale Stoffwechselrate aufrechterhalten. Die minimale Stoffwechselrate eines nicht wachsenden Endothermen, der in Ruhe ist, einen leeren Magen hat und keinem Stress ausgesetzt ist, wird als **Grundumsatz** (*basal metabolic rate, BMR*) bezeichnet. Der Grundumsatz wird in einem Temperaturbereich bestimmt, in dem das Tier weder Wärme erzeugen noch abgeben muss.

Der Grundumsatz des Menschen liegt für erwachsene Männer bei durchschnittlich 6.500–7.500 kJ pro Tag und für erwachsene Frauen bei 5.500–6.500 kJ je Tag. Diese Werte entsprechen etwa dem Energieverbrauch einer 75-Watt-Glühbirne. Im Gegensatz dazu verbraucht ein ektothermer Mississippi-Alligator (*Alligator mississippiensis*) in Ruhe bei 20 °C nur 250 kJ pro Tag. Da dies weniger als 1/200stel des Energieverbrauchs eines etwa gleich schweren Menschen ist, wird der geringere Energiebedarf bei Ektothermie sehr deutlich.

40.4.3 Faktoren, die die Stoffwechselrate beeinflussen

Körpergröße und Stoffwechselrate Bemerkenswerterweise ist die Beziehung zwischen Gesamtstoffwechselrate und Körpermasse in einem weiten Bereich von Körpergrößen und -formen konstant, wie für zahlreiche Tiere in Abbildung 40.12a illustriert. Bei Organismen, deren Größe von Bakterien bis zum Blauwal reicht, ist die Stoffwechselrate in etwa der Körpermasse hoch 0,75 proportional ($m^{0,75}$).

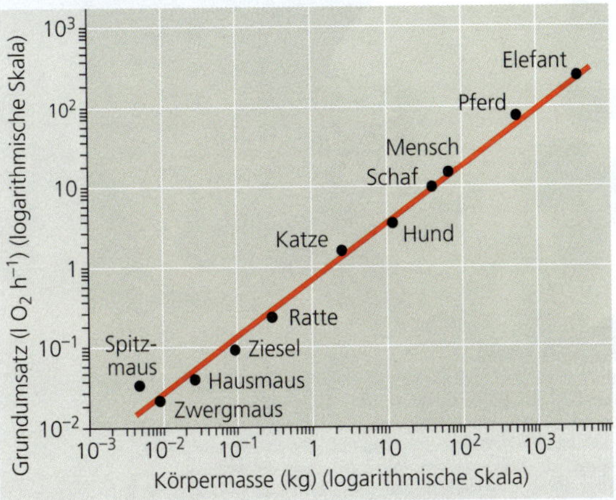

(a) Beziehung zwischen Grundumsatz und Körpergröße bei verschiedenen Säugern. Von der Spitzmaus bis zum Elefanten nimmt die Größe um den Faktor 1 Million zu.

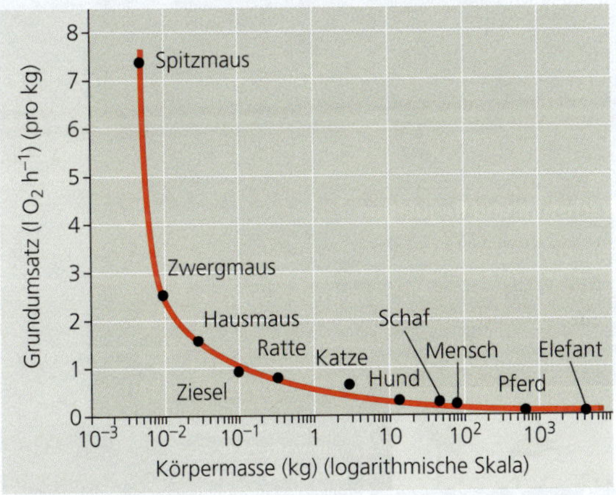

(b) Beziehung zwischen Grundumsatz pro Kilogramm Körpermasse zur Körpergröße bei denselben Säugern wie in (a).

Abbildung 40.12: Beziehung zwischen Stoffwechselrate und Körpermasse.

Wie in Abbildung 40.12b illustriert, ist die Energie, die nötig ist, um 1 g Körpermasse zu unterhalten, invers mit der Körpergröße verknüpft. Jedes Gramm Maus beispielsweise verbraucht rund 20-mal so viel Kalorien wie ein Gramm Elefant, auch wenn der ganze Elefant viel mehr Kalorien verbraucht als die ganze Maus. In Korrelation mit seiner höheren Stoffwechselrate pro Gramm weist das kleinere Tier auch eine höhere Atemfrequenz, ein (relativ zu seiner Größe) höheres Blutvolumen und eine höhere Herzschlagfrequenz (Pulsfrequenz) auf. Außerdem muss es pro Einheit Körpermasse deutlich mehr Nahrung aufnehmen.

Aktivität und Stoffwechselrate Bei Ektothermen wie auch bei Endothermen wird die Stoffwechselrate durch Aktivität stark beeinflusst. Selbst ein Mensch, der ruhig am Tisch sitzt und liest, oder ein Insekt, das mit den Flügeln zittert, verbraucht mehr Energie als bei seinem Grundumsatz beziehungsweise seinem Standardstoffwechsel.

Bei landlebenden Tieren beträgt der durchschnittliche tägliche Energieverbrauch das Zwei- bis Vierfache des Grundumsatzes. Die Menschen in den meisten Industrieländern haben einen ungewöhnlich niedrigen durchschnittlichen täglichen Energieverbrauch, der nur etwa das 1,5-Fache des Grundumsatzes beträgt – ein Hinweis auf ihre oft weitgehend sitzende Lebensweise.

40.4.4 Torpor und Energiesparen

Torpor, ein physiologischer Starrezustand, bei dem das Aktivitätsniveau niedrig ist und die Stoffwechselrate sinkt, ist eine Anpassung, die es Tieren erlaubt, Energie zu sparen, während sie schwierige und gefährliche Umweltbedingungen meiden.

Überwinterung oder Winterschlaf ist ein längerfristiger Torporzustand, der eine Anpassung an winterliche Kälte und Nahrungsknappheit darstellt. Wenn endotherme Wirbeltiere (Säuger und Vögel) in die Winterschlafphase eintreten, sinkt ihre Körpertemperatur, weil der Thermostat in ihrem Körper heruntergeregelt wird. Manche überwinternde Säuger kühlen bis auf 1–2 °C ab und bei einigen sinkt die Körpertemperatur sogar leicht unter 0 °C. Die daraus resultierende Energieersparnis ist enorm: Die Stoffwechselrate während des Winterschlafs kann mehrere hundert Mal geringer sein, als sie es wäre, wenn das Tier versuchen würde, seine normale Körpertemperatur von 36–38 °C aufrechtzuerhalten (Abbildung 40.14). Ebenso erlauben ein gedrosselter Metabolismus und Inaktivität im Rahmen der Übersommerung, auch Sommertorpor genannt, es Tieren, lange Perioden mit hohen Temperaturen und spärlicher Wasserversorgung zu überstehen.

Viele kleine Säuger und Vögel zeigen einen täglichen Torpor, der offenbar an die Art der Nahrungssuche angepasst ist. So gehen beispielsweise einige Fledermäuse nachts auf Nahrungssuche und verfal-

ZUSAMMENHÄNGE ERKENNEN

Herausforderung des Lebens und Lösungen bei Pflanzen und Tieren

Ernährung

Alles Lebende benötigt zum Wachstum, zum Überleben und zur Vermehrung Energie und Kohlenstoff. Autotrophe Pflanzen gewinnen mithilfe der Fotosynthese Energie und decken ihren Kohlenstoffbedarf aus anorganischen Substanzen. Heterotrophe Tiere wiederum decken ihre Energie- und Nährstoffbedarf durch Aufnahme von Nahrung. Im Zuge der Evolution passten sich Pflanzen und Tiere immer mehr diesen Ernährungsweisen an. Die große Oberfläche vieler Blätter (linkes Bild) erleichtert das Einfangen von Licht und die Fotosynthese. Während der Jagd verlässt sich der Luchs (rechtes Bild) auf seine Tarnung, Schnelligkeit und seine scharfen Krallen (rechtes Bild).

Reaktionen auf Umwelteinflüsse

Alle Lebensformen müssen ihre Umwelt erkennen und auf Einflüsse aus der Umwelt reagieren. Hierfür stehen in der Regel geeignete Organe zur Verfügung. So tragen sowohl der Blütenkopf einer Sonnenblume (linkes Bild) wie auch ein Insektenauge (rechtes Bild) lichtempfindliche Fotorezeptoren. Signale aus der Umwelt aktivieren spezifische Rezeptorproteine, und über eine Signal-Transduktionskaskade wird eine zelluläre Antwort auf diese Umweltreize eingeleitet. Eine chemische oder elektrische Kommunikation zwischen den Zellen ermöglicht eine Reaktion der Pflanze oder des Tieres auf den Umweltreiz.

Wachstum und Regulation

Wachstum und Entwicklung von Pflanzen und Tieren wird durch Hormone kontrolliert. In Pflanzen können Hormone lokal wirken oder in der Pflanze weit transportiert werden. Hormone kontrollieren das Wachstum der Pflanze, die Blüten- und Fruchtbildung und vieles mehr (linkes Bild). Bei Tieren zirkulieren Hormone im ganzen Körper und wirken spezifisch auf bestimmte Gewebe oder Organe. Sie kontrollieren physiologische und entwicklungsbiologische Prozesse, etwa die Häutung von Reptilien (rechtes Bild).

Abbildung 40.13: Herausforderung des Lebens und Lösungen bei Pflanzen und Tieren.

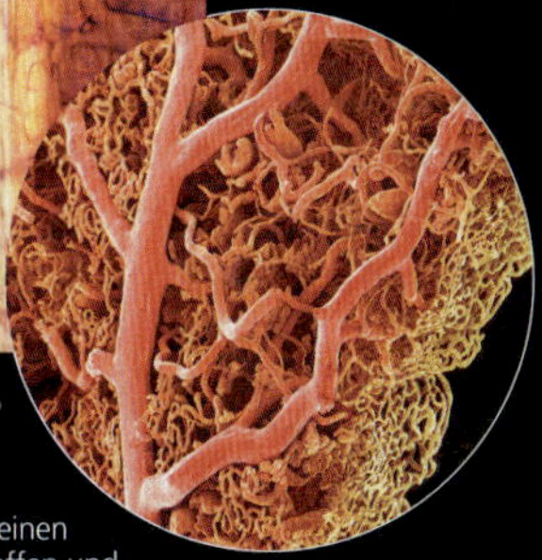

Transport

Nur die einfachsten Vielzeller können auf einen Transport von Nährstoffen und Abfallprodukten zwischen verschiedenen Körperregionen verzichten. Demgegenüber besitzen nahezu alle höheren Organismen ein komplexes System aus röhrenförmigen Transportkanälen. Pflanzen nutzen Sonnenenergie um Wasser, Mineralien und Zucker durch spezielle Leitbahnen zu transportieren (linkes Bild). Bei Wirbeltieren pumpt das Herz Flüssigkeit durch Blutgefäße und versorgt so die verschiedenen Gewebe und Organe (rechtes Bild).

Reproduktion

Bei der sexuellen Vermehrung beginnt mit der Befruchtung der Eizelle durch ein Spermium neues Leben. Die Nachkommen werden mit Nährstoffen versorgt um ein zügiges Wachstum zu gewährleisten. So enthalten die Samen vieler Pflanzen (linkes Bild) große Mengen an Nährstoffen, die Energie für den Keimling liefern, während bei Säugetieren Muttermilch die Grundlage der Säuglingsernährung bildet (rechtes Bild).

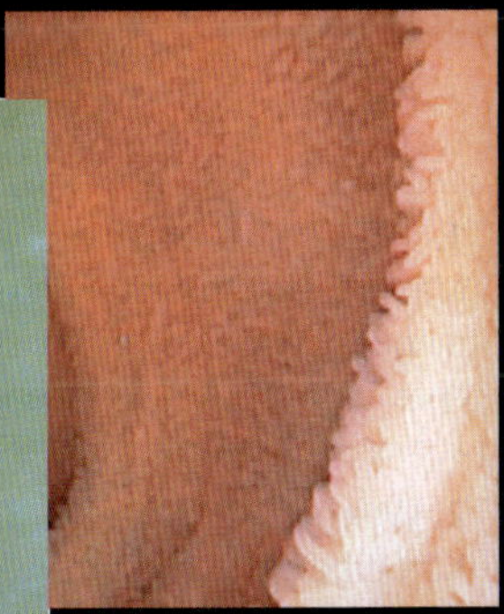

Absorption

Organismen müssen Nährstoffe aufnehmen. Die Wurzelhaare von Pflanzen (linkes Bild) und die Zotten der Darminnenwand der Wirbeltiere (rechtes Bild) vergrößern die für die Nährstoff aufnahme zur Verfügung stehende Oberfläche.

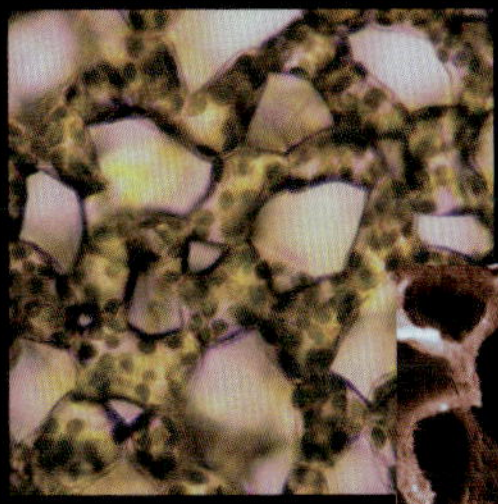

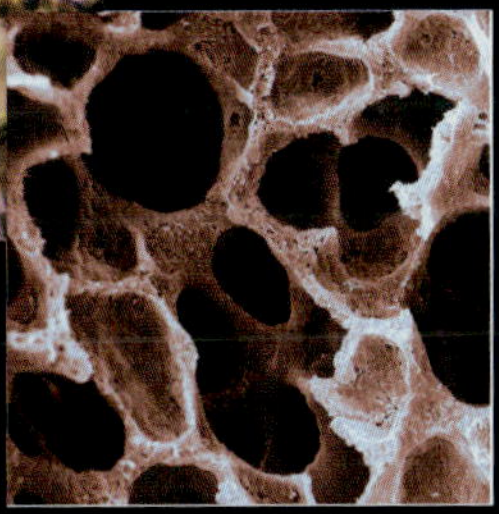

Gasaustausch

Der Austausch von Gasen mit der Umgebung ist für Organismen lebenswichtig. Pflanzen und Tiere nehmen Sauerstoff auf und geben Kohlenstoffdioxid ab. Betreiben Pflanzen Fotosynthese, kehrt sich die Transportrichtung um, sie produzieren Sauerstoff und geben ihn ab und nehmen stattdessen Kohlenstoffdioxid auf. In Pflanzen und Tieren vergrößern stark aufgefaltete Epithelien die Oberflächen die für den Gasaustausch zur Verfügung stehen, z.B. das schwammartige Mesophyll von Blättern (linkes Bild) oder die Alveolen in Lungen (rechtes Bild).

ZUSAMMENHÄNGE ERKENNEN *Vergleiche die Anpassungen von Pflanzen und Tieren, um in besonders heißen oder besonders kalten Biotopen überleben zu können.*

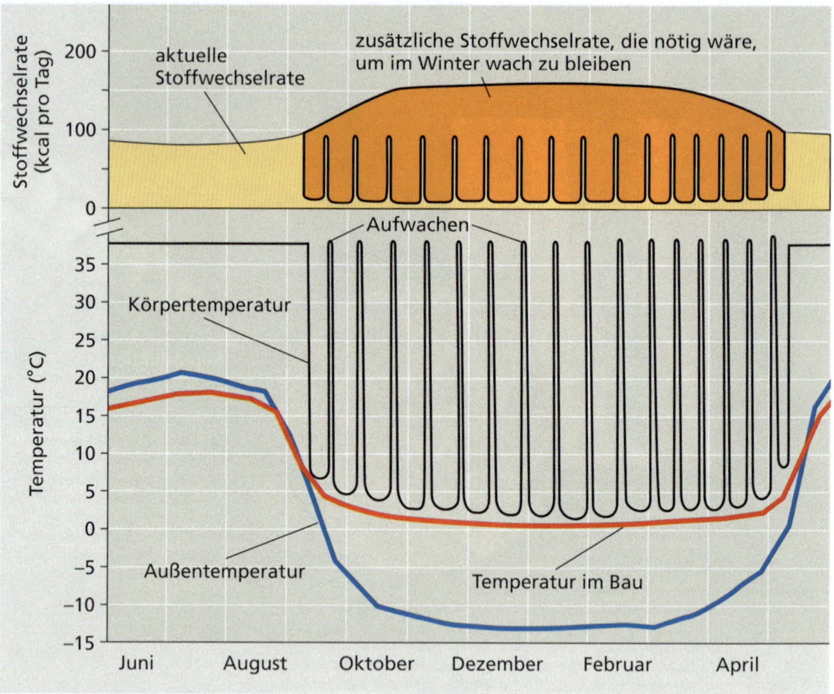

Abbildung 40.14: **Körpertemperatur und Stoffwechsel bei einem überwinternden Belding-Ziesel.**

? Schlagen Sie zwei unterschiedliche Hypothesen über die Umweltveränderung vor, die den Winterschlaf auslöst. Stellen Sie sich dann vor, dass die Außentemperaturen in einem Jahr einen Monat früher als normal stetig absinken. Welche Auswirkungen hätte dies Ihren beiden Hypothesen zufolge auf den Zeitpunkt des Winterschlafbeginns?

len tagsüber in Torpor. Meisen und Kolibris suchen hingegen tagsüber nach Nahrung und fallen in kalten Nächten häufig in Torpor; die Körpertemperatur der Meisen sinkt nachts um bis zu 10 °C ab, diejenige von Kolibris unter Umständen sogar um 25 °C und mehr. Alle Endothermen, die täglich in einen Torporzustand verfallen, sind relativ klein; wenn sie aktiv sind, haben sie eine hohe Stoffwechselrate und daher einen hohen Energieverbrauch.

VERSTÄNDNISFRAGEN

1. Wenn eine Maus und eine kleine Eidechse gleicher Masse (beide in Ruhe) unter identischen Umgebungsbedingungen in eine Versuchskammer gesetzt würden, welches Tier würde dann einen höheren Sauerstoffverbrauch aufweisen? Begründen Sie Ihre Ansicht.

2. Welches Tier muss pro Tag einen größeren Teil seines Körpergewichts in Form von Nahrung zu sich nehmen: eine Hauskatze oder ein afrikanischer Löwe im Zoo? Begründen Sie Ihre Ansicht.

Abbildung 40.15: **Zum Greifen und Festhalten angepasste Füße.** Um Energie zu sparen verbringt diese Kohlmeise (Parus major) Ruhezeiten und die Nächte auf Zweigen, Ästen oder Drähten. Dabei sind die Zehen fest um den Haltpunkt geschlossen, ohne dabei metabolische Energie zu verbrauchen.

ZUSAMMENFASSUNG

Form und Funktion sind bei Tieren auf allen Organisationsebenen eng miteinander korreliert

Evolution bestimmt die Größe und Gestalt von Tieren. Die Fähigkeit zu bestimmten Aktivitäten, wie raschem Schwimmen, hängt von Größe und Gestalt des Tieres ab. Konvergente Evolution spiegelt die unabhängigen Anpassungen unterschiedlicher Spezies an ähnliche Umweltanforderungen wider.

Austausch mit der Umgebung. Jede tierische Zelle benötigt Zugang zu einer wässrigen Umgebung. Einfache zweischichtige sackförmige oder abgeflachte Körperformen maximieren den Kontakt mit dem umgebenden Medium. Komplexere Körperbaupläne verfügen über stark eingefaltete innere oder äußere Oberflächen, die auf Stoffaustausch spezialisiert sind.

Hierarchische Organisation der Körperbaupläne. Tiere bestehen aus Zellen. Gruppen von Zellen mit gemeinsamer Struktur und Funktion bauen Gewebe auf. Verschiedene Gewebe wiederum bauen Organe auf, die gemeinsam Organsysteme bilden.

Struktur und Funktion tierischer Gewebe. Epithelgewebe bedeckt die Außenseite des Körpers und kleidet innere Organe und Körperhöhlen aus. Epithelien bilden die strukturelle Voraussetzung für die Homöostase. Bindegewebe in der extrazellulären Matrix (ECM) verbindet und stützt andere Gewebe. Muskelgewebe kontrahiert sich als Reaktion auf Nervensignale. Nervengewebe leitet Nervensignale im ganzen Tierkörper weiter.

Koordination und Kontrolle. Endokrines System und Nervensystem fungieren als zwei Kommunikationsmittel zwischen verschiedenen Körperorten. Das endokrine System schickt Signalmoleküle, die Hormone, über das Blut in alle Körperregionen, aber nur bestimmte Zellen reagieren auf diese Signale. Das Nervensystem benutzt spezielle zelluläre Schaltungen, an denen elektrische und chemische Signale beteiligt sind, um Signale an ganz bestimmte Stellen zu senden.

Regulation des inneren Milieus

Regulierer und Konformer. Tiere kommen mit Schwankungen in der Umwelt zurecht, indem sie gewisse innere Variablen regulieren, während sie anderen gestatten, sich passiv an äußere Veränderungen anzupassen.

Homöostase. Homöostase beschreibt das innere dynamische Gleichgewicht (engl. *steady state*) eines Tieres. Es handelt sich um das Gleichgewicht zwischen äußeren Veränderungen und den inneren Kontrollmechanismen des Tieres, die diesen Veränderungen entgegenwirken. Homöostatische Mechanismen mildern Veränderungen im inneren Milieu – gewöhnlich mithilfe von negativer Rückkopplung. Diese Mechanismen ermöglichen regulierte Veränderungen.

Einfluss von Form, Funktion und Verhalten auf homöostatische Prozesse

Ein Tier hält seine Körpertemperatur durch thermoregulatorische Prozesse in einem tolerierbaren Bereich.

Endothermie und Ektothermie. Endotherme beziehen ihre Wärmeenergie hauptsächlich aus Stoffwechselprozessen, Ektotherme hauptsächlich von äußeren Wärmequellen. Endothermie erfordert mehr Energie als Ektothermie.

Gleichgewicht zwischen Wärmeaufnahme und Wärmeabgabe. Wärmeleitung, Konvektion, Strahlung und Verdunstung sind für Wärmeaufnahme und Wärmeabgabe verantwortlich. Bei der Thermoregulation spielen physiologische und verhaltensbiologische Anpassungen eine Rolle, die Wärmeaufnahme und Wärmeabgabe ausbalancieren. Wärmeisolierung, Gefäßerweiterung und -verengung sowie Gegenstrom-Wärmeaustausch verändern die Rate des Wärmeaustauschs; Hecheln und Schwitzen erhöhen die Verdunstungsrate und kühlen den Körper. Sowohl Ektotherme als auch Endotherme regulieren die Rate ihres Wärmeaustauschs mit der Umgebung durch ihr Verhalten. Manche Tiere können sogar ihre metabolische Wärmeproduktion entsprechend anpassen.

Energiebedarf eines Tieres in Abhängigkeit von Größe, Aktivität und Umwelt

Bereitstellung und Nutzung von Energie. Tiere gewinnen chemische Energie aus ihrer Nahrung und speichern sie für den kurzfristigen Gebrauch in Form von ATP.

Quantifizierung des Energieverbrauchs. Die Stoffwechselrate eines Tieres ist die Gesamtmenge an Energie, die es pro Zeiteinheit verbraucht. Die Stoffwechselrate von Vögeln und Säugern, die mithilfe von Stoffwechselwärme eine recht konstante Körpertemperatur aufrechterhalten (die endotherme Strategie), ist in der Regel höher als diejenige der meisten Fische, Reptilien, Amphibien und Wirbellosen, die sich zur Aufrechterhaltung ihrer Körpertemperatur vorwiegend auf externe Wärmequellen stützen (die ektotherme Strategie).

Faktoren, die die Stoffwechselrate beeinflussen. Die minimale Stoffwechselrate pro Gramm Körpermasse ist bei ähnlichen Tieren invers mit der Körpergröße verknüpft. Aktivität erhöht die Stoffwechselrate.

Torpor und Energiesparen. Im Torporzustand ist die Stoffwechselaktivität gesenkt, was bei ungünstigen Umweltbedingungen Energie spart. Tiere können im Winter in den Torporzustand eintreten (Überwinterung, Hibernation), im Sommer (Ästivation) oder in Schlafperioden (täglicher Torpor).

Hormone und das endokrine System

41

41.1 Hormone und andere Signalmoleküle, ihre Bindung an die Rezeptoren und die von ihnen ausgelösten spezifischen Reaktionswege

Die chemische Signalübertragung durch Hormone ist die Aufgabe des endokrinen Systems, eines der beiden grundlegenden Kommunikations- und Regulationssysteme des Organismus. Hormone und andere Signalmoleküle lösen Reaktionen aus, indem sie an spezifische Rezeptorproteine in oder auf den Zielzellen binden. Nur Zellen, die Rezeptoren für ein bestimmtes sezerniertes Molekül besitzen, sind Zielzellen.

Wie man in Abbildung 41.1 erkennt, werden Hormone, die von endokrinen Zellen in die extrazelluläre Flüssigkeit abgegeben werden, vom Blut zu ihren Zielzellen transportiert. Viele endokrine Zellen liegen gehäuft in Organen, die als **endokrine Drüsen** bezeichnet werden.

Hormone erfüllen im Organismus zahlreiche Aufgaben. Sie erhalten die Homöostase aufrecht, vermitteln die Reaktionen auf Umweltreize und regulieren Wachstum, Entwicklung und Fortpflanzung. Hormone koordinieren beispielsweise die Reaktion des Organismus auf Stress, Wassermangel oder einen niedrigen Blutglucosespiegel. Außerdem steuern sie das äußere Erscheinungsbild von Merkmalen, durch die sich ein Jungtier von einem ausgewachsenen Artgenossen unterscheidet.

41.1.1 Chemische Klassen von Hormonen

Nach Struktur und Synthesewegen werden Hormone häufig in drei Gruppen eingeteilt: Proteine, Amine und Steroide.

Beispiele für die Hauptgruppen der Hormone zeigt Abbildung 41.2. Proteinhormone und viele Aminhormone sind wasserlöslich. Da sie sich in Fetten nicht lösen, können diese Hormone die Plasmamembran einer Zelle nicht durchdringen. Die Steroidhormone dagegen und andere vorwiegend unpolare Hormone wie das Thyroxin sind fettlöslich und passieren die Zellmembran ohne Weiteres.

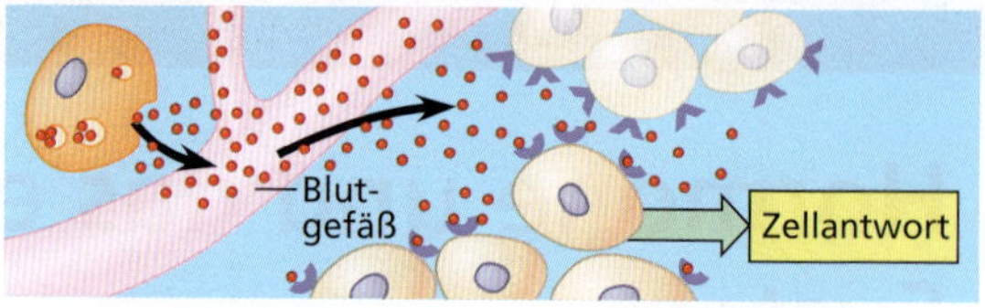

(a) Endokrine Signalübertragung: Sezernierte Moleküle gelangen über die Blutbahn zu den Zielzellen und lösen dort eine Antwort aus.

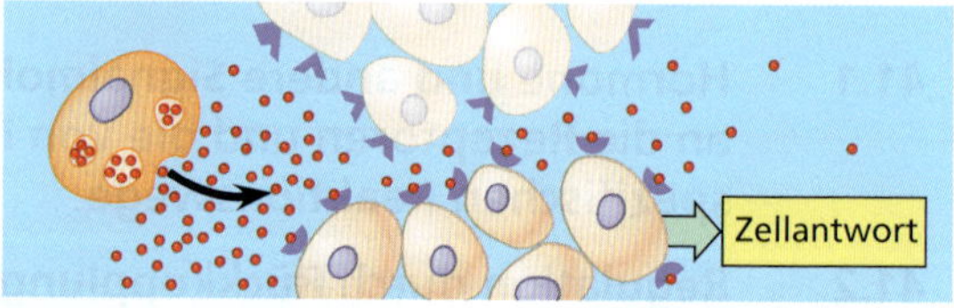

(b) Parakrine Signalübertragung: Sezernierte Moleküle diffundieren lokal und lösen in Nachbarzellen eine Antwort aus.

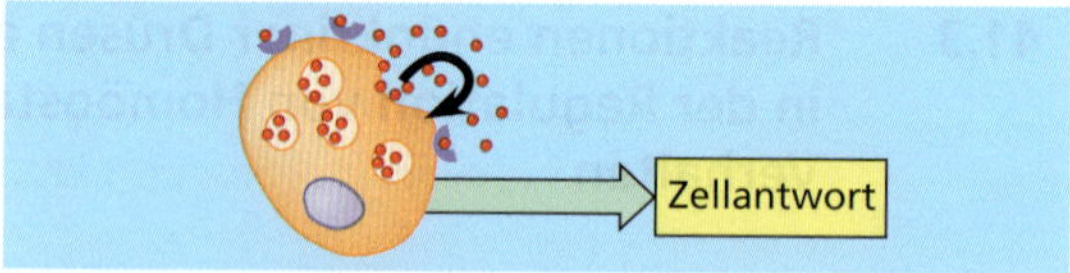

(c) Autokrine Signalübertragung: Sezernierte Moleküle diffundieren lokal und lösen in der sezernierenden Zelle selbst eine Antwort aus.

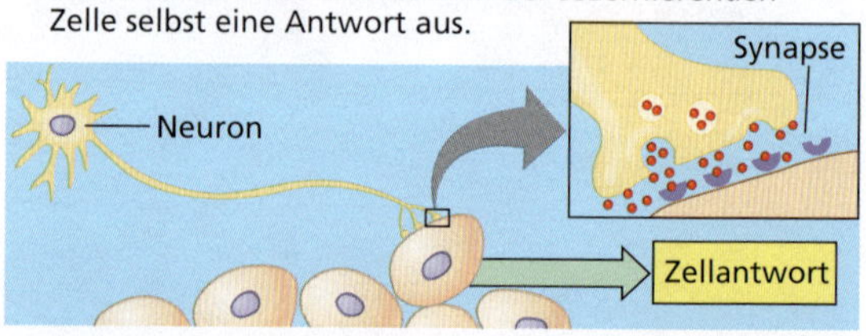

(d) Synaptische Signalübertragung: Neutrotransmitter diffundieren durch einen synaptischen Spalt und lösen in den Zellen des Zielgewebes (Neurone, Muskeln oder Drüsen) eine Antwort aus.

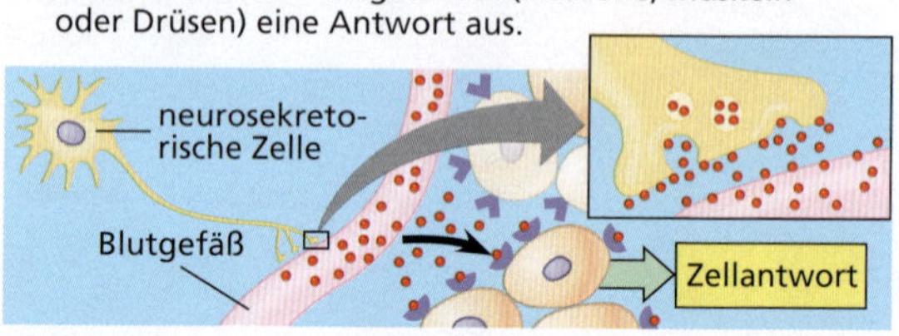

(e) Neuroendokrine Signalübertragung: Neurohormone gelangen über die Blutbahn zu den Zielzellen und lösen dort eine Antwort aus.

Legende • sezerniertes Molekül ◡ spezifisches Rezeptorprotein

Abbildung 41.1: Zell-Zell-Kommunikation mit sezernierten Molekülen. Bei allen Formen der Signalübertragung binden sezernierte Moleküle an spezifische Rezeptorproteine, die von den Zielzellen exprimiert werden. Manchmal befinden sich die Rezeptoren auch innerhalb der Zellen, der Einfachheit halber wurden sie hier aber alle auf der Zelloberfläche dargestellt.

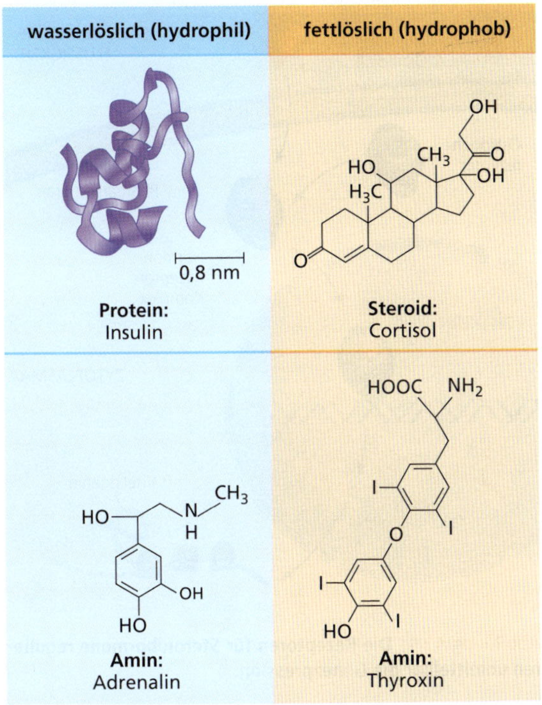

Abbildung 41.2: **Hormone unterscheiden sich in Form und Löslichkeit.** Insulin (oben links) ist ein Proteinhormon, Adrenalin und Thyroxin (unten) sind Aminhormone, Cortisol ist ein Steroidhormon. Insulin und Adrenalin sind wasserlöslich, Thyroxin und Cortisol sind fettlöslich.

41.1.2 Signalwege in den Zellen

Die Lage der Rezeptoren ist einer von mehreren Aspekten, in denen sich die Reaktionswege für wasser- und fettlösliche Hormone unterscheiden. Wasserlösliche Hormone werden durch Exocytose sezerniert, wandern ungehindert im Blut und binden an Zelloberflächenrezeptoren. Fettlösliche Hormone dagegen diffundieren durch die Membran der endokrinen Zelle und sind während ihres Transports im Blut an Transportproteine gebunden. Nachdem sie in die Zielzellen hineindiffundiert sind, binden sie dort an Rezeptoren.

Signalweg für wasserlösliche Hormone Die Bindung eines wasserlöslichen Hormons an ein Rezeptorprotein löst an der Plasmamembran eine Reihe von Ereignissen aus, die letztlich zu einer Antwort der Zelle führen. Außerdem sorgen manche Zelloberflächenrezeptoren dafür, dass Proteine aus dem Zytoplasma in den Zellkern wandern und dort spezifisch die Transkription einzelner Gene verändern.

Die Abfolge von Veränderungen zelleigener Proteine, durch die ein von außen kommendes chemisches Signal zu einer spezifischen Antwort im Zellinneren führt, bezeichnet man als **Signalübertragung** oder **Signaltransduktion**.

Um uns eine Vorstellung davon zu machen, wie die Signalübertragung zur Antwort auf ein Hormon führt, betrachten wir eine Reaktion auf kurzfristigen Stress. Wenn wir in eine Stresssituation geraten, beispielsweise weil wir laufen müssen, um einen Bus zu erreichen, scheiden die Nebennieren das Hormon **Adrenalin** aus. Wenn das Adrenalin zu den Muskel- und Leberzellen gelangt, bindet es dort an einen G-Protein-gekoppelten Rezeptor in der Plasmamembran (Abbildung 41.3). Dies löst eine Kaskade von Ereignissen aus, in deren Verlauf unter anderem zyklisches AMP (cAMP) als kurzlebiger *sekundärer Botenstoff* synthetisiert wird. Die Aktivierung der Proteinkinase A durch das cAMP führt zur Aktivierung eines Enzyms, das für den Glykogenabbau notwendig ist, und zur Inaktivierung eines Enzyms für die Glykogensynthese. Insgesamt hat dies zur Folge, dass sich der intrazelluläre Glucosegehalt erhöht. Damit steht die Glucose in den Muskelzellen direkt für die Energiegewinnung zur Verfügung. Die Leber gibt Glucose ins Blut ab und versorgt so die Muskulatur zusätzlich über den Blutkreislauf. Letztendlich wird damit die Energie zur Verfügung gestellt, die hoffentlich zum Erreichen des Busses ausreicht.

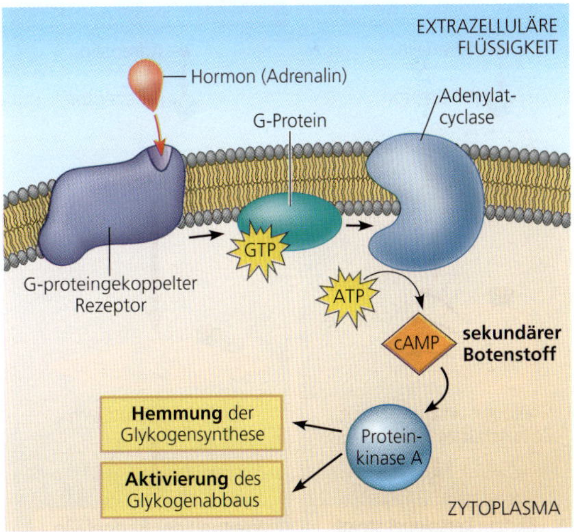

Abbildung 41.3: **Hormonrezeptoren an der Zelloberfläche lösen die Signalübertragung aus.**

Signalweg für fettlösliche Hormone Intrazelluläre Rezeptoren übernehmen in der Regel die gesamte Aufgabe, ein Signal innerhalb einer Zielzelle weiterzuleiten. Das Hormon aktiviert den Rezeptor, der dann unmittelbar die Reaktion der Zelle auslöst. Bei dieser Reaktion auf fettlösliche Hormone handelt es sich in den meisten Fällen um eine Veränderung der Genexpression.

Für Östradiol gibt es beispielsweise in den Leberzellen weiblicher Vögel und Frösche einen spezifischen Rezeptor. Bindet er das Hormon, wird die Transkription des Gens für das Protein Vitellogenin aktiviert (Abbildung 41.4). Nach der Translation der Messenger-RNA wird das Vitellogenin sezerniert und mit dem Blut zu den Fortpflanzungsorganen transportiert, wo es zur Herstellung von Eidotter dient.

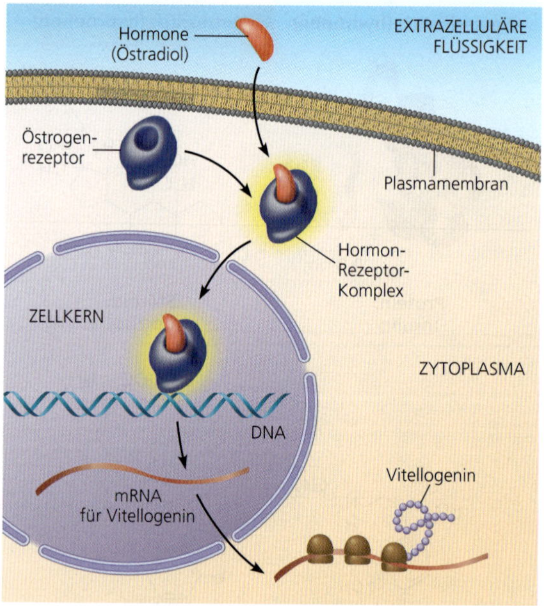

Abbildung 41.4: Die Rezeptoren für Steroidhormone regulieren unmittelbar die Genexpression.

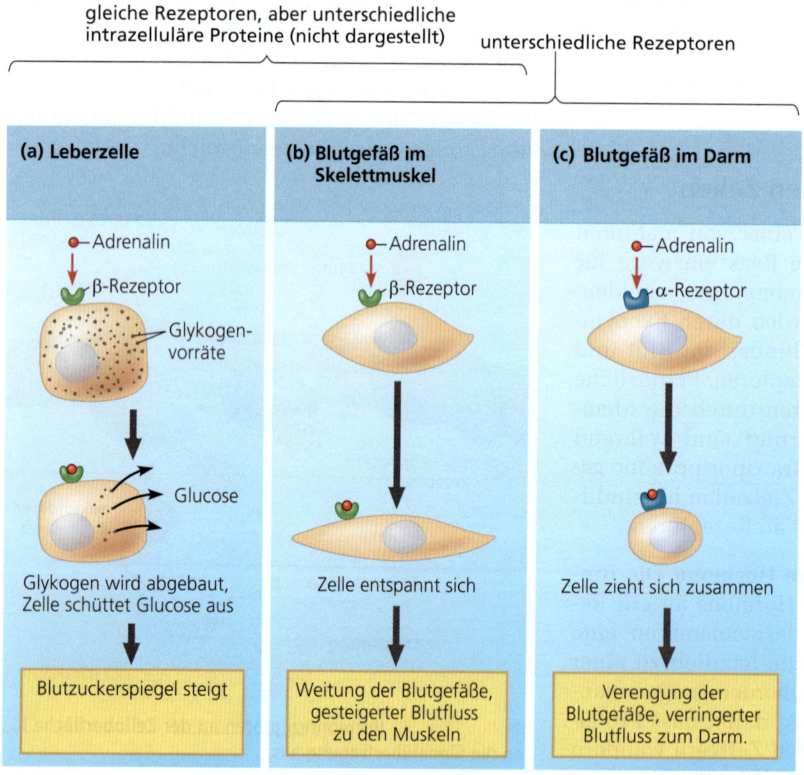

Abbildung 41.5: Ein Hormon, verschiedene Wirkungen. Adrenalin, das wichtigste Hormon für die Reaktion „Flüchten oder Kämpfen", löst in verschiedenen Zielzellen unterschiedliche Reaktionen aus. Auch Zielzellen mit dem gleichen Rezeptor reagieren unterschiedlich, wenn sie unterschiedliche Signalübertragungswege und/oder unterschiedliche Effektorproteine enthalten [man vergleiche (a) und (b)]. Ebenso können sich die Reaktionen der Zielzellen unterscheiden, wenn diese unterschiedliche Rezeptoren für das Hormon tragen [man vergleiche (b) und (c)].

41.1.3 Mehrfachwirkungen von Hormonen

Viele Hormone lösen im Organismus mehrere Reaktionen aus. Welche Wirkungen ein einzelnes Hormon erzielt, hängt davon ab, welche Moleküle in den Zielzellen das Signal aufnehmen, weiterleiten oder darauf reagieren. Ein Beispiel sind die Wirkungen des Adrenalins, das die Reaktionen des Organismus auf kurzfristigen Stress vermittelt (Abbildung 41.5). Adrenalin sorgt gleichzeitig für den Abbau von Glykogen in Leber- und Muskelzellen, für eine verstärkte Durchblutung wichtiger Skelettmuskeln und für eine verringerte Durchblutung der Verdauungsorgane. Diese vielfältigen Wirkungen verstärken die schnellen Reaktionen des Organismus in Notsituationen.

41.1.4 Signalübertragung durch lokale Regulatoren

Bei lokalen Regulatoren handelt es sich um sezernierte Moleküle, die auf benachbarte Zellen wirken oder die der Zelle selbst eine Rückkopplung liefern. Nach ihrer Ausschüttung wirken lokale Regulatoren innerhalb von Sekunden oder sogar Millisekunden auf ihre Zielzellen ein und lösen dort schneller als Hormone eine Reaktion aus. Die Wege, auf denen lokale Regulatoren für Reaktionen sorgen, sind aber die gleichen, die auch von Hormonen aktiviert werden.

Als lokale Regulatoren können chemische Verbindungen mehrerer Typen dienen. Zu den lokalen Regulatoren aus der Klasse der Polypeptide gehören die **Cytokine**, die für die Immunantwort eine wichtige Rolle spielen (siehe Kapitel 44), und auch die meisten **Wachstumsfaktoren**, die die Vermehrung und Differenzierung von Zellen stimulieren.

Das Gas **Stickstoffmonoxid** (**NO**) dient im Organismus sowohl als Neurotransmitter als auch als lokaler Regulator. Sinkt die Konzentration des Sauerstoffs (O_2) im Blut, synthetisieren die Endothelzellen in den Wänden der Blutgefäße NO und geben es ab. Das Stickstoffmonoxid aktiviert ein Enzym, das für eine Entspannung der benachbarten glatten Muskelzellen sorgt, und dies führt zu einer Gefäßerweiterung, durch die sich die Gewebedurchblutung verbessert. Bei Männern führt die gefäßerweiternde Wirkung des NO zur erhöhten Durchblutung des Penis und damit zu dessen Erektion. Das sehr reaktionsfähige und potenziell toxische NO erzeugt seine Wirkungen in den Zielzellen in der Regel innerhalb weniger Sekunden und wird dann abgebaut. Der Arzneiwirkstoff Sildenafil (Markenname Viagra), mit dem die erektile Dysfunktion bei Männern behandelt wird, hält die Erektion aufrecht, weil er die durch NO vermittelten Zellprozesse auch nach dessen Abbau aufrechterhält.

VERSTÄNDNISFRAGEN

1. Wie unterscheiden sich die Mechanismen, durch die wasserlösliche und fettlösliche Hormone in ihren Zielzellen eine Reaktion verursachen?

2. WAS WÄRE, WENN? Mit welcher Beschreibung der unterschiedlichen Wirkungen von Adrenalin in verschiedenen Geweben lässt sich am besten erklären, warum Hormone bei verschiedenen biologischen Arten unterschiedliche Effekte haben? Begründen Sie Ihre Antwort.

3. Angenommen, Sie untersuchen die Reaktion einer Zelle auf ein bestimmtes Hormon und beobachten dabei, dass diese Reaktion sich auch dann fortsetzt, wenn man die Transkription mit einer geeigneten chemischen Substanz blockiert. Welche Vermutungen über das Hormon und seinen Rezeptor könnten Sie daraus ableiten?

41.2 Regulation durch Rückkopplung und Koordination mit dem Nervensystem sind häufig bei hormonellen Reaktionswegen

Im folgenden wollen wir betrachten, wie die Regulationswege, die über die Ausscheidung von Hormonen bestimmen, organisiert sind. Abbildung 41.6 gibt einen Überblick über die wichtigsten endokrinen Drüsen des Menschen sowie ihrer Hormone.

41.2.1 Einfache Hormonmechanismen

Als Reaktion auf einen inneren oder äußeren Reiz sezernieren endokrine Zellen ein bestimmtes Hormon. Dieses wandert mit dem Blut zu den Zielzellen und tritt dort mit seinen spezifischen Rezeptoren in Wechselwirkung. Durch die Signalübertragung innerhalb der Zielzellen wird dann die physiologische Reaktion in Gang gesetzt. Am Ende führt die Reaktion zu einer Verringerung des Reizes und der Signalübertragungsweg wird abgeschaltet (negative Rückkopplung).

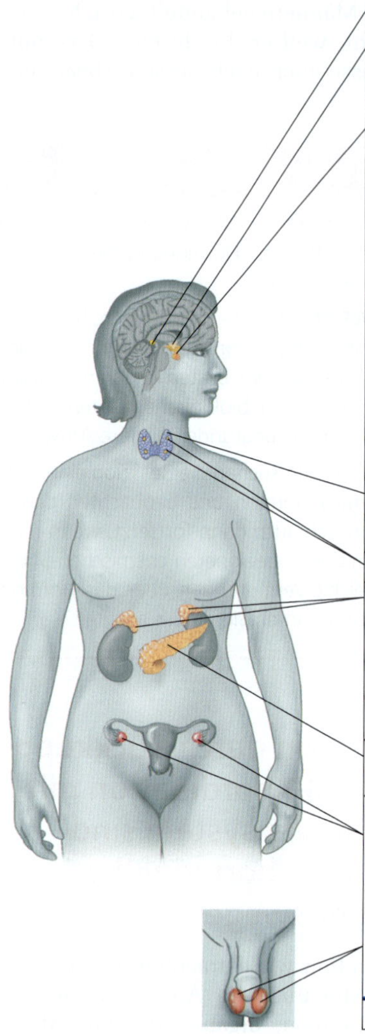

Endokrine Drüse	Hormone
Epiphyse	• **Melatonin:** Mitwirkung an biologischen Rhythmen
Hypothalamus	• **Hormone, die vom Hypophysenhinterlappen ausgeschieden werden (Oxytocin und Vasopressin)** • **Hormone für die Regulation des Hypophysenvorderlappens**
Hypophyse	
Vorderlappen	• **Follikelstimulierendes Hormons (FSH) und luteinisierendes Hormon (LH):** Anregung von Eierstöcken und Hoden • **Schilddrüsenstimulierendes Hormon (TSH):** Anregung der Schilddrüse • **Adrenocorticotropes Hormon (ACTH):** Anregung des Nebennierenmarks zur Ausschüttung von Glucocorticoiden • **Prolactin (PRL):** Anregung von Milchproduktion und -sekretion • **Wachstumshormon (GH, engl. growth hormone):** Anregung des Wachstums (insbesondere der Knochen), Funktionen im Stoffwechsel
Hinterlappen	• **Oxytocin:** Stimuliert die Kontraktion der Uterusmuskulatur und die Brustdrüsen • **Vasopressin auch Antidiuretisches Hormon (ADH) genannt:** Begünstigt die Wasserretention in den Nieren, beeinflusst soziales Verhalten und soziale Bindungen
Schilddrüse	• **Triiodthyronin (T_3) und Thyroxin (T_4):** Anregung und Aufrechterhaltung von Stoffwechselprozessen • **Calcitonin:** Senkung des Calciumspiegels im Blut
Nebenschilddrüsen	• **Parathormon (PTH):** Steigerung des Calciumspiegels im Blut
Nebenniere	
Mark	• **Adrenalin und Noradrenalin:** Steigerung des Blutglucosespiegels; Steigerung der Stoffwechseltätigkeit; Verengung peripherer Blutgefäße
Rinde	• **Glucocorticoide:** Steigerung des Blutglucosespiegels • **Mineralocorticoide:** Förderung der Na^+-Resorption und K^+-Ausscheidung in den Nieren
Pankreas	• **Insulin:** Senkung des Blutglucosespiegels • **Glucagon:** Steigerung des Blutzuckerspiegels
Geschlechtsdrüsen	
Eierstöcke	• **Östrogene*:** Förderung des Wachstums der Gebärmutterschleimhaut; Förderung der Entwicklung und Aufrechterhaltung sekundärer weiblicher Geschlechtsmerkmale • **Gestagene*:** Anregung des Wachstums der Gebärmutterschleimhaut
Hoden	• **Androgene*:** Förderung der Samenzellbildung; Förderung der Entwicklung und Aufrechterhaltung sekundärer männlicher Geschlechtsmerkmale

*kommen bei Mann und Frau vor, aber mit Hauptfunktion bei jeweils einem Geschlecht

Abbildung 41.6: Die endokrinen Drüsen des Menschen und deren Hormone. Die Abbildung zeigt die Lage und die Hauptfunktionen der wichtigsten endokrinen Drüsen. Endokrine Gewebe kommen außerdem in Thymus, Herz, Leber, Magen, Nieren und im Dünndarm vor.

Ein Reiz kann beispielsweise von dem sauren Mageninhalt ausgehen, der in den Zwölffingerdarm (den ersten Teil des Dünndarms) abgegeben wird. Der niedrige pH im Dünndarm regt die S-Zellen, endokrine Zellen des Zwölffingerdarms, zur Ausscheidung des Hormons *Sekretin* an. Das Sekretin gelangt ins Blut, erreicht seine Zielzellen im **Pankreas**, einer Drüse, die hinter dem Magen liegt, und regt sie zur Ausschüttung von Bicarbonat an, das den pH im Zwölffingerdarm erhöht.

41.2.2 Die Steuerung des Blutglucosespiegels durch Insulin und Glucagon

Die Regulation des Blutglucosespiegels ist die Aufgabe der beiden antagonistischen Hormone Insulin und Glucagon (Abbildung 41.7). Jedes dieser beiden Hormone wirkt über einen einfachen endokrinen Regulationsweg, der durch negative Rückkopplung gesteuert wird. Steigt der Blutglucosespiegel über einen bestimmten Wert, sorgt freigesetztes **Insulin** dafür, dass Glucose aus dem Blut aufgenommen wird, sodass der Blutzuckerspiegel sinkt. Sinkt der Blutglucosespiegel umgekehrt unter den vorgegebenen Wert ab, fördert Glucagon die Freisetzung von Glucose ins Blut, sodass die Glucosekonzentration ansteigt.

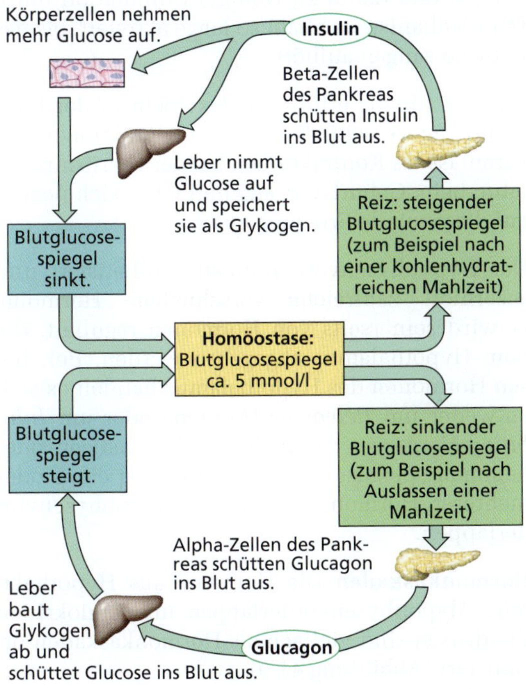

Abbildung 41.7: Die Aufrechterhaltung der Glucose-Homöostase durch Insulin und Glucagon.

Glucagon und Insulin werden im Pankreas produziert. In dieser Drüse sind Gruppen endokriner Zellen verteilt, die als **Langerhans'sche Inseln** bezeichnet werden. Jede Insel enthält *α-Zellen*, die Glucagon produzieren, und Insulin produzierende *β-Zellen*. Wie alle Hormone, so werden auch Insulin und Glucagon in die interstitielle Flüssigkeit abgegeben und gelangen von dort ins Blut.

Diabetes mellitus Eine Störung der Glucose-Homöostase kann schwer wiegende Folgen haben und sich auf Herz, Blutgefäße, Augen und Nieren auswirken. Eine solche Krankheit, der **Diabetes mellitus** (Zuckerkrankheit), entsteht durch einen Insulinmangel oder durch eine verminderte Reaktion auf Insulin im Zielgewebe. Der Blutglucosespiegel steigt, aber die Zellen sind nicht in der Lage, zur Deckung ihres Stoffwechselbedarfs genügend Glucose aufzunehmen.

Bei Patienten mit Diabetes mellitus überfordert der hohe Glucosespiegel im Blut die Fähigkeit der Nieren, den Zucker zu resorbieren. Glucose, die im Filtrat verbleibt, wird ausgeschieden. Deshalb ist Zucker im Urin ein typisches Kennzeichen dieser Krankheit.

Es gibt zwei Haupttypen des Diabetes mellitus. Der *Diabetes Typ 1*, auch insulinabhängiger Diabetes genannt, ist eine Autoimmunkrankheit: Hier zerstört das Immunsystem die *β*-Zellen des Pankreas. Diese Form der Krankheit tritt in der Regel bereits im Kindesalter auf und führt dazu, dass die Betroffenen kein Insulin mehr produzieren können. Die Therapie besteht in Insulininjektionen, die in der Regel mehrmals täglich verabreicht werden.

Der *Diabetes des Typs 2* oder der insulinunabhängige Diabetes ist dadurch gekennzeichnet, dass die Zielzellen nicht mehr normal auf Insulin ansprechen. Obwohl Insulin produziert wird, nehmen die Zielzellen keine Glucose aus dem Blut auf, sodass der Blutglucosespiegel erhöht bleibt. Für den Diabetes des Typs 2 können zwar genetische Ursachen eine Rolle spielen, das Risiko steigt jedoch beträchtlich bei Übergewicht und mangelnder körperlicher Betätigung.

VERSTÄNDNISFRAGEN

1. Bei einem Glucosetoleranztest muss der Proband eine glucosereiche Lösung trinken und anschließend wird der Blutglucosespiegel in regelmäßigen Abständen gemessen. Bei gesunden Personen steigt der Blutglucosespiegel zunächst mäßig stark an, erreicht dann aber innerhalb von zwei bis drei Stunden wieder nahezu den Normalwert. Sagen Sie die Ergebnisse dieses Tests bei einer Person mit Diabetes mellitus voraus. Begründen Sie Ihre Antwort.

2. Welche Eigenschaft eines Reizes könnte dafür sorgen, dass die negative Rückkopplung für einen hormonellen Mechanismus weniger wichtig wird?

41.3 Reaktionen endokriner Drüsen auf verschiedene Reize in der Regulation von Homöostase, Entwicklung und Verhalten

Bisher haben wir die Hormone und ihre Wirkungsmechanismen besprochen. Als Nächstes wollen wir betrachten, wie Signale aus dem Nervensystem die endokrine Signalübertragung in Gang setzen und regulieren.

Bei Wirbeltieren spielt der **Hypothalamus** eine entscheidende Rolle für die Koordination von Hormon- und Nervensystem. Er ist eine von mehreren endokrinen Drüsen, die sich im Gehirn befinden (Abbildung 41.8). Der Hypothalamus nimmt Informationen von Nerven aus dem gesamten Körper und anderen Gehirnteilen auf und löst daraufhin endokrine Signale aus. Bei vielen Wirbeltieren vermitteln beispielsweise Nervensignale aus dem Gehirn dem Hypothalamus Informationen über jahreszeitliche Veränderungen und verfügbare Paarungspartner. Der Hypothalamus steuert dann seinerseits die Ausschüttung der Fortpflanzungshormone, die für die Paarung erforderlich sind.

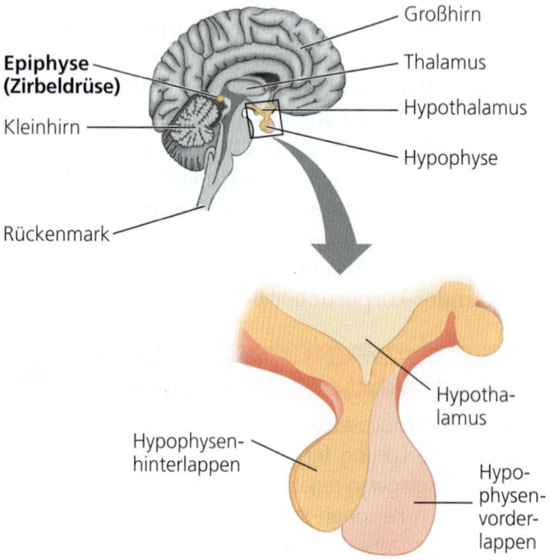

Abbildung 41.8: **Hormondrüsen im Gehirn des Menschen.** In der Seitenansicht des Gehirns erkennt man die Lage des Hypothalamus und der Hypophyse. Die zwischen Kleinhirn und Thalamus liegende Epiphyse (Zirbeldrüse) wirkt an der Regulation des Biorhythmus mit.

Signale aus dem Hypothalamus wandern zur **Hypophyse**, einer Drüse, die an seiner Unterseite angeordnet ist. Die Hypophyse, die ungefähr die Form und Größe einer Bohne hat, gliedert sich in einen abgegrenzten Hinter- und Vorderlappen.

Der Hypophysenhinterlappen schüttet zwei Neurohormone aus, das Oxytocin und das antidiuretische Hormon (ADH), siehe Kapitel 45.

Das **Oxytocin** hat bei Säugetieren unter anderem die Aufgabe, während des Stillens die Milchsekretion zu steuern. Diese Funktion wird über einen einfachen Neurohormonmechanismus vermittelt. Durch Saugen stimulierte Nervenzellen in den Brustwarzen erzeugen Signale, die über das Nervensystem den Hypothalamus erreichen. Ein von dort ausgehender Nervenimpuls löst dann im Hypophysenhinterlappen die Oxytocinausschüttung aus. Die Brustdrüsen reagieren auf den erhöhten Oxytocinspiegel im Blut mit der Milchejektion.

Der Mechanismus, durch den das Oxytocin die Brustdrüsen steuert, ist ein Beispiel für **positive Rückkopplung**. Oxytocin stimuliert das Einschießen der Milch beim Stillen, was zu verstärktem Saugen und damit zu weiterer Stimulation führt. Der Mechanismus bleibt so lange aktiviert, bis das Baby zu saugen aufhört.

Darüber hinaus erfüllt das Oxytocin in der Fortpflanzung verschiedene weitere Funktionen. So veranlasst es Kontraktionen bei der Uterusmuskulatur, beim Geburtsvorgang und wirkt sich positiv auf die sexuelle Erregung aus.

Der Hypophysenvorderlappen synthetisiert und sezerniert zahlreiche verschiedene Hormone; er wird seinerseits von Hormonen reguliert, die vom Hypothalamus abgegeben werden. Bei diesen Hormonen des Hypothalamus handelt es sich entweder um *Releasing-Hormone* oder um *Inhibiting-Hormone*, das heißt, sie begünstigen oder hemmen spezifisch die Ausschüttung eines oder mehrerer Hormone durch den Hypophysenvorderlappen.

Hormonkaskaden Die Hormone aus Hypothalamus, Hypophysenvorderlappen und endokrinen Zieldrüsen sind vielfach als Hormonkaskaden organisiert (Abbildung 41.9).

Sinkt die Körpertemperatur eines kleinen Kindes ab, schüttet der Hypothalamus TRH aus. Dieses regt den Hypophysenvorderlappen dazu an, TSH abzugeben. TSH wirkt auf die Schilddrüse und stimuliert dort die Ausschüttung des *Schilddrüsenhormons*. Dieser Vorgang führt zur Steigerung der Stoffwechselrate, sodass mehr Wärmeenergie frei wird und die Körpertemperatur steigt.

Wie die einfachen Hormonmechanismen, so schließen auch die Hormonkaskaden in der Regel eine negative Rückkopplung ein. Das Schilddrüsenhormon sorgt beispielsweise selbst für negative Rückkopplung: Es hemmt die TSH-Ausschüttung aus dem Hypophysenvorderlappen und die TRH-Ausschüttung aus dem Hypothalamus; damit verhindert es eine Überproduktion des Schilddrüsenhormons.

Tropine TSH ist ein **Tropin**, das heißt, es reguliert die Funktion endokriner Zellen oder Drüsen. Außer dem TSH wirken noch drei weitere Hormone des Hypophysenvorderlappens vorwiegend oder ausschließlich als Tropine: das **follikelstimulierende Hormon (FSH)**, das **luteinisierende Hormon (LH)** und das **adrenocorticotrope Hormon (ACTH)**.

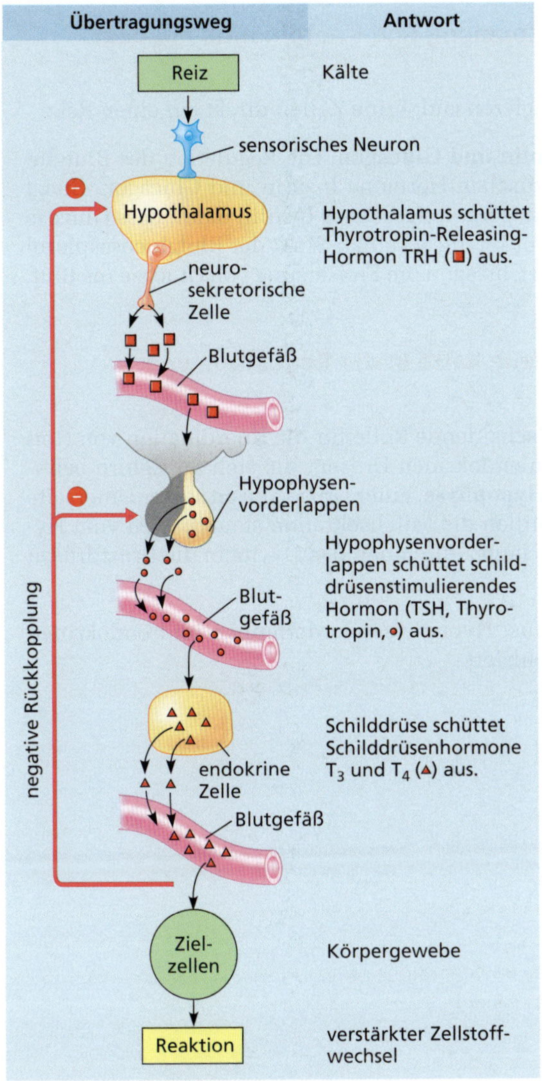

Abbildung 41.9: **Eine Hormonkaskade.**

? Angenommen, bei zwei Patienten wurde eine Überproduktion des Schilddrüsenhormons diagnostiziert; im Labortest zeigt sich bei einem ein erhöhter TSH-Spiegel, bei dem anderen aber nicht. War die Diagnose bei dem einen Patienten demnach zwangsläufig falsch? Begründen Sie Ihre Antwort.

VERSTÄNDNISFRAGEN

1. Wie unterscheiden sich die beiden verschmolzenen Drüsen der Hypophyse in ihrer Funktion?

2. Erläutern Sie, warum die Steuerung der Brustdrüsen durch Oxytocin ein Beispiel für eine positive Rückkopplung ist.

3. WAS WÄRE, WENN? Schlagen Sie eine Erklärung dafür vor, warum bei Defekten in spezifischen endokrinen Mechanismen in der Regel nur eine Störung in der letzten Drüse des Signalweges vorliegt, nicht aber im Hypothalamus oder in der Hypophyse.

ZUSAMMENFASSUNG

Hormone und andere Signalmoleküle, ihre Bindung an die Rezeptoren und die von ihnen ausgelösten spezifischen Reaktionswege

Die Art der Signalübertragung zwischen tierischen Zellen unterscheidet sich je nach Typ der sezernierenden Zelle und nach dem Weg, den das Signal zu seinem Ziel nimmt. **Endokrine Signale** oder **Hormone** werden von endokrinen Zellen oder Drüsen ohne Ausführungsgang in die extrazelluläre Flüssigkeit abgegeben und gelangen mit dem Blut zu ihren Zielzellen.

Lokale Regulatoren sind zum Beispiel **Cytokine**, **Wachstumsfaktoren** und **Stickstoffmonoxid** (ein Gas).

Bei den Hormonen kann es sich um Proteine/Peptide, Amine oder Steroide handeln. Je nach Löslichkeit der Hormone in Wasser werden unterschiedliche Signalübertragungsmechanismen in Gang gesetzt.

Endokrine Hormone: Regulation durch Rückkopplung und Koordination mit dem Nervensystem

Bei einem einfachen endokrinen Reaktionsweg reagieren endokrine Zellen direkt auf einen Reiz.

Die Steuerung des Blutglucosespiegels durch Insulin und Glucagon. Die Regulation des Blutglucosespiegels ist die Aufgabe der beiden antagonistischen Hormone Insulin und Glucagon. Steigt der Blutglucosespiegel über einen bestimmten Wert, sorgt freigesetztes Insulin dafür, dass Glucose aus dem Blut aufgenommen wird, sodass der Blutzuckerspiegel sinkt. Sinkt der Blutglucosespiegel umgekehrt unter den vorgegebenen Wert ab, fördert Glucagon die Freisetzung von Glucose ins Blut, sodass die Glucosekonzentration ansteigt.

Reaktionen endokriner Drüsen auf verschiedene Reize in der Regulation von Homöostase, Entwicklung und Verhalten

Bei Wirbeltieren spielt der **Hypothalamus** eine entscheidende Rolle für die Koordination von Hormon- und Nervensystem. Er ist eine von mehreren endokrinen Drüsen, die sich im Gehirn befinden. Signale aus dem Hypothalamus wandern zur **Hypophyse**, einer Drüse, die an seiner Unterseite angeordnet ist. **Oxytocin**, ein Hormon, das beim Stillen die Milchsekretion steuert, wird vom Hypophysenhinterlappen ausgeschüttet. Der Mechanismus, durch den das Oxytocin die Brustdrüsen steuert, ist ein Beispiel für positive Rückkopplung.

Hormonkaskaden. Die Hormone aus Hypothalamus, Hypophysenvorderlappen und endokrinen Zieldrüsen sind vielfach als Hormonkaskaden organisiert.

Die Ernährung der Tiere

42

42.1 Die Nahrung der Tiere muss die Versorgung mit chemischer Energie, organischen Molekülen und essenziellen Nährstoffen gewährleisten

Die Aktivität der Zellen, Gewebe, Organe und ganzer Tiere ist von chemischer Energie abhängig, die aus der Nahrung stammt. Diese Energie treibt dann, nach ihrer Umwandlung in ATP, eine Vielzahl von Prozessen an, von der DNA-Replikation und der Zellteilung bis hin zum Sehen und Fliegen. Um ihren ständigen ATP-Bedarf zu decken, nehmen die Tiere verschiedene Nährstoffe – insbesondere Kohlenhydrate, Proteine und Lipide – auf und verdauen sie, sodass sie für die Zellatmung und Energiespeicherung zur Verfügung stehen.

Die Ernährung muss einem Tier aber nicht nur genügend Energie für die ATP-Produktion liefern, sondern auch Rohstoffe für die Biosynthese. Zum Aufbau der komplexen Moleküle, die es für Wachstum, Instandhaltung und Fortpflanzung braucht, muss es aus der Nahrung zweierlei organische Vorläufermoleküle aufnehmen. Tiere brauchen organische Kohlenstoffverbindungen (beispielsweise Zucker) und organische Stickstoffverbindungen (in der Regel Aminosäuren aus der Verdauung von Proteinen). Mit diesen Verbindungen als Ausgangsmaterial können Tiere eine große Vielfalt organischer Moleküle aufbauen.

Substanzen, die eine tierische Zelle braucht, aber nicht selbst herstellen kann, werden als **essenzielle Nährstoffe** bezeichnet.

Essenzielle Aminosäuren Tiere benötigen 20 Aminosäuren zum Aufbau ihrer Proteine, acht davon sind für die meisten Tiere essenziell und müssen mit der Nahrung aufgenommen werden (Säuglinge brauchen noch eine neunte, das Histidin).

Die Proteine in tierischen Produkten wie Fleisch, Eier und Käse sind „vollständig“, das heißt sie liefern alle essenziellen Aminosäuren in den richtigen Mengenverhältnissen. Pflanzliche Proteine dagegen sind meist „unvollständig“, weil ihnen eine oder mehrere essenzielle Aminosäuren fehlen. Mais enthält beispielsweise nicht ausreichend Tryptophan und Lysin, bei Bohnen gilt dies für Methionin. Zur Vermeidung von Proteinmangel muss eine vegetarische Ernährung deshalb verschiedene pflanzliche Produkte umfassen, die gemeinsam alle essenziellen Aminosäuren in ausreichender Menge liefern (Abbildung 42.1).

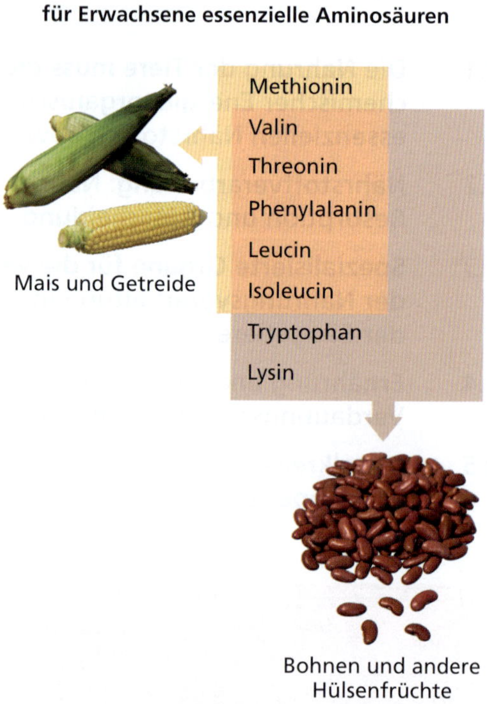

Abbildung 42.1: Essenzielle Aminosäuren in vegetarischer Ernährung. Gemeinsam liefern Mais und Bohnen einem erwachsenen Menschen alle essenziellen Aminosäuren in ausreichender Menge.

Essenzielle Fettsäuren Tiere können die meisten benötigten Fettsäuren, bis auf einige Ausnahmen, selbst synthetisieren. Essenziell sind vor allem ungesättigte Fettsäuren (das heißt solche, die eine oder mehrere Doppelbindungen enthalten; siehe Abbildung 5.9). Menschen brauchen beispielsweise Linolsäure zur Herstellung bestimmter Membranphospholipide. Da die Ernährung mit Samen, Getreide und Gemüse beim Menschen und anderen Tieren in der Regel für eine ausreichende Versorgung mit essenziellen Fettsäuren sorgt, ist ein Mangel an Nährstoffen bei dieser Gruppe selten.

Vitamine **Vitamine** sind organische Moleküle mit vielfältigen Funktionen, die in sehr geringer Menge in der Nahrung enthalten sein müssen. Man unterscheidet zwischen wasserlöslichen und fettlöslichen Vitaminen (Tabelle 42.1).

Vitamine	Hauptlieferanten in der Nahrung	Physiologische Funktionen im Körper	Symptome bei Mangel *Symptome bei Überdosierung**
Wasserlösliche Vitamine			
B_1 (Thiamin)	Schweinefleisch, Hülsenfrüchte, Erdnüsse, Vollkornprodukte	Coenzym zur Abspaltung von CO_2 aus organischen Verbindungen	Beriberi (Müdigkeit, Missempfindungen, Muskelkrämpfe, Atrophie, Gewichtsverlust) *keine negativen Auswirkungen*
B_2 (Riboflavin)	Milchprodukte, Fleisch, Getreideprodukte, Gemüse	Bestandteil der Coenzyme FAD und FMN	Hautschäden, zum Beispiel rissige Mundwinkel *keine negativen Auswirkungen*
B_3 (Niacin)	Nüsse, Fleisch, Getreide	Bestandteil der Coenzyme NAD^+ und $NADP^+$	Hautschäden und Entzündungen des Verdauungstrakts, Nervenstörungen *Gesichtsröte (Flush-Syndrom), Leberschäden bei hohen Dosen*
B_5 (Pantothensäure)	Fleisch, Milchprodukte, Vollkornprodukte usw.	Bestandteil des Coenzyms A	Unwohlsein und Ermüdung, Taubheitsgefühle, Prickeln in Händen und Füßen *keine negativen Auswirkungen*
B_6 (Pyridoxin)	Fleisch, Gemüse, Vollkornmehl	Coenzym im Aminosäurestoffwechsel	Reizbarkeit, Krampfanfälle, Muskelzucken, Anämie *Nervenschäden, Gangunsicherheit bei hohen Dosen*
B_7 (Biotin)	Hülsenfrüchte, anderes Gemüse, Fleisch	Coenzym für Fett-, Glykogen- und Aminosäuresynthese	Hautentzündung mit Schuppenbildung, Nerv-Muskel-Störungen *keine negativen Auswirkungen*
B_9 (Folsäure)	Blattgemüse, Orangen, Nüsse, Hülsenfrüchte, Vollkornmehl	Coenzym für Nucleinsäure- und Aminosäurestoffwechsel	Anämie, bei Schwangeren Schädigung des Fötus (Neuralrohrdefekt) *keine negativen Auswirkungen*
B_{12} (Cobalamin)	Fleisch, Eier, Milchprodukte	Coenzym für Nucleinsäurestoffwechsel; Reifung der roten Blutzellen	Anämie, Nervenstörungen *keine negativen Auswirkungen*
C (Ascorbinsäure)	Obst und Gemüse, insbesondere in Citrusfrüchten, Brokkoli, Kohl, Tomaten, grüne Paprika	Beteiligt an der Kollagensynthese für Knochen, Knorpel, Zahnfleisch; Antioxidans; Unterstützung der Entgiftung; Verbesserung der Eisenaufnahme	Skorbut (Schäden von Haut, Zähnen und Blutgefäßen), Schwächegefühl, verzögerte Wundheilung, Immunschwäche *Übelkeit und Durchfall bei hohen Dosen*
Fettlösliche Vitamine			
A (Retinol)	Provitamin A (Beta-Carotin) in dunkelgrünem und orangefarbenem Obst und Gemüse; Retinol in Milchprodukten	Bestandteil der Sehpigmente; Erhaltung von Epithelgewebe; verhindert Schädigung der Zellmembranen	Erblindung, Hauterkrankungen, geschwächtes Immunsystem und erhöhte Sterblichkeit *Haarausfall, trockene Haut und Lippen, geschwächte Knochen, Kopfschmerzen*
D (Calciferole)	Milchprodukte, Eidotter; wird in der Haut bei Einwirkung von Sonnenlicht gebildet	Unterstützt Aufnahme und Nutzung von Calcium und Phosphor; fördert das Knochenwachstum	Rachitis (Knochenverformung) bei Kindern, Knochenerweichung bei Erwachsenen *Appetitlosigkeit, Übelkeit, Erbrechen, Schwäche, Nervosität, Bluthochdruck, Nierenschäden*
E (Tocopherol)	Pflanzenöl, Nüsse, Samen	Antioxidans; beugt Schäden der Zellmembranen vor	Schäden des Nervensystems *Müdigkeit, Übelkeit, Durchfall, Muskelschwäche, Blutungen*
K (Phyllochinon)	Grünes Gemüse, Tee; wird von Darmbakterien produziert	Wichtig für die Blutgerinnung	Blutgerinnungsstörungen *Anämie und Gelbsucht (bei sehr hohen Dosen)*

* bei Aufnahme über den Magen-Darm-Trakt.

Tabelle 42.1: **Der Vitaminbedarf des Menschen**

Mineralstoffe Mineralstoffe sind anorganische Bestandteile in der Nahrung wie Zink und Kalium, die in der Regel nur in sehr geringen Mengen benötigt werden – der Bedarf liegt zwischen einem und 2.500 Milligramm am Tag (Tabelle 42.2).

Mangelernährung Eine Ernährungsweise, welche die grundlegenden Anforderungen des Organismus nicht erfüllt, kann zu Unterernährung oder Fehlernährung führen. Unterernährung ist die Folge, wenn über längere Zeit hinweg Nahrung aufgenommen wird, die weniger chemische Energie enthält, als der Organismus benötigt. Von Fehlernährung spricht man hingegen, wenn der aufgenommenen Nahrung über längere Zeit ein oder mehrere lebenswichtige Nährstoffe fehlen. Unterernährung und Fehlernährung können sich beide negativ auf die Gesundheit und Lebensdauer auswirken.

VERSTÄNDNISFRAGEN

1. Zur Herstellung der Proteine brauchen Tiere alle 20 Aminosäuren. Warum sind nicht alle in der Ernährung der Tiere essenziell?

2. Warum sind Vitamine in viel geringeren Mengen notwendig als Kohlenhydrate?

3. WAS WÄRE, WENN? Angenommen, bei einem Tier in einem Zoo sind Zeichen für Fehlernährung zu erkennen. Wie könnte man feststellen, welcher Nährstoff fehlt?

Mineralstoffe		Hauptlieferanten in der Nahrung	Physiologische Funktionen im Körper	Symptome bei Mangel
Tagesbedarf > 200 mg	Calcium (Ca)	Milchprodukte, grünes Gemüse, Hülsenfrüchte	Knochen- und Zahnaufbau, Blutgerinnung, Muskelfunktion	Wachstumsstörungen, Knochenschwund
	Phosphor (P)	Milchprodukte, Fleisch, Getreide	Knochen- und Zahnaufbau, Säure-Base-Gleichgewicht, Nucleotidsynthese	Körperliche Schwäche, Mineralverlust aus den Knochen, Calciumverlust
	Schwefel (S)	Proteine aus vielen Quellen	Bestandteil bestimmter Aminosäuren	Wachstumsstörungen, Spröde Nägel und Haare, Unwohlsein und Ermüdung, verzögerte Wundheilung
	Kalium (K)	Fleisch, Milchprodukte, Obst, Gemüse, Getreide	Säure-Base-Gleichgewicht, Wasserhaushalt, Nervenfunktion	Muskelschwäche, Lähmungserscheinungen, Übelkeit, Herzversagen
	Chlor (Cl)	Kochsalz	Säure-Base-Gleichgewicht, Magensaftproduktion, osmotisches Gleichgewicht	Muskelkrämpfe, Appetitlosigkeit
	Natrium (Na)	Kochsalz	Säure-Base-Gleichgewicht, Wasserhaushalt, Nervenfunktion	Muskelkrämpfe, Appetitlosigkeit
	Magnesium (Mg)	Vollkornprodukte, Blattgemüse	Cofaktor; ATP-Energiehaushalt	Störungen des Nervensystems
Tagesbedarf < 20 mg (Spurenelemente*)	Eisen (Fe)	Fleisch, Eier, Hülsenfrüchte, Vollkornprodukte, grünes Blattgemüse	Bestandteil von Hämoglobin und Elektronenüberträgern, Cofaktor für Enzyme	Eisenmangelanämie, allgemeine körperliche Schwäche, Immunschwäche
	Fluor (F)	Trinkwasser, Tee, Meeresfrüchte	Aufrechterhaltung der Zahn- und Knochenstruktur	Erhöhte Kariesgefahr
	Iod (I)	Meeresfrüchte, Milchprodukte, Iodsalz	Bestandteil der Schilddrüsenhormone	Kropf (Schilddrüsenvergrößerung)
	Zink (Zn)	Fleisch, Meeresfrüchte, Getreide	Bestandteil bestimmter Verdauungsenzyme und vieler anderer Proteine	Wachstumsstörungen, Hautanomalien, Unfruchtbarkeit, Immunschwäche

*Weitere Spurenelemente umfassen Kobalt (Co), Kupfer (Cu), Chrom (Cr), Mangan (Mn), Molybdän (Mo) und Selen (Se). Alle diese Mineralstoffe sind schädlich, wenn sie in übergroßen Mengen aufgenommen werden.

Tabelle 42.2: **Mineralstoffbedarf des Menschen**

42.2 Nährstoffverarbeitung: Nahrungsaufnahme, Verdauung, Resorption und Ausscheidung

Die Verarbeitung von Nahrung lässt sich in vier Stadien unterteilen: Nahrungsaufnahme, Verdauung, Resorption und Ausscheidung (Abbildung 42.2). Das erste Stadium, die **Aufnahme** ❶, ist das Fressen. Tiere können ihre Nahrung in ganz unterschiedlicher flüssiger oder fester Form aufnehmen. Man unterscheidet dabei vier unterschiedliche Mechanismen der Nahrungsaufnahme: **Filtrierer** sieben kleine Nahrungsteilchen aus dem Wasser, **Substratesser** leben in oder auf ihrer Nahrungsquelle und fressen sich durch deren Gewebe, **Sauger** saugen nährstoffreiche Flüssigkeiten aus einem lebenden Wirt, **Schlinger** und **Zerkleinerer** nehmen relativ große, feste Nahrungsteile auf (siehe Abbildung 42.10).

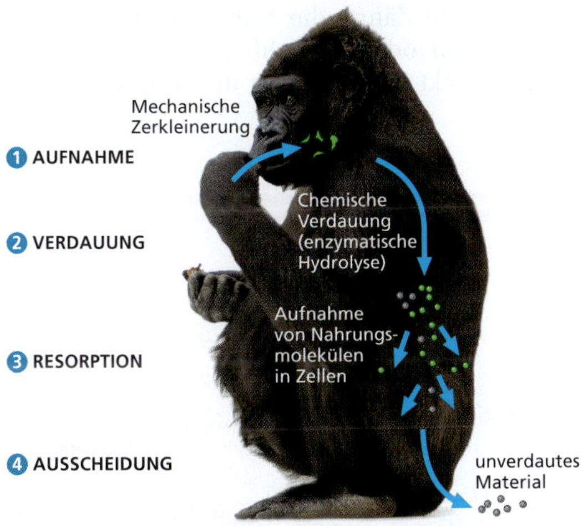

Abbildung 42.2: **Die vier Stadien der Nahrungsverarbeitung.**

Bei der **Verdauung** ❷, dem zweiten Stadium der Nahrungsverarbeitung, wird die Nahrung zu kleinen Molekülen abgebaut, die der Organismus resorbieren kann. Bei der chemischen Verdauung kehren Enzyme diesen Vorgang um: Sie spalten Bindungen und lagern dabei Wasser an (Hydrolyse, siehe Abbildung 5.1). Polysaccharide und Disaccharide werden in einfache Zucker gespalten; Proteine werden in Di- sowie Tripeptide und Aminosäuren und Nucleinsäuren in Nucleotide zerlegt. Aus Fetten und Phospholipiden werden Fettsäuren und andere Bestandteile freigesetzt. Dieser chemischen Verdauung geht in der Regel ein mechanischer Aufschluss voraus – beispielsweise durch Kauen. Dabei wird die Nahrung zerkleinert, sodass für die chemischen Prozesse eine größere Oberfläche zur Verfügung steht.

Im dritten Stadium, der **Resorption** ❸ (lat. *resorbere*, aufsaugen), werden kleine Moleküle wie Aminosäuren und einfache Zucker von den Zellen des Tieres aufgenommen (resorbiert). Abgeschlossen wird der ganze Vorgang schließlich durch die **Ausscheidung** ❹, bei der unverdautes Material den Verdauungstrakt verlässt.

Wie können Tiere ihre Nahrung verdauen, ohne gleichzeitig die eigenen Zellen und Gewebe abzubauen? Die Nahrung wird in spezialisierten Hohlräumen oder Kompartimenten verdaut.

Intrazelluläre Verdauung Die einfachsten Verdauungskompartimente sind Nahrungsvakuolen – Zellorganellen, in denen hydrolytische Enzyme die Nahrung abbauen können. Die Hydrolyse von Nahrungssubstanzen innerhalb der Vakuolen, die sogenannte **intrazelluläre Verdauung**, beginnt damit, dass eine Zelle feste Nahrung durch Phagocytose oder eine Flüssigkeit durch Pinocytose in sich aufnimmt (siehe Abbildung 7.15). Die dabei neu gebildeten Nahrungsvakuolen verschmelzen mit Lysosomen, Organellen, die hydrolytische Enzyme enthalten. Durch diese Organellenfusion kommt die Nahrung mit den Enzymen in Kontakt, sodass die Verdauung innerhalb des von einer schützenden Membran eingehüllten Kompartiments gefahrlos ablaufen kann.

Extrazelluläre Verdauung Bei den meisten Tieren läuft die Hydrolyse zumindest teilweise während der **extrazellulären Verdauung** ab: Die Nahrung wird in Kompartimenten abgebaut, die in Verbindung mit der Umgebung des Tieres stehen. Damit kann ein Tier viel größere Nahrungsmengen aufnehmen als durch Phagocytose.

Die meisten Tiere verfügen über einen Verdauungskanal mit zwei Öffnungen an den Enden – Mund und Anus. Einen solchen Kanal bezeichnet man als **vollständigen Verdauungstrakt** oder einfach als **Verdauungskanal**. Da die Nahrung nur in einer Richtung durch den Verdauungskanal wandert, kann dieser in spezialisierte Abschnitte gegliedert sein, in denen Verdauung und Nährstoffresorption schrittweise ablaufen. Ein Tier, das einen Verdauungskanal besitzt, kann bereits wieder Nahrung aufnehmen, während frühere Mahlzeiten noch verdaut werden.

VERSTÄNDNISFRAGEN

1. Stellen Sie den Gesamtaufbau eines Gastralraums und eines Verdauungskanals einander gegenüber.

2. Warum kann man sagen, dass die Nährstoffe einer kürzlich verzehrten Mahlzeit sich vor dem Resorptionsstadium der Nahrungsverarbeitung in einem gewissen Sinn noch nicht „innerhalb" des Organismus befinden?

3. WAS WÄRE, WENN? Denken wir einmal in weit gefassten Begriffen: Welche Ähnlichkeiten bestehen zwischen der Verdauung im Organismus eines Tieres und dem Abbau des Benzins in einem Auto?

42.3 Spezialisierte Organe für die verschiedenen Stadien der Nahrungsverarbeitung im Verdauungssystem der Säugetiere

Bei Säugetieren besteht das Verdauungssystem aus dem Verdauungskanal und verschiedenen Hilfsdrüsen, die Verdauungssäfte durch Drüsengänge in den Kanal abgeben (Abbildung 42.3).

Für die Bewegung der Nahrung durch den Verdauungskanal sorgt die **Peristaltik**, abwechselnde Wellen von Kontraktion und Entspannung der glatten Muskulatur in der Wand des Kanals. An einigen Verbindungsstellen zwischen spezialisierten Kompartimenten bildet die Muskelschicht ringförmige Ventile, die man als Schließmuskeln oder **Sphinkter** bezeichnet.

MERKE!

Für die Bewegung der Nahrung durch den Verdauungskanal sorgt die Peristaltik, abwechselnde Wellen von Kontraktion und Entspannung der glatten Muskulatur in der Wand des Kanals.

42.3.1 Mundhöhle, Schlund und Speiseröhre

Die Aufnahme der Nahrung und die ersten Schritte der Verdauung finden in der **Mundhöhle** statt. Die Verdauung beginnt damit, dass unterschiedlich geformte Zähne die Nahrung zerschneiden, zerquetschen oder zermahlen, sodass sie leichter geschluckt werden kann und ihre Oberfläche steigt.

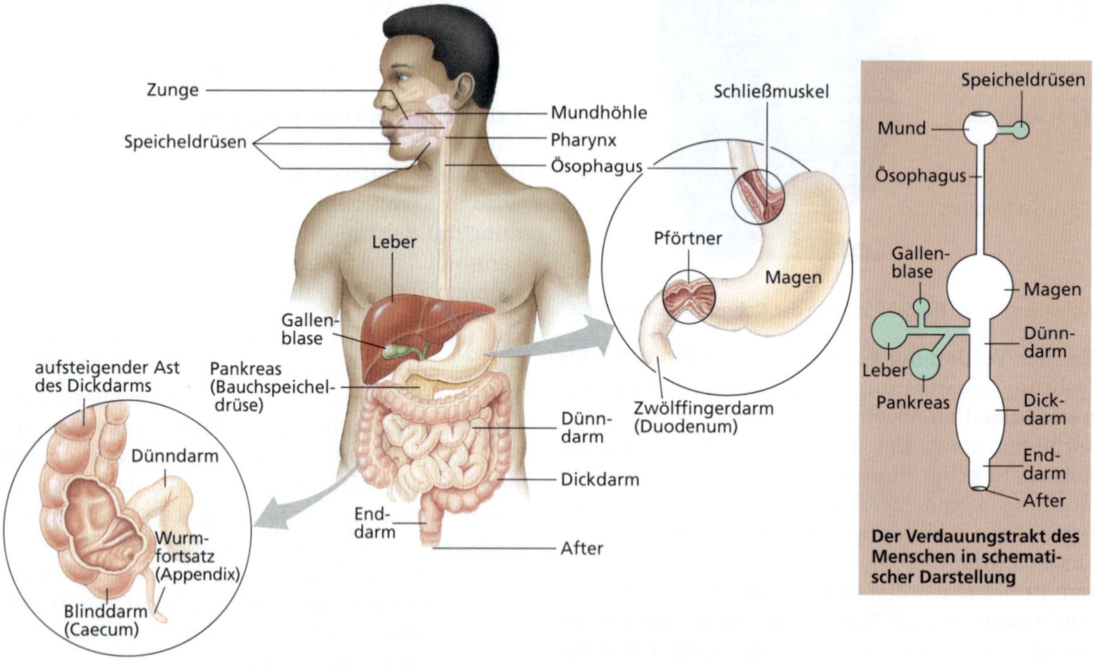

Abbildung 42.3: **Das Verdauungssystem des Menschen.** Nachdem die Nahrung gekaut und geschluckt wurde, dauert es fünf bis zehn Sekunden, bevor sie durch die Speiseröhre in den Magen gewandert ist. Dort wird sie im Laufe von zwei bis sechs Stunden teilweise verdaut. Der letzte Teil der Verdauung und die Nährstoffresorption finden im Dünndarm im Laufe von fünf bis sechs Stunden statt. Innerhalb von zwölf bis 24 Stunden durchläuft das gesamte unverdaute Material den Dickdarm und wird als Kot durch den After ausgeschieden.

Der Speichel setzt die chemische Verdauung in Gang und schützt gleichzeitig die Mundhöhle. Die **Amylase**, ein im Speichel enthaltenes Enzym, hydrolysiert Stärke (ein pflanzliches Glucosepolymer) und Glykogen (ein tierisches Glucosepolymer) zu kleineren Polysacchariden und dem Disaccharid Maltose. Weitere wichtige Bestandteile des Speichels sind Mucine, schleimige Glykoproteine (Kohlenhydrat-Protein-Komplexe), die die Mundschleimhaut vor mechanischen Beschädigungen schützen, Bicarbonat als Puffer, der Säuren neutralisiert, Bakterien hemmende Wirkstoffe wie das Lysozym und Antikörper sowie eine saure Lipase, welche erst beim niedrigen pH-Wert im Magen aktiviert wird.

Die Zunge spielt eine ganz ähnliche Rolle wie der Türsteher, der die Menschen beim Betreten eines Gebäudes überprüft und unterstützt: Sie beurteilt das aufgenommene Material und ermöglicht dann den Weitertransport.

Der Schlund, auch **Pharynx** genannt, mündet in zwei Transportwege: die Speiseröhre und die Luftröhre. Die **Speiseröhre** (*Ösophagus*) führt zum Magen, die Luftröhre dagegen zur Lunge. Der Schluckvorgang muss also genau koordiniert werden, damit keine Nahrung in die Atemwege gelangt und sie blockiert.

42.3.2 Verdauung im Magen

Einige Nährstoffe gehen bereits aus dem Magen ins Blut über, vorwiegend dient dieser jedoch der Nahrungsspeicherung und der Fortsetzung der Verdauung. Der Magen scheidet als Verdauungsflüssigkeit den **Magensaft** aus und vermischt ihn durch Knetbewegungen mit der Nahrung.

Chemische Verdauung im Magen Salzsäure (HCl) im Magen zerstört die extrazelluläre Matrix, die in Fleisch und pflanzlichem Material die Zellen zusammenhält. Der pH-Wert des Magensaftes liegt ungefähr bei zwei; er ist also so sauer, dass er eiserne Nägel auflösen könnte. Bei einem derart niedrigen pH sterben nicht nur die meisten Bakterien ab, sondern es werden auch die Nahrungsproteine denaturiert. Die Protease Pepsin spaltet Peptidbindungen und zerlegt die Proteine in kleinere Polypeptide. Der weitere Abbau bis zu Di, -Tripeptiden sowie Aminosäuren findet im Dünndarm statt. Auch die im Speichel enthaltene saure Lipase beginnt bei dem niedrigen pH-Wert des Magensaftes mit der Verdauung der in der Nahrung enthaltenen Fette. Bis zu 30 Prozent der Fettverdauung finden im Magen statt.

Warum zerstört der Magensaft nicht die Magenzellen, die ihn produzieren? Die Antwort: Die Bestandteile des Magensaftes sind so lange inaktiv, bis sie in das Lumen (den Innenraum) des Magens abgegeben werden. Die Inhaltsstoffe des Magensaftes werden von Zellen in den Drüsen der Magenschleimhaut produziert (Abbildung 42.4). Die *Belegzellen* transportieren mithilfe einer ATP-getriebenen Ionenpumpe Wasserstoffionen aktiv ins Lumen des Magens, wodurch die H^+-Konzentration im Vergleich zum Blut mehr als 100.000-fach erhöht wird. Gleichzeitig scheiden die *Hauptzellen* das Pepsin in einer inaktiven, als **Pepsinogen** bezeichneten Form in das Lumen aus. Aufgrund des niedrigen pH-Wertes kommt es autokatalytisch zur Abspaltung eines kleinen Teils des Pepsinogenmoleküls, wodurch dieses in aktives Pepsin verwandelt wird. Zusätzlich kann Pepsin selbst das Pepsinogen spalten. Auf diese Weise entsteht mehr Pepsin, das wiederum mehr Pepsinogen aktiviert, sodass die aktive Enzymmenge immer größer wird. Dieser Ablauf ist ein Beispiel für positive Rückkopplung.

Die Magenwand schützt sich aber gegen die Selbstverdauung, indem sie **Schleim** ausscheidet, eine zähflüssige, schleimige Mischung aus Glykoproteinen, Zellen, Salzen und Wasser. Außerdem kommt durch Zellteilung alle drei Tage eine neue Epithelschicht hinzu, sodass Zellen, die von den Verdauungssäften geschädigt wurden, ersetzt werden.

Der Pförtner oder **Pylorus** – der Schließmuskel am Übergang vom Magen zum Dünndarm – steuert die Passage des Speisebreies in den Dünndarm und erlaubt jeweils nur einer geringen Menge auf einmal den Durchtritt. In der Regel verlässt die Mischung aus Säure, Enzymen und teilweise verdauter Nahrung ungefähr zwei bis sechs Stunden nach einer Mahlzeit den Magen.

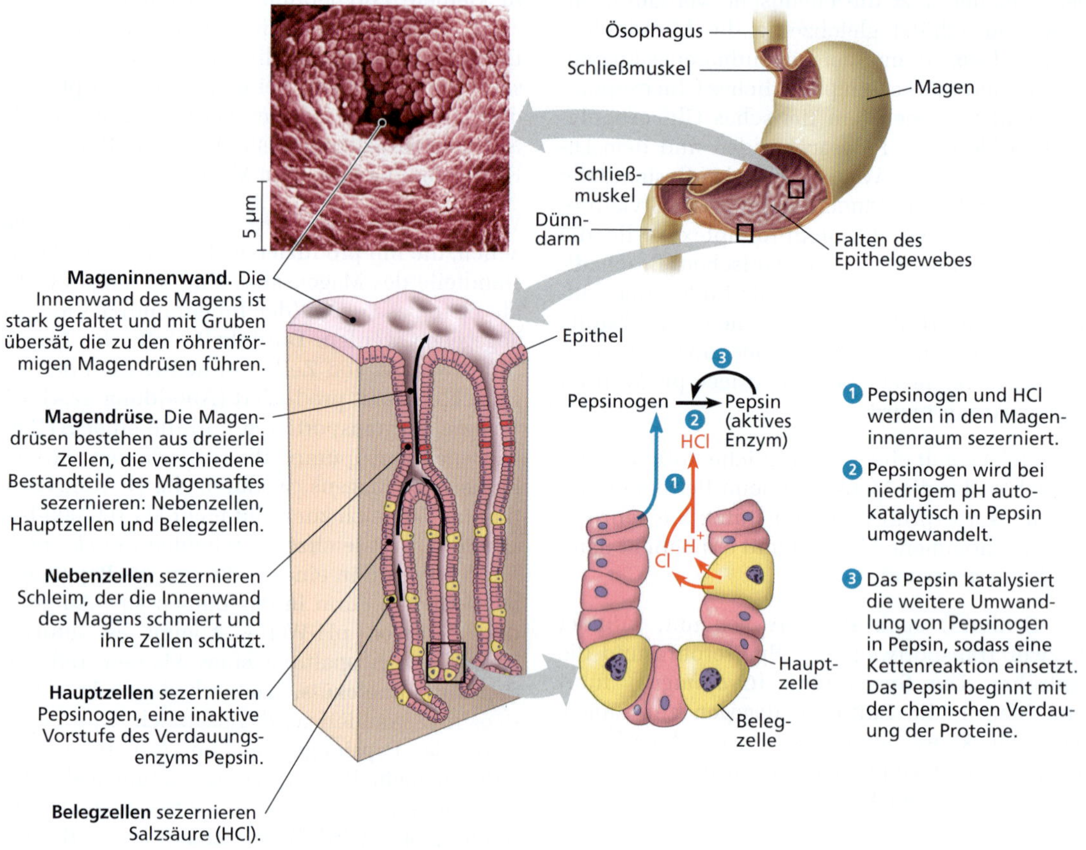

Abbildung 42.4: Der Magen und seine Sekrete. Die Mikroskopaufnahme (eingefärbte REM-Aufnahme) zeigt eine Grube an der Mageninnenwand, die der Ausscheidung von Verdauungssäften dient.

42.3.3 Verdauung im Dünndarm

Zum größten Teil findet die enzymatische Hydrolyse der Makromoleküle aus der Nahrung im **Dünndarm** statt (Abbildung 42.5). Die ersten 25 cm des Dünndarms bildet der **Zwölffingerdarm** (*Duodenum*), der für die Verdauung eine wichtige Station darstellt. Hier vermischt sich der Speisebrei aus dem Magen mit Verdauungssäften aus Pankreas, Leber und Gallenblase sowie mit Ausscheidungen aus Drüsen der Darmwand selbst.

Das **Pankreas** (Bauchspeicheldrüse) unterstützt die chemische Verdauung durch Produktion einer leicht alkalischen Lösung, die reich an Bicarbonat ist und auch mehrere Enzyme beziehungsweise deren Vorstufen enthält. Das Bicarbonat wirkt als Puffer und neutralisiert den sauren Speisebrei. Zu den Pankreasenzymen gehören Trypsin und Chymotrypsin, Proteasen, die in inaktiver Form (Trypsinogen und Chymotrypsinogen) in den Zwölffingerdarm abgegeben werden (Abbildung 42.5). Sie werden erst dann aktiv, wenn sie sich im extrazellulären Innenraum des Zwölffingerdarms befinden.

Der überwiegende Teil der Verdauung von Fetten und anderen Lipiden beginnt erst im Dünndarm und ist auf die **Galle** angewiesen, eine Mischung verschiedener Substanzen, die in der **Leber** gebildet wird. Die Galle enthält Gallensalze, die als Detergenzien (Emulgatoren) an der Verdauung und Resorption der Lipide mitwirken. Gespeichert und angereichert wird die Galle in der Gallenblase.

Das Epithel des Zwölffingerdarms produziert mehrere Verdauungsenzyme (Abbildung 42.5).

42.3.4 Resorption im Dünndarm

Damit die Nährstoffe aus dem Darmlumen in das Körpergewebe gelangen können, müssen sie zunächst die Wand des Verdauungskanals passieren. Diese Resorption findet zum größten Teil im Dünn-

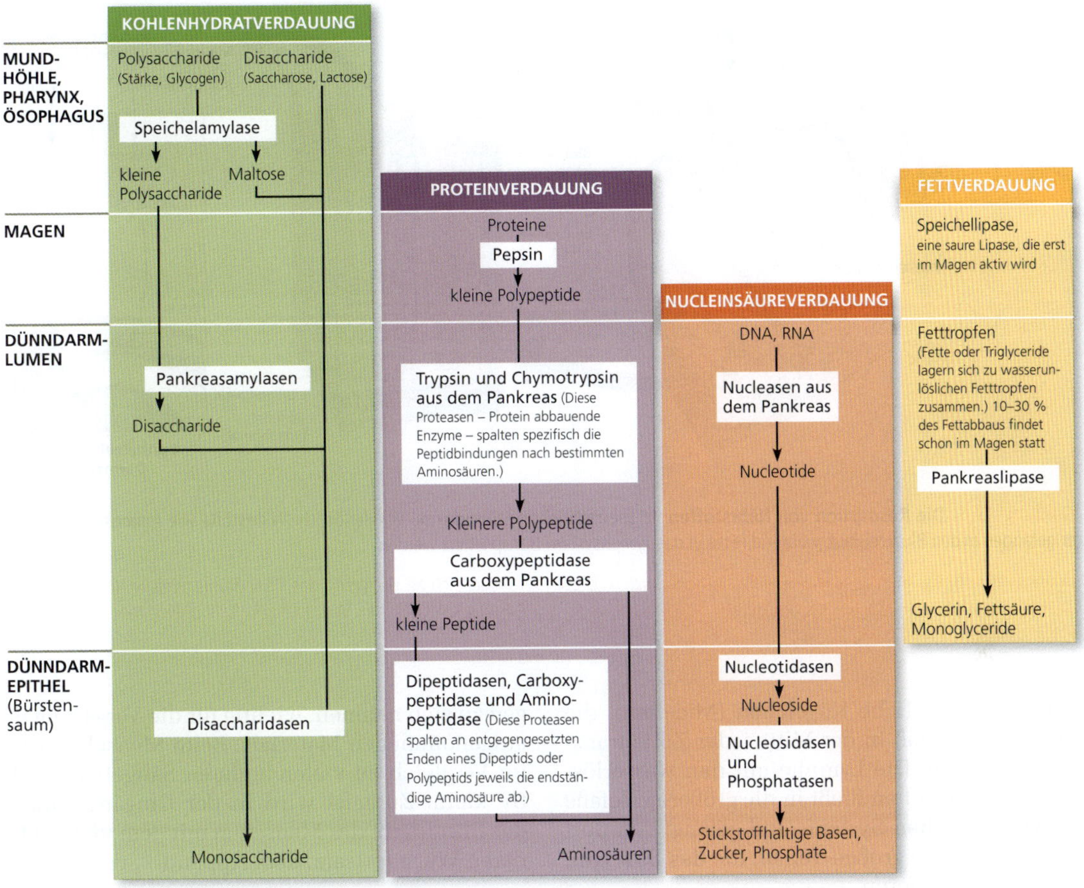

Abbildung 42.5: Enzymatische Hydrolyse im Verdauungstrakt des Menschen. Der enzymatische Abbau der vier Hauptbestandteile der Nahrung erfolgt jeweils zu einem bestimmten Zeitpunkt und an einem speziellen Ort des Verdauungstrakts.

? Pepsin widersteht der denaturierenden Wirkung des niedrigen pH-Werts im Magen. Denken Sie an die verschiedenen Verdauungsprozesse, die im Dünndarm ablaufen: Mit welchen gemeinsamen Anpassungen würden sie bei den Verdauungsenzymen in diesem Kompartiment rechnen?

darm statt. Die innere Oberfläche dieses Organs ist mit rund 300 m^2 so groß wie ein Tennisplatz. Tiefe Falten (Kerckringfalten) in seiner Innenwand tragen fingerähnliche Ausstülpungen, die **Darmzotten** oder *Villi*. Jede Epithelzelle einer Zotte trägt an ihrer apikalen Oberfläche wiederum zahlreiche mikroskopisch kleine Ausstülpungen, die **Mikrovilli**, die in das Dünndarmlumen ragen (Abbildung 42.6).

Je nachdem, um welche Nährstoffe es sich handelt, kann der Transport durch die Epithelzellen aktiv oder passiv ablaufen. Der Zucker Fructose gelangt beispielsweise durch erleichterte Diffusion entlang seines Konzentrationsgefälles vom Lumen des Dünndarms in die Epithelzellen. Er verlässt diese durch deren Basalmembran und wird von mikroskopisch kleinen Blutgefäßen (Kapillaren) resorbiert, die sich in der Mitte der Darmzotte befinden. Andere Nährstoffe, darunter Glucose, Aminosäuren, kleine Peptide und Vitamine, werden von den Epithelzellen der Zotten aktiv entgegen ihres Konzentrationsgefälles aufgenommen. Dieser sekundär aktive Transport entspricht dem im proximalen Tubulus der Niere (siehe auch Na^+-Symport, Kapitel 45) und ermöglicht eine viel stärkere Nährstoffresorption als die passive Diffusion allein. Viele Nährstoffe verlassen den Dünndarm zwar mit dem Blut, manche Produkte der Fett-(Triglycerid)verdauung schlagen jedoch einen anderen Weg ein. Nachdem Fettsäuren und Monoglyceride (Glycerinmoleküle mit einer einzigen gebundenen Fettsäure) von den Epithelzellen aufgenommen wurden, werden sie innerhalb dieser Zellen wieder zu Triglyceriden zusammengesetzt. Solche Fette werden dann mit Phospholipiden, Cholesterin und einem Protein umhüllt und

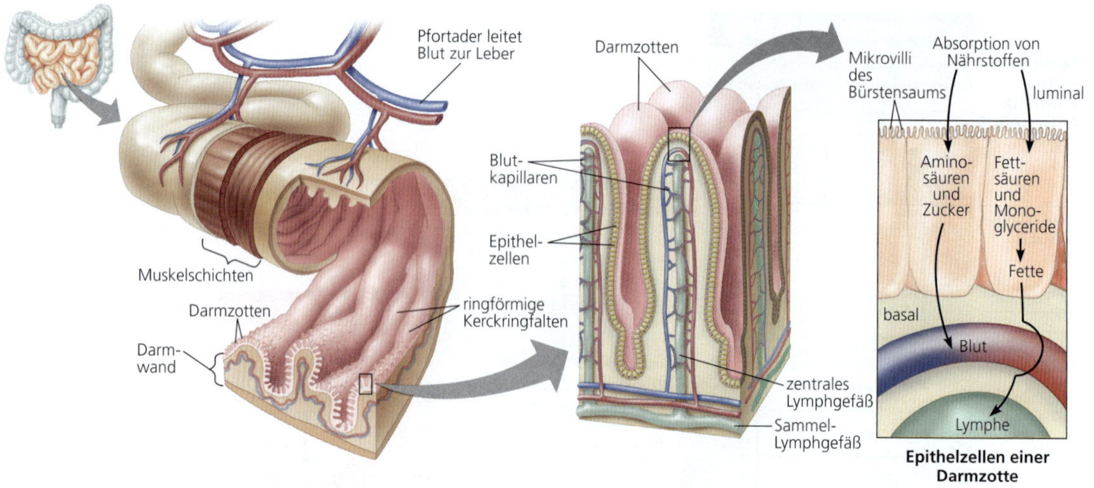

Abbildung 42.6: Die Resorption von Nährstoffen im menschlichen Dünndarm. Wasserlösliche Nährstoffe wie Aminosäuren und Zucker gelangen in den Blutkreislauf, während Fette in das Lymphsystem transportiert werden.

? Manchmal wird ein Mensch von einem Bandwurm infiziert. Dieser verankert sich an der Wand des Dünndarms. Welche Verdauungsfunktionen würde ein solcher Parasit angesichts der Tatsache, dass in den Kompartimenten des Verdauungskanals unterschiedliche Vorgänge ablaufen, nach Ihrer Erwartung besitzen?

bilden wasserlösliche Kügelchen (Micellen), die in ein Lymphgefäß in der Mitte jeder Zotte transportiert werden. Die Lymphe mit den wasserlöslichen Fettkügelchen fließt in die größeren Gefäße des lymphatischen Systems und gelangt von dort schließlich in die großen Venen, die das Blut zum Herzen transportieren.

Die Kapillaren, die das nährstoffreiche Blut aus den Darmzotten abtransportieren, münden letztlich alle in die **Leberpfortader,** ein Blutgefäß, das unmittelbar in das Kapillarnetz der Leber führt. Von dort fließt das Blut zum Herzen und dann in alle anderen Gewebe und Organe. Durch diese Anordnung kann die Leber die Nährstoffzusammensetzung des Blutes durch die Modifikation zahlreicher organischer Moleküle verändern und giftige Substanzen abbauen, bevor sie sich über das Blut im ganzen Körper verteilen.

42.3.5 Resorption im Dickdarm

Am Ende des Verdauungskanals befindet sich der Dickdarm mit Colon (Grimmdarm), Caecum (Blinddarm) und Rectum (Enddarm). Der Dünndarm ist über eine T-förmige Verbindung mit dem Dickdarm verbunden. Ein Arm des T ist der 1,50 Meter lange **Grimmdarm** (Abbildung 42.7), der zum Enddarm und zum Darmausgang führt. Der andere bildet eine Tasche, die man als **Blinddarm** bezeichnet. Der Blinddarm ist insbesondere bei Tieren, die pflanzliche Nahrung in großen Mengen zu sich nehmen, wichtig für die Vergärung des aufgenommenen Materials. Beim Menschen ist er im Vergleich zu vielen anderen Säugetieren relativ klein. Zumeist wird in der Umgangssprache der Blinddarm des Menschen mit dem vielen kleineren Wurmfortsatz, dem Appendix, verwechselt.

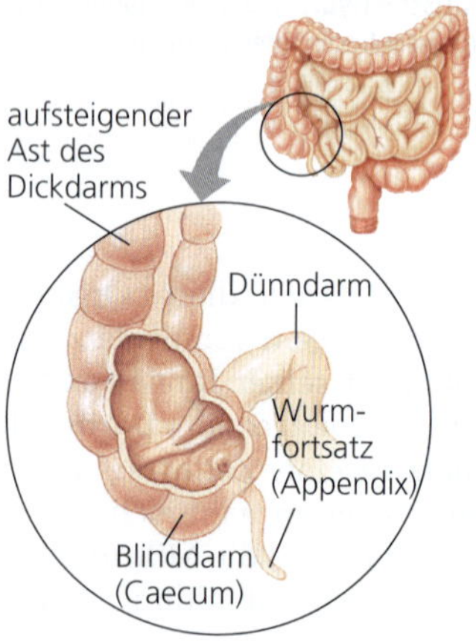

Abbildung 42.7: T-förmige Verbindung zwischen Dünn- und Dickdarm.

Eine Hauptfunktion des Dickdarms ist die Rückgewinnung des Wassers, das als Lösungsmittel der Verdauungssäfte in den Verdauungskanal gelangt ist. Jeden Tag werden ungefähr sieben Liter Flüssigkeit in das Lumen des Verdauungskanals abgegeben. Davon nehmen Dünn- und Dickdarm gemeinsam etwa 90 Prozent wieder auf. Diese Resorption erfolgt im Dickdarm passiv durch Osmose. Dies ist möglich, weil, bedingt durch den aktiven Transport von Ionen, insbesondere Na^+, aus dem Darmlumen heraus ein Konzentrationsgefälle für Wasser entsteht.

Das restliche Material aus dem Verdauungstrakt, die **Fäzes** (Exkremente), wird immer fester, während es von der Peristaltik durch den Dickdarm geschoben wird. Bis aufgenommene Substanzen die gesamte Länge des Darmes passiert haben, vergehen ungefähr 12 bis 24 Stunden.

Der letzte Abschnitt des Dickdarms ist der **Enddarm** (*Rectum*). Dort werden die Fäzes gespeichert, bis sie ausgeschieden werden können.

VERSTÄNDNISFRAGEN

1. Wie gelangt die Nahrung, die ein Astronaut in der Schwerelosigkeit des Weltraums schluckt, in den Magen?

2. Welcher Schritt der Nahrungsverarbeitung läuft bei Fetten bereitwilliger ab als bei Proteinen und Kohlenhydraten?

42.4 Ernährung und die evolutive Anpassung der Verdauungssysteme von Wirbeltieren

Die Verdauungssysteme der Säugetiere und anderer Wirbeltiere sind Varianten eines gemeinsamen Grundbauplans, aber je nach der Ernährung der einzelnen Tiere findet man viele faszinierende Anpassungen.

42.4.1 Anpassung der Zähne

Ein Beispiel für die Strukturabweichungen, in denen sich die Ernährung widerspiegelt, ist das Gebiss. Sehr deutlich wird dies an der Bezahnung von Fleisch fressenden, Pflanzen fressenden und allesfressenden Säugetieren (Abbildung 42.8). Die Anpassung der Zähne an verschiedene Formen der Nahrung war einer der wichtigsten Gründe, warum die Säugetiere in der Evolution so großen Erfolg hatten.

42.4.2 Anpassungen von Magen und Darm

Fleisch fressende Wirbeltiere haben häufig einen großen, dehnbaren Magen. Solche Tiere nehmen ihre Mahlzeiten in großen zeitlichen Abständen zu sich und fressen dann, wenn sie einmal ein Beutetier gefangen haben, möglichst viel auf einmal. Ein 200 Kilogramm schwerer afrikanischer Löwe kann bei einer einzigen Mahlzeit bis zu 40 Kilogramm Fleisch verzehren.

Auch die Länge des Verdauungskanals steht bei Wirbeltieren im Zusammenhang mit der Ernährung. Pflanzen- und Allesfresser haben in der Regel im Verhältnis zur Körpergröße einen längeren Verdauungskanal als Fleischfresser (Abbildung 42.9). Pflanzliches Material ist wegen der darin enthaltenen Zellwände schwerer verdaulich als Fleisch. In einem längeren Verdauungskanal stehen für die Verdauung mehr Zeit und mehr Oberfläche zur Nährstoffresorption zur Verfügung.

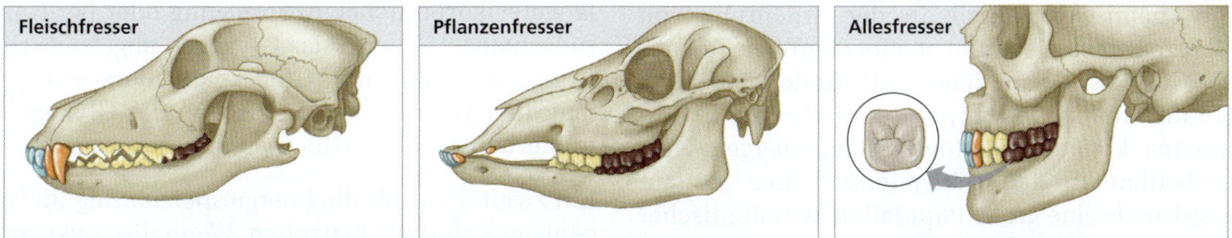

Fleischfresser, beispielsweise Hunde- und Katzenartige, haben in der Regel spitze Schneide und Eckzähne, mit denen sie ihre Beute töten und Fleischstücke heraustrennen oder abreißen können. Die gezackten Prämolaren und Molaren zermalmen und zermahlen die Nahrung.

Säugetiere, die sich von Pflanzen ernähren wie Pferde und Hirsche, haben meist Zähne mit breiter, geriffelter Oberfläche, sodass sie hartes Pflanzenmaterial zermahlen können. Schneide- und Eckzähne sind in der Regel so gestaltet, dass sie Pflanzen abbeißen können. Bei manchen Pflanzenfressern fehlen die Eckzähne.

Menschen sind als Allesfresser an den Verzehr von Pflanzen und Fleisch angepasst. Das Gebiss ist relativ wenig spezialisiert und besteht beim Erwachsenen aus 32 Zähnen. Von der Mitte eines Kiefers nach hinten findet man zwei messerförmige Schneidezähne, einen spitzen Eckzahn zum Reißen, zwei Prämolaren zum Mahlen und drei Molaren zum Zerdrücken.

Legende Schneidezähne, Eckzähne, Prämolaren, Molaren

Abbildung 42.8: Gebiss und Ernährung.

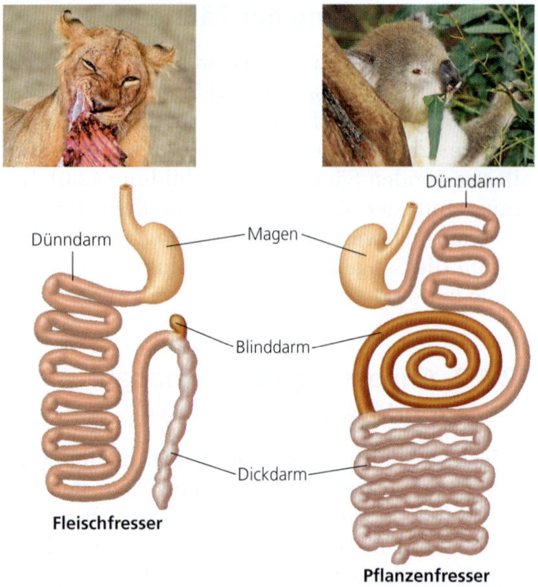

Abbildung 42.9: Der Verdauungskanal eines Fleischfressers (Löwe) und eines Pflanzenfressers (Koala). Beide Säugetiere sind ungefähr gleich groß, und der relativ kurze Darm des Löwen reicht aus, um Fleisch zu verdauen und die darin enthaltenen Nährstoffe zu resorbieren. Der Darm des Koalas ist im Vergleich zu dem des Kojoten aber viel länger und erleichtert die Verarbeitung der faserreichen, proteinarmen Eukalyptusblätter, die praktisch seine ausschließliche Quelle für Nährstoffe und Wasser darstellen. Durch ausgiebiges Kauen wird die Nahrung zu winzigen Stücken zerkleinert, sodass sie den Verdauungssäften leichter zugänglich ist. In dem langen Blinddarm wandeln symbiontische Bakterien die zerkleinerten Blätter in eine für den Wirt verwertbare Nahrung um.

42.4.3 Anpassungen durch Symbiose

An manchen Anpassungen des Verdauungssystems ist eine Symbiose beteiligt, das heißt eine für beide Seiten nützliche Wechselbeziehung zwischen zwei Arten (siehe Kapitel 54). Mikroorganismen tragen beispielsweise dazu bei, dass Pflanzenfresser ihre Nahrung besser verdauen können. Die chemische Energie in der Ernährung von Pflanzenfressern stammt zu einem großen Teil aus der Cellulose pflanzlicher Zellwände, aber Tiere produzieren keine Enzyme, die Cellulose hydrolysieren könnten. Stattdessen beherbergen viele Wirbeltiere in den Gärkammern ihres Verdauungskanals eine große Population symbiontischer Bakterien und Protisten. Diese Mikroorganismen besitzen Enzyme für den Abbau der Cellulose zu einfachen Zuckern und anderen Verbindungen, die das Tier resorbieren kann. In vielen Fällen stellen die Mikroorganismen auch verschiedene andere lebenswichtige Nährstoffe für das Tier her, beispielsweise Vitamine und Aminosäuren.

Die aufwändigste Anpassung an die pflanzliche Ernährung findet man bei den Wiederkäuern, einer Gruppe von Säugetieren, zu denen Rinder, Schafe und Hirsche gehören. Mehrmaliges Hochwürgen des Nahrungsbreis und nochmaliges Kauen bewirkt in Verbindung mit mehreren, mit Mikroorganismen besiedelten Mägen (Pansen, Netz-, Blätter- und Labmagen) den Aufschluss der schwerverdaulichen Cellulose.

42.5 Regelkreise steuern Verdauung, Energiehaushalt und Appetit

Wenn Tiere Energie aus ihrer Nahrung gewinnen, ziehen sie manche Brennstoffe gegenüber anderen vor. Nahezu die gesamte ATP-Produktion eines Tieres stützt sich auf die Oxidation energiereicher organischer Moleküle während der Zellatmung – Kohlenhydrate, Proteine und Fette. Alle diese Substanzen können als Brennstoffe dienen, Proteine werden aber von den meisten Tieren nur dann „verbrannt", wenn der Vorrat an Kohlenhydraten und Fetten erschöpft ist. Fette sind besonders energiereich; bei der Oxidation eines Gramms Fett wird fast doppelt so viel Energie frei wie bei der Oxidation der gleichen Menge an Kohlenhydraten oder Proteinen.

Wenn ein Tier mehr energiereiche Moleküle zu sich nimmt als es direkt verbraucht, wird der Überschuss in Speichersubstanzen umgewandelt. Beim Menschen sind Leber und Muskelzellen die wichtigsten Orte der Energiespeicherung. Überschüssige Energie aus der Nahrung wird in Form von Glykogen gespeichert; dieses Polymer besteht aus vielen Glucoseeinheiten (siehe Abbildung 5.5b). Ist die Kalorienaufnahme geringer als der Kalorienverbrauch – beispielsweise wegen längerer körperlicher Anstrengung oder bei Nahrungsmangel –, wird das Glykogen abgebaut. Die Hormone Insulin und Glucagon steuern sehr genau die Synthese und den Abbau des Glykogens und erhalten so die Glucosehomöostase aufrecht.

Ein zweiter Ort für die Energiespeicherung im Organismus sind die Fettzellen. Wenn die Glykogenspeicher gefüllt sind und die Kalorienaufnahme weiterhin höher ist als der Kalorienverbrauch, wird der Überschuss in der Regel als Fett gespeichert. Wird mehr Energie gebraucht als die Ernährung liefert, baut der menschliche Organismus in der Regel zuerst das Glykogen in der Leber ab und greift dann auf das in den Muskeln gespeicherte Glykogen sowie auf das Fett zurück. Die meisten gesunden Menschen haben so viel Körperfett gespeichert, dass sie mehrere Wochen ohne Nahrung überleben können.

Überernährung, das bedeutet die Aufnahme von mehr Kalorien, als der Organismus für seinen Normalstoffwechsel braucht, führt zu Übergewicht und **Fettsucht** (Adipositas), der übermäßigen Anreicherung von Fett. Die Fettsucht trägt ihrerseits zu einer ganzen Reihe gesundheitlicher Probleme bei, so zum Beispiel zur häufigsten Form des Diabetes (dem Typ 2), zu Dickdarm- und Brustkrebs sowie Herz-Kreislauf-Erkrankungen, die Herzinfarkt und Schlaganfall zur Folge haben können. Dies wird vor allem deutlich für die Vereinigten Staaten, in denen nach Schätzungen jedes Jahr ungefähr 300.000 Todesfälle auf Fettsucht zurückzuführen sind.

Mittlerweile hat man mehrere Homöostasemechanismen entdeckt, die an der Regulation des Körpergewichts mitwirken. Es handelt sich um Rückkopplungskreise, die über die Fettspeicherung und den Stoffwechsel bestimmen. Mehrere Hormone wirken auf ein „Sättigungszentrum" im Gehirn ein und regulieren so lang- und kurzfristig den Appetit (Abbildung 42.10). Gesteuert wird die Ausschüttung dieser Hormone durch ein Netzwerk aus Neuronen, das Informationen aus dem Verdauungstrakt übermittelt und integriert. So erzeugt das von Zellen der Magenwand sezernierte Hormon Ghrelin vor einer Mahlzeit das Hungergefühl. Die beiden Hormone Insulin und das Peptidhormon *PYY*, ein Hormon, das nach einer Mahlzeit im Dünndarm sezerniert wird, unterdrücken den Appetit. Das Hormon Leptin, das von Fettzellen gebildet wird, unterdrückt ebenfalls den Appetit und scheint eine entscheidende Rolle bei der Regulation des Körperfettgehalts zu spielen.

Unsere Kenntnisse über das Leptin könnten zu Therapieverfahren für die Fettsucht führen, aber es bleiben auch Unsicherheiten. Erstens hat das Leptin nämlich komplexe Funktionen: Unter anderem bestimmt es auch mit darüber, wie sich das Nervensystem entwickelt. Außerdem haben die meisten übergewichtigen Menschen einen abnormal hohen Leptinspiegel, der aber aus irgendeinem Grund im Sättigungszentrum des Gehirns keine Reaktion auslöst. Ganz offensichtlich bleibt in diesem wichtigen Bereich der menschlichen Physiologie noch vieles aufzuklären.

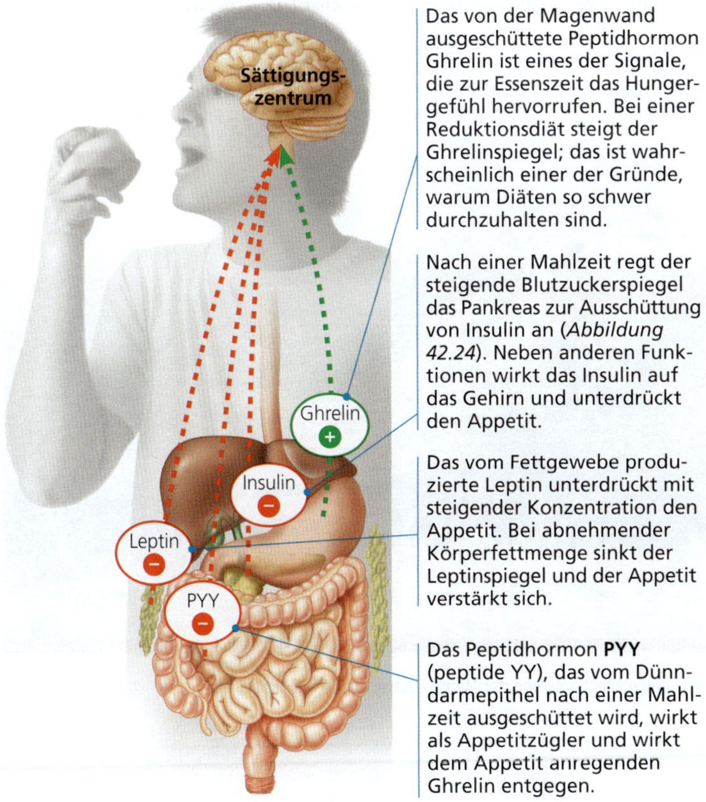

Abbildung 42.10: Einige den Appetit steuernde Hormone. Die Hormone werden von verschiedenen Organen und Geweben ausgeschüttet und gelangen über das Blut ins Gehirn. Dort wirken sie auf einen Gehirnbereich ein, der seinerseits das „Sättigungszentrum" steuert. Dieses erzeugt die Nervenimpulse, durch die wir uns entweder hungrig oder satt fühlen. Der grüne Pfeil steht für den Appetitanreger Ghrelin, die roten Pfeile stellen Appetitzügler dar.

Filtrierer

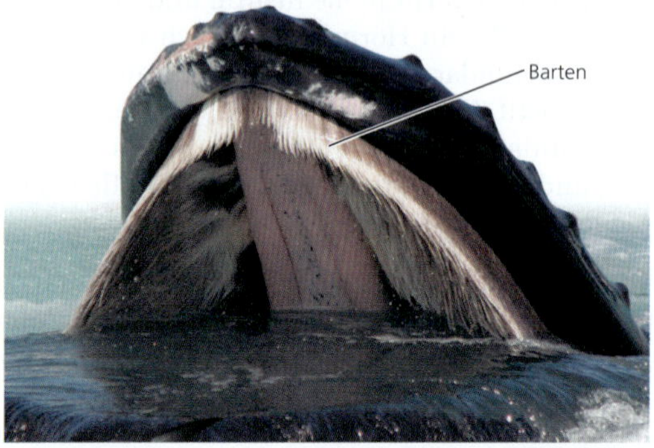

Viele im Wasser lebende Tiere sind **Filtrierer**: Sie sieben kleine Nahrungsteilchen aus dem Wasser. Im Oberkiefer des Buckelwals zum Beispiel stehen die Barten, kammförmige Platten, die kleine wirbellose Tiere und Fische aus einem gewaltigen Wasservolumen festhalten. Auch Austern und andere Muscheln sind Filtrierer: Sie halten mit ihren Kiemen winzige Brocken fest, die dann von Cilien in einem Schleimfilm zum Mund transportiert werden.

Substratesser

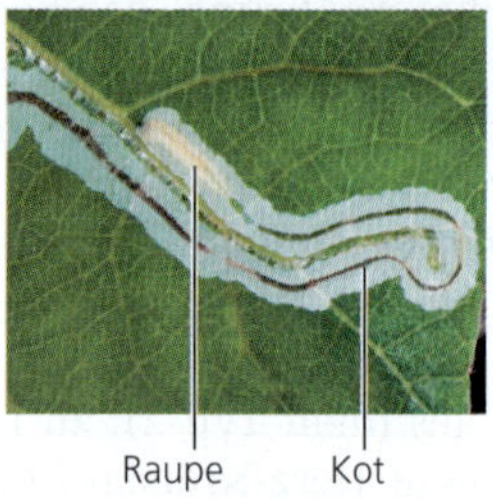

Substratesser leben in oder auf ihrer Nahrungsquelle. Die hier gezeigte Schmetterlingsraupe (eine Minierraupe) frisst sich durch das weiche Gewebe eines Eichenblatts und lässt dabei eine dunkle Kotspur hinter sich zurück. Andere Substratesser sind beispielsweise die Maden (Fliegenlarven), die sich durch das Gewebe toter Tiere bohren.

Sauger

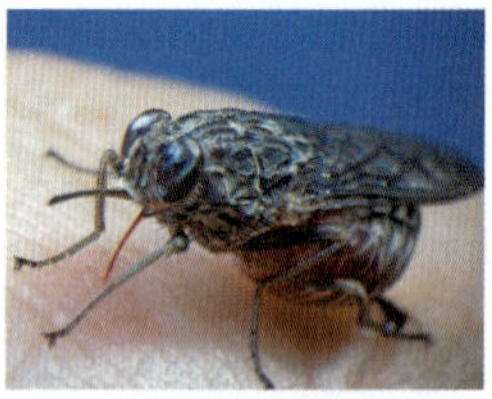

Sauger saugen nährstoffreiche Flüssigkeiten aus einem lebenden Wirt. Diese Tsetse-Fliege hat die Haut eines menschlichen Wirts mit ihren hohlen, kanülenartigen Mundwerkzeugen durchstoßen und verzehrt das Blut (siehe Aufnahme). Auf ganz ähnliche Weise zapfen Blattläuse den Saft im Phloem von Pflanzen an. Im Gegensatz zu solchen Parasiten sind manche Sauger für ihren Wirt auch nützlich. Kolibris und Bienen transportieren beispielsweise Pollen zwischen den jeweiligen Nektarmahlzeiten von einer Blüte zur anderen.

Schlinger und Zerkleinerer

Die meisten Tiere einschließlich des Menschen nehmen relativ große, feste Nahrungsteile auf. Als Anpassungen besitzen sie zu diesem Zweck unter anderem Fangarme, Scheren, Klauen, Giftzähne, Kiefer und Zähne, mit denen sie ihre Beute töten oder Fleisch- beziehungsweise Pflanzenstücke abreißen können. In diesem faszinierenden Bild ist ein Felsenpython gerade dabei, eine Gazelle zu verschlingen, die er gefangen und getötet hat.

Schlangen können ihre Nahrung nicht zerkleinern, sondern müssen sie im Ganzen schlucken, selbst wenn die Beute viel größer ist als der Durchmesser der Schlange. Sie können den Mund und Rachen sehr weit öffnen, weil der Unterkiefer über ein elastisches Band locker mit dem Schädel verbunden ist. Nachdem die Schlange ihre Beute verschlungen hat, was mehr als eine Stunde dauern kann, braucht sie zwei Wochen oder länger, um die Mahlzeit zu verdauen.

Abbildung 42.11: Näher betrachtet. Die vier wichtigsten Mechanismen der Nahrungsaufnahme bei Tieren.

VERSTÄNDNISFRAGEN

1. Welche beiden Vorteile hat ein längerer Verdauungskanal bei der Verarbeitung schwer verdaulichen pflanzlichen Materials?

2. Welche Eigenschaften sind verantwortlich, dass das Verdauungssystem eines Tieres für symbiontische Mikroorganismen einen attraktiven Lebensraum darstellt?

3. WAS WÄRE, WENN? „Lactose-intoleranten" Menschen fehlt die Lactase, ein Enzym, das die Lactose in der Milch abbaut. Deshalb bekommen sie nach dem Verzehr von Milchprodukten manchmal Krämpfe, Blähungen oder Durchfall. Angenommen, ein solcher Mensch hat Joghurt gegessen, in dem Bakterien, die Lactase produzieren, enthalten sind. Warum muss man damit rechnen, dass der Verzehr von Joghurt bestenfalls vorübergehend für eine Linderung der Symptome sorgt?

ZUSAMMENFASSUNG

Die Nahrung der Tiere muss die Versorgung mit chemischer Energie, organischen Molekülen und essenziellen Nährstoffen gewährleisten

Tiere brauchen Brennstoffe zur ATP-Produktion, Kohlenstoffgerüste für die Biosynthese und **essenzielle Nährstoffe**, die in vorgefertigter Form aufgenommen werden müssen. Zu den essenziellen Nährstoffen gehören essenzielle Aminosäuren, essenzielle Fettsäuren, Vitamine und Mineralstoffe. **Essenzielle Aminosäuren** und **essenzielle Fettsäuren** kann ein Tier nicht selbst synthetisieren. Essenzielle Fettsäuren sind ungesättigt. **Vitamine** sind organische Moleküle, die der Organismus in geringen Mengen benötigt. **Mineralstoffe** sind anorganische Nährstoffe, die in der Regel ebenfalls in geringer Menge gebraucht werden.

Nährstoffverarbeitung: Nahrungsaufnahme, Verdauung, Resorption und Ausscheidung

Zur Verarbeitung der Nahrung bei Tieren gehören die **Aufnahme** (Fressen), die **Verdauung** (enzymatischer Abbau großer Moleküle), die **Resorption** (Aufnahme der Nährstoffe durch die Zellen) und die **Ausscheidung** (Beseitigung unverdauten Materials als Fäzes aus dem Organismus). **Filtrierer** sieben kleine Teilchen aus dem Wasser. **Substratesser** graben Tunnel durch ihre Nahrung und fressen dabei. **Sauger** saugen nährstoffreiche Flüssigkeiten aus einem lebenden Wirtsorganismus. Die meisten Tiere sind **Schlinger**, die große Nahrungsbrocken aufnehmen.

Spezialisierte Organe für die verschiedenen Stadien der Nahrungsverarbeitung im Verdauungssystem der Säugetiere

Mundhöhle, Schlund und Speiseröhre. Die Aufnahme der Nahrung und die ersten Schritte der Verdauung finden in der Mundhöhle statt. Der Schlund (Pharynx) mündet in zwei Transportwege: die Speiseröhre und die Luftröhre. Die Speiseröhre (Ösophagus) führt zum Magen, die Luftröhre dagegen zur Lunge.

Verdauung im Magen. Einige Nährstoffe gehen bereits aus dem Magen ins Blut über, vorwiegend dient dieser jedoch der Nahrungsspeicherung und der Fortsetzung der Verdauung durch chemische Zersetzung mittels Salzsäure und Spaltung der Peptidbindungen von Proteinen durch die Protease Pepsin, wodurch kleinere Polypeptide entstehen.

Verdauung im Dünndarm. Zum größten Teil findet die enzymatische Hydrolyse der Makromoleküle aus der Nahrung im Dünndarm statt. Sie wird unterstützt durch die Bauchspeicheldrüse (Pankreas) und die Galle.

Resorption im Dünndarm. Damit die Nährstoffe aus dem Darmlumen in das Körpergewebe gelangen können, müssen sie zunächst die Wand des Verdauungskanals passieren. Diese Resorption findet zum größten Teil im Dünndarm statt.

Resorption im Dickdarm. Eine Hauptfunktion des Dickdarms ist die Rückgewinnung des Wassers, das als Lösungsmittel der Verdauungssäfte in den Verdauungskanal gelangt ist.

Ernährung und die evolutive Anpassung der Verdauungssysteme von Wirbeltieren

Die Verdauungssysteme der Wirbeltiere haben sich im Lauf der Evolution in vielfältiger Weise an die Art der aufgenommenen Nahrung angepasst. In der Regel besteht ein enger Zusammenhang zwischen Gebiss und Ernährung. Viele Pflanzenfresser, einschließlich der Kühe, besitzen **symbiontische Bakterien** im Verdauungstrakt, die Cellulose abbauen. Pflanzenfresser haben im Allgemeinen auch einen längeren Verdauungskanal als Fleischfresser. Darin spiegelt sich die Tatsache wider, dass die Verdauung pflanzlichen Materials länger dauert.

Regelkreise steuern Verdauung, Energiehaushalt und Appetit

Die Nahrungsaufnahme und die Verdauung werden an vielen Stellen reguliert. Die Nahrungsmittel lösen im Verdauungstrakt neuronale und hormonelle Reaktionen aus, die die Sekretion von Verdauungsenzymen kontrollieren und die Bewegung von Nahrungsbrocken durch den Verdauungstrakt vorantreiben.

Wirbeltiere speichern überschüssige Kalorien als **Glykogen** in Leber und Muskeln, aber auch als Fett in Fettzellen. Diese Energiespeicher können angezapft werden, wenn das Tier mehr Kalorien verbraucht, als es zu sich nimmt. Falls von einem Tier mehr Kalorien aufgenommen werden, als der Organismus für seinen normalen Stoffwechsel braucht, kann dies zur **Fettsucht** führen, einer schwerwiegenden gesundheitlichen Störung.

Für die Steuerung des Appetits sorgen mehrere Hormone wie **Leptin** und Insulin, die auf das Sättigungszentrum des Gehirns einwirken.

Kreislauf und Gasaustausch

43

43.1 Kreislaufsysteme verknüpfen alle Zellen des Körpers mit Austauschflächen

An dem molekularen Austausch, den Tiere mit ihrer Umgebung betreiben – Aufnahme von O_2 und Nährstoffen, Abgabe von CO_2 und Abfallstoffen –, muss letztlich jede Zelle im Tierkörper teilnehmen.

Wie kann dies angesichts der Tatsache, dass Diffusion nur über kurze Strecken rasch erfolgt, bewerkstelligt werden? Die natürliche Selektion hat zu zwei prinzipiellen Lösungen für dieses Problem geführt. Die erste Lösung besteht in einer Körpergröße und -form, die viele oder alle Zellen in direkten Kontakt mit der Umgebung bringt. Diesen Bauplantyp findet man nur bei einigen Wirbellosen, beispielsweise bei Schwämmen, Cnidariern und Plattwürmern. Die zweite Lösung, die bei allen anderen Tieren verwirklicht worden ist, besteht in einem Kreislaufsystem, das Flüssigkeit zwischen der direkten Umgebung einer jeden Zelle und den Geweben bewegt, in denen der Austausch mit der Außenwelt stattfindet.

43.1.1 Offene und geschlossene Kreislaufsysteme

Ein Kreislaufsystem besteht aus drei Grundkomponenten: einer zirkulierenden Flüssigkeit, einem System miteinander verbundener Röhren und einer muskulösen Pumpe, dem **Herz**.

Arthropoden und die meisten Mollusken haben ein **offenes Kreislaufsystem**, in dem die zirkulierende Flüssigkeit die Organe direkt umspült (Abbildung 43.1a). Bei diesen Tieren ist diese Flüssigkeit, die **Hämolymphe**, auch gleichzeitig die interstitielle Flüssigkeit. Durch Kontraktion eines oder mehrerer Herzen wird die Hämolymphe durch die Gefäße des Kreislaufsystems in untereinander verbundene Lakunen (Hohlräume) gepumpt, die die Organe umgeben. In den Lakunen kommt es zu einem chemischen Austausch zwischen der Hämolymphe und den Körperzellen. Erschlafft die Herzmuskulatur, so wird Hämolymphe durch Poren, sogenannte Ostien, zurück in das schlauchförmige Herz gezogen, und die Körperbewegungen tragen dazu bei, die Lakunen periodisch zusammenzudrücken und dadurch die Hämolymphzirkulation zu unterstützen.

In einem **geschlossenen Kreislaufsystem** strömt Blut ausschließlich durch Gefäße und bleibt von der interstitiellen Flüssigkeit getrennt (Abbildung 43.1b). Ein oder mehrere Herzen pumpen Blut in große Gefäße; diese verzweigen sich zu kleineren Gefäßen (Kapillaren), die die Organe durchziehen. Stoffe werden zwischen den kleinsten Gefäßen und der interstitiellen Flüssigkeit ausgetauscht, die die Zellen umgibt. Anneliden (einschließlich Regenwürmern), Cephalopoden (einschließlich Kraken und Kalmaren) sowie sämtliche Wirbeltiere haben ein geschlossenes Kreislaufsystem.

(a) Offenes Kreislaufsystem einer Heuschrecke

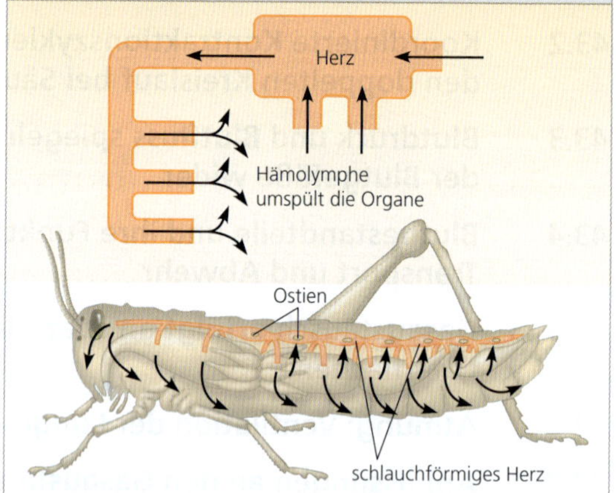

In einem offenen Kreislaufsystem zirkuliert die Hämolymphe, eine Flüssigkeit, die eine Mischung aus Blut und interstitieller Flüssigkeit darstellt.

(b) Geschlossenes Kreislaufsystem eines Regenwurms

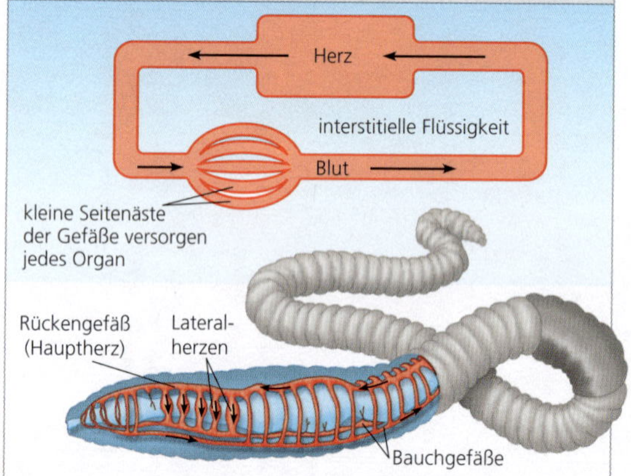

In einem geschlossenen Kreislaufsystem ist die interstitielle Flüssigkeit, die die Gewebe umgibt, getrennt vom Blut, dasin den Blutgefäßen zirkuliert.

Abbildung 43.1: **Offene und geschlossene Kreislaufsysteme.**

43.1.2 Die Organisation von Kreislaufsystemen bei Wirbeltieren

Das geschlossene Kreislaufsystem des Menschen und anderer Wirbeltiere wird häufig als **Herz-Kreislaufsystem** oder auch als kardiovaskuläres System bezeichnet. Die Blutzirkulation zum und vom Herzen erfolgt durch ein erstaunlich ausgedehntes Netzwerk von Gefäßen: Die Gesamtlänge

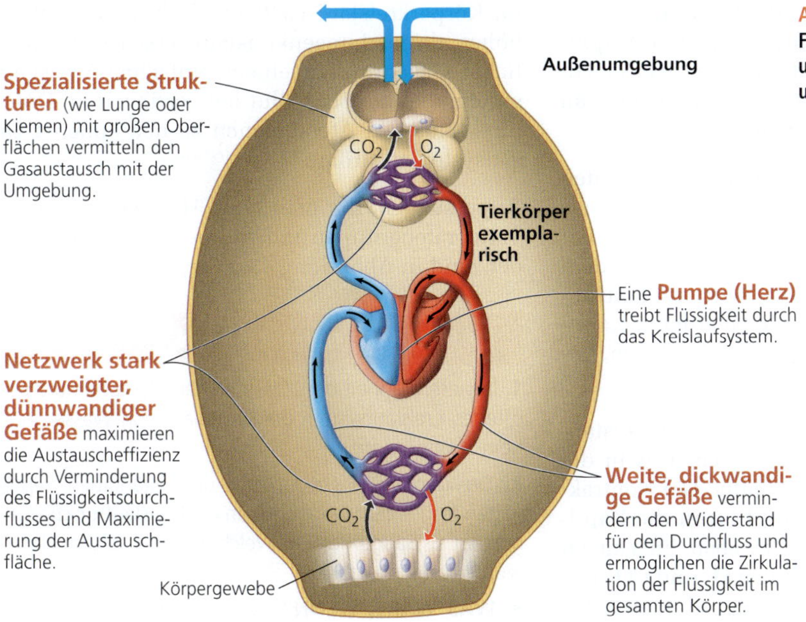

Abbildung 43.2: Struktur und Funktion hängen beim Austausch und der Zirkulation von Sauerstoff und Kohlendioxid zusammen.

der Blutgefäße bei einem durchschnittlichen Erwachsenen entspricht dem zweimaligen Umfang der Erde am Äquator.

Arterien, Venen und Kapillaren sind die drei Haupttypen der Blutgefäße. **Arterien** führen Blut weg vom Herzen zu Organen im ganzen Körper. **Kapillaren** sind mikroskopisch kleine Gefäße. Netzwerke dieser Gefäße dringen in jedes Gewebe ein und laufen ein paar Zelldurchmesser entfernt an jeder Körperzelle vorbei. Durch die dünnen Kapillarwände werden Stoffe, darunter gelöste Gase, zwischen Blut und interstitieller Flüssigkeit rund um die Gewebezellen ausgetauscht. An ihrem „stromabwärts" gelegenen Ende gehen die Kapillaren schließlich in **Venen** über, also in die Gefäße, die das Blut wieder zurück zum Herz transportieren.

Das Herz sämtlicher Wirbeltiere besteht aus zwei oder mehr muskulösen Kammern. Die Kammern, die das Blut aufnehmen, das ins Herz gelangt, werden als Vorkammern oder **Atrien** (Sing. *Atrium*) bezeichnet. Die Kammern, die das Blut aus dem Herz pumpen, werden als Hauptkammern oder **Ventrikel** bezeichnet.

Einfacher Kreislauf Bei Knochenfischen, Rochen und Haien besteht das Herz aus zwei Kammern: einer Vorkammer (Atrium) und einer Hauptkammer (Ventrikel). Bei jeder kompletten Runde wird das Herz einmal vom Blut durchströmt, eine Anordnung, die man als **einfachen Kreislauf** bezeichnet (Abbildung 43.3). Das Blut, das ins Herz eintritt, sammelt sich im Atrium, bevor es in den Ventrikel gelangt. Durch Kontraktion des Ventrikels wird Blut in die Kiemen gepumpt, wo es zu einer Diffusion von O_2 ins Blut und CO_2 aus dem Blut kommt. Wenn das Blut die Kiemen verlässt, münden die Kapillaren in ein Gefäß, das sauerstoffreiches Blut zu den Kapillarbetten im ganzen Körper bringt.

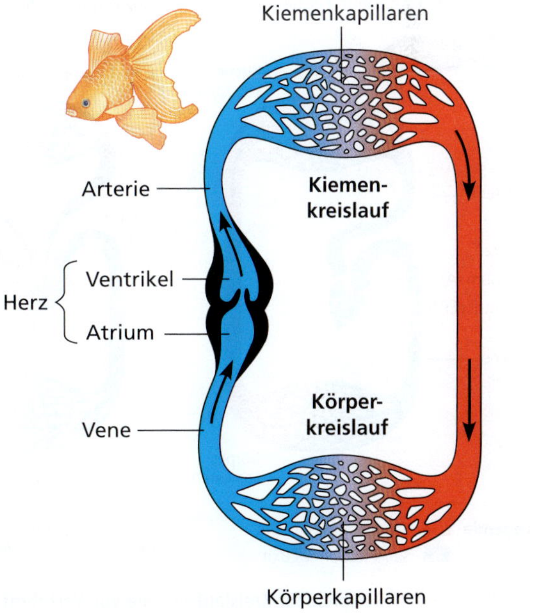

Abbildung 43.3: Einfacher Kreislauf bei Fischen. O_2-reiches Blut: rot, O_2-armes Blut: blau

Doppelter Kreislauf Wie in Abbildung 43.4 zu sehen ist, weisen die Kreislaufsysteme von Amphibien, Reptilien, Vögeln und Säugern zwei eigenständige Kreisläufe aus, eine Anordnung, die man als **doppelten Kreislauf** bezeichnet.

Eine Pumpe, die rechte Herzhälfte, führt den Kapillarnetzen der gasaustauschenden Gewebe sauerstoffarmes Blut zu; dort kommt es zu einer Diffusion von O_2 ins Blut und von CO_2 aus dem Blut. Dieser Teil des Kreislaufs wird als **Lungenkreislauf** bezeichnet, wenn die beteiligten Kapillarnetze in der Lunge liegen wie bei Reptilien, Vögeln und Säugern.

Nachdem das sauerstoffreiche Blut das gasaustauschende Gewebe verlassen hat, gelangt es in die zweite Pumpe, die linke Herzhälfte. Die Kontraktion dieser Herzseite treibt das Blut in die Kapillarnetze von Organen und Geweben im ganzen Körper. Nach dem Austausch von O_2 und CO_2 wie auch von Nährstoffen und Abfallprodukten kehrt das nun sauerstoffarme Blut ins Herz zurück und vollendet damit den **Körperkreislauf**.

Der doppelte Kreislauf erlaubt eine starke Durchblutung von Gehirn, Muskulatur und anderen Organen, weil das Herz dem Blut, das für diese Gewebe bestimmt ist, nach dessen Passage durch die Kapillarnetze von Lunge oder Haut erneut Schub verleiht und dessen Druck erhöht. Der Blutdruck im Körperkreislauf ist tatsächlich oft wesentlich höher als im Lungenkreislauf. Das ist ein deutlicher Gegensatz zu einem einfachen Kreislaufsystem, bei dem das Blut bei verringertem Druck direkt aus den Atemorganen zu den anderen Organsystemen strömt.

Anpassungen, die man beim Herz verschiedener Vertebratengruppen mit diesem Kreislauftyp findet, sind in Abbildung 43.4 dargestellt.

VERSTÄNDNISFRAGEN

1. Inwiefern ähnelt der Fluss der Hämolymphe durch ein offenes Kreislaufsystem dem Kreislauf von Wasser in einem Springbrunnen?

2. Dreikammerige Herzen mit unvollständigen Septen galten früher als weniger gut an die Kreislauffunktion angepasst als Säugerherzen. Welcher Vorteil solcher Herzen wurde dabei übersehen?

3. WAS WÄRE, WENN? Das Herz eines menschlichen Fetus weist zwischen dem rechten und dem linken Ventrikel eine Öffnung auf. In einigen Fällen schließt sich dieses Loch (Foramen ovale) vor der Geburt nicht völlig. Wenn dieses Loch nicht operativ geschlossen wird, wie würde es den Sauerstoffgehalt des Blutes beeinflussen, das vom Herz in den Körperkreislauf gepumpt wird?

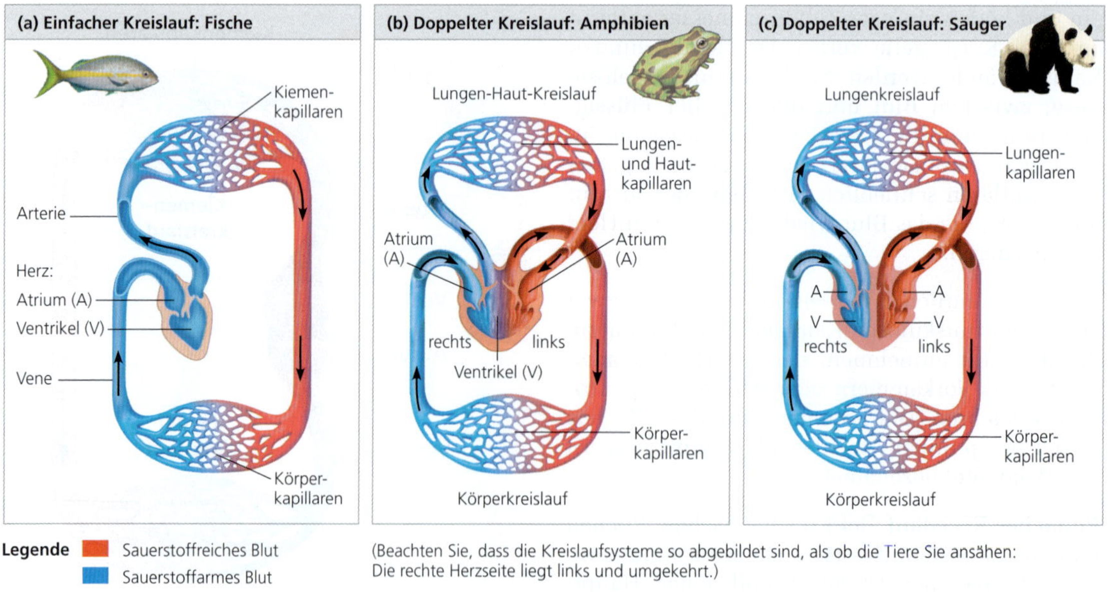

(Beachten Sie, dass die Kreislaufsysteme so abgebildet sind, als ob die Tiere Sie ansähen: Die rechte Herzseite liegt links und umgekehrt.)

Abbildung 43.4: Beispiele für Kreislaufsysteme von Vertebraten.

43.2 Koordinierte Kontraktionszyklen des Herzens treiben den doppelten Kreislauf bei Säugern an

43.2.1 Der Säugerkreislauf

Zunächst einmal wollen wir die Gesamtorganisation des Herz-Kreislaufsystems von Säugern näher untersuchen und mit dem Lungenkreislauf beginnen. (Die umkreisten Zahlen beziehen sich auf die entsprechenden Zahlen in Abbildung 43.5.) ❶ Durch Kontraktion des rechten Ventrikels wird Blut durch ❷ die Lungenarterien in die Lunge gepumpt. Wenn das Blut durch ❸ die Kapillarnetze im rechten und im linken Lungenflügel strömt, belädt es sich mit O_2 und gibt CO_2 ab. Durch die Lungenvenen kehrt sauerstoffreiches Blut aus der Lunge in ❹ die linke Herzvorkammer zurück. Anschließend strömt das sauerstoffreiche Blut in ❺ den linken Ventrikel, der es durch den Körperkreislauf zu den Geweben und Organen pumpt. Das Blut verlässt ❻ den linken Ventrikel durch die Aorta, die es an die Arterien verteilt, welche durch den ganzen Körper ziehen. Die ersten Arterien, die von der Aorta abzweigen, sind die Coronararterien oder Herzkranzgefäße (nicht abgebildet), die die Herzmuskulatur mit Blut versorgen. Anschließend zweigen Arterien zu ❼ den Kapillarnetzen in Kopf und Vorderextremitäten ab. Dann steigt die Aorta zum Abdomen hinab und versorgt Arterien mit sauerstoffreichem Blut, die zu ❽ den Kapillarnetzen in den Organen und Hinterextremitäten führen. In den Kapillaren findet eine Diffusion von O_2 aus dem Blut in die Gewebe und von CO_2 aus der Zellatmung ins Blut statt. Sauerstoffarmes Blut von Kopf, Hals und Vorderextremitäten sammelt sich in einer großen Vene, der oberen Hohlvene ❾. Eine weitere große Vene, die untere Hohlvene ❿, nimmt das Blut vom Rumpf und den Hinterextremitäten auf. Die beiden Venen leeren sich ⓫ in die rechte Vorkammer, aus der das sauerstoffarme Blut in die rechte Hauptkammer strömt.

43.2.2 Das Säugerherz: Eine nähere Betrachtung

Ein Großteil des Blutes, das sich in den Atrien sammelt, fließt in die Ventrikel, wenn alle Herzkammern entspannt sind. Den Rest des Blutes presst die Kontraktion der Atrien in die Ventrikel, bevor sich diese zu kontrahieren beginnen. Die Ventrikel haben dickere Wände und kontrahieren sich sehr viel kraftvoller als die Atrien – besonders der linke Ventrikel, der Blut durch den Körperkreislauf mit all seinen Organen pumpt.

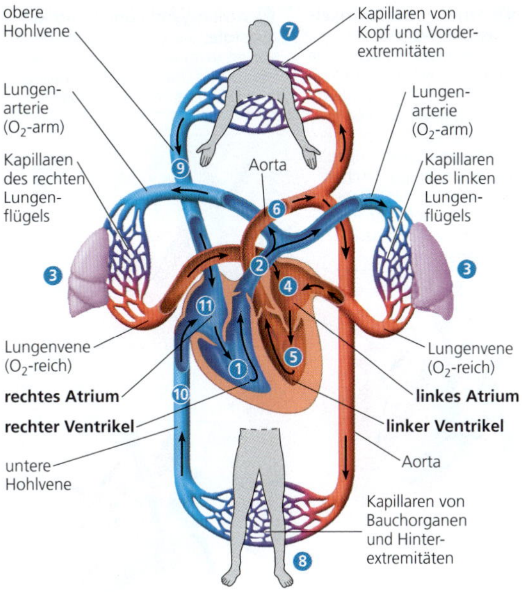

Abbildung 43.5: Das Herz-Kreislaufsystem von Säugern: ein Überblick. Beachten Sie, dass die beiden Kreisläufe simultan arbeiten und nicht etwa hintereinander, wie es die Zahlen in der Abbildung nahelegen könnten. Die beiden Ventrikel pumpen annähernd im Gleichklang; während ein Teil des Bluts durch den Lungenkreislauf fließt, strömt das restliche Blut durch den Körperkreislauf.

Das Herz kontrahiert und entspannt sich in einem rhythmischen Zyklus. Wenn es sich kontrahiert, pumpt es Blut; wenn es sich entspannt, füllen sich seine Kammern mit Blut. Eine vollständige Folge von Pumpen und Füllen wird als **Herzzyklus** bezeichnet. Die Kontraktionsphase des Zyklus heißt **Systole**, die Erschlaffungsphase **Diastole** (Abbildung 43.6).

Vier Herzklappen verhindern den Rückfluss und sorgen dafür, dass sich das Blut in die richtige Richtung bewegt (Abbildungen 43.6). Zwischen Atrium und Ventrikel liegt jeweils eine **Segelklappe**. Der Druck, der durch das kräftige Zusammenziehen der Ventrikel erzeugt wird, schließt die Segelklappen und verhindert damit einen Rückfluss des Blutes in die Atrien. Die **Taschenklappen** liegen an den beiden Herzausgängen, dort, wo die Aorta aus dem linken Ventrikel entspringt, und dort, wo die Lungenarterie aus dem rechten Ventrikel austritt. Diese Klappen werden durch den Druck geöffnet, der während der Ventrikelsystole erzeugt wird. Wenn die Ventrikel erschlaffen, schließt der Druck, der sich in der Aorta aufgebaut hat, die Taschenklappen, sodass es praktisch zu keinem Rückfluss kommt.

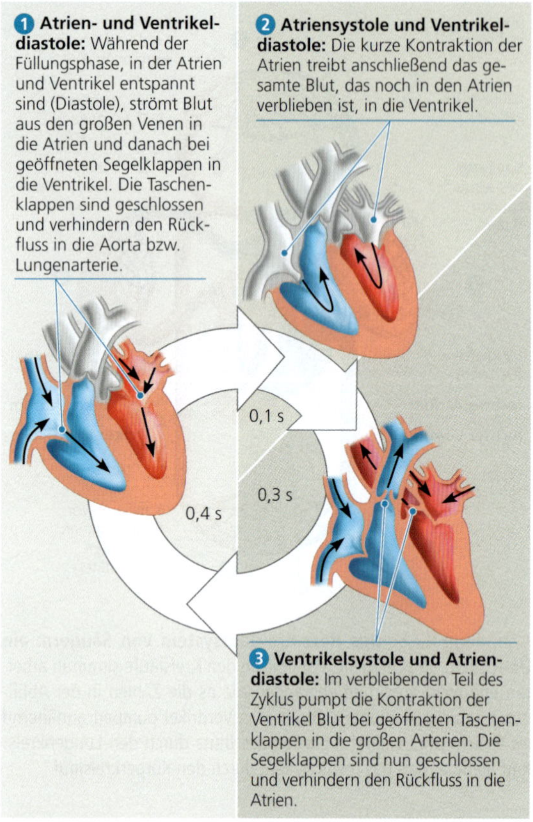

Abbildung 43.6: **Der Herzzyklus.** Bei einem erwachsenen Menschen in Ruhe mit einer Herzschlagfrequenz von 72 Schlägen pro Minute dauert ein vollständiger Herzzyklus etwa 0,8 Sekunden. Beachten Sie, dass die Atrien, abgesehen von einer kurzen Zeitspanne von 0,1 Sekunden, im Herzzyklus entspannt sind und sich mit dem aus den Venen zurückkehrenden Blut füllen.

VERSTÄNDNISFRAGEN

1. Erklären Sie, warum das Blut in den Lungenvenen einen höheren Sauerstoffgehalt als das Blut in den Hohlvenen hat, die ebenfalls Venen sind.

2. **WAS WÄRE, WENN?** Nach regelmäßigem, mehrmonatigem Training stellen Sie fest, dass Ihre Herzschlagfrequenz in Ruhe gesunken ist. Wenn man annimmt, dass Ihr Körper nun innerhalb eines gegebenen Zeitabschnitts weniger Herzzyklen braucht, welche anderen Veränderungen in der Funktion Ihres Herzens in Ruhe würden Sie erwarten? Begründen Sie Ihre Antwort.

43.3 Blutdruck und Blutfluss spiegeln Bau und Anordnung der Blutgefäße wider

43.3.1 Bau und Funktion von Blutgefäßen

Kapillaren sind die kleinsten Blutgefäße und haben einen nur unwesentlich größeren Durchmesser als die Erythrocyten. Kapillaren haben zudem sehr dünne Wände, was den Austausch von Substanzen zwischen dem Blut in den Kapillaren und der interstitiellen Flüssigkeit erleichtert.

Die Wände von Arterien und Venen sind komplexer gebaut als diejenigen von Kapillaren. Bei einem gegebenen Durchmesser hat eine Arterie eine Wand, die dreimal dicker ist als diejenige einer Vene. Die dickeren Arterienwände sind sehr muskulös und nehmen Blut auf, das unter hohem Druck aus dem Herz gepumpt wird. Dabei hilft ihre elastische Rückstellkraft, den Blutdruck aufrechtzuerhalten, wenn sich das Herz zwischen zwei Kontraktionen entspannt. Die glatte Muskulatur der Arterien reguliert die Durchblutung in verschiedenen Körperregionen. Die dünnerwandigen Venen führen das Blut mit geringerer Geschwindigkeit und geringerem Druck zum Herz zurück. Klappen in den Venen sorgen in diesen Gefäßen für einen unidirektionalen Blutfluss.

43.3.2 Blutdruck

Wie alle Flüssigkeiten fließt Blut von Bereichen höheren Drucks zu Bereichen niedrigeren Drucks. Die Kontraktion eines Ventrikels führt dazu, dass das Blut vom Herz, dem Ort des höchsten Blutdrucks, wegströmt. Sobald das Blut in die Millionen winziger Arteriolen und Kapillaren strömt, erzeugt der geringe Durchmesser dieser Gefäße einen beträchtlichen Strömungswiderstand. Bis zu dem Zeitpunkt, an dem das Blut in die Venen gelangt, hat die Überwindung dieses Strömungswiderstands einen großen Teil des Drucks abgebaut, der vom Herzschlag aufgebaut wurde.

Der arterielle Druck ist dann am höchsten, wenn sich das Herz während der Ventrikelsystole zusammenzieht. Der Blutdruck, der dann herrscht, wird als **systolischer Druck** bezeichnet (Abbildung 43.7). Die Spitzen beim Blutdruck, die durch die kräftigen Kontraktionen der Ventrikel hervorgerufen werden, dehnen die Arterien und sind als **Puls** fühlbar. Während der Diastole ziehen sich die elastischen Wände der Arterien wieder zusammen. Infolgedessen herrscht, wenn die Ventrikel entspannt sind, ein geringerer Blutdruck (**diastolischer Druck**).

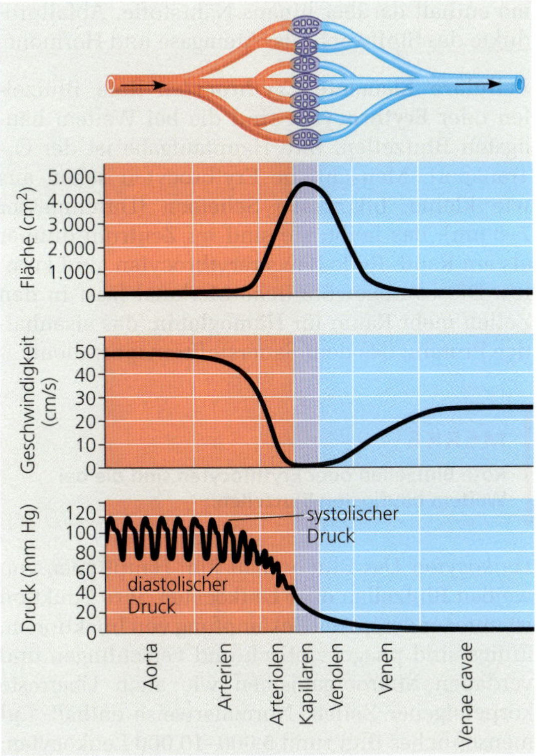

Abbildung 43.7: Beziehung zwischen dem Querschnitt der Blutgefäße, der Strömungsgeschwindigkeit des Blutes und dem Blutdruck. Aufgrund der Zunahme des Gesamtquerschnitts nimmt die Strömungsgeschwindigkeit des Blutes in den Arteriolen stark ab und ist in den Kapillaren am geringsten. Der Blutdruck, die wichtigste Kraft, die Blut aus dem Herzen in die Kapillaren treibt, ist in den Arterien am höchsten. Dort fluktuiert er über die Zeit zwischen Systole und Diastole.

Der Blutdruck in einer Arterie wird gewöhnlich im Arm auf Herzhöhe gemessen (Abbildung 43.8). Bei einem gesunden 20-jährigen Menschen in Ruhe beträgt der arterielle Blutdruck im Körperkreislauf in der Regel rund 120 mm Quecksilbersäule (mm Hg) bei der Systole und 70 mm Hg bei der Diastole, also 120/70.

VERSTÄNDNISFRAGEN

1. Welche kurzfristigen Veränderungen in der Herz-Kreislauf-Funktion wären wohl am besten dazu geeignet, die Skelettmuskulatur eines Tieres in die Lage zu versetzen, dem Tier zum Entkommen aus einer gefährlichen Situation zu verhelfen?

2. WAS WÄRE, WENN? Wenn Sie überall im Körper verstreut zusätzliche Herzen hätten, was wäre ein wahrscheinlicher Vorteil und was ein wahrscheinlicher Nachteil?

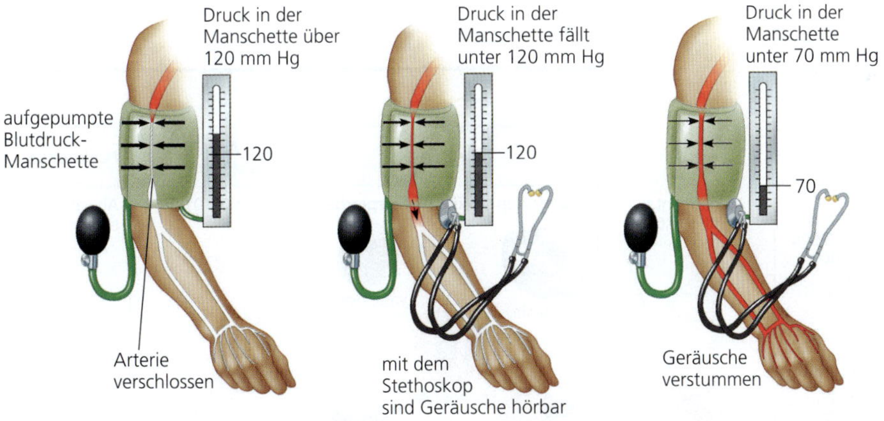

❶ Der Blutdruck in einer Arterie lässt sich mit einem Sphygmomanometer, einer aufblasbaren Manschette mit Druckmessgerät, bestimmen. Die Manschette wird so lange aufgepumpt, bis ihr Druck die Arterie verschließt, sodass der Blutfluss im Unterarm zum Erliegen kommt. Dabei übersteigt der von der Manschette ausgeübte Druck den arteriellen Blutdruck.

❷ Dann wird langsam Luft aus der Manschette abgelassen. Wenn der von der Manschette ausgeübte Druck unter denjenigen in der Arterie fällt, strömt wieder Blut in den Unterarm und erzeugt Geräusche, die sich mit dem Stethoskop hören lassen. Der an diesem Punkt gemessene Druck entspricht dem systolischen Blutdruck (hier 120 mm Hg).

❸ Anschließend wird weiter Luft aus der Manschette abgelassen, bis das Blut ungehindert durch die Arterien strömt und die im Stethoskop hörbaren Geräusche verschwinden. Der an diesem Punkt gemessene Druck entspricht dem diastolischen Blutdruck (hier 70 mm Hg.)

Abbildung 43.8: Messung des Blutdrucks. Der Blutdruck wird in Form von zwei Messwerten angegeben, die durch einen Schrägstrich getrennt sind. Der erste Wert gibt den systolischen Druck an, der zweite den diastolischen Druck.

43.4 Blutbestandteile und ihre Funktion bei Stoffaustausch, Transport und Abwehr

Das Blut von Wirbeltieren ist ein Bindegewebe, das aus Zellen besteht, die sich in einer flüssigen Matrix, dem **Plasma**, verteilen. Trennt man die Blutbestandteile mithilfe einer Zentrifuge, so zeigt sich, dass die zellulären Elemente rund 45 Prozent des Blutvolumens ausmachen (Abbildung 43.9); der Rest ist Plasma.

Blutplasma Obgleich das Plasma zu über 90 Prozent aus Wasser besteht, sind gelöste Salze ein wesentlicher Bestandteil des Blutes. Einige dieser Ionen puffern das Blut, das beim Menschen gewöhnlich einen pH-Wert von 7,4 hat. Salze sind auch für die Osmoregulation im Blut unverzichtbar.

Plasmaproteine puffern ebenfalls pH-Veränderungen ab und tragen zum osmotischen Gleichgewicht zwischen Blut und interstitieller Flüssigkeit sowie zur Viskosität (Zähigkeit) des Blutes bei. Immunglobuline oder Antikörper bekämpfen Viren und andere Fremdkörper. Andere Proteine im Plasma dienen dem Transport von Lipiden oder dem Wundverschluss (Gerinnungsfaktoren). Plasma enthält darüber hinaus Nährstoffe, Abfallprodukte des Stoffwechsels, Atemgase und Hormone.

Zelluläre Elemente *Erythrocyten* Rote Blutzellen oder **Erythrocyten** sind die bei Weitem häufigsten Blutzellen. Ihre Hauptaufgabe ist der O_2-Transport. Menschliche Erythrocyten sehen aus wie kleine, bikonkave Scheiben (Durchmesser 7–8 µm), das heißt, sie sind im Zentrum dünner als am Rand. Reife Säugererythrocyten sind kernlos. Dieses ungewöhnliche Merkmal lässt in den Zellen mehr Raum für **Hämoglobin**, das eisenhaltige Protein, das dem Sauerstofftransport dient.

> **MERKE!**
>
> **Rote Blutzellen oder Erythrocyten sind die bei Weitem häufigsten Blutzellen.**

Leukocyten Das Blut enthält fünf Haupttypen von weißen Blutzellen oder Leukocyten. Ihre Funktion ist unter anderem die Bekämpfung von Infektionen. Einige sind phagocytotisch und verschlingen und verdauen Mikroorganismen wie auch Überreste körpereigener Zellen. Normalerweise enthält 1 µl menschliches Blut rund 5.000–10.000 Leukocyten; wenn der Körper gegen eine Infektion kämpft, kann sich ihre Zahl zeitweise deutlich erhöhen.

Plasma 55 %	
Bestandteil	**Hauptfunktion**
Wasser	Lösungsmittel
Ionen Natrium Kalium Calcium Magnesium Chlorid Bicarbonat	Osmotisches Gleichgewicht, pH-Pufferung und Regulation der Membranpermeabilität
Plasmaproteine Albumin Fibrinogen Immunglobuline (Antikörper) Apolipoproteine	Osmotisches Gleichgewicht, pH-Pufferung Gerinnung Abwehr
Substanzen, die im Blut transportiert werden Nährstoffe (wie Glucose, Fettsäuren, Vitamine) Abfallprodukte des Stoffwechsels Atemgase (O_2 und CO_2) Hormone	

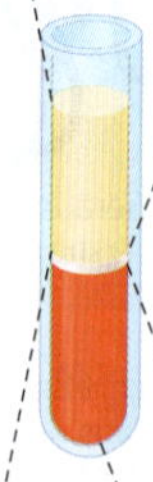

Zellen 45 %		
Zelltyp	**Anzahl** pro µl (mm^3) Blut	**Funktionen**
Leukocyten (weiße Blutkörperchen) 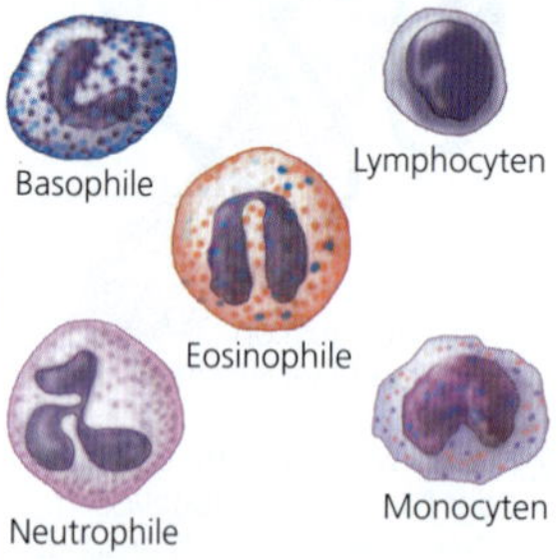	5.000–10.000	Abwehr und Immunität
Thrombocyten (Blutplättchen) 	250.000–400.000	Blutgerinnung
Erythrocyten (rote Blutkörperchen) 	5–6 Millionen	Transport von Sauerstoff und einem Teil des Kohlendioxids

Zentrifugiertes Blut trennt sich in drei Schichten: 1) Plasma, 2) Leukozyten und Blutplättchen sowie 3) Erythrozyten.
Der flüssige Anteil des Blutes nach Blutgerinnung wird Blutserum oder einfach nur Serum genannt.

Abbildung 43.9: Die Zusammensetzung von Säugerblut.

Blutplättchen Blutplättchen oder **Thrombocyten** entstehen durch Abschnürung aus Megakaryocyten, großen spezialisierten Knochenmarkszellen. Sie haben einen Durchmesser von 2–3 µm und sind wie die Erythrocyten kernlos. Blutplättchen haben strukturelle und molekulare Funktionen bei der Blutgerinnung.

Blutgerinnung Ein gelegentlicher Schnitt oder Kratzer ist nicht lebensbedrohlich, weil Blutbestandteile das verletzte Blutgefäß versiegeln. Eine Verletzung der Gefäßwand führt zur Sekretion von Proteinen, die Blutplättchen anlocken und einen Gerinnungs- oder Koagulationsprozess in Gang setzen, bei dem flüssige Blutbestandteile in ein festes Gerinnsel umgewandelt werden. Bei der Blutgerinnung wird Fibrinogen in seine aktive Form, **Fibrin**, umgewandelt, das zu Fäden aggregiert, die das Gerüst des Gerinnsels bilden. Die Bildung von Fibrin ist der letzte Schritt in einer Kaskade von Reaktionen, die durch die Freisetzung von Gerinnungsfaktoren aus den Blutplättchen ausgelöst werden (Abbildung 43.10).

Stammzellen und der Ersatz zellulärer Elemente Erythrocyten, Leukocyten und Blutplättchen entwickeln sich alle aus einer gemeinsamen Quelle: pluripotenten **Stammzellen**, die dazu dienen, die Blutzellpopulation des Körpers ständig wieder aufzufüllen. Die Stammzellen, die Blutzellen produzieren, kommen im roten Knochenmark vor, vor allem in Rippen, Wirbeln, Brustbein und Becken. Pluripotente Stammzellen verdanken ihren Namen der Tatsache, dass sie zahlreiche Zelltypen bilden können – in diesem Fall die myeloide und die lymphoide Zelllinie (Abbildung 43.11). Wenn sich eine Stammzelle teilt, bleibt die eine Tochterzelle eine Stammzelle, während die andere eine bestimmte Funktion übernimmt.

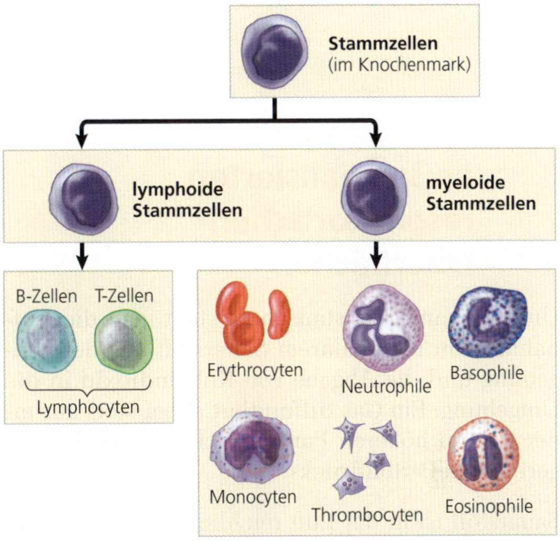

Abbildung 43.11: Differenzierung von Blutkörperchen. Einige pluripotente Stammzellen differenzieren sich zu lymphoiden Vorläuferzellen, die sich anschließend weiter zu B- und T-Zellen entwickeln, zwei Lymphocytentypen, die bei der Immunreaktion eine wichtige Rolle spielen (siehe Kapitel 44). Alle anderen Blutkörperchen differenzieren sich aus myeloiden Vorläuferzellen.

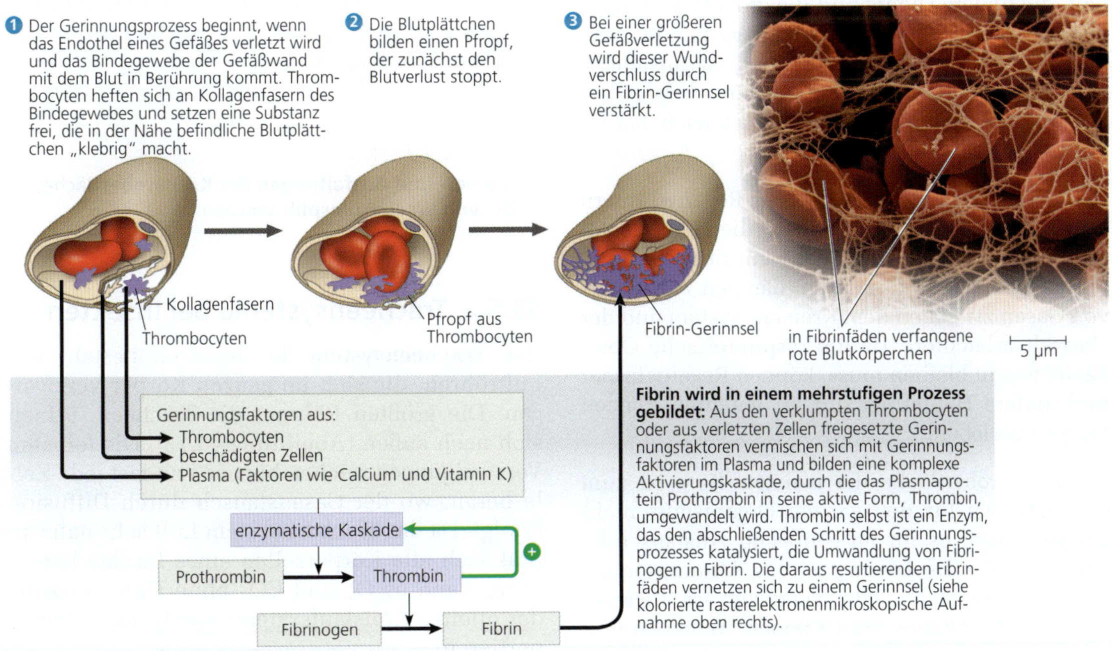

Abbildung 43.10: Blutgerinnung.

VERSTÄNDNISFRAGEN

1. Erklären Sie, warum ein Arzt bei einem Patienten mit Symptomen einer Infektion unter Umständen eine Zählung der weißen Blutzellen anordnet.

2. Blutgerinnsel in Arterien können zu Herzinfarkten und Schlaganfällen führen. Warum ist es dann sinnvoll, Bluter mit Gerinnungsfaktoren zu behandeln?

43.5 Gasaustausch erfolgt an spezialisierten respiratorischen Oberflächen

Unter einem Gasaustausch versteht man die Aufnahme von molekularem Sauerstoff aus der Umgebung und die Abgabe von Kohlendioxid in die Umgebung. Ein Gas diffundiert dabei stets aus einer Region höheren Partialdrucks in eine Region geringeren Partialdrucks.

Sauerstoff ist in der Luft reichlich vorhanden und macht rund 21 Volumenprozent aus. Luft hat eine viel geringere Dichte und Viskosität als Wasser und lässt sich daher leichter durch enge Gänge bewegen. Infolgedessen ist Luftatmung relativ einfach und braucht nicht sonderlich effizient zu sein.

Die O_2-Konzentration in Wasser ist rund 40-mal geringer als diejenige in Luft. Der geringere O_2-Gehalt, die höhere Dichte und die größere Viskosität von Wasser bedeuten, dass wasserlebende Tiere wie Fische und Hummer für den Gasaustausch viel Energie aufwenden müssen und infolgedessen einen sehr effizienten Gasaustausch entwickelt haben.

Bei einigen Tieren, beispielsweise Regenwürmern und manchen Amphibien, dient die Haut als Atmungsorgan. Direkt unter der Haut liegt ein dichtes Netzwerk von Kapillaren, das den Austausch von Gasen zwischen dem Kreislaufsystem und der Umwelt erleichtert. Da die respiratorische Oberfläche feucht bleiben muss, können Regenwürmer und andere Hautatmer nur an feuchten Plätzen länger überleben.

Die Körperoberfläche der meisten Tiere ist zum Gasaustausch für den ganzen Organismus nicht geeignet, weil es ihr an genügend Austauschfläche mangelt. Die Lösung ist ein Atmungsorgan, das stark eingefaltet oder verzweigt ist. Beispiele für solche Organe sind Kiemen, Tracheen und Lungen.

43.5.1 Kiemen bei wasserlebenden Tieren

Kiemen sind Ausfaltungen der Körperoberfläche, die von Wasser umspült werden.

Die Bewegung des Wassers über die Oberfläche der Kiemen, die man als **Ventilation** bezeichnet, hält die Partialdruckgefälle von O_2 und CO_2 aufrecht, die für den Gasaustausch notwendig sind. Fische ventilieren ihre Kiemen, indem sie sich durchs Wasser bewegen, oder durch koordinierte Bewegungen von Mund und Kiemendeckeln. In beiden Fällen strömt Wasser ins Maul, tritt durch Schlitze im Pharynx in die Kiemenhöhle ein und strömt über die Kiemen wieder aus dem Körper hinaus (Abbildung 43.12).

Die Anordnung der Kapillaren in einer Fischkieme erlaubt einen **Gegenstromaustausch**: Da die Richtung des Blutflusses derjenigen des Wasserflusses über die Kiemen entgegengesetzt ist, ist das Blut an jedem Punkt seines Weges weniger O_2-gesättigt als das Wasser, auf das es trifft (Abbildung 43.12). Wenn Blut in eine Kiemenkapillare eintritt, trifft es auf Wasser, das den größten Teil seines gelösten Sauerstoffes auf seinem Weg durch die Kiemen bereits abgegeben, aber dennoch einen höheren Sauerstoff-Partialdruck (P_{O_2}) als das einströmende Blut hat, und so findet ein O_2-Transfer statt. Wenn das Blut weiterfließt, nimmt sein P_{O_2}ständig zu, aber das gilt auch für das Wasser. Daher existiert auf der ganzen Länge der Kapillare ein Partialdruckgefälle, das die Diffusion von O_2 aus dem Wasser ins Blut begünstigt. In den Fischkiemen wird dem Wasser mehr als 80 Prozent des gelösten O_2 entzogen.

MERKE!

Kiemen sind Ausfaltungen der Körperoberfläche, die von Wasser umspült werden.

43.5.2 Tracheensysteme bei Insekten

Das **Tracheensystem** der Insekten besteht aus Luftröhren, die sich im ganzen Körper verzweigen. Die größten Röhren, die Tracheen, öffnen sich nach außen (Abbildung 43.13). Die feinsten Verzweigungen reichen bis nahe an fast jede Zelle heran, wo der Gasaustausch durch Diffusion erfolgt. Da das Tracheensystem Luft sehr nahe an praktisch alle Körperzellen eines Insekts heranführt, kann es O_2 und CO_2 ohne Unterstützung des offenen Kreislaufsystems von Insekten transportieren.

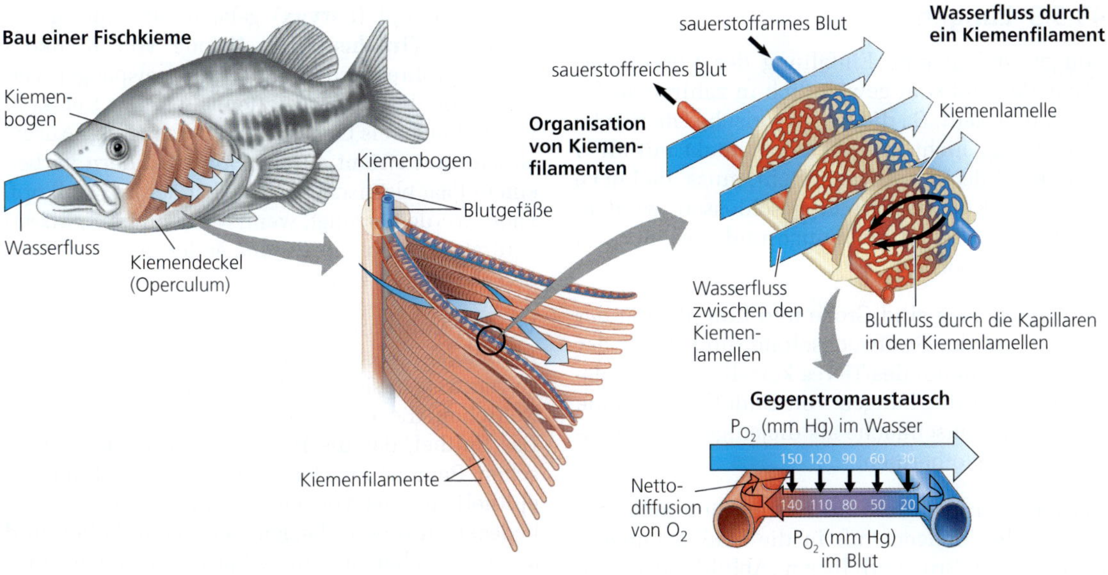

Abbildung 43.12: Bau und Funktion von Fischkiemen. Zur Ventilation pumpt ein Fisch mithilfe koordinierter Bewegungen von Kiefer und Kiemendeckeln (Opercula, Singular *Operculum*) ständig Wasser durch sein Maul über die Kiemenbögen. (Ein schwimmender Fisch kann einfach sein Maul öffnen und das Wasser über seine Kiemen strömen lassen.) Jeder Kiemenbogen trägt zwei Reihen Kiemenfilamente, die aus abgeflachten Plättchen, sogenannten Kiemenlamellen, bestehen. Das Blut, das durch die Kapillaren in den Lamellen strömt, nimmt O_2 aus dem Wasser auf. Beachten Sie, dass der Fluss von Wasser und Blut nach dem Gegenstromprinzip einen Partialdruckgradienten aufrechterhält, an dem entlang über die gesamte Länge einer Kapillare O_2 aus dem Wasser ins Blut diffundieren kann.

Bei kleinen Insekten reicht die Diffusion durch die Tracheen aus, um genügend O_2 zu den Zellen und genügend CO_2 aus den Zellen zu schaffen, um die Zellatmung zu unterhalten. Größere Insekten decken ihren höheren Energiebedarf durch Ventilation ihres Tracheensystems mittels rhythmischer Körperbewegungen, die die Tracheen wie Blasebälge zusammendrücken und wieder weiten.

MERKE!

Das Tracheensystem der Insekten besteht aus Luftröhren, die sich im ganzen Körper verzweigen.

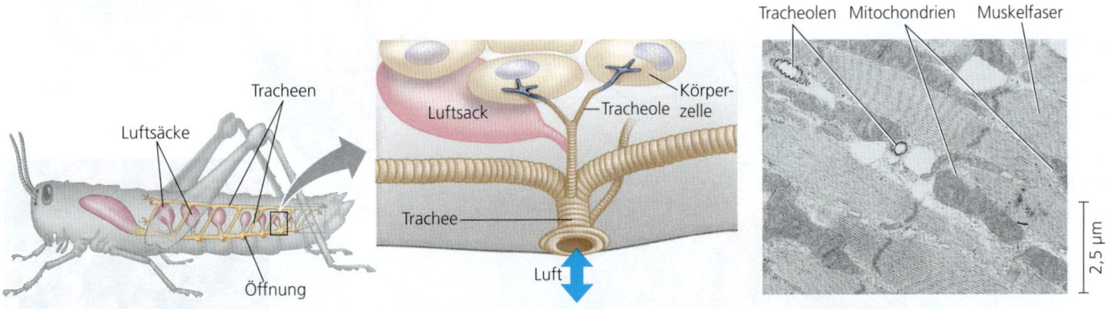

(a) Das respiratorische System eines Insekts besteht aus einem verzweigten Röhrensystem im Körperinneren des Tieres, das die Außenluft direkt an die Körperzellen heranführt. Die größten Röhren (Tracheen) sind durch Chitinringe verstärkt, die ein Kollabieren verhindern. Stark erweiterte Tracheenabschnitte bilden in der Nähe von Organen mit einem großen Sauerstoffbedarf Luftsäcke.

(b) Luft gelangt durch Öffnungen in der Körperwand des Insekts, so genannte Stigmen, in seinen Körper und diffundiert in kleinere Tracheen, die man als Tracheolen bezeichnet. Die Tracheolen sind blind geschlossen, und der letzte Abschnitt ist mit Flüssigkeit gefüllt (blaugrau). Bei steigendem Sauerstoffbedarf wird der größte Teil der Flüssigkeit entzogen. Dadurch vergrößert sich die Kontaktoberfläche zwischen den luftgefüllten Tracheolen und den Körperzellen.

(c) Die elektronenmikroskopische Aufnahme zeigt Tracheolen in einem kleinen Ausschnitt der Flugmuskulatur eines Insekts im Querschnitt (TEM). Sämtliche der zahlreichen Mitochondrien in den Muskelzellen sind nicht weiter als etwa 5 µm von der nächsten Tracheole entfernt.

Abbildung 43.13: Das Tracheensystem einer Heuschrecke.

43.5.3 Lungen

Lungen stellen eine Einfaltung der Körperoberfläche dar und sind gewöhnlich in zahlreiche Taschen unterteilt. Da die respiratorische Oberfläche einer Lunge nicht in direktem Kontakt mit allen anderen Teilen des Körpers steht, muss die Lücke von dem Kreislaufsystem geschlossen werden, das Gase zwischen der Lunge und dem übrigen Körper transportiert.

Im Allgemeinen sind Größe und Komplexität der Lungen mit der Stoffwechselrate (und damit der Gasaustauschrate) des Tieres korreliert. Beispielsweise haben die Lungen von Endothermen eine größere Austauschfläche als diejenigen von ebenso großen Ektothermen.

Bei Säugern befördert ein System von sich verzweigenden Gängen Luft in die beiden Lungenflügel, die im Brustkorb liegen (Abbildung 43.14). In den Körper gelangt Luft durch die Nase, wo sie von Härchen gefiltert, erwärmt, befeuchtet und auf Gerüche geprüft wird, während sie durch die Nasenhöhle strömt. Die Nasenhöhle führt zum Rachen (Pharynx), einer Schnittstelle, wo sich Luft- und Nahrungswege kreuzen.

Vom Kehlkopf (**Larynx**) gelangt die Luft in die Luftröhre (**Trachea**). Die Wände von Kehlkopf und Luftröhre werden durch Knorpelspangen verstärkt, die die Luftwege offenhalten. Der Kehlkopf fungiert auch als Organ zur Lauterzeugung. Ausgeatmete Luft strömt an den **Stimmbändern** vorbei, einem Paar elastischer Muskelbänder im Kehlkopf. Laute werden erzeugt, wenn Muskeln im Kehlkopf kontrahiert und die Stimmbänder gespannt werden, so dass sie zu schwingen beginnen.

Von der Luftröhre gehen zwei **Bronchien** ab (Sing. *Bronchus*), einer zu jedem Lungenflügel. In der Lunge verzweigen sich die Bronchien in immer feinere Röhrchen, die als **Bronchiolen** bezeichnet werden. Das Epithel, das die Hauptäste dieses respiratorischen Baumes auskleidet, trägt Cilien (Flimmerepithel) und ist von einem dünnen Schleimfilm bedeckt. In diesem fangen sich Staub, Pollen und andere Teilchen, und die schlagenden Cilien bewegen den Schleim aufwärts in Richtung Pharynx, wo er unbewusst hinuntergeschluckt wird.

Der Gasaustausch erfolgt in den Lungenbläschen (**Alveolen**, Abbildung 43.14), Luftsäckchen an der Spitze der feinsten Bronchiolen. Die menschliche

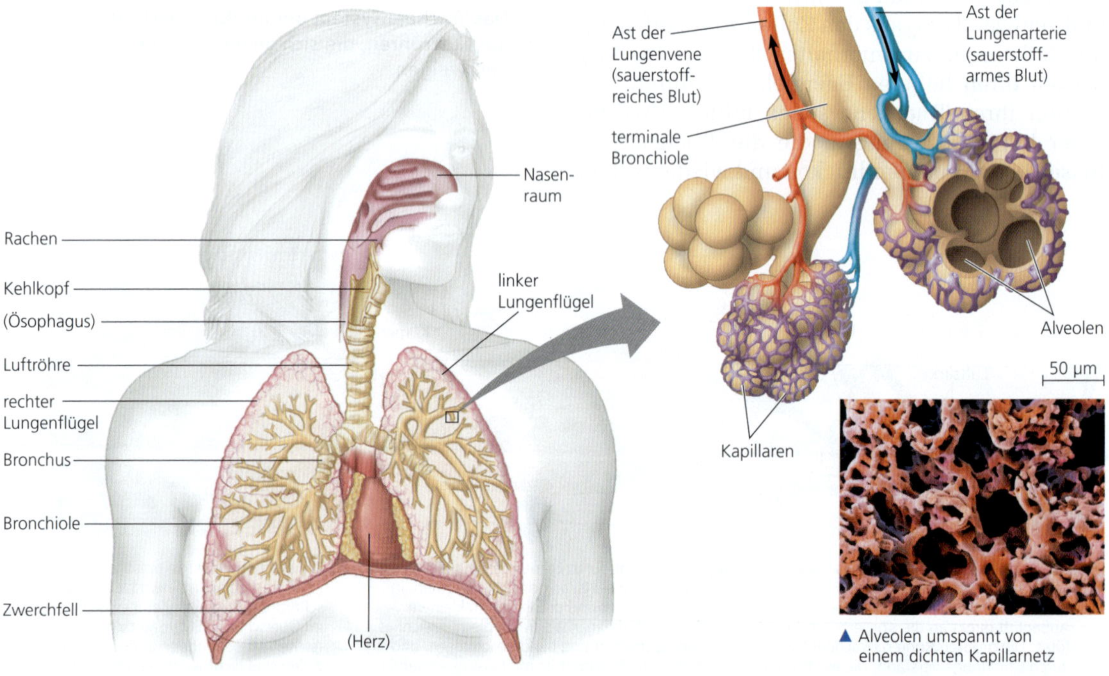

Abbildung 43.14: Das Atmungssystem von Säugern. Aus Nasenraum und Rachen strömt die eingeatmete Luft durch Kehlkopf (Larynx), Luftröhre (Trachea) und Bronchien in die Bronchiolen, die in mikroskopisch kleinen Alveolen enden, welche von einem dünnen, feuchten Epithel ausgekleidet sind. Äste der Lungenarterien befördern sauerstoffarmes Blut zu den Alveolen; Äste der Lungenvenen transportieren das sauerstoffreiche Blut aus den Alveolen zurück ins Herz. Die linke Aufnahme zeigt das verzweigte Gangsystem der Lunge und das dichte Kapillarnetz, das die Alveolen umspinnt. Die rechte Aufnahme zeigt eine terminale Bronchiole und einen Schnitt durch die Alveolen.

Lunge enthält ca. 600 Millionen Alveolen, die zusammen eine Oberfläche von nahezu 100 m^2 aufweisen, 50-mal so viel wie die Haut. Sauerstoff aus der Luft, der in die Alveolen gelangt, löst sich im feuchten Film, der die innere Oberfläche auskleidet, und diffundiert rasch durch das Epithel in ein Netz von Kapillaren, die jede Alveole umgeben. Kohlendioxid diffundiert in die entgegengesetzte Richtung aus den Kapillaren durch das Epithel in den Gasraum im Inneren der Alveolen.

MERKE!

Lungen stellen eine Einfaltung der Körperoberfläche dar und sind gewöhnlich in zahlreiche Taschen unterteilt.

VERSTÄNDNISFRAGEN

1. Warum ist die Lage des Lungengewebes im Körperinneren für Landtiere von Vorteil?

2. Nach einem kräftigen Regenguss kommen Regenwürmer an die Oberfläche. Wie würden Sie dieses Verhalten erklären, wenn Sie an den Gasaustausch eines Regenwurms denken?

3. WAS WÄRE, WENN? Die Alveolenwände enthalten elastische Fasern, die es den Alveolen erlauben, sich bei jedem Atemzug zu dehnen und wieder zusammenzuziehen. Wenn die Alveolen ihre Elastizität verlören, wie würde sich dies auf den Gasaustausch auswirken? Begründen Sie Ihre Antwort.

43.6 Atmung: Ventilation der Lunge

Der Prozess, durch den die Lunge ventiliert wird, wird als **Atmung** bezeichnet, die abwechselnde Inspiration und Exspiration von Luft.

43.6.1 Atmung bei Säugern

Säuger verwenden eine **Unterdruckatmung** und saugen Luft in ihre Lungen (Abbildung 43.15). Säuger erweitern mittels Muskelkraft ihren Brustkorb (Thorax) und senken dadurch den Druck in ihren Lungen unter den atmosphärischen Druck in der Außenwelt. Da Gas aus einer Region mit höherem Druck in eine Region mit niedrigerem Druck strömt, strömt Luft durch Nase und Mund die Luftröhre hinunter in die Lungenbläschen. Beim Ausatmen erschlaffen die Muskeln, die das Volumen des Brustkorbs kontrollieren, und das Thoraxvolumen verringert sich wieder. Der erhöhte Luftdruck in den Lungenbläschen drückt Luft die Luftröhre hinauf und aus dem Körper hinaus.

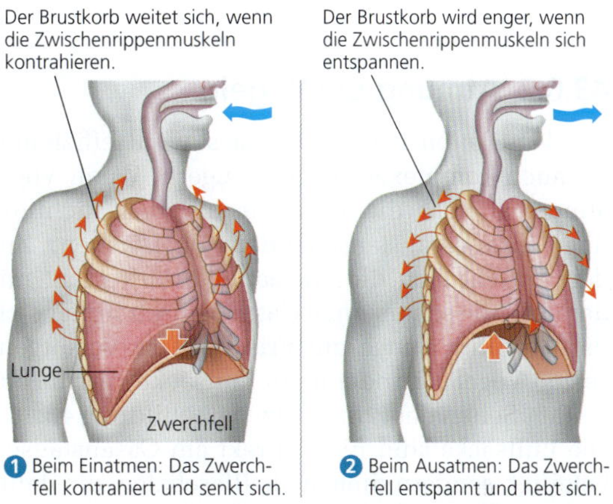

Abbildung 43.15: Unterdruckatmung. Ein Säuger oder der hier gezeigte Mensch atmet, indem er den Luftdruck in seiner Lunge gegenüber dem atmosphärischen Druck im Außenmedium verändert.

Die Erweiterung des Thorax beim Einatmen wird von den Zwischenrippenmuskeln und dem Zwerchfell (**Diaphragma**) des Tieres bewirkt, einem flächigen Muskel, der den Boden der Brusthöhle bildet.

Im Brustkorb umgibt eine doppelwandige Hülle, Brustfell (Pleura) genannt, die Lunge. Das innere Blatt der Pleura haftet an der Lunge, das äußere ist mit der Thoraxwand verbunden; beide Pleurablätter haften aneinander wie zwei Glasscheiben, zwischen denen sich ein dünner Wasserfilm befindet und lassen sich nur schwer auseinanderziehen. Infolgedessen verändern sich Thorax- und Lungenvolumen gemeinsam.

Da sich die Lungen von Säugern nicht bei jedem Atemzug vollständig entleeren und da die eingeatmete Luft denselben Weg nimmt wie die ausgeatmete Luft, mischt sich bei jedem Einatmen Frischluft mit sauerstoffarmer Residualluft. Das bedeutet, dass in den Alveolen nur wenig Gas ausgetauscht wird, sodass die O_2-Konzentration in den Alveolen ca. 15 Prozent beträgt und damit etwas unter der O_2-Konzentration von 21 Prozent in der Atmosphäre liegt.

VERSTÄNDNISFRAGE

1. WAS WÄRE, WENN? Stellen Sie sich vor, Sie würden sich beim Fallen eine Rippe brechen. Wenn das gebrochene Ende der Rippe ein kleines Loch in das Brustfell um Ihre Lunge bohren würde, welche Auswirkung hätte dies auf Ihre Lungenfunktion?

43.6.2 Atmung bei Vögeln

Die Ventilation bei Vögeln ist sowohl effizienter als auch komplexer als bei Säugern. Wenn Vögel atmen, streicht die Luft nur in *einer* Richtung über ihre gasaustauschenden Oberflächen. Zudem mischt sich die eingeatmete Luft nicht mit der Luft, die schon einen Gasaustausch hinter sich hat. Um ihre Lunge mit Frischluft zu versorgen, setzen Vögel acht oder neun Luftsäcke ein, die auf beiden Seiten der Lunge sitzen (Abbildung 43.16). Die Luftsäcke sind nicht direkt am Gasaustausch beteiligt, sondern dienen als Blasebälge, die dafür sorgen, dass Luft durch die Lunge strömt. Statt blind endender Alveolen sind die Orte des Gasaustauschs bei Vögeln feine Luftkanäle, die als *Parabronchien* bezeichnet werden. Die Passage von Luft durch das gesamte Atmungssystem – Lunge und Luftsäcke – erfordert zwei Inspirations- und Exspirationszyklen.

Da die Luft in der Lunge eines Vogels bei jedem Ausatmen erneuert wird, ist der maximale Sauerstoffpartialdruck in der Lunge von Vögeln höher als in der Lunge von Säugern.

43.7 Anpassungen an den Gasaustausch: Respiratorische Proteine binden und transportieren Atemgase

Die Be- und Entladung von Sauerstoff und Kohlendioxid mit den daraus resultierenden unterschiedlichen Partialdrücken dieser Atemgase im Blut an verschiedenen Punkten des Kreislaufsystems ist in Abbildung 43.17 dargestellt. Die geringe Löslichkeit von O_2 in Wasser (und damit in der Blutflüssigkeit) stellt ein Problem für Tiere dar, die die O_2-Versorgung ihrer Gewebe mithilfe eines Kreislaufsystems sicherstellen.

Tatsächlich transportieren Tiere den größten Teil ihres O_2 gebunden an **respiratorische Proteine**. Diese zirkulieren im Blut oder in der Hämolymphe und sind häufig in spezialisierten Zellen verpackt. Die respiratorischen Proteine erhöhen die Menge an O_2, die von der Kreislaufflüssigkeit befördert werden kann, beträchtlich (auf rund 200 ml O_2 pro Liter Säugerblut).

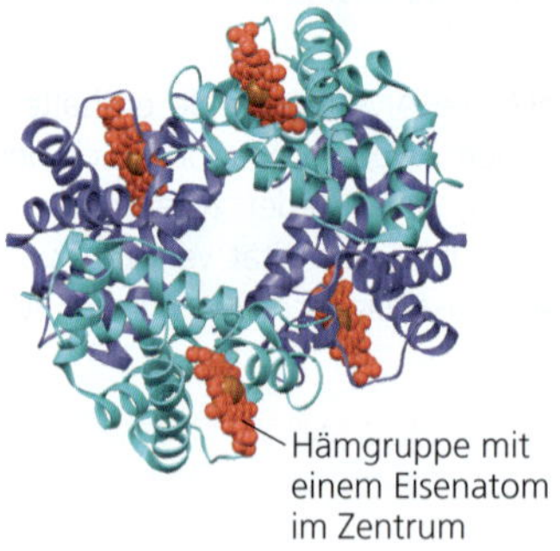

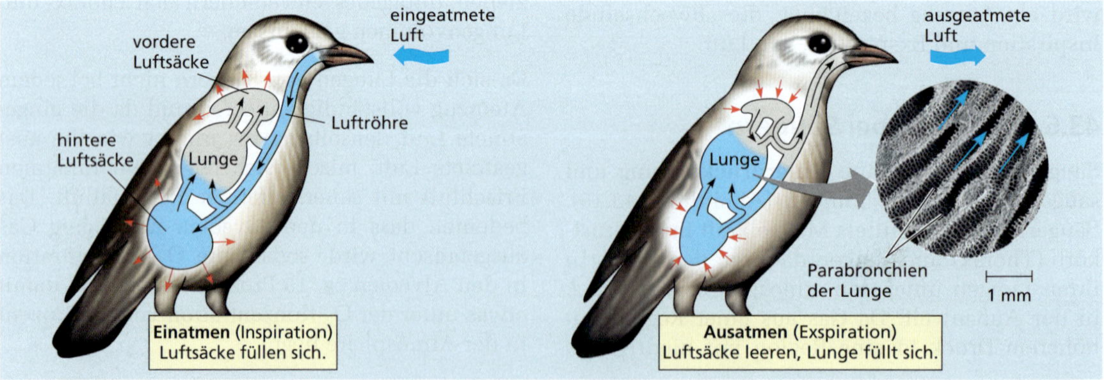

Abbildung 43.16: **Das Atmungssystem von Vögeln.** Beim Einatmen füllen sich die hinteren Luftsäcke mit sauerstoffreicher Luft (blau) von außen, die vorderen Luftsäcke hingegen mit sauerstoffarmer, verbrauchter Luft (grau) aus der Lunge. Beim Ausatmen entleeren sich beide Luftsacksysteme und treiben Luft aus den hinteren Luftsäcken in die Parabronchien. Daher sind zwei Inspirations- und Exspirationszyklen nötig, um die Luft durch das gesamte System und wieder aus dem Vogel herauszuführen.

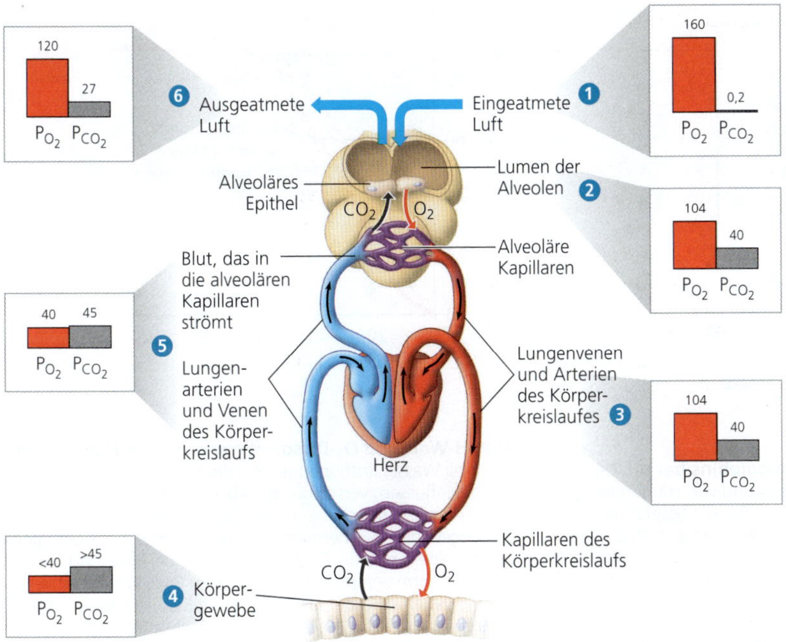

Abbildung 43.17: Aufnahme und Abgabe von Atemgasen.

Hämoglobin Das Hämoglobin von Wirbeltieren besteht aus vier Untereinheiten (Polypeptidketten), jede mit einem Cofaktor, der als Hämgruppe bezeichnet wird und in dessen Zentrum ein zweiwertiges Eisenion sitzt. Jedes Eisenion bindet ein O_2-Molekül, ohne seine Wertigkeit zu ändern; daher spricht man nicht von Oxidierung, sondern von Oxigenierung des Eisens. Weil Hämoglobin aus vier Untereinheiten besteht, kann ein einziges Hämoglobinmolekül vier O_2-Moleküle binden. Wie sämtliche respiratorischen Proteine bindet Hämoglobin O_2 reversibel, belädt sich in der Lunge oder in den Kiemen mit O_2 und gibt dieses O_2 in anderen Körperregionen wieder ab. Wenn O_2 an eine Hämoglobinuntereinheit bindet, verändern die anderen ihre Konformation, wodurch ihre O_2-Affinität steigt. Wenn vier O_2-Moleküle gebunden sind und eine Untereinheit ihr O_2 abgibt, sinkt die Affinität der drei übrigen Untereinheiten, was zur verstärkten O_2-Abgabe führt.

Dies wird bei der Sauerstoff-Dissoziationskurve von Hämoglobin offensichtlich (Abbildung 43.18). In dem Bereich, in dem die Dissoziationskurve einen steilen Verlauf nimmt, führt bereits eine geringe Änderung des P_{O_2}dazu, dass Hämoglobin beträchtliche Mengen O_2 aufnimmt oder abgibt. Wenn Zellen in einer bestimmten Körperregion – beispielsweise beim Sporttreiben – härter zu arbeiten beginnen, sinkt der P_{O_2}in ihrer Nachbarschaft, weil mehr O_2 von der Zellatmung verbraucht wird. Dies bewirkt, dass die vom Blut abgegebene O_2-Menge deutlich zunimmt.

Die Produktion von CO_2 während der Zellatmung fördert die O_2-Abgabe durch Hämoglobin in aktiven Geweben. CO_2 reagiert mit Wasser zu Kohlensäure, die den pH in der Umgebung senkt. Ein niedriger pH wiederum senkt die Hämoglobinaffinität für O_2, ein Vorgang, den man als **Bohr-Effekt** bezeichnet (Abbildung 43.18). Wo mehr CO_2 produziert wird, setzt Hämoglobin daher mehr O_2 frei, das dann der gesteigerten Zellatmung zugute kommt.

Kohlendioxidtransport Neben seiner Rolle beim Sauerstofftransport unterstützt Hämoglobin den CO_2-Transport und die Pufferung des Blutes – das heißt, es verhindert schädliche pH-Veränderungen.

Wie in Abbildung 43.19 zu sehen, diffundiert Kohlendioxid aus den atmenden Zellen ins Blutplasma (❶ in der Abbildung). Nur 7 % des gesamten CO_2 verbleibt im Blutplasma, während mehr als 90 % in die Erythrocyten diffundiert ❷. Etwas mehr als 20 % des CO_2 bindet an Hämoglobin ❸. Der größte Teil des CO_2 reagiert in den Erythrocyten mit Wasser zu Kohlensäure (H_2CO_3) ❹. Kohlensäure dissoziiert in ein Bicarbonation (HCO_3^-) und ein Wasserstoffion (H^+) ❺. Die meisten Wasserstoffionen binden an Hämoglobin und Proteine im Plasma, sodass der pH-Wert des Blutes sich

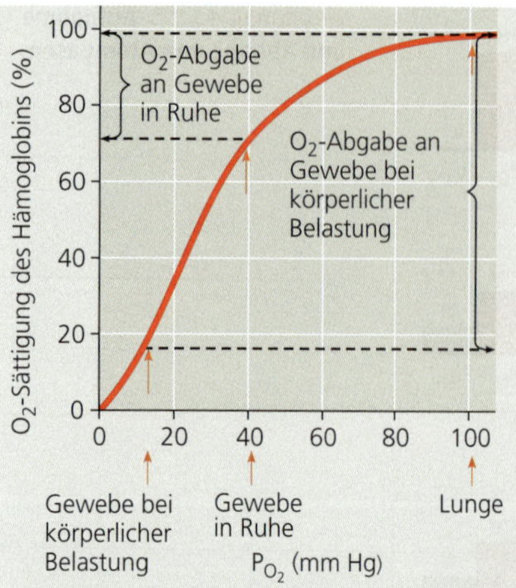

(a) O_2-Dissoziationskurve des Hämoglobins bei pH 7,4. Die Kurve zeigt die relative O_2-Sättigung von Hämoglobin, das Lösungen mit unterschiedlichem P_{O_2} ausgesetzt ist. Bei einem P_{O_2} von 100 mm Hg, wie er normalerweise in der Lunge herrscht, ist Hämoglobin zu rund 98 % mit O_2 gesättigt. Bei einem P_{O_2} von 40 mm Hg, wie er gewöhnlich im Körpergewebe in Ruhe herrscht, ist Hämoglobin zu rund 70 % gesättigt. Hämoglobin kann zusätzliches O_2 an metabolisch sehr aktive Gewebe abgeben, beispielsweise an Muskelgewebe bei starker körperlicher Belastung.

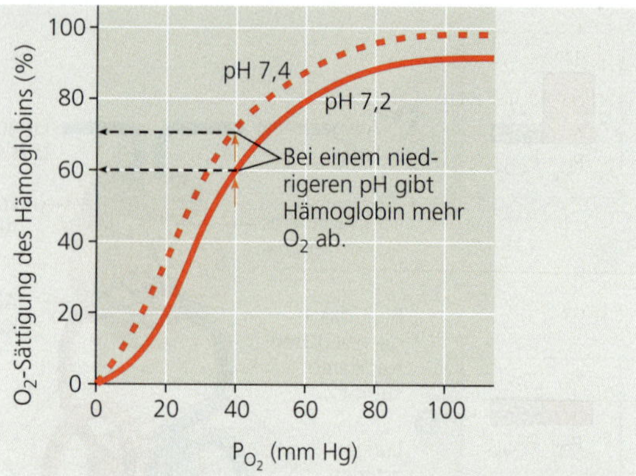

(b) pH-Wert und O_2-Dissoziationskurve des Hämoglobins. Weil Wasserstoffionen die Konformation des Hämoglobins beeinflussen, verschiebt ein Absinken des pH-Werts die O_2-Dissoziationskurve nach rechts (Bohr-Effekt). Bei einem gegebenen P_{O_2}, beispielsweise 40 mm Hg, gibt Hämoglobin bei einem pH von 7,2 mehr O_2 ab als bei einem pH von 7,4, dem normalen pH im menschlichen Blut. In sehr aktiven Geweben sinkt der pH, weil das im Rahmen der Zellatmung produzierte CO_2 mit Wasser zu Kohlensäure reagiert. Hämoglobin setzt daraufhin mehr O_2 frei, das die erhöhte Zellatmung in aktiven Geweben unterstützt.

Abbildung 43.18: Sauerstoff-Dissoziationskurve für Hämoglobin bei 37 °C und pH 7,4 bzw. 7,2.

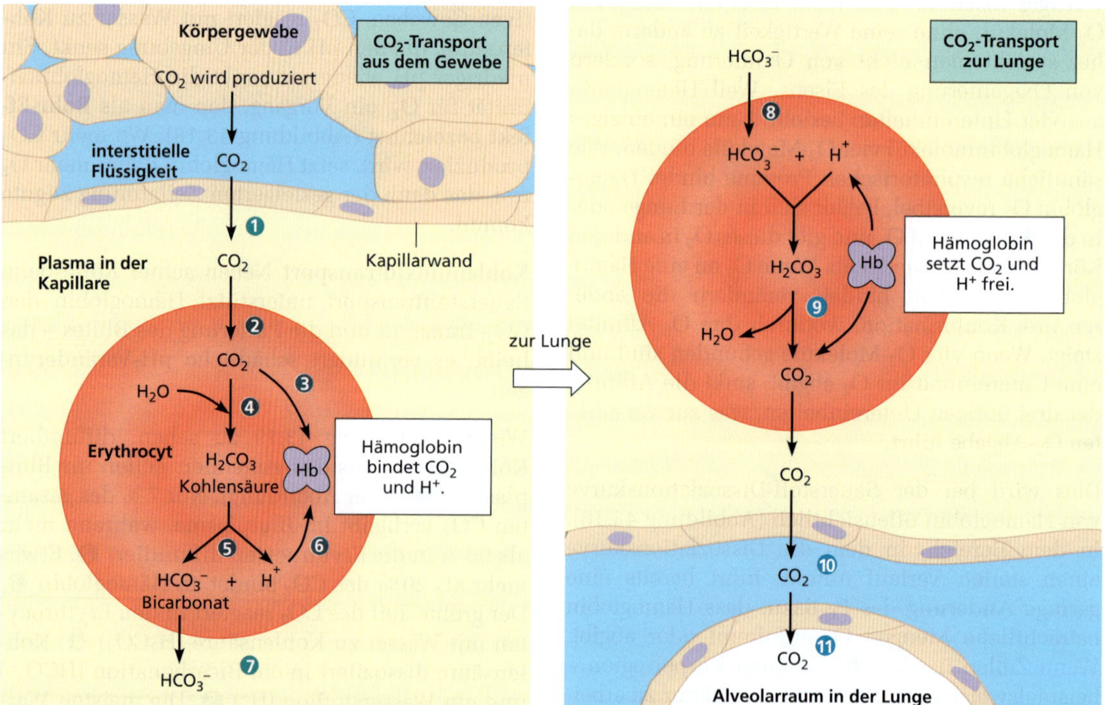

Abbildung 43.19: Kohlendioxidtransport im Blut.

? In welchen drei Formen wird CO_2 im Blut transportiert?

nicht verändert ❻. Der größte Teil des HCO_3^- diffundiert ins Plasma und wird auf diese Weise zur Lunge transportiert ❼. In der Lunge diffundiert HCO_3^- aus dem Plasma in die Erythrocyten und bildet zusammen mit H^+ aus dem Hämoglobin H_2CO_3 ❽. Kohlensäure wird in CO_2 und Wasser gespalten. Das an Hämoglobin gebundene CO_2 wird ebenfalls abgegeben ❾. CO_2 diffundiert ins Plasma ❿ und danach in den Alveolarraum ⓫, aus dem es während der Exspiration ausgetrieben wird.

VERSTÄNDNISFRAGEN

1. Was entscheidet darüber, ob O_2 und CO_2 in die Kapillaren in den Geweben und in der Nähe der Alveolen hinein diffundieren oder aus ihnen hinausdiffundieren? Begründen Sie Ihre Antwort.

2. Wie trägt der Bohr-Effekt dazu bei, sehr aktive Gewebe mit Sauerstoff zu versorgen?

3. WAS WÄRE, WENN? Ein Arzt behandelt einen Patienten, der sehr rasch atmet, unter Umständen mit Bicarbonat (HCO_3^-). Was vermutet der Arzt hinsichtlich der Blutchemie des Patienten?

ZUSAMMENFASSUNG

Kreislaufsysteme verknüpfen alle Zellen des Körpers mit Austauschflächen

Offene und geschlossene Kreislaufsysteme. Bei den offenen Kreislaufsystemen der Insekten und der meisten Mollusken umspült die Hämolymphe die Organe direkt. Bei den geschlossenen Kreislaufsystemen der Wirbeltiere bewegt sich Blut in einem geschlossenen System von Pumpen und Röhren.

Die Organisation von Kreislaufsystemen bei Wirbeltieren. Das geschlossene Kreislaufsystem der Wirbeltiere besteht aus Blutgefäßen und einem zwei- bis vierkammerigen Herzen. Der Herzventrikel pumpt Blut über die Arterien zu den Kapillaren, wo der Stoffaustausch zwischen Blut und interstitieller Flüssigkeit stattfindet. Venen führen das Blut aus den Kapillaren über das Atrium des Herzens in den Ventrikel zurück. Knochenfische, Rochen und Haie haben nur eine einzige Pumpe in ihrem Kreislaufsystem. Luftatmende Wirbeltiere haben zwei Pumpen, die in einem einzigen Herzen zusammengefasst sind. Variationen in Zahl und Trennungsgrad der Ventrikel spiegeln Anpassungen an unterschiedliche Lebensräume und metabolische Bedürfnisse wider.

Koordinierte Kontraktionszyklen des Herzens treiben den doppelten Kreislauf bei Säugern an

Der Säugerkreislauf. Der rechte Ventrikel pumpt Blut in die Lunge, wo es O_2 aufnimmt und CO_2 abgibt. Sauerstoffreiches Blut aus der Lunge tritt im linken Atrium ins Herz ein und wird vom linken Ventrikel in die Körpergewebe gepumpt. Das Blut kehrt durch das rechte Atrium ins Herz zurück.

Das Säugerherz. Der Herzzyklus, eine vollständige Abfolge von Pumpen und Füllen des Herzens, besteht aus einer Kontraktionsphase, der Systole, und einer Erschlaffungsphase, der Diastole.

Blutdruck und Blutfluss spiegeln Bau und Anordnung der Blutgefäße wider

Blutgefäße haben besondere Strukturen, die sehr gut an ihre jeweilige Funktion angepasst sind. **Kapillaren** haben einen geringen Durchmesser und dünne Wände, die den Stoffaustausch erleichtern. **Arterien** haben dicke, elastische Wände, die den Blutdruck aufrechterhalten. **Venen** enthalten Klappen, die wie Einwegventile wirken und die Rückkehr des Blutes zum Herzen unterstützen. Der **Blutdruck** wird durch Variationen im Herzminutenvolumen und durch die variable Verengung der Arteriolen verändert.

Blutbestandteile und ihre Funktion bei Stoffaustausch, Transport und Abwehr

Blut besteht aus zellulären Elementen, die sich in einer flüssigen Matrix, dem **Plasma**, verteilen. Plasmaproteine beeinflussen Blut-pH-Wert, osmotischen Druck und Viskosität und spielen eine Rolle für Lipidtransport, Immunsystem (Antikörper) und Blutgerinnung (Fibrinogen). Rote Blutkörperchen (**Erythrocyten**) transportieren O_2. Fünf Typen weißer Blutkörperchen (**Leukocyten**) attackieren Mikroorganismen und Fremdstoffe im Blut. **Blutplättchen (Thrombocyten)** spielen eine Rolle bei der Blutgerinnung, einer Kaskade von Reaktionen, die Plasmafibrinogen in Fibrin umwandelt.

Gasaustausch erfolgt an spezialisierten respiratorischen Oberflächen

Beim Gasaustausch diffundieren Gase stets von Orten hohen Partialdrucks zu Orten niedrigen **Partialdrucks**. Luft ist besser für einen Gasaustausch geeignet als Wasser, weil ihr O_2-Gehalt höher, ihre Dichte geringer und ihre Viskosität niedriger ist.

Die Struktur und Organisation der respiratorischen Oberflächen unterscheiden sich bei verschiedenen Tierarten erheblich. **Kiemen** sind Ausstülpungen der Körperoberfläche, die auf den Gasaustausch im Wasser spezialisiert sind. Die Effizienz des Gasaustauschs wird in einigen Kiemen, darunter den Fischkiemen, durch Ventilation und Gegenstromfluss von Blut und Wasser erhöht. Der Gasaustausch von Insekten erfolgt über **Tracheen**, ein verzweigtes Netzwerk von Röhren, die den Körper durchziehen und Luft direkt bis zu den Zellen transportieren. Spinnen, Lungenschnecken und die meisten landlebenden Wirbeltiere haben innere **Lungen**. Bei Säugern strömt die Luft, die durch die Nase eingeatmet wird, durch den Pharynx in die Trachea, die Bronchien und Bronchiolen und schließlich in die blind geschlossenen Alveolen, in denen der Gasaustausch stattfindet.

Atmung: Ventilation der Lunge

Neben der Lunge haben **Vögel** acht oder neun Luftsäcke, die als Blasebälge arbeiten und dafür sorgen, dass die Luft nur in einer Richtung durch die Lunge strömt, sodass eingeatmete und ausgeatmete Luft sich nicht vermischen. **Säuger** ventilieren ihre Lungen durch Unterdruckatmung, bei der Luft in die Lungen gesaugt wird, wenn sich Zwischenrippenmuskeln und Zwerchfell kontrahieren. Eingeatmete und ausgeatmete Luft vermischen sich und machen die Ventilation dadurch weniger effizient als bei Vögeln.

Anpassungen an den Gasaustausch: Respiratorische Proteine binden und transportieren Atemgase

In der Lunge begünstigen die Partialdruckgradienten die Diffusion von O_2 ins Blut und von CO_2 aus dem Blut. Im übrigen Körper ist die Situation umgekehrt.

Respiratorische Proteine. Respiratorische Proteine transportieren O_2 und erhöhen dadurch die O_2-Menge beträchtlich, die im Blut oder in der Hämolymphe mitgeführt werden kann. Wirbeltiere und ein breites Spektrum von Wirbellosen verwenden dazu das eisenhaltige **Hämoglobin**. Dieses hilft auch beim CO_2-Transport und bei der Pufferung des Blutes.

Das Immunsystem

44

44.1 Das angeborene Immunsystem basiert auf der Erkennung gemeinsamer Muster von Krankheitserregern

Tiere werden ständig von infektiösen Krankheitserregern angegriffen. Dagegen setzen sich die Tiere auf vielfältige Art und Weise zur Wehr. Die Summe aller Abwehrmechanismen bildet das Immunsystem, das Tier und Mensch in die Lage versetzt, vielen Infektionen zu entgehen oder sie zumindest einzudämmen (Abbildung 44.1).

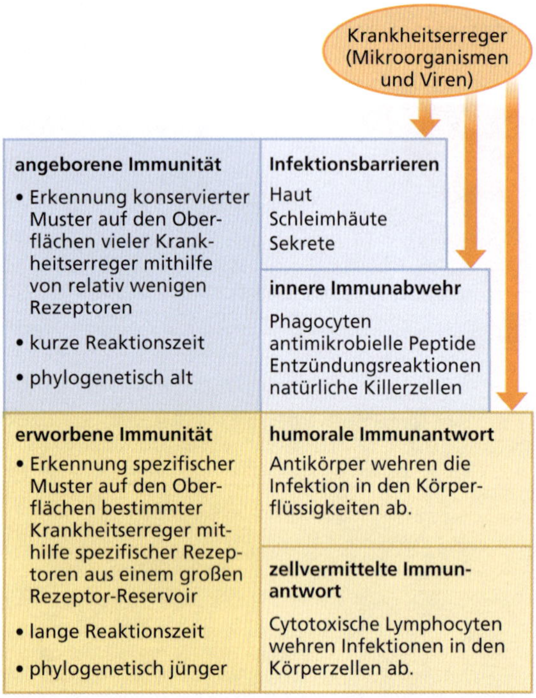

Abbildung 44.1: Die Immunsysteme der Tiere im Überblick. Die Abwehrmechanismen der Tiere lassen sich in angeborene und adaptive (erworbene) Immunität unterteilen. Einige Komponenten des angeborenen Immunsystems tragen zur Aktivität des adaptiven Immunsystems bei und umgekehrt.

Die angeborene Immunabwehr gibt es bei allen Tieren (und auch bei Pflanzen). Sie setzt sofort nach einer Infektion ein und ist immer die Gleiche, unabhängig davon, ob der Organismus früher schon einmal Kontakt mit dem Erreger hatte oder nicht.

Infektionsbarrieren Die verschiedenen Epithelien der Säugetiere erschweren vielen Krankheitserregern das Eindringen in den Organismus. Zu diesen Infektionsbarrieren gehören nicht nur die Haut, sondern auch die Schleimhäute von Verdauungstrakt, Atemwegen, Harnwegen und Fortpflanzungsorganen. Bestimmte Zellen in den Schleimhäuten produzieren den *Mucus*, einen zähflüssigen **Schleim**, der Mikroorganismen und andere Teilchen immobilisiert und so die Abwehr unterstützt. In der Luftröhre befördern cilienbesetzte Epithelzellen den Schleim und die darin festgehaltenen Mikroorganismen nach oben, sodass eine Infektion der Lunge vermieden wird.

Über ihre rein physikalische Rolle bei der Abwehr eindringender Mikroorganismen hinaus schaffen die Körpersekrete auch eine Umwelt, die für viele Mikroorganismen lebensfeindlich ist. Das Lysozym, das sich im Speichel, in mukösen Sekreten sowie in den Tränen findet, zerstört entsprechend empfindliche Bakterien. Mikroorganismen in Lebensmitteln, Wasser und verschlucktem Schleim sind der sauren Umgebung des Magens ausgesetzt, durch die viele Mikroorganismen abgetötet werden, bevor sie in den Darm gelangen können.

Zelluläre angeborene Abwehrmechanismen Krankheitserreger, die es bis ins Körperinnere geschafft haben, werden dort von phagocytierenden weißen Blutzellen (Leukocyten) attackiert. Diese „Fresszellen" erkennen die Mikroorganismen über Rezeptoren. Jeder dieser **TLR** (toll-like receptor) genannten Rezeptoren eines Säugetieres erkennt Moleküle, die für eine bestimmte Gruppe von Krankheitserregern charakteristisch sind. Alle derart erkannten Makromoleküle kommen im Organismus der Wirbeltiere normalerweise nicht vor, sind aber unentbehrliche Bestandteile bestimmter Mikroorganismen.

Die Erkennung durch einen TLR löst eine Reihe interner Abwehrmechanismen aus; am Anfang steht dabei die Phagocytose. Eine weiße Blutzelle erkennt und verschlingt eingedrungene Mikroorganismen mittels Phagocytose und reichert sie so in einem speziellen Vesikel an, dem Phagosom. Dieses verschmilzt dann mit einem Lysosom zu einem Phagolysosom (Abbildung 44.2), was zur Zerstörung der Mikroorganismen führt.

Unter den Fresszellen sind die **Neutrophilen** am zahlreichsten im Körper von Säugetieren zu finden (siehe Abbildung 43.8). Sie werden durch Signalstoffe zum infizierten Gewebe gelockt, schließen dort die Mikroorganismen in sich ein und zerstören sie. Für eine noch wirksamere Abwehr mittels Phagocytose sorgen **Makrophagen** („große Fresser").

Zwei andere Typen von Fresszellen – die Eosinophilen und die dendritischen Zellen – spielen für die angeborene Immunabwehr nur eine untergeordnete Rolle. Die **Eosinophilen** sind nur in ge-

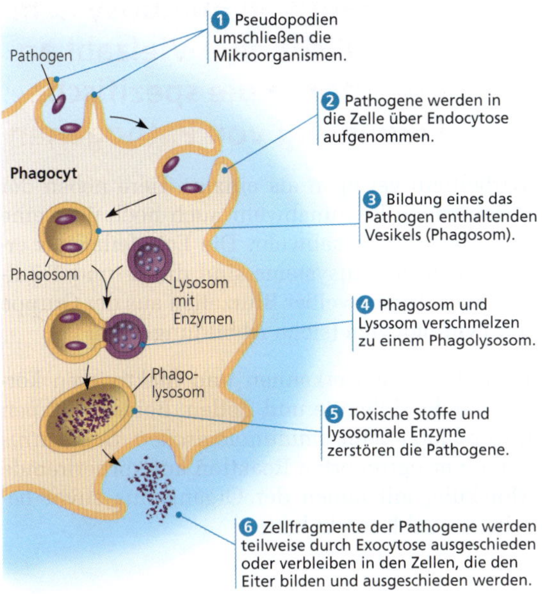

Abbildung 44.2: Phagocytose. Die Schemazeichnung verdeutlicht, welche Vorgänge ablaufen, wenn eine typische Fresszelle (Phagocyt) einen Mikroorganismus aufnimmt und zerstört.

ringem Umfang phagocytotisch aktiv, spielen aber eine wichtige Rolle für die Bekämpfung vielzelliger Eindringlinge, beispielsweise parasitierender Würmer. Sie schließen aber solche Parasiten nicht ein, sondern heften sich an ihre Körperoberfläche an und geben dann Enzyme ab, die den Eindringling schädigen. **Dendritische Zellen** patrouillieren in Geweben, die mit der Umwelt in Kontakt kommen. Sie stimulieren vor allem die Aktivität der Zellen des erworbenen Immunsystems gegen die Mikroorganismen, auf die sie treffen – eine Funktion, die wir im weiteren Verlauf dieses Kapitels noch genauer betrachten werden.

Antimikrobielle Peptide und Proteine Die Erkennung eines Krankheitserregers löst in einem Säugetier die Produktion und Freisetzung verschiedener Peptide und Proteine aus, welche die Mikroorganismen angreifen oder ihre Vermehrung beeinträchtigen.

Interferone sind Moleküle, die einen angeborenen Schutz gegen Virusinfektionen vermitteln. Virusinfizierte Körperzellen scheiden Interferone aus und veranlassen damit in der Nähe befindliche, uninfizierte Zellen zur Produktion von Substanzen, welche die Vermehrung der Viren hemmen. Auf diese Weise unterbrechen die Interferone die Infektionskette zwischen den Körperzellen, sodass Virusinfektionen wie Erkältungen oder Grippe unter Kontrolle gebracht werden können. Manche weiße Blutzellen scheiden einen anderen Interferontyp aus, der Makrophagen aktiviert und ihre Phagocytosefähigkeit steigert. Die Pharmaindustrie stellt Interferone heute gentechnisch in großem Maßstab her, um damit Viruserkrankungen, wie zum Beispiel die Hepatitis C, zu behandeln.

Das **Komplementsystem** besteht aus ungefähr 30 Proteinen, die sich im Blutplasma befinden und gemeinsam Infektionen bekämpfen. Diese Proteine zirkulieren zunächst in einem inaktiven Zustand im Blut, werden aber bei einer Infektion von Oberflächenmolekülen vieler Mikroorganismen aktiviert. Dies löst kaskadenartige biochemische Reaktionen aus, die unter anderem zur Lyse (Platzen) der eingedrungenen Zellen führen. Das Komplementsystem ist aber auch an der Ausbildung von Entzündungsreaktionen beteiligt und wirkt an der erworbenen Immunabwehr mit.

Entzündungsreaktionen Schmerzen und Schwellungen, die uns zum Beispiel auf einen in die Haut eingedrungenen Holzsplitter aufmerksam machen,

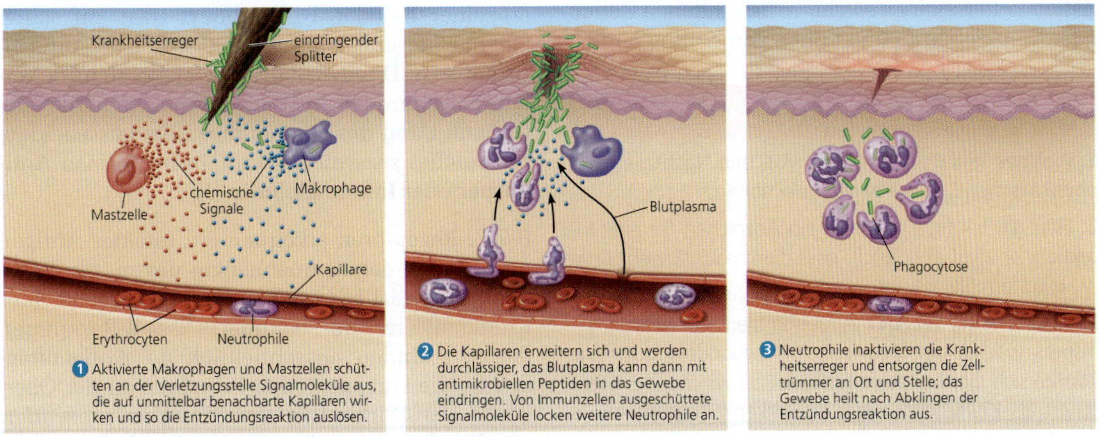

Abbildung 44.3: Wichtige Ereignisse im Verlauf einer lokalen Entzündungsreaktion.

sind die Folgen einer lokalen **Entzündungsreaktion**. Die damit verbundenen, charakteristischen Veränderungen werden durch chemische Signale ausgelöst, die nach Verletzung oder Infektion ausgeschüttet werden. Eine wichtige derartige Signalsubstanz ist das **Histamin**, das von den **Mastzellen** gebildet wird. Der Ablauf einer lokalen Entzündung, der beispielsweise mit einer Infektion durch einen eingedrungenen Holzsplitter beginnt, ist in Abbildung 44.3 zusammenfassend dargestellt.

Die dort beschriebenen Prozesse führen letztlich dazu, dass sich *Eiter* ansammelt, eine Flüssigkeit, die zahlreiche weiße Blutzellen, abgestorbene Mikroorganismen und Zelltrümmer enthält.

Schwere Gewebeschädigungen oder Infektionen können zu einer den ganzen Körper betreffenden Reaktion führen, beispielsweise zur verstärkten Produktion weißer Blutzellen.

Eine weitere Entzündungsreaktion ist das Fieber. Manche von Krankheitserregern produzierten Toxine, aber auch endogene Substanzen, die zum Beispiel von aktivierten Makrophagen ausgeschüttet werden, stellen den körpereigenen Thermostaten auf eine höhere Temperatur ein. Einer Hypothese zufolge verstärkt sich bei erhöhter Körpertemperatur die Phagocytose, und da auch der Stoffwechsel beschleunigt wird, kommt es zu einer schnelleren Gewebereparatur.

Natürliche Killerzellen **Natürliche Killerzellen (NK-Zellen)** tragen dazu bei, im Wirbeltierorganismus bestimmte erkrankte Zellen zu erkennen und zu eliminieren. Alle Körperzellen, mit Ausnahme der roten Blutzellen, tragen normalerweise auf ihrer Oberfläche ein Protein, das als MHC-Molekül der Klasse I bezeichnet wird. Nach einer Virusinfektion oder nach dem Übergang in einen krebsförmigen Zustand stellen die betroffenen Zellen die Produktion dieses Proteins manchmal ein. Die NK-Zellen heften sich an solche virusbefallenen Zellen oder Krebszellen an und führen den Zelltod herbei.

VERSTÄNDNISFRAGEN

1. Welches sind die wichtigsten Vor- und Nachteile einer physikalischen Barriere gegen Infektionen?

2. Eiter gilt häufig einfach als ein Anzeichen für eine Infektion, er zeigt aber auch, dass die Immunabwehr tätig ist. Erläutern Sie, warum.

3. WAS WÄRE, WENN? Angenommen, ein Mikroorganismus wächst bei niedrigem pH besonders gut. Wie könnte sich dies auf seine Fähigkeit auswirken, bei Menschen als Krankheitserreger zu wirken? Begründen Sie Ihre Antwort.

44.2 Im adaptiven Immunsystem ermöglicht eine Vielzahl an Rezeptoren die spezifische Erkennung von Pathogenen

Wirbeltiere verfügen als einzige Tiere neben der angeborenen Immunabwehr auch noch über eine erworbene Immunabwehr. Die Eckpfeiler des erworbenen Immunsystems sind die B- und T-Zellen, zwei Typen weißer Blutzellen aus der Gruppe der **Lymphocyten** (siehe Abbildung 43.8).

B- und T-Zellen erkennen und inaktivieren körperfremde Moleküle und Zellen. Beide Zelltypen tragen auch zum *immunologischen Gedächtnis* bei, einer optimierten Reaktion auf körperfremde Moleküle, mit denen der Organismus zuvor bereits einmal Kontakt hatte.

MERKE!

Jedes körperfremde Molekül, das von Lymphocyten spezifisch erkannt wird und eine Immunreaktion auslöst, wird als Antigen bezeichnet.

Antigenerkennung durch Lymphocyten Jedes körperfremde Molekül, das von Lymphocyten spezifisch erkannt wird und eine Immunreaktion auslöst, wird als **Antigen** bezeichnet. Die meisten Antigene sind relativ große Moleküle, in der Regel Proteine oder Polysaccharide. Manche Antigene, beispielsweise die von Bakterien ausgeschiedenen Toxine, werden in die extrazelluläre Flüssigkeit abgegeben. Viele andere befinden sich auf den Oberflächen von Krankheitserregern oder anderen körperfremden Zellen.

B- und T-Zellen erkennen Antigene mithilfe antigenspezifischer Rezeptoren, die in der Plasmamembran verankert sind (Abbildung 44.4). Ein einzelner B- oder T-Lymphocyt trägt auf seiner Oberfläche ungefähr 100.000 solcher **Antigenrezeptoren**. Die B-Zellen entwickeln sich im Verlauf der Immunantwort zu *Plasmazellen*, die eine lösliche Form des Antigenrezeptors ausscheiden. Ein solches sezerniertes Protein nennt man **Antikörper** oder **Immunglobulin (Ig)**.

B-Zell-Rezeptoren erkennen ein intaktes Antigen und binden daran, unabhängig davon, ob dieses Antigen frei ist oder sich auf der Oberfläche eines Krankheitserregers befindet. T-Zell-Rezeptoren dagegen binden ausschließlich an Antigenfragmente, die von speziellen Proteinen an der Oberfläche der Wirtszellen den T-Zellen *präsentiert* werden. Diese Proteine werden durch Gene einer

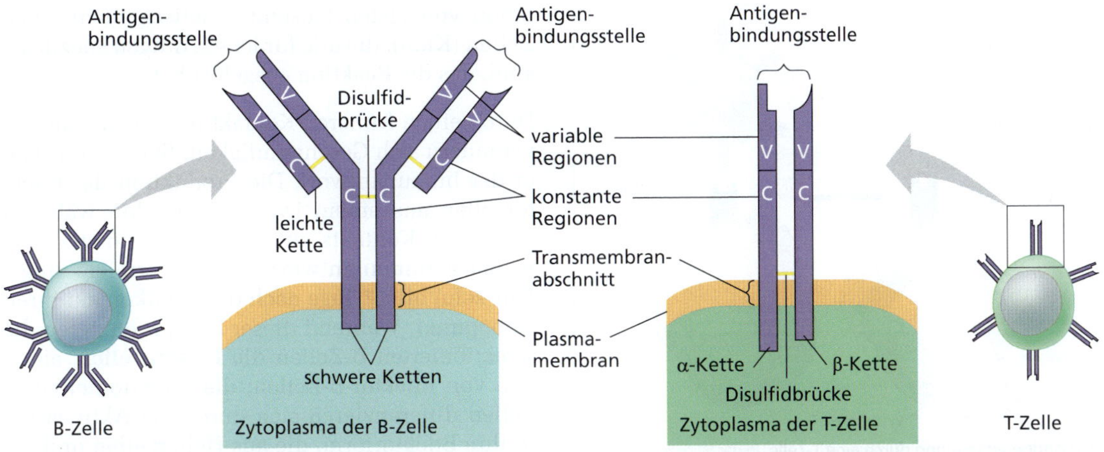

(a) Struktur eines B-Zell-Rezeptors. Alle Antigenrezeptoren auf einer bestimmten B-Zelle sind identisch in ihrer Struktur und binden daher das gleiche Antigen. Die variable Region (V) des Rezeptors ist von Zelle zu Zelle sehr unterschiedlich. Sie ist für die verschiedenen Bindungsspezifitäten der einzelnen B-Zellen verantwortlich, die konstanten Regionen (C) unterscheiden sich dagegen kaum oder gar nicht und sind für die Effektorfunktionen der Antikörper und ihre Verteilung im Körper essenziell. Beachten Sie, dass ein B-Zell-Rezeptor über zwei Antigenbindungsstellen verfügt.

(b) Struktur eines T-Zell-Rezeptors. Alle Antigenrezeptoren auf einer bestimmten T-Zelle sind identisch in ihrer Struktur und binden daher das gleiche Antigen. Die variable Region (V) des Rezeptors ist von Zelle zu Zelle sehr unterschiedlich. Sie ist für die verschiedenen Bindungsspezifitäten der einzelnen T-Zellen verantwortlich, die konstanten Regionen (C) unterscheiden sich dagegen kaum oder gar nicht. Beachten Sie, dass ein T-Zell-Rezeptor über nur eine Antigenbindungsstelle verfügt.

Abbildung 44.4: **Antigenrezeptoren auf Lymphocyten.**

Gengruppe codiert, die man als **Haupthistokompatibilitätskomplex** (*major histocompatibility complex*, **MHC**) bezeichnet.

Die Funktion des MHC Die Antigenerkennung durch die T-Zellen beginnt damit, dass ein Krankheitserreger eine Wirtszelle entweder infiziert oder von ihr eingeschlossen wird. Sobald sich der Erreger im Inneren der Wirtszelle befindet, werden seine Proteine von Peptidasen (Proteasen) der Wirtszelle in kleinere Stücke zerlegt, die man als Antigenfragmente bezeichnet. Die Antigenfragmente binden dann innerhalb der Zelle an ein MHC-Molekül und es bildet sich ein Antigenfragment-MHC-Komplex. Nach Transport des Antigenfragment-MHC-Komplexes an die Zelloberfläche kommt es zur **Antigenpräsentation**, das heißt, das Antigenfragment wird an der Zelloberfläche den T-Zellen gezeigt (Abbildung 44.5). Trifft eine solche antigenpräsentierende Zelle mit einer passenden T-Zelle zusammen, können deren Rezeptoren das Peptidantigen binden.

Handelt es sich um Fresszellen oder Lymphocyten, die das Antigen zuvor in sich aufgenommen haben, signalisieren diese dem Immunsystem, dass eine Infektion im Gange ist. Darauf reagiert das Immunsystem, indem es die Reaktion auf das betreffende Antigen und den Krankheitserreger verstärkt, von dem es produziert wird. Präsentiert dagegen eine Körperzelle das Antigenfragment, ist dies für das Immunsystem ein Signal dafür, dass die Zelle infiziert ist. Solche Zellen werden vom Immunsystem eliminiert, was eine weitere Ausbreitung der Infektion unterbindet.

Die Entwicklung der Lymphocyten Die ungeheure Vielfalt der Rezeptoren sorgt dafür, dass selbst Krankheitserreger, die dem Organismus zuvor noch nie begegnet sind, als fremd erkannt werden können.

Jeder Mensch besitzt mehr als eine Million verschiedene B-Zellen und zehn Millionen verschiedene T-Zellen, jede davon mit einer anderen Spezifität für die Antigenbindung.

Während die Lymphocyten im Knochenmark (engl. *bone marrow*; B-Zelle) oder im Thymus (T-Zellen) heranreifen, werden ihre Antigenrezeptoren auf Selbstreaktivität überprüft. Lymphocyten, deren Rezeptoren spezifisch auf körpereigene Moleküle reagieren, werden zerstört, sodass nur solche Zellen übrig bleiben, die auf fremde Moleküle ansprechen.

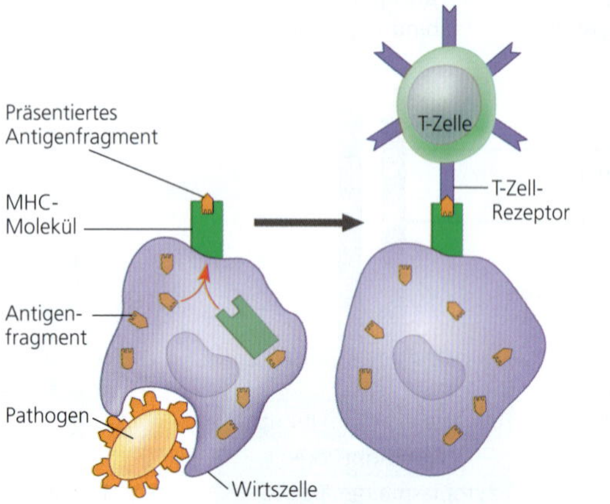

(a) Antigenerkennung durch eine T-Zelle. In der Wirtszelle entstehen verschiedene Antigenfragmente, die jeweils an ein MHC-Molekül binden und anschließend über Transportvesikel an die Zelloberfläche gelangen, wo sie den T-Zellen präsentiert werden. Nur die Kombination aus Antigenfragment und MHC-Molekül wird von dem T-Zell-Rezeptor erkannt.

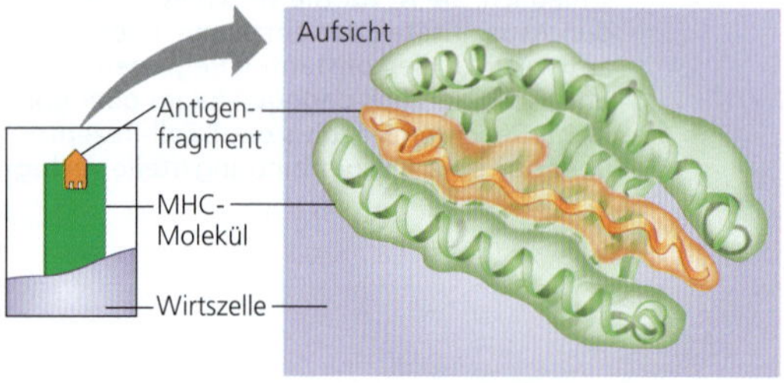

(b) Nähere Betrachtung der Antigenpräsentation. Ein in der Plasmamembran einer Körperzelle verankertes MHC-Molekül präsentiert ein gebundenes Antigenfragment, so dass es von dem T-Zell-Rezeptor erkannt werden kann. Die vergrößerte Ansicht zeigt eine Aufsicht auf die Bindungstasche eines MHC-Moleküls, die ein Antigen gebunden hat. Ein einzelnes MHC-Molekül kann viele verschiedene Antigenfragmente präsentieren, wohingegen ein T-Zell-Rezeptor nur ein ganz bestimmtes Antigenfragment zusammen mit dem MHC-Komplex spezifisch erkennt.

Abbildung 44.5: Antigenerkennung durch eine T-Zelle.

Die Bindung eines Antigenrezeptors an sein spezifisches Antigen setzt eine Reihe von Ereignissen in Gang, durch die der Lymphocyt aktiviert wird. Aktivierte B- oder T-Zellen verstärken die Immunreaktion, indem sie sich viele Male teilen. Dabei entstehen zweierlei Klone: Effektorzellen und Gedächtniszellen. Die **Effektorzellen** sind kurzlebig und greifen sowohl das Antigen als auch die Krankheitserreger an, die es produzieren. **Gedächtniszellen** haben eine längere Lebensdauer, ihre Zahl ist aber geringer; sie tragen spezifische Rezeptoren für das Antigen.

Den Vorgang, durch den sich ein Lymphocyt als Reaktion auf die Antigenbindung zu einem Zellklon vermehrt, bezeichnet man als **klonale Selektion** (Abbildung 44.6). Das Ergebnis ist eine Population von vielen tausend genetisch identischen Zellen (Klon), die alle für jenes Antigen spezifisch sind, das die Reaktion ausgelöst hat.

Durch einen früheren Kontakt mit einem Antigen verändern sich Geschwindigkeit, Stärke und Dauer der Immunantwort. Die Produktion der Effektorzellen aus einem Lymphocytenklon während des ersten Kontakts mit einem Antigen stellt die **primäre Immunantwort** dar. Sie erreicht ungefähr zehn bis 17 Tage nach dem Erstkontakt ihren Höhepunkt. Während dieser Zeit produzieren die selektionierten B-Zellen die **Plasmazellen**, einen Typ von Effektor-B-Zellen; die selektionierten T-Zellen differenzieren sich durch die Aktivierung in ihre Effektorform, die aus Helferzellen und cytotoxischen Zellen besteht. Kommt ein Individuum zum zweiten Mal mit dem gleichen Antigen in Kontakt, läuft die **sekundäre Immunantwort** wesentlich schneller ab (ihr Höhepunkt ist in der Regel schon zwei bis sieben Tage nach dem Kontakt erreicht); außerdem ist sie stärker und sie hält länger an. Der Unterschied zwischen primärer und sekundärer Immunantwort kann durch Messung des zeitlichen Verlaufs der Antikörperkonzentration im Blutserum eindeutig nachgewiesen werden (Abbildung 44.7).

Die sekundäre Immunantwort greift auf das Reservoir der T- und B-Gedächtniszellen zurück, die nach dem Erstkontakt mit dem Antigen erzeugt wurden. Da diese Zellen eine lange Lebensdauer haben, bilden sie die Grundlage für das immunologische Gedächtnis, das sich über viele Jahrzehnte erstrecken kann. Kommt es später erneut zum Kontakt mit einem Antigen, sorgen die für dieses Antigen spezifischen Gedächtniszellen sehr schnell für die Bildung großer Klone von Effektorzellen und damit für eine wesentlich stärkere Immunabwehr.

VERSTÄNDNISFRAGEN

1. Skizzieren Sie einen B-Zell-Rezeptor. Kennzeichnen Sie die V- und C-Regionen der leichten und schweren Ketten. Nun markieren Sie die Lage der Antigenbindungsstellen, der Disulfidbrücken und der Transmembranabschnitte. Welcher Zusammenhang besteht zwischen den Positionen dieser Molekülteile und der Lage der variablen und konstanten Regionen?

2. Nennen Sie zwei Vorteile, die der Besitz von Gedächtniszellen mit sich bringt, wenn der Organismus ein zweites Mal mit einem Krankheitserreger in Kontakt kommt.

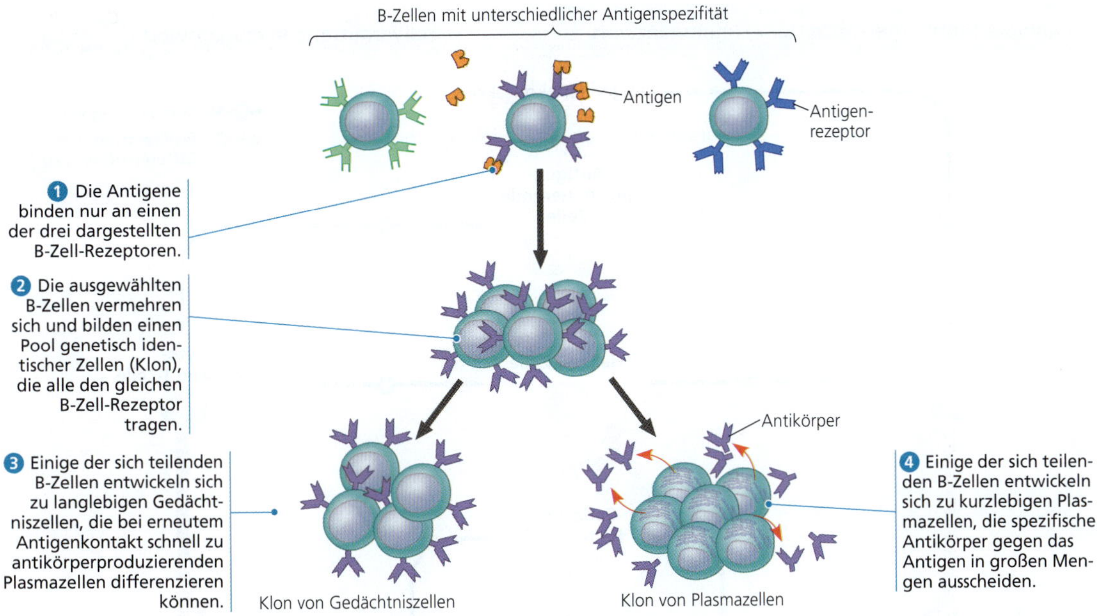

Abbildung 44.6: Klonale Selektion von B-Zellen. Als Reaktion auf ein spezifisches Antigen (und wie später erläutert auf weitere Signale anderer Immunzellen) teilt sich eine B-Zelle (Zellproliferation) und bringt einen Zellklon hervor. Einige dieser Zellen werden zu Gedächtnis-B-Zellen, andere entwickeln sich zu Antikörper-produzierenden Plasmazellen. Einen ähnlichen Prozess durchlaufen die T-Zellen, die für das Antigen spezifisch sind: Sie bringen Gedächtnis-T-Zellen und Effektor-T-Zellen hervor. Lymphocyten mit anderer Antigenspezifität (die hier durch abweichende Formen und Farben der Rezeptoren dargestellt sind) reagieren nicht.

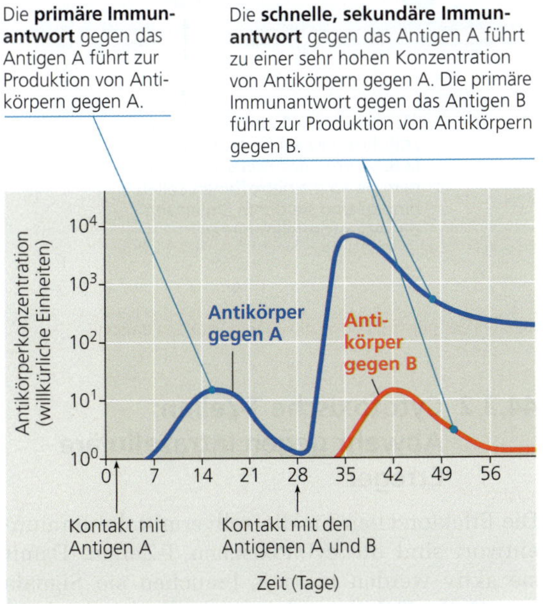

Abbildung 44.7: Die Spezifität des immunologischen Gedächtnisses. Langlebige Gedächtniszellen, die im Rahmen der primären Immunantwort auf das Antigen A gebildet wurden, setzen eine verstärkte sekundäre Reaktion auf das gleiche Antigen in Gang, wirken sich aber nicht auf die primäre Immunantwort gegen ein anderes Antigen (B) aus.

44.3 Adaptive Immunität und die Abwehr von Infektionen in Körperzellen und Körperflüssigkeiten

Zur erworbenen Immunität gehören sowohl eine humorale als auch eine zellvermittelte Immunantwort (Abbildung 44.8). Die **humorale Immunantwort** besteht aus der Aktivierung und klonalen Selektion von Effektor-B-Zellen, die Antikörper in das Blut und die Lymphe ausscheiden. Zu der vorherrschenden **zellvermittelten Immunantwort** gehören die Aktivierung und klonale Selektion cytotoxischer T-Zellen, welche die Zielzellen erkennen und zerstören. Eine dritte Gruppe von Lymphocyten, die Helfer-T-Zellen, wirkt bei beiden Reaktionen unterstützend mit.

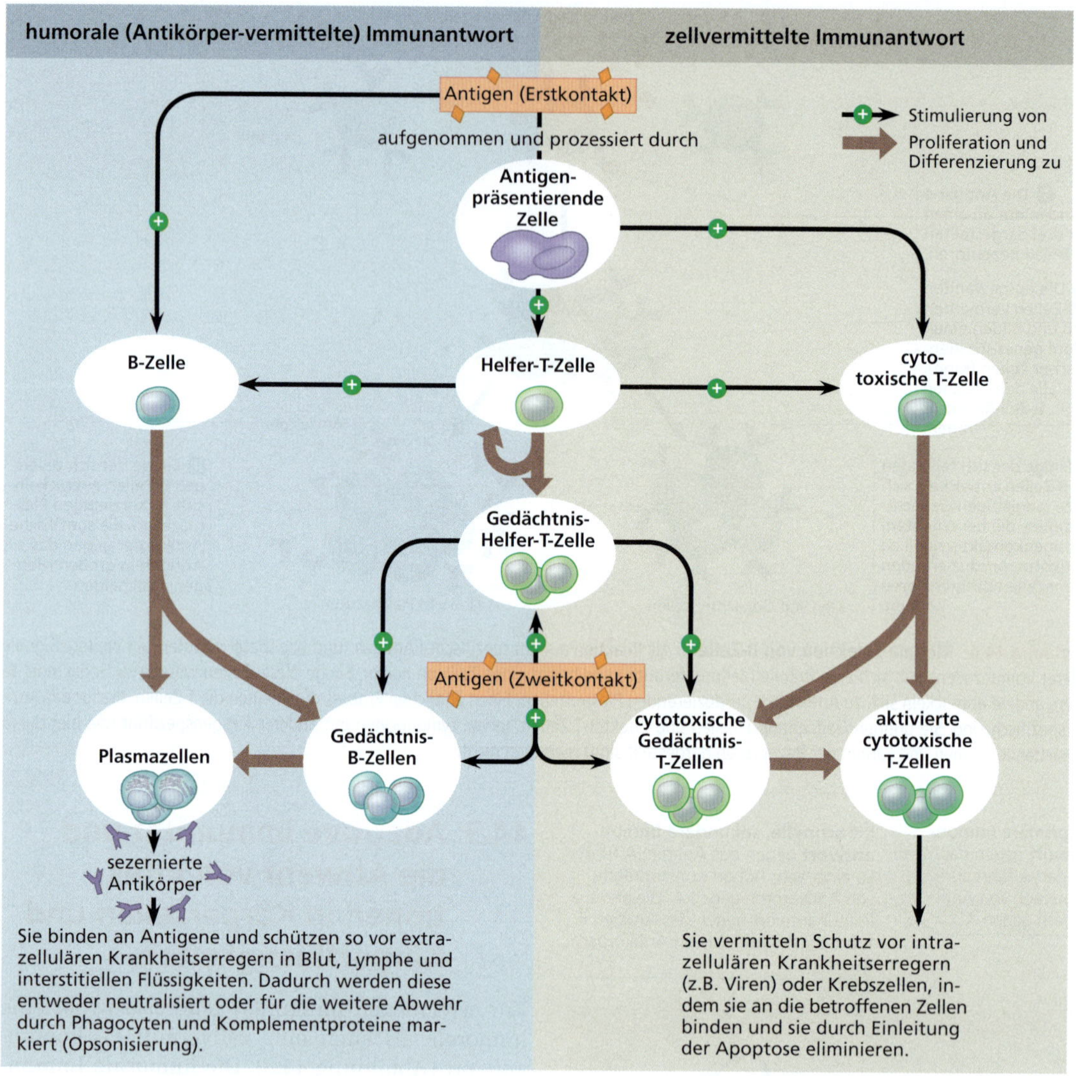

Abbildung 44.8: Die adaptive Immunantwort im Überblick.

? Kennzeichnen Sie jeden schwarzen oder braunen Pfeil danach, ob er einen Teil der primären oder sekundären Reaktion darstellt.

44.3.1 Helfer-T-Zellen: Reaktion auf nahezu alle Antigene

Helfer-T-Zellen, die durch den Kontakt mit einer antigenpräsentierenden Zelle aktiviert wurden, spielen für die Verstärkung der humoralen und zellvermittelten Immunantwort eine zentrale Rolle. Die Helfer-T-Zelle vermehrt sich, nachdem sie mit Peptidantigenen einer antigenpräsentierenden Zelle (in der Regel einer dendritischen Zelle) in Wechselwirkung getreten ist. Der so entstehende Zellklon differenziert sich in aktivierte Helfer-T-Zellen und Gedächtnis-Helfer-T-Zellen. Die aktivierten Helfer-T-Zellen geben Cytokine ab, welche die Aktivierung benachbarter B-Zellen und cytotoxischer T-Zellen in Gang setzen.

44.3.2 Cytotoxische T-Zellen: Abwehr gegen intrazelluläre Erreger

Die Effektorzellen für die zellvermittelte Immunantwort sind die cytotoxischen T-Zellen. Damit sie aktiv werden können, brauchen sie Signale von Helfer-T-Zellen, aber auch die Wechselwirkung mit einer antigenpräsentierenden Zelle. Nachdem sie aktiviert worden sind, eliminieren sie Körperzellen, die mit Viren oder anderen intrazellulären Krankheitserregern infiziert sind. Fragmente körperfremder Proteine, die in solchen Zielzellen synthetisiert werden, verbinden sich mit MHC-Molekülen und werden in dieser Form auf der Zelloberfläche präsentiert, sodass sie von cytotoxischen T-Zellen erkannt werden können.

Die gezielte Zerstörung einer infizierten Zelle durch eine cytotoxische T-Zelle erfolgt durch die Ausscheidung von Proteinen, die für das Aufbrechen der Zelle sorgen und sie damit abtöten. Durch den Tod der infizierten Zelle verliert der Krankheitserreger nicht nur den Ort, an dem er sich vermehren kann, sondern er wird auch den im Blut befindlichen Antikörpern ausgesetzt, die ihn für die Entsorgung durch Fresszellen kennzeichnen. Nachdem eine infizierte Zelle zerstört wurde, kann die cytotoxische T-Zelle weitere, mit dem gleichen Krankheitserreger infizierte Zellen abtöten.

44.3.3 B-Zellen: Abwehr gegen extrazelluläre Krankheitserreger

Das charakteristische Kennzeichen der humoralen Immunantwort ist die Ausscheidung von Antikörpern durch klonal selektierte B-Zellen. An der Aktivierung dieser Reaktion sind in der Regel B-Zellen und Helfer-T-Zellen sowie Proteine oder Polysaccharide auf der Oberfläche von Bakterien beteiligt. Die von einem Antigen ausgelöste Aktivierung der B-Zelle wird durch Cytokine unterstützt, die von Helfer-T-Zellen ausgeschieden werden, nachdem diese mit dem gleichen Antigen zusammengetroffen sind (Costimulation). Vom Antigen und den Cytokinen stimuliert, vermehrt sich die B-Zelle und differenziert sich in einen Klon von Antikörper produzierenden Plasmazellen sowie einen Klon von Gedächtnis-B-Zellen.

Die Aktivierung der B-Zelle zieht eine starke humorale Immunreaktion nach sich: Eine einzige aktivierte B-Zelle bringt einen Klon von mehreren tausend Plasmazellen hervor, von denen jede im Laufe ihrer vier- bis fünftägigen Lebensdauer ungefähr 2.000 Antikörpermoleküle pro Sekunde ausscheidet.

Antikörperklassen Die Antikörper, die von einer bestimmten B-Zelle produziert werden, unterscheiden sich von dem B-Zell-Rezeptor ausschließlich in den konstanten Regionen (C) ihrer schweren Ketten. Anstelle einer Transmembranregion und eines zytoplasmatischen Bereichs enthalten ihre schweren Ketten Abschnitte, die darüber bestimmen, wo sich der jeweilige Antikörper verteilt und welche Rolle er für die Beseitigung des Antigens spielt.

Die Bedeutung der Antikörper für die Immunität Die Bindung eines Antikörpers an ein Antigen kann die Funktionen eines Krankheitserregers in vielerlei Weise beeinträchtigen; einige Möglichkeiten sind in Abbildung 44.9 schematisch dargestellt. Der einfachste Fall ist die *Neutralisierung*: Antikörper binden an die Oberflächenproteine eines Virus oder Bakteriums und blockieren damit die Fähigkeit des Krankheitserregers, eine Wirtszelle zu infizieren. Auf ähnliche Weise können Antikörper manchmal auch Toxine, die in die Körperflüssigkeiten abgegeben wurden, binden und neutralisieren. Bei einem Vorgang, der als **Opsonisierung** bezeichnet wird, präsentieren die an das Antigen gebundenen Antikörper den Makrophagen eine leicht erkennbare Struktur und verstärken damit die Phagocytose. Da Antikörper

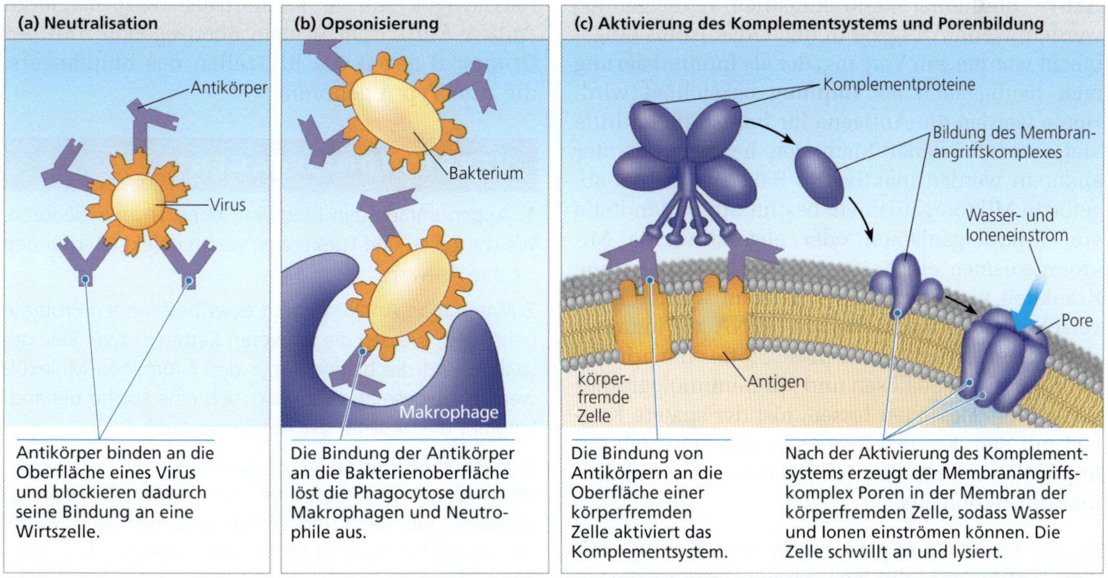

Abbildung 44.9: **Antikörpervermittelte Mechanismen der Antigenbeseitigung.** Die Bindung von Antikörpern an Antigene markiert Mikroorganismen, körperfremde Teilchen und lösliche Antigene, die dann inaktiviert oder zerstört werden.

stets zwei Antigenbindungsstellen besitzen, können sie die Phagocytose auch dadurch erleichtern, dass sie Bakterienzellen, Viruspartikel oder Antigene zu Aggregaten verknüpfen.

Manchmal wirken Antikörper bei der Beseitigung von Krankheitserregern mit den Proteinen des Komplementsystems zusammen. Wenn ein Antigen-Antikörper-Komplex auf der Oberfläche eines Mikroorganismus oder einer körperfremden Zelle eines der Komplementproteine bindet, bilden diese einen *Membranangriffskomplex*, der in der Membran der körperfremden Zelle eine Pore entstehen lässt. Durch diese Öffnung strömen Ionen und Wasser in die Zelle, sodass sie anschwillt und lysiert (Abbildung 44.9 rechts).

44.3.4 Aktive und passive Immunität

Als Reaktion auf eine Infektion entstehen Klone von Gedächtniszellen, die eine **aktive Immunität** vermitteln. Eine andere Art der Immunität entsteht dagegen, wenn die Antikörper einer schwangeren Frau durch die Placenta auf den Fetus bzw. beim Stillen auf den Säugling übergehen. Die so übertragenen Antikörper sind darauf angelegt, sofort alle Krankheitserreger zu zerstören, für die sie spezifisch sind. Einen solchen Schutz bezeichnet man als **passive Immunität**, weil die von der Mutter bereitgestellten Antikörper vor Mikroorganismen schützen, die das Neugeborene nie infiziert haben. Die passive Immunität bleibt nur so lange bestehen, wie die übertragenen Antikörper erhalten bleiben (einige Wochen bis wenige Monate).

Aktive Immunität kann künstlich herbeigeführt werden, wenn Antigene in den Organismus eingebracht werden, ein Vorgang, der als **Immunisierung** oder häufig auch als **Impfung** bezeichnet wird. Heute werden die Antigene für Impfstoffe mithilfe vieler verschiedener Methoden hergestellt; unter anderem werden inaktivierte Bakterientoxine, abgetötete Mikroorganismen, bestimmte Bestandteile von Mikroorganismen oder abgeschwächte Mikroorganismen eingesetzt, die in der Regel keine Krankheit verursachen. Seit kurzem werden auch verschiedene Impfansätze mit mRNA zur Immunisierung eingesetzt. Da alle diese Stoffe eine primäre Immunantwort auslösen und ein immunologisches Gedächtnis entstehen lassen, löst der spätere Kontakt mit dem Krankheitserreger, von dem sich der Impfstoff ableitet, eine schnelle, starke sekundäre Immunreaktion aus.

Bei der künstlichen passiven Immunisierung werden Antikörper, die aus einem immunisierten Tier gewonnen wurden, in den Körper eines nicht immunen Organismus injiziert. Wird das Antiserum Antivenin kurz nach einem Schlangenbiss injiziert, können die darin enthaltenen Antikörper die Giftstoffe neutralisieren, bevor sie schwere Schäden anrichten können.

44.3.5 Immunologische Abstoßung

Nicht nur Krankheitserreger, sondern auch Zellen eines anderen Menschen werden von der Immunabwehr erkannt und angegriffen. Haut, die beispielsweise von einem Menschen auf einen anderen Menschen transplantiert wird, wird vom Immunsystem des Empfängers abgestoßen und zerstört.

Blutgruppen Damit es bei Bluttransfusionen nicht zu schädlichen Immunreaktionen kommt, muss der behandelnde Arzt die Blutgruppen berücksichtigen. Wie in Kapitel 14 bereits erläutert wurde, werden rote Blutzellen (Erythrocyten) der Gruppe A zugeordnet, wenn sie Antigenmoleküle des Typs A auf ihrer Oberfläche tragen. Entsprechend findet sich das Antigen B auf den Erythrocyten der Gruppe B, Erythrocyten der Gruppe AB tragen beide Antigene auf ihrer Oberfläche und auf Zellen des Typs 0 befindet sich keines von beiden (siehe Abbildung 14.7).

Erhält eine Person mit der Blutgruppe A eine Transfusion mit Blut des Typs B, setzen die bei dieser Person vorhandenen Anti-B-Antikörper sofort eine verheerende Immunreaktion in Gang. Die übertragenen Blutzellen lysieren, was zu Schüttelfrost, Fieber, Schockreaktionen und Nierenversagen führen kann. Umgekehrt reagieren Anti-A-Antikörper in dem übertragenen Blut der Gruppe B gegen die Blutzellen des Empfängers, die zum Typ A gehören.

VERSTÄNDNISFRAGEN

1. Angenommen, ein Kind wird ohne Thymus geboren. Welche Zellen und Funktionen wären defekt? Begründen Sie Ihre Antwort.

2. Wenn man Antikörper mit einer bestimmten Protease behandelt, werden die schweren Ketten in zwei Teile gespalten und die beiden Arme des Y-förmigen Moleküls werden freigesetzt. Wie wirkt sich eine solche Behandlung auf die Aktivität der Antikörper aus?

3. WAS WÄRE, WENN? Angenommen, ein Schlangenbeschwörer würde von einer bestimmten Giftschlange gebissen und dann mit Antivenin behandelt. Warum müsste die Behandlung nach einem zweiten solchen Biss anders aussehen?

44.4 Störungen des Immunsystems

44.4.1 Übermäßige, gegen körpereigene Strukturen gerichtete und verminderte Immunreaktionen

Das genau regulierte Wechselspiel zwischen Lymphocyten, Körperzellen und körperfremden Substanzen führt zu einer Immunreaktion, die einen außerordentlich guten Schutz vor vielen Krankheitserregern gewährleistet.

Wird dieses sensible Gleichgewicht durch allergische Reaktionen, Autoimmunerkrankungen oder Immunschwäche gestört, ergeben sich häufig schwere und manchmal lebensbedrohliche Auswirkungen. Einige Beispiele für Erkrankungen, die mit Störungen des Immunsystems einhergehen, deren Ursachen und ihre Folgen sind in Tabelle 44.1 zusammengefasst.

Allergien Eine **Allergie** ist eine übermäßige Reaktion (**Überempfindlichkeitsreaktion**) auf bestimmte Antigene, die als Allergene bezeichnet werden. Heuschnupfen tritt beispielsweise auf, wenn Plasmazellen Antikörper ausscheiden, die spezifisch für Antigene auf der Oberfläche von Pollenkörnern sind (Abbildung 44.10). Manche dieser Antikörper binden stark an spezielle, hochaffine Rezeptoren von Mastzellen des Bindegewebes. Wenn später Pollenkörner in den Organismus gelangen, heften sie sich an die Antikörper auf der Oberfläche der Mastzellen. Durch die Wechselwirkungen mit den großen Pollenkörnern werden benachbarte Antikörper quervernetzt und dies veranlasst die Mastzellen dazu, Histamin und andere Entzündungsfaktoren freizusetzen. Wie bereits erwähnt wurde, sorgt Histamin für die Erweiterung der kleinen Blutgefäße. Solche Gefäßveränderungen verursachen die typischen Symptome einer Allergie: Niesen, laufende Nase, tränende Augen und Kontraktionen der glatten Bronchialmuskulatur, die zu Atembeschwerden führen können. Medikamen-

Erkrankung	Ursache	Folgen
Allergien (übermäßige Immunreaktionen)		
Heuschnupfen	IgE-Antikörper gegen Pollenkörner	Allergischer Schnupfen, Reizung der Bindehäute
Asthma bronchiale	IgE-Antikörper gegen unterschiedliche Allergene	Atemnot infolge verengter Bronchien und vermehrter Schleimsekretion
Anaphylaktischer Schock	Massive, systemische Reaktion des Immunsystems auf unterschiedliche Allergene	Hautrötung und Schwellung, Schluckbeschwerden, Atemnot, Herzrasen und Blutdruckabfall, Organversagen, Tod
Autoimmunerkrankungen (gegen körpereigene Strukturen gerichtete Immunreaktionen)		
Rheumatoide Arthritis	Autoantikörper gegen IgG-Antikörper, Immunpräzipitate in den Gelenken	Chronische Gelenksentzündung, die zur Zerstörung des Gelenks führen kann
Diabetes mellitus Typ 1	Autoreaktive T-Zellen, die die B-Zellen des Pankreas zerstören	Insulinmangel mit erhöhten Blutzuckerwerten, Schädigung der Kapillargefäße
Multiple Sklerose	Autoreaktive T-Zellen und IgG-Autoantikörper, die die Myelinscheide der Nervenzellen angreifen	Entzündlich-entmarkende Läsionen im Gehirn mit Verlust von Axonen
Immunschwäche (verminderte Immunreaktionen)		
Agammaglobulinämie	Signalweg des B-Zell-Rezeptors infolge eines Gendefekts gestört, der zu einer defekten Kinase (Bruton's Tyrosinkinase) führt	Keine Differenzierung der B-Zellen zu Plasmazellen, fehlende Antikörperbildung führt zur Anfälligkeit gegen extrazelluläre Erreger
Schwere kombinierte Immundefekte (SCID)	Unterschiedliche Ursachen, unter anderem Gendefekte, die die Funktion von Cytokin-Rezeptoren stören	Schwerer Immundefekt, der unbehandelt zu tödlich verlaufenden Infektionen führt
Erworbenes Immunschwächesyndrom (AIDS)	Menschliches Immunschwäche-Virus (HIV), das CD4-positive Helfer-T-Zellen befällt	Wiederholte Infektionen mit opportunistischen Erregern, führt unbehandelt zum Tod

Tabelle 44.1: **Störungen des Immunsystems führen zu verschiedenen Erkrankungen (Beispiele).**

te aus der Klasse der Antihistaminika blockieren die Histaminrezeptoren und lindern deshalb die Symptome der Allergie (und der Entzündung).

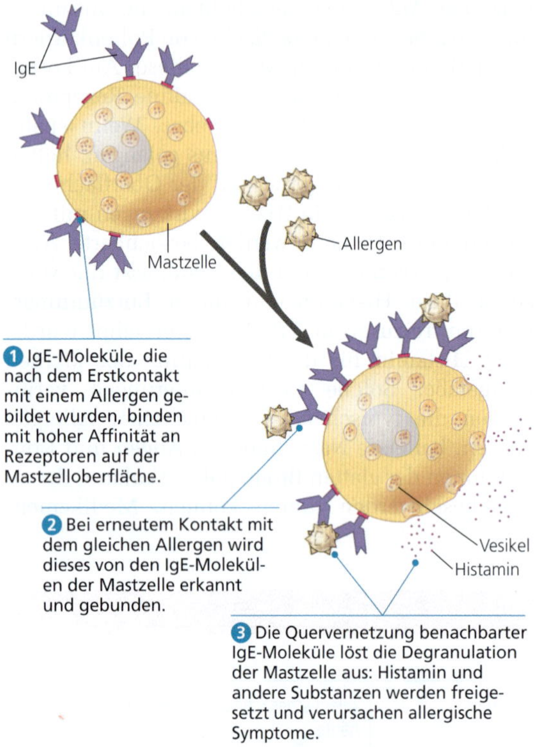

Abbildung 44.10: Mastzellen, IgE und die allergische Reaktion. In diesem Beispiel fungieren Pollenkörner als Allergene, die eine Mastzell-Degranulation bewirken. Die Schritte 1 bis 3 erläutern die Aktivierung der Mastzellen durch Allergene.

Eine akute allergische Reaktion führt manchmal zum *anaphylaktischen Schock*, einer lebensbedrohlichen, den ganzen Organismus erfassenden Reaktion, die innerhalb weniger Sekunden nach dem Kontakt mit dem Allergen auftreten kann.

> **MERKE!**
> **Eine Allergie ist eine übermäßige Reaktion (Überempfindlichkeitsreaktion) auf bestimmte Antigene, die als Allergene bezeichnet werden.**

Autoimmunkrankheiten Bei manchen Menschen richtet sich das Immunsystem gegen bestimmte Moleküle des eigenen Körpers. Die Folge ist eine **Autoimmunerkrankung**. Dieser Verlust der Selbsttoleranz kann viele Formen annehmen. Beim *Diabetes mellitus Typ I* sind die Insulin produzierenden β-Zellen des Pankreas (Bauchspeicheldrüse) das Ziel cytotoxischer T-Zellen. Auch die häufigste chronische neurologische Erkrankung der Industrieländer ist eine Autoimmunkrankheit: die *Multiple Sklerose*. Bei dieser Krankheit dringen T-Zellen ins Zentralnervensystem ein und zerstören dort die Myelinscheide, welche die Axone vieler Nervenzellen umgibt.

Die Anfälligkeit für Autoimmunkrankheiten wird vom Geschlecht, genetischen Faktoren und der Umwelt beeinflusst.

> **MERKE!**
> **Bei manchen Menschen richtet sich das Immunsystem gegen bestimmte Moleküle des eigenen Körpers. Die Folge ist eine Autoimmunerkrankung.**

Immunschwächekrankheiten Eine Krankheit, bei der die Fähigkeit des Immunsystems, vor Krankheitserregern zu schützen, beeinträchtigt oder überhaupt nicht vorhanden ist, bezeichnet man als **Immunschwäche**. Eine *angeborene Immunschwäche* hat ihre Ursache in einem genetischen oder entwicklungsbedingten Defekt des Immunsystems. Die *erworbene Immunschwäche* dagegen entsteht im Laufe des Lebens nach dem Kontakt mit chemischen oder biologischen Agenzien. Unabhängig von den Ursachen und Krankheitsformen kann eine Immunschwäche zu häufigen, immer wiederkehrenden Infektionen und einer erhöhten Anfälligkeit für bestimmte Krebserkrankungen führen.

> **MERKE!**
> **Eine Krankheit, bei der die Fähigkeit des Immunsystems, vor Krankheitserregern zu schützen, beeinträchtigt oder überhaupt nicht vorhanden ist, bezeichnet man als Immunschwäche.**

44.4.2 Strategien der Krankheitserreger zur Umgehung der erworbenen Immunabwehr

In gleichem Maße, wie sich in der Evolution Immunsysteme bei den Tieren entwickelt haben, um Krankheitserreger abzuwehren, sind auch bei den Krankheitserregern Mechanismen entstanden, die der Immunantwort entgegenwirken.

Antigenvariation Ein Mechanismus, mit dem ein Krankheitserreger der körpereigenen Abwehr entgehen kann, ist die Veränderung jener Strukturen, die vom Immunsystem erkannt werden. Im immunologischen Gedächtnis sind körperfremde Antigene gespeichert, denen das Individuum früher bereits einmal begegnet ist. Wenn ein Krankheitserreger eben diese Epitope verändert, kann er sein

Opfer erneut infizieren oder in ihm ausharren, ohne jene schnelle, kräftige Reaktion auszulösen, die von den Gedächtniszellen ausgeht.

Antigenvariation ist der Hauptgrund dafür, warum das Grippe- oder Influenzavirus bis heute ein wichtiges gesundheitspolitisches Problem darstellt. Während sich dieser Erreger in den menschlichen Wirten vermehrt, verändert er sich fortlaufend, da jede Mutation, die zu einer schlechteren Erkennung durch das Immunsystem führt, einen Selektionsvorteil darstellt (Antigendrift). Diese Veränderungen in den Oberflächenproteinen des Influenzavirus sind der Grund, warum jedes Jahr ein neuer Grippeimpfstoff hergestellt und in Umlauf gebracht werden muss. Viel gefährlicher ist jedoch, dass das menschliche Virus hin und wieder Gene mit Influenzaviren austauscht, die Haustiere wie Schweine oder Hühner befallen. Wenn das geschieht, kann das Virus sein Aussehen so grundlegend ändern, dass keine Gedächtniszelle in der menschlichen Bevölkerung den neuen Stamm mehr vollständig erkennt. Ein solches Ereignis war die Ursache der Grippeepidemie in den Jahren 1918/19, die weltweit 20 Millionen Todesopfer forderte, mehr als der Erste Weltkrieg. Im Jahr 2009 wurde ein neuartiges Influenzavirus nachgewiesen, das H1N1 (Schweinegrippe-Virus) genannt wird und mit dem Virus, das die Spanische Grippe auslöste, verwandt ist. Dieses Virus weist eine neue Kombination der Gene von Grippe-Viren, die normalerweise in Schweinen, Vögeln und Menschen zirkulieren, auf. Die schnelle Verbreitung des Virus in der menschlichen Bevölkerung verursachte eine Pandemie, einen weltweit zu beobachtenden Ausbruch. Glücklicherweise stand relativ schnell ein Impfstoff gegen das H1N1-Virus zur Verfügung, mit dem eine weitere Verbreitung eingedämmt werden konnte. Heute bergen verschiedene Varianten von Vogelgrippe-Viren die Gefahr in sich, dass es erneut zu einer für den Menschen gefährlichen Pandemie kommt (siehe Kapitel 54).

Angriff auf das Immunsystem: HIV Das menschliche Immunschwächevirus (HIV), der Erreger von AIDS, entgeht nicht nur der erworbenen Immunantwort, sondern greift wichtige Immunzellen dieses Systems direkt an. Nachdem HIV in den Organismus gelangt ist, infiziert es sehr wirksam die Helfer-T-Zellen. Zu diesem Zweck bindet der Erreger spezifisch an die auf diesem Zelltyp vorhandenen Rezeptoren. HIV infiziert daneben aber auch andere Zelltypen, darunter Makrophagen und Nervenzellen. Innerhalb der Zelle wird das Virusgenom, das aus zwei Kopien einzelsträngiger RNA besteht, in DNA umgeschrieben (reverse Transkription) und diese schließlich in das Genom der Wirtszelle eingebaut. In dieser Form kann das Virusgenom für die Produktion neuer Viruspartikel sorgen (siehe Abbildung 19.5).

Der Organismus reagiert zwar auf HIV mit einer aggressiven Immunantwort, die ausreicht, um die Virusinfektion zum größten Teil zu beseitigen, aber einige Erreger entkommen stets. Dass HIV so widerstandsfähig ist, liegt unter anderem an der Antigenvariation. Während der Replikation mutiert das Virus sehr schnell, da die reverse Transkription äußerst fehleranfällig ist. Veränderte Proteine auf der Oberfläche einiger mutierter Viren entgehen der Erkennung und Beseitigung durch das Immunsystem. Solche Viren überleben, vermehren sich und mutieren erneut. Dadurch werden Viren selektiert, die sich gut der Immunantwort entziehen können, und das Immunsystem wird auf diese Weise mit immer neuen Antigenen überflutet. Darüber hinaus wird die Eliminierung von HIV durch seine Latenz erschwert. Wenn sich die Virus-DNA in das Genom einer infizierten Zelle integriert, ohne neue Virusproteine oder Viruspartikel zu produzieren, ist sie von dem Immunsystem abgeschirmt. Diese inaktive oder latente Virus-DNA ist auch vor antiviralen Wirkstoffen geschützt, die heute in der HIV-Therapie eingesetzt werden, denn diese Medikamente können nur Viren angreifen, die aktiv repliziert werden.

Auf längere Sicht entgeht eine unbehandelte HIV-Infektion nicht nur der erworbenen Immunantwort, sondern sie legt sie auch lahm (Abbildung 44.11). Die Virusvermehrung und der von dem Virus verursachte Zelltod führen zum Verlust von T-Zellen, was sowohl die humorale als auch die zellvermittelte Immunantwort beeinträchtigt. Die Folge ist eine erhöhte Anfälligkeit für Infektionen und bestimmte Krebserkrankungen, die ein gesundes Immunsystem in der Regel abwehren kann.

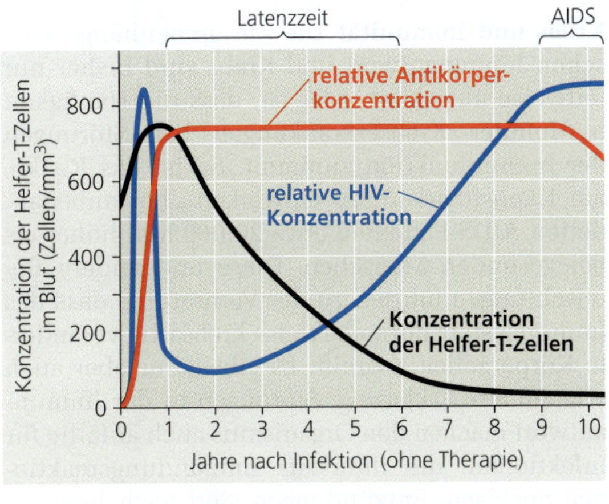

Abbildung 44.11: Der Ablauf einer unbehandelten HIV-Infektion.

Eine HIV-Infektion ist derzeit nicht heilbar, mit manchen Medikamenten kann man aber die Vermehrung von HIV und den Krankheitsverlauf von AIDS verlangsamen. Die häufigen Mutationen in den Genen für die Oberflächenantigene von HIV waren bisher auch ein Hindernis für die Entwicklung eines wirksamen Impfstoffs.

Deshalb ist die AIDS-Pandemie immer noch aktuell, wenngleich die Zahlen an Neuinfektionen, Erkrankungen und Todesfällen dank der zur Verfügung stehenden Medikamente sowie der Aufklärungskampagnen weltweit gesunken sind. Dennoch sind im Jahr 2012 immer noch etwa 1,6 Millionen Menschen weltweit infolge AIDS verstorben, die meisten davon in Afrika. Im Jahr 2005 waren es noch etwa 2,3 Millionen Menschen, die dieser Infektion erlagen *(Quelle: WHO)*.

Damit HIV übertragen werden kann, müssen Viruspartikel oder infizierte Zellen durch Körperflüssigkeiten wie Blut, Sperma, Vaginalflüssigkeit oder Muttermilch von einem Menschen zum anderen übertragen werden. Die Ursache nahezu aller HIV-Infektionen sind entweder ungeschützte (ohne Kondom praktizierte) sexuelle Kontakte oder die Übertragung durch HIV-kontaminierte Kanülen (in der Regel bei Drogenabhängigen). Das Virus kann während des Geschlechtsverkehrs über die Schleimhäute von Vagina, Vulva, Penis oder Darm sowie beim Oralverkehr über die Mundschleimhaut in den Körper gelangen. Die Übertragungsgefahr steigt durch Faktoren, die zu Schäden dieser Schleimhäute führen, insbesondere durch andere sexuell übertragbare Infektionen, die wunde Stellen oder Entzündungen verursachen. HIV-infizierte Personen geben die Krankheit am leichtesten in den ersten Wochen der Infektion weiter, bevor sie HIV-spezifische Antikörper produziert haben, die man in einem Bluttest nachweisen kann.

Krebs und Immunität Die Zusammenhänge zwischen Immunantwort und Krebs sind bisher nur teilweise aufgeklärt. Klar ist, dass die Häufigkeit bestimmter Krebserkrankungen bei Störungen der Immunfunktion zunimmt. So ist das Risiko, ein Kaposi-Sarkom zu entwickeln, bei unbehandelten AIDS-Patienten etwa 20.000 Mal höher als bei gesunden Menschen. Diese und andere Beobachtungen führten zu der Vermutung, dass das Immunsystem normalerweise krebsartig veränderte Körperzellen angreift. Es gibt dafür aber auch eine andere Erklärung. Störungen in der Immunantwort machen den Organismus auch anfällig für Infektionen, die ihrerseits Entzündungsreaktionen auslösen. Entzündungen sind nach heutiger Kenntnis ein Zustand, der zur Entstehung vieler Krebsformen beitragen kann. Zudem ist bekannt, dass etwa 15–20 Prozent aller Krebsarten durch virale Infektionen ausgelöst werden. Bei einer Beeinträchtigung des Immunsystems würden demzufolge auch diese krebsauslösenden Viren schlechter bekämpft und es käme indirekt zu einer vermehrten Entstehung von Krebs.

Wissenschaftler haben bislang insgesamt sechs Viren identifiziert, die beim Menschen eine Krebserkrankung auslösen können. Das Kaposi-Sarkom-Herpes-Virus ist eines von diesen, das Hepatitis-B-Virus, das die Ursache für Leberkrebs sein kann, ein anderes. Ein Vakzin gegen das Hepatitis-B-Virus war der erste Impfstoff, von dem gezeigt werden konnte, dass er helfen kann, einer spezifischen Krebserkrankung vorzubeugen. Im Jahre 2006 wurde ein Impfstoff gegen das menschliche Papillomavirus (HPV; siehe Abbildung 44.12) auf dem Markt eingeführt, der seither erfolgreich zur Prävention des Gebärmutterhals-Krebses eingesetzt wird.

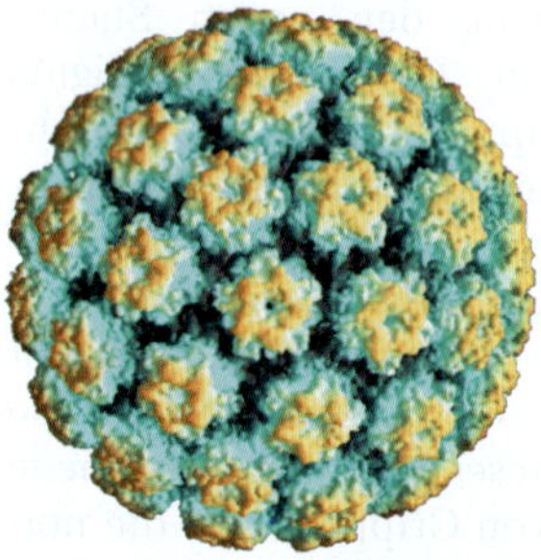

Abbildung 44.12: Menschliches Papillomavirus (HPV). Das computergraphische Bild des Papillomavirus zeigt die große Kopienzahl des an der Oberfläche der Viruspartikel lokalisierten Kapselproteins (gelb), das in gereinigter Form als Antigen bei der Impfung eingesetzt wird.

Möglicherweise bekämpft also das Immunsystem den Krebs nicht direkt, sondern seine Beeinträchtigung führt wegen der verstärkten Entzündungstätigkeit oder viralen Infektionen zu häufigeren Krebserkrankungen. Die Frage, wie Krebs und Immunität zusammenhängen und wie man den Krebs möglicherweise durch passive oder aktive Immunisierung bekämpfen kann, ist bis heute Gegenstand intensiver Forschung.

VERSTÄNDNISFRAGEN

1. Bei der Myasthenia gravis binden Antikörper an die Acetylcholinrezeptoren der motorischen Endplatten und verhindern so, dass sich der Muskel kontrahiert. Würden Sie diese Krankheit als Immunschwäche, als Autoimmunkrankheit oder als allergische Reaktion bezeichnen? Begründen Sie Ihre Antwort.

2. WAS WÄRE, WENN? Wie würde sich ein Makrophagenmangel voraussichtlich auf die angeborene und erworbene Immunabwehr auswirken?

ZUSAMMENFASSUNG

Das angeborene Immunsystem basiert auf der Erkennung gemeinsamer Muster von Krankheitserregern

Wirbellose Tiere wie auch Wirbeltiere sind sowohl durch Infektionsbarrieren als auch durch zellvermittelte Abwehrmechanismen geschützt. Die Aktivierung der angeborenen **Immunantwort** gegen Krankheitserreger hängt von Mustererkennungsproteinen ab, von denen jedes für eine ganze Klasse von Pathogenen spezifisch ist.

Mikroorganismen, welche die Infektionsbarrieren überwinden, werden von Phagocyten aufgenommen, die bei Wirbeltieren unter anderem Makrophagen, Neutrophile und dendritische Zellen umfassen. Die zellvermittelte Abwehr des angeborenen Immunsystems basiert auch auf der Aktivität von natürlichen Killerzellen, die Körperzellen attackieren, denen Eigensignale fehlen oder die durch Antikörper gegen virale Peptide auf den Oberflächen dieser Zellen markiert wurden. Auch Komplementproteine, Interferone und andere antimikrobielle Proteine wirken Krankheitserregern entgegen. Bei einer Entzündungsreaktion sorgen Histamin und andere aus den verletzten Zellen freigesetzte Substanzen in den Blutgefäßen für lokale Veränderungen, wodurch Flüssigkeit, weitere Phagocyten und antimikrobielle Peptide vermehrt ins Gewebe gelangen können.

Im adaptiven Immunsystem ermöglicht eine Vielzahl an Rezeptoren die spezifische Erkennung von Pathogenen

Grundlage der **adaptiven Immunität** sind **Lymphocyten**, die aus Stammzellen im Knochenmark hervorgehen und ihre Reifung im Knochenmark (**B-Zellen**) oder im Thymus (**T-Zellen**) abschließen. Die B- und T-Zellen tragen Zelloberflächenrezeptoren, die körperfremde Moleküle (**Antigene**), aber manchmal auch körpereigene Moleküle, erkennen. Alle **Antigenrezeptoren** eines einzelnen Lymphocyten sind identisch, aber im Organismus gibt es Millionen von Lymphocyten, deren Rezeptoren jeweils ein anderes Antigen erkennen. Bei einer Infektion werden B- und T-Zellen, die für den jeweiligen Krankheitserreger spezifisch sind, aktiviert und bilden nach ihrer Vermehrung (Proliferation) Klone von spezifischen Effektorzellen. Manche der Effektor-T-Zellen unterstützen andere Lymphocyten in ihrer Immunabwehr, während andere direkt infizierte Wirtszellen abtöten. Die Effektor-B-Zellen produzieren nach ihrer Umwandlung zu **Plasmazellen** lösliche Rezeptorproteine, die **Antikörper**, welche an freie oder zellgebundene Antigene binden und so eine effektive Immunabwehr in den Körperflüssigkeiten vermitteln.

Aktivierte B- und T-Zellen können sich auch zu **Gedächtniszellen** differenzieren und schützen den Wirt so vor zukünftigen Infektionen mit einem Erreger, dessen Antigene bereits bei einem früheren Kontakt erkannt worden sind.

Die variablen Abschnitte der Rezeptoren der B- und T-Zellen binden an bestimmte Teile eines Antigens, die **Epitope** genannt werden. B-Zell-Rezeptoren und Antikörper erkennen sowohl Epitope von freien Antigenen als auch solche von an Zelloberflächen gebundenen Antigenen, die im Blut oder in der Lymphflüssigkeit zirkulieren. T-Zellen dagegen erkennen ausschließlich Epitope von Antigenfragmenten (Peptidantigenen), die auf Zelloberflächen durch Proteine des **Haupthistokompatibilitätskomplexes (MHC)** präsentiert werden. Die Klasse-I-MHC-Moleküle, die auf den meisten kernhaltigen Zellen vorhanden sind, präsentieren die Peptidantigene den cytotoxischen T-Zellen. Klasse-II-MHC-Moleküle, die sich vorwiegend auf den antigenpräsentierenden Zellen, wie dendritischen Zellen, Makrophagen und B-Zellen, befinden, präsentieren die Antigene den Helfer-T-Zellen. Diese Interaktion führt zur Aktivierung von B- oder T-Zellen, die somit an der adaptiven Immunantwort mitwirken können.

Adaptive Immunität und die Abwehr von Infektionen in Körperzellen und Körperflüssigkeiten

Bei der Infektion von Körperflüssigkeiten wird die humorale Immunität aktiv, bei der Infektion von Körperzellen die zellvermittelte Immunität. **Helfer-T-Zellen** vermehren sich, nachdem sie mit Peptidantigenen einer antigenpräsentierenden Zelle (in der Regel einer dendritischen Zelle) in Wechselwirkung getreten sind. Der so entstehende Zellklon differenziert sich in aktivierte Helfer-T-Zellen und Gedächtnis-Helfer-T-Zellen. Die aktivierten Helfer-T-Zellen geben Cytokine ab, welche die Aktivierung benachbarter B-Zellen und cytotoxischer T-Zellen in Gang setzen.

In der **zellvermittelten Immunantwort** lösen aktivierte **cytotoxische T-Zellen** die Zerstörung infizierter Zellen aus. In der **humoralen Immunantwort** entstehen durch klonale Selektion **B-Zellen**, die zu Plasmazellen differenzieren und Antikörper in großen Mengen sezernieren. Die fünf Hauptklassen der Antikörper unterscheiden sich in ihrer Verteilung und in ihren Aufgaben im Organismus. Binden Antikörper an die Antigene auf der Oberfläche eines Krankheitserregers, werden die Mikroorganismen durch Phagocytose und komplementvermittelte Lyse eliminiert.

Aktive Immunität entwickelt sich als Reaktion auf eine Infektion oder durch Immunisierung (Impfung). **Passive Immunität**, die einen unmittelbaren kurzfristigen Schutz verschafft, entsteht durch die Übertragung von Antikörpern.

Bestimmte Antigene auf den roten Blutkörperchen bestimmen, ob jemand Blut der Blutgruppe A, B, AB oder 0 hat. Da im Organismus Antikörper gegen körperfremde Blutantigene aufgrund von Kreuzreaktionen mit bakteriellen Antigenen vorhanden sind, führt eine Transfusion unverträglichen Bluts zur Zerstörung der übertragenen Zellen.

Störungen des Immunsystems

Bei **Allergien**, wie z.B. Heuschnupfen, führt die Interaktion von Allergenen mit speziellen, hochaffinen Rezeptoren von Mastzellen zu einer Freisetzung von Histamin und anderen Signalsubstanzen, die Gefäßveränderungen und die allergischen Symptome auslösen. Der Verlust der normalen Selbsttoleranz kann zu **Autoimmunkrankheiten** wie der Multiplen Sklerose führen. Eine **angeborene Immunschwäche** hat ihre Ursache in erblichen Defekten, welche die angeborene, humorale oder zellvermittelte Immunabwehr beeinträchtigen.

Durch Antigenvariation, Latenz und direkte Angriffe auf das Immunsystem können manche Krankheitserreger die Immunantwort unterlaufen. Bei einer HIV-Infektion werden die Helfer-T-Zellen zerstört, sodass die Patienten aufgrund ihrer defekten humoralen und zellvermittelten Immunität besonders krankheitsanfällig werden. Die Immunantwort gegen Krebszellen scheint primär auf der Aktivität des Immunsystems gegen krebsauslösende Viren und Krebszellen, die Viren enthalten, zu beruhen.

Osmoregulation und Exkretion

45

45.1 Osmoregulation: Gleichgewicht zwischen Aufnahme und Abgabe von Wasser und den darin gelösten Stoffen

Die Regulierung der chemischen Zusammensetzung der Körperflüssigkeiten hängt davon ab, Aufnahme und Abgabe von Wasser und den darin gelösten Teilchen auszubalancieren.

45.1.1 Osmose und Osmolarität

Erinnern Sie sich aus Kapitel 7 daran, dass man unter Osmose, einem Spezialfall der Diffusion, die Bewegung von Wasser durch eine selektiv permeable Membran versteht. Osmose tritt immer dann auf, wenn sich zwei durch eine Membran getrennte Lösungen in ihrem osmotischen Druck oder ihrer **Osmolarität** (Gesamtkonzentration an gelösten Teilchen) unterscheiden. Die Maßeinheit für Osmolarität ist Milliosmol pro Liter (mosmol/l).

Wenn zwei Lösungen, die durch eine selektiv permeable Membran getrennt sind, die gleiche Osmolarität aufweisen, bezeichnet man sie als *isoosmotisch*. Unter diesen Bedingungen kommt es zu keiner *Nettobewegung* von Wasser. Wenn sich zwei Lösungen in ihrer Osmolarität unterscheiden, bezeichnet man diejenige mit der höheren Teilchenkonzentration als hyperosmotisch, die stärker verdünnte Lösung hingegen als *hypoosmotisch* (Abbildung 45.1). Wasser diffundiert aufgrund seiner höheren Konzentration in einer hypoosmotischen Lösung netto von dieser in eine hyperosmotische Lösung. Diesen Vorgang bezeichnet man als Osmose.

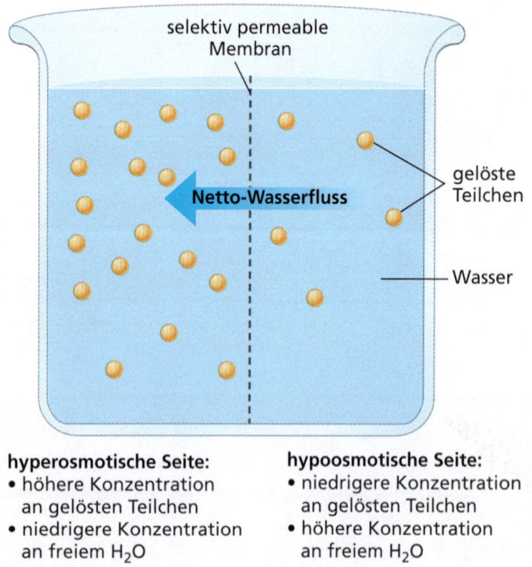

Abbildung 45.1: Osmolarität und Osmose.

45.1.2 Osmotische Herausforderungen

Ein Tier kann seinen Wasserhaushalt auf zwei Weisen ausgleichen. Ein Weg ist, sich als **Osmokonformer** zu verhalten, der isoosmotisch mit seiner Umgebung ist. Der andere Weg ist, sich als **Osmoregulierer** zu verhalten, der seine innere Osmolarität unabhängig von derjenigen in seiner Umgebung kontrolliert.

Meeresbewohner Die meisten marinen Wirbellosen sind Osmokonformer. Ihre Gesamtosmolarität (die Summe der Konzentrationen aller gelösten Teilchen) ist dieselbe wie im Meerwasser. Ihr Wasserhaushalt ist daher ausgeglichen. Da sie sich in der Konzentration bestimmter gelöster Teilchen jedoch stark vom Meerwasser unterscheiden, müssen sie diese Teilchen aktiv transportieren, um die Homöostase aufrechtzuerhalten.

Viele marine Wirbeltiere und einige marine Wirbellose sind Osmoregulierer. Für die meisten dieser Tiere ist das Meer eine stark dehydrierende Umgebung, in der sie ständig per Osmose Wasser verlieren. Solche Fische gleichen ihren Wasserverlust aus, indem sie große Mengen Meerwasser trinken. Mithilfe ihrer Kiemen und ihrer Nieren entledigen sie sich anschließend des überschüssigen Salzes. In den Kiemen transportieren spezialisierte *Chloridzellen* aktiv Chlorid (Cl^-) nach außen und die Natriumionen (Na^+) folgen passiv nach. In den Nieren werden überschüssige Calcium-, Magnesium- und Sulfationen ausgeschieden, wobei nur wenig Wasser verloren geht.

Eine eigenständige Osmoregulation entwickelte sich bei marinen Haien und den meisten anderen Knorpelfischen (Chondrichthyes, siehe Kapitel 34). Da die Osmolarität in ihrem Körper sogar etwas höher ist als 1.000 mosmol/l, dringt Wasser durch Osmose und mit der Nahrung langsam in den Körper des Haies ein, weshalb Haie nicht trinken müssen. Dieser geringfügige Wasserüberschuss wird mit dem Urin abgegeben.

Süßwasserbewohner Die osmoregulatorischen Probleme von Süßwasserbewohnern sind denen von Meeresbewohnern genau entgegengesetzt. Da ihre Körperflüssigkeiten mehr Salze enthalten als ihre Umgebung, stehen Süßwassertiere vor dem Problem, Wasser durch Osmose aufzunehmen und Salze durch Diffusion zu verlieren. Viele Süßwasserbewohner, einschließlich der Fische, lösen dieses Problem ihres Wasserhaushalts, indem sie praktisch kein Wasser trinken und große Mengen eines stark verdünnten Urins ausscheiden. Gleichzeitig werden Salze, die durch Diffusion und mit dem Urin verloren gehen, durch Salze aus der Nahrung ersetzt. Süßwasserfische wie der Flussbarsch in Abbildung 45.2b ersetzen verlorene Salze auch durch Salzaufnahme über die Kiemen. Chloridzellen in den Kiemen des Fisches transportieren aktiv Cl^- in den Körper und Na^+ folgt passiv nach.

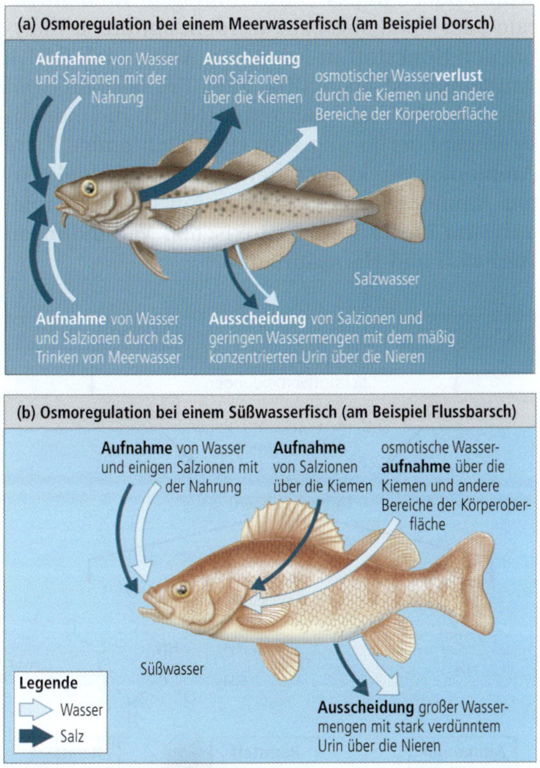

Abbildung 45.2: **Vergleich der Osmoregulation bei Knochenfischen, die im Meer oder im Süßwasser leben.**

Landbewohner Das Verhindern der Austrocknung ist für terrestrische Pflanzen und Tiere eine der größten homöostatischen Herausforderungen. Die Beschaffenheit ihrer Körperoberfläche hilft den meisten Tieren, eine Dehydrierung zu vermeiden. Beispiele hierfür sind die Wachsschichten auf dem Exoskelett von Insekten, die Gehäuse von Landschnecken und die Schichten abgestorbener, keratinhaltiger Hautzellen, die die Oberfläche der meisten landlebenden Wirbeltiere einschließlich des Menschen bedecken.

Trotz dieser und anderer Anpassungen verlieren die meisten terrestrischen Tiere auf vielerlei Weise Wasser: mit dem Urin und dem Kot, über die Haut und über die feuchte Oberfläche gasaustauschender Organe. Landtiere gleichen ihren Wasserhaushalt aus, indem sie Wasser trinken, feuchte Nahrung zu sich nehmen und durch die oxidative Phosphorylierung in den Mitochondrien Stoffwechselwasser produzieren.

Die Energetik der Osmoregulation Da durch Diffusion die Tendenz besteht, die Konzentrationsunterschiede in einem System auszugleichen, müssen Osmoregulierer Energie aufwenden, um die osmotischen Gradienten aufrechtzuerhalten, die dazu führen, dass Wasser ein- oder ausströmt. Das tun sie, indem sie die Osmolarität in ihren Körperflüssigkeiten mithilfe von aktivem Transport kontrollieren.

Transportepithelien Bei den meisten Tieren stützen sich osmotische Regulation und die Entsorgung von Abfallprodukten des Stoffwechsels auf einen oder mehrere Typen von **Transportepithelien** – eine oder mehrere Schichten spezialisierter Epithelzellen, die die Osmolarität regulieren. Transportepithelien bewegen bestimmte gelöste Stoffe in kontrollierten Mengen in bestimmte Richtungen. Solche Transportepithelien sind in der Regel in komplizierten röhrenförmigen Netzwerken mit ausgedehnter Oberfläche angeordnet. Manche Transportepithelien sind der Außenwelt direkt zugewandt, während andere Kanäle auskleiden, die durch eine Öffnung an der Körperoberfläche mit der Außenwelt in Verbindung stehen.

Die Anpassung, welche es Albatrossen und anderen Seevögeln ermöglicht, ihren Elektrolythaushalt auch beim Trinken von Salzwasser zu kontrollieren, besteht in einer spezialisierten nasalen Drüse, einer sogenannten Salzdrüse. Bei der Ausscheidung von überschüssigen Natrium- und Chloridionen aus dem Blut stützt sich die Salzdrüse auf einen Gegenstromaustausch (Abbildung 45.3). Bei der Salzdrüse des Albatrosses besteht das Nettoresultat in der Sekretion einer Flüssigkeit, die viel salziger ist als Meerwasser. Obwohl der Vogel durch Trinken von Meerwasser sehr viel Salz aufnimmt, steht daher am Ende dennoch ein Nettogewinn an Wasser.

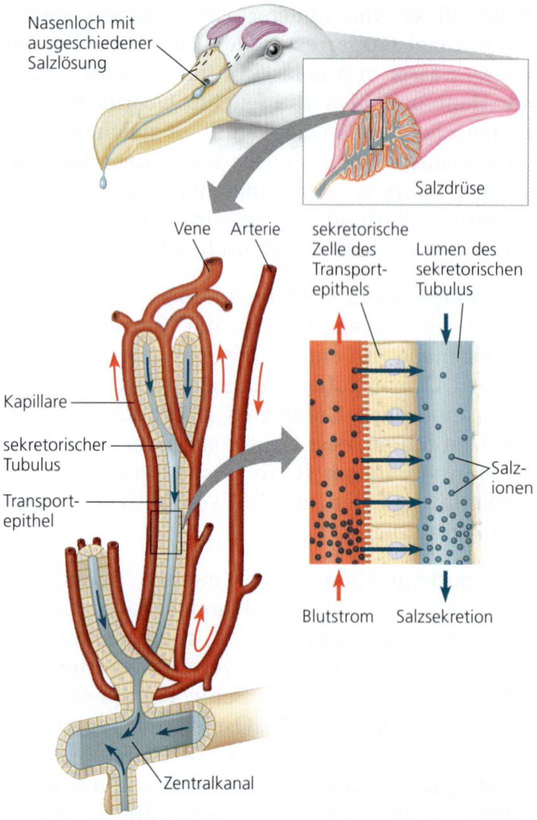

Abbildung 45.3: Bau und Funktion der Salzdrüse eines Meeresvogels. Das Schema links zeigt einen von mehreren tausend sekretorischen Tubuli aus einer von zwei Salzdrüsen, die im Stirnbereich der Vögel liegen (oben). Jeder Tubulus ist von einem Transportepithel ausgekleidet, von Kapillaren umgeben und mündet in einen Zentralkanal. Die sekretorischen Zellen transportieren Na^+ und Cl^- aus dem Blut in die Tubuli. Der Blutfluss ist dem Fluss des Tubulussekrets entgegengesetzt, wodurch ein Konzentrationsunterschied für Salze über eine längere Wegstrecke aufrechterhalten wird (rechts). Dieses Gegenstromsystem unterstützt den Salztransfer aus dem Blut in das Lumen des sekretorischen Tubulus.

VERSTÄNDNISFRAGEN

1. Die Bewegung von Salzionen aus dem umgebenden Wasser ins Blut eines Süßwasserfisches erfordert die Aufwendung von Energie in Form von ATP. Warum?

2. Warum gibt es keine Süßwassertiere, die Osmokonformer sind?

3. **WAS WÄRE, WENN?** Wie Wissenschaftler festgestellt haben, braucht ein Kamel, das in der Sonne steht, viel mehr Wasser, wenn sein Fell abgeschoren wurde, obgleich seine Körpertemperatur konstant blieb. Was können Sie daraus über die Beziehung zwischen Osmoregulation und der Isolierung schließen, die das Fell liefert?

45.2 Die stickstoffhaltigen Exkretionsprodukte eines Tieres spiegeln dessen Phylogenie und Habitat wider

Einige der wichtigsten Exkretionsprodukte sind die stickstoffhaltigen Abbauprodukte von Proteinen und Nucleinsäuren (Abbildung 45.4). Wenn Proteine und Nucleinsäuren zwecks Energiegewinns oder zwecks Umwandlung in Kohlenhydrate oder Fette abgebaut werden, entfernen Enzyme den Stickstoff in Form von **Ammoniak** (NH_3). Ammoniak ist hochgiftig, zum Teil deshalb, weil sein Ion, das Ammoniumion (NH_4^+), die oxidative Phosphorylierung stört. Obgleich einige Tiere Ammoniak direkt ausscheiden, wandeln viele Arten Ammoniak vor der Exkretion unter Energieaufwand in die weniger toxischen Verbindungen Harnstoff und Harnsäure um.

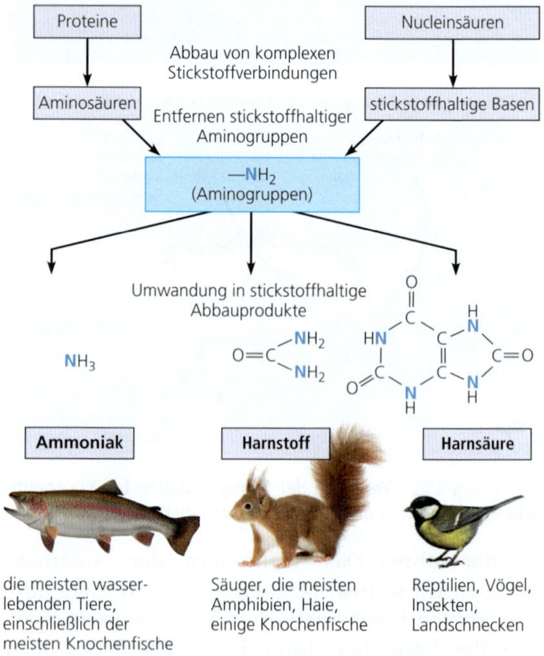

Abbildung 45.4: Stickstoffhaltige Exkretionsprodukte.

Der Hauptvorteil von Harnstoff ist seine geringe Toxizität und die sehr gute Wasserlöslichkeit. Tiere können Harnstoff im Kreislaufsystem transportieren und auch in hohen Konzentrationen sicher speichern. Wenn eine gegebene Menge Stickstoff in einer konzentrierten Harnstofflösung ausgeschieden wird, geht zudem viel weniger Wasser verloren, als es bei einer verdünnten Ammoniaklösung der Fall wäre.

45.3 Die verschiedenen Exkretionssysteme sind evolutionäre Varianten tubulärer Systeme

45.3.1 Exkretionsprozesse

Mithilfe der grundlegenden Schritte, die in Abbildung 45.5 beschrieben sind, produzieren Tiere der unterschiedlichsten Arten eine Exkretionsflüssigkeit, die als Urin oder Harn bezeichnet wird. In den meisten Fällen wird in einem ersten Schritt die Körperflüssigkeit (Blut, Coelomflüssigkeit oder Hämolymphe) filtriert ➊. Dabei treibt der hydrostatische Druck (bei vielen Tieren der Blutdruck) den **Filtrationsprozess** an. Zellen, Proteine und andere große Moleküle können diesen Filter nicht passieren und verbleiben in der Körperflüssigkeit. Wasser und kleine Moleküle wie Salze, Zucker, Aminosäuren und stickstoffhaltige Exkretionsprodukte passieren diesen Filter und bilden eine Lösung, die man als **Ultrafiltrat** bezeichnet.

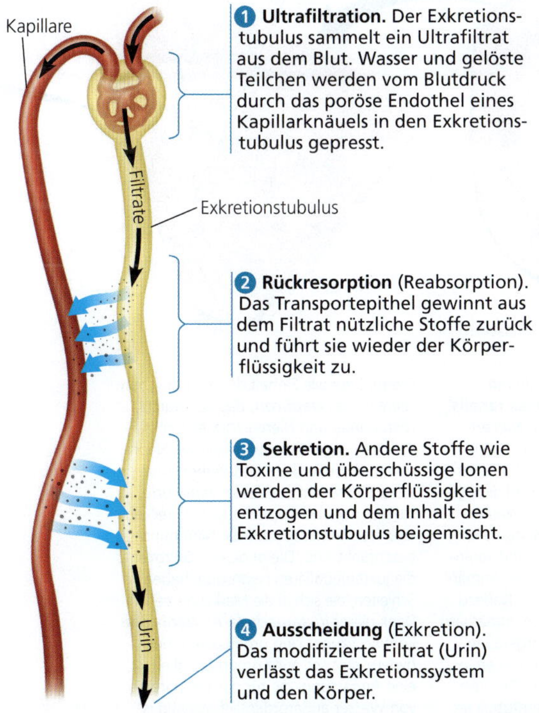

Abbildung 45.5: Zentrale Schritte in der Funktion von Exkretionssystemen: ein Überblick. Die meisten Exkretionssysteme produzieren durch Druckfiltration von Körperflüssigkeiten ein Filtrat und modifizieren anschließend die Zusammensetzung dieses Filtrats. Diese Schemazeichnung lehnt sich an das Exkretionssystem von Wirbeltieren an.

In einem zweiten Schritt werden durch selektive **Reabsorption** ❷ nützliche Moleküle und Wasser aus dem Filtrat zurückgewonnen und in die Körperflüssigkeiten zurücktransportiert. Dabei werden Stoffe wie Glucose, gewisse Salze, Vitamine, Hormone und Aminosäuren durch aktiven Transport reabsorbiert. Nicht benötigte Stoffe und Abfallprodukte verbleiben im Filtrat oder werden in einem dritten Schritt durch selektive **Sekretion** ❸, die ebenfalls durch aktiven Transport erfolgt, ins Filtrat geschleust. Durch den gerichteten Transport der unterschiedlichen Stoffe wird die osmotische Bewegung von Wasser in das Filtrat oder aus dem Filtrat gesteuert. Im letzten Schritt – der **Exkretion** ❹ – wird das modifizierte Filtrat als Urin aus dem Körper ausgeschieden.

45.3.2 Bau der Säugerniere

Im Zentrum der Exkretion bei Säugern steht ein Paar Nieren. Beim Menschen ist jede Niere etwa 10 cm lang und wird durch eine **Nierenarterie** mit Blut versorgt, das die Niere durch die **Nierenvene** wieder verlässt (Abbildung 45.6). Der Urin verlässt jede Niere durch einen Gang, der als Harnleiter (**Ureter**) bezeichnet wird. Die beiden Harnleiter entleeren sich in eine gemeinsame **Harnblase**. Beim Urinieren wird der Urin durch die Harnröhre (**Urethra**) aus der Blase abgelassen, die sich bei Frauen vor der Vagina, und beim Mann an der Penisspitze nach außen öffnet.

Die Säugerniere besteht aus einer äußeren Schicht, der **Nierenrinde**, und einer inneren Schicht, dem **Nierenmark** (Abbildung 45.6b). Die funktionelle Einheit der Wirbeltierniere ist das **Nephron**, das sich durch Nierenrinde und Nierenmark erstreckt. Ein Nephron besteht aus einem einzelnen, langen Tubulus sowie einem Kapillarknäuel, dem **Glomerulus** (Abbildungen 45.6c und d). Das blind geschlossene Ende des Tubulus bildet eine becherförmige Anschwellung, die sogenannte **Bowman-Kapsel**, die den Glomerulus umgibt. Jede menschliche Niere enthält rund eine Million Nephrone mit einer Tubulus-Gesamtlänge von 80 km.

Ultrafiltration des Blutes Zur Ultrafiltration kommt es, wenn durch den Blutdruck Flüssigkeit aus dem Blut im Glomerulus in das Lumen der Bowmann-Kapsel gepresst wird (Abbildung 45.6d). Die porösen Kapillaren und die spezialisierten Zellen der Bowman-Kapsel sind für Wasser und niedermolekulare Stoffe permeabel, nicht aber für Blutzellen. Größere Moleküle wie die negativ geladenen Plasmaproteine werden zurückgehalten. Daher enthält das Ultrafiltrat in der Bowman-Kapsel Salze, Glucose, Aminosäuren,

Vitamine, stickstoffhaltige Abfallprodukte und andere kleine Moleküle.

Weg des Ultrafiltrats Von der Bowman-Kapsel gelangt das Ultrafiltrat in den **proximalen Tubulus**, der ersten von drei Regionen des Nephrons. Die nächste Region ist die **Henle-Schleife**, ein haarnadelförmig gebogenes Rohr mit einem absteigenden und einem aufsteigenden Ast. Die dritte Region, der **distale Tubulus**, mündet in ein **Sammelrohr**, das das aufbereitete Filtrat vieler Nephrone aufnimmt. Dieses Filtrat strömt aus sämtlichen Sammelrohren der Niere in das **Nierenbecken**, das von den Harnleitern entleert wird.

Das Nephron und das Sammelrohr sind von Transportepithelien ausgekleidet, die das Ultrafiltrat aufbereiten und den eigentlichen Urin bilden. Eine der wichtigsten Aufgaben dieses Epithels ist die Reabsorption von gelösten Stoffen und Wasser. Unter normalen Bedingungen strömen jeden Tag rund 1.600 l Blut durch die beiden menschlichen Nieren; dies entspricht etwa der 300-fachen Blutmenge im ganzen menschlichen Körper. Aus dieser enormen Blutmenge werden durch das Zusammenwirken von Glomerulus und Bowman-Kapsel 180 l Ultrafiltrat (Primärharn) erzeugt. Davon werden rund 99 Prozent des Wassers sowie fast alle Zucker, Aminosäuren, Vitamine und andere organische Nährstoffe reabsorbiert und wieder ins Blut zurücktransportiert, sodass nur rund 1,5 l Urin pro Tag ausgeschieden werden (Sekundärharn).

Blutgefäße, die mit den Nephronen assoziiert sind Jedes Nephron wird durch eine **afferente Arteriole** mit Blut versorgt, einem Ast der Nierenarterie, der sich verzweigt, um das Kapillarknäuel des Glomerulus zu bilden (Abbildung 45.6d). Bevor die Kapillaren aus dem Glomerulus austreten, vereini-

Exkretionsorgane

Nierenaufbau

Nephrontypen

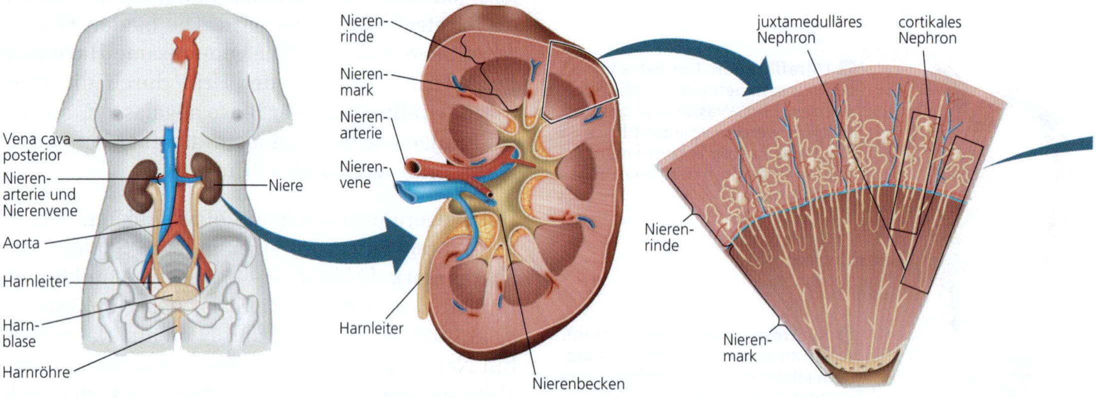

Beim Menschen besteht das exkretorische System aus zwei **Nieren**, jede etwa 10 cm lang, sowie Organe für den Transport des Urins und dessen Aufbewahrung. Der Urin verlässt jede Niere durch einen Gang, der als ***Harnleiter*** (**Ureter**) bezeichnet wird. Die beiden Harnleiter entleeren sich in eine gemeinsame *Harnblase*. Beim Urinieren wird der Urin durch die ***Harnröhre*** (**Urethra**) aus der Blase abgelassen, die sich bei Frauen vor der Vagina, und beim Mann an der Penisspitze nach außen öffnet. Das Urinieren (Harnlassen) wird durch zwei Ringmuskeln (Sphinkter) kontrolliert, die am Ausgang der Harnblase sitzen.

Jede Niere besteht aus einer äußeren Schicht, der ***Nierenrinde*** (**Cortex renalis**), und einer inneren Schicht, dem ***Nierenmark*** (**Medulla renalis**), die durch eine Nierenarterie und Nierenvene mit Blut versorgt werden. Beide Schichten sind dichtgepackt mit mikroskopisch kleinen ***Nierentubuli*** und den zugehörigen Blutgefäßen. Die Nierentubuli transportieren und verändern den aus dem Blut abfiltrierten Primärharn, der in die Niere gelangt ist. Nahezu die gesamte Flüssigkeit aus dem Primärharn wird von den umgebenden Blutgefäßen reabsorbiert und über die Nierenvenen in den Blutkreislauf zurückgeleitet. Der Rest der Flüssigkeit verlässt die Nierentubuli als Urin. Dieser wird im ***Nierenbecken*** gesammelt und über den Harnleiter abgeleitet.

Die funktionelle Einheit der menschlichen Niere ist das ***Nephron***, das sich durch Nierenrinde und Nierenmark erstreckt. Von den ungefähr einer Millionen Nephronen, die jede Niere beherbergt, sind etwa 85 Prozent ***corticale Nephrone***, die sich nur über kurze Distanz erstrecken und fast vollständig auf die Nierenrinde beschränkt sind. Die anderen 15 Prozent, die juxtamedullären Nephrone, haben Schleifen, die sich in die Markzone ziehen. Dank dieser ***juxtamedullären Nephrone*** können Säuger Urin produzieren, der hyperosmotisch zur Körperflüssigkeit ist, eine Anpassung, die für das Einsparen von Wasser außerordentlich wichtig ist.

Abbildung 45.6: **Näher betrachtet.** Erkundung des exkretorischen Systems der Säuger. Aufbau der Säugerniere.

gen sie sich und bilden eine **efferente Arteriole**. Dieses Gefäß verzweigt sich erneut und bildet die **peritubulären Kapillaren**, die den proximalen und den distalen Tubulus umgeben. Ein weiteres Kapillarnetz zieht weiter nach unten und bildet die **Vasa recta**, die die langen Henle-Schleifen versorgen.

In den Kapillaren der Vasa recta ist die Strömungsrichtung des Blutes der Strömungsrichtung des Filtrats in der benachbarten Henle-Schleife direkt entgegengerichtet (Abbildung 45.6d). Anders ausgedrückt, verläuft jeder aufsteigende Teil der Vasa recta neben einem absteigenden Teil einer Henle-Schleife und umgekehrt. Sowohl Tubulus als auch Kapillaren werden von interstitieller Flüssigkeit umspült, durch die verschiedene Stoffe zwischen dem Plasma in den Kapillaren und dem Filtrat im Tubulus des Nephrons hin und her diffundieren können. Vasa recta und Henle-Schleife fungieren beide gemeinsam als Teil eines Gegenstromaustauschersystems, das die Effizienz der Nephrone erhöht.

VERSTÄNDNISFRAGEN

1. Welche Aufgabe hat der Filtrationsschritt im Exkretionssystem?

2. WAS WÄRE, WENN? Ein Nierenversagen wird oft mit einer Hämodialyse („Blutwäsche") behandelt, bei der das Blut außerhalb des Körpers filtriert und dann auf eine Seite einer selektiven permeablen Membran geleitet wird. Eine Flüssigkeit, ein sogenanntes Dialysat, fließt auf der anderen Seite der Membran in die entgegengesetzte Richtung. Um die Reabsorption und die Sekretion von gelösten Stoffen in einer funktionierenden Niere zu ersetzen, ist die Zusammensetzung des Dialysats zu Beginn der Dialyse von entscheidender Bedeutung. Welche anfängliche Zusammensetzung würde gut funktionieren?

Der Aufbau eines Nephrons

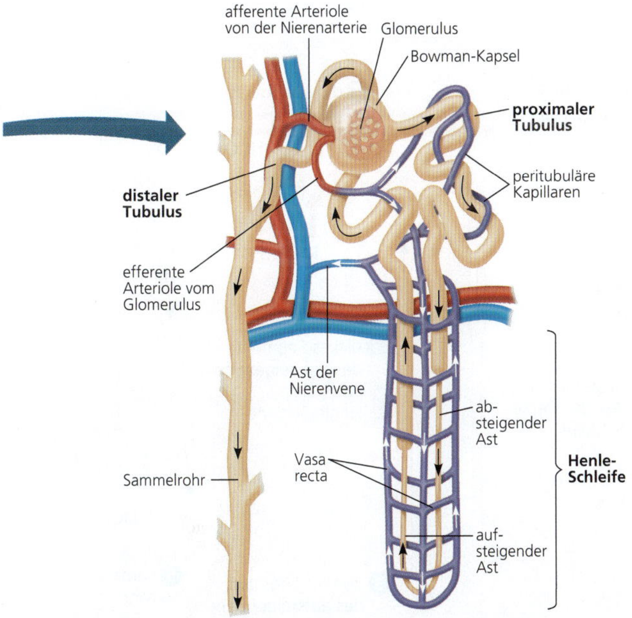

Ein Nephron besteht aus einem einzelnen, langen Tubulus sowie einem Kapillarknäuel, dem ***Glomerulus***. Das blind geschlossene Ende des Tubulus bildet eine becherförmige Struktur, die so genannte ***Bowman-Kapsel***, die den Glomerulus umgibt. Zur Ultrafiltration kommt es, wenn durch den Blutdruck Flüssigkeit aus dem Blut im Glomerulus in das Lumen der Bowmann-Kapsel gepresst wird. Von der Bowman-Kapsel gelangt das Ultrafiltrat in den ***proximalen Tubulus***, der ersten von drei Regionen des Nephrons, in denen die Zusammensetzung des Primärharns verändert wird. Die nächste Region ist die ***Henle-Schleife***, ein haarnadelförmig gebogenes Rohr mit einem absteigenden und einem aufsteigenden Ast. Die dritte Region, der ***distale Tubulus***, mündet in ein ***Sammelrohr***, welches das aufbereitete Filtrat vieler Nephrone aufnimmt. Jedes Nephron wird durch eine *afferente Arteriole* mit Blut versorgt, einem Ast der Nierenarterie, der sich verzweigt, um das Kapillarknäuel des Glomerulus zu bilden. Bevor die Kapillaren aus dem Glomerulus austreten vereinigen sie sich und bilden eine *efferente Arteriole.* Dieses Gefäß verzweigt sich erneut und bildet die ***peritubulären Kapillaren***, die den proximalen und den distalen Tubulus umgeben. Ein weiteres Kapillarnetz zieht weiter nach unten und bildet die ***Vasa recta***, die die langen Henle-Schleifen juxtamedullärer Nephrone versorgen.

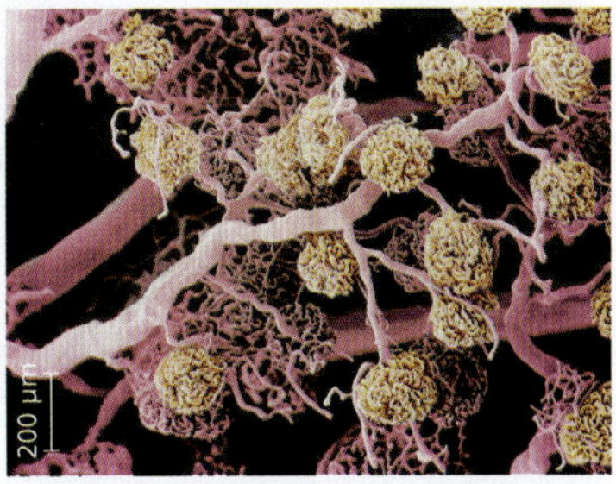

▶ Rasterelektronenmikroskop-Aufnahme dicht gepackter Blutgefäße einer menschlichen Niere; Arteriolen und peritubuläre Kapillaren sind rötlich eingefärbt, wogegen die Glomeruli gelblich erscheinen.

45.4 Das Nephron: Schrittweise Verarbeitung des Ultrafiltrats

In diesem Abschnitt werden wir den Weg des Ultrafiltrats durch Nephron und Sammelrohr verfolgen (Abbildung 45.7).

Das Filtrat, das aus der Bowman-Kapsel in den proximalen Tubulus gelangt ❶, weist eine Osmolarität von rund 300 mosmol/l auf, dieselbe wie Blut. Während das Filtrat durch den proximalen Tubulus in der Rindenzone fließt, wird eine beträchtliche Menge an Wasser, Na^+ und Cl^- aus dem Filtrat zurückgewonnen, während Abfall- und Giftstoffe im Filtrat verbleiben und letztlich ausgeschieden werden. Na^+/K^+-ATPasen (Natrium/Kalium-Pumpen, siehe Kapitel 7) pumpen Na^+ aus den Epithelzellen der Tubuli heraus, was die intrazelluläre Na^+-Konzentration niedrig hält. Diese ermöglicht den aktiven Na^+-gekoppelten Transport (Symport, Co-Transport) von Nährstoffen wie Glucose oder Aminosäuren aus dem Na^+-reichen Ultrafiltrat. Die Nährstoffe werden anschließend passiv aus den Epithelzellen über Carrierproteine ins Interstitium transportiert. Das negativ geladene Chlorid folgt dem positiven Na^+. Die Anreicherung von Na^+ und Cl^- außerhalb des Tubulus bewirkt, dass Wasser den Tubulus durch Osmose verlässt. Diese Vorgänge führen dazu, dass das Volumen des Filtrats stark abnimmt, die Osmolarität aber in etwa dieselbe bleibt.

Während das Filtrat durch den absteigenden Ast der Henle-Schleife ❷ fließt, setzt sich die Rückgewinnung von Wasser aufgrund der hohen Wasserpermeabilität des Epithels fort. Im Gegensatz dazu fehlen Ionenkanäle und Transportproteine für andere niedermolekulare Stoffe fast vollständig. Dies führt dazu, dass gelöste Stoffe, einschließlich Na^+ und Cl^-, stärker konzentriert werden und die Osmolarität des Filtrats steigt. Die höchste Osmolarität (rund 1.200 mosmol/l) tritt an der Kehre der Henle-Schleife auf. Dies maximiert die Diffusion von Salz aus dem Tubulus, wenn das Filtrat die Kehre passiert und in den aufsteigenden Ast ❸ gelangt, der für Salzionen, aber nicht für Wasser permeabel ist. Na^+ und Cl^-, welche aus dem aufsteigenden Ast diffundieren, tragen dazu bei, in der interstitiellen Flüssigkeit der Markzone eine hohe Osmolarität aufrechtzuerhalten (siehe Abbildung 45.8).

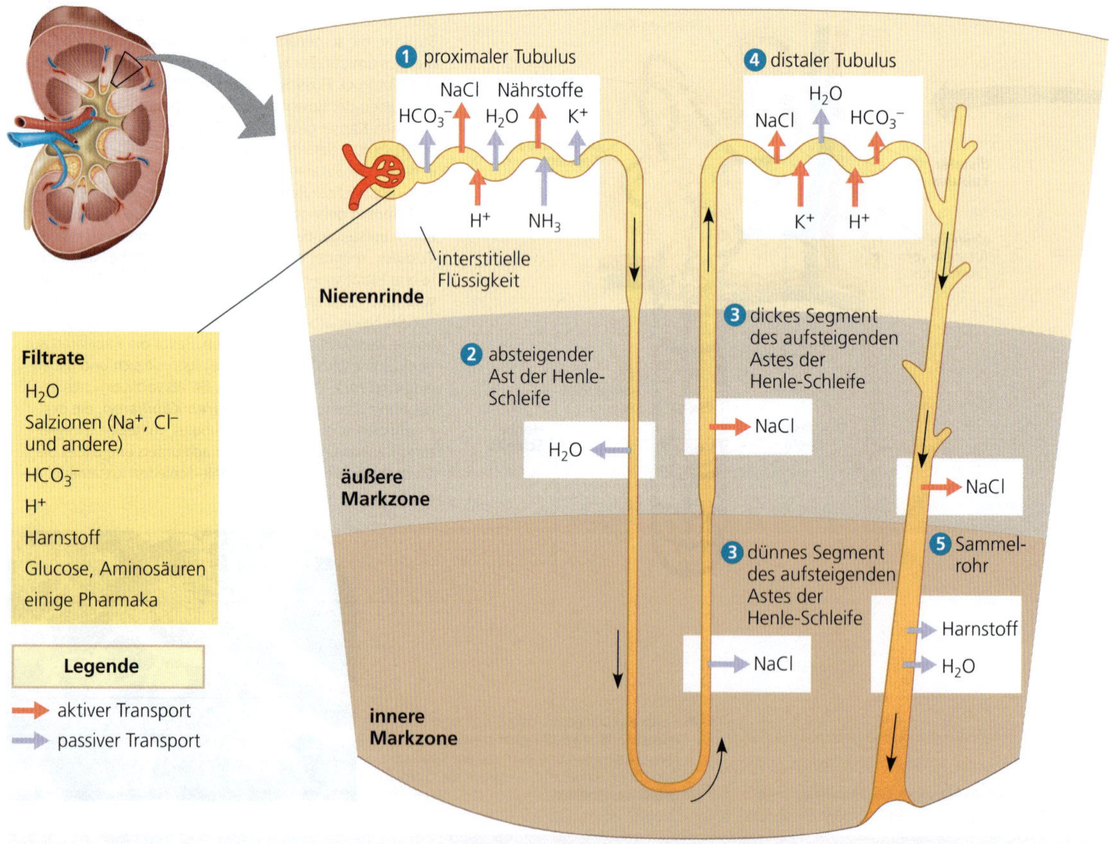

Abbildung 45.7: Nephron und Sammelrohr: Funktionen der Abschnitte des Transportepithels. Die blau unterlegten Zahlen in diesem Diagramm entsprechen den Zahlen im Haupttext.

Im oberen Teil des aufsteigenden Astes wird Energie verbraucht, um Na^+ und Cl^- aktiv aus dem Filtrat zu transportieren. Der Na^+-Ausstrom im aufsteigenden Ast sorgt dafür, dass die interstitielle Flüssigkeit über die ganze Länge des absteigenden Astes hyperosmotisch zum Filtrat ist und dadurch Wasser osmotisch aus dem Tubulus zieht. Dieses Gegenstromprinzip ist somit für die effektive Wasserresorption im absteigenden Ast verantwortlich.

Infolge des aktiven Transports von Na^+ und Cl^- aus dem dicken Segment des aufsteigenden Astes ist das Filtrat, wenn es den distalen Tubulus ❹ erreicht, tatsächlich hypoosmotisch gegenüber den anderen Körperflüssigkeiten. Im distalen Tubulus und im oberen Teil des Sammelrohrs ❺ wird Na^+ aktiv reabsorbiert, Chlorid und Wasser folgen passiv. Hierdurch werden andere gelöste Stoffe im Filtrat, vor allem Harnstoff, stark konzentriert. Wenn die Nieren den Urin maximal konzentrieren, erreicht er eine Osmolarität von 1.200 mosmol/l, entsprechend der Osmolarität der interstitiellen Flüssigkeit in der inneren Markschicht. Obgleich der Urin mit der interstitiellen Flüssigkeit in der inneren Markschicht *isoosmotisch* ist, ist er im Vergleich zum Blut und zur interstitiellen Flüssigkeit anderenorts *hyperosmotisch*. Diese hohe Osmolarität macht es möglich, dass die im Urin verbliebenen gelösten Stoffe mit minimalem Wasserverlust ausgeschieden werden.

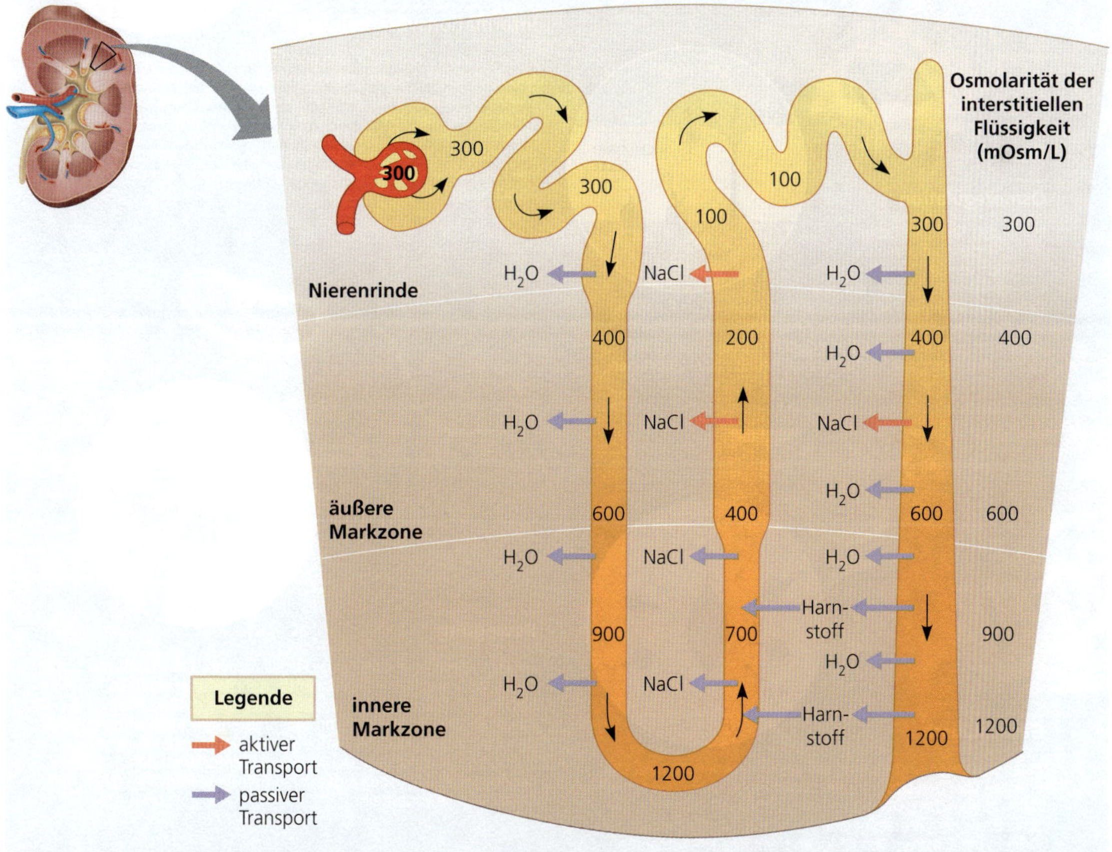

Abbildung 45.8: Wie die menschliche Niere durch gegenläufige Gradienten die Osmolarität des Urins erhöht. Na^+ und Cl^- sowie Harnstoff tragen zur Osmolarität der interstitiellen Flüssigkeit bei. Ihre Konzentrationen steigen von der Rinden zur Markzone kontinuierlich an, was die hohe Osmolarität in der inneren Markzone bedingt. Die Henle-Schleife hält den interstitiellen Gradienten von Na^+ und Cl^- aufrecht, der innerhalb des absteigenden Astes zunimmt und im aufsteigenden Ast abnimmt. Harnstoff diffundiert aus dem Sammelrohr in die interstitielle Flüssigkeit der Markzone (wenngleich der größte Teil des Harnstoffs im Sammelrohr verbleibt und ausgeschieden wird). Das Filtrat wechselt insgesamt dreimal zwischen Rindenzone (oben) und Markzone (unten): Zuerst fließt es in der Henle-Schleife nach unten, dann nach oben, und schließlich im Sammelrohr wieder nach unten. Wenn das Filtrat im Sammelrohr an interstitieller Flüssigkeit mit zunehmender Osmolarität vorbeiströmt, verlässt immer mehr Wasser per Osmose das Sammelrohr, wodurch die gelösten Stoffe, einschließlich des Harnstoffs, die im Filtrat verbleiben, konzentriert werden.

? Die Substanz Furosemid blockiert die Cotransporter für Na^+ und Cl^- im aufsteigenden Ast der Henle-Schleife. Wie würde sich die Verabreichung von Furosemid Ihrer Meinung nach auf das Urinvolumen auswirken?

ZUSAMMENHÄNGE ERKENNEN

Ionentransport und Gradienten

Der Ionentransport über die Plasmamembran einer Zelle ist eine grundlegende Aktivität nicht nur in allen Tieren sondern in allen lebenden Organismen. Die durch ihn erzeugten Ionengradienten stellen die potenzielle Energie zur Verfügung, die benötigt wird, um vielfältige Prozesse, von der Regulation des Salz- und Gasgehalts der Körperflüssigkeit eines Tieres bis zu dessen Fähigkeit zur Wahrnehmung oder Bewegung in einer oftmals feindlichen Umwelt, zu ermöglichen.

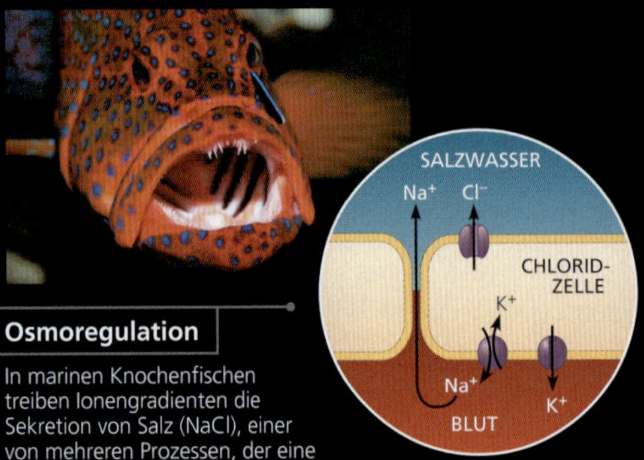

Osmoregulation

In marinen Knochenfischen treiben Ionengradienten die Sekretion von Salz (NaCl), einer von mehreren Prozessen, der eine Dehydrierung dieser Fische verhindert. Dabei wirken Pumpen, Cotransporter und Kanäle in den Chloridzellen der Kiemen zusammen, um Na^+ und Cl^- aus dem Blut über das Kiemenepithel in das umgebende Salzwasser heraus zu transportieren.

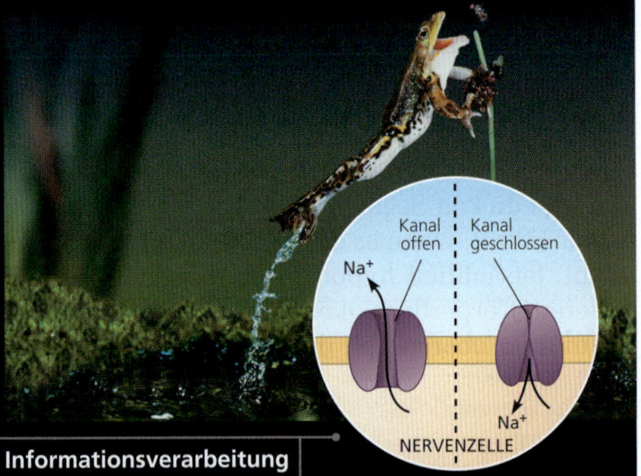

Informationsverarbeitung

In Nervenzellen ist das Öffnen und Schließen von Kanälen, die spezifisch für Na^+- oder andere Ionen sind, die Grundlage für die Übertragung von Information in Form von Aktionspotenzialen. Diese Art der Signalvermittlung erlaubt es Nervensystemen Informationen über die Umwelt zu erhalten und diese zu verarbeiten, um schließlich mit einer angemessenen Antwort zu reagieren, wie beispielsweise dem Sprung eines Frosches, der ein Beuteinsekt fängt.

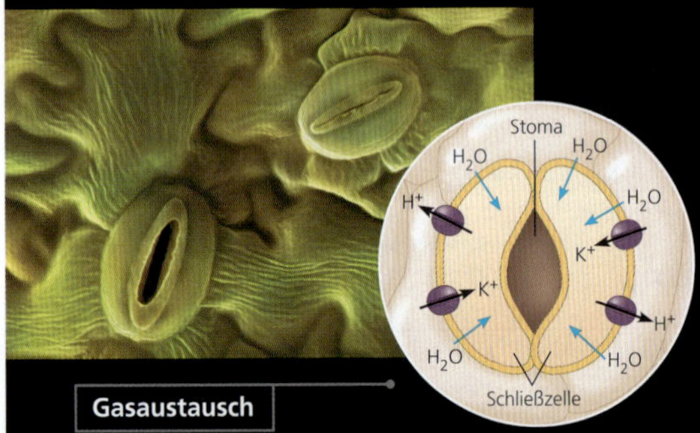

Gasaustausch

Ionengradienten sind es auch, die das Öffnen der Stomata von Pflanzen über den Druckanstieg in den sie umgebenden Schließzellen ermöglichen. Der aktive Transport von H^+-Ionen aus der Schließzelle heraus erzeugt eine Spannung (Membranpotenzial), welches den Einstrom von K^+-Ionen treibt. Die K^+-Aufnahme durch die Schließzelle löst den osmotischen Einstrom von Wasser aus, was infolge des erhöhten Innendrucks eine Änderung der Zellform zur Folge hat, wodurch die Stomata geöffnet werden.

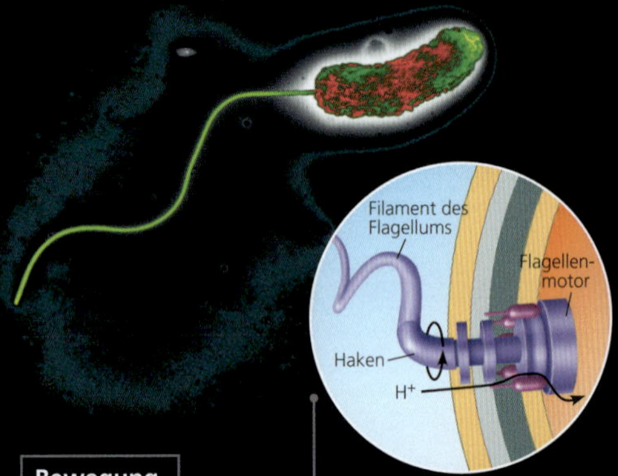

Bewegung

Ein Protonengradient treibt das Flagellum eines Bakteriums an. Dieser wird durch eine Elektronentransportkette erzeugt, so dass die H^+-Konzentration außerhalb der Zelle größer ist als innerhalb. Die resultierende protonenmotorische Kraft wird genutzt, um den Flagellenmotor ähnlich wie bei einer Turbine in Rotation zu versetzen. Der rotierende Motor dreht den gebogenen Haken, sodass das daran befestigte Flagellum die Bakterienzelle vorantreibt.

ZUSAMMENHÄNGE ERKENNEN *Erklären Sie, warum die Kräfte die den Ionentransport über Plasmamembranen von Zellen antreiben, als elektrochemisches Potenzial bezeichnet werden.*

Abbildung 45.9: **Ionentransport und Gradienten.**

Die Erzeugung von Ionengradienten und der Ionentransport über die Membranen sind für den Salz- und Wasserhaushalt essenziell. In Abbildung 45.9 sind noch einmal verschiedene physiologische Prozesse zusammengestellt, die durch den Transport von Ionen über Membranen angetrieben werden.

VERSTÄNDNISFRAGEN

1. Bestimmte Medikamente machen das Epithel des Sammelrohrs weniger wasserdurchlässig. Wie würde die Einnahme eines solchen Medikaments die Nierenleistung beeinflussen?

2. WAS WÄRE, WENN? Wenn der Blutdruck in der afferenten Arteriole, die zu einem Glomerulus führt, abnähme, wie würde das die Rate der Blutfiltration in der Bowman-Kapsel beeinflussen?

45.5 Hormonelle Regelkreise verknüpfen Nierenfunktion, Wasserhaushalt und Blutdruck

Die Osmoregulation in der Säugerniere wird durch eine Kombination von hormonellen und neuronalen Kontrollen gesteuert. Ein Schlüsselhormon in diesem Regelkreis ist das **antidiuretische Hormon (ADH)**. ADH wird im Hypothalamus produziert und im Hypophysenhinterlappen gespeichert, der direkt unter dem Hypothalamus liegt. Osmorezeptoren im Hypothalamus messen die Osmolarität des Blutes und regulieren die Freisetzung von ADH aus dem Hypophysenhinterlappen.

Was geschieht nach dem Verzehr einer salzreichen Mahlzeit oder nach starkem Wasserverlust durch Schwitzen? Als Folge eines Anstiegs der Osmolarität über den Sollwert von 300 mosmol/l wird verstärkt ADH ins Blut ausgeschüttet (Abbildung 45.10). Wenn ADH die Nieren erreicht, wirkt es hauptsächlich in den distalen Tubuli und

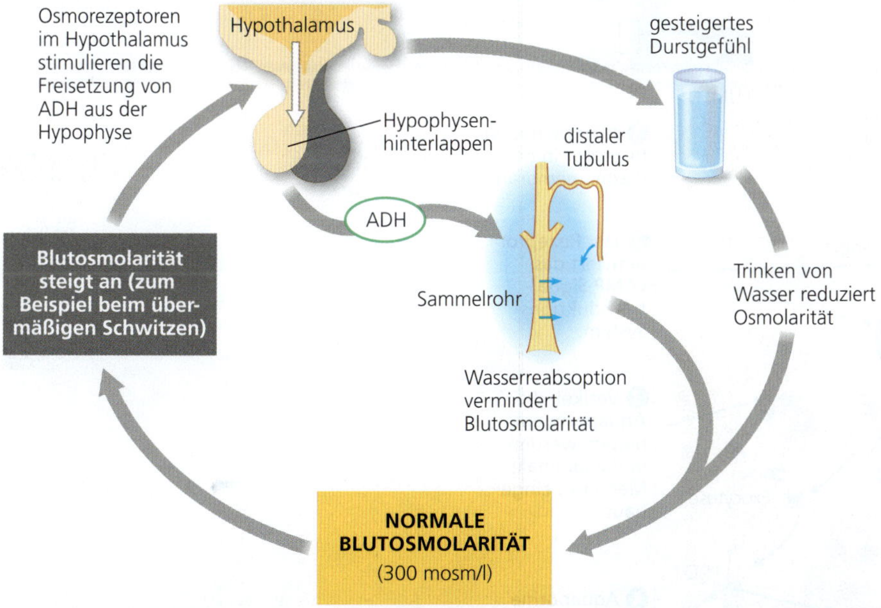

Abbildung 45.10: **Regulation des Flüssigkeitshaushalts durch das antidiuretische Hormon (ADH).** Osmorezeptoren im Hypothalamus überwachen die Blutosmolarität über ihren Effekt auf die Nettodiffusion von Wasser in die Rezeptorzelle hinein oder aus ihr heraus. Wenn die Blutosmolarität ansteigt, stimulieren Signale der Rezeptorzelle die Ausschüttung von ADH aus dem Hypophysenhinterlappen in die Blutbahn und lösen daneben Durst aus. Das Löschen des Durstes durch Trinken reduziert die Blutosmolarität, was wiederum einer weiteren ADH-Ausschüttung entgegenwirkt (negative Rückkopplung).

den Sammelrohren, wo es die Wasserdurchlässigkeit des Epithels erhöht. Die Ausschüttung und Bindung von ADH an membranständige Rezeptormoleküle setzt eine Signaltransduktionskette in Gang, welche letztendlich zu einer zeitweiligen Erhöhung der Anzahl an Aquaporinen in den Plasmamembranen der Epithelzellen des Sammelrohrs führt. Durch diese zusätzlichen Kanäle wird mehr Wasser zurückgewonnen, was das Urinvolumen verringert.

Die resultierende Zunahme in der Wasserreabsorption konzentriert den Urin, reduziert die Urinmenge und lässt die Blutosmolarität wieder in Richtung Sollwert sinken. Die Osmolarität lässt sich durch zusätzliche Wasseraufnahme mit der Nahrung oder durch Trinken wieder auf den Sollwert von 300 mosmol/l bringen. Wenn sich die Blutosmolarität wieder normalisiert, wird die ADH-Ausschüttung durch negative Rückkopplung über die Osmorezeptoren im Hypothalamus verringert.

Ein Absinken der Blutosmolarität unter den Sollwert hat die entgegengesetzte Wirkung. Beispielsweise führt eine starke Wasseraufnahme zu einem starken Rückgang der ADH-Ausschüttung. Die daraus resultierende Permeabilitätsabnahme für Wasser in den distalen Tubuli und Sammelrohren verringert die Wasserreabsorption, was zur Ausscheidung großer Mengen verdünnten Urins führt.

Wie steuert nun ADH die Wasseraufnahme in den Nieren? Die Bindung von ADH an membranständige Rezeptormoleküle setzt eine Signaltransduktionskette in Gang, welche letztendlich zu einer zeitweiligen Erhöhung der Anzahl an Aquaporinen in den Plasmamembranen der Epithelzellen des Sammelrohrs führt (Abbildung 45.11). Durch diese zusätzlichen Kanäle wird mehr Wasser zurückgewonnen, was das Urinvolumen verringert.

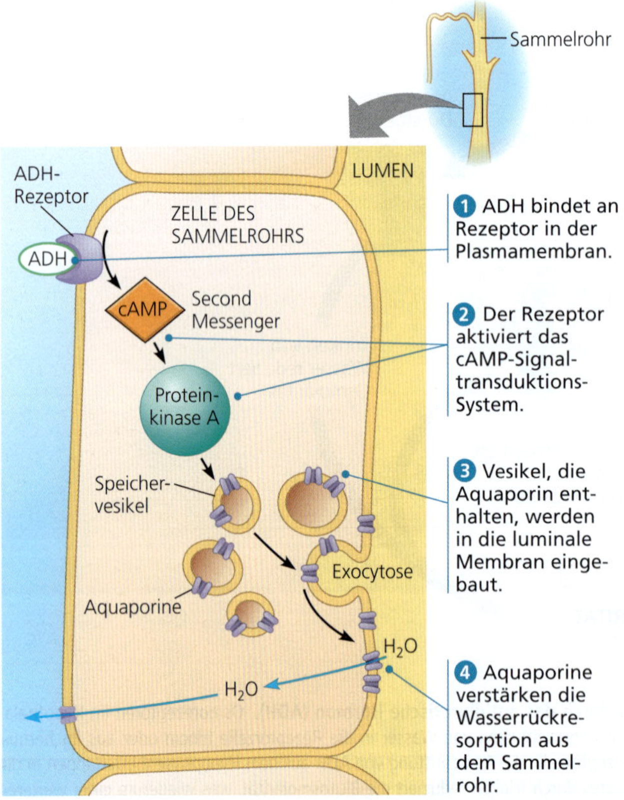

Abbildung 45.11: ADH bewirkt im Sammelrohr der Niere eine verstärkte Wasserreabsorption.

ZUSAMMENFASSUNG

Osmoregulation: Gleichgewicht zwischen Aufnahme und Abgabe von Wasser und den darin gelösten Stoffen

Zellen brauchen ein Gleichgewicht zwischen osmotischer Wasseraufnahme und -abgabe.

Osmokonforme sind zu ihrer marinen Umgebung isoosmotisch und regulieren deshalb ihre **Osmolarität** nicht. Unter den Meerestieren sind die meisten Wirbellosen Osmokonforme. Im Gegensatz dazu wenden **Osmoregulierer** Energie auf, um Wasseraufnahme beziehungsweise -abgabe in einer hypoosmotischen respektive hyperosmotischen Umgebung zu kontrollieren. Landlebende Tiere schützen sich vor Austrocknung durch Verhaltensanpassungen, wassersparende Exkretionsorgane sowie durch Trinken und den Verzehr von wasserreicher Nahrung. Tiere, die in temporären Gewässern leben, können anhydrobiotisch sein.

Der Wasserhaushalt und die Exkretion von Abfallstoffen basieren auf **Transportepithelien**. Diese Schichten spezialisierter Zellen steuern die Bewegung von gelösten Stoffen, die notwendig ist, um Abfallstoffe auszuscheiden und Änderungen der Osmolarität in den Körperflüssigkeiten zu korrigieren.

Die stickstoffhaltigen Exkretionsprodukte eines Tieres

Bei der Verstoffwechslung von Proteinen und Nucleinsäuren entsteht **Ammoniak**, ein toxisches Exkretionsprodukt. Die meisten wasserlebenden Tiere scheiden Ammoniak über die Körperoberfläche oder das Kiemenepithel direkt ins umgebende Wasser aus. Säuger und die meisten adulten Amphibien wandeln Ammoniak in den weniger toxischen **Harnstoff** um, der mit minimalem Wasserverlust über die Nieren ausgeschieden wird. **Harnsäure** ist ein schlecht lösliches stickstoffhaltiges Exkretionsprodukt, das von Landschnecken, Insekten, Reptilien und Vögeln ausgeschieden wird.

Exkretionssysteme sind tubuläre Systeme

Die Schlüsselfunktionen der meisten Exkretionssysteme sind **Filtration** (Druckfiltration von Körperflüssigkeiten, wodurch ein Filtrat – Primärharn – entsteht), Herstellung von Endharn aus dem Filtrat durch selektive **Reabsorption** (Rückgewinnung nützlicher gelöster Stoffe aus dem Filtrat) und **Sekretion** (Abscheidung von Toxinen und anderen Stoffen aus den Körperflüssigkeiten ins Filtrat).

Die **Säugerniere** ist dicht gepackt mit Exkretionskanälchen (bestehend aus **Nephronen** und **Sammelrohren**) samt den zugehörigen Blutgefäßen. Die Ultrafiltration erfolgt durch den Blutdruck, der Flüssigkeit aus dem Blut im **Glomerulus** ins Lumen der *Bowman-Kapsel* presst. Die Filtration kleiner Moleküle ist nicht selektiv, und das Filtrat in der Bowman-Kapsel enthält eine Mischung kleiner Moleküle, deren Konzentrationen der des Blutplasmas entsprechen. Nach Reabsorption und Sekretion fließt die Flüssigkeit mehrerer Nephrone in ein **Sammelrohr**. Dieses Filtrat strömt aus sämtlichen Sammelrohren der Niere in das Nierenbecken, das von den Harnleitern entleert wird.

Das Nephron: Schrittweise Verarbeitung des Ultrafiltrats

In einem Nephron verändern Sekretion und Reabsorption im **proximalen** Tubulus das Volumen und die Zusammensetzung des Ultrafiltrats. Der *absteigende Ast* der **Henle-Schleife** ist für Wasser permeabel, für Salzionen hingegen nicht; Wasser bewegt sich per Osmose in die hyperosmotische interstitielle Flüssigkeit. Der *aufsteigende Ast* ist permeabel für Salzionen, aber nicht für Wasser; Salzionen verlassen das aufsteigende Filtrat zunächst durch Diffusion und anschließend durch aktiven Transport. Der **distale Tubulus** und das **Sammelrohr** spielen eine Schlüsselrolle bei der Regulation der K^+-, Na^+- und Cl^--Konzentration in den Körperflüssigkeiten. Das Sammelrohr reagiert zudem auf hormonelle Signale, welche die Wasserreabsorption regulieren.

In der Säugerniere hält ein **Gegenstromsystem**, an dem die Henle-Schleife beteiligt ist, den Salzgradienten im Inneren der Niere aufrecht, was der Niere die Produktion von konzentriertem Urin ermöglicht. Harnstoff, der aus dem Sammelrohr ins Interstitium diffundiert, während er die innere Markzone passiert, trägt wesentlich zum osmotischen Gradienten bei.

Hormonelle Regelkreise verknüpfen Nierenfunktion, Wasserhaushalt und Blutdruck

Das antidiuretische Hormon (ADH) wird aus dem Hypophysenhinterlappen freigesetzt, sobald die Osmolarität des Blutes über einen Sollwert steigt. Es erhöht die Wasserdurchlässigkeit des Epithels in den distalen Tubuli und den Sammelrohren der Nieren. Die Permeabilitätserhöhung im Sammelrohr resultiert aus der Zunahme von Aquaporinen (Wasserkanälen) in der Plasmamembran der Epithelzellen.

Fortpflanzung der Tiere

46

46.1 Sexuelle und asexuelle Fortpflanzung im Tierreich

Das Leben von Individuen ist endlich. Nur durch Fortpflanzung, die Schaffung neuer Individuen aus bereits existierenden Individuen, überschreitet eine Population die begrenzte Lebensspanne ihrer Mitglieder. Es gibt prinzipiell zwei Formen der tierischen Fortpflanzung. Bei der **sexuellen** (**geschlechtlichen** oder **generativen**) **Fortpflanzung** entsteht durch die Verschmelzung zweier haploider Keimzellen (Gameten) eine diploide Zelle, eine **Zygote**. Das Tier, das sich aus einer Zygote entwickelt, kann seinerseits durch Meiose erneut Gameten produzieren (siehe Abbildung 13.6). Die weibliche Keimzelle, die **Eizelle**, ist eine große, unbewegliche Zelle. Die männliche Keimzelle, das **Spermium** (Samenzelle), ist in der Regel eine viel kleinere, bewegliche Zelle. Sexuelle Fortpflanzung erhöht die genetische Variabilität der Nachkommen, indem sie einzigartige Kombinationen der von beiden Eltern ererbten Gene schafft. **Asexuelle** (**ungeschlechtliche** oder **vegetative**) **Fortpflanzung** ist das Erzeugen neuer Individuen ohne Gametenbildung und somit auch ohne die Verschmelzung von Eizelle und Spermium. Bei sich asexuell vermehrenden Tieren basiert die Fortpflanzung ausschließlich auf mitotischer Teilung und führt zur Produktion einer genetisch identischen Nachkommenschaft mit dem Genom des Elterntieres. Durch asexuelle Fortpflanzung können oft in kurzer Zeit hohe Individuenzahlen erreicht werden.

Abbildung 46.1: **Wie können beide Regenwürmer sowohl männlich als auch weiblich sein?**

Mechanismen ungeschlechtlicher Fortpflanzung Viele Wirbellose können sich asexuell durch **Teilung** fortpflanzen, wobei sich der Elternorganismus in zwei Individuen ungefähr gleicher Größe teilt. Ebenfalls bei Wirbellosen weit verbreitet ist **Knospung**, bei der sich neue Individuen vom Elternorganismus abschnüren. Bei einer anderen Form der asexuellen Vermehrung setzen einige Wirbellose spezialisierte Zellen frei, die zu neuen Individuen heranwachsen können.

Unisexuelle Fortpflanzung Parthenogenese („Jungfernzeugung") ist eine unisexuelle (eingeschlechtliche) Fortpflanzungsform, bei der sich der Nachwuchs aus einer unbefruchteten Eizelle entwickelt. Wenn die Nachkommen haploid sind, entwickeln sie sich zu Adulttieren, die ohne Meiose Eizellen oder Spermien produzieren.

Bei den Honigbienen sind die Männchen (Drohnen) fertile haploide Adulttiere, die durch Parthenogenese entstehen. Im Gegensatz dazu sind weibliche Honigbienen, sowohl die sterilen Arbeiterinnen als auch die fertilen Königinnen, diploide Adulttiere, die sich aus befruchteten Eiern entwickeln.

Bisexuelle Fortpflanzung: Ein evolutionäres Rätsel Die übergroße Mehrheit aller Eukaryontenarten pflanzt sich bisexuell (zweigeschlechtlich) fort. Doch welchen Vorteil bringt die zweigeschlechtliche Fortpflanzung? Den meisten Hypothesen zufolge liegt die Lösung des Rätsels in den einzigartigen Kombinationen elterlicher Gene, die während der meiotischen Rekombination und Befruchtung entstehen. Durch die Erzeugung von Nachkommen mit vielen verschiedenen Geno- und Phänotypen könnte die zweigeschlechtliche Vermehrung den Fortpflanzungserfolg der Eltern steigern, wenn sich Umweltfaktoren relativ rasch verändern. Im Gegensatz dazu kann man erwarten, dass eine eingeschlechtliche Reproduktion bei stabilen, günstigen Umweltbedingungen besonders erfolgreich ist, weil erfolgreiche Genotypen fortdauern.

VERSTÄNDNISFRAGEN

1. Vergleichen Sie die Ergebnisse von eingeschlechtlicher und zweigeschlechtlicher Fortpflanzung.

2. Parthenogenese ist die häufigste eingeschlechtliche Fortpflanzungsform bei Tieren, die sich ansonsten zweigeschlechtlich vermehren. Welches Merkmal der Parthenogenese könnte diese Tatsache erklären?

3. WAS WÄRE, WENN? Wenn sich ein Zwitter selbst befruchtet, sind die Nachkommen dann mit dem Elterntier identisch? Begründen Sie Ihre Antwort.

46.2 Keimzellenproduktion und -transport mittels Fortpflanzungsorganen

46.2.1 Das weibliche Fortpflanzungssystem

Die inneren und äußeren Geschlechtsorgane der Frau sind in Abbildung 46.2 dargestellt.

Die Eierstöcke Die weiblichen Gonaden werden von einem Paar Eierstöcke (Ovarien) gebildet, die beiderseits des Uterus (Gebärmutter) liegen. In der äußeren Schicht eines jeden Ovars sitzen die **Follikel**; sie enthalten eine **Oocyte**, eine teilweise entwickelte Eizelle, sowie Gruppen von Zellen, die das Ei (Ovum) während seiner Bildung und Entwicklung (**Oogenese**) nähren und schützen. Im Lauf eines typischen vierwöchigen Menstruationszyklus reift ein einzelner Follikel heran und setzt sein Ei frei, ein Prozess, den man als Eisprung (Ovulation) bezeichnet.

Eileiter und Gebärmutter **Eileiter** (Ovidukte) sind paarige Gänge, die sich von der Gebärmutter (Uterus) bis zu den beiden Ovarien ziehen. Das am Eierstock befindliche Ende des Eileiters weist eine trichterförmige, mit 1–2 cm langen Fransen (Fimbrien) versehene Erweiterung auf. Das bewimperte

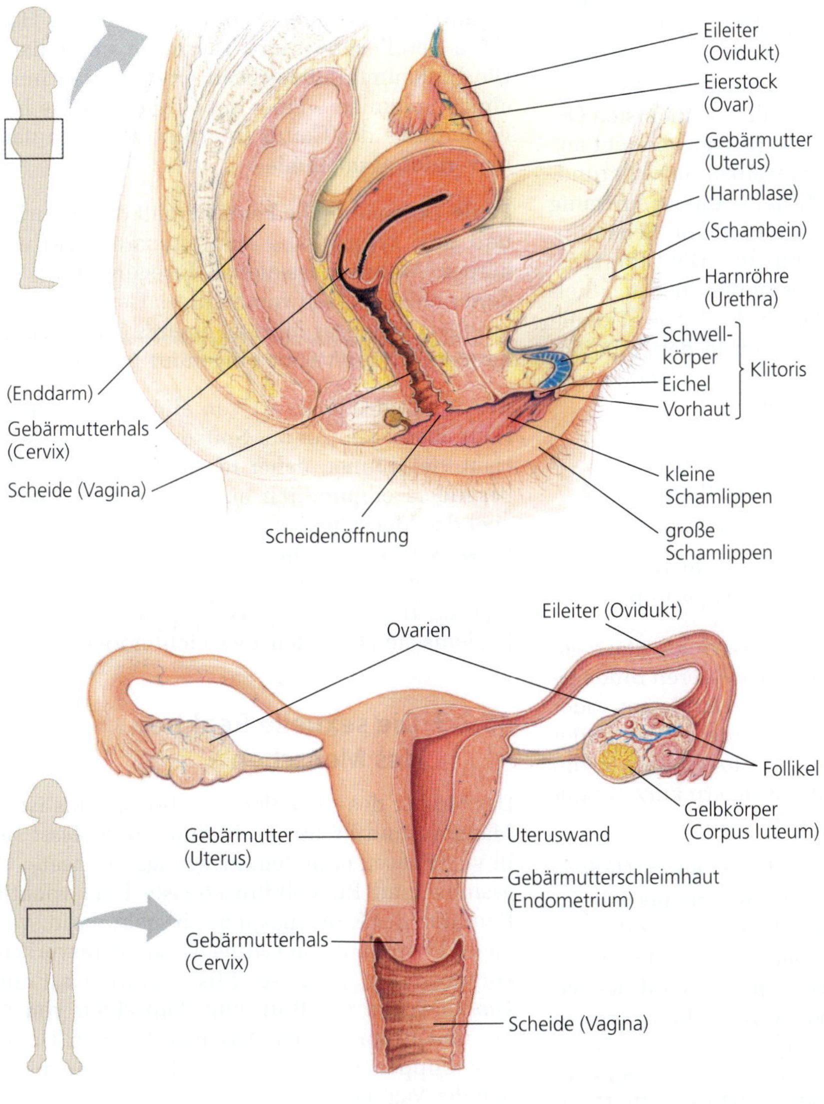

Abbildung 46.2: Anatomie der weiblichen Geschlechtsorgane. Einige Strukturen, die nicht zum Fortpflanzungssystem gehören, sind in Klammern angegeben.

Flimmerepithel, das den Eileiter auskleidet, trägt zur Aufnahme der Eizelle in den Trichter des Eileiters bei und transportiert sie den Gang entlang zum Uterus. Dieser ist ein muskulöses Organ, das sich während der Schwangerschaft stark dehnt, um einen rund 4 kg schweren Fetus aufzunehmen. Die Innenauskleidung des Uterus, die Uterusschleimhaut (**Endometrium**), ist stark durchblutet. Der Gebärmutterhals (die **Cervix**) öffnet sich am äußeren Muttermund in die Vagina.

Scheide und Scheidenvorhof Die Vagina (**Scheide**) ist ein muskulöser, aber dehnbarer Schlauch, in den bei der Kopulation der Penis eingeführt wird und die während der Geburt des Kindes als Geburtskanal dient. Die Scheidenöffnung und die separate Öffnung der Harnröhre sind von zwei Paar Hautfalten umgeben, den **kleinen** und **großen Schamlippen**. Die Scheidenöffnung von Neugeborenen ist teilweise von einem dünnen Häutchen verschlossen, dem **Hymen** („Jungfernhäutchen"). Dieses Häutchen reißt gewöhnlich beim ersten Geschlechtsverkehr. Die **Clitoris (Kitzler)** besteht aus einem kurzen Schaft mit Schwellkörper samt rundlicher Eichel und Vorhaut. Bei sexueller Erregung füllen sich Clitoris, Vagina und kleine Schamlippen mit Blut und vergrößern sich. Die Clitoris ist stark innerviert und eine der empfindlichsten Stellen zur sexuellen Stimulation der Frau. Sexuelle Erregung stimuliert auch Drüsen in der Nähe der Scheidenöffnung, Gleitflüssigkeit abzusondern, die den Geschlechtsverkehr erleichtert.

46.2.2 Das männliche Fortpflanzungssystem

Die inneren und äußeren Geschlechtsorgane des Mannes sind in Abbildung 46.3 dargestellt.

Hoden Die **Hoden** bestehen aus vielen stark gewundenen Kanälchen, die von mehreren Bindegewebsschichten umgeben sind und als Samen- oder Hodenkanälchen bezeichnet werden; sie sind der Ort der Spermienbildung. Die Hoden entwickeln sich in der Bauchhöhle und wandern kurz vor der Geburt in den Hodensack ein.

Gänge Von den Samenkanälchen eines Hodens gelangen die Spermien in ein System aus gewundenen Gängen, den **Nebenhoden** (Epididymis). Dort schließen die Spermien ihren Reifungsprozess ab und werden beweglich. Während des Samenergusses (**Ejakulation**) werden die Spermien aus dem Nebenhoden durch einen muskulösen Gang, den Samenleiter, getrieben. Jeder **Samenleiter** (einer pro Nebenhoden) zieht um die Harnblase herum auf deren Hinterseite, wo er sich mit dem Ausführgang eines Samenbläschens vereint. Dieser Gang öffnet sich in die **Harnröhre** (Urethra), den gemeinsamen Ausführgang von Exkretions- und Fortpflanzungssystem („Harn-Samen-Leiter"). Die Harnröhre verläuft durch den Penis bis zur Penisspitze, wo sie sich nach außen öffnet.

Akzessorische Drüsen Drei akzessorische Drüsen – Samenblasen, Vorsteherdrüse und bulbourethrale Drüsen – produzieren Sekrete, die zusammen mit den Spermien die Samenflüssigkeit (**Sperma**) bilden, diejenige Flüssigkeit, die schließlich ejakuliert wird. Sie enthält Schleim und Fruchtzucker (Fructose), der als Energiequelle für die Spermien dient.

Die *Bulbourethraldrüsen* sezernieren vor der Ejakulation einen klaren Schleim, der in der Harnröhre verbliebene saure Harnreste neutralisiert. Die Bulbourethralflüssigkeit enthält auch immer einige Spermien – einer der Gründe für die hohe Fehlerquote des Coitus interruptus als Empfängnisverhütungsmethode.

Penis Der männliche **Penis** enthält die Harnröhre und drei zylindrische schwammartige Schwellkörper. Während sexueller Erregung füllt sich deren erektiles, schwammartiges Gewebe mit arteriellem Blut. Das führt zu einer Erektion, sodass der Penis in die Vagina eingeführt werden kann.

Der Schaft des Penis ist von einer relativ dicken Haut überzogen. An der Spitze, der Eichel, ist die Haut viel dünner; daher reagiert die Eichel auch besonders empfindlich auf Stimulation. Die Eichel des Menschen ist von der Vorhaut umgeben. Diese wird in verschiedenen Kulturen durch Beschneidung entfernt, ein Brauch, der auf einer religiösen Tradition beruht, aus medizinischen oder hygienischen Gründen aber nicht notwendig ist.

46.2.3 Die sexuelle Reaktion des Menschen

Das Muster des sexuellen Reaktionszyklus ist bei Männern und Frauen recht ähnlich. Er lässt sich in vier Phasen einteilen: Erregungs-, Plateau-, Orgasmus- und Rückbildungsphase. Eine wichtige Funktion der Erregungsphase besteht darin, Vagina und Penis auf den **Coitus** (Geschlechtsverkehr) vorzubereiten. In dieser Phase führt das Füllen von Geweben mit Blut zum Aufrichten von Penis und Clitoris, zum Anschwellen von Hoden, Schamlippen und Brüsten und zum Feuchtwerden der Vagina.

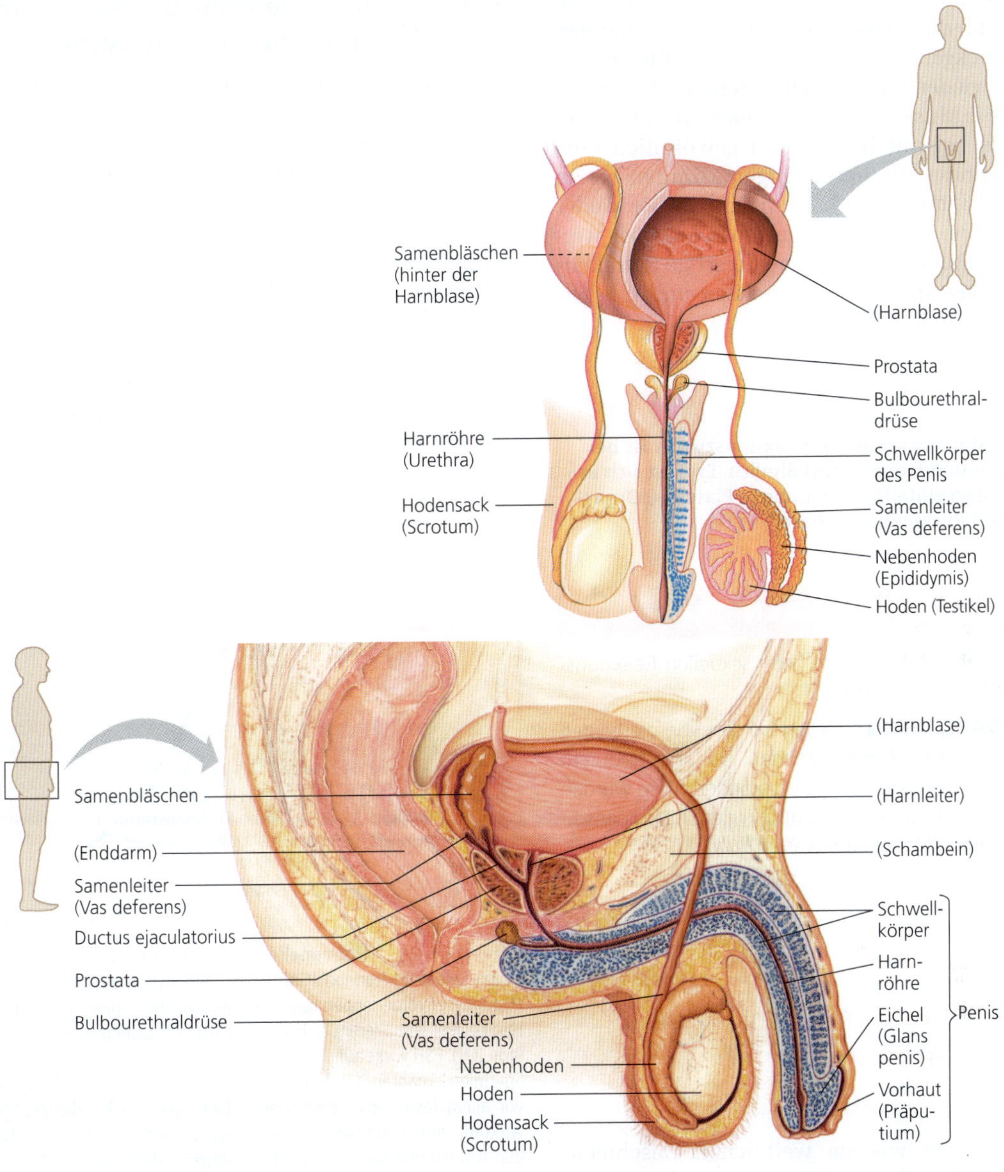

Abbildung 46.3: Anatomie der männlichen Geschlechtsorgane. Einige Strukturen, die nicht zum Fortpflanzungssystem gehören, sind in Klammern angegeben.

In der Plateauphase setzen sich diese Reaktionen infolge einer direkten Stimulation der Genitalien fort. Bei der Frau füllt sich das äußere Drittel der Vagina stark mit Blut, während sich der innere Bereich leicht erweitert. Durch diese Reaktion, gekoppelt mit einem Aufrichten des Uterus, bildet sich im hinteren Bereich der Vagina ein Raum zur Aufnahme des Spermas. Atem- und Herzfrequenz beschleunigen sich, manchmal auf 150 Schläge pro Minute.

Der **Orgasmus** ist in beiden Geschlechtern durch rhythmische, unwillkürliche Kontraktionen des Genitaltrakts gekennzeichnet. Bei der Ejakulation kontrahiert sich die Harnröhre und stößt das Sperma aus. Während des weiblichen Orgasmus kontrahieren sich Uterus und äußere Vagina, die inneren zwei Drittel der Vagina hingegen nicht. Der Orgasmus ist die kürzeste Phase des sexuellen Reaktionszyklus und dauert gewöhnlich nur ein paar Sekunden.

Die Rückbildungsphase schließt den Zyklus ab und macht die Reaktionen der vorhergehenden Phasen rückgängig. Stark mit Blut gefüllte Organe nehmen wieder ihre normale Größe und Färbung an, und die Muskulatur entspannt sich. Nach dem Orgasmus beginnt beim Mann gewöhnlich eine Refraktärphase, die von wenigen Minuten bis zu einigen Stunden dauern kann und in der weder eine Erektion noch ein Orgasmus ausgelöst werden kann. Frauen haben keine derartige Refraktärphase, sodass innerhalb kurzer Zeit multiple Orgasmen möglich sind.

MERKE!

Das Muster des sexuellen Reaktionszyklus ist bei Männern und Frauen recht ähnlich. Er lässt sich in vier Phasen einteilen: Erregungs-, Plateau-, Orgasmus- und Rückbildungsphase.

VERSTÄNDNISFRAGEN

1. Welche Organe füllen sich beim sexuellen Reaktionszyklus des Menschen mit Blut?

2. WAS WÄRE, WENN? Stellen Sie sich vor, die beiden Samenleiter eines Mannes würden chirurgisch durchtrennt und verschlossen. Welche Veränderungen würden Sie bei der sexuellen Reaktion und in der Zusammensetzung der Samenflüssigkeit erwarten?

46.3 Fortpflanzungsregulierung bei Säugern: Ein komplexes Zusammenspiel von Hormonen

Im männlichen wie im weiblichen Geschlecht steuert der koordinierte Einsatz von Hormonen aus Hypothalamus, Adenohypophyse und Gonaden die menschliche Fortpflanzung. Der Hypothalamus veranlasst den Hypophysenvorderlappen, das follikelstimulierende Hormon (FSH) und das Luteinisierende Hormon (LH) freizusetzen. Diese beiden Hormone regulieren die Gametogenese sowohl direkt als auch indirekt durch Kontrolle der Produktion von weiteren Geschlechtshormonen.

46.3.1 Hormonelle Kontrolle des männlichen Fortpflanzungssystems

Im männlichen Geschlecht sind sowohl FSH als auch LH für eine normale Spermienentwicklung notwendig (Abbildung 46.4). FSH fördert die Aktivität der Sertoli-Zellen. In den Hodenkanälchen ernähren diese Zellen die sich entwickelnden Spermien (Abbildung 46.6). LH reguliert Leydig-Zellen, die zwischen den Hodenkanälchen liegen. Stimuliert durch das Hormon LH sezernieren die Leydig-Zellen Testosteron und andere Androgene, die die Spermatogenese in den Hodenkanälchen fördern. Von Beginn der Pubertät an gehen Androgenausschüttung und Spermatogenese kontinuierlich weiter.

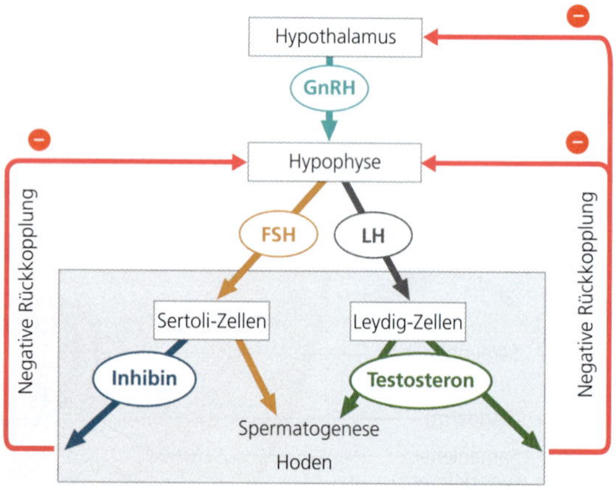

Abbildung 46.4: Hormonelle Kontrolle der Hoden. Gonadotropin-Releasing-Hormon (GnRH) aus dem Hypothalamus regt den Hypophysenvorderlappen dazu an, zwei Gonadotropine zu sezernieren: Follikel-stimulierendes Hormon (FSH) und Luteinisierendes Hormon (LH). FSH wirkt auf die Sertoli-Zellen, die die sich entwickelnden Spermien ernähren, LH wirkt auf die Leydig-Zellen, die Androgene, vor allem Testosteron, produzieren. Eine negative Rückkopplungswirkung auf Hypothalamus und Hypophysenvorderlappen über den Testosteronspiegel reguliert die Konzentration von LH, FSH und GnRH im Blut. Zusätzlich unterliegt die FSH-Ausschüttung einer negativen Feedback-Kontrolle durch Inhibin, das von den Sertoli-Zellen sezerniert wird.

Zwei negative Rückkopplungsmechanismen kontrollieren die Sexualhormone im männlichen Geschlecht. Testosteron reguliert die Konzentration von FSH und LH im Blut durch hemmende Wirkung auf Hypothalamus und Hypophysenvorderlappen. Zusätzlich wirkt **Inhibin**, ein Hormon, das im männlichen Geschlecht von den Sertoli-Zellen produziert wird, auf den Hypophysenvorderlappen und hemmt dort die FSH-Ausschüttung. Gemeinsam halten diese beiden negativen Feedback-Schaltkreise die Androgenproduktion auf einem optimalen Niveau.

46.3.2 Der weibliche Fortpflanzungszyklus

Der Ovarialzyklus Der Fortpflanzungszyklus der Frau (Abbildung 46.5) beginnt ❶ damit, dass der Hypothalamus ❷ den Hypophysenvorderlappen stimuliert, kleine Mengen an FSH und LH zu sezernieren. ❸ Das follikelstimulierende Hormon, unterstützt von LH, induziert das Follikelwachstum und ❹ die Zellen der wachsenden Follikel beginnen mit der Östradiolproduktion. In jedem Zyklus beginnen mehrere Follikel zu wachsen, doch gewöhnlich reift nur einer wirklich heran.

❺ Wenn die Östradiolsekretion des wachsenden Follikels steil anzusteigen beginnt, ❻ steigen auch der FSH- und der LH-Spiegel deutlich. Während ein niedriger Östradiolspiegel die Sekretion von Hypophysen-Gonadotropinen hemmt, hat ein hoher Spiegel die gegenteilige Wirkung. Er regt die Gonadotropinausschüttung an, indem er den Hypothalamus veranlasst, vermehrt GnRH auszuschütten. Der Anstieg des LH-Spiegels infolge der erhöhten Östradiolausschüttung des wachsenden Follikels ist ein Beispiel für positive Rückkopplung. Das Ergebnis ist die endgültige Reifung des Follikels. ❼ Die Follikelphase endet etwa einen Tag nach dem LH-Anstieg mit der Ovulation. Begleitet von einem LH-Konzentrationsgipfel platzen Follikel und Ovarienwand auf und die Oocyte II wird frei.

Auf den Eisprung folgt die **Lutealphase** des Ovarialzyklus. ❽ LH regt das im Ovar zurückgebliebene Follikelgewebe an, sich in den Gelbkörper (Corpus luteum), einem endokrinen Gewebe, umzuwandeln. Unter ständiger LH-Stimulation sezerniert der Gelbkörper Progesteron und Östradiol. Wenn Progesteron- und Östradiolspiegel steigen, übt diese Kombination von Steroidhormonen eine negative Rückkopplung auf Hypothalamus und Hypophyse aus, sodass die Sekretion von LH und FSH auf ein sehr niedriges Niveau sinkt. Gegen Ende der Lutealphase degeneriert der Gelbkörper, was einen steilen Abfall des Östradiol- und des Progesteronspiegels zur Folge hat. Der sinkende Spiegel von ovarialen Steroidhormonen entkoppelt Hypothalamus und Hypophyse von der negativen Feedback-Wirkung dieser Hormone. Die Hypophyse kann wieder beginnen, genügend FSH zu sezernieren, um das Wachstum neuer Follikel im Ovar in Gang zu setzen und den nächsten Ovarialzyklus einzuleiten.

Der Uteruszyklus (Menstruationszyklus) Vor dem Eisprung veranlassen die ovarialen Steroidhormone den Uterus, sich auf die Einnistung eines Embryos vorzubereiten. Östradiol, das von den wachsenden Follikeln in zunehmender Menge sezerniert wird, signalisiert dem Endometrium, sich zu verdicken. Auf diese Weise ist die Follikelphase des Ovarialzyklus mit der **Proliferationsphase** des Uteruszyklus verknüpft. Nach dem Eisprung ❾ fördern Östradiol und Progesteron, die vom Gelbkörper sezerniert werden, die weitere Entwicklung und die Aufrechterhaltung der Uterusschleimhaut; sie wird stärker durchblutet, und im Endometrium wachsen Drüsen heran. Diese Drüsen scheiden eine nährstoffreiche Flüssigkeit ab, die einen frühen Embryo ernähren kann, bevor er sich in die Uterusschleimhaut einnistet. Auf diese Weise wird die Lutealphase des Ovarialzyklus mit der sogenannten **Sekretionsphase** des Uteruszyklus synchronisiert.

❿ Nach Degeneration des Gelbkörpers führt das rasche Absinken der Ovarialhormone dazu, dass sich die Arterien im Endometrium verengen. Aufgrund der eintretenden Unterversorgung beginnt ein Großteil der Uterusschleimhaut sich abzubauen und ihr Blut geht gleichzeitig mit endometrialem Gewebe und Flüssigkeit ab. Das Ergebnis ist die Menstruationsblutung – die **Menstruationsphase** des Uteruszyklus.

Wenn sich bis zum Ende der Sekretionsphase des Uteruszyklus kein Embryo in der Uterusschleimhaut eingenistet hat, beginnt die Regelblutung und markiert dadurch den Start eines neuen Zyklus.

Menopause Nach rund 500 Zyklen kommt eine Frau in die **Menopause**, in der kein Eisprung und keine Menstruation mehr stattfinden. Die Menopause tritt gewöhnlich zwischen dem 46. und dem 54. Lebensjahr ein. In dieser Zeitspanne verlieren die Ovarien ihre Fähigkeit, auf die Hormone FSH und LH zu reagieren, was zu einem Rückgang der Östradiolproduktion in den Ovarien führt.

VERSTÄNDNISFRAGEN

1. FSH und LH leiten ihren Namen von Ereignissen im weiblichen Fortpflanzungszyklus ab, doch sie haben auch im männlichen Geschlecht eine Funktion. Inwieweit gleichen sich ihre Funktionen in beiden Geschlechtern?

2. WAS WÄRE, WENN? Wenn eine Frau direkt nach Beginn eines neuen Menstruationszyklus beginnt, Östradiol und Progesteron einzunehmen, welche Auswirkungen sollte das auf ihren Eisprung haben? Begründen Sie Ihre Antwort.

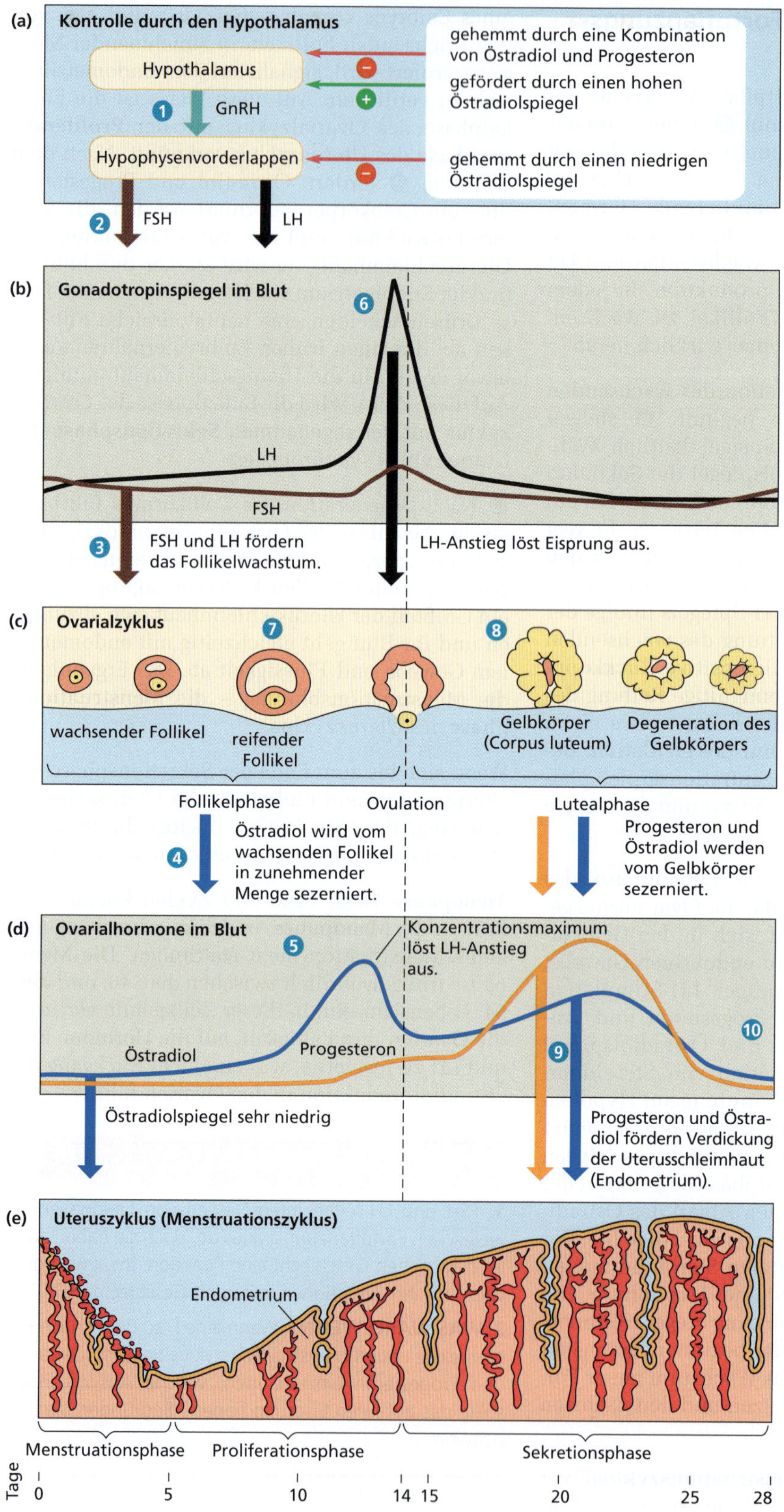

Abbildung 46.5: Der Fortpflanzungszyklus der Frau. Diese Abbildung zeigt, wie der Ovarialzyklus und der Uteruszyklus (Menstruationszyklus) durch Veränderungen der Hormonspiegel im Blut reguliert werden.

Spermatogenesis

Diese Zeichnung illustriert die Spermienentwicklung im Kontext des mikroskopischen Aufbaus der Hodenkanälchen. Die *Urkeimzellen*, die während der frühen Embryogenese in den Hoden eingewandert sind, teilen sich und bilden neue Stammzellen Spermatogonien-Stammzellen). Diese Zellen durchlaufen weitere Mitosen und bilden reife Spermatogonien, die sich zu primären Spermatocyten differenzieren, etwa drei Millionen täglich beim erwachsenen Mann. Aus jeder Spermatocyte (diploid, $2n$) entstehen zunächst nach Durchlaufen der Meiose I zwei sekundäre Spermatocyten (haploid, aber jedes Chromosom besteht aus zwei Chromatiden) und nach Durchlaufen der Meiose II vier haploide Spermatiden (haploid, jedes Chromosom besteht aus einem Chromatid). Aus jeder Spermatocyte entwickeln sich somit durch meiotische Zellteilung, die die Chromosomenzahl von diploid ($2n = 46$ beim Menschen) auf haploid ($n = 23$) reduziert, vier Spermatiden. Die Spermatiden machen starke Veränderungen hinsichtlich Zellform und Organisation durch und differenzieren sich zu reifen Spermien (Samenzellen).

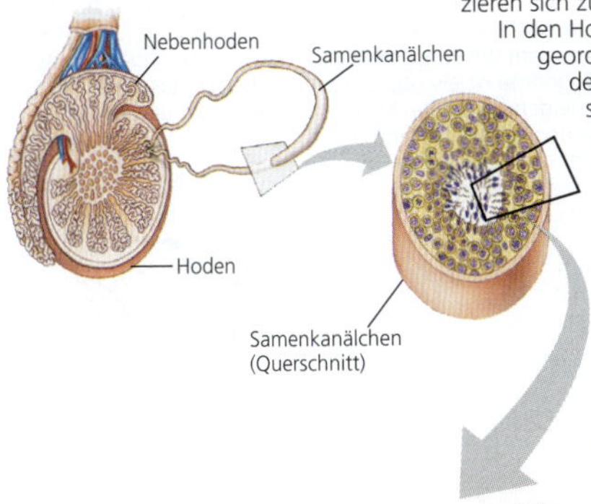

In den Hodenkanälchen sind die einzelnen Schritte der Spermatogenese konzentrisch angeordnet. Die Stammzellen liegen im äußeren Bereich der epithelialen Auskleidung der Hodenkanälchen nahe der Basallamina. Im Zuge der Spermatogenese bewegen sich die Zellen ständig weiter nach innen, während sie das Spermatocyten- und das Spermatidenstadium durchlaufen. Im letzten Schritt werden reife Spermien in das Lumen des Hodenkanälchens entlassen. Aus dem Lumen gelangen die Spermien in den Nebenhoden, wo sie ihre Beweglichkeit erlangen.

Beim Menschen sowie bei den meisten anderen Arten enthält der Spermienkopf neben dem haploiden Zellkern ein spezielles Lysosom, das **Akrosom**. Dieses Akrosom enthält Enzyme, die es dem Spermium ermöglichen, in die Eizelle einzudringen. Hinter dem Spermienkopf befinden sich zahlreiche Mitochondrien (bei einigen Tierarten auch ein einzelnes, großes Mitochondrium). Sie liefern die nötige Energie für die Bewegung des Schwanzes, der von einem Flagellum (Geißel) gebildet wird. Bei den meisten Tieren und dem Menschen enthält das Spermium auch ein Centriol. Dieses Organell gelangt bei der Befruchtung in die Eizelle und trägt zum Aufbau der ersten mitotischen Spindel bei.

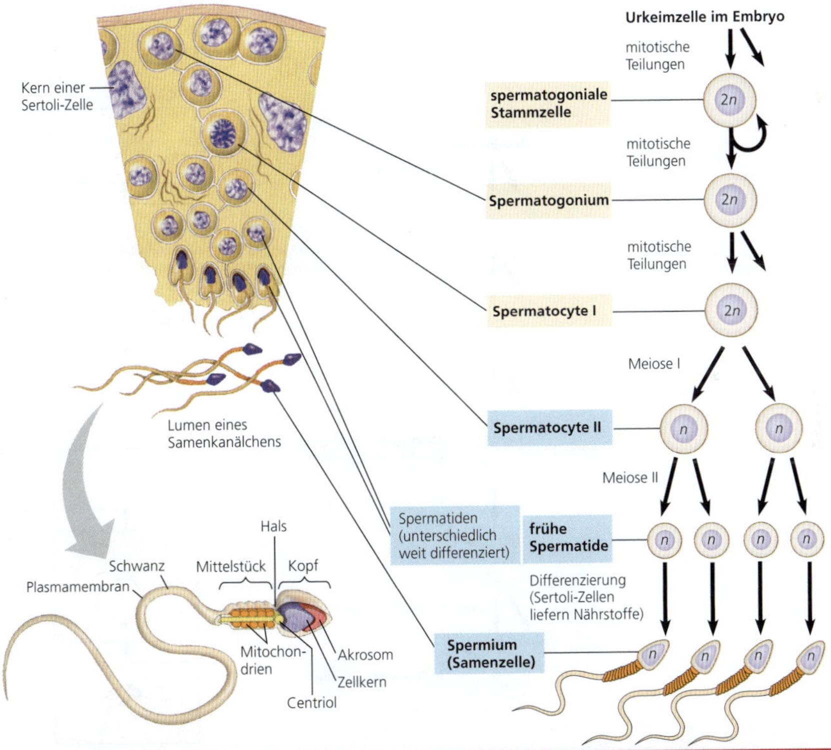

Abbildung 46.6: Näher betrachtet. Gametogenese des Menschen.

Oogenese

Die Oogenese beginnt im weiblichen Embryo mit der mitotischen Produktion von diploiden Oogonien aus Urkeimzellen. Die **Oogonien** teilen sich mitotisch weiter und bilden Zellen, die mit der Meiose beginnen, den Prozess aber in der Prophase I anhalten (arretieren). Diese primären Oocyten (**Oocyten I**, diploid), die in kleinen Follikeln (Höhlungen, die mit schützenden Zellen ausgekleidet sind) ruhen, stellen ihre weitere Entwicklung vor der Geburt ein. Mit Beginn der Pubertät wird periodisch follikelstimulierendes Hormon (FSH) ausgeschüttet und regt eine kleine Gruppe Follikel an, Wachstum und Entwicklung erneut aufzunehmen. In der Regel reift jeden Monat nur ein einziger Follikel vollständig heran und seine Oocyte I schließt ihre Meiose I vollständig ab. Die zweite meiotische Teilung beginnt, stoppt aber in der Metaphase. Die derart in Meiose II arretierte sekundäre Oocyte, die **Oocyte II**, wird beim Eisprung, wenn der Follikel platzt, freigesetzt. Nur wenn ein Spermium in die Oocyte eindringt, wird die Meiose II fortgesetzt und der haploide Kern der Samenzelle kann mit dem haploiden Kern der Eizelle verschmelzen. (Im Gegensatz zum Menschen kann bei anderen Tierarten das Spermium auch zu einem früheren oder späteren Stadium in die Eizelle eindringen.) Im Verlauf der beiden meiotischen Teilungen findet eine inäquale Cytokinese statt, wobei aus den kleineren Zellteilungsprodukten die Polkörper entstehen. Aus dem weitaus größeren Produkt der inäqualen Cytokinese geht die Eizelle hervor. Das funktionsfähige Produkt einer vollständigen Oogenese ist also ein einzelnes reifes Ei, das bereits einen Spermienkopf enthält. Streng genommen ist die Befruchtung als die Fusion der beiden haploiden Kerne von Spermium und Oocyte II definiert, wir gebrauchen den Begriff allerdings oft im erweiterten Sinne und meinen damit das Eindringen des Spermienkopfs in die Eizelle. Ein diploider Zygotenkern wird bei Säugern nicht gebildet, die mütterlichen und väterlichen Chromosomen kondensieren und assoziieren sich direkt mit der ersten mitotischen Spindel. Daher finden sich echte Zygotenkerne erst ab dem Zweizellstadium.

Der aufgeplatzte Follikel, der nach dem Eisprung zurückbleibt, entwickelt sich zum Gelbkörper (Corpus luteum). Wird die freigesetzte Oocyte nicht befruchtet und die Oogenese somit nicht abgeschlossen, degeneriert der Gelbkörper. Lange hat man angenommen, dass Frauen und die meisten anderen Säugerweibchen mit sämtlichen Oocyten I geboren werden, über die sie jemals verfügen werden. Im Jahr 2004 haben Forscher jedoch in den Ovarien erwachsener Mäuseweibchen sich vermehrende Oogonien entdeckt, die sich zu Oocyten entwickelten. Nun wird in menschlichen Ovarien nach ähnlichen Zellen gesucht. Möglicherweise resultiert das deutliche Absinken der Fruchtbarkeit, das man bei Frauen mit zunehmendem Alter beobachtet, sowohl aus der Erschöpfung der Oogonien als auch aus der Degeneration alternder Oocyten.

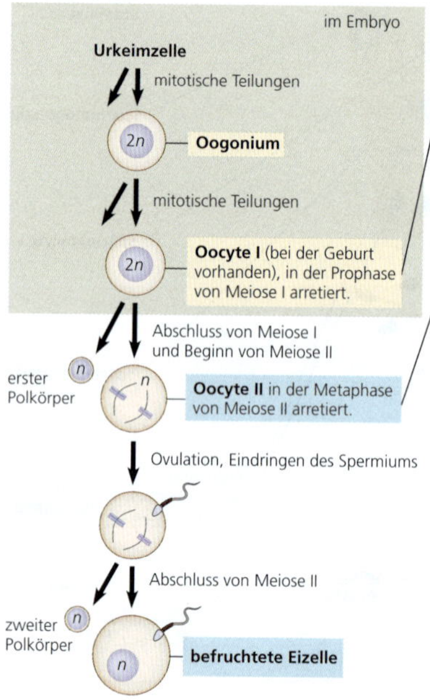

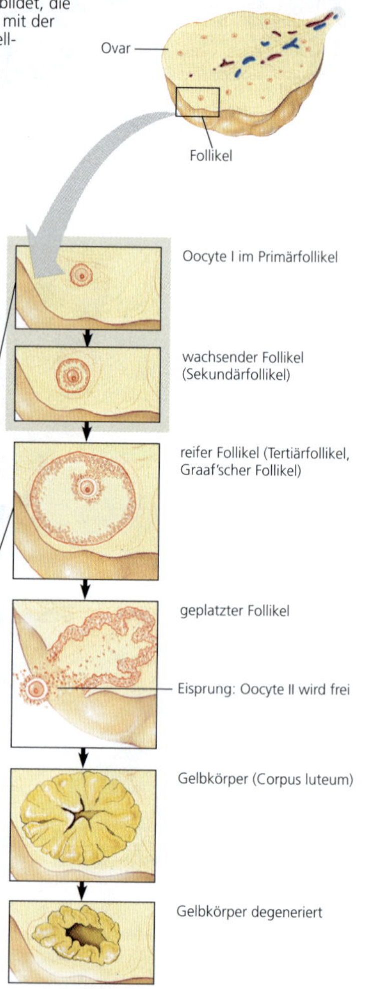

46.4 Bei placentalen Säugern findet die gesamte Embryonalentwicklung im Uterus statt

46.4.1 Empfängnis, Embryonalentwicklung und Geburt

Bei der Kopulation des Menschen werden 2–5 ml Samenflüssigkeit (Sperma) übertragen, wobei jeder Milliliter 70–130 Millionen Spermien enthält. Die Alkalinität der Samenflüssigkeit trägt dazu bei, das saure Milieu der Vagina zu neutralisieren; das schützt die Spermien und erhöht ihre Beweglichkeit.

Zur Befruchtung – beim Menschen auch **Empfängnis** genannt – kommt es, wenn ein Spermium mit einer Eizelle im Eileiter verschmilzt (Abbildung 46.7). Rund 24 Stunden später beginnt die resultierende Zygote mit der Teilung, einem Vorgang, den man als **Furchung** bezeichnet. Nach weiteren zwei bis drei Tagen erreicht der Embryo, inzwischen ein Ball aus 16 Zellen (Morula genannt), im Allgemeinen den Uterus. Rund eine Woche nach der Befruchtung haben weitere Zellteilungen zu einem Embryonalstadium geführt, das als **Blastocyste** bezeichnet wird, eine Zellkugel, die einen zentralen Hohlraum umgibt.

MERKE!

Zur Befruchtung – beim Menschen auch Empfängnis genannt – kommt es, wenn ein Spermium mit einer Eizelle im Eileiter verschmilzt.

Mehrere Tage nach der Blastocystenbildung nistet sich der Embryo in das Endometrium ein. Erst danach kann sich ein Embryo zum Fetus entwickeln. Der eingenistete Embryo sezerniert Hormone, die seine Anwesenheit signalisieren und das Fortpflanzungssystem der Mutter entsprechend beeinflussen. Ein embryonales Hormon, **humanes Choriongonadotropin (hCG)** hält in den ersten Monaten der Schwangerschaft die Progesteron- und Östrogenausschüttung des Gelbkörpers aufrecht. Ohne dies würde der Gelbkörper degenerieren und der Progesteronspiegel würde fallen, was eine Menstruation auslösen und zum Verlust des Embryos führen würde. Der hCG-Spiegel im mütterlichen (maternalen) Blut ist so hoch, dass ein Teil mit dem Urin ausgeschieden wird; dort lässt sich hCG mit einem verbreiteten Schwangerschafts-Frühtest nachweisen. Eine menschliche Schwangerschaft dauert im Mittel 266 Tage (38 Wochen), von der Befruchtung der Eizelle gerechnet, oder 40 Wochen, vom Beginn des letzten Menstruationszyklus gerechnet.

Erstes Trimester Das erste Schwangerschaftsdrittel (**Trimester**) bringt die meisten radikalen Veränderungen für Mutter und Embryo mit sich. Nach Befruchtung der Eizelle im Eileiter und Einnistung der Blastocyste reagiert das Endometrium mit einem Überwachsen der Blastocyste. Nun beginnen sich die Körperstrukturen des Embryos zu entwickeln (Abbildung 46.8).

In den ersten zwei bis vier Wochen der Entwicklung bezieht der Embryo die nötigen Nährstoffe direkt aus dem Endometrium durch Aufnahme des mütterlichen Bluts. Inzwischen wächst die äußere Schicht der Blastocyste, der **Trophoblast**, aus, schiebt sich ins Endometrium und bildet mit diesem gemeinsam den Mutterkuchen (**Placen-**

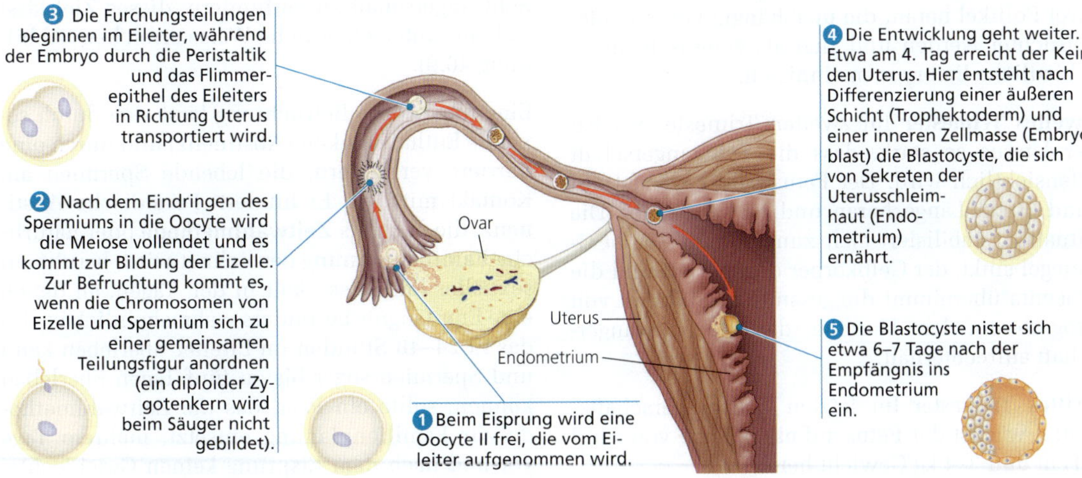

Abbildung 46.7: **Zygotenbildung und erste Ereignisse nach der Befruchtung.**

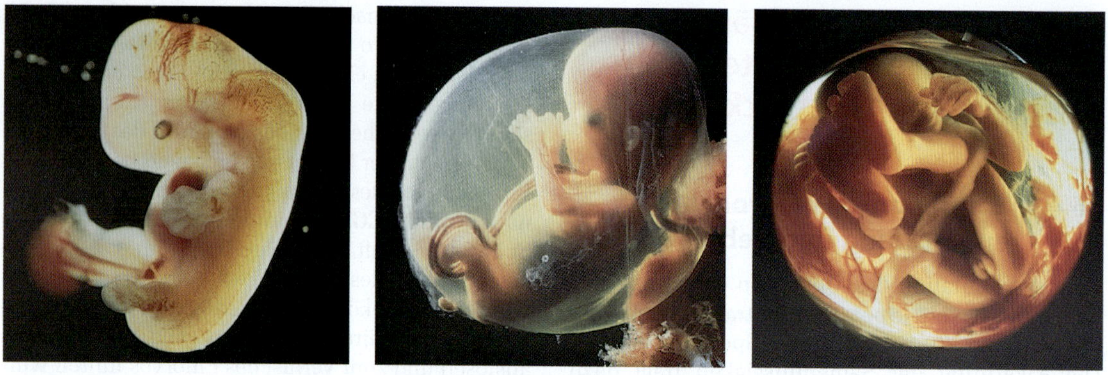

(a) **5 Wochen.** Dieser nur etwa 1 cm lange Embryo verfügt bereits über Gliedmaßenknospen und die Anlagen von Augen, Herz, Leber sowie allen anderen Organen.

(b) **14 Wochen.** Wachstum und Entwicklung des Keims, der nun als Fetus bezeichnet wird, setzen sich im zweiten Schwangerschaftstrimester fort. Dieser Fetus ist etwa 6 cm lang.

(c) **20 Wochen.** Der Fetus ist jetzt fast 20 cm lang und nimmt aufgrund des beschränkten Platzes die typische Fetalhaltung ein (Kopf an den Knien).

Abbildung 46.8: **Menschliche Fetalentwicklung.**

? Bei einer sehr seltenen genetischen Störung führt das Fehlen eines bestimmten Enzyms zu einer erhöhten Testosteronproduktion. Wenn der Fetus diese Störung aufweist, entwickelt die Mutter in der Schwangerschaft eine männerähnliche Verteilung der Körperbehaarung. Erklären Sie dieses Phänomen.

ta). Dieses scheibenförmige Organ, das maternale sowie auch embryonale Blutgefäße enthält, kann annähernd 1 kg schwer werden. Die Diffusion von Substanzen zwischen maternalem und embryonalem Kreislaufsystem sichert die Versorgung des Embryos mit Nährstoffen, liefert Immunschutz, tauscht Atemgase aus und entsorgt Abfallstoffe des Embryos. Das embryonale Blut gelangt durch die Arterien der Nabelschnur in die Placenta und kehrt durch die Nabelvene zurück.

Eine Spaltung des meist sehr jungen Embryos im ersten Monat der Entwicklung kann zu *monozygoten* oder *eineiigen* Zwillingen führen. *Dizygote* oder *zweieiige* Zwillinge entwickeln sich völlig anders: Im Verlauf eines einzigen Zyklus reifen zwei Follikel heran, die unabhängig voneinander befruchtet werden und sich als genetisch unterschiedliche Embryonen einnisten.

Zweites Trimester Im zweiten Trimester wächst der Uterus so stark, dass die Schwangerschaft offensichtlich wird. Der Fetus selbst wächst auf rund 30 cm Länge heran und ist sehr aktiv. Die Situation stabilisiert sich zunehmend, der hCG-Spiegel sinkt, der Gelbkörper degeneriert und die Placenta übernimmt die gesamte Produktion von Progesteron, dem Hormon, das die Schwangerschaft aufrechterhält.

Drittes Trimester Im letzten Schwangerschaftsdrittel wächst der Fetus auf eine Länge von rund 50 cm und 3–4 kg Gewicht heran.

Ein komplexes Wechselspiel von lokalen Regulatoren (Prostaglandinen) und Hormonen (hauptsächlich Östradiol und Oxytocin) ruft die **Wehen** hervor und steuert sie. Eine Reihe starker, rhythmischer Uteruskontraktionen führt schließlich zur *Geburt*. Den Abschluss der Geburt bildet das Ausstoßen der Placenta (Nachgeburt).

Lactation (Stillen) ist eine Form der nachgeburtlichen Brutpflege, die man nur bei Säugern findet.

46.4.2 Empfängnisverhütung und Abtreibung

Eine **Empfängnisverhütung** zielt darauf ab, eine Schwangerschaft zu verhindern; dieses Ziel lässt sich auf unterschiedliche Weise erreichen (Abbildung 46.9).

Eine ungewollte Befruchtung lässt sich durch sexuelle Enthaltsamkeit (Abstinenz) und durch eine Barriere verhindern, die lebende Spermien am Kontakt mit dem Ei hindert. Periodische Abstinenz, die auch als **Zeitwahlmethode** oder natürliche **Familienplanung** bezeichnet wird, beruht auf sexueller Enthaltsamkeit in den Tagen, an denen eine Empfängnis besonders wahrscheinlich ist. Da das Ei 24–48 Stunden im Eileiter überleben kann und Spermien sogar bis zu fünf Tagen überleben können, sollte ein Paar, das die Zeitwahlmethode zur Familienplanung einsetzt, mehrere Tage vor und nach dem Eisprung keinen Geschlechtsverkehr miteinander haben. Paare, die natürliche

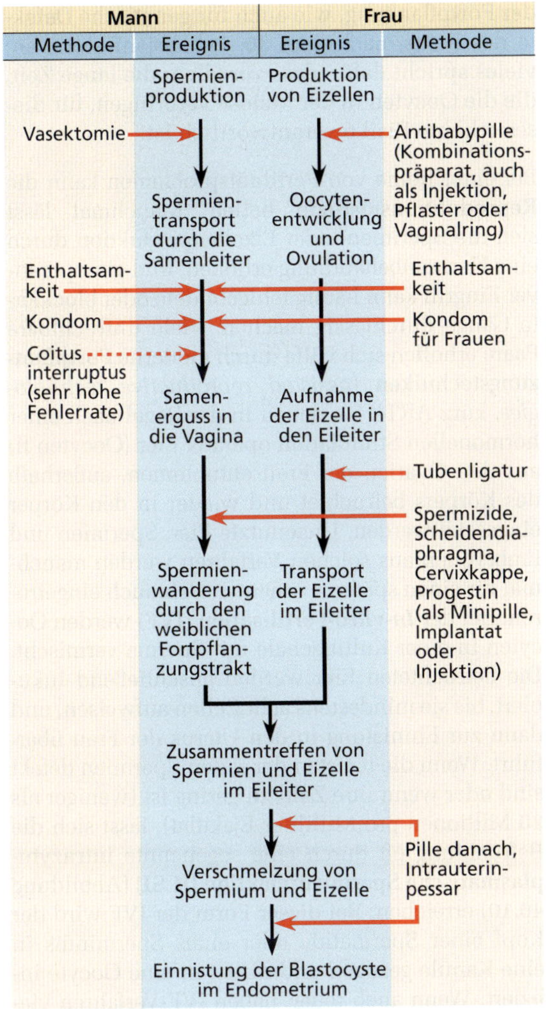

Abbildung 46.9: Wirkmechanismen einiger Verhütungsmethoden. Die roten Pfeile geben an, wo Methoden, Hilfsmittel oder Präparate eingreifen, um den Prozess von der Gametenproduktion zum sich entwickelnden, eingenisteten Embryo zu unterbrechen.

Familienplanung praktizieren, müssen in der Regel mit einer Versagerquote, also einer Schwangerschaftsrate von 10 bis 20 Prozent rechnen.

Als Methode der Empfängnisverhütung ist der *Coitus interruptus* (das Herausziehen des Penis aus der Scheide, bevor es zu einer Ejakulation kommt) höchst unzuverlässig. Es können Spermien durch Sekretabgaben übertragen werden, die der Ejakulation vorausgehen.

Die verschiedenen **Barrieremethoden** der Verhütung, die verhindern, dass die Spermien mit der Eizelle in Kontakt kommen, sind sicherer als die zuvor beschriebenen Methoden. Das **Kondom** ist eine dünne Latexhülle, die sich über den Penis ziehen lässt und das Sperma auffängt. Bei sexuell aktiven Individuen sind Latexkondome die einzigen Verhütungsmittel, die eine Ansteckung mit sexuell übertragbaren Krankheiten (Geschlechtskrankheiten), einschließlich AIDS, höchst wirksam verhindern. Frauen können ein **Scheidendiaphragma**, auch Scheidenpessar genannt, benutzen, eine kuppelförmige Gummikappe, die vor dem Geschlechtsverkehr auf den Gebärmutterhals aufgesetzt wird. Beide Methoden haben eine geringere Schwangerschaftsrate, wenn sie zusammen mit spermienabtötenden (spermiziden) Schäumen oder Gelen eingesetzt werden. Darüber hinaus können Frauen eine Cervixkappe verwenden, die genau um den Cervix passt und durch Saugwirkung an Ort und Stelle gehalten wird, oder sie können eine Vaginaltasche, eine Art Kondom für Frauen, zur Verhütung einsetzen.

Abgesehen von vollständiger sexueller Abstinenz sind die wirksamsten Kontrazeptionsmethoden Sterilisation, Intrauterinpessar („Spirale") und hormonelle Verhütungsmittel wie die **Antibabypille**.

Die am häufigsten verschriebenen Antibabypillen sind Kombinationspräparate, die ein synthetisches Östrogen und ein synthetisches Progestin (ein Progesteron-ähnliches Hormon) enthalten. Diese Kombination ahmt die negative Rückkopplung im Ovarialzyklus nach und stoppt die Freisetzung von FSH und LH aus der Hypophyse. Mit anderen Worten – durch die Antibabypille wird eine Schwangerschaft simuliert. Hochdosierte Kombinationspräparate können auch als „Pille danach" eingesetzt werden.

Ein bisher noch nicht erreichtes Forschungsziel ist die Verfügbarkeit eines reversiblen chemischen Kontrazeptivums für Männer. Aktuelle Strategien konzentrieren sich auf Hormonkombinationen, die die Gonadotropinfreisetzung unterdrücken und dadurch die Spermatogenese blockieren. Testosteron, das in solchen Kombinationspräparaten eingesetzt wird, hat zwei wünschenswerte Effekte: Es hemmt die reproduktiven Funktionen von Hypothalamus und Hypophyse und sorgt gleichzeitig dafür, dass die sekundären Geschlechtsmerkmale erhalten bleiben. Obgleich es einige vielversprechende Ergebnisse gibt, befinden sich hormonelle Verhütungsmittel für den Mann noch im Versuchsstadium.

Eine **Sterilisation** ist eine dauerhafte Methode, um die Gametenfreisetzung zu verhindern. Bei Frauen werden die Eileiter zu diesem Zweck gewöhnlich verödet oder abgebunden (**Tubenligatur**), sodass die Eizellen nicht mehr in den Uterus gelangen können. Bei Männern werden die Samenleiter durchtrennt (**Vasektomie**), was verhindert, dass Spermien in die Harnröhre gelangen. Beide Formen der Sterilisation sind sehr sicher und nebenwirkungsfrei. Die Ausschüttung von

Sexualhormonen und die sexuelle Funktion bleiben in beiden Fällen unbeeinträchtigt.

Eine Abtreibung (**Abort**) ist die vorzeitige Beendigung einer Schwangerschaft, verbunden mit dem Tod des Embryos beziehungsweise Fetus.

VERSTÄNDNISFRAGEN

1. Warum funktioniert der Test auf hCG (humanes Choriongonadotropin) in der Frühschwangerschaft, aber nicht in der Spätschwangerschaft? Welche Funktion hat hCG in der Schwangerschaft?
2. In welcher Hinsicht ähneln sich Tubenligatur und Vasektomie?

46.4.3 Moderne Reproduktionstechniken

Aufgrund des wissenschaftlichen und technologischen Fortschritts ist es heute möglich, eine Vielzahl der bei der Fortpflanzung bekannten Probleme zu lösen.

Identifizierung von Erkrankungen des Fetus während der Schwangerschaft Viele Erbkrankheiten und Entwicklungsprobleme des Fetus lassen sich inzwischen bereits im Uterus diagnostizieren. Um Größe und Zustand des Fetus zu analysieren, werden hochfrequente Schallwellen eingesetzt, mit denen sich sogenannte Ultraschallaufnahmen erstellen lassen. Amniozentese und Chorionzottenbiopsie sind Techniken, bei denen mittels einer Kanüle fetale Zellen aus dem Fruchtwasser entnommen werden; diese Zellen werden dann einer genetischen Analyse unterzogen. Die Diagnose von Erbkrankheiten bei einem Fetus wirft ethische Probleme auf. Praktisch alle identifizierbaren Störungen sind bisher nicht im Uterus behandelbar, und viele lassen sich auch nach der Geburt nicht beheben. Das kann die Eltern vor die schwierige Entscheidung stellen, die Schwangerschaft abzubrechen oder ein Kind aufzuziehen, das schwer behindert ist und eine geringe Lebenserwartung hat. Das sind komplexe Fragen, die eine sorgfältige, fundierte Überlegung und eine kompetente Beratung erforderlich machen.

Behandlung von Unfruchtbarkeit Unfruchtbarkeit – die Unfähigkeit, Nachwuchs zu haben – ist ein recht häufiges Problem und betrifft in den Industrienationen durchschnittlich etwa eins von zehn Paaren. Die Ursachen für Unfruchtbarkeit können vielfältig sein, wobei die Wahrscheinlichkeiten für eine Störung des Fortpflanzungssystems bei Männern und Frauen fast gleich groß sind. Bei Frauen steigt das Risiko für Probleme bei der Fortpflanzung, wie auch für genetische Defekte des Fetus, nach dem 35. Lebensjahr stetig an; vieles spricht dafür, dass vor allem die lange Zeit, die die Oocyten in der Meiose verbringen, für dieses erhöhte Risiko verantwortlich ist.

Bei einer Reihe von Fertilitätsproblemen kann die **Reproduktionsmedizin** helfen. Manchmal lässt sich die Spermien- oder Eizellenproduktion durch eine Hormonbehandlung erhöhen, und ein operativer Eingriff kann häufig fehlgebildete oder blockierte Gänge durchlässig machen. Viele unfruchtbare Paare erhoffen sich Hilfe durch moderne **Fortpflanzungstechniken** (*assisted reproductive technologies,* kurz ART), bei denen in der Regel nach einer hormonellen Stimulation operativ Eier (Oocyten II) aus den Ovarien der Frau entnommen, außerhalb des Körpers befruchtet und wieder in den Körper eingesetzt werden. Ungenutzte Eier, Spermien und Embryonen aus solchen Verfahren werden manchmal für einen späteren erneuten Gebrauch eingefroren. Bei der ***In-vitro*-Fertilisation (IVF)** werden Oocyten in einer Kulturschale mit Sperma vermischt. Die befruchteten Eier werden anschließend inkubiert, bis sie mindestens acht Zellen aufweisen, und dann zur Einnistung in den Uterus der Frau überführt. Wenn die meisten der reifen Spermien defekt sind oder wenn ihre Zahl zu gering ist (weniger als 20 Millionen pro Milliliter Ejakulat), lässt sich die Befruchtung oft durch eine sogenannte **intrazytoplasmatische Spermieninjektion (ICSI)** (Abbildung 46.10) erreichen. Bei dieser Form der IVF wird der Kopf einer Spermatide oder eines Spermiums in eine Kanüle gezogen und direkt in eine Oocyte injiziert. Wenn auch teuer, haben IVF-Verfahren vielen hunderttausend Paaren ihren Kinderwunsch erfüllt. Zunehmend werden diese Verfahren auch mit Spermien oder Eizellen von Spendern durchgeführt. Gegenwärtig sieht es so aus, als seien Anomalien aufgrund von IVF-Verfahren selten.

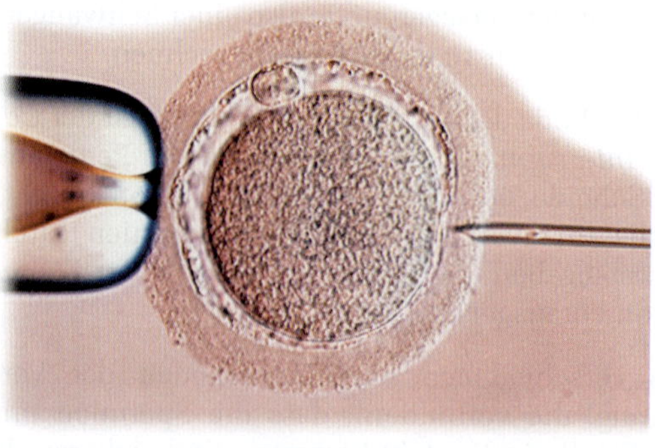

Abbildung 46.10: Intrazytoplasmatische Spermieninjektion (ICSI). Die Eizelle wird mit einer Pipette festgehalten (links) und ein einzelnes Spermium mithilfe einer sehr feinen Nadel direkt in die Eizelle injiziert (rechts) (kolorierte lichtmikroskopische Aufnahme).

Wissenschaftliche Übung

Einen Versuch erstellen und Schlussfolgerungen ziehen

Entscheiden Hormone darüber, ob ein Säugetier männlich oder weiblich ist? Bei Säugetieren, mit Ausnahme der Monotremata, besitzen Weibchen zwei X-Chromosomen, während Männchen ein X und ein Y-Chromosom besitzen. Der französische Physiologe Alfred Jost fragte sich bereits in den 1940er Jahren, ob während der Embryonalentwicklung von den Gonaden produzierte Hormone an der Bestimmung des Geschlechts beteiligt sind. Um diese Frage zu beantworten, führte Jost ein Experiment durch, dessen Ergebnisse Sie nun interpretieren sollen.

Durchführung des Experiments

Die Gonadenanlagen in ungeborenen Kaninchen wurden zu einem Zeitpunkt der Embryonalentwicklung, zu dem noch keine Geschlechtsdifferenzierung erkennbar war, entfernt. Nachdem die so operierten Kaninchen geboren waren, notierte Jost das genetische Geschlecht (Bestimmung anhand der Gonosomen) sowie das Auftreten von männlichen oder weiblichen Genitalstrukturen.

Experimentelle Daten

Das geschilderte Experiment verdeutlicht eine typische Vorgehensweise in der Wissenschaft. Forscher lernen viel über einen biologischen Prozess, indem sie ihn unterbrechen oder stören und dann die Konsequenzen studieren. Welcher Prozess wurde in dem geschilderten Experiment unterbrochen? Welche Schlussfolgerungen über die Rolle der Gonaden bei der Entwicklung der Genitalien lassen sich aus dem Experiment ziehen?

Möglicherweise ist nicht das Entfernen der Gonaden für die Differenzierung weiblicher Genitalien in Tieren mit XY-Genotyp verantwortlich, sondern ein anderer Aspekt des operativen Eingriffs. Wenn Sie das Experiment von Alfred Jost wiederholen müssten, wie würden Sie die Aussagekraft ihrer Erklärung überprüfen?

Wenn die Differenzierung weiblicher Genitalien ebenfalls ein Signal der Gonaden benötigt, wie würde das Ergebnis dann aussehen?

Mit welchen Experimenten könnten Sie zeigen, dass tatsächlich ein Hormon die männliche Differenzierung der Genitalien kontrolliert? Wie lautet ihre Hypothese? Welches Versuchsergebnis erwarten Sie und welche Kontrollexperimente würden Sie durchführen?

Datenauswertung

	Phänotyp der Genitalien	
Gonosomen	**Ohne Operation (Kontrolle)**	**Tiere, denen die Gonadenanlage entfernt wurde**
XY (männlich)	Männchen	Weibchen
XX (weiblich)	Weibchen	Weibchen

Daten aus: A. Jost, Recherches sur la differenciation sexuelle de l'embryon de lapin, *Archives d'Anatomie Microscopique et de Morphologie Experimentale* 36: S. 271–316 (1947).

ZUSAMMENFASSUNG

Sexuelle und asexuelle Fortpflanzung im Tierreich

Die zweigeschlechtliche Fortpflanzung erfordert die Fusion von männlichen und weiblichen Gameten, sodass eine diploide Zygote entsteht. Bei der eingeschlechtlichen Fortpflanzung werden zwar Gameten (Eizellen) gebildet, doch sie entwickeln sich ohne Befruchtung durch ein Spermium.

Mechanismen ungeschlechtlicher Fortpflanzung. Teilung und Knospung sind asexuelle Fortpflanzungsstrategien bei vielen Wirbellosen.

Bisexuelle Fortpflanzung: Ein evolutionäres Rätsel. Die zweigeschlechtliche Fortpflanzung erleichtert die Selektion zugunsten oder zuungunsten von Gensätzen. Das könnte erklären, warum sie im Tierreich so weit verbreitet ist.

Keimzellenproduktion und -transport mittels Fortpflanzungsorganen

Das weibliche Fortpflanzungssystem des Menschen. Die äußeren weiblichen Geschlechtsmerkmale sind große und kleine Schamlippen und die Clitoris. Im Körperinneren führt die Scheide (Vagina) zur Gebärmutter (Uterus), die mit den beiden Eileitern (Ovidukten) in Verbindung steht. Die beiden Eierstöcke (Ovarien) enthalten Follikel mit Oocyten. Nach dem Eisprung (Ovulation) wandelt sich der Rest des Follikels in den Gelbkörper (Corpus luteum) um, der über längere oder kürzere Zeit Hormone produziert, je nachdem, ob es zu einer Schwangerschaft kommt oder nicht.

Das männliche Fortpflanzungssystem des Menschen. Die äußeren männlichen Geschlechtsmerkmale sind Hodensack (Scrotum) und Penis. Die Hoden enthalten hormonproduzierende Zellen und spermienbildende Samenkanälchen, die über Nebenhoden, Samenleiter, Ductus ejaculatorius und Harnröhre an der Penisspitze schließlich nach außen münden.

Die sexuelle Reaktion des Menschen. In beiden Geschlechtern kommt es infolge von Blutansammlung und erhöhtem Muskeltonus in bestimmten Körpergeweben zur Erektion, die in einem Orgasmus gipfelt.

Fortpflanzungsregulierung bei Säugern: Ein komplexes Zusammenspiel von Hormonen

Hormonelle Kontrolle des männlichen Fortpflanzungssystems. Androgene (vor allem Testosteron) aus den Hoden führen im männlichen Geschlecht zur Ausbildung von primären und sekundären Geschlechtsmerkmalen. Androgenausschüttung und Spermienproduktion werden von Hypothalamus- und Hypophysenhormonen kontrolliert.

Der weibliche Fortpflanzungszyklus. Die zyklische Sekretion von Gonadotropin-Releasing Hormon (GnRH) aus dem Hypothalamus und von follikelstimulierendem Hormon (FSH) und Luteinisierendem Hormon (LH) aus dem Hypophysenvorderlappen bestimmen den weiblichen Fortpflanzungszyklus. FSH und LH bewirken mittels Östrogenen, vor allem Östradiol und Progesteron, Veränderungen im Ovar und im Uterus. Der sich entwickelnde Follikel produziert Östradiol, der Gelbkörper sezerniert Östradiol und Progesteron. Positive und negative Rückkopplungen regulieren die Hormonspiegel und koordinieren den Zyklus. Der Ovarialzyklus unterscheidet sich vom Uteruszyklus (Menstruationszyklus) dadurch, dass die Uterusschleimhaut resorbiert statt ausgestoßen wird und dass sich die sexuelle Empfängnisbereitschaft auf die Zeit des Eisprungs begrenzt.

Bei placentalen Säugern findet die gesamte Embryonalentwicklung im Uterus statt

Empfängnis, Embryonalentwicklung und Geburt. Nach der Befruchtung und dem Abschluss der Meiose im Eileiter macht die Zygote Furchungen durch und entwickelt sich zur Blastocyste, bevor sie sich im Endometrium einnistet. Die menschliche Schwangerschaft lässt sich in drei Trimester unterteilen. Alle wichtigen Organe beginnen sich innerhalb der ersten acht Wochen zu entwickeln. Wehen und Geburt werden durch positive Rückkopplung ausgelöst, an der Prostaglandine sowie die Hormone Östradiol und Oxytocin beteiligt sind.

Empfängnisverhütung und Abtreibung. Methoden zur Empfängnisverhütung können die Freisetzung von reifen Gameten aus den Gonaden, die Befruchtung oder die Einnistung des Embryos verhindern.

Moderne Reproduktionstechniken. Die verfügbaren Techniken können dazu beitragen, Probleme schon vor der Geburt zu entdecken und unfruchtbaren Paaren durch Hormontherapien oder *In-vitro*-Fertilisation zu helfen.

Entwicklung der Tiere

47

47.1 Nach der Befruchtung schreitet die Embryonalentwicklung durch Furchung, Gastrulation und Organogenese fort

Nach der Befruchtung durchläuft der wachsende Embryo drei für die weitere Entwicklung und Gestaltbildung wichtige Stadien. Im ersten Stadium, das als *Furchung* bezeichnet wird, entsteht durch Zellteilung aus der Zygote eine vielzellige Hohlkugel, die Blastula. Im zweiten Stadium, der *Gastrulation*, wird die Blastula zu einem mehrschichtigen Embryo, der Gastrula, umgestaltet und die drei Keimblätter des Embryos werden angelegt. Im Verlauf des dritten Stadiums, der Organogenese, führen das Zusammenspiel und die Bewegung der drei Schichten zu Organanlagen, aus denen sich die adulten Strukturen entwickeln.

47.1.1 Furchung

Kurz nach der Befruchtung folgt bei vielen Arten eine Reihe rascher Zellteilungen. Während dieser Periode, die als **Furchung** bezeichnet wird, durchlaufen die Zellen die S-Phase (DNA-Synthese) und die M-Phase (Mitose-Phase) eines Zellzyklus; sie überspringen jedoch häufig die G_1- und G_2-Phase und es kommt nicht oder kaum zur Transkription und Proteinsynthese (Abbildung 12.4 gibt einen Überblick über den Zellzyklus). Die Furchung unterteilt die einzige große Zelle, die Zygote, in viele kleinere Zellen, **Blastomeren** genannt, jede mit eigenem Zellkern, wie hier bei einem Seeigelembryo zu sehen (Abbildung 47.1).

Die ersten fünf bis sieben Teilungen führen zu einer vielzelligen Kugel (**Blastula**), in der sich eine flüssigkeitsgefüllte Höhle, das **Blastocoel**, bildet. Im Verlauf der Furchung gelangen unterschiedliche Zytoplasmabereiche aus dem ursprünglich ungeteilten Ei in separate Blastomeren. Da diese Regionen verschiedene zytoplasmatische Determinanten enthalten können, beispielsweise spezifische mRNAs und Proteine, schafft diese Aufteilung die Voraussetzung für die nachfolgenden Entwicklungsprozesse.

Die Eizellen und Zygoten von Seeigeln und anderen Tieren weisen eine erkennbare Polarität auf, die bereits während der Oogenese in der Mutter angelegt wird und die spätere Längsachse des Embryos festigt. Bei Fröschen und vielen anderen Tieren ist die Verteilung des Dotters ausschlaggebend für die Festlegung der Polarität und den Ablauf des Furchungsprozesses. Dotter konzentriert sich häufig an einem Pol des Eies, den man als den **vegetativen Pol** bezeichnet. Am gegenüberliegenden **animalen Pol** ist die Dotterkonzentration meist gering. Der animale Pol, der bei vielen Arten den Vorderpol des späteren Embryos darstellt, ist auch der Ort, wo während der Oogenese die Polkörper von der Eizelle abgeschnürt werden (siehe Abbildung 46.6). Der Eintrittsort des Spermiums legt zudem die dorso-ventrale Achse des sich ent-

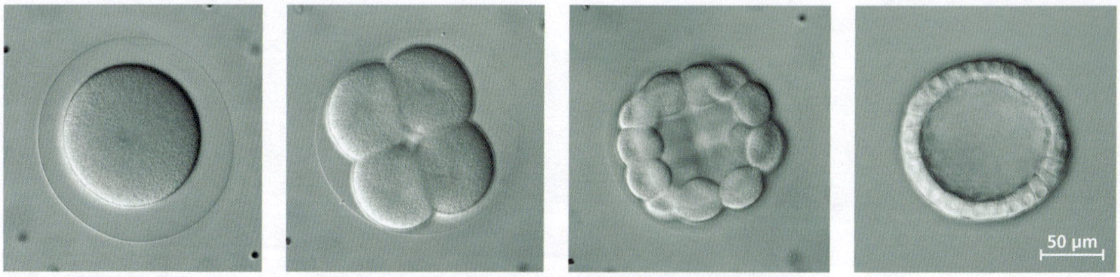

(a) Befruchtete Eizelle. Abgebildet ist die Zygote kurz vor der ersten Furchungsteilung, umgeben von der Befruchtungshülle.

(b) Vierzellstadium. Zwischen den beiden Zellen, die gerade die zweite Furchungsteilung vollendet haben, sind Reste der Mitosespindel zu erkennen.

(c) Frühes Blastulastadium. Nach weiteren Furchungsteilungen besteht der Embryo aus zahlreichen Zellen und hat das Erscheinungsbild eines Balls. Der Embryo ist noch immer von der Befruchtungshülle umgeben. In der Mitte hat die Bildung des Blastocoels begonnen.

(d) Spätes Blastulastadium. Das große Blastocoel ist von einer einzigen Zellschicht umgeben. Die (wenn auch hier nicht sichtbare) Befruchtungshülle ist noch immer vorhanden, der Embryo wird daraus aber bald als bewegliche Larve schlüpfen.

Abbildung 47.1: **Furchung bei einem Seeigelembryo.** Unter Furchung versteht man eine Reihe mitotischer Zellteilungen, die die Zygote in eine Blastula umwandeln, eine Hohlkugel aus Zellen, die als Blastomeren bezeichnet werden. Diese lichtmikroskopischen Aufnahmen zeigen die Embryonalstadien eines Sanddollars (*Melitta longifissa*), die praktisch mit denjenigen eines „echten" Seeigels identisch sind. Diese Entwicklungsstadien sind auch bei Wirbeltieren zu beobachten.

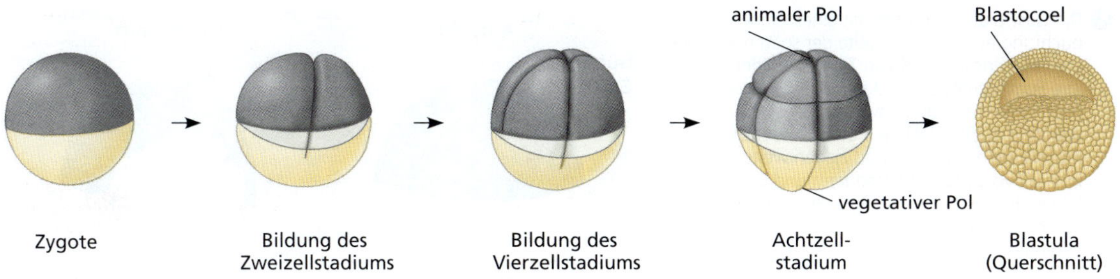

Abbildung 47.2: **Furchung beim Froschembryo.** Die Furchungsebenen erstrecken sich bei der ersten und zweiten Furchungsteilung vom animalen bis zum vegetativen Pol, während die dritte Furchung senkrecht zur Polachse verläuft.

wickelnden Embryos fest. Nach der Befruchtung verlagern sich zytoplasmatische Determinanten so, dass die Eintrittsstelle des Spermiums zur Dorsal- (Rücken-) und die gegenüberliegende Seite zur Ventralseite (Bauchseite) wird. Alle drei Körperachsen des Embryos werden damit schon vor der ersten Furchungsteilung festgelegt.

Bei Tieren, deren Eier relativ wenig Dotter enthalten, liegt das Blastocoel zentral und die Zellen werden vollständig gefurcht, was man als **holoblastische Furchung** bezeichnet. Bei Vögeln, Reptilien, vielen Fischen und Insekten ist das Dottervolumen so groß, dass die Masse nicht vollständig gefurcht werden kann; nur der Teil der Eizelle, der keinen Dotter enthält, wird gefurcht. Diese unvollständige Furchung eines dotterreichen Eies wird als **meroblastische Furchung** bezeichnet (Abbildung 47.2).

47.1.2 Gastrulation

Nach der Furchung verlangsamt sich die Rate der Zellteilungen drastisch. Zellgruppen machen in diesem Stadium einen Prozess durch, der als **Gastrulation** bezeichnet wird, ordnen sich neu an und bereiten so die spätere Bildung von Geweben und Organen vor. In dieser Phase wird der Embryo als **Gastrula** (Plural *Gastrulae*) bezeichnet.

Die drei Zellschichten, die im Verlauf der Gastrulation entstehen, sind embryonale Gewebe, die gemeinsam als embryonale **Keimblätter** bezeichnet werden. In der späten Gastrula bildet das **Ektoderm** die Epidermis, das **Entoderm** bildet die Wand des Darms und das **Mesoderm** füllt teilweise den Raum zwischen Ektoderm und Entoderm aus. Im Lauf der Zeit entwickeln sich aus diesen drei Keimblättern sämtliche Gewebe und Organe des adulten Tieres. So stammen unser Nervensystem und unsere Haut aus dem Ektoderm; die innere Wand des Darms und alle Darmderivate wie Leber und Pankreas werden vom Entoderm gebildet; die meisten übrigen Organe wie Niere, Herz, Knochen und die Muskulatur entstammen dem Mesoderm.

Beim Frosch führt die Gastrulation zu einem dreischichtigen Embryo mit einem Urdarm. Die Mechanismen der Gastrulation sind in Abbildung 47.3 beschrieben.

Die Art und Weise, wie sich die drei Keimblätter bei verschiedenen Arten bilden, ist unterschiedlich, doch sobald sie einmal an Ort und Stelle sind, ist die Gastrulation abgeschlossen. Nun beginnen sich die Organe des Embryos auszubilden.

❶ Die Gastrulation beginnt mit einer kleinen Einbuchtung auf der Dorsalseite der späten Blastula. Die Einbuchtung wird von Zellen gebildet, die ihre Form verändern und sich von der Oberfläche nach innen bewegen (Invagination). Daraufhin wandern äußere Zelllagen über die dorsale Urmundlippe nach innen und ziehen weiter ins Innere, wo sie später Mesoderm und Entoderm bilden. Inzwischen verändern die zukünftigen Ektodermzellen am animalen Pol ihre Form und beginnen, sich über die Oberfläche auszubreiten.

❷ Während weitere Zellen einwandern, dehnt sich der Urmund (Blastoporus) über beide Seiten des Embryos aus (rote Pfeile). Wenn sich die Enden schließlich treffen, bildet der Urmund eine kreisrunde Öffnung, die mit der zunehmenden Ausbreitung des Ektoderms über die Oberfläche immer kleiner wird. Während weitere Zellen einwandern, beginnen sich im Inneren Entoderm und Mesoderm auszubreiten, und die Entwicklung des Urdarms setzt ein; infolgedessen schrumpft das Blastocoel.

❸ Im Spätstadium der Gastrulation hat der vom Entoderm ausgekleidete Urdarm das Blastocoel völlig verdrängt, und die drei Keimblätter befinden sich an Ort und Stelle. Der kreisrunde Urmund umgibt den so genannten Dotterpfropf, der von dotterreichen Entodermzellen gebildet wird.

Legende
- zukünftiges Ektoderm
- zukünftiges Mesoderm
- zukünftiges Entoderm

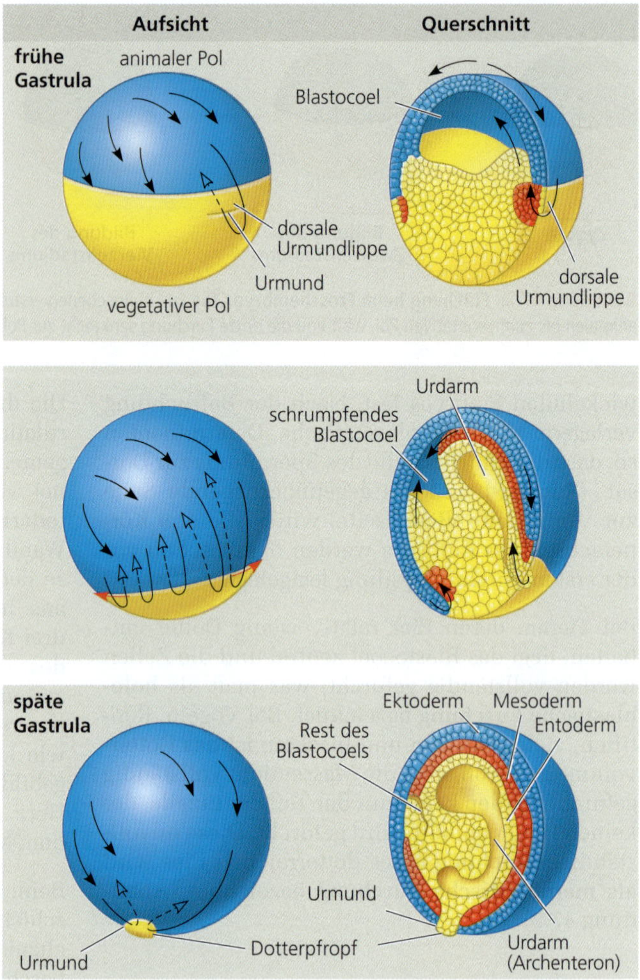

Abbildung 47.3: Gastrulation bei einem Froschkeim. Bei der Froschblastula ist das Blastocoel zum animalen Pol hin verschoben und von einer aus mehreren Zellschichten bestehenden Wand umgeben. Die Zellbewegungen, mit denen die Gastrulation ihren Anfang nimmt, treten an der Dorsalseite der Blastula auf, wo in der Zygote der graue Halbmond lag. Obgleich der graue Halbmond zu Beginn der Gastrulation noch zu sehen ist, ist er hier nicht abgebildet.

47.1.3 Organogenese

Im Zuge der Organogenese entwickeln sich aus den drei embryonalen Keimblättern die Organe. Abbildung 47.4 zeigt einige Ereignisse während der frühen Organogenese beim Frosch. Die Organe, die bei den Embryonen von Fröschen und anderen Chordaten zuerst Gestalt annehmen, sind das Neuralrohr und die **Chorda dorsalis**, der dorsale Achsenstab, der für alle Chordatenembryonen typisch ist. Die Chorda entsteht durch eine Kondensation des dorsalen Mesoderms oberhalb des Urdarms. Das Ektoderm über der Chorda entwickelt sich zur *Neuralplatte*, die sich nach innen wölbt und zum **Neuralrohr** schließt, das in Richtung der Körperlängsachse verläuft (Abbildung 47.4b). Aus dem Neuralrohr entwickelt sich später das Zentralnervensystem des Tieres.

Bei Wirbeltierembryonen entwickeln sich beidseitig längs der Ränder (Neuralwülste), an denen sich das Neuralrohr vom Ektoderm abschnürt, Zellstreifen, die als *Neuralleisten* bezeichnet werden. Die **Neuralleistenzellen** wandern anschließend in verschiedene Regionen des Embryos und bilden periphere Nerven, Zahnelemente, Schädelknochen und viele andere verschiedene Zelltypen.

In den Mesodermstreifen seitlich der Chorda kommt es ebenfalls zu Zellkondensationen; diese Zellgruppen teilen sich in Blöcke auf, die als **Somiten** bezeichnet werden (Abbildung 47.4c). Die Somiten sind beiderseits der Chorda in Längsrichtung hintereinander (seriell) angeordnet. Ein Teil der Somiten zerfällt in Mesenchymzellen, die individuell an neue Bestimmungsorte wandern. Einige Mesenchymzellen sammeln sich um

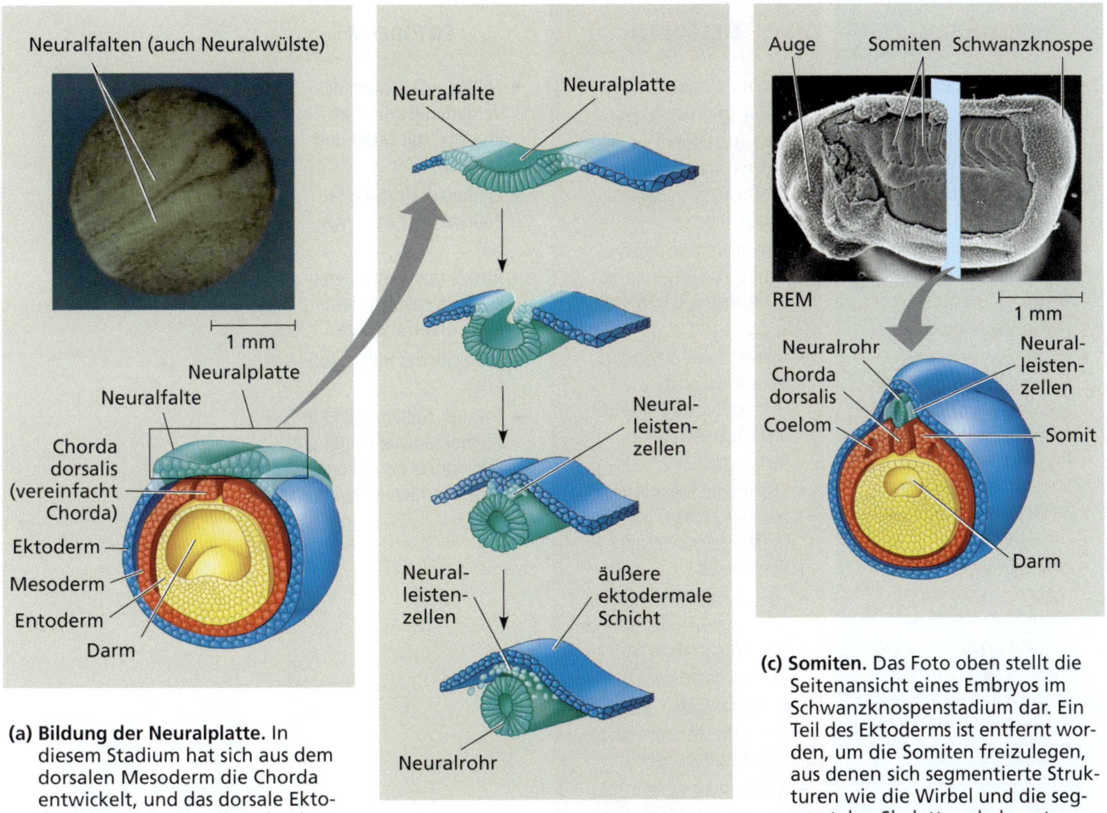

(a) Bildung der Neuralplatte. In diesem Stadium hat sich aus dem dorsalen Mesoderm die Chorda entwickelt, und das dorsale Ektoderm hat sich, stimuliert durch Signale von anderen embryonalen Geweben, zur Neuralplatte verdickt. Die Neuralfalten (auch Neuralwülste) sind zwei hervortretende Leisten, die die Neuralplatte seitlich begrenzen. Diese Wülste sind bei einem vollständigen Embryo im Lichtmikroskopsichtbar.

(b) Bildung des Neuralrohrs. Das Neuralrohr entsteht durch Einfaltung und Abtrennung von der Neuralplatte. Beachten Sie die Neuralleistenzellen, die später auswandern und aus denen sich zahlreiche Strukturen entwickeln.

(c) Somiten. Das Foto oben stellt die Seitenansicht eines Embryos im Schwanzknospenstadium dar. Ein Teil des Ektoderms ist entfernt worden, um die Somiten freizulegen, aus denen sich segmentierte Strukturen wie die Wirbel und die segmentalen Skelettmuskeln entwickeln. Die Zeichnung darunter zeigt einen Embryo nach Bildung des Neuralrohrs. Zu diesem Zeitpunkt spaltet sich das laterale Mesoderm in zwei Gewebsschichten, die als Auskleidung der sekundären Leibeshöhle (Coelom) dienen. Die Somiten, die vom Mesoderm gebildet werden, flankieren die Chorda.

Abbildung 47.4: Frühe Organogenese bei einem Froschembryo.

die Chorda und bilden die Wirbel. Zwischen den Wirbeln bleiben Teile der Chorda erhalten und machen bei adulten Wirbeltieren den inneren Teil der Bandscheiben aus. Somitenzellen bilden auch die Muskulatur im Bereich der Wirbelsäule und der Rippen. Seitlich der Somiten spaltet sich das Mesoderm in zwei Schichten, welche die sekundäre Leibeshöhle (Coelom) auskleiden (siehe Abbildung 32.3).

Im Lauf der Organogenese werden die Organe, die sich im Zuge der Morphogenese und Zelldifferenzierung aus den drei Keimblättern entwickeln, immer weiter vervollkommnet.

Tabelle 47.1 fasst die Organogenese zusammen und zeigt auf, von welchen Keimblättern sich bei Fröschen, Hühnern und anderen Wirbeltieren die wichtigsten Organe und Gewebe ableiten.

VERSTÄNDNISFRAGEN

1. Die Zygote und die Blastula eines Frosches sind fast gleich groß. Erklären Sie diese Beobachtung.

2. Vergleichen Sie die Auswirkungen von Furchung und Gastrulation auf die Entwicklung des Embryos.

3. Erklären Sie, wie sich das Neuralrohr bildet und wie Neuralleistenzellen entstehen.

EKTODERM	MESODERM	ENTODERM
• Epidermis der Haut (einschließlich Schweißdrüsen, Milchdrüsen, Haarfollikel, myoepitheliale Muskeln) • Epidermis in Mundhöhle, Nasengang und Gehörgang • Neuralrohr: zentrales Nervensystem, Rückenmark und Gehirn mit Epiphyse und Hypophyse, Augenblase • Neuralleiste: peripheres Nervensystem, Sympathicus und Parasympathicus, epitheliale Sinnesrezeptoren, Pigmentzellen, viscerales Skelett (Kiefer, Zungenbein, Kehlkopf) und Kopfmesenchym, Dentin • Nebennierenmark Placoden: Hypophysenvorderlappen, Riechorgan, Augenlinse, Labyrinthorgan, Geschmacksknospen, Hirnnervganglien • Placoden: Hypophysenvorderlappen, Riechorgan, Augenlinse, Labyrinthorgan, Geschmacksknospen, Hirnnervganglien	• Chorda dorsalis • Ursegmente mit Sklero-, Myo- und Dermatom, diese bilden Wirbelsäule, quergestreifte Rumpfmuskulatur und Dermis • Ursegmentstiele (Nephrotom), bilden Nieren sowie Wolffschen und Müllerschen Gang • Seitenplatten Splanchnopleura, bildet glatte und Herzmuskulatur, Blutgefäße und Bindegewebe des Verdauungstraktes • Seitenplatte Somatopleura, bildet Bauchfell, Gürtel- und Extremitätenskelett mit Bindegewebe • Intermediäres Mesenchym, bildet blutbildendes Gewebe, innere Auskleidung des Herzens, große Gefäße • Kopfseitenplatten, bilden quergestreifte Kopfmuskulatur mit Bindegewebe • Fortpflanzungssystem (mit Ausnahme der Keimzellen, die sich meist sehr früh im Embryo differenzieren und dem entodermalen Urogenitalsinus)	• Epithelauskleidung des Verdauungstrakts (ab Pharynx) mit Leber und Pankreas • Epithelauskleidung (ab Pharynx) des Atmungstrakts • Auskleidung von Nierenkelch, Harnleiter, Harnblase und Harnröhre • Eustachische Röhre, Tonsillen • Thymus, Nebenschilddrüse, Ultimobranchialkörper und Schilddrüse als Abkömmlinge des Kiemendarms

Tabelle 47.1: **Derivate der drei Keimblätter beim erwachsenen Wirbeltier.**

? Erklären Sie angesichts dessen, was Sie über die drei Keimblätter und über die Morphogenese wissen, wie die epitheliale Auskleidung von Mund und After gebildet wird.

47.2 Das Schicksal von sich entwickelnden Zellen ist von ihrer Vorgeschichte und induktiven Signalen abhängig

Praktisch jede Zelle im Körper hat dasselbe Genom. Verschiedene Zelltypen stellen jedoch verschiedene Proteine her, weil sie schließlich unterschiedliche Gene exprimieren. Während der Differenzierung müssen daher bestimmte Mechanismen die Zellen dazu veranlassen, verschiedene Wege der Genexpression einzuschlagen. Unser gegenwärtiges Wissen über die genetischen und zellulären Mechanismen, die der Differenzierung während der Embryonalentwicklung zugrunde liegen, lässt sich in zwei allgemeinen Prinzipien zusammenfassen.

1 *Im Lauf der ersten Furchungsteilungen müssen die embryonalen Zellen Unterschiede entwickeln.* Im Zuge der ersten Forschungen wird das heterogene Zytoplasma einer polarisierten Eizelle – und damit die verschiedenen mRNAs, Proteine und anderen Moleküle – durch asymmetrische Zellteilungen auch ungleich auf die Blastomeren verteilt (siehe Abbildung 18.5a). Zu diesen zytoplasmatischen Determinanten gehören in vielen Fällen Transkriptionsfaktoren, DNA-bindende Proteine, die eine spezifische Auswahl von Zielgenen aktivieren. Daher tragen die aus einer asymmetrischen Zellteilung resultierenden Unterschiede in der zytoplasmatischen Zusammensetzung der Zelle dazu bei, die Körperachsen festzulegen und die Expression von Genen zu beeinflussen, die auf das entwicklungsbiologische Schicksal der Zelle einwirken.

2 *Nachdem die anfänglichen Zellasymmetrien einmal etabliert sind, beeinflussen die darauffolgenden Interaktionen zwischen den embryonalen Zellen ihr Schicksal, und zwar gewöhnlich dadurch, dass sie Veränderungen in der Genexpression bewirken.* Dieser Mechanismus, der als **Induktion** bezeichnet wird, wird möglicherweise durch diffundierende Signalmoleküle vermittelt oder, falls die Zellen in Kontakt miteinander stehen, durch Zell-Zell-Wechselwirkungen.

47.2.1 Anlagepläne

Biologen haben die Frühentwicklung zahlreicher Arten untersucht und jede Zellteilung eingehend studiert, um Schicksal und Abstammung einer jeden embryonalen Zelle zu verfolgen. Diese Untersuchungen haben zu Projektionen der Embryonalentwicklung geführt, die als **Anlagepläne** bezeichnet werden. In einigen klassischen Untersuchungen konnte durch elegante Markierungsexperimente mit Vitalfarbstoffen gezeigt werden, dass sich die Herkunft einzelner Gewebe und Organe eines späten Embryos auf ganz bestimmte Areale von Zellen der Blastula zurückverfolgen lässt. (Abbildung 47.5).

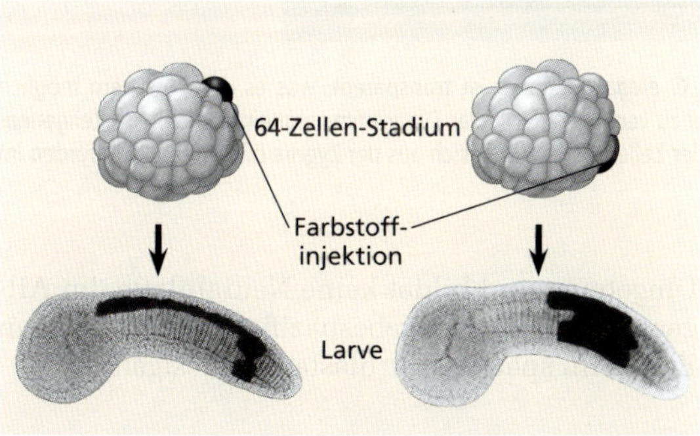

Abbildung 47.5: **Zellgenealogie bei einem Manteltier.** Oben wird einem Tunicatenembryo im 64-Zellen-Stadium zur Analyse der Zellabstammung während der Furchung ein Farbstoff in eine einzelne Blastomere injiziert. Die dunklen Bereiche, die auf den lichtmikroskopischen Aufnahmen der Tunicatenlarven zu sehen sind (unten), korrespondieren mit den Zellen, die sich aus den beiden in den Schemata markierten Blastomeren entwickelt haben.

Am meisten ist über den Anlageplan des bodenlebenden Nematoden *Caenorhabditis elegans* bekannt. Dieser Fadenwurm lässt sich im Labor leicht in Petrischalen züchten.

Sorgfältige mikroskopische Untersuchungen während der gesamten Entwicklung, kombiniert mit Experimenten, in denen bestimmte Zellen oder Zellgruppen durch Bestrahlung mit Laserlicht oder durch Mutationen zerstört wurden, führten zu der in Abbildung 47.6 dargestellten Zellgenealogie (Abstammung der Zellen). Im Jahr 2002 teilten sich die Forscher Brenner, Horvitz und Sulston einen Nobelpreis für ihre Arbeiten, die dazu geführt haben, dass *C. elegans* heute für viele Entwicklungsbiologen ein bevorzugter Modellorganismus geworden ist.

Bei den meisten Tieren sind bestimmte Gewebe des älteren Embryos die Produkte von gewissen frühen „Gründerzellen", die aufgrund asymmetrischer Zellteilungen einzigartige Faktoren enthalten. Das Entwicklungspotenzial einer Zelle – das Spektrum von Strukturen, die daraus entstehen können – wird mit fortschreitender Entwicklung eingeschränkt.

47.2.2 Entstehung zellulärer Asymmetrien

Ein bilateralsymmetrisches Tier besitzt eine anterior-posteriore Achse (Kopf-Schwanz-Achse, Körperlängsachse), eine dorso-ventrale Achse (Rücken-Bauch-Achse) sowie eine rechte und eine linke Seite. Die Festlegung dieses Grundbauplans ist der erste Schritt in der Morphogenese und eine Voraussetzung für die Entwicklung von Geweben und Organen.

Bei Fröschen definiert die Lage von Dotter im unbefruchteten Ei die animale beziehungsweise die vegetative Hemisphäre. Die animal-vegetative Achse bestimmt indirekt die anterior-posteriore Achse. Die Befruchtung legt dann die dorso-ventrale Achse fest. Sobald diese beiden Achsen eingerichtet sind, ist die dritte Achse (in diesem Fall die Rechts-links-Achse) automatisch festgelegt.

Einschränkung des zellulären Entwicklungspotenzials Bei vielen Arten, die über zytoplasmatische Determinanten verfügen, ist nur die Zygote **totipotent** – das heißt in der Lage, sich in all die verschiedenen Zelltypen zu verwandeln, die für die betreffende Art typisch sind. In diesen Organismen verläuft die erste Zellteilung asymmetrisch und die beiden Blastomeren erhalten unterschiedliche zytoplasmatische Determinanten. Doch selbst bei Arten mit zytoplasmatischen Determinanten kann die erste Teilung längs einer Achse erfolgen, die zwei identische Blastomeren erzeugt, welche dann das gleiche Entwicklungspotenzial haben. Das kommt beispielsweise bei Amphibien vor, wie der deutsche Zoologe Hans Spemann 1938 demonstrierte. Daher kann das Schicksal von embryonalen Zellen nicht nur durch die Verteilung von zytoplasmatischen De-

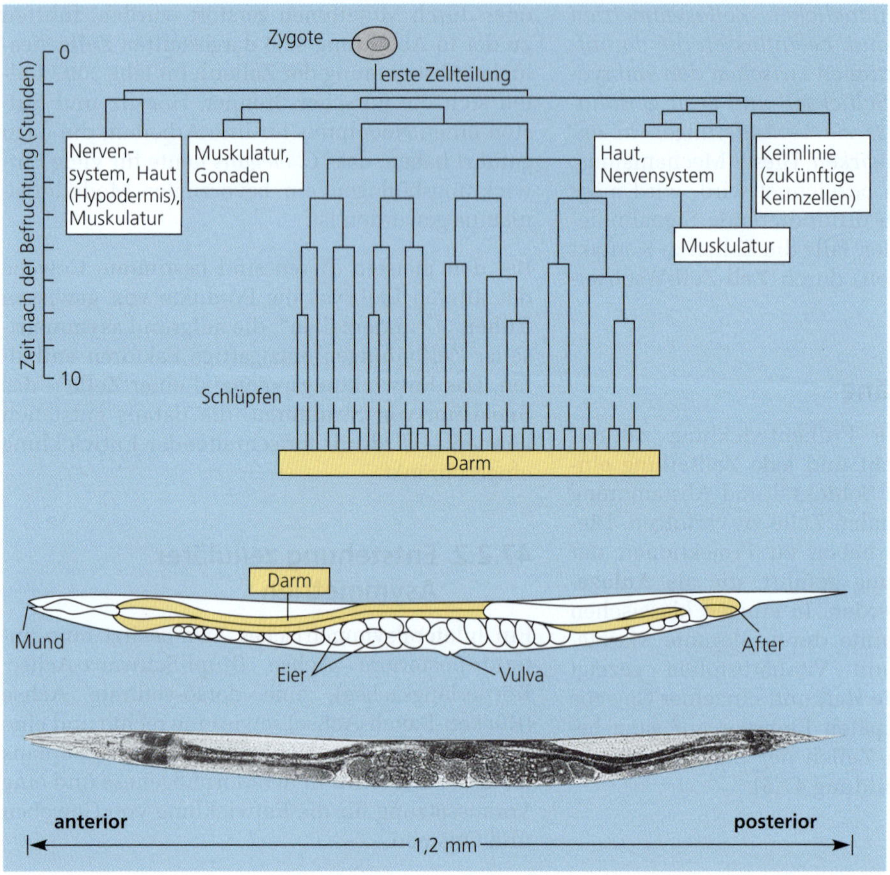

Abbildung 47.6: Zellgenealogie bei *Caenorhabditis elegans*. Der *C. elegans*-Embryo ist transparent, was es den Forschern möglich macht, das Schicksal einer jeden Zelle von der Zygote bis zum adulten Tier zu verfolgen (LM). Das Diagramm zeigt eine detaillierte Zellgenealogie nur für den Darmtrakt, der sich ausschließlich von einer der ersten vier Zellen ableitet, die sich aus der Zygote bilden. Die Eier werden im Körper befruchtet und durch die Vulva ins Freie entlassen.

terminanten beeinflusst werden, sondern auch dadurch, wie diese Verteilung zu dem charakteristischen Furchungsmuster der Zygote in Beziehung steht.

Im Gegensatz zu den embryonalen Zellen vieler anderer Tiere bleiben die Zellen von Säugerembryonen bis zum 16-Zellstadium totipotent.

Bei einigen Arten behalten die Zellen der frühen Gastrula die Fähigkeit, sich zu mehr als einem Zelltyp zu entwickeln, auch wenn sie ihre Totipotenz verloren haben. Ohne äußere Beeinflussung entwickelt sich das dorsale Ektoderm der frühen Amphibiengastrula zu einer Neuralplatte über der Chorda dorsalis. Wenn das dorsale Ektoderm experimentell durch Ektoderm aus einer anderen Region derselben Gastrula ersetzt wird, bildet das transplantierte Gewebe ebenfalls eine Neuralplatte. Wird dasselbe Experiment jedoch mit einer Gastrula im Spätstadium durchgeführt, reagiert das transplantierte Ektoderm nicht auf seine neue Umgebung und bildet keine Neuralplatte. Im Allgemeinen ist das gewebespezifische Schicksal von Zellen im späten Gastrulastadium festgelegt.

47.2.3 Festlegung des Zellschicksals und Musterbildung durch induktive Signale

Sobald die embryonale Zellteilung Zellen schafft, die sich voneinander unterscheiden, beginnen die Zellen, einander durch Induktion zu beeinflussen.

Aufgrund der Resultate ihrer berühmten Experimente kamen Hans Spemann und Hilde Mangold in den 1920er Jahren zu dem Schluss, dass die dorsale Urmundlippe in der frühen Gastrula als „Organisator" des embryonalen Körperbauplans fungiert und eine Kette von Induktionsprozessen in Gang setzt, die zur Bildung von Chorda dorsalis, Neuralrohr und weiteren Organen führt. Andere Forscher zeigten später, dass ein weiteres

Organisationszentrum unterhalb des Spemann-Organisators dessen Ausbildung stimuliert. Ohne dieses **Nieuwkoop**-Zentrum im Bereich des grauen Halbmonds kann der Embryo keinen Spemann-Organisator bilden und die Körperachsen werden nicht richtig ausgebildet.

An vielen Induktionen ist offenbar eine Folge von induktiven Schritten aus verschiedenen umgebenden Geweben beteiligt, die das Schicksal der Zellen immer stärker festlegen.

Induktive Signale spielen eine entscheidende Rolle bei der **Musterbildung** – bei der Entwicklung der räumlichen Organisation eines Tieres, der Anordnung von Geweben und Organen an ihren typischen Plätzen im dreidimensionalen Raum. Die molekularen Schlüsselreize, die die Musterbildung kontrollieren, die sogenannten **Positionsinformationen**, sagen einer Zelle, wo sie sich im Hinblick auf die Körperachsen des Tieres befindet, und sie helfen festzulegen, wie die Zelle und ihre Abkömmlinge auf molekulare Signalgebung reagieren. In Kapitel 18 haben wir die Musterbildung bei der Entwicklung von *Drosophila* diskutiert.

Heute wissen wir, dass auch Cilien eine wichtige Rolle in der Embryonalentwicklung von unter anderem Säugetieren und Menschen spielen. Bewegliche Cilien sind auf Zellen und Gewebe beschränkt, die mithilfe dieser Cilien aktiv Flüssigkeiten auf ihrer Oberfläche befördern. Hierzu zählen beispielsweise die Epithelzellen in der Lunge und in den Atemwegen. Auch Spermien besitzen ein motiles Cilium, das Flagellum, welches ihnen eine aktive Schwimmbewegung erlaubt. Insbesondere das genaue Studium des Kartagener-Syndroms brachte in jüngerer Zeit neue Erkenntnisse zur entwicklungsbiologischen Bedeutung motiler Cilien. Männliche Patienten mit Kartagener-Syndrom sind aufgrund unbeweglicher Spermien unfruchtbar. Infektionen der Nasenhöhle und der Bronchien treten hingegen bei beiden Geschlechtern gleich häufig auf. Das ungewöhnlichste Merkmal von Patienten mit Kartagener-Syndrom ist allerdings das Auftreten eines Situs inversus, der spiegelverkehrten Anordnung der Linksrechts-Asymmetrie aller im Brustkorb und Bauchraum lokalisierten Organe (siehe Abbildung 47.7). So liegt z.B. das Herz auf der rechten anstatt der linken Körperseite, was allerdings für sich genommen keine medizinischen Komplikationen hervorruft. Forscher fanden nun heraus, dass alle charakteristischen Merkmale des Kartagener-Syndroms durch Mutationen verursacht werden, die Cilien unbeweglich machen. Ohne die Motilität der Cilien kann das Spermienflagellum nicht schlagen und die Zellen der Atemwege können ohne motile Cilien weder Mucus noch Mikroorganismen aus Lunge und Bronchien transportieren, was zu schweren Entzündungen der Atemwege führen kann.

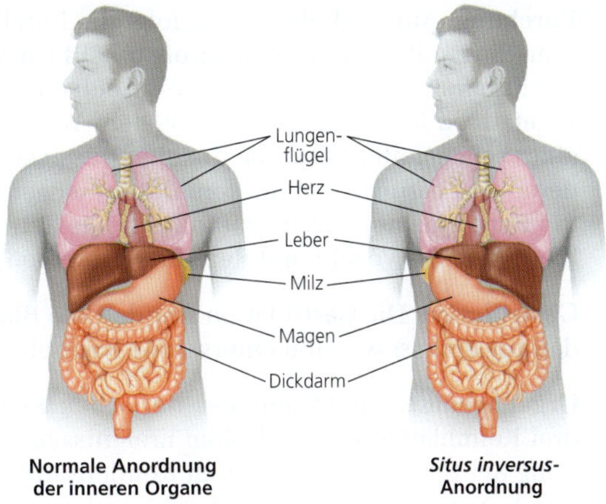

Abbildung 47.7: ***Situs inversus*, die Organe im Brust- und Bauchraum sind spiegelverkehrt angeordnet.**

An der Entwicklung des voll ausgebildeten Tieres ist somit eine Folge von Ereignissen mit zahlreichen Signalgebungs- und Differenzierungsschritten beteiligt. Ursprüngliche Zellasymmetrien machen es möglich, dass sich verschiedene Zelltypen gegenseitig beeinflussen, was zu einer gewebespezifischen Genexpression führt. Die Proteinprodukte dieser Gene weisen Zellen dann an, sich zu bestimmten Geweben zu entwickeln. Im Zusammenspiel mit der Morphogenese entstehen in all den verschiedenen Teilen des sich entwickelnden Embryos unterschiedliche Wege der Musterbildung. Diese Prozesse erzeugen letztlich eine komplexe Anordnung von zahlreichen Geweben und Organen, die alle an ihrem vorgesehenen Ort arbeiten und mit anderen Geweben und Organen im ganzen Organismus koordiniert werden.

VERSTÄNDNISFRAGEN

1. Während der Bildung des Neuralrohrs wandeln sich würfelförmige Zellen in keilförmige Zellen um. Beschreiben Sie die Rolle der Mikrotubuli und Mikrofilamente bei diesem Prozess.

2. Beim Froschembryo nimmt man an, dass die Verlängerung der Chorda dorsalis entlang der Körperlängsachse auf konvergente Ausdehnung zurückgeht. Erklären Sie, wie die Begriffe konvergent und Ausdehnung auf diesen Prozess passen.

3. WAS WÄRE, WENN? Was würde wohl passieren, wenn Sie Embryonen kurz vor Bildung des Neuralrohrs mit einem Wirkstoff behandelten, der die Funktion der Mikrofilamente blockiert?

ZUSAMMENFASSUNG

Nach der Befruchtung schreitet die Embryonalentwicklung durch Furchung, Gastrulation und Organogenese fort

Furchung. Auf die Befruchtung folgt die Furchung, eine Phase rascher Zellteilungen ohne Wachstum, die zur Produktion einer großen Zahl von Zellen führt, die als Blastomeren bezeichnet werden. Die Furchungsebenen folgen gewöhnlich einem bestimmten Muster relativ zum animalen und zum vegetativen Pol der Zygote. Bei vielen Arten führt die Furchung zu einer vielzelligen Hohlkugel, einer sogenannten Blastula, die eine flüssigkeitsgefüllte Höhle, das Blastocoel, umgibt. Bei Arten, deren Eier geringe oder mittlere Dottermengen enthalten (wie Seeigel, Frösche und Säuger), erfolgt die Furchung holoblastisch (vollständige Teilung des gesamten Eies), bei Arten mit dotterreichen Eiern (wie bei Vögeln und Reptilien) hingegen meroblastisch (unvollständige Teilung des Eies).

Gastrulation. Die Gastrulation wandelt die Blastula in eine Gastrula um, die einen primitiven Verdauungstrakt sowie drei embryonale Keimblätter aufweist: Ektoderm, Mesoderm und Entoderm.

Organogenese. Die Organe des tierischen Körpers entwickeln sich aus bestimmten Anteilen der drei Keimblätter. Zu den frühen Ereignissen in der Organogenese von Wirbeltieren gehört die Bildung der Chorda dorsalis durch Kondensation von dorsalem Mesoderm, die Bildung des Coeloms durch Aufspaltung des lateralen Mesoderms und die Entwicklung des Neuralrohrs aus einer Einfaltung der ektodermalen Neuralplatte.

Das Schicksal von sich entwickelnden Zellen ist von ihrer Vorgeschichte und von induktiven Signalen abhängig

Anlagepläne. Experimentell abgeleitete Anlagepläne von Embryonen haben gezeigt, dass sich bestimmte Regionen der Zygote oder Blastula zu bestimmten Teilen des älteren Embryos entwickeln. Bei *Caenorhabditis elegans* konnte die gesamte Zellgenealogie aufgeklärt werden.

Festlegung des Zellschicksals und Musterbildung durch induktive Signale. Die Zellen in einem sich entwickelnden Embryo empfangen eine Positionsinformation, die mit ihrer Lage variiert, und reagieren darauf. Diese Information wird oft in Form von Signalmolekülen übermittelt. Die Signalmoleküle beeinflussen die Genexpression in den signalempfangenden Zellen und führen zur Differenzierung und Entwicklung bestimmter Strukturen.

Neurone, Synapsen und Signalgebung

48

48.1 Neuronale Organisation und Struktur als Spiegel der Funktion bei der Informationsübermittlung

In diesem Kapitel beschäftigen wir uns mit dem Bau eines Neurons (Nervenzelle) und untersuchen die molekularen und physikalischen Prinzipien, die die Signalgebung von Neuronen regeln.

Abbildung 48.1: **Was macht diese Schnecke zu einem derart tödlichen Räuber?**

48.1.1 Einführung in die Informationsverarbeitung

Viele räuberische Tiere überwachen ihre Umgebung mithilfe eines Gehirns, das die von den Augen aufgenommenen Informationen verarbeitet. Sobald eine potenzielle Beute entdeckt wird, führen Signale, die vom Gehirn über Neuronen zu den Muskeln geleitet werden, zu Muskelkontraktionen, die ein entsprechendes Beutefangverhalten bewirken.

Dieses Beispiel illustriert drei Stadien der Informationsverarbeitung: Verarbeitung sensorischer Eingangssignale (Input), sensorische Integration, Verarbeitung motorischer Ausgangssignale (Output). **Sensorische Neurone** übermitteln Information von den Augen und anderen Sinnesorganen an das Gehirn, die externe Reize (Licht, Schall, Druck, Wärme, Geruch und Geschmack) oder interne Zustände (wie Blutdruck, Kohlendioxidkonzentration und Muskelspannung) wahrnehmen. Neurone im Gehirn oder in den Ganglien integrieren (analysieren und interpretieren) den sensorischen Input und berücksichtigen dabei den unmittelbaren Kontext und die Erfahrungen des Tieres. Die große Mehrheit aller Neurone im Gehirn sind **Interneurone**, die die dafür erforderlichen lokalen Verbindungen schaffen. Der motorische Output basiert auf Neuronen, die die Verarbeitungszentren in Bündeln (Nerven) verlassen und eine Reaktion hervorrufen, indem sie Muskeln oder Drüsen aktivieren. So übermitteln **Motoneurone** beispielsweise Signale an Muskelzellen und veranlassen sie, sich zu kontrahieren.

Bei vielen Tieren sind die Neurone, die die Integration bewerkstelligen, in einem **Zentralnervensystem (ZNS)** organisiert; dazu gehören das Gehirn und ein Längsnervenstrang (Rückenmark). Diejenigen Neurone, die Information zum ZNS hin- beziehungsweise von ihm wegleiten, bilden das **periphere Nervensystem (PNS)**. Abbildung 48.2 fasst die Funktion von ZNS und PNS beim Informationsfluss im Nervensystem zusammen.

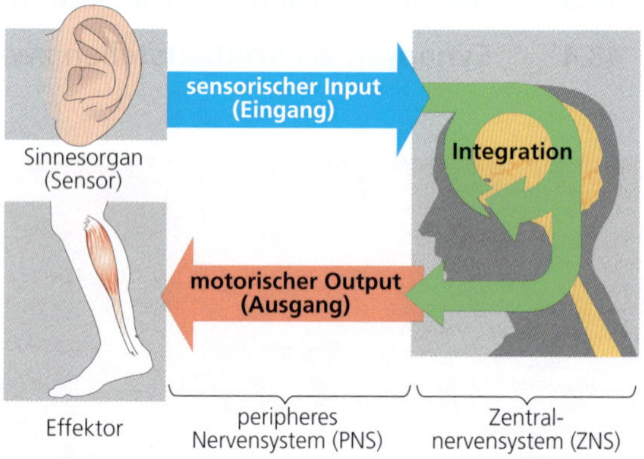

Abbildung 48.2: **Zusammenfassung der Informationsverarbeitung.**

48.1.2 Neuronale Struktur und Funktion

Die Fähigkeit eines Neurons, Information zu empfangen und weiterzuleiten, basiert auf einer hochspezialisierten Zellorganisation (Abbildung 48.3). Die meisten Organellen des Neurons, einschließlich des Zellkerns, liegen im **Zellkörper** (Soma). Ein typisches Neuron weist zahlreiche **Dendriten** (gr. *dendron*, Baum) auf, stark verzweigte und sich dabei stetig verjüngende Fortsätze, die Signale von anderen Neuronen *empfangen*. Ein Neuron besitzt auch ein einzelnes **Axon**, einen Fortsatz, der Signale an andere Zellen *weiterleitet*. Axone sind häufig viel länger als Dendriten. Manche Axone, beispielsweise diejenigen, die vom Rückenmark einer Giraffe zu den Muskelzellen in ihren Füßen reichen, sind mehr als einen Meter lang. Die kegelförmige Region eines Axons, wo es aus dem Zellkörper entspringt, wird als **Axonhügel** bezeichnet. Am anderen Ende verzweigt sich das Axon häufig.

Jedes verzweigte Ende eines Axons übermittelt an einer Kontaktstelle, die als **Synapse** bezeichnet wird, Information an eine andere Zelle. Der Teil

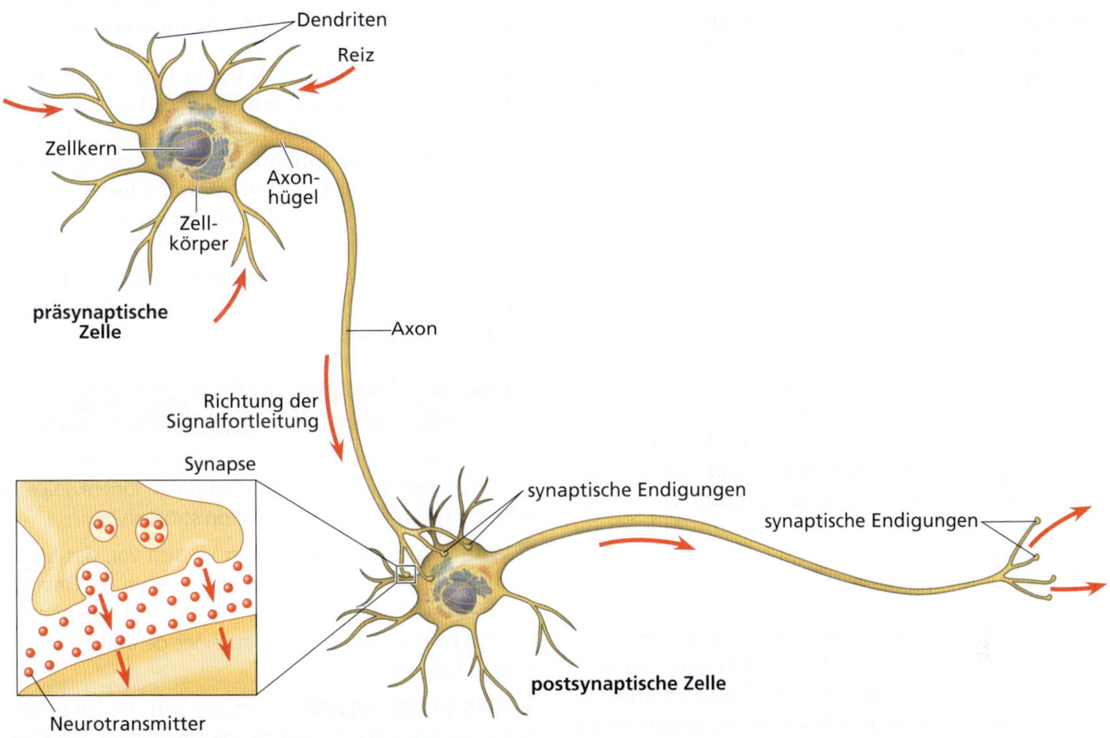

Abbildung 48.3: Bau und Organisation zweier über Synapsen miteinander verbundenen Neuronen.

eines jeden Axonzweigs, der diese spezialisierte Kontaktstelle bildet, wird als **synaptische Endigung** bezeichnet. An den meisten Synapsen leiten chemische Botenstoffe, sogenannte **Neurotransmitter**, Information vom Senderneuron an das Empfängerneuron weiter. Das Senderneuron wird in Bezug auf die Synapse als **präsynaptische Zelle**, das Empfängerneuron als **postsynaptische Zelle** bezeichnet.

Um effizient zu funktionieren, benötigen die Neurone von Wirbeltieren und der meisten Wirbellosen Hilfszellen, die als **Gliazellen** bezeichnet werden (abgeleitet von dem griechischen Begriff für „Leim"). Je nach Typ können Gliazellen unter anderem Neurone ernähren, die Axone der Neurone elektrisch isolieren oder die Zusammensetzung der extrazellulären Flüssigkeit, die die Neurone umgibt, regulieren.

VERSTÄNDNISFRAGEN

1. Beschreiben Sie den grundsätzlichen Weg des Informationsflusses durch die Neurone, die dazu führen, dass Sie Ihren Kopf drehen, wenn jemand Ihren Namen ruft.

2. WAS WÄRE, WENN? Wie würde das Durchtrennen eines Axons den Informationsfluss in einem Neuron beeinflussen? Begründen Sie Ihre Ansicht.

48.2 Aufrechterhaltung des Ruhepotenzials eines Neurons durch Ionenpumpen und Ionenkanäle

Alle Zellen haben ein **Membranpotenzial**, eine Spannung (elektrische Ladungsdifferenz) über ihrer Plasmamembran. Das Membranpotenzial eines ruhenden, nicht erregten Neurons ist das Ruhemembranpotenzial, kurz **Ruhepotenzial** genannt; es liegt in der Regel zwischen –60 mV und –80 mV. Das Minuszeichen zeigt an, dass die Innenseite des Neurons gegenüber der Außenseite negativ geladen ist.

Kaliumionen (K^+) und Natriumionen (Na^+) spielen bei der Entstehung des Ruhepotenzials eine entscheidende Rolle. Für beide Ionenarten besteht ein Konzentrationsunterschied über der Plasmamembran eines Neurons. Beim Säugerneuron beträgt die K^+-Konzentration 140 Millimol pro Liter (mM oder mmol/l) im Inneren der Zelle, im Außenmilieu jedoch nur 5 mM. Beim Konzentrationsunterschied für Na^+ verhält es sich fast genau umgekehrt: 150 mM im Außenmilieu stehen nur 15 mM im Zellinneren gegenüber (Abbildung 48.4a). Die unterschiedlichen Konzentrationen werden von *Natrium-Kalium-Pumpen* in der Plasmamembran aufrechterhalten. Diese Pumpen nutzen die Energie, die bei der Hydrolyse von ATP frei wird, um 3 Na^+ aktiv aus der Zelle und 2 K^+ in die Zelle zu transportieren (Abbildung 48.4b).

Ionenkanäle erlauben es Ionen, in beiden Richtungen durch die Membran zu diffundieren, wobei sie natürlich ihre jeweilige elektrische Ladung mitnehmen. Jede *Nettoverlagerung* von positiven oder negativen Ladungen erzeugt im Endeffekt eine Spannung oder Potenzialdifferenz über der Membran, das sogenannte Membranpotenzial.

Die Ionenkanäle, die das Membranpotenzial etablieren, sind *selektiv permeabel*, das heißt, sie gestatten nur bestimmten Ionen den Durchtritt. So lässt beispielsweise ein Kaliumkanal nur K^+ ungehindert durch die Membran diffundieren, nicht jedoch andere Ionen wie Na^+. Wie in Abbildung 48.4b gezeigt, weist ein Neuron in Ruhe weit mehr offene Kaliumkanäle auf als offene Natriumkanäle.

Die Diffusion von K^+ durch offene Kaliumkanäle ist für die Entstehung des Ruhepotenzials von entscheidender Bedeutung. Da die K^+-Konzentration in der Zelle aber weit höher ist als außen, kommt es zu einem **Nettoausstrom** von K^+. Da der Kaliumkanal nur K^+ passieren lässt, können Cl^- und andere, intrazelluläre Anionen K^+ nicht durch die Membran folgen. Infolgedessen führt der K^+-Ausstrom zu einem Überschuss von negativen Ladungen im Zellinneren. Die Anhäufung von negativen Ladungen im Neuron ist die Quelle des Membranpotenzials.

Was verhindert, dass sich dabei negative Ladungen unbegrenzt ansammeln? Die Antwort liegt im Membranpotenzial selbst. Die Trennung von Ladungen führt zum Aufbau einer Spannung. Wenn diese steigt, kommt es zu einem elektrochemischen Gleichgewicht, bei dem netto keine Ionen mehr durch die Membran wandern. Die Nettodiffusion von K^+ aus einem Neuron setzt sich also fort, bis chemische und elektrische Kräfte einander kompensieren.

VERSTÄNDNISFRAGEN

1. Unter welchen Umständen können Ionen aus Bereichen niedriger Ionenkonzentration durch Ionenkanäle in Bereiche hoher Ionenkonzentration strömen?

2. WAS WÄRE, WENN? Stellen Sie sich vor, das Membranpotenzial einer Zelle verändert sich von −70 mV auf −50 mV. Welche Veränderungen der Membranpermeabilität für K^+ oder Na^+ könnten zu einer derartigen Veränderung führen?

3. WAS WÄRE, WENN? Stellen Sie sich vor, Sie behandelten ein Neuron mit Ouabain, einem Pfeilgift und Pharmakon, das speziell die Natrium-Kalium-Pumpe blockiert. Welche Veränderung im Ruhepotenzial würden Sie erwarten? Begründen Sie Ihre Ansicht.

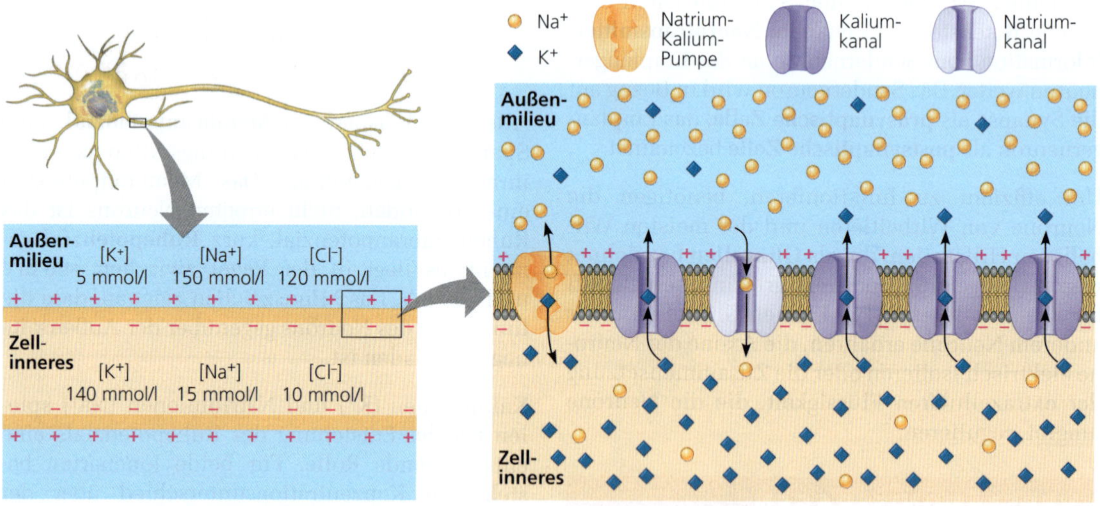

(a) Die Werte geben die ungefähren Konzentrationen in Millimol pro Liter (mmol/l) für Ionen in der Flüssigkeit innerhalb und außerhalb eines Säugerneurons an:

[K^+] = Kaliumionenkonzentration
[Na^+] = Natriumionenkonzentration
[Cl^-] = Chloridkonzentration

(b) Die Natrium-Kalium-Pumpe erzeugt die in (a) gezeigten Konzentrationsunterschiede von Na^+ und K^+ und erhält sie aufrecht. Der Verbrauch von ATP erlaubt den aktiven Transport von Na^+ aus der Zelle und K^+ in die Zelle. Obgleich über der Membran ein hohes Na^+-Konzentrationsgefälle herrscht, kommt es nur zu einer sehr geringen Netto-Diffusion von Na^+, weil nur sehr wenige Natriumkanäle geöffnet sind. Die große Zahl geöffneter Kaliumkanäle erlaubt einen signifikanten Netto-Ausstrom von K^+.

Abbildung 48.4: Die Grundlagen des Membranpotenzials.

48.3 Axonale Fortleitung von Aktionspotenzialen

Wie wir im vorangegangenen Abschnitt gesehen haben, resultiert das Ruhepotenzial aus der Tatsache, dass die Plasmamembran eines ruhenden Neurons viel mehr offene Kaliumkanäle als offene Natriumkanäle enthält. Wenn Neurone jedoch aktiviert werden, verändern sich Membranpermeabilität und Membranpotenzial sehr schnell. Zu diesen Veränderungen kommt es, weil Neurone zusätzlich **gesteuerte Ionenkanäle** besitzen, Ionenkanäle, die sich in Folge eines Reizes öffnen oder schließen können.

Das Öffnen zusätzlicher Kaliumkanäle erhöht die Kaliumpermeabilität der Membran und damit die Nettodiffusion von K^+ aus dem Neuron heraus. Mit anderen Worten: Die Innenseite der Membran wird negativer (Abbildung 48.5a). Diesen Vorgang bezeichnet man als **Hyperpolarisation**. Im Allgemeinen resultiert eine Hyperpolarisation aus jedem Reiz, der entweder den Ausstrom von positiv geladenen Ionen oder den Einstrom von negativ geladenen Ionen erhöht.

Während das Öffnen von Kaliumkanälen zu einer Hyperpolarisation führt, hat die Öffnung einiger anderer Ionenkanaltypen (wie z.B. Na^+-Kanäle) den entgegengesetzten Effekt und bewirkt, dass die Innenseite der Membran weniger negativ wird (Abbildung 48.5b). Diese Verringerung der Größe des Membranpotenzials wird als **Depolarisation** bezeichnet. An der Depolarisation von Neuronen sind häufig gesteuerte Natriumkanäle beteiligt.

48.3.1 Erzeugung von Aktionspotenzialen

Viele der gesteuerten Ionenkanäle in Neuronen sind **spannungsgesteuerte Ionenkanäle**, das heißt, sie öffnen oder schließen sich infolge einer Veränderung des Membranpotenzials. Wenn eine Depolarisation spannungsgesteuerte Natriumkanäle öffnet, führt der resultierende Natriumeinstrom in die Zelle zu einer weiteren Depolarisation. Dies hat zur Folge, dass sich weitere Natriumkanäle öffnen, sodass der Stromfluss immer weiter ansteigt. Das Ergebnis ist ein sehr rasches Öffnen sämtlicher spannungsgesteuerter Natriumkanäle. Diese Abfolge von Ereignissen ruft eine massive Veränderung der Membranspannung hervor, ein sogenanntes **Aktionspotenzial** (Abbildung 48.5c). Aktionspotenziale sind die Nervenimpulse oder -signale, die Information über ein Axon weiterleiten.

Aktionspotenziale treten immer dann auf, wenn eine Depolarisation die Membranspannung auf einen bestimmten Wert, das **Schwellenpotenzial**, anhebt. Bei Säugerneuronen liegt das Schwellenpotenzial bei ca. –55 mV. Einmal ausgelöst, ist die Größe (Amplitude) eines Aktionspotenzials unabhängig von der Stärke des auslösenden Reizes. Da Aktionspotenziale entweder in voller

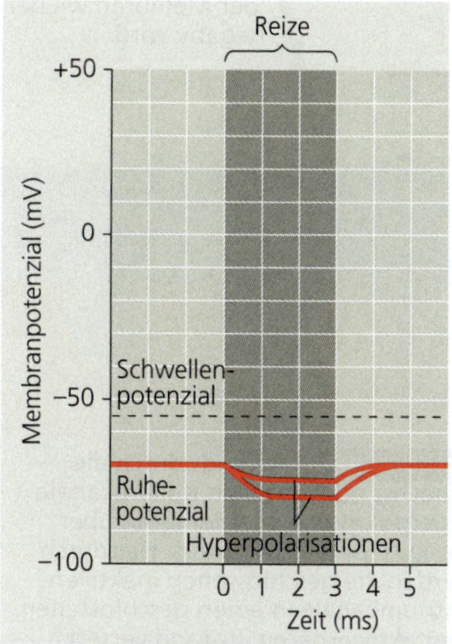

(a) Graduierte Hyperpolarisationen. Hervorgerufen von zwei Reizen, die die Membranpermeabilität für K^+ erhöhen. Der stärkere Reiz ruft eine stärkere Hyperpolarisation hervor.

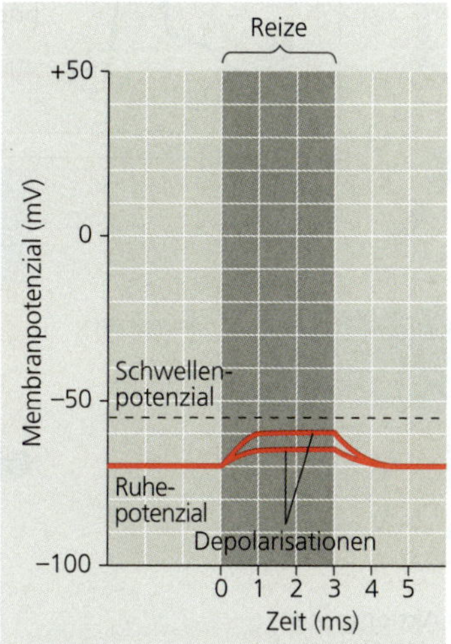

(b) Graduierte Depolarisationen. Hervorgerufen von zwei Reizen, die die Membranpermeabilität für Na^+ erhöhen. Der stärkere Reiz ruft eine stärkere Depolarisation hervor.

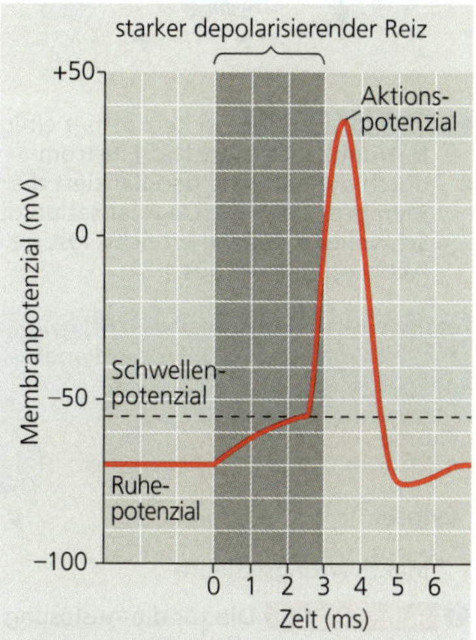

(c) Aktionspotenzial. Ausgelöst von einer Depolarisation, die das Schwellenpotenzial erreicht.

Abbildung 48.5: Graduierte Potenziale und ein Aktionspotenzial in einem Neuron.

Größe auftreten oder gar nicht, spricht man von einer *Alles-oder-Nichts-Reaktion* auf Reize. Diese Alles-oder-Nichts-Eigenschaft spiegelt die Tatsache wider, dass die Depolarisation spannungsgesteuerte Natriumkanäle öffnet und dieses Öffnen von Natriumkanälen automatisch eine weitere Depolarisation nach sich zieht (positive Rückkopplung).

MERKE!

Viele der gesteuerten Ionenkanäle in Neuronen sind spannungsgesteuerte Ionenkanäle, das heißt, sie öffnen oder schließen sich infolge einer Veränderung des Membranpotenzials.

VERSTÄNDNISFRAGEN

1. Wie unterscheidet sich ein Aktionspotenzial von einem graduierten Potenzial?

2. Bei Multipler Sklerose gehen die Myelinscheiden allmählich zugrunde. Wie beeinflusst das die Funktion des Nervensystems?

3. WAS WÄRE, WENN? Stellen Sie sich vor, eine Mutation würde dazu führen, dass spannungsgesteuerte Natriumkanäle nach einem Aktionspotenzial längere Zeit inaktiviert bleiben. Wie würde eine derartige Mutation die maximale Frequenz beeinflussen, mit der Aktionspotenziale generiert werden können? Begründen Sie Ihre Ansicht.

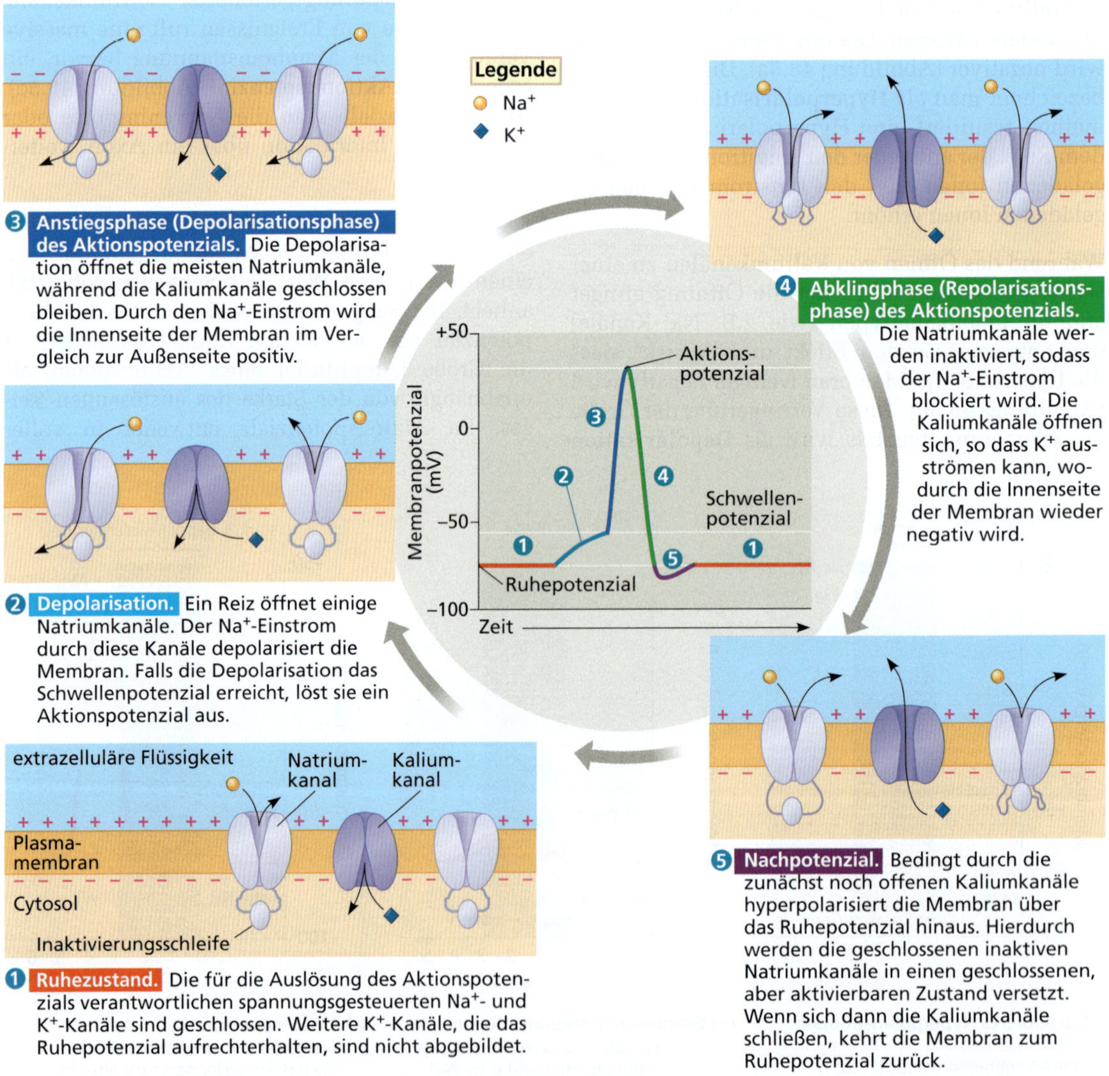

Abbildung 48.6: Die Rolle der spannungsgesteuerten Ionenkanäle bei der Erzeugung eines Aktionspotenzials. Die umkreisten Zahlen in der mittigen Abbildung und die Farben der Aktionspotenzialphasen korrespondieren mit den fünf Diagrammen, die spannungsgesteuerte Natrium- und Kaliumkanäle in der Plasmamembran eines Neurons zeigen. (Ungesteuerte Ionenkanäle sind in ②–⑤ nicht abgebildet.)

48.3.2 Erzeugung von Aktionspotenzialen: Eine nähere Betrachtung

Um besser zu verstehen, wie spannungsgesteuerte Kanäle die Form des Aktionspotenzials beeinflussen, wollen wir den ganzen Vorgang in eine Folge von Phasen zerlegen (Abbildung 48.6).

❶ Beim Ruhepotenzial sind die meisten spannungsgesteuerten Natriumkanäle geschlossen. Einige spannungsunabhängige Kaliumkanäle sind offen, doch die meisten spannungsgesteuerten Kaliumkanäle sind geschlossen.

❷ Wenn ein Reiz die Membran depolarisiert, öffnen sich einige spannungsgesteuerte Natriumkanäle, sodass mehr Na^+ in die Zelle einströmen kann. Der Natriumeinstrom führt zu einer weiteren Depolarisation, die weitere spannungsgesteuerte Natriumkanäle öffnet, sodass noch mehr Na^+ einströmt.

❸ Sobald das Schwellenpotenzial überschritten ist, bringt dieser positive Feedbackzyklus die Membran zu einem maximalen Natriumeinstrom. Dieses Stadium wird als *Anstiegsphase* (Depolarisationsphase) bezeichnet.

❹ Die spannungsgesteuerten Natriumkanäle werden bald nach dem Öffnen inaktiviert und blockieren den Natriumeinstrom, während sich die meisten spannungsgesteuerten Kaliumkanäle öffnen, was einen raschen Kaliumausstrom zur Folge hat. Beide Prozesse lassen das Membranpotenzial wieder schnell sinken. Dieses Stadium wird als *Abklingphase* (Repolarisationsphase) bezeichnet.

❺ In der Endphase eines Aktionspotenzials, die als *Nachpotenzial (undershoot)* bezeichnet wird, ist die Membranpermeabilität für K^+ kurzfristig höher als in Ruhe, daher liegt das Membranpotenzial in dieser Phase niedriger als das Ruhepotenzial.

Die spannungsgesteuerten Natriumkanäle bleiben während der Repolarisationsphase und der Frühphase des Nachpotenzials inaktiviert. Wenn in dieser Zeit ein zweiter depolarisierender Reiz auftritt, kann er daher kein neues Aktionspotenzial auslösen. Diese „Auszeit" wird als **Refraktärzeit** bezeichnet.

48.3.3 Fortleitung von Aktionspotenzialen

An dem Ort, an dem ein Aktionspotenzial ausgelöst wird (gewöhnlich in der Nähe des Axonhügels), generiert der Natriumeinstrom während der Depolarisationsphase einen elektrischen Strom, der die benachbarten Regionen der Axonmembran depolarisiert (Abbildung 48.7). Ist die

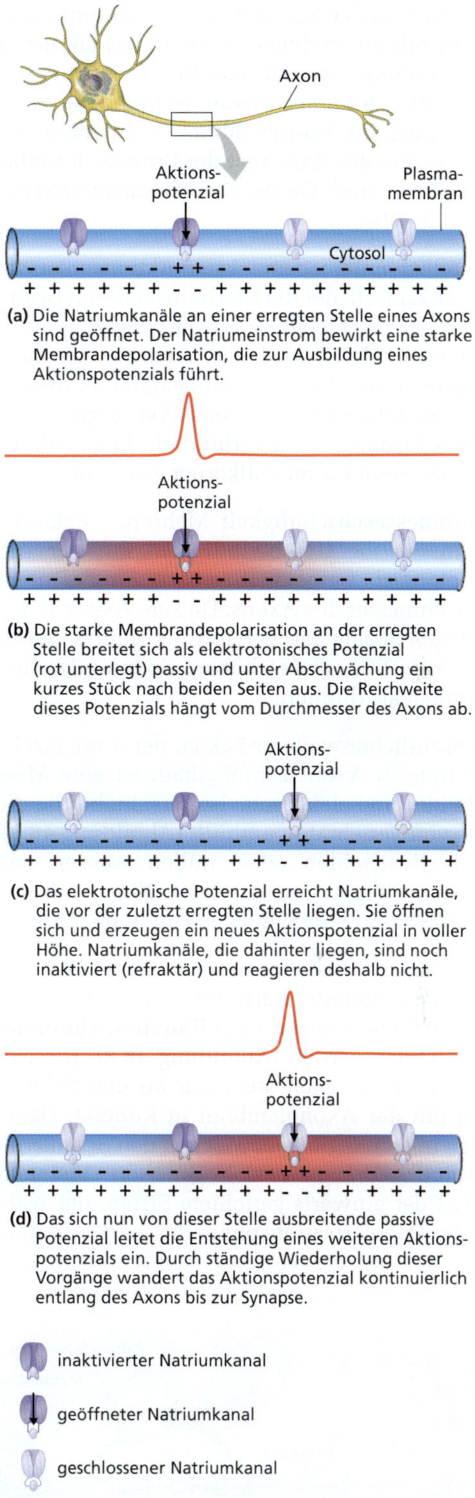

Abbildung 48.7: Fortleitung eines Aktionspotenzials. Die vier Teile dieser Abbildung zeigen Ereignisse, die in einem Axon zu vier aufeinanderfolgenden Zeitpunkten stattfinden, während ein Aktionspotenzial von links nach rechts wandert. An jedem Punkt längs des Axons durchlaufen spannungsgesteuerte Ionenkanäle die Folge von Veränderungen, die in Abbildung 48.6 beschrieben ist.

Depolarisation der Nachbarregion groß genug, um die Schwelle zu erreichen, so wird dort ein neues lokales Aktionspotenzial ausgelöst. Dieser Prozess wiederholt sich immer wieder, während das Aktionspotenzial die Axonmembran entlangläuft. An jeder Position des Axons ist der Prozess derselbe, sodass Form und Größe des Aktionspotenzials konstant bleiben.

Unmittelbar hinter jedem lokalen Aktionspotenzial liegt eine Zone, in der die Natriumkanäle auf Grund des dort zuvor erzeugten Aktionspotenzials noch inaktiviert sind. Infolgedessen kann der einwärts gerichtete Strom, der die Axonmembran in diesem Bereich depolarisiert, dort kein Aktionspotenzial auslösen. Dadurch wird verhindert, dass Aktionspotenziale zurück zum Zellkörper wandern.

Fortleitungsgeschwindigkeit Mehrere Faktoren beeinflussen die Geschwindigkeit, mit der Aktionspotenziale fortgeleitet werden. *Ein* Faktor ist der Durchmesser des Axons: Dickere Axone leiten Aktionspotenziale rascher fort als dünne, genau wie dickere Stromkabel höhere Spannungen leiten können als dünnere.

Ein wesentlicher weiterer Faktor, der diese rasche Fortleitung in Axonen ermöglicht, ist eine **Myelinscheide,** eine elektrische Isolierschicht, die die Axone von Vertebraten umhüllt (Abbildung 48.8). Die Myelinscheiden oder -hüllen werden von zwei Gliazelltypen erzeugt – von **Oligodendrocyten** im ZNS und von Schwann-Zellen im PNS.

Bei einem myelinisierten Axon beschränken sich spannungsgesteuerte Natriumkanäle auf Lücken in der Myelinscheide, die als **Ranvier-Schnürringe** bezeichnet werden (Abbildung 48.8). Die extrazelluläre Flüssigkeit steht nur an den Schnürringen mit der Axonmembran in Kontakt. Daher werden in den Regionen zwischen den Schnürringen keine Aktionspotenziale generiert. Vielmehr wandert der einwärts gerichtete Strom, der während der Depolarisationsphase des Aktionspotenzials an einem Schnürring erzeugt wurde, direkt zum nächsten Schnürring, an dem er die Membran depolarisiert und das Aktionspotenzial regeneriert. Diesen Mechanismus bezeichnet man als saltatorische Erregungsleitung (lat. *saltare*, hüpfen/springen), weil es so aussieht, als springe das Aktionspotenzial von Schnürring zu Schnürring.

Saltatorische Erregungsleitung In einem myelinisierten Axon pflanzt sich die Depolarisation während eines Aktionspotenzials an *einem* Ranvier-Schnürring im Inneren des Axons zum nächsten Schnürring fort (blaue Pfeile), an dem sie ein neues Aktionspotenzial auslöst. Auf diese Weise springt das Aktionspotenzial von Schnürring zu Schnürring, während es sich entlang des Axons fortpflanzt (rote Pfeile).

48.4 Synapsen als Kontaktstellen zwischen Neuronen

Die Übermittlung von Nervenimpulsen von einer Nervenzelle auf die nächste geschieht an den Synapsen. Die meisten Synapsen sind *chemische Synapsen*, bei denen das präsynaptische Neuron chemische Neurotransmitter freisetzt. Zellkörper und Dendriten des postsynaptischen Neurons können Input von chemischen Synapsen mit Hunderten oder gar Tausenden von synaptischen Endigungen empfangen (Abbildung 48.9). An jeder präsynaptischen Endigung liegt der jeweilige Neurotransmitter in zahlreichen **synaptischen Vesikeln** verpackt vor. Das Eintreffen eines Aktionspotenzials an einer synaptischen Endigung depolarisiert die Plasmamembran und öffnet spannungsgesteuerte Calciumkanäle, die es ermöglichen, dass Ca^{2+} in die Zelle einströmt (Abbildung 48.10). Der resultierende Anstieg der Ca^{2+}-Konzentration in der synaptischen Endigung führt dazu, dass einige der synaptischen Vesikel mit der Membran verschmelzen und ihren Vorrat an Neuro-

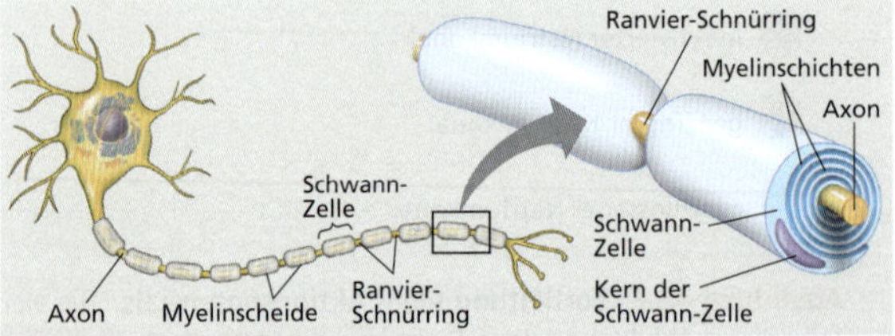

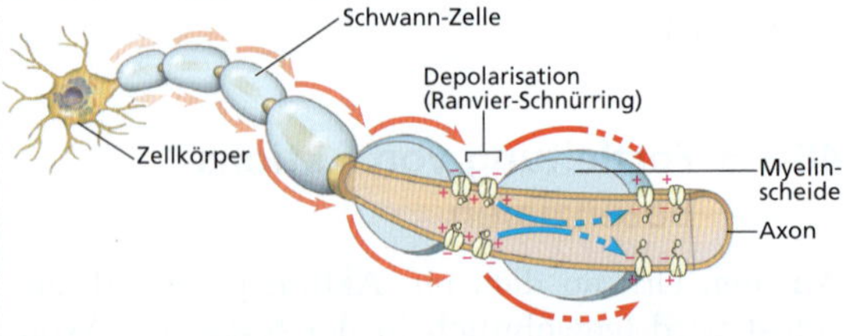

Abbildung 48.8: Schwann-Zellen und saltatorische Erregungsleitung. In einem myelinisierten Axon pflanzt sich die Depolarisation während eines Aktionspotenzials an einem Ranvier-Schnürring im Inneren des Axons zum nächsten Schnürring fort (blaue Pfeile), an dem sie ein neues Aktionspotenzial auslöst. Auf diese Weise springt das Aktionspotenzial von Schnürring zu Schnürring, während es sich entlang des Axons fortpflanzt (rote Pfeile).

transmittern freisetzen. Die Neurotransmittermoleküle diffundieren dann durch den **synaptischen Spalt**, den schmalen Zwischenraum, der das präsynaptische vom postsynaptischen Neuron trennt, zum postsynaptischen Neuron.

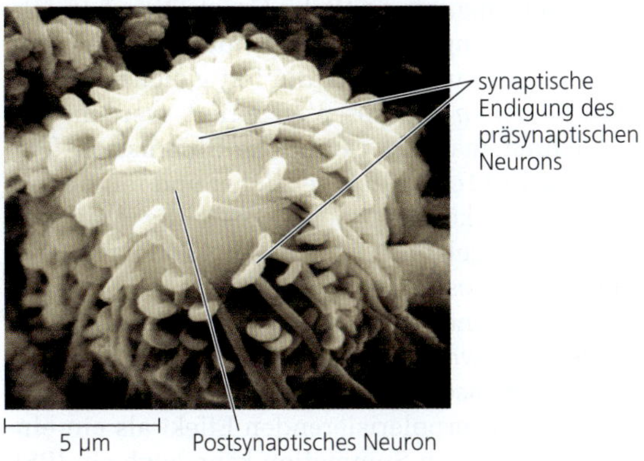

Abbildung 48.9: **Synaptische Endigungen auf dem Zellkörper eines postsynaptischen Neurons.**

48.4.1 Erzeugung postsynaptischer Potenziale

An vielen chemischen Synapsen, wie in Abbildung 48.10, sind in die Membran der postsynaptischen Zelle direkt gegenüber der synaptischen Endigung der präsynaptischen Zelle *ligandengesteuerte Ionenkanäle* eingebaut. Bindet ein Neurotransmitter an den extrazellulären Teil eines solchen Ionenkanals, so öffnet sich der Kanal und erlaubt es bestimmten Ionen, durch die postsynaptische Membran zu diffundieren. Das Ergebnis ist gewöhnlich ein *postsynaptisches Potenzial*, eine Veränderung des Membranpotenzials der postsynaptischen Zelle. An Synapsen wie der abgebildeten bindet der Neurotransmitter an einen Kanaltyp, der sowohl K^+ als auch Na^+ passieren lässt. Wenn sich solche Kanäle öffnen, wird die postsynaptische Membran depolarisiert. Da diese Depolarisationen das Membranpotenzial in Richtung Schwellenpotenzial verschieben, werden sie als **erregende (exzitatorische) postsynaptische Potenziale (EPSPs)** bezeichnet. An anderen Synapsen bindet ein anderer Neurotransmitter an Kanäle, die nur für K^+ oder Cl^- selektiv permeabel sind. Wenn sich diese Kanäle öffnen, wird die Mem-

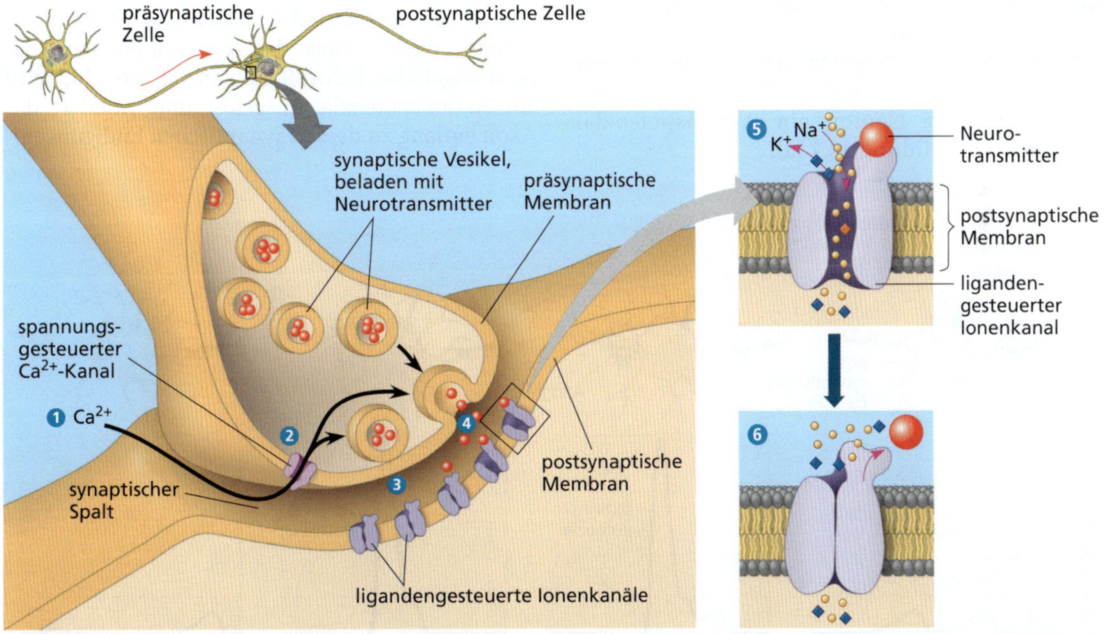

Abbildung 48.10: **Eine chemische Synapse.** ❶ Wenn ein Aktionspotenzial die Plasmamembran der synaptischen Endigung depolarisiert, öffnet ❷ es spannungsgesteuerte Calciumkanäle in der Membran und löst einen Einstrom von Ca^{2+} aus. ❸ Die erhöhte Ca^{2+}-Konzentration in der Endigung veranlasst die synaptischen Vesikel, mit der präsynaptischen Membran zu verschmelzen. ❹ Die Vesikel setzen Neurotransmitter in den synaptischen Spalt frei. ❺ Der Neurotransmitter bindet an den Rezeptorteil von ligandengesteuerten Ionenkanälen in der postsynaptischen Membran und öffnet die Kanäle. In der hier abgebildeten Synapse können sowohl Na^+ als auch K^+ durch die Kanäle wandern. ❻ Der Neurotransmitter löst sich vom Rezeptor und die Kanäle schließen sich. Die synaptische Übertragung endet, wenn der Neurotransmitter aus dem synaptischen Spalt diffundiert, von der synaptischen Endigung oder von einer anderen Zelle wieder aufgenommen wird oder von einem Enzym abgebaut wird.

? Wenn das gesamte Ca^{2+} in der Flüssigkeit, die das Neuron umgibt, entfernt würde, wie würde dies die Übertragung von Information innerhalb eines Neurons oder zwischen Neuronen beeinflussen?

bran hyperpolarisiert. Hyperpolarisationen, die auf diese Weise entstehen, werden als **hemmende (inhibitorische) postsynaptische Potenziale (IPSPs)** bezeichnet, weil sie das Membranpotenzial vom Schwellenpotenzial wegschieben.

Verschiedene Mechanismen sorgen dafür, dass Neurotransmittermoleküle rasch aus dem synaptischen Spalt verschwinden, sodass ihre Wirkung auf die postsynaptischen Zellen beendet wird. Manche Neurotransmitter werden aktiv in das präsynaptische Neuron zurücktransportiert, indem sie wieder in synaptische Vesikel verpackt werden, oder sie werden in Gliazellen transportiert, um als Energielieferanten verstoffwechselt bzw. in Nervenzellen zurücktransportiert zu werden. Andere Neurotransmitter entfernen sich durch einfache Diffusion aus dem synaptischen Spalt oder werden von einem Enzym abgebaut.

48.4.2 Summation postsynaptischer Potenziale

Im Gegensatz zu Aktionspotenzialen, die Alles-oder-Nichts-Ereignisse sind, sind postsynaptische Signale abgestuft (graduiert); ihre Amplitude variiert mit einer Reihe von Faktoren, darunter mit der Menge an Neurotransmittern, die vom präsynaptischen Neuron freigesetzt wird. Zudem ist ein einzelnes EPSP gewöhnlich zu klein, um in einem postsynaptischen Neuron ein Aktionspotenzial auszulösen (Abbildung 48.11a).

In manchen Fällen treffen zwei EPSPs so rasch hintereinander an derselben Synapse ein, dass das Membranpotenzial des postsynaptischen Neurons bei Eintreffen des zweiten EPSP noch nicht zum Ruhepotenzial zurückgekehrt ist. Wenn das der Fall ist, addieren sich die beiden EPSPs, ein Vorgang, den man als **zeitliche Summation** bezeichnet (Abbildung 48.11b). Außerdem können sich auch EPSPs summieren, die fast gleichzeitig von *verschiedenen* Synapsen generiert werden; das bezeichnet man als **räumliche Summation** (Abbildung 48.11c). Mittels zeitlicher und räumlicher Summation können viele EPSPs die Membran am Axonhügel bis zur Schwelle depolarisieren, sodass das postsynaptische Neuron ein Aktionspotenzial generiert. Summation tritt auch bei IPSPs auf: Zwei oder mehr IPSPs, die fast gleichzeitig oder rasch aufeinanderfolgen, haben einen größeren hyperpolarisierenden Effekt als ein einziges IPSP. Durch Summation kann auch ein IPSP einem EPSP entgegenwirken (Abbildung 48.11d).

Das Zusammenspiel zwischen zahlreichen erregenden und hemmenden Einflüssen ist das Wesen der Integration im Nervensystem. Der Axonhügel ist das Integrationszentrum des Neurons, der Ort, an dem das Membranpotenzial in jedem Moment die addierten Effekte sämtlicher EPSPs und IPSPs repräsentiert. Wann immer das Membranpotenzial am Axonhügel das Schwellenpotenzial erreicht, wird ein Aktionspotenzial ausgelöst und wandert das Axon entlang zu dessen synaptischen Endigungen.

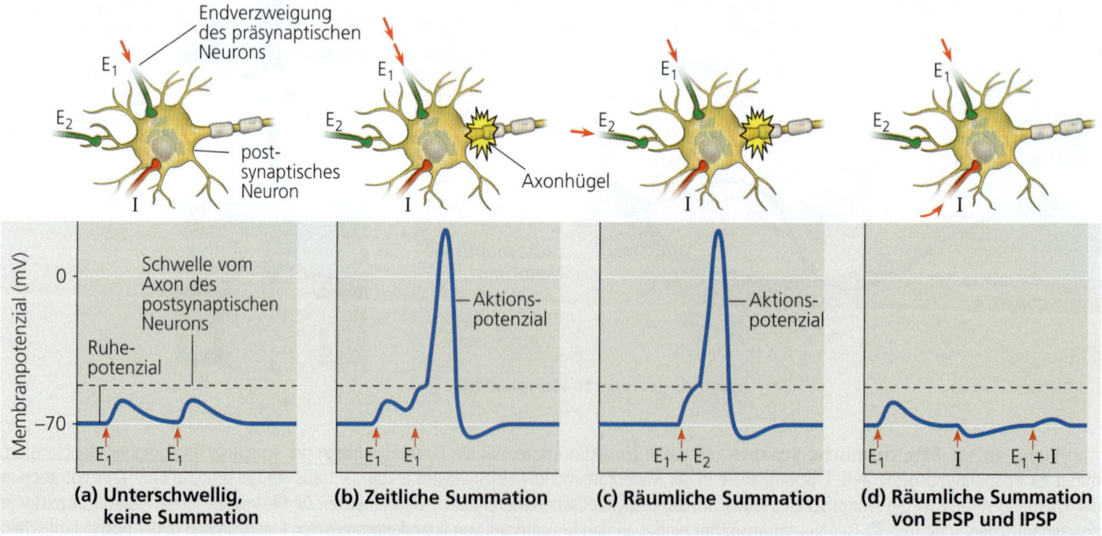

Abbildung 48.11: Summation von postsynaptischen Potenzialen. Diese Messkurven zeigen Veränderungen im Membranpotenzial am Axonhügel eines postsynaptischen Neurons. Die Pfeile geben an, zu welchem Zeitpunkt postsynaptische Potenziale an zwei erregenden Synapsen (E_1 und E_2, grün in der Zeichnung über den Kurven) und an einer hemmenden Synapse (I, rot) auftreten. Wie die meisten EPSPs reichen diejenigen, die von E_1 oder E_2 erzeugt werden, ohne Summation nicht aus, um die Membran am Axonhügel bis zum Schwellenpotenzial zu depolarisieren.

48.4.3 Modulation der synaptischen Übertragung

Bisher haben wir uns auf Synapsen mit ligandengesteuerten Ionenkanälen konzentriert, bei denen ein Neurotransmitter direkt an einen Ionenkanal bindet und den Kanal veranlasst, sich zu öffnen. Es gibt jedoch auch Synapsen, bei denen der Rezeptor für den Neurotransmitter *kein* Teil eines Ionenkanals ist. Vielmehr aktiviert die Bindung des Neurotransmitters an seinen Rezeptor auf der postsynaptischen Zelle einen Signalübertragungsweg, an dem ein sekundärer Botenstoff (Second Messenger) beteiligt ist (siehe Kapitel 11). Verglichen mit den postsynaptischen Potenzialen, die von ligandengesteuerten Kanälen erzeugt werden, setzt die Wirkung dieser Second-Messenger-Systeme langsamer ein, hält dafür aber länger an (Minuten oder sogar Stunden). Second Messenger modulieren die Antwortbereitschaft postsynaptischer Neurone auf Inputs auf verschiedene Weise, beispielsweise dadurch, dass sie die Zahl der offenen Kaliumkanäle verändern.

Bei der Modulation der synaptischen Übertragung (Transmission) spielen eine ganze Reihe von Signalübertragungswegen eine Rolle. Bei einem der am besten untersuchten Übertragungswege fungiert zyklisches AMP (cAMP) als sekundärer Botenstoff. Wenn beispielsweise der Neurotransmitter Noradrenalin (Norepinephrin) an seinen Rezeptor bindet, aktiviert der Neurotransmitter-Rezeptor-Komplex ein G-Protein, das seinerseits Adenylatcyclase aktiviert, ein Enzym, das ATP in cAMP umwandelt (siehe Abbildung 11.5). Zyklisches AMP aktiviert Proteinkinase A, die bestimmte Kanalproteine in der postsynaptischen Membran phosphoryliert und sie veranlasst, sich zu öffnen oder zu schließen. Wegen des Verstärkungseffekts des Signalübertragungsweges kann die Bindung eines Neurotransmittermoleküls an einem einzigen Rezeptor zum Öffnen oder Schließen vieler Kanäle führen.

48.4.4 Neurotransmitter

Es gibt mehr als 100 bekannte Neurotransmitter, die sich aufgrund ihrer chemischen Struktur einigen wenigen Gruppen zuordnen lassen (Tabelle 48.1). Ein einzelner Neurotransmitter kann mehrere verschiedene Rezeptoren haben. Überdies können sich die Rezeptoren für einen bestimmten Neurotransmitter wesentlich in ihrer Wirkung auf postsynaptische Zellen unterscheiden.

MERKE!

Einer der häufigsten Neurotransmitter bei Vertebraten und Evertebraten ist Acetylcholin.

Acetylcholin Einer der häufigsten Neurotransmitter bei Vertebraten und Evertebraten ist **Acetylcholin**. Vertebratenneurone, die Synapsen mit Skelettmuskelzellen ausbilden, sogenannte neuromuskuläre Endplatten, setzen als erregenden Transmitter Acetylcholin frei. Auf der Muskelzelle bindet Acetylcholin an Rezeptoren, die ligandengesteuerte Ionenkanäle darstellen und ein EPSP hervorbringen. Nicotin, eine Substanz, die man im Tabak findet, bindet an dieselben Rezeptoren, die man auch anderenorts im ZNS und im PNS findet. Die Wirkungen von Nicotin als physiologisches und psychologisches Anregungsmittel sind eine Folge seiner Affinität zu diesem Acetylcholinrezeptortyp. Die Acetylcholinwirkung im synaptischen Spalt wird durch das Enzym Acetylcholinesterase beendet, das den Neurotransmitter hydrolysiert.

Manche Bakterien produzieren ein Toxin, das spezifisch die präsynaptische Freisetzung von Acetylcholin hemmt. Dieses Toxin ist die Ursache für eine seltene, aber schwere Form der Lebensmittelvergiftung, Botulismus genannt. Unbehandelt ist Botulismus in der Regel tödlich, weil die Atemmuskulatur sich nicht mehr kontrahiert, wenn die Acetylcholinfreisetzung blockiert ist.

Bei der Kontrolle der Herzmuskulatur von Wirbeltieren zeigt Acetylcholin statt einer erregenden eine hemmende Wirkung, die die Kontraktionsfrequenz des Herzmuskels verringert.

Biogene Amine Biogene Amine sind Neurotransmitter, die sich von Aminosäuren ableiten. Im PNS von Vertebraten ist Noradrenalin einer der beiden wichtigsten Neurotransmitter; der andere ist Acetylcholin. Noradrenalin generiert EPSPs im vegetativen Nervensystem, einem Teil des PNS, der in Kapitel 49 besprochen wird. Im ZNS sind biogene Amine häufig an der Modulation der synaptischen Übertragung beteiligt. An vielen Orten im Gehirn werden Dopamin und Serotonin freigesetzt; sie beeinflussen Schlaf, Stimmung, Aufmerksamkeit und Lernen. Einige Psychopharmaka, darunter auch LSD und Mescalin, erzeugen ihre halluzinogene Wirkung offenbar dadurch, dass sie an cerebrale Rezeptoren für Dopamin und Serotonin binden.

Biogene Amine spielen bei einer ganzen Reihe von Störungen des Nervensystems und ihrer Behandlung eine zentrale Rolle (siehe Kapitel 49). Die degenerative Parkinson-Krankheit geht mit einem Dopaminmangel im Gehirn einher. Zudem werden Depressionen häufig mit Psychopharmaka behandelt, die die Konzentration biogener Amine im Gehirn erhöhen.

Neurotransmitter	Struktur	Wirkung	Vorkommen
Acetylcholin	$H_3C-C(=O)-O-CH_2-CH_2-N^+(CH_3)_2-CH_3$	Erregend an neuromuskulären Endplatten von Wirbeltieren; anderenorts erregend oder hemmend	Neuromuskuläre Endplatte (Wirbeltiere), ZNS, PNS
	Biogene Amine		
Noradrenalin	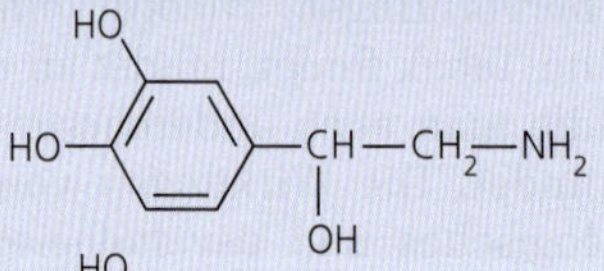	Erregend oder hemmend	ZNS, PNS
Dopamin	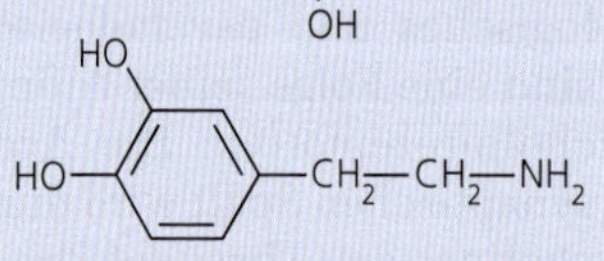	Meist erregend; gelegentlich hemmend	ZNS, PNS
Serotonin	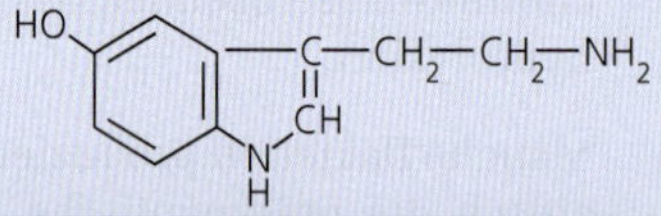	Meist erregend	ZNS
	Aminosäuren		
GABA (Gamma-Aminobuttersäure)	$HOOC-CH_2-CH_2-CH_2-NH_2$	Hemmend	ZNS, neuromuskuläre Endplatte (Wirbellose)
Glutamat	$HOOC-CH_2-CH_2-CH(NH_2)-COOH$	Meist erregend	ZNS, neuromuskuläre Endplatte (Wirbellose)
Glycin	H_2N-CH_2-COOH	Hemmend	ZNS
	Neuropeptide (eine sehr vielfältige Gruppe, aus der nur zwei Beispiele gezeigt werden)		
Substanz P	Arg—Pro—Lys—Pro—Gln—Gln—Phe—Phe—Gly—Leu—Met	Erregend	ZNS, PNS
Met-Enkephalin (ein Endorphin)	Tyr—Gly—Gly—Phe—Met	Meist erregend	ZNS
	Gase		
Stickstoffmonoxid (NO)	N=O	Erregend oder hemmend	ZNS, PNS

Tabelle 48.1: **Wichtige Neurotransmitter.**

MERKE!

Biogene Amine sind Neurotransmitter, die sich von Aminosäuren ableiten.

Aminosäuren Im ZNS von Vertebraten spielen zwei Neurotransmitter eine wichtige Rolle: **Gamma-Aminobuttersäure (GABA)** und Glutamat. GABA, der Neurotransmitter, der von den meisten hemmenden Synapsen sezerniert wird, ruft IPSPs hervor, indem er die Permeabilität der postsynaptischen Membran für Cl^- erhöht. Im Gegensatz dazu wirkt Glutamat, der häufigste Neurotransmitter im Gehirn, meist erregend. Eine dritte Aminosäure, Glycin, wirkt vor allem an hemmenden Synapsen im Rückenmark.

Neuropeptide Mehrere aus wenigen Aminosäuren bestehende Oligopeptide, sogenannte Neuropeptide, wirken ebenfalls als Neurotransmitter. Das Neuropeptid **Substanz P** ist ein wichtiger exzitatorischer Neurotransmitter, der Schmerzwahrnehmung vermittelt, während andere Neuropeptide, sogenannte **Endorphine**, als natürliche Schmerzmittel (Analgetika) wirken und das Schmerzempfinden dämpfen.

Endorphine werden vom Gehirn in physischen oder psychischen Stresssituationen produziert, beispielsweise bei der Geburt. Sie wirken nicht nur schmerzlindernd, sondern verringern auch die Harnproduktion, verflachen die Atmung und erzeugen Hochstimmung (Euphorie) sowie andere emotionale Effekte. Da Opiate an dieselben Rezeptorproteine wie Endorphine binden, ahmen sie die Endorphinwirkung nach und rufen dieselben physiologischen Effekte hervor, allerdings mit viel stärkerer Wirkung, was dann schnell zu Abhängigkeit und Sucht führt.

Gase So wie viele andere Zelltypen auch setzen einige Wirbeltierneurone Gase frei, vor allem Stickstoffmonoxid (NO, siehe Kapitel 41), die als lokale Regulatoren wirken. Bei sexueller Erregung beispielsweise setzen bestimmte Neurone beim Mann NO in das erektile Gewebe des Penis frei. Daraufhin entspannen sich die glatten Muskelzellen in den Wänden der Blutgefäße, die das erektile Gewebe versorgen, sodass sich die Blutgefäße erweitern und die Schwellkörper sich mit Blut füllen, was zu einer Erektion führt.

NO wird bei Bedarf synthetisiert und diffundiert in benachbarte Zielzellen, führt dort zu einer Veränderung und zersetzt sich – alles innerhalb weniger Sekunden. In vielen seiner Zielzellen, einschließlich der glatten Muskelzellen, wirkt NO ähnlich wie viele Hormone und regt ein Enzym an, einen sekundären Botenstoff zu synthetisieren, der den Zellstoffwechsel direkt beeinflusst.

Obgleich das Gas Kohlenmonoxid (CO) in der Atemluft tödlich wirkt, produziert der Wirbeltierkörper kleine Mengen CO, von denen ein Teil als Neurotransmitter wirkt. Kohlenmonoxid wird von

Wissenschaftliche Übung

Verfügt das Gehirn über ein spezielles Rezeptorprotein für Opiate?

Experiment Im Jahr 1973 suchten Candace Pert und Solomon Snyder von der Johns Hopkins University im Säugerhirn nach einem Opiatrezeptor. Bekannt war, dass der Wirkstoff Naloxon ein Antagonist (Gegenspieler) von Opiaten ist und deren narkotischem Effekt entgegenwirkt. Pert und Snyder nahmen an, dass Naloxon als Opiatantagonist wirkt, indem es fest an den Opiatrezeptor bindet, ohne ihn zu aktivieren. Also markierten sie Naloxon radioaktiv und inkubierten es anschließend mit einer Proteinmischung, die sie aus Nagerhirnen gewonnen hatten. Wenn Proteine präsent waren, die Naloxon binden konnten, würde das radioaktive Naloxon mit der Proteinmischung eine stabile Verbindung eingehen. Überdies konnten die Forscher feststellen, ob ein bestimmter Rezeptor präsent war, indem sie untersuchten, inwieweit verschiedene psychoaktive Wirkstoffe die Bindungsaktivität stören konnten.

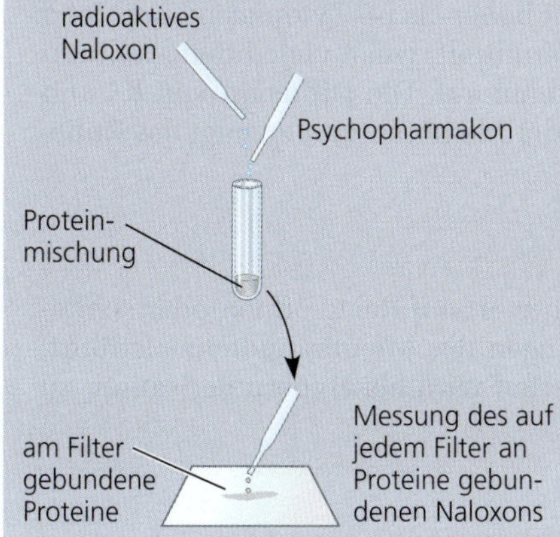

Ergebnis

Wirkstoff	Opiat	Konzentration, die die Naloxon-Bindung blockierte
Morphium	Ja	6×10^{-9} mol
Methadon	Ja	2×10^{-8} mol
Levorphanol	Ja	2×10^{-9} mol
Phenobarbital	Nein	Kein Effekt bei 10^{-4} mol
Atropin	Nein	Kein Effekt bei 10^{-4} mol
Serotonin	Nein	Kein Effekt bei 10^{-4} mol

Schlussfolgerung Da Opiate die Naloxonbindung stören, nicht verwandte Pharmaka dies jedoch nicht taten, zeigte die Bindungsaktivität die Spezifität, die von dem Opiatrezeptor zu erwarten war. Pert und Snyder fanden auch heraus, dass diese Bindungsaktivität in Geweben aus Hirnregionen vorhanden war, die an der Schmerzwahrnehmung beteiligt sind, nicht jedoch in Gewebe aus dem Cerebellum (Kleinhirn), einer Region, die die motorische Aktivität koordiniert.

Daten aus: C. B. Pert und S. H. Snyder. Opiate receptor: demonstration in nervous tissue. *Science* 179: S. 1011–1014 (1973).

? WAS WÄRE, WENN? Wie hätte das Ergebnis ausgesehen, wenn die Forscher ein radioaktiv markiertes Opiat statt eines radioaktiven Opiatantagonisten verwendet hätten?

dem Enzym Hämoxygenase produziert; eine Form dieses Enzyms findet man in manchen Neuronenpopulationen im Gehirn und im PNS. Im Gehirn reguliert CO die Freisetzung von Hypothalamushormonen. Im PNS fungiert es als hemmender Neurotransmitter, der die Membran der glatten Darmmuskelzellen hyperpolarisiert. In jüngster Zeit gibt es viele Hinweise, dass auch Schwefelwasserstoff (H_2S) als Neurotransmitter agieren kann.

VERSTÄNDNISFRAGEN

1. Wie kann ein bestimmter Neurotransmitter in unterschiedlichen Geweben entgegengesetzte Wirkungen haben?

2. Pestizide auf Organophosphatbasis wirken, indem sie die Acetylcholinesterase hemmen, das Enzym, das den Neurotransmitter Acetylcholin abbaut. Erklären Sie, wie diese Toxine die von Acetylcholin generierten Aktionspotenziale beeinflussen würden.

3. WAS WÄRE, WENN? Wenn ein Wirkstoff die Aktivität von GABA im ZNS nachahmen würde, welche allgemeine Auswirkung auf das Verhalten würden Sie erwarten? Begründen Sie Ihre Ansicht.

ZUSAMMENFASSUNG

Neuronale Organisation und Struktur als Spiegel der Funktion bei der Informationsübermittlung

Einführung in die Informationsverarbeitung. Nervensysteme verarbeiten Informationen in drei Stufen: Verarbeitung sensorischer Eingangssignale (Input), sensorische Integration und Verarbeitung motorischer Ausgangssignale (Output). Nervensysteme sind häufig in ein Zentralnervensystem (ZNS), das Gehirn und den Längsnervenstrang (Rückenmark) umfasst, und ein peripheres Nervensystem (PNS) unterteilt.

Neuronale Struktur und Funktion. Die meisten Neurone verfügen über stark verzweigte Dendriten, die Signale von anderen Neuronen empfangen. In der Regel haben sie zudem ein einziges Axon, das an den Synapsen Signale an andere Zellen übermittelt. Neurone weisen ein breites Formenspektrum auf, das ihre Input- und Output-Wechselwirkungen widerspiegelt, während Gliazellen unter Anderem unterstützende Funktionen ausüben.

Aufrechterhaltung des Ruhepotenzials eines Neurons durch Ionenpumpen und Ionenkanäle

Bei jeder lebenden Zelle herrscht eine Potenzialdifferenz (Spannung) über der Plasmamembran, das sogenannte Membranpotenzial. Im Vergleich zur Außenseite der Zelle ist die Innenseite negativ.

Das Membranpotenzial hängt von Unterschieden der Ionenkonzentrationen über der Membran ab. Die Konzentration von Na^+ ist in der extrazellulären Flüssigkeit höher als im Zytoplasma, während für K^+ das Umgekehrte gilt. Ein Neuron, das keine Signale übermittelt, weist viele offene Kaliumkanäle und nur wenige offene Natriumkanäle in seiner Membran auf. Die Diffusion von K^+ und Na^+ durch diese Kanäle führt zu einer Ladungstrennung über der Membran und erzeugt das Ruhepotenzial.

Axonale Fortleitung von Aktionspotenzialen

Neurone verfügen über gesteuerte Ionenkanäle, die sich in Antwort auf Reize öffnen oder schließen, was durch Ein- oder Ausstrom von Ionen zu Veränderungen des Membranpotenzials führt. Eine Veränderung des Membranpotenzials zu negativeren Werten wird als Hyperpolarisation, zu positiveren Werten als Depolarisation bezeichnet.

Erzeugung von Aktionspotenzialen. Ein Aktionspotenzial ist eine kurze Depolarisation der Plasmamembran des Neurons, die dem Alles-oder-nichts-Prinzip folgt. Wenn eine Depolarisation die Membran bis zum Schwellenpotenzial bringt, öffnen sich viele spannungsgesteuerte Natriumkanäle und lösen damit einen Natriumeinstrom aus, der das Membranpotenzial rasch auf einen positiven Wert hebt. Das Membranpotenzial kehrt durch die Inaktivierung der Natriumkanäle und durch das Öffnen vieler spannungsgesteuerter Kaliumkanäle, die den Kaliumausstrom erhöhen, zu seinem normalen Ruhewert zurück.

Auf ein Aktionspotenzial folgt eine Refraktärperiode, die dem Zeitraum entspricht, in dem die Natriumkanäle inaktiviert sind.

Fortleitung von Aktionspotenzialen. Ein Aktionspotenzial wandert vom Axonhügel zu den synaptischen Endigungen, indem es sich selbst auf seinem Weg längs des Axons regeneriert. Die Fortleitungsgeschwindigkeit eines Aktionspotenzials nimmt mit steigendem Durchmesser des Axons und bei vielen Vertebratenaxonen mit einer Myelinisierung zu. Aktionspotenziale in myelinisierten Axonen springen von einem Ranvier-Schnürring zum nächsten; das nennt man saltatorische Erregungsleitung.

Synapsen als Kontaktstellen zwischen Neuronen

In einer chemischen Synapse führt die Depolarisation der synaptischen Endigung dazu, dass die synaptischen Vesikel mit der Membran der synaptischen Endigung verschmelzen und Neurotransmitter in den synaptischen Spalt freisetzen.

Erzeugung postsynaptischer Potenziale. An vielen Synapsen bindet der Neurotransmitter an ligandengesteuerte Ionenkanäle in der postsynaptischen Membran und ruft ein erregendes oder hemmendes postsynaptisches Potenzial (EPSP oder IPSP) hervor. Die Beendigung der Neurotransmitterwirkung erfolgt durch dessen Aufnahme in die umliegenden Zellen oder durch enzymatischen Abbau.

Summation postsynaptischer Potenziale. Ein einzelnes Neuron weist auf seinen Dendriten und auf seinem Zellkörper zahlreiche Synapsen auf. Ob ein Aktionspotenzial erzeugt wird, hängt von der zeitlichen und räumlichen Summation von EPSPs und IPSPs am Axonhügel ab.

Modulation der synaptischen Übertragung. Die Bindung von Neurotransmitter an einige Rezeptoren aktiviert Signalübertragungswege, die sich langsam entwickelnde, aber lang anhaltende Wirkungen in der postsynaptischen Zelle ausüben.

Neurotransmitter. Derselbe Neurotransmitter kann auf verschiedene Zellen je nach Rezeptortyp unterschiedliche Wirkungen ausüben. Zu den wichtigsten bekannten Neurotransmittern zählen Acetylcholin, biogene Amine (Serotonin, Dopamin, Noradrenalin), die Aminosäuren GABA, Glutamat und Glycin, Neuropeptide und Gase wie Stickstoffmonoxid.

49

Nervensysteme

49.1 Nervensysteme bestehen aus Neuronenschaltkreisen und unterstützenden Zellen

Bei den meisten Tieren übernehmen Ansammlungen von Neuronen bestimmte Aufgaben. Bei komplexen Tieren sind die Axone zahlreicher Nervenzellen oft zu **Nerven** gebündelt. Diese faserförmigen Strukturen kanalisieren und organisieren den Informationsfluss längs bestimmter Bahnen durch das Nervensystem.

Bei Wirbeltieren bilden Gehirn und Rückenmark das Zentralnervensystem (ZNS), während Nerven und Ganglien das *periphere Nervensystem (PNS)* bilden. Für beide Systeme ist eine regionale Spezialisierung typisch.

49.1.1 Organisation des Wirbeltiernervensystems

Gehirn und Rückenmark des Wirbeltiernervensystems sind eng miteinander verknüpft. Das Gehirn liefert die Integrationsleistung, die dem komplexen Verhalten von Wirbeltieren zugrunde liegt. Das Rückenmark, das in der Wirbelsäule verläuft, übermittelt Information zum und vom Gehirn und erzeugt die grundlegenden Lokomotionsmuster. Das Rückenmark handelt auch unabhängig vom Gehirn, und zwar als Teil der einfachen neuronalen Schaltkreise, die **Reflexe** erzeugen, automatische Antworten des Körpers auf bestimmte Reize (Stimuli).

Ein Reflex schützt den Körper, indem er eine rasche, unwillkürliche Antwort auf einen bestimmten Reiz auslöst. Wenn Sie beispielsweise Ihre Hand auf eine heiße Herdplatte legen, zieht ein Reflex Ihre Hand zurück, noch bevor die Schmerzempfindung in Ihr Gehirn vorgedrungen ist. Und wenn Ihre Knie einknicken, wenn Sie eine schwere Last vom Boden heben wollen, löst die Spannung über Ihren Knien einen Reflex aus, der die Oberschenkelmuskulatur zur Kontraktion veranlasst und Ihnen hilft, aufrecht stehen zu bleiben und die Last zu stabilisieren. Im Lauf einer körperlichen Untersuchung prüft der Arzt häufig diesen Kniesehnenreflex mit einem Gummihammer, um die Funktion des Nervensystems zu überprüfen (Abbildung 49.2).

Das Rückenmark der Vertebraten verläuft auf der Rückenseite des Körpers (Abbildung 49.3). Im Laufe der Entwicklung entstehen aus der Höhlung, die das embryonale Neuralrohr durchzieht, der enge **Zentralkanal** des Rückenmarks und die **Ventrikel** des Gehirns (Abbildung 49.4). Diese sind mit **Cerebrospinalflüssigkeit** gefüllt, die durch Filtration aus arteriellem Blut im Gehirn gewonnen wird. Die Cerebrospinalflüssigkeit zirkuliert langsam durch den Zentralkanal und die Ventrikel und entleert sich dann in die Venen. Bei Säugern schützt die Cerebrospinalflüssigkeit zudem Gehirn und Rückenmark als Stoßdämpfer vor mechanischen Erschütterungen.

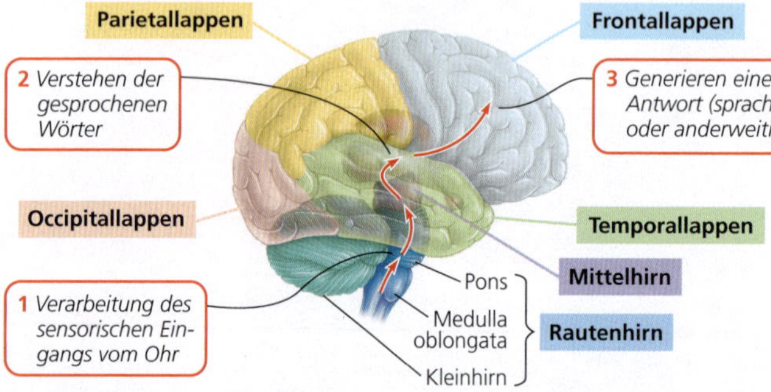

Gedächtnisbildung: Informationen werden durch Verstärkung von aktiven synaptischen Verbindungen zwischen bestimmten Neuronen gespeichert.

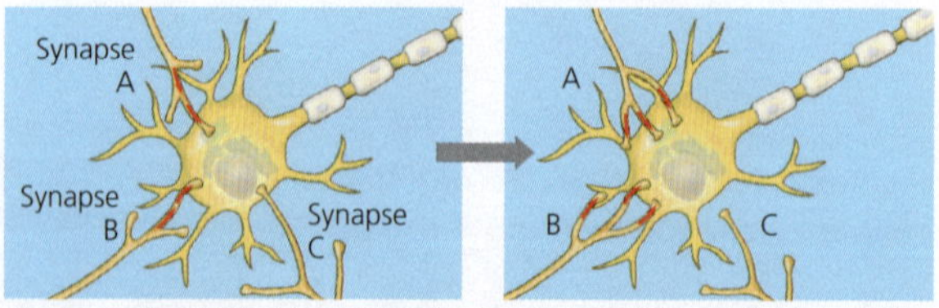

Synapsen, die gleichzeitig auf derselben postsynaptischen Zelle aktiv sind (A und B), können stärker werden, während Synapsen, die nicht Teil eines aktiven Netzwerks sind (C), schwächer werden oder verloren gehen können.

Abbildung 49.1: Regionale Spezialisierung. Verschiedene Gehirnregionen sind an komplexen Aufgaben wie der Beantwortung einer gesprochenen Frage beteiligt.

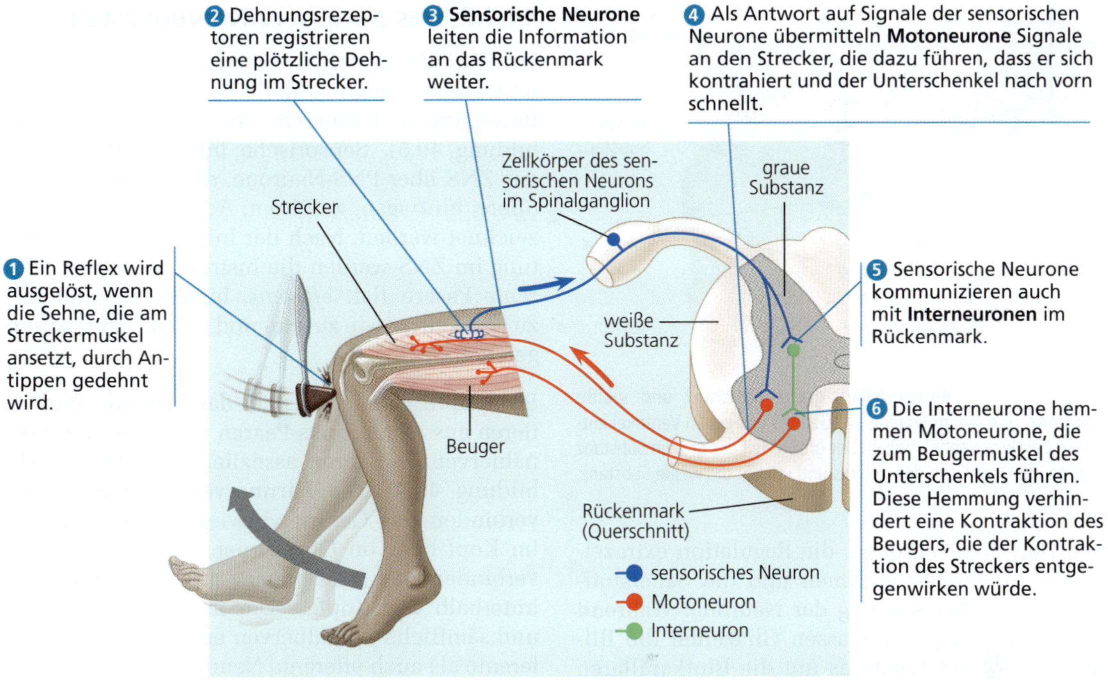

Abbildung 49.2: **Der Kniesehnenreflex.** An diesem Reflexbogen sind viele Neurone beteiligt; aus Gründen der Übersichtlichkeit sind hier nur wenige abgebildet.

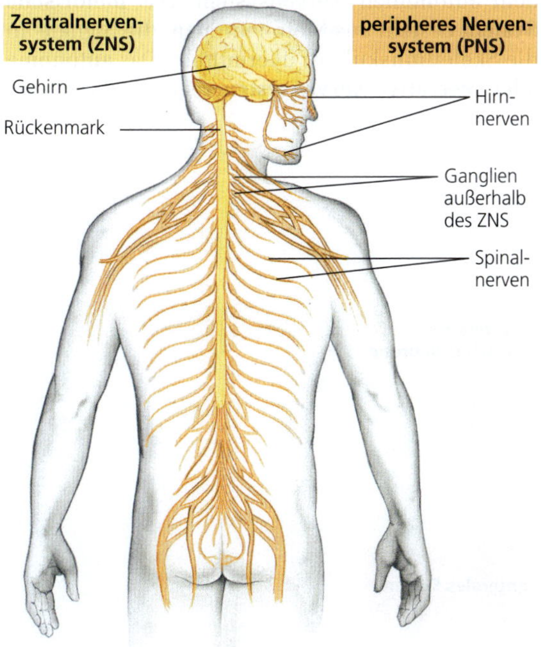

Abbildung 49.3: **Das Wirbeltiernervensystem.** Das Zentralnervensystem besteht aus dem Gehirn und dem Rückenmark (gelb). Hirnnerven, Spinalnerven und Ganglien außerhalb des Zentralnervensystems bilden das periphere Nervensystem (orange).

Zusätzlich zu diesen flüssigkeitsgefüllten Räumen enthalten Gehirn und Rückenmark graue Substanz und weiße Substanz. Die **graue Substanz** besteht vorwiegend aus den Zellkörpern, Dendriten und unmyelinisierten Axonen von Nervenzellen, die häufig in einer charakteristischen Schichtenstruktur angeordnet sind.

Die **weiße Substanz** hingegen besteht vor allem aus gebündelten Axonen mit Myelinscheiden, die diese Axone weißlich erscheinen lassen. Im Rückenmark liegt die weiße Substanz außen; das steht in Einklang mit ihrer Aufgabe, das ZNS mit sensorischen und motorischen Neuronen des PNS zu verknüpfen. Wie in Abbildung 49.4 zu sehen ist, liegt die weiße Substanz im Gehirn stattdessen vorwiegend innen; hier besteht ihre Hauptaufgabe darin, Signale zwischen Neuronen im Gehirn weiterzuleiten, die an Lernen, Emotionen, Verarbeitung von sensorischer Information und Steuerfunktionen beteiligt sind.

Gliazellen im ZNS Die Gliazellen, die überall im Gehirn und im Rückenmark von Wirbeltieren präsent sind, haben vielfältige unterstützende Funktionen. So sorgen sie z.B. für die Zirkulation der Cerebrospinalflüssigkeit, die zentralnervöse Immunabwehr, die Myelinisierung von Axonen,

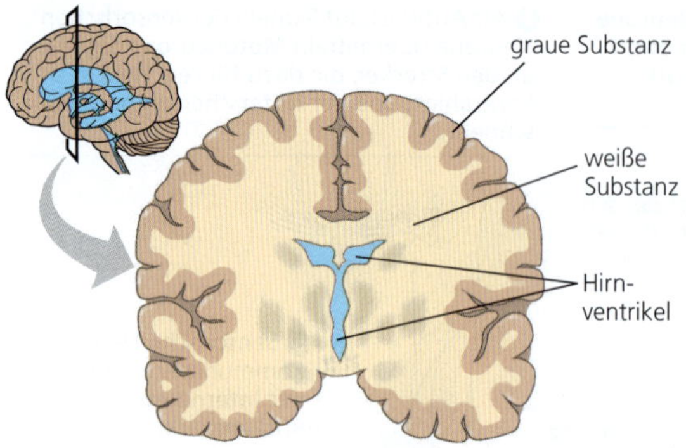

Abbildung 49.4: Hirnventrikel, graue Substanz und weiße Substanz. Die tief im Inneren des Gehirns gelegenen Ventrikel enthalten Cerebrospinalflüssigkeit. Der größte Teil der grauen Substanz liegt an der Oberfläche des Gehirns und umgibt die weiße Substanz.

den Halt von Neuronen, die Regulation extrazellulärer Stoffkonzentrationen und die Sauerstoff- und Nährstoffversorgung der Neurone. Während der Entwicklung veranlassen Gliazellen die Bildung von Tight Junctions um die Blutkapillaren im ZNS (siehe Abbildung 6.19). Das Ergebnis ist die **Blut-Hirn-Schranke**, die den passiven Übertritt hydrophiler Substanzen ins ZNS verhindert. Die Existenz dieser Schranke erlaubt somit eine strikte Kontrolle des extrazellulären chemischen Milieus von Gehirn und Rückenmark.

49.1.2 Das periphere Nervensystem

Das PNS übermittelt Information zu und vom ZNS und spielt eine große Rolle bei der Kontrolle von Bewegung und innerem Milieu des Tieres (Abbildung 49.5). Sensorische Information erreicht das ZNS über PNS-Neurone, die als *afferent* (lat. *affere*, hintragen, zuführen; Adjektiv *afferent*) bezeichnet werden. Nach der Informationsverarbeitung im ZNS werden die Instruktionen über *efferente* Fasern (lat. *efferens*, hinaus-/wegführend) zu Muskeln sowie zu exo- und endokrinen Drüsen geleitet.

Strukturell gesehen besteht das PNS von Wirbeltieren aus rechts/links-Paaren von Hirn- und Spinalnerven und ihren assoziierten Ganglien (Abbildung 49.3). Die **Hirnnerven** (Cranialnerven) verbinden das Gehirn vorwiegend mit Organen im Kopf oder im Oberkörper. Die **Spinalnerven** verbinden das Rückenmark mit Körperregionen unterhalb des Kopfes. Die meisten Hirnnerven und sämtliche Spinalnerven enthalten sowohl afferente als auch efferente Neurone.

Wie in Abbildung 49.5 zu sehen ist, besteht der efferente Zweig des PNS aus zwei funktionellen Komponenten: dem motorischen System und dem autonomen Nervensystem. Das **motorische System** besteht aus Motoneuronen, die Signale an die Skelettmuskulatur übermitteln. Das **autonome oder vegetative Nervensystem** reguliert das innere

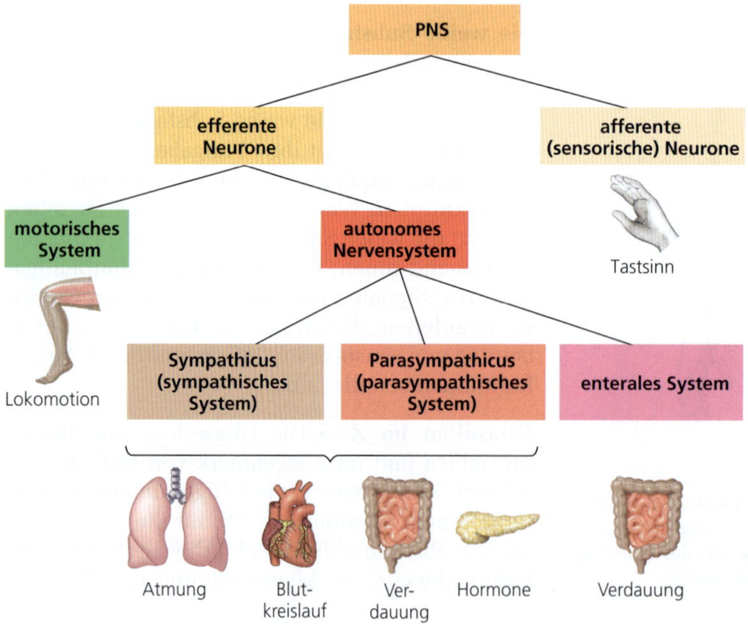

Abbildung 49.5: Funktionelle Hierarchie im peripheren Nervensystem von Vertebraten. Für jeden Zweig sind repräsentative Organe und Aktivitäten illustriert.

Milieu, indem es die glatte Muskulatur und die Herzmuskulatur sowie die Organe von Verdauungs-, Kreislauf-, Exkretions- und Hormonsystem kontrolliert. Diese Kontrolle erfolgt in der Regel unwillkürlich. Drei Untereinheiten – sympathisches, parasympathisches und enterales System – bilden zusammen das autonome Nervensystem.

MERKE!

Das motorische System besteht aus Motoneuronen, die Signale an die Skelettmuskulatur übermitteln. Das autonome oder vegetative Nervensystem reguliert das innere Milieu, indem es die glatte Muskulatur und die Herzmuskulatur sowie die Organe von Verdauungs-, Kreislauf-, Exkretions- und Hormonsystem kontrolliert.

Die sympathische und die parasympathische Untereinheit des autonomen Nervensystems übernehmen bei der Regulierung der Organfunktion weitgehend antagonistische (entgegengesetzte) Funktionen (Abbildung 49.6). Aktivierung des **sympathischen Systems** geht mit erhöhter Wachsamkeit und einem Energieschub einher („Kampf-oder-Flucht-Reaktion"). So schlägt das Herz beispielsweise rascher, die Verdauungsaktivität wird reduziert, die Leber wandelt Glykogen in Glucose um und die Ausschüttung von Adrenalin aus dem Nebennierenmark wird gesteigert (siehe Kapitel 41). Eine Aktivierung des **parasympathischen Systems** führt in der Regel zu entgegengesetzten Reaktionen, die eine Entspannung und die Rückkehr zu Selbsterhaltungsfunktionen fördern („Ruhen und Verdauen"). Bei der Regulierung der Fortpflanzungsaktivität ergänzt der Parasympathicus hingegen die Wirkung des Sympathicus eher, als dass er ihm entgegenwirkt (Abbildung 49.6).

Die enterale Untereinheit des autonomen Nervensystems, das **enterale Nervensystem (auch enterisches System genannt)**, besteht aus einem Netzwerk von Neuronen in Verdauungstrakt, Pankreas und Gallenblase. In diesen Organen kontrollieren die Neurone des enteralen Nervensystems die Sekretion und die glatte Muskulatur, die für die Peristaltik sorgt (siehe Kapitel 42). Obwohl das enterale Nervensystem unabhängig arbeiten kann, wird es in der Regel vom sympathischen und parasympathischen System reguliert.

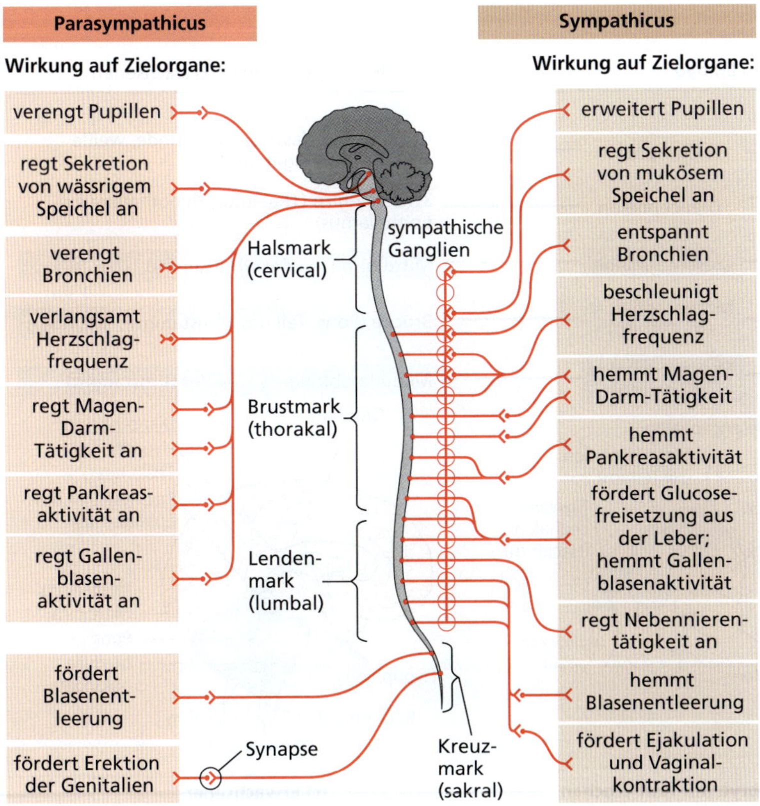

Abbildung 49.6: Parasympathische und sympathische Untereinheit des autonomen Nervensystems. Die meisten Bahnen einer jeden Untereinheit bestehen aus präganglionären Neuronen (deren Zellkörper im ZNS liegen) und postganglionären Neuronen (deren Zellkörper in Ganglien des PNS liegen).

? Die meisten Gewebe, die unter der Kontrolle des autonomen Nervensystems stehen, erhalten von postganglionären Neuronen sowohl sympathischen als auch parasympathischen Input. Die Reaktionen sind gewöhnlich lokal. Im Gegensatz dazu empfängt das Nebennierenmark nur Input vom Sympathicus und nur von präganglionären Neuronen, doch Reaktionen sind im ganzen Körper zu beobachten. Erklären Sie diese Tatsache.

VERSTÄNDNISFRAGEN

1. Welche Untereinheit Ihres autonomen Nervensystems würde wohl aktiviert, wenn Sie erführen, dass eine Prüfung, die Sie vergessen haben, in fünf Minuten beginnt?

2. Die parasympathische und die sympathische Untereinheit des PNS verwenden an den synaptischen Endigungen der präganglionären Neurone denselben Neurotransmitter, an den synaptischen Endigungen der postganglionären Neurone jedoch jeweils andere Transmitter. Wie ist dieser Unterschied mit der Funktion der Axone verknüpft, die in den beiden Untereinheiten Signale zu den Ganglien beziehungsweise aus den Ganglien weiterleiten?

3. WAS WÄRE, WENN? Stellen Sie sich vor, Sie hätten einen Unfall, der einen kleinen Nerv im Ringfinger Ihrer rechten Hand verletzte. Würden Sie ausschließlich eine Beeinträchtigung der motorischen Kontrolle, ausschließlich eine Beeinträchtigung des sensorischen Empfindens oder beides erwarten? Würden Sie erwarten, dass auch andere Finger betroffen sind? Begründen Sie Ihre Ansicht.

49.2 Regionale Spezialisierung des Wirbeltiergehirns

Bei allen Wirbeltieren bilden sich im Laufe der Embryonalentwicklung im vorderen Bereich des Neuralrohrs drei Bläschen – **Vorderhirn**, **Mittelhirn** und **Rautenhirn** (Abbildung 49.7a). Bei einem fünf Wochen alten menschlichen Embryo lassen sich fünf Hirnregionen unterscheiden (Abbildung 49.7b). Aus dreien davon – denjenigen, die sich vom Mittelhirn und vom Rautenhirn ableiten – entwickelt sich der Hirnstamm, eine Reihe von Strukturen, die den unteren Teil des Gehirns bilden (Abbildung 49.7c). Aus dem Rautenhirn entwickelt sich auch ein wichtiges Hirnzentrum, das nicht zum Hirnstamm gehört, das Kleinhirn (Cerebellum).

Mit fortschreitender Embryogenese treten im *Telencephalon* (Endhirn), derjenigen Region des Vorderhirns, aus der sich das adulte **Großhirn** (Cerebrum) entwickelt, die wichtigsten Veränderungen im menschlichen Gehirn auf. Das rasche, expansive Wachstum des Großhirns im zweiten und dritten Monat der Embryonalentwicklung führt dazu, dass sich die Außenschicht des Großhirns, die **Großhirnrinde** (Cortex cerebri), über einen großen Teil des übrigen Gehirns wölbt und es weitgehend bedeckt. Wichtige Zentren, die sich aus dem *Dien-*

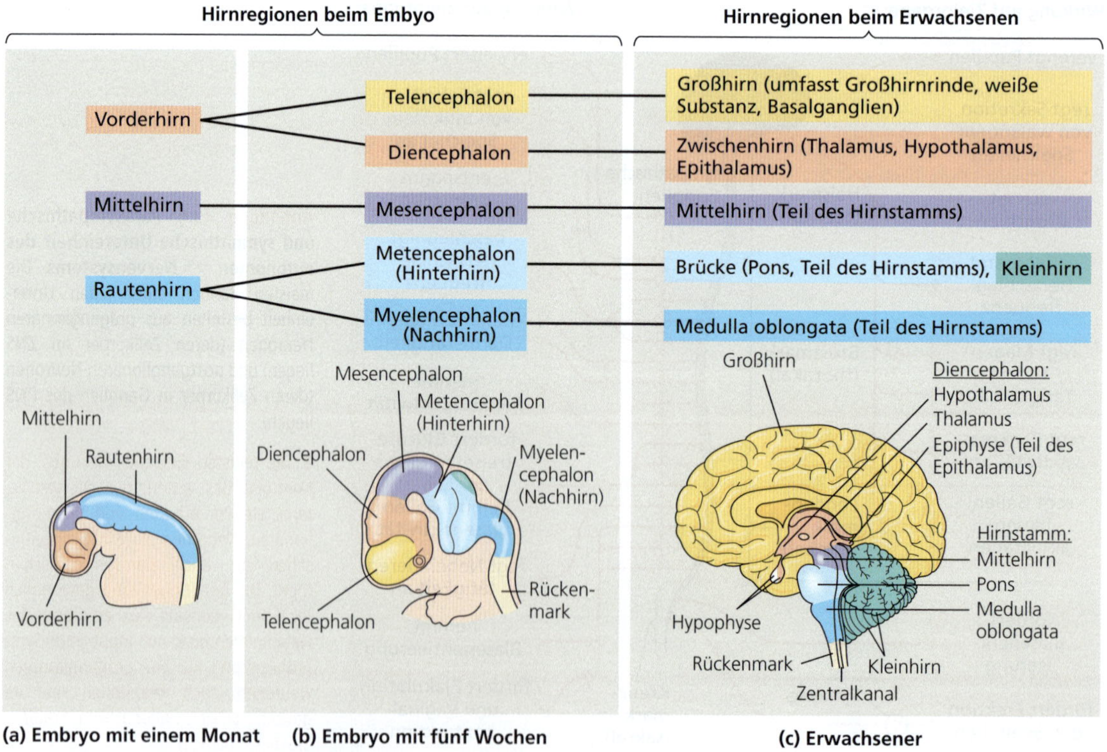

Abbildung 49.7: **Entwicklung des menschlichen Gehirns.**

cephalon (Zwischenhirn) entwickeln, sind Thalamus, Hypothalamus und Epithalamus.

49.2.1 Der Hirnstamm

Der Hirnstamm spielt eine wichtige Rolle für Homöostase, Bewegungskoordination und die Übermittlung von Information von und zu den höheren Gehirnzentren. Er bildet einen Stiel mit kappenartigen Auftreibungen am Vorderende des Rückenmarks. Der Hirnstamm des Erwachsenen besteht aus Mittelhirn (Mesencephalon), **Brücke** (Pons) und **Medulla oblongata** (dem verlängerten Rückenmark), oft kurz **Medulla** genannt.

Der Austausch von Informationen zwischen PNS und Mittelhirn sowie dem Vorderhirn gehört zu den wichtigsten Funktionen von Medulla und Pons. Sämtliche Axone, die sensorische Information an und motorische Kommandos von höheren Hirnregionen übermitteln, ziehen durch den Hirnstamm. Medulla und Pons tragen auch dazu bei, großräumige Körperbewegungen wie Laufen und Klettern zu koordinieren.

Das Mittelhirn enthält Zentren, in denen mehrere Arten sensorischer Information empfangen und verarbeitet werden. Es schickt außerdem codierte sensorische Information zu bestimmten Regionen im Vorderhirn. Sämtliche sensorischen Axone, die am Hören beteiligt sind, enden entweder im Mittelhirn oder durchziehen es auf ihrem Weg ins Großhirn.

Signale vom Hirnstamm beeinflussen Aufmerksamkeit, Wachheit, Appetit und Motivation. Die Medulla enthält Zentren, die mehrere automatische, homöostatische Funktionen kontrollieren, darunter Atmung, Herz- und Blutgefäßaktivität, Schlucken, Erbrechen und Verdauung. Der Pons ist an einigen dieser Kontrollfunktionen ebenfalls beteiligt.

49.2.2 Das Kleinhirn (Cerebellum)

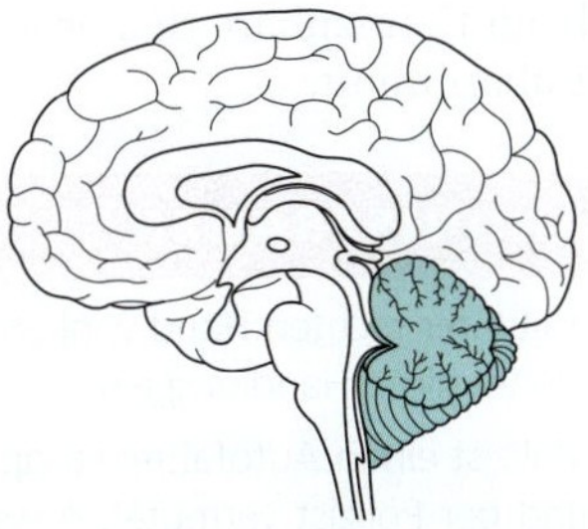

Das **Kleinhirn** oder Cerebellum, das sich aus einem Teil des Rautenhirns heraus entwickelt (Abbildung 49.7), dient der Bewegungskoordination und der Gleichgewichtskontrolle. Im Cerebellum laufen Informationen über Gelenkstellung und Muskellänge wie auch Input vom auditorischen und vom visuellen System zusammen. Es überwacht zudem motorische Befehle, die vom Großhirn kommen. Signale vom Großhirn ziehen zunächst zur Brücke (Pons) und von dort zum Cerebellum. Das Cerebellum integriert diese Information, während es motorische und perzeptorische Funktionen koordiniert und Fehlerkorrekturen durchführt. Die Hand-Augen-Koordination ist ein Beispiel für die cerebelläre Kontrolle. Das Cerebellum trägt überdies zum Erlernen und Erinnern motorischer Fertigkeiten bei.

49.2.3 Das Zwischenhirn (Diencephalon)

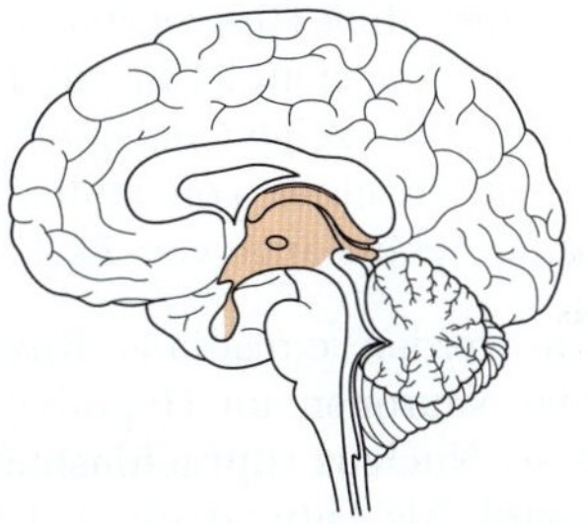

Das embryonale Zwischenhirn oder Diencephalon entwickelt sich zu den drei adulten Hirnregionen: Thalamus, Hypothalamus und Epithalamus (Abbildung 49.7). Thalamus und Hypothalamus sind wichtige Integrationszentren, die als Umschalt- oder Relaisstationen für den Informationsfluss im Körper dienen. Zum *Epithalamus* gehört die Epiphyse (Zirbeldrüse), die Produktionsstätte von Melatonin. Er enthält zudem eines von mehreren Kapillarknäueln, die aus dem Blut Cerebrospinalflüssigkeit gewinnen.

Der **Thalamus** ist das Hauptempfangszentrum für sensorische Information, die zum Großhirn geschickt wird. Einlaufende Information von allen Sinnen wird im Thalamus gefiltert, sortiert und an die geeigneten Hirnzentren zur Weiterverarbeitung geschickt. Der Thalamus erhält auch Input vom Großhirn und anderen Teilen des Gehirns, die Emotion und Wachheit regulieren. Der Thalamus wird von zwei Kernmassen gebildet, die beide etwa so groß und ähnlich geformt sind wie eine Walnuss.

Der **Hypothalamus** ist zwar deutlich kleiner als der Thalamus, aber dennoch eine der wichtigsten Hirnregionen zur Kontrolle der Homöostase. Der Hypothalamus enthält den Thermostaten für die Körpertemperatur wie auch Zentren zur Regulation von Hunger, Durst und vielen anderen grundlegenden Überlebensmechanismen. Der Hypothalamus ist die Quelle der Neurohypophysenhormone und von Releasing-Hormonen, die auf die Adenohypophyse (Hypophysenvorderlappen) wirken. Zusätzlich spielen hypothalamische Zentren eine Rolle beim Sexual- und Paarungsverhalten, der Kampf-oder-Flucht-Reaktion sowie beim Lustempfinden.

Regulation der biologischen Uhr durch den Hypothalamus Spezialisierte Nervenzellen im Hypothalamus regulieren circadiane Rhythmen, tägliche Zyklen biologischer Aktivität. Circadiane Rhythmen bei Säugern basieren auf einer biologischen Uhr, einem molekularen Mechanismus, der eine periodische Genexpression und periodische zelluläre Aktivität lenkt. Obgleich **biologische Uhren** in der Regel mit dem Wechsel von Licht und Dunkelheit in der Außenwelt synchronisiert sind, können sie selbst ohne Hinweise aus der Außenwelt einen annähernden 24-Stunden-Rhythmus aufrechterhalten. So zeigen beispielsweise Menschen, die sich in einer konstanten Umgebung aufhalten, eine Zykluslänge von 24,2 Stunden.

Bei Säugern werden circadiane Rhythmen von einer Gruppe Neuronen im Hypothalamus koordiniert, die als **Nucleus suprachiasmaticus** (NSC) bezeichnet wird. Als Antwort auf die Übermittlung sensorischer Information von den Augen arbeitet der NSC als Schrittmacher und synchronisiert die biologische Uhr in Zellen im ganzen Körper mit dem natürlichen Zyklus der Tageslänge.

49.2.4 Das Großhirn (Cerebrum)

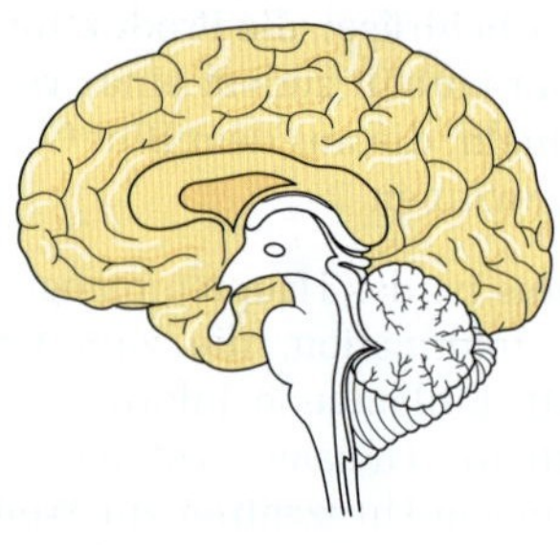

Bei Säugern ist die Informationsverarbeitung überwiegend im Großhirn oder Cerebrum konzentriert. Das Großhirn ist in eine rechte und eine linke **Großhirnhemisphäre** geteilt. Jede Hemisphäre ist von einer äußeren Schicht grauer Substanz bedeckt, der Großhirnrinde (Cortex cerebri); darunter liegt die weiße Substanz und tief im Inneren der weißen Substanz finden sich Neuronencluster, die als *Basalganglien* bezeichnet werden (Abbildung 49.8). Die Basalganglien sind wichtige Zentren für Planung und Erlernen von Bewegungsabfolgen.

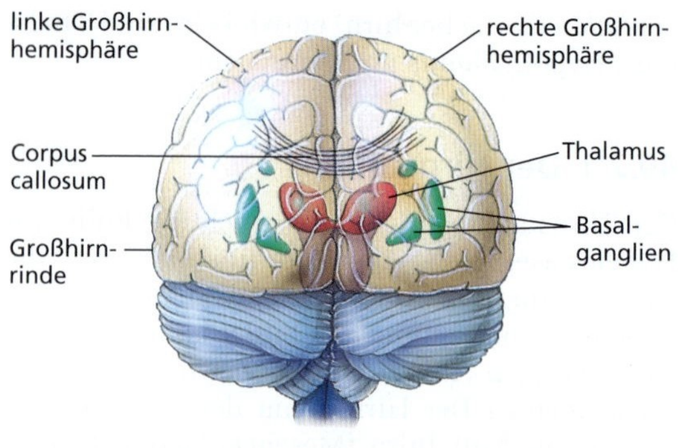

Abbildung 49.8: **Das menschliche Gehirn von hinten.** Der Balken (Corpus callosum) und die Basalganglien sind bei dieser Aufsicht nicht zu sehen, weil sie tief im Inneren der beiden Hemisphären liegen. Die hellblaue Struktur ist das Cerebellum.

Bei Säugern ist die Großhirnrinde besonders stark entwickelt; dort spielt sie eine entscheidende Rolle bei Wahrnehmung (Perzeption), Willkürbewegungen und Lernen. Beim Menschen macht sie 80 Prozent der gesamten Hirnmasse aus und ist stark gefaltet. Dank der Einfaltungen hat der Cortex eine große Oberfläche und passt dennoch in den Schädel: Weniger als 5 mm dick, weist er eine Oberfläche von rund 2.500 cm^2 auf.

Wie das übrige Großhirn ist die Großhirnrinde in eine rechte und eine linke Hälfte geteilt, die jeweils für die gegenüberliegende Körperseite verantwortlich ist. Ein dicker Strang Axone, der als **Balken** (Corpus callosum) bezeichnet wird, stellt die bedeutendste Verbindung zur Kommunikation zwischen der linken und der rechten Großhirnrinde dar.

Wenn das Großhirn früh in der Embryonalentwicklung geschädigt wird, werden die normalen Funktionen des geschädigten Bereichs häufig an eine andere Stelle verlagert. In seltenen Fällen, in denen Kleinkinder unter schweren epileptischen Anfällen leiden, wird manchmal eine ganze Hirnhemisphäre operativ entfernt. Erstaunlicherweise erholen sich die Kinder fast vollständig, da die verbliebene Hemisphäre den größten Teil der Funktionen übernimmt.

VERSTÄNDNISFRAGEN

1. Wenn Sie mit Ihrer rechten Hand winken, welcher Teil Ihres Gehirns leitet diese Handlung ein?

2. Wenn ein Polizist einen Autofahrer stoppt, weil er unsicher fährt und der Polizist vermutet, er sei betrunken, kann es sein, dass er den Fahrer auffordert, die Augen zu schließen und seine Nase zu berühren. Was können Sie aus diesem Test über die Wirkung des Alkohols auf einen bestimmten Teil des Gehirns schließen?

49.3 Die Großhirnrinde: Kontrolle von Willkürbewegungen und kognitiven Funktionen

Die Großhirnrinde beider Großhirnhemisphären lässt sich in vier Lappen oder Loben einteilen: Stirnlappen, Schläfenlappen, Hinterhauptslappen und Scheitellappen. Forscher haben in jedem dieser Lappen eine Reihe funktioneller Areale identifiziert (Abbildung 49.9).

49.3.1 Informationsverarbeitung in der Großhirnrinde

Ein Großteil der sensorischen Information, die in den Cortex gelangt, wird via Thalamus zu den primären sensorischen Arealen in den Hirnlappen geschickt: z.B. visuelle Information in den Occipitallappenbereich, auditorische Information in den Temporallappen und somatosensorische Information (Berührung, Schmerz, Druck, Temperatur sowie Stellung von Muskeln und Gliedmaßen) in den Parietallappen (Abbildung 49.9).

Information, die in primäre sensorische Areale gelangt, wird zu einem nahe gelegenen Assoziationszentrum weitergeleitet, das bestimmte Merkmale des sensorischen Inputs verarbeitet. Im Occipitallappen beispielsweise reagieren einige Neuronengruppen im primären visuellen Areal (Sehrinde) besonders empfindlich auf Lichtreize, die in einer bestimmten Richtung orientiert sind. In visuellen Assoziationsarealen des Temporallappens wird Information, die mit solchen Merkmalen verknüpft ist, in einer Region kombiniert, die auf das Erkennen komplexer Bilder, wie zum Beispiel Gesichter, spezialisiert ist.

Integrierte sensorische Information wird an das frontale Assoziationsareal weitergeschickt, das an der Planung von Handlungen und Bewegungen beteiligt ist. Der Cortex kann dann motorische Kommandos hervorbringen, die zu bestimmten Verhalten führen – beispielsweise ein Bein bewegen oder „Hallo" sagen. Diese Kommandos bestehen aus Aktionspotenzialen, die von Neuronen im motorischen Cortex, der im hinteren Bereich des Frontallappens liegt, erzeugt werden. Die Aktionspotenziale wandern die Axone entlang zum Hirnstamm und zum Rückenmark, wo sie Motoneurone erregen, die ihrerseits Skelettmuskelfasern erregen.

Sowohl im somatosensorischen als auch im motorischen Cortex sind Neurone entsprechend den Körperteilen angeordnet, die den sensorischen Input erzeugen oder die motorischen Kommandos entgegennehmen (Abbildung 49.10). Beachten Sie in Abbildung 49.10, dass die Oberfläche des Cortex, die jedem Körperteil gewidmet ist, mit dem Grad der neuronalen Kontrolle korreliert. Daher ist die Fläche des motorischen Cortex, die dem Gesicht gewidmet ist, viel größer als diejenige, die dem Rumpf gewidmet ist; darin spiegelt sich größtenteils wider, wie stark die Gesichtsmuskulatur an der Kommunikation beteiligt ist.

49.3.2 Sprache und Sprechen

Die Zuordnung höherer kognitiver Funktionen zu spezifischen Hirnregionen begann im 19. Jahrhundert, als Ärzte erkannten, dass die Schädigung bestimmter Cortexbereiche durch Verletzung, Schlaganfall oder Tumoren bei den Betroffenen zu charakteristischen Verhaltensveränderungen führen kann. Der französische Arzt Pierre Broca ent-

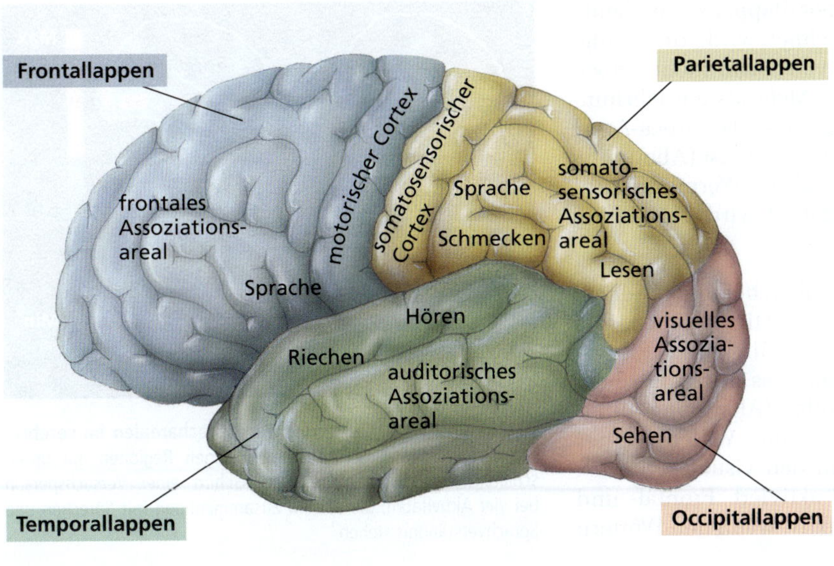

Abbildung 49.9: Die menschliche Großhirnrinde. Beide Seiten der Großhirnrinde lassen sich in vier Lappen unterteilen, und jeder dieser Lappen weist spezielle Funktionen auf. Einige Assoziationsareale auf der linken Seite (hier abgebildet) unterscheiden sich in ihrer Funktion von denjenigen auf der rechten Seite (nicht abgebildet).

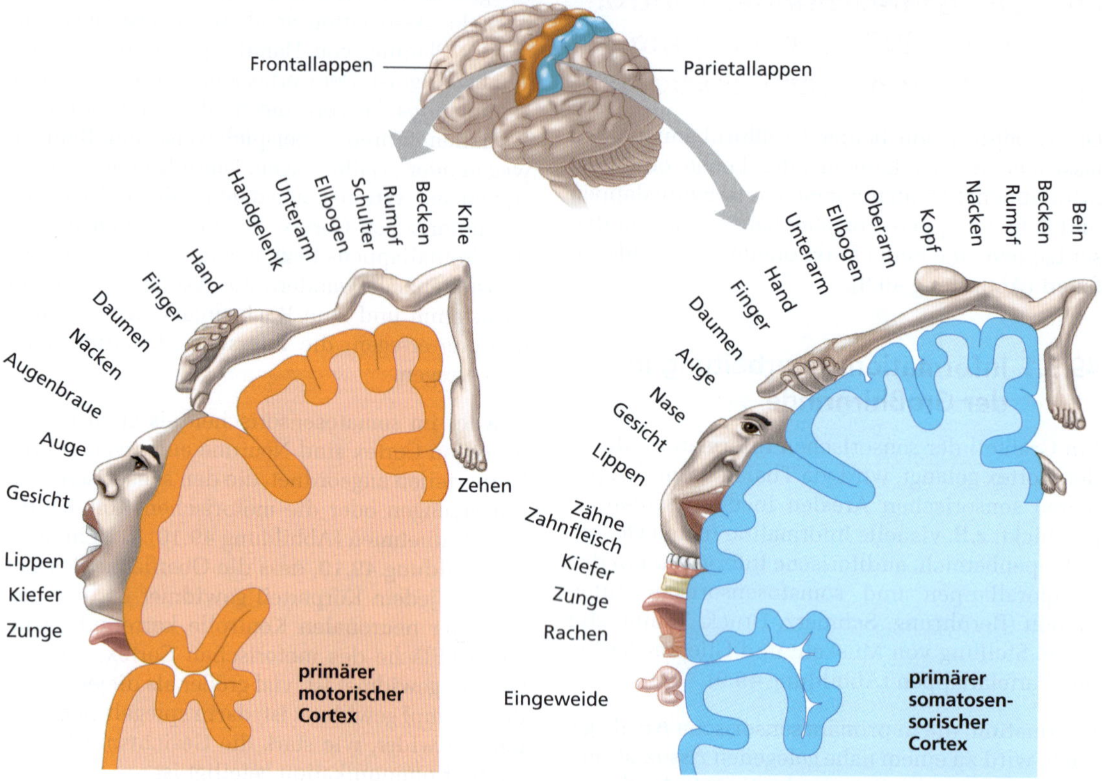

Abbildung 49.10: Repräsentation von Körperteilen im primären motorischen und im primären somatosensorischen Cortex. Auf dieser corticalen Karte ist die Cortexfläche, die jedem Körperteil gewidmet ist, durch die relative Größe der Teile in den Skizzen dargestellt.

deckte, dass viele Patienten, die zwar gesprochene Sprache verstehen, aber selbst nicht sprechen konnten, Defekte in einer kleinen Region im linken Frontallappen aufwiesen, die heute als *Broca-Areal* bekannt ist. Der deutsche Arzt Karl Wernicke stellte fest, dass eine Schädigung im hinteren Bereich des linken Temporallappens, der heute als *Wernicke-Areal* bezeichnet wird, die Fähigkeit zerstört, Sprache zu verstehen, nicht jedoch die Fähigkeit zu sprechen. Mehr als ein Jahrhundert später wurde bestätigt, dass das Broca-Areal beim Generieren von Sprache aktiv ist (Abbildung 49.11, unten links), während das Wernicke-Areal aktiv ist, wenn Sprache gehört wird (Abbildung 49.11, oben links).

Broca- und Wernicke-Areal gehören zu einem viel größeren Netzwerk von Hirnregionen, die an Sprache und Sprechen beteiligt sind. Ein gedrucktes Wort zu lesen, ohne es auszusprechen, aktiviert den visuellen Cortex (Abbildung 49.11, oben rechts), während das laute Vorlesen eines gedruckten Wortes sowohl den visuellen Cortex als auch das Broca-Areal aktiviert. Frontal- und Temporallappen werden aktiv, wenn den Wörtern eine Bedeutung zugewiesen werden muss, so zum Beispiel, wenn die Versuchsperson Verben nennen soll, die zu bestimmten Substantiven passen (Abbildung 49.11, unten rechts).

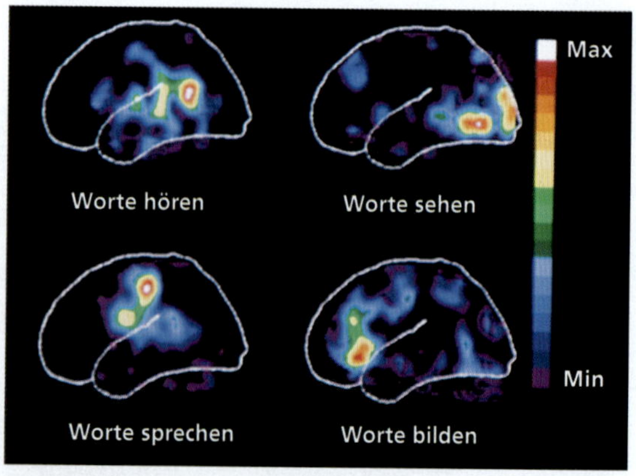

Abbildung 49.11: Kartierung von Sprachareálen im cerebralen Cortex. Diese PET-Aufnahmen zeigen Regionen mit unterschiedlichen Aktivitätsniveaus im Gehirn einer Versuchsperson bei vier Aktivitäten, die alle im Zusammenhang mit Sprechen und Sprachverständnis stehen.

49.3.3 Lateralisierung corticaler Funktionen

Obwohl jede cerebrale Hemisphäre beim Menschen mit der gegenüberliegenden Seite in sensorischer und motorischer Verbindung steht, sind die Funktionen der beiden Hemisphären nicht identisch. So spielt die linke Seite des Gehirns beispielsweise eine dominante Rolle im Hinblick auf Sprache, was sich in der Lage von Broca- und Wernicke-Areal in der linken Hemisphäre widerspiegelt. Die linke Hemisphäre ist geschickter, wenn es um Mathematik und logische Operationen geht. Im Gegensatz dazu ist die rechte Hemisphäre offenbar überlegen, was das Erkennen von Gesichtern und Mustern, räumliches Vorstellungsvermögen und nicht verbales Denken angeht. Die Entstehung dieser Unterschiede in der Hemisphärenfunktion beim Menschen wird als **Lateralisierung** bezeichnet.

49.3.4 Emotionen

Am Erzeugen und Empfinden von Gefühlen sind viele Gehirnregionen beteiligt. Dazu gehört eine Region, die in Abbildung 49.12 eingezeichnet ist und das limbische System enthält. Das limbische System, zu dem Amygdala, Hippocampus und ein Teil des Thalamus gehören, lässt sich keiner einzelnen Funktion zuordnen. Vielmehr übernehmen die Strukturen im limbischen System zahlreiche Aufgaben und spielen für Emotion, Motivation, Geruchswahrnehmung (Olfaktion), Verhalten und Gedächtnis eine wichtige Rolle. Darüber hinaus sind auch Teile des Gehirns außerhalb des limbischen Systems am Erzeugen und Empfinden von Gefühlen beteiligt. Beispielsweise erfordern Emotionen, die sich in Verhaltensweisen wie Lachen und Weinen äußern, ein Zusammenwirken von Teilen des limbischen Systems und sensorischen Arealen des Großhirns. Strukturen im Vorderhirn verknüpfen emotionale „Gefühle" auch mit grundlegenden, überlebenswichtigen Funktionen, die vom Hirnstamm kontrolliert werden, darunter Aggression, Nahrungstrieb und Sexualität.

Emotionale Erfahrungen werden oft als Erinnerungen gespeichert, die unter ähnlichen Umständen wieder abgerufen werden können. Im Zentrum des emotionalen Gedächtnisses steht die **Amygdala** (Mandelkern), die im Temporallappen liegt (Abbildung 49.12).

Der präfrontale Cortex, ein Teil der Frontallappen, der eine entscheidende Rolle für das emotionale Erleben spielt, ist auch für Charakter und Entscheidungsfindung eines Menschen wichtig.

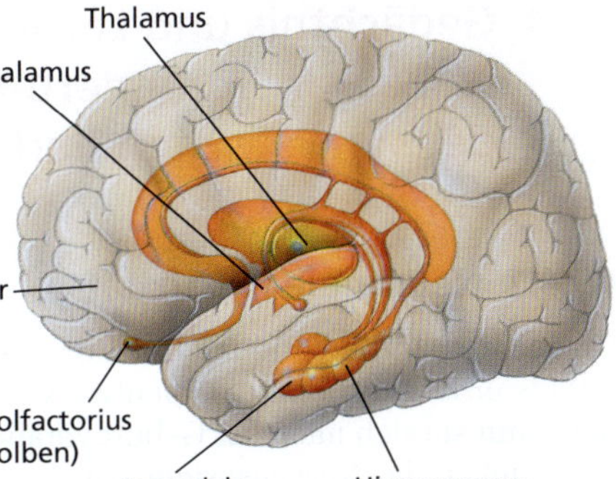

Abbildung 49.12: **Das limbische System.**

49.3.5 Bewusstsein

Im Laufe der vergangenen Jahrzehnte haben Neurowissenschaftler begonnen, Bewusstsein mithilfe computergestützter Verfahren wie fMRI- und PET-Scans zu untersuchen. Dabei ist es möglich, die Aktivität im menschlichen Gehirn während verschiedener Bewusstseinszustände zu vergleichen, beispielsweise bevor und nachdem eine Versuchsperson ein Objekt bewusst sieht. Solche Studien lokalisieren kein „Bewusstseinszentrum" im Gehirn, sondern zeigen vielmehr ein zunehmend detaillierteres Bild der Art und Weise, in der neuronale Aktivität mit bewussten Erfahrungen verknüpft ist.

Dabei wird die Hypothese unterstützt, dass Bewusstsein ein emergenter Zustand des Gehirns ist und Aktivitäten in vielen Arealen des cerebralen Cortex einbezieht. Mehrere Modelle postulieren die Existenz eines „Abtast-" oder „Scan-Mechanismus", der wiederholt über das Gehirn streicht und breit gestreute Aktivität zu einem einheitlichen, bewussten Moment vereint.

VERSTÄNDNISFRAGEN

1. Wie wird das Studium von Menschen, bei denen eine bestimmte Hirnregion geschädigt ist, dazu eingesetzt, die normale Funktion dieser Region zu entschlüsseln?

2. Zwei Hirnregionen, die für das Generieren oder Verstehen von Sprache wichtig sind, sind das Broca- und das Wernicke-Areal. Wie ist die Funktion eines jeden Areals mit der Aktivität des umgebenden cerebralen Cortex verknüpft?

3. WAS WÄRE, WENN? Angenommen, eine Frau mit einem durchtrennten Corpus callosum würde ein Foto mit einem vertrauten Gesicht sehen, und zwar erst im linken und dann im rechten Gesichtsfeld. Warum würde es ihr in beiden Fällen schwer fallen, die Person auf dem Foto zu benennen?

49.4 Gedächtnis und Lernen als Folge von Veränderungen der synaptischen Verbindungen

49.4.1 Neuronale Plastizität

Obgleich sich die Grundarchitektur des ZNS bereits während der Embryonalentwicklung ausbildet, kann sie sich nach der Geburt verändern. Diese Fähigkeit des Nervensystems zur Veränderung, insbesondere als Reaktion auf seine eigene Aktivität, wird als **neuronale Plastizität** bezeichnet.

Ein großer Teil der Umbildung des Nervensystems findet an den Synapsen statt. Wenn die Aktivität an einer Synapse mit derjenigen an anderen Synapsen korreliert, kann es zu Veränderungen kommen, die diese synaptische Verbindung stärken. Wenn die Aktivität einer Synapse umgekehrt nicht mit derjenigen an anderen Synapsen korreliert, wird die synaptische Verbindung manchmal schwächer. Abbildung 49.13a illustriert, wie dieser Prozess entweder zu einem Hinzufügen oder einem Verlust einer Synapse führen kann. Wenn Sie sich die Signale im Nervensystem wie den Verkehr auf einer Autobahn vorstellen, sind solche Veränderungen dem Hinzufügen oder Entfernen einer Auffahrt vergleichbar. Im Endeffekt wird die Signalgebung zwischen bestimmten Neuronenpaaren verstärkt und an anderer Stelle verringert. Wie in Abbildung 49.13b dargestellt ist, können Veränderungen auch die Signalübertragung an einer einzigen Synapse stärken oder schwächen. In unserem Verkehrsbeispiel entspräche dies der Verbreiterung oder Verengung einer Auffahrt.

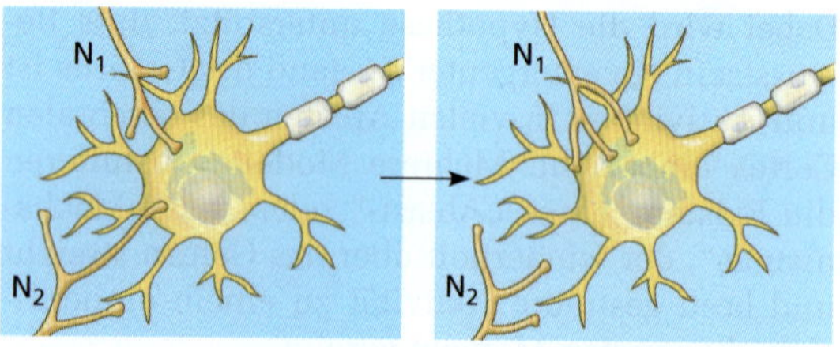

(a) Synapsen werden durch ihre Aktivität gestärkt oder geschwächt. Eine starke Aktivität an der Synapse zwischen dem postsynaptischen Neuron und dem präsynaptischen Neuron N_1 kann zur Ausbildung zusätzlicher Nervenendigungen dieses Neurons führen. Fehlende Aktivität an der Synapse mit dem präsynaptischen Neuron N_2 führt zu einem Verlust funktioneller Verbindungen mit diesem Neuron.

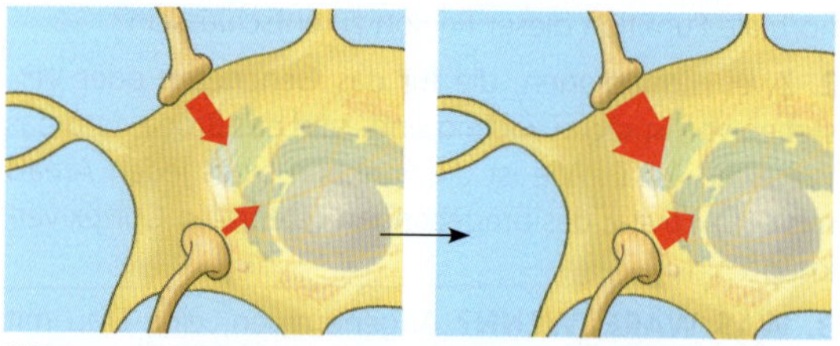

(b) Wenn zwei Synapsen auf derselben postsynaptischen Zelle häufig gleichzeitig aktiv sind, kann die Stärke der synaptischen Antwort an beiden Synapsen zunehmen.

Abbildung 49.13: **Neuronale Plastizität.** Synaptische Verbindungen können sich im Laufe der Zeit in Abhängigkeit vom Aktivitätsniveau an der Synapse verändern.

49.4.2 Gedächtnis und Lernen

Auch wenn wir uns dessen nicht bewusst sein mögen, kontrollieren wir ständig, was um uns herum geschieht, und vergleichen es mit dem, was einige Augenblicke zuvor geschehen ist. Kurzfristig speichern wir Information im **Kurzzeitgedächtnis** und löschen beziehungsweise vergessen sie wieder, wenn sie irrelevant wird. Wenn wir einen Namen, eine Telefonnummer oder einen anderen Fakt behalten wollen, werden Mechanismen des **Langzeitgedächtnisses** aktiviert. Wenn wir den Namen oder die Nummer später wieder abrufen möchten, holen wir sie aus dem Langzeitspeicher wieder in das Kurzzeitgedächtnis.

Wie wir inzwischen wissen, spielt für beide Gedächtnisformen Informationsspeicherung im cerebralen Cortex eine Rolle. Beim Kurzzeitgedächtnis erlauben zeitweilige Verknüpfungen oder Assoziationen, die im Hippocampus gebildet werden, den Abruf dieser Information. Wenn Erinnerungen ins Langzeitgedächtnis überwechseln, werden die Verknüpfungen im Hippocampus durch dauerhaftere Verbindungen im Cortex selbst ersetzt. Der Hippocampus spielt daher für den Erwerb neuer Langzeiterinnerungen eine entscheidende Rolle. Aus diesem Grund sind Menschen, die eine Hippocampusschädigung erleiden, mehr oder minder in der Vergangenheit gefangen. Sie können keine neuen Langzeiterinnerungen bilden, sich aber problemlos an Ereignisse vor ihrer Verletzung erinnern.

Am Erlernen von Fertigkeiten und Abläufen, wie sie beispielsweise erforderlich sind, um Fahrrad zu fahren, sind offenbar zelluläre Mechanismen beteiligt, bei denen Neurone tatsächlich neue Verbindungen ausbilden. Im Gegensatz dazu könnte das Abspeichern von Telefonnummern, Fakten und Orten – das sehr rasch erfolgen kann und möglicherweise nur eine einzige Exposition erfordert – vorwiegend auf Veränderungen in der Stärke bereits existierender neuronaler Verbindungen beruhen. Als Nächstes wollen wir uns mit einer Möglichkeit beschäftigen, wie es zu solchen Veränderungen in der synaptischen Stärke kommen kann.

49.4.3 Langzeitpotenzierung

Es wurden mehrere Prozesse identifiziert, die eine synaptische Verbindung verändern und den Kommunikationsfluss entweder effektiver oder weniger effektiv machen können. Wir wollen uns an dieser Stelle auf die **Langzeitpotenzierung** (engl. *long term potentiation*, **LTP**) konzentrieren, eine langfristige Verstärkung der synaptischen Übertragung. An der LTP sind präsynaptische Neurone beteiligt, die den erregenden Neurotransmitter Glutamat ausschütten. Damit es zu einer LTP kommt, bedarf es einer kurzen, hochfrequenten Serie von Aktionspotenzialen an einem solchen Neuron, so dass die postsynaptische Membran bereits depolarisiert ist, wenn dort Aktionspotenziale eintreffen. Dabei spielen die besonderen Eigenschaften der dort auftretenden Glutamatrezeptoren eine Schlüsselrolle. An der LTP sind nämlich zwei verschiedene Subtypen von Glutamatrezeptoren beteiligt, jeder nach einem Molekül – NMDA oder AMPA – benannt, das diesen Rezeptortyp künstlich aktiviert. Im Gegensatz zu AMPA-Rezeptoren werden NMDA-Rezeptoren nur dann aktiviert, wenn die postsynaptische Membran bereits depolarisiert ist, während sie sonst durch Mg^{2+}-Ionen blockiert sind. Eine weitere Besonderheit der NMDA-Rezeptoren besteht in ihrer Durchlässigkeit für Ca^{2+}, das in der postsynaptischen Zelle als second messenger fungiert. Wie in Abbildung 49.14 zu sehen ist, erhöht sich infolge des Ca^{2+}-Einstroms nach Aktivierung der NMDA-Rezeptoren der Besatz an AMPA-Rezeptoren in der postsynaptischen Membran. Das Ergebnis ist eine LTP – eine stabile Zunahme des postsynaptischen Potenzials. Da die LTP in Gewebeschnitten tage- oder wochenlang andauern kann, nimmt man an, dass sie einen der fundamentalen Prozesse darstellt, durch den Erinnerungen gespeichert werden und Lernen stattfindet.

49.4.4 Substanzmissbrauch und das Belohnungssystem des Gehirns

Substanzmissbrauch („Drogensucht“) ist eine Störung, die vom zwanghaften Konsum einer Substanz und Schwierigkeiten bei der Begrenzung des Konsums gekennzeichnet ist. Eine ganze Reihe von Substanzen, die sich in ihrer Wirkung auf das ZNS deutlich unterscheiden, kann suchterzeugend wirken. So wirken Kokain und Amphetamine beispielsweise als Stimulanzien, während Heroin ein schmerzlinderndes Sedativum ist. All diese Substanzen, so auch Alkohol und Nicotin, wirken aus demselben Grund suchterzeugend: Sie alle erhöhen die Aktivität des Belohnungssys-

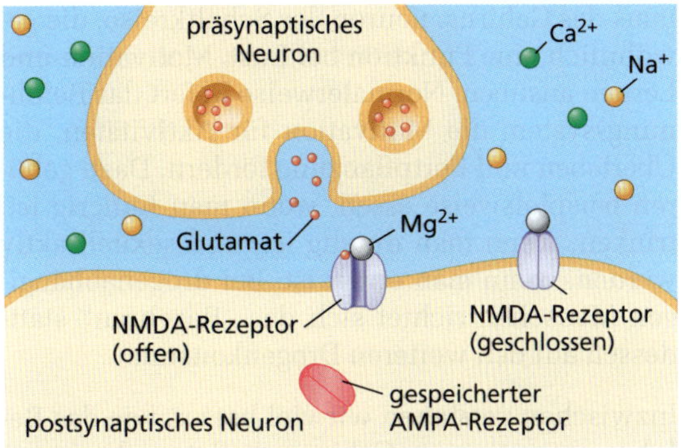

(a) Synapse vor der Langzeitpotenzierung (LTP). Die NMDA-Glutamat-Rezeptoren öffnen sich trotz Glutamatbindung nicht, da sie durch Mg^{2+} blockiert sind.

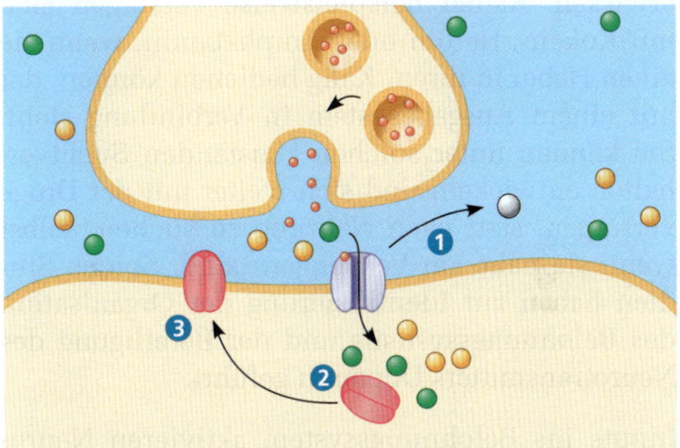

(b) Etablierung der LTP. Aktivität an nahe gelegenen Synapsen depolarisiert die postsynaptische Membran, worauf ❶ Mg^{2+} von den NMDA-Rezeptoren abdissoziiert. Die nun nicht mehr blockierten Rezeptoren reagieren auf die Bindung von Glutamat, indem sie den ❷ Einstrom von Na^+ und Ca^{2+} erlauben. Der Ca^{2+}-Einstrom löst den ❸ Einbau von gespeicherten AMPA-Glutamat-Rezeptoren in die postsynaptische Membran aus.

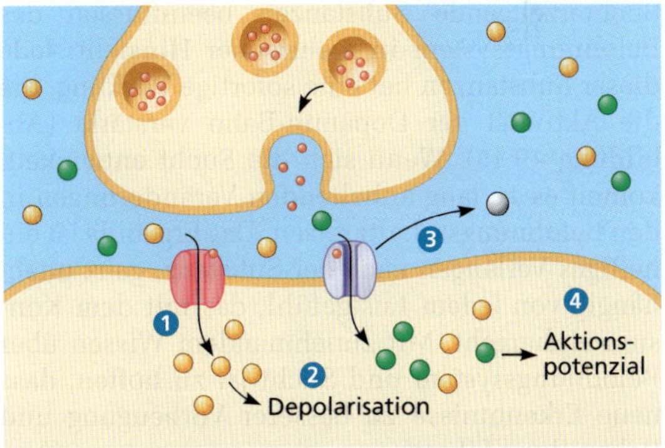

(c) Synapsen, die LTP zeigen. Die Glutamatfreisetzung ❶ aktiviert AMPA-Rezeptoren, die eine ❷ Depolarisation auslösen, was zur ❸ Entsperrung der NMDA-Rezeptoren führt, die sich nun bei Bindung von Glutamat öffnen. Hierdurch kommt es zu einer weiteren Erhöhung des erregenden postsynaptischen Potenzials, sodass nun ❹ auch ohne Reiz von anderen Synapsen Aktionspotenziale ausgelöst werden können. Zur LTP tragen weitere, hier nicht abgebildete Mechanismen bei, beispielsweise eine Rezeptormodifikation durch Proteinkinasen.

Abbildung 49.14: **Langzeitpotenzierung (LTP) im Gehirn.**

tems des Gehirns, neuronaler Schaltkreise, die gewöhnlich eine Funktion bei Lust, Motivation und Lernen ausüben. Normalerweise liefert das Belohnungssystem die Motivation für Aktivitäten, die Überleben und Fortpflanzung fördern. Dazu gehören beispielsweise essen, wenn man hungrig ist, trinken, wenn man durstig ist, und sexuell aktiv werden, wenn man erregt ist. Bei drogenabhängigen Menschen richtet sich das „Begehren" stattdessen auf den weiteren Drogenkonsum.

Inzwischen verstehen wir viel besser, wie das Belohnungssystem im Gehirn arbeitet und wie bestimmte Wirkstoffe seine Funktion beeinflussen. Dabei haben sich Labortiere als besonders nützlich erwiesen. Ratten beispielsweise versorgen sich mit Kokain, Heroin oder Amphetamin, wenn sie einen Hebel in ihrem Käfig bedienen können, der mit einem Ausgabesystem in Verbindung steht. Sie können unter solchen Umständen Suchtverhalten entwickeln und sich weiter mit der Droge versorgen, statt nach Nahrung zu suchen, selbst wenn sie nahe am Verhungern sind. Solche Studien haben zur Identifizierung der Organisation des Belohnungssystems und der Beteiligung des Neurotransmitters Dopamin geführt.

Inputs ins Belohnungssystem aktivieren Neurone in einer Region des Mittelhirns, der *Area tegmentalis ventralis (ATV)*. Werden diese Neurone aktiviert, schicken sie Aktionspotenziale zu Synapsen, die mit Neuronen in bestimmten Regionen des Großhirns in Kontakt stehen. Dort setzen die synaptischen Endigungen Dopamin frei.

Suchterzeugende Substanzen beeinflussen das Belohnungssystem in mehrfacher Hinsicht: Jede dieser Substanzen hat eine sofortige Wirkung, die die Aktivität der Dopamin-Bahn verstärkt (Abbildung 49.15). Wenn sich die Sucht entwickelt, kommt es zu lang anhaltenden Veränderungen in den Belohnungsschaltkreisen. Das Ergebnis ist ein heftiges Verlangen nach der Substanz, ganz unabhängig von jedem Lustgefühl, das mit dem Konsum einhergeht. Mit zunehmendem Wissen über Belohnungssystem und Sucht ist zu hoffen, dass neue Erkenntnisse zu besserer Vorbeugung und Behandlung führen.

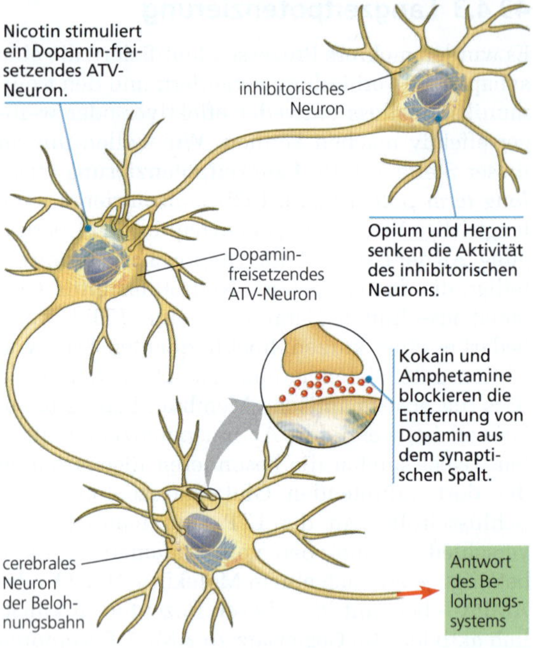

Abbildung 49.15: Wirkungen suchterzeugender Substanzen auf die Belohnungsbahn im Säugerhirn. Abhängig machende Substanzen verändern die Weiterleitung von Signalen in der Bahn, die von Neuronen der Area tegmentalis ventralis (ATV) gebildet wird.

49.4.5 Alzheimer-Krankheit

Die **Alzheimer-Krankheit** ist eine Demenzerkrankung, die durch Verwirrtheit, Gedächtnisverlust und eine Reihe anderer Symptome gekennzeichnet ist. Ihre Häufigkeit ist altersabhängig und steigt statistisch mit dem Alter. Von den 65- bis 69-Jährigen ist jeder Hundertste betroffen, unter den 80- bis 84-Jährigen ist es schon jeder Siebte und von den über 90-Jährigen leidet sogar jeder Dritte an Alzheimer. Die Krankheit entwickelt sich progressiv; die Patienten verlieren immer mehr die Fähigkeit, ihren Tagesablauf zu organisieren und müssen schließlich angekleidet, gebadet und gefüttert werden. Darüber hinaus kommt es zu negativen Persönlichkeitsveränderungen. Die Patienten verlieren oft die Fähigkeit, Menschen, einschließlich ihrer engsten Familienangehörigen, zu erkennen, und behandeln sie mit Misstrauen und Ablehnung. Die Alzheimer-Krankheit führt zu synaptischen Veränderungen und Neuronenverlusten in vielen Hirnregionen, darunter dem Hippocampus und dem cerebralen Cortex. Infolgedessen kommt es häufig zu einer starken Schrumpfung des Hirngewebes. Obwohl man diese Schrumpfung mit bildgebenden Verfahren sichtbar machen kann, reicht das für eine sichere Diagnose der Krankheit nicht aus. Zudem gleichen viele Symptome der Alzheimer-Krankheit Symptomen, die auch bei anderen Demenzerkrankungen auftreten. Daher ist es schwierig für Ärzte, Alzheimer zu Lebzeiten des Patienten mit Sicherheit zu diagnostizieren. Das gelingt oft erst bei einer Autopsie, wenn die beiden Schlüsselkennzeichen – Amyloidplaques und neurofibrilläre Bündel – im verbliebenen Hirngewebe nachgewiesen werden. Bei den Plaques handelt es sich um Aggregate aus β-Amyloid, einem Peptid, das von einem Membranprotein abgespalten wird.

Große Anstrengungen haben inzwischen zur Entwicklung von Medikamenten geführt, welche die Symptome der Alzheimer-Krankheit zumindest teilweise lindern können.

Große Hoffnungen ruhen derzeit auf Antikörperwirkstoffen , die an Amyloidplaques binden und die Ansammlung von Amyloid-Proteinen reduzieren. Allerdings sind noch viele Fragen zur Wirksamkeit und Sicherheit der Antikörpertherapie offen, sodass zur Behandlung dieser komplexen Erkrankung künftig wahrscheinlich Kombinationstherapien erforderlich sein werden.

VERSTÄNDNISFRAGEN

1. Skizzieren Sie zwei Mechanismen, durch die der Informationsfluss zwischen zwei Neuronen bei Erwachsenen gesteigert wird.

2. Menschen mit lokalisierten Hirnschädigungen sind für die Erforschung vieler Hirnfunktionen von großem Nutzen gewesen. Warum gilt dies wahrscheinlich nicht für das Bewusstsein?

3. WAS WÄRE, WENN? Stellen Sie sich vor, dass ein Patient mit einem geschädigten Hippocampus unfähig ist, neue Langzeiterinnerungen zu speichern. Warum könnte der Erwerb von Kurzzeiterinnerungen ebenfalls beeinträchtigt sein?

ZUSAMMENFASSUNG

Nervensysteme bestehen aus Neuronenschaltkreisen und unterstützenden Zellen

Bei Wirbeltieren besteht das Zentralnervensystem (ZNS) aus dem Gehirn und dem Rückenmark, während Nerven und Ganglien das periphere Nervensystems (PNS) bilden.

Organisation des Wirbeltiernervensystems. Die einfachsten Schaltkreise im Wirbeltiernervensystem findet man bei Reflexantworten, bei denen der sensorische Input mit dem motorischen Output verknüpft ist, ohne dass das Gehirn daran beteiligt ist. Wirbeltierneurone werden von mehreren Typen von Gliazellen unterstützt, die z.B. für die Zirkulation der Cerebrospinalflüssigkeit, die zentralnervöse Immunabwehr, die Myelinisierung von Axonen, den Halt von Neuronen, die Regulation extrazellulärer Stoffkonzentrationen und die Sauerstoff- und Nährstoffversorgung der Neurone zuständig sind.

Das periphere Nervensystem. Das PNS besteht aus paarigen Hirn- und Spinalnerven sowie assoziierten Ganglien. Signale erreichen das ZNS über afferente Neurone und verlassen es über efferente Neurone. Die efferenten Neurone arbeiten im motorischen System, das Signale zur Skelettmuskulatur schickt, oder im autonomen Nervensystem, das die primär automatischen visceralen Funktionen der glatten Muskulatur und der Herzmuskulatur steuert. Das autonome Nervensystem hat drei Untereinheiten: das parasympathische und das sympathische System, die in der Regel antagonistisch auf Zielorgane wirken, und das enterale Nervensystem, das die Aktivität von Verdauungstrakt, Bauchspeicheldrüse und Gallenblase kontrolliert.

Regionale Spezialisierung des Wirbeltiergehirns

Der Hirnstamm. Die Brücke (Pons) und die Medulla oblongata (kurz Medulla genannt) dienen als Relaisstationen für die Information, die zwischen dem PNS und übergeordneten Hirnzentren weitergeleitet wird.

Das Kleinhirn (Cerebellum). Das Kleinhirn trägt dazu bei, motorische, perzeptorische und kognitive Funktionen zu regulieren. Es spielt auch eine wichtige Rolle beim Erlernen und beim Abruf motorischer Fertigkeiten.

Das Zwischenhirn (Diencephalon). Der Thalamus ist das wichtigste Zentrum, das sensorische und motorische Informationen auf dem Weg zum Großhirn passieren lässt. Der Hypothalamus reguliert die Homöostase und weitere grundlegende Überlebensfunktionen. Darüber hinaus arbeitet der Nucleus suprachiasmaticus (NSC) im Hypothalamus als Schrittmacher für die circadiane Rhythmik.

Das Großhirn (Cerebrum). Das Großhirn setzt sich aus zwei Hemisphären zusammen, die beide aus grauer Substanz bestehen, welche die weiße Substanz und die darin liegenden Basalganglien bedeckt. Letztere spielen für die Planung und das Erlernen von Bewegungsfolgen eine wichtige Rolle. Ein dicker Strang Axone, der Balken (Corpus callosum), ermöglicht einen Informationsaustausch zwischen rechter und linker Großhirnhemisphäre.

Die Großhirnrinde: Kontrolle von Willkürbewegungen und kognitiven Funktionen

Jede Hälfte des cerebralen Cortex weist vier Lappen auf – Stirnlappen (Frontallappen), Schläfenlappen (Temporallappen), Hinterhauptslappen (Occipitallappen) und Scheitellappen (Parietallappen).

Informationsverarbeitung in der Großhirnrinde. Spezielle Formen sensorischer Information werden an die primären sensorischen Areale weitergeleitet. Benachbarte Assoziationsareale verarbeiten bestimmte Merkmale des sensorischen Inputs und integrieren die Informationen aus verschiedenen sensorischen Arealen. Im somatosensorischen und im motorischen Cortex sind Neurone entsprechend dem Körperteil angeordnet, das den sensorischen Input erzeugt oder motorische Kommandos empfängt.

Sprache und Sprechen. Teile des Frontal- und des Temporallappens, einschließlich Broca- und Wernicke-Areal, sind für das Erzeugen und Verstehen von Sprache wesentlich.

Lateralisierung corticaler Funktionen. Die linke Großhirnhemisphäre spielt im Hinblick auf Sprache eine beherrschende Rolle und dominiert auch bei der Durchführung mathematischer und anderer logischer Operationen. Die rechte Hemisphäre ist offenbar bei der Mustererkennung und dem nicht-verbalen Denken überlegen.

Emotionen. Am Zustandekommen und Erleben von Emotionen sind viele Hirnregionen beteiligt, wobei der Amygdala (Mandelkern) beim Erkennen und Wiederabrufen einer Reihe von Emotionen eine Schlüsselrolle zukommt.

Bewusstsein. Moderne bildgebende Verfahren zur Darstellung der Gehirnaktivität sprechen dafür, dass Bewusstsein eine emergente Eigenschaft des Gehirns ist, die auf der Aktivität in vielen Cortexregionen basiert.

Gedächtnis und Lernen als Folge von Veränderungen der synaptischen Verbindungen

Neuronale Plastizität. Eine Umbildung des adulten Nervensystems findet häufig an den Synapsen statt. Die Veränderungen können durch Verlust oder Hinzufügen von Synapsen zustande kommen, oder aber durch die Stärkung oder Schwächung der Signalübertragung an einer Synapse.

Gedächtnis und Lernen. Die Stirnlappen sind ein Sitz des Kurzzeitgedächtnisses und können mit dem Hippocampus und der Amygdala zusammenarbeiten, um Langzeiterinnerungen zu konsolidieren. Experimente mit Wirbeltieren und Wirbellosen haben die zelluläre Basis einiger einfacher Formen des Lernens demonstriert, darunter die Langzeitpotenzierung (LTP).

Langzeitpotenzierung. Die LTP ist eine langfristige Erhöhung in der Stärke der synaptischen Transmission und stellt wahrscheinlich einen wichtigen Schritt bei der Speicherung von Gedächtnisinhalten und beim Lernen dar.

Substanzmissbrauch und das Belohnungssystem des Gehirns. Inputs ins Belohnungssystem aktivieren Neurone in einer Region des Mittelhirns, der Area tegmentalis ventralis (ATV). Werden diese Neurone aktiviert, schicken sie Aktionspotenziale zu Synapsen, die mit Neuronen in bestimmten Regionen des Großhirns in Kontakt stehen. Dort setzen die synaptischen Endigungen Dopamin frei. Suchterregende Substanzen wirken in unterschiedlicher Weise auf das Belohnungssystem.

Alzheimer-Krankheit. Die Alzheimer-Krankheit ist eine altersabhängige Demenzerkrankung, bei der sich im Gehirn neurofibrilläre Bündel und Amyloidplaques bilden.

Sensorische und motorische Mechanismen

50

50.1 Sensorische Rezeptoren: Umwandlung von Reizenergie und Signalübermittlung an das Zentralnervensystem

Alle Reize (Stimuli) stellen eine Form von Energie dar. Am Anfang der Reizwahrnehmung steht eine Umwandlung dieser Energie in eine Veränderung des Membranpotenzials der sensorischen Rezeptorzellen (Sinneszellen), wodurch die Bildung von Aktionspotenzialen und deren Weiterleitung zum Zentralnervensystem (ZNS) initiiert und modifiziert wird.

Abbildung 50.1: **Der Sternmull (*Condylura cristata*) gräbt Tunnel und findet seine Beute in fast völliger Dunkelheit.** Dazu nutzt der Maulwurf sternförmig an der Schnauzenspitze angeordnete fingerartige Hautfortsätze mit über 25.000 berührungsempfindlichen Rezeptoren. Dieses hochempfindliche Tastorgan sendet Signale an das Gehirn des Maulwurfs weiter und löst so eine Informationsverarbeitung aus, die es dem Tier ermöglicht, seine Beute im Bruchteil einer Sekunde zu fangen und zu fressen.

50.1.1 Sensorische Bahnen

Sensorische Rezeption und Transduktion Eine sensorische Bahn beginnt mit der **Rezeption** oder **Reizaufnahme**, der Wahrnehmung eines Reizes durch Sinneszellen.

Bei einem Krebs reizt ein Abbiegen des Schwanzes dehnungsempfindliche Dendriten im Muskel, was zum Öffnen von Ionenkanälen führt (Abbildung 50.2). In anderen Sinneszellen öffnen oder schließen sich Kanäle, wenn Substanzen außerhalb der Zelle an Proteine auf der Membran binden oder wenn Pigmente im sensorischen Rezeptor Licht absorbieren. Der daraus resultierende Ionenfluss über die Plasmamembran ruft eine Veränderung des Membranpotenzials hervor.

Die Umwandlung eines physikalischen oder chemischen Reizes in eine Veränderung des Membranpotenzials eines sensorischen Rezeptors bezeichnet man als **sensorische Transduktion** und die Veränderung des Membranpotenzials selbst als **Rezeptorpotenzial**; ihre Größe oder Amplitude variiert mit der Reizstärke.

Transmission Sensorische Information wird im Nervensystem in Form von Aktionspotenzialen weitergeleitet. Bei vielen sensorischen Rezeptoren löst die Umwandlung der Reizenergie in ein Rezeptorpotenzial die **Transmission** (Weiterleitung) von Aktionspotenzialen zum ZNS aus. Einige sensorische Rezeptorzellen, wie die Dehnungsrezeptoren beim Krebs, verhalten sich wie Neurone, die Aktionspotenziale erzeugen. Andere Sinneszellen, die kein Axon besitzen, stellen eher umgewandelte Epithelzellen dar. Sie übertragen die sensorische Erregung zunächst auf eine Nervenzelle, deren Aktionspotenziale erst für die Weiterleitung der sensorischen Information ins ZNS sorgen. Die Amplitude eines Rezeptorpotenzials kontrolliert die Frequenz, mit der ein sensorischer Rezeptor beziehungsweise die mit ihm verknüpfte Nervenzelle Aktionspotenziale produziert.

Perzeption Wenn die Aktionspotenziale über sensorische Neurone das Gehirn erreichen, verarbeiten Neuronenschaltkreise diesen Input und bewirken die Wahrnehmung (**Perzeption**) des Reizes. Wahrnehmungen – wie Farben, Gerüche, Geräusche und Geschmäcker – sind Konstruktionen, die im Gehirn gebildet werden.

Von erregten Sinneszellen initiierte Aktionspotenziale wandern Axone entlang, die mit Zielneuronen in ganz bestimmten Gehirnzentren Synapsen ausbilden. Infolgedessen unterscheidet das Gehirn sensorische Reize wie Bilder oder Töne allein daran, wo im Gehirn die Aktionspotenziale eintreffen.

Verstärkung und Adaptation Die Transduktion von Reizen durch sensorische Rezeptoren kann auf zweierlei Weise modifiziert werden – durch Verstärkung und durch Adaptation. Im ersteren Fall wird die Reizenergie während des Transduktionsprozesses erhöht. Dieser **Verstärkungseffekt** kann beträchtlich sein: So hat ein Aktionspotenzial, das vom Auge ins menschliche Gehirn weitergeleitet wird, rund 1.000.000-mal mehr Energie als die wenigen Lichtphotonen, die es ausgelöst haben. Die Verstärkung in sensorischen Rezeptorzellen erfordert oft komplexe Signaltransduktionswege, an denen sekundäre Botenstoffe (Second Messenger) beteiligt sind. Da hierbei enzymkatalysierte Reaktionen eine Rolle spielen, wird die Signalstärke oft dadurch erhöht, dass ein einziges Enzymmolekül zur Bildung zahlreicher Produktmoleküle führt.

Bei ständiger Reizung sinkt die Empfindlichkeit vieler Rezeptoren, was man als **sensorische Adaptation** bezeichnet. Ohne sensorische Adaptation würden Sie ständig jeden Herzschlag und jedes Kleidungsstück an Ihrem Körper spüren. Die Ad-

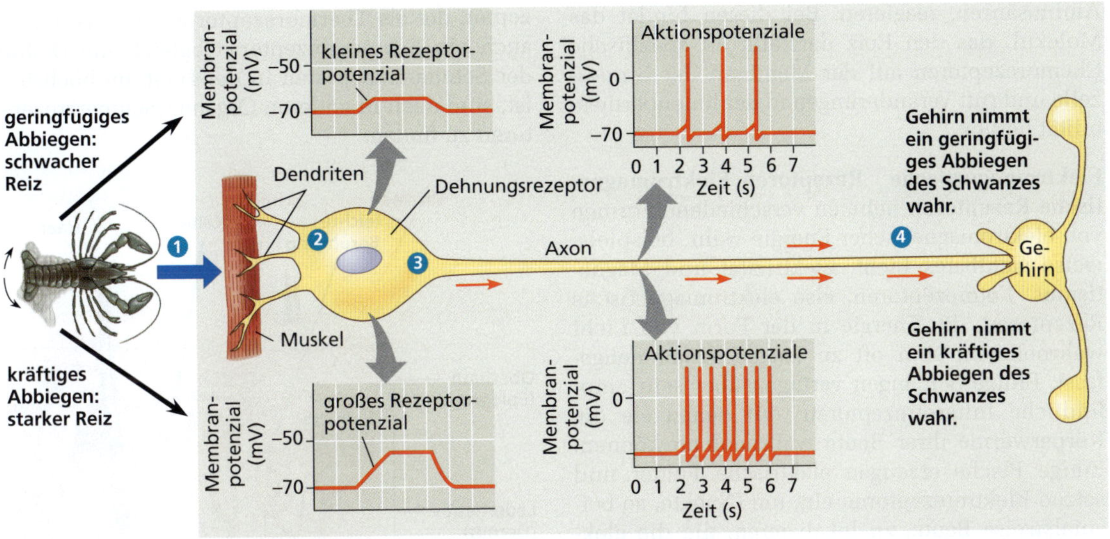

1 Reizaufnahme. Abbiegen des Schwanzes aktiviert beim Flusskrebs Dehnungsrezeptoren in der Schwanzmuskulatur.

2 Transduktion. Der Dehnungsrezeptor wandelt die Muskeldehnung in eine Veränderung des Membranpotenzials im Zellkörper um (Rezeptorpotenzial).

3 Transmission. Das Rezeptorpotenzial löst ein Aktionspotenzial aus, das das Axon des Dehnungsrezeptors entlangläuft.

4 Perzeption. Verarbeitung von Aktionspotenzialen, die das Gehirn über das Axon des Dehnungsrezeptors erreichen, führen zur Wahrnehmung der Schwanzabbiegung.

Abbildung 50.2: **Eine einfache sensorische Bahn: Reaktion eines Dehnungsrezeptors beim Krebs auf ein Abbiegen des Schwanzes.**

aptation ermöglicht es Ihnen auch, auditorische, visuelle und olfaktorische Veränderungen in Ihrer Umwelt wahrzunehmen, die sich in ihrer Reizstärke stark unterscheiden.

50.1.2 Sensorische Rezeptortypen

Eine Sinneszelle weist gewöhnlich einen einzigen Rezeptortyp auf, der selektiv auf einen bestimmten Reiz wie Licht oder Kälte reagiert; er wird als adäquater Reiz bezeichnet. Sensorische Rezeptoren lassen sich in fünf Kategorien einteilen: Mechanorezeptoren, Chemorezeptoren, elektromagnetische Rezeptoren, Thermorezeptoren und Schmerzrezeptoren.

Mechanorezeptoren **Mechanorezeptoren** nehmen physische Verformungen wahr, die durch mechanische Energie in Form von Druck, Berührung, Dehnung, Bewegung und Schall hervorgerufen werden. In der Regel besitzen Mechanorezeptoren Ionenkanäle, die mit externen Strukturen wie Cilien sowie auch mit internen Strukturen wie dem Cytoskelett verbunden sind. Abbiegen oder Dehnen der externen Strukturen ruft Zugkräfte hervor, die die Permeabilität der Ionenkanäle verändert. Dies verändert das Membranpotenzial und führt entweder zu einer Depolarisation oder zu einer Hyperpolarisation der Sinneszelle.

Der Dehnungsrezeptor von Wirbeltieren ist wie derjenige des Krebses (Abbildung 50.2) ein Mechanorezeptor, der Muskelbewegungen wahrnimmt. Wird der Muskel gedehnt, werden die Muskelspindeln ebenfalls gedehnt; sie depolarisieren sensorische Neurone und lösen Aktionspotenziale aus, die zum Rückenmark weitergeleitet werden. Der bekannte Kniesehnenreflex (siehe Abbildung 49.2) basiert auf genau dieser Art von Zusammenspiel zwischen Muskelspindeln und Muskelfasern.

Das Berührungsempfinden von Säugern basiert ebenfalls auf Mechanorezeptoren, bei denen es sich um die Dendriten sensorischer Neurone handelt. Berührungsrezeptoren sind oft in Bindegewebeschichten eingebettet. Die Struktur der Bindegewebshülle und die Lage der Rezeptoren in der Haut beeinflussen ganz entscheidend die Art von mechanischer Energie (leichte Berührung, Vibration oder starker Druck), auf die sie am besten reagieren (Abbildung 50.3). Andere Rezeptoren nehmen die Bewegung von Sinneshaaren wahr.

Chemorezeptoren Zu den **Chemorezeptoren** zählen sowohl unspezifische Rezeptoren – die über die Osmolarität z.B. des Blutes informieren und Durst auslösen können – als auch spezifische Rezeptoren – die auf ganz bestimmte Molekülarten, darunter Glucose, Sauerstoff, Kohlendioxid und

Aminosäuren, reagieren. Bei diesen bindet das Molekül, das den Reiz darstellt, an spezifische Chemorezeptoren auf der Membran der Sinneszelle und ruft Veränderungen in der Ionenpermeabilität hervor.

Elektromagnetische Rezeptoren **Elektromagnetische Rezeptoren** nehmen verschiedene Formen von elektromagnetischer Energie wahr, beispielsweise sichtbares Licht, Elektrizität und Magnetismus. Fotorezeptoren, also elektromagnetische Rezeptoren, die Energie in der Form von Licht wahrnehmen, sind oft zu Augen zusammengefasst. Einige Schlangen verfügen über sehr empfindliche Infrarotrezeptoren, mit denen sie die Körperwärme ihrer Beute wahrnehmen können. Einige Fische erzeugen elektrische Felder und setzen Elektrorezeptoren ein, um Objekte, so beispielsweise Beute, zu lokalisieren, die die elektrischen Feldlinien stören. Viele Tiere nutzen die Linien des Erdmagnetfeldes, um sich auf ihren Wanderungen zu orientieren.

Thermorezeptoren Thermorezeptoren nehmen Wärme und Kälte wahr. In der Haut und im Hypophysenvorderlappen gelegen, schicken Thermorezeptorzellen Information an den Thermostat des Körpers, der im Hypothalamus liegt. Ein Kontakt von sensorischen Neuronen mit Capsaicin, einer in Chili-Schoten enthaltenen Substanz, löst einen Einstrom von Calciumionen aus. Faszinierenderweise reagiert der entsprechende Rezeptor nicht nur auf die Substanz Capsaicin, sondern auch auf hohe Temperaturen (42 °C und darüber). Im englischen Sprachraum werden scharfe Speisen als *hot* bezeichnet, was gut zu der Erkenntnis passt, dass sie dieselben sensorischen Rezeptoren aktivieren wie heiße Suppe und heißer Kaffee.

Säuger verfügen über eine Reihe verschiedener Temperaturrezeptortypen, die alle für einen bestimmten Temperaturbereich zuständig sind.

Schmerzrezeptoren Extreme Drücke oder Temperaturen sowie gewisse chemische Verbindungen können tierisches Gewebe schädigen. Zur Wahrnehmung von Reizen, die solche schädigenden Zustände registrieren, bedienen sich Tiere **Schmerzrezeptoren**. Durch das Auslösen von Schutzreaktionen, wie beispielsweise einem raschen Rückzug aus dem Gefahrenbereich, dient die Schmerzwahrnehmung einer wichtigen Funktion.

Beim Menschen registrieren einige nackte Dendriten schädliche thermische, mechanische oder chemische Reize (Abbildung 50.3). Der Capsaicin-Rezeptor, der als Thermorezeptor arbeitet, ist daher auch ein Schmerzrezeptor. Obgleich die Dichte der Schmerzrezeptoren in der Haut am höchsten ist, sind auch in anderen Organen Schmerzrezeptoren zu finden.

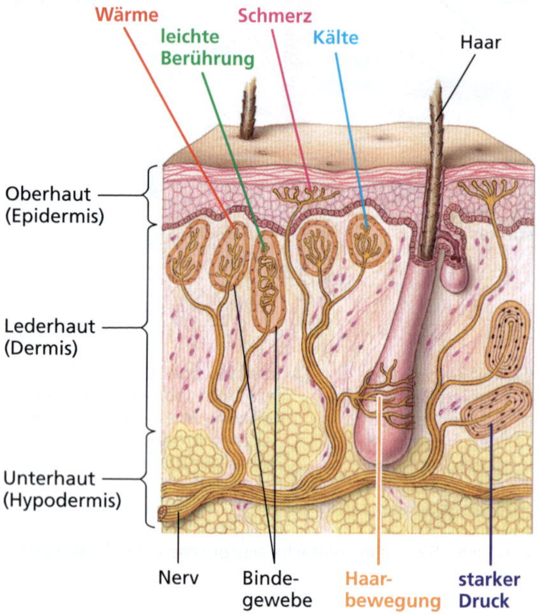

Abbildung 50.3: **Sensorische Rezeptoren in der menschlichen Haut.** Die meisten Rezeptoren in der Dermis sind von einer Bindegewebskapsel umgeben. Die Rezeptoren in der Epidermis sind hingegen nackte Dendriten; das gilt auch für diejenigen Rezeptoren, die die Bewegung von Haaren wahrnehmen und sich um die Haarwurzel in der Dermis winden.

MERKE!

Sensorische Rezeptoren lassen sich in fünf Kategorien einteilen: Mechanorezeptoren, Chemorezeptoren, elektromagnetische Rezeptoren, Thermorezeptoren und Schmerzrezeptoren.

VERSTÄNDNISFRAGEN

1. Welche der fünf Kategorien sensorischer Rezeptoren widmet sich vorwiegend externen Reizen?

2. Warum führt der Konsum von scharfen (hot) Pfeffersorten manchmal zu Schweißausbrüchen?

3. WAS WÄRE, WENN? Wenn Sie ein sensorisches Neuron elektrisch reizen würden, wie würde diese Reizung wahrgenommen werden?

1 Überblick über die einzelnen Elemente des Ohres

Das **Außenohr** besteht aus der Ohrmuschel, die Schallwellen sammelt, und dem Gehörgang, der diese zum **Trommelfell** leitet, das Außen- und Mittelohr trennt. Im **Mittelohr** übermitteln drei Gehörknöchelchen – Hammer (Malleus), Amboss (Incus) und Steigbühel (Stapes) – Schwingungen ans **ovale Fenster**, das direkt unter dem Steigbügel liegt. Das Mittelohr öffnet sich auch in die **eustachische Röhre** (Tuba eustachii), die mit dem Rachenraum (Pharynx) in Verbindung steht und für einen Druckausgleich zwischen Mittelohr und Atmosphäre sorgt. Das **Innenohr** besteht aus flüssigkeitsgefüllten Kammern einschließlich der **Bogengänge**, die zum Gleichgewichtssystem gehören, und der spiralig aufgerollten Schnecke **(Cochlea)**, die zum Gehörsystem zählt.

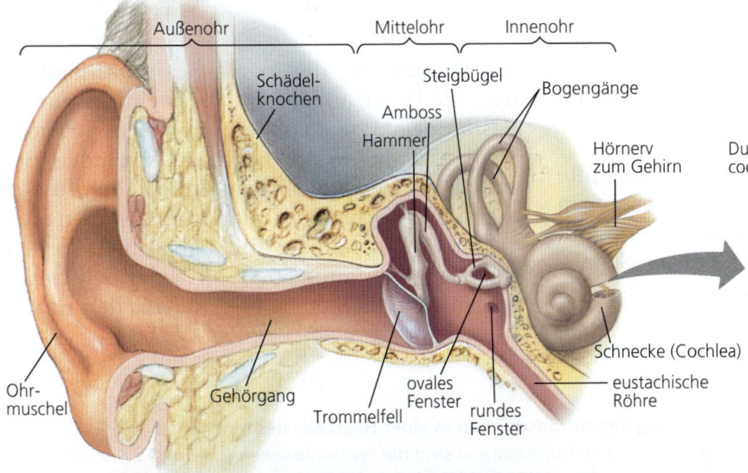

2 Die Cochlea

Die Cochlea weist zwei große Kanäle auf – oben die Scala vestibuli, unten die Scala tympani –, die von einem kleineren Gang, dem Ductus cochlearis (Scala media), getrennt werden. Scala vestibuli und Scala tympani sind mit Perilymphe gefüllt, der Ductus cochlearis hingegen mit Endolymphe. Beide Flüssigkeiten unterscheiden sich wesentlich in ihrer Ionenkonzentration; insbesondere weist die Endoplymphe eine ungewöhnlich hohe K^+-Konzentration auf. Dies und eine positive elektrische Spannung von ca. 80 mV gegenüber der Perilymphe sind für die Entstehung des Rezeptorpotenzials der Haarzellen von Bedeutung.

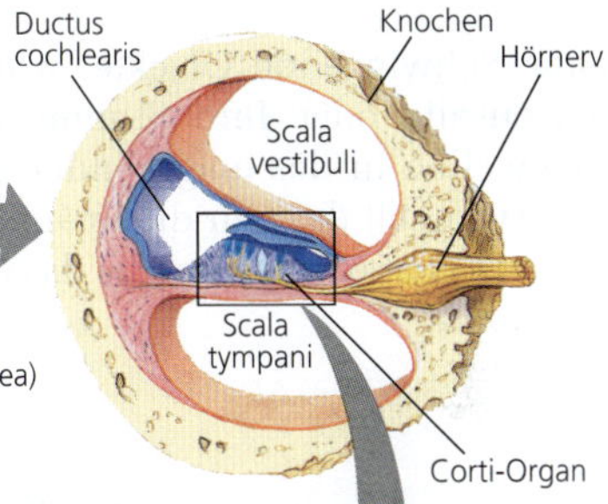

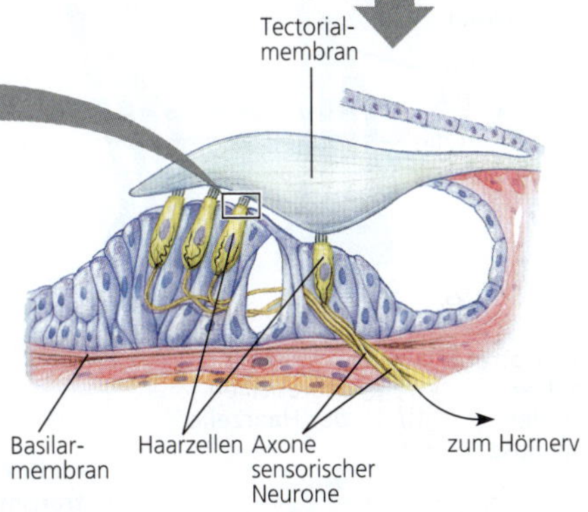

3 Das Corti-Organ

Auf dem Boden des Ductus cochlearis, der Basilarmembran, sitzt das Corti-Organ; es enthält die mechanorezeptiven Zellen des Ohres, die Haarzellen, deren „Haare", auch Stereocilien genannt, in den Ductus cochlearis ragen. Man unterscheidet äußere Haarzellen, deren Stereocilien an der Tectorialmembran (Deckmembran) angeheftet sind, die wie eine Markise über dem Corti-Organ hängt, von inneren Haarzellen, die keinen festen Kontakt zur Tectorialmembran haben. Schallwellen versetzen die Basilarmembran in Schwingung, was zu einem Abbiegen der Stereocilien und zu einer Depolarisation der Haarzellen führt. Die Schallwahrnehmung wird dabei durch die inneren Haarzellen gewährleistet, während die äußeren Haarzellen stattdessen für eine Schallverstärkung sorgen, indem sie sich mit der dem Schallreiz entsprechenden Frequenz rhythmisch kontrahieren und dabei die Tectorialmembran mitziehen.

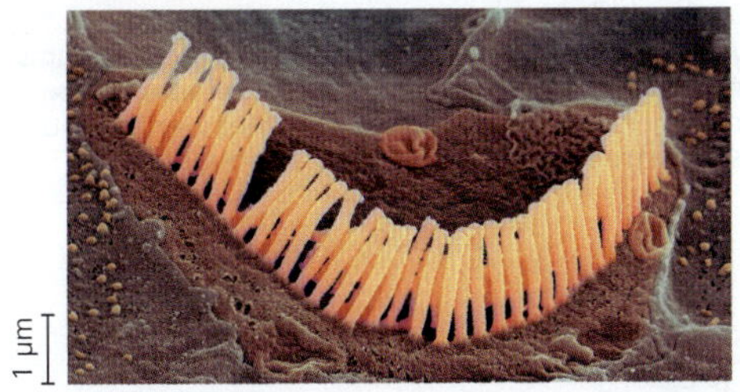

▲ Haarzellenbündel eines Ochsenfrosches; die längsten abgebildeten Stereocilien sind etwa 8 µm lang (REM)

4 Haarzellen

Aus jeder Haarzelle erhebt sich ein Bündel stabförmiger Stereocilien unterschiedlicher Länge, die alle einen Kern aus Actinfilamenten enthalten und durch extrazelluläre Proteinbrücken, sogenannte „tipp-links", miteinander verbunden sind. Diese Stereocilien sind spezialisierte Mikrovilli und werden auch Stereovilli genannt. Die Basilarmembran wird durch Schallwellen in Schwingung versetzt, sodass sich die auf ihr sitzenden Haarzellen periodisch heben und senken, wobei die Stereocilien von der umgebenden Flüssigkeit beziehungsweise der Tectorialmembran ausgelenkt werden. Die Auslenkung der Stereocilien innerhalb des Bündels führt zur Öffnung mechanosensitiver Ionenkanäle. Wegen des hohen Membranpotenzials von ca. 150 mV über der Stereocilienmembran (ca. +80 mV in der Endolymphe gegenüber den übrigen Extrazellulärräumen des Körpers, ca. –70 mV Ruhepotenzial der Haarzellen) und wegen der hohen extrazellulären K^+-Konzentration in der Endolymphe wird die Depolarisation in diesem Fall durch einen K^+-Einstrom erzeugt. Während die inneren Haarzellen dieses Signal über den Hörnerv weiterleiten, nutzen äußere Haarzellen es dazu, ihre Kontraktionsgeschwindigkeit der Schallfrequenz anzupassen.

Abbildung 50.4: Näher betrachtet. Der Bau des menschlichen Ohres.

50.2 Die für Gehör und Gleichgewicht zuständigen Mechanorezeptoren nehmen Flüssigkeits- oder Partikelbewegungen wahr

Gehör und Gleichgewichtsorgane liegen im Körper der meisten Tieren nahe beieinander. In beiden Fällen erzeugen mechanosensitive Zellen Rezeptorpotenziale, wenn Oberflächenstrukturen der Zelle durch Flüssigkeits- oder Partikelbewegungen ausgelenkt werden. Abbildung 50.4 beschreibt Struktur und Funktion dieser Organe im menschlichen Ohr.

Gehör Schwingende Objekte, wie eine gezupfte Gitarrensaite oder Ihre Stimmbänder, erzeugen Druckwellen in der umgebenden Luft. Beim *Hören* verwandelt das Ohr die Energie dieser Schallwellen in Nervenimpulse, die das Gehirn als Töne wahrnimmt.

Der erste Schritt beim Hören erfordert Strukturen im Ohr, die Schallschwingungen in der Luft in Druckwellen in einer Flüssigkeit umwandeln. Schallwellen, die ins Außenohr gelangen, versetzen das Trommelfell in Schwingungen. Die drei Gehörknöchelchen im Mittelohr leiten diese Schwingungen an das ovale Fenster weiter, ein Häutchen an der Oberfläche der Cochlea. Wenn eines dieser Knöchelchen, der Steigbügel, das ovale Fenster in Schwingung versetzt, werden dadurch Druckwellen in der Flüssigkeit in der Cochlea erzeugt.

Die Druckwelle, die in die Scala vestibuli eintritt, übt Druck auf den Ductus cochlearis und die Basilarmembran aus. Daraufhin schwingen die Basilarmembran und die ihr aufsitzenden Haarzellen auf und nieder. Die Stereocilien, die aus den sich bewegenden Zellen ragen, werden an der Tectorialmembran, die direkt über ihnen liegt, abgebogen (Abbildung 50.4). Mit jeder Schwingung biegen sich die Stereocilien, die aus den Haarzel-

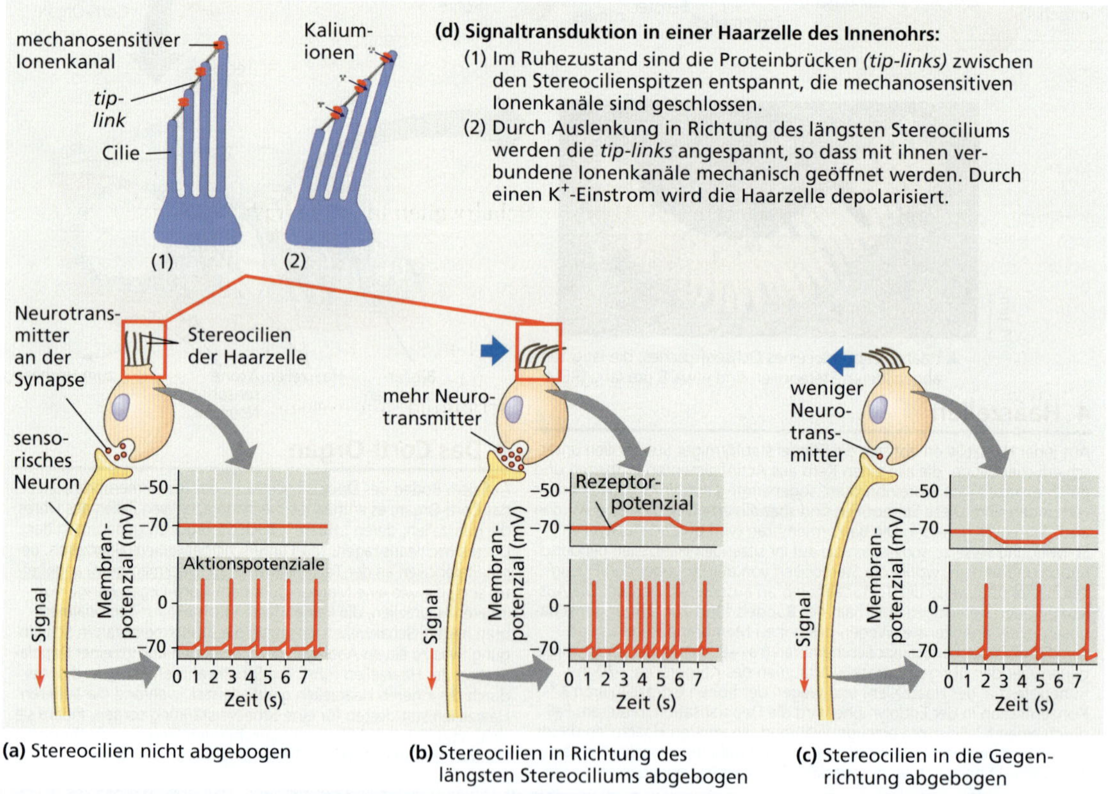

Abbildung 50.5: Sensorische Rezeption bei Haarzellen. Die Haarzellen von Wirbeltieren, die für Hören und Gleichgewicht erforderlich sind, weisen zu einem Bündel geformte Stereocilien auf, die abgebogen werden, wenn sich die umgebende Flüssigkeit bewegt. Jede Haarzelle setzt an einer Synapse mit einem sensorischen Neuron, das Aktionspotenziale zum ZNS schickt, einen exzitatorischen Neurotransmitter (Glutamat) frei. Das Abbiegen des Bündels in Richtung des längsten Stereociliums führt zu einer Depolarisation der Haarzellen, so dass mehr Neurotransmitter freigesetzt werden und die Spikefrequenz im sensorischen Neuron steigt. Ein Abbiegen in die andere Richtung hat den entgegengesetzten Effekt.

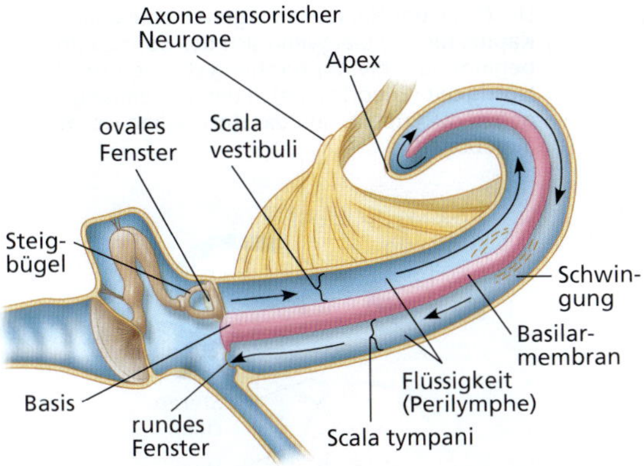

(a) Aus Gründen der Übersichtlichkeit ist die Cochlea teilweise entrollt dargestellt. Schwingungen, die vom Steigbügel (Stapes) auf das ovale Fenster übertragen werden, erzeugen Druckwellen in der Flüssigkeit (Perilymphe) der Cochlea. Die Wellen (schwarze Pfeile) wandern durch die Scala vestibuli zur Spitze (Apex) der Cochlea und kehren durch die Scala tympani zur Basis zurück. Die Energie der Druckwellen versetzt die Basilarmembran (rosa) in Schwingungen und reizt dadurch die Haarzellen.

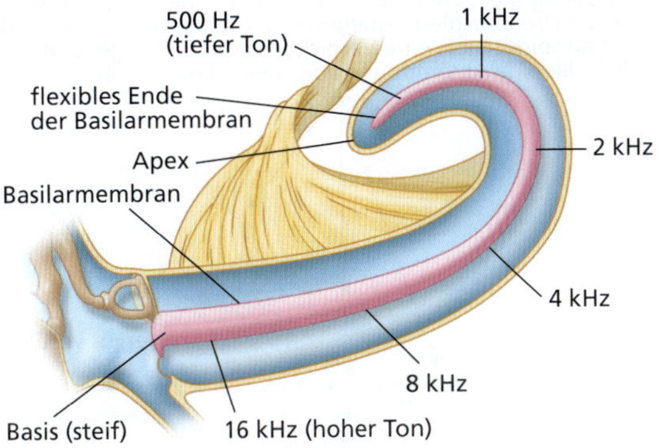

(b) Durch die unterschiedliche Steifheit der Basilarmembran (rosa) zwischen Basis und Apex sind bestimmte Bereiche auf bestimmte Frequenzen „abgestimmt". Infolgedessen versetzen unterschiedliche Frequenzen der Druckwellen in der Cochlea unterschiedliche Bereiche der Basilarmembran in Schwingung und reizen damit bestimmte Haarzellen und sensorische Neurone. Die selektive Reizung von Haarzellen wird im Gehirn als Ton einer bestimmten Tonhöhe wahrgenommen.

Abbildung 50.6: Sensorische Transduktion in der Cochlea.

? Ein musikalischer Akkord besteht aus mehreren Noten und jede wird von Schallwellen mit anderen Frequenzen gebildet. Wenn Sie einen Akkord hören, wo in Ihrem Körper werden diese Noten kombiniert?

len ragen, erst in die eine und dann in die andere Richtung ab. Mechanisch gesteuerte Ionenkanäle in der Stereocilienmembran werden dabei durch Zugkräfte mechanisch geöffnet. Wie in Abbildung 50.5 gezeigt, werden die Haarzellen durch Abbiegen in Richtung des längsten Stereociliums depolarisiert, so dass die Neurotransmitterausschüttung und die Frequenz der Aktionspotenziale, die vom Hörnerv (Nervus acusticus) zum Gehirn geschickt werden, zunehmen. Werden die Stereocilien in die entgegengesetzte Richtung abgebogen, wird die Zelle hyperpolarisiert, so dass die Neurotransmitterausschüttung und damit die Spikefrequenz im Hörnerv abnehmen.

Wenn die Druckwelle das Ende der Scala vestibuli erreicht, wandert sie an der Spitze (Apex) der Cochlea in die Scala tympani. Die Druckwelle zieht dann durch die Scala tympani weiter und entweicht schließlich durch das runde Fenster (Abbildung 50.6a).

Das Ohr übermittelt dem Gehirn Information über zwei wichtige Merkmale des Schalls: Lautstärke und Tonhöhe. Die *Lautstärke* wird von der Amplitude oder Höhe der Schallwelle bestimmt. Eine Schallwelle mit großer Amplitude versetzt die Basilarmembran in stärkere Schwingungen und führt daher zu einer stärkeren Abbiegung der Haare auf den Haarzellen und mehr Aktionspotenziale in den sensorischen Neuronen. Hochfrequente Schallwellen rufen hohe Töne, niederfrequente Schallwellen hingegen tiefe Töne hervor.

Jede Region der Basilarmembran ist auf eine bestimmte Schallfrequenz abgestimmt (Abbildung 50.6b). Die Axone des Hörnervs projizieren entsprechend der Region der Basilarmembran, in der das Signal ursprünglich erzeugt wurde, zu bestimmten auditorischen Arealen des Cortex. Wenn daher eine bestimmte Stelle im auditorischen Cortex stimuliert wird, nehmen wir eine Tonhöhe wahr, die dem entspricht.

Gleichgewichtssinn Mehrere Organe im Innenohr des Menschen und der meisten anderen Säuger registrieren Körperbewegung, Kopfhaltung und Gleichgewicht. Direkt hinter dem ovalen Fenster liegt der Vestibularapparat, auch Labyrinth genannt, mit drei Bogengängen und zwei Kammern, **Utriculus** und **Sacculus** (Abbildung 50.7). Jede der Kammern enthält eine Gruppe von Haarzellen, deren Fortsätze in eine gallertige Kuppel ragen. Eingebettet in diese Gallerte sind zahlreiche Calciumcarbonatpartikel, sogenannte Statolithen. Die Statolithen drücken auf die Stereocilien, die in die Gallerte ragen. Wenn Sie Ihren Kopf neigen, werden die Stereocilien ausgelenkt, wodurch

Die Bogengänge, die in den drei Raumebenen angeordnet sind, nehmen Drehbeschleunigungen des Kopfes wahr. Jeder Gang weist an seiner Basis eine Verdickung auf (die so genannte Ampulle), die eine Ansammlung von Haarzellen enthält.

Die Cilien der Haarzellen ragen in eine gallertige Kappe, die Cupula. Wenn sich der Kopf zu drehen beginnt oder die Kopfdrehung stoppt, drückt Flüssigkeit (Endolymphe) in den Bogengängen gegen die Cupula, und die Stereocilien werden abgebogen.

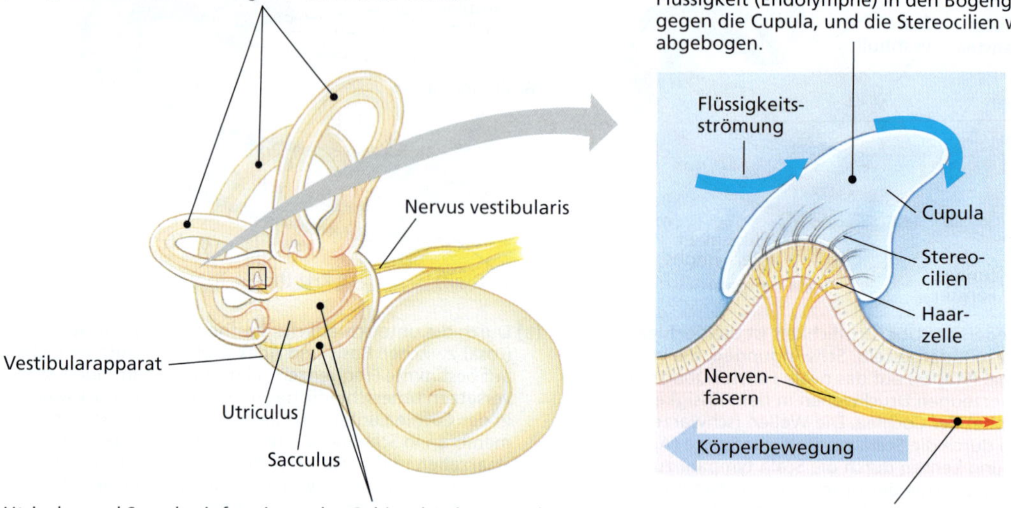

Utriculus und Sacculus informieren das Gehirn darüber, wo oben ist, sowie über die Lage des Körpers im Raum und die auftretende Linearbeschleunigung.

Ein Abbiegen der Stereocilien erhöht die Spikefrequenz in den sensorischen Neuronen proportional zum Betrag der Drehbeschleunigung.

Abbildung 50.7: Gleichgewichtsorgane im Innenohr.

sich die Depolarisation der Haarzellen – je nach Neigungsrichtung – entweder verstärkt oder vermindert. Die dem entsprechende Änderung in der Aktionspotenzialfrequenz der Axone im vestibulären Nerv signalisiert Ihrem Gehirn, in welche Richtung Ihr Kopf geneigt ist. Die Statolithen ermöglichen es auch, Linearbeschleunigungen wahrzunehmen, wenn beispielsweise ein stehendes Auto, in dem Sie sitzen, anfährt. Da der Utriculus horizontal, der Sacculus hingegen vertikal orientiert ist, können Sie Bewegungen in beiden Richtungen, das heißt vorwärts-rückwärts beziehungsweise nach oben-unten wahrnehmen.

Drei Bogengänge, die mit dem Utriculus in Verbindung stehen, registrieren Drehungen des Kopfes und andere Formen der Winkel- oder Drehbeschleunigung. In jedem Kanal ragen die Haare von Haarzellen in eine gallertige Kuppel, die Cupula. Da die drei Bogengänge in den drei Raumebenen angeordnet sind, können Sie Drehbewegungen des Kopfes in alle Raumrichtungen unterscheiden. Wenn Sie Ihren Kopf beispielsweise von links nach rechts drehen, drückt die Flüssigkeit im horizontalen Bogengang gegen die Cupula und biegt die Haare ab. Das Gehirn deutet die resultierenden Veränderungen der Aktionspotenzialfrequenz der sensorischen Neurone als Drehung des Kopfes. Wenn Sie sich rasch um Ihre eigene Achse drehen, passt sich die Flüssigkeit im Bogengang schließlich dieser Drehbewegung an, bis Sie aufhören, sich zu drehen. Dann bewegt sich die Flüssigkeit im Bogengang aufgrund ihrer Trägheit weiter, trifft auf eine stationäre Cupula und löst die falsche Empfindung einer Drehbewegung aus, die wir als Schwindel bezeichnen.

VERSTÄNDNISFRAGEN

1. WAS WÄRE, WENN? Stellen Sie sich vor, eine Reihe von Druckwellen in Ihrer Cochlea führte zu Schwingungen der Basilarmembran, die sich allmählich von der Basis zum Apex fortpflanzt. Wie würde Ihr Gehirn diesen Stimulus interpretieren?

2. WAS WÄRE, WENN? Wenn der Steigbügel mit den anderen Mittelohrknochen oder dem ovalen Fenster verschmelzen würde, wie würde sich dies auf das Gehör auswirken? Begründen Sie Ihre Antwort.

50.3 Geschmacks- und Geruchssinn basieren auf ähnlichen Sinneszelltypen

Die Wahrnehmung von Geschmack und Geruch basiert auf Chemorezeptoren, die spezifische chemische Verbindungen in der Umgebung wahrnehmen.

50.3.1 Der Geschmackssinn bei Säugern

Die Geschmackssinneszellen bei Säugern sind modifizierte Epithelzellen, die in **Geschmacksknospen** organisiert sind. Diese Geschmacksknospen sind in mehreren Bereichen auf der Zunge und im Mundraum verteilt (Abbildung 50.8). Mithilfe der Rezeptoren in den Geschmacksknospen lassen sich fünf Geschmacksqualitäten unterscheiden. Vier davon sind die allseits bekannten Geschmacksqualitäten – süß, sauer, salzig und bitter. Die fünfte, umami genannt (jap. *umai,* „köstlich"), wird von der Aminosäure Glutamat ausgelöst. Natriumglutamat wird in der Lebensmittelindustrie häufig als Geschmacksverstärker eingesetzt und ruft einen oft als „würzig" beschriebenen Geschmack hervor.

Beim Menschen gibt es mehr als 30 verschiedene Rezeptoren für Bittergeschmack, von denen jeder zahlreiche Bitterstoffe identifizieren kann. Im Gegensatz dazu haben Menschen nur einen einzigen Rezeptortyp für „süß" und einen einzigen Rezeptortyp für „umami". Abbildung 50.8 illustriert die sensorische Transduktion für den Süßrezeptor.

50.3.2 Der Geruchssinn des Menschen

Die sensorischen Zellen, die den Geruchssinn vermitteln, sind im Gegensatz zu den Geschmackszellen Sinneszellen, die ein eigenes Axon besitzen. Olfaktorische Rezeptorzellen (Riechzellen) kleiden den oberen Teil der Nasenhöhle aus und senden über ihre Axone Impulse direkt zum

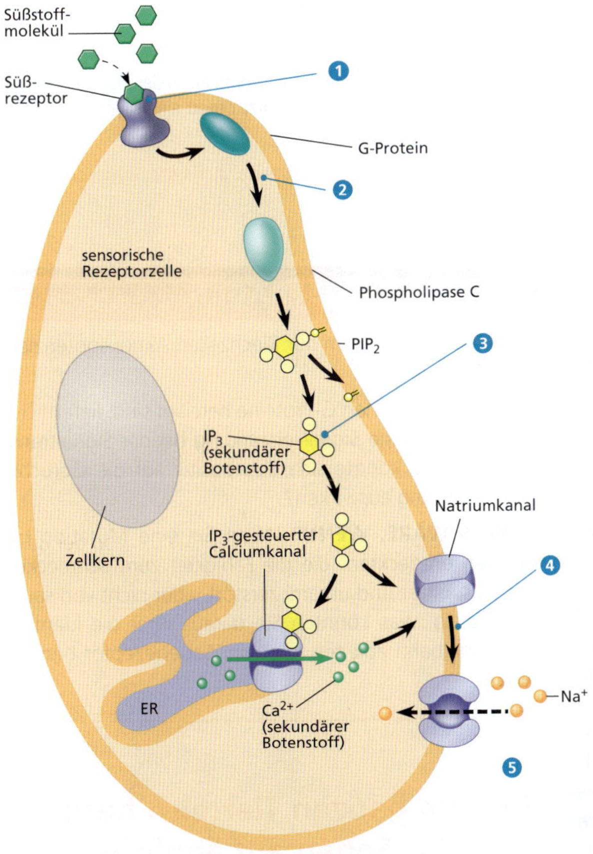

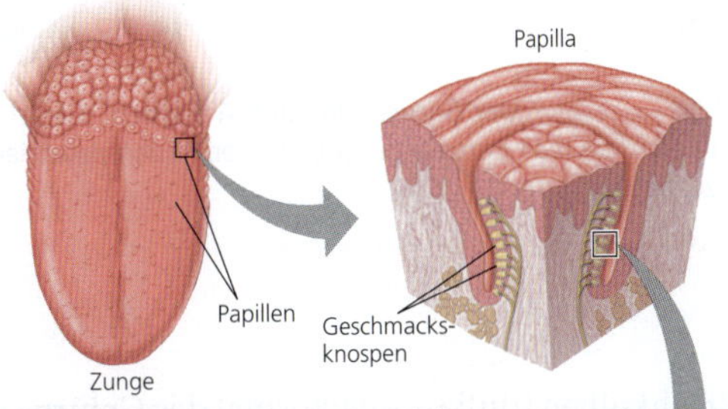

(a) Die Zunge. Kleine warzenförmige Erhebungen, sogenannte Papillen, bedecken die Oberfläche der Zunge. Der vergrößerte Querschnitt zeigt die mit Geschmacksknospen ausgekleideten Seitenwände einer Papille.

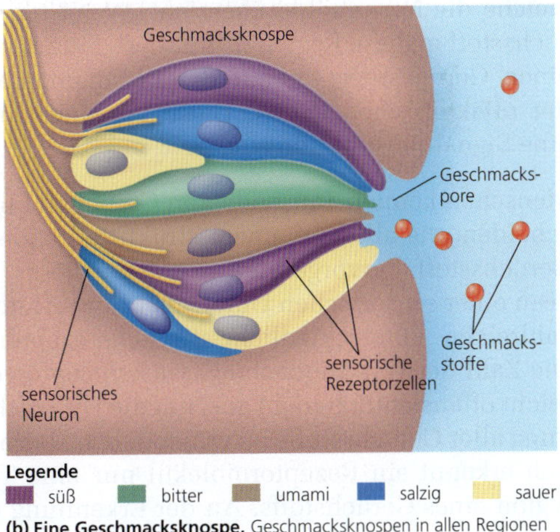

(b) Eine Geschmacksknospe. Geschmacksknospen in allen Regionen der Zunge enthalten sensorische Rezeptorzellen, die für jeden der fünf Geschmackstypen spezifisch sind.

1. Ein Zuckermolekül bindet an ein Rezeptorprotein auf der sensorischen Rezeptorzelle.
2. Die Bindung setzt einen Signalübertragungsweg in Gang, an dem ein G-Protein und Phospholipase C beteiligt sind.
3. Die Phospholipase-C-Aktivität generiert den sekundären Botenstoff IP_3, der an einen Calciumkanal im ER bindet und ihn öffnet. Ca^{2+}, ein weiterer sekundärer Botenstoff, strömt ins Cytosol ein.
4. IP_3 und Ca^{2+} führen zum Öffnen eines Natriumkanals, sodass Na^+ in die Rezeptorzelle der Geschmacksknospe diffundieren kann.
5. Durch Freisetzung des Neurotransmitters ATPwird das Signal an ein sensorisches Neuron weitergegeben (nicht dargestellt).

Abbildung 50.8: Sensorische Transduktion bei einem Süßrezeptor. In den Geschmackssinneszellen des Menschen wirkt ATP am Ende der Signalkaskaden als Neurotransmitter.

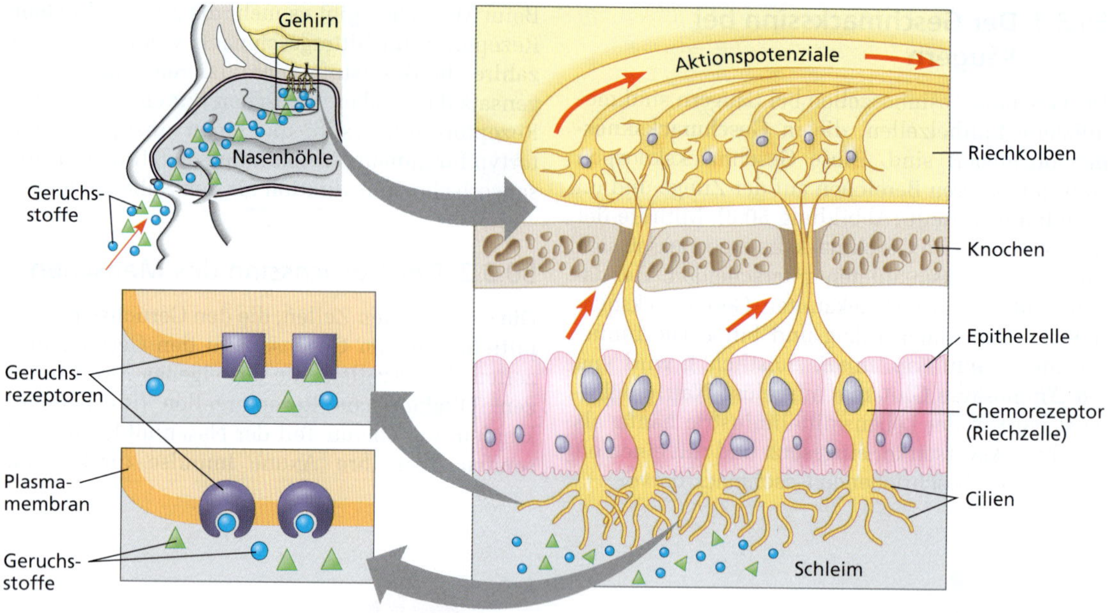

Abbildung 50.9: Der Geruchssinn des Menschen. Geruchsstoffmoleküle binden an spezifische Rezeptorproteine in der Plasmamembran von olfaktorischen Rezeptorzellen und lösen Aktionspotenziale aus. Jede olfaktorische Rezeptorzelle besitzt genau einen Typ von Chemorezeptoren.

? Wenn Sie in einem muffigen Raum ein „Luftfrische-Spray" versprühten, würden Sie dann Detektion, Transmission oder Perzeption der Geruchsstoffe beeinflussen, die für den muffigen Geruch verantwortlich sind?

Riechkolben (Bulbus olfactorius) des Gehirns (Abbildung 50.9). Die rezeptiven Enden der Riechzellen tragen Cilien, die in die Schleimschicht ragen, welche die Nasenhöhle überzieht. Wenn ein Geruchsstoff in diese Region diffundiert, bindet er an einen Geruchsrezeptor auf der Plasmamembran der olfaktorischen Cilien. Diese Vorgänge lösen eine Signaltransduktion aus.

Menschen können Tausende von Gerüchen unterscheiden, die alle von einem strukturell anderen Geruchsstoff hervorgerufen werden. Dieses Niveau einer sensorischen Unterscheidung erfordert zahlreiche unterschiedliche Geruchsrezeptoren. Die Zahl der verschiedenen Geruchsrezeptorgene reicht offensichtlich nicht aus, um die Unterscheidung aller Geruchsstoffe zu ermöglichen. Tatsächlich erkennt ein Rezeptormolekül nur eine Teilregion eines Geruchstoffs. An der Erkennung des kompletten Geruchsstoffs sind deshalb mehrere Geruchsrezeptoren beteiligt, deren kombiniertes Aktivitätsmuster für den jeweiligen Geruchsstoff steht.

VERSTÄNDNISFRAGEN

1. Erklären Sie, warum nur Riechzellen Aktionspotenziale erzeugen.

2. Bahnen, an denen G-Proteine beteiligt sind, liefern Gelegenheit für eine Signalverstärkung bei der Signaltransduktion. Wie könnte sich dies positiv auf die Geruchswahrnehmung auswirken?

3. WAS WÄRE, WENN? Wenn Sie eine Mutation bei Mäusen entdeckten, die die Fähigkeit zum Schmecken von süß, bitter und umami zerstört, aber nicht von sauer oder salzig, was könnten Sie daraus über die Identität der Signalbahn ableiten, die vom Sauerrezeptor benutzt wird?

50.4 Im ganzen Tierreich basiert das Sehen auf ähnlichen Mechanismen

50.4.1 Sehen bei Wirbellosen

Eines der simpelsten Lichtsinnesorgane ist der Pigmentbecherocellus der Planarien (Abbildung 50.10). Diese Ocellen sind von drei Seiten von einer Schicht dunkel pigmentierter Zellen umgeben, die den Lichteinfall abschirmen. Licht, das auf die Planarie fällt, kann nur durch die Öffnung, an der es keine Pigmentzellen gibt, auf die lichtempfindlichen Sinneszellen in jedem Ocellus, sogenannte **Fotorezeptoren**, treffen und diese reizen. Auf diese Weise zeigen die Ocelli die Einfallsrichtung des Lichtes an und lösen das (für Planarien typische) Lichtmeideverhalten aus.

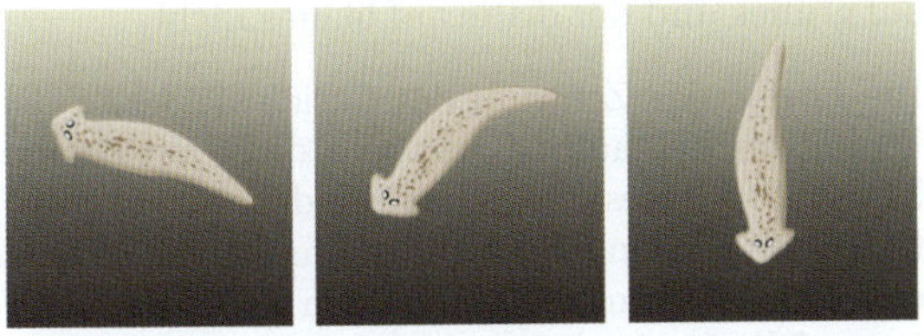

(a) Das Gehirn der Planarie weist den Körper an, sich so lange zu drehen, bis das Lichtempfinden in den beiden Pigmentbecherocellen gleich stark und zudem minimal ist. Das führt dazu, dass sich das Tier vom Licht fortbewegt.

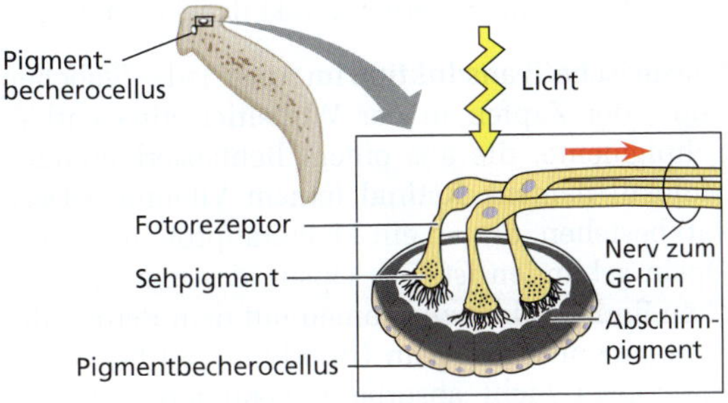

(b) Während Licht, das von vorn auf einen Pigmentbecherocellus fällt, den Fotorezeptor erregt, wird Licht, das von hinten einfällt, von dem Abschirmpigment abgeblockt. Auf diese Weise zeigen die Ocelli die Einfallsrichtung des Lichtes an und lösen das (für Planarien typische) Lichtmeideverhalten aus.

Abbildung 50.10: Pigmentbecherocellen und Orientierungsverhalten einer Planarie.

Komplexaugen, auch Facettenaugen genannt, findet man bei Insekten und Crustaceen (Stamm Arthropoda) sowie bei einigen Polychaeten (Vielborster, Stamm Annelida). Ein Komplexauge besteht aus bis zu mehreren tausend Lichtdetektoren, **Ommatidien** genannt; diese Ommatidien tragen alle eine lichtbündelnde Linse (Abbildung 50.11). Jedes Ommatidium nimmt Licht wahr, das aus einem winzigen Teil des Gesichtsfeldes einfällt. Während das menschliche Auge lediglich rund 50 Lichtblitze pro Sekunde als Einzelbilder wahrnehmen kann, können die Komplexaugen mancher Insekten noch mehr als 300 Bilder pro Sekunde auflösen. Insekten verfügen auch über ein exzellentes Farbensehen und einige (darunter Bienen) können auch im Ultraviolettbereich sehen.

(a) Facettenaugen am Kopf einer Fliege, aufgenommen mit einem Stereomikroskop.

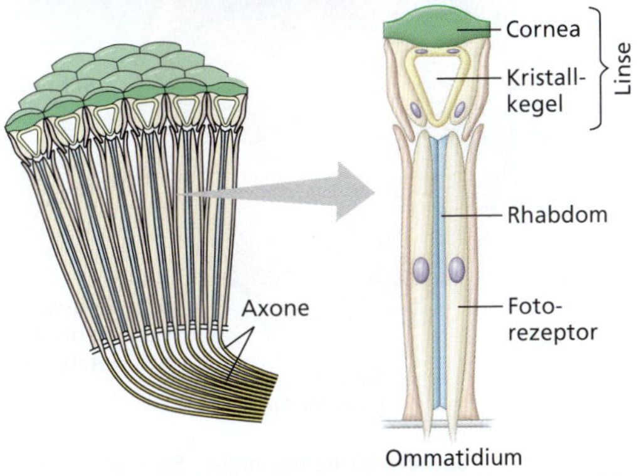

(b) Die Cornea und der Kristallkegel eines jeden Ommatidiums fungieren gemeinsam als Linse, die Licht auf das Rhabdom lenkt, zusammengelagerte Mikrovillisäume, die sich von den kreisförmig angeordneten Fotorezeptoren nach innen erstrecken. Das Rhabdom sammelt Licht und dient als lichtempfindlicher Teil des Ommatidiums. Zur Erstellung eines visuellen Bildes wird Information über die verschiedenen Intensitäten des Lichtes genutzt, das aus unterschiedlichen Winkeln in die zahlreichen Ommatidien eintritt.

Abbildung 50.11: Komplexaugen.

50.4.2 Das Sehsystem von Wirbeltieren

Bau des Auges Der Augapfel des Wirbeltierauges besteht aus der Lederhaut oder **Sclera**, einer derben äußeren Bindegewebeschicht, sowie einer dünnen, inneren pigmentierten Schicht, der Aderhaut oder **Chorioidea** (Abbildung 50.12). Auf der Vorderseite des Auges wird die Sclera zur transparenten Hornhaut (**Cornea**), die Licht ins Auge fallen lässt und als feste Linse arbeitet. Ebenfalls auf der Vorderseite bildet die Chorioidea die ringförmige Iris, die dem Auge seine Farbe verleiht. Durch Veränderung ihres Durchmessers reguliert die Iris die Lichtmenge, die durch die Pupille fällt, der Öffnung in der Mitte der Iris. Auf der Innenseite der Chorioidea bildet die Netzhaut (**Retina**), die mehrere Schichten von Neuronen und die Fotorezeptoren enthält, die innerste Zellschicht des Augapfels. Die Information, die von den Fotorezeptoren gesammelt wird, verlässt das Auge an der Sehnervenpapille, einer Stelle im unteren Bereich der Retina, an der der Sehnerv (Nervus opticus) aus dem Auge tritt. Da die Sehnervenpapille keine Fotorezeptoren enthält, bildet sie einen „blinden Fleck“: Licht, das auf diesen Teil der Retina gebündelt wird, wird nicht wahrgenommen.

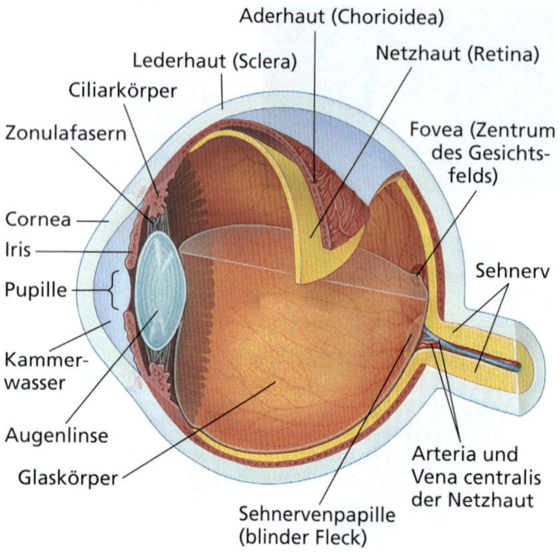

Abbildung 50.12: Bau des Wirbeltierauges. Bei diesem Längsschnitt durch das Auge ist der gallertige Glaskörper nur in der unteren Hälfte des Augapfels dargestellt. Die Bindehaut, eine Schleimhaut, die die Sclera umgibt, ist nicht eingezeichnet.

Die **Augenlinse** und der **Ciliarkörper** teilen das Auge in zwei Kammern ein, eine vordere Augenkammer zwischen Cornea und Linse, und eine deutlich größere hintere Augenkammer hinter der Linse. Der Glaskörper produziert ständig eine klare, wässrige Flüssigkeit, das **Kammerwasser**, das die vordere Augenkammer füllt. Die hintere Augenkammer, die mit dem gallertigen **Glaskörper** gefüllt ist, macht den größten Teil des Augenvolumens aus. Menschen und andere Säuger fokussieren, indem sie die Form der Linse verändern (Abbildung 50.13). Wenn sie ein nahes Objekt fokussieren, wird die Linse abgekugelt, bei einem fernen Objekt hingegen abgeflacht. Dieser Vorgang wird als Akkommodation bezeichnet.

Die menschliche Netzhaut enthält **Stäbchen** und **Zapfen**, zwei Fotorezeptortypen, die sich in Form und Funktion unterscheiden. Stäbchen sind lichtempfindlicher als Zapfen, können aber keine Farben unterscheiden; sie sind für das Dämmerungs- und Nachtsehen zuständig, ergeben aber nur ein Schwarzweißbild. Die Zapfen ermöglichen es uns, Farben zu sehen, sind aber weniger lichtempfindlich als die Stäbchen. Es gibt drei Zapfentypen und jeder weist innerhalb des sichtbaren Lichts eine andere spektrale Empfindlichkeit auf: Der eine Typ reagiert optimal auf gelbrotes, der zweite auf grünes und der dritte auf blaues Licht.

Die **Fovea**, das Zentrum des Gesichtsfeldes, weist keine Stäbchen auf, ist aber sehr dicht mit Zapfen besetzt. Bei Tageslicht sehen Sie dann am schärfsten, wenn Sie ein Objekt direkt anschauen, so dass das Licht auf die dicht gepackten Zapfen in Ihrer Fovea fällt. Nachts bringt es nichts, ein schwach beleuchtetes Objekt direkt anzuschauen, da sich die Stäbchen – die empfindlicheren Lichtrezeptoren – außerhalb der Fovea befinden. Daher sehen Sie beispielsweise einen schwach leuchtenden Stern dann am besten, wenn Sie einen Punkt daneben fixieren.

Sensorische Transduktion im Auge Jedes Stäbchen und jeder Zapfen in der Wirbeltierretina enthält Sehpigmente, die aus einem lichtabsorbierenden Molekül namens **Retinal** (einem Vitamin-A-Derivat) bestehen, das an ein Membranprotein namens Opsin gebunden ist. Das Opsin, das man in Stäbchen findet, bildet zusammen mit dem Retinal das Sehpigment **Rhodopsin** (Abbildung 50.14). Wenn Rhodopsin Licht absorbiert, verändert sich eine Bindung im Retinal von einer *cis*- in eine *trans*-Konfiguration, so dass sich das Molekül aus einer abgeknickten in eine gestreckte Form umwandelt. Diese Veränderung in der Konfiguration aktiviert Rhodopsin, wobei gleichzeitig die lichtabsorbierende Komponente – das Retinal – abgespalten und in die Zellen des Pigmentepithels transportiert wird. Weil dabei die Farbe des Rhodopsins von Purpur nach Gelb umschlägt, bezeichnet man die Lichtabsorption durch Rhodopsin als „Bleichen".

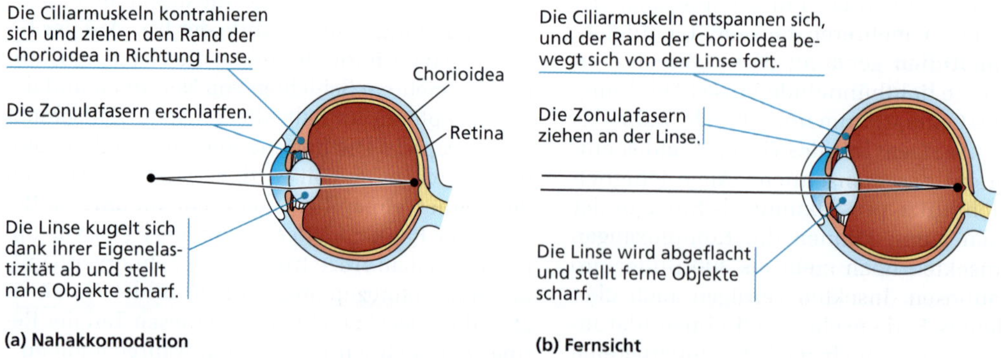

Abbildung 50.13: Fokussierung beim Säugerauge. Die Form der Linse, die die einfallenden Lichtstrahlen bricht und auf der Retina bündelt, wird von Ciliarmuskeln kontrolliert. Je dicker die Linse, desto stärker werden die Lichtstrahlen gebrochen.

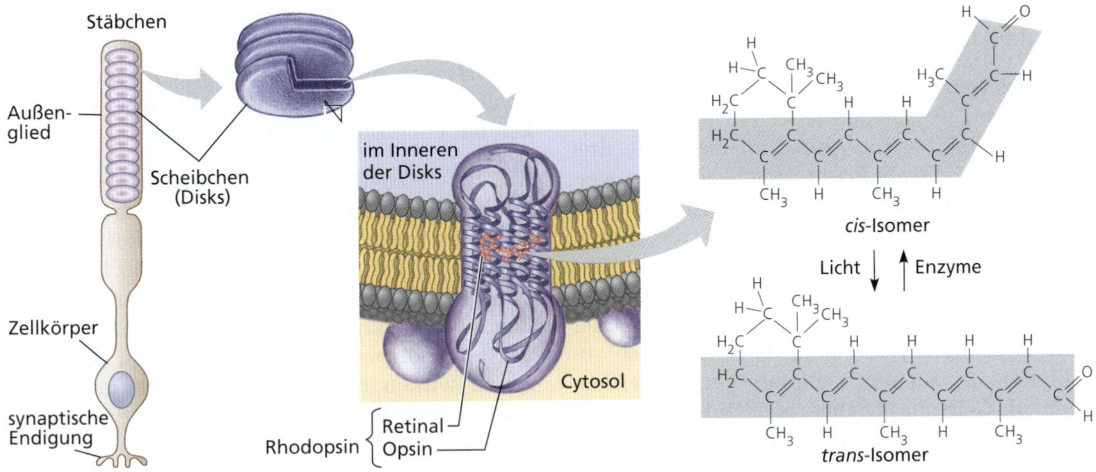

(a) Stäbchen enthalten das Sehpigment Rhodopsin, das in einen Stapel von membranumhüllten Scheibchen (Disks) im Außenglied des Stäbchens eingebettet ist. Rhodopsin besteht aus dem lichtabsorbierenden Molekül Retinal, das an Opsin, ein integrales Membranprotein, gebunden ist.

(b) Retinal kommt in zwei Isomerformen vor. Durch Lichtabsorption wandelt sich das *cis*-Isomer in das *trans*-Isomer um. Das führt dazu, dass Opsin seine Konformation ändert. Nach ein paar Minuten löst sich das Retinal vom Opsin und wird ins Pigmentepithel transportiert. Dort wandeln Enzyme das Retinal wieder in seine *cis*-Form um, die sich in der Fotorezeptorzelle erneut mit Opsin zum Rhodopsin verbindet.

Abbildung 50.14: **Aktivierung von Rhodopsin durch Licht.**

Die auf die Lichtabsorption folgende Signaltransduktion in den Fotorezeptorzellen führt zum Schließen von Natriumkanälen in der Plasmamembran, wodurch die Fotorezeptorzelle hyperpolarisiert wird (Abbildung 50.15).

Wenn Enzyme im Pigmentepithel Retinal in seine *cis*-Form zurückverwandelt haben, bindet dieses wieder an Opsin. Nimmt die Menge an Licht, die ins Auge fällt, abrupt ab, erlangen die gebleichten Stäbchen ihre volle Ansprechbarkeit minutenlang nicht wieder. Aus diesem Grund können Sie kurze Zeit kaum etwas sehen, wenn Sie aus dem hellen

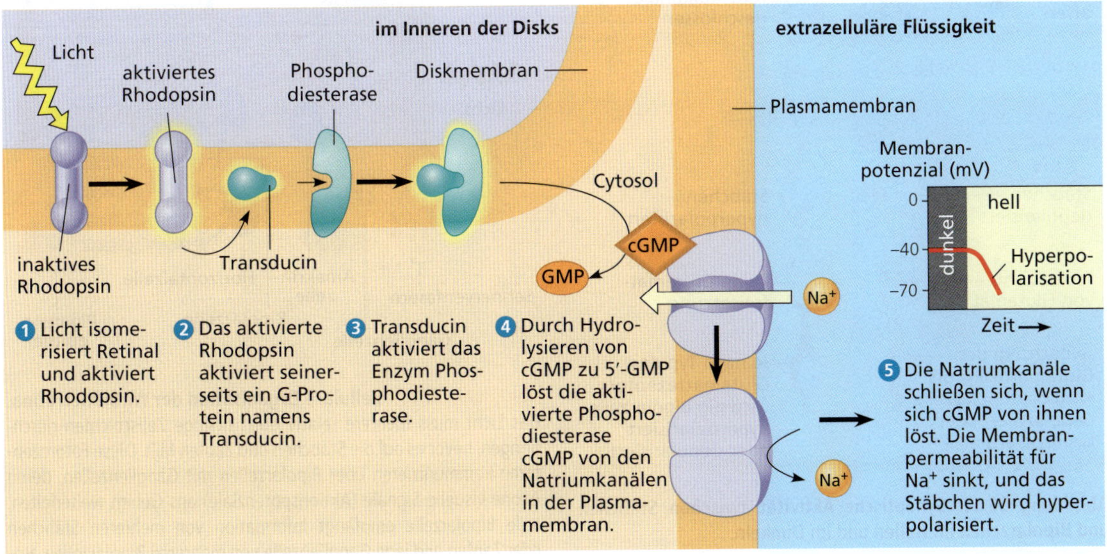

Abbildung 50.15: **Entstehung eines Rezeptorpotenzials (Hyperpolarisation) in einem Stäbchen.** Beachten Sie, dass das Rezeptorpotenzial in Stäbchen (und in Zapfen) keine Depolarisation, sondern eine Hyperpolarisation ist.

Sonnenschein kommend, ein Kino oder einen anderen dunklen Ort betreten.

Das Farbensehen beim Menschen basiert auf drei Zapfentypen, von denen jeder ein anderes Sehpigment enthält – rot, grün und blau. Die drei Sehpigmente, die als *Photopsine* bezeichnet werden, werden durch Bindung von Retinal an drei verschiedene Opsinproteine gebildet, die jeweils eine andere Wellenlänge optimal absorbieren. Die Wahrnehmung von Mischfarben im Gehirn hängt von der unterschiedlichen Reizung von zwei oder mehr Zapfentypen ab. Wenn beispielsweise sowohl Rot- als auch Grünzapfen gereizt werden, sehen wir Gelb oder Orange, je nachdem, welcher Zapfentyp stärker gereizt wurde.

Verarbeitung der visuellen Information Die Verarbeitung der visuellen Information beginnt bereits in der Retina selbst, in der Stäbchen und Zapfen mit Neuronen, sogenannten **Bipolarzellen**, Synapsen ausbilden (Abbildung 50.16). Im Dunkeln sind Stäbchen und Zapfen depolarisiert und setzen an diesen Synapsen ständig den Neurotransmitter Glutamat frei (siehe Tabelle 48.1). Wenn Licht auf die Stäbchen und Zapfen fällt, reagieren sie mit einer Hyperpolarisation und reduzieren ihre Glutamatfreisetzung in Abhängigkeit von der Lichtintensität. Dementsprechend zeigen Bipolarzellen, die von Glutamat depolarisiert werden, bei Belichtung eine Hyperpolarisation, während diejenigen, die von Glutamat hyperpolarisiert werden, bei Helligkeit mit einer Depolarisation reagieren.

Zusätzlich zu Bipolarzellen erfordert die Informationsverarbeitung in der Retina drei weitere Neuronentypen – Ganglienzellen, Horizontalzellen und Amakrinzellen (Abbildung 50.17). **Ganglienzellen** bilden Synapsen mit Bipolarzellen und übermitteln Aktionspotenziale via Sehnervenaxone zum Gehirn. **Horizontalzellen** und **Amakrinzellen** wirken in neuronalen Schaltkreisen, die visuelle Information verarbeiten, bevor sie diese ans Gehirn weiterleiten.

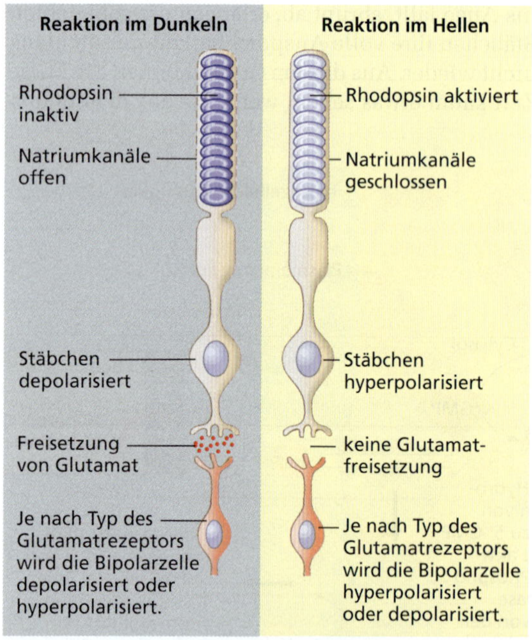

Abbildung 50.16: Synaptische Aktivität zwischen Stäbchen und Bipolarzellen im Hellen und im Dunkeln.

? Wie Stäbchen werden Zapfen depolarisiert, wenn Rhodopsin inaktiviert ist. Warum könnte es im Fall eines Zapfens irreführend sein, dies als Dunkelreaktion zu bezeichnen?

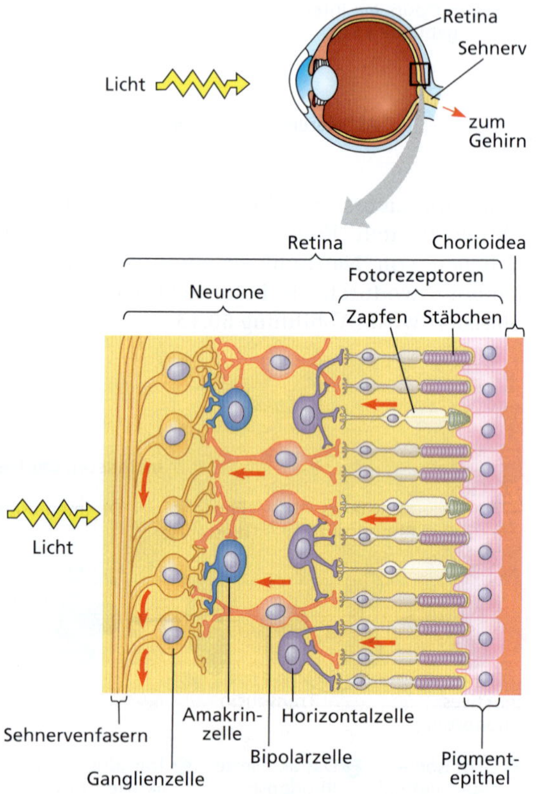

Abbildung 50.17: Zelluläre Organisation der Wirbeltierretina. Das Licht muss mehrere relativ durchsichtige Zellschichten durchdringen, bevor es auf die Stäbchen und Zapfen fällt. Diese Fotorezeptoren kommunizieren über Bipolarzellen mit Ganglienzellen, deren Axone visuelle Signale (Aktionspotenziale) ans Gehirn weiterleiten. Jede Bipolarzelle empfängt Information von mehreren Stäbchen oder Zapfen und jede Ganglienzelle von mehreren Bipolarzellen. Horizontal- und Amakrinzellen integrieren Information über der Retina. Rote Pfeile zeigen den Weg an, den die visuelle Information von den Fotorezeptoren zum Sehnerv nimmt.

Wenn ein belichtetes Stäbchen oder ein belichteter Zapfen eine Horizontalzelle aktiviert, hemmt die Horizontalzelle benachbarte Fotorezeptoren und Bipolarzellen, die nicht belichtet sind. Infolgedessen erscheint der Lichtfleck heller und die dunkle Umgebung noch dunkler. Diese Form der Integration, die als **laterale Hemmung** oder **laterale Inhibition** bezeichnet wird, arbeitet Kanten stärker heraus und verstärkt die Kontraste im Bild. Laterale Hemmung findet sich auch bei der Zusammenarbeit von Amakrin- und Ganglienzellen.

Die Axone der Ganglienzellen bilden den Sehnerv (Nervus opticus), der Signale vom Auge zum Gehirn übermittelt (Abbildung 50.18). Die beiden Sehnerven treffen sich an der Sehnervenkreuzung, dem **Chiasma opticum.** Die Axone im Sehnerv teilen sich am Chiasma opticum so auf, dass visuelle Information aus dem linken Gesichtsfeld beider Augen an die rechte cerebrale Hemisphäre übermittelt wird, visuelle Information aus dem rechten Gesichtsfeld hingegen an die linke cerebrale Hemisphäre.

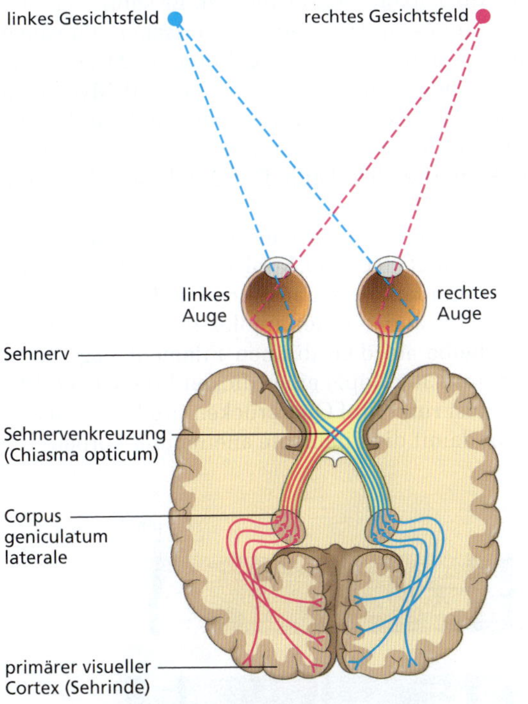

Abbildung 50.18: Die beiden Sehbahnen. Jeder Sehnerv enthält rund eine Million Axone, die mit Interneuronen in der visuellen Region des Thalamus (Corpus geniculatum laterale) Synapsen bilden. Die Kerne in den beiden Corpora übermitteln Information an den primären visuellen Cortex (Sehrinde), eines der vielen Hirnzentren, die mit unserer visuellen Wahrnehmung zusammenarbeiten.

Im Gehirn ziehen die meisten Ganglienzellen zu den beiden Kniehöckern in der visuellen Region des Thalamus (Corpora geniculata lateralia, Sing. **Corpus geniculatum laterale**), die ihrerseits Axone in den **primären visuellen Cortex** (Abbildung 50.18) und von dort an weitere übergeordnete visuelle Verarbeitungs- und Integrationszentren des Cortex schicken.

VERSTÄNDNISFRAGEN

1. Vergleichen Sie die lichtempfindlichen Organe von Planarien und Fliegen. Wie ist jedes Organ an die Lebensweise des Tieres angepasst?

2. Bei Alterssichtigkeit (Presbyopie) verliert die Augenlinse einen großen Teil ihrer Elastizität und damit die Fähigkeit sich abzukugeln; sie bleibt also flach. Erklären Sie, wie dies das Sehvermögen der Betroffenen beeinflusst.

3. WAS WÄRE, WENN? Wenn Sie ein Objekt wahrnehmen, das durch Ihr Gesichtsfeld treibt, wie könnten Sie feststellen, ob es sich bei dem Bild um ein reales Objekt beziehungsweise um eine Störung in Ihren Augen oder in einem neuronalen Schaltkreis in Ihrem Gehirn handelt?

50.5 Muskelkontraktion erfordert die Interaktion von Muskelproteinen

Im Lauf unserer Diskussion über sensorische Mechanismen haben wir gesehen, wie sensorische Signale, die vom Nervensystem empfangen werden, zu spezifischen Verhaltensweisen führen, wie dem Ausweichmanöver einer Motte, die die Ultraschallklicks einer Fledermaus wahrnimmt. Tierisches Verhalten erfordert Muskelaktivität als Reaktion auf Signale, die das Nervensystem aufgenommen hat.

50.5.1 Die Skelettmuskulatur von Wirbeltieren

Die meisten Skelettmuskeln bestehen aus einem Bündel langer Fasern, die parallel zur Längsrichtung des Muskels verlaufen (Abbildung 50.19). Jede Faser ist eine einzelne Muskelzelle mit zahlreichen Kernen, worin sich ihre Bildung durch Fusion vieler embryonaler Zellen widerspiegelt. Eine Muskelfaser enthält viele längs angeordnete Bündel, sogenannte **Myofibrillen**. Jede Myofibrille setzt sich aus dünnen und dicken Filamenten zusammen und ist umgeben vom sarkoplasmatischen Reticulum (SR). Die **dünnen Filamente** bestehen vor allem aus zwei Strängen Actin und zwei Strängen des regulatorischen Proteins Tropomyosin (Abbildung 50.22), die sich umeinander winden. Die **dicken Filamente** bestehen vorwiegend aus versetzt angeordneten Myosinmolekülen.

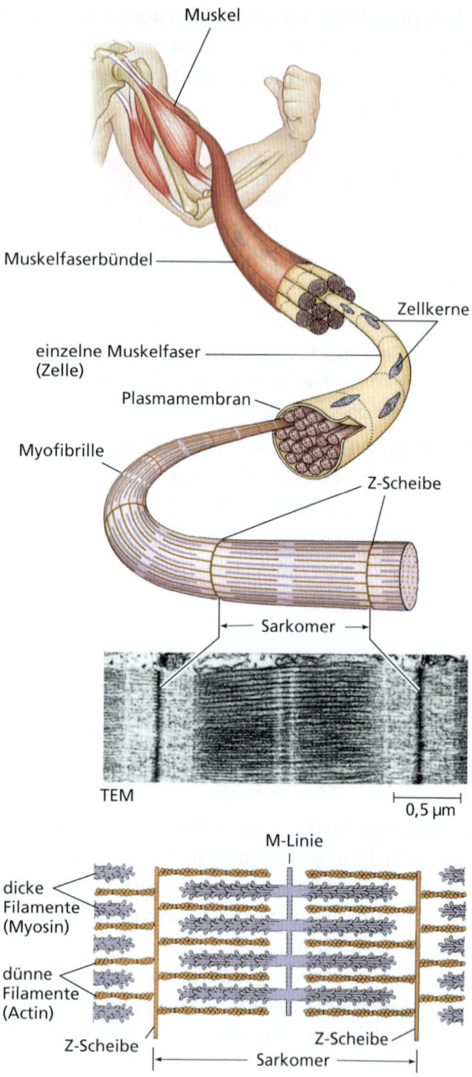

Abbildung 50.19: Aufbau eines Skelettmuskels.

Skelettmuskeln werden auch als **quergestreifte Muskeln** bezeichnet, weil die regelmäßige Anordnung der Filamente ein Muster von hellen und dunklen Banden schafft. Jede sich wiederholende Einheit stellt ein **Sarkomer** dar, die kontraktile Grundeinheit des Muskels. In einer Muskelfaser in Ruhe überlappen dünne und dicke Filamente nur zum Teil. Im Randbereich des Sarkomers finden sich nur dünne Filamente, in der mittleren Zone hingegen nur dicke Filamente.

Das Gleitfilamentmodell der Muskelkontraktion Nach dem **Gleitfilamentmodell** der Muskelkontraktion (Abbildung 50.20) gleiten die Filamente längs aneinander vorbei, so dass die dünnen und dicken Filamente stärker überlappen.

Das aneinander Vorbeigleiten der Filamente basiert auf der Wechselwirkung zwischen Actin- und Myosinmolekülen. Jedes Myosinmolekül besteht aus einer langen Schaftregion und einem runden, seitlich abgeknickten „Kopf". Der Kopf ist das Zentrum bioenergetischer Reaktionen, die die Muskelkontraktion speisen. Er kann ATP binden und es zu ADP und anorganischem Phosphat hydrolysieren. Wie in Abbildung 50.21 zu sehen ist, wandelt die Hydrolyse von ATP Myosin in eine energiereiche Form um, die an Actin binden und das dünne Filament in Richtung Zentrum des Sarkomers ziehen kann. Die Querbrücke löst sich, wenn ein neues ATP-Molekül an den Myosinkopf bindet. In einem sich ständig wiederholenden Zyklus spaltet der freie Kopf das nächste ATP-Molekül und heftet sich an eine neue Bindungsstelle auf einem anderen Actinmolekül an, das näher zur Z-Scheibe auf dem dünnen Filament liegt. Jeder der rund 300 Köpfe eines dicken Filaments bildet und löst rund fünf Querbrücken pro Sekunde und zieht damit die Filamente aneinander vorbei.

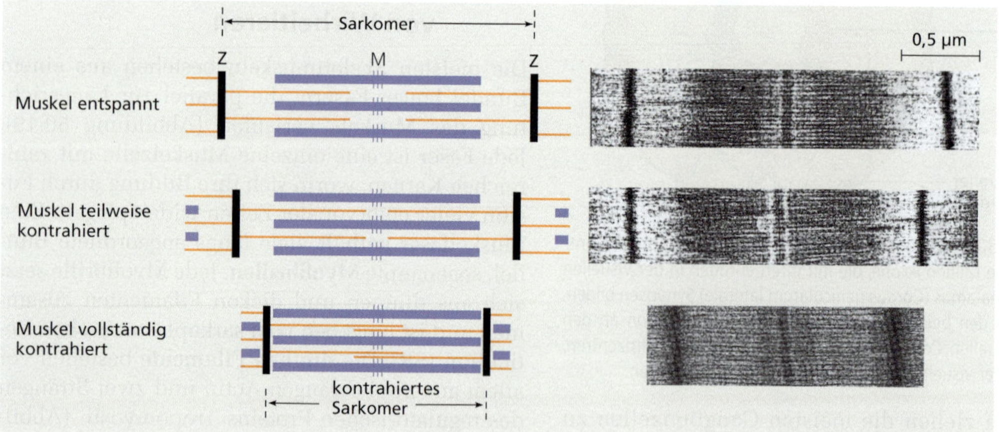

Abbildung 50.20: Das Gleitfilamentmodell der Muskelkontraktion. Wie die Zeichnungen links zeigen, bleibt die Länge der dicken (Myosin-)Filamente (violett) und der dünnen (Actin-)Filamente (orange) konstant, wenn sich die Muskelfaser verkürzt.

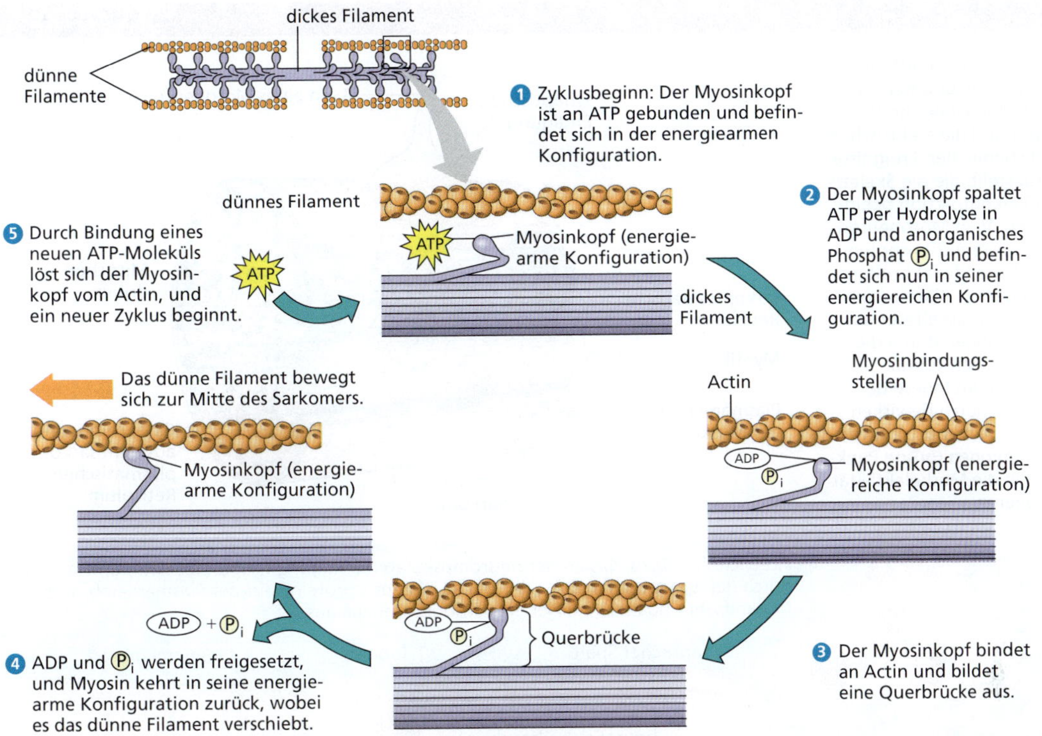

Abbildung 50.21: Die Wechselwirkung von Myosin und Actin als Grundlage der Muskelkontraktion.

? Wenn ATP bindet, was hält die Filamente davon ab, in ihre ursprüngliche Position zurückzugleiten?

Die Rolle von Calciumionen und regulatorischen Proteinen Calciumionen (Ca^{2+}) und an Actin gebundene regulatorische Proteine spielen eine entscheidende Rolle bei der Kontraktion und Entspannung von Muskelzellen. Das schon erwähnte helikal gewundene doppelsträngige Protein **Tropomyosin** und der aus drei Untereinheiten bestehende **Troponinkomplex** sind an die Actinstränge der dünnen Filamente gebunden. In einer Muskelfaser in Ruhe bedeckt Tropomyosin die Myosinbindungsstellen auf dem dünnen Filament, so dass Actin und Myosin nicht in Wechselwirkung treten können (Abbildung 50.22a). Bei Erhöhung der Ca^{2+}-Konzentration im Cytosol binden die Calciumionen an den Troponinkomplex, wodurch dieser seine Konformation ändert und das Tropomyosin veranlasst, die Myosinbindungsstellen des Actins freizugeben (Abbildung 50.22b). Wenn daher die Ca^{2+}-Konzentration im Cytosol steigt, gleiten die dünnen und die dicken Filamente aneinander vorbei und die Muskelfasern kontrahieren sich. Sinkt die Ca^{2+}-Konzentration, werden die Bindungsstellen wieder abgedeckt und die Kontraktion stoppt.

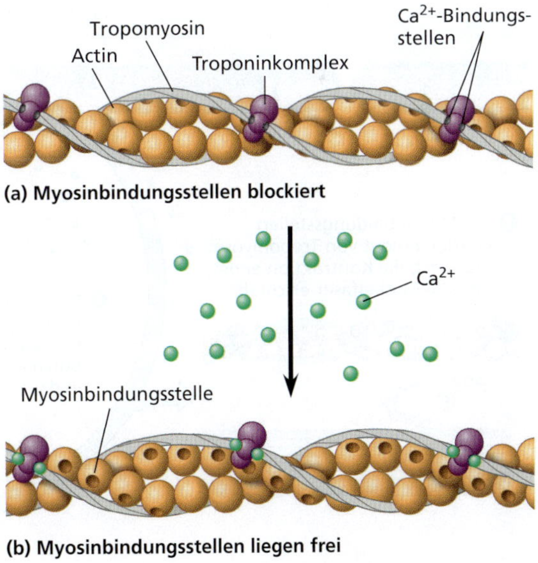

Abbildung 50.22: Die Rolle von regulatorischen Proteinen und Calciumionen bei der Muskelkontraktion. Jedes dünne Filament besteht aus zwei Actin- und zwei Tropomyosinsträngen sowie den Troponinkomplexen.

Motoneurone lösen eine Muskelkontraktion aus, indem sie eine Freisetzung von Ca^{2+} ins Zytoplasma der Muskelfasern bewirken. Die Regulation

In diesem Anschnitt einer Muskelzelle und dem vergrößerten Querschnitt unten sind die elektrischen und chemischen Ereignisse dargestellt, die die Skelettmuskelkontraktion beeinflussen. Vom Motoneuron ausgelöste Aktionspotenziale (rote Pfeile) breiten sich über die Plasmamembran der Muskelfaser aus und gelangen durch die transversalen Tubuli (T-Tubuli) ins Innere der Faser. Dadurch bewirken sie eine Ausschüttung von Calciumionen (grüne Punkte), die die Muskelaktivität regulieren.

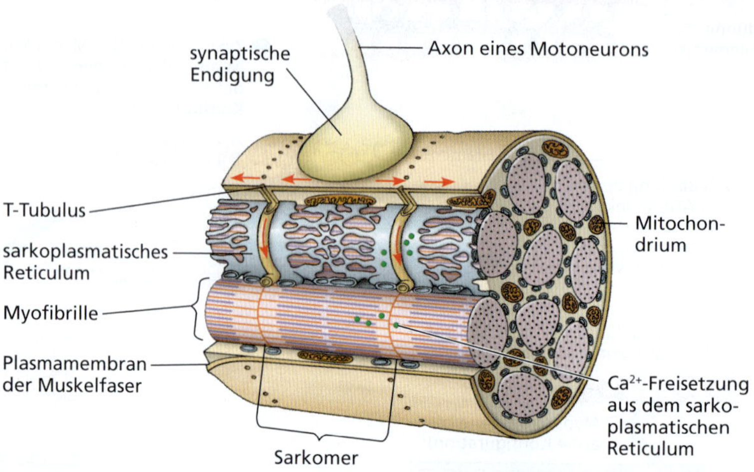

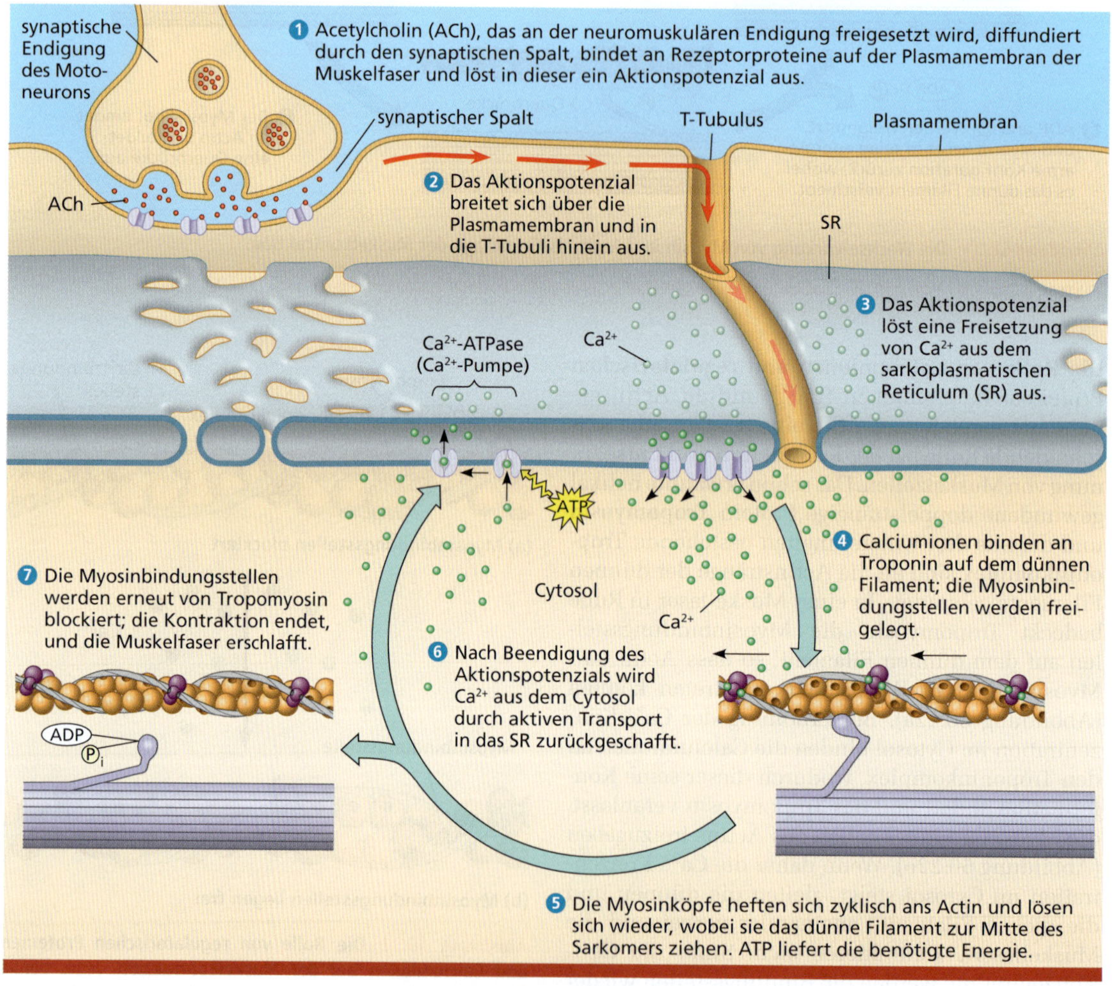

Abbildung 50.23: Näher betrachtet. Die Regulierung der Skelettmuskelkontraktion.

der Ca^{2+}-Konzentration ist ein mehrstufiger Prozess, an dem ein Netzwerk von Membranen in der Muskelzelle beteiligt ist (Abbildung 50.23).

50.5.2 Andere Muskeltypen

Wie die Skelettmuskulatur ist die **Herzmuskulatur** quergestreift, im Gegensatz zur Skelettmuskulatur besitzen Herzmuskelzellen jedoch nur einen einzigen Kern. Während Skelettmuskeln nur dann Aktionspotenziale produzieren, wenn sie durch ein Motoneuron erregt werden, verfügen vor allem die sogenannten Schrittmacherzellen im Sinusknoten der rechten Vorkammer über Ionenkanäle in der Plasmamembran, die zu rhythmischen Depolarisationen führen (Schrittmacherpotenziale) und ohne Input vom Nervensystem Aktionspotenziale auslösen. Die Aktionspotenziale von Herzmuskelzellen halten bis zu 20-mal länger an als diejenigen von Skelettmuskelfasern. Die Plasmamembranen benachbarter Herzmuskelzellen sind in bestimmten Bereichen durch sogenannte **Glanzstreifen** miteinander verbunden; dort bewirken Gap Junctions (siehe Abbildung 6.19) eine direkte elektrische Kopplung zwischen den Zellen. Daher breitet sich das Aktionspotenzial, das von spezialisierten Zellen im Sinusknoten erzeugt wird, über den gesamten übrigen Herzmuskel aus, so dass sich das ganze Herz kontrahiert.

Glatte Muskulatur findet man bei Wirbeltieren bevorzugt in den Wänden von Hohlorganen, wie beispielsweise Blutgefäßen und Organen des Verdauungstrakts. Den glatten, einkernigen Muskelzellen fehlt eine Querstreifung, da ihre Actin- und Myosinfilamente nicht regelmäßig in Längsrichtung der Zelle angeordnet sind. Vielmehr liegen die dicken Filamente überall im Zytoplasma verstreut und die dünnen Filamente sind an Strukturen angeheftet, die man als *dense bodies* („dichte Körper“) bezeichnet; einige dieser *dense bodies* sind an der Plasmamembran verankert. Einige glatte Muskelfasern kontrahieren sich nur, wenn sie von Neuronen des autonomen Nervensystems erregt werden. Andere können ohne Input vom Nervensystem Aktionspotenzial erzeugen – sie sind elektrisch aneinandergekoppelt. Glatte Muskulatur kontrahiert und entspannt sich erheblich langsamer als quergestreifte Muskulatur.

VERSTÄNDNISFRAGEN

1. Wie kann das Nervensystem einen Skelettmuskel dazu bringen, sich so stark wie möglich zu kontrahieren?

2. WAS WÄRE, WENN? Warum sind die Muskeln eines kürzlich verstorbenen Tieres wahrscheinlich versteift (Totenstarre, Rigor mortis)?

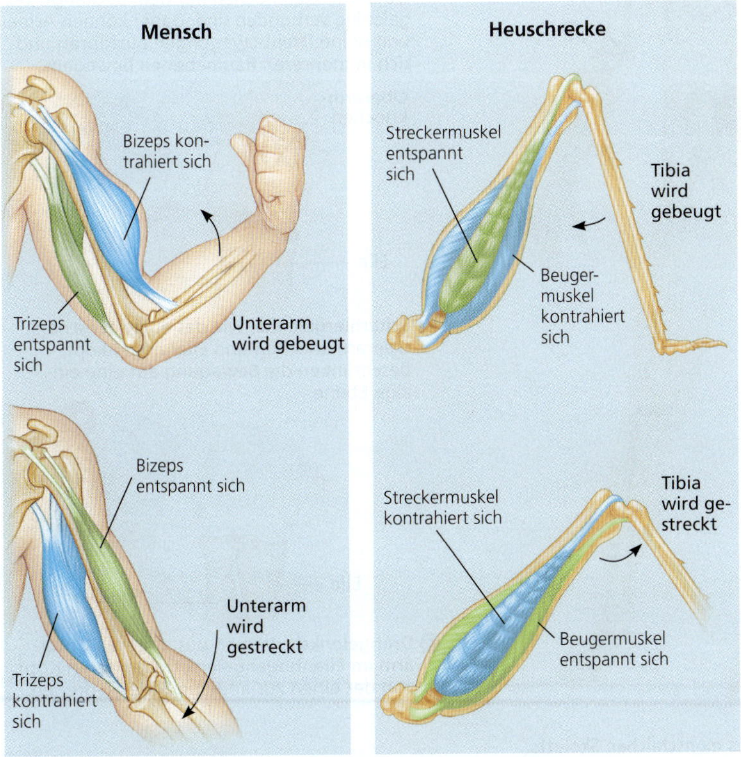

Abbildung 50.24: Zusammenspiel von Muskeln und Skelett bei der Bewegung. Das Vor- und Zurückbewegen eines Körperteils wird in der Regel mithilfe von antagonistischen Muskeln bewerkstelligt. Diese Anordnung arbeitet bei Säugern gegen ein inneres Skelett, oder gegen ein äußeres Skelett bei Insekten (Exoskelett).

50.6 Das Skelettsystem wandelt Muskelkontraktion in Fortbewegung um

Um ein Tier im Ganzen oder teilweise zu bewegen, müssen Muskel- und Skelettsystem zusammenarbeiten. Weil Muskeln nur während der Kontraktion Kraft entwickeln, erfordert es im Allgemeinen zwei Muskeln, die im selben Skelettbereich ansetzen, um einen Körperteil vor- und zurückzubewegen, sie arbeiten antagonistisch. Eine derartige Anordnung von Muskeln finden wir im Oberarm des Menschen (Abbildung 50.24).

Chordaten haben ein Endoskelett, das aus Knorpel und Knochen besteht. Das Säugerskelett weist mehr als 200 Knochen auf, von denen einige miteinander verschmolzen sind, während andere durch Bänder (Ligamente) verbunden sind, die ihnen eine mehr oder minder große Bewegungsfreiheit gewähren (Abbildung 50.25).

Zellen, die als Osteoblasten bezeichnet werden, sezernieren Knochenmatrix und bauen Knochen auf oder reparieren ihn. Osteoclasten haben eine genau gegenteilige Funktion. Sie resorbieren Knochensubstanz beim Umbau des Skeletts.

VERSTÄNDNISFRAGE

1. WAS WÄRE, WENN? Stellen Sie sich vor, Sie wollten Ihren Arm, vom Ellenbogen ausgehend, strecken, indem Sie Ihren Bizeps statt Ihren Trizeps kontrollieren. Wie ließe sich das bewerkstelligen?

(*Hinweis:* Berücksichtigen Sie die Schwerkraft als möglichen Gegenspieler.)

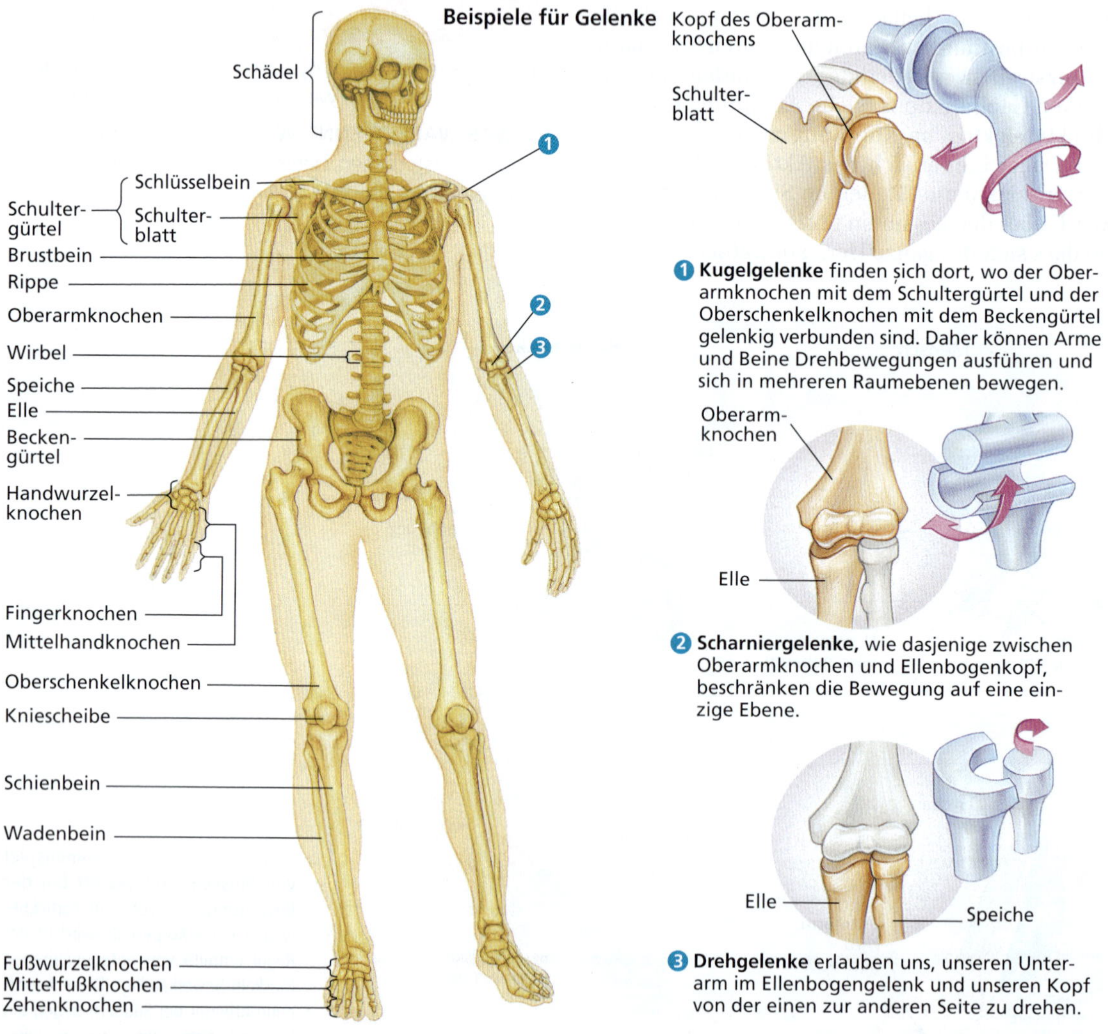

Abbildung 50.25: Knochen und Gelenke des menschlichen Skeletts.

ZUSAMMENFASSUNG

Sensorische Rezeptoren: Umwandlung von Reizenergie und Signalübermittlung an das Zentralnervensystem

Sensorische Bahnen. Sensorische Rezeptoren sind in der Regel spezialisierte Nerven- oder Epithelzellen, die externe oder interne Reize wahrnehmen. Die sensorische Rezeption oder Reizaufnahme durch Sinneszellen geht der Transduktion, der Umwandlung von Reizenergie in die Veränderung des Membranpotenzials eines sensorischen Rezeptors, voraus. Das resultierende Rezeptorpotenzial kontrolliert die Weiterleitung (Transmission) von Aktionspotenzialen zum ZNS, wo die sensorische Information integriert wird, um eine sensorische Wahrnehmung (Perzeption) zu generieren.

Sensorische Rezeptortypen. Mechanorezeptoren reagieren auf Reize wie Druck, Berührung, Dehnung, Bewegung und Schall. Chemorezeptoren registrieren entweder die Osmolarität oder spezifische Molekülarten. Elektromagnetische Rezeptoren nehmen verschiedene Formen elektromagnetischer Strahlung wahr. Verschiedene Typen von Thermorezeptoren signalisieren Oberflächen- und Kerntemperatur des Körpers. Schmerz wird von einer Gruppe unterschiedlicher Rezeptoren wahrgenommen, die auf übermäßige Wärme, übermäßigen Druck oder bestimmte Stoffklassen reagieren.

Die für Gehör und Gleichgewicht zuständigen Mechanorezeptoren nehmen Flüssigkeits- oder Partikelbewegungen wahr

Das Trommelfell leitet Schallwellen an drei Gehörknöchelchen im Mittelohr weiter, die die Druckschwankungen durch das ovale Fenster auf die Flüssigkeit der Schnecke (Cochlea) des Innenohrs übertragen. Die Druckwellen in der Flüssigkeit versetzen die Basilarmembran in Schwingungen, depolarisieren die Haarzellen und lösen Aktionspotenziale aus, die vom Hörnerv zum Gehirn geleitet werden. Rezeptoren in Sacculus, Utriculus und den drei Bogengängen des Innenohrs spielen eine wichtige Rolle für den Gleichgewichtssinn.

Geschmacks- und Geruchssinn basieren auf ähnlichen Sinneszelltypen

Der Geschmackssinn bei Säugern. Geschmacks- und Geruchssinn basieren auf der Reizung von Chemorezeptoren durch kleine gelöste Moleküle, die an Proteine auf der Plasmamembran binden. Beim Menschen sind die Geschmacksrezeptoren in Geschmacksknospen organisiert, die auf der Zunge und im Mundraum liegen. Sinneszellen in den Geschmacksknospen exprimieren jeweils einen einzigen Rezeptortyp, der für eine der fünf Geschmacksqualitäten spezifisch ist – süß, sauer, salzig, bitter und umami.

Der Geruchssinn des Menschen. Riechzellen kleiden den oberen Teil der Nasenhöhle aus. Ihre Axone laufen zum Riechkolben (Bulbus olfactorius) des Gehirns.

Im ganzen Tierreich basiert das Sehen auf ähnlichen Mechanismen

Sehen bei Wirbellosen. Die Lichtdetektoren bei Wirbellosen umfassen die simplen lichtempfindlichen Augenflecke (Pigmentbecherocellen) der Planarien, die bildgebenden Komplexaugen von Insekten, Crustaceen und einigen Polychaeten sowie die Einzellinsenaugen mancher Quallen, Polychaeten, Spinnen und vieler Mollusken.

Das Sehsystem von Wirbeltieren. Die wichtigsten Komponenten des Wirbeltierauges sind die Lederhaut (Sclera), die im vorderen Bereich die Hornhaut (Cornea) bildet, die Aderhaut (Chorioidea) mit der Iris, die Netzhaut (Retina), die die Fotorezeptoren enthält, und die Augenlinse, die Licht auf der Netzhaut bündelt. Die Fotorezeptoren (Stäbchen und Zapfen) enthalten ein Pigment, Retinal, das an ein Protein (Opsin) gebunden ist. Wenn Retinal Licht absorbiert, wird ein Signaltransduktionsweg in Gang gesetzt, durch den die Fotorezeptoren hyperpolarisiert werden, was sie veranlasst, weniger Neurotransmitter auszuschütten. Über Synapsen wird die Information von den Fotorezeptoren an Bipolarzellen und schließlich an Ganglienzellen weitergegeben, deren Axone im Sehnerv Aktionspotenziale zum Gehirn weiterleiten. Andere Neurone in der Retina integrieren die Information, bevor sie ans Gehirn gesandt wird. Die meisten Axone im Sehnerv ziehen zu den Corpora geniculata lateralia im Thalamus, die die Information an den primären visuellen Cortex übermitteln.

Muskelkontraktion erfordert die Interaktion von Muskelproteinen

Die Skelettmuskulatur von Wirbeltieren. Die Skelettmuskeln von Wirbeltieren bestehen aus einem Bündel vielkerniger Muskelzellen (Fasern), die jeweils viele Myofibrillen aus dünnen Filamenten (vorwiegend Actin) und dicken Filamenten (vorwiegend Myosin) enthalten. Myosinköpfe, die durch die Hydrolyse von ATP mit Energie versorgt werden, binden an die dünnen Filamente und bilden Querbrücken aus. Das Abbiegen der Myosinköpfe übt eine Kraft auf die dünnen Filamente aus. Wenn ATP an die Myosinköpfe bindet, lassen sie los und stehen für einen neuen Zyklus bereit. Wiederholte Zyklen führen dazu, dass die dicken Filamente an den dünnen Filamenten vorbeigleiten, sodass sich das Sarkomer verkürzt und die Muskelfaser sich kontrahiert.

Ein Motoneuron leitet die Kontraktion ein, indem es Acetylcholin freisetzt, wodurch die Muskelfaser depolarisiert wird. Die Aktionspotenziale wandern durch T-Tubuli ins Innere der Muskelfaser, wo sie eine Ca^{2+}-Ausschüttung aus dem sarkoplasmatischen Reticulum bewirken. Die Calciumionen führen zu einer Verlagerung des Tropomyosin-Troponin-Komplexes auf den dünnen Filamenten, sodass die Myosinbindungsstellen auf dem Actin freigelegt werden und der Querbrückenzyklus weiterlaufen kann. Eine motorische Einheit besteht aus einem Motoneuron und den von ihm kontrollierten Muskelfasern.

Andere Muskeltypen. Herzmuskulatur, ein Muskeltyp, den man nur im Herzen findet, besteht aus quer gestreiften einkernigen Muskelzellen, die durch Glanzstreifen elektrisch verbunden sind. Schrittmacherzellen können ohne neuronalen Input Aktionspotenziale generieren. Die **glatte Muskulatur** besteht aus einkernigen Muskelzellen, kontrahiert sich langsam und die Kontraktionen können von den Muskelzellen selbst oder von Neuronen des autonomen Nervensystems ausgelöst werden.

Das Skelettsystem wandelt Muskelkontraktion in Fortbewegung um

Die Skelettmuskeln, die oft in antagonistischen Paaren angeordnet sind, erzeugen Bewegung, indem sie sich kontrahieren und eine Zugspannung ausüben, die auf das Skelett wirkt.

Tierisches Verhalten

51

51.1 Einfaches und komplexes Verhalten können durch bestimmte sensorische Eingangssignale ausgelöst werden

Insgesamt gesehen ist das Verhalten eines Tieres die Summe seiner Antworten auf äußere und innere Reize. Ein früher Ethologe (Verhaltensforscher), der Niederländer Nikolaas Tinbergen, stellte die These auf, man müsse, um tierisches Verhalten zu verstehen, vier Fragen beantworten:

1. Welcher Reiz löst das betreffende Verhalten aus und welche physiologischen Mechanismen vermitteln die Reaktion?
2. Wie beeinflussen die Erfahrungen, die ein Tier im Laufe von Wachstum und Entwicklung macht, seine Reaktion?
3. Wie begünstigt das Verhalten Überleben und Fortpflanzung?
4. Welche Evolutionsgeschichte verbirgt sich hinter dem Verhalten?

In den ersten beiden Fragen geht es um die **proximate Ursache**, also darum, „wie“ ein Verhalten auftritt oder modifiziert wird. Die beiden letzten Fragen forschen nach der **ultimaten Ursache**, also „warum“ ein Verhalten im Kontext der natürlichen Selektion auftritt.

51.1.1 Festgelegte Reaktionsmuster (Erbkoordination)

Ein Verhaltensmuster, das direkt mit einem einfachen Reiz verknüpft ist, wird als **festgelegtes Reaktionsmuster** (*fixed action pattern*) bezeichnet, eine Folge von nicht erlernten Handlungen, die im Wesentlichen unveränderlich ist und, einmal eingeleitet, gewöhnlich bis zum Ende durchgeführt wird. Der Auslöser ist ein externer Reiz, der als **Schlüsselreiz** bezeichnet wird. Männliche Dreistachlige Stichlinge, die alle eine rote Bauchseite aufweisen, attackieren andere Männchen, die in ihr Brutrevier eindringen. Tinbergen führte Experimente durch, die zeigten, dass es die rote Färbung der Unterseite eines Eindringlings ist, die gewöhnlich das Angriffsverhalten auslöst. Ein männlicher Dreistachliger Stichling greift keinen Fisch an, dem die rote Bauchseite fehlt, wohl aber selbst unrealistische Modelle, wenn sie nur entsprechende rote Flächen aufweisen (Abbildung 51.1).

(a) Ein Stichlingsmännchen greift andere Stichlingsmännchen an, die in sein Brutrevier eindringen. Der rote Bauch des eindringenden Männchens (links) wirkt als Schlüsselreiz, der Aggressionsverhalten auslöst.

(b) Das realistische Modell (ganz oben) ohne rote Unterseite löst bei einem Männchen des Dreistachligen Stichlings *(Gasterosteus aculeatus)* keine aggressive Reaktion aus. Die anderen Modelle mit roter Unterseite rufen hingegen starke Reaktionen hervor.

Abbildung 51.1: **Schlüsselreize eines klassischen festgelegten Reaktionsmusters. (a)** Ein männlicher Stichling attackiert ein anderes Männchen, das in sein Territorium eingedrungen ist. **(b)** Mehr oder weniger realistisch gestaltete Attrappen können das Aggressionsverhalten ebenfalls auslösen, aber nur wenn die Unterseite rot gefärbt ist. Forschende schlussfolgerten daraus, dass der rot gefärbte Bauch des Eindringlings ein Schlüsselreiz zur Auslösung des territorialen Aggressionsverhaltens ist.

? Schlagen Sie eine Hypothese vor, die erklärt, warum sich dieses Verhalten in der Evolution entwickelt hat (ultimate Ursache).

51.1.2 Migration

Schlüsselreize aus der Umwelt lösen nicht nur einfache Verhaltensweisen aus, sondern liefern auch Hinweise, die Tiere dazu verwenden, sich zu orientieren und einfache oder komplexe Bewegungen in eine bestimmte Richtung zu lenken.

Zahlreiche Tiergruppen, darunter Vögel, Fische, Insekten und Säuger unternehmen **Wanderungen** (Migration) – regelmäßige Ortsveränderungen über weite Entfernungen (Abbildung 51.2). Während solcher Wanderungen durchqueren die Tiere ihnen mitunter völlig unbekannte Gebiete. Wie finden sie dabei ihren Weg?

Abbildung 51.2: Wanderung. Streifengnus (*Connochaetes taurinus*) wandern jedes Jahr mehrere hundert Kilometer und folgen dabei den Weidegründen, die je nach Saison unterschiedlich ertragreich sind.

Viele wandernde Tiere richten sich nach der Sonnenposition, doch diese Art der Navigation ist nicht ohne Probleme. Zum einen verändert sich die Position der Sonne relativ zur Erde im Laufe des Tages. Viele Studien haben gezeigt, dass Tiere diese Veränderungen mithilfe einer biologischen Uhr abgleichen, also einem internen Mechanismus, der einen 24-Stunden-Rhythmus beibehält (siehe Kapitel 49). Beispielsweise haben Experimente mit kontrollierten Licht/Dunkel-Zyklen gezeigt, dass sich die Orientierung von Vögeln nach der Sonne auch nach der Tageszeit richtet. Nachtaktive Tiere können stattdessen auf der Nordhalbkugel den Polarstern zur Orientierung nutzen, der am Nachthimmel eine feste Position einnimmt. Doch ein zweites Problem bleibt: Wolken können die Sonne oder die Sterne verdunkeln. Ein einfaches Experiment mit heimkehrenden Tauben zeigt, wie Tiere dieses Hindernis überwinden können. Befestigt man an einem bedeckten Tag auf dem Kopf der Taube einen kleinen Magneten, so findet sie nicht zu ihrem Schlafplatz zurück. Durch Wahrnehmung ihrer Position relativ zum Erdmagnetfeld können Tauben und andere Tiere navigieren, ohne sich nach der Sonne oder den Sternen zu richten.

Es ist noch immer nicht eindeutig geklärt, wie Tiere auf ihren Langstreckenwanderungen das Erdmagnetfeld zum Navigieren einsetzen. Eine Vorstellung basiert auf der Entdeckung, dass sich im Kopfbereich wandernder Fische und Vögel Partikel aus Magnetit, einem magnetischen Eisenmineral, nachweisen lassen. Manche Wissenschaftler vermuten, dass das Erdmagnetfeld an magnetithaltigen Strukturen Nervenimpulse auslöst, die ans Gehirn übermittelt werden. Es könnte jedoch auch sein, dass Tiere sich stattdessen von den Auswirkungen des Erdmagnetfelds auf Fotorezeptoren im visuellen System leiten lassen. Wie Experimente, die die Vorstellung stützen, dass Tiere das magnetische Feld „sehen", gezeigt haben, benötigen Vögel tagsüber oder nachts Licht ganz bestimmter Wellenlängen, um sich in einem magnetischen Feld zu orientieren. Die genauen zellulären Mechanismen des Magnetsinns sind jedoch nach wie vor unbekannt.

51.1.3 Verhaltensbiologische Rhythmen

Die biologische Uhr spielt bei den tagtäglichen Aktivitäten sämtlicher Tiere eine große Rolle. Wie in Kapitel 49 bereits erwähnt, gibt diese Uhr einen circadianen Rhythmus vor, einen täglichen Wechsel von Ruhe und Aktivität mit weit reichenden Auswirkungen auf die Verhaltensphysiologie. Diese Uhren sind gewöhnlich mit den Hell/Dunkel-Zyklen der Umwelt synchronisiert, können jedoch selbst unter konstanten Umweltbedingungen, wie beim Winterschlaf, ihre rhythmische Aktivität beibehalten.

Verhaltensbiologische Rhythmen, die mit dem Kommen und Gehen der Jahreszeiten zusammenhängen, werden als *circannuale Rhythmen* bezeichnet. Diese werden wie circadiane Rhythmen vom Hell/Dunkel-Zyklus in der Umwelt beeinflusst. So haben Untersuchungen an mehreren Vogelarten beispielsweise gezeigt, dass eine künstliche Umwelt mit einer längeren Hellphase ein Wanderverhalten außerhalb der üblichen Saison auslösen kann.

51.1.4 Signalgebung und Kommunikation bei Tieren

Einen Reiz, der von einem Tier an ein anderes übermittelt wird, bezeichnet man als **Signal**. Übermittlung und Empfang von Signalen machen die **Kommunikation** von Tieren aus.

Die Balz bei der Taufliege (*Drosophila melanogaster*) besteht aus einer *Reiz-Reaktions-Kette* (*stimulus response chain*), bei der die Reaktion auf einen jeden Reiz selbst wieder den Reiz für die nächste Verhaltensreaktion darstellt (Abbildung 51.3a). Wenn das Männchen das Weibchen sieht, stützt es sich auf *visuelle Kommunikation*. Zudem registriert der Geruchssinn des Männchens Stoffe, die vom Weibchen in die Luft abgegeben werden. Das ist ein Beispiel für *chemische Kommunikation*, Übermittlung und Empfang von Signalen in Form von spezifischen Molekülen, sogenannten Pheromonen, die z.T. schon in geringen Konzentrationen Wirkung zeigen. Sobald das Männchen das Weibchen als Artgenossin identifiziert hat, nähert es sich

Abbildung 51.3: Taktile Kommunikation im Balzverhalten von Taufliegen. Zum Balzverhalten von Taufliegen gehört ein festgelegter Satz von Verhaltensweisen, die in genau festgelegter Reihenfolge durchlaufen werden.

ihr und stubst es mit einem Vorderbein an (Abbildung 51.3b). Diese Berührung oder *taktile Kommunikation* macht das Weibchen auf die Anwesenheit des Männchens aufmerksam. Dabei gelangen Stoffe aus dem Abdomen des Weibchens zum Männchen, die diesem eine weitere Bestätigung liefern, dass es sich tatsächlich um eine Artgenossin handelt. Im dritten Stadium der Balz breitet das Männchen einen Flügel aus und lässt ihn vibrieren und erzeugt so einen speziellen Balzgesang (Abbildung 51.3c). Dieser Gesang, ein Beispiel für *akustische Kommunikation*, zeigt dem Weibchen, dass das Männchen zur selben Art gehört. Nur wenn all diese Kommunikationsschritte erfolgreich nacheinander durchlaufen werden, erlaubt ein empfängnisbereites Weibchen dem Männchen die Paarung.

Der Informationsgehalt tierischer Kommunikation variiert beträchtlich. Ein bemerkenswertes Beispiel ist die Symbolsprache, mit deren Hilfe Honigbienen einander die Lage von Nahrungsquellen mitteilen. Die Bienensprache wurde in den 40er Jahren des 20. Jahrhunderts von Karl von Frisch entschlüsselt (Abbildung 51.4a). Für seine Forschungen wurde er 1973 gemeinsam mit Konrad Lorenz und Nikolaas Tinbergen mit dem Nobelpreis geehrt. Wenn die Nahrungsquelle nahe am Stock liegt (weniger als 50 m entfernt), bewegt sich eine rückkehrende Biene auf den Waben im Bienenstock in engen Kreisfiguren, während sie gleichzeitig ihren Hinterleib rasch von der einen zur anderen Seite bewegt (Abbildung 51.4b). Dieses Verhalten, das als „Rundtanz" bezeichnet wird, veranlasst die Stockgenossinnen, die ihr folgen, den Stock zu verlassen und nach einer Futterquelle in der Nähe zu suchen.

Liegt die Futterquelle weiter vom Stock entfernt, führt die zurückkehrende Sammelbiene stattdessen einen „Schwänzeltanz" auf. Dieser Tanz, der aus einem Halbkreis in der einen Richtung, einer kurzen geraden Strecke und einem Halbkreis in der anderen Richtung besteht, teilt den folgenden Bienen sowohl die Richtung als auch die Entfernung der Futterquelle vom Stock mit (Abbildung 51.4c). Der Winkel, den der gerade Tanzabschnitt mit der Vertikalen der senkrecht im Stock aufgehängten Wabenoberfläche bildet, entspricht dem horizontalen Winkel, den die Futterquelle mit der Sonne bildet. Wenn die zurückkehrende Biene beispielsweise in einem 30°-Winkel rechts der Vertikalen läuft, schwärmen die Sammlerinnen, die ihrem Tanz gefolgt sind, in einem 30°-Winkel rechter Hand von der horizontalen Richtung zur Sonne aus. Ein Tanz mit einem langen geraden Abschnitt und daher mehr Schwänzelbewegungen pro Tanzfigur zeigt eine größere Entfernung zur Futterquelle an.

Pheromone Viele Tiere, die durch Duftstoffe miteinander kommunizieren, setzen chemische Verbindungen frei, die als **Pheromone** bezeichnet werden. Pheromone sind unter Säugern und Insekten besonders weit verbreitet und stehen häufig mit dem Fortpflanzungsverhalten in Verbindung. Beispielsweise sind Pheromone die Basis für die chemische Kommunikation bei der Balz von Taufliegen (Abbildung 51.3). Pheromone sind jedoch nicht auf Signalgebung für Kurzstrecken beschränkt. Wie Forscher gezeigt haben, können die Pheromone des Seidenspinnerweibchens und anderer Nachtfalter über mehrere Kilometer verbreitet und von den Männchen auch in sehr geringer Konzentration wahrgenommen werden.

Der Kontext, in dem ein Pheromon freigesetzt wird, kann ebenso wichtig sein wie die chemische Verbindung selbst. In einer Honigbienenkolonie halten Pheromone, die von der Königin und ihren Töchtern, den Arbeiterinnen, freigesetzt werden,

Lage A: Nahrungsquelle liegt in derselben Richtung wie die Sonne.

Lage B: Nahrungsquelle liegt in der entgegengesetzten Richtung wie die Sonne.

Lage C: Nahrungsquelle liegt 30° rechts von der Sonne.

Der Schwänzeltanz, mit dem eine weiter entfernte Nahrungsquelle angezeigt wird, erinnert an die Ziffer 8. Die Entfernung wird durch die Dauer einer jeden Tanzrunde und die pro Runde durchgeführten Schwänzelbewegungen des Hinterleibs angegeben. Die Richtung wird durch den Winkel (in Bezug auf die senkrechte Oberfläche der Wabe im Bienenstock) des geraden Tanzabschnitts angezeigt.

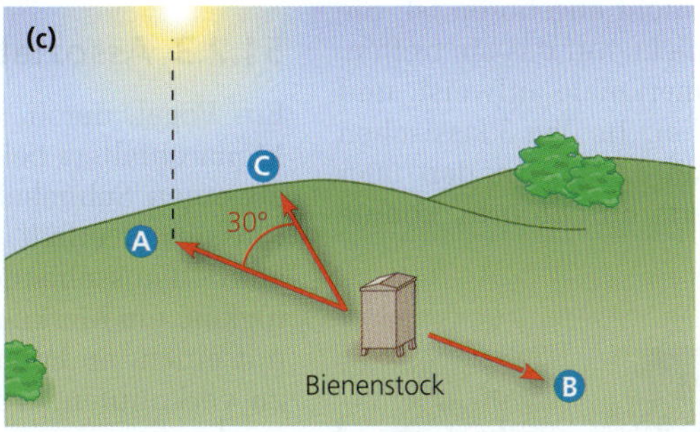

Abbildung 51.4: Die Tanzsprache der Honigbienen. Honigbienen, die zum Stock zurückkehren, teilen ihren Stockgenossinnen den Standort von Futterquellen mithilfe einer symbolischen Tanzsprache mit.

die komplexe soziale Ordnung im Stock aufrecht. Befinden sich männliche Bienen (Drohnen) draußen auf ihrem Hochzeitsflug, um sich mit einer Königin zu paaren, werden sie von deren Pheromon angezogen; befinden sie sich im Inneren des Stocks, reagieren sie nicht mit Paarungsintention auf das Pheromon der Königin. Im Bienenstock hingegen wird durch das Königinnenpheromon die Entwicklung von Ovarien bei den Arbeiterinnen unterdrückt.

VERSTÄNDNISFRAGEN

1. Wenn ein Ei aus dem Nest rollt, wird es vom Graugansweibchen mit Kopf und Schnabel ins Nest zurückbugsiert. Wenn man das Ei während dieses Vorgangs entfernt oder durch einen Ball ersetzt, fährt das Weibchen fort, mit seinem Kopf Einrollbewegungen zu machen, während es zum Nest zurückkehrt. Was für eine Form von Verhalten ist das? Schlagen Sie eine proximate und eine ultimate Erklärung vor.

2. Warum ist ein Wanderverhalten, das auf circannualer Rhythmik basiert, für eine Anpassung an den globalen Klimawandel schlecht geeignet?

51.2 Lernen: Spezifische Verknüpfung von Erfahrung und Verhalten

Festgelegte Reaktionsmuster sind **angeborene Verhaltensweisen**, die unabhängig von Einflüssen immer nahezu gleich ablaufen. In anderen Fällen ist das Verhalten variabel und hängt von der persönlichen Erfahrung ab.

51.2.1 Habituation

Eine der simpelsten Formen des Lernens ist **Habituation**, der Verlust der Ansprechempfindlichkeit für einen Reiz, der keine oder kaum neue Information liefert. Beispielsweise erkennen viele Säuger und Vögel die Alarmrufe von Artgenossen, reagieren aber schließlich nicht mehr, wenn auf diese Alarmrufe keine Attacke folgt. Durch Habituation vermeiden es Tiere, Zeit und Energie auf Reize zu verschwenden, die für Überleben und Fortpflanzung des Tieres irrelevant sind.

51.2.2 Prägung

Eine Form des Verhaltens, die sowohl erlernte als auch angeborene Komponenten enthält, ist die **Prägung** (*imprinting*), die Bildung einer dauerhaften verhaltensbiologischen Reaktion auf ein bestimmtes Individuum oder Objekt in einer bestimmten Phase des Lebens. Prägung zeichnet sich durch eine **sensible** oder **kritische Phase** aus, einen zeitlich begrenzten Entwicklungsabschnitt, in dem bestimmte Verhaltensweisen erlernt werden können. In der sensiblen Phase werden die Jungen auf ihre Eltern geprägt und erlernen grundlegende arttypische Verhaltensweisen.

Woher wissen die Jungen, wen – oder was – sie als Eltern ansehen sollen? Experimente mit vielen Wasservogelarten sprechen dafür, dass ihnen das Erkennen ihrer „Mutter" nicht angeboren ist. Sie reagieren auf das erste Objekt, auf das sie treffen, das bestimmte Schlüsselmerkmale aufweist, und identifizieren sich mit ihm. In den klassischen Experimenten, die Konrad Lorenz in den 30er Jahren des 20. Jahrhunderts durchführte, konnte er zeigen, dass der wichtigste prägende Reiz bei Graugänsen ein nahes Objekt ist, das sich von den Jungen fortbewegt. Als künstlich ausgebrütete Gänseküken ihre ersten Lebensstunden mit Lorenz statt mit einer Gans verbrachten, waren sie auf ihn geprägt und folgten ihm von nun an unbeirrt (Abbildung 51.5). Zudem erkannten sie ihre biologische Mutter oder andere erwachsene Artgenossen offenbar nicht.

Abbildung 51.5: Prägung. Durch experimentelles Eingreifen in Prägungsvorgänge kann tierisches Verhalten untersucht und teilweise gesteuert werden. Das Foto zeigt junge Graugänse, die auf den Verhaltensbiologen Konrad Lorenz geprägt sind.

? Stellen Sie sich vor, die Gänse, die Lorenz folgen, würden miteinander gekreuzt. Wie könnte sich ihre Prägung auf Lorenz auf ihren Nachwuchs auswirken? Begründen Sie Ihre Antwort.

MERKE!
Unter Prägung versteht man die Bildung einer dauerhaften verhaltensbiologischen Reaktion auf ein bestimmtes Individuum oder Objekt in einer bestimmten Phase des Lebens.

51.2.3 Assoziatives Lernen

Ein Vogel, der in die bunt gefärbte Raupe eines Monarchfalters beißt und für seine Mühen nichts als einen Schnabel voll widerlich schmeckender Flüssigkeit erhält, wird in Zukunft Angriffe auf ähnlich aussehende Insekten unterlassen. Die Fähigkeit, ein Merkmal (wie Färbung) in der Umwelt mit einem anderen (wie schlechtem Geschmack) zu verknüpfen, wird als **assoziatives Lernen** bezeichnet.

Assoziatives Lernen lässt sich in zwei Formen unterteilen: klassische Konditionierung und operante Konditionierung. Bei der **klassischen Konditionierung** wird ein willkürlich gewählter Reiz mit einem bestimmten Ergebnis in Verbindung gebracht. Der russische Physiologe Iwan Pawlow führte die ersten klassischen Konditionierungsexperimente durch: Wenn er jedes Mal, kurz bevor er einen Hund fütterte, eine Glocke läutete, sonderte der Hund schließlich allein auf den Glockenton hin in Erwartung des Futters Speichel ab. Bei der **operanten Konditionierung**, die auch als „Lernen durch Versuch und Irrtum" bezeichnet wird, lernt ein Tier, eine seiner eigenen Verhaltensweisen mit einer Belohnung oder einer Bestrafung in Verbindung zu bringen, und tendiert daraufhin dazu, dieses Verhalten zu wiederholen oder zu vermeiden. B.F. Skinner, ein amerikanischer Pionier bei der Erforschung der operanten Konditionierung, untersuchte diese Form des Lernens im Labor, indem er beispielsweise eine Ratte in wiederholten Versuchsdurchgängen darauf trainierte, sich Futter durch Drücken eines Hebels zu beschaffen.

Tiere können jedoch nicht lernen, jeden beliebigen Stimulus mit einem bestimmten Verhalten zu assoziieren. Beispielsweise können Tauben lernen, Gefahr mit einem bestimmten Ton zu verbinden, aber nicht mit einer bestimmten Farbe. Tauben *können* hingegen lernen, eine Farbe mit Futter zu assoziieren. Die Organisation des Nervensystems grenzt offenbar die Verknüpfungen ein, die gebildet werden können.

VERSTÄNDNISFRAGE

1. Wie könnte assoziatives Lernen erklären, warum phylogenetisch wenig verwandte Insektenarten, die stechen oder schlecht schmecken, ähnlich gefärbt sind?

51.2.4 Kognition und Problemlösung

Bei komplexeren Formen des Lernens spielt **Kognition** eine Rolle – der Wissensprozess, der durch Bewusstsein, Logik, Erinnerung und Urteilsfähigkeit repräsentiert wird. Neben Primaten zeigen viele Tiergruppen, einschließlich Insekten, in kontrollierten Laborexperimenten offenbar Kognition.

Die Fähigkeit eines Nervensystems zur Informationsverarbeitung kann sich auch beim **Lösen von Problemen** zeigen. Wenn man einen Schimpansen beispielsweise in einen Raum setzt, in dem mehrere Kisten auf dem Boden liegen und an dessen Decke außer Reichweite eine Banane hängt, kann der Schimpanse die Situation einschätzen und die Kisten aufeinanderstapeln, so dass er die Banane erreicht.

Viele Tiere lernen, Probleme zu lösen, indem sie das Verhalten anderer Individuen beobachten. Junge wilde Schimpansen beispielsweise lernen Ölpalmnüsse mit zwei Steinen zu knacken, indem sie erfahrene Artgenossen nachahmen (Abbildung 51.6).

Abbildung 51.6: **Ein junger Schimpanse lernt, eine Nuss zu öffnen, indem er einem erfahrenen älteren Artgenossen zusieht.**

51.3 Genetische Ausstattung und Umwelt tragen zur Verhaltensentwicklung bei

Tierisches Verhalten wird von komplexen Wechselbeziehungen zwischen genetischen und Umweltfaktoren bestimmt. Zwar liefert die DNA-Sequenz des Genoms Instruktionen für die Entwicklung des Verhaltens, doch viele Faktoren – beispielsweise die Umgebung der befruchteten Eizelle, die Ernährung des Tieres, soziale Interaktionen und Umweltparameter – wirken darauf ein, wie diese Anweisungen ausgeführt werden. Diese Tatsache steht in scharfem Widerspruch zu der früher weit verbreiteten Ansicht, Verhalten lasse sich *entweder* auf die Gene (angeboren) *oder* auf die Umwelt (erworben) zurückführen.

51.3.1 Erfahrung und Verhalten

Ein Ansatz, um den Beitrag der Umwelt zum Verhalten zu identifizieren, sind sogenannte **Cross-fostering-Studien**, bei denen die Jungen einer Art in die Obhut von Adulttieren einer anderen Art (oder fremden Artgenossen) gegeben werden. Das Ausmaß, in dem sich das Verhalten der Jungen in einer derartigen Situation verändert, ist *ein* Maß dafür, wie das soziale und physische Umfeld das Verhalten beeinflusst.

Männliche Kalifornische Hirschmäuse verhalten sich anderen Mäusen gegenüber höchst aggressiv und zeigen zugleich ausgeprägte elterliche Fürsorge. Im Vergleich dazu verhalten sich männliche Weißfußmäuse weniger aggressiv und zeigen auch weniger elterliche Fürsorge. Männliche Kalifornische Hirschmäuse, die von Weißfußmäusen aufgezogen worden waren, reagierten weniger aggressiv und zeigten eine verringerte elterliche Fürsorge, während im umgekehrten Fall die Aggression zunahm. Die Erfahrung beim Heranwachsen kann sich bei diesen Nagern demnach stark auf das Aggressions- und Fürsorgeverhalten auswirken.

Beim Menschen lässt sich der Einfluss von Vererbung und Umwelt mithilfe von **Zwillingsstudien** untersuchen, in denen Forscher das Verhalten von eineiigen Zwillingen, die getrennt aufgewachsen sind, mit demjenigen von ebensolchen Zwillingen vergleichen, die im selben Haushalt aufgewachsen sind.

51.3.2 Regulatorgene und Verhalten

Das Werbeverhalten des Taufliegenmännchens, das in Abbildung 51.3 dargestellt ist, umfasst eine komplexe Folge von Aktionen, die als Antwort auf vielfältige sensorische Stimuli erfolgen. Dennoch sprechen aktuelle Befunde dafür, dass ein einzelnes Gen namens *fru* das gesamte männliche Balzverhalten kontrolliert. Männchen, denen ein funktionsfähiges *fru*-Gen fehlt, werben nicht um Weibchen und paaren sich auch nicht mit ihnen. Wenn die Weibchen genetisch so manipuliert werden, dass sie die männliche Form dieses Gens exprimieren, balzen sie andere Weibchen an. *fru* ist ein Masterregulatorgen, das die Expression und Aktivität vieler Gene mit enger begrenzten Funktionen steuert. Zusammen bewirken die Gene, die vom *fru*-Gen kontrolliert werden, die geschlechtsspezifische Entwicklung des Fliegennervensystems.

VERSTÄNDNISFRAGE

1. WAS WÄRE, WENN? Stellen Sie sich vor, dass sich ein Paar eineiige Zwillinge, die getrennt aufgewachsen sind, in 80 Prozent der Zeit identisch verhalten, wenn sie eine bestimmte Handlung durchführen. Welche zusätzliche Information bräuchten Sie, um Schlussfolgerungen über die genetische Basis des Verhaltens zu ziehen?

51.4 Verhaltensweisen lassen sich durch Selektion auf Überleben und Fortpflanzungserfolg eines Individuums erklären

Wie alle anderen Aspekte des Phänotyps evolvieren die genetischen Komponenten des Verhaltens bei Merkmalen, die Überleben und Fortpflanzungserfolg eines Individuums in einer Population erhöhen, durch natürliche Selektion.

Mithilfe von Larven der Taufliege (*Drosophila melanogaster*) haben Forscher untersucht, wie genetische Variabilität zur Evolution von Verhalten zum Nahrungserwerb beigetragen haben könnte. Unterschiede in einem Gen namens *forager* (*for*) bestimmen das Nahrungssuchverhalten von Taufliegenlarven. Im Durchschnitt kriechen Larven, die das for^R („Rover")-Allel tragen, auf Nahrungssuche fast doppelt so weit umher wie Larven mit dem for^S („Sitter")-Allel. Wie Experimente gezeigt haben, ist das Enzym, das vom *forager*-Locus codiert wird, bei for^R-Larven aktiver als in for^S-Larven. Da es gewöhnlich an Signalübertragungswegen beteiligt ist (siehe Kapitel 41), sprechen diese Ergebnisse dafür, dass Veränderungen bei der Verarbeitung von Umweltinformation das Verhalten wesentlich beeinflussen können.

In natürlichen Populationen sind sowohl for^R- als auch for^S-Allele präsent. Welche Lebensumstände könnten das eine oder andere Allel begünstigen? Eine Antwort gaben Experimente, in denen Fliegen über viele Generationen entweder bei hohen oder bei niedrigen Populationsdichten gehalten wurden. Die Larven aus den beiden Stichproben unterschieden sich schließlich deutlich im Verhalten (Abbildung 51.7). Larven, die viele Generationen lang bei geringer Dichte gehalten wurden, suchten ihre Nahrung im engeren Umkreis als diejenigen, die bei höherer Dichte gehalten wurden. Überdies erhöhte sich die Häufigkeit des for^S-Allels in den Populationen mit geringer Dichte, diejenige des for^R-Allels hingegen in den Populationen mit hoher Dichte. Bei einer geringen Populationsdichte bringt eine Suche im näheren Umkreis genügend Nahrung und weitere Streifzüge wären nur Energieverschwendung. Unter beengten Bedingungen führen weitere Streifzüge die Larven hingegen über Gebiete hinaus, in denen nichts mehr zu holen ist.

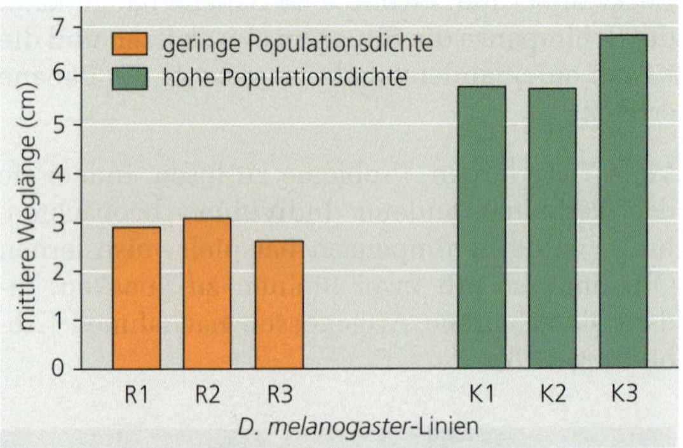

Abbildung 51.7: Evolution des Nahrungssuchverhaltens bei Laborpopulationen von *Drosophila melanogaster*. Nach 74 Generationen bei niedriger Populationsdichte legten *D.-melanogaster*-Larven (Populationen R1–R3) bei der Nahrungssuche Strecken zurück, die signifikant kürzer waren als diejenigen von *D.-melanogaster*-Larven nach entsprechend vielen Generationen bei hoher Populationsdichte (K1–K3).

Dem **„Optimal Foraging"-Modell** (Modell des optimalen Nahrungserwerbs) zufolge sollte natürliche Selektion ein Nahrungserwerbsverhalten begünstigen, das die Kosten des Nahrungserwerbs (z.B. der Energieaufwand oder das Risiko, bei der Nahrungsaufnahme gefressen zu werden) minimiert, während es den Nutzen maximiert.

Amerikanische Sundkrähen ernähren sich von Gehäuseschnecken, die sie mit dem Schnabel packen, hochfliegen und so lange auf felsigen Untergrund fallen lassen, bis das Schneckengehäuse zerbricht und sie das weiche Innere fressen können. Was entscheidet darüber, wie hoch die Krähe fliegt? Je höher sie aufsteigt, desto härter schlägt die Schnecke auf dem Boden auf, was die Chance erhöht, dass deren Gehäuse zerschellt. Höher aufzusteigen, kostet jedoch mehr Energie.

Forscher ließen die betreffenden Schneckenhäuser aus verschiedenen Höhen fallen und notierten die Zahl der Würfe, die nötig war, um das Gehäuse aufzubrechen. Für jede Höhe berechneten sie zudem die durchschnittliche *Gesamtflughöhe*, das heißt die Fallhöhe mal der durchschnittlichen Zahl der Würfe (Abbildung 51.8). Eine Fallhöhe von rund fünf Metern stellte sich als optimal heraus und zertrümmerte das Gehäuse mit der geringsten Gesamtflughöhe – anders gesagt, mit dem geringsten Energieaufwand. Die tatsächliche durchschnittliche Flughöhe von Krähen beträgt 5,23 m und liegt damit sehr nahe an dem optimalen Kompromiss zwischen Energiegewinn (Nahrung) und Energieausgaben.

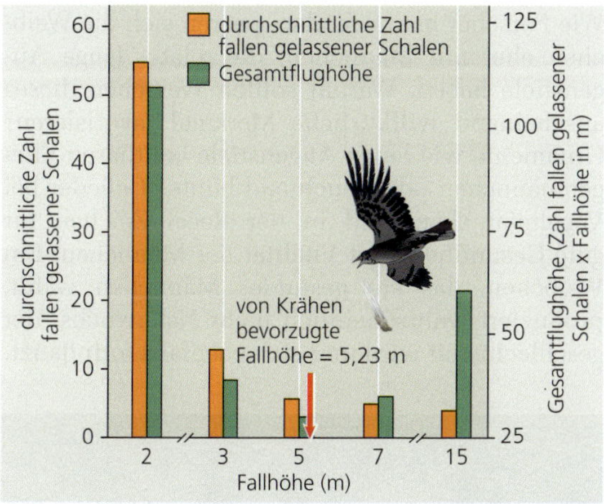

Abbildung 51.8: **Kosten/Nutzen-Analyse beim Nahrungserwerb.**

51.4.1 Paarungsverhalten und Partnerwahl

Paarungsverhalten ist das Ergebnis einer Form der natürlichen Selektion, die man als sexuelle Selektion bezeichnet (siehe Kapitel 23).

Paarungssysteme und elterliche Fürsorge Viele Arten sind **promiskuitiv**, das heißt, es gibt keine starke Paarbindung oder länger andauernde Beziehung. Bei Arten, bei denen die Partner längere Zeit zusammenbleiben, kann die Beziehung **monogam** (ein Männchen paart sich mit einem Weibchen) oder **polygam** sein (ein Männchen beziehungsweise ein Weibchen paart sich mit mehreren Partnern). Bei polygamen Beziehungen ist es in der Regel so, dass sich ein einziges Männchen mit mehreren Weibchen paart (**Polygynie**). Allerdings gibt es bei einigen Arten auch das umgekehrte System, dass sich ein einziges Weibchen mit mehreren Männchen paart (**Polyandrie**). Bei monogamen Arten sehen sich Männchen und Weibchen oft so ähnlich, dass es schwer fällt, beide Geschlechter äußerlich zu unterscheiden. Polygyne Arten weisen in der Regel einen Geschlechtsdimorphismus auf, wobei die Männchen auffälliger und meist auch größer sind als die Weibchen (Abbildung 51.9a). Polyandrische Arten zeigen ebenfalls Geschlechtsdimorphismus, doch in diesem Fall sind die Weibchen im Allgemeinen auffälliger und größer als die Männchen (Abbildung 51.9b).

Die Bedürfnisse der Jungen spielen bei der Evolution des Paarungssystems eine wichtige Rolle. In manchen Fällen kann es sein, dass ein Männchen, das bei seiner Partnerin bleibt und sie bei der Aufzucht unterstützt, mehr überlebensfähige Nachkommen hervorbringt, als wenn er sie verlassen und nach neuen Partnerinnen gesucht hätte. Da viele Vogelküken ohne intensive elterliche Pflege nicht überlebensfähig sind, könnte dies erklären, warum die meisten Vögel monogam sind. Bei Vogelarten hingegen, deren Junge fast sofort nach dem Schlüpfen für sich selbst sorgen können, ist Polygynie relativ weit verbreitet.

Ein weiterer Faktor, der Paarungsverhalten und elterliche Fürsorge beeinflusst, ist die Gewissheit der Vaterschaft. Selbst in einer normalerweise monogamen Beziehung kann es sein, dass ein fremdes Männchen die Nachkommen eines Weibchens gezeugt hat. Die Männchen vieler Arten mit innerer Befruchtung versuchen jedoch offenbar durch ihr Verhalten ihre Vaterschaftsgewissheit zu erhöhen. Zu diesen Verhaltensweisen gehören Bewachen des Weibchens, Entfernen des Spermas vorangegangener Kopulationen aus dem Genitaltrakt des Weibchens vor der Kopulation und die Ausschüttung großer Spermamengen, um das Sperma anderer Männchen zu verdrängen. Die Gewissheit einer Vaterschaft ist viel größer, wenn Eiablage und Paarung gleichzeitig erfolgen, so wie bei der äußeren Befruchtung. Das könnte erklären, warum elterliche Fürsorge bei wasserlebenden Wirbellosen, Fischen und Amphibien, wenn sie überhaupt auftritt, von Männchen mindestens so häufig wie von Weibchen ausgeübt wird (Abbildung 51.10).

(a) Monogamie

Bei monogamen Arten wie hier den Westmöven *(Larus occidentalis)* sind Männchen und Weibchen äußerlich nur schwer voneinander zu unterscheiden.

(b) Polygynie

Bei polygynen Arten sind männliche Tiere häufig deutlich auffälliger als weibliche, hier am Beispiel des in Nordamerika heimischen Wapiti *(Cervus canadensis)*.

(c) Polyandrie

Bei polyandrischen Arten wie dem Odinshühnchen *(Phalaropus lobatus)* sind weibliche Tiere (rechts) in der Regel auffälliger als männliche (links).

Abbildung 51.9: **Zusammenhang zwischen Paarungssystem und Unterschieden in der äußeren Erscheinung männlicher und weiblicher Tiere.**

Abbildung 51.10: **Elterliche Fürsorge beim männlichen Kieferfisch.** Der männliche Kieferfisch (*Opistognathus aurifrons*) , der in tropischen Meeresgebieten lebt, trägt die Eier, die er befruchtet hat, in seinem Maul und sorgt für eine gute Sauerstoffversorgung sowie für den Schutz vor Eiräubern, bis die Jungen schlüpfen.

Sexuelle Selektion und Partnerwahl Die Partnerwahl durch Weibchen spielt über *intersexuelle Selektion* eine zentrale Rolle bei der Evolution von männlichem Verhalten und männlicher Anatomie. Nehmen wir die Balz von Stielaugenfliegen als Beispiel. Die Augen dieser Insekten sitzen an der Spitze von Stielen, die bei den Männchen länger als bei den Weibchen sind (Abbildung 51.11). Wie Forscher herausfanden, paaren sich die Weibchen eher mit Männchen, die relativ lange Augenstiele haben. Warum sollten Weibchen dieses anscheinend willkürliche Merkmal favorisieren? Ornamente wie lange Augenstiele bei diesen Fliegenmännchen oder leuchtend buntes Gefieder bei Vogelmännchen sind in der Regel Zeichen für gute Gesundheit und Vitalität der Männchen. Ein Weibchen, das ein gesundes Männchen wählt, produziert wahrscheinlich mehr Nachwuchs, der geschlechtsreif wird und sich ebenfalls fortpflanzt.

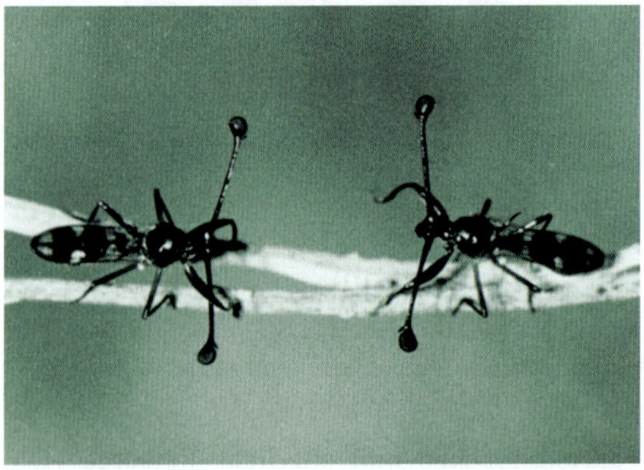

Abbildung 51.11: **Konfrontation männlicher Stielaugenfliegen (Diopsidae) zur Erlangung der Aufmerksamkeit von Weibchen.** In einem solchen ritualisierten Wettstreit zieht sich das Individuum mit kürzeren Augenstielen in der Regel friedlich zurück.

Die männliche Konkurrenz um Geschlechtspartnerinnen ist eine Quelle sexueller Selektion, die Variabilität unter Männchen verringern kann. Bei einem derartigen Wettstreit um Weibchen kann **agonistisches Verhalten** eine Rolle spielen, ein oft ritualisierter Kampf, der darüber entscheidet, welcher Wettkämpfer Zugang zu einer Ressource wie Futter oder Weibchen erhält (Abbildung 51.12).

Abbildung 51.12: **Agonistisches Verhalten bei Grauen Riesenkängurus (*Macropus giganteus*).** Die Männchen des Grauen Riesenkängurus (*Macropus giganteus*) fechten oft „Boxkämpfe" aus, die darüber entscheiden, welches Männchen sich am ehesten mit einem verfügbaren Weibchen paart. Meist schnaubt das eine Männchen laut, bevor es dem anderen mit seinen Vorderpfoten Hiebe auf Kopf und Hals versetzt. Oft folgen weiteres Schnauben sowie Ohrfeigen und Ringen. Wenn sich das angegriffene Männchen nicht zurückzieht, kann der Kampf eskalieren. Dann richten sich beide Kontrahenten hoch auf und versuchen auf dem Schwanz balancierend einander mit den scharfen Zehennägeln eines Hinterbeins zu treten.

VERSTÄNDNISFRAGEN

1. Warum steht die Art der Befruchtung in enger Beziehung zum Vorhandensein beziehungsweise Fehlen von elterlicher Fürsorge beim Männchen?

2. Warum ist es wichtig, dass die Ausgangspopulation für die Nahrungssuchexperimente bei Fliegenlarven sowohl *forR*- als auch *forS*-Allele aufwies?

51.5 Genetische Analysen und das Konzept der Gesamtfitness bieten eine Grundlage für die Untersuchung der Evolution von Verhalten

51.5.1 Altruismus

Gelegentlich zeigen manche Tiere Verhaltensweisen, die ihre eigene Fitness mindern, diejenige anderer Individuen in der Population jedoch erhöhen; das ist unsere funktionelle Definition von **Altruismus** oder Selbstlosigkeit. Nehmen wir beispielsweise den Belding-Ziesel, der in Bergregionen lebt, wo er von Raubfeinden wie Kojoten und Habichten gejagt wird. Ein Ziesel, der einen solchen Prädator wahrnimmt, stößt oft einen schrillen Alarmruf aus, der seine bis dato ahnungslosen Artgenossen warnt und sie veranlasst, sich in den Bau zurückzuziehen. Beachten Sie, dass dieser Alarmruf das Risiko für den rufenden Ziesel erhöht, selbst zum Opfer zu werden, weil er die Aufmerksamkeit des Räubers auf seinen Standort lenkt.

Ein weiteres Beispiel für altruistisches Verhalten liefern die Gemeinschaften von sozialen Insekten wie Termiten, Ameisen und einigen Bienen und Wespen, bei denen die Arbeiterinnen steril sind. Bei der Honigbiene pflanzen sich die Arbeiterinnen in der Regel niemals fort, sondern arbeiten zugunsten eines einzigen fertilen Weibchens, der Königin. Darüber hinaus attackieren die Arbeiterinnen Eindringlinge mit Stichen, ein Verhalten, das zur Verteidigung des Stockes beiträgt, den Arbeiterinnen aber das Leben kostet.

51.5.2 Gesamtfitness

Wie kann altruistisches Verhalten durch Evolution aufrechterhalten werden, wenn es nicht Überleben und Fortpflanzungserfolg des sich opfernden Individuums erhöht?

Der Biologe William Hamilton stellte die These auf, ein Tier könne seine genetische Repräsentation in der nächsten Generation erhöhen, wenn es engen Verwandten altruistisch Hilfe leistet. Wie Eltern und ihre Kinder teilen Vollgeschwister durchschnittlich die Hälfte ihres Genoms. Daher könnte Selektion auch Hilfe unter Geschwistern oder Hilfe begünstigen, die es den Eltern erlaubt, mehr Geschwister zu produzieren. Von dieser Vorstellung ausgehend, prägte Hamilton den Begriff der **Gesamtfitness** (*inclusive fitness*); darunter versteht man den Gesamteffekt, den ein Individuum auf die Vermehrung seiner Gene hat, indem es eigene Nachkommen produziert *und* Hilfe leistet, die es anderen (engen) Verwandten, die viele dieser Gene teilen, erlaubt, Nachkommen zu produzieren.

Hamilton zufolge sind die drei Schlüsselfaktoren bei einer altruistischen Handlung der Nutzen für den Nutznießer, die Kosten für den Altruisten und der Verwandtschaftskoeffizient. Der Nutzen *B* (engl. *benefit*) ergibt sich aus der durchschnittlichen Zahl *zusätzlicher* Nachkommen, die der Nutznießer einer altruistischen Handlung produziert. Die Kosten *C* (*cost*) errechnen sich daraus, wie viele Nachkommen *weniger* der Altruist produziert. Der **Verwandtschaftskoeffizient *r*** (*coefficient of relatedness*) entspricht dem Anteil der Gene, die Altruist und Nutznießer gemeinhin teilen. Natürliche Selektion begünstigt Altruismus, wenn der Nutzen für den Nutznießer, multipliziert mit den Verwandtschaftskoeffizienten, größer ist als die Kosten für den Altruisten – mit anderen Worten, wenn $rB > C$ ist. Diese Ungleichung wird als **Hamilton-Regel** bezeichnet.

Natürliche Selektion, die altruistisches Verhalten fördert, indem sie den Fortpflanzungserfolg von Verwandten erhöht, wird als **Verwandtenselektion** bezeichnet. Diese schwächt sich mit zunehmender erblicher Distanz ab. Geschwister weisen ein r von 0,5 auf (Abbildung 51.13), zwischen einer Tante und ihrer Nichte ist $r = 0{,}25$ (1/4) und zwischen Cousins 1. Grades ist $r = 0{,}125$ (1/8). Beachten Sie, dass mit sinkendem Verwandtschaftsgrad auch der Term rB in der Hamilton-Ungleichung abnimmt. Bei geringem Verwandtschaftsgrad müssen der Nutzen (*B*) hoch oder die Kosten (*C*) gering sein müssen, damit altruistisches Verhalten begünstigt wird.

Wenn Verwandtenselektion Altruismus erklärt, dann sollte es sich bei unseren Beispielen für uneigennütziges Verhalten um Beziehungen zwischen engen Verwandten handeln. Wie die meisten Säuger lassen sich weibliche Belding-Ziesel in der Nähe ihres Geburtsorts nieder, während Männchen weiter fortziehen (Abbildung 51.14). Da fast alle Alarmrufe von Weibchen ausgestoßen werden, helfen sie höchstwahrscheinlich engen Verwandten. Im Fall der Bienenarbeiterinnen, die unbefruchtet sind, gereicht alles, was sie tun, um der Kolonie zu helfen, dem einzigen permanenten Koloniemitglied zum Vorteil, das sich fortpflanzt – der Königin, die ihre Mutter ist.

Reziproker Altruismus Manchmal verhalten sich Tiere gegenüber Artgenossen altruistisch, die nicht mit ihnen verwandt sind. Ein Pavian hilft vielleicht einem nicht verwandten Hordengenossen bei einem Kampf oder ein Wolf bietet einem anderen Wolf Futter an, obgleich zwischen ihnen keine verwandtschaftlichen Beziehungen bestehen. Solches Verhalten kann adaptiv sein, wenn sich das Individuum, dem geholfen wurde, irgendwann in

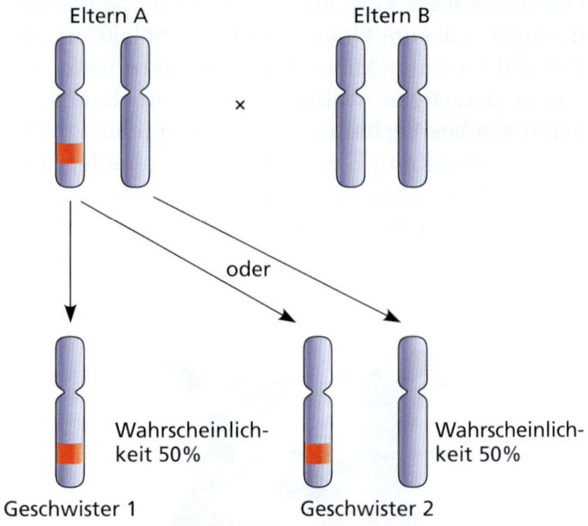

Abbildung 51.13: Der Verwandtschaftskoeffizient bei Geschwistern. Die rote Bande zeigt ein bestimmtes Allel an (eine Version eines Gens), das bei Elternteil A auf einem Chromosom eines homologen Chromosomenpaars präsent ist, auf dem anderen hingegen nicht. Geschwister 1 hat dieses Allel von Elternteil A geerbt. Die Wahrscheinlichkeit, dass Geschwister 2 dieses Allel von Elternteil A ebenfalls erbt, beträgt ½. Das gilt für jedes Allel, das auf einem einzigen Chromosom eines der beiden Elternteile präsent ist. Der Verwandtschaftskoeffizient zwischen den beiden Geschwistern beträgt daher 1/2 oder 0,5.

? Der Verwandtschaftskoeffizient eines Individuums mit einem Vollgeschwister (kein eineiiger Zwilling) oder zu jedem Elternteil beträgt jeweils 0,5. Gilt dieser Wert auch im Fall von Polyandrie und Polygynie?

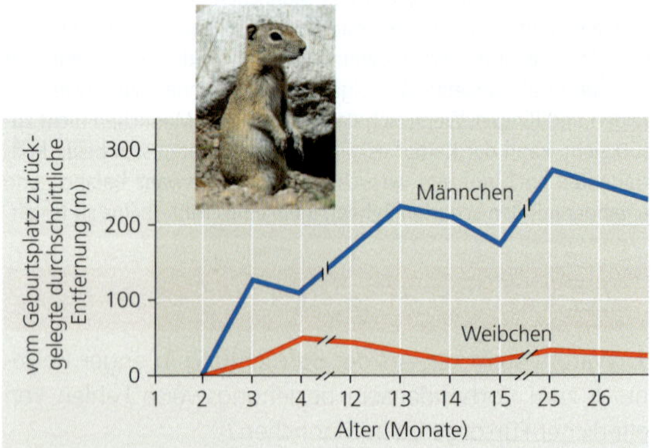

Abbildung 51.14: Verwandtenselektion und Altruismus bei Belding-Zieseln. Diese Grafik erklärt zumindest teilweise den Männchen/Weibchen-Unterschied beim altruistischen Verhalten von Zieseln. Einmal abgestillt (die Jungen werden etwa einen Monat lang gesäugt), leben die Weibchen mit höherer Wahrscheinlichkeit in der Nähe enger Verwandter als die Männchen. Alarmrufe, die diese Verwandten warnen, erhöhen die Gesamtfitness der Altruistinnen.

Zukunft revanchiert. Diese gegenseitige Hilfe wird als **reziproker Altruismus** bezeichnet. Reziproker Altruismus tritt nur selten auf; er beschränkt sich weitgehend auf Arten (beispielsweise Schimpansen) mit sozialen Gruppen, die so stabil sind, dass sich viele Gelegenheiten für gegenseitige Hilfe ergeben. Man nimmt allgemein an, dass reziproker Altruismus dann auftritt, wenn sich Individuen mit hoher Wahrscheinlichkeit wiedertreffen und es negative Folgen hätte, sich Individuen gegenüber, die sich in der Vergangenheit als hilfreich erwiesen haben, nicht erkenntlich zu zeigen – ein Verhaltensmuster, das Verhaltensökologen als „Betrügen" (*cheating*) bezeichnen.

51.5.3 Evolution und menschliche Kultur

Wie Tiere zeigen auch Menschen Verhalten (und manchmal auch Fehlverhalten). Wir Menschen unterscheiden uns außerordentlich in unserer anatomischen Erscheinung, genauso zeigen wir aber auch eine außerordentliche Breite an unterschiedlichen Verhaltensweisen. Umweltfaktoren beeinflussen den Weg vom Genotyp zum Phänotyp maßgeblich, wenn es um physische Faktoren geht; im Falle von Verhalten ist dieser Einfluss aber noch weitaus tiefgreifender. Darüber hinaus sind Menschen aufgrund ihrer außerordentlichen Lernfähigkeit wahrscheinlich mehr als jedes andere Lebewesen in der Lage, neue Fähigkeiten und Verhaltensmuster zu erwerben.

Die menschliche Kultur wird durch die **Soziobiologie** mit der Evolutionstheorie verknüpft. Die Hauptprämisse der Soziobiologie ist, dass genetisch codierte Verhaltensmerkmale natürlicher Selektion unterliegen. In seinem richtungsweisenden, im Jahr 1975 erschienenen Buch *Sociobiology: The New Synthesis* stellte E. O. Wilson Spekulationen über die evolutionäre Basis bestimmter Formen des Sozialverhaltens an. Dabei diskutierte er einige Beispiele aus der menschlichen Kultur und löste damit eine heftige Debatte aus, die bis heute anhält.

Im Laufe unserer jüngsten Evolutionsgeschichte haben wir eine breite Palette von strukturierten Gesellschaften mit Regierungen, Gesetzen, kulturellen Werten und Religionen aufgebaut, die definieren, was akzeptables Verhalten ist und was nicht, selbst wenn unakzeptables Verhalten die Darwin-Fitness eines Individuums erhöhen mag. Vielleicht sind es gerade unsere sozialen und kulturellen Institutionen, die uns Menschen so besonders machen.

VERSTÄNDNISFRAGEN

1. Welche mögliche Erklärung gibt es für kooperatives Verhalten zwischen nicht verwandten Tieren?

2. WAS WÄRE, WENN? Wenn ein Tier nahe Verwandte nicht von entfernteren Verwandten unterscheiden könnte, wäre das Konzept der Gesamtfitness dann noch anwendbar? Begründen Sie Ihre Antwort.

3. WAS WÄRE, WENN? Stellen Sie sich vor, Sie würden Hamiltons Logik auf eine Situation anwenden, in der sich ein Individuum jenseits des Fortpflanzungsalters befindet. Kann dann noch immer Selektion auf altruistisches Verhalten erfolgen?

ZUSAMMENFASSUNG

Einfaches und komplexes Verhalten können durch bestimmte sensorische Eingangssignale ausgelöst werden

Verhalten ist die Antwort von lebenden Organismen auf interne und/oder externe Reize. Verhalten kann aus verschiedenen Perspektiven analysiert werden. Proximate Fragen nach dem „Wie" beziehen sich auf die auslösenden Reize sowie die physiologischen Mechanismen und die Ontogenese, die dem Verhalten ursächlich zugrunde liegen. Ultimate Fragen nach dem „Warum" beziehen sich auf die Evolution von Verhaltensweisen im Hinblick auf die Entstehungsgeschichte und den adaptiven Anpassungswert. Verhalten hat immer sowohl proximate als auch ultimate Ursachen.

Einige Verhaltensmuster werden relativ starr durch geeignete **Schlüsselreize** ausgelöst. Andere Reize aus der Umwelt, wie der Sonnenstand oder das Erdmagnetfeld, helfen Tieren, sich bei Wanderungen zu orientieren. Verhalten ist dabei häufig über interne und externe Zeitgeber mit Tages- oder Jahresrhythmen synchronisiert.

Die Übertragung und das Empfangen von Informationen bilden die Grundlage von **Kommunikation** bei Tieren. Dabei kommen zum Beispiel chemische, taktile, akustische, visuelle oder elektrische

Signale zum Einsatz. Pheromone sind chemische Botenstoffe, die artspezifische Informationen insbesondere im Kontext des Fortpflanzungsverhaltens übermitteln.

Lernen: Spezifische Verknüpfung von Erfahrung und Verhalten

Habituation. Eine der simpelsten Formen des Lernens ist Habituation, der Verlust der Ansprechempfindlichkeit für einen Reiz, der keine oder kaum neue Information liefert.

Prägung. Unter einer Prägung versteht man die Bildung einer dauerhaften verhaltensbiologischen Reaktion auf ein bestimmtes Individuum oder Objekt in einer bestimmten Phase des Lebens.

Assoziatives Lernen. Die Fähigkeit, ein Merkmal (wie Färbung) in der Umwelt mit einem anderen (wie schlechtem Geschmack) zu verknüpfen, wird als assoziatives Lernen bezeichnet.

Kognition und Problemlösung. Bei komplexeren Formen des Lernens spielt Kognition eine Rolle – der Wissensprozess, der durch Bewusstsein, Logik, Erinnerung und Urteilsfähigkeit repräsentiert wird.

Genetische Ausstattung und Umwelt tragen zur Verhaltensentwicklung bei

Erfahrung und Verhalten. Anhand von Cross-fostering-Experimenten, bei denen Jungtiere nicht von ihren eigenen Eltern aufgezogen werden, können Effekte der sozialen Umwelt und der Erfahrung auf das Verhalten untersucht werden.

Regulatorgene und Verhalten. Genetische Untersuchungen an Insekten haben die Existenz von Masterregulatorgenen aufgezeigt, die komplette Verhaltensabläufe kontrollieren, wie beispielsweise das Balzverhalten bei Taufliegen.

Verhaltensweisen lassen sich durch Selektion auf Überleben und Fortpflanzungserfolg eines Individuums erklären

Ein „Optimal-Foraging"-Modell („Modell des optimalen Nahrungserwerbs") basiert auf der Vorstellung, dass natürliche Selektion Verhalten begünstigt, das die Kosten der Nahrungssuche minimiert und den Nutzen maximiert.

Sexueller Dimorphismus korreliert mit dem Paarungssystem der jeweiligen Art. Paarungssysteme können unter anderem polygam oder monogam sein. Die verschiedenen Paarungssysteme sowie die Art der Befruchtung beeinflussen die Vaterschaftsgewissheit, was wiederum einen Einfluss auf Partnerwahl und Brutpflege hat.

Gesamtfitness kann die Evolution von altruistischem Sozialverhalten erklären

Altruismus. Gelegentlich verhalten sich Tiere altruistisch, was ihre individuelle Fitness verringert, die Fitness des Nutznießers dieses Verhaltens jedoch erhöht.

Gesamtfitness. Altruistisches Verhalten lässt sich durch das Konzept der Gesamtfitness erklären; darunter versteht man den Gesamteffekt, den ein Individuum auf die Vermehrung seiner Gene hat, indem es eigene Nachkommen produziert *und* Hilfe leistet, die anderen engen Verwandten erlaubt, Nachkommen zu produzieren. Verwandtenselektion begünstigt altruistisches Verhalten, indem sie den Fortpflanzungserfolg von Verwandten, welche die eigenen Gene mit einer gewissen Wahrscheinlichkeit teilen, erhöht.

Der Koeffizient des Verwandtschaftsgrads und die Hamilton-Regel ermöglichen die Berechnung der Stärke des Selektionsdrucks, der Altruismus gegenüber potenziellen Kosten von egoistischem Verhalten begünstigt. Altruistisches Verhalten gegenüber nicht verwandten Individuen kann adaptiv sein, wenn das unterstützte Individuum sich in Zukunft revanchiert; eine Hilfeleistung auf Gegenseitigkeit, die als reziproker Altruismus bezeichnet wird.

Evolution und menschliche Kultur. Die menschliche Kultur wird durch die Soziobiologie mit der Evolutionstheorie verknüpft. Die Hauptprämisse der Soziobiologie ist, dass genetisch codierte Verhaltensmerkmale natürlicher Selektion unterliegen.

Ökologie und die Biosphäre: Eine Einführung

52

52.1 Die Ökologie integriert viele biologische Forschungsrichtungen und dient als wissenschaftliche Grundlage für den Natur- und Umweltschutz

Die Wurzeln der Ökologie liegen in den ersten naturwissenschaftlichen Entdeckungen begründet. Naturforscher wie Aristoteles (384–322 v. Chr.), aber auch der Begründer der modernen Evolutionstheorie Charles Darwin (1809–1882) machten an den unterschiedlichsten Organismenarten eine Vielzahl ökologischer Beobachtungen und zeichneten diese systematisch genau auf. Man begründete mit diesem deskriptiven Verfahren, mit dem man außerordentlich viele wichtige Erkenntnisse gewinnen kann, die sogenannte *Naturgeschichte* (engl. *natural history*). Bis heute ist die **deskriptive Freilandbeobachtung** ein wichtiger Grundbestandteil der ökologischen Wissenschaft. Auch heute beobachten Ökologen eine Vielzahl ökologischer Phänomene, allerdings mit Methoden, die von der molekulargenetischen Analyse bis hin zur Erfassung der globalen Primärproduktion über Satelliten reichen.

Abbildung 52.1: Warum wandern die Grauwale?

Die moderne Ökologie ist aber auch zu einer präzisen experimentellen Wissenschaft geworden, die Experimente und komplizierte statistische und mathematische Verfahren einsetzt. So werden zum Beispiel numerische, multivariate Methoden benutzt, um die Häufigkeit und die räumliche Verbreitung von Arten einer Lebensgemeinschaft anhand unterschiedlicher Umweltparameter zu erklären. Aus diesen objektivierten Beobachtungen stellt man Hypothesen auf, die begründen, welche der biotischen und abiotischen Umweltfaktoren zur beobachteten Häufigkeit und Verteilung der Arten geführt haben. In einem zweiten Schritt können diese Hypothesen experimentell getestet werden, indem man bestimmte Umweltvariablen kontrolliert variiert und die Veränderungen der Arten im experimentellen System analysiert. Reagieren die Arten im Experiment in gleicher Weise wie in der zuvor beobachteten Lebensgemeinschaft, so sind die Annahmen über die zugrunde liegenden Mechanismen bestätigt.

Aufgrund der vielfältigen Herausforderungen ökologischer Untersuchungen entwarfen Ökologen immer wieder neue Methoden. Wie man erkennen kann, setzt die Interpretation ökologischer Experimente umfassende Kenntnisse vieler biologischer Teildisziplinen voraus (Abbildung 52.2).

52.1.1 Der Zusammenhang zwischen Ökologie und Evolutionsbiologie

Wie wir in Kapitel 22 und 23 bereits erfahren haben, passen sich Populationen im Laufe vieler Generationen durch die natürliche Selektion an ihre Umwelt an. Der Erwerb solcher Adaptationen spielt sich über viele Generationen hinweg ab und benötigt deshalb *evolutionäre Zeitspannen* (Jahrzehnte, Jahrhunderte, Jahrtausende und noch länger). Das Überleben und die Fortpflanzung der Individuen, die Entwicklung von Populationen, direkte Wechselwirkungen zwischen den Organismen und ihrer Umwelt, Vorgänge also, die letztlich zu einer Evolution führen, ereignen sich dagegen in *ökologischen Zeiträumen* und laufen – je nach Organismengruppe unterschiedlich – in Minuten, Monaten und Jahren ab. Wie bestimmte Ereignisse in ökologischen Zeiträumen zu einer Evolution führen können, zeigte uns beispielhaft die Selektion der Schnabelgrößen bei den Darwinfinken. Nur Vogelindividuen mit größerem Schnabel konnten die großen, harten Samen, die unter trockenen Bedingungen in weitaus größerer Anzahl zur Verfügung standen, als Nahrung nutzen. Individuen mit kleinerem Schnabel hingegen konnten nur kleinere, weichere Samen zu sich nehmen; aber da diese nur in geringerer Anzahl vorhanden waren, hatten solche Vogelindividuen eine geringere Überlebenschance.

Der Zusammenhang zwischen ökologischen und evolutionsbiologischen Sachverhalten ist überall erkennbar. Angenommen, ein Landwirt schützt seinen Weizen mit einem neuen Fungizid vor Pilzbefall. Anfangs wirkt das Pflanzenschutzmittel gut, die Populationsgröße der Pilze verringert sich – ein ökologischer Effekt – und der Land-

Die Ökologie betrachtet unterschiedliche Ebenen der biologischen Hierarchie, vom einzelnen Organismus bis zur Biosphäre. Die im Folgenden vorgestellten wissenschaftlichen Fragestellungen sind für die verschiedenen Ebenen der biologischen Hierarchie charakteristisch.

Ökologie des Einzelorganismus (Autökologie)

Die Ökologie des Einzelorganismus (engl. *autecology*), die auch die Disziplinen der physiologischen Ökologie sowie der Evolutions- und Verhaltensökologie bezogen auf den Einzelorganismus einschließt, beschäftigt sich mit der Frage, wie sich das einzelne Individuum mit seinen morphologisch-anatomischen, physiologisch-genetischen und – bei Tieren – verhaltensbiologischen Anpassungen mit seiner abiotischen (unbelebten) und biotischen (belebten) Umwelt auseinandersetzt mit dem Ziel größtmöglicher Überlebenschance und individueller Fitness.

◀ Wie wählt der Flamingo *(Phoenicopteridae)* seine Partnerin aus?

Populationsökologie

Eine **Population** ist die Gesamtheit der Individuen einer Art, die in einem bestimmten, zusammenhängenden Siedlungsraum durch Reproduktion und Konkurrenz interagieren und in der Regel durch mehrere Generationen eine genetische Kontinuität zeigen. In der **Populationsökologie** (engl. *population ecology*) geht man den Fragen nach, welche Faktoren sich auf die Populationsgröße auswirken sowie wie und warum sie sich im Laufe der Zeit verändert.

◀ Welche Umweltfaktoren wirken sich auf die Fortpflanzungsrate von Flamingos *(Phoenicopteridae)* aus?

Ökologie der Lebensgemeinschaften

Eine **Lebensgemeinschaft** oder **Biozönose** (engl. *community*) ist eine Gruppe von Populationen verschiedener Mikroorganismen, Pflanzen, Pilze und Tiere, die sich an einem Ort infolge ähnlicher Ansprüche an ihre abiotische und biotische Umwelt einstellt. Die **Ökologie der Lebensgemeinschaften** oder **Biozönologie** (engl. *community ecology*) beschäftigt sich unter anderem mit der Frage, welche Wechselbeziehungen zwischen den Arten bestehen, zum Beispiel im Rahmen der Nahrungskette, der mutualistischen Beziehungen und der Konkurrenz, und wie sich diese interspezifischen Interaktionen auf die Struktur und Dynamik der Biozönose auswirken.

◀ Welche Faktoren beeinflussen die Diversität der Pflanzen- und Tierarten an diesem afrikanischen See?

Ökologie der Ökosysteme

Ein **Ökosystem** umfasst das Beziehungsgefüge zwischen den verschiedenen Organismenarten (**Biozönose**) in einem bestimmten Lebensraum (**Biotop**) einschließlich seiner abiotischen Faktoren, denen die einzelnen Individuen ausgesetzt sind. In der **Ökosystemanalyse** (engl. *ecosystem analysis*) liegt das Schwergewicht auf der Erforschung der Energie und Stoffströme sowie der biogeochemischen Kreisläufe zwischen den Organismen und ihrer abiotischen Umwelt.

◀ Welche Faktoren bestimmen die Primärproduktion dieses aquatischen Ökosystems?

Landschaftsökologie

Eine **Landschaft** ist ein relativ homogener Ausschnitt der Erdoberfläche, charakterisiert unter anderem durch Relief, Boden, Klima, Wasserhaushalt, Vegetation und Tierwelt, aber in vielen Fällen auch durch den menschlichen Einfluss. Eine Landschaft umfasst in der Regel ein Mosaik lokaler und sich wiederholender Ökosysteme, die zusammen Ökosystemkomplexe aufbauen. In der **Landschaftsökologie** (engl. *landscape ecology*) konzentriert man sich auf die Wechselbeziehungen zwischen den einzelnen Landschaftselementen und analysiert diejenigen Faktoren, die den Austausch von Energie, Materie und Organismen zwischen den Ökosystemen bestimmen. Ein wichtiges Thema ist auch die Einbeziehung des Menschen, der als Teil des Gesamtsystems betrachtet wird.

◀ In welchem Umfang beeinflussen Nährstoffeinträge aus terrestrischen Ökosystemen die Organismen im See?

Globale Ökologie

Die **Ökosphäre** umfasst die Gesamtheit aller Ökosysteme der Erde, die **Biosphäre** die Gesamtheit aller Biozönosen. In der **globalen Ökologie** werden die Energie- und Stoffkreisläufe der Ökosphäre, ihr Einfluss auf die Struktur und die Funktion der Großökosysteme sowie die Verbreitung der Organismen einschließlich ihrer Gemeinschaften untersucht.

◀ Welche Auswirkungen haben die verschiedenen Meeresströmungen auf die globale Verbreitung des Krills (Kleinkrebs), der Teil des Zooplanktons ist und von dem sich die Bartenwale ernähren?

Abbildung 52.2: Näher betrachtet. Die Bandbreite der ökologischen Forschung.

wirt erzielt mit seiner größeren Getreideproduktion höhere Erträge. Nach einigen Jahren jedoch muss er das Fungizid in immer höherer Dosierung anwenden, um die gleiche Schutzwirkung zu erhalten und um gleich hohe Getreideerträge erzielen zu können. Durch das Pflanzenschutzmittel hat sich im Laufe der Zeit der Genpool der Pilze verändert, da die Selektion diejenigen Pilzindividuen begünstigt hat, die gegen das Fungizid resistent sind. Am Ende zeigt das Pflanzenschutzmittel kaum noch Wirkung, so dass der Pilz sich nur noch mit einem neuen, wirksameren Präparat unter Kontrolle halten lässt.

52.1.2 Ökologie und Umweltschutz

Auf der Grundlage ökologischer und evolutionsbiologischer Erkenntnisse verstehen wir besser, warum pestizidresistente Organismen entstehen. Dies gilt auch für viele andere Umwelt- und Naturschutzprobleme. Die Ökologie liefert auch hierfür die notwendigen wissenschaftlichen Grundlagen und Antworten, mit deren Hilfe wir die Vielfalt an Organismenarten auf der Erde schützen und nachhaltig erhalten können. Da die Ökologie für den Natur- und Umweltschutz so wichtig ist, wird der Begriff *Ökologie* vielfach fälschlicherweise mit dem Begriff *Umwelt*, *gesunde Umwelt* oder allgemein sogar mit *Umweltschutz* gleichgesetzt, was sich auch in der inflationären Verwendung der Silbe ‚Bio' zeigt.

Ökologie ist eine Wissenschaftsdisziplin und die Umwelt eines Organismus oder einer Population ist Gegenstand der ökologischen Forschung. Ökologische Forschungsergebnisse liefern wichtige Grunddaten für den Natur- und Umweltschutz, Ökologie als wissenschaftliche Teildisziplin der Biologie ist jedoch vom wissenschaftlichen Naturschutz deutlich abgegrenzt. Ökologen sind mit dafür verantwortlich, die Öffentlichkeit über Umweltfragen umfassend und allgemein verständlich aufzuklären. Letztlich können sie jedoch nur die wissenschaftlichen Fakten ansprechen, ökologische Zusammenhänge aufzeigen, Konsequenzen prognostizieren und „wenn-dann"-Situationen vorstellen (Abbildung 52.3). Durch Vergleiche der Wachstumsgeschwindigkeit und Überlebensrate der einzelnen Baumindividuen der verschiedenen Untersuchungsflächen zeigte es sich, dass die Individuen des Amerikanischen Blumenhartriegels (*Cornus florida*) bei Trockenheit häufiger abstarben als die Individuen aller anderen untersuchten Gehölzarten. Auch hierbei hat jede Aussage und Prognose immer nur eine bestimmte statistische Wahrscheinlichkeit, beruhend auf der Sicherheit der Datengrundlage und den verwendeten Methoden. Welchen Nutzen die Gesellschaft aber aus den ökologischen Erkenntnissen zieht, hängt letztlich von ihr selbst ab.

VERSTÄNDNISFRAGEN

1. Stellen Sie die Begriffe *Ökologie*, *Umwelt* und *Umweltschutz* einander gegenüber. In welcher Beziehung steht die Ökologie als Wissenschaft zum Umweltschutz?

2. Wie kann sich ein Vorgang, der in einem ökologischen Zeitrahmen stattfindet, auf Ereignisse evolutionärer Zeitspannen auswirken?

3. WAS WÄRE, WENN? Ein Landwirt, der Weizen anbaut, prüft auf kleinen Versuchsflächen die Wirkung von vier Fungiziden und stellt fest, dass die Erträge geringfügig höher ausfallen, wenn man nicht ein Fungizid allein, sondern alle vier gleichzeitig verwendet. Was wäre unter Evolutionsgesichtspunkten wahrscheinlich die langfristige Folge, wenn man alle vier Pflanzenschutzmittel zur gleichen Zeit einsetzt?

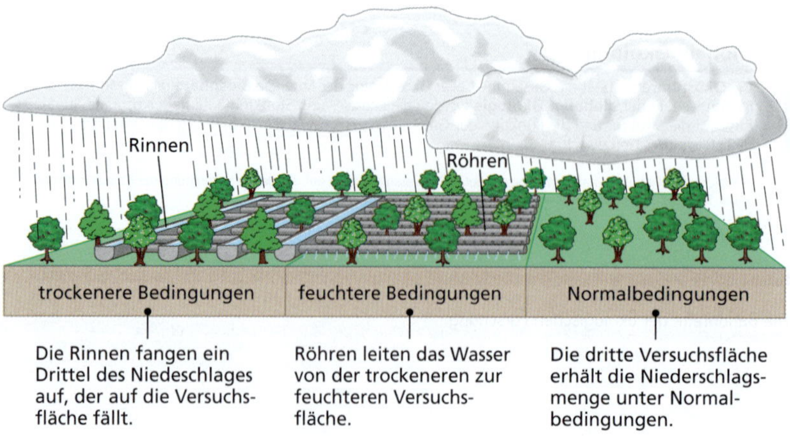

Abbildung 52.3: **Wie reagiert ein Wald auf Veränderungen der Niederschlagsmenge?** Im Wassereinzugsgebiet Walker Branch in Tennessee (USA) erzeugten Wissenschaftler mit einem komplizierten Rinnen- und Röhrensystem in verschiedenen Teilen eines Waldes künstlich „trockene" und „feuchte" Bedingungen.

52.2 Die Wechselbeziehungen zwischen Organismen und ihrer Umwelt bestimmen ihre Verbreitung und Häufigkeit

Dass es für die Verbreitung der Arten globale und regionale Gesetzmäßigkeiten gibt, weiß man in der Ökologie schon seit Langem. Kängurus zum Beispiel gibt es in der Natur nur in Australien. In der Ökologie stellt man nicht nur die Frage, *wo* einzelne Arten vorkommen, sondern auch *warum* sie dort vorkommen: Welche Faktoren bestimmen nun ihr Vorkommen und ihre Verbreitung? Zur Beantwortung dieser Frage konzentriert man sich auf zwei Faktoren: **biotische** (belebte) Faktoren, die alle Organismen betreffen, die zur Umwelt eines Organismus gehören und auf ihn wirken, sowie **abiotische** (unbelebte) Faktoren, solche von geophysikalischer und chemischer Natur wie Temperatur, Solarstrahlung, Wasser und Nährstoffe. Beide wirken sich auf das Verbreitungsmuster von Arten und die Häufigkeit der Individuen innerhalb ihres Verbreitungsgebietes aus.

MERKE!

Biotische (belebte) Faktoren betreffen alle Organismen, die zur Umwelt eines Organismus gehören und auf ihn wirken; abiotische (unbelebte) Faktoren sind solche von geophysikalischer und chemischer Natur wie Temperatur, Solarstrahlung, Wasser und Nährstoffe.

52.2.1 Ausbreitung und Verbreitung

Die Verbreitung einzelner Organismenarten hängt unter anderem von den Möglichkeiten ihrer **Ausbreitung** ab (Abbildung 52.4). Unter Ausbreitung versteht man die Vergrößerung des Siedlungsgebietes von Pflanzen- oder Tierpopulationen über ihr Ursprungsgebiet hinaus oder innerhalb ihrer Zentren höherer Populationsdichte.

Ausdehnung des natürlichen Verbreitungsgebietes Am deutlichsten werden Ausbreitungsphänomene offensichtlich, wenn Arten plötzlich eine von ihnen vorher noch nicht besiedelte Region erreichen und sich dort in größeren Populationen etablieren. Der Kuhreiher (*Bubulcus ibis*) zum Beispiel kam vor etwa 200 Jahren nur in Afrika und Südwesteuropa vor. Ende des 19. Jahrhunderts gelang es jedoch einigen dieser guten Flieger, den Atlantik zu überqueren und den Nordosten Südamerikas zu besiedeln. Von dort breiteten sich die Kuhreiher allmählich nach Süden und auch nach Norden über Mittel- bis nach Nordamerika aus. Im Jahr 1960 waren sie schließlich in Florida angekommen (Abbildung 52.5). Heute leben ihre Brutpopulationen im Westen auch an der Pazifikküste der USA, und im Norden reicht ihr Verbreitungsgebiet bis nach Südkanada.

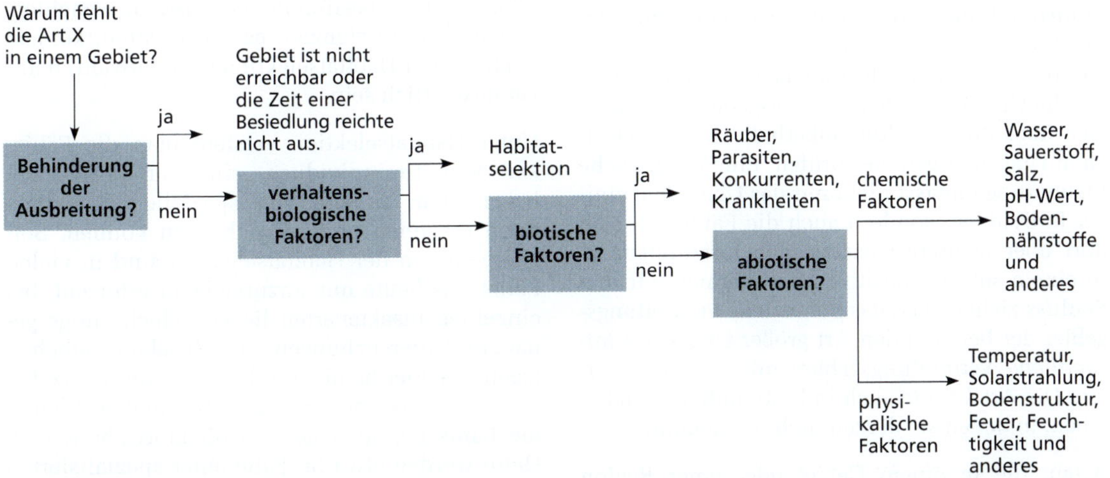

Abbildung 52.4: Faktoren, die die geografische Verbreitung einer Art einschränken, dargestellt in einem Flussdiagramm. Wenn man wissen will, auf welchen Faktoren das Vorkommen oder Fehlen einer Art beruht, helfen die in der vorgegebenen Reihung gestellten und beantworteten Fragen.

? In welcher Hinsicht unterscheiden sich aquatische und terrestrische Ökosysteme in ihren abiotischen Faktoren?

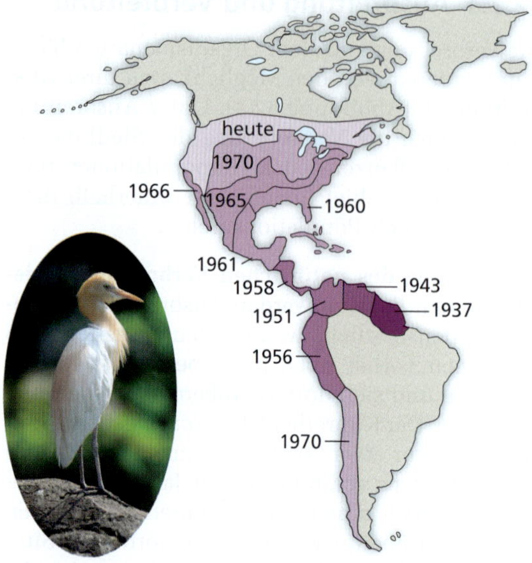

Abbildung 52.5: **Das Verbreitungsgebiet des Kuhreihers (*Bubulcus ibis*) in Amerika.** Der Kuhreiher, der ursprünglich in Afrika heimisch ist, wurde im Jahr 1877 zum ersten Mal in Südamerika gesichtet.

Eine solche natürliche Erweiterung des Verbreitungsgebietes zeigt sehr deutlich, wie sich die Ausbreitungsfähigkeit einer Art auf ihre geografische Verbreitung auswirken kann; Möglichkeiten aber, den Vorgang einer solchen großräumigen Ausbreitung unmittelbar zu beobachten, bieten sich jedoch nur selten. Aus diesem Grund greift man in der Ökologie häufig auf experimentelle Methoden zurück, um die Bedeutung der Ausbreitung von Individuen und Populationen für die Verbreitung der Arten zu analysieren.

Transplantation von Individuen einzelner Arten Die Frage, ob die Ausbreitungsfähigkeit einer Art der entscheidende und begrenzende Faktor für die Größe ihres Verbreitungsgebietes ist, lässt sich über ihr Verhalten außerhalb ihres eigentlichen Ursprungsgebietes prüfen. Eine erfolgreiche Etablierung umfasst nicht nur das Überleben einiger Individuen, sondern auch die Fähigkeit, sich dort über mehrere Generationen fortzupflanzen. In einem solchen positiven Fall können wir den Schluss ziehen, dass das *potenzielle* Verbreitungsgebiet der betreffenden Art größer ist als das *tatsächliche* Verbreitungsgebiet; mit anderen Worten: Die Art *könnte* auch in bestimmten Gebieten leben, in denen sie derzeit nicht vorkommt.

Arten, die in einem Gebiet oder einer Region durch den Menschen absichtlich oder unabsichtlich eingeführt werden, in denen sie vorher nicht vorkamen (Neobiota), können die dort bereits bestehenden Biozönosen und Ökosysteme stark beeinträchtigen. Auch breiten sich Neobiota-Arten vielfach explosionsartig weit über das Gebiet hinaus aus, in das sie ursprünglich eingeführt wurden, und werden dann auch als invasive Arten bezeichnet (siehe Kapitel 56). Dies ist auch ein Grund, warum Ökologen von solchen Transplantationsexperimenten über die Grenzen großer geografischer Räume hinweg absehen. Dafür dokumentiert und analysiert man eher solche Fälle, wo eine Art aus anderen Gründen in ein ehemals von ihr nicht besiedeltes Gebiet eingeführt wurde, zum Beispiel wenn man jagdlich nutzbare Wildtiere oder natürliche Feinde von Schädlingen eingebracht hat oder wenn eine Art unabsichtlich durch den Menschen eingeschleppt wurde.

MERKE!

Unter Ausbreitung versteht man die Vergrößerung des Siedlungsgebietes von Pflanzen- oder Tierpopulationen über ihr Ursprungsgebiet hinaus oder innerhalb ihrer Zentren höherer Populationsdichte.

52.2.2 Verhalten und Habitatselektion

Wie man an Transplantationsexperimenten erkennen kann, besiedeln einzelne Arten nicht ihr gesamtes potenzielles Verbreitungsgebiet, obwohl sie von ihren Ausbreitungsmechanismen dazu gut in der Lage wären, ihr aktuelles Verbreitungsgebiet zu vergrößern. Folgen wir den Fragestellungen aus Abbildung 52.4 weiter: Sind verhaltensbiologische Gesichtspunkte die für die Verbreitung limitierenden Faktoren? Wenn Individuen einer Art offensichtlich bestimmte Lebensräume meiden, obwohl diese potenziell geeignet wären, können Faktoren der Habitatselektion (Habitatwahl) dafür verantwortlich sein.

Unter Habitatselektion versteht man die Fähigkeit von Tierindividuen, einen artspezifischen Lebensraum anhand von speziellen Signalfaktoren erkennen und aufsuchen zu können. Solche Faktoren der Habitatselektion sind in vielen Fällen bis heute nur unzureichend erforscht, bei einzelnen Insektenarten liegen jedoch einige genauere Untersuchungen vor. Insektenweibchen legen ihre Eier häufig nur dann ab, wenn einzelne Schlüsselreize vorliegen (zum Beispiel bestimmte mechanische, optische oder olfaktorische Reize). Diese werden etwa im Falle einer spezialisierten herbivoren Insektenart nur von der spezifischen bevorzugten Wirtspflanzenart geboten. So bleibt das Verbreitungsgebiet des herbivoren Insekts auf das seiner Wirtspflanzen beschränkt.

52.2.3 Biotische Faktoren

Wenn die Habitatselektion das Verbreitungsgebiet einer Art nicht begrenzt, stellt sich als Nächstes die Frage, ob bestimmte biotische Faktoren – das heißt Individuen der eigenen oder anderer Arten – die Ursache für ihr Vorkommen oder Fehlen sind (Abbildung 52.4). In vielen Fällen kann eine Art ihren Entwicklungszyklus bis zur Fortpflanzungsreife außerhalb ihres tatsächlichen Verbreitungsgebietes nicht vollständig abschließen. Unter Umständen ist dies auf negative Wechselwirkungen mit anderen Organismen zurückzuführen, zum Beispiel bedingt durch die Anwesenheit von Prädatoren (Räubern), Parasiten oder Konkurrenten. Umgekehrt können das Überleben und die Reproduktion aber auch dadurch beeinträchtigt werden, dass andere Arten fehlen, auf die eine Art unbedingt angewiesen ist: Insekten, die von vielen Blütenpflanzenarten als Pollenüberträger benötigt werden, oder andere Formen von Mutualismus wie zum Beispiel die Interaktionen zwischen Mykorrhizapilzen und Pflanzen. Häufig handelt es sich bei diesen biotischen Faktoren, welche das Verbreitungsgebiet einer Art eingrenzen, um Prädatoren oder Herbivoren (Pflanzenfresser).

52.2.4 Abiotische Faktoren

Abiotische Faktoren wie Temperatur, Wasser, Salzgehalt, Solarstrahlung oder eine bestimmte Bodenstruktur und Bodenqualität (zum Beispiel das Vorhandensein bestimmter Nährstoffe) bestimmen das Vorkommen und die Verbreitung einer Art. Fehlen wichtige artspezifische abiotische Umweltbedingungen, können die Individuen einer Art an einem bestimmten Ort nicht überleben oder sich fortpflanzen. Im Folgenden sollte man berücksichtigen, dass die Umwelt eines Organismus sowohl durch eine *räumliche* als auch durch eine *zeitliche Heterogenität* charakterisiert ist und die meisten abiotischen Faktoren sowohl räumlichen als auch zeitlichen Schwankungen unterliegen. Auch wenn in zwei verschiedenen Regionen der Erde zu einem bestimmten Zeitpunkt die gleichen abiotischen Bedingungen herrschen, können diese geringen oder besonders starken tages- oder jahreszeitlichen Schwankungen unterworfen sein. Außerdem sind viele Arten, zum Beispiel zahlreiche Arthropoden, in der Lage, bestimmte Zeiten für sie sehr ungünstiger Umweltbedingungen durch spezifische Überdauerungsstadien (Dormanz- oder Diapausestadien) zu meistern. Bei vielen Wirbeltieren kann die ungünstige Jahreszeit durch bestimmte Verhaltensweisen wie Winterruhe oder Winterschlaf überstanden werden.

Temperatur Die jeweilige Umwelttemperatur bestimmt bei Individuen einer Art eine Vielzahl physiologischer und verhaltensbiologischer Prozesse. Deshalb ist sie von besonders großer Bedeutung für das Vorkommen und die Verbreitung einzelner Organismenarten. Zellen können platzen, wenn das in ihnen enthaltene Wasser bei Temperaturen unter 0 °C gefriert, und die Proteine der meisten Organismen denaturieren bei Temperaturen über 45 °C. Nur wenige Organismenarten mit hochspezialisierten Anpassungen können bei sehr hohen oder sehr niedrigen Temperaturen einen aktiven Stoffwechsel aufrechterhalten, zum Beispiel die thermophilen Prokaryonten (siehe Kapitel 27). Ihr Leben findet in einem Temperaturbereich statt, den andere Organismenarten nicht mehr tolerieren können. Die meisten Organismenarten zeigen ihre höchste Metabolismusrate nur in einem ganz bestimmten, eingeschränkten Temperaturbereich. Liegt die Umgebungstemperatur außerhalb davon, sind manche Tierarten – insbesondere Säugetiere und Vögel – gezwungen, ihre Körpertemperatur mit zusätzlichem hohen Energieaufwand konstant zu halten (Endothermie; siehe Kapitel 40).

Wasser Ein weiterer wichtiger Faktor, der sich auf das Vorkommen und die Verbreitung von Arten auswirkt, ist das je nach Lebensraum in sehr unterschiedlicher Menge und Qualität verfügbare Wasser. Arten, die in den Gezeitenzonen der Meeresküsten leben, laufen Gefahr, bei Ebbe auszutrocknen. Landlebende Organismen sind in semiariden und ariden Gebieten (Halbwüsten, Wüsten) nahezu ständig von Austrocknung bedroht. Kommen sie dennoch dort vor, dann haben sie sehr spezifische Adaptationen entwickelt, um das für den Stoffwechsel wichtige Wasser zu erschließen und es in einigen Fällen für längere Zeiträume auch zu speichern (siehe Kapitel 45).

Salzgehalt Wie wir in Kapitel 7 erfahren haben, wirkt sich die Salzkonzentration des Wassers über die Vorgänge der Osmose erheblich auf den Wasserhaushalt von Organismen aus. Die meisten im Wasser lebenden Organismen sind aufgrund ihrer begrenzten Fähigkeit zur Osmoregulation entweder auf Süß- oder auf Salzwasserlebensräume beschränkt (siehe Kapitel 45). Landorganismen können zwar überschüssiges Salz in der Regel durch besondere Drüsen oder mit ihren Exkrementen wieder ausscheiden, jedoch ist die Artendiversität an solchen halinen Standorten gering.

Solarstrahlung Die Solarstrahlung, die von den fotoautotrophen Organismen genutzt werden kann, liefert die Primärenergie für den Aufbau von Biomasse und damit für die Struktur, Dynamik und Aufrechterhaltung von Ökosystemen; zu wenig Solarstrahlung kann das Vorkommen fotoautotropher Individuen und Arten erheblich einschränken. Eine besonders starke Konkurrenz um das Licht herrscht in Wäldern, wo die Blätter des Kronendachs die größte Lichtmenge abfangen und die Vegetation der Strauch- und besonders der Feldschicht nur noch wenig Licht erhält. Besonders betroffen sind Keimlinge, die am Waldboden wachsen. In Gewässern werden mit jedem Tiefenmeter ungefähr 45 Prozent der Strahlung im roten und zwei Prozent im blauen Wellenlängenbereich absorbiert. Deshalb kann eine Fotosynthese in aquatischen Lebensräumen zum größten Teil nur in den obersten Wasserschichten stattfinden.

Aber auch ein Zuviel an Solarstrahlung kann das Vorkommen von Organismen begrenzen. In größerer Höhe über dem Meeresspiegel, zum Beispiel in den Hochgebirgen, ist die Atmosphäre aufgrund der Abnahme der Gasmoleküle und -atome dünner: Sie absorbiert darüber hinaus auch weniger ultraviolette Strahlung, so dass zum Beispiel die DNA oder bestimmte Proteine im Hochgebirge mit einer größeren Wahrscheinlichkeit geschädigt werden können, als dies im Tiefland der Fall wäre (Abbildung 52.6).

Abbildung 52.6: **Überleben im Hochgebirge.** In großer Höhe sind die Organismen einer starken ultravioletten Strahlung ausgesetzt. Darüber hinaus haben sie mit weiteren extremen Umweltbedingungen zu kämpfen, so mit tiefen Wintertemperaturen oder mit starkem Wind.

Gestein und Boden Die mineralische Zusammensetzung des Ausgangsgesteins und des Bodens, der pH-Wert, die Mineralstoff- und Wasserverfügbarkeit, die Humusform, die Korngröße der Bodenpartikel, die Zusammensetzung der Bodenorganismen und viele andere Faktoren bestimmen das Vorkommen einzelner Pflanzenarten und damit auch wiederum das bestimmter Tierarten, die sich von ihnen ernähren. Damit tragen solche Faktoren zu einem mosaikartigen Aufbau terrestrischer Ökosysteme bei. Der pH-Wert des Bodens und des Bodenwassers kann sich je nach stark sauren oder basischen Bedingungen direkt oder auch indirekt über die Löslichkeit von Nähr- und Giftstoffen auf die Zusammensetzung der Phytozönose auswirken. Auch in Fließgewässern und besonders in Seen hat die biogeochemische Situation des Gewässerbodens einen erheblichen Einfluss auf die chemische Qualität des Wassers, was sich seinerseits wiederum auf die Gewässerlebewelt auswirkt. Im Süß- und Meerwasser bestimmt die Qualität des Untergrunds auch darüber, welche Organismen und Lebensformtypen (Hart- oder Weichsubstratbewohner) dort vorkommen können.

52.2.5 Klima

Die vier abiotischen Faktoren – Temperatur, Niederschlag, Solarstrahlung und Wind – haben den größten Einfluss auf das Klima (Abbildung 52.7). Unter *Klima* verstehen wir den für ein Gebiet charakteristischen durchschnittlichen jahreszeitlichen Verlauf der Witterung. Als *Witterung* bezeichnet man hingegen die typische Abfolge aller meteorologischen Erscheinungen in einem Gebiet im jahreszeitlichen Verlauf. Vom *Wetter* sprechen wir, wenn wir den Zustand der Atmosphäre zu einem bestimmten Zeitpunkt an einem bestimmten Ort meinen.

Insbesondere die Temperatur und die verfügbare Wassermenge (Niederschläge, Oberflächenwasser, Grund- und Bodenwasser) haben einen großen Einfluss auf die Verbreitung der terrestrisch lebenden Organismen. Man kann die Klimaverhältnisse auf unterschiedlichen Maßstabsebenen beschreiben: Das **Makroklima** (Großklima) kennzeichnet die klimatischen Eigentümlichkeiten größerer Gebiete (Länder, Kontinente). Aufgrund des Makroklimas lässt sich die Erdoberfläche in Klimazonen und Klimaprovinzen einteilen (Abbildung 52.7). Unter **Lokalklima** (Ortsklima) versteht man das Klima eines kleineren Gebiets, das sich deutlich von jenem benachbarter Gebiete unterscheidet. Es ist das Klima eines Geländeteils, eines Hanges, eines Talbodens, eines Berggipfels oder eines bestimmten Ortes (deshalb auch als Ortsklima bezeichnet). Das Makro- und besonders das Lokalklima bestimmen in vielen Fällen das Vorkommen einzelner Pflanzen- und Tierarten und damit auch ihr jeweiliges Areal (Verbreitungsgebiet). Die nächste Ebene ist das **Bestandsklima** (Habitat-, Stand-

Breitengradabhängige Unterschiede in der Intensität der auftreffenden Solarstrahlung

Aufgrund der annähernden Kugelform der Erde ist die Strahlungsintensität der Sonne je nach Breitengrad unterschiedlich groß. In den **Tropen** (den Regionen zwischen den Wendekreisen, 23,5 Grad nördlicher und 23,5 Grad südlicher Breite), wo die Solarstrahlung direkt einfällt (die Sonne steht im Zenit), gelangt pro Flächeneinheit die größte Wärme- und Lichtmenge auf die Erde. In höheren Breiten fällt die Solarstrahlung schräg ein, sodass sich die Solarenergie über eine wesentlich größere Fläche verteilt und dadurch an Intensität verliert.

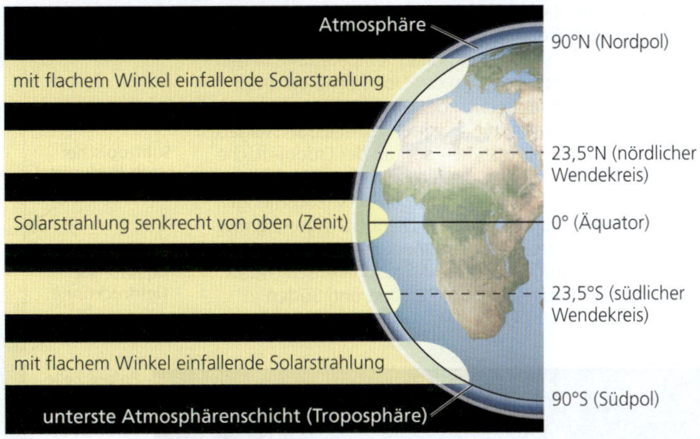

Jahreszeitliche Schwankungen der Strahlungsintensität

Da die Erdachse schräg steht (Neigung der Ekliptik), ist die Intensität der Solarstrahlung je nach Jahreszeit unterschiedlich. Unser Planet ist im Verhältnis zur Ebene seiner Umlaufbahn um die Sonne um 23,5 Grad geneigt; deshalb trifft in den Tropen die größte jährliche Strahlungsmenge auf und die jahreszeitlichen Schwankungen sind dort am geringsten. In Richtung der Pole nehmen die jahreszeitlichen Schwankungen der Solarstrahlung immer mehr zu. Daher gibt es ausgeprägte Jahreszeiten vor allem in den gemäßigten und arktischen Breiten diesseits und jenseits des Äquators.

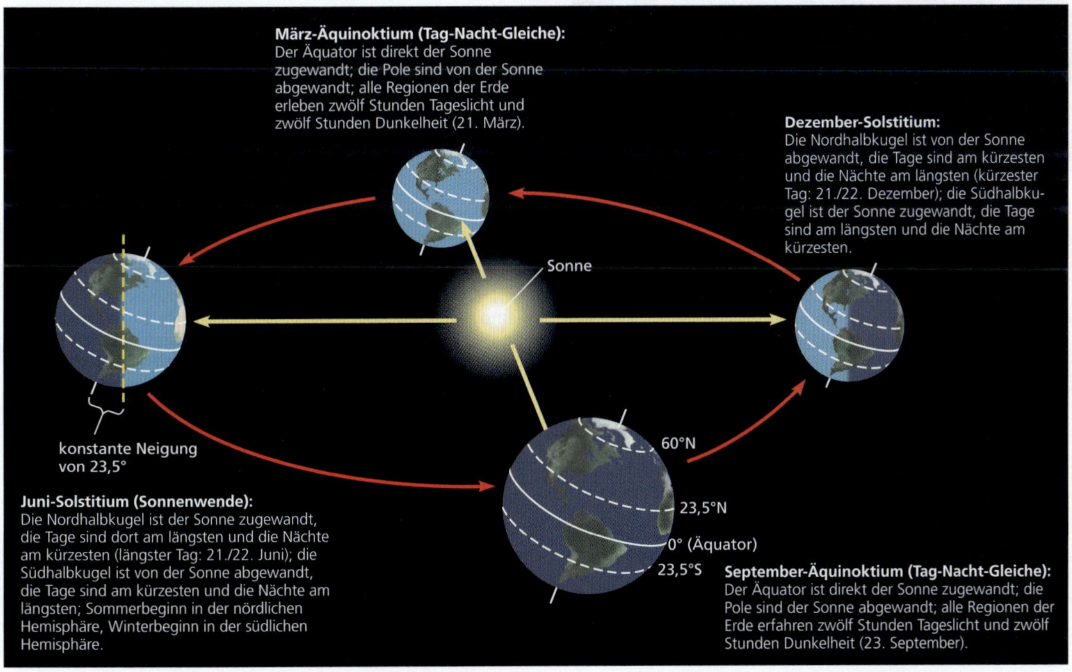

Abbildung 52.7: Näher betrachtet. Das globale Klima.

Globale Luftzirkulation und Niederschlagsverteilung

Die hohe Intensität der Solarstrahlung am Äquator setzt einen globalen Kreislauf der Luftbewegungen und Niederschläge in Gang. Bei den hohen Temperaturen in den Tropen verdunstet Wasser an der Oberfläche der tropischen Meere und im Bereich der üppigen terrestrischen tropischen Vegetation; die feuchten Luftmassen steigen auf (blaue Pfeile). Es entstehen dort an der Erdoberfläche Tiefdruckgebiete, welche die täglichen Zenitalregen bewirken, die durch besonders hohe Niederschlagsmengen charakterisiert sind. Die trotz der Niederschlagsereignisse immer noch mit großen Wassermengen beladenen Luftmassen fließen in der höheren Atmosphärenschicht als sogenannte Antipassate nach Norden und Süden in

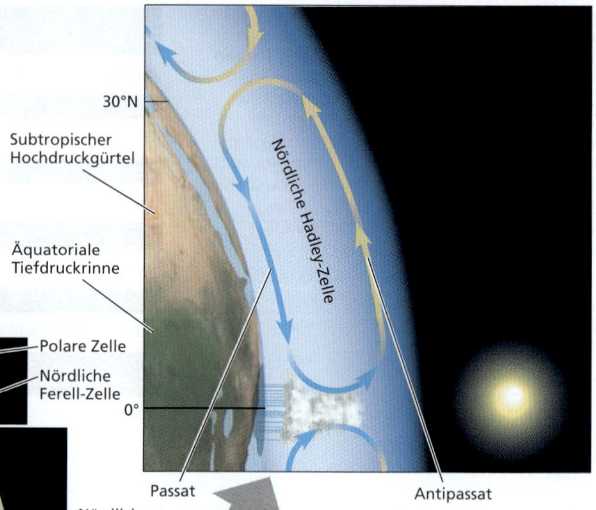

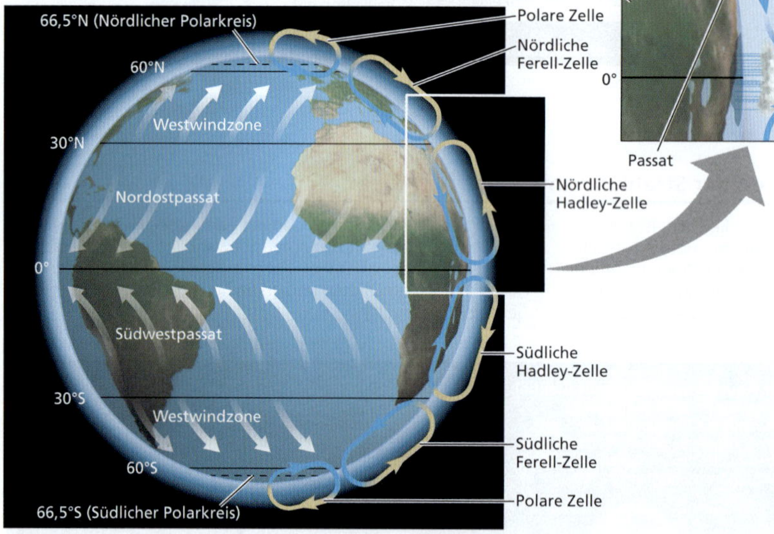

Richtung der Pole. Etwa zwischen dem 30. und 40. Breitengrad sinken die bei ihrer Abkühlung dichter werdenden Luftschichten langsam in den Subtropen ab. Die absteigende Luft erwärmt sich und es entstehen Hochdruckgebiete an der Erdoberfläche (braune Pfeile). Hier befinden sich die großen heißen Wüstengebiete der Erde, in Afrika die Sahara im Norden und die Kalahari im Süden. Auch die vielen anderen großen heißen Wüsten der Erde sind in diesen Breitengraden zu finden. In diesen Zonen der subtropischen Hochdruckgürtel herrscht häufig lang anhaltende Windstille (Rossbreiten); gleiches gilt auch für den Äquator (Kalmenzone). Von der Erdoberfläche fließen die trockenen Luftmassen als **Passate** wieder von dem Hoch- ins Tiefdruckgebiet des Äquators zurück. Über den warmen tropischen Meeren können sie große Mengen Wasser aufnehmen. Diese beiden geschlossenen Luftzirkulationssysteme dies- und jenseits des Äquators bezeichnet man als die nördliche und südliche **Hadley-Zelle**. Um ein weiteres Zirkulationssystem verstehen zu können, wenden wir uns nun zuerst den Polen zu. Am Nord- und Südpol befinden sich die beiden polaren Zirkulationszellen (**Polare Zellen**). Da kalte Luft eine höhere Dichte hat als warme Luft, bewirken die tiefen Temperaturen an den Polen ein Absinken dichter Luftmassen. An den Polen herrscht aufgrund der tiefen Temperaturen auch eine hohe Luftdichte am Boden; somit handelt es sich um ein Bodenhochdruckgebiet mit geringen Niederschlägen und sehr trockener Luft. Die Winde fließen dann wieder von den Polen weg in Richtung 60. Breitengrad. Zwischen Hadley- und polarer Zelle befindet sich die sogenannte **Ferrel-Zelle**, die von den Zirkulationskräften der beiden anderen Zellen angetrieben wird. Am 30. Breitengrad sinkt die relativ trockene Luft der Ferrel-Zelle über den Wüsten ab und wandert wieder polwärts. Gleichzeitig steigt die Luft über dem 60. Breitengrad auf. Mit Wassermassen angereichert, kommt es in diesem Bodentiefdruckgebiet zu höheren Niederschlägen (die allerdings geringer sind als in den Tropen).

Breitengradabhängige Unterschiede in der Intensität der auftreffenden Solarstrahlung

Einen großen Einfluss auf die Windsysteme hat die Erdrotation. Die Erde dreht sich von West nach Ost (gegen den Uhrzeigersinn). Die Drehgeschwindigkeit ist am Äquator am größten und nimmt zu den Polen hin ab. So haben Winde, die vom Äquator nach Norden wandern, eine größere Anfangsgeschwindigkeit. Sowohl auf der Nord- als auch auf der Südhalbkugel finden sich drei bodennahe Windsysteme:

- Die *Passate* zwischen dem Äquator und 30 Grad nördlicher sowie südlicher Breite (Hadley-Zellen). Diese zum Äquator wandernden Luftmassen werden aufgrund des Trägheitsgesetzes zu Nordost-Winden (Nordost-Passat). Auf der Südhemisphäre weht entsprechend der Südost- Passat. Die auf der Nordhalbkugel gegebene Rechtsablenkung sowie auf der Südhalbkugel die Linksablenkung beruhen auf der Coriolisbeschleunigung, die auf jeden Körper wirkt, der sich in einem rotierenden Bezugssystem bewegt.
- Westwinde in der Höhe über den gemäßigten oder mittleren Breiten, da polwärts strömende Luftmassen wegen der Coriolisbeschleunigung westliche Winde bewirken (Ferrel-Zelle oder Westwinddrift).
- Polare Ostwinde in den Polarzellen.

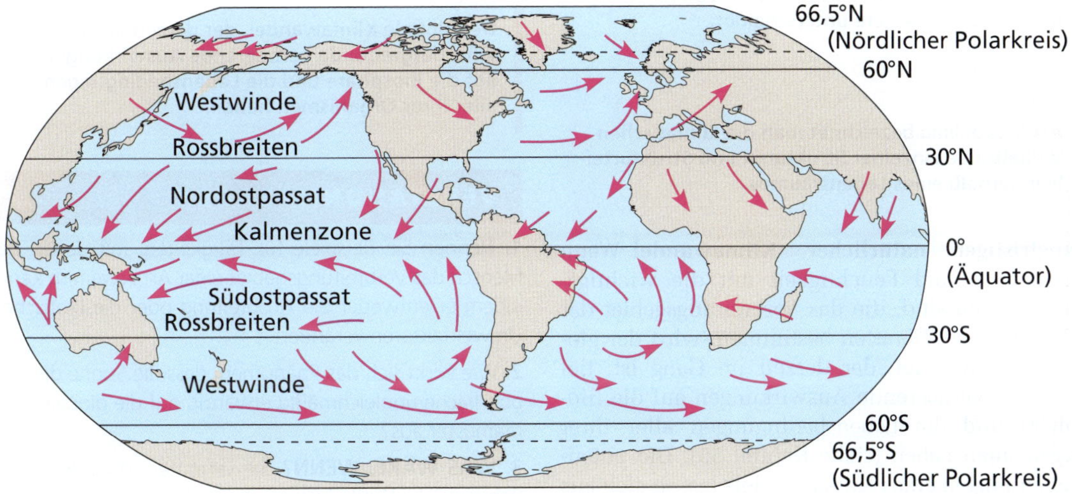

ort-, Ökoklima); dieses wird besonders bestimmt durch das Relief (Geländegestaltung; Exposition = Himmelsrichtung; Inklination = Neigung), die Beschaffenheit des Untergrundes (Farbe, Feuchte, Temperatur- und Wärmeleitfähigkeit, spezifische Wärme, spezifisches Gewicht) und die Vegetationsstruktur. Als **Mikroklima** bezeichnet man die klimatischen Verhältnisse einzelner Strukturen und Strukturteile innerhalb eines Lebensraumes. So unterscheiden sich zum Beispiel die Nord- und die Süd-seite eines Baumstammes ebenso wie der Stammgrund vom Kronenbereich im Mikroklima erheblich. Entsprechend finden wir in diesen verschiedenen Bereichen auch unterschiedliche Organismengesellschaften. Als Erstes betrachten wir das Makroklima der Erde.

MERKE!

Unter Lokalklima versteht man das Klima eines kleineren Gebiets, das sich deutlich von jenem benachbarter Gebiete unterscheidet.

MERKE!

Als Mikroklima bezeichnet man die klimatischen Verhältnisse einzelner Strukturen und Strukturteile innerhalb eines Lebensraumes.

Langfristiger natürlicher Klimawandel Wenn Temperatur und Feuchtigkeit mit die wichtigsten Faktoren sind, die das Verbreitungsgebiet der Pflanzen- und Tierarten bestimmen, wird der globale Klimawandel, der derzeit im Gang ist, tief greifende verheerende Auswirkungen auf die Biosphäre und die Lebensbedingungen aller ihrer Organismen haben (siehe Kapitel 55). Die potenziellen Folgen eines Klimawandels lassen sich aus einem Vergleich der letzten beiden Erdepochen erschließen, dem Pleistozän (charakterisiert durch mehrere Eis- und Warmzeiten) und dem Holozän (die letzten etwa 11.700 Jahre) einschließlich der Veränderungen, die sich in den gemäßigten Breiten seit dem Ende der letzten Eiszeit abgespielt haben.

Bis vor rund 16.000 Jahren waren große Teile Nordamerikas und Eurasiens von riesigen Gletschern bedeckt. Als das Klima sich erwärmte und die Eisflächen sich zurückzogen, dehnten verschiedene Baumarten ihr Verbreitungsgebiet wieder nach Norden aus. Genau festgehalten ist dieser Prozess in Form subfossil erhaltener Pollenkörner, die in Seen und Teichen abgelagert wurden. Über Pollenanalyse und zeitliche Datierungen lassen sich diese Wiederbesiedlungsprozesse nachzeichnen. (Dass Bäume „wandern" können, mag sich seltsam anhören, aber wie in Kapitel 38 erwähnt wurde, können Wind und Tiere die Samen ausbreiten, und dies über große Entfernungen hinweg.) Wenn sich feststellen lässt, wo die klimatischen Grenzen der derzeitigen geografischen Verbreitung einzelner Arten liegen, kann man auch Voraussagen darüber machen, wie sich diese mit einer eventuellen Klimaerwärmung verändern werden. Wendet man ein solches Verfahren auf Pflanzenarten an, stellt sich vor allem die Frage, ob die Samen sich so schnell ausbreiten können, dass die Wanderung der verschiedenen Arten mit dem Klimawandel Schritt hält. Fossilien lassen zum Beispiel darauf schließen, dass die Hemlocktanne (*Tsuga canadensis*) am Ende der letzten Glazialzeit mit ihrer Wanderung nach Norden fast 2.500 Jahre hinterherhinkte. Diese verzögerte Ausbreitung war teilweise darauf zurückzuführen, dass den Samen die „Flügel" fehlen, so dass sie stets nahe des Mutterbaumes wieder zu Boden fallen.

MERKE!

Der globale Klimawandel, der derzeit im Gang ist, wird tiefgreifende verheerende Auswirkungen auf die Biosphäre und die Lebensbedingungen aller ihrer Organismen haben.

VERSTÄNDNISFRAGEN

1. Nennen Sie Beispiele für Tätigkeiten, mit denen der Mensch das Verbreitungsgebiet einer Art erweitern kann, indem er entweder die Ausbreitung oder die biotischen Umweltfaktoren verändert.

2. Wie wirkt sich das Phänomen, dass die Sonne die Erdoberfläche ungleichmäßig erwärmt, auf die globalen Klimamuster aus?

3. WAS WÄRE, WENN? Sie vermuten, dass Rothirsch, Rehwild oder Wildschweine das Vorkommen einer Baumart einschränken, da sie bevorzugt die Keimlinge der Bäume fressen. Wie könnten Sie diese Hypothese am besten überprüfen?

52.3 Aquatische Biome: Vielfältige und dynamische Systeme, die den größten Teil der Erdoberfläche einnehmen

Bisher haben wir erfahren, welchen Einfluss biotische und abiotische Umweltfaktoren auf die globale Verbreitung von Pflanzen- und Tierarten ausüben. Kombinationen dieser beiden Faktoren bestimmen ebenso die Eigenschaften der vielen **Biome**; das sind größere Bereiche innerhalb der

Biosphäre, die als terrestrische Biome im Wesentlichen durch die Vegetation und als aquatische Biome besonders durch bestimmte physikalische Umweltfaktoren geprägt werden. Zunächst betrachten wir die aquatischen Biome der Erde.

Bezüglich ihrer Fläche machen die vielfältigen aquatischen Biome den größten Teil der Biosphäre aus (Abbildung 52.8). Man unterscheidet zwischen Süßwasserbiomen und marinen Biomen. In marinen Biomen herrscht in der Regel eine Salzkonzentration von ungefähr drei Prozent; Süßwasserbiome dagegen sind durch einen Salzgehalt von weniger als 0,1 Prozent charakterisiert.

Das größte aquatische Biom stellen die Ozeane dar, die rund 75 Prozent der Erdoberfläche bedecken. Wegen ihrer gewaltigen Größe haben sie weit reichende Auswirkungen auf die gesamte Bio- und Ökosphäre. Das aus den Ozeanen verdunstete Wasser liefert den größten Teil der globalen Niederschläge und die Meerestemperaturen beeinflussen als wichtiger Faktor das globale Klima sowie die Verbreitungsmuster und die Dynamik der Windströmungen. Außerdem liefern Meeresalgen und fotosynthetisch tätige Bakterien einen beträchtlichen Anteil des atmosphärischen Sauerstoffs und sie verbrauchen große Mengen des atmosphärischen Kohlendioxids und dienen dadurch als Kohlendioxidsenke.

Alle Süßwasserbiome haben einen engen Kontakt zu den terrestrischen Biomen, ihren Böden und zu zahlreichen ihrer Organismenarten. Die besonderen Eigenschaften eines Süßwasserbioms werden auch von dem Verlauf und der Geschwindigkeit der Wasserströmungen sowie durch das Klima, dem das Biom ausgesetzt ist, beeinflusst.

MERKE!

Biome sind größere Bereiche innerhalb der Biosphäre, die als terrestrische Biome im Wesentlichen durch die Vegetation und als aquatische Biome besonders durch bestimmte physikalische Umweltfaktoren geprägt werden.

52.3.1 Struktur aquatischer Biome

Viele aquatische Biome gliedern sich nach dem Strahlungshaushalt des eintreffenden Sonnenlichts sowie nach bestimmten physikalischen und chemischen Faktoren in Schichten; dies zeigt Abbildung 52.9 sowohl für ein limnisches (Abbildung 52.9a) als auch für ein marines System (Abbildung 52.9b). Licht wird sowohl vom Wasser selbst als auch von den darin lebenden fotosynthetisch aktiven Organismen aufgenommen, so dass seine Strahlungsintensität mit zunehmender Tiefe schnell abnimmt. Man unterscheidet eine obere, stark durchlichtete **euphotische** oder **trophogene Zone** (gr. *phos*, Licht *trophe*, Ernährung; *gennan*, erzeugen), da hier die Fotosynthese stattfindet, von einer dunklen **aphotischen** und **tropholytischen Zone** (gr. *lytikos,* auflösend), wo die Konsumenten und die Destruenten aktiv sind.

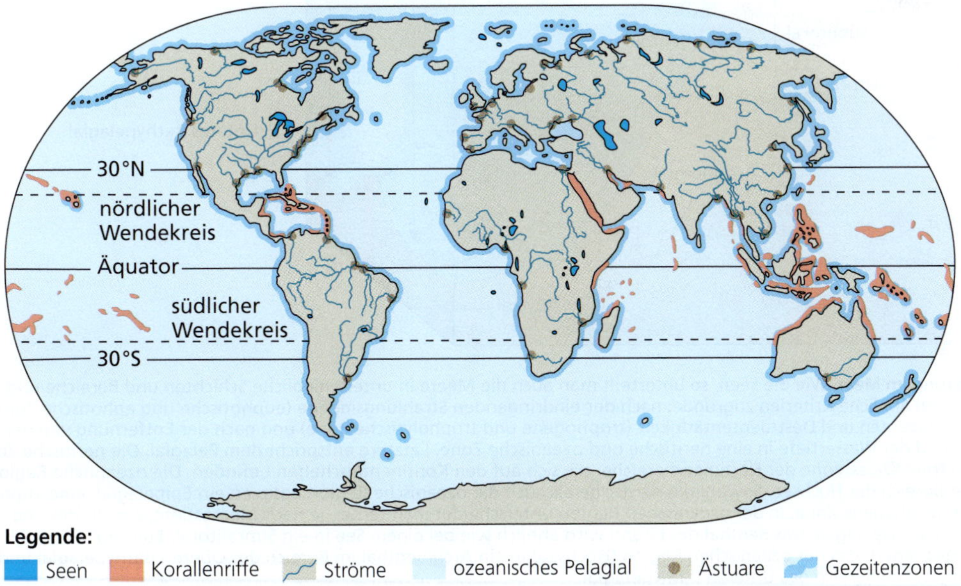

Abbildung 52.8: **Die Verbreitung der großen aquatischen Biome.**

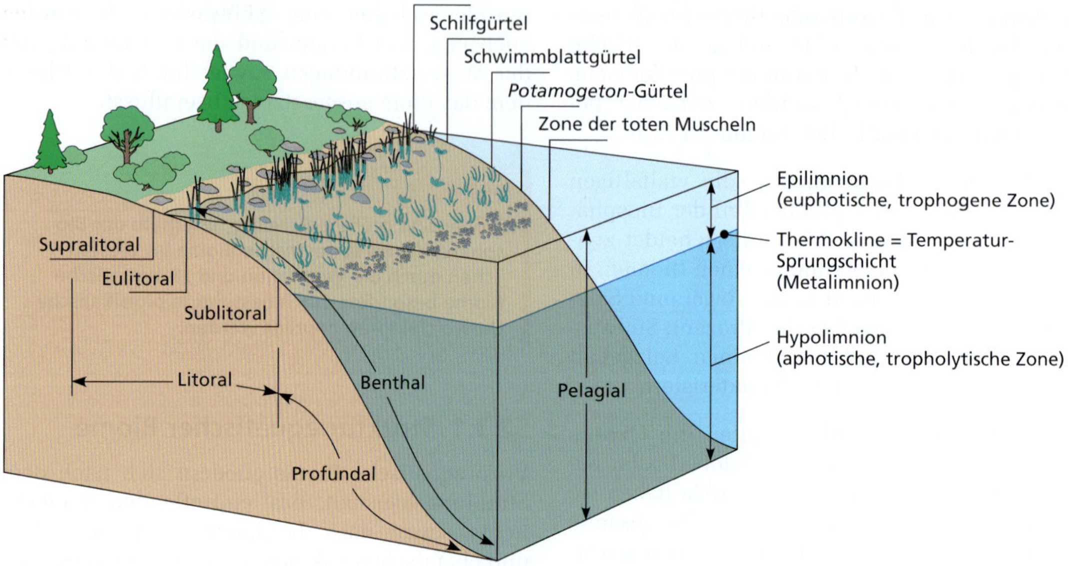

(a) Zonierung in einem See. Ein See kann nach verschiedenen Kriterien in Schichten und Bereiche unterteilt werden: nach der eindringenden Strahlungsmenge (euphotische und aphotische Zone), der Produzenten- und Destruententätigkeit (trophogene und tropholytische Zone), der Entfernung zum Ufer und der Wassertiefe (Litoral und Pelagial). Die euphotische, trophogene Zone wird auch als das Epilimnion bezeichnet, die aphotische, tropholytische auch als Hypolimnion. Dazwischen liegt die Temperatursprungschicht (Metalimnion). Man unterscheidet ferner eine Bodenzone (Benthal) im Litoral und im Pelagial; Letztere wird auch als Profundal bezeichnet. Das Litoral gliedert sich in eine Spritzwasserzone (Supralitoral), eine Zone mit Wasserstandschwankungen (Eulitoral) und eine Zone mit dauerhafter Wasserbedeckung (Sublitoral).

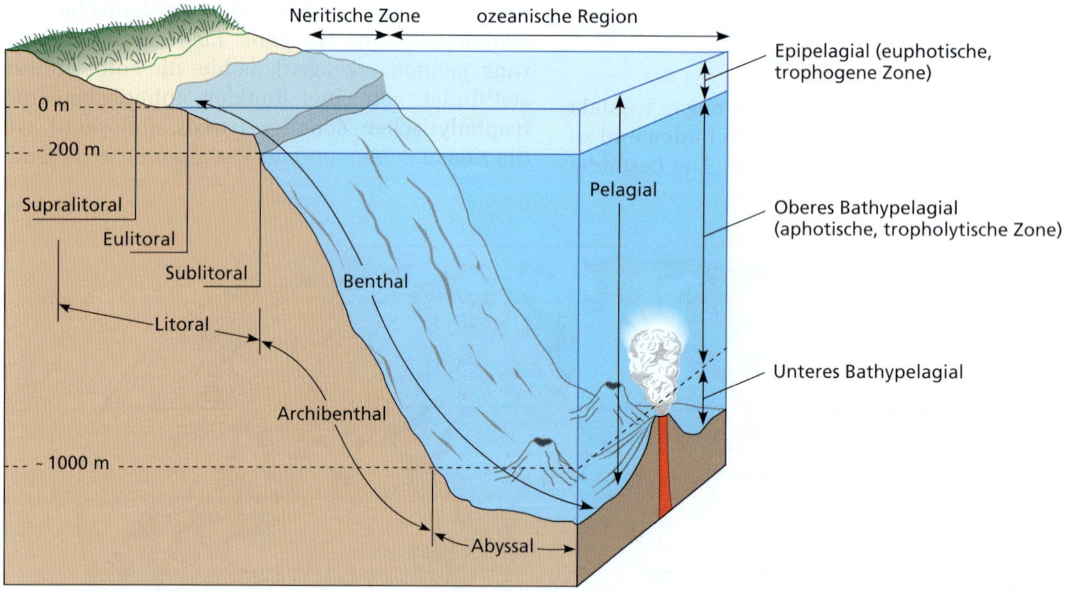

(b) Zonierung im Meer. Wie die Seen, so unterteilt man auch die Meere in unterschiedliche Schichten und Bereiche und legt dabei ähnliche Kriterien zugrunde: nach der eindringenden Strahlungsmenge (euphotische und aphotische Zone), der Produzenten und Destruententätigkeit (trophogene und tropholytische Zone) und nach der Entfernung von der Küste und der Wassertiefe in eine neritische und ozeanische Zone. Letztere entspricht dem Pelagial. Die neritische Zone ist die freie Wasserzone der Flachmeerbereiche, die sich auf den Kontinentalschelfen befinden. Die ozeanische Region ist der Bereich der Hochsee. Sowohl die neritische als auch die ozeanische Region besitzen ein Epipelagial, eine euphotische, trophogene Zone. In der ozeanischen Region unterscheidet man ferner, je nach Meerestiefe, ein Oberes und Unteres Bathypelagial. Das Benthal des Litoral wird ähnlich wie bei einem See in ein Supralitoral, Eulitoral und Sublitoral gegliedert, das der ozeanischen Region (Hochsee) in ein Archibenthal im Bereich des Oberen Bathypelagial und ein Abyssal im Bereich des Unteren Bathypelagial.

Abbildung 52.9: Zonierung aquatischer Lebensräume.

Die freie Wasserzone aller aquatischen Biome bezeichnet man als das **Pelagial**. Das freie Wasser des Flachmeeres bildet die **neritische** Zone; über den Tiefseeböden liegt das Pelagial der Hochsee. Die Lebensgemeinschaften des freien Wassers bestehen aus dem **Plankton**, kleine Organismen, die sich schwebend oder schwimmend im freien Wasser halten, aber nicht gegen die Wasserbewegung schwimmen können, und dem **Nekton**, Organismen, die zu einer Eigenbewegung fähig sind wie die Fische. Die Bodenschicht wird als **Benthal** bezeichnet und besteht aus sandigem, lehmigem oder tonigem Substrat sowie aus organischen und anorganischen Sedimentanteilen. Sowohl im limnischen als auch im marinen Biom kann ein **Litoral** (die euphotische Zone betreffend) von einem **Profundal** (die aphotische Zone umfassend) unterschieden werden. Das Litoral wiederum gliedert sich in verschiedene Bereiche (in Abbildung 52.9 aufgrund des Maßstabes nur für das limnische System dargestellt): ein **Supralitoral** (Spritzwasserzone), **Eulitoral** (Zone der Wasserstandschwankungen) und **Sublitoral** (Zone ständiger Wasserbedeckung). Die im Benthal vorkommende Lebensgemeinschaft wird als **Benthos** bezeichnet. Für viele Bewohner der benthischen Zone ist **Detritus** eine wichtige Nahrungsquelle, abgestorbenes organisches Material, das aus dem produktiven Oberflächenwasser der euphotischen Zone stammt und sich im Benthal akkumuliert. Der Teil der benthischen Zone, der im Meer 2.000 m bis 6.000 m unter der Oberfläche liegt, wird als **abyssale Zone** bezeichnet.

Die Wärmeenergie der Sonne heizt das Oberflächenwasser bis in diejenige Tiefe auf, in die die Solarstrahlung vordringt; tiefere Wasserschichten dagegen bleiben relativ kalt. Im Ozean und in den meisten Seen trennt eine **Thermokline**, eine dünne Schicht mit abrupt wechselnder Temperatur, das einheitlich warme Oberflächenwasser von dem ebenfalls einheitlich kalten Tiefenwasser. Besonders in Seen bildet sich vorwiegend im Sommer und Winter eine deutliche Temperaturschichtung mit einer Temperatursprungschicht aus, in gemäßigten Breiten wird das Wasser vieler Seen jedoch im halbjährlichen Rhythmus aufgrund der wechselnden Temperaturprofile durchmischt (Abbildung 52.10). Man bezeichnet diesen Seentyp als **dimiktischen See**. Durch diese zweimalige **Umschichtung** gelangt sauerstoffreiches Wasser im Frühjahr und Herbst von der Oberfläche des Sees zur Bodenschicht und gleichzeitig steigt nährstoffreiches Wasser vom Gewässerboden an die Oberfläche auf. Zyklische Veränderungen der abiotischen Eigenschaften von Seen sind für das Überleben der dortigen Organismen unentbehrlich. Einen Überblick über die wichtigsten aquatischen Biome gibt Abbildung 52.11.

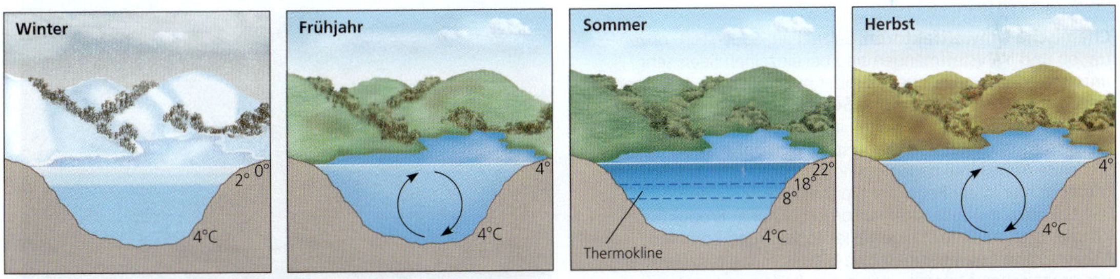

1 Im Winter befindet sich das kälteste Wasser des Sees (0°C) unmittelbar unter dem Oberflächeneis, in tieferen Schichten wird es immer wärmer und erreicht am Grund eine Temperatur von 4°C. Dies hängt mit der Dichteanomalie des Wassers zusammen. Da die Dichte bei 4°C am größten ist, friert ein See immer von oben nach unten zu.

2 Im Frühjahr erwärmt sich das Oberflächenwasser auf 4°C. Nun können die an der Wasseroberfläche angreifenden Winde die Wassermassen in eine zyklische Bewegung bringen („Stromwalze") und zu einer Umwälzung der Wassermassen in einem solchen See führen. Die Wassertemperatur beträgt in allen Schichten des Sees 4°C. Hierdurch kommt es zu einer vollständigen Durchmischung des Wassers bis in größere Tiefen, sodass das Tiefenwasser mit Sauerstoff und das Oberflächenwasser mit Nährstoffen angereichert wird.

3 Im Sommer besitzt ein See ein charakteristisches vertikales Temperaturprofil: Das warme Oberflächenwasser ist durch die Thermokline getrennt (Temperatursprungschicht im Metalimnion mit abrupt wechselnder Temperatur).

4 Wenn sich das Oberflächenwasser im Herbst auf 4°C abkühlt, können Winde die Wasseroberfläche wieder in Bewegung setzen und eine Vollzirkulation des gesamten Wasserkörpers bewirken. Dadurch kommt es wiederum zu einem Austausch von Sauerstoff und Nährstoffen in allen Schichten. Einen See mit einer zweimaligen Zirkulation im Jahr bezeichnet man als einen dimiktischen See.

Abbildung 52.10: Jahreszeitliche Umschichtungen in einem See, der im Winter zugefroren ist. Durch die hier gezeigte jahreszeitliche Umschichtung ist das Wasser des Sees im Frühjahr und Herbst in jeder Tiefe von gleicher Temperatur und mit Sauerstoff angereichert; im Winter und Sommer jedoch, wenn sich eine Temperaturschichtung ausbildet, ist die Sauerstoffkonzentration im Tiefenwasser geringer und in Oberflächennähe höher.

Seen

▲ Oligotropher See: der Erdfallsee im Naturschutzgebiet „Heiliges Meer" westlich von Osnabrück

Physikalische und strahlungsenergetische Umweltfaktoren. Das Spektrum der stehenden Gewässer reicht von Tümpeln und Kleingewässern mit einer Fläche von wenigen Quadratmetern bis zu Seen, die Tausende von Quadratkilometern groß sein können. Des Weiteren unterscheidet man zwischen Flachseen mit wenigen Metern Tiefe und Seen, die, bedingt durch ihre tektonische Entstehung, sehr tief sein können (zum Beispiel der Baikalsee mit einer Tiefe von 1.600 m oder der Tanganjikasee mit einer Tiefe von 1.470 m). Die euphotische Schicht eines Sees bezeichnet man als das **Epilimnion**. Die Lichtintensität nimmt mit der Tiefe ab, sodass sich eine deutliche vertikale Schichtung ergibt (Abbildung 52.10). In gemäßigten Breiten bildet sich in Seen je nach Jahreszeit eine Thermokline (Temperatursprungschicht) aus (Abbildung 52.9a); in tropischen Tieflagen ist die Thermokline in den Seen das ganze Jahr über vorhanden. Diese Thermokline umfasst den Bereich des **Metalimnions** (Abbildung 52.10). Die aphotische Schicht eines Sees bildet das **Hypolimnion**. Der Differenzierung des Benthals in ein Litoral und ein Profundal folgend, können die darüberliegenden Bereiche des Pelagials als Uferregion und Freiwasserzone bezeichnet werden.

Chemische Umweltfaktoren. Salzgehalt, Sauerstoffkonzentration und Nährstoffmengen sind bei einzelnen Seen sehr unterschiedlich und können darüber hinaus je nach Jahreszeit stark schwanken. **Oligotrophe Seen** (obenstehende Abbildung) sind nährstoffarm und enthalten in der Regel auch noch am Gewässergrund relativ viel Sauerstoff; **eutrophe Seen** (nebenstehende Abbildung) dagegen sind nährstoffreich. Am Gewässergrund ist hier in der Regel der typische Grauschlammboden (Gyttja) noch mit Sauerstoff versorgt; bei hoher Produktivität kann es aber auch zu starker Sauerstoffzehrung kommen. **Mesotrophe Seen** nehmen eine Mittelstellung ein. Die Menge des organischen Materials, das in den Bodensedimenten zersetzt werden kann, ist in oligotrophen Seen gering und in eutrophen Seen hoch. Oligotrophe Seen können im Laufe der Zeit eutropher werden, wenn einlaufendes Wasser Sedimente und Nährstoffe in den See einträgt. Zu einer besonders starken Sauerstoffzehrung am Gewässergrund kommt es in **hypertrophen (polytrophen) Seen**. Es entsteht ein anoxisches Sediment aus Faulschlamm (Sapropel). Insbesondere in Landschaften mit intensiver Landwirtschaft dominieren hypertrophe Gewässer.

Geologische Eigenschaften. Man unterscheidet Seen, die durch endogene tektonische Vorgänge entstanden sind (zum Beispiel Kraterseen, Maare, Erdfallseen und Seen geologischer Grabenbrüche), von Seen, deren Entstehung auf exogenen Faktoren beruht wie Dammseen (zum Beispiel Endmoränenseen) oder Ausräumungsseen (zum Beispiel Karseen).

Fotosynthetisch aktive Organismen. Wurzelnde und schwimmende Pflanzenarten leben im **Litoral**, der stark durchlichteten Uferzone. Die Zonierung eines eutrophen Sees umfasst im oberen Bereich den Schilfgürtel mit Schilf *(Phragmites australis)*, den Schwimmblattgürtel unter anderem mit der Teichrose *(Nuphar lutea)* oder der Seerose *(Nymphaea alba)* sowie eine darauffolgende Zone mit submers (unter Wasser) lebenden Wasserpflanzen, zum Beispiel Laichkrautarten *(Potamogeton)*. Weiter vom Ufer entfernt, wo das Wasser tiefer ist und keine Höheren Pflanzenarten mehr vorkommen können, schließt das **Pelagial** an, der freie Wasserkörper, der von verschiedenen Phytoplanktonorganismen und Cyanobakterien besiedelt wird.

Heterotrophe Organismen. Im Pelagial ernähren sich kleine, im Wasser schwebende heterotrophe Organismen, das Zooplankton, vom Phytoplankton. Das Zooplankton der Binnengewässer besteht in erster Linie aus Einzellern (Protozoa) wie Geißeltierchen (Flagellata) und Wimpertierchen (Ciliophora), ferner Rädertierchen (Rotifera) und Krebstieren (Crustacea) wie Ruderfüßern (Copepoda) und Wasserflöhen (Cladocera). In der Bodenzone, dem **Profundal** (das nicht vom Licht erreichte Benthal), leben verschiedene wirbellose Tiere, zum Beispiel Schlammröhrenwürmer (Tubificidae); die Artenzusammensetzung hängt dabei unter anderem vom Sauerstoffgehalt des Wassers ab. Fische kommen in allen Zonen vor, in denen genügend Sauerstoff und Nahrung zur Verfügung stehen.

Einfluss des Menschen. Von gedüngten landwirtschaftlichen Nutzflächen stammendes Wasser und Abwässer führen schnell zu einer Nährstoffanreicherung in den Gewässern; die Folgen sind unter Umständen Algenblüten, Sauerstoffmangel und Fischsterben.

▲ Eutropher See: das Große Heilige Meer im Naturschutzgebiet „Heiliges Meer" westlich von Osnabrück

Abbildung 52.11: Näher betrachtet. Aquatische Biome.

Feuchtgebiete

Physikalische Umweltfaktoren. Als **Feuchtgebiet** bezeichnet man einen Lebensraum, der zumindest zeitweise durch hohe Bodenfeuchte, Nässe oder eine oberflächliche Wasserbedeckung charakterisiert ist und eine Vegetation beherbergt, die spezielle Anpassungen an diese Umweltbedingungen aufweist. Zu den Feuchtgebieten zählen Moore (Nieder-, Zwischen- und Hochmoore), die Überschwemmungszonen von Gewässern (Tümpel, Teiche, Seen) und die Auen der Bäche, Flüsse und Ströme.

Chemische Umweltfaktoren. Aufgrund der Atmungsprozesse von Pflanzen wie auch heterotrophen Organismen sowie der Zersetzungstätigkeit aerober Mikroorganismen sinkt die Konzentration des gelösten Sauerstoffs sowohl im Wasser als auch im Bodensediment stark ab. Bei anaeroben Bedingungen kann das tote organische Material auch durch anaerobe Fäulnisbakterien zersetzt werden. Im Zustand der Fäulnis enthält das Substrat Toxine und es kommt zur Abgabe niedermolekularer Verbindungen (zum Beispiel Methan, Schwefelwasserstoff und Ammoniak). In Mooren hemmen oder verhindern ständige Durchfeuchtung und dadurch bedingte anaerobe Bedingungen die Zersetzung der abgestorbenen Pflanzenteile und führen zur Torfbildung.

Geologische Eigenschaften. *Niedermoore* können sich bei der Verlandung von Gewässern oder auf wassergesättigten Mineralböden entwickeln. Auf sickernassen, quelligen Substraten ergeben sich Übergänge zu Quellmooren. Ihr Basenhaushalt wird durch das anstehende Gestein bestimmt; so gibt es saure und basenreiche Niedermoore. *Hochmoore* hingegen haben keinen Kontakt zum mineralischen Grundwasser; sie werden allein durch das Niederschlagswasser gespeist und sind immer sauer. *Zwischenmoore* nehmen eine Zwischenstellung zwischen diesen beiden Typen ein. Auen bezeichnen den Überflutungsbereich von Fließgewässern.

Fotosynthetisch aktive Organismen. Zahlreiche Feuchtgebietstypen, zum Beispiel Flussauen, gehören zu den produktivsten und artenreichsten Lebensräumen Mitteleuropas. Die der Fließgewässerdynamik unterliegenden Wasserstandschwankungen, der Eintrag von Nährstoffen bei Überflutung, die in der Regel aeroben Verhältnisse, das stark variierende Kleinrelief und andere Faktoren begünstigen das Wachstum einer Vielzahl von Pflanzenarten und Lebensformtypen. In Flussnähe bildet sich eine Weichholzaue aus, die in Mitteleuropa mit Weiden (zum Beispiel der Silberweide, *Salix alba*) bestanden ist, darauf folgt die Hartholzaue, unter anderem mit der Gewöhnlichen Esche *(Fraxinus excelsior)*, der Flatterulme *(Ulmus laevis)*, der Feldulme *(Ulmus minor)* und der Stieleiche *(Quercus robur)*.

In Niedermooren spielen Sauergräser (Cyperaceae) eine große Rolle, wie zum Beispiel das Schmalblättrige Wollgras *(Eriophorum angustifolium)* oder Vertreter der besonders artenreichen Gattung *Carex* wie die für saure Niedermoore charakteristische Wiesensegge *(Carex nigra)*. In basenreichen Niedermooren findet man eine Vielzahl charakteristischer Pflanzenarten, zum Beispiel das Breitblättrige Wollgras *(Eriophorum latifolium)* oder die Mehlprimel *(Primula farinosa)*. Besonders charakteristisch sind auch „Braunmoose", zum Beispiel das Skorpionsmoos *(Scorpidium scorpioides)*. An Hochmoorstandorten, die immer artenarm sind, dominieren Torfmoose *(Sphagnum)*; darüber hinaus kommen auch zahlreiche Zwergsträucher, überwiegend Heidekrautgewächse (Ericaceae) wie Rosmarinheide *(Andromeda polifolia)* und Moosbeere *(Oxycoccus palustris)* vor. Letztere vermögen unter anderem durch ihre typische Ericaceen-Mykorrhiza (siehe Abschnitt 37.3) auf nährstoffarmem Substrat zu wachsen, wohingegen die Sphagnen mithilfe der Polygalacturonsäure der Zellwände zu einem Kationenaustausch fähig sind. Sie tauschen entsprechend viele H^+-Ionen gegen ein- bis mehrwertige Kationen (K^+, Mg^{2+} und andere) ein, die als trockene Deposition (Staub) über die Atmosphäre eingetragen werden. Auf dem stickstoffarmen Substrat treten auch verschiedene Insektivoren auf, so zum Beispiel Sonnentauarten wie der Rundblättrige Sonnentau *(Drosera rotundifolia)*.

▲ Bult-Schlenken-Komplex in einem Hochmoor im Südschwarzwald

▲ Weichholzaue mit Silberweide *(Salix alba)* im Elbtal

Heterotrophe Organismen. Auenlebensräume sind besonders reich an Käfer-, Schmetterlings- und Libellenarten: Bedingt durch ihre Bindung an Gewässerhabitate für die Fortpflanzung erreichen Amphibien hier ihre höchste Diversität in Mitteleuropa. Unter den Vogelarten sind unter anderem Kleinspecht *(Dendrocopos minor)*, Pirol *(Oriolus oriolus)*, Nachtigall *(Luscinia megarhynchos)* oder Beutelmeise *(Remiz pendulinus)* charakteristisch. Weitere typische Arten sind die Wasserfledermaus *(Myotis daubentonii)* und der Fischotter *(Lutra lutra)*. Hochmoore hingegen haben aufgrund ihrer extremen Umweltbedingungen (niedriger pH-Wert, starke Temperaturschwankungen) nur eine eingeschränkte Artenvielfalt. Dafür weisen sie aber viele Spezialisten wie die Hochmoor-Mosaikjungfer *(Aeshna subarctica)*, den Hochmoor-Perlmutterfalter *(Boloria aquilonaris)* oder den Hochmoor-Gelbling *(Colias palaeno)* auf.

Einfluss des Menschen. Feuchtgebiete gehören zu den am stärksten bedrohten Ökosystemen der Erde. Allein im 20. Jahrhundert ist etwa die Hälfte von ihnen durch menschliche Eingriffe zerstört worden. Bei den Hochmooren sind die Zerstörungen in den stark besiedelten Gebieten Zentraleuropas noch viel größer (Rückgang über 90 Prozent). Die Ramsar-Konvention („Übereinkommen über Feuchtgebiete von internationaler Bedeutung") wurde bis heute von insgesamt 160 Ländern der Erde unterzeichnet und umfasst 2536 besonders ausgewiesene Feuchtgebiete. In der Europäischen Union sind inzwischen viele Feuchtgebiete als Gebiete der Vogelschutz- und/oder Fauna-Flora-Habitat-Richtlinie ausgewiesen; sie unterliegen einem strengen Schutz.

Bäche und Flüsse

Physikalische Umweltfaktoren. Das typische Merkmal der Bäche und Flüsse ist ihre Strömung. Flüsse sind in ihrem Oberlauf in der Regel durch kaltes, klares, turbulentes, schnell fließendes Wasser charakterisiert. Weiter stromabwärts, wo in der Regel bereits zahlreiche Nebenflüsse hinzugekommen sind, ist das Wasser im Allgemeinen wärmer, durch das mitgeführte Sediment getrübt und von geringerer Strömungsgeschwindigkeit. Auch Bäche und Flüsse haben eine vertikale Schichtung; sie ist im Unterlauf deutlicher ausgeprägt als im Oberlauf.

Chemische Umweltfaktoren. Der Nährstoffgehalt von Bächen und Flüssen nimmt vom Oberlauf bis zum Unterlauf zu. Der Oberlauf ist in der Regel sauerstoffreich und nährstoffarm. Weiter stromabwärts enthält das Wasser häufig ebenfalls noch viel Sauerstoff, es sei denn, es wurde mit organischem Material stärker angereichert. Bei den organischen Bestandteilen handelt es sich zu einem großen Teil um gelöste, stickstoffreiche Substanzen oder um stark zerkleinerten Detritus, der von der Strömung weitertransportiert wird.

Geologische Eigenschaften. Das Fließgewässerbett im Oberlauf ist häufig schmal, besitzt einen grobsteinigen Untergrund und ist durch abwechselnde lotische (schnell fließende Bereiche) und lenitische Bereiche (ruhige Stillwasserzonen) charakterisiert. Weiter stromabwärts im Mittellauf sind Ströme in der Regel breit und mäandrieren. Im Unterlauf herrschen potamale Bedingungen mit geringer Fließgeschwindigkeit vor; dieser Fließgewässerabschnitt kann Ähnlichkeit mit Stillgewässern haben. Das Bodensubstrat besteht häufig aus schluffig-tonigen Ablagerungen.

Fotosynthetisch aktive Organismen. Der Oberlauf von Fließgewässern wird durch Algen- und Moosarten (zum Beispiel die Rotalge *Lemanea* und das Moos *Brachythecium rivulare*), punktuell auch durch Wasserflechten charakterisiert, der Mittellauf durch Höhere Pflanzen (zum Beispiel Wasserhahnenfußarten: *Ranunculus fluitans* und andere) sowie das Moos *Fontinalis antipyretica* und einige weitere Moosarten, der Unterlauf zusätzlich durch das Phytoplankton. Die Ufer sind je nach Relief mit Röhrichten und primär mit Auenwäldern bewachsen.

▲ Oberlauf eines Fließgewässers im Schwarzwald

▲ Elbe im Mittellauf

Heterotrophe Organismen. Bäche und Flüsse werden von zahlreichen Fischarten und einer Vielzahl von Wirbellosen bewohnt. Nach Leitfischen kann man von der Quelle bis zur Mündung verschiedene Abschnitte unterscheiden, die zunächst von der Bachforelle *(Salmo trutta fario)* und Äsche *(Thymallus thymallus)* im Oberlauf, von der Barbe *(Barbus barbus)* im Mittellauf und der Brasse *(Abramis brama)* im Unterlauf besiedelt werden. Unter den Wirbellosen dominieren insbesondere im oberen Fließgewässerlauf die Larven von Eintagsfliegen (Ephemeroptera), Steinfliegen (Plecoptera) und Köcherfliegen (Trichoptera); ferner kommen auch Strudelwürmer *(Planaria)*, Flohkrebse *(Gammarus)* und Süßwassermilben (Hydrachnidiae) sowie an das Wasserleben angepasste Käferarten vor. In Wasserläufen, die durch Wälder fließen, ist die Streu der Uferbäume für die Konsumenten im Wasser eine wichtige Nahrungsquelle.

Einfluss des Menschen. Umweltgifte und hohe Nährstofffracht aus Haushalten, Landwirtschaft und Industrie vermindern häufig die Wasserqualität von Fließgewässern und bringen die dort lebenden Organismen zum Absterben. Dammbau und die Gewässerregulierung schränken darüber hinaus die natürliche Funktion solcher Fließgewässer-Ökosysteme ein. Wehre und Staustufen gefährden auch wandernde Fischarten wie zum Beispiel Lachse *(Salmo salar)*.

Flussmündungen mit Gezeiteneinfluss

Physikalische Umwelt. Ein Flussmündungsgebiet oder Ästuar ist der Übergangsbereich zwischen einem Fließgewässer und dem Meer, in den es einmündet. Häufig sind Ästuare den Gezeiten unterworfen. Bei Flut strömt Meerwasser flussaufwärts, bei Ebbe nimmt es den umgekehrten Weg. Häufig befindet sich das Meerwasser mit seiner höheren Dichte in den tieferen Wasserschichten, und an der Oberfläche mischt es sich mit dem Süßwasser des Flusses, welches eine geringere Dichte hat. Solches Mischwasser wird als Brackwasser bezeichnet.

Chemische Umwelt. In einem Flussmündungsgebiet schwankt der Salzgehalt zwischen dem von Süß- und dem von Meerwasser (zwischen 30 und 0,5 Promille Salzgehalt). Ebenso wechselt der Salzgehalt mit dem Steigen und Fallen der Gezeiten. Nährstoffe machen die Flussmündungsgebiete zu besonders produktiven Lebensräumen.

Geologische Eigenschaften. Durch abnehmende Strömung werden in einem Flussmündungsgebiet große Mengen von herantransportierten Feinsedimenten abgelagert. In Zusammenhang mit den Gezeitenströmungen entsteht unter natürlichen Bedingungen ein kompliziertes Netzwerk aus zahlreichen Seitenarmen und -ästen mit Inseln, Ansandungszonen sowie großflächigen Schlickflächen.

Fotosynthetisch aktive Organismen. Wichtige Produzenten in Flussmündungsgebieten bilden die Röhrichte der Brackwasservegetation (zum Beispiel mit der Meerbinse *Bolboschoenus maritimus*), aber auch Algen einschließlich des Phytoplanktons. In den Tropen wächst hier in der schlickigen Gezeitenzone eine Gehölzformation: die Mangrove. Mangroven sind unter anderem durch hoch angepasste Vertreter der Rhizophoraceen charakterisiert.

Heterotrophe Organismen. In Flussmündungen lebt eine spezifische Brackwasserfauna. So kommen oft kleinräumig nebeneinander typische Meerestiere vor, zum Beispiel bestimmte Nesseltiere (Cnidaria) wie *Cordylophora*, Rankenfüßer (Cirripedia) wie *Balanus*, Asseln (Isopoda) wie *Idotea* und *Sphaeroma* und Flohkrebse (Amphipoda) wie *Gammarus* und *Corophium*. Auch unter den Fischarten gibt es Brackwasserarten wie Kaulbarsch *(Gymnocephalus cernus)* und Flunder *(Platichthyes flesus)*. Vielen wirbellosen Meeresbewohnern und Fischen dienen die Flussmündungen als Laichplätze, oder sie wandern durch die Flussmündungen stromaufwärts in Süßwasserlebensräume wie die Lachse *(Salmo salar)*. Typisch für Flussmündungen sind unter den Meeressäugetieren die Schweinswale, wie in Nordeuropa der Kleine Tümmler *(Phocoena phocoena)*. Typisch für die Tierwelt der Mangroven sind zahlreiche Krebsarten (Decapoda), zum Beispiel die Winkerkrabben *(Uca)* oder die Landkrabben *(Cardisoma, Sesarma)*, ebenso einige amphibisch lebende Fische wie der Schlammspringer *(Periophthalmus)*. In Mangroven nisten auch zahlreiche Vogelarten, zum Beispiel Fregattvögel *(Fregata)* und Pelikane *(Pelecanus)*.

Einfluss des Menschen. Durch Eintrag umweltschädigender Substanzen und hohe Nährstofffracht aus stromaufwärts gelegenen Gebieten, aber auch durch Trockenlegung, Kanalisierung und den Bau von Industrieanlagen wurden die natürlichen Ökosysteme in Flussmündungen weltweit meist stark zerstört.

◀ Ästuar in einer Küstenniederung in Georgia, USA

▲ Salzrasen, Sandwatt und Priel an der deutschen Nordseeküste

Gezeitenzonen (Eulitoral)

Physikalische Umwelt. Eine Gezeitenzone, das Eulitoral der Meeresküste, wird in regelmäßigen Abständen – an den meisten Meeresküsten zweimal am Tag – durch Flut und Ebbe, die Gezeiten, überflutet und wieder freigelegt. Ihr oberer Bereich liegt längere Zeit trocken und erlebt stärkere Schwankungen von Temperatur und Salzgehalt. Die sehr unterschiedlichen Bedingungen in der oberen und unteren Gezeitenzone bewirken eine auf bestimmte Bereiche begrenzte Verbreitung spezifischer Biozönosen, wie in der Abbildung zu erkennen ist.

Chemische Umwelt, geologische Eigenschaften. Der Nährstoffgehalt ist in der Regel hoch, der Sauerstoffgehalt abhängig von der Korngröße des Substrats und der Überflutungsdauer. So wird zum Beispiel im Wattenmeer der Nordsee mit abnehmender Wasserbewegung das Sandwatt durch das Mischwatt und schließlich das Schlickwatt ersetzt. Letzteres ist frei von Sauerstoff (schwarzes Schwefeleisen, Geruch nach Schwefelwasserstoff). Ein besonderer Fall ist das Felswatt, das in Mitteleuropa nur auf Helgoland vorkommt. Die Gestalt von Buchten und Küstenlinien hat erhebliche Auswirkungen auf die Höhe des Gezeitenhubes. In Europa werden besonders hohe Werte in der Bretagne (Frankreich) und im südlichen England erreicht.

Fotosynthetisch aktive Organismen. Felsen in der Gezeitenzone sind insbesondere in ihren unteren Abschnitten von artenreichen Algengemeinschaften besiedelt, die eine besonders große Phytomasse erreichen können. An Sandküsten kommen in der Gezeitenzone, die besonders stark der Brandung ausgesetzt ist, in der Regel weder Pflanzen noch Algen vor. In geschützten Sublitoralzonen wächst das Große Seegras *(Zostera marina)*, das im Gebiet der Nordsee in den letzten Jahrzehnten, wahrscheinlich bedingt durch Eutrophierung, stark zurückgegangen ist. Die Eulitoralzone wird im Wattenmeer der Nordsee durch punktuelle Vorkommen des Zwergseegrases *(Zostera nana)* und Bestände des Wattquellers *(Salicornia europaea)* geprägt. Letzterer ist einjährig und besiedelt den Bereich von –40 cm bis zur mittleren Hochwasserlinie. In der anschließenden Supralitoralzone herrschen Salzrasen vor, beginnend mit dem Andelrasen *(Puccinellietum maritimae)*, der vom Bottenbinsenrasen *(Juncetum gerardii)* abgelöst wird.

Bäche und Flüsse

▲ Helgoländer Felswatt

Heterotrophe Organismen. Viele Tiere der felsigen Gezeitenzone sind in ihrem Körperbau so angepasst, dass sie sich an dem harten Untergrund festsetzen können. Hartküstenbewohner sind Schwämme (Porifera), Seeanemonen (Actinaria), Stachelhäuter (Echinodermata) und kleinere Fischarten. Zusammensetzung, Dichte und Artenreichtum an Tieren verändern sich von der oberen bis zur unteren Gezeitenzone. Die Zusammensetzung der Tierarten ist vom Watttyp abhängig. Die Arten des Sandwatts ertragen noch zwei bis drei Stunden Trockenfallen. Das Sandschlickwatt ist durch den Sandpier oder Wattwurm *(Arenicola marina)* charakterisiert. Ferner siedeln hier die in selbstgegrabenen Röhren Nahrung aus dem Oberflächenwasser herausfiltrierenden Muscheln (so die Klaffmuschel *Mya arenaria* und die Herzmuschel *Cardium edule*) sowie Oberflächen-Pipettierer (wie die Plattmuschel *Macoma baltica*). Das Schlickwatt besteht aus 50–65 Prozent Feinsand und Schluff, 10–25 Prozent Ton, 7–10 Prozent Kalk (von Muschelschalen stammend) und 5–10 Prozent organischem Material. Hier leben die Wattschnecke *Hydrobia ulvae* und die Strandschnecke *Littorina litoraea* als Weidegänger; ferner Schlickkrebse (zum Beispiel *Corophium volutator*) und der Borstenwurm *Nereis diversicolor*. Darüber hinaus sind Gezeitenzonen auch überlebenswichtige Rückzugs- und Brutgebiete für zahlreiche Watt- und Wasservogelarten, zum Beispiel Möwen, Enten und Gänse.

Einfluss des Menschen. Weltweit sind Gezeitenzonen in der Vergangenheit durch Tankerunfälle und anschließende Ölpest stark geschädigt worden. Eine Ölpest hat über Jahre hinaus katastrophale Auswirkungen auf die dort lebenden Organismen. Die zunehmende Eutrophierung führte zur Förderung von Grünalgen und zum Rückgang beispielsweise von *Zostera marina*. Das Wattenmeer ist sehr reich an Fischarten; eine Überfischung hat jedoch zu einem erheblichen Rückgang geführt.

Das ozeanische Pelagial

Physikalische Umwelt. Das ozeanische Pelagial ist der riesige Bereich des offenen Wassers, das durch die vom Wind angetriebenen Meeresströmungen ständig durchmischt wird. Da sein Wasser klarer ist als in Küstennähe, reicht die euphotische Zone hier in größere Tiefen hinab (bis über 200 m).

Chemische Umwelt. Der Sauerstoffgehalt ist in der Regel hoch, die Nährstoffkonzentration jedoch wesentlich geringer als in küstennahen Gewässern. Das Pelagial einiger tropischer Meere zeigt über das ganze Jahr eine recht einheitliche Temperaturschichtung und besitzt auch einen geringeren Nährstoffgehalt als die Meere gemäßigter Breiten. In den Ozeanen der gemäßigten und polaren Breiten werden die Nährstoffe in der euphotischen Zone durch die alljährliche Umwälzung im Frühjahr und Herbst immer wieder erneuert.

Geologische Eigenschaften. Dieser Lebensraum bedeckt etwa 70 Prozent der Erdoberfläche und hat eine durchschnittliche Tiefe von fast 4.000 Metern. Der tiefste Punkt der Ozeane liegt fast 11.000 Meter unter der Wasseroberfläche (Marianengraben im Westpazifik).

▲ Offenes Meer im Inselarchipel von Hawaii mit einem Buckelwal *(Megaptera novaeangliae)*

Fotosynthetisch aktive Organismen. Die dominierenden fotosynthetisch aktiven Organismen gehören zum Phytoplankton; unter ihnen befinden sich Cyanobakterien und Algen, die mit den Strömungen treiben. In gemäßigten Breiten führt die Umwälzung des Wassers im Frühjahr und Herbst zu einem Wachstumsschub des Phytoplanktons. Aufgrund der gewaltigen Größe dieses Lebensraums ist das dort lebende Phytoplankton ungefähr für die Hälfte der gesamten Fotosyntheserate auf der Erde verantwortlich.

Heterotrophe Organismen. Die häufigsten heterotrophen Organismen dieses Lebensraums gehören dem Zooplankton an. Das Zooplankton – Protisten (zum Beispiel Ciliaten, Rhizopoden), Nesseltiere (Cnidaria) wie die Staatsquallen (Siphonophora) und die Rippenquallen (Ctenophora) sowie Blattfußkrebse (Phyllopoda), Ruderfußkrebse (Copepoda), Muschelkrebse (Ostracoda), Pfeilwürmer (Chaetognatha) und Manteltiere (Tunicata), aber auch zahlreiche Fischlarven – ernährt sich vom Phytoplankton. Im ozeanischen Pelagial leben auch freischwimmende Tiere (Nekton) wie die großen Kopffüßer (Cephalopoda), zu denen die schwarmbildenden zehnarmigen Kalmare (Theutoidea) gehören (*Loligo* und andere) oder die Riesenkalmare (Architheutis), ferner Knorpelfische (Chondrichthyes) wie Haie und Rochen, zahlreiche Knochenfische (Osteichthyes), Meeresschildkröten (Cheloniidae, Dermochelidae) und Meeressäugetiere wie Robben (Pinnipedia), Wale (Cetacea), Seekühe (Sirenia) und auch der Meerotter *(Enhydra lutris)*.

Einfluss des Menschen. Durch Überfischung wurden die Fischbestände in allen Weltmeeren erheblich dezimiert; auch nährstoffreiche und giftige Abwässer sowie Öl, die Verklappung von Chemikalien oder radioaktiven Substanzen und Müll richten große Schäden an.

Korallenriffe

Geophysikalische Umwelt. Korallenriffe bestehen zum größten Teil aus den Calciumcarbonat-Skeletten der Korallentiere (Anthozoa), insbesondere der Steinkorallen (Scleractinia). Riffbauende Flachwasserkorallen leben in der euphotischen Zone relativ stabiler mariner Lebensräume mit klarem Wasser und kommen bevorzugt im Bereich von Inseln und vor den Küsten einzelner Kontinente vor. Sie reagieren empfindlich auf Temperaturen unter 18– 20 °C und über 30 °C. Die Tiefseekorallen, die man in Tiefen zwischen 200 und 1.500 Metern antrifft, sind nicht so bekannt wie ihre Verwandten im flacheren Wasser, ihre Vielfalt ist aber ebenso groß.

Chemische Umwelt. Korallen benötigen Wasser mit einem hohen Sauerstoffgehalt und ertragen weder größere Süßwasserzuflüsse noch hohe Nährstoffkonzentrationen.

Geologische Eigenschaften. Korallen brauchen einen festen Untergrund, an den sie sich anheften können. Ein typisches Korallenriff ist zunächst ein *Saumriff*, welches sich im Litoral entlang der Küste des Festlands oder einer Insel bilden kann. Ein *Barriereriff* kann an der Kante des Kontinentalschelfs zur Tiefsee hin entstehen und umschließt das Flachwasser zwischen der Riffkante und dem Festland. Barriereriffe können infolge von Landabsenkungen aus Saumriffen entstehen. Ein weiterer Rifftyp ist das *Korallenatoll*, das auch aus einem Saumriff oder einer Vulkaninsel entstehen kann, die durch Erosionsprozesse abgetragen wird und unter den Meeresspiegel absinkt. Übrig bleibt ein Ring von Riffen, die eine Lagune umschließen.

Fotosynthetisch aktive Organismen. Im Gewebe der Korallen leben einzellige Algen (Zooxanthellen) aus der Gruppe der Dinophyten (Dinoflagellata). Über eine mutualistische Beziehung wird die Koralle von den Zooxanthellen mit organischen Molekülen versorgt (zum Beispiel mit Zuckern). Auch zahlreiche andere Algenarten wachsen auf den Riffen und tragen erheblich zur Fotosyntheseleistung dieses Lebensraums bei.

Heterotrophe Organismen. Die Korallen sind eine vielgestaltige Gruppe der Hohltiere (siehe Kapitel 33) und bilden an einem Korallenriff die beherrschende Tiergruppe. Aber auch Fische und wirbellose Tiere sind mit einer außerordentlich großen Artenvielfalt vertreten. Insgesamt sind die Korallenriffe nach den tropischen Regenwäldern die artenreichsten Lebensräume auf der Erde.

Einfluss des Menschen. Durch das Sammeln von Korallenskeletten, die Überfischung der Korallenriffe und Abwassereinleitungen (zum Beispiel in Tourismusgebieten) wurden die Bestände der Korallen und Rifffische erheblich dezimiert. Die globale Erwärmung und Umweltverschmutzungen könnten zu einem weitreichenden Korallensterben führen.

▲ Korallenriff im Roten Meer

Die Bodenzone des Meeres

Physikalische Umwelt. Das **Benthal** umfasst die Meeresböden der Ozeane und gliedert sich in das Litoral, dem noch vom Licht erreichten Bereich des Untergrundes, und in die Bodenzonen der Tiefsee. Die Freiwasserzone der Flachmeere wird als **neritische** Zone bezeichnet; über den Tiefseeböden liegt das Pelagial der Hochsee (Abbildung 52.9b). Von den küstennahen litoralen Flachmeeren abgesehen dringt kein Sonnenlicht in die benthische Zone. Die Wassertemperatur sinkt mit zunehmender Tiefe, gleichzeitig steigt der Druck. Deshalb sind die Bewohner der tiefsten Zone oder des **Abyssals**, dem Bereich unterhalb von etwa 2.000 m, an niedrige Temperaturen (ungefähr 3 °C) und hohen Druck angepasst.

Chemische Umwelt. Mit Ausnahme einiger weniger Bereiche mit angereichertem organischem Material, wie in austauscharmen Randmeeren, ist Sauerstoff in ausreichenden Mengen vorhanden, sodass sich ein großer Tierartenreichtum ausbilden kann.

Geologische Eigenschaften. Die benthische Zone ist zum größten Teil von Lockersedimenten bedeckt. An Riffen, im Bereich untermeerischer Gebirge und in Gebieten mit Vulkanismus liegen Hartsubstrate vor.

Autotrophe Organismen. Fotosynthetisch aktive Organismen, vorwiegend Seetang (große marine Grün-, Rot- und Braunalgen), sind auf das Litoral der Flachmeere beschränkt, da nur hier genügend Sonnenlicht eindringt. An den heißen vulkanischen Tiefseeschloten der mittelozeanischen Rücken, sehr hoch aufragenden untermeerischen Gebirgszügen mit Hydrothermalquellen, existieren jedoch einzigartige Biozönosen (siehe Bild unten rechts). In dieser dunklen, heißen, vulkanischen Umwelt besteht die Produzentenstufe dieses Ökosystems aus chemoautotrophen Prokaryonten (siehe Kapitel 27). Sie gewinnen ihre Energie durch Oxidation von H_2S, das über eine Reaktion des heißen Wassers mit gelöstem Sulfat (SO_4^{2-}) entsteht.

Heterotrophe Organismen. Zu den benthischen Lebensgemeinschaften gehören zahlreiche wirbellose Tiere und Fische. Unterhalb der euphotischen Zone sind die meisten Konsumenten unmittelbar auf das organische Material angewiesen, das von oben herabsinkt. Zu den Bewohnern der heißen Tiefseeschlote gehören riesige Bartwürmer (Siboglinidae; Bild unten rechts); die größte Art *(Riftia pachyptila)* erreicht eine Länge von über einem Meter. Ernährt werden sie von chemoautotrophen Prokaryonten, die als Symbionten in ihrem Körper leben. Auch viele andere wirbellose Tiere, darunter Ringelwürmer (Polychaeta), Muscheln (Bivalvia), Schnecken (Gastropoda), Krabben und Krebse (Crustacea, Decapoda) und Eichelwürmer (Enteropneusta) sind rund um die Tiefseeschlote in großer Zahl vertreten.

Einfluss des Menschen. Durch Überfischung wurden wichtige benthische Fischbestände dezimiert, so zum Beispiel der im Nordatlantik vorkommende Atlantische Kabeljau *(Gadus morhua)*. Durch Verklappung organischer Abfälle und Eutrophierung sind zahlreiche sauerstoffarme benthische Bereiche entstanden.

▲ Lebensgemeinschaft an einem heißen Tiefseeschlot

VERSTÄNDNISFRAGEN

1. Warum sind Phytoplanktonorganismen und nicht benthische Algen oder festwurzelnde Wasserpflanzen im ozeanischen Pelagial die vorherrschenden fotosynthetisch aktiven Organismen (siehe Abbildung 52.11)?

2. WAS WÄRE, WENN? Wasser, das aus einem Stausee abgelassen wird, stammt häufig aus den tieferen Schichten des Sees. Würden Sie in dem Fluss unterhalb eines Staudammes im Sommer im Vergleich zu einem nicht aufgestauten Damm mit mehr kälte- oder wärmeliebenden Fischarten rechnen? Begründen Sie Ihre Antwort.

52.4 Klima und unvorhersagbare Umweltveränderungen bestimmen die Struktur und Verbreitung der terrestrischen Biome

Alle in diesem Kapitel bisher beschriebenen abiotischen Faktoren, insbesondere aber das Makroklima, bestimmen die Verbreitung und das spezifische Vorkommen einzelner terrestrischer Biome. Da zwischen der geografischen Breite und der Situation des Makroklimas ein Zusammenhang besteht (Abbildung 52.7), gibt es auch ein vom Breitengrad abhängiges Verbreitungsmuster der einzelnen Biome (Abbildung 52.12). Das Vorkommen einzelner Biome wird auch durch unvorhersagbare Umweltveränderungen beeinflusst, wie durch Stürme, Brände oder Massenvermehrung von herbivoren Insekten. Die damit in Zusammenhang stehenden Faktoren (Windgeschwindigkeiten, Temperaturen und andere) verringern die Individuenzahl der Populationen innerhalb der Biome direkt oder beeinflussen sie indirekt durch veränderte Ressourcenverfügbarkeit. Treten zum Beispiel vermehrt Brände auf, wird das Baumwachstum behindert und eine Savanne entwickelt sich nicht zu einer offenen Landschaft, die das Standortklima ansonsten hervorrufen würde.

52.4.1 Makroklima und terrestrische Biome

Wie wichtig das Makroklima für die Verbreitung der Biome ist, erkennt man in Abbildung 52.13, in der zum Beispiel das Vorkommen einiger nordamerikanischer Biome in Beziehung zur mittleren Jahrestemperatur und zum mittleren Jahresniederschlag gesetzt wird. Dabei fällt auf, dass die mittleren Jahresniederschläge in den borealen Nadelwäldern und in den Wäldern der gemäßigten Breiten weitgehend ähnlich ist, während sich die mittlere Jahrestemperatur deutlich unterscheidet. Winterkalte Graslandschaften (in Nordamerika die Prärien, in Eurasien die Steppen) sind trockener als die beiden Waldbiome, und noch trockener ist es in den Halbwüsten und Wüsten.

Neben der mittleren Jahrestemperatur und dem mittleren Jahresniederschlag bestimmen auch andere Umweltfaktoren das Vorkommen einzelner Biome. In manchen Regionen Nordamerikas begünstigt zum Beispiel eine besondere Kombination der Temperatur- und Niederschlagswerte einen Laubwald gemäßigter Breiten, in anderen Regionen dagegen wachsen Nadelwälder. Wie las-

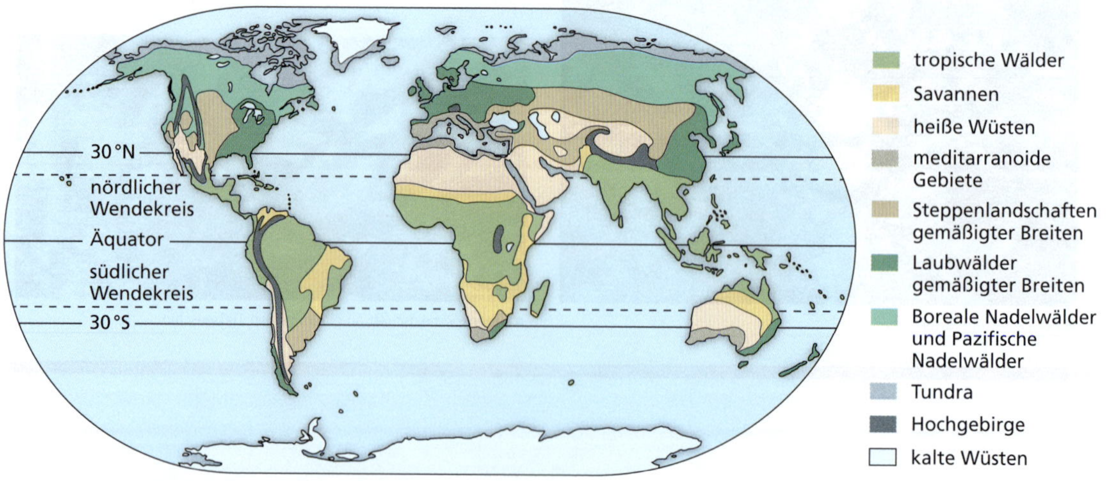

Abbildung 52.12: Die Verbreitung der wichtigsten terrestrischen Biome. Die einzelnen Biome sind hier deutlich voneinander abgegrenzt; in Wirklichkeit gibt es oft breite kontinuierliche Übergangszonen.

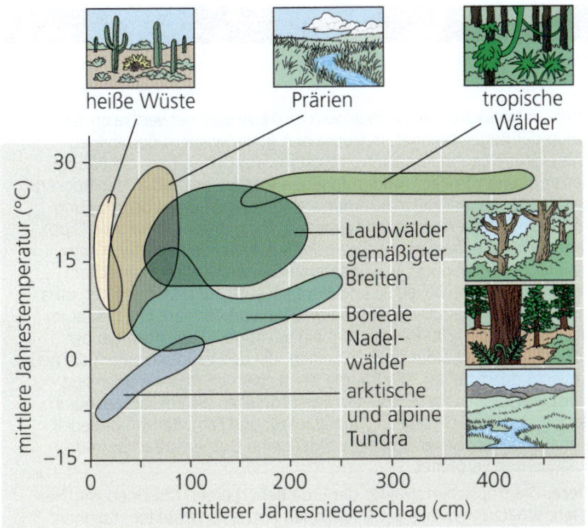

Abbildung 52.13: Das Vorkommen nordamerikanischer Biomtypen in Abhängigkeit vom mittleren Jahresniederschlag und der mittleren Jahrestemperatur.

sen sich solche Unterschiede erklären? Sehr häufig stützt man sich bei makroklimatischen Daten auf jährliche *Durchschnittswerte*. Häufig ist die jahreszeitliche *Klimaverteilung* oft noch wichtiger als der durchschnittliche Klimaverlauf. In manchen Regionen, die etwa nahe am Meer liegen, ist der Niederschlag während des ganzen Jahres recht gleichmäßig verteilt, in anderen Regionen, zum Beispiel in mediterranoiden Regionen, wechseln bei gleicher Jahresniederschlagsmenge Regen- und Trockenzeiten ab. Ähnliche Phänomene beobachtet man auch im Hinblick auf den Vergleich der mittleren Jahrestemperatur und der jahreszeitlichen Verteilung der jährlichen Monatstemperaturen. Andere Umweltfaktoren, zum Beispiel die Art des Ausgangsgesteins, können sich erheblich auf die Nährstoffverfügbarkeit, die Bodenentwicklung und -struktur auswirken und diese Faktoren haben wiederum einen großen Einfluss auf die dort vorkommende Vegetation.

52.4.2 Allgemeine Eigenschaften terrestrischer Biome und die Bedeutung von Störungen

Die meisten terrestrischen Biome werden aufgrund wichtiger geophysikalischer oder makroklimatischer Merkmale sowie anhand ihrer vorherrschenden Vegetation charakterisiert. Jedes Biom ist außerdem durch bestimmte Mikroorganismen- und Tierarten charakterisiert, die ihrerseits spezifische Anpassungen an die dortigen Lebensräume besitzen. Große Herbivoren kommen (beziehungsweise kamen unter natürlichen Bedingungen) zum Beispiel in den Graslandschaften der gemäßigten Breiten wesentlich häufiger vor als in Biomen, die durch Wälder geprägt sind. Typische Steppenherbivoren sind im eurasischen Bereich die Saigaantilope (*Saiga tatarica*), in den Prärien Nordamerikas der Präriebison (*Bison bison*), in der Pampa Südamerikas das Guanako (*Lama guanicoë*).

Abbildung 52.12 zeigt zwar scharfe Grenzen zwischen den Biomen, in Wirklichkeit besitzen terrestrische Biome jedoch breite Übergangszonen, die sie miteinander verbinden. Solche Übergangsbereiche (Ökotone) können unterschiedlich breit sein.

Ein wichtiges Merkmal terrestrischer Biome ist ihre vertikale Schichtenstruktur, die im Wesentlichen durch die Struktur der Vegetation bestimmt wird. In reich strukturierten Wäldern (zum Beispiel in den Tropen) existieren oft mehrere Kronenschichten, gefolgt von der Stammschicht, Strauchschicht und Feldschicht am Waldboden. Auf dem Waldboden ist in vielen Wäldern der borealen und gemäßigten Zone eine ausgeprägte Streuschicht vorhanden und auch im Boden wechseln verschiedene Bodenhorizonte aufeinander. In Biomen ohne Baumbewuchs ist ebenso eine solche Schichtenstruktur vorhanden; sie ist jedoch weniger deutlich ausgeprägt. In Graslandschaften gibt es eine Schicht mit hohen Gräsern, höher- und niedrigwüchsigeren krautigen Pflanzen, eine Streuschicht und mehrere Bodenschichten. Diese unterschiedlichen Vegetations- und Bodenschichten stellen eine Fülle zahlreicher Kleinlebensräume für verschiedene Tierarten zur Verfügung, die häufig zu gut voneinander abgrenzbaren Nahrungsgilden gehören: Insektivoren (von Insekten lebende) Vogel- und Fledermausarten, die ihre Nahrung oberhalb des Kronenraums suchen, bis zu den kleinen Säugetierarten und zahlreichen wirbellosen Tierarten, die in der Streuschicht oder in den oberen Bodenschichten auf Nahrungssuche gehen. Die Kleinlebensräume, insbesondere in tropischen Wäldern, werden aber auch von Algen, Moosen, Flechten und epiphytischen (auf anderen Pflanzen wachsende) Gefäßpflanzen besiedelt.

Während sich hier, bedingt durch den Floren- und Faunenaustausch bis in jüngere Zeiten der Erdgeschichte, nur die Arten innerhalb einer Gattung unterscheiden, zeigt ein Vergleich etwa der Wüstenbiome verschiedener Kontinente Beispiele für konvergente Evolution auf der Ebene höherer Taxa. Vertreter verschiedener Pflanzenfamilien besetzen ähnliche „ökologische Planstellen" (**Ökologische Stellenäquivalenz**) und zeigen analoge, konvergente, morphologisch-anatomische und physiologische Anpassungen (dies gilt auch für verschiedene Tiergruppen; siehe Abbildung 26.4): So ähneln in ihrem äußeren Erscheinungsbild und

Tropischer Wald

▲ Tropischer Regenwald auf Borneo

Verbreitung. Tropische Wälder befinden sich zwischen dem nördlichen und südlichen Wendekreis (23°27' nördlicher und südlicher Breite) in den äquatorialen und subäquatorialen Regionen in Süd- und Mittelamerika (Zentrum Amazonas-Orinoco-Becken), in Südostasien, auf den Sundainseln, in Neuguinea und im Indomalaiischen Archipel sowie in Zentralafrika (Kongobecken).

Niederschlag. In **tropischen Regenwäldern** ist der Niederschlag mit etwa 2.000 bis 4.000 Millimetern im Jahr relativ konstant. In **tropischen Trockenwäldern** gibt es jahreszeitlich stark schwankende Niederschläge von 1.500 bis 2.000 Millimetern im Jahr und eine sechs bis sieben Monate lange Trockenzeit.

▲ Tropischer Trockenwald in Costa Rica

Temperatur. Die Lufttemperatur ist mit durchschnittlich 25–29 °C das ganze Jahr über hoch, jahreszeitliche Schwankungen gibt es kaum; es herrscht ein Tages- und kein Jahreszeitenklima. Die Luftfeuchte beträgt im tropischen Regenwald über 95 Prozent.

Vegetation. Zwei Drittel aller Pflanzenarten kommen in den Tropen vor (170.000 Arten), wobei diese jedoch nur sieben Prozent der gesamten Festlandsmasse darstellen. Tropische Wälder zeigen eine ausgeprägte vertikale Schichtung, und es herrscht starke Konkurrenz um das Sonnenlicht. Die obersten Stockwerke der Regenwälder bilden einzelne bis über 45 m Höhe reichende Baumarten, die über das geschlossene Kronendach hinausragen (Emergenten). Darunter folgen die Baumarten der obersten Kronenschicht und weitere Schichten mit kleineren und kleinsten Bäumen sowie ferner eine Schicht mit krautigen Pflanzenarten. In tropischen Trockenwäldern ist die Anzahl der vertikalen Schichten in der Regel geringer. In tropischen Regenwäldern dominieren immergrüne Laubbaumarten, die oft in Gruppen stehen; die Bäume der tropischen Trockenwälder dagegen werfen ihr Laub in der Trockenzeit ab. Bemerkenswerte Baumtaxa sind in Asien *Dipterocarpus* und *Shorea*, in Afrika *Aucoumea klaineana*, *Entandrophragma utile* (Sipo), *Terminalia superba* (Limba), *Triplochitin scleroxylon* (Abachi), *Khaya* (Asiatischer Mahagoni), in Südamerika *Swietenia* (Amerikanischer Mahagoni), *Cedrela* (Cedro) und *Hevea* (Kautschuk). Man schätzt, dass in den Tropen 10.000–30.000 Baumarten vorkommen, pro Hektar im Durchschnitt 60–100 Baumarten. Ein wichtiger Lebensformtyp der tropischen Regelwälder sind die Lianen, die den Wald mit einem dichten Geflecht durchziehen. Die Bäume der tropischen Regenwälder sind meist von zahlreichen Epiphyten wie Bromelien (Bromeliaceae; nur in der Neuen Welt), Orchideen (Orchidaceae) und Farnpflanzen besiedelt. In manchen tropischen Trockenwäldern sind Dornensträucher und Sukkulenten verbreitet.

Tiere. Die tropischen Wälder der Erde beherbergen Millionen von Tierarten; schätzungsweise 5–30 Millionen Arten von Insekten, Spinnen, anderen Gliederfüßern und Wirbeltieren. Die meisten Arten wurden bis heute nicht wissenschaftlich beschrieben. Die Artenvielfalt der Tiere ist in den tropischen Wäldern größer als in jedem anderen terrestrischen Biom. Sie sind an die verschiedenen Umweltfaktoren der einzelnen vertikal aufeinanderfolgenden Etagen des tropischen Regenwaldes besonders angepasst und über vielfältige Nahrungsnetze sowie mutualistische Beziehungen in diesem einzigartigen Ökosystem miteinander verknüpft.

Einfluss des Menschen. Die tropischen Regenwälder stellen mit die am stärksten gefährdeten Lebensräume auf unserer Erde dar. Das schnelle Bevölkerungswachstum in den Ländern der sogenannten Dritten Welt, die Armut der dort lebenden Menschen, die damit verbundene weitere Ausdehnung der landwirtschaftlichen Flächen (insbesondere über Brandfeldbau) und besonders auch ökonomische Interessen der reichen Länder der Erde (Viehzucht, Anbau von Monokulturen, Bodenschätze) tragen zur explosionsartigen Zerstörung des tropischen Regenwaldes bei. Abgeholzte tropische Regenwälder können sich nicht regenerieren.

Wüsten

▲ Wüste im Südwesten der USA

Verbreitung. Heiße Wüsten liegen um einem Streifen zwischen 30 Grad nördlicher und südlicher Breite und den jeweiligen Wendekreisen. Davon abzugrenzen sind die Kältewüsten der Arktis, Antarktis und der Hochplateaus der großen Gebirge.

Abbildung 52.14: Näher betrachtet. Terrestrische Biome (Auswahl).

Niederschlag. Der Niederschlag ist gering und schwankt stark; im Allgemeinen liegt er unter 300 Millimeter im Jahr. Wüsten sind arid, das heißt die Menge der Niederschläge ist geringer als die Verdunstung.

Temperatur. Die Temperatur schwankt im Jahres- wie auch im Tagesverlauf. In heißen Wüsten kann die Lufttemperatur auf über 50 °C ansteigen; in kalten Wüsten sinkt sie weit unter den Nullpunkt.

Pflanzen. Wüsten tragen eine nur spärliche Vegetation, der Anteil des vegetationsfreien Substrats beträgt auch bei Halbwüsten mehr als 50 Prozent. Bei den Pflanzen handelt es sich einerseits um Therophyten, einjährige Pflanzenarten, die die meiste Zeit im Samenstadium im Boden überdauern, um Geophyten mit unterirdischen Speicherorganen (Rhizome, Zwiebeln, Knollen), um Sukkulenten, Kakteen (Cactaceae) in der Neuen Welt oder Wolfsmilchgewächse (Euphorbiaceae) in der Alten Welt mit einem Wasserspeichergewebe, oder um Halbsträucher mit tiefen Wurzeln. Zu den Anpassungen der Wüstenpflanzen gehören eine hohe Widerstandskraft gegen Hitze und Austrocknung, die Fähigkeit zur Wasserspeicherung und eine verringerte Blattoberfläche. Verbreitet sind auch mechanische Abwehrmechanismen gegen herbivore Tierarten wie Dornen und Stacheln sowie biochemische Verteidigungsmittel wie Giftstoffe in den Blättern einzelner Halbsträucher. Viele Wüstenpflanzen betreiben eine CAM-Fotosynthese (siehe Kapitel 10), zum Beispiel Mittagsblumengewächse *(Aizoaceae)* mit ihrem Mannigfaltigkeitszentrum in der Namib (Südwestafrika).

Tiere. Zu den häufigsten Wüstentieren gehören viele Arten von Schlangen und Echsen, Skorpione, Ameisen, Käfer, Zug- und Standvögel sowie eine Vielzahl verschiedener Nagetierarten, die sich von Samen ernähren (Granivorie). Viele Arten sind nachtaktiv, um den hohen Tagestemperaturen auszuweichen. Zahlreiche Arten haben spezifische Anpassungen an den angespannten Wasserhaushalt entwickelt. Der in der Namib (Südwestafrika) lebende Schwarzkäfer *Onymacris unguicularis* nutzt die vor Sonnenaufgang flach dahinstreichenden Küstennebel. Er richtet sein Abdomen steil nach oben, an welchem an spezifischen Oberflächenstrukturen das Wasser kondensiert und über besondere Rinnensysteme zur Mundöffnung läuft. Manche Arten überleben ausschließlich mit Wasser, das sie über Stoffwechselprozesse gewinnen, einerseits durch den Abbau der Kohlenhydrate trockener vegetarischer Nahrung oder aus Proteinen fleischlicher Nahrung. Die Höcker der Kamele *(Camelus)* stellen ein wichtiges Fettwasserreservoir dar.

Einfluss des Menschen. Mit dem Wassertransport über große Entfernungen und dem Bau tiefer Brunnen, die das (fossile) Grundwasser erreichen, konnten die Menschen auch in Wüsten eine zum Teil große Bevölkerungsdichte erreichen. Die natürliche biologische Vielfalt mancher Wüsten verminderte sich durch ihre Umwandlung in bewässerte landwirtschaftliche Flächen und den Städtebau. Durch die Bewässerung arider Gebiete besteht eine erhöhte Versalzungsgefahr der Böden.

Savannen

Verbreitung. Savannen sind Grasfluren der subtropischen und tropischen Sommerregengebiete und kommen in Südamerika, Afrika und Südostasien sowie mit geringen Anteilen an Gräsern in Australien vor.

Niederschlag. Der Niederschlag schwankt mit den Jahreszeiten und liegt im Durchschnitt bei 300–500 Millimetern im Jahr. Die Trockenzeit (aride Zeit, bei der die Verdunstungsmenge größer ist als die Menge des Niederschlags) kann bis zu acht oder neun Monate dauern. Man unterscheidet zwischen Trockensavannen (sechs bis sieben aride Monate, 500–1.100 mm jährlicher Niederschlag), Dornsavannen (acht bis 9,5 aride Monate, 200–700 mm jährlicher Niederschlag) und Feuchtsavannen (drei bis fünf aride Monate, > 1.100 mm jährlicher Niederschlag).

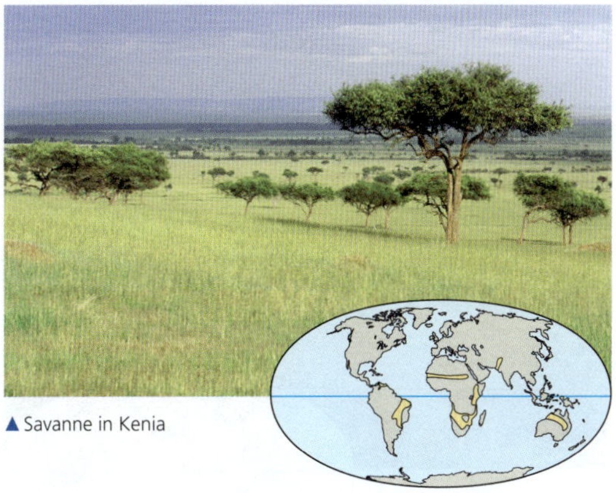

▲ Savanne in Kenia

Temperatur. In der Savanne ist es mit Durchschnittstemperaturen zwischen 24 und 29 °C das ganze Jahr über warm, die jahreszeitlichen Schwankungen sind aber etwas größer als in den Regionen des tropischen Regenwaldes.

Pflanzen. Die dort vorkommenden Gräser haben ein weitreichendes Wurzelsystem. C4-Gräser (siehe Abschnitt 10.4) herrschen vor. Die Bäume verfügen über ein weit- und tiefreichendes Wurzelsystem; sie haben eine hohe Dürreresistenz und oft schirmförmige Kronen. Der Baumwuchs in den verschiedenen Savannentypen ist sehr unterschiedlich, und es gibt Übergänge zwischen reinen Grassavannen und typischen Savannen bis hin zu Savannenwäldern. Die verschiedenen Baumarten sind oft mit Dornen besetzt und haben kleine Blätter, was eine Anpassung an die relativ trockenen Umweltbedingungen darstellt. In der Trockenzeit kommt es häufig zu natürlichen Feuern; die dominierenden Pflanzenarten sind deshalb an das Feuer angepasst und überstehen auch eine jahreszeitliche Dürreperiode über mehrere Monate gut. Gräser und Kräuter, die den Boden zum größten Teil bedecken, wachsen nach den jahreszeitlichen Regenfällen schnell heran. Insbesondere die Gräser sind mit ihrem basalen Meristem gut an den Herbivorenfraß der grasenden Säugetiere (engl. *grazer*), zum Beispiel verschiedener Zebraarten, angepasst. Anpassungen an Blätter und Zweige fressende Säugetiere (engl. *browser*), zum Beispiel das Spitzmaulnashorn *(Diceros bicornis)* und die Giraffe *(Giraffa camelopardalis)*, sind Dornen, zum Beispiel bei den Akazien *(Acacia)*.

Tiere. In den Savannenlandschaften dominieren bei den Säugetieren die Gilden der grabenden Tiere und die der Läufer, die in großen Herden, Rudeln und Familienverbänden vorkommen. Hierzu gehören die vielen herbivoren Säugetiere wie Streifengnus *(Connochaetes taurinus)*, Zebras (verschiedene Arten) und Kaffernbüffel *(Syncerus caffer)*. Die Phytomasseentnahme durch diese Weidegänger kann bis zu 30 Prozent betragen. Die eigentlich von der Biomasse her dominierenden Herbivoren sind jedoch Insekten, insbesondere Termiten (Isoptera). Während der jahreszeitlichen Dürreperioden wandern die weidenden Säugetiere häufig in Savannengebiete ein, in denen mehr Phytomasse zur Verfügung steht und auch einzelne Wasserstellen vorhanden sind.

Einfluss des Menschen. Mit großer Wahrscheinlichkeit waren die ersten Menschen Savannenbewohner. Die von ihnen gelegten Feuer haben sicherlich zu einer größeren Verbreitung dieses Bioms geführt. Rinderzucht hat viele Savannenlandschaften verändert, und durch eine übermäßige Jagd und Wilderei sind die Wildbestände stark geschrumpft. Die Errichtung von großen Nationalparks hat diesem Ökosystem insbesondere in Afrika zu einer Überlebenschance verholfen.

Mediterranoide Gebiete

▲ Mediterranoide Landschaft am Mittelmeer

Verbreitung. Dieses Biom ist auf mehreren Kontinenten anzutreffen, wo ein mediterranoides Klima herrscht. Die Verbreitung auf verschiedenen Kontinenten spiegelt sich auch in den verschiedenen Namen wider: In Nordamerika nennt man die typische Strauch-Trockenwald-Formation *Chaparral*, in Chile *Matorral*, im Mediterrangebiet *Macchie*, in Südafrika *Fynbos* und in Australien *Kwongan*. Degradationsstadien der Macchie mit Strauchbeständen und lückenhaftem Grasland bezeichnet man als Garigue. Natürlicherweise waren die europäischen mediterranen Macchien vor allem von Steineichen *(Quercus ilex)* und auf saurem Substrat von Korkeichen *(Quercus suber)* dominiert; die Waldbestände sind jedoch schon vor mehr als 2000 Jahren stark zurückgedrängt worden.

Niederschlag. Der Niederschlag ist stark von den Jahreszeiten abhängig: Im Winter regnet es viel (Lage in der Westwindzone), der Sommer ist trocken (Lage in der trockenen Passatzone). Der Jahresniederschlag liegt in der Regel im Bereich zwischen 500 und 600 Millimetern.

Temperatur. Herbst, Winter und Frühjahr sind gemäßigt mit Durchschnittstemperaturen zwischen 10 und 12 °C. Es treten nur leichte Fröste auf. Im Sommer erreichen die Durchschnittstemperaturen häufig 30 °C und die Tageshöchsttemperaturen können bei über 40 °C liegen.

Pflanzen. In den lückenhaften Macchien und den Strauchheiden dominieren Halbsträucher und verschiedene krautige Pflanzenarten. Im Mediterranraum sind dies oft Arten, die reich an ätherischen Ölen sind, zum Beispiel Rosmarin *(Rosmarinus officinalis)*, Thymian *(Thymus)*, Lavendel *(Lavandula)*, kleinwüchsige Wacholderarten *(Juniperus)* und Zistrosen *(Cistus)*. Die Artenvielfalt der Pflanzen, hierunter viele Endemiten, ist außerordentlich groß. Zu den Anpassungen an die Trockenheit gehören die widerstandsfähigen, sklerophyllreichen Blätter, Rollblätter mit innenliegenden Stomata, Speicherorgane und ausgeprägte Wurzelsysteme. Viele Arten weisen auch Anpassungen an Feuer auf (Pyrophyten). Manche Straucharten werden durch Feuer vegetativ gefördert, zahlreiche strauchige Arten *(Cistus)* produzieren Samen, die erst nach der Hitze eines Brandes keimen (engl. *re-seeder*). Andere treiben nach einem Brand aus dem Wurzelstock aus (engl. *re-sprouter*).

Tiere. Mit der großen Pflanzenartendiversität geht ein außerordentlich großer Tierartenreichtum einher. Besonders artenreich ist die Insektenwelt (unter anderem Ameisen- und Wildbienenarten), und bedingt durch das trockenwarme Klima der Sommermonate ist der Reichtum an Reptilienarten groß. Darüber hinaus beherbergen mediterranoide Strauchheiden eine besonders reiche und spezifische Avifauna.

Einfluss des Menschen. Nach Zurückdrängung der ursprünglichen Wälder sind auch viele der Macchien und Strauchheiden durch intensive Siedlungstätigkeit des Menschen und durch land- und forstwirtschaftliche Erschließung in ihrer Flächenausdehnung erheblich zurückgedrängt worden. Teilweise hat der Mensch Feuer gelegt und durch eine übermäßige Anzahl von Bränden die Gebiete degradiert.

Steppenlandschaften gemäßigter Breiten

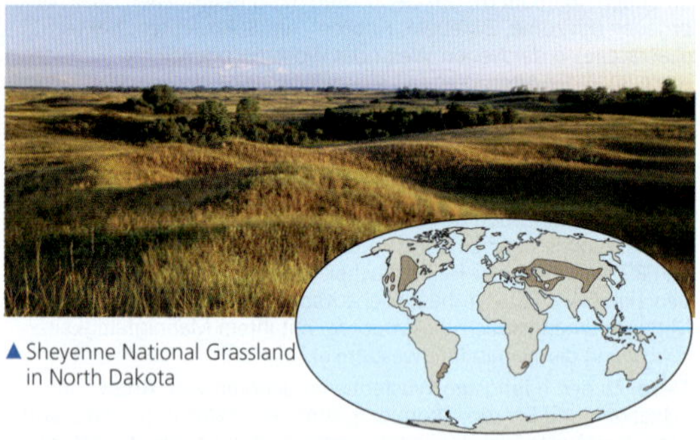

▲ Sheyenne National Grassland in North Dakota

Verbreitung. Steppenlandschaften kommen in den trockenen und winterkalten kontinentalen Gebieten der **gemäßigten Breiten** vor: Beispiele sind unter anderem die eurasische Steppe, die sich als *Puszta* in Ungarn und als *Baragan* in Rumänien bis in die östliche Mongolei erstreckt, die Prärien in Nordamerika und die *Pampa* in Argentinien und Uruguay. Das Ausgangssubstrat ist häufig Löss, der Bodentyp ist die Schwarzerde.

Niederschlag. Der Niederschlag ist vielfach stark jahreszeitenabhängig mit relativ trockenen Wintern und einem feuchten Frühjahr. Der durchschnittliche Jahresniederschlag liegt im Allgemeinen zwischen 300 und 1.000 Millimetern. Regelmäßig wiederkehrende Trockenperioden kommen häufig vor.

Temperatur. Der Winter ist kalt. Die Durchschnittstemperatur sinkt häufig weit unter −10 °C. Der Sommer ist mit Durchschnittstemperaturen, die häufig bis auf 30 °C ansteigen, heiß.

Pflanzen. Unter den Pflanzen dominieren Gräser und Kräuter, deren Höhe zwischen wenigen Zentimetern und bis zu zwei Metern in der Hochgrasprärie schwankt. Baumwuchs ist aufgrund des angespannten Wasserhaushalts nur punktuell oder in Übergangstypen (Waldsteppe) möglich; hinzu kommt eine nur kurze Vegetationsperiode. Von der reinen Kurzgrassteppe gibt es fließende Übergänge bis hin zur Waldsteppe, die in Nordamerika und Eurasien durch Arten der Gattungen Eiche *(Quercus)*, Linde *(Tilia)*, Ahorn *(Acer)*, Ulme *(Ulmus)* und Pappel *(Populus)* charakterisiert ist. Viele Pflanzen können aufgrund ihrer Anpassungen auch regelmäßig wiederkehrende, längere Dürreperioden gut überstehen. In den eurasischen Steppengebieten sind Federgräser *(Stipa)* charakteristisch. Die Vegetation ist gut an die Weidetätigkeit der großen Weidegänger angepasst (siehe Savannen).

Tiere. Typische Steppenherbivoren sind in Eurasien die Saigaantilope *(Saiga tatarica)* und der Halbesel *(Equus hemionus)* oder ehemals das inzwischen in freier Wildbahn ausgestorbene Przewalskipferd *(Equus ferus przewalskii)*, in den Prärien Nordamerikas der Präriebison *(Bison bison)* und die Gabelantilope *(Antilocapra americana)*, in der Pampa Südamerikas das Guanako *(Lama guanicoë)* und der Pampahirsch *(Odocolleus bezoarcticus)*. Neben diesen gibt es auch zahlreiche im Boden grabende Arten, zum Beispiel in Nordamerika den Präriehund *(Cynomys ludovicianus)*, in der Pampa das Viscacha *(Lagostomus maximus)* und in Eurasien das Ziesel *(Citellus citellus)* und das Steppenmurmeltier *(Marmota bobak)*.

Einfluss des Menschen. Mit ihrem tiefgründigen, fruchtbaren Boden eignen sich viele Steppen der gemäßigten Breiten ideal für die Landwirtschaft und insbesondere für den Getreideanbau. Deshalb wurden die Graslandschaften in Nordamerika und großen Teilen Eurasiens weitgehend in landwirtschaftliche Nutzflächen umgewandelt. In einigen trockenen Graslandschaften haben Rinder und andere Weidetiere dazu beigetragen, dass sich Teile dieses Bioms in Halbwüsten verwandelten. Durch die Bewässerung von Steppen besteht eine erhöhte Versalzungsgefahr der Böden. Die Nutzung der Flüsse Syrdarja und Amudarja zur Bewässerung landwirtschaftlicher Flächen in Kasachstan führte zu einer Verringerung des Wasservolumens des Aralsees um über 70 Prozent und zur Entstehung riesiger Salzflächen, die landwirtschaftlich nicht mehr genutzt werden können.

Laubwälder gemäßigter Breiten

▲ Laubwald im Teutoburger Wald

Verbreitung. Diese Wälder besiedeln die sogenannte nemorale, gemäßigte Zone. Man findet sie vor allem in den mittleren Breiten der nördlichen Hemisphäre in Europa, ausgenommen Süd- und Nordeuropa, im Osten Nordamerikas und in Ostasien (Teile Chinas, Koreas, Nordjapan). Kleinere Gebiete gibt es auch in Neuseeland, Australien und Südamerika.

Niederschlag. Der durchschnittliche Jahresniederschlag schwankt zwischen 700 und über 2.000 Millimetern. Zu allen Jahreszeiten, auch im Sommer, fallen nennenswerte Regenmengen; in manchen Regionen fällt im Winter Schnee.

Temperatur. Es herrscht ein kühler, drei bis vier Monate dauernder Winter. Die mittlere Temperatur des kältesten Monats liegt nahe oder unter 0 °C, im Extrem bei bis zu –20 °C. Aus diesem Grund müssen die hier vorkommenden Arten auch frostbeständig sein. Die Vegetationszeit dauert vier bis sechs Monate.

Pflanzen. Ein Laubwald gemäßigter Breiten besitzt eine Baumschicht mit geschlossenem Kronendach sowie eine Strauch- und Krautschicht. Epiphyten gibt es nur in geringer Anzahl. Die domidominierenden Pflanzen sind Laubbäume, die ihre Blätter abwerfen, bevor der Winter beginnt. Die charakteristischen Baumarten in der Nordhemisphäre gehören vor allem folgenden Gattungen an: Buche *(Fagus)*, Eiche *(Quercus)*, Ahorn *(Acer)*, Esche *(Fraxinus)*, Ulme *(Ulmus)*, Linde *(Tilia)*, Pappel *(Populus)*, Birke *(Betula)*, Walnuss *(Juglans)*, Tanne *(Abies)*, Fichte *(Picea)* und Kiefer *(Pinus)*. Auf der Südhalbkugel ist es die Gattung der Südbuchen *(Nothofagus)*.

Tiere. Die nemoralen Waldgebiete zeigen einen großen Tierartenreichtum (Insekten, Vögel und kleinere Säugetiere). Die kalte Jahreszeit überdauern viele Säugetiere in Winterruhe oder im Winterschlaf; zahlreiche Vogelarten ziehen in wärmere Klimazonen.

Einfluss des Menschen. Die Laubwälder der gemäßigten Breiten wurden auf allen Kontinenten in großem Umfang gerodet, um landwirtschaftliche Flächen und Siedlungen zu schaffen. Auch sind sie forstlich durch intensive Holzgewinnung stark beeinflusst, oft auch unter Einbringung nicht einheimischer Baumarten. Mit ihrer Regenerationsfähigkeit können die Wälder jedoch große Teile ihres früheren Verbreitungsgebietes zurückerobern.

Boreale Nadelwälder und pazifische Nadelwälder

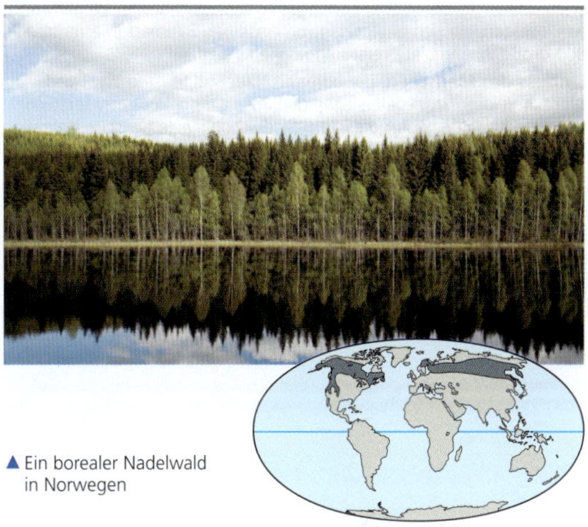

▲ Ein borealer Nadelwald in Norwegen

Verbreitung. Die borealen winterkalten Nadelwälder, in Eurasien auch Taiga genannt, erstrecken sich als breites Band quer über Nordamerika und Eurasien (Fennoskandien, Sibirien) bis zum Rand der arktischen Tundra. Sie sind das größte terrestrische Biom der Erde. Der vorherrschende Bodentyp ist der Podsol.

Niederschlag. Der durchschnittliche Jahresniederschlag liegt in der Regel zwischen 200 und 500 Millimetern, Trockenperioden kommen insbesondere in den mehr kontinental gelegenen Regionen vor und begünstigen Brände. Manche Nadelwälder an der Pazifikküste im Nordwesten der USA sind jedoch auch Regenwälder gemäßigter Breiten, in denen jährlich über 3.000 Millimeter Niederschlag fallen. Die unten angeführten Klimacharakteristika gelten für diese Nadelwälder nicht. Hohe Niederschläge und hoher Grundwasserstand führen im borealen Nadelwald zu Vermoorungen. In Kombination mit den tiefen Wintertemperaturen kommt es zur Ausbildung von Permafrost.

Temperatur. Der Winter ist in der Regel kalt, lang und mit Ausnahme sehr kontinentaler Gebiete schneereich. In manchen Nadelwaldgebieten Sibiriens schwanken die Temperaturen zwischen –50 °C im Winter (Tiefstwerte bei –68 °C) und über 20 °C im Sommer. Nur maximal vier Monate werden Temperaturen über 10 °C erreicht. Die Dauer der kalten Jahreszeit liegt bei etwa sechs Monaten. Somit handelt es sich um ein besonders ausgeprägtes Jahreszeitenklima.

Pflanzen. Die beherrschenden Pflanzen der borealen Wälder sind Nadelbäume. In Nordamerika sind die charakteristischen Arten die Weißfichte *(Picea glauca)*, die Schwarzfichte *(P. mariana)* und die Balsamtanne *(Abies balsamea)*, in Eurasien die Gewöhnliche Fichte *(Picea abies)*, die Sibirische Fichte *(P. obovata)*, die Waldkiefer *(Pinus sylvestris)*, die Europäische Lärche *(Larix decidua)*, aber auch einige Laubbaumarten wie Birke *(Betula)*, Pappel *(Populus)*, Weide *(Salix)* und Erle *(Alnus)*. In Eurasien unterscheidet man eine dunkle Taiga (der typische boreale Nadelwald) von einer hellen Taiga, die durch die Lärche *(Larix)* charakterisiert ist. Die konische Form vieler Nadelbäume hat sich besonders in schneereichen Gebieten herausgebildet (Ökotypen) und verhindert, dass die Äste unter Schnee- und Eisdruck brechen. In der Strauch- und Krautschicht dieser Wälder herrscht eine geringere Artenvielfalt als in den Laubwäldern gemäßigter Breiten. Es kommen zahlreiche Zwergsträucher vor wie Heidelbeere *(Vaccinium myrtillus)* und Preiselbeere *(V. vitis-idaea)*. Die Kieferntaiga ist besonders reich an Flechten.

Tiere. In den borealen Nadelwäldern nisten viele Vogelarten: Charakteristisch ist unter anderem der Dreizehenspecht *(Picoides tridactylus)*. Das Biom beherbergt zahlreiche große Säugetierarten wie Elch *(Alces alces)*, Wolf *(Canis lupus)*, Vielfraß *(Gulo gulo)* und verschiedene Bärenarten *(Ursus)*. Immer wieder kommt es zu explosionsartiger Vermehrung von Insekten, die sich phytophag von einzelnen Baumarten ernähren und große Waldgebiete zerstören können.

Einfluss des Menschen. Die borealen Nadelwälder sind zwar von Menschen kaum besiedelt, sie werden aber zum Teil intensiv forstlich genutzt (zum Beispiel für die Papierproduktion); viele typische boreale Waldgesellschaften sind heute bereits stark gefährdet.

Tundra

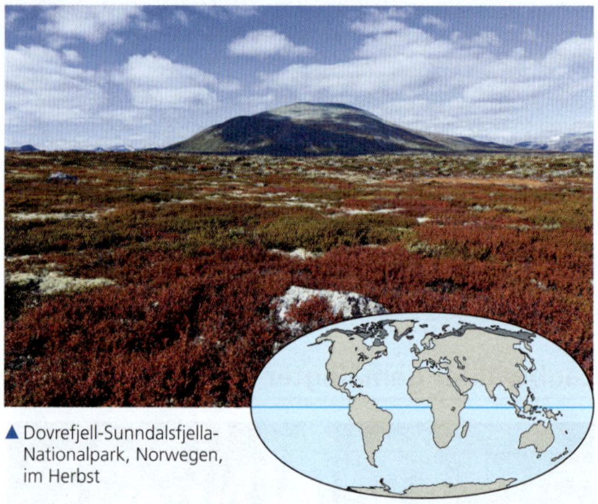

▲ Dovrefjell-Sunndalsfjella-Nationalpark, Norwegen, im Herbst

Verbreitung. Die **Tundra** bedeckt im Nordpolargebiet weite Gebiete und macht etwa fünf Prozent aller Landflächen der Erde aus. Ähnliche Lebensräume finden sich auch in den Hochgebirgen aller geografischen Breiten, sogar in den Tropen. Sie werden als *alpine Tundra* bezeichnet. Bei den Böden handelt es sich um Roh-, Gley-, Moor- und Permafrostböden. Man unterscheidet zwischen einer nördlichen (arktischen Tundra), Zwergstrauch-, Flechtenund Moostundra (Tundra im engeren Sinne), und einer südlichen Strauchtundra, die in die borealen Nadelwälder übergeht.

Niederschlag. Der durchschnittliche Jahresniederschlag liegt in der arktischen Tundra zwischen 200 und 600 Millimetern, in der alpinen Tundra kann er jedoch auch über 1.000 Millimeter steigen.

Temperatur. Es findet ein halbjährlicher Wechsel zwischen Polartag und Polarnacht statt. Während des langen Winters liegen die Durchschnittstemperaturen in manchen Regionen bei bis zu –50 °C. Auch in dem kurzen Sommer bleibt es mit Durchschnittstemperaturen zwischen 2 und 10 °C sehr kühl und nachts ist Frost möglich.

Pflanzen. Die Vegetation hat eine Wachstumsperiode (Mitteltemperatur > 5 °C) von nur 7–16 Wochen. Aus diesem Grund ist ein Baumwuchs nicht möglich. Die Vegetation der Tundra besteht vorwiegend aus Zwergsträuchern, krautigen Pflanzenarten, Flechten- und Moosarten; zahlreiche Pflanzenarten zeigen Horst- und Polsterwuchs. Das Wachstum der Pflanzenwurzeln wird durch den **Permafrost**, eine dauerhaft gefrorene Bodenschicht, beschränkt. Gefrorener Boden in Kombination mit höheren Lufttemperaturen bewirkt bei Pflanzen Frosttrocknis: Bei wärmeren Bedingungen öffnen sich die Spaltöffnungen, um das für die Fotosynthese notwendige Kohlendioxid aufzunehmen. Dabei entweicht über die Transpiration Wasser, das aber aus dem gefrorenen Boden nicht nachgeliefert werden kann. Die Folge sind Trockenschäden an der Pflanze. Die Zwergstrauchtundra ist durch zahlreiche Ericaceen *(Vaccinium)*, die Seggen- und Wollgrastundra durch Sauergräser der Gattung *Carex* und Wollgräser *(Eriophorum)* charakterisiert.

Tiere. Die großen, weidenden Moschusochsen *(Ovibos moschatus)* sind ständige Bewohner der Tundra; Rentiere *(Rangifer tarandus)* führen hingegen weite Wanderungen durch. Als Raubtiere sind Bären *(Ursus)*, Wolf *(Canis lupus)*, als Herbivoren die Lemminge *(Dicrostonyx, Lemmus)*, Schneehühner *(Lagopus)*, Schneehasen *(Lepus timidus)* und Polarhasen *(Lepus arcticus)* zu nennen. Viele Vogelarten haben ihre Brutreviere in der Tundra.

Einfluss des Menschen. Die Tundra ist nur dünn besiedelt, rückte aber in den letzten Jahren wegen ihrer beträchtlichen Mineral- und Ölvorkommen in den Mittelpunkt des ökonomischen Interesses. Aufgrund der globalen Erderwärmung sind die Tundren in besonderem Maße gefährdet.

in ihren physiologischen Anpassungen die Kakteen (Cactaceae) der amerikanischen Wüsten den Wolfsmilchgewächsen (Euphorbiaceae) der Wüsten Afrikas. Sie gehören allerdings zu ganz unterschiedlichen systematischen Gruppen.

In vielen Biomen ist die dominierende Vegetation sogar auf regelmäßig wiederkehrende natürliche Umweltereignisse angewiesen. So ist Feuer zum Beispiel in bestimmten Graslandschaften der gemäßigten Breiten, in subtropischen und tropischen Savannenlandschaften, in mediterranoiden Landschaften mit sommerlicher Trockenheit und Winterregen (*Chaparral* in Nordamerika, *Macchie* des Mediterranraums oder *Fynbos* in Südafrika) ein natürlicher und notwendiger Umweltfaktor. In den großen Ebenen des nordamerikanischen Mittelwestens kommen Brände aber heute nicht mehr häufig vor, da die Ökosysteme der Hochgrasprärie in landwirtschaftliche Flächen umgewandelt wurden, die nur selten Feuer fangen.

Beispiele für terrestrische Biome sind in Abbildung 52.14 vorgestellt. Beim Lesen der verschiedenen Beschreibungen sollte man jedoch daran denken, dass der Mensch große Teile der Erdoberfläche verändert hat und die ursprünglichen und natürlichen Biome durch landwirtschaftliche oder forstlich veränderte Flächen sowie durch Städtebau und Industrieanlagen verdrängt wurden.

VERSTÄNDNISFRAGEN

1. Worin besteht nach dem Diagramm in Abbildung 52.13 der wichtigste Unterschied zwischen einer trockenen Tundra und einer Wüste?

2. Stellen Sie fest, in welchem potenziell natürlichen Biom Sie leben, und fassen Sie seine abiotischen und biotischen Merkmale zusammen. Spiegeln sich diese Merkmale in Ihrer unmittelbaren Umwelt wider?

3. WAS WÄRE, WENN? Angenommen, durch die globale Erderwärmung stiege die Durchschnittstemperatur der Atmosphäre in diesem Jahrhundert um 4 °C an. Welches Biom wird dann mit der größten Wahrscheinlichkeit in manchen Regionen an die Stelle der Tundra treten? Begründen Sie Ihre Antwort.

Wissenschaftliche Übung

Erstellung von Balken- und Liniendiagrammen mit Interpretation der Daten

Wie beeinflussen Salzgehalt und Konkurrenz die Verbreitung von Pflanzenarten in einem Ästuar? Die Grundlage für Studien zur Verbreitung von Arten sind zunächst meist Freilanderhebungen. Beispielsweise zeigen Geländebeobachtungen, dass *Spartina patens* (Schlickgras) die dominante Pflanzenart in den Salzmarschen und *Typha angustifolia* (Schmalblättriger Rohrkolben) in den Brackmarschen ist. Ziel dieser Übung ist es, anhand von Daten aus einem Experiment zum Einfluss eines abiotischen Faktors (Salzgehalt) und eines biotischen Faktors (Konkurrenz) auf das Wachstum der beiden Pflanzenarten zwei Balkendiagramme und ein Liniendiagramm zu erstellen. Anschließend sollen die Ergebnisse interpretiert werden.

Durchführung des Experiments In einem Freilandexperiment pflanzten die Forscher *S. patens* und *T. angustifolia* jeweils in Reinkultur (nur eine Art) und in Mischkultur (beide Arten) an. Nach zwei Vegetationsperioden (anderthalb Jahre) wurde die Biomasse für jeden Untersuchungsansatz ermittelt. Darüber hinaus wurden beide Arten im Gewächshaus bei sechs verschiedenen Salinitätsstufen kultiviert. Die Ermittlung der Biomasse erfolgte für jeden Ansatz alle acht Wochen.

Experimentelle Daten des Freilandexperiments Angegeben ist jeweils der Mittelwert von 16 Stichproben.

	Mittlere Biomasse (g/100 cm²)			
	Spartina patens		*Typha angustifolia*	
	Salzmarsch	**Brackmarsch**	**Salzmarsch**	**Brackmarsch**
Mischkultur	8	3	0	18
Reinkultur	10	20	0	33

Spartina patens und *Typha angustifolia.*

Daten des Gewächshausexperiments

Salzgehalt (in Promille)	**0**	**20**	**40**	**60**	**80**	**100**
Maximale Biomassein Prozent (*S. patens*)	77	40	29	17	9	0
Maximale Biomasse in Prozent (*T. angustifolia*)	80	20	10	0	0	0

Datenauswertung

Erstellen Sie für jede Art ein Balkendiagramm anhand der Daten des Freilandexperiments. Was sagt die Grafik über die Salztoleranz von *S. patens* und *T. angustifolia* aus?

Basierend auf der Grafik, welche Rolle spielt die Konkurrenz für das Wachstum? Welche Art ist konkurrenzstärker?

Erstellen Sie ein Liniendiagramm anhand der Daten des Gewächshausexperiments. Entscheiden Sie, welche die abhängige und welche die unabhängige Variable ist.

Im Freiland fehlt *S. patens* in den Brackmarschen, *T. angustifolia* kommt dagegen nicht in Salzmarschen vor. Anhand der Ergebnisse der vorliegenden Studie stellt sich die Frage, ob dies für die jeweilige Art auf den Salzgehalt oder die Konkurrenz zurückzuführen ist.

Quelle: C. M. Crain et al., Physical and biotic drivers of plant distributions across estuarine salinity gradients, *Ecology* 85: S. 2539–2549 (2004).

ZUSAMMENFASSUNG

Die Ökologie integriert viele biologische Forschungsrichtungen und dient als wissenschaftliche Grundlage für den Natur- und Umweltschutz

Der Zusammenhang zwischen Ökologie und Evolutionsbiologie. Vorgänge, die in ökologischen Zeiträumen stattfinden, wirken sich auch auf evolutionäre Zeiträume bei der Entstehung der Vielfalt der verschiedenen Organismenarten und Lebensformen aus.

Ökologie und Umweltschutz. Die ökologische Forschung liefert wichtige wissenschaftliche Grundlagen für den angewandten Natur- und Umweltschutz.

Die Wechselbeziehungen zwischen Organismen und ihrer Umwelt bestimmen ihre Verbreitung und Häufigkeit

Biotische Faktoren (belebte Faktoren), die alle Organismen betreffen, die zur Umwelt eines Organismus gehören und auf ihn wirken, sowie **abiotische Faktoren** (unbelebte Faktoren), solche von geophysikalischer und chemischer Natur wie Temperatur, Solarstrahlung, Wasser und Nährstoffe, bestimmen das Vorkommen und die Verbreitung einer Art.

Klima. Die globale Klimaverteilung ist im Wesentlichen von der Menge einfallender Solarstrahlung, der Erdbewegung um die Sonne und der Verteilung der Wasser- und Festlandmassen auf der Erde abhängig. Hierbei spielt nördlich und südlich des Äquators der im Jahresverlauf wechselnde Einfallswinkel der Sonnenstrahlung eine große Rolle. Gewässer, Gebirge und die Vegetationsstruktur haben regionale und lokale Auswirkungen auf das Klima (Mesoklima, Bestandsklima). Als Mikroklima bezeichnet man die klimatischen Verhältnisse einzelner Strukturen und Strukturteile innerhalb eines Lebensraums.

Aquatische Biome: Vielfältige und dynamische Systeme, die den größten Teil der Erdoberfläche einnehmen

Struktur aquatischer Biome. Aquatische Biome nehmen flächenmäßig den größten Teil der Biosphäre ein. Sie haben je nach Lichteinfluss und Temperatur unterschiedliche vertikale Schichten, die auch durch unterschiedliche Lebensgemeinschaften charakterisiert sind.

Klima und unvorhersagbare Umweltveränderungen bestimmen die Struktur und Verbreitung der terrestrischen Biome

Makroklima und terrestrische Biome. Temperatur und Niederschläge beeinflussen im Wesentlichen das Vorkommen unterschiedlicher Biomtypen. Bei sich überlappenden Biomtypen spielen auch andere abiotische Faktoren eine Rolle, zum Beispiel das Vorkommen von ausgeprägten Jahreszeiten.

Allgemeine Eigenschaften terrestrischer Biome und die Bedeutung von Störungen. Terrestrische Biome werden häufig nach ihren charakteristischen abiotischen oder klimatischen Faktoren sowie nach der vorherrschenden Vegetation benannt. Ein wichtiges Merkmal terrestrischer Biome ist ihre vertikale Schichtung. Natürliche und vom Menschen verursachte dynamische Prozesse haben einen wichtigen Einfluss auf die Zusammensetzung der Vegetation der einzelnen Biome.

Populationsökologie

53

53.1 Dynamische Prozesse und ihr Einfluss auf die Individuendichte, Individuenverteilung und Demografie von Populationen

Eine **Population** (engl. *population*) ist die Gesamtheit der Individuen einer Art, die in einem Siedlungsgebiet leben, sich dort in der Regel über mehrere Generationen fortpflanzen und so genetische Kontinuität zeigen. Die Individuen einer Population sind auf die gleichen Ressourcen angewiesen, werden von ähnlichen Umweltfaktoren beeinflusst und können untereinander, neben der Fortpflanzung, durch Konkurrenz oder soziale Interaktionen in Wechselbeziehung stehen. Die neuen oder auch emergenten Eigenschaften einer Population, die über die Summe der einzelnen Eigenschaften ihrer Individuen hinausgehen, sind unter anderem die Geburtenrate (Natalität), die Sterberate (Mortalität), die Einwanderung (Immigration), die Auswanderung (Emigration), die Altersstruktur, das Geschlechterverhältnis, die Verteilung der Individuen im Siedlungsgebiet (Dispersion) und schließlich die Populationsgröße als die Anzahl aller Individuen der Population sowie die Anzahl von Individuen pro Flächeneinheit. Letztere wird auch als Individuendichte, Populationsdichte oder Abundanz bezeichnet.

> **MERKE!**
> **Eine Population ist die Gesamtheit der Individuen einer Art, die in einem Siedlungsgebiet leben, sich dort in der Regel über mehrere Generationen fortpflanzen und so genetische Kontinuität zeigen.**

53.1.1 Individuendichte und Verteilungsmuster

Eine Population hat zu jedem Zeitpunkt eine charakteristische räumliche Ausdehnung, die ihr Siedlungsgebiet darstellt. Innerhalb dieses Siedlungsgebietes treten die Individuen mit einer bestimmten Dichte auf, der Individuendichte (engl. *population density*). Eine Population kann innerhalb einer Flächen- und Raumeinheit natürliche Grenzen haben wie die Schafe auf der schottischen Insel Hirta. In der Praxis werden die Grenzen oft aus pragmatischen Gründen von Wissenschaftlern festgelegt, so zum Beispiel im Rahmen einer Bestandserfassung der Stieleichen (*Quercus robur*) im Landkreis Emsland. Nachdem die Populationsgrenzen bekannt sind, kann man im nächsten Schritt die Individuendichte und die Individuenverteilung bestimmen. Die **Individuendichte** ist dabei die Anzahl der Individuen je Flächen- oder Raumeinheit, also die Anzahl der Stieleichen (*Quercus robur*) je Quadratkilometer im Landkreis Emsland oder die Anzahl von *Escherichia coli*-Bakterien je Milliliter Flüssigkeit in einem Reagenzglas. Als **Verteilung** (engl. *dispersion*) versteht man die Anordnung der Populationsmitglieder entweder im Raum (*Dispersion*) oder über Raum und Zeit (*Dispersionsdynamik*).

> **MERKE!**
> **Unter Individuendichte versteht man die Anzahl der Individuen je Flächen- oder Raumeinheit.**

Verteilungsmuster und ihre Gründe Innerhalb des Siedlungsgebietes einer Population kann die lokale Individuendichte beträchtlich schwanken. So können in einem Siedlungsgebiet, das für die Untersuchung einer Population in regelmäßige Quadrate von 100 × 100 m aufgeteilt wurde, einige Quadrate keine, andere hingegen überdurchschnittlich viele Individuen aufweisen. Die Variabilität der lokalen Individuendichte liefert Populationsökologen wichtige Hinweise über die Umweltfaktoren, die auf eine Population einwirken, und über die sozialen Wechselbeziehungen zwischen ihren Individuen. Außerdem eignen sich bestimmte Habitate in einem Siedlungsgebiet als Wohn- oder Nahrungsraum für die Populationen einer Art besser als andere und bestimmen so die räumlichen **Verteilungs-** oder **Dispersionsmuster** der Individuen (Abbildung 53.1).

Abbildung 53.1: **Großer Heidegrashüpfer (*Stenobothrus lineatus*) mit einem Nummernplättchen auf dem Rücken zur individuellen Markierung.** Zur Bestimmung der Verteilungsmuster werden reflektierende Folien an den Hinterbeinen befestigt, die bei Dunkelheit im Licht einer Lampe leuchten und den Aufenthaltsort des Tieres preisgeben.

Am häufigsten findet man die **geklumpte** (aggregative, gehäufte) Verteilung vor, bei der die Individuen sich an einzelnen Stellen des Siedlungsgebietes in höherer Individuenzahl aufhalten als an anderen. Häufig geht die geklumpte Verteilung von Individuen mit einer ebenso geklumpten Verteilung ihrer limitierenden Ressourcen einher. So treten Pflanzen und Pilze häufig an Stellen auf, an denen die Boden- und Nährstoffverhältnisse ihre Etablierung und ihr Wachstum begünstigen. Zum Beispiel lässt sich das geklumpte Vorkommen von Brennnesseln (*Urtica dioica*) mit der aggregierten Verteilung hoher Stickstoffkonzentrationen (N) im Boden erklären. Viele Pilze wachsen gehäuft auf verrottenden Baumstämmen, da sie in der Lage sind, Lignin und Cellulosen zu verwerten. Unter diesen Stämmen finden sich auch andere Organismen, die sich als **Zersetzer (Destruenten)** von toter organischer Materie ernähren (*saprotroph*) und dort aufgrund des großen Nahrungsangebots und des günstigen Mikroklimas in hohen Individuenzahlen vorkommen können. Auch mit dem Fortpflanzungsverhalten oder dem Fortpflanzungstyp kann eine geklumpte Verteilung von Tieren oder Pflanzen korrelieren (Abbildung 53.2). Viele Süßgräser (Poaceae), aber auch verschiedene Baumarten, wie zum Beispiel die Zitter-Pappel (*Populus tremula*), sind modulare Organismen. **Modulare Organismen** können sich über die Bildung von Ausläufern oder durch Knospung (Süßwasserpolyp *Hydra*) asexuell vermehren. Die so entstandenen Individuen sind genetisch betrachtet **Klone** des Mutterorganismus. Pflanzenarten, die sich auf diese Weise vermehren können, nennt man auch klonale Pflanzen. Die Mutterpflanze ist in diesem Fall der aus der Zygote durch Reifeteilung hervorgegangene Genet, der Ausläufer bildet, die man als Ramet bezeichnet. Diese entwickeln sich zu vollständigen Pflanzen, die schließlich eigenständig fortbestehen. Besonders bei vielen Pflanzenarten führt dies oft zu einer Erhöhung der lokalen Individuendichte und damit zu einer geklumpten Verteilung.

Eine **homogene** (reguläre, regelmäßige) Verteilung mit ungefähr gleichen Abständen zwischen den Individuen ist oft die Folge starker innerartlicher (intraspezifischer) Konkurrenz. Intraspezifische Konkurrenz, das heißt die Konkurrenz zwischen Mitgliedern der gleichen Art, entsteht immer im Wettbewerb um begrenzte (limitierte) Ressourcen. Intraspezifische Konkurrenz ist damit immer auch eine Funktion der Individuendichte: je größer die Individuendichte, desto stärker die intraspezifische Konkurrenz bei sonst gleichen Umweltbedingungen. Wir unterscheiden im Prinzip zwei verschiedene Formen der intraspezifischen Kon-

(a) Gehäufte (aggregative, geklumpte) Verteilung. Wenn Nahrung reichlich zur Verfügung steht, finden sich viele Tiere wie diese Seesterne *(Pisaster ochraceus)* zu Gruppen zusammen.

(b) Regelmäßige (homogene, reguläre) Verteilung. Vögel, die auf kleinen Inseln nisten wie diese Königspinguine *(Aptenodytes patagonicus)* auf Südgeorgien im antarktischen Ozean, nehmen oft regelmäßige Abstände ein. Diese werden durch aggressive Interaktionen zwischen Nachbarn aufrechterhalten.

(c) Zufällige Verteilung (Normalverteilung). Viele Pflanzenarten wachsen wie hier der Löwenzahn *(Taraxacum officinale)* aus Samen heran, die vom Wind ausgebreitet werden, an zufälligen Stellen landen und dann keimen.

Abbildung 53.2: Dispersionsmuster im Lebensraum einer Population.

? Manchmal hängt das Verteilungsmuster vom Beobachtungsmaßstab ab. Wie würde die Verteilung der Pinguine (Spheniscidae) aussehen, wenn man sie von einem Flugzeug aus analysiert, das über ihr Siedlungsgebiet fliegt?

kurrenz: Gedränge- (engl. *scramble*) und Auseinandersetzungskonkurrenz (engl. *contest*). In der englischsprachigen Literatur verwendet man sogar die Begriffe „Scramble"- und „Contest"-Arten, um auszudrücken, dass die intraspezifische Form der Konkurrenz art- beziehungsweise genotypspezifisch ist, und nicht von den Umweltbedingungen abhängt.

Unter **Scramble-** oder **Gedrängekonkurrenz** versteht man eine intraspezifische Konkurrenz, die *alle* Mitglieder der Population gleichermaßen betrifft, also symmetrisch ist. Eine weitere Form ist die **Contest-** oder **Auseinandersetzungskonkurrenz**. Diese ist stets asymmetrisch, das heißt, dass nicht alle Mitglieder der Population in gleicher Weise von ihr betroffen sind. Man unterscheidet bei dieser Form der intraspezifischen Konkurrenz zwei weitere Typen: die **Ausbeutungskonkurrenz** (Exploitation) und die **Interferenz**. Diese beiden Typen der Contestkonkurrenz sind im Gegensatz zur Scramblekonkurrenz auch zwischen verschiedenen Arten möglich; sie sind also auch Formen der interspezifischen Konkurrenz, die wir im nächsten Kapitel genauer untersuchen wollen. Die intraspezifische Form der Ausbeutungskonkurrenz ist bei Pflanzenarten häufig.

MERKE!

Unter Scramble- oder Gedrängekonkurrenz versteht man eine intraspezifische Konkurrenz, die alle Mitglieder der Population gleichermaßen betrifft, also symmetrisch ist.

MERKE!

Contest- oder Auseinandersetzungskonkurrenz heißt, dass nicht alle Mitglieder der Population in gleicher Weise von ihr betroffen sind.

53.1.2 Demografie

Die Faktoren, die auf die Individuendichte und -verteilung einer Population wirken – die ökologischen Ansprüche einer Art, die Struktur ihrer Umwelt und die Wechselbeziehungen zwischen den Individuen der Population – haben auch einen Einfluss auf andere Parameter einer Population. Die detaillierte Aufnahme und statistische Auswertung von Daten über Geburt, Wachstum, Fortpflanzung und Tod der Individuen einer Population sowie ihre zeitlichen Veränderungen ist das Aufgabengebiet der **Demografie**. Besonders interessiert man sich dabei für die Geburtenrate (Natalitätsrate) und ihre Schwankungen bei einzelnen Arten sowie für die Sterberate (Mortalitätsrate). Ein nützliches Hilfsmittel, um einige wichtige statistische Angaben über eine Population zusammenzufassen, sind Lebenstafeln sowie Überlebens- und Fertilitätskurven.

53.2 Wichtige Phasen im Lebenszyklus einer Organismenart als Produkt der natürlichen Selektion

Die natürliche Selektion begünstigt Merkmale, durch die sich die Aussichten eines Individuums auf eine lange Lebensdauer und einen hohen Fortpflanzungserfolg verbessern. Alle Arten müssen hierbei Kompromisse (engl. *trade-offs*) eingehen, zwischen der ihnen zur Verfügung stehenden Lebensdauer und Merkmalen wie der Vermehrungshäufigkeit, der Anzahl der Nachkommen (Anzahl der Samen bei Pflanzen, Gelege- oder Wurfgröße bei Tieren) oder den Investitionen in die Brutfürsorge oder Brutpflege. Der Lebenszyklus (engl. *life cycle*) der Individuen einer Art wird im Wesentlichen durch die Dauer der Reproduktionsfähigkeit bestimmt sowie durch ihre Gesamtlebensdauer (von der Geburt über die Fortpflanzung bis zum Tod). Dieser Lebenszyklus umfasst drei grundlegende Parameter: Wann beginnt die Reproduktion (Alter bei der ersten Reproduktion oder Geschlechtsreife), wie oft reproduziert sich das Individuum und wie viele Nachkommen werden in jeder Fortpflanzungsphase produziert?

Mit Ausnahme des Menschen, auf den wir später in diesem Kapitel noch eingehen werden, entscheiden die einzelnen Organismen nicht bewusst, wann sie sich reproduzieren oder wie viele Nachkommen sie haben sollen. Die verschiedenen Phasen im Entwicklungszyklus eines Organismus sind vielmehr Produkte der Evolution, die sich in der Individualentwicklung, der Physiologie und im Verhalten widerspiegeln.

53.2.1 Evolution und die Vielfalt von Lebenszyklen

Die Arten- und Lebensformen-Vielfalt, die ihre Ursache in evolutiven Prozessen hat, spiegelt sich auch in einer Vielzahl unterschiedlicher Lebenszyklen einzelner Arten wider. Die pazifischen Lachse der Gattung *Oncorhynchus* schlüpfen zum Beispiel im Oberlauf eines Baches und wandern dann ins offene Meer, wo sie im Laufe von vier

(a) **Die Agave *(Agave americana)* ist ein Beispiel für Semelparität.** Die Blätter der Pflanze sind an der Basis des großen Blütenstands sichtbar. Die Agave reproduziert sich nur ein einziges Mal am Ende ihres Lebens.

(b) **Die Stieleiche *(Quercus robur)* ist ein Beispiel für Iteroparität.** Eine Eiche kann über viele Jahrzehnte hinweg jährlich Tausende von Eicheln (Bild oben) produzieren.

Abbildung 53.3: **Semelparität und Iteroparität.**

weiteren Jahren geschlechtsreif werden. Schließlich kehren sie zum Laichen in den Oberlauf des Gewässers zurück; dort bietet sich ihnen nur ein einziges Mal die Gelegenheit zur Fortpflanzung: Sie legen mehrere tausend Eier ab und sterben dann. Dies bezeichnet man als **Big-Bang-Fortpflanzung** oder **Semelparität** (lat. *semel*, einmal und *parere*, hervorbringen), bei der sich die Individuen im Laufe ihres Lebens nur einmal fortpflanzen (Abbildung 53.3).

Das Gegenteil zur Semelparitie ist die **Iteroparität** (lat. *iterare*, wiederholen), bei der die Individuen einer Art in ihrem Leben zwei oder mehrere Reproduktionszyklen durchlaufen. Manche Echsen bringen zum Beispiel im zweiten Lebensjahr wenige große Eier hervor und reproduzieren sich dann mehrere Jahre lang jedes Jahr.

> **MERKE!**
> **Bei der Iteroparie durchlaufen die Individuen einer Art in ihrem Leben zwei oder mehrere Reproduktionszyklen.**

53.2.2 „Kompromisse" und Lebenszyklus

Die natürliche Selektion kann nicht alle wichtigen Parameter für die Reproduktion gleichzeitig maximieren. Man könnte sich einen Organismus vorstellen, der als semelpare Art viele Nachkommen hervorbringt, sie wie eine iteropare Art gut versorgt und hieran festhält, aber einen solchen Fall gibt es nicht. Die Reproduktionsfähigkeit eines Individuums wird durch die Faktoren Zeit, Energie und Nährstoffe begrenzt. In einem sehr weitgefassten Sinn muss stets ein Kompromiss (engl. *trade-off*) zwischen Fortpflanzung und Lebensdauer eines Individuums gefunden werden. In einer Untersuchung am Turmfalken (*Falco tinnunculus*) wurde nachgewiesen, welche Überlebensnachteile die Brutpflege für Eltern mit sich bringt.

Bei einer Art muss ein Kompromiss zwischen der Anzahl der möglichen Nachkommen und ihrer Körpergröße gefunden werden. Dieser Konflikt unterliegt der natürlichen Selektion. Pflanzen- und Tierarten, deren Nachkommen einer hohen Mortalität ausgesetzt sind, bringen hinsichtlich der Körpergröße häufig relativ kleine Nachkommen zur Welt; diese werden jedoch in großer Anzahl produziert. Pflanzenarten, die zum Beispiel

Lebensräume besiedeln, die hohen und oft unvorhersagbaren Umweltschwankungen und somit einer großen Dynamik unterliegen (zum Beispiel Schuttflächen im städtischen Bereich) bilden in der Regel viele kleine Samen aus, von denen möglicherweise nur wenige geeignete Standorte erreichen. Die geringere Samengröße verbessert möglicherweise auch die Chancen, dass sich Keimlinge etablieren können, da die Samen über größere Entfernungen ein breiteres Lebensraumspektrum erreichen können (Abbildung 53.4a).

Bei anderen Arten verbessern sich die Überlebenschancen der Nachkommen durch zusätzliche Investitionen der Eltern. Walnussbäume (*Juglans regia*) und Kokospalmen (*Cocos nucifera*) erzeugen große Diasporen, die so viel Energie und Nährstoffe enthalten, dass die Keimlinge gute Ausgangsbedingungen für eine Etablierung haben (Abbildung 53.4b). Bei Säugetieren endet die Investition der Eltern in ihre Nachkommen nicht immer nach der Schwangerschaft oder dem Brutgeschäft. Primaten zum Beispiel sind in der Regel immer nur mit einem oder zwei Nachkommen zur gleichen Zeit zusammen. Bei solchen Arten sind die Brutpflege und eine längere Lernphase während der ersten Lebensjahre für die individuelle Fitness der Nachkommen von großer Bedeutung.

(a) Viele krautige Pflanzenarten wachsen wie dieser Löwenzahn *(Taraxacum officinale)* schnell heran und produzieren eine große Anzahl von Diasporen. Damit ist sichergestellt, dass zumindest einige davon zu neuen Pflanzen heranwachsen und selbst wieder Samen hervorbringen können.

(b) Manche Pflanzenarten wie diese Kokospalme *(Cocos nucifera)* produzieren sehr große Diasporen, diese jedoch in geringer Anzahl. Das Endosperm jedes einzelnen Samens liefert Nährstoffe für den Embryo; diese Anpassung hat zur Folge, dass ein relativ großer Anteil der Nachkommen erfolgreich keimen und sich etablieren kann.

Abbildung 53.4: **Größenunterschiede bei Pflanzensamen.**

VERSTÄNDNISFRAGEN

1. Stellen wir uns zwei Flüsse vor: Der eine wird von einer Quelle gespeist, Wasservolumen und Wassertemperatur sind das ganze Jahr über konstant; der andere kommt aus einer trockenen Region und führt nur gelegentlich Wasser mit sich oder trocknet oft ganz aus. Welcher Fluss wäre nach Ihrer Ansicht wahrscheinlich der Lebensraum einer größeren Anzahl iteroparer Tierarten und warum?

2. Die Weibchen des Pfauen-Lippfisches (*Symphodus tinca*) verstreuen einen Teil ihrer Eier in einem größeren Gebiet, den anderen Teil legen sie in ein Nest. Nur die im Nest kommen in den Genuss der Brutpflege. Erläutern Sie, welcher Kompromiss bei der Fortpflanzung sich in diesem Verhalten zeigt.

3. WAS WÄRE, WENN? Mäuse, die nicht genügend Nahrung finden oder aus anderen Gründen Stress ausgesetzt sind, verstoßen manchmal ihre Jungen. Erläutern Sie, wie sich dieses Verhalten im Laufe der Evolution im Zusammenhang mit Kompromissen zwischen Reproduktionsverhalten und Lebenszyklus entwickelt haben könnte.

53.3 Exponentielles Wachstum: Ein Modell für Populationen in einer idealen, unbegrenzten Umwelt

Unabhängig vom jeweiligen Lebenszyklus haben Populationen aller Pflanzen- und Tierarten das Potenzial, sich stark zu vermehren, wenn Ressourcen im Überfluss zur Verfügung stehen. Zur Einschätzung des Vermehrungspotenzials einer Population kann man ein Bakterium herausgreifen, das sich unter idealen Laborbedingungen alle 20 Minuten durch Zweiteilung verdoppelt. Nach 20 Minuten sind zwei Bakterien vorhanden, nach 40 Minuten sind es vier und nach 60 Minuten acht. Wenn sich die Reproduktion mit dieser Geschwindigkeit fortsetzt, ohne dass Individuen sterben, wäre die Zahl der Bakterien nach eineinhalb Tagen so groß, dass sie die gesamte Erde mit einer 30 Zentimeter dicken Schicht bedecken würden. Das andere Extrem ist der Lebenszyklus eines Elefanten (*Loxodonta*), der während seiner hundertjährigen Lebensspanne vielleicht nur sechs Nachkommen hervorbringt. Dennoch schätzte Charles Darwin, dass die Anzahl der Nachkommen eines einzigen Elefantenpaares nach nur 750 Jahren bereits bei 19 Millionen liegen würde. Diese Schätzung stimmt vielleicht nicht genau, aber aufgrund solcher Analysen erkannte Darwin, welches gewaltige Vermehrungspotenzial alle Populationen besitzen. In der Natur findet unbegrenztes Wachstum zwar nicht über längere Zeit hinweg statt, die Analyse des Populationswachstums in einer idealisierten Umwelt ohne Grenzen zeigt jedoch, welche Vermehrungsrate eine Art besitzt und unter welchen Bedingungen diese Fähigkeit eine Rolle spielen kann.

53.3.1 Pro-Kopf-Zunahme

Stellen wir uns eine Population aus wenigen Individuen vor, denen eine ideale Umwelt keinerlei Grenzen für ihre Entwicklung auferlegt. Unter solchen Bedingungen besteht für die Individuen im Hinblick auf Energienutzung, Wachstum und Reproduktion keine Limitierung außer den biologischen Einschränkungen, die sich aus ihrem eigenen Lebenszyklus ergeben. Die Population wird mit jeder Geburt und mit jeder Einwanderung von Individuen aus anderen Populationen an Größe zunehmen und ihre Größe nimmt ab, wenn Individuen sterben oder aus der Population abwandern. Die Veränderung der Populationsgröße innerhalb eines bestimmten Zeitraums können wir demnach wie folgt ausdrücken:

Veränderung der Populationsgröße = (Geburten + zugewanderte Individuen) – (Todesfälle + abgewanderte Individuen)

Der Einfachheit halber wollen wir hier die Auswirkungen von Zu- und Abwanderung außer Acht lassen, in einer umfassenderen Analyse müsste man diese Faktoren jedoch mit berücksichtigen. Prägnanter können wir die vereinfachte Beziehung mathematisch ausdrücken. Wenn N die Populationsgröße und t die Zeit ist, ist ΔN die Veränderung der Populationsgröße und Δt der Zeitraum, in dem man das Populationswachstum analysiert. (Der griechische Buchstabe Delta oder Δ bezeichnet die Differenz von zwei Zuständen, in diesem Fall von N zu zwei Zeitpunkten.) Jetzt können wir die Gleichung folgendermaßen formulieren:

$$\frac{\Delta N}{\Delta t} = B - D$$

Dabei ist B *(birth)* die Anzahl der Geburten in der Population während des berücksichtigten Zeitraums und D *(death)* ist die Anzahl der Todesfälle.

Als Nächstes können wir diese einfache Gleichung so umformen, dass Geburten und Todesfälle als durchschnittliche Anzahl der Geburten und Todesfälle je Individuum (pro Kopf) während des berücksichtigten Zeitraums dargestellt werden. Die *Pro-Kopf-Geburtenrate* stellt die Anzahl der Individuen dar, die je Zeiteinheit von einem sich durchschnittlich verhaltenden Individuum der Population hervorgebracht wird. Finden zum Beispiel in einer Population von 1.000 Individuen während eines Jahres 34 Geburten statt, liegt die jährliche Pro-Kopf-Geburtenrate bei 34/1.000 oder 0,034. Wenn wir die (durch b symbolisierte) jährliche Pro-Kopf-Geburtenrate kennen, können wir mithilfe der Formel $B = bN$ berechnen, wie viele Geburten pro Jahr wieder in einer Population beliebiger Größe stattfinden werden. Wenn zum Beispiel die jährliche Pro-Kopf-Geburtenrate 0,034 beträgt und die Population aus 500 Individuen besteht, ist:

$$B = bN$$
$$B = 0{,}034 \times 500$$
$$B = 17 \text{ pro Jahr}$$

Entsprechend können wir mit der (als d dargestellten) *Pro-Kopf-Sterberate* berechnen, mit wie vielen Todesfällen wir je Zeiteinheit in einer Population beliebiger Größe zu rechnen haben; dazu benutzen wir die Formel $D = dN$. Wenn $d = 0{,}016$ pro Jahr ist, finden in einer Population von 1.000 Individuen 16 Todesfälle im Jahr statt. Für natürliche Populationen oder Laborpopulationen kann man die Pro-Kopf-Geburten- und -Sterberate über Schätzungen der Populationsgröße und aus den Daten in Lebens- und Fortpflanzungstafeln herleiten.

Jetzt können wir die Gleichung für das Populationswachstum noch einmal neu formulieren, wobei wir dieses Mal nicht die Anzahl der Geburten und Todesfälle zugrunde legen, sondern die Pro-Kopf-Geburten- und -Sterberate:

$$\frac{\Delta N}{\Delta t} = bN - dN$$

In der Populationsökologie interessiert man sich vor allem für den *Unterschied* zwischen der Pro-Kopf-Geburten- und der Pro-Kopf-Sterberate. Dieser Unterschied stellt die *Pro-Kopf-Wachstumsrate (per capita Wachstumsrate)* oder r dar:

$$r = b - d$$

Der Wert von r gibt an, ob eine Population wächst ($r > 0$) oder schrumpft ($r < 0$). Ein **Bevölkerungs-Nullwachstum** (engl. *zero population growth* oder **ZPG**) ist dann gegeben, wenn die Pro-Kopf-Geburten- und die Pro-Kopf-Sterberate gleich sind ($r = 0$). In einer solchen Population finden sowohl Geburten als auch Sterbefälle statt, aber sie gleichen sich genau aus.

Mithilfe der Pro-Kopf-Wachstumsrate können wir nun die Gleichung für die Veränderung der Populationsgröße neu formulieren als:

$$\frac{\Delta N}{\Delta t} = rN$$

Diese Gleichung gilt nur für einen festgelegten Zeitraum (häufig wie in dem zuvor genannten Beispiel für ein Jahr) und berücksichtigt weder Zu- noch Abwanderung von Individuen. In der Populationsökologie zieht man es meistens vor, das Bevölkerungswachstum mithilfe der Differenzialrechnung als Wachstum zu einem bestimmten Zeitpunkt auszudrücken:

$$\frac{dN}{dt} = r_{inst}N$$

In diesem Fall ist r_{inst} die augenblickliche Pro-Kopf-Wachstumsrate. Diese Gleichung ähnelt der vorherigen, nur sind die Zeiträume Δt sehr kurz und deshalb werden sie mit dt bezeichnet. Wenn Δt kürzer wird, nähert sich der Wert von r, der für einen Zeitraum gilt, immer stärker dem Wert von r_{inst}, der nur für einen Augenblick gilt.

53.3.2 Exponentielles Wachstum

Zuvor war von einer Population die Rede, deren Individuen Zugang zu einer unbegrenzten Nahrungsressource haben und alle Möglichkeiten ihrer Reproduktionsfähigkeit ausschöpfen können. Unter solchen idealen Bedingungen kommt es zu einem **exponentiellen Populationswachstum** (bei diskreten Zeitschnitten ein geometrisches Populationswachstum). Die Pro-Kopf-Wachstumsrate ist unter solchen Bedingungen konstant. Die Wachstumsrate der Population hängt also nur von der gegenwärtigen Populationsgröße N ab, das heißt, die gegenwärtige Population wächst in jedem Moment immer um den gleichen Faktor, die Pro-Kopf-Wachstumsrate:

$$\frac{dN}{dt} = rN$$

Die Größe einer exponentiell wachsenden Population nimmt mit konstanter Geschwindigkeit zu, was in einem Diagramm, in dem man die Populationsgröße gegen die Zeit aufträgt, zu einer J-förmigen Kurve führt (Abbildung 53.5). Die *Geschwindigkeit* der Zunahme ist zwar konstant, in der Population kommen aber, wenn sie größer ist, je Zeiteinheit mehr Individuen hinzu, als wenn sie klein ist; entsprechend werden die Kurven in Abbildung 53.5 mit der Zeit immer steiler. Das liegt daran, dass das Populationswachstum nicht nur von r, sondern auch von N abhängen kann; bei der gleichen Pro-Kopf-Wachstumsrate finden in einer großen Population mehr Geburten (und Todesfälle) statt als in einer kleinen. Wie man in Abbildung 53.5 außerdem erkennt, wächst eine Population mit einer Wachstumsrate von $dN/dt = 1{,}0N$ schneller als eine andere, bei der diese Rate $r = 0{,}5$ ist.

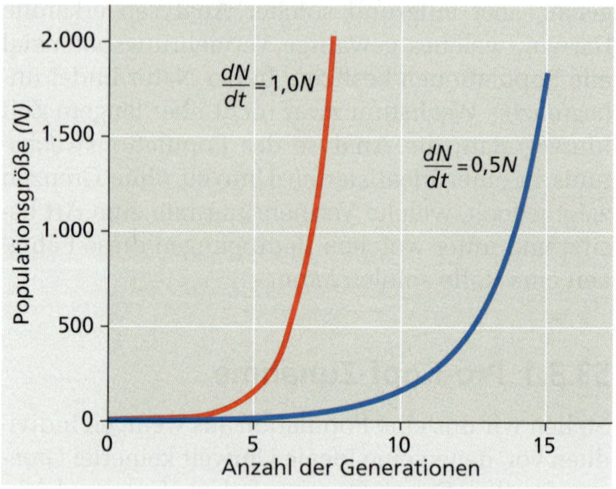

Abbildung 53.5: Exponentielles Populationswachstum. Die Grafik vergleicht zwei Populationen mit unterschiedlichen Werten von r. Steigt dieser Wert von 0,5 auf 1,0, dann beschleunigt sich der Anstieg der Populationsgröße, was sich in der relativen Steigung der Kurven bei jeder einzelnen Populationsgröße widerspiegelt.

Die exponentielle Wachstumskurve ist für solche Populationen charakteristisch, die einen neuen Lebensraum erobert haben oder durch eine Katastrophe dezimiert wurden und sich nun wieder erholen können. So wuchs zum Beispiel die Elefantenpopulation (*Loxodonta africana*) im Krüger-Nationalpark in Südafrika ungefähr 60 Jahre lang exponentiell an, nachdem man die Tiere erstmals vor der Jagd geschützt hatte. Irgendwann richteten die immer zahlreicher werdenden Elefanten in der Vegetation des Parks so viele Schäden an, dass ein Zusammenbruch ihrer Nahrungsgrundlage abzusehen war. Um die anderen Tierarten im Ökosystem des Parks rechtzeitig zu schützen, schränkte die Parkverwaltung das Wachstum der Elefantenpopulation durch Geburtenkontrolle und durch den Export von Elefanten in andere Länder ein.

53.4 Das logistische Wachstumsmodell: Langsameres Populationswachstum bei Annäherung an die Umweltkapazität

Das Modell eines exponentiellen Wachstums geht davon aus, dass Ressourcen in unbegrenzter Menge zur Verfügung stehen, was aber in Wirklichkeit nur selten der Fall ist. Mit zunehmender Individuendichte hat jedes Individuum immer weniger Zugang zu den Ressourcen oder kann diese ausbeuten. Letztlich gibt es für die Anzahl der Individuen, die einen Lebensraum besiedeln können, eine obere Grenze. Diese **Umweltkapazität** oder kurz *K* (engl. *carrying capacity*) wird in der Populationsökologie als die Aufnahmekapazität eines Lebensraums definiert, die mit einer maximalen Populationsgröße verbunden ist, die durch diesen Lebensraum gerade noch ernährt werden kann.

MERKE!

Die Umweltkapazität wird in der Populationsökologie als die Aufnahmekapazität eines Lebensraums definiert, die mit einer maximalen Populationsgröße verbunden ist, die durch diesen Lebensraum gerade noch ernährt werden kann.

53.4.1 Das logistische Wachstumsmodell

Wir können das exponentielle Wachstumsmodell dahingehend verändern, dass wir die Veränderung der Wachstumsrate mitberücksichtigen, wenn die Population sich der Umweltkapazität nähert. Im **logistischen Modell des Populationswachstums** sinkt die tatsächliche Pro-Kopf-Wachstumsrate auf null, wenn die Kapazitätsgrenze erreicht ist.

Zur Formulierung eines logistischen Wachstums gehen wir zunächst von dem Modell des exponentiellen Populationswachstums aus und fügen einen Ausdruck hinzu, durch den sich die Pro-Kopf-Zunahme mit zunehmender aktueller Populationsgröße *N* verringert. Wenn *K* die maximale Populationsgröße nach Erreichen der Umweltkapazität darstellt, entspricht $K - N$ der Anzahl der zusätzlichen Individuen, die sich in einer Umwelt erhalten können, und $(K - N)/K$ dem Anteil von *K*, der noch für ein weiteres Populationswachstum zur Verfügung steht. Multipliziert man die exponentielle Wachstumsrate rN durch $(K - N)/K$, verändert sich mit zunehmendem *N* die Populationsgröße:

$$\frac{dN}{dt} = rN\frac{(K-N)}{K}$$

Wenn *N* im Vergleich zu *K sehr* klein ist, geht der Term $(K - N)/K$ gegen eins und das Populationswachstum ist ungebremst (exponentiell). Wenn *N* jedoch groß ist, wird der Term deutlich kleiner als 1 und das exponentielle Wachstum wird um diesen Faktor gebremst. Ist $N = K$, kommt das Populationswachstum zum Stillstand (Abbildung 53.6).

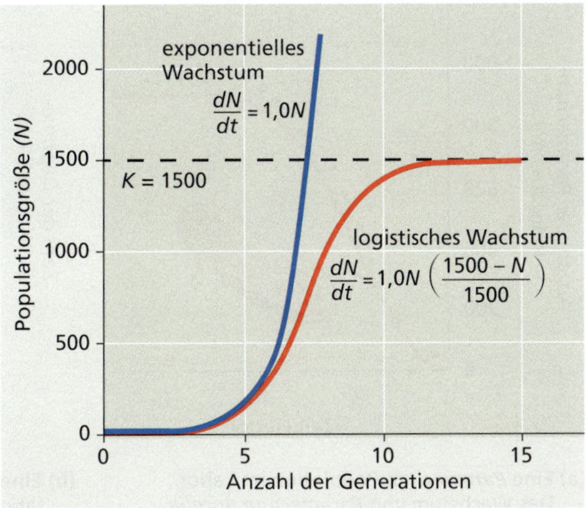

Abbildung 53.6: **Logistisches Populationswachstum.** Wenn die Populationsgröße (*N*) sich der Umweltkapazität (*K*) annähert, geht die Wachstumsrate der Population zurück. Die rote Kurve zeigt das logistische Wachstum in einer Population, in der $r = 1{,}0$ ist und $K = 1.500$ Individuen umfasst. Die blaue Kurve zeigt zum Vergleich eine Population, die mit dem gleichen *r* weiterhin exponentiell anwächst.

53.4.2 Das logistische Modell und natürliche Populationen

Das Wachstum von Laborpopulationen mancher kleinerer Tierarten, zum Beispiel Käfer und Krebstiere, aber auch mancher Mikroorganismen wie Pantoffeltierchen (*Paramecium*), Hefezellen oder Bakterien, entspricht bei begrenzten Ressourcen recht gut einer S-förmigen Wachstumskurve (Abbildung 53.7a). Solche Populationen können bei konstanten Umweltbedingungen gezüchtet werden, ohne dass natürliche Feinde oder konkurrierende Arten das Wachstum der Populationen einschränken können; solche Bedingungen sind aber in der Natur nur selten gegeben.

Einige Grundannahmen, auf denen das logistische Modell beruht, treffen eindeutig nicht auf alle Populationen zu. Das Modell geht zum Beispiel davon aus, dass Populationen sich sofort auf ein verringertes Wachstum einstellen und kontinuierlich die Umweltkapazität erreichen können. In Wirklichkeit tritt aber häufig eine Verzögerung des Populationswachstums vor Erreichen der Kapazitätsgrenze ein, bevor die negativen Auswirkungen des Populationswachstums einsetzen. Wird zum Beispiel die Nahrung für eine Population zum limitierenden Faktor, so geht die Reproduktion irgendwann zurück, aber die Weibchen können sich für kurze Zeit mithilfe ihrer Energiereserven noch weiter reproduzieren. Dies kann dazu führen, dass die Population vorübergehend über die Umweltkapazität hinaus anwächst. Verringert sich die Popu-

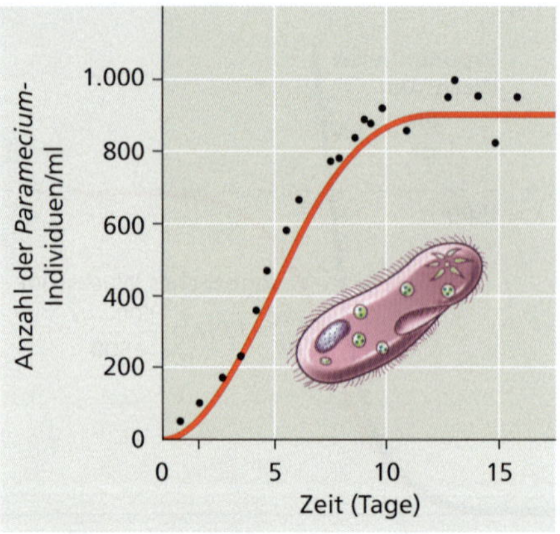

(a) Eine *Paramecium*-Population im Labor. Das Wachstum von *Paramecium aurelia* in kleinen Kulturen (schwarze Punkte) entspricht annähernd einem logistischen Wachstum (rote Kurve), wenn konstante Umweltbedingungen geboten werden.

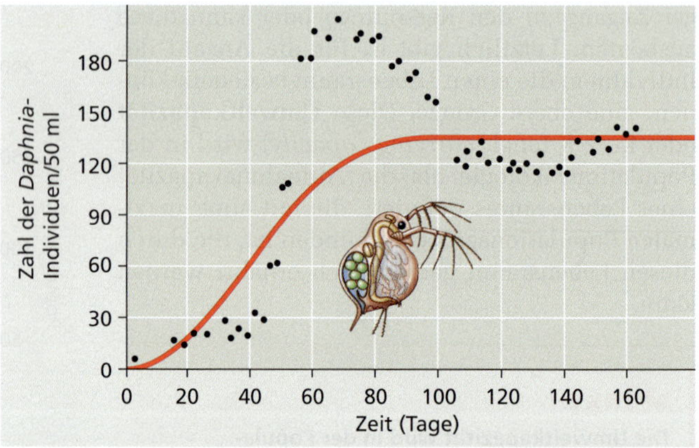

(b) Eine *Daphnia*-Population im Labor. Das Wachstum einer Population von Wasserflöhen *(Daphnia)* in einer kleinen Laborkultur (schwarze Punkte) entspricht nicht dem logistischen Modell (rote Kurve). Diese Population wächst über die Umweltkapazität ihrer künstlichen Umweltbedingungen hinaus und pendelt sich erst dann bei einer annähernd stabilen Populationsgröße ein.

Abbildung 53.7: **Wie genau gilt das logistische Wachstumsmodell für die Populationen von Paramecium und Daphnia unter Laborbedingungen?**

lation dann unter die Grenze der Umweltkapazität, kommt es im Wachstum zu einer Verzögerung, bevor wieder eine größere Anzahl von Nachkommen geboren wird. Wieder andere Populationen schwanken so stark, dass die Umweltkapazität nur schwer zu ermitteln ist. Einige mögliche Gründe für solche Populationsschwankungen werden wir später in diesem Kapitel noch genauer erörtern.

Das logistische Modell beinhaltet auch die Annahme, dass jedes Individuum, das zu einer Population hinzukommt, unabhängig von der Individuendichte die gleichen negativen Auswirkungen auf die Wachstumsrate hat. In manchen Populationen beobachtet man jedoch einen *Allee-Effekt* (benannt nach W. C. Allee von der University of Chicago, der ihn als Erster beschrieb). Allee stellte fest, dass die Pro-Kopf-Wachstumsrate der Population nicht wie im logistischen Modell angenommen konstant sein muss, sondern von der Populationsgröße selbst abhängt. Danach fällt den Individuen das Überleben oder die Reproduktion schwerer, wenn die Population zu klein ist. Eine einzelne Pflanze wird zum Beispiel durch starken Wind geschädigt, wenn sie einzeln steht, in einer ganzen Gruppe von Individuen dagegen ist sie gut geschützt; oder die Partnerfindung wird erschwert oder unmöglich gemacht, wenn die Individuendichte zu gering ist.

Das logistische Modell ist für das Verständnis des Populationswachstums von großer Bedeutung und es ist darüber hinaus sehr hilfreich, wenn man komplexere Wachstumsmodelle herleiten will.

53.4.3 Logistisches Modell und Lebenszyklus

Das logistische Modell des Populationswachstums sagt für Populationen, die im Verhältnis zur Umweltkapazität eine niedrige oder hohe Individuendichte aufweisen, unterschiedliche Pro-Kopf-Wachstumsraten voraus. Bei hoher Individuendichte stehen jedem Individuum nur wenige Ressourcen zur Verfügung und die Population wächst langsam. Ist die Individuendichte dagegen niedrig, stehen pro Kopf relativ viele Ressourcen zur Verfügung, so dass die Population schneller wächst. In jedem der beiden Fälle werden unterschiedliche Aspekte des Lebenszyklus begünstigt. Bei hoher Individuendichte fördert die Selektion besonders solche Anpassungen, mit deren Hilfe die Individuen auch bei geringen Ressourcen überleben und sich reproduzieren können. In Populationen, die sich an der Umweltkapazität oder knapp darunter befinden, sollten hohe Konkurrenzfähigkeit und effiziente Ressourcennutzung begünstigt werden. (Hier handelt es sich genau um die Merkmale, die wir zuvor mit der Iteroparie in Verbindung gebracht haben.) Bei niedriger Individuendichte dagegen fördert die Selektion eher Anpassungen, die eine schnelle Reproduktion ermöglichen, wie zum Beispiel die Produktion zahlreicher, hinsichtlich der Körpergröße, kleiner Nachkommen.

In der Populationsökologie hat man versucht, diese Unterschiede der jeweils vorteilhaften Merkmale bei unterschiedlicher Individuendichte mit dem logistischen Wachstumsmodell in Verbindung zu bringen. Die Selektion von Merkmalen, die auf die Individuendichte zielen, wird als ***K*-Selektion** oder dichteabhängige Selektion bezeichnet. Die Selektion auf Merkmale, die einen möglichst großen Reproduktionserfolg in einer ansonsten gering besiedelten Umwelt (bei niedriger Individuendichte) begünstigen, bezeichnet man dagegen als ***r*-Selektion** oder dichteunabhängige Selektion. Die Namen beziehen sich auf die Variablen in der Gleichung des logistischen Modells. Danach wirkt die *K*-Selektion in Populationen, deren Individuendichte nahe an der Umweltkapazität *K* liegt, so dass die Konkurrenz zwischen den Individuen relativ stark ist. Ein Beispiel für Organismengruppen, die der *K*-Selektion unterliegen, sind ausgewachsene Bäume in einem alten Wald, zum Beispiel Stieleichen (*Quercus robur*). Bei der *r*-Selektion dagegen wird die Pro-Kopf-Wachstumsrate *r* maximiert; *r*-Selektion kommt vor, wenn die Individuendichte weit unterhalb der Umweltkapazität liegt oder wenn zwischen den Individuen nur relativ geringe Konkurrenz herrscht. Solche Bedingungen findet man häufig in Lebensräumen mit großer Dynamik und unvorhersagbaren Schwankungen vor.

MERKE!

Die Selektion von Merkmalen, die auf die Individuendichte zielen, wird als *K*-Selektion oder dichteabhängige Selektion bezeichnet. Die Selektion auf Merkmale, die einen möglichst großen Reproduktionserfolg in einer ansonsten gering besiedelten Umwelt begünstigen, bezeichnet man dagegen als *r*-Selektion oder dichteunabhängige Selektion.

VERSTÄNDNISFRAGEN

1. Warum wächst eine Population, die dem logistischen Wachstumsmodell entspricht, bei mittlerer Größe schneller als wenn sie klein oder groß ist?

2. Wenn ein Landwirt ein Feld nicht mehr bewirtschaftet und brachliegen lässt, wird dieses rasch von schnell wachsenden, krautigen Pflanzenarten besiedelt. Unterliegen diese Pflanzenarten eher der K- oder der r-Selektion? Begründen Sie Ihre Antwort.

53.5 Dichteabhängige Einflüsse auf das Populationswachstum

Die Regulation der Populationsgröße ist ein Thema, das sich auch auf vielfältige Weise praktisch anwenden lässt. In der Landwirtschaft möchte der Landwirt zum Beispiel die Häufigkeit von Schadinsekten verringern oder das Wachstum einer unerwünschten Pflanzenart verhindern, die sich schnell auf seinen Wirtschaftsflächen ausbreitet.

53.5.1 Populationsveränderungen und Individuendichte

Warum eine Population nicht einfach immer weiter wächst, lässt sich über die Veränderung der Natalitäts- und Mortalitätsraten sowie Ein- und Auswanderungsraten bei wachsender Individuendichte untersuchen. Wenn die Zu- und Abwanderungsraten sich gegenseitig aufheben, wächst die Population, sobald die Geburtenrate höher ist als die Sterberate, und sie schrumpft, wenn die Sterberate oberhalb der Geburtenrate liegt.

Eine Geburten- oder Sterberate, die sich mit der Individuendichte einer Population nicht verändert, bezeichnet man als **dichteunabhängig**. Dagegen bezeichnet man eine Mortalitätsrate, die mit der Individuendichte ansteigt, als **dichteabhängig**; das Gleiche gilt für eine Geburtenrate, die mit steigender Individuendichte sinkt.

53.5.2 Dichteabhängige Regulation von Populationen

Ohne eine negative Rückkopplung zwischen Individuendichte und der Natalitäts- und Mortalitätsrate würde eine Population das weitere Wachstum nicht einstellen. Für diese Rückkopplung sorgen die von der Individuendichte abhängigen Regulationsmechanismen, die zu einer Erhöhung der Mortalitätsrate und einer Erniedrigung der Natalitätsrate führen, bis das Populationswachstum zum Stillstand kommt.

Konkurrenz um Ressourcen In einer großen Population verstärkt sich durch die zunehmende Individuendichte die Konkurrenz um limitierte Nährstoffe und andere überlebenswichtige Ressourcen und dies führt zu einer niedrigeren Natalitätsrate (Abbildung 53.8).

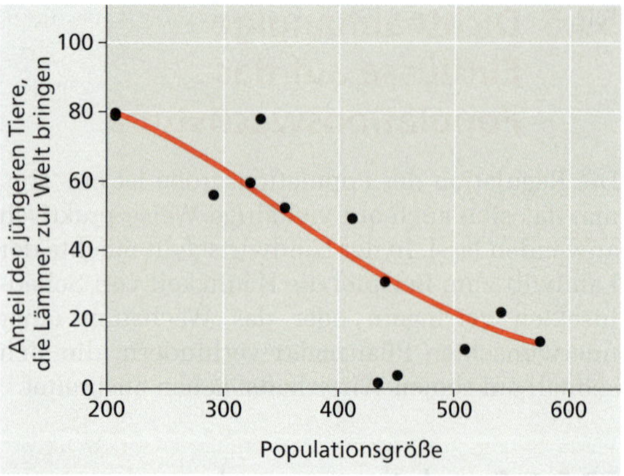

Abbildung 53.8: Abnahme der Reproduktionsrate bei hoher Individuendichte. Die Reproduktion junger Soay-Schafe auf der schottischen Insel Hirta geht mit zunehmender Populationsgröße stark zurück.

Revierverhalten Bei vielen Wirbeltier- und manchen Wirbellosenarten kann über ein Revierverhalten (Territorialverhalten) die Individuendichte einer Population begrenzt werden (Abbildung 53.9). In einem solchen Fall wird der Raum einer Ressource von einem Individuum oder einem Brutpaar gegenüber den Individuen derselben Art verteidigt. Eine Territorialität kann zu einer erhöhten individuellen Fitness führen.

Krankheiten Die Individuendichte kann sich auch auf die Vitalität und die Überlebenswahrscheinlichkeit eines Individuums auswirken. In vielen Fällen korreliert die Infektionsrate bei einer Krankheit mit der Größe der Individuendichte.

Räuber Räuber (Prädatoren) können eine Ursache für eine von der Individuendichte abhängige Mortalität sein, wenn sie mit zunehmender Individuendichte auf eine immer größere Anzahl Beutetiere treffen und diese töten. Wenn die Population der Beutetiere wächst, ernähren sich Räuber in der Regel bevorzugt von dieser einen spezifischen Beuteart.

Giftige Stoffwechselendprodukte Giftige Stoffwechselendprodukte können ebenfalls als von der Populationsdichte abhängiger Regulationsmechanismus dienen.

Intrinsische Faktoren Die Größe mancher Tierpopulationen wird nicht über äußere Umwelteinflüsse reguliert, sondern durch intrinsische Faktoren, die in der Biologie eines Organismus begründet sind.

(a) Geparde *(Acinonyx jubatus)* kennzeichnen ihr Revier mit ihrem Urin.

(b) Basstölpel *(Morus bassanus)* nisten in Abständen, die einen Schnabelhieb des Nachbarn nicht wirksam werden lassen; sie verteidigen ihr Revier durch Rufe oder mit dem Schnabel.

Abbildung 53.9: Territorialverhalten. Dieses Verhalten reguliert die Individuendichte von Tierpopulationen.

53.5.3 Populationsdynamik

Alle Populationen, von denen wir Langzeitdaten vorliegen haben, lassen bestimmte Schwankungen in der Individuendichte erkennen. Diese zeitlichen oder räumlichen Veränderungen in der Individuenzahl wirken sich zum Beispiel auch auf die jahreszeitlichen oder jährlichen Erträge von Nutzfischen und anderen kommerziell wichtigen Tiergruppen aus. Außerdem liefern sie wichtige Erkenntnisse darüber, welche unterschiedlichen Faktoren die Populationsgröße bestimmen. Bei einer Untersuchung populationsdynamischer Phänomene konzentriert man sich auf die komplexen Wechselbeziehungen zwischen biotischen und abiotischen Faktoren, die in der Regel für die Schwankungen der Populationsgröße sorgen.

Populationszyklen Die Individuenzahl vieler Populationen schwankt in nicht vorhersehbaren Abständen, andere erleben aber auch ein regelmäßiges Auf und Ab. Die Schwankungen können geringfügiger Art (Oszillationen), aber auch groß sein (Fluktuationen).

Ein bemerkenswertes Beispiel für Populationszyklen sind die Bestände der Schneeschuhhasen (*Lepus americanus*) und Luchse (*Lynx canadensis*) im hohen Norden Kanadas und Alaskas, die in Zyklen von zehn Jahren schwanken. Luchse sind Räuber, die sich auf die Schneeschuhhasen als Beutetiere spezialisiert haben. Deshalb ist es nicht verwunderlich, dass ihre Anzahl mit der der Schneeschuhhasen steigt und fällt (Abbildung 53.10). Aber warum steigt und fällt die Anzahl in einem Zyklus von zehn Jahren? Zur Beantwortung dieser Frage hat man drei Hypothesen formuliert. Erstens könnten die Zyklen durch winterliche Nahrungsverknappung verursacht werden. Schneeschuhhasen fressen im Winter die jungen Zweige von Weiden (*Salix*), Birken (*Betula*) und kleinen Sträuchern; warum jedoch diese Nahrungsquelle aber in Zehnjahresintervallen schwanken sollte, ist nicht sicher. Zweitens könnten die Zyklen auf die Wechselbeziehungen zwischen Räuber und Beute zurückzuführen sein. Neben Luchsen fressen auch viele andere Raubtiere die Schneeschuhhasen und möglicherweise werden die Beutetiere dabei im Übermaß genutzt. Drittens könnte die Population der Schneeschuhhasen mit der Sonnenfleckenaktivität schwanken, die ebenfalls zyklisch wechselt. Ist sie niedrig, entsteht in der Atmosphäre weniger Ozon und mehr UV-Strahlung gelangt an die Erdoberfläche. Als Reaktion produzieren die Pflanzen mehr UV-blockierende Substanzen und weniger Verbindungen, die Herbivoren abschrecken; auf diese Weise steigt für die Schneeschuhhasen die Qualität der Nahrung.

Abbildung 53.10: Populationsschwankungen von Schneeschuhhasen (*Lepus americanus*) und Kanadischen Luchsen (*Lynx canadensis*). Die Erfassung der Population stützt sich auf die Anzahl von Fellen, die von Trappern an die Hudson Bay Company verkauft wurden.

? Wie sind die Zeitpunkte der jeweils höchsten Anzahlen von Schneeschuhhasen und Luchsen miteinander synchronisiert? Wie lässt sich dieses Phänomen erklären?

Die verfügbare Anzahl von Beutetieren ist der wichtigste Faktor, der die wechselnde Populationsgröße von Räubern wie Luchs (*Lynx*), Uhu (*Bubo*) und Wiesel (*Mustela*) beeinflusst. Alle diese Artengruppen haben sich auf eine einzige oder wenige Beutearten spezialisiert. Wird die Beute knapp, wechseln die Räuber häufig auf andere Beutearten über. Kojoten (*Canis latrans*) töten sowohl Füchse (*Vulpes*) als auch Luchse und Uhus reißen kleinere Beutetiere, aber auch Wiesel; damit beschleunigen sie den Zusammenbruch der Räuberpopulationen. Die Ursachen solcher Populationszyklen lassen sich mit experimentellen Langzeituntersuchungen klären.

VERSTÄNDNISFRAGEN

1. Nennen Sie drei von der Individuendichte abhängige Faktoren, welche die Populationsgröße begrenzen, und erläutern Sie, wie jeder davon für eine negative Rückkopplung sorgt.

2. Beschreiben Sie drei Eigenschaften von Habitatinseln, die sich auf die Individuendichte einer Subpopulation sowie auf die Zu- und Abwanderungsrate auswirken könnten.

3. WAS WÄRE, WENN? Angenommen, Sie untersuchen eine vom Aussterben bedrohte Art, die wie der Schneeschuhhase einen zehnjährigen Populationszyklus durchläuft. Wie lange müssten Sie diese Art untersuchen, wenn Sie feststellen wollen, ob ihre Population abnimmt? Begründen Sie Ihre Antwort.

53.6 Die menschliche Bevölkerung: Kein exponentielles Wachstum mehr, aber immer noch ein steiler Anstieg

Die Erdbevölkerung ist in den letzten Jahrhunderten mit beispielloser Geschwindigkeit angestiegen. In dieser Hinsicht ähnelte sie eher der Elefantenpopulation im afrikanischen Krüger-Nationalpark als den Populationsschwankungen, die wir im Abschnitt 53.5 behandelt haben. Aber keine Population kann unendlich weiterwachsen und auch die Menschen machen da keine Ausnahme.

53.6.1 Die Erdbevölkerung

Die Explosion der menschlichen Bevölkerung seit dem Jahr 1650 lässt sich annäherungsweise durch das exponentielle Wachstumsmodell in Abbildung 53.5 beschreiben. Hierbei handelt es sich um einen bemerkenswerten Einzelfall, denn höchstwahrscheinlich konnte noch nie eine Population über einen so langen Zeitraum hinweg ein derart starkes Wachstum aufrechterhalten (Abbildungen 53.11 und 53.12).

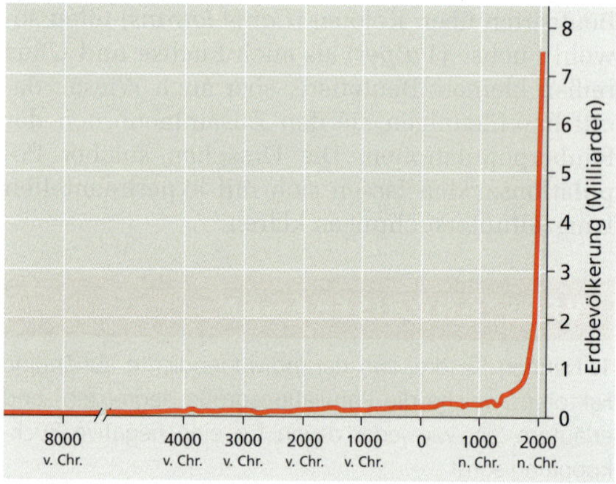

Abbildung 53.11: Das Wachstum der menschlichen Bevölkerung (Daten von 2022). Die Erdbevölkerung ist während der gesamten Menschheitsgeschichte fast kontinuierlich gewachsen, seit der industriellen Revolution (1850) nimmt ihr Wachstum einen exponentiellen Verlauf an. Was in dem hier dargestellten Maßstab nicht zu erkennen ist: In den letzten Jahrzehnten hat sich das Wachstum wieder leicht abgeschwächt; die Ursache ist vorwiegend eine weltweit sinkende Geburtenrate.

Altersstruktur Ein wichtiger demografischer Parameter der heutigen und zukünftigen Wachstumstrends ist die **Altersstruktur** eines Landes, das heißt die relative Anzahl der Individuen unterschiedlichen Alters in der Bevölkerung. In der Regel stellte man die Altersstruktur grafisch in Form einer „Pyramide“ dar, wie in Abbildung 53.13 zu sehen ist. Für Afghanistan ist die Pyramide unten am breitesten: Das Schwergewicht liegt auf den jungen Menschen, die heranwachsen und mit ihrer Vermehrungsrate das explosive Bevölkerungswachstum weiter vorantreiben. In den USA ist die Altersstruktur bis hin zu den Gruppen höheren Alters jenseits der Vermehrungsphase relativ gleichmäßig verteilt; eine stärker vertretene Altersgruppe erkennt man nur im Zusammenhang mit dem „Babyboom“, der nach dem Zweiten Weltkrieg ungefähr 20 Jahre lang anhielt. Paare, die in diesen Jahren geboren wurden, hatten selbst zwar durchschnittlich weniger als zwei Kinder, insgesamt liegt die Geburtenrate aber immer noch über der Sterberate, da viele „Babyboomer“ und ihre Nachkommen noch heute im vermehrungsfähigen Alter sind. Außerdem liegt die Vermehrungsrate in den USA heute insgesamt zwar bei 2,1 Kindern je Frau – was ungefähr dem Nullwachstum entspricht –, durch die Einwanderung wird die Bevölkerung aber den Prognosen zufolge bis ins Jahr 2050 langsam weiter ansteigen. In Italien hatte die Pyramide ein schmales unteres Ende, das heißt Individuen unterhalb des vermehrungsfähigen Alters sind in der Bevölkerung unterrepräsentiert. Diese Situation ist der Grund, dass für Italien ein Bevölkerungsrückgang vorausgesagt wird.

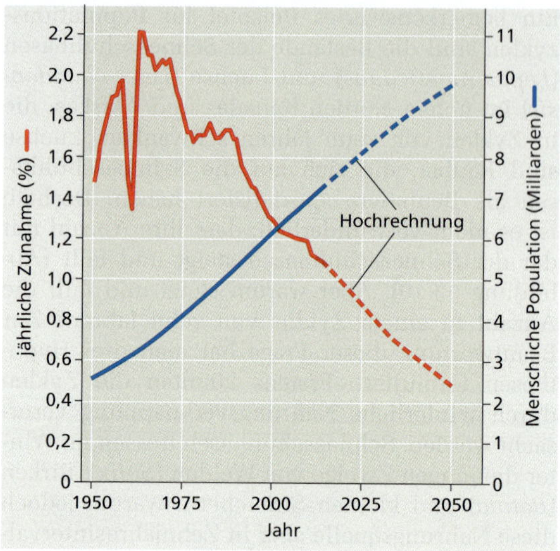

Abbildung 53.12: Prozentuale jährliche Zunahme der Erdbevölkerung (Daten aus dem Jahr 2022). Der abrupte Rückgang in den 1960er Jahren hat seine vorwiegende Ursache in einer Hungersnot in China, der ungefähr 60 Millionen Menschen zum Opfer fielen.

Mit grafischen Darstellungen der Altersstruktur einer Bevölkerung kann man nicht nur die weitere Bevölkerungsentwicklung voraussagen, sondern sie liefert auch Aufschlüsse über die gesellschaftlichen Rahmenbedingungen. Anhand der Diagramme in Abbildung 53.13 lässt sich zum Beispiel prognostizieren, dass das Erreichen eines hohen Bildungsniveaus und eine zufriedenstellende Arbeitsplatzsituation für Afghanistan in der absehbaren Zukunft kein Problem darstellt, wenn dem Bildungssystem und der Schaffung von Arbeitsplätzen eine hohe Priorität eingeräumt wird. In Italien und den USA wird ein immer kleinerer Anteil junger, arbeitsfähiger Menschen eine wach-

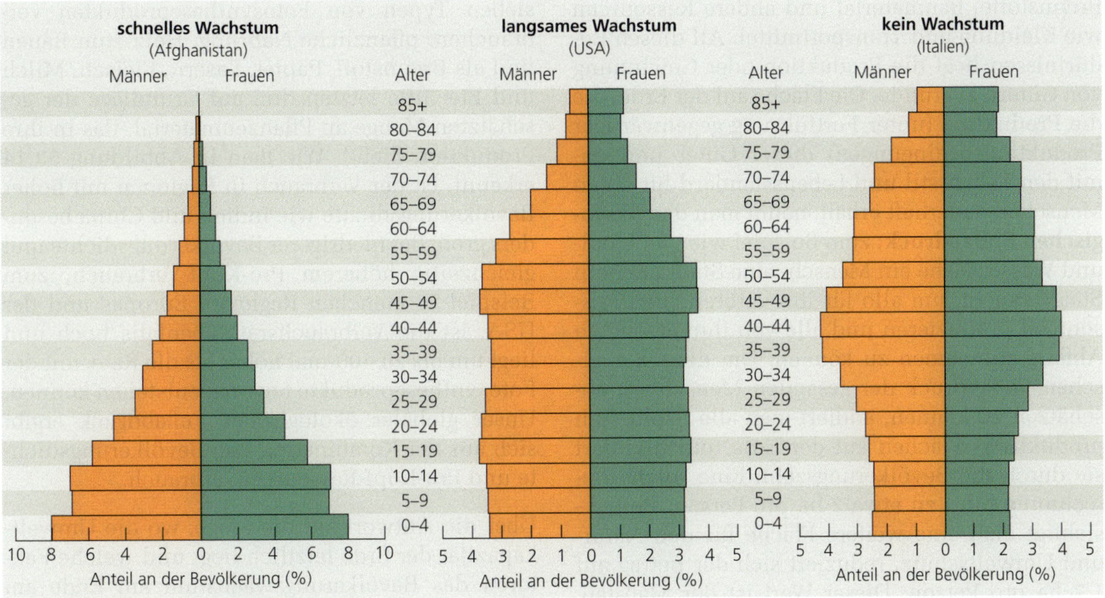

Abbildung 53.13: Alterspyramiden für die menschliche Bevölkerung für drei Länder. Datengrundlage ist das Jahr 2010; die jährliche Wachstumsrate beträgt in Afghanistan 2,6 %, in den USA 1,0 %, und in Italien 0,0 %.

sende Gruppe von „Ruheständlern" versorgen müssen. In den USA hat diese demografische Entwicklung dazu geführt, dass die zukünftige Absicherung durch Sozial- und Krankenversicherungen zu einem wichtigen politischen Thema geworden ist. Kenntnisse über die Altersstruktur können uns helfen, besser für die Zukunft zu planen.

53.6.2 Globale Umweltkapazität

Keine andere ökologische Frage ist so wichtig wie die nach der zukünftigen Größe der Erdbevölkerung und den von ihr ausgehenden globalen Auswirkungen. Prognosen hängen davon ab, welche Annahme man über die zukünftigen Einflüsse auf die Geburten- und Sterberate macht. Ausgehend von einer derzeitigen Weltbevölkerung von 7,8 Milliarden Menschen rechnen die Vereinten Nationen mit 9,7 Milliarden Menschen in 2050. Mit anderen Worten: Wenn nicht eine Katastrophe eintritt, kommen in den nächsten vier Jahrzehnten durch die Dynamik des Bevölkerungswachstums schätzungsweise eine bis vier Milliarden Menschen hinzu. Aber wie viele Menschen kann die Biosphäre ernähren? Wird die Erde im Jahr 2050 überbevölkert sein? Ist sie *schon heute* überbevölkert?

Schätzungen der Umweltkapazität Schon seit über drei Jahrhunderten versuchen Wissenschaftler, die Kapazitätsgrenzen der Erde im Hinblick auf die menschliche Bevölkerung abzuschätzen. Die erste bekannte Schätzung – 13,4 Milliarden – stellte Anton van Leeuwenhoek, der Entdecker der Protisten (Kapitel 28) im Jahr 1679 auf. Seither reicht das Spektrum der Schätzungen von weniger als einer Milliarde bis zu mehr als 1.000 Milliarden (eine Billion); der Durchschnitt liegt bei 10 bis 15 Milliarden.

Die Umweltkapazität abzuschätzen ist schwierig, und die Wissenschaftler, die sich mit diesem Thema beschäftigen, gelangen mit recht unterschiedlichen Methoden zu ihren Antworten. In jüngerer Zeit benutzt man Wachstumskurven wie die, die sich aus der logistischen Gleichung ableiten (Abbildung 53.6), um die zukünftige maximale Bevölkerungszahl vorauszusagen. Andere Wissenschaftler gehen von einer regional vorhandenen „maximalen" Bevölkerungsdichte aus und multiplizieren diese mit der potenziell bewohnbaren Landfläche. Wieder andere stützen sich mit ihren Schätzungen auf einen einzelnen limitierenden Faktor wie die Menge an Nahrungsmitteln und beziehen in ihre Berechnungen zahlreiche weitere Parameter ein, darunter die verfügbaren landwirtschaftlichen Nutzflächen, die durchschnittlichen Getreideerträge, die vorherrschende Ernährungsform – vegetarisch oder mit Fleisch – und die Anzahl der Kalorien, die ein Mensch pro Tag braucht.

Grenzen der Bevölkerungsdichte Auf umfassendere Weise kann man die Umweltkapazität der Erde dadurch abschätzen, indem man anerkennt, dass Menschen zahlreiche notwendige Bedürfnisse haben: Wir brauchen Nahrung, Wasser,

Brennstoffe, Baumaterial und andere Ressourcen wie Kleidung und Transportmittel. All diesen Bedürfnissen liegt die Produktion oder Gewinnung von Gütern zugrunde. Die Fläche auf der Erde, die die Produktion (unter Fortführung gegenwärtiger Produktionsbedingungen) dieser Güter und damit den Lebensstil und Lebensstandard für einen Menschen dauerhaft erhält, nennt man den **ökologischen Fußabdruck**; zum Beispiel wie viel Land- und Wasserfläche ein Mensch, eine Stadt oder ein Staat braucht, um alle für ihn verbrauchten Ressourcen produzieren und alle von ihm erzeugten Abfälle aufnehmen zu können. Um den ökologischen Fußabdruck der gesamten Menschheit abschätzen zu können, addiert man alle ökologisch produktiven Flächen auf der Erde und dividiert sie durch die Bevölkerungszahl. Eine solche Berechnung führt zu etwa 2 ha pro Person. Berücksichtigt man eine weitere Fläche für den Natur- und Umweltschutz, reduziert sich der Betrag auf 1,7 ha pro Person: Dieser Wert ist der Maßstab, den man mit dem tatsächlichen ökologischen Fußabdruck vergleichen kann. Wer Ressourcen verbraucht, deren Produktion mehr als 1,7 ha erfordert, nutzt einen nicht nachhaltigen Anteil der globalen Gesamtressourcen. Für einen Bewohner Deutschlands liegt der ökologische Fußabdruck bei etwa 3,4 ha, für einen Bewohner der USA bei ungefähr 9,7 ha. Manchmal benutzt man in der Ökologie neben der Landfläche auch andere „Ressourcen", um den ökologischen Fußabdruck zu berechnen. So ist auf der Erde zum Beispiel die Fotosynthese durch die Land- und Meeresflächen sowie durch die Solarstrahlung begrenzt. In jüngster Zeit untersuchte man, in welchem Umfang die Menschen auf der Erde die folgenden sieben Typen von Fotosyntheseprodukten verbrauchen: pflanzliche Nahrung, Holz zum Bauen und als Brennstoff, Papier, Fasern, Fleisch, Milch und Eier (die letzten drei auf Grundlage der geschätzten Menge an Pflanzenmaterial, das in ihre Produktion fließt). Wie man in Abbildung 53.14 erkennt, ist der Verbrauch in Regionen mit hoher Bevölkerungsdichte wie Indien und China besonders groß. Bei niedrigerer Bevölkerungsdichte und gleichzeitig höherem Pro-Kopf-Verbrauch, zum Beispiel in manchen Regionen Europas und der USA, ist die Verbrauchsrate ebenfalls hoch und liegt um bis zu 400-mal höher als die Rate, mit der Fotosyntheseprodukte regional entstehen können. Unser globaler ökologischer Fußabdruck ergibt sich aus der Kombination von Bevölkerungsdichte und Pro-Kopf-Ressourcenverbrauch.

Über die Antwort auf die Frage, wo die Umweltkapazität der Erde letztlich liegt und welche Faktoren das Bevölkerungswachstum am Ende am ehesten einschränken werden, können wir nur spekulieren. Möglicherweise wird die Nahrung ein wichtiger Faktor sein. Mangelernährung und Hunger sind in manchen Regionen der Erde weit verbreitet, ihre Ursache ist heute allerdings keine unzureichende Produktion mehr, sondern eine ungleichmäßige globale Verteilung. Bisher konnte man durch technische Verbesserungen in der Landwirtschaft erreichen, dass die Nahrungsversorgung mit dem globalen Bevölkerungswachstum Schritt hielt. Aufgrund der Gesetzmäßigkeiten der Energieströme in Ökosystemen (die in Kapitel 55 genauer erläutert werden) wissen wir jedoch, dass eine Umwelt Herbivoren in größerer Zahl ernähren kann als Carnivoren. Wenn jeder so

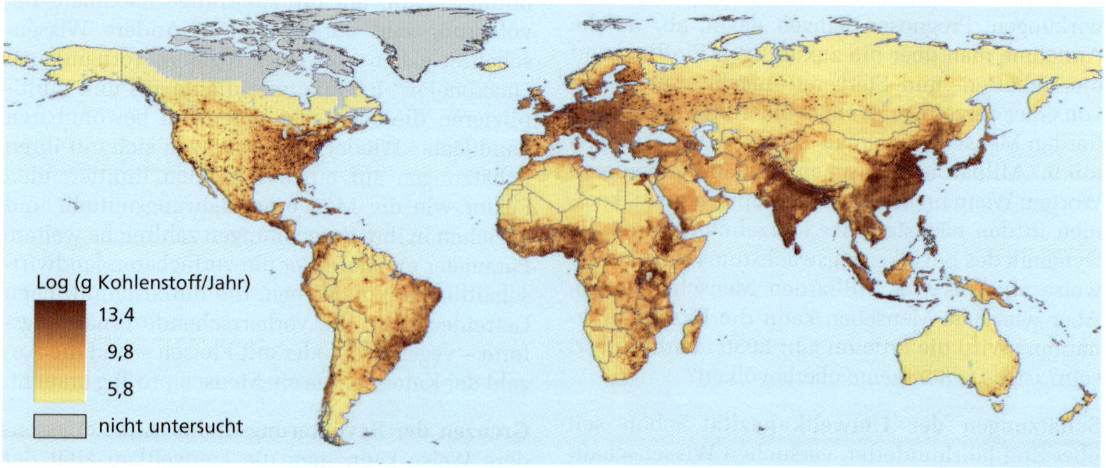

Abbildung 53.14: Weltweiter Verbrauch an Fotosyntheseprodukten. Die Maßeinheit ist der Logarithmus der Menge (in Gramm) der Fotosyntheseprodukte, die jedes Jahr verbraucht werden. Die stärkste Nutzung findet man in Regionen mit hoher Bevölkerungsdichte und in Gebieten, in denen jeder einzelne Mensch besonders viele Ressourcen verbraucht (hoher Pro-Kopf-Verbrauch).

viel Fleisch verzehren würde wie die wohlhabenden Menschen auf der Erde, würde die derzeit geerntete Nahrungsmenge noch nicht einmal für die Hälfte der heutigen Erdbevölkerung ausreichen.

Vielleicht wird das Wachstum der Erdbevölkerung eines Tages auch durch den zur Verfügung stehenden Raum begrenzt werden, so wie bei den Tölpeln an den Felsküsten. Die Konflikte um die Nutzung von Raum und Ressourcen werden mit dem Bevölkerungswachstum sicher zunehmen, und immer mehr landwirtschaftliche Nutzflächen werden als Siedlungs- und Industrieraum verloren gehen. Wenn es darum geht, wie eng Menschen nebeneinander leben können, scheint es allerdings kaum Grenzen zu geben, solange die Nahrungs- und Wasserversorgung ausreicht und Platz für die Entsorgung der Abfälle vorhanden ist. Dies belegen die Megametropolen der Erde, die allerdings auch die damit verbundenen Probleme aufzeigen.

Auch nicht erneuerbare Ressourcen wie bestimmte Metalle und fossile Brennstoffe werden eines Tages zu Ende gehen. Bei einer Ressource, dem Trinkwasser, geht der Bedarf vieler Bevölkerungsgruppen schon heute weit über die lokale und sogar regionale Versorgungsmöglichkeit hinaus. Mehr als eine Milliarde Menschen haben keinen Zugang zu einer ausreichenden Wasserversorgung, mit der sie ihre grundlegenden hygienischen Bedürfnisse decken könnten. Wahrscheinlich wird auch die Kapazität der Umwelt, Abfälle aufzunehmen, eines Tages zu einem limitierenden Faktor für die Erdbevölkerung. In solchen Fällen könnten die heutigen Bewohner der Erde langfristig die Last der zukünftigen Generationen mindern.

Manche Optimisten haben die Ansicht vertreten, es gebe für das Wachstum der Erdbevölkerung aufgrund unserer Fähigkeit zur Entwicklung immer neuer Technologien praktisch keine Grenzen. Die Technik hat die Umweltkapazität der Erde für Menschen sicherlich erweitert, aber wie bereits betont wurde, kann keine Bevölkerung unbegrenzt wachsen. Nach dem Studium dieses Kapitels sollte klar sein, dass es schwer ist, die Grenze der Bevölkerungsdichte genau zu berechnen, welche die Kapazität der Erde vorgibt. Wie viele Menschen unser Planet ernähren kann, hängt davon ab, welcher Lebensqualität sich jeder einzelne von uns erfreut und wie der Reichtum zwischen den Menschen und Staaten verteilt wird – Fragen, die Gegenstand großer Sorgen und politischer Diskussionen sind. Im Gegensatz zu anderen Organismen können wir selbst entscheiden, ob wir mit gesellschaftlichen Veränderungen ein Bevölkerungs-Nullwachstum erreichen möchten oder ob es uns durch Ressourcenknappheit, Seuchen, Kriege und Umweltzerstörung auf dem Weg über eine höhere Sterblichkeit aufgezwungen wird.

VERSTÄNDNISFRAGEN

1. Wie wirkt sich die Altersstruktur einer Bevölkerung auf ihre Wachstumsrate aus?

2. Wie hat sich das Wachstum der Erdbevölkerung in den letzten Jahrzehnten verändert? Beantworten Sie diese Frage im Hinblick auf die Wachstumsrate und auf die Anzahl der Menschen, die jedes Jahr hinzukommen.

3. WAS WÄRE, WENN? Welche Entscheidungen können Sie treffen, um damit Einfluss auf Ihren eigenen ökologischen Fußabdruck zu nehmen?

ZUSAMMENFASSUNG

Dynamische Prozesse und ihr Einfluss auf die Individuendichte, Individuenverteilung und Demografie von Populationen

Individuendichte und Verteilungsmuster. Die Individuendichte ist die Anzahl der Individuen je Flächen- oder Raumeinheit. Die Ausbreitung der Individuen wird durch die Umwelt und durch verhaltensbiologische Faktoren beeinflusst.

Demografie. Populationen wachsen durch Geburten und Zuwanderung und schrumpfen durch Todesfälle und Abwanderung. Lebenstafeln, Überlebenskurven und Fertilitätskurven stellen einzelne demografische Trends zusammenfassend dar.

Wichtige Phasen im Lebenszyklus einer Organismenart als Produkt der natürlichen Selektion

Der Lebenszyklus einer Organismenart ist das Ergebnis evolutiver Prozesse, die sich in der Individualentwicklung, der Physiologie und den Verhaltensweisen eines Organismus widerspiegeln.

Evolution und die Vielgestaltigkeit von Lebenszyklen. Die semelparen Organismen mit ihrem „Big-Bang"-Lebenszyklus vermehren sich einmal und sterben dann. Iteropare Organismen hingegen bringen immer wieder Nachkommen hervor.

„Kompromisse" und Lebenszyklus. Merkmale des Lebenszyklus wie die Größe von Gelegen oder Würfen, das Alter bei Erreichen der Geschlechtsreife und die Brutfürsorge und -pflege stellen einen Kompromiss (engl. *trade-off*) zwischen den gegensätzlichen Anforderungen an die zur Verfügung stehenden Parameter Zeit, Energie und Nährstoffe dar.

Exponentielles Wachstum: Ein Modell für Populationen in einer idealen, unbegrenzten Umwelt

Pro-Kopf-Zunahme. Lässt man Zu- und Abwanderung (Immigration und Emigration) außer Acht, entspricht die Wachstumsrate einer Population (das heißt die Pro-Kopf-Zunahme) der Differenz zwischen Geburten- und Sterberate (Natalitäts- und Mortalitätsrate).

Exponentielles Wachstum. Die exponentielle Wachstumsgleichung $dN/dt = rN$ beschreibt das potenziell mögliche Populationswachstum in einer Umwelt, die keine Beschränkungen auferlegt. Dabei ist r die Pro-Kopf-Wachstumsrate und N die Anzahl der Individuen in der Population.

Das logistische Wachstumsmodell: Langsameres Populationswachstum bei Annäherung an die Umweltkapazität

Exponentielles Wachstum lässt sich in keiner Population lange aufrechterhalten. Ein realistischeres Modell begrenzt das Wachstum, indem es die Umweltkapazität (K) einbezieht, das heißt die maximale Populationsgröße, der die Umwelt eine Lebensgrundlage bieten kann.

Das logistische Wachstumsmodell. Nach der logistischen Gleichung $dN/dt = rN(K - N)/K$ flacht das Wachstum ab, wenn sich die Populationsgröße der Umweltkapazität annähert.

Das logistische Modell und natürliche Populationen. Das logistische Modell ist nur bei wenigen Populationen in der Natur realisiert, aber es ist nützlich zur Abschätzung der Wachstumsmöglichkeiten einer Population.

Logistisches Modell und Lebenszyklus. Zwei hypothetische, aber gegensätzliche Prinzipien für einen möglichen Lebenszyklus sind die dichteabhängige oder K-Selektion und die dichteunabhängige oder r-Selektion.

Dichteabhängige Einflüsse auf das Populationswachstum

Populationsveränderungen und Individuendichte. Bei der dichteabhängigen Populationsregulation steigt die Mortalitätsrate mit zunehmender Individuendichte an, und die Geburtenrate sinkt ab. Liegt eine dichteunabhängige Populationsregulation vor, ändern sich Natalitäts- und Mortalitätsrate mit steigender Individuendichte nicht.

Dichteabhängige Regulation von Populationen. Dichteabhängige Veränderungen der Natalitäts- und Mortalitätsrate reduzieren das Populationswachstum durch negative Rückkopplung und können eine Population am Ende in der Nähe ihrer Umweltkapazität stabilisieren. Dichteabhängige limitierende Faktoren sind unter anderem die intraspezifische Konkurrenz um begrenzte Nahrung oder um knappen Raum, der zunehmende Einfluss von Feinden, Krankheiten, Stress durch Überbevölkerung oder die Anreicherung giftiger Stoffwechselendprodukte.

Populationsdynamik. Da Populationen durch sich verändernde Umweltbedingungen regelmäßig beeinflusst werden, unterliegen sie stets gewissen Größenschwankungen. Viele Populationen machen dabei eine regelmäßige Zu- und Abnahme ihrer Populationsgröße durch, die durch komplexe Wechselbeziehungen der biotischen und abiotischen Faktoren bedingt sein können.

Die menschliche Bevölkerung: Kein exponentielles Wachstum mehr, aber immer noch ein steiler Anstieg

Die Erdbevölkerung. Seit ungefähr dem Jahr 1650 wuchs die Erdbevölkerung exponentiell an; erst in den letzten 40 Jahren ist die Wachstumsrate um fast 50 Prozent gesunken. Wie man an der unterschiedlichen Altersstruktur erkennt, wächst die Bevölkerung mancher Staaten nach wie vor schnell, in anderen ist sie jedoch stabil oder verringert sich sogar. Säuglingssterblichkeit und Lebenserwartung bei der Geburt unterscheiden sich zwischen Industrie- und Entwicklungsländern sehr deutlich.

Globale Umweltkapazität. Wie groß die Umweltkapazität der Erde für den Menschen ist, weiß man nicht genau. Als ökologischer Fußabdruck wird diejenige Fläche auf der Erde verstanden, die notwendig ist, um den Lebensstil und den Lebensstandard eines Menschen dauerhaft zu ermöglichen. Er ist ein Maß dafür, wie nahe wir uns an der Umweltkapazität der Erde befinden. Angesichts einer Weltbevölkerung von mehr als 7,8 Milliarden Menschen nutzen wir schon heute viele Ressourcen nicht nachhaltig, sondern zerstören Lebensräume irreversibel.

Ökologie der Lebensgemeinschaften

54

54.1 Wechselbeziehungen zwischen Organismen: Positiv, negativ oder neutral

Kein Organismus lebt solitär, sondern jeder steht innerhalb einer Lebensgemeinschaft immer in Beziehung mit Individuen anderer Organismenarten. Zu diesen **interspezifischen Beziehungen** gehören interspezifische Konkurrenz, Prädation (Räubertum), Parasitismus, Herbivorie, ferner Mutualismus (Symbiose), Parabiose (zum Beispiel Kommensalismus) und Metabiose.

Abbildung 54.1: Wie viele verschiedene Beziehungen zwischen einzelnen Arten dokumentiert diese Abbildung?

54.1.1 Interspezifische Konkurrenz

In Abschnitt 53.1.1 haben wir bereits die intraspezifische Konkurrenz kennengelernt. Analog zur intraspezifischen Konkurrenz, die zwischen den Individuen einer Art auftritt, findet die **interspezifische Konkurrenz** zwischen Individuen verschiedener Arten statt, die um eine begrenzte Ressource konkurrieren. Ähnlich wie im intraspezifischen Fall hat die interspezifische Konkurrenz einen Einfluss auf das Populationswachstum, Überleben und die Reproduktion der Konkurrenten. Sie wirkt sich entweder auf die konkurrenzüberlegene Art positiv aus, auf die konkurrenzunterlegene negativ (+/–) oder sie hat für beide Arten eine in der Regel leicht negative Wirkung (–/–). Auch bei der interspezifischen Konkurrenz unterscheidet man Exploitation und Interferenz als zwei Formen der Konkurrenz. So konkurrieren in einer Pflanzengesellschaft die verschiedenen Pflanzenarten um Nährstoffe, Licht oder Wasser, genauso wie die Individuen einer Pflanzenart innerhalb einer Population (Ausbeutungskonkurrenz). Inter- und intraspezifische Konkurrenz schließen sich nicht aus, sondern sie treten meistens zeitgleich in einer Lebensgemeinschaft auf.

MERKE!

Analog zur intraspezifischen Konkurrenz, die zwischen den Individuen einer Art auftritt, findet die interspezifische Konkurrenz zwischen Individuen verschiedener Arten statt, die um eine begrenzte Ressource konkurrieren.

Konkurrenzausschluss Was geschieht in einer Lebensgemeinschaft über längere Zeiträume, wenn zwei Arten direkt miteinander um begrenzte Ressourcen konkurrieren? Diese Frage untersuchte der russische Ökologe Georgii F. Gause (1910–1986) im Jahr 1934 in Laborexperimenten an den beiden Pantoffeltierarten *Paramecium aurelia* und *Paramecium caudatum*, zwei nah verwandte, mit Cilien besetzte Einzeller. Er züchtete die beiden Arten unter konstanten Bedingungen und setzte den Kulturen jeden Tag die gleiche Nährstoffmenge zu. Ließ er die beiden Arten in getrennten Kulturen heranwachsen, nahm die Größe beider Populationen schnell zu. Mit steigender Individuendichte näherten sich die Populationen ihrer Kapazität an und die Wachstumskurve flachte ab (das logistische Wachstum von *P. aurelia* wurde in Abbildung 53.7a dargestellt). Brachte Gause die beiden Kulturen dagegen zusammen in ein Gefäß, starb nach einer gewissen Zeitspanne *P. caudatum* aus. Daraus zog Gause den Schluss, dass *P. aurelia* über einen Konkurrenzvorteil bei der Nahrungsbeschaffung verfügt und dass zwei Arten, die um die gleichen begrenzten Ressourcen konkurrieren, nicht an einem Ort nebeneinander und zum selben Zeitpunkt auf Dauer existieren können. Wenn keine weiteren Einflüsse hinzukommen, nutzt eine Art die Ressourcen effizienter als die andere und reproduziert sich entsprechend schneller. Schon ein geringfügiger Reproduktionsvorteil führt schließlich dazu, dass der unterlegene Konkurrent lokal ausstirbt, ein Phänomen, das man als **Konkurrenzausschluss-Prinzip** bezeichnet.

Ökologische Nische Die Art und Weise, wie eine Art mithilfe ihrer in der Stammesgeschichte erworbenen Adaptationen die biotischen und abiotischen Ressourcen in ihrer Umwelt nutzt, wird durch ihre **ökologische Nische** charakterisiert. Der amerikanische Ökologe Eugene Odum (1913–2002) erklärte diesen Begriff mit folgender Analogie: Wenn der Lebensraum einer Art ihre „Adresse“ ist, dann ist die Nische ihr „ausgeübter Beruf“. Die ökologische Nische einer Art ist demnach durch einen rein funktional zu definierenden abstrakten „Raum“ gekennzeichnet, in dem die Individuen der Art leben und der aus den Dimensionen Raum, Zeit, Nahrung, Temperatur und anderen wichtigen Umweltfaktoren besteht. Der englische Limnologe und Ökologe George E. Hutchinson (1903–1991) verstand unter der ökologischen Nische einen mehrdimensionalen Raum, die sogenannte **Hypervolumen-Nische**, der durch zahlreiche ökologische Faktoren beschrieben werden kann. So umfasst die ökologische Nische einer tropischen Baumechsenart zum Beispiel unter anderem einen spezifischen Temperatur- und Feuchtigkeitsbereich, den die Art tolerieren kann, eine bestimmte Dicke der Äste, auf denen sie sich aufhält, eine bestimmte Tageszeit, zu der sie aktiv ist, und eine bestimmte Artenzusammensetzung und Zoomasse von Invertebraten, die sie frisst.

Mit dem Begriff der ökologischen Nische können wir das Konkurrenzausschluss-Prinzip neu formulieren: Zwei Arten können in einer Lebensgemeinschaft nicht auf Dauer nebeneinander existieren, wenn sie dieselben ökologischen Nischen besitzen. Dagegen ist die Koexistenz ökologisch sich gleich oder ähnlich verhaltender Arten in einer Lebensgemeinschaft dann möglich, wenn sich ihre ökologischen Nischen mehr oder weniger deutlich unterscheiden. Evolutive Prozesse können durch die natürliche Selektion bewirken, dass eine Art ihre Ressourcennutzung und ihr Ressourcenspektrum so verändert, dass es zu einer Ressourcenaufteilung kommen kann. Eine **Ressourcenaufteilung** (engl. *resource partitioning*) zwischen Arten mit ähnlichen Umweltansprüchen führt zur **Koexistenz** dieser Arten in einer Lebensgemeinschaft (Abbildung 54.2). Man bezeichnet diesen Vorgang auch als **Nischenaufteilung** (engl. *niche partitioning*). Unter bestimmten Umständen kann die gegenwärtige Nischenaufteilung zwischen Arten auch das Resultat vergangener, inzwischen aber nicht mehr wirksamer interspezifischer Konkurrenz sein. In Anlehnung an Charles Dickens' „A Christmas Carol" spricht man auch vom „ghost of competition past", also dem Geist der vergangenen Konkurrenz, der über die Konkurrenzvermeidung durch evolutive Prozesse zu einer **Nischentrennung** (engl. *niche segregation*) geführt hat.

Aufgrund bestimmter Konkurrenzsituationen besteht häufig ein Unterschied zwischen der *fundamentalen Nische*, die eine Art mit allen ihren morphologischen, physiologischen und verhaltensbiologischen Anpassungen potenziell ausfüllen könnte, und der *realisierten Nische*, jenem Anteil der fundamentalen Nische, der unter den gegebenen Umweltbedingungen tatsächlich verwirklicht werden kann. Die fundamentale Nische einer Art kann experimentell durch ihr Verhalten unter Konkurrenz und unter konkurrenzfreien Bedingungen überprüft werden. Getestet werden hierbei die Vitalität, die Überlebensrate und der Reproduktionserfolg der Individuen bei unterschiedlichen Konkurrenzbedingungen.

Abbildung 54.2: Ressourcenaufteilung bei Leguanen in der Dominikanischen Republik. In enger Nachbarschaft leben sieben verschiedene Leguanarten der Gattung *Anolis* (Saumfinger), die sich alle von Insekten und anderen kleinen Arthropoden ernähren. Die Konkurrenz um Nahrung wird jedoch reduziert, da jede *Anolis*-Art einen anderen Lebensraum bevorzugt.

MERKE!

Die ökologische Nische ist ein mehrdimensionaler Raum, die sogenannte Hypervolumen-Nische (nach Hutchinson).

54.1.2 Prädation

Prädation stellt eine +/−-Wechselwirkung zwischen zwei Arten dar, wobei der Räuber die Beute tötet und ganz oder teilweise frisst. Bei dem Wort *Prädation* denkt man in der Regel daran, wie ein Löwe eine Antilope ergreift und auffrisst, der Begriff steht aber für ein recht breites Spektrum verschiedener Beziehungen. Auch ein Tier, das eine ganze Pflanze frisst, könnte man als einen Räuber bezeichnen. In der Regel verkraften Pflanzenarten über ihr vegetatives Wachstum eine solche Herbivorie und zeigen darüber hinaus in vielen Fällen sogar ein kompensatorisches Wachstum. In dieser Hinsicht handelt es sich eher um einen Parasitismus mit dem Herbivoren als Parasiten und der Pflanze als Wirt. Wir behandeln deshalb Herbivorie auch in Anschluss an den Parasitismus als eine besondere Form einer interspezifischen Beziehung. Räuber-Beute-Beziehungen wirken sich bei beiden Partnern immer auch auf den Reproduktionserfolg ihrer Populationen aus. Aus diesem Grund werden im Laufe der Evolution immer weiter verfeinerte und spezialisiertere Jagd- und Fangstrategien von den Räubern und Flucht- und Vermeidungsstrategien von der Beute entwickelt.

Die meisten Räuber verfügen unter anderem über eine sehr gute optische oder olfaktorische Sinneswahrnehmung, mit deren Hilfe sie potenzielle Beute ausmachen und identifizieren können. Außerdem besitzen viele Räuber auch morphologisch-anatomische Anpassungen wie scharfe Klauen, Zähne, Gifte oder spezifische Fangmechanismen, mit deren Hilfe sie die Vorzugsbeute fangen und überwältigen können. Innerhalb der Prädatoren werden je nach Jagdstrategie verschiedene funktionelle Gruppen unterschieden (Beispiele in Klammern): Jäger (Wildkatze, *Felis sylvestris*), Fallensteller (Radnetzspinnen, Araneae), Lauerer (Gottesanbeterin, *Mantis religiosa*), Sammler (einige Watvögel, Charadriiformes), Filtrierer (Flamingo, *Phoenicopterus ruber*).

Während Räuber spezifische Anpassungen besitzen, die ihnen das Fangen der Beute erleichtern, können Beutetiere ebenfalls über verschiedene Adaptationen dem Gefressenwerden entgehen. Aktive Selbstverteidigung kommt seltener vor, manche großen Weidetiere verteidigen ihre Jungen allerdings sehr energisch gegenüber Raubtieren. Nur kräftige Tierarten weisen ihren Prädator durch direkten Kampf ab, zum Beispiel der Kaffernbüffel (*Syncerus caffer*), andere suchen Verstecke auf wie das Kaninchen (*Oryctolagus cuniculus*), andere flüchten, so der Feldhase (*Lepus europaeus*) oder wiederum andere bilden Herden (zum Beispiel Zebras) oder Schwärme (bei Fischen), die es dem Angreifer erschweren, sich auf ein bestimmtes Beutetier zu konzentrieren.

Darüber hinaus besitzen Tiere eine Vielzahl morphologisch-anatomischer und physiologischer Anpassungen, die der Verteidigung dienen. Eine **Tarn-** oder **Verbergtracht (Mimese)** macht es zum Beispiel schwer, Beutetiere zu erkennen (Abbildung 54.3a).

Manche Beutetierarten verschaffen sich einen erheblichen Schutz, indem sie das gefährliche Aussehen anderer Arten nachahmen. Bei der **Bates'schen Mimikry** ähnelt eine genießbare und

Abbildung 54.3: Beispiele für die Schutzfärbung bei Tieren.

ungefährliche Art in Gestalt, Färbung und Verhalten einem widerwärtig schmeckenden und besonders wehrhaften Vorbild (Scheinwarntracht, Abb. 54.3c). Von **Müller'scher Mimikry** spricht man, wenn zwei oder mehrere wehrhafte Arten sich stark ähneln (Abbildung 54.3d).

> **MERKE!**
> **Prädation stellt eine Wechselwirkung zwischen zwei Arten dar, wobei der Räuber die Beute tötet und ganz oder teilweise frisst.**

54.1.3 Parasitismus

Parasitismus ist eine +/−-Interaktion, bei der ein Organismus, der **Parasit**, sich von einem anderen, dem **Wirt**, ernährt; der Wirt wird dabei immer geschädigt. Parasiten, die im Körperinneren des Wirts leben, bezeichnet man als **Endoparasiten**; ernähren sie sich dagegen auf der Körperoberfläche des Wirts, wie im Falle von Zecken (Ixodidae) und Läusen (Phthiraptera), nennt man sie **Ektoparasiten**. Eine besondere Form ist der Raubparasitismus durch **Parasitoide**, zum Beispiel bei Schlupfwespen (Ichneumonidae) und Raupenfliegen (Tachinidae). Hierbei werden die Eier des Parasitoiden auf oder in einem lebenden Wirtsorganismus abgelegt (Abbildung 54.1). Die Larven ernähren sich dann vom Körpergewebe des in der Regel gelähmten Wirts und töten ihn schließlich am Ende ihrer Larvalentwicklung.

> **MERKE!**
> **Parasitismus ist eine Interaktion, bei der ein Organismus, der Parasit, von einem anderen, dem Wirt, ernährt wird.**

54.1.4 Herbivorie

Unter **Herbivorie (Phytophagie)** versteht man in der Ökologie eine +/−-Interaktion, bei der der Herbivore Teile von Pflanzen (oder Algen) verzehrt. Herbivore Säugetiere und Insekten treten in den verschiedensten Biomen der Erde auf: Besonders artenreich sind sie in den Savannen, Steppen, Halbwüsten und Tundren. Dennoch handelt es sich bei den meisten Pflanzenfressern um Wirbellose wie Heuschrecken, Schmetterlingsraupen, Landschnecken und Käfer. Im Meer lebende Pflanzenfresser sind unter anderem marine Schnecken, Seeigel, manche tropischen Fische und sogar einige Säugetiere wie die Seekühe oder Manatis (*Trichechus*; Abbildung 54.4).

Abbildung 54.4: Ein Karibik-Manati (*Trichechus manatus*); eine Seekuhart in Florida bei der Nahrungsaufnahme von Wasserhyazinthen (*Eichhornia crassipes*), eine aus Südamerika eingeführte Art.

> **MERKE!**
> **Unter Herbivorie versteht man in der Ökologie eine Interaktion, bei der der Herbivore Teile von Pflanzen (oder Algen) verzehrt.**

54.1.5 Mutualismus

Als Symbiose oder **Mutualismus** bezeichnet man eine interspezifische Wechselwirkung, die beiden Arten einen Vorteil bringt (+/+).

Je nach der Stärke der Bindung der beiden Partner unterscheidet man zwischen einem *fakultativen Mutualismus* (Allianz) und einem für beide Partner lebensnotwendigen *obligaten Mutualismus* (Eusymbiose). Mutualismen entstehen im Wesentlichen im Rahmen von Ernährungs-, Transport-, Schutz- und Siedlungsbeziehungen. Ein *fakultativer Mutualismus* existiert zum Beispiel zwischen der in Mittelamerika heimischen Büffelhornakazie (*Acacia cornigera*) und der Knotenameise *Pseudomyrmex ferruginea*, die in deren Dornen wohnt (Abbildung 54.5).

Mutualistische Wechselbeziehungen sind das Produkt coevolutiver Prozesse. Viele hochentwickelte bedecktsamige Pflanzen besitzen zum Beispiel hochspezialisierte Anpassungen in der Nektar- und Pollendarbietung oder der Ausbildung bestimmter Fruchttypen, die spezifische Tierarten anlocken und für die Bestäubung oder Samenausbreitung von erheblicher Bedeutung sind (siehe Abschnitt 30.3 und Kapitel 38). Umgekehrt verfügen auch viele Tierarten über Anpassungen, mit denen sie den Nektar leichter finden, den Pollen besser sammeln oder Früchte effizienter nutzen können.

(a) Büffelhornakazie *(Acacia cornigera)*, deren Dornen die Knotenameise *Pseudomyrmex ferruginea* bewohnt. Die Ameisen ernähren sich von zuckerreichen Sekreten und stärkehaltigen Futterkörperchen (Belt'sche Körperchen); im Foto die gelborangenen Körperchen an den Fiederblattspitzen.

(b) Die aggressiven Ameisen schützen die Akazie vor Herbivoren; sie beseitigen auch Pilzsporen und Fremdkörper auf der Pflanze. Außerdem sorgen sie dafür, dass in direkter Nähe der Akazie keine anderen Pflanzen aufkommen.

Abbildung 54.5: Mutualismus zwischen der Büffelhornakazie *Acacia cornigera* und der Knotenameise *Pseudomyrmex ferruginea*.

MERKE!

Als Mutualismus bezeichnet man eine interspezifische Wechselwirkung, die beiden Arten einen Vorteil bringt.

54.1.6 Parabiose und Kommensalismus

Eine Wechselbeziehung zwischen zwei Arten, die der einen Art von Vorteil ist, der anderen aber weder nutzt noch schadet (+/0), bezeichnet man als **Parabiose** („Nebeneinanderleben"). Handelt es sich um eine Nahrungsbeziehung, so spricht man auch von **Kommensalismus** (Abbildung 54.6). Reine parabiotische Interaktionen sind unter Freilandbedingungen nur schwer nachweisbar, da jede enge Verbindung zwischen zwei Arten in der Regel immer auch Auswirkungen auf beide hat, und seien sie auch nur geringfügig. Auch hier gibt es recht unterschiedliche Formen des Zusammenlebens. Bei der **Parökie** nutzt eine Art den Schutz einer anderen. Viele der sonst solitär brütenden Vogelarten der Meeresküsten, zum Beispiel einzelne Eiderenten (*Somateria mollissima*), nisten zum Beispiel in Brutkolonien aggressiver Seeschwalben (Sternidae) und sind somit vor Prädatoren besser geschützt. Eine andere Form der Parabiose ist die **Synökie** (Einmietung). So leben viele Arthropoden wie Schimmelkäfer (Cryptophagidae), Trauermückenlarven (Sciaridae), Larven von Schmetterlingsmücken (Psychodidae), Staubläuse (Psocoptera) und Springschwänze (Collembola) in Vogel-, Säugetier- oder Hummelnestern und ernähren sich dort unter anderem von Abfallstoffen, Nistmaterial oder Schimmelpilzen. Eine weitere Form der Parabiose ist die **Epökie**, die Besiedlung eines anderen Organismus. So leben Algen auf dem Panzer von Meeresschildkröten.

Abbildung 54.6: Ein Beispiel für Kommensalismus zwischen Kuhreiher (*Bubulcus ibis*) und Afrikanischem Wasserbüffel (*Syncerus caffer*).

54.1.7 Metabiose

Die bisher vorgestellten Beziehungen zwischen Arten finden zum gleichen Zeitpunkt statt. Nun existieren jedoch auch solche Fälle, bei der die eine Art erst die Lebensbedingungen für das Vorkommen einer zweiten Art schafft. Solche auf einer Folgenutzung beruhenden Bisysteme bezeichnet man als **Metabiosen**. Sie treten recht häufig auf; viele Vogelarten, so zum Beispiel die Hohltaube (*Columba oenas*), der Kleiber (*Sitta europaea*) oder die Dohle (*Corvus monedula*) nisten in Baumhöhlen, ebenso Fledermäuse (Chiroptera). Alle diese Tierarten können jedoch selbst keine Baumhöhlen bauen. Sie sind auf Spechte (Picidae) angewiesen, die diese einst für sich selbst hergestellt haben, dann aber nicht mehr nutzen.

VERSTÄNDNISFRAGEN

1. Auf welche Weise unterscheiden sich Konkurrenz, Prädation und Mutualismus in ihren Auswirkungen auf die beteiligten Populationen zweier Arten?

2. Welche Folgen erwartet man nach dem Konkurrenzausschlussprinzip, wenn zwei Arten mit genau derselben ökologischen Nische um eine Ressource konkurrieren? Warum?

3. WAS WÄRE, WENN? Angenommen, Sie leben in einer landwirtschaftlich geprägten Region. Welche Beispiele für die vier Formen von Interaktionen zwischen Organismenarten (Konkurrenz, Prädation, Herbivorie und Mutualismus) können Sie dort beim Anbau von Nutzpflanzen oder bei der Viehzucht beobachten?

54.2 Der Einfluss von dominanten Arten und Schlüsselarten auf die Struktur von Lebensgemeinschaften

Lebensgemeinschaften werden durch die intra- und interspezifischen Beziehungen zahlreicher Arten charakterisiert, aber manchmal bestimmen nur einzelne oder wenige Arten in besonders bemerkenswerter Weise ihre Struktur, insbesondere ihre Artenkombination, die Artendiversität und die Individuenzahl (Abundanz) der einzelnen Arten. Bevor wir den Einfluss der dominanten Arten und Schlüsselarten näher analysieren, befassen wir uns mit zwei grundlegenden Eigenschaften, die die Gemeinschaftsstruktur bestimmen: die Artenvielfalt (Biodiversität) und die Nahrungsbeziehungen.

54.2.1 Artendiversität

MERKE!

Die Artendiversität umfasst zum einen den Artenreichtum, die Anzahl der verschiedenen Arten in der Biozönose und zum anderen die relative Häufigkeit oder Abundanz der einzelnen Arten.

Die **Artendiversität** einer Lebensgemeinschaft – die Vielfalt verschiedenartiger Organismenarten – umfasst zwei Parameter. Der eine ist der **Artenreichtum**, die Anzahl der verschiedenen Arten in der Biozönose, der andere die **relative Häufigkeit** oder **Abundanz** der einzelnen Arten, der Anteil, den die jeweilige Art an der Gesamtzahl der Individuen einer Lebensgemeinschaft ausmacht.

Stellen wir uns zum Beispiel zwei Waldbestände vor, in denen sich jeweils 100 Individuen auf vier Baumarten (A, B, C und D) verteilen:

Gemeinschaft 1: 25A, 25B, 25C, 25D

Gemeinschaft 2: 80A, 5B, 5C, 10D

Der Artenreichtum ist in beiden Lebensgemeinschaften der gleiche, denn beide enthalten vier Baumarten, aber in ihrer relativen Häufigkeit unterscheiden sich diese Baumarten stark voneinander (Abbildung 54.7). In der Gemeinschaft 1 sind alle vier Baumarten in weitgehend gleicher Anzahl vertreten, in dem zweiten Wald dagegen dominiert die Art A, während die anderen Bäume aufgrund ihrer geringen Individuenzahl nur schwer zu entdecken sind. Die meisten Beobachter würden der Gemeinschaft 1 intuitiv eine größere Vielfalt (Artendiversität) zuschreiben.

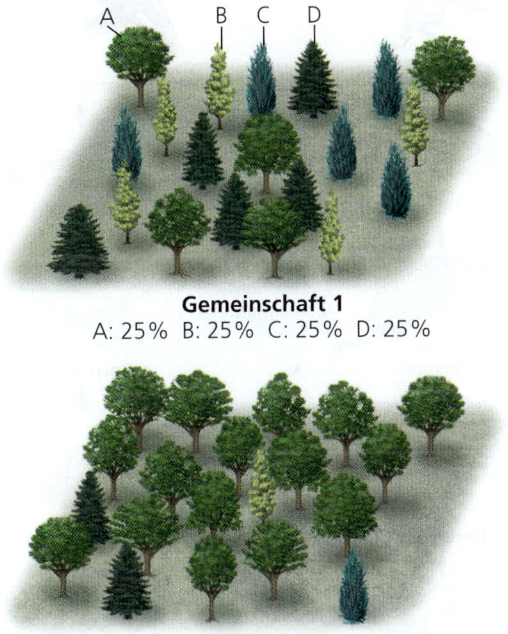

Abbildung 54.7: Welcher Wald zeigt eine größere Artendiversität? In der Ökologie kommt man zu folgendem Schluss: Die Lebensgemeinschaft 1 hat eine größere Artendiversität; in die Beurteilung fließen dabei sowohl der Artenreichtum als auch die relative Häufigkeit (Abundanz) der einzelnen Arten ein.

Für den quantitativen Vergleich der zeitlichen und räumlichen Unterschiede in der Artendiversität von Lebensgemeinschaften gibt es in der Ökologie eine Vielzahl von quantitativen Methoden. Häufig berechnet man aus Artenreichtum und Individuenhäufigkeit einen Diversitätsindex. Gebräuchlich ist zum Beispiel der **Shannon-Index (*H*)**.

54.2.2 Trophische Strukturen

Struktur und Dynamik einer Lebensgemeinschaft hängen zu einem großen Teil von den Nahrungsbeziehungen zwischen den Organismenarten ab, das heißt von der **trophischen Struktur** der Lebensgemeinschaft. Diese beschreibt Energiefluss durch die verschiedenen Trophieebenen von ihrer Ausgangsbasis, den grünen Pflanzen und anderen autotrophen Organismen (Primärproduzenten) über Herbivoren (Primärkonsumenten) zu den Carnivoren (Sekundär-, Tertiär- und Quartärkonsumenten) und schließlich Destruenten. Hinzu kommen Omnivoren; diese sind Teil einer Nahrungskette, die oft als ein kompliziertes Nahrungsnetz aufgebaut ist (Abbildung 54.8).

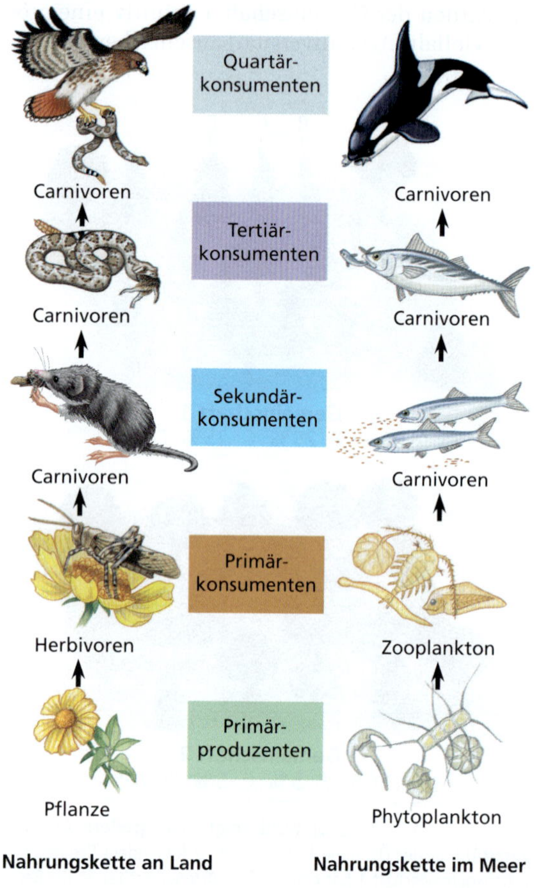

Abbildung 54.8: Beispiele für terrestrische und marine Nahrungsketten. Die Pfeile kennzeichnen den Weg von Energie und Nährstoffen durch die verschiedenen Trophieebenen einer Lebensgemeinschaft. Die Destruenten, die sich von den Organismen aller Trophieebenen ernähren, sind hier nicht dargestellt.

Nahrungsnetze Wie der Biologe Charles Elton (1900–1991) aus Oxford in den 1920er Jahren erkannte, sind Nahrungsketten in der Regel zu komplizierten **Nahrungsnetzen** verknüpft. Die trophischen Beziehungen innerhalb einer Lebensgemeinschaft kann man als Nahrungsnetz darstellen, wobei die Pfeile zwischen den Arten die Richtung des Energie- und Nährstofftransfers angeben (Abbildung 54.9).

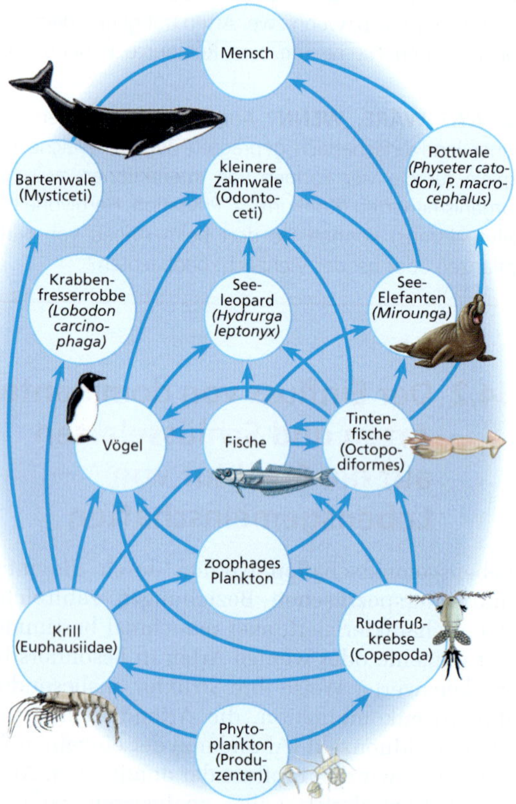

Abbildung 54.9: Ein Nahrungsnetz im Südpolarmeer. Die Pfeile bezeichnen die Richtung der Nahrungsenergie von den Produzenten (Phytoplankton) zu den verschiedenen Konsumentenstufen. Die Destruenten wurden in dem Diagramm aus Gründen der Übersichtlichkeit weggelassen; sie greifen auf jeder Trophieebene ein.

54.2.3 Arten mit einer großen Bedeutung für die Lebensgemeinschaft

Einige Arten haben für die Struktur und die Erhaltung einer Lebensgemeinschaft eine besonders große Bedeutung; aus diesem Grund bezeichnet man sie auch als **Schlüsselarten** (engl. *key species*). Innerhalb der Schlüsselarten gibt es solche, die in besonders hoher Anzahl und Biomasse vertreten sind (**Schlüsseldominanten**, engl. *key dominants*), oder solche, die auch ohne Ausbildung einer großen Biomasse eine entscheidende Schlüsselrolle in der Lebensgemeinschaft haben (**Schlusssteinarten**, engl. *key stone species*). Solche Arten beeinflussen entweder die verschiedenen trophischen Interaktionen oder sie nehmen Einfluss auf die abiotische Umwelt, in der die Lebensgemeinschaft eingebunden ist. Schlüsseldominanten und Schlusssteinarten werden unter dem Begriff Schlüsselart zusammengefasst.

Ökosystemingenieure Manche Arten üben ihren Einfluss auf die Lebensgemeinschaft nicht auf dem Weg der trophischen Wechselwirkungen aus, sondern indem sie die abiotische Umwelt erheblich verändern. Man bezeichnet sie auch als Ökosystemingenieure. Ein bekanntes Beispiel ist der Biber (Abbildung 54.10; *Castor fiber* in Eurasien, *C. canadensis* in Nordamerika), der durch das Fällen von Bäumen und das Aufstauen von Gewässern über den Dammbau eine Landschaft erheblich verändern kann. Ökosystemingenieure können auf andere Arten positive oder negative Auswirkungen haben.

Abbildung 54.10: **Biber als Ökosystemingenieure.** Biber fällen Bäume, bauen Dämme und schaffen große Gewässer. Damit haben sie einen erheblichen Einfluss auf die Struktur ganzer Landschaften, die sie in großflächige Feuchtgebiete verwandeln.

54.3 Der Einfluss von Störungen auf Artendiversität und Artenzusammensetzung

Noch vor einigen Jahrzehnten herrschte in der Ökologie allgemein die Ansicht, Lebensgemeinschaften müssten sich in einem mehr oder weniger stabilen Gleichgewichtszustand befinden, solange sie durch den menschlichen Einfluss nicht ernsthaft gestört werden. Gemäß der Vorstellung des „Gleichgewichts der Natur" war die interspezifische Konkurrenz der entscheidende Faktor, der über die Zusammensetzung der Lebensgemeinschaft bestimmt und ihre Stabilität aufrechterhält. *Stabilität* ist in diesem Zusammenhang die Eigenschaft einer Lebensgemeinschaft, bei einer von außen einwirkenden Störung dieser entgegenzuwirken (Resistenz) und nach Aufhören ihres Einflusses wieder zu einer relativ ähnlichen Artenzusammensetzung zurückzukehren und sie stabil zu halten (Resilienz, Erreichen eines Gleichgewichtszustandes).

54.3.1 Sukzession

Veränderungen in der Struktur und Zusammensetzung terrestrischer Lebensgemeinschaften lassen sich gut verfolgen, wenn nach einem größeren Störungsereignis, zum Beispiel nach einem Vulkanausbruch oder nach dem Rückzug eines großen Gletschers, die dortigen Flächen zunächst völlig vegetationsfrei sind. Solche Flächen werden dann im Laufe der Zeit von verschiedenen Arten besiedelt, die nach und nach von anderen Arten abgelöst werden. Diese werden zu einem noch späteren Zeitpunkt wiederum durch andere Arten ersetzt, ein Ablauf, den man als **ökologische Sukzession** (engl. *ecological succession*) bezeichnet. Somit definieren wir als Sukzession den durch Klima, Boden oder die Organismen selbst bedingten zeitlichen Wechsel von einer Organismengemeinschaft zu einer anderen.

> **MERKE!**
>
> **Unter ökologischer Sukzession versteht man den durch Klima, Boden oder die Organismen selbst bedingten zeitlichen Wechsel von einer Organismengemeinschaft zu einer anderen.**

Von **Primärsukzession** spricht man, wenn dieser Vorgang in einem zuvor unbelebten Gebiet beginnt und eine Neulandbesiedlung stattfindet und sich auch noch kein Boden gebildet hat. Dies ist zum Beispiel bei einer kurz zuvor entstandenen Vulkaninsel, in Gletschervorfeldern, an bisher nicht besiedelten Wildflussufern oder an Meeresküsten mit einer starken Dynamik der Fall. Zunächst sind als einzige Lebensformen häufig nur autotrophe Prokaryonten sowie heterotrophe Prokaryonten und Protisten anzutreffen. Die ersten makroskopischen, fotosynthetisch aktiven Organismen, die ein solches Neuland besiedeln, sind in der Regel Flechten und Moose, die aus vom Wind angewehten Sporen heranwachsen. Wenn das Gestein physikalisch und chemisch verwittert und sich organisches Material aus den zersetzten Überresten der ersten Organismen angesammelt hat, entsteht Boden. Danach werden die Flechten und Moose in der Regel von Kräutern und Gräsern überwachsen und es folgen Sträucher und Bäume. Die Höheren Pflanzenarten gehen aus Diasporen hervor, die aus benachbarten Gebieten über den Wind angeweht (Anemochorie) oder von Tieren ausgebreitet wurden (Zoochorie). Am Ende wird die Fläche von einer Pflanzengesellschaft besiedelt, die als Schlussgesellschaft das Endstadium der Sukzession darstellt. Bis sich ein solches Schlussstadium der Lebensgemeinschaft durch Primärsukzession bildet, vergehen bei Pflanzengesellschaften häufig Jahrhunderte oder sogar Jahrtausende.

MERKE!

Von Primärsukzession spricht man, wenn dieser Vorgang in einem zuvor unbelebten Gebiet beginnt und eine Neulandbesiedlung stattfindet und sich auch noch kein Boden gebildet hat.

Sekundärsukzession findet statt, wenn bereits entwickelte Organismengemeinschaften einer Störung unterliegen und die Entwicklung von Neuem wieder beginnt. In der Regel bleibt der Boden vorhanden. Ein Beispiel ist die Regeneration des Waldes im Yellowstone-Nationalpark nach den Waldbränden des Jahres 1988. In solchen Fällen erreicht ein Gebiet nahezu seinen früheren Zustand wieder zurück. Sekundärsukzessionen folgen häufig auf einen menschlichen Eingriff. Rodet man zum Beispiel ein Waldgebiet zunächst für die landwirtschaftliche Nutzung und lässt dann die Flächen später brachliegen, siedeln sich als erste Arten häufig krautige Pflanzen an. Sie können in der Samenbank des Bodens noch vorhanden sein oder über Anemochorie oder Zoochorie das Gebiet erreichen. Darauf folgen im Laufe der Zeit Sträucher und Bäume.

MERKE!

Sekundärsukzession findet statt, wenn bereits entwickelte Organismengemeinschaften einer Störung unterliegen und die Entwicklung von Neuem wieder beginnt.

Als Beispiel betrachten wir die Prozesse einer Primärsukzession in einem Gletschervorfeld. Umfangreiche Untersuchungen stammen von der Glacier Bay im Südosten Alaskas, wo sich die Gletscher seit dem Jahr 1760 um mehr als 100 Kilometer zurückgezogen haben (Abbildung 54.11). Untersucht

1 Pionierstadium, Breitblättriges Weidenröschen *(Epilobium latifolium)* als dominierende Art

2 Stadium mit der Silberwurz *(Dryas octopetala)*

3 Stadium mit Erlen *(Alnus crispa ssp. sinuata)*

4 Stadium mit Sitkafichte *(Picea sitchensis)*, Westamerikanischer Hemlocktanne *(Tsuga heterophylla)* und Berg-Hemlocktanne *(T. mertensiana)*

Abbildung 54.11: Primärsukzession eines Gletschervorfeldes an der Glacier Bay in Alaska. Die verschiedenen Blautöne auf der Karte charakterisieren den zeitlichen Rückzug des Gletschers seit dem Jahr 1760, wie man ihn aus historischen Quellen ableiten kann.

man die Pflanzengesellschaften des Gletschervorfeldes in unterschiedlicher Entfernung des heutigen Gletscherstandes, kann man die verschiedenen Sukzessionsstadien zeitlich nachzeichnen. ❶ Zuerst wird die vom Gletscher freigegebene Fläche von Pionierarten besiedelt, darunter Leber- und Laubmoose, Breitblättriges Weidenröschen (*Epilobium latifolium*), einzelne Individuen der Silberwurz (*Dryas octopetala*), eines immergrünen Zwergstrauchs und Individuen verschiedener Weidenarten (*Salix*). ❷ Nach ungefähr 30 Jahren dominiert die Silberwurz (*Dryas octopetala*) in der Pflanzengesellschaft. ❸ Einige Jahrzehnte später wandern Erlen (*Alnus crispa* ssp. *sinuata*) in das Gebiet ein und bilden dichte Bestände. Während der nächsten beiden Jahrhunderte werden die Erlen zunächst durch Sitkafichten (*Picea sitchensis*) und ❹ später durch eine Kombination aus Westamerikanischen Hemlocktannen (*Tsuga heterophylla*) und Berg-hemlocktannen (*T. mertensiana*) verdrängt. Wo das Wasser schlecht abfließt, wird der Boden des Fichten-Hemlock-Waldes moorig und zunächst von Torfmoosen (*Sphagnum*) besiedelt, die große Wassermengen aufnehmen können und den Säuregehalt des Bodens steigern, bis die Bäume schließlich absterben. Rund 300 Jahre nach dem Rückzug des Gletschers besteht die Vegetation in schlecht entwässerten, flacheren Gebieten aus *Sphagnum*-Mooren und an gut entwässerten Berghängen aus Fichten-Hemlock-Wäldern.

Welcher Zusammenhang besteht in solchen Gletschervorfeldern zwischen dem Sukzessionsgeschehen und den Umweltveränderungen, die durch den Vegetationswechsel verursacht werden? Der nackte Boden, der nach dem Rückzug des Gletschers frei liegt, ist stark basisch: Carbonatverbindungen im Muttergestein sorgen für einen pH-Wert von 8,0 bis 8,4. Mit der beginnenden Vegetationsentwicklung geht er schnell zurück. Insbesondere die Zersetzung der sauren Fichtennadeln lässt den pH-Wert im Boden von etwa 7,0 fast bis auf 4,0 sinken. Auch die Konzentration der mineralischen Nährstoffe im Boden ändert sich im Laufe der Zeit. Da der offene und organismenfreie Boden nach dem Rückzug des Gletschers nur einen geringen Stickstoffgehalt hat, können fast alle Pionierpflanzen zu Beginn der Sukzession wegen der unzureichenden Stickstoffversorgung nur schlecht wachsen. Frei lebende Cyanobakterien, die in der Lage sind, Luftstickstoff zu fixieren, reichern als Erste Stickstoff an. Eine Ausnahme bilden ferner *Dryas octopetala* und insbesondere *Alnus crispa* ssp. *sinuata*: Beide besitzen Rhizothamnien mit Actinomyceten der Gattung *Frankia*, die Luftstickstoff binden können (siehe Kapitel 37). Nachdem die Erlen sich im Laufe der Sukzession etabliert haben, nimmt der Stickstoffgehalt des Bodens rapide zu und der Anstieg setzt sich auch in der Phase der Fichtenbesiedlung fort (Abbildung 54.12). Durch die kontinuierliche Veränderung der Bodeneigenschaften schaffen die jeweiligen Besiedler die Voraussetzungen, damit sich auch neue Pflanzenarten etablieren können (Metabiose), und die neu vorkommenden Pflanzenarten tragen ihrerseits mit vielfältigen Umweltveränderungen zur Sukzession bei.

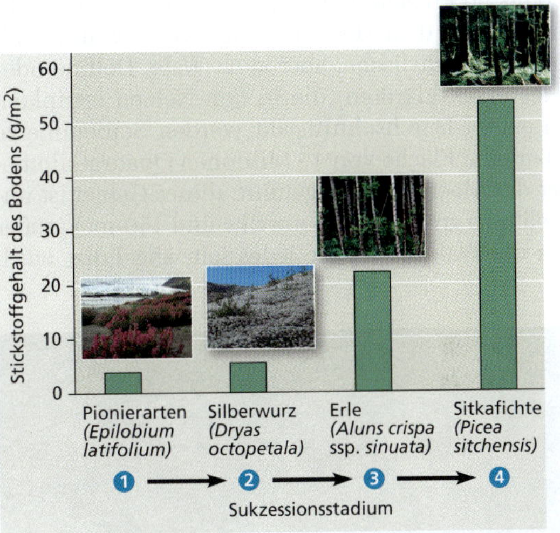

Abbildung 54.12: Veränderungen im Stickstoffgehalt des Bodens während der Primärsukzession eines Gletschervorfeldes an der Glacier Bay.

54.3.2 Von Menschen verursachte Störungen

Wie keine andere Organismenart auf der Erde verursacht der Mensch die meisten und größten Störungen in Ökosystemen. Nach einer solchen Störung kann es zu einer Sekundärsukzession kommen. Die intensive landwirtschaftliche Erschließung hat große Teile der riesigen nordamerikanischen und osteuropäischen Steppen vernichtet. Durch Holzgewinnung, Rodung, Siedlungsbau, Bergbau, Industrieanlagen und Landwirtschaft wurden große Waldgebiete in den USA und in Europa zu kleinen Flächen voneinander getrennter Waldinseln zerstückelt. Die tropischen Regenwälder verschwinden mit großer Geschwindigkeit, da man Holz gewinnen und Rinderweiden oder landwirtschaftliche Nutzflächen schaffen will. In Afrika haben über Jahrhunderte die Überweidung und die landwirtschaftliche Nutzung zu großen Hungersnöten beigetragen, da die tropischen Böden wenig fruchtbar sind und durch Nutzung rasch an Nährstoffen verarmen.

Marine Ökosysteme werden vom Menschen in ebenso großem Umfang beeinträchtigt wie terrestrische. Die Schleppnetzfischerei, bei der Schiffe große, mit Gewichten beschwerte Netze über den Meeresboden ziehen, hat ähnliche irreparable ökologische Auswirkungen wie die Rodung eines Waldes oder das Umpflügen eines Feldes (Abbildung 54.13). Insbesondere bei der Verwendung von Grundschleppnetzen werden Korallenbänke zerstört und viele nicht nutzbare Organismenarten mitgefangen. Man rechnet mit einem Beifang von 80 bis 90 Prozent, der häufig ungenutzt und tot direkt wieder dem Meer zugeführt wird. Darunter fallen viele Jungfische, aber auch Wale, Delfine oder Meeresschildkröten, die in den Netzen ertrinken. In einem Durchschnittsjahr werden Schleppnetze über eine Fläche von 15 Millionen Quadratkilometer des Meeresbodens geführt; dieses Gebiet ist ungefähr so groß wie Südamerika und 150-mal größer als die Waldfläche, die jedes Jahr abgeholzt wird.

Da die vom Menschen verursachten Störungen häufig sehr stark sind, führen sie in vielen Lebensgemeinschaften zu einer erheblichen unumkehrbaren Verringerung der Artendiversität.

VERSTÄNDNISFRAGEN

1. Warum führen ein sehr hohes und ein sehr niedriges Störungsniveau in der Regel zu einem Rückgang der Artendiversität? Warum lässt ein mittleres Störungsniveau die Artendiversität ansteigen?

2. Wie können die ersten Pionierorganismen in der Sukzession die Etablierung späterer Arten erleichtern?

3. WAS WÄRE, WENN? In den meisten Prärien kommt es regelmäßig, im typischen Fall alle paar Jahrzehnte, zu Bränden. Wie würde sich die Artendiversität einer Prärie voraussichtlich entwickeln, wenn es 100 Jahre lang nicht brennen würde? Begründen Sie Ihre Antwort.

Abbildung 54.13: **Folgen der Schleppnetzfischerei am Meeresboden.** Die Fotos zeigen den Meeresboden vor der Küste Nordwestaustraliens vor (oben) und nach dem Durchziehen eines Schleppnetzes (unten).

Wissenschaftliche Übung

Erstellen eines Balken- und Streudiagramms

Wie schnell kann sich ein heimischer Räuber an eine eingeschleppte Beutetierart anpassen? Die Aga-Kröte (*Bufo marinus*, siehe *Abbildungrechts*) wurde 1935 in Australien zur Bekämpfung von Schadinsekten ausgesetzt. Seitdem hat sich die Kröte über Nordost-Australien ausgebreitet. Die aktuelle Population umfasst vermutlich mehr als 200 Millionen Tiere. Aga-Kröten haben Drüsen, über die sie für Schlangen und andere Prädatoren tödliche Gifte absondern. In dieser Übung sollen Grafiken erstellt und interpretiert werden, die auf einem zweiteiligen Experiment beruhen. In dem Experiment wurde untersucht, ob in Australien heimische Prädatoren inzwischen eine Resistenz gegenüber dem Gift der Aga-Kröte entwickelt haben.

Durchführung des Experiments Im ersten Teil der Studie wurden jeweils zwölf Individuen der Rotbäuchigen Schwarzotter (*Pseudechis porphyriacus*) in einem Gebiet mit seit 40–60 Jahren bestehenden

Populationen der Aga-Kröte sowie in einem Gebiet ohne Vorkommen der Kröte gefangen. Den Schlangen wurde jeweils ein frisch totes Exemplar einer oft als Beute dienenden heimischen Froschart (*Limnodynastes peronii*) und einer Aga-Kröte, der die Giftdrüsen entfernt worden waren, angeboten. Im zweiten Teil der Studie wurden Schwarzottern in einem Gebiet gefangen, in dem Aga-Kröten seit 5–60 Jahren vorkommen. Um den Einfluss des Krötengifts auf die Physiologie der Schlangen zu ermitteln, wurden den Schlangen geringe Mengen des Gifts in den Magen injiziert und die Schwimmgeschwindigkeit der Tiere in Kleingewässern gemessen.

Experimentelle Daten, Teil 1

Angebotene Beutetierart	Anteil der Schlangen, die Nahrung aus dem jeweiligen Gebiet verzehrt haben (%)	
	Aga-Kröten kommen seit 40–60 Jahren im Gebiet vor	Aga-Kröten kommen nicht im Gebiet vor
Heimischer Frosch	100	100
Aga-Kröte	0	50

Datenauswertung

Erstellen Sie anhand der Daten des ersten Teils des Experiments ein Balkendiagramm.

Was sagt die Grafik über das Prädationsverhalten von Schwarzottern in Gebieten mit und ohne Vorkommen von Aga-Kröten aus?

Wenn Schwarzottern ein Enzym bilden würden, welches das Gift der Aga-Kröte deaktiviert, welche Ergebnisse wären bei der Wiederholung des ersten Teils des Experiments zu erwarten?

Entscheiden Sie, welches die abhängige und welches die unabhängige Variable im zweiten Teil des Experiments ist. Erstellen Sie anhand der Daten ein Streudiagramm. Welche Selektionseffekte hat die Dauer des Zusammenlebens von Aga-Kröte und Schwarzotter auf die Schlangen?

Warum ist es sinnvoll, die Daten aus dem ersten Teil des Experiments in Form eines Balkendiagramms und die des zweiten Teils in Form eines Streudiagramms darzustellen?

Daten aus: B. L. Phillips und R. Shine, An invasive species induces rapid adaptive change in a native predator: cane toads and black snakes in Australia, *Proceedings of the Royal Society B* 273: S. 1545–1550 (2006).

Experimentelle Daten, Teil 2

Gemeinsames Vorkommen von Schlange und Aga-Kröte (Jahre)	5	10	10	20	50	60	60	60	60	60
Reduktion der Schwimmgeschwindigkeit (%)	52	19	30	30	5	5	9	11	12	22

ZUSAMMENFASSUNG

Wechselbeziehungen zwischen Organismen: Positiv, negativ oder neutral

Populationen sind durch interspezifische Beziehungen miteinander verknüpft, die sich auch auf das Überleben und die Reproduktion der beteiligten Arten auswirken. Bei diesen Wechselbeziehungen handelt es sich um Konkurrenz, Prädation (Räubertum), Parasitismus, Herbivorie, Mutualismus (Symbiose), Parabiose (z.B. Kommensalismus) und Metabiose (Folgenutzung).

Der Einfluss von dominanten Arten und Schlüsselarten auf die Struktur von Lebensgemeinschaften

Artendiversität. Die Artendiversität bezieht sich auf die Anzahl der Arten in einer Lebensgemeinschaft, einschließlich ihrer relativen Häufigkeit. Eine Lebensgemeinschaft, in der die Arten ungefähr mit gleicher Häufigkeit vertreten sind, ist vielfältiger als eine, in der nur eine oder zwei Arten häufig, aber alle anderen in geringerer Individuenzahl vorkommen.

Trophische Strukturen. Die trophische Struktur ist ein entscheidender Faktor für die Dynamik einer Lebensgemeinschaft. Die Trophieebenen von den Produzenten bis zu den Spitzenräubern bilden eine Nahrungskette. Nahrungsnetze sind durch verzweigte Nahrungsketten und komplexe trophische Interaktionsmuster aufgebaut.

Arten mit einer großen Bedeutung für die Lebensgemeinschaft. Dominante Arten (Schlüsseldominante) und Schlusssteinarten üben als Schlüsselarten einen großen Einfluss auf die Gemeinschaftsstruktur aus. Schlüsseldominante sind in einer Lebensgemeinschaft in hoher Anzahl vertreten und bilden einen hohen Biomasseanteil. Schlusssteinarten haben, obwohl sie keine besonders hohe Individuenzahl besitzen, aufgrund ihrer funktionellen Bedeutung einen unverhältnismäßig großen Einfluss auf die Lebensgemeinschaft. Ökosystemingenieure beeinflussen eine Lebensgemeinschaft, indem sie einen großen Einfluss auf die abiotische Umwelt ausüben.

Der Einfluss von Störungen auf Artendiversität und Artenzusammensetzung

Stabilität ist die Eigenschaft einer Lebensgemeinschaft, bei einer von außen einwirkenden Störung dieser entgegenzuwirken (Resistenz) und nach Aufhören ihres Einflusses wieder zu einer relativ ähnlichen Artenzusammensetzung zurückzukehren und sie stabil zu halten (Resilienz, Erreichen eines Gleichgewichtszustandes).

Sukzession. Als Sukzession bezeichnet man die Abfolge von Lebensgemeinschaften, bedingt durch Klima, Boden oder die Lebenstätigkeit von Organismen. Eine Primärsukzession folgt auf eine erstmalige Besiedlung von sich neu bildenden Substraten; bei einer Sekundärsukzession handelt es sich um eine Wiederherstellung des ehemaligen Zustands nach einem stärkeren Eingriff von außen.

Von Menschen verursachte Störungen. Menschen bewirken auf vielfältige Weise durch Störungen der Gemeinschaftsstruktur eine Verringerung der Artendiversität. Menschen verhindern auch zahlreiche natürlich vorkommende dynamische Prozesse, die für die Erhaltung von Lebensgemeinschaften wichtig sein können und zerstören unumkehrbar komplette Lebensräume.

Ökosysteme

55

55.1 Der Energiehaushalt und die biogeochemischen Kreisläufe von Ökosystemen

Wenn man die Arten einer Lebensgemeinschaft in ihre verschiedenen Trophieebenen einteilt (siehe Kapitel 54), kann man den Energietransfer innerhalb eines Ökosystems und den Weg der Makro- und Mikroelemente besser nachverfolgen (Abbildung 55.1).

Abbildung 55.1: Der See als dynamisches Ökosystem.

55.1.1 Energieerhaltung

Da man sich in der Ökosystemanalyse mit den Wechselwirkungen zwischen den Organismenarten und ihrer abiotischen Umwelt beschäftigt, stützt sich diese ökologische Forschungsrichtung auf die Gesetze von Mathematik, Physik und Chemie. Der direkten Anwendung dieser Gesetze sind jedoch gewisse Grenzen gesetzt. Dies hängt damit zusammen, dass mit der Zunahme biotischer Komplexität das Auftreten von emergenten Eigenschaften einhergeht.

55.1.2 Erhaltung der Masse

Auch Masse kann wie Energie weder entstehen noch verloren gehen. Dieses **Gesetz der Massenerhaltung** ist für die Ökosystemforschung ebenso wichtig wie die Hauptsätze der Thermodynamik. Da die Masse erhalten bleibt, lässt sich die Menge eines chemischen Elements, das sich innerhalb eines Ökosystems im Kreislauf befindet, feststellen. Gleichzeitig kann eine Aussage darüber getroffen werden, in welcher Menge es im Laufe der Zeit in das Ökosystem einfließt oder aus ihm verloren geht.

Anders als die Energie werden chemische Elemente innerhalb der Ökosysteme ständig wieder verwertet. Ein Kohlenstoffatom wird von einem Destruenten in Form eines CO_2-Moleküls aus dem Boden freigesetzt; eine grüne Pflanze nimmt das CO_2-Molekül über die Fotosynthese wieder auf und baut den Kohlenstoff in die Phytomasse ein; ein Rothirsch oder ein anderes herbivores Tier nimmt den Kohlenstoff auf und scheidet ihn mit den Exkrementen wieder aus. Die quantitative Analyse solcher **biogeochemischer Kreisläufe** innerhalb von Ökosystemen, aber auch der gesamten Biosphäre, ist für die Ökosystemforschung ein wichtiges Ziel.

Global betrachtet gehen Makro- und Mikroelemente demnach nicht verloren, sie wechseln über Input- und Outputreaktionen zwischen den verschiedenen großen Sphären hin und her: zwischen der Atmosphäre (Luftschicht), Pedosphäre (Bodenschicht), Lithosphäre (Gesteinsschicht), Hydrosphäre (Wasserschicht) und der Biosphäre (Lebewelt). Als Inputleistung erhält ein Waldökosystem die meisten mineralischen Nährstoffe aus dem Boden. Einerseits über die physikalische, chemische und biologische Verwitterung des Ausgangsgesteins sowie andererseits über die Destruententätigkeit der Mikroorganismen, die das tote organische Material des Bestandsabfalls zersetzen, können lebenswichtige Nährstoffe von den Pflanzen aus dem Boden aufgenommen werden. Diese sind im Bodenwasser gelöst, das aus Niederschlägen oder aus dem Grundwasserzufluss stammt. Hinzu kommt das für die Fotosynthese notwendige CO_2 aus der Atmosphäre. Auf der Outputseite kehren manche Makro- und Mikroelemente als Gase wieder in die Atmosphäre zurück, andere verlassen mit dem fließenden Wasser das System. Wie jeder Organismus, so ist auch ein Ökosystem ein offenes System. **Offene Systeme** benötigen eine ständige Energie- und Massenzufuhr (im Sinne der Thermodynamik), um einen höheren strukturellen und funktionellen Ordnungsgrad erreichen zu können, ohne den die komplexen Leistungen und funktionserhaltenden Prozesse, die Organismen und Ökosysteme zeigen, nicht möglich wären. Um ein Fließgleichgewicht, die sogenannte Homoiostase (engl. *steady state*), aufrechterhalten zu können, werden Wärme sowie Stoffwechselendprodukte wieder abgegeben. Organismen und Ökosysteme sind außerdem **abhängige Systeme**, da Systeme mit einem höheren Ordnungsgrad und vielfältiger Funktionalität nur durch einen hohen Input an Energie (im Wesentlichen Solarenergie für die Fotosynthese) am Leben erhalten werden können. Ohne die notwendige Energiezufuhr (im Sinne der Thermodynamik: *freie Enthalpie*) fällt das System von einem höheren Ordnungs- oder auch Informationsgrad (hohe *negative Entropie*) in einen ungeordneten Zustand zurück, das heißt, die Enthalpie nimmt zu.

In den meisten Fällen sind die Input- und Outputmengen im Vergleich zu denjenigen Mengen, die innerhalb der Ökosysteme wieder verwertet werden können, gering. Dennoch bestimmt das Fließgleichgewicht zwischen Input- und Outputleistung darüber, ob ein Makro- oder Mikroelement im Ökosystem verbleibt oder es verlässt. Ist die Outputleistung eines mineralischen Nährstoffs größer als die Inputleistung, wird zu einem bestimmten Zeitpunkt in diesem System die Produktivität begrenzt oder ganz eingeschränkt werden. Die Tätigkeit des Menschen führt vielfach zu erheblichen Veränderungen solcher Gleichgewichte, ein Thema, auf das wir im weiteren Verlauf dieses Kapitels noch ausführlich zu sprechen kommen werden.

MERKE!

Auch Masse kann wie Energie weder entstehen noch verloren gehen (Gesetz der Massenerhaltung).

55.1.3 Energie, Masse und Trophieebenen

Die Trophieebene, von der letztlich alle anderen Organismen leben, besteht aus den autotrophen Organismen, die auch als Primärproduzenten (engl. *primary producer*) des Ökosystems bezeichnet werden. Die meisten autotrophen Organismen sind fotosynthetisch aktiv, das heißt, sie nutzen die Strahlungsenergie zur Synthese von Zuckern und anderen organischen Verbindungen, die ihnen dann als Energie für die Zellatmung und das Wachstum zur Verfügung stehen. Die wichtigsten autotrophen Organismen der Biosphäre sind die grünen Pflanzen und fotosynthetisch aktive Prokaryonten. In bestimmten Ökosystemen jedoch, so zum Beispiel in den Lebensgemeinschaften der heißen Tiefseeschlote (siehe Abbildung 52.11) und manchen von Quellen gespeisten unterirdischen Höhlenseen, sind chemoautotrophe Prokaryonten die wichtigsten Primärproduzenten.

Die Organismen der höheren Trophieebenen sind heterotroph: Sie sind direkt oder indirekt auf die Biosyntheseprodukte der Primärproduzenten angewiesen. Die Herbivoren (Phytophagen), die sich von Pflanzen und anderen Primärproduzenten ernähren, bezeichnet man als Primärkonsumenten (engl. *primary consumer*). Carnivoren, die herbivore Organismen verzehren, sind Sekundärkonsumenten (engl. *secondary consumer*), und Carnivoren, denen andere Carnivoren als Beute dienen, stellen Tertiärkonsumenten dar (engl. *tertiary consumer*).

Eine weitere wichtige Gruppe heterotropher Organismen sind die Destruenten. Sie werden auch als Reduzenten (engl. *decomposer*) bezeichnet, da sie organische Substanz abbauen. Ihre Energie beziehen sie aus Detritus, unbelebtes organisches Material, das zum Beispiel aus den Überresten toter pflanzlicher und tierischer Organismen, aus Exkreten und Exkrementen stammt. Solche von totem, organischem Material lebende Organismen bezeichnet man auch als *saprophage* Organismen. Viele Destruenten werden ihrerseits von Sekundär- und Tertiärkonsumenten gefressen. Zwei wichtige Gruppen der Destruenten sind Prokaryonten und Pilze (Abbildung 55.2). Diese Organismen scheiden Enzyme aus, die organisches Material aufschließen können; anschließend nehmen sie die Abbauprodukte auf, womit sie innerhalb eines Ökosystems die Verbindung zwischen der Konsumenten- und der Primärproduzenten-Stufe herstellen (Abbildung 55.3). In einem Wald ernähren sich zum Beispiel Vögel von Regenwürmern, die sich von toter organischer pflanzlicher Substanz sowie den daran haftenden Prokaryonten und Pilzen ernähren.

Abbildung 55.2: Pilze bei der Zersetzung eines abgestorbenen Baumstamms.

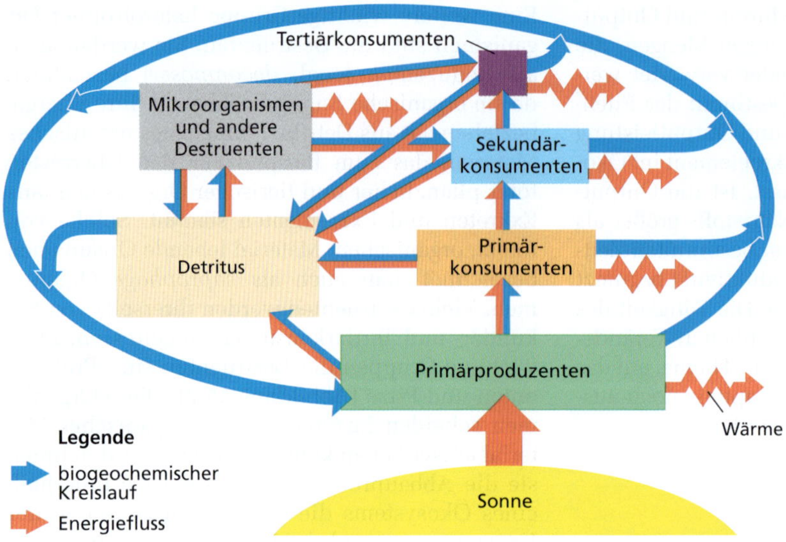

Abbildung 55.3: Überblick über den Energie- und Nährstoffflluss in einem Ökosystem. Energie wird von einem Ökosystem aufgenommen, sie strömt durch das Ökosystem hindurch und verlässt es wieder; chemische Nährstoffe dagegen durchlaufen vorwiegend einen Kreislaufprozess innerhalb des Ökosystems. In diesem allgemeinen Schema tritt Energie (orangefarbene Pfeile) in Form von Solarstrahlung in das Ökosystem ein, fließt in Form biochemischer Energie durch das Nahrungsnetz und wird schließlich als Wärme an die Umgebung wieder abgegeben. Viele Nährstofftransfers (blaue Pfeile), die durch die verschiedenen Trophieebenen laufen, führen letztlich zu abgestorbenem organischem Material (Detritus); von dort gelangen die Nährstoffe, die von den Destruenten aufbereitet worden sind, wieder zu den Primärproduzenten zurück.

VERSTÄNDNISFRAGEN

1. Warum bezeichnet man die Energieübertragung in einem Ökosystem als Energiefluss und nicht als Energiekreislauf?

2. Wie kann man mit dem Zweiten Hauptsatz der Thermodynamik erklären, dass ein Ökosystem ständig mit neuer Energie versorgt werden muss?

3. **WAS WÄRE, WENN?** Sie untersuchen den Stickstoffkreislauf in der Grassavanne des Serengeti-Nationalparks in Afrika. Während der Untersuchungen weidet in der Nähe Ihrer Versuchsfläche eine Herde wandernder Streifengnus. Was müssten Sie wissen, um die Wirkung dieser Herbivoren auf das Stickstoffgleichgewicht Ihrer Versuchsfläche messen zu können?

55.2 Energie und andere limitierende Faktoren der Primärproduktion der Ökosysteme

Die Menge organischer Substanz, die während eines bestimmten Zeitraums von autotrophen Organismen gebunden wird, bezeichnet man als **Primärproduktion** (engl. *primary production*) des Ökosystems. Sie stellt die Ausgangsbasis für die Untersuchung aller Energie- und Materieflüsse in Ökosystemen dar.

MERKE!

Die Menge organischer Substanz, die während eines bestimmten Zeitraums von autotrophen Organismen gebunden wird, bezeichnet man als Primärproduktion.

55.2.1 Energiebilanzen von Ökosystemen

Die meisten Primärproduzenten nutzen die Solarenergie, um energiereiche organische Moleküle zu synthetisieren, die unter anderem auch zur Herstellung von ATP Verwendung finden (siehe Kapitel 10). Die Konsumenten beschaffen sich ihr organisches Material aus „zweiter, dritter oder vierter Hand“ über die komplexen Nahrungsnetze, wie sie in Abbildungen 54.9 dargestellt sind. Die Gesamtmenge der Primärproduktion bestimmt die Größe des Energiehaushaltes eines Ökosystems.

Der globale Energiehaushalt Jeden Tag treffen auf die Erdatmosphäre Sonnenstrahlen mit einer Gesamtenergie von rund 10^{22} Joule (1 J = 0,238 cal). Diese auf die Außengrenze der Erdatmosphäre auftreffende Solarstrahlung wird als **Solarkonstante** bezeichnet. Legt man den globalen Durchschnittsverbrauch des Jahres 2010 zugrunde, würde diese Energiemenge den Bedarf der gesamten Erdbevölkerung für ungefähr 20 Jahre decken. Wie in Kapitel 52 dargelegt wurde, ändert sich die Intensität der einfallenden Solarenergie mit der geografischen Breite: Den größten Strahlungsinput erhalten die Tropen, den geringsten die polaren Regionen.

Die Menge an Solarstrahlung, die letztlich die Vegetation (beziehungsweise Erdoberfläche) erreicht, bezeichnet man als **Globalstrahlung**. Diese als Globalstrahlung einfallende Solarstrahlung liegt im kurzwelligen und im langwelligen Bereich. Im Durchschnitt handelt es sich um nur etwa 46 Prozent des Strahlungsbetrags der Solarkonstante, der direkt oder über diffuse Strahlung durch die Troposphäre hindurch (die unterste Atmosphärenschicht von etwa 10 km Höhe) die Erdoberfläche beziehungsweise die Vegetation erreicht. Ein Teil wird bereits an der Oberfläche der Troposphäre in den Weltraum zurückreflektiert, ein anderer Teil in der Troposphäre absorbiert. Ein Teil der langwelligen Strahlung wird von der Vegetation, dem vegetationsfreien Erdboden, vom Oberflächengestein oder dem Oberflächenwasser der Meere und Süßgewässer absorbiert. Ein Teil wird zurückreflektiert und an atmosphärischem Staub und an Treibhausgasen in der Atmosphäre absorbiert. Nur ein relativ geringer Anteil wird als kurzwellige Strahlung zurückreflektiert (**Albedo**), zum Beispiel an Schnee- und Eisflächen; der größte Anteil der kurzwelligen Strahlung, der die Bodenoberfläche erreicht, wird in langwellige Strahlung umgewandelt. Durch diesen Prozess wird die Troposphäre aufgewärmt und den Organismen wird eine für Stoffwechselleistungen günstige Umgebungstemperatur bereitgestellt.

Die Globalstrahlung legt auch die Grenzen für die fotosynthetische Effizienz der Ökosysteme fest. Man versteht darunter den Nutzeffekt der Fotosynthese bei fotoautotrophen Pflanzen und Pflanzenbeständen zwischen der Energiemenge der durch die Fotosynthese aufgebauten organischen Substanz und der Energie der lokal einfallenden Strahlung. Nur ein kleiner Anteil der Solarstrahlung, die die Vegetation erreicht, wird für die Fotosynthese genutzt. Von der Solarstrahlung, die die fotosynthetisch aktiven Organismen erreicht, werden nur bestimmte Wellenlängen durch die Fotosynthesepigmente absorbiert, die sogenannte **fotosynthetisch aktive Strahlung** oder kurz **PAR** (engl. *photosynthetically active radiation*); der Rest wird weitergegeben, reflektiert oder als Wärme abgestrahlt. Deshalb werden nur ungefähr ein bis fünf Prozent des sichtbaren Lichts, das auf Organismen mit der Fähigkeit zur Fotosynthese trifft, auch in chemische Energie umgewandelt. Dennoch erzeugen die Primärproduzenten der Erde zusammen insgesamt über 150 Milliarden Tonnen (150×10^{12} kg) organisches Material im Jahr.

Brutto- und Nettoprimärproduktion Die gesamte organische Substanz, die im Laufe eines Jahres durch die fotoautotrophen Pflanzen über die Fotosynthese in einem Ökosystem gebunden wird, bezeichnet man als **Bruttoprimärproduktion** (**BPP**, engl. *gross primary production*, GPP). Dieses organische Material wird jedoch nicht vollständig im Rahmen des Baustoffwechsels in den Primärproduzenten gespeichert. Die **Nettoprimärproduktion** (**NPP**, engl. *net primary production*, NPP) errechnet sich aus der Bruttoprimärproduktion unter Abzug der Energie R, die von den Primärproduzenten zur Atmung im Rahmen des Betriebsstoffwechsels verbraucht wird:

> **MERKE!**
> **Die gesamte organische Substanz, die im Laufe eines Jahres durch die fotoautotrophen Pflanzen über die Fotosynthese in einem Ökosystem gebunden wird, bezeichnet man als Bruttoprimärproduktion (BPP).**

$$NPP = BPP - R$$

> **MERKE!**
> **Die Nettoprimärproduktion errechnet sich aus der Bruttoprimärproduktion unter Abzug der Energie R, die von den Primärproduzenten zur Atmung im Rahmen des Betriebsstoffwechsels verbraucht wird.**

55.2.2 Primärproduktion in aquatischen Ökosystemen

In aquatischen Ökosystemen (Meer- und Süßwasser) spielen sowohl Licht- als auch Nährstoffmengen für die Größe der Primärproduktion eine entscheidende Rolle.

Begrenzung der Lichtmenge Da die Fotosynthese von der Intensität der PAR abhängt, sollte die PAR der entscheidende Parameter für die Größe der Primärproduktion in den Meeren sein. Tatsächlich bestimmt die Intensität der PAR und damit auch ihre Eindringtiefe in die euphotische Zone des Meeres oder eines Sees die Primärproduktion erheblich (siehe Abbildung 52.9). Etwa die Hälfte der PAR wird in den obersten 15 Metern unter der Wasseroberfläche absorbiert. Selbst in „klarem" Wasser dringen nur fünf bis zehn Prozent der Strahlung bis in eine Tiefe von 75 Metern vor.

Wenn die Intensität der PAR die entscheidende begrenzende Variable für die Primärproduktion im Meer ist, dann nimmt die Primärproduktion entlang eines Gradienten von den Polen zum Äquator hin zu, da entlang dieses Gradienten auch die Intensität der PAR zunimmt. Wie man aber in Abbildung 55.4 erkennt, existiert ein sol-

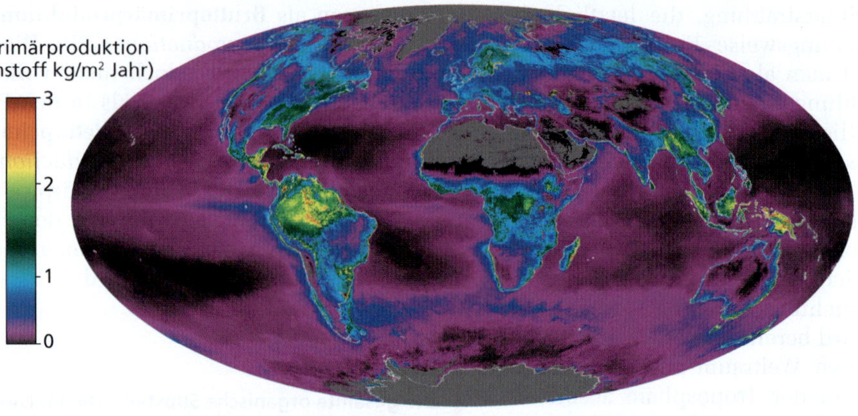

Abbildung 55.4: **Die globale Nettoprimärproduktion.** Grundlage der Karte sind Daten, zum Beispiel der Chlorophyllaktivität, die von Satelliten aufgenommen wurden. Die höchste Nettoprimärproduktion findet man in den tropischen terrestrischen Regionen (gelb und rot gefärbt).

? Gibt diese Karte die Bedeutung sehr produktiver Lebensräume wie Feuchtgebiete, Korallenriffe und Küstenregionen richtig wieder? Begründen Sie Ihre Antwort.

cher Gradient nicht. Demnach muss auch ein anderer Faktor sich auf die Primärproduktion der Meere auswirken.

Begrenzung der Nährstoffmenge Mehr noch als das Licht wirken sich die verfügbaren Nährstoffe in verschiedenen geografischen Regionen auf die Primärproduktion der Meere und Seen aus. Als **limitierender Nährstoff** wird derjenige bezeichnet, der die Primärproduktivität am stärksten steigert. Die Nährstoffe, die die Primärproduktivität im Meer am meisten limitieren, sind entweder der Stickstoff oder der Phosphor. Ihre Konzentration ist in der euphotischen Zone sehr niedrig, da sie vom Phytoplankton schnell aufgenommen werden und der Detritus in die tieferen Schichten des Meeres oder Sees rasch absinkt.

In mehreren großen Meeresgebieten ist die Dichte des Phytoplanktons trotz relativ hoher Stickstoffkonzentrationen recht gering. In der Sargassosee zum Beispiel, bei den Bermuda-Inseln zwischen Florida und den Azoren im südwestlichen Atlantik gelegen, ist das Wasser besonders klar, da die Phytoplanktondichte äußerst niedrig ist. In einer Reihe von Experimenten, bei denen Nährstoffe dem System zugeführt wurden, stellte sich heraus, dass die Primärproduktion dort durch die verfügbaren Mengen von Eisen begrenzt wird. Das Eisen im Meer stammt zum größten Teil aus trockenen Depositionen, die durch den Wind vom Festland eingetragen werden. Meeresbereiche, die besonders weit vom Festland entfernt liegen, erhalten jedoch nur sehr geringe Einträge.

Die Erkenntnis, dass Eisen in einzelnen marinen Ökosystemen die Primärproduktion begrenzt, gab in jüngster Zeit Anlass zu einigen Großversuchen im Pazifik. Während eines dieser Experimente brachte man gelöstes Eisen auf einer Meeresfläche von 72 Quadratkilometern in geringer Konzentration aus; anschließend wurden über sieben Tage die Veränderungen der Phytoplanktondichte gemessen. Es kam zu einer massiven Phytoplanktonblüte, die sich durch Zunahme der Chlorophyllkonzentration im Wasser bemerkbar machte. Zugesetztes Eisen regt das Wachstum der Cyanobakterien an, die dann in großem Umfang atmosphärischen Stickstoff fixieren (siehe Kapitel 27). Der zusätzlich aufgenommene Stickstoff führt dann zu einer explosionsartigen Vermehrung des Phytoplanktons.

Besonders hoch ist die Primärproduktion in Regionen, in denen kaltes und besonders nährstoff- und sauerstoffreiches Tiefenwasser an die Meeresoberfläche gelangt. Dies spricht für die Hypothese, dass die Primärproduktion durch die verfügbare Nährstoffmenge bedingt ist. Da eine kontinuierliche Nährstoffnachlieferung das Wachstum des Phytoplanktons anregt, das im Meer die Grundlage der Nahrungsnetze bildet, sind solche Auftriebsgebiete kalten und nährstoffreichen Tiefenwassers besonders fischreich und deshalb auch beliebte Fischereigebiete. Die größten Auftriebsgebiete finden sich im Südpolarmeer sowie vor den Küsten Perus, Kaliforniens und einigen Bereichen Westafrikas.

Auch in Süßwasserseen sind Nährstoffe häufig limitiert. In den 1970er Jahren konnte man zeigen, dass Haushaltsabwässer und Dünger aus der landwirtschaftlichen Produktion, gelangen sie in einen See, einen großen Nährstoffeintrag bedeuten.

Diese zusätzlichen Nährstoffe verursachen ein starkes Wachstum der Cyanobakterien und Algen und sorgen letztlich dafür, dass sich die Sauerstoffkonzentration im Wasser erheblich verringert und das Wasser getrübt wird. Diesen Vorgang der Anreicherung von Nährstoffen in Ökosystemen oder Ökosystemteilen, unabhängig davon, ob er natürlich oder durch den Menschen bedingt ist, bezeichnet man als **Eutrophierung** (gr. *eutrophos*, gut ernährt). Eine übermäßige Eutrophierung eines Gewässers hat zahlreiche ökologische Auswirkungen; unter anderem reduziert sich der Bestand an Fischarten mit Ausnahme besonders toleranter Arten (siehe Abbildung 52.11). Um die Folgen einer Eutrophierung abschätzen zu können, muss man wissen, welche Nährstoffe in den See eingetragen wurden. Stickstoff ist in Seen nur selten der limitierende Faktor für die Primärproduktion. Mit einer Reihe von Experimenten in Seen konnte man zeigen, dass die verfügbare Phosphormenge das Wachstum der Cyanobakterien limitiert und nicht der Stickstoff. Dieses und andere Forschungsergebnisse legten nahe, Haushaltsabwasser möglichst von Phosphat frei zu halten. Die Verwendung nicht phosphathaltiger Waschmittel war eine wichtige Maßnahme, um die Wasserqualität unserer Gewässer zu verbessern.

MERKE!

Den Vorgang der Anreicherung von Nährstoffen in Ökosystemen oder Ökosystemteilen, unabhängig davon, ob er natürlich oder durch den Menschen bedingt ist, bezeichnet man als Eutrophierung.

55.2.3 Primärproduktion in terrestrischen Ökosystemen

In einem großräumigen Maßstab sind die Temperatur und die Wasserverfügbarkeit die beiden wichtigsten Faktoren, die in terrestrischen Ökosystemen über die Größe der Primärproduktion bestimmen. Die tropischen Regenwälder stellen die produktivsten terrestrischen Ökosysteme der Erde dar und begünstigen mit ihren warmen, feuchten Umweltbedingungen besonders das Pflanzenwachstum (Abbildung 55.4). Terrestrische Ökosysteme mit geringer Primärproduktivität sind dagegen in der Regel durch extreme Hitze und Trockenheit charakterisiert, wie zum Beispiel die Wüsten, oder durch große Kälte und Trockenheit wie die arktische Tundra oder die Eiswüsten der Pole. Zwischen diesen Extremen liegen unter anderem die Wälder gemäßigter Breiten, die ein durchschnittliches Klima und eine mittlere Primärproduktivität aufweisen. Diese klimatischen Unterschiede lassen sich quantitativ über die **reale Evapotranspiration** darstellen, worunter man die jährliche Gesamtmenge der Transpiration durch Pflanzen und der Evaporation von Boden- und Wasserflächen versteht; sie wird in der Regel in Millimetern pro Jahr angegeben. Die reale Evapotranspiration steigt mit der Niederschlagsmenge und der Intensität der PAR einer Region an. Abbildung 55.5 zeigt für ausgewählte Ökosysteme die positive Korrelation zwischen der Nettoprimärproduktion und der realen Evapotranspiration auf.

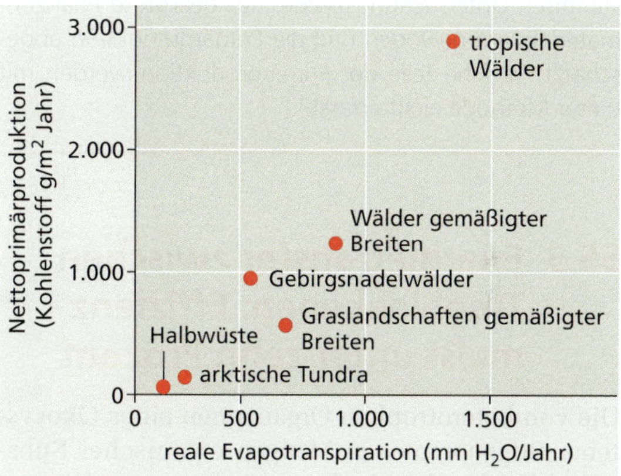

Abbildung 55.5: Korrelation zwischen Nettoprimärproduktion und realer Evapotranspiration in sechs ausgewählten terrestrischen Ökosystemtypen.

Auf lokaler Ebene können die mineralischen Bodennährstoffe die Primärproduktion terrestrischer Ökosysteme limitieren. Wie in aquatischen Ökosystemen sind Stickstoff und Phosphor auch hier in der Regel die entscheidenden, das Pflanzenwachstum begrenzenden Nährstoffe. Fügt man einen die Primärproduktion nicht limitierenden Nährstoff hinzu, führt dies selbst dann, wenn er ansonsten selten ist, nicht zu einer Produktionssteigerung. Der Zusatz des limitierenden Nährstoffs dagegen steigert die Primärproduktion, bis ein anderer Nährstoff begrenzend wirkt.

Untersuchungen, die einen Zusammenhang zwischen der Menge der gebotenen und das Pflanzenwachstum limitierenden Nährstoffe sowie der Primärproduktion terrestrischer Ökosysteme herstellen, lassen sich in der Landwirtschaft praktisch anwenden. Landwirte maximieren ihre Getreideerträge durch den Einsatz von Düngemitteln, die die essenziellen Nährstoffe für den jeweiligen Boden und die entsprechende Getreidesorte in einem richtigen Mengenverhältnis enthalten.

VERSTÄNDNISFRAGEN

1. Warum wird nur ein kleiner Teil der Solarenergie, die auf die Erdatmosphäre trifft, von den Primärproduzenten gespeichert?

2. Wie kann man in der Ökologie experimentell feststellen, welcher Umweltfaktor sich auf die Primärproduktion in einem Ökosystem limitierend auswirkt?

3. WAS WÄRE, WENN? Im Rahmen eines wissenschaftlichen Projektes möchte ein Wissenschaftler wissen, wie groß die gesamte Primärproduktion der Pflanzen eines Steppenökosystems während eines Jahres ist. Einmal pro Vierteljahr mäht er die gesamte Vegetation einer bestimmten Untersuchungsfläche; das geerntete Pflanzenmaterial wird gewogen und die Primärproduktion abgeschätzt. Welche Teile der Primärproduktion werden mit dieser Methode nicht erfasst?

55.3 Energietransfer zwischen Trophieebenen: Effizienz meist unter zehn Prozent

Die von heterotrophen Organismen eines Ökosystems aufgenommenen Mengen organischer Substanz, die für den Aufbau ihrer eigenen Körpersubstanz innerhalb eines bestimmten Zeitraums genutzt werden, bezeichnet man als **Sekundärproduktion** (engl. *secondary production*). Wie verläuft nun der Weg des organischen Materials von den Primärproduzenten zu den Primärkonsumenten? In den meisten Ökosystemen konsumieren die Herbivoren nur einen sehr kleinen Anteil der insgesamt produzierten Phytomasse. Außerdem können sie auch das Pflanzenmaterial, das sie zu sich nehmen, nicht vollständig verdauen, sondern scheiden oft große Mengen unzersetzten Pflanzenmaterials wieder aus. Ein großer Teil der Primärproduktion wird demnach von den Konsumenten nicht genutzt (Abbildung 55.6). Dieser Gesichtspunkt des Energietransfers wird im Folgenden genauer behandelt.

MERKE!

Die von heterotrophen Organismen eines Ökosystems aufgenommenen Mengen organischer Substanz, die für den Aufbau ihrer eigenen Körpersubstanz innerhalb eines bestimmten Zeitraums genutzt werden, bezeichnet man als Sekundärproduktion.

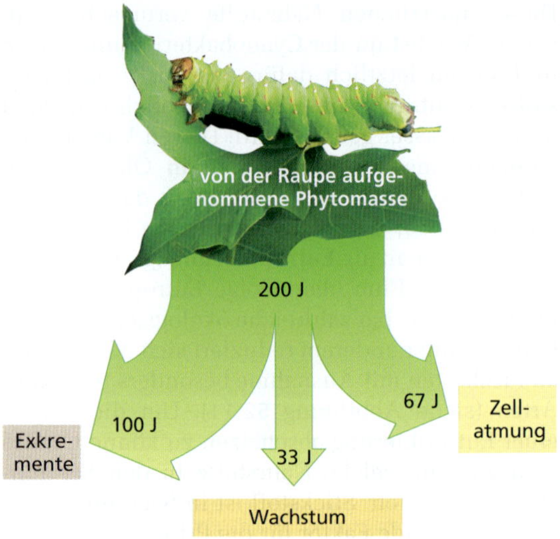

Abbildung 55.6: Energieverteilung eines herbivoren Tieres innerhalb der Nahrungskette. Weniger als 17 Prozent der Nahrung einer Raupe werden tatsächlich für die Sekundärproduktion (Aufbau eigener Körpersubstanz) genutzt.

55.3.1 Produktionseffizienz

Wie effizient Tiere oder allgemein heterotrophe Organismen ihre Nahrung nutzen, errechnet sich aus nachfolgender Gleichung:

$$\text{Nettoproduktionseffizienz} = \frac{\text{Nettosekundärproduktion} \times 100}{\text{assimilierte Primärproduktion}}$$

Die Nettosekundärproduktion ist die in Zoomasse gespeicherte Energie (Aufbau körpereigener Substanz).

Trophische Effizienz und ökologische Pyramiden

Wenden wir uns nun von der Nettoproduktionseffizienz einzelner Konsumenten ab und verfolgen in einem größeren Rahmen den Energiefluss durch die verschiedenen Trophieebenen.

Als **trophische Effizienz** bezeichnet man den Anteil der Produktion, der von einer Trophieebene in die nächste übergeht. Die trophische Effizienz muss stets geringer sein als die Nettoproduktionseffizienz, denn sie berücksichtigt nicht nur die Energie, die durch Atmung verloren geht oder in Exkrementen enthalten ist, sondern auch den Anteil der Energie des organischen Materials einer Trophieebene, der auf der nächsthöheren Ebene nicht verbraucht wird. Die trophische Effizienz liegt in der Regel bei ungefähr zehn Prozent, das Spektrum reicht je nach Ökosystemtyp von fünf bis 20 Prozent. Somit werden etwa 90 Prozent der Energie, die auf einer Trophieebene zur Verfügung steht, *nicht* auf die nächsthöhere Trophieebene weitergegeben. Dieser Verlust multipliziert sich entlang einer Nahrungskette. Werden zum Beispiel zehn Prozent der verfügbaren Energie von den Primärproduzenten auf die Primärkonsumenten übertragen und von dieser Energiemenge gelangen wiederum nur zehn Prozent zu den Sekundärkonsumenten, so steht den Sekundärkonsumenten nur ein Prozent (zehn Prozent von zehn Prozent) der Nettoprimärproduktion letztlich zur Verfügung (Abbildung 55.7).

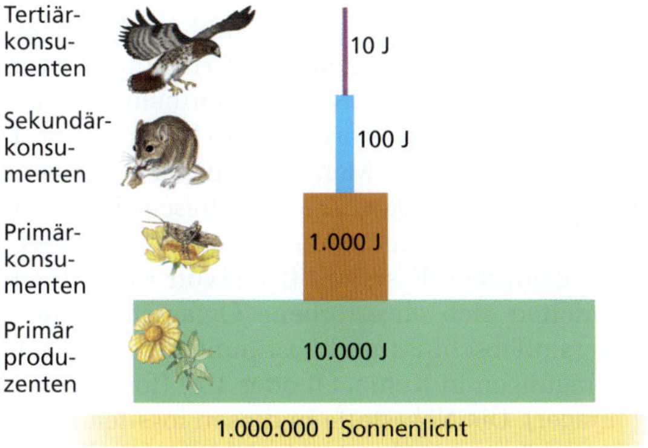

Abbildung 55.7: Eine idealisierte trophische Pyramide. Bei dieser hat jede Stufe der Nahrungskette eine Nettoproduktionseffizienz von zehn Prozent. Die Primärproduzenten wandeln nur ungefähr ein Prozent der aufgenommenen Energie in Nettoprimärproduktion um.

Dieser fortschreitende Energieverlust entlang der Nahrungskette setzt der Anzahl der Carnivoren, die ein Ökosystem auf der obersten Ebene ernähren kann, enge Grenzen. Nur ungefähr 0,1 Prozent derjenigen Energiemenge, die durch Fotosynthese fixiert wird, fließt durch das gesamte Nahrungsnetz bis zu einem Tertiärkonsumenten und erreicht zum Beispiel eine Schlange oder einen Hai. Dies ist ein Grund dafür, warum die meisten Nahrungsnetze nicht mehr als vier oder fünf Trophieebenen aufweisen (Abbildung 55.8).

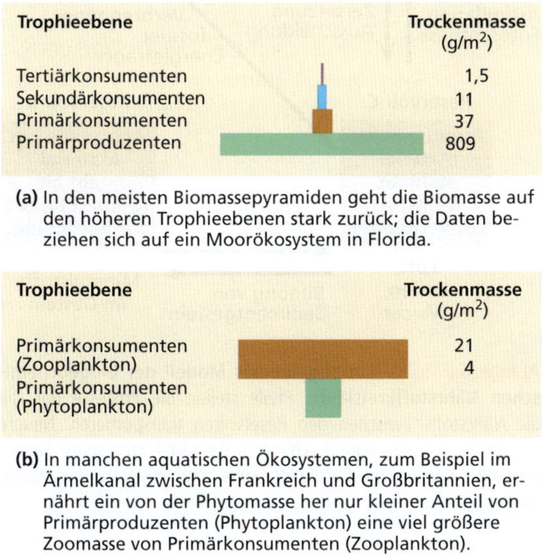

Abbildung 55.8: Pyramiden der Biomasse (*standing crop*). Die Zahlen geben die Trockenmasse sämtlicher Organismen der jeweiligen Trophieebene an.

MERKE!

Als trophische Effizienz bezeichnet man den Anteil der Produktion, der von einer Trophieebene in die nächste übergeht.

55.3.2 Die Grüne-Welt-Hypothese

Warum nutzen Herbivoren nur einen so geringen Anteil der pflanzlichen Nettoprimärproduktion? Nach der **Grüne-Welt-Hypothese**, die im Jahr 1960 von Nelson Hairston, Frederick Smith und Laurence Slobodkin formuliert wurde, werden die terrestrischen Herbivoren ausschließlich von Prädatoren und Parasiten daran gehindert, mehr Phytomasse aufzunehmen (Abbildung 55.9).

Abbildung 55.9: Ein „grünes" Ökosystem. Die meisten terrestrischen Ökosysteme haben trotz der zahlreichen Herbivoren, die sie bewohnen, einen großen Phytomassebestand. Erklärungen für diese Beobachtung liefert die Grüne-Welt-Hypothese.

VERSTÄNDNISFRAGEN

1. Angenommen, ein Insekt konsumiert Pflanzensamen mit einem Energiegehalt von 100 J. Davon verbraucht es 30 J für die Atmung, und 50 J scheidet es mit seinen Exkrementen wieder aus. Wie hoch ist seine Nettosekundärproduktion und wie groß seine Nettoproduktionseffizienz?

2. Tabakblätter enthalten Nicotin, eine giftige Verbindung, deren Produktion für die Pflanze einen großen Energieaufwand erfordert. Welchen Vorteil könnte es für eine Pflanze bedeuten, wenn sie einen Teil ihrer Ressourcen für die Herstellung von Nicotin verwendet?

3. WAS WÄRE, WENN? Viele übergewichtige Menschen bemühen sich darum, möglichst viel Körpergewicht zu verlieren, ohne sich selbst dabei zu gefährden. Natürlich essen sie weniger. Was können sie sonst noch tun, um die Produktionseffizienz für die aufgenommene Nahrung zu senken?

55.4 Biologische und geochemische Prozesse regulieren die Nährstoffkreisläufe eines Ökosystems

Die meisten Ökosysteme nehmen zwar große Mengen an Solarstrahlung auf, chemische Elemente hingegen stehen aber nur in begrenzten Mengen zur Verfügung. (Die einzige extraterrestrische Quelle für neue Materie sind die Meteoriten, die hin und wieder auf der Erde einschlagen.) Das Leben auf der Erde ist deshalb auf die Wiederverwertung der Nährstoffe angewiesen. Solange ein Organismus lebt, werden seine organischen Bestandteile zum größten Teil kontinuierlich ersetzt, da Nährstoffe assimiliert und Stoffwechselendprodukte abgegeben werden. Nachdem er gestorben ist, findet ein Abbau der komplexen organischen Stoffe durch die Tätigkeit der Destruenten statt, welche diese Stoffe in ihre anorganischen Bestandteile zerlegen, die in die Atmosphäre, Hydrosphäre und Pedosphäre gelangen. Durch die Zersetzung werden die Vorräte an anorganischen Nährstoffen (Stickstoff, Phosphor, Kalium, Calcium und andere) immer wieder aufgefüllt und stehen dann den Organismen aller Trophiestufen wieder zur Verfügung, um neues organisches Material aufzubauen. Da an den Nährstoffzyklen sowohl biotische als auch abiotische Bestandteile beteiligt sind, bezeichnet man sie als *biogeochemische Kreisläufe* oder *Nährstoffkreisläufe*.

55.4.1 Biogeochemische Kreisläufe

Welchen Weg ein Element innerhalb eines biogeochemischen Kreislaufs im Einzelnen zurücklegt, hängt von dem Element und der trophischen Struktur des jeweiligen Ökosystems ab. Allgemein kann man je nach Reservoir zwei große Typen biogeochemischer Kreisläufe unterscheiden: die globalen Kreisläufe des Gastyps (Gasstoffkreisläufe) und die mehr oder weniger lokalen Kreisläufe des Sedimenttyps. Kohlenstoff, Sauerstoff, Schwefel und Stickstoff liegen in Gasform in großen Mengen in der Atmosphäre vor, und die Kreisläufe dieser Elemente laufen im Wesentlichen im globalen Maßstab ab. Einzelne Kohlenstoff- und Sauerstoffatome zum Beispiel, die eine Pflanze in Form von CO_2 aus der Luft aufnimmt, wurden vielleicht durch die Atmung eines Organismus an einem weit entfernten Ort in die Atmosphäre freigesetzt. Andere Elemente, darunter Phosphor, Kalium und Calcium, sind zu schwer und kommen nicht gasförmig vor. In terrestrischen Ökosystemen durchlaufen diese Elemente eher einen lokal begrenzten Kreislauf: Sie werden über die Pflanzenwurzeln aus dem Boden aufgenommen und kehren schließlich mithilfe der Destruenten wieder in den Boden zurück. In aquatischen Systemen jedoch, wo sie in gelöster Form von den Strömungen weit transportiert werden können, haben diese Kreisläufe eine größere räumliche Dimension.

Die Nährstoffe der Organismen selbst und solche des Detritus (Reservoir A in Abbildung 55.10) stehen anderen Organismen zur Verfügung: Konsumenten, die lebende Nahrung aufnehmen, und Destruenten, die totes organisches Material zersetzen. Eine bestimmte Menge organischer Substanz ging schon vor langer Zeit aus diesem Reservoir verloren und befindet sich heute in einem fossilen organischen Reservoir (Reservoir B); dort verwandelten sich abgestorbene Organismen unter Sauerstoffabschluss und bestimmten chemischen Bedingungen in Kohle, Öl oder Torf (fossile Energieträger). Die Nährstoffe in diesen fossilen Lagerstätten können in der Regel nicht unmittelbar assimiliert werden.

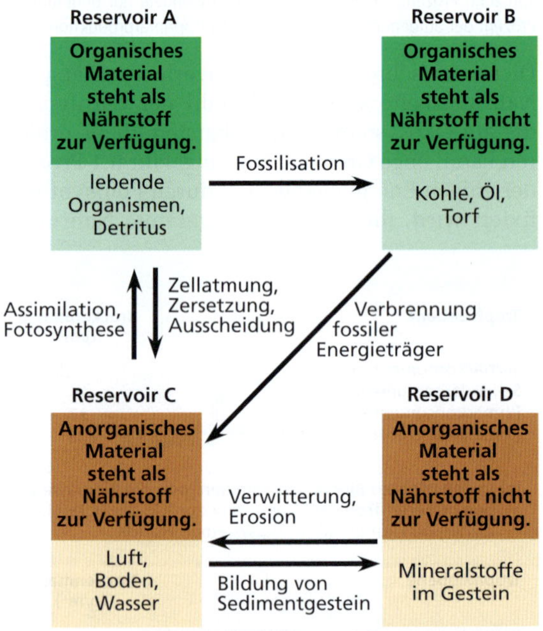

Abbildung 55.10: Ein allgemeines Modell der biogeochemischen Nährstoffkreisläufe. Pfeile stellen die Prozesse dar, die die Nährstoffe zwischen den Reservoiren transportieren. Neuere Erkenntnisse lassen darauf schließen, dass Mykorrhizapilze Säuren freisetzen können, die Calciumphosphat und andere Mineralstoffe auflösen.

? Neuere Erkenntnisse lassen darauf schließen, dass Mykorrhizapilze Säuren freisetzen können, die Calciumphosphat und andere Mineralstoffe auflösen. Wie passt diese Tätigkeit der Pilze in das Modell?

Der Wasserkreislauf

Biologische Bedeutung. Wasser ist für alle Organismen unentbehrlich (siehe Kapitel 3). Die verfügbaren Wassermengen haben einen großen Einfluss auf die Geschwindigkeit verschiedener ökosystemarer Prozesse, wobei insbesondere die Primärproduktion und die Zersetzung organischen Materials in terrestrischen Ökosystemen von der Verfügbarkeit des Wassers abhängen.

Für Organismen verfügbare Formen des Wassers. Der wichtigste Aggregatzustand des Wassers, der von den meisten Organismen genutzt werden kann, ist die flüssige Form. Manche Organismen erschließen sich aber auch den Wasserdampf. Wenn das Wasser im Boden gefriert, ist die für Landpflanzen verfügbare Wassermenge in der Regel stark eingeschränkt.

Reservoire. Ungefähr 97 Prozent der gesamten Wassermenge der Erdoberfläche befinden sich in den Meeren. Rund zwei Prozent sind in Gletschern und den Eiskappen an den Polen ge bunden, das restliche eine Prozent verteilt sich auf Seen, Flüsse und auf das Grundwasser; in der Atmosphäre befindet sich nur ein verschwindend geringer Anteil davon. Ein Wassermolekül bleibt im Durchschnitt neun Tage in der Luft. Pro Tag wird es 100–1.000 km weit transportiert, im Meer verweilt es etwa 3000 Jahre. Da Ökosysteme Wasser also kaum speichern können, vermeiden einige Biogeochemiker den Begriff „Kreislauf" und sprechen deshalb vom Wasserumsatz beziehungsweise von der hydrologischen Bilanz eines Ökosystems.

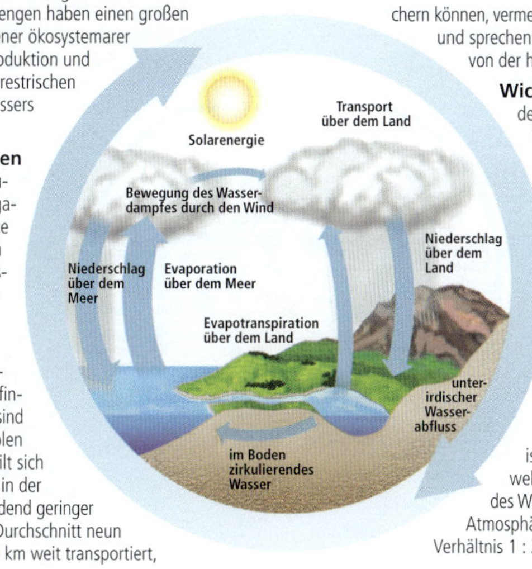

Wichtige Prozesse. Die wichtigsten Prozesse, die den Wasserkreislauf in Bewegung halten, sind die Verdunstung flüssigen Wassers (Evapotranspiration) durch Sonnenenergie, die Kondensation von Wasserdampf in Form von Wolken und der Niederschlag. Diese Prozesse finden sowohl über dem Meer als auch über dem Festland statt; man unterscheidet deshalb auch Meeres- und Festlandkreisläufe. Entscheidend für den Festlandkreislauf ist, dass auch durch die Transpiration terrestrischer Pflanzen große Wassermengen in die Atmosphäre gelangen. Oberflächen und Grundwasserströme können das Wasser der terrestrischen Lebensräume wieder in die Meere zurückführen, womit der Kreislauf geschlossen ist. Die Dicke der Pfeile in dem Diagramm gibt an, welchen Beitrag die einzelnen Prozesse innerhalb des Wasserkreislaufs leisten. Wasser verteilt sich auf die Atmosphäre, die Oberflächengewässer und Meere im Verhältnis 1 : 20 : 1.000.

Der Kohlenstoffkreislauf

Biologische Bedeutung. Kohlenstoff bildet das Grundgerüst der organischen Moleküle, die für alle Organismen unentbehrlich sind.

Für Organismen verfügbare Formen. Organismen, die fotosynthetisch aktiv sind, nehmen CO_2 auf und wandeln den Kohlenstoff in organische Verbindungen um, die von den Konsumenten – Tieren, Pilzen sowie heterotrophen Protisten und Prokaryonten – genutzt werden können. Darüber hinaus produzieren die fotoautotrophen Organismen Sauerstoff, der zur Atmung der Organismen nötig ist. Somit sind der Kohlenstoff-, Sauerstoff- und Kohlendioxidkreislauf eng miteinander verbunden. Das CO_2, das von der Fotosynthese zu strukturellem Kohlenstoff umgesetzt wird, stammt nur zu einem geringen Anteil aus der Atmung von Organismen desselben Lebensraums. Durch die starke Durchmischung der Gasphase in der Atmosphäre wird das CO_2 allochthon (aus entfernten Gebieten stammend) in ein Ökosystem eingetragen. Analog zur hydrologischen Bilanz wird deshalb bei der Untersuchung weniger von lokalen „Kreisläufen", sondern eher von Kohlenstoffbilanzen beziehungsweise Kohlenstoffumsätzen gesprochen.

Reservoire. Das größte Reservoir ist die Lithosphäre (zum Beispiel Kalkstein) mit ca. 99,8 Prozent des globalen Kohlenstoffs von etwa 75 Millionen Gigatonnen (Gt: 1 Gt = 1 × 109 t); dieses gigantische Reservoir unterliegt jedoch nur einer sehr langsamen Umsatzrate. Innerhalb der Lithosphäre gilt dies in besonderem Maße für die Sedimentgesteine, die 80 Prozent des globalen Kohlenstoffs enthalten. Ein weiteres großes Kohlenstoffreservoir bilden die fossilen Kohle- und Erdöllager mit ca. 20 Prozent, die in früheren Erdepochen angelegt wurden. Weitere Reservoire sind die Böden terrestrischer Ökosysteme (0,002 Prozent). Die Meere speichern einen Anteil von etwa 0,05 Prozent des globalen Kohlenstoffs. Von diesen ca. 35.000 Gt stehen 90 Gt in jährlichem Austausch mit dem CO_2 der Atmosphäre. Insgesamt ist die Konzentration von gelöstem, anorganischem Kohlenstoff des Meeres 50-mal höher als die CO_2-Konzentration der Atmosphäre. In der terrestrischen Biosphäre (lebender Anteil) sind etwa 0,001 Prozent des globalen Kohlenstoffs gespeichert. Zu einer Speicherung von Kohlenstoff kommt es zum Beispiel auch bei der Moorbildung, wenn unter Luftabschluss die organischen Kohlenstoffverbindungen durch Organismen nicht mehr weiter zu anorganischem Kohlenstoff (hier CO_2) zersetzt werden können. Cyanobakterien sowie einige Algen- und Moosarten, die an kalkreichen Standorten vorkommen, sind in der Lage, Calciumbicarbonat auszuscheiden. Auch bei der Bildung von Riffen und Korallenbänken werden große Mengen an Kohlenstoff gebunden.

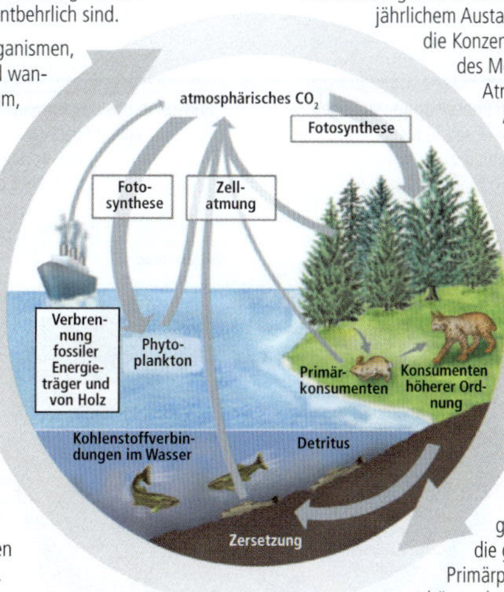

Wichtige Prozesse. Durch die Fotosynthese der Pflanzen und des Phytoplanktons werden der Atmosphäre jedes Jahr beträchtliche CO_2-Mengen entnommen. Es handelt sich dabei ungefähr um die gleiche Menge, die auch durch die Zellatmung der Primärproduzenten und Konsumenten wieder in die Atmosphäre gelangt. Auch Vulkane sind eine wichtige CO_2-Quelle. Der Mensch greift durch Verbrennung fossiler Energieträger immer mehr in diesen Kreislauf ein, ebenso durch großflächige Brandrodungen in tropischen, aber auch in Wäldern anderer Breitengrade, und verursacht durch eine zusätzliche Freisetzung von CO_2 eine Vermehrung der Konzentration der Treibhausgase, was zu einer stärkeren Erderwärmung führt. Die Breite der Pfeile gibt an, welchen Beitrag die einzelnen Prozesse leisten.

Abbildung 55.11: **Näher betrachtet.** Nährstoffkreisläufe.

Der terrestrische Stickstoffkreislauf

Biologische Bedeutung. Stickstoff (N), ein Baustein von Aminosäuren, Proteinen und Nucleinsäuren, ist in der Regel der wichtigste limitierende pflanzliche Nährstoff. Eine Pflanze enthält etwa zwei bis vier Prozent N, die Eiweißstoffe etwa 15–19 Prozent. Die Umsetzungsprozesse im Boden laufen bei der natürlichen Humusbildung jedoch extrem langsam ab.

Für Lebewesen verfügbare Formen. Pflanzen und ihre assoziierten Mutualisten wie Mykorrhizapilze und stickstofffixierende Bakterien oder Actinomyceten können drei anorganische Formen des Stickstoffs verwerten: Ammonium (NH_4^+), Nitrat (NO_3^-) und elementaren Stickstoff (N_2). Außerdem nehmen sie mehrere organische Verbindungen auf, darunter die Aminosäuren. Verschiedene Bakterien nutzen neben den genannten Verbindungen auch Nitrit (NO_2^-), das jedoch auf Pflanzen toxisch wirkt. Tiere nutzen Stickstoff ausschließlich in organischer Form.

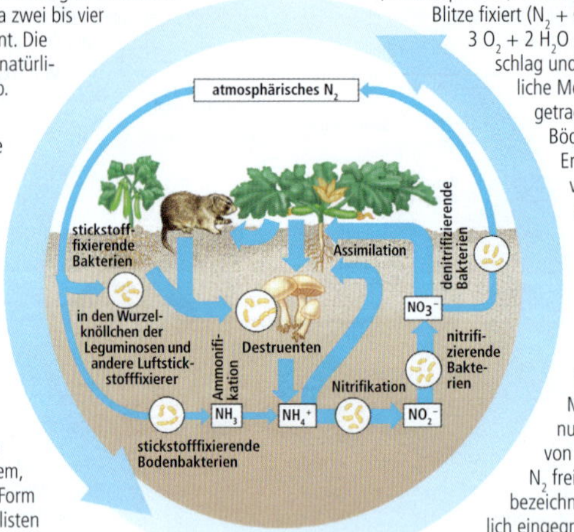

Reservoire. Das wichtigste Reservoir ist die Atmosphäre, die zu 80 Prozent aus gasförmigem, elementarem Stickstoff (N_2) besteht. In dieser Form ist er für Pflanzen nur mit der Hilfe von Mutualisten (Bakterien, Actinomyceten) verfügbar. Die anderen Reservoire sind das Oberflächenwasser und das Grundwasser (gelöster Stickstoff) sowie die Biomasse der lebenden und toten Organismen.

Wichtige Prozesse. Der wichtigste Weg, auf dem Stickstoff in ein Ökosystem eintritt, ist die freie und symbiontische *Stickstofffixierung*: Bakterien, Cyanobakterien und Actinomyceten wandeln N_2 in Verbindungen um, die zur Synthese stickstoffhaltiger organischer Verbindungen dienen können (siehe Kapitel 37). Eine bestimmte Menge an Stickstoff wird auch über Blitze fixiert ($N_2 + O_2 \rightarrow 2\,NO$, das weiter oxidiert zu $4\,NO + 3\,O_2 + 2\,H_2O \rightarrow 4\,HNO_3$). Durch Stickstoffdünger, Niederschlag und verwehten Staub können ebenfalls beträchtliche Mengen an NH_4 + und NO_3^- in Ökosysteme eingetragen werden. Ein großer Teil des Stickstoffs der Böden wird durch die Destruenten bereitgestellt. Er stammt aus mikrobiellen Abbauprozessen von Eiweißverbindungen bei der Zersetzung organischen Materials. Durch *Ammonifikation* wird organischer Stickstoff zu NH_4^+ abgebaut. Bei der *Nitrifikation* wird NH_4^+ von nitrifizierenden Bakterien in NO_3^- umgewandelt. Ein wichtiger Prozess im Rahmen der Stickstoffzulieferung ist in manchen Ökosystemen auch die direkte Koppelung der Höheren Pflanzen an den mikrobiellen Abbau durch Mykorrhiza. Unter anaeroben Bedingungen nutzen denitrifizierende Bakterien NO_3^- anstelle von O_2 für ihren Stoffwechsel und setzen dabei N_2 frei, ein Vorgang, den man als *Denitrifikation* bezeichnet. Der Mensch hat in diesen Kreislauf erheblich eingegriffen: Die industrielle Stickstofffixierung hat mengenmäßig die biologische Fixierung bald erreicht. Die anthropogen bedingte Überdüngung *(Hypereutrophierung)* gefährdet zahlreiche Ökosysteme. Die Breite der Pfeile entspricht den relativen Beiträgen der einzelnen Prozesse.

Der Phosphorkreislauf

Biologische Bedeutung. Organismen brauchen Phosphor als wichtigen Bestandteil von Nucleinsäuren, Phospholipiden und ATP sowie für andere energiespeichernde Moleküle und als mineralischen Bestandteil von Knochen und Zähnen.

Für Organismen verfügbare Formen. Die biologisch wichtigste anorganische Form des Phosphors ist Phosphat (PO_4^{3-}), das von den Pflanzen aufgenommen und zur Synthese organischer Verbindungen genutzt wird. Reservoire. Die größten Phosphorreservoire findet man in Sedimentgesteinen, die einen marinen Ursprung haben. Große Phosphormengen befinden sich auch im Boden, in gelöster Form in den Meeren sowie in den Organismen. Da Humus und andere Bodenpartikel das Phosphat binden, findet der Phosphorkreislauf meist relativ lokal begrenzt in den Ökosystemen statt. Wie der Stickstoff so ist auch der Phosphor unter natürlichen Gegebenheiten nur in geringen Mengen in Ökosystemen vorhanden.

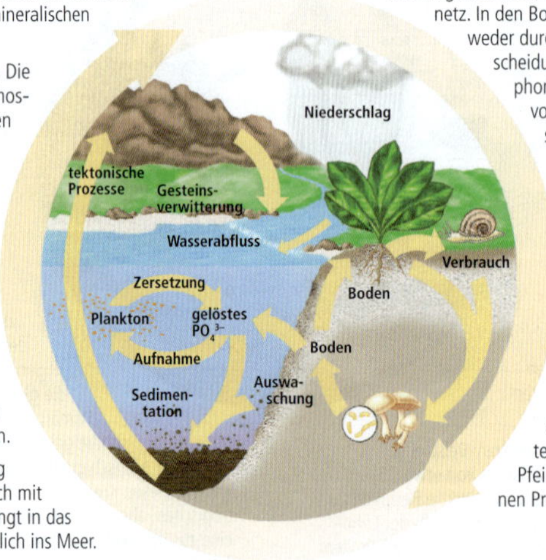

Wichtige Prozesse. Durch die Verwitterung des Ausgangsgesteins wird der Boden allmählich mit PO_4^{3-} angereichert. Ein Teil des Phosphats gelangt in das Grund- und Oberflächenwasser und damit letztlich ins Meer. Phosphat, das von Primärproduzenten aufgenommen und in biologische Moleküle eingebaut wird, verteilt sich über die Konsumenten im Nahrungsnetz. In den Boden oder das Wasser kehrt das Phosphat entweder durch den Abbau von Biomasse oder durch die Ausscheidungsprodukte der Konsumenten zurück. Da phosphorhaltige Gase nicht in nennenswerten Mengen vorkommen, breitet sich der Phosphor nur zu einem sehr geringen Teil – vorwiegend in Form von Stäuben und Spritzwasser – über die Atmosphäre aus. Ein Zuviel an Phosphat kann erhebliche Auswirkungen in Ökosystemen nach sich ziehen. In Gewässern bewirken eingebrachte große Phosphatmengen eine explosionsartige Vermehrung der Primärproduzenten. Die daraus resultierende Zunahme der Konsumenten und Destruenten führt zu einer Sauerstoffzehrung. Im dann O_2-armen Milieu kommt es zusätzlich zu einer Phosphatfreisetzung aus den Sedimenten, sodass durch eine solche Rückdüngung ein Gewässerökosystem völlig zusammenbrechen kann. Die Breite der Pfeile entspricht den relativen Beiträgen der einzelnen Prozesse.

Anorganisches Material (Elemente und anorganische Verbindungen), das in Wasser gelöst ist oder im Boden oder in der Luft vorliegt (Reservoir C), steht Organismen zur Verfügung. Sie nehmen es aus diesem Reservoir unmittelbar auf und setzen die Substanzen wieder frei. Diese können durch die relativ schnell ablaufenden Vorgänge von Zellatmung, Ausscheidung und Zersetzung wieder dorthin zurückkehren. Die im Gestein gebundenen anorganischen Elemente (Reservoir D) können zwar von den meisten Organismen nicht unmittelbar genutzt werden; diese Nährstoffe sind aber durch physikalische und chemische Verwitterung sowie durch Erosionsprozesse nach und nach verfügbar. Auch von den meisten Organismen nicht verfügbares organisches Material kann in das verfügbare Reservoir der anorganischen Nährstoffe überführt werden, wenn fossile Energieträger verbrannt werden und ihre gasförmigen Produkte in die Atmosphäre gelangen.

Wie kann man solche biogeochemischen Kreisläufe in verschiedenen Ökosystemen im Einzelnen aufklären? Zwei der am häufigsten angewandten Methoden benutzen dazu Isotope: Entweder setzt man einzelnen Elementen winzige Mengen radioaktiver Isotope (engl. *tracer*) zu und verfolgt dann ihren Weg oder man registriert den Weg natürlich vorkommender, nicht radioaktiver Isotope durch die biotischen und abiotischen Kompartimente eines Ökosystems.

55.4.2 Mineralisierungs- und Umsatzraten bei Nährstoffkreisläufen

Wie man an den Diagrammen in Abbildung 55.11 erkennt, spielen Destruenten für die Kreisläufe von Kohlenstoff, Stickstoff und Phosphor eine wichtige Rolle. Die Umsatzraten dieser Nährstoffe schwanken innerhalb verschiedener Ökosysteme; sie hängt vorwiegend von der unterschiedlichen Mineralisierungsrate ab.

Die Mineralisation wird von den gleichen Umweltfaktoren kontrolliert, die auch in aquatischen und terrestrischen Ökosystemen die Primärproduktion limitieren (Abschnitt 55.2). Bei diesen Faktoren handelt es sich vor allem um Temperatur, Feuchtigkeit und die verfügbaren Nährstoffmengen. In Ökosystemen, die höheren durchschnittlichen Temperaturen ausgesetzt sind, wachsen die Destruenten in der Regel schneller heran und zersetzen das Material auch rascher. In tropischen Regenwäldern zum Beispiel wird das organische Material zum größten Teil bereits innerhalb weniger Monate oder einiger Jahre zersetzt, in den Wäldern der gemäßigten Breiten dagegen dauert der Abbau organischen Materials durchschnittlich vier bis sechs Jahre. Der Unterschied ist vorwiegend eine Folge der höheren Temperaturen und der reichhaltigeren Niederschläge in den tropischen Regenwäldern.

VERSTÄNDNISFRAGEN

1. Zeichnen Sie für jeden der vier in Abbildung 55.11 dargestellten biogeochemischen Kreisläufe ein einfaches Diagramm, das einen möglichen Weg eines Atoms oder Moleküls der betreffenden Substanz von den abiotischen zu den biotischen Reservoiren und zurück aufzeigt.

2. Warum steigt durch die Rodung eines Waldes innerhalb eines Wassereinzugsgebietes die Nitratkonzentration in den Wasserläufen an, die den Abfluss dieses Gebietes bilden?

3. WAS WÄRE, WENN? Warum sind die verfügbaren Nährstoffmengen in einem tropischen Regenwald-Ökosystem durch Rodung besonders gefährdet?

55.5 Der Einfluss des Menschen auf die biogeochemischen Kreisläufe der Erde

Mit dem schnellen Wachstum der Erdbevölkerung (siehe Abschnitt 53.6) hat der Mensch mit seinen Aktivitäten und technischen Fähigkeiten die trophische Struktur, die Energie- und Stoffströme der Ökosysteme stark verändert. Die meisten Stoffkreisläufe werden heute durch die Tätigkeit der Menschen stärker beeinflusst als durch natürliche Prozesse.

55.5.1 Nährstoffanreicherung

Durch die Tätigkeit der Menschen werden häufig Nährstoffe aus einem Teil der Biosphäre entnommen und in einem anderen Teil eingebracht. Jemand, der in Hamburg Brokkoli isst, der sich noch wenige Tage zuvor auf spanischem Boden befunden hat, nimmt dessen Nährstoffe auf; wenig später befindet sich von diesen ein Teil in der Elbe, nachdem sie zuvor den Verdauungstrakt des Menschen und eine lokale Abwasseraufbereitungsanlage durchlaufen haben.

Der Mensch hat die lokalen und globalen Stoffkreisläufe so stark verändert, dass es heute so gut wie unmöglich ist, den menschlichen Einfluss außer Acht zu lassen. Wir wollen uns deshalb anhand einiger Einzelbeispiele ansehen, wie sich der Einfluss des Menschen auf die biogeochemischen Kreisläufe ausgewirkt hat.

Landwirtschaft und Stickstoffkreislauf Nachdem auf einer Fläche die natürliche Waldvegetation gerodet wurde, reichen die im Boden vorhandenen Nährstoffreserven noch aus, dass Nutzpflanzen eine gewisse Zeit lang wachsen können. In landwirtschaftlich geprägten Ökosystemen wird jedoch ein beträchtlicher Anteil dieser Nährstoffe immer wieder durch die Entnahme der Nutzpflanzen aus dem System entfernt. Dadurch gehen die natürlichen Nährstoffvorräte in jedem Gebiet, das intensiv landwirtschaftlich genutzt wird, irgendwann zur Neige.

Der wichtigste Nährstoff, der durch eine landwirtschaftliche Nutzung verloren geht, ist der Stickstoff; deshalb wirkt sich auch die Landwirtschaft so stark auf den Stickstoffkreislauf aus (Abbildung 55.12).

Abbildung 55.12: **Ein Maisfeld wird gedüngt.** Um die mit den Nutzpflanzen entnommenen Nährstoffe zu ersetzen, müssen die Landwirte ihre Felder düngen – entweder mit organischen Düngemitteln wie Mist oder – wie hier – mit Kunstdünger.

Verschmutzung aquatischer Ökosysteme Der wichtigste Gesichtspunkt im Zusammenhang mit Nährstoffüberschüssen ist die **Belastungsgrenze** (engl. *critical load*) von Ökosystemen. Man versteht darunter die zusätzliche Menge an Stoffen – oft Stickstoff oder Phosphor –, die ein Ökosystem gerade noch aufnehmen kann, ohne dass dieses geschädigt wird. Wenn zum Beispiel stickstoffhaltige Mineralstoffe im Boden die Belastungsgrenze übersteigen, werden sie ins Grundwasser oder über das Oberflächenwasser in die marinen Ökosysteme eingetragen, wo sie zu Algenblüten, Sauerstoffdefiziten und letztlich zum Absterben mariner Lebensgemeinschaften führen können. In den meisten landwirtschaftlich geprägten Regionen nimmt die Nitratkonzentration im Grundwasser erheblich zu und an manchen Stellen übersteigt sie die für Trinkwasser zulässigen Grenzwerte (Abbildung 55.13).

MERKE!

Unter Belastungsgrenze versteht man die zusätzliche Menge an Stoffen, die ein Ökosystem gerade noch aufnehmen kann, ohne dass dieses geschädigt wird.

55.5.2 Saurer Regen

Beim Verbrennen von Holz und fossilen Energieträgern wie Kohle und Erdöl werden Schwefel- und Stickoxide frei, die mit dem Wasser in der Atmosphäre zu schwefliger beziehungsweise salpetriger Säure reagieren. Diese fallen schließlich als saurer Niederschlag auf die terrestrischen Ökosysteme – dieser Regen, Schnee, Graupel oder Nebel hat einen pH-Wert von unter 5,2. Der saure Niederschlag lässt den pH-Wert von Bächen und

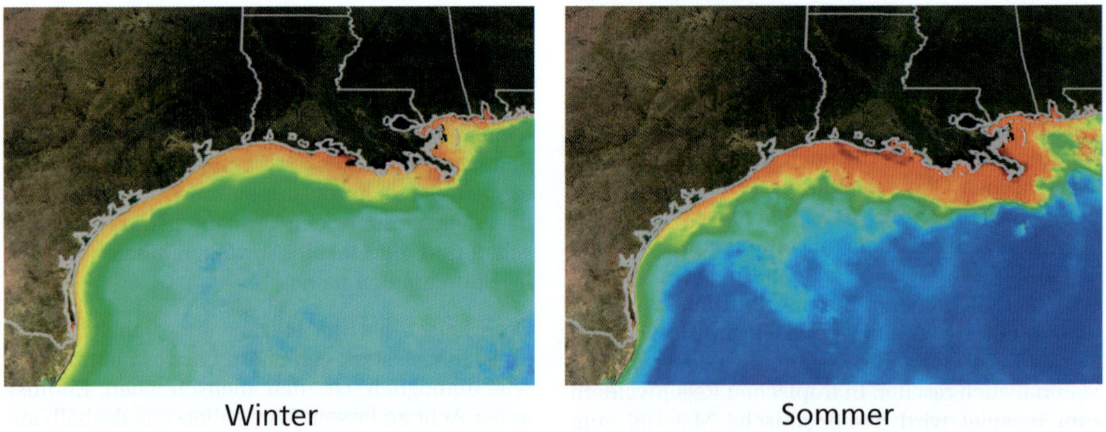

Abbildung 55.13: **Die „Todeszone", die durch übermäßige Stickstoffbelastung im Mündungsgebiet des Mississippi entsteht.** In den Satellitenbildern aus dem Jahr 2004 sind die hohen Konzentrationen von Phytoplankton und Flusssedimenten im Golf von Mexiko rot und orange gekennzeichnet. Diese Todeszone erstreckt sich im Sommer viel weiter ins Meer hinaus als im Winter.

Seen absinken, was sich auf die dortigen chemischen Verhältnisse des Wassers und des Bodensediments sowie auf die verfügbaren Nährstoffmengen auswirkt. Sauren Regen gibt es zwar schon seit Beginn der Industriellen Revolution Mitte des 19. Jahrhunderts, aber die Emissionen, die ihn verursachen, haben in den letzten 100 Jahren vor allem durch Hochöfen, Kraftwerke und Verbrennungsmotoren stark zugenommen.

Saurer Regen ist ein regionales Problem, das durch lokale Emissionen verursacht wird. Hochöfen und Kraftwerke werden mit bis zu 300 Meter hohen Schornsteinen und entsprechenden Entschwefelungseinrichtungen ausgestattet; dies verringert die Umweltverschmutzung in der Luft und am Boden, die Abgase werden mit dem Wind aber auch über große Entfernungen transportiert. Schwefel- und Stickstoffverbindungen können über Hunderte von Kilometern verteilt werden, bevor sie schließlich als saurer Regen zu Boden fallen.

55.5.3 Umweltgifte

Der Mensch setzt eine außerordentlich große Anzahl giftiger Substanzen frei, darunter Tausende von synthetischen chemischen Verbindungen, die zuvor in der Natur nicht vorkamen; die ökologischen Folgen werden dabei häufig kaum ausreichend berücksichtigt. Solche giftigen Substanzen nehmen die Organismen zusammen mit Nährstoffen und Wasser aus der Umwelt auf. Zum Teil werden die Toxine im Stoffwechsel umgesetzt und wieder ausgeschieden, andere aber reichern sich in bestimmten Geweben – insbesondere im Fettgewebe – und in Organen an. Dass solche akkumulierten Umweltgifte besonders schädlich sind, liegt unter anderem in dem Phänomen begründet, dass ihre Konzentration in den aufeinanderfolgenden Trophieebenen eines Nahrungsnetzes immer weiter steigt, ein Vorgang, den man als *biologische Akkumulation* bezeichnet (Abbildung 55.14). Sie findet statt, weil die Biomasse jeder Trophieebene aus einer viel größeren aufgenommenen Biomasse der nächst tieferen Ebene produziert werden muss (Abschnitt 55.3). Deshalb sind die Carnivoren an der Spitze der Nahrungskette häufig am stärksten von Umweltgiften belastet.

Viele Giftstoffe werden von Mikroorganismen nicht abgebaut und bleiben in der Umwelt über Jahre und Jahrzehnte erhalten. In anderen Fällen ist eine in die Umwelt abgegebene Substanz unter Umständen relativ harmlos, sie wird dann aber durch Reaktionen mit anderen Substanzen, die Einwirkung von Licht oder durch den Stoffwechsel von Mikroorganismen in stärker toxische Substanzen umgewandelt.

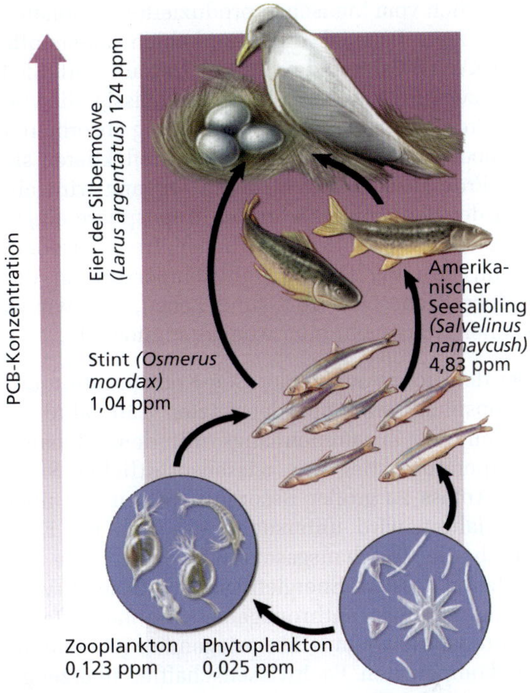

Abbildung 55.14: Biologische Akkumulation von PCB in einem Nahrungsnetz der großen nordamerikanischen Seen (ppm = parts per million).

55.5.4 Treibhausgase und globale Erwärmung

Durch die Tätigkeiten der Menschen entsteht auch eine Vielzahl unterschiedlicher gasförmiger Substanzen. Früher glaubte man, die Atmosphäre der Erde könne solche Stoffe unbegrenzt aufnehmen, aber heute wissen wir, dass diese Gase grundlegende Veränderungen in der Zusammensetzung der Atmosphäre herbeiführen, die auf die Biosphäre letztendlich wieder zurückwirken. In diesem Abschnitt wird gezeigt, wie die Zunahme der Kohlendioxidkonzentration in der Atmosphäre und die daraus resultierende globale Erwärmung sich auf die Ökosysteme auswirken könnten und welches die möglichen Folgen für die Biodiversität und für den Menschen sind.

Treibhauseffekt und globales Klima Die steigenden Konzentrationen langlebiger Treibhausgase, wie zum Beispiel von CO_2, verändern auch den Wärmehaushalt der Erde. Ein großer Teil der Solarstrahlung, die auf unseren Planeten auftrifft, wird wieder in den Weltraum zurückgeworfen. Die natürlichen Treibhausgase wie Wasserdampf, Kohlendioxid (CO_2), Ozon (O_3), Methan (CH_4) und Distickstoffoxid (N_2O = Lachgas), die darüber hinaus durch menschliche Tätigkeiten in ihrer Zusammensetzung beeinflusst werden, und auch die zusätzlich vom Menschen produzierten Treibhausgase, zum Beispiel die Fluorkohlenwasserstoffe (H-FKW/HFCs) und das Schwefelhexafluorid (SF_6) sind zwar für sichtbares Licht durchlässig, die von der Erde abgegebene Infrarotstrahlung absorbieren sie aber zu einem großen Teil und reflektieren sie zur Erde zurück. Durch diesen Vorgang wird ein Teil der Sonnenwärme in der Troposphäre eingefangen. Gäbe es einen natürlichen Treibhauseffekt nicht, läge die Durchschnittstemperatur an der Erdoberfläche bei −18 °C und Leben, wie wir es kennen, wäre mehr oder weniger unmöglich.

Der deutliche Anstieg der CO_2-Konzentration der Atmosphäre während der letzten 150 Jahre ist wegen des Zusammenhangs mit dem globalen Temperaturanstieg aus wissenschaftlicher Sicht ein Anlass zu großer Besorgnis. Schon seit über 100 Jahren wird untersucht, wie sich die Erde durch die Treibhausgase erwärmt und wie die Nutzung fossiler Energieträger zu dieser Erwärmung beiträgt (anthropogener Treibhauseffekt). Heute ist die weitaus überwiegende Mehrzahl aller kompetenten Fachwissenschaftler überzeugt, dass die globale Erderwärmung bereits weit fortgeschritten ist und sich im Laufe dieses Jahrhunderts massiv verstärken wird (Abbildung 55.15).

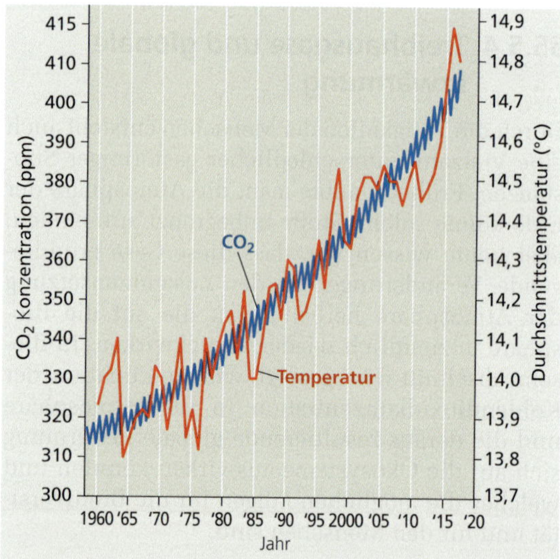

Abbildung 55.15: Zunahme des Kohlendioxidgehalts in der Troposphäre auf dem Mauna Loa (Hawaii, Big Island) und der Anstieg der globalen Durchschnittstemperaturen. Von den normalen jahreszeitlichen Schwankungen abgesehen, ist die Kohlendioxidkonzentration (blaue Kurve) von 1958 bis 2017 kontinuierlich gestiegen. Die Durchschnittstemperaturen (rote Kurve) schwankten im gleichen Zeitraum zwar wesentlich stärker, aber auch hier erkennt man eindeutig einen Trend zur Erwärmung. Die CO_2-Werte sind seither weiter stark angestiegen und liegen nun bereits über 400 ppm.

55.5.5 Abbau der stratosphärischen Ozonschicht

Die Organismen auf der Erde werden durch eine Schicht aus Ozonmolekülen (O_3), die sich in der Stratosphäre rund 17 bis 25 Kilometer über der Erdoberfläche befindet, vor den schädlichen Wirkungen der für Organismen gefährlichen Ultraviolettstrahlung (UV) geschützt. Wie man aber aus Satellitenaufnahmen der Atmosphäre weiß, wird diese Ozonschicht seit dem Jahr 1975 allmählich immer dünner (Abbildung 55.16). Die Zerstörung der Ozonschicht in der Stratosphäre hat ihre Ursache vor allem in der Anreicherung der Fluorchlorkohlenwasserstoffe (FCKWs); Verbindungen dieser Gruppe werden als Kühlmittel, als Treibgas für Sprühdosen, als Treibmittel für Schaumstoffe und als Reinigungs- und Lösungsmittel eingesetzt. Wenn die Abbauprodukte der FCKWs in die Troposphäre aufsteigen, wirken sie zunächst als Treibhausgase, deren Absorption um ein Vielfaches höher ist als die der übrigen Treibhausgase. Sie dringen jedoch auch weiter in die Stratosphäre vor. Dort reagiert das in FCKWs enthaltene Chlor mit dem Ozon, das dadurch zu molekularem Sauerstoff (O_2) reduziert wird (Abbildung 55.17). Durch die nachfolgenden chemischen Reaktionen wird das Chlor wieder frei, so dass es in einer katalytischen Kettenreaktion erneut mit Ozon reagieren kann.

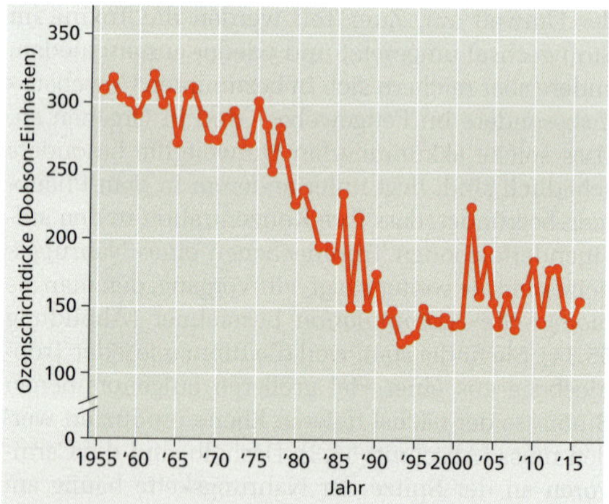

Abbildung 55.16: Die Dicke der Ozonschicht über der Antarktis in Dobson-Einheiten. Eine Dobson-Einheit entspricht 2,69 x 10^{16} Ozonmolekülen pro Quadratzentimeter.

Am deutlichsten zeigt sich die Reduzierung der Ozonschicht im Frühjahr über der Antarktis, wo kalte, stabile Luftmassen eine ständige Fortsetzung der Kettenreaktionen ermöglichen. Das „Ozonloch“ über der Antarktis wurde im Jahr 1985 erstmals wissenschaftlich beschrieben. In den letz-

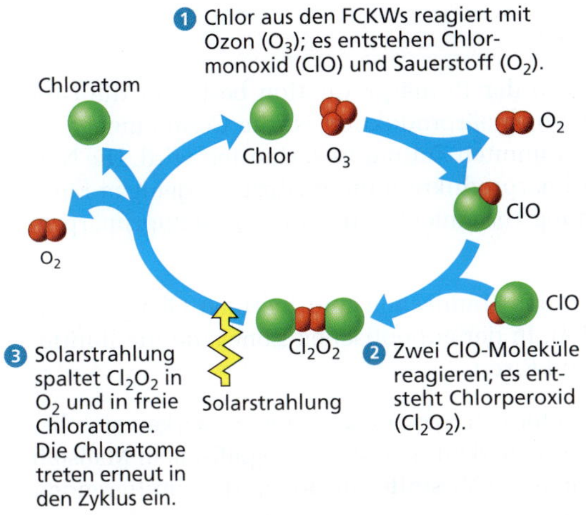

Abbildung 55.17: Die Zerstörung des Ozons in der Stratosphäre durch freies Chlor.

ten Jahren sind sowohl seine Größe als auch das Ausmaß des Ozonschwundes ständig gewachsen. Durch die verringerte Ozonkonzentration in der Stratosphäre steigt die Intensität der auf die Vegetation und Bodenoberfläche auftreffenden UV-Strahlung. Deshalb ergeben sich aus dem Ozonabbau weitreichende Folgen für Pflanzen, Tiere und Mikroorganismen. Manche Wissenschaftler rechnen beim Menschen mit einem Anstieg der Häufigkeit tödlicher und nicht tödlicher Hautkrebskrankheiten sowie des Grauen Stars (Katarakt, eine Trübung der Augenlinse), aber auch mit nicht vorhersagbaren Auswirkungen auf Nutzpflanzen und natürliche Lebensgemeinschaften. Dies gilt insbesondere auch für das Phytoplankton, das für einen großen Teil der globalen Primärproduktion verantwortlich ist. Ein positiver Aspekt ist in diesem Zusammenhang die Tatsache, dass viele Länder relativ schnell auf die Zerstörung der Ozonschicht reagiert haben. Seit dem Jahr 1987 haben insgesamt 190 Staaten, darunter auch Deutschland, das Protokoll von Montreal unterzeichnet, ein Abkommen, das die Verwendung ozonschädigender Chemikalien einschränkt.

Viele Staaten, so auch Deutschland, haben die FCKW-Produktion völlig eingestellt. Diese Maßnahmen hatten zur Folge, dass der Chlorgehalt der Stratosphäre sich weitgehend stabilisiert hat und der Ozonschwund sich verlangsamt bzw. 2014 sogar rückläufig war.

VERSTÄNDNISFRAGEN

1. Wie kann die übermäßige Zufuhr von Nährstoffen die Fischbestände eines Sees gefährden?

2. Ist es angesichts der biologischen Akkumulation von Giftstoffen besser, sich von den Produkten höherer oder niedrigerer Trophieebenen zu ernähren?

3. WAS WÄRE, WENN? In den Böden aller borealen Nadelwälder und Tundren befinden sich riesige Vorräte an organischem nicht zersetztem Material. Schlagen Sie eine Erklärung dafür vor, warum Wissenschaftler, die sich mit der globalen Erwärmung beschäftigen, diese Vorräte genau quantifizieren.

ZUSAMMENFASSUNG

Der Energiehaushalt und die biogeochemischen Kreisläufe von Ökosystemen

Energieerhaltung. Jedes Ökosystem setzt sich aus der Gesamtheit aller seiner Organismen und den vorherrschenden abiotischen Faktoren zusammen, mit denen sie in Wechselbeziehung treten. Die Gesetze der Physik und Chemie gelten insbesondere im Hinblick auf die Energieströme auch für Ökosysteme.

Erhaltung der Masse. In der Ökologie untersucht man, in welchen Mengen chemische Elemente in die Ökosysteme einfließen, sie verlassen oder in ihnen erhalten bleiben. In der Regel sind die Input- und Outputmengen im Vergleich zu denjenigen, die sich in einem Ökosystem im Kreislauf befinden, eher gering. Das Gleichgewicht zwischen Input und Output bestimmt darüber, ob ein Makro- oder Mikroelement im analysierten Ökosystem verbleibt oder es verlässt.

Energie, Masse und Trophieebenen. Die Trophieebene, von der letztlich alle anderen Organismen leben, besteht aus den autotrophen Organismen, die auch als Primärproduzenten (engl. *primary producer*) des Ökosystems bezeichnet werden. Die Organismen der höheren Trophieebenen sind heterotroph: Sie sind direkt oder indirekt auf die Biosyntheseprodukte der Primärproduzenten angewiesen.

Energie und andere limitierende Faktoren der Primärproduktion der Ökosysteme

Energiebilanzen von Ökosystemen. Die Gesamtmenge der Primärproduktion bestimmt die Größe des Energiehaushalts eines Ökosystems. Die Bruttoprimärproduktion ist die Gesamtmenge an Energie, die von einem Ökosystem während eines bestimmten Zeitraums assimiliert wird. Die Nettoprimärproduktion errechnet sich aus der Bruttoprimärproduktion unter Abzug derjenigen Energiemenge, die von den Primärproduzenten zur Atmung verbraucht wird. Nur die Nettoprimärproduktion steht den Konsumenten zur Verfügung.

Primärproduktion in aquatischen Ökosystemen. In den limnischen und marinen Ökosystemen limitieren Licht und Nährstoffe die Primärproduktion. In der euphotischen Zone sind die limitierenden Faktoren in der Regel Stickstoff, Phosphor und Eisen.

Primärproduktion in terrestrischen Ökosystemen. In terrestrischen Ökosystemen wirken sich besonders die Klimafaktoren Temperatur und Wasserverfügbarkeit in großem geografischem Maßstab auf die Primärproduktion aus. Lokal sind oft bestimmte Nährstoffe im Boden die limitierenden Faktoren für die Primärproduktion.

Energietransfer zwischen Trophieebenen: Effizienz meist unter zehn Prozent

Produktionseffizienz. Die Energiemenge, die auf den einzelnen Trophieebenen zur Verfügung steht, hängt von ihrer Nettoprimärproduktion ab. Die Nettoproduktionseffizienz ist bei Heterotrophen der in der assimilierten Nahrung gespeicherte Anteil der Energie, der nicht für die Atmung verwendet wird. Als trophische Effizienz bezeichnet man den Anteil der Produktion, der von einer Trophieebene in die nächste übergeht. Er liegt in der Regel zwischen fünf und 20 Prozent. Die geringe trophische Effizienz spiegelt sich in der trophischen Pyramide und der Biomassepyramide wider.

Die Grüne-Welt-Hypothese. Nach der Grüne-Welt-Hypothese werden die terrestrischen Herbivoren ausschließlich von Prädatoren und Parasiten daran gehindert, mehr Phytomasse aufzunehmen.

Biologische und geochemische Prozesse regulieren die Nährstoffkreisläufe eines Ökosystems

Biogeochemische Kreisläufe. Allgemein kann man je nach Reservoir zwei große Typen biogeochemischer Kreisläufe unterscheiden: die globalen Kreisläufe des Gastyps (Gasstoffkreisläufe) und die mehr oder weniger lokalen Kreisläufe des Sedimenttyps. Kohlenstoff, Sauerstoff, Schwefel und Stickstoff liegen in Gasform in großen Mengen in der Atmosphäre vor, und die Kreisläufe dieser Elemente laufen im Wesentlichen im globalen Maßstab ab. Andere Elemente, darunter Phosphor, Kalium und Calcium, sind zu schwer und kommen nicht gasförmig vor. In terrestrischen Ökosystemen durchlaufen diese Elemente eher einen lokal begrenzten Kreislauf.

Mineralisierungs- und Umsatzraten bei Nährstoffkreisläufen. Art und Menge der Nährstoffe und ihre Umlaufraten variieren von einem Ökosystem zum anderen. Ein Grund liegt in der makroklimatisch bedingten unterschiedlichen Zersetzungsgeschwindigkeit organischer Substanz (Mineralisation).

Der Einfluss des Menschen auf die biogeochemischen Kreisläufe der Erde

Nährstoffanreicherung. Durch das Ernten landwirtschaftlicher Produkte oder die Entnahme von Nutztieren verringert sich die Anzahl der Nährstoffe in landwirtschaftlich genutzten Ökosystemen. Deshalb müssen sie zumeist in größerem Umfang wieder zugeführt werden. Düngemittel können das Grundwasser und die oberflächlichen aquatischen Ökosysteme mit Nährstoffen anreichern (Eutrophierung), sodass es zu übermäßigem Algenwachstum kommen kann.

Saurer Regen. Die Hauptursache des sauren Regens ist die Nutzung fossiler Energieträger. Ökosysteme, die in Europa und Nordamerika im Windschatten von Industrieregionen liegen, sind durch nasse Depositionen (Regen und Schnee), die salpetrige und schweflige Säure enthalten, gefährdet.

Umweltgifte. Giftstoffe können sich in den aufeinanderfolgenden Trophieebenen der Nahrungsnetze anreichern. Durch die Freisetzung giftiger Stoffe wurde die Umwelt mit gefährlichen Substanzen belastet, die häufig über lange Zeit ihre toxische Wirkung behalten und in der Nahrungskette durch biologische Akkumulation immer höhere Konzentrationen annehmen.

Treibhausgase und globale Erwärmung. Durch die Nutzung fossiler Energieträger und die Verbrennung von Holz, aber auch durch andere Tätigkeiten des Menschen nimmt der CO_2-Gehalt der Troposphäre ständig zu. Dies führt zur globalen Erderwärmung und anderen Klimaveränderungen.

Abbau der stratosphärischen Ozonschicht. Die Ozonschicht verringert die Menge der durch die Stratosphäre dringenden UV-Strahlung. Durch den Einfluss des Menschen, wie die Freisetzung chlorhaltiger Umweltgifte, wird die Ozonschicht dünner und verliert ihre Schutzwirkung vor der gesundheitsschädlichen UV-Strahlung.

Naturschutz und Renaturierungsökologie

56

56.1 Der Mensch als Gefahr für die biologische Vielfalt

Dass Organismenarten aussterben, ist ein natürliches Phänomen: Es existiert, seit sich Leben auf unserem Planeten entwickelt hat. Dass der vom Menschen verursachte Rückgang der biologischen Vielfalt heute so dramatische Formen angenommen hat, liegt in der zunehmenden Aussterberate von Organismenarten begründet (siehe Kapitel 25). Da wir die Anzahl der heute lebenden Arten nur schätzen können, lässt sich die Geschwindigkeit des Artensterbens nicht im Einzelnen feststellen. Eines aber wissen wir mit Sicherheit: Sie ist hoch und der Mensch bedroht auf allen Ebenen die globale biologische Vielfalt und letztlich seine eigene Existenzgrundlage (Abbildung 56.1).

Abbildung 56.1: **Zerstörung des tropischen Waldes in der indonesischen Provinz Westkalimantan.**

Abbildung 56.2: **Drei Ebenen der biologischen Vielfalt.** Die stark vergrößert dargestellten Chromosomen im obersten Diagramm symbolisieren die genetische Vielfalt innerhalb einer Population.

56.1.1 Die drei Ebenen der biologischen Vielfalt

Die biologische Vielfalt, häufig auch als **Biodiversität** bezeichnet, kann man auf drei wichtigen Ebenen analysieren: genetische Vielfalt, Artenvielfalt und Vielfalt der Ökosysteme (Abbildung 56.2).

Genetische Vielfalt Zur genetischen Vielfalt gehören nicht nur die genetische Variabilität der Individuen *innerhalb* einer Population, sondern auch die Unterschiede *zwischen* den Populationen, die in der Regel mit der Anpassung an lokale Umweltbedingungen zusammenhängen (siehe Kapitel 23). Stirbt eine Population aus, verliert die betreffende Art einen Teil ihrer genetischen Vielfalt, welche die Basis für evolutive Prozesse darstellt. Dieser genetische Verlust verringert wiederum mögliche erfolgreiche Anpassungen einer Art in der Zukunft.

Artenvielfalt Im Mittelpunkt des öffentlichen Interesses steht innerhalb der globalen Krise der Biodiversität die Artenvielfalt (Artendiversität), die Anzahl der Organismenarten in einem Ökosystem oder in der gesamten Biosphäre (siehe Kapitel 54). Je mehr Arten durch Aussterben verloren gehen, desto geringer wird die Artenvielfalt. Seit dem Jahr 1963 führt die Internationale Naturschutzunion (*International Union for Conservation of Nature and Natural Resources*, IUCN) eine **Rote Liste** gefährdeter Tier- und Pflanzenarten der Erde (Abbildung 56.3).

Die nachfolgenden statistischen Angaben sind nur einige von vielen, an denen das Problem des Artensterbens deutlich wird: Nach Angaben der IUCN sind zwölf Prozent der etwa 10.000 bekannten Vogelarten und fast 21 Prozent der knapp

Abbildung 56.3: Kurz vor dem Aussterben. Die Bilder zeigen drei Arten des „Hundred Heartbeat Club", dem „Club der 100 Herzschlagkandidaten", wie der Biologe E. O. Wilson von der Harvard University sie traurig nennt: Arten, die nur noch mit weniger als 100 Individuen auf der Erde vertreten sind. Der Jangtse-Flussdelfin (*Lipotes vexillifer*) wurde seit dem Jahr 2007 nicht mehr gesehen und dürfte bereits ausgestorben sein.

? Welche räumlichen und zeitlichen Faktoren müssten Sie berücksichtigen, wenn Sie belegen wollen, dass eine Art tatsächlich ausgestorben ist?

5.500 bekannten Säugetierarten gefährdet. Wie die Zusammenstellung des Bundesamtes für Naturschutz (BfN) Deutschland zeigt, sind von den 3.001 in Deutschland vorkommenden Farn- und Blütenpflanzen vier Prozent ausgestorben (47 Arten), fünf Prozent vom Aussterben bedroht (118 Arten), neun Prozent stark gefährdet (273 Arten) und zwölf Prozent gefährdet (381 Arten). Nach Angaben des Bundesamtes für Naturschutz (BfN) Deutschland sind in Deutschland elf Säugetierarten ausgestorben, unter anderem Auerochse (*Bos primigenius primigenius*), Braunbär (*Ursus arctos*), Europäischer Nerz (*Mustela lutreola*), Wisent (*Bison bonasus*) und Wildpferd (*Equus ferus*). 16 Vogelarten gelten als ausgestorben oder verschollen; dazu zählen Gänsegeier (*Gyps fulvus*), Rothuhn (*Alectoris rufa*) und Schlangenadler (*Circaetus gallicus*). Viele weitere ausgestorbene oder verschollene Arten lassen sich unter den Wirbellosen auflisten. Ausgestorben sind in Deutschland allein mehr als 250 Käferarten und 30 Großschmetterlingsarten. Ungefähr 20 Prozent der weltweit bekannten Süßwasserfische sind entweder in historischer Zeit ausgestorben oder ernsthaft bedroht. In die Kategorie ausgestorben gehören in Deutschland zehn Fischarten des Süßwassers, darunter zum Beispiel der Atlantische Stör (*Acipenser sturio*). Nach einem Bericht des Wissenschaftsmagazins Science, der im Jahr 2004 erschien und sich auf weltweite Untersuchungen von über 500 Wissenschaftlerinnen und Wissenschaftlern an Amphibien stützte, sind 32 Prozent aller bekannten Amphibienarten entweder stark vom Aussterben bedroht oder zumindest hochgradig gefährdet.

Vielfalt der Ökosysteme Die dritte Ebene der Biodiversität ist die Vielfalt der Ökosysteme. Da die Populationen innerhalb eines Ökosystems im Rahmen eines dichten Netzwerks interagieren, kann das lokale Aussterben einer Art sich auch auf den Artenreichtum der gesamten Lebensgemeinschaft auswirken. Flughunde (Pteropodidae) sind eine Säugetierfamilie aus der Ordnung der Fledertiere (Chiroptera). Auf zahlreichen Pazifikinseln sind sie für die Bestäubung von Pflanzenarten und die Ausbreitung ihrer Samen von großer Bedeutung; dennoch werden sie wegen ihres Fleisches von Jägern vielfach erlegt (Abbildung 56.4). Biologen fürchten, dass durch das Aussterben der Flughunde auch die einheimische Pflanzenwelt des Samoa-Archipels nachhaltig geschädigt werden könnte, denn dort sind 80 Prozent der Baumarten auf die Bestäubung und Samenausbreitung durch Flughunde angewiesen.

Abbildung 56.4: Der gefährdete Marianen-Flughund (*Pteropus marianus*), ein wichtiger Blütenbestäuber. Er ist auf westpazifischen Inselgruppen (Nördliche Marianen, Guam, Palau, Mikronesien) beheimatet.

Manche Ökosysteme wurden durch den Menschen bereits schwer geschädigt, andere verändern sich mit ungeheurer Geschwindigkeit. In Deutschland sind nach einer Veröffentlichung des Bundesamtes für Naturschutz (BfN, Deutschland) aus dem Jahr 2007 etwa 72 Prozent der 690 verschiedenen Lebensraumtypen im Rückgang begriffen oder sogar akut von der Vernichtung bedroht. Zwar sind durchaus Erfolge zu verzeichnen, wenn auch oft nur der Rückgang verlangsamt oder aufgehalten werden konnte. An den Küsten konnten naturnahe Salzrasen sowie Dünenökosysteme im Bestand erhalten werden. Gleiches gilt für Auenwälder,

Weidengebüsche an Flüssen und Bächen oder naturnahe Buchenwälder. Ein Drittel aller Biotoptypen gingen in ihrer Flächenausdehnung jedoch weiter zurück, darunter vor allem Kalkmagerrasen, Borstgrasrasen und Zwergstrauchheiden, aber auch blumenreiche Wiesen und Weiden.

56.1.2 Biologische Vielfalt und das Wohlergehen des Menschen

Warum sollten wir uns um den Verlust der biologischen Vielfalt überhaupt Sorgen machen? Ein weitreichender Grund ist die *Biophilie* des Menschen wie Edward Osborne Wilson es bezeichnet, unser Gefühl, mit der Natur und anderen Lebensformen in Verbindung zu stehen, die „Liebe zum Lebendigen" als Grundorientierung der Charakterstruktur eines Menschen. Die Überzeugung, dass auch andere Arten ein Recht auf Leben haben, oder die „Ehrfurcht vor dem Leben", wie es der Theologe, Philosoph und Arzt Albert Schweitzer (1875–1965) ausdrückte, ist ein übergreifendes Thema vieler Religionen und bildet den Hintergrund der ethischen Begründung für den Schutz der biologischen Vielfalt. Hinzu kommt die Sorge um zukünftige Generationen: Ist es gerecht, ihnen eine des biologischen Artenreichtums beraubte Erde zu hinterlassen? Die frühere norwegische Ministerpräsidentin G. H. Brundtland drückte es in Abwandlung eines alten Sprichwortes so aus: „Wir müssen bedenken, dass die Erde kein Geschenk unserer Vorfahren ist, sondern dass wir sie nur von unseren Kindern geborgt haben." Neben solchen philosophischen und ethischen Begründungen bringen uns die genetische Vielfalt und die Diversität der Arten aber auch in anderer Hinsicht einen vielfachen praktischen und ökonomischen Nutzen.

Der Nutzen der genetischen Vielfalt und Artenvielfalt Viele bedrohte Arten könnten uns möglicherweise Nahrung sowie Natur- und Arzneistoffe liefern; deshalb ist die Biodiversität eine unentbehrliche natürliche Ressource. Rund 25 Prozent aller in den Apotheken verkauften Medikamente enthalten Wirkstoffe, die ursprünglich aus Pflanzen stammen. In den 1970er Jahren entdeckte man, dass das Madagaskar-Immergrün (*Catharanthus roseus*), eine auf Madagaskar heimische Pflanzenart, besondere Alkaloide enthält: Diese Substanzen hemmen das Wachstum von Krebszellen (Abbildung 56.5). Die Entdeckung führte zur Entwicklung neuer Therapieverfahren für die Hodgkin-Krankheit, eine Erkrankung mit meist schmerzloser, fortschreitender Vergrößerung der Lymphknoten und anderer lymphatischer Gewebe, und eine Form der Leukämie bei Kindern, zwei bis dahin tödliche Krebsformen.

Abbildung 56.5: **Das Madagaskar-Immergrün (*Catharanthus roseus*), eine Pflanzenart, die Menschenleben rettet.**

Ökosystem-Dienstleistungen Als **Ökosystem-Dienstleistungen** (engl. *ecosystem services*) bezeichnet man alle Leistungen, die von der Natur und von Ökosystemen erbracht werden können und die dazu beitragen, den Menschen das Leben auf der Erde zu ermöglichen. Ökosysteme reinigen unsere Luft und unser Wasser. Sie entgiften und zersetzen unsere Abfälle und vermindern die Auswirkungen von Wetterextremen und Überschwemmungen. Bestimmte Organismenarten bestäuben unsere Nutz-, aber auch viele Wildpflanzen, an denen wir uns erfreuen, bekämpfen Schädlinge, schaffen und erhalten die Böden. Außerdem leisten sie alle diese und unzählige andere Dienste völlig umsonst.

Dass wir den Dienstleistungen der natürlichen Ökosysteme und ihrer Arten keinen Geldwert beimessen, hat vielleicht seinen Grund darin, dass wir sie in der Regel unterbewerten. Immer mehr Befunde deuten darauf hin, dass die Funktion der Ökosysteme und damit ihre Fähigkeit, solche Dienstleistungen zu erbringen, im direkten Zusammenhang mit ihrer biologischen Vielfalt stehen. Wenn wir die Biodiversität verringern, berauben wir die Ökosysteme unseres Planeten immer stärker ihrer Ökosystemfunktionen, die für unser eigenes Überleben entscheidend sind.

56.1.3 Drei Gefahren für die biologische Vielfalt

Die Menschen gefährden mit vielen verschiedenen Tätigkeiten die lokale, regionale und globale Biodiversität. Die Gefahren, die hierdurch entstehen, lassen sich drei großen Bereichen zuordnen: Lebensraumverlust, eingeschleppte Arten und übermäßige Nutzung.

Lebensraumverlust Die Veränderung der Lebensräume durch den Menschen ist auf der gesamten Erde die größte Gefahr für die biologische Vielfalt. Ihre Ursachen sind Landwirtschaft, Siedlungstätigkeit, Forstwirtschaft, Bergbau und Umweltverschmutzung. Schon heute verändern sich die Lebensräume auch durch die globale Erderwärmung und diese wird im weiteren Verlauf des Jahrhunderts noch erheblich zunehmen. Eine weitere Gefährdung ist in vielen Gebieten der Stickstoffeintrag aus der Luft. Wenn kein anderer Lebensraum als Alternative zur Verfügung steht oder wenn eine Art nicht zu einem großräumigeren Ortswechsel in der Lage ist, bedeutet jeder Lebensraumverlust das lokale oder im Extremfall das vollständige Aussterben dieser Art. Die Zerstörung des Lebensraumes ist in 73 Prozent aller Fälle dafür verantwortlich, dass Arten während der letzten 100 Jahre ausgestorben sind oder heute nur noch sehr selten vorkommen (Abbildung 56.6).

Abbildung 56.6: Lebensraumfragmentierung in einem Vorgebirge am Rand von Los Angeles (USA). Die Erschließung von Bauland begrenzt in den einzelnen Tälern den Lebensraum für die meisten Pflanzen- und Tierarten auf nur schmale Streifen der Hügelketten.

Die meisten Untersuchungen beschäftigen sich zwar mit terrestrischen Ökosystemen, der Lebensraumverlust findet aber auch in aquatischen Lebensräumen in großem Umfang statt und ist zu einer großen Bedrohung für die biologische Vielfalt geworden; dies gilt ganz besonders entlang der Küsten und im Umfeld der Korallenriffe. Die Korallenriffe gehören zu den artenreichsten Lebensgemeinschaften der Erde, und rund 93 Prozent von ihnen wurden durch Einwirkung der Menschen geschädigt. Wenn sich die Zerstörung mit der derzeitigen Geschwindigkeit fortsetzt, könnten in den nächsten 30 bis 40 Jahren 40 bis 50 Prozent der Korallenriffe verschwinden. Auch im Süßwasser gehen viele Lebensräume verloren. Die Ursache sind hier häufig die Errichtung von Staudämmen und die Kanalisierung von Fließgewässern. Im Mobile River im Südosten der USA existieren auf einer Länge von 72 Kilometern zum Beispiel über 30 Stauwehre. Dadurch veränderten sich Tiefe und Fließgeschwindigkeit des Flusses. Dies trug dazu bei, dass allein mehr als 40 endemische Muschel- und Schneckenarten ausstarben.

Eingeschleppte Arten Zahlreiche Pflanzen- und Tierarten wurden durch den Menschen aus anderen Klimazonen unabsichtlich eingeschleppt oder absichtlich eingeführt (**Neobiota**) (Abbildung 56.7). Bei Pflanzen unterscheidet man im Gegensatz zu den einheimischen Arten (**Apophyten**) in prähistorischer Zeit eingebürgerte (**Archäophyten**) von in historischer Zeit (nach dem Jahr 1492, der Entdeckung Amerikas) angekommenen Arten (**Neophyten**). Analoge Zuordnungen gibt es auch bei adventiven Tierarten (**Archäozoen, Neozoen**). Durch die Verschleppung mit Schiffen und Flugzeugen hat sich auch die Ausbreitung solcher nicht einheimischer Arten beträchtlich beschleunigt. Allein in Deutschland sind mindestens 417 Neophyten und 262 Neozoen nachweislich dauerhaft dauerhaft angesiedelt geworden.

(a) Die Braune Nachtbaumnatter *(Boiga irregularis)* kam als „blinder Passagier" nach Guam.

(b) Eingeschleppte Kudzupflanzen *(Pueraria lobata)* in South Carolina.

Abbildung 56.7: Zwei eingeschleppte Arten.

Übermäßige Nutzung Von *übermäßiger Nutzung* spricht man dann, wenn der Mensch nicht kultivierte oder domestizierte, freilebende Organismenarten mit einer so großen Intensität nutzt, dass sich ihre Populationen nicht mehr erholen können. Besonders betroffen und gefährdet sind solche Arten, die ein nur kleines Verbreitungsareal haben. Eine solche Art war der Riesenalk (*Pinguinus impennis*), ein großer, flugunfähiger Meeresvogel, der auf den Inseln im Nordatlantik lebte (vor Neufundland, Grönland, Island, Schottland und Norwegen). Er wurde im Jahr 1844 ausgerottet, da die Nachfrage nach Federn, Eiern und Fleisch des Riesenalks groß war.

Viele Bestände kommerziell bedeutsamer Meeresfische, die man früher für unerschöpflich hielt, wurden durch Überfischung drastisch dezimiert. Ein Beispiel aus jüngerer Zeit ist der Zusammenbruch der Kabeljaufischerei (*Gadus morhua*) vor Neufundland in den 1990er Jahren. Er zeigt, wie man eine Art, die früher häufig und weit verbreitet war, durch übermäßige Befischung erheblich dezimieren kann.

VERSTÄNDNISFRAGEN

1. Warum ist eine Beschränkung des Biodiversitätsbegriffs ausschließlich auf den Gesichtspunkt der Artendiversität und ihres heutigen Verlustes zu eng gefasst?

2. Nennen Sie die drei wichtigsten Bedrohungen für die Erhaltung der biologischen Vielfalt und erläutern Sie, auf welche Weise sie jeweils geschädigt wird.

3. WAS WÄRE, WENN? Gehen wir von zwei Populationen ein- und derselben Fischart aus. Die eine Population lebt im Mittelmeer, die andere in der Karibik. Welche beiden Szenarien können entwickelt werden: (1) Beide Populationen reproduzieren sich getrennt und (2) die adulten Individuen beider Populationen wandern in die Mitte des Atlantiks, um sich dort zu reproduzieren. Welches der beiden Szenarien würde zu einem größeren Biodiversitätsverlust führen, wenn zum Beispiel die Mittelmeer-Population so stark durch Fischfang dezimiert wird, dass sie ausstirbt? Begründen Sie Ihre Antwort.

56.2 Landschafts- und Gebietsschutz zur Erhaltung ganzer Biota

Traditionell konzentriert sich der Naturschutz auf die Erhaltung einzelner Arten, aber heute verfolgt man auch häufig das Ziel, sich auf die Bewahrung und Förderung der biologischen Vielfalt ganzer Lebensgemeinschaften, Ökosysteme und Landschaften zu konzentrieren. Eine solche umfassende Vorgehensweise setzt voraus, dass man die ökologischen Zusammenhänge in Lebensgemeinschaften, Ökosystemen und Landschaften ebenso kennt und anwendet, wie die Zusammenhänge der Human- und der Wirtschaftswissenschaften. Zu den Zielen der Landschaftsökologie (siehe Kapitel 52), die auch die menschliche Bewirtschaftung von Ökosystemen einschließt, gehört die Erforschung früherer, heutiger und zukünftiger Landschaftsnutzungsformen. Dabei strebt man an, die Erhaltung der biologischen Vielfalt zu einem Teilziel der Landschaftsplanung zu machen.

56.2.1 Struktur und biologische Vielfalt von Landschaften

Die Biodiversität einer Landschaft ist zu großen Teilen von ihrer Struktur abhängig. Kenntnisse über Landschaftsstrukturen sind für den Artenschutz von großer Bedeutung, denn viele Arten nutzen ganze Ökosystemkomplexe und leben bevorzugt auch in den Grenzbereichen von Ökosystemen.

Fragmentierung und Ökotone Grenz- und Übergangsbereiche zwischen den Ökosystemen – zum Beispiel zwischen einem See, seiner Uferzone und einem anschließenden Wald oder zwischen landwirtschaftlichen Nutzflächen, Hecken und einem Siedlungsbereich – sind charakteristische Elemente von Landschaften (Abbildung 56.8). In solchen *Ökotonbereichen* (engl. *ecotones*) variieren die abiotischen Umweltbedingungen auf kleinem Raum und oft im Rahmen eines Umweltgradienten.

Korridore als Verbindungen zwischen Habitatfragmenten In fragmentierten Lebensräumen kann ein **Korridor** (engl. *habitat corridor*), ein bandartiger Streifen, der die isolierten größeren Lebensräume miteinander verbindet, durch ähnliche Habitatbedingungen eine Migration von Individuen zwischen Populationen ermöglichen und für einen genetischen Austausch sorgen (Abbildung 56.9). Das Gleiche ermöglichen auch Trittsteininseln (engl. *stepping stones*), die als kleine Habitatinseln und Zwischenstationen zwischen ansonsten isolierten größeren Habitatfragmenten einen genetischen Austausch der Populationen gewährleisten.

56.2.2 Einrichtung von Schutzgebieten

Praktische Anwendung finden die Kenntnisse über die Dynamik der Lebensgemeinschaften, Ökosysteme und Landschaften in der Einrichtung

(a) Natürliche Ökotone. Im Yellowstone-Nationalpark bilden Offenland- und Waldstandorte ein Mosaik.

(b) Von Menschen geschaffene Ökotone. Ausgeprägte Ökotonbildung durch Straßen in einem gerodeten Regenwald in Malaysia.

Abbildung 56.8: **Ökotone zwischen Ökosystemen.**

von Schutzgebieten, mit denen man den Verlust der biologischen Vielfalt verringern will. Global sind derzeit sieben Prozent aller Landflächen staatlicherseits als Schutzgebiete unterschiedlichster Art ausgewiesen. Die IUCN unterscheidet hierbei sechs verschiedene Kategorien.

- Kategorie I: *Strenges Naturreservat/Wildnisgebiet:* Schutzgebiete zum Zwecke der Forschung oder des Schutzes großer, unbeeinflusster Wildnisgebiete.
- Kategorie II: *Nationalpark:* Schutzgebiet zum Schutz von Ökosystemen und zu Erholungszwecken.
- Kategorie III: *Naturdenkmal:* Schutzgebiet zum Schutz einer besonderen Naturerscheinung.
- Kategorie IV: *Biotop-/Artenschutzgebiet:* Schutzgebiet, für dessen Management gezielte Eingriffe erfolgen.

Abbildung 56.9: **Ein künstlicher Korridor.** Über diese Brücke über die A31 bei Veluwe in den Niederlanden können Tiere eine von Menschen geschaffene Barriere überwinden.

- Kategorie V: *Geschützte Landschaft/Geschütztes marines Gebiet:* Gebiet, dessen Management hauptsächlich auf den Schutz einer Landschaft oder eines marinen Gebietes ausgerichtet ist und der Erholung dient.
- Kategorie VI: *Ressourcenschutzgebiet:* Schutzgebiet, dessen Management der nachhaltigen Nutzung natürlicher Ökosysteme dient.

In Deutschland unterscheidet man Nationalparks, Biosphärenreservate, Naturschutzgebiete, Landschaftsschutzgebiete, Naturparks, Meeresschutzgebiete, Wasserschutzgebiete, Naturdenkmale und Geschützte Landschaftsbestandteile.

Die Entscheidung, wo man ein bestimmtes Schutzgebiet einrichtet und wie man es gestalten soll, ist ein sehr schwieriges Thema. Soll das Schutzgebiet sich möglichst selbst überlassen bleiben oder sind gezielte Managementmaßnahmen einzuplanen? Soll eine Dynamik verhindert oder gezielt gefördert werden? Das sind nur einige der vielen Diskussionsthemen. Wenn Ökologen entscheiden müssen, welche Gebiete im Hinblick auf den Naturschutz die höchste Priorität genießen sollen, konzentrieren sie sich häufig auf sogenannte „Hotspots“ der biologischen Vielfalt, Gebiete mit einer besonders hohen Artenzahl.

Philosophie der Naturschutzgebiete Naturschutzgebiete im weiteren Sinne sind Inseln der biologischen Vielfalt in einem Meer von Lebensräumen, die von Menschen in unterschiedlichem Ausmaß aus Naturschutzsicht negativ beeinflusst oder gar geschädigt wurden. Aber solche geschützten „Inseln“ sind nicht von ihrer Umgebung isoliert und das in Kapitel 54 beschriebene Modell des Ungleichgewichts trifft auf Naturschutzgebiete ebenso zu wie auf die sie umgebende Landschaft, in der sie sich befinden.

In der Praxis bestimmt die Landnutzung des Menschen letztlich über Größe und Form der Schutzgebiete. Viele Flächen, die man dem Naturschutz überlässt, sind für land- und forstwirtschaftliche Nutzungen nicht brauchbar. In manchen Fällen jedoch, zum Beispiel wenn das Schutzgebiet von wirtschaftlich nutzbaren Flächen umgeben ist, muss man die Land- oder Forstwirtschaft in die Naturschutzstrategie einbeziehen. Auf der anderen Seite wurden jedoch auch Schutzgebiete mit dem Ziel eingerichtet, Lebensräume mit einer extensiven traditionellen Bewirtschaftung (zum Beispiel extensive Beweidungssysteme, bestimmte historische Waldbewirtschaftungsformen) zu erhalten, da diese besonders artenreich sind.

56.3 Renaturierung: Wiederherstellung geschädigter Ökosysteme

Die Renaturierungsökologie verfolgt das Ziel, geschädigte Ökosysteme wiederherzustellen. Unter Renaturierung versteht man das Erreichen eines naturnäheren Zustandes beziehungsweise eines Zustandes, der einem naturschutzfachlich wertvollen Leitbild entspricht. Es kann sich hier sowohl um natürliche Ökosysteme als auch um hoch diverse Systeme der gewachsenen Kulturlandschaft handeln. Dabei geht man von der Hypothese aus, dass sich die Schädigung zumindest teilweise wieder rückgängig machen lässt. Jedoch muss man eine zweite Hypothese hinzufügen: Ökosysteme können nur unter bestimmten Bedingungen selbst reagieren oder vom Menschen wiederhergestellt werden. Zur Wiederherstellung gehört deshalb auch die Analyse all jener Vorgänge, die sich nach einer Störung begrenzend auf den Entwicklungsprozess auswirken. Handelt es sich um eine so starke Störung, dass die Renaturierung des gesamten Lebensraumes im Augenblick nicht mehr möglich ist, versucht man im verfügbaren zeitlichen und finanziellen Rahmen, den Lebensraum so gut wie möglich wiederherzustellen und die ökologischen Prozesse und Funktionen so weit wie möglich wieder in Gang zu bringen.

Bei Renaturierungsmaßnahmen unterscheidet man zwischen **Restauration** (Rückführung in den ursprünglichen, definierten historischen Zustand mit verschiedenen, meist technischen Maßnahmen), **Restitution** (aktive Wiederherstellung eines ursprünglichen Zustandes; in jedem Fall mit technischen Mitteln beziehungsweise Maßnahmen; Abbildung 56.10) und **Rehabilitation** (Wiederherstellung von ganz bestimmten Biotopqualitäten oder ökologischen Prozessen, zum Beispiel die Wiedervernässung im Hochmoor, Remäandrierung eines Fließgewässers).

Abbildung 56.10: **Eine restituierte „Hudelandschaft" mit Binnendünen in einer Mäanderschleife an der Hase (Kreis Emsland, Nordwestdeutschland).**

MERKE!

Bei Renaturierungsmaßnahmen unterscheidet man zwischen Restauration, Restitution und Rehabilitation.

56.3.1 Renaturierung als Zukunftsaufgabe

Die Renaturierungsökologie ist eine noch junge Fachdisziplin und da die Ökosysteme eine so hohe Komplexität aufweisen, ist der Wissensfortschritt auf diesem Gebiet außerordentlich wichtig. Viele Fachleute befürworten eine praktikable und praxisbezogene Vorgehensweise: Man experimentiert mit mehreren Arten, die einen Erfolg versprechen, und prüft dabei, welche Methode sich am besten eignet.

Langfristig verfolgt man mit der Renaturierung das Ziel, möglichst schnell ein Ökosystem wiederherzustellen, das so weit wie möglich dem ehemaligen Zustand oder einem bestimmten Leitbild ähneln soll.

VERSTÄNDNISFRAGE

1. Welche Ziele verfolgt die Renaturierungsökologie?

Die auf den folgenden Seiten beschriebenen Beispiele sind nur einige der vielen Projekte, die in verschiedenen Ländern der Erde durchgeführt werden. Die farbigen Punkte auf der Karte geben die Orte der einzelnen Projekte an.

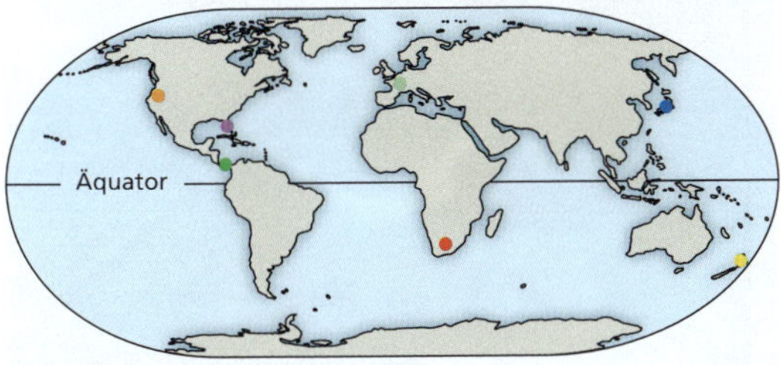

● **Truckee River, Nevada.** Durch die Errichtung von Dämmen und einer veränderten Wasserführung kam es während des 20. Jahrhunderts zu einem starken Rückgang der dortigen Auenwälder. Bei der Renaturierung sorgten Ökologen und Wasserbauingenieure durch ihre Kooperation dafür, dass der Fluss während der kurzen jahreszeitlichen Spanne, in der die einheimischen Schwarzpappeln *(Populus deltoides)* und Weiden *(Salix)* ihre Samen freisetzen, genügend Wasser führt, sodass sich diese Arten auch ausbreiten und etablieren können. Nach neun Jahren war durch eine Regelung des Wasserstands das auf dem Foto gezeigte Ergebnis erreicht: eine Wiederherstellung eines Schwarzpappel-Weiden-Auenwalds.

● **Kissimmee River, Florida.** Der Kissimmee River, ursprünglich ein mäandrierender Fluss, wurde zu einem 90 Kilometer langen Kanal begradigt, was die Fischbestände, viele Vogelpopulationen und andere Organismenarten stark dezimierte. Im Rahmen der Renaturierung wurde der Kanal auf einer Länge von zwölf Kilometern zugeschüttet. Man stellte den ursprünglichen, 167 Kilometer langen Flusslauf auf einer Länge von 24 Kilometern wieder her. Das Bild zeigt den Abschnitt mit dem zugeschütteten Kanal (der breite helle Streifen, rechts); das Wasser wurde wieder in die noch verbliebenen Flussarme (in der Mitte des Bildes) eingeleitet. Das Projekt beinhaltet auch die Wiederherstellung der natürlichen Wasserströmung, wodurch die Fischbestände und Vogelpopulationen in den Feuchtgebieten stark zugenommen haben.

● **Tropischer Trockenwald, Costa Rica.** Durch Rodung und in der Regel anschließende Schaffung von Rinderweiden gingen in Mittelamerika ungefähr 98 Prozent der tropischen Trockenwälder verloren. In Costa Rica sollen durch Renaturierung tropische Trockenwälder neu geschaffen werden. Weidetiere werden dazu genutzt, die Samen der einheimischen Baumarten in den offenen Graslandschaften auszubreiten. Das Foto zeigt ein solches Renaturierungsgebiet. Das Projekt ist ein Modellbeispiel für die Verbindung zwischen einer Renaturierung mit örtlichen Wirtschafts- und Bildungseinrichtungen.

Abbildung 56.11: Näher betrachtet. Renaturierungsökologie.

Rhein, Europa. Der Rhein wurde über Jahrhunderte für die Schifffahrt vertieft und begradigt. Auf diese Weise wurde er von seinen großflächigen Auen und den damit verbundenen Feuchtgebieten abgeschnitten. Die Rheinanliegerstaaten bemühen sich, für den Fluss wieder Überflutungsräume zu schaffen. Einen solchen Bereich erkennt man links auf dem Foto. Solche Retentionsflächen bieten mehr Schutz vor Hochwasser und stellen einen Lebensraum für viele aquatische Organismenarten dar.

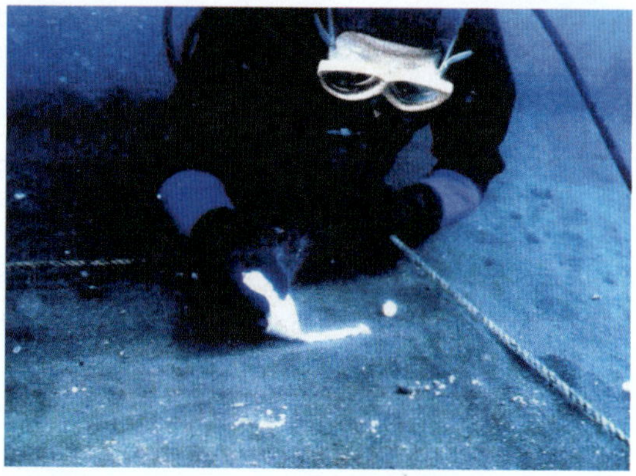

Japanische Küste. Seetang- und Seegrasbestände sind wichtige Kinderstuben für ein breites Spektrum unterschiedlichster Fisch- und Schalentierarten. Die früher sehr großflächig verbreiteten, heute aber durch Küstenbau dezimierten Lebensräume werden vor der japanischen Küste renaturiert. Die Maßnahme umfasst die Wiederherstellung geeigneter Küstenhabitate, die Transplantation geeigneter Substrate und das Aussäen der Pflanzen von Hand (wie hier gezeigt).

Sukkulenten-Karoo, Südafrika. In dieser Halbwüstenregion in Südafrika wurden weite Gebiete, wie in vielen trockenen Regionen der Erde, durch Überbeweidung schwer geschädigt. Private Grundbesitzer und staatliche Behörden renaturierten gemeinsam große Teile dieser einzigartigen Landschaft über eine gezielte Bepflanzung. Das Foto zeigt ein kleines Beispiel für die große Pflanzenartenvielfalt der Karoo; zu ihren rund 5.000 Pflanzenarten gehört auch die global größte Artenvielfalt von Sukkulenten.

Mangatautari, Neuseeland. Wiesel *(Mustela nivalis)*, Ratten *(Rattus rattus)*, Schweine *(Sus scrofa domestica)* und andere eingeschleppte Arten sind eine hochgradige Gefahr für die einheimischen Pflanzen- und Tierarten Neuseelands, unter anderem auch für den Kiwi *(Apteryx)*, einen flugunfähigen, am Boden nistenden Vogel. Das Mangatautari-Renaturierungsprojekt verfolgt das Ziel, alle nicht einheimischen Tierarten aus einem 3.400 Hektar großen Schutzgebiet auf einem bewaldeten Vulkankegel zu entfernen. Ein Spezialzaun rund um das Schutzgebiet reduziert die Notwendigkeit, Fallen aufzustellen und Gift einzusetzen, Methoden, mit denen man auch die einheimische Tierwelt gefährdet. Im Jahr 2006 und danach wurden Takahe-Vögel *(Porphyrio hochstetteri)*, eine sehr stark gefährdete flugunfähige große Rallenart, paarweise in diesem und anderen speziell ausgewiesenen Schutzgebieten freigelassen. Untersuchungen im Jahr 2013 zeigten, dass sich die Bestände wohl langsam, aber kontinuierlich erholen.

56.4 Nachhaltige Entwicklung: Die Bewahrung der biologischen Vielfalt und ihr Nutzen für den Menschen

Angesichts des zunehmenden Verlustes und der Fragmentierung von Lebensräumen stehen wir in der Frage, wie wir die Ressourcen der Erde bewirtschaften wollen, vor schwierigen Kompromissen. Alle schützenswerten Gebiete zu erhalten, ist nicht möglich. Deshalb müssen Ökologen dazu beitragen, dass die Gesellschaft bei Naturschutzentscheidungen die richtigen Prioritäten setzt, und dazu muss man wissen, welche Gebiete am schutzwürdigsten und am wichtigsten sind. Im Idealfall sollte sich durch die Umsetzung solcher Naturschutzmaßnahmen auch die Lebensqualität der lokalen Bevölkerung verbessern. Das ökologische Hilfsmittel, um langfristige Prioritäten im Naturschutz festlegen zu können, ist das Konzept der **Nachhaltigkeit** (engl. *sustainability*).

56.4.1 Das Konzept der nachhaltigen Entwicklung

Wenn wir Arten vor dem Aussterben bewahren und die Lebensqualität der Menschen erhalten oder sogar verbessern wollen, müssen wir die komplexen abiotischen und biotischen Verflechtungen innerhalb der Biosphäre und Ökosphäre verstehen lernen. Zu diesem Zweck haben sich viele Staaten, aber auch wissenschaftliche Gesellschaften und andere Interessensgruppen, das Konzept der **nachhaltigen Entwicklung** zu Eigen gemacht. Dieses Konzept basiert auf dem sogenannten Brundtland-Bericht, der im Jahr 1987 von der Weltkommission für Umwelt und Entwicklung veröffentlicht wurde. Die ehemalige norwegische Ministerpräsidentin Gro Harlem Brundtland hatte in dieser Kommission den Vorsitz. Die beiden Kernaussagen für eine nachhaltige Entwicklung berühren einerseits die intergenerative ökologische Gerechtigkeit (Generationengerechtigkeit), andererseits die Forderung einer ganzheitlichen Verhaltensänderung.

„Dauerhafte Entwicklung ist Entwicklung, die die Bedürfnisse der Gegenwart befriedigt, ohne zu riskieren, dass künftige Generationen ihre eigenen Bedürfnisse nicht befriedigen können."

„Im Wesentlichen ist dauerhafte Entwicklung ein Wandlungsprozess, in dem die Nutzung von Ressourcen, das Ziel von Investitionen, die Richtung technologischer Entwicklung und institutioneller Wandel miteinander harmonieren und das derzeitige und künftige Potenzial vergrößern, menschliche Bedürfnisse und Wünsche zu erfüllen."

Hierzu müssen grundlegende ökologische Kenntnisse vorliegen, um die Ressourcen der Erde so verantwortungsbewusst wie möglich erschließen, bewirtschaften und bewahren zu können.

56.4.2 Die Zukunft der Biosphäre

Wir modernen Menschen führen ein ganz anderes Leben als unsere Vorfahren, die im Paläolithikum vom Jagen und Sammeln lebten. Ihre Verehrung für die Natur zeigt sich in zahlreichen prähistorischen Malereien, die sie auf ihren Höhlenwänden erschufen (Abbildung 56.12), und in den stilisierten künstlerischen Darstellungen des Lebens, die sie aus Knochen und Elfenbein herstellten.

Reste unserer uralten Bindung an die Natur und des Lebendigen spiegeln sich auch in unserem modernen Leben in der Vorstellung von der *Biophilie*. Unsere Evolution hat sich in einer Umwelt mit großer biologischer Vielfalt abgespielt und die Vorliebe für ein solches biologisches Umfeld ist uns bis heute erhalten geblieben. Nach Ansicht von Edward Osborne Wilson ist die Biophilie angeboren, ein Produkt der Evolution durch natürliche Selektion: Sie wirkt bei einer mit einem großen Gehirn ausgestatteten Art, die nur überleben konnte, da sie eng an ihre biologische Umwelt gebunden war und den praktischen Nutzen von Pflanzen- und Tierarten zu schätzen wusste.

Die Wertschätzung für das Lebendige ist heute auch der Leitfaden für die Wissenschaft der Biologie. Wir rühmen das Leben, indem wir den genetischen Code entschlüsseln, der jede Art und jedes Individuum zu etwas Einzigartigem macht. Wir beschäftigen uns mit dem Leben, indem wir mithilfe von DNA und Fossilien den Weg durch die lange Zeit der Evolution nachzeichnen. Wir erhalten das Leben mit unseren Bemühungen, die Millionen von Organismenarten auf der Erde zu beschreiben, zu benennen, zu klassifizieren und zu schützen. Wir sollten das Leben respektieren, indem wir die Natur verantwortungsbewusst und überlegt nutzen, um das Wohlergehen der Menschen zu fördern.

(a) Tierzeichnungen. Detail aus einer 36.000 Jahre alten Höhlenmalerei in Lascaux (Frankreich).

(b) Ein 30.000 Jahre alter geschnitzter Wasservogel aus Elfenbein, gefunden in der Ausgrabungsstätte „Hohle Fels" auf der Schwäbischen Alb bei Blaubeuren.

(c) Der Biologe Carlos Rivera Gonzales untersucht in Peru einen winzigen Baumfrosch.

Abbildung 56.12: **Biophilie gestern und heute.**

Biologie ist der wissenschaftliche Ausdruck unseres Wunsches, die Natur kennenzulernen. Was wir zu schätzen wissen, werden wir mit Sicherheit auch schützen, und zu schätzen wissen wir, was wir verstehen. Je mehr wir über die Vorgänge des Lebens und seine Vielfalt in Erfahrung bringen, desto mehr werden wir uns auch unserer selbst und unseres Platzes in der Biosphäre bewusst.

Wir hoffen, dass das vorliegende Buch Ihnen bei diesem lebenslangen Abenteuer gute Dienste leistet.

VERSTÄNDNISFRAGEN

1. Was bedeutet der Begriff „nachhaltige Entwicklung"?

2. Wie könnte die Biophilie uns so beeinflussen, dass wir Arten schützen und Ökosysteme wiederherstellen?

3. WAS WÄRE, WENN? Angenommen, es wird ein neues Gebiet zum Fischfang entdeckt, und Sie haben die Aufgabe, dieses nachhaltig zu nutzen. Welche ökologischen Daten über die Fischpopulation benötigen Sie dafür? Welche Kriterien würden Sie bei der Erschließung der Gebiete für den Fischfang anlegen?

ZUSAMMENFASSUNG

Der Mensch als Gefahr für die biologische Vielfalt

Die drei Ebenen der biologischen Vielfalt: Genetische Vielfalt stellt die Quelle von genetischen Varianten dar, durch die sich eine Population an wechselnde Umweltverhältnisse anpassen kann. **Artenvielfalt** ist wichtig für die Aufrechterhaltung der Strukturen und Funktionen einer Lebensgemeinschaft. Die **Vielfalt der Ökosysteme** schließlich ist von großer Bedeutung für die Nährstoffkreisläufe.

Biologische Vielfalt und das Wohlergehen des Menschen. Mithilfe der Biophilie können wir erkennen, dass biologische Vielfalt für uns einen Wert an sich darstellt. Außerdem liefern zahlreiche Organismenarten dem Menschen Nahrung, Kleidung, Arzneistoffe und überlebensnotwendige Ökosystem-Dienstleistungen.

Drei Gefahren für die biologische Vielfalt. Die drei wichtigsten Gefahren für die biologische Vielfalt sind Lebensraumverlust, eingeschleppte Arten und übermäßige Nutzung.

Landschafts- und Gebietsschutz zur Erhaltung ganzer Biota

Struktur und biologische Vielfalt von Landschaften. Die Struktur einer Landschaft wirkt sich häufig stark auf ihre biologische Vielfalt aus. Wenn Lebensräume immer stärker fragmentiert werden, geht die biologische Vielfalt in der Regel zurück. Korridore und Trittsteine können die Ausbreitung der Arten begünstigen und zur Erhaltung der Populationen beitragen.

Einrichtung von Schutzgebieten. Hotspots der biologischen Vielfalt sind auch Brennpunkte des Artensterbens und haben damit Priorität bei der Einrichtung von Schutzgebieten. Überregional, aber auch auf der Ebene einzelner Staaten werden verschiedene Schutzkategorien zugrunde gelegt. Zur Erhaltung der biologischen Vielfalt werden in Schutzgebieten häufig Pufferzonen eingerichtet, in denen die Menschen einer gemäßigten land- und forstwirtschaftlichen Tätigkeit nachgehen können, wodurch die Schutzgebiete jedoch nicht geschädigt werden. Das Modell einer Zonierung um Schutzgebiete berücksichtigt neben den Zielen des Naturschutzes auch die Belange der dort ansässigen Menschen.

Renaturierung: Wiederherstellung geschädigter Ökosysteme

Unter Renaturierung versteht man das Erreichen eines naturnäheren Zustandes beziehungsweise eines Zustandes, der einem naturschutzfachlich wertvollen Leitbild entspricht.

Renaturierung als Zukunftsaufgabe. Da die Renaturierungsökologie ein neues, sehr komplexes Fachgebiet ist, ist der Wissensfortschritt auf diesem Gebiet besonders wichtig, leider gegenwärtig aber noch sehr begrenzt. Eine praktikable und praxisbezogene Vorgehensweise baut auf alternativen Lösungen mit größtmöglichem Erfolg auf.

Nachhaltige Entwicklung: Das Wohlergehen der Menschen durch die Bewahrung der biologischen Vielfalt

Das Konzept der nachhaltigen Entwicklung. Das Konzept der nachhaltigen Entwicklung verfolgt das Ziel einer Entwicklung, die den heutigen Bedürfnissen der Menschen Rechnung trägt, ohne dass dadurch die Möglichkeit zukünftiger Generationen, ebenfalls ihre Bedürfnisse zu decken, beeinträchtigt wird. Hierzu müssen genaue ökologische Kenntnisse für die Erschließung, Bewirtschaftung und Erhaltung der Ressourcen auf der Erde vorliegen.

Die Zukunft der Biosphäre. Je mehr wir über biologische Vorgänge und die Vielfalt der Organismen lernen, desto mehr wird uns bewusst, wie eng wir mit der Umwelt verbunden sind, welchen Wert andere Lebewesen haben und wie weit das Überleben der Menschheit von einem verantwortungsvolleren Umgang mit unserer Biosphäre abhängt.

Bildnachweis

Kapitel 1 1.2: Conly L. Rieder, Ph.D.; 1.3: eukaryotische Zelle: Steve Gschmeissner/Science Source; pro-karyontische Zelle: S. C. Holt/Biological Photo Service; 1.4: Gelpi/Fotolia; 1.6a: Oliver Meckes, Nicole Ottawa/Science Source; 1.6b: Eye of Science/Science Source; 1.6c: von links nach rechts: Kunst und Scheidulin/AGE Fotostock; daksel/Fotolia; Anup Shah/NaturePicture Library; D. P. Wilson/Science Source; 1.7: Archiv/Photo Researchers; 1.8: Frank Greenaway/Dorling Kindersley; 1.9.1: Karl Ammann/Corbis; 1.9.2: Tim Ridley/Dorling Kindersley; 1.11: Stone/Getty Images.

Kapitel 2 2.1: Natrium Chip Clark; Chlor, Natriumchlorid Pearson Education; 2.9: Pearson Education; 2.12: Nigel Cattlin/Science Source.

Kapitel 3 3.2: iStockphoto; 3.3: Flip Nicklin/Minden Pictures; Seite 33: The University of Queensland.

Kapitel 5 5.5: im Uhrzeigersinn Dougal Waters/Getty Images; John N. A. Lott/Biological Photo Service; Dr. Paul B. Lazarow, Ph. D. Professor und Chairman; Biophoto Associates/Science Source; John Durham/Science Source; 5.7.1: Photodisc/Getty Images; 5.7.2: Manfred Kage/Peter Arnold, Inc.; 5.7.3: J. Litray/Visuals Unlimited; 5.9a: Dorling Kindersley; 5.9b: David Murray/DK Images; 5.14: Dieter Hopf/AGE Fotostock; 5.16: Eye of Science/Science Source.

Kapitel 6 6.3b: CNRI/Science Source; 6.4a: Daniel S. Friend; 6.5: oben links: Reproduced by permission from L. Orci und A. Perelet, Freeze-Etch Histology,Springer-Verlag, Heidelberg (1975). Copyright © 1975 by Springer-Verlag GmbH &Co KG; unten links: Reproduced by permission from A. C. Faberge, Cell Tiss. Res. 151 Copyright © 1974 by Springer-Verlag GmbH & Co. KG; unten rechts: Reprinted by permission from U. Aebi et al., Nature 323: 560–564 (1996), Copyright © 1996, figure 1a. Used with permission. Macmillan Magazines Limited; 6.6: R. Bolender, Don Fawcett/Science Source; 6.7: D. W. Fawcett/Science Source; 6.8: Daniel S. Friend; 6.9: Eldon H. Newcomb; 6.11a: Daniel S. Friend; 6.11b: aus Y. Hayashi and K. Ueda, The shape of mitochondria und the number of mitochondrial nucleoids during the cell cycle of Euglena gracilis, *Journal of Cell Science* 93: 565–570 (1989), Copyright © 1989 by Company of Biologists; 6.12a: Courtesy of W. P. Wergin and E. H. Newcomb, University of Wisconsin/Biological Photo Service; 6.12b: Franz Grolig, Philipps-University Marburg, Germany. Image acquired with the confocalmicroscope Leica TCS SP2; 6.13a: Biophoto Associates/Science Source; 6.13b: Oliver Meckes und Nicole Ottawa/Science Source; 6.14: aus H. Nobutaka, *The Journal of Cell Biology* 94:425 (1982) by copyright permission of The Rockefeller University Press; Tabelle 6.1: links: Mary Osborn; Mitte: Frank Solomon; rechts: Mark S. Ladinsky und J. Richard McIntosh, University of Colorado; 6.15a: Clara Franzini-Armstrong, University of Pennsylvania; 6.15b: M. I. Walker/Photo Researchers; 6.15c: Michael Clayton, University of Wisconsin-Madison; 6.16: G. F. Leedale/Science Source; 6.18: Micrograph by W. P. Wergin, provided by E. H. Newcomb; 6.19.1: aus D. J. Kelly, *The Journal of Cell Biology* 28: 51 (1966), Fig.17. Reproduced by copyright permission of The Rockefeller University Press; 6.19.2: Reproduced by permission from L. Orci und A. Perrelet, Freeze-Etch Histology, Springer-Verlag, Heidelberg (1975). Copyright © 1975 by Springer-Verlag GmbH & Co. KG; 6.19.3: aus C. Peracchia und A. F. Dulhunty, *The Journal of Cell Biology* 70: 419 (1976) by copyright permission of The Rockefeller University Press; 6.20: Lennart Nilsson/Scanpix Sweden AB.

Kapitel 7 7.2: D. W. Fawcett/Photo Researchers, Inc.; 7.15.1: H. S. Pankratz, T. C. Beaman, und P. Gerhardt/Biological Photo Service; 7.15.2: D. W. Fawcett/Photo Researchers; 7.15.3: M. M. Perry and A. B. Gilbert, *Journal of Cell Science* 39: 257-272 (1979). Copyright 1979 by The Company of Biologists Ltd.

Kapitel 8 8.1: Jean-Marie Bassot/Photo Researchers, Inc.; 8.2: David W. Hamilton/Getty Images, Inc.; 8.3: Brian Capon; 8.10: Thomas A. Steitz, Yale University.

Kapitel 10 10.1.1: M. Eichelberger/Visuals Unlimited; 10.1.2: W. P. Wergin und E. H. Newcomb, University of Wisconsin/BPS; 10.15a: David Muench/Corbis; 10.15b: Dave Bartruff/Corbis.

Kapitel 11 11.2: oben: 3 A. Dale Kaiser, Stanford University; unten: Michiel Vos; 11.8: Dr. Gopal Murti/Visuals Unlimited; 11.10: aus W. Wood et al., Mesenchymal cells engulf und clear apoptotic footplate cells in macrophageless PU.1 null mouse embryos. Development 127: 5245–5252 (2000).

Kapitel 12 12.1a: Biophoto Associates/Photo Researchers, Inc.; 12.1b: C. R. Wyttenback/Biological Photo Service; 12.1c: Biophoto/Science Source/Photo Researchers, Inc.; 12.2: John Murray; 12.3: Biophoto/Photo Researchers, Inc.; 12.5: Conly L. Rieder; 12.8: nach S. Moreno et al., Regulation of p34cdc2 protein kinase during mitosis, Cell 58, 1989, 361–372; 12.10: Anne Weston, LRI, CRUK, Wellcome Images.

Kapitel 13 13.2: CNRI/Science Source; 13.8: Petronczki M., Siomos M. F., Nasmyth K., Un menage a quatre: the molecular biology of chromosome segregation in meiosis. Cell 112, Feb 2003, 423–40.

Kapitel 14 14.1: Mendel Museum, Augustinian Abbey, Brno; 14.9: links: Mark Turner/Alamy; rechts: Paul Dymond/Alamy; 14.10a: PhotoDisc/Getty Images; 14.10b: Anthony Loveday; 14.11: Rick Guidotti/Positive Exposure; 14.12: Michael Ciesielski Photography.

Kapitel 15 15.1: Peter Lichter und David Ward, Science 247, Copyright 1990 American Association for the Advancemcent of Science; 15.2: aus J. Childress, R. Behringer, and G. Halder, Learning to fly: Phenotypic markers in Drosophila. A poster of common phenotypic markers used in Drosophila genetics, Genesis 43(1) (2005); 15.3: Andrew Syred/Science Source; 15.6: Milton H. Gallardo; 15.8: oben: Lauren Shear/SPL/Science Source; unten: SPL/Science Source.

Kapitel 16 16.1: National Institute of Health; 16.3a: Library of Congress; 16.3b: The Double Helix: James D. Watson, Atheneum Press, N. Y., 1968, S. 215. Copyright 1968 Courtesy CSHL Archive; 16.4c: Richard Wagner; 16.13: Peter Lansdorp; 16.15: von links nach rechts: Stanley C. Holt/Biological Photo Service; Dr. Victoria E. Foe; aus J. R. Paulsen und U. K. Laemmli, Cell 12: 817–828 (1977); Barbara Hamkalo; Biophoto/Photo Researchers.

Kapitel 17 17.1: S. Richard Stockwell; 17.16b: Barbara Hamkalo und O. Miller, Jr.

Kapitel 18 18.1: Cook O., Biehs B., Bier E., Brinker and optomotor-blind act coordinately to initiate development of the L5 wing vein primordium in Drosophila, Development 131, May 2004, 2113–24.

Kapitel 19 19.1: Science Photo Library/Photo Researchers; 19.2: © decade3d – anatomy online/Pearson; 19.3a: Science Source; 19.3b: Linda M. Stannard, University of Cape Town/Science Source; 19.3c: Hazel Appleton, Health Protection Agency Centre for Infections/Science Source; 19.3d: Ami Images/Science Source; 19.6: C. Dauguet/Institute Pasteur/Science Source; 19.7: © RAJ CREATIONZS/Pearson; 19.8: © Sebastian Kaulitzki/Pearson; 19.9: © Giovanni Cancemi/Pearson.

Kapitel 20 20.1: R. F. Service, Science 282, 1998, 396–399, Copyright American Association for the Advancement of Science, Incyte Pharmaceuticals, Inc., Palo Alto, CA; 20.5: Repligen Corporation; 20.6: nach Peter Russell, Genetics, 5th ed., S. 481, Copyright 1998 Pearson Education, Inc., publishing as Pearson Benjamin Cummings; 20.12: © Blaj Gabriel/Pearson; 20.13a: Steve Helber/Associated Press.

Kapitel 21 21.4: Affymetrix.

Kapitel 22 22.1: Olivier Grunewald; 22.2: oben v.l.n.r.: PD image: Skeleton of the Rhinoceros unicorne de Java in the Paris Museum of Natural History. aus G. Cuvier, Recherches sur les ossemens fossiles, Atlas, pl. 17 (1836); Alfred Russel Wallace Memorial Fund; The Natural History Museum, London/Alamy; unten v.l.n.r.: Wayne Lynch/AGE Fotostock; American Museum of Natural History; 22.4: Karen Moskowitz/Stone/Getty Images; 22.5: links: ARCHIV/Science Source; rechts: National Maritime Museum Picture Library, London, England; 22.6: Tui De Roy/Minden Pictures; 22.8: von links nach rechts: Robert Sarno/IStockphoto; Paul Rapson/Alamy; Izaokas Sapiro/iStockphoto; YinYang/iStock-photo; floricica buzlea/iStockphoto; 22.9: Wil Meinderts/FOTO NATURA/Minden Pictures; 22.10a: Edward S. Ross, California Academy of Sciences; 22.10b: Michael & Patricia Fogden/Minden Pictures; 22.11: © R. Maximiliane/Shutterstock.com; 22.12: Mark Webster, Department of the Geophysical Sciences, University of Chicago; 22.13a: nach J. G. M. Thewissen et al., Skeletons of terrestrial cetaceans and the relationship of whales to artiodactyls. Nature 413, 2001, 277–281; 22.13b: nach P. D. Gingerich et al., Origin of whales from early artiodactyls: Hands and feet of eocene protocetidae from Pakistan, Science 293, 2001, 2239–2242; 22.13c und d: nach C. de Muizon, Walking with whales, Nature 413, 2001, 259–260; 22.16: links: ANT Photo Library/Science Source; rechts: Joe McDonald/Steve Bloom Images/Alamy; 22.17: Scott P. Carroll.

Kapitel 23 23.1: Grant PR, Grant BR, Evolution of character displacement in Darwin's finches, Science 313, Jul 2006, 224–6; 23.2a: Steve Gorton/Dorling Kindersley; 23.2b: Janice Britton-Davidian, ISEM, UMR 5554 CNRS, Universite Montpellier II, in Nature 403, Jan 2000, 158, Copyright-Macmillan Magazines Limited; 23.3: New York

State Department of Environmental Conservation; Graph nach D. A. Powers et al., Genetic mechanisms for adapting to a changing environment, Annual Review of Genetics 25, 1991, 629–659; 23.8: Jan Visser; 23.10: Bruce Coleman/Photoshot Holdings; 23.11: von links nach rechts: Caroline Penn/Alamy Stock Photo; Kletr/Shutterstock; Eye of Science/Science Source; Seite 379: Scott Sinklier/AgStock Images, Inc./Alamy.

Kapitel 24 24.1a: links: Malcolm Schuyl/Alamy; rechts Wave RF/Getty Images; 24.1b: von links oben nach rechts: Robert Kneschke/iStock-photo; Justin Horrocks/iStockphoto; RyanMcVay/Getty Images; von links nach rechts: Photodisc/Getty Images; Photodisc/Getty Images; Masterfile; 24.3: Graph nach "Correspondence between sexual isolation und allozyme differentiation" Proceedings of the National Academy of Science 87, 1990, 2715–2719, 2718, Copyright Stephen G. Tilley, Paul A. Verrell, Steven J. Arnold; 24.4a,b: Joe McDonald/Photoshot; 24.4c: Hogle Zoo; 24.4d: APHIS/USDA; 24.4e: Michael Dietrich/Alamy; 24.4f: Takahiro Asami; 24.4g: William E. Furguson; 24.4h: Charles W. Brown; 24.4i: EyeWire Collection/Getty Images; 24.4j: Corbis; 24.4k: Dawn YL/Fotolia; 24.4l: Kazutoshi Okuno; 24.6: nach J. M. Szymura, Analysis of hybrid zones with bombina, in: Hybrid Zone and the Evolutionary Process, ed. R. G. Harrison, Oxford University Press, NY 1993; Fotos: Stephen Dalton/Animals Animals – Earth Scenes; Christophe Corteau/naturepl.com; 24.7: Bradshaw HD, Schemske DW, Allele substitution at a flower colour locus produces a pollinator shift in monkeyflowers, Nature 426, Nov 2003, 176–8.

Kapitel 25 25.1: Gerhard Boeggemann; 25.2a: F. M. Menger und Kurt Gabrielson, Emory University; 25.11: Juniors Bildarchiv/Alamy; 25.12: Sinclair Stammers/Science Source.

Kapitel 27 27.1a: Centers for Disease Control and Prevention (CDC); 27.1b: Kari Lounatmaa/Science Source; 27.1c: Stem Jems/Science Source; 27.2: L. Brent Selinger; 27.3: Julius Adler; 27.4: Hunting-ton Potter; 27.5: H. S. Pankratz, T. C. Beaman/Biological Photo Service; 27.7: Dennis Kunkel/Phototake NYC; 27.9: Seite 436: von oben nach unten: L. Evans/Biological Photo Service; Yuichi Suwa; National Library of Medicine; Phototake NYC; Alfred Pasieka/Peter Arnold, Inc.; Photo Researchers; Seite 437: von oben nach unten: Moredon Animal Health/SPL/Photo Researchers; CNRI/SPL/Photo Researchers; T. E. Adams/Visuals Unlimited; Frederick P. Mertz/Visuals Unlimited; David M. Phillips/Science Source; 27.10: Ken Lucas/Biological Photo Service; 27.11.1: Scott Camazine/Photo Researchers; 27.11.2: David M. Phillips/Photo Researchers; 27.11.3: James Marshall/The Image Works; Seite 441: igor.stevanovic/Shutterstock.

Kapitel 28 28.1: Moreira D, López-García P, The molecular ecology of microbial eukaryotes unveils a hidden world, Trends Microbiol. 10, Jan 2002, 31–8, Foto Brian S. Leunder; 28.2: nach R. W. Bauman, Microbiology, Abb. 12.7, Copyright 2004 Pearson Education, Inc., Foto Mike Abbey/Visuals Unlimited; 28.3: William L. Dentler; 28.4: Seite 446: Joel Mancuso, University of California, Berkeley; Seite 447: links von oben nach unten: M. I. Walker/NHPA/Photoshot; NOAA; National Oceanic and Atmospheric Administration; Howard Spero, University of California-Davis; rechts von oben nach unten: David J. Patterson; Frank Fox/Science Source; Michael Abbey/Science Source;28.5: Masamichi Aikawa, Tokai University School of Medicine, Japan; 28.6: Kevin Carpenter und Patrick Keeling.

Kapitel 29 29.1a: Natural Visions; 29.1b: Linda Graham, University of Wisconsin-Madison; 29.2.1: Linda Graham, University of Wisconsin-Madison; 29.2.2: Karen S. Renzaglia; 29.2.3: Alan S. Heilman; 29.2.4: Michael Clayton; 29.2.5: Barry Runk/Stan/Grant Heilman Photography, Inc.; 29.2.6: Ed Reschke; 29.2.7: Centers for Disease Control & Prevention; 29.4: Laurie Knight; 29.5.1: Runk/Schoenberger/Grant Heilman Photography, Inc.; 29.5.2: Linda Graham, University of Wisconsin-Madison; 29.5.3: Hidden Forest; 29.5.4: Hidden Forest; 29.5.5: Tony Wharton, Frank Lane Picture Agency/Corbis; 29.7: nach Raven et al., Biology of Plants, 6th ed., Abb. 19.7; 29.8.1: A. Kratochwil; 29.8.2: Murray Fagg, Australian National Botanic Gardens; 29.8.3: Helga & Kurt Rasbach; 29.8.4: Barry Runk/Stan/Grant Heilman Photography, Inc.; 29.8.5: Milton Rund/Tom Stack & Associates, Inc.; 29.8.6: Michael Viard/Peter Arnold, Inc.; Seite 463: Richard Becker/Fundamental Photographs.

Kapitel 30 30.1: National Museum of Natural History, Smithsonian Institution; 30.4.1–30.4.7: George Louin/Visuals Unlimited; Heilman Photography, Inc.; 30.4.8–30.4.14: Michael und Patricia Fogden/Minden Pictures; Thomas Schoepke; Michael Clayton; A. Kratochwil; 30.6: von oben nach unten: Michael J. W. Davis; PIXTAL/AGE Fotostock; Eduard Kyslynskyy/Shutterstock; Derek Hall/DK Images; Scott Camazine/Science Source; 30.9.1: Howard Rice/Dorling Kindersley; 30.9.2: Bob & Ann Simpson/Visuals Unlimited; 30.9.3: Stephen McCabe; 30.9.4: Andrew Butler/Dorling Kindersley; 30.9.5: A. Kratochwil; 30.9.6: A. Schwabe; 30.9.7: A. Kratochwil; 30.9.8: A. Kratochwil; 30.9.9: A. Kratochwil; 30.9.10: Matthew Ward/Dorling Kindersley; 30.9.11: Tony Wharton, Frank Lane Picture Agency/Corbis; 30.9.12: Howard Rice/Dorling Kindersley; 30.9.13: Dr. Gerald D. Carr, PhD; 30.10: NASA images courtesy of USGS Landsat Team; Tab. 30.1: nach Randy Moore et al., Botany, 2nd ed. Dubuque, IA, Brown, 1998, S. 37, Foto Dorling Kindersley; Seite 478: Guy Eisner.

Kapitel 31 31.2.1: Hans Reinhard/Taxi/Getty Images; 31.2.2: Fred Rhoades/Mycena Consulting; 31.2.3: Elmer Koneman/Visuals Unlimited; 31.4.1: Jack M. Bostack/Visuals Unlimited; 31.4.2: David Scharf/Peter Arnold, Inc.; 31.5: Stephen J. Kron; 31.6: von oben nach unten: John Taylor; Ray Watson; Reproduced by permission from E. T. Kiers und M. G. van der Heijden, Mutualistic stability in the arbuscular mycorrhizal symbiosis: Exploring hypotheses of evolutionary cooperation, Ecology 87(7):1627–1636 (2006): Fig. 1a. Image by Marcelvan der Heijden, Swiss Federal Research Station for Agroecology and Agriculture. Copyright © 2006, Ecological Society of America; Lenz/blickwinkel/Alamy; Phil Dotson/Science Source; 31.7.1: Gerald & Buff Corsi/Visuals Unlimited; 31.7.2: Fritz Polking/Visuals Unlimited; 31.7.3: David Sieren/Visuals Unlimited; 31.8: V. Ahmadijian/Visuals Unlimited; 31.9: Christine Case/Skyline College.

Kapitel 32 32.6a: Carolina Biological/Visuals Unlimited; Seite 495: WaterFrame/Alamy Stock Photo.

Kapitel 33 33.1: Andrew J. Martinez/Photo Researchers, Inc.; 33.4: Eye of Science/Science Source; 33.6a: Amar und Isabelle Guillen/Alamy; 33.6b: blickwinkel/Alamy; 33.6c: aus S. E. Fredrick und E. H. Newcomb, The Journal of Cell Biology 43; 33.6d: MedicalRF.com/Alamy; 33.7: W. I. Walker/Science Source; 33.9a: Amruta Bhelke/Dreamstime LLC; 33.9b: Corbis Images; 33.12: von oben nach unten: Mark Conlin/V&W/Image Quest Marine; photonimo/iStockPhoto; Jonathan Blair/Corbis; 33.13: Peter Batson/Image Quest Marine; 33.14: A.N.T./Photoshot/NHPA Limited; 33.15: Astrid & Hanns-Frieder Michler/Photo Researchers, Inc.; 33.18: von oben nach unten: Tim Flach/Getty Images; Andrew Syred/Science Source; Achim Paululat, Osnabrück; 33.20a: PREMAPHOTOS/Nature Picture Library; 33.20b: Tom McHugh/Science Source; 33.22a,b,d,e: PREMAPHOTOS/Nature Picture Library; 33.22c: Tom McHugh/Science Source; 33.23: links von oben nach unten: Dante Fenolio/Science Source; Michael und Patricia Fogden/Corbis; rechts von oben nach unten: Kevin Murphy; Perry Babin; Achim Paululat, Osnabrück; Achim Paululat, Osnabrück; 33.24: Robert Harding World Imagery/Alamy; 33.25: Andrey Nekrasov/Image Quest Marine.

Kapitel 34 Kapitelbild © KAMONRAT; 34.1: Xian-guang H., Aldridge R. J., Siveter D. J., Xianghong F., New evidence on the anatomy und phylogeny of the earliest vertebrates, Proceedings of the Royal Society of London-B-Biological Sciences 269, Sep. 2002, 1865–1869; 34.5a: Carlos Villoch/Image Quest Marine; 34.5b: Masa Ushioda/Image Quest Marine; 34.7: Arnaz Mehta; 34.8a: Alberto Fernundez/AGE Fotostock America, Inc.; 34.8b: Michael Fogden/Bruce Coleman Inc.; 34.8c: Michael Fogden/Bruce Coleman Inc.; 34.9a: John Cancalosi/Peter Arnold, Inc.; 34.9b: Stephen Dalton/Photo Researchers, Inc.; 34.9c: Hans Pfletschinger/Peter Arnold, Inc.; 34.12a: Doug Wechsler; 34.12b: Matt T. Lee; 34.12c: Michael & Patricia Fogden/Minden Pictures; 34.12d: Medford Taylor/National GeographicImage Collection; 34.12e: Carl & Ann Purcell/Corbis; 34.13a: Stephen J. Kraseman/DRK Photo; 34.13b: Janice Sheldon; 34.18: Frans Lanting/Minden Pictures; 34.20a: Kevin Schafer/AGE Fotostock America, Inc.; 34.20b: Frans Lanting/Minden Pictures; 34.21a: Morales/AGE Fotostock America, Inc.; 34.21b: Anup Shah/Image State/Alamy Images; 34.21c: T. J. Rick/Nature Picture Library; 34.21d: E. A. Janes/AGE Fotostock America, Inc.; 34.21e: Frans Lanting/Minden Pictures; 34.23a: The Cleveland Museum of Natural History; 34.23b: John Reader/SPL/Photo Researchers, Inc.; 34.23c: John Gurche Studios; 34.24.1: Alan Walker @ National Museums of Kenya; 34.24.2: J. H. Matternes; 34.25: David L. Brill/Brill Atlanta; 34.26: Professor Chris Henshilwood.

Kapitel 35 35.3: Robert & Linda Mitchell/Robert & Linda Mitchell Photography; 35.4.1: Lee W. Wilcox; 35.4.2: Gusto Production/Science Photo Library/Photo Researchers, Inc.; 35.4.3: Dorling Kindersley; 35.4.4: Barry Runk/Stan/Grant Heilman Photography, Inc.; 35.5.1: Scott Camazine/Photo Researchers, Inc.; 35.5.2: Fritz Polking/Visuals Unlimited; 35.5.3: Mike Zens/Corbis; 35.5.4: Jerome Wexler/Photo Researchers, Inc.; 35.5.5: James Strawser/Grant Heilman Photography, Inc.; 35.7.1–4: von oben nach unten: M. I. (Spike) Walker/Alamy; Clouds Hill Imaging/Last Refuge Limited; Graham Kent; 35.7.5–8: von oben nach unten: N. C. Brown Center for Ultrastructure Studies, SUNY-Environmental Science und Forestry, Syracuse, NY; Brian Gunning; Professor Ray F. Evert; Graham Kent; 35.9: aus C. Li et al., Arabidopsis TCP20 links regulation of growth and cell division control pathways, Proc. Natl. Acad. Sci. U S

A 102(36): 12978–12983 (2005). Epub 2005 Aug 25. Photo: Peter Doerner; 35.10a1: Ed Reschke; 35.10a2: Carolina Biological Supply/Phototake NYC; 35.10b: Ed Reschke; 35.11: Michael Clayton; 35.12a: Ed Reschke/Peter Arnold/Getty Images; 35.12b: Ed Reschke/Peter Arnold/Getty Images; 35.13b: Ed Reschke; 35.13c: Ed Reschke/Peter Arnold/Getty Images; 35.14: links: Michael Clayton; rechts: Alison W. Roberts; Seite 558: Reproduced by permission from J. Braam, Cell 60 (9 February 1990): Cover. Copyright © 1990 Cell Press.Image courtesy of Elsevier Sciences Ltd.; 35.17: Susan Wick, University of Minnesota; 35.18: B. Wells und K. Roberts; 35.19: D. Hareven et al., Cell 84, 735–744, Copyright 1996 Elsevier Science Ltd.; 35.20: Dr. Gerald D. Carr, PhD; 35.21: Dr. E. M. Meyerowitz und John Bowman, Development 112, 1991, 1–231, Division of Biology, California Institute of Technology; Seite 564: Matthew Ward/ Dorling Kindersley, Ltd.

Kapitel 36 36.1: Peggy Heard/FLPA/Alamy Images; 36.4: Rolf Rutishauser; 36.7: Nigel Cattlin/Holt Studios International/Photo Researchers, Inc.; 36.10: Scott Camazine/Photo Researchers, Inc.; 36.12: Jeremy Burgess/Science Photo Library/ Photo Researchers, Inc.; 36.14: im Uhrzeigersinn: C. C. Lockwood/Animals Animals, Earth Scenes; Kate Shane; Frans Lanting/Minden Pictures; John D. Cunningham/Visuals Unlimited; Andrew de Lory/Dorling Kindersley; Maddie Thornhill/Garden World Images Ltd/Alamy.

Kapitel 37 37.1: Irene Marzolff, Universität Frankfurt/Main; 37.2: Agricultural Research Service/USDA; 37.4: oben: U.S. Geological Survey, Denver; unten: USGS/Menlo Park; 37.5: Kevin Horan/Stone/Getty Images Inc.; 37.6: Maurice Reece, From the Country Gentleman, Curtis Publishing Co.; 37.7: Philip J. White; 37.8: Flechte: David T. Webb/University of Montana; Cyanobakterium: Ralf Wagner; Kugelfisch: Andrey Nekrasov/ Pixtal/AGE Fotostock; Schwimmfarn: Daniel L. Nickrent; Blattschneiderameisen: Martin Dohrn/ Nature Picture Library; Hirsepflanze: USDA/Science Source; Pilzgarten: Alex Wild; Ameisen: Tim Flach/The Image Bank/Getty Images; 37.10: Breck P. Kent/Animals Animals/Earth Scenes; 37.12a: Gerald Van Dyke/Visuals Unlimited; 37.12b: Carolina Biological Supply/Phototake NYC; 37.13: links von oben nach unten: Ruud de Man/iStockphoto; Philip Blenkinsop/DK Images; rechts von oben nach unten: David Wall/Alamy; A&J Visage/ Alamy; Martin Shields/Alamy; Dr. Paul A. Zahl/ Science Source; Kim Taylor und Jane Burton/DK Images.

Kapitel 38 38.4: links von oben nach unten: Aquiya/Fotolia; Chrispo/Fotolia; California Department of Food and Agriculture's Plant Health und Pest Prevention Services; Kim A. Cabrera; rechts von oben nach unten: Kevin Schafer/Alamy; Steve Bloom Images/Alamy; Archives/iStockphoto; Alan Williams/Alamy; Benoit Guénard; 38.5a: Marcel E. Dorken; 38.5b: Nobumitsu Kawakubo, Gifu University, Japan; 38.6: Bruce Iverson, Photomicrography; 38.7: Andrew McRobb/Dorling Kindersley; 38.8: oben: Peter Berger; unten: Adrian Arbib/Peter Arnold, Inc.; 38.9: Gary P. Munkvold.

Kapitel 39 39.2: Natalie B. Bronstein, Mercy College, Dobbs Ferry, New York; 39.4: Malcolm B. Wilkins, University of Glasgow, Glasgow, Scotland, U.K.; 39.6: Malcolm B. Wilkins, University of Glasgow, Glasgow, Scotland, U.K.; 39.8: Michael Evans, Ohio State University; 39.9: Janet Braam, Cell 60, Feb 1990, Copyright Cell Press, Abbildung Elesevier Sciences Ltd.; 39.10a,b: David Sieren/ Visuals Unlimited; 39.10c: K. Esau, Anatomy of Seed Plants, 2nd ed., New York: John Wiley and sons, 1977, Abb. 19.4; 39.11: Edward Farmer, Science 279, 1997, 912, Copyright American Association for the Advancement of Science; 39.12: im Uhrzeigersinn: linke Seite: Johan De Meester/Arterra Picture Library/Alamy; Steve Gschmeissner/ Science Source; Lawrence E. Gilbert, University of Texas-Austin; Giuseppe Mazza; Susumu Nishinaga/Science Source; David T. Webb, University of Hawaii; rechte Seite: Danny Kessler; Custom Life Science Images/Alamy; KJ/Mode Images/Alamy; Gary Crabbe/Alamy; 39.13: New York State Agricultural Experiment Station (NYSAES)/Cornell.

Kapitel 40 40.1a: Flip Nicklin/Minden Pictures; 40.1b: Tui De Roy/Minden Pictures; 40.1c: Norbert Wu/Minden Pictures; 40.2.1: G. Shih, R. Kessel/Visuals Unlimited; 40.2.2: D. M. Phillips/Visuals Unlimited; 40.2.3: Visuals Unlimited; 40.3.1: NRI/SPL/Photo Researchers; links von oben nach unten: Nina Zanetti; Chuck Brown/ Photo Researchers; Nina Zanetti; rechts von oben nach unten: Dr. Gopal Murti/SPL/Science Source; Nina Zanetti; Chuck Brown/Science Source; 40.3.2: oben von rechts nach links: Nina Zanetti; Ed Reschke/Peter Arnold/Getty Images; Ed Reschke/Peter Arnold/ Getty Images; 40.3.2: unten von links nach rechts: Ulrich Gartner; Thomas Deerinck; 40.7a: Patricio Robles Gil/naturepl.com; 40.7b: Jim Brandenburg/Minden Pictures; 40.13.1: im Uhrzeigersinn: Irin-K/Shutterstock; Thomas Kitchin und Victoria Hurst/All Canada Photos/AGE Fotostock; Nature's Images/Science Source; Bogdan Wankowicz/ Shutterstock; WildPictures/Alamy; Phil_Good/

Fotolia; 40.13.2: links von oben nach unten: Last Refuge/Robert Harding Picture Library/Alamy; Susumu Nishinaga/Science Source; Rosanne Quinnell, The University of Sydney; David M. Martin, M. D./Science Source; rechts von oben nach unten: Scott Rothstein/Shutterstock; Walter Hodges/Lithium/AGE Fotostock; Rosanne Quinnell, The University of Sydney; David M. Phillips/ Science Source, 40.14: John Gerlach/Visuals Unlimited; 40.15: Gianpiero Ferrari/Frank Lane Picture Agency Limited.

Kapitel 42 42.1: Corbis; 42.2: Eric Isselee/Shutterstock; 42.4: Fred E. Hossler/Visuals Unlimited; 42.9: links: Photodisc/Getty Images; rechts: Eye-Wire Collection/Photodisc/Getty Images; 42.11: links: Hervey Bay Whale Watch; rechts oben: Thomas Eisner; rechts unten: Lennart Nilsson/ Scanpix Sweden AB; unten: Gunter Ziesler/Getty Images.

Kapitel 43 43.9: Eye of Science/Science Source; 43.12.1: Dr. Richard Kessel & Dr. Rundy Kardon/ Visuals Unlimited; 43.12.2: CNRI/SPL/Photo Researchers; 43.15: Prof. Dr. Dr. Hans-Rainer Duncker, University of Giessen, Germany.

Kapitel 44 44.12: Tatan Syuflana/AP Images.

Kapitel 45 45.6: Steve Gschmeissner/Science Source; 45.8: links von oben nach unten: Roger Steene/Image Quest Marine; Power und Syred/ Science Source; rechts von oben nach unten: F1online digitale Bildagentur GmbH/Alamy; Eye of Science/Science Source.

Kapitel 46 46.1: Robin Chittenden/Corbis; 46.8: Lennart Nilsson/Scanpix Sweden AB; 46.10: Phanie/SuperStock; Seite 733: Tierbild Okapia/Science Source.

Kapitel 47 47.1: George von Dassow; 47.4a: P. Huw Williams und Jim Smith, The Wellcome Trust/Cancer Research UK Gurdon Institute; 47.4c: Thomas Poole, SUNY Health Science Center; 47.5: Hiroki Nishida, Developmental Biology 121, 1987, 526, Copyright Academic Press; 47.6: J. E. Sulston und H. R. Horvitz, Dev. Biol. 56, 1977, 110–156.

Kapitel 48 48.1: Marine Themes Pty Ltd, marinethemes.com; 48.9: Edwin R. Lewis, Professor Emeritus, University of California-Berkeley.

Kapitel 49 49.1: G. Fesl MD, LMU München, Dept. Neuroradiologie; 49.11: Marcus E. Raichle, M.D., Washington University Medical Center.

Kapitel 50 50.1: Stephen Dalton/Photoshot/ NHPA Limited; 50.4: SPL/Science Source; 50.11: USDA/APHIS Animal and Plant Health Inspection Service; 50.19: Clara Franzini-Armstrong, University of Pennsylvania; 50.20: Dr. H. E. Huxley.

Kapitel 51 51.2: Denis-Huot/Hemis/Alamy; 51.4: Kenneth Lorenzen, UC Davis; 51.5: Thomas D. McAvoy/Getty Images; 51.6: Clive Bromhall/OSF/ Animals Animals/Earth Scenes; 51.9a: Robinson, James H./Animals Animals/Earth Scenes; 51.9b: Bill Schomoker; 51.10: Fred Bavendam/Minden Pictures; 51.11: Gerald S. Wilkinson; G. S. Wilkinson und G. N. Dodson, in: The Evolution of Mating Systems in Insects und Arachnids, ed. J. Choe und B. Crespi, Cambridge University Press, Cambridge 1997, S. 310–328; 51.12: Martin Harvey/Peter Arnold/Getty Images; 51.14: Stephen J. Krasemann/Peter Arnold, Inc.

Kapitel 52 52.1: Flip Nicklin/Minden Pictures; 52.2: von oben nach unten: Science Faction/Getty Images; Tom Bean/Corbis; Tom Bean/Corbis; B. Tharp/Science Source; Yann Arthus-Bertrand/ Corbis; NASA; 52.5: Peter Llewellyn/Alamy; Karte nach R. L. Smith, Ecology and Field Biology, Abb. 11.19, Harper and Row Publishers, 1974, Update D. A. Sibley, National Audubon Society, The Sibley Guide to Birds, Alfred A. Knopf: New York, 2000; 52.6: Tim Fitzharris/Minden Pictures; 52.11.1: D. Remy; 52.11.2: D. Remy; 52.11.3: A. Schwabe; 52.11.4: A. Kratochwil; 52.11.5: A. Schwabe; 52.11.6: A. Kratochwil; 52.11.7: James Randklev/Image Bank/Getty Images; 52.11.8: A. Schwabe; 52.11.9: Achim Paululat, Osnabrück; 52.11.10: Stuart Westmorland/Corbis; 52.11.11: Digital Vision/Getty Images; 52.11.12: William Lange/Woods Hole Oceanographic Institution; 52.14.1: Frans Lanting/Minden Pictures; 52.14.2: Gordon Whitten/Corbis; 52.14.3: Wolfgang Kaehler/Corbis; 52.14.4: Achim Paululat, Osnabrück; 52.14.5: Tom Bean/Image Bank/Getty Images; 52.14.6: Achim Paululat, Osnabrück; 52.14.7: Bill Ross/Corbis; 52.14.8: Darrell Gulin/Corbis; Seite 843: links: John W. Bova/Science Source; rechts: Dave Bevan/Alamy.

Kapitel 53 53.1: Bernard Castelein/Nature Picture Library/Alamy; 53.2a: Bernard Castelein/Nature Picture Library/Alamy; 53.2b: Frans Lanting/ Minden Pictures; 53.2c: Niall Benvie/Corbis; 53.3: Tom Bean/Corbis; 53.4a: Jean Louis Batt/Taxi/Getty Images, Inc.; 53.4b: Christine Osborne/Corbis; 53.9a: Adrian Bailey/Aurora & Quanta Productions Inc.; 53.9b: Wolfgang Kaehler/Corbis; 53.10: Joe McDonald/Corbis.

Kapitel 54 54.1: Phil Degginger/Alamy; 54.2: links: Kevin deQueiroz, National Museum of Natural History, Smithsonian Institution; rechts: Joseph T. Collins/Photo Researchers, Inc.; 54.3a: C. Allan Morgan/Peter Arnold, Inc.; 54.3b: Fogden/Corbis; 54.3c1: Stephen J. Krasemann/Photo Researchers, Inc.; 54.3c2: Michael & Patricia Fodgen/Minden Pictures; 54.3d1: Edward S. Ross, California Academy of Sciences; 54.3d2: Runk/Schoenberger/Grant Heilman Photography, Inc.; 54.4: Fred Bavendam/Minden Pictures; 54.5a: Fogden/Corbis; 54.5b: Daniel H. Janzen; 54.6: Peter Johnson/Corbis; 54.10: Tom and Pat Leeson; 54.11: im Uhrzeigersinn rechts oben beginnend: Charles Mauzy/Corbis; Tom Bean/DRK Photo; Terry Donnelly, Donnelly-Austin Photography; Glacier Bay National Park Photo/Glacier Bay National Park and Preserve; 54.13: oben: R. Grant Gilmore/Dynamac Corporation; unten: Lance Horn, National Undersea Research Center, University of North Carolina, Wilmington; Seite 875: Johan Larson/Shutterstock.

Kapitel 55 55.1: Galen Rowell/Corbis; 55.2: Fritz Poelking/AGE Fotostock; 55.4: Earth Observatory NASA; 55.9: Thomas Del Brase/Photographer's Choice/Getty Images; 55.12: Arthur C. Smith III/Grant Heilman Photography; 55.13: NASA.

Kapitel 56 56.1: Wayne Lawler, Ecoscene, Corbis; 56.3: oben: Alaz, Shutterstock; unten: Mark Carwardine, Photolibrary, Getty Images; 56.4: Merlin D. Tuttle, Science Source; 56.5: Scott Camazine, Science Source; 56.6: Michael Edwards, The Image Bank, Getty Images; 56.7: (a): Michael Fodgen, Animals Animals, Earth Scenes; (b): Robert Ginn, PhotoEdit, Inc.; 56.8: (a): Yann Arthus-Bertrand, Corbis; (b): James P. Blair, National Geographic Image Collection; 56.9: Pics-xl; 56.10: R. Pott, Nordwestdeutsches Tiefland zwischen Ems und Weser, Ulmer Verlag 1999; 56.11: links: South Florida Water Management District; rechts oben: Stewart Rood, University ofLethbridge; rechts unten: Daniel H. Janzen, University of Pennsylvania, links oben: Bert Boekhoven; links unten: Jean Hall, Holt Studio, Photo Researchers, Inc.;rechts oben: Kenji Moria, Environment Division, Tokyo Kyuei Co., Ltd; rechts unten: Tim Day,Xcluder Pest Proof Fencing Company; 56.12: (a): Serge de Sazo, Science Source; (b): AP Photo, Hilde Jensen, Universität Tübingen,Nature Magazine; (c): Frans Lanting, Minden Pictures

Stichwortverzeichnis

#

A

B

C

D

E

F

G

H

I

J

K

L

M

N

O

P

Q

R

S

T

U

V

W

X

Y

Z